TEN BOSCH'

VIERTALIG TECHNISCH WOORDENBOEK

NEDERLANDS—
ENGELS—FRANS—DUITS

DERTIENDE DRUK

Ir. E. L. OBERG
scheik. ing.

met medewerking en bijdragen van vele deskundigen

Ongewijzigde bijdruk

KLUWER-DEVENTER

ISBN 90 2010 132 3

TEN BOSCH'

VIERTALIG TECHNISCH WOORDENBOEK

TEN BOSCH'

QUADRILINGUAL ENGINEERING DICTIONARY

TEN BOSCH

DICTIONNAIRE TECHNIQUE QUADRILINGUAL

TEN BOSCH'S

VIERSPRACHIGES TECHNISCHES WÖRTERBUCH

Bij dezelfde uitgever zijn verschenen de hieronder vermelde
Universeel Technische Woordenboeken
die ruim 50.000 trefwoorden per deel bevatten.

Nederlands	-	Engels	ISBN 90 201 0605 8
Engels	-	Nederlands	ISBN 90 201 0771 2
Nederlands	-	Duits	ISBN 90 201 0607 4
Duits	-	Nederlands	ISBN 90 201 0606 6
Nederlands	-	Frans	ISBN 90 201 0609 0
Frans	-	Nederlands	ISBN 90 201 0608 2

Serie Universeel Technische Woordenboeken
N-E/E-N / N-D/D-N / N-F/F-N ISBN 90 201 1255 4

Deze uitgaven zijn verkrijgbaar in de boekhandel of direct te bestellen bij:

KLUWER TECHNISCHE BOEKEN B.V.,

Postbus 23, 7400 GA Deventer

AANWIJZINGEN VOOR HET GEBRUIK

1. De Nederlandse **trefwoorden** zijn **vet** gedrukt en de daarachter in de volgorde Engels, Frans, Duits geplaatste vertalingen zijn telkens onderling gescheiden door twee verticale streepjes. Alle toelichtingen, aanwijzingen, enz., met inbegrip van de geslachtsaanduiding, zijn *cursief* gedrukt of in voetnoten ondergebracht. Zie bijv. **actief** (blz. 11); **land** (blz. 304).

2. Tussen vierkante haakjes geplaatste woorden, lettergrepen en letters kunnen in bepaalde gevallen worden weggelaten (bijv. als de volledige schrijfwijze juister, doch de kortere gebruikelijker is, enz.), of geven een andere spellingswijze of vorm aan. Zie bijv. **aanbakken** (blz. 1); **plag** (blz. 415).

3. Tussen ronde haakjes geplaatste, niet-cursief gedrukte woorden en afkortingen betekenen op een of meer voorafgaande of volgende woorden aansluitende andere vertalingsmogelijkheden; *cursief* gedrukte, tussen ronde haakjes geplaatste woorden en afkortingen zijn de boven onder 1 bedoelde toelichtingen, enz. Zie bijv. **aan** (blz. 1); **aanbouw** (blz. 1).

4. Een sterretje voor een trefwoord of achter een trefwoorddeel geeft aan, dat tegen het betrokken woord bezwaren bestaan van technisch of taalkundig standpunt of wel in verband met nomenclatuurregels. Zie bijv. **glycerine** (blz. 180); **omrekenen** (blz. 375).

5. Als **e** uitgesproken **ae** is ook geschreven als **e** en dus opgenomen onder **E**, terwijl de als **f** uitgesproken **ph** als **f** geschreven en dus onder **F** opgenomen is. Gemakshalve zijn echter voor verscheidene veel voorkomende, met **ae** of **ph** beginnende woorden onder **A** en **P** verwijzingen naar de andere spelling opgenomen. Zie bijv. **aequi-** (blz. 12); **aethaan,** enz. (blz. 12).

6. Van organisch-chemische verbindingen zijn als trefwoord de *rationele* namen en de *toelaatbare* (zgn. triviale) namen vet gedrukt, eventueel gevolgd door tussen ronde haakjes een bijbehorende (eveneens vet gedrukte) *tweede rationele* naam en/of een bijbehorende (niet-vet gedrukte) *toelaatbare* naam. Men heeft dus telkens alle namen tegelijk voor ogen en kan ook zonder bijzondere chemische kennis na opzoeken van de rationele (of toelaatbare) naam desgewenst toch de bijbehorende toelaatbare (of rationele) naam kiezen en de vertaling daarvan opzoeken. Met het oog op de nog niet doorgezette toepassing der nomenclatuurregels in Duitsland, zijn in het Duits de gebruikelijke, volgens die regels onjuiste namen wel opgenomen en die volgens de regels tussen ronde haakjes geplaatst. Zie bijv. **caprinezuur** (blz. 89); **decaandizuur** (blz. 108) en **octaandicarbonzuur-1,8** (blz. 368).

7. Afkortingen, zoals de aanduiding van betekenis, geslacht, enz., zijn zodanig gekozen, dat zij zonder toelichting duidelijk zijn.

VOORBERICHT VOOR DE VIJFDE DRUK

Voor de bewerking van deze vijfde druk van het viertalige deel van dit woordenboek is er weder naar gestreefd het woordenboek met behoud van zijn aard als *algemeen* technisch en technologisch woordenboek dienstig te doen zijn voor zoveel mogelijk uiteenlopende gebruikers. Aangezien die opzet en de moeilijkheden van zijn verwezenlijking op een de gebruikers althans redelijk bevredigende wijze reeds zijn toegelicht in de voorberichten voor de vorige druk en die voor de derde drukken van de eentalige delen, vooral in dat voor het deel Frans-Nederlands, moge hier worden volstaan met daarvoor te verwijzen naar die voorberichten en slechts het volgende te vermelden.

De inhoud van dit deel is veel sterker vernieuwd en uitgebreid dan de omvang zal doen vermoeden. Door schrapping van binnen het kader van het boek overbodige en verouderde woorden, alsmede door vervanging van de vertalingen van vele woorden door verwijzingen naar andere woorden, waarachter die vertalingen zijn gegeven, is ruimte voor duizenden toevoegingen en aanvullingen verkregen. Voorts is eveneens over het gehele boek een zeer groot aantal grote en kleine verbeteringen, verduidelijkingen en aanvullingen aangebracht, terwijl ook het aantal verwijzingen naar synoniemen, verwante woorden en begrippen, enz. is uitgebreid ter vergemakkelijking van de keuze der vertaling.

Voor dit alles is zeer veel geput uit de bijdragen van alle medewerkers aan de derde drukken der drie eentalige delen, zodat zij in ruime mate ook hebben medegewerkt aan de totstandkoming van dit deel. Met nogmaals oprechte dank voor hun werk worden zij derhalve hier genoemd:

Ir. J. H. van den Berg, e.i.
Ir. Alfred Bijls, A.I.G. †
Dipl.-Ing. F. Husmann, b.i.
Ir. O. E. Kramer, e.i.
Ing. G. Schuurmans Stekhoven
Paul J. Venneker
Ir. D. B. J. Voortman, w.i.

Hieraan moet worden toegevoegd, dat Ir. Voortman bovendien nog een grote afzonderlijke bijdrage voor dit deel heeft verzorgd en dat ook gebruik is gemaakt van het belangeloos verrichte werk van de in de voorberichten der derde drukken van de eentalige delen genoemden. Voorts wordt met erkentelijkheid de heer S. Attema (vertaler bij Van Rietschoten & Houwens' Electrotechnische Maatschappij N.V., te Rotterdam) genoemd, die zich vrijwillig de moeite heeft getroost een lange lijst van verbeteringsvoorstellen en drukfouten te zenden, waarvan een even nuttig als dankbaar gebruik is gemaakt. Ten slotte hebben ook nog andere gebruikers op kleine schaal bijgedragen door het aanwijzen van foutjes, door opmerkingen en vingerwijzingen, waarvoor eveneens dank wordt betuigd.

Verder is zowel voor de uitbreiding als voor de verbetering van de inhoud veel ontleend aan een groot aantal binnen- en buitenlandse woordenboeken, woorden-

lijsten, boeken, tijdschriften, octrooischriften, enz. Ten aanzien van de wijzen van indeling van woorden, van opnemen van namen van chemische verbindingen, van toelichting en aanwijzing in de tekst en in voetnoten, alsmede van de typografische verzorging, is het in de vorige druk ingevoerde stelsel gehandhaafd.

Met een slotwoord van dank aan de Uitgeefster voor haar als steeds onvolprezen belangstelling, steun en medewerking moge deze, uiteraard nog steeds leemten en feilen vertonende, vijfde druk aan de gebruikers worden aangeboden in het vertrouwen, dat hij desondanks velen goede diensten zal kunnen bewijzen.

's-Gravenhage, september 1959. Ir. E. L. Oberg.

ZESDE DRUK 1963
ZEVENDE DRUK 1966
ACHTSTE DRUK 1969
NEGENDE DRUK 1973
TIENDE DRUK 1975
ELFDE DRUK 1977
TWAALFDE DRUK 1979
DERTIENDE DRUK 1982

A

aambeeld: *zie* **aanbeeld.**

aan: on, upon, at (*voorz.*); in (*bijw.*) || à, contre, sur (*voorz.*) || an (*voorz.*); **- de dag komen** (*mijnb.*): *zie* **dagzomen.**

aanaard|en: to fill up || remblayer || anschütten, auffüllen; **-ing:** filling up || remblai *m* || Anschüttung *v*, Auffüllung *v*; **-ploeg:** ridge plough || buttoir *m* || Haufelpflug *m*.

aanbak|ken: **1.** (*algem.*): to cake [together] || s'agglutiner || [fest]backen; **-sel v. sinters:** cake of clinker || gâteau *m* (pâté *m*) de scories *mm* || Schlackenkuchen *m*;
2. (*a. e. vijl*): to choke up the teeth of (to clog) a file || empâter (graisser) la lime *v* || die Feile *v* verschmieren.

aanbeeld: **1.** (*smederij*): anvil || enclume *v* || Amboß *m*; **- voor vijlen:** cutting block, file cutting anvil || enclume *v* à limes *vm* || Hauamboß *m* für Feilen *vm*, Feilenamboß *m*; **-, eenhoornig:** anvil with one arm || enclume *v* à potence *v* || Hornamboß *m*; **-baan:** anvil face || table *v* d'enclume *v* || Amboßbahn *v*; **-blok:** anvil block (stand) || billot *m* (chabotte *v*, socle *m*) d'enclume *v* || Amboßfutter *o*, -stock *m*, Schmiedestock *m*, Schabotte *v*; **-hoorn:** anvil beak || bec *m* d'enclume *v* || Amboßhorn *o*;
2. (*stampbatterij*): [stamp] die || dé *m* du bocard *m* || Pochsohle *v*.

aanbeste|den: to let out in (to put out to) contract, to call for tenders || mettre en adjudication *v* || ausschreiben, verdingen; **-der:** contractor || adjudicateur *m* || Anverdinger *m*; **-ding:** calling for tenders, submission || [mise *v* en] adjudication *v* || Ausschreibung *v*, Verdingung *v*, Verding *m*; **-ding, onderhandse:** limited submission || appel *m* limité à la concurrence *v* || beschränkte Ausschreibung *v*; **-ding, openbare:** official submission || adjudication *v* publique || öffentliche Ausschreibung *v*.

aanbieding: offer, tender || offre *v* || Angebot *o*, Offerte *v*.

aanbla|zen: to blow in || souffler || anblasen; **-zen v. e. hoogoven:** to blow in the furnace || mettre à feu *m* le hautfourneau *m* || den Hochofen *m* anblasen; **-zer:** blower || souffleur *m* || Windgebläse *o*; **-zing boven (onder) de rooster:** *zie onder* **wind 2.**

aanbod: *zie* **aanbieding.**

aanboren: **1.** (*hout*): to test wood by boring || sonder le bois *m* || anbohren;
2. (*mijnb.*): to strike, to drill into || frapper || anbohren;
3. (*v. e. schip om het te doen zinken*): to scuttle a ship | saborder un navire *m* || ein Schiff *o* anbohren.

aanbouw: **1.** (*bouwk.*): subsidiary (additional) building, annex, outhouse || annexe *v*, addition *v* de construction *v* || An-, Nebenbau *m*; Anwurf *m*; **-, een huis in:** a house in [the] course of construction (erection) || une maison *v* en [voie *v* de] construction *v* (en cours *m* d'édification *v*) || ein Haus *o* im Bau *m* [begriffen]; **-en:** to add by building, to build on to, to add on || ajouter à || anbauen;
2. (*gewas*): cultivation, growth || culture *v* || Anbau *m*, Kultur *v*; **-en:** to cultivate, to grow || cultiver || anbauen;
3. (*schepen*): construction, building || construction *v* || Bau *m*; **-en:** to build || construire || bauen.

aanbrengen: to apply; to place, to put up, to fix, to fit, to mount || appliquer; placer, poser, ménager, pratiquer || anbringen, anordnen; **- in lagen:** to place in layers || introduire par couches *vm* || anbringen in Schichten *vm*; **- v. e. bewapening** (*bouwk.*): placing of the reinforcing metal || mise *v* en place *v* de l'armature *v* || Einbringung *v* der Armierung *v*; **- v. maten** (*i. e. tekening*): to dimension, to figure, to fill in the figures || coter || Maße *om* eintragen; **- v. muurdoorvoeringen:** to fix conduits in the wall || poser des tubes *mm* isolants dans la maçonnerie *v* || Leitungsrohre *om* in das Mauerwerk *o* einlassen; **- v. e. pijp:** to lay a pipe || poser un tuyau *m* || ein Rohr *o* verlegen.

aanbreng|er: feeder, feeding (supplying) device || posoir *m*, dispositif *m* alimenteur || Zubringer *m*; **-wals:** feeding (feed, supply) roller || rouleau *m* alimenteur || Zubringerwalze *v*.

aandraaien (*schroef*): to tighten || serrer || anziehen.

aandrukken tegen (zich): to press against ||

(*se*) presser (serrer) contre (sur) || (*sich*) andrücken gegen.

aandrukker: 1. (2 *platen b. h. klinken*): riveting set || accosteur *m*, serre-tôle *m* || Nieten[an]zieher *m*;
2. (*klinkmach.*): plate closer (holder), closing die || pie *m* de biche *v* serreur || Blechschluß[ring] *m*, Plattendrücker *m*, -presser *m*.

aandrijf-: *zie* **drijf-; -goot:** *zie* **motorgoot; -station:** *zie* **hoofdeinde.**

aandrij|ven: 1. (*as, mach., enz.*): *zie* **drijven; -vende as,** *enz.*: *zie* **as,** *enz.*, **drijvende; -ving:** *zie* **drijving;**
2. (*spijker*): to drive in || enfoncer, chasser || an-, eintreiben;
3. (*planken*): to drive || presser || antreiben.

aaneen|gieten: to cast on || joindre par la fonte *v* || aneinandergießen; **-kleven:** to stick together, to adhere; to glue to || [se] coller ensemble, adhérer || aneinander verkleben; **-klinken:** to rivet together || river ensemble || zusammennieten; **-koppelen:** to couple up || accoupler || [an]kuppeln, zusammenkuppeln; **-lassen:** to weld together || souder ensemble || zusammenschweißen; **-pennen** (*houtbew.*): to peg || cheviller || zusammendübeln; **-plakken:** *zie* **aaneenkleven; -schroeven:** to screw together || visser ensemble || zusammenschrauben; **-sluiting v. buizen:** line of pipes || suite *v* de tubes *mm* || Rohrstrang *m*; **-solderen:** to solder together || souder ensemble || zusammenlöten.

***aangedreven** (*as, enz.*): *zie* **gedreven** (*as, enz.*).

aangesloten: connected || communiqué; connecté || verbunden, angeschlossen; **-, verkeerd:** wrongly connected || communiqué faussement (avec le mauvais numéro *m*) || falsch verbunden; **-e** (*telef.*): subscriber || abonné *m* || Teilnehmer *m*, Abonnent *m*.

aangetast: corroded || corrodé, rongé || abgezehrt, angefressen, korrodiert, angegriffen.

aangevaren: boarded || abordé || angerannt, angesegelt.

aangever: server || aide-rentreur *m* || Zureicher *m*.

aangietsel (*typogr.*): jet, break of a letter || jet *m* || Gußzapfen *m*.

aangrenzend: adjacent, adjoining, contiguous, neighbouring || adjacent, avoisinant, contigu || angrenzend, anstoßend, benachbart.

aangroeiing: 1. (*zout*): vegetation || végétation *v* || Wucherung *v*;
2. (*schip*): scruff || filandres *vm* || Bodenanwuchs *m*.

aangrijp|ingsmoment: applied moment || moment *m* sollicitant || Angriffsmoment *o*; **-ingspunt:** point of application, working point || point *m* d'application *v* || Angriffs-, Kraftpunkt *m*; **-ingspunt v. evenwijdige krachten:** centre of parallel forces || centre *m* de forces *vm* parallèles || Angriffspunkt *m* paralleler Kräfte *vm*; **-vlak v. d. wind:** wind surface (area) || aire *v* frappée (superficie *v* frappée) par le vent *m*, surface *v* subissant l'effort *m* du vent *m* || Windangriffsfläche *v*.

aanhaak|ketting (*mijnb.*): coupling chain || chaîne *v* d'attelage *m* || Kuppelkette *v*; **-vork** (*mijnb.*): haulage jockey, fork clutch || fourchette *v* d'attelage *m* || Gabelmitnehmer *m*, Fördergabel *m*, Gabelkupplungsklaue *v*.

aanhaken: to couple, to hook in (on), to hitch on to || accrocher || anhängen, einhaken.

aanhalen: 1. (*algem.*): to brace, to clap, to haul tight, to tighten || brasser, serrer || anholen, zusetzen, anziehen;
2. (*m. e. takel*): to bowse || palanquer || auftaljen.

aanhalingsteken (*typogr.*): quotation mark, inverted comma || guillemet *m* || Gänsefüßchen *o*.

aanhangwagen: trailer car [coach] (*tractie*); trailer (*auto*) || remorque *v*; baladeuse *v* (*trem, auto*) || Anhänger *m* (*auto, elektr. tractie*), Anhängewagen *m* (*auto, trem*).

aanhecht|en: to [af]fix, to attach; to adhere (*to*) || attacher; adhérer (*à*) || anheften, anfügen; haften (*an*); **-ing:** affixion, attachment; adhesion || jonction *v*, appositon *v*; adhérence *v* || Anheftung *v*, Anheften *o*; Haftung *v*, Adhäsion *v*; **-ingskracht:** adhesion force || force *v* d'adhérence *v* || Haftkraft *v*; **-ingsoppervlak:** area of adhesion (cohesion) || surface *v* adhérente || Haftfläche *v*; **-ingsspanning:** stress of adhesion || tension *v* d'adhérence *v* (de liaison *v*) || Haftspannung *v*; **-ingsvlak:** joint || joint *m* || Verbindungsstelle *v*.

aanjager m. stoom: steam jet blower || souffleur *m* à vapeur *v* || Dampfstrahlgebläse *o*.

aankle|ven: to adhere || adhérer || kleben an; **-ving:** adherence, adhesion || adhérence *v*, adhésion *v* || Adhärenz *v*, Adhäsion *v*.

aankomstsignaal: signal of arrival || signal *m* d'arrivée *v* || Ankunfts-, Einfahrtsignal *o*.

aankondigingsstroomloop: warning circuit || circuit *m* d'annonce *v* || Vormeldestromkreis *m*.

aankoop: purchase || achat *m* || [Ein]kauf *m*; **-, onderhandse:** off hand buying || achat *m* direct (de (à) la main *v*) || freihändiger Erwerb *m*.

aankoppelen (*wagens*): to couple || accoupler, accrocher || kuppeln.

aankrijten: to chalk || blanchir à la craie *v*, crayer || [an]kreiden.

aanleg: **1.** (*bouw*, *inrichting*, *enz.*): installation, plant || établissement *m*, installation *v* || Anlage *v*; Bau *m*; **- v. e. bliksemafleider:** lightning conductor installation || installation *v* de paratonnerre *m* || Blitzableiteranlage *v*; **- v. landbouwdoeleinden:** agricultural plant || installation *v* agricole || landwirtschaftliche Anlage *v*; **- v. licht en kracht:** lighting and power plant || installation *v* d'éclairage *m* et de force *v* motrice || Beleuchtungs- und Kraftübertragungsanlage *v*; **- v. wegen:** road building || construction *v* de routes *vm* || Straßenbau *m*; **-, elektrische:** electric installation || installation *v* électrique || elektrische Anlage *v*; **-gen:** to build, to construct || bâtir, construire, établir || [er]bauen, errichten; **-kapitaal:** invested capital || capital *m* engagé, mise *v* de fonds *m* || Anlagekapital *o*; **-kosten:** costs of construction, initial costs || frais *mm* de construction *v*, coût *m* d'acquisition *v* || Anlagekosten, Beschaffungskosten *mrv*;
2. (*leidingen*, *buizen*, *enz.*): laying, installation || pose *v*, montage *m* || Verlegung *v*, Verlegen *o*; **-gen:** to lay, to install || poser, placer, monter, établir || verlegen;
3. (*drukkerij*): feed gauches, lays || côté *m* de la marge *v* || [Bogen]anlage *v*; **-speld:** gauche-pin, patentpin || marque *v*, biseau *m* || Anlegemarke *v*; **-wit:** gripper margin || blanc *m* de prise *v* || Anlegesteg *m*;
4. (*scheepvaart*): **-gen:** to come alongside, to accoast || accoster || anlegen, sich langsseit[s] legen; **-plaats:** discharging wharf, landing (loading) stage || débarcadère *m* (*voor aan land gaan*); embarcadère *m* (*voor aan boord gaan*) || Löschplatz *m*, Ladestelle *v*; **-steiger:** pier, jetty, wharf || débarcadère *m*, appontement *m*, embarcadère *m*, quai *m* || Landungsbrücke *v*, -steg *m*;
5. (*spinnerij*): **-gen:** to spread || étaler || anlegen; **-machine** (*vlasspinnerij*): spreader, spreading frame (machine) || table *v* à étaler, étaleur *m*, étaleuse *v* || Anlege-, Auflegemaschine *v*; **-tafel:** spreader || étaleur *m*, table *v* à étaler || Anlegemaschine *v*.

aanlengen: to dilute || étendre || verdünnen.

aanloop: **1.** (*gewelf*): springing of a vault || naissance *v* de voûte *v* || Anlauf *m* eines Gewölbes *o*, Gewölbanfänger *m*;
2. (*zuil*): apophyge, lower shafferoon || naissance *v* de fût *m*, congé *m* d'en bas *m* || Anlauf *m* einer Säule *v*;
3. (*machine*): starting || démarrage *m* || Anlauf *m*, Anlaufen *o*; **-duur:** starting periode (time) || période *v* (temps *m*, durée *v*) de démarrage *m* (de mise *v* en marche *v*) || Anlaufperiode *v*, -zeit *v*; **-koppel:** starting couple (moment, torque) || couple *m* de démarrage *m* || Anlaß-, Anzug-, Antriebsmoment *o*; **-moment:** *zie* **aanloopkoppel**; **-periode:** *zie* **aanloopduur**; **-schijf:** faced washer (disc) || disque *m* de friction *v*, bague *v* de garde *v* || Schleißblech *o*, Anlaufscheibe *v*; **-spanning:** starting voltage || tension *v* (voltage *m*) de démarrage *m* || Anlaßspannung *v*; **-stroom:** starting current || courant *m* de démarrage *m* || Anlaufstrom *m*; **-transformator:** autotransformer starter; starting compensator (*Am.*) || transformateur *m* de démarrage *m* || Anlaßtransformator *m*; **-trekkracht:** starting (tractive) force || effort *m* de traction *v* de démarrage *m* || Anlaufkraft *v*; **-tijd:** *zie* **aanloopduur**; **-verlies:** loss at starting, starting loss || perte *v* [due] au démarrage *m* || Anlaufverlust *m*; **- versnelling:** starting acceleration || accélération *v* de démarrage *m* || Anlauf-, Anfahrbeschleunigung *v*; **-weerstand:** starting resistance, starter || résistance *v* de démarrage *m*; démarreur *m* || Anlaßwiderstand *m*, Anlasser *m*; **-weg:** speeding up path || trajet *m* (parcours *m*) [nécessaire] au démarrage *m* || Anlauf-, Anfahrweg *m*;
4. (*schip*): **-haven:** port of call || port *m* de relâche *m* || Anlaufhafen *m*;
5. (*met.*); **-kleur:** annealing (tempering) color || couleur *v* de recuit *m* || Anlauffarbe *v*.

aanlopen: **1.** (*mach.*): to start || se mettre en marche *v* || anlaufen, angehen; **-, half belast:** to start on half load || démarrer à demi-charge *v* || halb belastet anlaufen; **-, laten:** to start || mettre en marche *v*, démarrer || anlaufen lassen, ansetzen; **-, onbelast:** to start light (without load) || démarrer à vide *m* (sans charge *v*) || unbelastet (leer) anlaufen; **-, stootvrij:** to start without jerk || démarrer sans à coups *mm* || stoßfrei anlaufen; **-, vanzelf:** to start automatically || démarrer seul || von selbst anlaufen; **-, vol belast:** to start on full load || démarrer en pleine charge *v* || vollbelastet anlaufen;
2. (*schip*): to run towards || porter sur || anlaufen;
3. (*metalen*): to become oxidized (tarnished) || s'oxyder || anlaufen, oxydieren; **-, laten:** to temper, to anneal, to tint by heating || oxyder par chauffage *m*, recuire, adoucir || anlaufen lassen, anlassen.

aanmaakwater: mixing water || eau *v* de gâchage *m* || Anmach-, Ansetzwasser *o*.

aanmaken: **1.** (*licht*; *vuur*; *enz.*): to light, to kindle [a fire] || allumer, faire du feu *m* || anzünden, anstecken;
2. (*bereiden*): to prepare || préparer, délayer || anmachen, ansetzen;

3. (*kalk, beton, enz.*): to mix || gâcher, mélanger, malaxer || anmachen, ansetzen.

aanne|mer: contractor || entrepreneur *m* || Bauunternehmer *m*; **-ming per stuk:** agreement by piece || marché *m* à la tâche *v* || Akkord *m* aufs Stück *o*; **-mingssom:** contract price || prix *m* de marché *m* (convenu) || Akkord-, Gedingpreis *m*.

aanpas|sen: to adapt, to adjust, to fit to, to suit || adapter || anpassen; **-sing:** adaptation || adaptation *v* || Anpassung *v*.

aanplak|biljet[1])**:** placard, broadside || affiche *v*, placard *m* || Anschlagzettel *m*, Plakat *o*; **-bord:** poster boarding, hoarding; billboard (*Am.*) || panneau *m* (tableau *m*) d'affichage *m* || Anschlagtafel *v*, -brett *o*, Anzeige-, Plakatbrett *o*; **-brief** (*znw.*)**:** *zie* **aanplakbiljet; -ken:** to past [up], to placard, to stick || afficher, placarder || anschlagen, plakatieren (*biljet, enz.*); ankleben (*algem.*); **-ker:** billsticker, bill-poster || colleur *m* d'affiches *vm*, afficheur *m* || Anschläger *m*, Zettelankleber *m*; **-zuil:** advertising column (pillar) || colonne *v*, colonne-affiches *v* || Litfaß-, Plakat-, Anschlagsäule *v*.

aanplempen: to fill up || remblayer || anschütten, auffüllen.

aanpunten: to point, to sharpen || affiner, aiguiser || anspitzen, zuschärfen, zuspitzen; - (*v. e. paal*): to taper (point) || appointer || anspitzen.

aanraken: to touch (contact) || toucher || berühren.

aanraking: contact, touch || contact *m* || Berührung *v*, Kontakt *m*; **- brengen met, in:** to [bring into] contact with || mettre en contact *m* avec || in Berührung *v* bringen mit; **-shoek** (*tandw.*; *riem o. e. schijf*; *enz.*)**:** angle of contact || angle *m* de contingence *v* || Berührungswinkel *m*; **-slijn** (*tandwielen*)**:** pitch line || ligne *v* d'engrenage *m* || Eingriffslinie *v*; **-soppervlak v. e. klepzitting:** contact surface of the seat, valve seating || surface *v* de contact *m* (d'obturation *v*) || Sitzfläche *v*; **-spunt:** point of contact || point *m* de contact *m* || Berührungspunkt *m*; **-svlak:** contact surface || surface *v* de contact *m* || Berührungs-, Kontaktfläche *v*.

aanschaffingskosten: initial costs || coût *m* d'acquisition *v* || Beschaffungs-, Anschaffungskosten *mrv*.

aanschroeven: to screw [on] || serrer à (la) vis, visser || anschrauben; die Schraube *v* anziehen.

aanslaan: 1. (*beslaan, vorming v. aanslag*)**:** to get covered over with || s'embuer; se ternir || anlaufen, beschlagen;

2. (*motor*): to start || démarrer || anlaufen, angehen, anspringen;

3. (*vaster inslaan*): to drive home || enfoncer || antreiben;

4. (*projectiel*): to bound, to ricochet || ricocher || aufschlagen, -prallen, rikochettieren.

aanslag: 1. (*beslag*): deposit || dépôt *m*, buée *v* || Be[sch]lag *m*, Anflug *m*; - (*in ketels, enz.*)**:** scale, fur || croûte *v*, tartre *m*, incrustation *v* || Absetzung *v*;

2. (*stuitorgaan, enz.*): stop || arrêt *m*, buttoir *m* || Anschlag *m*; - (*deur, venster*)**:** rabbet || feuillure *v* || Anschlag *m*; - (*elektr.*) stop || butée *v*, arrêt *m* || Anschlag *m*, Backenansatz *m*, -ausschnitt *m*; - (*geweer*)**:** cheek layer, cheek piece || couche *v* d'un fusil *m* (en joue *v*) || Anschlag *m*; - (*schaaf*)**:** ledge [of a plane] || joue *v* de rabot *m* || Hobelanschlag *m*; - (*winkelhaak*)**:** ledge of a square || épaulement *m* d'une équerre *v* || Anschlag *m* eines Winkelmaßes *o*;

3. (*projectiel*): bound, graze, ricochet || bond *m*, ricochet *m* || Aufschlag *m*, -prall *m*, Rikochet *m*.

aanslag|ketting (*mijnb.*)**:** *zie* **aanhaakketting; -pen:** detention (stop) pin || pivot *m* (goupille *v*) d'arrêt *m* || Anschlagstift *m*; **-spanning:** excitation potential || potentiel *m* d'ionisation *v* || Anregungsspannung *v*; **-stift:** *zie* **aanslagpen; -stuk:** joining piece || pièce *v* de jonction *v* || Anschlagstück *o*; **-winkelhaak:** back square || équerre *v* à chapeau *m* (épaulée) || Anschlagwinkel *m*.

aanslib|ben: to silt up, to accrete || envaser || anschwemmen, aufschlicken, ablagern; **-bing:** silting up, accretion || atterrissement *m*, envasement *m* || Anhägerung *v*, Anschwemmung *v*, Verschlickung *v*.

aansluit|baan: junction line (railway) || ligne *v* de jonction *v* || Anschluß-, Verbindungsbahn *v*; **-contact:** junction (connection) contact || contact *m* de jonction *v* (de raccordement *m*) || Anschlußkontakt *m*; **-contact v. lampvoet:** contact pin (connection pin) of the cap || broche *v* du culot *m* || Anschlußstift *m*, Sockelanschlußkontakt *m*; **-conus:** connection cone || raccord *m* à pointeau *m* || Anschlußkonus *m*; **-doos** (*elektr.*)**:** junction box || boîte *v* de jonction *v* || Anschlußdose *v*, Verbindungskasten *m*; **-doos, gaffelvormige:** Y junction box || boîte *v* de jonction *v* bifurquée || gabelförmige Anschlußdose *v*; **-en:** to communicate, to connect, to join || communiquer, joindre, raccorder, relier || anschließen, verbinden; **-en o. h. net:** to connect to the system || raccorder au réseau *m* || an das Netz *o* anschließen; **-ing:** communication, connection, junction || com-

[1]) Zie ook *affiche*.

munication *v*, connexion *v*, jonction *v*, raccordement *m* || Anschluß *m*; **-ing geven** (*telef.*): to connect, to establish a telephonic connection || mettre en communication *v*, relier || eine Gesprächsverbindung *v* herstellen; **-ing, verkeerde:** wrong connection || fausse communication *v* || falsche Verbindung *v*, Fehlverbindung *v*; **-ingskabel:** connection cable || câble *m* de raccordement *m* || Anschlußkabel *m*; **-ingsvoorwaarde:** condition for connecting || condition *v* de jonction *v* || Anschlußbedingung *v*; **-flens:** connecting flange || bride *v* de raccordement *m* || Anschlußflansch *m*; **-kabel:** *zie* **aansluitingskabel; -kast:** *zie* **aansluitdoos; -klem** (*elektr.*): connecting (connection) terminal || borne *v* de raccordement *m* (de jonction *v*) || Anschluß-, Verbindungsklemme *v*; **-klemmenbord:** connection terminal board || tablette *v* à bornes *vm* de jonction *v* || Verbindungsklemmbrett *o*; **-leiding:** connecting line || branchement *m* [d'abonné *m*] || Anschlußleitung *v*; **-mof:** branch sleeve || manchon *m* d'accouplement *m* (de jonction *v*, de raccordement *m*) || Anschlußmuffe *v*; **-pen** (*huls*): *zie* **aansluitcontact; -ring** (*schacht*) (*mijnb.*) joint curb, packing crib || anneau *m* de joint *m* (à joint de recouvrement *m* || Anschlußring *m*; **-stuk** (*manometer*, *enz.*): nipple || raccord *m* || Anschlußstück *o*.

aansnoering (*weverij*): cording, tying up || armure *v*, billure *v*, encordage *m* || [An]schnürung *v*.

aansnijden (*mijnb.*): to cut (encounter, find, tap) || recouper, rencontrer, découvrir || antreffen, anfahren, aufschließen.

aanspoe|len: 1. *zie* **aanslibben; -ling:** *zie* **aanslibbing;**
2. (*aan land spoelen*): to wash ashore; to be washed ashore || jeter sur la plage *v* [le rivage *m*, *enz.*); être rejeté sur la plage *v* [le rivage *m*, *enz.*] || anschwemmen, an Land *o* schwemmen.

aanspreken (*op*) (*relais*, *enz.*): to respond (*to*) || réagir (*à*) || ansprechen (*bei*).

aanstampen: to beat down, to ram || battre, damer || ein-, feststampfen.

aanste|ken (*vuur*): to fire, to light || allumer || anfeuern, anheizen, anzünden; **-ker:** *zie* **sigarenaansteker; -** (*mijnb.*): lamplighter || allumeur *m* || Lampenanzünder *m*.

aanstoppen: to stuff || bourrer, fourrer || anstopfen.

aantal: number || nombre *m* || Zahl *v*; **- omwentelingen:** number of revolutions || nombre *m* de tours *mm* (de révolutions *vm*) || Dreh-, Touren-, Umlauf-, Umdrehungszahl *v*; **- perioden i. d. minuut:** periods per minute || fréquence *v* par minute *v* || minutliche Periodenzahl *v*; **- schommelingen i. d. seconde:** oscillation frequency, number of oscillations per second || fréquence *v* des oscillations *vm* || Zahl *v* der Schwingungen *vm* je Sekunde *v*; **- toeren i. d. minuut:** revolutions per minute, r.p.m. || nombre *m* de tours *mm* par minute *v*, t.m. || minutliche Tourenzahl *v*, Tourenzahl *v* je Minute *v*; **- werkuren i. h. jaar:** annual working period || durée *v* annuelle de fonctionnement *m* || jährliche Betriebsdauer *v*.

aantas|ten: to corrode || corroder || angreifen, an-, zerfressen; **-ting:** corrosion || corrosion *v* || Angriff *m*, An-, Zerfressung *v*.

aantekenen (*op werkstukken*): to mark [out] || repérer, marquer || anzeichnen.

aantrede: tread || emmarchement *m*, giron *m* || Auftritt *m*.

aantreffen: *zie* **aansnijden.**

aantrek|ken: to attract || attirer || anziehen; **-kend:** attractive || attractif || anziehend; **-king:** attraction || attraction *v* || Anziehung *v*, Attraktion *v*; **-king, elektromagnetische:** electromagnetic attraction || attraction *v* électromagnétique || elektromagnetische Anziehung *v*; **-king, elektrostatische:** electrostatic attraction || attraction *v* électrostatique || elektrostatische Anziehung *v*; **-king, kapillaire:** capillary attraction || attraction *v* capillaire || Kapillarattraktion *v*; **-king, magnetische:** magnetic attraction || attraction *v* magnétique || magnetische Anziehung v; **-ing, moleculaire:** molecular attraction || attraction *v* moléculaire || Molekularanziehung *v*; **-kingskracht:** attractive power, force of attraction || force *v* (vertu *v*) attractive (d'attraction *v*) || Anziehungs-, Attraktionskraft *v*; **-kingspunt:** centre of attraction || centre *m* d'attraction *v* || Anziehungspunkt *m*.

aanvang (*begin*): beginning; start || commencement *m* || Anfang *m*; **-en:** to begin (start) || commencer || anfangen; (*boring*) (*mijnb.*): to spud [in] || débuter || ansetzen; **-sdruk:** initial pressure || pression *v* initiale || Anfangsdruck *m*; **-sproduct:** first [running] product || produit *m* de tête *v* (initial) || Anfangs-, Vorlaufprodukt *m*; **-spunt:** starting point || point *m* de départ *m* || Anfangspunkt *m*; **-ssnelheid:** initial velocity || vitesse *v* initiale || Anfangsgeschwindigkeit *v*; **-sstabiliteit:** *zie* **stijfheid 2.**

aanva|ren: to collide, to run foul of a vessel || aborder, entrer en collision *v* || anrennen, ansegeln; **-rend:** boarding || abordeur || anrennend, anstoßend; **-ring:** collision || abordage *m*, collision *v* || Zusammenstoß *m*, Kollision *v*, Ansegelung *v*; **-ringsschot:** collision (watertight) bulkhead || cloison *v* d'abordage *m* (de collision *v*, étanche) || wasserdichtes Schott *o*, Kollisionsschot *o*.

aanvoer: supply; feeding (*voeding*) || adduction *v* (*gas, water*); transport *m*, arrivage *m*, (*goederen*); amenage *m*, amenée *v* (*water*); alimentation *v* (*voeding*) || Anfuhr *v*, Zufuhr *v*; Speisung *v*, Lieferung *v* (*voeding*); **-arm:** feed lever || levier *m* d'alimentation *v* || Zufuhrhebel *m*; **-buis:** feed (inlet, supply) pipe || tube *m* adducteur (d'alimentation *v*, d'arrivée *v*, d'introduction *v*) || Speise-, Zuleitungsrohr *o*; **-cilinders:** feeders, feeding rollers || cylindres *mm* alimentaires || Einführungs-, Speisewalzen *vm*; **-doek:** feeding cloth || tablier *m*, toile *v* sans fin *m* || Speise-, Zufuhrtuch *o*; **-en:** to supply || amener, apporter; conduire (*door buizen*) || zuführen; **-kanaal:** feeder, feeding channel || canal *m* d'alimentation *v* (d'amenée *v*) || Speisegraben *m*, -kanal *m*; **-leiding:** inlet || conduite *v* d'amenée *v* || Zuleitungsstrang *m*; **-pijp:** *zie* **aanvoerbuis; -rol:** feeder, feeding (retaining) roller || cylindre *m* d'entrée *v*, cylindre-fournisseur *m* || Einführungs-, Zufuhrwalze *v*; **-schoot:** feed cloth, lap table || tablier *m* alimentaire || Vorlegetuch *o*, Einlaßstück *o*; **-stoompijp:** steam supply pipe || tuyau *m* d'amenée *v* (d'arrivée *v*) de vapeur *v* || Dampfzuführungs-, Dampfzuleitungsrohr *o*; **-tafel, gelatte:** lattice feed table || table *v* lattée d'alimentation *v* || Zufuhrlattentuch *o*, Wickeltisch *m*.

aanvraag: application (*alg.*); enquiry, inquiry (*levering*) || demande *v* (*algem.*); demande *v* (*levering*) || Gesuch *o* (*alg.*); Anfrage *v* (*levering*); *zie ook onder* **concessie, octrooi.**

aanvraag|afdeling (*octrooiwezen*): Application Department || Département *m* (Section *v*) d'Examen *m* || Anmeldeabteilung *v*; **-draad:** recording wire || ligne *v* d'ordre *m* || Meldeleitung *v*; **-klepje:** calling (subscriber['s]) drop || volet *m* avertisseur (d'appel *m*), annonciateur *m* de ligne *v* || Anrufklappe *v*; **-klink:** answering jack || jack *m* de réponse *v* || Anfrageklinke *v*; **-tafel:** record table || table *v* d'enregistrement *m* || Meldetisch *m*.

aanvul|balk: common (intermediate joist) beam bearing no binding joist || solive *v* de remplissage *m* || Leerbalken *m*; **-len** (*m. aarde, puin, enz.*): to fill up || remblayer || anschütten, auffüllen; (*lading*) (*mijnb.*): to tamp || bourrer || besetzen; **-ler** (*elektr.*): replenisher || rechargeur *m* || Auffüller *m*, Füllapparat *m*; **-ling:** complement || complément *m* || Ergänzung *v*; (*lading*) (*mijnb.*): tamping, stemming || bourrage *m* || Besatz *m*; **-lingsoctrooi:** additional patent || brevet *m* d'addition *v* || Zusatzpatent *o*; **-lings[octrooi]aanvrage:** additional [patent] application || demande *v* [de brevet *m*] d'addition *v* || Zusatz[patent]anmeldung *v*.

aanwezigheid: presence; existence || présence *v*; existence *v* || Anwesenheit *v*.

aanwrijven (*verf*): to grind || broyer, détremper || anreiben.

aanwijsbord (*elektr.*): indicator || tableau *m* indicateur || Melde-, Schautafel *v*.

aanwij|zen: to indicate || indiquer, accuser || anzeigen; **-zend, direct:** direct reading || à lecture *v* directe || direkt zeigend; **-zer:** annunciator, indicator || indicateur *m* || Anzeiger *m*.

aanzagen: to saw into || entamer avec la scie *v* || einsägen.

aanzet (*gereedsch.mach.*): rate of feed || vitesse *v* d'avance *v* || Vorschubgeschwindigkeit *v*.

aanzet|beweging: starting gear (equipment) || mouvement *m* de commande *v* (de mise *v* en marche *v*) || Antriebsvorrichtung *v*; (*gereedsch.mach.*): feed motion || mouvement *m* d'avance *v* || Vorschub-, Fortrückbewegung *v*; **-bout:** pressing (stop) screw || vis *v* à portée *v* (de serrage *m*) || Druck-, Klemmschraube *v*; **-gewicht:** driving weight || poids-moteur *m* || Auftriebgewicht *o*; **-hamer:** caulking hammer, riveting set || marteau *m* à mater, matoir *m* || Stemmhammer *m*; **-hefboom:** *zie* **aanzetkruk; -inrichting:** *zie* **aanzetbeweging;** (*motor*): starter || démarreur *m* || Startvorrichtung *v*; **-** (*m. samengep. lucht*): compressed air starting device || installation *v* pour mettre en marche *v* par air *m* comprimé || Druckluftanlaßvorrichtung *v*; **-klauw:** starting ratchet || griffe *v* de mise *v* en marche *v* || Andrehklaue *v*; **-klep:** starting (kick-off, flow) valve || soupape *v* de mise *v* en marche *v* || Anlaß-, Startventil *o*; **-knop:** starting button || bouton *m* de départ *m* || Anlasserknopf *m*; **-koppel:** *zie* **aanloopkoppel; -kraan:** starting cock || robinet *m* de mise *v* en marche *v* (en train *m*) || Anlaßhahn *m*; **-kruk:** starting lever || levier *m* de mise *v* en train *m* || Anlaßhebel *m*; **-machine:** starting machine || machine *v* de démarrage *m* || Anlaßmaschine *v*; **-motor:** starting motor || [moteur *m* du] démarreur *m* || Anlasser-, Startmotor *m*; **-motorrelais:** starting motor relay || relais *m* du démarreur *m*; **-regelweerstand:** starter and regulator || démarreur-régulateur *m*, rhéostat-régulateur *m* de mise *v* en marche *v* || Anlaß- und Regulierwiderstand *m*; **-schakelaar:** starter, starting switch || démarreur *m* || Anlasser *m*, Anlaßschalter *m*; **-schakeling:**

starting connection || couplage *m* de démarrage *m* || Anlaßschaltung *v*; **-schroef:** *zie* **aanzetbout; -sel:** incrustation || sédiment *m* || Absetzung *v*, Ablagerung *v*, Kesselstein *m*; **-slinger:** starting handle (lever, crank) || manivelle *v* de démarrage *m* (de mise *v* en marche *v*, de lancement *m*) || Hand-, Anlaß-, Andrehkurbel *v*; **-sproeier:** starting jet || gicleur *m* de départ *m* || Anlaß-, Startdüse *v*; **-staal:** *zie* **wetstaal; -stand:** starting position || position *v* de démarrage *m* (de mise *v* en marche *v*) || Anlaßstellung *v*; **-steen:** *zie* **wetsteen; -stuk:** prolongation || prolongement *m* || Ansatz *m*, Ansatzstück *o*.

aanzetten: 1. *zie* **aandraaien** *en* **aandrijven;**
2. *zie* **wetten;**
3. *zie* **aanmaken;**
4. (*aandrukken, enz.*)**:** to press; to tighten [up] (*spie, enz.*) || presser; serrer (*spie, enz.*) || andrücken; anziehen, antreiben (*spie, enz.*);
5. (*verbinden, vastmaken*)**:** to fit on || attacher à || ansetzen;
6. (*vuur*)**:** to stir [up] || attiser, activer || [auf]schüren;
7. (*laten aanlopen*)**:** to start, to set in motion, to throw into gear || démarrer, mettre en marche *v*, faire aller (marcher) || anlassen, ansetzen, anlaufen lassen, ankurbeln, anstellen; **-, onbelast:** to start light (without load), to run light || démarrer à vide (sans charge *v*) || leer angehen (anlaufen, anziehen);
8. (*sneller laten lopen*)**:** to accelerate || activer, accélérer || beschleunigen;
9. (*aanbranden*)**:** to stick to, to burn to [the pan, the bottom, *enz.*] || attacher, brûler || anbacken, anbrennen.
10. (*aanzetsel vormen*)**:** to incrust, to foul, to form incrustation, to scale || incruster, encrasser, former des croûtes *vm* (du sédiment *m*, de l'encrassement *m*) || Krusten *vm* (Absetzung *v*, Ablagerung *v*, Niederschlag *m*, *enz.*) bilden.

aanzet|ter: starter || démarreur *m* || Anlasser, Starter *m*; (*elektr.*)**:** *zie* **aanloopweerstand; -terdrijfwerk:** starter drive || entraînement *m* du démarreur *m* || Anlasser-, Starterantrieb *m*; **-toestel:** starting device (apparatus, gear) || dispositif *m* de démarrage *m* || Anlasser *m*, Anlaßvorrichtung *v*; **-transformator:** *zie* **aanlooptransformator; -ventiel*:** *zie* **aanzetklep; -weerstand:** *zie* **aanloopweerstand; -wikkeling** (*gelijkstr.*)**:** starting winding || enroulement *m* de démarrage *m* || Anlaßwick[e]lung *v*; **-wikkeling** (*wisselstr.*)**:** auxiliary phase winding || enroulement *m* de phase *v* auxiliaire || Hilfsphasenwick[e]lung *v*.

aanzicht (*tekening*)**:** view || vue *v* [extérieure] || Ansicht *v*.

aanzien: aspect || aspect *m* || Aussehen *o*.

aanzoe|ten: to edulcorate || édulcorer || versüßen; **-ting:** edulcoration || édulcoration *v* || Versüßung *v*.

aanzuig|demper: inlet silencer || silencieur *m* d'aspiration *v* || Ansauggeräuschdämpfer *m*; **-en:** to suck, to draw || sucer, aspirer || ansaugen; **-ing:** suction || aspiration *v* || Ansaugen *o*; **-lijn:** suction line, intake curve || ligne *v* d'aspiration *v* || Ansaugelinie *v*; **-slag:** suction stroke || coup *m* d'aspiration *v* || Ansaughub *m*; **-spruitstuk:** intake manifold || collecteur *m* d'admission *v* || Ansaugleitung *v*.

aanzuren: *zie* **zuur maken.**

aard: nature; disposition; state || état *m*, nature *v* || Beschaffenheit *v*; **-achtig:** earthy || terreux || erdig; **-alkali [metaal]:** alkaline earth metal || métal *m* alcalino terreux || Erdalkali[metall] *o*; **-anker:** land anchor || ancre *v* fichée en terre *v* || Erdanker *m*; **-appel:** potato || pomme *v* de terre *v* || Kartoffel *v*; **-appelmeel:** potato-flour, potato-starch, farina || fécule *v* de pommes *vm* de terre *v* || Kartoffel[stärke]-mehl *o*, -stärke *v*; **-appelmeelfabriek:** potato flour (potato starch, farina) works || féculerie *v* || Kartoffelmehlfabrik *v*; **-appelploeg:** potato digger || charrue *v* à pommes *vm* de terre *v* || Kartoffelaushebepflug *m*; **-appelraspmachine:** potato rasping machine || machine *v* à râper les pommes *vm* de terre *v* || Kartoffelreibmaschine *v*; **-appelspiritus:** potato spirit || alcool *m* de pommes *vm* de terre *v* || Kartoffelspiritus *m*; **-appelstroop:** potato syrup || sirop *m* de pommes *vm* de terre *v* || Kartoffel-, Stärkesirup *m*; **-appelstijfsel**[1])**:** [gelatinized] potato starch; potato starch paste (*pap*) || fécule *v* de pommes *vm* de terre *v* amylacée; empois *m* de fécule *v* de pommes *vm* de terre *v* (*pap*) || Kartoffelstärke *v*; Kartoffelstärkekleister *m* (*pap*); **-appelzetmeel**[1])**:** potato starch (amylum) || fécule *v* de pommes *vm* de terre *v* || Kartoffelstärkemehl *o*, Kartoffelstärke *v*; **-baan:** orbit of the earth || orbite *v* de la terre *v* || Erdbahn *v*; **-boor:** earth borer, ground auger || sonde *v* à tarière *v*, tarière *v*, trépan *m* || Erd-, Minenbohrer *m*; **-dam:** earth bank, embankment || levée *v* de terre *v*, remblai *m* || Erd-, Schüttdamm *m*; **-draad** (*elektr.*)**:** earth wire, earth connection || conducteur *m* (fil *m*)

---

[1]) In de praktijk worden de woorden *meel* (gemalen zetmeelhoudend produkt), *zetmeel* (amylum) en *stijfsel* (verstijfseld zetmeel) dikwijls verkeerd gebruikt. *Stärke* en *starch* kunnen zowel *zetmeel* als *stijfsel* betekenen.

de terre *v*, ligne *v* de mise *v* (de prise *v*) à la terre *v* || Erd[ungs]leitung *v*, Erddraht *m*; **-druk:** pression of earth || poussée *v* des terres *vm* || Erddruck *m*. (*Zie verder na* **aarde.**)

aarde: 1. (*planeet*): earth || terre *v* || Erde *v*; **2.** (*stofnaam*): soil, earth, ground || sol *m*, terre *v* || Erde *v*, Boden *m*, Grund *m*; **-, uitgegraven:** excavated (dug) earth || creusement *m*, déblaiement *m*, déblais *m* || abgetragene Erde *v*, Aushub *m*; **-baan:** embankment || remblai *m* || [Straßen]damm *m*, Erdkörper *m*; **-dam:** earth bank, embankment || levée *v* de terre *v*, remblai *m* || Erd-, Schüttdamm *m*.
3. (*elektr.*): earth; ground (*Am.*) || terre *v*, masse *v* || Erde *v*, Masse *v*.

aardelektrode: earth plate || prise *v* de terre *v* || Erder *m*, Erdelektrode *v*.

aarden: 1. (*bijv. nw.*): earthen || de terre || irden;
2. (*werkw.*): to [put to] earth, to ground || mettre (relier) à la terre *v* || erden, an die Erde *v* legen.

aarde|werk [1]**:** crockery, earthenware, pottery, stoneware || faïence *v*, poterie *v* || irdenes Geschirr *o*, Steingut *o*, Tonwaren *vm*, Töpfergeschirr *o*, -gut *o*, -waren *vm*, -zeug *o*; **-werk, Delfts:** Delft ware || poterie *v* de Delft || Delfter Fayence *v*; **-werk, grof:** coarse pottery, crockery || poterie *v* commune || Töpferzeug *o*; **-werk, verglaasd:** glazed earthenware || faïence *v* || verglaste Tonware *v*; **-werk, vuurvast:** fireproof (refractory) stoneware (pottery) || poterie *v* réfractaire || feuerfeste Tonware *v*.

aard|gas: natural (rock) gas || gaz *m* naturel || Erd-, Naturgas *o*; **-gat:** sand hole || camelot *m*, moye *v* || Sandloch *o*; **-geleider:** *zie* **aarddraad; -hoop** (*op zij v. d. weg*)**:** side piling || cavalier *m* || Seitenablagerung *v*; **-ing** (*elektr.*)**:** earthing || mise *v* à la terre *v* || Erdung *v*; **-ingscontact:** earthing contact || dispositif *m* de mise *v* en communication *v* avec le sol *m* || Erdungs-, Schutzkontakt *m*; **-ingsketen:** earth circuit || circuit *m* de terre *v* || geerdeter Kreis *m*; **-ingssmoorspoel:** drainage coil || bobine *v* d'écoulement *m* || Erdungsdrossel *v*; **-ingsweerstand:** earth resistance || résistance *v* de terre *v* || Erdungswiderstand *m*; **-klem** (*elektr.*)**:** earth terminal || borne *v* de [mise *v* à la] terre *v* || Erdklemme *v*; **-lekstroom:** loss current to earth || courant *m* (perte *v*) à la terre *v* || Erdschlußstrom *m*; **-kool:** earth coal || lignite *m* terreux || Erdkohle *v*; **-korst:** crust of the earth, earth crust || écorce *v* terrestre || Erdkruste *v*; **-kunde:** geology || géologie *v* || Geologie *v*; **-laag:** layer of earth || assise *v* (couche *v*) de terre *v* || Erdschicht *v*; **-leiding:** *zie* **aarddraad; -magnetisme:** earth (terrestrial) magnetism || magnétisme *m* terrestre || Erdmagnetismus *m*; **-meetkunde:** geodesy || géodésie *v* || Erdmeßkunst *v*, Geodäsie *v*; **-nabijheid:** perigee || périgée *v* || Erdnähe *v*, Perigäum *o*; **-notenolie:** *zie* **arachide-olie; -olie** [1]**):** petroleum, mineral (rock) oil || huile *v* minérale, pétrole *m* || Erd-, Mineralöl *o*, Petroleum *o*; **-pek:** earth (mineral) pitch, compact bitumen || bitume *m* solide, poix *v* minérale, goudron *m* minéral || Erdpech *o*; **-plaat** (*elektr.*)**:** earth (ground) plate || plaque *v* de terre *v* || Erdplatte *v*; **-potentiaal** (*elektr.*)**:** earth potential || potentiel *m* de la terre *v* || Erdpotential *m*; **-sluiting:** earth connection (leakage) || dérivation *v* (mise *v*, perte *v*) à la terre *v* || Erdableitung *v*, -schluß *m*; **-sluitingsaanwijzer:** ground detector, leakage indicator || indicateur *m* de [perte *v* à la] terre *v* || Erdschlußanzeiger *m*, -prüfer *m*; **-storting:** land slip || éboulement *m* (glissement *m*) de terre *v* || Erdrutsch *m*, -sturz *m*; **-stroom** earth current || courant *m* terrestre (tellurique) || Erdstrom *m*; **-veld:** terrestial field || champ *m* terrestre || Erdfeld *m*; **-veld, magnetisch:** terrestial magnetic field || champ *m* magnétique terrestre || erdmagnetisches Feld *o*; **-verbinding:** earth contact (connection) || contact *m* terrestre, prise *v* de terre *v* || Erdkontakt *m*, -verbindung *v*; **-verklikker:** *zie* **aardsluitingsaanwijzer; -verschuiving:** *zie* **aardstorting; -vochtig:** moist || détrempé || erdfeucht; **-was:** earth (mineral) wax, ozokerite || cire *v* fossile, ozokérite *v* || Berg-, Erdwachs *o*, Ozokerit *m*; **-werk:** *zie* **grondwerk.**

abacahennep: abaca hemp, Manillahemp || chanvre *m* d'abaca *m* (de Manille) || Abaka-, Manilahanf *m*.

abacus: abacus || abaque *m*, tailloir *m* || Abakus *m*, Kapitäldeckplatte *v*; **-bloem** (*a. e. Korinthisch kapiteel*)**:** abacus flower || oeil *m* (rose *v*) du tailloir *m* || Abakusblume *v*.

abattoir: slaughtering hall, slaughterhouse || abattoir *m* || Schlachthaus *o*.

aberratie: aberration || aberration *v* || Aberration *v*, Abweichung *v*.

abon|nee: subscriber || abonné *m* || Abonnent *m*, Teilnehmer *m*; **-nementstarief:** bulk tarif || tarif *m* à forfait || Pauschal-, Bauschtarif *m*.

abscis: abscissa || abscisse *v* || Abszisse *v*;

---

[1]) Zie ook *grondwerk.*

[1]) Zie ook *petroleum.*

-as [1]**:** axis of the abscissae || axe *m* des abscisses *vm* || Abzissenachse *v*.
absoluut: absolute(*ly*) || absolu(*ment*) || absolut.
absorberen [2]**:** to absorb || absorber || absorbieren, aufnehmen.
absorptie [3]**:** absorption || absorption *v* || Absorption *v*, Aufnahme *v*; **-analyse:** analysis by absorption || analyse *v* par absorption *v* || Absorptionsanalyse *v*; **-coëfficiënt:** absorption coefficient || coefficient *m* d'absorption *v* || Absorptionskoeffizient *m*; **-coëfficiënt, lineaire:** coefficient of lineair absorption || coefficient *m* d'absorption *v* linéaire || [totaler linearer] Absorptionskoeffizient *m*; **-factor:** absorption factor || facteur *m* d'absorption *v* || Absorption *v*; **-kromme:** absorption curve || courbe *v* d'absorption *v* || Absorptionskurve *v*; **-machine:** absorption machine || machine *v* à absorption *v* || Absorptionsmaschine *v*; **-spektrum:** absorption spectrum [4] || spectre *m* d'absorption *v* || Absorptionsspektrum [5] *o*; **-warmte:** heat of absorption || chaleur *v* d'absorption *v* || Absorptionswärme *v*.
acaciahout: acacia wood || bois *m* d'acacia *m* || Akazienholz *o*.
accolade (*typogr.*)**:** brace || accolade *v* || Nasenklammer *v*.
accommodatie (*oog*)**:** accomodation || accommodation *v* || Akkommodation *v*.
accumulatie: accumulation, storage || accumulation *v*, emmagasinement *m* || Ansammlung *v*, [Auf]speicherung *v*, Anhäufung *v*.
accu[mulator] [6]**:** accumulator, storage battery || accumulateur *m* || Akkumulator *m*, Sammler *m*; **- m. gesmeerde platen** (*faureplaten*)**:** accumulator with pasted plates || accumulateur *m* à formation *v* hétérogène (à plaques *vm* empâtées, à plaques *vm* tartinées) || Masseakkumulator *m*; **- m. roosterplaten:** grid accumulator || accumulateur *m* à grillage *m* || Gitterakkumulator *m*; **- m. schaalvormige platen:** tray accumulator || accumulateur *m* à cuvettes *vm* || Tellerakkumulator *m*; **-, droge:** dry accumulator || accumulateur *m* sec || Trockenakkumulator *m*; **-, hydraulische:** hydraulic accumulator || accumulateur *m* hydraulique || hydraulischer Akkumulator *m* (Speicher *m*); **-bak:** accumulator box (jar) || bac *m* (récipient *m*, vase *m*) d'accumulateur *m* || Akkumulatorgefäß *o*; **-glas:** accumulator glass (jar) || bac *m* d'accumulateur *m* en verre *m* || Akkumulatorglas *o*; **-kast:** accumulator box (tank) || caisse *v* d'accumulateur *m* || Akkumulatorkasten *m*; **-locomotief** (*mijnb.*)**:** accumulator (storage) locomotive || locomotive *v* à accumulateur *m* électrique || Akkumulatorlokomotive *v*; **-plaat:** accumulator plate || plaque *v* d'accumulateur *m* || Akkumulatorplatte *v*; **-rooster:** accumulator grid plate || plaque *v* [à grillage *m*] d'accumulateur *m* || Akkumulatorgitterplatte *v*; **-ruitje:** interstice of the accumulator grid plate || alvéole *m* de grillage *m* d'accumulateur *m* || Akkumulatorgittermasche *v*; **-station:** accumulator substation || sousstation *v* d'accumulateurs *mm* || Sammler-, Akkumulatorenwerk *o*; **-zuur:** accumulator acid || acide *m* de remplissage *m* (pour accumulateurs *mm*) || Akkumulator-, Füllsäure *v*.
accumulatoren|batterij: storage (secondary) battery || batterie *v* d'accumulateurs *mm* (secondaire) || Akkumulatoren-, Sammlerbatterie *v*; **-ruimte:** accumulator room || salle *v* des accumulateurs *mm* || Akkumulatorenraum *m*; **-stellage:** accumulator stand || chantier *m* (tréteau *m*) pour accumulateurs *mm* || Akkumulatorengestell *o*.
accumuleren: to accumulate, to collect, to heap together, to store up || accumuler, entasser, emmagasiner, recueillir || an-, zusammenhäufen, aufspeichern, sammeln.
aceetaldehyde (ethanal): acetaldehyde || aldéhyde *m* (*v*) éthylique || Acetaldehyd *o*.
aceetamide (ethaanamide; methaancarbonamide): ethanamide || éthanamide *v* || (Äthanamid *o*).
ace|taal: acetal || acétale *m* || Acetal *o*; **-taat:** acetate || acétate *m* || Acetat *o*.
aceton (propanon): acetone || acétone *m* || Aceton *o*.
acetylchloride (methaancarbochloride; ethaanzuurchloride): acetyl chloride || chlorure *m* d'acétyle *m* || Acetylchlorid *o*.
acetyleen [ethyn]: acetylene || acétylène *m* || Acetylen *o*; **-lamp:** acetylene lamp || lampe *v* à acétylène *m* || Acetylenlampe *v*; **-verlichting:** acetylene lighting || éclairage *m* à l'acétylène *m* || Acetylenbeleuchtung *v*; **-zuurstof(*snij*)brander:** acetylene-oxygenium (*fusing*) burner || chalumeau *m* oxacétylénique (*brûleur m d'acétylène oxyhydrique à découper*) || Acetylen-Sauerstoff(*schneid*)brenner *m*.
achroma|tisch: achromatic || achromatique || achromatisch; **-tisme:** achromatism || achromatisme *m* || Achromatismus *m*.
acht|hoek: octagon || octogone *m* || Achteck *o*; **-hoekig:** octagonal || octogone || acht-

---

[1]) Zie ook *X-as.*
[2]) Vergelijk *adsorberen.*
[3]) Vergelijk *adsorptie.*
[4]) *Mrv.*: spectra.
[5]) *Mrv.*: Spektren.
[6]) Zie ook *batterij.*

eckig; **-vlak:** octahedron || octaèdre *m* || Achtflach *o*, Oktaeder *o*.

achter: 1. (*voorz.*): behind, after, at the back of, in the rear of || derrière, après || hinter;
2. (*bijw.*): in arrear || en (à l')arrière *m*, au fond *m* (*de*) || hinten.

achter|aan: behind, in the rear[ward] || derrière, en arrière *m*, à la (en) queue *v* || ganz hinten, zuletzt; **-aanzicht:** back (posterior) elevation, backside prospect, back view || élévation *v* (vue *v*) de derrière *m* || Hinteransicht *v*; **-as:** hind (trailing) axle || essieu *m* de derrière *m* || Hinterachse *v*; (*auto*): rear axle || pont-arrière *m* || Hinterachse *v*; **-asbuis** (*auto*): axle tube || tube *m* fourreau || Achsrohr *o*; **-askoker** (*auto*): tube of rear axle || fusée *v* creuse d'essieu *m* arrière || Achsenhülse *v*; **-band** (*rijwiel, enz.*): back (hind)tyre || pneu-arrière *m*, pneumatique *v* d'arrière *m* || Hinterband *o*, -reifen *m*; **-blijfsel:** residue || résidu *m* || Rückstand *m*; **-blijfsel** (*b. h. smelten v. metalen*): dross || laisse *v*, lavures *vm* || Krätze *v*; **-blijven** (*schieten*) (*mijnb.*): to miss fire || rater || versagen; **-blijver:** mis[s]fire || raté *m*, mine *v* ratée; **-boom:** warp (yarn) beam || ensouple *v* de chaîne *v* (de derrière *m*) || Garn-, Hinter-, Kettenbaum *m*; **-brug:** rear axle || pont *m* arrière || Hinterachse *v*; **-buffer:** back buffer || buttoir *m* d'arrière *m* || Hinterpuffer *m*; **-deel:** hind-part, posterior || partie *v* postérieure, derderrière *m*, arrière *m* || Hinterteil *m*; **-dek:** quarter deck || château *m* de derrière *m*, gaillard *m* d'arrière *m* || Achter-, Hinterdeck *o*; **-dek, verhoogd:** raised quarterdeck || demi-dunette *v* || erhöhtes Quarterdeck *o*; **-deur:** backdoor || porte *v* de derrière *m* || Hintertür *v*; **-draad** (*in weefsel*): back (hind) thread || fil *m* de derrière *m* || Hinterfaden *m*; **-draaibank:** backing off (relieving) lathe || tour *m* à façonner à profil *m* invariable (à dépouiller, à détalonner) || Hinterdrehbank *m*; **-dijk:** back dike || arrière-digue *v* || Hinterdeich *m*; **-eb[be]:** end of the ebb tide || fin *m* du jusant *m* || Achter-, Hinterebbe *v*, letzte Ebbe *v*; **-een:** successively, in succession, consecutively || de suite *v*, sans interruption *v* (cesse *v*) || hintereinander, nacheinander; **-eenvolgend:** successive, consecutive || successif || hintereinander; **-eenvolgens:** successively, in succession, in turn, consecutively || successivement, consécutivement || nacheinander; **-elkander:** one after another || l'un après l'autre; sans interruption *v*; de suite *v* || nacheinander; **-en, naar:** backward || en arrière *m* || rückwärts; **-en, van:** at the back; from behind || par derrière *m*; dans le dos *m* || von hinten, von rückwärts; **-front** (*ketel*): back end (back bottom) plate || fond *m* de derrière *m* (postérieur) || Hinterboden *m*, Kesselrückwand *v*; **-galerij** (*schip*): stern gallery || galerie *v* de poupe *v* || Hintergalerie *v*; **-gevel:** back gable || pignon *m* de derrière *m* || Hintergiebel *v*; **-haam:** collar of a wheel harness || collier *m* d'un attelage *m* de derrière *m* || Hinterkummet *o*; **-hand** (*auto*): back bracket of rear spring || main-arrière *v* || Hinterfederhand *v*; **-har** (*sluisdeur*): heel (quoin) post || poteau *m* (tourillon *m*) || Drehsäule (Wendesäule) *v*; **-hoefijzer:** hind shoe || fer *m* de derrière *m* || Hintereisen *o*; **-hoofd** (*pijler*): back (tail) starling || bec *m* d'aval *m*, arrière-bec *m* || Pfeilerhinterhaupt *o*, -sterz *m*; **-kant:** rear || arrière *m* || Hinterteil *m*; **-kant** (*muur*): back || parement *m* postérieur || Abichte *v* (Abrechte *v*, Hinter-, Rückseite *v*); **-kant** (*werksteen*): back || surface-arrière *v* (face *v* postérieure) || Rückenfläche *v*; **-kluis:** cat hole || écubier *m* de retraite *v* || Hinterklüse *v*; **-koor:** back choir || arrière-choeur *m* || Hinterchor *m*; **-kop** (*draaibank*): back puppet || poupée *v* de derrière *m* || Hinterdocke *v*; **-koppelstang** (*locom.*): trailing coupling rod || bielle *v* d'accouplement *m* d'arrière *m* || Hinterkuppelstange *v*; **-lamp:** rear (tail) lamp || lanterne *v* d'arrière *m* || Schlußlaterne *v*, -lampe *v*; **-lastig:** *zie onder* **schip 1**; **-laten:** to leave behind || laisser, abandonner || hinterlassen; **-licht:** tail light || feu *m* arrière || Hinterlicht *o*; **-luik:** after hatchway || écoutille *v* de l'arrière *m* (de poupe *v*) || Achter-, Hinterluke *v*; **-mast:** hind mast || mât *m* d'arrière *m* || Hintermast *m*; **-meertouw:** stern fast || amarre *v* de poupe *v* || Achter-, Hintertau *o*; **-muur:** back wall || mur *m* de derrière *m* || Hintermauer *v*; **-overhaler** (*steuntouw v. e. bok*): stay of the sheers || hauban *m* d'une bigue *v* || Stag *o* eines Bock[e]s *m*; **-perscilinder:** back pressing roller || pression *v* de derrière *m* || hinterer Druckzylinder *m*; **-plaat** (*schoorsteen*): chimney back || contre-coeur *m* (plaque *v*) de cheminée *v* || Kaminhinterwand *v*, -platte *v*; **-plank** (*trap*): heightboard, riser [board] || ais *m* de contre-marche *v* || Futterbrett *o*, Setzstufe *v*; **-plecht:** after cuddy || tille *v* de l'arrière *m* || Hinterpflicht *v*; **-riet** (*weverij*): back reed, slay of the ribbon loom || peigne *m* d'arrière *m* (du métier *m* à rubans *mm*) || Hinterriet *o*, Scheideblatt *o*; **-rol:** backroller || cylindre *m* de derrière *m* || Hinterwalze *v*; **-ruim:** after (stern) hold || cale *v* d'arrière *m* || Hinterraum *m*; **-ruit** (*windscherm*):

rear window glass || lucarne *v* arrière || Hinterfensterscheibe *v*; **-schip:** after body (hind part) of a vessel || arrière *m* (poupe *v*) d'un vaisseau *m* || Hinterschiff *o*; **-spatscherm** (*auto*)**:** rear fender || aile *v* arrière || Hinterkotflügel *m*; **-standaard** (*rijwiel*)**:** back stand || support *m* d'arrière *m* || Hinterständer *m*, -gestell *o*; **-stel** (*wagen*)**:** hind carriage || train *m* de derrière *m* || Hintergestell *o*; **-steunpilaar:** back pier || fausse-alette *v* || Hinterpfeiler *m*; **-steven:** stern post || étambot *m* || Hintersteven *m*; **-stevenknie:** heel (stern post) knee || courbe *v* de l'étambot *m* || Hintersteven-, Reitknie *o*; **-stevenplaat:** stern post plate || tôle *v* d'étambot *m* || Hinterstevenplatte *v*; **-talie:** relieving (train) tackle || palan *m* de retraite *v* || Einholtalje *v*; **-tang** (*schaafb.*)**:** end screw press || presse *v* de derrière *m* || Hinterzange *v*; **-trap:** back (private) stairs || escalier *m* de service *m* || Hinter-, Lauftreppe *v*; **-tros** (*scheepst.*)**:** stern rope || amarre *v* de poupe *v* || Hinter-, Achtertau *o*; **-tuig** (*zadelm.*)**:** wheel harness || harnais *m* de derrière *m* || Hinter-, Stangengeschirr *o*; **-uitbeweging:** astern motion || mouvement *m* en arrière *m* || Rückwärtsbewegung *v*; **-uitexcentriek:** back eccentric || excentrique *m* de marche *v* arrière || Rückwärtsexzenter *o*; **-uitgaan:** to back || aller en arrière *m* || rückwärtsgehen; **-uitkijkspiegel:** rear view mirror || miroir *m* rétroviseur || Rückblickspiegel *m*; **-uitlopen** (*mach.*)**:** to go backward || marcher en arrière *m* || rückwärtsgehen; **-uitschrede** (*winding*)**:** backward pitch || pas *m* en arrière *m* (rétrograde) || Rückwärtsschritt *m*; **-uitslaan** (*scheepsschroef*)**:** to go astern || marcher en arrière *m* || zurückschlagen; **-uitwerken** (*mach.*)**:** to go backward || marche *v* [en] arrière *m* || Rückwärtsgang *m*; **-veer:** rear spring || ressort *m* arrière || Hinterfeder *v*; **-vleugel** (*gebouw*)**:** back aisle (wing) || arrière-corps *m* || Hinterflügel *m*; **-vork:** backfork || fourche *v* arrière || Hintergabel *v*; **-waarts:** reverse || marche *v* arrière || Rückgang *m*; **-wand:** back wall || paroi *v* postérieure || Hinterwand *v*; **-waterkamer:** back header || collecteur *m* postérieur ([d']arrière *m*, de derrière *m*) || hintere Wasserkammer *v*; **-wiel:** hindwheel, rear (back) wheel || roue *v* arrière (de derrière *m*) || Hinterrad *o*; **-wielaandrijving:** rear axle drive || commande *v* des roues *vm* arrières || Hinterradantrieb *m*; **-zijde:** back [part], reverse side || derrière *m*, verso *m* || Hinter-, Rückseite *v*; (*boek*)**:** back page || dernière page *v*, verso *m* || Rückseite *v*; (*schoep*)**:** back || dos *m* || Rücken *m*; **-ste:** back, rear || de derrière *m*, arrière || hinter, Hinter-.

acidi|teit: *zie* **zuurheidsgraad; -metrie:** acidimetry || acidimétrie *v* || Acidimetrie *v*.

acoustiek: acoustics || acoustique *v* || Akustik *v*.

acrylzuur (etheencarbonzuur; propeenzuur): acrylic acid || acide *m* acrylique || Acrylsäure *v*; **-hars:** acrylic resin || résine *v* acrylique || Acrylharz *o*.

actie|radius: radius of action || rayon *m* d'action *v* || Aktionsradius *m*; *zie ook* **vaarbereik; -turbine:** action (impulse) turbine || turbine *v* à action *v* || Aktionsturbine *v*, [Gleich]druckturbine *v*; **-turbine m. snelheidstrappen:** impulse turbine with velocity stages || turbine *v* à action *v* à étages *mm* de vitesse *v* || Druckturbine *v* mit Geschwindigkeitsstufen *vm*; **-wiel:** impulse wheel || roue *v* à action *v* || Aktionsrad *o*.

actief: active(*ly*) || actif (*activement*) || aktiv.

activator: activator || activant *m* || Aktivierer *m*, Verstärker *m*.

activeren: to activate || activer || aktivieren; [wieder]beleben; **-ring:** activation || activation *v* || Aktivierung *v*; [Wieder]belebung *v*.

actinium: actinium || actinium *m* || Aktinium *o*; **-emanatie:** actinium emanation || émanation *v* d'actinium *m* || Aktiniumemanation *v*.

acyl: acyl || acyl[e] *m* || Acyl *o*; **-groep:** acyl group || groupe *m* (groupement *m*) acyl[e] *m* || Acylgruppe *v*.

adaptatie (*oog*)**:** adaptation || adaptation *v* || Adaptation *v*.

adelaarshout: aloe (eagle) wood, calambac || bois *m* d'aigle *m* (d'aloès *m*, de calambac *m*) || Adler-, Aloe-, Kalambakholz *o*.

ademhaling: respiration, breathing || respiration *v* || Atmung *v*, Atemholen *o*; **-[halings]toestel** (*mijnb.*)**:** breathing apparatus || appareil *m* respiratoire || Atmungsgerät *o*.

ader: 1. (*in hout, marmer, enz.*)**:** cloud, core, vein || fil *m*, ronce *v*, veine *v* || Ader *v*, Maserung *v*; **-en:** to marble, to vein || marbrer, veiner || adern, masern; **-hout:** grain wood || bois *m* de fil *m* || Ader-, Längen-, Langholz *o*; **-zaag:** router saw || scie *v* à filet *m* || Adersäge *v*;

2. (*kabel*)**:** core, conductor || âme *v*, conducteur *m* || Ader *v*, Leiter *m*;

3. (*mijnb.*)**:** vein, lode, lead || veine *v*, filon *m* || [Erz]gang *m*, Ader *v*.

adhesie: adhesion, adherence || adhésion *v*, adhérence *v* || Adhäsion *v*, Adhärenz *v*.

adia|baat: adiabatic [line] || adiabate *v*, ligne *v* (courbe *v*) adiabatique || Adiabate *v*, adiabatische Linie *v*, Isentrope *v*;

-baat, droge (*natte*): dry (*wet*) adiabatic [curve] || ligne *v* adiabatique sèche (*humide*) || trockene (*nasse*) Adiabate *v*; **-thermaan:** adiathermic || adiathermique || adiatherman.

adipinezuur (butaandicarbonzuur-1,4, hexaandizuur): adipic acid || acide *m* adipique || Adipinsäure *v*.

adjusteerwerk (*muntw.*): adjusting draw bench, flatting mill || banc *m* à tirer, dragon *m* || Adjustierwerk *o*, Zainzug *m*.

adjusteren: to adjust || ajuster || a[d]justieren.

administratiegebouw: office building || bâtiment *m* d'administration *v* || Verwaltungsgebäude *o*.

admittantie: admittance || admittance *v* || Scheinleitwert *m*, Admittanz *v*.

adres: address || adresse *v* || Anschrift *v*, Adresse *v*; **-, per:** care of, c/o || chez || per Adresse, p.A.; **-boek:** directory || livre *m* d'adresses *vm* || Adreßbuch *o*; **-lijst:** mailing list || fichier *m*, liste *v* || Postliste *v*; **-seermachine:** addressograph || machine-adresses *v* || Adressiermachine *v*.

adsorberen [1]**):** to adsorb || adsorber || adsorbieren.

adsorptie [2]**):** adsorption || adsorption *v* || Adsorption *v*; **-isotherm[e]:** adsorption isotherm || isotherme *v* d'adsorption *v* || Adsorptionsisotherme *v*; **-kool:** adsorbent (active) carbon || carbone *m* adsorbant (actif) || Adsorptionskohle *v*, aktive Kohle *v*; **-middel:** adsorbing agent || adsorbant *m*, agent *m* adsorbant || Adsorptionsmittel *o*; **-wet:** adsorption law || loi *v* d'adsorption *v* || Adsorptionsgesetz *o*.

advertentie: advertisement, notice; ad (*Am.*) || annonce *v* || Anzeige *v*, Annonce *v*, Inserat *o*; **-, kleine:** classified (small) advertisement; want ad (*Am.*) || petite annonce *v* || kleine Anzeige *v*; **-bureau:** advertising agency (office) || agence *v* de publicité *v* || Anzeige-, Annoncenbüro *o*; **-kosten:** advertising-expenses, cost of advertisement || frais *mm* de publicité *v* || Insertionspreis *m*, Einrückungsgebühr *v*; **-opmaker:** advertisement maker-up || annoncier *m* || Anzeigenmetteur *m*; **-prijzen:** advertising rates || tarifs *mm* de publicité *v* || Anzeigepreise *mm*; **-rand:** advertisement border || cadre *m* d'annonces *vm* || Anzeigeneinfassung *v*.

advertentiereiziger: 1. (*v. e. ondern.*): advertising representative || représentant *m* en publicité *v* || Anzeigenvertreter *m*;
2. (*v. e. reclamebureau*): agency representative, advertising canvasser || courtier *m* en publicité *v* || Anzeigenvertreter *m*;
3. (*v. e. krant*): advertisement representative; advertising salesman (*Am.*) || courtier *m* en publicité *v* || Anzeigenvertreter *m*;

advertentie|tarief: rate card || tarif *m* de publicité *v* || Anzeigenpreisliste *v*; **-tekst:** copy || texte *m*, copie *v* || Anzeige-, Werbetext *m*; **-zuil:** *zie* **reclamezuil.**

adverteren: to insert || annoncer, insérer || anzeigen, inserieren, annoncieren.

advies: advice || avis *m*, conseil *m* || Avis *m*, Rat *m*, Gutachten *o*; **- inwinnen:** to consult, to take advice || consulter, prendre l'avis *m* de || Avis *m* (Rat *m*, Beratung *v*) einholen.

adviseren: to advise || aviser, conseiller || avisieren, beraten, begutachten.

adviseur: 1. (*algem.*): adviser || conseil[leur] *m*, expert *m* || Berater *m*, Gutachter *m*;
2. -, rechtskundig: counsel || expert *m* judiciaire || juristischer Berater *m* (Beirat *m*, Beistand *m*), rechtlicher Beistand *m*;
3. -, wiskundig: actuary || actuaire *m* || Aktuar *m*;
4. (*voor reclame*): *zie* **reclameconsulent.**

aequi-: *zie* **equi-.**

aëro|dynamica: aerodynamics || aérodynamique *v* || Aerodynamik *v*; **-dynamisch:** aerodynamic[al] || aérodynamique || aerodynamisch; windschnittig; **-liet:** aerolite || aérolithe *m* || Aerolith *m*; **-mechanica:** mechanic of elastic fluids || mécanique *v* des fluides *vm* aériformes || Aeromechanik *v*, Mechanik *v* gasförmiger Körper *mm*; **-meter:** hydrometer || aéromètre *m*, pèse-liqueur *m* || Aerometer *o en m*, Senkwaage *v*; **-naut:** aeronaut || aéronaute *m*, aérostatier *m* || Aeronaut *m*, Luftschiffer *m*; **-nautica:** aeronautics || aéronautique *v* || Aeronautik *v*, Luftschiffkunst *v*; **-nautisch:** aeronautic[al] || aéronautique || aeronautisch; **-statica:** aerostatics, statics of elastic fluids || aérostatique *v* || Aerostatik *v*; **-statisch:** aerostatic || aérostatique || aerostatisch.

aëroob: aerobe || aérobie || aerob.

aethaan, aetheen, aether, aethyl, *enz.***:** *zie* **ethaan, etheen, ether, ethyl,** *enz.*

afbaarden: to chip, to strip off the burrs || ébarber || abgraten, abrauhen, beschneiden, beschroten, putzen.

afbakenen: 1. (*weg, enz.*): to trace [out]; to mark [out] || tracer || abstechen, abpfählen;
2. (*dijk*): to stake || piqueter || abbaken;
3. (*vaarwater*): to beacon, to mark by beacons, to buoy, to set buoys || baliser, mettre des balises *vm* || abbaken;
4. (*octrooiaanvrage*): to limit || délimiter || abgrenzen.

---

[1]) Voor *absorberen* zie aldaar.
[2]) Voor *absorptie* zie aldaar.

afbandsel: tease band || pienne *v* || Abschur *o*.

afbeel|den: 1. (*algem.*): to picture, to represent || représenter, figurer || abbilden; **-ding:** picture, representation, image, figure || image *v*, dessin *m*, figure *v* || Bild *o*, Abbildung *v*, Figur *v*;
2. (*optiek*): to form an image || former une image *v* || abbilden; **-ding:** image || image *v* || Abbildung *v*, Bild *o*.

afbellen: to ring off || sonner à la fin *v* de la conversation *v* (*telef.*), resonner, donner le signal *m* d'arrêt *m* || abklingeln.

afbikken: 1. (*stenen*): to clean from mortar || décrotter, hâcher || vom Mörtel *m* reinigen;
2. (*ketelsteen*): to knock off || écailler, battre les écailles *vm* || abklopfen.

afbiljoenen: to chamfer || délarder, démaigrir || abschärfen, abschrägen.

afblaas|klep: blow off valve || soupape *v* d'évacuation *v* (de vidange *v*) || Abblase-, Ausblaseventil *o*; **-kraan:** blow off cock || robinet *m* d'évacuation *v* (de vidange *v*) || Abblase-, Ausblasehahn *m*; **-pijp:** exhaust pipe || tuyau *m* d'échappement *m* (de sortie *v*) || Abdampf-, Auslaß-, Auspuffrohr *o*; **-pijp v. veiligheidsklep:** blow off (waste) pipe of safety valve || tubelure *v* d'évacuation *v* de vapeur *v* || Dampfabblaserohr *o*, -stutzen *m*.

afbladderen: to peel off, to scale [off], to exfoliate || s'écailler, s'effeuiller, s'exfolier || sich abblättern, abbröcklen, sich abschiefern; **-ring:** exfoliation, scaling || exfoliation *v* || Abblätterung *v*.

afblazen: to blow off, to release (bleed [off], blow down) pressure || purger; lâcher (*stoom*) || Druck *m* ablassen, ab-, ausblasen.

afborstelen: to brush off || brosser, enlever à la brosse *v* || abbürsten.

afbraak: 1. (*het afbreken*): demolishing, pulling down || démolition *v* || Abbruch *m*, Abtragung *v*;
2. (*materiaal*): old materials, rubbish || démolitions *vm*, décombres *mm*, éboulis *m* || Schutt *m*, [Bau]trümmer *om*;
3. (*chem.*): decomposition || dégradation *v*, décomposition *v* || Abbau *m*; **-produkt:** decomposition product || produit *m* de décomposition *v* || Abbauprodukt *o*.

afbramen: *zie* **afbaarden.**

afbrandcontact: sparking contact piece, arcing contact || plot *m* pare-étincelle || Abbrennkontakt *m*.

afbranden: 1. (*metalen*): *zie* **afbijten;**
2. (*geheel verbranden*): to burn down || réduire en cendres *vm* || ab-, niederbrennen;
3. (*opbranden*): to burn away [off] || se consumer (s'user) en brûlant || abbrennen;
4. (*koolspitsen*): consumption of carbons || usure *v* des charbons *mm* || Kohlenabbrand *m*.

afbre|ken: 1. (*breken*): to break || (se) rompre, (se) casser; (se) briser || abbrechen, abreißen; **-king:** breaking || rupture *v* || Abbrechen *o*, Abreissen *o*;
2. (*huis, enz.*): to pull down, to demolish || démolir || niederreißen, abtragen; **-king:** pulling down, demolishing || démolition *v* || Niederreißung *v*, Abtragung *v*;
3. (*verbreken, onderbreken*): to break off, to cut || [inter]rompre || unter-, abbrechen; **-king:** breaking off, cutting || rupture *v* || Unterbrechung *v*;
4. (*chem.*): to decompose, to disintegrate || dégrader, décomposer || abbauen; **-king:** decomposition || décomposition *v* || Abbau *m*;
5. (*woord*): to divide || diverser || abbrechen (*am Ende o der Zeile v*); **-king:** dividing || division *v* || Abbrechen *o*.

afbuigen: to deflect; to deviate || [faire] dévier, détourner, défléchir; se dévier (détourner, défléchir, s'incurver || abbiegen, ablenken; abbiegen.

afbrengen (*schip*): to bring (to get) afloat || déchouer, remettre à flot || abarbeiten, abbringen, abholen.

afbrokke|len: to crumble [down (off, away)] || s'ébouler, se désagréger, se détacher par morceaux *mm* (parcelles *vm*) || ab-, zerbröckeln; **-ling:** crumbling [down (off, away)] || éboulement *m*, effrettement *m*, écaillement *m*, émiettement *m* || Ab-, Zerbröckelung *v*.

afbijt|en (*metaal*): to pickle || décaper || abbeizen; **-ing:** pickling || décapage *m* || Abbeizung *v*; **-middel:** pickling agent || décapant *m*, agent *m* de décapage *m* || [Ab]beizmittel *o*.

afdak: lean-to, penthouse, pentroof, shed || abri *m*, appentis *m*, hangar *m* || Ab-, Vor-, Wetterdach *o*.

afdalen (*mijnb.*): to descend (ride) (*into a shaft*) || descendre, entrer (*dans un puits m*) || einfahren, anfahren, (*einen Schacht m*) befahren, (*in die Grube v*) fahren; **-ling** (*mijnb.*): descent (*into a mine*) || descente *v* (*dans une mine v*) || Einfahrt *v*, Anfahrt *v* (*in ein Bergwerk o*).

afdam|men: to dam [up] || barrer, détourner (entourer) par une digue *v* || abdämmen, abdeichen; **-ming:** damming up || barrage *m* || Abdämmung *v*.

afdek|ken: 1. (*beton*): covering || chevauchement *m* || Überdeckung *v*;
2. (*muur*): to cap, to cope, to crown || couronner || abdachen, abdecken; **-king:** brow, caping, capping, coping || couronnement *m*, larmier *m* || Abdach *o*, Abdeckung *v*;

3. (*palen*): to cap || coiffer || beholmen, bekappen;
4. (*vuur*): to bank up || couvrir || zudecken.

afdeling: 1. (*algem.*): compartment || compartiment *m* || Abteilung *v*, Kompartiment *o*, Abteil *o*;
2. (*octrooiwezen*): *zie* **aanvraagafdeling; - v. beroep:** Department of Appeals || Département *m* (Section *v*) d'appel *m* || Beschwerdeabteilung *v*;
3. (*v. e. mijn*): district, area || district *m*, section *v*, division *v*, quartier *m*;
4. (*v. e. schacht*) (*mijnb.*): compartment || compartiment *m*, goyot (goyau) *m* || Schachttrum *o*, -abteilung *v*.

afdichten: *zie* **dichten.**

afdiepen (*mijnb.*)**:** to sink (*a shaft*), shaft-sinking || foncer (creuser) (*un puits m*), avaler || [schacht]abteufen, niederbringen, absenken.

afdraaien (*draaibank*)**:** to turn off || dresser au tour *m*, tourner || abdrechseln (*hout*); abdrehen (*metaal*); **-** (*bout, schroef*)**:** to strip (*the thread of a screw*) || déformer (*la vis v*) || (*eine Schraube v*) überdrehen.

afdruk: 1. (*afdruksel*)**:** impression, impress, print || impression *v*, empreinte *v*, image *v*, figure *v* || Abdruck *m*; **-ken:** to impress, to [im]print || imprimer || abdrucken;
2. (*indruksel*): imprint, print, mark || empreinte *v* || Ein-, Abdruck *m*;
3. (*typogr.*): impression, copy, print, proof || épreuve *v*, tirage *m* à part, empreinte *v* || Abdruck *m*, Abzug *m*; **-ken:** to print [off] || imprimer, tirer || abdrucken, abziehen;
4. (*fotogr.*): print, positive || épreuve *v* [positive], positif *m*, copie *v* || Abzug *m*, Positiv *o*, Kopie *v*; **-ken:** to print || tirer des épreuves *vm* [positives], copier || abziehen, kopieren; **-papier:** printing-paper || papier *m* photographique (sensible) || Abzugpapier *o*; **-raam:** printing-frame || châssis-presse *m* || Kopierrahmen *m*.

afdrij|ven: 1. (*schip*): to drive to leeward, to make leeway || abattre, aller en dérive, dériver || abhalten, abtreiben;
2. (*metalen*): to cupel, to refine || coupeller || abtreiben, kupellieren; **-ver:** refiner || affineur *m* || Treiber *m*; **-ving:** cupellation, refining || coupellation *v* || Abtreibung *v*; **-vingsslak:** refining cinder || laitier *m* de forge *v*, scorie *v* || Frischschlacke *v*.

afdrogen: to dry || essuyer, sécher || abtrocknen.

affiche [1])**:** [play-]bill, poster, window-bill || affiche *v* || Anschlag[bogen] *m*, Affiche *v*; **-ontwerper:** *zie* **affichetekenaar; -reclame:** poster advertising || publicité *v* par affiches *vm* || Bogen-, Papieranschlag *m*; **-ren:** to post up || afficher, apposer [une affiche *v*] || anschlagen, affichieren; **-tekenaar:** poster artist (designer) || affichiste *m* || Plakatmaler *m*, Anschlagbogenkünstler *m*, -zeichner *m*.

affinage (*metalen*)**:** [re]fining || affinage *m* || Affination *v*, Affinierung *v*, Feinen *o*, Frischen *o*.

affineer|haard: refining hearth || foyer *m* d'affinage *m* || Frischfeuer *o*, Frisch-, Treibherd *m*; **-oven:** refining furnace || fourneau *m* d'affinage *m* || Frischfeuer *o*, -herd *m*, Treibherd *m*, -ofen *m*; **-proef:** assay of refining, refining assay || essai *m* de raffinage *m* || Garprobe *v*.

affineren: to [re]fine || affiner || abtreiben, affinieren, feinen, frischen; pauschen (*tin*).

affiniteit: affinity || affinité *v* || Affinität *v*.

affrezen: to mill off || fraiser || abfräsen.

affuit: gun carriage || affût *m* || Lafette *v*.

afgaan (*rivier*)**:** to fall || baisser || fallen.

afgebroken: 1. (*gebroken*)**:** broken || rompu, cassé, brisé || abgebrochen, abgerissen;
2. (*huis, enz.*): demolished, pulled down || démoli || niedergerissen, abgetragen;
3. (*onderbroken, verbroken*): broken off, cut; intermittent || interrompu; intermittent || unterbrochen, abgebrochen; intermittierend;
4. (*chem.*): decomposed, disintegrated || décomposé, dégradé || abgebaut;
5. (*woord*): divided || divisé || abgebrochen.

afgedekt: covered; banked (*vuur*) || couvert (*ook v. vuur*) || abgedeckt, überdeckt, bedeckt; zugedeckt (*vuur*).

afgeknot: truncate[d] || tronqué || abgestumpft.

afgeleide: 1. (*wisk.*)**:** derivative || dérivée *v* || Ableitung; **-, partiële:** partial derivative || dérivée *v* partielle || partielle Ableitung *v*;
2. (*chem.*): derivative || derivé *m* || Abkömmling *m*, Derivat *o*.

afgerond: rounded || arrondi || abgerundet.

afgesloten: 1. (*gesloten*)**:** closed || fermé || [ab]geschlossen, verschlossen;
2. (*op slot*): locked || fermé [à clef *v*] verschlossen;
3. (*versperd*): obstructed; blocked up (*weg, doorgang, enz.*); barred (*ingang, enz.*); barricaded (*straat, enz.*) || barré (*weg, enz.*); fermé, obturé (*opening*); couvert (*spoorlijn*) || [ab]gesperrt;
4. (*ingesloten*): fenced off, hedged in || clos, clôturé || eingefriedigt;
5. (*buitengesloten, bv. v. licht, lucht*): excluded, shut off (out) || exclu || abgeschlossen, ausgeschlossen;
6. (*gedicht*): stopped (stuffed) up || étanché || abgedichtet;
7. (*toevoer*): cut off (*stoom, water*); turned off (*gas, enz.*) || coupé (*stoom, enz.*) ||

---
[1]) Zie ook *aanplakbiljet*.

abgesperrt; abgeschlossen (*stoom, water*); **8.** (*overeenkomst, zaak, enz.*): closed, concluded; made (*overeenk.*) || conclu (*koop*); passé (*overeenk.*) || abgeschlossen (*overeenk.*); getätigt (*zaak*).

afgespuid: discharged, drained [off] || évacué || abgelassen, ausgelassen.

afgestemd: 1. (*elektr.*): tuned || accordé, syntonisé || abgestimmt;
2. (*inkt*): softened, toned down, shaded || dégradé, nuancé, rendu [une nuance *v*] plus faible || abgetont.

afgetakt: branched off, tapped || dérivé, branché, bifurqué || abgezweigt.

afgeven: 1. (*afstaan, verspreiden*): to give off (out) (*arbeidsverm.*); to emit (*geur*) || émettre (*arbeidsverm.*); répandre (*geur*) || abgeben;
2. (*verf*): to let go the paint, to come off of paint || lâcher la couleur *v* || abfärben.

afgewerkt: 1. (*afgemaakt*): finished || achevé, fini, terminé || beendet, vollendet, fertiggestellt;
2. (*slotbewerkingen ondergaan*): finished || fini, achevé || abgearbeitet, nachgearbeitet, fertiggestellt;
3. (*uitgewerkt, uitgeput*): exhausted, dead, having lost its efficacy, drawn out || épuisé, n'avoir plus d'effet *m* (d'action *v*) || erschöpft, ausgewirkt, ausgenützt, ausgenutzt; **-e stoom:** *zie* **stoom, afgewerkte; -e-stoomkanaal:** exhaust port || lumière *v* d'échappement *m* || Dampfaustrittkanal *m*; **-e-stoomturbine:** exhaust steam turbine || turbine *v* à vapeur *v* d'échappement *m* || Abdampfturbine *v*.

afgieren (*schip*)**:** to sheer away (off) || s'alarguer || abgieren.

afgiet|en: 1. (*vloeistof*): to decant, to pour off || décanter || abgießen, dekantieren; **-sel:** decanted (poured off) liquid (liquor) || liqueur *v* (liquide *m*) decanté(*e*) || abgegossene (dekantierte) Flüssigkeit *v*;
2. (*afgietsel maken*)**:** to cast || clicher (*metaal*); jeter en fonte *v* (*standbeelden, enz.*); mouler (*gips, enz.*) || abgießen; **-sel:** cast, copy; founding (*metaal*) || jet *m* en moule *m*, copie *v* en fonte *v*, cliché *m* (*metaal*); moulage *m* (*gips*) || Abguß *m*.

afgifte: 1. (*goederen, enz.*): delivery || remise *v* || Abgabe *v*;
2. (*arbeidsvermogen*): giving off (out), emission || émission *v*, cession *v* || Abgabe *v*.

afglijding (*terrein*)**:** creep, shear || glissage *m* || Abgleitung *v*, Rutschung *v*.

afgra|ven: to excavate || déblayer || abtragen, ausgraben; **-ving:** cut[ting] || tranchée *v*, attaque *v* || Einschnitt *m*.

afhaken: to unhook; to detach (*mijnwagen, enz.*) || décrocher; découpler (*mijnwagen, enz.*) || ab-, loshaken; abkuppeln, abknebeln (*mijnwagen, enz.*).

afhakken: 1. (*algem.*): to cut off || couper [au burin *m*] || abkappen; **-, de klinknagelkop:** to remove the rivet with cross chisel || couper la tête *v* du rivet *m* || den Nietkopf *m* auskreuzen;
2. (*m. e. beitel*): to chisel off || enlever avec le burin *m* || abmeißeln;
3. (*m. e. hakbeitel*): to chisel || tailler au ciseau *m* || stemmen;
4. (*lijnen, enz.*): to cut (*rules, leads*) || couper (*d'un filet m, d'une reglette v*) || abschneiden, abhacken (*Linien vm*).

afhan|gen: 1. (*roer*): to unhang (to unship) the rudder || démonter le gouvernail *m* || das Ruder *o* aushaken;
2. - (*van*): to depend [up]on, to be dependent on || dépendre de, prendre à || abhangen (abhängen) von; **-kelijk** (*van*)**:** dependent, depending (*on*) || dépendant (*de*) || abhängig (*von*); **-kelijkheid** (*van*)**:** dependence (*upon*), being dependent (*upon*) || dépendance *v* (*de*) || Abhängigkeit *v* (*von*);
3. (*naar beneden hangen*): to hang down || pendre || abhangen, abhängen; **-gend:** hanging [down] || pendant || abhangend, abhängend.

afhaspelen: to reel off, to wind || dévider || abhaspeln, abspulen.

afhecht|draad: span wire || fil *m* d'arrêt *m* || Abspanndraht *m*; **-isolator:** stretching (terminal) insulator || isolateur *m* d'arrêt *m* || Abspannisolator *m*; **-paal:** stay (stretching) pole || poteau *m* d'arrêt *m* || Abspannpfahl *m*.

afhellen: to fall, to incline || aller en pente *v* (en talus *m*), incliner, pencher || abhangen, neigen.

afhouden (*schip*)**:** to bear away, to sheer off || allarguer, parer || abgieren, abhalten, abliegen.

afkalven: to cave (collapse, subside, give way, run, fall in, fall down) || s'ébouler, écrouler || ein-, zusammen-, herabstürzen, herein-, zusammenbrechen, nachfallen.

afkammer: doffer, doffing roller || carde [peigneur] *v* || Abnehmerwalze *v*, Filet *o*.

afkanten: to break the corners, to chamfer, to edge || écorner, émousser || abecken, abfasen, abkanten, abschärfen, abschrägen, abstoßen.

afkappen: *zie* **afhakken.**

afkisten (*water d. houten schotwerk*)**:** to keep off (*the waters by timbering*) || cuveler (*les eaux vm*) || (*die Wässer om durch Holzverdämmung v*) abhalten.

afkloppen: 1. (*ketelsteen*): *zie* **afbikken;**
2. (*loodplaten*): to knock (to beat) off || battre || abklopfen.

afknip|pen: 1. (*algem.*): to clip (to cut) [off], to trim || couper, cisailler || abschneiden,

ablösen, abtrennen; **-sel:** chipping, chips, clipping, cuttings || recoupes *vm*, retailles *vm*, rognures *vm* || [Ab]schnitzel *o*;
2. (*metaal*): to shear, to cut with shears || cisailler, enlever à la cisaille *v* || abscheren.

afknotten (*kegels, piramiden, enz.*): to truncate || tronquer || abstumpfen, abstutzen.

afknijpen: to cut off, to pinch || couper à la pince *v*, pincer || abzwicken.

afkoelen: to cool [down], to refrigerate, to chill || refroidir, réfrigérer || [ab]kühlen, herunterkühlen.

afkoeler: *zie* **koeler.**

afkoeling: cooling [down], refrigeration || refroidissement *m*, réfrigération *v* || [Ab]kühlung *v*, Erkaltung *v*; **- door arbeidsverrichting:** cooling by doing work || refroidissement *m* par production *v* de travail *m* || Abkühlung *v* durch Arbeitsverrichtung *v* (Arbeitsleistung *v*); **- door geleiding:** cooling by conduction || refroidissement *m* par conduction *v* || Abkühlung *v* durch Leitung *v*; **- door straling:** cooling by radiation || refroidissement *m* par rayonnement *m* || Abkühlung *v* durch Strahlung *v*; **- door uitzetting:** cooling by expansion || refroidissement *m* par détente *v* || Abkühlung durch Ausdehnung *v* (Expansion *v*), Entspannungsabkühlung *v*; **- door verdamping:** cooling by evaporation || refroidissement *m* par vaporisation *v* || Abkühlung *v* durch Verdampfung *v*; **- door vervlieging:** cooling by vaporization || refroidissement *m* par évaporation *v* || Abkühlung *v* durch Verdunstung *v*, Verdunstungsabkühlung *v*; **-sinstallatie:** *zie* **koelinrichting.**

af|koken: 1. (*ten einde koken*): to finish the boiling [operation] || terminer la cuisson *v* (l'ébullition *v*) || fertigkochen;
2. (*afkooksel maken*): to decoct || faire une décoction *v* || abkochen; **-kooksel:** decoction || décoction *v* || Absud *m*, Dekokt *o*;
3. (*zijde*): to boil off the gum || dégommer || Entschälen [durch abkochen].

afkoppelen: to disconnect, to disengage, to throw out of gear || débrayer, déclencher || aus-, entkuppeln, ausrücken.

afkorsten: to scrape off || écailler, écroûter || abkrusten.

afkor|ten: 1. (*algem.*): to cut off, to shorten || raccourcir || abkürzen;
2. (*typogr.*): to abbreviate || abréger || abkürzen, abbrevieren; **-ting:** abbreviation || abréviation *v* || Abkürzung *v*, Abbreviatur *v*.

afkrabben: to scrape [off] || racler || abkratzen, abschaben.

aflaat|klep (*rem*): bleeding valve || soupape *v* de purgeur *m* || Ablaßventil *o*; **-plug:** drain plug || robinet *m* de vidange *v* || Ablaßhahn *m*.

afladen: to discharge, to unload || décharger || ab-, entladen.

aflaten (*spuien*): to drain (to blow) off || drainer, évacuer, purger, vider, laisser, échapper, vidanger || ablassen.

aflees|fout: reading error || erreur *v* de lecture *v* || Ablesefehler *m*; **-inrichting:** reading device || dispositif *m* de lecture *v* || Ablesevorrichtung *v*; **-kijker:** reading telescope || lunette *v* de lecture *v* || Ablesefernrohr *o*; **-zijde:** reading side || côté *m* de lecture *v* || Ableseseite *v*.

afleiden: 1. (*naar beneden leiden*): to lead down || mener en bas, faire descendre || abwärts(herunter)leiten (-führen);
2. (*i. e. andere richting leiden*): to turn off || dériver, détourner || ableiten, umleiten; abkehren (*water*);
3. (*uit iets*): to derive (*from*) || dériver (*de*) || ableiten, herleiten (*von, aus*).

afleveringsrol (*vlassp.*): front boss (roller) || débiteur *m* || Ablieferungs-, Abzugwalze *v*.

afle|zen: to read || lire [les indications *vm*] || ablesen; **-zing:** reading || lecture *v* [des indications *vm*] || Ablesung *v*; **-zing v. d. wijzerstanden:** reading of pointer || lecture *v* des indications *vm* de l'aiguille *v* || Zeigerablesung *v*.

afloden (*vaarwater*): to fathom || sonder || ausloten, auspeilen.

afloop: 1. (*helling*): slope, track || descente *v*, pente *v* || Abfall *m*, Abhang *m*, Neigung *v*;
2. (*afvoer*): drain, discharge pipe || tuyau *m* de décharge *v* || Ablauf *m*; **-buis:** drain, discharge pipe || tuyau *m* de décharge *v* || Ablaufröhre *v*, -rohr *o*; **-goot:** discharge gutter || canal *m* (conduit *m*) de décharge *v* || Ablaufrinne *v*; **-kraan:** delivery (discharge) valve (tap) || robinet *m* (soupape *v*) de vidange *v* || Ablaßhahn *m*, Ablauf-, Ablaßventil *o*;
3. (*zuil*): apothesis, upper shafferoon || congé *m* d'en haut || Ablauf *m*;
4. (*einde, bv. v. e. werk, overeenkomst, octrooi*): expiration || expiration *v* || Ablauf *m*, Erlöschung *v*.

aflopen: 1. (*hellen*): to decline, to slope || descendre || abfallen, abhangen, neigen;
2. (*wegvloeien*): to run (to flow) down (out) || s'écouler || [her]ablaufen, weg-, herunterlaufen; **-, laten:** to let run down (out), to draw off || faire écouler || ablassen, ablaufen lassen;
3. (*eindigen, bv. e. werk, overeenkomst, octrooi*): to expire, to extinguish || expirer || erlöschen;
4. (*drijfriem*): to run off the pulley || tomber de la poulie *v* || von der Scheibe *v* abspringen;

5. (*veer, enz.*): to run down || se détendre, s'épuiser || ablaufen.

aflossen: 1. (*algem.*): to relieve || relever || ablösen;
2. (*mijnb.*): **-sing:** shift relay, change of shift || changement *m* de poste *v*, relève *m* du personnel *m* || Schichtwechsel *m.*

afmaken: to finish || achever, finir || abarbeiten, beendigen, vollenden.

afme|ten: to measure [out] || mesurer || [ab]messen; **-ting:** dimension || dimension *v* || Abmessung *v*, Dimension *v*; **-ting i. d. dag:** measure on the day || échappée *v* du jour *m* || Lichtenmaß *o.*

afneem|baar: removable, detachable || enlevable, amovible || abnehmbar, auswechselbar; **-wals** (*spinnerij*): doffer, doffing cylinder (roller); doctor roller || [tambour *m* (cylindre *m*)] déchargeur *m*, peigneur *m* || Abnehmer *m*, Abnehm-, Kammwalze *v.*

afne|men: 1. (*wegnemen v. iets*): to take off (down; away), to remove || lever, enlever, ôter; assembler (*gedrukte stukken*); décrocher (*mikrofoon*); déramer (*doek v. e. raam*) || ab-, [weg]nehmen, entfernen; **-mer** (*spinnerij*): doffer, doffing cylinder, fillet || déchargeur *m* || Abnehmer *m*; **-ming:** taking down, removal || enlèvement *m* || Entfernung *v*, Wegnahme *v*;
2. (*verminderen, kleiner worden*): to decrease, to decline, to diminish || diminuer, décliner, décroître || abnehmen, nachlassen; **-ming:** decrease, decline, diminution || diminution *v*, déclin *m*, décroissement *m* || Abnahme *v*;
3. (*goederen*): to buy, to take up || prendre, acheter; prendre livraison *v* || kaufen, abnehmen; **-mer:** purchaser, customer, buyer, client || preneur *m*, acheteur *m*, client *m* || Abnehmer *m*, Käufer *m.*

afnijpen: *zie* **afknijpen.**

afpalen: 1. (*algem.*): to peg (to set) out, to picket || jalonner, piqueter || abpfahlen, abstecken, auspflöcken;
2. (*concessie*) (*mijnb.*): to mark (stake) out the boundaries of a mining lease; to stake claims (*Am.*) || borner, délimiter, jalonner, indiquer les limites *vm* d'une concession *v* par bornes *vm* || verlochsteinen, die Grenze *v* festlegen (festsetzen), abgrenzen.

afplat|ten: to flatten || aplatir || abplatten; **-ting:** flattening || aplatissement *m* || Abplattung *v.*

afpuimen: to pumicate || poncer || abbimsen.

afraste|ren: to fence || échalasser, grillager || einzäunen, vergittern; **-ring:** enclosure, fence || clôture *v*, enceinte *v*, enclos *m*, treillage *m*, grillage *m* || Einfriedigung *v*, Einzäunung *v.*

afregelen: *zie* **regelen 3.**

afrol|len (*kabel*): to pay (to run) out, to uncoil || dérouler, dévider || abrollen, abwickeln; **-wagen:** barrow with drum for uncoiling wire || charrette *v* de déroulement *m* (de pose *v*) || Abroll-, Abwick[e]lungskarren *m*, Anrollwagen *m.*

afron|den: to round off, to finish || arrondir || abrunden; **-dingsmachine** (*horlogem.*): finishing engine || arrondisseur *m*, machine *v* à arrondir || Arrondiermaschine *v*; **-dingsstraal:** radius of curvature || rayon *m* de l'arrondi *m* || Abrundungshalbmesser *m.*

afroomput (*petr.*): skimming well || puits *m* écrémeur || Abschöpfsonde *v.*

afruwen: to chip, to dress, to trim || décroûter || abarbeiten, abrauhen; **-** (*molenstenen*): to granulate || boucharder || aufrauhen, -stocken.

afschaken (*takel*): to fleet (to overhaul) || affaler || abschaken.

afschaven: to plane (to shoot, to smooth) off || enlever au rabot *m*, raboter || abhobeln; **-** (*huiden*): to flesh, to shave || écharner || abaasen, abfleischen.

afschei|den: 1. (*losmaken van*): to separate (*from*), to remove (*from*), to eliminate (*from*) || séparer (*de*), enlever (*de*), éliminer (*de*) || trennen (*von*), lösen (*von*), entfernen (*von*); **-ding:** separation, removal, elimination || séparation *v*, enlèvement *m*, élimination *v* || Trennung *v*, Lösung *v*, Entfernung *v*;
2. (*afzonderen van ruimten*): to separate; to partition (*door schot, wand, enz.*) || séparer; encloisonner (*door schot, wand, enz.*) || [ab]trennen, abscheiden; **-ding:** separation; partition || séparation *v*; cloison *v* || Trennung *v*;
3. (*bestanddelen, enz.*): to separate; to extract (*ertsen, kolen, enz.*) || (se) séparer; extraire (*ertsen, kolen, enz.*) || (sich) abscheiden, (sich) ausscheiden, (sich) abtrennen; aufbereiten (*ertsen, kolen, enz.*); **-der:** separator || séparateur *m* || [Ab]-scheider *m*; **-ding:** separation; extraction || séparation *v*; extraction *v* || Ab-, Ausscheidung *v*, Abtrennung *v*; Aufbereitung *v.*

afschel|lamp: clearing lamp || lampe *v* de fin *v* de conversation *v* (de clôture *v*) || Schlußlampe *v*; **-len:** *zie* **afbellen; -signaal:** ring off signal (indicator) || émission *v* du signal *m* de clôture *v*, annonciateur *m* de fin *v* de conversation *v* || Schlußzeichenabgabe *v.*

afscheuren: to tear off || arracher || abreißen.

afschilferen: *zie* **afbladderen.**

afschrapen [1]**):** to scour, to scrape || aléser en grattant || abschaben, abkratzen.

---

1) Zie ook *afkrabben.*

afschrap|pen: 1. *zie* **afkrabben; -sel:** scrapings || raclure *v* || Abschabsel *o*; 2. (*werkstukken*): to mark out, to trace || marquer, tracer || anreißen.

afschrikken: 1. (*metaal*): to temper, to chill; tempering, chilling || tremper; trempe *v* || abschrecken; Abschreckung *v*; 2. (*touw*): to check, to surge || choquer || abschricken.

afschroeven: to screw off, to unscrew || défaire la vis *v*, dévisser || ab-, losschrauben.

afschrijfnaald: marking tool, mark scraper, drop point || pointe *v* à tracer || [An]-reißnadel *v*, Vorreißer *m*.

afschrij|ven: 1. (*boekh.*): to write off || amortir || abschreiben; **-ving:** depreciation, writing off || amortissement *m* || Abschreibung *v*; 2. (*werkstukken*): to mark out, to trace || marquer, tracer || anreißen; **-ver:** marking awl, scriber || pointe *v* à tracer || Reißspitze *v*.

afschuif|doorsnede: shearing section || section *v* de cisaillement *m* || Abscherquerschnitt *m*; **-spanning:** shearing stress || cisaillement *m* unitaire, tension *v* de cisaillement *m* || Scher-, Schubspannung *v*.

afschuim|en: to scum off, to skim, to despumate || écumer, despumer || abschäumen; **-ing:** scumming, skimming || despumation *v*, écumage *m* || Abschäumung *v*; **-lepel:** skimming spoon || cuiller *v* à écumer || Abschäumlöffel *m*; **-zeef:** skimming sieve || écumette *v* || Abschäumsieb *o*.

afschuin|en: to bevel, to chamfer, to edge, to escarp, to give batter, to make sloping, to slope || biseauter, mettre en talus *m*, taluter || [ab]böschen, abkanten, abschrägen, zuschärfen; **-ing:** bevelled edge || chanfrein *m* || Abschrägung *v*; **-machine** (*v. platen*): (*plate edge*) bevelling machine || machine *v* à raboter le bord *m* (*des tôles vm*) || (*Blech*)kantenhobelmaschine *v*.

afschui|ven: to shear || cisailler || abscheren; **-ven, weerstand tegen:** shearing strength, resistance to shearing strain || résistance *v* au cisaillement *m* || Schubfestigkeit *v*; **-ving:** shear[ing]; normal fault (*terrein*) || cisaillement *m*; faille *v* normale (*terrein*) || Abscherung *v*, Schub *m*, Sprung *m* (*terrein*); **-ving, belasting door:** shear || effort *m* de cisaillement *m* || Schubbeanspruchung *v*; **-vingscoëfficient:** modulus of shearing || coefficient *m* d'arrachement *m* || Schubkoeffizient *m*; **-vingshoek** (*zaagtand*): angle of throat, front rake || angle *m* d'une dent *v* || Zuschärfungswinkel *m*; **-vingsvastheid:** shearing strength || résistance *v* de cisaillement *m* || Scherfestigkeit *v*; **-vingsvlak:** sliding surface || surface *v* de glissement *m* || Gleitfläche *v*.

afschuren [1]**:** to scour [off] || écrier, écurer || abscheuern, abschleifen; **- m. amaril:** to grind (to polish) with emery || enlever (roder) à l'émeri *m* || abschmirgeln.

afslaan (*motor*)**:** to stall || caler || versagen.

afslag|ketting: backing off chain || chaîne *v* de dépointage *m* || Abschlagkette *v*; **-mes:** mote knife || couteau *m* du briseur *m* || Kernfänger *m*.

afslakken: to take off the slags || ôter les scories *vm* || abschlacken.

afslechthamer: planishing hammer || marteau *m* à planer || Abschlicht-, Planierhammer *m*.

afslibben (*erts*)**:** to clear, to elutriate || débourber, élutrier, laver || [ab]schlämmen.

afsluit|boom: [gate] bar || barrière *v* || Sperrbaum *m*, Sperre *v*, Sperrung *v*; (*spw.*)**:** barrier || barrière *v* || Schranke *v*; (*liftkooi*) (*mijnb.*)**:** hand-rail || barrière *v* || Drehschranke *v*; **-boom, hangende** (*spw.*)**:** hinged barrier || barrière *v* accrochée (suspendue) || Hängeschranke *v*; **-boom, mechanisch bediende** (*spw.*)**:** mechanical gate || barrière *v* manoeuvrée à distance *v* || Fernschlußschranke *v*; **-dam:** barrage, levee || barrage *m* || Sperrdamm *m*; **-deksel:** closing cover, joint cap || couvercle *m* de fermeture *v* || Verschlußdeckel *m*; **-dijk:** barrage, levee || digue *v* de barrage *m* || Sperrdeich *m*; **-en:** *zie na* **afsluitvloeistof; -er:** *zie na* **afsluiten; -hek, draaiend** (*spw.*)**:** swing gate || barrière *v* tournante || Drehschranke *v*; **-hek, rollend** (*spw.*)**:** rolling barrier (gate) || barrière *v* roulante || Rollschranke *v*; **-ing:** *zie onder* **afsluiten; -inrichting:** locking device || dispositif *m* d'arrêt *m*, arrêtage *m* || Sperrvorrichtung *v*; **-klep:** cut off valve || soupape *v* d'arrêt *m* || Absperrklappe *v*; **-kraan:** stop cock || robinet *m* d'arrêt *m* || Absperrhahn *m*; **-mof** (*kabel*)**:** end sleeve || manchon *m* d'extrémité *v* de câble *m* || Kabelendverschluß *m*; **-plaat:** closing plate || plaque *v* de fermeture *v* || Abschluß-, Verschlußplatte *v*; **-ring:** end ring || bague *v* de couverture *v* || Deckring *m*; (*schachtbekleding*) (*mijnb.*)**:** wedging crib, wedged curb || trousse *v* picotée, rouet *m* à picoter, cadre *m* encastré || [einzementierter] Keilkranz *m*; **-schijfje:** washer || rondelle *v* de fermeture *v* || Unterlegscheibe *v*; **-stiftje:** stop spindel || pointeau *m* de fermeture *v* || Abschluß-, Absperrspindel *v*; **-stop:** terminal plug || bouchon

[1]) Zie ook *afslijpen*.

m de fermeture *v* || Abschlußstöpsel *m*; **-vloeistof:** packing (sealing) liquid || liquide *m* obturateur || Sperrflüssigkeit *v*.

afsluil|ten: 1. (*sluiten*): to close || fermer || [ab]schließen, zu-, verschließen; **-ting:** closing || fermeture *v* || Verschluß *m*; **-ting, automatische:** automatic locking; self stopping; self catching || arrêt *m* automatique || Selbstsperrung *v*;
2. (*op slot doen*): to lock || fermer à clef *v* || verschließen;
3. (*versperren*): to obstruct; to block up (*weg, doorgang, enz.*); to bar (*ingang, enz.*); to barricade (*straat, enz.*) || barrer (*weg, enz.*); fermer l'accès *m*; obturer (*opening*); couvrir (*spoorlijn*); [ab]sperren; **-ten m. traliewerk:** to grate || griller, treilliser || abgittern; **-ting:** blocking up; obstruction; bar; partition; barrier || barrage *m*; barrière *v*; obturation *v* || Sperre *v*, [Ab]sperrung *v*; Verschluß *m*; Schranke *v*; **-ting v. ijzerdraad:** iron wire trellis || treillis *m* de fil *m* de fer *m* || Eisendrahtgitter *o*;
4. (*insluiten*): to fence off, to hedge in || clore || einfriedigen; **-ting:** fence, fencing, enclosure || clôture *v*, cloison *v*, palissade *v* || Einfriedigung *v*; **-tingsmuur:** enclosure wall || mur *m* de clôture *v* || Einfriedigungsmauer *v*;
5. (*buitensluiten, bv. licht, lucht*): to exclude, to shut off (out) || exclure || ab-, ausschließen; **-ting:** exclusion, shutting out || exclusion *v* || Ab-, Ausschluß *m*;
6. (*dichten*): to stop (up), to stuff (up) || étancher || [ab]dichten; **-ten, waterdicht:** to close watertight || rendre étanche || wasserdichtabschließen; **-ting:** stopping (up), stuffing (up) || étanchement *m* || [Ab]dichtung *v*;
7. (*toevoer*): to cut off (*stoom, water*); to turn off (*gas, enz.*) || couper (*stoom, enz.*) || absperren; abschließen (*stoom, water*); **-ting:** cutting (turning) off || coupage *m* || Absperrung *v*;
8. (*overeenkomst, zaak, enz.*): to close, to conclude; to make (*overeenk.*) || conclure (*koop*); passer (*overeenk.*) || abschließen (*overeenk.*); tätigen (*zaak*);
9. (*accoord*) (*mijnb.*): to set bargain (work) || donner à forfait *m* || ein Gedinge *o* abschließen (setzen), verdingen.

afsluiter[1]**): 1.** (*voor stoom, water, enz.*): [shut off; stop; stopping] valve || soupape *v* d'arrêt *m*, valve *v* || [Absperr]ventil *o*; **-, haakse:** angle valve || soupape *v* d'équerre *v* || Eckventil *o*; **-, hangende:** drop valve || soupape *v* renversée || hängendes Ventil *o*; **-, rechte:** through-way (globe) valve || soupape *v* droite (ordinaire) || Durchgangsventil *o*; **-deksel:** valve cover || couvercle *m* de soupape *v* || Ventildeckel *m*; **-huis:** valve box || chapelle *v* de soupape *v* || Ventilgehäuse *o*;
2. (*elektr.*): circuit breaker, switch || interrupteur *m* || [Aus]schalter *m*.

¹) Zie ook *klepafsluiter*, *schuifafsluiter*, *klep*, *afsluitkraan*.

afslij|pen[1]**):** to grind off, to polish || ôter en aiguisant, émoudre, polir || abschleifen; **-pen m. amarilsteen:** to grind (to polish|| with emery || meuler à l'émeri *m* || abschmirgeln; **-ping:** grinding, polishing) émoulage *m* || Abschleifung *v*.

afslij|ten: to wear out || user || abnutzen, abnützen; **-ting:** wear[ing], wear and tear || usure *v* || Abnutzung *v*, Verschleiß *m*.

afsmelten: to melt off || séparer par la fonte *v*; se fondre || abschmelzen.

afsneewit (*typogr.*): sidestick || blanc *m* de marge *v* au rognement *m* || Beschnittsteg *m*.

afsnippen (*bv. v. e. ketelplaat*): to bevel, to thin down || amincir || aus-, zuschärfen.

afsnij|den: 1. (*algem.*): to cut off || couper || abschneiden; **-den op lengte:** to cut in, to length || couper de longueur *v* || ablängen; **-frequentie:** cut-off frequency || fréquence *v* de coupure *v* || Grenzfrequenz *v*;
2. (*typogr.*): to clip, to edge || ébarber, rogner || beschneiden.

afspanisolator: *zie* **afhechtisolator.**

afspoe|len: 1. (*afwassen*): to rinse, to wash (out; up) || rincer, laver || abspülen; **-ling:** rinsing, washing || rinçage *m*, lavage *m* || Abspülung *v*;
2. (*wegspoelen*): to wash away || emporter, entraîner || ab-, wegspülen; **-ling:** washing away || dégravoiement *m* || Ab-, Wegspülung *v*;
3. (*afwinden*): to wind off, to unwind, to unreel || dévider || abspulen; **-ling:** winding off, unwinding, unreeling || dévidage *m* || Abspulung *v*.

afspuien: to blow (to drain) off || évacuer, laisser échapper, purger, vider || ablassen, abblasen.

afstand: distance || distance *v*, éloignement *m*, intervalle *m* || Entfernung *v*, Distanz *v*; Abstand *m* (*m. regelm. tussenruimten*); **-, onderlinge:** mutual distance || distance *v* mutuelle || gegenseitige Entfernung *v*, gegenseitiger Abstand *m*; **- hart op hart:** distance between centre lines || distance *v* de centre *m* à centre *m*, écartement *m* d'axe *m* en axe *m* || Abstand *m* von Mitte *v* zu Mitte *v*; **- t. d. rand** (*klinknaad*): distance from edge to plate || distance *v* au bord *m* (de la tôle *v*) ||

¹) Zie ook *afschuren*.

Randabstand *m*; **- tussen de centers** (*draaibank*): distance (width) between centres || distance *v* entre les pointes *vm*, écartement *m* des pointes *vm* || Spitzenentfernung *v*, -länge *v*, -weite *v*; **- tussen toppunt en basis** (*bocht*): zenith distance || distance *v* au sommet *m* || Scheitelabstand *m*; **-bout:** distance sink bolt || boulon *m* d'entretoisement *m* || Distanzbolzen *m*.

afstands|bus: distance tube || douille *v* d'écartement *m* || Distanzbüchse *v*; **-bus** (*busbout*): distance sink tube || distance *v* (douille *v*) d'entretoisement *m* || Distanzhülse *v*; **-meetkunde:** apomecometry || apomécométrie *v* || Fernmeßkunst *v*; **-mof:** *zie* **afstandsbus** (*busbout*); **-nok:** spacing (separating) luk, distance piece || cloison *v* de séparation *v* || Trennungszunge *v*; **-[odo]meter:** range finder, tele-, odometer || apomécomètre *m*, télémètre *m* || Distanz-, Entfernungs-, Fernmesser *m*; **-pijp:** distance (spacing) tube || tube *m* d'écartement *m* || Distanzrohr *o*; **-ring:** distance ring || pièce *v* d'espacement *m* (d'écartement *m*) || Abstandring *m*, Distanzstück *o*; **-ring v. h. kogelblok:** distance ring for ball races || entretoise *v* de roulement *m* à billes *vm* || Zwischenstück *o* des Kugellagers *o*; **-sein** (*spoor*): distant (station) signal || signal *m* à distance *v*, signal *m* avancé || Distanzsignal *o*; **-stuk:** *zie* **afstandsnok**; **-werking:** action at a distance || action *v* à distance *v* || Fernwirkung *v*; **-[werkings]theorie:** theory of action at a distance || théorie *v* de l'action *v* à distance *v* || Fernwirkungstheorie *v*.

afstapelen: to take down from a stack || détasser || abstapeln.

afsteek|bank: slicing lathe || tour *m* à tronçonner (à décolleter) || Abstech-[dreh]bank *v*; **-beitel:** cutting chisel || ébarboir *m* || Absteckeisen *o*, -meißel *m*; **-gat:** tap[ping] hole || trou *m* de coulée *v* || [Ab]stichloch *o*; **-machine:** slotter || mortaiseuse *v*, machine *v* à mortaiser || Stoßmaschine *v*; **-paal** (*jalon*): lining peg, ranging rod || jalon *m* || Fluchtstab *m*.

afste|ken: 1. (*een as*): to cut off || couper || abstechen;
2. (*machinaal*): to part off || buriner à la machine *v*, mortaiser || stoßen;
3. (*smeltoven*): to chip off, to tap, to open the tap hole || faire la percée *v*, percer || abstechen; **-ker:** tapping bar || perçoir *m* || Abstecheisen *o*;
4. (*m. e. beitel*): to chisel, to cut || dresser, tailler || behacken, behauen.

afstel|len: to adjust || mettre au point *m*, régler || einstellen; **-len, op nul:** to adjust at zero || amener au zéro *m* || auf Null *v* einstellen; **-ling:** adjustment; (*klep*) timing || mise *v* au point *m*, réglage *m* || Einstellung *v*; **-ling, nauwkeurige:** accurate (exact, fine) adjustment || mise *v* au point *m* précise, réglage *m* précis || genaue Einstellung *v*, Feineinstellung *v*; **-naald:** metering pin || pointeau *m* de dosage *m* || Meßstift *m*; **-nok voor remvoering:** came adjustment for lining || réglage *m* à came *v* pour garniture *v* || Einstellnocken *m* für Belag *m*.

afstem|men: 1. (*elektr.*): to tune || accorder, syntoniser || abstimmen; **-men op gelijke frequentie:** to tune to the same frequency || accorder (syntoniser) à la même période *v* || auf die gleiche Periode *v* abstimmen; **-lamp:** tuning lamp || lampe *v* d'accord *m* (de syntonisation *v*) || Abstimm-, Syntonisierlampe *v*; **-ming:** tuning || accord *m*, syntonie *v* || Abstimmung *v*; **-spoel:** tuning coil, tuner || bobine *v* d'accord *m* || Abstimm-, Resonanzspule *v*;
2. (*inkt*): to soften, to tone down, to shade || dégrader, rendre [une nuance *v*] plus faible, nuancer || abtonen.

afstempelen: to stamp || timbrer || abstempeln.

afsterven v. d. stam: withering of the trunc || dépérissement *m* du tronc *m* || Absterben *o* des Stammes *m*.

afstompen: 1. (*stomp maken*): to blunt, to dull || émousser || abstumpfen;
2. (*zuur*): to lower the acidity; to replace by a weaker acid || diminuer l'acidité *v*; remplacer par un acide *m* plus faible || abstumpfen.

afsto|ten: to repel, to repulse || repousser || abstoßen; **-ter** (*hughestoestel*): rejector || patin *m*, poussoir *m* || Stößer *m*; **-ting:** repulsion || répulsion *v* || Abstoßung *v*; **-ting, elektrische:** electric repulsion || répulsion *v* électrique || elektrische Abstoßung *v*; **-ting, magnetische:** magnetic repulsion || répulsion *v* magnétique || magnetische Abstoßung *v*; **-ting, moleculaire:** molecular repulsion || répulsion *v* moléculaire || Molekularabstoßung *v*; **-tingskracht:** force of repulsion, repulsive power || force *v* de répulsion *v* (répulsive) || Abstoßungs-, Entzweiungskraft *v*.

afstropen: to strip off || dépouiller || abstreifen.

afstrijk|er: stripper || arracheur *m* || Abstreifer *m*, Abstreicher *m*; **-hout:** parting (straight edge) strike[r] || règle *v* à égaliser (à raser) || Abstreichholz *o*, Richtscheit *o*; (*boren*) (*mijnb.*): oil saver || râcleur *m* d'huile *v* || Olabstreifer *m*; **-mes** (*katoendr.*): (colo[u]r) doctor || docteur *m*, racle *v* || Abstreichmesser *o*, Dokter *m*.

afstuiten: to rebound || rebondir, rejaillir || abprallen.

aftak|buis: branch tubing || tube *m* de branchement *m* || Zweigrohr *o*; **-contactdoos:** multiple-way adaptor || fiche *v* de prise *v* de courant *m* multiple || Steckdose *v* für Mehrfachanschluß *m*; **-doos:** branch (distributing) box || boîte *v* de dérivation *v* (de branchement *m*) || Abzweigdose *v*; **-kast:** distributing (junction) box || boîte *v* de dérivation *v*, (de branchement *m*) || Abzweigkasten *m*; **-ken:** to branch (to take) off, to tap || dériver, bifurquer, brancher || abzweigen; **-king:** branch, tap || branchement *m*, dérivation *v* || Abzweigung *v*; **-king, rechthoekige:** branching at right angles || branchement *m* d'équerre *v* (à angle *m* droit) || rechtwinklige Abzweigung *v*; **-klem:** branch terminal || borne *v* de branchement *m* || Abzweigklemme *v*; **-leiding:** branch line || ligne *v* de branchement *m*, ligne *v* dérivée, dérivation *v* || Zweigleitung *v*; **-mof:** branch (junction) box || manchon *m* de branchement *m* || Abzweigmuffe *v*; **-paal:** bifurcation (forking) pole, branch rod || poteau *m* de bifurcation *v* (de branchement *m*) || Abzweigstange *v*; **-schijf** (*gemonteerd*): branch block || plaque *v* de dérivation *v* || Abzweigscheibe *v*; **-spoel:** stepped [resistance] coil || bobine *v* à enroulement *m* fractionné || Stufenspule *v*; **-station:** junction station || gare *v* d'embranchement *m* || Abzweigungsstation *v*; **-weerstand:** shunt resistance || résistance *v* en dérivation *v* || Abzweigwiderstand *m*.

aftake|len: to unrig || dégréer || abtakeln; **-ling:** unrigging || dégréage *m*, dégréement *m* || Abtakelung *v*.

aftap|klep: draining valve || soupape *v* de vidange *v* || Ablaß-, Abflußventil *o*; **-kraan:** bibb (draining) cock (tap) || robinet *m* de vidange *v* || Auslaufhahn *m*; **-pen:** to drain off || purger, saigner || ablassen; entwässern; **-ping:** draining || purge *v*, saignée *v* || Ablaß *m*, Entwässerung *v*; **-plug:** drain plug || bouchon *m* de drainage *m* || Ablaßhahn *m*; **-ventiel*:** *zie* **aftapklep.**

aftas|ten (*televisie, enz.*)**:** to scan || balayer || abtasten; **-ting:** scanning || balayage *m* || Abtastung *v*.

aftekenen: 1. (*m. d. slaglijn*): to line out [a timber] || battre une ligne *v*, cingler le bois *m* || (*das Holz o*) abschnüren;
2. (*m. schrapblok*): to scribe, to set out || tracer || anreißen.

aftrek|ken: 1. (*rekenk.*): to subtract, to take from || soustraire || abziehen, subtrahieren; **-ker:** subtrahend || nombre *m* à soustraire (à retrancher), le petit nombre *m* || Subtrahend *m*; **-king:** subtraction || soustraction *v* || Abziehung *v*, Subtraktion *v*; **-tal:** minuend || le [plus] grand nombre *m* || Minuend *o*;
2. (*vuurwapen*): to press (to pull, to draw) the trigger || décharger || ab-, losdrücken;
3. (*wegtrekken, enz.*): to draw off (down), to pull off || enlever, arracher, ôter || abziehen; **-rol:** front [delivering] roller || débiteur *m*, réunisseur *m* || Abzugrolle *v*; **-schacht:** fore mounting || lisse *v* de rabat *m* || Vordergeschirr *o*, -werk *o*, -kämme *mm*; **-vijl:** *zie* **armvijl; -wals:** pulling roller || rouleau *m* étireur || Abzug-Abziehwalze *v*;
4. (*laten trekken*) [1]): to infuse, to extract || infuser, extraire || [aus]ziehen; extrahieren; **-sel** [2]); infusion || infusion *v* || Aufguß *m*;
5. (*typogr.*): to beat (to pull, to strike) off || tirer, décalquer || abziehen, abdrucken, abklatschen; **-** (*rollen*): to sheet the roller || décharger les rouleaux *mm* sur des maculatures *vm* || abziehen.

aftuigen: *zie* **aftakelen.**

afval: 1. (*algem.*): waste (refuge) matter, rubbish, wastage || rebut *m*, déchets *mm* || Abfall *m*, Abfälle *mm*;
2. (*v. dieren*): offal; garbage (*slachtafval*); gurry (*visafval*) || déchets *mm*; abats *mm*; issues *vm* (*slachtafval*) || Abfall *m*;
3. (*v. ooft*): windfall || fruits *mm* tombés (de rebut *m*) || Fallobst *o*;
4. (*v. bewerking*): cuttings, parings, offscouring, chips (*hout*); clippings (*leder*) || déchets *mm*; copeaux *mm* (*hout*); retailles *vm* (*huiden*); rognures *vm* (*papier, leder*) || Abfälle *mm*; Späne *mm* (*hout, metaal*);
5. (*v. katoen*): cotton waste || déchets *mm* de coton *m*, étoupes *vm* || Baumwollabfälle *mm*;
6. (*v. wol*): out shot wool || abat-chauvée *v*, pelades *vm*, laine *v* de peaux *vm* || Ausschußwolle *v*;
7. (*v. ijzer*): scrap-iron || ferraille *v* || altes Eisen *o*, Schrott *m*;
8. (*v. ruwe zijde*): raw silk waste || bourre *v* de soie *v*, déchets *mm* de soie *v* brute || Rohseidenabfälle *mm*;
9. (*v. stenen, enz.*): rubbish || déblais *mm*, décombres *mm*, débris *mm* || Schutt *m*;
10. (*wasserij*) (*mijnb.*): refuse, slates, shales, tailings, waste, dirt || résidu *m*, stériles *vm*, pertes *vm*, matières *vm*, schistes *mm* [de lavoir *m* (de lavage *m*)] || [Wasch]berge *mm*, Abfälle *mm*, Abgänge *mm*, After *m*.

afval|kool (*mijnb.*)**:** scrap coal || déchets *mm* de charbon *m* || Abfallkohle *v*; **-loog:**

[1]) Vergelijk ook *afkoken, uitlogen* en *uittrekken.*
[2]) Vergelijk ook *afkooksel* en *uittreksel.*

waste lye; waste liquor || lessive *v* résiduaire; liqueur *v* résiduaire || Ablauge *v*; **-papier:** waste paper |⟵papier *m* de rebut *m* || Schmutzpapier *o*; **-produkt:** byproduct, secondary product || sous-produit *m*, produit *m* secondaire || Abfall-, Nebenprodukt *o*, -erzeugnis *o*; (*mijnb.*): *zie* **afval 10; -slik** (*mijnb.*): slimes, tailings || déchets *mm* de schlamm || Abfallschlamm *m*, Schlammberge *mm*; **-stoom:** *zie* **stoom, afgewerkte; -warmte:** waste heat || chaleur *v* perdue || Abwärme *v*; **-water:** [industrial] waste water; sewage water (*v. steden*) || eaux *vm* d'égouts *mm* (*v. steden*); eaux *vm* résiduaires || Abwasser *o*, Abwässer *om*; **-wol:** waste wool || laine *v* de rebut *m* || Zackelwolle *v*; **-ijzer:** scrap iron || déchet *m* de fer *m*; ferraille *v* || Abfalleisen *o*; **-zuur:** waste acid || acide *m* résiduaire || Abfallsäure *v*.

afvlakken: to smooth || dresser || ausgleichen.

afvloei|en: to flow (to run) off || écouler || abfließen, ablaufen; **-gat:** *zie* **afsteekgat; -spon:** drawing off bung || bonde *v* à écoulement *m* || Abfüllspund *m*; **-trechter:** drawing off funnel || entonnoir *m* à écoulement *m* || Abfülltrichter *m*.

afvoer: 1. (*algem.*): discharge || sortie *v* || Abfuhr *v*; Austrag *m*; **-en:** to discharge || décharger || abführen; auslassen; austragen;
2. (*goederen*): carriage, conveyance, transport, removal || transport *m*, évacuation *v* || Abfuhr *v*; **-en:** to carry away, to transport || transporter || abführen, befördern;
3. (*stoom, gassen*): exhaust || échappement *m*, éduction *v* || Auspuff *m*, Austritt *m*; **-en:** to exhaust, to blow off || faire échapper || abführen, ableiten, abblasen; **-periode** (*v. d. stoom*): exhaust period || période *v* d'échappement *m* || Ausströmungsperiode *v*;
4. (*vloeistof*): carrying (drawing, draining) off, eduction || écoulement *m* || Abfluß *m*, Ableitung *v*; **-en:** to carry (to draw, to drain) off || faire écouler || abführen, ableiten;
5. (*warmte*): removal, elimination || dérivation *v*, enlèvement *m* || Abführung *v*, Ableitung *v*; **-en:** to remove, to eliminate || enlever || abführen, ableiten.

afvoer|buis: eduction (outlet, waste) pipe || tuyau *m* de décharge *v* (de dégorgement *m*, d'émission *v*) || Abfluß-, Abführungs-, Auslaß-, Entweichungsrohr *o*; **-buis, ondergrondse:** sewer, underground drain || aqueduc *m* souterrain || Grundrinne *v*; **-cilinder:** delivering roller || cylindre *m* (rouleau *m*) délivreur || [Ab]zugwalze *v*; **-gas:** *zie* **uitlaatgas** *en* **gassen, afgewerkte; -geul** (*hoogoven*): sow channel || fossé *m* d'écoulement *m* || Abstichgraben *m*; **-goot:** conveying trough || gouttière *v* transporteuse || Förder-, Transport-, Abflußrinne *v*; **-greppel:** drain ditch || fossé *m* de dessèchement *m* || Abfluß-, Entwässerungsgraben *m*; **-klep:** exhaust valve (clack, flap) || soupape *v* (clapet *m*) d'échappement *m* || Auslaßventil *o*, -klappe *v*; **-leiding:** outlet, discharge pipe || conduite *v* d'écoulement *m* || Abflußstrang *m*, Abfuhrleitung *c*; **-overlap** (*stoomschuif*): exhaust lap || recouvrement *m* d'échappement *m* || Auslaßüberdeckung *v*; **-put:** sink hole (trap) || puisard *m*, trappe *v* à nettoyage *m* || Abzugs-, Senkgrube *v*; **-pijp:** *zie* **afvoerbuis; -rol:** *zie* **aftrekrol; -stoompijp:** exhaust steam pipe || tuyau *m* de sortie *v* de vapeur *v* || Abdampf-, Dampfauslaßrohr *o*; **-wals:** *zie* **afvoercilinder.**

afvuren: to discharge, to fire || décharger, lâcher, tirer || abfeuern, losbrennen.

afvijlen: to file off || enlever à la lime *v*, limer || abfeilen.

afwassen: to rinse, to wash [out] || abluer, dégorger, laver, lotionner, rincer || abspülen, abwaschen.

afwate|ren: to drain [off] || se décharger, se déverser, s'écouler, drainer || [sich] entwässern; **-ring:** drainage, drain[ing] || écoulement *m*; drainage *m* || Entwässerung *v*, Abfluß *m*; **-ringsbuis:** drain pipe || tuyau *m* de drainage *m* (de dessèchement *m*) || Drain-, Entwässerungsrohr *o*; **-ringsgreppel:** draining ditch || fossé *m* d'écoulement *m* || Entwässerungs-, Abzugsgraben *m*; **-ringskanaal:** draining channel || canal *m* de dessèchement *m* || Entwässerungskanal *m*; **-ringssluis:** discharging sluice || écluse *v* de décharge *v* || Entleerungs-, Ablaufschleuse *v*.

afwerk|en: 1. (*afmaken*): to finish || achever, finir, terminer || beendigen, vollenden, fertigstellen; **-ing:** finishing || achèvement *m* || Beendigung *v*, Vollendung *v*;
2. (*slotbewerkingen*): to finish; to refinish (*gehouwen steen*) || finir, achever || abarbeiten, fertigstellen; nachbearbeiten (*gehouwen steen*); **-en, haaks:** to square || équerrer, écarrir || [ein]winkeln, in den Winkel *m* bringen, kanten; **-ing:** finish || achèvement *m*, finissage *m* || Abarbeitung *v*, Fertigstellung *v*; Ausführung *v*; **-laag:** finishing layer || couche *v* d'achèvement *m* || Endlage *v*; **-mortel:** finishing mortar || mortier *m* d'achèvement *m* || Putzmortel *m*;
3. (*put*) (*mijnb.*): to complete || achever || fertigstellen, -machen.

afwikke|len [1]**:** to unroll, to unwind, to uncoil, to run out || dévider; dérouler || abwickeln; **-ling:** unrolling, unwinding || dévidage *m*, déroulage *m*, déroulement *m* || Abwick[e]lung *v*.

afwind|en [2]**:** to wind off; to unwind, to unreel || dévider, dérouler, dépelotonner || [her]abwinden, abrollen; **-ing:** winding off, unwinding, unreeling || dévidage *m* || Abwindung *v*; **-spoel:** rolling (movable) pirn || cannette *v* à dérouler || Abroll-, Laufspule *v*.

afwisse|lend: alternating, changing || alternatif, changeant || alternierend, abwechselnd; **-lende stijging** (*rijzing*, *toeneming*, *enz.*) **en daling** (*afneming*, *enz.*)**:** fluctuation || fluctuation *v* || Schwankung *v*, Fluktuation *v*.

afwrij|ven: to rub [off], to rub down || frotter || abreiben; **-ven m. schaafgras:** to rub with shave grass || prêler || abschachteln; **-ving:** rubbing [off], rubbing down || frottement *m* || Abreibung *v*.

afwij|ken: 1. (*algem.*): to diverge (*lijnen*); to deflect (*weg*); to deviate from (*afwijken van*) || s'éloigner de, s'écarter de, [se] dévier de || abweichen von; **-king:** deviation, deflection, declination, divergence (*lijn*, *weg*, *enz.*) || détournement *m*; écartement *m* (*weg*), déviation *v* (*as*, *projectiel*, *lijn*) || Ablenkung *v*, Abweichung *v*; **-king, sferische:** spherical aberration || aberration *v* de sphéricité *v* || sphärische Abweichung *v*; **-king, toegestane:** permissible deviation || tolérance *v*, marge *v* || zulässige Abweichung *v*;
2. (*wijzer*, *naald*, *enz.*): to deviate || se dévier || abweichen, ausschlagen;
3. (*magneetnaald*): to decline, to deviate || décliner || abweichen; **-king:** deviation; dip, inclination; declination || inclinaison *v*; déclinaison *v* || Ablenkung *v*; Inklination *v*; Deklination *v*;
4. (*stralen*): to aberrate || aberrir || abweichen; **-king:** aberration || aberration *v* || Abweichung *v*, Ablenkung *c*, Aberration *v*; **-king, chromatische:** chromatic aberration || aberration *v* de réfrangibilité *v* || chromatische Abweichung *v*.

afzaagraam: saw jig || gabari[t] *m* à découper || Schneidelade *v*.

afzagen: to saw off || scier, couper à la scie *v*; receper (*boompje*) || absägen; **- van schaaldelen:** to cut the slabs || ôter les flaches *vm* || das Holz *o* abschwarten.

afzet: sale || vente *v*, débit *m*, écoulement *m*, placement *m* || Absatz *m*; **-draad:** tracing cord (line, tape) || cordeau *m* à tracer (d'alignement *m*) || Absteckschnur *v*; **-gebied:** outlet, market || débouché *m* || Absatzgebiet *o*; **-paal:** peg, picket || piquet *m* || Absteckpfahl *m*, -pflock *m*; **-sel:** *zie na* **afzetten; -ten:** *zie na* **afzetzaag; -ting:** *zie na* **afzetsel; -zaag:** tenon saw || scie *v* à araser || Absetzsäge *v*.

afzetten: 1. (*afpalen*): to pale, to picket, to peg out, to stake out (off) || jalonner, piqueter, marquer, tracer || abstecken, abpfählen;
2. (*stilzetten*): to stop || arreter, débrayer, déclencher || abstellen;
3. (*omboorden*): to set off || border (*de*); déclencher || verbrämen;
4. (*doen bezinken*, *neerslaan*): to deposit || déposer || absetzen; **-, zich:** to deposit || se déposer || sich absetzen;
5. (*verkopen*): to put off, to sell || débiter, placer, vendre || absetzen;
6. (*rem*): *zie* **loszetten** (*rem*).

afzetsel: 1. (*aan kleding*): trimming || garniture *v* || Besatz *m*;
2. (*bezinksel*, *neerslag*): deposit || dépôt *m* || Absetzung *v*.

afzetting: 1. (*het afzetten*): deposit || dépôt *m* || Absetzen *o*, Absetzung *v*;
2. *zie* **afzetsel 2;**
3. (*delfstoffen*, *enz.*): deposit || gisement *m*, gîte *m*, dépôt *m* || Ablagerung *v*, Lagerstätte *v*; **-alluviale** (*eluviale*)**:** alluvial (*eluvial*) [ore] deposit || alluvion *v* (*éluvion v*), gisement *v* alluvial || alluviale (eluviale) Ablagerung *v* (Lagerstätte *v*); **-sgesteenten:** stratified stone || pierre *v* stratifiée || Schichtgestein *o*.

afzeven: to sieve (screen, sift) || tamiser, cribler, passer au crible *m* || (ab-, durch-) sieben.

agaat: agate || agate *v* || Achat *m*; **-hoedje:** agate cap || chape *v* d'agate *v* || Achathütchen *o*; **-molen** (*v. h. slijpen v. agaten*)**:** agate mill || moulin *m* d'agate *v* || Achatmühle *v*.

agave: American aloe, agave || agave *v* || Agave *v*.

agent: agent || agent *m* || Agent *m*.

aggregaat: 1. (*machinegroep*): set || groupe *m* || Aggregat *o*; **-, hydraulisch:** hydraulic set || groupe *m* hydraulique || Wasserkraft[maschinen]satz *m*; **-, thermisch:** heat engine set || groupe *m* thermique || Wärmekraft[maschinen]satz *m*;
2. (*delfstof*, *enz.*): aggregate || agrégat *m* || Aggregat *o*, Mineralgemenge *o*.

aggregatietoestand: condition of matter, state of aggregation || état *m* d'agrégation *v* (de la matière *v*) || Aggregatzustand *m*.

agitator (*wasserij*) (*mijnb.*)**:** conditioner, conditioning tank || agitateur *m*, mé-

[1]) Vergelijk ook *afrollen* en *afwinden*.
[2]) Vergelijk ook *afrollen* en *afwikkelen*.

langeur *m* || Rührtrommel *v*, -maschine *v*.
agone (*agonische lijn*): agone, agonic line || agone *v*, courbe *v* (ligne *v*) agonique || Agone *v*, agonische Kurve *v*.
agrichemie: *zie* **landbouwscheikunde.**
ahorn: maple [tree] || érable *m* || Ahorn *m*; **-, witte:** silver (white) maple || érable *m* blanc || Silberahorn, weißer Ahorn *m*; **-hout:** maple wood || [bois *m* d']érable *m* || Ahornholz *o*; **-suiker:** maple sugar || sucre *m* d'érable *m* || Ahornzucker *m*.
aikiniet: needle ore, aikinite, aciculite, acicular bismuth || aciculite *v*, bélonite *v*, patrinite *v* || Nadelerz *o*, Patrinit *m*.
ajusteren: *zie* **adjusteren.**
akant (*bouwk.*): acanthus || acanthe *v* || Akanthus *m*, Bärenklau *m*.
akkoord (*mijnb.*): t.u.t. (tut) bargain || accord *m*, forfait *m*, marché *m*, tâche *v*; (Belg.): adjudication *v* || Gedinge *o*; **-arbeider:** jobber, piece (tut) worker, bargain taker; tributer (*erts*) || ouvrier *m* à la tâche *v* (travaillant à forfait *m*, à marché *m*), tâcheron *m* || Gedingearbeiter *m*; **-loon:** contract (piece) wages || salaire *m* à la tâche *v* (à marché *m*, à l'entreprise *v*, forfaitaire) || Gedingelohn *m*; **-merk:** footage-mark, draftmark, jobmark, countermark || marque *v* (repère *v*) de contrôle *m*, témoin *m* de travail *m* à la tâche *v* || Gedingestufe *v*; **-stelsel:** contract (piecerate) system || système *m* de salaire *m* à forfait *m* || Gedingelohnsystem *o*; **-werk:** tut (job, contract, piece, tribute) work || travail *m* à forfait *m* (à l'entreprise *v*, à la tâche *v* || Gedingearbeit *v*.
aklinisch: aclinic || aclinique || aklinisch.
akroterie: acroter[ion] || acrotère *m* || Akroterium *o*.
akti|nisch: actinic || actinique || aktinisch; **-nisme:** actinism || actinisme *m* || Aktinismus *m*; **-nograaf:** actinograph || actinographe *m* || Aktinograph *m*, Lichtwirkungszeichner *m*; **-noliet:** actinolite || actinolithe *m* || Aktinolith *m*.
alabamium: alabamine || alabamium *m* || Alabamium *o*.
alarm: alarm || alarme *v* || Alarm *m*, Lärm *m*; **-bel:** alarm bell || sonnerie *v* d'alarme *v* || Alarm-, Signalglocke *v*; **-fluit:** alarm whistle || sifflet *m* avertisseur (d'alarme *v*) || Alarm-, Signal-, Warn-, Lärmpfeife *v*; **-inrichting met ruststroom** (*werkstroom*): closed-circuit (*open-circuit*) alarm system || dispositif *m* d'alarme *v* à circuit *m* fermé (*à circuit m ouvert*) || Alarmeinrichtung *v* mit Ruhestrom (*Arbeitsstrom*) *m*; **-klep:** alarm valve || soupape *v* d'alarme *v* || Alarmventil *o*; **-relais:** alarm relay || relais *m* d'appel *m* (d'avertissement *m*) || Weckrelais *o*; **-signaal:** alarm signal || signal *m* d'alarme *v* || Alarmsignal *o*; **-toestel:** alarm || appareil *m* d'alarme *v*, dispositif *m* avertisseur (d'alarme *v*) || Alarm-, Warnapparat *m*, Signalvorrichtung *v*.
al[a]bast: alabaster, alabastrite, compact gypsum || albâtre *m* || Alabaster[gips] *m*; **-groeve:** alabaster quarry || albâtrière *v*, carrière *v* d'albâtre *m* || Alabasterbruch *m*.
albiet: albite || albite *v* || Albit *m*, Natronfeldspat *m*.
albumi|naat: albuminate || albuminate *m* || Albuminat *o*; **-ne:** albumen || albumine *v* || Albumin *o*; **-nepapier:** albumen (albuminised) paper || papier *m* albuminé || Albuminpapier *o*; **-neproces:** albumen process || albuminage *m* || Albuminprozeß *m*, -verfahren *o*.
alcohol: *zie* **alkohol.**
aldehyde: aldehyde || aldéhyde *m* (*v*) || Aldehyd *o*.
alfenide: alfenid || alfénide *v* || Alfenid *o*.
algebra: algebra || algèbre *v* || Algebra *v*; **-isch:** algebraic[al](*ly*) || algébrique(*ment*) || algebraisch; **-teken** (*typogr.*): algebraical sign || signe *v* algébrique || algebraisches Zeichen *o*.
alhidade: alhidade || alhidade *v* || Alhidade *v*.
ali|cyclisch: alicyclic || alicyclique || alicyclisch; **-fatisch:** aliphatic || aliphatique || alifatisch.
alignement: *zie* **rooilijn.**
aliza|rien: alizarin || alizarine *v* || Alizarin *o*; **-rine*:** *zie* **alizarien.**
alkaan: alkane || alcane *m* || (Alkan *o*), gesättigter Kohlenwasserstoff *m* mit offener Kette *v*.
alka|diëen (*-triëen, enz.*): alkadiene (*-triene, enz.*) || alcadiène (*-triène, enz.*) *m* || (Alkadien *o*; *-trien, enz.*), Kohlenwasserstoff *m* mit offener Kette *v* und zwei (*drei, enz.*) Doppelbindungen *vm*; **-diënyn** (*-triënyn, enz.*): alkadienyne (*-trienyne, enz.*) || alcadiényne (*-triényne, enz.*) *m* || (Alkadienyn *o*; *-trienyn, enz.*), Kohlenwasserstoff *m* mit offener Kette *v*, zwei (*drei, enz.*) Doppelbindungen *vm* und einer dreifachen Bindung *v*; **-diyn** (*-triyn, enz.*): alkadiyne (*-triyne, enz.*) || alcadiyne (*-triyne, enz.*) *m* || (Alkadiyn *o*; *-triyn, enz.*), Kohlenwasserstoff *m* mit offener Kette *v* und zwei (*drei, enz.*) dreifachen Bindungen *vm*.
alkali: alkali || alcali *m* || Alkali *o*; **-loog:** caustic (alkaline) lye || lessive *v* alcaline (caustique) || Alkalilauge *v*; **-metaal:** alkali metal || métal *m* alcalin || Alkalimetall *o*; **-metrie:** alkalimetry || alcalimétrie *v* || Alkalimetrie *v*; **-teit:** alkalinity || alcalanité *v* || Alkalität *v*; **-zout:** alkali salt || sel *m* d'un métal *m* alcalin || Alkalisalz *o*.

alkalisch: alkaline || alcalin || alkalisch; **- maken:** to render alkaline || rendre alcaline || alkalisch machen.
alkaloïde: alkaloid || alcaloïde *m* || Alkaloid *o*.
alka|nal: alkanal || alcanal *m* || [aliphatisches] Aldehyd *o*, (Alkanal *o*); **-nol:** alkanol || alcanol *m* || [aliphatischer] Alkohol *m* (Alkanol *o*); **-non:** alkanone || alcanone *v* || [aliphatisches] Keton *o* (Alkanon *o*).
alk|een: alkene || alcène *m* || (Alken *o*), Kohlenwasserstoff *m* mit offener Kette *v* und einer Doppelbindung *v*; **-enyn:** alkenyne || alcényne *m* || (Alkenyn *o*), Kohlenwasserstoff *m* mit offener Kette *v*, einer doppelten und einer dreifachen Bindung *v*.
alkohol: 1. (*org. chem. klassenaam*)**:** alcohol || alcool *m* || Alkohol *m*; **-aat:** alcoholate || alcoolate *m* || Alkoholat *o*;
2. (*ethylalkohol*; *ethanol*)**:** [ethyl]alcohol || alcool *m* [éthylique] || [Äthyl]alkohol *m* (*o*); **-, gemethyleerde:** methylated alcohol (spirit) || alcool *m* méthylé || methylierter Alkohol *m* (Spiritus *m*); **-, gezuiverde:** rectified alcohol || alcool *m* rectifié || rektifizierter Alkohol *m*; **-meter:** alcoholmeter || alcoo[lo]mètre *m* || Alkoholmeter *m*, *o*; **-metrie:** alcoholometry || alcoo[lo]métrie *v* || Alkoholometrie *v*; **-thermometer:** alcohol thermometer || thermomètre *m* à alcool *m* || Alkoholthermometer *m*, *o*.
alkoof: alcove || alcôve *v* || Alkoven *m*.
alkyl: alkyl || alcoyl[e] *m*, alcyl[e] *m* || Alkyl *o*; **-cellulose:** alkylcellulose || alc[o]yl[e]cellulose *v*, cellulose *v* alc[o]ylée || Alkylcellulose *v*; **-groep:** alkyl group || groupe *m* (groupement *m*) alcoyl[e] *m*, (alcyl[e] *m*) || Alkylgruppe *v*.
alkyn: alkyne || alcyne *m* || (Alkyn *o*), Kohlenwasserstoff *m* mit offener Kette *v* und einer dreifachen Bindung *v*.
alleenvertegenwoordiger: agency concessionaire, distributor || concessionnaire *m* || Alleinvertreter *m*.
alli|age: *zie* **legering; -eren:** *zie* **legeren.**
alligatorpunt: toothed shoe || pointe *v* [en queue *v*] alligator || Alligatorspitze *v*.
allooi: alloy || aloi *m* || Feingehalt *m*.
allotro|pie: allotropy || allotropie *v* || Allotropie *v*; **-pisch:** allotropic || allotropique || allotrop.
allu|viaal: alluvial || alluvial, alluvious || alluvial; **-vium:** post-Glacial || Quaternaire *m* récent || Alluvium *o*.
aloëhennep: aloe hemp, Mexican grass || [chanvre *m* d']aloés *m* || Aloehanf *m*.
alpaca (*wol*)**:** alpaca || alpaca *m* || Alpaka *m*; **-haar:** alpaca hair || [poil *m* d']alpaca *m* || Pakohaar *o*, Alpaka *o*.
alsem: wormwood || absinth *v* || Wermut *m*.
altaar: altar || autel *m* || Altar *m*; **-hemel:** altar roof || ciel *m* (dais *m*) d'autel *m* || Altarhimmel *m*; **-stuk:** altar piece || tableau *m* d'autel *m* || Altargemälde *o*, -stück *o*; **-tafel:** altar slab || table *v* d'autel *m* || Altarplatte *v*, -tafel *v*.
altazimuth: altazimuth || altazimut *m* || Altazimut *o*.
alternerend: *zie* **afwisselend.**
aluin: alum[en] || alun *m* || Alaun *m*; **-aarde:** alum earth || terre *v* alumineuse || Alaunerde *v*; **-bad:** alum bath || bain *m* d'alun *m* || Alaunbad *o*, -brühe *v*; **-bijtmiddel:** aluminous mordant || mordant *m* d'alun *m* || Alaunbeize *v*; **-en:** to [steep in] alum || aluner || alaun[ier]en; **-erts:** alum (aluminous) ore || minéral *m* d'alun *m* || Alaunerz *o*; **-gaar:** tawed, alumed || mégissé || alaun-, weißgar; **-groeve:** alum pit || alunière *v*, carrière *v* (mine *v*) d'alun *m* || Alaungrube *v*; **-houdend:** aluminous || alumineux || alaunhaltig; **-ing:** aluming, steeping in alum || alunage *m*, mordançage *m* || Alaunen *o*, Alaunbeizen *o*; **-koker:** alum boiler || alunier *m* || Alaunsieder *m*; **-kokerij:** alum house (works) || alunière *v* || Alaunhütte *v*, -siederei *v*; **-lei:** alum (gentle) slate || schiste *m* alumineux, ampélite *v* alumineuse (alunifère) || Alaunschiefer *m*; **-looierij:** tawery, tawing || mégisserie *v* || Alaun-, Weißgerberei *v*; **-lijm:** aluminous glue || colle *v* d'alun *m* || Alaunleim *m*; **-meel:** alum powder || fleur *v* (poudre *v*) d'alun *m* || Alaunmehl *o*; **-mijn:** *zie* **aluingroeve; -poeder:** *zie* **aluinmeel; -steen:** *zie* **aluniet; -ijzer:** feather alum || alun *m* de plume *v* || Federalaun *m*.
aluminaat: aluminate || aluminate *m* || Aluminat *o*.
aluminium [1])**:** aluminium || aluminium *m* || Aluminium *o*; **-bladelektroscoop:** aluminium leaf electroscope || electroscope *m* à feuille *v* d'aluminium *m* || Aluminiumblattelektroskop *o*; **-brons:** aluminium bronze || bronze *m* d'aluminium *m* || Aluminiumbronze *v*; **-celgelijkrichter:** aluminium cell rectifier || redresseur *m* (clapet *m*) avec anode *v* en aluminium *m* || Aluminiumzellengleichrichter *m*; **-cement:** aluminium [special] cement ||

---

[1]) Voor hierachter niet opgenomen aluminiumverbindingen, zoals bv. aluminiumchloride, aluminiumhydroxyde, aluminiumsulfaat, enz., zie men onder **natrium** en vervange daar in het Engels „sodium" door „aluminium", in het Frans „de sodium" door „d'aluminium" en in het Duits „Natrium-" door „Aluminium-", dus bv.: *aluminiumchloride*: *aluminium chloride* || *chlorure m d'aluminium m* || *Aluminiumchlorid o.*

ciment *m* alumineux || Aluminiumzement *m*; **-draad:** aluminium wire || fil *m* d'aluminium *m* || Aluminiumdraht *m*; **-kabel:** aluminium cable || câble *m* en aluminium *m* || Aluminiumkabel *o*; **-legering:** aluminium alloy || alliage *m* d'aluminium *m* || Aluminiumlegierung *v*; **-oven:** aluminium furnace || four *m* à aluminium *m* || Aluminiumofen *m*; **-oxyde:** aluminium oxide, alumina || oxyde *m* d'aluminium *m*, alumine *v* || Aluminiumoxyd *o*; **-zout:** aluminium salt || sel *m* d'aluminium *m* || Aluminiumsalz *m*.

aluminothermisch: alumino-thermic || alumino-thermique || aluminothermisch.

aluniet: alunite, alum stone, aluminous limestone || alunite *v*, pierre *v* alumineuse || Alaunstein *m*.

amalga|ma: amalgam || amalgame *m* || Amalgam *o*; **-matie:** amalgamation || amalgamation *v* || Amalgamation *v*, Amalgamierung *v*; **-matiebad:** amalgam bath || bain *v* d'amalgamation *v* || Amalgambad *o*; **-matiemolen:** amalgamating mill, amalgamator || moulin *m* à amalgamer || Quickmühle *v*; **-matievat:** amalgamation barrel || tonneau *m* d'amalgamation *v* || Amalgamations-, Anquickfaß *o*; **-meren:** to amalgamate || amalgamer || amalgamieren.

amandelolie: almond oil || huile *v* d'amande *v* || Mandelöl *o*; **-, bittere:** bitter almond oil || essence *v* d'amandes *vm* amères || Bittermandelöl *o*.

amaranthout: amaranth (purple, violet) wood, blue ebony || [bois *m* d']amarante *m* bois *m* violet, ébène *v* bleue || Amarant-, blaues Eben-, Purper-, Violetholz *o*.

amaril: emery || émeri *m*, corindon *v* granulaire || Schmirgel *m*; **-band:** emery band (tape) || ruban *m* à l'émeri *m* (émerisé) || Schmirgelband *o*; **-cilinder:** emery cylinder || tambour *m* d'émeri *m* || Schmirgelzylinder *m*, -walze *v*; **-hout:** emery stick || polissoir *m* à émeri *m* || Schmirgelholz *o*; **-papier:** emery paper || papier *m* à l'émeri *m* || Schmirgelpapier *o*; **-poeder:** emery dust (powder) || poudre *v* d'émeri *m* || Schmirgelpulver *o*; **-ring:** emery wheel (cutter, grinder) || anneau *m* (roue *v*) d'émeri *m* || Schmirgelring *m*, -rad *o*; **-schuurlinnen:** emery cloth || toile *v* émerisée || Schmirgelleinwand *v*, -leinen *o*; **-schijf:** emery (glazing) wheel, glazer || meule *v* [à] émeri *m* (d'émeri *m*) || Schmirgelscheibe *v*; **-slib:** *zie* **amarilpoeder; -slijpmachine:** emery grinding machine || machine *v* de meules *vm* d'émeri *m* || Schmirgelschleifmaschine *v*; **-steen:** emery stone || pierre *v* [à l']émeri *m* || Schmirgelstein *m*.

ambacht: calling [handi]craft, trade || métier *m*, profession *v* || Handwerk *o*; **-uitoefenen, een:** to practice a handicraft || pratiquer un métier *m* || ein Handwerk *o* ausüben; **-sman:** artisan, crafts-, tradesman || artisan *m*, homme *m* de métier *m* || Handwerker *m*; **-sschool:** professional school || école *v* ouvrière (d'apprentissage *m*) || Gewerbeschule *v*.

amber: 1. (*ambergrijs*): ambergris, -grease || ambre *m* gris || [grauer] Amber *m*, Ambra *o*;

2. (*gele amber*): *zie* **barnsteen; -olie:** *zie* **barnsteenolie; -steen:** *zie* **barnsteen; -vernis:** *zie* **barnsteenvernis;**

3. (*styrax*): styrax || styrax *m* || Styrax *m*, flüssiges Ambra *o*; **-hout:** amber wood || bois *m* d'ambre *m* || Amberholz, Ambraholz *o*.

ambulance|-spoorwagen: hospital waggon || wagon-ambulance *m* || Lazarett-, Sanitätswagen *m*; **-wagen:** ambulance waggon || voiture *v* d'ambulance *v* || Krankenwagen *m*.

americum: americum || américum *m* || Amerikum *o*.

amethist: amethyst || améthyste *v* || Amethyst *m*.

amfi|bievliegtuig: amphibian, amphiplane || [avion *m*] amphibie *m* || Landwasserflugzeug *o*, Amphibium *o*; **-bool:** amphibole || amphibole *v* || Amphibol *m*, Hornblende *v*; **-theater:** amphitheatre || amphithéâtre *m* || Amphitheater *o*.

amfoteer: amphoteric || amphotère || amphoter.

amide: amide || amide *v* || Amid *o*.

amine: amine || amine *v* || Amin *o*.

animo|-1 benzeensulfonzuur-4(sulfanilzuur): amino-1 benzenesulfonic-4 acid || acide *m* amino-1 benzènesulfonique-4 || (Amino-1 benzensulfosäure *v*); **-groep:** amino group || groupe[ment] *m* amino || Aminogruppe *v*; **-methaanzure ester** (urethan): aminomethanoic acid ester || ester *m* aminométhanoïque || (aminomethansaurer Ester *m*); **-verbinding:** amino compound (derivative) || composé *m* (dérivé *m*) aminé || Aminoverbindung *v*, -körper *m*; **-zuur:** amino acid || aminoacide *m*, acide-amine *m* || Aminosäure *v*.

ammonia: 1. *zie* **ammoniak;**

2. (*ammonia liquida*): aqueous [solution of] ammonia || solution *v* aqueuse d'ammoniaque *v*, ammoniaque *v* aqueuse || wässrige Ammoniaklösung *v*.

ammoniak: ammonia || Ammoniaque *v*, gaz *m* ammoniac || Ammoniak *o*; **-, synthetische:** synthetic ammonia || ammoniaque *v* synthétique || synthetisches Ammoniak *o*; **-, vloeibare:** liquid (liquified) ammonia || ammoniaque *v* liquide (liquéfiée) || [ver]flüssig[t]es Ammoniak *o*; **-aal:** ammoniacal || ammoniacal(*e*) (*-caux*) || ammoniakal; **-absorptiemachine:** ammonia absorption machine || machine *v* à absorption *v* d'ammoniaque *v* || Ammoniakabsorptionsmaschine *v*; **-damp:** ammonia vapour || vapeur *v* d'ammoniaque *v* || Ammoniakdampf *m*; **-gas:** gaseous ammonia || gaz *m* ammoniac, ammoniaque *v* gazeuse (en état *m* gazeux) || Ammoniakgas *o*; **-soda:** Solvaysoda || sel *m* de soude-Solvay *m* || Ammoniak-, Solvaysoda *v*; **-water** [1]**:** ammonia[cal] liquor || eau *v* ammoniacale || Ammoniakwasser *o*.

ammonium [2]**:** ammonium || ammonium *m* || Ammonium [3] *o*; **-carbamaat:** ammonium carbamate || carbamate *m* d'ammonium *m* || Ammoniumcarbamat *o*; **-sesquicarbonaat:** ammonium sesquicarbonate || sesquicarbonate *m* d'ammonium *m* || Ammoniumsesquicarbonat *o*; **-zout:** ammonium salt || sel *m* d'ammonium *m*, sel *m* ammonique || Ammoniumsalz *o*.

ammunitie: *zie* **munitie.**

amorf: amorphous || amorphe || amorph.

***ampérage** (*aantal ampères*)**:** strength of current in amperes, amperage || intensité *v* en ampères *mm*, ampérage *m* || Amperezahl *v*, Stromstärke *v* in Ampere *o*.

ampère: ampere || ampère *m* || Ampere *o*; **-meter:** am[pere]meter || am[père]mètre *m* || Am[pere]meter *o*, *m*; Strommesser *m*; **-meter, registrerende:** recording ammeter || ampèremètre *m* enregistreur, am[père]métrographe *m* || registrierendes Amperemeter *o*, *m*; **-meteromschakelaar:** amperemeter change-over switch || commutateur *m* d'ampèremètre *m* || Amperemeterumschalter *m*; **-staven:** ampere-conductors || nombre *m* d'ampères-conducteurs *mm* || Stromvolumen *o*; **-uur:** amperehour || ampèreheure *v* || Amperestunde *v* (A.S.); **-uurmeter:** ampere-hour (quantity) meter || ampèreheuremètre *m*, compteur *m* de quantité *v* || Amperestundenzähler *m*; **-winding:** ampereturn || ampère-tour *m* || Amperewindung *v*.

amplitude: 1. (*grootste verplaatsing*)**:** amplitude, maximum value || amplitude *v*, valeur *v* maximum || Amplitude *v*, Maximal-, Scheitelwert *m*; **2.** (*slingerbreedte*)**:** amplitude of oscillation || amplitude *v* des oscillations *vm* || Schwingungsweite *v*; **-modulator:** amplitude modulator || modulateur *m* d'amplitude *v* || Amplitudenmodler *m*; **3.** (*sterrek.*)**:** amplitude || amplitude *v* || Amplitude *v*, Gestirnweite *v*; **-, magnetische:** magnetic amplitude || amplitude *v* magnétique || magnetische Gestirnweite *v*; **-, noordelijke:** northern amplitude || amplitude *v* septentrionale || nördliche Weite *v*, Mitternachtsweite *v*.

ampul: ampulla || ampoule *v* || Ampulle *v*.

amyl: (*n-amyl*; **pentyl**)**:** n-amyl || amyl[e] *m* norm[al] || n-Amyl *o*; **-acetaat:** n-amyl acetate || acétate *m* d'amyle *m* norm[al] || n-Amylacetat *o*; **-alkohol [pentanol]:** n-amyl alcohol || alcool *m* amylique norm[al] || n-Amylalkohol *m*; **-groep:** n-amyl group || groupe[ment] *m* amyl[e] *m* norm[al] || n-Amylgruppe *v*.

anaëroob: anaerobe || anaérobie || anaerob.

analist: *zie* **analyst.**

analysator (*mikroskoop*)**:** analyser || analyseur *m* || Analysator *m*.

analyse: 1. (*wisk.*)**:** mathematical analysis || analyse *v* mathématique || mathematische Analyse *v*; **-, harmonische:** harmonic analysis || analyse *v* harmonique || harmonische Analyse *v*; **-, hogere:** differential and integral calculus || analyse *v* transcendante (infinitésimale), calcul *m* différentiel et intégral (infinitésimal) || höhere Analyse *v*, Infinitesimalrechnung *v*, Differential- und Integralrechnung *v*; **2.** (*scheik.*)**:** [chemical] analysis; assay (*erts*) || analyse *v* chimique || [chemische] Analyse *v*; **- langs de droge** (*natte*) **weg:** analysis in the dry (*humid*) way || analyse *v* par voie *v* sèche (*humide*) || Analyse *v* auf trocknem (*nassem*) Wege *m*; **-, chromatografische:** chromatographic analysis || analyse *v* chromatographique || chromatographische Analyse *v*; **-, colorimetrische:** colorimetric analysis, colorimetry || analyse *v* colorimétrique, colorimétrie *v* || kolorimetrische Analyse *v*, Kolorimetrie *v*; **-, conductometrische:** conductometric analysis || analyse *v* conductométrique || konduktometrische Analyse *v*; **-, elementaire:** *zie* **elementenanalyse; -, elektrolytische:** *zie* **elektroanalyse; -, gravimetrische:** *zie* **gewichtsanalyse; -, mikrochemische:** microchemical analysis || analyse *v* microchimique || mikrochemische Analyse *v*;

---

[1]) Zie ook *gaswater*.

[2]) Voor hierachter niet opgenomen ammoniumverbindingen, zoals bv. ammoniumchloride, ammoniumhydroxyde, ammoniumsulfaat, enz., zie men onder **natrium** en vervange daar in het Engels „sodium" door „ammonium", in het Frans „de sodium" door „d'ammonium" en in het Duits „Natrium-" door „Ammon[ium]-", dus bv.: *ammoniumchloride*: *ammonium chloride* || *chlorure m d'ammonium m* || *Ammon[ium]chlorid o*. In het Frans worden ook de vormen „chlorure ammonique, sulfate ammonique", enz., gebruikt.

[3]) In namen van zouten dikwijls afgekort tot „Ammon", bv. *Ammonsulfat o*.

-, mikroskopische: microscopic analysis || analyse *v* microscopique || mikroskopische Analyse *v*; **-, optische:** optical analysis || analyse *v* optique || optische Analyse *v*; **-, organische:** organic analysis || analyse *v* organique || organische Analyse *v*; **-, polarografische:** polarographic analysis || analyse *v* polarographique || polarographische Analyse *v*; **-, potentiometrische:** potentiometric analysis || analyse *v* potentiométrique || potentiometrische Analyse *v*; **-, qualitatieve:** qualitative analysis || analyse *v* qualitative || qualitative Analyse *v*; **-, quantitatieve:** quantitative analysis || analyse *v* quantitative || quantitative Analyse *v*; **-, titrimetrische:** *zie* **analyse, volumetrische; -, volumetrische:** volumetric (titrimetric) analysis || analyse *v* volumétrique || Maß-, Titrieranalyse *v*, Volumetrie *v*.

analyseren: to analyse || analyser || analysieren.

analyst: analyst || analyste *m* || (*analyticus*): Analytiker *m*; (*analyst*): Laborant(*in*) *m* (*v*).

analytisch: analytic[al](*ly*) || analitique(*ment*) || analytisch.

anamorfose: anamorphose || anamorphose *v* || Anamorphose *v*, Zerrbild *o*.

anastatisch: anastatic || anastatique || anastatisch.

andalusiet: andalusite || andalousite *v* || Andalusit *m*.

andesien: andesine || andésine *v* || Andesin *m*.

Andreaskruis: St. Andrew's (saltier) cross, cross (diagonal) stay || croix *v* de St. André (de Bourgogne), sautoir *m* || Andreas-, Schrägkreuz, Burgundisches Kreuz *o*.

anelek|trisch: anelectric || anélectrique || anelektrisch; **-trotonus:** anelectrotonus || anélectrotonus *m* || Anelektrotonus *m*.

anemo|graaf: anemograph || anémographe *m* || Anemograph *m*; **-grafie:** anemography || anémographie *v* || Anemographie *v*; **-logie:** anemology || anémologie *v* || Anemologie *v*, Windlehre *v*; **-meter:** anemometer, wind gauge || anémomètre *m* || Anemometer *o*, *m*, Windmesser *m*; (*mijnb.*): Wettergeschwindigkeitsmesser *m*; **-metrie:** anemometry || anémométrie *v* || Anemometrie *v*, Windmessung *v*; **-skoop:** anemoscope || anémoscope *m* || Anemoskop *m*, Windzeiger *m*.

aneroïde-barometer: aneroid barometer || baromètre *m* anéroide || Aneroidbarometer *o*, *m*.

anglesiet: anglesite, lead-vitriol || anglésite, sulfate *m* (vitriol *m*) de plomb *m* || Anglesit *m*, Bleivitriol *o*.

angorawol: mohair || poil *m* de chèvre *v* || Angora-, Kamelhaar *o*, Kamelziegen-, Kamelwolle *v*.

anhy|dride: anhydride || anhydride *m* || Anhydrid *o*; **-driet:** anhydrite, anhydrous gypsum || anhydrite *v* || Anhydrit *m*.

aniline [fenylamine]: aniline || aniline *v* || Anilin *o*; **-kleurstof:** aniline dye[stuff] || couleur *v* d'aniline *v* || Anilinfarbstoff *m*.

animegom: gum anime || gomme-animé *v* || Ani-, Flußharz *o*.

an|ion: anion || anion *m* || Anion *o*; **-isotropisch:** anisotrope || anisotropique || anisotropisch.

anker: **1.** (*v. verankering*) (*bouwk., enz.*): anchor, grappling iron, tie || ancre *v*, grappin *m*, tirant *m* || [Mauer]anker *m*; **-, vorkvormig:** forked tie || ancre *v* à fourchette *v* || Gabelanker *m*; **-ring** (*mijnb.*): anchor ring || anneau *m* d'ancrage *m* || Ankerring *m*; **-stang** (*mijnb.*): anchor bolt || tirant *m* || Ankerstange *v*; **2.** (*horloge*): anchor || ancre *v* || Anker *m*; **-echappement:** anchor escapement || échappement *m* à ancre *v* || Ankerhemmung *v*; **-steen:** pallet jewel || pierre *v* de l'ancre *v* || Ankerstein *m*; **3.** (*mach.*): **-bout:** stay bolt (rod) || boulon *m* d'ancrage *m* (d'entretoisement *m*) || Ankerbolzen *m*; **-bout** (*ter verankering*): cotter (foundation) bolt || boulon *m* de fondation *v* || Fundamentschraube *v*; **-plaat:** anchor plate, back stay, foundation washer || contre-plaque *v*, plaque *v* d'ancrage *m* || Ankerplatte *v*; **-plaat** (*ter verankering*): anchor (foundation) plate || contreplaque *v* || Ankerplatte *v*; **4.** (*elektr.*): armature, rotor || armature *v* [d'une dynamo *v*], induit *m*, rotor *m* || Anker *m*, Läufer *m*, Rotor *m*; **- met gesloten** (*open*) **wikkeling:** closed (*open*) coil armature || induit *m* à circuit *m* fermé (*ouvert*) || Anker *m* mit geschlossener (*offener*) Wick[e]lung *v*; **-, bovenstaand:** overtype armature || induit *m* du type *m* supérieur || oberständiger Anker *m*; **-, dubbel:** double armature || induit *m* double || Doppelanker *m*; **-, eenfasig:** one phase armature || induit *m* monophasé || Einphasenanker *m*; **-, eenpolig:** unipolar armature || induit *m* unipolaire || einpoliger Anker *m*; **-, gecentreerd:** balanced armature || induit *m* cintré || zentrierter Anker *m*; **-, gecombineerd:** combined rotor || induit *m* mixte || kombinierter Anker *m*; **glad:** smooth [core] armature || induit *m* lisse || glatter Anker *m*, Glattanker *m*; **-, half:** half armature || demi-armature *v* || Halbanker *m*; **-, roterend:** rotating armature || armature *v* rotative || rotierende Armatur *v*; **-, stilstaand:** stationary armature || induit *m* fixe || ruhender Anker *m*;

-, **tweefasig:** two phase armature || induit *m* diphasé (biphasé) || Zweiphasenanker *m*; -, **tweepolig:** bipolar armature || induit *m* bipolaire || zweipoliger Anker *m*; -, **vast:** stationary armature || induit *m* fixe || stationärer Anker *m*; -, **zachtijzeren:** soft iron armature || induit *m* de fer *m* doux || Weicheisenanker *m*; **-ampèrewinding:** armature ampere turn || ampère-tour *m* d'induit *m* || Ankeramperewindung *v*; **-as** (*dynamo*)**:** armature (rotor) shaft || arbre *m* d'induit *m* (de rotor *m*) || Ankerwelle *v*; **-bandage:** armature binding || bandage *m* d'induit *m* || Ankerbandage *v*; **-belasting:** armature load || charge *v* d'induit *m* || Ankerbelastung *v*; **-bewikkeling:** winding of the armature || bobinage *m* (enroulement *m*) de l'induit *m* || Ankerbewick[e]lung *v*; **-binddraad:** armature binding wire || frette *v* d'induit *m* || Ankerbinddraht *m*; **-boring:** bore of armature hub || creux *m* de l'induit *m* || Ankerbohrung *v*; **-bout:** armature bolt || boulon *m* d'induit *m* || Ankerbolzen *m*; **-bus:** armature hub (spider) || moyeu *m* d'induit *m* || Ankerbüchse *v*; **-diameter:** diameter of armature || diamètre *m* d'induit *m* || Ankerdurchmesser *m*; **-draad:** armature wire (conductor) || conducteur *m* (fil *m*) d'induit *m* || Ankerdraht *m*, -leiter *m*; **-draadhouder:** anchor ear || oreille *v* d'ancrage *m* || Ankerklammer *v*; **-gleuf:** armature slot || encoche *v* (rainure *v*) d'induit *m* || Ankernut *v*; **-groef:** *zie* **ankergleuf; -inductie:** armature induction || induction *v* dans l'induit *m* || Ankerinduktion *v*, Induktion *v* im Anker *m*; **-isolator:** strain isolator || isolateur *m* d'ancrage *m* || Anker-, Verankerungsisolator *m*; **-kern:** armature (rotor) core || noyau *m* d'induit *m* (de rotor *m*) || Anker-, Rotorkern *m*; **-kernblad:** armature core disk || tôle *v* d'induit *m* || Ankerblechscheibe *v*; **-klos:** armature coil || bobine *v* d'induit *m* || Ankerspule *v*; **-krachtstroom:** armature flux || flux *m* [de force *v*] d'induit *m* || Ankerkraftfluß *m*; **-lekveld:** armature stray field || champ *m* de dispersion *v* dans l'induit *m* || Ankerstreufeld *o*; **-lengte:** armature length || longueur *v* d'induit *m* || Ankerlänge *v*; **-lengte, ideële:** ideal length of armature || longueur *v* idéale de l'induit *m* || ideelle Ankerlänge *v*; **-lengte, werkelijke:** actual core length || longueur *v* réelle d'induit *m* || wirkliche Ankerlänge *v*; **-naaf:** armature hub || moyeu *m* de l'induit *m* || Ankernabe *v*; **-omtrek:** periphery of armature || péripherie *v* d'induit *m* || Ankerumfang *m*; **-plaat:** core plate || segment *m* de tôle *v* d'induit *m* || Ankerplatte *v*; **-pool:** armature pole || pôle *m* d'induit *m* || Ankerpol *m*; **-rad:** armature wheel || roue *v* d'induit *m* || Ankerrad *o*; **-reactie** armature reaction || réaction *v* d'induit *m* || Ankerreaktion *v*, -rückwirkung *v*; **-ring:** armature (core) ring || anneau *m* [de tôle *v*] d'induit *m* || Ankerring *m*; **-schijf:** armature wheel, core disk || roue *v* (disque *m* de tôle *v*) d'induit *m* || Ankerrad *o*, -scheibe *v*; **-slip:** armature slip || glissement *m* d'induit *m* || Ankerschlüpfung *v*; **-spanning:** armature voltage || tension *v* de l'induit *m* || Ankerspannung *v*; **-spoel:** *zie* **ankerklos; -spreiding:** armature leakage || dispersion *v* d'induit *m* || Ankerstreuung *v*; **-staaf:** armature bar || barre *v* d'induit *m* || Ankerstab *m*; **-ster:** armature spider || étoile *v* (croissillon *m*) d'induit *m* || Ankerstern *m*; **-strooiïng:** *zie* **ankerspreiding; -stroom:** armature (rotor) current || courant *m* d'induit *m* || Ankerstrom *m*; **-stroomtak:** armature circuit || circuit *m* d'induit *m* || Ankerstromzweig *m*, -stromkreis *m*; **-takstroom:** current per armature path (circuit) || courant *m* de circuit *m* d'induit *m* || Ankerzweigstrom *m*; **-takweerstand:** resistance of the armature circuit || résistance *v* d'un circuit *m* d'induit *m* || Ankerzweigwiderstand *m*; **-tand:** armature tooth || dent *v* d'induit *m* || Ankerzahn *m*; **-veld:** armature field || champ *m* d'induit *m* || Ankerfeld *o*; **-veldkromme:** armature flux distribution curve || courbe *v* de champ *m* d'induit *m* || Ankerfeldkurve *v*; **-weerstand:** armature resistance || résistance *v* d'induit *m* || Ankerwiderstand *m*; **-wikkeling:** armature winding || bobinage *m* (enroulement *m*) d'induit *m* || Ankerwick[e]lung *v*; **-wikkeling, enkelvoudig gesloten:** simplex winding || enroulement *m* d'induit *m* simple || einfach geschlossene Ankerwick[e]lung *v*; **-winding:** armature turn || spire *v* d'induit *m* || Ankerwindung *v*; **-ijzer:** armature iron || fer *m* d'induit *m* (d'armature *m*) || Ankereisen *o*;

5. (*schip*)**:** anchor || ancre *v* || Anker *m*; **- met een hand:** *zie* **anker 5, eenarmig; - lichten, het:** to lift (to start) the anchor || déplanter l'ancre *v* || den Anker *m* lichten; **- werpen, het:** to anchor || ancrer, mouiller || ankern, den Anker *m* werfen, vor Anker *m* gehen; **-, blind:** anchor without buoy || ancre *v* sans bouée *v* || **blinder** Anker *m*; **-, eenarmig:** one armed anchor || ancre *v* borgne || einarmiger Anker *m*; **-, opvouwbaar:** folding anchor || ancre *v* pliante || Klappanker *m*, zusammenlegbarer Anker *m*; **-, stokloos:** stockless anchor || ancre *v* sans jas *m* || stockloser

Anker *m*; **-arm:** anchor arm || bras *m* de l'ancre *v* || Ankerarm *m*; **-balk:** cathead || bossoir *m* || Ankerbalken *m*, -kran *m*; **-band:** anchoring withe || hart *v* de retraite *v* || Ankerweede *v* -wiede *v*; **-blad:** anchor fluke (palm) || aile *v* (patte *v*) d'ancre *v* || Ankerflügel *m*, -klaue *v*, -schaufel *v*; **-boei:** anchor buoy || bouée *v* d'ancre *v* || Ankerboje *v*; **-boeilijn:** anchor buoy rope || crin *m* d'ancre *v* || Ankerbojereep *o*; **-davit:** anchor (fish) davit || bossoir *m* de traversière *v* || Ankerdavit *m*, Penterbalken *m*, -kran *m*; **-en:** *zie* **anker werpen, het**; **-grond:** anchoring (holding) ground || [fond *m* à] mouillage *m* || Ankergrund *m*; **-haak:** cat hook || croc *m* du capon *m* || Anker-, Katthaken *m*; **-hals:** anchor throat || aiselle *v* (collet *m*) d'ancre *v* || Ankerhals *m*; **-hand:** *zie* **ankerblad**; **-ketting:** anchor chain || chaîne *v* d'ancre *v* || Ankerkette *v*; **-kluis:** anchor hawse hole || écubier *m* d'ancre *v* || Ankerklüse *v*; **-kruis:** anchor cross (crown) || croisée *v* (diamant *m*) d'ancre *v* || Ankerkreuz *o*; **-kussen:** lining of the bow || coussin *m* d'ancre *v* || Ankerfütterung *v*; **-licht:** anchor (riding) light || feu *m* de mouillage *m* || Ankerlicht *o*; **-lier:** *zie* **ankerspil**; **-moer:** anchor nut || tenon *m* (tourillon *m*) d'ancre *v* || Ankernuß *v*; **-neut:** *zie* **ankermoer**; **-ring:** anchor ring || anneau *m* d'ancre *v* || Ankerring *m*; **-schacht:** anchor shaft (shank) || verge *v* d'ancre *v* || Ankerrute *v*, -schaft *m*; **-schoen:** anchor shoe || semelle *v* (soulier *m*) d'ancre *v* || Ankerschuh *m*; **-slof:** *zie* **ankerschoen**; **-slot:** anchor slipper || mouilleur *m* || Ankerfallvorrichtung *v*; **-spil:** anchor windlass, capstan || treuil *m* d'ancrage *m*, guindeau *m* || Ankerwinde *v*, -spille *v*; **-spilmachine:** steam windlass engine || guindeau *m* à vapeur *m* || Ankerlichtmaschine *v*; **-steek:** cable clinch || noeud *m* d'ancre *v* || Ankerstich *m*; **-stok:** anchor stock || jas *m* d'ancre *v* || Ankerstock *m*; **-takel:** fish tackle || traversière *v* || Anker-, Pentertalje *v*, Pentertakel *o*; **-takelage:** ground tackle || apparaux *mm* de mouillage *m* || Ankergeschirr *o*, Grundtakelage *v*; **-talie:** *zie* **ankertakel**; **-val:** *zie* **ankerslot**; **-voering:** *zie* **ankerkussen**;

6. -paal: (*baggertechn.*): spud || poteau *m* (pilot *m*) d'ancrage *m* || Haltepfahl *m*.

ankeriet: *zie* **bruinspaat.**

annabergiet: annabergite, nickel arseniate (bloom, green, ochre) || fleurs *vm* de nickel *m*, nickel *m* arséniaté || Nickelblüte *v*;

annuïteit: annuity || annuité *v* || Annuität *v*.

anode: anode, positive electrode; plate || anode *v*, electrode *v* positive; plaque *v* || Anode *v*, positive Elektrode *v*; **-, cilindervormige:** cylinder-shaped anode || anode *v* cylindrique || zylinderförmige Anode *v*; **-, schijfvormige:** disc-shaped anode || anode *v* circulaire || Scheibenförmige Anode *v*; **-batterij:** anode battery || batterie *v* d'anode *v* (de plaque *v*) || Anodenbatterie *v*; **-beschermingsnet:** anode guard net || filet *m* de protection *v* d'anode *v* || Anodenschutznetz *o*; **-compensatie:** anode compensation || compensation *v* d'anode *v* || Anodenkompensation *v*; **-condensator:** anode condenser || condensateur *m* d'anode *v* || Anodenkondensator *m*; **-gelijkrichting:** anode rectification || rectification *v* d'anode *v* || Anodengleichrichtung *v*; **-gelijkspanning:** continuous (direct) anode voltage || tension *v* continue de plaque *v* (d'anode *v*) || Anodengleichspannung *v*; **-keten:** *zie* **anodekring**; **-koppeling:** anode coupling || couplage *m* d'anode *v* || Anodenkopplung *v*; **-kring:** anode circuit || circuit *m* anodique, circuit *m* d'anode *v* (de plaque *v*) || Anodenkreis *m*; **-licht:** anodal light || lumière *v* anodique || Anodenlicht *o*; **-rooster:** anode grid || grille *v* d'anode *v* || Anodengitter *o*; **-smoorspoel:** anode choke || bobine *v* de réactance *v* d'anode *v* || Anodendrossel *v*; **-spanning:** anode voltage || tension *v* à l'anode *v* (de plaque *v*), tension *v* anodique || Anodenspannung *v*; **-spanning** (*radio*): *zie* **plaatspanning**; **-spoel:** anode coil || bobine *v* d'anode *v* || Anodenspule *v*; **-stralen:** anodal rays || rayons *mm* anodiques || Anodenstrahlen *mm*; **-stroom:** anode (plate) current || courant *m* anodique (de plaque *v*) || Anodenstrom *m*; **-stroom** (*radio*): *zie* **plaatstroom**; **-terugkoppeling:** anode reaction || couplage *m* de réaction *v* d'anode *v* || Anodenrückkopplung *v*; **-verlies:** anode loss || perte *v* anodique || Anodenverlust *m*; **-voeding:** anode (plate) supply || alimentation *v* d'anode *v* (de plaque *v*) || Anodenspeisung *v*; **-weerstand:** anode resistance || résistance *v* d'anode *v* (de plaque *v*) || Anodenwiderstand *m*.

anorganisch: inorganic || inorganique || anorganisch.

anorthiet: anorthite || anorthite *v* || Anorthit *m*, Plagioklas *m*.

ante: ante || ante *v* || Ante *v*; **-fixum:** antefix[um] || antefixe *m* || Antefixum *o*.

antenne: aerial [conductor; wire], antenna || antenne *v*, conducteur *m* (fil *m*) aérien || Antenne *v*, Luftdraht *m*, -leiter *m*; **-, (*on*)afgestemde:** (*un*)tuned aerial || antenne *v* (*non-*)syntonisée || (*un*)abgestimmte Antenne *v*; **-, dakvormige:** roof-shaped antenna || antenne *v* en forme *v* de toit *m* || dachförmige Antenne *v*; **-, gerichte:** directional (directive) antenna (aerial) || antenne *v* dirigée (directrice) || Richtantenne *v*, gerichtete Antenne *v*; **-, ongerichte:** non directed antenna (aerial) || antenne *v* non-dirigée || ungerichtete Antenne *v*; **-, T-vormige:** T-shaped antenna || antenne *v* en [forme *v* de] T || T-förmige Antenne *v*, T-Luftleiter *m*; **-, veeldradige:** multiple-wire aerial || antenne *v* multifilaire || mehrdrähtige Antenne *v*; **-, vlakke:** plane aerial || antenne *v* en nappe *v* || Flächenantenne *v*; **-, waaiervormige:** fan shaped antenna (aerial) || antenne *v* en éventail *m* || Fächerluftleiter *m*; **-afstemmer:** aerial tuner || syntonisateur *m* d'antenne *v* || Antennenabstimmittel *o*; **-afstemspoel:** aerial [tuning] coil || self *m* d'antenne *v* || Antenne[abstimm]spule *v*; **-capaciteit:** antenna capacity || capacité *v* de l'antenne *v* || Antennenkapazität *v*; **-combinatie:** aerial combination || combinaison *v* d'antenne *v* || Antennenkombination *v*; **-demping:** damping of antenna || amortissement *m* d'antenne *v* || Antennendämpfung *v*; **-doorhanging:** aerial dip || flèche *v* d'antenne *v* || Antennendurchhang *m*; **-draad:** aerial wire || fil *m* d'antenne *v* || Antennendraht *m*; **-effect:** aerial effect || effet *m* d'antenne *v* || Antenneneffekt *m*; **-energie:** aerial energy || énergie *v* d'antenne *v* || Antennenenergie *v*; **-grootte:** aerial dimension || dimension *v* de l'antenne *v* || Antennengröße *v*; **-hoogte:** height of antenna || hauteur *v* de l'antenne *v* || Antennenhöhe *v*; **-installatie:** aerial plant || ensemble *m* (installation *v*) d'antenne *v* || Antennenanlage *v*; **-invoer:** aerial lead-in || entrée *v* d'antenne *v* || Antenneneinführung *v*; **-isolatie:** aerial insulation || isolement *m* d'antenne *v* || Antennenisolation *v*; **-isolator:** aerial insulator || isolateur *m* d'antenne *v* || Antennenisolator *m*; **-karakteristiek:** aerial characteristic || courbe *v* caractéristique d'antenne *v* || Antennencharakteristik *v*; **-keten:** *zie* **antennekring; -kiezer:** aerial selector || sélecteur *m* d'antenne *v* || Antennenwähler *m*; **-kring:** aerial circuit || circuit *m* d'antenne *v* || Antennenkreis *m*; **-leiding:** antenna lead || descente *v*, d'antenne *v* || Antennenzuleitung *v*; **-mast:** antenna pole || mât *m* de l'antenne *v* || Antennenmast *m*; **-ontvangst:** antenna reception || réception *v* sur antenne *v* || Antennenempfang *m*; **-ophanging:** aerial suspension || suspension *v* d'antenne *v* || Antennenaufhängung *v*; **-oplading:** aerial charging || chargement *m* d'antenne *v* || Antennenaufladung *v*; **-schakelaar:** aerial [change over] switch || commutateur *m* (interrupteur *m*) d'antenne *v* || Antennen[um]-schalter *m*; **-spanning:** aerial voltage || tension *v* d'antenne *v* || Antennenspannung *v*; **-spoel:** *zie* **antenneafstemspoel; -stelsel:** system of aerials || système *m* d'antenne *v* || Antennensystem *o*; **-stelsel, gericht:** aerial array || réseau *m* d'antennes *vm* || Richtantennennetz *o*; **-stroom** aerial current || courant *m* d'antenne *v* || Antennenstrom *m*; **-trilling:** aerial oscillation || oscillation *v* de l'antenne *v* || Antennenschwingung *v*; **-uitvoer:** aerial lead-out, feeder || sortie *v* d'antenne *v* || Antennendurchführung *v*; **-uitvoering:** aerial performance || construction *v* d'antenne *v* || Antennenausführung *v*; **-variometer:** aerial variometer || variomètre *m* (variateur *m*) d'antenne *v* || Antennenvariometer *o*, *m*; **-verlies:** antenna loss || perte *v* de l'antenne *v* || Antennenverlust *m*; **-vermogen:** aerial energy (power) || puissance *v* dans l'antenne *v*, énergie *v* d'antenne *v* || Antennenleistung *v*; **-vorm:** aerial shape || forme *v* d'antenne *v* || Antennenform *v*; **-vormfactor:** formfactor of antenna || facteur *m* de forme *v* de l'antenne *v* || Antennenformfaktor *m*; **-weerstand:** aerial resistance || résistance *v* de l'antenne *v* || Antennenwiderstand *m*; **-zelfinductie:** aerial inductance || inductance *v* d'antenne *v* || Antennenselbstinduktion *v*.

anteride: anteride || contrefort *m* en talus *m* || schräger Strebepfeiler *m*.

anthra-: *zie* **antra-.**

anti|bioticum: antibiotic || antibiotique *m* || Antibiotikum *o*; **-chambre:** antechamber, anteroom, entrance hall, vestibule || antichambre *v* || Vorgemach *o*, Vorzimmer *o*; **-chloor:** antichlor, sodium thiosulfate || antichlore *m*, hyposulfite *m* de sodium *m* || Antichlor *o*, Natriumthiosulfat *o*; **-coherer** anticoherer || anticohéreur *m* || Antikohärer *m*, Gegenfritter *m*.

antieken (*typogr.*)**:** Doric, Grotesque, Sans-seriph || caractères *mm* grotesques || Groteskschrift *v*.

anti|frictiemetaal: antifriction (white) metal, babbit || métal *m* antifriction (blanc) || Antifriktions-, Weißmetall *o*, Weißguß *m*; **-kathode:** anticathode || anticathode *v* || Antikathode *v*; **-klin[al]e:** *zie* **zadel; -septisch:** antiseptic || antiseptique || keimtötend, fäulniswidrig; **-storings-schakeling:** X-stopper || disposition *v* antiparasite || störungsfreie Schaltung *v*; **-roestmiddel:** *zie* **middel, roestwerend; -vriesmiddel:** *zie*: **vorstweermiddel.**

antimo|nium: *zie* **antimoon; -nigzuur:** antimonous acid || acide *m* antimonieux ||

antimonige Säure *v*; **-naat:** antimonate || antimonate *m* || Antimonat *o*, Stibiat *o*; **-niet:** antimonite, stibnite, antimony glance || antimoine *m* sulfuré (gris), stibine *v* || Antimonglanz *m*, [Grau]spießglanzerz *o*, Federerz *o*.

antimoon: antimony || antimoine *m* || Antimon *o*; **-glans:** *zie* **antimoniet; -pentachloride:** antimony pentachloride || pentachlorure *m* d'antimoine *m* || Antimonpentachlorid *o*, Antimonchlorid *o*; **-pentasulfide:** antimony pentasulfide || pentasulfure *m* d'antimoine *m* || Antimonpentasulfid *o*, Antimonsulfid *o*; **-pentoxyde:** antimony pentoxide || pentoxyde *m* d'antimoine *m*, anhydride *m* antimonique || Antimonpentoxyd *o*; **-trichloride:** antimony trichloride || trichlorure *m* d'antimoine *m* || Antimontrichlorid *o*, Antimonchlorür *o*; **-trioxyde:** antimony trioxide || trioxyde *m* d'antimoine *m*, anhydride *m* antimonieux || Antimontrioxyd *o*; **-trisulfide:** antimony trisulfide || trisulfure *m* d'antimoine *m* || Antimontrisulfid *o*, Antimonsulfür *o*; **-vaalerts:** tetrahedrite, antimonial gray copper || panabase *v*, cuivre *m* gris antimonifère || Antimonfahlerz *o*; **-waterstof:** antimony hydride || hydrogène *m* antimonié || Antimonwasserstoff *m*; **-zuur** (*meta-*; *ortho-*; *pyro-*): (*meta-*; *ortho-*; *pyro-*)antimonic acid || acide *m* (*meta-*; *ortho-*, *pyro-*) antimonique || (*Meta-*; *Ortho-*; *Pyro-*)antimonsäure *v*.

Antoniuskruis: St. Anthony's (Egyptian) cross, tace || croix *v* de St. Antoine || Antonius-, Taukreuz *o*.

antraceen: anthracene || anthracène *m* || Anthracen *o*; **-olie:** anthracene oil || huile *v* d'anthracène *m* || Anthracenöl *o*.

antraciet (0—10 % *vluchtige bestandd.*): anthracite, carbonite || anthracite *v* || Anthrazit *m*.

antracose: *zie* **koollong.**

antwoord|koepon: reply coupon || coupon-réponse *m* || Antwortschein *m*; **-golf:** answering wave || onde *v* de réponse *v* || Antwortwelle *v*; **-kaart:** reply card || moyen *m* (carte *v*) de retour *m* || [Rück]-antwortkarte *v*.

apatiet: apatite || apatite *v* || Apatit *m*.

aperio|diciteit: aperiodicity || apériodicité *v* || Aperiodizität *v*; **-diek:** aperiodic, dead beat || apériodique || aperiodisch.

aphelium: aphelion || aphélie *v* || Aphelium *o*, Sonnenferne *v*.

apogeum: apogee, apogeon || apogée *v* || Apogäum *o*, Erdferne *v*.

apostels (*scheepst.*): apostles, knightheads || apôtres *mm* || Klüs-, Ohrhölzer *om*.

apparaat: *zie* **toestel** *en* **inrichting.**

appel[bomen]hout: apple [tree] wood || [bois *m* de] pommier *m* || Apfel[baum]-holz *o*.

appendages: accessories, fittings || accessoires *mm*, garnitures *vm* || Armaturen *vm*, Zubehörteile *mm*.

appendix: rider [to copy] || béquet *m* || Zusatzblatt *o*.

appret: finish || apprêt *m* || Zurichtung *v*, Appretur *v*; **-eerinrichting:** finishing works || établissement *m* d'apprêt *m* || Appreturanstalt *v*; **-eermachine:** finishing machine || machine *v* d'apprêts *mm* || Appreturmaschine *v*; **-eren:** to finish || apprêter || zurichten, appretieren; **-uur:** *zie* **appret.**

apsis: apsis || abside *v*, apside *v* || Apside *v*.

aquaduct: aqueduct, bridge supporting water channel, canal aqueduct (bridge) || aqueduc *m*, pont-canal *m* || Aquaduct *m*, Brückenkanal *m*.

arabesk: arabesk || arabesque *v* || Arabeske *v*.

arachideolie: Arachis (pea nut, earth nut) oil || huile *v* d'arachide *v* || Arachis-, Erdnußöl *o*.

aragoniet: aragonite || aragonite *v* || Aragonit *m*.

aralkyl: aralkyl || aralcoyl[e] *m*, aralcyl[e] *m* || Aralkyl *o*; **-groep:** aralkyl group || groupe[ment] *m* aralcoyl[e] *m*, (aralcyl[e] *m*) || Aralkylgruppe *v*.

arbeid: 1. (*v. personen*): labour, work || travail *m*, ouvrage *m*; labeur *m* (*zware arb.*) || Arbeit *v*; **-en:** to work, to labour || travailler || arbeiten; **-er:** labourer, workman, worker || travailleur *m*, ouvrier *m* || Arbeiter *m*; **-er, bovengrondse** (*ondergrondse*) (*mijnb.*): surface (*underground*) workman (hand) || ouvrier *m* de jour *m* (de surface *v*) (*ouvrier de fond m*) || Übertagearbeiter *m*, oberirdischer Arbeiter *m*, Arbeiter *m* über Tage *m* (*Untertagearbeiter*), *unterirdischer Arbeiter*, *Arbeiter unter Tage m*; **-er, (on)geschoolde:** (*un*)skilled labourer || travailleur *m* (ouvrier *m*) spécialiste, main *v* d'oeuvre *v* éduquée, ouvrier *m* d'élite *v* (qualifié) (*ouvrier m non-qualifié*) || (*un*)geschulter, (*un*)gelernter Arbeiter *m*; **-er, losse:** casual labourer (worker) || manoeuvre *m* journalier, journalier *m* || Gelegenheitsarbeiter *m*; **-ersploeg:** gang of workmen || équipe *v* d'ouvriers *mm* || Arbeiterschicht *v*; **-erswoning:** artisan's dwelling || habitation *v* ouvrière || Arbeiterwohnung *v*; **-erswijk:** labourers quarter (district) || cité *v* ouvrière || Arbeiterviertel *o*, -kolonie *v*; **-sbeurs:** Labour Exchange || bourse *v* du travail *m* || Arbeits-, Stellennachweis *m*; **-scontract:** labour-contract || contrat *m* ouvrier || Dienst-, Arbeitsvertrag *m*; **-sduur** (*tussen twee schafttijden*): shift || période *v* de travail *m* || Schicht *v*; **-sinspectie:** labour inspection || inspection *v* du travail *m* || Gewerbeinspektion *v*; **-sloon:** wage[s], [workman's] pay || salaire *m*; main *v* d'oeuvre *v* (*maakloon*) || Arbeitslohn *m*; **-songeval:** labour accident || accident *m* du travail *m* || Arbeitsunfall *m*; **-ster:** woman-worker, working-woman || travailleuse *v*, ouvrière *v* || Arbeiterin *v*; **-stijd:** length of shift || durée *v* du travail *m* (d'une équipe *v*) || Schichtdauer *v*; **-swet:** labour law || loi *v* ouvrière || Gewerbeordnung *v*;

2. (*mechanika, enz.*)**:** work || travail *m* || Arbeit *v*; **- per [zuiger]slag:** work done per stroke || travail *m* par course *v* || Arbeit *v* je Hub; **- verrichten:** to do work || produire du travail *m* || Arbeit *v* leisten (erzeugen); **-, beschikbare:** available energy || travail *m* disponible || verfügbare (zur Verfügung *v* stehende) Arbeit *v*; **-, effectieve:** effective work || travail *m* effectif || wirkliche (effektive) Arbeit *v*; **-, elektrische:** electric work || travail *m* électrique || elektrische Arbeit *v*; **-, geindiceerde:** indicated work || travail *m* indiqué || indizierte Arbeit *v*; **-, mechanische:** mechanical work || travail *m* mécanique || mechanische Arbeit *v*; **-, nodige:** required amount of work || travail *m* nécessaire || Arbeitsbedarf *m*; **-, nuttige:** useful (effective) work (effect, power) || travail *m* utile || Nutzarbeit *v*; **-, verbruikte:** work consumed || travail *m* absorbé (dépensé) || verbrauchte (verzehrte) Arbeit *v*; **-, verrichte:** work done || travail *m* produit || erzeugte Arbeit *v*; **-scoëfficiënt:** power factor || facteur *m* de puissance *v* || Arbeitsfaktor *m*; **-scontact:** working contact || plot *m* (contact *m*) de transmission *v* (de travail *m*) || Arbeitskontakt *m*; **-sdraad:** contact wire || fil *m* de contact || Kontaktdraht *m*; **-seenheid:** unit of work || unité *v* de travail *m* || Arbeitseinheit *v*; **-sequivalent:** equivalent of work || équivalent *m* de travail *m* || Arbeitsäquivalent *o*; **-sfactor** (*elektr.*)**:** power factor || facteur *m* de puissance *v* || Leistungsfaktor *m*; **-smachine:** working machine || machine *v* à travailler || Arbeitsmaschine *v*; **-soppervlak:** area of work || aire *v* de travail *m* || Arbeitsfläche *v*; **-sreel** (*telegr.*)**:** working bar || plaque *v* de transmission *v*, plot *m* de travail *m* || Arbeitsschiene *v*; **-sspoed:** working speed || vitesse *v* de travail *m* || Arbeitsgeschwindigkeit *v*; **-sstroom:** open (working) current || courant *m* de transmission *v* (intermittent) || Arbeitsstrom *m*; **-stafel** (*schaafbank*)**:** [working] table || table *v* de fixation *v* || [Arbeits]tisch *m*; **-sverlies:** loss of work, running (working) loss || perte *v* de travail *m* (en charge *v*) || Arbeitsverlust *m*; **-svermogen:** capacity [of work], energy; capacity for doing work, available energy (*Am.*); duty, output power, performance || débit *m*, effet *m*, production *v*, puissance *v*, pouvoir *m* d'énergie *v* || Arbeitsfähigkeit *v*, [Arbeits]leistung *v*; **-svermogen in een vliegwiel:** energy stored up in a flywheel || énergie *v* d'un volant *m* || Schwingradenergie *v*; **-svermogen van beweging:** kinetic energy || énergie *v* cinétique, force *v* (puissance *v*) vive || kinetische Energie *v*, lebendige Kraft *v*; **-svermogen van plaats:** potential energy || énergie *v* potentielle || potentielle Energie *v*; **-svermogen, wet van behoud van:** law of the conservation of energy || principe *m* de la conservation *v* de l'énergie *v* || Prinzip *o* der Erhaltung *v* der Energie *v*, Energieprinzip *o*; **-swielen:** transmitting gears || roues *vm* de transmission *v* || Arbeitsräder *om*; **-szuiger** (*klinkmach.*)**:** piston || piston *m* de pression *v*; piston *m* porte-bouterolle (*vaste klinkmach.*) || Arbeits-, Druckkolben *m*.

arbi|ter: arbitrator || arbitre *m* || Schiedsmann *m*; Vermittler *m*; **-trage:** arbitration || arbitrage *m* || Schiedsspruch *m*.

arcade: arcade || arcade *v* || Arkade *v*, Bogenhalle *v*, -laube *v*; **-, blinde:** blank (shallow) arcade || arcature *v* fausse (feinte) || Blendarkade *v*.

arce|ren: to hatch (shade) || hacher || schraffieren; **-ring:** hatching (shading) || hachure *v* || Schraffierung *v*.

archi|tect: architect, master builder || architecte *m* || Architekt *m*, Baumeister *m*; **-tectonisch:** architectonic || architectonique || architektonisch; **-tectuur:** architecture, art of building || architecture *v* || Architektur *v*, Baukunst *v*; **-traaf:** architrave || architrave *v* || Architrav *m*, Binde-, Unterbalken *m*; **-volte:** archivault, archivolt || archivolte *v* || Archivolte *v*, Schurbogen *m*.

arduinsteen: ashlar stone || pierre *v* taillée || Quaderstein *m*.

arend (*v. e. vijl*)**:** fang, spike || queue *v*, soie *v* || Angel *v*, Heftzapfen *m*.

areometer: hydrometer || aéromètre *m* || Aräometer *o*, *m*, Senkwaage *v*.

argentaan: argentan, China (German) silver, packfong, white copper || argent *m* allemand (anglais, chinois, neuf), argentan *m* || Argentan *o*, China-, Neusilber *o*, Weißkupfer *o*.

argentiet: argentite, silver glance || argentite *m* || Argentit *m*, Silberglanz *m*.

argilliet: argillite, clay slate || schiste *m* ardoise (argilleux) || Tonschiefer *m*.

argon: argon || argon *m* || Argon *o*.

arkadenplank: compass (cumber) board || planche *v* d'arcades *vm* || Löcher-, Gallierbrett *o.*

arm: 1. (*lichaamsdeel*): arm || bras *m* || Arm *m*; **-leuning**[1]**:** arm-rest || accotoir *m*, accoudoir *m* || Armlehne *v*; **-steun:** arm-rest || accoudoir *m* || Armstütze *v*; **-vijl:** arm file, rubber || carreau *m*, lime *v* à bras *m* || Armfeile *v*;
2. (*mech.*): arm || bras *m* de levier *m* || Arm *m*, Hebel *m*; **- v. e. koppel:** arm of a couple || bras *m* de levier *m* d'un couple *m* || Arm *m* eines Kräftepaares *o*;
3. (*machinedeel, enz.*): crank, lever; beam, power (*balans*) || bras *m*, manivelle *v*; potence *v* (*galg*); fléau *m* (*balans*) || Arm *m*, Kurbel *m*; **-, dubbele** (*enkele*)**:** double (*single*) bracket || potence *v* double (*potence v*) || zweiarmiger (*einarmiger*) Ausleger *m*; **-, rechte:** straight arm || bras *m* droit || gerader Arm *m*; **-mast:** bracket pole || poteau *m* à potence *v* || Auslegermast *m*;
4. (*v. e. rivier*): branch || bras *m* || Flußarm *m*;
5. (*arm aan . . .*): poor in . . . . || pauvre en . . . . || . . . .-arm, arm an . . . .;
6. (*elektr.*): *zie* **dwarsarm.**

armatuur: fittings, armature, garniture || armature *v*, garniture *v* || Ausrüstung *v*, Armatur *v*; **- v. e. kabel:** cable armouring || armature *v* (revêtement *m*) d'un câble *m* || Kabelarmatur *v*, -bewehrung *v*; **- v. e. magneet:** magnet armature (keeper) || armature *v* (armure *v*, contact *m*) de l'aimant *m* || Magnetanker *m*;

aromatisch (*geurig*; *org. chem.*)**:** aromatic || aromatique || aromatisch.

arreteerpen: stop pin || goupille *v* d'arrêt *m* || Arretierstift *m.*

arrowroot: arrowroot || arrowroot *m* || Arrowroot *m*, Pfeilwurzmehl *o.*

arseen: arsenic || arsenic *m* || Arsen *o*; **-disulfide:** arsenic disulfide || bisulfure *m* d'arsenic *m* || Arsenbisulfid *o*; **-oxychloride:** arsenous oxychloride || oxychlorure *m* d'arsenic *m* || Arsenoxychlorid *o*; **-pentasulfide:** arsenic pentasulfide || pentasulfure *m* d'arsenic *m* || Arsenpentasulfid *o*, Arsensulfid *o*; **-pentoxyde:** arsenic oxide || pentoxyde *m* d'arsenic *m*, anhydride *m* arsénique || Arsenpentoxyd *o*; **-trichloride:** arsenous chloride || trichlorure *m* d'arsenic *m* || Arsentrichlorid *o*, Arsenchlorür *o*; **-trioxyde:** arsenous oxide || trioxyde *m* d'arsenic *m*, anhydride *m* arsénieux || Arsentrioxyd *o*; **-trisulfide:** arsenous sulfide || trisulfure *m* d'arsenic *m* || Arsentrisulfid *o*, Arsensulfür *o*; **-vaalerts:** tennantite || tennantite *v*, cuivre *m* gris arsénifère (arsénial) || Tennantit *m*, Arsenfahlerz *o*; **-waterstof:** arsenous hydride || hydrogène *m* arsénié || Arsenwasserstoff *m.*

arseenzuur (*meta-*; *ortho-*; *pyro-*)**: 1.** (*zelfst. nw.*): (*meta-*; *ortho-*; *pyro-*)arsenic acid || acide *m* (*meta-*; *ortho-*; *pyro-*)arsénique || (*Meta-*; *Ortho-*; *Pyro-*)arsensäure *v*;
2. (*bijv. nw.*)[1]: arsenic || arsénique || arsensauer.

arse|naat: arsenate || arséniate *m* || Arsenat *o* **-nicum:** *zie* **arseen; -niet:** arsenite || arsénite *m* || Arsenit *o*; **-nigzuur:** arsenous acid || acide *m* arsénieux || arsenige Säure *v.*

arsenopyriet: arsenopyrite, [prismatic] mispickel, arsenical iron arsénopyrite *v*, mispickel *m*, fer *m* arsénial, pyrite *v* arsénicale || Arsenkies *m*, Mispickel *m.*

Arsonvalisatie, d': d'Arsonvalisation || d'Arsonvalisation *v* || d'Arsonvalisation *v.*

artikel: *zie* **produkt.**

artillerie: artillery || artillerie *v* || Artillerie *v*; **-werkplaatsen:** artillery workshops || arsenal *m* de construction *v* || Artilleriewerkstätte *vm.*

aryl: aryl || aryl[e] *m* || Aryl *o*; **-groep:** aryl group || groupe[ment] *m* aryl[e] *m* || Arylgruppe *v.*

arsenaal: *zie* **tuighuis.**

as: 1. (*wisk. enz.*): axis || axe *m* || Achse *v*; **-, magnetische:** *zie* **magneetas; -, neutrale:** neutral axis (line), zero line || axe *m* (ligne *v*) neutre || neutrale Achse *v*, Nullinie *v*; **-, optische:** optical (principal) axis || axe *m* optique (principal) || optische (Haupt-) Achse *v*; **-lijn:** axis || axe *m* || Achslinie *v*; **-senkruis** (*wisk.*)**:** coordinate axes, system of coordinates || système *m* de coordonnées *vm*, axes *mm* coordonnés || Achsenkreuz *o*, Koordinatensystem *o*, -achsen *vm*; **-senkruis** (*kristalopt.*)**:** axial cross || croix *v* axiale || Achsenkreuz *o*;
2. (*werktuigb.*): shaft, spindle; axle (*wagenas*) || (*algem.*): essieu *m*; (*waarin* (*geen*) *wringing optreedt*): arbre *m* (*axe m*) || Welle *v*, Achse *v*; **-** (*om iets te dragen*)**:** *zie* **draagas; -** (*voor overbrenging*)**:** shaft || arbre *m* || Welle *v*; **- v. d. achteruit** (*auto*)**:** shaft for reverse pinion || axe *m* de marche *v* arrière || Achse *v* des Rückwärtsganges *m*; **- v. d. trolleyvoet:** trolley pivot || pivot *m* de trolley || Stromabnehmerdrehzapfen *m*; **- m. gesmede flenzen:** shaft with forged flanges || arbre *m* à brides *vm* forgées || Welle *v*

---

[1]) Zie ook *zitplaatsleuning.*

[1]) Voor stofnamen als *arseenzure kalk,* (*-potas*; *- soda, enz.*) zie *calciumarsenaat* (*kalium-*; *natrium-*; *enz.*).

mit angeschmiedeten Flanschen *vm*; **- m. tandwiel:** shaft with wheel gearing || renvoi *m* à engrenage *m* || Zahnradvorgelege *o*; **- m. vork v. achteruit** (*auto*): shifting fork for reverse || axe *m* à fourchette *v* pour marche *v* arrière || Wechselstange *v* für Rücklauf *m*; **-, drijvende:** driving shaft || arbre *m* de couche *v* || Antriebswelle *v*; **-, doorlopende:** through going shaft || arbre *m* traversant || durchgehende Welle *v*; **-, gedeelde:** subdivided shaft || arbre *m* interrompu || unterbrochene Welle *v*; **-, gedreven:** driven shaft || arbre *m* commandé || getriebene Welle *v*; **-, gelijkmatig belaste:** uniformly loaded shaft || arbre *m* chargé uniformément || stetig belastete Welle *v*; **-, holle:** hollow axle (shaft) || arbre *m* (essieu *m*) creux || Hohlachse *v*, -welle *v*; **-, holle** (*v. rem*): brake tube || tube *m* de frein *m* || Bremswelle *v*; **-, horizontale** (*verticale*): horizontal (*vertical*) shaft || arbre *m* horizontal (*vertical*) || liegende (waagerechte) (*senkrechte, vertikale*) Welle *v*; **-, liggende:** *zie* **as, horizontale; -, losse:** loose (movable) axle || arbre *m* fou || lose Achse *v*; **-, massieve:** solid shaft || arbre *m* massif || volle Welle *v*; **-, onderbroken:** *zie* **as, gedeelde; -, ongekoppelde:** uncoupled axle || essieu *m* libre || ungekoppelte Achse *v*; **-, primaire** (*auto*): driving shaft || arbre *m* primaire || Primärwelle *v*; **-, rechte:** straight axle || essieu *m* droit || gerade Achse *v*; **-, secundaire** (*auto*): lay shaft || arbre *m* secondaire || Sekundärwelle *v*; **-, vaste:** fixed axle; rigid axle || essieu *m* fixe (rigide) || feste Achse *v*; festgelagerte (steife) Achse *v*; **-, verende:** flexible shaft || arbre *m* flexible || biegsame Welle *v*, Federwelle *v*; **-, verschuifbare:** sliding axle || essieu *m* à glissement *m* || verschiebbare Achse *v*; **-, vierkante:** square shaft || arbre *m* carré || Vierkantwelle *v*; **-belasting:** axle load, load on axle || charge *v* de l'essieu *m* || Achsbelastung *v*, -last *v*; **-blok:** axle (journal) bearing || support *m* (palier *m*) de l'essieu *m* || Achslager *o*; **-blokvoering:** axle brass || coussinet *m* || Lagerfutter *o*; **-bus:** axle bearing (box) || boîte *v* de l'essieu *m* || Achsenbüchse *v*, -lager *o*; **-druk:** axial (axle) pressure || pression *v* axial (de l'essieu *m*) || Achsial-, Achs[en]druck *m*; **-einde, puntig:** pointed journal; conical pivot (*Am.*) || tourillon *m* à pointe *v* || Spitzzapfen *m*; **-generator** (*tractie*): axle driven generator || génératrice *v* d'essieu *m* || Achsgenerator *m*; **-hals:** *zie* **hals** (*v. e. as*); **-koppeling:** shaft coupling || accouplement *m* des arbres *mm* || Wellenkupplung *v*; **-kraag:** collar, swell || portée *v* || Wellenbund *m*; **-kruk:** crank || manivelle *v* || Kurbel *v*; **-kussenblok:** *zie* **asblok; -*lager:** *zie* **asblok; -leger:** *zie* **asblok; -leiding:** shafting || transmission *v* par arbres *mm* || Wellenteitung *v*, -transmission *v*; **-luns:** fore lock, linch pin || esse *v* d'essieu *m* || Achsnagel *m*, Lünse *v*; **-metaal:** *zie* **asblokvoering; -motor:** direct drive motor || moteur *m* de traction *v* || Achsmotor *m*; **-onderzoek:** *zie* **asproef; -overbrenging:** *zie* **asleiding; -pakkingbus:** shaft stuffing box || boîte *v* à bourrage *m* de l'arbre *m* || Stopfbüchse *v* der Welle *v*; **-pot:** *zie* **asbus; -proef:** test of an axle || épreuve *v* de l'axle *m*, essai *m* de l'essieu *m* || Achsprobe *v*; **-regulateur:** shaft (fly wheel) governor || régulateur *m* axial || Achsenregler *m*, -regulator *m*; **-rij:** shafting || transmission *v* || Wellenleitung *v*; **-scheen:** axle guard (plate), clout || happe *v* (plaque *v* de frottement *m*) d'essieu *m* || Achsenblech *o*, -schiene *v*; **-sendraaibank:** shafting lathe || machine *v* à tourner des arbres *mm* || Wellendrehbank *v*; **-snelheid:** shaft (spindle) speed || vitesse *v* de l'arbre *m* || Wellengeschwindigkeit *v*; **-tap** (*auto*): *zie* **fusee;**

3. (*verbrandingsrest*): ash || cendre *v*, cendres *vm* || Asche *v*; **-afvoerkanaal:** ash chute || canal *m* de transport *m* de cendres *vm* || Aschenabfuhrkanal *m*; **-bak:** ash pan || cendrier *m*, bac *m* à cendres *vm* || Aschenkasten *m*; **-ejector:** ash ejector || éjecteur *m* de cendres *vm* || Aschenejektor *m*, -auswerfer *m*; **-emmer:** ash bucket || seau *m* à cendres *vm* || Ascheneimer *m*; **-gehalte:** ash contents || teneur *v* (pourcentage *m*) en cendres *vm* || Aschengehalt *m*; **-hijstoestel:** ash hoist || treuil *m* à cendres *vm* || Aschenaufzug *m*, -winde *v*; **-klep:** ash pit damper (drop door) || clapet *m* de cendrier *m* || Aschenfallklappe *v*; **-pit:** ash cellar (pit) || cave *v* (soute *v*) aux cendres *vm* || Aschenkeller *m*, -raum *m*, -fall *m*; **-plaat:** *zie* **aspit; -plaatdemper:** *zie* **asklep; -schop:** oven shovel || pelle *v* de four *m* || Ofenschaufel *v*; **-schotel** (*booglamp*): cinter tray, ash dish || cendrier *m* || Aschenteller *m*; **-schuif:** ash stop || registre *m* de cendrier *m* || Aschenschieber *m*; **-wip:** *zie* **asejector.**

asbest: asbestos || amiante *m*, asbeste *m* || Asbest *m*; **-carton:** asbestos board || carton *m* d'amiante *m* (d'asbeste *m*) || Asbestpappe *v*; **-cement:** asbestos cement || ciment *m* d'amiante *m* || Asbestzement *m*; **-cementplaat:** asbestos cement slab || dalle *v* en ciment *m* d'amiante *m* || Asbestzementplatte *v*; **-draad:** asbestos cord || tresse *v* d'amiante *m* || Asbestschnur *v*;

-**garen**: asbestos cord || cordon *m* d'asbeste *m* || Asbestschnur *v*; **-koord**: *zie* **asbestgaren**; **-kurk**: rock cork || liège *m* fossile || Bergkork *m*; **-lei**: asbestos slate || ardoise *v* (schiste *m*) d'amiante *m* || Asbestschiefer *m*; **-mortel**: asbestos mortar || mortier *m* d'asbeste *m* || Asbestmörtel *m*; **-pakking**: asbestos packing || garniture *v* d'amiante *m* || Asbestdichtung *v*, -packung *v*; **-papier**: asbestos paper || papier *m* d'amiante *m* (d'asbeste *m*) || Asbestpapier *o*; **-poeder**: asbestos powder || poudre *v* d'asbeste *m* || Asbestpulver *o*; **-weefsel**: asbestos fabric || tissu *m* d'amiante *m* || Asbestgewebe *o*; **-wol**: asbestos wool || floches *vm* d'amiante *m* || Asbestwolle *v*.

asbolaan: wad, bog-manganese || ouatite *v* || Wad o.

asfalt [1]): asphalt || asphalte *m* || Asphalt *m*; **-bestrating**: asphalt pavement || revêtement *m* (pavé *m*) d'asphalte *m* || Asphaltpflaster *m*, -decke *v*, -belag *m*; **-beton**: asphaltic concrete || béton *m* asphaltique, béton *m* bitumineux || Asphaltbeton *m*; **-bitumen** [2]): asphaltic bitumen || bitume *m* asphaltique || Asphaltbitumen *o*; **-bitumenemulsie** [3]): emulsion of asphaltic bitumen, asphalt emulsion || émulsion *v* de bitume *m* asphaltique (d'asphalte *m*) || Asphaltbitumenemulsion *v*; **-cement**: asphaltic cement || ciment *m* asphaltique || Asphaltzement *m*; **-emulsie**: *zie* **asfaltbitumenemulsie**; **-enen**: asphaltenes *mrv* || asphaltènes *mrv* || Asphaltene *mrv*; **-eren**: to asphalt || asphalter || asphaltieren **-gesteente**: asphalt rock || roche *v* asphaltique || Asphaltgestein *o*; **-kalksteen**: asphaltic limestone || calcaire *m* asphaltique || Asphaltkalkstein *m*; **-lak** (*typogr.*): black japan || laque *v* d'asphalte *m* || Asphaltlack *m*; **-mastiek**: mastic [asphalt], asphaltic mastic || mastic *m* d'asphalte *m* || Asphaltmastix *m*; **-mortel**: asphaltic mortar || mortier *m* d'asphalte *m* (asphaltique) || Asphaltmörtel *m*; **-olie**: asphaltbase oil, naphthenic oil || pétrole *m* à base *v* asphaltique, pétrole *m* naphténique || Asphaltöl *o*, Naphthenöl *o*; **-papier** (*bereid met teer*): tarred paper, tar roofing || papier *m* goudronné || Teerpapier *o*; **-papier** (*asfaltbitumenpapier*): asphalt paper || papier *m* d'asphalte *m*, feutre *m* asphalté || Asphaltpapier *o*; **-plaveisel**: *zie* **asfaltbestrating**; **-poeder**: asphalt powder || poudre *v* d'asphalte *m* || Asphaltmehl *o*; **-weg**: asphalt road || chaussée *v* (route *v*) d'asphalte *m* || Asphaltstraße *v*.

aspirator: aspirator || aspirateur *m* || Aspirator *m*, Luftsauger *m*; Rauchgassammler *m*.

assu|rantie: insurance || assurance *v* || Versicherung *v*; **-reren**: to insure || assurer || versichern.

asta|sie: astaticism || astaticité *v* || Astasie *v*; **-tisch**: astatic || astatique || astatisch.

astatium: astatium || astatium *m* || Astatium *o*.

asteroïde: asteroid || astéroïde *m* || Asteroid *m*.

astraallamp: astral lamp || lampe *v* astrale || Astrallampe *v*.

astragaal: astragal || astragale *m* || Astragal *m*.

astro|nomie: astronomy || astronomie *v* || Astronomie *v*, Sternkunde *v*; **-nomisch**: astronomic[al](*ly*) || astronomique(*ment*) || astronomisch.

asymmetrisch: asymmetric[al](*ly*) || asymétrique, dyssymétrique || asymmetrisch.

asymptoot: asymptote || asymptote *v* || Asymptote *v*.

asynchroon: asynchronous || asynchrone || asynchron.

atlant (*bouwk.*): atlant || atlante *m* || Atlant *m*, Atlas *m*.

atlas: **1.** *zie* **atlant**; **-hout**: *zie* **satijnhout**; **2.** (*stof*): satin tweel || satin *m* || Atlas *m*; **-, zwaar**: strong satin (atlas) || satin *m* fort || schwerer Atlas *m*;
3. (*kaartenboek*): atlas || atlas *m* || Atlas *m*.

atmi[do]meter: atmi[do]meter || atmi[do]mètre *m* || Atmi[do]meter *o*, *m*, Verdunstungsmesser *m*.

atmo|sfeer: atmosphere || atmosphère *v* || Atmosphäre *v*, Dunstkreis *m*; **-sferisch**: atmospheric || atmosphérique || atmosphärisch.

atoom: atom || atome *m* || Atom *o*; **-bom** atomic bomb || bombe *v* atomique || Atombombe *v*; **-bouw**: atomic structure, || structure *v* atomique || Atombau *m*; **-energie**: *zie* **kernenergie**; **-fusie**: *zie* **kernfusie**; **-fysika**: *zie* **kernfysika**; **-gewicht**: atomic weight || poids *m* atomique || Atomgewicht *o*; **-kern**: atom[ic] nucleus || noyau *m* atomique (d'atome *m*) || Atomkern *m*; **-massa**: atomic mass || masse *v* atomique || Atommasse *v*; **-nummer**: atomic number || nombre *m* atomique || Ordnungszahl *v*, Atomnummer *v*; **-splitsing**: *zie* **atoomsplijting**; **-splijting**: fission of atoms, disintegration (splitting[-up], breaking[-up]) of atoms || fission *v*

---

[1]) Asfalt = het natuurlijke of kunstmatige mengsel van *asfaltbitumen* (*zie voetnoot* [2]) met indifferent mineraal materiaal.

[2]) Asfaltbitumen = het natuurlijke of kunstmatig bereide bitumen dat in het spraakgebruik veelal „asfalt" wordt genoemd.

[3]) Veelal verkort *asfaltemulsie* genoemd.

(désintégration *v*) des atomes *mm* || Atom[auf]spaltung *v*; **-techniek:** atomic science || technique *v* nucléaire || Atomtechnik *v*; **-volume:** atomic volume || volume *m* atomique || Atomvolumen *o*; **-warmte:** atomic heat || chaleur *v* atomique || Atomwärme *v*.

atropine: atropine || atropine *v* || Atropin *o*.

attiek: attic || attique *m* || Attika *v*.

audio-frequentie: audio-frequency || audiofrequence *v* || Audio-, Tonfrequenz *v*.

audion: audion || audion *m* || Audion *o*.

augiet: augite || augite *v* || Augit *m*; **-porfier:** augite porphyry || mélaphyre *m*, porphyre *m* pyroxénique || Augitporphyr *m*; **-syeniet:** augite syenite || syénite *v* augitique || Augitsyenit *m*.

augustijn (*typogr.*)**:** continental Pica || cicéro *m* (*stelsel Fournier*), Saint-Augustin *m* (*stelsel Didot*), corps *m* douze || Cicero *v*.

auri|bromide: auric bromide || perbromure *m* d'or *m* || Auribromid *o*, Goldbromid *o*; **-chloride:** auric chloride || perchlorure *m* d'or *m* || Aurichlorid *o*, Goldchlorid *o*; **-cyanide:** auric cyanide || percyanure *m* d'or *m* || Auricyanid *o*, Goldcyanid *o*; **-hydroxyde:** auric hydroxide || hydrate *m* de sesquioxyde *m* d'or *m* || Aurihydroxyd *o*, Goldhydroxyd *o*; **-jodide:** auric iodide || periodure *m* d'or *m* || Aurijodid *o*, Goldjodid *o*; **-oxyde:** auric oxide || sesquioxyde *m* d'or *m* || Aurioxyd *o*, Goldoxyd *o*; **-pigment:** orpiment || orpiment *m* || Auripigment *o*; **-sulfide:** auric sulfide || sesquisulfure *m* d'or *m* || Aurisulfid *o*, Goldsulfid *o*; **-zout:** auric salt || sel *m* d'or *m* trivalent || Aurisalz *o*.

auro|bromide: aurous bromide || protobromure *m* d'or *m* || Aurobromid *o*, Goldbromür *o*; **-chloride:** aurous chloride || protochlorure *m* d'or *m* || Aurochlorid *o*, Goldchlorür *o*; **-cyanide:** aurous cyanide || protocyanure *m* d'or *m* || Aurocyanid *o*, Goldcyanür *o*; **-hydroxyde:** aurous hydroxide || hydrate *m* de protoxyde *m* d'or *m* || Aurohydroxyd *o*; **-jodide:** aurous iodide || protoiodure *m* d'or *m* || Aurojodid *o*, Goldjodür *o*; **-oxyde:** aurous oxide || protoxyde *m* d'or *m* || Aurooxyd *o*, Goldoxydul *o*; **-sulfide:** aurous sulfide || protosulfure *m* d'or *m* || Aurosulfid *o*, Goldsulfür *o*; **-zout:** aurous salt || sel *m* d'or *m* monovalent || Aurosalz *o*.

auto: *zie* **automobiel; -bus:** [auto]bus, motorbus || autobus *m*, omnibus *m* || Autobus *m*; **-dyneontvanger:** autodyne oscillator || autodyne *v* || Autodyneempfänger *m*; **-dyneontvangst:** self heterodyne reception || réception *v* auto[hétéro]dyne || Autodyneempfang *m*; **-geen:** autogenous || autogène || autogen; **-maat:** automatic device || automate *m*, dispositif *m* automatique || Automat *m*; **-maatschakelaar:** automatic circuit breaker || || disjoncteur *m* (interrupteur *m*) à ouverture *v* automatique || Selbstausschalter *m*; **-matenstaal:** free-cutting (automatic screw) steel || acier *m* doux pour décolletage *m* || Automatenstahl *m*; **-matisch:** automatic(*ally*) || automatique (*ment*) || automatisch, selbsttätig; **-matisch, geheel:** purely automatic || complètement automatique || vollautomatisch; **-matisering:** automation || automation *v* || Automatisierung *v*; **-mobiel:** automobile, motorcar || auto *m*, automobile *v* || Kraftwagen *m*, Auto-[mobil] *o*, Motorwagen *m*; **-mobielfabriek:** motorcar works || atelier *m* de construction *v* d'automobiles *vm* || Automobil-, Kraftwagenfabrik *v*; **-typie:** half-tone || autotypie *v*, simili-gravure *v* || Autotypie *v*, Halbtonbild *o*.

auxine: *zie* **fytohormoon.**

avegaar: [screw] auger || tarière *v* à spirale *v* (à vis *v*), tarière *v* rubanée || Spiralbohrer *m*.

aventurien: aventurine || aventurine *v* || Aventurin *m*, Avanturin *m*.

axiaal: axial || axial, axuel || axial, achsial, achsrecht, achsig.

axiniet: axinite || axinite *v* || Axinit *m*.

axiometer: telltale [of the tiller] || axiomètre *m* || Axiometer *o*, *m*, Ruderzeiger *m*.

aza-3 thia-1 cyclopentadiëen (thiazool)**:** aza-3 thia-1 cyclopentadiene || aza-3 thia-1 cyclopentadiène *m* || (Aza-3 thia-1 cyclopentadien *o*).

azeotropisch: azeotropic || azéotropique || azeotropisch.

azimut: azimuth || azimut *m* || Azimut *m*; *zie* **strekking; -skompas:** azimuth compass || compas *m* azimutal || Azimutalkompaß *m*.

azoverbinding: azo compound (derivative) || dérivé *m* (composé *m*) azoïque || Azoverbindung *v*, Azokörper *m*.

azuriet: azurite, blue [carbonate of] copper, azure copper ore || azurite *v*, cuivre *m* carbonaté bleu, azur *m* de cuivre *m* || Azurit *m*, Kupferlasur *v*, Lasurblau *o*, Bergblau *o*.

azuur: azure || azuré || himmelblau.

azijn: vinegar || vinaigre *m* || Essig *m*; **-ether*** [1]**:** *zie* **ethylacetaat; -fabriek:**

---

[1]) acetic ether; éther *m* acétique; Essigäther *m*.

vinegar works || vinaigrerie *v* || Essigfabrik *v*; **-geest:** *zie* **aceton.**
azijnzuur: 1. (methaancarbonzuur; aethaanzuur): acetic acid || acide *m* acétique || Essigsäure *v*;
2. (*bijv. nw.*) [1]) acetic, acetous || acétique, acéteux || essigsauer.

[1]) Voor stofnamen als *azijnzure ammoniak*, *azijnzure kalk*, enz., zie: *ammoniumacetaat*, *calciumacetaat*, enz.

B

baai: 1. (*inham*): bay || baie *v* || Bai *v*;
2. (*stof*): baize || bure *v*, grosse laine *v* || Boi *m*, *o*, Bai *v*; **-en** (*bijv. nw.*)**:** [of] baize || en bure *v* || boien;
3. (*tabak*): cross-cut Maryland || tabac *m* frisé || K[a]naster *m*.
baak: beacon || balise *v* || Bake *v*.
baal: bale || balle *v*, ballot *m* || Ballen *m*.
baan: 1. (*loopbaan v. e. lich.*): path, trajectory, track, way || espace *m* parcouru, trajectoire *v* || Bahn *v*, Weg *m*; **-** (*v. e. planeet*)**:** orbit || orbite *v* || Bahn *v*; **-, gebogen** (*rechte*)**:** curved (*straight*) path || trajectoire *v* courbée (*rectiligne*) || gekrümmte (*gerade*) Bahn *v*; **-, kromme:** *zie* **baan, gebogen;**
2. (*weg*): way || voie *v*, chaussée *v*, route *v*, chemin *m* || Bahn *v*, Weg *m*; **-licht:** *zie* **buitenlichten;**
3. (*spoorbaan*): railroad, railway, track || chemin *v* de fer *m*, voie *v* [ferrée] || [Eisen]-bahn *v*; **- m. enkel** (*dubbel*) **spoor:** single (*double*) way || chemin *m* de fer *m* à une voie *v* (*à deux voies vm*) || einspurige (*doppelspurige*, *Doppel-*)Bahn *v*; **- m. dwarsliggers** (*langsliggers*)**:** superstructure with cross (*longitudinal*) sleepers || voie *v* à traverses *vm* (*à longrines vm*) || Querschwellenoberbau *m* (*Längschwellenoberbau m*); **- vrijmaken, de:** to clear the [railway] track || déblayer la voie *v* || die Bahn *v* aufräumen (freimachen); **-, horizontale:** level section || palier *m* || ebene Bahn *v*, waagerechte Strecke *v*; **-, steile:** line with steep gradients || voie *v* à fortes rampes *vm* || Steilbahn *v*; **-, veelsporige:** multiple line railway || chemin *m* de fer *m* à plusieurs voies *vm* || mehrgleisige Bahn *v*; **-, vlakke:** *zie* **baan, horizontale; -bouw:** railway construction || construction *v* de la voie *v* || Bahnbau *m*; **-onderhoud:** railway maintenance || maintien *m* de la voie *v* || Bahnerhaltung *v*; **-opzichter:** overseer of the line || surveillant *m* de la voie *v* || Bahnaufseher *m*; **-profiel:** railway section || section *v* de la voie *v* || Bahnprofil *o*; **-relais:** track relay || relais *m* de la voie *v* || Gleisrelais *o*; **-ruimer:** track clearer, sweeper, life (rail) guard || chasse-pierres *m*, chasse-corps *m* || Bahnräumer *m*; **-schuiver:** *zie* **baanruimer; -sectie:** *zie* **baanvak; -splitsing:** branching of the line || embranchement *m* de la voie *v* || Bahnabzweigung *v*; **-vak:** portion (section) of a line || section *v* (tronçon *m*) de voie *v* || Bahnstrecke *v*; **-wachter:** flagman, railway guard || garde-ligne *m*, garde-route *m* || [Eisen]bahnwärter *m*; **-werker:** railway (track) worker || ouvrier *m* de chemin *m* de fer *m* || Bahnarbeiter *m*;
4. (*strook*): breadth || lé *m*, largeur *m*, pan *m* || Bahn *v*; Breite *v* (*stof*);
5. (*gereedschap*): *zie* **hamerbaan** *en* **zool 3** (*schaaf*).
baar: ingot, bar, rod || barre *v*, lingot *m* || Barre *v*, Barren *m*, Ingot *m*.
baard: 1. (*braam*): burr || barbe *v*, bravure *v* || Bart *m*; Grat *m* (*a. e. letter*);
2. (*sleutel*): key bit || panneton *m* || [Schlüssel]bart *m*; **-klem:** bit pincer || tenaille *v* à chanfrein *m* || Bartkluppe *v*.
baas: master, foreman; (*mijnb.*): master || chef-ouvrier *m*, maître *m*; (*mijnb.*): chef *m* || Baas *m*, Meister *m*, Werkführer *m*; (*mijnb.*): Meister *m*.
babbitmetaal: antifriction (Babbit, white) metal || métal *m* antifriction (blanc) || Weißmetall *o*.
bacil [1]): bacillus [2]) || bacille *m* || Bazillus *m*.
bacterie: *zie* **bakterie.**
bad (*alle betekenissen*)**:** bath || bain *m* || Bad *o*; **-inrichting:** bathing establishment || établissement *m* de bains *mm* || Badeanstalt *v*; **-kamer:** bath room || salle *v* de bain *m* || Badezimmer *o*; **-kuip:** bathing tub || baignoire *v* || Badewanne *v*.
bagage: baggage, luggage || bagages *mm* || Gepäck *o*; **-net:** parcel net || filet *m* à bagages *mm* || Gepäcknetz *o*; **-rek:** luggage carrier || porte-bagages *m* || Gepäckrost *m*; **-rek** (*auto*)**:** luggage grid || porte-bagages *m*, galerie *v* de toit *m* || Gepäckrost *m*; **-ruimte:** luggage space || compartiment *m* des bagages *mm* ||

[1]) Zie ook *bakterie.*
[2]) Meerv.: *bacilli.*

Gepäckraum *m*; **-wagen:** baggage waggon, luggage van || fourgon *m*, wagon *m* à bagages *mm* || Bagage-, [Ge]päckwagen *m*.

bagger|beugel: hand drag || drague *v* à main *v* || Handbagger *m*; **-diepte:** dredging depth || profondeur *v* de dragage *m* || Baggertiefe *v*; **-emmer:** dredging bucket || godet *m* || Baggereimer *m*; **-en:** to dredge || creuser, curer, draguer || [aus]baggern; **-machine:** dredge[r], dredging engine || drague *v*, cure-môle *m*, machine *v* à curer || Baggermaschine *v*, Bagger *m*; **-molen:** bucket dredge[r] || drague *v* à godets *mm* || Eimerbagger *m*; **-molen m. grondpomp:** bucket dredge[r] with mud pump || drague *v* à godets *mm* avec dispositif *m* de refoulement *m* || Schwemmbagger *m*; **-molen m. vloeigoten:** bucket dredge[r] with long side shoots || drague *v* avec longues couloirs *vm* latéraux || Eimerbagger *m* mit Spülrinnen *vm*; **-molen, zelfladende:** hopper dredge[r] || drague *v* porteuse || Schachtbagger *m*, Eimerbagger *m* mit Laderaum *m*; **-net:** dredging net || poche *v* de drague *v* || Baggernetz *o*; **-praam:** mud lighter (scow, barge) || chaland *m* || Baggerprahm *m*; **-schop:** bucket, shovel, dredge ladle || cuiller *v* (cuillère *v*) de drague *v* || [Bagger]-löffel *m*; **-turf:** dredged peat || tourbe *v* draguée || Baggertorf *m*.

bajonet: bayonet || baïonnette *v* || Bajonett *o*; **-bocht:** S-bend, set off || double coude *m* en S *m*, esse *v* de raccordement *m* || Kröpfungsstück *o*; **fitting:** *zie* **bajonetlamphouder;** **-huls** (*gloeilamp*)**:** bayonet cap || culot *m* à baïonnette *v* || Bajonettsockel *m*; **-kling:** blade of the bayonet || lame *v* de baïonnette *v* || Bajonettklinge *v*; **-lamphouder:** bayonet lamp socket (holder) || douille *v* à baïonnette *v* || Bajonett-[lampen]fassung *v*; **-raam:** bayonet frame || bâti *m* en baïonette *v* || Bajonettrahmen *m*; **-ring:** locking ring || arrêtoir *m* (virole *v*) de baïonnette *v* || Bajonettring *m*; **-schede:** bayonet sheath || fourreau *m* de baïonnette *v* || Bajonettscheide *v*; **-sluiting:** bayonet joint || fermeture *v* (joint *m*) de baïonnette *v* || Bajonettverschluß *m*; **-voet:** *zie* **bajonethuls.**

bak [1]**:** **1.** (*vergaarbak, enz.*)**:** cistern, tank, trough, box || cuve *v*, bassin *m*, baquet *m*, caisse *v* || Behälter *m*, Kasten *m*, Kübel *m*; **-, gegolfd plaatijzeren** (*transformator*)**:** fluted tank; corrugated steel tank (*Am.*) || bac *m* en tôle *v* ondulée || Wellblechgefäß *o*; **-, geribde** (*transformator*)**:** ribbed (corrugated, *Am.*) tank || bac *m* à ailettes *vm* || Rippengefäß *o*; **-barometer:** cistern barometer || baromètre *m* à cuvette *v* || Gefäßbarometer *o en m*; **-schuif:** D- (plain, three port) slide valve || tiroir *m* à coquille *v* (en D) || D-Schieber *m*, Muschelschieber *m*;
2. (*vergaarbak*)**:** tank; receptacle || réservoir *m*, récipient *m*, bassin *m*; cuve *v* || Behälter *m*, Sammelgefäß *o*, -kasten *m*;
3. (*rijtuig*)**:** body || corps *m* || Kasten *m*;
4. (*vaartuig*)**:** barge, punt || chaland *m*, bac *m* || Back *v*, Prahm *m*, Schute *v*, Lastkahn *m*;
5. (*schip*)**:** forecastle || gaillard *m* [d'avant *m*] || Back *v*; **-, halve:** monkey forecastle || demi-gaillard *m* || halbe Back *v*; **-boord:** port || bâbord *m* || Backbord *o*; **-boordslicht:** port light || feu *m* de bâbord *m* || Backbordlicht *o*; **-spier:** swing boom || tangon *m* || Backspiere *v*;
6. (*baggertechn.*)**:** scow, barge || chaland *m*, porteur *m* de déblais *mm* || Prahm *m*, Schute *v*; **-kenzuiger:** barge unloading suction dredge[r] || drague *v* suceuse refouleuse pour vider des chalands *mm*, aspirateur-refouleur *m* || Spüler *m*.

baken: *zie* **baak;** **-boei:** beacon buoy || bouée-balise *v* || Bakenboje *v*, -tonne *v*; **-geld:** beaconage || droit *m* de balise *v* || Bakengeld *o*; **-ton:** *zie* **bakenboei.**

bak|huis [1]**:** bake (baking) house, bakery || fournil *m* || Backhaus *o*; **-ken:** to bake (*brood, enz.*); to fire, to burn (*steen, enz.*); coking, clinkering, baking (*kooks*) || [faire] cuire (*brood, steen, enz.*); cuisson *m*, agglutination *v* (*kooks*) || backen (*algem.*); brennen (*steen, enz.*); Backen *o* (*kooks*); **-oven:** [baking] oven (*brood*); kiln (*steen, enz.*) || four *m* [de boulanger *m*] || [Back]-ofen *m*; **-oven, elektrische:** electrical baking-oven || four *m* de boulangerie *v* électrique || Elektro-Backofen *m*; **-sel:** batch, baking (*brood, enz.*); charge (*steen*) || fournée *v* (*brood, enz.*); cuite *v*, charge *v* (*steen, enz.*) || Gebäck *o*, Gebackene(s) *o* (*brood, enz.*); Brand *m* (*steen*); **-steen:** brick || brique *v* || Back-, Ziegelstein *m*; **-steen, halve:** thin brick || chantignolle *v* || Halbbackstein *m*; **-steen, harde:** hard brick || brique *v* à four *m* (extra dure) || Hartbrandstein *m*, -ziegel *m*; **-steenmetselwerk:** brick laying, brickwork, brickstone masonry || briquetage *m*, maçonnerie *v* en briques *vm* || Backsteinbau *m*, -mauerung *v*, -mauerwerk *o*; **-steenoven:** brick kiln || four *m* à briques *vm* || Backstein-, Ziegelsteinofen *m*; **-trog:** hutch, kneading trough || huche *v*, maie *v*, pétrin *m* || Backtrog *m*.

---

[1]) Voor afleidingen van *bakken* zie onder *bakhuis.*

[1]) Voor afleidingen van *z.nw. bak* zie onder *bak* 5.

bakte|rie [1])**:** bacterium [2]), microbe || bactérie *v*, microbe *m* || Bakterie *v*, Spaltpilz *m*; **-rie,** (*an*)**aerobe:** (*an*)aerobe bacterium || bactérie *v* (*an*)aérobie || (*an*)aerobe Bakterie *v*; **-riënbestrijdingsmiddel:** bactericidal agent, bactericide, anti-bacterial agent || [agent *m*] bactéricide *m* || bakterizides Mittel *o*; **-riëndodend:** bactericidal || bactéricide, microbicide || bakterizid, bakterientötend; **-riologie:** bacteriology || bactériologie *v* || Bakteriologie *v*; **-riologisch:** bacteriological(*ly*) || bactériologique || bakteriologisch.

bal: ball || balle *v*, boule *v*; éteuf *m* (*kaatsbal*); bille *v* (*biljartbal, enz.*) || Ball *m*; **-afsluiter:** *zie* **afsluiter, rechte; -isolator:** globe insulator || isolateur *m* à boule *v* || Kugelisolator *m*.

baladeur (*auto*)**:** sliding sleeve || baladeur *m* || Baladeur *m*.

balanceer|gewicht: balance weight || poids *m* additionnel (d'équilibrage *m*) || Ausgleich-, Zusatzgewicht *o*; **-hefboom:** balancing lever || balancier *m*, levier *m* d'équilibrage *m* || Ausgleichhebel *m*, Balancier *m*; **-inrichting:** balancing apparatus || appareil *m* d'équilibrage *m* || Ausgleichapparat *m*; **-massa:** balance mass || masse *v* d'équilibrage *m* || Ausgleich-, Balanciermasse *v*; **-spant:** balance frame || couple *m* de balancement *m* || Balancierspant *o*; **-uitsparingen:** balancing holes || trous *mm* compensateurs || Ausgleichlöcher *om*; **-zaag:** pendulum saw || scie *v* à balancier *m* || Balancier-, Pendelsäge *v*.

balanceren: to balance, to poise || équilibrer, tenir en équilibre *m* || ausgleichen, [aus]balancieren.

balans: 1. (*weeginstr.*)**:** balance || balance *v* || Waage *v*; **- m. hefboom:** beam balance || balance *v* à fléau *m* || Balkenwaage *v*; **-, galvanoplastische:** argyrometric balance || balance *v* argyrométrique || galvanoplastische Waage *v*; **-, gevoelige:** sensible balance || balance *v* sensible || empfindliche Waage *v*; **-, hydrostatische:** hydrostatic balance || balance *v* hydrostatique || hydrostatische Waage *v*; **-, Romeinse:** roman balance || balance *v* romaine || römische Waage *v*, Schnellwaage *v*; **-, tiendelige:** decimal balance || balance *v* décimale || Dezimalwaage *v*; **-arm:** balance arm (beam) || bras *m* (fleau *m*) de balance *m* || Waagearm *m*, -balken *m*; **-juk:** *zie* **juk;**
2. (*mach.*; *elektr.*)**:** side lever [working] beam || balancier *m* || Balancier *m*; **-:** (*boorzwengel*) (*mijnb.*)**:** walking beam; drilling swing || balancier *m*, levier *m* de battage *m*; bascule *m* || [Bohr]schwengel *m*; Balancier *m*; **-:** (*pompbalans*) (*mijnb.*)**:** [pumping] beam || balancier *m* [de pompage *m*] || Schwengel *m*, Balancier *m*; **-schakeling:** (*elektr.*)**:** push pull connection || montage *m* différentiel || Gegentaktschaltung *v*; **-tap:** beam gudgeon || pivot *m* de balancier *m* || Balancierzapfen *m*.

balcon: *zie* **balkon.**

baldakijn: baldachin, canopy || baldaquin *m*, ciel *m*, dais *m* || Baldachin *m*, Tronhimmel *m*.

balein: 1. (*walvis*)**:** whale bone, baleen || fanon *m* de baleine *v* || [Wal]fischbein *o*; **-borstel:** dandy brush || brosse *v* à baleine *v* || Fischbeinbürste *v*; **-splijter:** splitter of whalebones || fendeur *m* de fanons *mm* de baleine *v* || Fischbeinreißer *m*;
2. (*corset*)**:** busk; the boning || baleine *v* || Korsettstange *v*.

balie: 1. (*scheepst.*)**:** half tub || baille *v* || Balge *v*, Balje *v*;
2. (*leuning*)**:** hand rail || main *v* coulante (courante) || Laufstange *v*.

balk: beam || poutre *v*, solive *v* || Balken *m*; **- in de breedte:** transverse girder || traverse *v* || Querträger *m*; **- in de lengte:** longitudinal girder || poutre *v* longitudinale || Längsbalken *m*, -träger *m*; **- v. gewapend beton:** reinforced concrete beam || poutre *v* en béton *m* armé || Eisenbetonbalken *m*; **-, aan beide zijden ingeklemde:** beam fixed at both ends || poutre *v* encastrée || eingespannter Balken *m*; **-, betonnen:** concrete beam || poutre *v* en béton *m* || Betonbalken *m*; **-, gewapende:** armed (trussed) beam || poutre *v* armée || armierter (bewehrter) Balken *m*; **- halve:** half beam || demibau *m* || Halbbalken *m*; **-, holle:** hollow beam || poutre *v* creuse || Hohlbalken *m*; **-, houten:** wooden beam || poutre *v* en bois *m* || Holzbalken *m*; **-, ingeklemde:** beam fixed at one end, overhanging beam || poutre *v* encastrée (en porte-en-faux) || Freiträger *m*; **-, kastvormige holle:** box section girder || poutre *v* angulaire creuse en fonte *v* || kastenförmiger Hohlgußbalken *m*; **-, kreupele:** dragon piece, hammer beam || entrait *m* retroussé || Stichbalken *m*; **-, op enige steunpunten opgelegde:** continuous beam (girder) || poutre *v* continue (à travées *vm* solidaires) || durchlaufender Balken *m* (Träger *m*), Balken *m* auf mehreren Stützen *vm*; **-, op 2 steunpunten opgelegde:** beam on two supports || poutre *v* reposant librement sur deux appuis *mm*

---
1) Zie ook *bacil.*
2) Meerv.: *bacteria.*

|| frei aufliegender Balken *m* auf zwei Stützen *vm*; **-, stalen:** steel beam || poutre *v* en acier *m* || Stahlbalken *m*; **-, vrijdragende:** freely supported beam || poutre *v* reposant librement || freitragender Balken *m*; frei[tragend]er Träger *m*; **-blok:** drop hanger frame || chaise *v* suspendue || Hängebock *m*; **-brug:** girder (truss) bridge || pont *m* à longerons *mm* || Balkenbrücke *v*; **-buigmachine:** beam binding machine || machine *v* à cintrer les baux *mm* || Balkenmaschine *v*; **-einde:** beam end (head), end of joist || bout *m* (tablette *v*) de poutre *v* || Balkenkopf *v*; **-formeel:** girder casing || coffrage *m* de poutre *v* || Balkenschalung *v*; **-freem** (*dubbel*): (*double*) beam frame || bâti *m* à (*deux*) paliers *mm* || (*Doppel*)balkenrahmen *m*; **-hout:** square timber || bois *m* carré (de brin *m*) || Querbalken *m*, Balkenholz *o*; **-laag:** framing of joist, system of binders and joist || solivure *v*, disposition *v* des poutres *vm* || Balkenlage *v*; **-staal:** girder steel || acier *m* à poutres *vm* || Trägerstahl ||; **-weger** (*scheepst.*): shelf [piece] || bauquière *v* || Balkwäger *m*; **-werk** (*gebouw*): beams and rafters || poutrage *m* || Balkenwerk *o*.

balkon: 1. (*bouwk.*): balcony || balcon *m* || Balkon *m*; Altan *m*, Söller *m* (*op onderbouw of pijlers*); **-, doorlopend:** long balcony || méniane *v* || fortlaufender Balkon *m*; **-drager:** balcony support || colonne *v* méniane || Balkonsäule *v*, -träger *m*; **-kamer:** jutty room, projecting story || chambre *v* (pièce *v*) avec balcon *m* || Erkerstube *v*; **-venster:** balcony window || fenêtre *v* à balcon *m* || Balkonfenster *o*;
2. (*trem, enz.*): platform || plate-forme *v* || Plattform *v*, Perron *m*, Endbühne *v*;
3. (*schouwburg*): dress-circle || balcon *m* || Balkon *m*.

ballast: 1. (*scheepst.*): ballast || lest *m* || Ballast *m*; **-, in:** in ballast || à l'état *m* lège || in Ballast *m*; **-diepgangslijn:** ballast mark || ligne *v* de flottaison *v* sur lest *m* || Ballastlinie *v*, -mark *o*; **-en:** to ballast || lester || ballasten; **-kist:** ballast chest || chariot *m* lesteur || Ballastschlitten *m*, -wagen *m*; **-kleed:** port sail || voile *v* à lest *m* || Ballastkleid *o*; **-lichter:** ballast lighter || bateau-lesteur *m*, chaland *v* (gabare *m*) à lest *m* || Ballastlichter *m*, -schute *v*; **-pomp:** ballast pump || pompe *v* à lest *m* || Ballastpumpe *v*; **-schuitje:** kentledge || fer *m* en saumon *m* || Ballasteisen *o*;
2. (*spw.*): broken (crushed) stone || ballast *m*, pierre *v* concassée || Schotter *m*; **-bed:** ballast bed, ballasting, metalling || ballastage *m*, coffre *m* d'encaissement *m* || Beschotterung *v*, Bettungskoffer *m*.

ballis|tiek: ballistics || balistique *v* || Ballistik *v*; **-tiek, uitwendige:** exterior ballistics || balistique *v* extérieure || äußere Ballistik *v*; **-tisch:** ballistical || balistique || ballistisch.

ballon: 1. (*luchtballon*): balloon || ballon *m* || Ballon *m*; **-, bestuurbare:** dirigible balloon || ballon *m* dirigeable || Lenkballon *m*; **-captif:** captive balloon || ballon *m* captif || Fesselballon *m*;
2. (*gloeilamp*): bulb || ampoule *v* || Birne *v*; **-, glazen:** glass bulb || ampoule *v* en verre *m* || Glasbirne *v*;
3. (*scheik.*): balloon || ballon *m* || Ballon *m*; **-, glazen:** glass globe (balloon) || ballon *m* de verre *m* || Glasballon *m*.

balus|ter: baluster, rail post || balustre *m* || Geländerdocke *v*, -säule *v*; **-trade:** balustrade || balustrade *v*, gardefou *m* || Balustrade *v*, Dockengeländе *o*.

bamboe[s]riet: bamboo, indian cane (reed) || canne *v* de bambou *m* || Bambusrohr *o*.

band: 1. (*algem.*): band; brace, strap, string || bande *v* || Band *o*; Streifen *m*; **-, katoenen:** cotton tape || ruban *m* de coton *m* || Baumwollstreifen *m*; **-, koperen:** copper band (ribbon) || bande *v* (ruban *m*) de cuivre *m* || Kupferband *o*; **-, koperen** (*projectiel*): copper belt || ceinture *v* de cuivre *m* || Kupferring *m*; **-, lopende:** moving belt (band), conveyor || ruban *m* roulant (transporteur), chaîne *v* de montage *m* || Fließband *o*, laufendes Band *o*; **-, stalen:** steel hoop || cercle *m* en acier *m* || Stahlband *o*; **-age** (*elektr. wikkelingen*): binding || frette *v*, cercle *m*, bandage *m* || Bandage *v*; **-ageren:** to bind || fretter || bandagieren; **-elevator:** [endless] belt elevator || élévateur *m* à bande *v* (à courroie *v*) || Gurtelevator *m*; **-enspectrum:** band spectrum || spectre *m* de bandes *vm* || Bandenspektrum *o*; **-garen:** teas band || ligature *v* || Abschnur *o*; **-koperveldspoel:** strip (edgewise) wound field coil || bobine *v* inductrice à bande *v* de cuivre *m* enroulée de champ *m* || Hochkantmagnetwicklung *v*, Kupferbandfeldspule *v*; **-koppeling:** belt coupling || accouplement *m* à courroies *vm* (à lanières *vm*) Band-, Riemenkupplung *v*; **-lader:** *zie* **laadband**; **-lus:** (*transportband*): loop || boucle *v* || Bandschleife *v*; **-maat:** measuring tape, tape measure || mètre *m* à ruban *m* || Bandmaß *o*; **-magneet:** band magnet || aimant *m* en lame *v* || Bandmagnet *m*; **-rem:** band (strap) brake || frein *m* à collier *m* (à ruban *m*, à bande *v*) || Bandbremse *v*; **-rooster:** endless grate || grille *v* à tablier *m* [sans fin *m*] || Bandrost *m*;

-schaaf: hoop shave || racloir *m* || Bandhobel *m*; **-staal:** band (hoop) steel || acier *m* en rubans *mm* (feuillard), feuillard *m* || Bandstahl *m*; **-staalpantser:** hoop steel armouring || armature *v* à bande *v* d'acier *m* || Stahlbandbewehrung *v*; **-[stoot]tafel:** (*wasserij*) (*mijnb.*): [frue-]vanner || table *v* à toile *v* sans fin *v* || Plan[en]stoßherd *m*; **-transporteur:** *zie* **transportband; -voeder:** apron feeder || courroie *v* d'alimentation *v* || Bandaufgeber *m*, Aufgabeband *o*; **-vorming** (*spinnerij*): formation of the sliver || formation *v* du ruban *m* || Bandbildung *v*; **-wikkeling:** strip winding || enroulement *m* à bandes *vm* || Bandwick[e]lung *v*; **-wikkelmachine:** taping machine || machine *v* à rubaner, rubaneuse *v* || Bandwickler *m*, Umwickelmaschine *v*; **-ijzer,** *enz.*: *zie* **bandstaal,** *enz.*; **-zaag:** *zie* **lintzaag;**

2. (*om te binden*): tie, tape, string || lien *m*, cordon *m*, attache *v*, ruban *m* || Band *o*;

3. (*wielband*)[1]: hoop || bandage *m* || Band *o*, Schiene *v*; **- v. e. wiel afnemen, een:** to unhoop (to unshoe) a wheel || ôter les bandes *vm* d'une roue *v* || ein Rad *o* abschienen; **- o. e. wiel leggen, een:** to shoe a wheel || embat[t]re une roue *v* || ein Rad *o* beschienen; **-, massieve** (*v. rubber*)**:** solid tire || plein *m* || Vollgummireifen *m*;

4. (*luchtband*): tire, tyre; [*inner*]tube (*binnenb.*) || pneu *m*, enveloppe *v* (*buitenb.*); chambre *v* à air *m* (*binnenb.*) || Reifen; Mantel *m* (*buitenb.*); Luftschlauch *m* (*binnenb.*); **- omleggen, een:** to fit (put) on a tire || mettre (monter, placer) un pneu *m*; einen Luftreifen *m* aufziehen; **-afnemer:** tire lever || démontepneus *m*, levier *m* de montage *m* || Reifeneisen *o*, -heber *m*; **-en, dubbele** (*auto*)**:** double tires || jumelés *vm* || Zwillingsbereifung *v*; **-endefect:** puncture of tire || crevaison *m* de pneumatique *m* || Reifenschaden *m*; **-enhoes:** tire gaiter || manchon *m* guêtre pour pneu *m* || Reifenmuffe *v*; **-enlichter:** *zie* **bandafnemer; -enpomp:** tire air pump || pompe *v* à air *m* || Reifenluftpumpe *v*; **-enijzer:** *zie* **bandafnemer; -ketting:** tire chain || chaîne *v* pour pneu *m* || Reifenkette *v*; **-spanning:** tire pressure || pression *v* de pneu *m* || Reifendruck *m*; **-spanningsmeter:** tire pressure gauge || mesureur *m* de pression *v* [d'air *m*] || Reifendruck[luft]messer *o*;

5. (*weverij*): ribbon || ruban *m* || Band *o*; **-molen:** bar (ribbon) loom || métier *m* à la barre *v* (à rubans *mm*) || Bandmühle *v*, Band-, Mühlstuhl *m*;

[1]) Zie ook *band* 4.

6. (*boekband*): binding || reliure *v* || [Ein]band *m*; **-, halfleren:** half-leather binding || demi-reliure *v* || Halbleder-, Halbfranzband *m*; **-, half linnen:** half-linen binding || reliure *v* en demi-toile *v* || Halbleinenband *m*; **-, kalfsleren:** calfbinding || reliure *v* en veau *m* || Kalbslederband *m*; **-, kartonnen:** pasteboard binding || reliure *v* en carton *m* || Pappband *m*; **-, leren:** leather (whole) binding || reliure *v* en cuir *m* || Ledereinband *m*, Franzband *m*; **-, linnen:** linen binding || reliure *v* en toile *v* || Leinenband *m*.

banderol: flying band || banderole *v* || Bandrolle *v*.

bank: 1. (*werkbank*): (work]bench || banc *m* || Bank *v*; **-beitel:** bench (cold) chisel || ciseau *m* d'établi *m* || Bankmeißel *m*; **-doorslag:** punch || poinçon *m* || Bankdurchschlag *m*; **-haak:** bench hook, holdfast || mentonnet *m*, valet *m* d'établi *m* || Bankhaken *m*, -zwinge *v*; **-hamer:** bench hammer || marteau *m* d'établi *m* || Bankhammer *m*; **-hamer, kleine:** small bench hammer || demi-masse *v* || kleiner Bankhammer *m*; **-klem:** bench clamp || presse *v* d'établi *m* || Bankzwinge *v*; **-knecht:** support stock, standing vice || servante *v* || Bankknecht *m*; **-schaaf:** bench plane || rabot *m* d'établi *m* || Bankhobel *m*; **-schroef:** bench screw, jaw (standing) vice || étau *m* d'établi *m* || Bankschraubstock *m*; **-schroefkoppeling:** vice coupling || attache *v* (accouplement *m*) à broche *v* filetée || Schraubstockkupplung *v*; **-werker:** fitter || ajusteur *m*, mécanicien *m* || Schlosser *m*; **-werkerij:** fitting shop || atelier *m* d'ajustage *m* || Schlosserwerkstatt *v*;

2. (*onder water*): bank, shelf || banc *m* de sable *m* || Bank *v*;

3. (*geschut*): bank, barbet[t]e || barbette *v* || [Geschütz]bank *v*;

4. (*zitbank*): bench || banc *m*, banquette *v* || Bank *v*; **-, dubbele:** double bench || banquette *v* à sièges *mm* adossés || Doppelsitzbank *v*;

5. (*bankje*): small bench, stool || petit banc *m*, sellette *v*, escabeau *m* || Bänkchen *o*, Schemel *m*; **-je, isolerend:** insulating stool || tabouret *m* isolant || Isolierschemel *m*;

6. *zie* **laag 3.**

bankatin: Banca tin || étain *m* de Banca || Bankazinn *o*.

banket (*glooiing*)**:** bench, berm, set off, terrace || banquette *v*, berme *v* || Bankett *o*, Berme *v*.

barak: barrack || baraque *v* || Baracke *v*.

barbet: *zie* **bank 3.**

barchentspinnerij: barchant spinning ||

filature *v* **de coton** *m* **cardé** || Barchentspinnerei *v*.

bariet: baryta, barytes, heavy spar || baryte *v*, barytine *v*, barytite *v* || Baryt *m*, Schwerspat *m*, Baryterde *v*.

barium [1])**:** barium || baryum *m* || Barium *o*; **-oxyde:** barium oxide || oxyde *m* de baryum *m* || Bariumoxyd *o*; **-platinacyanuur:** *zie* **bariumplatinocyanide; -platinocyanide:** bariumplatinocyanide || platinocyanure *m* de baryum *m* || Bariumplatinocyanid *o*, Bariumplatincyanür *o*; **-saccharaat:** barium saccharate || saccharate *m* de baryum *m* || Bariumsacharat *o*; **-zout:** barium salt || sel *m* de baryum *m* || Bariumsalz *o*.

barkas: launch, longboat || barcasse *v*, grande chaloupe *v* || Barkasse *v*.

barnsteen: yellow (sea) amber || ambre *m* [jaune], succin *m* || Bernstein *m*; **-olie:** amber oil || huile *v* de succin *m* || Bernsteinöl *o*; **-vernis:** amber varnish || vernis *m* au succin *m* || Bernsteinlack-[firnis] *m*; **-zuur [butaandizuur; ethaandicarbonzuur-1,2]:** succinic acid || acide *m* succinique || Bernsteinsäure *v*.

baro|graaf: barograph || barographe *m* || Barograph *m*; **-meter:** barometer, weatherglass || baromètre *m* || Barometer *o*, *m*, Luftdruckmesser *m*, Wetterglas *o*; **-meter, registrerende:** recording barometer || baromètre *m* enregistreur, barographe *m* || registrierendes Barometer *o*; **-meterbak:** barometer, cistern || cuvette *v* de baromètre *m* || Barometergefäß *o*; **-meterstand:** height of barometer || hauteur *v* du baromètre *m* || Barometerstand *m*; **-metrisch:** barometrical(*ly*) || barométrique(*ment*) || barometrisch; **-skoop:** baroscope || baroscope *m* || Baroskop *o*.

barrière: barrier [gate] || barrière *v* || Barriere *v*.

barring (*scheepst.*)**:** barring || drôme *m* || Barring *v*.

barst: cleft, crank || crevasse *v*, fissure *v*, gerçure *v* || Riß *m*, Sprung *m*, Borste *v*; **-** (*in staal*)**:** crack, fissure || crevasse *v* (perçure *v*, taille *v*) de trempe *v* || Härteriß *m*; **-** (*terrein*)**:** crack, rent || cassure *v* || Kluft *v*; **-en:** to burst, to explode, to fly into pieces || éclater, faire explosion *v* || bersten, zerplatzen, zerspringen; **-en** (*scheuren*)**:** to crack || se fendiller, se gercer || reißen, rissig werden; **-je:** craze || fendille *v* || Haarriß *m*.

baryt: *zie* **bariumoxyde.**

basalt: basalt || basalte *m* || Basalt *m*; **-achtig:** basaltic || basaltique || basaltartig; **-lava:** basaltic lava || lave *v* basaltique || Basaltlava *v*, Weichbasalt *m*; **-lei:** basalt slate || basalte *m* schisteux || Basaltschiefer *m*; **-porfier:** porphyrite || basalte *m* porphyrique || Basaltporphyr *m*; **-tuf:** basaltic tuff || tuf *m* basaltique || Basalttuff *m*; **-vormig:** basaltiform || basaltiforme || basaltförmig; **-zuil:** basaltic column || colonne *v* de basalte *m* || Basaltsäule *v*.

basaltinetegel: basaltine flag || carreau *m* basaltine || Basaltinfliese *v*.

bascule: bascule, [weight] bridge || [balance *v* (ponton *m*) à] bascule *v* || Brücken-, Dezimalwaage *v*.

ba|se: 1. (*wisk.*)**:** base [line] || [ligne *v* de] base *v* || Basis *v*, Grund-, Standlinie *v*; **2.** (*scheik.*)**:** base || base *v* || Base *v*; **-sisch:** basic || basique || basisch; **-sisch maken:** to render basic || basifier || basisch machen.

basement: base of a column || base *v* || Säulenfuß *m*.

basiliek: basilica || basilique *v* || Basilika *v*.

basis: *zie* **base.**

basrelief: basso-relievo, low (flat) relief || bas-relief *m* || Bas-, Flachrelief *o*.

basse-lisse-weefstoel: low warp loom || metier *m* de basse-lisse *v* || Basselissestuhl *m*.

bassin: basin || bassin *m* || Becken *o*.

bast (*v. e. boom, enz.*)**:** bast || écorce *v*, liber *m*, livret *m* || Bast *m*; **-hennep:** half clean hemp || chanvre *m* cru || Basthanf *m*.

bastaard (*typogr.*)**:** bastard || bâtarde *v* || Bastard *m*; **-atlas:** bastard (turkish) satin || satin *m* turc || Bastardatlas *m*; **-kapping** (*vijl*)**:** bastard cut || taille *v* moyenne (bâtarde) || Bastardhieb *m*; **-mortel:** bad mortar || mortier *m* bâtard || Halbmörtel *m*; **-saffraan:** carthamus safflower || carthame *m*, safran *m* bâtard || Safflorpflanze *v*, falscher Safran *m*; **-specie:** *zie* **bastaardmortel; -suiker:** moist sugar || cassonade *v* blanche || Baster[n] *m*; **-trasmortel:** bad trassmortar || mortier *m* bâtard de trass *m* || Traßhalbmörtel *m*; **-vijl:** bastard file || lime *v* bâtarde || Bastardfeile *v*.

basterdsuiker: *zie* **bastaardsuiker.**

bastiet: bastite, Schiller spar || bastite *v* || Bastit *m*, Schillerspat *m*.

batist: cambric, lawn || batiste *v* || Bat[t]ist *m*, Kammertuch *o*; **-linnen:** coarse linen

---

[1]) Voor hierachter niet opgenomen bariumverbindingen, zoals bv. bariumchloride, bariumhydroxyde, bariumsulfaat, enz., zie men onder **natrium** en vervange daar in het Engels „sodium" door „barium", in het Frans „de sodium" door „de baryum" en in het Duits „Natrium-" door „Barium-", dus bv. *bariumchloride: barium chloride* || *chlorure m de baryum m* || *Bariumchlorid o.*

cambric || batiste *v* grosse || Batistleinwand *v*; **-mousseline:** scotch cotton cambric || batiste *v* d'Écosse *v* || Batistmusselin *m*, Baumwollbatist *m*, schottischer Batist *m*.

batterij (*in alle betek.*) [1]**:** battery || batterie *v* || Batterie *v*; **- van ketels:** battery of boilers || batterie *v* de chaudières *vm* || Kesselbatterie *v*; **- parallel schakelen, een:** to connect the cells in parallel || coupler une batterie *v* en parallèle (en quantité *v*) || eine Batterie *v* auf Quantität *v* (parallel) schalten; **- in serie schakelen, een:** to connect the cells in series || coupler une batterie *v* en série *v* (en tension *v*) || eine Batterie *v* auf Spannung *v* schalten; **-, droge:** dry battery || batterie *v* sèche || Trockenbatterie *v*; **-beker:** battery glass (jar) || vase *m* de l'élément *m* || Elementglas *o*; **-cel:** battery cel || cellule *v* de batterie *v* || Sammlerzelle *v*; **-celverbinder:** battery connector strap || barrette *v* de connexion *v* || Sammlerverbindungsbrücke *v*; **-commutator:** battery switch || commutateur *m* de piles *vm* || Batteriewähler *m*, -umschalter *m*; **-deksel:** battery cover || couvercle *m* de batterie *v* || Sammlerdeckel *m*; **-elektrolyt:** electrolyt || electrolyte *m* || Sammlerelektrolyt *m*; **-galvanometer:** battery tester || galvanomètre *m* d'essai *m* pour batteries *vm*, vérificateur *m* de batterie *v* || Batterieprüfer *m*; **-kamer:** battery room || salle *v* des accumulateurs *mm* || Akkumulatorenraum *m*; **-ketel:** battery boiler || chaudière *v* multibouilleurs || Batteriekessel *m*; **-klem:** battery clamp || bride *v* de batterie *v* || Sammlerklamme *v*; **-ontsteking** (*auto*)**:** battery ignition || allumage *m* par batterie *v* || Sammlerzündung *v*; **-peil:** battery level || niveau *m* de batterie *v* || Sammlerflüssigkeitlinie *v*; **-pool:** battery pole || pôle *m* de batterie *v* || Sammlerpol *m*; **-rek:** battery rack (stand, frame) || étagère *v* de batterie *v* || Batteriegestell *o*; **-schakelaar:** battery (cell) switch || interrupteur *m* de batterie *v* || Zellenschalter *m*; **-schakeling:** connections of a battery || couplage *m* de la batterie *v* || Batterieschaltung *v*; **-schip:** battery ship || navire *m* à batterie *v* || Batterieschiff *o*; **-tussenschot:** battery plate separator || séparateur *m* de plaque *v* || Sammlerplattenisolator *m*; **-vloer:** battery floor stand || plate-forme *v* de batterie *v* || Batteriefußbodengestell *o*; **-vuldop:** battery filling plug || bouchon *m* de remplissage *m* || Sammlereinfüllpfropfen *m*.

bauxiet (*rood*; *wit*)**:** (*red*; *white*) bauxite || bauxite *v* (*rouge*; *blanche*) || (*roter*; *weißer*) Bauxit *m*.

bazalt: *zie* **basalt.**

beambte: official || employé *m* || Beamter *m*.

bebake|nen: to beacon, to buoy, to mark by beacons || baliser || ab-, bebaken; **-ning:** beaconing || balisage *m* || Bebakung *v*.

bed: 1. (*beton, enz.*)**:** bed || couche *v*, lit *m* || Bett *o*;
2. (*gesteente*)**:** bed, layer || assise *v*, couche *v* || Schicht *v*;
3. (*draaibank*)**:** bed || banc *m* || Bett *o*;
4. (*wasserij*) (*mijnb.*)**:** bedding, ragging || lit *m* de lavage *m*, couche *v* filtrante (de grenailles *vm*) || Graupen-, Setzbett *o*.

beda|ken: to roof || couvrir d'un toit *m* || bedachen; **-king:** roofing || couverture *v* || Bedachung *v*.

bedding: 1. (*rivier*)**:** bed (channel) of a river || lit *m* de fleuve *v* (de rivière *v*) || Flußbett *o*;
2. (*draaibank*)**:** *zie* **bed 3;**
3. (*klep*)**:** *zie* **klepzitting.**

bedekken: to cover || couvrir, revêtir || bedecken, bekleiden.

bedekking: 1. (*algem.*)**:** covering, serving, coat[ing] || recouvrement *m*, revêtement *m* || Bedeckung *v*, Decke *v*, Umhüllung *v*;
2. (*m. delen*)**:** plank flooring, timber covering (flooring) || plancher *m* en madriers *mm* || Bohlenbelag *m*;
3. (*treden*)**:** covering of steps || recouvrement *m* de marches *vm* || Stufenbelag *m*;
4. (*terrein*)**:** overlap, heave || recouvrement *m* || Deckung *v*.

bederf: decay, deterioration, decomposition || putréfaction *v*, pourriture *v* || Fäulnis *v*, Verwesung *v*, Vermoderung *v*; **- onderhevig, aan:** subject to decay || sujet à la pourriture *v* || leichtverderblich; **-, overgaan tot:** to putrefy || tomber en pourriture *v* || in Fäulnis *v* (Verwesung *v*) übergehen; **-elijk:** perisable || périssable || leichtverderblich; **-werend:** anti-fouling, antiseptic || antiseptique || fäulniswidrig, -hindernd, antiseptisch.

bederven: 1. (*beschadigen*)**:** to damage, to spoil, to mar || gâter || verderben, [be]schädigen;
2. (*doen bederven*)**:** to damage, to deteriorate || gâter, corrompre, détériorer || verderben;
3. (*waren*)**:** to decay, to deteriorate || se détériorer, se gâter, se corrompre || verderben, verfaulen.

bedienen: 1. (*verzorgen*)**:** to supply || alimenter, desservir || versorgen;
2. (*besturen, regelen*)**:** to operate, to activate || commander || steuern;
3. (*machines*)**:** to attend || conduire || bedienen;

[1]) Zie ook *accumulator*.

4. (*wissels*): to attend || manoeuvrer || bedienen;
5. (*touw*): to work || manoeuvrer || bedienen.

bediening: 1. (*besturing*, *regeling*): operation, control, activation || commande *v* || Steuerung *v*;
2. (*bedrijven*): attendence, operation || service *m* || Bedienung *v*, Wartung *v*;
3. (*machines*): working of engines || service *m* des machines *vm* || Maschinenbetrieb *m*;
4. (*vuur*): feeding || chargement *m* || Bedienung *v*;
5. (*wissels*): attendence || manoeuvre *v* || Bedienung *v*;
6. (*elektr. tractie*): control || commande *v* || Steuerung *v*; **-, afzonderlijke:** individual control || commande *v* individuelle || Einzelantrieb *m*.

bedienings|kosten: cost of attendence || frais *mm* de service *m* || Wartungskosten *mrv*; **-orgaan:** operating mechanism || asservissement *m* || Steuergerät *o*; **-personeel:** attendants || personnel *m* de service *m* || Bedieningspersonal *o*, Mannschaft *v*; **-plaats** (*telef.*, *enz.*)**:** operating position || position *v* d'opérateur *m* || [Arbeits]platz *m*; **-stang v. d. smoorklep** (*carburateur*): actuating rod for gas control || tirant *m* pour commande *v* des gaz *mm* || Zugstange *v* zur Gasregulierung *v*; **-stroomketen:** control circuit || circuit *m* de commande *v* || Steuerstromkreis *m*; **-zijde:** left side, laying-on side || côté *m* au service *m* || Bedienungsseite *v*.

bedorven: spoiled, damaged, marred; decayed, deteriorated (*waren*) || gâté; détérioré (*waren*) || verdorben; faul (*waren*).

bedrukken: 1. (*w.w.*): to print || imprimer || bedrucken;
2. - m. bijtmiddelen (*katoen*) (*z. nw.*)**:** discharge (enlevage) style || impression *v* avec enlevages *mm* (avec rongeants *mm*) || Ätzdruck *m*.

bedrijf: 1. (*beroep*): profession, service || métier *m*, profession *v* || Gewerbe *o*;
2. (*werking*): working, running, service, operation || service *m*, travail *m*, marche *v*, fonctionnement *m* || Betrieb *m*, Gang *m*, Wirkung *v*; **- stellen, in:** to start, to set going || mettre en service *m* (en marche *v*) || in Betrieb *m* setzen; **- zijn, in:** to work, to be running (working) || être en marche *v* (en service *m*), fonctionner, marcher, travailler || in Betrieb *m* sein, arbeiten; **-, continu:** *zie* **bedrijf, doorlopend; -, doorlopend:** continuous working || fonctionnement *m* (service *m*) continu || Dauerbetrieb, kontinuierlicher (ununterbrochener) Betrieb *m*; **-, economisch:** *zie* **bedrijf, zuinig; -, geforceerd:** forced working (service) || marche *v* forcée, service *m* forcé || angestrengter (forcierter, gesteigerter) Betrieb *m*; **-, gewoon:** regular working (service) || service *m* normal, fonctionnement *m* régulier, marche *v* normale (de régime *m*) || normaler (regelmäßiger, regelrechter) Betrieb *m*; **-, groot:** working at a large scale (at large plants) || exploitation *v* sur grande échelle *v* || Großbetrieb *m*; **-, in:** at work || en marche *v* || in Betrieb *m*, in Gang *m*; **-, intermitterend:** *zie* **bedrijf, onderbroken; -, klein:** working at a small scale (at small plants) || exploitation *v* sur petite échelle *v* || Kleinbetrieb *m*; **-, normaal:** *zie* **bedrijf, gewoon; -, onderbroken:** intermittent (discontinuous) working || fonctionnement *m* (service *m*) intermittent (discontinu) || unterbrochener (absatzweiser, intermittierender) Betrieb *m*; **-, ongelijkmatig:** irregular working || fonctionnement *m* irrégulier, marche *v* irrégulière || schwankender (ungleichförmiger) Betrieb *m*; **-, ononderbroken:** *zie* **bedrijf, doorlopend; -, periodiek** (*elektromech.*)**:** periodic service || service *m* périodique || Dauerbetrieb *m* mit periodisch veränderlicher Belastung *v*; **-, periodiek-intermitterend** (*elektromech.*)**:** intermittent periodic load || service *m* intermittent périodique || periodisch aussetzender Betrieb *m* mit gleichbleibender Belastung *v*; **-, pneumatisch:** pneumatic working || commande *v* par l'air *m* comprimé || Preßluft-, Druckluftbetrieb *m*; **-, tijdelijk** (*elektromech.*)**:** temporary service || service *m* temporaire || kurzzeitiger Betrieb *m*; **-, zuinig:** economical working || fonctionnement *m* économique || wirtschaftlicher Betrieb *m*;
3. (*mach.*): service || service *m* || Betrieb *m*;
4. *zie* **exploitatie;**
5. (*fabriek*, *enz.*): work, plant || fabrique *v*, usine *v*, installation *v* || Betrieb *m*, Werk *o*, Anlage *v*; **-, bovengronds** (*ondergronds*) (*mijnb.*)**:** surface plant (*underground workings plant*) || établissement *m* de la surface *v* (*travaux mm du fond m* (*de mine v*)) || Übertagebetrieb *m* (*Untertagebetrieb m*, *Grubenbau m*).

bedrijfs|coëfficiënt: ratio of working expenses to gross receipts || coefficient *m* d'exploitation *v* || Betriebskoeffizient *m*, -zahl *v*; **-controle:** plant (operating) control || surveillance *v* de l'exploitation *v* (de l'installation *v*) || Betriebsüberwachung *v*; **-druk:** *zie* bedrijfsspanning; **-duur:** working time || durée *v* de fonctionnement *m* (de service *m*) || Betriebsdauer *v*, -länge *v*, -zeit *v*; **-ingenieur:** works' manager; (*mijnb.*): works' manager || ingénieur *m* (chef *m*) du service *m* (de l'exploitation *v*); (*mijnb.*): ingenieur [-chef] de service *m*) *m*, chef *m* de l'exploitation *v*, ingénieur *m* de fosse *v* (de siège *m*) || Betriebsingenieur *m*; (*mijnb.*): Betriebsingenieur *m*, Betriebs-, Bergwerksdirektor *m*; **-instrument:** industrial (workshop) instrument || instrument *m* industriel || Betriebsinstrument *o*; **-kapitaal:** work capital || fonds *m* de roulement *m* || Betriebskapital *o*; **-kosten:** operating (working) expenses (cost) || dépenses *vm* (frais *mm*) d'exploitation *v*, frais *mm* généraux || Betriebskosten *mrv*, allgemeine Unkosten *mrv*; **-kosten per km** (*auto*): operation (working) expenses per km || dépenses *vm* (frais *mm*) d'exploitation *v* kilométriques || kilometrische Betriebskosten *mrv*; **-kosten, vaste:** fixed working (operating) expenses || frais *mm* d'exploitation *v* fixes || feste Betriebskosten *mrv*; **-leider:** [works'] manager; (*v. e. mijn*): mine manager, [ground] bailiff || chef *m* d'exploitation *v* (du service *m*), directeur *m* d'usine *v*; (*v. e. mijn*): chef *m* d'exploitation *v*, conducteur *m* de travaux *mm* || Betriebsleiter *m*, -führer *m*, Werkführer *m*; (*v. e. mijn*): Betriebsführer *m*; **-leiding:** management || direction *v*, organisation *v* || Verwaltung *v*, Leitung *v*; **-leiding, wetenschappelijke:** scientific management || organisation *v* scientifique du travail *m* || wissenschaftliche Betriebsführung *v*; **-omstandigheden:** working conditions || régime *m* || Betriebsverhältnisse *om*; **-onderbreking:** interruption of working || interruption *v* de service *m* || Betriebsunterbrechung *v*; **-spanning:** working pressure || pression *v* de régime *m* || Betriebsdruck *m*, -spannung *v*; (*elektr.*): working voltage || voltage *m* de régime *m* || Betriebsspannung *v*; **-stand:** running (working) position || position *v* de travail *m* || Betriebsstellung *v*; **-storing:** breakdown, derangement || dérangement *m* dans le service *m* || Betriebsstörung *v*; **-stroom:** working current || courant *m* de régime *m*, (de consommation *v*) || Betriebsstrom *m*; **-vaardig:** ready for working || en ordre *m* de service *m*, pouvant fonctionner || betriebsfähig; **-voorschriften:** service (working) instructions || instructions *vm* de service *m* || Betriebsvorschriften *vm*; **-voorwaarde[n]:** condition(s) of operation || condition(s) *v*(*m*) de fonctionnement *m* || Betriebsbedingung(en) *v*(*m*); **-voorwaarden** (*elektrochem.*: *v. e. toestel of mach.*): rating || régime *m* || Betriebsverhältnisse *om*; **-wet:** industrial law || loi *v* industrielle || Gewerbeordnung *v*; **-zekerheid:** safety of working, security of service || sécurité *v* de service *m* || Betriebssicherheit *v*.

bedwingen (*put*) (*petr.*): to cap || capter, maîtriser, coiffer || fassen, unter Kontrolle *v* bringen.

bedij|ken: to dike || endiguer || eindämmen, eindeichen; **-king:** embankment || endiguement *m* || Eindämmung *v*, Eindeichung *v*.

beeld: 1. (*opt.*, *fotogr.*, *kinematogr.*): image || image *v* || Bild *o*, Abbildung *v*; **-omkering:** *zie* **solarisatie; -vervorming:** deformation of the image || déformation *v* de l'image *v* || Bildverzerrung *v*; **-vlak:** focal plane || plan *m* de l'image *v* || Bildfläche *v*;

2. (*afbeelding i. h. platte vlak i. h. algem.*): image, picture || image *v* || Bild *o*, Abbildung *v*; **-, negatief:** negative image || image *v* négative || Negativbild *o*, negatives Bild *o*; **-, positief:** positive image || image *v* positive || Positivbild *o*, positives Bild *o*; **-element:** picture element || élément *m* d'image *v* || Bildelement *o*; **-frequentie:** picture frequency || fréquence *v* d'images *vm* || Bildfrequenz *v*; **-lijn:** picture line || ligne *v* d'image *v* || Bildzeile *v*; **-overbenging:** picture transmission || transmission *v* d'images *vm* || Bildübertragung *v*; **- telegraaftoestel:** picture telegraph apparatus || appareils *mm* de transmission *v* des images *mm* (photo-télégraphiques) || Bildübertragungsgerät *o*; **-telegrafie:** picture telegraphy || télégraphie *v* d'images *vm* || Bildtelegraphie *v*; **-venster:** gate, picture (film) window || fenêtre *v* || Bild-, Filmfenster *o*;

3. (*afbeelding i. d. ruimte i. h. algem.*): image, figure || image *v*, figure *v* || Bild *o*, Figur *v*; **-gieter:** statue founder || fondeur *m* de statues *vm* || Bildgießer *m*; **-houwen:** to cut (to hew) out, to sculpture || sculpter; sculpture *v* || aushauen; **-houwen** (*in hout*): to carve; carving || sculpter en bois *m*; sculpture *v* en bois *m* || Holz *o* schnitzen, Bilder *om* schnitzen (schneiden); **-houwer:** sculptor, statuary || sculpteur *m*, statuaire *m* || Bildhauer *m*; **-houwer** (*in hout*): image carver || sculpteur *m* en bois *m* || Bildschnitzer *m*, Holzbildhauer *m*; **-houwkunst:** art of sculpture || art *m* de sculpture *v* || Bildhauerkunst *v*; **-houwwerk:** sculpture || sculpture *v* || Bildhauerarbeit *v*; **-snijkunst:** image carving || sculpture *v* en bois *m* || Bildschnitzerei *v*;

4. (*letter*): face || oeil *m* || Bild *o*.

been: 1. (*lichaamsdeel*): leg || jambe *v* || Bein *o*; **-stuk:** cuish || tassette *v* || Beinschiene *v*;

2. (*bot*): bone || os *m* || Knochen *m*; **-, van:** *zie* **benen; -deren:** bones || os *mm* || Knochen *mm*; **-derkool:** bone black ||

charbon *m* (noir *m*) animal, charbon *m* d'os *m* || Bein-, Knochenschwarz *o*; **-derlijm:** gelatine (glue) of bones || colle *v* (gélatine *v*) d'os *m*, ostéocolle *v* || Knochenleim *m*; **-dermeel:** bone-meal, bone dust || poussière *v* d'os *mm* || Knochenmehl *o*; **-derolie:** bone (foot) oil || huile *v* de pied *m* de boeuf *m* || Knochenöl *o*; **-dervet:** bone grease || graisse *v* de pied *m* de boeuf *m* || Knochen-, Klauenfett *o*; **-glas:** alabaster (bone) glass || verre *m* opale || Bein-, Milchglas *o*; **-zwart:** *zie* **beenderkool;**
3. (*elektromagneet*): limb || branche *v* || Schenkel *m*;
4. *zie* **passerbeen.**

beer: 1. (*schoor*): buttress, counterfort, spur || contrefort *m*, éperon *m* || Strebe *v*, Strebepfeiler *m*;
2. (*heiblok*): monkey, ram, rammer [log] || bélier *m*, mouton *m* || Bär *m*, Fall-, Rammblock *m*;
3. (*reelbuiger*): rail bender (bendingdevice) || cintreuse *v* à rails *mm*, appareil *m* à plier (cintrer) les rails *mm* || Schienenzwicker *m*, -beuger *m*, Biegevorrichtung *v*.
4. (*mest*): night soil || vidanges *vm*, matières *vm* fécales (de vidange *v*) || Kot *o*, Fäkalien *vm*; **-put:** cesspool || fosse *v* d'aisance *v* || Aborts-, Abtritts-, Senkgrube *v*.

beetwortel: [sugar] beet [root] || betterave *v* [sucrière, à sucre *m*] || Zucker-, Runkelrübe *v*; **-suiker:** beet [root] sugar || sucre *m* de betterave *v* || Rübenzucker *m*; **-suikerfabriek:** beet [root] sugar factory || fabrique *v* de sucre *m* de betterave *v*, betteraverie *v* || Rübenzuckerfabrik *v*.

begieten: to irrigate, to water, to wet || arroser || begießen, wässern.

begin: beginning, commencement, opening, start || commencement *m*, début *m*, naissance *v*, ouverture *v*, origine *v* || Anfang *m*, Beginn *m*; **-belasting:** initial charge || charge *v* initiale || Anfangsbelastung *v*; **-boor:** pitching (short) borer || fleuret *m* court || Anfangsbohrer *m*; **-druk:** intial (starting) pressure || tension *v* initiale || Anfangsspannung *v*; **-letter** (*grote*): initial letter || lettre *v* initiale || Anfangsbuchstabe *m*, Initiale *v*; **-nen:** to begin (start, commence) || commencer || anfangen, beginnen; **-permeabiliteit:** initial permeability || perméabilité *v* initiale || Anfangspermeabilität *v*; **-punt:** initial point, point of beginning || origine *v*, point *m* de départ *m* || Anfangspunkt *m*; **-snelheid:** initial speed (velocity) || vitesse *v* initiale || Anfangsgeschwindigkeit *v*; **-spanning:** *zie* **begindruk; -station:** starting (initial) station || station *v* de départ *m* (d'origine *v*) || Anfangsstation *v*; **-susceptibiliteit:** initial susceptibility || susceptibilité *v* initiale || Anfangssuszeptibilität *v*; **-temperatuur:** starting temperature || température *v* initiale || Anfangstemperatur *v*; **-toestand:** initial state || état *m* initial || Anfangszustand *m*.

beginsel [1]**:** principle || principe *m* || Prinzip *o*, Wesen *o*; **- van actie en reactie:** principle of action and reaction || principe *m* de l'action *v* et de la réaction *v* || Prinzip *v* der Wirkung *v* und Gegenwirkung *v*; **- v. h. behoud v. arbeidsvermogen:** principle of conservation of energy || principe *m* de la conservation *v* de l'énergie *v* || Satz *m* der Erhaltung *v* der Energie *v*; **- v. d. baan met kleinste kromming:** principle of the path of least curve || principe *m* de la trajectoire *v* de moindre courbure *v* || Prinzip *o* der geradesten Bahn *v*; **- v. kleinste dwang:** principle of least constraint || principe *m* de la moindre contrainte *v* || Prinzip *o* des kleinsten Zwanges *m*; **- van kleinste werking:** principle of least action || principe *m* de la moindre action *v* || Prinzip *o* der kleinsten Wirkung *v*; **- der virtuele verplaatsingen:** principle of virtual velocity || principe *m* des vitesses *vm* virtuelles || Prinzip *o* der virtuellen Verschiebungen *vm*.

begren|zen: to bound, to limit || limiter || begrenzen; **-zing:** limitation || limitation *v* || Begrenzung *v*.

begrinten (*weg*)**:** to ballast, to gravel || ballaster [en cailloux *vm*], couvrir de gravier *m* || bekiesen, beschottern.

begro|ten: to estimate || estimer, évaluer || veranschlagen, vorausberechnen; **-ter van averij:** dispatcher || dispacheur *m* || Dispacheur *m*; **-ting:** approximate estimate, estimate of costs || devis *m* [estimatif] || Bau-, Kosten-, Voranschlag *m*, Kostenüberschlag *m*.

behakken: to cut, to dress, to hew || dégrossir, dresser, tailler || behacken, behauen; **-, haaks** (*hout, steen*)**:** to square; squaring || écarrir, équarrir; équarrissement *m* || abvieren; Abvierung *v*; **-, vierkant** (*steen*)**:** to square || équarrir || winkeln.

behande|len (*met*)**:** to treat (*with*) || traiter (*par*) || behandeln (*mit*); **-ling:** treatment || traitement *m* || Behandlung *v*.

behang|en: 1. (*m. papier*)**:** to paper || tapisser de papier *m* peint || tapezieren mit Papiertapeten *vm*; **-er:** paper hanger || colleur *m* || Tapezierer *m*; **-sel:** tapestry, wall paper || tapisserie *v*, tenture *v* || Tapete *v*, Tapezierung *v*; **-selpapier:**

---
[1]) Zie ook *wet*.

paper hangings || papier *m* de tapisserie *v*, (de tenture *v*, peint) || Tapetenpapier *o*;
2. (*met tapijt*): to cover (to hang) with tapestry || tapisser || tapezieren.
behoefte: demand || besoin *m*, demande *v* || Bedarf *m*.
behoud (*arbeidsverm. enz.*)**:** conservation || conservation *v* || Erhaltung *v*.
behouwen: *zie* **behakken.**
beitel: 1. (*algem.*): chisel || burin *m* (*metaalbew.*); ciseau *m* (*houtbew.*) || Meißel *m*; **-, pneumatische:** pneumatic chipper (chisel) || frappeur *m* pneumatique à buriner, burin *m* pneumatique || Druckluftmeißel *m*; **-boor:** flat ended [plain] chisel, flat jumper || burin *m* à simple tranchant *m*, trépan *m* à tranchant *m* || Bohrmeißel, Meißelbohrer *m*; **-en:** to chip || buriner, ciseler, travailler au burin *m* (au ciseau *m*) || meißeln; **-houder** (*gereedsch.mach.*); tool post (support) || porte-lame *m*, porte-outil *m* || Meißel-, Stahl-, Werkzeughalter *m*; **-houder** (*huis*)**:** post tool holder, tool box (post) || porte-outils *m* à logement *m* || Stichelhaus *o*;
2. (*v. graveur*): engravers tool, graver || burin *m*, grattoir *m* || Stichel *m*;
3. (*boren*) (*mijnb.*): [drilling] bit || outil *m* de forage *m*, bit *m*, trépan *m* || [Bohr] meißel *m*; **-, excentrische:** excentric (offset)bit || trépan *m* excentré || Exzentermeißel *m*; **-, spitse:** diamond point bit || trépan *m* pointu || Spitzmeißel *m*; **-blad:** bit blade || lame *v* du trépan *m* || Meißelblatt *o*; **-boor:** chisel auger || tarière *v* à tranchant *m* || Flachmeißel *m*; **-snede:** bit edge, cutting edge || tranchant *m* (taillant *m*) du trépan *m*, biseau *m*, arète *v* || Meißelschneide *v*; **-vleugels:** bit wings || ailes *vm* du trépan *m* || Meißelflügel *mm*.
beits[1])**:** stain || brou *m* || [Holz]beize *v*; **-en:** to stain || traiter (passer) au brou *m* (en couleur *v*), teindre || beizen.
bek: 1. (*schuifmaat*): jaw || pied *m* || Schnabel *m*; **-kaliber:** internal and external (snap) gauge || calibre *m* || Taster-, Rachenlehre *v*;
2. (*werktuig*): bit, jaw, mouth || bouche *v*, mâchoire *v* || Backe *v*, Maul *o*;
3. (*tang*): mouth || bouche *v* || Maul *o*;
4. (*haak*): jaw, mouth || bec *m* || Maul *o*;
bek|diepte (*klinkmach.*)**:** gap, throat depth || portée *v*, saillie *v* || Ausladung *v*, Maultiefe *v*; **-wijdte:** jaw opening || ouverture || Maulweite *v*.
beker: cup, jar || coupe *v*, vase *m* || Becher *m*, Gefäß *m*; **- ter concentratie van elektronen:** concentrating cup || cupule *v* de concentration *v* || Fokussierungseinrichtung *v*; **-batterij:** crown of cups || batterie *v* à couronne *v* (à tasses *vm*) || Becherapparat *m*.
bekis|ten: to encase, to erect the falsework, to set up the moulds || coffrer, établir le coffrage *m* || einschalen; **-ting:** [wood]form, boarding || coffrage *m* || [Holz]verschalung *v*.
bekken: *zie* **bassin.**
bekleden: 1. (*algem.*): to coat, to cover, to face, to line || revêtir || aus-, be-, verkleiden; ausfüttern;
2. (*borstwering*): to face, to revet || revêtir || bekleiden;
3. (*met doek*): to cover || entoiler || bespannen;
4. (*met isoleermateriaal*): to cover || calorifuger, garnir d'un revêtement *m* (d'une enveloppe *v*) calorifuge || isolieren;
5. (*touw*): to serve || fourrer || bekleiden;
6. (*met blik*): to lag with sheet iron || revêtir de tôle *v* || mit Blech *o* bekleiden;
7. (*met planken*): to board || planchéier || bedielen, mit Brettern *om* verschlagen.
bekleding: 1. (*algem.*): cover[ing], coat[ing], revetment, dressing, facing || revêtement *m* || Aus-, Be-, Verkleidung *v*;
2. (*met gehouwen steen*): free stone facing || parement *m* en pierre *v* carrée || Quaderverblendung *v*;
3. (*met glas*): glass covering || lambris *m* (revêtement *m*) de verre *m* || Glasabdeckung *v*;
4. (*m. glazen platen*): lining with panes of glass || revêtement *m* en dalles *vm* de verre *m* || Verkleidung *v* mit Glastafeln *vm*;
5. (*m. isolatiemateriaal*): covering (coating) with insulating material || application *v* (revêtement *m*) d'isolant *m* (*sur*) || Bekleidung *v* (Abdeckung *v*) mit Isoliermaterial *o*;
6. (*m. metselwerk*): brick lining || fourrure *v* en briques *vm* || Ziegelausfütterung *v*, -ausmauerung *v*;
7. (*m. planken*): plank revetment || revêtement *m* en charpente *v* || Bretterbekleidung *v*, -verkleidung *v*;
8. (*m. tegels*): tile covering || lambris *m* (revêtement *m*) de carreaux *mm* || Fliesenabdeckung *v*;
9. (*m. vuurvaste klei*): fire clay lining || fourrure *m* (revêtement *m* d'argile *v*) réfractaire || Schamottebekleidung *v*, -futter *o*;
10. (*m. vuurvaste stenen*): fire brick lining || revêtement *m* en briques *vm* réfractaires || Bekleidung *v* mit feuerfesten Steinen *mm*;

---

[1]) = kleurmiddel voor hout; beits, beits[middel] en beitsen worden zeer dikwijls *onjuist* gebruikt voor *bijtmiddel* en [*af*]*bijten*, zie dus ook aldaar.

11. (*cilinder*): packing || **étoffage** *m* || Aufzug *m*;
12. (*elektr. leiding*): braiding || guipage *m* || Umspinnung *v*.

bekledings|muur: lining (protection, retaining, revetment) wall || mur *m* de revêtement *m* (de retenue *v*) || Bekleidungs-, Futter-, Verkleidungsmauer *v*; **-plaat:** lining plate || plaque *v* de revêtement *m* || Bekleidungs-, Verkleidungsplatte *v*; **-ring:** lagging (cleating) ring || frette *v* de revêtement *m* || Verschalungsring *m*; **-steen:** facing stone || pierre *v* de parement *m* || Blendstein *m*.

beklimmen (*schoorsteen*): to climb up || monter dans, visiter || befahren.

beklinken: *zie* **zetten 4.**

bekrachtigen: to excite || exciter || erregen.

bekrachtiging: excitation || excitation *v* || Erregung *v*; **-, eigen** (*generator m. mech. gekoppelde bekrachtigingsdynamo*): excitation from coupled exciter || excitation *v* par excitatrice *v* accouplée || Eigenerregung *v*; **-, onafhankelijke:** independent excitation || excitation *v* indépendante || Fremderregung *v*; **-, remanente:** residual excitation || excitation *v* rémanente (résiduelle) || remanente Erregung *v*; **-, wederzijdse:** reciprocal excitation || excitation *v* mutuelle || wechselseitige Erregung *v*.

bekrachtigings|aggregaat: excitation set || groupe *m* d'excitation *v* || Erreger-[maschinen]satz *m*; **-arbeidsvermogen:** excitor capacity || puissance *v* d'excitation *v* || Erregerleistung *v*; **-dynamo:** exciter, exciting dynamo || excitatrice *v* || Erreger *m*, [-dynamo *v*]; **-generator:** *zie* **bekrachtigingsdynamo; -keten:** exciting circuit || circuit *m* d'excitation *v* || Erregerstromkreis *m*; **-klem:** exciter terminal || borne *v* d'excitation *v* || Erregerklemme *v*; **-punt:** point of excitation || point *m* d'excitation *v* || Erregungspunkt *m*; **-spoel:** field coil || bobine *v* d'excitation *v* || Erreger-, Magnetspule *v*; **-stroom:** exciting current || courant *m* d'excitation *v* (d'aimantation *v*, excitateur) || Erreger-, Magnetisierungsstrom *m*.

bekrammen (*dijk*): to groin, to protect by groins || clayonner || bekrampen, bekrippen.

bekui|pen (*mijnb.*): to line || cuveler || kuvelieren; **-ping** (*mijnb.*): tubbing || cuvelage *m* || Vertonnung *v*, Kuvelage *v*.

bel: 1. (*gasbel*): bubble || bulle *v* || Blase *v*;
2. (*in glas, enz.*): blister || soufflure *v* || Blase *v*, Lücke *v*;
3. (*belinrichting, schel, enz.*): bell || cloche *v*, sonnerie *v*, timbre *m*, trembleuse *v* || Klingel *v*, Schelle *v*, Glocke *v*, Lautwerk *o*; **-, elektrische:** *zie* **schel, elektrische; -arm:** bell crank || manivelle *v* de cloche *v* || Glockenarm *m*; **-boei:** bell buoy || bouée *v* à cloche *v* || Glockenboje *v*; **-etage:** first floor || premier *m* [étage *m*] || erster Stock *m*; **-hefboom:** bell crank || manivelle *v* de cloche *v* || Glockenschwengel *m*; **-klepel:** bell clapper || battant *m* de cloche *v* || Glockenklöppel *m*; **-koord:** bell rope || cordon *m* de sonnette *v* || Klingel-, Schellenzug *m*; **-len:** to ring || sonner || klingeln; **-signaal, elektrisch:** electric bell || cloche *v* électrique || Einschlagwecker *m*; **-transformator:** *zie* **scheltransformator.**

beladen: to load || charger || beladen.

belast: 1. (*d. e. last*; *v. e. mach.*): loaded, under load || chargé; en charge *v* || belastet, unter Belastung *v*; **- (*laten*) aanlopen:** to start loaded (under load) || démarrer en charge *v* || belastet (unter Belastung *v*) anlaufen (anziehen) (*lassen*); **- aanzetten** (*v. e. motor*): *zie* **belast aanlopen; - lopen:** to run loaded (under load) || marcher en charge *v* || belastet (unter Belastung *v*) laufen; **- zijn** (*v. e. motor*): to be loaded || être chargé (en charge *v*) || belastet sein; **-, duurzaam:** constantly loaded || chargé en permanence *v* || dauernd belastet; **-, (*on*)gelijk:** (*un*)equally loaded; (*un*)balanced || (*in*)-également chargé || (*un*)gleich belastet; **-, niet:** *zie* **onbelast; -en:** to load, to charge || charger || beanspruchen; belasten; **-ing:** *zie na* **belast 2;**
2. (*op trek*; *druk*; *buiging*): under strain of (*tension*; *pressure*; *bending*) || soumis à (*l'effort m de traction v*; *- - compression v*; *- - flexion v*) || (*auf Zug m*; *Druck m*; *Biegung v*) beansprucht.

belasting: 1. (*last, enz.*): load [1]) [2]), charge [1]) [2]) strain [3]) || charge *v* [3]) [1]); chargement *m* [1]) [2]); effort *m* [3]) || Belastung *v* [1]) [2]); Beanspruchung *v* [1]); **- per cm² doorsnede:** load per cm² cross sectional area || charge *v* par cm² de section *v* || Belastung *v* je cm² Querschnitt *m*; **- door winddruk:** load due to wind pressure || charge *v* due à la poussée *v* du vent *m* || Wind[druck]belastung *v*; **-, aangenomen:** assumed load || charge *v* admise (supposée) || Belastungsannahme *v*; **-, blijvende:** continuous (permanently acting) load || charge *v* constante || bleibende (dauernde, ständige, ständigwirkende) Belastung *v*, Dauerlast *v*; **-, centrische:** central (axial) load || charge *v* axiale || zentrische Belastung *v*; **-, constante:**

[1]) Door een last; [2]) v. e. machine; [3]) spanning.

constant load || charge *v* constante || konstante Belastung *v*; **-, continue:** *zie* **belasting, ononderbroken; -,** (*in*)**directe:** (*in*)direct [acting] load || charge *v* (*in*)directe || unmittelbare (*mittelbare*) (*in*)direkte Belastung *v*; **-, dode:** *zie* **belasting, rustende; -, duurzame:** permanent load || charge *v* permanente || Dauerlast *v*; **-, effectieve:** *zie* **belasting, werkelijke; -, excentrische:** eccentric load || charge *v* excentrique || exzentrische Belastung *v*; **-,** (*on*)**gelijke:** (*un*)equal load || charge *v* (*in*)égale || (*un*)gleiche Belastung *v*; **-, gelijkmatige:** uniform load || charge *v* équivalente || gleichmäßige Belastung *v*; **-, gelijkmatig verdeelde:** uniformly distributed load || charge *v* uniformément répartie || gleichmäßig verteilte Last *v*; **-, gemengde:** compound load || charge *v* composée || zusammengesetzte Belastung *v*; **-, gemiddelde:** average load || charge *v* moyenne || mittlere Beanspruchung *v*; **-, grootste:** maximum load || charge *v* maximum || Höchst-, Maximalbelastung *v*; **-, halve:** half load || [de]micharge *v* || halbe Belastung *v*; **-, hoogste:** *zie* **belasting, grootste; -, inductieve:** inductive load || charge *v* inductive || induktive Belastung *v*; **-, inductievrije:** noninductive load || charge *v* noninductive (sans induction *v*) || induktionsfreie Belastung *v*; **-, intermitterende:** *zie* **belasting, onderbroken; -, kortstondige:** momentary load || charge *v* de courte durée *v* (passagère) || kurzzeitige Belastung *v*; **-, kunstmatige:** artificial load || charge *v* artificielle || künstliche Belastung *v*; **-, kunstmatige inductieve** (*telef. enz.*)**:** loading of a line|| charge *v* [inductive] d'une ligne *v* || [induktive] Belastung *v*; **-, laagste:** minimum (lowest) load || charge *v* minimum || Niedrigst-, Minimalbelastung *v*; **-, maximale:** *zie* **belasting, grootste; -, mobiele:** movable load || charge *v* mobile || bewegliche Belastung *v* (Last *v*); **-, nominale:** *zie* **vollast; -, nuttige:** useful load || charge *v* utile || Nutzlast *v*; **-, onderbroken:** intermittent load || charge *v* intermittente || intermittierende (unterbrochene) Belastung *v*; **-, ononderbroken:** continuous load || charge *v* continue || Dauerlast *v*; **-, ongelijkmatige:** irregular load || charge *v* irrégulière || ungleichmäßige Belastung *v*; **-, ongunstigste stand der:** most unfavourable position of load || position *v* la plus défavorable de la charge *v* || ungünstigste Laststellung *v*; **-, ogenblikkelijke:** instantaneous load || charge *v* instantanée || Augenblickbelastung *v*; **-, pulserende:** alternating (varying, variable, discontinuous, intermittent, pulsating) load || charge *v* pulsatoire (périodique, vibratoire, à chocs *mm* rythmés) || pulsierende Belastung *v*; **-, rustende:** dead load || charge *v* fixe (au repos *m*, statique) || ruhende Belastung *v*; **-, statische:** dead (steady) load || charge *v* statique || konstante (ruhende) Belastung *v*; **-, symmetrische:** balanced load || charge *v* équilibrée || symmetrische Belastung *v*; **-, toelaatbare:** allowable (permissible) load || charge *v* admissible || zulässige Belastung *v*; **-, toe te laten:** limit of load || limite *v* de charge *v* || Belastungsgrenze *v*; **-, toevallige:** *zie* **belasting, mobiele; -, vaste:** constant load || charge *v* permanente || Dauerlast *v*; **-, veilige:** permissible stress; safe load || effort *m* (travail *m*) admissible; charge *v* admissible || zulässige Anstrengung *v* (Beanspruchung *v*); **-, veranderlijke:** alternating (changing, variable, varying) load || charge *v* alternative (intermittente, variable) || wechselnde Belastung *v*; **-, veroorloofde:** *zie* **belasting, toelaatbare; -, volle:** complete (full) load || charge *v* totale, pleine charge *v* || Vollbelastung *v*, volle Belastung *v*; **-, werkelijke:** real load || charge *v* effective || wirkliche Belastung *v*; **-, wisselende:** alternating (live, varying) load || charge *v* alternante (pulsatoire) || pulsierende (wechselnde) Belastung *v*;

2. (*cijns, enz.*)**:** impost, tax[es], **rates** || impôt *m*, taxe *v* || Steuer *v*.

belastings|deler: load dispatcher || répartiteur *m* de charge *v* || Lastverteiler *m*; **-diagram:** load diagram || diagramme *m* de charge *v* || Belastungsdiagramm *o*; **-factor:** coefficient of utilisation, load factor || facteur *m* d'utilisation *v* (de charge *v*) || Belastungsfaktor *m*; **-geval:** manner of loading || cas *m* de charge *v* || Belastungsfall *m*; **-gewicht** (*klep*)**:** weight (*on a valve*) || contrepoids *m* (*d'une soupape v*) || Belastungsgewicht *o* (*eines Ventils o*); **-grens:** limit of load || limite *v* de charge *v* || Belastungsgrenze *v*; **-kromme:** load curve (diagram) || courbe *v* (diagramme *m*) de charge *v* || Belastungskurve *v*; **-proef:** load test || essai *m* de charge *v* || Belastungsprobe *v*; **-schommeling:** fluctuation of load || fluctuation *v* de charge *v* || Belastungsschwankung *v*; **-spits:** peak of load || pointe *v* de charge *v* || Belastungsspitze *v*; **-stroom:** load current || courant *m* en charge *v* || Belastungsstrom *m*.

belat|ten: to lath || latter || belatten; **-ting:** lathing || lattis *m* || Belattung *v*.

beleggen: 1. (*algem.*)**:** to cover || couvrir, revêtir || belegen;

2. (*touw*): to belay, to fasten || amarrer || festmachen, belegen.
beleg|klamp: belaying cleat || taquet *m* de tournage *m* || Belagklampe *v*; **-nagel:** belaying pin || cheville *v* de tournage *m* || Belagnagel *m*.
belen|den: to be adjacent (contiguous) to, to border upon (abut on to) || être contigu à || angrenzen, anstoßen; **-dend:** adjacent || contigu, adjacent, attenant, avoisinant || anstoßend, Nachbar-.
belich|ten: 1. (*verlichten*): to illumin[at]e, to light || éclairer || beleuchten, ausleuchten; **-ting:** light[ing] || éclairage *m*, éc airement *m* || Beleuchtung *v*; 2. (*fotogr.*): to expose || exposer || belichten; **-ting:** exposure || exposition *v* || Belichtung *v*; **-tingsmeter:** exposure meter || indicateur *m* de temps *m* de pose *v*, posomètre *m* || Belichtungsmesser *m*.
belleville-ketel: Belleville boiler || chaudière *v* (générateur *m*) [de] Belleville *m* || Bellevillekessel *m*.
beloop (*v. e. schip*)**:** lines (run) of a vessel || lignes *vm* d'un bâtiment *m* || Lauf *m* eines Schiffes *o*.
bemetse|len: to wall || revêtir en maçonnerie *v* || ausmauern; **-ling:** masonry || muraillement *m* || Ausmauerung *v*.
benade|ring (*wisk.*)**:** approximation, approximate calculation || approximation *v*, calcul *m* approximatif || annähernde Berechnung *v*, [An]näherung *v*; **-ringsmethode:** approximation method || méthode *v* par (d') approximation *v* || Annäherungsmethode *v*, -verfahren *o*.
beneden[1])**:** 1. (*voorz.*): below, beneath, under || sous, au-dessous de || unter; 2. (*bijw.*): down, below || dessous, en bas || unten; **-, naar:** down, downward[s] || en bas || herunter, hinunter, herab, hinab.
beneden|balk (*drukpers*)**:** cross piece, winter || sommier *m* d'en bas *m* || Unterbalken *m*; **-dek:** lower deck || pont *m* inférieur || Unterdeck *o*; **-deur** (*sluis*)**:** tail gate || porte *v* d'aval *m* || Untertor *o*; **-drempel** (*sluis*)**:** tail mitre sill || busc *m* d'aval *m* || Unterdrempel *o*; **-huis:** lower maisonette || rez-de-chaussée *m* || Parterrewohnung *v*, Erdgeschoß *o*; **-loop** (*rivier*)**:** lower course || cours *m* inférieur || unterer Lauf *m*; **-lijst** (*zuil*)**:** bottom cincture || ceinture *v* d'en bas || Untersaum *m*; **-sluis:** aft (tail) bay || queue *v* d'écluse *v*, tête *v* d'aval *m* || Unterhaupt *o* einer Schleuse *v*; **-stad:** lower town, downtown || ville *v* basse || Unterstadt *v*; **-ste:** lowest, lowermost, bottom || plus bas || unterste; **-verdieping:** ground floor, lower story || étage *m* inférieur, rez-de-chaussée *m* || Erd-, Untergeschoß *o*; **-waarts:** downward[s] (*bijw.*); downward (*bijv. nw.*) || vers le bas *m* || nach unten; **-water:** down stream (tail) water || bief *m* inférieur || Unterwasser *o*.
benen (*bijv. nw.*)**:** [of] bone || en os *m* || beinern, knöchern, von Bein *o*.
benzaldehyde (fenylmethanal): benzaldehyde || aldéhyde *m* (*v*) benzoïque || Benzaldehyd *o*.
benzamide (benzeencarbonamide): benzamide || benzamide *v* || Benzamid *o*.
benzeen: benzene || benzène *m* || (Benzen *o*), Benzol *o*; **-carbonamide** (benzamide)**:** benzenecarbonamide || benzènecarbonamide *v* || (Benzencarbonamid *o*); **-carbonzuur** (benzoëzuur)**:** benzenecarboxylic acid || acide *m* benzènecarboxylique || (Benzencarbonsäure *v*); **-dicarbonzuur-1,4** (tereftaalzuur)**:** benzenecarboxylic-1,4 acid || acide *m* benzènedicarboxylique-1,4 || Benzendicarbonsäure-1,4 *v*; **-diol-1,2** (pyrocatechol)**:** benzenediol-1,2 || benzènediol-1,2 *m* || (Benzendiol-1,2 *o*); **-diol-1,3** (resorcinol)**:** benzenediol-1,3 || benzènediol-1,3 *m* || (Benzendiol-1,3 *o*); **-kern:** benzene nucleus || noyau *m* de benzène *m* || Benzenkern *m*; **-sulfonzuur:** benzene sulphonic acid || acide *m* benzène-sulfonique acid || acide *m* benzène-sulfonique || Benzensulfosäure *v*; **-triol-1,2,3** (pyrogallol)**:** benzenetriol-1,2,3 || benzènetriol-1,2,3 || (Benzentriol-1,2,3 *o*).
benzidine (bifenyldiamine-4,4[1]**):** benzidine || benzidine *v* || Benzidin *o*.
benzine: petrol; gasoline, gas (*Am.*) || benzine *v* [de pétrole *v*], essence *v* || Benzin *o*; **- m. hoge** (*lage*)**: octaanwaarde:** gasoline (petrol) of high (*low*) octane number, high (*low*) octane gasoline (petrol) || essence *v* à indice *v* d'octane *m* élevée (*à faible indice v d'octane m*) || Benzin *o* mit hoher (*niedriger*) Oktanzahl *v*; **-, directe:** straight run gasoline || benzine *v* „straight run" || "Straight-run"-Benzin *o*; **-, hoog** (*laag*) **kokende:** high (*low*) boiling gasoline || benzine *v* à point *m* d'ébullition *v* élevé (*bas*) || hochsiedendes (schwer-) (*niedrig-, leicht*) *siedendes*) Benzin *o*; **-, lichte** (*zware*)**:** light (*heavy*) gasoline (petrol) || essence *v* (benzine *v*) légère (*lourde*) || Leichtbenzin *o* (*Schwerbenzin*), leichtes (*schweres*) Benzin *o*; **-, straight-run-:** *zie* **benzine, directe; -bespaarder:** petrol economiser || économisateur *m* d'essence *v* || Benzinsparer *m*; **-filter:** gasoline (petrol) filter (strainer) || filtre *m* à essence *v* || Benzinfilter *m en o*; **-lamp:** gasoline blowlamp || lampe *v* à benzine *v* || Benzinlampe *v*; **-leiding:** petrol (fuel) line || conduite *v* d'essence *v* || Benzinleitung *v*; **-locomotief**

---

[1]) **Zie ook** *onder*.

(*mijnb.*): gasoline locomotive || locomotive *v* à essence *v* || Benzin-Lokomotive *v*; **-meter:** petrol (fuel) gauge || indicateur *m* d'essence *v* || Benzinuhr *v*; **-motor:** petrol (gasoline) motor || moteur *m* à benzine *v* (à essence *v*) || Benzinmotor *m*; **-peil:** petrol (fuel) level || niveau *m* d'essence *v* || Benzinspiegel *m*; **-peil-aanwijzer:** petrol (fuel) gauge || indicateur *m* du niveau *m* d'essence *v* || Benzinmesser *m*; **-pomp:** petrol (fuel) pump || pompe *v* à essence *v* || Benzinpumpe *v*; **-stand:** petrol (fuel) level || niveau *m* d'essence *v* || Benzinstand *m*; **-stand-aanduidingstoestellen:** petrol (fuel) level indicator gauges || appareils *mm* d'indication *v* du niveau *m* d'essence *v* || Benzinstandanzeigeapparatur *v*; **-tenk:** petrol (fuel) tank || réservoir *m* d'essence *v* || Benzinbehälter *m*; **-tenkslot:** lock for petrol tank || serrure *v* de réservoir *m* d' (à) essence *v* || Schloß *o* für Benzinbehälter *m*.

benzo|aat: benzoate || benzoate *m* || Benzoat *o*; **-chinon (diketo-1,4 cyclohexadiëen-2,5)** benzoquinone || benzoquinone *v* || Benzochinon *o*; **-fenon (difenylmethanon, benzoylbenzeen):** benzophenone || benzophénone *v* || Benzophenon *o*; **-ylbenzeen (difenylmethanon, benzofenon):** benzoylbenzene || benzoyle *m* de benzène *m* || Benzoylbenzen *o*.

benzoë|hars: benzoin [resin] || [résine *v* de] benjoin *m* || Benzoeharz *o*; **-zuur (benzeencarbonzuur):** benzoic acid || acide *m* benzoïque || Benzoesäure *v*.

***benzol:** *zie* **benzeen.**

benzyl|alkohol (fenylmethanol): benzylalcohol || alcool *m* benzylique || Benzylalkohol *m*; **-cellulose:** benzyl cellulose || benzylcellulose *v* || Benzylcellulose *v*.

bepaalbaar: determinable, definable || définissable, déterminable || bestimmbar.

bepaald (*bijv. nw.*): **1.** (*scherp omschreven*): definite, distinct, determinated, positive || défini, déterminé || bestimmt; **-, niet:** *zie* **onbepaald;**
2. (*vaststaand*): stated, appointed || fixé, arrêté || bestimmt;
3. (*vooraf vastgesteld*): fixed, determined upon || fixé || bestimmt.

bepa|len: 1. (*berekenen*): to determine || déterminer || bestimmen, ermittlen; **-ling:** calculation, computation || calcul *m*, détermination *v* || Ermittlung *v*, Bestimmung *v*; **-ling v. h. aantal perioden:** determination of frequency || détermination *v* de la fréquence *v* || Periodenzahlbestimmung *v*; **-ling v. d. afgegeven arbeid:** measurement of output || détermination *v* (mesure *v*) du débit *m* || Leistungsmessung *v*; **-ling v. h. calorisch vermogen:** determination of the calorific value || détermination *v* de la puissance *v* calorifique || Kalorimetrierung *v*;
2. (*chem.*): to determine || doser, déterminer || bestimmen; **-ling:** determination || détermination *v* || Bestimmung *v*; **-ling, qualitatieve:** detection, recognising || recherche *v* || Nachweis *m*, qualitative Bestimmung *v*; **-ling, quantitatieve:** estimation || dosage *m* || quantitative Bestimmung *v*.

bepekken: to pitch || poisser || pichen.

beper|ken: to restrict, to limit || limiter, restreindre || beschränken; **-king:** restriction, limiting || restriction *v*, limitation *v* || Beschränkung *v*, Einschränkung *v*; **-king v. h. bedrijf:** reduction (restriction) of service || restriction *v* du service *m* || Betriebsbeschränkung *v*; **-king v. d. opbrengst [produktie]:** restriction (curtailment) of production || restriction *v* de la production *v* || Produktionsbeschränkung *v*.

beplanken: to plank (board) || planchéir, garnir avec des planches *vm* || [aus-], [ver]täfeln, mit Brettern *om* verkleiden.

bepleis|teren: to plaster || enduire de chaux *v* || abputzen, betünchen, putzen; **-tering:** plastering, rendering || crépi *m*, enduit *m* || Putz *m*.

bepoederen: to powder, to dust || saupoudrer || bepudern.

beproeven (*mach.*, *motor*, *enz.*): **1.** (*algem.*): to test, to try || éprouver, essayer || beanspruchen, erproben, probieren, prüfen, untersuchen;
2. (*door waterdruk*): to test with hydraulic pressure || soumettre à l'épreuve *v* hydraulique || durch Wasserdruck *m* prüfen;
3. (*naar de klank*): to chink, to sound || examiner par le son *m* || auf den Klang *m* prüfen;
4. (*op trek*): to put under tensile stress || solliciter par traction *v* || auf Zug *m* beanspruchen.

beproeving: 1. (*algem.*): essay, proof, test || épreuve *v*, essai *m* || Erprobung *v*, Probe *v*, Prüfung *v*, Versuch *m*;
2. (*bij overneming v. e. mach.*): acceptance test || épreuve *v* de réception *v* || Abnahmeprobe *v*, -prüfung *v*, -versuch *m*;
3. (*m. d. blaaspijp*): blow pipe proof (test) || essai *m* au chalumeau *m* || Lötprobe *v*, -versuch *m*;
4. (*mach.*): machine testing, trial || épreuve *v* (essai *m*) de machine *v* || Maschinenprüfung *v*;
5. (*geschut*): test of ordnance || épreuve *v* des bouches *vm* à feu *m* || Geschützprobe *v*.

beproevings|druk: test pressure || pression *v* d'épreuve *v* (d'essai *m*) || Probe-, Prüfungsdruck *m*; **-getallen:** testing data || données *vm* de l'épreuve *v* || Prüfungsdaten *om*; **-kosten:** cost of testing || frais *mm* d'épreuve *v* || Prüfungskosten *mrv*; **-merk:** proof mark || timbre *m* d'épreuve *v* || Versuchsstempel *m*; **-oven:** essay furnace || fourneau *m* d'essai *m* || Probierofen, *m*; **-voorschrift:** condition of test, testing specification || condition *v* (prescription *v*) d'essai *m* || Prüfungsvorschrift *v*.

bera|pen: to give the first coating, to roughcast || gobeter || berappen; **-ping:** rendering, roughcasting || crépi *m*, gobetage *m* || Berappung *v*, Spritzbewurf *m*; **-ping, ruwe:** rough plastering || crépi *m*, enduit *m* fouetté || Rohputz *m*.

berei|den: **1.** (*algem.*): to prepare, to produce || préparer, produire || herstellen, auf-, zubereiten, erzeugen; **-ding:** preparation || préparation *v* || Herstellung *v*, Bereitung *v*, Erzeugung *v*;
2. (*leder*): to curry; to dress || corroyer, habiler || zurichten.

bereke|nen: to calculate || calculer || berechnen; **-ning:** calculation || calculation *v*, calcul *m* || Berechnung *v*; **-ning, grafische:** graphical calculation || calcul graphique *m* || graphische Berechnung *v*.

berenklauw: *zie* **akant.**

berg: 1. (*geol.*): mountain, mount || montagne *v*, mont *m* || Berg *m*; **-aarde:** mountain yellow, yellow ochre || jaune *m* de montagne *v*, ocre *v* jaune || Berggelb *o*, gelber Ocker *m*; **-ahorn:** sycamore || sycomore *v* || Bergahorn *m*; **-baan** (*spw.*): mountain railway || chemin *m* de fer *m* (ligne *v*) de montagne *v* || Bergbahn *v*; **-blauw:** basic copper carbonate || carbonate *m* de cuivre *m*, cendres *vm* bleues || kohlensaures Kupferoxyd *o*; **-boor:** jumper || fleuret *m*, pistolet *m* || Bergbohrer *m*; **-boter:** rock butter || beurre *m* de montagne *v* || Berg-, Steinbutter *v*; **-grind:** pit gravel || gravier *m* de carrière *v* || Grubenkies *m*; **-hout** (*asbest*): rockwood || asbeste *m* ligniforme || Bergholz *o*, Holzasbest *m*; **-iep:** mountain elm || orme *m* à larges feuilles *vm* || Bergulme *v*; **-kalk:** mountain limestone || calcaire *m* carbonifère || Bergkalk *m*; **-kristal:** mountain (rock) crystal || cristal *m* de roche *v* || Bergkristal *m*; **-kurk:** mountain (rock) cork || liège *v* fossile || Bergkork *m*; **-lift:** mountain lift || ascenseur *m* funiculaire de montagne *v* || Bergaufzug *m*; **-locomotief:** mountain locomotive || locomotive *v* de montagne *v* || Gebirgslokomotive *v*; **-meel:** mountain (rock) milk, fossil meal, infusorial earth || farine *v* fossile || Bergmehl *o*, -milch *v*, Infusorienerde *v*, Kieselgur *v*, Mondmilch *v*; **-pek:** mineral pitch, bitumen || bitume *m*, poix *v* minérale || Bergpech *o*; **-steen:** mountain stones || pierre *v* de carrière *v* || Berg-, Grubenstein *m*; **-storting:** earth-slip || éboulement *m* de montagne *v* || Bergsturz *m*, -rutsch *m*; **-talk:** earth (mineral) wax, ozokerite || cire *v* fossile, ozocérite *v*, ozokérite *v* || Berg-, Erdwachs *m*, Ozokerit *m*; **-teer:** mineral tar || goudron *m* minéral || Bergteer *m*; **-tras:** mineral trass || trass *m* minéral || Bergtraß *m*; **-tunnel:** mountain tunnel || tunnel *m* de montagne *v* || Bergtunnel *m*; **-vlas:** *zie* **asbest; -werk:** mine || mine *v* || Bergwerk *o*, Grube *v*, Zeche *v*; **-werker:** miner || mineur *m* || Bergarbeiter *m*, -knappe *m*, -mann *m*; **-zand:** pit sand || sable *m* de carrière *v* (de fouille *v*) || Grubensand *m*; **-zeep:** mountain soap || savon *m* de montagne *v* || Bergseife *v*;
2.: *zie* **hoop.**

berg|en (*goederen v. e. schip*): to save || sauver || bergen; **-hout** (*scheepst.*): wale || préceinte *v* || Bergholz *o*; **-houtsgang:** sheer strake || carreau *m* || Farbegang *m*; **-ing:** salvage || sauvetage *m* || Bergung *v*; **-ingsboot:** salvage steamer || vapeur *m* de sauvetage *m* || Bergungsdampfer *m*; **-plaats:** depository, storehouse (*algem.*); storage-(room-)space (*bergruimte*) || magasin *m*, entrepôt *m* (*waren*), décharge *v* (*berghok*) || Lagerraum *m*, Magazin *o*; **-plaats, ondergrondse:** underground tank (store) || silo *m*, fosse *v* de dépôt *m* maçonnée *v* || Tiefbehälter *m*; **-stut:** sprag || béquille *v* || Bergstütze *v*.

bericht v. afzending: advice of dispatch || avis *m* d'expédition *v* || Versandanzeige *v*.

beril: *zie* **beryl 1.**

berkan: barracan || bouracan *m* || Berkan *o*.

berk|[eboom]: birch || bouleau *m* || Birke *v*, Birkenbaum *m*; **-, witte:** common birch || bouleau *m* commun || gemeine (weiße) Birke *v*.

berkelium: berkelium || berkelium *m* || Berkelium *o*.

berke|hout: birch wood || [bois *m* de] bouleau *m* || Birkenholz *o*; **-olie:** birch oil || bétuline *v* || Birkenöl *o*.

berm: berm, set off || banquette *v*, berme *v* || Berme *v*, Böschungsabsatz *m*; **-lamp:** *zie* **mistlamp.**

beroep: profession, calling, craft, trade || métier *m*, profession *v* || Beruf *m*, Handwerk *o*.

beroken (*gietvormen*): to blacken || to smoke || flamber, noircir || anrauchen, beblaken.

bersten: *zie* **barsten.**

berijdbaar (*weg*): fit for traffic, drivable || viable || [be]fahrbar; **-heid** (*weg*): traffic condition || viabilité *v* || Fahrbarkeit *v*.

beryl: 1. (*aquamarijn*)**:** beryl || béryl *m* || Beryll *m*;
2. *zie* **beryllium.**

beryllium [1])**:** beryllium, glucinum || beryllium *m*, glucinium *m* || Beryllium *o*.

beschadi|gen: to damage, to deteriorate || dégrader || beschädigen, verderben; **-ging:** damage || dégradation *v*, détérioration *v* || Beschädigung *v*; **-ging, lichte:** slight damage || dérérioration *v* (dégradation *v*) insignifiante || leichte Beschädigung *v*.

bescherm|ballon: protective globe || globe *m* protecteur || Schutzglocke *v*; **-beugel:** hoop guard || arceau *m* (étrier *m*) protecteur || Schutzbügel *m*; **-bril:** protective spectacles, goggles || lunettes *vm* protectrices || Schutzbrille *v*; **-d** (*elektr. mach.*)**:** semi-enclosed || semi-fermé || gegen [zufällige] Berührung *v* geschützt; **-d, gedeeltelijk** (*elektr. mach.*)**:** semi-protected || semi-protégé || mit geschützten Wicklungen *vm*; **-deksel:** protecting cap (cover) || couvercle *m* protecteur || Schutzdeckel *m*; **-draad:** armouring (sheating) wire || fil *m* d'armature *m* || Armierungs-, Bewehrungs-, Schutzdraht *m*; **-en:** to guard, to protect, to shield || abriter, protéger || schützen, sichern; **-en tegen tocht:** to protect against draught || protéger contre le courant *m* d'air *m* || vor Zugluft *v* schützen; **-ing:** protection || protection *v* || Schutz *m*; **-ingsplaat, metalen** (*v. e. traptrede*)**:** metal tread || garniture *v* protectrice en métal *m* || Metallaufstoßschiene *v*; **-kap:** protecting hood || chapeau *m* || Schutzhaube *v*; **-kap** (*dynamo*)**:** protecting cover || cage *v* protectrice || Schutzgehäuse *o*; **-kast** (*v. smeltveiligh.*)**:** fuse box || boîte *v* de protection *v* || Schutzkasten *m*; **-muts** (*elektr.*)**:** protective cap || coiffe *v* protectrice || Schutzmütze *v*; **-net:** guard of netting || filet *m* protecteur || Schutznetz *o*; **-ring v. vlampijpeinden:** protection cover for the tube joint || protection *v* des joints *mm* des tubes *mm* de fumée *v* || Heizrohrbefestigungsschutz *m*; **-schild** (*dynamo*)**:** protecting shield || bouclier *m* de protection *v* || Schutzschild *o*; **-toestel voor arbeiders:** safety appliance for workmen || appareil *m* protecteur pour les ouvriers *mm* || Arbeiterschutzapparat *m*; **-wand:** protective screen || paroi *v* de protection *v* || Schutzwand *v*.

beschie|ten: 1. (*v. houtwerk*)**:** to wainscot || lambrisser || [aus]täfeln; **-ting:** wainscoting || lambrissage *m* || Vertäfelung *v*;
2. *zie* **beplanken.**

beschikbaar: available || disponible || verfügbar.

beschilde|ren: to paint || peindre || bemalen; **-ring:** painting || peinture *v* || Malerei *v*.

beschimmelen: to mould || se moisir || verschimmeln, schimmelig werden.

beschoei|en (*oever*)**:** to defend || boiser, défendre || befestigen; **-ing:** sheet pilling || paroi *v* de soutènement *m* || Spundwand *v*; (*mijnb.*)**:** brattice || charpente *v* || Verzug *m*, [Holz]packung *v*; **-ingsplank:** sheet pile || palplanche *v* || Spundbohle *v*.

beschot: partition || cloison *v* || Bretterverschlag *m*; (*mijnb.*)**:** planking, boarding || platelage *m* || Verschlag *m*, Verschalung *v*, Verpfählung *v*.

beschrij|ven: 1. (*algem.*)**:** to describe || décrire || beschreiben; **-ving:** description || description *v* || Beschreibung *v*;
2. (*octrooiw.*)**:** *zie* **beschrijven 1; -ving:** *zie* **octrooibeschrijving;**
3. (*v. e. tekening*)**:** to letter || écrire la légende *v* || beschreiben.

beschutten: *zie* **beschermen.**

beslaan: 1. *zie* **aanslaan;**
2. (*slaan op*)**:** to mount (*with*) || garnir (*de*) || beschlagen (*mit*);
3. (*hout*)**:** to hew, to square || carrer, équarrir || beschlagen; **-, boskant:** to roughhew || dégrossir, équarrir || bewaldrechten;
4. (*m. d. bijl*)**:** to trim with the axe || équarrir à la hache *v* || mit der Axt *v* behauen;
5. (*paal*)**:** to shoe || saboter || anschuhen;
6. (*wiel*)**:** to put the tire on || ferrer || beschlagen;
7. (*paard*)**:** to shoe || ferrer || beschlagen;
8. (*kalk*)**:** to mix with water || gâcher || anmachen;
9. (*meel*)**:** to beat up [the batter] || délayer, détremper || anmachen, einrühren;
10. (*bierbr.*)**:** to mash || empâter, démêler les grains *mm* || [ein]maischen.

beslag: 1. *zie* **aanslag;**
2. (*als sieraad, enz.*)**:** mount[ing] || garniture *v* || Beschlag *m*;
3. (*deur, venster*)**:** iron-work || ferrure *v*, garniture *v* || Beschlag *m*;

---

[1]) Voor de hierachter niet opgenomen berylliumverbindingen, zoals bv. berylliumchloride, berylliumhydroxyde, berylliumsulfaat, enz., zie men onder **natrium** en vervange daar in het Engels „sodium" door „beryllium (glucinum)", in het Frans „de sodium" door „de beryllium (de glucinium)" en in het Duits „Natrium-" door „Beryllium-", dus bv.: „*berylliumchloride*: *beryllium chloride* || *chlorure m de beryllium m* || *Berylliumchlorid o*."

4. (*wagen*): tires || bandages *mm*, bandes *vm* || Bereifung *v*, Radreifen *mm*;
5. (*kaardmach.*): card clothing || garniture *v* de la machine *v* à carder || Kratzenbeschlag *m*;
6. (*schip*): sheating || doublage *m* || Beschlag *m*.
7. (*paard*): horse shoe || fers *mm* [à cheval *m*] || Hufbeschlag *m*; **- hamer:** shoeing hammer || brochoir *m* || Hufhammer *m*; **-kuil:** shoeing hole || embattoir *m* || Beschlaggrube *v*;
8. (*mes*): ferrule || virole *v* || Heftzwinge *v*;
9. (*pottenb.*): fire lute || lut *m* infusible || Beschlag *m*;
10. (*bierbr.*): mash || trempe *v* || Maische *v*; **-kuip:** mash tun (tub) || macérateur *m* [pour l'empâtage *m*] || Maischbottich *m*; **-pan:** mash copper || cuve *v* matière, chaudière *v* [pour la cuite *v* de la trempe *v*] || Maischpfanne *v*, -kessel *m*;
11. (*meel*): batter || pâte *v* || Teig *m*.

besmeren: to cover, to paste || enduire || beschmieren, bestreichen, einschmieren, überziehen.

besnoeien (*blik*)**:** to clip, to cut || ébarber || beschneiden.

besnijden (*papier*)**:** to clip, couper, rogner || beschneiden.

bespanning: draft [animals], horsing, team || attelage *m* || Bespannung *v*, Gespann *o*.

bespa|ren: to economize, to save || épargner, économiser || [er]sparen; **-ring:** saving, economization, economy || épargne *v*, économie *v* || Ersparung *v* (*het besparen*); Ersparnis *v* (*het bespaarde*).

bespikkelen: to marble || marbrer || aufspritzen, marmorieren.

bespoedi|gen: to accelerate, to expedite, to hasten || accélérer || beschleunigen; **-ging:** acceleration, hastening || accélération *v* || Beschleunigung *v*.

besprenkelen: to moisten, to wet || arroser, humecter || besprengen.

besproei|en: to irrigate, to spray, to sprinkle, to water || arroser || bewässern, berieseln, einsprengen; **-ing:** irrigation, watering || arrosage *m*, irrigation *v* || Bewässerung *v*; **-ingskanaal:** irrigation canal (channel) || canal *m* d'irrigation *v* || Bewässerungskanal *m*.

bessemer|peer: Bessemer converter || convertisseur *m* Bessemer || Bessemerbirne *v*, -konvertor *m*; **-proces:** Bessemer process || procédé *m* Bessemer || Bessemerprozeß *m*; **-staal:** Bessemer steel || acier *m* Bessemer || Bessemerstahl *m*.

bestand tegen: -proof [1]), resisting || inattaquable à, résistant à || -beständig, -fest [1]), widerständsfähig; **- - het weer:** weatherproof || à l'épreuve *v* des intempéries *vm* || wetterbeständig; **- zijn tegen:** to be able to resist, to be proof against, -proof || [être capable de] resister à, être à l'épreuve *v* de, resistant à || beständig sein gegen, -beständig;

1) Bv. *acidproof.*

bestanddeel: component, composing part, constituent, ingredient || ingrédient *m*, composant *m*, constituant *m* || Bestandteil *m*, Komponente *v*, Ingrediens *o* [2]), Ingredienz *v* [3]); **- m. waarde:** valuable constituent || constituant *m* de valeur *v* || wertvoller Bestandteil *m*; **-, brandbaar:** combustible constituent || constituant *m* combustible || brennbarer Bestandteil *m*; **-, gasvormig:** gaseous constituent || constituant *m* gazeux || gasförmiger Bestandteil *m*; **-, vast:** solid constituent || constituant *m* solide || fester Bestandteil *m*; **-, vloeibaar:** liquid (fluid) constituent || constituant *m* liquide || flüssiger Bestandteil *m*; **-, vluchtig:** volatile constituent || constituant *m* volatil || flüchtiger Bestandteil *m*; **-, voornaamste:** main constituent || constituant *m* principal || Hauptbestandteil *m*; **-, waardeloos:** worthless constituent || constituant *m* sans valeur *v* || wertloser Bestandteil *m*; **-, werkzaam,** active constituent || constituant *m* actif || wirksamer Bestandteil *m*.

bestandig: *zie* **bestand tegen.**

bestek: estimate, specification || cahier *m* des charges *vm*, devis *m* || Lastenheft *o*, Kostenüberschlag *m*, Verdingungsunterlagen *vm*.

bestel|driewieler: carrier tricycle || tricycle *m* porteur || Gepäckdreirad *o*; **-kosten:** carriage fee || factage *m* || Abfuhrgebühr *v*; **-ling:** commission, order || commande *v*, commission *v* || Bestellung *v*, Kommission *v*; **-wagen:** delivery van (car) || camionnette *v*, voiture *v* de livraison *v* || Geschäfts-, Liefer[ungs]wagen *m*.

bestendig: permanent, durable, stable, constant, continual, lasting; settled (*weer*) || permanent, durable, constant; stable, fixe (*weer*) || beständig, dauerhaft; **„-bestendig":** *zie* **bestand tegen; -heid:** permanence, durability, stability, constancy || permanence *v*, stabilité *v*, constance *v* || Beständigkeit *v*, Dauerhaftigkeit *v*.

bestra|len: to irradiate || rayonner sur; traiter par des rayons *mm* || bestrahlen; **-ling:** [ir]radiation || [ir]radiation *v*, rayonnement *m*; traitement *m* par des

1) Bv. ***säurebeständig, säurefest.***
2) Mrv.: *Ingredienzien.*
3) Mrv.: *Ingredienzen.*

rayons *mm* || Bestrahlung *v*; **-lingsveld** (*röntgentherapie*)**:** gate of entry || porte *v* d'entrée *v* || Einfallsfeld *o*, bestrahltes Feld *o*.

bestra|ten: to pave || paver || pflastern; **-ting:** paving || pavage *m*, pavement *m* || Pflasterung *v*; **-tingsmateriaal:** paving material || matériaux *mm* de pavage *m* || Pflastermaterial *o*.

bestrooien: to strew, to sprinkle || saupoudrer (*de*), répandre (*sur*), parsemer (*de*) || bestreuen (*mit*).

bestrijk|en (*met*)**:** to coat (*with*) || enduire (*de*) || [über]streichen (*mit*); **-sel:** coating, plastering || enduit *m* || Putz *m*.

bestu|ren: 1. (*w.w.*)**:** to govern, to guide || gouverner, guider || lenken, steuern; **-ring:** steering || conduite *v* || Lenkung *v*; **2.** (*znw.*)**:** control || pilotage *m*, commande *v* || Führen *o*, Steuerung *v*.

bestuur|der: 1. (*beheerder*)**:** manager || directeur *m* || Betriebsführer *m*; **2.** (*voertuig, enz.*)**:** driver || chauffeur *m* || Lenker *m*, Führer *m*; **-dersafdeling** (**-*plaats***) (*elektr. tractie*)**:** driver's cabin || cabine *v* [de conduite *v*] || Führerstand *m*; **-dersplaats** (*vliegt.*)**:** pilot's cockpit || poste-pilote *m*, poste *m* de commande *v* || Führerraum *m*, -sitz *m*; **-derszitplaats** (*auto*)**:** driver seat || siège *m* du conducteur *m* || Führersitz *m*.

betaling: payment || payement *m* || Zahlung *v*; **- in termijnen:** payment on account || payement *m* à compte *m* || Abschlagszahlung *v*; **-svoorwaarde:** condition of payment || condition *v* de payement *m* || Zahlungsbedingung *v*.

bètatron: betatron || bêtatron *m* || Betatron *o*.

betimme|ren: 1. (*algem.*)**:** to line with wood || boiser, lambrisser || bezimmern; täfeln (*wand*); **-ring:** wood-work || lambris[sage] *m*; charpente *v* || Bezimmerung *v*; Täfelung *v* (*wand*);
2. (*schacht*) (*mijnb.*)**:** to [line with] timber, to lag || boiser, revêtir de bois *m* || [aus]zimmern, verschalen mit Holz *o*, verziehen; **-ring:** timbering || boisage *m* || Zimmerung *v*.

beting: bitt || bitte *v* || Beting *v*; **-balk:** cross piece of the bitts || traversin *m* des bittes *vm* || Betingbalken *m*, Querbeting *v*; **-bout:** bitt bolt || paille *v* de bitte *v* || Betingbolzen *m*; **-knie:** bitt spur || courbe *v* (taquet *m*) de bitte *v* || Betingknie *o*; **-kop:** hood of the bitt || manchon *m* de bitte *v* || Betinghut *m*, -kappe *v*; **-spoor:** step of the bitt head || carlingue *v* de bitte *v* || Betingspur *v*; **-steun:** bitt head || montant *m* de bitte *v* || Betingstütze *v*; **-stopper:** bitt stopper ; croupière *v* || Betingstopper *m*.

betingelen: to lath || latter || belatten.

beton: concrete || béton *m* || Beton *m*; **-storten:** to cast concrete || couler le béton *m*, bétonner || Beton *m* schütten, betonnieren; **-, aardvochtig:** moist concrete || béton *m* détrempé (à consistance *v* de terre *v* humide) || erdfeuchter Beton *m*; **-, gestampt:** rammed (tamped) concrete || béton *m* damé || Stampfbeton *m*; **-, gestort:** cast concrete || béton *m* coulé || Schüttbeton *m*; **-, gewapend:** reinforced concrete || béton *m* armé || Eisenbeton *m*, armierter (bewehrter) Beton *m*; **-, licht:** light concrete || béton *m* léger || Leichtbeton *m*; **-, voorgespannen:** pre-stressed concrete || béton *m* précontraint || vorgespannter Beton *m*; **-, waterarm:** dry concrete || béton *m* peu mouillé || wasserarmer Beton *m*; **-, waterrijk:** wet concrete || béton *m* très mouillé || wasserreicher Beton *m*; **-bedding:** concrete bed || lit *m* de béton *m* || Betonbett *o*; **-blok:** concrete block || bloc *m* en béton *m* || Betonklotz *m*; **-bouw:** concrete construction || construction *v* en béton *m* || Betonbau *m*, **-brug:** concrete bridge || pont *m* en béton *m* || Betonbrücke *v*; **-buis:** concrete main (pipe) || tuyau *m* en béton *m* || Betonrohr *o*; **-fundering:** concrete foundation || fondation *v* en béton *m* || Betonfundament *o*, -fundierung *v*, -gründung *v*; **-gewelf:** concrete arch || voûte *v* en béton *m* || Betongewölbe *o*; **-laag:** layer of concrete || couche *v* (lit *m*, radier *m*) de béton *m* || Betonschicht *v*; **-menger:** concrete mixer, (mixing machine) || malaxeur *m* (mélangeur *m*) de béton *m* || Betonmischer *m*, -mischmaschine *v*; **-mengmachine:** *zie* **betonmenger; -molen:** *zie* **betonmenger; -nen** (*bijv. nw.*)**:** [of] concrete || en béton *m* || Beton-, von (aus) Beton *m*; **-paal:** concrete pile || pieu *m* (pilier *m*, pilot *m*) en béton *m* || Betonpfahl *m*; **-puin:** broken concrete || béton *m* concassé || Betonbruch *m*; **-pijler:** concrete pillar || pilier *m* en béton *m* || Betonpfeiler *m*; **-steen:** concrete stone || pierre *v* en béton *m* || Betonstein *m*.

beton|nen (*w.w.*)**:** to buoy; buoying || baliser; balisage *m* || betonnen, Baken *vm* legen, mit Baken *vm* bezeichnen; **-ning:** buoying, buoys, buoyage || balisage *m* || Betonnung *v*; **-ningsvaartuig:** beaconship, lighthouse tender || baliseur *m* || Betonnungsschiff *o*.

betrek|kelijk: relative || relatif || relativ; **-kingsstelsel:** system of reference || système *m* de référence *v* || Bezugsystem *o*.

betrouwbaarheid: security, reliability || sécurité *v* || Zuverlässigkeit *v*.

beug (*visserij*)**:** sein || seine *v*, senne *v* ||

Säge-, Zugnetz *o*; **-visserij:** sein fishery || pêche *v* à la senne *v* || Zugnetzfischerei *v*.

beugel: 1. (*algem.*): bow, brace, clip, strackle, strap || anse *v*, arc *m*, arçon *m*, cercle *m*, étrier *m* || Bügel *m*; **-schroef:** stirrup bolt || étrier *m* à vis *v* || Bügelschraube *v*; **-vijl:** rail file || lime *v* à étrier *m* || Bügelfeile *v*; **-zaag:** bow saw || scie *v* à archet *m* || Bügelsäge *v*;
2. (*elektr. trem*): bow [contact, collector], contact (sliding) bow || archet *m* || [Kontakt]-, Stromabnahmebügel *m*; **-bok:** bow base (support) || support *m* de l'archet *m* || Bügelbock *m*; **-draad:** bow wire, line for bow contact || fil *m* d'archet *m* || Bügelleitung *v*; **-kop:** bow end || tête *v* à cage *v* || Bügelkopf *m*; **-leiding:** *zie* **beugeldraad; -raam:** bow frame || armature *v* d'archet *m* || Bügelgestell *o*; **-sleepstuk:** sliding piece || frotteur *m*, traverse *v* glissante || Schleifstück *o*;
3. (*voor de sleeptros*): tow bow || guide *m* pour câbles *mm* de remorque *v* || Taubogen *m*, -bügel *m*;
4. (*katrol*): [pulley] fork, yoke || chape *v* || [Rollen]bügel *m*;
5. (*kettinggeleider*): chain guard || chape *v* guide-chaîne || Kettenführungsbügel *m*.

beuk: 1. (*kerk*): aisle || nef *v* || Schiff *o*;
2. (*boom*): beech || hêtre *m* || Buche *v*; **-, grove:** common (red) beech || hêtre *m* commun (rouge) || gemeine Buche *v*, Rotbuche *v*; **-, rode:** *zie* **beuk, grove; -, witte:** *zie* **haagbeuk; -enhout:** beech-[wood] || [bois *m* d']hêtre *m* || Buchenholz *o*; **-enolie:** beech oil || huile *v* de faîne *v* || Buchöl *o*.

beuk|en (*hennep, vlas*)**:** to beat, to break || piler || boken; **-molen** (*vlasind.*)**:** beating mill || moulin *m* à piler *m* || Bokmühle *v*.

beun: *zie* **bun.**

beurstelegraaf: exchange telegraph || télégraphe-imprimeur *m* de bourse *v* (commercial) || Börsendrucker *m*, -telegraph *m*.

bevaarbaar: navigable || navigable || befahr-, schiffbar; **-heid:** navigability || navigabilité *v* || [Be]fahrbarkeit *v*.

bevatten: to contain || contenir || enthalten.

beveil|ligd (*tegen*)**: 1.** (*algem.*): secured (safe) (*against*), sheltered (*from*) || protégé (*de*), à l'abri [*de*] *m* || beschützt (geschützt, gesichert) (*gegen*); **-ligen:** to protect, to secure || protéger, mettre à l'abri *m* || [be]schützen, sichern; **-liging:** protection || protection *v* || Schutz *m*, Beschützung *v*, Sicherung *v*;
2. (*elektr.*): provided with a fuse || protégé par un fusible *m* || gesichert; **-ligen:** to provide (to protect) with fuses || installer (protéger par) des fusibles *mm* || sichern; **-liging, selectieve:** selective protection || système *m* sélectif || Selektivschutz *m*; **-liging, vertraagde:** time limit protection || système *m* à action *v* differée || verzögerter Schutz *m*; **-ligingsstelsel:** protective system || système *m* de protection *v* || Schutzsystem *o*;
3. (*mijnb.*): **- tegen mijngasontploffingen:** firedamp proof || à l'épreuve *v* de grisou *m*, antigrisouteux || schlagwettersicher; **-ligingsdak:** protective bank (layer) || stot *m* de securité *v* (protection *v*, plafond *m*) sous les morts-terrains *mm* || Deckgebirge-Sicherheitspfeiler *m*; **-pijler:** safety (barrier, protecting) pillar || pilier *m* protecteur (de sûreté *v*), massif *m* d'investison *m* (de protection *v*) || Sicherheitspfeiler *m*.

beverhaar: beaver hair || castor *m* || Biberhaar *o*.

bevestigen: to fasten, to fix, to tie || attacher, fixer || befestigen; **- m. bouten:** to bolt, to fasten with bolts || boulonner, cheviller || verbolzen; **- m. schroeven:** to screw || visser || verschrauben; **- v. schoepen:** to insert (to string on) the blades || enfier les aubes *vm* || die Schaufeln *vm* aufreihen.

bevestiging: fastening, fixing || fixage *m*, fixation *v* || Befestigung *v*; **- door kegel en spie:** fastening by means of a cone and cotter || fixation *v* à cône *m* et clavette *v* || Befestigung *v* durch Kegel *m* (Konus *m*) und Keil *m*; **- v. d. klemmen:** fixing of terminals || fixation *v* des bornes *vm* || Klemmenbefestigung *v*; **-, zijwaartse** (*elektr. tractie*)**:** counterbalance || anti-balançant *m* || Seitenhalter *m*.

bevestigings|beugel: fastening clip, shackle || étrier *m* de fixation *v* || Befestigungsbügel *m*; **-bout:** fastening bolt || boulon *m* de fixation *v* || Befestigungsbolzen *m*; **-klem** (*elektr.*)**:** binding terminal || borne *v* de jonction *v* || Befestigungsklemme *v*; **-punt:** fastening point || point *m* d'attache *v* || Befestigungspunkt *m*; **-riem:** fastening belt || courroie *v* de fixation *v* || Befestigungsband *o*; **-ring:** fastening ring || bague *v* fixatrice || Befestigungsring *m*; **-schroef:** fastening (fixing, set) screw || vis *v* de fixation *v* || Befestigungsschraube *v*.

bevlekken: 1. (*algem.*): to stain, to spot, to soil, to pollute || tacher, souiller, salir || beflecken, besudeln;
2. (*b. h. drukken*): to blot, to cloud, to maculate || maculer || abschmutzen.

bevloei|en: to irrigate || irriguer, arroser || berieseln, bewässern; **-ing:** irrigation || irrigation *v*, arrosement *m* || Berieselung *v*, Bewässerung *v*.

bevloe|ren: to floor || parqueter, paver,

plancher || einen Fußboden *m* legen; **-ren m. planken:** to board, to floor with boards || planchéier || [be]dielen; **-ren m. tegels:** to flag, to floor with slabs || carreler, daller || mit Platten *vm* belegen; **-ring:** flooring, pavement || pavage *m*, dallage *m*, parquetage *m*, planchéiage *m*; plancher *m*, pavement *m* || Bedielung *v*; Pflaster *m*.

bevochti|gen: to damp, to moisten, to wet, to humidify || humecter, mouiller, tremper || befeuchten, anfeuchten, benetzen, nässen; **-ging:** wetting, moistening || humectation *v*, mouillage *m* || Befeuchtung *v*, Anfeuchtung *v*, Benetzung *v*; **-gingsmiddel:** *zie* **middel, bevochtigend.**

bevrach|ten (*schip*): to freight || affréter || befrachten; **-ter:** freighter || affréteur *m* || Befrachter *m*; **-ting:** freighting; chartering || affrètement *m* || Befrachtung *v*.

bevriesbaar: congealable || congelable || gefrierbar.

bevrie|zen: to congeal, to freeze || [se] congeler || gefrieren; **-zing:** [con]gelation, freezing || congélation *v* || Gefrierung *v*; **-zingsbuis** (*mijnb.*): outer freezing tube, freezing pipe || tuyau *m* de congélation *v* [extérieur], tuyau *m* congélateur || Gefrierrohr *o*; **-zingslichaam** (*mijnb.*): frozen cone || masse *v* congelée || Frostkörper *m*; **-zingsmuur** (*mijnb.*): ice wall (barrier) || mur *m* de glace *v* || Frostwand *v*, -mauer *v*; **-zingsschacht** (*mijnb.*): freezing shaft || puits *m* frigorifique || Gefrierschacht *m*; **-zingstemperatuur:** congelation temperature || température *v* de congélation *v* || Gefriertemperatur *v*; **-zingswerkwijze** (*mijnb.*): refrigerating process (method), freezing system || fonçage *m* par congélation *v* || Gefrierverfahren *o*.

bewapening: **1.** (*algem.*): reinforcement, armouring || armature *v* || Armierung *v*, Bewehrung *v*;
2. (*elektr.*): metal sheating || armure *v* || Bewehrung *v*.

bewaren: to keep, to store || conserver, garder || aufbewahren, lagern.

beweeg|baar: movable || mobile || beweglich, -bar; **-baarheid:** movableness, mo[va]bility || mobilité *v* || Beweglichkeit *v*, Bewegbarkeit *v*; **-baarheid in axiale** (*radiale*) **richting:** axial (lateral) (*radial*) play || mobilité *v* axiale (*radiale*) || Beweglichkeit *v* in achsialer (*radialer*) Richtung *v*; **-kracht:** motive power || force motrice *v* || Betriebkraft *v*; **-lijk:** movable || mobile || beweglich; **-lijkheid:** freedom of movement, mobility, movableness || mobilité *v* || Beweglichkeit *v*.

bewe|gen: **1.** (*in beweging zijn*): to move || se mouvoir || (*sich*) bewegen; **-gend:** moving, in motion, working || mouvant, en mouvement *m* || bewegend, beweglich, tätig, arbeitend;
2. (*doen bewegen*): to move; to stir || mouvoir, mettre en mouvement *m*; agiter || bewegen.

bewegeren (*schip*): to place the ceiling || vaigrer || wegern.

beweging: movement, motion || mouvement *m* || Bewegung *v*; **- door middel v. e. hartvormige schijf:** heart motion || mouvement *m* en coeur *v* (en courbe *v* de Vaucanson) || herzförmige Bewegung *v*; **- in de ruimte:** movement in space || mouvement *m* dans l'espace *m* || räumliche Bewegung *v*; **- omhoog** (*algem.*): upward (ascending) movement || mouvement *m* d'ascension *v* || Aufwärtsbewegung *v*, Hochgehen *o*; **- omhoog** (*zuiger, enz.*): up stroke || levée *v* || Auf-, Hubbewegung *v*, Aufwärtsgang *m*; **- omlaag** (*algem.*): downward (descending) movement || descente *v* || Abwärtsbewegung *v*, Niedergehen *o*; **- omlaag** (*zuiger, enz.*): down stroke || descente *v* || Nieder-, Senkbewegung *v*, Abwärtsgang *m*; **- v. d. ionen:** migrations of the ions || migration *v* des ions *mm* || Wanderung *v* der Ionen *om*; **-, absolute:** absolute movement || mouvement *m* absolu || absolute Bewegung *v*; **-, achterwaartse:** backward (retrograde) motion || mouvement *m* rétrograde || Rückwärtsbewegung *v*; **-, beperkte:** restricted motion (movement) || mouvement *m* sollicité (limité) || unfreie (beschränkte) Bewegung *v*; **-, eenparige:** uniform motion || mouvement *m* uniforme || gleichförmige Bewegung *v*; **-, gedwongen:** constrained (restricted) movement, restricted motion || mouvement *m* commandé (sollicité) || Zwanglauf *m*, -läufigkeit *v*; **-, gelijkmatige:** *zie* **beweging, eenparige; -, harmonische:** harmonic motion || mouvement *m* harmonique || harmonische Bewegung *v*; **-, heen- en weergaande:** reciprocating motion, motion to and fro || [mouvement *m* de] va-et-vient *m* || Hin- und Herbewegung *v*; **-, horizontale:** horizontal motion || mouvement *m* horizontal || waagerechte Bewegung *v*; **-, kromlijnige:** movement in a curve, curvilinear movement (motion) || mouvement *m* curviligne || Kurvenbewegung *v*, krummlinige Bewegung *v*; **-, neergaande:** downward (lowering) movement (journey) || descente *v* || Abwärtsbewegung *v*, Niederfahrt *v*, Senkbewegung *v*; **-, ongelijkmatige: irregular motion** || **mouvement** *m* non-uniforme (varié) || ungleichmäßige Bewegung *v*; **-, op- en neergaande:** up and down movement || mouvement *m* de montée *v* et de descente *v* (montant et descendant) || auf- und abgehende Bewegung *v*; **-, opwaartse:** lifting movement || levée *v*, mouvement *m* d'ascension *v* || Aufwärtsbewegung *v*; **-, rechtlijnige:** rectilinear movement (motion) || mouvement *m* rectiligne || geradlinige Bewegung *v*; **-, roterende:** rotating motion, rotation || rotation *v* || Drehung *v*, Drehbewegung *v*, Rotation *v*; **-, samengestelde:** compound (composed) motion || mouvement *m* composé || zusammengesetzte Bewegung *v*; **-, teruggaande:** retrogressive movement || mouvement *m* de recul *m* (en arrière, *m* rétrograde) || Kehrbewegung *v*, rückläufige Bewegung *v*; **-, (*eenparig*) versnelde:** (*uniformly*) accelerated (increased) motion || mouvement *m* (*uniformément*) accéléré || (*gleichförmig*) beschleunigte Bewegung *v*; **-, verticale:** vertical motion || mouvement *m* vertical || senkrechte Bewegung *v*; **-, (*eenparig*) vertraagde:** (*uniformly*) retarded motion || mouvement *m* (*uniformément*) retardé || (*gleichförmig*) verzögerte Bewegung *v*; **-, vrije:** free movement || mouvement *m* libre || freie Bewegung *v*; **-, werkelijke:** real motion || mouvement *m* réel || wirkliche Bewegung *v*.

bewegings|leer: kinematics || cinématique *v* || Bewegungslehre *v*; **-richting:** direction of motion (of movement) || sens *m* de la marche *v* (de mouvement *m*) || Bewegungsrichtung *v*; **-schroef:** motion screw || commande *v* par vis *v* et écrou *m*, vis *v* de commande *v* || Bewegungsschraube *v*; **-vergelijking:** equation of motion || équation *v* de mouvement *m* || Bewegungsgleichung *v*.

bewerkelijk: laborious, involving (requiring) much labour || demandant (nécessitant) beaucoup de travail *m* || viel Arbeit *v* verursachend.

bewerken: 1. (*algem.*): to work, to treat || travailler, traiter || bearbeiten, behandeln;
2. (*metaal, hout, enz.*): to work, to machine, to tool, to fashion, to shape, to dress || travailler, façonner, usiner || bearbeiten; **- m. d. bijl:** to trim with the hatchet || travailler à la hache *v* || beilen; **- m. schuine kant:** to bevel, to chamfer, to edge || biseauter, chanfreiner, tailler en chanfrein *m* || abecken, abfasen, abschrägen;
3. (*grond*): to till, to cultivate || cultiver, labourer || bearbeiten;
4. (*koolwinning*) (*mijnb.*): to work || enlever, abattre || verhauen;
5. (*veroorzaken*): to effect, to bring about, to produce, to operate || opérer, causer, produire || be-, er-, auswirken, erzeugen.

bewerking: 1. (*bewerken i. h. algem.*): working, treatment || travail *m*, traitement *m* || Bearbeitung *v*, Behandlung *v*; **-, mechanische:** mechanical working (treatment) || traitement *m* mécanique || mechanische Bearbeitung *v*;
2. (*metaal, hout, enz.*): working, machining, tooling || usinage *m*, façonnage *m* || Bearbeitung *v*;
3. (*grond*): tillage, cultivation || culture *v*, labourage *m* || Bearbeitung *v*;
4. (*koolwinning*) (*mijnb.*): work || dépilage *m*, abattage *m*, enlèvement *m* || Verhauen *o*, Verhieb *m*;
5. (*wisk.*): operation || opération *v* || Operation *v*.

bewerkstelli|gen: to bring about (on), to realize, to accomplish || effectuer, réaliser, accomplir || bewerkstelligen; **-ging:** bringing about (on), realizing || réalisation *v*, accomplissement *m* || Bewerkstelligung *v*.

bewikke|len: to wind || bobiner, enrouler || bewickeln; **-ling:** winding || enroulement *m* || Bewick[e]lung *v*; **-ling m. band:** taping || rubanage *m* || Bandbewicklung *v*.

bewijs: 1. (*bewerking*): proof, evidence, demonstration || preuve *v*, démonstration *v* || Beweis *m*; **- v. h. ongerijmde:** proof by negative demonstration || démonstration *v* par l'absurde *m* || indirekter Beweis *m*; **-baar:** provable, demonstrable || démontrable, prouvable || beweisbar;
2. (*bewijsgrond*): argument || argument *m* || Beweisgrund *m*;
3. (*bewijsstuk*): voucher, [piece of] evidence || pièce *v* justificative, titre *m* || Beleg *m*, Beweisstück *o*; **-exemplaar:** *zie* **bewijsnummer**; **-nummer:** voucher; copy, tear sheet (*Am.*); author's copy || [numéro *m*] justificatif *m* || Belegstück *o*, -nummer *v*, -exemplar *o*;
4. (*attest*): testimony, testimonial, certificate, affidavit || certificat *m*, attestation *v* || Schein *m*, Bescheinigung *v*, Gutachten *o*; **- v. herkomst:** certificate of origin || certificat *m* d'origine *v* || Ursprungszeugnis *o*, -bescheinigung *v*; **- v. oorsprong:** *zie* **bewijs v. herkomst.**

bezem: broom || balai *m* || Besen *m*, Kehrwisch *m*; **-auto:** broom car || voiture *v* balayeuse || Kehrwagen *m*.

bezetteken (*elektr.*)**:** engaged signal || signal *m* d'occupation *v* || Besetztanzeige *v*.

bezink|en: to deposit, to fall down to the bottom, to precipitate, to settle [out] || se déposer, se précipiter || sich [ab]setzen, sich niederschlagen; **-goot** (*boren*) (*mijnb.*)**:**

settling ditch || rigole *v* de décantation *v* || Absetzgrube *v*, Schlammkule *v*; **-ingsbak** (*wasserij*) (*mijnb.*)**:** settling tank (box), settler || vase *m* clarificatoire || Absetzbehälter *m*, Klärfaß *o*, -kasten *m*; **-kamer:** sediment chamber || chambre *v* de décantation *v* || Schlammsammler *m*; **-sel:** deposit, sediment || dépôt *m*, sédiment *m* || Bodensatz *m*, Niederschlag *m*, Absetzung *v*; **-tenk** (*petr.*)**:** settling tank || réservoir *m* de décantation *v* || Absetzbehälter *m*, -tank *m*.

bezwangeren: to saturate || saturer (*de*) || schwängern, sättigen.

bezwaren: to load || charger || beschweren.

bi|carbonaat: bicarbonate || bicarbonate *m* || Bicarbonat *o*; **-chromaat:** dichromate || bichromate *m* || Bichromat *o*; **-concaaf:** concavo-concave || biconcave, concavo-concave || bikonkav, doppelthohl; **-convex** convexo-convex || biconvexe || auf beiden Seiten *vm* erhaben, bikonvex; **-sulfaat:** bisulphate || bisulfate *m* || Bisulfat *o*; **-sulfiet:** bisulphite || bisulfite *m* || Bisulfit *o*.

biel: *zie* **dwarsligger 1.**

bier: beer || bière *v* || Bier *o*; **-brouwerij:** brewery || brasserie *v* || [Bier]brauerei *v*.

bies: 1. (*plant*)**:** rush || jonc *m* || Binse *v*, Schilf *o*;
2. (*strook*)**:** border; trouser-strip || liséré *m*, galon *m*, passepoil *m* || Schnur *v*, Litze *v*.

biet: 1. (*rode*; *witte*)**:** (*red*; *white*) beet || bette[rave] *v* (*poirée v rouge*; *poirée v*) || (*rote*) Rübe *v*; **-ensnijder:** turnip cutter || coupe-navets *m* || Rübenschneider *m*;
2. *zie* **suikerbiet; -suiker:** *zie* **beetwortelsuiker.**

biezen: of rush; rush bottomed || de jonc *m* || binsen, aus Binsen *vm* gemacht; **-mat:** rush mat || natte *v* de jonc *m* || Binsenmatte *v*.

bi|filair: bifilar || bifilaire || bifilar; **-furcatie:** bifurcation || bifurcation *v* || Gabelung *v*, Bifurkation *v*.

bijouterie: jewel[le]ry || byouterie *v* || Juwelierarbeit *v*.

bik|hamer: 1. (*metselw.*)**:** scaling hammer || picoche *v* || Pickhammer *m*; **-ken:** *zie* **afbikken 1;**
2. *zie* **ketelsteenhamer; -ken:** *zie* **ketelsteen afbikken.**

bil (*scheepst.*)**:** buttock || cul *m*, fesse *m* || Heck *o*; **-len** (*molensteen*)**:** to edge, to redress || repiquer || picken.

bimetaalveer: bimetal spring || ressort *m* bi-métal *m* || Bimetallfeder *v*.

bims: *zie* **puim.**

binair: binary || binaire || binär, Zweistoff-.

bind|balk: tiebeam || entrait *m*, tirant *m* || Binde-, Zugbalken *m*; **-draad:** binding wire || fil *m* à lier (de ligature *v*, de liaison *v*) || Binde-, Wickeldraht *m*.

binden: 1. (*vastbinden, enz.*)**:** to tie up, to bind || lier, attacher || [fest]binden;
2. (*verharden*)**:** to set, to harden || s'endurcir || abbinden, erhärten;
3. (*verdikken, samenkleven, enz.*)**:** to thicken || lier, agglutiner || binden;
4. (*chem.*)**:** to bind, to combine with || fixer, se combiner avec || binden, sich verbinden mit;
5. (*inbinden*)**:** to bind || relier || [ein]-binden.

bindgaren: coarse thread, string || ficelle *v*, cacheron *m* || Bindfaden *m*.

binding: 1. (*verharding*)**:** setting, hardening || prise *v* || Abbindung, Erhärtung *v*;
2. (*text.*)**:** pattern design || armure *v* || Bindung *v*;
3. (*chem.*)**:** bond || liaison *v* || Bindung *v*; **-, dubbele:** double bond || double liaison *v* || Doppelbindung *v*; **-, drievoudige:** triple bond || triple liaison *v* || dreifache Bindung *v*; **-en, geconjugeerde:** conjugated bonds || liaisons *vm* conjuguées || konjugierte Bindungen *vm*.

bind|kracht: setting strength || puissance *v* de prise *v* || Bindekraft *v*; **-middel** (*cement, enz.*)**:** liant *m* [durcissant] || Bindemittel *o*; (*verdikkingsmiddel, enz.*)**:** binding agent, thickener || liant *m*, agglutinant *m* || Bindemittel *o*; **-middel, hydraulisch:** hydraulic cement || ciment *m* (corps *m*) hydraulique (durcissant dans l'eau *v*) || hydraulisches (unter Wasser *o* erhärtendes) Bindemittel *o*; **-rijs:** osier, withe || hart *m*, verges *vm* d'osier *m* || Bindweide *v*, -reis *o*; **-sel** (*scheepst.*)**:** seizing || amarrage *m* || Bändsel *o*; **-steen:** binder, bind stone, header, stretcher || boutisse *v* || Binderstein *m*, Binder *m*; **-touw** (*algem.*)**:** string || ficelle *v*, lien *m* || Bindfaden *m*; **-touw** (*typogr.*)**:** page-cord, string || ficelle *v* à colonnes *vm* || Kolumnenschnur *v*.

binnen: 1. (*voorz.*)**:** within, inside || dans, à l'intérieur *m* de || innerhalb, in, binnen;
2. (*bijw.*)**:** in, within, inside || dedans, à l'intérieur *m*, dans || hinein, herein (*beweging*); drinnen (*rust*); **-, naar:** in, inwards || vers l'intérieur *m* || nach innen; **-, van:** [on the] inside, within || au dedans *m*, intérieurement || innen.

binnen|anker: inner pole (radial coil) armature || induit *m* à pôles *mm* intérieurs || Innenpolanker *m*; **-band** (*auto, enz.*)**:** *zie* **band 4; -beitel:** *zie* **draaibeitel, rechthoekig omgebogen; -bekleding:** inner coating || armature *v* intérieure || innerer Belag *m*; **-bocht:** inside of bend || courbe *v* intérieure || innere Biegung *v*; **-bol** (*gloeilamp*)**:** inner globe || globe *m* intérieur || Innenglocke *v*; **-boom:** inner string || limon *m* intérieur || Innenwange *v*; **-boordsmotor:** inboard engine || moteur *m* marin || Einbaumotor *m*; **-brand:** indoor fire || feu *m* de chambre *v* (de cheminée *v*) || Zimmerbrand *m*, Kleinfeuer *o*; **-cirkel** (*tandwiel*): dedendum line, root circle || cercle *m* de pied *m* (de racine *v*, intérieur) || Fuß-, Wurzelkreis *m*; **-deur:** inner door || porte *v* intérieure || innere Tür *v*; **-diameter:** inner diameter || diamètre *m* intérieur || innerer Durchmesser *m*; **-draad:** female thread || filet *m* d'écrou *m* (femelle) || Hohl-, Muttergewinde *o*; **-dringen:** to penetrate (*into*) || pénétrer (*dans*) || [hin]eindringen (*in*), durchdringen (*in*); **-dijk:** back (inner) dike || arrière-digue *v*, digue *v* intérieure || Hinter-, Binnendeich *m*; **-dijks:** on the inside (landside) of a dike || en-deçà d'une digue *v* || innerhalb eines Deiches *m*; **-[field]pijp:** inner circulation tube || tube *m* de circulation *v* intérieur || Einsteck-, Einhänge-, Füllrohr *o*, inneres Wasserrohr *o* (Zirkulationsrohr *o*); **-filter:** inside filter || filtre *m* intérieur || Innenfilter *m*, *o*; **-flens:** inward flange || bride *v* intérieure, collet *m* intérieur || innere Krempe *v*; **-gang|** (*stoomketel*): inner coursel (shellring) || virole *v* intérieure || innerer Schuß *m*; **-goed** (*sigaar*): fillers [for cigars] || intérieur *m* [d'un cigare *m*] || Einlage *v*; **-haven:** inner harbour || bassin *m* intérieur || Innenhafen *m*; **-hoek:** interior angle || angle *m* intérieur || innerer Winkel *m*; **-hof:** inner court || cour *v* intérieure || innerer Hof *m*; **-in:** on the inner side, within, inside || en dedans *m*, à l'intérieur *m* || in, innerhalb; **-kamer:** inner room || chambre *v* intérieure || inneres Zimmer *o*; **-kant** (*algem.*): inside || côté *m* intérieur (de dedans *m*) || innere Seite *v*; **-kant** (*drijfriem*): flesh side || côté *m* chair || Fleischseite *v*; **-komen:** to enter || entrer || eintreten; **-land:** interior || intérieur *m* || Inland *o*; **-lands:** inland, home-made, interior, domestic || intérieur || inländisch, einheimisch; **-laten:** to admit || faire entrer, admettre || herein-, hineinlassen; **-leiding:** internal (interior) wiring || canalisation *v* intérieure || Innenleitung *v*; **-mantel** (*isolator*): inside cup || cloche *v* intérieure || Innenglocke *v*; **-muur:** partition (inside, inner) wall || mur *m* intérieur (de refend *m*, de séparation *v*) || Innen-, Zwischenmauer *v*; **-passer:** inside calipers || compas *m* d'intérieur *m* || Innen-, Lochtaster *m*; **-plaats:** inner court (yard) || cour *v* [intérieure] || Hof *m*; **-pool:** internal pole || pôle *m* intérieur || Innenpol *m*; **-poolanker:** inner pole (radial coil) armature || induit *m* à pôles *mm* intérieurs || Innenpolanker *m*; **-pooldynamo:** internal pole dynamo || dynamo *v* à pôles *mm* intérieurs || Innenpoldynamo *v*; **-pijp:** *zie* **stoomleibuis; -raam:** inner (inside) frame || châssis *m* intérieur || Innenrahmen *m*; **-rem** (*auto*): expansion brake || frein *m* à expansion *v* || Innenbremse *v*; **-rooster:** interior grid || grille *v* intérieure || Innengitter *o*; **-scheepvaart:** inland navigation || navigation *v* intérieure, batellerie *v* || Binnenschiffahrt *v*; **-ste** (*z. nw.*): inside || dedans *m*, fond *m*, coeur *m* || Innere *o*; **-ste** (*bijv. nw.*): inmost || intérieur || inner; **-stebuiten:** inside out, outside in || le dedans *m* en dehors *m*, l'envers *m* à l'endroit *m* || das Innere *o* nach außen; **-stoomleibuis:** [dry] inside steam pipe, antipriming pipe || tuyau *m* à vapeur *v* intérieur || [geschlitztes] inneres [Dampf] rohr *o*; **-stoomleipijp:** *zie* **binnenstoomleibuis; -stromen:** to stream (to flow) in || couler (entrer) dans || [hin]einströmen; **-talud:** interior slope || talus *m* intérieur || innere Böschung *v*; **-treden:** to enter || entrer (*dans*) || [hin]eintreten; **-vertanding:** internal gear || denture *v* intérieure || Innenverzahnung *v*; **-vuurhaard:** internal furnace || foyer *m* intérieur || Innenfeuerung *v*; **-waarts:** inward[s] (*bijw.*); inward (*bijv. nw.*) || en dedans *m*, vers l'intérieur *m* (*bijw.*); rentrant, du dehors *m* au dedans *m* (*bijb. nw.*) || nach innen, einwärts; **-wand** (*algem.*): inner wall || paroi *v* intérieure || Innenwand *c*; **-wand** (*gewelf*): intrados, soffit || douelle *v* intérieure, intrados *m* || Intrados *m*, innere Gewölbfläche *v*; **-welving:** bottom face, intrados, soffit || douelle *v*, intrados *m* || untere Leibungsfläche *v*; **-werk:** inner (inside) work; works (*horloge*); fillers (*sigaar*) || ouvrage *m* intérieur; intérieur *m* (*sigaar*) || inneres Werk *o*; Einlage *v* (*sigaar*); **-werks:** [in the] clear || dans l'oeuvre *m* || im Lichten *o*; **-werks** [1]): inside || intérieur || innen; **-zaadhout:** rider keelson || fausse carlingue *v* || Binnenkielschwein *o*; **-zool:** in-sole || dresse *v* || innere Sohle *v*, Binnensohle *v*; **-zijde** (*algem.*): inside, inner side || côté *m* intérieur || Innenseite *v*, innere Seite *v*; **-zijde** (*boek*): inner page || page *v* intérieure || Innenseite *v*; (*gewelf*): inner wall || intrados *m* || Innen-, Leibungsfläche *v*.

binocle: binocle || binocle *m* || Binokel *o*.

binoculair: binocular || binoculaire || binokular.

binomium: binomial expression || binôme *m* || Binom *o*.

---

[1]) Zie ook *maat*, *binnenwerkse*.

bint: girder, tiebeam || **entrait** *m*, **tirant** *m* || Bindebalken *m*.

bio|chemie: biochemistry || biochimie *v*, chimie *v* biologique || Biochemie *v*; **-chemisch:** biochemical(*ly*) || biochimique(*ment*) || biochemisch; **-logie:** biology || biologie *v* || Biologie *v*; **-logisch:** biologic[al](*ly*) || biologique(*ment*) || biologisch; **-skoop:** cinema || cinéma *m* || Lichtspielhaus *o*, Kino *o*; **-skoopgloeilamp:** cinema lamp || lampe *v* cinéma || Kinolampe *v*; **-tiet:** biotite || biotite *v* || Biotit *m*.

bifenyldiamine-4,4′ (benzidine): 4,4′-biphenyldiamine || 4,4′-biphényldiamine *m* || 4,4′-Biphenyldiamin *o*.

biscuit: 1. (*gebak*): biscuit || **biscuit** *m* || Biskuit *o*, Keks *m*, *o*;
2. (*porselein*): biscuit || biscuit *m* || Biskuit *o*; **-oven:** biscuit kiln || four *m* à biscuit *m* || Verglühofen *m*.

bismut: bismuth || bismuth *m* || Wismut *o*; **-hydroxyde:** bismuth hydroxide || hydrate *m* de bismuth *m* || Wismuthydroxyd *o*; **-iet:** bismuthin[it]e, bismuth glance || bismuthine *v* || Wismutglanz *m*; **-legering:** bismuth alloy || alliage *m* de bismuth *m* || Wismutlegierung *v*; **-nitraat:** bismuth nitrate || azotate *m* (nitrate *m*) de bismuth *m* || Wismutnitrat *o*; **-nitraat, basisch:** bismuth subnitrate || azotate *m* (nitrate *m*) basique de bismuth *m*, sous-azotate *m* (sous-nitrate *m*) de bismuth *m* || basisches Wismutnitrat *o*; **-oxychloride:** bismuth oxychloride || oxychlorure *m* de bismuth *m* || Wismutoxychlorid *o*; **-pentoxyde:** bismuth pentoxide || pentoxyde *m* de bismuth *m* || Wismutpentoxyd *o*; **-sulfaat:** bismuth sulfate || sulfate *m* de bismuth *m* || Wismutsulfat *o*; **-trichloride:** bismuth trichloride || trichlorure *m* de bismuth *m* || Wismuttrichlorid *o*; **-trioxyde:** bismuth trioxide || trioxyde *m* de bismuth *m* || Wismuttrioxyd *o*; **-trisulfide:** bismuth sulfide || sulfure *m* de bismuth *m* || Wismuttrisulfid *o*; **-zout:** bismuth salt || sel *m* de bismuth *m* || Wismutsalz *o*.

bister: bister || bistre *m* || Bister *m*, Bisterbraun *o*.

bitter: 1. (*drank*): bitters || bitter *m*, amer *m* || Bitter *m*;
2. (*bijv. nw.*): bitter || amer || bitter [schmeckend], herbe; **-aarde:** *zie* **magnesiumoxyde** (magnesia, talk earth; magnésie *v*; Magnesia *v*); **-hout:** quassia wood || quassie *v* || Quassia-, Fliegenholz *o*; **-kalk:** *zie* **dolomiet; -spaat:** *zie* **dolomiet; -water:** bitter water || eau *v* amère || Bitterwasser *o*; **-zout:** *zie* **magnesiumsulfaat** (bitter (Epsom) salt; sel *m* d'Epsom; Bitter-, Epsomsalz *o*).

bitu|men: bitume[n] || bitume *m* || Bitumen *o*; **-mineus:** bituminous || bitumineux || bituminös.

bivariant: bi-variable || bi-variable || bivariant.

blaas: 1. (*in vloeist.*): bubble || **bulle** *v* || Blase *v*;
2. *zie* **bladder;**
3. (*gieterij*): blister, flaw || **ampoule** *v*, chambre *v* [à louer] || Blase *v*;
4. (*afleidingen v. blazen*): **-balg:** [pair of] bellows || soufflet *m* || Blasebalg *m*; **-balgpijp:** nose pipe, nozzle || tuyère *v* de soufflet *m* || Blasebalgrohr *o*; **-cilinder:** cylinder blowing engine || cylindre *m* soufflant || Kasten-, Zylindergebläse *o*; **-gat:** tewel (twyer) hole || bouche *v* de tuyère *v* || Blase-, Formöffnung *v*; **-machine** (*wasserij*) (*mijnb.*): blower || souffleur *m*, soufflerie *v* || Gebläse *o*; **-opvulling** (*mijnb.*): pneumatic stowing (packing) || remblayage *m* (pneumatique) || Blasversatz *m*; **-oven** (*ertsonderzoek*): blast furnace || four *m* à soufflerie *v* (ventilation *v*, courant *m* d'air *m*) || Windofen *m*; **-pijp:** blowpipe || chalumeau *m* || Lötrohr *o*; (*v. e.* **blaastoestel**): blast pipe || twyer || buse *v*, portevent *m* || Blasdüse *v*; **-toestel:** blast [engine], blowing engine || appareil *m* **soufflant**, machine *v* soufflante, soufflerie *v* || Gebläse *o*, Gebläsemachine *v*, -vorrichtung *v*; **-ventilator:** blowing fan || ventilateur *m* soufflant || Blasventilator *m*; **-vulmachine** (*mijnb.*): pneumatic stower || remblayeur *m* pneumatique || Blasversatzmaschine *v*;

blad: 1. (*plant*): leaf || feuille *v* || **Blatt** *o*; **-groen:** chlorophyll, leaf green || chlorophylle *v*, vert *m* des feuilles *vm* || Blattgrün *o*, Chlorophyll *o*; **-versiering:** foliage, leaf work || feuillage *m* || Blatt-, Laubwerk *o*;
2. (*papier, enz.*): sheet || feuille *v* || Blatt *o*, Platte *v*; **- tekenpapier:** drawing sheet || feuille *v* de papier *m* à dessin *m* || Zeichenbogen *m*; **-mica:** sheet mica || mica *m* en feuilles *vm* || Plattenglimmer *m*; **-rubber:** sheet rubber || caoutchouc *m* en plaques *vm* || Plattengummi *o*;
3. (*boek*): page || page *v* || Seite *v*; **-houder** (*typogr.*): leaf holder, visorium || visorium *m* || Schrifthalter *m*, Tenakel *o*; **-zijde:** *zie* **blad 3;**
4. (*metaal*): plate, sheet || feuille *v*, plaque *v* || Blech *o*, Platte *v*; **-condensator:** plate condenser || condensateur *m* à plaques *vm* || Blätter-, Plattenkondensator *m*; **-goud:** beaten (leaf) gold || or *m* battu (en feuilles *vm*) || Blattgold *o*; **-koper:** beaten (leaf) copper || cuivre *m* battu (en feuilles *vm*) || Blattkupfer *o*;

-lood: lead foil, sheet lead || feuille *v* de plomb *m* || Bleiblech *o*, Bleifolie *v*; **-magneet:** compound (laminated) magnet || aimant *m* feuilleté (lamellaire) || Blätter-, Lamellenmagnet *m*; **-messing:** foliated brass || laiton *m* en feuilles *vm* || Blattmessing *o*; **-rooster:** grate consisting of thin bars || grille *v* à lames *vm* || Blattrost *m*; **-tin:** leaf tin, tin foil || étain *m* en feuilles *vm* || Blattzinn *o*; **-veer:** plate spring || ressort *m* à lames *vm* || Blattfeder *v*; **-veerhamer:** laminated spring hammer || marteau *m* à ressort *m* à lames *vm* || Blattfederhammer *m*; **-veiligheid:** tin foil fuse || coupe-circuit *m* à feuilles *vm* d'étain *m* || Stanniollamellensicherung *v*; **-zilver:** leaf silver, silver foil || argent *m* en feuille *v*, feuille *v* d'argent *m* || Blattsilber *o*, Silberfolie *v*; **-zink:** sheet zinc || zinc *m* en feuilles *vm* || Blechzink *o*, Zinkblech *o*;
5. (*roeiriem*): *zie onder* **riem 3;**
6. (*tekenhaak*): blade, leg || jambe *v* || Zunge *v*;
7. (*zaag*): *zie* **zaagblad;**
8. (*schroef*): *zie onder* **schroef 2, 3;**
9. (*schaar*): *zie onder* **schaar 2;**
10. (*waaier*): *zie onder* **schoep 2;**
11. (*schop*): blade || pale *v*, fer *m* || Blatt *o*;
12. (*boorbeitel*): *zie onder* **beitel 3.**

bladder: blister || soufflure *v*, ampoule *v*, cloche *v* || Blase *v*; **-en:** to blister || s'écailler || sich abblättern.

bladerig: filmy, foliated, lamellar || lamellaire, lamellé, lamelleux || blätterig, schiefrig.

blancheerton (*metaalbew.*)**:** blanching vat || tonneau *m* à blanchissage *m* || Beizfaß *o*.

blancheren: 1. (*metaalbew.*)**:** to blanch || blanchir || weißsieden;
2. (*v. groenten*): to blanch || blancher || blanchieren.

blank: 1. (*wit; helder*): white; bright || blanc; luisant || blank; **-bijten** (*v. metalen*)**:** to dip, to pickle || décaper, dérocher || abbeizen, blankbeizen;
2. (*onbedekt*): uncovered || nu, dénudé || blank.

blauw: 1. (*z. nw.*): blue || bleu *m* || Blau *o*; **-, Berlijns:** Berlin (Prussian) blue || blue *m* de Prusse *v* || Berliner-, Preußischblau *o*; **-, Parijs':** parisian blue || bleu *m* de Paris || Pariserblau *o*; **-, Pruisisch:** *zie* **blauw, Berlijns; -, Saksisch:** saxon blue || bleu *m* de Saxe *m* || Sächsischblau *o*; **-zuur (cyaanwaterstof):** Prussic acid || acide *m* prussique || Blausäure *v*;
2. (*bijv. nw.*): blue || bleu || blau; **-druk:** blue print (copy) || calque *m* bleu || Blaupause *v*; **-en** (*v. staal*)**:** to blue || bleuir || blau anlaufen lassen; **-en** (*v. stoffen*)**:** to blue || azurer || bläuen; **-heet:** blue hot, at a blue heat || porté au bleu *m* || blauwarm; **-hout:** campeachy wood || bois *m* de campêche || Kampesche-, Blauholz *o*.

blazen: to blow || souffler || blasen; **-zer:** (*gasuitstroming uit gesteente*): blower feeder of gas || soufflard *m* || Bläser *m*; *zie ook* **blaasmachine.**

bleek: 1. (*bijv. nw.*): pale, pallid, wan || pâle, blême || bleich;
2. (*het bleken*): bleaching || blanchiment *m*, blanchissage *m* || Bleichen *o*; **-aarde:** Fuller's earth || terre *v* à foulon *m* || Bleicherde *v*; **-hollander:** bleaching engine || pile *v* blanchisseuse || Bleichholländer *m*; **-klei:** bleaching clay || kaolin *m* || Bleicherde *v*; **-machine:** bleaching machine || machine *v* à blanchir || Bleichmaschine *v*; **-middel:** decolourising agent || décolorant *m* || Bleichmittel *o*; **-poeder:** bleaching powder || poudre *v* à blanchir, chlorure *m* de chaux *v* || Bleichpulver *o*; **-water:** bleaching water || eau *v* de Javel[le] *v* || Bleichwasser *o*.

ble|ken: to bleach || blanchir || bleichen; **-ken met chloor:** chlorine bleaching || blanchiment *m* au chlore *m* || Chlorbleiche *v*; **-ker:** bleacher || blanchisseur *m* || Bleicher *m*; **-kerij:** bleachery, bleach-works, bleaching ground || blancherie *v*, blanchisserie *v* || Bleiche *v*.

blende: blende || blende *v* || Blende *v*.

blik: tinned sheet (tin sheeted) iron, tin plate || fer *m* blanc || Weißblech *o*; **-ken** (*bijv. nw.*)**:** [of] tin [plate] || en fer *m* blanc || blechern, aus Blech *o*, Blech-; (*h. blikken v. zilver*)**:** brightening || éclair *m* || Silberblick *m*; **-schaar:** [plate, tinner's] shears, tinner's snips || cisaille *v* pour ferblantiers *mm* || Blech-, Metallschere *v*; (*gaten*)**:** shears for cutting holes || cisaille *v* perforatrice || Lochschere *v*; **-slager:** brasier, tinman || ferblantier *m* || Klempner *m*, Blechschmied *m*, Flaschner *m*; **-slagerswerk:** brasier's work || ouvrage *m* de ferblantier *m* || Klempnerarbeit *v*; **-vuur** (*zeew.*)**:** intermitting light || feu *m* scintillant *m* || Blinkfeuer *o*; **-waren:** tinware || ferblanterie *v* || Weißblechware *v*.

bliksem: lightning || foudre *v*, éclair *m* || Blitz *m*, Wetter-, Blitzstrahl *m*.

bliksemafleider: [lightning] arrester, lightning conductor, spark gap discharger || limiteur *m* de tension *v*, parafoudre *m*, paratonnerre *m* || Blitzableiter *m*, -fänger *m*, -schutzvorrichtung *v*; **- m. autom. vonkdoving:** lightning arrester with automatic blow out || parafoudre *m* à extinction *v* automatique || Blitzableiter *m* mit selbsttätiger Funkenlöschung *v*; **- voor hoge spanningen:** high tension lightning arrester || parafoudre *m* pour hautes tensions *vm* || Hochspannungsblitzschutzvorrichtung *v*; **- m. luchtledig:** vacuum lightning protector || parafoudre *m* à vide *m* || Luftleerblitzableiter *m*; **- m. magnetische vonkuitblazing:** lightning arrester with magnetic blow out || parafoudre *m* à soufflage *m* magnétique || Blitzschutzvorrichtung *v* mit magnetischer Funkenlöschung *v*; **- m. reservoir:** tank lightning arrester || parafoudre *m* à réservoir *m* || Tankblitzschutzvorrichtung *v*; **- m. slinger:** pendulum lightning arrester || parafoudre *m* à pendule *v* || Pendelblitzschuzvorrichtung *v*; **- m. waterstraal:** water jet lightning arrester || parafoudre *m* à jet *m* d'eau *v* || Wasserstrahlblitzschutzvorrichtung *v*; **-meetbrug:** bridge for testing lightning conductors || pont *m* de mesure *v* pour parafoudres *mm* || Blitzableitermeßbrücke *v*; **-opvangstang:** lightning rod || tige *v* de paratonnerre *m* || Auffangstange *v* des Blitzableiters *m*.

bliksem|licht: flash (magnesium) light || lumière *v* magnésique || Blitzlicht *o*; **-signaal:** flashing signal || signal *m* à éclat *m* || Blitzlichtsignal *o*.

blind: 1. (*luik*): shutter || volet *m* || Fensterladen *m*;
2. (*bijv. nw.*) (*oog*): blind || aveugle || blind;
3. (*bijv. nw. met versch. betek.*) [1]): blind, blank, dead, sham || faux, feint, muet || blind, Blend-, Blind-, leer; **-druk:** reliefprint || gaufrage *m* || Blinddruck *m*, Prägedruck *m* ohne Farbe *v*.

blindeer|klep (*scheepst.*)**:** dead light || faux mantelet *m* de sabord *m* || Pfortenfenster *m*; **-schijf** (*autowiel*)**:** wheel disc || disque *m* de blindage *m* pour roue *v* || Radverblendscheibe *v*.

blinde|ren: to blind; to armour || blinder; cuirasser || blenden; panzern; **-ring:** blindage; armouring || blindage *m* || Blendung *v*; Panzerung *v*.

bloed: blood || sang *m* || Blut *o*; **-agaat:** red-coloured (bloody) agate || agate *v* sanguine || Blutachat *m*; **-hout:** *zie* **blauwhout; -loogzout, geel** (*kaliumferrocyanide*)**:** yellow prussiate of potash || prussiate *m* jaune de potassium *m* || gelbes Blutlaugensalz *o*; **-loogzout, rood** (*kaliumferricyanide*)**:** red prussiate of potash || prussiate *m* rouge de potassium *m* || rotes Blutlaugensalz *o*; **-serum:** *zie* **bloedwei; -steen:** *zie* **roodijzersteen; -wei:** blood serum || sérum *m* || Blutserum *o*; **-worst:** blood sausage, black pudding || saucisse *v* de sang *m* || Blutwurst *v*.

bloem: 1. (*plantk.*)**:** flower || fleur *v* || Blume *v*; **-rand** (*boekbind.*)**:** flower line || cordelière *v* || Röschenzeile *v*; **-stempel:** flower line || fleuron *m* || Blumenstempel *m*;
2. (*poeder*)**:** flowers || fleurs *vm* || Blumen *vm*;
3. (*fijn meel*)**:** superfine flour || fleur *v* de farine *v* || Auszug-, Gabelmehl *o*.

blok: 1. (*algem.*)**:** block, clump, log || bloc *m*, billot *m* || Block *m*, Klotz *m*; **-, meskant:** [knife edge] block (support) || plan *m* [de couteau *m*] || Pfanne *v*; **-beitel:** block chisel || tranchet *m* || Blôckmeißel *m*; **-coëfficiënt:** *zie* **volheidscoëfficiënt; -druk** (*katoendr.*)**:** block (hand) printing || genre *m* à la main *v* || Handdruck *m*; **-houder** (*zagerij*)**:** block holder (support) || buttoir *m* || Blockhalter *m*; **-huis:** blockhouse, log house || maison *v* en bois *m* blindée || Blockhaus *o*; **-je, houten** (*v. bestrating*)**:** wood block || bloc *m* (pavé *m*) de bois *m* || Holzklotz *m*; **-ketting:** block chain || chaîne *v* à blocs *mm* || Blockkette *v*; **-koolborstelhouder m. busleiding:** finger type brush with box guide || porte-balai *v* à glissière *v* pour balais *mm* prismatiques [en charbon *m*] || Blockkohlenhalter *m* mit Büchsenführung *v*; **-lood:** pig of lead || saumon *m* de plomb *m* || Bleimulde *v*; **-rem:** block (shoe) brake || frein *m* à sabot *m* || Klotz-, Block-, Backenbremse *v*; **-rem m. dubbele schoen:** double shoe brake || frein *m* à deux sabots *mm* || Doppelbackenbremse *v*, zweiklotzige Bremse *v*; **-rem m. één schoen:** single block brake || frein *m* à seul sabot *m* || einklotzige Bremse *v*; **-schaaf:** plane || rabot *m* || Hobel *m*; **-spatie** (*typogr.*)**:** three-to-em space, thick space || espace *v* forte || Drittelgevierte *o*; **-tin:** block tin || étain *m* en blocs *mm* (en saumons *mm*) || Blockzinn *o*; **-trede:** curtail (log) step, massive tread || départ *m*, marche *v* massive, palière *v* || Block-, Antrittstufe *v*; **-verband:** block ([old] English) band || appareil *m* dit anglais || Blockverband *m*;
2. (*huizen*)**:** block of buildings || bloc *m* de bâtiments *mm*, flot *m* de maisons *vm* || Häusergruppe *v*;
3. (*spw.*; *elektr. tractie*)**:** section block || block *m* de section *v* || Streckenblock *m*; **- m. handbediening:** handworked block system || cantonnement *m* à main *v* || handbedienter Block *m*; **-, dubbel** (*elektr.*)**:** stopped section || section *v* tampon || Schutzblockstrecke *v*; **-, voorwaardelijk:** permissive block || cantonne-

---

[1]) Voor uitdrukkingen als *blind anker*, *blinde muur*, enz., zie onder *anker*, *muur*, enz.

ment *m* || bedingte Raumfolge *v*; **-bediening:** block service || service *m* de block *m* || Blockbedienung *v*; **-huis:** block signal box || cabine *v* (guérite *v*) de block *m* || Blockhütte *v*; **-ken:** to block; blocking || bloquer; blocage *m* || blocken; Blocken *o*; **-keren:** *zie* **blokken; -post:** block post || poste *v* de cantonnement *m* || Zugfolgestelle *v*; **-signaal:** block signal || signal *m* bloqueur (de block *m*) || Blocksignal *o*; **-stelsel:** block system || cantonnement *m*, blocksystème *m* || Raumfolge *v*, Blocksystem *o*; **-stelsel, absoluut:** absolute block || cantonnement *m* absolu || unbedingte Raumfolge *v*; **-stelsel, automatisch:** automatic electric block system || cantonnement *m* électrique automatique || selbsttätiger Streckenblock *m*; **-stelsel, normaal gesloten:** block system with track normally closed || cantonnement *m* à voie *v* normalement fermée || Streckenblock *o* mit Grundstellung *v* der Signale *om* auf „Halt"; **-stelsel, normaal open:** blocksystem with track normally open || cantonnement *m* à voie *v* normalement ouverte || Streckenblock *o* mit Grundstellung *v* der Signale *om* auf „Freie Fahrt"; **-stelsel, telefonisch:** telephone block system || cantonnement *m* téléphonique || Raumfolge *v* mit Zugmeldedienst *m*; **-systeem:** *zie* **blokstelsel; -wachter:** block signalman || bloqueur *m*, garde-bloc *m* || Blockwärter *m*; **-werk, vierdelig:** quadruple block field instrument || appareil *m* de block *m* à quatre jeux *mm* || vierteiliges Blockwerk *o*;

4. (*schaaf*): stock of a plane || fût *m* de rabot *m* || Hobelkasten *m*;

5. *zie* **takelblok; -, bovenste** (*onderste*): upper (*lower*) block || moufle *v* du haut *m* (*du bas m*) || Oberflasche *v* (*Unterflasche v*); **-, hangend:** movable block || moufle *v* mobile || lose Flasche *v*; **-, niet gestropt:** unstropped block || poulie *v* non-estropée || unbestroppter Block *m*; **-beslag:** block strop || ferrure *v* de poulie *v* || Blockbeschlag *m*; **-lijn** (*boorkabel*): drilling câble (line), block line || câble *m* de forage *m* || Bohrseil *o*; **-schijf:** sheave || réa *m* || Blockscheibe *v*; **-stift:** block pin || essieu *m* de poulie *v* || Blocknagel *m*; **-strop:** block strop || estrope *v* de poulie *v* || Blockstropp *m*; **-takel:** block || poulie *v* || Block *m*;

6. (*steenbrok*): block, quarry stone || moellon *m* || Bruchstein *m*, Block *o*, Brocken *m*.

blokkeel: toe piece || blocket *m* || Stichbalken *m*.

blokke|ren: 1. (*algem.*): to block [up] || bloquer || blockieren, verblocken, absperren; **-ring:** blocking [up] || blocage *m* || Blockierung *v*, Absperrung *v*;

2. (*typogr.*): to turn for a letter || bloquer || blockieren;

3. (*spw.*): to block || bloquer || blocken; **-ring:** blocking || blocage *m* || Blockung *v*.

blok|ken: *zie* **blokkeren; -relais:** block relay || relais *m* de blocage *m* || Blockrelais *o*.

bloot|leggen (*mijnb.*)**:** to strip || découvrir || abräumen, abdecken; **-stellen** (*aan*)**:** to expose (*to*) || exposer (*à*) || aussetzen [1]).

blus|apparaat: *zie* **brandblusser; -emmer** (*smederij*)**:** quenching tub || seau *m* de forge *v* || Löscheimer *m*; **-gereedschap:** extinguishing apparatus || appareils *mm* d'incendie *m* || Löschgerät *o*; **-haak:** fire hook, sprinkle || crochet *m* de fond *m*, goupillon *m* || Löschhaken *m*, -wedel *m*; **-kamer** (*elektr.*)**:** explosion chamber || chambre *v* d'explosion *v* || Löschkammer *v*; **-sen:** *zie na* **bluswater; -toestel:** *zie* **brandblusser; -vonkenbaan:** quenched spark-gap || éclateur *m* à étincelles *vm* interrompues || Löschfunkenstrecke *v*; **-water** (*v. kalk*)**:** slacking (tempering) water || eau *v* à éteindre || Löschwasser *o*.

blussen: 1. (*v. vuur*)**:** to extinguish || éteindre || löschen;

2. (*kalk*)**:** to slake (slack) || éteindre || löschen.

blij|ven: to remain, to stay, to keep || rester || bleiben; **-ven hangen** (*klep*)**:** to seize || bloquer || hangen bleiben; **-ven ingrijpen:** to remain in engagement || être toujours (rester) en prise *v* || in ständigem Eingriff *m* bleiben; **-vend:** permanent(*ly*) || permanent || dauernd, bleibend, permanent, Dauer-.

bobine: 1. *zie* **spoel 2;**

2. (*kabeltrommel*) (*mijnb.*)**:** bobbin, winding reel (drum) || bobine *v*, tambour *m* || Seilkorb *m*, Gurttrommel *v*, Bobine *v*.

bob[b]inet: bobbinnet || tulle *m* anglais, tulle-bobin *m* || Bobbinnet *m*; **-machine:** bobbinnet machine || métier *m* à tulle-bobin *m* || Bobbinnetstuhl *m*, -maschine *v*.

bobijn: *zie* **bobine 2** *en* **spoel 2.**

bocht: 1. (*algem.*)**:** bend, curvature, rounding || courbe *v*, courbure *v*, coude *m* || Bogen *m*, Krümmung *v*; **- m. binnendraad** (*buitendraad*)**:** bend with internal (*external*) thread || coude *m* à raccord *m* femelle (*mâle*) || Bogen *m* mit innerem (*äußerem*) Gewinde *o*; **-draadhouder:** curve ear || oreille *v* pour courbe *v* || Kurvenöse *v*; **-houder:** pull off || isolateur *m* pour courbe *v* || Kurvenhalter *m*, -isolator *m*; **-isolator:** *zie* **bochthouder; -mal:** curve

---

[1]) Met 3e nv.

gauge || gabarit *m* de courbe *v* || Kurvenlehre *v*; **-meter:** turn indicator || indicateur *m* de virage *m* || Kurvenmesser *m*; **-pijp:** elbow || coude *m* || Krümmer *m*; **-scharnier:** bent hinge || fiche *v* coudée || gekröpfte Knagge *v*; **-spanarm:** steady-brace || bras *m* de retenue *v* || Bogenabzug *m*; **-splitsing:** horseshoe splice || éplissure *v* en greffe *v* || Buchten-, Hufeisensplissung *v*; **-stuk:** bend || courbe *v*, raccord *m* courbé || Krümmer *m*, Bogenstück *o*, -rohr *o*;
2. (*lijn*): curve, flexion, flexure || courbe *v*, courbure *v* || Krümmung *v*, Biegung *v*;
3. (*weg, enz.*): bend, turn[ing] || courbe *v*, coude *m*, détour *m* || Krümmung *v*, Biegung *v*; **-, dubbele:** double (return) bend || coude *m* double, raccord *m* en U *m* || Doppelbogen *m*; **-, platte:** flattened curve || courbe *v* [a]plat[i]e || flache Kurve *v*; **-, vlakke:** flat curve || courbe *v* plane || flache Krümmung *v*; **-wissel** (*spw.*)**:** curve switch || branchement *m* en courbe *v* || Bogen-, Krümmungs-, Kurvenweiche *v*;
4. (*touw*): fake || tourment *m*, virage *m*, pli *m* || Bucht *m*;
5. (*kust*): trend || sinuosité *v* || Bucht *v*;
6. (*baai*): bight, bay || baie *v*, ansé *v*, golfe *m* || Bucht *v*, Meeresbusen *m*;
7. (*haak*): throat || coude *m* || [Haken]-kehle *v*.

bodem: 1. (*grondvlak, onderzijde*): bottom, floor || fond *m* || Boden *m*, Flur *v*; **- m. flens** (*ketel*)**:** flanged bottom (end plate) || fond *m* à bride *v* (à collet *m*) || gekrempter (umgezogener) Boden *m*; **-, dubbele:** double bottom || double fond *m* || Doppelboden *m*; **-, geribde:** ribbed bottom || fond *m* à nervures *vm* (nerv[ur]é) || gerippter Boden *m*; **-, loze:** false bottom; intermediate floor || faux fond *m*; faux plancher *m* || falscher Boden *m*; Blindboden *m*; **-, m. vlakke:** flat bottomed || à fond *m* plat || flachbodig; **-, naar binnen** (*buiten*) **gebogen:** concave (*convex*) dished end, end cambered inwards (*outwards*) || fond *m* concave (*convexe*), fond *m* bombé vers l'intérieur *m* (*l'extérieur m*), bombé intérieurement (*extérieurement*) || nach innen (*außen*) gewölbter Boden *m*; **-draad** (*papierfabr.*)**:** laid wire || verjure *v* || Bodendraht *m*; **-duig:** heading [stave] || aisselière *v*, fonçaille *v* || Bodenholz *o*, -stab *m*; **-glas** (*glasbl.*)**:** under plate || glace *v* inférieure || Bodenglas *o*; **-groef:** chimb || jable *m* || Gargel *v*, Kröse *v*; **-klep:** bottom flap || fond *m* à rabattement *m* || Bodenklappe *v*, -ventil *o*; **-plaat:** bottom plate || plaque *v* de fond *m* || Bodenplatte *v*; **-plank:** bottomplank || bordage *m* de fond *m* || Bodenplanke *v*; **-rad** (*uurwerk*)**:** barrel wheel || roue *v* de tambour *m* || Boden-, Walzenrad *o*; **-stut:** bottom prop (shore) || accore *m* de fond *m* || Bodenstütze *v*; **-versterking** (*ketel*)**:** staying of the bottom plate || renforcement *m* du fond *m* || Bodenversteifung *v*;
2. (*zee, kanaal, enz.*): bottom || fond *m* || Sohle *v*, Boden *m*;
3. (*grond*): soil, ground || terrain *m*, terre *v* || Boden *m*; **-, vaste:** solid bottom (ground) || terrain *m* ferme, terre *v* franche || fester Boden *m*; **-druk** (*petr.*)**:** bottom hole pressure || pression *v* de fond *m* || Boden-, Sohlendruck *m*; **-gesteldheid:** nature of the soil || nature *v* du sol *m* || Bodenbeschaffenheit *v*, -zustand *m*; **-onderzoek:** soil examination, taking borings, trial boring || exploration *v* du sol *m* || Bodenuntersuchung *v*; **-plug** (*boorgat*) (*mijnb.*)**:** bottom plug || tampon *m* d'avance *v* || Vorstopfen *m*; **-verzakking** (*door ondergrondse mijnb.*)**:** subsidence of the ground, mining subsidence || mouvement *m* du terrain *m*, tassement *m* de la surface *v* || Bodenbewegung *v*, -senkung *v*; **-water** (*mijnb.*)**:** bottom water || eau *v* de fond *m*, eau *v* sousjacente || Liegendwasser *o*;
4. (*fles*): bottom || cul *m* || Boden *m*;
5. (*schip*): bottom || carêne *v*, fond *m* || [Schiffs]boden *m*; **- afnemen, de:** to unsheat || dédoubler || den Beschlag *m* abnehmen; **-beslag:** sheating || doublage *m* || Bodenbeschlag *m*;
6. (*sluis*): invert, sluice bottom || radier *m* d'écluse *v* || Schleusenboden *m*;
7. (*boorgat*) (*mijnb.*): bottom (foot) of [bore]hole || fond *m* du sondage *m* (trou *m*) || Bohrlochsohle *v*.

boeg: bow || bec *m*, nez *m*, proue *v* || Bug *m*; **-, holle:** sharp bow || avant-creux *m* || hohler Bug *m*; **-anker:** bower [anchor] || ancre *v* de bossoir *m* || Buganker *m*; **-lier** (*baggertechn.*)**:** bow winch || treuil *m* d'avance *v* || Vortauwinde *v*; **-poort** (*handelsschip*)**:** raft port || sabord *m* de charge *v* || Bugpforte *v*; **-spriet:** bowsprit || beaupré *m* || Bugspriet *o*; **-tent:** forecastle awning || marouin *m* || Bugzelt *o*.

boeg|seerboot: towboat || bateau *m* à haler || Bugsier-, Tauboot *o*; **-seerlijn:** towline || corde *v* à haler, touline *v* || Bugsier-, Jollentau *o*; **-seren:** to tow, to tug || haler || bugsieren.

boei: buoy || bouée *v* || Boje *v*; **-deel** (*goot*)**:** sideboard || planche *v* latérale || Rinnbord *m*; **-er:** boyer || boyer *m* || Bojer *o*; **-reep:** buoy rope || orin *m* || Bojereep *o*, tau *o*.

boek: 1. (*boekwerk*): book || livre *m* || Buch *o*; **-band:** bookbinding || reliure *v* || [Buch]-

band *o*; **-binden:** bookbinding || reliure *v* || Buchbindung *v*; **-binder:** bookbinder || relieur *m* || Buchbinder *m*; **-bindersgoud:** binding gold || or *m* de relieur *m* || Franzgold *o*; **-bindersnaald:** stitching needle || aiguille *v* à relier || Heftnadel *v*; **-binderspers:** binder's press, sewing frame (press) || cousoir *m* || Heftlade *v*; **-bindersploeg:** ploughknife || couteau *m* à rogner || Beschneidehobel *m*; **-bindersschaar:** bookbinder's shears || cisaille *v* à balancier *m* || Tafelschere *v*; **-binderszaag:** cutting saw || grecque *v* || Einschneidesäge *v*; **-binderij:** bookbindery, bookbinder's workshop || atelier *m* de relieur *m* (de reliure *v*) || Buchbinderei *v*; **-druk:** letterpress printing || impression *v* typographique || Buchdruck *m*; **-drukinkt:** printing ink || encre *v* (noir *m*) d'imprimerie *v* (typographique) || Buchdruckerschwärze *v*, Buchdruckfarbe *v*; **-drukker:** printer, typographer || imprimeur *m*, typographe *m* || Buchdrucker *m*; **-drukkersvernis:** printer's varnish || huile *v* cuite, vernis *m* d'imprimerie *v* || Buchdruckfirnis *m*; **-drukkerij:** printing office || imprimerie *v* || Buchdruckerei *v*; **-drukkunst:** art of printing, typography || imprimerie *v*, typographie *v* || Buchdruckerkunst *v*; **-drukletter:** type face || caractère *m* || Buchstabe *v*, Type *o*; **-drukvernis:** ink varnish || vernis *m* pour encre *v* typographique || Buchdruckfirnis *m*; **-enkast:** bookcase || bibliothèque *v* || Bücherschrank *m*; **-enplank:** bookshelf || tablette *v* pour livres *mm* || Bücherbrett *o*;
2. (*papier*): quire || main *v* de papier *m* || Buch *o* Papier *o*.

boekweit: buckwheat || [blé *m*) sarrasin *m*, blé *m* noir, dragon *m* de cheval *m* || Buchweizen *m*; **-egort:** buckwheat groats || gruau *m* de sarrasin *m* || Buchweizengrütze *v*; **-emeel:** buckwheat-meal || farine *v* de sarrasin *m* || Buchweizenmehl *o*.

boemeltrein: *zie* **stoptrein.**

boen|der: scrubbing brush || brosse *v* à frotter || Bohner *m*, Scheuerbürste *v*; **-was:** polishing (rubbing) wax || cirage *m* || Bohn-, Polierwachs *o*.

boerenknoop (*scheepst.*): slipping knot || maillon *m* || Altweiberknoten *m*.

boete: fine, penalty || amende *v* || Geldstrafe *v*; **- voor te late levering:** penalty for delayed delivery || pénalité *v* pour retard *m* || Verzugstrafe *v*.

boet|en (*netten, enz.*): to mend, to repair || raccommoder, réparer || ausbessern, büssen; **-naald:** netting needle || navette *v* à fileter || Netznadel *v*.

boet|seerklei: plastic clay || argile *v* plastique || plastischer Ton *m*; **-seerstok:** embossing stick || ébauchoir *m* || Bossierholz *o*; **-seren** (*in was*): to mould (*in wax*) || modeler (*en cire v*) || bossieren, (*im Wachs o*) modellieren.

boezem: 1. (*baai*): bay || golfe *v* || Meerbusen *m*;
2. (*polder*): catch-water basin || bassin *m* d'écoulement *m* || Auffangbecken *o*;
3. (*schoorsteen*): chimney hood || hotte *v* de cheminée *v* || Rauchfang *m*, -mantel *m*; **-ijzer** (*schoorsteen*): mantle iron || soupente *v* de manteau *m* || Mantel-, Rauchfangeisen *o*.

bogie: bogie, truck || bogie *m*, train *m* articulé, truck *m* || Drehgestell *o*; **-gestel:** bogie (truck) frame || châssis *m* de bogie *m* || Drehgestellrahmen *m*; **-locomotief:** bogie (radial) locomotive || locomotive *v* à jeu *m* transversal d'essieu *m* || kurvenbewegliche Lokomotiv[e] *v*; **-wagen** (*spw.*): bogie carriage || voiture *v* à bogies *mm* || Drehgestellwagen *m*.

bok: 1. (*hijsinr.*): gin || chèvre *v* || Hebebock *m*, -winde *v*; **-, drijvende:** pontoon (floating) derrick (sheers) || bigue *v* flottante || schwimmender Kran *m*, Schwimmkran *m*;
2. (*brug*): trestle || chevalet *m* || [Rüst]-bock *m*;
3. (*rijtuig*): coachbox || siège *m* de cocher *m* || [Kutschen]bock *m*;
4. (*typogr.*): case stand, frame || trétau *m*, rang *m* || Schriftkastenträger *m*, Regal *o*, Setzpult *o*;
5. -paal (*telef.*): A-pole || poteau *m* en A *m* || A-Pfahl *m*;
6. (*mijnb.*): [wooden] chock, cog, timber crib, pig stye, bulkhead || pilier *m*, pile *v* de bois *m* || [Holz]kasten *m*, -schrank *m*, Wanderpfeiler *m*, -kasten *m*.

bol: 1. (*meetk.*): sphere || sphère *v* || Kugel *v*; **-, halve:** hemisphere || demi-sphère *v*, hémisphère *m* || Halbkugel *v*; **-driehoek:** spherical triangle || triangle *m* sphérique || sphärisches Dreieck *o*; **-driehoeksmeting:** spherical trigonometry || trigonométrie *v* sphérique || sphärische Trigonometrie *v*; **-functie:** spherical function || fonction *v* sphérique (harmonique) || Kugelfunktion *v*; **-oppervlak:** sphere (spherical) surface || surface *v* de sphère *v* (sphérique) || Kugeloberfläche *v*; **-schijf:** spherical segment; spherical zone (*opp.*) || segment *m* sphérique [à deux bases *vm*], anneau *m* sphérique; zone *v* sphérique (*opp.*) || Kugelschicht *v*; Kugelzone *v* (*opp.*); **-sector:** spherical sector || secteur *m* sphérique || Kugelausschnitt *m*; **-segment:** sphere segment; spherical cap (*opp.*) || segment *m* de sphère *v* (sphérique) [à une base *v*]; calotte *v* sphérique (*opp.*) || Kugelabschnitt *m*, -segment *m*; Kugel-

kappe *v*, -haube *v* (*opp.*); **-vormig:** spherical || sphérique || kugelförmig;
2. (*rond voorwerp*): globe, ball || balle *v*, boule *v*, globe *m* || Kugel *v*, Ballen *m*; **-afsluiter:** *zie* **afsluiter, rechte; -anker:** spherical armature || induit *m* sphérique || Kugelanker *m*; **-elektrode:** sparking ball || boule *v* à étincelles *vm* || Kugelelektrode *v*; **-gewelf:** spherical vault || voûte *v* sphérique || Kugelgewölbe *o*; **-hamer:** ball hammer || marteau *m* rond || Kugelhammer *m*; **-letje:** globule || globule *m* || Kügelchen *o*; **-rond** *zie* **bolvormig 2** *en* **bol 4; -staak:** bordering tool, hatchet stake || bordoir *m* || Bördeleisen *o*; **-vormig:** globular, spheroidal, globulous || sphéroïdal, globulaire || kugelig, kugelartig, sphärisch;
3. (*thermometer*): bulb || boule *v* || Kugel *v*;
4. (*bijv. nw.*): convex || convexe || konvex, erhaben; **-, aan beide zijden:** convexo-convex, bi-convex || biconvexe || bikonvex, zweiseitig erhaben; **-hol:** convexo-concave || convexe-concave || konvex-konkav; **-vlak:** plano-convex || planconvexe || eben-konvex, eben-erhaben.

bolder: bollard || bitton *m* || Poller *m*.

bolometer: bolometer || bolomètre *m* || Bolometer *o*, *m*.

bom: 1. (*milit.*): bomb || bombe *v* || Bombe *v*; **-, vliegende:** flying bomb || bombe *v* volante || fliegende Bombe *v*; **-vrij:** bombproof || à l'épreuve *v* de bombes *vm* || bombenfest, -sicher; **-menwerper:** bomber [plane] || bombardier *m* || Bombenflugzeug *o*; **-vliegtuig:** *zie* **bommenwerper;**
2. (*v. h. timpaan v. e. handpers*): inner tympan || petit tympan *m* || Einlegedeckel *m*;
3. (*vat*): bung || bondon *m* || Spund *m*; **-boor:** bung borer || bondonnière *v* || Spundbohrer *m*; **-gat:** bunghole || bonde *v* || Spundloch *o*;
4. (*drukvat*): **-, calorimetrische:** calorimetric bomb || bombe *v* calorimétrique || kalorimetrische Bombe *v*.

bombar|dement: bombing, bombardement || bombardement *m* || Bombardement *o*, Bombenangriff *m*; **-deren:** to bomb (bombard) || bombarder || bombardieren.

bombazijn: bombazine, dimity || [bom]basin *m* || Bombasin *m*, gestreiftes Baumwollentuch *o*.

bombe: *zie* **bom 4** *en* **gasfles.**

bomen (*w.w.*): to wind || monter || bäumen.

bont: 1. (*z. nw.*): fur || fourrure *v* || Pelzwerk *o*, -waren *vm*;
2. (*bijv. nw.*): checkered, stained, variegated || bariolé, bigarré, diapré || bunt; **-kopererts:** *zie* **borniet.**

boog: 1. (*meetk.*): arc, bow || arc *m*, courbe *v* || Bogen *m*; **-, getande:** notched segment || secteur *m* denté || Zahn-, Gradbogen *m*; **-coulisse:** curved slot || coulisse *v* arquée || Bogenschlitz *m*; **-freesmachine:** curve milling machine || machine *v* à fraiser en courbes *vm* (à fraiser à reproduction *v* suivant gabarit *m*) || Kurvenfräsmaschine *v*; **-hoogte:** height of arc || flèche *v* de l'arc *m* || Bogenhöhe *v*; **-lengte:** length of arc || longueur *v* de l'arc *m* || Bogenlänge *v*; **-lijn:** bowline, curvature || courbure *v* || Bogenlinie *v*; **-passer:** wing compasses || compas *m* à quart *m* de cercle *m* || Bogenzirkel *m*; **-projectie:** arc projection || projection *v* par arc *m* || Bogenprojektion *v*; **-pijp:** angle pipe, curve long bend || raccord *m* courbé, tube *m* cintré || Bogenrohr *o*, gebogenes Rohr *o*; **-schaafmachine:** planing machine for curves || machine *v* à raboter les surfaces *vm* courbes || Bogen-, Kurvenhobelmaschine *v*; **-schaar:** arc shears || cisaille *v* à arc *m* || Bogenschere *v*;
2. (*kromming*): curve || courbe *v* || Krümmung *v*; **-, dubbele tegengestelde** (*spw.*)**:** horse shoe curve || lacet *m* || Schleife *v*; **-aanvang:** origin (spring) of curve || origine *v* d'une courbe *v* || Bogen-, Kurvenanfang *m*; **-top:** centre of a curve || point *m* milieu d'un arc *m* de courbe *v* || Bogenmitte *v*, -scheitel *m*; **-vorming:** ranging (setting out) a curve || tracé *m* d'une courbe *v* || Bogenbildung *v*;
3. (*bouwk.*): arch || arc[eau] *m* || Bogen *m*; **-, Arabische:** Arabian arch || cintre *m* arabe || arabischer Bogen *m*; **-, blinde:** blind arch || fausse arcade *v*, arc *m* en orbevoie *v* || Blendbogen *m*; **-, dubbele:** double bow || double arc *m* || Doppelbogen *m*; **-, Gothische:** ogee (pointed) arch || arc *m* gothique || gotischer Bogen *m*; **-, verhoogde:** stilted (surmounted) arch || cintre *m* surhaussé || überhöhter Bogen *m*; **-, vlakke:** flat arch || arc *m* en anse *v* de panier *m* || gedrückter Bogen *m*; **-brug:** arch[ed] bridge || pont *m* à (en) arcs *mm* (en voûte *v*) || Bogenbrücke *v*, gewölbte Brücke *v*; **-dak:** arched (barrel) roof || toit *m* cintré (en tonnelle *v*) || Bogen-, Tonnendach *o*; **-formeel:** centering, centre || cintre *m* de charpente *v* || Bogengerüst *o*, -lehre *v*, Lehrbogen *m*; **-fries:** arched moulding corbel table || arcatures *vm* juxtaposées || Bogenfries *m*; **-gewelf:** arched vault || voûte *v* cintrée || Bogengewölbe *o*; **-helft, onderste:** haunch, haund || aiselle *v*, esselle *v* || Achsel *v*, Bogen-, Gewölbeschenkel *m*; **-ligger:** arched girder, hinged arch || arc *m* métallique, ferme *v* en arc *m* (sur rotules *vm*), pont *m* en arc *m* || Bogenträger *m*, Gelenkbogen *m*; **-stuk** (*formeel*)**:** block

(curved backpiece) of a centre || courbe *v* de cintre *v* || Bogenstück *o*; **-top:** crown of an arch || sommet *m* d'un arc *m* || Bogenscheitel *m*; **-venster:** arched window || fenêtre *v* cintrée (voûtée) || Bogenfenster *o*; **-verwijding:** widening out at full section of arch || abatage *m* de la voûte *v* || Bogenausweitung *v*; **-vormig:** archlike || cintré, en arc *m* || bogenförmig;

4. (*schietwerktuig*): bow || arc *m* || Bogen *m*; **-dril:** bow drill, drill bow || drille *v* à archet *m* || Bogenbohrer *m*, -drille *v*; **-veer:** bowspring || ressort *m* en arc *m* || Bogenfeder *v*; **-zaag:** bow saw || scie *v* à arc *m* (en archet *m*) || Bogensäge *v*;

5. (*elektr.*): arc || arc *m* || Bogen *m*; **-, elektrische:** electric arc || arc *m* électrique || elektrischer Lichtbogen *m*; **-gelijkrichter:** arc rectifier || redresseur *m* à arc *m* || Lichtbogengleichrichter *m*; **-lamp:** arc lamp || lampe *v* à arc *m* || Bogenlampe *v*; **-lamp m. hellende** (*horizontale*) **kolen:** arc lamp with inclined (*horizontal*) carbons || lampe *v* à arc *m* à charbons *mm* inclinés (*horizontaux*) || Bogenlampe *v* mit schrägliegenden (*horizontalen*) Kohlen *vm*; **-lamp m. veranderlijk** (*vast*) **brandpunt:** arc lamp with variable (*fixed*) arc (focus) || lampe *v* à arc *m* à point *m* lumineux de position *v* variable (*à point m lumineux fixe*) || Bogenlampe *v* mit veränderlichem Brennpunkte *m*, (*Fixpunktbogenlampe v*); **-lampspits:** *zie* **booglampkool**; **-lampverlichting:** arc lighting, lighting with arc lamps || éclairage *m* [par lampes *vm*] à arc *m* || Bogenlichtbeleuchtung *v*; **-lampzender:** arc transmitter || émetteur *m* à arc *m* || [Bogen]lampen-, Lichtbogensender *m*; **-licht:** arc light || lumière *v* à arc *m* || Bogenlicht *o*; **-ontlading:** electric arc discharge || décharge *v* par arc *m* électrique || Bogenentladung *v*; **-spanning:** arc voltage (pressure) || tension *v* de l'arc *m* || Bogenspannung *v*; **-trekker:** arc striking mechanism || allumeur *m*, amorceur *m* d'arc *m*, mécanisme *m* d'amorçage *m* de l'arc *m* || Lichtbogenbildner *m*; **-weerstand:** arc resistance || résistance *m* de l'arc *m* || Bogenwiderstand *m*; **-wikkeling:** arc winding || enroulement *m* en arc *mm* || Bogenwick[e]lung *v*; **-zender:** arc transmitter || oscillateur *m* à arc *m* || Lichtbogengenerator *m*.

boom: 1. (*plant*): tree || arbre *m* || Baum *m*; **-hars:** tree resin || poix *v* résine || Baumharz *o*; **-meter:** dendrometer || dendromètre *m* || Dendrometer *o, m*; **-olie:** olive oil || huile *v* d'olive *v* || Baum-, Olivenöl *o*; **-schaar:** stock shears || ciseaux *mm* de jardinier *m* || Baumschere *v*; **-stam:** trunk of the tree || tronc *m* d'arbre *m* || Baumstamm *m*; **-wagen:** *zie* **mallejan**; **-was:** grafting wax || cire *v* à greffer || Baum-, Impfwachs *o*, Pfropfwachs *o*; **-zaag:** long (pit) saw || scie *v* de long *m*, passe-partout *m* || Baum-, Brett-, Schrot-, Schülpsäge *v*;

2. (*rijtuig*): [till] shaft || brac *m* de limonière *v* || Gabelbaum *m*, -schaft *m*;

3. (*scheepst.*): boom || bâton *m*, boutdehors *m* || Baum *m*;

4. (*zadel*): saddle bow (tree) || arçon *m* || Sattelbaum *m*, -bogen *m*;

5. (*weefget.*): beam || ensouple *v* || Baum *m*; **-lat:** beam bar || baguette *v* de l'ensouple *v*, verdillon *m*, verguillon *m* || Baum-, Fitzrute *v*, Peitsche *v*, Einlegestab *m*; **-schijven:** yarn beam collars || plateaux *mm* || Bremsscheiben *vm*.

boor: 1. (*werktuig, algem.*): borer, drill || foret *m*, mèche *v* || Bohrer *m*; **- m. drilboog:** bow drill || foret *m* à archet *m* || Rollenbohrer *m*; **- m. dubbele snede:** double cutting drill || foret *m* à deux tranches *vm* || zweischneidiger Bohrer *m*; **- m. enkele snede:** single cutting drill || mèche *v* (foret *m*) à une tranche *v* || einschneidiger Bohrer *m*; **-, halfronde:** half round drill || sonde *v* à cuiller *v* || Löffelbohrer *m*; **-, open:** tubular drill || tarière *v* cylindrique || Zylinderbohrer *m*; **-as:** drill rod || barre *v* à forer || Bohrspindel *v*, -stange *v*; **-bank:** boring bench || banc *m* à forer || Bohrbank *v*; **-beitel:** *zie* **beitelboor** *onder* **beitel 1**; **-beugel:** drill yoke || griffe *v* de fixation *v* pour perceuse *v* || Bohrbügel *m*; **-boog:** drill bow || archet *m* || Bohr-, Drill-, Fiedelbogen *m*; **-braam:** boring burr || barbe *v* (bavure *v*) de forage *m* || Bohrgrat *m*; **-diepte:** depth of hole || profondeur *v* de forage *m* || Bohrtiefe *v*; **-gat:** bore hole || trou *m* de forure *v* || Bohrloch *o*; **-lepel:** mouth of a borer || tranchant *m* de foret *m* || Bohrerschneide *v*; **-machine:** boring (drilling) machine, drill press || foreuse *v*, machine *v* à forer, perceuse *v* || Bohrmaschine *v*; **-machine, pneumatische:** pneumatic boring (drilling) machine || foreuse *v* pneumatique (à air *m* comprimé) || Druckluft-, Preßluftbohrmaschine *v*; pneumatische Bohrmaschine *v*; **-omslag:** drill brace || vilebrequin *m* || Bohrkurbel *m*; **-schaaf:** filister || feuilleret *m* || Falzhobel *m*; **-slede:** boring carriage || chariot *m* de forage *m* || Bohrschlitten *m*; **-slijpmachine:** drill grinding machine || machine *v* à affûter les forets *mm* || Bohrerschleifmaschine *v*; **-spaan:** bore chip || copeau *m* de foret *m* || Bohrspan *m*; **-spil:** *zie* **booras**; **-spits, halfronde:**

cylinder bit || mèche *v* demi-ronde || halbrunde Bohrspitze *v*; **-tafel:** drill (travelling) table || table *v* à forer || Bohrtafel *v*, -tisch *m*; **-toestel:** drilling apparatus || appareil *m* à percer, perceuse *v* || Bohrapparat *m*; **-vlak:** surface of bore || surface *v* alésée (d'alésage *m*) || Bohrungsfläche *v*; **-worm:** seaworm, shipworm || taret *m* || Bohr-, Pfahlwurm *m*; **-wijdte** (*radiaalboormach.*): *zie* **vlucht 4**; **-ijzer:** bore bit || foret *m*, mèche *v* || Bohreisen *o*;

2. (*grondboren*) (*mijnb.*): auger, drill || tarière *v*, trépan *m* || Bohrer *m*, Bohreisen *o*; **-automaat:** drilling control || contrôle *m* de l'avance *v* || Bohrautomat *m*; **-beitel:** *zie* **beitelboor** *onder* **beitel 3**; **-bok:** derrick, boring trestle || chevalet *m*, chèvre *v*, chevalement *m* || Bohrgerüst *o*, -turm *m*; **-buis:** casing || tube *m* de sondage *m* (revêtement *m*) || Futter-, Bohrrohr *o*; **-diamant:** drilling diamond || diamant *m* à forer || Bohrdiamant *m*; **-gereedschap:** drilling (boring) tools || outils *mm* de sondage *m* (forage *m*) || Bohrgeräte *om*, -werkzeuge *om*; **-gruis:** drill cuttings, borings, bore dust, boring silt || poussière *v* de forage *m*, farine *v* de sondage *m* || Bohrmehl *o*, -gut *o*, -schlamm *m*; **-haak:** drilling (rotary) hook || crochet *m* [à émerillon *m*] || Bohr-, Förderhaken *m*; **-inrichting:** drilling outfit (rig, equipment) || équipement *m* (installation *v*) de forage *m*, attirail *m* de sondage *m* || Bohranlage *v*; **-kabel:** *zie* **bloklijn** *onder* **blok 5**; **-kolom:** drilling string, drill stem || sonde *v*, colonne *v* de tiges *vm* || Bohrzeug *o*; **-kraan:** drilling machine || appareil *m* de forage *m* || Bohrkran *m*; **-kroon:** boring crown || couronne *v* de sondage *m* || Bohrkrone *v*; **-mast:** drilling mast || pylone *v* de forage *m* || Bohrmast *m*; **-meester** (*mijnb.*): driller || chef (maître) *m* sondeur, foreur *m* || Bohrmeister *m*; **-puls:** valve auger (wimble) || tarière *v* à soupape *v* || Bohrlöffel *m*, -schappe *v*, Ventilbohrer *m*, -schappe *v*; **-pijp:** drill pipe || tige *v* de forage *m* || Gestängerohr *o*; **-pijpheffer:** drill pipe elevator || élévateur *m* de tiges *vm* || Gestängeelevator *m*; **-pijpkolom:** drill stem || train *m* de sonde *v* || Bohrrohrstrang *m*; **-pijptang:** rotary tong || clé (clef) *v* de serrage *m* || Gestängezange *v*; **-regelaar:** drilling control || commande *v* de forage *m* || Bohrdruckregler *m*; **-schaar:** [drilling] jar || coulisse *v* || Bohr-, Butschschere *v*; **-stamper:** drill pounder (ram, pestle) || mouton *m*, batteuse *v* de forage *m* || Bohrstössel *m*, -stampfer *m*; **-stang:** drilling rod, drill pole || tige *v* de sonde *v* || Bohrstange *v*; **-stelling:** *zie* **boorbok**; **-suspensie:** drilling mud (fluid), suspension, mud slush || boue *v* de forage *m* (d'injection *v*), liquide *m* dense || Dickspülung *v*, Spülschlamm *m*; **-toren:** derrick || chevalement *m* || Bohrturm *m*; **-torenbok:** gin pole || bigue *v* || Galgen *m*; **-vloer:** derrick floor || plancher *m* de travail *m* || Bohrbühne *v*, -flur *v*; **-wagen:** drill carriage || chariot-treuil *m* || Bohrwagen *m*; **-wip:** drilling lever, spring pole || levier *m* de sondage *m* || Bohrschwengel *m*; **-zwengel:** *zie* **balans 2**;

3. (*boren*) (*mijnb.*): **-beugel:** drill retainer, steel holder || décaleur *m* || Haltebügel *m*; **-bus:** chuck, sleeve || porte-fleuret *m*, busette *v* || Bohrerhülse *v*; **-gat** (*schieten*): bore hole, shot-hole || trou *m* de mine *v* || Bohrloch *o*; **-hamer:** hammer drill || marteau *m* perforateur || Bohrhammer *m*; **-huls:** *zie* **boorbus**; **-kap:** tool retainer || manchon *m* || Haltekappe *v*; **-knecht:** foot || pied *m* || Bohrknecht *m*; **-kop:** [drill-]bit || taillant *m* du fleuret *m* || Bohrkopf *m*, -spitze *v*; **-machine:** drill, boring (drilling) machine || foreuse *v*, perceuse *v* || Bohrmaschine *v*; **-scherper:** drill sharpener || machine *v* à aiguiser les forets *mm* || Bohrerscharfmaschine *v*; **-schoen:** chuck, spider || sabot *m* de sondage *m*, manchon *m* d'entraînement *m* || Bohrschuh *m*, Ankerstern *m*; **-schroef:** feed screw, screw spindle || vis *v* d'avancement *m* || Vorschubspindel *v*; **-spits:** pick [point] || pointerolle *v*, pic *m*, aiguille *v* || Spitzmeißel *m*, -eisen *o*; **-stander:** bore frame || affût *m* || Bohrgestell *o*, -spreize *v*; **-steun:** *zie* **boorknecht**; **-ijzer:** *zie* **boorspits**; **-zuil:** stretcher (ratchet) column || affût *m* [à colonne *v*] || Spannsäule *v*;

4. (*element*): *zie* **borium**; **-fluorwaterstof-[zuur]:** [hydro]fluoboric acid || acide *m* fluoborique || Borfluorwasserstoff *m* [-säure *v*]; **-waterstof:** boron hydride || hydrure *m* de bore *m* || Borwasserstoff *m*; **-zuur** [1]) (*ortho*-; *pyro*-): (*ortho*-; *pyro*-) boric acid, boracic acid || acide *m* (*ortho*-; *pyro*-)borique || (*Ortho*-; *Pyro*-)borsäure *v*; **-zuuranhydride:** boric anhydride || anhydride *m* borique || Borsäureanhydrid *o*.

boord (*scheepst.*): board || bord *m* || Bord *m*; **-, aan:** aboard, on board || à bord *m* || an Bord *m*; **-licht** (*scheepst.*): side light || feu *m* de position *v* || Bord-, Seiten-, Positionslicht *o*.

boordsel: border, braid, edging, facing || galon *m*, bordure *v*, bord *m* || Borte *v*;

---

[1]) Voor stofnamen als boorzure soda, enz., zie men *natriumboraat*, enz.

-, zijden: silk braid (galloon) || galon *m* de soie *v* || Seidenborte *v*.
boort: bort || bort *m* || Bort *m*.
boot: **1.** *zie* **schip** *en* **vaartuig; -werker:** porter || porte-faix *m* || Hafenarbeiter *m*;
2. (*klein vaartuig*): boat || bateau *m*, canot *m*, embarcation *v* || Boot *o*, Nachen *m*; **-, opvouwbare:** folding (collapsible) boat || bateau *m* (canot *m*) pliable || Faltboot *o*, zusammenlegbares Boot *o*.
boots|anker: boat anchor || ancre *v* d'embarcation *v* || Bootsanker *m*; **-david:** boat's davit || bossoir *m* d'embarcation *v* || Bootsdavit *m*; **-dek:** boat deck || pont *m* de bateau *m* || Bootsdeck *o*; **-docht, -doft:** boat's thwart || banc *m* d'embarcation *v* || Bootsducht *v*; **-haak:** *zie* **haak 2; -huis:** boat's shed, boathouse || hangar *m* à bateaux *mm* || Bootsschuppen *m*, -haus *o*; **-klamp:** boat chock || chantier *m* d'embarcation *v* || Bootsklampe *v*; **-maker:** boat builder || constructeur *m* d'embarcations *vm* || Bootsbauer *m*; **-man:** boatswain || maître *m* d'équipage *m* (de manoeuvre *v*) || Bootsmann *m*; **-mansstoel:** boatswain's (marine chair || chaise *v* de gabier *m* (de mâture *v*) || Bootmannsstuhl *m*, Sitzbrett *o*; **-mast:** boat's mast || mât *m* d'embarcation *v* || Bootsmast *m*; **-prop:** boat plug || ta[m]pon *m* du nable *m* || Bootspfropfen *m*; **-tenk** (*reddingsboot*): boat's tank, tank of a lifeboat || caisson *m* à air *m* d'un canot *m* de sauvetage *m* || Bootstank *m*; **-tent:** boat's awning || tente *v* d'embarcation *v* || Bootsonnensegel *o*, Bootzelt *o*; **-wagen:** boat carriage || haquet *m* à nacelle *v* || Boots-, Nachenwagen *m*.
bo|raciet: boracite || boracite *v* || Boracit *m*; **-rax:** borax || borax *m* || Borax *m*; **-raxbus:** borax box || boraxoir *m* || Boraxbüchse *v*.
bord: **1.** (*ronde, platte schaal, enz.*): plate, tray || assiette *v* || Teller *m*; **-accumulator:** tray accumulator || accumulateur *m* à cuvettes *vm* || Tellerakkumulator *m*; **-boor** (*mijnb.*): earth auger || tarière *v* à large spire *v*;
2. (*schild, bord, enz.*): board, plate, panel || tableau *m*, panneau *m* || Tafel *v*, Brett *o*, Schild *o*;
3. (*schoep*): paddle, float || aube *v*, palette *v* || Schaufel *v*;
4. (*karton*): board || carton *m* || Pappe *v*; **-papier:** [paste]board, card board || carton *m* || Karton *m*, Pappe *v*, Pappdeckel *m*.
bordes: **1.** (*trap*): landing place || palier *m* (repos *m*) d'escalier *m* || Podest *m*, Treppenabsatz *m*; **-balk:** beam carrying landing || poutre *v* de palier *m* || Podestträger *m*; **-plaat:** landing base || plaque *v* de palier *m* || Podestplatte *v*;
2. (*stoep*): perron || estrade *v*, perron *m* || Perron *m*;
3. (*balkon*): balcony || balcon *m* || Balkon *m*.
borduren: to embroider || broder || sticken.
borduur|garen: embroidery yarn || fil *m* à broder || Stickgarn *o*; **-karton:** punched card paper for embroidery || carton *m* à broder || Papierstramin *m*; **-machine:** embroidering machine || machine *v* à broder || Stickmaschine *v*; **-naald:** embroidering needle || aiguille *v* à broder (brodeuse) || Sticknadel *v*; **-raam:** embroidering frame || tambour *m* || Stickrahmen *m*; **-weefstoel:** lappet loom || métier *m* à broder || Stickwebstuhl *m*; **-werk:** embroidery || broderie *v* || Stickerei *v*; **-zijde:** slack silk || soie *v* à broder || Stickseide *v*.
boren: **1.** (*algem.*): to bore, to drill; to sound || forer, percer; sonder || bohren; sondieren;
2. (*mijnb.*): to drill (bore) || forer, creuser, sonder || bohren;
3. (*diepboren*) (*mijnb.*): to drill (bore), to put down a well, to make hole || forer, sonder, faire un sondage *m* || bohren, eine Bohrung *v* ausführen (niederbringen).
borg: **1.** (*onderpand*): guarantee || garantie *v* || Bürgschaft *v*, Gewährleistung *v*;
2. (*veiligheidsinr.*): guard || garde *v* || Schutzvorrichtung *v*, Sicherung *v*; **-beugel:** safety hanger || bride *v* de sûreté *v* || Sicherheitsbügel *m*; **-en** (*moer*): to lock (secure) a nut || assurer la tenue *v* (empêcher le desserrage *m*) d'un écrou *m* || sichern einer Mutter *v*; **-en m. e. splitpen:** to cotter || goupiller || versplinten; **-haak** (*spw.*): safety hook || crochet *m* de sûreté *v* || Sicherheitshaken *m*; **-ing v. e. moer:** nut locking || dispositif *m* de verrouillage *m* d'écrou *m* || Muttersicherung *v*; **-koppeling** (*spw.*): safety coupling || attelage *m* de sûreté *v* || Not-, Sicherheitskupplung *v*; **-ring:** safety ring || anneau *m* de sûreté *v* || Sicherungsring *m*; **-talie:** relieving rope (tackle) || attrape *v*, câble *m* de redresse *v* || Borgtau *o*, Grundtalje *v*; **-ijzer:** guard iron || garde *v* en fer *m* || Schutzstange *v*;
3. (*klep*): catcher, guard || garde *m* de clapet *m* || Ventilfanger *m*;
4. (*scheepst.*): preventer || faux *m* de rechange *v* || Borg *m*.
boring: **1.** (*het boren*): boring, drilling || forage *m*, percement *m*, perçage *m* || Bohrung *v*; **- m. samengeperste lucht:** pneumatic drilling || perforation *v* par l'air *m* comprimé (pneumatique) || Bohrung *v* mit Druckluft *v*, pneumatische Bohrung *v*; **- m. waterdruk:** hydraulic

drilling || perforation *v* hydraulique || Bohrung *v* mit Druckwasser *o*; **- v. e. veld:** field bore || alésage *m* de champ *m* || Feldbohrung *v*;
2. (*mijnb.*): bore (drill) hole, boring || forage *m*, sondage *m*, [trou *m* de] sonde *v* || Bohrung *v*, Bohrloch *o*;
3. (*boorgat*, *kaliber*): bore || alésage *m* || Bohrung *v*; **-, centrale:** central bore || alésage *m* central || zentrale Bohrung *v*; **-, cilindervormige:** straight bore || alésage *m* cylindrique || zylindrische Bohrung *v*.

borium [1]**):** boron || bore *m* || Bor *o*; **-chloride:** boron chloride || chlorure *m* de bore *m* || Borchlorid *o*; **-fluoride:** boron fluoride || fluorure *m* de bore *m* || Borfluorid *o*; **-oxyde:** boron oxide || oxyde *m* de bore *m*, anhydride *m* borique || Boroxyd *o*.

borniet: bornite, erubescite || érubescite *v*, cuivre *m* pyriteux panaché || Buntkupferkies *m*, -erz *o*.

borst: 1. (*lichaamsdeel*): breast, chest || poitrine *v*; poitrail *m* (*paard*) || Brust *v*; **-boom** (*weverij*)**:** breastbeam, forebeam, foreroller || ensouple *v* de devant *m*, encouloir *m*, encouloire *v*, poitrinière *v* || Brust-, Vorderbaum *m*; **-boor:** breast drill || vilebrequin *m* à engrenages *mm*, porte-foret *m* à consience *v* || Brustbohrer *m*; **-boorarm:** breast beam lever || levier *m* de poitrinière *v* || Brustbaumhebel *m*; **-hamer:** lift (helving) hammer || marteau *m* à devant *m* (à soulèvement *m*), masse *v* || Aufwerfer *m*, Brusthammer *m*; **-hoogte:** breast height || hauteur *v* d'appui *m* || Brüst-, Brüstungshöhe *v*; **-mikrofoon:** breast microphone || microphone *m* à plastron *m* (de poitrine *v*) || Brustmikrophon *o*; **-plaat** (*borstboor*)**:** breastplate || conscience *v*, plastron *m* || Brustbrett *o*, -platte *v*; **-riem** (*tuig*)**:** breaststrap || poitrinière *v* || Brustgurt *m*, -riemen *m*; **-tuig** (*zadelm.*)**:** breast harness || harnais *m* à poitrail *m* || Sielengeschirr *o*; **-wering** (*bouwk.*)**:** balustrade, baluster railing || balustrade *v* || Brüstung *v*;
2. (*kraag*, *enz.*): collar || collet *m* || Kragen *m*; **-bout:** pillar (stay) bolt || entretoise *v* || Stehbolzen *m*; **-nagel:** distance rivet || rivet *m* à collet *m* || Brustniete *v*;
3. (*pen*): peg shoulder || arasement *m* (épaulement *m*) d'un tenon *m* || Zapfenschulter *v*;
4. (*pennegat*): mortise cheek || épaulement *m* de la mortaise *v* || Zapfenlochbrüstung *v*.

borstel: 1. (*algem.*): brush || brosse *v* || Bürste *v*; **-afdruk** (*steendruk*)**:** galley, stone proof || épreuve *v* à la brosse *v* || Bürstenabzug *m*; **-buil:** brush bolter || bluterie *v* à brosses *vm* || Mehlbürstmaschine *v*; **-en:** to brush || brosser || bürsten; **-ing:** brushing || brossage *m* || Bürsten *o*; **-machine:** brushing machine || machine *v* à brosser || Bürstenmaschine *v*; **-wals** (*weverij*)**:** brushing roll, circular (cleaning) brush || brosse *v* circulaire [à débourrer], rouleau *m* à brossage *m*, tambour *m* à brosse *v* || Bürstenwalze *v*, Reinigungsbürste *v*;
2. (*varkenshaar*): bristle || soie *v* de cochon *m* || Schweinsborste *v*;
3. (*elektr.*): brush || balai *m* || Bürste *v*; **- m. koolblok:** *zie* **koolborstel; - naar voren stellen, een:** to feed a brush || avancer un balai *m* || eine Bürste *v* vorstellen; **-, gespleten:** slotted brush || balai *m* fendu || geschlitzte Bürste *v*; **-, verstelbare:** movable brush || balai *m* mobile (réglable) || verstellbare Bürste *v*; **-aflichter:** brush lifting device || relève-balais *m* || Bürstenabhebevorrichtung *v*; **-as:** brush axis || axe *v* de balai *m* || Bürstenachse *v*; **-blok:** brush clamp || sabot *m* de balai *m* || Bürstenschuh *m*; **-breedte:** width of brush || largeur *v* de balai *m* || Bürstenbreite *v*; **-bril:** brush rocker || balancier *m* de porte-balai *m* || Bürstenbrille *v*, -brücke *v*; **-brug:** rocker-arm, brush holder, yoke || balancier *m* de porte-balai *vm* || Bürstenhalter *m*, -brücke *v*; **-contact:** brush contact || contact *m* de balai *m* || Bürstenkontakt *m*; **-contactvlak:** brush contact surface || surface *v* de contact *m* de balai *m* || Bürstenberührungsfläche *v*, -kontaktfläche *v*; **-druk:** brush pressure || pression *v* des balais *mm* || Bürstendruck *m*; **-elektrode:** brush electrode || électrode brosse *v* || Bürstenelektrode *v*; **-groep:** set of brushes || jeu *m* de balais *mm* || Bürstensatz *m*; **-hefboom:** lever for adjusting brushes || levier *m* de calage *m* des balais *mm* || Bürstenstellhebel *m*; **-houder:** brush holder || porte-balai *m* || Bürstenhalter *m*, -träger *m*; **-houder m. parallelgeleiding:** parallel brush holder || porte-balai *m* à guidage *m* parallèle || Parallelführungsbürstenhalter *m*; **-houder m. reactie:** reaction brush holder || porte-balai *m* à réaction *v* || Reaktionsbürstenhalter *m*; **-houder m. scharnier:** hinged brush holder || porte-balai *m* à charnière *v* || Scharnierbürstenhalter *m*; **-houder, parallele:** parallel brush holder || porte-balai *m* à guidage *m* parallèle || Parallelführungsbürstenhalter *m*; **-houder, scharnierachtige:** hinged [finger type] brush holder || porte-balai *m* articulé || scharnierartiger Bürstenhalter,

[1]) Voor hier niet genoemde boriumverbindingen zie onder *boor* 2.

Hebelbürstenhalter *m*; **-houderblok:** brush holder body || corps *m* du porte-balai *m* || Bürstenhalterblock *m*; **-houderbus:** brush holder box || douille *v* (boîte *v*) de balai *m* || Bürstenhalterkasten *m*; **-houderpen:** brush holder pin, brush; pillar (rod) || pivot *m* (tige *v*) de porte-balai *m* || Bürstenstift *m*, -halterzapfen *m*; **-houderplaat:** brush holder plate || plaque *v* de pince *v* à balais *mm* || Bürstenhalterblech *o*; **-juk:** *zie* **borstelbril; -kabel:** brush holder (connecting) cable || câble *m* de raccordement *m* || Ableitungskabel *o*; **-kool:** brush carbon || charbon *m* pour balais *mm* || Bürstenkohle *v*; **-koppeling:** brush coupling || accouplement *m* à brosses *vm* || Bürstenkupplung *v* **-lichter:** *zie* **borstelaflichter; -mal:** brush (bevel) gauge || gabarit *m* (jauge *v*) pour balais *mm* || Bürstenlehre *v*; **-materiaal:** brush material || matière *v* constituante de balai *m* || Bürstenstoff *m*, -material *o*; **-naloop:** lag (shifting back) of the brushes || décalage *m* des balais *mm* en arrière *m* || Bürstenrückschub *m*; **-ontlading:** brush discharge || décharge *v* en brosse *v* || Bürstenentladung *v*; **-oppervlak:** brush surface || surface *v* (frottante *v*) du balai *m* || Bürsten-, Schleiffläche *v*; **-overgangsweerstand:** brush contact resistance || résistance *v* de contact *m* des balais *mm* || Bürstenübergangswiderstand *m*; **-plaatsing:** arrangement of brushes || disposition *v* des balais *mm* || Bürstenanordnung *v*; **-reel:** brush rail, collector ring || anneau *m* collecteur, bague *v* collectrice || Bürstenschiene *v*, -sammelring *m*; **-ring:** rocker ring || collier *m* de porte-balai *m* || Bürstenring *m*; **-schaar:** brush trimmer || cisaille *v* à balais *mm* || Bürstenschere *v*; **-sleutel:** brush [holder] key || clef *v* à balais *mm* (de porte-balai *m*) || Bürstenschlüssel *m*; **-spanning:** brush voltage (pressure) || tension *v* aux balais *mm* || Bürstenspannung *v*; **-spits:** brush tip || pointe *v* de balai *m* || Bürstenspitze *v*; **-stand:** brush position || calage *m* (position *v*) des balais *mm* || Bürstenstellung *v*; **-ster:** brush rocker star || roue *v* étoilée de porte-balai *m* || Bürstenstern *m*; **-uiteinde, schuin:** bevelled end of brush || extrémité *v* biseautée de balai *m* || abgeschrägtes Bürstenende *o*; **-verdraaiingshoek:** angle of brush displacement || angle *m* de décalage *m* (de déplacement *m*) des balais *mm* || Bürstenverschiebungs-, -verstellungswinkel *m*; **-verhitting:** heating of brushes || échauffement *m* des balais *mm* || Bürstenerwärmung *v*; **-verlies:** brush loss || perte *v* aux balais *mm* || Bürstenverlust *m*; **-verschuiving:** brush displacement (shifting) || décalage *m* (déplacement *m*) des balais *mm* || Bürstenverschiebung *v*; **-verschuivingshoek:** angle of brush displacement || angle *m* de déplacement *m* (décalage *m*) des balais *mm* || Bürstenverschiebungswinkel *m*; **-versteller:** brush rocker || porte-balais *m* || Bürstenträger *m*; **-vlak:** brush surface || surface *v* de balai *m* || Bürstenfläche *v*; **-vonking:** brush sparking || crachement *m* aux balais *mm* || Bürstenfeuer *o*; **-voorloop:** leading of brushes || décalage *m* des balais *mm* en avant, avance *v* des balais *mm* || Bürstenvorschub *m*; **-weerstand:** brush resistance || résistance *v* des balais *mm* || Bürstenwiderstand *m*; **-wrijving:** brush friction || frottement *m* des balais *mm* || Bürstenreibung *v*.

borstels aflichten, de: to lift (to raise) the brushes || relever les balais *mm* || die Bürsten *vm* abheben; **- schuin maken, de:** to bevel the brushes || biseauter les balais *mm* || die Bürsten *vm* abschrägen; **- stellen, de:** to adjust the brushes || caler les balais *mm* || die Bürsten *vm* einstellen; **-, vaste:** fixed brushes || balais *mm* fixes || feste Bürsten *vm*.

bos: **1.** *zie* **woud;**
2. (*bundel*): bunch, bundle || paquet *m* || Bund *o*.

bosschuif: cylindrical slide valve, piston valve || tiroir *m* à piston *m* (cylindrique) || Kolben-, Rundschieber *m*.

bosseer|been: embossing bone || ébauchoir *m* en os *m* || Bossierbein *o*; **-hout:** embossing stick || ébauchoir *m* en bois *m* || Bossierholz *o*.

bosseren: to mould in wax || modeller en cire *v* || bossieren.

bossing: rebate joint || écart *m* à mi-bois *m* || Laschung *v* auf halb und halb.

bot: blunt, dull || émoussé || stumpf.

boter: butter || beurre *m* || Butter *v*; **-, (*on*)gezouten:** (*un*)salted butter || beurre *m* salé (*frais*) || (*un*)gesalzene Butter *v*; **-, ranzige:** *zie* **boter, sterke; -, sterke:** rancid butter || beurre *m* rance || ranzige Butter *v*; **-achtig:** butterlike, buttery || butyreux || Butterartig; **-boor:** butterbore || sonde *v* || Butterbohrer *m*, -stecher *m*; **-karn:** butter churn || baratte *v* || Butterfaß *o*; **-kleur[sel]:** butter colouring || colorant *m* pour le beurre *m* || Butterfarbe *v*; **-surrogaat:** butter substitute || succédané *m* du beurre *m* || Butterersatz *m*; **-vet:** butter fat || graisse *v* de beurre *m* || Butterfett *o*; **-zuur (butaanzuur; propaancarbonzuur-1):** butyric acid || acide *m* butyrique || Buttersäure *v*.

bot|sen: **1.** (*algem.*): to collide (*with*); to strike (clash) (*against*) || [se] heurter (*contre*) || anprallen, zusammenstoßen, -prallen, kollidieren; **-sing:** collision, clash || heurt *m*, choc *m*, collision *v* || Anprall *m*, Zusammenstoß *m*, Kollision *v*; **2.** (*voertuigen, enz.*): to collide (*with*) || se heurter, rencontrer, entrer en collision *v*; tamponner (*treinen*) || zusammenstoßen; *zie ook* **aanvaren; -sing:** collision || collision *v*, rencontre *v*; tamponnement (*treinen*) || Zusammenstoß *m*; *zie ook* **aanvaring.**

bouchar|dehamer: granulating hammer || boucharde *v* || Kraus-, Stockhammer *m*; **-deren:** to granulate || boucharder || stocken.

bougie: ignition (spark[ing]) plug || bougie *v* [d'allumage *m*] || [Zünd]kerze *v*; **-ontsteking:** ignition by sparking plug || allumage *m* par bougie *v* || Kerzentzündung *v*; **-sleutel:** spark plug wrench || clé *v* à bougies *vm* || Kerzenschlüssel *m*; **-zitting:** spark plug seat || siège *v* de bougie *v* || Zündkerzensitz *m*.

boulangeriet: boulangerite || boulangerite *v* || Boulangerit *m*.

bouletpan: gutter tile || tuile *v* à onglet *m* || Falzziegel *m*.

bournoniet: bournonite || bournonite *v*, antimoine *v* sulfurée || Bournonit *m*, Schwarzspießglanzerz *o*.

boussole: compass || boussole *v* || Bussole *v*.

bout: **1.** (*verbindingsorgaan*) [1]): bolt || boulon *m* || Bolzen *m*; **- lossen, een:** to loosen (to slacken) a bolt || dégager (déserrer) un boulon *m* || einen Bolzen *m* lockern; **- m. zeskante kop:** hexagon head bolt || boulon *m* à tête *v* hexagonale (de mécanique *v*) || Sechskantkopfbolzen *m*; **- m. e. pen vastzetten, een:** to cotter a bolt || goupiller un boulon *m* || einen Bolzen *m* versplinten; **- m. kop en moer:** bolt with head and nut || boulon *m* à tête *v* et écrou *m* || Bolzen *m* mit Kopf *m* und Mutter *v*; **- m. kop en moer, verzonken:** bolt with recessed (countersunk) head and nut || boulon *m* noyé (fraisé) || eingelassener (versenkter) Bolzen *m*, Versenkbolzen *m*; **- m. veelvoudige schroefdraad:** multiple thread bolt || boulon *m* à plusieurs filets *mm* || mehrgängiger Bolzen *m*; **- m. verzonken kop:** countersunk head bolt || boulon *m* à tête *v* encastrée || Bolzen *m* mit versenktem Kopfe *m*; **- m. vierkante kop:** square head bolt || boulon *m* à tête *v* carrée || Viereckkopfbolzen *m*; **-, geruimde:** reamed bolt || boulon *m* ajusté || Paßbolzen *m*; **-boor:** bolt auger || foret *m* à chevilles *vm* || Bolzenbohrer *m*; **-cirkel:** bolt circle || cercle *m* des trous *mm* de boulon *m* || Lochkreis *m*; **-en** (*ww.*): to fasten with bolts || boulonner || verbolzen; **-enkoppelbus:** split coupling || accouplement *m* à coquilles *vm* || Schalenkupplung *v*; **-gat:** bolt hole || trou *m* à boulon *m* || Bolzenloch *o*; **-kern:** bolt body || noyau *m* d'un boulon *m* || Bolzenkern *m*; **-kop:** bolthead || tête *v* de boulon *m* || Bolzenkopf *m*; **-snijmachine:** bolt screw cutting machine || machine *v* à tarauder les boulons *mm* || Bolzenschneidmaschine *v*; **-spie:** cotter bolt, eye bolt and key || boulon *m* à clavette *v* || Bolzen *m* mit Vorsteckkeil *m*, Schließbolzen *m*;
2. *zie* **soldeerbout.**

[1]) Zie ook *schroef*.

bouw: **1.** *zie* **gebouw;**
2. (*h. bouwen*): building, construction, erection || construction *v* || Bau *m*; **-bedrijf:** building trade || bâtiment *m* || Baugewerbe *o*; **-en:** to build || bâtir, construire || [er]bauen, errichten; **-begroting:** estimate of costs of construction || devis *m* || Kosten-, Bauanschlag *m*; **-bureau:** building office || bureau *m* d'ingénieur *m* || Baubüro *o*; **-concessie:** building concession || concession *v* définitive || Baukonzession *v*; **-contract:** agreement for construction, building contract || contract *m* d'entreprise *v* || Bauvertrag *m*; **-crediet:** building credit || avance *v* immobilière || Baukredit *m*; **-er:** builder, constructor || entrepreneur *m* en bâtiments *mm*, bâtisseur *m*, constructeur *m* || Bauunternehmer *m*; **-gereedschappen:** implements for building || équipage *m* de construction *v* || Baugerät *o*; **-grond:** building ground, foundation soil || emplacement *m*, terrain *m* à bâtir, sol *m* de fondation *v* || Baugrund *m*; **-heer:** builder's employer || fondateur *m* || Bauherr *m*; **-kapitaal:** capital for construction || capital *m* de construction *v* || Baukapital *o*; **-kosten:** cost of construction || frais *mm* de construction *v* || Baukosten *mrv*; **-kunde:** architecture, art of building || art *m* de bâtir, architectonique *v* || Architektur *v*, Baukunde *v*; **-kunde, Griekse:** grecian architecture || architecture *v* grecque || griechische Baukunst *v*; **-kundig:** architectural; constructive || architectonique || architektonisch; Bau-; **-kundige:** architectural expert || expert *m* en architecture *v* || Baumeister *m*, Architekt *m*; **-kunst:** architectural art || architecture *v* || Baukunst *v*; **-maatschappij:** building company || société *v* de construction *v* || Baugesellschaft *v*; **-materialen:** *zie* **bouwstoffen; -materialenonderzoek:** *zie* **onderzoek v. bouwmaterialen; -meester:** *zie* **architect; -ontwerp:** scheme of work ||

projet *m* de construction *v* || Bauentwurf *m*; **-opzichter:** inspector || surveillant *m* de travaux *mm* || Bauaufseher *m*; **-orde:** style, order of architecture || style *m*, architecture *v* || Baustil *m*; **-politie:** *zie onder* **bouwtoezicht; -steen:** building stone || pierre *v* de construction *v* || Baustein *m*; **-steen, glazen:** glass tile (brick) || brique *v* (dalle *v*, carreau *m*) de verre *m* || Glasbaustein *m*; **-stoffen:** [building] materials || matériaux *mm* [de construction *v*] || Baumaterialien *o*, -stoffe *mm*; **-stijl:** style of building, architecture || style *m*, architecture *v* || Baustil *m*; **-stijl, Gothische:** gothic style || style *m* gotique || gotischer Baustil *m*; **-systeem:** method of construction || système *m* de construction *v* || Bausystem *o*; **-terrein:** *zie* **bouwgrond; -terrein, natuurlijke gesteldheid v. h.:** nature of the building ground || nature *v* du terrain *m* à bâtir || Beschaffenheit *v* des Baugrunds *m*; **-trant:** *zie* **bouwstijl; -toezicht:** management of work, supervision of construction || conduite *v* (direction *v*) des travaux *mm* || Bauleitung *v*, -verwaltung *v*; (*bouwpolitie*): building-inspectors, office of the board of works || police *v* des constructions *vm* || Baupolizei *v*; **-tufsteen:** leucitic tuff || tuf *m* leucitique || Leuzittuff *m*; **-vak:** builder's (building) trade || métier *m* de constructeur *m*, industrie *v* du bâtiment *m* || Baufach *o*, -gewerbe *o*, -geschäft *o*; **-val:** ruin[s] || ruine *v*, ruines *vm* || Ruine *v*; **-vallig:** dilapidated, out of repair, ruinous, crazy || caduc, délabré || baufällig; **-valligheid:** craziness, decay, dilapidation || caducité *v*, délabrement *m* || Baufälligkeit *v*; **-vergunning:** building permission || permission *v* de (à) bâtir, autorisation *v* de construire || Baubewilligung *v*, -erlaubnis *v*; **-verordening:** building regulations, instructions from the office of the board of works || règlement *m* sur la bâtisse *v*, instructions *vm* de la police *v* de construction *v* || Bauordnung *v*, baupolizeiliche Vorschriften *vm*; **-voorschriften:** building regulations || instructions *vm* relatives à la construction *v* || Bauvorschriften *vm*; **-wezen:** board of works || [département *m* de] travaux *mm* publics || Bauamt *o*, -behörde *v*;

3. (*mach. enz.*): construction, design || construction *v* || Bau *m*, Bauart *v*; **-, gedrongen:** compact construction (design) || construction *v* compacte || gedrängter Bau *m*, gedrängte Bauart *v*; **-en:** to construct || construire || bauen; **-en** (*steigers*): to scaffold || échafauder || rüsten; **-en in** (*aanbrengen in*): to build in; to insert || monter dans; enforcer; enchâsser || einbauen;

4. (*v. h. land*): cultivation, culture || culture *v* || Anbau *m*;

5. (*chem.*): structure; configuration || structure *v*; configuration *v* || [Auf]bau *m*, Struktur *v*; Konfiguration *v*.

boven: above, over, upwards of, beyond (*voorz.*); above, up (*bijw.*) || sur, au-dessus *m* de, en plus de (*voorz.*); au-dessus, en haut *m* (*bijw.*) || über, oberhalb (*voorz.*); oben, droben (*bijw.*); **- tot onderen, van:** from top to bottom || de haut *m* en bas *m* || von oben bis unten; **-, van:** from above || de haut *m*, du haut *m* || oben; **-aan:** at the top (upper end) || en tête *v* de, en haut *m* de || oben[an]; **-aanzicht:** top view, plan || vue *v* de haut *m* en bas *m*, vue *v* par-dessus || Aufsicht *v*, Obenansicht *v*; **-af, van:** from above, from the top || d'en haut *m* || von oben her; **-band:** (*transportband*): top belt || brin *m* supérieur || Oberband *o*, -gurt *m*; (*geweer*): upper band || capucine *v* d'en haut *m*, enbouchoir *m* || Oberbund *m*, -ring *m*; **-berghout:** channel wale || petite préceinte *v* || kleines Bergholz *o*; **-blok** (*katrol*): upper block || moufle *v* du haut *m* || Oberflasche *v*; **-bouw:** superstructure || [travaux *mm* de] superstructure *v* || Oberbau *m*; **-bouw m. dwarsliggers** (*spw.*): cross sleeper road || établissement *m* des voies *vm* sur traverses *vm* || Querschwellenoberbau *m*; **-bouw m. langsliggers** (*spw.*): longitudinal sleeper road || établissement *m* des voies *vm* sur longrines *vm* || Langschwellenoberbau *m*; **-brenging** (*m. kabels*): cable (rope) haulage || extraction *v* (traînage *m*, transport *m*) par câble *m* || Seilförderung *v*; **-deel:** upper (top) part || partie *v* supérieure || Oberteil *m*, oberer Teil *m*; **-dek** (*schip*): upper deck || pont *m* des gaillards *mm* (supérieur) || Oberdeck *o*; **-deksbalk:** upper deck beam || bau *m* des gaillards *mm* || Oberdecksbalken *m*.

bovendorpel: 1. (*algem.*): cap (head) piece || linteau *m* || Sturz *m*; **-, stenen:** stone lintel || linteau *m* en pierre *v* || Steinsturz *m*;

2. (*deur*): doorhead || linteau *m* de porte *v* || Türsturz *m*;

3. (*sluis*): head mitre sill || buse *m* d'amont *m* || Oberdrempel *m*;

4. (*venster*): lintel, window head || linteau *m* de croisée *v* || Fenstersturz *m*.

boven|flens: top flange || bride *v* supérieure || Oberflansch *m*; **-gaap:** upper shed || levée *v*, pas *m* d'en haut *m* || Oberfach *o*, -sprung *m*; **-gist:** head yeast || levure *v* superficielle || Oberhefe *v*; **-grens:** upper limit || limite *v* supérieure || Obergrenze *v*, obere Grenze *v*; **-gronds:** overground, overhead, aerial || aérien || oberirdisch; (*mijnb.*): at the surface *v* || au jour *m* || über Tage *m*; **-harmonisch:** *zie* **harmonisch, hoger; -huis:** upper part of a house; upper maisonette; flat || étages *mm* supérieurs || Wohnung *v* im oberen Stock *m*; **-kant:** top, upper side || dessus *m*, côté *m* supérieur || obere Seite *v*, Oberseite *v*; *zie ook* **bovenzijde; -kast** (*typogr.*): upper case || haut-de-casse *m* || Oberkasten *m*; **-ketel:** upper cylinder (drum) || chaudière *v* supérieure, [corps *m*] générateur *m* supérieur || Oberkessel *m*; **-ketel** (*stoomketel*): steam drum, upperboiler || réservoir *m* de vapeur *v* de la chaudière *v* combinée || Dampfammler *m* des kombinierten Kessels *m*; **-kuiser** (*znw.*): top clearer (flat) || nettoyeur *m* de dessus *m* || oberer Putzdeckel *m*, obere Putzwalze *v*; **-laag:** top (upper, surface) layer || couche *v* supérieure || obere Schicht *v*, Oberschicht *v*; **-leer:** upper leather, uppers || empeigne *v* || Oberleder *o*; **-leiding:** (*elektr. tractie*): aerial contact line || ligne *v* aérienne de contact *m* || Fahrdraht *m*, Oberleitung *v*, Arbeitsdraht *m*; **-leiding m. dubbele contactdraad:** turn contact-wire || ligne *v* de contact *m* double (jumeau || Doppelfahrleitung *v*; **-leiding m. dubbele kettinglijnophanging:** double catenary construction || ligne *v* caténaire double || Kettenfahrleitung *v* mit doppeltem Tragseil *o*; **-leiding m. kettinglijnophanging:** catenary construction || ligne *v* caténaire || Kettenfahrleitung *v*; **-leiding m. samengestelde kettinglijnophanging:** compound catenary construction || ligne *v* caténaire composée || Kettenfahrleitung *v* mit Hilfstragedraht *m*; **-leuning** (*balkon*): breast rail || lisse *v* d'appui *m* || Brustriegel *m*; **-licht:** skylight || jour *m* d'aplomb *m* (d'en haut *m*) || Oberlicht *o*; **-lichtreflector:** indirect reflector || réflecteur *m* indirect || Oberlichtreflektor *m*; **-lichtvenster:** skylight sash || baie *v* de lanterneau *m* || Oberlichtfenster *o*; **-lintplaat:** top sliver plate || plaque *v* supérieure de rubans *mm* || obere Bandplatte *v*; **-loop** (*rivier*): upper course || cours *m* supérieur || Oberlauf *m*; **-lus** (*weverij*): sleeper || maille *v* d'en haut *m* || Oberlitze *v*; **-lijst:** cornice || cornice *v* || Ober-, Kranzgesims *o*; **-metaal:** upper brass || coussinet *m* supérieur || Oberschale *v*; **-op:** on [the] top || [au-] dessus || obenauf; **-pan:** upper tile || tuile *v* de dessus *m* (supérieure) || Oberziegel *m*; **-persrol:** top draw box || rouleau *m* d'étirage *m* || obere Streckwerkwalze *v*; **-plaatje** (*knoop*): shell || coquille *v* || Oberplatte *v*; **-plaatmes:** slider || feuille *v* mâle || Laufer *m*, Oberkling *m*; **-rand:** upper edge || bord *m* supérieur || oberer Rand *m*; **-rand** (*bouwk.*): top flange, upper boom (chord, flange) || membrure *v* supérieure || Obergurt *m*; **-regel:** cross girder || bride *v* supérieure de cadre *m* || Riegel *m*; **-scheut:** face pick || duite *v* d'endroit *m* || Oberschuß *m*; **-slede** (*draaibank*): top (toolpost) slide, compound rest || chariot *m* (coulisseau *m*) porte-outils || Oberschlitten *m*; **-sluiskamer:** head bay (crown), upper chamber || chambre *v* (tête *v*) d'amont *m* || Oberhaupt *o* einer Schleuse *v*; **-stad:** upper town || ville *v* haute || oberer Stadtteil *m*; **-ste, het** [1]**:** the upper part || le sommet *m* (dessus *m*, haut *m*) || das Oberste *o*; **-stempel:** top (upper) die || étampe *v* supérieure || Obergesenk *o*; **-tonen:** accessory sounds, harmonies, overtones || harmoniques *mm* || Oberton *m*; (*radio*): -schwingung *v*, -welle *v*; **-tuimelaar** (*baggermolen*): toptumbler || tourteau *m* supérieur || Oberturas *m*; **-type-dynamo:** overtype dynamo || dynamo *v* [du] type *m* supérieur || Dynamo *v* mit oberständigem Anker *m*, Obertypdynamo *v*; **-veerblad:** top plate with eyes || lame *v* supérieure à rouleaux *mm* || oberstes Federblatt *o*; **-verdieping:** upper story, top floor || étage *m* supérieur, haute oeuvre *v* || Obergeschoß *o*, Oberstock *m*; **-vlak:** upper surface || surface *v* supérieure || obere Fläche *v*; **-vleugel:** main top plane || aile *v* supérieure || Oberflügel *m*, obere Tragfläche *v*; **-wals:** top roller || cylindre *m* supérieur || Oberwalze *v*; **-water:** head (upstream) water || bief *m* supérieur || Oberwasser *o*; (*mijnb.*): top (upper) water || eau *v* supérieure (surjacente) || Hangendwasser *o*; **-woning:** *zie* **bovenhuis; -zijde:** upper side || côté *m* supérieur || Oberseite *v*, obere Seite *v*.

bovenst: upper[most], topmost || supérieur, le plus haut (élevé) || oberst.

braak (*vlasbew.*): brake || brisoir *m*, broie *v*, tillotte *v* || Breche *v*; **-machine:** brake, breaking machine || broie *v* mécanique, machine *v* à teiller || Brechmaschine *v*; **-wijnsteen:** emetic tartar, tartarised antimony || tartre *m* émétique || Brechweinstein *m*.

braam: burr || bravure *v* || Bart *m*.

bradfordklei: Bradford clay || argile *v* de Bradford || Bradfordton *m*.

---

[1]) Zie ook *bovenst* na *bovenzijde*.

braken (*vlas, enz.*): to brake, to break || briser, broyer, teiller || brechen.

brand: 1. (*i. e. gebouw, enz.*): fire || incendie *m*, feu *m* || Brand *m*, Feuersbrunst *v*; *zie ook* **mijnbrand; blussen-, een:** to extinguish (to put out) a fire || éteindre un incendie *m* (feu *m*) || ein Feuer *o* (einen Brand *m*) löschen; **- in een laag** (*mijnb.*): outbreak of fire in a seam || incendie *m* dans une (feu *m* en) couche *v* || Flözbrand *m*; **- in een schacht** (*mijnb.*): shaft fire || incendie *m* d'un puits *m* || Schachtbrand *m*; **- raken, in:** to catch (to take) fire || prendre feu *m* || in Brand *m* geraten; **- staan, in:** to be on (in) fire, to be burning || être en feu *m*, brûler || brennen; **- steken, in:** to set fire to, to set on fire, to ignite || mettre le feu *m* à, incendier || anzünden; **- vliegen, in:** to catch (to take) fire || prendre feu *m*, s'enflammer || Feuer *o* fangen; **-, uitslaande:** breaking forth fire || feu *m* sortant des fenêtres *vm* (du toit *m*) || Großfeuer *o*; **-alarmtoestel:** fire alarm (recorder) || avertisseur *m* d'incendie *m* || Feuermelder *m*; **-assurantie:** *zie* **brandverzekering; -baar:** combustible, inflammable, ignitible || combustible, inflammable || brennbar, verbrennlich; **-blusser:** fire extinguisher || extincteur *m* de feu *m*, appareil *m* extinteur || Feuerlöscher *m*, Feuerlöschapparat *m*; **-blustoestel:** *zie* **brandblusser; -bom:** incendiary (fire) bomb || bombe *v* incendiaire || Brandbombe *v*; **-dam** (*mijnb.*): fire-dam || barrage *m* (serrement *m*) contre l'incendie *m* || Branddamm *m*; **-deur:** fireproof door; emergency door || porte *v* de fer *m* (de secours *m*) || Brandtür *v*; **-emmer:** fire bucket || seau *m* à incendie *m* || Feuer-, Löscheimer *m*; **-en:** *zie na* **brand 3; -geur:** smell of fire, burnt smell, fire-stink || odeur *v* de brûlé *m* (d'incendie *m*) || Brandgeruch *m*, brenzlicher Geruch *m*; **-gevaar:** danger (risk) of fire || danger *m* d'incendie *m* || Feuergefahr *v*; **-granaat:** incendiary (fire) shell || obus *m* incendiaire || Brandgranate *v*; **-haard:** seat of the fire || centre *m* (foyer *m*) de l'incendie *m* || Brandherd *m*; **-kast:** fire proof box; strong box, safe || coffre-fort *m* || Geld-, Panzerschrank *m*; **-klok:** firebell || tocsin *m* || Brand-, Feuer-, Sturmglocke *v*; **-kraan:** fire cock || robinet *m* à feu *m* || Feuerhahn *m*; **-ladder:** fire (emergency) ladder; fire escape (*vaste ladder*) || échelle *v* à incendie *m* || Brand-, Feuerleiter *v*; **-lucht:** *zie* **brandgeur; -melder, automatische:** automatic fire alarm || avertisseur *m* automatique d'incendie *m* || selbsttätiger Feuermelder *m*; **-muur:** fire proof wall || mur *m* réfractaire || Brandmauer *v*; **-schade:** fire damage, damage [caused] by fire || dégâts *mm* d' (causés par un) incendie *m* || Brand-, Feuerschaden *m*; **-schel:** fire alarm bell || sonnerie *v* avertisseur *m* d'incendie *m* || Feueralarmglocke *v*; **-schelkastje:** fire alarm box || boîte *v* à incendie *m* || Feuerwehrkästchen *o*; **-schelleiding:** fire alarm telegraphic line || ligne *v* télégraphique d'un avertisseur *m* d'incendie *m* || Feuerwehrtelegraphenlinie *v*; **-scherm:** fire wall, fireproof bulkhead || pareflammes *m* || Feuerwand *v*; **-schot:** *zie* **brandscherm; -slang:** firehose, hose pipe || boyau *m* (tuyau *m*) [d'une pompe *v*] à incendie *m* || [Feuer] schlauch *m*; **-spuit:** fire engine (pump); [fire] float (*drijvende*) || pompe *v* à incendie *m* || Feuerspritze *v*; **-spuitauto:** motor fire engine || pompe *v* à incendie *m* à moteur *m* || Motorfeuerspritze *v*; **-spuitslang:** fire hose || manche *v* à incendie *m* || Spritzenschlauch *m*; **-stof:** *zie na* **brandspiegel** *en onder* **brand 2; -verklikker:** fire alarm || avertisseur *m* d'incendie *m* || Feuermelder *m*; **-verzekering:** fire insurance || assurance *v* contre l'incendie *m* || Feuerversicherung *v*; **-vrij:** fireproof || à l'épreuve *v* de feu *m*, ignifuge || feuersicher; **-vrijheid:** fire resisting property || incombustibilité *v*, sécurité *v* à l'égard *m* du feu *m* || Feuerwiderstandsfähigkeit *v*, -sicherheit *v*; **-weer:** fire brigade || [corps *m* des] [sapeurs-] pompiers *mm* || Feuerwehr *v*; **-weertelegraaf:** fire[alarm] telegraph || télégraphe *m* d'incendie *m* || Feuertelegraph *m*;

2. *zie* **brandstof; -baarheid:** combustibility, inflammability || combustibilité *v*, inflammabilité *v* || Brennkarkeit *v*; **-duur:** duration of combustion || durée *v* de combustion *v* || Brenndauer *v*, -zeit *v*; **-hout:** fire wood || bois *m* à brûler (de chauffage *m*) || Brennholz *o*; **-merk** (*o. e. ketel*): safety level pointer || indicateur *m* (marque *v*, repère *v*) de niveau *m* [d'eau *v*] de sûreté *v* || Sicherheitswasserstandsmarke *v*; **-plaat** (*v. vuurdeur*): baffle (protecting) plate, protecting shield || contre-porte *v* || Schutzplatte *v*; **-wulf:** brick arch || voûte *v* de foyer *m* || Feuerwölbe *o*;

3. (*versch. betekenissen*): *zie onder en na* **branden.**

brand|en: 1. (*in brand zijn*): to burn, to be on fire || brûler || brennen; **-baar,** *enz.*: *zie onder* **brand 1;**

2. (*lamp, enz.*): to burn || brûler || brennen; **-er:** burner || brûleur *m*, bec *m* || Brenner *m*; **-duur** (*gloeilamp*): hours of

burning, life || durée *v* d'éclairage *m* || Brenndauer *v*; **-tijd** (*gloeilamp*): lighting period || durée *v* d'allumage *m* (d'éclairage *m*) || Brennzeit *v*; **-uur** (*gloeilamp*): burning hour || heure *v* d'allumage *m* (d'éclairage *m*) || Beleuchtungs-, Brennstunde *v*;
3. (*brandmerken*): to brand-mark || marquer d'un fer *m* chaud || brandmarken; **-merk**: brand || marque *v* [au fer *m* rouge] || eingebranntes Zeichen *o*, Brandmal *o*;
4. (*inbranden, enz.*): to brand || brûler || einbrennen; **-schilderen**: to enamel || émailler || emaillieren; **-schilderwerk**: enamelled work || émaillure *v* || Schmelzarbeit *v*; **-verf**: enamel || émail *m* || Email *o*, Schmelz *m*; **-ijzer** (*hoefsmederij*): firing iron || couteau *m* de feu *m* || Brenneisen *o*, -messer *o*;
5. (*ertsen*): to calcine, to roast || calciner, griller || brennen, rösten;
6. (*kalk*): to burn || cuire || brennen;
7. (*klei*): to bake, to burn || cuire || brennen;
8. (*verkolen*): to carbonise, to char || carboniser || verkohlen;
9. (*brandewijn, enz.*): to distil || distiller || brennen; **-er**: distiller || distillateur *m* || Brenner *m*; **-erij** (*bedrijf*): distillery || distillerie *v*, brûlerie *v* || Brennerei *v*; **-erij** (*bewerking*): distillation || distillation *v* || Brennen *o*; **-ewijn**: brandy, alcohol || eau *v* -de-vie *v*, alcool *m* || [Trink]branntwein *m*, [Fein]sprit *m*; **-wijn, Franse**: French brandy || eau-de-vie *v* de France *v* || Franzbranntwein *m*;
10. (*verkooksen*): to coke || carboniser || verkoken;
11. (*koffie, enz.*): to roast, to torrefy || torréfier, brûler, rôtir || brennen.

branderig (*geur, smaak*): burnt, of burning || sentant le brûlé *m* || brandig, brenzlich[t], brenzlig.

brand|glas: burning glass || verre *m* ardent || Brennglas *o*; **-punt**: focal point, focus || foyer *m* || Brennpunkt *m*, Fokus *m*; **-lei**: coal slate, pyroschist || schiste *m* houiller, charbon *m* schisteux, pyroschiste *m*, chauffour *m* || Brand-, Brenn-, Kohlenschiefer *m*; **-punten, geconjugeerde**: conjugate foci || foyers *mm* conjugés || konjugierte Brennpunkte *mm*; **-puntsafstand**: focal distance || distance *v* focale || Brennpunktsabstand *m*; **-puntsafstandsmeter**: focimeter || focimètre *m* || Fokusmesser *m*; **-spiegel**: burning mirror || miroir *m* ardent || Brennspiegel *m*.

brandstof [1]: fuel || combustible *m* || Brenn-, Treib-, Kraftstoff *m*; **- v. goede kwaliteit**: high grade fuel || combustible *m* de bonne qualité *v* || hochwertiger Brennstoff *m*; **-, gasvormige**: gaseous fuel || combustible *m* gazeux || gasförmiger Brennstoff *m*; **-, vaste**: solid fuel || combustible *m* solide || fester Brennstoff *m*; **-, vloeibare** [1]) liquid fuel || combustible *m* liquide || flüssiger Brennstoff *m*; **-afval**: refuse fuel || déchet *m* de combustible *m* || Abfallbrennstoff *m*; **-besparing**: fuel utilisation || utilisation *v* du combustible *m* || Brennstoffausnützung *v*; **-klep**: fuel valve || soupape *v* à combustible *m* || Brennstoffventil *o*; **-kosten**: cost of fuel || frais *mm* de combustible *m* || Brennstoffkosten *vm*; **-naald m. schroefdraad**: helical core || aiguille *v* (noyau *m*) à spirale *v* || Herzspirale *v*; **-olie**: fuel oil || huile *v* à brûler || Brennöl *o*; **-pomp**: fuel pump || pompe *v* à combustible *m* || Brennstoffpumpe *v*; **-verbruik**: fuel consumption || consommation *v* de combustible *m* || Brennstoffverbrauch *m*.

brandvlek (*röntgentechn.*): focus || foyer *m* || Brennfleck *m*.

brauniet: braunite || braunite *v* || Braunit *m*.

brazielhout: Brasil (Pernambucco) wood || bois *m* de Brésil (de Pernambouc) || Brasilien-, Pernambukholz *o*.

breccie: breccia || brèche *v* || Brekzie *v*, Trümmergestein *o*.

breed: broad || large || breit; **- en ... hoog, ...**: ... wide by ... deep || ... de large sur ... de haut || ... breit und ... hoch; **-gerand**: broad brimmed || à grands bords *mm* || breitgerändert; **-houden** (*weverij*): to distend, to hold out, to stretch || maintenir (tendre) en largeur *v* || breit halten (spannen); **-houder**: temple || temple[t]s *m* || Breithalter *m*.

breedte: **1.** (*algem.*): breadth || largeur *v* || Breite *v*; **-, in de**: broadwise || dans le sens *m* de la largeur *v*, en large *m* || der Breite *v* nach; **-, inwendige**: inside breadth || largeur *v* intérieure || lichte (innere) Breite *v*; **-, totale**: overall width || largeur *v* totale (au maître bau *m*) || Totalbreite *v*, Breite *v* über alles; **-, volle**: overall width || largeur *v* hors tout || größte Breite *v*; **-aanduider** (*auto*): width check || indicateur *m* de largeur *v* || Breiteanzeiger *m*; **-scheur**: transverse crack || fissure *v* transversale || Querriß *m*;
2. (*aardrijksk.*): [geographical] latitude || latitude *v* [géographique] || [geographische] Breite *v*; **-graad**: degree of latitude || degré *m* de latitude *v* || Breitengrad *m*;
3. (*v. e. spoor*): gauge || écartement *m*,

[1]) Zie ook onder *benzine, olie, petroleum*.

[1]) Zie ook onder *benzine, olie, petroleum*.

largeur *v* de voie *v* || Spurmaß *o*, -weite *v*;
4. (*in de dag*): breadth of the day || largeur *v* du jour *m* || Lichtenbreite *v*;
5. (*o. d. buitenkant v. d. spanten*): moulded breadth || largeur *v* hors-membres *mm* || Breite *v* auf den Spanten *vm*;
6. (*over alles*): total breadth; (*schip*): beam || largeur *v* totale (hors tout) || Totalbreite *v*;
7. (*tand*): width of tooth || largeur *v* de dent *v* || Zahnbreite *v*;
8. (*zitting*): width of seat || largeur *v* de siège *m* || Sitzbreite *v*;
9. (*bv. v. papier*): width || format *m* en largeur *v* || Breite *v*.

breegang: sheer strake || virure *m* du vibord *m* || Breit-, Farbegang *m*.

breek|baar: breakable, brittle, fragile || fragile, cassant || zerbrechlich; **-baarheid:** fragility || fragilité *v* || Zerbrechlichkeit *v*; **-beitel** (*scheepsb.*)**:** crooked (ripping) chisel || ciseau *m* à rompre les bordages *mm* || Brech-, Schiefbeitel *m*; **-grens:** breaking down (critical) limit, ultimate stress || limite *v* critique [de rupture *v*] || Abfall-, Bruchgrenze *v*; **-kegel** (*kegel-, tolbreker*)**:** crushing cone || cône *m* de broyage *m* || Brechkegel *m*; **-lengte:** breaking length, length of rupture || longueur *v* de rupture *v* || Reißlänge *v*; **-machine** (*vlasbew.*)**:** breaker, breaking (crushing) plant, crushing machine, softener || broie *v* mécanique, installation *v* de concassage *m*, machine *v* à broyer || Brechanlage *v*, [Flachs]brechmaschine *v*; **-mantel** (*kegel-, tolbreker*)**:** [upper, under] concave || couronne *v* [de broyage *m*] || Brechring *m*; **-plaat** (*kaakbreker*)**:** jaw (wearing) plate || plaque *v* d'usure *v* || Brech-, Schleißplatte *v*; **-proef:** breaking test || essai *m* de rupture *v* || Bruchprobe *v*; **-proef bij roodhitte:** red heat test || essai *m* de rupture *v* au rouge *m* || Rotbruchprobe *v*; **-punt:** place of fracture || point *m* de rupture *v* || Bruchstelle *v*; **-ring:** *zie* **breekmantel; -spanning:** breaking stress, intensity of breaking || tension *v* de rupture *v* || Bruch-, Zerreißspannung *v*; **-stang** (*gieterij*)**:** tapper, tapping bar, stoker || perceur *m* || Abstecher *m*; **-wals:** crusher, crushing roller || cylindre *m* broyeur || Brech-, Quetschwalze *v*; **-ijzer:** pinch bar || pince *v* || Brechstange *v*.

breeuw|en: to caulk || calfater || kalfat[er]en; **-er:** ca[u]lker || calfat *m* || Kalfaterer *m*; **-hamer:** caulking mallet || maillet *m* de calfat *m* || Dicht-, Kalfathammer *m*; **-ing:** caulking || calfatage *m* || Kalfaterung *v*; **-ijzer:** caulking iron || ciseau *m* (fer *m*) à calfat *m* || Dicht-, Kalfateisen *o*.

brei|en: to knit; knitting || tricoter; tricotage *m* || stricken; Stricken *o*; **-katoen:** knitting cotton || coton *m* à tricoter Strickgarn *o*; **-machine:** knitting machine || tricoteuse *v* || Strickmaschine *v*; **-naald:** knitting needle || aiguille *v* à tricoter || Stricknadel *v*; **-werk:** hosiery || bonneteries *vm* || Strumpfwirkerei *v*, -weberei *v*.

bre|ken: 1. (*uiteenvallen*): to break [down] || (*se*) casser, (*se*) rompre, (*se*) briser || [zer]brechen; **-ker** (*golf*)**:** breaker || brisant *m* || Brecher *m*;
2. (*fijnmaken*): to crush, to break || broyer, concasser || zerkleinern, brechen; **-ker:** crusher, breaker || concasseur *m*, broyeur *m* || Brecher *m*, Brechvorrichtung *v*; (*wol*)**:** scribbling machine || briseuse *v* de laine *v* || Schrubbelmaschine *v*; **-kerkaarde:** breaker, breaking card || carde *v* briseuse || Brecher-, Vorkratze *v*, Grobkarde *v*, Reißkrempel *m*; **-kerij** (*mijnb.*)**:** crushing plant || installation *v* de broyage *m* || Zerkleinerungs-, Mahlanlage *v*; Pochhaus *o* (*stamperij*);
3. (*licht*): to refract || réfracter || brechen; **-king:** refraction || réfraction *v* || Brechung *v*; **-king, dubbele:** double refraction || double réfraction *v* || Doppelbrechung *v*; **-kingsexponent:** *zie* **brekingsindex; -kingshoek:** angle of refraction || angle *m* de réfraction *v* || Brechungswinkel *m*; **-kingsindex:** refractive index || indice *m* de la réfraction *v* || Brechungsindex *m*; **-kingsvlak:** plane of refraction || plan *m* de réfraction *v* || Brechungsebene *v*; **-kingswet:** refraction law || loi *v* de la réfraction *v* || Brechungsgesetz *o*;
4. (*emulsie*): to break, to flocculate || se rompre, se séparer || brechen, ausflocken, sich entmischen.

bremerblauw: blue ashes (verditer) || bleu *m* de Brême, cendres *vm* bleues || Bremer-, Kalkblau *o*.

breuk: 1. (*het breken*): breaking, rupture, fracture || brisure *v*, rupture *v*, fracture *v* || Bruch *m*; **-belasting:** breaking (maximum) load, ultimate straining || charge *v* de rupture *v* || Bruchbeanspruchung *v*, -last *v*; **-doorsnede:** shearing section || section *v* de cisaillement *m* || Abscherungsquerschnitt *m*; **-kern:** core of the fracture || noyau *m* de la cassure *v* || Kern *m* des Bruchquerschnitts *m*; **-plaats:** place of fracture || endroit *m* de rupture *v* || Bruchstelle *v*; **-punt:** point of deviation || changement *m* brusque d'inclinaison *v* || Bruchpunkt *m*; **-spanning:** ultimate stress || résistance *v*, tension *v* de rupture *v* || Bruchspannung *v*; **-steen:** quarry stone || moellon *m* || Bruchstein *m*; **-sterkte:** breaking (ultimate) strength

|| résistance *v* à la rupture *v* (extrême), tenacité *v* extrême || Bruchfestigkeit *v*; **-vlak:** surface of fracture || section *v* de rupture *v* || Bruchfläche *v*;
2. (*scheur, enz.*): fracture || rupture *v* || Bruch *m*;
3. (*mineralogie*): fracture || cassure *v* || Bruch *m*;
4. (*terrein*): sag, breaking-down, falling-in || rupture *v*, cassure *v* || Bruch *m*;
5. (*wisk.*): fraction || fraction *v* || Bruch *m*;
-, decimale: *zie* **breuk, tiendelige; -, (*on*)-echte:** (*im*)proper fraction || fraction *v* (*expression v fractionnaire*) || (*un*)echter Bruch *m*; **-, gemengd repeterende:** mixed repeater || fraction *v* périodique mixte || gemischt periodischer Bruch *m*; **-, gewone:** vulgar fraction || fraction *v* ordinaire || gewöhnlicher Bruch *m*; **-, repeterende:** circulating fraction, repeater, repeating decimal || fraction *v* périodique || periodischer Bruch *m*; **-, tiendelige:** decimal fraction || fraction *v* décimale || Dezimalbruch *m*; **-, zuiver repeterende:** pure repeater || fraction *v* périodique pure || rein periodischer Bruch *m*; **-cijfer** (*typogr.*): fraction || fraction *v* de nombre *m* || Bruchziffer *v*.

brevium: brevium || brévium *m* || Brevium *o*.

brief spelden: sheet of pins || papier *m* d'épingles *vm* || Brief *m* Nadeln *vm*.

brieven|bus: letter box; pillar-box, wall-box (*op straat*) || boîte *v* aux lettres *vm* || Briefkasten *m*; **-weger:** letter balance || pèse-lettre *m* || Briefwaage *v*; **-zak:** letter (mail) bag (pouch) || sac *m* à dépêches *vm* || Briefbeutel *m*.

brik: 1. (*schip*): brig || brick *m* || Brigg *v*;
2. *zie* **baksteen; -kenmeel:** brick dust || brique *v* pilée, poussière *v* de briques *vm* || Ziegelmehl *o*;
3. (*rijtuig*): break || break *m* || Jagdwagen *m*.

briket: briquette || briquette *v* || Brikett *o*; Brennstoffziegel *m*, Preßkohle *v*; **-batterij:** briquette battery || briquette pile *v* || Brikettbatterie *v*; **-pers:** briquette press || presse *v* à briquettes *vm* || Brikettpresse *v*.

bril: 1. (*draaibank*): **-, lopende:** travelling steady (stay), follower rest || lunette *v* à suivre || mitlaufender (mitgehender) Setzstock *m*; **-, vaste:** steady rest, fixed steady (stay) || lunette *v* fixe || feststehender Setzstock *m*;
2. (*scheepst.*): boom iron || blin *m* || Brille *v*;
3. (*ogglazen*): [pair of] spectacles; glasses (*Am.*) || lunettes *vm* || Brille *v*; **-leglas:** spectacle glass || verre *m* de lunettes *vm* || Brillenglas *o*; **-oven:** spectacle furnace || fourneau *m* à lunettes *vm* || Brillofen *m*;
4. (*closet*): seat || lunette *v* || Sitz *m*, Sitzbrett *o*, Brille *v*.

brisant: high explosive || brisant || brisant.

bristolpapier: Bristol (ivory) paper || carton *m*, papier *m* Bristol || Bristol-, Isabeypapier *o*.

brittania|las: Britannia (twist) joint || joint *m* Britannia || Britanniaverbindung *v*; **-metaal:** Britannia metal || métal *m* anglais (britannique) || Britanniametall *o*.

brocaat: brocade || brocart *m* || Brokat *m*.

brocheer|lade (*stof*): drop box slay for broché goods, swivel embroidery slay || battant *m* brocheur || Broschierlade *v*; **-schietspoel:** swivel shuttle || espolin *m* || Broschierschiffchen *o*; **-spoel:** embroidery shuttle || brihot *m*, espolin *m* || Broschierschiffchen *o*, -schütze *v*; **-zijde:** slack silk || soie *v* à broder, soie *v* floche || Flach-, Platt-, Stickseide *v*.

brocheren: 1. (*stof*): to embroider, to figure || brocher || blümen, broschieren;
2. (*boek*): to sew || brocher || broschieren, heften.

broei: 1. (*boomkanker*): gangrene || gangrène *v* || Holzbrand *m*;
2. (*hooi*): mow-burn, hay-burn || fermentation *v* spontanée de foin *m* || Heugärung *v*, -brand *m*; **-en:** to heat, to get [over]heated (hot) || s'échauffer || gären;
3. (*planten*): **-bak:** hot-bed, forcing-frame || forcerie *v*, couche *v* chaude || Treib-, Mistbeetkasten *m*; **-kas:** hot-house, forcing-house || serre *v* [chaude] || Gewächs-, Treibhaus *o*.

broek: 1. (*paardetuig*): breeching, crupper || avaloire *v* || Hintergeschirr *o*;
2. (*bekleding m. zeildoek*): coat || braie *v* || Brok *v*.

broes: *zie* **does.**

brok: lump, piece, bit, morsel, fragment || morceau *m*, fragment *m* || Brocken *m*, Stück *o*; **-kelen:** to crumble || mettre en petits morceaux *mm*, morceler, émietter, s'émie[tte]r || [zer]bröckeln; **-kelig**[1]**):** brittle, crisp, friable, crumbly || cassant, friable || bröckelig, spröde; (*gesteente*): friable || ébouleux || bröckelig.

bro|maat: bromate || bromate *m* || Bromat *o*; **-mide:** bromide || bromure *m* || Bromid *o*; **-miet:** bromite || bromite *m* || Bromit *o*; **-mium:** *zie* **broom; -muur:** bromide[2]) || protobromure *m*, bromure[2]) *m* || Bromür *o*, Bromid[2]) *o*.

---

[1]) Zie ook *broos* en *bros*.
[2]) Voor het gebruik van deze vorm geldt hetzelfde als voor *chloruur*; zie de voetnoot aldaar.

brom|fiets: *zie* **rijwiel met hulpmotor; -men** (*mach.*)**:** to hum || bourdonner || brummen.

bron: 1. (*water*)**:** spring, well || source *v* || Brunnen *m*, Quelle *v*; **- slaan, een:** to spring a well || foncer un puits *m* || einen Brunnen *m* graben; **-, artesische:** artesian well || source *v* artésienne || artesischer Brunnen *m*, Steigbrunnen *m*; **-, hete:** hot spring || source *v* chaude || Heißbrunnen *m*, heißer Brunnen *m*; **-, warme:** thermal spring || source *v* thermale || Thermalquelle *v*; **-water:** spring (well) water || eau *v* de source *v* (vive) || Quell-, Brunnenwasser *o*; **-zout:** brin (spring) salt || sel *m* des sources *vm* || Quell-, Solensalz *o*;
2. (*warmte, licht, stroom, enz.*)**:** source || source *v* || Quelle *v*.

brons: bronze || bronze *m* || Bronze *v*; **-, zacht:** soft bronze || bronze *m* doux || weiche Bronze *v*; **-borstel:** bronze brush || balai *m* de bronze *m* || Bronzebürste *v*; **-draad:** bronze wire || fil *m* de bronze *m* || Bronzedraht *m*; **-druk:** bronze printing || impression *v* en bronze *m* || Bronzedruck *m*; **-gieter:** bronze founder || fondeur *m* de bronze *m* || Bronzegießer *m*; **-kleur:** bronze colour || couleur *v* de bronze *m* || Bronzefarbe *v*; **-kool:** bronze carbon || charbon *m* bronzé || Bronzekohle *v*; **-machine** (*papierfabr.*)**:** bronzing machine || machine *v* à bronzage *m* || Bronziermaschine *v*; **-poeder:** bronze powder || poudre *v* à bronzer || Bronzierpulver *o*.

bronzen: 1. (*ww.*)**:** to bronze, to brown || bronzer || bronzieren;
2. (*bijv. nw.*)**:** bronze, brass || en (de) bronze *m* || bronzen, Bronze-.

bronziet: bronzite || bronzite *v* || Bronzit *m*.

brood: 1. (*stofnaam*)**:** bread || [du] pain *m* || Brot *o*; **-bakkerij:** bread baking (*bedrijf*); bake-house (*gebouw*) || boulangerie *v* || Bäckerei *v*; **-deeg:** dough [for bread], bread-paste || pâte *v* [de pain *m*] || [Brot]teig *m*; **-fabriek:** bread-factory, bakery || boulangerie *v* mécanique, fabrique *v* de pain *m* || Brotfabrik *v*; **-korst:** bread crust || croûte *v* de pain *m* || Brotrinde *v*, -kruste *v*, -ranft *m*; **-kruim:** [bread]crumb || mie *v* de pain *m* || Brotkrume *v*;
2. (*vormstuk*)**:** loaf[1]) [of bread] || pain *m* || Brot *o*; **-je:** roll || petit pain *m* || Brötchen *o*, Semmel *v*; **-suiker:** sugar loaf, loaf of sugar || pain *m* de sucre *m* || Hutzucker *m*, Zuckerhut *m*, -brot *o*; **-rooster:** toaster || grille-pain *m* || Brotröster *m*;
3. -letter: bodytype, book-type, ordinary type, bookfounts || caractère *m* courant || Brotschrift *v*.

[1]) Mrv.: *loaves*.

broom[1])**:** bromine || brome *m* || Brom *o*; **-damp:** bromine vapour || vapeur *v* de brome *m* || Bromdampf *m*; **-houdend:** bromine containing || bromé, contenant du brome *m* || bromhaltig; **-verbinding:** bromine compound (derivative) || dérivé *m* (composé *m*) bromé || Bromverbindung *v*; **-water:** bromine water, aqueous solution of bromine || eau *v* bromée, solution *v* aqueuse de brome *m* || Bromwasser *o*, wäss[e]rige Bromlösung *v*; **-waterstof[zuur]:** hydrobromic acid || acide *m* bromhydrique || Bromwasserstoff *m* [-säure *v*]; **-zuur:** bromic acid || acide *m* bromique || Bromsäure *v*.

broos[2])**:** brittle, frail, fragile || fragile, frêle || zerbrechlich; spröde (*ijzer, glas, enz.*); **-heid:** brittleness, fragility, frailty || fragilité *v* || Sprödigkeit *v*, Zerbrechlichkeit *v*, Brüchigkeit *v*.

bros[3])**:** crisp, brittle, shivery, shattery || cassant || spröde; knusperig (*gebak*).

brougham: brougham || brougham *m*, coupé-chaise *m* || Brougham *m*.

bromeren: to brominate || bromer || bromieren.

brouw|en: to brew || brasser || brauen; **-er:** brewer || brasseur *m* || Brauer *m*; **-erij** (*gebouw*)**:** brewery, brewhouse, brewing house || brasserie *v* || Brauerei *v*, Brauhaus *o*; **-ing:** brewing || brassage *m* || Brauen *o*; **-ketel:** brewer's copper || chaudière *v* à brasser (de brasserie *v*) || Braukessel *m*, -pfanne *v*; **-kuip:** *zie* **brouwketel; -sel:** brewing || brassin *m* || Bräu *o*, Gebräue *o*.

bruciet: brucite || brucite *v* || Brucit *m*.

brug: 1. (*over water, enz.*)**:** bridge || pont *m* || Brücke *v*; **- bouwen, een:** to construct a bridge || construire un pont *m* || eine Brücke *v* schlagen; **-, gewelfde:** arched bridge || pont *m* en arc *m* (en voûte *v*) || gewölbte Brücke *v*; **-, houten:** timber (wooden) bridge || pont *m* en bois *m* || Holzbrücke *v*; **-, stalen:** steel bridge || pont *m* en acier *m* || Stahlbrücke *v*; **-, vaste:** fixed (permanent) bridge || pont *m* fixe (permanent) || feste (stehende) Brücke *v*; **-aftrekbeweging:** bridge doffing motion || mouvement *m* d'enlèvement *m* à sauter || Brückenabnehmevorrichtung *v*; **-baan:** roadway of a bridge || chaussée *v* du pont *m* || Brückenbahn *v*; **-balans:** weigh bridge, weighing machine || pont *m*

[1]) Voor stofnamen als *broomkali[um]*, *broomnatrium*, enz., zie: *kaliumbromide*, *natriumbromide*, enz.
[2]) Zie ook *bros* en *brokkelig*.
[3]) Zie ook *broos* en *brokkelig*.

à bascule *m* || Brückenwaage *v*; **-balk:** bridge beam (girder) || longeron *m* (poutre *v*) de pont *m* || Brückenbalken *m*, -träger *m*; **-bedekking:** platform covering (flooring) || plancher *m* de plate-forme *v* (de tablier *m*), platelage *m* de passerelle *v* || Bühnenbelag *m*; **-beproeving:** bridge test, loading test of a bridge || essai *m* (épreuve *v* de charge *v*) d'un pont *m* || Belastungsprobe *v* einer Brücke *v*, Brückenprobe *v*; **-genbouw:** bridge building || construction *v* des ponts *mm* || Brückenbau *m*; **-dek:** flooring of bridge || tablier *m* du pont *m* || Brückendecke *v*, Bühne *v*; **-doorgang:** cut of a bridge || coupure *v* d'un pont *m* || Brückendurchlaß *m*; **-gendekdrager:** gallery (platform) girder || longeron *m* de passerelle *v* (de plateforme *v*, de tablier *m*) || Bühnenträger *m*; **-genhoofd:** bridgehead || tête *v* de pont *m* || Brückenkopf *m*; **-gewelf:** arch of bridge || voûte *v* de pont *m* || Brückengewölbe *o*; **-kraan:** bridge crane || grand portique *m* sur piliers *mm* || Brückenkran *m*; **-las** (*reels*): bridge joint || joint *m* à pont *m* || Brückenstoß *m*; **-leuning:** bridge railing || parapet *m* de pont *m* || Brückengeländer *o*; **-ligger:** bridge girder || poutre *v* de pont *m* || Brückenträger *m*; **-opening:** bridge bay (opening) || ouverture *v* de pont *m* || Brückenöffnung *v*; **-pijler:** bridge pier, column of a bridge || pile *v*, pilier *m* [de pont *m*] || Brückenpfeiler *m*; **-spanning** (*elektr. draden*): bridge spanning || montage *m* sur pont *m* (sur fils *mm* transversaux) || Brückenverspannung *v*; **-vlak:** *zie* **brugdek**; **-vloer:** bridge road, flooring (platform) of a bridge || plancher (tablier *m*, voie *v*) de pont *m* || Fahrbahn *v* einer Brücke *v*;
2. (*elektr.*): bridge || pont *m* || [Meß]-brücke *v*; **- v. Wheatstone:** Wheatstone bridge || pont *m* de Wheatstone || Wheatstonesche Brücke *v*; **-, dubbele:** double bridge || pont *m* double || Doppelbrücke *v*; **-arm:** bridge arm || branche *v* du pont *m* || Brückenzweig *m*; **-schakeling:** bridge connection || couplage *m* en pont *m* || Brückenschaltung *v*; **-sleutel:** bridge key || clef *v* de pont *m* || Brückenschlüssel *m*; **-veiligheid:** bridge fuse || coupe-circuit *m* à pont *m* || Brückensicherung *v*;
3. (*schip*): bridge || passerelle *v* [de commandement *m*] || Brücke *v*.

bruin: 1. (*z.nw.*): brown || brun *m* || Braun *o*; **-, Kassels:** Kassel brown || brun *m* de Kassel || Kasselerbraun *o*;
2. (*bijv. nw.*): brown || brun || braun.

brui|neerder: polisher || polisseur *m* || Glätter *m*, Polierer *m*; **-neergoud:** polishing gold || or *m* bruni || Brüniergold *o*; **-neermolen:** burnishing mill || meule *v* polissoire || Polierstein *m*; **-neerpoeder:** polishing powder || poudre *v* à polir || Polierpulver *o*; **-neerschijf:** glazing wheel || polissoire *v* || Polierscheibe *v*; **-neerstaal:** burnisher, polishing iron || brunissoir *m* || Polierstahl *m*; **-neervijl:** polishing file || brunissoir *m* || Polierfeile *v*; **-neren:** to bronze, to brown, to burnish, to polish || bronzer, brunir || braun beizen (machen), brünieren, glätten, polieren.

bruinkool: brown coal, lignite || lignite *m*, houille *v* brune || Braunkohle *v*, Lignit *m*; **-briket:** brown-coal (lignite) briquette || briquette *v* de lignite *m* || Braunkohlenbrikett *o*; **-kooks:** lignite coke || coke *m* de lignite *m* || Braunkohlenkoks *m*; **-teer:** brown-coal (lignite) tar || goudron *m* de lignite *m* || Braunkohlenteer *m*; **-teerolie:** lignite tar oil || huile *v* de goudron *m* de lignite *m* || Braunkohlenteeröl *o*; **-zandsteen:** brown coal grit || grès *m* à lignite *m* || Braunkohlensandstein *m*.

bruin|spaat: ankerite, brown-spar || spath *m* brunissant || Braunspat *m*, Ankerit *m*; **-steen**[1]**:** pyrolusite || pyrolusite *v* || Braunstein *m*, Pyrolusit *o*; **-ijzersteen:** *zie* **limoniet.**

bruto-gewicht: gross weight || poids *m* brut || Bruttogewicht *o*; **-tonnenmaat:** *zie* **registertonnage, bruto** *onder* **register 4.**

bruyèrehout: brier root (wood) || bois *m* de bruyère *m* || Heideholz *o*.

brij: paste || bouillie *v* || Brei *m*; **-achtig:** pasty || pâteux || breiig, breiartig.

brijn: brine || saumure *v* || Sole *v*; **-bak:** brine tank || bac *m* à saumure *v* || Sole-, Laugenbehälter *m*; **-kraan:** brine cock || robinet *m* purgeur (d'extraction *v*) || Abschäumhahn *m*; **-pomp:** brine pump || pompe *v* d'extraction *v* || Salzwasserpumpe *v*.

buckskin: buckskin || cuir *m* de laine *v* || Buckskin *m*.

bucky-diafragma: *zie* **verstrooide-stralen-diafragma.**

buffer: 1. (*chem.*): buffer || tampon *m* || Puffer *m*; **-oplossing:** buffer solution || solution *v* tampon || Pufferlösung *v*;
2. (*spw.*): buffer, bumper || tampon *m* [de choc *m*] || Puffer *m*; **-balk:** buffer beam || traverse *v* avant (de tête *v*) || Pufferbohle *v*, Stoßbalken *m*; **-freem:** buffer frame || cadre *m* (traverse *v*) de choc *m* || Pufferrahmen *m*; **-kop, halfronde:** semi-spherical bufferhead || tampon *m* demi-sphérique || halbkugeliger Stoßpuffer *m*; **-pot:** buffer case (casing) ||

---

[1]) Zie ook *mangaandioxyde*.

boisseau *m* de (faux) tampon *m* || Puffergehäuse *o*, -hülse *v*; **-rem:** buffer brake || frein *m* automoteur || Pufferbremse *v*; **-schijf:** buffer disc || disque *m* (plateau *m*) de tampon *m* || Pufferscheibe *v*, -teller *m*; **-stand:** buffer height || hauteur *v* de tamponnement *m* || Pufferhöhe *v*, -stand *m*; **-stang:** buffer plunger (rod, shank) || tige *v* de tampon *m* || Pufferstange *v*; **-veer:** buffer spring || ressort *m* amortisseur (de tampon *m*) || Puffer-, Stoßfeder *v*; **-wagon:** buffer car || wagon *m* de sécurité *v* (tampon *m*) || Schutzwagen *m*;
3. (*elektr.*): **-batterij:** balancing (buffer, equalising) battery || batterie-tampon *v* || Pufferbatterie *v*; **-driehoek:** buffer triangle || triangle *m* de tamponnement *m* || Pufferdreieck *o*; **-dynamo:** buffer (regulating) dynamo || dynamo-tampon *v* || Pufferdynamo *v*.

buffetwagen (*spw.*): buffet (refreshment) car || voiture-buffet *v* || Büfettwagen *m*.

buidelfilter: bag filter || filtre *m* à poche *v* || Beutelfilter *o*, *m*.

buig|baar: pliable, flexible || pliable, ployable, flexible || biegbar; **-baar, niet:** *zie* **onbuigbaar; -baarheid:** flexibility, pliability || flexibilité *v*, pliabilité *v* || Biegbarkeit *v*, Nachgiebigkeit *v*; **-bank** (*pijpen*): bending bench for tubes || cintreuse *v* à tubes *mm* (à main *v*) || Rohrbiegebank *v*; **-bekken** (*buigbank*): bending jaws || mâchoires *vm* de cintrage *m* (courbage *m*, pliage *m*) || Biegebacken *vm*; **-belasting:** bending load || effort *m* de flexion *v* || Biegebeanspruchung *v*.

bui|gen: 1. (*mech.*): to bend || cintrer, courber, plier, ployer || biegen, krümmen; **-ging:** bending, flexion, flexure || cintrage *m*, courbage *m*, flexion *v*, pliage *m* || Beugung *v*, Biegung *v*; **-gingscoëfficiënt:** bending coefficient || grandeur *v* du cintrage *m* || Biegegröße *v*; **-gingsmeter:** deflectometer || déflectomètre *m* || Deflektometer *m*, *o*; **-gingsmoment:** bending moment || moment *m* fléchissant || Biegungsmoment *o*; **-gingsvastheid:** *zie* **buigsterkte;**
2. (*licht*): to diffract || diffracter || biegen **-ging:** diffraction || diffraction *v* || Diffraktion *v*, Biegung *v*; **-gingsspektrum:** diffraction spectrum || spectre *m* de diffraction *v* || Diffraktions-, Biegungsspektrum *o*.

buig|grens: elastic limit in bending || limite *v* de flexion *v* || Biegegrenze *v*; **-kop** (*buigmach.*): bending head || matrice *v* (tête *v*) de pliage *m* || Biegekopf *m*; **-kracht:** force of flexure || force *v* de flexion *v* || Biegungskraft *v*; **-machine:** bending machine || machine *v* à cintrer || Biegemaschine *v*; **-pers:** bending press || presse *v* à cintrer (à courber, à plier) || Biegepresse *v*; **-plank m. spijkers:** bending board with pegs || planche *v* garnie de goujons *mm* || Unterlagbrett *o* mit Dornen *mm*; **-proef:** bending test || essai *m* à la flexion *v* (de pliage *m*) || Biegeprobe *v*, -versuch *m*; **-punt:** bending point || point *m* de pliage *m* || Biegestelle *v*; **-spanning:** bending stress || tension *v* de flexion *v* || Biege-, Biegungsspannung *v*; **-sterkte:** bending strength || résistance *v* à la flexion *v* || Biegefestigkeit *v*; **-tang:** bending pliers || béquettes *v*, pince *v* à cintrer || Biege-, Flachzange *v*; **-vastheid:** *zie* **buigsterkte; -veerkracht:** bending elasticity || élasticité de flexion *v* || Biegeelastizität *v*; **-wals:** bending roll || cylindre *m* de cintrage *m* (de pression *v*) || Biegewalze *v*, -walzwerk *o*, Preßwalze *v*, Walzenbiegemaschine *v*; **-wang:** bending block || joue *v* des matrices *vm* de pliage *m* || Biegebacke *v*; **-weerstand:** *zie* **buigsterkte; -zaam:** flexible || flexible, souple || biegsam; **-zaamheid:** flexibility || flexibilité *v*, souplesse *v* || Biegsamkeit *v*.

buik: 1. (*lichaamsdeel*): belly, abdomen || ventre *m* || Bauch *m*; **-gordel** (*v. h. inschepen v. paarden*): girth || ventrière *v* || Bauchgurt *m*, Hängegurt *m*;
2. (*vat*): bulge, swelling || bouge *m* || Bauch *m*;
3. (*muur*): battering, belly || forjet *m* || Bauch *m*;
4. (*zaag*): bulging || ventre *m* || Bauch *m*; **-zaag:** feeling saw || scie *v* ventrée || Bauch-, Wiegensäge *v*;
5. (*trilling*): antinode || ventre *m* || Bauch *m*;
6. (*stroom of spanning*): loop || ventre *m* || Bauch *m*.

buil: bolter || blutoir *m* || Beutel *m*; **-doek:** bolting cloth || toile *v* à blutoir *m* || Beutel-, Siebtuch *o*; **-en:** to bolt || bluter || beuteln; **-gaas:** bolting silk gauze || gaze *v* à blutoir *m* || Beutelgaze *v*; **-kamer:** bolting room || bluterie *v* || Beutelkammer *v*; **-kist:** bolting hutch || huche *v* à bluter || Beutelkasten *m*; **-molen:** bolting (fanning) mill || machine *v* à bluter || Beutelmühle *v*; **-zeef:** *zie* **buil.**

buis: 1. (*pijp*) [1]**:** tube, pipe || tube *m*, tuyau *m*, conduit *m* || Rohr *o*, Röhre *v*; **- m. draad:** threaded pipe || tuyau *m* fileté || Rohr *o* mit Gewinde *o*; **- m. gesoldeerde kraag:** pipe with welded collar || tube *m* à bourrelet *m* soudé || Rohr *o* mit geschweißter Wulst *v*; **- m. meetschaal:** graduated measuring tube || tube *m* gradué || graduiertes Meßrohr *o*;

---

[1]) Zie ook *buizen* en *pijp*.

- v. gegoten ijzer: cast iron pipe || tuyau *m* en fonte *v* || gußeisernes Rohr *o*; **-, elastische:** flexible pipe || tuyau *m* flexible || elastisches (biegbares) Rohr *o*; **-, gekraagde:** collared tube || tube *m* à bourrelet *m* || Wulstrohr *o*; **-,** (*uitwendig, inwendig*) **geribde:** (*externally; internally*) ribbed tube; serve tube || tube *m* à ailettes *vm* (*extérieures; intérieures*); tube serve *m* || (*außen-; innen-*) geripptes Rohr *o*; Serve-Rohr *o*; **-, glazen:** glass tube || tube *m* en verre *m* || Glasrohr *o*, -röhre *v*; **-, hard (koud) getrokken:** hard drawn tube || tube *m* étiré à froid || hartgezogenes Rohr *o*; **-, kapillaire:** capillary tube || tube *m* capillaire || Kapillarrohr *o*; **-, koperen:** copper tube (pipe) || tuyau *m* en cuivre *m* || Kupferrohr *o*; **-, metalen:** metal tube || tube *m* métallique (en métal *m*) || Metallrohr *o*; **-, naadloze:** seamless (solid drawn) tube || tube *m* sans couture *v* || nahtloses Rohr *o*; **-, opstijgende:** *zie* **stijgbuis; -, porseleinen:** porcelain tube || tube *m* en porcelaine *v* || Porzellanrohr *o*; **-, stalen:** steel tube || tube *m* en acier *m* || Stahlrohr *o*; **-aanleg:** piping system, range of pipes || tuyauterie *v* || Rohranlage *v*; **-aansluiting:** pipe connection || raccord *m* d'un tuyau *m* || Rohranschluß *m*; **-afsluiting:** tube closing || fermeture *v* de tuyau *m* || Rohrverschluß *m*; **-bekleding:** pipe covering (lagging) || enveloppe *m* (revêtement *m*) de tuyau *m* || Rohrumhüllung *v*; **-bevestiging:** fixing of pipe || fixation *v* de tuyau *m* || Rohrbefestigung *v*; **-breuk:** pipe fracture || rupture *v* de tuyau *m* || Rohrbruch *m*; **-breukklep:** automatic steam pipe isolation valve || soupape *v* de rupture *v* pour tuyaux *mm* || Rohrbruchventil *o*; **-buigmachine:** tube bending machine || cintreuse *v* à (machine *v* à cintrer les) tubes *mm* || Rohrbiegemaschine *v*; **-fittings:** conduit fittings || garnitures *vm* de tubes *vm* || Rohrarmatur *v*; **-flens:** pipe flange || bride *v* de tuyau *m* || Rohrflansch *m*; **-freem:** tubular frame || châssis *m* en tubes *mm* (tubulaire) || Rohr-, Röhrenrahmen *m*; **-frees:** tube reamer || fraise *v* à tuyaux *mm* || Rohrfräser *m*; **-gloeilamp:** tubular glowlamp || lampe *v* à incandescence *v* tubulaire || Röhrenglühlampe *v*; **-haak:** pipe hook || crampon *m* pour tubes *mm* || Rohrhaken *m*; **-heffer** (*mijnb.*)**:** casing elevator || élévateur *m* de tubage *m* || Rohrheber *m*, -elevator *m*; **-houder:** pipe support || support *m* de tube *m* || Rohrhalter *m*; **-indrijver:** drift for inserting tubes || mandrin *m* montetubes || Rohreintreibedorn *m*; **-jesradiator:** tubular radiator || radiateur *m* à tubulures *vm* || Röhrchenkühler *m*; **-kabel** (*mijnb.*)**:** casing (calf) line || câble *m* de tubage *m* || Verrohrungsseil *o*; **-kanaal:** tube channel || caniveau *m* à tube *m* || Rohrkanal *m*; **-klem:** pipe clip (saddle) || collier *m* (gâche *m*) pour tube *m* || Rohrschelle *v*; **-klep:** drop (poppet) valve || soupape *v* à manchon *m* || Rohrventil *o*; **-krabber:** tube scraper || gratte-tubes *m*, nettoie-tubes *m*, racle *v* pour tubes *mm* || Rohrkratzer *m*, -reiniger *m*, -schaber *m*; **-legging:** bedding of pipes || montage *m* (pose *v*) des tuyaux *mm* || Rohrverlagerung *v*, -verlegung *v*; **-leiding:** piping, pipe line, ranges of pipes || conduite *v* [de tube *m*] || Rohrleitung *v*; **-magneet:** tubular magnet || aimant *m* tubulaire || Röhrenmagnet *m*; **-manchet v. d. koppeling** (*auto*)**:** clutch box || manchon *m* d'embrayage *m* || Kupplungshülse *v*; **-mof:** pipe socket || emboîtement *m* de tuyau *m* || Rohrmuffe *v*; **-naad:** tube seam || couture *v* de tube *m* || Rohrnaht *v*; **-ophanging:** pipe suspension || suspension *v* de tuyau *m* || Rohraufhängung *v*; **-paal:** tubular pole || poteau *m* creux (tubulaire) || Rohrmast *o*; **-pakking:** pipe packing || garniture *v* de tuyau *m* || Rohrdichtung *v*, -packung *v*; **-plaat:** tube plate || plaque *v* tubulaire || Rohrplatte *v*; **-schakelaar:** tubular switch || interrupteur *m* à tubes *mm* || Röhrenschalter *m*; **-scharnier:** flexible pipe coupling (union) || articulation *v* de tuyau *m* || Rohrgelenk *o*; **-schoen** (*mijnb.*)**:** casing shoe || sabot *m* de tubage *m* || Rohrschuh *m*; **-sleutel:** pipe spanner (wrench) || clef *v* à écrous *mm* pour tubes *mm* || Rohrschraubenschlüssel *m*; **-snijder:** pipe (tube) cutter || coupe-tubes *m*, coupetuyaux *m* || Rohrabschneider *m*; (*mijnb.*): casing cutter || coupe-tubes *m* || Rohrschneider *m*; **-spilbank:** tube roving frame || machine *v* à tubes *mm* || Röhrenmaschine *v*; **-stijl:** tubular steel prop || colonne *v* creuse en acier *m* || Stahlrohrstütze *v*; **-tang:** *zie* **pijptang; -tunnel:** tube tunnel || tunnel *m* tubulaire || Röhrentunnel *m*; **-uitdrijver:** drift for knocking out tubes || mandrin *m* chassetubes || Rohraustreibedorn *m*; **-veiligheid** (*elektr.*)**:** tubular fuse || coupe-circuit *m* à tube *m* || Röhrensicherung *v*; **-verbinding:** pipe joint || raccord *m* de tubes *mm* || Rohrverbindung *v*; **-vernauwing:** baffled tube || étranglement *m* de tube *m* || Rohrverengung *v*; **-verwarming:** heating by conduits || chauffage *m* à conduits *mm* || Kanalheizung *v*; **-voorwarmer:** tubular feed heater || rechauffeur *m* multitubulaire || Röhrenvorwärmer *m*; **-vormig:** tubular || tubulaire || rohrförmig; **-wand:** tube wall || paroi *v* de tube *m* (de tuyau *m*) || Rohrwand *v*; **-waterpas:** tubular water level || niveau *m* tubulaire à bulle *v* d'air *m* || Röhrenlibelle *v*; **2.** (*radio, enz.*): valve || tube *m* || Röhre *v*; **- m. gasvulling:** *zie* **ionenbuis; - m. stralenbescherming:** auto-protective tube || tube *m* autoprotecteur || Strahlenschutzröhre *v*; **- m. veranderlijke steilheid:** valve with variable slope, variable valve || lampe *v* à pente *v* variable || Regel-, Exponentialröhre *v*; **- v. Geissler:** Geissler tube || tube *m* [de] Geissler *m* || Geißlersche Röhre *v*; **-detector:** thermionic valve detector || détecteur *m* à tubes *mm* thermioniques || Röhrendetektor *m*; **-hardheid** (*röntgenbuis*): hardness || dureté *v* || Härte *v*; **-houder:** clamp || étrier *m* || Röhrenhalter *m*; **-karakteristiek:** tube characteristic || caractéristique *v* d'une tube *m* || Röhrenkennlinie *v*, -charakteristik *v*; **-versterker:** thermionic amplifier || amplificateur *m* à tubes *mm* || Röhrenverstärker *m*; **-zender:** valve transmitter || oscillateur *m* à tubes *mm* || Röhrensender *m*.

buiten: outside, out of, without (*voorz.*); outside, without (*bijw.*) || hors de, en dehors *m* de (*voorz.*); [au] dehors (*bijw.*) || außer[halb] (*voorz.*); draußen (*bijw.*); **-, van:** on the outside, from without, from [the] outside || au dehors *m*, à l'extérieur *m*, du dehors *m* || auswendig, von außen; **-afsluiting:** outward closing || fermeture *v* extérieure || Außenverschluß *m*; **-ballon** (*gloeilamp*): glass guard of a glowlamp || globe *m* protecteur de lampe *v* à incandescence *v* || Glühlampenschutzglas *o*; **-band** (*auto, rijwiel*): *zie* **band 4; -bedrijfstelling:** putting out of service || mise *v* hors de service *m* (au repos *m*) || Außerbetriebsetzung *v*; **-bekleding:** outer coating || armature *v* extérieure || äußere Bekleidung *v*, äußerer Belag *m*; **-blind:** outside (wind) shutter || abat-vent *m*, contrevent *m* || Windladen *m*; **-boom:** outer string || limon *m* extérieur || Außenwange *v*; **-boordskraan:** seacock || robinet *m* de prise *v* d'eau *v* de mer *v* || Bodenhahn *m*; **-boordsmotor:** outboard motor || moteur *m* hors-bord, propulseur *m* amovible || Außenbord-, Anhängemotor *m*; **-breedte** (*grootste*): maximum moving dimensions || gabarit *m* de libre passage *m* || Umgrenzung *v* des lichten Raum[e]s *m*; **-cilinder:** steam jacket || enveloppe *v* de cylindre *m* || äußerer Zylinder *m*, Heizzylinder *m*; **-circulatiepijp:** outer circulation tube || tube *m* de circulation *v* extérieur || äußeres Wasserrohr *o* (Zirkulationsrohr *o*); **-deur:** entrance (outer) door || porte *v* extérieure || Außentür *v*; **-flens:** outward flange || collet *m* extérieur || äußere Krempe *v*; **-frees:** hollow mill || fraise *v* creuse (extérieure) || Außenfräser *m*; **-gang** (*ketel*): outer course (shellring) || virole *v* extérieure || äußerer Schuß *m*; **-gestel:** off (frame) end || petit bâti *m* extérieur || Kleingestell *o*; **-haven:** outer harbour || avantport *m* || Vorhafen *m*; **-huid:** hull || bordage *m*, bordé *m* || Außenhaut *v*; **-kant** (*v. e. riem*): hair side || côté *m* poil || Haarseite *v*; **-laag:** outer layer || couche *v* extérieure || Außenschicht *v*; **-leider** (*elektr.*): outer main (wire) || conducteur *m* (fil *m*) extérieur || Außenleiter *m*; **-leiding:** *zie* **leiding, bovengrondse; -lucht:** atmosphere, open air || air *m* extérieur, atmosphère *v* || Außenluft *v*; **-middellijn** (*v. e. bout*): diameter of screw || diamètre *m* extérieur du filet *m* || äußerer Gewindedurchmesser *m*; **-muur** (*bouwk.*): external wall || mur *m* extérieur || Außenwand *v*, Umfassungsmauer *v*; **-omtrek** (*v. e. tandwiel*): addendum circle (line) || cercle *m* extérieur || Kopfkreis *m*; **-passer:** outside calipers || compas *m* d'épaisseur *v* || Außentaster *m*; **-pool:** external pole || pôle *m* extérieur || Außenpol *m*; **-poolanker:** outer pole armature || induit *m* à pôles *mm* extérieurs || Außenpolanker *m*; **-pooldynamo:** external pole dynamo || dynamo *v* à pôles *mm* extérieurs || Außenpoldynamo *v*; **-poolfreem:** outer pole frame || bâti *m* à pôles *mm* extérieurs || Außenpolgestell *o*; **-[field]pijp:** outer circulation tube || tube *m* de circulation *v* extérieure || äußeres Wasserrohr *o* (Zirkulationsrohr *o*); **-reclame:** outdoor advertising (sign) || publicité *v* (affichage *m*) extérieur(e) || Außenwerbung *v*, -anschlag *m*; **-takel:** yard tackle || palan *m* de bout *m* de vergue *v* || Außentakel *o*; **-veld, magnetisch:** external magnetic field || champ *m* magnétique extérieur || magnetisches Außenfeld *o*; **-verlichting:** outdoor lighting || éclairage *m* extérieur || Außenbeleuchtung *v*; **-vertanding:** external gear || denture *v* extérieure || Außenverzahnung *v*; **-vlak:** outer (outside, external) [sur]face || surface *v* extérieure || Außenfläche *v*, äußere Fläche *v*; **-vlak** (*muur*): face || parement *m* || Verblendung *v*; **-waarts:** outward || en dehors || [nach] auswärts.

buizen|dichtmaken: to tighten tubes || étancher des tubes *mm* || Rohre *om* abdichten; **- indrijven:** to insert tubes || insérer (monter, sertir) des tubes *mm* ||

Rohre *om* einpressen (einsetzen, eintreiben, einziehen); **- losslaan:** to knock out tubes || dégager des tubes *mm* || Rohre *om* herausschlagen (herausziehen); **- plaatsen:** to erect (to install) pipes || monter (poser) des tuyaux *mm* || Rohre *om* verlegen; **- trekken:** to draw tubes || étirer des tuyaux *mm* (tubes *mm*) || Rohre *om* ziehen; **- uitdrijven:** to knock out tubes || chasser des tubes *mm* de leur logement *m* || Rohre *om* herausschlagen (herausziehen); **- vernauwen:** to reduce the diameter of the tube ends || rétrécir (restreindre) des tubes *mm* || Rohre *om* einziehen (verengen); **- verwijden:** to enlarge (to expand) tubes || élargir (épanouir, évaser) des tubes *mm* || Rohre *om* aufweiten (ausweiten); **-ketel:** tube boiler || chaudière *v* à tubes *mm* || Röhrenkessel *m*; **-net:** network of pipes || réseau *m* de tuyaux *mm* || Rohrnetz *o*; **-plan:** piping plan, plan of pipe installation (of pipes) || plan *m* de la tuyauterie *v* || Rohrplan *m*; **-slager** (*vuurw.*)**:** fuse driver (mallet) || maillet *m* chasse-fusées || Brand-, Treibschlägel *m*; **-trekker** (*vuurw.*)**:** fuse engine || tire-fusées *m* || Brandzieher *m*.

buizen|tang (*mijnb.*)**:** casing tong || clé (clef) *v* de serrage *m* || Rohrzange *v*; (*laboratorium*) test tube holder || porte-éprouvette *v* || Reagenzglashalter *m*.

buks: rifle || carabine *v* || Büchse *v*.

bukskin: *zie* **buckskin.**

bulbstaal: *zie* **kraalijzer, kraalhoekijzer.**

bulldozer: *zie* **grondschuiver.**

bult: bump || bosse *v* || Beule *v*, Buckel *m*.

bun (*baggertechn.*)**:** well || puits *m* || Schlitz *m*.

bundel: bundle || faisceau *m*, paquet *m* || Bund *o*, Bündel *o*; **-en:** to bundle || empaqueter || bündeln; **-zuil:** clustered column, compound pillar || colonne *v* en faisceau *m* (fasciculée) || Bündelsäule *v*.

bunker: 1. (*kolen*)**:** [coal] bunker (bin) || soute *v* [à charbon *m*], trémie *v* || Bunker *m*, Sammelrumpf *m*; **-en:** to bunker || charbonner || Kohlen *vm* einnehmen; **-kool:** bunker coal || charbon *m* de soute *v* || Bunkerkohle *v*; **-schot:** bunker bulkhead || cloison *v* de soute *v* || Bunkerschott *o*;
2. (*kazemat*)**:** bunker || bunker *m* || Bunker *m*.

bunsen/brander: Bunsen burner || brûleur *m* [de] Bunsen || Bunsenbrenner *m*; **-element:** Bunsen cell || élément *m* de Bunsen || Bunsenzelle *v*; **-fotometer:** Bunsen's photometer || photomètre *m* de Bunsen (à tache *v* d'huile *v*) || Bunsen-, Fettfleckphotometer *o, m*.

bureau: 1. (*kantoor*)**:** office || bureau *m* || Büro *o*, Bureau *o*; Amt *o* (*ambtelijk*);
2. (*meubel*)**:** writing desk || bureau *m* || Schreibtisch *m*.

bureel: *zie* **bureau.**

buret: burette, dropping glass || burette *v* || Bürette *v*, Maßröhre *v*.

bus: 1. (*doos*)**:** box || boîte *v* || Büchse *v*;
2. (*voering*)**:** box bush || bague *v*, chapeau *m*, fourrure *v* || Büchse *v*, Ring *m*.

bus|boor: bow drill, drill with ferrule || foret *m* à l'archet *m* || Rollenbohrer *m*; **-bout** (*bosbout*)**:** distance sink bolt || boulon *m* d'extretoisement *m* || Distanzbolzen *m*.

buskruit: [gun]powder || poudre *v* || [Schieß]pulver *o*; **-korrelen:** to grain [gun]powder || grainer la poudre *v* || [Schieß]pulver *o* körnen; **- polijsten:** to glaze [gun]powder || lisser la poudre *v* || das Pulver *o* glätten (polieren); **-fabriek:** powder mill || moulin *m* à poudre *v* || Pulverfabrik *v*, -mühle *v*; **-korrel:** powder grain || grain *m* de poudre *v* || Pulverkorn *o*; **-lading:** charge of powder || charge *v* de poudre *v* || Pulverladung *v*; **-slijm:** powder fouling || crasse *v* de poudre *v* || Pulverschleim *m*; **-stof:** powder dust || poussière *v* de poudre *v* || Pulverstaub *m*.

butaan: butane || butane *m* || Butan *o*; **-dicarbonzuur-1,4 (hexaandizuur;** adipinezuur)**:** butane dicarboxylic-1,4 acid || acide *m* butanedicarboxylique || (Butancarbonsäure 1,4 *v*); **-dizuur (ethaandicarbonzuur-1,2;** barnsteenzuur)**:** butanedioic acid || acide *m* butanedioïque || (Butandisäure *v*); **-tetrol-1,2,3,4** (erythritol)**:** butanetetrol-1,2,3,4 || butanetetrol-1,2,3,4 *m* || (Butantetrol-1,2,3,4 *o*; **-zuur (propaancarbonzuur-1;** boterzuur)**:** butanoic acid || acide *m* butanoïque || (Butansäure *v*).

butadiëen: butadiene || butadiène *m* || (Butadien *o*).

buteen: butene || butène *m* || (Buten *o*), Butylen *o*.

butyleen (*koolw.stof*)**:** *zie* **buteen.**

buurtspoorweg: local (suburban) railway || chemin *m* de fer *m* d'intérêt *m* local [de banlieue *m*], ligne *v* suburbaine || Lokal-, Vorortbahn *v*; **-verkeer:** short distance traffic || trafic *m* à petite distance *v* || Nahverkehr *m*; **-weg:** parish road || chemin *m* communal || Vizinalweg *m*.

bij: 1. (*insect*)**:** bee || abeille *v* || Biene *v*; **-enkorf:** bee hive || ruche *v* || Bienenkorb *m*, -haus *o*; **-enstal:** apiary || rucher *m* || Bienenstand *m*; **-enwas:** bee wax || cire *v* des abeilles *vm* || Bienenwachs *o*;
2. (*voorz.*)**:** by; at; with; near || [au]près

de; chez; sur; dans; par || bei (*rust*); zu (*beweging*); **-as** (*hyperbool*): conjugate (secondary) axis || axe *m* imaginaire, second axe *m* || Nebenachse *v*; **-boot:** tender || embarcation *v* || Beiboot *o*; **-cirkel:** epicycle || épicycle *m* || Epizykel *m*, Nebenkreis *m*; **-gebouw:** annexe, outbuilding || annexe *v*, dépendance *v* || Nebengebäude *o*; **-klok:** receiving (secondary) clock || horloge *v* réceptrice (secondaire) || Nebenuhr *v*; **-klok, elektrische:** electric receiving clock || horloge *v* électrique secondaire || elektrische Nebenuhr *v*; **-kompas, gyrostatisch:** indicator for gyrostatic compass || répétiteur *m* de compas *m* gyrostatique || Tochterkompaß *m*; **-lage** (*losse*; *vaste*) (*typogr.*): (*loose*; *bound*) inset || encart *m* (*libre*; *broché*) || (*lose*; *geheftete*) Beilage *v*; **-lijn** (*tractie*): side (branch) track || voie *v* secondaire (accessoire) || Nebengleis *o*; **-mengen:** to [ad]mix || ajouter à, mélanger || beimischen, hinzumischen, hinzumengen, zusetzen; **-menging:** admixture || admixtion *v*, mélange *m* || Beimischung *v*; **-produkt:** by-product || sous-produit *m*, produit *m* secondaire || Nebenprodukt *o*; **-rondingsmachine** (*horlogem.*): finishing engine || arrondisseur *m* || Arrondiermaschine *v*; **-slag** (*toevoegsel*): addition; admixture; flux (*vloeimiddel*) || addition *v*; fondant *m* (*vloeimiddel*) || Zuschlag *m*; **-sluiter** (*recl.*): stuffer || encart *m*, papillon *m* || Beilagezettel *m*; **-vorm:** secondary form || forme *v* secondaire || Nebenform *v*; **-vullen:** to replenish, to fill up || remplir || nachfüllen; **-vulling:** replenishment, replenishing || remplissage *m* || Nachfüllung *v*; **-vijlen:** to file over || retoucher à la lime *v* || nachfeilen; **-wagen:** trailer [coach] || arrière-train *m*, remorque *v* || Anhänger *m*; **-wagen m. bestuurdersafdeling:** driving-trailer || remorque *v* à cabine *v* || Steuerwagen *m*; **-werk:** auxiliary work || ouvrage *m* secondaire || Nebenwerk *o*.

bijbeldrukpapier: India paper || papier *m* pour bibles *vm* || Bibeldruck *m*.

bijl: axe, hatchet || hache *v* || Axt *v*, Beil *o*; **-, kleine:** small hatchet || hachette *v* || kleine Axt *v*; **-brief** (*scheepst.*): builder's certificate || certificat *m* de construction *v* || Baumeister-Zertifikat *o*; **-steel:** axe handle || manche *v* de hache *v* || Axtstiel *m*; **-steen:** nephrite || néphrite *v* || Beilstein *m*, Nephrit *m*.

bijt|en (*afbijten*, *inbijten*): to pickle || mordre || beizen, ätzen; **-end:** caustic; corrosive || caustique; corrosif; mordant || ätzend; beizend; Ätz-; Beiz-; **-middel:** pickling agent || [agent *m*] mordant *m* || Ätz-, Beizmittel *o*, Beize *v*.

bijts*: *zie* **beits**; **-middel*:** *zie* **bijtmiddel.**

C

(Zie ook K)

cabine: cabin || cabine *v* || Kabine *v*, Passagier-, Personenraum *m*.

cacao: cacao [1]), cocoa [1]) || cacao *m* || Kakao *m*; **-boom:** cacao (cocoa) tree || cacaoyer *m*, cacaotier *m* || Kakaobaum *m*; **-boon:** cacao (cocoa) bean (nib) || fêve *v* de cacao *m* || Kakaobohne *v*; **-bonenschillen:** *zie* **cacaodoppen**; **-boter:** cacao (cocoa) butter (fat) || beurre *m* de cacao *m* || Kakaobutter *v*, -fett *o*; **-doppen:** cacao (cocoa) shells || coques *vm* de cacao *m* || Kakaoschalen *vm*; **-massa:** cacao (cocoa) mass (paste); chocolate liquor (*Am.*) || pâte *v* de cacao *m* || Kakaomasse *v*; **-poeder:** cacao (cocoa) powder || poudre *v* de cacao *m* || Kakaopulver *o*; **-vet:** *zie* **cacaoboter.**

cachemire: cachemere, cashmere || cachemire *v* || Kaschmir *o*; **-garen:** cashmere yarn || fil *m* de cachemire *v* || Kaschmirgarn *o*; **-weefsel:** cashmere fabric || tissu *m* de cachemire *v* || Kaschmirgewebe *o*; **-wol:** cashmere wool || laine *v* de cachemire *v* || Kaschmirwolle *v*.

cachou (*verfstof*): catechu, cutch || cachou *m* || Katechu *o*.

cadmeren: to cadmium-plate || cadmier || cadmieren.

[1]) *Cacao* is juister, doch *cocoa* gebruikelijker.

cadmium [1]**:** cadmium || cadmium *m* || Cadium *o*; **-zout:** cadmium salt || sel *m* de cadmium *m* || Cadmiumsalz *o*.

caesium [2]**:** caesium || césium *m*, caesium *m* || Cäsium *o*.

caffeïne: caffeine || caféine *v* || Kaffein *o*.

caisson: 1. (*munitie*): ammunition cart, caisson || caisson *m* || Caisson *m*, Munitionswagen *m*;
2. (*zinkkist*): (pneumatic) caisson || caisson *m* || [Preßluft-]senkkasten *m*, -körper *m*.

calamien: calamine || calamine *v*, hémimorphite *v* || Galmei *m*.

calciet: calcite, calcspar, calcareous spar || calcite *m*, spath *m* calcaire || Calcit *m*, Kalkspat *m*.

calcineren: *zie* **gloeien** *en* **verassen.**

calcium [3]**:** calcium || calcium *m* || Calcium [4] *o*; **-carbide:** calcium carbide || carbure *m* de calcium *m* || Calciumcarbid *o*; **-cyaanamide:** calcium cyanamide || cyanamide *v* de calcium *m* || Calciumcyanamid *o*; **-lactaat:** calcium lactate || lactate *m* de calcium *m* || Calciumlaktat *o*; **-saccharaat:** calcium saccharate || saccharate *m* de calcium *m* || Calciumsacharat *o*; **-zout:** calcium salt || sel *m* de calcium *m*, sel *m* calcique || Calciumsalz *o*.

calcu|latie: calculation || calculation *v* || Kalkulation *v*, Berechnung *v*; **-leren:** to calculate || calculer || kalkulieren, berechnen.

cali|breershunt: calibrating shunt || shunt *m* d'étalonage *m* || Kalibriershunt *m*; **-breren:** to calibrate, to gauge || caliber || kalibreren.

calico: calico || calicot *m* || Druckperkal *m*, Kaliko *m*.

calomel: *zie* **kalomel.**

calo|rescentie: calorescence || calorescence *v* || Kaloreszenz *v*; **-rie:** calory || calorie *v* Kalorie *v*; **-rie, grote:** great calory || grande calorie *v* || große Kalorie *v*, Kilogrammkalorie *v*; **-rie, kleine:** small calory || petite calorie *v*, calorie-gramme *v* || kleine Kalorie *v*, Grammkalorie *v*; **-rie, negatieve:** refrigerating unit, negative calory || frigorie *v* || negative Kalorie *v*, Kälteeinheit *v*, Frigorie *v*; **-rifère:** calorifere || calorifère *m* || Heizvorrichtung *v*, Kalorifere *v*; **-rimeter:** calorimeter || calorimètre *m* || Kalorimeter *o*; **-rimetervat:** calorimeter vessel || récipient *m* du calorimètre *m* || Kalorimetergefäß *o*; **-rimetrie:** calorimetry || calorimétrie *v* || Kalorimetrie *v*; **-rimetrisch:** calorimetric || calorimétrique || kalorimetrisch; **-risch:** thermal, thermic || calorique, thermique || kalorisch.

cal|que: tracing || calque *v* || Durchzeichnung *v*, Kalke *v*, Pause *v*; **-queerlinnen:** tracing (vellum) cloth || toile *v* (papiertoile *m*) [à calquer] || Kalkier-, Kopier-, Pausleinwand *m*; **-papier:** tracing paper || papier *m* à calquer || Pauspapier *o*; **-queren:** to trace || calquer || durchzeichnen, kalkieren, pausen.

camber: *zie* **valling.**

cambium: cambium [layer] || cambium *m* || Kambium *o*.

Cambrium: Cambrian || Cambrien *m* || Kambrium *o*.

camera: camera || appareil *m* photographique (cinématographique) || Kamera *v*; **- lucida:** *zie* **tekenprisma; - obscura:** *zie* **kamer, donkere; -man:** operator || opérateur *m* || Kameramann *m*, Vorführer *m*.

campagne (*fabriek*)**:** working season || campagne *v* || Betriebszeit *v*.

campêchehout: campeachy wood, logwood || bois *m* de campêche *m* || Blauholz *o*, Kampescheholz *o*.

canne|leren: to flute, to groove || canneler || kannelieren; **-leermachine:** fluting machine || machine *v* à canneler || Kanneliermaschine *v*.

---

[1]) Voor de hierachter niet opgenomen cadmiumverbindingen, zoals bv. cadmiumchloride, cadmiumhydroxyde, cadmiumsulfaat, enz., zie men onder **natrium** en vervange daar in het Engels „sodium" door „cadmium", in het Frans „de sodium" door „de cadmium" en in het Duits „Natrium-" door „Cadmium-", dus bv.: „*cadmiumchloride*: *cadmium chloride* || *chlorure m de cadmium m* || *Cadmiumchlorid o*".

[2]) Voor de hierachter niet opgenomen caesiumverbindingen, zoals bv. caesiumchloride, caesiumhydroxyde, caesiumsulfaat, enz., zie men onder **natrium** en vervange daar in het Engels „sodium" door „caesium", in het Frans „de sodium" door „de caesium (de césium)", en in het Duits „Natrium-" door „Cäsium-", dus bv.: „*caesiumchloride*: *caesium chloride* || *chlorure m de césium m* || *Cäsiumchlorid o*".

[3]) Voor de hierachter niet opgenomen calciumverbindingen, zoals bv. calciumchloride, calciumhydroxyde, calciumsulfaat, enz., zie men onder **natrium** en vervange daar in het Engels „sodium" door „calcium", in het Frans „de sodium" door „de calcium" en in het Duits „Natrium-" door „Calcium-", dus bv.: „*calciumchloride*: *calcium chloride* || *chlorure m de calcium* || *Calciumchlorid o*". In het Frans worden ook de vormen „chlorure calcique, sulfate calcique", enz. gebruikt.

[4]) Ook *Kalzium.*

canon: canon || canon *m* || Kanon *v*; **-, grote** (*kleine*)**:** canon || grand (*petit*) canon *m* || grobe (*kleine, Kleinkanon v*) Kanon *v*.
cantielje: bullion || cannetille *v* || Kantille *v*.
cantileverveer (*auto*)**:** cantilever spring || ressort *m* cantilever || Kantileverfeder *v*.
canadabalsem (*mikroskopie*)**:** canada balsam || baume *m* du Canada || Kanadabalsam *m*.
canvas: canvas[s] || canevas *m*, étamine *v* || Kanevas *m*, [Baumwollen]stramin *o*.
cannelkool: *zie* **kandelkool.**
caoutchouc: *zie* **rubber.**
capacitantie: capacitance || capacitance *v*, résistance *v* de capacité *v* || Kapazitanz *v*, Kapazitätswiderstand *m*.
capaci|teit (*inhoud*; *elektr.*; *vermogen*)**:** capacity *v* || capacité *v* || Kapazität *v*; **-teit, verdeelde:** distributed capacity || capacité *v* répartie || verteilte Kapazität *v*; **-teitsbelasting:** capacity load || charge *v* due à la capacité *v* || Kapazitätsbelastung *v*; **-teitsproef:** capacity test || essai *m* de capacité *v* || Kapazitätsprobe *v*; **-teitsreserve:** reserve capacity || réserve *v* de capacité *v* || Kapazitätsreserve *v*; **-teitsstroom:** capacity current || courant *m* de capacité *v* || Kapazitätsstrom *m*; **-teitsweerstand:** *zie* **capacitantie; -tief:** capacitive || par capacité *v* || kapazitiv.
capillair: *zie* **kapillair.**
ca|prinezuur (decaanzuur; nonaancarbonzuur-1): capric acid || acide *m* caprique || Caprinsäure *v*; **-pronzuur (hexaanzuur; pentaancarbonzuur-1):** caproic acid || acide *m* caproïque || Capronsäure *v*; **-prylzuur (octaanzuur; heptaancarbonzuur-1):** caprylic acid || acide *m* caprylique || Caprylsäure *v*.
capsule: capsule || capsule *v* || Kapsel *v*.
caramel: *zie* **karamel.**
carbide: 1. (*chem.*)**:** carbide || carbure *m* || Carbid, Karbid *o*;
2. („*carbid*"): calcium carbide || carbure *m* calcique (de calcium *m*) || Calciumcarbid *o*; **-lamp:** carbide lamp || lampe *v* à carbure *m* || Karbidlampe *v*; **-oven:** carbide furnace || four *m* à carbure *m* || Karbidofen *m*.
carbo|cyclisch: carbocyclic || carbocyclique || carbocyclisch; **-lineum:** carbolineum || carbolineum *m* || Karbolineum *o*.
***carbol|zuur:** *zie* **fenol.**
carbo|naat: carbonate || carbonate *m* || Carbonat, Karbonat *o*; **-nisatie:** carbonization || carbonisation *v* || Karbonisation *v*, Verkohlung *v*; **-niseren:** to carbonize, to char || carboniser, charbonner || karbonisieren, verkohlen.
carbon[ado]: carbon[ado] || carbonado *m* || Karbon[ado] *m*.
carbona|tatie (*suikerfabr.*)**:** carbonatation || carbonatation *v* || Saturation *v*, Sättigung *v*; **-teren** (*suikerfabr.*)**:** to carbonatate || carbonater || saturieren, sättigen.
carbone|ren (*staal*)**:** to cement || cémenter || zementieren; **-ring:** cementation || cémentation *v* || Zementation *v*.
carbon|papier: carbon paper || papier *m* carbone || Kohlepapier *o*; **-zuur:** carboxylic acid || acide *m* carboxylique || Carbonsäure *v*.
carbo|nyl[groep]: carbonyl[group] || [groupe *m*, groupement *m*] carbonyle *m* || Carbonyl *o* [-gruppe *v*]; **-rundum:** carborundum *o*; || carborundum *m* || Karborundum *o*; **-rundumpapier:** carborundum paper || papier *m* [au] carborundum *m* || Karborundumpapier *o*; **-xyl[groep]:** carboxyl [group] || [groupe *m*, groupement *m*] carboxyle *m* || Carboxyl *o* [-gruppe *v*].
Car|boon: Carboniferous || Anthracolithique *m* || Karbon *o*; **-rundum:** carborundum || carborundum *m* || Karborundum *o*.
carburateur: carburettor, carburetter || carburateur *m* || Vergaser *m*, Karburator *m*; **- m. toevoer onder druk:** pressure fed carburettor || carburateur *m* alimenté sous pression *v* || Vergaser *m* mit Druckförderung *v*; **- m. verstuiving:** spray carburettor || carburateur *m* à pulvérisation *v* || Einspritz-, Zerstäubungsvergaser *m*; **-, enkele** (*dubbele*)**:** single (*double*) carburettor || carburateur *m* simple (*double*) || einfacher (*Zwilling-*) Vergaser *m*.
carcel-lamp: Carcel lamp || lampe *v* Carcel || Carcellampe *v*.
cardan|as: propeller shaft || arbre *m* à cardan *m* || Kardanwelle *v*; **-buis:** torque tube || tube *m* de poussée *v* || Kardanrohr *o*; **-buisvork:** joint fork || fourche *v* d'articulation *v* || Gelenkgabel *v*; **-drijfwerk:** shaft drive transmission || transmission *v* à cardan *m* || Kardanantrieb *m*; **-huis:** universal joint casing || boîte *v* d'articulation *v* || Kardangehäuse *o*; **-klauw, losse:** cardan finger || griffe *v* à ressort *m* de cardan *m* || Klaue *v*; **-klauw, vaste:** universal fork || griffe *v* de cardan *m* || Klaue *v* auf Getriebeachse *v*; **-kogel:** universal ball || sphère *v* de cardan *m* || Kardankugel *v*; **koppeling:** *zie* **kruisscharnierkoppeling; -koppelingshuis:** outer casing for universal joint || enveloppe *v* extérieure de l'articulation *v* || äußere Deckhülse *v*, Haube *v* für Kardangelenk *o*; **-overbrenging:** joint transmission || transmission *v* à cardan *m* || Kardanantrieb *m*.
cardioïde: cardioid || cardioïde *v* || Kardioide *v*.

carillon: carillon, chime || carillon *m* || Glockenspiel *o.*

carnalliet: carnallite || carnallite *v* || Karnallit *m.*

carnaubawas: Carnauba wax || cire *v* de carnauba || Carnaubawachs *o.*

cargadoor: shipbroker || [commissionnaire-] chargeur *m*, courtier *m* maritime (en vaisseaux *mm*) || Schiffsmakler *m*, Kargador *m*, Kargadeur *m.*

carousselbank: vertical boring and turning machine || tour-alésoir *m*, tour *m* à plateau *m* horizontal || Drehbank *v* mit liegender Planscheibe *v*, Drehmaschine *v*, Karusseldrehbank *v*, waagerechte Dreh- und Bohrbank *v*, Rundhobelmaschine *v.*

carrélijn: shaded rule || filet *m* gras et maigre || fettfeine Einfassungslinie *v.*

carrosserie: body, carriage work || carrosserie *v* || Karosserie *v*, Wagenkasten *m*; **-, gesloten** (*open*): closed (*open*) body || carrosserie *v* fermée (ouverte) || geschlossene (*offene*) Karosserie *v*; **-, gestroomlijnde:** aerodynamic body || carrosserie *v* aérodynamique || Karosserie *v* in Stromlinienform *v.*

carter: (*motor*): crank case (chamber), motor case || bâti *m* (carter *m*) du moteur *m* || Motorgehäuse *o.*

carto|graaf: cartographer || cartographe *m* || Kartograph *m*; **-grafie:** cartography || cartographie *v* || Kartographie *v*; **-grafisch:** cartographical || cartographique || kartographisch; **-theek:** card index [system] || fichier *m*, classeur *m* || Kartei *v*, Kartothek *v.*

carton: *zie* **karton.**

caryatide: *zie* **kariatide.**

cascade|batterij: cascade battery || batterie *v* en cascade *v* || Kaskaden-, Stufenbatterie *v*; **-omvormer:** cascade (motor) convertor || convertisseur *m* en cascade *v* || Kaskadenumformer *m*; **-omzetter:** *zie* **cascade-omvormer; -transformator:** cascade-transformer || transformateur *m* en cascade *v* || Kaskadentransformator *m.*

casco: body, hull || corps *m* et quille *v* || Kask *o.*

caseïne: casein || caséine *v* || Kasein *o*, Käsestoff *m*; **-lijm:** casein glue || colle-caséine *v* || Kasein-, Käseleim *m*; **-verf:** casein paint || couleur *v* caséine || Kaseinfarbe *v.*

cassette (*bouwk.*)**:** bay, casket, coffer || caisson *m*, panneau *m* || Deckenfeld *o*, Kassette *v.*

caster: *zie* **voorashelling.**

castor: *zie* **beverhaar; -olie:** *zie* **ricinusolie.**

cata|lysator: *zie* **katalysator.**

catalogus: catalogue; catalog (*Am.*) || catalogue *m* || Katalog *m*; **-prijs:** list price || prix *m* de catalogue *m* || Katalogpreis *m.*

cavalier (*nokbedekking*)**:** ridge plate || tôle *m* de faîtage *v* || Firstblech *o*, Kavalier *m.*

ceder: cedar || cèdre *v* || Zeder *v*; **-hout:** cedar wood || bois *m* de cèdre *v* || Zedernholz *o*; **-kleurig:** cedry || couleur *v* de cèdre *v* || zederfarbig; **-olie:** cedar oil || huile *v* de cèdre *v* || Zederöl *o.*

ceintuurbaan: circular (girdle) railway || chemin *m* de fer *m* de ceinture *v* || Gürtel-, Ringbahn *v.*

cel: **1.** (*klein vertrek*): cell || cellule *v* || Zelle *v*; **-lensilo:** grain warehouse without floors, silo || [grenier *m* à] silo *m* || Silo-, Zellenspeicher *m*;
2. (*organisme*): cell, cellule || cellule *v* || Zelle *v*; **-lulair:** cellular || cellulaire, de cellules *vm* || zellular, Zellen-; **-lulose:** *zie na* **celluloïd; -stof:** *zie* **cellulose; -vormig:** cellular || cellulaire || zellförmig ; **-wand:** cell membrane || membrane *v* de la cellule *v* || Zellwand *v*; **-weefsel:** cellular tissue || tissu *m* cellulaire || Zellengewebe *o*;
3. (*elektr., enz.*): cell || cellule *v* || Zelle *v*, Element *o*; **-, foto-elektrische:** photoelectric cell || élément *m* (cellule *v*) photoélectrique || photoelektrische Zelle *v*; **-, poreuze:** porous cell || vase *m* poreux || Tonzelle *v*; **-, v. licht gevoelige:** cell sensitive to light || cellule *v* sensible à la lumière *v* || lichtempfindliche Zelle *v*; **-contactstuk:** cell switch contact || plot *m* des accumulateurs *mm* || Zellenkontaktstück *o*; **-inspectie:** cell inspection || visite *v* des éléments *mm* || Zellenrevision *v*; **-schakelaar:** battery (cell) switch || réducteur [-adjoncteur] *m* || Zellenschalter *m.*

celluloïd[e]: celluloid || celluloïde *v* || Zelluloid *o*, Zellhorn *o*; **-papier:** celluloid paper || papier *m* de celluloïde *v* || Zelluloidpapier *o*; **-plaat:** celluloid plate || plaque *v* de celluloïde *v* || Zelluloidplatte *v.*

cellulose: cellulose; chemical pulp (*papierfabr.*) || cellulose *v*; pâte *v* chimique (*papierfabr.*) || Zellulose *v*, Cellulose *v*, Zellstoff *m*; Zellstoff *m* (*papierfabr.*); **-, geregenereerde:** regenerated cellulose || cellulose *v* régénérée || regenerierte Zellulose *v*; **-papier:** wood-pulp paper || papier *m* de cellulose *v* || Zellulosepapier *o*; **-acetaat:** cellulose acetate || acétate *m* de cellulose *v* (cellulosique) || Zelluloseacetat *o*; **-ether:** cellulose ether || éther-oxyde *m* de cellulose *v* (cellulosique) || Zelluloseäther *m*; **-draad:** cellulose thread (filament) || fil[ament] *m* de cellulose *v* || Zellulosefaden *m*; **-ester:** cellulose ester || éther-sel *m* de cellulose *v* (cellulosique) || Zelluloseester *m*; **-hydraat:** cellulose hydrate || hydrate *m* de cellulose *v*, cellulose *v* hydratée || Zellulosehydrat *o*; **-nitraat:** cellulose nitrate || nitrate *m* (azotate *m*) de cellulose *v* (cellulosique) || Zellulosenitrat *o*; **-verbinding:** cellulose compound (derivative) || composé *m* (derivé *m*) de cellulose *v* (cellulosique) || Zelluloseverbindung *v*; **-xanthogenaat:** cellulose xanthogenate || xanthogénate *m* de cellulose *v* (cellulosique) || Zellulosexanthogenat *o*.

celtium: *zie* **hafnium.**

cement: cement || ciment *m* || Zement *m*, *o*; **-, gemengd:** mixed cement || ciment *m* bâtard || Mischzement *m*; **-, langzaam** (*snel*) **bindend:** *zie* **cement, langzaam** (*snel*) **verhardend; -, langzaam** (*snel*) **verhardend:** slowly (*quickly*) setting cement || ciment *m* à prise *v* lente (*rapide*) || langsam [ab]bindender (*schnell-*) Zement *m*, Langsambinder (*Schnell-*, *Raschbinder*) *m*; **-, natuurlijk:** natural cement || ciment *m* naturel || Naturzement *m*; **-atie:** cementation || cémentation *v* || Zementierung *v*; **-bekleding:** cement lining (coating) || revêtement *m* de ciment *m* || Zementbekleidung *v*; **-bepleistering:** cement plaster[ing] (rendering) || crépi *m* (enduit *m*) de ciment *m* || Zementverputz *m*; **-beton:** cement concrete || béton *m* de (au) ciment *m* || Zementbeton *m*; **-brij:** cement slurry (paste), grout || brai *m* (bouillie *v*, lait *m*) de ciment *m* || Zementbrei *m*; -schlämme *v*, -brühe *v*, -trübe *v*; **-buis:** cement tube (tubing) || tube *m* (tuyau *m*, conduit *m*) en ciment *m* || Zementrohr *o*, -röhre *v*; **-eerkist:** cementing (converting) chest || caisse *v* de cémentation *v* || Zementierkasten *m*; **-eeroven:** converting furnace || fourneau *m* à cémenter (de cémentation *v*) || Zementierofen *m*; **-eerpoeder:** cementing powder || poudre *v* cémentatoire || Zementierpulver *o*; **-en** (*bijv. nw.*)**:** [of] cement || de (en) ciment *m* || Zement-; **-eren:** to cement || cémenter || zementieren; *zie ook* **carboneren; -kanon:** *zie* **cementspuit; -klinker:** Portland clinker || brique *v* de ciment *m* Portland || Portlandklinker *m*; **-melk:** *zie* **cementbrij; -mortel:** cement mortar || mortier *m* de ciment *m* || Zementmörtel *m*; **-plaat:** slab of cement || dalle *v* de ciment *m* || Zementplatte *v*; **-plaat** (*muur*)**:** concrete slab || planche *v* de ciment *m* || Zementdiele *v*; **-spuit:** cement gun || cimentgun *m*, guniteuse *v* || Zementkanone *v*; **-steen:** cement stone || pierre *v* à cémenter || Zementstein *m*; **-tegel:** cement block (tile) || carreau *m* de ciment *m* || Zementfliese *v*; **-vilt:** cement felt || feutre *m* au ciment *m* || Zementfilz *m*; **-water:** cement water || eau *v* cémentatoire || Zementwasser *o*.

centenaar: centner, hundredweight || quintal *m* || Zentner *m*.

center|afstand (*draaibank*)**:** distance (width) between centers || distance *v* entre les (écartement *m* des) pointes *vm* || Spitzenentfernung *v*, -länge *v*, -weite *v*; **-board:** centerboard boat || canot *m* à dérive *v* centrale || Kielschwertboot *o*; **-boor:** centerbit || foret *m* (mèche *v*) à centre *m* (à téton *m*) || Zentrumbohrer *m*; **-hoogte** (*draaibank*)**:** height of centers || hauteur *v* des pointes *vm* || Spitzenhöhe *v*; **-merk:** centermark || coup *m* de pointeau *m* || Körnermarke *v*, -punkt *m*; **-pons:** *zie* **kornnagel; -punt v. d. losse kop** (*draaibank*)**:** back (puppet head) centre || contre-pointe *v*, pointe *v* de la contre-poupée *v* || Reitstockspitze *v*; **-punt** (*v. d. pons*)**:** centerpunch || pointe *v* du poinçon *m* || Stempelkörner *m*; **-spits** (*v. losse kop*)**:** back center || contre-pointe *v* || Pinne *v*, Reitnagel *m*;

centimeter-gram-seconde|-eenheden: *zie* **c.g.s.-eenheden; -stelsel:** *zie* **c.g.s.-stelsel.**

centraal: central || central || zentral.

centrale: 1. (*elektr.*)**:** central station, supply station || centrale *v* || Zentrale *v*; **-, aansluiten a. d.:** to connect to the central station || raccorder à la centrale *v* || an die Zentrale *v* anschließen; **-, elektrische:** electricity works, electric central station || centrale *v* électrique, usine *v* centrale d'électricité *v* || elektrische Zentrale *v*, Elektrizitätswerk *o*; **-, gemeentelijke:** municipal electricity works || centrale *v* municipale || kommunale Zentrale *v*, kommunales Elektrizitätswerk *o*; **-, stedelijke:** town electricity works || centrale *v* municipale || städtisches Elektrizitätswerk *o*; **-, thermische:** heat engine generating station || centrale *v* thermique || Wärmekraftwerk *o*;
2. (*telef.*, *enz.*)**:** central exchange || bureau *m* central || Vermittlungs-, Endamt *o*.

centrale-batterijsysteem: common battery system || système *m* à batterie *v* centrale || Zentralbatteriesystem *o*.

centrali|satie: centralisation || centralisation *v* || Zentralisierung *v*; **-seren:** to centralise || centraliser || zentralisieren.

centratorkoppeling: central coupling, multiplying (reducing) gearing || accouplement *m* à galets *mm* épicycloïdaux || Zentratorkupplung *v*.

centreer|apparaat: centerpunch || centreur *m* || Zentrierapparat *m*, Zentrierer *m*; **-bord:** centring board || planchette *v* de centrage *m* || Zentrierbrett *o*; **-machine:**

center lathe || machine *v* à centrer || Zentriermaschine *v*; **-ring:** centring ring || bague *v* de centrage *m* || Zentrierring *m*; **-tap:** centring journal || pivot *m* de centrage *m* || Zentrierzapfen *m*.

centre|ren: 1. (*i. h. midden brengen*): to center || centrer || zentrieren; **-ring:** centring || centrage *m* || Zentrierung *v*; **2.** (*merken*): to center, to mark with the centerpunch (prickpunch) || centrer, pointer, marquer au pointeau *m*, centrer, pointer || zentrieren, ankörnen.

centrifugaal: centrifugal || centrifuge || zentrifugal; **-condensor:** centrifugal condenser || condenseur *m* centrifuge || Kreiselkondensator *m*; **-kracht:** *zie* **kracht, middelpuntvliedende; -koppeling:** centrifugal clutch || embrayage *m* centrifuge || Fliehkraftkupplung *v*; **-pomp:** centrifugal pump || pompe *v* centrifuge || Kreisel-, Schleuder-, Zentrifugalpumpe *v*; **-regulateur:** centrifugal governor || régulateur *m* [à force *v*] centrifuge || Fliehkraft-, Zentrifugalregler *m*; **-rem:** centrifugal brake || frein *m* centrifuge || Schleuder-, Zentrifugalbremse *v*; **-smeertoestel:** centrifugal lubricator || graisseur *m* centrifuge || Zentrifugalschmiervorrichtung *v*; **-smering:** centrifugal lubrication || lubrification *v* centrifuge || Zentrifugalschmierung *v*; **-stofafzuiger:** centrifugal dust exhausting fan || aspirateur *m* centrifuge des poussières *vm* || Kreiselentstäuber *m*; **-ventilator:** centrifugal blower (blast-engine, fan) || ventilateur *m* centrifuge || Zentrifugalgebläse *o*, Fliehkraftlüfter *m*; **-verstuiver:** atomiser, centrifugal sprayer || pulvérisateur *m* centrifuge || Zentrifugalzerstäuber *m*.

centrifu|gaat: centrifugate || centrifugat *m* || Schleudergut *o*, Zentrifugat *o*; **-ge:** centrifuge, centrifugal [machine] || [machine *v*] centrifuge *v*, centrifugeur *m*, centrifugeuse *v* || Schleuder *v*, Zentrifuge *v*; **-geren:** to centrifugate (centrifuge) || centrifuger || [aus]schleudern, zentrifugieren; **-gering:** centrifugation || centrifugation *v* || [Aus]schleudern *o*, -schleuderung *v*.

centripetaal: centripetal || centripète || zentripetal; **-kracht:** *zie* **kracht, middelpuntzoekende;**

centrisch: centric || axial, central || zentrisch.

ceramiek: *zie* **keramiek.**

ceriet: cerite || cérite *v* || Cerit *m*.

ceri|hydroxyde: ceric hydroxide || hydrate *m* de cérium *m* || Cerihydroxyd *o*; **-nitraat:** ceric nitrate || azotate *m* (nitrate *m*) de cérium *m* || Cerinitrat *o*; **-oxyde:** ceric oxide || bioxyde *m* de cérium *m* || Ceri-, Cerdioxyd *o*; **-sulfaat:** ceric sulfate || sulfate *m* de cérium *m* tétravalent || Cerisulfat *o*; **-zout:** ceric salt || sel *m* de cérium *m* tétravalent || Cerisalz *o*.

cerium: cerium || cérium *m* || Cerium *o*; **-dioxyde:** *zie* **cerioxyde; -hydroxyde:** *zie* **ceri-** *of* **cerohydroxyde; -nitraat:** *zie* **ceri-** *of* **ceronitraat; -sulfaat:** *zie* **ceri-** *of* **cerosulfaat; -sesquioxyde:** *zie* **cerooxyde; -zout:** cerium salt || sel *m* de cérium *m* || Ceriumsalz *o*.

cerneren: to ring || cerner || beringen.

cero|carbonaat: cerous carbonate || carbonate *m* de cérium *m* [trivalent] || Cerocarbonat *o*; **-chloride:** cerous chloride || trichlorure *m* de cérium *m* || Cerochlorid *o*; **-hydroxyde:** cerous hydroxide || hydrate *m* de cérium *m* || Cerohydroxyd *o*; **-nitraat:** cerous nitrate || azotate *m* (nitrate *m*) de cérium *m* trivalent || Ceronitrat *o*; **-oxyde:** cerous oxide || sesquioxyde *m* de cérium *m* || Cerooxyd *o*, Cersesquioxyd *o*; **-sulfaat:** cerous sulfate || sulfate *m* de cerium *m* [trivalent] || Cerosulfat *o*; **-sulfide:** cerous sulfide || sulfure *m* de cérium *m* [trivalent] || Cerosulfid *o*; **-zout:** cerous salt || sel *m* de cérium *m* [trivalent] || Cerosalz *o*.

certificaat: attest, certificate || certificat *m* || Zeugnis *o*; **- v. oorsprong:** certificate of origin || certificat *m* d'origine *v* || Ursprungszeugnis *o*.

cerussiet: cerusite, white lead ore || cérusite *m*, carbonate *m* de plomb *m* || Weißbleierz *o*, Zerussit *m*.

cetaangetal: cetane number (rating) || nombre *m* de (indice *v* de) cétène *m* || Cetanzahl *v*.

c.g.s.-eenheden: centimeter gram second units, cgs-units || unités *vm* centimètre-gramme-seconde, unités *vm* cgs || Zentimeter - Gramm - Sekunde - Einheiten *vm*, cgs-Einheiten *vm*; **-stelsel:** cgs-system || système *m* cgs || cgs-System *o*; **-stelsel, elektromagnetisch:** electromagnetic cgs-system || système *m* électromagnétique cgs || elektromagnetisches cgs-System *o*; **-stelsel, elektrostatisch:** electrostatic cgs-system || système *m* électrostatique cgs || elektrostatisches cgs-System *o*.

chagrijn: shagreen || chagrin *m* || Chagrin *m*.

chalcedoon: c[h]alcedony || calcédoine *v* || Chalcedon *m*.

chalco|graaf: chalcographer || chalcographe *m* || Chalkograph *m*; **-grafie:** chalcography || chalcographie *v* || Chalkographie *v*; **-liet:** chalcolite || chalcolite *v* || Chalkolit *m*; **-pyriet:** chalcopyrite, copper pyrites || chalcopyrite *v*, pyrite *v* cuivreuse, cuivre *m* pyriteux || Kupferkies *m*; **-siet:** chalcosite, glance (sulfide) of copper || chalcosite *v*, cuivre *m* sulfuré || Kupferglanz *m*.

chamotte: chamotte, fire (refractory) clay || argile *v* réfractaire || Chamotte *v*, Schamotte *v*, feuerfester Ton *m*; **-steen:** chamotte stone || brique *v* réfractaire || Chamottenstein *m*.

chassis: **1.** (*gestel, enz.*): chassis, [under]-frame || châssis *m* || Chassis *o*, Rahmen *m*, [Unter]gestell *o*; **-, verlaagd:** drop down frame || châssis *m* surbaissé || versenkter Rahmen *m*;
2. (*fotogr.*): plate-holder, dark-slide || châssis *m* || Kassette *v*; **-schuif:** shutter [of the dark slide] || volet *m* [du châssis *m*] || Kassettenschieber *m*.

chauffeur: motor[-car] driver, chauffeur || chauffeur *m* || Kraftfahrer *m*, Chauffeur *m*, Schofför *m*, Automobilführer *m*.

chef: chief, head, leader, superior || chef *m* || Chef *m*, Vorstand *m*, Vorgesetzte[r] *m*; **- v. e. afdeling:** departmental chief || chef *m* de division *v* || Abteilungschef *m*; **- de bureau:** head clerk || chef *m* de bureau *m* || Bürovorsteher *m*, Bürovorstand *m*; **- v. exploitatie:** traffic manager || chef *m* d'exploitation *v* || Betriebsführer *m*; **- v. h. ondergrondse bedrijf** (*mijnb.*): underground (work's) manager; (*Am.*): superintendent || directeur *m* des travaux *mm* (chef *m* de service *m*) du fond *m* || Untertage-Betriebsführer *m*; **- v. tractie:** traffic manager || chef *m* de la traction *v* || Führer *m* des Maschinen- und Wegedienstes *m*, Traktionschef *m*; **-boormeester** (*mijnb.*)**:** tool pusher || contremaître *m* || Oberbohrmeister *m*; **-machinist:** chief engineer || chef-machiniste *m*, chef-mécanicien *m*, machiniste *m* en chef || Ober-, Hauptmaschinist *m*; **-monteur:** chief fitter || chef-monteur *m*, monteur *m* en chef || Obermonteur *m*.

che|micaliën: chemicals || produits *mm* chimiques || Chemikalien *mrv*; **-micus:** *zie* **scheikundige; -mie:** *zie* **scheikunde; -miker*:** *zie* **scheikundige; -misch:** *zie* **scheikundig; -misme:** the whole of the [chemical] reactions || chimisme *m* || Chemismus *m*.

chenille: chenille || chenille *v* || Chenille *v*.

chevilleren: to wring || cheviller || ausringen, chevillieren.

chilisalpeter [1])**:** Chili saltpeter || nitrate *m* (azotate *m*) de sodium *m* (soude *v*) du Chili, salpêtre *m* du Chili *m* || Chilisalpeter *m* (Chile-).

china|gras: china grass || ramie *v* || Chinagras *o*; **-kalk:** bleaching (china) clay || kaolin *m* || Bleichererde *v*, Kaolin *m*.

chineren: to cloud || chiner || chinieren.

[1]) Zie ook *natriumnitraat.*

chloantiet: chloantite || chloantite *v* || Chloantit *m*, Weißnickelkies *m*.

chloor [1])**:** chlorine || chlore *m* || Chlor *o*; **-, actief:** active chlorine || chlore *m* actif || aktives (wirksames) Chlor *o*; **-kalk:** calciumhypochlorite, bleaching powder || hypochlorite *m* de calcium *m*, chlorure *m* de chaux *v* [2]), poudre *v* à blanchir || Chlor-, Bleichkalk *m*, Bleichpulver *o*; **-bleek:** chlorine bleaching || blanchiment *m* au chlore *m* || Chlorbleiche *v*; **-di(***hept-; mon-; tetr-***)oxyde:** chlorine di(*hept-*; *mon*; *tetr-*)oxide || di(*hept-*; *mon-*; *tétr-*) oxyde *m* de chlore *m* || Chlordi(*hept-*; *mon-*; *tetr-*)oxyd *o*; **-gas:** chlorine gas, gaseous chlorine || gaz *m* chlore, chlore *m* à l'état *m* gazeux || Chlorgas *o*, gasförmiges Chlor *o*; **-houdend:** chlorine containing || chloré; contenant du chlore *m* || chlorhaltig; **-rubber:** chlorinated rubber || caoutchouc *m* chloré || Chlorkautschuk, chlorierter Kautschuk *m*; **-verbinding:** chlorine compound; chlorinated derivative || dérivé *m* (composé *m*) chloré || Chlorverbindung *v*; **-water:** chlorine water, aqueous solution of chlorine || eau *v* chlorée, solution *v* aqueuse de chlore *m* || Chlorwasser *o*, wäss[e]rige Chlorlösung *v*; **-waterstof[zuur]:** hydrochloric acid || acide *m* chlorhydrique || Chlorwasserstoff *m* [-säure *v*]; **-zuur:** chloric acid || acide *m* chlorique || Chlorsäure *v*; **-zwavel:** sulfur chloride || chlorure *m* de soufre *m* || Chlorschwefel *m*.

chlo|raat: chlorate || chlorate *m* || Chlorat *o*; **-ren** (*water, enz.*)**:** to chlorinate || chlorer || chlorieren; **-reren:** (*chem.*) to chlorinate || chlorurer || chlorieren; **-rering:** chlorination || chloruration *v* || Chlorierung *v*; **-ride:** chloride || chlorure *m* || Chlorid *o*; **-riet:** chlorite || chlorite *m* || Chlorit *o*; **-rietgneis:** chlorite gneiss || gneis *m* chlorieux || Chloritgneiß *m*; **-rietlei:** chlorite slate || chlorite *v* schisteuse || Chloritschiefer *m*; **-rigzuur:** chlorous acid || acide *m* chloreux || chlorige Säure *v*; **-roform (trichloormethaan):** chloroform || chloroforme *m* || Chloroform *o*; **-rometrie:** chlorometry || chlorométrie *v* || Chlorometrie *v*; **-rometrisch:** chlorometrical(*ly*) || chlorométrique(*ment*) || chlorometrisch; **-rophyl:** chlorophyll || chlorophylle *v* || Chlorophyll *o*; **-ruur:**

[1]) Voor hierachter niet opgenomen stofnamen als **chloorethyl*, *chloorammonium*, *chloorcalcium*, **chloormethyl*, enz., zie ethylchloride, ammoniumchloride, calciumchloride, methylchloride, natriumchloride, enz.
[2]) Deze naam is chemisch onjuist, doch is de gebruikelijkste.

chloride [1]) || protochlorure *m*, chlorure *m* [1]) || Chlorür *o*, Chlorid *o* [1]).

chocolaadje: *zie* **chocoladeflikje** *en* **chocoladepastille.**

chocolade: chocolate || chocolat *m* || Schokolade *v*; **-, bittere** (*zoete*)**:** bitter (*sweet*) chocolate || chocolat *m* amer (*doux*) || bittere (*süße*) Schokolade *v*; **-crème:** chocolate cream || crème *v* de (au) chocolat *m* || Schokoladencrème *v*; **-fabriek:** chocolate works || chocolaterie *v* || Schokoladenfabrik *v*; **-flikje:** chocolate-drop || rondelle *v* de chocolat *m* || Schokoladenplätzchen *o*; **-massa:** chocolate mass (paste), coating || pâte *v* de chocolat *m* || Schokoladenmasse *v*; **-pastille:** chocolate-drop || rondelle *v* (pastille *v*) de chocolat *m* || Schokoladenplätzchen *o*, -pastille *v*; **-poeder:** chocolate powder || poudre *v* de chocolat *m* || Schokoladenpulver *o*; **-reep:** bar of chocolate || bâton *m* de chocolat *m* || Schokoladenriegel *m*; **-tablet:** tablet of chocolate || tablette *v* de chocolat *m* || Schokoladentafel *v*; **-vorm:** chocolate mould || moule *v* à chocolat *m* || Schokoladenform *v*.

choke: *zie* **gasklep** (*auto*).

***choleste|rine:** *zie* **cholesterol; -rol:** cholesterol || cholestérol *m* || (Cholesterol *o*), Cholesterin *o*.

chris|tianiet: christianite || christianite *v* || Christianit *m*; **-tobaliet:** cristobalite || christobalite *v* || Christobalit *m*.

christoffelmetaal: argentan || alfénide *v* || Alfenid *o*.

chro|maat: chromate || chromate *m* || Chromat *o*; **-maatgeel:** chrome yellow, yellow chromate || chromate *m* de plomb *m*, jaune *m* de chrome *m* || Chromgelb *o*; **-matisch:** chromatic || chromatique || chromatisch; **-meren:** *zie* **verchromen.**

chromi|bromide: chromic bromide || bromure *m* chromique || Chromibromid *o*, Chrombromid *o*; **-chloride:** chromic chloride || chlorure *m* chromique || Chromichlorid *o*, Chromchlorid *o*.

chromiet: chromite, chrome iron ore, chromic iron || chromite *v*, fer *m* chromé || Chromit *o*, Chromeisenstein *m*, -erz *o*.

chromi|fosfaat: chromic phosphate || phosphate *m* chromique || Chromiphosphat *o*; **-hydroxyde:** chromic hydroxide || hydrate *m* chromique || Chromihydroxyd *o*; **-jodide:** chromic iodide || iodure *m* chromique || Chromijodid *o*, Chromjodid *o*; **-nitraat:** chromic nitrate || azotate *m* (nitrate *m*) chromique || Chrominitrat *o*; **-oxyde:** chromic oxide || oxyde *m* chromique || Chromioxyd *o*, Chromoxyd *o*; **-sulfaat:** chromic sulfate || sulfate *m* chromique || Chromisulfat *o*; **-sulfide:** chromic sulfide || sulfure *m* chromique || Chromisulfid *o*, Chromsulfid *o*; **-zout:** chromic salt || sel *m* chromique || Chromisalz *o*.

chromium: *zie* **chroom.**

chromo|acetaat: chromous acetate || acétate *m* chromeux || Chromoacetat *o*; **-carbonaat:** chromous carbonate || carbonate *m* chromeux || Chromocarbonat *o*; **-chloride:** chromous chloride || chlorure *m* chromeux || Chromochlorid *o*, Chromchlorür *o*; **-hydroxyde:** chromous hydroxide || hydrate *m* chromeux || Chromohydroxyd *o*; **-jodide:** chromous iodide || iodure *m* chromeux || Chromojodid *o*, Chromjodür *o*; **-lithografie:** chromolithography || chromolithographie *v* || Chromolithographie *v*, Farbensteindruck *m*; **-oxyde:** chromous oxide || oxyde *m* chromeux || Chromooxyd *o*, Chromoxydul *o*; **-papier:** chromo paper || papier *m* chromo || Chromopapier *o*; **-sulfaat:** chromous sulfate || sulfate *m* chromeux || Chromosulfat *o*; **-sulfide:** chromous sulfide || sulfure *m* chromeux || Chromosulfid *o*, Chromsulfür *o*; **-typie:** chromotype [process] || chromotypie *v* || Chromotype *v*; **-zout:** chromous salt || sel *m* chromeux || Chromsalz *o*.

chrono|foon: electric alarm clock || chronophone *m* || Chronophon *o*; **-graaf:** chronograph || chronographe *m* || Chronograph *m*; **-meter:** chronometer, timekeeper || chronomètre *m* || Chronometer *o*, *m*; **-metertijd:** chronometer time || heure *v* chronométrique || Chronometerzeit *v*; **-skoop:** chronoscope || chronoscope *m* || Chronoskop *o*.

chroom [1])**:** chromium || chrome *m* || Chrom *o*;

---

[1]) In samenstellingen als „koperchloruur", „tinchloruur", enz., kan deze vorm alleen worden gebruikt met de naam van het metaal in de vorm, die de laagste valentietrap aangeeft; dus „*koperchloruur*: *cuprous chloride* || *chlorure cuivreux* || *Kupferchlorür* of wel *Cuprochlorid*"; „*tinchloruur*: *stannous chloride* || *chlorure stanneux* || *Zinnchlorür* of wel *Stannochlorid*", enz.

[1]) Voor hierachter niet opgenomen chroomverbindingen zoals bv. chroomhydroxyde, chroomsulfaat, enz., zie men voor *tweewaardig* chroom afgeleide verbindingen onder **chromo-** en voor van *driewaardig* chroom afgeleide verbindingen onder chromi-; weet men niet welke dezer beide mogelijkheden is bedoeld, dan zie men onder **chromi-** en **chromo-** en vervange in het Engels „chromic" of „chromous" door „chromium" in het Frans „chromique" of chromeux"

(Vervolg noot op blz. 95.)

-aluin: chrome alum || alun *m* de chrome *m* || Chromalaun *m*; **-chloride:** *zie* **chromichloride; -chloruur:** *zie* **chromochloride; -dioxyde:** chromium dioxide || bioxyde *m* de chrome *m* || Chromdioxyd *o*; **-geel:** *zie* **chromaatgeel; -groen:** chrome green || vert *m* de chrome *m* || Chromgrün *o*; **-le[d]er:** chrome leather || cuir *m* à chrome *m* || Chromleder *o*; **-leerlooierij:** chrome tanning || tannage *m* à chrome *m* || Chromgerberei *v*; **-lijm:** chrome glue || colle *v* à chrome *m* || Chromleim *m*; **-molybdeenstaal:** chromium-molybdenum steel || acier *m* au chrome-molybdène || Chrommolybdänstahl *m*; **-nikkelstaal:** chromium-nickel steel || acier *m* chrome-nickel || Chromnickelstahl *m*; **-oxyde:** *zie* **chromioxyde; -oxydule:** *zie* **chromo-oxyde; -staal:** chrome steel || acier *m* chromé || Chromstahl *m*; **-sulfide:** *zie* **chromisulfide; -sulfuur:** *zie* **chromosulfide; -trioxyde:** chromium trioxide || trioxyde *m* de chrome *m* || Chromtrioxyd *o*; **-vanadiumstaal:** chromium-vanadium steel || acier *m* chromé au vanadium *m* || Chromvanadinstahl *m*; **-ijzererts:** *zie* **chromiet; -ijzersteen:** *zie* **chromiet; -zuur** [1])**:** chromic acid || acide *m* chromique || Chromsäure *v*; **-zuuranhydride:** chromium trioxyde || trioxyde *m* de chrome *m*, anhydride *m* chromique || Chromsäureanhydrid *o*; **-zuurelement:** chromic acid cell || élément *m* au bichromate *m* de potasse *m* || Chromsäureelement *o*.

chryso|beryl: chrysoberyl || chrysobéril *m* || Chrysoberyll *m*; **-col:** chrysocolla, verditer || chrysocolle *v*, cuivre *m* hydrosilicieux || Kupfergrün *o*, Kieselkupfer *o*, Kieselmalachit *m*; **-liet:** chrysolite || chrysolithe *v* || Chrysolith *m*; **-praas:** chrysoprase || chrysoprase *v* || Chrysopras *m*; **-tyl:** chrysotile || chrysotile *m* || Chrysotil *m*; **-typie:** chrysotype [process] || chrysotypie *v* || Chrysotypie *v*; **-typiepapier:** chrysotype paper || papier *m* chrysotype || Chrysotyppapier *o*.

cicero (*typogr.*)**:** *zie* **augustijn.**

cider: cider || cidre *m* || Zider *m*.

cilinder: 1. (*meetk.*) cylinder || cylindre *m* || Zylinder *m*, Walze *v*; **-mantel:** curved surface of a cylinder || surface *v* latérale d'un cylindre *m* || Zylindermantel *m*; **-vlak:** surface of a cylinder || surface *v* cylindrique || Zylinderfläche *v*; **-vormig:** cylindric[al(*ly*)] || cylindrique || zylindrisch, zylinderförmig;

2. (*stoommach., motor, enz.*)**:** cylinder || cylindre *m* || Zylinder *m*; **- m. [stoom]-mantel:** cylinder with [*steam*] jacket || cylindre *m* à chemise *v* [*de vapeur v*] || Zylinder *m* mit [*Dampf*]mantel *m*; **-, achterste:** back cylinder || cylindre *m* arrière || hinterer Zylinder *m*; **-, bovenste** (*middelste; onderste*)**:** upper (*middle; lower*) cylinder || cylindre *m* supérieur (*intermédiaire; inférieur*) || Oberzylinder (*Mittel-; Unter-*) *m*; **-, horizontale** (*verticale*)**:** horizontal (*vertical*) cylinder || cylindre *m* horizontal (*vertical*) || horizontaler (*vertikaler*) Zylinder *m*; **-, hydraulische:** hydraulic cylinder || cylindre *m* hydraulique || hydraulischer Zylinder *m*, Nonne *v*, Untermönch *m*; **-aantal:** number of cylinders || nombre *m* de cylindres *mm* || Zylinderzahl *v*; **-aftapkraan:** cylinder drain cock || robinet *m* du cylindre *m* || Zylinderhahn *m*; **-appendages:** cylinder fittings || garnitures *vm* du cylindre *m* || Zylinderausrüstung *v*, -armatur *v*, -garnitur *v*; **-as:** cylinder axis || axe *m* du cylindre *m* || Zylinderachse *v*; **-bekleding:** cylinder clothing (lagging) || enveloppe *v* du cylindre *m* || Zylinderschutzmantel *m*, -verkleidung *v*, -verschalung *v*; **-blok:** cylinder block || bloc *m* des cylindres *mm* || Zylinderblock *m*; **-bodem:** cylinder bottom || fond *m* du cylindre *m* || Zylinderboden *m*; **-boormachine:** cylinder boring machine || aléseuse *v* à cylindres *mm* || Zylinderbohrmaschine *v*; **-boring:** cylinder bore (inside) diameter || alésage *m* || Zylinderbohrung *v*, -durchmesser *m*; **-deksel:** cylinder cover || couvercle *m* (fond *m*, plateau *m*) du cylindre *m* || Zylinderdeckel *m*; **-dekselbekleding:** cylinder head casing || enveloppe *v* du couvercle *m* du cylindre *m* || Zylinderdeckelbekleidung *v*; **-diameter:** *zie* **cilindermiddellijn; -dichting:** cylinder head gasket || joint *m* de culasse *v* || Zylinderdichtung *v*; **-flens:** cylinder flange || bride *v* de cylindre *m* || Zylinderflansch *m*; **-inhoud:** piston displacement, swept volume || cylindrée *v*, || Hubraum *m*, -volum[en] *o*; **-ketel:** cylindrical boiler || générateur *m* cylindrique || Zylinder-, Walzen-, zylindrischer Kessel *m*; **-kop:** cylinder head || tête *v* de cylindre *m*, culasse *v* || Zylinderkopf *m*; **-koptapeind:** cylinder head stud || goujon *m* de culasse *v* || **Deckelsteh-**

(Vervolg noot van blz. 94.)
door „de chrone" en in het Duits „Chromi" of „Chromo-" door „Chrom-", dus bv. voor „chroomhydroxyde" zie men chromihydroxyde" of „chromohydroxyde", of wel men vertale: „chromium hydroxyde || hydrate *m* de chrome *m* || Chromhydroxyd *o*".

[1]) Voor stofnamen als *chroomzure soda, chroomzuur lood*, enz., zie *natriumchromaat, loodchromaat*, enz.

bolzen *m*; **-loopvlak:** working surface of cylinder || portée *v* du cylindre *m* || Zylinderlauffläche *v*; **-machine:** cylinder engine || machine *v* à papier *m* cilindrique || Zylindermaschine *v*; **-mantel:** cylinder [water] casing (jacket) || chemise *v* [d'eau *v*] (corps *m*, paroi *v*) du cylindre *m* || Zylinder[wasser]mantel *m*; **-molen:** tubemill || broyeur *m* à tambour *m* || Rohrmühle *v*; **-olie:** cylinder oil || huile *v* pour cylindres *mm* || Zylinderöl *o*; **-omkasting:** cylinder clothing (lagging) || enveloppe *v* du cylindre *m* || Zylinderverkleidung *v*; **-pakkingbus:** cylinder stuffing box || boîte *v* à bourrage *m* de cylindre *m* (à étoupes *vm*, à garniture *v*) || Zylinderstopfbüchse *v*; **-pers:** cylinder press || presse *v* à cylindre *m* || Zylinderpresse *v*; **-smeerpot:** cylinder oiler || graisseur *m* du cylindre *m* || Zylinderöler *m*; **-steun:** cylinder support || soutien *m* du cylindre *m* || Zylinder-[auf]lagerung *v*, -stützung *v*; **-voering:** cylinder lining (sleeve) || chemise *v* de cylindre *m* || Zylinderbüchse *v*; **-voet:** cylinder foot || pied *m* de cylindre *m* || Zylinderfuß *m*, -fußgestell *o*; **-wand:** cylinder wall || paroi *v* de cylindre *m* || Zylinderwandung *v*;
3. *zie* **trommel;**
4. *zie* **rol** *en* **wals; -echappement** (*horloge*): cylinder escapement || échappement *m* à cylindre *m* || Zylinderhemmung *v*; **-horloge:** cylinder watch || montre *v* à cylindre *m* || Zylinderuhr *v*; **-rheostaat:** cylinder rheostat || rhéostat *m* à cylindre *m* || Walzenrheostat *m*; **-ringanker:** cylindrical ring armature || induit *m* en anneau *m* cylindrique || Zylinderringanker *m*; **-wasmachine:** cylinder washing machine (mill) || clapaud *m* || Walzenwaschmaschine *v*.

cilin|dreermachine: calender machine || machine *v* à cylindrer || Zylindriermaschine *v*; **-drisch:** *zie* **cilindervormig.**

cinnaber: cinnabar || cinabre *m* || Zinnober *m*.

circuit (*elektr., magn.*): circuit || circuit *m* || Kreis *m*; **-, gesloten magnetisch:** iron circuit || circuit *m* magnétique dans le fer *m* || Eisenschluß *m*; **-, magnetisch:** magnetic circuit || circuit *m* magnétique || magnetischer Kreis *m*.

circulatie: circulation || circulation *v* || Zirkulation *v*; **-inrichting:** circulation device || dispositif *m* de circulation *v* || Zirkulationsvorrichtung *v*; **-ketel:** circulation boiler || chaudière *v* à circulation *v* || Umlauf-, Zirkulationskessel *m*; **-koeling:** circulation cooling || refroidissement *m* à circuit *m* fermé || Umlaufkühlung *v*; **-pomp:** circulating pump || pompe *v* de circulation *v* || Umlaufpumpe *v*; **-pijp:** circulation tube || tube *m* de circulation *v* || Umlaufs-, Zirkulationsrohr *o*; **-voorwarmer:** circulation feed water heater || réchauffeur *m* à circulation *v* || Zirkulationsvorwärmer *m*.

cirkel: circle || cercle *m* || Kreis *m*; **-, verdeelde:** divided circle || cercle *m* gradué || geteilter Kreis, Teilkreis *m*; **-beweging:** circular movement || mouvement *m* circulaire || Kreisbewegung *v*; **-boog:** arc || arc *m* || Kreisbogen *m*; **-diagram:** circle diagram || diagramme *m* circulaire || Kreisdiagramm *o*; **-diameter:** *zie* **cirkelmiddellijn; -evolvente:** involute of the circle || développante *v* du cercle *m* || Kreisevolvente *v*; **-frequentie:** pulsation || pulsation *v* || Kreisfrequenz *v*; **-loop:** *zie* **kringloop; -middellijn:** diameter of a circle || diamètre *m* d'un cercle *m* || Kreisdurchmesser *m*; **-omtrek:** circumference (periphery) of a circle || circonférence *v* d'un cercle *m* || Kreisperipherie *v*, -umfang *m*; **-oppervlak:** area of a circle || aire *v* d'un cercle *m* || Kreisfläche *v*, -inhalt *m*; **-schaar:** circular shears || cisaille *v* circulaire (à molettes *vm*) || Kreisschere *v*; **-schijf:** shell bush for taker in || disque *m* du briseur *m* || Scheibe *v* für Vorreißer *m*; **-schraper:** scribing compasses || compas *m* à pointe *v* réglable || Kreisreißer *m*, Parallelzirkel *m*; **-sector:** sector of a circle || secteur *m* de cercle *m* || Kreisausschnitt *m*; **-segment:** segment of a circle || segment *m* de cercle *m* || Kreissegment *o*; **-straal:** radius || rayon *m* de cercle *m* || Kreishalbmesser *m*; **-stroom:** circular current || courant *m* circulaire || Kreisstrom *m*; **-verdeler:** circle dividing engine || machine *v* à diviser les cercles *mm* || Kreisteilmaschine *v*; **-vormig:** circular || circulaire || kreisförmig; **-zaag:** circular (disk) saw || scie *v* circulaire || Kreis-, Zirkel-, Zirkularsäge *v*; **-zaagmachine:** circular sawmachine || scie *v* circulaire d'établi *m* || Kreissägemaschine *v*.

cis-buteendizuur: cis-butenedioic acid || acide *m* cis-butènedioïque || (Cis-Butendisäure *v*); **-etheencarbonzuur-1,2:** cis-ethenedicarboxylic-1,2 acid || acide *m* cis-éthènedicarboxylique-1,2 || (Cis-Äthendicarbonsäure-1,2 *v*).

ciseel: charring chisel || ciseau *m* à charreur *m* || Scharriereisen *o*.

ciseleerwerk: *zie* **drijfwerk; -leren:** *zie* **drijven 5.**

citraat: citrate || citrate *m* || Citrat *o*, Zitrat *o*.

citroen: lemon; citron (*groot*) || citron *m* || Zitrone *v*; **-geel:** lemon (citron) coloured || couleur *v* de citron *m*, citrin, citron || zitronengelb; **-hout:** candle (lemon tree) wood || bois *m* de chandelle *v* (de citron *m*, jaune) || Zitronenholz *o*; **-olie:** lemon oil, oil of citron || essence *v* de citron *m* || Zitronenöl *o*; **-sap:** lemon juice || jus *m* de citron *m* || Zitronensaft *m*; **-schil:** lemon peel || écorce *v* de citron *m* || Zitronenschale *v*; **-zuur (hydroxy-2 propaantricarbonzuur-1,2,3):** citric acid; lemon acid || acide *m* citrique || Zitronensäure *v*.

clariet: clarain || clarain *m* || Clarit *m*.

classificatie: classification || classification *v* || Klassifizierung *v*.

cliché: plate, block, electro; cut, engraving (*Am.*) || cliché *m* || Druckstock *m*, Klischee *o*; **- voor meer kleuren:** colour plate (block); color engraving (*Am.*) || cliché *m* en couleur *v* || Farbdruckstock *m*, -klischee *o*; **-, negatief:** negative, plate || cliché *m* négatif || Negativdruckstock *m*; **-, positief:** positive || cliché *m* positif || Positifdruckstock *m*; **-, uitgefreesd:** routed plate || simili *m* détouré || ausgefräster Druckstock *m*; **-afdruk:** plate (block) pull; engraver's proof (*Am.*) || épreuve *v* de cliché *m* || Druckstock-, Klischeeabzug *m*.

cli|cheermachine: dabbing machine || machine *v* à clicher || Klischiermaschine *v*; **-cheren:** to dab || clicher || klischieren, abklatschen.

cliënt: 1. (*koper*, *enz.*): customer (*ook v. advertenties*) || client *m*; cliente *v* || Käufer *m*, Kunde *v*, Abnehmer *m*, Klient *m*; **-ele:** customers, clientage, good will || clients *mm* || Kundschaft *v*, Kundenkreis *m*, Klientel *v*;
2. (*v. advocaat*, *octrooigem.*, *enz.*): client || client *m*; cliente *v* || Mandant *m*, Auftraggeber *m*; Mandantin *v*, Auftraggeberin *v*.

clino|graaf: clinograph || clinographe *m* || Klinograph *m*; **-meter:** batterlevel, clinometer || clinomètre *m* || Klinometer *o*, *m*.

closet: [water]closet, W.C. || cabinet *m* d'aisance *v* || Abort *m*, Abtritt *m*.

coagu|laat: coagulate, coagulum || coagulum *m* || Koagulat *o*; **-latie**[1]**:** coagulation || coagulation *v* || Koagulation *v*, Gerinnen *o*; **-leerbaar:** coagulable || coagulable || koagulierbar; **-leermiddel:** coagulant, coagulating agent || agent *m* coagulant, agent *m* coagulateur || Koaguliermittel *o*, Koagulator *m*; **-leren**[2]**:** to coagulate || se coaguler || koagulieren, gerinnen; **-lerend:** coagulating || coagulant, coagulateur (-trice) || koagulierend; **-lering:** *zie* **coagulatie**; **-lum:** coagulum || coagulum *m* || Koagulat *o*.

cobalt: *zie* **kobalt.**

[1]) Zie ook *uitvlokking*.
[2]) Zie ook *doen* -, *laten* - en *uitvlokken*.

cochenille: cochineal || cochenille *v* || Koschenille, Cochenille *v*; **-scharlaken:** cochineal (dutch) scarlet || écarlate *v* de Hollande *v* || Hochscharlach *m*.

cochranketel: Cochran patent vertical multitubular boiler || chaudière *v* multitubulaire verticale [de] Cochran || Cochran's stehender Vielröhrenkessel *m*.

cocon: cocoon || cocon *m* || Kokon *m*; **-, buitenlaag v. e.:** coarse silk round (outside layer of) a cocoon || blaise *v*, bourrette *v*, chappe *v*, frisson *m* || rohe Seide *v*, erste Kokonschicht *v*; **-draad:** cocoon fibre || fil *m* de cocon *m* || Kokonfaden *m*; **-haspel:** silk reel || aspe *m* de filature *v* || Seidenwickler *m*.

coëfficiënt: coefficient || coefficient *m* || Koeffizient *m*, Beiwert *m*; **- v. Hopkinson:** *zie* **spreidingscoëfficiënt; - v. rollende wrijving:** rolling friction coefficient || coefficient *m* de roulement *m* || spezifischer Fahrwiderstand *m*; **- v. selectieve absorptie:** coefficient of selective absorption || coefficient *m* d'absorption *v* selective || wahrer Absorptionskoeffizient *m*; **- v. slepende wrijving:** *zie* **wrijvingscoëfficiënt; - v. wederzijdse inductie:** coefficient of mutual induction || coefficient *m* d'induction *v* mutuelle || Koeffizient *m* der gegenseitigen Induktion *v*; **- v. zelfinductie:** *zie* **zelfinductiecoëfficiënt.**

coelestien: celestine || célestine *v* || Cölestin *m*.

coërcitiefkracht: coercitive force || force *v* coercitive || Koerzitiv-, Retentionskraft *v*.

cofferdam: *zie* **kofferdam.**

cognossement: bill of lading (B/L) || connaissement *m* || Seefrachtbrief *m*.

coherer: coherer || cohéreur *m*, radioconducteur *m* || Fritter *m*, Kohärer *m*, Radiokonduktor *m*; **-buis:** coherer tube || tube *m* de cohéreur *m* || Kohärerröhre *v*; **-weerstand:** coherer resistance || résistance *v* de cohéreur *m* || Fritterwiderstand *m*.

cohesie: coherence, cohesion, cohesive attraction || cohérence *v*, cohésion *v* || Kohärenz *v*, Kohäsion *v*, Zusammenhang *m*.

cokes: *zie* **kooks.**

collationeren: to collate || collationner || kollationieren.

collector: 1. (*elektr.*): commutator || collecteur *m*, commutateur *m* || Kollektor *m*, Stromwender *m*; **-borstel:** collecting brush || balai *m* de collecteur *m* || Kollektor-, Sammelbürste *v*; **-bus:** commutator sleeve || manchon *m* du collecteur *m* || Kollektorbüchse *v*; **-eindring:** commutator end ring || bague *v* d'extrémité *v* du collecteur *m* || Stromsammler-, Kommutatorschlußring *m*; **-gelijkrichter:** commutator rectifier, permutator ||

permutatrice *v* || Kommutatorgleichrichter *m*; **-kromme:** commutator potential curve || courbe *v* du (diagramme *m* des potentiels *mm* au) collecteur *m* || Potential-, Kollektorkurve *v*; **-lamel:** *zie* **collectorstrook; -motor:** commutator motor || moteur *m* à collecteur *m* || Kollektormotor *m*; **-ring:** commutator ring || bague *v* du collecteur *m* || Kollektorring *m*; **-rotor:** collector rotor || rotor *m* à collecteur *m* || Kollektorrotor *m*; **-schrede:** commutator pitch || pas *m* du collecteur *m* || Kollektorschritt *m*; **-smeer:** lubricant for the commutator || lubricant *m* pour collecteurs *mm* || Kollektorschmiere *v*; **-spanningskromme:** *zie* **collectorkromme; -spoed:** *zie* **collectorschrede; -steek:** commutator pitch || pas *m* de collecteur *m* || Kollektorschritt *m*; **-strook:** commutator bar (segment) || lame *v* de collecteur *m* || Kollektorlamelle *v*, -segment *o*; **-strook, holle:** hollow commutator bar || lame *v* creuse de collecteur *m* || hohle Kommutatorlamelle *v*;
2. (*flotatie*): collecting agent, collector || collecteur *m*, agglomérant *m*, promoteur *m* || Sammler *m*, Öler *m*.

colliniet: collinite || collinite *v* || Collinit *m*.

collo|dium: *zie* **kollodium; -idaal:** *zie* **kolloïdaal; -ide:** *zie* **kolloïde.**

colom|bienrood: columbine colour || gorge *m* de pigeon *m* || Kolombinrot *o*; **-bierpapier:** colombier || colombier *m* || Kolombierpapier *o*.

colo|phonium: *zie* **kolofonium; -riet:** colouring || coloris *m* || Kolorit *o*.

colori|meter: colorimeter, colour meter || colorimètre *m* || Farbenmesser *m*, Kolorimeter *o*, *m*; **-metrisch:** colorimetrical(*ly*) || colométrique(*ment*) || kolorimetrisch.

colum|biet: columbite || columbite *v* || Columbit *m*; **-bium:** *zie* **niobium.**

combinatie: combination, combining || combinaison *v*, assemblage *m* || Kombination *v*, Vereinigung *v*; **-mof:** combination sleeve || manchon *m* combiné || Kombinationsmuffe *v*; **-slot:** combination lock || serrure *v* de combinaison *v* || Kombinationsschloß *o*; **-tang:** combination pliers || pince *v* universelle || Universal, Kombinations-, Vielfachzange *v*; **-weerstand:** combination resistance || résistance *v* à combinaisons *vm* || Kombinationswiderstand *m*.

combi|nator (*elektr.*)**:** combiner || combinateur *m* || Kombinator *m*; **-neren:** to combine || combiner || kombinieren.

commando|brug: conning bridge || passerelle *v* de commandement *m* || Kommandobrücke *v*; **-schakelaar:** master controller || controleur *m* de commande *v* || Meisterschalter *m*; **-toren:** conning tower || tourelle *v* de commandement *m* || Kommandoturm *m*.

communi|catie: *zie* **verbinding 2; -cerend:** communicating, in communication (*with*) || communicant, communiquant (*avec*), en communication *v* (*avec*) || kommunizierend, verbunden (*mit*), in Verbindung *v* (*mit*).

commutatie: commutation || commutation *v* || Kommutation *v*, Kommutierung *v*, Stromwendung *v*; **-kring:** commutation zone || zone *v* de commutation *v* || Kommutierungszone *v*; **-kromme:** curve of commutation || courbe *v* de commutation *v* || Kommutierungskurve *v*; **-proces:** process of commutation || marche *v* de la commutation *v* || Kommutierungsvorgang *m*; **-spoel:** commutating coil || bobine *v* de commutation *v* (commutatrice) || Kommutationsspule *v*; **-tijd:** period of commutation || période *v* de commutation *v* || Kommutierungszeit *v*; **-veld:** commutating field || champ *m* de commutation *v* || Kommutierungsfeld *o*; **-verlies:** loss due to commutation || perte *v* par commutation *v* || Kommutationsverlust *m*; **-zone:** *zie* **commutatiekring.**

commutator: 1. (*schakelaar*): commutator || collecteur *m*, commutateur *m* || Kollektor *m*, Stromwender *m*, Umschalter *m*; **2.** (*poolwisselaar*): pole changer || inverseur *m* des pôles *mm* || Polwechsler *m*; **-machine:** commutator machine || machine *v* à commutateur-redresseur *m* || Kommutatormaschine *v*; **-spoed:** *zie* **collectorschrede.**

com|pact: compact || compact || kompakt, dicht; **-pactie** (*petr.*)**:** [gravitational] compaction || tassement *m* || Verdichtung *v*; **-partiment:** *zie* **afdeling.**

compensatie: compensation, balancing || compensation *v* || Kompensation *v*, Ausgleich *m*, Ausgleichung *v*; **-ampèrewinding:** compensating ampere turn || ampère-tour *m* de compensation *v* || Kompensationsamperewindung *v*; **-batterij:** balancing (equalizing) battery || batterie-tampon *v* || Ausgleichbatterie *v*; **-brug:** potentiometer || potentiomètre *m* || Kompensationsbrücke *v*; **-krachtstroom:** compensating flux || flux *m* de compensation *v* || Kompensationskraftfluß *m*; **-magneet:** compensation magnet || aimant *m* compensateur || Kompensationsmagnet *m*; **-methode:** compensation method || méthode *v* de compensation *v* || Ausgleich-, Kompensationsmethode *v*; **-pool:** compensating pole, interpole || pôle *m* auxiliaire (de compensation *v*) || Hilfs-, Kompensationspol *m*; **-slinger:** compensated pendulum || pendule *m* compensateur || Kompensationspendel *o*; **-spoel:** compensating coil || bobine *v* compensatrice || Kompensationsspule *v*; **-sproeier:** compensator jet || gicleur *m* de compensation *v* || Ausgleichdüse *v*; **-stroom:** compensating current || courant *m* compensateur || Ausgleichstrom *m*; **-veld:** compensating field || champ *m* de compensation *v* || Kompensationsfeld *o*; **-weerstand:** *zie* **vereffeningsweerstand; -wikkeling:** *zie* **vereffeningswikkeling.**

compen|sator: compensator || compensateur *m* || Kompensator *m*; **-sator-machine:** compensator || compensateur *m* [à] synchrone || Blindleistungsmaschine *v*, Phasenschieber *m*; **-seren:** to compensate, to balance || compenser || kompensieren, ausgleichen.

comple|ment: complement || complément *m* || Komplement *o*; **-mentair:** complementary || complémentaire || komplementär.

complex: 1. (*samenstel*): aggregate || ensemble *m* || Komplex *m*;
2. (*scheik.*): complex [compound, group] || complexe *m*, groupe *m* (combinaison *v*) complexe || Komplex *m*, komplexe Gruppe *v* (Verbindung *v*);
3. (*bijv. nw.*): complex || complexe || komplex.

component: 1. (*algem.*): component || composant *m* || Komponente *v*;
2. (*kracht, enz.*): component || composante *v* || Komponente *v*, Seitenkraft *v*; **-, axiale:** axial component || composante *v* axiale || Achsialkomponente *v*; **-, horizontale** (*verticale*)**:** horizontal (*vertical*) component || composante *v* horizontale (*verticale*) || horizontale (*vertikale*) Komponente *v*; **-, radiale:** radial component || composante *v* radiale || Radialkomponente *v*; **-en, harmonische:** harmonic components || composantes *vm* harmoniques || harmonische Teilschwingungen *vm* (Komponenten *vm*);
3. (*bestanddeel*): constituent, component || constituant *m*, composant *m* || Bestandteil *m*, Komponente *v*.

compositie: 1. (*algem.*): composition || composition *v* || Zusammensetzung *v*, Komposition *v*; **-borstel:** composition brush || balai *m* en charbon *m* combiné avec de la toile *v* métallique || Kompositionsbürste *v*; **-metaal:** composition metal || métal-composition *m* || Kompositionsmetall *o*;
2. (*typogr.*): *zie* **opmaak.**

compost: compost, compound manure || compost *m* || Kompost *m*, Mistdünger *m*.

composteur: composing stick || composteur *m* || Winkelhaken *m*.

compound: compound; two-stage || compound; composé; mixte || kompound; Verbund-; **-centrifugaalpomp:** two-stage centrifugal pump || pompe *v* centrifuge compound || Verbundkreisel-, Verbundzentrifugalpumpe *v*; **-compressie:** compound compression || compression *v* étagée (compound) || Verbundverdichtung *v*; **-draad:** compound wire || fil *m* bimétallique (compound) || Kompounddraht *m*; **-dynamo [m. korte** (*lange*) **shunt]:** compound dynamo (generator) [with short (*long*) shunt] || génératrice *v* compound (à excitation *v* composée) [à courte (*longue*) dérivation *v*] || Kompounddynamo *v*, Doppelschlußgenerator *m*, Verbunddynamo *v* [mit kurzem (*langem*) Nebenschluß *m*]; **-eren:** et compound || compounder || kompoundieren; **-generator:** *zie* **compounddynamo; -kabel:** compound cable || câble *m* compound || Kompoundkabel *o*; **-machine:** *zie* **compoundstoommachine; -motor:** compound [wound] motor || moteur *m* compound (à excitation *v* composée, - - mixte) || Doppelschluß-, Verbundmotor *m*; **-opwekking:** compound excitation || excitation *v* compound || gemischte Erregung *v*, Verbund-, Kompounderregung *v*; **-papier:** compound impregnated paper || papier *m* compound || Kompoundpapier *o*; **-schakelen:** to connect in series parallel || monter en séries *vm* multiples || gemischt schalten; **-stoommachine:** compound steam engine || machine *v* à vapeur *v* compound || Kompound-, Verbunddampfmaschine *v*; **-transformator:** compound transformer || transformateur *m* compound || Verbundtransformator *m*; **-turbine:** compound turbine || turbine *v* compound || Verbundturbine *v*; **-wikkeling:** compound winding || bobinage *m* (enroulement *m*) compound || gemischte Wick[e]lung *v*, Kompoundwicklung *v*; **-wikkeling, veldversterkende:** straight compound winding || enroulement *m* d'excitation *v* hyper-compound || feldverstärkende Verbund-(Kompound-) wick[e]lung *v*; **-wikkeling, veldverzwakkende:** differential compound winding || enroulement *m* d'excitation *v* anticompound || feldschwächende Verbund-(Kompound-)wick[e]lung *v*.

compres zetsel: solid (close) matter || composition *v* pleine, non-interlignée *v* || Kompreß *m*.

compressie: compression || compression *v* || Kompression *v*, Verdichtung *v*, Zusammendrückung *v*, -pressung *v*; **-, droge** (*natte*)**:** dry (*wet*) compression (compressor operation) || compression *v* sèche (*humide*) || trockener (*nasser*) Verdichtergang *m*;

-arbeid: work done during compression || travail *m* de compression *v* || Kompressions-, Verdichtungsarbeit *v*; **-cilinder:** compression cylinder || cylindre *m* de compression *v* || Kompressions-, Verdichtungszylinder *m*; **-graad:** degree of compression || degré *m* de compression *v* || Kompressions-, Verdichtungsgrad *m*; **-grens:** limit of compression || limite *v* de compression *v* || Kompressions-, Verdichtungsgrenze *v*; **-koude-stoommachine:** compression cold vapour machine || machine *v* à compression *v* à vapeur *v* froide || Verdichtungskaltdampfmaschine *v*; **-kraan:** compression cock (tap) || robinet *m* de compression *v* || Kompressionshahn *m*; **-kromme:** compression curve || courbe *v* de compression *v* || Kompressions-, Verdichtungskurve *v*, -linie *v*; **-periode:** period of compression || période *v* de compression *v* || Kompressions-, Verdichtungsperiode *v*; **-punt:** point of compression || origine *v* de la compression *v* || Kompressions-, Verdichtungspunkt *m*; **-spanning:** compression pressure || pression *v* à la compression *v* || Kompressions-, Verdichtungsspannung *v*, -druck *m*; **-ruimte:** compression chamber || chambre *v* de compression *v* || Verdichtungsraum *m*; **-stoot:** rebound, surging shock || choc *m* de compression *v* || Verdichtungsstoß *m*; **-verhouding:** compression ratio || rapport *m* de compression *v* || Verdichtungsverhältnis *o*; **-verlies:** compression loss || perte *v* par compression *v* || Kompressions-, Verdichtungsverlust *m*; **-voud:** *zie* **compressiegraad.**

com|pressor: compressor || compresseur *m* || Kompressor *m*, Verdichter *m*; **-pressor, roterende:** rotary compressor || compresseur *m* rotatif || rotierender Kompressor *m* (Verdichter *m*); **-primeren:** to compress || comprimer || komprimieren, verdichten, zusammendrücken, -pressen.

comptoneffect: Compton effect || effet *m* Compton || Comptoneffekt *m*.

con|caaf: concave || concave || konkav; **-caaf-convex:** *zie* **holbol** *onder* **hol 2**; **-caviteit:** concavity || concavité *v* || Konkavität *v*.

concentraat: concentrate || concentrat *m*, liquide *m* (masse *v*) concentré(e) || Konzentrat *o*; (*erts*): concentrate || concentrés *mm* || Konzentrat *o*; **-, ruw:** rougher concentrate || concentrés *mm* bruts, mixtes *vm* riches || Vorkonzentrat *o*; **-, rijk:** high-grade concentrate || concentrés *mm* riches || hochhaltiges Konzentrat *o*.

concen|tratie: 1. (*sterkte*): concentration || concentration *v* || Konzentration *v*; **-treren:** to concentrate || concentrer || konzentrieren; (*erts*): to concentrate || concentrer || anreichern;

2. (*het concentreren*): concentration || concentration *v* || Konzentrierung *v*.

concen|triciteit: concentricity || concentricité *v* || Konzentrizität *v*, Mittelpunktsgemeinschaft *v*; **-trisch:** concentric(*ally*) || concentrique(*ment*) || konzentrisch.

concessie: concession, grant || concession *v* || Konzession *v*, Verleihung *v*; **- verlenen:** to grant a concession || accorder (octroyer) une concession *v* || eine Konzession *v* (Verleihung *v*) bewilligen; **-aanvraag:** application for a concession || demande *v* de concession *v* || Konzessions-, Verleihungsgesuch *m*; **-houder:** grantee, concessionary; (*Am.*) licensee || concessionnaire *m* || Konzessionär *m*, Konzessionsinhaber *m*; **-duur:** period of concession || durée *v* de [la] concession *v* || Konzessionsdauer *v*.

concessio|naris: *zie* **concessiehouder; -neren:** *zie* **concessie verlenen.**

con|che: conche || conche *v* || Conche *v*; **-cheren:** to [treat in the] conche || concher || conchieren; **-chering:** conching, treating in the conche || conchage *m* || Conchierung *v*, Conchieren *o*; **-choïde:** conchoid || conchoïde *v* || Konchoide *v*, Muschellinie *v*.

conclusie: *zie* **octrooiconclusie.**

concussie|ontsteker: concussion fuse || fusée *v* à concussion *v* || Konkussionszünder *m*; **-projectiel:** concussion shot || projectile *v* à concussion *v* || Konkussionsprojektil *o*.

condensaat: 1. (*vloeist.*): condensate || condensat *m*; liquide *m* condensé, vapeur *v* condensée || Kondensat *o*, Niederschlag *m*; **-pot:** steam trap || séparateur *m* d'eau *v* || Kondenstopf *m*, Wasserabscheider *m*;

2. (*scheik.*): condensate, condensation product || produit *m* condensé (de condensation *v*) || Kondensat *o*, Kondensationsprodukt *o*.

condensatie: 1. (*verdichting*): condensation || condensation *v* || Kondensation *v*, Kondensieren *o*, Niederschlagen *o*, Verflüssigung *v*; **-machine:** condensing engine || machine *v* à condensation *v* || Kondensationsmaschine *v*; **-pot:** condensing vessel || récipient *m* de condensation *v* || Kondenstopf *m*, Niederschlaggefäß *o*; **-ruimte:** condensation space (chamber) || chambre *v* de condensation *v* || Kondensationsraum *m*; **-warmte:** heat of condensation || chaleur *v* de condensation *v* || Kondensations-, Verflüssigungswärme *v*; **-water:** water of condensation || eau *v* de condensation *v*, eau *v* condensée || Kondenswasser *o*;

2. (*scheik.*): condensation || condensation *v* || Kondensation *v*; **-middel:** condensation agent || agent *m* de condensation *v* || Kondensationsmittel *o*; **-produkt:** *zie* **condensaat 2**; **-reactie:** condensation reaction || réaction *v* de condensation *v* || Kondensationsreaktion *v*; **-temperatuur:** condensation temperature || température *v* de condensation *v* || Kondensationstemperatur *v*.

condensator: 1. *zie* **condensor;**
2. (*elektr.*): [electric] condenser || condensateur *m* [électrique] || Kondensator *m*; **-, draaibare:** adjustable (variable) condenser || condensateur *m* variable (réglable) || Drehkondensator *m*; **-, ideale:** perfect (ideal, *Am.*) condenser || condensateur *m* idéal || volkommener Kondensator *m*; **-, zingende:** singing condenser || condensateur *m* chantant || singender Kondensator *m*; **-bekleding:** condenser coating (armature) || armature *v* de condensateur *m* || Kondensatorbelegung *v*; **-bliksemafleider:** condenser lightning arrester || parafoudre *m* à condensateur *m* || Kondensatorblitzschutzvorrichtung *v*; **-elektrometer:** condenser electrometer || électromètre *m* condensateur || Kondensatorelektrometer *o*, *m*; **-lamp:** condenser lamp || lampe-condensateur *v* || Kondensatorlampe *v*; **-plaat:** condenser plate || plaque *v* de condensateur *v* || Kondensatorplatte *v*; **-telefoon:** condenser telephone || téléphone *m* à condensateur *m* || Kondensatortelephon *o*.

condenseren: 1. (*damp*): to condensate, to liquefy || condenser, (*se*) liquéfier || kondensieren, (*sich*) verflüssigen, niederschlagen;
2. (*scheik.*): to condensate || condenser || kondensieren.

condensor: 1. (*optiek*): condenser || condenseur *m* || Kondensor *m*;
2. (*damp*): condenser, liquefier || condenseur *m* || Kondensator *m*, Verdichter *m*, Verflüssiger *m*; *zie ook* **koeler 2;** **-roterende:** rotary condenser || condenseur *m* rotatif || rotierender Verflüssiger *m*; **-pijp:** condenser tube || tube *m* de condenseur *m* || Kondensator-, Verdichter-, Verflüssigerröhre *v*.

condenspot: *zie* **condensaatpot; -water:** *zie* **condensatiewater.**

conditio|neren: 1. (*text.*): to determine the humidity || conditionner (déterminer l'humidité *v*) || konditionieren (die Feuchtigkeit *v* bestimmen);
2. (*lucht*): air-conditioning || conditionner l'air *m*, conditionnement *m* [de l'air *m*] || Luftkonditionierung *v*;
3. (*flotatie*): **-neringsbak:** conditioner, conditioning tank || agitateur *m*, mélangeur *m* || Rührtrommel *v*.

conduc|tantie: conductance || conductance *v* || Konduktanz *v*; **-teur** (*v. trein, enz.*)**:** guard; conductor (*tram*) || conducteur *m*, contrôleur *m*; receveur *m* (*trem*) || Schaffner *m*; **-tief:** conductiv, conductible || conductif, conducteur (*-trice*), conductible || konduktiv, leitend; **-tiemotor:** conduction motor || moteur *m* à conduction *v* || Konduktionsmotor *m*; **-tiestroom:** conduction current || courant *m* de conduction *v* || Leitungsstrom *m*; **-tiviteit:** conductivity, conductibility || conductivité *v*, conductibilité *v* || Leitungsvermögen *o*; **-tor:** conductor || conducteur *m* || Konduktor *m*, Leiter *m*.

conglomeraat: conglomerate || conglomérat *m* || Konglomerat *o*; Trümmergestein *o*.

congruent: congruent || congruent || kongruent, deckungsgleich.

co|nisch: *zie* **kegelvormig.**

conoïde: conoid || conoïde *m* || Konoid *o*.

conserveren: *zie* **verduurzamen.**

consis|tentie: consistence, consistency, body || consistance *v* || Konsistenz *v*; **-tentvet:** consistent (thick) fat || graisse *v* consistante || festes (konsistentes) Fett *o*.

console: bracket, cantilever, corbel, console || console *v*, corbeau *m*, potence *v* || Ausleger *m*, Konsole *v*; **-blok** (*i. d. lengte opgehangen*)**:** longitudinal wall hanger || palier-console *m* fermé || Längskonsollager *o*; **-blokschakelaar:** bracket switch || interrupteur *m* à console *v* || Konsolenschalter *m*; **-blokwapening:** cantilever reinforcement || armature *v* de console *v* || Konsolarmierung *v*; **-kolomblok:** post [hanger] bearing || palier-console *m* à colonne *v* || Säulenkonsollager *o*.

constant: constant || constant || konstant.

constantaan: constantan || constantan *m* || Konstantan *o*; **-draad:** constantan wire || fil *m* de constantan *m* || Konstantandraht *m*; **-weerstand:** constantan resistance || résistance *v* en constantan *m* || Konstantanwiderstand *m*.

constante: constant [value] || constante *v* || Konstante *v*, Festwert *m*, Festzahl *v*; **-, diëlektrische:** dielectric constant || constante *v* diélectrique || Dielektrizitätskonstante, dielektrische Konstante *v*; **-, relatieve diëlektrische:** specific inductive capacity || pouvoir *m* inducteur spécifique || relative Dielektrizitätskonstante *v*.

constitutie: constitution || constitution *v* || Konstitution *v*; **-formule:** constitutional formula || formule *v* constitutionelle || Konstitutionsformel *m*.

constructeur: designer || constructeur *m* || Konstrukteur *m*.

constructie: construction || construction *v* || Konstruktion *v*, Bau *m*; **-, foutieve:** faulty (defective) construction || construction *v* défectueuse (erronée) || falsche (fehlerhafte) Konstruktion *v*; **-fout:** fault in design || faute *v* de construction *v* || Konstruktionsfehler *m*; **-materialen:** materials of construction || matériaux *mm* de construction *v* || Konstruktionsmaterialien *om*; **-tekening:** construction (working) drawing || dessin *m* de construction *v* || Konstruktionszeichnung *v*; **-waterlijn(C.W.L.)**(*scheepsb.*): load waterline (LWL) || ligne *v* de flottaison *v* à l'état *m* chargé || Konstruktionswasserlinie *v*; **-werkplaats:** *zie* **staalconstructiewerkplaats.**

construeren: to build, to design || construire || bauen, konstruieren.

consument: consumer || consommateur *m* || Konsument *m*; **-enmarkt:** consumer market || marché *m* de consommation *v* || Markt *m* der Verbrauchsgüter *om*.

contact: 1. (*aanraking*): contact, touch || contact *m* || Berührung *v*, Kontakt *m*; **2.** (*scheik.*): **-massa:** contact (catalyst) mass || masse *v* catalytique (du catalyseur *m*) || Kontakt-, Katalysatormasse *v*; **-werking:** contact (catalytic) action || action *v* catalytique || Kontaktwirkung *v*, katalytische Wirkung *v*; **-werkwijze:** contact process || procédé *m* avec masse *v* catalytique || Kontaktverfahren *o*;
3. (*elektr.*): contact || contact *m* || Kontakt *m*; **-, dood:** dead contact || contact *m* au point *m* mort || Totkontakt *m*; **-, doorlopend:** permanent contact || contact *m* permanent || Dauerkontakt *m*; **-, geïsoleerd:** insulated contact || contact *m* isolé || isolierter Kontakt *m*; **-, intermitterend:** ticker interrupter || contact *m* à trembleur *m* || intermittierender Kontakt *m*; **-apparaat:** contact apparatus (device) || appareil *m* (dispositif *m*) de contact *m* || Kontaktapparat *m*, -vorrichtung *v*; **-baan:** contact path || voie *v* de contact *m* || Kontaktbahn *v*; **-beugel:** bridge contact piece || étrier *m* de contact *m* || Kontaktbügel *m*; **-blok:** contact block || bloc *m* (plot *m*) de contact *m* || Kontaktklotz *m*; **-borstel:** contact brush || balai *m* de contact *m* || Kontaktbürste *v*; **-detector:** contact detector || détecteur *m* de contact *m* || Kontaktdetektor *m*; **-doos:** contact cover || couvercle *m* de contact *m* || Kontaktdose *v*; **-doos, verzonken:** flush socket || socle *m* de prise *v* de courant *m* à encastrer || Unterputzsteckdose *v*; **-draad:** contact wire || fil *m* aérien (de contact *m*, de travail *m*) || Arbeits-, Fahr-, Kontaktdraht *m*; **-draadisolator:** contact wire insulator || isolateur *m* de fil *m* de contact *m* || Fahrdrahtisolator *m*; **-elektriciteit:** contact electricity || électricité *v* [produite par] contact *m* || Berührungselektrizität *v*; **-emk:** contact electromotive force || force *v* électromotrice || Kontakt-E.M.K. *v*; **-enweg:** length of travel || longueur *v* de course *v* || Schalthub *m*; **-gever:** contactor || contacteur *m* || Einschalter *m*; **-hefboom:** contact lever || levier *m* de contact *m* || Kontakthebel *m*; **-hoek** (*oppervl.sp.*): contact angle || angle *m* de contact *m* || Randwinkel *m*; **-knop:** contact stud, push button || bouton *m* de contact *m* || Kontaktknopf *m*; **-kool:** contact carbon || charbon *m* de contact *m* || Kontaktkohle *v*; **-leiding:** contact-line || ligne *v* de contact *m* || Fahrleitung *v*; **-mes:** contact knife || couteau *m* de contact *m* || Kontaktmesser *o*; **-mikrofoon:** contact microphone || microphone *m* à contact *m* || Kontaktmikrophon *o*; **-mof:** contact bush || douille *v* de contact *m* || Kontakthülse *v*; **-plaat** (*stroomverdeler*): terminal plate || plateau *m* de bornes *vm* || Kabelanschlußplatte *v*; **-plaatje:** contact washer || rondelle *v* de contact *m* || Kontaktplättchen *o*; **-ploeg:** plough || charrue *v* || Stromabnehmer *m* für unterirdische Stromschiene *v*; **-punt:** contact point || pointe *v* de contact *m* || Kontaktpunkt *m*; **-reel:** contactrail || rail *m* de contact *m* || Stromschiene *v*; **-reel, centraal gelegen:** central contactrail || rail *m* central de contact *m* || Stromschiene *v* in Gleismitte *v*; **-reel, ondergrondse:** underground contact-rail || rail *m* de contact *m* de caniveau *m* || unterirdische Stromschiene *v*; **-reel, zijdelingse:** side contact rail || rail *m* latéral de contact *m* || Stromschiene *v*; **-ring:** contact ring || bague *v* de contact *m* || Kontaktring *m*; **-rol:** contact roller || galet *m* (rouleau *m*) de contact *m* || Kontaktrolle *v*; **-schakelaar:** ignition switch || interrupteur *m* de contact *m* || Zündschalter *m*; **-schroef:** contact screw || vis *v* de contact *m* || Kontaktschraube *v*; **-schijf:** contact disc || disque *m* de contact *m* || Kontaktscheibe *v*; **-slede:** contact bridge || chariot *m* (curseur *m*) de contact *m* || Kontaktschlitten *m*; **-sleutel:** ignition key || clef *v* de contact *m* || Zündschlüssel *m*; **-spanning:** contact potential || tension *v* électromotrice de contact *m* || Berührungs-, Kontaktspannung *v*; **-stop:** plug || cheville *v*

(fiche *v*) de contact *m* || Kontaktstöpsel *m*; **-stop, concentrische:** concentric plug || bouchon *m* de prise *v* de courant *m* à contacts *mm* concentriques || konzentrischer Stecker *m*; **-stop, gepantserde:** metal-clad plug || bouchon *m* de prise *v* de courant *m* blindé || metallgekapselter Stecker *m*; **-strook:** contact strip || bande *v* de contact *m* || Kontaktstreifen *m*; **-stuk:** contact piece || plot *m* de contact *m* || Kontaktstück *o*; **-theorie:** contact theory || théorie *v* de contact *m* || Kontakttheorie *v*; **-veer:** contact spring || ressort *m* de contact *m* || Kontaktfeder *v*; **-verbreker:** circuit breaker || rupteur *m* || Ausschalter *m*; **-vlak:** contact surface || surface *v* de contact *m* || Berührungs-, Kontaktfläche *v*; **-voltmeter:** contact voltmeter || voltmètre *m* à contacts *mm* || Kontaktvoltmeter *o, m*; **-wang:** contact jaw || mâchoire *v* de contact *m* || Kontaktbacke *v*; **-weerstand:** contact resistance || résistance *v* au passage *m* || Übergangswiderstand *m*; **-werking:** action through a medium, contact action || action *v* de contact *m* || Kontakt-, Nahewirkung *v*; **-wijzer:** contact pointer || aiguille *v* porte-contact || Kontaktzeiger *m*.

conterfort: buttress, counterfort || arcboutant *m*, contrefort *m* || Strebepfeiler *m*.

contingent: quota || contingent *m*, quota *m* || Anteil *m*.

continu: continuous(*ly*) || continu(*ellement*) || kontinuierlich, Kontinu-, ununterbrochen, dauernd; **-iteit:** continuity || continuité *v* || Stetigkeit *v*, Kontinuität *v*; **-iteitsformule:** equation of continuity || équation *v* de continuité *v* || Kontinuitätsgleichung *v*; **-iteitsvergelijking:** *zie* **continuïteitsformule; -straling:** continuous radiation || rayonnement *m* indépendant || Bremsstrahlung *v*.

contract: contract, agreement || contrat *m* || Kontrakt *m*, Vertrag *m*; **- opmaken, een:** to draft a contract (an agreement) || dresser un contrat *m* || einen Vertrag *m* abfassen; **- sluiten, een:** to conclude an agreement (a contract), to contract (for) || contracter, passer un contrat *m* || einen Vertrag [ab]schließen; **- v. e. vast bedrag:** lump sum contract || forfait *m* || Pauschalakkord *m*; **-ant:** contractant, contracting party || contractant *m* || Vertragschließende(r) *m*, Kontrahent *m*; **-bepalingen:** conditions of contract || conditions *vm* de contrat *m* || Vertragsbedingungen *vm*; **-eren:** to contract (*for*) || contracter || einen Kontrakt (Vertrag) *m* [ab]schließen, kontrahieren; **-prijs:** contract price || prix *m* contractuel (de contrat *m*) || Kontrakt-, Vertragspreis *m*; **-ueel:** contractual (*bijv. nw.*); by contract (*bijw.*) || contractuel(*lement*), par contrat *m* || kontraktmäßig, verträglich.

contractie: 1. (*samentrekking*): contraction || contraction *v*, rétrécissement *m* || Kontraktion *v*, Zusammenziehung *v*; **2.** (*vernauwing*): narrowing || contraction *v* || Verengung *v*.

contra|flens: counter (companion) flange || contre-bride *v* || Gegenflansch *m*; **-gewicht** (*tegengewicht*)**:** counterweight || contrepoids *m* || Gegengewicht *o*, Überwucht *v*, Überwuchtmasse *v*; (*tarra*)**:** tare weight || poids *m* tare || Taragewicht *o*; **-lijn:** horizontal line || ligne *v* transversale || Querlinie *v*; **-merk:** countermark || contremarque *v* || Gegenmarke *v*; **-moer:** check (jam, lock) nut || contre-écrou *m* || Gegenmutter *v*; **-reel:** guide (side, guard, check, counter) rail || rail *m* de guidage *m*, contre-rail *m*, rail-guide *m* || Gegen-, Seit-, Führungsschiene *v*; **-spie:** tightening key || contre-clavette *v* || Gegenkeil *m*; **-variant:** contravariant || contravariant *m* || Kontravariant *m*; **-veer:** antagonistic spring || contre-ressort *m*, ressort *m* antagoniste (de rappel *m*) || Abreiß-, Gegenfeder *v*; **-wiel:** counter wheel || poulie *v* de renvoi *m* || Gegenscheibe *v*.

contrast: contrast || contraste *m* || Kontrast *m*, Gegensatz *m*; **-eren:** to contrast || contraster || kontrastieren, abstechen, einen Gegensatz *m* bilden; **-maaltijd** (*röntgentherapie*)**:** opaque meal || ingestion *v* opaque || Kontrastfüllung *v*, -mahlzeit *v*, -einlauf *m*; **-werking:** contrast effect || effet *m* de contraste *m* || Kontrast-, Gegensatzwirkung *v*.

contro|le: 1. (*toezicht*): supervision || contrôle *m* || Aufsicht *v*, Kontrolle *v*, Überwachung *v*; **-leren:** to supervise || contrôler || überwachen, kontrollieren; **-lelamp:** supervisory (pilot) lamp || lampe *v* de contrôle *m*, lampe-témoin *v* || Kontroll-, Überwachungslampe *v*; **-lerelais:** pilot (supervisory) relay || relais *m* de contrôle *m* || Kontroll-, Überwachungsrelais *o*; **-leur:** controller, supervisor || contrôleur *m* || Aufseher *m*, Überwacher *m*;

2. (*verificatie*): check[ing], verification, test || contrôle *m*, vérification *v* || Überprüfung *v*, Kontrolle *v*; **-le-automaat:** automatic control apparatus || appareil *m* automatique de contrôle *m* || Kontrollautomat *m*; **-leerbaar:** capable of control, controllable || contrôlable || kontrollierbar; **-leflens** (*v. manometer*)**:** control (test) flange || bride *v* d'attente *v* (de contrôle *m*) || Kontroll-, Prüfflansch *m*; **-le-instrument:** control instrument ||

instrument *m* de contrôle *m* || Kontrollinstrument *o*; **-leklok** (*v. verbindingsgeleidingen*): electrical control clock for junction wires || horloge *v* de contrôle *m* pour conducteurs *mm* de raccordement *m* || Kontrolluhr *v* für Verbindungsleitungen *vm*; **-lemanometer:** control (standard, test) gauge || manomètre *m* de contrôle *m* || Kontrollmanometer *o, m*; **-leproef:** check test, checking || essai *m* de contrôle *m*, épreuve *v* de vérification *v* || Kontrollversuch *m*, -probe *v*; **-leren:** to check, to verify, to test || contrôler, vérifier || überprüfen, kontrollieren; **-lestandaardmeter:** standard testing meter || compteur *m* de contrôle *m*, compteur-étalon *m* || Kontrollzähler *m*; **-letoestel:** controlling apparatus || appareil *m* de contrôle *m* || Kontrollapparat *m*; **-leur:** controller; checker, ticket-examiner, check-taker || contrôleur *m* || Aufseher *m*; **-levenster** (*spw.*): indication of a lever position || contrôle *v* de position *v* d'un levier *m* || Rückmeldung *v*; **-lewiel:** stop wheel || roue *v* de contrôle *m* || Kontrollrad *o*.

controller: controller || combinateur *m*, contrôleur *m*, coupleur *m* || Fahrschalter *m*, Kontroller *m*; **-kast:** controller cylinder (drum) || cylindre *m* de combinateur *m* || Fahrschalter-, Kontrollertrommel *v*.

conus: *zie* **kegel**; **-koppeling:** *zie* **kegelkoppeling**; **-kraan:** conical plug || robinet *m* conique || Konushahn *m*.

convec|tie: convection || convection *v* || Konvektion *v*; **-tief:** convective || convectif || konvektif; **-tiestroom:** convection current || courant *m* convectif || Konvektionsstrom *m*.

conver|geren: to converge || converger || convergieren; **-gent:** convergent, converging || convergent || konvergent, konvergierend, zusammenlaufend; **-gentie:** convergence || convergence *v* || Konvergenz *v*.

conver|sie: conversion || conversion *v* || Konversion *v*, Umwandlung *v*; **-teren:** to convert (*into*) || convertir (*en*) || konvertieren (*in*), umwandlen (*in*), umsetzen (*in*); **-tor:** convertor || convertisseur *m* || Konvertor *m*.

convex: convex(*ly*) || convexe || konvex; **- -concaaf:** *zie* **bolhol** *onder* **bol 4**; **-heid:** convexity || convexité *v* || Konvexität *v*.

coolidgebuis: Coolidge tube || tube *m* Coolidge || Glühkathoden-, Coolidgeröhre *v*.

coördi|naat: coordinate || coordonnée *v* || Koordinate *v*; **-natensysteem:** coordinate system || système *m* de coordonnées *vm* || Koordinaten-, Bezugsystem *o*.

copal; copie; copij: *zie* **kopal; kopie; kopij.**

copra: copra[h] || coprah *v* || Kopra *v*.

co-poly|meer: co-polymer, mixed polymer || co-polymère *m*, polymère *m* mixte || Mischpolymer *o*; **-merisatie:** co-polymerisation || co-polymérisation *v* || Misch-, Co-, Kopolymerisation *v*.

cordeermachine: cording machine || machine *v* à corder (à cordonner) || Kordiermaschine *v*.

corderen: to cord || corder || kordieren.

cordelet: cord || cordelet *m*, velours *m* à côtes *mm* || Kord *o*, vollständig gerissenes Manchester *o*.

cordieriet: cordierite, dichroit || cordiérite *v* || Cordierit *m*, Dichroit *m*.

cordonnet|garen: patent bobbin cotton || coton *m* cordonnet || Glanzzwirn *o*; **-zijde:** braid || soie *v* cordonnet || Kordonnetseide *v*.

corduaan: cordwain, cordovan || cordouan *m* || Korduan *m*.

corliss|kraan: Corliss valve || robinet *m* Corliss (distributeur) || Corlisshahn, rotierender Hahn *m*; **-schuif:** Corliss (oscillating cylindrical) valve || tiroir *m* Corliss (oscillant) || Rundschieber *m*.

cornwallketel: *zie* **ketel m. één vuurgang** *onder* **ketel 5.**

coronaverschijnsel (*elektr.*): corona effect || effet *m* de couronne *v* || Koronaerscheinung *v*.

corpus: *zie* **korpus.**

correc|tie: **1.** (*algem.*): *zie*: **corrigeren 1.** (*z. nw.*); **-tiefactor:** correction factor || coefficient *m* de correction *v* || Korrektionsfaktor *m*; **-tienok** (*hughestoestel*): correcting cam || came *v* correctrice || Korrektionsdaumen *m*; **-tiewiel:** correction wheel || roue *v* correctrice (de correction *v*) || Korrektionsrad *o*;
2. (*v. drukproef*): *zie* **corrigeren 2** (*z. nw.*); **-tor:** proof-reader, corrector [of the press] || correcteur *m* [d'épreuves *vm*] || Korrektor *m*, Korrekturenleser *m*;
3. (*proef*): proof[-sheet] || épreuve *v* || Korrektur *v*.

correspon|deren: **1.** (*overeenkomen; beantwoorden aan*): to correspond (*to*) || correspondre (*à*) || entsprechen (*3e nv.*); **-derend** (*algem.*): corresponding || correspondant || entsprechend; **-derend** (*v. brandpunten*): conjugate(d) || conjugué, conjugant || konjugiert, konjugierend; **-derend** (*v. hoeken*): corresponding || correspondant || korrespondierend;
2. (*briefwisseling voeren*): to correspond || correspondre || korrespondieren, Briefwechsel *m* führen; **-dent:** correspondent || correspondant *m*; correspondancier *m* (*briefschrijver*) || Korrespondent *m* (-in *v*); **-dentie:** correspondence || correspondance *v* || Korrespondenz *v*, Briefwechsel *m*.

corri|geren: 1. (*algem.*): to correct, to adjust; correction, adjustment || corriger; correction *v* || korrigieren, berichtigen, verbessern; Korrektion *v*, Berichtigung *v*, Verbesserung *v*;
2. (*drukproef*): to correct, to read a proof; proof-reading || corriger; correction *v* [d'épreuves *vm*] || korrigieren; Korrektur *v* lesen; revidieren (*2e corr.*); **-geerplaat:** correcting stone || table *v* à correction *v* || Korrekturplatte *v*.
corro|deren: to corrode || corroder; mordre; ronger || korrodieren; anfressen; zerfressen; ausfressen; **-sie:** corrosion || corrosion *v* || Korrosion *v*; Angriff *m*; Anfressung *v*; Zerfressung *v*; Ausfressung *v*.
cosecans (*cosec*): cosecant (*cosec*) || cosécante *v* (*cosec*) || Kosekante *v* (*cosec*).
cosinus (*cos*): cosine (*cos*) || cosinus *m* (*cos*) || Kosinus *m* (*cos*); **-boog:** cosine curve || cosinuoïde *v* || Kosinuskurve *v*; **-regulateur:** cosine governor || régulateur *m* cosinus || Kosinusregler *m*.
cosmotron: cosmotron || cosmotron *m* || Kosmotron *o*.
cotangens (*cotg*): cotangent (*cot*) || cotangente *v* (*ctg*) || Kotangente *v* (*ctg*).
cotoniseren: to render cotton like || cotoniser || cottonisieren.
coulisse: 1. (*werktuigb.*): [expansion] link || coulisse *v* || Kulisse *v*, Schwinge *v*; **-nhefboom:** link lever, rocker arm || levier *m* de relevage *m* || Kulissenhebel *m*;
2. (*toneel*): coulisse, side-scene, movable scene, wing || coulisse *v* || Kulisse *v*, Bühnenwand *v*; **-nverlichting:** wing lighting || éclairage *m* des coulisses *vm* || Kulissenbeleuchtung *v*.
coulomb: coulomb || coulomb *m* || Coulomb *o*; **-meter:** coulombmeter || coulombmètre *m* || Koulombzähler *m*.
coupé: (*spw., enz.*) compartment || compartiment *m* || Abteil *o*.
courant: 1. (*dagblad*): [news]paper || journal *m* || Zeitung *v*; **-en[druk]papier:** newsprint paper || papier-journal *m* || Zeitungs[druck]papier *o*;
2. (*bijv. nw.*): current [in the market], marketable || courant, d'un placement *m* facile || kurant, gangbar.
couverture (*papier*): tinted printings paper || papier *m* pour prospectus *m* || Prospektpapier *o*; **-massa** (*choc.fabr.*): coating (couverture) mass || couverture *v* || Kuvertüremasse *v*.
covariant: covariant || covariant *m* || Kovariant *m*.
cre|meren: *zie* **verassen 2**; **-matorium:** crematorium || crematorium *m* || Einäscherungshalle *v*, Krematorium *o*.
creosoot: creosote || créosote *v* || Kreosot *o*; **-olie:** creosote oil || huile *v* de créosote *v* || Kreosotöl *o*.
creosotering: creosoting, impregnation with creosote || créosotage *m*, impregnation *v* à la créosote *v* || Kreosotierung *v*.
Cremona, methode van: *zie onder* **methode.**
crêpepapier: crêpe paper || papier-crêpe *m* || Kreppapier *o*.
cretonne: cretonne || cretonne *v* || Doppelschirtung *v*, Kretonne *v*.
crick: *zie* **wagenlichter.**
crookesbuis: crookes tube || tube *m* de Crookes || Crookessche Röhre *v*.
croquemitaine: jack in the box || croquemitaine *v* || Differentialgetriebe *o*.
cuberen (*v. hout*): to measure || cuber || vermessen.
culmi|natie: culmination || culmination *v* || Kulmination *v*; **-natiepunt:** culmination point || point culminant *m* (de culmination *v*) || Kulminationspunkt *m*; **-neren:** to culminate || culminer || kulminieren.
cupel: cupel || coupelle *v* || Probtiegel *m*, Kupelle v; **-leeroven:** assay (muffle) furnace || fourneau *m* de coupelle *v* || Kapellenofen *m*; **-leren:** to cupellate, to assay by the cupel || coupeller || kupellieren.
cupri|acetaat: cupric acetate || acétate *m* cuivrique || Cupriacetat *o*; **-bromide:** cupric bromide || bromure *m* cuivrique || Cupribromid *o*, Kupferbromid *o*; **-carbonaat:** cupric carbonate || carbonate *m* cuivrique || Cupricarbonat *o*; **-chloride:** cupric chloride || chlorure *m* cuivrique || Cuprichlorid *o*, Kupferchlorid *o*; **-cyanide:** cupric cyanide || cyanure *m* cuivrique || Cupricyanid *o*, Kupfercyanid *o*; **-fluoride:** cupric fluoride || fluorure *m* cuivrique || Cuprifluorid *o*, Kupferfluorid *o*; **-fosfaat:** cupric phosphate || phosphate *m* cuivrique || Cupriphosphaat *o*; **-hydroxyde:** cupric hydroxide || hydrate *m* cuivrique || Cuprihydroxyd *o*; **-nitraat:** cupric nitrate || azotate *m* (nitrate *m*) cuivrique || Cuprinitrat *o*; **-oxyde:** cupric oxide || oxyde *m* cuivrique || Cuprioxyd *o*, Kupferoxyd *o*; **-sulfaat:** cupric sulfate || sulfate *m* cuivrique || Cuprisulfat *o*.
cupriet: cuprite, chalcotrichite, red copper ore || cuprite *v* || Kuprit *m*, Rotkupfererz *o*, Kupferblüte *v*.
cupro|bromide: cuprous bromide || bromure *m* cuivreux, protobromure *m* de cuivre *m* || Cuprobromid *o*, Kupferbromür *o*; **-carbonaat:** cuprous carbonate || carbonate *m* cuivreux || Cuprocarbonat *o*; **-chloride:** cuprous chloride || chlorure *m* cuivreux, protochlorure *m* de cuivre *m* || Cuprochlorid *o*, Kupferchlorür *o*; **-cyanide:** cuprous cyanide || cyanure *m*

cuivreux, protocyanure *m* de cuivre *m* || Cuprocyanid *o*, Kupfercyanür *o*; **-fluoride:** cuprous fluoride || fluorure *m* cuivreux, protofluorure *m* de cuivre *m* || Cuprofluorid *o*, Kupferfluorür *o*; **-hydroxyde:** cuprous hydroxide || hydrate *m* cuivreux || Cuprohydroxyd *o*; **-jodide:** cuprous iodide || iodure *m* cuivreux, protoiodure *m* de cuivre *m* || Cuprojodid *o*, Kupferjodür *o*; **-oxyde:** cuprous oxide || oxyde *m* cuivreux, protoxyde *m* de cuivre *m* || Cuprooxyd *o*, Kupferoxydul *o*; **-sulfide:** cuprous sulfide || sulfure *m* cuivreux, protosulfure *m* de cuivre *m* || Cuprosulfid *o*, Kupfersulfür *o*.

curcuma|geel: curcumine || curcumine *v*, jaune *m* de curcume *m* || Kurkumagelb *o*; **-papier:** curcuma- (turmeric) paper || papier-curcuma *m* || Kurkumapapier *o*.

curie: curie || curie *m* || Curie *o*; **-punt:** Curie point || point *m* de Curie || Curiescher Punkt *m*.

curium: curium || curium *m* || Curium *o*.

curl: *zie* **rotatie** (*vector*).

cursief (*typogr.*)**:** italic || italique || kursiv.

curvimeter: curvometer || curvimètre *m* || Kurvenmesser *m*.

cutter: *zie* **snijkop; -zuiger:** *zie* **snijkopzuiger.**

cuvelage; cuveleren: *zie* **bekuiping; bekuipen.**

cijfer: figure, cipher || chiffre *m* || Ziffer *v*; **-blank:** figure blank key || blanc *m* de chiffres *mm* || Zifferblanktaste *v*; **-rad:** indexed roller || joue *v* indicatrice || Ableserolle *v*; **-stempel:** figure punch || timbre *m* à chiffre *m* || Zifferstempel *m*.

cyaan[1])**:** cyanogen || cyanogène *v* || [Di]-cyan *o*; **-waterstof[zuur]** (blauwzuur)**:** hydrocyanic acid || acide *m* cyanhydrique || Cyanwasserstoff *m* [-säure *v*]; **-zuur:** cyanic acid || acide *m* cyanique || Cyansäure *v*.

cybernetica: *zie* **stuurkunde.**

cyclisch: cyclic || cyclique || zyklisch; **-cliseren:** to cyclisise || cycliser || zyklisieren.

cyclisch: cyclic || cyclique || zyklisch.

cyclo|alkaan: cycloalkane || cycloalcane *m* || (Cycloalkan *o*), monocyclischer gesättigter Kohlenwasserstoff *m*; **-graaf:** cyclograph || cyclographe *v* || Zirkelbeschreiber *m*; **-meter:** cyclometer || cyclomètre *m* || Zyklometer *o*, *m*; **-metrie:** cyclometry || cyclométrie *v* || Kreismessung *v*, Zyklometrie *v*; **-staat:** cyclostate || cyclostat *m* || Zyklostat *m*; **-tron:** cyclotron || cyclotron *m* || Zyklotron *o*.

cycloïde: cycloid || cycloïde *v* || Zykloide *v*; **-ntandconstructie:** cycloidal gear system || denture *v* cycloïdale || Zykloidenverzahnung *v*; **-slinger:** cycloidal pendulum || pendule *m* cycloïdal || Zykloidenpendel *o*.

cycloon (*toestel*)**:** cyclone || cyclone *m* || Zyklon *m*.

cyclus: cycle || cycle *m* || Zyklus *m*.

cylinder: *zie* **cilinder; cylindrisch:** *zie* **cilindervormig.**

cyseel: *zie* **ciseel.**

---

[1]) Voor stofnamen als *cyaankalium*, *cyaannatrium*, enz., zie *kaliumcyanide*, *natriumcyanide*, enz.

D

dadelolie: date oil || huile *v* de datte *v* || Dattelöl *o*.

dag: **1.** (*etmaal*; *tijd v. zonsopgang tot -ondergang*)**:** day, day-time || jour *m*, journée *v* || Tag *m*; **-elijks:** daily, quotidian (*bijv. nw.*); daily (*bijw.*) || journalier (*-lière*), quotidien(*ne*) (*bijv. nw.*); journellement (*bijw.*) || täglich; **-dienst (-ploeg)** (*mijnb.*)**:** day shift || poste *m* (équipe *v*) de jour *m* || Tagschicht *v*; **-vaarden:** to cite, to summons, to serve a process on || ajourner, citer en justice *v*, lancer une assignation *v* contre, assigner, intimer || vor Gericht *o* laden, vorladen, zitieren; **-vaarding:** summons, warrant to appear, writ || ajournement *m*, citation *v* || gerichtliche Vorladung *v*;

2. (*lichte deel v. e. etmaal*)**:** day[time] || jour *m* || Tag *m*; **- en nacht:** day and night, night and day || jour *m* et nuit *v*, nuit *v* et jour *m* || Tag *m* und Nacht *v*; **-, bij:** by day[light] || de (le) jour *m* || am (bei) Tage *m*; **-bladadvertentie:** press advertisement || annonce *v* de presse *v* || Zeitungsanzeige *v*; **-brander:** dayburner || veilleuse *v* || Tag-, Kleinstellbrenner *m*; **-dienst:** day service || service *m* de jour *m* || Tagdienst *m*; **-licht:** daylight || [lumière *v* du] jour *m* || Tages-

licht *o*; **-licht, bij:** by daylight || dans la lumière *v* du jour *m* || bei Tageslicht *o*; **-lichtlamp:** daylight lamp || lampe *v* lumière *v* du jour *m* || Tageslichtlampe *v*; **-loner:** day labourer || journalier *m* || Taglöhner *m*; **-loon:** daily wages, day's pay || [salaire *m* d'une] journée *v*, salaire *m* journalier || Tag[e]lohn *m*; **-loonwerk:** daywork || travail *m* à la journée *v* || Arbeit *v* im Tag[e]lohn *m*; **-ploeg:** day shift || équipe *v* de jour *m* || Tagschicht *v*; **-tarief:** day tariff || tarif *m* de jour *m* || Tagestarif *m*; **-werk:** daywork, daily output || travail *m* à la journée *v* (journalier) || Tagesarbeit *v*;
3. (*bouwk.*): clear || jour *m* || Lichte *v*; (*venster*): day (light) || jour *m* || Lichte[nöffnung] *v*; **-, in de:** in the clear || dans l'oeuvre *v* || im Lichten *o*; **-maat:** measure in the clear || mesure *v* dans l'oeuvre *v* || Maß *o* im Lichten *o*;
4. (*mijnb.*): **-bouw:** surface mining method, open pit (open-cast) working || méthode *v* d'exploitation *v* à ciel *m* ouvert || Tagebau *m*; **-zoom:** outcrop, basset || affleurement *m*, sope *v* || Ausgehendes *o*, -biß *m*, -strich *m*, -streichendes *o*; **-zomen:** to come up to day (crop out at the surface), to basset || ausstreichen, zutage treten (ausgehen).

dak: 1. (*algem.*): roof || toit *m*, toiture *v* || Dach *o*; **-, enkel:** single roof || toit *m* simple || einfaches Dach *o*; **-, gebogen:** arched roof || toiture *v* en arc *m* || Bogendach *o*; **-, gebroken:** curbroof || comble *m* brisé || gebrochenes Dach *o*; **-, glazen:** glass roof || toit *m* en verre *m* (vitré) || Glasdach *o*; **-, houten:** wooden roof || toit *m* en bois *m* || hölzernes Dach *o*; **-, laag gewelfd:** *zie* **dak, zwak gewelfd**; **-, plat:** flat (truncated) roof || toit *m* plat, comble *m* en terrasse *v* || flaches Dach *o*, Terrassendach *o*, Plattform *v*; **-, rieten:** thatch[ed roof] || couverture *v* en roseau *m* || Rohr-, Schilfdach *o*; **-, zwak gewelfd:** low arched roof || toit *m* voûté surbaissé || schwach gewölbtes Dach *o*; **-, zinken:** zinc roof || toiture *v* en zinc *m* || Zinkdach *o*; **-bedekking:** roof covering, roofing || couverture *v* d'un toit *m* || Dachbedeckung *v*, -überzug *m*; **-bedekking, glazen:** roof glazing || couverture *v* en verre *m* || Glaseindeckung *v*; **-bedekking, ijzeren:** iron roofing || toiture *v* en fer *m* || Eisendachung *v*; **-beschieting:** roof boarding || recouvrement *m* de toit *m* || Dachabdachung *v*; **-bint:** roof girder || ferme *v* de toiture *v* || Dachbinder *m*; **-dekker:** slater, tiler || couvreur *m* || Dachdecker *m*; **-geraamte:** roof skeleton || charpente *v* de toiture *v* || Dachgerippe *o*; **-glas:** roofing glass || verre *m* de toiture *v* || Dachglas *o*; **-goot**[1]**:** [roof] gutter || gouttière *v*, chéneau *m*, rigole *v* || Dachrinne *v*; **-helling:** pitch (angle) of roof || pente *v* de comble *v* (du toit *m*) || Dachneigung *v*; **-kamer:** garret floor (chamber) || chambre *v* en galetas *m*, mansarde *v* || Dachstube *v*; **-laag:** *zie* **dak**[3]; **-lantaarn:** clear story || lanterneau *m* || Dachaufsatz *m*; **-lat:** roof lath (batten) || latte *v* [de toit *m*] || Dachlatte *v*; **-lei:** roof (clay) slate || schiste *m* ardoisier, ardoise *v* argileuse || Dach-, Tonschiefer *m*; **-lood:** roofing lead || plomb *m* de toiture *v* || Dachblei *o*; **-pan:** roof (pan) tile || tuile *v* || Dachpfanne *v*, -ziegel *m*; **-pan, dubbele:** double tile || tuile *v* double || doppelter Dachziegel *m*; **-pan, gerende:** rounded tile || tuile *v* gironnée || Gehrziegel *m*; **-pan, gegolfde:** corrugated tile || tuile *v* ondulée || Mönch-, Nonnenfalzziegel *m*; **-pan: glazen:** glass tile || tuile *v* en verre *m* || Glasdachziegel *m*; **-pan, Hollandse:** double hollow tile || tuile *v* creuse double || doppelter Hohldachziegel *m*, Fittigziegel *m*; **-, linkse:** left hand tile || tuile *v* gauche || Linksziegel *m*; **-pan, platte:** plain tile || tuile *v* platte (à crochet *m*) || Flachziegel *m*, Biberschwanz *m*; **-pan, rechtse:** right hand tile || tuile *v* droite || Rechtsziegel *m*; **-pan, verglaasde:** glazed tile || tuile *v* émaillée (vitrifrée, vernissée) || verglaster Dachziegel *m*; **-pijp:** gutter pipe || tuyau *m* de descente *v* || Dachröhre *v*, Fallrohr *o*; **-reclame:** sky sign || enseigne *v* sur le toit *m* || Dachschild *o*; **-rooster:** roof shaped grate || grille *v* en dos *m* d'âne *m* || Dachrost *m*; **-ruiter:** ridge turret || tour *m* à cheval *m* || Dachreiter *m*; **-spaan:** shingle || bardeau *m*, échandole *v* || Schindel *v*; **-spar:** rafter, spar || charon *m* d'un comble *m* || Dachsparren *m*; **-stoel:** roofing || comble *m*, ferme *v* || Dachsparrenwerk *o*, -stuhl *m*, -gebinde *o*; **-stro:** thatch || chaume *m*, paille *v* de toiture *v* || Dachstroh *o*; **-stijl:** roof column || colonne *v* de toit *m* || Dachständer *m*; **-tuin:** roof garden || jardin *m* suspendu, jardin *m* terrasse || Dachgarten *m*; **-venster:** dormer window || lucarne *v* || Dachfenster *o*; **-venster, rond:** bull's eye window || oeil *m* de boeuf *m* || Ochsenauge *o*;
2. (*mijnb.*): roof, back || toit *m*, ciel *m*, plafond *m*, faîte *m* || Dach *o*, Firste *v*;
3. (*daklaag*) (*terrein*): hanging [wall], roof || couche *v* supérieure, toit *m* || hangende Schicht *v*, oberer Stoß *m*, Hangende *o*.

dal: valley || vallée *v* || Tal *o*; **-bodem:**

---

[1]) Zie ook: *goot* 4.

bottom of valley || [pla]fond *m* de vallée *v* || Talsohle *v*.

da|len [1]**:** to fall; to descend, to sink, to decline || baisser; descendre || fallen; sinken, sich senken; niedergehen; **-ling:** fall; descent, decline || baisse *v*; descente *v*, diminution *v* || Fall *m*; Sinken *o*, Fallen *o*, Niedergehen *o*; (*mijnb.*): *zie* **neerhouw; -ling v. h. grondwaterpeil:** settlement of the underground water || abaissement *m* de la nappe *v* souterraine || Senkung *v* des Grundwasserspiegels *m*.

dam: 1. (*ophoging*): embankment || remblai *m* || Damm *m*;
2. (*dijk, enz.*): dam, dike || barrage *m*, jetée *v*, digue *v* || Damm *m*, Deich *m*; **-, halvemaanvormige** (*v. herstellingen*)**:** half moon dike || digue *v* en demi-lune *v* || Kesseldeich *m*; **-, vaste:** permanent dam || barrage *m* fixe || festes Wehr *o*; **-wand:** pile planking || cloison *v* avec palée *v*, file *v* de palplanches *vm* || Spundwand *v*;
3. (*schalm*): stud || entretoise *v*, étançon *m* || Steg *m*; **-ketting:** stud link chain || chaîne *v* à étançons *mm* (étançonnée) || Stegkette *v*;
4. (*schuifspiegel*): bar || barrette *v*, cloison *v* || Steg *m*;
5. (*waterkering*) (*mijnb.*): dam || barrage *m*, serrement *m* || Damm *m*, Abdämmung *v*;
6. (*versch. betek.*): **-kuil** (*gieterij*)**:** foundry pit || fosse *v* aux moules *mm* || Dammgrube *v*; **-steen** (*hoogoven*)**:** dam stone || dame *v* || Damm-, Wallstein *m*; **-wand** (*schachtbekl.*) (*mijnb.*)**:** sheet piling || revêtement *m* filtrant || Spundwand *v*.

damasce|ren: to damascene, to damask[een] || damasser, damasquiner || damaszieren|| **-ring:** damascening || damasquinerie *v* ; Damaszierung *v*.

damast: damask || damas *m* || Damast *m*; **-, wollen:** worsted damask || damassélame *m* || Wolldamast *m*; **-gaas:** gauze with damask figures || gaze *v* damassée || Damastgaze *v*; **-patroon:** damask pattern || damassure *v* || Damastmuster *o*; **-weefstoel:** damask loom || banc-brocheur *m* || Damastwebstuhl *m*; **-wever:** damask weaver (worker) || damasseur *m* || Damastwirker *m*, -weber *m*; **-weverij:** damask manufactory || damasserie *v* || Damastweberei *v*; **-zijde:** damask silk || damas *m* de soie *v* || Seidendamast *m*.

dames|coupee: ladies' compartment || compartiment *m* pour dames *vm* seules || Frauenabteil *m*.

dammar[a]hars: dammar resin || résine *v* de dammar || Dammarharz *o*.

[1]) Zie ook *afnemen*, *verminderen*, *zakken*.

damp: 1. (*stof in dampvorm*)**:** vapour || vapeur *v* || Dampf *m*; **-afscheider:** vapour separator || séparateur *m* de vapeur *v* || Dampfabscheider *m*; **-dichtheid:** vapour density || densité *v* de la vapeur *v* || Dampfdichte *v*; **-dichtheidsbepaling:** determination of the vapour density || détermination *v* de la densité *v* de la vapeur *v* || Dampfdichtebestimmung *v*; **-druk:** vapour tension || pression *v* (tension *v*) de la vapeur *v* || Dampfdruck *m*, -spannung *v*; **-spanning:** *zie* **dampdruk; -vormig:** vapourous || en forme *v* de vapeur *v* || dampfförmig;
2. (*waterdamp*)**:** [water] vapour, steam || vapeur *v* || [Wasser]dampf *m*; **-kring:** atmosphere || atmosphère *v* || Atmosphäre *v*, Dunstkreis *m*; **-kringslucht:** atmospheric[al] air || air *m* atmosphérique || atmosphärische Luft *v*;
3. (*rook*)**:** smoke, fume || fumée *v* || Dampf *m*; **-en, nitreuze:** nitrous fumes || vapeurs *vm* nitreuses || nitrose Dämpfe *mm*.

dans|en (*licht*)**:** to flicker || danser || flackern; **-meester:** *zie* **binnenpasser.**

darmsnaar: gut string, catgut || corde *v* de boyau *m* || Darmsaite *v*.

dashpot: dashpot || dashpot *m* || Luftkissen *o*.

datoliet: datolite || datholite *v* || Datolith *m*.

dauw|meter: drosometer || drosomètre *m* || Taumesser *m*; **-punt:** dew point || point *m* de condensation *v* || Taupunkt *m*; **-roting:** dew retting || rouissage *m* à la rosée *v* || Tauröste *v*.

da|vid: davit || davier *m*, **bossoir** *m* || David *m*; **-vit:** *zie* **david; -vylamp:** *zie* **veiligheidslamp.**

debiet: output || débit *m* || Leistung *v*; (*olieterrein*)**:** yield, output || débit, rendement *m* || Ertrag *m*, Ausbeute *v*.

decaan|dizuur (octaandicarbonzuur-1,8; sebacinezuur)**:** decanedioic acid || acide *m* décanedioïque || (Dekandisäure *v*); **-zuur (nonaancarbonzuur-1;** caprinezuur)**:** decanoic acid || acide *m* décanoïque || (Dekansäure *v*).

deca|gram: decagram[me] || décagramme *m* || Dekagramm *o*; **-liter:** decalitre || décalitre *m* || Dekaliter *o*; **-meter:** decameter || décamètre *m* || Dekameter *o*, *m*.

decal|comanie: transfer picture, decalcomania || décalcomanie *v* || Abziehbild *o*, -plakat *o*; **-queren:** to counterdraw || décalquer || dekalkieren, widerdrucken.

decante|ren: to decant, to pour off || décanter || dekantieren; **-ring:** decantation || décantation *v* || Dekantierung *v*.

decateermachine: shrinking machine || décatissoir *m* || Dekatiermaschine *v*.

decate|ren: to steam, to shrink, to spunge

|| décatir || dekatieren; **-ring:** shrinking, steaming || décatissage *m* || Dekatierung *v*.
decheniet: dechenite || déchenite *v* || Dechenit *m*.
deci|are: deciare || déciare *m* || Deziar *o*; **-gram:** decigram[me] || décigramme *m* || Dezigramm *o*; **-liter:** decilitre || décilitre *m* || Deziliter *o*; **-meter:** decimeter || décimètre *m* || Dezimeter *o*, *m*; **-stère:** decistere || décistère *m* || Dezister *m*.
declinatie: **1.** *zie* **afwijking; -, magnetische:** magnetic declination || déclinaison *v* magnétique || magnetische Deklination *v*; **-boussole:** declinometer || boussole *v* de déclinaison *v* || Deklinationsmesser *m*; **-hoek:** angle of declination || angle *m* de déclinaison *v* || Deklinationswinkel *m*; **-kaart:** declination chart || carte *v* de déclinaison *v* || Deklinationskarte *v*; **-naald:** declination needle || aiguille *v* de déclinaison *v* || Deklinationsnadel *v*; **-tabel:** declination table || table *m* de déclinaison *v* || Deklinationstabelle *v*;
2. (*sterrenk.*): declination || déclinaison *v* || Deklination *v*; **-cirkel:** declination circle || cercle *m* de déclinaison *v* || Deklinationskreis *m*.
declinatorium: declination compass || boussole *v* de déclinaison *v* || Deklinatorium *o*.
decoherer: decoherer || décohéreur *m* || Dekohärer *m*, Entfritter *m*.
decompressienok: half compression (relief) cam || came *v* de la commande *v* du décompresseur *m* (de dépression *v*) || Dekompressionsnocken *m*.
decoratieschilder: decorator || décorateur *m* || Dekorationsmaler *m*.
decoupeerzaag: jig saw || scie *v* à chantourner, machine *v* à découper || Dekupiersäge *v*.
decrement [1])**:** decrement || décrément *m* || Dekrement *o*; **-, logarithmisch:** logarithmic decrement || décrément *m* logarithmique || logarithmisches Dekrement *o*; **-meter:** decremeter || décrémètre *m* || Dekrementmesser *m*.
deeg: dough, paste || pâte *v* || Teig *m*; **-achtig:** doughy, pasty || pâteux || teigartig; **-rol:** dough roller || rouleau *m* à pétrissage *m* || Teigwalze *v*.
deel: **1.** (*gedeelte*): part, portion, piece || partie *v*, portion *v*, pièce *v* || Teil *m*, Stück *o*; **-, drijvende,** *en* **gedreven:** *zie onder* **part 2; -baar:** divisible || divisible || teilbar; **-baarheid:** divisibility || divisibilité *v* || Teilbarkeit *v*; **-schijf:** division plate || disque *m* gradué || Teilscheibe *v*; **-spanning:** partial pressure || tension *v* partielle || Teilspannung *v*; **-spoed** (*elektr.*): fractional pitch || pas *m* partiel || Teilschritt *m*; **-streep:** division || division *v*; trait *m* de graduation *v* || Teilstrich *m*; **-stroom:** partial current || courant *m* partiel || Teilstrom *m*; **-tal:** dividend || dividende *m* || Dividend *m*; **-tje:** particle; corpuscle || particule *v*; corpuscule *v* || Teilchen *o*, Partikel *v*; Korpuskel *o*;
2. (*onderdeel v. e. mach., enz.*): part member, piece || partie *v*, pièce *v*, membre *m*, organe *m* || [Unter]teil *m*, Glied *o*, Organ *o*; **-, beweegbaar:** movable member, link || organe *m* mobile || bewegliches Glied *o*; **-, vast:** fixed link (member) || organe *m* fixe || fest[gestellt]es (festliegendes, ruhendes) Glied *o*;
3. (*plank*): board, deal, shelf || ais *m*, planche *v*, madrier *m* || Bohle *v*, Diele *v*, Brett *o*; **-, korte:** deal and || planche *v* courte || Brettstück *o*;
4. (*boekdeel*): volume || volume *m*, tome *m* || Teil *m*, Band *m*;
5. (*dorsvloer*): thrashing (threshing) floor || aire *v* || Tenne *v*.
defilé (*pas*)**:** defile || défilé *m* || Engpaß *m*, Hohlweg *m*.
defini|tie: definition || définition *v* || Begriffsbestimmung *v*, Definition *v*; **-tief:** definitive, final || définitif || endgültig, definitiv.
deflagra|tie: deflagration || déflagration *v* || schnelle Verbrennung *v*, Abbrennung *v*; **-tor:** deflagrator || déflagrateur *m* || Deflagrator *m*, Reinbrenner *m*.
deflegma|tie: dephlegmation, rectification || déflegmation *v*, rectification *v* || Dephlegmierung *v*, Rektifikation *v*; **-tor:** dephlegmator || déflegmateur *m* || Dephlegmator *m*.
deflexie: deflection || déflexion *v* || Abweichung *v*.
defor|matie: *zie* **vervorming; -meren:** *zie* **vervormen.**
degel: **1.** (*pannetje*): skillet || creuset *m* || Tiegel *m*;
2. (*onderdeel v. e. drukpers*): platten || platine *v* || Tiegel *m*; **-haak:** platten hook || crochet *m* de la platine *v* || Tiegelhaken *m*; **-pers:** platten press || presse *v* à platine *v* || Tiegelpresse *v*.
degen: sword || épée *v* || Degen *m*.
dehydroge|neren: *zie* **dehydrogeniseren; -niseren:** to dehydrogenate || déshydrogéner || dehydr[ogen]ieren; **-nisering:** dehydrogenation || déshydrogénation *v* || Dehydr[ogen]ierung *v*.
dein|ing: breakers, dashing, swell || houle *v* || Deinung *v*, Dünung *v*; **-machine** (*wasserij*) (*mijnb.*)**:** jig, sieve jigger || crible *m* mécanique (hydraulique), bac *m* à piston *m* || Setzmaschine *v*.
dek: **1.** (*bedekking i. h. algem.*)**:** cover,

---
[1]) Zie ook *afneming*.

covering || couverture *v* || Decke *v*; **-blad** (*v. e. sigaar*)**:** wrapper || robe *v* || Deckblatt *o*; **-blik:** [covering] plate || lamelle *v* || Deckblech *o*; **-glaasje** (*mikr.*)**:** cover slip (glass) || couvre-objet *m*, lamelle *v* couvre-objet || Deckgläschen *o*; **-glas:** covering glass plate || obturateur *m* || Deckglas *o*; **-grond:** engraving cement || batture *v* || Deck-, Leimgrund *m*; **-hamer** (*v. leidekker*)**:** slater's hammer || tire-clou *m* || Deckhammer *m*, Nagelzieher *m*; **-inkt:** body colour || couleur *v* opaque || Deckfarbe *v*; **-ken:** to cover || couvrir || decken; **-kracht** (*v. e. verfsoort*)**:** covering power, body of a colour || propriété *v* de couvrir (couvrante) || Deckkraft *v*; **-laag:** upper (finishing) layer || couche *v* de couverture *v* (supérieure) || Deckschicht *v*; (*mijnb.*): overburden, shelf || déblais *mm*, terrain *m* mort || Abraum *m*; (*bovenlaag gesteente*): overlying stratum || couverture *v*, tête *v* (chef *m*) du gisement *m* || Deckschicht *v*, überlagernde Schicht *v*; **-lei:** slate board || ardoise *v* en table *v*, table *v* en ardoise *v* || Dachschiefer *m*; **-lood:** roof (sheet) lead || plomb *m* à couvrir *m* (en lames *vm*) || Blattblei *o*; **-lijst** (*bouwk.*)**:** rod, tringle covering a joint || couvre-joint *m* || Deckleiste *v*; **-pan:** cossing brick || brique *v* à chaperon *v*, dalle *v* de brique *v* || Deckziegel *m*; **-plaat** (*algem.*)**:** covering slab, cover plate || plaque *v* de recouvrement *m* || Deckplatte *v*; **-plaat** (*v. e. console*)**:** head || mensole *v* || Haupt *o*, Deckplatte *v*; **-plaat** (*v. e. kapiteel*)**:** abacus, coping plate || tailloir *m* || Abakus *m*, Kapitäldeckplatte *v*; **-plaat** (*v. e. revolver*)**:** covering plate || plaque *v* de couvrement *m* || Schloßblech *o*; **-plaat** (*v. e. zuiger*)**:** junk ring of a piston, follower plate || plateau *m* (couvercle *m*) de piston *m* || Kolbendeckel *m*, -decke *v*; **-plaat** (*v. e. zuil*)**:** abacus || abaque *m* || Abakus *m*, Kapitäldeckplatte *v*; **-schroef** (*v. e. schokbuis*)**:** mouth screw || visbouchon *v* || Zündschraube *v*; **-sel:** *zie na* **deken; -siroop:** clayed syrup, treacle || sirop *m* couvert || Decksirup *m*; **-spaan:** shingle || bardeau *m* || Dachschindel *v*; **-steen:** covering slab, coping || dalle *v* de couverture *v*, pierre *v* de couronnement *m* || Deckplatte *v*, -stein *m*; **-stro:** thatch || chaume *m* || Dachstroh *o*; **-stuk:** cap, hood, end cover, head || chanlatte *v* || Saumlade *v*; **-tegel:** coping tile || mitron *m* || Kappen-, Kronziegel *m*; **-verf:** body colour (coat) || couleur *v* à rehausser, enduit *m* isolant || Deckfarbe *v*; **-voeg:** covering joint || joint *m* de recouvrement *m* || Deckfuge *v*; **-vormen** (*katoendr.*)**:** ground blocks || moules *mm* à fond *m* || Deckformen *vm*; **-werk:** *zie* **blindering; -zeil:** tarpaulin || bâche *v*, prélart *m*, banne *v* || Persenning *v*, Teerleinwand *v*; **-zode** (*waterb.*)**:** facing sod || garon-plaque *m* || Deckrasen *m*, Plagge *v*;

2.: *zie* **brugdek;**

3.: *zie* **wegdek;**

4. (*schip*): deck || pont *m* || Deck *o*, Verdeck *o*; **-** (*a. d. raderkast*)**:** sponson [deck] || jardin *m* de tambour *m* || Radkastengalerie *v*; **-** (*tussen de raderkasten*)**:** paddle deck || pont *m* entre les tambours *mm* || Radkastendeck *o*; **-, glad:** flush deck || pont *m* entier (ras) || glattes Deck *o*; **-, verhoogd:** break (raised) deck || pont *m* surélevé || erhöhtes Deck *o*; **-balk:** deck beam || barrot *m* de pont *m* || Deckbalken *m*; **-balk v. h. middenschip:** midship beam || maîtrebau *m* || Hauptdeckbalken *m*; **-beschieting:** deck planking || bordage *m* du pont *m* || Deckplankung *v*; **-boender:** deck scrubber || brosse *v* à pont *m* || Deckschrubber *m*; **-bout:** deck bolt || cheville *v* de pont *m* || Deckbolzen *m*; **-dop:** deck dowel || tampon *m* de pont *m* || Deckpropfen *m*; **-hoogte:** height between decks || hauteur *v* des ponts *mm* || Deckhöhe *v*; **-huis:** deck-house || rouf[ee] *m* || Deckhaus *o*; **-kleed:** port sail || voile *v* à last *m*, bâche *v* || Ballastkleid *o*, Decke *v*; **-kluis:** chain hole || écubier *m* de pont *m* || Deckklüse *v*; **-knie:** beam knee || courbe *v* de pont *m*, talon *m* || Balkenknie *o*; **-lading:** deck cargo || pontée *v* || Deckladung *v*; **-last:** deck load || marchandises *vm* en pontée *v* || Decklast *v*; **-lijn:** deck line || ligne *v* de pont *m* || Decklinie *v*; **-lijst:** top timber line || lisse *v* de plat-bord *m* || Toppsente *v*; **-naad:** deck seam || couture *v* de pont *m* || Decknaht *v*; **-plank:** deck plank || bordage *m* des ponts *mm* || Deckplanke *v*; **-rondte:** crown (camber) of deck || bouge *m* || Balken-, Decksbucht *v*; **-salon:** deck saloon || carrosse *v* || Decksalon *m*; **-schoor:** cross pillar || épontille *v* entre les ponts *mm* || Deckstütze *v*; **-schuit:** flush-decked scow || chaland *m* ponté || Prahm *m* mit festem Deck *o*; **-spijker:** dump || clou *m* de pont *m* || Decknagel *m*; **-stringerplaat:** deck stringer || gouttière *v* de pont *m* || Deckstringer *m*; **-stut:** *zie* **dekschoor; -stijl:** pillar, post, prop, stanchion, stay, strut[ting] || épontille *v* || Stütze *v*, Stützstrebe *v*, -balken *m*; **-talie:** deck tackle || palan *m* de pont *m* || Decktalje *v*; **-toebehoren:** deck fittings || installations *vm* de pont *m* || Deckinstallationen *vm*; **-wagentje:** wheel

ballast chest || chariot *m* lesteur || Deckwagen *m*; **-worp:** deck transom || barre *v* d'arcasse *v* || Deckwrange *v*; **-zeil:** awning || tente *v*, bâche *v* || Sonnensegel *o*;
5. (*paardedek*): horse cloth (rug) || housse *v*, caparaçon *m* || Pferdedecke *v*;
6. (*versch. betek.*): **-tang:** tong with thick jaw || tenailles *vm* à grosses mâchoires *vm* || Deckzange *v*; **-veer:** feather (hammer) spring || ressort *m* de batterie *m* || Deckel-, Batteriefeder *v*.

deken: blanket || couverture *v* || Decke *v*; **-, wollen:** woolen blanket || couverture *v* de laine *v* || Bettdecke *v* aus Wolle *v*; **-stof:** covering, quilting || étoffe *v* pour couverture *v* || Decken-, Kotzenzeug *o*.

deksel: cover, lid || couvercle *m*, chapeau *m* || Deckel *m*; **-** (*gootleidingen*): cover for cable trough || fermeture *v* de caniveau *m* || Rinnenverschluß *m*; **-** (*v. e. schel*): bell cover || cache-sonnette *m* || Klingeldecke *v*; **-** (*smeertoestel*): lubricator lid || couvercle *m* de l'appareil *m* de graissage *m* || Schmierapparatdeckel *m*; **-, blind:** false cover || faux couvercle *m* || Blinddeckel *m*; **-bout:** cylinder bolt || boulon *m* de couvercle *m* (de plateau *m*) || Deckelschraube *v*; **-klep:** pot lid valve || soupape *v* en champignon *m* || Deckenventil *o*; **-pen:** stud || prisonnier *m* [d'un panier *m*] || Deckelschraube *v*; **-riem** (*papierfabr.*): bound strap || appareilbordeur *m* || Deckelriemen *m*.

de|len: 1. (*z.nw.*): **-len, blanke:** bright parts || pièces *vm* nues || blanke Teile *mm*; **-len, onderling verwisselbare:** interchangeable parts || pièces *vm* interchangeables || untereinander auswechselbare Teile *mm*; **-len, waarloze:** spare gear (pieces) || pièces *vm* de rechange *m* (de réserve *v*) || Ersatz-, Ergänzungs-, Reserveteile *mm*; **-len, werkende:** working parts || pièces *vm* mobiles || funktionnierende (wirkende) Teile *mm*;
2. (*verdelen i. h. algem.*): to divide || partager, diviser || teilen; zerteilen, abteilen, verteilen; **-ling:** division, partition || division *v*, partage *m* || Teilung *v*;
3. (*wisk.*): to divide || diviser, faire la division *v* || teilen; dividieren; **-ler:** divisor || diviseur *m* || Teiler *m*, Divisor *m*; **-ler, grootste gemene:** greatest common divisor || plus grand commun diviseur *m*, p.g.c.d. || größter gemeinschaftlicher Teiler *m*, Generaldivisor *m*; **-ling:** division || division *v* || Teilung *v*, Division *v*.

delferts: *zie* **erts, ruw.**

delfstof: mineral || minéral *m* || Mineral *o*; **-felijk:** mineral || minéral || mineralisch; **-kunde:** mineralogy || minéalogie *v* || Mineralogie *v*; **-kundige:** mineralogist || minéralogiste *m* || Mineralog *m*.

delta|klokisolator: delta cup (petticoat) insulator || isolateur *m* à cloche *v* delta || Deltaglockenisolator *m*; **-metaal:** delta metal || métal *m* delta || Deltametall *o*.

del|ven: to dig || creuser, extraire (*goud*); déterrer (*aardappelen*) || graben; (*mijnb.*): *zie* **schachtdelven.**

demagneti|satie: demagnetisation || désaimantation *v* || Entmagnetisierung *v*; **-seren:** to demagnetize || désaimanter || entmagnetisieren.

demarcatie: demarcation || démarcation *v* || Demarkation *v*; **-lijn:** line of demarcation || ligne *v* de démarcation *v* || Demarkationslinie *v*.

demodulatie: demodulation || démodulation *v* || Entmodelung *v*.

demonstratie: demonstration || démonstration *v* || Vorführung *v*; **-film:** demonstrational film || film *m* de démonstration *v* || Demonstrations-, Vorführungsfilm *m*.

demon|tage: breaking off, taking down || démontage *m* || Abbau *m*; **-teren:** to dismantle, to strip, to take apart (to pieces) || démonter || abbauen, auseinandernehmen, demontieren.

demp|en: 1. (*verzwakken*): to damp || assourdir || dämpfen; **-er:** damper || régistre *m* || Dämpfer *m*; **-er** (*elektr.*): damper || amortisseur *m* || Dämpfer *m*; **-erplaat:** damper || porte *v* de cendrier *m* || Aschentür *v*; **-ing:** damping || amortissement *m* || Dämpfung *v*; **-ingscoëfficiënt:** damping coefficient || coefficient d'amortissement *m* || Dämpfungsfaktor *m*; **-ingswikkeling:** damping winding || enroulement *m* d'amortisseur *m* (d'amortissement *m*) || Dämpferwicklung *v*; **-kooi:** damping circuit || circuit *m* amortisseur (d'amortissement *m*) || Dämpfungskäfig *m*, -kreis *m*; **-leiding:** damping circuit || circuit *m* amortisseur || Dämpfungskreis *m*; **-magneet:** damping magnet || aimant *m* d'amortissement *m* || Dämpfungsmagnet *m*;
2. (*opvullen*): to fill up || remblayer || anschütten, auffüllen.

demul|gator (*petr.*): demulsifier || désémulsionnant *m* || Demulgator *m*; **-geren:** to demulsify (split, break down) || désémulsifier, rompre, détruire || demulgieren, spalten, trennen.

den: fir tree || sapin *m* || Tanne *v*; **-, grove:** common (white) pine || pin *m* sylvestre || gemeine Kiefer *v*, Weißkiefer *v*, Föhre *v*; **-nehars:** fir resin, galipot || galipot *m*, résine *v* de Tyr || Fichtenharz *o*; **-nehout:** fir (pine) wood || bois *m* de pin *m* (de sapin *m* blanc) || Kiefern-, Tannenholz *o*;

-neplank: deal board || planche *v* || Diele *v*.
denatureren: to denaturate || dénaturer || denaturieren; vergällen (*spiritus, enz.*).
den|driet: dendrite || dendrite *m* || Dendrit *m*; **-dritisch:** dendritic || dendritique || dendritisch, tannenbaumförmig; **-drometer:** dendrometer || dendromètre *m* || Dendrometer *o, m*.
denitreren: to denitrate || dénitrer || denitrieren.
densi|meter: hydrometer, densimeter || aréomètre *m* || Areometer *o, m*, Senkwaage *v*; **-teit:** *zie* **dichtheid 1.**
deplaceertoestel: displacing apparatus || appareil *m* à déplacement *m* || Versetzungsapparat *m*.
depolarisatie: depolarisation || dépolarisation *v* || Depolarisation *v*; **-cel:** depolarisation cell || élément *m* (pile *v*) dépolarisable || Depolarisationselement *o*; **-element:** *zie* **depolarisatiecel; -stroom:** depolarisation current || courant *m* de dépolarisation *v* || Depolarisationsstrom *m*; **-verschijnsel:** phenomenon of depolarisation || phénomène *m* de dépolarisation *v* || Depolarisationserscheinung *v*.
depolari|sator: depolariser || dépolarisateur *m*, substance *v* dépolarisante || Depolarisator *m*; **-seren:** to depolarise || dépolariser || depolarisieren.
depot: depot, magazine, storehouse || dépôt *m* || Niederlage *v*; **-schip:** storeship || bâtiment *m* magasin || Depotschiff *o*.
depressie: depression || dépression *v* || Depression *v*; *zie ook* **onderdruk; -meter:** depression meter || mètre *m* de dépression *v* || Unterdruckmesser *m*, **-meter, schrijvende:** *zie* **barograaf.**
depressor (*flotatie*)**:** depressing agent, depressor || inhibiteur *m*, déprimant *m* || Passivierer *m*, Drücker *m*.
derail|leren: to go (to run) off the rails, to [be] derail[ed] || dérailler || entgleisen; **-lement:** derailing, derailment || déraillement *m* || Entgleisung *v*.
derde|hand: jigger, luff, watch tackle || palan *m* à la main *v* || dritte Hand *v*; **-macht:** cube number || nombre *m* cube || Kubikzahl *v*; **-machtsvergelijking:** cubic equation || équation *v* du troisième degré *m* || Gleichung *v* vom dritten Grad *m*, kubische Gleichung *v*; **-machtswortel:** cube root || racine *v* cubique || dritte Wurzel *v*; **-reelstelsel:** third rail system || système *m* par rail *m* central || System *o* der dritten Schiene *v* (des dritten Rails *m*).
derivaat: derivative || dérivé *m* || Abkömmling *m*, Derivat *o*.
desinfecteren: *zie* **ontsmetten.**
desintegrator: disintegrator, centrifugal mill || désintégrateur *m*, broyeur *m* centrifuge || Schleudermühle *v*, Desintegrator *m*.
deskun|dig: expert || expert || sachverständig; **-dige:** expert || expert *m* || Sachverständige[r] *m*.
desoxydatie: desoxydation || désoxydation *v* || Desoxydierung *v*.
destil|laat: distillate || distillat *m* || Destillat *o*; **-laat, teruggevloeid:** reflux[ed distillate] || réflux *m*, distillat *m* réflué || Rückfluß *m*; **-lateur:** distiller || distillateur *m* || Branntweinbrenner *m*.
destillatie: distillation || distillation *v* || Destillation *v*; **- in** (*hard*) **vacuüm:** (*high*) vacuum distillation || distillation *v* dans le vide *m* (*dans un vide m très élevé*) || (*Hoch*)vakuumdestillation *v*; **- m. stoom:** steam distillation || distillation *v* à la vapeur *v* || Dampfdestillation *v*; **- onder lage** (*verminderde*) **druk:** distillation under low (*reduced, decreased*) pressure || distillation *v* sous basse pression *v* (*sous pression v réduite*) || Destillation *v* unter niedrigem (*erniedrigtem, vermindertem*) Druck *m*; **-, azeotropische:** azeotropic distillation || **distillation** *v* azéotropique || azeotropische Destillation *v*; **-, destructieve:** destructive distillation || distillation *v* destructive || destruktive Destillation *v*, Zersetzungsdestillation *v*; **-, droge:** dry distillation || distillation *v* sèche || trockene Destillation *v*; **-, gefractioneerde:** fractional distillation || distillation *v* fractionnée || fraktionnierte (gebrochene) Destillation *v*; **-produkt:** distillation product, distillate || produit *m* de distillation *v*, distillat *m* || Destillationsprodukt *o*, Destillat *o*; **-residu:** distillation residue || résidu *m* de distillation *v* || Destillationsrückstand *m*; **-temperatuur:** temperature of distillation || température *v* de distillation *v* || Destillationstemperatur *v*.
destilleer|apparaat: *zie* **destilleertoestel; -baar:** distillable || distillable || destillierbar; **-der:** distiller || distillateur *m* || [Branntwein]brenner *m*; **-derij:** distillery || distillerie *v* || Brennerei *v*; **-fles:** distilling flask || cucurbite *v* || Destillationskolben *m*; **-ketel:** distilling vessel, still || chaudière *v* à distiller || Destillierkessel *m*, -blase *v*; **-kolf:** distilling flask || ballon *m* à distiller, cucurbite *v* || Destillierkolben *m*; **-kolom:** distilling column || colonne *v* distillatoire || Destilliersäule *v*; **-toestel:** distilling apparatus || appareil *m* distillatoire || Destillierapparat *m*; **-vat:** distilling vessel (pot) || vase *v* distillatoire || Destillier-, Abziehgefäß *o*; **-zuil:** *zie* **destillatiekolom.**
destilleren: to distil || distiller || destillieren; **-, gefractioneerd:** to subject to fractional distillation, to fractionate || frac-

tionner [par distillation *v*] || fraktioniert destillieren, fraktionnieren.

destruc|tie: destruction || destruction *v* || Zerstörung *v*, Zersetzung *v*; **-tief:** destructive || destructif || destructiv, Zersetzungs-.

detail: detail || détail *m* || Detail *o*, Einzelheit *v*; **-handel:** retail business || commerce *v* en détail *m* || Klein-, Detailhandel *m*, Einzelverkauf *m*; **-leren:** to detail || détailler || detaillieren; **-tekening:** detail drawing || dessin *m* de détail *m* || Detailzeichnung *v*.

detectie: detection || détection *v* || Detektion *v*; **-, kwadratische:** parabolic detection || détection *v* parabolique || quadratische Gleichrichtung *v*; **-, lineaire:** square law detection || détection *v* linéaire || lineare Gleichrichtung *v*.

detector: detector || délateur *m*, détecteur *m* || Untersuchungsgalvanometer *m*, *o*, Detektor *m*; **-, magnetische:** magnetic detector || détecteur *m* magnétique || magnetischer Detektor *m*; **-buis:** detector valve (tube) || tube *m* détecteur || Detektorröhre *v*.

determineren: to determine || déterminer || bestimmen.

detoneren: to detonate (explode) || détoner, exploder || explodieren, verknallen, detonieren.

deuk: dint || enfonçure *v*, creux *m* || Beule *v*, Höhle *v*.

deur: door; carriage-door (*voertuig*) || porte *v*; portière *v* (*voertuig*) || Tür *v*; Wagen-, Kutschenschlag *m*, Wagentür *v* (*voertuig*); **- m. dubbele vleugels:** fancy door || porte *v* à deux battants *mm* || Doppeltür *v*; **- m. een vleugel:** porte *v* à un battant *m* || single [wing] door || einflügelige Tür *v*; **- m. vier panelen:** four panelled door || porte *v* à quatre panneaux *mm* || Kreuztür *v*; **-, blinde:** false door || fausse porte *v*, porte *v* feinte || blinde Tür *v*; **-, dubbele:** folding door || porte *v* à deux battants *mm* || Doppel-, Flügeltür *v*; **-, halve:** half door || porte *v* coupée || Halbtür *v*; **-, opgeklampte:** plain (plank) door || porte *v* pleine || Brettür *v*; **-, waterdichte:** watertight door || porte *v* étanche || wasserdichte Tür *v*; **-beslag:** mounting of a door || ferrure *v* de porte *v* || Türbeschlag *m*; **-contact:** burglar (thief) alarm, doorcontact, doortrigger || contact *m* de porte *v* || Türkontakt *m*; **-contactschakelaar:** doorcontact switch || interrupteur *m* de porte *v* || Türkontaktschalter *m*; **-dorpel:** ground beam || dormant *m* de cloisonnage *m* || Bodenschwelle *v*; **-drempel:** *zie* **deurdorpel; -duim:** doorhook || crochet *m* de port *m* à repos *m* || Stützhaken *m*; **-gewicht: dead** weight || valet *m* || Türgewicht *o*; **-grendel:** doorhook || crochet *m* de port *m* à repos *m*, verrou *m* || Türangel *v*, -haken *m*; **-grendeling** (*auto*)**:** door locking || fermeture *v* de portière *v* || Türverschluß *m*; **-hengsel:** hinge strap of the door, doorhinge || penture *v* (fiche *v*) de porte *v*, paumelle *v* || Türband *v*, -knagge *v*; **-houder** (*auto*)**:** door bracket || arrêt *m* de portière *v* || Türhalter *m*; **-klink:** doorlatch || loquet *m* || Türklinke *v*; **-knop:** doorknob || bouton *m* de porte *v* || Türknopf *m*; **-kozijn:** doorcase || châssis *m* de porte *v* || Türgestell *o*, -gerüst *o*; **-kruk:** door-handle || béquille *v*, poignée *v* de porte *v* || Türgriff *m*, -krücke *v*; **-licht:** door aperture || jour *m* de porte *v* || Türlichte *v*; **-licht** (*auto*)**:** doorpost light || lampe *v* de montant *m* || Türpfostenlampe *v*; **-lijst:** doorcase || châssis *m* de porte *v* || Zarge *v*; **-nis:** doorbay || baie *v* de porte *v* || Türnische *v*; **-opener, elektrische:** electric door opener || ouvreporte *m* électrique || elektrischer Türöffner *m*; **-paneel:** doorpannel || panneau *m* de porte *v* || Türpaneel *o*; **-plaat:** finger plate || plaque *v* de propreté *v* || Fingerplatte *v*; **-post:** doorjamb || jambe *v* de porte *v* || Türgewande *o*; **-raam:** doorframe || cadre *m* d'une porte *v* encadrée, encadrement *m* || Türrahmen *m*, -zarge *v*; **-richel:** *zie* **deurgrendel; -ruit** (*auto*)**:** door glass || glace *v* de portière *v* || Türscheibe *v*; **-slot:** doorlock || serrure *v* de porte *v* || Türschloß *o*; **-sluiting:** doorlatch || fermeture *v* de porte *v* || Türverschluß *m*; **-stift:** doorbolt || goujon *m* de porte *v* || Türbolzen *m*; **-stootdop** (*auto*)**:** door pad || tampon *m* de portière *v* || Türpuffer *m*; **-stijl:** doorjamb || jambe *v* de porte *v* || Türgewande *o*, -pfosten *m*; **-vleugel:** doorleaf, folding of a folding door || battant *m* de porte *v* || Türflügel *m*; **-zak** (*auto*)**:** door pocket || pochette *v* de porte *v* || Türtasche *v*.

deutel: treenail wedge || épite *v* || Nagelkeil *m*, Deutel *m*; **-ijzer:** spile awl || épitoir *m* || Deuteleisen *o*.

deute|ron: deuteron || deuton *m* || Deuteron *o*; **-rium:** deuterium || deutérium *m* || Deuterium *o*.

deuvel: dowel || goujon *m* || Dübel *m*.

deviatie: deviation || déviation *v* || Abweichung *v*, Deviation *v*.

Devoon: Devonian || Dévonien || Devon *o*.

dex|trine: dextrin, starch gum || dextrine *v* || Dextrin *o*; **-trose** [1]**:** dextrose || dextrose *m* || Dextrose *v*.

---

[1]) Zie ook *glucose*.

diabaas: diabase || diabase *v* || Diabas *m*; **-porfieriet:** diabasic porphyrite || porphyrite *v* diabase || Diabasporphyrit *m*; **-tuf:** diabasic tuff || tuf *m* diabase || Diabastuff *m*.
diafragma: diaphragm || diaphragme *m* || Diaphragma *o*; **- v. Bucky:** *zie* **verstrooide-stralendiafragma.**
diagonaal: **1.** (*z. nw.*): oblique, diagonal [rod] || barre *v* diagonale, diagonale *v* [principale] || Diagonale *v*, Schräge *v*, Diagonalstab *m*; **-galerij** (*mijnb.*): diagonal road, board gate || galerie *v* en demi-peute *v* || diagonale Strecke *v*; **-plaveisel:** diagonal paving || pavage *m* diagonal || Netzpflaster *o*; **-ribbe:** diagonal rib || nervure *v* diagonale || Diagonalrippe *v*; **-spant:** diagonal frame || couple *m* (membre *m*) oblique || Diagonalspant *o*; **-steun:** diagonal stay (strut) || entretoise *v* oblique || Diagonalspant *o*; **-verband:** diagonal bracing || entretoisement *m* à treillis *m* || Diagonalverband *m*; **-verband** (*metselwerk*): raking (diagonal) bond || appareil *m* de construction *v* en rivière *v* || Stromverband *m*; **-wapening:** diagonal reinforcement || armature *v* dans le sens *m* diagonal || Diagonalarmierung *v*, -bewehrung *v*;
2. (*bijv. nw.*): diagonal(*ly*) || diagonal(*ement*) || diagonal.
diagraaf: diagraph || diagraphe *m* || Diagraph *m*, Storchschnabel *m*.
diagram [1]**:** diagram || diagramme *m* || Schaubild *o*, Diagramm *o*; **- v. d. stoomverdeling:** distribution (valve) diagram || diagramme *m* de distribution *v* || Steuerungsdiagramm *o*; **- v. h. gehalte aan kooldioxyde:** carbon dioxyde diagram || diagramme *m* de l'acide *m* carbonique || Kohlensäurediagramm *o*; **-, verschoven:** displaced diagram || diagramme *m* décalé || verschobenes Diagramm *o*; **- zonder einde:** continuous diagram || diagramme *m* sans fin *m* (continu) || fortlaufendes Diagramm *o*; **-, herleid:** reduced (simplified) diagram || schéma *m* réduit (simplifié) || reduziertes Schema *o* (Diagramm *o*); **-, orthogonaal:** orthogonal diagram || diagramme *m* orthogonal || Orthogonaldiagramm *o*; **-, polair:** *zie* **pooldiagram** *onder* **pool 1;** **-, veelvoudig:** multiple diagram || diagramme *m* multiple || Vielfachdiagramm *o*; **-fout:** error of diagram || erreur *v* du diagramme *m* || Diagrammfehler *m*; **-nhoud:** area of diagram || aire *v* (surface *v*) du diagramme *m* || Diagramminhalt *m*; **-kromme:** diagram curve, line of diagram || courbe *v* de diagramme *m* || Diagrammkurve *v*, -linie *v*; **-papier:** indicator card (paper) || papier *m* à diagrammes *mm* (d'indicateur *m*) || Diagramm-, Indikatorpapier *o*; **-punt:** point of diagram || point *m* de diagramme *m* || Diagrammpunkt *m*; **-spits:** peak of a diagram || sommet *m* de diagramme *m* || Diagrammspitze *v*.
diallogiet: diallogite || diallogite *v* || Diallogit *m*.
dialy|sator: dialyser || dialyseur *m* || Dialysator *m*; **-se:** dialysis || dialyse *v* || Dialyse *v*; **-seren:** to dialyse || dialyser || dialysieren; **-tisch:** dialytic[al](*ly*) || dialytique || dialytisch.
diamagne|tisch: diamagnetic || diamagnétique || diamagnetisch; **-tisme:** diamagnetism || diamagnétisme *m* || Diamagnetismus *m*; **-tometer:** diamagnetometer || diamagnétomètre *m* || Diamagnetometer *o*, *m*.
diamant: diamond || diamant *m* || Diamant *m*; **-boor:** diamond drill || fleuret *m* à diamant *m* || Diamantbohrer *m*; **-boort:** diamond dust (powder) || égrisée *v* || Diamantbord *m*, -pulver *o*; **-cement:** diamond cement || ciment-diamant *m* || Diamantkitt *m*, -zement *m*; **-glans:** adamantine lustre || éclat *m* adamantin || Diamantglanz *m*; **-ine:** diamantine || diamantine *v* || Diamantin *m*; **-kroon** (*boren*) (*mijnb.*): diamond crown || couronne *v* à diamants *mm* || Diamantkrone *v*; **-mijn:** diamond mine || mine *v* de diamants *mm* || Diamantgrube *v*; **-poeder:** *zie* **diamantboort; -slijper:** diamond cutter || tailleur *m* de diamants *mm* || Diamantschleifer *m*; **-spaat:** adamantine spar || spath *m* adamantin || Demant-, Diamantspat *m*; **-tin:** diamond pewter || étain-diamant *m* || Demantzinn *o*.
diameter: *zie* **middellijn: -wikkeling:** *zie* **wikkeling m. onverkorte spoed.**
di|amide: diamide || diamide *v* || Diamid *o*; **-amine:** diamine || diamine *v* || Diamin *o*.
diapositief (*fotogr.*, *typogr.*): diapositive, slide, glass picture, [positive] transparency || [plaque *v*] diapositive *v*, photographie *v* sur verre *m* diapositif || Diapositiv *o*, Glas[licht]bild *o*.
diastase: diastase || diastase *v* || Diastase *v*, Diastas *o*.
dias|terrein: permian system || perm *m* || Dyas *o*, permische Formation *v*; **-zandsteen:** dyas sandstone || grès *m* dyas (permien) || Dyassandstein *m*.
diather|maan: diathermanous || diathermane || diatherman; **-mie:** diathermy || diathermie *v* || Diathermie *v*.
diatomeeënaarde: diatomaceous earth || terre *v* d'infusoires *mm*, silice *v* infusoire || Kieselgu[h]r *v*.

[1]) Zie ook *voorstelling, grafische.*

diazo|teren: to diazotate || diazoter || diazotieren; **-tering:** diazotation, diazotating || diazotage *m* || Diazotierung *v*; **-verbinding:** diazo compound (derivative) || composé *m* (dérivé *m*) diazo || Diazoverbindung *v*.

dibasisch: dibasic || bibasique || dibasisch.

dichro|iet: dichroit || dichroïte *m*, saphir *m* d'eau *v* || Dichroit *m*; **-isme:** dichroism || dichroïsme *m* || Dichroismus *o*; **-itisch:** dichroitic || dichroïtique || dichroitisch.

dicht: 1. (*samengedrongen*): compact, dense, solid || compact, dense || dicht; **-heid:** compactness; density, specific gravity || densité *v*, poids *m* spécifique || Dichte *v*, Dichtigkeit *v*, spezifisches Gewicht *o*, Raumgewicht *o*, Volumgewicht *o*; **-heidsmeter:** densimeter || densimètre *m* || Dichtigkeitsmesser *m*;
2. (*ondoordringbaar*): tight || étanche, imperméable || dicht; **-en:** to stop, to tighten || étancher || [ab]dichten; **-heid:** tightness || étanchéité *v* || Dichtheit *v*; **-ing:** *zie* **pakking**; **-ingsflens:** flanged packing || garniture *v* à brides *vm* || Stulpdichtung *v*; **-ingsring** (*loden*): (*lead*) joint ring, (*lead*) washer || bague *v* de joint *m* (*en plomb m*) || (*Blei-*) Dichtungsring *m*; **-maken:** to tighten || fermer, étouper, boucher || [ab]dichten;
3. (*gesloten*): closed, shut || fermé || dicht, zu, geschlossen; **-draaien:** to shut || fermer || schließen; zudrehen; **-knippen:** to catch, to snap in || se fermer à ressort *m* || einschnappen; **-schroeven:** to screw || visser || verschrauben.

dickyseat: dicky-seat || siège *m* dicky || Dickysitz *m*.

didymium: didymium || didymium *m* || Didym[ium] *o*.

diëlek|triciteit: dielectricity || diélectricité *v* || Dielektrizität *v*; **-tricum:** dielectric || diélectrique *m* || Dielektrikum *o*; **-trisch:** dielectric || diélectrique || dielektrisch.

diemit: dimity || démitte *v* || Barchent *m*.

dienst: duty, service || service *m* || Dienst *m*; (*mijnb.*): shift, task || journée *v*, service *m*, poste *m* || Schicht *v*; **-gewicht:** gross weight, weight in working order || poids *m* en ordre *m* de service *m* || Dienstgewicht *o*; **-regeling** (*arbeid*): service regulations || règlement *m* de travail *m* || Arbeitsordnung *v*; **-regeling** (*v. boot, spoor*): time table || horaire *m* || Fahrplan *m*; **-tijd:** working time || durée *v* de service *m* || Betriebsdauer *v*, -länge *v*, -zeit *v*; **-uur:** service hour || heure *v* de service *m* || Dienststunde *v*; **-voorschriften:** working (service) instructions || instructions *vm* de service *m* || Betriebsbestimmungen *vm*, -vorschriften *vm*, Dienstvorschriften *vm*.

diep: deep, low || profond || tief; **-boring** (*mijnb.*): deep boring (hole) || forage *m* profond (de grande profondeur *v*) || Tiefbohrung *v*; **-bouw** (*mijnb.*): deep mining method || méthode *v* d'exploitation *v* souterraine || Tiefbau *m*; **-druk;** copperplate printing, intaglio || impression *v* en creux *m*, tirage *m* en taille-douce *v* || Tiefdruck *m*; **-drukpapier:** low relief printing paper || papier *m* pour impression *v* en creux *m* || Tiefdruckpapier *o*; **-gaan** (*schip*): to draw water || tirer d'eau *v* || tiefgehen, Tiefgang *m* haben.

diepgang: 1. (*schip*): draft, draught || tirant *m* d'eau *v* || Tiefgang *m*; **-, geringe, grote:** *zie onder* **schip 1; -smerk:** draught mark || marque *v* du tirant *m* d'eau *v* || Tiefgangsmarke *v*; **-smeter:** draught meter || différenciomètre *m* || Tiefgangsmesser *m*;
2. (*geladen schip*): load draught || tirant *m* d'eau *v* en charge *v* || Tiefgang *m* des beladenen Schiffes *o*;
3. (*ledig schip*): light draught || tirant *m* d'eau *v* lège (à vide) || Tiefgang *m* des leeren Schiffes *o*;
4. (*mijn*): deep (draining) adit || galerie *v* d'ecoulement *m* (de fond *m*) || Wasserlösungs-, Grundstollen *m*.

diep|kruis: sliding square || équerre *v* coulante || Schubwinkel *m*, Tiefenmaß *o*; **-lood:** sounding lead, plummet || plomb *m* de sonde *v* || Senkblei *o*; **-lood** (*v. grote diepten*): deep sea lead || grande sonde *v*, sonde *v* pour les grands fonds *mm* || Tief[see]lot *o*; **-loodlijn:** deep sea lead line || grande ligne *v* de sonde *v* || Tieflotleine *v*; **-telijn:** sub-surface (depth) countour [line] || courbe *v* de niveau *m* [courbe *v*] isobathe *v* || Tiefenlinie *v*, -kurve *v*, Isobate *v*; **-ploeg:** subsoil plough || charrue *v* fouilleuse || Untergrundpflug *m*; **-te:** depth || profondeur *v* || Tiefe *v*; **-temaat:** depth gauge || jauge *v* de profondeur *v* || Tiefenlehre *v*; **-temeter:** bathometer, sea gauge || bathomètre *m* || Tiefenmesser *m*; **-zeekabel:** deep sea cable || câble *m* de grand fond *m* (de haute mer *v*) || Tiefseekabel *o*.

dier|enriem: zodiac || zodiaque *m* || Tierkreis *m*; **-lijk:** animal || animal || tierisch, Tier-.

difenylmethanon (benzoylbenzeen, benzofenon)**:** diphenylmethanone || diphénylméthanone *v* || (Diphenylmethanon *o*).

diesel|motor: diesel engine || moteur *m* diesel || Dieselmaschine *v*, -motor *m*; **-motor, compressorloze:** diesel (oil) engine with solid injection || moteur *m* diesel à injection *v* mécanique || kompressorlose(r) Dieselmaschine *v*, -motor *m*; **-olie:** diesel oil || huile *v* diesel || Diesel[treib]öl *o*.

differdingerstaal: Differdinger steel || acier *m* Differdinger, fer *m* à larges ailes *vm* || Differdingerstahl *m*.

differentiaal: 1. (*wisk.*): differential || différentielle *v* || Differential *o*; **-, partiële** (*totale*): partial (*total*) differential || différentielle *v* partielle (*totale*) || partielles (*totales*) Differential *o*; **-quotiënt:** differential quotient || quotient *m* différentiel || Differentialquotient *o*; **-rekening:** differential calculus || calcul *m* différentiel || Differentialrechnung *v*; **-vergelijking:** differential equation || équation *v* différentielle || Differentialgleichung *v*; **2.** (*werktuigk.*, *enz.*) [1]: differential [gear] || différentiel *m* || Ausgleich-, Differentialgetriebe *o*; **-anemometer:** differential anemometer || anémomètre *m* différentiel || Differentiaalanemometer *m*, *o*; **-barometer:** differential barometer || baromètre *m* différentiel || Differentialbarometer *o*, *m*; **-bekrachtiging:** differential excitation || excitation *v* différentielle || Gegenverbundererregung *v*, Gegenkompoundierung *v*; **-compounddynamo:** differentially compounded dynamo || dynamo *v* compound différentielle || Differentialcompounddynamo *v*; **-galvanometer:** differential galvanometer || galvanomètre *m* différentiel || Differentialgalvanometer *o*, *m*; **-pomp:** differential pump || pompe *v* différentielle || Differentialpumpe *v*; **-regulateur:** differential regulator || régulateur *m* différentiel || Differentialregulator *m*; **-relais:** differential relay || relais *m* différentiel || Differentialrelais *o*; **-schakeling:** differential connection || couplage *m* différentiel || Differentialschaltung *v*; **-takel:** differential tackle || palan *m* différentiel || Differentialflaschenzug *m*; **thermometer:** differential thermometer || thermomètre *m* différentiel || Differentialthermometer *o en m*; **-uitschakelaar:** differential circuit breaker || interrupteur *m* différentiel || Differentialausschalter *m*; **-uurwerk:** differential clockwork || mouvement *m* d'horlogerie *v* différentiel || Differentialuhrwerk *o*; **-wikkeling:** differential[ly] compound[ed] winding || enroulement *m* différentiel || Differentialwicklung *v*.

differen|tiatie: differentiation || différentiation *v* || Differentiation *v*; **-tie:** difference || différence *v* || Differenz *v*; **-tiëel:** *zie na* **differentiometer; -tiëren:** to differentiate || différentier, dériver || differentiieren; **-tiometer:** *zie* **diepgangsmeter.**

[1] Zie ook *differentiëel.*

differentiëel [1]**:** differential [gear] || différentiel *m* || Ausgleich-, Differentialgetriebe *o*; **-as:** differential shaft, live axle || arbre *m* du différentiel *m*, essieu *m* commandé par différentiel *m* || Differentialwelle *v*, Differentialachse *v*; **-carter:** *zie* **differentiëelhuis; -huis:** differential casing (case) || boîtier *m* (carter *m*, boîte *v*) du différentiel *m* || Differential-, Ausgleichgetriebegehäuse *o*; **-kruis:** differential star || croisillon *m* du différentiel *m* à quatre branches *vm* || Differentialkreuz *o*; **-satelliet:** differential pinion || satellite *m* du différentiel *m* || Differentialkegelrad *o*; **-wiel:** jack wheel || roue *v* différentielle || Antriebsrad *o* des Differentialgetriebes *o*.

diffractie: *zie* **buiging 2.**

diffunderen: to diffuse || diffuser || diffundieren.

diffuseur: 1. (*auto*): choke tube, sprayer || diffuseur *m* || Zerstäuber *m*; **2.** (*suikerfabr.*): diffuser || diffuseur *m* || Diffuseur *m*, Diffusionsgefäß *o*.

diffusie: 1. (*licht*): diffusion || diffusion *v* || Diffusion *v*, [Zer]streuung *v*; **-coëfficiënt:** coefficient of diffusion || coefficient *m* de diffusion *v* || Streukoeffizient *m*; **2.** (*verspreiding*; *indringing*): diffusion || diffusion *v* || Diffusion *v*; **-snelheid:** velocity of diffusion || vitesse *v* de diffusion *v* || Diffusionsgeschwindigkeit *v*; **3.** (*suikerfabr.*): diffusion, extraction || diffusion *v*, extraction *v* || Diffusion *v*, Auslaugung *v*; **-batterij:** diffuser battery (aggregate, plant) || installation *v* (batterie *v*) de diffuseurs *mm* || Diffusionsbatterie *v*; **-ketel:** *zie* **diffuseur; -sap:** diffusion (raw) juice || jus *m* de diffusion *v* || Diffusions-, Rohsaft *m*.

diffusor: diffusor || diffuseur *m* || Lichtstreuungskörper *m*.

diffuus: diffuse || diffuse, diffusé || zerstreut.

digitalien: digitaline || digitaline *v* || Digitalin *o*.

dihydroxy-2,3 butaandizuur (dihydroxy-1,2 ethaandicarbonzuur-1,2; wijnsteenzuur**):** 2,3-dihydroxy butanedioic acid || acide *m* 2,3-dihydroxybutanedioïque || (2,3-Dihydroxybutandisäure *v*).

dik: thick || épais || dick; **-te:** *zie na* **dikwandig; -vloeibaar:** viscous, thick || visqueux, épais || dick-, zähflüssig, viskos; **-wandig:** thick-walled || à paroi *v* épaisse || dickwandig.

diketo-1,4 cyclohexadiëen-2,5 (benzochinon)**:** diketo-1,4 cyclohexadiene-2,5 || dicéto-1,4 cyclohexadiène-2,5 || Diketo-1,4 cyclohexadien-2,5.

dikte: 1. (*algem.*): thickness || épaisseur *v* ||

[1]) Zie ook *differentiaal* 2.

Dicke *v*, Stärke *v*, Mächtigkeit *v*; **-meter** (*voeler*): feeler, thickness (spacing) gauge || calibre *m* d'épaisseur *v* || Fühlerlehre *v*; **-passer:** outside calipers || compas *m* d'épaisseur *v* || Außentaster *m*;
2. (*garen*): grist, size || titre *m* || Feinheit *v*, Feinheitsgrad *m*;
3. (*aardlaag*): size, depth || épaisseur *v*, puissance *v* || Mächtigkeit *v*.
diluvi|aal: diluvial || diluvial || diluvial; **-um:** Pleistocene, Glacial || Pléistocène *m* || Diluvium *o*.
dimeer: 1. (*z. nw.*): dimer || dimère *m* || Dimer *o*;
2. (*bijv. nw.*): dimeric || dimère || dimer.
dimensie: dimension || dimension *v* || Dimension *v*; **-formule:** formule for proportions || formule *v* de dimensionnement *m* || Bemessungs-, Dimensionierungsformel *v*.
dimethyl|benzeen (xyleen): dimethyl benzene || dimethylbenzène *m* || (Dimethylbenzen *o*), Dimethylbenzol *o*; **-fenol:** *zie* **xylenol.**
(dimethylfenyl)amine (xylylamine; xylidine): dimethylphenylamine || diméthylphénylamine *v* || Dimethylphenylamin *o*.
dimlicht (*auto*): *zie* **koplicht, getemperd.**
dimorf: dimorphous || dimorphe || dimorph; **-isme:** dimorphism || dimorphisme *m* || Dimorphismus *m*.
diol: diol || diol *m* || Diol *o*.
diop|siet: diopsite || diopsite *v* || Diopsit *m*; **-taas:** dioptase, emerald copper (malachite) || dioptase *v* || Dioptas *m*, Kupfersmaragd *m*; **-ter:** diopter, [sight] vane || dioptre *m* || Diopter *o*; **-terliniaal:** *zie* **alhidade; -triek:** dioptrics || dioptrique *v* || Dioptrik *v*; **-trisch:** dioptric || dioptrique || dioptrisch.
dioriet: diorite || diorite *v*, || Diorit *m*, Grünstein *m*; **-lei:** greenstone slate || diorite *v* schistoïde || Dioritschiefer *m*.
di|oxa-1,4 cyclohexaan (dioxan): dioxa-1,4 cyclohexane || dioxa-1,4 cyclohexane *m* || (Dioxa-1,4 Cyclohexan *o*); **-oxan:** dioxane || dioxane *m* || Dioxan *o*.
diplex-telegrafie: diplex telegraphy || télégraphie diplex *v* || Doppel, Diplextelegraphie *v*.
dipool: doublet, dipole; dipole (*antenne*) || doublet *m*, dipôle *m*; dipôle *m* (*antenne*) || Dipol *m*; Dipol *m* (*antenne*).
dipperdredge[r]: *zie* **lepelbaggerwerktuig.**
direct: direct(*ly*) || direct(*ement*) || unmittelbar, direkt.
directeur: director, manager || directeur *m* || Direktor *m*.
directie: 1. (*beheer*): direction, management; works manager || direction *v*; directeur *m* de travaux *mm* || Direktion *v*; Bauleiter *m*;
2. (*richting*): direction, sense || direction *v*, sens *m* || Richtung *v*, Direktion *v*; **-lijn:** directrix || directrice *v*, ligne *v* de base *v* (de moindres pentes *vm*) || Direktrix *v*, Leitlinie *v*, Nullinie *v*.
dirk (*scheepst.*): topping lift || balancine *v* du gui *m* || Dirk *m*; **-kraan:** derrick crane || derrick *m*, grue *v* de chevalement *m* || Derrick[kran] *m*, Dreifußkran *m*.
dis|cusmolen: *zie* **schijfmolen; -pacheur:** *zie* **begroter van averij.**
dispergeer|baar (*chem.*): dispersible || dispersible || dispergierbar; **-middel** (*chem.*): dispersing agent || agent *m* dispersif || Dispergiermittel *o*.
dispergeren (*optica*): to disperse || disperser || dispergieren, zerstreuen;
2. (*chem.*): to disperse || disperser || dispergieren.
dispersie: 1. (*optica*): dispersion || dispersion *v* || Dispersion *v*, Farbenzerstreuung *v*;
2. (*chem.*): dispersion || dispersion *v* || Dispersion *v*; **-middel:** external phase || milieu *m* extérieur || Dispersionsmittel *o*.
dissel: 1. (*timmerman*): adze || essette *v*, herminette *v* || Dechsel *m*, Dexel *m*, Texel *m*; **-len:** to adze || dresser à l'herminette *v* || dechseln;
2. (*rijtuig*): pole, shaft || timon *m* || Deichsel *v*; **-wagen:** pole carriage || voiture *v* à timon *m* || Deichselwagen *m*.
dissociatie: dissociation || dissociation *v* || Dissoziation *v*; **-, elektrolytische:** electrolytical dissociation || dissociation *v* électrolytique || elektrolytische Dissoziation *v*; **-druk:** dissociation pressure || pression *v* de dissociation *v* || Dissoziationsdruck *m*; **-kromme:** dissociation curve || courbe *v* de dissociation *v* || Dissoziationskurve *v*; **-spanning:** *zie* **dissociatiedruk; -temperatuur:** dissociation temperature || température *v* de dissociation *v* || Dissoziationstemperatur *v*.
distorsie: *zie* **vervorming.**
distribu|eren: 1. (*algem.*): to distribute || distribuer || verteilen; **-tie:** distribution || distribution *v* || Distribution *v*, Verteilung *v*; **-tiecarter** (*v. e. motor*): timing gear case || carter *m* de distribution *v* || Steuerrädergehäuse *o*; **-tiekosten:** distribution cost[s] || coût *m* (frais *mm*) de distribution *v* || Absatz-, Verteilungskosten *mrv*; **-tieleiding** (*elektr.*): *zie* **verdeelleiding; -tiestelsel** (*elektr.*): distribution system || système *m* de distribution *v* || Stromsystem *o*; **-tietandwiel:** timing gear wheel || roue *v* dentée de commande *v* || Steuer[zahn]rad *o*.
2. (*typogr.*): to distribute || distribuer || ablegen; **-eerrol:** cylinder for distributing

types || cylindre *m* distributeur || Ablegwalze *v*; **-tie:** dead matter, matter to be distributed || [lettres *vm* pour] distribution *v* || Ablegesatz *m*; **-tierol:** distributing roller, waver || petit cylindre *m* broyeur || Verreibwalze *v*.

dithionzuur: dithionic acid, hyposulphurous acid || acide *m* hyposulfureux || Dithionsäure *v*, Unterschwefelsäure *v*.

diver|gentie: divergence || divergence *v* || Divergenz *v*; **-geren:** to diverge || diverger || divergieren.

diversiteitsfactor: *zie* **verscheidenheidsfactor.**

dividivi: dividivi || dividivi *m* || Dividivi *m*.

divisie (*typogr.*)**:** hyphen || division *v*, trait *m* d'union *v* || Bindestrich *m*, Teilungszeichen *o*.

divisorium: divisorium || mordant *m* || Divisorium *o*.

djatihout: teak wood || bois *m* de teck || Teak-, Tiekholz *o*.

dobbelsteen: die || dé *m* || Würfel *m*.

docht: *zie* **doft.**

do|cimasie: docimasy || docimasie *v*, docimastique || Probierkunst *v*, -kunde *v*; **-dekaëder:** dodecahedron || dodécaèdre *m* || Dodekaeder *o*.

dode|kop: colcothar, English red || colcotar *m*, rouge *m* d'Angleterre || Kolkothar *m*, Englischrot *o*; **-manscontact:** dead man's handle || dispositif *m* d'homme *m* mort || Sicherheitsfahrschaltung *v*.

doek: **1.** (*stof*)**:** cloth || drap *m* || Tuch *o*, Leinwand *v*; **-, geolied:** oil cloth || drap *m* huilé || Öltuch *o*; **-, waterdicht:** waterproof cloth || drap *m* imperméable || wasserdichtes Tuch *o*; **-bekleding:** fabric covering || voilure *v* || Bespannung *v*; **-boom:** cloth beam (roller), piece beam || ensouple *v* de l'étoffe *v* (de la toile *v*, de travail *m*, enrouleuse) || Stoff-, Unter-, Waren-, Zeugbaum *m*;
2. (*afneemdoek*)**:** cloth, towel, rag || toile *v* || Tuch *o*;
3. (*schildersdoek*)**:** canvas || toile *v* [à peindre] || Leinwand *v*;
4. (*projectie*)**:** screen || écran *m* || Schirm *m*.

doen: **1.** (*algem.*)**:** to do || faire, pratiquer || tun;
2. (*voor onbep. wijs*)**:** to make, to cause, to bring to || faire || machen, zu .... bringen; **- bewegen:** *zie* **bewegen 2; - afkoelen:** to cool [down] || refroidir || abkühlen; **- coaguleren:** to coagulate, to bring to coagulation || coaguler || zur Koagulation *v* (zum Gerinnen *o*) bringen; **- ineengrijpen:** to engage || mettre en prise *v*, faire engrener || in Eingriff *m* bringen; **- kristalliseren:** to crystallize || cristalliser || kristallisieren lassen, zum [Aus]kristallisieren *o* bringen; **- springen:** to blast || faire sauter || sprengen; **- uitzetten** (*gas*)**:** to [cause to] expand || détendre || entspannen, expandieren; **- vastworden:** to solidify, to bring to solidification, to render solid || solidifier, rendre solide, faire passer à l'état *m* solide || zum Festwerden *o* bringen, festmachen, verfestigen; **- zwellen:** *zie* **zwellen 2.**

does [1]**:** spray (sprinkling) nozzle; atomizer, atomizing nozzle || pomme *v* d'arrosoir *m*; tuyère *v* atomisante || Brause *v*; Düse *v*.

doezelaar: stump || estompe *v* || Wischer *m*.

dof (*v. kleur*)**:** dull[-toned], lustreless, dead || terne, mat, morne || matt, glanzlos, blind.

doft: thwart || banc *m* de nage *v* || Ducht *v*, Ruderbank *v*; **-knie:** thwart knee || courbe *v* de banc *m* de nage *v* || Duchtknie *o*; **-weger:** thwart clamp || vaigre *v* de tête *v* || Balkweger *m*.

dok: dock || bassin *m*, dock *m* || Dock *o*; **-, drijvend:** floating dock || dock *m* flottant, forme *v* flottante || Schwimmdock *o*; **-, gegraven:** dry (graving) dock || bassin *m* de radoub *m*, cale *v* sèche || Trockendock *o*; **-ken:** to dock || mettre au bassin *m* (dock *m*) || docken.

dokter (*katoendruk*)**:** [colour] doctor || racle *v*, docteur *m* || Abstreichmesser *o*, Dokter *m*.

dol: **1.** (*kompas*)**:** whirling || affolé || wildschwingend;
2. (*schroef*)**:** drunken || fou || überdreht, überschraubt; **-draaien, een schroef:** to strip the thread of (to overturn) a screw || déformer (forcer) une vis *v* || eine Schraube *v* überdrehen;
3. (*scheepst.*)**:** thole pin || to[u]let *m* || Dolle *v*, Dulle *v*, Dollen *m*, Ruderpinne *v*; **-boord:** gunnel || plat-bord *m* || Dollbord *m*.

dolk: dagger, poniard || poignard *m* || Dolch *m*, Faustdegen *m*.

dolomiet: dolomite, magnesian limestone || dolomie *v*, dolomite *v* || Dolomit *m*, Bitterspat *m*; **-marmer:** dolomitic marble || marbre *m* dolomitique || Dolomitmarmor *m*; **-mergel:** dolomitic marl || marne *v* dolomitique || Dolomitmergel *m*; **-zandsteen:** dolomitic sandstone || grès *m* dolomitique || Dolomitsandstein *m*.

dom: **1.** (*kerk*)**:** cathedral [church], minster || [église *v*] cathédrale *v* || Dom *m*;
2. *zie* **stoomdom; -gat:** dome manhole || trou *m* de dôme *m* || Domloch *o*; **-kop:** dome crown || coupole *v* (fond *m*) de dôme *m* || Domboden *m*.

dommekracht: rack [and pinion] jack || cric *m* [à crémaillère *v*] || Zahnstangenwinde *v*.

---

[1]) Zie ook *mondstuk* en *sproeier*.

dom|pelaar [1]**:** immersion body || plongeur *m* Tauchkörper *m*; **-pelaar, elektrische:** immersion heater || thermo-plongeur *m* || Tauchsieder *m*; **-pelanker:** plunging armature, plunger (dipping) magnet core || armature *v* plongeuse || Tauchanker *m*, Magnetkern *m*; **-pelbatterij:** immersion (plunge) battery || batterie *v* à treuil *m* || Tauchbatterie *v*; **-pelen** (*in*)**:** to plunge, to dip, to immerse (*into*) || (*se*) plonger (*dans*) || untertauchen, tauchen in.

donker: 1. (*algem.*)**:** dark || obscur || dunkel; **-veldbelichting** (*mikr.*)**:** oblique (dark ground) illumination || éclairage *m* oblique (à fond *m* noir) || Dunkelfeldbeleuchtung *v*, schiefe Beleuchtung *v*;
2. (*in kleurbenaming*)**:** dark, deep || foncé || dunkel, tief; **-kleurig:** dark coloured || de couleur *v* foncée || dunkelfarbig.

dons: down[hair] || duvet *m*, poil *m* follet || Flaum *m*, Flaumhaar *o*; **-haar:** downhair || poil *m* follet || Flaumhaar *o*.

donzig: downy || duveteux || flaumig.

dood|bed (*rooster*)**:** dead grate area, dead [coking] plate || surface *v* inactive de la grille *v*, table *v* de foyer *m* || Schür-, Vorstell-, Vorplatte *v*, tote Rostfläche *v*; **-roosten** (*erts*)**:** to roast thoroughly || griller à fond *m* || abrösten.

doofpot: extinguisher || étouffoir *m* || Dämpfer *m*.

dook: dowel || goujon *m*, tampon *m* || Dübel *m*, Dobel *m*; **-bout:** rag-, stonebolt || boulon *m* de scellement *m* || Steinschraube *v*.

door|blaasklep: blow through valve || soupape *v* d'émission *v* || Durchblaseventil *o*; **-blazen:** to blow through || purger || durchblasen; **-boren:** to perforate || perforer, percer || durchbohren; **-braak** (*dijk*)**:** breach, breaking || brèche *v*, rupture *v* || Durchbruch *m*.

doorbranden: 1. (*scheiden door branden*)**:** to burn through || brûler || durchbrennen;
2. (*voortbranden*)**:** to burn on || continuer de brûler || weiterbrennen;
3. (*veiligheid*)**:** *zie* **doorsmelten.**

door|breken: to break || (*se*) rompre, (*se*) casser [en deux] || durchbrechen; **-buigen:** to bend, to deflect, to sag || incurver, fléchir, faire flèche *v*, courber, cintrer || durchbiegen.

doorbuiging: 1. (*algem.*)**:** deflection, bending || flexion *v*, pliage *m*, cintrage *m*, fléchissement *m* || Durchbiegung *v*, -biegen *o*; **- in het midden:** central deflection || flexion *v* médiane || Durchbiegung *v* in der Mitte *v*;
2. (*drijfriem*)**:** deflection, sag || flèche *v* || Pfeilhöhe *v*, Durchhängung *v*;
3. (*veer*)**:** deflection || flèche *v* || Federung *v*, Durchbiegung *v*.

doorbuigings|contact (*spw.*)**:** deflection contact || contact *m* à flexion *v* || Durchbiegungskontakt *m*; **-lijn:** line (curve) of sag, bending line || ligne *v* élastique (de flexion *v*) || Biegungslinie *v*.

doordring|baar: permeable || perméable || durchdringlich; **-baarheid:** permeability || perméabilité *v* || Durchdringlichkeit *v*, -lässigkeit *v*, Permeabilität *v*; **-en:** to penetrate || pénétrer || durchdringen; **-ingsvermogen:** penetrating power || force *v* (pouvoir *m*) de pénétration *v* || Durchdringungsvermögen *o*.

dooreen|kneden: to knead, to mix [thoroughly] || malaxer, brasser || durcheinanderkneten; **-mengen:** to mix || mélanger || [durch]mischen; **-vlechten:** to interlace, to interweave || enverger || durchflechten; **-werken:** *zie* **dooreenkneden.**

door|gang: passage; thoroughfare || passage *m* || Durchgang *m*; **-gang** (*spoorbaan*)**:** under[line] bridge || passage *m* par dessous *m* || Wegunterführung *v*; **-gebogen** (*schip*)**:** cambered || arqué, cambré || durchgebogen, mit gebrochenem Rücken *m*; **-hakken:** to cut (to hew) through || trancher || durchhauen; **-haling:** drawing, heddling, entering || remettage *m*, rentrage *m*, passage *m* || Einziehen *o*, Einreihen *o*, Einpassieren *o*; **-hang:** dip, sag || flèche *v* || Durchhang *m*.

doorkoken: 1. (*flink koken*)**:** to boil thoroughly (briskly) || faire bouillir suffisamment (fortement) || durchkochen, weiterkochen;
2. (*a. d. kook blijven*)**:** to go on (to continue) boiling || continuer de bouillir || weitersieden.

doorlaat: 1. (*algem.*; *brug, enz.*)**:** passage || passage *m* || Durchgang *m*, -laß *m*; **- in de secunde:** quantity passed per second || quantité *v* passée par seconde *v* || sekundliche Durchflußmenge *v*; **-, vrije:** free passage || passage *m* libre || freier Durchlaß *m*; **-opening** (*grootte*)**:** width of passage || largeur *v* (ouverture *v*) de passage *m* || Durchgangsöffnung *v*; **-opening, vrije:** free passage opening || ouverture *v* de passage *m* libre || freie Durchlaßöffnung *v*; **-ponton** (*v. e. brug*)**:** door pontoon || bateau-porte *m* d'un pont *m* || Torkahn *m*;
2. (*sluisje, duiker*)**:** culvert, conduit, drain || ponceau *m* || Durchlaß *m*, Dole *v*, Drumme *v*, Schleuse *v*, Düker *m*; **-, ingang v. e.:** inlet (up stream end) of the culvert || entrée *v* d'aqueduc *m*, tête *v* d'amont *m* || Durchlaßeinlauf *m*, Oberhaupt *o*; **-, uitgang v. e.:** outlet (down

---
[1]) Zie ook *plunjer*.

stream end) of the culvert || sortie *v* d'aqueduc *m*, tête *v* d'aval *m* || Durchlaßauslauf *m*, Unterhaupt *o*.

door|laten: 1. (*iets doorlaten i. h. algem.*): to let through (pass) || laisser passer || durchlassen;
2. (*licht, enz.*): to transmit || transmettre || durchlassen; **-latingsfactor:** transmission factor || facteur *m* de transmission *v* || Durchlässigkeit *v*;
3. (*trein*): to let run through || permettre le passage *m* || durchlassen.

doorlo|pen: to pass through, to traverse || parcourir, traverser || durchlaufen; **-pend:** continuous(*ly*), uninterrupted || continu(*ement*), ininterrompu || kontinuierlich, ununterbrochen.

doorn: 1. (*kling*): tongue || soie *v* || Angel *v*, Dorn *m*;
2. (*gereedsch.*): mandrel, mandril || mandrin *m*; **-, verende** (*pijpuitzetter*): spring drift (expander, mandrel) || mandrin *m* élastique (ressort) || Federdorn *m*; **-, verstelbare:** expanding mandrel || mandrin *m* extensible || ausdehnbarer (nachstellbarer) Dorn *m*, Expansionsdorn *m*; **-, vierkante:** square puncheon || mandrin *m* carré || viereckiger Dorn *m*.

doornwals (*molen*): toothed roll-crusher (rolls) || concasseur *m* à pointes *vm*, broyeur *m* à broches *vm* || Stachelwalzenbrecher *m*, -walzwerk *o*.

door|nat: wet through || trempé, imbilé || durchfeuchtet, durchnaß; **-schieten** (*boekdruk.*)**:** to interleave || interfolier || durchschießen; **-schijnend** [1]**:** translucent, diaphanous, transparent || transparent, diaphane, translucide || durchscheinend; **-schoten** (*typogr.*)**:** interleaved || interfolié || durchschossen.

door|slaan: 1. (*mach.*): to race, to run away || s'emballer || durchgehen;
2. (*balans*): to kick (tip) the beam || pencher || ausschlagen;
3. (*m. e. doorslag*): to punch || percer || durchschlagen, ausschlagen, lochen, punzieren, stanzen; **-slag:** piercer, punch [eon] || poinçon *m*, emportepièce *m* || Ausschlageisen *o*, Durchschlag *m*, Locher *m*, Lochstanze *v*, Punze *v*; **-slag, ronde:** round puncheon || mandrin *m* rond || Ringdorn *m*; **-slag, vierkante:** square puncheon || mandrin *m* carré || viereckiger Dorn *m*; **-slagproef:** drift test || essai *m* de poinçonnage *m* || Lochprobe *v*;
4. (*elektr.*): to break down; breaking down || être percé; percement *m* || durchschlagen; Durchschlag *m*; **-slag:** disruptive discharge || décharge *v* disruptive || Durchschlag *m*, Durchbruchsentladung *v*; **-slagproef:** breaking down (puncture) test || essai *m* de disruption *v* (de percement *m*) || Durchschlagprobe *v*; **-slagspanning:** breaking down voltage || tension *v* au percement *m* disruptif || Durchschlagsspannung *v*; **-slagsterkte:** disruptive strength || résistance *v* disruptive || Durchschlagfestigkeit *v*; **-slagweerstand:** *zie* **doorslagsterkte;**
5. (*inkt*): to show through || pénétrer || durchschlagen;
6. (*vermenigvuldigen*): to copy [with carbon paper] || copier au papier *m* [carbone] || kopieren [mit Durchschreibepapier *o*]; **-slag:** carbon copy || copie *v* au carbone *m* || Durchschlag *m*, -schrift *v*;
7. (*grof filtreren*): to strain, to colander || passer par une passoire *v* (un égouttoir *m*); passer par un blanchet *m* (*door doek*) || seihen; **-slag:** colander (*zeef*); straining cloth (*doek*) || passoire *v*, égouttoir *m* (*zeef*); blanchet *m* (*doek*) || Seihe *v*, Seiher *m* (*zeef*); Seihtuch *o*, Koliertuch *o* (*doek*).

doorsmel|ten (*veiligheid*)**:** to blow, to fuse || se fondre || durchbrennen, ausschmelzen; **-tingsstroomsterkte:** blowing current || intensité *v* [de courant *m*] de fusion *v* || Abschmelzstromstärke *v*.

doorsnede: 1. (*algem.*): section || coupe *v*, section *v* || Durch-, Querschnitt *m*; **- belast op afschuiving:** shearing section || section *v* de cisaillement *m* || Abschnittquerschnitt *m*; **- d. v. inlaat:** admission section || section *v* d'admission *v* || Einlaß-, Eintrittquerschnitt *m*; **- volgens x—y:** section through x—y || coupe *v* x—y || Schnitt *m* [nach] x—y; **-, horizontale** (*verticale*)**:** horizontal (*vertical*) section || coupe *v* horizontale (*verticale*) || horizontaler (vertikaler) Schnitt *m*; **-, overlangse:** longitudinal section || coupe *v* longitudinale, profil *m* en long *m* (longitudinal) || Längsschnitt *m*; **-, samengestelde:** compound section || section *v* composée || zusammengesetzter Querschnitt *m*; **-verandering:** alteration of cross section || variation *v* de la section *v* || Querschnitt[ver]änderung *v*; **-vernauwing:** reduction of cross section || réduction *v* de section *v* || Querschnittverengung *v*;
2. (*bouwtekening v. e. dak*): carcass plot || enrayure *v* || Grundriß *m*.

doorsnij|den: 1. (*dóórsnijden*): to cut [through], to cut in two || couper [en deux], trancher || durchschneiden; **-ding:** cutting || découpage *m* || Durchschnitt *m*;
2. (*gaan door*): to cut, to traverse, to intersect, to cross || entrecouper, traverser || durchschneiden;

[1]) Zie ook *doorzichtig*.

3. (*doorgaan met snijden*): to go on (to continue) cutting || continuer à couper || weiterschneiden.

doorste|ken: 1. (*een gat maken*): to pierce || percer || durchstechen;
2. (*steken door*): to put through || passer par || [hin]durchstechen;
3. (*buis, enz.*): to clear, to pierce || déboucher, curer || durchstechen; **-ker:** clearing iron || débouchoir *m* || Austreibeisen *o.*

doorstro|men: 1. (*doorgaan met stromen*): to stream (run, flow) continuously || continuer à couler || weiterströmen;
2. (*stromen door*): to stream (flow, run) through || traverser, passer par || [hin]-durchströmen; **-mingshoeveelheid:** quantity passed || quantité *v* passée || Durchflußmenge *v*, Durchsatz *m*; **-mingssnelheid:** velocity of flow || vitesse *v* de passage *m* || Durchflußgeschwindigkeit *v.*

door|stuiflinnen: writing cloth || toile *v* à calquer || Zeichenkattun *o*; **-sijpelen:** to trickle through || infiltrer || durchsickern.

doortrekken: 1. (*draad*): to thread through || enfiler (passer le fil *m*) dans || durchfädeln;
2. (*met*): to impregnate (*with*) || imprégner (*de*) || durchtränken (*mit*);
3. (*kabels b. h. leggen*): drawing [through] of a cable || tirage *m* des câbles *mm* || Kabelziehen *o.*

door|vaart: passage || passe *v* || Durchfahrt *v*; **-vaartwijdte:** bridge opening || ouverture *v* de pont *m* || Brückenöffnung *v*; **-val** (*zeven*)**:** siftings, undersize, minus || menu *m*, déclassé *m* || Durchfall *m*, Siebdurchgang *m*, -feine *v*, Siebdurchfall *m*; **-verbinding, inductieve:** inductive rail connection || connexion *v* inductive de rails *mm* || Drosselstoß *m*; **-vering:** deflexion || flexion *v* || Durchfederung *v.*

doorvoer|ingsbuis: inlet bush (tube) || douille *v* de traversée *v* || Durchführungstülle *v*; **-isolator:** bushing insulator || isolateur *m* de traversée *v* || Durchführung *v*; **-staaf:** leading in insulator || isolateur *m* d'entrée *v* || Durchführungsisolator *m.*

door|vijlen: to file through || percer avec la lime *v* || durchfeilen; **-weken:** to imbibe, to moisten || imbiber || tränken; **-werking:** impregnation || imbibition *v* || Imprägnierung *v*; **-werkt** (*met goud*)**:** interwoven (*with golden threads*) || broché (*d'or*) || (*gold*)gewirkt; **-zetten** (*plaat, enz.*)**:** to joggle || épauler || kröpfen; **-zichtig** [1])**:** transparent || transparent || durchsichtig; **-zichtigheid:** transparency || transparence *v* || Durchsichtigkeit *v.*

doos: box || boîte *v* || Dose *v*, Büchse *v*; **-barometer:** *zie* **aneroïde-barometer; -contact:** bush contact || contact *m* à boîte *v* || Büchsenkontakt *m*; **-relais:** box relay || relais *m* à boîte *v* (tabatière) || Dosenrelais *o*; **-schakelaar voor verzonken montage:** flush switch with box || interrupteur *m* à boîte *v* à encastrer || Unterputzschalter *m* mit Dose *v*; **-telefoon:** box receiver || récepteur-montre *m* || Dosenfernhörer *m*; **-waterpas:** circular spirit level || niveau *m* circulaire à bulle *v* d'air *m* || Dosenlibelle *v.*

dop: cap, dab; shell (*ei*); husk (*zaad*); pod (*peulvr.*); cup (*eikel*); cap, capsule (*fles*) || chape *v*, chapeau *m*, bouchon *m*; coque *v*, coquille *v* (*ei*; *noot*); écale *v* (*ei*; *noot*; *peulvr.*) || Kapsel *v*; Schale *v* (*ei*; *noot*); Hülse *v* (*peulvr.*); Kapsel *v* (*fles*); **-moer:** cap nut || écrou *m* boryne || Kapselmutter *v*; **-pen:** to mark with the center-punch || centrer, amorcer || ankörnen; **-per:** riveting set (cup), snaptool || bouterolle *v* || Döpper *m*, Schelleisen *o*; **-sleutel:** *zie* **soksleutel.**

dorisch: dorian, doric || dorique || dorisch.

dorpel: threshold, sill || seuil *m* || Schwelle *v*; **-steen:** sill brick || brique *v* de seuil *m* || Schwellbackstein *m.*

dors|en: to thrash || battre [le blé *m*] || dreschen; **-machine:** thrashing machine (mill) || machine *v* à battre le blé *m*, batteuse *v* || Dreschmaschine *v.*

dosering: dosage || dosage *m* || Dosierung *v.*

dosis: dosis || dose *v* || Dose *v*; **-meter:** quanti-meter || quanti-, quantomètre *m* || Dosismesser *m.*

dossierkarton: folderboard || papier *m* dossier || Aktendeckelkarton *m.*

douane: custom-house, the Customs || la douane *v* || Zollamt *o*; **-ambtenaar:** customs officer || fonctionnaire *m* des douanes *vm*, douanier *m* || Zollbeamte *m* || **-formaliteiten:** customs formalities || formalités *vm* en douane *v* || Zollformalitäten *vm*; **-kantoor:** custom-house || bureau *m* de la douane *v* || Zollamt *o*; **-rechten:** customs [duties] || droits *mm* de douane *v* || Zoll *m*; **-verklaring:** customs declaration, bill of entry || déclaration *v* en douane *v* || Zollinhaltserklärung *v*, Zolldeklaration *v.*

doubleermachine (*weverij*)**:** doubling frame || machine *v* à doubler || Dupliermaschine *v.*

doubleren: 1. (*algem.*): to double, to lap || doubler, napper || dublieren;
2. (*typogr.*): to double, to mackle || papilloter || dublieren.

dowsongas: Dowson gas || gaz *m* Dowson

---

[1]) Zie ook *doorschijnend.*

(mixte) || Misch-, Kraft-, Dowsongas *o*.
draad: 1. (*algem.*): thread || fil *m* || Faden *m*; **-vormig:** filiform || filiforme || drahtförmig;
2. (*metalen draad*)[1]: wire || fil *m* || Draht *m*; **- trekken:** to draw wire || tréfiler || Draht *m* ziehen; **-, fijne:** fine (thin) wire || fil *m* fin || dünner (feiner) Draht *m*; **-, gegalvaniseerde:** galvanized wire || fil *m* galvanisé || galvanisierter Draht *m*; **-, getrokken:** drawn wire || fil *m* étiré || gezogener Draht *m*; **-, gewalste:** rolled wire || fil *m* laminé || Walzdraht *m*, gewalzter Draht *m*; **-, hard** (*koud*) **getrokken:** hard drawn wire || fil *m* écroui (étiré à froid) || hartgezogener Draht *m*; **-, middelfijne** (*middelgrove*): medium fine (*thick*) wire || fil *m* moyennement fin (*gros*) || mittelfeiner (*mittelgrober*) Draht *m*; **-, platte:** flat (pendulum) wire || fil *m* plat || Flachdraht *v*; **-, ronde:** round wire || fil *m* rond || Runddraht *m*; **-, vierkante:** square wire || fil *m* carré || quadratischer Draht *m*; **-band** (*v. e. auto*): wired tire || enveloppe *v* à fil *m* || Drahtpneumatik *m*; **-band** (*metaalbew.*): wire ribbon (strip) || bande *v* à fil *m* de fer *m* || Drahtband *o*; **-bank** (*goudsm.*): draw[ing] bench || banc *m* à tires (de tréfilerie *v*) || Drahtbank *v*; **-bekleding:** wire covering, taping || guipage *m* || Drahthülle *v*; **-beproeving:** wire testing || épreuve *v* (essai *m*) de fil *m* || Drahtprüfung *v*; **-beschermer:** wire protector || protecteur *m* de fil *m* || Drahtschoner *m*; **-bevestiger:** forked lance || lance *v* à fourche *v* || Drahtgabel *v*; **-bindtang:** wire binding pliers || pince *v* à lier || Drahtbindezange *v*; **-borstel:** wire brush || balai *m* en fil *m* || Drahtbürste *v*; **-bundel:** bundle of wire || botte *v* de fil *m* || Drahtbündel *o*; **-dikte:** size of wire || diamètre *m* du fil *m* || Drahtdurchmesser *m*; **-diktetabel:** wire gauge table || table *v* des calibres *mm* des fils *mm* || Drahtstärketabelle *v*; **-doorsnede:** size of wire || section *m* de fil *m* || Drahtquerschnitt *m*; **-gaas:** wire gauze || gaze *v* métallique || Drahtgaze *v*; **-glas:** wired rolled glass || verre *m* filé || Drahtglas *o*; **-haspel:** coiling (wire) drum || bobine *v* à filière *v* || Drahthaspel *v*; **-hechtmachine:** *zie* **hechtmachine; -houder:** wire holder, ear || porte-fil *m*, oreille *v* || Drahthalter *m*, [Trag]öse *v*, Klammer *v*; **-kabel:** wire cable (rope), stranded wire || corde *v* de fils *mm* métalliques, câble *m* métallique || Drahtseil *o*, -kabel *o*, -strang *m*; **-kern:** wire core || noyau *m* de fil *m* || Drahtkern *m*; **-klem:** wire clamp, clamping (mechanical) ear || borne *v*, serre-fil *m*, oreille *v* de serrage *m* || Drahtklemme *v*, Klemmöse *v*; **-klink** (*draad*): wire gauge || jauge *m* pour fils *mm* de fer *m* || Drahtlehre *v*; **-klink** (*platen*): standard gauge for steel plates, plate gauge || jauge *m* pour les tôles *vm* || Blechlehre *v*; **-klos:** winding (wire) drum || bobine *v* d'enroulement *m* || Drahtleier *m*; **-kooi:** wire cage || cage *v* en fils *mm* || Drahtkäfig *m*; **-koord:** wire rope || câble *m* métallique || Drahtseil *o*; **-korf:** wire cap || calebottin *m* || Drahthaube *v*; **-las:** wire joint || fil *m* d'éclisse *v* || Drahtlasche *v*; **-leider** (*schijf*): fairlead || galet *m* de guidage *m* || Führungsrolle *v*; **-lus:** wire loop || boucle *v* de fil *m* || Drahtschleife *v*; **-maat:** wire gauge || jauge *v* des fils *mm* || Drahtklinke *v*, -lehre *v*, -maß *o*; **-mal:** wire gauge plate || jauge *v* à fils *mm* métallique || Drahtlehre *v*; **-masker:** mask of wire gauze || masque *v* en toile *v* métallique || Drahtmaske *v*; **-meter:** wire gauge || jauge *v*, calibre *m* || Drahtmesser *m*; **-nagel:** wire nail (tack) || clou *m* d'épingle *v*, point *v* de Paris, pointe *v*; *zie ook* **spijker;** || Drahtstift *m*, -nagel *m*; **-net:** wire net || filet *m* métallique || Drahtnetz *o*; **-netbeschermer:** wire netting protector || filet-protection *v* métallique || Draht[netz]hülse *v*; **-nummer:** gauge (size) of wire || calibre *v* (épaisseur *v*) de fil *m* || Drahtnummer *v*; **-omhulsel:** wire cloth || chemise *v* en toile *v* métallique || Drahtüberzug *m*; **-omwikkeling:** wire hooping || entourage *m* de fil *m* || Drahtumwick[e]lung *v*; **-onderzoek:** *zie* **draadbeproeving; -ophanging:** wire suspension || suspension *v* à fil *m* || Drahtaufhängung *v*; **-oplegger:** tool for springing wire || monte-fil *m* || Drahtaufleger *m*; **-pen:** wire tack || clou *m* d'épingles *vm* || Drahtstift *m*; **-richter:** wire dresser || dresseur *m* || Drahtrichter *m*; **-richttang:** dressing tongs || tenailles *vm* à dresser || Drahtrichtzange *v*; **-ring:** wire coil || torche *v* || Ringdraht *m*; **-rol:** coil of wire || couronne *v* de fil *m* || Drahtrolle *v*; **-rooster:** wire grate || treillis *m* de fil *m* de fer *m* || Drahtgitter *m*; **-schaar:** wire shears || pince *v* à fil *m* de fer *m* || Drahtschere *v*; **-scherm:** wire guard || garde-feu *m* || Drahtschirm *m*; **-schuier:** *zie* **draadborstel; -snoer:** wire cord || boyau *m* (cordon *m*) métallique || Drahtschnur *v*; **-spanner:** wire strainer || cric *m* tenseur || Drahtspanner *m*; **-spiraal:** wire spiral || cannetille *v* || Drahtspirale *v*; **-sterkte:** *zie* **draadnummer; -stift:** *zie* **draadpen; -strekker:** *zie* **draadrichter;**

[1]) Zie ook onder *draad* 4.

-streng: wire heald || maille *v* de fil *m* de fer *m* || Drahtlitze *v*; **-tabel:** *zie* **draaddiktetabel; -tang:** crane iron, [devil] claw, dutch tongs, flat pliers || mâchoire *v* à tendre || Drahtzange *v*; **-trekbank:** wire drawing engine || machine *v* à tréfilage *m*, banc *m* d'étirage *m* || Drahtziehbank *v*; **-trekbank v. grove draad:** drawing bench for thick wire || banc *m* à étirer pour gros fil *m* || Grobzugbank *v*; **-trekker:** wire drawer || tréfileur *m* || Drahtzieher *m*; **-trekkerij:** wire drawing || tréfilerie *v* || Drahtzieherei *v*; **-trekmachine:** wire drawing machine || banc *m* d'étirage *m* || Drahtziehmaschine *v*; **-velg:** straight side rim || jante *v* pour enveloppe *v* à fil *m* || Felge *v* für Drahtpneumatik *m*; **-verbinding:** wire binding || ligature *v* de fils *mm* || Drahtbindung *v*; **-versperring:** wire fence || clôture *v* en fil *m* de fer *m* || Drahtzaun *m*; **-vlechterstang:** plyers, pliers || pince *v* américaine || Drahtzange *v*; **-vlechtwerk:** gauze wire cloth || tissu *m* métallique || Drahtgewebe *o*; **-vorm:** wire mould || envergeure *v* || Drahtform *v*; **-wals:** wire roll || cylindre *m* de laminoir *m* à fil *m* || Drahtwalze *v*; **-wapening:** sheathing wire || armature *v* de fil *m* || Drahtarmierung *v*; **-weefsel:** wire cloth || tissu *m* (toile *v*) métallique || Drahtgewebe *o*; **-werk:** filigran, filigree || filigrane *m* || Filigran *o*, Kornfaden *m*; **-wikkelbank:** winding bench || banc *m* à bobiner || Wickelbank *v*; **-wikkeling:** wire winding || enroulement *m* (bobinage *m*) en fils *mm* || Drahtwick[e]lung *v*; **-ijzer:** wire iron || forgis *m* || Drahteisen *o*; **-zeef:** wire screen || tamis *m* en toile *v* métallique || Draht-, Gewebesieb *o*;

3. (*text.*): thread, filament || fil *m*, filament *m* || Faden *m*; **-, elementaire:** filament || filament *m* || Elementarfaden *m*; **-beproever:** thread dynamometer || éprouvette *v* || Garndynamometer *o, m*; **-einden:** thread (waste) ends || gancettes *vm*, bouts *mm* de fil *m* || [Faden]enden *om*; **-galon:** galloon, round lace || galon *m* à coudre || Draht-, Rundschnur *v*; **-geleider:** thread guide || guide *m* distributeur || Fadenleiter *m*, -führer *m*; **-lichter:** lace, cord, string || fil *m* des lisses *vm* || Fadenheber *m*; **-schranking:** lease in warping || envergeure *v* || Fadenkreuz *o*, Rispe *v*; **-snijder:** carpet knife || tranche-fil *m* || Fadenschneider *m*; **-teller:** thread counter || compte-fils *m* || Fadenzähler *m*; **-verdeler:** thread divider || partichoir *m* || Fadenteiler *m*;

4. (*elektr.*) [1]**:** wire || fil *m* || Draht *m*; **-, blanke:** *zie* **draad, ongeïsoleerde; -, dubbele:** twin wire || fil-jumeau *m* || Zwillingsleitung *v*; **-, geslagen:** *zie* **geleider, geslagen; -, omsponnen:** covered wire || fil *m* guipé || umsponnener Draht *m*; **-, omvlochten:** braided wire || fil *m* tressé || umklöppelter Draht *m*; **-, ongeïsoleerde:** bare wire || fil *m* non-isolé (nu) || unisolierter (nackter) Draht *m*; **-afrolwagen:** wire waggon || voiture *v* à bobines *vm* || Rollenwagen *m*; **-anker:** wire wound armature || induit *m* à fils *mm* || Drahtanker *m*; **-breukrelais:** wire break relay || relais *m* de rupture *v* de fil *m* || Drahtbruchrelais *o*; **-contact:** wire contact || contact *m* de fil *m* || Drahtkontakt *m*; **-elektrometer:** thread electrometer || électromètre *m* à fil *m* || Fadenelektrometer *o, m*; **-kruising:** overhead frog, wire crossing, crossing of wire || changement *m* de fil *m* (voie *v* du fil *m* de ligne *v*), croisement *m* des fils *mm* || Drahtweiche *v*, Kreuzung *v* der Drähte *vm*, Drahtkreuzung *v*; **-leiding:** signal wire || transmission *v* par fil *m* || Drahtleitung *v*; **-loos:** wireless || sans fil *m* || drahtlos; **-raam:** loop (frame) aerial || cadre *m* récepteur || Rahmen-, Spulenantenne *v*; **-schema:** wire scheme || schéma *m* des fils *mm* || Drahtschema *o*; **-sleepstuk** (*elektr. tractie*)**:** trolley shoe || cuillère *v* de contact *m* || Schleifstück *o*; **-stelling:** standard, roof support || chevalet *m* || Leitungsträger *m*; **-steun:** line support || support *m* de conducteur *m* || Draht-, Leitungsstütze *v*; **-telefoon:** string telephone || téléphone *m* à ficelle *v* || Fadentelephon *o*; **-telegraaf:** telegraphy through wires || télégraphie *v* à fil *m* || Leitungstelegraphie *v*; **-weerstand:** wire resistance || résistance *v* en fil *m* || Drahtwiderstand *m*; **-winding:** helix of wire || solenoïde *m* || Solenoid *o*;

5. *zie* **schroefdraad; -stang:** screw spindle || arbre *m* (axe *m*) fileté, tige *v* filetée || Gewinde-, Schraubenspindel *v*;

6. (*hout*): grain || fil *m* || Faser *v*.

draag|afstand: bearing || portée *v* || Tragweite *v*; **-as:** axle || essieu *m*, axe *m* || Achse *v*; **-baar** (*z.nw.*)**:** brancard || civière *v* || Tragbahre *v*; **-baar** (*bijv. nw.*)**:** bearable, portable || portatif, transportable || tragbar; **-balk:** girder, head (supporting, top) beam || poutre *v* de support *m* (principale) || Träger *m*, Tragbalken *m*; **-balk, samengestelde:** built up (compound) girder || poutre *v* composée || zusammengesetzter Träger *m* (Tragbalken *m*); **-band:** shoulder belt || aisselier *m* || Tragband *o*; **-beugel:** carrying joke || étrier *m* de suspension *v* || Tragbügel *m*; **-blok:** pedestal bearing,

---

[1]) Zie ook onder *draad* 2.

pillow (plummer) block bearing || palier *m* ordinaire || Rumpflager *o*; **-bus:** bushing || coussinet *m* || Lagerbüchse *v*; **-draad:** suspension wire || fil *m* de suspension *v* || Tragdraht *m*; **-golf:** carrier current (wave) || courant *m* porteur, onde *v* porteuse || Trägerstrom *m*, -welle *v*; **-hemel:** canopy || ciel *m* portatif || Traghimmel *m*; **-isolator:** supporting bracket (straight line) insulator || isolateur *m* porteur (pour alignement *m*, pour ligne *v* droite) || Trag-, Aufhängungsisolator *m*, Geradehalter *m*; **-kabel:** carrying rope || câble *m* porteur || Tragseil *o*; **-kabel** (*elektr. tractie*)**:** longitudinal carrier-cable || câble *m* porteur longitudinal || Längs-, Tragseil *o*; **-klamp:** support clamp || galoche *v* || Stützklampe *v*; **-kracht:** *zie* **draagvermogen;** **-kussenblok:** journal bearing || palier *m* d'appui *m* || Traglager *o*; **-lijst:** bearing ledge || tringle *v* || Tragleiste *v*; **-pen:** journal in middle of shaft, neck journal || tourillon *m* d'appui *m* || Tragzapfen *m*; **-plaat:** supporting plate; top of girderlike casting || plaque *v* d'assise *v* || Trag-, Unterlagplatte *v*; **-plankje:** handling (carrying) board || planchette *v* à transporter || Abtragbrett *o*; **-punt:** fulcrum || point *m* d'appui *m* || Stützpunkt *m*; **-reel:** suspension rail || rail *m* de support *m* (de suspension *v*) || Trag-, Hängeschiene *v*; **-riem:** sling || pendant *m* || Tragriemen *m*; **-schijf:** bearing (rope) sheave || galet *m* de soutien *m*, rouleau-porteur *m* || Tragscheibe *v*, -rolle *v*; **-stang:** suspension rod || tige *v* de suspension *v* || Aufhänge-, Tragstange *v*; **-steen:** ancone, console, truss, padstone || ancone *v*, console *v*, pierre *v* d'appui *m*, sommier *m* || Trag-, Auflagerstein *m*; **-stelling:** supporting framework || support *m*, appui *m*, pilier *m*, chevalet *m* || Stütz-, Tragkonstruktion *v*; **-veer:** bearing spring || ressort *m* de suspension *v* || Tragfeder *v*; **-vermogen:** portative power (force) || force *v* portative || Tragkraft *v*, -fähigkeit *v*; (*grond*)**:** bearing capacity || résistance *v* || Tragfähigkeit *v*; (*paal*)**:** load capacity || force *v* portante || Tragfähigkeit *v*; (*schip*)**:** deadweight (carrying) capacity || port *m* (portée *v*) en lourd || Tragfähigkeit *v*; **-vlak:** bearing surface || surface *v* d'appui *m* (de portée *v*, portante) || Tragfläche *v*, ruhende Fläche *v*; **-vlak** (*vleugel*)**:** wing, main plane || aile *v* || Tragfläche *v*, -flügel *m*; **-vlak** (*klepzitting*)**:** face of valve seating || surface *v* de siège *v* || Ventilsitzfläche *v*; **-vleugelboot:** hydrofoil craft || hydroglisseur *m* || Tragflügelboot *o*; **-werk:** supporting gear || appareil *m* porteur || Tragwerk *o*; **-wijdte** (*v. straling, enz.*)**:** range || portée *v* || Reichweite *v*; **-wijdte** (*v. e. balk*)**:** bearing || portée *v* || Tracht *v*; **-ijzer:** suspension iron, tension (stress) bar || fer *m* de suspension *v*, barre *v* porteuse (de résistance *v*) || Aufhänge-, Trageisen *o*, Tragstab *m*; **-zuil:** supporting column || colonne *v* de soutènement *m*, colonne-support *v* || Tragsäule *v*.

draai-: rotary, rotatory, rotational, rotative || rotatif (*-ive*), rotatoire, rotateur (*-trice*), giratoire, de rotation *v* || Dreh-, dreh-; **-as:** axis of rotation || axe *m* de rotation *v* || Drehachse *v*; **-baar:** rotatable, revolvable, revolving || tournant || drehbar;

draaibank: lathe || tour *m* || Drehbank *v*; Drechselbank *v* (*hout*); **- voor onveranderlijk profiel:** backing off lathe || tour *m* à façonner à profil *m* invariable || Hinterdrehbank *v*; **-bed m. zak:** bed with gap, gapped bed || banc *m* rompu (coudé, avec entaille *v*) || gekröpftes Bett *o*; **-bedgeleiding:** way || glissière *v* || Führung *v*; **-kop:** stock || poupée *v* || Stock *m*; **-kop, losse:** tail stock || poupée *v* mobile, contre-poupée *v* || Reitstock *m*; **-kop, vaste:** headstock || poupée *v* fixe || Spindelkasten *m*; **-werk, dubbel:** back gearing, double wheel gear || engrenage *m* double, renvoi *m* double à harnais *m* || doppelte Verzahnung *v*, doppeltes Rädervorgelege *o*.

draai|beitel: turning (turner's, cold, bench) chisel || outil *m* de tour *m*, ciseau *m* d'établi *m* || Drehstahl *m*; **-beitel, rechthoekig omgebogen:** inside turning tool, boring tool || outil *m* à chambrer d'équerre *v* || Winkeleindreh-, Innendrehstahl *m*; **-beitel, vlakke:** flat chisel || tournoir *m* || Flachstahl *m*; **-beugel** (*elektr. trem*)**:** rotating (revolving) bow || archet *m* pivotant || Drehbügel *m*; **-beweging:** rotary movement, rotating motion || mouvement *m* rotatoire, rotation *v*, giration *v* || Drehbewegung *v*, Rotation *v*, Drehung *v*, drehende Bewegung *v*; **-beweging, relatieve:** relative rotation || mouvement *m* tournant relatif || relative Drehbewegung *v*; **-boek** (*film*)**:** scenario || scénario *m* || Szenenbilder *om*, Drehbuch *o*; **-boom:** turnpike, -stile || moulinet *m*, tourniquet *m* || Drehbaum *m*, -kreuz *o*, [Weg]haspel *v*; **-brug:** swing bridge, turnbridge || pont *m* tournant || Drehbrücke *v*; **-cirkel:** turning circle || cercle *m* de braquage *m* || Wendekreis *m*; **-contact:** revolving contact || contact *m* tournant || Drehkontakt *m*; **-deur** (*m. scharnieren*)**:** swing[ing] door || porte *v* à charnières *vm* || Drehtür *v*; (*m. draaias*)**:** revolving door || porte *v* tournante, tambour *m* || Drehtür *m*.

draaien: **1.** (*algem.*): to turn || [faire] tourner || drehen;
2. (*ronddraaien*): to rotate, to revolve; to spin (*snel* [*doen*] *ronddraaien*); to hinge (pivot) (*om e. pen, enz.*); to revolve (gyrate) (*om e. as*); to twirl (whirl) (*rondlopen; rondslingeren*); to twist (*twisten, enz.*)|| [faire] tourner; pivoter (*om e. pen, enz.*) || [um]drehen; rotieren; umlaufen; umwälzen; **- naar links** (*rechts*)**:** to turn (to rotate) to the left (*right*) || tourner à gauche (*droite*) || linksdrehen (*rechtsdrehen*);
3. (*draaibank*): to turn || tourner || drehen; drechseln (*hout*); **- v. frezen m. onveranderlijk profiel:** to turn back off | || façonner à profil *m* invariable || hinterdrehen.

draaiend: turning; rotating: revolving; spinning; rotary, rotatory || tournant; rotatoire; rotatif (*-ive*); rotateur (*-trice*); giratoire || [um] drehend; umlaufend; umwälzend.

draaier: **1.** (*scheepst.*): heaver || trésillon *m* || Dreher *m*, Drehknüppel *m*;
2. (*draaibank*): turner || tourneur *m* || Dreher *m*; Drechsler *m* (*hout*); **-sgereedschap:** turning tools || appareil *m* du tourneur *m* || Drehzeug *o*.

draai|erij: turning shop || atelier *m* des tours *mm* (de tournage *m*) || Dreherei *v*; **-filter:** revolving filter || filtre *m* rotatif || Drehfilter *m*, *o*; **-grendel:** *zie* **spanjolet; -haak** (*kunstdraaier*)**:** hook tool || mouchette *v* || Drehhaken *m*, Hakenstahl *m*.

draai|ing: **1.** (*algem.*): turn[ing] || tournement *m* || Drehung *v*;
2. (*rotatie*): rotation, rotating motion || rotation *v* || Drehung *v*, Rotation *v*, Drehbewegung *v*; **-ing naar links** (*rechts*)**:** *zie* **draaiing, linkse** (*rechtse*); **-ing, linkse** (*rechtse*)**:** counter clockwise (*clockwise*) rotation || rotation *v* sens *m* inverse (*sens m d'horloge v*) || Linksdrehung *v* (*Rechts-*); **-ingsas:** axis of rotation || axe *m* de rotation *v* || [Um]dreh[ungs]-achse *v*; **-ingshoek:** angle of rotation (displacement) || angle *m* de rotation *v* (déplacement *m*) || [Um]drehungswinkel *m*;
3. (*wringing, twist*): torsion, twist || torsion *v*, tors *m* || Drehung *v*, Drall *m*; **-ing naar links** (*rechts*)**:** left (*right*) handed twist || tors *m* (torsion *v*) à gauche (*droite*) || Linksdrall *m*, -drehung *v* (*Rechtsdrall m, -drehung v*); **-ingshoek:** angle of torsion || angle *m* de torsion *v* || Drehungswinkel *m*.

draai|kan (*spinkan*)**:** coiler || pot *m* tournant || Spinnkanne *v*; **-kipper** (*mijnb.*)**:** rotary tipper (dump), tippler || culbuteur *m* rotatif (basculant, circuleur) || Kreiselwipper *m*, Rundkipper *m*; **-kolk:** whirlpool || puits *m*, tourbillon *m* || Kolk *m*; **-kraan:** slewing crane || grue *v* tournante (pivotante) || Dreh-, Schwenkkran *m*; **-kraan m. vaste spil:** stationary slewing crane || grue *v* pivotante fixe || feststehender Drehkran *m*; **-kracht** (*wringingskracht*)**:** torsional load, turning force || force *v* de torsion *v* || Dreh-, Torsionkraft *v*; **-lengte** (*draaibank*)**:** length between centers || longueur *v* entre pointes *vm* || Spitzenweite *v*; **-licht** (*v. vuurtoren*)**:** revolving light || feu *m* tournant || Drehfeuer *o*; **-mechanisme** (*v. e. kraan*)**:** rotation (slewing) gear || mécanisme *m* de rotation *v* || Drehantrieb *m*, -werk *o*, -vorrichtung *v*, Schwenkwerk *o*; **-moment:** moment of rotation, torque || moment *m* de rotation *v* || Drehmoment *o*; **-oven:** rotary (revolving) kiln || four *m* tournant (rotatif) || Drehofen *m*; **-pen** (*v. d. hefboom*)**:** lever fulcrum pin || pivot *m* du levier *m* || Hebeldrehzapfen *m*; **-punt:** center of rotation || centre *m* (point *m*) de rotation *v* || Drehpunkt *m*; **-punt, vast:** fixed pivot (fulcrum) || centre *m* (point *m*) de rotation *v* fixe, point *m* d'appui *m* fixe || fester Drehpunkt *m*, Festpunkt *m*; **-reep:** tie, tye || itague *m* || Drehreep *o*; **-retort:** rotary retort || retorte *v* à fond *m* mobile || Drehretorte *v*; **-richting:** direction (sense) of rotation || sens *m* de rotation *v* || Drehsinn *m*, -[ungs]richtung *v*; **-schakelaar:** rotary switch || interrupteur *m* rotatif (à rotation *v*, à déclic *m*) || Drehschalter *m*; **-schuif:** turning slide (rotary disc) valve || tiroir *m* rotatif || Dreh-Kreisschieber *m*; **-schijf:** turn table || plaque *v* tournante || Drehscheibe *v*; **-schijf, halfverzonken:** half sunk turn table || plaque *v* tournante demi-enterrée || halbversenkte Drehscheibe *v*; **-schijf, verzonken:** sunk turn table || plaque *v* tournante à fosse *v* (enterrée) || versenkte Drehscheibe *v*; **-schijfkraan:** curb ring crane || grue *v* à plaque *v* tournante || Drehscheibenkran *m*; **-seinbord:** disc signal || signal *m* à disque *m* || Scheibensignal *o*; **-sel:** turning chips || copeaux *m*, tournure *v* || Drehspäne *mm*; **-sleutel:** bent spanner (wrench) || clef *v* coudée || Wendeschlüssel *m*; **-snelheid:** revolving velocity, speed of rotation || vitesse *v* de rotation *v* || Drehgeschwindigkeit *v*; **-spant:** cant timber (frame) || couple *m* (membre *m*) dévoyé || Kantspant *o*; **-spil:** wringing nail, pin || cheville *v* || Stift *m*; **-spoel:** moving coil || bobine *v* mobile (tournante) || Drehspule *v*; **-spoelgalvanometer:** moving coil galvanometer || galvanomètre *m* à bobine *v* (cadre *m*) mobile || Drehspulgalvanometer *o en m*; **-stoel** (*draaischijf*): center support || support *m* de la crapaudine *v* || Dreh-, Königsstuhl *m*; **-stoel** (*horlogem.*): turn bench || tour *m* à l'archet *m* || Drehstuhl *m*; **-stok** (*touwsl.*): laying hook || manivelle *v* || Drehknüppel *m*; **-stok** (*wringstok*): turning staff || tournoir *m* || Drehstock *m*; **-straal**: turning radius || rayon *m* de braquage *m* || Wendestrahl *m*.

draaistroom: rota[to]ry current, three phase [alternating] current || courant *m* triphasé (tournant, [alternatif] triphasé) || Drehstrom *m*, Dreiphasenwechselstrom *m*; **-aanleg**: three phase plant || installation *v* triphasée || Drehstromanlage *v*; **-aanloopweerstand**: three phase starter || démarreur *m* [courant *m*] triphasé || Drehstromanlasser *m*; **-anker**: three phase armature || induit *m* [à courant *m*] triphasé || Drehstromanker *m*; **-drie(*vier*)-leiderstelsel**: *zie* **drie(*vier*)leiderstelsel, driefasig**; **-dynamo**: three phase (rotary current) generator, triphaser || alternateur *m* (dynamo *v*) triphasé(e), génératrice *v* triphasée, générateur *m* à courant *m* triphasé || Drehstrom-, Dreiphasendynamo *v*, Drehstromgenerator *m*; **-gelijkstroomtransformator**: three phase to continuous current convertor || transformateur *m* triphasé continu || Drehstromgleichstromumformer *m*; **-inductiemotor**: three phase asynchronous (induction) motor || moteur *m* asynchrone (d'induction *v*) triphasé || Dreiphasen-, Drehstrominduktionsmotor *m*; **-instrument**: rotating field instrument || appareil *m* à champ *m* tournant || Drehfeldinstrument *o*; **-leiding**: three phase long distance line || ligne *v* triphasée à grande distance *v* || Drehstromfernleitung *v*; **-meter**: three phase supply meter || compteur *m* [à courant *m*] triphasé || Drehstromzähler *m*; **-motor**: rotary current (three phase) motor || moteur *m* triphasé (à champ *m* tournant) || Drehfeld-, Drehstrom-, Dreiphasenmotor *m*; **-schakelbord**: three phase switch board || tableau *m* de distribution *v* pour courant *m* triphasé || Drehstromschalttafel *v*; **-synchroonmotor**: three phase synchronous motor || moteur *m* synchrone triphasé || Drehstromsynchronmotor *m*; **-systeem**: threephase system || système *m* à courant *m* triphasé || Drehstromsystem *o*; **-terugloopweerstand**: three phase reversing starter || démarreur-inverseur *m* triphasé || Drehstromumkehranlasser *m*; **-transformator**: three phase transformer || transformateur *m* triphasé || Drehstrom-, Dreiphasentransformator *m*; **-veld**[1]: rotating (three phase) field || champ *m* tournant triphasé) || Drehfeld *o*, Dreiphasenfeld *o*.

draai|stijl (*kraan*): slewing column || colonne *v* pivotante, fût *m* pivotant || Drehsäule *v*; **-tafel** (*mikr.*): revolving stage || platine *v* rotative || Drehtisch; **-tap**: journal || tourillon *m* de rotation *v* || Drehzapfen *m*; **-toren**: turning turret || tourelle *v* giratoire (tournante) || Drehturm *m*; **-veld**: *zie* **draaistroomveld**; **-veld, cirkelvormig**: annular rotating field || champ *m* tournant circulaire || kreisförmiges Drehfeld *o*; **-veld, elliptisch**: elliptical rotating field || champ *m* tournant elliptique || elliptisches Drehfeld *o*; **-veldrichting**: direction of the rotating field || direction *v* du champ *m* tournant || Drehfeldrichtung *v*; **-venster**: revolving window || lunette *v* pivotante || Drehfenster *o*; **-vermogen**: rotative power || faculté *v* giratoire || Drehvermögen *o*; **-vonkenbaan**: disc discharger || éclateur *m* tournant || rotierende Funkenstrecke *v*; **-werk**: slewing (rotation) gear || mécanisme *m* de rotation *v*, commande *m* d'appareil *m* de levage *m* tournant || Schwenk-, Drehwerk *o*, Schwenk-, Drehantrieb *m*, Schwenk-, Drehvorrichtung *v*; **-werk** (*draaibank*): lathe work || ouvrage *m* de tour *m* || Dreharbeit *v*; **-werkrem** (*kraan*): slewing gear brake || frein *m* de mécanisme *m* de rotation *v* || Drehwerk-, Schwenkwerkbremse *v*; **-wissel** (*spw.*): turning points || aiguille *v* pivotante || Drehweiche *v*; **-zaag**: bow (fret) saw || scie *v* à chantourner || Schweifsäge *v*.

dracht: **1.** (*balk*): *zie* **draagwijdte**; **2.** (*vuurwapen, enz.*): range || portée *v* || Schußweite *v*.

draden | tonen, de (*stoffen*): to become threadbare || montrer la corde *v* || fadenscheinig werden; **- overkruis leggen, de**: to make the lease in warping || encroiser (enverger) les fils *mm* || die Fäden *mm* auf den Nadeln *vm* kreuzen (ins Kreuz *o* legen), das Kreuz *o* einlesen.

dradenkruis: **1.** (*text.*): lease || envergeure *v*, enverjure *v*, encroix *m* || Fadenkreuz *o*; **2.** (*optiek*): cross wires, reticle, hair cross || réticule *m* || Fadenkreuz *o*.

dradenteller: yarn (cloth) prover, thread counter, weaver's glass || compte-fil *m*, loupe *v* de tisserand *m* || Fadenzähler *m*, Weberglas *o*.

draderig: fibrous || fibreux || faserig, sehnig.

dragant: tragacanth || adragant *m* || Tragant *m*; **-gom**: gum tragacanth || gom-

[1]) Zie ook onder *draaiveld*.

me *v* adragante (d'adragant) || Tragantgummi *o*.

dra|gen: 1. (*algem.*): to carry || porter || tragen;
2. (*ondersteunen*): to support || supporter, appuyer || tragen; **-gend:** supporting || supportant, de support *m*, d'appui *m* || tragend; **-gend, niet** (*v. e. wiel*)**:** overhung || en porte-à-faux || fliegend;
3. (*rusten op*): to bear on || porter sur || ruhen auf.

drager: 1. (*algem.*): bearer, support || support *m*, appui *m* || Träger *m*;
2. (*kussenblok*): bearing bush || coussinet *m* || Lagerschale *v*, Unterlager *o*; **-, hangende:** hanger || support *m* pendant || Lagerarm *m*;
3. (*katalysator*): support || support *m* || Träger *m*.

dragline: *zie* **trekemmer.**

drai|neerbuis: drain, drain[ing] pipe || drain *m*, tuyau *m* de drainage *m*, (de dessèchement *m*) || Drain-, Entwässerungsrohr *o*; **-neersloot:** catch pit || fossé *m* d'écoulement *m*, drain *m* || Wasserabzuggraben *m*; **-neren:** to drain || drainer, assécher, mettre à sec || drainieren, entwässern; **-nering:** drainage, draining || drainage *m*, dessèchement *m* || Drainage *v*, Drainierung *v*, Entwässerung *v*.

drainklep: *zie* **aftapklep.**

draken|bloed: dragon's blood || sang *m* de dragon *m* || Drachenblut *o*; **-kop** (*bouwk.*)**:** dragon's head || tête *v* de dragon *m* || Drachenkopf *m*.

dreg: grapnel || grappin *m* || Dregg-, Quirlanker *m*; **-gen:** to drag || draguer || dreggen; **-haak:** creeper || chatte *v* || Dregghaken *m*; **-touw:** drag rope || drague *v* || Dreggtau *o*.

drempel: 1. (*algem.*): sill, threshold || seuil *m* || Schwelle *v*; **-waarde:** threshold value || valeur-seuil *v* || Schwellenwert *m*;
2. (*sluis*): lock (mitre) sill || busc *m* d'une écluse *v* || Schleusendrempel *m*.

dren|ken: to impregnate, to steep || imbiber, imprégner || imprägnieren, tränken; **-king:** impregnation || imprégnation *v*, imbibition *v* || Imprägnierung *v*, Tränkung *v*.

dres|seerhamer (*blikbew.*)**:** stretching hammer || marteau *m* à dresser || Gleichzieh-, Spannhammer *m*; **-seermachine** (*blikbew.*)**:** stretching machine || machine *v* à dresser || Spannmaschine *v*; **-seerplank** (*klophout*)**:** planer || taquoir *m* || Klopfholz *o*; **-seren** (*typogr.*)**:** to plane down || taquer la forme *v* || die Form *v* klopfen.

dreum (*weverij*)**:** thrum[b] || pennes *v* || Trum[m] *o*, Drahm *m*, Drohm *m*.

drevel: 1. (*doorslag*): piercer, punch || emporte-pièce *m*, poinçon *m* || Durchschlag *m*, Locher *m*, Lochstanze *m*; **-, gekartelde:** friezing tool || frisoir *m* || Krauspunze *v*; **-, holle:** *zie* **holpijp** *onder* **hol 3**; **-en:** to punch, to pierce, to drift || étamper || dornen, lochen, durchschlagen; **-hamer:** drift, pointed [steel] hammer, wedge ended hammer || poinçon *m*, chasse *v* à percer, marteau *m* à pointe *v* || Loch-, Spitzhammer *m*;
2. (*douwel*; *deuvel*; *treknagel*): dowel, dowling pin || goujon *m* || Dübel *m*;
3. (*v. h. uitslaan v. buizen*): drift for knocking out tubes || mandrin *m* chassetubes || Rohraustreibedorn *m*;
4. (*v. h. inslaan v. buizen*): drift for inserting tubes || mandrin *m* monte-tubes || Rohreintreibedorn *m*.

drie|armig: with three arms, three-armed || à trois bras *mm* || dreiarmig; **-atomig:** triatomic || triatomique || dreiatomig; **-basisch:** tribasic || tribasique || dreibasisch; **-benig:** three legged || à trois branches *vm*, à trépied *m* || dreischenklig, -beinig; **-bladsbeitel** (*mijnb.*)**:** three-way (-wing) bit || trépan *m* à trois ailettes *vm* || Dreiflügelmeißel *m*; **-cilinderstoommachine:** three cylinder steam engine || machine *v* à vapeur *v* triple || Drillingsdampfmaschine *v*; **-delig:** tripartite, triparted || en trois parties *vm* || dreiteilig; **-draadslamp:** three filament lamp || lampe *v* à trois filaments *mm* || Dreifadenlampe *v*; **-elektrodenbuis:** three electrode thermionic [vacuum] tube, triode pliotron || tube *m* [à vide *m*] à trois électrodes *vm* || Dreielektrodenröhre *v*, Triode *v*; **-fasig:** three phase || triphasé || dreiphasig; **-gaatswikkeling:** three slot winding || enroulement *m* â trois rainures *vm* || Dreilochwicklung *v*; **-hoek:** triangle || triangle *m* || Dreieck *o*; **-hoek, gelijkbenige:** isoceles triangle || triangle *m* isocèle || gleichschenkliges Dreieck *o*; **-hoek, gelijkzijdige:** equilateral triangle || triangle *m* équilatéral || gleichseitiges Dreieck *o*; **-hoek, ongelijkzijdige:** scalene (scalenous) triangle || triangle *m* scalène || ungleichseitiges Dreieck *o*; **-hoek, rechthoekige:** right angled triangle || triangle *m* rectangle || rechtwinkliges Dreieck *o*; **-hoek, scherphoekige:** acute angled triangle || triangle *m* acutangle || spitzwinkliges Dreieck *o*; **-hoek, stomphoekige:** amblygon [triangle] || triangle *m* obtusangle (amblygone) || stumpfwinkliges Dreieck *o*; **-hoekig:** triangular || triangulaire || dreieckig; **-hoeksanker:** triangular tie || ancre *v* triangulaire || || Dreieckanker *m*; **-hoeksgeleider:** triangular motion || guide *m* triangulaire ||

Dreiecklenker *m*; **-hoeksmeting:** trigonometry || trigonométrie *v* || Trigonometrie *v*; **-hoeksmeting, vlakke:** plane trigonometry || triangulation *v* || ebene Trigonometrie *v*; **-hoeksschakeling:** delta (mesh) connection, △-connection || couplage *m* en triangle *m* || Delta-, Dreieckschaltung *v*; **-hoeksstangversteviging:** radius rod reinforcement || renforcement *m* par jambes *vm* de force *v* || Dreieckstrebeverstärkung *v*; **-hoekswaterpas:** triangle level || niveau *m* triangulaire || Dreiecksetzwaage *v*; **-kleurendruk:** trichromatic process, three colour printing || trichromie *v* || Dreifarbendruck *m*; **-klezoor:** three quarters || trois-quartiers *m* || Dreiviertelstein *m*, -quartier *o*; **-lampsschakeling:** three lamp system || couplage *m* triphote (de trois lampes *vm* en série *v*) || Dreilampenschaltung *v*; **-leiderdynamo:** three wire generator || génératrice *v* à trois conducteurs *mm*, dynamo *v* à trois fils *mm* || Dreileiter-, Spannungsleiterdynamo *v*; **-leiderkabel:** triple cable || câble *m* à trois conducteurs *mm* || Dreileiterkabel *o*; **-leidernet:** three wire mains || réseau *m* à trois fils *mm* || Dreileiternetz *o*; **-leiderstelsel:** three wire system || système *m* à trois conducteurs *mm* (à trois fils *mm*) || Dreileitersystem *o*; **-(*vier*)leiderstelsel, driefasig:** three-phase three(*four*)-wire system || système *m* triphasé à trois (*quatre*) fils *mm* || Dreiphasen-Drei(*Vier*)leitersystem *o*; **-(*vier*)leiderstelsel, onvolledig vierfasig:** two-phase three (*four*)-wire system || système *m* diphasé à trois (*quatre*) fils *mm* || Zweiphasen-Drei(*Vier*)-leitersystem *o*; **-leiderstelsel, tweefasig:** *zie* **drieleiderstelsel, onvolledig vierfasig; -lingroosterijzer:** triple grate bar || barreau *m* de grille *v* trio || dreifacher Roststab *m*, Trioroststab *m*; **-mastschip:** three masted ship || trois-mâts *m* || Dreimaster *m*; **-phasig:** *zie* **driefasig; -poot:** tripod || trépied *m* || Dreibein *o*, -baum *m*, -bock *m*; **-regelval:** centred style || groupement *m* des titres *mm* suivant trois lignes *vm* inégales || Dreizeilenfall *o*; **-schachtkeper:** three leafed twill || sergé *m* de trois *m* || dreischäftiger Köper *m*; **-schijfsblok:** triple block || poulie *v* triple || dreischeibiger Block *m*; **-snijder:** three-sided trimmer || coupeuse *v* trilatérale || Dreischneider *m*; **-vingerregel:** three finger rule || règle *m* des trois doigts *vm* || Dreifingerregel *v*; **-vlak:** trihedron || trièdre *m* || Dreiflach *o*, Trieder *o*, Dreikant *m*; **-vlakkig:** trihedral || trièdre || dreiflächig, triedrisch; **-voet:** tripod || trépied *m* || Dreifuß *m*, -bein *o*, dreibeiniger Bock *m*; **-voud:** ternary number; treble || triple *m* || Dreifache *o*; **-voudig** (*bijv. nw.*)**:** triple, threefold, triplicate || triple || dreifach; **-voudig** (*bijw.*)**:** triply, trebly, threefold || triplement || dreifach; **-waardig:** trivalent; trivalent || dreiwertig, trivalent; **-wegafsluiter:** three way (cross change) valve || soupape *v* à trois voies *vm* || Dreiweg-, Wechselventil *o*; **-wegkraan:** three way cock (tap) || robinet *m* à trois voies *vm* (orifices *vm*) || Dreiweghahn *m*; **-wegsschakelaar:** three way switch || commutateur *m* à trois directions *vm* || Dreiwegschalter *m*; **-wegwissel:** three way switch (frog) || aiguillage *m* triple, changement *m* à trois voies *vm* || Dreiwegweiche *v*; **-wieler:** tricycle || tricycle *v* || Dreirad *o*; **-zuilig:** three column (legged) || à trois colonnes *vm* || dreisäulig; **-zijdig:** three-sided, trilateral || trilatéral, trigone || dreiseitig.

drift: 1. (*weerstandskracht*)**:** drag, drift || résistance *v* à l'avancement *m* || Rücktrieb *m*;
2. (*schip*)**:** leeway || dérive *v* || Abtrift *v*, Leeweg *m*; **-stroom:** drift current || dérive *v* de la mer *v* || Driftströmung *v*.

dril: awl || perçoir *m* || Ahle *v*; **-boog:** drill bow || archet *m* || Bohr-, Drillbogen *m*; **-boor:** drill borer, bow drill || foret *m* à l'archet *m*, arçon *m* || Drill-, Rollenbohrer *m*; **-plankje:** breast plate || conscience *v* || Drillbrett *o*.

drinkwater: drinking water || eau *v* potable || Trinkwasser *o*.

dro|gen: to dry || sécher || trocknen; **-gen in de droogkamer:** to stove || étuver || im Trockenraum *m* trocknen; **-gen a. d. lucht:** to dry in the open air || essorer, sécher à l'air *m* || an der Luft *v* trocknen; **-ging:** drying || dessiccation *v*, séchage *m* || Trocknung *v*.

droget (*stof*)**:** drugget || droguet *m* || Drogett *m*.

drom: thrum || bout *m* de chaîne *v* || Drohm *m*.

droog: dry; waterless (*wel*) || sec; muet (*wel*) || trocken; wasserlos (*wel*); **-apparaat:** *zie* **droogtoestel; -centrifuge:** hydroextractor || essoreuse *v* centrifuge || Schleudertrockner *m*; **-cilinder:** drying cylinder || cylindre *m* sécheur || Trockenzylinder *m*; **-dok:** *zie* **dok; - en kneedmachine:** drying masticator || malaxeur-sécheur *m* || Trockenknetmaschine *v*, -kneter *m*; **-huis:** drying house || séchoir *m*, étendoir *m* || Trockenhaus *o*; **-inrichting:** drying apparatus; drying plant || appareil *m* à sécher (sécheur), séchoir *m*; installation à sécher (sécheuse) || Trockenvorrichtung *v*, -einrichtung *v*, Trockner *m*; Trockenanlage *v*; **-kamer:** drying room (stove, chamber), hot air chamber || étuve *v*, séchoir *m*, chambre *v* de séchage *m* (à sécher, à air *m* chaud) || Trockenkammer *v*, -stube *v*; **-kast:** drying cupboard || étagère *v* de dessiccation *v* (de séchage *m*) || Trockenschrank *m*; **-korf:** scuttle || hotte *v* || Butte *v*; **-leggen:** to drain || drainer || entwässern, trockenlegen; **-legging:** drainage, draining || assèchement *m*, drainage *m*, mise *v* à sec *m* || Entwässerung *v*, Trockenlegung *v*; **-loods:** drying, shed || séchoir *m* || Trockengerüst *o*; **-lopen** (*mach.*): running dry || absence *v* de graissage *m* || Trockenlaufen *o*; **-lopen** (*oevers*): to fall dry || déchaler || trockenfallen; **-machine:** drying machine, hydro-extractor || machine *v* à sécher, essoreuse *v*, sécheuse *v* mécanique || Schleuder-, Trockenmaschine *v*; **-making:** drainage || assèchement *m*, dessèchement *m* || Trockenlegung *v*; **-oven:** drying kiln (stove); mould drying oven || fourneau *m* à sécher; séchoir *m* à moules *vm* de fonderie *v* || Trockenofen *m*; **-pers:** drying press || presse *v* sèche || Trockenpresse *v*; **-plaat:** drying plate || plateau *m* de séchage *m* || Trockenplatte *v*; **-plaats:** drying ground (place) || sécherie *v* || Trockenplatz *m*; **-plank:** tray board || cadre *m* à sécher || Trockenbrett *o*; **-raam:** drying frame, tray board || cadre *m* à sécher || Trockenbrett *o*; **-raam** (*weverij*): tenter || rame *v* || Spann-, Trockenrahmen *m*; **-scheerder** (*lakenber.*): cloth shearer || tondeur *m* || Trockenscherer *m*; **-scheerdersschaar:** cloth (sheep) shears || efforces *vm* || Tuch-, Schafschere *v*; **-schuur** (*voor hout*): drying shed || hangar *m* à sécher le bois *m*, séchoir *m* || Holztrockenschuppen *m*; **-slijpen:** dry grinding || émoulage *m* (affûtage *m*, aiguissage *m*) à sec *m* || Trockenschleifen *o*; **-spinmachine:** dry spinning frame || métier *m* à sec *m* || Trockenspinnmaschine *v*; **-spinnen:** dry spinning || filage *m* au sec *m* || Trockenspinnen *o*; **-toestel:** drying apparatus || séchoir *m* || Trockenapparat *m*, Trockner *m*; **-toren:** drying tower || colonne *v* sécheuse || Trockenturm *m*; **-trommel:** drying drum, rotary dryer || sécheur *m* (séchoir *m*) rotatif, tambour *m* de séchage *m* || Trockentrommel *v*; **-veld:** drying ground || champ *m* de haies *vm* || Trockenfeld *o*.

droger: dryer || séchoir *m*, sécheur *m* || Trockner *m*; *zie ook* **drooginrichting** *en* **droogtoestel.**

droppel: *zie* **druppel.**

drosselmachine: throstle frame || métier *m* continu || Drosselmaschine *v*.

droussetwolf (*spinnerij*): drousset willow || loup *m* droussette || Droussetwolf *m*.

druip|en: to drip || dégoutter, ruisseler, couler; suinter (*muren*) || tröpfeln; **-kraan:** drip cock || robinet *m* d'égouttement *m*; || Tropfhahn *m*; **-lijst:** drip rail || jet *m* d'eau *v* || Tropfleiste *v*; **-ring:** drip ring || bague *v* d'égouttage *m* || Tropfring *m*; **-schaaltje:** drippan, oil catcher || cuvette *v* (godet *m*) à huile *v* || Ölfanger *m*, Tropfschale *v*; **-steen:** gutter stone || culière *v* || Traufstein *m*; **-steen** (*steensoort*): stalactite; stalagmite || stalactite *v*; stalagmite *v* || Tropfstein *m*; **-tafel:** dropping board || égout *m* || Abtropftafel *v*; **-waterdicht:** drip-proof || étanche au suintement *m*, abrité || tropfwassersicher.

druiven|pers: grape crusher || égrugeoir *m* || Traubenquetsche *v*; **-suiker:** *zie* **glucose.**

druk [1]**:** 1. (*drukking*): pressure || pression *v* || Druck *m*; **- a. d. omtrek:** pressure at plane of motion, circumferential (peripheral) pressure || force *v* périphérique || Umfangkraft *v*; **- a. d. oppervlakte:** surface pressure || pression *v* de surface *v* || Flächendruck *m*; **- behouden, de:** to keep up the pressure || maintenir la pression *v* || den Druck *m* [hoch]halten; **- bij verzadiging:** saturation pressure || pression *v* de saturation *v* || Sättigungsdruck *m*; **- daalt, de:** the pressure falls (decreases) || la pression *v* décroît (baisse) || der Druck *m* nimmt ab (fällt, geht zurück, sinkt); **- in tussenruimte:** clearance pressure || pression *v* intersticielle || Spalt-, Zwischendruck *m*; **- nodig v. h. bedrijf:** working pressure || pression *v* de régime *m* || Betrieb[s]druck *m*, Betriebspannung *v*; **- nodig v. h. klinken:** riveting pressure || pression *v* de rivetage *m* || Nietdruck *m*, -pressung *v*; **- o. h. draagvlak:** surface pressure || pression *v* d'appui *m* || Flächen-, Auflage[r]druck *m*; **- o. d. glijbaan:** pressure on the guide face || pression *v* sur la voie *v* de glissement *m* || Druck *m* auf die Gleitbahn *v*, Gleitbahndruck *m*; **- o. d. ondergrond:** load on ground || pression *v* sur le sol *m* || Bodendruck *m*; **- o. d. steunpunten:** pression on the support || pression *v* sur l'appui *m* || Auflager-, Stützendruck *m*; **- per eenheid v. oppervlak:** specific pressure, pressure per unit of area || pression *v* par unité *v* de surface *v* || spezifischer Auflagerdruck *m*, Flächenpressung *v*; **- regelen, de:** to regulate the pressure || régler la

[1]) Zie ook *spanning*.

pression *v* (tension) *v* || den Druck *m* (die Spannung *v*) einstellen; **- rijst, de:** the pressure rises (goes up, increases) || la pression *v* s'accroît || der Druck *m* nimmt zu (steigt); **- verdelen, de:** to divide the pressure || répartir la pression *v* || den Druck *m* aufteilen; **-, absolute:** absolute pressure || pression *v* absolue || absoluter (wirklicher) Druck *m*; **-, atmosferische:** atmospheric pressure || pression *v* atmosphérique || atmosphärischer Druck *m*; **-, axiale:** axial pressure || pression *v* axiale || axialer Druck *m*; **-, elektrostatische:** electrostatic pressure || pression *v* électrostatique || elektrostatischer Druck *m*; **-, geïndiceerde:** indicated pressure || pression *v* indiquée || indizierter Druck *m*; **-, gelijkmatig verdeelde:** uniformly distributed pressure || pression *v* uniformément répartie || gleichmäßig verteilter Druck *m*; **-, gemiddelde:** average pressure || pression *v* moyenne || mittlerer Druck *m*; **-, heersende:** prevailing pressure || pression *v* régnante || herrschender (obwaltender) Druck *m*; **-, hoge** (*lage*)**:** high (*low*) pressure || haute (*basse*) pression *v* || hoher (*niedriger*) Druck *m*, Hochdruck *m* (*Niederdruck m*); **-, hydrostatische:** hydrostatic pressure || pression *v* hydrostatique || hydrostatischer Druck *m*; **-, inwendige** (*uitwendige*)**:** internal (*external*) pressure || pression *v* intérieure (*extérieure*) || innerer (*äußerer*) Druck *m*; **-, kritische:** critical pressure || pression *v* critique || kritischer Druck *m*; **-, normale:** normal pressure || poussée *v* (pression *v*) normale || Normaldruck *m*; **-, onder volle:** under full pression || à pleine pression *v* || unter vollem Druck *m*; **-, opwaartse:** upward pressure || pression *v* de bas *m* en haut *m* || Auftrieb *m*; nach oben gerichteter Druck *m*; **-, opwaartse** (*in vloeistof*)**:** buoyancy || poussée *v* || Auftrieb *m*; **-, osmotische:** osmotic pressure || pression *v* osmotique || osmotischer Druck *m*; **-, partiële:** partial pressure || pression *v* partielle || Partialdruck *m*, -spannung *v*, Teildruck *m*; **-, specifieke:** specific pressure || pression *v* spécifique || spezifischer Druck *m*; **-, statische:** static pressure || pression *v* statique || statischer Druck *m*; **-, verhoogde** (*verlaagde*)**:** elevated (*reduced*) pressure || pression *v* élevée (*réduite*) || erhöhter (*erniedrigter*) Druck *m*; **-, zijdelingse:** lateral pressure || pression *v* latérale || Seitendruck *m*; seitlicher Druck *m*; **-afwisseling:** change (variation) of pressure || fluctuation *v* de pression *v* || Druckschwankung *v*; **-as** (*v. mach.*)**:** thrust shaft || arbre *m* de butée *v* || Druckwelle *v*; **-belasting:** compressive stress (load) || effort *m* de compression *v* || Druckbelastung *v*, -beanspruchung; **-beugel** (*klep*)**:** pressure stirrup || étrier *m* de pression *v* || Druckbügel *m*; **-blok:** collar thrust bearing || palier *m* à cannelures *vm* || Kamm-, Drucklager *o*; **-blok** (*vormpers*)**:** plunger die || plongeur *m* (poinçon *m*) emboutisseur || Kümpelstempel *m*; **-cilinder:** pressure cylinder || cylindre *m* à pression *v* (de presse *v*) || Preßzylinder *m*; **-contact:** pressing contact || contact *m* de pression *v* || Druckkontakt *m*; **-diagonaal:** compression diagonal, inclined compression rod || diagonale *v* comprimée (travaillant à la compression *v*) || Druckdiagonale *v*, -schräge *v*; **-gewelf** (*terrein*)**:** [pressure] vault (arch) || voûte *v* (dôme *m*) de pression *v* || Druckgewölbe *o*; **-golf** (*ontploffing*)**:** pression-wave || onde *v* de pression *v* (de choc *m*) || Druckwelle *v*; **-grens:** limit of pressure || limite *v* de pression *v* || Druckgrenze *v*; **-hoek** (*tandwielen*)**:** pressure angle || angle *m* de pression *v* || Eingriffswinkel *m*; **-hoogte** (*v. e. pomp*)**:** discharge head, head of water in the pump, height of delivery || hauteur *m* de refoulement *m* || Druckhöhe *v*; **-kamer:** delivery (discharge) chamber || chambre *v* de compression *v* (de refoulement *m*) || Druckraum *m*; **-kingspunt** (*scheepsb.*)**:** centre of buoyancy || centre *m* de gravité *v* de la carène *v* || Verdrängungsschwerpunkt *m*; **-kingsschroef:** binding screw || vis *v* de pression *v* || Druckschraube *v*; **-knop:** push [button] || bouton *m* d'appel *m* (de pression *v*) || Druckknopf *m*; **-knop, peervormige:** pear push || poire *v* d'appel *m* (de contact *m*) || Kontaktbirne *v*; **-knopschakelaar:** push button switch || interrupteur *m* à poussoir *m* || Druckknopfschalter *m*; **-knopstuurinrichting:** push button control || commande *v* par bouton *m* de pression *v* || Druckknopfsteuerung *v*; **-kogellager*:** *zie* **drukkogelleger; -kogelleger:** thrust ball bearing || [palier *m* de] butée *v* à billes *vm* || Druckkugellager *o*; **-kracht:** compressive force, force of compression || force *v* de compression *v* || Druckkraft *v*; **-kromme:** pressure curve || courbe *v* des pressions *vm* || Druckkurve *v*; **-lager*:** *zie* **drukblok; -lassen, elektrisch:** welding by sparks || soudure *v* par étincelles *vm* || Abbrennschweißung *v*; **-leiding:** delivery (pressure) piping || conduite *v* de refoulement *m* || Druckleitung *v*; **-lucht*:** *zie* **lucht, samengeperste; -lijn:** center of pressure || axe *m* des centres *mm* de poussée *v* || Drucklinie *v*; (*terrein*)**:** pressure (fault) line || ligne *v* d'égale pression *v* || Druck-, Spannungslinie *v*; **-overschrijding:** exceeding the pressure || excès *m* de pression *v*, franchissement *m* de la limite *v* de pression *v* admissible || Drucküberschreitung *v*; **-plaathefboom** (*koppeling*): pressure plate lever || levier *m* de plateau *m* || Treibscheibehebel *m*; **-plaatveer** (*koppeling*): pressure plate spring || ressort *m* de plateau *m* || Treibscheibefeder *v*; **-punt:** point of pressure || point *m* de poussée *v* (d'application *v* de la force *v*) || Druckpunkt *m*; **-raam:** push frame || châssis *m* à pression *v* || Druckrahmen *m*; **-raam m. wiggen:** quoin chase || châssis *m* à coin *m* || Keilrahmen *m*; **-regelaar:** pressure regulator || régulateur *m* de pression *v* || Druckregler *m*; **-ring:** pressing ring || bague *v* de pression *v* || Druckring *m*; **-schakelaar:** press (toggle) switch || interrupteur *m* à pression *v* || Druckschalter *m*; **-schijf:** thrust washer || rondelle *v* de pression *v* || Druckscheibe *v*, -ring *m*; **-smering:** forced lubrication || graissage *m* sous pression *v* || Druckschmierung *v*; **-spanning:** intensity of compressive stress || tension *v* de compression *v* || Druckspannung *v*; **-staaf:** strut, compression member (link) || barre *v* travaillant à la compression *v*, tronçon *m* comprimé, pièce *v* comprimée || Druckstab *m*, -glied *o*; **-stang:** push rod || barre *v* exerçant une poussée *v* (pression *v*) || Druckstange *v*; **-stempel:** snap head die || bouterolle *v* || Druck-, Nietstempel *m*; **-sterkte:** compression strength || résistance *v* à la compression *v* || Druckfestigkeit *v*; **-steun:** strut || contre-fiche *v*, étrésillon *m*, étai *m* || Druck-, Ankerstrebe *v*; **-stuk:** gland, follower || chapeau *m*, bague *v* || Brille *v*, Deckel *m*; **-stuk** (*pakkingbus*): gland || presse-étoupe *v*, chapeau *m* de boîte *v* à fourrage *m* || Stopfbüchsbrille *v*; **-trap:** pressure (expansion) stage || étage *m* (degré *m*) de pression *v* || Druck-, Expansionsstufe *v*; **-val:** drop of pressure || chute *v* de pression *v* || Druckgefälle *o*; **-valverdeling:** subdivision of the drop of pressure || subdivision *v* de la chute *v* de pression *v* || Druckaufteilung *v*, Unterteilung *v* des Druckgefälles *o*; **-vastheid:** *zie* **druksterkte; -veer:** compression spring || ressort *m* de pression *v* || Druckfeder *v*; **-veerkracht:** elasticity of compression || élasticité *v* de compression *v* || Druckelastizität *v*; **-vereffening:** equalisation of pressure || compensation *v* de pression *v* || Druckausgleich *m*; **-vereffeningsklep:** bye pass valve || soupape *v* d'équilibrage *m* de pression *v* || Druckausgleichventil *o*; **-verhoging:** increase (rise) of pressure || accroissement *m* (augmentation *v*) de pression *v* || Druckzunahme *v*, -erhöhung *v*; **-verlaging:** decrease (fall) of pressure || diminution *v* de pression *v* || Druckabnahme *v*, -erniedrigung *v*; **-vermindering:** *zie* **drukverlaging; -vlak:** pressure area || aire *v* de pression *v* || Druckfläche *v*; **-volumediagram:** pressure volume diagram, p.v.diagram || diagramme *m* pression-volume, diagramme *m* des pressions *vm* et volumes *vm*, diagramme *m* p.v. || Druckvolumendiagramm *o*, p.v.Diagramm *o*, Druckvolumen-[schau]bild *o*; **-zone** (*terrein*): pressure zone || zône *v* de compression *v* || Druckzone *v*; **-zuiger** (*klinkmach.*): ram || piston *m* porte-bouterolle || Druckkolben *m*;

2. (*typogr.*, *enz.*): printing || impression *v* || Druck *m*; **- m. bijtmiddelen** (*katoendr.*): discharge (enlevage) style || impression *v* à l'enlevage *m* || Enlevage-, Ätzdruck *m*; **- m. dekmiddelen** (*katoendr.*): reserve style || impression *v* avec réserves *vm* || Reservagedruck *m*; **-afsteller:** throw-off impression || levier *m* d'embrayage *m* de pression *v* || Druckabsteller *m*; **-arm:** printing lever || levier *m* imprimeur || Druckhebel *m*; **-as** (*v. hughestoestel*): printing axis || axe *m* imprimeur || Druckachse *v*; **-bal:** printing ball || balle *v* d'imprimeur *m* || Druckerballen *m*; **-doek:** blanket || doublier *m* || Drucktuch *m*, wollene Unterlage *v*; **-fout** (*zetfout*): misprint; printer's error, erratum || faute *v* d'impression *v*, coquille *v* || Druckfehler *m*; **-fundament:** carriage || chariot *m* || Karren *m*; **-hefboom** (*v. hughestoestel*): printing lever || levier *m* d'impression *v* || Druckhebel *m*; **-inkt:** printing ink || encre *v* d'imprimerie *v* || Druckerfarbe *v*, -schwärze *v*; **-ken:** to print || imprimer || drucken; **-ken m. koperen platen:** copperplate printing || impression *v* en taille *v* douce || Kupferdruckerei *v*; **-ken v. wollen stoffen:** printing of wool fabrics || impression *v* des tissus *mm* de laine *v* || Wolldruckerei *v*; **-ker:** printer, pressman || imprimeur *m* || [Buch]drucker *m*; **-kersvernis:** printer's varnish || vernis *m* d'imprimeur *m* || Buchdrucker-, Leinfirniß *m*; **-kerij:** printing office || imprimerie *v* || Druckerei *v*; **-letter:** letter, type, character || lettre *v*, caractère *m* || Type *o*, Buchstabe *v*; **-letter voor titels:** title letter || lettre *v* à titre *m* || Titelbuchstabe *m*; **-letter, afgesleten:** worn-out, flattened out (battered) letter || usagé *v* || abgenutzte Buchstabe *v*; **-letter, vette:** fat letter || caractère *m* plein || fetter Buchstabe *m*; **-machine:** printing machine

|| machine *v* à imprimer || Druckmaschine *v*; **-papier:** printing paper || papier *m* à imprimer || Druckpapier *o*; **-pers:** printing press || presse *v* d'imprimerie *v* || Druckpresse *v*; **-proef:** proof, copy || épreuve *v* || Korrekturbogen *m* (*typogr.*); Probeabzug *m* (*foto*); **-telegraaf:** type printing telegraph || télégraphe *m* imprimeur, typotélégraphe *m* || Drucktelegraph *m*; **-werk:** printed matter, printed paper || imprimé *m* || Drucksache *v*.

drup|pel: drop || goutte *v* || Tropf[en] *m*; **-pelaar:** sight feed nozzle || tube *m* de distribution *v* du graisseur *m* || Tropfdüse *v*; **-pelanalyse:** spot (drop) analysis || analyse *v* par gouttes *vm* || Tüpfelanalyse *v*; **-pelcollector:** drop collector || collecteur *m* à gouttes *vm* [d'eau] *v* || Tropfkollektor *m*; **-pelelektrode:** dripping electrode || électrode *v* à gouttes *vm* || Tropfelektrode *v*; **-pelen:** to drip, to trickle || ruisseler || tropfen; **-pelproef:** spot (drop) test || épreuve *v* (essai *m*) par gouttes *vm* || Tüpfel-, Tupfprobe *v*; **-pelreactie:** spot (drop) reaction || réaction *v* par gouttes *vm* || Tüpfelreaktion *v*; **-pelsmering:** drop lubrication || graissage *m* par égouttement *m* || Tropfenschmierung *v*; **-pelstoking** (*v. petroleum, enz.*)**:** drip furnace || foyer *m* à dégouttement *m* || Tropffeuerung *v*; **-pelteller:** sight feed lubricator (oiler) || compte-gouttes *m*, graisseur *m* à débit *m* visible || Tropföler *m*, -schmiergefäß *o*.

drijf|anker: sea-anchor || ancre *v* flottante (de cape *v*) || Treibanker *m*; **-as:** driving axle (shaft) || arbre *m* de commande *v*, essieu-moteur *m* || Treib-, Triebachse *v*; **-beiteltje:** short chisel, chasing || bouge *v* à canneler || Lupferpunzen *m*; **-bout:** driving bolt || repoussoir *m* || Treibbolzen *m*; **-cement:** chasing (embossing) cement || ciment *m* du ciseleur *m* || Triebkitt *m*; **-haard:** refining furnace (hearth) || foyer *m* (fourneau *m*) d'affinage *m* || Treibherd *m*; **-hamer:** chasing hammer || marteau *m* à emboutir || Treibhammer *m*; **-hout:** drift wood || bois *m* flotté || Treibholz *o*; **-kabel** (*trekkabel*)**:** transmission (driven) rope || câble *m* de transmission *v* || Treib-, Triebwerk-, Transmissionsseil *o*; **-kant:** gearing end || côté *m* de commande *v* || Antriebseite *v*; **-ketting:** driving chain || chaîne *v* de commande *v* (motrice) || Treibkette *v*; **-koord** (*weverij*)**:** fly (picking) cord || corde *v* de chasse-navette *v* (du taquet *m*) || Schneller-, Treiberschnur *v*; **-kracht:** driving force || force *v* motrice || Triebkraft *v*; **-kruk:** driving crank || manivelle *v* motrice || Treibkurbel *v*; **-machine:** driving engine || machine *v* motrice || Antrieb-, Betriebmaschine *v*; **-mechanisme:** drive mechanism || mécanisme *v* de commande *v* || Antriebgetriebe *o*; **-net:** drift net || filet *m* traînant, courantille *v* || Treibnetz *o*; **-riem:** driving (main) belt || courroie *v* de commande *v* (transmission *v*) || Treibriemen *m*; **-rondsel:** driving pinion || pignon *v* d'attaque *v* || Antriebritzel *o*, Kegelrad *o*; **-schijf:** driving (drum) pulley, driver || poulie *v* de commande *v* (menante, motrice) || Treibrolle *v*, -scheibe *v*; **-stang:** connecting (driving, main) rod || bielle *v* [motrice] || Treib-, Trieb-, Schub-, Pleuelstange *v*; **-stang, gevorkte:** forked connecting rod || bielle *v* à fourche *v* (fourchue) || gegabelte Schubstange *v*; **-stangbus:** connecting rod bushing || buselure *v* de bielle *v* || Pleuelstangebüchse *v*; **-stangkap:** connecting rod cap || chapeau *m* de bielle *v* || Pleuelstangelagerdeckel *m*; **-stangkop:** (*grote*) big end || tête *v* de bielle *v* || Pleuelstangekopf *m*; **-stangkop** (*gesloten*)**:** solid head || tête *v* de bielle *v* fermée || geschlossener Pleuelkopf *m*; **-stangkop** (*open*)**:** marine end || tête *v* de bielle *v*, type *m* marin || offener Pleuelkopf *m*, Marinekopf *m*; **-stanglichaam:** body of the connecting rod || corps *m* de bielle *v* || Schaft *m* der Schubstange *v*; **-stangmetaal:** driving axle box, connecting rod bearing || boîte *v* d'essieu *m* moteur, palier *m* de bielle *v* || Triebachs-, Pleuelstangelager *o*; **-stangoog:** connecting rod eye || oeil *m* de bielle *v* || Pleuelstangauge *o*; **-stangschaal:** connecting rod liner || coquille *v* de bielle *v* || Pleuelstangelagerschale *v*; **-stangslag:** stroke of connecting rod || coup *m* de bielle *v* || Pleuelstangenschlag *m*; **-stangsteel:** connecting rod stem || tige *v* de bielle *v* || Pleuelstangestange *v*; **-stangvoet:** connecting rod small end || pied *m* de bielle *v* || Pleuelstangefuß *m*; **-stangvork:** connecting rod fork, strap and key end, stub end || tête *v* de bielle *v* avec chape *v* || Kappenkopf *m*; **-steen:** Andernach-, sandstone, alluvial stone spongiform quartz || pierre *v* de tuf *m*, pierre *v* ponce, brique *v* d'Andernach || Bimsstein *m*; **-veer:** driving spring || ressort *m* d'actionnement *m* (moteur) || Triebfeder *v*; **-vermogen:** buoyancy, floating power || flottabilité *v* || Schwimmkraft *v*; **-werk** (*werkt.*)**:** driving gear (mechanism) || mécanisme *m* d'actionnement *m* (de commande *v*, de transmission *v*, moteur) || Triebwerk *o*; **-werk** (*gedreven werk*)**:** chased work || ouvrage *m* ciselé || getriebene Arbeit *v*; **-werk, conisch:** bevel gear || engrenage *m* en biais *m* || konisches Getriebe *o*; **-werkkabel:** transmission rope || câble *m* de transmission *v* || Treib[werk]seil *o*; **-werkonderdelen:** parts of the driving gear || organes *mm* de commande *v* (de transmission *v*) || Treibwerkteile *mm*; **-wiel:** driving wheel, driver; pinion (*klein*) || roue *v* de commande *v* (motrice); pignon *m* (*klein*) || Treib-, Triebrad *o*, Trieb *m*, Antriebrad; Ritzel *o* (*klein*); **-wielen:** transmitting gears || roues *vm* de travail *m* (de transmission *v*) || Arbeitsräder *om*; **-wielen** (*v. krachtoverbr.*)**:** heavy duty gears || roues *vm* de force *v* || Krafträder *om*; **-ijzer:** driving bolt || repoussoir *m* || Treibeisen *o*; **-zand:** quicksand, float sand, shifting sand || sable *m* boulant (mouvant, fluant) || Treib-, Trieb-, Schwimmsand *m*; **-zuiger:** driving piston || piston *m* moteur || Treibkolben *m*.

drij|ven: 1. (*op vloeist.*)**:** to float (*on, in*), to swim (*on*) || flotter, [sur]nager || schwimmen (*auf, 3e nv.*); **-vend:** floating || flottant || schwimmend; **-ver:** *zie na* **drijven 5;**
2. (*door de lucht*)**:** to waft (*through the air*) || planer (*en l'air v*), flotter (*dans les airs vm*) || schweben (*in der Luft v*); **-vend:** wafting || planant, flottant || schwebend;
3. (*werktuigb.*)**:** to drive || commander, actionner || [an]treiben; **-vend:** driving || de commande *v* || treibend, Treib-, Antriebs-; **-ving:** *zie na* **drijver 4;**
4. (*metaalbew.*)**:** to carve, to [en]chase || ciseler, bosseler || treiben; ziselieren; **-ver:** *zie na* **drijven 5;**
5. (*spijker, enz.*)**:** to drive in || enfoncer (*dans*) || eintreiben.

drijvend[e] as, dok, kraan, schijf, *enz.***:** *zie onder* **as, dok, kraan, schijf,** *enz.*

drijver: 1. (*metaalbew.*)**:** [en]chaser || ciseleur *m* || Ziseleur *m*;
2. (*weven*)**:** picker, driver, propeller || chasse-navette *v*, taquet *m*, chasseur *m* || Schneller *m*, [Schützen]treiber *m*, [Weber]vogel *m*;
3. *zie* **vlotter;**
4. (*watervliegt.*)**:** float || flotteur *m*, glisseur *m* || Schwimmer *m*;

drijving (*werktuigb.*)**:** driving || commande *v*, actionnement *m* || Antrieb *m*; **- d. elektriciteit:** electric drive (work) || commande *v* (exploitation *v*) électrique || elektrischer Antrieb *m* (Betrieb *m*); **- d. e. hefboom:** lever drive; lever driven || commande *v* par levier *m* || Hebelantrieb *m*; **- d. reactiemotor:** jet propulsion || propulsion *v* par moteur *m* à réaction *v* || Antrieb *m* durch Reaktionsmotor *m*; **- d. raketten:** rocket propulsion || propulsion *v* par fusées *vm* || Raketenantrieb *m*; **- d. stoom:** steam driving (working) || commande *v* (exploitation *v*) à vapeur *v* || Dampfantrieb *m*, Dampfbetrieb *m*; **-, diesel-elektrische:** Diesel-electric drive || Propulsion *v* Diesel-électrique || Dieselelektrischer Antrieb *m*; **-, elektrische:** electric driving (impulse) || actionnement *m* de commande *v* (impulsion *v*) électrique || elektrischer Antrieb *m*; **-, elektromotorische:** electric motor drive || commande *v* par moteur *m* électrique || Elektromotorantrieb *m*; **-, hydraulische:** hydraulic driving || commande *v* hydraulique || hydraulischer Antrieb *m*, Druckwasserantrieb *m*; **-, (*in*)directe:** (*in*)direct drive || commande *v* (*in*)directe || (*in*)direkter Antrieb *m*; **-, rechtstreekse:** *zie* **drijving, directe.**

D-schakel: D-shackle || manille *v* en forme *v* en D *m* || Kuhmaul *o*; **-schuif:** D- (plain) valve || tiroir *m* coquille (en D *m*) || D-Schieber *m*, Muschelschieber *m*; **-schuif, dubbele:** double D-valve || tiroir *m* coquille double (en E *m*) || Doppelmuschelschieber *m*, E-Schieber *m*.

dubbel: double || double || doppelt; **-brekend** (*opt.*)**:** birefringent || biréfringent || doppelbrechend; **-chroomzure potas** (*-soda*)**:** *zie* **kaliumbichromaat** (*natrium-*); **-en:** to sheathe, to lap || doubler || doublieren, duplieren, doppeln; **-ing** (*v. e. ketel*)**:** doubling || doublage *m* || Doppelung *v*; **-ing, houten:** wood sheating || doublage *m* de bois *m* || hölzerne Doppelung *v*; **-ing** (*scheepst.*)**:** sheating || doublage *m* || Spikerhaut *v*; **-koolzure kalk** (*-magnesia*; *-potas*; *-soda*)**:** *zie* **calciumbicarbonaat** (*magnesium-*; *kalium-*; *natrium-*); **-koord:** cord-circuit || dicorde *v* || Schnurpaar *o*; **-machine:** folding (crisping) machine || machine *v* à plier (doubler) || Längefalt-, Dupliermaschine *v*; **-schroef[*stoom*]schip:** twin screw vessel (*steamer*) || bateau *m* (*vapeur m*) à hélices *vm* jumelles || Zweischraubenschiff *o* (*-dampfer m*); **-spaakanker:** double spider armature || induit *m* à double rais *m* (bras *m*) || Doppelspeichenanker *m*; **-stroom:** transmission by double current || transmission *v* par double courant *m* || Doppelstrombetrieb *m*; **-tarief:** double tariff || tarif *m* double || Doppeltarif *m*; **-toninkt:** double tone ink || encre *v* double-ton || Doppeltonfarbe *v*; **-wandig:** double-walled || à double paroi *v* || doppelwandig; **-werkend:** double acting || à double effet *m* || doppeltwirkend; **-zout:** double salt || sel *m* double || Doppelsalz *o*.

dudgeon expander: tube beader || dudgeon *m*, mandrin *m* à galets *mm* || Rohrwalze *v*, Rollmaschine *v*, Rohreinwalzapparat *m*.

dufréniet: kraurite, green iron ore || fer *m* phosphaté vert, dufrénite || Grüneisenerde *v*.

duffel: duffel || frise *v* à duvet *m* || Düffel *m*.

duig: stave, staff || douve *v* || Daube *v*; **-as:** flats axle || axe *v* des chapeaux *mm* || Deckelwelle *v*; **-hout:** staff wood || douvain *m* || Daubenholz *o*; **-kaard:** revolving flat, carding engine || carde *v* à chapeaux *mm* tournants || Deckelkratze *v*; **-ketting:** chain for flats || chaîne *v* pour chapeaux *mm* || Kette *v* für Deckel *mm*; **-klampen:** clips for flats || crochets *mm* pour l'extrémité *v* des garnitures *vm* || Zeugband *m* für Deckel *mm*.

duik|boot: submarine || sous-marin *m* || U[ntersee]boot *o*; **-bootmoederschip:** submarine depot ship || ravitailleur *m* de sous-marins *mm* || U[ntersee]bootmutterschiff *o*; **-en:** to dive || plonger || tauchen; **-vlucht:** dive, vol pique || vol *m* piqué || Sturzflug *m*.

duiker: **1.** (*persoon*): diver || plongeur *m*, scaphandrier *m* || Taucher *m*; **-helm:** diving helmet || casque *m* de scaphandrier *m* || Taucherhelm *m*; **-klok:** diving bell (case) || cloche *v* à plongeur *m* || Taucherglocke *v*; **-materiaal:** diving material || matériel *m* de scaphandrier *m* || Tauchergerät *o*; **-pak:** diving dress (suit) || scaphandre *m* || Taucheranzug *m*; **-toestel:** diving apparatus || appareil *m* plongeur || Taucherapparat *m*;
2. (*waterdoorlaat*): culvert, syphon || aqueduc *m*, ponceau *m*, siphon *m*, passage *m* d'eau *v* || Durchlaß *m*, Düker *m*; **- (*smalle*):** small culvert, gutter bridge || drain *m*, gargouille *v* || Dohle *v*; **-, gewelfde:** arched culvert || aqueduc *m* voûté || gewölbter Durchlaß *m*; **-, rechthoekige:** box culvert || aqueduc *m* dallé, gargouille *v* dallée || Plattendurchlaß *m*, Deckeldohle *v*; **-buis:** pipe culvert || ponceau *m* tubulaire || Röhrendurchlaß *m*.

duim: **1.** (*maat*): inch || pouce *m* || Zoll *m*; **-, Engelse:** inch || pouce *m* || englischer Zoll *m*; **-, vierkante:** square inch || pouce *m* carré || Quadratzoll *m*; **-stok:** folding rule || mètre *m* pliant || Falt-, Gliedermaßstab *m*;
2. (*nok op as, schijf*): cam || came *v* || Daumen *m*, Knagge *v*, Nocken *m*; **-ring:** cam ring || bague *v* à cames *vm* || Daumenkranz *m*; **-schroef:** thumb (wing) screw || vis *v* à ailettes *vm* || Daumen-, Flügelschraube *v*; **-spil:** cam shaft || arbre *m* à cames *vm* || Daumenwelle *v*;
3. (*deurhengsel*): hinge hook || gond *m* || Stützhaken *m*, -kegel *m*; **-hengsel:** hinge with hook || fiche *v* à gond *m* || Hakenband *o*;
4. (*spijker*): *zie* **haakspijker.**

dui|vel (*pijpkrabber*): go-devil || passe-diable *m* || Rohrschaber *m*; **-velsklauw:** stone tongs || pince *v* pour blocs *mm* de pierre *v* || Steinzange *v*; **-zendbeen** (*scheepst.*): racking seizing || amarrage *m* croisé || Tausendbein *o*.

dukdalf: dolphin || duc *m* d'Albe || Dalbe *v*, Dalben *vm*.

dummy (*v. drukwerk*): dummy || maquette *v* (*behalve advertenties*) || Aufmachungsmuster *o*.

dun: thin || mince; fluide (*vloeistof*) || dünn; **- worden:** to [become, grow] thin || s'amincir || sich verdünnen; **-drukpapier:** bible paper || papier *m* pour bibles *vm* || Dünndruckpapier *o*; **-vloeibaar:** thin || fluide || dünn-, leichtflüssig; **-wandig:** thin-walled || à paroi *v* mince || dünnwandig.

duodeci|maal: duodecimal || duodécimal || duodezimal; **-mo-formaat:** duodecimo || in-douze *m* || Duodez-, Zwölftelformat *o*.

duowals: *zie* **pletwerk, dubbel; -werk:** duo rollers || laminoir *m* duo || Duowalzwerk *o*.

duplex|karton: duplex cardboard || carton *m* duplex || Duplexkarton *o*; **-cliché:** duplex half-tone; block cut (*Am.*) || cliché *m* simili-duplex || Duplex-Druckstock *m*; **-injector:** *zie* **injector, dubbele; -pomp:** duplex (twin) pump || pompe *v* duplex (jumelle) || Duplexpompe *v*; **-spoel:** repeating coil || bobine *v* translatrice || Übertrager *m*, Translator *m*; **-stoommachine:** twin steam engine || machine *v* à vapeur *v* tandem jumelle || Zwillingstandemdampfmaschine *v*; **-telefonie:** duplex telephony || téléphonie *v* duplex || Gegentelephonie *v*, -sprechen *o*; **-telegrafie:** duplex telegraphy || télégraphie *v* duplex (simultanée en sens *m* inverse) || Gegen-, Duplextelegraphie *v*; **-transmissie:** duplex transmission || transmission *v* [double] en sens *m* inverse || Gegensprechübertragung *v*.

duplicator: doubler || duplicateur *m* || Verdoppler *m*.

duriet: dull (splint, semi-splint) coal, durain || durain *m*, houille *v* matte (semi-brillante) || Durit *m*, Matt-, Faulschlammkohle *v*.

duur: **1.** (*z. nw.*): duration, time, period || durée *v*, période *v* || Dauer *v*; **- v. aanraking** (*bij tandwielen*): period of contact || durée *v* d'engrènement *m* || Eingriffsdauer *v*; **- v. d. kortsluiting:** duration of short circuit || période *v* de court-circuit *m* || Kurzschlußperiode *v*; **- v. d ontspanning:** period of expansion || période *v* de détente *v* || Expansionsperiode *v*; **- v. d. samendrukking:** period of compression || période *v* de compression *v* || Kompressionsperiode *v*; **- v. e. omwenteling:** duration (time) of revolution || durée *v* de révolution *v* || Umlaufzeit *v*; **- v. e. periode:** periodic time, duration of a cycle || durée *v* d'une période *v* || Dauer *v* einer Periode *v*; **2.** (*bijv. nw.*): expensive || cher, coûteux || teuer, kostspielig.

duurzaam: durable || durable || haltbar, beständig; **-heid:** durability || durabilité *v* || Haltbarkeit *v*, Dauerhaftigkeit *v*, Beständigkeit *v*.

duwen: to push || pousser || stoßen, treiben.

dwars: transverse || en travers *m*, transversal || quer; **-ader:** cross[ing] vein || filon *m* croiseur || Kreuz-, Quergang *m*; **-afstand** (*klinknagelrijen*): distance between rows, transverse pitch || écartement *m* transversal || Querteilung *v*; **-ampèrewinding:** cross ampere turn || ampère-tour *m* transversal || Queramperewindung *v*; **-anker:** cross-tie || tirant *m* transversal || Queranker *m*; **-arm** (*elektr.*): transom || traverse *m* || Querträger *m*; **-arm** (*elektr. tractie*): hanger || console *v* || Ausleger *m*; **-as:** cross-shaft || arbre *m* transversal || Querwelle *v*; **-balk:** binding joint, cross-beam (bar), transverse girder || poutre *v* transversale, solive *v*, transverse *v* du châssis *m* || Querbalken *m*, -träger *m*, Deckenbalken *m*; **-balk, holle:** hollow traverse || traverse *v* creuse || Hohltraverse *v*; **-balk, rechte:** straight cross-bearer || entretoise *v* (traverse *v*) droite || gerader Querträger *m*; **-bank:** cross-bench || banc *m* en travers *m* (transversal) || Querbank *v*; **-besturing:** lateral control || gauchissement *m* || Verwindung *v*, Quersteuerung *v*; **-beweging:** transverse motion || mouvement *m* transversal || Querbewegung *v*; **-bout:** cross-bolt || verrou *m* transversal || Querriegel *m*; **-bouw** (*v. e. mijn*): cross working || ouvrage *m* en travers *m* || Querbau *m*; **-buis:** cross (stay) tube || tube *m* transversal || Querrohr *o*; **-dal:** transverse valley || vallée *v* transversale || Quertal *o*; **-doorsnede:** cross- (transverse) section || section *v* (coupe *v*) transversale, profil *m* en travers *m* (transversal) || Querschnitt *m*, -profil *o*; **-draad:** cross-wire || fil *m* transversal || Querdraht *m*; **-drager:** cross-girder || poutre *v* transversale || Querträger *m*; **-druk** (*typogr.*): cross-composition || composition *v* en travers *m* || Quersatz *m*; **-dijk:** cross-dike || bras *m* de digue *m* || Flügeldeich *m*; **-formaat:** broad side (sheet) || format *m* oblong || Querformat *o*; **-formaat** (*typogr.*): cross-size || format *m* en largeur *v* || Querformat *o*; **-gang** (*mijnb.*): cross-cut || galérie *v* de recoupe *v*, travers-bancs *m*, bowette *v* || Querschlag *m*; **-gescheurd:** transversely cracked || lézardé transversalement || querrissig; **-helling:** transverse slipway || cale *v* en travers *m* || Querhelling *m*; **-hout:** cross-piece || transverse *v* || Querholz *o*; **-juk** (*schaafbank*): connection tie, tie bar || traverse *v* d'entretoisement *m*, entretoise *v* || Querhaupt *o*, Ständerzwischenstück *o*; Traverse *v*; **-klinking** (*buizen, enz.*): transverse riveting || rivetage *m* circulaire || Quernietung *v*; **-kracht:** transverse (shear, shearing) force || force *v* transversale, effort *m* transversal (tranchant, de cisaillement *m*) || Quer-, Transversal-, Schubkraft *v*; **-laag:** cross-layer || couche *v* transversale || Querschicht *v*; **-lat:** cross-lath, jack march || latte *v* de travers *m* || Querlatte *v*.

dwarsligger: 1. (*spw.*): railway sleeper || traverse *v* de chemin *m* de fer *m* || Eisenbahnquerschwelle *v*; **-, rechthoekige:** rectangular sleeper || traverse *v* rectangulaire || rechteckige Schwelle *v*; **-, stalen:** steel sleeper || traverse *v* en acier *m* || Stahlschwelle *v*;
2. (*bouwk.*): cross-beam, transverse girder || poutre *v* transversale || Querträger *m*; **3.** (*auto*): cross-member || traverse *v* || Querträger *m*.

dwars|magnetiseren: to cross-magnetize || aimanter transversalement || quermagnetisieren; **-magnetisering:** cross-magnetisation || aimantation *v* transversale || Quermagnetisierung *v*; **-muur:** cross- (dwarf) wall || mur *m* en traverse *v* || Quermauer *v*; **-naad:** cross- (transverse) seam || couture *v* en travers *m* (transversale); rivure *v* en travers *m* || Quernaht *v*; Quernietnaht *v*; **-naad v. d. scheepsbeplanking:** butt in the planking || about *m* de bordage *m* || Plankenstoß *m*; **-ophanging:** transverse suspension || suspension *v* transversale || Queraufhängung *v*; **-perron** (*spw.*): transverse (end) platform || quai *m* de tête *v* (transversal) || Kopf-, Querbahnsteig *m*; **-plank:** cross-board || dossier *m* || Querbrett *o*; **-profiel:** shape of cross-section || profil *m* transversal || Querprofil *o*; (*mijnmeten*): [vertical] cross-section || profil *m* transversal, coupe *v* transversale || Querprofil *o*, -schnitt *m*; **-pijler** (*mijnb.*): cross-heading along the strike || taille *v* en direction *v* || streichender Streb *m*; **-rib:** transverse rib || nervure *v* transversale || Querrippe *v*; **-schaafmachine:** transverse planing machine || raboteuse *v* transversale || Querhobelmaschine *v*; **-scheeps:** athwart ships || par le travers *m* || querschiffs; **-scheur:** cross- (transverse) crack || lézarde *v* (fissure *v*) transversale || Querriß *m*; **-schip** (*kerk*)**:** transept || nef *v* transversale || Kreuzbau *m*, Kreuz-, Querschiff *o*; **-schot:** cross-bulkhead || cloison *v* transversale || Querschott *o*; **-slede** (*draaibank*)**:** cross-slide || chariot *m* transversal || Querschlitten *m*; **-slede** (*schaafbank*)**:** cross- (transverse) slide, cross-head, cross-rail || chariot *m* transversal, traverse *v* mobile horizontale || Querträger *m*, -schlitten *m*, -balken *m*; **-snoer** (*zijde*)**:** cross-string || embarbe *v* || Querschnur *v*; **-snijden:** to cut across the grain || couper à travers *m* || querschneiden; **-spant:** transverse frame || couple *m* transversal || Querspant *o*; **-spie:** cross key || clavette *v* diamétrale (transversale) || Querkeil *m*; **-stang:** cross-bar, diagonal stay || barre *v* transversale, entretoise *v* || Querstange *v*; **-steun:** through stay rod || entretoise *v* traversante || durchgehender Anker *m*; **-straat:** cross-street || rue *v* traversière (de traverse *v*) || Querstraße *v*; **-stuk:** cross-beam, blank (cross) rail || entretoise *v* || Tiegel *m*, Querwelle *v*; **-stut:** transverse stay || étançon *m* transversal || Querstütze *v*; **-support:** *zie* **dwarsslede** (*draaibank*); **-trede** (*weefstoel*)**:** cross-treadle || marche *v* de traverse *v* || Querschemel *m*; **-trilling:** transverse vibration || vibration *v* transversale || Querschwingung *v*; **-veer:** transversal spring || ressort *m* transversal || Querfeder *v*; **-veld:** cross- (transverse) field || champ *m* transversal || Querfeld *o*; **-versterking** (*brug*)**:** transverse (cross-) bracing || cours *m* d'entretoise *v* || Quersteifung *v*; **-vezel:** cross-fibre || fibre *v* transversale || Querfaser *v*; **-voeg:** cross-gap || joint *m* transversal || Querfuge *v*; **-wapening:** transverse reinforcement || armature *v* transversale (dans le sens *m* transversal) || Querarmierung *v*, -bewehrung *v*; **-weg:** cross-road || route *v* de traverse *v* (traversière) || Querweg *m*; **-zaag:** cross-cutting saw || scie *v* à tronçonner || Quersäge *v*; **-zaling:** cross-tree || barre *v* traversière || Quersaling *v*.

dwergketel: dwarf boiler || chaudière *v* naine || Zwergkessel *m*.

dwingstangen (*schaafbank, enz.*)**:** control rods || bielles *vm* et tringles *vm* de commande *v* || Steuergestänge *o*.

dijk [1])**:** dike; levee || digue *v* || Deich *m*; **- m. schutsluizen:** dike with chambres || digue *v* munie de chambres *vm* || Kammerdeich *m*; **-, gekramde:** mat dike || digue *v* mattée || Mattendamm *m*; **-bouw:** diking || travail *m* aux digues *vm* || Deichbau *m*; **-breuk:** breaking of a dike || rupture *v* de digue *v* || Deichbruch *m*; **-verhoging:** heightening of a dike || rehaussement *m* d'une digue *v* || Deicherhöhung *v*; **-voet:** base of a dike || pied *m* de digue *v* || Deichfuß *m*; **-werker:** ditcher || travailleur *m* aux digues *vm* || Deicharbeiter *m*, -gräber *m*.

dyna|me (*1000 kgm*)**:** dyname || dyname *v* || Tausendkilogrammeter *o en m*; **-mica:** dynamics || dynamique *v* || Dynamik *v*; **-miet:** dynamite || dynamite *v* || Dynamit *o*; **-mietpatroon:** dynamite cartridge || cartouche *v* de dynamite *v* || Dynamitpatrone *v*; **-misch:** dynamic, dynamic[al](*ly*) || dynamique(*-ment*) || dynamisch.

dynamo: dynamo, generator || dynamo *v*, génératrice *v* || Dynamo *v*, Generator *m*, Erzeuger *m*; **- als aanzetmotor schakelen:** to connect up the dynamo as starting motor || coupler la dynamo *v* comme moteur *m* de démarrage *m* || die Dynamo *v* als Andrehmotor *m* schalten; **- m. afzonderlijke opwekking:** separately excited dynamo || dynamo *v* excitation *v* séparée || fremderregte Dynamo *v*; **- m. bovenstaand** (*onderstaand*) **anker:** overtype (*undertype*) dynamo || dynamo *v* type *m* supérieur (*inferieur*) || Dynamo *v* mit oberständigem (*unterständigem*) Anker *m*; **- m. d. hand gedreven:** hand [driven] dynamo || dynamo *v* à [actionnée à la] main *v* || Dynamo *v* mit Handbetrieb *v*; **- m. d. voet gedreven:** pedal driven (treadle) dynamo || dynamo *v* à pedales *vm* || Dynamo *v* mit Fußbetrieb *m*; **- m. getande polen:** claw field generator || dynamo *v* à pôles *mm* dentés || Klauenfeldmaschine *v*; **- m. radiale polen:** radial pole machine || génératrice *v* à pôles *mm* radiaux || Radialpolmaschine *v*; **- v. *x* kW vermogen bij *n* toeren i. d. minuut:** dynamo of *x* kW output at a speed of *n* revolutions per minute || dynamo *v* de *x* kW à *n* tours *mm* par minute *v* || Dynamo *v* von *x* kW Leistung *v* bei *n* Touren *vm* pro Minute *v*; **- voor beweegkracht:** power dynamo || dynamo *v* pour force *v* motrice || Kraftdynamo *v*; **- voor constante spanning** (*stroomsterkte*)**:** constant voltage (*current*) dynamo || dynamo *v* à tension *v* (*intensité v*) constante || Dynamo *v* für konstante Spannung *v* (*Stromstärke v*); **- voor lage spanning:** low tension (voltage) dynamo || dynamo *v* à basse tension *v* || Niederspannungserzeuger *m*; **-, driefasige:** *zie* **draaistroomdynamo; -, dubbele:** double current dynamo || dynamo *v* bimorphique || Doppeldynamo *v*, -stromerzeuger *m*;

[1]) Zie ook *dam* 2.

-, eenfasige: single phase dynamo || dynamo *v* monophasée || Einphasendynamo *v*; **-, gesloten:** enclosed dynamo || dynamo *v* fermée || geschlossene Dynamo *v*; **-, homopolaire:** homopolar (unipolar) dynamo || dynamo *v* unipolaire à courant *m* continu || unipolare Gleichstromdynamo *v*; **-, open:** open type dynamo || dynamo *v* ouverte || offene Dynamo *v*; **-, tweepolige:** two pole dynamo || dynamo *v* bipolaire || zweipolige Dynamo *v*; **-, unipolaire:** *zie* **dynamo, homopolaire; -, veelfasige:** multiphase (polyphase) dynamo || dynamo *v* polyphasée || Mehrfasendynamo *v*; **-anker:** dynamo armature || induit *m* de dynamo *v* || Dynamoanker *m*; **-elektrisch:** dynamo-electric || dynamoélectrique || dynamoelektrisch; **-gestel:** dynamo frame || bâti *m* (carcasse *v*) de dynamo *v* || Dynamogerippe *o*, -gestell *o*; **-graaf:** dynamograph || dynamographe *m*, dynamomètre *m* enregistreur || Dynamograph *m*, registrierendes Dynamometer *o*, *m*; **-huis:** generator cover || carcasse *v* de génératrice *v* || Lichtmaschinendecke *v*; **-leiding:** dynamo mains || conducteur *m* de dynamo *v* || Dynamoleitung *v*; **-meter:** dynamometer || dynamomètre *m* || Dynamometer *m*, *o*, Kraftmesser *o*; **-metrisch:** dynamometric || dynamométrique || dynamometrisch; **-regelaar:** generator regulator || régulateur *m* de génératrice *v* || Dynamoregler *m*; **-schakelbord:** dynamo switchboard || tableau *m* de distribution *v* de dynamo *v* || Dynamoschalttafel *v*; **-veldspoel:** field coil || bobine *v* d'inducteur *m* || Feldspule *v*; **-wagen:** dynamo wagon || voiture *v* à dynamo *v* || Kraftkarren *m*.

dyne: dyne || dyne *v* || Dyne *v*, Dyn *o*.

dysprosium: dysprosium || dysprosium *m* || Dysprosium *o*.

E

eb[be]: ebb[-tide] || jusant *m*, marée *v* basse (descendante), reflux *m* || Ebbe *v*; **- en vloed:** ebb[-tide] and flood[-tide], flux and reflux, low tide and high tide || flot *v* et jusant *v*, flux *m* et reflux *m* || Ebbe *v* und Flut *v*; **-anker:** ebb anchor || ancre *v* de jusant *m* || Ebbanker *m*; **-ben:** to ebb, to fall, to flow back || baisser, descendre, refluer || ebben; **-deur** (*sluis*)**:** aft (tail) gate || porte *v* d'aval *m* (de mouille *v*) || Ebbe-, Nieder-, Untertor *o*; **-stroom:** ebb stream || courant *m* de jusant *m* || Ebbstrom *m*; **-zijde** (*dam*)**:** down stream slope, ebb side of a dam || talus *m* d'aval *m* (intérieur) || Binnenböschung *v*, Landabdachung *v*.

ebben|boom: ebony tree || ébénier *m* || Eben[holz]baum *m*; **-hout:** ebony [wood] || [bois *m* d']ébène *v* || Ebenholz *o*; **-hout, geel:** yellow ebony || ébène *v* jaune || gelbes Ebenholz *o*; **-hout, rood:** red ebony || ébène *v* rouge || Roteben-, rotes Eben-, Eisenvioletholz *o*.

eboniet: ebonite, vulcanite || ébonite *v*, caoutchouc *m* durci || Ebonit *o*, Hartgummi *o*; **-en:** ebonite || en ébonite *m*, en caoutchouc *m* durci || Hartgummi-, Ebonit-.

ebullioskoop: alcoholmeter, ebullioscope || ébullioscope *m* || Ebullioskop *m*.

echappement (*uurw.*)**:** escapement || échappement *m* || Hemmung *v*; **-, rustend:** repose (dead beat) escapement || échappement *m* à l'épine *v* (à repos *m*) || ruhende (schleifende) Hemmung *v*; **-rad:** balance (escapement, swing) wheel || roue *v* de rencontre *v* || Hemmungs-, Steigrad *o*.

echinus: echinus, quirked torus || astragale *m* lesbien, échine *v* || Echinus *m*, lesbischer Rundstab *m*.

echo (*telef.*)**:** telephonic echo || écho *m* téléphonique || Echo *o*; **-onderdrukker:** echo suppressor || suppresseur *m* d'écho *m* || Echosperre *v*.

echterpan: gutter tile || tuile *v* à onglet *m* || Falzziegel *m*.

eclips: eclipse || éclipse *v* || Eklipse *v*; **-machine** (*spinnerij*)**:** eclipse roving frame, strap feeder || éclipse-fileur *m* en doux || Eklipsmaschine *v*.

ecliptica: ecliptic || écliptique *v* || Ekliptik *v*, Sonnenbahn *v*.

econo|mie: economy || économie *v* || Wirtschaftlichkeit *v*, Ökonomie *v*; **-misch:** economic[al](*ly*) || économique(*ment*) || wirtschaftlich, ökonomisch; **-miseur:** economiser, waste gas feed heater || économiseur *m*, récupérateur *m* de chaleur *v* || Abgasvorwärmer *m*, Ekonomiser *m*.

edel: precious || noble, précieux, fine || edel, fein; **-gas:** inert gas || gaz *m* inert || Edelgas *o*; **-gesteente:** precious stone || pierre *v* précieuse (noble) || Edelstein *m*; **-slik:** flotated slimes || schlamm *m* flotté || Schlammkohle *v*, Reinschlamm *m*; **-steen:** *zie* **edelgesteente.**

edison|fitting: *zie* **schroeflamphouder;** (Edison lamp socket (holder); douille *v* Edison; Edisonfassung *v*); **-voet:** *zie* **schroefvoet;** (Edison cap; culot *m* Edison; Edisonfuß *m*).

educt: educt || éduit *m* || Edukt *o*.

een|ankeromvormer: rotary convertor || commutatrice *v* || Einankerumformer *m*, Konvertor *m*; **-armig:** single-armed || à un bras *m* || einarmig; **-baksschakelaar:** single-enclosure switch || interrupteur *m* à bac *m* unique || Einkesselschalter *m*; **-cilindermotor:** single cylindre motor || moteur *m* monocylindrique || Einzylindermotor *m*; **-cilinderstoommachine:** single cylinder steam engine || machine *v* à vapeur *v* monocylindrique || Einzylinderdampfmaschine *v*; **-delig:** single, simple || en une (d'une) [seule] pièce *v* || einteilig; **-draads:** unifilar || unifilair || unifilar; **-draadskabel:** single core cable || câble *m* à un seul conducteur *m* || einadriges Kabel *o*; **-draadsketen:** single wire circuit || circuit *m* unifilaire || Eindrahtleitung *v*; **-duidig:** univocal || uni[voque] || eindeutig; **-fasemotor:** single phase motor || moteur *m* monophasé || Einphasenmotor *m*; **-fasesysteem:** single-phase system; one-phase system (*Am.*) || système *m* monophasé || Einphasensystem *o*; **-fasig:** monophase, single phase || monophasé || einphasig; **-gaatswikkeling:** concentrated (one slot) winding || enroulement *m* concentré (à une encoche *v*) || Einlochwick[e]lung *v*.

eenhedenstelsel: system of units || système *m* d'unités *vm* || Einheitensystem *o*; **-, praktisch:** practical system of units || système *m* d'unités *vm* pratiques || praktisches Einheitensystem *o*.

eenheid: unit || unité *v* || Einheit *v*; **-, afgeleide:** derived unit || unité *v* dérivée || abgeleitete Einheit *v*; **- v. arbeid:** unit of work || unité *v* de travail *m* || Arbeitseinheit *v*; **- v. arbeidsvermogen:** *zie* **eenheid v. energie; - v. druk:** unit of pression || unité *v* de pression *v* || Druckeinheit *v*; **- v. energie:** unit of energy || unité *v* d'énergie *v* || Energieeinheit *v*; **- v. gewicht:** unit of weight || unité *v* de poids *m* || Gewichtseinheit *v*; **- v. kracht:** unit of force || unité *v* de force *v* || Krafteinheit *v*; **- v. lengte:** unit of length || unité *v* de longueur *v* || Längeneinheit *v*; **- v. massa:** unit of mass || unité *v* de masse *v* || Masseneinheit *v*; **- v. oppervlak:** unit of areas, surface unit || unité *v* de superficie *v* (surface *v*) || Oberflächeneinheit *v*; **- v. potentiaal:** unit of potential (tension) || unité *v* de potentiel *m* (tension *v*) || Potential-, Spannungseinheit *v*; **- v. snelheid:** unit of velocity || unité *v* de vélocité *v* (vitesse *v*) || Geschwindigkeitseinheit *v*; **- v. stroomsterkte:** unit of current || unité *v* de courant *m* [électrique] || Stromstärkeeinheit *v*; **- v. temperatuur:** unit of temperature || unité *v* de température *v* || Temperatureinheit *v*; **- v. tijd:** unit of time || unité *v* de temps *m* || Zeiteinheit *v*; **- v. vermogen:** unit of power || unité *v* de puissance *v* || Leistungseinheit *v*; **- v. versnelling:** unit of acceleration || unité *v* d'accélération *v* || Beschleunigungseinheit *v*; **- v. vertraging:** unit of retardation || unité *v* de retardation *v* || Verzögerungseinheit *v*; **- v. volume:** unit of volume || unité *v* de volume *m* || Volumeneinheit *v*; **- v. warmte:** unit of heat || unité *v* de chaleur *v* || Wärmeeinheit *v*; **-, absolute:** absolute unit || unité *v* absolue || absolute Einheit *v*; **-, elektrodynamische:** electrodynamic unit || unité *v* électrodynamique || elektrodynamische Einheit *v*; **-, elektrostatische:** electrostatic unit || unité *v* électrostatique || elektrostatische Einheit *v*; **-, praktische:** practical unit || unité *v* pratique || praktische Einheit *v*.

eenheidskrachtbuis: unit tube of force || tube *m* de force *v* unité || Einheitskraftröhre *v*; **-lijn:** unit line || tube *v* unité || Einheitslinie *v*; **-pool:** unit magnetic pole || pôle *m* d'intensité *v* un || Einheitspol *m*; **-prijs:** unit price || prix *m* unitaire || Einheitspreis *m*; **-transformator:** standard transformer || transformateur *m* de type *m* unifié || Einheitstransformator *m*.

een|kleurig: of one colour; monochromatic, homogeneous (*licht*) || d'une seule couleur *v*; monochromatique, homogène (*licht*) || einfarbig; monochromatisch (*licht*); **-leiderstelsel** (*aardeteruggeleider*): earth return system || système *m* avec retour *m* par la terre *v* || Erdrückleitung *v*; **-parig:** uniform(*ly*) || uniforme || gleichmäßig, -förmig; **-parig, niet:** not uniform || nonuniforme || ungleichförmig, ungleichmäßig; **-polig:** unipolar, single polar || unipolaire || einpolig, unipolar; **-poligheid:** unipolarity || unipolarité *v* || Einpoligkeit *v*; **-puntsinterlinie:** 12-to-pica leads || interligne *v* d'un point *m* || Achtelpetit-Durchschluß *m*; **-puntsspatie:** hair space || espace *v* fine || Haarspatium *v*; **-richtingverkeer:** one-way-traffic || circulation *v* en sens *m* unique || Einbahnverkehr *m*; **-schijfsblok:** block with one roller || moufle *v* à une poulie *v* || einrollige Flasche *v*;

-snedig: single shear || à une coupe *v* || einschnittig; **-toerenmachine:** single-revolution machine || machine *v* à un tour *m* de cylindre *m* || Eintourenmaschine *v*; **-trappig:** single stage || à un [seul] stade *m* (étage *m*) || einstufig.

eenwaardig: **1.** (*wisk.*): single valued || simple || eindeutig;
2. (*scheik.*): monovalent || monovalent || einwertig.

een|wattlamp: one watt lamp || lampe *v* monowatt || Einwattlampe *v*; **-wegsafsluiter:** *zie* **afsluiter, rechte**; **-wegsklep:** *zie* **afsluiter, rechte**; **-zijdig:** unilateral, at one side || unilatéral, à un côté *m* || einseitig.

eest: oast[house] (*mout*); drying (malt) kiln || touraille *v* (*mout*); séchoir *m* || Darre *v* (*mout*); Trockenofen *m*, Trockner *m*; **-en:** to cure [malt] (*mout*); to dry || [dé]sécher à la touraille *v* (*mout*); sécher [au four *m*] || darren (*mout*); trocknen; **-ing:** kiln drying (*mout*); to dry || touraillage *m* (*mout*); séchage *m* [au four *m*] || Darrung *v* (*mout*); Trocknung *v*; **-mout:** kiln dried malt || malt *m* touraille (séché à la touraille *v*) || Darrmalz *o*.

effect: effect; intensity of work; efficiency || effet *m*; intensité *v* de travail *m*; rendement *m* || Effekt *m*; Wirkungsgrad *m*; Arbeitsintensität *v*, -stärke *v*; **-, calorisch:** caloric (heating) effect || effet *m* calorifique || kalorischer Effekt *m*, Heizeffekt *m*; **-, dynamisch:** dynamic action || action *v* (effet *m*) dynamique || dynamische Wirkung *v*; **-, fonisch:** sound effect || effet *m* phonique || Lautwirkung *v*; **-, foto-elektrisch:** photo-electric effect || effet *m* photoélectrique || Lichtelektrische Wirkung *v*; **-, manometrisch:** manometric efficiency || rendement *m* manométrique || manometrischer Wirkungsgrad *m*; **-, mechanisch:** mechanical effect || effet *m* mécanique || mechanische Leistung *v*; **-, nuttig:** actual (effective, useful) output, efficiency || débit *m* effectif, effet *m* utile, rendement *m* || Nutzeffekt *m*, -leistung *v*, wirkliche Leistung *v*, Wirkungsgrad *m*; **-, technisch** (*octrooiw.*): technical effect || effet *m* technique || technischer Effekt *m*; **-, thermisch:** thermic effect || effet *m* thermique || thermischer Effekt *m*; **-, thermoëlektrisch:** thermoelectric effect || effet *m* thermoélectrique || thermoelektrischer Effekt *m*; **-, volumetrisch:** volumetric efficiency || rendement *m* volumétrique (géométrique) || volumetrischer Wirkungsgrad *m*; **-kool:** carbon for flame arc || charbon *m* à flamme *v* || Effektkohle *v*; **-verlies:** loss of power || perte *v* de débit *m* (de puissance *v*) || Effekt-, Leistungsverlust *m*.

effectief: effective || effective || effektiv, Effektiv-, wirklich.

effen: **1.** (*algem.*): smooth, even, level, plain || égal, uni || eben; **-draads:** even threaded || de fil *m* uni || ebendrähtig;
2. (*stoffen*): plain, unpatterned, unfigured || plain, uni || einfach, einfarbig, ungemustert, glatt.

effe|naar: ravel, separator, reel || râteau *m*, vautoir *m* || Scheide-, Rietkamm *m*; **-nen:** to even, to level, to plane, to planish, to smooth || aplatir, araser égaler, égaliser, planer, régler || ebnen, glätten, planieren.

egel (*spinnerij*)**:** porcupine || peigne *m* circulaire || Igel *m*; **-transformator:** hedgehog transformer || transformateur *m* hérisson || Igeltransformator *m*.

eg[ge]: harrow || herse *v* || Egge *v*; **-balk:** harrow beam || poutre *v* de herse *v* || Eggebalken *m*; **-beslag:** harrow band || bande *v* de herse *v* || Eggeschiene *v*; **-blok:** harrow block || billot *m* de herse *v* || Eggeblock *m*; **-slede:** harrow sledge || traîneau *m* à porter la herse || Eggeschlitten *m*.

egre|neermachine: cotton gin || machine *v* à égrener le coton *m*, égreneuse *v* || Baumwollenkratze *v*, Entkörnungsmaschine *v*; **-neren:** to gin || égrener || entkörnen.

ei (*ook bouwk.*)**:** egg || oeuf *m* || Ei *o*; **-isolator:** egg-insulator || isolateur *m* à noix *v* || Eierisolator *m*; **-lijm:** glue of albumine || colle *v* albuminoïde || Eiweißleim *m*; **-profiel:** egg-shaped profile || profil *m* ovoïde || Eiprofil *o*; **-rond:** egg-shaped, ovate, oval || ovale, en forme *v* d'oeuf *m* || eiförmig, oval; **-vormig:** egg-shaped, ovoid || en forme *v* d'oeuf *m*, ovoïde || eiförmig; **-wit:** protein; albumine; glair, white of eggs (*ei*) || protéine *v*; albumine *v*; glaire *v* (*ei*) || Eiweiß *o*; **-witstof:** *zie* **eiwit.**

eier|briket; eggette, ovoid [coal, briquette] || boulet *m* [ovoïde], ovoïde *m* || Eierbrikett *o*; **-kool:** *zie* **eierbriket**; **-lijst:** egged moulding || godron *m* || Eierstab m.

eigen gewicht (*schip*)**:** ship's weight || poids-lège *m* || totes Gewicht *o*.

eigendom, industriële: industrial property || propriété *v* industrielle || gewerbliches Eigentum *o*; **-, bescherming v. d. industriële:** protection of industrial property || protection *v* de la propriété *v* industrielle || gewerblicher Rechtschutz *m*.

eigenschap: property || propriété *v*, qualité *v* || Eigenschaft *v*; **-, chemische:** chemical property || propriété *v* chimique || chemische Eigenschaft *v*; **-, fysische:** physical property || propriété *v* physique || physikalische Eigenschaft *v*; **-, mechanische:**

mechanical property || propriété *v* mécanique || mechanische Eigenschaft *v*.

eik: oak || chêne *m* || Eiche *v*; **-, rode:** american red (Quebec) oak || chêne *m* d'Amérique || Roteiche *v*; **-en** (*bijv. nw.*)**:** oak || de chêne *m* || eichen, Eichen-; **-ehout:** oak[wood] || [bois *m* de] chêne *m* || Eichenholz *o*; **-ehout, wit:** white oak || chêne *m* blanc || Weißeichenholz *o*.

eind[e][1]**:** **1.** (*algem.*): end[ing], termination; extremity || fin *v*; bout *m*, terme *m*, extrémité *v* || Ende *o*; Schluß *m*; **- v. d. roosterstaaf:** head of the bar || tête *v* de barreau *m* de grille *v* || Roststabkopf *m*; **- v. d. zuigerstang:** piston rod end, tail piece of the piston rod || queue *v* de la tige *v* du piston *m* || Kolbenstangenende *o*; **-, aflopend:** running off side || brin *m* descendant, bout *m* libre || loses Trumm *o*, ablaufender Strang *m*, ablaufendes Seilende *o* (Kettenende *o*); **-, zonder:** endless || sans fin *m* || endlos, ohne Ende *o*; **-aanzicht:** end view || vue *v* par derrière (en bout *m*) || Endansicht *v*; **-afsluiting** (*kabel*)**:** end sleeve || manchon *m* d'extrémité *v* || Endverschluß *m*; **-blokwerk** (*spw.*)**:** end block mechanism || mécanisme *m* de blocage *m* extrême || Endblockwerk *o*; **-bocht** (*vleugel*)**:** wing tip stringer || courbe *v* terminate || Randbogen *m*; **-druk:** final (end) pressure || pression *v* finale || Enddruck *m*; **-elingshout:** wood against the grain, cross cutt (end grained) wood || bois *m* contre la fibre *v* (de bout *m*) || gegenfaseriges Holz *o*, Stirn-, Quer-, Hirnholz *o*; **-haak:** end hook || crochet *m* d'extrémité *v* || Endhaken *m*; **-kiezer** (*telef.*)**:** final selector || connecteur *m* (sélecteur *m*) final || Leitungswähler *m*; **-kromme:** terminal curve || courbe *v* finale (terminale) || End-, Schlußkurve *v*; **-kruk:** end (overhung) crank || manivelle *v* d'extrémité *v* (frontale) || Stirnkurbel *v*; **-[kussen]blok:** end journal bearing || palier *m* || Stirnlager *o*; **-loos:** endless || sans fin *v* || endlos; **-mof:** end sleeve || boîte *v* d'extrémité *v* || Endverschluß *m*; **-plaat:** end plate || plaque *v* extrême || Endplatte *v*; **-produkt:** final product, finished article || produit *m* final, article *m* fini || Endprodukt *o*, Ganzfabrikat *o*; **-punt:** end point; terminus (*spw.*) || terme *m*, bout *m*; [point *m*] terminus *m* (*spw.*) || Endpunkt *m*; Endstelle *v* (*spw.*); **-schakeling:** end connection || raccordement *m* d'extrémité *v* || Endverbindung *v*; **-scheen** box end || guide *v* || Endwand *m*; **-schoep:** limit blade || aube *v* limite || Grenzschaufel *v*; **-schroef:** end screw || presse *v* de derrière *m* || Hinterzange *v*; **-snelheid:** final (terminal) velocity (speed) || vitesse *v* finale || Endgeschwindigkeit *v*; **-spantoestel:** end stretcher || tendeur *m* d'extrémité *v* || Endspanner *m*; **-stand:** extreme (end) position || position *v* extrême (finale), fin *v* de course *v* || Endstellung *v*, -lage *v*; **-station:** end (terminal) station, terminus || gare *v* (station *v*) extrême, terminus *m*, tête *v* de ligne *v* || Endstation *v*; **-stijl:** end vertical (post) || barre *v* verticale extrême || Endvertikale *v*, -pfosten *m*; **-tap:** end journal || tourillon *m* frontal [arrière] || Stirn-, Schwanzzapfen *m*; **-temperatuur:** final (end) temperature || température *v* finale || Endwärmegrad *m*, -temperatur *v*; **-toestand:** final state || état *m* final || Endzustand *m*; **-vulstuk** (*turbine*)**:** blade stopper, end filling piece || pièce *v* intermédiaire extrême || Endpaß-, Schlußstück *o*;

2. (*ketting, kabel*): side || brin *m*, bout *m* || Strang *m*, Trumm *o*; **-** (*lastzijde*)**:** load side || brin *m* (bout *m*) porteur || Lasttrumm *o*, -strang *m*; **-, stijgend:** running on side || brin *m* fixe, bout *m* montant || festes Trumm *o*, auflaufender Strang *m*, auflaufendes Seilende *o* (Kettenende *o*); **-, trekkend:** pull side || brin *m* (bout *m*) tracteur || Zugtrumm *o*, -strang *m*.

[1]) Zie ook *uiteinde*.

eitje: *zie* **eierbriket.**

elaï|dine: elaidine || élaïdine *v* || Elaïdin *o*; **-dinezuur:** elaidic acid || acide *m* élaïdique || Elaïdinsäure *v*; **-ometer:** elaiometer || elaïomètre *m* || Elaiometer *o, m*.

elaoliet: *zie* **nefelien.**

elasticiteit: elasticity || élasticité *v*, force *v* élastique || Elastizität *v*, Federkraft *v*.

elasticiteits|grens: elastic limit, limit of elasticity, lower yield point || limite *v* élastique (d'élasticité *v*) || Elastizitäts-, Federungsgrenze *v*; **-modul[us]:** modulus of elasticity || coefficient *m* d'élasticité *v* || Elastizitätsmodul *m*, -maß *o*; **-theorie:** theory of elasticity || théorie *v* d'élasticité *v* || Elastizitätslehre *v*.

elas|tisch: elastic || élastique || elastisch, federnd; **-tomeer:** elastomer || elastomère *m* || Elastomer *o*.

elektricien: electrician || électricien *m* || Elektr[otechn]iker *m*.

elektriciteit: electricity || électricité *v* || Elektrizität *v*; **-, atmosferische:** atmospheric electricity || électricité *v* atmosphérique || atmosphärische Elektrizität *v*; **-, (on)gelijknamige:** electricity of (*opposite*) the same sign || électricité *v* de (*nom m contraire*) même nom *m* || (*un*)gleichnamige Elektrizität *v*; **-, negatieve**

(*positieve*)**:** negative (*positive*) electricity || électricité *v* négative (*positive*) || negative (*positive*) Elektrizität *v*; **-, statische:** static electricity || électricité *v* statique || statische Elektrizität *v*; **-, stralende:** radiating electricity || électricité *v* rayonnante || strahlende Elektrizität *v*.

elektriciteits|automaat: penny-in-the-slot-electricity-meter || compteur *m* électrique à prépaiement *m* || Elektrizitätsautomat *m*, -selbstverkäufer *m*; **-bedrijf:** electricity works || usine *v* d'électricité *v* || Elektrizitätswerk *o*; **-distributie:** distribution of electricity || distribution *v* d'électricité *v* || Elektrizitätsverteilung *v*; **-fabriek:** *zie* **centrale, elektrische; -huishouding:** electro-economics || économie *v* électrique || Elektrizitätswirtschaft *v*; **-meter:** electricity meter || compteur *m* d'électricité *v* || Elektrizitätszähler *m*.

elektrificatie: electrification || électrification *v* || Elektrifizierung *v*.

elektrisch: electric[al](*ly*) || électrique(*ment*) || elektrisch; **-, negatief:** electronegative || électronégatif || elektronegativ, negativ elektrisch; **-, positief:** electropositive || électropositif || elektropositiv, positiv elektrisch; **-lichtinstallatie:** electric light installation || installation *v* d'éclairage *m* électrique || elektrische Beleuchtungsanlage *v*; **-lichtreclame:** electric sign lighting, electric advertisement illumination || éclairage *m* électrique de réclame *v* || elektrische Reklamebeleuchtung *v*.

elektri|seerbaar: electrifiable || électrisable || elektrisierbar; **-seermachine:** electrostatic generator || machine *v* électrostatique || Elektrisiermaschine *v*; **-seren:** to electrify || électriser || elektrisieren; **-sering:** electrification || électrisation *v* || Elektrisierung *v*.

elektro|akoestiek: electroacoustics || électroacoustique *v* || Elektroakustik *v*; **-akoestisch:** electroacoustic || électroacoustique || elektroakustisch; **-anesthesie:** electric anaesthesia || anesthésie *v* électrique || elektrische Betäubung *v*; **-analyse:** electrolytic analysis, analysis by electrolysis || électroanalyse *v*, analyse *v* par électrolyse *v* || Elektroanalyse *v*, elektrolytische Analyse *v*; **-biologie:** electrobiology || électrobiologie *v* || Elektrobiologie *v*; **-bus:** electric bus || électrobus *m* || Elektrobus *m*; **-calorisch:** thermo-electric || électrothermique, électrocalorifique || elektrokalorisch; **-cardiogram:** electrocardiograph || électrocardiogramme *m* || Elektrokardiogramm *o*; **-cauter:** electrocauter || électrocautère *m* || Glühkauter *m*; **-cement:** electrocement || électrociment *m* || Elektrozement *m*; **-chemie:** electrochemistry || électrochimie *v* || Elektrochemie *v*; **-chemisch:** electrochemical(*ly*) || électrochimique || elektrochemisch; **-coagulatie:** electrocoagulation || électrocoagulation *v* || Elektrokoagulation *v*; **-de:** *zie na* **elektroverbruiksmeter; -den-:** *zie na* **elektrode; -dessiccatie:** electrodessiccation || électrodessiccation *v*, fulguration *v* || Elektrodessikkation *v*, Fulguration *v*; **-dynamica:** electrodynamics || électrodynamique *v* || Elektrodynamik *v*; **-dynamisch:** electrodynamic || électrodynamique || elektrodynamisch; **-dynamometer:** electrodynamometer || dynamomètre *m* électrique || Elektrodynamometer *o*, *m*; **-dynamometer m. spiegel:** mirror electrodynamometer || électrodynamomètre *m* à miroir *m* || Elektrodynamometer *o* für Spiegelablesung *v*; **-forese:** electrophoresis || électrophorèse *v* || Elektro-, Ionophorese *v*; **-fysica:** electrophysics || électrophysique *v* || Elektrophysik *v*; **-fysiologie:** electrophysiology || électrophysiologie *v* || Elektrophysiologie *v*; **-foor:** electrophorus || électrophore *m* || Elektrophor *m*; **-galvanisch:** electrogalvanical(*ly*) || électrogalvanique || elektrogalvanisch; **-grafie:** electrography || électrographie *v* || Elektrographie *v*; **-grafietkool:** electrographitic carbon || charbon *m* électrographitique || elektrographitische Kohle *v*; **-kinemograaf:** electrokinemograph || électrocinémographe *m* || Elektrokinemograph *m*; **-kinetica:** electrokinetics || électrocinétique || Lehre *v* der elektrischen Strömung *v*; **-kinetisch:** electrokinetic || électrocinétique || elektrokinetisch; **-lyse:** electrolysis || électrolyse *v* || Elektrolyse *v*; **-lyseren:** to electrolyse || décomposer par voie *v* électrolytique, électrolyser || elektrolysieren; **-lyseur:** electrolyser || électrolyseur *m* || Elektrolysör *m*; **-lyt:** electrolyt || électrolyte *m* || Elektrolyt *m*; **-lytisch:** electrolytic || électrolytique || elektrolytisch; **-magneet:** electromagnet || électroaimant *m* || Elektromagnet *m*; **-magnetisatie:** electromagnetisation || électromagnétisation *v* || Elektromagnetisation *v*; **-magnetisch:** electromagnetic || électromagnétique || elektromagnetisch; **-magnetisme:** electromagnetism || électromagnétisme *m* || Elektromagnetismus *o*; **-mechanica:** electromechanics || électromécanique *v* || Elektromechanik *v*; **-megaloskoop:** electromegaloscope || électromégaloscope *m* || Elektromegaloskop *o*; **-metallurgie:** electrometallurgy || électrométallurgie *v* || Elektrometallurgie *v*; **-meter:** electrometer || électromètre *m* || Elektrometer *o, m*; **-meter, kapillaire:** capillary electrometer || électromètre *m* capillaire || Kapillarelektrometer *o, m*; **-metrisch:** electrometric || électrométrique || elektrometrisch; **-mobiel:** electric motorcar, electromobile || électromobile *v*, automobile *v* électrique || Elektromobil *o*; **-monteur:** electrical fitter || monteur *m* électricien || Elektromonteur *m*; **-motor:** electric motor (electromotor) || électromoteur *m*, moteur *m* électrique || Elektromotor *m*, elektrischer Motor *m*; **-motorisch:** electromotive || électromoteur || elektromotorisch; **-motormeter:** *zie* **meter v. Thomson; -n:** *zie na* **elektrode; -nen-:** *zie na* **elektron; -nica, -nisch:** *zie na* **elektronen-; -optica:** electro-optics || électrooptique *v* || Elektrooptik *v*; **-osmose:** electrosmose || osmose *v* électrique, électrosmose *v* || Elektrosmose *v*; **-skoop:** electroscope || électroscope *m* || Elektroskop *o*; **-skopie:** electroscopy || électroscopie *v* || Elektroskopie *v*; **-skopisch:** electroscopic || électroscopique || elektroskopisch; **-statica:** electrostatics || électrostatique *v* || Elektrostatik *v*; **-statisch:** electrostatic || électrostatique || elektrostatisch; **-stenolyse:** electro-stenolysis || électrosténolyse *v*; sténolyse *v* électrique || Elektrostenolyse *v*; **-strictie:** electrostriction || électrostriction *v* || Elektrostriktion *v*; **-techniek:** electrotechnics, electrical engineering || électrotechnique *v* || Elektrotechnik *v*; **-technisch:** electrotechnical || électrotechnique || elektrotechnisch; **-therapie:** electrotherapeutics || électrothérapie *v* || Elektrotherapie *v*; **-thermisch:** electrothermal(*ly*) || électrothermique(*ment*) || elektrothermisch; **-tonisch:** electrotonic || électrotonique || elektrotonisch; **-tonus:** electrotonus || électrotonus *m* || Elektrotonus *m*; **-typie:** electrotyping, -type || électrotypie *v* || Elektrotypie *v*; **-verbruiksmeter:** electrochemical meter || compteur *m* électrochimique || elektrochemischer Zähler *m*.

elektrode: electrode || électrode *v* || Elektrode *v*; **- m. traliewerk:** grid electrode || électrode *v* à grillage *m* (à grille *v*) || Gitterelektrode *v*; **-, negatieve:** *zie* **kathode; -, positieve:** *zie* **anode.**

elektroden|afstand: spark plug gap || écartement *m* des électrodes *vm* || Elektrodenabstand *m*; **-houder:** electrode holder || porte-électrode *m* || Elektrodenhalter *m*; **-materiaal:** material of electrodes || substance *v* constitutive des électrodes *vm* || Elektrodenmaterial *o*; **-spanning:** electric potential (tension) between electrodes || tension *v* aux électrodes *vm* || Elektrodenspannung *v*; **-waterkoelmantel:** watercirculation jacket surrounding the electrodes || boîte *v* à circulation *v* d'eau *v* entourant les électrodes *vm* || Elektrodenwasserkühlmantel *m*.

elektron: electron || electron *m* || Elektron *o*; **-, negatief** (*positief*): negative (*positive*) electron, negatron (*positron*) || électron *m* négatif (*positif*), négatron *m* (*pos tron m*) || negatives (*positives*) Elektron *o*, Negatron *o* (*Positron o*); **-,** (*sterk*) **versneld:** (*highly*) accelerated electron || électron *m* (*fortement*) accéléré || (*stark*) beschleunigtes Elektron *o*; **-volt:** electron volt || électron-volt *m* || Elektronenvolt *o*.

elektronen|bombardement: cathodic bombardment || bombardement *m* cathodique || Elektronenaufprall *m*, -beschuß *m*; **-buiging:** electron diffraction || diffraction *v* d'électrons *mm* || Elektronenbeugung *v*; **-buis:** electron (thermionic) tube (valve), vacuum tube || tube *m* électronique || Elektronenröhre *v*; **-buisgelijkrichter:** electronic (glow-discharge) rectifier || redresseur *m* à effluves *mm* || [Elektronen]röhrengleichrichter *m*; **-bundel:** electron (cathode) beam (ray) || faisceau *m* d'électrons *mm* (cathodique) || Elektronenstrahlenbündel *o*, Kathodenstrahlenbündel *o*; **-emissie:** *zie* **elektronenuitzending; -gelijkrichter:** electronic valve (rectifier) || soupape *v* électronique || Elektronenventil *o*; **-lens:** electron lens || lentille *v* électronique || Elektronenlinse *v*; **-mikroskoop:** electron microscope || microscope *m* électronique || Elektronenmikroskop *m*; **-ontlading:** electron discharge || décharge *v* d'électrons *mm* || Elektronenentladung *v*; **-optiek:** electron optics, electro-optics || optique *v* électronique || Elektronenoptik *v*; **-relais:** electron (gas) relay || relais *m* à gaz *m* ionisé (électronisé) || Elektronenrelais *o*; **-straal:** *zie* **elektronenbundel; -stroom:** flow of electrons, electron current || courant *m* d'électrons *mm* || Elektronenstrom *m*; **-techniek:** *zie* **elektronica; -uitzending:** electron emission, emission of electrons || émission *v* d'électrons *mm* (électronique) || Elektronenaussendung *v*, -emission *v*; **-wolk:** cloud of electrons || nuage *m* d'électrons *mm* || Elektronenwolke *v*.

elektronica: elektronics || électronique *v* || Elektronik *v*; **-nisch:** electronic || électronique || elektronisch.

element: 1. (*onderdeel, enz.*): element || élément *m* || Element *o*; **-air:** elementary || élémentaire || elementar, Elementar-. **2.** (*scheik.*): element, elementary (simple) body || corps *m* élémentaire (simple)

élément *m* || Element *o*, Grundstoff *m*; **-, radioactief:** radioactive element || élément *m* radio-actif || radioaktives Element *o*; **-airanalyse:** *zie* **elementenanalyse; -en, isotopische:** isotopes || éléments *mm* isotopes || Isotopen *om*, isotope Elemente *om*; **-en, periodiek systeem der:** *zie* **stelsel, periodiek; -en, transmutatie der:** transmutation of elements || transmutation *v* des éléments *mm* || Transmutation *v* der Elemente *om*; **-enanalyse:** elementary [chemical] analysis || analyse *v* organique [quantitative] || Elementaranalyse *v*;
3. (*elektr.*): battery, cell, element || élément *m*; pile *v* || Element *o*; **- m. samengedrukte lucht:** compressed air cell || élément *m* à concentration *v* || Luftkompressionselement *o*; **- v. Daniell:** Daniell's cell || élément *m* (pile *v*) Daniell || Daniell's Element *o*; **-, droog:** dry cell || élément *m* sec || Trockenelement *o*; **-, galvanisch:** galvanic battery (cell) || élément *m* galvanique || galvanisches Element *o*; **-beker:** battery glass (jar) || vase *m* de l'élément *m* || Elementglas *o*, -gefäß *o*; **-bezinksel:** battery mud (sediment) || dépôt *m* (résidu *m*) de l'élément *m* || Elementschlamm *m*; **-en in serie** (*parallel*) **schakelen:** to connect, cells in series (*in parallel*), to join up in series (*in quantity*) || grouper en série *v* (en tension *v*) (*en surface v, en quantité v*) || auf Spannung *v* (*parallel, auf Quantität v*) schalten; **-fles:** *zie* **elementbeker; -klem:** cell terminal, terminal clamp || borne *v* de l'élément *m* || Elementklemme *v*; **-spanning:** E.M.F. (electromotive force) of cell || voltage *m* (tension *v* électromotrice) de l'élément *m* || Elementspannung *v*.

elemi: elemi || élémi *v* || Elemi *o*.

elevator: elevator, lift, hoist; loader || élévateur *m*, chapelet *m*, patenôtre *v* || Aufzug *m*, Elevator *m*, Becher-, Paternosterwerk *o*; Schutenentleerer *m* (*baggertechn.*); **-, pneumatische:** pneumatic elevator || élévateur *m* pneumatique || pneumatischer Elevator, Druckluft-, Preßluftelevator *m*; **-bak:** *zie* **elevatoremmer** *en onder* **bak 6; -emmer:** elevator scoop (bucket) || auget *m* (godet *m*) d'élévateur *m* || Elevatorbecher *m*, -eimer *m*; **-kast:** elevator casing || couloir *m* (enveloppe *v*, tuyau *m*) d'élévateur *m* || Elevatorgehäuse *o*, -schlauch *m*; **-ketting:** elevator chain || chaîne *v* d'élévateur *m* || Elevatorkette *v*; **-riem:** elevator belt || bande *v* d'élévateur *m* || Elevatorgurt *m*.

elfhoek: endecagon || endécagone *m* || Elfeck *o*.

elimineren: to eliminate || éliminer || eliminieren, beseitigen, entfernen.

elixir: elixir || élixir *m* || Elixier *o*.

elkaar: *zie* **elkander.**

elkander: each other, one another; mutual(*ly*) || se, l'un l'autre; réciproquement, mutuellement || einander; gegenseitig; **- grijpen, in:** to engage || s'engager || ineinandergreifen; **-, aan:** one to the other, together || l'un [attaché] à l'autre || an einander, zusammen-; **-, achter:** one after the other, in succession || l'un après l'autre || hintereinander; **-, achter** (*elektr.*)**:** in series || en série *v*, en tension *v* || auf Spannung *v*; **-, door** (*gemiddeld*)**:** on an average, averagely || l'un dans (portant) l'autre || eins ins andere; **-, in:** one in(*to*) another || l'un dans l'autre || ineinander; **-, naast:** one by the side of the other, side by side; adjacent || l'un à côté *m* de l'autre; adjacent || nebeneinander; **-, naast** (*elektr.*)**:** in parallel, in quantity || en surface *v*, en quantité *v*, en parallèle *v* || parallel, auf Quantität *v*; **-, op:** one on top of the other || l'un sur l'autre || aufeinander.

elleboog: elbow, knee || coude *m* || Ellbogen *m*, Knie[rohr) *o*, Kniestück *o*; **-, ronde:** angle pipe || raccord *m* courbé || Bogenrohr *o*; **-, scherpe:** square elbow || genou *m* vif || scharfes Knierohr *o*; **-smeerpot:** angle lubricator || graisseur *m* à équerre *v* || Winkelschmierbüchse *v*; **-steun:** arm rest || accoudoir *m* || Armstütze *v*.

ellips: ellipse || ellipse *v* || Ellipse *v*; **-diagram** (*v. e. stoomschuif*)**:** oval slide valve diagram || diagramme *m* oval (ovale *v*) de tiroir *m* || ovales Schieberdiagramm *o*, Schieberoval *o*; **-geleider:** elliptical motion || guide *m* elliptique || Ellipsenlenker *m*; **-schuifdiagram:** *zie* **ellipsdiagram.**

ellip|sograaf: ellipsograph, elliptical compasses || compas *m* à ellipse *v*, ellipsographe *m* || Ellipsenzirkel *m*, Ellipsograph *m*; **-soïde:** ellipsoid || ellipsoïde *m* || Ellipsoid *o*; **-ticiteit:** ellipticity || ellipticité *v* || Elliptizität *v*; **-tisch:** elliptic[al] || elliptique || elliptisch.

elongatie (*sterrenk.*)**:** elongation || élongation *v* || Elongation *v*.

elpenbeen: *zie* **ivoor.**

els: 1. (*boom*): alder || au[l]ne *m* || Erle *v*, Erlenbaum *m*; **-, witte:** white alder || aune *m* à feuilles *vm* aigues || Weißerle *v*;
2. (*priem*): awl || alêne *v* || Ahle *v*; **-, platte:** brad awl || alêne *v* plate || flache Ahle *v*; **-vormig:** awl shaped || en alène *v* || ahlenförmig;
3. (*typogr.*)**:** bodkin || pointe *v* à correction *v* || Ahle *v*.

el|zeboom: *zie* **els 1; -zehout:** alder

[wood] || [bois *m* d'] aune *m* || Erlenholz *o*; **-zeschors:** alder bark || écorce *v* d'aune *m* || Erlenrinde *v*.

email: enamel || émail *m* || Email *o*, Emaille *v*, Schmelz *m*; **-blauw:** smalt blue || bleu *m* d'émail *m*, émail *m* bleu || Schmelzblau *o*; **-laag:** coat of enamel || couche *v* d'émail *m* || Emailschicht *v*; **-lak:** enamel lac || laque-émail *v* || Emaillack *m*; **-le:** *zie* **email; -leeroven:** enamel furnace || four *m* d'émailleur *m* || Emaillierofen *m*; **-leertang:** enameller's tongs || relève-moustache *m* || Emaillierzange *v*; **-[leer]-werk:** enamelled work || ouvrage *m*; émaillé || emaillierte Arbeit *v*, Emailwerk *o*; **-leren:** to enamel || émailler || emaillieren; **-waren:** enamels, enamel[ed] ware || émaux *mm* || Emailwaren *vm*.

emanatie: emanation || émanation *v* || Emanation *v*, Ausdünstung *v*, -strömung *v*.

embal|lage: *zie* **verpakking; -leren:** *zie* **verpakken.**

emissie: emission || émission *v* || Emission *v*, Aussendung *v*; **-, secundaire:** secondary emission || émission *v* secondaire || Sekundäremission *v*; **-karakteristiek:** emission characteristic || caractéristique *v* d'émission *v* || Emissionskennlinie *v*; **-theorie:** emission theory || théorie *v* de l'émission *v* || Emissionstheorie *v*.

emmer: bucket, pail, scoop || godet *m*, seau *m* || Eimer *m*; **-baggermolen:** bucket dredge[r] || drague *v* à godets *mm* || Eimerbagger *m*; **-geleiraam:** bucket guide frame || châssis *m* de support *m* de la chaîne *v* || Eimerleiterblock *m*; **-ketting** (*baggermolen*)**:** bucket chain || chaîne *v* à godets *mm* || Eimerkette *v*; **-ladder:** *zie* **ladder 2; -schakel:** *zie* **emmerschalm; -schalm:** bucket link || maillon *m* de godet *m* || Schake *v*.

empirisch: empirical(*ly*) || empirique(*ment*) || empirisch.

emul|gator: emulsifying agent || émulsifiant *m*, [agent *m*] émulsionnant || Emulgator *m*, Emulgiermittel *o*; **-geer-inrichting:** *zie* **emulgeertoestel; -geer-middel:** *zie* **emulgator; -geertoestel:** emulsifier || émulseur *m* || Emulgiervorrichtung *v*, -apparat *m*; **-geren:** to emulsify; emulsification || émulsifier, émulsionner || emulgieren; Emulgierung *v*; **-gerend:** emulsifying || émulsifiant(*e*), emulsionnant(*e*) || emulgierend, Emulgier-.

emulsie: emulsion || émulsion *v* || Emulsion *v*; **-, hardnekkige:** *zie* **emulsie, stabiele; -, labiele** (*stabiele*)**:** unstable (*stable*) emulsion || émulsion *v* instable (*stable*) || unstabile (unbeständige) (*stabile, beständige*) Emulsion *v*; **-splitser:** *zie* **demulgator.**

enantio|merie: enantiomerism || énantiomérie *v*; **-morf:** || enantiomorphous || énantiomorfe || enantiomorph; **-troop:** enantiotropic || énantiotrope || enantiotrop.

en|cadreren: *zie* **inlijsten; -caustiek:** encaustic painting || encaustique *v* || Enkaustik *v*; **-caustisch:** encaustic || encaustique || enkaustisch; **-dosmose:** endosmose || endosmose *v* || Endosmose *v*; **-dothermisch:** endothermic[al](*ly*) || endothermique(*ment*) || endothermisch, wärmeverzehrend.

energie: energy || énergie *v* || Energie *v*; **-, elektrische:** electric energy || énergie *v* électrique || elektrische Energie *v*; **-, inwendige:** *zie* **energie, latente; -, intranucleaire:** intranuclear energy || énergie *v* intranucléaire || intrenukleare Energie *v*; **-, inwendige** (*uitwendige*) **kinetische:** internal (*external*) kinetic energy || énergie *v* cinétique interne (*externe*) || innere (*äußere*) kinetische Energie *v*; **-, kinetische:** *zie* **arbeidsvermogen van beweging; -, latente:** latent (intrinsic, internal) energy || énergie *v* latente (interne, propre) || latente Energie *v*, Eigenenergie *v*; **-, magnetische:** magnetic energy || énergie *v* magnétique || magnetische Energie *v*; **-, moleculaire:** molecular energy || énergie *v* moléculaire || Molekularenergie *v*; **-, nodige:** [amount of] energy required, demand for (requirement of) energy || [quantité *v* d'] énergie *v* nécessaire, besoin *m* (demande *v*) d'énergie *v* || Energiebedarf *m*; **-, potentiële:** *zie* **arbeidsvermogen van plaats; -, thermische:** caloric energy || énergie *v* thermique (calorique) || thermische Energie *v*; **-, verbruikte:** energy consumed || énergie *v* consommée (dépensée) || verbrauchte (aufgebrauchte) Energie *v*; **-keerbeveiliging:** *zie* **keerbeveiliging; -quantum:** energy quantum || quantum *m* d'énergie *v* || Energiequantum *o*; **-verbruik:** power consumption, consumption of energy || consommation *v* (dépense *v*) d'énergie *v* || Energie-, Kraftverbrauch *m*; **-verkwisting:** waste of energy || gaspillage *m* d'énergie *v* || Energieverschwendung *v*, -vergeudung *v*; **-vorm:** form of energy || forme *v* de l'énergie *v* || Arbeits-, Energieform *v*.

enkel (*enkelvoudig*)**:** single || simple || einfach; **-enkel-:** *zie ook onder* **een-; -koord:** monocord || monocorde *v* || Einzelschnur *v*; **-stroom:** transmission by simplex || transmission *v* par simple courant *m* || Einfachstrombetrieb *m*; **-voudig:** *zie* **enkel; -werkend:** single acting || à simple effet *m* || einfachwirkend.

en-teken (*typogr.*)**:** ampersand, short-and || signe *m* et || Et-Zeichen *o*.

ent|en: to graft (*upon*), to inoculate ||

greffer (*sur*), enter || pfropfen; **-ing:** [en]grafting, inoculation || greffage *m* || Pfropfung *v*; **-mes:** grafting knife || greffoir *m* || Pfropfmesser *o*; **-was:** grafting clay || emplâtre *m* d'ente *v*, mastic *m* à greffer || Pfropf-, Baumwachs *m*, -kitt *m*; **-zaag:** grafting saw || scie *v* à enter (à greffer) || Baum-, Pfropfsäge *v*.

entoptisch: entoptical || entoptique || entoptisch.

entrepot (*douane*): customs yard || entrepôt *m* de douane *m* || Zollhof *m*, Zollniederlage *v*.

entropie: entropy || entropie *v* || Entropie *v*; **-diagram:** entropy diagram || diagramme *m* entropique || Entropie[schau]bild *o*, -diagramm *o*.

enzy|matisch: enzymatic || enzymatique || enzymatisch; **-me**[1]: enzyme || enzyme *v* || Enzym *o*.

Eo|ceen: Eocene || Eocène *m* || Eozän *o*; **-geen:** Eogene, Eocene and Oligocene || Nummulitique *m* || Eogen *o*, Eozän *o* und Oligozän *o*.

epi|cycloïde: epicycloid || épicycloïde *m* || Epizykloide *v*; **-cycloïdewiel:** epicycloidal wheel || roue *v* épicycloïdale || Epizykloidenrad *o*; **-cyclus:** epicycle || épicycle *m* || Bei-, Nebenkreis *m*, Epizykel *m*; **-styl:** architrave, epistyle || architrave *v*, épistyle *m* || Architrav *m*.

epoch: epoch || époque *v* || Epoche *v*; **-hoek:** epoch angle || angle *m* d'époque *v* || Epochenwinkel *m*.

Epsomzout[2]: Epsom salt || epsomite *v* || Epsomit *m*.

equator: 1. *zie* **evenaar;**
2. (*hemel*): equinoctial (celestial) equator || équateur *m* céleste || Himmelsäquator *m*.

equipotentiaal: equipotential || équipotentiel || äquipotential; **-lijn:** equipotential line || ligne *v* de niveau (équipotentielle) || Niveaulinie *v*; **-verbinding:** equipotential connection || connection *v* équipotentielle || Ausgleichverbindung *v*; **-vlak:** equipotential surface || plan *m* de niveau *m* (équipotentiel), surface *v* équipotentielle || Äquipotentialfläche *v*; **-wikkeling:** equalising winding || enroulement *m*; équipotentiel || Ausgleichwick[e]lung *v*.

equivalent: 1. (*bijv. nw.*): equivalent || équivalent || äquivalent;
2. (*z. nw.*): equivalent || équivalent *m* || Äquivalent *o*; **-, (*elektro*)chemisch:** (*electro*)chemical equivalent || équivalent *m* (*électro*)chimique || (*elektro*)chemisches Äquivalent *o*; **-, elektrothermisch:** electrothermal equivalent || équivalent *m* électrothermique || elektrothermisches Äquivalent *o*; **-, mechanisch:** mechanical equivalent || équivalent *m* mécanique || mechanisches Äquivalent *o*; **-, scheikundig:** *zie* **equivalent, chemisch; -, thermisch:** thermic equivalent || équivalent *m* thermique || thermisches Äquivalent *o*; **-, thermochemisch:** thermochemical equivalent || équivalent *m* thermochimique || thermochemisches Äquivalent *o*.

equivalentie: equivalence || équivalence *v* || Äquivalenz *v*; **-beginsel:** principe of equivalence || principe *m* d'équivalence *v* || Äquivalenzprinzip *o*.

erbium: erbium || erbium *m* || Erbium *o*.

erg (*krachtseenh.*): erg || erg *m* || Erg *o*.

eriometer: eriometer || ériomètre *v* || Eriometer *m*, *o*, Wollmesser *m*.

erker: bay-window (*hoekig*); bow-window (*rond*); oriel window (*a. bovenverdieping*) || bow-window *m*, saillie *v*, balcon *m* en encorbellement *m* || Erker *m*.

erts: ore || minerai *m* || Erz *o*; **- scheiden:** to cob, to separate || séparer, trier || scheiden; **- stampen:** to crush, to stamp || bocarder, briser || pochen; **-, arm:** low-grade, (lean) ore || minerai *m* de qualité *v* inférieure || minder-, un-haltiges Erz *o*; **-, ruw:** raw ore, run-of-mine || minerai *m* brut || Roh-, Derb-, Fördererz *o*; **-; rijk:** high-grade ore || minerai *m* de qualité *v* supérieure || [hoch-] haltiges Erz *o*; **-ader:** [mineral] vein, lode, lead, dyke || filon *m*, veine *v* || [Erz]gang *m*, -ader *v*; **-afzetting:** ore deposit || dépôt *m* de minerai *m*, gîte *m* métallifère || Erzlagerstätte *v*; **-bed:** *zie* **ertsafzetting; -breker:** ore crusher || broyeur *m* (concasseur *m*) de minerai *m* || Erzbrecher *m*; **-diepte:** depth of the ore || profondeur *m* du minerai *m* || Erztiefe *v*; **-gang:** *zie* **ertsader; -grint:** [ore in] grains, granular ore || minerai *m* grossier (en grains *mm*) || Graupen *v*; **-groeve:** ore (mine) pit || mine *v* || Erzgrube *v*; **-houdend:** ore bearing, orey || métallifère || erzhaltig, -haltend, -führend; **-kiptoestel:** ore tipping device || basculeur *m* de minerais *mm* || Erzkipper *m*; **-klomp:** lump of ore || masseau *m* || Erzklumpen *m*; **-laag:** ore deposit || gîte *m* métallifère, gisement *m* minier || Erzlagerstätte *v*, -schicht *v*; **-lens:** lenticular orebody || lentille *v* de minerai *m* || Erzlinse *v*; **-nieren:** ore by nodules || minerai *m* en rognons *mm* || Erznieren *v*; **-onderzoek:** ore assay || essai *m* de minerais *mm* || Erzprobe *v*; **-onderzoeker:** ore assayer || essayeur *m* de minerais *mm* || Erzprobierer *m*; **-oven:** ore furnace || fourneau *m* à minerais *mm*

---
1) Zie ook *ferment*.
2) Zie ook *magnesiumsulfaat*.

|| Erzofen *m*; **-rooster:** ore burner || grilleur *m* de minerai *m* || Erzröster *m*; **-roostgebouw:** roasting building || bâtiment *m* de grillage *m* || Rösthaus *o*; **-scheider:** ore separator || séparateur *m* (trieur *m*) de minerais *mm* || Erzscheider *m*; **-scheiding:** separation of ores || séparation *v* des minerais *mm* || Erzscheidung *v*; **-silo:** ore bins (bunkers) || silo *m* à minerais *mm* || Erzsilo *m*; **-uitzoeker:** ore picker || éplucheur *m* de minerai *m* || Erzklauber *m*; **-wasserij:** ore dressing plant || installation *v* pour la préparation de minerai *m* || Erzwäsche *v*, -aufbereitungsanlage *v*; **-zand:** ore sand || sable *m* de minerai *m* || Erzsand *m*; **-zeef:** ore sieve || crible *m* à minerai *m* || Erzsieb *o*.

eruptie: *zie* **uitbarsting; -afsluiter** (*petr.*): blow-out preventer || vanne *v* d'éruption *v* || Ausbruchschieber *m*.

erytheemdosis: *zie* **huideenheidsdosis.**

erythriet: 1. (*chem.*): *zie* **erythritol;**
2. (*mineraal*): erythrine, cobalt bloom || fleurs *vm* de cobalt *m* || Kobaltblüte *v*.

erythritol (butaantetrol-1,2,3,4): erythritol || érythritol *m* || (Erythritol *o*).

es: ash [tree] || frêne *m* || Esche *v*; **-doorn** (*gewone*): great maple, sycomore || érable *m* de montagne *v*, [érable *m*] sycomore *m* || gemeiner Ahorn *m*, Bergahorn *m*; **-doornhout:** maple [wood] || [bois *m* d']érable *m* || Ahornholz *o*; **-sehout:** ash [wood] || [bois *m* de] frêne *m* || Eschenholz *o*.

E-schuif: double D-valve || tiroir *m* coquille double || E-Schieber *m*.

esp: asp[en], asp tree || tremble *m* || Espe *v*, Aspen *v*, Zitterpappel *v*; **-ehout:** asp[wood] || [bois *m* de] tremble *m* || Espenholz *o*.

esparto: *zie* **gras, Spaans.**

essaai (*Munt*): essay, assay || essai *m* || [Metall-, Münz]probe *v*; **-balans:** essay (fine) balance, assay scales || balance *v* d'essayeur *m*, balance *v* de précision *v* || Präzisionswaage *v*; **-lood:** essay (assay) lead || plomb *m* d'essai *m* || Probeblei *o*; **-kroes:** assay crucible || creuset *m* d'essai *m*, coupelle *v* || Probiertiegel *m*.

essa|jeertang: assayer's tongs || pince *v* d'assayeur *m* || Probierzange *v*; **-jeren:** to essay (assay) || essayer || probieren, wardieren; **-jeur:** assayer, assay-master || essayeur *m* || Probierer *m*, [Münz]wardein *m*; **-jeur** (*chef*): chief warden, assay master || essayeur *m* de chef || Oberwardein *m*.

essence: essence; essential oil || essence *v*; huile *v* essentielle || Essenz *v*; ätherisches Öl *o*.

estamijn: durant. etamin, tammy || étamine *v* || Etamin *m*, Stamin *m*, Tamis *m*, Damis *m*.

ester: ester || éther-sel [1]) *m*, ester *m* || Ester *m*; **-en:** *zie* **esterificeren; -ificeren:** to esterify || convertir en éther-sel *m* || verestern; **-ificering:** esterification || conversion *v* en éther-sel *m* || Veresterung *v*; **-ing:** *zie* **esterificering.**

estrik: earthenware slab || carreau *m* d'argile *v* || Fliese *v*, Tonplatte *v*.

etage: floor, story || étage *m* || Stockwerk *o*, Stock *m*; **-klep:** coaxial multiple valve || soupape *v* étagée || Stufenventil *o*, Etagenventil *o*, mehrstöckiges Ventil *o*; **-oven:** kiln with overlying beds, shelf furnace (burner, kiln) || four *m* à étages *mm* || Etagenofen *m*; **-rooster:** stage grate || grille *v* à étages *mm* || Etagen-, Staffelrost *m*.

etalage: display [in the front window]; shop window || étalage *m*; vitrine *v* || Schaufenster *o*; [Schaufenster]auslage *v*; **-kaart:** showcard, window card || affichette *v* vitrine, pancarte *v* d'étalage *m* || Ausstell-, Schaufensterplakat *o*; **-lamp:** shop window lamp || lampe-vitrine *v* || Schaufensterlampe *v*; **-model:** dummy || factice *v* [d'étalage *m*] || Leeraufmachung *v*, -packung *v*, Schaupackung *v*; **-verlichting:** shop window lighting || éclairage *m* d'étalage *m* (de vitrine *v*) || Schaufensterbeleuchtung *v*.

ethaan: ethane || éthane *m* || || Äthan *o*; **-amide (methaancarbonamide;** aceetamide)**:** acetamide || acétamide *v* || Acetamid *o*; **-dicarbonzuur-1,2 (butaandizuur;** barnsteenzuur)**:** 1,2-ethanedicarboxylic acid || acide *m* éthanedicarboxylique-1,2 || (Äthandicarbonsäure-1,2); **-diol** (ethyleenglycol): ethanediol || éthanediol *m* || (Äthandiol *o*); **-dizuur** (oxaalzuur)**:** ethanedioic acid || acide *m* éthanedioïque || (Äthandisäure *v*); **-dizuurdiamide** (oxamide)**:** ethanediamide || éthanediamide *m* || (Äthandisäurediamid *o*); **-zuur (methaancarbonzuur;** azijnzuur)**:** ethanoic acid || acide *m* éthanoïque || (Äthansäure *v*); **-zuurchloride (methaancarbochloride;** acetylchloride)**:** ethanoyl chloride || chlorure *m* d'éthanoyle *m* || (Äthanoylchlorid *o*).

ethanal (acetaldehyde)**:** ethanal || éthanal *m* || (Äthanal *o*).

ethanol (ethylalkohol)**:** ethanol || éthanol *m* || (Äthanol *o*).

etheen: ethene || éthène *m* || (Äthen *o*), Äthylen *o*; **-carbonzuur (propeenzuur;** acrylzuur)**:** ethenecarboxylic acid || acide *m* éthènecarboxylique || Äthencarbonsäure *v*.

ethe|nol (vinylalkohol)**:** ethenol || éthénol *m*

[1]) Meerv.: **éthers-sels.**

|| (Äthenol *o*); **-nyl-** (vinyl-): ethenyl || éthényl[e] || (Äthenyl-); **-nylacetaat** (vinylacetaat): ethenylacetate || acétate *m* d'éthényl[e] *m* || (Äthenylazetat *o*); **-nylbenzeen (fenyletheen; styreen):** ethenylbenzene || éthénylbenzène *m* || (Äthenylbenzen *o*).

ether: 1. (*wereldether*): ether || éther *m* || [Welt]äther, Lichtäther *m*; **-theorie:** ether theory || théorie *v* de l'éther *m* || Äthertheorie *v*;
2. (*org. chem. klassenaam*): ether || étheroxyde *m* [1]) || Äther *m*; **-en:** *zie* **etherificeren; -ificeren:** to etherify || éthérifier || veräthern; **-ficering:** etherification || éthérification *v* || Verätherung *v*; **-ing:** *zie* **etherificering;**
3. (*ethylether* [2])**:** [ethyl]ether || éther *m* [éthylique] || Äthyl]äther *m*.

etherisch: ethereal; essential (*v. olie*) || ethéré; essentiel (*v. olie*) || ätherisch.

ethoxyethaan (ethylether)**:** ethoxyethane || éthoxyéthane *m* || (Äthoxyäthan *o*).

ethyl: ethyl || éthyl[e] *m* || Äthyl *o*; **-ether (ethoxyethaan):** ethyl ether || éther *m* éthylique || Äthyläther *m*; **-alkohol (ethanol):** ethyl alcohol || alcool *m* éthylique || Äthylalkohol *m*; **-amine:** ethylamine || éthylamine *v* || Äthylamin *o*; **-cellulose:** ethyl cellulose || éthylcellulose *v*, cellulose *v* éthylée || Äthylcellulose *v*; **-chloride** (*-bromide*; *-jodide*) **(monochloorethaan;** *-broom-*; *-jood-*)**:** ethyl chloride (*bromide*; *iodide*) || chlorure *m* (*bromure m*; *iodure m*) d'éthyle || Äthylchlorid *o* (*-bromid*; *-jodid*); **-groep:** ethyl group || groupe *v* (groupement *m*) éthyle || Äthylgruppe *v*.

ethyleen: 1. *(*koolw.stof*)**:** *zie* **etheen;**
2. (*tweew. radicaal*): ethylene || éthylène *m* || Äthylen *o*; **-glycol (ethaandiol):** ethyleneglycol || éthylèneglycol *m* || Äthylenglykol *o*.

ethyn (acetyleen)**:** ethyne || éthyne *m* || (Äthyn *o*).

etiket: label, ticket || étiquette *v*; label *m*, marque *v*, vignette *v* || Etikett *o*; Aufkleber *m*; **-, gegomd:** sticker [label] || étiquette *v* gommée || Aufklebezettel *m*, Aufkleber *m*.

ets: etching || gravure *v* à l'eau *v* forte, eau-forte *v* || Radierung *v*.

ets|en: 1. (*wegbijten*): to etch (corrode) || mordre; attaquer à l'acide *m* || ätzen; **-figuren:** etching figures || contours *mm* d'attaque *v* || Ätzfiguren *vm*; **-middel:** etching agent || agent *m* mordant || Ätzmittel *o*;
2. (*graf.*): to etch || graver à l'eau *v* forte || ätzen; radieren (*kunst*); **-er:** etcher || graveur *m* à l'eau *v* forte, aquafortiste *m*, eau-fortier *m* || Ätzer *m*, Radierer *m*, Aquafortist *m*; **-grond:** etching ground (varnish) || couche *v* de vernis *m* (de graveur *m*) || Radier-, Ätzgrund *m*, -firnis *m*; **-naald:** etching needle || aiguille *v* de graveur *m* || Radiernadel *v*; **-vloeistof:** etching liquor, etchwater || eau-forte *v* || Ätzflüssigkeit *v*, -wasser *o*.

et-teken: *zie* **en-teken.**

eudiometer: eudiometer || eudiomètre *m* || Eudiometer *o, m*.

europium: europium || europium *m* || Europium *o*.

even (*getal*)**:** even (*number*) || (*nombre m*) pair || gerade (*Zahl v*).

evenaar: 1. (*aarde*)**:** equator || équateur *m* || Äquator *m*;
2. (*tong v. e. balans*): tongue, needle || aiguille *v*, languette *v* || Zunge *v*;
3. (*balans v. e. weegschaal*): balance beam, [balance] lever || fléau *m*, levier *m* || Waagebalken *m*;
4. (*weverij*): *zie* **effenaar.**

evenredig: proportional (*to*) || proportionnel (*à*) || proportional [1]); **- met, omgekeerd:** inversely (reciprocally) proportional to || inversement proportionnel à || umgekehrt (verkehrt) proportional [1]); **- met, recht:** directly proportional to || directement proportionnel à || direkt proportional [1]); **-heid:** proportion || proportion *v* || Proportion *v*, Verhältnisgleichung *v*; **-heidsgrens:** limit of proportionality, point beyond which the deformations cease to be proportional to the loads || limite *v* d'allongement *m* proportionnel (de proportionnalité *v*) || Proportionalitätsgrenze *v*.

evenwicht: equilibrium, balance || équilibre v, balance *v* || Gleichgewicht *o*; **- brengen** (*houden*)**, in:** to bring into (*to keep in*) equilibrium (balance) || établir l' (*tenir en*) équilibre *m* || ins Gleichgewicht *o* bringen (setzen) (*im Gleichgewicht o* [*er*]*halten*); **- zijn, in:** to be in equilibrium, to be evenly balanced || être en équilibre *m* || sich im Gleichgewicht *o* befinden, im Gleichgewicht *o* sein (stehen); **-, in:** in equilibrium, evenly (well) balanced || en équilibre *m* || im Gleichgewicht *o*; **-, indifferent:** indifferent (neutral) equilibrium || équilibre *m* indifférent || indifferentes Gleichgewicht *o*; **-, labiel:** unstable equilibrium || équilibre *m* instable || labiles (unsicheres) Gleichgewicht *o*; **-, monair** (*binair*; *ternair*; *quaternair*)**:** monary

---

[1]) Meerv.: *ethers-oxydes.*
[2]) Zie ook *ethoxyethaan.*

[1]) Met 3e naamval.

(*binary*; *ternary*; *quaternary*) equilibrium || équilibre *m* monaire (*binaire*; *ternaire*; *quaternaire*) || monäres (*binäres*; *ternäres*; *quaternäres*) Gleichgewicht *o*, Einstoffgleichgewicht *o* (*Zweistoff-*; *Dreistoff-*; *Vierstoff-*); **-, neutraal:** *zie* **evenwicht, indifferent; -, nonvariant** (*monovariant*; *bivariant*; *trivariant*)**:** non-variable (*monovariable*; *bi-variable*; *tri-variable*) equilibrium || équilibre *m* non-variable (*mono-variable*, *uni-variable*; *bi-variable*; *tri-variable*) || nonvariantes (*monovariantes*, *univariantes*; *bivariantes*; *trivariantes*) Gleichgewicht *o*; **-, scheikundig:** chemical equilibrium || équilibre chimique || chemisches Gleichgewicht *o*; **-, stabiel:** stable equilibrium || équilibre *m* stable || stabiles Gleichgewicht *o*; **-, standvastig:** *zie* **evenwicht, stabiel; -, wankelbaar:** *zie* **evenwicht, labiel.**

evenwichts|buis (*mijnb.*)**:** equilibrium pipe || tube *m* d'équilibre *m* || Gleichgewichtsrohr *o*; **-hefboom** (*boorbank*)**:** [weighted] lever, lever with balance weight || levier *m* [à contre-poids *m*] || Gewichtshebel *m*; **-inrichting:** balance (differential) gear, compensator || compensateur *m* || Kompensator *m*; **-klap:** aileron || aileron *m*, volet *m* de gauchissement *m* || Querruder *o*, Verwindungsklappe *v*; **-klep:** balanced valve || soupape *v* équilibrée || Gleichgewichtsventil *o*, ausbalanciertes Ventil *o*; **-leer:** statics || statique *v* || Lehre *v* vom Gleichgewicht *o*, Gleichgewichtslehre *v*; **-schuifafsluiter:** balanced parallel slide stop (balanced gate) valve, gate valve with bypass || vanne *v* équilibrée || entlasteter Schieber *m*; **-stand:** position of equilibrium || position *v* d'équilibre *m* || Gleichgewichtslage *v*; **-toestand:** state of equilibrium || état *m* d'équilibre *m* || Gleichgewichtszustand *m*; **-verstoring:** disturbance of equilibrium || perturbation *v* d'équilibre *m* || Gleichgewichtsstörung *v*; **-voorwaarde:** condition of equilibrium || condition *v* d'équilibre *m* || Gleichgewichtsbedingung *v*; **-zuiger:** dummy piston || piston *m* d'équilibrage *m* || Gegendruck-, Entlastungs-, Ausgleichkolben *m*.

evenwijdig: parallel (*to*, *with*) || parallèle(*ment*) (*à*) || parallel, gleichlaufend (*zu*, *mit*); **-heid:** parallelism || parallèlisme *m* || Parallelität *v*.

everlast[ing]: lasting || prunelle *v* || Lasting *o*, Prunell *o*.

evolute: evolute || développée *v* [d'une courbe *v*] || Evolute *v*.

evolven|te: evolvent, involute || développant *m* [d'une courbe *v*] || Evolvente *v*; **-tentandconstructie:** *zie* **vertanding, evolvente.**

exact: exact(*ly*), accurate(*ly*) || exact(*ement*) || exakt, genau.

excavateur: dry dredger, excavator || drague *v* sèche, excavateur *m* || Exkavator *m*, Trockenbagger *m*.

excen|terbeugel: *zie* **excentriekring; -terdraaibank:** lathe for eccentric turning || tour *m* à guillocher || Passigdrehbank *v*; **-triciteit:** eccentricity || excentricité *v* || Exzentrizität *v*; **-triciteit b. h. draaien:** eccentricity of rotation, throw || excentricité *v* en rotation *v* || Exzentrizität *v* der Drehung *v*; **-triciteit bij ruststand:** eccentricity of rest, original eccentricity || excentricité *v* au repos *m* (primitive) || Exzentrizität *v* der Ruhe *v*, ursprüngliche Exzentrizität *v*.

excentriek: eccentric || excentrique *m* || Exzenter *m*, Exzentrik *v*; **-, hartvormig:** heart wheel || courbe *v* de Vaucanson, excentrique *m* (roue *v*) en coeur *m* || Herzrad *o*, -scheibe *v*; **-, verstelbaar:** adjustable eccentric || excentrique *m* réglable || verstellbarer Exzenter *m*; **-as:** eccentric (wiper) shaft || arbre *m* des excentriques *mm* || Exzenterwelle *v*; **-ring:** eccentric strap (clip) || collier *m* d'excentrique *m* || Exzenterring *m*, -bügel *m*; **-schijf:** eccentric [disk, sheave] || corps *m* d'excentrique *m*, plateau *m* excentrique || Exzenterkörper *m*, -scheibe *v*; **-schijf, eendelige:** solid eccentric sheave || plateau *m* d'excentrique *m* en une pièce *v* || einteilige Exzenterscheibe *v*; **-stand:** position of eccentric || position *v* de l'excentrique *m* || Exzenterstellung *v*; **-stang:** eccentric rod || barre *v* (tige *v*) d'excentrique *m* || Exzenterstange *v*; **-stangen, (*niet*) gekruiste:** crossed (*open*) eccentric rods || barres *vm* d'excentrique *m* croisées (*ouvertes*) || gekreuzte (*offene*) Exzenterstangen *vm*; **-voering:** eccentric strap liner || garniture *v* intérieure d'excentrique *m* || Exzentereinlage *v*, -futter *o*.

excentrisch: eccentric[al](*ly*) || excentrique(*ment*) || exzentrisch.

excitatie: excitation || excitation *v* || Erregung *v*; **-stroom:** exciting current | courant *m* d'excitation *v* || Erregerstrom *m*.

exemplaar: exemplar, specimen, sample; copy (*v. e. boek*, *enz.*) || exemplaire *m*, spécimen *m*; numéro *m* (*dagblad*, *tijdschr.*, *enz.*); fascicule *m* (*aflevering*) || Exemplar *o*; Einzelstück *o*, -nummer *v* (*v. e. boek*, *dagblad*, *enz.*).

exercitiepatroon: drill (dummy) cartridge || cartouche *v* à exercice *v* || Exerzierpatrone *v*.

exhaustor: exhauster, suction fan || exhauster *m*, ventilateur *m* aspirant || Exhaustor *m*, Saugventilator *m*.

exiniet: exinite || exinite *v* || Exinit *m*.

exothermisch: exothermal || exothermique || exotherm.

expan|der: tube expander || appareil *m* à mandriner les tubes *mm* || Rohraufweiterer *m*; **-deren:** to expand || se détendre || expandieren, sich [aus]dehnen, sich entspannen.

expansie: expansion, pressure release || détente *v*, expansion *v* || [Aus]dehnung *v*, Entspannung *v*, Expansion *v*; **-arbeid:** work done during expansion || travail *m* de détente *v* || Expansionsarbeit *v*; **-buis** (*v. De Laval*)**:** [de Laval] expansion nozzle || tuyère *v* de détente *v* [de Laval] || Ausdehnungs-, Lavalsche Düse *v*; **-cilinder:** expansion cylinder || cylindre *m* de détente *v* || Ausdehnungs-, Expansionszylinder *m*; **-excentriek:** expansion (cut off) eccentric || excentrique *m* de détente *v* || Expansionsexzenter *m*; **-graad:** degree of expansion || degré *m* de détente *v* || Expansionsgrad *m*; **-inrichting** (*stoomleiding*)**:** gland expansion (stuffing box) joint || tuyau *m* à presse-étoupe *m* || Stopfbüchsenrohr *o*; **-kamer:** expansion chamber || réservoir *m* de détente *v* || Ausdehnungsgefäß *o*; **-klep:** expansion (cut off) valve || soupape *v* de détente *v* || Expansionsventil *o*; **-koppeling:** expansion (flexible) coupling, coupling permitting axial movement || accouplement *m* extensible (à mouvement *m* axial) || Ausdehnungskupplung *v*, längsbewegliche Kupplung *v*; **-kromme:** expansion curve || courbe *v* de détente *v* || Ausdehnungs-, Expansionskurve *v*; **-machine:** expansion engine || machine *v* à expansion *v* || Expansionsmaschine *v*; **-periode:** expansion period || période *v* de détente *v* || Expansionsperiode *v*; **-pijp:** expansion (compensating) pipe || tube *m* compensateur (de compensation *v*) || Ausgleich-, Dehnungs-, Feder-, Kompensationsrohr *o*; **-regeling:** expansion (cut off) valve gear || distribution *v* à détente *v* || Expansionssteuerung *v*; **-regulateur:** cur off governor || régulateur *m* de détente *v* || Expansionsregler *m*; **-schuif:** expansion (cut off) valve || tiroir *m* de détente *v* (d'expansion *v*) || Expansionsschieber *m*; **-slang:** coiled expansion pipe || serpentin *m* compensateur || Ausgleichschlangenrohr *o*; **-stoom:** expansion steam || vapeur *v* à détente *v* || Expansivdampf *m*; **-stoommachine:** steam engine with expansion (working expansively) || machine *v* à vapeur *v* à détente *v* || Expansionsdampfmaschine *v*; **-verhouding:** expansion ratio || rapport *m* de détente *v* || Expansionsverhältnis *o*; **-voeg:** expansion joint || joint *m* de dilatation *v* || Ausdehnungs-, Expansionsfuge *v*, -verbindung *v*; **-voud:** *zie* **expansieverhouding.**

expedi|ëren: to forward; to ship || expédier || spedieren, abfertigen; **-teur:** forwarding-agent; shipping agent || commissionnaire-expéditeur *m*, entrepreneur *m* de transports *mm* || Spediteur *m*; **-tie:** forwarding; shipment || expédition *v* || Spedition *v*; **-tiekosten:** forwarding-charges || frais *mm* d'expédition *v* || Speditions-, Transportkosten *mrv*.

experiment: experiment || expérience *v* || Experiment *o*, Versuch *m*, Probe *v*; **-eel:** experimental(*ly*) || expérimental(*ement*) || experimentell, Experimental-; **-eren:** to experiment || expérimenter || experimentieren, Versuche *mm* machen (durchführen).

expert: expert, one skilled in the art || expert *m*, spécialiste *m* || Sachverständige(r) *m*, Expert *m*; **-ise:** report of expert || expertise *v*, rapport *m* d'expert *n* || Gutachten *o*, Begutachtung *v*, Expertise *v*.

ex|pliciet: explicit || explicite || explizit; **-ploderen:** *zie* **ontploffen.**

exploitatie: exploitation, working || exploitation *v* || Betrieb *m*; (*mijn*)**:** mining || || exploitation *v* des mines *vm* (*minière*) || Bergbau *m*, Bergwerks-, Grubenbetrieb *m*; (*spw.*)**:** railway working || exploitation *v* de chemins *mm* de fer *m* || Eisenbahnbetrieb *m*; **-, brengen** (*zijn*), **in:** to put into (*to be in*) operation || mettre (*être*) en exploitation *v* || in Betrieb *m* setzen (*im Betrieb m sein*); **-, in:** in operation, working, in working order, under development || en exploitation *v* || im (*in*) Betrieb *m*; **-kosten:** working expenses, operating expenditure || frais *mm* d'exploitation *v* || Betriebskosten *mrv*.

exploiteren: to work; to exploit (mine) (*mijn*); to run (*spoorweg*); to conduct (*zaak*) || exploiter (*mijn, spoorweg*); diriger, gérer (*zaak*) || betreiben, ausbeuten, -nutzen (*mijn, spoorweg*); betreiben, führen (*zaak*).

explo|ratie: exploration || exploration *v* || Erforschung *v*; **-reren:** to explore || explorer || erforschen, explorieren.

explo|sie: *zie* **ontploffing; -sie-:** *zie* **ontploffings-; -sief:** *zie* **ontplofbaar; -siemotor:** *zie* **verbrandingsmotor.**

exponent: exponent, index || exposant *m* || Exponent *m*; **-iaal:** exponential || exponentiel || exponential, Exponential-.

export: *zie* **uitvoer; -eren:** *zie* **uitvoeren.**

expo|sant: exhibitant, exhibiter || exposant *m* || Aussteller *m*; **-seren:** to exhibit

|| exposer || ausstellen; **-sitie:** exhibition || exposition *v* || Ausstellung *v*.

ex|tincteur: fire extinguisher || extincteur *m* d'incendie *v* || Feuerlöscher *m*; **-tirpator:** extirpator, grubber || extirpateur *m* || Extirpator *m*, Grubber *m*.

extra: extra, special, additional || extraordinaire, spécial, additionnel || Extra-, Sonder-, Zusatz-, zusätzlich; **-lucht** (*-stoom*)**:** additional air (*steam*) || air *m* additionnel (*vapeur v additionnelle*) || Zusatzluft *v* (*-dampf m*); **-trein:** special train || train *m* spécial || Sonder-, Extrazug *m*.

ex|tract: *zie* **aftreksel** *en* **uittreksel; -traheren:** *zie* **uittrekken 2.**

extrusie: *zie* **persing** *onder* **persen 4.**

ezel (*schilder*)**:** easel || chevalet *m* || Staffelei *v*.

ezelsrug: 1. (*rangeerheuvel*)**:** cat's back, double incline || dos *m* d'âne *m* || Eselsrücken *m*;
2. (*bouwk.*)**:** ogee arch || arc *m* en dos *m* d'âne *m* || Eselsrücken *m*.

F

fabri|cage: manufacture, manufacturing || fabrication *v*, construction *v* || Fabrikation *v*, Herstellung *v*, Anfertigung *v*; **-cage in massa:** bulk production, wholesale manufacture || fabrication *v* en masse *v* || Massenfabrikation *v*, -herstellung, -erzeugung *v*; **-cagekosten:** cost of manufacture, manufacturing cost || frais *mm* de fabrication *v* || Herstellungs-, Fabrikationskosten *mrv*; **-cageproces:** manufacturing process || procédé *m* de fabrication *v* || Herstellungsverfahren *o*; **-cageprogramma:** range of manufacture || gamme *v* de fabrication *v* || Herstellungs-, Fabrikationsgebiet *o*; **-cageschema:** manufacturing (working) schedule (scheme) || plan *m* de fabrication *v* || Fabrikationsprogramm *o*; **-catie:** *zie* **fabricage; -eren:** to manufacture, to make, to prepare || fabriquer, préparer || herstellen, anfertigen, erzeugen, fabrizieren; **-cering:** *zie* **fabricage.**

fabriek: factory, [manufacturing] works, manufactory (*algem.*); mill (*papier, malerij, enz.*); plant (*chem. fabr., aardolie, enz.*) || fabrique *v*; atelier *m* de construction *v* (*machinefabr., enz.*); usine *v* (*chem. fabr., grote fabr.*); manufacture *v* (*v. fijn afgew. stoffen*) || Fabrik *v*, Werk *o*; **- v. verduurzaamde levensmiddelen:** canning factory || fabrique *v* de conserves *vm* alimentaires || Konservenfabrik *v*; **-, chemische:** chemical works (plant) || usine *v* chimique || chemische Fabrik *v*; **-, elektrotechnische:** electric manufacturing work || usine *v* électrotechnique || elektrotechnische Fabrik *v*; **-matig:** manufactural, mechanically, machine (factory) made, manufactured || fabriqué, machinalement, fait à la machine *v* || fabrikmäßig.

fabrieks|arbeider (*-ster*)**:** factory hand (man, worker), mill hand, (*factory* (*mill*) *woman*) || ouvrier *m* (*ouvrière v*) d'industrie *v* (d'usine *v*, de fabrique *v*) || Fabrikarbeiter *m* (*-arbeiterin v*); **-baas:** foreman, overseer || patron *m*, contre-maître *m*, chef *m* d'atelier *m* || Fabriksaufseher *m*, -meister *m*, Werkmeister *m*; **-eigenaar:** factory (mill) owner || propriétaire *m* de fabrique *v* || Fabrikbesitzer *m*; **-fluit:** hooter || sirène *v* de fabrique *v* || Fabrikpfeife *v*; **-gasmeter:** gas work meter || compteur *m* d'usine *v* || Fabrikgasmesser *m*; **-gebouw:** factory building (premise) || bâtiment *m* de fabrique *v* (d'usine *v*) || Fabrikgebäude *o*; **-geheim:** trade secret || secret *m* de fabrication *v* || Fabrik-, Betriebsgeheimnis *o*; **-goed** [1])**:** manufactured goods || articles *mm* faits à la machine *v*, marchandises *vm* fabriquées; camelote *v* (*slecht*) || Fabrikware *v*; **-inrichting:** factory (mill) plant || outillage *m* de la fabrique *v* || Betriebs-, Fabrikanlage *v*; **-inspectie:** official inspection || inspection *v* industrielle || Gewerbeinspektion *v*; **-installatie** (*elektr.*)**:** works installation || installation *v* d'usine *v* || Fabrikinstallation *v*; **-merk** [2])**:** trade mark || marque *v* de fabrique *v* || Fabrikzeichen *o*, Schutzmarke *v*; **-merk, ingeschreven:** registered trade mark || marque *v* de fabrique *v* déposée || eingetragene Schutzmarke *v*; **-nijverheid:** manufacturing (factory) industry || industrie *v* manufacturière (fabricante) || Fabrikindustrie *v*; **-proef:** factory test || épreuve *v* à l'usine *v* || Fabrikprobe *v*; -versuch *m*, Betriebsversuch *m*; **-prijs:** manufacturer's (maker's) cost (price) || prix *m* de fabrique *v* (facture *v*) || Fabrikpreis *m*; **-schoorsteen:** factory chimney || cheminée *v* d'usine *v* || Fabrikschorn-

[1]) Zie ook *fabriekswaar, -werk, fabrikaat.*
[2]) Zie ook *handelsmerk.*

stein *m*; **-spoor:** factory (works) railway || voie *v* d'usine *v* (industrielle) || Werk-, Industrie-, Schleppbahn *v*; **-stad:** manufacturing town || ville *v* manufacturière (industrielle) || Fabrikstadt *v*; **-terrein:** factory site || terrain *m* de la fabrique *v* || Fabrikgelände *o*; **-toezicht:** official supervision || surveillance *v* industrielle || Gewerbeaufsicht *v*; **-voorschriften:** official regulations || règlement *m* industriel || Gewerbeordnung *v*; **-waar** [1]**:** factory goods || article *m* (produit *m*) de fabrique *v* || Fabrikware *v*; **-werk** [1]**:** machine made article[s] || ouvrage *m* de fabrique *v* || Fabrikarbeit *v*; **-wetgeving:** industrial legislation || législation *v* industrielle || Gewerbegesetzgebung *v*; **-wetten:** Factories and Workshops Acts || lois *vm* industrielles (sur la main *v* d'oeuvre *v*) || Fabrikordnungen *vm*, Gewerbegesetze *om*; **-wezen:** manufacturing industry || industrie *v* || Fabrikwesen *o*.

fabri|kaat [2]**:** make, manufacture, product || articles *mm* (produits *mm*) de fabrication *v*, article *m* (produit *m*) fabriqué || Fabrikat *o*, Erzeugnis *o*; **-kaat, binnenlands** (*buitenlands*)**:** home-made (*foreign-made*) product, home (*foreign*) manufacture || produit *m* [de fabrication *v*] indigène (*étrangère*) || [ein]heimisches (*ausländisches*) Erzeugnis *o* (Produkt *o*); **-kant:** manufacturer, factory (mill) owner; maker || fabricant *m*, manufacturier *m*, usinier *m* || Fabrikant *m*, Fabrikbesitzer *m*; Hersteller *m*.

façade: face, front, façade || façade *v*, face *v* || Fassade *v*, Front *v*, Schauseite *v*.

facet: facet || facette *v* || Facette *v*, Rautenfläche *v*; **-tenschaaf:** bevelling shootboard || rabot *m* à biseau *m* || Facettenhobel *m*.

façon|buis: adapting (template) pipe, making up piece || tube *m* d'ajustage *m* || Fasson- *o*, Paßrohr *o*, Formstück *o*; **-draad:** section wire || fil *m* profilé || Fasson-, Formdraht *m*; **-draaibank:** capstan (turret, forming) lathe, screw machine || tour *m* à décolleter (à profiler, automatique) || Fasson-, Formdrehbank *v*; **-staal:** figured (section, structural) steel || acier *m* profilé || Fasson-, Formstahl *m*, Profilstahl *m*; **-wals:** finishing roll || cylindre *m* finisseur *m* || Fertigwalze *v*.

factor: factor || facteur *m* || Faktor *m*; **- der regelmatige** (*verstrooide*) **terugkaatsing:** direct (*diffuse*) reflection factor || facteur *m* de réflexion *v* régulière (*diffuse*) || Faktor *m* der gerichteten (*gestreuten*) Reflexion *v*.

factuur: invoice || facture *v* || Faktur[a] *v*, Fakturen-, Verkaufsrechnung *v*.

fahlerts: *zie* **tetraëdriet.**

faïence: faience, glazed earthen ware, stoneware || faïence *v* || Fayence *v*, Steingut *o*, Halbporzellan *o*; **-blauw:** China (Delft ware, English) blue || bleu *m* anglais (de Chine *v*, de faïence *v*) || Fayenceblau *o*; **-fabriek:** stoneware manufacture || fabrique *v* de faïence *v* || Fayence-, Steingutfabrik *v*.

fakkel: torch || torche *v* || Fackel *v*.

fantasie: fancy || fantasie *v* || Phantasie *v*; **-garen:** fancy yarn || [fil *m* de] fantasie *v* || Phantasiegarn *o*; **-letter:** ornamented-type, fancy-type || caractères *mm* ornés, fantaisies *vm* || Zierschrift *v*.

fantoom (*duplexverbinding*)**:** phantom circuit || circuit *m* combiné (fantomé) || Vierer-, Phantomkreis *m*; **-groep:** phantom group || groupe *m* combinable || Phantomgruppe *v*.

farad: farad || farad *m* || Farad *o*; **-isatie:** faradisation || faradisation *v* || Faradisation *v*; **-isch:** faradic || faradique || faradisch, Induktions-; **-meter:** faradmeter || faradmètre *m* || Faradmesser *m*.

farma|ceutisch: pharmaceutic || pharmaceutique || pharmazeutisch; **-koliet:** pharmacolite || pharmacolite *v* || Pharmakolith *m*.

fascine: brush bundle, fagot, fascine || fascine *v*, saucisson *m* || Faschine *v*, Reisigbund *o*, -bündel *o*; **-band:** fascine band || hart *v* de fascine *v* || Faschinenband *o*, -bund *m*; **-bank:** fascine bed (cradle) || banc *m* à fascines *vm* || Faschinenbank *v*; **-bok:** fascine horse (trestle) || chevalet *m* à fascine *v* || Faschinenbock *m*; **-ketting:** choking chain || chaîne *v* à saucissons *mm* || Faschinen-, Würgekette *v*; **-maat:** fascine gauge || jauge *v* d'une fascine *v* || Faschinenlehre *v*; **-mes:** billhook, handbill || serpe *v*, serpette *v* || Faschinenmesser *o*.

fascinen|bekleding: fascine revetment || fascinage *m*, revêtement *m* en fascines *vm* || Faschinenbekleidung *v*, -blendung *v*; **-dam:** fascine causeway (dike) || digue *v* (pont *m*) de fascines *vm* || Faschinenbrücke *v*, -damm *m*; **-laag:** course of fascines || rang *m* de saucissons *mm* || Faschinenschicht *m*; **-werk:** fascine work || fascinage *m* || Faschinenbau *m*, -werk *o*.

fase: 1. (*fys.*; *chem.*)**:** phase || phase *v* || Phase *v*; **-, disperse:** *zie* **fase 1, gedispergeerde; -, gedispergeerde:** internal (dispersed, interior) phase || phase *v* dispersée micelles *vm*, granules *vm* || disperse Phase *v*; **-, vloeibare** (*vaste*; *gasvormige*)**:**

---

[1]) Zie ook *fabrieksgoed*, *-werk*, *fabrikaat*.
[2]) Zie ook *fabrieksgoed*, *-waar*, *-werk*.

liquid (*solid*; *gaseous*) phase || phase *v* liquide (*solide*; *gazeuse*) || flüssige (*feste*; *gasförmige*, *Gasphase*) Phase *v*; **-nregel [v. Gibbs]:** [Gibb's] phase rule || loi *v* des phases *vm* [de Gibbs] || [Gibbssche] Phasenregel *v*;
2. (*elektr.*): phase || phase *v* || Phase *v*; **- achter** (*voor*) **zijn, in:** to lag (*to lead*) in phase || être en retard *m* (*en avance v*) de phase *v* || [in Phase *v*] nacheilen (*voreilen*); **- gaan verschillen, in:** to fall out of step || tomber hors de phase *v*, se décrocher || außer Tritt *m* fallen; **- omwisselen, de:** to exchange the phases || permuter les phases *vm* || die Phasen *vm* vertauschen; **- overeenbrengen, in:** to synchronise || synchroniser, mettre en phase *v* || synchronisieren; **- overeenstemmen, in:** to be in phase || être en (concordance *v* de) phase *v* || in Phase *v* sein; **- verschillen, in:** to differ in phase || différer en phase *v* || ungleiche Phasen *vm* haben; **- verschoven, in:** out of phase || déphasé (décalé en phase *v*) || in Phase *v* verschoben, phasenverschoben; **-n-:** *zie na* **faseweerstand; -omzetter:** phase convertor || convertisseur *m* de phase *v* || Phasenumformer *m*; **-weerstand:** phase resistance, resistance per phase || résistance *v* de phase *v* || Phasenwiderstand *m*.
fasen| achter elkander schakelen: to connect phases in series || joindre des phases *vm* en série *v* || Phasen *vm* hintereinanderschalten; **-, (*on*)gelijkbelaste:** (*un*)balanced phases || phases *vm* (*inégalement*) uniformément chargées || (*un*)gleichbelastete Phasen *vm*; **-aanwijzer:** phase indicator || indicateur *m* de phases *vm* || Phasenanzeiger *m*, -indikator *m*; **-gelijkheid:** phase coincidence || coïncidence *v* de phases *vm* || Phasengleichheit *v*, -übereinstimmung *v*; **-groepering:** phase grouping, grouping of phases || groupement *m* des phases *vm* || Phasenanordnung *v*; **-hoek:** phase angle || angle *m* de déphasage *m* || Phasenwinkel *m*; **-indicateur:** *zie* **fasenaanwijzer; -lamp:** phase lamp || lampe *v* d'indicateur *m* de phase *v* || Phasenlampe *v*; **-meter:** phase meter || phasemètre *m* || Phasenmesser *m*; **-naloop:** lag of (in) phase, phase lag || retard *m* de phase *v* || Phasennacheilung *v*, -verzögerung *v*; **-overeenstemming:** *zie* **fasengelijkheid; -regeling:** *zie* **fasengroepering; -regulateur:** phase regulator || régulateur *m* de phase *v* || Phasenregler *m*; **-rotor:** wound (phase) rotor || rotor *m* [à bobines *vm*, à phases *vm*] || gewickelter Rotor *m*; **-spanning:** phase voltage || tension *v* de phase *v* || Phasenspannung *v*; **-stroom:** phase current, current per phase || courant *m* de phase *v* || Phasenstrom *m*; **-transformatie:** phase transformation || transformation *v* de phase *v* || Phasentransformation *v*; **-transformator:** phase transformator || transformateur *m* de phase *v* || Phasentransformator *m*; **-verbinding:** interlinking of phases || jonction *v* (raccordement *m*) des phases *vm* || Phasenverkettung *v*; **-verdeling:** phase distribution || distribution *v* des phases *vm* || Phasenverteilung *v*; **-verhouding:** phase relation || rapport *m* des phases *vm* || Phasenverhältnis *o*; **-verschil:** difference of phase, phase difference || différence *v* de phases *vm* || Phasendifferenz *v*, -unterschied *m*; **-verschuiving:** phase displacement || décalage *m* de phase *v*, déphasage *m* || Phasenverschiebung *v*; **-verschuivingshoek:** angle of phase displacement, phase angle || angle *m* de phase *v* || Phasenverschiebungswinkel *m*; **-vertraging:** *zie* **fasennaloop; -vervroeging:** lead in phase || avance *v* de phase *v* || Phasenvoreilung *v*; **-voorloop:** *zie* **fasenvervroeging; -wikkeling:** phase winding || enroulement *m* à phases *vm* || Phasenwick[e]lung *v*.
fa|yaliet: fayalite || fayalite *v* || Fayalit *m*; **-yence:** *zie* **faïence.**
feit: fact || fait *m* || Tatsache *v*.
fel: severe; loud, glaring (*kleur*) || violent; rude; véhément || heftig; prall (*zon*); grell, scharf (*licht*); grell (*kleur*).
felsen: to fold || plier || falzen.
felsiet: vitreous feldspath || feldspath *m* vitreux || Felsit *m*; **-porfier:** quartz porphyry || porphyre *m* quartzifère || Felsit-, Quarzporphyr *m*.
fenol: phenol || phénol *m*; || Phenol *o*; **-ftaleïen:** phenolphthalien || phénolphtaleïne *v* || Phenolphtalein *o*; **-ftaleïne*:** *zie* **fenolftaleïen.**
fenyl: phenyl || phényl[e] *m* || Phenyl *o*; **-amine** (aniline)**:** phenylamine || phénylamine *v* || Phenylamin *o*; **-etheen (ethenylbenzeen;** styreen)**:** phenylethene || phényléthène *m* || (Phenyläthen *o*); **-groep:** phenyl group || groupe *m* (groupement *m*) phényl[e] || Phenylgruppe *v*; **-methanal** (benzaldehyde)**:** phenylmethanal || phénylméthanal *m* || (Phenylmethanal *o*); **-methanol** (benzylalkohol)**:** phenylmethanol || phénylméthanol *m* || (Phenylmethanol *o*).
fergusoniet: fergusonite || fergusonite *v* || Fergusonit *m*.
ferlet: peel || ferlet *m* || Aufhängekreuz *o*, Rieshänge *v*.
ferment[1])**:** ferment || ferment *m* || Ferment *o*; **-atie:** fermentation || fermenta-

---

[1]) Zie ook *enzyme*.

tion *v* || Fermentation *v*; **-eren** (*en: doen fermenteren*): to ferment || fermenter || fermentieren.

ferri|acetaat: ferric acetate || acétate *m* ferrique || Ferriacetat *o*; **-bromide:** ferric bromide || bromure *m* ferrique || Ferri-, Eisenbromid *o*; **-chloride:** ferric chloride || chlorure *m* ferrique || Ferri-, Eisenchlorid *o*; **-cyaankalium** (*-cyaannatrium*): *zie* **kaliumferricyanide** (*natriumferricyanide*); **-ferrocyanide:** ferric ferrocyanide || cyanure *m* ferrico-ferreux || Ferriferrocyanid *o*; **-fluoride:** ferric fluoride || fluorure *m* ferrique || Ferri-, Eisenfluorid *o*; **-fosfaat:** ferric phosphate || phosphate *m* ferrique || Ferriphosphat *o*; **-hydroxyde:** ferric hydroxide || hydrate *m* ferrique || Ferrihydroxyd *o*; **-jodide:** ferric iodide || iodure *m* ferrique || Ferri-, Eisenjodid *o*; **-nitraat:** ferric nitrate || azotate *m* (nitrate *m*) ferrique || Ferrinitrat *o*; **-oxalaat:** ferric oxalate || oxalate *m* ferrique || Ferrioxalat *o*; **-oxyde:** ferric oxide || oxyde *m* ferrique || Ferri-, Eisenoxyd *o*; **-rhodanide:** *zie* **ferrithiocyanaat**; **-sulfaat:** ferric sulfate || sulfate *m* ferrique || Ferrisulfat *o*; **-sulfide:** ferric sulfide || sulfure *m* ferrique || Ferri-, Eisensulfid *o*; **-thiocyanaat:** ferric thiocyanate || thiocyanate *m* ferrique || Ferrithiocyanat *o*, Ferri-, Eisenrhodanid *o*; **-zout:** ferric salt || sel *m* ferrique || Ferri-, Eisensalz *o*.

ferro|acetaat: ferrous acetate || acétate *m* ferreux || Ferroacetat *o*; **-bromide:** ferrous bromide || bromure *m* ferreux, protobromure *m* de fer *m* || Ferrobromid *o*, Eisenbromür *o*; **-carbonaat:** ferrous carbonate || carbonate *m* ferreux || Ferrocarbonat *o*; **-chloride:** ferrous chloride || chlorure *m* ferreux, protochlorure *m* de fer *m* || Ferrochlorid *o*, Eisenchlorür *o*; **-cyaankalium** (*-cyaannatrium*): *zie* **kaliumferrocyanide** (*natriumferrocyanide*); **-cyanide:** ferrous cyanide || cyanure *m* ferreux || Ferrocyanid *o*; Eisencyanür *o*; **-ferricyanide:** ferrous ferricyanide || cyanure *m* ferrosoferrique || Ferroferricyanid *o*; **-ferrioxyde:** ferric-ferrous (ferrosic) oxide || oxyde *m* ferroso-ferrique || Ferroferrioxyd *o*, Eisenoxydoxydul *o*; **-ferrocyanide:** ferrous ferrocyanide || cyanure *m* ferrosoferreux || Ferroferrocyanid *o*; **-fluoride:** ferrous fluoride || fluorure *m* ferreux, protofluorure *m* de fer *m* || Ferrofluorid *o*, Eisenfluorür *o*; **-fosfaat:** ferrous phosphate || phosphate *m* ferreux || Ferrophosphat *o*; **-hydroxyde:** ferrous hydroxide || hydrate *m* ferreux || Ferrohydroxyd *o*; **-jodide:** ferrous iodide || iodure *m* ferreux, protoiodure *m* de fer *m* || Ferrojodid *o*, Eisenjodür *o*; **-nitraat:** ferrous nitrate || azotate *m* (nitrate *m*) ferreux || Ferronitrat *o*; **-oxalaat:** ferrous oxalate || oxalate *m* ferreux || Ferrooxalat *o*; **-oxyde:** ferrous oxide || oxyde *m* ferreux || Ferrooxyd *o*, Eisenoxydul *o*; **-sulfaat:** ferrous sulfate || sulfate *m* ferreux || Ferrosulfat *o*; **-sulfide:** ferrous sulfide || sulfure *m* ferreux, protosulfure *m* de fer *m* || Ferrosulfid *o*, Eisensulfür *o*; **-zout:** ferrous salt || sel *m* ferreux || Ferrosalz *o*.

fermoor[beitel]: former, paring (ripping) chisel || fermoir *m* || Bollen-, Balleisen *o*, Fermoor *o*.

fernambuk[hout]: brasil (pernambucco)-wood || bois *m* de Brésil (de Fernambouc) || Fernambuk-, Rotholz *o*.

fes|toen: garland || pancarpe *m* || Gehänge *o*; **-tonneren:** to scallop (festoon) || festonner || festonnieren.

fi|brine: fibrine || fibrine *v* || Fibrin *o*; **-broïne:** fibroin || fibroïne *v* || Fibroin *o*.

fidelboor: *zie* **boogdril** *onder* **boog 4.**

field|ketel: Field boiler || chaudière *v* (générateur *m*) [de] Field *m* || Fieldkessel *m*; **-pijp:** double (Field) tube || tube *m* Field || Doppel-, Fieldrohr *o*.

fiets: *zie* **rijwiel.**

figuur: figure || figure *v* || Figur *v*, Abbildung *v*; **-, ingeschreven** (*omgeschreven*): inscribed (*circumscribed*) figure || figure *v* inscrite (*circonscrite*) || eingeschriebene (*umschriebene*) Figur *v*; **-binding** (*weverij*): weave for figured goods || armure *m* pour tissu *m* façonné || Bindung *v* für gemustertes Gewebe *o*; **-lijnen maken** (*o. d. rug v. e. boek*): to filet || fileter || filettieren; **-stempel** (*typogr.*): back tool || fer *m* à fileter, filet *m* || Fadenstempel *m*, Filet *o*; **-weven:** fancy (figured, Jacquard) weaving || tissage *m* au Jacquard (des étoffes *vm* grand façonnées) || Gebild-, Jacquardweberei *v*; **-zaag:** fret (scroll) saw || scie *v* à contourner (à découper) d'horloger *m*) || Laubsäge *v*.

filet: 1.: *zie* **figuurstempel;**
2. (*typogr.*): rule || filet *m* || Linie *v*, Schlußstück *o*.

filigraan: filigree, filigrane || filigrane *m* || Filigranarbeit *v*, Filigran *o*; **-glas:** filigree (reticulated) glass || verre *m* filigrané || Faden-, Filigranglas *o*; **-werk:** filigraned work || ouvrage *m* en filigrane *m* || Filigranarbeit *v*.

fili|graneren: to filigrane || filigraner || filigranisieren; **-greinpapier:** reticulated paper || papier *m* filigrané || Filigranpapier *o*.

film: 1. (*dunne laag*): [thin] film || couche *v* [très] mince, film *m* || Film *m*, Haut *v*; *zie ook* **foelie; huid; vlies:**

2. (*kunststoftechn.*): film, sheet || film *m*, pellicule *v* || Film *m*, Folie *v*;
3. (*kinematogr.*): film || [bande *v* de] film *m* (pellicule *v*) || Film *m*, Bildstreifen *m*; **- m. twee gevoelige lagen:** double emulsion film || film *m* à double émulsion *v* || doppeltbegossener Film *m*; **-, documentaire:** documentary film || film *m* documentaire || Unterrichtungsfilm *m*; **-, sprekende:** talking film || film *m* parlant (parlé) || Sprechtonfilm *m*; **-, stomme:** silent film || film *m* muet || Stummfilm *m*; **-camera:** film (motion picture) camera || caméra *v*, appareil *m* de prises *vm* de vue *v* || Film-, Bildkamera *v*; **-cassette:** spool box, film drum || magasin *m* || Filmkassette *v*; **-copie** (*duplicaat*)**:** film copy || copie *v* (d'un film *m*) || Filmkopie *v*; **-en:** to film; to record a film || filmer; tourner un film *m* || filmen; einen Film *m* aufnehmen; **-spoel:** film spool || bobine *v* [de film *m*] || Filmspule *v*; **-toestel:** *zie* **filmcamera;**
4. (*fotogr.*): [roll-]film || [roll]film *m*, pellicule *v* || [Roll]film *m*; **-pak:** film-pack || filmpack *m* || Filmpack *o*; **-spoel:** [film] spool || bobine *v* || [Film]spule *v*.

filter [1]**: 1.** (*algem.*: *inrichting voor scheiding v. ongelijksoortige dingen*): filter || filtre *m* || Filter *o, m*; **-afdeling:** filter chamber (section) || compartiment *m* de filtre *m* || Filterabteilung *v*, -kammer *v*; **-bak:** *zie* **filterkast; -cel:** filter cell || élément *m* de filtre *m* || Filterelement *o*; **-doek:** filter[ing] cloth || toile *v* à filtrer || Filtertuch *o*; **-en:** *zie* **filtreren** *en* **zeven 3; -kamer:** *zie* **filterafdeling; -kast:** filter casing || corps *m* (enveloppe *v*) du filtre *m* || Filtergehäuse *o*; **-pers:** filter press || filtre-presse *m* || Filterpresse *v*; **-plaat:** filtering plate || plaque *v* à filtrer || Filterplatte *v*; **-ruimte:** filtration chamber || chambre *v* de filtration *v* || Filterraum *m*; **-voorverwarmer:** filter feed heater || réchauffeur-filtre *m* || Filtervorwärmer *m*;
2. (*inrichting voor scheiding v. gelijksoortige, ongelijke dingen*: *licht*; *elektr.*; *röntgentechn.*; *enz.*)**:** *zie* **zeef 2.**

fil|traat: filtrate || filtrat *m* || Filtrat *o*; **-tratie:** filtration || filtration *v* || Filtrierung *v*, Filtration *v*.

filtreer-: *zie ook* **filter-; -bassin:** filter[ing] basin || purgeoir *m* || Filtrierbassin *o*; **-doek:** filter[ing] cloth || toile *v* à filtrer || Kolier-, Seihe-, Filtriertuch *o*; **-inrichting:** filter[ing] apparatus (plant) || appareil *m* (installation *v*) à filtrer || Filtrier-, Filtervorrichtung *v* (-anlage *v*); **-laag:** filter bed || couche *v* filtrante || Filterschicht *m*; **-papier:** filter[ing] paper || papier *m* à filtrer (à filtre *m*) || Filtrierpapier *o*; **-steen:** filtering stone || pièrre *v* à filtrer || Filtrierstein *m*; **-stof:** filtering material || matière *v* filtrante || Filterstoff *m*; **-toestel:** filtering apparatus || appareil *m* à filtrer || Filtrierapparat *m*.

filtre|ren: 1. (*algem.*: *scheiden v. ongelijksoortige dingen*)**:** to filter || filtrer || filtrieren, filtern; **-ring:** filtration || filtration *v*, filtrage *m* || Filtrierung *v*;
2. (*scheiden v. gelijksoortige, ongelijke dingen*: *licht*; *elektr.*; *röntgentechn.*; *enz.*)**:** *zie* **zeven 3.**

fineer|blad: veneer || feuille *v* de placage *m* || Furnier[blatt] *o*; **-hout:** veneer[ing] wood || bois *m* de placage *m* (en feuilles *vm*), feuillet *m* || Furnierholz *o*; **-machine:** veneering machine || machine *v* à plaquer || Furniermaschine *v*; **-oven:** refining furnace || fourneau *m* (four *m*) d'affinage *m* || Treibofen *m*; **-schaaf:** veneering plane || rabot *m* d'ébéniste *m* || Furnierhobel *m*; **-zaag:** board (frame, veneer) saw || scie *v* à placage *m* || Klob-, Furniersäge *v*; **-zaagbank:** veneer cutting machine, veneer mill || scierie *v* à placage *m* || Furnierschneidmaschine *v*.

fineren: 1. (*metaal*)**:** to refine; refining || affiner; affinage *m* || affinieren, frischen; feinbrennen; Affinierung *v*;
2. (*hout*)**:** to veneer || plaquer; placage *m* || furnieren; **-** (*hout aan beide zijden*)**:** to veneer on both sides, to counterveneer || contre-plaquer || gegenfurnieren.

firma: firm || raison *v* sociale, firme *v* || Firma *v*; **-plaat** (*o. e. mach.*)**:** maker's name plate || plaque *v* du constructeur *m* || Fabrik-, Firmenschild *o*.

fitter: gasfitter || appareilleur *m* de gaz *m* || Gaseinrichter *m*.

fitting: fitting || garniture *v* || Armatur *v*, Garnitur *v* (-teil *m*); *zie ook* **lamphouder; - voor buizen:** conduit fittings || garnitures *vm* de tube *m* || Rohrarmatur *v*.

fixeer|bad: fixing bath || bain *m* de fixage *m* || Fixierbad *o*; **-middel:** fixing agent || fixateur *m* || Fixiermittel *o*.

fixeren: to fix || fixer || fixieren.

flambouw: *zie* **fakkel.**

flanel: flannel || flanelle *v* || Flanell *m*; **-, grof:** coarse flannel || flanelle *v* grosse || grober Flanell *m*; **-polijstschijf:** flannel polishing wheel || roue *v* de polissage *m* en flanelle *v* || Flanellpolierscheibe *v*.

flankput (*petr.*)**:** flank well || puits *m* de flanc *m* || Flankensonde *v*.

flat: *zie* **vlet 1.**

flens: bead, flange, rib || bride *v*, bourrelet *m* || Flansch *m*, Flansche *v*; (*profielstaal*)**:** flange || aile *v* || Schenkel *m*; **- m. in-**

[1]) Zie ook onder *filtreer-*.

gelaten rand: recessed flanged joint || bride *v* à emboîtement *m* || Flansch *m* mit Vor- und Rücksprung *m*; **- m. pakkinggroeven:** flange with packing grooves || bride *v* à rainures *vm* pour la garniture *v* || Flansch *m* mit Dichtungsrillen *vm*; **-, blinde:** blank flange || bride *v* aveugle, fausse bride *v* || Blindflansch *m*; **-, buitenwaarts gerichte:** outward flange || bride *v* extérieure, collet *m* extérieur || äußere Krempe *v*; **-haakse:** angle (collar) flange || bride *v* à cornière *v* || Winkelflansch *m*; **-, losse:** loose flange || bride *v* folle (rapportée) || loser Flansch *m*; **-, opgeklonken:** flange riveted on || bride *v* rivetée || aufgenieteter Flansch *m*; **-, opgeschroefde:** screwed on flange || bride *v* vissée || aufgeschraubter Flansch *m*; **-, opgesoldeerde:** brazed on flange || bride *v* soudée || aufgelöteter Flansch *m*; **-, vaste:** cast (fixed) flange || bride *v* fixe || fester Flansch *m*; **-breedte:** width of flange || largeur *v* de bride *v* || Flanschbreite *v*; **-koppelbus:** flange coupling || accouplement *m* à plateaux *mm* || Flanschen-, Scheibenkupplung *v*; **-koppeling:** flange coupling, flanged joint, angle (flanged) seam || joint *m* à brides *vm*, assemblage *m* à tôle *v* emboutie || Flanschverbindung *v*, Bördelnietung *v*; **-koppeling** (*mach. onderdeel*): plate coupling || accouplement *m* à plateaux *mm* || Flanschen-, Scheibenkupplung *v*; **-kraag:** flange brazed on || bague *v* soudée || Lötring *m*; **-machine:** flanging machine || appareil *m* à brider, machine *v* à border || Bördel-, Krämp-, Siekenmaschine *v*, Gesimswalzwerk *o*; **-machine v. ronde verflenzing:** circular flanging press || machine *v* à border circulaire, presse *v* à border les fonds *mm* de cuves *vm* || Kümpelmaschine *v*, -presse *v*; **-motor:** motor with flange || moteur *m* à bride *v* || Flanschmotor *m*; **-proef:** flanging test || essai *m* de bridage *m* || Bördelprobe *v*; **-pijp:** flanged pipe (socket) || tuyau *m* à brides *vm* (bridé), tubulure *v* || Flanschenrohr *v*, Rohransatz *m*, -stutzen *m*; **-verbinding:** flange sleeve || raccord *m* à brides *vm* || Flansch[en]verbindung *v*; **-verpakking:** joint packing, gasket || garniture *v* des brides *vm* || Flanschendichtung *v*, -packung *v*; **-verpakking m. conische ring:** flanged joint with conical ring || joint *m* à brides *vm* avec bague *v* de garniture *v* conique || Flanschendichtung *v* durch eingelegten konischen Ring *m*; **-verpakking m. veer en groef:** flanged joint with tongue and groove || joint *m* à brides *vm* à encastrement *m* || Flanschendichtung *v* mit Feder *v* und Nut *v*.

flenzen: to flange || brider, border || [um]-bördeln, krampen; **- pas slijpen, de:** to scrape the flanges together || roder les brides *vm* l'une sur l'autre || die Flanschen *mm* aufeinanderschleifen.

fles: bottle || bouteille *v* || Flasche *v*; **-, glazen:** glass bottle || bouteille *v* de verre *m* || Glasflasche *v*; **-, grote** (*zuur*): glass carboy || bonbonne *v* || Säureballon *m*; **-, Leidse:** Leyden jar || bouteille *v* de Leyde || Leidener Flasche *v*; **-jeswaterpas:** water level || niveau *m* d'eau *v* à tube *m* rigide || Kanalwaage *v*; **-vorm:** bottle mould || moule *v* à bouteilles *vm* || Flaschenform *v*; **-vormig:** bottle shaped || en forme *v* de bouteille *v* || flaschenförmig; **-vijzel:** bottle jack || vérin *m* en forme *v* de bouteille *v* || Flaschenwinde *v*.

flessen|batterij: battery of bottle cells || batterie *v* de piles-bouteilles *vm* || Flaschenbatterie *v*; **-capsule:** capsule for bottles || capsule *v* à bouteilles *vm* || Flaschenkapsel *m*; **-fabriek:** manufacture of bottles || fabrique *v* de bouteilles *vm* || Flaschenfabrik *v*; **-glas:** bottle glass || verre *m* à bouteilles *vm* || Flaschenglas *o*; **-mand:** bottle hamper || panier *m* à bouteilles *vm* || Flaschenkorb *m*; **-wisser:** bottle brush || goupillon *m* || Flaschenbürste *v*.

flets: pale, faded[-looking], washy, washed out || terne, pâle, blême, flétri || fahl, matt, flau.

flexuur: *zie* **knikplooi.**

flikker|en: 1. (*algem.*): to flicker || vaciller, danser || flackern, flimmern; **-fotometer:** flicker photometer || photomètre *m* à éclats *mm* || Flacker-, Flimmerphotometer *o*, *m*; **-ing:** flicker[ing] || vacillement *m* || Flackern *o*, Flimmern *o*; **-licht:** flash-light, intermittent light || feu *m* à éclipses *vm* (à éclats *mm*) || Blinkfeuer *o*, -licht *o*, Unterbrechungsfeuer *o*, unterbrochenes Feuer *o*;
2. (*metaal in e. cupel*): to uncover (brighten) || se découvrir, faire l'éclair *m* || blicken.

flint: *zie* **vlint; -glas:** flint glass || flint [glass] *m* || Flintglas *o*.

floculeren: *zie* **uitvlokken.**

floers: crape || crêpe *m* || Flor *m*.

flonkeren [1]**:** to scintillate || scintiller || szintillieren.

floret|afval: silk waste || [s]chappe *v*, déchet *m* || Florettseidenabfall *m*; **-band:** ferret (floss silk) ribbon || ruban *m* de filoselle *v* || Florettband *o*; **-draad:** floret silk, chappe || fil *m* de [s]chappe *v* || Schappe-, Crescentingarn *o*; **-spinnerij:**

[1]) Zie ook *flikkeren.*

floss silk manufactory (mill) || soierie *v* de fleuret *m* || Florettseidenspinnerei *v*; **-weefsel:** spun silk fabric || chape *v*, tissu *m* de soie *v* || Schappegewebe *v*; **-zijde:** floss silk, ferret || filoselle *v*, fleuret *m* || Florett-, Flockseide *v*.

fluïdiseren: to fluidize; fluidization || fluidifier; fluidification *v* || im Fließzustand *m* bringen, fließend machen; **-dum:** fluid || fluide *v* || Fluidum *o*.

flotatie: flotation || flot[t]ation *v* || Schwimmaufbereitung *v*, Flotation *v*; **-, selectieve:** selective flotation || flotation *v* sélective || selektive Flotation *v*, Sortenflotation *v*; **-cel:** flotation cell || cellule *v* de flotation *v* || Flotationszelle *v*, Schaumzelle *v*; **-machine:** flotation machine || machine *v* de flotation *v* || Flotationsmaschine *v*; **-reagens:** flotation [re]agent || agent *m* de flotation *v* || Flotations-, Flotiermittel *o*.

flo|teerbaarheid: flo[a]tability || flot[t]abilité *v* || Schwimmfähigkeit *v*; **-teren:** to flotate || flot[t]er || flotieren.

fluit: 1. (*muziekinstr.*): flute || flûte *v* || Flöte *v*;
2. (*techn.*): whistle || sifflet *m*; sirène *v* (*schip*) || Pfeife *v*; **-, tweetonige:** whistle with double tone || sifflet *m* à deux sons *mm* || Pfeife *v* mit Doppelton *m*; **-boei:** buoy with whistle, signal buoy || bouée *v* à sifflet *m* (à sirène *v*) || Signalboje *v*; **-en:** to whistle || siffler || pfeifen; **-en** (*v. e. lichtboog*)**:** roaring || sifflement *m* || Pfeifen *o*; **-en** (*elektr.*)**:** amplifier noises || sifflement *m* des amplificateurs *mm* || Pfeifen *o* der Verstärkerröhren *vm*; **-pijp:** whistle tube || tube *m* de sifflet *m* || Pfeifenrohr *o*; **-signaal:** whistle signal; blast || coup *m* de (par) sifflet *m* (de sirène *v*) || Pfeifensignal *o*, Signalpfiff *m*; **-trekker:** whistle gear || commande *v* du sifflet *m* || Pfeifenzug *m*; **-vonk:** musical (quenched) spark || étincelle *v* musicale (étouffée) || tönende Funke[n] *m*, Löschfunke[n] *m*;

fluor [1])**:** fluorine || fluore *m* || Fluor *o*; **-gas:** fluorine gas, gaseous fluorine || gaz *m* fluore *m*, fluore *m* [en état *m*] gazeux || Fluorgas *o*, gasförmiges Fluor *o*; **-houdend:** fluorine containing || fluoré, contenant du fluore *m* || fluorhaltig; **-verbinding:** fluorine compound (derivative) || derivé *m* (composé *m*) fluoré || Fluorverbindung *v*; **-waterstof[zuur]:** hydrofluoric acid || acide *m* fluorhydrique || Fluorwasserstoff *m* [-säure *v*].

fluores|centie: fluorescence || fluorescence *v* || Fluoreszenz *v*; **-ceren:** to fluoresce || être fluorescent || fluoreszieren; schillern; **-cerend:** fluorescent || fluorescent || fluoreszent; fluoreszierend; **-koop:** fluorescope || fluorescope *m* || Fluoreskop *m*.

fluo|ride: fluoride || fluoride *m* || Fluorid *o*; **-riet:** fluorite, fluor spar || fluorine *v*, spath *m* fluor || Flusspat *m*; **-rium:** *zie* **fluor; -ruur:** fluoride [1]) || protofluorure *m*, fluorure [1]) *m* || Fluorür *o*, Fluorid [1]) *o*.

fluviometer: fluviometer || fluviomètre *m* || Fluviometer *o*, *m*.

fluweel: velvet || velours *m* || Sam[me]t *m*; **-, gekeperd:** twilled velvet || velours *m* croisé || geköperter Samt *m*; **-, genopt:** uncut (terry) velvet || velours *m* frisé (épinglé) || gezogener (ungeschnittener) Samt *m*; **-, geperst:** pressed velvet || velours *m* foulé || gepreßter Samt *m*; **-, geribd:** ribbed velvet || velours *m* cannelé || gerippter Samt *m*; **-, gesneden:** cut velvet || velours *m* coupé || geschnittener Samt *m*; **-, glad:** plain back velvet || velours *m* à toile *v* || glatter Samt *m*; **-, wollen:** worsted velvet || velours *m* de laine *v* || Wollsamt *m*; **-, zijden:** silk velvet || velours *m* de soie *v* || Seidensamt *m*, echter Samt *m*; **-achtig:** *zie* **fluwelig; -band:** velvet ribbon || ruban velours *m* || Sammetband *o*; **-ketting:** nap (pile) warp || [chaîne *v* de] poil *m* || Flor, Pol-, Sammetkette *v*; **-mes:** velvet knife, truvet, plough || rabot *m* à velours *m*, couteau *m* à poil *m* || Sammet[schneide]messer *o*; **-naald:** cleaning pin || épingle *v*, fer *m* || Sammetnadel *v*; **-papier:** flock (velvet) paper || papier *m* velouté || Flock-, Sammetpapier *o*; **-tapijt:** rug carpet || tapis *m* velouté || Sammetteppich *m*; **-weefstoel:** velvet weaver's loom || métier *m* à velours *m* || Sammetstuhl *m*; **-weverij:** pile weaving || tissage *m* du velours *m* || Sam[me]tweberei *v*.

fluwe|len: velvet || de velours *m* || samten, Samt-; **-lig:** velveted || velouté || sam[me]tartig.

flux: 1.: *zie* **vloeimiddel;**
2.: *zie* **verdunningsmiddel;**
3. (*elektr.*, *enz.*)**:** flux || flux *m* || Fluß *m*, Strömung *v*; **- v. e. vector:** flux of a vector || flux *m* d'un vecteur *m* || Fluß *m* eines Vektors *m*; **-, elektrische:** electrostatic flux || flux *m* électrique || elektrischer Fluß *m*; **-, gemeenschappelijke:** total flux || flux commun || gemeinsamer Fluß *m*; **-, magnetische:** magnetic flux || flux *m* magnétique || magnetischer

---

[1]) Voor stofnamen als *fluorcalcium*, *fluornatrium*, enz., zie *calciumfluoride*, *natriumfluoride* enz.

[1]) Voor het gebruik van deze vorm geldt hetzelfde als voor *chloruur*, zie de noot aldaar.

Fluß *m*; **-buis:** tube of flux || tube *m* de flux *m* || Feldröhre *v*; **-meter:** fluxmeter || fluxmètre *m* || [Flußmesser *m* mit] Kriechgalvanometer *o*, *m*.

focus: *zie* **brandpunt** *en* **brandvlek; -lamp:** focus lamp || lampe *v* à foyer *m* || Fokuslampe *v*; **-meter:** focimeter || focimètre *m* || Fokusmesser *m*.

foedraal: case, casing, cover || étui *m*, gaine *v*, fourreau *m* || Futteral *o*, Gehäuse *o*, Überzug *m*.

foe|lie: 1. (*dun vel i. h. algem.*): [thin] film, foil || pellicule *v* || Folie *v*; **-lieborstel** (*elektr.*): foil brush || balai *m* de clinquant *m* || Folienbürste *v*;
2. (*achter spiegels*): tin-foil || tain *m* || Folie *v*; **-liën:** to tin-foil || étamer; étamage *m* || foliieren, mit Folie *v* belegen; **-liesel:** *zie* **foelie 2;**
3. (*specerij*): mace [of the nutmeg] || macis *m* || Macis *m*, Muskatblüte *v*.

foezel: fusel [brandy] || eau *v* de vie *v* empyreumatique || Fusel *m*; **-olie:** fusel oil, amylic alcohol || huile *v* de pomme *v* de terre *v*; alcool *m* d'amyle *m* || Fuselöl *o*.

fok: *zie* **stagfok.**

folder: *zie* **vouwblad.**

***folie:** *zie* **foelie 1.**

fo|liëren: to foliate, to page [a book] || numéroter, folioter; foliotage *m* || foliieren, paginieren; **-lio:** folio || folio *m*, feuille *v* || Folio *o*, Blatt *o*; **-lioformaat:** folio size || in-folio *m* || Folioformat *o*; **-liopapier:** folio paper, foolscap || papier *m* in-folio || Foliopapier *o*.

follow-up: *zie* **kettingbrief** *onder* **ketting 1.**

fon|dament: *zie* **fundament; -dering:** *zie* **fundament.**

fonisch: phonic || phonique || phonisch.

fono|foor: phonophore || phonophore *m* || Phonophor *m*; **-graaf:** phonograph || phonographe *m* || Phonograph *m*; **-liet:** phonolite || phonolithe *v* || Phonolith *m*; **-skoop:** phonoscope || phonoscope *m* || Phonoskop *m*.

fontein: fountain || fontaine *v*, jet *m* d'eau *v* || Springbrunnen *m*; **-tje:** fitted (hand, wash, plug) basin || fontaine *v* [de ménage *m*] || Wandwaschgefäß *o*.

for|ceren: 1. (*stoomketel*): to force || forcer || anstrengen, forcieren;
2. (*op d. draaibank*): spinning || repousser [au tour *m*] || drücken; **-bank:** spinning lathe || tour *m* à repousser || Drückbank *v*.

formaat: size; format || format *m* || Format *o*; **- maken:** to make up the margin || mettre la garniture *v* || Formatmachen *o*, die Formatstege *mm* anlegen; **-, breed** (*v. papier*): *zie* **formaat, oblong; -, groot** (*klein*) (*papier*): commercial (*note*) size || grand (*petit*) format *m* || Folioformat *o* (*Oktav-*); **-, oblong:** oblong size || format *m* atlas (oblong) || Querformat *o*; **-boek:** size book || livre *m* des formats *mm* || Formatbuch *o*; **-hout** (*boekdr.*): gutter sticks || bois *m* de gond *m* (de marge *v*) || Formatquadrate *o*, Hohlsteg *m*; **-vel:** size-sheet || feuille *v* modèle || Formatbogen *m*; **-wit:** quotation, furniture || lingot *m*, garniture *v*, fond *m* || Formatsteg *m*; **-zegel:** stamped paper || timbre *m* de dimension *v* || Stempelbogen *m*.

for|maldehyde (methanal): formaldehyde || formaldéhyde *v*, aldéhyde *m* (*v*) formique || Formaldehyd *o*; **-malien:** [aqueous solution of] formaldehyde || [solution *v* aqueuse de] formaldéhyde *v* || [wässrige] Formaldehyd *o* [-lösung *v*]; **-maline:** *zie* **formalien.**

formatie: formation || formation *v* || Formation *v*, Schichtengruppe *v*; **-, koolhoudende:** *zie* **steenkoolformatie.**

formeel (*bouwk.*): centering, centre, false work, form, mould || armement *m* de voûte *v*, centre *m* de charpente *m*, coffrage *m* || Bogengerüst *o*, -lehre *v*, Lehrbogen *m*, -gerüst *o*, Schalung *v*; **-, gebogen:** arch centering || coffrage *m* de voûte *v* || Bogenschalung *v*; **-haak:** lashing, device for carrying centering || suspension *v* de coffrage *m* || Gerüsthalter *m*.

formeer|bad: forming bath || bain *m* de formation *v* || Formierbad *o*; **-batterij:** forming battery || batterie *v* de formation *v* || Formierbatterie *v*; **-proces:** process of forming || opération *v* (processus *m*) de formation *v* || Formationsprozeß *m*; **-zuur:** forming acid || acide *m* de formation *v* || Formiersäure *v*.

formeren (*boekb.*): to fit, to form || rabaisser le carton *m* || [nach der Buchgröße *v*] abrichten.

for|miaat: formate || formiate *m* || Formiat *o*; **-mol:** *zie* **formalien; -mule:** formula [1]) || formule *v* || Formel *v*; **-mulier:** form, blank || blanc *m*, imprimé *m* réglémentaire || Formular *o*, Vordruck *m*.

fornuis: kitchen cooking range (stove), cooker || poêle *v* de cuisine *v*, fourneau *m* || Koch-, Küchenofen *m*, Koch-, Küchenherd *m*.

fosfaat: phosphate || phosphate *m* || Phosphat *o*.

fosfor: phosphor[us] || phosphore *m* || Phosphor *m*; **-brons:** phosphor bronze || bronze *m* phosphoré || Phosphorbronze *v* || **-igzuur** (*onder-*; *ortho-*; *meta-*; *pyro-*): (*hypo-*; *ortho-*; *meta-*; *pyro-*) phosphorous acid || acide *m* (*hypo-*; *ortho-*; *méta-*; *pyro-*) phosphoreux || (*Unter-*; *Ortho-*; *Meta-*; *Pyro-*) phosphorige Säure *v*;

[1]) *mrv.* formulae.

-molybdeenzuur: phosphomolybdic acid || acide *m* phosphomolybdique || Phosphormolybdänsäure *v*; **-oxychloride:** phosphorus oxychloride || oxychlorure *m* de phosphore *m* || Phosphoroxychlorid *o*; **-pentachloride** (*-pentabromide*): phosphorus pentachloride (*-pentabromide*) || pentachlorure *m* (*pentabromure m*) de phosphore *m*; || Phosphorpentachlorid *o* (*-pentabromid o*); **-pentasulfide:** phosphorus pentasulfide || pentasulfure *m* (persulfure *m*) de phosphore *m* || Phosphorpentasulfid *o*; **-pentoxyde:** phosphorus pentoxide || pentoxyde *m* de phosphore *m*, anhydride *m* phosphorique || Phosphorpentoxyd *o*; **-trichloride** (*-tribromide*; *-trijodide*): phosphorus trichloride (*-tribromide*; *-triiodide*) || trichlorure *m* (*tribromure m*; *triiodure m*) de phosphore *m* || Phosphortrichlorid *o* (*-tribromid o*; *-trijodid o*); **-trioxyde:** phosphorus trioxide || trioxyde *m* de phosphore *m*, anhydride *m* phosphoreux || Phosphortrioxyd *o*; **-trisulfide:** phosphorus trisulfide || [tri]sulfure *m* de phosphore *m* || Phosphortrisulfid *o*; **-waterstof** (*gasvormige* = *fosfine*; *vloeibaar*; *vast*): phosphorus hydride (*phosphine*; *liquid phosphine*; *solid phosphine*) || hydrogène *m* phosphoré (*gazeux*; *liquide*; *solide*) || Phosphorwasserstoff *m* (*gasförmiger* = *Phosphin*; *flüssiger*; *fester*); **-wolfraamzuur:** phosphotungstic acid || acide *m* phosphotungstique || Phosphorwolframsäure *v*;

fosforzuur (*onder-*; *ortho-*; *meta-*; *pyro-*): **1.** (*z. nw.*): (*hypo-*; *ortho-*; *meta-*; *pyro-*) phosphoric acid || acide *m* (*hypo-*; *ortho-*; *méta-*; *pyro-*) phosphorique || (*Unter-*; *Ortho-*; *Meta-*; *Pyro-*) Phosphorsäure *v*; **2.** (*bijv. nw.*)[1]): phosphoric || phosphorique || phosphorsauer.

fosfores|centie: phosphorescence || phosphorescence *v* || Phosphoreszenz *v*; **-ceren:** to phosphoresce || être phosphorescent || phosphoreszieren; **-cerend:** phosphorescent || phosphorescent || phosphoreszierend;

fosfo|riet: phosphorite || phosphorite *v*, chaux *v* phosphatée || Phosphorit *m*; **-rus:** *zie* **fosfor.**

fossiel: fossil || fossile *m* || Fossil *o*.

foto: *zie* **fotografie 2**; **-chemie:** photochemistry || photochimie *v* || Photochemie *v*; **-chemisch:** photochemical || photochimique || photochemisch; **-chromatisch:** photochromatic || photochromatique || photochromatisch; **-copie:** photocopy || copie *v* photographique || Ablichtung *v*, Photokopie *v*; **-elektrisch:** photoelectric || photo-électrique || photoelektrisch; **-elektriciteit:** photoelectricity || photo-électricité *v* || Lichtelektrizität *v*; **-foon:** photophone || photophone *m* || Photophon *o*; **-foor:** photophore || photophore *m* || Photophor *m*; **-galvanografie:** photogalvanography || photogalvanographie *v* || Photogalvanographie *v*; **-graaf:** photographer || photographe *m* || Photograph *m*.

fotografie: 1. (*het fotograferen*): photography || photographie *v* || Photographie *v*, Lichtbildkunst *v*; **- op glas:** glass photography || épreuve *v* sur verre *v* || Glasbild *o*; **- op verre afstand:** telephotography || téléphotographie *v*, photographie *v* à distance *v* || Fernphotographie *v*;
2. (*foto*): photo[graph] || photo[graphie] *v* || Lichtbild *o*, Photo[graphie] *v*, Lichtdruck *m*, Aufnahme *v*.

foto|grafietoestel: camera || appareil *m* de photographie *v* || Photographieapparat *m*; **-grafisch:** photographic[al](*ly*) || photographique(*ment*) || photographisch; **-grammetrie:** photographic surveying || photogrammétrie *v* || Photogrammetrie *v*, Bildmessung, -meßkunst *v*, Erdbildung *v*; **-gravure:** photogravure || photogravure *v* || Photogravüre *v*; **-kopie:** *zie* **fotocopie;** **-lithografie:** photolithography || photolithographie *v* || Photolithographie *v*; **-lithograveren:** to photolithograph || photolithographier || photolithographieren; **-meter:** photometer || photomètre *m* || Lichtmesser *m*, Photometer *o*, *m*; **-meter, integrerende:** integrating photometer, lumenmeter || photomètre *m* intégrateur, lumenmètre *m* || integrierendes Photometer *o*, *m*; **-meter, objectieve** (*subjectieve*): physical (*visual*) photometer || photomètre *m* physique (*visuel*) || objektives (*subjektives*) Photometer *o*, *m*; **-meterscherm:** photometer screen || écran *m* photométrique || Photometerschirm *o*; **-metreren:** to measure photometrically, to photometer || déterminer (mesurer) l'intensité *v* lumineuse, photomètrer || photometrieren; **-metrie:** photometry || détermination *v* de l'intensité *v* lumineuse, photométrie *v* || Lichtstärkebestimmung *v*, -messung *v*, Photometrie *v*; **-metrisch:** photometric || photométrique || photometrisch; **-therapie:** phototherapeutics || photothérapie *v* || Photo-, Lichttherapie *v*; **-zincografie:** photozincography || photozincographie *v* || Photozinkographie *v*.

foton: photon || photon *m* || Photon *o*.

fourneer-: *zie* **fineer-.**

---

[1]) Voor stofnamen als *fosforzure kalk* (*- potas*; *- soda*, *enz.*) zie *calciumfosfaat* (*kalium-*; *natrium-*; *enz.*).

fout: 1. (*onjuistheid*): error || erreur *v* || Fehler *m*; **- in de aflezing:** reading error || erreur *v* de lecture *v* || Ablesefehler *m*; **- ten gevolge v. parallax:** parallactic error, error due to parallax || erreur *v* parallactique de lecture *v* || parallaktischer Ablesefehler *m*; **- in de schatting:** error in estimating || erreur *v* d'évaluation *v* || Schätzungsfehler *m*; **- in de verbinding:** wrong connection || erreur *v* de connexion *v* || Leitfehler *m*; **- in de waarneming:** error of observation || erreur *v* d'observation *v* || Beobachtungsfehler *m*; **-, absolute:** absolute error || erreur *v* absolue || [absoluter] Fehler *m*; **-, relatieve:** relative error || erreur *v* relative || relativer Fehler *m*;
2. (*gebrek*): fault || défaut *m*, dérangement *m* || Fehler *m*; **- in de isolatie:** fault in insulation || défaut *m* d'isolement *m* || Isolationsfehler *m*; **- opheffen, een:** to remove a fault || relever un dérangement *m* || einen Fehler *m* beseitigen; **-bepaling:** localisation of a fault || localisation *v* d'un défaut *m* || Fehlerbestimmung *v*; **-enzoeker:** fault location coil || bobine *v* de localisation *v* des dérangements *mm* || Fehlersuchspule *v*; **-opheffing:** removal of fault || suppression *v* d'un dérangement *m* || Fehlerbeseitigung *v*.

foxvuurgang: Fox's furnace (tube) || tube-foyer *m* ondulé [de] Fox || Foxsches Wellrohr *o*.

foyer (*i. e. schouwb.*)**:** airing room || foyer *m* || Foyer *o*.

frac|tie: fraction || fraction *v* || Fraktion *v*, Bruchteil *m*; **-tioneerkolom:** fractionating column || colonne *v* à fractionner || Fraktionierkolonne *v*, -säule *v*; **-tioneren:** to fractionate || fractionner || fraktionieren; *zie ook* **klasseren; -tionering:** fractionation, fractionating || fractionnement *m* || Fraktionierung *v*.

frais: *zie* **frees.**

frame: *zie* **freem.**

francium: francium || francium *m* || Francium *o*.

franco: free; post paid (*post*); carriage paid (*spw.*); || franco || franko, frei; **- bestemming:** delivered free domicile || franco destination *v* || frei Bestimmungsort *m*; **- boord** (*fabriek*; *huis*; *spoor*; *wal*)**:** free on board, f.o.b. (*free factory*; *- domicile*; *- on rail, f.o.r.*; *- on quay*) || franco à bord (*rendu à l'usine*; *franco à domicile*; *- chemin de fer*; *- quai*) || frei [an] Bord, fob (*frei Fabrik*; *- [ins] Haus*; *- Bahnhof*; *frei ab . . . .*); **- per boot** (*post*)**:** freight paid (*postfree*) || franc de port, en port payé (*franc de port*) || frei Schiff (*postfrei*); **- emballage** (*vracht en rechten*)**:** packing free (*freight and duty paid*) || franc d'emballage (*franc de frets et de droits*) || Verpackung frei (*franko Fracht und Zoll*).

franje: fringe || frange *v* || Franse *v*, Fransen *vm*; **-werker:** fringe maker || fran-g[i]er *m* || Fransenmacher *m*.

frankliniet: franklinite || franklinite *v* || Franklinit *m*, Zinkeisenerz *o*.

freem [1])**:** frame, carcass || bâti *m*, boîtier *m*, carcasse *v*, cadre *m* || Rahmen *m*, Gestell *o*, Gerippe *o*; **- uit een stuk:** frame in one part, solid frame || carcasse *v* d'une (en une) seule pièce *v* || einteiliges Gestell *o*, ungeteiltes Gehäuse *o*; **-, dragend:** supporting frame || ossature *m* de support *m* || Traggerüst *o*; **-, gedeeld:** divided frame || bâti *m* divisé || geteiltes Gestell *o*; **-, open:** open frame || carcasse *v* ouverte || offenes Gestell *o*; **-accumulator:** frame accumulator || accumulateur *m* à cadre *m* || Rahmenakkumulator *m*; **-balk:** frame girder || poutre *v* de bâti *m* || Rahmenbalken *m*; **-flens:** frame flange || bride *v* de bâti *m* || Rahmenflansch *m*; **-opening:** frame (guide) opening || fenêtre *v* du bâti *m* || Rahmenfenster *o*; **-plaat:** frame plate || plaque *v* à cadre *m*, tôle *v* de châssis *m* || Rahmenplatte *v*, -blech *o*; **-voet:** frame foot || pied *m* de bâti *m* || Rahmenfuß *m*; **-wand:** frame wall || paroi *v* du bâti *m* || Rahmenwand *v*; **-weerstand** (*elektr.*)**:** resistance frame || rhéostat *m* à cadre *m* || Rahmenwiderstand *m*.

frees: milling cutter || fraise *v* || Fräser *m*, Fräse *v*; **- m. ingezette tanden:** milling cutter with inserted teeth || fraise *v* à dents *vm* rapportées || Fräser *m* mit eingesetzten Zähnen *mm*; **- m. onveranderlijk profiel:** backed off cutter || fraise *v* avec profil *m* invariable || hinterdrehter Fräser *m*; **- v. wormwielen:** worm hobs || fraise *v* hélicoïdale || Schnekkenfräser *m*; **-, achtergedraaide:** backed off milling cutter || fraise *v* à dépouiller (à profil *m* constant, détaillonnée, à denture *v* dégagée) || hinterdrehter Fräser *m*, Fräser *m* mit hinterdrehten Schneidzähnen *mm*; **-, cilindrische:** cylindrical (facing) cutter, face mill || fraise *v* cylindrique || Walzenfräser *m*; **-, holle** (*v. buizen*)**:** hollow mill || fraise *v* creuse (extérieure) || Außenfräser *m*; **-, vlakke:** face milling cutter || fraise *v* plane (de front *m*) || Planfräser *m*; **-boor:** countersink || foret *m* à fraiser, fraisoir *m* || Versenker *m*, Krauskopf *m*; **-machine:** milling machine || machine *v* à fraiser, fraiseuse *v* || Fräsmaschine *v*;

---

[1]) Zie ook *chassis*, *gestel* en *raam*.

-machine met één as: single spindle milling machine || machine *v* à fraiser verticale simple, machine *v* à une broche *v* || einspindlige Fräsmaschine *v*; **-machine met twee assen:** double spindle milling machine || machine *v* à fraiser verticale double, machine *v* à deux broches *vm* || zweispindlige Fräsmaschine *v*; **-spil:** milling cutter arbor || arbre *m* portefraise || Frässpindel *v*; **-tand:** tooth of the cutter || dent *v* de fraise *v* || Fräserzahn *m*.

freewheel: *zie* **vrijwiel.**

fregat: frigate || frégate *v* || Fregatte *v*.

frequentie: frequency; periodicity || fréquence *v*; périodicité *v* || Frequenz *v*; Periodizität *v* (*alleen elektr.*); **-, hoge:** high frequency || grande (haute) fréquence *v* || Hochfrequenz *v*; **-, hoorbare:** musical frequency || fréquence *v* musicale || Tonfrequenz *v*; **-, lage:** low frequency || faible (basse) fréquence *v* || Niederfrequenz *v*; **-aanwijzer:** frequency indicator || indicateur *m* de fréquence *v* || Frequenzanzeiger *m*; **-afwijking, toelaatbare:** frequency tolerance || tolérance *v* de fréquence *v* || zulässige Frequenzabweichung *v*; **-filter:** frequency filters || filtres *mm* de fréquence *v* || Frequenzfilter *o en m*; **-gelijkheid:** syntony || syntonie *v* || Resonanz *v*, Abstimmung *v*; **-getal:** frequency, number of cycles, periodicity || nombre *m* de périodes *vm* || Frequenz[ziffer] *v*; **-meter:** frequency meter || fréquencemètre *m* || Frequenzmesser *m*; **-meter, absolute:** absolute frequency meter || fréquencemètre *m* absolu || absoluter Frequenzmesser *m*; **-meter, elektro-akoestische:** electro-acoustic frequency meter || fréquencemètre *m* électro-acoustique || elektroakustischer Frequenzmesser *m*; **-meting:** measurement of frequency || mesure *v* de fréquence *v* || Frequenzmessung *v*; **-modulator:** frequency modulator || modulateur *m* de fréquence *v* || Frequenzmodler *m*; **-omzetter:** frequency changer || convertisseur *m* de fréquence *v* || Frequenzumformer *m*; **-standaard:** frequency generator || étalon *m* de fréquence *v* || Frequenznormale *v*; **-transformator:** frequency changer || multiplicateur *m* de fréquence *v* || Frequenzwandler *m*, -transformator *m*; **-vermenigvuldiger:** frequency multiplier || multiplicateur *m* de fréquence *v* || Frequenzvervielfacher *m*; **-wisseling:** variation of frequency || variation *v* de fréquence *v* || Frequenzschwankung *v*.

fresco|beeld: fresco || fresque *v* || Freskobild *v*; **-schilderwerk:** fresco [painting] || [peinture *v* à la] fresque *v* || Freskomalerei *v*.

fret|boor: gimlet, wimble || vrille *v*, torse, foret *m* || Frett-, Frittbohrer *m*; **-zaag:** curvilinear (fret) saw || scie *v* à échancrer (à évider, à tournefond *m*) || Frett-, Stichsäge *v*.

fre|zen: to mill, to shape; milling, cutting, shaping || fraiser; fraisage *m* || fräsen; Fräsen *o*; **-zen v. groeven:** to mill grooves || fraiser des rainures *vm* || Nutenfräsen *o*; **-zen volgens mal:** to mill from a copy (template) || fraiser suivant gabarit *m* || nach der Lehre *v* (Schablone *v*) fräsen, Kopierfräsen *o*; **-zerij:** milling shop || atelier *m* de fraisage *m* || Fräserei *v*.

frictie: *zie* **wrijving.**

friendenweefsel: fringe cloth || tissu *m* de chenille *v* || Chenilletuch *m*.

fries: **1.** (*bouwk.*): fri[e]ze || frise *v*, platebande *v* || Fries *m*; **- m. arabesken:** enriched frieze || frise *v* à arabesques *vm* || Fries *m* mit Laubwerk *o*; **- m. figuren:** sculptured frieze || frise *v* animée || Figurenfries *m*;
2. (*text.*): baize, coating, ratteen, noped stuff || frise *v*, ratine *v* || Flaus *m*, Ratin *o*, Fries *m*.

frigorie: frigory || frigorie *v* || Frigorie *v*, Kälteeinheit *v*.

fri|seermachine: freezing engine, ratteening machine || ratineuse *v* || Ratineuse *v*, Ratiniermaschine *v*; **-seren:** to freeze, to ratteen || friser, ratiner || ratinieren.

fris|haard: fining furnace (hearth) || feu *m* d'affinerie *v*, fourneau *m* d'affinage *m* || Frischfeuer *o*, -herd *m*; **-ket** (*raam v. e. drukpers*): frisket || frisquette *v* || Gesperre *o*, Rähmchen *o*; **-sen:** *zie* **affineren; -ser:** [re]finer || fineur *m* || Frischer *m*; **-sing:** fining [process] || affinage *m* || Frischarbeit *v*; **-slak:** refining cinders || laitier *m*, scorie *v* || Frischschlacke *v*.

frit: frit || fritte *v* || Fritte *v*; **-ten:** to frit || fritter || fritten; **-teporselein:** vitreous porcelain || porcelaine *v* vitreuse || FrittEporzellan *o*; **-ter:** *zie* **coherer.**

front: **1.** (*algem.*): face, front [side] || front *m*, devant *m*, côté *m* antérieur || Front *v*, Vorder-, Stirnseite *v*;
2. (*gebouw*): face, front[age], façade || façade *v*, face *v* || Fassade *v*, Vorderseite *v*, Front *v*;
3. (*werkfront*) (*mijnb.*): [working-] face, wall || front *m* de taille *v*, (d'attaque *v*), taille *v* || Stoß *m*, Strebstoß *m*, -front *v*;
4. (*v. e. galerij*) (*mijnb.*): forehead, -field, head, end || fond *m* || Ort *o*, -stoß *m*, Feldort *o*.

front|aanzicht: *zie* **vooraanzicht; -lengte**

(*mijnb.*): length of face || longueur *v* d'une havée *v* || Streb-, Stoßlänge *v*; **-muur:** facewall || mur *m* frontal || Stirnmauer *v*; **-plaat:** front plate || plaque *v* d'avant, parement *m* || Vorder-, Kopfplatte *v*, vordere Stirnwand *v*; **-uitleg** (*typogr.*): front delivery of sheets || réception *v* frontale || Frontbogenausgang *m*; **-verbinding:** front connection || connexion *v* antérieure (de devant *m*) || vordere Verbindung *v*.

frontispice (*frontispies*): frontispiece || frontispice *m* || Frontispiz *o*, Giebelseite *v*.

fructose [1]**:** fructose, fruit sugar || fructose *v*, sucre *m* de fruits *mm* || Fruktose *v*, Fruchtzucker *m*.

frijn|beitel: charring (indented) chisel || ciseau *m* à charruer (à dents *mm*) || Scharriereisen *o*; **-en:** to char || charruer, ciseler || scharrieren.

fuik: bow (drum, hoop) net || nasse *v*, verveux *m* || Reuse *v*.

functie: 1. (*algem.*): function || fonction *v* || Funktion *v*;
2. (*wisk.*): function || fonction *v* || Funktion *v*; **- v. d. plaats:** point function || fonction *v* des points *mm* || Ortsfunktion *v*; **-, afgeleide:** derived function || fonction *v* dérivée || abgeleitete Funktion *v*; **-, algebraïsche:** algebraical function || fonction *v* algébrique || algebraische Funktion *v*; **-, eenwaardige:** simple valued function || fonction *v* simple || eindeutige Funktion *v*; **-, elliptische:** elliptic function || fonction *v* elliptique || elliptische Funktion *v*; **-, expliciete:** explicit function || fonction *v* explicite || explizite Funktion *v*; **-, impliciete:** implicit function || fonction *v* implicite || implizite Funktion *v*; **-, transcendente:** transcendental function || fonction *v* transcendante || transzendente Funktion *v*; **-, trigoniometrische:** trigonometric[al] function || fonction *v* trigonométrique || trigonometrische Funktion *v*; **-, veelwaardige:** multiform function || fonction *v* multiforme || mehrdeutige Funktion *v*.

functioneren: to function || fonctionner || funktionieren.

fundament: foundation || fondation *v*, fondement *m* || Fundierung *v*, Fundament *o*, Grundmauerwerk *o*, Gründung *v*; **- metselen, een:** to build up a foundation || maçonner une fondation *v* || ein Fundament *o* aufmauern; **-balk:** foundation girder|| poutre *v* de fondation *v* || Fundamentträger *m*; **-blok:** foundation block || massif *m* de fondation *v* || Fundamentklotz *m*; **-bout:** foundation bolt || boulon *m* de fondation *v* || Fundamentbolzen *m*; **-diepte:** depth of foundation || profondeur *v* de fondation *v* || Fundamenttiefe *v*; **-greppel:** foundation trench || tranchée *v* de fondation *v* || Fundamentgraben *m*; **-muurwerk:** foundation masonry || maçonnerie *v* de fondation *v* || Fundamentmauerwerk *o*; **-paal:** foundation pillar || pilier *m* de fondation *v* || Fundamentpfeiler *m*; **-plaat:** bed plate || plaque *v* de fondation *v* || Fundament-, Grundplatte *v*; **-raam:** foundation frame || châssis *m* (plate-forme *v*) de fondation *v* || Fundamentrahmen *m*, -rost *m*; **-raam in enige delen:** divided bed plate frame || châssis *m* de fondation *v* sectionné || geteilter Grundplattenrahmen *m*; **-raam, gedeeld:** divided foundation || châssis *m* de fondation *v* sectionné || geteilter Fundamentrahmen *m*; **-tekening:** foundation sketch, drawing (plan) of the foundation || plan *m* de la fondation *v* || Fundamentplan *m*, -zeichnung *v*; **-voet:** base of foundation || base *v* (surface *v*) de la fondation *v* || Fundamentsohle *v*.

fun|datie: *zie* **fundament; -dering:** *zie* **fundament; -dering, gemetselde:** brick foundation || fondation *v* en maçonnerie *v* || Ziegelwerkfundament *o*; **-dering, pneumatische:** compressed air foundation || fondation *v* à l'air *m* comprimé || pneumatische Fundierung *v*.

fusee: [steering] swivel || fusée *v* avant || Achsschenkel *m*; **- m. stuurhefboom:** steering swivel with lever || fusée *v* avec levier *m* || Achsschenkel *m* mit Hebel *m*; **-arm:** spindle arm || bras *m* de fusée *v* || Achsschenkelarm *m*; **-blok:** spindle bearing || coussinet *m* de fusée *v* || Achsschenkellager *m*; **-bus:** spindle bushing || bague *v* de fusée *v* || Achsschenkelbüchse *v*; **-pen:** steering pivot pin || tourillon *m* de direction *v* || Achsschenkelbolzen *m*.

fu|siet: fusain, dant || fusain *m* || Fusit *m*, Faserkohle *v*; **-siniet:** fusinite || fusinite *v* || Fusinit *m*.

fust: *zie* **vat 2.**

fustein: fustian || futaine *v* || Barchent *m*.

fustiekhout: fustet, fustic, yellow wood || bois *m* jaune, fustet *m* || Fisett-, Fustik-, Gelbholz *o*.

fijn: fine(*ly*) || fin(*ement*) || fein; **-branden** (*v. zilver*): refining || affinage *m* || Feinbrennen *o*; **-en** (*metalen*): to refine || affiner || feinen, affinieren; **-hakken:** to cut (to chop) small || hacher menu || fein zerhacken; **-heid:** fineness || finesse *v* || Feinheit *v*; **-heidsgraad:** degree of fineness || [degré *m* de] finesse *v* || Feinheitsgrad *m*; **-kool:** fine, duff || fines *vm*,

[1]) Zie ook *levulose*.

poussiers *mm*; fin-fin *m* (*groter dan 5 mm*) || Feinkohle *v*; **-korrelig:** fine grained || à grain *m* fin || feinkörnig; **-maken:** to pulverize, to powder || broyer, en fin pulvériser, réduire en poudre *m* || zerkleinern, verpulvern; **-malen:** to grind fine (to powder) || moudre finement || feinmahlen; **-slijpen** (*spiegelglas*): to smooth || savonner || feindoucieren, -schleifen; **-spinmachine:** finishing machine || métier *m* en fin *m* || Feinspinnmaschine *v*; **-spinnen:** fine spinning || filage *m* en fin *m* || Feinspinnen *o*; **-stampen:** to crush, to pulverize || concasser, broyer || feinstampfen; **-veiligheid:** fuse for feeble currents || coupe-circuit *m* (pour baisse intensité *v*), fusible *m* || Feinsicherung *v*; **-verdeeld:** finely powdered || finement *m* divisé || feinverteilt; **-vezelig** (*v. hout*): fine grained || à fil *m* fin || feinfaserig; **-wals:** finishing roll || cylindre *m* finisseur || Fertigwalze *v*; **-wrijven:** to rub (to grind) small, to pulverize || réduire en poudre *m*, broyer, pulvériser || feinreiben.

fy|siologie: physiology || physiologie *v* || Physiologie *v*; **-siologisch:** physiological(*ly*) || physiologique(*ment*) || physiologisch; **-sisch:** physical(*ly*) || physique(*ment*) || physisch; **-sisch-chemisch:** physico-chemical || physico-chimique || physisch-chemisch; **-tohormoon:** phytohormone || phytohormone *v* || Phytohormon *o*.

G

gaaf: sound, whole, entire || sain, intact, entier, sans défaut *m* || ganz, vollständig, unverletzt, gesund.

gaal: threadbar stripe || raie *v*, clairière *v* || kahler Streifen *m*, dünne Stelle *v*.

gaan: 1. (*algem.*): to go || aller || gehen; **-derij:** gallery || galerie *v* || Galerie *v*; 2. (*mach.*): to work || manoeuvrer || arbeiten, gehen, laufen, im Gang *m* sein.

gaar: done; dressed (*leer*) || bien cuit, cuit à point *m*; corroyé, tanné, confit (*leer*) || gar; **-bakking** (*aardewerk*): hardening on || cuisson *v* en couverte *v* de la porcelaine *v* dure || Garbrennen *o*; **-haard:** refining furnace (hearth) || foyer *m* d'affinage *m* || Garherd *m*; **-heid** (*v. staal*): temper, refined state || revenu *m* || Gare *v*; **-koken** (*plank*): to bend by heating, to make pliant by boiling, to steam || chauffer || garmachen; **-koper:** rose (refined) copper || cuivre *m* rosette || Garkupfer *m*; **-oven:** *zie* **gaarhaard**; **-vat:** dressing tube || passoire *v* || Garfaß *o*.

gaas: gauze || gaze *v* || Gaze *v*; *zie ook* **metaalgaas**; **-, zijden:** silk gauze || gaze *v* de soie *v* || Seidengaze *v*; **-band:** gauze ribbon || ruban *m* gaze || Gazeband *o*; **-doek:** cambric || linon *m* || Gazetuch *o*; **-kap, -korf** (*benzinelamp*): wire gauze || treillis *m*, farnis *m* || Drahtkorb *m*; **-weefstoel:** gauze loom || métier *m* à gaze *v* || Gazestuhl *m*.

gaat|pan: perforated roofing tile || tuile *v* perforée || Lochdachziegel *m*; **-ring:** bolster || perçoire *v* || Lochring *m*, -scheibe *v*; **-steen:** perforated (air) brick || brique *v* perforée || Lochstein *m*; **-stempel:** punch || emporte-pièce *m* || Locheisen *o*, -stempel *m*.

gabbro: gabbro || gabbro *m* || Gabbro *m*; **-niet:** gabbronite || gabbronite *v* || Gabbronit *m*.

gadoli|niet: gadolinite || gadolinite *v* || Gadolinit *m*; **-nium:** gadolinium || gadolinium *m* || Gadolinium *o*.

gaffel: 1. (*vork i. h. algem.*): fork || fourche *v* || Gabel *v*; **-boom:** forked thill shaft || bras *m* de limonière *v* || Gabelbaum *m*; **-dissel:** forked thill || limonière *v* || Gabeldeichsel *v*; **-hanger:** drop hanger frame || chaise *v* suspendue || Hängebock *m*; **-klauw:** gaff jaw || mâchoire *v* de la corne *v* || Gaffelklaue *v*; **-kruis:** forked cross, pall || croix *v* fourchue || Gabelkreuz *o*; **-pen:** fork pin || axe *m* de fourchette *v* || Gabelstift *m*; **-pijp:** breeches pipe, Y-piece || culotte *v* || Gabelrohr *o*; **-pijp, dubbele:** four way pipe || culotte *v* double, tuyau *m* à quatre voies *vm* || Vierwegestück *o*; **-verbinding** (*elektr.*) forked connection || raccordement *m* à fourche *v* (à vol *m* d'oiseau *m*) || Gabelverbindung *v*; **-vormig:** bifurcated, forked || bifurqué, fourchu || gabelförmig;

2. (*hooivork*): pitch fork || fourche *v* || [Heu-, Auflage-, Mist]gabel *m*;

3. (*scheepst.*): gaff || vergue *v* à corne *v* || Gaffel *v*; **-schoener:** fore and aft schooner || goélette *v* franche || Gaffelschoner *m*; **-val:** gaff fall || drisse *v* de la corne *v* || Gaffelfall *m*; **-zeil:** gaff sail || voile *v* à corne *v* || Gaffelsegel *o*;

4. (*weverij*): fly || ailette *v*, tréchoir *m* || Flügel *m*, Gabel *v*;

5. (*typogr.*): cylinder catch || fourchette *v*

du cylindre *m* || Auffanggabel *v* des Zylinders *m*; **-stang:** forked pole || perche *v* fourchure || Gabelstange *v*.

gal: 1. (*galvloeistof*): gall || bile *v* (*mens*); fiel *m* (*dieren*) || Galle *v*; **-zuur:** cholic acid || acide *m* cholique || Cholsäure *v*; 2. (*galnoot*): gall[nut] || [noix *v* de] galle *v* || Galle *v*, Gallapfel *m*; **-appel:** *zie* **gal 2**; **-noot:** *zie* **gal 2**; **-noteneik:** gall oak || chêne *m* de (à) galles *vm* || Galleiche *v*; 3. *zie* **gietgal.**

galactometer: galactometer || galactomètre *m* || Galaktometer *o, m*.

galei (*typogr.*)**:** composing hook (stick) || galée *v* || Setzhaken *m*, -schiff *o*; **-, houten:** woodgalley || galée *v* en bois *m* || Holzschiff *o*; **-, zinken:** zinc bottomed galley || galée *v* en zinc *m* || Zinkschiff *o*.

galeiknoop: galley hitch || noeud *m* de galère *v* || Galeerenknoten *m*; **-oven:** galley furnace || galère *v* || Galeerenofen *m*.

galeniet: galena, galenite, lead-glance || galène *v* || Galenit *m*, Bleiglanz *m*.

galerij: 1. (*bouwk.*)**:** gallery || galerie *v* || Galerie *v*;
2. (*mijnb.*)**:** gallery, road, heading, drift, way, drive, level, gait, gate || galerie *v*, voie *v* || Strecke *v*, Bahn *v*; **-, blinde:** dummy-drift, jenkin, skirting || [fausse] voie *v*, voie *v* cul-de-sac *m* || blinde Strecke *v*, Pfeiler-, Blindort *o*; **- vooruitdrijven, een:** to drive ahead a heading, to push on a level || pousser une voie *v* || eine Strecke *v* vortreiben.

galg: 1. (*drukpers*)**:** gallows || chevalet *m* du tympan *m* || Galgen *m*;
2. (*andere beteken.*)**:** **-gebit:** sharp bridle bit || pas *m* d'âne *m* || Galgenbiß *o*, -stange *v*; **-mast:** *zie* **armmast.**

galjard: brevier || corps *m* huit (gaillarde *v*) || Petit *v*.

galletzijde: waste silk, silk waste || bourre *v* de soie *v* || Galletseide *v*, Seidenabfälle *mm*.

gallium: gallium || gallium *m* || Gallium *o*.

gallketting: *zie* **scharnierketting.**

galloway|buis: Galloway tube || tube *m* Galloway || Gallowayrohr *o*; **-ketel:** Galloway boiler || chaudière *v* (generateur *m* à tubes *mm*) Galloway || Gallowaykessel *m*.

galluszuur: gallic acid || acide *m* gallique || Gallussäure *v*.

galm|bord: sound[ing] board || abat-voix *m* || Schalldach *o*, -deckel *m*; **-plankje** (*in kerktorens*)**:** sound board || abat-son *m* || Schallbrett *o*.

galon: galloon, lace [work], braid || galon *m* || Borte *v*, Tresse *v*, Galon *m*; **-neren:** to lace, to braid || galonner || [be]borten, betressen, galonieren.

galopperen (*locom.*)**:** to pitch, to rock || galoper || galoppieren, nicken, stampfen.

galva|nisatie: galvanizing || galvanisation *v*, zingage *m* || Galvanisierung *v*, Verzinkung *v*; **-nisch:** galvanic || galvanique || galvanisch; **-nisch overtrekken:** to electroplate; electroplating || recouvrir galvaniquement; recouvrement *m* galvanique || galvanisch überziehen, elektroplattieren; galvanische Überziehung *v*, Elektroplattierung *v*; **-niseerproces:** galvanizing (plating) process || procédé *m* de galvanisation *v* || Galvanisierprozeß *m*; **-niseerwerkplaats:** galvanizing (plating) shop || atelier *m* de galvanisation *v* || Galvanisierwerkstatt *v*; **-niseren:** to galvanize, to zinc || galvaniser, zinguer, zinquer || galvanisieren, verzinken; **-nisering:** galvanizing || galvanisation *v* || Galvanisierung *v*, Verzinkung *v*; **-niseur:** galvanizer || galvaniseur *m* || Galvaniseur *m*; **-no:** electrotype-plate || electrogalvano *m* || Galvano *o*.

galvanometer: galvanometer || galvanomètre *m* || Galvanometer *o, m*; **- m. directe aflezing:** direct reading galvanometer || galvanomètre *m* à lecture *v* directe || Galvanometer *m, o* mit direkter Ablesung *v*; **- m. shuntweerstand:** shunted galvanometer || galvanomètre *m* à résistance *v* en dérivation *v* || Galvanometer *o, m* mit Zweigwiderstand *m*; **-, ballistische:** ballistic galvanometer || galvanomètre *m* ballistique || ballistisches Galvanometer *o, m*; **-, thermo-elektrische:** thermo-galvanometer || thermogalvanomètre *m* || Thermogalvanometer *o, m*; **-sleutel:** galvanometer key || clé *v* (clef *v*) de galvanomètre *m* || Galvanometerschlüssel *m*; **-spoel:** galvanometer coil || bobine *v* d'un galvanomètre *m* || Galvanometerspule *v*.

galvano|plastiek: galvanoplasty; galvanoplastic art || galvanoplastie *v* || Galvanoplastik *v*; **-plastisch:** galvanoplastic || galvanoplastique || galvanoplastisch; **-skoop:** galvanoscope || galvanoscope *m* || Galvanoskop *m*; **-skoop m. uitwendige magneet:** galvanoscope with external magnet || galvanoscope *m* à aimant *m* extérieur || Galvanoskop *m* mit äußerem Magnet *m*; **-skoopnaald:** galvanoscope needle || aiguille *v* de galvanoscope *m* || Galvanoskopnadel *v*; **-stegie:** galvanoplastics || galvanostégie *v* || Galvanostegie *v*; **-taxis:** electrotaxis || électrotaxie *v* || Elektrotaxis *v*; **-tropisme:** electrotropism || électrotropisme *m* || Elektrotropismus *m*.

gang: 1. (*gebouw*)**:** corridor, passage || corridor *m* || [Haus]flur *m*, Korridor *m*; 2. *zie* **ertsader**; **-, steriele:** barren vein || veine *v* stérile, fausse faille *v* || tauber

Gang *m*; **-gesteente:** gangue, dyckerock || gangue *v*, roche *v* filonienne || Ganggestein *o*; **-materiaal:** gangue || gangue *v* || Gangart *v*;
3. (*scheepsb.*): strake || virure *v* || [Planken-, Platten]gang *m*; **-, verloren:** stealer || virure *v* perdue (supprimée) || verlorener Gang *m*; **-boord:** gangway || passerelle *v* || Gangbord *m*, Laufsteg *m*;
4. (*doorloop tussen twee spoorwagens*): gangway || passerelle *v*, pont *m* de passage *m* || Übergang *m*;
5. (*schroef*): thread of screw || spire *v* de vis *v* || Schraubengang *m*; **-, blinde:** *zie* **schroefgang, blinde: -breedte:** width of thread || largeur *v* du filet *m* || Gangbreite *v*; **-diepte:** depth of thread || profondeur *v* du filet *m* || Gangtiefe *v*; **-hoogte:** pitch || pas *m* || Ganghöhe *v*;
6. (*snelheid*): speed, velocity || allure *v*, vitesse *v* || Gang *m*; **-wissel** (*auto*): *zie* **versnellingsbak;**
7. (*mach.*): running || allure *v*, marche *v* || Gang *m*, Lauf *m*; **- brengen** (*zetten*), **in:** to start [up] || démarrer, mettre en marche *v* (en train *m*) || anlassen, in Betrieb *m* (Gang *m*) setzen; **- zijn, in:** to be at work (in gear) || être en marche *v*, fonctionner || arbeiten, im Gang *m* sein; **-, in:** at work, in acting (gear, working) || en action *v* (activité *v*, fonction *v*, jeu *m*, marche *v*) || im Betriebe *m*, in Bewegung *v*, im Gang *m* (Griff *m*); **-, in volle:** at full work || en pleine action *v* (activité *v*) || im vollen Betrieb *m* (Gang *m*); **-, lichte:** easy (smooth) running || marche *v* facile || leichter Gang *m* (Lauf *m*); **-, (*on*)regelmatige:** steady (uniform) (*unstable*) running || marche *v* régulière (uniforme) (*instable*) || (*un*)regelmäßiger Gang *m*, (*un*)stabiler Lauf *m*; **-, (*on*)rustige:** quiet (regular) (*irregular*) running (working) || marche *v* tranquille (régulière), (*irrégulière*) || (*un*)ruhiger Gang *m*; (Lauf *m*); **-, zachte:** smooth working, working sweetly || marche *v* douce (silencieuse) || stoßfreier (weicher) Gang *m*; **-werk:** *zie* **drijfwerk;**
8. (*weverij*): portee || portée *v* || Gang *m*; **-, halve:** half gang (portee), pin || cuisette *v*, demi-portée *v*, musette *v* || halber Gang *m*;
9. (*hoogoven, enz.*): working || allure *v*, marche *v* || Gang *m*; **-, koude:** cold working || allure *v* froide || kalter Gang *m*.

gans (*gieterij*)**:** pig || gueuse *v* || Gans *v*.

gaping (*terrein*)**:** gap || hiatus *m*; écartement *m* des lèvres *vm* (*kloof*) || Lücke *v*; Abstand *m* (*kloof*).

garage: garage, motorhouse || garage *m* || Wagenhalle *v*, Garage *m*, Autoschuppen *m*.

garantie: guarantee, warranty || caution *v*, garantie *v* || Bürgschaft *v*, Garantie *v*, Gewähr *v*; **-machinist:** guarantee engineer || mécanicien *m* de garantie *v* || Garantiemaschinist *m*; **-proef:** guarantee test || épreuve *v* de garantie *v* || Garantieversuch *m*.

gareel: harness || harnais *m* [de cheval *m*] || [Pferde]geschirr *o*; **-streng:** harness rope || tirant *m* || Zugstrang *m*.

garen: yarn || fil *m*, filet *m* || Garn *o*; **-, getwijnd:** doubled yarn, twine || fil *m* retors || gezwirntes Garn *o*, Zwirn *m*; **-, katoenen:** cotton yarn || fil *m* de coton *m* || Baumwollgarn *o*; **-, tweevoudig:** two ply thread || fil *m* double || zweidrähtiger Zwirn *m*; **-, wollen:** wool yarn || fil *m* de laine *v* || Wollgarn *o*; **-boom:** *zie* **achterboom; -boomketting:** warp for yarnbeam || chaîne *v* [sur ensouple *v*] || Garnbaumkette *v*; **-borstelmachine:** yarn brushing machine || machine *v* à brosser les fils *mm* || Garnbrüstmaschine *v*; **-dynamometer:** yarn tester || dynamomètre *m* pour fil *m* || Garndynamometer *o, m*; **-einden:** engine waste || cotons *mm* || Abfälle- und Putzwolle *v*; **-haspel:** yarn reel || dévidoir *m* || Garnhaspel *m*, -winde *v*; **-krachtmeter:** thread dynamometer || casse-fil *m* dynamométrique, éprouvette *v* || Fadenhaltbarkeitsmesser *m*, Garndynamometer *o, m*; **-ligger:** shedding beam, backroller || porte-chaîne *m*, porte-fil *m*, rouleau *m* ourdissoir || Kettenwalze *v*; **-naaimachine:** thread stitching machine || machine *v* à piquer au fil *m* || Fadenheftmaschine *v*; **-pers:** yarn [bunding] press || presse *v* à [empaqueter les] fil[s] *m* [*m*] || Garn[pack]-, Garnbündelpresse *v*; **-stok:** stretching bar, yarn stick || chevilloir *m*, dressoir *m* || Garnstock *m*, Nagelholz *o*; **-strekker:** yarn tentering machine || machine *v* à tendre les fils *mm* || Garnstreckmaschine *v*; **-strop:** selvage strop || erse *v* en bitord *m* || Garnstropp *m*; **-ververij:** dyeing of yarn || teinture *v* de fil *m* || Garnfärberei *v*; **-wantslag:** *zie* **wantslag; -winder:** yarn whisk || campagne *v*, guindre *m* || Garnwinde *v*; **-zengmachine:** yarn singeing machine || machine *v* à griller les fils *mm* || Garnsengmaschine *v*.

garmond: long primer || petit-romain *m* || Borgis *v*.

garnering (*scheepst.*)**:** dunnage || fardage *m* || Garnierung *v*.

garnieriet: garnierite, noumeite || garniérite *v* || Garnierit *m*.

gas: gas || gaz *m* || Gas *o*; *zie ook* **lichtgas; - doorleiden:** to pass (to lead) gas through || passer du gaz *m* à travers de (par) ||

Gas *o* durchleiten; **- laten doorborrelen:** to bubble gas through || faire barboter du gaz *m* dans || Gasblasen *vm* durchführen (durchleiten); **- ontwikkelen:** to generate (to evolve) gas || produire (dégager) du gaz *m* || Gas *o* entwick[e]llen (erzeugen); **- overleiden:** to pass (to lead) gas over || passer du gaz *m* sur || Gas *o* überleiten; **-, arm** (*petr.*)**:** lean gas || gaz *m* pauvre || Armgas *o*, armes Gas *o*; **-, droog:** dry gas; (*petr.*): dry gas || gaz *m* sec; (*petr.*): gaz *m* sec || trockenes Gas *o*; (*petr.*): Trockengas *o*, trockenes Gas *o*; **-, gestript** (*petr.*)**:** stripped (processed) gas || gas *m* dégazoliné || entbenziniertes Gas *o*; **-, indifferent:** indifferent (inert, neutral) gas || gaz *m* inerte (neutre) || indifferentes (neutrales) Gas *o*; **-, inert:** inert gas || gaz *m* inerte || inertes Gas *o*; **-, (***on***)gezuiverd:** (*un*)-purified gas || gaz *m* (*non-*)purifié || (*un*)-gereinigtes Gas *o*; **-, (***on***)zuiver:** (*im*)pure gas || gaz *m* (*im*)pur || (*un*)reines Gas *o*; **-, permanent:** permanent gas || gaz *m* permanent || permanentes Gas *o*; **-, rijk** (*petr.*)**:** wet gas || gaz *m* riche (humide) || Reichgas *o*, Naßgas *o*; **-, vrij** (*petr.*)**:** free gas || gaz *m* libre || freies Gas *o*; **-aanleg:** gas fitting; laying on of gas || installation *v* de gaz *m* || Gaseinrichtung *v*, -anlage *v*; **-aansteker:** *zie* **gasontsteker; -accumulator:** gas accumulator || accumulateur *m* au gaz *m* || Gasakkumulator *m*; **-afkoeler:** gas condenser (cooler) || condenseur *m* (réfrigérant *m*) à gaz *m* || Gaskühler *m*; **-afscheider:** gas separator || séparateur *m* de gaz *m* || Gas[ab]scheider *m*; **-afsluiter:** gas check valve || soupape *v* d'arrêt *m* de gaz *m* || Gasabsperrventil *o*; **-afsluitklep:** gas stopcock || robinet *m* d'arrêt *m* de gaz *m* || Gasabsperrhahn *m*; **-afsluitschuif:** slide for closing gasports || tiroir *m* d'arrêt *m* du gaz *m* || Gasabschlußschieber *m*; **-afvoer:** gas outlet || évacuation *v* du gaz *m* || Gasabführung *v*; **-afvoerpijp:** gas escape tube (outlet pipe) || conduite *v* d'écoulement *m* (tuyau *m* d'échappement *m*) de gaz *m* || Gasabführungsrohr *o*, -abzugleitung *v*; **-analyse:** gas analysis || analyse *v* gazométrique || Gasanalyse *v*; **-anker** (*petr.*)**:** gas anchor || ancrage *m* de gaz *m* || Gasanker *m*; **-apparaat:** gas apparatus || appareil *m* à gaz *m* || Gasapparat *m*; **-arm:** gas bracket (way arm) || bras *m* à gaz *m* || Gas[leitungs]arm *m*; **-balans:** gas balance || balance *v* à gaz *m* || Gaswaage *v*; **-ballon:** gas bulb (light globe) || ampoule *v* à gaz *m* || Gasglühlichtbirne *v*; **-batterij:** gas battery || batterie *v* à gaz *m* || Gasbatterie *v*; **-bedieningsstang:** guide tube for gas control spindle || tige *v* de commande *v* du gaz *m* || Führungsrohr *o* zum Gas[regulierungs]spindel *m*; **-bedrijf:** gas trade || industrie *v* gazière || Gasgewerbe *o*; **-bek:** *zie* **gasbrander; -bel:** gas bubble || bulle *v* de gaz *m* || Gasblase *v*; **-benzine:** *zie* **putgasbenzine; -bereiding:** gas production (manufacture) || génération *v* (production *v*) de gaz *m* || Gasbereitung *v*, -erzeugung *v*; **-blaaspijp:** gas blowpipe || chalumeau *m* à gaz *m* || Gaslötbrenner *m*; **-blazer:** gas blower || soufflerie *v* à gaz *m* || Gasgebläse *o*; **-boei:** gas buoy || bouée *v* à gaz *m* || Gasboje *v*; **-brander:** gas burner || brûleur *m* (bec *m*) à gaz *m* || Gasbrenner *m*; **-buret:** gas burette || burette *v* à gaz *m* || Gasbürette *v*; **-cokes:** *zie* **gaskooks; -compressor:** gas compressor (compressing pump) || compresseur *m* à gaz *m* || Gaspreßpumpe *v*; **-dicht:** gastight || étanche au gaz *m* || gasdicht; **-dichtheid** (*s.g.*)**:** density || densité *v* || Gasdichte *v*; **-doorbraak** (*mijnb.*)**:** sudden gas outburst || dégagement *m* instantané de gaz *m* || Gasausbruch *m*; **-draad:** gas[pipe] thread || filet *m* à pas *m* du (des tuyaux *mm* à) gaz *m* || Gas[rohr]-gewinde *o*; **-droger:** gas drying apparatus || sécheur *m* de gaz *m* || Gastrockner *m*; **-druk:** gas pressure || pression *m* du gaz *m* || Gasdruck *m*; **-drukmeter:** gas manometer (pressure gauge) || manomètre *m* à gaz *m* || Gasdruckmesser *m*; **-drukregulateur:** gas pressure regulator || régulateur *m* de pression *v* de gaz *m* || Gasdruckregler *m*; **-dynamo:** gas [driven] dynamo || dynamo *v* à gaz *m* || Gasdynamo *v*; **-element** (*elektr.*)**:** gas cell || pile *v* à gaz *m* || Gaselement *o*; **-fabriek:** gas plant (works) || usine *v* à gaz *m* || Gasanstalt *v*, -fabrik *v*, -werk *o*; **-fabriek, stedelijke:** municipal gas works || usine *v* à gaz *m* communale (municipale) || städtisches Gaswerk *o*; **-fitter:** gas engineer (fitter) || gazier *m* || Gasfachmann *m*, -fitter *m*, -techniker *m*, -einrichter *m*; **-fles:** gas cylinder (bottle) || bonbonne *v* à gaz *m* || Gasflasche *v*; **-gehalte:** gas contents || teneur *v* en gaz *m* || Gasgehalt *m*; **-gelijkrichter:** gascell rectifier; gas filled rectifier (*Am.*) || redresseur *m* à gaz *m* || Gaszelle *v*, -gleichrichter *m*; **-generator:** gas generator (producer) || gazogène *m*, générateur *m* à gaz *m* || Gaserzeuger *m*; **-geur:** smell of gas || odeur *v* de gaz *m* || Gasgeruch *m*; **-gloeilicht:** incandescent gas light || lumière *v* à incandescence *v* par le gaz *m* || Gasglühlicht *o*; **-hamer:** gas hammer || marteau-pilon *m* à gaz *m* || Gashammer *m*; **-handgreep:** gas (throttle) control handle

|| manette *v* de commande *v* des gaz *mm* || Gashebel *m*; **-holte** (*in gietstukken*): blowhole || soufflure *v* || Blasenhohlraum *m*, Blase *v*; **-houdend:** gaseous || gazeux || gashaltig; **-houder:** gas holder (tank), gasometer || gazomètre *m*, reservoir *m* à gaz *m* || Gasbehälter *m*, -sammler *m*, Gasometer *o*, *m*; **-kaars:** gas candle || bougie *v* à gaz *m* || Gaskerze *v*; **-kachel:** gas stove || poêle *m* au (à) gaz *m* || Gasofen *m*; **-kanaal:** gas channel || canal *m* de gaz *m* || Gaskanal *m*; **-kap** (*mijnb.*): gas cap || cape *v* de gaz *m* || Gaskappe *v*, -kopf *m*, -hut *m*; **-ketel:** *zie* **gashouder; -klep:** gas flap (valve) || papillon *m* (soupape *v*) à gaz *m* || Gasklappe *v*, -ventil *o*; **-klep** (*auto*): choke, air vane, throttle || papillon *m* des gaz *mm* || Drosselklappe *v*; **-koeler:** gas cooler (cooling apparatus) || refroidisseur *m* de gaz *m* || Gaskühler *m*; **-kolen:** gas coal || houille *v* pour la fabrication *v* du gaz *m* || Gaskohle *v*; **-kolom:** column of gas || colonne *v* de gaz *m* || Gassäule *v*; **-komfoor:** gas cooker (boiler, stove) || réchaud *m* à gaz *m* || Gaskocher *m*; **-kooks:** gascoke || coke *m* de gaz *m* || Gaskoks *m*; **-kool:** gas (manufacturing, smithy, forge) coal || houille *v* grasse, charbon *m* à gaz *m* || Gas-, Schmiedekohle *v*; **-kraan:** gas cock (tap) || robinet *m* de (à) gaz *m* || Gashahn *m*; **-krachtaanleg:** gas engine plant || installation *v* motrice à gaz *m* || Gaskraftanlage *v*; **-lamp:** gas lamp || lampe *v* à gaz *m* || Gaslampe *v*; **-lantaarn:** gaslight (-lamp) || bec *m* de gaz *m*, réverbère *m* || Gaslaterne *v*; **-leiding:** gas conduit; gas main (*hoofdleiding*) || conduite *v* de gaz *m* || Gasleitung *v*; **-lek:** gas escape (leakage) || fuite *v* de gaz *m* || Gasflucht *v*; **-licht:** gaslight || lumière *v* de gaz *m* || Gaslicht *o*; **-lift:** gas lift || gaz lift *m* || Gasheber *m*, -lift *m*; *zie ook* **luchtlift; -manometer:** *zie* **gasdrukmeter; -masker:** gas mask, respirator || masque *m* respiratoire (à gaz *m*) || Gasmaske *v*, Gasschutzmaske *v*; **-mengsel:** gas mixture || mélange *m* gazeux || Gasgemisch *o*, -mischung *v*; **-meter:** gasmeter || compteur *m* à gaz *m*, gazomètre *m* || Gasmesser *m*, -uhr *v*, -zähler *m*; **-motor:** gas engine (motor) || gazomoteur *m*, moteur *m* à gaz *m* || Gas[kraft]motor *m*; **-olie:** gas oil || huile *v* à gaz *m* || Gasöl *o*; **-ontladingslamp:** luminous discharge lamp || tube *v* à décharge *v* lumineuse || Gasentladungslampe *v*; **-ontploffing:** gas explosion || explosion *v* de gaz *m* || Gasexplosion *v*; **-ontploffingsveilig:** fire-proof || antidéflagrant || explosionsgeschützt; **-ontsteker:** gas lighter || allumoir *m* à gaz *m* || Gasanzünder *m*; **-ontwikkeling:** development (generation) of gas || développement *m* (production *v*) de gaz *m* || Gasentwick[e]lung *v*; **-ophoping:** accumulation of gas || accumulation *v* de gaz *m* || Gasansammlung *v*; **-opslag** (*petr.*): gas storage || magasinage *m* de gaz *m* || Gasspeicherung *v*, -einlagerung *v*; **-oven:** gas furnace || four *m* à gaz *m* || Gasofen *m*; **-pedaal:** throttle (accelerator) pedal || pédale *v* accélérateur *m* || Gaspedal *o*; **-pomp:** gas pump || pompe *v* à gaz *m* || Gaspumpe *v*; **-produktie:** gas generation (production) || production *v* de gaz *m* || Gaserzeugung *v*, -gewinnung *v*; **-put** (*petr.*): gas well, gasser || puits *m* à gaz *m* || Gassonde *v*, -bläser *m*; **-pijp:** gas [supply] pipe; gas main (*hoofdbuis*); service pipe (*tussen straat en huis*) || tuyau *m* [de conduite *v*] (conduit *m*) à gaz *m* || Gas[leitungs]rohr *o*; **-pijpdraad:** *zie* **gasdraad; -pijpstuk:** gas nozzle (tip) || tubulure *v* (tuyère *v*) à gaz *m* || Gasdüse *v*; **-regulateur:** gas governor || régulateur *m* du gaz *m* || Gasregulator *m*; **-reiniger:** gas purifier, scrubber || épurateur *m* à gaz *m*, scrubber *m* || Gasreiniger *m*; **-reiniging:** gas purification (purifying) || épuration *v* du gaz *m* || Gasreinigung *v*; **-roet:** carbon (gas) black || noir *m* de gaz *m* (carbone *m*, fumée *v*) || Erdgasruß *m*; **-samenstelling:** composition of the gas || composition *v* du gaz *m* || Gaszusammensetzung *v*; **-schuif:** gas [slide, gate] valve || tiroir *m* (vanne *v*) à gaz *m* || Gasschieber *m*; **-sen, afgewerkte:** exhausted gases; exhaust gases || gaz *mm* épuisés; gaz *mm* d'échappement *m* || Abgase *om*; Auspuff-, Austritts-, Abgangsgase *om*; **-slang:** gas tube || tube *m* à gaz *m* || Gasschlauch *m*; **-soldeerbout:** gas soldering copper || fer *m* à souder au gaz *m* || Gaslötkolben *m*; **-standpijp:** gas stand pipe || borne *v* de prise *v* de gaz *m* || Gasfullständer *m*; **-stroom:** stream of gas || courant *m* de gaz *m* || Gasstrom *m*; **-tang:** gas pliers (pipe tongs) || pince *v* à tubes *mm* (à tuyaux *mm*), tenaille *v* à tuyaux *mm* || Gas[röhren]zange *v*, Rohrzange *v*; **-techniek:** gas engineering || technique *v* du gaz *m* || Gasfach *o*, -technik *v*; **-teer:** gas (coal) tar || goudron *m* de gaz *m* || Gasteer *m*; **-temperatuur:** gas temperature || température *v* du gaz *m* || Gastemperatur *v*; **-theorie, kinetische:** kinetic theory of gases || théorie *v* cinétique des gaz *mm* || kinetische Gastheorie *v*; **-toelaatpoort:** gas admission port || lumière *v* d'admission *v* de gaz *m* || Gaseintrittschlitz *m*; **-toevoerpijp:** gas supply pipe || tuyau *m* d'amenée *v* du gaz *m* || Gaszuführungs-

rohr *o*; **-turbine:** gas turbine || turbine *v* à gaz *m* || Gasturbine *v*; **-uitlaat:** gas outlet || départ *m* (sortie *v*) du gaz *m* || Gasabzug *m*; **-uitlaatschuif:** gas outlet damper || registre *m* d'écoulement *m* de gaz *m* || Gasabzugschieber *m*; **-vanger** (*hoogoven*)**:** gas collector || collecteur *m* de gaz *m* || Gasfang *m*; **-verbruik:** gas consumption || consommation *v* (dépense *v*) de gaz *m* || Gasverbrauch *m*; **-verlichting:** gas lighting || éclairage *m* au (par le) gaz *m* || Gasbeleuchtung *v*; **-verwarming:** gas heating, heating by gas || chauffage *m* au gaz *m* || Gasheizung *v*; **-vlam:** gas flame || flamme *v* de gaz *m* || Gasflamme *v*; **-vlamkool:** open-burning coal || charbon *m* flammant, houille *v* sèche à longue flamme *v* || Gasflammkohle *v*; **-vormig:** gaseous || gazeux || gasförmig; **-vullingslamp:** gasfilled lamp || lampe *v* à atmosphère *v* gazeuse || gasgefüllte Lampe *v*; **-wagen** (*spw.*)**:** gas car, gas reservoir wagon || wagon *m* réservoir à gaz *m* || Gaswagen *m*; **-wasser:** gas washer, scrubber || laveur *m* à gaz *m*, scrubber *m* || Gaswäscher *m*; **-water** [1])**:** gas liquor || eau *v* ammoniacale || Gaswasser *o*; **-weger:** gas balance || balance *v* à gaz *m* || Gaswaage *v*; **-weger, registrerende:** recording gas balance || balance *v* à gaz *m* enregistreuse || registrierende Gaswaage *v*; **-zak:** gas bag || nourrice *v* || Gasbeutel *m*; **-zengmachine:** gas singeing machine || machine *v* à griller au gaz *m* || Gassengmaschine *v*; **-zwartsel:** *zie* **gasroet.**

gat: **1.** (*algem.*)**:** hole || trou *m* || Loch *o*; **-anker:** hole (ironclad) armature || induit *m* à trous *mm* || Lochanker *m*; **-beitel:** mortise chisel || bédane *m* || Lochbeitel *m*; **-diepte:** depth of hole || profondeur *v* de trou *m* || Lochtiefe *v*; **-maat:** hole gauge || jauge *v* pour trous *mm* || Lochlehre *v*; **-naald** (*scheepst.*)**:** large sail needle || aiguille *v* à oeillet *v* || Gattnadel *v*;
2. (*molensteen*)**:** eye || oeillard *m* || Loch *o*.

gaten| boren: to drill holes || percer des trous *mm* || Löcher *om* bohren; **- opruimen:** to enlarge holes with a drift || mandriner des trous *mm* || Löcher *om* aufdronen; **-, ponsen:** to punch holes || poinçonner des trous *mm* || Löcher *om* stanzen; lochen; **-blok** (*v. e. smid*)**:** swage block || tas *v* étampe || Gesenk-, Lochplatte *v*; **-rooster:** perforated plate (pinhole) grate || grille *v* [à] paillasse *v* || durchbohrte (perforierte) Rostplatte *v*; **-schaar:** shears for cutting holes || cisaille *v* perforatrice || Lochschere *v*; **-steen:** perforated stone || brique *v* perforée || Lochstein *m*; **-tang:** punching tongs || pince *v* à trous *mm* (à poinçonner) || Lochzange *v*.

gau|freermachine: goffering (embossing) machine || machine *v* à gaufrer || Gaufriermaschine *v*; **-freren:** to diaper, to goffer || gaufrer || gaufrieren.

gaylussiet: gaylussite || gaylussite *v* || Gaylüssit *m*, Natrocalcit *m*.

gazon: *zie* **grasveld.**

ge|aard (*elektr.*)**:** earthed || mis à la terre *v* || geerdet; **-abonneerde** (*telef.*, *enz.*)**:** subscriber || abonné *m* || Teilnehmer *m*, Abonnent *m*; **-absorbeerd:** absorbed || absorbé || absorbiert, aufgenommen; **-aderd:** veined, veiny || marbré, veiné, nervé || geadert; **-adsorbeerd:** absorbed || adsorbé || adsorbiert; **-affineerd:** refined || affiné || affiniert; **-amalgameerd:** amalgamated || amalgamé || amalgamiert.

ge|balanceerd (*niet*)**:** (*un*)balanced || (*in-*, *non-*)équilibré || (*un*)[aus]balanciert, (*un*)-ausgeglichen; **-barsten:** cracked || crevassé, éclaté, gercé || rissig; **-beeldhouwd:** carved || sculpté || geschnitzt (*hout*); gemeißelt (*steen*).

gebergte: mountains || montagnes *vm*, monts *mm* || Gebirge *o*.

gebint: couple, truss || ferme *v* || Gebinde *o*.

gebit (*toom*)**:** [horse] bit || mors *m* || Gebiß *o*; **- m. stangen:** bridle bit, snaffle || mors *m* de la bride *v* || Kandare *v*, Stangengebiß *o*.

gebloemd (*stoffen*)**:** fancy, figured || façonné, figuré, à fleurs *vm* || figuriert, gemustert.

gebogen: arched, curved, crooked, bent || courbé, courbe || gebogen; gekrümmt; **-, haaks:** bent at right angles (through 90°) || coudé (plié à 90°) || gekröpft (um 90°) gebogen.

gebonden: **1.** (*chem.*)**:** bound (fixed) (*to*) || attaché (fixé) (*à*) || gebunden (*an*);
2. (*latent*)**:** latent || latent || gebunden, latent;
3. (*boek*)**:** bound || relié || gebunden.

geboorte: **1.** (*v. e. bocht*)**:** spring (origin) of curve || origine *v* d'une courbe *v* (d'un arc *m*) || Kurven-, Bogenanfang *m*;
2. (*gewelf*)**:** spring[ing] of a vault, skewback, springer || naissance *v* de voûte *v*, sommier *m* || Gewölbanfang *m*, Widerlager *o*; **-druk** (*tegendruk*, *steunpuntsdruk*)**:** abutment pressure || réaction *v* (pression *v*) aux naissances *vm* || Kämpferdruck *m*.

ge|bouw: building || bâtiment *m* || Gebäude *o*; **-bouwd in** (*aangebracht in*)**:** built in; inserted || monté dans; enfoncé; enchâssé || eingebaut.

gebrek: **1.** (*fout*)**:** (*alg.*)**:** fault, defect, deficiency, imperfection || faute *v*, défaut

[1]) Zie ook *ammoniakwater*.

m, imperfection *v* || Fehler *m*, Defekt *m*; (*hout*): defect, disease || défaut *m*, vice *v* || Fehler *m*, Krankheit *v*; (*kabel*; *materiaal*) fault || défaut *m* || Fehler *m*;
2. (*tekort*): want, lack, shortage, deficiency || manque *m*, défaut *m* || Mangel *m*; **- aan lucht:** deficiency of air || défaut *m* (manque *m*) d'air *m* || Luftmangel *m*, Mangel *m* an Luft *v*; **- aan water:** shortage of water || manque *m* d'eau *v* || Wassermangel *m*.

gebrom: buzz[ing] || bourdonnement *m* || Gesumm *o*, Summen *o*.

gebruik: use, employment || emploi *m*, utilisation *v* || Gebrauch *m*, Benutzung *v*, Verwendung *v*, Anwendung *v*; [Aus]nützung *v*, Verwertung *v*; **-en:** to use, to employ || employer, utiliser || gebrauchen, benutzen, verwenden, anwenden.

gebruiks|aanwijzing: direction for (method of) using || mode *m* d'emploi *m* || Gebrauchsanweisung *v*; **-model** (*industr. eigend.*): utility design || modèle *m* d'utilité *v* || Gebrauchsmuster *o*.

gecadmeerd: cadmium-plated || cadmié || cadmiert.

gecom|bineerd: combined, combination- || combiné || kombiniert, vereinigt, Kombinations-; **-poundeerd:** compensated || compoundé || kompoundiert; **-primeerd:** compressed || comprimé || komprimiert, verdichtet, zusammengepreßt.

ge|concentreerd: concentrated || concentré || konzentriert; **-deeld:** [sub]divided, split || divisé, sectionné, interrompu || geteilt; unter-, verteilt.

gedeelte: part || part *v*, partie *v* || Teil *m*; (*v. e. kabel*): section || section *v* || Strecke *v*; (*v. e. buisleiding*): section, part || tronçon *m* || Rohrstrang *m*; (*v. e. trap tussen twee portalen*): flight of steps || volée *v* d'escalier *m* || Treppenflucht *v*; **-, geïnduceerd:** induced part || partie *v* induite || induzierter Teil *m*; **-lijk:** partial (*partly*, *in part*) || partiel(*lement*) || teilweise, Teil-.

ge|degen: native || natif || gediegen; **-dempt:** damped || amorti || gedämpft; **-deponeerd** (*v. e. merk*): *zie* **ingeschreven**; **-dragen, zich:** to behave || se conduire || sich betragen; **-drenkt:** impregnated || imprégné || getränkt, imprägniert.

gedreven (*bewogen*): driven || commandé, actionné || [an]getrieben; **- door** (*e. motor, riem, stoom*): (*motor, belt, steam*) driven || commandé (actionné) par (à commande *v* par) (*moteur m, courroie v, vapeur v*) || (*durch Motor m, durch Riemen m, durch Dampf m*) getrieben; **-, direct:** direct driven || à commande *v* directe || unmittelbar angetrieben; **-, elektrisch:** electrically driven || actionné à l'électricité *v*, mu électriquement || elektrisch angetrieben; **-, elektromotorisch:** driven by electric motor, electrically driven || commandé par un moteur *m* électrique || elektromotorisch angetrieben.

gedrongen: compact || compact || [zusammen]gedrängt, kompakt.

geel: 1. (*z. nw.*): yellow || jaune *m* || Gelb *o*; **-, Casseler:** Cassel yellow || jaune *m* de Cassel || Kasselergelb *o*; **-, Napels:** Naples yellow || jaune *m* de Naples || Neapelgelb *o*;
2. (*bijv. nw.*): yellow || jaune || gelb; **-achtig:** yellowish || jaunâtre || gelblich; **-branden:** to dip || décaper, dérocher || gelbbrennen; **-koper:** *zie* **messing.**

geëmailleerd: enamelled || émaillé || emailliert, Email-.

geer|las: diagonal (mitre) joint || assemblage *m* (joint *m*) à onglet *m*, joint *m* à mitre *v* || Gehrfuge *v*, -stoß *m*; **-lijn:** mitre line || ligne *v* de mitre *v* (d'onglet *m*) || Gehrungslinie *v*; **-snede:** mitre (quoin) cut || coupe *v* à onglet *m* || Gehrschnitt *m*.

ge|festonneerd: scalloped, festooned || festonné || festonniert; **-forceerd:** forced || forcé || forciert; angestrengt; **-galvaniseerd:** galvanized || galvanisé || galvanisiert.

gegevens: data || données *vm* || Daten *om*.

gegloeid: 1. (*v. metalen*): annealed || recuit || [aus]geglüht;
2. (*scheik.*): calcinated || calciné || geglüht, kalziniert.

ge|golfd (*plaat, enz.*): corrugated || ondulé || gewellt, Well-; **-gons:** humming || bourdonnement *m* || Gesumm *o*, Summen *o*; **-goten:** cast || coulé || gegossen, Guß-; **-granuleerd:** *zie* **gekorreld; -groefd:** grooved, channelled; fluted (*zuil*) || rainé; cannelé || gerillt; kanneliert.

gehalte: 1. (*algem.*): content[s] || teneur *v* || Gehalt *m*;
2. (*erts*): grade || teneur *v* || Gehalt *m*;
3. (*metalen*): alloy || aloi *m*, titre *m* || Feingehalt *m*.

ge|hamerd: hammered || martelé || gehammert, Hammer-; **-hard:** hardened || durci; trempé (*metaal*) || gehärtet; **-hoorontvangst:** reception by sound || réception *v* auditive (à l'oreille *v*) || Hörempfang *m*.

gei|en: to brail (to clew) up || carguer || [auf]geien; **-[touw]:** brail, clew line || cargue[-point] *v* || Gei *v*, -tau *o*.

geiger(-klemperer-; -muller-)teller: Geiger-Klemperer-counter, proportional counter (*Geiger-[Muller]-counter* || compteur *m* Geiger(*-Klemperer*; *-Muller*) || Geiger-Klemperer-zähler *m* (*Geigerzähler m*).

ge|ïllustreerd: illustrated || illustré || illustriert, gebildert; **-impregneerd:** impregnated || imprégné || imprägniert, getränkt; **-induceerd:** induced || induit || induziert; **-isoleerd:** insulated || isolé || isoliert.

geiser: **1.** (*toestel*): geyser || [appareil *m*] geyser *m* || Badeofen *m*;
2. (*springbron*): geyser || geyser *m*, geiser *m* || Geiser *m*.

geite|haar: goat's hair || poil *m* de chèvre *v* || Ziegenhaar *o*; **-leder:** goatskin, kid leather (skin) || chevrotin *m* || Ziegenleder *o*.

gek (*v. e. schoorsteen*)**:** turn cap || chape *v* tournante || Drehkappe *v*.

ge|kapseld: ironclad, enclosed || cuirassé, fermé, blindé || gekapselt; **-kenmerkt door** (*octr.*)**:** characterized in that || caractérisé par le fait *m* (en ce que) || dadurch gekennzeichnet; **-kleurd:** coloured || coloré || gefärbt; **-klonken:** riveted || riveté || genietet; **-koppeld:** coupled || accouplé || gekuppelt; **-koppeld, direct:** direct driven || à accouplement *m* (couplage *m*) direct || direkt gekuppelt; **-korreld:** granulated || granulé || granuliert, gekörnt; **-kristalliseerd:** crystallised || cristallisé || kristallisiert.

gekromd: **1.** (*algem.*): curved || courbé || gekrümmt;
2. (*i. h. midden uitgebogen*): bulged || renflé || ausgebaucht.

gekruist: crossed || croisé || gekreuzt.

gel: gel || gel *m* || Gel *o*.

gelaagd: stratified, laminated || stratifié || geschichtet; (*terrein*)**:** bedded, layered, stratified, foliated || stratifié, déposé en lits *mm*, lité || geschichtet.

geladen (*ook elektr.*)**:** charged || chargé || geladen; **-, negatief** (*positief*)**:** negatively (*positively*) charged || chargé négativement (*positivement*) || negativ (*positiv*) geladen.

gelamelleerd: laminated || feuilleté || lamelliert, geblattert.

gelast: welded || soudé || geschweißt; **- m. overlap:** lap welded || soudé par recouvrement *m* || überlappt geschweißter Stoß *m*; **-, stomp:** butt welded || soudé par aboutement *m* (bord *m* à bord *m*) || stumpfgeschweißt.

gelatine: gelatin[e] || gélatine *v* || Gelatine *v*; **-dynamiet:** blasting gelatine || dynamite-gomme *v* || Sprenggelatine *v*; **-papier:** sheet gelatine || papier *m* gélatine || Gelatinepapier *o*.

geleed: articulated || articulé || gegliedert, Glieder-.

gelei: jelly, gelatinous mass; gel || gelée *v*; gel *m* || Gallerte *v*, Gelee *o*; Gel *o*; **-achtig:** gelatinous || gélatineux || gallertartig.

gelei|baan: *zie* **leibaan** *onder* **lei 2**; **-band:** guide band (ribbon) || bande *v* (ruban *m*) de guidage *m*, ruban-guide *m* || Führungsband *o*; **-bus:** guide bush (box, bracket) || boîte *v* (manchon *m*) de guidage *m*, manchon-guide *m* || Führungsbüchse *v*; **-draad,** *enz.*: *zie na* **geleidingsvermogen.**

geleidbaarheid: conductivity || conductibilité *v*; conductance *v* (*elektr.*) || Leit[ungs]fähigkeit *v*, -vermögen *o*; **-, inwendige:** anode A.C. conductance || conductance *v* d'un tube *m* || innerer Leitwert *m*; **-, magnetische:** permeance || perméance *v* || magnetischer Leitwert *m*; **-, soortelijke:** conductivity || conductivité *v* || Leitfähigkeit *v*.

geleidelijk: gradual(*ly*) || graduel(*lement*) || allmählich.

gelei|den: **1.** (*voeren*): to lead || conduire || leiten, führen;
2. (*leiden*): to guide || guider || führen;
3. (*warmte; stroom*): to conduct || conduire || leiten; **-dend:** conductive, conductible, conducting || conducteur (*-trice*), conductive || leitend; **-dend, goed** (*slecht*)**:** good (*bad*) conducting, highly conductive (*of low conductivity*) || bon (*mauvais*) conducteur (*-trice*) || gut-(*schlecht*)leitend; **-dend, niet:** non-conducting || non-conducteur (*-trice*) || nichtleitend; **-der:** conductor || conducteur *m* || Leiter *m*; **-der, geslagen:** cable conductor || conducteur *m* (câble *m*) câblé || Litze *v*, Seil *o*; **-der, goede** (*slechte*)**:** good (*bad, poor*) conductor || bon (*mauvais*) conducteur *m* || guter (*schlechter*) Leiter *m*; **-der, niet-:** non-conductor || corps *m* non-conducteur || Nichtleiter *m*; **-der, primaire:** prime conductor || conducteur *m* primaire || Primärkonduktor *m*.

geleide|rol: *zie* **leirol** *onder* **lei 2**; **-schijf:** guide disk || disque *m* de guidage *m* || führende Scheibe *v*; *zie ook* **leischijf** *onder* **lei 2**; **-vinger** (*slijpinr.*)**:** guide finger || doigt *m* [de guidage *m*] || [Führungs]finger *m*.

geleiding: **1.** (*voeren*): leading || guidage *m* || Leitung *v*, Führung *v*;
2. (*leiden*): guiding; guide || guidage *m*; guide *m* || Führung *v*; **- d. m. v. pootjes:** valve guiding wings || guide *m* à ailettes *vm* (à croissillon *m*) || Rippen-, Flügelführung *v*; **- in de hoeken:** guide over corners, corner guiding || guidage *m* (guide *m*) placé dans les angles *mm* || Führung *v* über Eck *o*; **- tussen staven:** bar guide || guidage *m* à glissière[s] *v*[*m*] || Schienenführung *v*; **-, rechtlijnige:** straight line guide || guidage *m* rectiligne || Geradführung *v*; **-, zijdelingse:** lateral guide || guidage *m* latéral || seitliche Führung *v*, Seitenführung *v*; **-sbus:**

guide bush || manchon-guide *m*, manchon *m* de guidage *m* || Führungsbüchse *v*; **-smoer:** guiding nut || écrou *m* guide-tiroir || Führungsmutter *v*; **-sstift** (*klep*)**:** guide stem (pin) || cheville *v* de guidage *m* || Führungsstift *m*; **3.** (*warmte, stroom*)[1]**:** conducting, conduction || conduction *v* || Leitung *v*; **-scoëfficiënt:** coefficient of conductivity || coefficient *m* de conductibilité *v* || Leitungs-, Leitfähigkeitskoeffizient *m*; **-sstroom:** conduction current || courant *m* de conduction *v* || Leitungsstrom *m*; **-svermogen:** *zie* **geleidbaarheid.**

gelei|draad: conducting wire || fil *m* conducteur || Leit[ungs]draht *m*; **-oog:** *zie* **geleibus; -plaat** (*water*)**:** guide (baffle) plate for water || tôle-guide *m* pour l'eau *v* || Wasserführungsblech *o*; **-raam:** guide frame || guide *m*, châssis *m* de guidage *m* || Führungsschacht *v*; **-rol:** *zie* **leirol** *onder* **lei 2; -schoen:** guide shoe || sabot *m* conducteur || Leitschuh *m*; **-slof**[2]**:** guide (sliding, slide) block, slipper, shoe || patin *m*, coulisseau *m* || Gleitstück *o*, -schuh *m*, -klotz *m*; Schlitten *m*; **-slof** (*v. kruk m. sponning*)**:** sliding (link) block || glisseur *m* || Gleitklotz *m*, Kulissenstein *m*; **-stang:** guide rod, motion (guide) bar || barre *v* (tige *v*) de guidage *m*, tige *v* directrice, barre *v* (tige *v*) guide || Führungs-, Gleit-, Leitstange *v*; **-stuk** (*stuurkolom*)**:** steering guide (collar) || guide *m* de (emplanture *v* pour) direction *v* || Steuerungszapfenloch *o*, Steuerführung *v*; **-stuk** (*klepstoter*)**:** valve lifter guide || guide *m* de marteau *m* || Stößelführung *v*; **-vlak:** slide face || surface *v* de glissement *m* || Gleitfläche *v*.

gelinieerd (*papier*)**:** ruled || réglé || liniiert.

geluid: sound (*algem.*)**:** noise || son *m* (*algem.*); bruit *m* || Schall *m*, Laut *m* (*bepaald geluid*); Klang *m* (*klank*); **-beeld:** sound picture || image *v* sonore || Tonbild *o*; **-demper:** silencer, sound deadener || amortisseur *m* du son *m* || Schalldämpfer *m*; **-demping:** sound deadening (proofing) || amortissement *m* du bruit *m* || Schalldämpfung *v*; **-gevend:** sounding || sonore || lautgebend; **-meter:** sonometer || phonomètre *m*, sonomètre *m* || Schall-, Tonmesser *m*; **-meting:** sonometry || sonométrie *v* || Schallmessung *v*; **-opening** (*telef.*)**:** ear piece opening || pavillon *m* du récepteur *m* || Schallöffnung *v*; **-optekening:** sound recording || enregistrement *m* du son *m* || Tonaufzeichnung *v*; **-registratie:** *zie* **geluidoptekening; -sbarriere:** sound barrier || barrière *v* sonore || Schallmauer *v*; **-scamera:** sound camera || appareil *m* de prises *vm* de son *m* || Tonkamera *v*; **-sfilm:** sound film || film *m* sonore || Tonfilm *m*; **-sgolf:** sound (acoustic) wave || onde *v* sonore || Schallwelle *v*; **-sleer:** acoustics || acoustique *v* || Lehre *v* vom Schall *m*; **-sreflector:** screen || chambre *v* de resonance *v*, abat-son *m* Schallkammer *v*; **-ssnelheid:** sound velocity || vitesse *v* du son *m* || Schallgeschwindigkeit *v*; **-spoor:** sound track || sillon *m* sonore || Tonspur *v*; **-strilling:** sound vibration || vibration *v* sonore || Schallschwingung *v*; **-versterker:** [sound]-amplifier || amplificateur *m* [du son *m*] || [Ton]verstärker *m*.

gelijk: 1. (*hetzelfde*)**:** similar, identical (*dingen*); alike, equal, even (*hoeveelheden*) || égal, pareil; identique || gleich[artig]; identisch; **- en gelijkvormig:** congruent || égal, superposable || gleich und ähnlich, kongruent; **-benig:** isosceles || isocèle || gleichschenk[e]lig; **-drukturbine:** *zie* **actieturbine; -fasig:** of corresponding phase; in phase (*Am.*) || de phase *v* égale || gleichphasig; **-gericht:** in the same direction || de même direction *v* (sens *m*) || gleichgerichtet; **-gericht** (*elektr.*)**:** rectified || redressé || gleichgerichtet; **-heid:** equality || égalité *v* || Gleichheit *v*; **-hoekig:** equiangular || équiangle || gleichwink[e]lig; **-kleurig:** idiochromatic || idiochromatique || idiochromatisch; **-lastig:** *zie* **schip 1, gelijklastig; -matig:** uniform; homogeneous || uniforme; homogène || gleichmäßig; -förmig; **-matigheid:** uniformity || uniformité *v* || Gleichmäßigkeit *v*; **-matigheidsgraad** (*der verlichtingssterkte*)**:** uniformity factor (*of an illuminated surface*) || facteur *m* d'uniformité *v* (*d'une surface v éclairée*) || Gleichmäßigkeit *v* (*der Beleuchtung v*); **-namig:** of the same name || de même nom *m* || gleichnamig; **-polig:** homopolar || homopolaire || gleichpolig, homopolar, Gleichpol-; **-pooldynamo:** homopolar dynamo || génératrice *v* homopolaire || Gleichpolgenerator *m*; **-richten:** to rectify || redresser || gleichrichten; **-richter:** rectifier, current redresser || redresseur *m* [de courant *m*] || Gleichrichter *m*; **-richter m. roterende contacten:** rectifier with rotating contacts || redresseur *m* à contacts *mm* tournants || Gleichrichter *m* mit umlaufenden Kontakten *mm*; **-richter m. slingerende contacten:** rectifier with oscillating contacts || redresseur *m* à contacts *mm* oscillants || Gleichrichter *m* mit schwingenden Kontakten *mm*; **-richter, elektrolytische:** electrolytic rectifier || redresseur *m* (soupape *v*) électrolytique

---

[1]) Zie ook *leiding*.
[2]) Zie ook *geleischoen*.

|| elektrolytisches Ventil *o*, Flüssigkeitsgleichrichter *m*; **-richter, mechanische:** mechanical rectifier with moving parts || redresseur *m* mécanique (à parties *vm* mobiles) || mechanischer (beweglicher) Gleichrichter *m*; **-richterstation:** rectifier substation || sous-station *v* à redresseurs *mm* || Gleichrichterwerk *o*; **-stoten** (*typogr.*)**:** to knock up || dresser || aufstoßen; **-stroom:** *zie na* **gelijk 3; -tijdig:** simultaneous || simultané || gleichzeitig; **-tijdigheid:** simultaneity, simultaneousness || simultanéité *v* || Gleichzeitigkeit *v*; **-tijdigheidsfactor:** simultaneity factor || facteur *m* de simultanéité *v* || Gleichzeitigkeitsfaktor *m*; **-vloers:** on the ground entrance) floor (level); on the same floor || au rez-de-chaussée *m*, de plein pied *m* || ebenerdig, im Erdgeschoß *o*; **-vloersverdieping:** ground floor || rez-de-chaussée *m* || Erdgeschoß *o*; **-vormig:** of the same form, conformable, homomorphic; similar (*meetk.*) || de même forme *v*, conforme; semblable (*meetk.*) || gleichförmig; ähnlich (*meetk.*); **-vormigheid:** conformity; similarity || conformité *v*; similitude *v* || Gleichförmigkeit *v*; Ähnlichkeit *v*; **-waardig:** *zie* **gelijk 2; -waardigheid:** equivalence || équivalence *v* || Gleichwertigkeit *v*, Äquivalenz *v*; **-zijdig:** equilateral || équilatéral || gleichseitig;

2. (*gelijkwaardig*): equivalent ||équivalent || gleichwertig, äquivalent;

3. (*effen*): even, level, smooth || uni, égal || eben, glatt; **- maken:** to even, to level, to plain || aplanir, araser, égaler, égaliser || abgleichen, ebnen.

gelijkstroom: continuous (direct) current, parallel flow || courant *m* continu (de même sens *m*) || Gleich-, Parallelstrom *m*, gleichgerichteter Strom *m*; **-aanleg:** continuous current plant || installation *v* à courant *m* continu || Gleichstromanlage *v*; **-ampèremeter:** continuous current ammeter || ampèremètre *m* pour courant *m* continu || Gleichstromamperemeter *o*, *m*; **-anker:** continuous current armature || induit *m* à courant *m* continu || Gleichstromanker *m*; **-bekrachtiging:** direct current excitation || excitation *v* par courant *m* continu || Gleichstromerregung *v*; **-booglamp:** continuous current arc lamp || lampe *v* à arc *m* à courant *m* continu || Gleichstrombogenlampe *v*; **-condensator:** parallel current condenser || condenseur *m* à courants *mm* de même sens *m* || Parallelstromkondensator *m*; **-dynamo:** continuous current dynamo || dynamo *v* à courant *m* continu || Gleichstromdynamo *v*; **-generator:** continuous current generator || génératrice *v* à courant *m* continu || Gleichstromerzeuger *m*, -generator *m*; **-leiding:** continuous current line || ligne *v* à courant *m* continu || Gleichstromleitung *v*; **-lichtboog:** continuous current arc || arc *m* électrique à courant *m* direct || Gleichstromlichtbogen *m*; **-machine:** direct (continuous) current machine || machine *v* à courant *m* continu || Gleichstrommaschine *v*; **-machine, heteropolaire:** heteropolar direct current machine || machine *v* à courant *m* continu hétéropolaire || heteropolare Gleichstrommaschine *v*; **-mengcondensator:** parallel current mixing condenser || condenseur *m* à mélange *m* à courants *mm* de même sens *m* || Mischkondensator *m* mit Parallelstrom *m*; **-meter:** continuous current supply meter || compteur *m* à courant *m* continu || Gleichstromzähler *m*; **-motor:** continuous current motor || moteur *m* à courant *m* continu || Gleichstrommotor *m*; **-opwekking:** continuous current excitation || excitation *v* par courant *m* continu || Gleichstromerregung *v*; **-oven:** direct current furnace || four *m* à courant *m* continu || Gleichstromofen *m*; **-relais:** continuous current relay || relais *m* pour courant *m* continu || Gleichstromrelais *o*; **-stoommachine:** steam engine for continuous current || machine *v* à vapeur *v* à courant *m* continu || Gleichstromdampfmaschine *v*; **-systeem:** direct current system || système *v* à courant *m* continu || Gleichstromsystem *o*; **-transformator:** continuous current converter || transformateur *m* à courant *m* continu || Gleichstromumformer *m*; **-veld:** direct (continuous) current field || champ *m* continu || Gleichstromfeld *o*; **-vereffeningsmachine:** direct current balancer || égalisatrice *v* à courant *m* continu || Ausgleichmaschine *v*; **-verliezen:** copper (joule) losses with direct current || pertes *vm* Joule en courant *m* continu || Gleichstromverluste *mm*; **-waarde:** direct current value || valeur *v* de courant *m* continu || Gleichstromgröße *v*; **-wikkeling:** continuous current winding || bobinage *m* pour (enroulement *m* à) courant *m* continu || Gleichstromwick[e]lung *v*; **-wisselstroommutator:** inverter || onduleur *m* || Wechselrichter *m*.

ge|lijmd: glued; sized (*papier*) || collé || geleimt; **-maal** (*mach.*)**:** pumping engine || machine *v* d'épuisement *m* || Poldermühle *v*; **-magnetiseerd:** magnetised || aimanté || magnetisiert; **-marmerd:** marbled || marbré || gemarmelt, marmoriert; **-matteerd:** dull (*kleur*); frosted (*glas*, *zilver*); mat (*goud*) || mat, dépoli || mattiert.

gemeente: municipality || commune *v* || Gemeinde *v*; **-lijk:** municipal || communal, municipal || kommunal, städtisch, Stadt-; **-reiniging:** municipal scavenging system || voirie *v* [communale] || Gemeinde-, Stadtreinigung *v*, städtische Reinigung *v*; **-werken:** municipal works || travaux *mm* publics [de la commune *v*], entreprises *vm* municipales || Gemeindebauten *mm*; städtisches Bauamt *o*.

gemengd: mixed || mélangé, mixte || gemischt, Misch-.

gemid|deld: average, mean || moyen || mittler, durchschnittlich, im Durchschnitt *m*; **-delde:** average || moyenne *v* || Mittel *o*, -wert *m*, Durchschnittswert *m*.

gemoduleerd: modulated || modulé || moduliert.

gemsleder: shammy || cuir *m* de chamois *m* || Gems-, Sämischleder *o*.

generator: **1.** (*elektr.*): generator || génératrice *v* || Generator *m*, [Primär]dynamo *v*, [Strom]erzeuger *m*; **-, in fase nalopende:** lagging generator || génératrice *v* en retard *m* de phase *v* || nacheilender Generator *m*; **- m. verticale as:** umbrella type generator || génératrice *v* à arbre *m* vertical || Schirmgenerator *m*; **-, polymorfe:** multiple-current generator || génératrice *v* polymorphique || Drehstromgenerator *m*; **-aggregaat:** generating set || groupe *m* générateur (électrogène) || Generatorsatz *m*; **-windaandrijving:** windmill generator, windcharger || génératrice *v* actionnée par moteur *m* à vent *m* || Windkraftgenerator *m*;
2. (*generatorgas*): generator, producer || gazogène *m* || Gaserzeuger *m*, Generator *m*; **- m. dubbele schacht:** producer with double body || gazogène *m* à double cuve *v* || Generator *m* mit Doppelschacht *m*; **-bouwwijze:** type of producer || mode *m* de construction *v* de gazogène *m* || Generatorbauart *v*; **-gas:** producer (generator) gas || gaz *m* de gazogène *m* || Generatorgas *o*; **-oven:** gas producer || four *m* de gazogène *m* || Generatorofen *m*; **-schacht:** producer body (shaft) || cuve *v* de gazogène *m* || Generatorschacht *m*; **-werking:** working of producer || fonctionnement *m* de gazogène *m* || Generatorbetrieb *m*; **-werking m. dubbele verbranding:** producer working with combustion in two stages || fonctionnement *m* de gazogène *m* à double combustion *v* || Generatorbetrieb *m* mit doppelter Verbrennung *v*.

geocentrisch: geocentric[al](*ly*) || géocentrique(*ment*) || geocentrisch.

geoctrooieerd: patented, protected by patent || breveté || patentiert, patentrechtlich geschützt.

geo|desie: *zie* **aardmeetkunde; -detisch:** geodesic[al](*ly*), geodetic[al](*ly*) || géodésique(*ment*) || geodätisch; **-genie:** geogeny || géogénie *v* || Geogenie *v*; **-gnosie:** geognosy || géognosie *v* || Geognosie *v*; **-gnostisch:** geognostic || géognostique || geognostisch; **-grafisch:** geographic[al](*ly*) || géographique(*ment*) || geographisch.

geolied: oiled || huilé || geölt.

geo|logenhamer: mineralogist's hammer || marteau *m* de géologue *m* || Geologen-, Gesteinshammer *m*; **-logenkompas:** geologist's compass, pocket transit || boussole *v* de géologue *m* || Geologen-, Setzkompaß *m*, geologischer Kompaß *m*; **-logie:** geology || géologie *v* || Geologie *v*; **-loog:** geologist || géologue *m* || Geologe *m*; **-logisch:** geological(*ly*) || géologique(*ment*) || geologisch; **-fysica:** geophysics || géophysique *v* || Geophysik *v*; **-fysisch:** geophysical(*ly*) || géophysique(*ment*) || geophysikalisch; **-metrie:** geometry || géometrie *v* || Geometrie *v*; **-metrisch:** geometric[al](*ly*) || géometrique(*ment*) || geometrisch; **-thermisch:** geothermic(*ally*) geothermal(*ly*) || géothermique(*ment*) || geothermisch; **-thermometer:** *zie* **aardwarmtemeter.**

ge|pantserd: armoured, armour plated; ironclad (*schip*) || cuirassé, blindé || gepanzert, Panzer-, armiert, bewehrt; **-paraffineerd:** paraffined || paraffiné || paraffiniert; **-patenteerd:** *zie* **geoctrooieerd; -perforeerd:** perforated || perforé || perforiert, gelocht; **-perst:** [com]pressed || comprimé || gepreßt; **-platineerd:** platina plated || plaqué de platine *m* || platinplattiert; **-plet:** flattened || aplati || geplättet; *zie ook* **gewalst; -polariseerd:** polarised || polarisé || polarisiert; **-polijst:** polished || poli || poliert.

geraamte: skeleton, frame [work], carcass || squelette *m*, carcasse *v*, charpente || Gerippe *o*.

gerafeld (*touw*)**:** galled, ravelled, worn out || éraillé || gescheuert, faserig.

gerberligger: Gerber's beam || poutre *v* système *m* Gerber (cantilever), pontgrue *m* || Gerberscher Balken *m*, Gerberbalken *m*.

gereedschap: tool, implement, utensil, instrument || outil *m*, instrument *m* || Werkzeug *o*, Gerät *o*; *zie ook* **gerei; -houder, gespleten:** spring (split) chuck || coquille *v*, noix *v* || Spannpatrone *v*; **-maker:** tool maker || outilleur *m* || Werkzeugmacher *m*; **-makerij:** tool maker's shop || atelier *m* d'outilleur *m* || Werkzeugmacherei *v*; **-pen:** tools, utensils, instruments, implements || outils *mm*, outillage *m*, instruments *mm* || Werkzeuge *om*, Geräte *om*, Gerätschaften *vm*; **-skamer:** tool room || outillerie *v* || Werkzeugstube *v*; **-skist:** tool chest (box) || armoire *v* (caisse *v*) à outils *mm* || Werkzeugkasten *m*, -schrank *m*; **-slijpmachine:** tool grinder (grinding machine) || affûteuse *v* || Werkzeugschleifmaschine *v*, **-smachine:** machine tool || machine-outil *v* || Werkzeugmaschine *v*; **-magazijn:** tool room || salle *v* des outils *mm* || Werkzeugstube *v*, -kammer *v*; **-sstaal:** *zie* **kroezenstaal**; **-stas:** tool bag || trousse *v* à outils *mm* || Werkzeugtasche *v*; **-suitgifte:** distribution of tools || distribution *v* des outils *mm* || Werkzeugausgabe *v*; **-swagen:** tool wagon || wagon *m* à outils *mm* || Geräte-, Werkzeugswagen *m*; **-swerktuig:** *zie* **gereedschapsmachine.**

gerei: utensil[s], implement[s], tool[s], || ustensil[s] *m*[*m*], outil[s] *m*[*m*] || Gerät[e] *o*[*m*], Werkzeug[e] *o*[*m*], Gerätschaft *v*; *zie ook* **gereedschap** *en* **gereedschappen.**

gergel (*vat*): chimb-notch || jable *m*, rainure *v* || Gergel *m*, Kröse *v*; **-en:** to groove the staves, to notch || jabler || gergeln.

geribd: 1. (*algem.*): ribbed || à nervures *vm*, nervuré || gerippt, Rippen-, geriffelt;
2. (*bouwk.*): fluted || cannelé || gerippt.

geringd: ringed || annelé || geringelt.

germanium: germanium || germanium *m* || Germanium *o*.

gerst: barley || orge *v* || Gerste *v*; **-, geparelde:** pearl barley || orge *m* perlé || Perlgraupen *vm*; **-, gepelde:** French barley || orge *m* mondé || geschälte Gerste *v*, Gerstengraupen *vm*; **-, ongepelde:** hulled barley || orge *m* brut || ungeschälte Gerste *v*; **-ebier:** barley-beer || bière *v* d'orge *m* || Gerstenbier *o*; **-ekorrel:** barley corn || grain *m* d'orge *m* || Gerstenkorn *o*; **-emeel:** barley flour || farine *v* d'orge *m* || Gerstenmehl *o*.

geruis: noise || bruit *m* || Geräusch *o*; **-, thermisch:** thermal agitation noise || effet *m* thermique || Wärmerauschen *o*; **-loos:** silent, noiseless || silencieux, sans bruit *m* || geräuschlos; **-spanning:** psophometric voltage || tension *v* psophométrique || Geräuschspannung *v*.

ge|ruit: check[er]ed, lozenged || losangé; quadrillé, à carreaux *mm* || gerautet, kariert; gewürfelt; **-scheiden:** separated || séparé || getrennt; **-schikt:** suitable, appropriated || propre (*à*), apte (*à*), approprié (*à*) || geeignet; **-schiktheid:** aptness, suitability || aptitude *v*, capacité *v* || Eignung *v*.

geschut: artillery, ordnance || artillerie *v* || Geschütz *o*; **-brons:** gun metal || bronze *m* (métal *m*) à canons *mm* || Geschützbronze *v*; **-dek:** gun deck || pont *m* de la batterie *v* || Batteriedeck *o*; **-gieterij:** gun foundry || fonderie *v* de canons *mm* || Geschützgießerei *v*.

ge|sloten: closed || fermé || geschlossen; **-smolten:** molten, fused || fondu || geschmolzen; **-smoord:** throttled || étranglé || gedrosselt; **-soldeerd:** soldered || brasé, soudé || gelötet.

gesp: buckle, clasp || boucle *v* || Schnalle *v*; **-isolator:** buckle insulator || isolateur *m* à maillon *m* || Schnallenisolator *m*.

gesprekkenteller: conversation meter || compteur *m* des conversations *vm* || Gesprächzähler *m*.

gesteeld: helved || emmanché || gestielt.

gesteente: rock || roche *v* || Gestein *o*; **-, archaïsch:** archaic stone (rock) || pierre *v* (roche *v*) archaïque || archäisches Gestein *o*; **-, eruptief:** eruptive stone || pierre *v* d'éruption *v* (éruptive) || Eruptivgestein *o*; **-, hard:** hard (rebel) rock || roche *v* dure || hartes Gestein *o*, Hartklamm *m*, Knauer *m*; **-, natuurlijk:** natural stone || pierre *v* naturelle || natürliches Gestein *o*; **-, sedimentair:** sedimentary (stratified) stone || pierre *v* sédimentaire (stratifiée) || Sedimentär-, Schicht-, Flözgestein *o*; **-, steriel:** barren (dead) ground, deads, attle || terrain *m* stérile, stérile *m* || taubes (flözleeres) Gestein *o*; **-, vast:** solid rock, bedrock || roche *v* solide (même, de fond *m*) soubassement *m* || Mutterfels *m*, gewachsener Fels *m*, Anstehendes *o*; **-, vulkanisch:** volcanic rock || pierre *v* volcanique || vulkanisches Gestein *o*; **-, zacht:** ductile (soft) stone (rock) || pierre *v* (roche *v*) douce (ductile, tendre) || weiches (mildes, geschmeidiges) Gestein *o*; **-druk:** rock pressure || pression *v* du (charge *v* de) terrain *m* || Gebirgsdruck *m*; **-plaatje** (*mikr.*): thin (micro) section, slide || lame *v* (coupe *v*) mince || Dünnschliff *m*; **-pijler** (*mijnb.*): rock pentice || pilier *m* de roche *v* || Bergefeste *v*.

gestel: stand || bâti *m* || Gestell *o*; *zie ook* **freem.**

gesteldheid: nature || nature *v* || Beschaffenheit *v*; **- v. h. bouwterrein, natuurlijke:** nature of the building ground || nature *v* du terrain *m* à bâtir || Beschaffenheit *v* des Baugrundes *m*.

gestreept: 1. (*streperig*): flawy, streaky, streaked, veined || strié, veineux || aderig;
2. (*met strepen*): striped || rayé || gestreift.

getal: number || nombre *m* || Zahl *v*; **-, gebroken:** broken (fractional) number || nombre *m* rompu (fractionnaire) || Bruchzahl *v*; **-, geheel:** whole number ||

nombre *m* entier || ganze Zahl *v*; **-, gemengd:** mixed (fractional) number || nombre *m* mixte (fractionnaire) || gemischte Zahl *v*; **-, imaginair:** imaginary number (quantity) || nombre *m* imaginaire || imaginäre Zahl *v*; **-, (*ir*)rationeel:** *zie* **getal, (*on*)meetbaar: -, (*on*)benoemd:** concrete (*abstract*) number || nombre *m* concret (*abstrait*) || (*un*)benannte Zahl *v*; **-, (*on*)bepaald:** (*in*)definite number || nombre *m* (*in*)déterminé || (*un*)bestimmte Zahl *v*; **-, (*on*)deelbaar:** composite (*prime*) number || nombre *m* (*in*)divisible, (nombre *m* premier) || (*nicht*) teilbare Zahl *v*, Primzahl *v*; **-, (*on*)even:** even (*odd*) number || nombre *m* (*im*)pair || (*un*)gerade Zahl *v*; **-, (*on*)meetbaar:** (*ir*)rational number || nombre *m* (*ir*)-rationel (*in*)commensurable) || (*ir*)rationale Zahl *v*; **-, reëel:** real number || nombre *m* réel || reelle Zahl *v*; **-, vierkant:** square number || nombre *m* carré || Quadratzahl *v*; **-, vijfhoekig:** pentagonal number || nombre *m* pentagone || Fünfeckszahl *v*.

ge|tand: toothed; dentated || denté || gezahnt; **-teerd:** tarred || goudronné || geteert; **-timmerte:** scaffolding || échafaudage *m* || Gerüst *o*.

getouw|rem: drag || frein *m* du métier *m* || Reibung *v*; **-stoel:** loom frame || bois *m* (bâti *m*) d'un métier *m* || Stuhlgestell *o*.

getrokken: 1. (*uitgetrokken*): drawn || étiré || gezogen;
2. (*voorzien v. trekken*): rifled || rayé || gezogen.

ge|tubuleerd: tubulated || tubulé || tubuliert; **-twijnd:** twined, cabled, twisted || retors || gedreht, gezwirnt; **-tuigd** (*scheepst.*)**:** riggeé || grée || getakelt.

getij[de]: tide || marée *v* || Gezeit *v*, Flutzeit *v*; **-, dood:** dead (slack) water, neaptide || morte eau *v*, petite marée *v* || Nippflut *v*, -gezeit *v*; **-, hoog** (*laag*)**:** high (*low*) tide || marée *v* haute (*basse*) || Hochwasser *o* (*Niedrig-*); **-bal:** tide ball || boule *v* de marée *v* || Gezeitenball *m*; **-haven:** tidal harbour || port *m* à marée *v* || Flut-, Gezeitenhafen *m*; **-licht:** tidal light || feu *m* de marée *v* || Gezeitenfeuer *o*; **-sluis:** tide gate (lock) || écluse *v* d'inondation *v* (de marée *v*) || Flutschleuse *v*; **-stroom:** tidal stream || courant *m* de marée *v* || Gezeitenstrom *m*; **-tafel:** tide table || annuaire *m* des marées *vm* || Gezeitentafel *v*.

geul: 1. (*algem.*)**:** gully, channel || canal *m* étroit, chenal *m* (*kanaal*); coulisse *v*, rainure *v* (*gleuf*) || Rinne *v*;
2. (*v. kabels*)**:** trench || tranchée *v* || Kabelgraben *m*;
3. (*v. e. rivier*)**:** channel || chenal *m* || Flußrinne *v*.

geur: smell, odour || odeur *v* || Geruch *m*, Duft *m*; **-, scherpe:** sharp (keen) smell || odeur *v* pénétrante || scharfer Geruch *m*; **-, stekende:** pungent smell || odeur *v* piquante || stechender Geruch *m*; **-, sterke** (*zwakke*)**:** strong (*feeble*) smell || odeur *v* forte (*faible*) || starker (*schwacher*) Geruch *m*.

geus: 1. (*scheepst.*)**:** jack || pavillon *m* de beaupré *m* || Gösch *v*; **-stok:** jack staff || bâton *m* de pavillon *m* de beaupré *m* || Göschstock *m*;
2. (*gieteling*)**:** pig || gueuse *v*, saumon *m* || Ganz *v*.

gevaar|lijk: dangerous || dangereux || gefährlich; **-signaal:** alarm (danger) signal || signal *m* d'alarme *v* (de danger *m*) || Alarm-, Gefahrsignal *o*; **-zone:** danger zone || zone *v* dangereuse || Gefahrzone *v*.

gevel: frontispiece, front[age] || façade *v*, frontispice *m*, pignon *m* || Giebel *m* (*topgevel*); Fassade *v* (*voorgevel*); **-, blinde:** dead face (front) || façade *v* feinte || Blendfassade *v*; **-muur:** gable wall || mur *m* de pignon *m* || Giebelmauer *v*; **-steen:** facing stone || pierre *v* de parament *m* || Fassade-, Giebelstein *m*; **-top:** gable || pignon *m*; crête *v* de couronnement *m* || Giebelspitze *v*; **-venster:** gable window || fenêtre *v* de pignon *m* || Giebelfenster *o*.

gevoelig: sensitive || sensible || empfindlich; **-heid:** sensibility, sensitiveness, sensitivity || sensibilité *v* || Empfindlichkeit *v*; **-heid, absolute** (*relatieve*)**:** absolute (*relative*) sensibility || sensibilité *v* absolue (*relative*) || absolute (*relative*) Empfindlichkeit *v*; **-heidsgraad:** degree of sensibility || degré *m* de sensibilité *v* || Empfindlichkeitsgrad *m*; **-heidsgrens:** limit of sensibility || limite *v* de sensibilité *v* || Empfindlichkeitsgrenze *v*.

ge|ventileerd: ventilated || ventilé || ventiliert; **-vlamd:** flamed || flammé, chiné || flammig, geflammt; **-vlekt:** speckled, spotted, stained || moucheté; tacheté || fleckig; **-vorkt:** forked, [bi]furcate[d] || à fourche, fourchu, bifurqué || gegabelt, gab[e]lig, gabelförmig; **-vulkaniseerd:** vulcanised || vulcanisé || vulkanisiert; **-walst:** rolled || laminé || gewalzt, Walz-; **-wapend:** reinforced || armé || bewehrt, armiert.

geweer: rifle || fusil *m* || Gewehr *o*; Flinte *v*; **- m. dubbele loop:** double barreled gun || fusil *m* à deux coups *mm* || Flintenzwilling *m*; **-beslag:** mounting of a gun || garniture *v* du fusil *m* || Flintenbeschlag *m*; **-grendel:** gunlock || platine *v* de fusil *m* || Flinten-, Gewehrschloß *o*;

-kogel: rifle ball || balle *v* de fusil *m* || Gewehrkugel *v*; **-kolf:** butt end || crosse *v* de fusil *m* || Gewehrkolben *m*; **-lade:** gunstock || fût *m* de fusil *m* || Flinten-, Gewehrschaft *m*; **-loop:** rifle (gun) barrel || canon *m* de fusil *m* || Flinten-, Gewehrlauf *m*; **-mond:** muzzle || bouche *v* || Mündung *v*; **-patroon:** rifle cartridge || cartouche *m* à fusil *m* || Gewehr-, Flintenpatrone *v*; **-riem:** sling of a rifle || bretelle *v* d'un fusil *m* || Gewehrriemen *m*; **-schacht:** gunstock || fût *m* de fusil *m* || Gewehr-, Flintenschaft *v*.

gewelf: arch, vault || voûte *v* || Gewölbe *o*; **-, waaiervormig:** fan vault || voûte *v* à nervures *vm* rayonnantes || Fächergewölbe *o*; **- boven kerkkoor, halfrond:** apsis, apse || apside *v* || Haube *v* des Chors *o*; **- zonder scharnier:** non hinged (articulated) arch || voûte *v* non articulée || Gewölbe *o* ohne Gelenk *o*; **-, elliptisch:** elliptical vault || voûte *v* elliptique || elliptisches Gewölbe *o*; **-, gedrukt:** surbased vault || voûte *v* basse || Stichbogengewölbe *o*; **-, Gothisch:** gothic vault || voûte *v* gothique (ogivale) || gotisches Gewölbe *o*; **-, halfcirkelvormig:** semicircular arch || voûte *v* en plein cintre *m* || Halbkreisbogen *m*, voller Bogen *m*; **-, omgekeerd:** inverted vault || contre-voûte *v*, voûte *v* renversée, arc *m* renversé || Sohlen-, verkehrtes Gewölbe *o*, Gegenbogen *m*; **-, scheef:** oblique (skew) vaulting || voûte *v* biaise || schiefes Gewölbe *o*; **-, vlak:** flat arch || (voûte *v* en) plate-bande *v* || scheitrechtes Gewölbe *o*; **-anker:** tie anchor || ancre *v* de voûte *v* || Gewölbanker *m*; **-berekening:** calculation for arch construction || calcul *m* d'une voûte *v* || Gewölbberechnung *v*; **-boog:** vaulting arch || arceau *m* || Gewölb[e]bogen *m*; **-raam:** centering, scaffolding || [charpente *m* de] cintre *m* || Lehrgerüst *o*; **-sluitsteen:** key stone || clé (clef) *v* de voûte *v* || Schlußstein *m*; **-steen:** arch brick || voussoir *m* || Gewölb-, Wölbstein *m*.

gewelfd: arched, vaulted || arqué, voûté || gewölbt.

gewicht: weight || poids *m* || Gewicht *o*; (*regulateur*)**:** socket || manchon *m* || Regelmuffe *v*; **- per volume-eenheid:** weight per unit of volume || poids *m* par unité *v* de volume *m* || Raumgewicht *o*; **-, bruto:** gross weight || poids *m* brut || Brutto-, Rohgewicht *o*; **-, dood:** dead weight || poids *m* mort || Eigengewicht *o*, totes Gewicht *o*; **-, eigen:** dead (sole, individual) weight, dead load || poids *m* mort (propre) || Eigengewicht *o*, -last *v*; (*schip*)**:** *zie* **eigen gewicht**; **-, moleculair:** *zie* **molecuulgewicht**; **-, netto:** net weight || poids *m* net || Eigen-, Netto-, Reingewicht *o*; **-, ruw:** *zie* **gewicht, bruto**: **-, soortelijk:** specific gravity (weight) || poids *m* spécifique || spezifisches Gewicht *o*; **-, specifiek:** *zie* **gewicht, soortelijk**; **-en, stel:** set of weights || jeu *m* de poids *mm* || Gewichtsatz *m*.

gewichts|ampèremeter: gravity ammeter || ampèremètre *m* à gravité *m* || Strommesser *m* mit gegenwirkender Schwere *v*; **-analyse:** gravimetric analysis || analyse *v* pondérale || Gewichtsanalyse *v*, Gravimetrie *v*, gravimetrische Analyse *v*; **-areometer:** Nicholson's hydrometer || aréomètre *m* à poids *m* constant || Gewichtsaräometer *o*, *m*; **-deel:** part by weight || partie *v* en poids *m* || Gewichtsteil *m*; **-eenheid:** unit of weight || unité *v* de poids *m* || Gewichtseinheit *v*; **-haken:** weight wires (hooks) || crochets *mm* pour poids *m* || Gewichts-, Belastungshaken *m*; **-hefboom:** weight lever || levier *m* pour poids *m* || Gewichtshebel *m*; **-ketting:** weight chain || chaîne *v* pour les poids *mm* || Gewichtskette *v*; **-proef:** weight test || épreuve *v* au poids *m* || Gewichtsprobe *v*; **-regulateur:** weighted governor (centerweight) || régulateur *m* à poids *m* || Gewichtsregulator *m*, -regler *m*; **-uurwerk:** weight moved clock || horloge *v* à poids *m* || Gewichtuhr *v*; **-verhouding:** weight ratio || rapport *m* en poids *m* || Gewichtsverhältnis *o*; **-verlies:** loss in (of) weight || perte *v* de poids *m* || Gewichtsverlust *m*; **-voltameter:** weight voltameter || voltamètre *m* à poids *m* || Gewichtsvoltameter *o*, *m*.

gewricht: joint || articulation *v* || Gelenk *o*.

geijkt, empirisch: empirically calibrated || étalonné empiriquement || empirisch geeicht.

geyser: *zie* **geiser.**

ge|zeegd (*schip*)**:** with sheer || tonturé || mit Sprung *m*; **-zekerd*:** *zie* **beveiligd.**

gezichts|einder: horizon || horizon *m* || Gesichtskreis *m*, Horizont *m*; **-hoek:** visual angle || angle *m* visuel || Gesichts-, Sehwinkel *m*; **-lijn:** visual line || ligne *v* visuelle || Gesichts-, Sehlinie *v*; **-punt:** point of sight (of the eye), principal (visual) point || point *m* de vue *v* (principal) || Augen-, Gesichtspunkt *m*; **-veld:** field of vision (view) || champ *m* visuel (de vision *v*) || Gesichtsfeld *o*; **-wijdte:** eyeshot || portée *v* de la vue *v* || Gesichtsweite *v*.

ge|zond (*hout, enz.*)**:** sound || sain || gesund; **-zouten:** salted || salé || gesalzen.

gezuiverd: 1. (*algem.*)**:** purified || purifié, épuré || gereinigt;

2. (*metalen*): fine, refined || fin, affiné || fein.

gids|fossiel: index (guide, key, leading) fossil || fossile *m* conducteur (caractéristique) || Leitfossil *o*; **-laag:** index (key) bed, key horizon, marker || Leitschicht *v*, -flöz *o*; **-mineraal:** guide (key) mineral || minéral-guide *m* || Leitmineral *o*.

giek: 1. (*boot*): gig || guigue *v*, yole *v*, skiff *m* || Gig *o*;
2. (*rondhout*): boom || gui *m* || Giek *v*, -baum *m*.

gier (*mest*)**:** liquid manure, manure water || purin *m*, engrais *m* liquide || Jauche *v*, Gülle *v*.

gier|brug: flying (swing) bridge || pont *m* volant, volant *m* || fliegende Brücke *v*, Gierbrücke *v*; **-en** (*schip*)**:** to yaw, to sheer || embarder || gieren; **-kabel:** trail || traille *v* d'un pont *m* volant || Gierkabel *o*, -tau *o*; **-pont:** flying bridge || bac *m* à traille *v* || Gierfähre *v*; **-touw:** *zie* **gierkabel; -tros:** ferry rope || va-et-vient *m* || Fährseil *o*.

giet|asfalt: asphalt obtained by melting, melted asphalt || asphalte *m* coulé || Gußasphalt *m*; **-barst:** crack, fissure || crevasse *v*, fente *v*, gerçure *v* || Riß *m*, Sprung *m*; **-beton:** cast concrete || béton *m* coulé || Gußbeton *m*; **-blok:** casting block || bloc *m* coulé, manteau *m* de fonte *v* || Gußklotz *m*; **-bus** (*typogr.*)**:** roller-mould || moule *v* à fondre des rouleaux *mm* || Walzengießhülse *v*; **-cement:** quick [setting] cement || ciment *m* à prise *v* rapide || Gießzement *m*; **-cokes:** *zie* **gietkooks; -eteling:** pig || gueuse *v*, saumon *m*, masseau *m* || Ganz *v*, Massel *v*.

gieten: to cast; casting || couler; coulage *m* || gießen; Gießen *o*, Guß *m*; **- m. kooksvuur:** coke casting || fonte *v* au coke *m* || Guß *m* mit Koksfeuerung *v*; **- in droge vormaarde:** green sand casting || coulage *m* en sable *m* vert || Guß *m* in grünem Sand *m*; **- in droog zand:** dry sand casting || coulage *m* en sable *m* sec || Guß *m* in trocknem Sand *m*; **- in kisten:** box casting || coulage *m* en châssis *mm* || Kastenguß *m*; **- in klei:** loam casting || coulage *m* (coulée *v*) en argile *v* || Lehmguß *m*; **- in zand:** sand casting || coulage *m* (coulée *v*) en sable *m*, moulage *m* à découvert *m* || Sand[form]-, Herdguß *m*.

gie|ter: 1. (*voorwerp*)**:** watering can || arrosoir *m* || Gießkanne *v*;
2. (*persoon*)**:** founder, caster || fondeur *m* || Gießer *m*; **-tersas:** ashes of straw and stubble || cendre *v* de paille *v* et de chaume *v* || Grauasche *v*; **-tersstof:** dust used in casting || folle farine *v* || Gießstaub *o*; **-tersvormkist:** form (sand) chest || sablonnier *m* || Sand-, Formkasten *m*; **-terszandkist:** *zie* **gietersvormkist.**

giet|erij: foundry || fonderie *v* || Gießerei *v*; **-gal:** flaw || soufflure *v* de fonte *v* || Gußblase *v*; **-gat:** grouting hole, pouring (running) gate, mould funnel || goulet *m*, trou *m* de moule *m* (de coulée *v*), tublure *v* || Eingußloch *o*, Einlaufrinne *v*; **-goot:** casting gutter || échenal *m*, échenau *m* || Gußgerinne *o*; **-haak:** casting square || équerre *v* || Gießwinkel *m*; **-huid:** casting skin || croûte *v* du métal *m* fondu (de coulée *v*) || Gußhaut *v*, -rinde *v*; **-kast:** casting box (frame) || châssis *m* de coulée *v* || Gießkasten *m*, Gußrahmen *m*; **-kooks:** blast furnace coke || coke *m* métallurgique (de haut-fourneau *m*) || Hochofenkoks *m*; **-kop:** feeding head, runner || jet *m*, masselotte *v* || Gieß-, Gußkopf *m*, -kruste *v*; **-korst:** *zie* **giethuid; -kraan:** foundry crane || grue *v* de coulée *v* (de fonderie *v*, de transvasement *m*) || Gießkran *m*; **-kuil:** casting pit || fosse *v* de coulée *v* || Gießgraben *m*, -grube *v*; **-lepel:** casting ladle || cuiller *v* (poche *v*) à couler || Gießkelle *v*, -löffel *m*; **-machine:** casting machine || machine *v* à couler || Gießmaschine *v*; **-mal:** templet || gabarit *m*, calibre *m* || Lehre *v*; **-matrijs:** casting matrix || matrice *v* de coulée *v* || Gußmatrize *v*; **-metaal:** cast metal || métal *m* de fonte *v* || Gußmetall *o*; **-model:** casting model (pattern) || modèle *m* de fonte *v* || Gußmodell *o*; **-mond:** delivery channel || trou *m* de coulée *v* || Gießmund *m*; **-naad:** burr || bavure *v* || Gußnaht *v*; **-oven:** melting furnace || four *m* de fonderie *v* || Gießofen *m*; **-pan:** [casting] ladle || creuset *m* de coulée *v*, poche *v* || Gießpfanne *v*; **-panwagen:** ladle car || chariot *m* porteur de la poche *v* de coulée *v* || Gießpfannenwagen *m*; **-raam:** casting box (frame) || châssis *m* de coulée *v* || Gießrahmen *m*; **-schaal:** chill mould || coquille *v* de fonderie *v* || Gußschale *v*; **-spanning:** stresses set up in cooling || tension *v* dans la fonte *v* || Gußspannung *v*; **-staal:** *zie* **staal 1, gegoten; -stuk:** casting || ouvrage *m* en fonte *v*, pièce *v* coulée || Gußstück *o*; **-stuk, bronzen:** bronze casting || coulage *m* de bronze *m* || Bronzeguß *m*; **-tafel** (*glasfabr.*)**:** casting slab (table) || table *v* à couler || Gießtafel *v*; **-tap:** runner stick || modèle *m* du jet *m* || Gußzapfen *m*; **-trechter:** runner, running head || entonnoir *m* d'introduction *v* || Einlauftrichter *m*; **-vorm:** casting form (mould), foundry pattern, mould, moulding frame || moule *m* de fonderie *v* (à couler) || [Ein]gußform *v*; **-vorm, verloren:** temporary mould || moule *m* perdu || einmalige (verlorene) Gießform *v*; **-wagen:** foundry car || chariot *m* de coulée *v* || Gießwagen *m*; **-werk:** casting, castwork || [pièces *vm* de] fonte *v* || Gußwerk *o*, -ware *v*; **-ijzer:** *zie* **ijzer, gegoten;** cast iron || fer *m* fondu, fonte *v* || Gußeisen *o*; **-ijzer, gehard:** *zie* **ijzer, hard gegoten; -ijzer, smeedbaar:** malleable cast iron || fonte *v* malléable || schmiedbares Gußeisen *o*, Temperguß *m*; **-zand:** moulding (casting) sand || sable *m* des fondeurs *mm* (de fonderie *v*) || Gieß-, Formsand *m*.

gig (*wagentje op 2 wielen*): gig || guigue *v* || Gig *o*.

gilling (*schip*): counter || voûte *v* d'arcasse *v* || Gillung *v*.

gips[1]**):** gypsum, plaster [of Paris] || gypse *m*, plâtre *m* || Gips *m*; **-aarde:** earthy gypsum || chaux *v* sulfatée terreuse, guhr *m* gypseux || Gipserde *v*, -guhr *m*; **-afdruk:** plaster cast || masque *m* (moule *m*) de (en) plâtre *m* || Gipsabguß *m*; **-albast:** alabastrite, compact gypsum || alabastrite *v*, albâtre *m* gypseux || Alabastergips *m*; **-beeld:** plaster figure || figure *v* de plâtre *m* || Gipsfigur *v*; **-bepleistering:** plaster stucco || enduit *m* en plâtre *m* || Gipsputz *m*; **-beraping:** plaster coat || crépi *m* de plâtre *m* || Gipsbewurf *m*; **-brij:** paste of plaster, plasterpaste || pâte *v* (bouillie *v*) de plâtre *m* || Gipsbrei *m*; **-en:** to plaster || plâtrer || gipsen; **-houdend:** gypsiferous || gypsifère || gipshaltig; **-bouw:** plaster hatchet || hachereau *m* || Gipshaue *v*; **-marmer:** artificial marble || marbre *m* factice || Gipsmarmor *m*; **-meel:** plaster powder || plâtre *m* en poudre *v* || Gipsmehl *o*; **-mergel:** gypseous marl || marne *v* gypseuse || Gipsmergel *o*; **-mortel:** plaster mortar || mortier-stuc *m* || Gips-, Stückmörtel *m*; **-mijn:** gypsum quarry || platrière *v* || Gipsbruch *m*, -grube *v*; **-oven:** gypsum furnace, plaster kiln || four *m* à plâtre *m* || Gipsofen *m*; **-plaat:** plaster slab || planche *v* de plâtre *m* || Gipsplatte *v*, -diele *v*; **-plaatje** (*mikr.*): gypsum plate || lame *v* de gypse *m* || Gipsplättchen *o*; **-plafond:** plaster (stucco) ceiling || plafond *m* de plâtre *m* || Gips-, Stuckdecke *v*; **-truweel:** plasterer's shovel || gâche *v* du plâtrier *m* || Gipsschaufel *v*; **-vloer:** plaster floor || aire *v* en plâtre *m* || Gipsestrich *m*; **-vorm:** plaster mould || moule *m* de plâtre *m* || Gipsform *v*.

girandole: girandole || girandole *v* || Girandole *v*.

gist: yeast || levure *v* || Hefe *v*; **-en:** to ferment || fermenter || gären; **-ing:** fermentation || fermentation *v* || Gärung *v*; **-ingsmeter:** zymosimeter || zymosimètre *m* || Gärmesser *m*; **-ingsmeter** (*wijn*): oenometer || oenomètre *m* || Gärungsmesser *m*; **-kracht:** fermentative power || force *v* fermentative || Gärkraft *v*; **-kuip:** fermenting tub (vat) || [cuve *v*] guilloire *v* || Gärbottich *m*; **-kuip** (*papierfabr.*): fermenting trough, rotting vat || pourrissoir *m* || Faulbütte *v*.

git: jet || jais *m*, jayet *m* || Gagat *m*; **-tegom:** gamboge gum, gum gutta || gommegutte *v*, gomme *v* de gémon *m* || Gummigutt *o*.

glad: smooth || lisse || glatt; **-dekschip:** flush decked ship, flush deck vessel || navire *m* à pont *m* ras || Flush-, Glattdeckschiff *o*, Schiff *o* mit glattem Deck *o*; **-machine** (*papierfabr.*): *zie* **glansmachine; -maken:** to smooth || lisser || glätten.

gland: *zie* **drukstuk; -bout:** gland bolt || boulon *m* de presse-étoupe *m* || Stopfbüchsenschraube *v*.

glans: brightness, brillancy, lustre || éclat *m*, lustre *m* || Glanz *m*; **-, vettige** (*v. erts*): resinous lustre || éclat *m* gras || Fettglanz *m*; **-bad:** burnishing bath || bain *m* de brunissage *m* || Glanzbrenne *v*; **-borstel:** shining (polishing) brush || polissoire *v* || Glanzbürste *v*; **-garen:** glazed (polished) yarn || fil *m* glacé || Glanzgarn *m*, -zwirn *m*; **-kalander:** friction (glazing) calender || calandre *m* à lustre *m* || Glanz-, Glättkalander *m*; **-kolen:** *zie* **antraciet; -machine** (*papierfabr.*): glazing machine || machine *v* à lisser || Glättmaschine *v*; **-papier:** glazed paper || papier *m* glacé || Glanzpapier *o*; **-pers:** smoothing press || presse *v* à lustrer || Glättpresse *v*; **-persen:** to gloss (to press) cloth || catir, presser [le drap *m*] || pressen; **-schijf:** fine polishing wheel || meule *v* en émeri *m* douce || Glanzscheibe *v*; **-steen:** smoothing (polishing) stone || querce *v*, pierre *v* à polir, lissoir *m* || Glättstein *m*; **-tafel:** smoothing table || table *v* à lisser || Glättisch *m*.

glanzen: 1. (*schitteren*): to gleam, to shine bright || reluire, briller, resplendir || glänzen, leuchten, schimmern; **-d:** brilliant, glossy || brillant || glänzend; **2.** (*glanzend maken*): to calendar, to gloss (*laken*); to glaze (*papier, fotogr.*); to burnish (*staal, enz.*); to polish (*marmer, enz.*); to brighten (*metaal*) || lisser, polir, catir, lustrer (*laken*); glacer (*fotogr.*) || glätten, polieren; pressen, lustrieren (*laken*); hochglänzen (*fotogr.*).

glas (*stof; voorwerp*): glass || verre *m* || Glas *o*; **- in lood:** leaded glass || verre *m* mis en plomb *m* || Bleiverglasung *v*;

[1]) Zie ook *calciumsulfaat*.

- m. facetten: multiplying glass || verre *m* à facettes *vm* || Fazettenglas *o*; **- v. Lindemann:** Lindemann glass || verre *m* Lindemann || Lindemannglas *o*; **-, dubbel:** double glass || verre *m* double || Doppelglas *o*; **-, geribd:** ribbed glass || verre *m* cannelé || Riffelglas *o*; **-, geslepen:** ground glass || verre *m* poli || geschliffenes Glas *o*; **-, hard:** hard (tempered) glass || verre *m* dur (trempé) || Hartglas *o*; **-, overtrokken** (*m. glas*)**:** flashed glass || verre *m* doublé || Überfangglas *o*, überfangenes Glas *o*; **-, ruw:** raw glass || verre *m* cru || Rohglas *o*; **-achtig:** vitreous; hyalin || vitreux; hyalin || glasig, glasartig; **-blaas:** bunch || bosse *v* || Glasblase *v*; **-blazen:** to blow glass || souffler du verre *m*; soufflage *m* du verre *m* || Glas *o* blasen; Glasblasen *o*; **-blazerslamp:** glass blower's lamp || lampe *v* d'émailleur *m* || Glasbläserlampe *v*; **-blazerspijp:** blowing iron, blow pipe || canne *v*, felle *v*, fêle *v* || Glasmacherpfeife *v*; **-blazerij:** glasshouse, -works || verrerie *v* || Glashütte *v*; **-boor:** glass drill || perce-verre *m* || Glasbohrer *m*; **-cilinder:** glass cylinder || cylindre *m* de verre *m* || Glaszylinder *m*; **-compositie:** glass composition || composition *v* du verre *m* || Glassatz *m*; **-draad:** glass thread || fil *m* de verre *m* || Glasfaden *m*; **-elektriciteit:** vitreous electricity || électricité *v* vitrée || Glaselektrizität *v*; **-fabriek:** glassworks || verrerie *v* || Glashütte *v*, -fabrik *v*; **-gal:** glass gal, sandiver || fiel *m* (sel *m*) de verre *m* || Glasgalle *v*; **-gelijkrichter:** glass container (bulb, *Am.*) rectifier || redresseur *m* à ampoule *v* en verre *m* || Glasgleichrichter *m*; **-gietvorm:** glass mould || presse *v* à mouler les verres *mm* || Glasgießform *v*; **-glans:** vitreous lustre || éclat *m* vitreux || Glasglanz *m*; **-hard:** hard as glass || dur comme le verre *m* || glashart; **-hardheid:** chilling || trempe *v* glacée || Glashärte *v*; **-haven:** glass crucible (melting pot) || creuset *m* de verre *m* || Glashafen *m*; **-isolator m. druipkant:** glass insulator with dripping edge || isolateur *m* double à champignon *m* || Glasisolator *m* mit Abtropfchampignon *m* (mit Abtropfkante *v*); **-kist:** glass cage, skep for packing glass || harasse *v* || Glaskiste *v*; **-kop, rode:** red hematite || hématite *v* rouge || Roteisenstein *m*, roter Glaskopf *m*; **-kraan:** glass cock || robinet *m* en verre *m* || Glashahn *m*; **-kroes:** *zie* **glashaven**; **-linnen:** glass cloth || toile-verre *v* || Glasleinwand *v*; **-molen:** glass mill || moulin *m* à pulvériser le verre *m* || Glasmühle *v*; **-mozaïek:** glass mosaics || verre *m* mosaïque, verre *m* mille fleurs *vm* || Glasmosaik *v*; **-opaal:** hyalite || hyalite *v* || Glasopal *m*, Hyalit *m*; **-oven:** glass furnace (kiln) || four *m* de verrerie *v* (à verre *m*) || Glasofen *m*; **-papier:** glass paper || papier *m* de verre *m* (verré) || Glaspapier *o*; **-parel:** artificial pearl, glass bead || perle *v* artificielle || Glasperle *v*, unechte Perle *v*; **-plaat:** glass plate || plaque *v* de verre *m* || Glasplatte *v*; **-poeder:** glass powder || verre *m* pulvérisé || Glasmehl *o*; **-porselein:** vitrous porcelain || porcelaine *v* vitreuse || Glasporzellan *o*; **-ring** (*weverij*)**:** ring of mail || maillon *m* || Glasring *m*; **-ruit:** glass (window) pane (plate) || panneau *m* (table *v*) de verre *m*, vitre *v* || Glasscheibe *v*, -tafel *v*; **-ruitsponning:** groove for a window glass || rainure *v* de vitre *v* || Glasnut *v*; **-snijder** (*diamant*)**:** glass cutter || coupe-verre *m*, diamant *m* de vitrier *m* || Glasschneider *m*; **-soort:** species of glass || espèce *v* de verre *m* || Glasart *v*; **-spiegel:** glass mirror || miroir *m* en verre *m* || Glasspiegel *m*; **-spinnen:** glass spinning || filage *m* de verre *m* || Glasspinnen *o*; **-staaf:** glass rod || baguette *v* en verre *m* || Glasstab *m*; **-stof:** emery || émeri *m* || Schmirgel *m*; **-tegel:** glazed slab || carreau *m* en verre *m* || Glasfliese *v*; **-verguldring:** glass guilding || dorure *v* sur verre *m* || Glasvergoldung *v*; **-vorm:** glass mould || moule *v* à verre *m* || Glasform *v*; **-waren:** glassware, glass [work], glass articles || verrerie *v* || Glaswaren *vm*; **-werk** (*v. e. venster*)**:** glazing || vitrage *m* || Glaswerk *o*; **-wol:** glass wool || laine *v* de verre *m* || Glaswolle *v*; **-zeep:** glass soap || savon *m* de verrerie *v* || Glasseife *v*.

glauber|iet: glauberite || glaubérite *v* || Glauberit *m*; **-zout:** *zie* **natriumsulfaat** (Glauber salt; sel *m* de Glauber; Glaubersalz *o*).

glazen (*bijv. nw.*)**:** [of] glass || de (en) verre *m* || gläsern, aus Glas *o*, Glas-; **-makersbeitel:** sash mortise chisel || ciseau *m* de vitrier *m* || Glaserbeitel *m*; **-makershamer:** glazier's hammer || besaiguë *v* || Glaserhammer *m*.

gla|zig: vitreous, glassy || vitreux, vitrifié || glasig; **-zuren:** to glaze || glacer, vernir || glasieren; **-zuur:** glaze, glazing || couverte *v*, glaçure *v* || Glasur *v*.

gletscher: glacier || glacier *m* || Gletscher *m*.

gleuf: channel, furrow, groove || cannelure *v*, encoche *v*, rainure *v* || Nute *v*, Rille *v*; **- en leispie:** *zie* **messing en groef**; **- m. ventilatiekanaal:** slot with ventilating duct || encoche *v* à canal *m* de ventilation *v* || Nute *v* mit Luftkanal *o*; **-, trapeziumvormige** (*elektr.*)**:** tapered slot || encoche *v* trapézoïdale || trapezförmige Nut *v*; **-anker:** slotted armature || induit *m* à rainures *vm* (encoches *vm*) || Nutenanker *m*; **-breedte:** width of slot || largeur *v* de rainure *v* || Nutenbreite *v*; **-diepte:** depth of slot || profondeur *v* de rainure *v* || Nutentiefe *v*; **-frees:** slot [milling] cutter || fraise *v* pour rainures *vm* (pour cannelures *vm*) || Nutenfräser *m*; **-grondtal:** fundamental number of slots || nombre *m* fondamental de rainures *vm* || Nutengrundzahl *v*; **-monster:** *zie* **sleufmonster; -steek:** slot pitch || pas *m* des rainures *vm* || Nutenteilung *v*; **-vorm:** slot shape || forme *v* d'encoche *v* || Nutengestalt *v*, -form *v*; **-vulfactor:** slot space factor || facteur *m* de remplissage *m* des encoches *vm* || Nutenfüllungsfaktor *m*; **-wand:** slot wall || paroi *v* d'encoche *v* || Nutenwand *v*.

glim|lamp: discharge lamp || lampe *v* à luminiscence *v* || Glimmlampe *v*; **-lamp m. spiraalelektroden:** lighting type neon discharge lamp || lampe *v* à luminescence *v* avec électrodes *vm* spiralées || Glimmlampe *v* mit Spiralelektroden *vm*; **-licht:** glow discharge || effluve *m* électrique || Glimmlicht *o*; **-licht, negatief:** negative glow || lueur *v* négative || negatives Glimmlicht *o*; **-lichtgelijkrichter:** discharge-tube rectifier || redresseur *m* à effluves *mm* || Glimmlichtgleichrichter *m*; **-lichtontlading:** *zie* **glimontlading; -lichtoscilloskoop:** ondoscope, oscilloscope || ondoscope *m*, oscilloscope *m* || Glimmlichtoszilloskop *o*; **-men:** to glimmer || [re]luire, briller || glimmen; blinken, glänzen, schimmern; **-ontlading:** glow discharge || effluve *m* électrique, décharge *v* électrique silencieuse (obscure, par effluve *m*) || Glimm[licht]entladung *v*, stille elektrische Entladung *v*.

glimmer: mica || mica *m* || Glimmer *m*; Katzengold *o*, -silber *o*, -glimmer *m*; **-aarde:** micaceous earth || terre *v* micacée || Glimmererde *v*; **-condensator:** mica condenser || condensateur *m* à mica *m* || Glimmerkondensator *m*; **-lei:** micaceous schist (slate) || micaschiste *m*, schiste *m* micacé || Glimmerschiefer *m*; **-plaatje** (*mikr.*)**:** mica plate (film) || lame *v* de mica *m* || Glimmerplättchen *o*; **-porfier:** mica porphyry || porphyre-mica *m* || Glimmerporphyr *m*; **-syeniet:** mica syenite || syénite-mica *v* || Glimmersyenit *m*.

glit: *zie* **loodglit.**

gloed: blaze || ardeur *v* || Glut *v*.

gloei|en: 1. (*gloeiend zijn*)**:** to glow, to be red-hot (*white-hot*) || être chauffé au rouge *m* (*blanc m*); être incandescent || glühen; **-booglamp:** *zie* **vlambooglamp; -buis:** ignition tube || tube *m* incandescent || Glührohr *o*; **-draad:** (*verlicht*; *elektr. buizen*)**:** filament || filament *m* [à incandescence *v*] || Glühfaden *m*; **-draadweerstand:** filament rheostat || rhéostat *m* de chauffage *m* || Heizwiderstand *m*; **-end:** glowing, incandescent || incandescent; rouge || glühend; **-hitte:** temperature of incandescence, red (white) heat || chaleur *v* du rouge *m*, température *v* d'incandescence *v* || Glühtemperatur *v*, -hitze *v*; **-ing:** glowing, incandescence || incandescence *v* || Glühung *v*; **-ingsgraad:** degree of incandescence || degré *m* d'incandescence *v* || Glühgrad *m*; **-ingspatroon:** quantity fuse || amorce *v* à fil *m* métallique || Glühpatrone *v*; **-kathode:** hot cathode || cathode *v* incandescente || Glühkathode *v*; **-kathodebuis:** thermionic valve || tube *v* thermionique || Glühkathodenröhre *v*; **-kathodegelijkrichter:** thermionic rectifier || redresseur *m* thermionique || Glühkathodengleichrichter *m*; **-kous:** incandescent mantle || manchon *m* à incandescence *v* || Glühkörper *m*, -strumpf *m*; **-lamp:** *zie na* **gloeien 3; -licht:** incandescent light || lumière *v* à incandescence *v* || Glühlicht *o*; **-ontsteker:** glow igniter || allumeur *m* par incandescence *v* || Glühzünder *m*; **-ontsteking:** ignition by incandescence || allumage *m* par incandescence *v* || Glühzündung *v*; **-oven** (*elektr.*)**:** resistance furnace || four *m* à résistance *v* || Widerstandofen *m*; **-sterkte:** intensity of incandescence || intensité *v* d'incandescence *v* || Glühwert *m*; **-stift:** glowing tip || cheville *v* incandescente || Glühstift *m*; **-stroom:** filament current || courant *m* de chauffage *m* || Heizstrom *m*; **-zengmachine:** plate singeing machine || tondeuse *v* à plaque *v* rougie || Glühflachsengmaschine *v*;

2. (*doen gloeien*)**:** to heat to red-hot (*white-hot*) || chauffer (porter) au rouge *m* (*blanc m*) || glühen; **-oven:** heating furnace || fourneau *m* à réchauffer || Glühofen *m*; *zie ook* **uitgloeien;**

3. (*chem.*)**:** to calcine || calciner || glühen, kalzinieren; **-ing:** calcination || calcination *v* || Glühen *o*, Kalzinierung *v*; **-oven:** calcining furnace || fourneau *m* à calciner (de calcination *v*) || Glüh-, Kalzinierofen *m*; **-proef:** heating test || essai *m* à la chaleur *v* || Glühprobe *v*; **-verlies:** loss due to burning || perte *v* par cuisson *v* || Glühverlust *m*.

gloeilamp: incandescent lamp || lampe *v* à incandescence *v* || Glühlampe *v*; **- aan een zijde licht gevend:** semi-incandescent lamp || lampe *v* semi-incandescente || Halbglühlampe *v*; **- voor hoge spanning:** high voltage incandescent lamp || lampe *v* à incandescence *v* à haute tension *v*, lampe *v* à incandescence *v* à voltage *m* élevé || Hochspannungsglühlampe *v*; **-, kaarsvormige:** candle shaped incandescent lamp || lampe *v* à incandescence *v* [en] forme *v* [de] bougie *v* || Kerzenglühlampe *v*; **-, kogelvormige:** spherical incandescent lamp || lampe *v* à incandescence *v* forme *v* boule || Kugelglühlampe *v*; **-, vlamvormige:** flamelike incandescent lamp || lampe *v* à incandescence *v* en forme *v* de flamme *v* || flammenförmige Glühlampe *v*; **-fotometer:** incandescent lamp photometer || photomètre *m* pour lampes *vm* à incandescence *v* || Glühlampenphotometer *o, m*; **-onderzoeker:** testing apparatus for incandescent lamp || appareil *m* d'essai *m* pour lampes *vm* à incandescence *v* || Glühlampenprüfapparat *m*; **-peer:** bulb || ampoule *v* || Glühlampbirne *v*; **-signaal:** incandescent lamp signal || signal *m* par lampe *v* à incandescence *v* || Glühlampensignal *o*; **-sok:** base (cap, tip) || culot *m* de lampe *v* à incandescence *v* || Glühlampsockel *m*; **-verlichting:** incandescent lighting || éclairage *m* à incandescence *v* || Glühlichtbeleuchtung *v*; **-weerstand:** incandescent lamp resistance || résistance *v* [formée] de lampes *vm* à incandescence *v* || Glühlampenwiderstand *m*.

glooi|en: to slope || taluter || abböschen; **-ing:** slope || talus *m* || Böschung *v*; **-ing één op één:** one to one slope || talutage *m* simple, talus *m* à un de base *v* pour un de hauteur *v* || einmalige (einfache, einfüssige) Böschung *v*; **-ingshoek:** angle (gradient) of slope || angle *m* d'inclinaison *v* de talus *m* || Böschungswinkel *m*; **-ingssteen:** slope stone || pierre *v* de talus *m* || Bordstein *m*; **-ingsvlak:** face of slope || parement *m* (surface *v*) de talus *m* || Böschungsfläche *v*.

glu|cose [1])**:** glucose, grape sugar || glucose *v en m*, sucre de raisin *m* || Glukose *v*, Traubenzucker *m*; **-ten:** gluten || gluten *m* || Gluten *o*, Kleber *m*.

glij|baan: *zie* **geleibaan; -baanbreedte:** width of guide surface || largeur *v* de la voie *v* de glissement *m* || Gleitflächenbreite *v*; **-boot:** speedboat, runabout, hydroplane || flibot *m*, hydroglisseur *m* || Gleitboot *o*, Hydroplan *m*; **-contact:** sliding contact || contact *m* de glissement *m* (mobile) || Gleitkontakt *m*; **-den:** to slide; to slip || glisser || gleiten; **-ding** (*terrein*)**:** shear, creep || glissage *m* || Abgleitung *v*, Rutschung *v*; **-dingsmodulus:** traverse modulus of elasticity, modulus of rigidity (of sliding movement) || coefficient *m* de glissement *m* || Gleitmodulus *o*; **-goot:** shoot, slide || glissoir *m*, couloir *m* fixe || [feststehende] Rutsche *v*; **-kromme:** sliding curve || courbe *v* de glissement *m* || Gleitkurve *v*; **-leger:** slide bearing || palier *m* à glissement *m* || Gleitlager *o*; **-moer:** sliding nut || écrou *m* mobile || Gleitmutter *v*; **-plaat:** guide (slide) plate || plaque *v* de glissement *m* || Gleitplatte *v*; **-scheen:** slide bar || barre *v* de glissière *v* || Gleitschiene *v*; **-schoen:** slipper || patin *m* || Gleitschuh *m*; **-slof:** *zie* **geleislof; -stang:** slide rod || tige *v* glissière || Gleitstange *v*; **-vlak:** *zie* **leibaan** *onder* **lei 2;** (*terrein*)**:** slickenside || plan *m* de glissement *m* || Rutsch-, Gleitfläche *v*; **-weerstand:** resistance to sliding, slipping resistance || résistance *v* au (de) glissement *m* || Gleitwiderstand *m*; **-wrijving:** sliding friction || frottement *m* de glissement *m* || gleitende Reibung *v*.

***gly|cerine:** *zie* **glycerol; -cerol:** glycerol || glycérol *m* || (Glyzerol *o*), Glyzerin *o*; **-ceroltrinitraat:** glycerol trinitrate || trinitrate *m* (triazotate *m*) de glycérol *m* || (Glyzerol-), Glyzerintrinitrat *o*; **-col** (*diol*)**:** glycol || glycol *m* || Glykol *o*; (*stofnaam*)**:** *zie* **ethaandiol-1,2.**

gneis: gneiss || gneiss *m* || Gneis *m*; **-graniet:** gneiss granite || granite-gneiss *v* || Gneisgranit *m*.

gno|mon: gnomon || gnomon *m* || Gnomon *m*, Sonnenzeiger *m*; **-monie:** dialling, gnomonics || gnomonique *v* || Gnomonik *v*.

gobelin: gobelin [tapestry] || gobelin *m* || Gobelintapete *v*, Bildwirkerei *v*, Wandteppich *m*; **-tapijten:** gobelin [carpets, tapestry] || gobelins *mm* || Gobelintapeten *vm*.

goederen: wares, goods || marchandises *vm* || Waren *vm*, Güter *om*; **-afgifte:** delivery of luggage || remise *v* des bagages *mm* || Gepäckausgabe *v*; **-bureau** (*spw.*)**:** luggage [registration] office || bureau *m* des bagages *mm* || Gepäckannahmestelle *v*; **-emplacement:** freight storage, open depot [railway, station, goods] yard || emplacement *m* aux marchandises *vm* || offener Lagerplatz *m*; **-hal:** open goods shed || halle *v* aux marchandises *vm* || Güterhalle *v*; **-lift:** goods lift, hoist; luggage lift || monte-charge *m*; monte-bagages *m* || Güter-, Lastenaufzug *m*; Gepäckaufzug *m*; **-loket:** luggage registration window || guichet *m* des bagages *mm* || Gepäckschalter *m*; **-loods:** freight (goods) shed || hangar *m* (magasin *m*) à marchandises *vm* || Güterschuppen *m*, -halle *v*; **-perron:** luggage

[1]) Zie ook *dextrose*.

platform || quai *m* des bagages *mm* || Gepäckbahnsteig *m*; **-station:** goods station || gare *v* des marchandises *vm* || Güterbahnhof *m*; **-trein:** freight (goods) train || train *m* de marchandises *vm* || Güterzug *m*; **-verkeer:** freight (goods) traffic || trafic *m* des marchandises *vm* || Güterverkehr *m*; **-verzending:** goods despatch || expédition *v* des marchandises *vm* || Güterabfertigung *v*; **-vracht:** luggage freight || frais *mm* de transport *m* des bagages *mm* || Gepäckfracht *v*; **-wagen:** goods waggon, van; truck (*open*); freight car (Am.) || wagon *m* à marchandises *vm* || Güterwagen *m*.

goer: *zie* **diatomeeënaarde.**

goethiet: goethite, needle iron ore || fer *m* oxydé hydraté (hydro-oxydé) || Goethit *m*, Nadeleisenerz *o*.

golf: wave || onde *v* || Welle *v*; **- m. afnemende amplitude:** wave of decreasing amplitude || onde *v* d'amplitude *v* décroissante || Welle *v* mit abnehmendem Schwingungswert *m*; **-, bolvormige:** spherical wave || onde *v* sphérique || Kugelwelle *v*; **-, doorlopende:** continuous (sustained, undamped) wave || onde *v* continue (entretenue, non-amortie, soutenue) || kontinuierliche (ungedämpfte) Welle *v*; **-, elektromagnetische:** electromagnetic wave, Hertzian wave || onde *v* électromagnétique (hertzienne) || elektromagnetische Welle *v*; **-, gedempte:** damped wave || onde *v* amortie || gedämpfte Welle *v*; **-, gemoduleerde:** modulated wave || onde *v* modulée || modulierte Welle *v*; **-, korte** (*lange*): short (*long*) wave || onde *v* courte (*longue*) || kurze (*lange*) Welle *v*; **-, longitudinale:** longitudinal wave || onde *v* longitudinale || longitudinale Welle *v*, Längswelle *v*; **-, lopende:** moving (travelling) wave || onde *v* mobile (courante) || fortschreitende Welle *v*, Wanderwelle *v*; **-, ongedempte:** *zie* **golf, doorlopende; -, staande:** stationary wave || onde *v* stationnaire || stehende Welle *v*; **-, transversale:** transverse wave || onde *v* transversale || transversale Welle *v*, Querwelle *v*; **-, ultrakorte:** ultra-short wave || onde *v* ultra-courte || Ultra-Kurzwelle *v*; **-, vlakke:** plane wave || onde *v* plane || ebene Welle *v*; **-aanwijzer:** wave detector || détecteur *m* d'ondes *vm* || Wellenanzeiger *m*, -detektor *m*; **-aanwijzer, mikrofonische:** microphonic wave detector || détecteur *m* d'ondes *vm* microphonique || mikrophonischer Wellendetektor *m*; **-band:** wave band || bande *v* d'ondes *vm* || Wellenband *o*; **-berg:** wave crest (top, summit) || crête *v* (point *m* haut) d'une onde *v* || Wellenberg *m*; **-beweging:** undulation (wave) motion, undulation || mouvement *m* ondulatoire || Wellenbewegung *v*; **-bewikkeling:** two circuit (wave) winding || enroulement *m* ondulé || Wellenwick[e]lung *v*; **-breker:** breakwater || briselames *m* || Wellenbrecher *m*; **-centrum:** wave center || centre *m* ondulatoire (d'onde *v*) || Wellenzentrum *o*; **-dal:** wave hollow (trough) || creux *m* des lames *vm*, point *m* bas d'une onde *v* || Wellental *o*; **-front:** wave front || surface *v* d'onde *v* || Wellenoberfläche *v*, -front *v*; **-hoogte:** height of waves || hauteur *v* des lames *vm* || Wellenhöhe *v*; **-karton:** corrugated board || carton *m* ondulé || Wellpappe *v*; **-kruin:** crest (top) of a wave || crête *v* d'une lame *v* || Wellenkamm *m*; **-lengte:** wave length || longueur *v* d'onde *v* || Wellenlänge *v*; **-lijn:** wave line || ligne *v* ondulée || Wellenlinie *v*; **-mechanica:** wave mechanics || mécanique *v* ondulatoire || Wellenmechanik *v*; **-meter:** wave meter || ondemètre *m* || Wellenmesser *m*; **-meting:** wave measurement || mesure *v* des ondes *vm* || Wellenmessung *v*; **-oppervlak:** *zie* **golffront; -opwekker:** oscillator || oscillateur *m* || Wellenerreger *m*, -erzeuger *m*; **-pijp** (*radar*): wave guide || guide *m* d'ondes *vm* || Hohl-, Wellenleiter *m*; **-stoot:** wave impulse || impulsion *v* des ondes *vm* || Wellenstoß *m*; **-telefonie:** radio-telephony || radiotéléphonie *v* || Wellentelephonie *v*; **-telegrafie:** wireless telegraphy by electric waves || radiotélégraphie *v* || Wellentelegraphie *v*; **-theorie:** wave (undulatory) theory || théorie *v* des ondes *vm* (ondulatrice, des ondulations *vm*) || Wellentheorie *v*; **-trein:** wave train || train *m* (série *v*) d'ondes *vm* || Wellenzug *m*; **-verklikker:** *zie* **detector; -vorm:** wave shape || forme *v* de l'onde *v* || Wellenform *v*; **-vormig:** undulatory || ondulatoire || wellenförmig; *zie ook* **gegolfd; -wikkeling:** wave winding || enroulement *m* ondulé || Wellenwick[e]lung *v*.

gol|ven: 1. (*water*): to wave || ondoyer || wogen; **-vend:** waving || ondoyant || wogend; **-ving:** waving || ondoiement *m* || Wellenbewegung *v*, Wogen *o*;
2. (*licht, elektr.*): to undulate || onduler || Wellenbewegung *v* ausführen; **-ven, periodiek onderbroken:** interrupted waves || ondes *vm* interrompues || gedämpfte Wellen *vm*; **-vend:** undulating; undulatory || ondulant; ondulé || in Wellenbewegung *v*;
3. (*terrein*): to undulate || ondoyer || Hügel *mm* (Unebenheiten *vm*) aufweisen (besitzen); **-vend:** undulating || ondulant,

ondoyant || hügelig, uneben; **-ving:** undulation || ondulation *v* || Geländewelle *v*;
4. (*haren, draden, enz.*): to undulate || onduler || wallen; **-vend:** undulating, undulated, wavy || ondulant; ondulé || wallend, wellig, gewellt; **-ving:** undulation || ondulation *v* || Wellen *vm*.

gom: gum || gomme *v* || Gummi *o*; **-, Arabische:** gum arabic || gomme *v* arabique || Gummi *o* arabikum; **-elastiek:** *zie* **rubber; -lak:** gum lac || gomme-laque *v* || Gummilack *m*; **-men:** to gum || gommer || gummieren; **-pot:** gum pot || pot *m* à gomme *v* || Gummitopf *m*.

gondel: 1. (*vaartuig*): gondola || gondole *v* || Gondel *v*;
2. (*luchtvaart*): nacelle || nacelle *v* || Gondel *v*.

gongschel: cup shaped gong || timbre *m* forme *v* calice *v* (cloche *v*) || Kelchglocke *v*.

goniome|ter: goniometer || goniomètre *m* || Goniometer *o*, *m*, Winkelspiegel *m*; **-trie:** goniometry || goniométrie *v* || Goniometrie *v*; **-trisch:** goniometric-[al](*ly*) || goniométrique(*ment*) || goniometrisch.

gonje: gunny, jute || jute *m* || Jute *v*; **-zak:** gunny bag (sack) || sac *m* de jute *m* || Jutesack *m*.

gonzen: to hum || bourdonner || summen.

goot: 1. (*algem.*): gutter; gully, sink, drain || tuyau *m*, canal *m*, conduit *m*, couloir *m* || Rinne *v*;
2.: *zie* **dakgoot;**
3.: *zie* **straatgoot;**
4. (*tussen twee daken*): gutter between roofs, valley gutter || cornière *v* || Kehlrinne *v*;
5. (*voor kabels*): cable channel (trough caniveau *m* de câbles *mm* || Kabelrinne *v*;
6. (*mijnb.*): *zie* **stroomgoot; transportgoot; watergoot;**
7. *zie* **transportgoot.**

goot|bodem: gutter bottom || fond *v* de chéneau *m* || Rinnboden *m*; **-gat:** sink hole || gargouille *v* || Rinn-, Traufloch *o*; **-lood:** gutter lead || noquet *m* || Kehlblech *o*; **-lijst:** gutter board || planche *v* gouttière || Rinnleiste *v*; **-pan:** round tile || tuile *v* ronde || Rinnenziegel *m*; **-pijp:** down-spout || tuyau *m* de descente *v* || Trauf-, Dachrohr *o*; **-steen:** gutter stone || [dalle *v*] culière *v*, lavoir *m* d'immondices *vm* || Rinnstein *m*; **-steen** (*in keuken*): sink || pierre *v* d'évier *m* || Ausguß-, Spülstein *m*; **-water:** waste water || eau *v* de déchet *m* || Abfallwasser *o*; **-ijzer:** channel iron || fer *m* en U (à cornières *vm* doubles) || Rinnen-, Doppeltwinkeleisen *o*.

gordel: belt, girth || ceinture *v*, sangle *v* || Gürtel *m*, Gurt *m*; **-gesp:** girt buckle || boucle *m* de sangle *m* (de ceinture *v*) || Gurtschnalle *v*; **-pantser:** belt armour || cuirasse *v* de ceinture *v* || Gürtelpanzer *m*.

gording: 1. (*scheepst.*): buntline, leech line || cargue *v* || Gording *v*;
2. (*bouwk.*): purlin || panne *v* || Pfette *v*; **-, houten:** wooden purlin || panne *v* en bois *m* || Holzpfette *v*.

gordijn: curtain || rideau *m* || Gardine *v*, Vorhang *m*; **-antenne:** *zie* **waaierantenne; -roe[de]:** curtain rod || tringle *v* || Vorhang-, Gardinenstange *v*; **-sluiter:** roller blind shutter || obturateur *m* à rideau *m* || Rollverschluß *m*.

gort: groats, grits; barley (*v. gerst*) || gruau *m* || Grütze *v*; Graupen *vm* (*v. gerst*).

gothisch: gothic || gothique || gotisch.

goud: gold || or *m* || Gold *o*; **- op snede:** gilt edge || dorure *v* sur tranche *v* || Goldschnitt *m*; **-, alluviaal:** alluvial (placer) gold || or *m* d'alluvion *v* (de rivière *v*) || Seifengold *o*; **-, fijn:** fine (refined) gold || or *m* fin || Feingold *o*; **-, gedegen:** native gold || or *m* natif || gediegenes Gold *o*; **-, grof:** coarse gold || gros grains *mm* d'or *m* || grobes Gold *o*; **-, primair:** primary gold || or *m* primaire || Berggold *o*; **-ader:** gold lode (vein) || filon *m* (veine *v*) d'or *m* || Goldader *v*; **-afscheiding:** gold parting || départ *m* de l'or *m* || Goldscheidung *v*; **-amalgama:** gold amalgam || amalgame *m* d'or *m* || Goldamalgam *o*; **-bad:** gold bath || bain *m* d'or *m* || Goldbad *o*; **-balans:** button scale, gold balance || trébuchet *m* || Gold-, Kornwaage *v*; **-beril:** chrysoberyl || chrysobéril *m* || Goldberyll *m*; **-blad:** gold foil || feuille *v* d'or *m* || Goldblatt *o*, -folie *v*; **-bladelektrometer:** goldleaf electrometer || électromètre *m* à feuilles *vm* d'or *m* || Goldblattelektrometer *o*, *m*; **-bladelektroskoop:** gold leaf electroscope || électroscope *m* à feuille *v* d'or *m* || Goldblattelektroskop *o*; **-borduurkunst:** art of embroidering in gold || broderie *v* en or *m* || Goldstickerkunst *v*; **-borduursel:** gold embroidery || broderie *v* en or *m* || Goldstickerei *v*; **-brokaat:** gold brocade || drap *m* d'or *m* || Goldstoff *m*; **-bromide:** *zie* **auribromide; -bromuur:** *zie* **aurobromide; -brons:** gold bronze || bronze *m* d'or *m* || Goldbronze *v*; **-chloride:** *zie* **aurichloride; -chloruur:** *zie* **aurochloride; -cyanide:** *zie* **auricyanide; -cyanuur:** *zie* **aurocyanide; -draad:** gold wire (thread); spun gold || or *m* filé || Golddraht *m*, -faden *m*; **-druk:** gold printing || impression *v* en or *m* || Golddruck *m*; **-en:** gold || en (d') or *m* || golden, Gold-; **-erts:** gold ore || minerai *m* (d'or *m*) || Golderz *o*; **-galon:** gold lace || galon *m* d'or *m* || Goldborte *v*; **-geel:** golden yellow || jaune *m* doré || Goldgelb *o*; **-glit:** gold litharge || litharge *v* d'or *m* || Goldglätte *v*; **-grond:** gold size || fond *m* d'or *m*, or *m* couleur || Goldgrund *m*; **-houdend:** auriferous, gold bearing || aurifère || goldhaltig, -führend; **-hydroxyde:** *zie* **aurihydroxyde** *of* **aurohydroxyde** [1]); **-inkt:** gold ink || encre *v* dorée || Goldtinte *v*; **-jodide:** *zie* **aurijodide**; **-joduur:** *zie* **aurojodide**; **-kleur:** gold colour || couleur *m* d'or *m* || Goldfarbe *v*; **-kleurig:** gold coloured || couleur *m* d'or *m* || goldfarbig; **-klompje:** [gold] nugget || pépite *v* [d'or *m*] || Goldklümpchen *o*; **-korrel:** grain of gold || grain *m* d'or *m* || Goldkorn *o*; **-lak:** gold varnish || vernis *m* d'or *m* || Goldfirnis *m*; **-leder:** gold leather || cuir *m* doré || Goldleder *o*; **-lederen:** [of] gold leather || en (de) cuir *m* doré || goldledern; **-legering:** gold alloy || alliage *m* d'or *m* || Goldlegierung *v*; **-neerslag:** precipitate of gold || précipité *m* d'or *m* || Goldniederschlag *m*; **-oxyde:** *zie* **aurioxyde**; **-oxydule:** *zie* **auroöxyde**; **-papier:** gold paper || papier *m* doré || Goldpapier *o*; **-plaat:** plate of gold || plaque *v* d'or *m* || Goldplatte *v*; **-poeder:** gold powder || poudre *v* d'or *m* || Goldpulver *o*; **-proef** (*muntw.*): gold essay || essai *m* d'or *m* || Goldprobe *v*; **-purper:** gold purple || pourpre *m* de Cassius || Goldpurper *m*; **-schaaltje:** *zie* **goudbalans**; **-schubje:** gold flake || écaille *v* (paillette *v*) d'or *m* || Goldblättchen *o*; **-slagershamer:** goldsmith's hammer || marteau *m* d'orfèvre *m* || Goldschmiedehammer *m*; **-smid:** goldsmith || orfèvre *m* || Goldschmied *m*; **-smidsaambeeld:** goldsmith's anvil || enclume *v* d'orfèvre *m* || Flacheisen *o*; **-smidswerk:** goldsmith's work, goldsmith[e]ry || orfèvrerie *v* || Gold[schmiede]-arbeit *v*; **-soldeer:** goldsmith's link || soudure *v* d'or *m* || Goldlot *o*; **-staaf:** gold bar (ingot) || barre *v* (lingot *m*) d'or *m* || Goldbarre *v*, -stab *m*; **-steen:** gold stone || pierre *v* d'or *m* || Goldstein *m*; **-stof:** gold dust || limaille *v* d'or *m* || Goldstaub *m*; **-sulfide:** *zie* **aurisulfide**; **-sulfuur:** *zie* **aurosulfide**; **-tinctuur:** tincture of gold || teinture *v* d'or *m* || Goldtinktur *v*; **-vlies:** gold beater's skin || bandruche *v* || Goldschlägerhaut *v*; **-weefsel:** gold tissue || tissu *m* d'or *m* || Goldgewebe *o*; **-zand:** gold (auriferous) sand || sable *m* d'or *m* (aurifère) || Goldsand *m*; **-zout:** gold salt || sel *m* d'or *m* || Goldsalz *o*; **-zuivering:** refining of gold || affinage *m* de l'or *m* || Goldläuterung *v*.

graad: 1. (*algem.*): degree, grade || degré *m* || Grad *m*; **- v. nauwkeurigheid:** degree of accuracy || degré *m* de précision *v* || Genauigkeitsgrad *m*; **-relais:** step by step relay || relais *m* graduel || Stufenrelais *o*; **2.** (*hoek, thermometer, enz.*): degree || degré *m* || Grad *m*; **-boog:** protractor, graduated arc || rapporteur *m*, transporteur *m*, demi-cercle *m* || Winkelmesser *m*, Gradbogen *m*, -messer *m*, Transporteur *m*; (*mijnb.*): miner's level || niveau *m* à plomb *m* en demi-cercle || Gradbogen *m*; **-boog m. winkelhaak:** protractor set square || rapporteur *v* à équerre *v* || Winkeltransporteur *m*; **-meter:** graduator, gauge || échelle *v* graduée || Gradmesser *m*; **-verdeling:** grad[u]ation, division into degrees || graduation *v*, échelle *v* || Grad[ein]-teilung *v*, Graduierung *v*.

graaf|machine: digging (excavating) machine, dry dredge[r], [bucket] excavator || excavateur *m*, drague *v* sèche || Grabemaschine *v*, Trockenbagger *m*, Exkavator *m*; **-werk:** earth works, trench work, digging, excavation[s] || terrassement *m*, travail *m* de fouille *v* (de terrassement *m*) || Erdarbeiten *o*, -bau *m*, Grabarbeit *v*.

graan: grain, corn, cereals || blé *m*, céréales *vm* || Getreide *o*, Korn *o*; **-elevator:** grain (corn) elevator || élévateur *m* de blé *m* (de grains *mm*) || Getreideelevator *m*, -heber *m*; **-korrel:** grain [of corn] || grain *m* de blé *m* || Getreidekorn *o*; **-pakhuis:** granary, grain warehouse || grenier *m* || Getreide-, Kornspeicher *m*; **-pakhuis m. zolder:** granary (grain warehouse) built with floors || entrepôt *m* (grenier *m*) à étages *mm* || Bodenspeicher *m*; **-silo:** grain silo, corn pit || silo *m* à céréales *vm* (à blé *m*) || Getreidesilo *m*, -grube *v*, Korngrube *v*, -keller *m*.

graat|balk: hip beam || coyer *m* || Gratbalken *m*; **-rib:** cross springer, diagonal rib || arc *m* arêtier (diagonal) || Grat-, Kreuzbogen *m*; **-spar:** hip rafter || arêtier *m* || Eck-, Gratsparren *m*.

gracht: canal, moat || canal *m*, fossé *m* || Kanal *m*, Graben *m*.

gra|datie: gradation || gradation *v* || Abstufung *v*; **-deren** (*zout*): to graduate || faire la graduation *v*, graduer || gradieren; **-dien:** endented chisel, claw tool || ciseau *m* à dents *mm* || Zahneisen *o*; **-dienen:** to work with an indented chisel || gradiner || zahnen.

gradiënt: gradient || gradient *m* || Gradient

---

[1]) Als men niet weet welke dezer beide hydroxyden is bedoeld, vertale men: „gold hydroxide || hydrate *m* d'or *m* || Goldhydroxyd *o*".

m; *zie ook* **zwaartekrachtgradiënt; -, geothermische:** temperature gradient, geothermal degree || degré *m* géothermique || Temperaturgradient *m*.

graf|gewelf: sepulchral (funeral) vault || sépulcre *m* || Grabgewölbe *o*; **-steen:** tombstone || dalle *v* funéraire || Grabplatte *v*, -stein *m*.

gra|fiek: graph[ical drawing] || graphique *m* || Graphik *v*, graphische Darstellung *v*, Schaubild *o*; **-fiet:** *zie na* **grafometer; -fisch:** graphic[al](*ly*) || graphique(*ment*) || graphisch, schaubildlich, zeichnerisch; **-fometer:** graphometer || graphomètre *m* || Graphometer *o*, *m*.

grafiet: graphite || graphite *m* || Graphit *m*; **-, kolloïdaal:** colloidal graphite || graphite *m* colloïdal || kolloider Graphit *m*; **-achtig:** graphitic || graphitique || graphitartig; **-kool:** graphitic coal || charbon *m* graphitique || Graphitkohle *v*; **-kroes:** graphite crucible || creuset *m* en graphite *m* || Graphittiegel *m*; **-lei:** graphite slate || schiste *m* graphiteux || Graphitschiefer *m*; **-olie:** graphite oil || huile *v* au graphite *m* (graphitée) || Graphitöl *o*; **-overtrek:** graphitic film (coating) || pellicule *v* de (recouvrement *m* en) graphite *m* || Graphitüberzug *m*; **-poeder:** graphite powder || poudre *v* de graphite *m* || Graphitpulver *o*; **-pyrometer:** graphite pyrometer || pyromètre *m* à graphite *m* || Graphitpyrometer *o*, *m*; **-smeertoestel:** graphite lubricator || graisseur *m* au graphite *m* || Graphitschmierapparat *m*; **-smering:** graphite lubrication || graissage *m* au graphite *m*, graphitage *m* || Graphitschmierung *v*; **-weerstand:** graphite rheostat || résistance *v* [en] graphite *m* || Graphitwiderstand *m*.

grafostatica: graphic statics || statique *v* graphique || graphische Statik *v*.

gram: gram, gramme || gramme *m* || Gramm *o*; **-atoom:** gram-atom || atome-gramme *v* || Grammatom *o*; **-calorie**[1]**:** *zie* **calorie; -equivalent:** gram-equivalent || équivalent-gramme *v* || Grammäquivalent *o*, Val *o*; **-ion:** gram-ion || ion-gramme *m* || Grammion *o*; **-molecuul:** gram-molecule, mol || molécule-gramme *v*, mol || Grammolekül *o*, Mol *o*.

grammofoon: gramophone || gramophone *m* || Grammophon *o*; **-opnemer** (*radio*)**:** pick-up, sound box || pick-up *m*, boîte *v* de son *m* || Tonabnehmer *m*, Abtastdose *v*; **-plaat:** gramophone (phonograph, *Am.*) record || disque *m* [de gramophone *m*] || Schall-, Grammophonplatte *v*.

granaat: 1. (*projectiel*)**:** shell || obus *m* || Granate *v*; **- m. dubbele wand:** shell with double sides || obus *m* à double paroi *m* || Granate *v* mit doppelter Wand *v*; **-, brisante:** high explosive shell || obus *m* brisant (à grande persistance *v*) || Brisantgranate *v*; **-buis:** [shell] fuse || fusée *v* d'obus *m* || Granatzünder *m*; **-hok:** shell room || soûte *v* aux obus *m* || Granatkammer *v*; **-kanon:** long howitzer, shell gun || [canon-]obusier *m* || Granatkanone *v*; **-kartets:** shrapnel || obus *m* à mitraille *v*, shrapnel *m* || Granatkartätsche *v*, Schrapnell *o*; **-kartets m centraallading:** central burster || shrapnel *m* avec charge *v* centrale || Mittelkammerladungsschrapnell *o*; **-kartets m. kamerlading:** base burster || shrapnel *m* avec charge *v* au culot *m* || Bodenkammerladungsschrapnell *o*; **-kartets m. koplading:** head burster || shrapnel *m* avec charge *v* à l'avant *m* || Kopfkammerladungsschrapnell *o*; **-klos:** shell bottom || sabot *m* d'obus *m* || Granatspiegel *m*; **-raket:** shell (headed] rocket || fusée *v* à obus *m* || Granatrakete *v*; **-splinter:** splinter of shell || éclat *m* d'obus *m* || Granatsplitter *m*;

2. (*steen*)**:** garnet || grenat *m* || Granat *m*; **-, zwarte:** melanite || grenat *m* noir, mélanite *v* || schwarzer Granat *m*, Melanit *m*.

graniet: granite || granit *m* || Granit *m*; **-achtig:** granitic || granitique || granitartig, -ähnlich; **-en:** granite || de granit *m* || graniten, Granit-; **-houweel:** granite axe || pioche *v* à granit *m* || Harthaue *v*; **-isolator:** granite insulator || isolateur *m* en granit *m* || Granitisolator *m*; **-papier:** granite (jasped) paper || papier *m* jaspé || Granitpapier *o*; **-porfier:** granite porphyry || porphyre *m* granitique || Granitporphyr *m*; **-zand:** granitic (granite) sand || sable *m* de granit *m* (granitique) || Granitsand *m*.

granuleren: *zie* **korrelen.**

gra|phiek: *zie* **grafiek; -phiet:** *zie* **grafiet.**

gras: grass || herbe *v* || Gras *o*; **-, Spaans:** spanish grass, alfa || alfa *m*, sparte *m* || Alfa *m*, Esparto *m*, Spartgras *o*; **-linnen:** grass linen (cloth) || batiste *v* (toile *v*) de Canton, drap *m* d'herbe *v* || Grasleinen *o*, -tuch *o*; **-schaar:** [pair of] grass shears || ciseaux *mm* de jardinier *m* || Grasschere *v*; **-snijder, -snijmachine:** lawn-mower || tondeuse *v* à gazon *m* || Rasenmäher *m*, -mähmaschine *v*; **-veld:** lawn || gazon *m* || Rasen-, Grünfläche *v*; **-zode:** [turf] sod || plaque *v* (motte *v*) de gazon *m* || Grasscholle *v*, Rasenstück *o*.

grauw: grey, gray || gris || grau.

grau|wacke: gray-wacke || grauwacke *m*, grès *m* des houillères *vm* || Grauwacke *v*; **-wackelei:** gray wacke slate || schiste *m*

---
[1]) = cal; vergelijk *kilocalorie.*

grès (grauwacke) || Grauwackenschiefer *m*; **-wak:** *zie* **grauwacke.**
graveer|beitel: print cutter's chisel || ciseau *m* pour graveurs *mm* || Graviermeißelchen *o*;**-machine:** engraving (ruling) machine || machine *v* à graver || Graviermaschine *v*; **-naald:** graver, graving tool, burin || burin *m*, échoppe *v* || [Grab]stichel *m*; **-guts:** print cutter's gouge || gouge *v* pour graveurs *mm* || Graviergutsche *v*; **-stift:** chasing chisel || poinçon *m* à ciseler || Treibpunze *v*, [Grab]stichel *m*; **-ijzer, rond:** round sculper || échoppe *v* ronde || Boltstichel *m*.
gra|ven: to dig (*algem.*); to sink (*put, mijn*); to cut (*greppel, sloot, enz.*) || creuser (*algem.*); percer (*tunnel*) || graben; **-veren:** to engrave || graver || gravieren, stechen, graben, schneiden; **-veur:** engraver, burinist || graveur *m* || Graveur *m*, Kupferstecher *m*, Stempelschneider *m*.
gravi|meter: *zie* **zwaartekrachtmeter; -metrie:** *zie* **gewichtsanalyse; zwaartekrachtmeting; -metrisch:** gravimetric(*ally*) || gravimétrique(*ment*) || gravimetrisch; **-tatie:** *zie* **zwaartekracht.**
gravure: engraving || gravure *v* || [Kupfer]stich *m*, Gravüre *v*.
greep: 1. (*handvat, enz.*): gripe, handle, lever || manche *v*, poignée *v* || [Hand]griff *m*; (*deksel*): handle || poignée *v* || Griff *m*; (*deur*): handle || poignée *v* || Griff *m*; (*grendel*): handle || queue *v* || Schwanz *m*; (*roeiriem*): loom || manche *v* || Griff *m*; (*sabel*): hilt, handle || poignée *v* || Gefaß *o*; (*pistool*): handle || manche *v* || Heft *o*;
2. (*typogr.*): handfull of matter || poignée *v* || Griff *m*, Ablegesatz *m*;
3. (*text.*): touch || toucher *m* || Griff *m*.
grein: 1.: *zie* **korrel; -en, -eren:** *zie* **korrelen;**
2. (*text.*): camlet || camelot *m* || Kamelott *m*.
greling (*touw*): hawser || grelin *m* || Schwertau *o*, Greling *o*.
grendel: 1. (*grendelinrichting i. h. algem.*): locking device, interlock || dispositif *m* d'arrêt *m*, arrêtage *m* || Sperr-, Riegelvorrichtung *v*; **-ing:** locking || blocage *m*, arrêt *m* || Sperrung *v*, Verriegelung *v*; **-ing** (*elektr. tractie*): clamping device || verrouillage *m* || Verriegelung *v*;
2. (*deur, venster, enz.*): bar, bolt || verrou *m*; targette *v* (*schuifknip*) || Riegel *m*; **- m. greep:** bolt with handle || verrou *m* à queue *v* || Schwanzriegel *m*; **-en:** to bolt || verrouiller, fermer au verrou *m* || verriegeln; **-kram:** bolt staple || auberon *m* || Riegelkrampe *v*; **-slot:** bolt lock || fermeture *v* à verrou *m*, serrure *v* à pêne *m* sans ressort *m*, verrouillage *m* || Riegelschloß *o*, -verschluß *m*;
3. (*hamer*): roughing hammer || marteau *m* à bretteler || Krönel *m*;
4. (*geweer*): gunlock, [loading] bolt || culasse *v* [mobile] || [Gewehr]schloß *o*.
gre|neboom: silver leaved fir tree, white pine || sapin *m* blanc || Edel-, Weißtanne *v*; **-nenhout:** deal[wood], fir wood, white deal (white pine) wood || bois *m* de pin *m* (de sapin *m*), sapin *m* || Kiefern-, Weißtannenholz *o*.
grens: limit || limite *v* || Grenze *v*; **-, kritische:** critical (breaking down) limit || limite *v* critique || kritische Grenze *v*, Abfallgrenze *v*; **-belasting:** load limit || charge *v* limite || Belastungsgrenze *v*; **-hoek:** critical angle || angle *m* limite || Grenzwinkel *m*; (*terrein*): angle of draw || angle-limite *m* || Grenzwinkel *m*; **-koolwaterstof:** saturated aliphatic hydrocarbon || hydrocarbure *m* aliphatique saturé || Grenzkohlenwasserstoff *m*; **-kromme:** limit curve || courbe *v* limite || Grenzkurve *v*; **-kromme, bovenste** (*onderste*): upper (*lower, left*) limiting curve || courbe *v* limite supérieure (*inférieure, gauche*) || obere (*untere, linke*) Grenzlinie *v*; **-muur:** partition wall || mur *m* mitoyen || Grenzmauer *v*; **-paal:** boundary pole || poteau *m* de borne *v* || Grenzpfahl *m*; **-station:** frontier station || gare *v* de frontière *v* || Grenzbahnhof *m*; **-steen:** boundary stone || borne *v* || Grenzstein *m*; **-temperatuur:** limiting temperature || température *v* limite || Grenztemperatur *v*; **-vlak:** boundary plane (face); interface; surface of contact || [sur]face *v* limite (de contact *m*) || Grenzfläche *v*; **-vlakspanning:** interface tension || tension *v* interfaciale || Grenzflächenspannung *v*; **-waarde:** limit[ing] value || valeur *v* limite || Grenzwert *m*.
greppel: furrow, trench, ditch, catchdrain || collecteur *m*, petit-fossé *m*, fossé *m* de captage *m* || Fang-, seitlicher Schutzgraben *m*.
griffellei: cross-grained slate || ardoise *v* à écrire || Griffelschiefer *m*.
grind: gravel; grit || gravier *m*; cailloutis *m* || Kies *m*; Kiesel *m*; **- bedekken, met:** to roughcast, to gravel || couvrir de gravier *m*, graveler, gravillonner || bekiesen; **-, zanderig:** sandy gravel || gravier *m* sableux || sandiger Kies *m*; **-baggermolen:** gravel dredge[r] || drague *v* à gravier *m* || Kiesbagger *m*; **-bank:** gravel bank (layer) || banc *m* (couche *v*) de gravier *m* || Kiesbank *v*, -schicht *v*; **-beton:** gravel concrete || béton *m* de gravier *m* || Kiesbeton *m*; **-boor:** box auger || tarière *v* à caisson *m* || Hohlbohrer *m*; **-filter:** gravel (rubble) filter || filtre *m* à gravier *m* || Kiesfilter *o*, *m*;

-groeve: gravel pit || carrière *v* de (bassin *m* à) gravier *m* || Kiesgrube *v*; **-hark:** ballast (gravel) rake || râteau *m* à pierraille *v* || Kiesharke *v*, -rechen *m*; **-laag:** gravel layer || couche *v* de gravier *m* || Kiesschicht *v*; **-mantel** (*mijnb.*): gravel packing || filtre *m* à gravier *m* || Kiesmantel *m*, -packung *v*; **-tegel:** gravel flag || carreau *m* de gravier *m* || Kieselfliese *v*; **-wasmachine:** washing machine for gravel || laveur *m* à gravier *m* || Kieswaschmaschine *v*; **-weg:** gravel road || route *v* en (de) gravier *m* || Kiesstraße *v*, -weg *m*.

grint: *zie* **grind.**

groef: 1. *zie* **groeve 1;**

2. (*uitholling*): groove; flute, furrow || rainure *v*; cannelure *v*; encoche *v* || Nut *v*; Rille *v*; Furche *v*; (*schijf*): groove || gorge *v* || ||Nute *v*, Rille *v*; **-, cirkelvormige:** circular groove || rainure *v* annulaire, gorge *v* || Ringnut *v*; **-, nokvormige:** cam slot || rainure *v* came || Daumennut *v*; **-, zwaluwstaartvormige:** dovetailed groove || rainure *v* en queue *v* d'aronde *v* || Schwalbenschwanznute *v*; **-afstand:** slot pitch || pas *m* des rainures *vm* || Nutenteilung *v*; **-anker:** slotted armature || induit *m* à rainures *vm* (à encoches *vm*) || Nutenanker *m*; **-bodem:** bottom of groove || fond *m* de la gorge *v* || Rillenboden *m*; **-diepte:** depth of groove || profondeur *v* de la gorge *v* || Rillentiefe *v*; **-draad i. d. vorm v. e. 8** (*8-draad*): figure eight wire || fil *m* en 8 || achtförmiger Draht *m*; **-drijfwerk:** wedge friction (multiple V) gear, grooved friction gearing || engrenage *m* (transmission *v*) à friction *v* par poulies *vm* à gorge *v* || Keilrädergetriebe *o*; **-frees:** slot cutter || fraise *v* raineuse (à rainer) || Schlitz-, Nutenfräser *m*; **-isolatie:** slot insulation || isolement *m* des encoches *vm* || Nutenisolation *v*; **-jes** (*i. e. molensteen*): rills || éveillures *vm* || Hauschläge *mm*; **-lat:** grooved batten || latte *v* cannelée || ausgekehlte Latte *v*; **-leger:** natural bed || lit *m* naturel (de carrière *v*) || Bruchlager *o*, natürliches Lager *o*; **-legeraderen:** veins of the natural bed || veines *vm* du lit *m* naturel || Bruchlageradern *vm*; **-rail:** grooved rail || rail *m* à gorge *v*; Rillenschiene *v*; **-rol:** fluted roller || rouleau *m* cannelé || Riffelwalze *v*; **-schaaf:** fluting ([tonging and] grooving) plane || rabot *m* (bouvet *m*) à rainures *vm* || Nuthobel *m*; **-spie:** *zie* **spie, verzonken; -spijker:** grooved spike || crampon *m* à gorge *v* || Rillennagel *m*; **-trommel:** grooved drum || tambour *m* à gorges *vm* || Rillentrommel *v*, profilierte (genutete) Trommel *v*; **-vorm:** shape of slot || forme *v* d'encoche *v* (de rainure *v*) || Nutenform *v*; **-vijl:** rif[f]ler || rifloir *m*, riflurel *m* || Lochfeile *v*; **-wiel:** grooved (wedge friction) wheel || roue *v* à gorge *v* (à poulie *v* à coin *m*) || Keil-, Rillenrad *o*; **-wikkeling:** slot winding || enroulement *m* à dents *mm* (à rainures *vm*) || Nutenwick[e]lung *v*; **wijdte:** width of groove || largeur *v* de la gorge *v* || Rillenbreite *v*; **-zaag:** grooving saw || scie *v* à mortaiser || Nutsäge *v*; **-zaag, ronde:** circular grooving saw || scie *v* circulaire à rainer || Kreisfalzsäge *v*.

groen: 1. (*z. nw.*): green || vert *m* || Grün *o*; **-, Brunswijks:** Brunswick green || vert *m* de Brunswick || braunschweigisches Grün *o*; **-, Schweinfurter:** Schweinfurt (Paris) green || vert *m* de Schweinfurt || Schweinfurter Grün *o*; **-, Spaans:** verdigris || vert-de-gris *m*, verdet *m* || Kupfergrün *o*, Grünspan *m*;

2. (*bijv. nw.*): green || vert || grün; **-achtig:** greenish || verdâtre || grünlich.

groep: 1. (*algem.*): group || groupe *m* || Gruppe *v*; **-steek** (*dubbel gedunde klinknaad*): riveting in groups || rivure *v* convergeante || verjüngte Nietung *v*;

2. (*aardk.*): group || formation *v* || Formation *v*;

3. (*scheik.*): group || groupe[ment] *m* || Gruppe *v*;

4. (*v. mach., enz.*): set || groupe *m* || Satz *m*; **-drijving:** group drive || commande *v* par groupes *mm* || Gruppenantrieb *m*; **-enschakelaar:** two-way and off switch || commutateur *m* à deux directions *vm* || Gruppenschalter *m*; **-motor:** group motor || moteur *m* d'un groupe *m* || Gruppenmotor *m*; **-rem** (*spw.*): break for group of vehicles || frein *m* pour groupe *m* de voitures *vm* || Gruppenbremse *v*; **-schakeling:** group connection || couplage *m* mixte (par groupes *mm*) || Gruppenschaltung *v*; **-seinen en wissels, centraal bediende:** interlocking installation || installation *v* d'enclenchement *m* || Stellwerksanlage *v*; **-transformator:** group transformer || transformateur *m* [faisant partie *v*] d'un groupe *m* || Gruppentransformator *m*;

5. (*bijeenstaande schoorstenen*): stack of chimneys || souche *v* de cheminées *vm* || Schornsteinkasten *m*.

groe|ve: 1. (*steengroeve, enz.*): pit (*zand, enz.*); quarry (*steen*) || carrière *v* (*steen*) || Grube *v*; Bruch *m* (*steen*); *zie ook* **mijn;**

2.: *zie* **groef 2; -ven:** to groove; to flute; to notch || rainer; entailler; canneler || ausnuten; einkerben; kannelieren; **-ven frezen:** to mill grooves || fraiser des rainures *vm* || Nuten *vm* fraisen.

grof: coarse; rough || gros || grob, Grob-;

- v. draad: coarse threaded || à gros fil *m* || grobfädig; **-harig:** coarse grained || à gros poil *m* || grobhärig; **-hekelen** (*hennep*): first dressing || ébauchage *m* || Grobhecheln *o*; **-jarig:** coarsely ringed, with large annual rings || aux cernes *mm* larges || grobjährig, weitringig; **-korrelig:** coarse grained || à gros grain *m* || grobkörnig; **-nervig:** coarse grained || à fibre *v* grossière || grobfaserig; **-slijpen:** to rough, to coarse grind || ébarber, dégrossir || grobschleifen; **-smid:** blacksmith, hammersmith || forgeron *m* || Grobschmied *m*; **-smidswerk:** blackwork, blacksmith's work || ouvrage *m* du forgeron *m*, taillanderie *v* || Grobschmiedsarbeit *v*; **-spinnen:** slabbing, slubbing || filage *m* en gros *m*, béliage *m* || Grob-, Luntespinnen *o*.

grommer (*scheepst.*): grommet || anneau *m* de corde *v* || Kranz *m*.

grond: 1. (*aarde, enz.*): earth, soil, ground || terre *v* || Erde *v*; **- kruien:** to cart (wheel) ground || brouetter || Erde *v* karren;

2. (*terrein*): ground, soil || sol *m*, terrain *m* || Boden *m*, Grund *m*; **- lopen, aan de** (*schip*): to run aground || s'échouer || auf den Grund *m* laufen; **-, humeuze:** *zie* **humusaarde; -, kleihoudende:** *zie* **kleigrond; -, losse:** light soil (ground) || terrain *m* roulant || lockerer Boden *m*; **-, modderige:** muddy (slimy, slicky) ground || vase *v* molle, fond *m* mou (de vase *v*) || Schlamm-, Moder-, Schlickgrund *m*; **-, moerassige:** *zie* **moerasgrond; -, rotsachtige, rotsige:** rocky ground || fond *m* rocheux (rocailleux, de roche *v*) || felsiger Boden *m*; **-, steenachtige:** *zie* **grond 2, rotsachtige; -, steriele:** *zie* **gesteente, steriel; -, vaste:** heavy ground || sol *m* ferme, terrain *m* résistant || fester Boden *m*; **-, zandige:** *zie* **zandgrond;**

3. (*grondvlak, onderste*): ground, bottom; base (*meetk.*); ground-plane (*proj.*) || base *v* || Grundfläche *v*; **-, begane:** ground floor || rez-de-chaussée *m* || Erdgeschoß *o*;

4. (*grondslag*): base, foundation || fondement *m*, base *v* || Grundlage *v*, Fundament *o*, Basis *v*;

5. (*bodem*): bottom || fond *m* || Boden *m*.

grond|balk: ground sleeper (timber) || racinal *m*, sablière *v* || Boden-, Grundschwelle *v*, Grundbalken *m*; **-binding:** ground weave || liage *m* de fond *m* || Grundbindung *v*; **-boor:** auger || tarière *v* à glaise *v* || Erd-, Gesteinsbohrer *m*; **-boring:** boring || sondage *m* || Erdbohrung *v*; **-bout:** *zie* **fundamentbout; -bus** (*werkbus*): bottom bush || bague *v* de fond *m* || Grundbüchse *v*; **-cirkel:** base circle || cercle *m* primitif || Grundkreis *m*; **-contactdoos:** deck socket || socle *m* de prise *v* de courant *m* de parquet *m* || Bodensteckdose *v*; **-druk:** thrust of earth || poussée *v* des terres *vm* || Erddruck *m*; **-eenheid:** fundamental unit || unité *v* fondamentale || Grundeinheit *v*; **-en** (*verven*): to ground, to apply the priming coat, to prime, to dead colour || abreuver, apprêter, donner la couche *v* de fond *m* || gründen, grundieren; **-formule:** fundamental formula || formule *v* fondamentale || Grundformel *v*; **-galerij** (*mijnb.*): road (gang) way, gate road || voie *v* de fond *m*, chassage *v* || Grund-, Sohlen-, Gezeugstrecke *v*; **-gesteldheid:** nature (character) of the ground || nature *v* (qualité *v*) du sol *m* || Bodenbeschaffenheit *v*; **-golf:** fundamental harmony (wave) || onde *v* fondamentale || Grundwelle *v*; **-harmonische:** fundamental harmonic || harmonique *m* (onde *v*) fondamentale || Grundharmonische *v*; **-houw** (*v. e. vijl*): first course (cut) || première taille *v* || Grund-, Unterhieb *m*; **-ig:** thoroughly || à fond || eingehend, gründlich; **-kegel** (*v. e. konisch wiel*): pitch cone || cône *m* de base *v* || Grundkegel *m*; **-ketting:** ground main warp || chaîne *v* du fond *m* || Grund-, Unterkette *v*; **-kleur** (*verven*): priming (ground) colour || fond *m* || Grundfarbe *v*; **-kruising:** ground of a fancy cloth || fond *m* [du tissu *m*] || Grundbindung *v*, -schutz *m*; **-laag** (*laag grond*): ground layer || couche *v* de terrain *m* || Bodenschicht *v*; **-laag** (*v. e. muur*): footing of a wall || assise *v* de fondement *m* || Grundschicht *v*; **-laag** (*verf*): first (ground) coat (layer), priming || première couche *v* (main *v*) || Grundanstrich *m*; **-log:** ground log || loch *m* de fond *m* || Grundlog *o*; **-lijn** (*v. e. driehoek, tekening*): base || base *v* || Grundlinie *v*; **-massa:** matrix, ground mass || magma *m*, masse *v* fondamentale, base *v* || Grundmasse *v*, -lage *v*; **-monster:** soil sample || échantillon *m* de sol *m* || Bodenprobe *v*; **-muur:** basement, foundation wall || fondement *m*, soubassement *m* || Fundament *o*, Grundmauer *v*; **-muurwerk:** foundation walling || maçonnerie *v* de fondement *m* || Grundmauerwerk *o*; **-onderzoek:** trial boring || sondage *m* du terrain *m* || Bodenuntersuchung *v*; **-paal:** foundation pile, pile of substructure || pieu *m* de fondement *m*, pilotis *m* || Grundpfahl *m*; **-papier:** priming (back) paper || papier *m* de fond || Grund-, Unterlagepapier *v*; **-plaat:** bed (foundation, sole) plate || embase *v*, plaque *v* de fondation *v* || Fundament-, Grundplatte *v*; **-pomp** (*baggertechn.*)**:** dredge (mud) pump || pompe *v* à déblais *mm* || Baggerpumpe *v*; **-prisma, afschuivend:** sliding triangle || prisme *m* triangulaire d'éboulement *m* || loslösender Keil *m*; **-regel:** fundamental rule || règle *v* fondamentale || Grundregel *v*; **-ring** (*werkbus*)**:** collar bush, neck (taper, wedge) ring || bague *v* de fond *m* conique || Grundring *m*, -büchse *v*; **-schaaf:** routing plane || guimbarde *v* || Grundhobel *m*; **-schaafbeitel:** router iron || fer *m* de guimbarde *v* || Grundeisen *o*; **-schacht** (*v. weefsel*)**:** main warp || chaîne *v* de fond *m* || Grundkette *v*; **-schot** (*v. weven*)**:** ground weft || trame *v* de fond *m* || Grundschuß *m*; **-schuif:** distributing (main) valve || tiroir *m* distributeur (inférieur, principal) || Grund-, Verteilungsschieber *m*; **-schuiver:** bulldozer || bulldozer *m* || Planierraupenschlepper *m*, Planiermaschine *v*; **-spanning:** fundamental voltage || tension *v* fondamentale || Grundspannung *v*; **-stamper:** beetle, earth rammer || dame *v*, demoiselle *v*, hie *v* à main *v* || Erd-, Besetzschlägel *m*; **-steen:** foundation stone || pierre *v* fondamentale || Grundstein *m*; **-stof** [1])**:** starting material || matière *v* première || Grund-, Ausgangsstoff *m*; **-stroom** (*elektr.*)**:** fundamental current || courant *m* fondamental || Grundstrom *m*; **-takel:** ground tackle || apparaux *mm* de mouillage *m* || Ankergeschirr *o*, Grundtakelage *v*; **-tal:** base || base *v* || Grundzahl *v*; **-toon:** fundamental tone || ton *m* fondamental || Grundton *m*; **-touw** (*v. e. schip*)**:** relieving rope || câble *m* de redresse *v* || Grundtau *o*; **-trilling:** fundamental oscillation || vibration *v* (oscillation *v*) fondamentale || Grundschwingung *v*; **-verf:** priming (ground) colour (coat) || fond *m*, peinture *v* (couche *v*) de fond *m* || Grundfarbe *v*, -anstrich *m*; **-vergelijking:** fundamental equation || équation *v* fondamentale || Grundgleichung *v*; **-verzakking:** depression of the ground; subsidence || dépression *v* du terrain *m*; enfoncement *m* (affaisement *m*) du sol *m* || Bodensenkung *v*; **-vesten:** to found || fonder || gründen; **-vlak** (*v. e. lich.*)**:** base || base *v* || Grundfläche *v*; **-vorm:** primitive form || forme *v* primitive || Grundform *v*; **-water:** [under]ground (subsoil) water || eau *v* souterraine, nappe *v* aquifère || Grundwasser *o*; **-waterlichaam:** subterranean water mass || bain *m* (amas *m*, poche *v*) d'eau *v* || Wassersack *m*; **-waterspiegel:** unde ground water-level || niveau *m* des eau *vm* souterraines, surface *v* de la nappe souterraine || Grundwasserspiegel *m* **-waterstand:** level of underground wate || niveau *m* de la nappe *v* souterraine Grundwasserstand *m*; **-weer:** flush wei || déversoir *m* partiel || Grundwehr *o* **-werk:** earth (navvy, ground) work ouvrage *m* de terre *v*, terrassement *m* Erdarbeit *v*, -werk *o*; **-werker:** navvy digger || terrassier *m* || Erdarbeiter *m* **-zee:** ground sea || lame *v* de fond *m* Grundsee *v*.

groot: 1. (*omvang*)**:** large[-sized], big grand, gros || groß; **-heid** (*wisk.*)**:** magni tude, quantity || grandeur *v*, quantité *v* Größe *v*; **-heid, onveranderlijke:** invari able quantity, constant || quantité invariable, constante *v* || unveränderlich Größe *v*, Konstante *v*; **-heid, oscillerende** oscillating quantity || grandeur *v* oscil lante || Schwinggröße *v*; **-heid,** (*schijnbaar*) **periodieke:** (*pseudo-*)periodic quantity grandeur *v* (*pseudo*)périodique || (*schein bar*) periodische Größe *v*; **-heid, pul serende:** undulating quantity || grandeur ondulée (pulsatoire) || pulsierende Größe *v*; **-heid, skalaire:** scalar quantity || quan tité *v* scalaire || Skalargröße *v*; **-heid veranderlijke:** variable [quantity] | [quantité *v*] variable *v* || Veränderliche *v* veränderliche Größe *v*; **-heid, wisselende:** alternating quantity || grandeur *v* alter native || Wechselgröße *v*; **-oppervlaktefreesmachine:** slab milling machine | fraiseuse-raboteuse *v* [pour dresser de grandes surfaces *vm*] || Langfräsmaschine *v* mit Walzenfräser *m*; **-te:** magnitude, size; size (*korrels, enz.*) || grandeur *v*; grosseur *v* (*korrels, enz.*); grosseur *v* (*dikte*) || Größe *v* (*ook korrels, enz.*); **-te, ware:** full size || grandeur *v* naturelle || natürliche Größe *v*;

2. (*uitgestrektheid*)**:** great, large, vast | vaste || groß; **-te:** greatness, largeness, extent || grandeur *v*, étendue *v*, largeur *v* || Größe *v*; **-te v. h. aanrakingsvlak:** width of contact || largeur *v* de contact *m* || Berührungsbreite *v*; **-te v. h. bouwterrein:** building area || surface *v* du terrain *m* à bâtir || Baugrundfläche *v*;

3. (*druk, snelheid, enz.*)**:** high, elevated || haut, elevé || hoh, groß; **-te:** magnitude, amount || grandeur *v* || Höhe *v*, Größe *v*; **-te v. d. afwijking:** magnitude of deflection || grandeur *v* de déviation *v* || Ablenkungsgröße *v*; **-te v. d. buiging:** bending coefficient || grandeur *v* du pliage *m* || Biegegröße *v*; **-te v. d. last:** size of load || grandeur *v* (importance *v*) de la charge *v* || Lastgröße *v*;

---

[1]) Zie ook *element*.

4. (*in samenstellingen*): main || grand, principal || groß, Haupt-; **-handel:** wholesale trade || commerce *m* en gros || Großhandel *m*; **-handelaar:** wholesale merchant || négociant *m* en gros || Großhändler *m*; **-luik:** main hatch[way] || grande écoutille *v* || Großluke *v*; **-ruim:** main hold || cale *v* principale || Hauptraum *m*; **-spant:** main frame || maître couple *m* || Haupt-, Mittelspant *o*; **-zeil:** main sail || grande voile *v* || Großsegel *o*.

grot|hamer: granulating hammer || marteau *m* à granuler || Stockhammer *m*; **-ten:** to granulate || boucharder || stocken.

gruis: grit (*steen*); coal dust (*kolen*) || débris *mm*; poudre *v*, poussière *v*; menu *m*, menu charbon *m* || Grus *m*, Grieß *m*; **-kooks:** coke dross || coke *m* menu || Gruskoks *m*, Koksgrus *m*; **-kool:** small coal, smalls || menu *m*, charbon *m* menu || Grus-, Klein-, Waschkohle *v*; **-ijzer:** crumbling iron || grésoir *m*, grugeoir *m* || Kröseleisen *o*.

gruizen: to crumble || grésiller || [ab]kröseln.

grut|molen: hulling (pearling) mill || moulin *m* à gruau *m* || Grützmühle *v*; **-ten:** groats, grits || gruau *m* || Grütze *v*.

grijper: 1. (*hefwerktg.*): bucket, grab || benne *v* preneuse || [Selbst]greifer *m*; **-bek:** grab jaw || mâchoire *v* (joue *v*) de benne *v* || Greiferbacken *m*, -schaufel *v*; **-klauw:** *zie* **grijperbek;**
2. (*typogr.*): gripper || preneur *m* de feuilles *vm* || Greifer *m*.

grijpwerktuig: gripping device || appareil *m* (organes *mm*) de préhension *v* || Greifwerkzeug *o*.

grijs: gray, grey || gris *m* || grau.

guajak|hars: pockwood resin || résine *v* de gaïac *m* || Guajakharz *o*; **-hout:** guaiac[um] wood, lignum vitae, pockwood || [bois *m* de] gaïac *m*, lignum *m* sanctum, gaïac *m* || Franzosenholz *o*, Guajak-, Pockholz *o*.

gua|nidine: guanidine || guanidine *v* || Guanidin *o*; **-no:** guano || guano *m* || Guano *m*.

guillo|cheermachine: rose engine || machine *v* (tour *m*) à guillocher || Guillochiermaschine *v*; **-cheerwerk:** rose engine pattern || guillochis *m* || Guillochierung *v*; **-cheren:** to guilloche, to trace rose engine patterns || guillocher || guillochieren; **-tine:** guillotine || guillotine *v* || Guillotine *v*; **-tineschaar:** frame (parallel) shears, guillotine || cisaille *v* à guillotine *v* || Guillotine-, Parallel-, Rahmenschere *v*.

gummi: 1.(*gom*): gum || gomme *v* || Gummi *o*; **2.**: *zie* **rubber; -, hard:** *zie* **eboniet.**

gun|nen (*werk, levering*): to allow, to award, to grant || adjuger, accorder || zuweisen, zuerteilen, vergeben; **-ning:** letting works, adjudication, allotment || adjudication *v* || Zuweisung *v*, Zuschlag *m*, Vergebung *v*; **-niteren:** *zie* **torkreteren.**

guts: gouge, hollow chisel || gouge *v* || Gutsche *v*, Güdse *v*, Halbmond-, Hohlmeißel *m*; **-, driekante:** corner chisel, parting tool || gouge *v* triangulaire || Geißfuß *m*.

gut|tapercha: gutta percha || gutta-percha *v* || Guttapercha *v*; **-tegom:** *zie* **gittegom.**

gijlkuip: fermenting (gyle, working) tun || guilloire *v* || Gährungsbottich *m*.

gijn (*scheepst.*): purchase || caliorne *v* || Gien *o*, Schwertakel *o*; **-blok:** purchase block || poulie *v* de caliorne *v* || Gienblock *m*; **-loper:** purchase fall || garant *m* d'appareil *m* || Gienläufer *m*.

gyro|meter: gyrometer || gyromètre *m* || Flüssigkeitstachometer *o*, *m*, Gyrometer *o*, *m*; **-skoop:** gyroscope || gyroscope *m* || Gyroskop *o*; **-skoopkompas:** gyro (induction) compass || compas *m* (boussole *v*) gyroscopique || Kreiselkompaß *m*; **-skopisch:** gyroscopic || gyroscopique, gyrostatique || gyroskopisch, gyrostatisch.

H

haag: 1. (*heg*): hedge || haie *v* || Hecke *v*, Zaun *m*; **-beuk:** hornbeam, yoke elm || charme *m*, hêtre *m* blanc || Hage-, Hain-, Hecken-, Weißbuche *v*; **-beuk, witte:** white beech || charme *m* || Weißbuche *v*; **-beukehout:** hornbeam wood || bois *m* de charme *m* || Hainbuchenholz *o*; **-doorn:** hawthorn || aubépine *m* || Weißdorn *m*; **-doornhout:** hawthorn [wood] || [bois *m* d']aubépine *m* || Weißdornholz *o*;
2. (*stapel pas gevormde stenen*): clamp of bricks, hack || haie *v* de briques *vm* || Hag *m*, Ziegelsatz *m*.

haak: 1. (*algem.*): hook, clasp, crook || croc *m*, crochet *m* || Haken *m*; **-, dubbele:** double hook || crochet *m* double || Doppelhaken *m*;

2. (*scheepst.*): boat hook || croc *m* de batelier *m* || Bootshaken *m*;
3. (*aan kleding*): hook || agrafe *v* || Kleiderhaft *m*;
4. (*met musketon*): carbine || crochet *m* porte-mousqueton || Karabinerhaken *m*;
5. (*met oog*): eye hook || crochet *m* à oeillet *m* || Ösenhaken *m*;
6. (*met plat einde*): screw hook || crampon *m* à scellement *m* (à queue *v* de carpe *v*) || Haken *m* mit Steinschrauben *vm*;
7. (*met wartel*): shackle (swivel) hook || crochet *m* à tourillon *m*, émerillon *m* || Wirbelhaken *m*;
8. (*isolatordrager*): hook of insulator || crochet *m* du support *m* d'isolateur *m* || Haken *m* der Isolatorstütze *v*;
9. (*patroontrekker v. e. vuurwapen*): claw || griffe *v* || Kralle *v*;
10. (*typogr.*): **-je:** bracket || parenthèse *v* || Klammer *v*, Parenthese *v*; **-, rond:** plain (round) bracket, parenthesis || parenthèse *v* || runde Klammer *v*; **-, vierkant:** square bracket || crochet *m* || eckige Klammer *v*.

haak||bek: opening of hook || bec *m* (ouverture *v*) du crochet *m* || Hakenmaul *o*, -weite *v*; **-bout:** hook bolt || boulon *m* à crochet *m*, crampon *m* fileté || Hakenschraube *v*; **-echappement** (*horlogem.*): hook escapement || virgule *m* || Hakenhemmung *v*; **-garen:** crochet thread || fil *m* à crochet *m* || Häkelgarn *o*; **-hals:** body (throat) of hook || coude *m* (gorge *v*) du crochet *m* || Hakenkehle *v*; **-je** (*v. h. halen v. kettingdraden d. d. lussen*): heddle hook || passette *v* || Einzieh-, Reihehaken *m*; Einziehnadel *v*; **-je** (*typogr.*): bracket, parenthesis || accolade *v*, parenthèse *v* || Klammer *v*, Einschlußzeichen *o*; **-ketting:** hook link chain || chaîne *v* à crochets *mm* || Hakenkette *v*; **-las:** hook and butt, hook scarf || écart *m* à croc *m* (à dent *v*, double) || Hakenblatt *o*, -lasche *v*, -scherbe *v*; **-mes:** hooked knife || couteau *m* à crochet *m* || Hakenmesser *o*; **-naald:** crochet needle (pin) || aiguille *v* à crochet *m* || Häkelnadel *v*; **-nippel:** hook nipple || raccord *m* à crochet *m* || Hakennippel *m*; **-onderdelen:** hook fittings (utensils) || accessoires *vm* de crochet *m* || Hakengeschirr *o*; **-overschakelaar:** telephone hook switch || commutateur *m* à crochet *m*, levier *m* commutateur || Hakenumschalter *m*; **-pal:** tumbler hook || ergot *m* || Zuhaltungshaken *m*; **-pen:** *zie* **haaknaald**; **-ploeg:** hook plough || charrue *v* à croc *m* || Hakenpflug *m*; **-rondeel:** drag washer, hook plate || flotte *v*, rondelle *v* à crochet *m* || Haken-, Schleppscheibe *v*; **-s:** square headed (*bijv. nw.*); by the square (*bijw.*) || droit (*bijv. nw.*); à l'équerre *v* (*bijw.*) || scheitrecht (*bijv. nw.*); winkelrecht (*bijw.*); **-s zijn:** squareness || équarrissage *m* || Abgeviertsein *o*; **-schacht:** hook shank, neck [of hook] || fût *m* (tige *v*) du crochet *m* || Hakenschaft *m*; **-schroef:** hook screw || crampon *m* fileté, vis *v* à crochet *m* || Hakenschraube *v*; **-schuitje** (*weverij*): hook shuttle || crochet *m* pour le tissage *m* des tissus-crin *mm* || Hakenschütze *v*; **-sleutel:** C (hook) spanner, radius key || clé *v* à crochet *m* (à téton *m*) || Haken-, Zapfenschlüssel *m*; **-sluiting:** hook lock || verrou *m* à crochet *m* || Hakenschloß *o*; **-spijker:** hook nail || clou *m* à crochet *m*, crampon *m* || Hakenkloben *m*, -nagel *m*; **-staal:** hook tool || mouchette *v* || Hakenstahl *m*; **-steek:** crochet (loop) stitch || point *m* de crochet *m* || Häkelstich *m*; **-steek** (*scheepst.*): cat's paw || gueule *v* de raie *v* || Holländer *m*; **-takel:** block with hook, hook block || moufle *v* à crochet *m* (du bas *m*, mobile) || Hakenflasche *v*; **-vorm:** shape of hook || forme *v* du crochet *m* || Hakenform *v*; **-vormig:** hooked, hook-sphaped || à crochet *m* || hakenförmig; **-werk** (*handwerken*): chain work || tricot *m* au crochet *m* || Kettenarbeit *v*, Häkelarbeit *v*; **-zijde:** silk for crochet work (for netting) || soie *v* à tambour *m* || Häkelseide *v*.

haal|haak: drawhook || crochet *m* d'attelage *m* (de traction *v*) || Zughaken *m*; **-lijn:** towline || ligne *v* de halage *m* || Treidel-, Ziehleine *v*; **-mes:** drawing knife, drawknife, drawshave, knife with two handles || couteau *m* à deux mains *vm* (à deux manches *vm*), plane *v* || Reif-, Schnitz-, Zieh-, Zugmesser *o*; **-mes** (*gebogen*): hollowing knife || plane *v* à lame *v* courbe (creuse) || Krummeisen *o*; *zie ook* **trekmes**; **-touw:** pass rope || vérine *v* || Handtau *o*.

haam: harness (horse) collar || collier *m* de cheval *m* || Kumm[e]t *o*; **- met borstriemen:** collar with breast straps || collier *m* à martingale *m* || Kummet *o* mit Brustriemen *mm*; **-beugel:** hame || attelle *v* || Kummetfeder *v*; **-beugelriem:** hame strap || courroie *v* d'attelle *v* || Kummetfederriemen *m*; **-kap:** collar housing || coiffe *v* du collier *m* || Kummetdeckel *m*, -kappe *v*; **-kapriem:** housing strap || courroie *v* de coiffe *v* || Kummetdeckelriemen *m*; **-kussen:** collar pad || corps *m* du collier *m* || Kummetkissen *o*; **-singel:** collar thong, coupling strap || couplière *v* || Kummetgurtriemen *m*; **-tuig:** collar harness || harnais *m* à colliers *mm* || Kummetgeschirr *o*.

haan (*geweer*)**:** cock || chien *m* [de fusil *m*] || Hahn *m*; **-pal:** slide bolt (stop) || arrêt *m* (verrou *m*) de sûreté *v* || Sicherung *v*; **-palveer:** safety spring || ressort *m* de sûreté *v* || Sicherungsfeder *v*; **-schroef** (*geweerslot*)**:** cock nail (pin, screw) || vis *v* de chien *m* || Hahn-, Lippenschraube *v*; **-stift:** comb || crête *v* du chien *m* de fusil *m* || Hahnstift *m*; **-veer:** cock spring || ressort *m* de chien *m* || Hahn-, Winkelfeder *v*; **-ijzer:** cock stake || boule *v* de chien *m* || Hahndorn *m*, Hahneisen *o*.

haar (*mens*)**:** hair || cheveu *m* || Haar *o*; (*dieren*)**:** hair || crin *m*, poil *m* || Haar *o*; **-barst** (*in glazuur*)**:** chink, crack || gerçure *v*, tressaillure *v* || Haarriß *m*; **-buis:** capillary tube || tube *m* capillaire || Haar-, Kapillarrohr *o*; **-d:** *zie na* **haarzijde**; **-doek:** hair cloth, woven hair || étoffe *v* (tissu *m*) de crin *m* || Haartuch *o*; **-hamer:** scythe hammer || marteau *m* à chalper || Haarhammer *m*; **-hygrometer:** amianthoid hygrometer || hygromètre *m* capillaire || Haarhygrometer *o*, *m*; **-kalk:** hair grout (mortar) || mortier *m* blanc || Haarkalk *m*; **-kalkmortel:** coarse stuff, hair grout (mortar) || mortier *m* aux poils *mm*, mortier *m* blanc || Haarkalkmörtel *m*; **-lijn:** plain rule, thin rule || filet *m* maigre || feine Linie *v*; **-matras:** hair quilt || matelas *m* en crin *m* || Haarmatratze *v*; **-mes:** shearing knife || couteau *m* à poil *m* || Haarmesser *o*; **-naald:** hairpin || épingle *v* à cheveux *mm* (à friser, double) || Haarnadel *v*; **-passer:** hair compasses || compas *m* à cheveu *m* (de précision *v*) || Haarzirkel *m*; **-scheur:** crack || fendille *v* || Haarriß *m*; **-snoer** (*typogr.*)**:** hair cord (string) || cordon *m* de crin *m* || Haarschnur *v*; **-spatie** (*typogr.*)**:** hair space || espace *m* mince || Haarspatium *o*; **-speld:** *zie* **haarnaald**; **-speldgalvanometer:** galvanometer with hairpin shaped magnet || galvanomètre *m* à épingle *v* à cheveux *mm* || Haarnadelgalvanometer *o*, *m*; **-trekken** (*v. geweer*)**:** hair rifling || rayures *vm* à cheveux *mm* || Haarzüge *mm*; **-zeef:** horsehair sieve || tamis *m* de crin *m* || Haarsieb *m*; **-zeefweefsel:** haircloth for sieves || tissu-crin *m* pour tamis *mm* || Haarsiebzeug *o*; **-zijde** (*v. riem*)**:** hair side || côté *m* poil *m* || Haarseite *v*.

haard: 1. (*huishaard*)**:** hearth || âtre *m*, foyer *m* || Herd *m*; **-kleed:** hearth rug || tapis *m* de foyer *m* || Kaminteppich *m*; **-plaat:** hearth plate || plaque *v* de cheminée *v*, sole *v* || Herdplatte *v*; **-pook:** hook poker || ratissette *v* || Herdhaken *m*; **-rooster:** chimney grate || grille *v* de cheminée *v* || Kaminrost *m*; **-scherm:** fire screen || écran *m* de feu *m* || Feuer-, Ofenschirm *m*; **-steen:** hearthstone || pierre *v* de cheminée *v* || Herdstein *m*; **-stel:** set of fire irons and fenders || garniture *v* de feu *m* || Feuerzeug *o*, Kaminzubehör *o*;
2. (*vormbodem*)**:** open floor || sole *v* || Herd *m*; **-gieting:** casting in open sand moulds || fonte *v* coulée à découvert *m* || Herdguß *m*; **-glas:** hearth glass || picadil *m* || Herdglas *o*; **-vormerij:** open sand moulding || moulage *m* à découvert *m* || Herdformerei *v*;
3. (*oven*)**:** heath || foyer *m* || Herd *m*; **-lood:** furnace lead || plomb *m* de foyer *m* || Herdblei *m*; **-schop:** shovel || pelle *v* à feu *m* || Herdschaufel *v*; **-slak:** hearth cinder || scories *vm* de foyer *m* || Herdschlacke *v*; **-steen:** kiln stone || goulette *v* d'un fourneau *m* || Herdstein *m* eines Ofens *m*.

haematiet: *zie* **hematiet.**

hafnium: hafnium || hafnium *m* || Hafnium *o*.

haft (*geweer*)**:** barrel loop || tenon *m* || Haft *v*.

hagel: 1. (*meteorol.*)**:** hail || grêle *v* || Hagel *m*; **-afleider:** hail conductor || paragrêle *m* || Hagelableiter *m*;
2. (*geweer*)**:** gunshot, small shot || dragée *v*, grenailles *vm* de plomb *m* || plomb *m* de chasse *v* || Blei-, Flintenschrot *o*, Hagel *m*, Jagdschrot *o*; **-gieterij:** shot tower || tour *m* à fondre la dragée *v* || Schrotturm *m*; **-toren:** *zie* **hagelgieterij.**

hak: 1. (*roer*)**:** heel (sole) of a rudder || sole *v* du (talonnière *v* de) gouvernail *m* || Ruderhacke *v*, Rudersohle *v*;
2. (*schoen*)**:** heel || talon *m* || Absatz *m*; **-pen:** heel nail (peg) || cheville *v* à talons *mm* || Absatznagel *m*, Absatzstift *m*;
3. (*houw*)**:** hoe, mattock, pick[-axe] || hoyau *m*, houe *v*, pic *m*, pioche *v* || Hacke *v*, Haue *v*; *zie ook* **houweel.**

hak|bank: hewing bench || calle *v* || Haubank *v*; **-beitel:** groove cutting (mortise) chisel || bec *m* d'âne *m*, bédane *m* || Lochmeißel *m*, Nuteisen *m*; **-bord:** chopping board || tranchoir *m* || Schnitzbrett *o*; **-ken:** to chop (hack, hew, hash); to hoc (*grond*) || hacher, couper, tailler; abattre (*boom*) || hacken, hauen; (*mijnb.*)**:** to hew (hack, chop) || tailler, piocher, houer || hacken, hauen; (*spiesleuf*)**:** to slot, to cut || faire des rainures *vm* || stoßen; **-hamer:** creasing hammer || marteau *m* à soyer || Siekenhammer *m*; **-hout:** coppice, copse || taillis *m* || Gestrüppe *o*; **-mes:** chopping knife, chopper || couperet *m*, hachoir *m* || Hackmesser *o*; **-ploeg:** clearing (stubble) plough, skim coulter || charrue *v* à défrichement *m* (à défricher) || Hobelpflug *m*; **-sel** (*stro*)**:** chaff, chopped straw || paille *v* hachée || Häcksel *m*; **-selbank:**

chaff (straw) cutter || coupe-paille *m* || Häckselbank *v*; **-selmachine:** chaff cutting engine || hachepaille *m* || Häckselmaschine *v*; **-selmes:** chopper || couteau *m* du hache-paille *m* || Häckselmesser *o*.

hakenketting: hook link chain || chaîne *v* à crochets *mm* || Hakenkette *v*.

haketalie: shoulder block || poulie *v* à talon *m* || Hakenblock *m*.

hakkebord: 1. (*muziek*): cymbal, dulcimer || tympanon *m* || Hackbrett *o*; **2.** (*scheepst.*): name board || écusson *m* || Namenbrett *o*.

hakkelbout: barb (rag, spring) bolt || boulon *m* de scellement *m*, cheville *v* à barbe *v* (à grille *v*, à fiche *v*) || Band-, Hakenstift *m*, Hackel-, Tackbolzen *m*.

hal: 1. (*markt*): [market]hall || halle *v* || Halle *v*; **2.** (*gebouw*): hall || halle *v*, [grande] salle *v* || Halle *v*, Lichthof *m*.

halde (*slakkenhoop*)**:** cinder tip || crassier *m* || Halde *v*.

halen: 1. (*hijsen*): to haul || haler || holen; **2.** (*v. d. kettingdraden door de tanden v. d. rietkam*): reeding || piquage *m* || Kamm-, Riedstechen *o*.

half: half; semi || demi, mi; semi || halb; semi; **-atlas:** satinet || satinade *v* || Halbatlas *m*; **-automatisch:** semi-automatic || semi-automatique || halbautomatisch; **-bint:** half truss || demi-ferme *v* || Halbbinder *m*, halbes Gebinde *o*; **-blauw:** Waterloo blue || demi-bleu *m* || Halbblau *o*; **-briljant:** spread brilliant || demi-brilliant *m* || Halbbrillant *m*; **-cilindrisch:** semi-cylindrical || demi-cylindrique || halbzylindrisch; **-cirkelvormig:** semicircular, hemicyclic || semicirculaire || halbkreisförmig; **-damast:** half (caffart) damask || damassin *m*, lampas *m* || Halbdamast *m*; **-dek:** half deck || demi-pont *m* || Halbdeck *o*; **-deksel:** half cover || demi-couvercle *m* || Halbdeckel *m*; **-doorzichtig:** half transparent, semiopaque, semitransparent || à demi opaque, semi-opaque || halbdurchsichtig; **-duimsplank:** half inch plank || planche *v* de $^1/_2$ pouce *v* d'épaisseur *v* || Herrenbrett *o*; **-eirond:** semioval || demi-ovale || halbeirund; **-geleider:** semiconductor || demi-conducteur *m* || Halbleiter *m*; **-goed** (*papierfabr.*)**:** first (half) stuff || demi-pâte *v*, pâte *v* effilochée || Halbzeug *o*, -stoff *m*; **-goedhollander:** washing engine || cylindre *m* effilocheur, pile *v* défileuse || Halbzeugholländer *m*; **-goedkuip:** trough for the first stuff || auge *v* au défilé *m* || Halbzeugkasten *m*; **-goud:** caracoli || caracoli *m* || Karakoli *m*; **-kalfslerenband:** half binding (calf) || mi-reliure *v* || Halbfranzband *m*; **-kamgaren:** carded mock worsted || cardé *m* mixte (peigné), peigné cardé *m* || Halbkammgarn *o*; **-karton** (*v. e. band*)**:** half board || demi-cartonnage *m* || Halbpappeinband *m*; **-katoen:** half cotton || || mi-coton *m* || Halbbaumwolle *v*; **-lederband:** half calf || demi-veau *m* || Halblederband *m*; **-linnen:** cotton [warp] linen, half linen cloth || demi-toile *v*, tissu *m* mi-lin mi-coton, toile *m* mixte || Halbleinen *o*, halbbaumwollene Leinwand *v*; **-metaal:** semimetal || demi-métal *m* || Halbmetall *o*; **-opaal:** demi-opale, semiopale || semi-opale *v* || Halbopal *m*; **-reliëf:** half relief, mezzo-relievo || demirelief *m* || Halbrelief *o*; **-rond** (*z. nw.*)**:** hemisphere || hémisphère *m* || Halbkugel *v*; **-rond, noordelijk** (*zuidelijk*)**:** northern (*southern*) hemisphere || hémisphère *m* nord (septentrional, boréal) (*austral*) || nördliche (*südliche*) Halbkugel *v*; **-rond** (*bijv. nw.*)**:** half round || demi-rond || halbrund; **-schaduw:** penumbra || pénombre *m* || Halbschatten *m*; **-scharlaken:** scarlet half died in grain || écarlate *v* demi-graine || Halbscharlach *m*; **-schild** (*v. e. dak*)**:** false (half) hip || demi-croupe *v* || Halbwalm *m*; **-schilddak:** false hipped (half hip) roof || toit *m* en demi-croupe *v* || Halbwalm-, Krüppelwalmdach *o*; **-schot:** partial bulkhead || cloison *v* partielle || Halbschott *o*; **-slagslot:** half turning spring lock || serrure *v* à houssette *v* || halbtouriges Schnappschloß *o*; **-snoer** (*v. d. scheerlijsten v. e. weefgetouw*)**:** doup, half leaf, bead lam, bow || culotte *v* || Halblitze *v*; **-staal:** half converted steel || fer *m* trempé || Halbstahl *m*; **-steensverband:** stretching bond || liaison *v* en demi-brique *v* || Halbsteinverband *m*; **-tin:** base (half) tin || étain *m* bas || Halbzinn *o*; **-toon** (*typogr.*)**:** halftone || autotypie *v* || Halbton *m*; **-vel:** half sheet || demi-feuille *v* || halber Bogen *m*; **-vlak:** half flat || méplat || halbflach; **-vloeibaar:** semiliquid || semi-liquide || halbflüssig; **-volledig:** half complete || demi-complet || halbvollständig; **-wattlamp:** halfwattlamp || lampe *v* demi-watt || Halbwattlampe *v*; **-wol:** half woollen cloth || mi-laine *v* || Halbwolle *v*; **-zoetvijl:** second cut file || lime *v* demi-douce || Halbschlichtfeile *v*; **-zijde:** half silk || mi-soie *v* || Halbseide *v*.

halo|geen: halogen || halogène *m* || Halogen *o*; **-geenverbinding:** halogen compound || composé *m* (dérivé *m*) halogéné || Halogenverbindung *v*; **-geenwaterstof-[zuur]:** hydrohalogenic (haloid) acid || acide *m* halogènehydrique || Halogenwasserstoff *m* [-säure *v*]; **-geenzout:** halogen (haloid) salt, halide || sel *m* de halogène *m* (haloïde) || Halogensalz *o*; **-generen:** to halogenate || halogéner || halogenieren; **-genering:** halogenation || halogénation *v* || Halogenierung *v*; **-genide:** halide || halogénure *m* || Halogenid *o*.

haliet: rock (mineral) salt || sel *m* gemme (marin) || Steinsalz *o*.

hals: 1. (*algem.*): neck, throat || col[let] *m*. gorge *v* || Hals *m*; **-blok:** tack block || poulie *v* d'amure *v* || Halsblock *m*; **-bout:** throat bolt || cheville *v* de collet *m* (de gorge *v*) || Halsbolzen *m*; **-gording:** throat brail || étrangloir *m* || Halsgording *v*; **-klamp:** chess tree || dogue *m* (taquet *m*) d'amure *v* || Halsholz *o*, Halsklampe *v*; **-riem** (*v. zadel*): wither strap || surcol *m*, surcou *m* || Halsriemen *m*; **-talie:** tack tackle || palan *m* d'amure *v* || Halstalje *v*;
2. (*as*): neck, throat || gorge *v* || Hals *m*; **-[kussen]blok:** journal bearing || palier *m* à collets *mm* || Halslager *o*; **-tap:** journal with collars, neck collar journal || tourillon *m* d'appui *m* (à collets *mm*) || Halszapfen *m*;
3. (*bessemerpeer*): neck, nose || bec *m* || Hals *m*;
4. (*fles*): neck || col *m* || Kragen *m*;
5. (*geschutloop*): neck || collet *m* || Hals *m*; **-band:** neck astragal || astragale *m* du collet *m* || Halsband *o*, Halsgürtel *m*;
6. (*isolator*): neck || col *m* || Hals *m*;
7. (*knie*) (*scheepst.*): elbow || encoignure *v*, gorge *v* || Hals *m*;
8. (*retort*): neck || cou *m* || Hals *m*.

halster: halter, head collar || chevêtre *v*, licou *m* || Halfter *v*, Halfterbinde *v*; **-ketting:** halter chain || chaîne *v* de licou *m* || Halfterkette *v*; **-riem:** collar rein || longe *v* || Halfterzügel *m*.

halte (*spw., enz.*): halt, roadside station, stop[ping place] || étape *v*, halte *v*, point *m* d'arrêt *m* || Aufenthaltspunkt *m*, Etappe *v*, Halteplatz *m*, -punkt *m*, -stelle *v*; **-punt:** critical point, point of recalescence || point *m* critique || Haltepunkt *m*, kritischer Punkt *m*; **-sein:** block signal, sign for stopping || signe *m* d'arrêt *m* || Haltezeichen *o*.

halve|maan (*beitel*): *zie* **guts; -maanslijn:** conchoid || conchoïde *v* || Konchoide *v*; **-maanvormig:** crescent shaped || en forme *v* de croissant *v* || halbmondförmig.

halve|ren: to bisect, to halve || couper (diviser) en deux || halbieren; **-ring:** bisection || bisection *v* || Halbierung *v*; **-ringsdikte:** thickness for half absorption || épaisseur *v* de demi-absorption || Halbwertschicht *v*.

hamer: hammer || marteau *m* || Hammer *m*; **-** (*kloven v. ijzer tot staven, enz.*): rod iron hammer || marteau *m* aux verges *vm* crénelées || Zaineisenhammer *m*; **- v. Bradley:** Bradley hammer || martinet Bradley *m*, marteau-cingleur *m* || Bradleyscher Hammer *m*; **- v. Wagner:** magnetic hammer break || interrupteur *m* à marteau *m* (de Wagner) || magnetischer Hammer *m*, Wagnerscher Hammer *m*; **-, gegroefde:** grooved hammer, top swage || marteau *m* cannelé || Gesenkhammer *m*; **-, getande** (*steenhouwer*): denteled prick axe || laie *v*, marteau *m* dentilé || Zahnhammer *m*; **-, houten:** wooden hammer || maillet *m* en bois *m* || Holzhammer *m*; **-, koperen:** copper hammer || masse *v* en cuivre *m* || Kupferhammer *m*; **-, loden:** lead hammer || masse *v* en plomb *m* || Bleihammer *m*; **-, pneumatische:** pneumatic hammer || marteau *m* (frappeur *m*) pneumatique (à air *m* comprimé) || Druckluft-, Preßlufthammer *m*, pneumatischer Hammer *m*; **-, zware:** maul, sledge hammer || masse *v* || Schlägel *m*; **-baan:** hammer face || face *v* du marteau *m* || Hammerbahn *v*; **-baar:** malleable || malléable || hämmerbar; **-baarheid:** malleability || malléabilité *v* || Hämmerbarkeit *v*; **-contact:** hammer contact || contact *m* à marteau *m* || Hammerkontakt *m*; **-cilinder:** hammer cylinder || cylindre *m* du mouton *m* || Bärzylinder *m*; **-en:** to hammer || malléer, marteler || hämmern; **-en, koud:** to cold hammer || battre à froid, écrouir || kalt hämmern; **-gaar** (*koper*): at tough pitch || raffiné || hammergar; **-gat:** shaft hole || oeil *m* de marteau *m* || Hammerauge *o*; **-houweel:** poll pick || pic *m* à tête *v* || Hammerhacke *v*, Hammerhaue *v*; **-inductor:** spark coil with hammer break (with vibrating break) || bobine *v* d'induction *v* à marteau *m* || Hammerinduktor *m*; **-klinkmachine:** hammer riveting machine || riveuse *v* à martelage *m* || Hammernietmaschine *v*; **-kop:** hammer head, T head || tête *v* de marteau *m* (à T *m*) || Hammerkopf *m*; **-kraan:** hammer head crane || grue *v* marteau, grue *v* à volée *v* horizontale || Hammerkran *m*; **-molen:** hammer-mill, swing-hammer pulverizer || moulin *m* à marteaux *mm* || Hammermühle *v*; **-pen:** hammer edge || panne *v* du marteau *m* || Hammerfine *m*; **-plat:** *zie* **hamerbaan; -schakelaar:** magnetic hammer break || interrupteur *m* à trembleur *m* || magnetischer Hammer *m*; **-slag:** forge (hammer) scales || battitures *vm*, écailles *vm* || Hammerschlag *m*, Zunder *m*; **-slag** (*staal*): scales of steel || écailles *vm* d'acier *m* || Stahlhammerschlag *m*; **-steel:** handle, shaft || manche *v*

|| Hammerstiel *m*, [Hammer]helm *m*; **-steelhouder:** helve ring, socket || douille *v* || Hammerhülse *v*; **-stelling:** hammer (hirst) frame || ordon *m* || Hammergerüst *o*; **-stroomverbreker:** hammer interrupter || interrupteur *m* à marteau *m* || Hammerunterbrecher *m*; **-tje:** little hammer || martelet *m* || Hämmerchen *o*; **-toestel:** hammer apparatus || appareil *m* à marteler || Hammerapparat *m*; **-wipkraan:** hammer headed dock crane || grue-marteau *v* à volée *v* variable || Hammerwippkran *m*.

hand: hand || main *v* || Hand *v*; **-gedreven, met de:** hand driven || actionné à la main *v* || handgetrieben; **-aanbeeld:** hand (small) anvil || enclumeau *m*, enclumette *v* || Handamboß *m*; **-bagage:** small luggage || bagages *mm* à main *v* || Handgepäck *o*; **-baggerbeugel:** hand dredger || drague *v* à main *v* || Handbagger *m*; **-bediening** (*v. wissel*)**:** manual operation || manoeuvre *v* à la main *v*, (sur place *v*) || Handbedienung *v*; **-bedrijf** (*algem.*)**:** hand power, handwork || force *v* à bras *m* || Handbetrieb *m*; **-bedrijf** (*telef.*)**:** manual system || système *m* manuel || Handsystem *o*; **-bedrijfstelsel voor centraalstation** (*telef.*)**:** system of manually operated central exchanges || système *m* de bureau *m* central desservi à la main *v* || Handbetriebzentralensystem *o*; **-bedrijfstelsel voor onderstations** (*telef.*)**:** system of manually operated substations || système *m* de stations *vm* intermédiaires desservies à la main *v* || Handbetriebnebenstellensystem *o*; **-bereik, in:** within [hand] reach || à portée *v* de la main v || im Handbereich *m*; **-berrie:** hand barrow || civière *v* || Tragbahre *v*; **-beugel** (*geweer*)**:** trigger guard || sous-garde *v* || Abzugsbügel *m*, Handbügel *m*; **-blaasbalg:** single bellows || soufflet *m* simple || Handblasebalg *m*; **-boeien:** hand cuffs || menottes *vm* || Handschellen *vm*; **-boom:** hand-spike, lever || anspect *m*, levier *m* || Handspake *v*, Hebebaum *m*; **-boor:** gimlett, hand drill || perceuse *v* (perforatrice *v*) à main *v*, vrille *v* || Handbohrer *m*; (*mijnb.*)**:** hand-auger || tarière *v* à main *v* || Hand-[erd]bohrer *m*; **-boormachine:** hand boring engine || perceuse *v* à main *v* || Handbohrmaschine *v*; (*mijnb.*)**:** rock-drill worked by hand || perforatrice *v* à main *v* || Handbohrmaschine *v*; **-boring:** hand drilling || forage *m* à la main *v* || Handbohrung *v*; **-boussole:** *zie* **geologenkompas; -braak:** brake || broie *v*, brisoir *m* || Handbreche *v*; **-brandspuit:** hand (portable) fire engine || pompe *v* à encendie *v* portable || Handfeuerspritze *v*; **-bijl:** hand axe || hache *v* à poing *m* || Handbeil *o*; **-doek:** towel || essuie-mains *m* || Handtuch *o*; **-draadsnijder:** hand thread cutting apparatus || appareil *m* à fileter à la main *v* || Handgewindeschneideapparat *m*; **-draaibank:** hand (tool) lathe, turn bench || tour *m* à main *v* (à archet *m*, à horloger *m*) || Handdrehbank *v*, Drehstuhl *m*; **-draaikraan:** hand slewing crane || grue *v* tournante à main *v* || Handdrehkran *m*; **-draaitoestel:** hand turning gear || appareil *m* de tournage *m* à main *v* || Handdrehvorrichtung *v*; **-drevel:** hand punch || chasse-pointe *m* à main *v* || Handdurchschlag *m*; **-druk:** hand printing || genre *m* (impression *v*) à la main *v* || Handdruck *m*; **-drijving:** hand driving || commande *v* à la main *v* || Handantrieb *m*; **-dynamo:** hand [driven] dynamo || dynamo *v* actionnée à la main *v* (à main *v*) || Dynamo *v* mit Handbetrieb *m*.

***han|del:** 1. *zie* **handgreep, handvat** *en* **kruk 2;**
2. (*koophandel*)**:** trade || commerce *m* || Handel *m*; **-delaar:** trader || commerçant *m* || Händler *m*; **-delshout:** timber for trade || bois *m* de commerce *m* || Handelsholz *o*; **-delskoper:** commercial copper || cuivre *m* marchand || Handelskupfer *m*; **-delslood:** refined (merchant) lead || plomb *m* marchand || Kaufblei *o*, Weichblei *o*; **-delsmarine:** *zie* **koopvaardij; -delsmerk:** trade mark || marque *v* || Warenzeichen *o*; **-delsmerk, ingeschreven:** registered trade mark || marque *v* déposée || eingetragenes Warenzeichen *o*; **-delsreiziger:** bagman, commercial traveller || commis-voyageur *m* || Handelsreisender *m*, Geschäftsreisender *m*; **-delszink:** commercial (raw) zinc || zinc *m* ordinaire || Kaufzink *o*.

hand|enarbeid: handicraft, hand[i]work || travail *m* manuel || Handarbeit *v*; **-frees:** finger drill || fraise *v* à la main *v* || Handsenker *m*; **-garen:** hand spun yarn || fil *m* de main *v* || Handgarn *o*, Handgespinnst *o*; **-gat** (*ketel*)**:** hand hole || trou *m* de main *v* || Handloch *o*; **-geleider:** hand guide || guide-main *m* || Handleiter *m*; **-gereedschap:** [hand]tools || outillage *m* || Handwerkzeuge *o*; **-granaat:** hand grenade || grenade *v* à main *v* || Handgranate *v*; **-granaatontsteker:** hand grenade fuse || fusée *v* pour grenades *vm* à main *v* || Handgranatzünder *m*; **-greep:** *zie* **handvat; kruk 3;** (*handeling*)**:** manipulation || manipulation *v*, manoeuvre *v* || Handgriff *m*; **-greep met pal:** lever with pawl || levier *m* à cliquet *m* || Klinkhebel *m*; **-greep v. d. handrempal** (*auto*)**:** pawl lever for hand brake lever || levier *m* du verrou *m* pour levier *m* de frein *m* || Handhebel *m* zur Arretierfalle *v* (Sperrklinke *v*); **-greep v. d. noodrem** (*spw.*): emergency brake handle || poignée *v* du signal *m* d'alarme *v* || Notbremshandgriff *m*; **-haak:** hand hook || croc *m* à main *v* || Handhaken *m*; **-hamer:** hand hammer || marteau *m* à main *v* || Fausthammer *m*, Handhammer *m*; **-haven:** to maintain || maintenir || [aufrecht]-erhalten; **-having:** maintenance || maintien *m* || [Aufrecht]erhaltung *v*; **-hefboomschaar:** [crocodile] hand lever shearing machine || cisaille *v* à levier *m* [à main *v*) || Alligatorschere *v*, Hebelschere *v*; **-hei:** hand pile driver (rammer, tamp) || dame *v*, demoiselle *v*, mouton *m* à bras *m* || Fallwerk *o*, [Hand]ramme *v*; **-kabellift:** hand driven rope lift || ascenseur *m* à câble *m* manoeuvré à la main *v* || Handseilaufzug *m*; **-kar:** handcart || charette *v* à bras *m* || Handkarre *v*, Laufkarre *v*; **-ketting:** hand chain || chaîne *v* à main *v* (de manoeuvre *v*) || Handkette *v*, Haspelkette *v*; **-kettingdrijfwerk:** hand chain driving || commande *v* à la main *v* par chaîne *v* || Handkettenantrieb *m*, Handkettenbetrieb *m*; **-kettingwiel:** hand chain wheel || roue *v* à chaîne *v* de manoeuvre *v* || Handkettenrad *o*, Haspelrad *o*; **-kipkar:** hand tip cart || camion *m* à bras *m* || Handkippkarren *m*; **-klauw:** vice (lockfiler's) clamp || mordache *v* (tenailles *vm*) à chanfrein *m* || Reifkloben *m*; **-klinkmachine:** hand riveting machine || machine *v* à river (riveuse) à main *v* || Handnietmaschine *v*; **-kompas:** compass dial || boussole *v* à main *v* || Handkompaß *m*; **-kraan:** hand crane || grue *v* à main *v* || Handkran *m*; **-kracht:** hand drive || commande *v* à la main *v* (manuelle) || Handantrieb *m*; **-kruk:** hand crank [winch and crank]handle || manivelle *v* à bras *m* (à main *v*) || Handkurbel *v*; **-lamp:** hand lamp || lampe *v* à main *v* || Handlampe *v*; **-lamphouder:** hand lamp holder || support *m* pour lampe *v* à main *v* || Handlampenhalter *m*; **-lantaarn:** hand lamp || lanterne *v* à main *v* || Handlaterne *v*; **-leiding:** manual || guide *m*, manuel *m* || Leitfaden *m*, Handbuch *o*; **-lier:** hand winch || treuil *m* à bras *m* || Handwinde *v*; **-lift:** hand driven lift || ascenseur *m* manoeuvré à la main *v* || Handaufzug *m*; **-lood:** *zie* **handpeillood**; **-loopkraan:** hand travelling crane || pont *m* roulant à commande *v* à main *v* || Handlaufkran *m*; **-loopwagen** (*kraan*): hand driven crab || chariot *m* à main *v* || Handlaufkatze *v*; **-lijst:** handrail || main *v* courante || Handleiste *v*; **-magneetuitschakelaar:** hand field switch || interrupteur *m* de champ *m* magnétique avec levier *m* || Handmagnetausschalter *m*; **-menging:** hand mixing || mélange *m* à la main *v* || Handmischung *v*; **-molen:** hand mill, quern || moulin *m* à bras *m* || Handmühle *v*; **-oliepomp:** hand oil pump || graisseur *m* coup *m* de poing *m* || Handschlagpumpe *v*; **-ontsteking:** hand firing || allumage *m* à la main *v* || Handzündung *v*; **-papier:** handmade paper || papier *m* à la cuve *v* || Handpapier *o*; **-peillood:** hand lead || plomb *m* pour petits fonds *mm* || Handlot *o*; **-perforator:** hand puncher || compositeur *m* (perforateur *m*) à main *v* || Handschriftlocher *m*; **-pers:** hand press || presse *v* à bras *m* || Handpresse *v*; **-perspomp:** hand pressure pump || pompe *v* foulante à bras *m* (à main *v*) || Handdruckpumpe *v*; **-pomp:** hand pump || pompe *v* à main *v* || Handpumpe *v*; **-ponsmachine:** hand punching machine, punching bear || machine *v* à percer à main *v* || Handlochmaschine *v*; **-ram:** hand pile driver, handrammer || hie *v* à main *v*, mouton *m* à bras *m* || Handramme *v*; **-regel** (*elektr.*): hand rule || règle *v* de la main *v* || Handregel *v*; **-regeling:** hand regulation, regulation by hand || distribution *v* (réglage *m*) à la main *v*, réglage *m* manuel || Handreg[e]lung *v*, Handsteuerung *v*; **-rem:** hand brake || frein *m* à main *v* || Handbremse *v*; **-remas:** hand brake actuating shaft || arbre *m* de commande *v* du frein *m* à main *v* || Handbremswelle *v*; **-remkabel:** hand brake cable || câble *m* de frein *m* à main *v* || Handbremskabel *v*; **-rempal:** pawl for handbrake lever || verrou *m* du levier *m* de frein *m* || Arretierfalle *v* zum Handbremshebel *m*; **-riem** (*spw.coupee*): handstrap || courroie *v* à main *v* || Handriemen *m*; **-rol:** roller || rouleau *m* || Handwalze *v*; **-schaafmachine:** hand shaping machine || étau-limeur *m* à main *v* || Handfeilmaschine *v*; **-schaar:** hand shears, snips || cisaille *v* à main *v* || Handschere *v*; **-schakelaar:** hand switch || interrupteur *m* à main *v* || Handschalter *m*; **-schel:** hand bell || sonnette *v* à main *v* || Handglocke *v*; **-schietspoel:** hand shuttle || navette *v* à main *v* (cintrée) || Handschütze *v*; **-schoen:** glove || gant *m* || Handschuh *m*; **-schoenleder:** glove leather || cuir *m* pour gants *mm* || Handschuhleder *o*; **-schoenrekker:** finger (glove) stretcher, glove widener || baquettes *vm* || Handschuherweiterer *m*; **-schop:** hand shovel || pelle *v* à main *v* || Handschaufel *v*; **-schrift:** manuscript || manuscript *m* || Manuskript *o* ; **-schroef:** filing (hand) vice

|| étau *m* à main *v*, étau-limeur *m* || Feilkloben *m*, Handkloben *m*; **-schroef, smalgebekte:** pointed hand vice || étau *m* à mâchoires *vm* étroites || Spitzkloben *m*; **-signaal:** hand signal || signal *m* à main *v* || Handsignal *o*; **-slagenteller:** speed indicator, tachometer || compteur *m* de tours *mm*, tachomètre *m* || Umlaufzähler *m*; **-smeertoestel:** hand lubricator, lubricator actuated by hand || appareil *m* de graissage *m* à la main *v* || Handschmiervorrichtung *v*; **-smering:** hand lubrication (oiling) || graissage *m* à la main *v* (manuel) || Handschmierung *v*; **-spil:** hand capstan || cabestan *m* à bras *m* || Handspil *o*; **-spinsel:** hand spun yarn || fil *m* à fuseau *m* (à rouet *m*, de main *v*) || Handgarn *o*, Handgespinnst *o*; **-spoel:** hand shuttle || navette *v* à main *v* || Handschütze *v*; **-stoking:** hand firing (stoking) || foyer *m* [chargé] à [la] main *v* (chargé manuellement) || Handfeuerung *v*, Feuerung *v* mit Handbeschickung *v*; **-stuiking:** hand caulking || matage *m* à la main *v* || Handstemmung *v*; **-stuurhefboom:** hand starting lever || levier *m* à main *v* de distribution *v* || Handsteuerungshebel *m*; **-stuurinrichting:** hand steering gear || appareil *m* pour gouverner à la main *v* || Handsteuergerät *o*; **-stuurwiel:** hand steering wheel || roue *v* à poignée *v* || Handsteuerrad *o*; **-supportdraaibank:** hand lathe with slide rest || tour *m* avec support *m* à main *v*, tour *m* parallèle à main *v* || Handsupportdrehbank *v*; **-tachometer:** hand tachometer || tachymètre *m* à main *v* || Handtachometer *o*, *m*; **-takel:** hand pulley block || palan *m* à main *v* || Handflaschenzug *m*; **-tekening:** free hand sketch || dessin *m* à main *v* levée || Handzeichnung *v*; (*ondertekening*): signature || signature *v* || Unterzeichnung *v*.

handvat [1]**:** (*algem.*): handle || manche *v*, poignée *v* || [Hand]griff *m*; *zie ook* **handgreep, kruk 3;** (*passer*)**:** handle || tête *v* || Kopf *m*; (*roeiriem*)**:** handle || poignée *v* || Griff *m*; (*schakelaar*)**:** handle || manette *v* || Griff *m*; (*vijl*)**:** handle || manche *v* || Griff *m*; **-ontlader:** handle discharger || excitateur *m* à manches *vm* || Handentlader *m*.

hand|vorming: hand moulding || moulage *m* à la main *v* || Handformerei *v*; **-vormpan:** hand formed roofing tile || tuile *v* façonnée (moulée) à la main *v* || Handformdachziegel *m*; **-vormsteen:** hand formed brick || brique *v* façonnée (moulée) à la main *v* || Hand[form]ziegel *m*, Handstrichziegel *m*; **-vuurwapen:** portable fire arm, small arm || petite-arme *v* à feu *m* || Handfeuergewehr *o*, Handfeuerwaffe *v*; **-warm:** handwarm, lukewarm || à la température *v* de la main *v*, tiède || handwarm, lau; **-wapen:** side arm || arme *v* portative || Handwaffe *v*; **-weefstoel:** common (hand) loom || métier *m* à bras *m* (à main *v*) || Handwebstuhl *m*; **-werk** (*arbeid*)**:** handiwork, handicraft || main *v* d'oeuvre *v*, travail *m* manuel || Handarbeit *v*, Handwerk *o*; **-werk** (*bedrijf*)**:** [handi]craft, trade || métier *m*, profession *v* || Handwerk *o*; **-werksgereedschap:** hand tools || outillage *m* || Handwerkzeug *o*; **-werksman:** craftsman, tradesman || artisan *m*, homme *m* de métier *m*, ouvrier *m* || Handwerker *m*; **-wever:** hand loom weaver || tisserand *m*, tisseur *m* à bras *m* || Handweber *m*; **-weverij:** hand loom weaving, weaving by hand || tissage *m* à la main *v* (à bras *m*) || Handweberei *v*, Weben *o* mit der Hand *v*; **-wiel:** handwheel || roue *v* (volant *m*) à main *v*, manette *v* || Handrad *o*; **-wiel** (*afsluiter*)**:** valve handwheel || volant *m* de manoeuvre *v* de soupape *v* || Ventilhandrad *o*; **-wieldrijfwerk:** handwheel driving || commande *v* par volant *m* à main *v* || Handradantrieb *m*; **-wielstempelpers:** handwheel stamping press || balancier *m* à main *v* à volant *m* || Schlagradhandpresse *v*; **-wikkeling:** hand winding || bobinage *m* (enroulement *m*) à la main *v* || Handwicklung *v*; **-winde** (*dommekracht*)**:** [hoisting] jack || cric *m* à simple noix *m* (à crochet *m*) || Hebelade *v*; **-wijzer:** finger (hand) post || poteau *m* indicateur || Anzeigepfahl *m*, Wegweiser *m*; **-ijking:** hand calibration || étalonnage *m* (graduation *v*) à la main *v* || Handeichung *v*; **-zaag:** hack pad saw, handsaw || scie *v* à main *v* (à manche *v* égoïne) || Fuchsschwanz *m*, Handsäge *v*; **-zetsel:** hand composition || composition *v* à main *v* || Handsatz *m*.

hane|balk: top beam || entrait *m* faux || Hahnebalken *m*; **-poot** (*scheepst.*)**:** crow || tête *v* de mort *m* || Hahnpot *v*; (*zonnetent*)**:** crow foot || araignée *v*, patte *v* d'oie *v* || Hahnpot *v*, Spinnkopf *m*.

han|gaar: hangar || hangar *m* || Schutzdach *o*, [Flieger]schuppen *m*, Hangar *o*; **-gar:** *zie* **hangaar.**

hangbaan: 1. (*spw.*)**:** aerial railway, suspended (suspension) railway, || chemin *m* de fer *m* suspendu (aérien) voie *v* suspendue (ferrée aérienne) || Hänge-, Schwebebahn;

2. (*transport*)**:** suspension line (railway); telpher line (railway) (*elektrisch*) || chemin *m* de fer *m* suspendu, voie *v* suspendue || Hängebahn *v*.

[1]) Zie ook *handgreep* en *kruk* 2.

hang|balk: suspension joist || soupente *v* || Hängebalken *m*; **-beugel:** *zie* **draagbeugel; -bouw** (*spw.*): construction on sloping ground, side hill work || construction *v* sur penchant *m* de colline *v* (à flanc *m* de coteau *m*) || Hangbau *m*, Lehnenbau *m*; **-brug:** suspension bridge || pont *m* suspendu || Hängebrücke *v*; **-draad:** suspension wire || fil *m* de suspension *v* || Hängedraht *m*; **-draadhouder:** straight line ear || oreille *v* pour section *v* rectiligne || geradlinige Öse *v*; **-draadklem:** suspension wire clamp || pince *v* du fil *m* de suspension *v* || Hängedrahtklemme *v*; **-en:** to hang || pendre || hängen; **-er** (*scheepst.*): pendant || pendeur *m*, pantoire *v* || Hänger *m*; **-erblok** (*scheepst.*): tackle pendant block || poulie *v* de pantoire *v* || Hängerblock *m*; **-gewicht:** suspended weight || poids *m* suspendu || Hängegewicht *o*; **-goot** (*schudgoot*): hanging jigging conveyor || couloir *m* oscillant suspendu || Pendel-, Hängerutsche *v*; **-isolator:** suspension insulator || isolateur *m* à suspension *v* || Hängeisolator *m*; **-kamer:** *zie* **droogkamer; -kompas:** hanging compass || boussole *v* renversée || Hängekompaß *m*; **-lamp:** hanging lamp || lampe *v* à suspension *v* || Hängelampe *v*; **-mat:** hammock || hamac *m* || Hängematte *v*; **-matsjortouw:** hammock gantline (girtline) || ceinture *v* de hamac *m* || Hängemattsjolle *v*; **-punt:** *zie* **ophangpunt; -reel:** *zie* **draagreel; -riem:** leather (main) brace || soupente *v* || Hängeriemen *m*; **-scharnier:** drag link || articulation *v* de suspension *v* || Hängegelenk *o*; **-slot:** padlock || cadenas *m* || Hängeschloß *o*, Vorlegeschloß *o*; **-stoel:** drop hanger frame || chaise *v* suspendue || Hängelager *o*; **-stijl:** suspension rod (stay) || tige *v* de suspension *v* || Hängestange *v*, Hängestrebe *v*; **-theodoliet:** hanging theodolite (transit) || théodolite *v* de suspension *v* || Hängetheodolit *m*; **-werk:** suspension gear || appareil *m* de suspension *v* || Hängewerk *o*; **-werk** (*dak*): truss [frame], hanging truss, tiebar || armature *v*, ferme *v* à poinçons *mm* (simple) || Hängewerk *o*.

H-anker: H-armature, Siemens armature || induit *m* de Siemens (en double T *m*, en H *m*) || Doppel T-Anker *m*, H-Anker *m*, I-Anker *m*, Siemens-Anker *m*.

hanteren: to handle || manier, manipuler || handhaben.

har: hinge || gond *m* || Angel *m*, Hänge *v*.

hard: **1.** (*algem.*): hard || dur || hart;
2. (*kleur*): hard || aigre || hart;
3. (*water*): hard || dur || hart.

hardbaar: capable of being hardened || durcissable || härtbar; (*metaal*): capable of being hardened || pouvant être trempé || härtbar.

har|den: **1.** (*algem.*): to harden || durcir || härten; **-ding:** hardening || durcissement *m* || Härtung *v*;
2. (*cement, enz.*): *zie* **verharden;**
3. (*oliën en vetten*): to harden, to hydrogenate || durcir, hydrogéner || härten, hydrieren; **-ding:** hardening, hydrogenation || durcissement *m*, hydrogénation *v* || Härtung *v*, Hydrierung *v*;
4. (*eiwitten, enz.*): to harden || durcir || härten; **-ding:** hardening || durcissement *m* || Härtung *v*; **-dingsbad:** hardening bath || bain *m* de durcissement *m* || Härtungsbad *o*; **-dingsmiddel:** hardening agent || agent *m* durcissant || Härtungsmittel *o*;
5. (*metalen*): to harden, to temper || [en]durcir, tremper || härten, abschrecken; **-den a. d. buitenkant:** to caseharden, to chill || tremper en paquet *m* (à la volée *v*) || härten, hart gießen [in gußeisernen Formen *vm*]; **-ding:** hardening, tempering || [en]durcissement *m*, trempe *v* || Härtung *v*, Abschreckung *v*; **-ding a. d. lucht:** hardening in the air || trempe *v* à l'air *v* || Luftstählung *v*; **-ding door afkoeling:** hardening by cooling || trempe *v* au bain *m* || Härtung *v* durch Abkühlung *v*; **-ding door elektriciteit:** electric hardening || trempe *v* par l'électricité *v* || Härtung *v* durch Elektrizität *v*; **-ding door hameren:** hardening by hammering || trempe *v* par martelage *m* (par battre) || Härtung *v* durch Hämmern *o*; **-ding in gesloten kisten:** casehardening || trempe *v* de la surface *v* || Oberflächenhärtung *v*; **-ding in olie:** oil hardening || trempe *v* à l'huile *v* || Härtung *v* in Öl *o*; **-ding in water:** water hardening || trempe *v* à l'eau *v* || Härtung *v* in Wasser *o*; **-ding v. vijlen:** file hardening || trempe *v* des limes *vm* || Feilenhärtung *v*; **-dingsbak:** hardening trough || auge *v* de trempe *v* || Härtetrog *m*; **-dingsbarst:** crack, fissure || crevasse *v* (gerçure *v*) de trempe *v* || Härteriß *m*, Hartborste *v*; **-dingsbuigproef:** bending test in tempered state || essai *m* de flexion *v* après trempe *v* || Abschreck-, Härtungsbiegeprobe *v*; **-dingsoven:** hardening furnace, tempering stove || four *m* à tremper (de trempe *v*) || Härteofen *m*; **-dingspoeder:** tempering powder || poudre *v* à tremper || Härtepulver *o*; **-dingsproef:** tempering test || essai *m* de trempe *v* || Härtungsprobe *v*; **-dingsvloeistof:** quenching liquid || liquide *m* à tremper || Härteflüssigkeit *v*;

-dingswater: tempering water || eau *v* de trempe *v* || Härtewasser *o*.

hardheid: 1. (*algem.*): hardness || dureté *v* || Härte *v*; **- tegen afschrappen:** scratch (sclerometric) hardness || dureté *v* contre le striage *m* || Ritzhärte *v*; **-smeter [van Benoist]:** radio chromometer [of Benoist] || radiochromomètre *m* [de Benoist] || Härtemesser *m* [nach Benoist]; **-smeter** (*voor golflengten*): penetrometer || quali-[to]mètre *m* || Qualitäts-, Härtemesser *m*; **-smeting:** measurement of hardness || mesure *v* de la dureté *v* || Härtemessung *v*; **-sschaal:** scale of hardness || échelle *v* de dureté *v* || Härteskala *v*;
2. (*metaal; mineraal; enz.*): [degree of] hardness || [degré *m* de] dureté *v* || Härtegrad *m*, Härte *v*; **-sgraad:** *zie* **hardheid 2; -schaal:** scale of hardness || échelle *v* de dureté *v* || Härteskala *v*;
3. (*water*): hardness || dureté *v* || Härte *v*; **-, blijvende:** permanent hardness || dureté *v* permanente || bleibende Härte *v*; **-, permanente:** *zie* **hardheid, blijvende; -, totale:** total hardness || dureté *v* totale || Gesamthärte *v*; **-, tijdelijke:** temporary hardness || dureté *v* temporaire || vorübergehende Härte *v*; **-sgraad:** degree of hardness || degré *m* de dureté *v* || Härtegrad *m*.

hardsteen: ashlar, broad (square) stone, Belgian granite, freestone || moellon *m*, pierre *v* de taille *v*, pierre *v* bleue, petit granit *m* || Quaderstein *m*, Belgischer Granit *m*; **-werk:** freestone masonry || maçonnerie *v* en pierres *vm* de taille *v* || Quadermauerwerk *o*.

haren (*zeis*): to hone || affiler || dengeln, haaren, schärfen.

haring: 1. (*vis*): herring || hareng *m* || Hering *m*; **-graatstaal:** herringbone steel || acier *m* en arêtes *vm* de hareng *m* || Heringsgrätenstahl *m*; **-graatverband** (*bouwk.*): herringbone work || appareil *m* en épi *m* (en arêtes *vm* de poisson *m* (en feuille *v* de fougère *v*) || Fischgräten-, Heringsgrätenverband *m*; **-kaken:** curing of herrings [in order to pack them] || [en]caquer || Heringskaken *o*; **-net:** herring net || filet *m* pour la pêche *v* au hareng *m* || Heringsnetz *o*; **-vangst:** herring fishery || pêche *v* du hareng *m* || Heringsfischerei *v*;
2. (*tent*): tent peg (pin) || piquet *m* || Hering *m*, Zeltpflock *m*.

hark: rake || râteau *m* || Harke *v*, Rechen *m*.

harmo|nicatrein: train with flexible gangway bellows || train *m* à soufflets *mm* de communication *v* || Faltebalgzug *m*; **-nisch:** harmonic || harmonique || harmonisch; **-nische:** harmonic || harmonique *m* || Harmonische *v*; **-nische, derde:** third harmonic || harmonique *m* trois || dritte Harmonische *v*; **-nische, even** (*oneven*): even (*odd*) harmonic || harmonique *m* d'ordre *m* pair (*impair*) || geradzahlige (*ungerade*) Harmonische *v*; **-nische, hogere:** higher harmonic || harmonique *m* enpétieur || höhere Harmonische *v*.

harnas: 1. (*weverij*): harness || corps *m*, harnais *m* || Harnisch *m*; **-bord:** comber (compass, cord, hole, harness) board || planche *v* d'arcades *vm* (à trous *mm*) || Chor-, Harnisch-, Korps-, Löcher-, Schnürbrett *o*; **-koord:** harness cord (string) || fil *m* d'arcade *v* || Arkade *v*, Aufheber *m*; **-lus:** heald || maille *v* de corps *m* || Harnischlitze *v*; **-plank:** *zie* **harnasbord;**
2. (*paardentuig*): harness || harnachement *m*, harnais *m* || Geschirr *o*; **-leder:** harness leather || cuir *m* de harnais *m* || Geschirrleder *o*.

harpoen: harpoon || harpon *m* || Harpune *v*; **-eren:** to harpoon || harponner || harpunieren; **-kanon:** harpoon gun || canon-harpon *m* || Harpunen-, Harpunierkanone *v*; **-lijn:** harpoon line || harpoire *v* || Harpunleine *v*.

harpsluiting: shackle || émerillon *m*, manille *v* [en lyre *v*] || Schäkel *m*.

hars: resin || résine *v* || Harz *o*; **-, hardbare:** resin capable of being hardened || résine *v* pouvant être durcie || härtbares Harz *o*; **-, kunstmatige:** *zie* **kunsthars; -, natuurlijke:** natural resin || résine *v* naturelle || Naturharz *o*, natürliches Harz *o*; **-, (on)smeltbare:** (*in*)fusible resin || résine *v* (*in*)fusible || (*un*)schmelzbares Harz *o*; **-, synthetische:** *zie* **kunsthars; -, vloeibare:** liquid resin || résine *v* liquide || flüssiges Harz *o*; **-achtig:** resinous || résineux || harzartig, harzig; **-den:** resiniferous firtree || sapin *m* résineux || Harztanne *v*; **-elektriciteit:** resinous electricity || électricité *v* résineuse || Harzelektrizität *v*; **-gang:** resin duct || canal *m* résinifère || Harzkanal *m*; **-gas:** resin gas || gaz *m* de résine *v* || Harzgas *o*; **-glans:** resinous lustre || éclat *m* résineux || Harzglanz *m*; **-kit:** resinous putty || mastic *m* résineux || Harzkitt *m*; **-koek:** cake of resin || gâteau *m* de résine *v* || Harzkuchen *m*; **-massa:** resinous compound || masse *v* résineuse || Harzmasse *v*; **-olie:** resin oil || huile *v* de résine *v* || Harzöl *o*; **-rijk:** highly resinous || riche en résine *v* || harzreich; **-soldering:** soldering with resin || soudage *m* à la résine *v* || Harzlötung *v*; **-stang:** resin rod || bâton *m* de résine *v* || Harzstange *v*; **-teer:** resinous tar || goudron *m* résinique || Harzteer *m*; **-zeep:** resin (rosin) soap || savon *m* de résine *v* || Harzseife *v*; **-zuur:** resin acid || acide *m* de résine *v* || Harzsäure *v*.

hart: **1.** (*lichaamsdeel*): heart || coeur *m* || Herz *o*; **-vormig:** heartshaped || en coeur *m* || herzförmig;
2. (*middelpunt*): center, centre || centre *m* || Zentrum *o*, Mittelpunkt *m*; **- op hart:** distance between centerlines || d'axe *m* en axe *m*, de centre *m* à centre *m* || von Mitte *v* zu (bis) Mitte *v*; **-lijn:** centerline || axe *m*, ligne *v* centrale || Herz-, Mittellinie *v*;
3. (*hout*): pith, heart || moelle *v* || Mark *o*; **-hout:** heartwood || bois *m* de coeur *m* || Kernholz *o*; **-scheur:** chink, [heart]-shake || cadranure *v*, cadran *m*, fente *v* au coeur *m* || Kern-, Herzriß *m*;
4. (*kern*): core || coeur *m* || Kern *m*; **-draad:** core || âme *v* || Seele *v*; **-klep:** suction clack || clapet *m* d'aspiration *v* || Saugklappe *v*; **-plank:** middle plank || planche *v* de coeur *m* || Herz-, Kernbrett *o*; **-stuk** (*v. e. wissel*)**:** core piece, crossing, frog || [pointe *v* de] coeur *m* || Herzstück *o*;
5. (*kolom*): heart || noyau *m* || Säulenkern *m*;
6. (*mast*): heart, spindle || âme *v*, mèche *v* || Herz *o*;
7. (*pomp*): lower pump box || chopine *v* || Pumpeneimer *m*, -herz *o*;
8. (*schroef*): body || noyau *m* || [Schrauben]-kern *m*;
9. (*touw*): heart || âme *v*, mèche *v* || Herz *o*;
10. (*kabel*): core || âme *v* || Seele *v*, Kern *m*.
hart|bindsel (*scheepst.*)**:** throat seizing || amarrage *m* en étrive *v* || Hartbindsel *o*.
haspel: **1.** (*spinnerij*): reel || asp[l]e *m*, dévidoir *m*, guindre *m*, tavelle *m* || Haspel *m*, Weife *v*, Winde *v*; **-en:** to reel || dévider || haspeln; **-kruis:** crossbar of a reel || croisée *v* du dévidoir *m* || Haspelkreuz *o*; **-omtrek:** circumference of reel || périmètre *m* de l'aspe *m* || Haspelumfang *m*, -größe *v*; **-pomp:** winding pump || pompe *v* à tourniquet *m* || Haspelpumpe *v*;
2.: *zie* **draaiboom.**
hausmanniet: hausmannite || hausmannite *v* || Hausmannit *m*.
hautelisse-weefstoel: high warp loom || [métier *m* à) haute-lisse *v* || Hautelissestuhl *m*.
haut-reliëf: *zie* **hoog-reliëf.**
haven: harbour || port *m* || Hafen *m*; **-anker:** mooring anchor || ancre *v* à demeure *v*, corps *m* mort || Hafenanker *m*; **-baken:** harbour beacon || balise *v* de port *m* || Hafenbake *v*; **-boei:** harbour buoy || bouée *v* de port *m* || Hafenboje *v*; **-boom:** bar of a harbour || barre *v* de port *m* || Hafenbaum *m*; **-dam:** jettee, jetty, jutty, mole (pier) of a harbour || jetée *v* (môle *m*) de port *m* || Hafendamm *m*, Mole *v*; **-dok:** basin, wet dock || bassin *m* de port *m*, dars[in]e *v* || Hafen-, Naßdock *o*, Kumme *v*; **-hoofd:** *zie* **havendam; -kantoor:** harbour office || bureau *m* de port *m* || Hafenamt *o*; **-kraan:** quay crane || grue *v* de port *m* (de quay *m*) || Hafen-, Kaikran *m*; **-licht:** harbour light || feu *m* de port *m* || Hafenfeuer *o*; **-paal:** organ of a harbour || pilier *m* d'un port *m* || Orgelpfeife *v*; **-spoor:** harbour railway || chemin *m* de fer *m* desservant un port *m* || Hafenbahn *v*; **-station:** harbour station || gare *v* de port *m* (maritime) || Hafenbahnhof *m*; **-wachtschip:** guard (watch) vessel || bâtiment *m* garde-port || Hafenwachschiff *o*.
haver: oats || avoine *v* || Hafer *m*; **- [de]gort:** groats, grits || gruau *m* d'avoine *v* || Hafergrütze *v*, Grützhafer *m*; **-kaf:** oat-chaff, flight || balle *v* d'avoine *v* || Haferspreu *v*; **-meel:** oat-meal || farine *v* d'avoine *v* || Hafermehl *o*; **-mout** (*v. pap*)**:** [rolled] oats || malt *m* (flocons *mm*) d'avoine *v* || Haferflocken *vm*; **-stro:** oat straw || paille *v* d'avoine *v* || Haferstroh *o*.
hazelnoot|boom: hazel tree || noisetier *m* || Haselnußbaum *m*; **-hout:** hazel wood || bois *m* de noisetier *m* || Haselnußholz *o*.
hecht: **1.** (*z.nw.*): handle || manche *v*, poignée *v* || [Hand]griff *m*, Heft *o*; *zie ook* **handvat; steel;**
2. (*stevig, vast*): solid, strong, fast || ferine, fixe || fest.
hecht|draad: band, string || ficelle *v* || Heftschnur *v*; **-en:** to stick, to adhere || adhérer, tenir || haften; **-kracht:** holding power || solidité *v* de l'attache *v* || Haltfestigkeit *v*; **-kram** (*glazenm.*)**:** fastening hook || nille *v* || Hefthaken *m*; **-lat:** batten || tringle *v* || Bind-, Haft-, Heftlatte *v*; **-nagel:** binding (dummy, tacking) rivet || rivet *m* de montage *m* (posé d'avance *v*, provisoire) || Heftniete *v*; **-ring:** mooring ring || anneau *m* d'attache *v* || Haftring *m*; **-vlak:** area of adhesion || surface *v* adhérente || Haftfläche *v*.
hede: tow || étoupe *v* || Hede *v*; **-linnen:** tow linen || toile *v* d'étoupe *v* || Hedeleinen *o*.
heelgoed (*papierfabr.*)**:** [paper] pulp || pâte *v* (pulpe *v*) raffinée || Fein-, Ganzzeug *o*; **-hollander:** beater, beating engine, finisher || cylindre *m* [r]affineur (broyeur) || Feinzeug-, Ganzzeugholländer *m*.
heen-en-|terugleiding: lead and return || conducteur *m* d'amenée *v* (d'arrivée *v*) et de retour *m* || Hin- und Rückleiter *m*; **-terugslag v. d. zuiger:** double stroke, travel of piston || coup *m* double de (tour *m* du) piston *m* || Kolbenspiel *o*;

-weerbuigproef: alternating bending test || essai *m* de pliage *m* alternatif en sens *m* inverse || Hin- und Herbiegeprobe *v*; **-weerslingeren:** to oscillate || aller et venir en oscillant, osciller || hin- und herschwingen.

heep: gardening knife || serpe *v* || Hippe *v*.

heer|sen (*v. temp., druk, enz.*)**:** to prevail || régner || herrschen, obwalten.

heet: hot || [très] chaud || heiß; *zie ook* **warm; -waterreservoir, elektrisch:** electric water heater || chauffe-eau *m* électrique || Warmwasserbereiter *m*; **-waterspinmachine:** hot spinning frame || métier *m* à eau *v* chaude || Heißwasserspinnmaschine *v*; **-waterstation:** hot water supply station || poste *v* d'eau *v* chaude || Heißwasserstation *v*; **-watertenk:** *zie* **warmwaterbak; -waterverwarming:** hot water heating || chauffage *m* à eau *v* chaude || Heißwasserheizung *v*; **-waterverwarmingsoven:** hot water heater || calorifère *v* à eau *v* chaude || Warmwasserheizofen *m*.

hefbaan: path of lift || course *v* de levage *m*, trajet *m* de charge *v* (du fardeau *m*) || Hubbahn *v*.

hefboom: lever || levier *m* || Hebel *m*; **- tot omkering v. d. beweging:** reversing lever || levier *m* de renversement *m* || Umstellhebel *m*; **- v. d. derde soort:** lever of the third order, single armed lever || levier *m* à un bras *m* (interpuissant, du troisième genre *m*, simple) || einarmiger Hebel *m*, Hebel *m* der dritten Art *v*; **- v. d. eerste soort:** lever of the first order (kind), [two] armed lever || levier *m* à deux bras *m* (intermobile) (du premier genre *m*), double levier *m* || doppelarmiger Hebel *m*, Doppelhebel *m*, Hebel *m* der ersten Art *v*; **- v. d. regulateur:** regulating lever || levier *m* du régulateur *m* || Reglerarm *m*, -hebel *m*; **- v. d. tegenhouder** (*b. h. machinaal klinken*)**:** dolly bar || levier *m* porte-contre-bouterolle *m* (porte-tas) || Nietwippe *v*; **- v. d. tweede soort:** lever of the second kind (order) || levier *m* du second genre *m* (interrésistant) || Hebel *m* der zweiten Art *v*; **- v. e. schroefpers:** crossarm of a fly press || verge *v* du balancier *m* à vis *v* || Schwenghebel *m* einer Schraubenpresse *v*; **- v. h. dubbele werk:** back gear lever || levier *m* d'engrenage *m* || Ausrücker *m* vom Rädervorgelege *o*; **- voor de aanzetbeweging:** driving lever || levier *m* de commande *v* || Antriebhebel *m*; **- voor de afkoppeling:** disengaging (uncoupling) lever || levier *m* déclencheur (de dégagement *m*) || Ausrückhebel *m*; **- voor handbeweging:** hand lever || levier *m* à main *v* || Handhebel *m*; **- voor het afsluiten** (*spoorwegblok*)**:** holding up lever || levier *m* de blocage *m* || Abstütz-, Sperrhebel *m*; **- voor het regelen v. d. beweging:** control lever || levier *m* de manoeuvre *v* || Steuerhändel *o*, -hebel *m*; **- voor inwerkingstellen:** engaging lever || levier *m* d'engagement *m* (enclencheur) || Einrückhebel *m*; **- voor stuurkabelaansluiting:** control lever || guignol *m* || Steuerhebel *m*; **- voor uitschakeling:** releasing lever || levier *m* de déclenchement *m* || Auslösehebel *m*; **- voor voetbeweging:** foot lever || levier *m* à pédale *v* || Fuß[tritt]hebel *m*; **-, eenarmige:** single armed lever, lever of the third order (kind) || levier *m* simple (du troisième genre *m*) || einarmiger Hebel *m*; **-, haakse:** bell crank lever || levier *m* coudé || Winkelhebel *m*; **-, ongelijkarmige:** lever with unequal arms || levier *m* à bras *mm* inégaux || ungleicharmiger Hebel *m*; **-, rechthoekig omgebogen:** crank lever || levier *m* d'équerre *v* || Winkelhebel *m*; **-, tweearmige:** double armed lever, lever of the first order (kind) || levier *m* double || zweiarmiger Hebel *m*; **-inschakelaar:** lever switch || conjoncteur *m* à levier *m* || Hebeleinschalter *m*; **-klinkmachine:** lever (toggle joint) riveting machine || machine *v* à rivet *m* à levier *m*, riveuse *v* à levier *m* || Hebelnietmaschine *v*; **-kop:** lever head || tête *v* de levier *m* || Hebelkopf *m*; **-koppeling m. spanschroeven** (*spw.*)**:** lever and screw coupling || attelage *m* à vis *v* et leviers *mm* || Hebelkupplung *v* mit Spannschrauben *vm*; **-mes:** lifting (knife) blade || couteau *m* [de lève *v*], lamette *v* || Hebemesser *o*; **-overschakelaar:** lever throw over switch || commutateur *m* à levier *m* || Hebelumschalter *m*; **-overbrenging:** leverage || transmission *v* par levier *m* || Hebelübersetzung *v*; **-ponsmachine:** lever punching machine || découpeuse *v* à levier *m* || Hebellochmaschine *v*, -stanze *v*; **-rem:** lever brake || frein *m* à levier *m* || Hebelbremse *v*; **-sarm:** lever arm || bras *m* de levier *m* || Hebelarm *m*; **-sarm v. e. kracht:** arm (lever) of a force || bras *m* de levier *m* d'une force *v* || Hebelarm *m* einer Kraft *v*; **-sarm v. e. last:** leverage of load || bras *m* de levier *m* de la charge *v* (d'un fardeau *m*) || Hebelarm *m* einer Last *m*, Lastarm *m*; **-sarm v. h. tegenwicht:** counterbalance arm (lever) || bras *m* de levier *m* du contrepoids *m* || Gegenwichtshebelarm *m*; **-schaar:** lever shears, crocodile shearing machine || cisaille *v* à levier *m* (à mâchoire *v*) || Hebel-, Bogenschere *v*; **-schakelaar:** lever switch || interrupteur *m* à levier *m* || Hebelschalter *m*; **-spanwerk:**

lever compensator || appareil *m* tendeur à levier *m* || Hebelspannwerk *o*; **-stangen:** levers || tringles *vm* de la commande *v* à levier *m* || Hebelgestänge *o*; **-stoeltje:** lever bracket || support *m* du levier *m* || Hebelstühlchen *o*; **-toestel:** lever apparatus || appareil *m* à levier *m* || Hebelapparat *m*; **-uitschakelaar:** lever switch || disjoncteur *m* à levier *m* || Hebelausschalter *m*; **-uitslag:** stroke of lever || course *v* (écart *m*) du levier *m* || Hebelausschlag *m*; **-verbinding:** lever connection || accouplement *m* au moyen *m* de leviers *mm* || Hebelverbindung *v*; **-voetrem:** foot lever brake || frein *m* à levier *m* à pédale *v* (à levier *m* à pied *m*) || Fußhebelbremse *v*.

hef|fen (*last*): to lift || lever || [an]heben, hissen, heißen; **-hoogte:** [height of] lift || levée *v*, course *v* (hauteur *v*) de levage *m* || Hubhöhe *v*, Hub[weg] *m*; **-magneet:** lifting magnet || électroaimant *m* de levage *m* || Hubmagnet *m*; **-magneet m. vaste** (*verstelbare*) **polen:** lifting magnet with fired poles (*movable pole shoes*) || électroaimant *m* de levage *m* à pôles *mm* indéformables (*déformables*) || Lastmagnet *m* mit festen (*beweglichen*) Polen *vm*; **-schroef:** lifting air-screw || hélice *v* de sustentation *v* || Hubschraube *v*; **-schroefvliegtuig:** helicopter, autogyro, gyroplane || helicoptère *m*, autogyre *m*, gyroptère *m*, gyroplane *m* || Hubschrauber *m*, Schraubenflugzeug *o*, Autogiro *m*; **-tafel:** raising platform || platforme *v* d'élévateur *m*, table *v* de levage *m* || Hebebühne *v*; **-tijd:** lifting time || période *v* de levage *m* || Hubperiode *v*; **-vermogen** (*v. e. kraan*)**:** capacity, lifting power || force *v* (puissance *v*) de levage *m*, force *v* portante || Hebe-, Tragkraft *v*, Tragfähigkeit *v*; **-werktuig:** hoisting apparatus, lifting device (machine) || appareil *m* (engin *m*) de levage *m* || Hebemaschine *v*, -vorrichtung *v*, -werk[zeug] *o*.

hefnerkaars: Hefner candle || bougie *v* Hefner || Hefnerkerze *v*.

heft: *zie* **hecht 1.**

heg: *zie* **haag 1; -geschaar:** hedge shears || cisaille *v* à haies *vm*, ciseaux *mm* de jardinier *m* || Heckenschere *v*.

hei (*werktuig*)**:** pile driver || sonnette *v* || Fallwerk *o*, Ramme *v*; **-blok:** monkey, ram || mouton *m* de sonnette *v* || Rammbär *m*; **-en:** to ram, to tamp || battre (enfoncer) à la sonnette *v* || rammen; **-machine:** steam pile driver || sonnette *v* à vapeur *v* || Dampframme *v*; **-paal:** *zie* **paal 2; -plan:** piling plan || plan *m* de battage *m* || Rammplan *m*; **-touw:** lifting rope || câble *m* (corde *v*) de sonnette *v* || Rammtau *o*; **-werk:** pile driving, piling, pilework || battage *m* des pieux *mm*, pilotage *m*, palification *v* || Rammarbeit *v*, -werk *o*.

heining: 1. (*algem.*)**:** fence || clôture *v* || Einfriedigung *v*, Zaun *m*;
2. (*latten*)**:** lattice fence || clôture *v* en lattes *vm* || Lattenzaun *m*;
3. (*planken*)**:** boarded fence || clôture *v* en planches *vm* || Bretterzaun *m*.

hek: 1. (*algem.*)**:** gate || grille *v* (*ijzer*); barrière *v*, clôture *v* (*hout*) || Einfriedigung *v*; Gitter *o* (*traliewerk*); **-, draaiend:** swing gate || barrière *v* tournante || Drehschranke *v*; **-ijzer:** fence bar || fer *m* à grilles *vm* || Gittereisen *o*;
2. (*latten*)**:** lattice gate || clôture *v* en lattes *vm* || Latten-, Staketenzaun *m*;
3. (*brug*; *trap*)**:** railing || rampe *v* || Geländer *o*;
4. (*schip*)**:** stern || arcasse *v*, tableau *m* || Heck *o*; **-anker:** stern anchor || ancre *v* de poupe *v* || Heckanker *m*; **-balk:** wing transom || lisse *v* de hourdi *m* || Heckbalken *m*; **-boot:** stern boat || chaloupe *v* d'arcasse *v* || Heckboot *o*; **-davit:** stern davit || bossoir *m* de l'arrière *m* || Heckdavit *m*; **-knie:** transom knee || courbe *v* d'arcasse *v* || Heckknie *o*; **-ladder:** stern ladder || échelle *v* de poupe *v* || Heckleiter *v*; **-lantaarn:** poop lantern || fanal *m* de poupe *v* || Hecklaterne *v*; **-poort:** stern port || sabord *m* de retraite *v* || Heckpforte *v*; **-reling:** taffrail || couronnement *m* de la poupe *v* || Heckreling *m*; **-spant:** stern timber || allonge *v* de poupe *v* || Heckspant *o*; **-versiering:** stern moulding || sculptures *vm* de l'arrière *m* || Heckverzierung *v*; **-werk:** stern framing || charpente *v* de l'arrière *m* || Heckverband *m*; **-wiel:** stern wheel || roue *v* d'arrière *m* || Heckrad *o*; **-wielstoomboot:** stern wheel steamer || bateau *m* à roue *v* d'arrière *m* || Hinterrad-, Heckraddampfer *m*.

hekel: comb, hackle, hatchel, heckle || peigne *m*, séran *m*, sérin *m* || Hechel *v*; **-, fijne:** fine hackle, finishing hatchel (hackle) || affinoir *m*, peigne *m* fin || Fein-, Ausmach-, Kernhechel *v*; **-, grove:** coarse heckle (hemp comb), coarsest hatchel, long ruffer || ébauchoïr *m* || Abzughechel *v*, Grobhechel *v*, grober Hanfkamm *m*; **-bank:** hackle bench (stock) || banc *m* à (support *m* du) peigne *m* || Heckelbank *v*, -stuhl *m*, -stock *m*; **-bord:** hackling block || bloc *m* de peigne *m* || Hechelbrett *o*; **-doek:** hackling sheet || tablier *m* || Hecheltuch *o*; **-en:** to hackle || peigner, sérancer || hecheln; **-lat:** hackle bar, gill bar, faller || barrette *v*, gill *m* ||

Hechelstab *m*, Gill *m*; **-machine:** combing (hackling) machine || peigneuse *v* mécanique, machine *v* à peigner || Hechelmaschine *v*; **-naald:** hackling pin (tooth) || dent *v* de peigne *v* || Hechelnadel *v*, -zahn *m*; **-punt:** *zie* **hekelnaald; -veld:** bed of hackless (gills), set of hackless || série *v* de barrettes *vm*, rangée *v* (série *v*) de peignes *vm* || Hechelfeld *o*, -reihe *v*.

hektare: hectare || hectare *m* || Hektar *o*.

hekto|graaf: hectograph || hectographe *m* || Hektograph *m*; **-gram:** hectogramme || hectogramme *m* || Hektogramme *o*; **-liter:** hectoliter || hectolitre *m* || Hektoliter *o*; **-meter:** hectometer || hectomètre *m* || Hektometer *o*, *m*.

hel: 1. (*scheepst.*): storeroom || soute *v* || Hellegat *o*;
2. (*kleuren*): bright || clair, vif || hell; **-blauw** (*-groen*; *-rood*; *-geel*)**:** bright blue (*green*; *red*; *yellow*) || bleu (*vert*; *rouge*; *jaune*) vif || hellblau (*-grün*; *-rot*; *-gelb*).

helder: clear, light || clair || hell, klar; **- worden:** to clear up || s'éclaircir || sich klären; **-heid** (*licht*)**:** brightness || intensité *v*, éclat *m* || Helligkeit *v*; **-heid v. e. oppervlak** (*licht*)**:** brightness of a surface || brillance *v* d'une surface || Leuchtdichte *v*.

helft: half || moitié *v* || Hälfte *v*.

helicoptère: *zie* **hefschroefvliegtuig.**

helio|centrisch: heliocentric || héliocentrique || heliozentrisch; **-chromie:** heliochromic process || héliochromie *v* || Heliochromie *v*; **-grafie:** heliography || héliographie *v* || Heliographie *v*; **-meter:** heliometer || héliomètre *m* || Heliometer *o*, *m*; **-skoop:** helioscope || hélioscope *m* || Helioskop *o*; **-staat:** heliostate || héliostat *m* || Heliostat *m*.

helium: helium || hélium *m* || Helium *o*; **-thermometer:** helium thermometer || thermomètre *m* à hélium *m* || Heliumthermometer *o*, *m*.

hel|len: 1. (*overhellen*): to hang (to lean) over (*to*), to heel over, to incline || pencher, s'incliner || überhangen, sich neigen; **-lend:** hanging (leaning, heeling) over, inclining || penchant, incliné || überhangend, geneigt;
2. (*schuin zijn*): to incline, to slant, to slope || aller en pente *v*, décliver, ramper || schief (schräg) sein; **-lend:** slanting, sloping || en pente *v*, en talus *m*, rampant || schief, schräg; **-lend leggen:** to install with a fall || poser en plan *m* incliné (en pente *v*) || mit Gefälle *o* verlegen.

helling: 1. (*algem.*): inclination, incline, declivity || inclinaison *v*, pente *v*, déclivité *v*, côte *v* || Steigung (Neigung) *v*, Gefälle *o*;
2. (*berg*, *enz.*): slope || pente *v*, versant *m* || [Ab]hang *m*;
3. (*spw.*, *enz.*): gradient || rampe *v* || Gefälle *o*, Steigung (Neigung) *v*;
4. (*scheepsb.*): slipway || cale *v* [sèche) || Helling *m*, *v*; *zie ook* **valling** *onder* **val 1;**
5. (*dak*): slope || pente *v*, inclinaison *v* || Neigung *v*;
6. (*mijngang*): incline, inclined plane || galérie *v* inclinée, plan *m* incliné || [ein]fallende (steigende, schwebende) Strecke *v*;
7. (*gesteentelaag*, *enz.*): dip, pitch, grade, slope, inclination, tilt, incidence || inclinaison *v*, pente *v*, pendage *m*, plongée *v* || Neigung *v*, [Ein]fallen *o*;
8. (**versch. betek.**)**: -ling van 1 op 100:** gradient having an inclination of 1 in 100 || déclivité *v* de 1 cm par mètre *m* || Gefälle *o* von 1 : 100; **-ling, berijdbare:** practicable (passable) hill || côte *v* praticable || befahrbarer Abhang *m*; **-ling, natuurlijke:** natural slope || inclinaison *v* naturelle || natürliche Böschung *v*; **-ling, opgaande:** *zie* **stijging** *onder* **stijgen 1; -ling, steile:** heavy (steep) gradient || forte rampe *v*, rampe *v* prononcée || Steilrampe *v*; **-ling, verloren:** loss in level || pente *v* perdue || verlorenes Gefälle *o*; **-ling, zwakke:** easy (flat) gradient || rampe *v* douce || Flachrampe *v*.

hel|lingshandwijzer: gradient board || poteau *m* indicateur de pente *v* || Neigungszeiger *m*; **-lingshoek:** angle of gradient (inclination, slope) || angle *m* de déclivité *v* (d'inclinaison *v*), inclination *v* || Neigungswinkel *m*; **-lingkraan:** shipbuilding crane || grue *v* de cale *v* sèche || Hellingkran *m*; **-lingmeter** (*klinometer*)**:** [in]clinometer || clinomètre *v*, indicateur *m* de pente *v* || || Neigungsmesser *m*, Klinometer *m*, *o*; (*laaghelling in boorgat*) (*mijnb.*): dip meter || stratamètre *m*, pendagemètre *m* || Stratameter *o*, *m*.

helm: 1. (*stormhoed*): cask, helmet || casque *m* || Helm *m*;
2. (*dak*): spire || aiguille *v*, flèche *v* || Helm *m*, -dach *o*;
3. (*glasoven*): cap || couronne *v* || Kuppel *v*;
4. (*destilleerketel*): capital, head || chapiteau *m* || Helm *m*.

helm|banden: chin thongs || jugulaires *vm* || Helmbänder *om*; **-gewelf:** dome, spherical vault || dôme *m*, voûte *v* sphérique || Helm-, Kuppelgewölbe *o*; **-kraan:** helmet (visor) crane || grue *v* à casque *v* || Helmkran *m*; **-stok** (*roer*)**:** helm, [rudder] tiller || barre *v* de gouvernail *m* || Helmstock *m*, Ruderpinne *v*.

helper: assistant || aide *m*, manoeuvre *m* || Gehilfe *m*, Geselle *m*.

hematiet: [red] haematite, red iron iron || hématite *m* rouge, fer *m* spéculaire || Roteisenstein *m*, Eisenglanz *m*, roter Glaskopf *m*.

hemel: 1. (*cosmogr.*): sky || ciel *m* || Himmel *m*; **-equator:** celestial equator || équateur *m* céleste || Himmelsäquator *m*; **-kaart:** astronomical, (celestial) chart, map of the stars || carte *v* astronomique (céleste) || astronomische Karte *v*, Himmels-, Sternkarte *v*; **-sblauw:** azure || azuré || himmelsblau; **-sbreed gemeten:** as the crow flies || à vol *m* d'oiseau *m* || in der Luftlinie *v*; **-teken:** constellation of the zodiac || constellation *v* zodiacale || Himmelszeichen *o*, Tierkreisbild *o*; **-zone:** sky zone || zone *v* céleste || Himmelszone *v*;
2. (*dak*): baldaquin, canopy, cover, roof || ciel *m* || Himmel *m*.

hemi|sfeer: hemisphere || hémisphère *m* || Halbkugel *v*, Hemisphäre *v*; **-tropisch:** hemitropic, half coiled || hémitropique || hemitropisch.

heng: *zie* **har.**

hengsel: 1. (*algem.*): turning joint || joint *m* de chaîne *v* || Gelenk *o*;
2. (*deur*): hinge [pivot] || fiche *v*, gond *m*, penture *v* || Angel *v*, Knagge *v*; **-duim:** *zie* **har;**
3. (*mand*): ear, handle || anse *v*, manche *v* || Handgriff *m*, Henkel *m*.

hengst (*haardijzer*)**:** firedog, andiron || chenet *m* || Feuerhund *m*.

hennegat: helmport || jaumière *v* || Hennegatt *o*.

hennep: hemp || chanvre *m* || Hanf *m*; **- braken:** to beat hemp || battre du chanvre *m* || Hanf *m* klopfen; **- drogen:** to dry hemp || dessécher du chanvre *m* || Hanf *m* dorren (trocknen); **- ruw hekelen:** to hatchel roughly hemp || ébaucher du chanvre *m* || Hanf *m* vorhecheln; **-, gehekelde:** hackled hemp || chanvre *m* peigné (sérancé) || gehechelter Hanf *m*; **-, gezwingelde:** scutched (swingled) hemp || chanvre *m* écangué (espadé, teillé) || geschlagener (geschwingelter) Hanf *m*; **-, uitgekernde:** hatchelled hemp || chanvre *m* affiné || ausgekernter (ausgemachter) Hanf *m*; **-, zuivere:** clean (dressed) hemp || chanvre *m* net || Reinhanf *m*; **-afval:** hemp waste || déchet *m* de chanvre *m* || Hanfabfall *m*; **-bekleding:** hemp covering || guipage *m* de chanvre *m* || Hanfumspinnung *v*; **-braak:** hemp brake || brisoir *m* (broie *v*) de chanvre *m* || Hanfbreche *v*; **-draadbundel:** hemp strick || tresse *v* de chanvre *m* || Hanfriste *v*; **-en:** hempen || de chanvre *m* || hanfen; **-garen:** hemp yarn || fil *m* de chanvre *m* || Hanfgarn *o*; **-hede:** hemp hards (tow) || étoupe *v* de chanvre *m* || Hanfhede *v*, -werg *o*, Kodille *v*; **-hekel:** hemp comb (hackle) || régayoir *m* || Hanfhechel *v*; **-kern:** hemp core || âme *v* de chanvre *m* || Hanfseele *v*, -kern *m*; **-linnen:** hemp linen || toile *v* de chanvre *m* || Hanfleinwand *v*; **-metaalknoop:** hemp metal knot (carrier) || noeud *v* en chanvre *m* avec manchon *m* métallique || Hanfmetallknoten *m*; **-olie:** hemp oil || huile *v* de chanvre *m* (de chènevis *m*) || Hanföl *o*; **-pakking:** hemp packing || garniture *v* en chanvre *m* || Hanfdichtung *v*, -liderung *v*, -packung *v*; **-papier:** hemp paper || papier *m* de cordes *vm* || Hanfpapier *o*; **-roting:** retting of hemp || rouissage *m* du chanvre *m* || Hanfröste *v*; **-spinnerij:** hemp spinning mill || filature *v* de chanvre *m* || Hanfspinnerei *v*; **-touw:** hemp rope || câble *m* (corde *v*) de chanvre *m* || Hanfseil *o*; **-tussenlaag:** hemp layer || couche *v* intérieure de chanvre *m* || Hanfeinlage *v*; **-vezel:** fibre of hemp || brin *m* de chanvre *m* || Hanffaser *v*; **-zaad:** hemp seed || chènevis *m*, graine *v* de chanvre *m* || Hanfsamen *m*; **-ziel** (*kabel*)**:** hemp heart (core) || âme *v* de chanvre *m* || Hanfdocht *m*, -kern *m*.

heptaan: heptane || heptane *m* || Heptan *o*; **-carbonzuur (octaanzuur;** caprylzuur)**:** heptane carboxylic acid || acide *m* heptanecarboxylique-1 || (Heptancarbonsäure-1 *v*).

heptadecaan|carbonzuur-1 (octadecaanzuur; stearinezuur)**:** heptadecanecarboxylic-1 acid || acide *m* heptadécanecarboxylique-1 || Heptadecancarbonsäure-1 *v*; **-zuur (hexadecaancarbonzuur-1;** margarinezuur)**:** heptadecanoic acid || acide *m* heptadécanoïque || Heptadekansäure *v*.

heracti|vator: revivifier || revivifiant *m* || [Wieder]beleber *m*; **-veren:** to revivify || revivifier || wiederbeleben; **-vering:** revivification || revivification *v* || Wiederbelebung *v*.

herbouw: rebuilding, reconstruction, newbuilding || reconstruction *v* || Wiederaufbau *m*; **-en:** to rebuild, to reconstruct || reconstruire || wiederaufbauen.

herha|len: to repeat || répéter || wiederholen; **-ling** (*algem.*)**:** repetition || répétition *v* || Wiederholung *v*; **-ling** (*in reclame*)**:** duplication || double emploi *m*, répétition *v* || Wiederholung *v*.

her|inneringsreclame: institutional advertising || publicité *v* de notoriété *v* || Erinnerungswerbung *v*; **-kenningsmerk** (*i. e. mijn*)**:** sign cutting || entaille *v* de reconnaissance *v* || Erbstufe *v*.

herkristalli|satie: recrystallisation || récristallisation *v* || Umkristallisierung *v*;

-seren: to recrystallize || récristalliser || umkristallisieren.

herlei|den: to reduce (*to*) || réduire (*à*) || umrechnen, reduzieren (*auf*); **-ding:** reduction || réduction *v* || Umrechnung *v*, Reduktion *v*; **-dingsfactor:** reduction factor || facteur *m* de réduction *v* || Reduktionsfaktor *m*, Umrechnungsfaktor *m*; **-dingslineaal:** reduced scale || règle *v* à échelle *v* de réduction *v* || verjüngter Maßstab *m*; **-dingspasser:** reducing compasses || compas *m* de proportion *v* (de réduction *v*) || Reduktionszirkel *m*; **-dingsschaal:** reduction scale || échelle *v* de réduction *v* || Reduktions-, Verjüngungsmaßstab *m*.

hermelijn: hermine || ermine *v* || Hermelin *o*.

hermetisch: airproof, hermetical(*ly*) || hermétique(*ment*) || hermetisch, luftdicht; **-gesloten:** hermetically sealed || hermétiquement clos || hermetisch (luftdicht) verschlossen.

hersmelten: to remelt; remelting || refondre || wieder schmelzen, umschmelzen.

herstel|len: to mend, to repair || réparer; dépanner (*auto*; *radio*, *enz.*) || ausbessern, reparieren, wiederherstellen; **-ling:** repair, repairing || réparation *v*; dépannage *m* (*auto*; *radio*; *enz.*) || Ausbesserung *v*, Reparatur *v*, Wiederherstellung *v*; **-lingskosten:** cost of repair || frais *mm* de réparation *v* || Ausbesserungs-, Reparaturkosten *mrv*; **-lijn** (*spw.*): repair track || voie *v* de réparation *v* || Ausbesserungsgleis *m*; **-werk:** repairing work || travail *m* de réparation *v* || Wiederherstellungsarbeit *v*.

hert|boom: breast beam || poitrinière *v* || Brustbaum *m*; **-enhuid:** deerskin || nappe *v* de curée *v*, peau *v* de cerf *m* || Hirschhaut *v*; **-shoorn:** hartshorn || corne *v* de cerf *m* || Hirschhorn *o*.

heruitzen|den: to re-emitt || ré-émettre || wiederaussenden; **-ding:** re-emission || ré-émission *v* || Wiederaussendung *v*.

herij|ken: to check, to recalibrate || étalonner à nouveau || nacheichen; **-king:** checking, recalibration || graduation *v* (étalonnage *m*) à nouveau || Neueichung *v*.

hete-draadampèremeter: *zie* **verhittingsdraadampèremeter.**

hete-lucht|blazer: hot blast apparatus || appareil *m* à air *m* chaud || Lufterhitzungsapparat *m*; **-kanaal:** hot air conduit || conduite *v* d'air *m* chaud || Warmluftkanal *m*; **-motor:** hot air motor (engine) || moteur *m* à air *m* chaud || Heißluftmotor *m*; **-oven:** hot blast furnace || fourneau *m* à air *m* chaud || heißer Gebläseofen *m*; **-verwarming:** hot air heating || chauffage *m* à air *m* chaud || Luftheizung *v*.

hetero|cyclisch: heterocyclic || hétérocyclique || heterocyclisch; **-dyne-ontvanger:** heterodyne receiver || récepteur *m* hétérodyne || Überlagerungsempfänger *m*, Schwebungsempfänger *m*; **-dyne-ontvangst:** beat (heterodyne) reception || réception *v* par battements *mm* (par interférences *vm*, hétérodyne) || heterodyner Empfang *m*, Schwebungsempfang *m*, Überlagerungsempfang *m*; **-geen:** heterogeneous || hétérogène || heterogen; **-polair:** heteropolar, polar-unpolar || hétéropolaire || heteropolar; **-statisch:** heterostatic || hétérostatique || heterostatisch.

heugel: toothed rack (rail) || crémaillère *v* || Zahnstange *v*.

hevel: siphon || siphon *m* || Heber *m*; **-barometer:** siphon barometer || baromètre *m* à siphon *m* || Heberbarometer *o*, *m*; **-duiker:** regulating siphon || épanchoir *m* à siphon *m* || Ablaßdüker *m*; **-en:** to siphon || siphonner || hebern; **-schrijver:** siphon recorder || récepteur *m* à siphon *m*, siphonrecorder *m* || Heberschreiber *m*; **-zuurweger:** hydrometer syringe || pèse-acide *m* à siphon *m*, densimètre *m* à siphon *m*, || Hebersäuremesser *m*.

hexaan: hexane || hexane *m* || Hexan *o*; **-dizuur (butaandicarbonzuur-1,4;** adipinezuur)**:** hexanedioic acid || acide *m* hexanedioïque || (Hexandisäure *v*); **-zuur (pentaancarbonzuur-1;** capronzuur)**:** hexanoic acid || acide *m* hexanoïque || (Hexansäure *v*).

hexadecaan|carbonzuur-1 (heptadecaanzuur; margarinezuur)**:** hexadecane carboxylic-1 acid || acide *m* hexadécanecarboxylique-1 || Hexadekancarbonsäure-1 *v*; **-zuur (pentadecaancarbonzuur-1;** palmitinezuur)**:** hexadecanoic acid || acide *m* hexadécanoïque || Hexadecancarbonsäure *v*.

hexa|gonaal: hexagonal || hexagonal || sechsseitig, hexagonal; **-methyleentetramine** (urotropine)**:** hexamethylenetetramine || hexaméthylènetétramine *m* || Hexamethylentetramin *o*.

hickoryhout: hickory wood || hickory *m* || Hickoryholz *o*.

hiel: **1.** (*algem.*): heel || talon *m* || Hiel *m*, Hielung *v*;

2. (*geweerkolf*): heel || cul-de-poule *m* || Kolbenferse *v*, -nase *v*;

3. (*autoband*): beaded edge || bourrelet *m* || Wulst *m*; **-band:** beaded edge tire || pneu *m* à talon *m* || Wulstreifen *m*; **-velg:** clincher rim || jante *v* pour pneu *m* à talon *m* || Wulstfelge *v*;

4. (*roer*): *zie* **hak 1;**

5. (*scheepskiel*): heel || talon *m* || Kielhacke *v*;

6. (*wissel*): heel || **talon** *m* || Zungenwurzel *m*.

hieling (*mast*)**:** heel[ing] || caisse *v*, pied *m* || Hacke *v*, Fuß *m*.

hieuwen: to heave || rentrer || hieven, einwinden.

hinder: nuisance || incommodation *v* || Belästigung *v*.

hitte: heat || chaleur *v* || Hitze *v*, Wärme *v*; **-draad:** *zie* **verhittingsdraad; -draadampèremeter:** *zie* **verhittingsdraadampèremeter; -draadinstrument:** *zie* **verhittingsdraadinstrument; -draadwattmeter:** *zie* **verhittingsdraadwattmeter; -graad:** degree of heat || degré *m* de chaleur *v* || Hitzegrad *m*.

hobbelig: bumpy || cahotant || holperig.

hoed: hat || chapeau *m* || Hut *m*; **-enfabriek:** hat manufactory, hattery || fabrique *v* de chapeaux *mm* || Hutfabrik *v*; **-enmakerslijm:** hatter's glue || colle *v* des chapeliers *mm* || Hutmacherslеim *m*; **-je:** *zie* **dop; -jestin:** cap tin || étain *m* en chapeaux *mm* || Hutzinn *o*.

hoedanigheid: quality || qualité *v* || Güte *v*, Qualität *v*.

hoef: hoof || sabot *m* || Huf *m*; **-beslag:** shoeing || ferrure *v* || Hufbeschlag *m*; **-hamer:** shoeing hammer || brochoir *m* || Hufhammer *m*; **-mes:** drawing (paring, toeing) knife || rogne-pied *m* || Hufmesser *o*; **-meter:** horseshoe gauge || podomètre *m* || Hufmesser *o*; **-nagel:** hob nail, horse[shoe] nail || clou *m* à ferrer || Hufnagel *m*; **-nagelijzer:** horseshoe iron || fer *m* à maréchal *m* || Hufnagel-, Hufschmiedeisen *m*; **-smederij:** shoeing forge || maréchalerie *v* || Hufschmiede *v*; **-smidsgereedschap:** shoeing tools || outils *mm* de ferrage *m* || Hufzeug *o*; **-smidshamer:** *zie* **hoefhamer; -staafijzer:** horseshoe iron || fer *m* à maréchal *m* || Hufnagel-, Hufstabeisen *o*; **-ijzer:** [horse-]shoe || fer *m* à (de) cheval *m* || Hufeisen *o*; **-ijzerboog:** horseshoe arch || arc *m* en fer *m* à cheval *m* || Hufeisenrundbogen *m*; **-ijzermagneet:** horseshoe magnet || aimant *m* en fer *m* à cheval *m* || Hufeisenmagnet *m*.

hoek: 1. (*meetk.*)**:** angle || angle *m* || Winkel *m*; **- v. afwijking:** angle of deflection || angle *m* de déviation *v* || Ablenkungswinkel *m*; **- v. inval:** angle of incidence || angle *m* d'incidence *v* || Einfallswinkel *m*; **- v. snijding** (*spw.*)**:** angle of intersection of tracts || angle *m* de convergence *v* || Einlaufwinkel *m*; **- v. terugkaatsing:** angle of reflection || angle *m* de réflection *v* || Reflektionswinkel *m*; **- v. uittreding:** angle of emergence || angle *m* d'émergence *v* || Austrittswinkel *m*; **- v. wringing:** *zie* **wringingshoek; -, aangrenzende:** adjacent (adjoining, contiguous) angle || angle *m* adjacent (contigu) || Nebenwinkel *m*; **-, complement** (*supplement*) **v. e.:** complement (*supplement*) of an angle, complementary (*supplementary*) angle || angle *m* complémentaire (*supplémentaire*) || Komplementwinkel *m* (*Supplement-*); **-, corresponderende:** corresponding angle || angle *m* correspondant || Gegenwinkel *m*, gleichliegender (korrespondierender) Winkel *m*; **-, halve rechte:** mitre || mitre *v* || Achtelschlag *m*; **-, inspringende** (*uitspringende*)**:** reentering (*salient*) angle || angle *m* rentrant (*saillant*) || einspringender (*ausspringender*) Winkel *m*; **-, rechte:** right angle || angle *m* droit || rechter Winkel *m*; **-, scherpe** (*stompe*)**:** acute (*obtuse*) angle || angle *m* aigu (*obtus*) || spitzer (*stumpfer*) Winkel *m*; **-aflezing:** reading of an angle || lecture *v* d'un angle *m* || Winkelablesung *v*; **-afstand:** angular distance || distance *v* angulaire || Winkelentfernung *v*; **-aftakdoos:** angle box || boîte *v* de dérivation *v* d'angle *m* || Winkelabzweigdose *v*; **-beweging:** angular motion || mouvement *m* angulaire || Winkelbewegung *v*; **-boor** (*m. haakse tandwieloverbrenging*)**:** angle brace corner drill || foret *m* à angle *m* (cornier), potence *v* à pignons *mm* || Eckenbohrer *m*; **-frees:** *zie* **groeffrees; -goot** (*transportgoot*)**:** triangular chute || couloir *m* d'angle *m* || Winkelrutsche *v*, -rinne *v*, Dreikantrutsche *v*; **-ig:** angular || angulaire || eckig, winkelig; **-kraan:** angle cock || robinet *m* d'angle *m* || Winkelhahn *m*; **-las:** angular fish || éclisse *v* cornière || Winkellasche *v*; **-las, dubbele:** double angle fish plate || éclisse *v* cornière double || Doppelwinkellasche *v*, Z-Lasche *v*; **-meten** (*landmeetk.*)**:** to observe an angle || observer un angle *m* || einen Winkel *m* messen; **-meter:** graphometer || graphomètre *m* || Graphometer *o*, *m*; **-overbrenging** (*met riemen*)**:** angle drive || transmission *v* à angle *m* || Winkeltrieb *m*; **-snelheid:** angular velocity || vitesse *v* angulaire || Winkelgeschwindigkeit *v*; **-staal:** angle steel || [acier *m*] cornière *v* || Winkelstahl *m*; **-staal,** (*on*)**gelijkbenig:** (*un*)equal sided angle steel || acier *m* cornière à ailes *vm* (*in*)égales || (*un*)gleichschenkliger Winkelstahl *m*; **-verdraaiing:** angular displacement || déplacement *m* angulaire || Winkelverschiebung *v*; **-versnelling:** angular acceleration || accélération *v* angulaire || Winkelbeschleunigung *v*; **-ijzer:** *zie* **hoekstaal;**

2. (*vertrek; huis, enz.*)**:** corner || coin *m* || Ecke *v*; **-balk:** corner post || poteau *m* cornier || Eckbalken *m*, -pfosten *m*; **-band:** angle, corner plate, knee || équerre *v* || Eckband *o*; **-beslag:** corner pieces || pièces *vm* cornières || Eckbeschläge *mm*; **-doos** (*elektr.*)**:** angle (corner) box || boîte *v* d'encoignure *v* || Eckdose *v*; **-huis:** corner house || maison *v* cornière || Eckhaus *o*; **-kast:** corner cupboard || écoinçon *m* || Eckschrank *m*; **-keper:** *zie* **hoekbalk; -lijst:** corner fillet (moulding) || baguette *v* (moulure *v*) d'angle *m* || Eck-, Gesimsleiste *v*; **-nok:** hip || faîte-cornier *m* || Eckfirst *m*; **-pan** (*dak*)**:** header || tuile *v* cornière || Eckziegel *m*; **-plaat:** corner (gusset) plate || équerre *v* en tôle *v*, gousset *m*, plaque *v* cornière (d'encoignure *v*) || Eckblech *o*; **-pijler** (*pilaar*)**:** corner pillar (post) || pilastre *m* cornier || Eckpfeiler *m*, -säule *v*; **-schoorsteen:** corner chimney || cheminée *v* en encoignure *v* || Eckkamin *m*; **-spar:** hip rafter || arêtier *m* || Eck-, Gratsparren *m*; **-steen:** corner stone, quoin [stone] || pierre *v* d'angle *m* (d'encoignure *v*) || Eckstein *m*; **-steun:** corner (diagonal) stay || support *m* cornier, entretoise *v* diagonale || Eckstütze *v*, -anker *m*, Diagonalanker *m*, -strebe *v*; **-stut:** *zie* **hoeksteun; -stijl:** *zie* **hoekbalk; -tand** (*tandwiel*)**:** double helical (herringbone) tooth || [dent *v* à] chevron *m* || Winkelzahn *m*; **-tegel** (*oven*)**:** corner tile || carreau *m* de coin *m* || Eckkachel *v*; **-trede** (*trap*)**:** corner step || marche *v* d'angle *m* || Eckstaffel *v*; **-venster:** corner window || fenêtre *v* en encoignure *v* || Eckfenster *o*; **-verband:** corner brace (joint) || contre-fiches *v* || Eckverband *m*.

hoep[el]: hoop || cerceau *m*, cercle *m* || Reif *m*; **-hout:** hoop wood || feuillard *m* || Reifholz *o*; **-tang:** hoop cramp || davier *m* || Reifzange *v*, -zwinge *v*.

hoeveelheid: amount, quantity || quantité *v* || Menge *v*, Quantität *v*; **- (*benodigde*) lucht:** quantity of air (*required*) || quantité *v* d'air *m* (*necéssaire*) || (*erforderliche*) Luftmenge *v*; **- dood water:** quantity of stagnant water || masse *v* d'eau *v* inactive || stillstehende (tote) Wassermenge *v*.

hoffmannoven: Hoffmann annular kiln || four *m* [annulaire de] Hoffmann || Hoffmannscher Ringofen *m*.

hoge-druk|buis: high pressure tube || tuyau *m* à haute pression *v* || Hochdruckrohr *o*; **-cilinder:** high pressure cylinder || cylindre *m* à haute pression *v* || Hochdruckzylinder *m*; **-compressor:** high-pressure compressor || compresseur *m* à haute pression *v* || Hochdruckkompressor *m*; **-diagram:** high pressure diagram || diagramme *m* de haute pression *v* || Hochdruckdiagramm *o*; **-kamer:** high pressure chamber || chambre *v* à haute pression *v* || Hochdruckkammer *v*; **-ketel:** high pressure boiler || chaudière *v* à haute pression *v* || Hochdruck[dampf]-kessel *m*; **-kruk:** high pressure crank || manivelle *v* à haute pression *v* || Hochdruckkurbel *v*; **-leiding:** high-pressure line (piping) || conduite *v* à haute pression *v* || Hochdruckleitung *v*; **-machine:** high pressure engine || machine *v* à haute pression *v* || Hochdruckmaschine *v*; **-pijpleiding:** high pressure pipes || conduite *v* (tuyau *m*) à haute pression *v* || Hochdruckleitung *v*; **-schuif:** high pressure slide valve || tiroir *m* à haute pression *v* || Hochdruckschieber *m*; **-schuifkast:** high pressure valve casing || boîte *v* à tiroir *m* à haute pression *v* || Hochdruckschieberkasten *m*; **-stoom:** high pressure steam || vapeur *v* à haute pression *v* || Hochdruckdampf *m*; **-stoommachine:** high pressure steam engine || machine *v* à vapeur *v* à haute pression *v* || Hochdruckdampfmaschine *v*; **-trap:** high pressure stage || étage *m* à haute pression *v* || Hochdruckstufe *v*; **-turbine:** high pressure turbine || turbine *v* à haute pression *v* || Hochdruckturbine *v*; **-verwarming:** high pressure heating || chauffage *m* à haute pression *v* || Hochdruckheizung *v*; **-wiel:** high pressure disc || roue *v* à haute pression *v* || Hochdruckrad *o*; **-zijde:** high pressure side || côté *m* à haute pression *v* || Hochdruckseite *v*.

hoge|- en lage-drukmachine: *zie* **compoundmachine; -frequentiemachine:** high frequency alternator || alternateur *m* à haute fréquence *v* || Hochfrequenzmaschine *v*; **-frequentie-oven:** high-frequency furnace || four *m* à haute fréquence *v* || Hochfrequenz-, Wirbelstromofen *m*; **-school, technische:** technical university || université *v* technique, école *v* supérieure d'enseignement *m* technique, école *v* supérieure polytechnique || technische Hochschule *v*; **-frequentieversterker:** high frequency amplifier || amplificateur *m* de haute fréquence *v* || Hochfrequenzverstärker *m*.

hoge-spannings|aanleg: high tension plant || installation *v* à haute tension *v* || Hochspannungsanlage *v*; **-batterij:** high tension battery || batterie *v* à haute tension *v* || Hochspannungsbatterie *v*; **-bliksemafleider:** high tension lightning arrester || parafoudre *m* pour hautes tensions *vm* || Hochspannungsblitzschutzvorrichtung *v*; **-contact:** high tension contact || contact *m* de haute tension *v* || Hochspannungskontakt *m*; **-demper:** high tension damper || modérateur *m* de haute tension *v* || Hochspannungsdämpfer *m*; **-dynamo:** high tension dynamo || dynamo *v* à haute tension *v* || Hochspannungserzeuger *m*; **-isolator:** high tension insulator || isolateur *m* de haute tension *v* (pour courant *m* de haute tension *v*) || Hochspannungsisolator *m*; **-kabel:** high tension cable || câble *m* à haute tension *v* || Hochspannungskabel *o*; **-leiding:** high tension line || ligne *v* à haute tension *v* || Hochspannungsleitung *v*; **-motor:** high tension (voltage) motor || moteur *m* à haute tension *v* (à voltage *m* élevé) || Hochspannungsmotor *m*; **-net voor verre afstanden:** high tension long distance line || ligne *v* à haute tension *v* et à grande distance *v* || Hochspannungsfernleitung *v*; **-nulpunt:** neutral (point) of the high voltage winding || point *m* neutre de l'enroulement *m* haute tension *v* || Oberspannungsnullpunkt *m*; **-olieuitschakelaar:** high tension oil switch || interrupteur *m* à huile *v* pour haute tension *v* || Hochspannungsölausschalter *m*; **-ontsteking:** high tension ignition || allumage *m* à haute tension *v* || Hochspannungszündung *v*; **-relais:** high tension relay || relais *m* à haute tension *v* || Hochspannungsrelais *o*; **-spoel:** high tension coil || bobine *v* à haute tension *v* || Hochspannungsspule *v*; **-stroom:** high tension (voltage) current || courant *m* à haute tension *v* || Hochspannungsstrom *m*; **-techniek:** high tension engineering [practice] || technique *v* de la haute tension *v* || Hochspannungstechnik *v*; **-transformator:** high tension transforme || transformateur *m* à haute tension *v* || Hochspannungstransformator *m*; **-uitschakelaar:** power current switch || interrupteur *m* à grande intensité *v* || Starkstromschalter *m*; **-veiligheid:** high tension cut out || coupe-circuit *m* (fusible *m*) pour haute tension *v* || Hochspannungssicherung *v*; **-wikkeling:** high tension winding || enroulement *m* à haute tension *v* || Hochspannungswick[e]lung *v*; **-wikkeling** (*transf.*)**:** high-voltage winding || bobinage *m* à haute tension *v* || Oberspannungswick[e]lung *v*.

hol: 1. (*z. nw.*): cave || caverne *v* || Höhle *v*; **2.** (*bijv. nw.*: *tegenstelling van bol*): concave || concave || konkav; **-, aan beide zijden:** concavo-concave || concavo-concave || doppelthohl; **-bol:** concavo-convexe || concavo-convexe || konkav-konvex;
3. (*bijv. nw.*: *niet massief*): hollow || creux || hohl; **-beitel:** *zie* **guts; -beitel m. zwanenhals:** paring gouge with swan neck || gouge *v* à col *m* de cygne *m* || Hohlmeißel *m* mit Schwanenhals *m*; **-gieten:** to cast hollow || couler creux || hohl gießen; **-gieting:** casting upon a core, hollow casting, cored work || fonte *v* en creux *m*, coulage *m* à noyau *m* || Hohlguß *m*; **-lijst:** hollow moulding || moulure *v* cannelée || gekehlte Leiste *v*; **-passer:** *zie* **binnenpasser; -pijp:** [hollow] punch || emporte-pièce *m*, poinçon *m* à découper || Ausschlag-, Locheisen *o*; **-schaaf:** hollow (round sole) plane || gorget *m*, rabot *m* rond || Hohlkehlhobel *m*; **-tang:** punching tongs || pince *v* à trous *mm* (à poinçonner) || Lochzange *v*; **-wit:** quotation, furniture, justifier, space || lingot *m*, garniture *v*, cadrat *m* || Hohl-, Formatsteg *m*; **-wit, loden** (*ijzeren*)**:** lead (*iron*) furniture || lingot *m* de plomb *m* (*garniture v en fonte v*) || Bleisteg *m* (*eiserner Formatsteg m*).

hollander (*papierfabr.*)**:** rag (stuff) engine || moulin *m* (pile *v*) à cylindre *m* || Holländer *m*.

holmium: holmium || holmium *m* || Holmium *o*.

Holoceen: post-Glacial || Quaternaire *m* récent || Alluvium *o*.

holoëdrisch: holohedral || **holoédrique** || holoedrisch.

holster (*revolver*)**:** pistol case (holster) || fonte *v* de selle *v* || Pistolenhalfter *v*; **-kap:** holster cap || chaperon *m* de fonte *v* || Halfterkappe *v*.

holte: 1. (*algem.*)**:** hollow place, hole || excavation *v* || hohle Stelle *v*, Höhlung *v*; **2.** (*schip*)**:** depth || creux *m* || Tiefe *v*; **3.** (*schaaf*)**:** mouth, hole || lumière *v* || Keilloch *o*, Maul *o*, Spannloch *o*.

hommer: hounds of a topmast || **noix** *v* d'un mât *m* de hune *v* || Stengenbacken *m*.

homo|geen: homogeneous || homogène || gleichmäßig, homogen; **-geniteit:** homogeneity || homogénité *v* || Homogenität *v*, Einheitlichkeit *v*.

hond: delivery wagon, miner's truck || chien *m*, wagonnet *m* de transport *m* || [Förder]hund *m*, -wagen *m*; **-enhok** (*spw.*)**:** dogs box || niche *v* à chiens *mm* || Hundekasten *m*, -kotter *m*.

honderddelig: centesimal || centésimal || hundertteilig.

honing: honey || miel *m* || Honig *m*; **-raatspoel:** duolateral (honey-comb) coil || bobine *v* en nid *m* d'abeilles *vm* (duolatérale), bobine *v* honeycomb || Bienenkorb-, Honigwabenspule *v*; **-raatwikkeling:** honeycomb winding || bobinage *m* en nid *m* d'abeilles *vm* || Honigwabenwicklung *v*; **-suiker:** honeysugar || sucre *m* de miel *m* || Honigzucker *m*.

honorarium: fee; retaining fee, retainer (*voorschot aan adv. enz.*) || honoraires *mm* || Honorar *o*.

hoofd: 1. (*lichaamsdeel*; *bovenste deel*, *enz.*): head || tête *v* || Haupt *o*, Kopf *m*; *zie ook* **kop;**
2. (*chef*): head, chief, leader || chef *m* || Haupt *o*, Leiter *m*;
3. (*brief*, *enz.*): heading || en-tête *m* || Kopf *m*;
4. (*artikel i. e. dagblad*): heading, headline || en-tête *m*, titre *m* || Kopf *m*;
5. (*in samenstellingen*): head, main, principal || principal, maître(*sse*) || Haupt-; *zie ook* **kop-; -aansluiting:** main (principal) connection || poste *v* principale, raccordement *m* principal || Hauptanschluß *m*; **-aanzicht:** face view || élévation *v* principale || Hauptansicht *v*; **-afmeting:** principal dimension || dimension *v* principale || Hauptdimension *v*; **-ader** (*weg*): main road || grande route *v* || Hauptstraße *v*; **-afsluiter, -afsluitklep:** main stop valve || soupape *v* d'arrêt *m* principale || Hauptabsperrventil *o*; **-afwateringskanaal:** principal drainage canal || fossé *m* principal de dessèchement *m* || Hauptentwässerungsgraben *m*; **-anker** (*schip*): main (sheet) anchor || grande (maîtresse) ancre *v* || Haupt-, Pflichtanker *m*; **-as:** main shaft || arbre *m* de commande *v*, arbre *m* principal, maître-arbre *m* || Antrieb-, Haupt-, Königswelle *v*; **-as** (*mechanica*): principal axis || axe *m* principal || Hauptachse *v*; **-asblok:** crank (main) bearing, pillow block || palier *m* principal || Grund-, Haupt-[kurbel]lager *o*; **-baan** (*spw.*): main line (road, track) || ligne *v* (voie *v*) principale || Hauptbahn *v*; **-balk:** chief (main) beam, main girder || maîtresse-poutre *v*, poutre *v* principale || Hauptbalken *m*, -träger *m*; **-blad** (*v. e. draagveer v. e. spoorw.*): headplate of spring || feuille *v* maîtresse de ressort *m* || Haupttragfederblatt *o*; **-blok** (*spw.*): station block mechanism || bloc *m* de gare *v* (principal) || Hauptblock *m*; *zie ook* **hoofdasblok; -bok** (*baggermolen*): main framing || beffroi *m* principal || Eimerleiterbock *m*; **-boog:** chief arch || maîtresse-arche *v* || Hauptbogen *m*; **-borstel** (*elektr.*): main brush || balai *m* principal || Hauptbürste *v*; **-bout:** chief (king) bolt || boulon *m* de support *m* (principal, d'attache *v*), cheville *v* maîtresse || Haupt-, Königbolzen *m*; **-bureau:** head office || bureau *m* central (principal) || Hauptbureau *o*; **-cilinder:** main (working) cylinder || cylindre *m* moteur (principal) || Arbeits-, Hauptzylinder *m*; **-conclusie** (*octr.*): main claim || revendication *v* principale || Haupt[patent]anspruch *m*; **-condensator:** main condenser || condenseur *m* principal || Hauptkondensator *m*; **-conducteur:** chief conductor, head guard || chef *m* de train *m* (de garde *v*) || Oberkondukteur *m*, Zugführer *m*; **-deel** (*v. e. mach.*): body (main piece) || corps *m* || Hauptstück *o*; **-dek:** main deck || pont *m* principal || Hauptdeck *o*; **-dekbeplanking:** main deck planking || bordé *m* du pont *m* principal *m* || Hauptdeckbeplankung *v*; **-dekstut:** main deck pillar || épontille *v* de pont *m* principal || Hauptdeckstütze *v*; **-draad** (*v. e. weefsel*): chief thread || maître-brin *m* || Hauptfaden *o*; **-drijfstang:** main connecting rod || grande barre *v* || Haupttriebstange *v*; **-dijk:** main dike || digue *v* maîtresse || Hauptdeich *m*; **-einde** (*transportband*): driving gear, drive (conveyor) head || station *v* de commande *v*, tête *v* motrice || Antriebskopf *m*, -vorrichtung *v*; **-fase:** main phase || phase *v* principale || Hauptphase *v*; **-galerij:** main (principal) gallery || galerie *v* majeure || Hauptgalerie *v*; **-gebint** (*dak*): main couple || maîtresse-ferme *v* || Hauptgebinde *o*; **-gebouw:** main building || édifice *v* (habitation *v*) principale; corps *m* de logis *m* || Hauptgebäude *o*, -bau *m*; **-gegevens:** basic data || données *vm* fondamentales, éléments *mm* d'un problème *m* || grundlegende Tatsachen *vm*; **-goot:** main runner, ridge || chenal *m* principal || Hauptrinne *v*; **-gracht:** main ditch || fossé *m* principal || Hauptgraben *m*; **-helling** (*scheepsb.*): main slipway || cale *v* de halage *m* principale || Haupthelling *m*, *v*; **-ingenieur:** chief engineer || ingénieur *m* (principal) (en chef *m*) || Oberingenieur *m*; **-inspecteur:** chief inspector, inspector in chief; principal ship surveyor, inspector general of shipping (*scheepvaart*) || inspecteur *m* en chef *m* || Hauptinspektor *m*; **-kabel:** main cable || câble *m* principal || Hauptkabel *o*; **-klem** (*elektr.*): main terminal || borne *v* principale || Hauptklemme *v*; **-kleur:** primitive colour || couleur *v* simple || Hauptfarbe *v*; **-klok:** controlling (directing, master) clock || horloge *v* régulatrice || Hauptuhr *v*; **-koppeling** (*spw.*): main (principal) coupling || attelage *m* principal || Hauptkupplung *v*; **-koppelstang** (*spw.*): main drawbar || barre *v* d'attelage *m* principale || Hauptkupplung-, Hauptzugstange *v*; **-kraan:** main cock || robinet *m* principal || Haupthahn *m*; **-kruk:** main crank || manivelle *v* principale || Hauptkurbel *v*; **-lampbevestiging:** forked headlight bracket || fourche *v* porte-phare à poste *v* || Halter *m* zum Scheinwerfer *m*; **-leider** (*mach.*): main link || guide *m* principal || Hauptlenker *m*; **-leiding** (*elektr.*): feeder,

main conductor || conducteur *m* d'alimentation *v* (principal), feeder *m* || Haupt-, Speiseleitung *v*; **-letter:** capital || [lettre *v*] capitale *v* || Kapitalbuchstabe *m*; **-ligger:** main girder || poutre *v* principale, longeron *m* || Hauptträger *m*; **-luchtreservoir:** main air reservoir || réservoir *m* d'air *m* principal || Hauptluftbehälter *m*; **-luchtschacht** (*v. e. mijn*): main air gate (head), main wind gate || voie *v* d'aérage *m* principale || Hauptwetterstrecke *v* [eines Bergwerks *o*]; **-lijn** (*spw.*): main line (track) || ligne *v* (voie *v*) principale || Haupt-, Stammgleis *o*, Hauptlinie *v*; **-machinist:** chief engineer || machiniste *m* (mécanicien *m*) en chef *m* || Haupt-, Obermaschinist *m*; **-maten:** principal dimensions || cotes *vm* principales || Hauptmaße *om*; **-meter:** main supply meter || compteur *m* principal || Hauptzähler *m*; **-monteur:** chief fitter || chef-monteur *m*, monteur *m* en chef *m* || Obermonteur *m*; **-motor:** main (principal) motor || moteur *m* principal || Hauptmotor *m*; **-muur:** chief (main) wall, wall carrying floor || maîtresse muraille *v*, mur *m* portant le solivage *m* || Hauptmauer *v*, balkentragende Wand *v*; **-octrooi:** main patent || brevet *m* principal || Hauptpatent *o*; **-[octrooi]aanvrage:** main [patent] application || demande *v* [de brevet *m*] principale || Haupt[patent]anmeldung *v*; **-omraming** (*pers*): body || corps *m* || Hauptgestell *o*; **-opzichter:** head overseer || surveillant *m* principal || Oberaufseher *m*; (*mijnb.*): over[s]man, foreman of the mine || chef-, maître-mineur *m*, (-porion *m*), porion *m* principal (en chef *m*) || Obersteiger *m*; **-pakking:** main packing || bourrage *m* principal, garniture *v* principale || Hauptdichtung *v*; **-perron:** main platform || quai *m* principal || Hauptbahnsteig *m*; **-piketpaal:** main peg || piquet *m* principal || Hauptabdeckungspfahl *m*; **-pool:** main pole || pôle *m* principal || Hauptpol *m*; **-poort:** main gate || porte *v* majeure (principale) || Haupttor *o*; **-produkt:** principal product || produit *m* principal || Hauptprodukt *o*; **-punt:** cardinal point || point *m* cardinal || Kardinalpunkt *m*; **-pijler:** arch pillar || maître pilier *m* || Hauptpfeiler *m*; **-pijp:** main [pipe], main tube || tuyau *m* principal || Hauptrohr *o*; **-pijpleiding:** main piping (range of pipes) || conduite *v* principale || Hauptrohrleitung *v*; **-reactie:** chief reaction || réaction *v* principale || Hauptreaktion *v*; **-regel:** first law || premier principe *m* || erster Hauptsatz *m*; **-remtrekstang** (*spw.*): main brake rod || tringle *v* principale du frein *m* || Bremshauptzugstange *v*; **-ruim:** main hold || cale *v* principale || Hauptraum *m*; **-schacht:** *zie* **ophaalschacht** (*mijnb.*); **-schakelbord:** main switch board || tableau *m* de distribution *v* principal || Hauptschalttafel *v*; **-schakelcilinder:** main switch drum || cylindre *m* principal de mise *v* en circuit *m* || Hauptschaltwalze *v*; **-schoorsteen:** main funnel || cheminée *v* principale || Hauptschornstein *m*; **-schuif:** main slide valve || tiroir *m* principal || Grund-, Hauptschieber *m*; **-schuifafsluiter:** main gate valve, parallel slide junction, slide (sluice junction) valve || vanne *v* principale || Hauptschieber *m*; **-sein:** main signal || signal *m* principal || Hauptsignal *o*; **-sluis:** discharging culvert || pertuis *m* || Hauptsiel *o*; **-spanning:** main voltage || tension *v* principale || Hauptspannung *v*; **-spant:** midship frame || maître couple *m* || Haupt-, Nullspannt *o*; **-spar:** principal rafter || maître chevron *m* || Hauptsparren *m*; **-spoor:** main track || voie *v* principale || Hauptgleis *o*; **-spoorbaan:** main railroad || chemin *m* de fer *m* principal, voie *v* principale || Haupteisenbahn *v*; **-sproeier:** main nozzle || gicleur *m* principal || Hauptdüse *v*; **-station:** principal station || gare *v* principale || Hauptbahnhof *m*, -station *v*; **-steengang** (*mijnb.*): main-entry(-line) || travers-banc *m* (bouveau *m*) principal || Hauptquerschlag *m*; **-steun** (*spw.*): head cushion (rest) || appui-tête *m* || Kopflehne *v*; **-stoommachine:** main steam engine || machine *v* à vapeur *v* principale || Hauptdampfmaschine *v*; **-stoompijp:** main steam pipe || tuyau *m* à vapeur *v* principal || Hauptdampfrohr *o*; **-stopklep:** main stop valve || soupape *v* d'arrêt *m* principale || Hauptabsperrventil *o*; **-straal:** distance (principal) line || rayon *m* principal || Hauptstrahl *m*; **-straal:** (*röntgentherapie*): normal radiation || rayon *m* normal || Zentralstrahl *m*; **-straat:** high (main) street || rue *v* principale || Hauptstraße *v*; **-stroom:** main current || courant *m* principal || Hauptstrom *m*; **-stroommotor:** *zie* **seriemotor**; **-stroomverdeling:** series regulation || régulation *v* série, régulation *v* du courant *m* principal || Hauptstromregulierung *v*; **-stroomweerstand:** main circuit resistance || résistance *v* du circuit *m* principal || Hauptstromwiderstand *m*; **-telefoon:** headphone, head receiver || casque *m* || Kopfhörer *m*; **-telefoonbureau:** central telephone office || bureau *m* téléphonique principal || Hauptfernsprechamt *o*; **-traagheidsmoment:** principal moment of inertia ||

moment *m* principal d'inertie *v* || Hauptträgheitsmoment *o*; **-trap:** principal staircase || grand escalier *m* || Haupttreppe *v*; **-tros** (*elektr. kabel*): main set of cables || conducteurs *mm* principaux || Hauptstrang *m*; **-turbine:** main turbine || turbine *v* principale || Hauptturbine *v*; **-uitschakelaar:** main switch || interrupteur *m* principal || Hauptausschalter *m*; **-veld** (*elektr.*): main field || champ *m* principal || Hauptfeld *o*; **-ventilator** (*mijnb.*): main fan || ventilateur *m* principal || Hauptventilator *m*; **-verbandstuk** (*v. e. getimmerte*): main timber || maîtresse-pièce *v* [d'une charpente *v*] || Hauptverbandstück *o*; **-verdamper** (*gasgenerator*): main vaporiser || bouillotte *v* principale || Hauptverdampfer *m*; **-verdeelkanaal:** canal with summit || canal *m* à point *m* de partage *m* || Scheitelkanal *m*; **-verdeler** (*telef., enz.*): main distribution frame || répartiteur *m* d'entrée *v* || Hauptverteiler *m*; **-verdieping:** main floor, principal story || étage *m* principal || Hauptgeschoß *o*; **-verkeersweg:** highway|| route *v* à grande circulation *v* || Hauptverkehrsstraße *v*, -weg *m*; **-vervoergalerij** (*mijnb.*): main road (entry), mother (horse) gate || mère-galerie *v*, voie *v* maîtresse *v* || Hauptförderstrecke *v*; **-vervoerschacht:** *zie* **ophaalschacht** (*mijnb.*); **-voedingsbuis:** main feed pipe || tuyau *m* alimentaire principal || Hauptspeiserohr *o*; **-voedingskanaal:** main feeder || canal *m* d'alimentation *v* principal || Hauptspeisegraben *m*; **-voedingspunt:** main feeding point || point *m* d'alimentation *v* principal || Hauptspeisepunkt *m*; **-wals:** main cylinder (drum, roller) || cylindre *m* principal || Hauptwalze *v*; **-weg:** causeway, highroad, -way, main road || chaussée *v*, grand-chemin *m*, grande route *v*, route *v* nationale || Haupt-, Heer-, Hoch-, Staatsstraße *v*; **-werkplaats:** head (principal) works, main shops || atelier *m* central (principal) || Hauptwerkstatt *v*; **-wiel:** main wheel || maîtresse-roue *v* || Hauptrad *o*; **-wikkeling:** main winding || enroulement *m* principal || Hauptwicklung *v*; **-zijl:** *zie* **hoofdsluis.**

hoog: high || haut || hoch; **-druk-:** *zie* **hoge-druk-**; **-frequentie-:** *zie* **hoge-frequentie-.**

hoogoven: blast furnace || haut fourneau *m* || Hochofen *m*; **- afsteken, de:** to tap the furnace || percer le haut fourneau *m* || den Hochofen *m* abstechen; **-bedrijf** (*werking*): blast furnace operation || fonctionnement *m* (marche *v*) du haut fourneau *m* || Hochofenbetrieb *m*; **-blaasmachine:** blast furnace blowing engine || soufflerie *v* de haut fourneau *m* || Hochofengebläse *o*; **-cement:** blast furnace slag cement || ciment *m*' de laitier *m* de haut fourneau *m* || Hochofenzement *m*; **-cokes:** *zie* **hoogovenkooks;** **-gas:** blast furnace gas || gaz *m* de haut fourneau *m* || Gicht-, Hochofengas *o*; **-gasmotor:** blast furnace gas engine || moteur *m* à gaz *m* de haut fourneau *m* || Gichtgasmotor *m*; **-kooks:** blast furnace coke || coke *m* métallurgique (de haut-fourneau *m*) || Hochofenkoks *m*; **-kooks:** *zie* **gietkooks;** **-slak:** furnace slag || laitier *m* (scorie *v*) de haut fourneau *m* || Hochofenschlacke *v*.

hoog|reliëf: alto-relievo, high relief || haut (plein) relief *m*, relief *m* entier || Hochrelief *o*; **-spannings-:** *zie* **hoge-spannings-;** **-te:** *zie na* **hoogwaterpeil;** **-vak** (*weverij*): upper shed || pas *m* d'en haut *m* (de lève *v*, supérieur) || Hoch-, Oberfach *o*, -gelese *o*, -kehle *v*, -sprung *m*; **-veen [moeras]:** upland moor || haute tourbière *v* || Hochmoor *o*; **-water:** high water || marée *v* haute || Hochwasser *o*; **-waterpeil:** high water mark || marque *v* de haute marée *v* || Flutzeichen *o*.

hoogte: **1.** (*algem.*): height || hauteur *v* || Höhe *v*; **- binnenwerks:** headway || hauteur *v* intérieure || lichte Höhe *v*; **- i. d. dag:** *zie* **hoogte, binnenwerks;** **- v. d. waterdruk:** hydrostatic head || hauteur *v* d'élévation *v* hydrostatique || hydrostatische Förderhöhe *v*; **-, effectieve:** effective height || hauteur *v* efficace || effektive Höhe *v*; **-, metacentrische:** metacentric height || hauteur *v* métacentrique || metazentrische Höhe *v*; **-, nuttige:** efficient height || hauteur *v* utile || Nutzhöhe *v*; **-, op m. d. hand bereikbare:** within accessible (handy) height || à hauteur *v* de main *v* || in handlicher Höhe *v*; **-, vrije:** ground clearance || hauteur *v* libre || Bodenfreiheit *v*; **-afwijking:** vertical deviation || écart *m* en hauteur *v* || Höhenabweichung *v*; **-besturing:** elevator control || commande *v* de profondeur *v* || Höhensteuerung *v*; **-gas:** altitude gas || gaz *m* d'altitude *v* || Höhengas *o*; **-hoek:** angle of elevation (projection) || angle *m* d'élévation *v* || Elevationswinkel *m*; **-lijn:** (*driehoek*): perpendicular || hauteur *v* || Höhe *v*; (*isohypse*): surface contour [line] || courbe *v* de niveau *m* (hypsométrique) || Höhenlinie *v*; **-maat:** measure of elevation || mesure *v* de la hauteur *v* || Höhenmaß *o*; **-merk:** level mark || repère *m* de niveau *m* || Höhemarke *v*, -zeichen *o*, Höhenfestpunkt *m*; **-meter:** altimeter || altimètre *m* || Höhenmesser *m*; **-meting:** survey of heights || mesurage *m*

de hauteur *v* || Höhenaufnahme *v*, -messung *v*; **-roer:** elevator || équilibreur *m*, gouvernail *m* de profondeur *v* || Höhensteuer *o*; **-schaal:** scale of height || échelle *v* des hauteurs *vm* || Höhenmaßstab *m*; **-teken:** *zie* **hoogtemerk;** **-verschil:** difference in levels || différence *v* de niveaux *mm* || Höhenunterschied *m*;
2. (*hemellich.*): altitude, elevation, height || altitude *v*, élévation *v* || Höhe *v*; **-cirkel:** circle of altitude || cercle *m* de hauteur *v* || Höhenkreis *m*; **-metingen:** observation of altitudes || observations *vm* des hauteurs *vm* || Höhenbeobachtungen *vm*;
3. (*schroefgang*): height of the worm || échappée *v* || Höhe *v*;
4. (*trapslag*): height || échappée *v* || Höhe *v*.

hooi: hay || foin *m* || Heu *o*; **-hark:** rack || râtelier *m* || Raufe *v*; **-mes:** hay knife || couteau *m* à foin *m* || Heumesser *o*; **-pers:** hay press || presse *v* à foin *m* || Heupresse *v*; **-schudder:** haymaker, tedding machine || faneur *m*, faneuse *v* || Heuwender *m*; **-schuur:** haybarn, hayloft || fenil *m* || Heuscheuer *v*, -schuppen *m*; **-snijder:** *zie* **hooimes;** **-vork:** hayfork, pitchfork || fourche *v* à foin *m* || Heugabel *v*; **-zolder:** hayloft || grenier *m* à foin *m* || Heuboden *m*.

hoop: 1. (*algem.*): heap || tas *m* || Haufen *m*;
2. (*kolenafval bij mijnen*): [coal]dump || halde *v* de charbon *m* || Kohlenhalde *v*.

hoor|buis: hearing trumpet || cornet *m* acoustique || Hörrohr *o*; **-sleutel** (*telef.*): listening key || clef *v* d'écoute *v* || Mithörtaste *v*.

hoorn: 1. (*stof*): horn || corne *v* || Horn *o*; **-achtig:** hornic || corné || hornartig; **-afval:** horn clippings (shavings) || râpure *v* de corne *v* || Hornabfall *m*; **-blende:** horn-blende || hornblende *v* || Hornblende *v*; **-en** (*bijv. nw.*): [made of] horn || de corne *v* || hörnern, aus Horn *o*, Horn-; **-rasp:** horn rasp || râpe *v* à corne *v* || Hornraspel *v*; **-zilver:** *zie* **kerargyriet;**
2. (*dier, enz.*): horn || corne *v* || Horn *o*; **-aambeeld:** beak iron, anvil with an arm || enclume *v* à potence *v* || Hornamboß *m*; **-bliksemafleider:** horn shaped lightning arrester (spark gap discharger) || limiteur *m* de tension *v* (parafoudre *m*) à cornes *vm* || Hörnerblitzschutzvorrichtung *v*; **-gewelf:** vaulting with one lower and one higher impost || voûte *v* en arc *m* rampant (en demi-berceau *m*) || Horngewölbe *o*; **-klamp:** belaying (horn) cleat || taquet *m* à cornes *vm* (à oreilles *vm*) || Beleg-, Hornklampe *v*; **-reel:** wing rail || contre-rail *m*, rail *m* en patte *v* de lièvre *m* || Flügel-, Hornschiene *v*; **-uitschakelaar:** horn type switch || interrupteur *m* à antennes *vm* (à cornes *vm*) || Hörnerausschalter *m*; **-veiligheid:** horn fuse || coupe-circuit *m* (fusible *m*) à antennes *vm* (à cornes *vm*) || Hornersicherung *v*; **-werking** (*elektr.*): action of the horns || action *v* des cornes *vm* || Hörnerwirkung *v*;
3. (*muziekinstr.*): horn || corne *v*, cornet *m*, trompe *v* || Horn *o*; **-toon:** horn reed || anche *v* de cornet *m* || Stimme *v* für Horn *o*;
4. (*telef.*): mouthpiece || embouchure *v* || Mundstück *o*;
5. (*v. geluidsignaal*): horn || avertisseur *m* || Hupe *v*; **-knop:** horn button || bouton *m* d'avertisseur *m* || Hupenknopf *m*;
6. (*elektr.*): *zie* **schuthoorn.**

hoos|bak (*hangend a. e. bok*)**:** dutch scoop || [pelle *v*] hollandaise *v* || Hänge-, Schwungschaufel *v*; **-gat:** wellroom, waterway || ousset *m* || Ösgatt *o*; **-vat:** board's scoop || écope *v* || Ösfaß *o*.

hop: hop || houblon *m* || Hopfen *m*; **-eest:** hop kiln || touraille *m* à houblon *m* || Hopfendarre *v*; **-mand:** hop basket || bac *m* à houblon *m* || Hopfenseiher *m*; **-pen:** to hop || houblonner || hopfen.

hopper: 1. (*vaartuig*): hopperbarge || porteur *m* à (de) déblais *mm* || Klapp[en]prahm *m*;
2. (*vultrechter, enz.*): hopper || trémie *v* || [Schütt]trichter *m*; **-baggermolen:** *zie* **baggermolen, zelfladende;** **-zuiger:** hopper suction dredge[r]; hydraulic hopper-dredge (*Am.*) || drague *v* suceuse porteuse || Schachtpumpenbagger *m*.

hor: [window-]screen, gauze-(wire-)blind (*voor raam*); wire-gauze [frame] (*onder raam*) || treillis *m* || Fenstervorsatz *m*, Drahtständer *m*.

hor|de (*vlechtw.*)**:** hurdle || claie *v* || Hord *v*, Hurde *v*; **-denwand:** hurdle revetment || revêtement *m* en claies *vm* || Hurdenbekleidung *v*; **-denwasser:** hurdle washer || laveur *m* à claies *vm* || Hordenwäscher *m*; **-denwerk:** hurdle work || clayonnage *m* || Flechtwerk *o*, -zaun *m*.

horizon: horizon || horizon *m* || Horizont *m*; **-, astronomische:** astronomical horizon || horizon *m* astronomique || astronomischer Horizont *m*; **-, kunstmatige:** artificial (false) horizon || horizon *m* artificiel || künstlicher Horizont *m*; **-, natuurlijke:** apparent (local, visible) horizon || horizon *m* physique (visible, visuel) || sichtbarer Horizont *m*; **-, schijnbare:** sensible horizon || horizon *m* apparent || scheinbarer Horizont *m*; **-, ware:** celestial (rational, geometrical, true horizon || horizon *m* rationel (vrai) || wahrer Horizont *m*; **-taal:** horizontal(*ly*), level ||

horizontal, à niveau *m* || horizontal, waagerecht.
horloge: watch || montre *v* || Taschenuhr *v*; **-deksel:** watch cover || calotte *v* || Uhrdeckel *m*; **-glas:** watch glass || verre *v* de montre *v* || Uhrglas *o*; **-kast:** watch case || boîte *v* de montre *v* || Uhrgehäuse *o*; **-maker:** watchmaker || horloger *m* || Uhrmacher *m*; **-makersvijl:** clockmaker's (watch) file || lime *v* d'horloger *m* || Uhrmacherfeile *v*; **-sleutel:** watch key || clef *v* de montre *v* || Uhrschlüssel *m*; **-veer:** watch spring || ressort *m* de montre *v* || Uhrfeder *v*.
hormoon: hormone || hormone *v* || Hormon *o*.
horst (*terrein*)**:** heaved block, ridge fault, horst || massif *m* surélevé, bande *v* surélevée, môle *m*, horst *m* || Horst *m*, -scholle *v*, -staffel *m*.
hospitaal|schip: hospital ship || navire *m* hôpital || Hospital-, Lazarettschiff *o*; **-trein:** hospital train || train *m* d'ambulance *v* || Hospitalzug *m*.
hotel[keuken]lift: kitchen lift || monte-charge *m* pour hôtels *mm* || Wirtschaftsaufzug *m*.
hout: wood || bois *m* || Holz *o*; **- aanschaven:** to try wood by planing || sonder le bois *m* || Holz *o* anhobeln; **- drogen:** to season wood || dessécher le bois *m* || Holz *o* austrocknen; **- hakken:** to cut (to fell) timber || abattre du bois *m* || Holz *o* fällen (hauen); **- op stam:** standing tree (wood) || bois *m* sur pied *m* (vif) || Holz *o* auf dem Stamme *m*; **- opstapelen:** to stack wood || enchanteler || Holz *o* aufstapeln; **- ruw bewerken:** to baulk timber, to roughhew || dégauchir le bois *m* || Holz *o* aus dem Groben *o* behauen; **- snijden:** to carve wood || tailler en bois *m* || Holz *o* schnitzen; || **vierkant behakken:** to square the timber || carrer (équarrir) le bois *m* || Holz *o* vierkantig zuschneiden; **- vlotten:** to float (to raft) wood || flotter du bois *m* || Holz *o* flößen; **- v. bekleding:** shreddings || bois *m* de revêtement *m* || Futterholz *o*; **- zonder knoesten:** wood free from knots || bois *m* sans noeuds *mm* || Holz *o* ohne Knoten *mm*; **- zonder scheuren:** wood free from flaws || bois *m* sans roulures *vm* || Holz *o* ohne Risse *mm*; **-, bezaagd:** sawn (sawed) timber || bois *m* débité (de sciage *m*) || Säge-, Schnittholz *o*; **-, dood:** dead wood || bois *m* mort || totes (abgestorbenes) Holz *o*; **-, draads:** *zie* **aderhout; -, dwarsgezaagd:** cross (end) grain, end way, wood cut across the grain || bois *m* de bout (taillé contre le fil *m*) || Hirnholz *o*; **-, geaderd:** veined wood || bois *m* marbré (veiné) || geadertes Holz *o*; **-, gebeeldhouwd:** carved wood || bois *m* sculpté || geschnitztes Holz *o*, Holzschnitzerei *v*, Holzschnitzwerk *o*; **-, gedrenkt:** impregnated (injected) wood (timber) || bois *m* imprégné || getränktes (imprägniertes) Holz *o*; **-, geïmpregneerd:** *zie* **hout, gedrenkt; -, gekantrecht:** rectangular timber || bois *m* équarri || Kantholz *o*; **-, geolied:** oiled wood || bois *m* huilé || geöltes Holz *o*; **-, geschild:** disbarked wood || bois *m* écorcé || geschältes Holz *o*; **-, geveld:** felled timber || bois *m* abattu || geschlagenes Holz *o*; **-, gezaagd:** lumber, sawed timber || bois *m* de sciage *m* || Sägeholz *o*; **-, grofjarig:** wood with large annual rings || bois *m* aux cernes *m* larges || weitringiges Holz *o*; **-, halfrond:** cripple timber, half round wood || bois *m* mi-plat || Halbholz *o*; **-, hard:** hard wood || bois *m* dur || Hartholz *o*, hartes Holz *o*; **-, ingewaterd:** watered timber || bois *m* combugé || eingewässertes Holz *o*; **-, kort** (*lang*)**:** wood with short (*long*) fibre || bois *m* à fibre *v* courte (*longue*) || kurzfaseriges (*langfaseriges*) Holz *o*; **-, levend:** live wood || bois *m* vivant || lebendes Holz *o*; **-, luchtdroog:** air dried (seasoned) wood || bois *m* séché à l'air *m* || lufttrocknes Holz *o*; **-, nat:** damp wood || bois *m* humide || feuchtes Holz *o*; **-, ongezaagd:** timber in the log || bois *m* de brin *m* || ungesägtes Holz *o*; **-, rechtdradig:** straight timber || bois *m* droit || Geradholz *o*; **-, rond:** round timber || bois *m* rond || Rundholz *o*; **-, rot:** rotten wood || bois *m* détérioré || krankes (faules) Holz *o*; **-, rijp:** ripe wood || bois *m* de coeur *m* sec || Reifholz *o*; **-, tegendraads:** crosscut end of timber || bois *m* de bout *m* || Hirnholz *o*; **-, vergroeid:** crooked grown wood || bois *m* déjeté || krummgewachsenes Holz *o*; **-, vers:** greenwood || bois *m* vert || grünes Holz *o*; **-, vierkant bezaagd:** square[d] (rectangular) timber || bois *m* équarri (d'équarrissage *m*) || vierkant behauenes Holz *o*; **-, wankantig:** dull edged timber || bois *m* déversé (flacheux) || baumkantiges (wa[h]nkantiges) Holz *o*, Wahnholz *o*; **-, wardradig:** wary fibred wood || bois *m* à fibre *v* sinueuse (contournée) || wimmeriges (krummfaseriges) Holz *o*; **-, week:** *zie* **hout, zacht; -, zacht:** soft (tender) wood || bois *m* tendre || weiches Holz *o*, Weichholz *o*; **-, zesdelig:** log in six sections || [bois *m* débité en] sixième *m* de rond *m* || Sechstel-, Stollenholz *o*; **-, zwart:** black wood || bois *m* noir || Schwarzholz *o*; **-aanplant:** cultivation of wood || culture *v* de bois *m* || Holzpflanzung *v*; **-achtig:** ligneous, woody || boiseux, ligneux || holzartig, holzig; **-afval:** chips of wood, wood waste

|| débris *m* (déchets *mm*) de bois *m* || Holzabfälle *m*; **-appelboom:** crab tree, wild appletree || pommier *m* sauvage || Holzapfelbaum *m*; **-as:** wood ashes || cendre *v* de bois *m* || Holzasche *v*; **-asbest:** ligneous asbestos, rockwood || asbeste *m* ligniforme || Holzasbest *m*; **-azijn:** pyroligneous acid, wood vinegar || acide *m* pyroligneux, vinaigre *m* de bois *m* || Holzessig *m*; **-beits:** wood mordant || mordant *m* pour bois *m* || Holzbeize *v*; **-bekleding:** wood covering || revêtement *m* en bois *m* || Holzbeschlag *m*; **-bewerking:** wood working || travail *m* du bois *m* || Holzbearbeitung *v*; **-bewerkingsmachine:** wood working machine || machine *v* à travailler le bois *m* || Holzbearbeitungsmaschine *v*; **-blok:** billet, log of wood || bûche *v*, tronçon *m* || Holzkloben *m*, -klotz *m*, -scheit *o*; **-bok:** *zie* **bok 6**; **-boor:** gimlet, wimble || foret *m* à bois *m* (de charpentier *m*) || Holzbohrer *m*; **-buigmachine:** wood bending machine || machine *v* à courber le bois *m* || Holzbiegemaschine *v*; **-cellulose:** chemical wood pulp, wood cellulose || cellulose *v* fibreuse de bois *m* || Holzzellulose *v*; **-cement:** wood cement || ciment *m* de bois *m* || Holzzement *m*; **-constructie:** timber construction || construction *v* en bois *m* || Holzkonstruktion *v*; **-deeg:** ligneous stucco || bois *m* coulé || Holzpaste *v*; **-draadbout:** lagscrew || tire-fond *m* || Schlüsselschraube *v* mit käntigem Kopf *m*; **-draaier:** wood turner || tourneur *m* en bois *m* || Holzdrechsler *m*; **-druk** (*boekdr.*)**:** xylographic impression || impression *v* xylographique || Holzdruck *m*; **-elevator:** wood elevator || monte-charge *m* pour pièces *vm* de bois *m* || Holzelevator *m*; **-en:** wooden || de (en) bois *m* || hölzern; **-gas:** wood gas || gaz *m* de bois *m* || Holzgas *o*; **-gebrek:** defect of timber || vice *m* de bois *m* || Holzfehler *m*; **-geest:** *zie* **methylalkohol** (wood spirit; esprit *m* de bois *m*; Holzgeist *m*)**:** **-glans:** brilliancy (lustre) of wood || lustre *m* du bois *m* || Holzglanz *m*; **-graniet:** xylolithe || xylolithe *v* || Steinholz *o*; **-graveur:** wood engraver || graveur *m* en bois *m* || Holzschneider *m*; **-gravure:** xylograph, woodcut, wood engraving || estampe *v* (gravure *v*) en bois *m* || Holzschnitt *m*, -stich *m*; **-hakken:** cutting, felling || abattage *m* (couple *v*) de bois *m* || Fällen *o*, Schlagen *o*; **-hakker:** feller || bûcheron *m* || Holzfäller *m*; **-hakkersbijl:** felling axe || marlin *m* || Holz[hauer]axt *v*; **-haktijd:** felling season, time for felling || époque *v* de l'abattage *m* || Fällzeit *v*; **-handel:** timber (wood) trade || commerce *m* de bois *m* || Holzhandel *m*; **-handelaar:** dealer in wood || marchand *m* de bois *m* || Holzhändler *m*; **-helling** (*zaagmolen*)**:** slide for letting down timber, wood descent || glissière *v* pour bois *m* || Holzglitsche *v*; **-hoop:** *zie* **houtstapel**; **-industrie:** wood industry || industrie *v* du bois *m* || Holzindustrie *v*; **-kleur:** wood colour, yellow brown || couleur *v* de bois *m*, brun jaunâtre *m* || Holzfarbe *v*; **-kleurig:** wood coloured || de couleur *m* de bois *m* || holzfarbig; **-lading:** cargo of timber || charge *v* (chargement *m*) de bois *m* || Holzladung *v*; **-las:** timber joint || éclisse *v* en bois *m* || Holzlasche *v*; **-loods:** timber drying shed, woodbarn, woodhouse || hangar *m* à [sécher le] bois *m*, séchoir *m* || Holz[trocken]schuppen *m*; **-luis:** wood louse || pou *m* de bois *m* || Holzassel *v*; **-lijm:** glue (joiner's) putty || ciment *m* à bois *m*, futée *v*, mastic *m* de colle *v* || Holzkitt *m*, -leim *m*; **-maalmachine:** stiff grinder || défibreur *m* || Zerfaserer *m*; **-markt:** timber (wood) market || marché *m* au bois *m* || Holzmarkt *m*; **-mat** (*mijnb.*)**:** timber-mat || lognet *m* || Matratze *v*; **-mozaïek:** inlaid work of wood, marquetry || marqueterie *v* || Holzmosaik *v*; **-mijt:** wood pile || bûcher *m*, pile *v* (tas *m*) de bois *m* || Holzhaufen *m*, -stoß *m*; **-olie:** wood oil || huile *v* de bois *m* || Holzöl *o*; **-opaal:** wood opal || bois *m* opalisé || Holzopal *m*; **-pakhuis:** woodhole, -house, -loft, wood magazine || entrepôt *m* (magasin *m*) de bois *m* || Holzlager *o*; **-pap** (*papierfabr.*)**:** wood pulp || pâte *v* de bois *m* || Holzschliff *m*, -stoff *m*; **-papier:** wood pulp paper || papier *m* de pulpe *v* [de bois *m*] || Holzfaserpapier *o*; **-pijler:** *zie* **bok 6**; **-rasp:** wood rasp || râpe *v* à bois *m* || Holzraspel *v*; **-schilderwerk:** painting on wood || peinture *v* sur bois *m* || Holzmalerei *v*; **-schroef:** wood screw || vis *v* à bois *m* || Holzschraube *v*; **-skool:** *zie na* **houtzwam**; **-snede:** woodcut, wood engraving || gravure *v* en (taille *v* de) bois *m* || Holzschnitt *m*, -stich *m*; **-snijder:** wood carver || sculpteur *m* en bois *m* || Holzschnitzer *m*; **-snijwerk:** carved wood || bois *m* sculpté || Holzschnitzwerk *o*; **-soort:** kind (species) of wood || espèce *v* (genre *m*, sorte *v*) de bois *m* || Holzart *v*, -gattung *v*; **-spaanders:** wood chips || éclats *mm* de bois *m* || Holzspäne *mm*; **-staat:** list of timber || bordereau *m* du bois *m* || Holzliste *v*; **-stapel:** wood pile (rick, stack) || bûcher *m*, pile *v* de bois *m* || Holzstapel *m*, -stoß *m*; **-stapelplaats:** *zie* **houtpakhuis**; **-steen:** silicified wood || silex *m* corné || Holzstein *m*; **-stoking:** wood firing || chauf-

fage *m* au bois *m* || **Holzfeuerung** *v*; **-teer:** vegetable (wood) tar || goudron *m* de bois *m* (végétal) || Holzteer *m*; **-tin:** wood tin || étain *m* de bois *m* || Holzzinn *o*; **-uitvoer:** wood exportation || exportation *v* de bois *m* || Holzausfuhr *v*, -export *m*; **-veiling:** timber auction || vente *v* de bois *m* aux enchères *vm* || Holzversteigerung *v*; **-verbinding:** joining of timber || assemblage *m* du bois *m* || Holzverbindung *v*; **-vergasser:** wood distilling apparatus || gazogène *m* à bois *m* || Holzvergaser *m*; **-vergassing:** distillation of wood || distillation *v* du bois *m* || Holzvergasung *v*; **-verkoling:** carbonisation, charring of wood || carbonisation *v* du bois *m* || Holzverkohlung *v*; **-verkoping:** sale of wood || vente *v* de bois *m* || Holzverkauf *m*; **-vester:** forester, verderer || garde-forestier *m*, verdier *m* || Förster *m*; **-vesterij:** forester's (ranger's) house || maison *v* forestière, verderie *v* || Forsthaus *o*, Försterei *v*; **-vezel:** fibre (grain, strake) of wood || fibre *v* de (fil *m* du) bois *m* || Holzfaser *v*; **-vlot:** float, raft || radeau *m*, train *m* de bois *m* || [Holz]-floß *o*; **-vlotter:** raftsman || flotteur *m* || Flößer *m*; **-voorraad:** stock (store) of wood || provision *v* de bois *m* || Holzvorrat *m*; **-vormig:** resembling wood || ligniforme || holzförmig; **-vorming:** lignification || lignification *v* || Verholzung *v*; **-vuur:** wood fire || feu *m* de bois *m* || Holzfeuer *o*; **-wagen:** wood cart || chariot *m* (fardier *m*) à bois *m* || Holzwagen *m*; **-wagen, lange** (*spw.*)**:** timber truck || wagon *m* à long bois *m* || Langholzwagen *m*; **-waren:** wooden wares || ustensiles *mm* en bois *m* || Holzwaren *vm*; **-weefsel:** wood tissue || tissu-bois *m* || Holzgewebe *o*; **-werk, ingelegd:** inlaid work of wood, marquetry || marqueterie *v* || Holzmosaik *o*; **-wesp:** wood wasp || guêpe *v* de bois *m*, sirex *m* || Holzwespe *v*; **-wol:** fine wood shavings, wood fibre || laine *v* de bois *m* || Holzwolle *v*; **-worm:** wood fretter || artison *m*, perge-bois *m* || Bohr-, Holzwurm *m*; **-zaag:** wood saw || scie *v* à bois *m* || Holzsäge *v*; **-zolder:** woodloft || bûcher *m* || Holzboden *m*; **-zwam:** dry rot, wood fungus || champignon *m* du bois *m*, mérule *m* || Holzschwamm *m*.

houtskool: charcoal || charbon *m* de bois *m* || Holzkohle *v*;**- poeder:** charcoal powder (dust) || charbon *m* de bois *m* en poudre *v*, charbonnaille *v* || Holzkohlenpulver *o*; **-stoking:** heating by charcoal || chauffage *m* au charbon *m* de bois *m* || Holzkohlenheizung *v*; **-teer:** cylinder tar || goudron *m* de charbon *m* de bois *m* || Holzkohlenteer *m*; **-vuur:** charcoal fire || feu *m* de braise *v* || Holzkohlenfeuer *o*.

houvast (*schaafb.*)**:** holdfast, iron bench stop || grippe *v* d'établi *m*, mentonnet *m* || Bankhaken *m*.

houw: cut, gash || coup *m* (de hache *v*, *enz.*) || Hieb *m*, Schlag *m*, Hau *m*; (*vijl*)**:** cut || taille *v* || Hieb *m*;

houw|aanbeeld (*vijlen*)**:** cutting block, file cutting anvil || enclume *v* à limes *vm* || Feilenamboß *m*; **-beitel** (*vijl*)**:** file chisel || étoile *v* du tailleur *m* de limes *vm* || Feilenmeißel *m*.

houwen: to hew (hack, cut) || couper; tailler (*snijden*); hacher (*hakken*) || hauen; (*vijlen*)**:** to cut || tailler || hauen; *zie ook* **hakken** (*mijnb.*).

houw|hamer (*vijlen*)**:** file hammer || marteau *m* à limes *vm* || Feilenhammer *m*; **-steen:** cut (work) stone || pierre *v* de taille *v* (taillée) || Hau-, Werkstein *m*, Quader *m*.

houweel: **1.** (*breed*)**:** mattock || houe *v* || Breithacke *v*;
2. (*één punt spits en één punt vlak*)**:** flat pick || pioche *v* || Kreuzhacke *v*;
3. (*m. spitse punt*)**:** pick [axe] || pic *m* || Spitzhacke *v*;
4. (*met twee punten*)**:** doublepick || pic *m* à deux pointes *vm* || Doppelspitzhacke *v*;
5. (*vlak*)**:** flat mattock || hoyau *m* || Flachhacke *v*.

hozen: *zie* **uithozen.**

H-staal: H-steel || acier *m* en H || H-Stahl *m*.

hughestoestel: Hughes type printing telegraph || appareil *m* [imprimeur *m*] de Hughes || Hughesapparat *m*.

huid [1])**:** **1.** (*dier*)**:** hide, skin || peau *v* || Haut *v*; **-afval:** skin parings || effleurures *vm* || Falzspäne *mm*; **-eenheidsdosis:** erythema-dose || dose *v* érythématique || Hauteinheits-, Erythemdosis *v*; **-en weken:** to swell leather || gonfler les peaux *vm* || Häute *vm* schwellen;
2. (*schip*)**:** boarding, skin || bordé *m* extérieur, bordages *mm* extérieurs || [Außen]haut *v*; **-, m. gladde:** flush plated || bordé à franc-bord *m* || glatt beplattet; **-nagel, koperen:** copper (sheating) nail || clou *m* de doublage *m* || Kupferspieker *m*; **-papier:** sheating paper || papier *m* goudronné de doublage *m* || Hautpapier *o*; **-plank:** outside plank || bordage *m* extérieur || Außenplanke *v*; **-scheur:** surface crack || crevasse *v* superficielle || Hautriß *m*; **-spijker:** sheating nail || clou *m* à doublage *m* || Hautspieker *m*;
3. (*dunne laag*)**:** thin layer, film || couche *v* mince, film *m* || dünne Schicht *v*, Haut *v*; **-je:** [thin] film || couche *v* très mince,

[1]) Zie ook *vel*.

film *m* || Häutchen *o*; *zie ook* **film; foelie; laag; vlies.**

huif: tilt || bâche *v* || Wagentuch *o*.

huis: 1. (*gebouw*): house || maison *v* || Haus *o*; **-aansluitbord:** house connection board || tableau *m* de jonction *v* d'intérieur *m* || Hausanschlußtafel *v*; **-aansluiting** (*elektr.*): house service connection || raccordement *m* de maison *v* || Hausanschluß *m*; **-aansluitkast** (*elektr.*): house connection box || boîte *v* de jonction *v* pour installation *v* domestique || Hausanschlußkasten *m*; **-brandkool:** domestic (house-hold, house) coal || charbon *m* domestique || Hausbrandkohle *v*; **-deur:** front (entry, street) door || porte *v* d'entrée *v* || Haustür *v*; **-deurcontact:** street door contact || contact *m* pour portes *vm* d'entrée *v* || Haustürkontakt *m*; **-houdelijk:** domestic || domestique || häuslich, Haus-; **-houdlinnen:** kitchen linnen || linge *m* de ménage *m* || Küchenzeug *o*; **-installatie** (*elektr.*): house installation (wiring) || installation *v* domestique || Hausinstallation *v*; **-invoerbuis** (*elektr.*): house entry tube || tube *m* d'entrée *v* d'appartement *m* || Hauseinführungsrohr *o*; **-orgaan:** house organ || house-organ *m*, journal *m* de la firme *v* || Hauszeitschrift *v*; **-schelinstallatie:** house bell installation || installation *v* domestique de sonneries *vm* || Haussignalanlage *v*; **-telefoon:** house telephone || téléphone *m* domestique || Hausruf *m*; **-telegraaf:** house telegraph || télégraphe *m* domestique || Haustelegraph *m*; **-transformator:** house [indoor] transformer || transformateur *m* domestique || Haustransformator *m*; **-trap:** inner stairs || escalier *m* de maison *v* || Haustreppe *v*; **-zwam:** dry rot, fungus, merulius || champignon *m* des maisons *vm*, mérule *m* || Aderpilz *m*, Hausschwamm *m*, trockene Fäulniß *v*; **2.** (*kast, omhulsel, enz.*): case, casing || cage *v*, boîte *v*, boîtier *m* || Gehäuse *o*; **-** (*elektr. mach.*): carcase || carcasse *v* || Gehäuse *o*, Gestell *o*; **-helft v. d. achterbrug:** half housing of rear axle || trompette *v* de pont *m* arrière || Gehäusehälfte *v* der Hinterachse *v*;
3. (*bijl*): hatchet eye || oeil *m* de cognée *v* (de hache *v*) || Haube *v*, Helmloch *o*;
4. (*katrol*): *zie* **schijfhuis** *onder* **schijf 4.**

huizing (*touw*): house line || merlin *m* || Hüsing *v*.

hulp| bij ongevallen, eerste: *zie* **ongevallen, eerste hulp bij; -accumulator:** auxiliary accumulator || accumulateur *m* auxiliaire || Hilfsakkumulator *m*; **-afsluitklep:** intermediate stop valve || soupape *v* d'arrêt *m* intermédiaire || Hilfsabsperrventil *o*; **-as:** auxiliary shaft || arbre *m* auxiliaire || Hilfswelle *v*; **-batterij:** auxiliary (boosting) battery || batterie *v* auxiliaire (de renfort *m*) || Hilfs-, Verstärkungsbatterie *v*; **-boog:** supplementary arc || arc *m* supplémentaire || Ergänzungsbogen *m*; **-borstel** (*elektr.*): auxiliary brush || balai *m* auxiliaire || Nebenbürste *v*; **-brug:** temporary bridge || pont *m* provisoire || Hilfsbrücke *v*; **-cel:** regulating cell || élément *m* additionnel || Zusatzzelle *v*; **-condensator:** auxiliary condenser || condenseur *m* auxiliaire || Hilfskondensator *m*; **-contactstuk:** intermediate contact piece || plot *m* de contact *m* intermédiaire || Hilfskontaktstück *o*; **-draad:** pilot wire || conducteur *m* pilote || Steuerleitung *v*, Hilfsleiter *m*; **-dynamo:** auxiliary dynamo || dynamo *v* (génératrice *v*) auxiliaire || Ersatz-, Hilfsdynamo *v*; **-fase:** artificial (auxiliary) phase || phase *v* artificielle || Hilfsphase *v*; **-fasewikkeling:** auxiliary phase winding || enroulement *m* de phase *v* auxiliaire || Hilfsphasenwick[e]lung *v*; **-freem:** small frame || cadre *m* indépendant || Hilfsrahmen *m*; **-fundering v. e. heimachine:** sill of a pile driving engine || semelle *v* de sonnette *v* || Rammenschwelle *v*; **-hefboom:** supplementary lever || contre-bascule *v* || Hilfshebel *m*; **-kantoor der telefonie:** telephone substation || poste *v* téléphonique auxiliaire || Fernsprechnebenstelle *v*; **-ketel:** auxiliary boiler || chaudière *v* auxiliaire (de secours *m*) || Hilfskessel *m*; **-klep:** by pass valve, auxiliary valve [to facilitate opening main valve] || soupape *v* auxiliaire [pour faciliter l'ouverture *v* de la soupape *v* principale] || Entlastungs-, Hilfsventil *o*; **-kleuren:** secondary colours || couleurs *vm* secondaires || Nebenfarben *v*; **-kraan:** supplementary cock || robinet *m* supplémentaire || Hilfshahn *m*; **-kracht:** auxiliary force || force *v* auxiliaire || Hilfskraft *v*; **-kruiser:** auxiliary cruiser || croiseur *m* auxiliaire || Hilfskreuzer *m*; **-lading:** auxiliary charge || charge *v* auxiliaire || Hilfsladung *v*; **-leiding:** auxiliary line (main) || canalisation *v* auxiliaire || Hilfsleitung *v*; **-machine:** auxiliary engine || machine *v* auxiliaire || Hilfsmaschine *v*; **-machinist:** assistant driver (engineman) || aide-machiniste *m* || Hilfsmaschinist *m*; **-magneet:** auxiliary magnet || aimant *m* auxiliaire || Hilfsmagnet *m*; **-motor:** auxiliary motor, servo-motor || moteur *m* auxiliaire, servomoteur *m* || Hilfs-, Servomotor *m*; **-ontlading:** secondary discharge || décharge *v* secondaire || Nebenentladung *v*; **-pomp:** donkey pump || petit cheval *m* ||

Hilfspumpe *v*; **-pool:** auxiliary pole || pôle *m* auxiliaire || Hilfspol *m*; *zie ook* **commutatiepool; -pijpleiding:** auxiliary piping (range of pipes) || conduite *v* auxiliaire || Hilfsrohrleitung *v*; **-reservoir:** auxiliary tank || réservoir *m* auxiliaire || Hilfsbehälter *m*; **-rol:** adjoining roll || rouleau *m* voisin || Nebenrolle *v*; **-schacht** (*mijnb.*)**:** secondary pit || puits *m* auxiliaire || Hilfsschacht *m*; **-schakelaar:** auxiliary switch || interrupteur *m* auxiliaire || Hilfsschalter *m*; **-schuif:** auxiliary slide valve || tiroir *m* auxiliaire || Hilfsschieber *m*; **-schuifafsluiter:** auxiliary gate (parallel slide, sluice) valve || vanne *v* auxiliaire || Hilfsschieber *m*; **-spaak:** fish || faux-rais *m* || Notspeiche *v*; **-spoor:** temporary railway || chemin *m* de fer *m* provisoire || Hilfsbahn *v*; **-sproeier:** by-jet; slowrunning nozzle || gicleur *m* de secours *m*; gicleur *m* de ralenti *m* || Nebendüse *v* [für Langsamgang *m*]; **-stelling:** auxiliary scaffolding || échafaudage *m* de service *m* || Hilfsgerüst *o*; **-stoker:** assistant stoker, fireman, understoker || aide-chauffeur *m* || Hilfsheizer *m*; **-stoommachine:** auxiliary steam engine || machine *v* à vapeur *v* auxiliaire || Hilfsdampfmaschine *v*; **-stoompomp:** donkey [pump] || pompe *v* de petit cheval *m* || Hilfsdampfpumpe *v*; **-stoomvermogen:** auxiliary steam power || puissance *v* auxiliaire || Hilfsdampfkraft *v*; **-stroom:** auxiliary current || courant *m* auxiliaire || Hilfsstrom *m*; **-trein:** auxiliary train || train *m* de secours *m* || Hilfszug *m*; **-veer:** auxiliary spring || ressort *m* auxiliaire (de secours *m*) || Hilfsfeder *v*; **-verlichting:** emergency lighting || éclairage *m* de secours *m* || Notbeleuchtung *v*; **-verzamelreel:** auxiliary bus-bar || barre *v* omnibus auxiliaire || Hilfssammelschiene *v*; **-voedingskraan:** supplementary feed cock || robinet *m* d'alimentation *v* supplémentaire || Hilfsspeisehahn *m*; **-wikkeling:** auxiliary winding || enroulement *m* auxiliaire || Hilfswick[e]lung *v*.

huls: 1. (*algemeen*): case || douille *v* || Hülse *v*;
2. (*patroon*): cartridge case || douille *v* || Hülse *v*;
3. (*pneum. hamer*): coupling sleeve, tool socket || douille *v* d'emmanchement *m*, manchon *m* d'accouplement *m* || Werkzeughülse *v*.

humus: humus || humus *m* || Humus *m*; **-aarde:** vegetable earth (soil) || terre *v* végétale || Humuserde *v*, -boden *m*; **-gesteente:** humus rock || roche *v* d'humus *m* || Humusgestein *o*; **-zuur:** humic acid || acide *m* humique || Humussäure *v*.

hut: 1. (*schip*): stateroom || cabine *v* || Kajüte *v*;
2. (*glasblazerij*): glasshouse || verrerie *v* || Glashütte *v*.

huur: rent[al], hire || loyer *m*, prix *m* de location *v* || Miete *v*; **-, te:** for hire (rent), to let; for charter (*schip*, *vliegtg.*) || à louer || zu vermieten; **-bedrijf:** working by lease || exploitation *v* affermée (moyennant une redevance *v*) || Pachtbetrieb *m*; **-huis:** tenement house, rented (hired) house; || maison *v* de louage *m* (location *v*) || Mietshaus *o*.

H-vormig: H-shaped || en forme *v* de H *m* || H-förmig.

hijs|bok (*drijvend*)**:** floating crane || grue *v* flottante, grue-ponton *v* || Ponton-, Schwimmkran *m*; **-en:** to hoist, (lift) hisser, lever || heben, heißen, hissen; **-kabel:** hoisting, winding cable (rope) || câble *m* de levage *m* (de monte-charge *m*) || Aufzug-, Förderseil *o*; **-ketting:** lifting chain || chaîne *v* de levage *m* || Hubkette *v*; **-kooi:** winding frame || armature *v* de la plateforme *v*, cage *v* || Fördergestell *o*; **-kraan:** *zie* **kraan 1; -lier:** hauling winch || treuil *m* de hissage *m*; || Förderwinde *v*; **-machine:** hoisting engine || machine *v* de levage *m* || Hebemaschine *v*; **-schacht** (*mijnb.*)**:** hoisting (drawing) shaft || puits *m* d'extraction *v* || Förder-, Treibeschacht *m*; **-strop:** sling || élingue *v*, estrope *v* || Heißstropp *m*; **-toestel:** hoist || monte-charge *m* || Aufzug *m*; **-touw:** tackle rope || corde *v* de poulie *v* || Hißtau *o*; **-trommel** (*mijnb.*)**:** cable (hoisting) drum || tambour *m* à cable *m* || Förder-, Bohrseiltrommel *v*; **-werktuig:** hoisting apparatus, lifting device (machine) || appareil *m* (engin *m*) de levage *m* || Hebemaschine *v*, -vorrichtung *v*, -zeug *o*.

H-ijzer: *zie* **H-staal.**

hya|cint (*gesteente*)**:** hyacinth || hyacinthe *v* || Hyacinth *m*; **-liet:** *zie* **glasopaal; -lografie:** hyalography || hyalographie *v* || Hyalographie *v*.

hydraat: hydrate || hydrate *m* || Hydrat *o*; **-water:** hydrate water || eau *v* hydratée || Hydratwasser *o*.

hydrau|lica: hydraulics, mechanics of fluids || hydraulique *v*, mécanique *v* des fluides *vm* || Hydraulik *v*, Hydromechanik *v*, Mechanik *v* der flüssigen Körper *mm*; **-lisch:** hydraulic(*ally*) || hydraulique[*ment*] || hydraulisch.

hydro|barometer: hydrobarometer || hydrobaromètre *m* || Wasserbarometer *o*, *m*; **-cycloon:** hydro-cyclone || hydro-cyclone *m*; || Hydrozyklon *m*; **-dynamica:** hydrodynamics || hydro-dynamique *v* || Hydrodynamik *v*; **-elektrisch:** hydroelectric ||

hydroélectrique || hydroelektrisch; **-extracteur:** *zie* **droogcentrifuge; -faan:** hydrophane || hydrophane *v* || Hydrophan *m*; **-fiel:** hydrophilic || hydrophile || hydrophil; **-foob:** hydrophobic || hydrophobe || hydrophob; **-graaf:** hydrographer || hydrographe *m* || Hydrograph *m*; **-grafie:** hydrography || hydrographie *v* || Hydrographie *v*; **-grafisch:** hydrographic[*al*] || hydrographique || hydrographisch; **-logie:** hydrology || hydrologie *v* || Hydrologie *v*; **-lyse:** hydrolysis || hydrolyse *v* || Hydrolyse *v*; **-lytisch:** hydrolytic || hydrolytique || hydrolytisch; **-mechanica:** mechanics of fluids || mécanique *v* des fluides *vm* || Hydromechanik *v*; **-meter:** hydrometer || hydromètre *m* || Hydrometer *o, m*; **-metrisch:** hydrometrical(*ly*) || hydrométrique || hydrometrisch; **-plastiek:** hydroplastics || hydroplastique *v* || Hydroplastik *v*; **-pneumatisch:** hydropneumatic || hydropneumatique || hydropneumatisch; **-statica:** hydrostatics || hydrostatique *v* || Hydrostatik *v*; **-statiemeter:** hydrostatimeter || hydrostatimètre *m* || Hydrostatimeter *o, m*; **-statisch:** hydrostatic[al] || hydrostatique || hydrostatisch; **-techniek:** hydrotechnics || hydrotechnique *v* || Hydrotechnik *v*, Wasserbaukunst *v*.

hydroxy|-1 ethaancarbonzuur-1 (hydroxy-2 propaanzuur; melkzuur): hydroxy-1 ethanecarboxylic-1 acid || acide *m* hydroxy-1 éthanecarboxylique-1 || (Hydroxy-1 äthancarbonsäure-1 *v*); **-2 benzeencarbonzuur-1** (salicylzuur): hydroxy-2 benzenecarboxylic-1 acid || acide *m* hydroxy-2 benzènecarboxylique-1 || (Hydroxy-2 benzencarbonsäure-1); **-2 propaanzuur (hydroxy-1 ethaancarbonzuur-1;** melkzuur): hydroxy-2 propanoic acid || acide *m* hydroxy-2 propanoïque || (Hydroxy-2 propansäure *v*).

hydroxyde: hydroxide || hydrate *m*, hydroxyde *m* || Hydroxyd *o*.

hydroxyl: hydroxyl || hydroxyl[e] *m* (oxyhydrile *m*) || Hydroxyl *o*; **-groep:** hydroxyl group || groupe *m* (groupement *m*) hydroxyl[e] *m* (oxyhydrile *m*) || Hydroxylgruppe *v*; **-ion:** hydroxyl ion || ion *m* hydroxyl[e] *m* (oxyhydrile *m*) || Hydroxylion *o*.

hyetometer: ombrometer, pluviometer, rain gauge || hyétomètre *m*, pluviomètre *m* || Regenmesser *m*.

hygro|elektrometer: hygroelectrometer || hygroélectromètre *m* || Hygroelektrometer *o, m*; **-meter:** hygrometer || hygromètre *m* || Feuchtigkeitsmesser *m*, Hygrometer *o, m*; **-metrie:** hygrometrics || hygrométrique *v* || Hygrometrie *v*; **-metrisch:** hygrometric || hygrométrique || hygrometrisch; **-skoop:** hygroscope || hygroscope *m* || Feuchtigkeits[an]zeiger *m*, Hygroskop *o*; **-skopisch:** hygroscopic || hygroscopique || hygroskopisch.

hyper|bolisch: hyperbolic[al] || hyperbolique || hyperbolisch; **-boloïde:** hyperboloid, hyperbolic conoid || hyperboloïde *m* || Hyperboloid *o*; **-boloïdisch:** hyperboloidic[al] || hyperboloïdique || hyperboloidisch; **-bool:** hyperbola || hyperbole *v* || Hyperbel *v*; **-compounddynamo:** overcompounded dynamo || dynamo *v* hypercompoundée || Überkompounddynamo *v*; **-oxyde:** peroxide || peroxyde *m* || [Su]peroxyd *o*; **-synchroon:** hypersynchronous || hypersynchrone || übersynchron.

hypo: 1.* (*fotogr.*): *zie* **natriumthiosulfaat; 2.** (*in samenstellingen en chem. namen*): hypo- || hypo- || hypo-, Hypo-; **-bromiet** (*-chloriet*; *-jodiet*; *-fosfiet*): hypobromite (*-chlorite*; *-iodite*; *-phosphite*) || hypobromite (*-chlorite*; *-iodite*; *-phosphite*) *m* || Hypobromit (*-chlorit*; *-jodit*; *-phosphit*) *o*; **-cycloïde:** hypocycloid, internal epicycloid || hypocycloïde *v*, épicycloïde *v* intérieure || Hypozykloide *v*; **-tenusa:** hypotenuse || hypoténuse *v* || Hypotenuse *v*; **-these:** hypothesis || hypothèse *m* || Hypothese *v*, Annahme *v*; **-thetisch:** hypothetic[al](*ly*) || hypothétique(*ment*) || hypothetisch.

hypso|metrie: hypsometry || hypsométrie *v* || Höhenmessung *v*; **-thermometer:** thermobarometer || hypsothermomètre *m*; thermobaromètre *m* || Thermobarometer *o, m*, Wärmewetterglas *o*.

hysteresigraaf: hysteresigraph || hystérésigraphe *m* || Hysteresisschreiber *m*.

hysteresis: hysteresis || hystérésis *v* || Hysteresis *v*; **-coëfficiënt:** hysteresis coefficient || coefficient *m* d'hystérésis *v* || Hysteresiskoeffizient *m*; **-diagram:** hysteresis loop || boucle *v* d'hystérésis *v* || Hysteresisschleife *v*; **-kromme:** *zie* **hysteresisdiagram; -meettoestel:** hysteresis tester || hystérésimètre *m* || Hysteresismeßapparat *m*; **-motor:** hysteresis motor || moteur *m* à hystérésis *v* || Hysteresismotor *m*; **-verlies:** hysteresis (hysteretic) loss || perte *v* par hystérésis *v* || Hysteresisverlust *m*.

I

I-anker: H-(Siemens) armature || induit *m* de Siemens (en double T *m*) || I- (Doppel T-, Siemens)anker *m*.
ichnografie: horizontal projection, ichnography || ichnographie *v* || Grundriß *m*, Horizontalprojektion *v*.
ideaal: ideal || idéal || ideal.
iden|tiek: identic[al] || identique (*avec*) || identisch; **-tificeren:** to identify || identifier || identifizieren; **-tificering:** identification || identification *v* || Identifizierung *v*; **-titeit:** identity || identité *v* || Identität *v*.
idio|chromatisch: idiochromatic || idiochromatique || idiochromatisch; **-elektrisch:** idioelectric || idioélectrique || idio-, selbstelektrisch; **-statisch:** idiostatic || idiostatique || idiostatisch.
idokraas: idocrase || idocrase *v* || Idokras *m*.
idrialien: idrialine || idrialine *v* || Idrialin *m*.
iep (*boom*)**:** yew || if *m* || Eibe *v*; **-, gewone:** common elm || orme *m* rouge, ormeau *m* || gemeine Ulme *v*, Rot-, Feldulme *v*; **-enhout:** elmwood || bois *m* d'orme *m* || Ulmenholz *o*; **-enhout, wit:** small leaved elm wood || bois *m* d'orme *m* commun || Weißrüsternholz *o*.
ig|leasiet: iglesiasite || iglésiasite *v* || Iglesiasit *m*; **-nitron:** ignitron || ignitron *m* || Ignitron *o*.
iko|saëder: icosahedron || icosaèdre *m* || Ikosaeder *o*, Zwanzigflächner *m*; **-sitetraeder:** trisoctahedron, trapezohedron || icositétraèdre *m*, trapézoèdre *m* || Ikositetraeder *o*, Trapezoeder *m*.
I-las: bult joint with square edges || soudure *v* bord à bord sans chanfrein *m* || I-Naht *v*.
ilgnerschakeling: Ilgner system || système *m* Ilgner || Ilgner-Antrieb *m*.
illinium: illinium illinium *m* || Illinium *o*.
illumi|natie: illumina ion || illumination *v* || Illumination *v*; **-natielamphouder:** illumination lamp holder || douille *v* d'illumination *v* || Illuminationsfassung *v*; **-nator, verticale:** *zie* **objectiefilluminator;** **-neren:** to illuminate || illuminer || illuminieren.
illu|stratie: illustration, engraving, picture || illustration *v*, gravure *v* || Illustration *v*, Abbildung *v*, Bild *o*; **-stratiedrukpapier:** halftone paper || papier *m* pour illustrations *vm* || Illustrationsdruckpapier *o*; **-streren:** to illustrate || illustrer || illustrieren.
il|meniet: ilmenite, titanic iron || ilménite *v*, fer *m* titané || Titaneisenstein *m*, Titaneisen *o*; Titaneisenerz *o*; **-vaïet:** ilvaite, lievrite || ilvaïte *v*, liévrite *v* || Ilvait *m*.
imaginair: imaginary || imaginaire || imaginär.
imbibitie: imbibition || imbibition *v* || Eintränkung *v*.
imitatiediamant: simili || simili *m* || imitierter Diamant *m*.
immersie (*mikr.*)**:** immersion || immersion *v* || Immersion *v*.
impasteren: to impaste || empâter || impastieren.
impedantie: impedance || impédance *v* || Impedanz *v*; **-, karakteristieke:** characteristic impedance || impédance *v* caractéristique || Wellenwiderstand *m*; **-aanloopweerstand:** impedance starter || démarreur *m* à impédance *v* || Impedanzanlasser *m*; **-driehoek:** impedance diagram || triangle *m* de l'impédance *v* || Widerstandsdreieck *m*.
imperiaal: **1.** (*drukletter*)**:** nine lines pica || triple (gros double) canon *m*, soixante-douze *m* || Imperial *m*;
2. (*voertg.*)**:** imperial || impériale *v* || Decksitz *m*, Imperiale *v*;
3. -papier: imperial || papier *m* grand jésus || Großregal *o*, Imperialpapier *o*.
impost: impost, dormant tree || imposte *v* || Kämpfer *m*; **-lijn:** impost line || ligne *v* d'imposte *v* || Kämpferlinie *v*; **-lijst:** impost moulding || imposte *v* ornée *v* || Kämpfergesims *o*; **-pijler:** archpier || pied *m* droit d'un arc *m* || Kämpferpfeiler *m*.
impreg|neergraad: coefficient of impregnation || coefficient *m* d'imprégnation *v* || Tränkkoeffizient *m*; **-neerketel:** impregnating tank (vessel) || chaudière *v* d'imprégnation *v* || Tränkungskessel *m*; **-neerkuip v. dwarsliggers:** vat for impregnation of sleepers || cuve *v* pour imprégnation *v* de traverses *vm* || Kufe *v* für Schwellenimprägnierung *v*; **-neermengsel:** impregnating compound || liquide *m* d'imprégnation *v* || Tränkungsmasse *v*; **-neerzuur:** impregnating acid || acide *m* d'imprégnation *v* || Durchtränkungssäure *v*; **-neren:** to impregnate, to steep || imbiber, imprégner || imprägnieren, tränken; **-nering:** impregnation, steeping || imbibition *v*, imprégnation *v* || [Durch]tränkung *v*, Imprägnierung *v*; **-nering m. creosoot:** impregnation with creosote || imprégnation *v* (injection *v*) à la créosote *v* || Imprägnierung *v* mit Kreosot *o*; **-nering m. kopersulfaat:** impregnation with copper sulfate || imprégnation *v* (injection *v*) au sulfate *m* de cuivre *m* || Imprägnierung *v* mit

Kupfersulfat *o*; **-nering m. zinkchloride:** impregnation with zinc chloride || imprégnation *v* (injection *v*) au chlorure *m* de zinc *m* || Imprägnierung *v* mit Zinkchlorid *o*.

impuls[ie]: impulse || impulsion *v* || Impuls *m*, Antrieb *m*; **-gever:** impulsesender || contacteur *m* || Impulsgeber *m*; **-overdrager** (*autom. telef.*): impulse repeater || répétiteur *m* d'impulsions *vm* || Impulsübertragung *v*.

in: in; into || dans, en || in; innerhalb; *zie ook* **binnen; - gang zetten:** to start || mettre en fonction *v* (marche *v*, train *m*) || inbetriebsetzen; **-bedrijfstelling:** starting || mise *v* en marche *v* || Inbetriebsetzen *o*, -nahme *v*; **-beitelen:** to cut in with a chisel || creuser avec le ciseau *m* || einmeißeln; **-binden** (*v. e. boek*): to bind || relier || einbinden; **-blazen:** to blast, to blow in || injecter, insuffler || einblasen; **-blazing:** blast, blowing in || injection *v*, insufflation *v* || Einblasen o; **-braak** (*schieten*) (*mijnb.*): cut || bouchon *m*, empiétage *m* || Einbruch *m*.

inbran|den (*email*): to pass through the muffle || passer au feu *m* || einbrennen; **-ding** (*glazuur*): glaze baking || cuisson *v* du vernis *m* || Einbrennen *o* der Glasur *v*.

in|brengen: to insert, to put in || introduire, mettre [en place] || einbringen, einlegen; **-bijten:** to corrode || corroder || anfressen, ätzen, beizen.

inclinatie (*magneetnaald*): dip, inclination || inclinaison *v* || Inklination *v*, Neigung der Magnetnadel *v*; **-boussole:** inclinometer || boussole *v* d'inclinaison *v* || Inklinationsmesser *m*; **-kompas:** dipping circle (needle), inclination needle || aiguille *v* (boussole *v*) d'inclinaison *v* || Inklinationsnadel *v*, -bussole *v*, Inklinatorium *o*; **-naald:** inclination (dipping) needle || aiguille *v* d'inclinaison *v* || Inklinationsnadel *v*.

incli|natorium: *zie* **inclinatiekompas; -nometer:** *zie* **hellingmeter** (*klinometer*).

incrus|tatie: incrustation || incrustation *v* || Inkrustation *v*; **-teren:** to incrust || encroûter, incruster || inkrustieren.

indam|men: to dam in, to embank || endiguer || eindämmen, -deichen; **-ming:** embankment || endiguement *m* || Eindämmung *v*, -deichung *v*.

indamp|en: **1.** (*doen verdampen*): to concentrate by evaporation, (to evaporate), to boil down || concentrer par évaporation *v*, (évaporer) || eindampfen, -dämpfen; **-ing:** concentration by evaporation, (evaporation), boiling down || concentration *v* par évaporation *v*, (évaporation *v*) || Eindampfung, -dämpfung *v*, Eindampfen, -dämpfen *o*; **-inrichting, -toestel:** evaporating apparatus, evaporator, concentrator || appareil *m* (dispositif *m*) d'évaporation *v*, évaporateur *m* || Eindampfvorrichtung *v*, -apparat *m*;
2. (*verdampen*): to become thickened by evaporation, to boil down || s'évaporer || eindampfen; **-ing:** evaporation, boiling down || évaporation *v* || Eindampfung *v*, Eindampfen *o*.

inde|len in graden: to divide into degrees, to graduate || diviser en degrés *mm* || in Graden *mm* einteilen; **-ling** (*schakelbord*): plan of switch board || plan *m* de distribution *v* du tableau *m* || Schaltplan *m*; **-lingsplan:** disposition plan || plan *m* d'arrangement *m* (de distribution *v*) || Einrichtungszeichnung *v*.

indek|ken: to cover a roof || poser la couverture *v* || eindecken; **-king:** covering of a roof, roofing || couverture *v* d'un toit *m* || Eindeckung *v*.

index: **1.** (*handwijzer*): hand, index || index *m* || Handzeichen *o*, Index *m*, Zeiger *m*;
2. (*boek*): index, register || index *m* || Register *o*; *zie ook* **inhoudsopgave.**

indicateur: indicator || indicateur *m* || Indikator *m*; **- v. d. aardsluiting:** ground detector || indicateur *m* de perte *v* à la terre *v* || Erdschlußanzeiger *m*; **- m. binnenveer:** indicator with internal spring || indicateur *m* à ressort *m* chaud (intérieur) || Warmfederindikator *m*, Indikator *m* mit innenliegender Feder *v*; **- m. buitenveer:** indicator with external spring || indicateur *m* à ressort *m* extérieur (froid) || Kaltfederindikator *m*, Indikator *m* mit außenliegender Feder *v*; **- v. doorlopende diagrammen:** continuous indicator, indicator for continuous diagrams || indicateur *m* pour diagrammes *mm* continus || Indikator *m* für fortlaufende Diagramme *om*; **- m. dubbele veer:** indicator with double coil spring || indicateur *m* à ressort *m* à double enroulement *m* || Indikator *m* mit doppelt gewundener Feder *v*; **- m. enkele veer:** indicator with single coil spring || indicateur *m* à ressort *m* à simple enroulement *m* || Indikator *m* mit einfach gewundener Feder *v*; **- m. platte veer:** metallic diaphragm indicator || indicateur *m* à diaphragme *m* métallique || Plattenfederindikator *m*; **- v. d. lading:** charge indicator || indicateur *m* de la charge *v* || Ladeanzeiger *m*; **- v. d. richting v. h. draaiveld:** indicator for the direction of the rotating field || indicateur *m* de direction *v* du champ *m* || Drehfeldrichtungsanzeiger *m*; **- v. d. stroom-**

richting: current direction indicator || indicateur *m* de sens *m* du courant *m* || Stromrichtungsanzeiger *m*; **- v. d. warmtegraad:** heating effect indicator || indicateur *m* d'effet *m* de chauffe *v* || Heizeffektmesser *m*;**- v. h. faseverschil:** phase difference indicator || indicateur *m* de décalage *m* des phases *vm* || Phasenvergleicher *m*; **- v. h. synchronisme:** synchronism indicator || indicateur *m* du synchronisme *m* || Synchronismusanzeiger *m*; **-aansluiting:** indicator connection || raccord *m* d'indicateur *m* || Indikatoranschluß *m*; **-diagram:** indicator diagram || diagramme *m* d'indicateur *m* || Indikatordiagramm *o*, -[schau]bild *o*; **-diagram nemen, een:** to take an indicator diagram || prendre (relever) un diagramme *m* d'indicateur *m* || ein Indikatordiagramm *o* abnehmen; **-drijfwerk:** indicator reducing gear || commande *v* d'indicateur *m* || Indikatorantrieb *m*; **-kast:** indicator case || boîte *v* d'indicateur *m* || Indikatorkasten *m*; **-nok:** indicator boss || mamelon *m* d'indicateur *m* || Indikatornocken *m*; **-olie:** watchmaker's oil || huile *v* fine || Spindelöl *o*; **-papier:** *zie* **diagrampapier; -proef:** indicator test || essai *m* à indicateur *m* || Indikatorversuch *m*; **-schroef:** indicator plug || bouchon *m* à vis *v* d'indicateur *m* || Indikatorschraube *v*; **-snaar:** indicator cord || cordon *m* (ficelle *v*) d'indicateur *m* || Indikatorschnur *v*; **-stift:** indicator pencil || crayon *m* d'indicateur *m* || Indikatorstift *m*; **-trommel:** indicator drum || tambour *m* d'indicateur *m* || Indikatortrommel *m*; **-veer:** indicator spring || ressort *m* d'indicateur *m* || Indikatorfeder *v*; **-veerijking:** calibration of the indicator spring || étalonnage *m* du ressort *m* d'indicateur *m* || Eichung *v* der Indikatorfeder *v*; **-zuiger:** indicator piston || piston *m* d'indicateur *m* || Indikatorkolben *m*.

indicator (*chem.*)**:** indicator || indicateur *m* || Indikator *m*; **-papier:** indicator paper || papier *m* à indicateur *m* || Indikatorpapier *m*.

indice|ren: to indicate || prendre la puissance *v* d'une machine *v* à l'aide *v* de l'indicateur *m* || indizieren; **-ring:** indicating || relèvement *m* de la puissance *v* à l'aide *v* de l'indicateur *m* || Indizierung *v*.

indie|nen (*octr.aanvr.*)**:** to file, to lodge || déposer || einreichen; **-ning:** filing, lodging || dépôt *m* || Einreichung *v*; **-ningscijns:** filing fee || taxe *v* de dépôt *m* || Einreichungsgebühr *v*; **-ningsdatum:** filing date || date *v* du dépôt *m* || Einreichungsdatum *o*.

indienne: chintz || calancar *m*, calancas *m* || Zitz *m*.

indienststelling (*v. e. schip*)**:** commissioning of a ship, putting a ship in commission || mise *v* en armement *m* || Indienststellung *v* eines Schiffes *o*.

indiffe|rent: indifferent || indifférent || indifferent; *zie ook* **inert; -rentiepunt:** neutral point || point *m* neutre || Indifferenzpunkt *m*, neutraler Punkt *m*; **-rentiezone:** neutral zone || zone *v* neutre || Indifferenzzone *v*, neutrale Zone *v*.

indigo: indigo || indigo *m* || Indigo *m*; **-blauw:** indigo blue || bleu *m* indigo || Indigoblau *o*; **-bruin:** indigo brown || brun *m* d'indigo *m* || Indigobraun *o*; **-karmijn:** blue carmine, indigo paste, precipitated (soluble) indigo || indigocarmine *v* || Indigokarmin *m*; **-kuip:** indigo vat || cuve *v* d'indigo *m* || Indigoküpe *v*; **-purper:** indigo purple, phenicine || phénicine *v* || Indigopurpur *m*; **-rood:** indigo red || rouge *v* d'indigo *m* || Indigorot *o*; **-wit:** desoxidised indigo, indigo white || indigo *m* blanc (réduit) || Indigoweiß *o*.

indik|ken: *zie* **indampen; verdikken 2; -ker:** *zie* **verdikker** *onder* **verdikken 2; -king:** *zie* **indamping; verdikking** *onder* **verdikken 2.**

indirect: indirect || indirect || indirekt, mittelbar.

indium: indium || indium *m* || Indium *o*.

indompel|en: to dip, to immerse, to steep || immerger, plonger || eintauchen; **-ing:** dipping, immersion, steeping || immersion *v*, trempage *m* || Eintauchung *v*; **-kroes:** crucible for imbibition || creuset *m* à imbibition *v* || Eintränktiegel *m*.

in|draaien: to screw in || faire entrer en tournant || eindrehen, einschrauben; **-drillen:** to drill into || faire un trou *m* avec la drille *v* || eindrillen.

indrin|gen: to penetrate || pénétrer || eindringen; **-ging:** penetration || pénétration *v* || Eindringung *v*; **-gingsvermogen:** force of penetration || force *v* de pénétration *v* || Durchschlagskraft *v*.

in|drogen: to dry in (up) || [se des]sécher || eintrocknen; **-druk:** impression || impression *v*, empreinte *v* || Abdruck *m*; **-drukken:** to impress || empreindre, imprimer || eindrücken; abdrücken; **-druppelen:** to drop in, to instil[l] || instiller (*overg.*); couler goutte *v* à goutte *v* dans (*onoverg.*) || eintröpfeln.

indrijven: 1. (*algem.*)**:** to drive in || chasser, enfoncer || eintreiben;
2. (*klinknagel*)**:** to drive in || placer (poser) || eintreiben;
3. (*spie*)**:** *zie* **inslaan 2.**

induceren: to induce || induire || induzieren.

inductantie: inductance || inductance *v* || Induktanz *v*; **- m. luchtkern:** air core inductance || inductance *v* sans fer *m* || Induktanz *v* mit Luftkern *m*; **- m. ijzeren kern:** iron core inductance || inductance *v* avec noyau *m* de fer *m* || Induktanz *v* mit Eisenkern *m*.

inductie: induction || induction *v* || Induktion *v*; **- i. d. lengte:** longitudinal induction || induction *v* longitudinale || Längsinduktion *v*; **-, heteropolaire:** *zie* **wisselpoolinductie**; **-, remanente:** remanent (residual) induction || induction *v* remanente (résiduelle) || remanente Induktion *m*; **-, unipolaire:** unipolar induction || induction *v* unipolaire || unipolaire Induktion *v*; **-, wederzijdse:** mutual induction || induction *v* mutuelle || gegenseitige (wechselseitige) Induktion *v*; **-ampèremeter** (*v. wisselstr.*)**:** alternating current induction ammeter || ampèremètre *m* à induction *v* pour courant *m* alternatif || Wechselstrominduktionsamperemeter *o, m*; **-brug:** inductance bridge || pont *m* d'induction *v* || Induktionsbrücke *v*; **-capaciteit:** inductive capacity || capacité *v* inductive || Induktionskapazität *v*; **-elektriciteit:** induced electricity || électricité *v* induite || induzierte Elektrizität *v*; **-instrument:** induction instrument || appareil *m* d'induction *v* || Induktionsinstrument *o*; **-klos:** induction coil || bobine *v* d'induction *v* || Induktionsspule *v*; **-krachtstroom:** induction flux || flux *m* d'induction *v* || Induktionsfluß *m*; **-kromme:** induction curve || courbe *v* d'induction *v* || Induktionskurve *v*; **-lijn:** line of induction || ligne *v* d'induction *v* || Induktionslinie *v*; **-machine:** induction machine || machine *v* d'induction *v* || Induktionsmaschine *v*; **-meettoestel:** induction measuring instrument || appareil *m* de mesure *v* à induction *v* || Induktionsmeßinstrument *o*; **-meter:** induction supply meter || compteur *m* à induction *v* || Induktionszähler *m*; **-methode:** induction method || méthode *v* inductive || Induktionsmethode *v*; **-motor:** induction motor || moteur *m* d'induction *v* || Induktionsmotor *m*; **-motor m. kortsluitanker:** motor with short circuited rotor || moteur *m* asynchrone avec induit *m* en courtcircuit *m* || Induktionsmotor *m* mit Kurzschlußanker *m*; **-oven:** induction furnace || four *m* à induction *v* || Induktionsofen *m*; **-regeling:** field (induction) regulation || régulation *v* de l'excitation *v* (de l'induction *v*, du champ *m*) || Induktions-, Magnetregulierung *v*; **-regulateur:** induction regulator || régulateur *m* d'induction *v* || Induktionsregler *m*; **-relais:** polarised relay || relais *m* polarisé || Induktionsrelais *o*; **-schelinrichting:** magneto-generator calling system || service *m* d'appel *m* magnéto-électrique || Induktionsweckbetrieb *m*; **-scherm:** induction sheath || écran *m* inductif || Induktionsschirm *m*; **-spanning:** induced electromotive force || force *v* électromotrice induite || Induktionsspannung *v*, induzierte elektromotorische Kraft *v*; **-spoel:** induction coil || bobine *v* d'induction *v* || Induktionspule *v*, -rolle *v*; **-stroom:** induced (induction) current || courant *m* induit || Induktionsstrom *m*; **-stroom bij sluiting:** induced current at closing (making) || courant *m* induit de fermeture *v* || Schließungsinduktionsstrom *m*; **-stroom b. stroomverbreking:** induction current at breaking || courant *m* d'induit *m* de rupture *v* || Öffnungsinduktionsstrom *m*; **-toestel:** induction apparatus || appareil *m* d'induction *v* || Induktionsapparat *m*; **-verschijnsel:** induction phenomenon || phénomène *m* d'induction *v* || Induktionserscheinung *v*; **-verwarmingstoestel:** induction heating apparatus || appareil *m* de chauffage *m* à induction *v* || Induktionsheizapparat *m*; **-vonk:** induction spark || étincelle *v* d'induction *v* || Induktionsfunke[n] *m*; **-vonkontsteker:** induction spark lighter || allumoir *m* à étincelle *v* d'induction *v* || Induktionsfunkentzünder *m*; **-vrij:** noninductive || non-inductif, sans induction *v* || induktionsfrei; **-wattmeter:** induction wattmeter || wattmètre *m* à induction *v* || Induktionswattmeter *o, m*; **-wet:** induction law || loi *v* de l'induction *v* || Induktionsgesetz *o*.

induc|tief: inductive || inductif || induktiv; **-tiviteit:** inductance || inductance *v* || Induktivität *v*.

inductor: induction (spark) coil || bobine *v* d'induction *v* || Induktor *m*; **- v. Volta:** Volta induction coil || inducteur *m* de Volta || Voltainduktor *m*; **-machine:** inductor alternator || alternateur *m* à réluctance *v* variable (à fer *m* tournant) || Induktormaschine *v*; **-vermogen:** spark coil energy || énergie *v* de la bobine *v* d'induction *v* || Induktorenergie *v*; **-wiel:** inductor wheel || roue *v* inductrice || Induktorrad *o*.

indus|trialiseren: to industrialize || industrialiser || industrialisieren; **-trialisering:** industrialization || industrialisation *v* || Industrialisierung *v*; **-trie:** industry || industrie *v* || Industrie *v*; **-triebaan:** factory railway || voie *v* d'usine *v* (industrielle) || Industriebahn *v*; **-briket:** patent fuel || aggloméré *m*, agglomérées *vm* || Preßförmling *m*; **-trieel**

(*persoon*): industrialist, manufacturer || industriell *m*, fabricant *m* || Industrieller *m*, Fabrikant *m*; **-trieel** (*bijv. nw.*): industrial(*ly*) || industriel(*lement*) || industriel, gewerblich; **-triekool**: industrial (manufacturing) coal || charbon *m* industriel || Industriekohle *v*; **-triemotor**: *zie* **motor, stationaire;**

indijken: *zie* **indammen.**

ineendraai|en: **1.** (*algem.*): to draw (to twist) together || cord[onn]er, tortiller, tordre [ensemble] || zusammendrehen, drallen;
2. (*kabel*; *touwwerk*): *zie* **slaan 6.**

ineengedrongen: compact || compact || gedrängt, kompakt.

ineengrij|pen: **1.** (*doen* -): to engage, to throw into gear || faire engrener, mettre en prise *v* || in Eingriff *m* bringen; **- doen ophouden, het**: to disengage, to throw out of gear || désengrener || außer Eingriff *m* bringen;
2. (*tanden*): to catch || engrener || ineinandergreifen, eingreifen; **-ping**: catching, gearing, engagement || engrenage *m* || Eingriff *m*.

ineen|krimpen: to shrink, to contract || s'amaigrir, décroître, se gripper, [se] rétrécir || einlaufen, einschrumpfen, schwinden; **-krimping**: contraction, shrinkage || contraction *v*, décroissement *m*, rétrécissement *m* || Einschrumpfung *v*, Schwindung *v*; **-lopen** (*wegen*): to meet || se rencontrer || sich treffen; **-lopingspunt** (*lijnen*): vanishing (visual) point || point *m* de fuite *v* (fuyant) || Flucht-, Verschwindungs-, Zusammenlaufpunkt *m*; **-passen**: to fit together, to match || ajuster ensemble, appareiller || zusammenpassen; **-schroeven**: to screw together || visser || zusammenschrauben; **-storten**: to fall down || s'ébouler, s'écrouler || ein-, zusammenstürzen; **-vlechten**: to interweave || entrelacer || ineinanderflechten; **-zetten**: to build up || assembler les pièces *vm* constitutives || zusammenbauen.

in-en-uitschakelaar: cut out || disjoncteur *m* conjoncteur *m* || Rückstromschalter *m*.

inert: inert || inerte || inert; *zie ook* **indifferent.**

inertie: inertia, vis inertiae || inertie *v* || Beharrungs-, Trägheitskraft *v*; **-kromme**: inertia (retardation) curve || courbe *v* d'inertie *v* || Auslaufkurve *v*; **-massa**: inertia mass || masse *v* d'inertie *v* || Beharrungsmasse *v*; **-periode**: inertia period, time of slowing down || période *v* de fonctionnement *m* par inertie *v* || Auslaufperiode *v*; **-regulateur**: inertia governor || régulateur *m* d'inertie *v* || Beharrungsregler *m*; **-toestand**: state of inertia || état *m* d'inertie *v* || Beharrungszustand *m*; **-werking**: inertia effect || action *v* (effet *m*) d'inertie *v* || Beharrungswirkung *v*.

inflectiepunt: point of inflection || point *m* d'inflexion *v* || Inflexionspunkt *m*.

influentie: *zie* **invloed, elektrische: elektriciteit**: influence electricity || électricité *v* par influence *v* || Influenzelektrizität *v*; **-machine**: influence machine || machine *v* à influence *v* || Influenzmaschine *v*.

inflexie: inflection || inflexion *v* || Inflexion *v*.

infrarood: infrared || infra-rouge || infrarot.

infusoriënaarde: *zie* **diatomeeënaarde.**

ingang: entrance || entrée *v* || Eingang *m*; **- v. e. galerij**: adit, entrance (opening) of a gallery || entrée *v* (oeil *m*) de galerie *v* || Galerieeingang *m*.

in|gebed: embedded || noyé || eingebettet; **-geklemd**: built in, fixed in || encastré || eingespannt.

ingenieur: (*algem.*): engineer || ingénieur *m* || Ingenieur *m*; (*acad. gevormd*; *dipl. T.H.*): university-graduated (-qualified) engineer || ingénieur *m* qualifié || Diplomingenieur *m*; (*niet-acad. gevormd*; *dipl. H.T.S.*): engineer; (registered engineer) || ingénieur *m*; ingénieur-technicien (*België*) || Ingenieur *m*; **- bij h. beheer**: administrative engineer || ingénieur *m* d'administration *v* || Verwaltungsingenieur *m*; **- bij d. bouw**: resident engineer || ingénieur *m* des travaux *mm* || Bauingenieur *m*; **- bij de marine**: navy engineer || ingénieur *m* de la marine *v* (du Génie *m* maritime) || Marineingenieur *m*; **- bij d. spoorwegen**: railway engineer || ingénieur *m* des chemins *mm* de fer *m* || Eisenbahningenieur *m*; **- der Bruggen en Wegen** (*België*): *zie* **ingenieur v. d. Rijkswaterstaat; - v. d. Rijkswaterstaat**: engineer of the Ministry of Public Works (Department of Ways and Communications) || ingénieur *m* des ponts *mm* et chaussées *vm* || Ingenieur *m* der Reichswasserbauverwaltung *v*; **- v. tractie** (*spw.*): intendant of the rolling stock || inspecteur *m* de la traction *v* (du matériel *m* roulant) || Betriebsinspektor *m*; **-, adviserend**: *zie* **ingenieur, raadgevend; -, bouwkundig**: construction (civil) engineer || ingénieur-architecte *m* || [Diplom-]Bauingenieur *m*; **-, civiel**: civil engineer || ingénieur *m* civil (des ponts *mm* et chaussées) || [Diplom-]Bau-(*Hochbau-*; *Straßenbau-*; *Tiefbau-*; *enz.*)ingenieur *m*; **-, elektrotechnisch**: electrical engineer || ingénieur-électricien *m* || [Diplom-]elektroingenieur *m*; **-, geregistreerd** (*H.T.S.*): registered engineer || ingénieur *m* enregistré || eingetragener Ingenieur *m*; **-, geodetisch**:

geodetical engineer || ingénieur-geomètre *m* || [Diplom-]ingenieur-Geodät *m*; **-, landbouwkundig:** agricultural engineer || ingénieur-agronome *m* (agricole) || [Diplom-]landwirtschaftsingenieur *m*; **-, mijnbouwkundig:** mining engineer || ingénieur [civil] des mines *vm* || [Diplom-]berg[bau]ingenieur *m*; **-, natuurkundig:** physical engineer || ingénieur-physicien *m* || [Diplom-]ingenieur-Physiker *m*; **-, raadgevend:** consulting engineer || ingénieur-conseil *m* || beratender Ingenieur *m*; **-, scheepsbouwkundig:** naval architect (engineer) || ingénieur *m* des constructions *vm* navales || [Diplom-]schiffsbauingenieur *m*; **-, scheikundig:** chemical engineer || ingénieur-chimiste *m* || [Diplom-]ingenieur Chemiker *m*; **-, vliegtuigbouwkundig:** aeronautical (air-craft) engineer || ingénieur-aérotechnicien *m* || [Diplom-]Flugzeugbauingenieur *m*; **-, waterbouwkundig:** hydraulic engineer || ingénieur *m* civil (des ponts *mm* et chaussées *vm*); **-, werktuigkundig:** mechanical engineer || ingénieur-mécanicien *m* || [Diplom-]maschinenbauingenieur *m*.

ingenieurs-: engineering || d'ingénieur *m*, technique || Ingenieurs-; **-bureau:** engineering company, „consulting engineers" (consulting engineers' office) || cabinet *m* (office *m*) technique, „ingénieurs-conseils" || Ingenieursbüro *o*.

ingeschakeld: closed, in circuit || [mis] en circuit *m* || eingeschaltet.

ingeschreven: 1. (*figuur*): inscribed || inscrit || eingeschrieben;
2. (*merk*): registered || déposé || eingetragen.

in|gewikkeld: complicated || compliqué || kompliziert; **-gieten:** to pour in || couler (verser) dans || eingießen; **-gotijzer:** ingot iron || fer *m* fondu || Flußeisen *o*.

ingrijp|en: 1. (*tanden*): to catch hold, to cog (*Am.*); to engage, to grip || engrener || eingreifen; **-boog:** arc of action || arc *m* d'engrènement *m* || Eingriffsbogen *m*; **-diepte:** depth of engagement || profondeur *v* d'engrènement *m* || Eingriffstiefe *v*; **-ing:** contact || engrènement *m* || Eingriff *m*;
2. (*ketting*): to engage || engrener || eingreifen; **-ing:** engagement || engrènement *m* || Eingriff *m*;
3. (*pal*): to engage || accrocher || eingreifen; **-ping:** engagement || accotement *m*, accrochement *m* || Eingriff *m*.

in|haaltalie: *zie* **achtertalie**; **-haken:** to hook on || accrocher || einhaken; **-haler** (*scheepst.*)**:** inhaul || hale-bas *m* || Einholer *m*.

inham: creek, baij, bight || baie *v*, anse *v*, crique *v* || Meerbusen *m*; Bai *v*.

inhei|en: to drive in, to ram in || battre, enfoncer || einrammen; **-en tot vaste grondlagen:** to ram down to the solid ground || enfoncer jusqu'au sol *m* ferme || herabrammen bis auf festen Boden *m*; **-ing:** pile driving || battage *m* des pieux *mm*, pilotage *m* || Einrammung *v*.

inhibitor: *zie* **vertrager.**

inhoud: content, volume, capacity || contenu *m*, volume *m*; capacité *v* || Inhalt *m*, Volumen *o*; **-en** (*bevatten*)**:** to contain || contenir || enthalten; **-smaat:** cubic measure || mesure *v* de capacité *v* || Hohl-, Inhalts-, Körpermaß *o*; **-smeting:** cubature || cubature *v* || Kubikberechnung *v*; **-sopgave** (*boek*)**:** table of contents || table *v* des matières *vm* || Inhaltsverzeichnis *o*; *zie ook* **index 2.**

***injecteren:** *zie* **inspuiten.**

injectie: *zie* **inspuiting; -condensatie:** jet condensation || condensation *v* à jet *m* || Strahlkondensation *v*; **-condensor:** jet condenser || condenseur *m* à injection *v* || Einspritzkondensator *m*; **-klep:** injection valve || soupape *v* d'injection *v* || Einspritzventil *o*; **-koeling:** cooling by injection || refroidissement *m* par injection *v* || Kühlung *v* durch Einspritzung *v*; **-opening:** spray hole || trou *m* (orifice *m*) d'injection *v* || Spritzloch *o*; **-pijp:** injection pipe || tuyau *m* d'injection *v* || Einspritzrohr *o*; **-schuif:** injection slide [valve] || tiroir *m* d'injection *v* || Einspritzklappe *v*; **-water:** injection water, splash-, spraywater || eau *v* d'injection *v* || [Ein]spritzwasser *o*.

injec|teur: injector || injecteur *m* || [Dampf]-strahlpumpe *v*, Injektor *m*; **- aanzetten, een:** to start an injector || amorcer un injecteur *m* || einen Injektor *m* anlassen; **- afzetten, een:** to stop an injector || arrêter un injecteur *m* || eine Strahlpumpe *v* absetzen; **- v. afgewerkte stoom:** exhaust steam injector || injecteur *m* à vapeur *v* d'échappement *m* || Auspuffdampfstrahlpumpe *v*; **-, dubbele:** double tube (duplex, universal) injector || injecteur *m* double (universal) || Doppelstrahlpumpe *v*, Universalinjektor *m*; **-, zelf wederaanzuigende:** restarting injector || injecteur *m* à réamorçage *m* automatique || selbsttätig wieder anziehende Strahlpumpe *v*; **-, zuigende:** lifting (suction) injector || injecteur *m* aspirant || saugender Injektor *m*, saugende Strahlpumpe *v*; **-tor:** *zie* **injecteur.**

injiciëren: *zie* **inspuiten.**

inkalving (*boorgat*) (*mijnb.*)**:** caving || éboulement *m* || Nachfall *m*.

inke|pen: to groove, to notch || entailler, cranter || einkerben; **-ping:** notch, score

|| entaille *v*, cran *m*, rainure *v* || Einkerbung *v*, Kerbe *v*.
inker|ven: *zie* **inkepen;** (*mijnb.*): to notch (show up) || entailler || einkerben, -brechen, **-ving:** *zie* **inkeping.**
inklem|men: to fix || encastrer || einspannen; **-men tussen:** to fix between || insérer entre || einklemmen zwischen; **-mingsmoment:** moment at fixed end || moment *m* d'encastrement *m* || Einspannungsmoment *o*; **-mingspunt:** bedding (fastening, fixing) point || point *m* d'encastrement *m* || Einspannungsstelle *v*.
inklink|en (*grond*): *zie* **zetten 4; -ing:** *zie* **zetting** *onder* **zetten 4; -koppeling:** *zie* **wrijvingskoppeling.**
inko|ken: to boil down || évaporer (concentrer) par ébullition *v*; (*se*) réduire en bouillant || einkochen; *zie ook* **indampen; indikken; -king:** boiling down || évaporation *v*, concentration *v* par ébullition *v* || Einkochung *v*; *zie ook* **indamping; indikking; -ling:** carbonisation, transformation into coal || houillification *v*, carburation *v* || Inkohlung *v*.
inkoopsprijs: purchase price || prix *m* d'achat *m* || Einkaufspreis *m*.
in|koppelen: to couple, to connect, to put in gear, to throw in the clutch || embrayer, accoupler || einkuppeln, die Kupplung *v* einrücken (schließen); **-korten:** to shorten || virer court || einkürzen; **-korten v. e. riem:** to shorten (to take up) a belt || raccourcir une courroie *v* || einen Riemen *m* kürzen; **-krimpen:** *zie* **ineenkrimpen.**
inkt: ink || encre *v* || Tinte *v*; **- aanbrengen:** to ink || encrer || einschwärzen; **- zetten, in:** to ink in || passer à l'encre *v* || ausziehen; **-, oliehoudende:** oily ink || encre *v* oléique || Öltinte *v*; **-, Oostindische:** China (Indian) ink || encre *v* de Chine || Tusche *v*; **-bak** (*snelpers*): ink trough || encrier *m* || Farbenfaß *o*; **-cilinder:** inking cylinder || rouleau *m* des imprimeurs *mm* || Auftragwalze *v*; **-gom:** ink eraser || gomme *v* à encre *v* || Tintengummi *m*; **-houder** (*pen*): ink holder || porte-encre *m* || Überfeder *v*; **-koker:** inkhorn || encrier *m* || Tintenfaß *o*; **-lood:** clump || pièce *v* de division *v* || Farbklotz *m*; **-mes:** ink-knife, doctor-knife || couteau *m* à encre *m* || Farbmesser *o*; **-napje:** ink bowl, colour saucer || godet *m* à encre *v* || Tuschnäpfchen *o*; **-poeder:** ink powder || poudre *v* à encre *v* || Tintenpulver *o*; **-pot:** *zie* **inktkoker; -rol** (*drukpers*): ink[ing] roller, inking cylinder, marking (printing) roller || rouleau *m* encreur || Farbenwalze *v*, Tintenrolle *v*; (*telegr.*): inking wheel || molette *v* d'encrage *m* || Farbrad *o*; **-roldrager:** inking wheel support || porte-molette *m* || Farbradträger *m*; **-spatel:** ink-slide || spatule *v* || Farbspachtel *m*; **-steen:** inking stone || pierre *v* à broyer || Farbstein *m*; **-tafel:** ink board || encrier *m* || Farbenbrett *o*; **-werk:** inking apparatus || encrage *m* || Farbwerk *o*.
inkuipen: to barrel || entonner || eintonnen.
inlaat: inlet, admission || admission *v*, entrée *v* || Einlaß *m*, Einlauf *m*, Eintritt *m*; **-bocht:** inlet bend || coude *m* d'entrée *v* || Eintrittkrümmer *m*; **-doek** (*spinn.*): feed cloth || tablier *m* || Einlaß-, Vorlegetuch *o*; **-driehoek:** inlet diagram (triangle) || triangle *m* d'entrée *v* || Eintrittdreieck *o*; **-druk:** inlet (admission) pressure || pression *v* d'admission *v* (d'entrée *v*) || Einlaßdruck *m*; (*put*) (*petr.*): intake pressure || pression *v* d'introduction *v* || Einlaßdruck *m*; **-einde:** feed (inlet) end || extrémité *v* d'entrée *v* || Einlaßende *o*; **-gas** (*petr.*): input gas || gaz *m* d'injection *v* || Einpreßgas *o*; **-hefboom:** admission valve lever || levier *m* d'admission *v* || Einlaßhebel *m*; **-hoek:** angle of inlet || angle *m* d'entrée *v* || Eintrittwinkel *m*; **-kamer:** admission chamber || chambre *v* d'admission *v* || Eintrittkammer *v*; **-kanaal:** inlet channel || canal *m* d'amenée *v* || Einlaufkanal *m*; **-klep:** admission (inlet) valve || soupape *v* d'admission *v* || Ansaug-, Einlaß-, Einströmventil *o*; **-klep m. doorboorde zitting:** admission valve with perforated seat || soupape *v* d'admission *v* à siège *m* perforé || Einlaßventil *o* mit Lochsitz *m*; **-klepkast:** admission valve box || boîte *v* de soupape *v* d'admission *v* || Einlaßventilgehäuse *o*; **-mechanisme:** admission gear || commande *v* d'admission *v* || Einlaßsteuerung *v*; **-nok:** admission cam || came *v* [de la commande *v*] d'admission *v* || Einlaßdaumen *m*, -nocken *m*; **-nok en uitlaatnok:** common cam for admission and exhaust || came *v* commune pour l'admission *v* et l'échappement *m* || gemeinschaftlicher Nocken *m* für Ein- und Auslaß *m*; **-opening:** inlet opening || orifice *m* d'entrée *v* || Einlaßöffnung *v*; **-pakkingbus:** inlet stuffing box || boîte *v* à bourrage *m* d'entrée *v* || Einlaßstopfbüchse *v*; **-put** (*petr.*): *zie* **sleutelput; -pijp:** inlet pipe || tuyau *m* d'amenée *v* (d'entrée *v*) || Einlaß-, Einströmungs-, Zuleitungsrohr *o*; **-rol:** *zie* **aanvoerrol; -schuif:** admission valve || tiroir *m* d'admission *v* || Einlaßschieber *m*; **-sluis:** irrigation lock (sluice) || écluse *v* d'irrigation *v*, gourgo *m* || Bewässerungsschleuse *v*; **-spanning:** admission pressure || pression *v* d'admission *v* || Eintrittspannung *v*; **-stoompoort:** steam (inlet)

port || lumière *v* d'admission *v* || Einlaß-, Eintrittkanal *m.*

in|laden: to charge || charger || einladen; **-lading:** charging || chargement *m* || Einladen *o*, Einladung *v*; **-lassen** [1]**:** to let in, to mortise || emboîter, enchâsser || einlassen.

inla|ten: **1.** (*inkepen*): to let into || embrèver dans || einlassen; **-ting:** rabbeting || encastrement *m* || Einfalzung *v*, Einfügung *v*; **-ting m. lip en keep:** slit and tongue joint || assemblage *m* par embrèvement *m* || Kerbenfügung *v*;
2. (*bout*): to countersink || noyer, encastrer || versenken;
3. (*inbedden*): to let into || encastrer (noyer) dans || einlassen in.

inleg|gen: **1.** (*hout*, *enz.*): to inlay, to veneer to incrust (*m. ivoor*) || marqueter; incruster (*m. ivoor*) || einlegen; **-blad:** veneer || feuille *v* de placage *m* || Furnierblatt *o*; **-hout:** veneering wood || bois *m* de marqueterie *v* (de placage *m*) || Einlege-, Furnierholz *o*; **-spie:** *zie* **spie, verzonken; -werk:** veneering || placage *m* || furnierte Arbeit *v*, Furnierung *v*; **-werk** (*koper in hout*, *schildpad*)**:** bool (buhl) work || ouvrage *m* en boule *v* || Buhlarbeit *v*;
2. (*pal*): to throw in || baisser, bloquer, enclencher, enrayer || einlegen, einwerfen;
3. (*levensmiddelen*): to preserve || conserver || einmachen;
4. (*typogr.*): to feed || marger || anlegen; (*letter*)**:** to lay type || mettre en casse *v* || einlegen; **-ger:** feeder || margeur *m* || Anleger *m*; **-tafel:** laying on board, feedboard || table *v* de marge *v* || Einlegetisch *m.*

inlopen: **1.** (*samentrekken*, *enz.*): to contract, to shrink || emboire, rentrer, se rétrécir || eingehen, einlaufen;
2. (*zetsel*)**:** to get in || aller serré || einlaufen.

in|lijmen: to glue in || coller || einleimen; **-lijsten:** to frame || encadrer, enchasser || einrahmen; **-metselen:** to brick in || briqueter, emmurer, maçonner, murer || einmauern; **-metseling:** bricking [in] || briquetage *m*, maçonnage *m*, murage *m* || Einmauerung *v*; **-naaien** (*v. e. boek*)**:** to sew in || brocher || einheften.

inpak|garen: packing string (thread, twine) || ficelle *v* d'emballage *m* || Packschnur *v*, -garn *o*; **-ken:** to embale, to pack; to wrap up (*in papier*) || emballer || einpacken; **-ker:** packer || emballeur *m* || Päcker *m.*

in|palmen (*v. e. touw*)**:** to haul in by hand || haler à la main *v* || einpalmen; **-passen:** to fit in || ajuster || einpassen; **-persen:** to press into, to inject under pressure || introduire (injecter) sous pression *v* || einpressen.

inpikken: **1.** (*riem*) (*uitpikken*)**:** to throw in (*out*) || embrayer (*débrayer*) || einrücken (*ausrücken*);
2. (*koppeling*): *zie* **inkoppelen.**

in|pompen: to pump into || pomper dans || einpumpen; **-richten:** to arrange || arranger, disposer || anordnen.

inrichting: **1.** (*opstelling*): arrangement, disposition || arrangement *m*, disposition *v* || Anordnung *v*, Einrichtung *v*; **-, inwendige:** interior equipment || aménagement *m* intérieur || innere Einrichtung *v*;
2. (*mach.*, *toestel*, *enz.*): apparatus, device || appareil *m*, dispositif *m* || Vorrichtung, Einrichtung *v*; **- ter voorkoming v. ongevallen:** preventive of accidents || appareil-protecteur *m* contre les accidents *mm* || Unfallvorrichtung *v*;
3. (*installatie*): plant || installation *v* || Anlage *v.*

in|rijden (*auto*, *enz.*)**:** to run (break) in || roder *m* || einfahren; **-rijgen, springend** (*patroonweverij*)**:** skipping draught || remettage *m* à la sauteuse *v* || springendes Einziehen *o.*

inschakel|aar (*elektr.*)**:** switch || conjoncteur *m* || Einschalter *m*; **-baar:** capable of being switched on || pouvant être mis en circuit *m* || einschaltbar; **-beweging:** switching in motion || mouvement *m* de fermeture *v* de circuit *m* || Einschaltbewegung *v.*

inschakel|en: **1.** (*elektr.*): to connect, to cut in, to switch on || mettre dans le (en) circuit *m*, intercaler dans le circuit *m* || einschalten; **-en i. d. stroomkring:** to place (to put) in circuit || intercaler (mettre) dans le circuit *m* || in den Stromkreis *m* einschalten; **-ing:** putting in circuit, switching on || mise *v* en circuit *m* || Einschaltung *v*; **-stand:** switching on position || position *v* de fermeture *v* du circuit *m* || Einschaltstellung *v*; **-stop:** switching in plug || cheville *v* (fiche *v*) de couplage *m* || Einschaltstöpsel *m*; **-stroomsterkte:** current strength at make || intensité *v* du courant *m* à la fermeture *v* du circuit *m* || Einschaltstromstärke *v*; **-toestel:** circuit closing device || dispositif *m* de mise *v* en circuit *m* || Einschaltvorrichtung *v*;
2. (*koppeling*): *zie* **inkoppelen;**
3. (*ontsteking*): to switch in || mettre en circuit *m* || einschalten; **-ing:** switching in the ignition circuit || mise *v* en circuit *m* || Einschaltung *v.*

in|scheuren v. d. klinknagelgaten: splitting of the rivet holes || fissurement *m* des

---

[1]) Zie ook *invoegen.*

trous *mm* de rivets *mm* || Rissigwerden *o* der Nietlöcher *om*; **-schieten** (*weverij*): to shoot in || chasser la duite *v*, ramer || einschießen, einschlagen; **-schroeven:** to screw in || visser || einschrauben.

inschrij|ven: 1. (*boeken*): to book, to register || enregistrer || einschreiben, eintragen; **-ving:** booking, registering || enregistrement *m* || Einschreibung *v*;
2. (*maten i. e. tekening*): to dimension, to figure, to fill in the figures || coter || Maße *om* eintragen;
3. (*op werk*): to send in a tender|| soumissionner || ein Angebot *o* machen; **-ver:** competitor, tenderer || concurrent *m*, soumissionnaire *m* || Bewerber *m*; **-ving:** subscription, bid, offer, tender || mise *v* à prix *m*, offre *v*, soumission *v* || Angebot *o*; **-ving, hoogste** (*laagste*): highest (*lowest*) tender || offre *v* la plus haute (*la plus avantageuse*) || Höchstangebot *o* (*Mindestangebot o*).

insekt: insect || insecte *m* || Insekt *o*; **-enbestrijdingsmiddel:** insecticidal agent, insecticide || [agent *m*] insecticide *m* || Insektizid *o*, insektizides Mittel *o*, Insektenbekämpfungsmittel *o*; **-enpoeder:** insect powder, insecticide || [poudre *v*] insecticide *m* || Insektenpulver *o*; **-icide:** *zie* **insektenbestrijdingsmiddel.**

inslaan: 1. (*algem.*): to drive in || enfoncer || einschlagen;
2. (*spie*): to drive in || serrer || eintreiben; **-, een spie:** to drive in a cotter || serrer (chasser) une clavette *v* [dans son logement *m*] || einen Keil *m* eintreiben;
3. (*weverij*): *zie* **inschieten;**
4. (*typogr.*): to lock up || serrer || schließen.

inslag: weft, woof || trame *v* || Einschuß *m*, Eintrag *m*; **-draad:** shoot, weft thread || duite *v*, fil *m* de trame *v* || Eintrag-, Schußfaden *m*; **-draad, bovenliggende:** upper shed || pas *m* d'en haut *m* || Oberfach *o*, -gelese *o*, -sprung *m*; **-draad, dubbele:** double shoot || duite *v* double || doppelter Eintragfaden *m* (Einschußfaden *m*); **-dradenteller:** pick (weft) counter || compteur *m* de duites *vm* || Schußzähler *m*; **-garen:** weft yarn || fil *m* pour trame *v* || [Ein]schußgarn *o*; **-spoel:** pirn shuttle || navette *v* à dérouler || Schützen *m* mit Laufspule *v*; **-vork:** weft fork || fourchette *v* || Schußgabel *v*; **-wachter:** weft stop motion || cassetrame *m* || Schußwächter *m*; **-zijde:** shoot silk || trame *v* || Einschlagseide *v*.

inslijpen: to grind in || roder || einschleifen.

insmeren: 1. (*algem.*): to rub || enduire de || einschmieren;
2. (*vet; olie*): to grease; to oil || graisser; huiler || einfetten; einölen.

insnoering (*elektr.*): groove || étranglement *m*, gorge *v* || Einschnürung *v*.

insnij|den: to notch || entailler || einschneiden; **-ding:** notch || entaille *v* || Einschnitt *m*.

inspec|teren: to examine, to inspect || examiner, inspecter || inspektieren, besichtigen; **-teur:** inspector || inspecteur *m* || Inspektor *m*; (*mijnb.*): bottom captain || chef *m* d'exploitation *v* || Betriebsinspektor *m*; **-teur der mijnen:** inspector of mines || inspecteur *m* des mines *vm*, ingénieur *m* ordinaire (au Corps *m* des Mines *vm*) || Berginspektor *m*, -rat *m*, Oberbergrat *m*; **-teur v. d. arbeid:** official inspector || inspecteur *m* industriel || Gewerbeinspektor *m*; **-teur v. h. stoomwezen:** boiler inspector || inspecteur *m* de chaudières *vm* à vapeur *v* || Kesselinspektor *m*, -prüfer *m*; **-teur-generaal der mijnen:** chief-inspector of mines || inspecteur-général *m* des mines *vm* || Generalinspektor *m*, Berghauptmann *m*; **-tie:** inspection || inspection *v* || Inspektion *v*; **-tie v. d. lijn** (*spw.*): inspection of the line || parcours *m* des sections *vm* || Streckenbegehung *v*; **-tiebuis:** inspection tube || tube *m* d'observation *v*, tube-regard *m* || Schaurohr *o*; **-tiegat:** inspection hole || regard *m* || Schauloch *o*; **-tiekast:** inspection box || boîte *v* de visite *v* || Inspektions-, Prüfungskasten *m*; **-tiekuil:** inspection (working) pit || fosse *v* de visite *v* (de réparation *v*) || Arbeits-, Reparaturgrube *v*, Inspektionsgrube *v*; **-tieloods v. spoorwagens:** shed for inspecting cars || hangar *m* d'inspection *v* de wagons *mm* || Inspektions-, Wagenuntersuchungsschuppen *m*; **-tieluik:** inspection trap || trappe *v* de visite *v* || Prüfungsklappe *v*; **-tiepijp:** *zie* **inspectiebuis; -tiestempel:** inspector's stamp || poinçon *m* de revision *v* || Kontroll-, Revisionsstempel *m*; **-tiewagen:** inspection car || voiture *v* d'inspection *v* || Revisionswagen *m*; **-tiewagentje** (*spw.*): inspection trolley || wagonnet *m* d'inspection *v* || Bahnwagen *m*.

insplitsen: to splice || épisser || einspleißen.

inspringen: 1. (*algem.*): to reenter || rentrer || einspringen;
2. (*typogr.*): to indent || renforcer, rentrer || einziehen; **-, niet:** to begin even || sans enfonçure *v* || stumpf anfangen.

inspuit|en: to inject || injecter || einspritzen, injektieren; **-gat:** *zie* **injectie-opening; -ing:** injection || injection *v* || Einspritzung *v*, Injektion *v*.

installatie: installation, plant || installation *v* || Anlage *v*, Installation *v*; **-, elektrische:** *zie* **aanleg, elektrische; - binnenshuis:**

installation in the interior of buildings || installation *v* intérieure || Inneninstallation *v*; **-kosten:** costs of installation || frais *mm* d'établissement *m* (d'installation *v*) || Anlagekosten *mrv*; **-materiaal:** installation material || matériel *m* d'installation *v* || Installationsmaterial *o*; **-materiaal, elektrisch:** electric fittings || garnitures *vm* électriques || elektrisches Installationsmaterial *o*; **-schakelaar:** turn type installation switch || interrupteur *m* d'installation *v* || Installationsschalter *m*; **-veiligheid:** bow (installation) fuse || coupe-circuit *m* de l'installation *v* || Installationssicherung *v*.

installeren: to instal, to wire || installer || installieren.

instampen (*palen*): to ram || damer, pilonner || einstampfen.

insteek|contact: contact plug || contact *m* à fiches *vm* || [Ein]steckkontakt *m*; **-haak** (*weverij*): heddle hook || passette *v* || Einzieh-, Reihehaken *m*; **-mesje** (*weverij*): reed hook || passette *v* || Einzieh-, Riedmesser *o*; **-slot:** mortise lock || serrure *v* à fourreau *m* || Einsteckschloß *o*; **-verdieping:** entresol, half (intermediate) story, mezzanine || mezzanine *v* || Halbgeschoß *o*, Zwischenstock *m*.

insteken: 1. (*algem.*): to insert, to put, to introduce (*into*) || insérer, introduire (*dans*) || einstecken (*in*);
2. (*draden b. h. weven*): to heddle || passer les fils *mm* || einziehen;
3. (*typogr.*): to inset || encarter || einstecken.

in|stel-: *zie onder* **afstel-** *en* **stel-**; **-storten:** to collapse (fall in) || s'écrouler, s'effondrer || einstürzen; (*terrein*): to cave (collapse, give way, subside, fall in) || écrouler, s'ébouler || einstürzen, nachfallen, zusammenstürzen, -brechen, herabstürzen; **-storting:** fall down || éboulement *m*, écrasement *m* || Einsturz *m*; (*terrein*): collapse, fall of ground || éboulement *m*, écroulement *m* || Einstürzung *v*, Bergschlag *m*, -schuß *m*; **-stromen:** to flow in || affluer dans, entrer || einströmen; **-stromingspunt:** point of afflux || point *m* d'afflux *m* || Einströmungspunkt *m*.

instructies: instructions || directives *vm*, instructions *vm* || Richtlinien *vm*, Instruktionen *vm*.

instrument: instrument || instrument *m* || Instrument *o*; **- m. twee schalen:** double scale instrument || instrument *m* à deux échelles *vm* || Instrument *o* mit zwei Skalen *vm*; **- m. verlichte wijzerplaat:** illuminated dial instrument || instrument *m* à cadran *m* éclairé || Instrument *o* mit beleuchteter Skala *v*; **- v. verzonken aanbrenging:** flush pattern instrument || instrument *m* de mesure *v* pour encastrement *m* || Einbauinstrument *o*; **-, absoluut:** absolute apparatus || appareil *m* absolu || absolut eichbares Meßgerät *o*; **-, betrouwbaar:** reliable instrument || appareil *m* de fonctionnement *m* sûr || betriebssicheres Instrument *o*; **-, ferrodynamisch:** ferrodynamic instrument || appareil *m* ferrodynamique || eisengeschlossenes Dynamometer *o*, *m*; **-, thermionisch:** thermionic apparatus || appareil *m* thermionique || [Elektronen]-röhrengerät *o*; **-, thermisch:** thermal instrument || appareil *m* thermique || thermisches Meßgerät *o*; **-, thermo-elektrisch:** thermocouple [thermojunction] instrument || appareil *m* à thermocouple *v* || thermoelektrisches Meßgerät *o*; **-draad:** instrument wire || fil *m* d'instrument *m* || Instrumentendraht *m*; **-enbord** (*auto*): dash bord instrument panel tableau *m* (planche *v*) de bord *m* || Instrumentenbrett *o*, -tafel *v*; **-maker:** instrument maker || faiseur *m* d'instruments *mm* || Instrumentenmacher *m*.

integraal: integral || intégrale *v* || Integral *o*; **-, (*on*)bepaalde:** (*in*)definite integral || intégrale *v* (*in*)définie || (*un*)bestimmtes Integral *o*; **-rekening:** integral calculus || calcul *m* intégral || Integralrechnung *v*; **-teken:** integral sign || signe *m* de l'intégrale *v* || Integralzeichen *o*; **-vergelijking:** integral equation || équation *v* intégrale || Integralgleichung *v*.

integratie: integration || intégration *v* || Integration *v*; **-constante:** integration constant || constante *v* d'intégration *v* || Integrationskonstante *v*.

integreren: to integrate || intégrer || integrieren.

inten|sief: intensive(*ly*), intense(*ly*) || intensif(*-vement*); intense || intensiv; **-siteit:** intensity || intensité *v* || Intensität *v*; **-siteit v. magnetisatie:** intensity of magnetisation || intensité *v* d'aimantation *v* || Intensität *v* der Magnetisierung *v*; **-siteitswaarde:** intensity value || grandeur *v* de l'intensité *v* || Intensitätsgröße *v*; **-siteitswisseling:** intensity fluctuations || fluctuations *vm* de l'intensité *v* || Intensitätsschwankungen *vm*.

interferentie: interference || interférence *v* || Interferenz *v*; **-buis:** interference tube || tube *m* à l'interférence *v* || Interferenzröhre *v*; **-kleur:** interference colour || couleur *v* d'interférence *v* || Interferenzfarbe *v*; **-meter:** interferometer || interféromètre *m* || Interferometer *o*, *m*; **-streep:** interference fringe || frange *v* d'interférence *v* || Interferenzstreif *m*; **-verschijnsel:** interference phenomenon ||

phénomène *m* d'interférence *v* || Interferenzerscheinung *v*.
inter|ferometer: *zie* **interferentiemeter; -linie** (*typogr.*)**:** lead, space line || interligne *v* || Durchschußlinie *v*; **-mitterend:** intermitting || intermittent || abwechselnd, unterbrochen, intermittierend; **-planetair:** interplanetary || interplanétaire || interplanetar.
interpo|latie: interpolation || interpolation *v* || Zwischenrechnung *v*; Interpolation *v*; **-leren:** to interpolate || interpoler || interpolieren; **-lymeer:** interpolymer || interpolymère *m* || Interpolymer *o*.
interrup|tie: interruption || interruption *v* || Unterbrechung *v*; **-tor:** interrupter || interrupteur *m* || Strombrecher *m*.
interval: interval || intervalle *m* || Intervall *o*.
intra|dos: bottom face, intrados || douelle *v* (intrados *m*) d'une voûte *v* || untere Leibungsfläche *v*; **-nucleair:** intranuclear || intra-nucléaire || intranuklear.
intre[d]e: entrance, inlet || entrée *v* || Eintritt *m*; **-arbeid:** work done during admission || travail *m* d'admission *v* || Eintrittarbeit *v*; **-driehoek:** inlet diagram (triangle) || triangle *m* d'entrée *v* || Eintritt[s]dreieck *o*; **-hoek:** angle of entrance (inlet) || angle *m* d'entrée *v* || Eintrittwinkel *m*; **-[pool]spits:** leading pole tip || corne *v* d'entrée *v* || auflaufende Polkante *v*; **-snelheid:** inlet velocity || vitesse *v* d'entrée *v* || Eintrittgeschwindigkeit *v*; **-zijde:** inlet edge || arête *v* d'entrée *v* || Eintrittkante *v*; **-zijde** (*v. e. vleugel*)**:** heading edge || bord *m* d'attaque *m* || Flügelvorderkante *v*.
intrek|ken: **1.** (*touw i. e. katrol*): to insert || garnir (*un palan m de son câble m*) || einziehen;
2. (*vloeist.*): to infiltrate, to trickle into || s'imbiber dans, s'infiltrer || einsickern;
3. (*leidingen in buizen*): to draw cables into pipes || tirer des conducteurs *mm* dans des tubes *vm* || Leitungen *mm* in Rohre *om* einziehen;
4. (*octr.*): to withdraw || retirer || zurückziehen; **-king:** withdrawal || retrait *m* || Zurückziehung *v*;
5.: -ker (*spinnerij*)**:** licker in, taker in, tearing up roller || briseur *m* || Vorreißer *m*.
inundatie: inundation || inondation *v* || Überschwemmung *v*, Inundation *v*; **-sluis:** reserve lock || écluse *v* d'inondation *v* || Stauschleuse *v*.
invaliditeits|pensioen: disablement annuity || pension *v* d'invalidité *v* || Invaliditätsrente *v*; **-verzekering:** insurance against disablement || assurance *v* contre l'invalidité *v* || Invaliditätsversicherung *v*.
inval|len: **1.** (*pal*): to lock || encliqueter || sperren;
2. (*stralen*): to fall upon; incidence || tomber (frapper) sur; incidence *v* || einfallen; Einfallen *o*; **-lend:** incident || incident || einfallend; **-shoek:** angle of incidence (attack) || angle *m* d'incidence *v* || Einfallwinkel *m*.
invat|ten (*edelstenen, enz.*)**:** to enchase || enchâsser || [ein]fassen; **-ting:** enchasing || enchâssure *v* || Einfassung *v*.
inver|sie: inversion || inversion *v* || Inversion *v*; **-teren:** to invert || invertir || invertieren.
invetten: to grease || graiser || einfetten.
invloed: influence || influence *v* || Einfluß *m*; **- uitoefenen op:** to influence || influencer || beeinflussen; **-slijn** (*mechanica*)**:** influence line || ligne *v* d'influence *v* || Einflußlinie *v*; **-svlak** (*mechanica*)**:** influence surface (area) || aire *v* d'influence *v* || Einflußfläche *v*.
invoe|gen: **1.** (*tussenvoegen*): to insert || insérer || einfügen, einschalten; **-ging:** insertion || insertion *v* || Einfügung *v*, Einschaltung *v*;
2. (*inlaten*): to fit in || encastrer || einfügen; **-ging:** fitting in || encastrement *m* || Einfügung *v*.
invoer: **1.** (*import*): import || importation *v* || Import *m*; **-en:** to import || importer || einführen, importieren; **-recht:** import duty || droits *mm* d'entrée *v* (d'importation *v*) || Einfuhr-, Eingangzoll *m*;
2. (*inlaat*): inlet || entrée *v* || Einfuhr *v*; **-buis:** inlet tube || conduit *m* d'entrée *v* || Einführungsrohr *o*; **-doos:** inlet box || boîte *v* d'introduction *v* || Einführungskasten *m*; **-draad:** leading in wire || fil *m* d'entrée *v* || Einführungsdraht *m*; **-en:** to introduce (*into*) || introducer (*dans*) || einführen (*in*); **-klok:** inlet bell || cloche *v* d'entrée *v* || Einführungsglocke *v*; **-mof:** inlet sleeve || manchon *m* d'entrée *v* || Einführungsmuffe *v*; **-rol:** feeding roller || nourisseur *m* || Einziehwalze *v*; **-trechter:** inlet funnel || entonnoir *m* d'entrée *v* || Einführungstrichter *m*.
involutie: involution || involution *v* || Involution *v*.
invre|ten: to corrode || ronger, corroder || abrosten, abzehren, anfressen, korrodieren, zerfressen; **-tend:** corroding, corrosive || corrodant, corrosif || ätzend, korrosiv; **-ting:** corrosion || rongement *m*, corrosion *v* || Korrosion *v* || Anfressung *v*.
inwendig: internal(*ly*), inward(*ly*) || intérieur(*ement, à l'intérieur m*) || innen, inwendig, innerlich, Innen-; **-e, het:** interior [part, parts], inner (inward) parts || intérieur *m* || Innere *o*.
inwer|ken (*op*)**:** to act (*upon*) || agir (*sur*) ||

einwirken (*auf*); **-king:** action || action *v* || Einwirkung *v*; **-kingsduur:** duration of action || durée *v* d'action *v* || Einwirkungsdauer *v*.

in|weven: shrinkage, shrinking of the warp || embayage *m*, raccourcissement *m* de la chaîne *v*, rétrécissement *m* || Einarbeiten *o* (Einweben *o*) der Kette *v*, Krimpen *o*; **-winnen** (*typogr.*)**:** to get in || gagner (*v. e. regel*), casser (*v. e. uitgang*) || einbringen; **-zakken:** to sink down, to sag || s'affaiser, s'effondrer, s'enfoncer || einsinken, einstürzen; *zie ook* **zetten 4;** **-zepen:** to soap || savonner || einseifen.

inzet|inrichting: engaging coupling, starting tackle || embrayage *m* || Einrückvorrichtung *v*; **-sel:** insertion || pièce *v* intercalée || Einsatz *m*.

inzetten: 1. (*anker*) (*elektr.*)**:** to insert (to put in) an armature || mettre en place *v* un induit *m*, mettre l'induit *m* dans la machine *v* || einen Anker *m* einsetzen;
2. (*riem*)**:** to shift a belt to the fast pulley || embrayer (enclencher) une courroie *v* || einen Riemen *m* einrücken;
3. (*ruiten*)**:** to glass || vitrer || verglasen;
4. (*waterpijpen*)**:** to insert tubes || insérer (monter, sertir) des tubes *mm* || Rohre *om* einpressen (einsetzen, eintreiben, einziehen);
5. (*gloeidraden*)**:** to insert filaments || introduire les filaments *mm*, munir les lampes *vm* de leurs filaments *mm* || Glühlampfäden *mm* einsetzen;
6. (*nagel*)**:** to drive in a rivet || placer un rivet *m* || eine Niete *v* eintreiben (einziehen);
7. (*veiligheid*)**:** to put in a fuse || insérer (intercaler) un fusible *m* || eine Sicherung *v* einsetzen;
8. (*vloeddeuren*)**:** to stop the flood gates || mettre les vannes *vm*, vantiller || die Schützen *mm* einstellen;
9. (*zuiger*)**:** to insert a piston || introduire un piston *m* || einen Kolben *m* einsetzen.

inzinking (*grond*)**:** *zie* **zetting** *onder* **zetten 4.**

inzuigen: 1. (*naar binnen zuigen*)**:** to suck into || aspirer dans || ein-, ansaugen;
2. (*absorberen*)**:** to absorb || absorber || absorbieren, aufnehmen, einsaugen.

inzijpe|len: to trickle through || infiltrer || durchsickern; **-ling:** infiltration || infiltration *v* || Einsickerung *v*.

ion: ion || ion *m* || Ion *o*.

ionen|buis: gas tube || tube *m* à gaz *m* || Gas-, Ionenröhre *v*; **-concentratie:** concentration of ions || concentration *v* des ions *mm* || Ionenkonzentration *v*; **-gelijkrichter:** ionic valve || soupape *m* (valve *v*) ionique || Ionenventil *o*; **-splitsing:** splitting up of ions || dédoublement *m* des ions *mm* || Ionenspaltung *v*; **-stroom:** cathodic influx || afflux *m* cathodique || Ionenstrom *m*; **-vorming:** formation of ions || formation *v* des ions *mm* || Ionenbildung *v*.

ionisatie: ionisation || ionisation *v* || Ionisation *v*; **-kamer:** ionisation chamber || chambre *v* d'ionisation *v* || Ionisationskammer *v*; **-spanning:** ionisation potential || potentiel *m* d'ionisation *v* || Ionisierungsspannung *v*.

Ionisch: ionic || ionique || ionisch.

ionium: ionium || ionium *m* || Ionium *o*.

iono|meter: ion-meter || ionomètre *m* || Ionisationdosimeter *o*, *m*; **-sfeer:** ionosphere, Kennelly-Heaviside layer || ionosphère *v*, couche *v* de Kennelly-Heaviside || Ionosphäre *v*.

iridium: iridium || iridium *m* || Iridium *o*; **-dichloride** (*-tri-*; *-tetra-*)**:** iridium di(*tri*; *tetra*)chloride || bi(*tri*; *tétra*)chlorure *m* d'iridium *m* || Iridiumdi(*tri*; *tetra*) chlorid *o*; **-dioxyde** (*-sesqui-*)**:** iridium di(*sesqui*)oxide || bi(*sesqui*)oxyde *m* d'iridium *m* || Iridiumdi(*sesqui*)oxyd *o*; **-disulfide** (*-sesqui-*)**:** iridium di(*sesqui*)-sulfide || bi(*sesqui*)sulfure *m* d'iridium || Iridiumsulfid *o* (*-sulfür o*); **-legering:** iridium alloy || alliage *m* d'iridium *m* || Iridiumlegierung *v*; **-sulfuur:** *zie* **iridiumsesquisulfide; -zout:** iridium salt || sel *m* d'iridium *m* || Iridiumsalz *o*.

iris|behangsel: irised paper hangings || papiers *mm* irisés || Iristapeten *vm*; **-diafragma:** iris diaphragm || diaphragme *m* à iris *m* || Irisblende *v*; **-druk:** saddening || irisé *m*, ombré *m* || Irisdruck *m*; **-eren:** to colour by means of galvanochromy, to irisate || iriser || irisieren; **-grond:** iris (rainbow) ground || fond *m* irisé (ombré) || Irisgrund *m*; **-knoop:** irised button || bouton *m* irisé || Irisknopf *m*; **-papier:** irisation paper || papier *m* irisé || Irispapier *o*.

irrigatie: irrigation || irrigation *v* || Bewässerung *v*; **-sluis:** irrigation lock (sluice) || écluse *v* d'irrigation *v* || Bewässerungsschleuse *v*.

is|anomaal, -male: isanomal line || ligne *v* isanomale || Isanomale *v*; **-entropisch:** adiabatic, of constant entropy || adiabatique, isentropique, d'entropie *v* constante || adiabatisch, isentropisch, gleichbleibender Entropie *v*.

isobaar: 1. (*lijn over plaatsen m. gelijke barometerstand*)**:** isobar, isobaric line || isobare *v* || Isobare *v*;
2. (*lijn v. gelijke druk*)**:** curve of constant pressure, constant pressure line, isobar, isobaric line || [courbe *v*] isobare, courbe *v*

(ligne *v*) de pression *v* constante || Gleichdrucklinie *v*, Isobare *v*, Linie *v* gleichen Druckes *m*.

iso|baat: *zie* **dieptelijn; -chimene:** isochimenal line || ligne *v* isochimène || Isochimene *v*; **-chronisme:** isochronism || isochronisme *m* || Gleichdauer *v*, Isochronismus *m*; **-chroon:** isochronal || isochrone || isochron, zeitgleich; **-cline:** isoclinic line || ligne *v* isocline || Isokline *v*, isoklinische Linie *v*; **-dosenkromme** (*-oppervlak*)**:** isodose curve (*surface*) || courbe *v* (*surface v*) isodose || Isodose *v* (*-fläche v*); **-dynamisch:** isodynamic || isodynamique || isodynamisch; **-dynaam, -dyname:** isodynamic line || ligne *v* isodynamique || isodynamische Kurve *v*; **-gamme:** isogam || isogamme *v*, ligne *v* isogame || Linie *v* gleicher Schwerewerte *mm*; **-goon:** isogonic line || ligne *v* isogone || Isogone *v*, isogonische Linie *v*; **-hydrisch:** isohydric || isohydrique || isohydrisch; **-hypse:** *zie* **hoogtelijn.**

isolatie [1])**:** insulation || isolation *v* || Isolierung *v*, Isolation *v*; *zie ook* **isoleer-** *en* **isolering; - a. d. oppervlakte:** surface insulation || isolement *m* de surface *v* || Oberflächenisolation *v*; **- m. rubberband:** rubber tape insulation || isolement *m* en ruban *m* de caoutchouc *m* || Gummibandisolation *v*; **- tegen vochtigheid:** moistureproof insulation || isolement *v* contre l'humidité *v* || Feuchtigkeitsschutzisolation *v*; **-band** (*elektr.*)**:** insulating tape (strip) || bande *v* isolante, ruban *m* isolant || Isolierband *o*, -streifen *m*; (*stoomleiding*)**:** tape covering || ruban *m* calorifuge || Isolier-, Wärmeschutzband *o*; **-band, klevend:** adhesive tape || ruban *m* isolant collant, bande *v* isolante adhésive (collante) || klebriges Isolierband *o*; **-bekleding:** covering of nonconducting material || enveloppe *v* calorifuge || Isolier-, Wärmeschutzhülle *v*; **-beproeving:** insulation test || essai *m* de l'isolement *m* || Isolationsprüfung *v*; **-buis:** insulating tube || tube *m* isolant || Isolierrohr *o*; **-buis m. gesloten** (*open*) **naad:** conduit with closed (*open*) seam || tube *m* isolant à couture *v* fermée (*à couture v*) || Isolierrohr *o* mit geschlossener (*offener*) Naht *v*; **-buis m.** (*zonder*) **mantel:** cased (*plain*) conduit || tube *m* isolant à chemise *v* (*non-armé*) || Isolierrohr *o* mit Überzug *m* (*ohne Metallschutz m*); **-buis m. messingmantel:** brass cased conduit || tube *m* isolant chemisé (à chemise *v*) || Isolierrohr *o* mit Messingüberzug *m*; **-buis m. sleuf in de lengte:** conduit with longitudinal slit || tube *m* isolant à fente *v* longitudinale || Isolierrohr *o* mit offenem Längsschlitz *m*; **-buis m. staalpantser:** iron armoured conduit || tube *m* isolant armé de fer *m* || Isolierrohr *o* mit Eisenarmierung *v*; **-buizennet:** conduit network || réseau *m* de tubes *mm* isolants, tuyauterie *v* isolante || Isolierrohrnetz *o*; **-bus:** insulating bush || manchon *m* isolant, douille *v* isolante || Isolierbüchse *v*; **-contact:** insulated contact, insulating stud || contact *m* isolé || isolierter Kontakt *m*; **-controletoestel:** insulation testing apparatus || appareil *m* contrôleur d'isolement *m* || Isolationskontrollapparat *m*; **-deksel v. e. schakelaar:** switch cover of insulating material || couvercle *m* d'interrupteur *m* en matière *v* isolante || Schalterdeckel *m* aus Isoliermasse *v*; **-fout:** defect (fault) in insulation || défaut *m* d'isolement *m* || Isolationsfehler *m*; **-fout in de leiding:** fault in the line insulation || défaut *m* d'isolement *m* dans la ligne *v* || Isolationsfehler *m* in der Leitung *v*; **-kit:** insulating cement || mastic *m* isolant (pour isolateurs *mm*) || Isolierkitt *m*; **-klosje:** spool insulator || poulie *v* isolante || Isolierrolle *v*; **-kruisrol:** insulator for crossings || poulie *v* isolante de croisement *m* || Isolierkreuzrolle *v*; **-massa** (*elektr.*)**:** insulation compound (substance) || composition *v* (masse *v*, pâte *v*) isolante || Isoliermasse *v*; **-massa** (*stoomleiding*)**:** nonconducting material || masse *v* calorifuge || Isolier-, Wärmeschutzmasse *v*; **-materiaal:** insulating (insulation) material || isolant *m*, matière *v* isolante || Isolations-, Isoliermaterial *o*; **-materiaal, taai:** tenacious insulating material || isolant *m* tenace || zähes Isolationsmaterial *o*; **-materiaal, tegen hitte bestand:** heatproof insulating material || isolant *m* insensible à la chaleur *v* (réfractaire) || hitzebeständiges Isolationsmaterial *o*; **-meetgebied:** insulation measuring range || portée *v* de la mesure *v* d'isolement *m* || Isolationsmeßbereich *m*; **-meetschakeling:** insulation test connection || couplage *m* pour la mesure *v* de l'isolement *m* || Isolationsmeßschaltung *v*; **-meter:** insulation tester || essayeur *m* d'isolement *m* || Isolationsmesser *m*, -prüfer *m*; **-meting:** measurement of insulation || mesure *v* de l'isolement *m* || Isolationsmessung *v*; **-proef:** insulation test || essai *m* d'isolement *m* || Isolationsprüfung *v*; **-rozet:** wall (patera) block || patère *v* (rosace *v*) isolante || Isolierrosette *v*; **-rozet zonder opening:** patera without inlet || patère *v* isolante sans entrée *v* || Isolierrosette *v* ohne Ausbohrung *v*; **-toestand:** state of insulation || état *m* d'isolement *m* ||

---

[1]) Zie ook *isolering.*

Isolationszustand *m*; **-veiligheid:** safety of insulation || sûreté *v* d'isolement *m* || Isolationssicherheit *v*; **-verklikker:** insulation indicator || indicateur *m* d'isolement *m* || Isolationsprüfer *m*; **-vernis:** insulating varnish || vernis *m* isolant || Isolierfirnis *m*, -lack *m*; **-weerstand:** insulation resistance || résistance *v* d'isolement *m* || Isolationswiderstand *m*.

isolator: insulator || isolateur *m* || Isolator *m*; **- die de draad automatisch vastklemt:** insulator with automatic fixing device || isolateur *m* à fixation *v* automatique du fil *m* || Isolator *m* mit Selbstklemmung *v* des Drahtes *m*; **- m. dubbele mantel:** double cup (petticoat, shed) insulator || isolateur *m* à double cloche *v* || Doppelglockenisolator *m*; **- m. ijzeren mantel:** ironclad insulator || isolateur *m* blindé || Isolator *m* mit Eisenmantel *m*; **- uit een stuk:** one piece insulator || isolateur *m* d'une pièce *v* || einteiliger Isolator *m*; **- uit 2 [3] stukken:** two (*three*) piece insulator || isolateur *m* en deux (*trois*) pièces *vm* || zweiteiliger (*dreiteiliger*) Isolator *m*; **- v. keramisch materiaal:** earthenware insulator || isolateur *m* en faïence *v* (céramique *v*) || Tonisolator *m*; **- v. hoge spanningen:** high tension insulator || isolateur *m* [pour courant *m*] à haute tension *v* || Hochspannungsisolator *m*; **- v. leidingpalen:** insulator for post || isolateur *m* de poteau *m* || Mastenisolator *m*; **-, geribde:** ribbed insulator || isolateur *m* à ailettes *vm* (nervures *vm*) || Rippenisolator *m*; **-beschermbeugel:** insulator hoop guard || arceau *m* (étrier *m*) protecteur || Schutzbügel *m*; **-bescherming:** protection of insulator || protection *v* de l'isolateur *m* || Isolatorschutz *m*; **-bevestiging:** fixing of insulator || fixation *v* de l'isolateur *m* || Isolatorbefestigung *v*; **-drager:** insulator bracket || support *m* d'isolateur *m* || Isolatorstütze *v*; **-drager** (*ter bevestiging in muurwerk*)**:** wall insulator bracket || support *m* à scellement *m* || Isolatorstütze *v* mit Steinschraube *v*; **-houder:** insulator holder || porte-isolateur *m* || Isolatorhalter *m*; **-ketting:** insulator chain || chaîne *v* d'isolateurs *mm* || Isolatorkette *v*; **-klem:** insulator clamp || agrafe *v* d'isolateur *m* || Isolatorklemme *v*; **-klepel:** *zie* **isolatorsteun; -pen:** *zie* **isolatorsteun; -steun:** insulator bracket || console *v* d'isolateur *m* || Isolatorarm *m*.

isoleer|band: *zie* **isolatieband; -fles:** vacuum (insulating) bottle (flask) || bouteille *v* isolante || Isolierflasche *v*; **-massa** (*kabels*)**:** filling [paste] || matière *v* (pâte *v*) de remplissage *m* || Füllmasse *v*.

isole|ren: 1. (*warmte*; *elektr.*; *geluid*): to insulate; to damp (*geluid*) || isoler || isolieren; dämpfen (*geluid*); **-rend:** insulating; sound damping (*geluid*) || isolant || isolierend; schalldämpfend (*geluid*); **-ring:** insulation || isolement *m*, isolation *v* || Isolierung *v*; *zie ook* **isolatie;**
2. (*afzonderen, afscheiden*): to isolate, to separate || isoler, séparer || abscheiden, abtrennen, isolieren; **-ring:** isolation, separation || isolation *v*, séparation *v* || Abscheidung *v*, Abtrennung *v*, Isolierung *v*.

iso|meer (*z. nw.*)**:** isomer[ide] || isomère *m* || Isomer *o*; **-meer** (*bijv. nw.*)**:** isomeric || isomère || isomer[isch]; **-merie:** isomerism || isomérie *v* || Isomerie *v*; **-meriseren:** to isomerize || isomériser || isomerisieren; **-merisering:** isomerisation || isomérisation *v* || Isomerisation *v*; **-morf:** isomorphous || isomorphe || isomorph; **-morfisme:** isomorphism || isomorphisme *m* || Isomorphismus *m*; **-pleer:** curve of constant volume, constant volume line || [courbe *v*] isoplère, courbe *v* de volume *m* constant || Isoplere *v*; **-theren:** isotheral lines || lignes *vm* isothères || Isotheren *vm*; **-therm:** isotherm, isothermal curve (line) || courbe *v* isothermique (de température *v* constante), isotherme *v* || Isotherme *v*, isothermische Linie *v*, Linie *v* gleicher Temperatur *v*, (gleichen Wärmegrades *m*); **-thermisch:** isothermal || isothermique || isothermisch; **-toop:** isotope || [élément *m*] isotope *m* || isotopes Element *o*; **-topie:** isotopy || isotopie *v* || Isotopie *v*; **-topisch:** isotopic || isotope || isotop; isotopisch (*geol.*); **-tropie:** isotropy || isotropie *v* || Isotropie *v*; **-tropisch:** isotropic || isotropique || isotropisch.

I-staal: double T steel, I-(H)-steel || acier *m* [en] [double] T *m* || Doppel-T-Stahl *m*, I-Stahl *m*.

ivoor: ivory || ivoire *m* || Elfenbein *o*; **-blad** (*schilder*)**:** ivory leaf, sheet ivory || feuille *v* d'ivoire *m* || Elfenbeinblatt *o*; **-karton:** ivoryboard || carton *m* (d')-ivoire *m* || Elfenbeinkarton *m*; **-zaag:** ivory saw || scie *v* pour ivoire *m* || Elfenbein[kreis]säge *v*; **-zwart:** ivory (velvet) black || noir *m* d'animal *m* (de velours *m*) || [Elfen]beinschwarz *o*.

ivoren: ivory || d'ivoire *m* || elfenbeinern, Elfenbein-.

I-ijzer: *zie* **I-staal.**

J

jaaglijn: towline, towrope || corde *v* de halage *m* || Treidel-, Jageleine *v*, Jagertroß *m*; **-pad**: towing path || chemin *m* de halage *m* || Treidelweg *m*; **-touw**: *zie* **jaaglijn**; **-tros**: *zie* **jaaglijn.**

jaar: year || an *m*, année *v* || Jahr *o*; **- v. d. bouw**: year of manufacture || année *v* de construction *v*, millesime *m* [de construction *v*] || Herstellungsjahreszahl *v*; **-beurs**: annual fair || foire *v* annuelle || Jahrmesse *v*; **-cijns** (*octr.*): annual fee, annuity || annuité *v* || Jahresgebühr *v*; **-lijks**: annual(*ly*), yearly || annuel(*lement*) (*par an m*, *tous les ans mm*) || jährlich; **-ring** (*in hout*): annual ring of timber || anneau *m* (cercle *m*) annuel, cerne *m* || Jahresring *m*; **-tal**: year, date || année *v*, date *v*; millésime *m* (*munt*); **-taxe** (*octr.*): *zie* **jaarcijns.**

jacarandahout: *zie* **pokhout, Braziliaans.**

jacht (*vaartuig*): yacht || yacht *m* || Jacht *v*, Yacht *v*; **-excentriek**: picking eccentric (tappet) || excentrique *m* de chasse *v* || Schlagexzenter *o*, -scheibe *v*; **-geweer**: shot gun || fusil *m* de chasse *v* || Jagdflinte *v*, -gewehr *o*; **-hagel**: *zie* **hagel 2**; **-hoorn**: buglehorn, french horn || cor *m* de chasse *v* || Jagdhorn *o*; **-laarzen**: hunting (shooting) boots || bottes *vm* de chasse *v* || Jagdstiefel *m*; **-mes**: cutlass, hunting knife || couteau *m* de chasse *v* || Jagdmesser *o*; **-peer** (*weverij*): picking cone || cône *m* de chasse *v* || Schlagrolle *v*; **-snoer** (*weverij*): fly (picking) cord || chasse-navette *v* || Treibschnur *v*.

jaconet: jaconet || jaconas *m* || Jaconas *o*, Jaconet *o*.

jacquard|machine: jacquard loom || machine *v* à la Jacquard (jacquarde) || Jacquard *m*, -maschine *v*; **-naald**: jacquard needle || aiguille *v* du métier *m* à la Jacquard || Jacquardnadel *v*, Stößel *m*; **-toestel**: jacquard work || appareil *m* jacquard || Jacquardgetriebe *o*; **-weefsel**: jacquard web || tissu *m* à la Jacquard || Jacquardgewebe *o*.

jager: **1.** (*vissersvloot*): tender to fishing boats || aviso *m* des pêcheurs *mm*, ramberge *v* || Jager *m*;
2. (*weverij*): *zie* **drijver 2**; **-koord**: *zie* **drijfkoord.**

jakobsladder: **1.**: *zie* **elevator**;
2. (*scheepst.*): jacobs (peg) ladder || échelle *v* de corde *v* || Jakobsleiter *v*.

jalappehars: resin jalap || résine *v* de jalap *m* || Jalappeharz *o*.

jalousie: venetian blind || jalousie *v* || Jalousie *v*; **-contact**: window blind contact || contact *m* de jalousie *v* || Jalousiekontakt *m*.

jam: jam || confiture *v* || [Obst]gelee, Jam *o*.

jamesoniet: jamesonite || jamesonite *v* || Jamesonit *m*.

janusschakeling: Janus connection || couplage *m* de Janus || Janusschaltung *v*.

japanhout: buckham (sapan) wood || bois *m* du Japon *m* (de sapan *m*), sapan *m* || Japan-, Sapanholz *o*.

jarrahhout: jarrah timber || bois *m* de Jarrah || Jarrahholz *o*.

jas|peren: to diaper || diaprer, gauffrer || jaspieren; **-pestof**: jasp cloth || étoffe *v* jaspée || Flammig *o*, feinflammig melierter Stoff *m*.

jaspis: jasper, jaspis || jaspe *m* || Jaspis *m*; **-agaat**: jasper agate || agate *v* jaspée || Jasp[is]achat *m*; **-marmer**: antique jaspis || marbre *m* jaspé || Jaspismarmor *m*; **-opaal**: jasper opal || jaspe *m* opal || Jaspopal *m*, Opaljaspis *m*; **-porfier**: jasp porphyry || jaspe-porphyre *m* || Jaspisporphyr *m*; **-porselein**: jasper ware || faïence *v* jaspée || Jaspissteingut.

J-beugel: J-bracket || support *m* en J || J-Stütze *v*.

jenever: gin || [eau de vie *v* de] genièvre *m* || Genever *m*, Korn-, Wacholderbranntwein *m*; **-bes**: juniper berry || baie *v* de genévrier *m* || Wacholderbeere *v*; **-boom**: juniper tree || genévrier *m* || Wacholderbaum *m*; **-hout**: juniper wood || [bois *m* de] genévrier *m* || Wacholderholz *o*; **-stokerij**: gin distillery || genièvrerie *v* || Branntweinbrennerei *v*.

jenny|machine: spinning jenny || jeanette *v*, jenny *v*, métier *m* à chasse *v* || Jennymaschine *v*; **-spinnerij**: jenny spinning || filage *m* à la Jenny *m* || Jennyspinnerei *v*.

jersey-oliesteen: Jersey oil stone || éclat *m* de Jersey || Jerseyschleifstein *m*.

jig: *zie* **deinmachine.**

jockeyschijf: jockey pulley || poulie *v* jockey || Reiterscheibe *v*.

jo|daat: iodate || iodate *m* || Jodat *o*; **-dide**: iodide || iodure *m* || Jodid *o*.

jodium: iodine || iode *m* || Jod *o*; **-damp**: iodine vapour || vapeur *v* d'iode *m* || Joddampf *m*; **-getal**: iodine value || indice *v* d'iode *m* || Jodzahl *v*; **-houdend**: iodine containing || iodén, contenant du iode *m* || jodhaltig; **-tinctuur**: iodine tincture || teinture *v* d'iode *m* || Jodtinktur *v*; **-verbinding**: iodine compound (derivative) || derivé *m* (composé *m*) iodé || Jodverbindung *v*.

joderen: to iodinate (iodize, iodate) || ioder || jodieren.

jodo|form (trijoodmethaan): iodoform || iodoforme *m* || Jodoform *o*; **-formgaas:** iodoform gauze || gaze *v* iodoformée || Jodoformgaze *v*; **-metrie:** iodometry || iodométrie *v* || Jodometrie *v*.

joduur: iodide [1]) || iodure [1]) *m*, protoiodure *m* || Jodür *o*, Jodid [1]) *o*.

joghurt: *zie* **yoghurt.**

jol: dingy, jolly boat || yole *v* || Jolle *v*; **-blok:** single block || poulie *v* de cartahu *m* || Jollblock *m*; **-lentouw:** girt line || cartahu *m* || Joll[en]tau *o*.

jood|kali[um]-stijfselpapier: *zie* **kaliumjodide-stijfselpapier; -getal:** *zie* **jodiumgetal; -waterstof[zuur]** [2])**:** hydroiodic acid || acide *m* iodhydrique || Jodwasserstoff *m* [-säure *v*]; **-zuur:** iodic acid || acide *m* iodique || Jodsäure *v*.

joule: joule || joule *m* || Joule *o*; **-effect:** Joule effect || effet *m* Joule || Joule-effekt *m*, Stromwärme *v*; **-meter:** joule-meter || joulemètre *m* || Joulezähler *m*.

juchtleder: Muscovy (Russian) leather || cuir *m* de Russie *v*, roussi *m* || Jacht *o*, Juchten *m* (-leder *o*).

juist (*nauwkeurig*)**:** exact(*ly*), precise(*ly*), just, correct(*ly*) || juste(*ment*), exact-(*ement*), précis(*ément*) || richtig, genau; **-heid:** exactness, exactitude, precision || précision *v*, exactitude *v* || Richtigkeit *v*, Genauigkeit *v*; **-heidsgraad:** degree of accuracy || degré *m* de précision *v* || Genauigkeitsgrad *m*.

juk: 1. (*draagjuk*): yoke || palanche *v* || Joch *o*;
2. (*brug*): standard, trestle, pile, pier || palée *v*, travée *v* || Joch *o*;
3. (*balans*): balance beam || fléau *m* de balance *v* || Waagebalken *m*; **-balans:** beam balance || balance *v* à fléau *m* || Balkenwaage *v*;
4. (*balk*): connecting yoke || poutre *v* en travers *m* || Jochbalken *m*;
5. (*roer*): [rudder]yoke || traverse *v* || Steuerjoch *o*;
6. (*magneet*): yoke || culasse *v* || Joch *o*;
7. (*elektr.*): yoke || culasse *v* || Joch *o*; **-ring:** yoke ring || anneau *m* de culasse *v*, carcasse *v* || Jochring *m*, Feldgestell *o*; **-verbinding:** yoke connection || joint *m* de culasse *v* || Jochverbindung *v*; **-verdeling:** division of yoke || division *v* de la culasse *v* || Jochteilung *v*;
8.: (*mijnb.*)**: -ondersteuning, -stutting:** three quarter set || cadre *m* || Türstock *m*; **-ondersteuning, halve:** half-set || cadre *m* à un seul montant *m* || halber Türstock *m*, Handweiser *m*.

jumelkatoen: Egyptian (jumel) cotton || Jumel *m* || Jumel *o*, Moko *o*.

junkring: follow plate, junk ring || couvercle *m* (plateau *m*) de piston *m* || Kolbendeckel *m*.

Jura: Jurassic || Jurassique *m* || Jura *m*; **-kalk:** Jura limestone, jurassic lime || calcaire *m* jurassique || Jurakalk *m*; **-systeem:** jurassic system || système *m* jurassique || Jurassystem *o*; **-zandsteen:** Jura (jurassic) sandstone || grès *m* jurassique || Jurasandstein *m*.

justeer|blok: adjusting block || bilboquet *m* || Justierklotz *m*; **-der:** adjuster || ajusteur *m* || Justierer *m*; **-machine** (*muntw.*)**:** sizing machine || colifichet *m* || Justiermaschine *v*; **-naald:** bevelled graver || burin *m* à biseau *m* || Justiernadel *m*; **-schaal:** adjusting balance || ajustoir *m* || Justierwaage *v*; **-vijl:** adjusting file || lime *v* à ajuster || Justierfeile *v*; **-zaal:** weighting room || chambre *v* à ajuster *v* || Justierwerkstatt *v*.

juste|ren: to size; to fit up (*typogr.*) || ajuster; justifier (*typogr.*) || justieren (*ook typogr.*); **-ring:** adjustment || ajustage *m* || Einstellung *v*, Justierung *v*.

jute: jute, indian grass || jute *m* || Jute *v*; **-bekleding:** covering of jute, jute serving || couverture *v* (revêtement *m*) de jute *m* || Jutebekleidung *v*, -umhüllung *v*; **-draad:** jute yarn || fil *m* de jute *m* || Jutegarn *o*; **-kabel:** cable insulated by jute, jute lead cable || câble *m* à isolement *m* de jute *m* (au jute *m* sous plomb *m*) || Jutekabel *o*; **-laag:** layer of jute || couche *v* de jute *m* || Juteeinlage *v*; **-loodkabel:** *zie* **jutekabel; -omspinning:** jute covering || guipage *m* (revêtement *m*) de jute *m* || Juteumspinnung *v*; **-omwinding:** *zie* **jute-omspinning; -spinnerij:** jute spinning mill || filature *v* de jute *m* || Jutefabrik *v*, -spinnerei *v*; **-zak:** gunny bag || sac *m* de jute *m* || Jutesack *m*; **-zakkengoed:** gunny bags (cloth) || toile *v* de jute *m* à emballer || Jutesacktuch *o*.

ju|weel: jewel || byou *m* || Juwel *m en o*; **-welier:** jeweller || metteur *m* en oeuvre *v*, byoutier *m*, joailler *m* || Edelsteinfasser *m*, Juwelier *m*.

juxtastroom: juxta current || juxtacourant *m* || Juxtastrom *m*.

jijn: *zie* **gijn; -blok:** winding tackle block || poulie *v* de caliorne *v* || Gienblock *m*.

---

[1]) Voor het gebruik van deze vorm geldt hetzelfde als voor *chloruur*, zie de noot aldaar.

[2]) Voor stofnamen als *joodkali*[*um*], *joodnatrium*, enz., zie *kaliumjodide*, *natriumjodide*, enz.

K

kaag (*schip*)**:** cague, hoy, lighter || **cague** *v* || Kaag *o.*
kaai: *zie* **kade.**
kaak: 1. (*lich.deel*): jaw; jaw-bone (*been*) || joue *v*; mâchoire *v* (*been*) || Kiefer *m*, Kinnbacken *m*; Kinnlade *v* (*been*);
2. (*breker*): [crushing] jaw || mâchoire *v* broyeuse (de concasseur *m*) || [Brech]-backe *v*, -backen *m*; **-, beweegbare:** swing jaw || mâchoire *v* mobile || bewegliche Backe *v*; **-breker:** jaw-crusher || broyeur *m* (concasseur *m*) à mâchoires *vm* || Backenbrecher *m.*
kaan (*schip*)**:** anchoring boat || nacelle *v* || Kahn *m.*
kaapstander: capstan || cabestan *m*, vindas *m* || Gangspill *o*, Kabestan *m.*
kaar: 1. (*vultrechter, enz.*): hopper || trémie *v* || [Füll]trichter *m*, Füllrumpf *m*; *zie ook* **tremel;**
2. (*vis*): cauf, well || vivier *m*, banneton *m* || Fischbehälter *m.*
kaard|afval: noils || entredent *v*, peignons *mm* || Kämmlinge *mm*; **-band:** card sheets (fillets) || [plaques *vm* pour] ruban *m* de carde *v* || Bandkratze *v*, Kratzenblatt *o*; **-bank:** carding bench || banc *m* à carder || Krempelbank *v*; **-blad:** cardsheet || feuille *v* à cardes *vm* || Kratzenblatt *o*; **-deksel:** flat || chapeau *m* de la carde *v* || [Kratzen]deckel *m*; **-distel:** [fuller's] thistle, teasel || chardon *m* à bonnetier *m* (à foulon *m*) || Kardendistel *v*; **-draad:** card wire || fil *m* à cardes *vm* || Kardätschen-, Kratzendraht *m*; **-e:** card || carde *v* || Karde *v*, Kratze *v*, Krempel *m*; **-e v. vlokzijde:** waste silk card || cardasse *v* || Florettkratze *v*; **-en:** to card || carder, laiver || krempeln, kratzen; **-enbeslag:** card clothing || garniture *v* des machines *vm* à carder || Kratzenbeschlag *m*; **-enkruis:** raising gig with cards || laineuse *v* à cardes *vm* || Kratzenrauhmaschine *v*; **-enleder:** patent card cloth || feutre *m* à cardes *vm* || Kratzenleder *o*; **-enraam:** teasel frame || croisée *v* || Kratzenrahmen *v*; **-erij:** card room || salle *v* à cardes *vm*, carderie *v* || Kardensaal *m*; **-etand:** card teeth || dent *v* de carde *v* || Kardätschenhaken *m*; **-kam:** card comb || ploqueresse *v* || Krempel *m*; **-lint:** card fillet || ruban *m* de carde *v* || Bandkratze *v*; **-machine:** carding engine (machine) || machine *v* à carder, cardeuse *v* || Krempel-, Kratzmaschine *v*; **-plaat:** card lag (sheet), stave || feuille *v* de carde *v* || Kratzenblatt *o*; **-pot:** [sliver] can || pot *m* de carde *v* || Kanne *v*; **-sel:** carded wool, cardings || cardée *v* || Kratzwolle *v*; **-tafel:** carding table || table *v* à carder || Kardätschentisch *m*; **-trommel:** gig barrel || tambour *m* à cardes *vm* || Kardentrommel *v*; **-wol:** carding wool || laine *v* à carder (de carde *v*) || Kratz-, Streichwolle *v.*
kaars: candle || bougie *v* || Kerze *v*; **-, internationale:** international candle || bougie *v* internationale [décimale] || internationale Kerze *v*; **-brander:** candle burner || bec-bougie *m* || Kerzenbrenner *m*; **-enfabriek:** candle factory || fabrique *v* de bougies *vm* || Kerzenfabrik *v*; **-enverlichting:** candle lighting || éclairage *m* par bougies *vm* || Kerzenbeleuchtung *v*; **-envorm:** candle mould || moule *m* à bougies *vm* || Kerzenform *v*; **-epit:** candle wick || mèche *v* de bougie *v* || Kerzendocht *m*; **-houder:** candleholder || chandelier *m* || Kerzenhalter *m*; **-lamphouder** (*elektr.*)**:** candle lamp holder || douille *v* à bougie *v* || Kerzenfassung *v*; **-lantaarn:** candle lamp || lanterne *v* à bougie *v* || Kerzenlaterne *v*; **-licht:** candle light || lumière *v* de bougies *vm* (d'une bougie *v*) || Kerzenlicht *o*; **-sterkte:** candle power || intensité *v* d'une bougie *v* || Kerzenstärke *v.*
kaart: 1. (*algem.*): card || carte *v* || Karte *v*; **-endoos:** card box || boîte *v* à cartes *vm* || Kartenschachtel *v*; **-enetui:** card case || étui *m* à cartes *vm* || Kartenhalter *m*; **-enketting** (*jacquardmach.*)**:** chain of pasteboards, pattern chain || chaîne *v* sans fin *m* du métier *m* Jacquard || Kartenkette *v*; **-je:** ticket || billet *m* [d'entrée *v*], ticket *m* || Fahr-, Eintrittskarte *v*, -schein *m*;
2. (*topogr., enz.*): chart, map || carte *v* || Karte *v*; **- brengen, in:** to map || dresser une carte *v* (plan *m*) de; tracer || kartieren; **- naar Mercator:** Mercator's chart || carte *v* réduite || Mercatorkarte *v*, Karte *v* in Mercator-Projektion *v*; **-, hydrografische:** hydrographic chart || carte *v* hydrographique (marine) || hydrographische Karte *v*, Seekarte *v*; **-, topografische:** topographical map || carte *v* topographique || topographische Karte *v*; **-enkamer:** (*schip*)**:** chart house (room) || chambre *v* de veille *v* || Navigationszimmer *o*, Kartenhaus *o*; **-enkast** (*schip*)**:** chart case (chest) || coffre *m* des cartes *vm* marines || Kartenkasten *m*; **-eren:** *zie* **karteren; -papier:** design (point) paper || papier *m* de mise *v* en carte *v* (à patrons *mm*, quadrillé) || Patronen-, Muster-

papier *o*; **-tafel:** chart table || table *v* pour les cartes *vm* || Kartentisch *m*; **-tekenen:** mappery || cartographie *v* || Kartenzeichnen *o*;
3. (*kartotheek*): card, chart || carte *v*, fiche *v* || [Kartei]karte *v*; **-stelsel:** card index [system] || classement *m* par fiches *vm* || Kartei *v*, Kartothek *v*; Zettelkasten *m*; **-systeem:** *zie* **kaartstelsel.**

kaas (*stof*; *vormstuk*): cheese || fromage *m* || Käse *m*; **-, halfvette:** half-skim cheese || fromage *m* de lait *m* partiellement écrémé || halbfetter Käse *m*; **-, harde** (*zachte*): hard (*soft*) cheese || fromage *m* à pâte *v* dure (*molle*), (*fromage m blanc*) || Hartkäse *m* (*Weichkäse m*); **-, korstloze:** melted cheese || fromage *m* fondu || Schmelzkäse *m*; **-, magere** (*vette*; *volvette*): skim-milk (*full-cream*) cheese || fromage *m* maigre (*gras*) || Magerkäse *m* (*Fettkäse m*; *vollfetter Käse m*); **-achtig:** caseous, cheesy, cheese-like || caséiforme, caséeux || käsig, käseartig; **-bak:** *zie* **kaaskuip**; **-boor:** cheese taster (scoop) || sonde *v* [à fromage *m*] || Käsestecher *m*, -bohrer *m*; **-fabriek:** cheese factory || fabrique *v* de fromage *m*, fromagerie *v* || Käsefabrik *v*, Käserei *v*; **-kleursel:** cheese colouring [matter] || colorant *m* pour le fromage *m* || Käsefarbe *v*; **-kop:** *zie* **kaasvorm**; **-korst:** cheese rind || côte *v* [du fromage *m*] || Käserinde *v*; **-kuip:** cheese tub || cuve *v* à fromage *m* || Käsebottich *m*; **-mes:** cheese knife (cutter) || couteau *m* à fromage *m* || Käsemesser *o*; **-pers:** cheese press || presse *v* à fromage *m* || Käsepresse *v*; **-rek:** cheese rack || dressoir *m* à fromages *mm* || Käsehürde *v*; **-stof:** *zie* **caseïne**; **-stremsel:** rennet, runnet || présure *v* || Lab *v*; **-vat:** cheese vat || éclisse *v* à fromage *m* || Käsefaß *o*, -napf *m*; **-vorm:** cheese mould, chessel || moule *m* pour fromages *mm*, caserette *v* || Käseform *v*; **-wei:** whey || petit-lait *m* || [Käse]molken *vm*; **-wrongel:** curd || caillé *m* || [Käse]quark *m*.

kabel (*touw, enz.*): cable, rope || câble *m* || Kabel *o*, Seil *o*; (*elektr.*): cable || câble *m* || Kabel *o*; **- aan land brengen, een:** to land a cable || atterrir un câble *m* || ein Kabel *o* ans Land *o* bringen; **- aftakken, een:** to branch a cable || brancher (bifurquer) un câble *m* || ein Kabel *o* abzweigen; **- asfalteren, een:** to coat a cable with compound || asphalter un câble *m*, revêtir un câble *m* d'asphalte *m* || ein Kabel *o* asphaltieren; **- bewapenen, een:** to armour a cable || armer un câble *m* || ein Kabel *o* armieren (bewehren); **- laten zinken, een:** to sink (to submerge) a cable || immerger (noyer) un câble *m* || ein Kabel *o* versenken; **- leggen, een:** to lay a cable || poser un câble *m* || ein Kabel *o* verlegen; **- m. drie concentrische geleiddraden:** triple concentric cable || câble *m* concentrique triple (triconcentrique) || konzentrisches Dreileiterkabel *o*; **- m. driehoekige strengen:** rope with strands of triangular section || câble *m* à torons *mm* triangulaires || Dreikantlitzenseil *o*; **- m. dubbele draadmantel:** double wire armoured cable || câble *m* à double armature *v* en fil *m* métallique || Kabel *o* mit Doppeldrahtarmierung *v*; **- m. staaldraadbescherming:** steel armoured cable || câble *m* sous (armé de) fil *m* d'acier *m* || Kabel *o* mit Stahldrahtarmatur *o*; **- oprollen, een:** to wind up a cable || enrouler un câble *m* || ein Kabel *o* aufrollen; **- splitsen, een:** to splice a cable || épisser un câble *m* || ein Kabel *o* spleißen; **- v. Bowden:** Bowden wire || [câble *m*] Bowden *m* || Bowden-Kabel *o*; **- voor tractie** (*mijnb.*): winding (houling) rope, winding (track) cable || câble *m* de traînage *m* (d'extraction *v*) || Förderseil *o*; **-, bovengrondse:** aerial cable || câble *m* aérien || Luftkabel *o*; **-, concentrische:** concentric cable || câble *m* concentrique || konzentrisches Kabel *o*; **-, dubbele:** twin cable || câble *m* double || Zweileiterkabel *o*; **-, enkelvoudige:** single core cable || câble *m* simple (à un seul conducteur *m*) || Einfachkabel *o*, einadriges Kabel *o*; **-, gladde:** locked cable (rope) || câble *m* clos || verschlossenes Seil *o*; **-, holle:** hollow rope || câble *m* creux || Hohlseil *o*; **-, massieve:** solid rope || câble *m* plein || Vollseil *o*; **-, ondergrondse:** underground cable || câble *m* souterrain || unterirdisches Kabel *o*; **-, onderzeese:** submarine cable || câble *m* sous-marin || Unterseekabel *o*, unterseeisches Kabel *o*; **-, platte:** flat rope (cable) || câble *m* plat (aplati) || Flach-, Bandseil *o*; **-, ronde:** round rope || câble *m* rond || Rundseil *o*; **-, stalen:** steel rope || câble *m* en acier *m* || Stahlkabel *o*, Drahtseil *o*; **-, tapse** (*mijnb.*): tapered hoisting rope || câble *m* d'égale résistance *v*, câble *m* diminué || verjüngtes Seil *o*; **-, transatlantische:** transatlantic cable || câble *m* transatlantique || transatlantisches Kabel *o*; **-aanleg:** laying of cables, cable-laying || pose *v* des câbles *mm* || Kabelverlegung *v*; **-aansluiting:** cable junction || jonction *v* (raccord *m*) de câble *m* || Kabelanschluß *m*; **-ader:** conductor [of a cable] || conducteur *m* [d'un câble *m*] || Kabelader *v*; **-afsluiting:** cable end connector || fermeture *v* d'extrémité *v* de câble *m* || Kabelendverschluß *m*; **-aftakkast:** flush (street distribution) box || boîte *v* de dérivation *v* pour câbles *mm* || Kabelabzweigkasten *m*; **-aftakking:** branching of a cable || branchement *m* (saignée *v*) de câble *m* || Kabelabzweigung *v*; **-appendages:** cable fittings || garnitures *vm* de câble *m* || Kabelgarnitur *v*; **-asfalt:** cable compound || asphalte *m* pour câbles *mm* || Kabelasphalt *m*; **-baan:** cable way, aerial rope way, funicular || transporteur *m* aérien, funiculaire *m* || Seilbahn *v*; *zie ook* **hangbaan; -baan** (*d. zwaartekracht*): gravity cable || glissoir *m* à câble *m*, câble *m* aérien incliné || Riese *v*; **-ballon:** captive (kite, observation) balloon || ballon *m* captif || Fesselballon *m*; **-bed:** bed for a cable || lit *m* d'un câble *m* || Kabellager *o*; **-bekleding:** cable covering || enveloppe *v* de câble *m* || Kabelhülle *v*, -kleid *o*; **-belegklamp:** cable laying cleat || taquet *m* d'amarrage *m* du câble *m* || Kabelbelegklampe *v*; **-beproeving:** cable test || essai *m* des câbles *mm* || Kabelprüfung *v*; **-beproevingsstation:** cable testing station || poste *v* d'essai *m* des câbles *mm* || Kabelprüfungsstation *v*; **-beschermingsbuis:** cable protecting tube || tuyau *m* protecteur pour câbles *mm* || Kabelschutzröhre *v*; **-bevestigingsbeugel:** cable clip || collier *m* pour câble *m* || Kabelschelle *v*; **-bocht:** flake of a cable || spirale *v* du câble *m* || Kabelbucht *v*, -schuß *m*; **-boei;** cable buoy || bouée *v* de câble *m* || Kabelboje *v*; **-breuk:** breaking of a cable || rupture *v* de câble *m* || Kabelbruch *m*; **-buis:** cable duct || tube *m* (tuyau *m*) à câble *m* || Kabelröhre *v*; **-draad:** rope wire || fil *m* pour câbles *mm* || Seildraht *m*; **-draagdraad:** suspension wire of a cable || fil *m* porte-câble || Kabeltragdraht *m*; **-draaien, het:** twisting of a cable, stranding || misage *m*, câblage *m*, commettage *m*, échouage *m* || Strandung *v*, Verseilung *v*; **-draaimachine:** stranding machine || machine *v* à câbler || Verseilmaschine *v*; **-eind:** cable end || bout *m* (extrémité *v*) de câble *m*, manchon *m* d'extrémité *v* de câble *m* || Kabelendverschluß *m*; **-excavateur:** *zie* **kabelgraafmachine; -fabriek:** cable works || fabrique *v* de câbles *mm* || Kabelwerk *o*; **-garen:** rope yarn, whipping thread || fil *m* de caret *m* (de surliure *v*) || Kabel-, Takelgarn *o*; **-garensteek:** rope yarn knot || noeud *m* de fil *m* de caret *m* || Kabelgarnstich *m*; **-garenstrop:** selvagee || estrope *v* de fil *m* de caret *m*, erse *v* en bitord *m* || Kabelgarnstropp *m*; **-garnituur:** *zie* **kabelappendages; -gat** (*elektr.*): hole for the cable || logement *m* (trou *m*) pour le câble *m* || Kabelloch *o*; (*schip*): cable room (tier) || fosse *v* (soute *v*) aux câbles *mm*, fosse *v* aux lions *mm* || Kabelgatt *o*; **-gatluik:** hatch-way of the cable tier || écoutille *v* aux câbles *mm* || Kabelgattluke *v*; **-gebrek:** cable fault || défaut *m* (vice *v*) d'un câble *m* || Kabeldefekt *m*, -fehler *m*; **-gedeelte:** cable section || section *v* de câble *m* || Kabelstrecke *v*; **-goot:** cable channel (trough) || caniveau *m* de câble *m* || Kabelkanal *m*, -rinne *v*; **-graafmachine:** dragline bucket excavator || drague *v* sèche à benne *v* et à câble *m* || Eimerseilbagger *m*; **-greppel:** cable trench || tranchée *v* de câble *m* || Kabelgraben *m*; **-haak:** cable hook || crochet *m* de câble *m* || Kabelhaken *m*; **-hanger:** cable hanger || porte câble *m* || Kabelhalter *m*; **-hart:** cable core || âme *v* de câble *m* || Kabelkern *m*, -seele *v*; **-haspel:** cable drum || treuil *m* à câble *m* || Kabelhaspel *v*; **-hoofd:** cable head || tête *v* de câble *m* || Kabelkopf *m*; **-huisje:** cable house (hut) || guérite *v* à câbles *mm* || Kabelhaus *o*; **-huls:** cable hose || gaine *v* de câble *m* || Kabelbekleidung *v*; **-hijsmachine** (*v. onderzeese kabels*): picking up machine || machine *v* à relever le (releveuse *v* de) câble *m* || Kabelaufholwinde *v*; **-ingenieur:** cable engineer || ingénieur *m* du service *m* des câbles *mm*, ingénieur-câbliste *m* || Kabelingenieur *m*; **-invoering:** cable inlet || entrée *v* de câble *m* || Kabeleinführung *v*; **-isolator:** cable insulator || isolateur *m* pour câble *m* || Kabelisolator *m*; **-kaliber:** wooden gauge for cables || jauge *v* pour câbles *mm* || Kabellehre *v*; **-kanaal:** *zie* **kabelgoot;** (*mijnb.*): cable conduit, rope channel || caniveau *m* pour câble *m* || Förderseilkanal *m*; **-kelder:** cable cellar || cave *v* aux câbles *mm* || Kabelkeller *m*; **-kern:** *zie* **kabelhart; -ketting:** chain cable || câble-chaîne *v* || Kabelkette *v*; **-klem:** rope cramp (clamp), cable clamp || griffe *v* (pince *v*) de serrage *m* || Kabel-, Seilklemme *v*; (*boren*) (*mijnb.*): rope clamp (cramp, clip) || étrier *m*, mâchoires *vm* de serrage *m* || Seilschloß *o*, -klemme *v*; (*vervoer*) (*mijnb.*): rope cappel (cramp, clamp, clip), cable cleat (capping) || borne *v* de cordage *m*, étrier *m* || Kabelklammer *v*, -haspe *v*, Seilklemme *v*; **-koppeling:** joint, cable coupling || attache *v* pour câbles *mm* || Kabelkupplung *v*, Seilschloß *o*; **-kosten:** cost of cables || frais *mm* de câbles *mm* || Kabelkosten *mrv*; **-kous:** thimble || cosse *v* || Kausche *v*; **-kruis:** cable cross || croix *v* câblée || Seilkreuz *o*; **-las:** cable joint || joint *m* de câble *m* || Kabelverbindung *v*; **-legging:** cable laying || pose *v* d'un câble *m* || Kabelverlegung *v*; **-legmachine:**

paying out machine || machine *v* à étaler (à filer) le câble *m*, machine *v* de pose *v* || Kabelauslegemaschine *v*; **-leiding:** cable line || canalisation *v* (ligne *v*) de câble *m* || Kabelleitung *v*; **-leiding onder water:** subfluvial cable || ligne *v* sous-fluviale || Flußleitung *v*; **-lier:** cable winch || treuil *m* à câble *m* || Kabelwinde *v*; **-maatschappij:** cable company || société *v* du câble *m* || Kabelgesellschaft *v*; **-meetapparaat:** cable testing set || appareil *m* pour l'essai *m* des câbles *mm* || Kabelmeßapparat *m*; **-meetwagen:** cable testing car || voiture *v* laboratoire pour l'essai *m* des câbles *mm* || Kabelmeßwagen *m*; **-mes:** cable stripper knife || couteau *m* pour câbles *mm* || Kabelmesser *o*; (*boren*) (*mijnb.*)**:** rope knife || coupe-câble *m* || Seilschneider *m*, -messer *o*; **-mof:** cable sleeve || manchon *m* de câbles *mm* || Kabelmuffe *v*; (*boren*) (*mijnb.*)**:** cable coupling box, rope socket || douille *v* de raccord *m*, manchon *m* d'assemblage *m* || Kabelmuffe *v*, Seilhülse *v*; **-net:** network of cables; electric mains || réseau *m* de câbles *mm* || Kabelnetz *o*; **-omkleedsel:** *zie* **kabelbekleding; -ophanging:** suspension of cable || suspension *v* du câble *m* || Kabelaufhängung *v*; **-oprolmachine:** cable winding machine || machine *v* à enrouler le câble *m* || Kabelaufwickelmaschine *v*; **-pantser:** cable armature || armature *v* de câble *m* || Kabelarmierung *v*, -bewehrung *v*; **-peillood:** sounding lead for laying cables || sonde *v* pour la pose *v* des câbles *mm* || Kabelsonde *v*; **-pers:** cable press || presse *v* à câbles *mm* || Kabelpresse *v*; **-plan:** plan of the position of the cable || plan *m* de situation *v* du câble *m* || Kabellageplan *m*; **-put:** cable pit || puits *m* à câbles *mm* || Kabelbrunnen *m*; **-pijp:** *zie* **kabelbuis; -rem:** brake for rope || frein *m* à câble *m* || Seilbremse *v*; **-reservoir:** cable tank || cuve *v* à câble *m* || Kabelbehälter *m*, -tank *m*; **-rol:** cable reel || bobine *v* à câble *m* || Kabelrolle *v*; **-schakelbord:** cable switch board || tableau *m* de distribution *v* pour feeders *mm* || Kabelschalttafel *v*; **-schip:** cable ship || câblier *m* || Kabelschiff *o*; **-schoen:** cable lug (shoe) || cosse *v* (oeillet *m*, patin *m*) de câble *m* || Kabelschuh *m*; **-schijf:** rope pulley, sheave || poulie *v* à câble *m*, molette *v* || Seilrolle *v*, -scheibe *v*; **-slag:** cable-(water-) lay; backhanded (left-laid) rope, cable-laid rope || composition *v* multiple; câble *m* commis en grelin *m* || Kabelschlag *m*; **-slagmachine:** cable stranding machine || machine *v* à toronner, toronneuse *v* || Kabellitzmaschine *v*; **-splits:** cable splice || épissure *v* de câble *m* || Kabelsplissung *v*; **-splitser:** cable splicer (splicing device) || épisseur *m* de câble *m* || Kabelspleißer *m*; **splitsijzer:** *zie* **kabelsplitser; -spoorweg** (*v. kust naar schip of tussen schepen onderling*)**:** maritime (coaling) cable way || transport *m* aérien pour le service *m* des bateaux *mm* de mer *v* || Meerseilbahn *v*; *zie ook* **hangbaan** *en* **kabelbaan; -steen** (*ter bescherming van kabels*)**:** bricks for covering cables || pierre *v* de défense *v* (de protection *v*) de câble *m* || Kabelstein *m*; **-stopper:** cable stopper || bosse *v* du câble *m* || Kabelstopper *m*; **-streng:** strand || toron *m* || Litze *v*; **-stromen:** cable currents || courants *mm* de câble *m* || Kabelströme *mm*; **-stuk:** piece of a cable || tronçon *m* de câble *m* || Kabelschnitt *m*; **-stut:** cable rack || support *m* des câbles *mm* || Kabelständer *m*; **-techniek:** cable engineering || technique *v* des câbles *mm* || Kabeltechnik *v*; **-telegram:** cablegram || câblogramme *m* || Kabelbericht *m*; **-touw:** cable || câble *m* || Kabelseil *o*; **-trekkast:** drawing in box || boîte *v* à tirer les câbles *mm* (de tirage *m*) || Kabeleinziehkasten *m*; **-trommel:** cable drum || tambour *m* à câble *m* || Kabeltrommel *v*; (*boren*) (*mijnb.*)**:** *zie* **hijstrommel; -vanger** (*boren*) (*mijnb.*)**:** rope grab || grappin *m* à câble *m* || Seilfänger *m*; **-verbinding:** cable connection (joint) || attache *v* de câbles *mm*, communication *v* par câble *m* || Kabelverbindung *v*, Seilschloß *o*; **-verbindingskast:** cable junction (splice) box || boîte *v* de jonction *v* de câbles *mm* || Kabelverbindungskasten *m*; **-verbindingsmof:** cable coupling sleeve (coupling socket) || manchon *m* de jonction *v* pour câbles *mm* || Kabelverbindungsmuffe *v*; **-vertakking:** branching of a cable || branchement *m* (saignée *v*) de câble *m* || Kabelabzweigung *v*; **-wagen:** cable wagon || chariot *m* à câbles *mm* || Kabelwagen *m*; **-werker:** cable hand (man) || [ouvrier *m*] câbliste *m* || Kabelarbeiter *m*, -mann *m*; **-wezen:** cable work || service *m* des câbles *mm* || Kabelwesen *o*; **-wikkeling:** strand winding || enroulement *m* en câbles *mm* || Kabelwick[e]lung *v*; **-zaag:** cable saw || scie *m* à fil *m* || Kabelsäge *v*; **-zuil:** cable (feeder) pillar || colonne *v* à câble *m* || Kabelsäule *v*.

kabelaring: messenger || tournevire *v* || Kabelar *o*, Kabelaring *v*; **-blok:** roller for the messenger || chape *v* de tournevire *m* || Kabelaringsblock *m*; **-ketting:** chain messenger || tournevire *m* en chaîne *v* || Kabelarkette *v*; **-seizing:** nipper || garcette *v* de tournevire *m* || Kabelarsizing *v*.

kabinet: cabinet || cabinet *m* || Kabinett *o*; **-formaat:** cabinet size || format *m* album || Kabinettformat *o*.
kachel: stove || poêle *m*; calorifère *m* (*grote kachel*) || [Stuben]ofen *m*; **- v. gebakken steen:** dutch stove || poêle *m* de faïence *v* || Kachelofen *m*; **-gieterij:** stove foundry || fonderie *v* de poêles *mm* || Ofengießerei *v*; **-kolen:** *zie* **huisbrandkool**; **-nis:** chimney corner || ruelle *v* de poêle *m* || Ofennische *v*; **-ornamenten:** stove ornaments || ornaments *mm* de poêle *m* || Ofenverzierungen *v*; **-pijp:** stove pipe || tuyau *m* de poêle *m* || Ofenröhre *v*.
kadas|ter: cadastre, cadastral survey, land-registry; Offices of the Land-registry || cadastre *m* || Kataster *m*, *o*, Grund-, Flurbuch *o*; **-traal:** cadastral || cadastral || im (nach dem) Kataster *o*, *m*, zum Kataster *o*, *m* gehörig, Kataster-, Grundbuch-.
kade: quay (*open*); wharf (*gesloten*) || quai *m* || Kai *m*; **-geld:** wharfage || droit *m* de quai *m* || Kaigeld *o*; **-kraan:** quay crane || grue *v* de port *m* (de quai *m*) || Hafen-, Kaikran *m*; **-muur:** quay wall || mur *m* de quai *m* || Kaimauer *v*.
kaf: chaff || balle *v* || Spreu *v*, Kaff *o*.
kaft: [paper] cover, wrapper, [book] jacket || couverture *v*; chemise *v* (*omslag*) || Umschlag *m*, [Schon]decke *v*; **-papier:** wrapping (brown) paper || papier *m* de garde *v* || Einschlagpapier *o*.
kaderlijn: shaded rule || filet *m* de cadre *m* || fettfeine Linie *v*.
kadmium: *zie* **cadmium**.
kainiet: kainite || kaïnite *v* || Kainit *m*.
kajuit: 1. (*schip*): cabin, stateroom || chambre *v*, salon *m* || Kajüte *v*; Kabine *v*; **-skap:** companion over the cabin hatchway || capot *m* d'échelle *v* (d'escalier *m*) || Kajütskappe *v*; **-skompas:** cabin (hanging) compass || compas *m* de chambre *v* (pendant) || Kajütskompass *m*;
2. (*vliegtuig*): cabin || cabine *v* || Kabine *v*.
kaken (*haring*): to gill || caquer || kaken.
kakstoel (*sluis*): gate chamber (hole), hollow quoin || chardonnet *m* || Wendehöhle *v*.
kalambakhout: *zie* **adelaarshout**.
kalander: calender[ing machine] || calandre *v* || Kalander *v*; Glättmaschine *v*; **-en:** to calender, to glaze || calandrer, cylindrer, lustrer les étoffes *vm*, satiner || kalandern, lustrieren, satinieren, zylindrieren; **-rol:** calender bowl (roller), take off roller || cylindre *m* (rouleau *m*) de calandre *v* || Einführungs-, Kalanderwalze *v*.
kalf: 1. (*bovendorpel*): lintel || linteau *m* || [Tür-, Fenster]sturz *m*;
2. (*dier*): **-sleder:** calf[skin], calf leather || cuir *m* de veau *m*; velin *m* (*fijn*) || Kalbsleder *o*; -perkament *o* (*fijn*); **-stand** (*bouwk.*): dentil || denticule *v* || Kälberzahn *m*; **-svel:** calf['s] skin, vellum || peau *v* de veau *m* || Kalbsfell *o*.
kaliber: 1. (*maat*): [caliber] gauge || calibre *m* || Kalibermaß *m*, Lehre *v*;
2. (*vuurwapen*): caliber, diameter of bore || calibre *m* || Kaliber *o*;
3. (*in walsen*): groove || cannelure *v*, rainure *v* || Kaliber *o*, Kannelierung *v*.
kaliber|boor: finishing (polishing) bit || polissoir *m* || Kaliber-, Schlichtbohrer *m*; **-cilinder:** barrel plug, cylinder gauge, standard cylinder || cylindre *m* vérificateur || Kalib[ri]erzylinder *m*; **-draaibank:** gauge lathe || tour *m* à gabarit *m* || Patronendrehbank *v*; **-kogel:** proof ball || balle *v* de calibre *m* (forcée) || Kaliber-, Paßkugel *v*; **-ring:** ring gauge || lunette *v* à calibrer || Kaliberlehre *v*, -ring *m*; **-staaf:** caliber staff || verge *v* à calibrer || Kaliberstab *m*; **-stok:** *zie* **kaliberstaaf**.
kalibreerstaf: screw gauge, caliper rule || calibre *m* à vis *m* || Schraubenlehre *v*.
kalibre|ren: 1. (*algem.*): to calibrate, to gauge || calibrer || kalibrieren; **-ring:** calibration || calibrage *m* || Kalibrierung *v*;
2. (*v. e. wals*): to groove || calibrer, canneler || kalibrieren.
kali|glimmer: muscovite, [common] mica || muscovite *v*, mica *m* [potassique] || Kaliglimmer *m*, Muskovit *m*; **-loog** [1]**:** solution of caustic potash || lessive *v* potassique (de potasse *v* caustique) || Kalilauge *v*; **-salpeter:** *zie* **kaliumnitraat**; **-zeep:** soft soap || savon *m* de potasse *m* || Kali-, Schmierseife *v*; **-zout:** *zie* **kaliumzout**.
kalium [2]**:** potassium || potassium [3] *m* || Kalium *o*; **-jodide-stijfselpapier:** potassium-iodide-starch paper || papier *m*

[1]) = oplossing van *kaliumhydroxyde*, zie aldaar.
[2]) Voor hierachter niet opgenomen kaliumverbindingen, zoals bv. kaliumchloride, kaliumhydroxyde, kaliumsulfaat, enz., zie men onder **natrium** en vervange daar in het Engels „sodium" door „potassium", in het Frans „de sodium" door „de potassium" en in het Duits „Natrium-" door „Kalium-", dus bv.: „kaliumchloride potassium chloride || chlorure *m* de potassium *m* || Kaliumchlorid *o*". In het Frans worden ook de vormen „chlorure potassique, sulfate potassique" enz. gebruikt.
[3]) In plaats van „potassium" wordt dikwijls ook „potasse" gebruikt, vooral in namen van zouten, bv. carbonate de potasse. „Potasse" kan echter ook betekenen „handelskaliumcarbonaat" of wel „kaliumhydroxyde" („potasse caustique")

iodo-amidonné || Kaliumjodid-, Jodkaliumstärkepapier *o* || **-metabisulfiet:** *zie* **kaliumpyrosulfiet; -permanganaat:** potassium permanganate || permanganate *m* de potassium *m* || Kaliumpermanganat *o*; **-pyrosulfiet:** potassium pyrosulfite (metabisulfite) || pyrosulfite *m* de potassium *m* || Kaliumpyrosulfit *o*; **-zout:** potassium salt || sel *m* de potassium *m* (potassique) || Kaliumsalz *o*.

kalk [1]**):** lime; white wash (*witkalk*) || chaux *v* || Kalk *m*; **- beslaan:** to dilute lime, to mix mortar || gâcher la chaux *v* || Kalkmörtel *m* bereiten; **- blussen:** to slake lime || éteindre la chaux *v* || Kalk *m* löschen; **- branden:** to burn lime || cuire la chaux *v* || Kalk *m* brennen; **-, bijtende** [2]**):** caustic lime || chaux *v* caustique || Ätzkalk *m*; **-, hydraulische:** hydraulic lime || chaux *v* hydraulique || hydraulischer Kalk *m*, Wasserkalk *m*; **-, magere** (*vette*)**:** poor (*fat*) lime || chaux *v* maigre (*grasse*) || magerer (*fetter*) Kalk *m* (*Fettkalk*); **-, (*on*)gebluste:** slacked (slaked) (*quick, unslaked*) lime || chaux *v* éteinte (hydratée) (*vive*) || (*un*)gelöschter Kalk *m*; **-, Wener:** French chalk || chaux *v* de Vienne || Wienerkalk *m*; **-aarde:** calcareous earth || terre *v* calcaire || Kalkerde *v*; **-achtig:** calcareous, chalky, limy || calcaire || kalk[art]ig; **-bak:** lime bac || bac *m* à chaux *v*, auge *v* de maçon *m* || Kalk-, Speiskübel *m*; **-beton:** lime concrete || béton *m* de chaux *v* || Kalkbeton *m*; **-blussing:** lime slacking || extinction *v* de la chaux *v* || Kalklöschen *o*; **-branden:** lime burning || cuisson *v* (cuite *v*) de la chaux *v* || Kalkbrennen *o*; **-brander:** lime burner || chaufournier *m* || Kalkbrenner *m*; **-brij:** lime paste || pâte *v* de chaux *v*, chaux *v* en pâte *v* || Kalkbrei *m*; **-cementmortel:** lime and cement mortar || mortier *m* au ciment *m* et à la chaux *v* || Kalkzementmortel *m*; **-en:** to lime (*graan*); liming (*huiden*) || chauler (*graan*); pelanage *m* à la chaux *v* (*huiden*) || kalken (*graan*); Kalken *o*, Äschern *o* (*huiden*); **-gehalte:** lime contents || teneur *v* en chaux *v* || Kalkgehalt *m*; **-glas:** lime glass || verre *m* à chaux *v* || Kalkglas *o*; **-groef:** lime basin (pit), limestone quarry || bassin *m* (four *v*) à chaux *v* || Kalkgrube *v*, -bruch *m*; **-houdend:** calcareous, limy || calcaire, calcifère || kalkhaltig, kalkig; **-houw:** lime rake, mortar beater || croc *m* (rabot *m*) à chaux *v*, mouve-chaux *m* || Kalkhacke *v*, -haken *m*, -krücke *v*, -schaufel *v*; **-kies:** calcareous gravel || gravier *m* calcaire || Kalkkies *m*; **-kiezelzand:** calcareous gravel || gravier *m* calcaire || Kalkkies *m*; **-kist:** lime chest || caisse *v* à chaux *v* || Kalkkasten *m*; **-kit:** chalk putty || mastic *m* calcaire || Kalkkitt *m*; **-kloet:** *zie* **kalkhouw; -korrel:** lime grain || écrevisse *v*, lopin *m* || Kalkkrebs *m*, -krumpe *v*; **-kuip:** mortar tub || cuve *v* à mortier *m* || Kalkkübel *m*; **-licht:** calcium (lime) light || lumière *v* de Drummond || Kalklicht *o*; **-loods:** lime shed || hangar *m* à chaux || Kalkhütte *v*, -schoppen *m*, -schuppen *m*; **-meel:** lime powder || chaux *v* en poussière *v*, poudre *v* de chaux *v* || Kalkmehl *o*; **-melk:** lime milk || lait *m* de chaux *v* || Kalkmilch *v*, -tünche *v*; **-mergel:** calcareous (lime) marl || marne *v* calcaire || Kalkmergel *m*; **-mortel:** lime mortar || mortier *m* à chaux *v* || Kalkmörtel *m*; **-neerslag:** precipitate of lime || dépôt *m* (précipité *m*) de chaux *v* || Kalkniederschlag *m*; **-olie:** lime oil || huile *v* de chaux *v* || Kalköl *o*; **oven:** limekiln || chaufour *m*, four *m* à chaux *v* || Kalkofen *m*; **-put:** lime pit || fosse *v* à chaux *v* || Kalkgrube *v*; **-sintel:** calcareous tuff, calctuff || tuf *m* calcaire || Kalktuff *m*, -sinter *m*; **-spaat:** *zie* **calciet; -steen:** limestone || calcaire *m* || Kalkstein *m*; **-stikstof:** *zie* **calciumcyaanamide** (nitro-lime, cyanamide; cyanamide *m*; Kalkstickstoff *m*); **-trechter:** mortar funnel || trémie *v* à mortier *m* || Kalkrutsche *v*; **-tuf:** *zie* **kalksintel; -verf:** limewater colour || couleur *v* détrempée avec le lait *m* de chaux *v* || Kalkfarbe *v*; **-verzadiger:** lime saturator || saturateur *m* à chaux *v* || Kalksättiger *m*; **-water:** limewater || eau *v* de chaux *v* || Kalkwasser *o*; **-zand:** lime (calcareous) sand || sable *m* calcaire || Kalksand *m*; **-zandmortel:** mortar of lime and sand || mortier *m* à chaux *v* et sable *m* || Kalksandmörtel *m*; **-zandsteen** (*gesteente*)**:** calcareous (limy) sandstone || grès *m* calcaire (calcifère) || kalkiger Sandstein *m*; (*bouwk.*)**:** sandlime brick || brique *v* argilo-calcaire; **-zeep:** lime soap || savon *m* calcaire || Kalkseife *v*.

kalkoen (*hoefsm.*)**:** calk[in], calking, sponge || éponge *v*, crampon *m* || Stollen *m*; **-ijzer:** horseshoe with calkings || fer *m* à cheval *m* cramponné (relevé) || Hufeisen *o* mit Stollen *mm*, Stolleneisen *o*.

kalligrafie: calligraphy || calligraphie *v* || Kalligraphie *v*, Schönschreibekunst *v*.

kallinhennep: callooee hemp, kankhura || chanvre *m* de calooée || Kalluihanf *o*.

kalo|mel: calomel || calomel *m* || Kalomel *o*; *zie ook* **mercurochloride; -rie:** *zie* **calorie.**

---

[1]) Zie ook *calciumoxyde* en *calciumhydroxyde*. Voor stofnamen als *zwavelzure kalk*, enz., zie *calciumsulfaat*, enz.

[2]) Zie ook *calciumhydroxyde*.

kam: 1. (*kaminr. of kamvormig voorwerp i. h. algem.*): comb || peigne *m* || Kamm *m*; **-bliksemafleider:** comb shaped lightning arrester || parafoudre *m* à peignes *mm* || kammförmige Blitzschutzvorrichtung *v*; **-leder:** twill Jack || cuir *m* de James || Lederstrippel *v*; **-pees:** backing, maitland cord || christelle *v* || Kammschnur *v*; **-vormig:** comblike, comb shaped || en forme *v* de peigne *m* || kammförmig, -artig; **-zaag:** comb saw, comb cutter's web || scie *v* pour peignes *mm* || Kammsäge *v*;
2. (*houtverb.*): notching || assemblage *m* à tenon *m* et entaille *v* || Kamm *m*, Überkämmung *v*;
3. (*weverij*: *hakker*): comb || peigne *m* || Häcker *m*, Kamm *m*;
4. (*kamrad*): *zie* **tand 1**; **-rad:** *zie* **tandwiel;**
5. (*nok*): cam || came *v* || Daumen *m*, Höcker *m*, Nocken *m*, Knagge *v*, Nase *v*; **-rol:** main lifting cam || galet *m* pour la came *v* || Haupttheberrolle *v*; **-tap:** collar (thrust) journal || tourillon *m* à cannelures *vm* (collets *mm*) || Kammzapfen *m*;
6. (*text.*): comb; reed, slay (*weeftoestel*) || peigne *m*; peigne *m*, ros *m* (*weeftoestel* || Kamm *m*; [Ried]blatt *o*; Kamm *m* (*weeftoestel*); **-as:** doffing comb shaft || axe *m* de peigne *m* || Hechelwelle *v*; **-blad:** comb blade || lame *v* de peigne *m* || Kammblatt *o*; **-bus:** comb box || boîte *v* de peigne *m* || Kammwerk *o*; **-cilinder:** doffer, doffing cylinder || déchargeur *m*, peigneur *m* || Kammwalze *v*, Abnehmer *m*; **-excentriek:** comb motion excentric || excentrique *v* du peigne *m* || exzentrische Scheibe *v*, Kammkaste *v*; **-garen:** combed wool yarn, worsted yarn || fil *m* de laine *v* peignée, laine *v* filée, peigné *m* || Kammgarn *o*; **-garen, week:** soft worsted yarn || fil *m* tendre de laine *v* peignée || weiches Kammgarn *o*; **-garenspinnerij:** worsted spinning || filature *v* de laine *v* à peigner || Kammgarnspinnerei *v*; **-latten:** shaft laths || lamettes *vm* || Schaftlatten *vm*; **-machine:** combing machine || peigneuse *v* || Kämmmaschine *v*; **-melingen:** comber waste, noils || peignons *mm*, blorelle *v*, blousse *v*, freinte *v* || Kämmlinge *mm*, Abfall *m*; **-men:** to comb, to tease || peigner || kämmen; **-pot:** comb pot || pot *m* à peigne *m* || Kammtopf *m*, -pot *m*; **-schacht** heald shaft || liais *m* || Schaftlatte *v*; **-schroef:** comb screw || vis *v* à peigneuse *v* || Kammschraube *v*; **-trommel:** toothed drum || tambour *m* à peignes *mm* || Kammtrommel *v*; **-wol:** combing wool || laine *v* longue (de peigne *m*, peignée), peigné *m* || Kammwolle *v*; **-wolgaren:** *zie* **kamgaren;**
7. *zie* **kroosijzer;**
8. (*tussen de slooiknieën*): fillings between the head cheeks || remplissage *m* entre les jottereaux *mm* || Kamm *m*;
9. (*borstwering*): crest || crête *v* || Kamm *m*; **-breedte:** width of the summit || largeur *v* de la crête *v* || Kamm-, Kronenbreite *v*.

kamer: 1. (*vertrek*): room, chamber || chambre *v* || Stube *v*, Zimmer *o*, Kammer *v*; **- m. erker:** jutty room || cabinet *m* saillant || Erkerstube *v*; **- v. koophandel:** Chamber of Commerce || chambre *v* de commerce *m* || Handelskammer *v*; **-, donkere:** dark chamber || chambre *v* obscure || Dunkelkammer *v*; **-leiding:** wiring in rooms || canalisation *v* d'appartement *m* || Zimmerleitung *v*; **-temperatuur:** room temperature || température *v* ordinaire (du laboratoire *m*) || Zimmertemperatur *v*; **-ventilator:** roomventilator || ventilateur *m* de chambre *v* || Zimmerventilator *m*;
2. (*toestel, enz.*): chamber || chambre *v* || Kammer *v*; **-oververhitter:** chamber superheater || surchauffeur *m* à collecteurs *mm* || Kammerüberhitzer *m*;
3. (*voor richtingsverandering v. rookgassen*): changing (reversing) chamber || panse *v* || Umkehr-, Wendekammer *v*;
4. (*geweer*): chamber || chambre *v* || [Patronen]lager *o*;
5. (*sluis*): lock chamber || chambre *v* d'écluse *v*, sas *m* || Schleusenkammer *v*, -kessel *m*; **-sluis:** lock || écluse *v* à sas *m* || Kammerschleuse *v*;
6. (*winning*) (*mijnb.*): room || chambre *v* || [Abbau]kammer *v*; **-winning:** roomwork || méthode *v* des chambres *vm* et cloisons *vm* || Kammer-, Weitungsbau *m*.

kamer[ijk]doek: cambris || batiste *v*, toile *v* de Chambrai *m* || Ba[t]tist *m*, Kammertuch *o*.

kamfer: camphor || camphre *m* || Kampfer *m* **-boom:** camphor tree || camphrier *m* || Kampferbaum *m*; **-hout:** camphor wood || bois *m* camphré || Kampferholz *o*; **-olie:** camphor oil || huile *v* camphrée || Kampferöl *o*.

kampagne: 1. (*suikerfabr.*): campaign || campagne *v* || Kampagne *v*, Betriebszeit *v*;
2. (*schip*): poop || dunette *v* || Kampanje *v*.

kampeerwagen: caravan || caravane *v* || Kampierwagen *m*.

kan: 1. (*algem.*): can, jug, jar, mug || bidon *m*, burette *v* || Kanne *v*;
2. (*weverij*): sliver can || pot *m* à ruban *m* || Kanne *v*; **-nenmachine:** can (roving) frame || boudinoir *m*, banc *m* (métier *m*) à lanternes *vm* || Flaschen-, Kannenmaschine *v*, Laternenbank *v*.

kanaal: 1. (*stroomweg i. h. algem.*): channel,

conduit || conduit *m*, conduite *v* || Kanal *m*; **2.** (*waterweg*): canal || canal *m* || Kanal *m*; **-, ondergronds:** underground conduit (canal) || caniveau *m* (canal *m*) souterrain || unterirdischer Kanal *m*; **-aanleg:** canalisation, canal making || canalisation *v*, construction *v* de canaux *mm* || Kanalbau *m*, Kanalisation *v*; **-bodem:** bottom of a canal || fond *m* d'un canal *m* || Kanalsohle *v*; **-brug:** canal bridge || pont *m* canal || Kanalbrücke *v*; **-duiker:** canal drain siphon || siphon *m* en contrebas *m* d'un canal *m* || Kanaldüker *m*; **-geld:** canal dues || droit *m* de canal *m* || Kanalgebühr *v*, -zoll *m*; **-haven:** canal harbour || garage *m*, gare *v* d'un canal *m* || Kanalhafen *m*; **-lift:** ship canal lift || ascenseur *m* (élévateur *m*) de bateaux *mm* || Schiffshebewerk *o*; **-mond:** mouth of a canal || embouchure *v* d'un canal *m* || Kanalmündung *v*; **-pand:** canal reach || bief *m* de canal *m* || [Kanal]-haltung *v*, Staustufe *v*; **-profiel:** cross section of a canal || profil *m* d'un canal *m* || Kanalprofil *o*;
3. (*zeeëngte*): channel || détroit *m* || Kanal *m*;
4. (*telef., enz.*): transmission system || voie *v* de transmission *v* || Übertragungsweg *m*;
5. (*natuurk.*): **-stralen:** positive (canal) rays || rayons *mm* positifs (canaux) || positive Strahlen *mm*, Kanalstrahlen *mm*.

kana|lennet: system of canals || réseau *m* de canaux *mm* || Kanalnetz *o*; **-lisatie:** canalization, correction of rivers || canalisation *v* || Kanalisation *v*; **-liseren:** to canalize || canaliser || kanalisieren.

kanaster: canister || canasse *m*, canastre *m* || Knaster *m*.

kan|delaar: candleholder || porte-bougie *m* || Lichthalter *m*, Leuchter *m*; **-delkool:** cannel (candle) coal || houille *v* compacte, cannel-coal *m* || Kannel-, Kennelkohle *v*.

kandij: [sugar] candy, candy sugar || [sucre *m*] candi *m* || Kandis *m*, Kandiszucker *m*.

kano: canoe || canot *m*, navette *v*, pirogue *v* || Blockkahn *m*, Kanu *o*.

kanon: cannon, gun, piece of ordnance || canon *m*, bouche *v* à feu *m* || Kanone *v*, Geschütz *o*; **-neerboot:** gunboat || canonnière *v* || Kanonenboot *o*.

kant: 1. (*rand*): edge || arête *v* || Kante *v*; *zie ook* **rand; - afronden:** to round an edge || arrondir une arête *v* || eine Kante *v* abrunden; **- schuin afwerken:** to bevel (to chamfer) an edge || biseauter, chanfreiner || eine Kante *v* abfasen (brechen); **-, op zijn:** edge wise, on edge || de champ *m* || auf die (*der*) Kante *v*, kantenweise; **-, ronde:** rounded edge || arête *v* arrondie || abgerundete Kante *v*; **-, scherpe:** sharp edge || arête *v* vive || scharfe Kante *v*; **-, schuine:** chamfer, bevelled edge || biseau *m*, chanfrein *m* || abgeschrägte Kante *v*, Schrägkante *v*; **-beitel** (*houtbew.*): cant (firmer) chisel || ciseau *m* en biseau *m* || Kantbeitel *m*, -meißel *m*; (*metaalbew.*): *zie* **ritsbeitel; -en:** *zie* **afwerken, haaks; -freesmachine** (*cliché*): edge milling machine || chanfreineuse *v* (fraiseuse *v*) à galvanos *mm* || Kantenfräsmaschine *v*; **-hout:** square[d] timber || bois *m* [au] carré *m*, bois *m* d'équarrissage *m* (équarri) || Kantholz *o*; **-lijn:** marginal line || marge *v* || Rand-, Marginallinie *v*; **-pan:** edge tile || tuile *v* d'arête *v* || Kantziegel *m*; **-rechten:** to square || équarrir || kantig [be]hauen, vierkant behauen; **-schaafmachine:** edge planing machine || machine *v* à raboter les arêtes *vm* || Kantenhobelmaschine *v*; **-scheen:** edge[d] rail || rail *m* à rebord *m* || Kantenschiene *v*; **-scheur:** edge fracture || crevasse *v* (fendillement *m*) du bord *m* || Kantenriß *m*; **-steen:** edge (border) stone || garde-pavé *m*, jumelle *v* || Bord-, Kant-, Randstein *m*;
2.: *zie* **zijde 1; -baar** (*rooster*): side grate bar || barreau *m* de grille *v* de côté *m* || Seitenroststab *m*; **-haak:** cant hook || renard *m* || Kanthaken *m*;
3.: *zie* **zoom 1;**
4. (*helling*): crest of slope || arête *v* de talus *m* || Böschungskante *v*;
5. (*perron*): edge of platform || bordure *v* du quai *m* || Bahnsteigkante *v*;
6. (*kantwerk*): lace || dentelle *v* || Spitze *v*; **-kloswerk:** pillow lace || dentelle *v* à fuseau *m* || geklöppelte Spitze *v*.

kanteel: [em]battlement, crenel[le] || créneau *m* || Zinne *v*.

kante|len: to topple, to tilt over, to overturn || tourner, faire basculer, (se) renverser || [um]kippen, [um]kanten; *zie ook* **kippen; -lingsmoment:** overturning moment || moment *m* de renversement *m* || Kipp-, Umsturzmoment *o*

kantine: canteen || cantine *v* || Erfrischungs-, Speiseraum *m*, Kantine *v*.

kantoor: office || bureau *m* || Kontor *o*, Büro *o*; Amt *o* (*ambtelijk*); **- v. aanvraag:** office of origin || bureau *m* d'origine *v* || absendende Stelle *v*; **- v. afzending:** office of origin || bureau *m* d'origine *v* (expéditeur) || Aufgabepostanstalt *v*; **- v. bestemming:** office of destination || bureau *m* de destination *v* || Bestimmungspostanstalt *v*; **-behoeften:** office appliances; stationery (*schrijfbeh.*) || fournitures *vm* (articles *mm*) de bureau *m* || Kontor-, Bürobedürfnisse *om*, -bedarf *m*.

kanvas: canvas || canevas *m* || Kanevas *m*.

kaolien: kaolinite, china-clay, porcelain earth || kaolin *m*, terre *v* à porcelaine *v* || Kaolin *m*, Porzelanerde *v*.

kap: 1. (*bedekking i. h. algem.*): cap; cover; hood || capot *m*; coiffe *v*; chemise *v* || Kappe *v*; Haube *v*; Überzug *m*; Dach *o*; **-zaag:** tenon (back) saw || scie *v* à dos *m* || Rückensäge *v*;
2. (*o. d. trap, scheepst.*): hatchway hood || capot *m* d'échelle *v* || Niedergangskappe *v*;
3. (*elektr.*): cap || capot *m*, chapeau *m* || Kappe *v*; (*isolator*): insulator cap || chapeau *m* d'isolateur *m* || Isolierkappe *v*; **-drager:** cover support || support *m* de capot *m* || Kappenträger *m*;
4. (*o. h. stuurwerk*) (*scheepst.*): wheel box || dôme *m* du gouvernail *m* || Kappe *v* des Steuergeräts *o*;
5. (*locomotief*): cab [of the locomotive] || cabine *v* [du mécanicien *m* et du chauffeur *m*] || Kabine *v* [des Lokomotivführers *m*];
6. (*naaf*): wheel cap || chaperon *m* de moyeu *m* || Nabenkappe *v*;
7. (*buffer*): buffer cap || chape *v* de tamponnement *m* || Pufferkappe *v*;
8. (*geweerkolf*): heelplate || plaque *v* de couche *v* || Kolbenblech *o*;
9. (*gewelf*): vault head || voûte *v* de revêtement *m* || Gewölbekappe *v*; **-gewelf:** welsh vault || berceau *m* à lunettes *vm* || Kappengewölbe *o*;
10. (*huis*): roofing || comble *m*, chaperon *m* || Dachstuhl *m*; **-balklaag:** roof framing of joists || solivure *v* de toit *m* || Dachbalkenlage *v*; **-gebint:** *zie* **dakstoel**; **-spant:** roof truss || ferme *v* || [Dach]binder *m*, Gebinde *o*;
11. (*kettingpomp*): hood of a chain pump || capot *m* d'une pompe *v* à chapelet *m* || Kappe *v* auf einer Kettenpumpe *v*;
12. (*kussenblok*): [bearing, journal] cap, cap piece, cover || chapeau *m* [de coussinet *m*] || [Zapfen]lagerdeckel *m*; **-bout:** *zie* **kussenblokbout**;
13. (*lamp*): [lamp] shade || abat-jour *m* || Lampenschirm *m*; **-, glazen:** glass shade || écran *m* de verre *m* || Glasschirm *m*;
14. (*lantaren*): lamp hood (jack) || chapeau *m* de lanterne *v* || Laternenkappe *v*, Lampenhelm *m*;
15. (*muur*): coping, caping, top course || chaperon *m*, larmier *m* || Kappe *v*, Mauerdeckung *v*;
16. (*paal*): pole cap (hood, roof) || capeau *m* (parapluie *m*) de poteau *m* || Mast-, Pfahlkappe *v*;
17. (*vuurpijl*): cap of a fuse || coiffe *v* de fusée *v* || Zünderkappe *v*;
18. (*auto*): roof, bonnet, hood || capote *v*, toit *m* || Dach *o*, Haube *v*, Verdeck *o*;
19. (*laars*): top || revers *m*, genouillère *v* || Kappe *v*; **-laars:** top boot || botte *v* à l'écuyère *v* || Schaft-, Kappenstiefel *m*;
20. (*mijnb.*): cap piece (sill, lid), bar, collar, cornice beam || chapeau *m*, traverse *v* supérieure || Kappe *v*;
21. (*houw, inhakking*): cut || taille *v* || Einhauung *v*, Einkerbung *v*, Einschnitt *m*; **-pen:** to cut; to fell (*bomen vellen*), to head, to lop off, to poll (*bomen*); to cut (*vijlen*) || couper; abattre (*bomen vellen*); étêter (*bomen*); tailler (*vijlen*) || kappen, schneiden; fällen (*bomen vellen*); kappen, köpfen (*bomen*); hauen (*vijlen*); **-ping** (*vijlen*): cut || taille *v* || Hieb *m*; **-ping, eerste** (*v. vijlen*): first cut (course) || première taille *v* || Grund-, Unterhieb *m*; **-ping, tweede** (*vijlen*): cross (upper, second) cut || seconde taille *v* || Oberhieb *m*; **-mes:** hand bill, shopper, cleaver; reglet cutter (*typogr.*) || serpe *v*, hachoir *m*, couperet *m*; appareil *m* à couper des réglettes *vm*, coupoir *m* (*typogr.*) || Hack-, Haumesser *o*; Reglettenschneider *m* (*typogr.*).

kapel: *zie* **cupel.**

kapil|lair: 1. (*haarbuis*): capillary [tube] || tube *m* capillaire || Kapillarrohr *o*, -röhrchen *o*;
2. (*bijv. nw.*): capillary || capillaire || kapillar; **-lair-actief:** surface active [activity] || capillaire-actif || kapillar-aktiv; **-lariteit:** capillarity, capillary attraction || capillarité *v* || Kapillarität *v*.

kapitaal: 1. (*typogr.*): capital [letter] || capitale *v*, majuscule *v* || Großbuchstabe *m*, Versalbuchstabe *m*, Versalie *v*; **-, groot** (*klein*): (*small*) capital || grande (*petite*) capitale *v* || Versalbuchstabe *m* (*kleine Versalie v, Kapitälchen o*);
2. (*geld, enz.*): capital || capital *m* || Kapital *o*; **-, maatschappelijk:** authorized capital || capital *m* social || Geschäfts-, Grund-, Betriebs-, Einlagekapital *o*; **-, vast** (*vlottend*): fixed (*floating*) capital || capital *m* fixe (*roulant, circulant*) || festliegendes (stehendes) (*Umlaufs-, arbeitendes*) Kapital *o*, Anlagekapital *o*; **-belegging:** [capital] investment || placement *m* [de capital *m*] || Kapitalanlage *v*.

kapiteel: 1. (*bouwk.*): capital, chapiter[el], chaptrell || chapiteau *m* || Kapitäl *o*, Kapitell *o*, Säulenknauf *m*, -kopf *m*; **- m. bladversiering:** foliated capital || chapiteau *m* fleuri || Blätterkapitäl *o*; **- m. figuren:** figured capital || chapiteau *m* animé (figuré) || Figurenkapitäl *o*; **- m. kelkversiering:** bell shaped capital || chapiteau *m* campanulé || Kelch-, Glockenkapitäl *o*; **- m. ornamenten:** ornamented capital || chapiteau *m* ornementé || Arabeskenkapitäl *o*, ornamen-

tiertes Kapitäl *o*; **-, gedrukt:** low capital || chapiteau *m* écrasé || gedrücktes Kapitäl *o*; **-, vaasvormig:** vase shaped capital || chapiteau *m* arcédé || vasenförmiges Kapitäl *o*;
2. (*typogr.*): head stick || bois *m* de tête *v* (plat) || Kapital-, Kreuzsteg *m*.
kapok: kapok || capoc *m* || Kapok *m*.
kapseizen (*scheepst.*): *zie* **kenteren 2.**
kapsel|dynamo: ironclad (totally enclosed) dynamo || dynamo *v* fermée (cuirassée, blindée) || geschlossene Dynamo *v*, Panzerdynamo *v*; **-elektrode:** dished electrode || électrode *v* capsulée (à capsule *v*) || Schalenelektrode *v*; **-ing:** coverings, enclosing features || blindage *m* || Kapselung *v*; **-motor:** enclosed motor || moteur *m* fermé || geschlossener Motor *m*; **-transformator:** shell transformer || transformateur *m* cuirassé (à enveloppe *v*) || Schalentransformator *m*.
kapucijnervenster: hip roofed dormer window || lucarne *v* à la capucine *v* || Kapuzinerfenster *o*.
kar: 1. (*wagen*): cart || char *m*, charette *v* || Karre *v*, Karren *m*; **-rekleed:** cart tilt || bâche *v* || Wagendecke *v*;
2. (*pers*): carriage || berceau *m* || Karren *m*.
ka|raat: carat || carat *m* || Karat *o*; **-raatgoud:** alloyed gold || or *m* allié || Karatgold *o*; **-rateren:** to alloy gold with other metals || faire l'alliage *m* de l'or *m* avec un autre métal *m* || Gold *o* karatieren.
karabijn: car[a]bine || carabine *v* || Karabiner *m*; **-haak:** carabine hook || crochet *m* de carabine *v*, porte-mousqueton *m* || Karabinerhaken *m*;
karakteristiek: 1. (*z. nw.*): characteristic curve || [courbe *v*] caractéristique *v* || Kennlinie *v*, Charakteristik *v*; **- v. onbelast bedrijf:** internal (no-load) characteristic, saturation curve || caractéristique *v* à vide (à circuit *m* ouvert) || Leerlaufcharakteristik *v*; **- v. onbelaste machine:** internal (no load) characteristic || caractéristique *v* à vide *m* (intérieure) || innere Charakteristik *v*, Leerlaufcharakteristik *v*;
2. (*bijv. nw.*): characteristic(*ally*) || caractéristique || charakteristisch, kennzeichnend.
karamel: 1. (*gebr. suiker i. h. algem.*): caramel || caramel *m* || Karamel *m*, gebrannter (karamellisierter) Zucker *m*; **-liseren:** to convert into caramel || caraméliser || karamellisieren, brennen;
2. (*kleursel v. bier, enz.*): caramel || caramel *m* || [Zucker]-, Bierkulör *v*;
3. (*suikerbakkerij*): caramel || caramel *m* || Karamel *m*.
karbeel: 1. (*kraagsteen*): [stone] corbel || corbeau *m*, console *v* en pierre *v* || Kragstein *m*;
2. (*uitstekende balk*): wooden corbel || corbeau *m*, potence *v* || Krag-, Trummholz *o*;
3. (*sluis*): mitre sill of a lock || seuil *m* du buse *m* || Schlagschwelle *v*, -sil *o*, Karbele *v*.
karbonkel: carbuncle, noble (precious, oriental) garnet || escarboucle *v*, grenat *m* noble (oriental, syrien) || Karbunkel *m*, Karfunkel *m*.
kardeel (*touwwerk*): strand || cordon *m*, toron *m* || Kardeel *o*, Strang *m*, Litze *v*; **-slag:** shroud-laid rope || cordage *m* commis en aussière *v*, cordage *m* en quatre || Wantschlag *m*.
kardoes (*steunklamp*): bracket piece || échantignole *v*, gousset *m* || Knagge *v*.
kar|mozijn: crimson || cramoisi *m* || Karmesin *o*; **-mozijnrood:** crimson || cramoisi *m* || Karmesinrot *o*; **-mijn:** carmine || carmin *m* || Karmin *m*; **-mijnlak:** carmine lack || laque *v* carminée || Karminlack *m*.
karn: churn || baratte *v* || Butterfaß *o*; **-emelk:** buttermilk || babeurre *m*, lait *m* de beurre *m* || Buttermilch *v*; **-en:** to churn || baratter, battre le beurre *m* || buttern, karnen, kirnen; **-machine:** buttering machine || baratteuse *v* || Buttermaschine *v*; **-pols:** churn plunger || piston *m* de baratte *m*, batte *v* || Butterstößel *m*.
karpet: carpet || tapis *m* || Teppich *m*.
kartel|en: to mill || créneler, cordonner || randeln; **-machine:** milling machine || machine *v* à cordonner || Rändelwerk *o*; **-rand** (*munt*): milled edge || cordon *m*, crénelure *v* || Rändelung *v*; **-rol** (*draaib.*): knurling tool || porte-outil *m* à moletter || Ränderierwerkzeug *o*; **-vork:** milling tool || porte-molette *m* || Rändelgabel *v*; **-wiel:** milling wheel || molette *v* || Molette *v*, Rändelrad *o*.
karteren: to map; mapping || dresser une carte *v* (un plan *m*) de; faire le tracé *m* de, tracer || kartieren; Kartieren *o*; *zie ook* **cartografie.**
karton: [card]board, card paper, pasteboard || carton *m*, papier-carte *m* || Pappe *v*, Pappendeckel *m*, Kartenpapier *v*; **-** (*dik*): pasteboard, cardboard || carton *m* || Pappe *v*; **-** (*dun*): fine card board || papier-carton *m* || Karton *o*; **- v. diagrammen:** recording card || carton *m* à diagrammes *mm* || Registrierkarton *o*; **-neren:** to bind in boards || cartonner || in Pappe *v* binden, kartonnieren; **-papier:** card paper || papier *m* de trace *v* || Kartonpapier *o*; **-werk:** pastework || ouvrage *m* de carton *m* || Papparbeit *v*.

karveel; -gebouwd: carvel built || borde à joints *mm* carrés (ouverts) || Karvel gebaut; **-nagel:** belaying pin || cabillot *m*, cheville *v* de tournage *m* || Beleg-, Karviel-, Karvelnagel *m*; **-werk:** carvel (clincher, clinker) work || bordage *m* en carvelle *v* (à joints *mm* carrés, à clin *m*, encanturé) || Karvel-, Karviel-, Klinkerwerk *o*.

karwei: job || corvée *v* || Stückarbeit *v*.

kariati|de: caryat[id]e, supporting figure || cariatide *v*, caryatide *v* || Karyatide *v*, Tragbild *o*; **-denplaatsing:** caryatic order || ordre *m* cariatidique || Karyatidenordnung *v*; **-disch:** caryatic || cariatidique || karyatidisch.

kas: 1. (*plaats van betaling*): cashier's office || caisse *v* || Kasse *v*;
2. (*v. edelgesteente*): encashing, setting || enchâssure *v*, monture *v*, sertissure *v* || [Ein]fassung *v*; **-sen:** to enchase, to set || enchâsser, monter, sertir || [ein]-fassen;
3. (*letterkast*): letter case || case (casse) *v* || Schrift-, Setzkasten *m*;
4. (*broeikas*): hot-, green-, glasshouse || serre *v* chaude || Gewächs-, Treibhaus *o*.

kasjmir (*stof*): cashmere, kashmere || cachemire *v* || Kaschmir *m*; **-wol:** cashemere wool || laine *v* de cachemire *v* || Kaschmirwolle *v*.

kassiteriet: cassiterite || cassitérite *v* || Kassiterit *m*, Zinnstein *m*.

kast: 1. (*algem.*): box, case, chest || boîte *v*, caisse *v* || Kasten *m*;
2. (*machine, enz.*): case, casing, box || boîte *v*, enveloppe *v*, caisse *v* || Kasten *m*, Gehäuse *o*; **- ter bescherming:** protecting box (casing) || boîte *v* (enveloppe *v*) de protection *v* || Schutzkasten *m*;
3. (*spoorrijtg.*): carriage body || caisse *v* de voiture *v* || Wagenkasten *m*; **-breedte:** width of body || largeur *v* de la caisse *v* || Kastenbreite *v*; **-lengte:** length of body || longueur *v* de la caisse *v* || Kastenlänge *v*;
4. (*ketting*): chain guard casing || chape *v* guide-chaîne || Kettenführungsgehäuse *o*, -haube *v*;
5. (*wiel*): wheel guard || couvre-roue *m*, enveloppe de roue *v* || Radschutzkasten *m*;
6. (*wormwiel*): worm gear casing || boîte [carter *m*] de vis *v* sans fin *m* || Schneckengehäuse *o*, -kasten *m*;
7. (*v. e. tegengewicht*): counterweight box || caisse *v* à contrepoids *m* || Gegengewichtkasten *m*;
8. (*oververhitter*): superheater box (chamber) || boîte *v* de surchauffeur *m* || Überhitzerkasten *m*;
9. (*slot*): case of a lock || palâtre *m* (palastre *m*), boîte *v* de serrure *v* || Schloßkasten *m*; **-slot:** box(case) lock || serrure *v* à palâtre *m* (**palastre** *m*) || Kastenschloß *o*;
10. (*zetterij*): type-case || casse *v* || Setzkasten *m*;
11. (*huis*): chest, cupboard || armoire *v* || Schrank *m*, Kasten *m*.

kastanje: 1. (*boom*): chestnut tree || châtaignier *m* || Kastanienbaum *m*; **-, wilde:** horse chestnut tree || maronnier d'Inde *m*, châtaignier *m* || Roßkastanie *v*;
2. (*hout*): chestnut wood || bois *m* de châtaignier *m* || Kastanienholz *o*.

kasteel: castle, tower || château *m* fort, citadelle *v* || Burg *v*, Schloß *o*.

kat: 1. (*meerpaal*): bollard || corps *m* mort || Katt *v*;
2. (*scheepst.*): cat || capon *m* || Katt *v*; **-anker:** backing (kedge) anchor || empennelle *v* || Bei-, Kattanker *m*; **-davit:** cat davit || bossoir *m* de capon *m* || Kattdavit *v*, -david *v*; **-haak:** cat hook || croc *m* de capon *m* || Katthaken *m*; **-loper:** cat fall || garant *m* de capon *m* || Kattläufer *m*.

kataly|sator: catalyst || catalyseur *m* || Katalysator *m*; **-, negatieve:** *zie* **vertrager; -se:** catalysis || catalyse *v* || Katalyse *v*; **-tisch:** catalytic[al](*ly*) || catalytique || katalytisch.

katathermometer: katathermometer || katathermomètre *m* || Katathermometer *o*, *m*.

katelektrotonus: catelectrotonus || catélectrotonus *m* || Katelektrotonus *m*.

katern: layer of paper || cahier *m* || Lage *v*, Heft *o*.

kathedraal: cathedral (bishop's) church || église *v* cathédrale (épiscopale) || Kathedralkirche *v*.

kathode: cathode, negative electrode || cat[h]ode *v*, électrode *v* négative || Kathode *v*, negative Elektrode *v*; **- m. holle spiegel:** concave mirror cathode || cathode *v* à miroir *m* concave || Hohlspiegelkathode *v*; **-, indirect verhitte:** indirectly heated cathode || cathode *v* à chauffage *m* indirect || indirekt geheizte Kathode *v*; **-spanningsval:** cathode fall of potential || chute *v* cathodique || Kathodenfall *m*; **-stralen:** cathodic rays || rayons *mm* cathodiques (de cathode *v*) || Kathodenstrahlen *mm*; **-stralenoscillograaf:** cathode ray-oscillograph || oscillographe *m* cathodique || Kathodenstrahloszillograph *m*; **-trommel:** cathode drum || tambour *m* cathodique (de la cathode *v*) || Kathodentrommel *v*; **-verstuiving:** sputtering, cathodic evaporation || sublimation *v*, évaporation *v* cathodique || Kathodenzerstäubung *v*.

kathodisch: cathodic || cathodique || kathodisch.

kation: cation || cation *m* || Kation *o*.

katoen: 1. (*vezels*): cotton || coton *m* || Baumwolle *v*; **-, gekaard:** carded cotton || coton *m* peigné || Kammbaumwolle *v*; **-, ruw:** raw cotton || coton *m* brut || Rohbaumwolle *v*; **-afval:** cotton waste || déchet *m* de coton *m* || Baumwollabgänge *mm*, -abfälle *mm*; **-batist:** *zie* **batistmousselien; -bekleding** (*v. e. kabel*): cotton covering || guipage *m* de coton *m* || Baumwollumspinnung *v*; **-boom:** cotton tree || cotonnier *m* || Baumwollbaum *m*, -staude *v*, -strauch *m*; **-bouw:** cotton cultivation (growing) || cotonnerie *v* || Baumwollbau *m*, -kultur *v*; **-damast:** cotton damask || damas *m* de coton *m* || Baumwolldamast *m*; **-dril:** cotton drill || treillis *m* de coton *m* || Baumwolldrell *m*, -drillich *m*; **-en:** [of] cotton || de coton *m* || baumwollen, Baumwoll-; **-fluweel:** velvet[een], cotton velvet || velours *m* de coton *m* || Baumwollsammet *m*, [Sammet]manchester *m*; **-garen:** cotton yarn || fil *m* de coton *m* || Baumwollgarn *o*; **-industrie:** cotton manufacture || industrie *v* cotonnière || Baumwollindustrie *v*; **-koord:** cotton string || ficelle *v* de coton *m* || Baumwollschnur *v*; **-machine** (*omwikkelen v. kabels*): cotton covering machine || guipeuse *v* à (métier *m* à guiper le) coton *m* || Baumwollumspinnmaschine *v*; **-pakking:** cotton packing || garniture *v* (joint *m*) de coton *m* || Baumwolldichtung *v*, -liderung *v*, -packung *v*; **-spinnerij:** cotton [spinning] mill || filature *v* de coton *m* || Baumwollspinnerei *v*; **-touw:** cotton rope || corde *v* de coton *m* || Baumwollseil *o*; **-verver:** cotton dyer || teinturier *m* sur coton *m* || Kattunfärber *m*; **-vezel:** cotton fibre || fibre *v* de coton *m* || Baumwollfaser *v*; **-vliestrechter:** web conductor, funnel and sliver guide || étonnoir *m* || Fließleiter *m*, -führer *m*; **-watten:** cotton wad[ding] || ouate *v* de coton *m* || Baumwollwatte *v*; **-zaad:** cotton seed || coton *m* en coque *v*, grain *v* de coton *m* || Baumwollsamen *m*; **-zaadolie:** cotton seed oil || huile *v* [de semence *v*] de coton *m* || Baumwollsamenöl *o*; **-zuiveringsmachine:** cotton gin || égreneuse *v* || Entkörnungsmaschine *v*;
2. (*weefsel*): cotton [fabric] || toile *v* de coton *m*, calicot *m* || Kattun *m*; **-, bedrukt:** printed cotton, calico || indienne *v* || Druckkattun *m*; **-druk:** calico printing || impression *v* d'indiennes *vm* || Kattundruck *m*; **-drukker:** calico printer || indienneur *m* || Kattundrucker *m*; **-drukmachine:** calico printing machine || machine *v* à imprimer la toile *v* de coton *m* || Kattundruckmaschine *v*; **-en:** [of] cotton || de coton *m* || kattunen; **-weverij:** manufactory of calico || tissanderie *v* || Kattunweberei *v*;
3. (*draad, enz.*): cotton thread; cotton wick (*pit*) || fil *m* de coton *m*; mèche *v* de coton *m* (*pit*) || Baumwollfaden *m*; Baumwolldocht *m* (*pit*); *zie ook* **katoengaren; -tje** (*smering*): [lubricating] wick || mèche *v* || Öler-, Schmierdocht *m*.

katrol: 1. (*schijf*): pulley, sheave || [rouet *m*, de] poulie *v* || Rolle *v*, Scheibe *v*; **-, losse:** movable (working, loose) pulley, working sheave || poulie *v* mobile || lose Rolle *v*, Arbeitsrolle *v*; **-beugel:** pulley fork, yoke || chape *v* de la poulie *v* || Rollenbügel *m*;
2. (*katrolblok*): [pulley] block || (caisse *v* de] moufle *v*, chape *v* || Flaschen-, Rollenzug *m*; **-, vaste:** fixed (top) block || moufle *v* fixe (supérieure) || feste Flasche *v*, Oberflasche *v*.

kattakel: cat tackle || palan *m* de capon *m* || Kattakel *o*.

kattekop: (*slot*) catch for the bolt || auberon *m*, fermoir *m* à crochet *m* || Schließhaken *m*, Katzenkopf *m*.

katte|rug (*scheepst.*): humpback || arc *m* du navire *m* || Buckel *m*, Katzenrücken *m*; **-snaar:** catgut || corde *v* en boyaux *mm* de chat *m* || Katzendarmseite *v*.

kattestaart: 1. (*v. e. blok*): plaited tail of tailblock || amarrage *m* à fouet *m* || Kattste[e]rt *m*;
2. (*vijl*): riffler || lime *v* d'entrée *v*, rifloir *m* || Lochfeile *v*.

katten (*anker*): to cat || caponner || [lauf]-katten.

kauwen (*schaarmessen*): springing away of the shear blades || mâchonnement *m*, déviation *v* des lames *vm* || Kauen *o*, Auseinanderkrängen *o* der Scherblätter *om*.

kazemat: casemate || casemate *v* || Kasematte *v*.

kazemir, kazimir: *zie* **kasjmir.**

kazerne: barracks || caserne *v* || Kaserne *v*.

keel: 1. (*hals v. e. kapiteel*): hollow, recess, trochilus || gorge *v* || Einziehung *v*, [Hohl]kehle *v*;
2. (*smal toelopende strook v. e. plank*): throat || gorge *v* de démaigrissement *m* || Dünnung *v*, Hals *m*, Kehle *v*;
3. (*vuurpijl*): choke || étranglement *m* || Hals *m*, Kehle *v*, Würgung *v*.

keel|balk: collar beam || entrait *m* supérieur, petit (second) entrait *m* || Kehlbalken *m*; **-lijst:** ogee || gueule *v* renversée, talon *m* || Kehlleiste *v*, -stoß *m*; **-riem:** throat lash || sous-gorge *v* || Kehlriemen *m*; **-spar:** valley rafter || chevron *m* à noulet *m* || Kehlsparren *m*; **-steekbalk:** collar hammer beam ||

petit entrait *m* retroussé || Kehlstichbalken *m*.
keep: notch || rainure *v*, entaille *v* || Kerbe *v*, Einschnitt *m*, Keep *v*; **-mes:** notcher, notching-knife || cochoir *m* || Kerbmesser *o*.
keer|beveiliging (*elektr.*): reverse power protection || système *m* à retour *m* de puissance *v* || Rückleistungsschutz *m*; **-beweging:** retrogressive movement || mouvement *m* rétrograde || Kehrbewegung *v*; **-blok:** swivel block || poulie *v* à tourniquet *m* || Wirbelblock *m*; **-bocht:** reversing (terminal) loop || ligne *v* en raquette *v*, boucle *m* de retour *m*, retour *m* (tournage *m*, circuit *m*) à rebroussement *m* || Kehre *v*, Umkehrschleife *v*; **-dam:** weir, wear, barrage || barrage *m*, déversoir *m* || Wehr *o*; **-deur** (*ventilatie*) (*mijnb.*): air door for reversion of air current || porte *v* de déviation *v* (obturatrice d'inversion *v*) || Wetterkehrtür *v*, Absperrtür *v*; **-kanaal:** reversing nozzle || tuyère *v* d'inversion *v* || Umlenkungsdüse *v*, Umkehrkanal *m*; **-klep:** nonreturn flap, steam pipe isolating valve || clapet *m* de retenue *v*, soupape *v* de rupture *v* || Rückschlagklappe *v*, Rohrbruchventil *o*; **-koppeling:** reverse gear (clutch) || inverseur *m*, engrenage *m* de renversement *m* || Kehr-, Wendegetriebe *o*; **-machine:** turning over machine || retourneuse *v* || Wendemaschine *v*; **-plaat:** deflector, baffle [plate] || chicane *v*, tôle *v* || Leitblech *o*, -wand *v*, Zugplatte *v*, Zunge *v*; **-ploeg:** turn wrist plough || charrue *v* tourne-oreille || Kehr-, Wende-, Wechselpflug *m*; **-polen:** commutating poles || pôles *mm* de commutation *v* || Wendepole *mm*; **-punt** (*wisk.*): point of inflection || point *m* d'inflexion *v* || Wendepunkt *m*; **-schoep:** reversing bucket || aube *v* d'inversion *v* || Umkehrschaufel *v*; **-schot:** *zie* **keerplaat; -schijf:** return (end) pulley || poulie *v* de retour *m* || Umleitungsrolle *v*; **-spant:** reversed frame || membre *m* (couple *m*) renversé || Gegenspant *o*, verkehrtes Spant *o*; **-toestel** (*smeedstukken*): turning gear || mécanisme *m* de rotation *v* || Wendevorrichtung *v*; **-touw** (*scheepst.*): after guy || bras *m* arrière || Achterholer *m* der Backspier *v*, Kehrtau *o*; **-tunnel:** loop tunnel || tunnel *m* de rebroussement *m* || Kehrtunnel *m*.
keerzijde: 1. (*stof*): wrong side || envers *m* || Abrechte *v*, Kehrseite *v*, linke Seite *v*; 2. (*blad*): even page, reverse || verso *m*, page *v* paire || Kehr-, Rückseite *v*; 3. (*munt*): reverse [side] || pile *v*, revers *m* || Kehr-, Rück-, Schrift-, Wappenseite *v*.
keet: hut || baraque *v*, hutte *v* || Baracke *v*, Bude *v*, Hütte *v*; (*directie*): surveyor's house || intendance *v* || Bauhütte *v*.
keg: *zie* **wig.**
kegel: cone || cône *m* || Kegel *m*, Konus *m*; **-, afgeknotte:** frustum of a cone || tronc *m* de cône *m* || Kegelstumpf *m*; **-, onderste** (*kegelwiel*): pitch cone || cône *m* de base *v* || Grundkegel *m*; **-boei:** cone buoy || bouée *v* conique || Kegelboje *v*; **-breker:** cone crusher || concasseur (broyeur *m*) *m* à cône *m* || Kegelbrecher *m*; **-deksel:** cone drum cover || couvercle *m* pour les cônes *mm* || Bedeckung *v* für die konischen Trommeln *vm*; **-isolator:** cone insulator || isolateur *m* conique || Kegelisolator *m*; **-klep:** conical valve || soupape *v* conique || Kegelventil *o*; **-koppeling:** cone coupling || accouplement *m* conique (à cône *m* de friction *v*) || Kegel-, Konuskupplung *v*; **-plank** (*weven*): button board || planche *v* des boutons *mm* || Kegelbrett *o*; **-regulateur:** cone governor || régulateur *m* à cône *m* || Kegelregler *m*, -regulator *m*; **-rem:** friction clutch, conical brake || frein *m* à cône *m* || Kegelbremse *v*; **-schijf:** cone pulley || cône *m* || Kegelscheibe *v*, Riemkegel *m*; **-schijfdrijfwerk:** cone pulley drive, continuous speed cone || commande *m* par poulies *vm* cônes, transmission *v* par tambours *mm* cônes || Kegelscheibentrieb *m*; **-slinger:** conical pendulum || pendule *v* conique || Kegelpendel *o*; **-snede:** conic section || section *v* conique || Kegelschnitt *m*; **-snoer** (*weverij*): drawing cord || arbalète *v* du métier *m* à boutons *mm* || Kegelschnur *v*; **-stoel** (*weverij*): button draw loom || métier *m* à boutons *mm* || Kegelstuhl *m*; **-tafel** (*wasserij*) (*mijnb.*): conical (round) buddle, round table || table *v* tournante (ronde, conique, en entonnoir *m* || Rund-, Kegelherd *m*; **-veer:** *zie* **veer, kegelvormige; -veer, dubbele:** double cone spring || ressort *m* biconique || Doppelkegelfeder *v*; **-vlak:** conical surface || surface *v* conique || Kegelfläche *v*; **-vorm:** conical shape, conicity || conicité *v* || Kegelform *v*; **-vormig:** conical, cone-shaped || conique || kegelförmig, keglig, konisch; **-wiel:** bevel gear wheel, mitre wheel || roue *v* conique || Kegel-, Winkelrad *o*; **-wieldrijfwerk:** bevel gear system || engrenage *m* conique || Kegelradgetriebe *o*; **-wrijfwiel:** friction bevel gear || roue *v* à friction *v* conique || Reibungskegelrad *o*; **-zaag:** concaved circular saw || scie *v* circulaire concave || Kugelschal-, Konkavsäge *v*.
kei: 1. (*natuurl. steen groter dan 100 mm*): cobble || caillou *m*, galet *m* || Brocken *m*; **-grond:** gravel ground || terrain *m*

graveleux (caillouteux) || Kiesboden *m*; **-leem:** siliceous (gravel) loam || limon *m* siliceux (caillouteux) || Kiesellehm *m*; **-mergel:** siliceous (gravel) marl || marne *v* siliceuse (caillouteuse)|| Kieselmergel *m*; **-steen:** *zie* **kei; -zand:** gravel sand || sable *m* caillouteux || Kieselsand *m*;
2. (*bestrating*): paving stone || pavé *m*, caillou *m* || Pflasterstein *m*; **-bestrating:** stone (sett) paving (pavement) || pavage *m* en pierre *v* || Steinpflaster *o*, -pflästerung *v*.

keizer|dak: imperial roof || comble *m* à l'impériale *v* || Kaiserdach *o*; **-geel:** mineral yellow || jaune *m* minéral || Kaisergelb *o*; **-groen:** Schweinfurt green || vert *m* de Schweinfurt || Kaiser-, Schweinfurtergrün *o*.

kelder: cellar, basement || cave *v*, sous-sol *m* || Keller *m*; **-gat:** airhole || soupirail *m* || Kellerloch *o*; **-gewelf:** cellar vault || voûte *v* de cave *v* || Kellergewölbe *o*; **-kamer:** cellar (basement) room || chambre *v* souterraine (de sous-sol *m*) || Kellerzimmer *o*; **-lift:** cellar lift || monte-charge *m* de cave *v* || Kelleraufzug *m*; **-trap:** cellar staircase (stairs) || escalier *m* de cave *v* || Kellertreppe *v*; **-veer:** joint tongue || languette *v* rapportée || eingelegte Feder *v*; **-venster:** cellar skylight || vue *v* de terre *v* || Kellerfenster *o*; **-verdieping:** cellar (underground) floor, basement || souterrain *m* || Kellergeschoß *o*; **-vloer:** cellar floor || fond *m* de cave *v* || Kellerboden *m*; **-winde:** *zie* **dommekracht.**

kelly: *zie* **meeneemstang** (*boren*).

kelt (*Schotse wollen stof*)**:** kelt || drap *m* de laine *v* écossais || Kelt *o*.

kelvineffect: *zie* **skineffect.**

kemelshaar: mohair || poil *m* de chèvre *v* || Angorahaar *o*.

kempengaren: kemp yarn || fil *m* de Chandre || Kanfgarn *o*.

kengetal: *zie* **standaardgetal.**

kenmerk: 1. (*algem.*): characteristic feature; mark of identification || caractéristique *v*; marque *v*, signe *m*, indice *m* || Kennzeichen *o*, Merkmal *o*; *zie ook* **kenteken; -en:** to characterize; to mark || caractériser; marquer, signaler, distinguer || kennzeichnen, bezeichnen;
2. (*octrooiw.*): characteristic [feature] || caractéristique *v* || Kennzeichen *o*; **-, met het:** characterized in that || caractérisé par le fait *m* (en ce que) || dadurch gekennzeichnet; **-en:** to characterize || caractériser || kennzeichnen.

ken|plaat: rating plate || plaque *v* signalétique || Leistungsschild *o*; **-teken:** distinguishing mark || signe *m* de reconnaissance *v* (distinctif) || Kennzeichen *o*; *zie ook* **kenmerk 1.**

kennelly-heaviside-laag: *zie* **ionosfeer.**

kente|ren: 1. (*balk*): to cant, to overturn, to turn up || renverser, rouler sur la carne *v* || kanten, kentern;
2. (*schip*): to capsize, to overset || chavirer || kentern, umschlagen;
3. (*schip*: *op zij leggen*): to throw on the beam ends || coucher sur le flanc *m* || kentern;
4. (*getij*): to turn || changer, renverser || kentern, umsetzen; **-ring:** turn of the tide || changement *m* (renversement *m*) de la marée *v* || Kentern *o*.

kepen: *zie* **inkepen.**

keper: 1. (*text.*): twill[ing], tweel || croisure *v*; croisé *m* || Köper *m*; **- in ketting, terugkerende:** cross (zigzag) twill || chevron *m* en large *m* (largeur *v*) || Querzickzackköper *m*; **-, driedraadse:** three leaved tweel || croisé *m* à trois lames *vm*, sergé *m* de trois || dreibindiger (-fädiger, -schäftiger) Köper *m*; **-, dubbele:** fancy tweel || étoffe *v* croisée à double face *v* || beidrechter (zweirechtiger, zweiseitiger) Köper *m*; **-, eigenlijke:** biassed (regular) tweel || croisé *m* proprement dit, croisure *v*, sergé *m* || Köper *m* [in engerem Sinn *m*]; **-, omgekeerde:** reserved (turned) twill || croisé *m* renversé (à lames *vm* renversées) || umgekehrter Köper *m*; **-, overgebrachte:** transposed twill || sergé *m* contredit || versetzter Köper *m*; **-, terugkerende:** broken twill || sergé *m* brisé || gebrochener Köper *m*; **-, verkeerde:** *zie* **keper, omgekeerde; -, vierdraadse:** *zie* **keper, vierschacht-; -, vierschacht-:** four leaved tweel || croisé *m* à quatre lames *vm* || vierschäftiger Köper *m*; **-inslag, terugkerende:** long zigzag twill || chevron *m* en long *m* || Längszickzackköper *m*;
2. (*stof*): tweel, twill, tweeled stuff, tweeled (twilled) cloth || croisé *m*, batavia *m*, casimir *m* || Köper *m*, Croisé *o*, Kasimir *m*; **-band:** twilled ribbon || ruban *m* croisé || Köperband *o*; **-doek:** tweeled woollen cloth || drap *m* de Berry *m* || Köpertuch *o*; **-en:** to tweel, to twill || croiser une étoffe *v* || köpern; **-fluweel:** tweeled (jean back, Genoa back) velvet || velours *m* de Gênes (à fond *m* croisé) || Köpersammet *m*; **-gaas:** tweeled gauze || gaze *v* croisée || Köpergaze *v*; **-kasjmir:** twilled cashmere || cachemire *v* croisée || Köperkaschmir *m*; **-linnen:** twilled linen || toile *v* croisée || geköperte Leinwand *v*; **-stof:** tweeled cloth || étoffe *v* croisée || Köperzeug *o*, -stoff *m*;
3. (*bouwk.*): *zie* **dakspar; -pan:** hip tile || tuile *v* de croupe *v* || Walmziegel *m*;

kera|miek: ceramic art || art *m* céramique || Gefäß-, Töpferkunst *v*, Keramik *v*;

-misch: ceramic || céramique || keramisch.
kerargyriet: kerargyrite, horn-silver || argent *m* corné (muriaté), kerargyre *v* || Hornsilber *o*.
keren: 1. (*algem.*): to turn || tourner || drehen, wenden, umlegen;
2. (*vel*): to turn lengthwise || tourner || umschlagen.
kerf: 1. (*algem.*): notch || encoche *v*, entaille *v* || Kerbe *v*; **-buigproef:** notch bending test || essai *m* au choc *m* sur éprouvette *v* entaillée || Kerbbiegeprobe *v*; **-mes:** notching (cutting) knife || cochoir *m* || Kerbmesser *o*; **-slagbuigproef:** notch shock test || essai *m* de flexion *v* au choc *m* après entaillage *m* || Kerbschlagbiegeprobe *v*.
2. (*typogr.*): nick || cran *m* || Kerbe *v*, Signatur *v*; **-, extra:** subsignature || cran *m* supplémentaire || Nebensignatur *v*;
3. (*mijnb.*): buttock || entaille *v* || Einschnitt *m*, -bruch *m*;
4. (*mijnb.*): *zie* **sleuf 2**; **-machine:** *zie* **koolsnijder.**
kerk: church || église *v* || Kirche *v*; **-galerij:** church gallery || galerie *v* d'église *v* || Emporbühne *v*; **-raam:** church window || vitrail *m* d'église *v* || Kirchenfenster *o*.
kern: 1. (*algem.*): core || noyau *m*; âme *v* || Kern *m*; Seele *v*; **- v. e. bedding:** core of ballast || noyau *m* de ballast *m* || Bettungskern *m*; **- v. beton:** concrete core || noyau *m* de béton *m* || Betonkern *m*; **- v. e. breuk:** core of the fracture || noyau *m* de la cassure *v* || Kern *m* des Bruchquerschnitts *m*; **- v. hennep:** hemp core || âme *v* de chanvre *m* || Hanfkern *m*, -seele *v*; **- v. klei:** clay (puddle) core || noyau *m* d'argile *v* || Tonkern *m*; **- v. d. vulmassa:** core of paste || noyau *m* de pastille *v* || Füllmassekern *m*; **-, conische:** *zie* **kern, kegelvormige; -, kegelvormige:** conical (taper) core || noyau *m* conique || kegelförmiger (konischer) Kern *m*; **-, massieve:** solid core || noyau *m* massif (plein) || massiver Kern *m*; **-as:** core (internal) axle || essieu *m* à noyau *m* (plein) || Kernachse *v*; **-bak** (*gieterij*)**:** core box || boîte *v* à noyau *m* || Kern[form]kasten *m*; **-belasting:** loading of the core || charge *v* du noyau *m* || Kernbelastung *v*; **-bouw** (*tunnel*)**:** German method of tunnel driving || construction *v* avec noyau *m*, percement *m* suivant le système *m* allemand || Kernbau *m*, deutsche Tunnelbauweise *v*; **-diameter:** *zie* **kernmiddellijn; -draaibank:** forming lathe || tour *m* de moulage *m* (à noyaux *mm*) || Form-, Kerndrehbank *v*; **-gat** (*gieterij*)**:** core hole || trou *m* de dessablage *m* || Kern-, Putzloch *o*; **-gieten:** casting upon a core || fonte *v* à noyau *m* || Hohl-, Kernguß *m*; **-gietwerk:** cored work || ouvrages *mm* en fonte *v* à noyau *m* || Hohlguß *m*; **-hout:** heart wood || bois *m* de coeur *m* || Kernholz *o*; **-inductie:** core induction || induction *v* dans le noyau *m* || Kerninduktion *v*; **-kaliber:** internal cylindrical gauge, plug gauge || calibre *m* de perçage *m* || Lehrdorn *m*, Lochlehre *v*; **-klei:** mould clay || terre *v* de noyau *m* || Kernlehm *m*; **-leder:** bend, bend leather || cuir *m* de la meilleure qualité *v* || Kernleder *o*; **-maat:** caliber || calibre *m* || Kaliber *o*, Kernmaß *o*; **-middellijn** (*schroefdraad*)**:** diameter at bottom of thread || diamètre *m* du noyau *m*, diamètre *m* intérieur du filet *m* || innerer Gewindedurchmesser *m*; **-oppervlak** (*transformator*)**:** core surface || surface *v* du noyau *m* || Kernfläche *v*; **-paket** (*transformator*)**:** bundle of core plates; core stockings (*Am.*) || paquet *m* des feuilles *vm* (tôles *vm*) du noyau *m* || Kernpaket *o*; **-plaatje:** supporting core, core plate || plaque *v* à âme *v* || Kernplatte *v*; **-punt:** core point || point *m* du noyau *m* central || Kernpunkt *m*; **-schacht** (*v. e. hoogoven*)**:** innerlining of blast furnace || paroi *v* intérieure (cheminée *v*) d'un haut fourneau *m* || Kernschacht *m* eines Hochofens *m*; **-schaduw:** complete (inmost) shadow, umbra || ombre *v* pure || Kernschatten *m*; **-spil:** core bar || arbre *m* du noyau *m* || Kernspindel *v*, -stange *v*; **-stang** (*gieterij*)**:** *zie* **kernspil; -stof** (*kernkool*)**:** core material || matière *v* de la mèche *v* || Dochtmaterial *o*; **-teken** (*gieterij*)**:** core mark (print) || marque *v* du noyau *m* || Kernmarke *v*; **-transformator:** core transformer || transformateur *m* à noyau *m* || Kerntransformator *m*; **-ventilatie:** core ventilation || ventilation *v* du noyau *m* || Kernlüftung *v*, -ventilation *v*; **-verbinding:** jointing together of the cores || assemblage *m* des noyaux *mm* || Kernverbindung *v*; **-verdeling:** subdivision of core || sectionnement *m* (subdivision *v*) du noyau *m* || Kernunterteilung *v*; **-vlas:** hackled flax || lin *m* peigné || Hechel-, Kernflachs *m*; **-vorm:** core [mould] || moule *m* à noyau *m* || Kernform *v*; **-wol:** back (finest, spine, good long) wool, jorine locks || mère-laine *v*, coeur *m* de laine *v* || Kern-, Ober-, Rückenwolle *v*, gute lange Wolle *v*; **-zand:** core sand || sable *m* à noyau *m* || Kernsand *m*; **-zuiger:** core piston || piston *m* à noyau *m* || Kernkolben *m*;
2. (*kernkool*): core || mèche *v* || Docht *m*; **-kool:** cored carbon || charbon *m* (crayon *m*) à mèche *v* || Dochtkohle *v*; **-koolstaaf:**

cored **carbon** || charbon *m* à mèche *v* || Dochtkohle *v*;
3. (*org. chem.*): nucleus [1] || noyau *m* || Kern *m*; *zie ook* **ring 4;**
4. (*kernfysica*): nucleus || noyau *m* || Kern *m*; **kern-:** nuclear || nucléaire || Kern-; **-chemie:** nuclear chemistry || chimie *v* nucléaire || Kernchemie *v*; **-energie:** nuclear (intra-atomic) energy || énergie *v* nucléaire (intra-atomique) || Kernenergie *v*; **-fusie:** fusion of nuclei || fusion *v* de noyaux *mm* || Kernfusion *v*, -verschmelzung *v*; **-fysica:** nuclear physics || physique *v* nucléaire || Kernphysik *v*; **-lading:** nuclear charge || charge *v* nucléaire || Kernladung *v*; **-reactie:** nuclear reaction || réaction *v* nucléaire || Kernreaktion *v*; **-reactor:** nuclear reactor || réacteur nucléaire, pile *v* atomique || Kernreaktor *m*; **-splijting:** nuclear (atomic) fission || fission *v* nucléaire, décomposition *v* atomique || Kern[auf]spaltung *v*, Atomspaltung *v*;
5. (*kabel*): *zie* **hart 10;**
6. (*boren*) (*mijnb.*): core || carotte *v* || Kern *m*; **-, druipende (zwetende):** bleeding (weeping) core || carotte *v* suintante || tropfender (ausschwitzender) Kern *m*; **-, geöriënteerde:** oriented core || carotte *v* orientée || orientierter Kern *m*; **-beitel:** core bit (barrel) || bit *m* carottier || Kernstoßbohrer *m*; **-boor:** core drill || outil *m* de sonde *v* carottière || Kernbohrer *m*, -apparat *m*; **-buis** (*binnen-*; *buiten-*; *ophaalbare*): (*inner*; *outer*; *retractable*) core barrel || tube *m* carottier (*intérieur*; *extérieur*; *retirable*) || (*inneres*, *Innen-*; *äusseres*, *Mantel-*; *ausziehbares*) Kernrohr *o*; **-drukker:** core lifter (extractor) || presse-carotte *v* || Kernheber *m*, -preßvorrichtung *v*; **-kroon:** cutter head || tête *v* de carottier *m* || Kernbohrkopf *m*; **-monster:** core sample || échantillon *m* de carotte *v* || Kernprobe *v*; **-schoen:** *zie* **kernkroon; -traject:** cored interval || intervalle *m* carotté || Kern-, gekernte Strecke *v*; **-vanger:** core catcher (trapring) || arrache-carotte *m* || Kernfänger *m*, -brecher *m*, -fangring *m*.

kerosine: *zie* **lampolie.**

kerreffect: Kerr-effect || effet *m* de Kerr || Kerreffekt *m*.

kerseboom[hout]: cherry tree [wood] || [bois *m* de] cerisier *m* || Kirschbaum *m* [-holz *o*].

kersrood: cherry red, cerise || rouge *m* cerise || kirschrot; **-heet:** cherry red [hot] || chauffé au rouge *m* cerise || kirschrotwarm; **-hitte:** cherry red heat || chaude *v* rouge cerise || Kirschrotglut *v*.

[1]) Mrv.: *nuclei*.

kerstboom: *zie* **spruitkruis.**

kerven: 1. (*algem.*): to notch || entailler, cocher || [ein]kerben;
2. (*tabak*): to cut || couper, hacher || schneiden.

kesp (*dwarsbalk over palen*)**:** capping, head beam || chapeau *m* || Holm *m*.

ketel: 1. (*algem.*): tank, reservoir || réservoir *m*, chaudière *v* || Kessel *m*, Behälter *m*; **-wagen** (*sp.voertg. v. h. vervoer v. e. ketel*) boiler truck || wagon *m* pour le transport *m* des chaudières *vm* || Kesselwagen *m*; (*sp.voertg. m. tenk*): tank truck || wagon-réservoir *m* || Kesselwagen *m*;
2. (*waterketel*): caldron, kettle || bouilloire *v*; chaudron *m* || Kessel *m*; **-, elektrische:** electric kettle || bouilloire *v* électrique || elektrischer Kocher *m*;
3. (*v. h. impregneren v. hout*): impregnating cylinder || chaudière *v* d'imprégnation *v*, (d'injection *v*) || Tränkungskessel *m*;
4. (*stoomketel*): [steam] boiler (generator) || chaudière *v* à vapeur *v* || [Dampf]-kessel *m*; **-** (*aan een zijde gestookt*): single ended boiler || chaudière *v* à foyer *m* d'un seul côté *m* || Einender *m*; **-** (*aan beide zijden gestookt*)**:** double ended boiler || chaudière *v* à foyers *mm* aux deux extrémités *vm* || Doppelender *m*; **- afblazen, de:** to blow out (to empty) the boiler || évacuer l'eau *v* de la (vider la) chaudière *v* || den Kessel *m* ablassen (leerlaufen lassen); **- afdekken, de:** to cover the boiler top || envelopper (recouvrir) la chaudière *v* || den Kessel *m* abdecken; **- blootleggen, de:** to bare the boiler || dénuder (mettre à nu *m*) la chaudière *v* || den Kessel *m* bloßlegen; **- forceren, de:** to force the boiler || forcer la chaudière *v* || den Kessel *m* anstrengen (forcieren); **- inmetselen, de:** to brick in the boiler || [em]murer (briqueter, maçonner) la chaudière *v* || den Kessel *m* einmauern; **- inspecteren, de:** to inspect the boiler || visiter la chaudière *v* à l'intérieur *m* || den Kessel *m* befahren; **- isoleren, de:** to cover the top of the boiler with non-conducting material || calorifuger la chaudière *v* || den Kessel *m* isolieren; **- m. afzonderlijke** (*gemeenschappelijke*) **vlamkasten, dubbele:** double ended Scotch boiler with separate (*common*) combustion chambers || chaudière *v* à foyers *mm* aux deux extrémités *vm* avec chambres *vm* de combustion *v* séparées (*avec chambre v de combustion commune*) || Doppelender *m* (Schottischer Kessel *m*) mit getrennten Wendekammern *vm* (*mit gemeinsamer Wendekammer v*); **- m. drie vuurgangen:** triple furnace boiler || chaudière *v* à trois

tubes-foyer *mm* || Dreiflammrohrkessel *m*; **- m. dwarspijpen in vuurgang:** furnace boiler with cross tubes || chaudière *v* (générateur *m*) à tubes-foyer *mm* avec bouilleurs *mm* transversaux intérieurs || Flammrohrkessel *m* mit Quersiederröhren *om*, Quersiederkessel *m*; **- m. een vuurgang** (*landketel*)**:** cornish boiler || chaudière *v* cornouailles (à tube-foyer *m* unique) || Cornwall-, Einflammrohrkessel *m*; **-vuurgang:** boiler with eccentric furnace || chaudière *v* à tube-foyer *m* excentrique || Seitenrohrkessel *m*; **- m. gegolfde vuurgang:** boiler with corrugated furnace || chaudière *v* à tube-foyer *m* ondulé || Wellrohrkessel *m*; **- m. geribde vuurgang:** boiler with ribbed furnace || chaudière *v* avec tube-foyer *m* à ailettes *vm* || Rippenrohrkessel *m*; **- m. gladde vuurgang:** boiler with smooth furnace || chaudière *v* à tube-foyer *m* lisse || Kessel *m* mit glattem Flammrohr *o*; **- m. grote waterruimte:** boiler with large water space || chaudière *v* à grand volume *m* d'eau *v* || Großwasserraumkessel *m*, Kessel *m* mit großem Wasserraum *m*; **- m. nauwe waterpijpen:** water tube boiler with small tubes || chaudière *v* à tubes *mm* d'eau *v* étroits || engröhriger Wasserrohrkessel *m*; **- m. onderketel:** double cylindrical boiler || chaudière *v* à deux corps *mm* superposés || Doppelkessel *m*, Kessel *m* mit Unterkessel *m*; **- m. vlampijpen:** boiler with smoke tubes || chaudière *v* à tubes *mm* de fumée *v* || Heizrohrkessel *m*; **- m. soda uitkoken, de:** to clean the boiler with soda || lessiver la chaudière *v* || den Kessel *m* auslaugen; **- m. twee stoomruimten:** boiler with double steam space || chaudière *v* à chambre *v* de vapeur *v* double || Doppeldampfraumkessel *m*, Kessel *m* mit zwei Dampfräumen *mm*; **- m. twee vuurgangen** (*landketel*)**:** double flue boiler, Lancashire boiler || chaudière *v* à deux tubes-foyer *mm*, chaudière *v* (générateur *m*) de Lancashire || Doppelflammrohr-, Zweiflammrohr-, Lancashirekessel *m*; **- m. uitneembare vlampijpen:** multitubular boiler with withdrawable fire box and fire tubes || chaudière *v* à faisceau *m* tubulaire amovible || ausziehbarer Heizrohrkessel *m*; **- m. wijde waterpijpen:** water tube boiler with large tubes || chaudière *v* à tubes *mm* d'eau *v* larges || weitröhriger Wasserrohrkessel *m*; **- onder stoom houden, de:** to keep the boiler under steam || maintenir la chaudière *v* sous pression *v* || den Kessel *m* unter Druck *m* halten; **- opstoken, de:** to fire up (to start) the boiler || chauffer (allumer, mettre le feu *m* dans (sous) la chaudière *v* || den Kessel *m* anfeuern (anheizen); **- verankeren, de:** to grapple the boiler || ancrer la chaudière *v* || den Kessel *m* verankern; **- voeden, de:** to feed the boiler || alimenter la chaudière *v*; || den Kessel *m* speisen; **-, samengestelde:** combination boiler || chaudière *v* combinée (mixte) || zusammengesetzter Kessel *m*; **-, Schotse:** marine (Scottish) boiler || chaudière *v* marine (type *m* marin), chaudière *v* marine écossaise || Schiffskessel *m*, Schottischer Kessel *m*; **-, staande:** vertical boiler || chaudière *v* verticale || stehender Kessel *m*, Vertikalkessel *m*; **-aanbeeld:** bottom anvil, round head stake || enclume *v* à former le fond *m* || Boden-, Kesselamboß *m*; **-aanleg:** boiler plant || installation *v* de chaudières *vm* || Kesselanlage *v*; **-achterwand:** back (rear) of the boiler || côté *m* postérieur (arrière) de la chaudière *v* || Rückseite *v* des Kessels *m*; **-achterzijwand:** back bottom plate, back (rear) end plate || fond *m* postérieur de la chaudière *v* || Hinterboden *m* des Kessels *m*, Kesselrückwand *v*; **-afblazing:** blowing out (emptying) the boiler || vidange *v* de la chaudière *v* || Entleeren *o* des Kessels *m*; **-afdekking:** covering of the boiler top || couverture *v* de la chaudière *v* || Kesselabdeckung *v*; **-aflichting:** lifting the boiler || soulèvement *m* de la chaudière *v* || Abheben *o* des Kessels *m*; **-appendages:** boiler fittings || garnitures *vm* de chaudière *v* || Kesselarmatur *v*, -ausrüstung *v*; **-batterij:** battery of boilers || batterie *v* de chaudières *vm* || Kesselbatterie *v*; **-bed:** boiler setting || logement *m* de la chaudière *v* || Kessellagerung *v*, Lagerung *v* des Kessels *m*; **-bediening:** boiler attendance || service *m* de la chaudière *v* || Kesselbedienung *v*; **-bekleding:** boiler clothing (lagging) || enveloppe *v* de chaudière *v* || Kesselbekleidung *v*; **-beproeving:** boiler test (trial) || essai *m* de la chaudière *v* || Kesselprüfung *v*; **-berekening:** boiler calculation || calcul *m* d'établissement *m* d'une chaudière *v* || Kesselberechnung *v*; **-blok:** boiler bearer (cradle, saddle) || chevalet *m* de chaudière *v* || Kesselblock *m*; **-blootlegging:** baring the boiler || dénudement *m* (mise *v* à nu *m*) de la chaudière *v* || Bloßlegung *v* des Kessels *m*; **-bodem:** boiler bottom (end, head) || fond *m* de chaudière *v* || Kesselboden *m*; **-bodemplaat:** boiler end plate, head plate || tôle *v* pour fonds *mm* de chaudières *vm* || Kesselbodenblech *o*; **-boormachine:** boiler drilling machine || foreuse *v* (perceuse *v*) pour chaudière *v* || Kesselbohrmaschine *v*; **-bouw:** boiler making || construction *v* de chaudière *v* || Kesselbau *m*; **-constructie:** boiler design || mode *m* de construction *v* d'une chaudière *v* || Kesselbauart *v*, -konstruktion *v*; **-deel:** part of a boiler || pièce *v* de chaudière *v* || Kesselteil *m*; **-druk:** boiler pressure || pression *v* dans la chaudière *v* || Kesseldruck *m*; **-front:** front of the boiler || façade *v* (parement *m*) de la chaudière *v* || Frontseite (Kopfseite) *v* des Kessels *m*; **-frontplaat:** boiler end plate, head plate || tôle *v* pour fonds *mm* [de la chaudière *v*] || [Kessel]bodenblech *o*; **-fundament:** boiler foundation || fondation *v* de la chaudière *v* || Kesselfundament *o*; **-huis:** boiler house || bâtiment *m* des chaudières *vm* || Kesselhaus *o*; **-inhoud:** capacity (volume) of boiler || contenance *v* de la chaudière *v* || Kesselinhalt *m*; **-inmetseling:** bricking in (setting) of boiler || briquetage *m* (murage *m*, maçonnage *m*) d'une chaudière *v* || Kesseleinmauerung *v*; **-inspectie:** boiler survey (inspection) || revision *v* des chaudières *vm*, visite *v* de chaudière *v* || Kesselbesichtigung *v*, -revision *v*; **-installatie:** boiler plant || établissement *m* des chaudières *vm* || Kesselanlage *v*; **-isolatie:** nonconducting material covering the top of the boiler || revêtement *m* calorifuge de la chaudière *v* || Kesselisolierung *v*; **-isolering:** covering the top of boiler with nonconducting material || calorifugeage *m* de la chaudière *v* || Isolieren *o* des Kessels *m*; **-klinking:** boiler riveting || rivetage *m* de chaudière *v* || Kesselvernietung *v*; **-kool:** boiler (steam) coal || charbon *m* à vapeur *v* || Kessel-, Dampfkohle *v*; **-maker:** boiler maker || ouvrier chaudronnier *m* || Kesselschmied *m*; **-makerij:** boiler works (shop) || chaudronnerie *v* || Kesselfabrik *v*; **-mantel:** boiler shell || corps *m* de chaudière *v* || Kesselmantel *m*; **-metselwerk:** boiler brickwork || massif *m* [de maçonnerie *v*] de la chaudière *v* || Kesselmauerwerk *o*; **-nummer:** boiler maker's number || numéro *m* de la chaudière *v* || Kesselnummer *v*, Fabriknummer *v* des Kessels *m*; **-ommetseling:** *zie* **ketelinmetseling; -onderzoek:** boiler inspection || revision *v* des chaudières *vm* || Kesselrevision *v*; **-ontploffing:** boiler explosion || explosion *v* de chaudière *v* || Kesselexplosion *v*; **-ontwerp:** boiler design || project *m* d'établissement *m* d'une chaudière *v* || Kesselentwurf *m*; **-ophanging:** boiler suspension || suspension *v* de la chaudière *v* || Aufhängung *v* des Kessels *m*, Kesselaufhängung *v*; **-opstoking:** firing up (starting) the boiler || allumage *m* de la chaudière *v* || Anfeuern *o* (Anheizen *o*) des Kessels *m*; **-persproef:** boiler pressure test || essai *m* de la chaudière *v* sous pression *v* || Kesseldruckprobe *v*; **-plaat:** boiler plate || tôle *v* à chaudière *v* (de chaudronnerie *v*) || Kesselblech *o*; **-plaatsing:** boiler setting || disposition *v* (logement *m*) de la chaudière *v* || Kessellagerung *v*; **-plaatsing m. helling naar achteren:** boiler setting with fall towards the back || disposition *v* de la chaudière *v* en pente *v* vers l'arrière *m* (relevée vers l'avant *m*) || Lagerung *v* des Kessels *m* mit Neigung *v* nach hinten; **-reiniging:** boiler cleaning || nettoyage *m* de la chaudière *v* || Kesselreinigung *v*; **-reparatie:** repair of boiler || réparation *v* de la chaudière *v* || Kesselausbesserung *v*; **-ring:** shell belt (ring), course || virole *v* (tronçon *m*) de chaudière *v* || Kessel-, Mantelschuß *m*; **-rolbok:** boiler cradle || chevalet *m* à chaudières *vm*, tréteau *m* [à galets *mm* pour chaudières *vm*] || Kesselrollbock *m*; **-romp:** boiler shell, shell plating of boiler || corps *m* (enveloppe *v*) de chaudière *v* || Kesselmantel *m*; **-ruim:** boiler room || salle *v* des chaudières *vm* || Kesselraum *m*; **-schild:** boiler name plate || plaque *v* de chaudière *v* || Kesselschild *o*; **-sluitvlak:** boiler end, bottom boiler head || fond *m* de chaudière *v* || Kesselboden *m*, -platte *v*; **-smederij:** boiler shop || chaudronnerie *v* || Kesselschmiede *v*; **-smid:** boiler maker || ouvrier chaudronnier *m* || Kesselschmied *m*; **-steen:** *zie na* **ketelwater; -steun:** boiler brace (stay) || tirant *m* de chaudière *v*; Kesselstütze *v*; **-stoel:** boiler support || support *m* (chaise *v*) de chaudière *v* || Kesselstütze *v*, Kessel-, Tragstuhl *m*; **-stoel op rollen:** boiler bearer (cradle) resting on rollers || chaise *v* de chaudière *v* [montée] sur rouleaux *mm* || Kesselstuhl *m* auf Rollen *vm* (mit Gleitrollen *vm*), auf Rollen *vm* gesetzter Kesselstuhl *m*; **-stoel, draaibare:** pivoted (revolving) boiler support || support *m* de chaudière *v* rotatif || drehbare Kesselstütze *v*; **-toezicht:** attendance to boilers || conduite *v* de la chaudière *v* || Kesselwartung *v*; **-top:** boiler top || dessus *m* de la chaudière *v* || Kesselrücken *m*; **-type:** boiler type, type of boiler || genre *m* (type *m*) de chaudière *v* || Kesselart *v*, -typ *m*; **-verliezen:** boiler losses || pertes *vm* de la chaudière *v* || Kesselverluste *mm*; **-vermogen:** boiler capacity || puissance *v* de la chaudière *v* || Leistungsfähigkeit *v* des Kessels *m*; **-vlotter:** boiler float || flotteur *m* de chaudière *v* || Kesselschwimmer *m*; **-voeding:** boiler feeding || alimentation *v* de la chaudière *v* || Kesselspeisung *v*; **-voedingspijp:** boiler feed (injector) pipe || tuyau *m* d'alimentation *v* de la chaudière *v* || Druck-, Kesselspeiserohr *o*; **-voedingswater:** boiler feed water || eau *v* d'alimentation *v* des chaudières *vm* || Kesselspeisewasser *o*; **-voorwand:** front end (bottom) plate || fond *m* antérieur *m*, (avant, de devant *m*) || Kopfplatte *v*; **-vuurhaard:** boiler furnace || foyer *m* || Kesselfeuerung *v*; **-vuurhaard m. dubbele deur:** furnace front with double door || devanture *v* double || Doppelgeschränk *o*, doppeltüriges Geschränk *o*; **-wand:** boiler shell plate || paroi *v* de [la] chaudière *v* || Kesselwand[ung] *v*; **-water:** boiler water || eau *v* de chaudière *v* || Kesselwasser *o*.

ketelsteen: incrustation, scale || incrustation *v*, tartre *m* || Kesselstein *m*; **- afzettend water:** incrusting water || eau *v* incrustant || Kesselstein *m* absetzendes Wasser *o*; **- afbikken:** to chip off the scale || détartrer la chaudière *v* au marteau *m*, piquer la chaudière *v* || den Kesselstein *m* abklopfen (ausklopfen); **- afschrappen:** to scrape off the scale || détartrer (désincruster) à la racle *v*, gratter le tartre *m*, racler les incrustations *vm* || den Kesselstein *m* abschrapen, (auskratzen, ausschrapen); **- oplossend middel:** desincrustant, scale solvent || désincrustant *m* || Kesselsteinlöse-, Kesselsteinbeseitigungsmittel *o*; **-hamer:** boiler scaling hammer || marteau *m* à piquage *m* (detrarteur, piqueur) || Kesselstein-, Pickhammer *m*; **-krabber:** scraper || racle *v* (racloir *m*) de détartrage *m* || Kesselsteinkratzer *m*, -schaber *m*, -schraper *m*; **-laag:** layer of scale, incrustation || couche *v* (croûte *v*) d'incrustations *vm* || Kesselsteinschicht *v*, -kruste *v*; **-neerslag:** deposit of scale || entartrage *m*, précipitation *v* d'incrustation *v* || Kesselsteinablagerung *v*; **-voorkomend middel:** boiler fluid (composition) || anti-incrustant *m*, tartrifuge *m* || Kesselsteinverhütungsmittel *o*; **-vormer:** scale producing salt || incrustant *m* || Kesselsteinbild[n]er *m*, kesselsteinbildendes Salz *o*; **-vorming:** incrustation, scale formation || incrustation *v* || Kesselsteinformierung *v*.

ke|ten: 1. (*algem.*): *zie* **ketting 1; -, kinematische:** kinematic chain || chaîne *v* cinématique || kinematische Kette *v*;
2. (*chem.*): chain || chaîne *v* || Kette *v*; **-, gesloten** (*open*)**:** closed (*open*) chain || chaîne *v* fermée (*ouverte*) || geschlossene (*offene*) Kette *v*; **-, rechte** (*vertakte*)**:** straight (*branched*) chain || chaîne *v* normale (*arborescente*) || rechte (normale) *verzweigte*) Kette *v*;
3. (*elektr.*): circuit || circuit *m* || Kreis *m*; **-, aperiodieke:** aperiodic circuit || circuit *m* apériodique || aperiodischer Stromkreis *m*; **-, magnetische:** *zie* **circuit, magnetisch: -, primaire:** primary circuit || circuit *m* inducteur (primaire) || primärer Stromkreis *m*; **-, secondaire:** secondary circuit || circuit *m* induit, circuit secondaire || sekundärer Stromkreis *m*; **-tens, gekoppelde:** linked (interlinked (*Am.*) circuits || circuits *mm* à phases *vm* reliées || verkettete Stromkreise *mm*.

ke|togroep: keto group || groupe *m* (groupement *m*) céto || Ketogruppe *v*; **-ton:** ketone || cétone *v* || Keton *o*.

ketting: 1. (*algem.*): chain || chaîne *v* || Kette *v*; **- m. korte** (*lange*) **schalmen:** short (*long*) link chain || chaîne *v* à maillons *mm* courts (*longs*) || kurzgliedrige (*langgliedrige*) Kette *v*; **-, v. Gall:** *zie* **scharnierketting; - van Vaucanson:** hook link chain, band (pitch) chain || chaîne *v* à crochets *mm* (à la Vaucanson) || Band-, Hakenkette *v*, Vaucansonsche Kette *v*; **- v. h. lichten v. vaten:** barrel chain || chaîne *v* [à griffes *vm*] pour tonneaux *mm* || Faßkette *v*; **- v. verankering v. palen:** chain stay || haubanchaîne *m* || Verankerungskette *v*; **- zonder einde:** *zie* **eindloze ketting; -, eindloze:** endless chain || chaîne *v* sans fin *m* || endlose Kette *v*, Kette *v* ohne Ende *o*; **-, gecalibreerde:** gauged chain || chaîne *v* calibrée || kalibrierte Kette *v*; **-, gesloten:** closed chain || chaine *v* fermée || geschlossene Kette *v*; **-, gesmede:** welded chain || chaîne *v* soudée || geschweißte Kette *v*; **-, gewone:** link chain || chaîne *v* ordinaire || Glieder-, Schakenkette *v*; **-aanhaking** (*mijnb.*)**:** chain coupling (connection) || attelage *m* par (accouplement *m* à) chaîne *v* || Kettenkupplung *v*; **-afsluiting** (*spw.*)**:** chain barrier || barrière *v* à chaîne *v* || Kettenschranke *v*; Kettenablenkung *v*; **-as:** chain pinion axle || arbre *m* à chaîne *v* (du pignon *m*) || Kettenachse *v*; **-baan:** *zie* **kettingloop;** (*opdrukbaan*)**:** (*mijnb.*)**:** creeper, chain railway || convoyeur *m* à crochets *mm*, transporteur *m* à chaîne *v* || Kettenbahn *v*; **-bak** (*scheepst.*)**:** chain locker (well) || puits *m* aux chaînes *vm* || Kettenkasten *m*; **-beproeving:** chain test || épreuve *v* (essai *m*) de la chaîne *v* || Kettenprobe *v*, -prüfung *v*; **-beschermer:** chain guard, gear case || garde-chaîne *m* || Kettenschützer *m*; **-bout:** chain pin || boulon *m* (fuseau *m*, tourillon *m*) de chaîne *v* || Kettenbolzen *m*, -zapfen *m*; **-breuk:** fracture of chain || rupture *v* de la chaîne *v* || Kettenbruch *m*; **-breuk** (*rekenk.*)**:** continued fraction || fraction *v* continue || Kettenbruch *m*; **-brief:** follow-up || lettre *v* de rappel *m* || Nachfaßbrief *m*; **-brug:** chain bridge || pont *m* suspendu à chaîne *v* || Kettenbrücke *v*; **-buisreiniger:** chain tube cleaner || nettoie-tube *m* à chaîne *v* || Röhrenreinigungskette *v*, Kettenröhrenreiniger *m*; **-demper** (*v. geluid, elektr.*): chain silencer || sourdine *v* à chaîne *v* || Kettendämpfer *m*; **-draaireep:** chain tye || itague *v* en chaîne *v* || Kettendrehreep *o*; **-drager:** chain carrier || rondelle *v* pour chaînes *vm* || Kettenträger *m*; **-drijfwerk:** chain drive (gearing) || transmission *v* par chaîne *v* || Ketten[an]trieb *m*; **-einde:** chain end || bout *m* de la chaîne *v* || Kettenende *o*; **-elevator:** chain elevator || élevateur *m* à chaîne *v* || Kettenelevator *m*; **-greep:** engagement of chain || engrènement *m* d'une chaîne *v* || Eingriff *m* einer Kette *v*; **-haak:** chain hook || crochet *m* de chaîne *v* || Kettenhaken *m*; **-hijswerk:** chain haulage || extraction *v* par chaîne *v* || Kettenförderung *v*; **-kabel:** chain rope || câble-chaîne *m* || Kettenseil *o*; **-kast:** chain guard casing || couvre-chaîne *m*, chape *v* guide-chaîne || Kettenführungsgehäuse *o*, -haube *v*, -schutz *m*; **-kerfmachine** (*mijnb.*): chain coal cutter || haveuse *v* à chaîne *v* || Kettenschrämmaschine *v*; **-kist:** chain box || caisse *v* à chaîne *v* || Kettenkasten *m*; **-klinkwerk:** *zie* **parallelklinkwerk; -kluis** (*scheepst.*): chain pipe || tuyau *m* du câble *m* || Kettenklüse *v*; **-koppeling** (*sp.voertg.*): chain coupling || attelage *m* à chaîne *v* || Kettenkupplung *v*; **-lasmachine:** chain welding machine || machine *v* à souder les chaînes *vm* || Kettenschweißmaschine *v*; **-leibeugel:** chain guard || étrier guide-chaîne *m* || Kettenführungsbügel *m*; **-leischijf:** chain guide pulley || poulie *v* de guidage *m* (de renvoi *m*) pour chaîne *v* || Kettenführungsrolle *v*, -leitrolle *v*; **-lier:** chain winch || treuil *m* à chaîne *v* || Kettenwinde *v*; **-loop:** path of a chain, chain path || course *v* (développement *m*) de chaîne *v*, chaîne *v* dans son ensemble *m* || Kettenlauf *m*, -zug *m*; **-lijn** (*wisk.*): [common] catenary, catenarian curve || [ligne *v* de] chaînette *v* || Kettenkurve *v*, -linie *v*; **-naad** (*klinkwerk*): chain riveting || rivure *v* à chaîne *v* (en carré *m*, parallèle) || Ketten-, Parallelnietung *v*; **-overbrenging:** chain working (drive, gearing) || commande *v* (transmission *v*) par chaînes *vm* || Ketten[be]trieb *m*; **-pomp:** chain pump || pompe *v* à chapelet *m* || Kettenpumpe *v*; **-rad:** *zie* **kettingwiel; -regel** (*rekenk.*): chain rule, conjointed rule of three || règle *v* conjointe || Kettenregel *v*; **-rek:** chain magazine || râtelier *m* à (suspension *v* de) chaîne *v* || Kettenmagazin *o*; **-rem:** chain brake || frein *m* à chaîne *v* || Kettenbremse *v*, Schleifenaufhängung *v* der Kette *v*; **-riem:** link belt || courroie *v* à chaînons *mm* (articulée) || Ketten-, Gliederriemen *m*; **-rol:** chain guide (roller) || poulie *v* (rouleau *m*) à chaîne || Kettenscheibe *v*, -rolle *v*; **-rooster:** chain grate || grille *v* à chaîne *v* || Kettenrost *m*; **-roosterbaar:** chain grate link || barreau *m* de grille *v* à chaîne *v* || Kettenglied *o*, -roststab *m*; **-roosterwagentje:** grate chain carriage || chariot *m* de grille *v* à chaîne *v* || Kettenrostwagen *m*; **-schacht:** chain race || couloir *m* de la chaîne *v* || Kettenschacht *m*; **-schakel:** *zie* **kettingschalm; -schalm:** chain link || anneau *m* de chaîne *v*, maillon *m* || Kettenglied *o*, Schake *v*; **-scharnier:** chain link || flasque *v* de chaîne *v* || Kettenlasche *v*; **-scheprad:** chain pump, water drawing machine || machine *v* élévatoire, roue *v* à auges *vm* (à godets *mm*), moulin *m* à roues *vm* (à godets *mm*), chapelet *m* || Hubrad *o*, Schöpfwerk *o*; **-schijf:** *zie* **kettingrol; -slag:** loop of chain || boucle *v* de chaîne *v* || Kettenschleife *v*; **-slot:** chain lock || serrure *v* de chaîne *v* || Kettenschloß *o*; **-sluitschalm:** chain joint, coupling || joint *m* de chaîne *v*, manille *v*, maillon *m* de fermeture *v* || Kettenschloß *o*; **-smeertoestel:** chain greasing device || graisseur *m* à chaîne *v* || Kettenschmiervorrichtung *v*; **-spanner:** chain tightener || tendeur *m* de chaîne *v* || Kettenspanner *m*; **-steek** (*naaien*): chain stitch || point *m* de chaînette *v* || Kettenstich *m*; **-stopper** (*scheepst.*): chain stopper||bosse *v* de chaîne *v* || Kettenstopper *m*; **-straal** (*bliksem*): chain lightning || éclair *m* en chapelet *m* || Kettenblitz *m*; **-strop:** sling chain || estrope *v* en chaîne *v* || Schlingkette *v*, Kettenstropp *m*; **-takel:** chain tackle block || palan *m*, moufle *v* à chaîne *v* || Ketten[flaschen]zug *m*; **-tand:** chain tooth || dent *v* de chaîne *v* || Kettenzahn *m*; **-tang** (*boren*) (*mijnb.*): chain tong || clé (clef) *v* à chaîne *v* || Kettenzange *v*; **-transmissie:** chain driving || transmission *v* par chaîne *v* || Kettentrieb *m*; **-transport:** chain haulage || transport *m* par chaîne *v* flottante || Kettenförderung *v*; **-trommel:** chain drum || tambour *m* à chaîne *v* || Kettentrommel *v*; **-veelhoek:** funicular polygon || polygone *m* funiculaire || Seileck *o*, -zug *m*, -polygon *o*, -plan *m*; **-voeder** (*v. brekervoeding*): chain feeder || alimenteur *m* à chaîne *v* || Kettenaufgeber *m*; **-wartel:** chain swivel || émerillon *m* || Kettenwirbel *m*; **-wiel:** chain wheel (sheave) || roue *v* (rouet *m*)

à chaîne *v* || Kettenrad *o*; (*met schalmgroeven*): *zie* **nestenschijf**; **-wiel, getand:** sprocket wheel || roue *v* à chaîne *v* dentée || verzahntes Kettenrad *o*, Daumenrad *o*; *zie ook* **kettingrol**; **-wikkeling:** basket (chain) winding || enroulement *m* en chaîne *v* || Kettenwicklung *v*; **-winde:** chain jack || cric *m* à noix *m* || Kettenwinde *v*; **-zaag:** chain saw || scie *v* à chaîne *v* || Kettensäge *v*;
2. (*weverij*): warp || chaîne *v* || Kette *v*; **- aanslaan:** warping || ourdissage *m* || Kettenaufschlagen *o*, -scheren *o*, Zetteln *o*; **-boom:** *zie* **achterboom**; **-draad:** warp (thread) || [fil *m* de] chaîne *v* || Kette *v*, Kettenfaden *m*, Zettel *m*; **-druk:** printing of the warp || impression *v* des chaînes *vm* (sur chaîne *v*) || Kettendruck *m*; **-drukmachine:** chain printing mill || machine *v* à chiner || Kettendruckmaschine *v*; **-garen:** twist, warp || chaîne *v* || Kettengarn *o*; **-roede:** warp rod || wiche *v* des rouleaux *mm* || Kettenstange *v*; **-rol:** weaving beam || rouleau *m* ourdissoir || Kettenwalze *v*; **-spoel:** warp cop || fuseau *m* || Klöppel *m*, Handspindel *m*, Kätzen *m*; **-steek:** chain knot || noeud *m* de chaîne *v* || Kettenstich *m*; **-wachter:** warp stop motion || casse-chaîne *m* || Kettenfadenwächter *m*; **-zijde:** organzine thrown silk || organsin *m* || Kettenseide *v*, Organsin *m*;
3. (*chem.*; *kernfys.*): *zie* **keten 2**; **-reactie:** chain reaction || réaction *v* en chaîne *v* || Kettenreaktion *v*.

keuken: kitchen || cuisine *v* || Küche *v*; **-fornuis:** kitchen stove (range) || fourneau *m* de cuisine *v* || Küchenofen *m*, Kochherd *m*; **-gerei:** cooking utensils || batterie *v* de cuisine *v*, ustensiles *mm* de cuisine *v* || Küchengeschirr *o*, -gerät *o*; **-lift:** kitchen lift || monte-charge *m* pour hôtels *mm* (restaurants *mm*) || Wirtschaftsaufzug *m*; **-linnen:** kitchen linen || linge *m* de ménage *m* || Küchenweißzeug *o*; **-zout** [1]**:** [common] salt, kitchen salt || sel *m* [de cuisine *v*], sel *m* commun (marin) || Kochsalz *o*.

keuperzandsteen: keuper sandstone || grès *m* keupérien || Keupersandstein *m*.

keur: 1. (*proef*): assay || essai *m* || Probe *v*; **-gewicht:** assay weight || poids *m* pour l'essai *m* || Probiergewicht *o*; **-goud:** standard gold || or *m* au titre *m* || Probegold *o*; **-naald:** touch needle || aiguille *v* d'essai *m* || Probiernadel *v*; **-steen:** touchstone || pierre *v* de touche *v* || Probier-, Strichstein *m*; **-tin:** standard tin || étain *m* au titre *m* || Probezinn *o*;
2. (*stempel*): hall mark || poinçon *m* || Stempel *m*.

keur|en: 1. (*algem.*): to examine, to test; to inspect || vérifier, contrôler; inspecter || prüfen, untersuchen; inspektieren; **-ing:** examination, testing; inspection || vérification *v*, contrôle *m*; inspection *v* || Prüfung *v*, Untersuchung *v*; Inspektion *v*;
2. (*edele metalen*): to assay || essayer || probieren, prüfen.

keuspot (*sluis*)**:** heel post bearing of a sluice gate || crapaudine *v* d'une porte *v* d'écluse *v* || Drehsäulenstutzlager *o* eines Schleusentor[e]s *o*.

kiel (*schip*)**:** keel || quille *v* || Kiel *m*; **-, holle:** hollow keel || quille *v* creuse (en gouttière *v*) || Hohlkiel *m*; **-, loze:** false (safety) keel || quille *v* de sûreté *v* || falscher Kiel *m*; **-, vaste:** main keel || quille *v* principale || Hauptkiel *m*; **-, vlakke:** flat (plate) keel || quille *v* plate || Flachkiel *m*; **-blok:** keel block || chantier *m* de quille *v*, tin *m* || Kielblock *m*, Stapelklotz *m*; **-bout:** holding up bolt || boulon *m* de carène *v* || Kielbolzen *m*; **-gang:** garboard strake || gabords *m*, virure *v* de gabord *m* || Kielgang *m*, -planken *m*; **-gangsnaad:** garboard seam || couture *v* de gabord *m* || Kielgangsnaht *v*; **-halen:** to careen, to heave down, to lay on a careen || abattre en carène *v*, caréner, donner la [grande] cale *v* à || kiel[hol]en; **-haling:** careening, heaving down, laying on a careen || abatage *m* || Kielholung *v*; **-hiel:** skeg of a keel || talon *m* de quille *v* || Kielhacke *v*; **-klos:** dead wood || billots *m*, bois *m* de remplissage *m* || Kiel-, Schlempklötze *m*, Todholz *o*; **-kram:** keel staple || crampon *m* de quille *v* || Kielkramme *v*; **-lichter:** heaving down hulk, keel hulk || ponton *m* de carène *v*, vale *v* flottante || Kiellichter *m*, -prahm *m*; **-plaat:** keel plate || tôle *v* de quille *v* || Kielplatte *v*; **-plaats:** careening wharf || lieu *m* de carénage *m* || Kielholbank *v*; **-sponning:** keel rabbet || râblure *v* de la quille *v* || Kielspündung *v*; **-water:** wake || eaux *vm* d'un bâtiment *m*, houache *v*, sillage *m* || Kielwasser *o*.

kiem: 1. (*zaad*): germ || germe *m* || Keim *m*; **-kracht:** germinative power || faculté *v* germinative || Keimfähigkeit *v*, -kraft *v*;
2. (*kristal*): nucleus || germe *m* || Keim *m*;
3. (*ziektekiem*): disease (morbidic) germ || germe *m* morbide || Keim *m*, Krankheitserreger *m*; **-vrij:** germ-free, sterile; sterilized || sans germes *mm* [morbides], stérile; stérilisé || keimfrei, steril; sterilisiert.

kiep-: *zie* **kip-**.

---

[1]) Zie ook *natriumchloride*.

kies: 1. (*mineraal*): pyrites || pyrite *v* || Kies *m*; **-houdend:** pyritic, pyritous || pyriteux || kieshaltig; **-zand:** gravel sand || sable *m* caillouteux || Kiessand *m*; **2.** (*gangspil*): capstan whelp || flasque *v* de cabestan *m* || Gangspillklampe *v*; **3.**: **-schijf:** dial || cadran *m* d'appel *m* || Nummernschalter *m* [mit Wählscheibe *v*].

kiezel: 1. (*element*): *zie* **silicium; -fluorwaterstofzuur:** fluosilicic acid || acide *m* fluosilicique || Kieselfluorwasserstoff *m* (-säure *v*), **-zuur** [1]) (*meta-*; *ortho-*): (*meta-*; *ortho-*)silicic acid || acide *m* (*méta-*; *ortho-*)silicique || (*Meta-*; *Ortho-*)kieselsäure *v*;
2. (*steen, enz.*): pebble || caillou *m* || Kiesel *m*, -stein *m*; *zie ook* **grind; -achtig:** siliceous || siliceux || kies[el]artig; **-bak:** gravel fillet || garde gravier *m* || Kiesleiste *v*; **-goer:** *zie* **diatomeeënaarde; -grond:** gravel bottom (ground), shingle ground || [fond *m* de] gravier *m* || Kiesel-, Singelgrund *m*, -boden *m*; **-groeve:** gravel pit || ballastrière *v* || Kiesgrube *v*; **-guhr:** *zie* **diatomeeënaarde; -houdend:** siliciferous || silicifère || kieselhaltig; **-kalk:** siliceous lime || chaux *v* siliceuse || Kieselkalk *m*; **-kalksteen:** siliceous lime-stone || calcaire *m* siliceux || Kieselkalkstein *m*; **-laag:** gravel (quartz) layer || couche *v* siliceuse (de gravier *m*, quartzeuse) || Kieselschicht *v*; **-laag** (*weg*): gravel packung || encaissement *m* || Kiesausfüllung *v*; **-lei:** siliceous slate || schiste *m* siliceux, lydite *m* || Kieselschiefer *m*, Lydit *m*; **-leisteen:** lydian stone, siliceous schist || lydite *v*, schiste *v* siliceux || Kieselschiefer *m*; **-oer:** *zie* **diatomeeënaarde; -plaveisel:** pebble pavement || pavé *m* de cailloux *mm* || Kiesel-, Kleinpflaster *m*; **-sinter:** *zie* **kiezeltuf; -spaat:** albite, siliceous feldspat || albite *v* || Albit *m*, Kieselspat *m*; **-steen:** *zie* **kiezel 2; -tuf:** siliceous sinter || opale *v* incrustante || Kieselsinter *m*, -tuff *m*; **-weg:** gravel road || chemin *m* caillouté (ferré) || Kies-, Schotterstraße *v*; **-zand:** gravel || gravier *m*, sable *m* caillouteux || Kies-[sand] *m*; **-zandsteen:** quartzy sandstone || grès *m* quartzeux || Kiesel-, Quarzsandstein *m*.

kie|zen (*telef.*)**:** to dial [a number] || composer [un numéro *m*] || [eine Nummer *v*] wählen; **-zentrekker:** pile withdrawing engine || arrache-pieux *m* || Pfahlausheber *m*; **-zer** (*telef.*): selector || sélecteur *m* || Wähler *m*.

kifbal: tan ball (cake) || motte *v* à brûler || Lohballen *m*, -kuchen *m*.

kik|ker: eccentric clamp, toggle || tendeur *m* grenouille || Froschklemme *v*; **-kert:** [dumb] snatch || taquet *m* à manche *v* || Lippklampe *v*.

kilo|calorie: kilogram (large) calory || calorie-kilogramme *v* || Kilogrammkalorie *v*, große Kalorie *v*; **-gram:** kilogram[me] || kilo[gramme] *m* || Kilogramm *o*; **-grammeter:** kilogrammeter || kilogrammètre *m* || Kilogrammeter *o*, *m*, Meterkilogramm *o*; **-meter:** kilometer || kilomètre *m* || Kilometer *o*; **-meterpaal:** kilometer post || poteau *m* kilomètrique || Kilometerpfosten *m*; **-metersteen:** kilometer stone || borne *v* kilométrique || Kilometerstein *m*; **-meterteller:** mileage recorder || compteur *m* kilométrique || Kilometerzähler *m*; **-volt:** kilovolt || kilovolt *m* || Kilovolt *o*; **-voltampère:** kilovolt-ampere || kilovolt-ampère *m* || Kilovoltampere *o*; **-watt:** kilowatt || kilowatt *m* || Kilowatt *o*; **-wattuur:** kilowatt-hour || kilowatt-heure *v* || Kilowattstunde *v*.

kilpan: *zie* **keperpan.**

kim: 1. (*natuurl. horizon*): [visual] horizon || horizon *m* [physique] || Kimm *v*, [scheinbarer] Horizont *m*; **-duiking:** dip of the horizon || abaissement *m* de l'horizon *m* || Kimmtiefe *v*;
2. (*schip*): chine || bouchain *m* || Kimm[ung] *v*; **-, scherpe:** hard chine || bouchain *m* de faible rayon *m* || scharfe Kimm[ung] *v*; **-bedding:** bilge ways (blocks) || coittes *vm*, ventrières *vm* || Kimmschlitten *m*; **-bout:** bilge bolt || cheville *v* de bouchain *m* || Kimmbolzen *m*; **-gang:** bilge strake || bordage *m* des fleurs *vm* || Kimmgang *m*; **-kiel:** bilge keel || quille *v* de roulis *m* || Kimm-, Schlinger-, Seitenkiel *m*; **-kielzaadhout:** bilge keelson || carlingue *v* d'empâture *v* || Kimmkielschwein *o*; **-schoor:** bilge stay || support *m* d'empâture *v* || Kimmstütze *v*; **-sent:** bilge harpin[g] || lisse *v* du fort *m* || Kimmsente *v*; **-weger:** bilge plank || vaigre *v* d'empâture *v* (de fleurs *vm*) || Kimmweger *m*;
3. (*vat*): chimb || jable *m* || Kimme *v*; **-hoepel:** collar hoop || collier *m* || Halsreif *m*; **-schaaf:** croze, notcher || jabloire *v* || Faustkröse *v*, Keim-, Kimmhobel *m*.

kinabast: cinchona (Peruvian) bark || [écorce *v* de] quinquina *m* || Chinarinde *v*.

kinder|balk: boarding (bridging) joist || soliveau *m* || Dielenlager *o*, -träger *m*, Polsterholz *o*; **-bint:** *zie* **kinderbalk.**

kine|matika: kinematics || cinématique *v* || Getriebe-, Zwanglauflehre *v*, Kinematik *v*; **-matisch:** kinematic || cinématique || kinematisch; **-matograaf:** kinematograph || cinématographe *m* || Kinematograph *m*; **-matografisch:** kinemato-

---

[1]) Voor stofnamen als *kiezelzure kalk*, enz., zie *calciumsilicaat* enz.

graphic || cinématographique || kinematographisch; **-mograaf:** kinemograph || cinémographe *m* || Kinemograph *m*; **-mometer:** kinemometer || cinémomètre *m* || Kinemometer *o*, *m*; **-tisch:** kinetic || cinétique || kinetisch.

kinine: quinina, quinine || quinine *v* || Chinin *o*.

kink (*kabel*)**:** kink, quirn || coque *v* || Kink *v*; **-en:** to kink || faire des coques *vm* || kinken.

kin|ketting: curb [chain] || gourmette *v* || Kinkette *v*; **-nebaksblok:** notch (snatch) block || galoche *v*, poulie *v* coupée et terrée || Kinnbacks-, Fußblock *m*.

kiosk: kiosk || kiosque *m* || Kiosk *m*.

kip|as: tip beam (shaft) || axe *m* du mouvement *m* de bascule *v* || Kippbaum *m*, welle *v*; **-bak:** tip box || caisse *v* basculante || Kippkasten *m*, -kübel *m*; **-belasting:** tilting load || charge *v* de renversement *m* || Kippbelastung *v*; **-beugel:** support of cradle || support *m* de la courbe *v* de glissement *m* || Abrollbock *m*; **-david:** fish davit || bossoir *m* de traversière *v* || Ankerdavit *m*, Penterkran *m*; **-draaikraan:** swing crane for tipping || grue *v* pivotante à plateau *m* basculant || Kippdrehkran *m*; **-emmer:** tipping bucket (scoop) || auget *m* (godet *m*) basculant || Kippbecher *m*; **-emmermechanisme:** bucket tipping device || chaîne *v* à godets *mm* basculants || Kippbecherwerk *o*; **-kar:** tilting cart, tip barrow, tip[ping] cart || tombereau *m*, camion *m* basculant || Kippkarren *m*; **-kar naar voren omslaande:** end kipping barrow || brouette *v* basculant en avant *m* || Vorderkipper *m*; **-[kussen]blok:** tip bearing || palier *m* du pivot *m* du mouvement *m* de bascule *v* || Kipplager *o*; **-lier:** tipping winch || treuil *m* de basculeur *m* || Kippwinde *v*; **-moment:** tilting moment || moment *m* de renversement *m* || Kippmoment *o*; **-pen:** to tip [up] (tilt, upset, dump) || culbuter, [faire] basculer, [se] renverser || [um]kippen; *zie ook* **kantelen; -per:** *zie* **kipstoel; -plaat:** (*rooster*)**:** dump plate || grille *v* basculante || Kipplatte *v*; **-platform:** tipping platform || plate-forme *v* de basculeur *m* || Kippbühne *v*; **-reel:** tilting rail || rail *m* (releveur *m*) de culbuteur *m* || Kippschiene *v*; **-rooster:** dump (drop, tipping) grate || grille *v* basculante (à bascule *v*, jette-feu) || Kipp-, Klapprost *m*; **-roosterbaar:** dumb grate rod || barreau *m* de grille *v* basculante || Kipproststab *m*; **-schoen** (*mijnb.*)**:** tipple shoe || sabot *m* de culbuteur *m* || Kippschuh *m*; **-stand:** tipping position || position *v* de déversement *m* || Kippstellung *v*; **-stellage:** tipping jetty || charpente *v* (chevalet *m*) de basculeur *m* || Kippgerüst *o*; **-stoel** (*mijnb.*)**:** tipper, whipper, dump || culbuteur *m*, basculeur *m*, verseur *m* || Kipper *m*, Kippstuhl *m*, Wipper *m*; **-takel:** fish tackle || traversière *v* || Fisch-, Pentertakel *o*, Pentertalje *v*; **-tap:** tipping spindle (trunnion) || tourillon *m* de wagonnet *m* basculant || Kippzapfen *m*; **-toestel:** tipping device || basculeur *m*, appareil *m* basculant, dispositif *m* de basculement *m* || Kippvorrichtung *v*; **-trog:** tipping hopper (trough) || auge *v* basculante || Kippmulde *v*; **-trogmengmachine:** tipping trough mixer || malaxeur *m* à auge *v* basculante || Kipptrogmischmaschine *v*; **-vloer** (*mijnb.*)**:** tippler floor || plancher *m* du culbuteur *m* || Wipperbühne *v*, -boden *m*; **-wagen:** tipping waggon, dumping cart || wagonnet *m* basculeur (à bascule *v*), tomberau *m* || Kippwagen *m*, -karre *v*; (*bakvormig*)**:** box tipping waggon || wagonnet *m* à caisse *v* basculante || Kastenkipper *m*; (*in alle richtingen kipbaar*)**:** allround (universal) tipping waggon || wagonnet *m* basculant dans toutes les directions *vm* || Rundkipper *m*; (*naar voren kipbaar*)**:** front tipper, end tip wagon || wagonnet *m* basculant longitudinalement, wagon *m* basculant en avant *m* || Stirn-, Vorderkipper *m*; (*op tappen werkend*)**:** trunnion tipping hopper || wagonnet *m* culbuteur à tourillons *mm* || Zapfenkipper *m*; (*zijdelings kipbaar*)**:** side tip wagon || wagonnet *m* basculant latéralement || Seitenkipper *m*; (*trogvormig*)**:** trough tip wagon || basculeur *m* à auge *v* || Muldenkipper *m*; (*met wieg*)**:** cradle tipping hopper || wagonnet *m* basculant par glissement *m* sur une courbe *v* || Wiegenkipper *m*; **-weerstand** (*v. e. kraan*)**:** stability || résistance *v* au renversement *m*, stabilité *v* || Kippsicherheit *v* (Stabilität *v*); **-wieg** (*kipwagen*)**:** cradle iron || courbe *v* de glissement *m* || Abrollwiege *v*.

kist: box, chest, [packing] case || caisse *v*, boîte *v* || Kiste *v*, Kasten *m*; **-dam:** [coffer]dam || barrage *m*, batardeau-caisson *m* || [Kasten]fangdamm *m*, Kist[en]damm *m*; **-gieting:** box casting || coulage *m* (coulée *v*) en châssis *m* || Kastenguß *m*; **-rib:** compression rib || nervure-caisson *v* || Kastenspant *m*.

kit: cement, lute, mastic, putty || lut *m*, mastic *m*, ciment *m* || Kitt *m*.

klaar (*helder*)**:** bright, clear, limpid || clair || klar; **-bak:** *zie* **bezinkingsbak; -bassin:** *zie* **klaarvijver; -inrichting:** clarifying plant || installation *v* de clarification *v* || Kläranlage *v*; **-trechter** (*wasserij*) (*mijnb.*)**:** settling cone, cone thickener || décanteur *m* [pour eau *v* de lavage *m*] || Spitzkasten *m*; **-pan:** clarifier, clearing pan || chaudière *v* à clarification *v* || Klärpfanne *v*; **-vijver:** settling pool (basin, sump) || bassin *m* de décantation *v* (de curage *m*) || Klärbecken *o*, -bassin *o*, -teich *m*, -sumpf *m*.

klamaai|en: to horse || patarasser || klameien; **-hamer:** horsing mallet || patarasse *v*, mailloche *v* || Klameihammer *m*; **-ijzer:** horsing iron || patarasse *v* || Klameieisen *o*.

klamp: 1. (*houtbew.*)**:** [end]clamp, stringpiece || emboîture *v*, listel *m* de traverse *v*, maise *v* || Hirnleiste *v*, Zange *v*;
2. (*scheepsterm*)**:** cleat || taquet *m* || Klampe *v*.

klank: sound || son *m* || Klang *m*, Laut *m*, Schall *m*; **-, heldere:** light sound || son *m* clair || heller Klang *m*; **-bord:** sound[ing] board || abat-son *m*, abat-voix *m* || Schalldach *o*, -decke *v*; **-demper:** silencer || silencieux *m*, sourdine *v* || Schalldämpfer *m*; **-figuren:** acoustic figures || figures *vm* acoustiques || Akustische Figuren *vm*; **-gat** (*v. e. toren*)**:** belfry (bell) arch || baie *v* de clocher *m* || Schalloch *o*; **-gewelf:** acoustic vault || voûte *v* acoustique || Klang-, Schallgewölbe *o*; **-golf:** sound wave || onde *v* sonore || Schallwelle *v*; **-hout:** sounding board wood || bois *m* de résonnance *v* || Klang-, Resonanzholz *o*; **-leer:** acoustics || acoustique *v* || Akustik *v*, Schallehre *v*; **-meter:** sonometer || sonomètre *m* || Schall-, Tonmesser *m*; **-steen:** clinkstone, phonolite || phonolite *m* || Klingstein *m*, Phonolith *m*; **-tin:** fine (sonorous) tin || étain *m* fin (sonnant) || Fein-, Klangzinn *o*.

klap|blind (*venster*)**:** louver frame || jalousie *v* à rabattement *m* || Klappladen *m*; **-boei:** nun buoy || bouée *v* biconique || Klappboje *v*; **-brug:** bascule bridge || pont *m* à bascule *v* || Klappbrücke *v*; **-deksel:** spring cover || couvercle *m* à rabattement *m* || Klappdeckel *m*; **-deur:** swing door || porte *v* à battants *mm* || Flügel-, Klapptür *v*; **-deur** (*ketel*)**:** flap door || porte *v* à rabattement *m* || Klapptür *v*; **-deur** (*dubbel*)**:** double swing door || porte *v* pivotante || Pendeltür *v*; **-kamera:** folding camera || folding *m* || Klappkamera *v*; **-loper** (*scheepst.*)**:** whip || cartahu *m*, palan *m* simple || Klappläufer *m*; **-peren:** to chatter (clack, rattle) || claque[te]r || klappern; (*borstels*)**:** to chatter; chattering || cliqueter; cliquetis *m* || klappern; Klappern *o*; (*drijfriem, enz.*)**:** to flap || flotter || schlagen; **-rooster:** tipping (dumping) grate || grille *v* basculante || Kipp-, Klapprost *m*; **-stoel:** folding chair; tip up (flap) seat (*in schouwburg, enz.*) || chaise *v* pliante || Klappstuhl *m*; **-tafel:** flap (folding) table || table *v* pliante || Klapp-, Aufschlagetisch *m*; **-venster:** hinged window || fenêtre *v* à rabattement *m* || Klappfenster *o*; **-zitting:** flap folding, bracketseat || strapontin *m*, siège *m* à rabattement *m* || Klappsitz *m*.

kla|ren: to clear, to clarify || clarifier || klären, läutern; **-ing:** clarifying, clearing || clarification *v* || Klärung *v*, Läuterung *v*.

klasse: class || classe *v* || Klasse *v*; Ordnung *v*; (*spw.*)**:** class || classe *v* || Klasse *v*; (*schip*)**:** rate || cote *v* || Klasse *v*.

klasseer|bak: classifier || classificateur *m* || Klassierer *m*; **-schaal:** bowl classifier || classificateur *m* à coupe *v* || Schüsselklassierer *m*; **-trechter:** pyramidal separator, cone classifier || caisse *v* en entonnoir *m* (pointue) || Spitzkasten *m*; **-zeef:** classifying screen || crible *m* classeur || Klassiersieb *o*.

klasseren (*korrels: droog, nat, door zeven*)**:** to classify (sort) || classer || klassieren; (*korrels: door zeven*)**:** to grade (size) || classer || sichten, klassieren.

klassifi|catie: classification || classification *v* || Klassifikation *v*; **-ceren:** to classify || classifier || klassifizieren.

klatergoud: dutch gold, packfong (brass) foil || feuille *v* d'argent *m* neuf || Rauschsilber *o*.

klauw: 1. (*algem.*)**:** claw, clutch || griffe *v* || Klaue *v*;
2. (*aanzetslinger*)**:** clutch for starting handle || griffe *v* de démarreur *m* || Ankurbelungsklaue *v*;
3. (*dreg*)**:** claw || patte *v* || Klaue *v*;
4. (*hamer*)**:** hammer claw || panne *v* [fendue, à pied *m* de biche *v*] || Hammerspalt *m*, -klaue *v*;
5. (*dommekracht*)**: -, bovenste:** head || tête *v* || Horn *o*, Kopfklaue *v*; **-, onderste:** foot || griffe *v* || Fuß *m*, Fußklaue *v*;
6. (*voor het uittrekken v. spijkers*)**:** spike drawer || pince *v* à pied *m* de biche *v* || Nagelklaue *v*;
7. (*anker*)**:** *zie* **ankerblad** *onder* **anker 5.**

klauw|envet: foot oil || graisse *v* (huile *v*) de pied *m* de boeuf *m* || Klauenfett *o*, -öl *o*; **-dommekracht:** hand jack with a double claw || cric *m* à double noix *v* || Klauenwinde *v*; **-haak:** claw hook || crochet *m* à griffes *vm* || Klauenhaken *m*; **-hamer:** claw hammer || marteau *m* à panne *v* fendue (à dents *vm*) || Hammer *m* mit gespaltener Finne *v*; **-koppeling:** claw clutch (coupling) || accouplement *m* à griffes *vm* || Klauenkupplung *v*;

-magneet: claw magnet || aimant *m* à griffes *vm* || Klauenmagnet *m*.
klauwplaat (*gereedsch.mach.*)**:** chuck || mandrin *m* de serrage *m* (à mors *m*) || [Auf]-spannfutter *o*; **-, zelfcentrerende:** self centering chuck || mandrin *m* autocentreur (à centrage *m* automatique, à mors *m* à serrage *m* concentrique) || selbstzentrierendes [Auf]spannfutter *o*.
klauwveld (*elektr.*)**:** claw field || champ *m* des griffes *vm* || Klauenfeld *o*; **-dynamo:** claw field generator || dynamo *v* à pôles *mm* dentés || Klauenfelddynamomaschine *v*.
klaver|blad (*ook bouwk.*)**:** trefoil || trèfle *m* || Kleeblatt *o*; **-bladkruising** (*weg*)**:** clover leaf (double-eight) intersection || croisement *m* [en forme *v* de feuille *v*] de trèfle *m* (en double huit *m*) || Kleeblatt-, Doppelachtkreuzung *v*; **-bladvorming:** trefoiled || trilobé || kleeblattförmig, -artig; **-boog:** trefoil arch || arc *m* tréflé (trilobé) || Kleeblattbogen *m*; **-kruis:** trefoiled cross || croix *v* tréflée || Kleeblattkreuz *o*.
klavier: 1. (*muziekinstr.*)**:** clavichord, piano || clavecin *m*, piano *m* || Klavier *o*; **-snaar:** piano wire || corde *v* de piano *m*, fil *m* de clavecin *m* || Klaviersaite *v*;
2. (*toetsenbord*)**:** keyboard || clavier *m* || Tastenwerk *o*; **-** (*telegr.*)**:** key sender || manipulateur *m* à touches *vm* || Sendeklavier *o*;
3. (*spinnerij*)**:** fly[er], heck || ailette *v*, épinglier *m*, tréchoir *m* || Flügel *m*, Babel *v*, Rechen *m*; **-haakje** (*weverij*)**:** tenter hook || havet *m* || Klavierhäkchen *o*.
kleding: 1. (*klederen*)**:** dress, clothing || habillement *m* || Kleidung *v*;
2. (*smarting*, *scheepst.*)**:** servings || fourrure *v* || Kleidung *v*.
kleed|kuil (*scheepst.*)**:** serving mallet || maillet *m* (mailloche *v*) à fourrer || Kleidkeule *v*; **-lokaal:** *zie* **was- en kleedlokaal.**
kleef|kracht: holding power || solidité *v* de l'attache *v* || Haftfestigkeit *v*; **-middel:** *zie* **plakmiddel; -stof:** *zie* **plakmiddel.**
klei: clay || argile *v*; glaise *v* || Ton *m*; **-, gebrande:** burnt clay || argile *v* calcinée || gebrannter Ton *m*; **-, goudhoudende:** gold clay || argile *v* aurifère || Goldletten *m*; **-, Limburgse:** *zie* **loess; -, magere:** sandy clay || argile *v* maigre || magerer Ton *m*; **-, vette:** rich clay || argile *v* grasse || fetter Ton *m*; **-, vuurvaste,** fire clay || argile *v* réfractaire || feuerfester Ton *m*; **-aarde:** argillaceous earth || terre *v* argileuse (glaise) || Tonerde *v*; **-achtig:** argillous, clayish || argileux || tonartig, tonig; **-bank:** clay bank || banc *m* d'argile *v* || Tonbank *v*; **-bodem:** *zie* **kleigrond; -buis:** earthenware pipe || tuyau *m* poterie *v* || Tonrohr *o*; **-dam:** clay dam || cuvelage *m* en argile *v* || Lehmeinfassung *v*; **-gieting** (*in kleivormen*)**:** loam casting || coulage *m* (coulée *v*) en argile *v* || Lehm[form]-guß *m*; **-gietsel:** loam casting || fonte *m* (pièce *v*) coulée en argile *v* || Lehmguß *m*; **-groeve:** clay pit || glaisière *v* || Tongrube *v*; **-grond:** clay[ey] soil, loamy ground || sol *m* glaiseux, terre *v* argileuse (limoneuse) || Ton-, toniger Boden *m*; **-houdend:** argillaceous, clayey || argileux || tonhaltig, tonerdereich; **-kern:** clay core || noyau *m* d'argile *v* || Tonkern *m*; **-koek:** clay cake || pain *m* de terre *v* || Tonkuchen *m*; **-laag:** clay layer || couche *v* d'argile *v* || Tonschicht *v*; **-lei:** clay slate || ardoise *v* argileuse || Tonschiefer *m*; **-mergel:** argillaceous (clayey) marl || marne *v* argileuse || Mergelton *m*, Tonmergel *m*; **-mes:** clay cutter, potter's knife || coupoir *m* à argile *v* || Tonschneider *m*; **-molen:** clay (trug) mill, clay cutter || moulin *m* à (préparer l') argile *v*, découpoir *m* (meule *v*) d'argile *v*, machine *v* à découper l'argile *v* || Tonmühle *v*, -schneider *m*; **-mortel:** mortar of clay || coulis *m* (torchis *m*) d'argile *v* || Tonbrei *m*, -mörtel *m*, -speise *v*; **-pers:** clay press || presse *v* à argile *v* || Tonpresse *v*; **-schalie:** shale, mudstone || argile *v* schisteuse, schiste *m* argileux || Schieferton *m*; **-snijmachine:** clay cutting machine || découpoir *m* à argile *v* mécanique || Tonschneidemaschine *v*; **-vorm:** clay mould || moule *m* d'argile *v* || Lehmform *v*; **-wals:** clay roll[ers] || rouleau *m* à argile *v* || Tonwalzwerk *o*.
klein: little, small || petit || klein; **-beeldcamera:** miniature (cine) camera || caméra *v* de petit format *m* || Kleinbildkamera *v*; **-handel:** retail trade || commerce *v* (vente *v*) en détail *m* || Kleinhandel *m*; **-handelaar:** retail dealer || commerçant *m* au détail (détaillant) || Kleinhändler *m*.
kle[i]n|zen: to strain || tamiser, filtrer || durchseihen, filtrieren; **-zing:** straining || filtration *v* || Durchseihung *v*, Filtration *v*; **-zer:** *zie* **klens.**
klem: 1. (*algem.*)**:** clamp, clip || pince *v* || Klemme *v*;
2. (*elektr.*)**:** terminal, wire clamp || borne *v* || Klemme *v*; **-, dubbele:** double terminal || borne *v* double || Doppelklemme *v*; **-, secundaire:** secondary terminal || borne *v* secondaire || Sekundärklemme *v*; **-, verende:** spring terminal || borne *v* à ressort *m* || Federklemme *v*.
klem|bek: grip (cramp, clamp) cheek || joue *v* (coin *m*, pince *v*) de serrage *m*,

joue *v* de la griffe *v* || Klemmbacke *v*, -backen *m*; **-beugel** (*elektr.*)**:** binding clip || étrier *m* de serrage *m* (pression *v*) || Klemmbügel *m*; **-bok:** lever head || clef *v* || Klemme *v*; **-bout:** clamping (set) screw || vis *v* d'arrêt *m* (de réglage *m*) || Klemm-, Stellschraube *v*; **-brug** (*elektr.*)**:** bridge clamp, crossover cleat || pont *m* de serrage *m* || Klemmbrücke *v*; **-bus** (*v. e. boor*)**:** drill socket || manchon *m* pour le faux bouton *m* (pour foret *m*) || Bohrfutter *o*; **-draadhouder:** *zie* **klem 2; -haak:** holdfast, iron bench stop, cramp || valet *m*, clef *v* de serrage *m*, mentonnet *m*, griffe *v* (valet *m*) d'établi *m*, étreignoir *m*, sergent *m*, serre-joint *m* || Klemm-, Bankhaken *m*, Bankeisen *o*, [Leim]zwinge *v*; **-inrichting:** gripping apparatus || dispositif *m* de serrage *m* || Einklemmvorrichtung *v*; **-isolator:** cleat insulator || taquet *m* isolant || Klemmisolator *m*; **-kegel:** cone clamp || cône *m* de serrage *m* || Klemmkegel *m*; **-koppelbus:** sleeve coupling || accouplement *m* à douille *v* || Hülsenkupplung *v*; **-koppelbus m. bouten:** split coupling || accouplement *m* à coquilles *vm* || Schalenkupplung *v*; **- m. ringen:** sleeve coupling || accouplement *m* à douille *v* || Hülsenkupplung *v*.

klemmen: 1. (*algem.*): to pinch || pincer || klemmen;
2. (*klep*): to bind, to jam, to be too tight || se coincer, se bloquer || sich klemmen;
3. (*pakkingbus*): to bind || se coincer, serrer de travers *m* || sich klemmen, ecken;
4. (*wiel*): to bind, to jamb || s'incliner || ecken;
5. (*rollen*): to jam || coincer || sich klemmen;
6. (*iets vastklemmen in*): to pinch (*in*) || serrer (*dans*) || einklemmen (*in*), einspannen (*in*);
7. (*rem*): to jam; jamming || gripper; grippage *m* || klemmen; Klemmen *o*;
8. (*deur, enz.*): to stick, to jam || forcer || sich klemmen;
9. (*as*): **-ming:** jamming, twisting || calage *m*, coincement *m*, inclinaison *v* || Klemmung *v*, Ecken *o*.

klemmen|beschermingskap: terminal cover || capot *m* protecteur pour bornes *vm* || Klemmenschutzkappe *v*; **-bevestiging:** fixing of terminals || fixation *v* des bornes *vm* || Klemmenbefestigung *v*; **-bord** (*elektr.*)**:** terminal board || tableau *m* à bornes *vm* || Klemmbrett *o*; **-bout:** terminal plot || boulon *m* des bornes *vm*, boulon *m* porte-bornes || Klemmenständer *m*; **-paar:** pair of terminals || paire *v* de bornes *vm* || Klemmenpaar *o*; **-plaatsing:** arrangement of terminals || disposition *v* des bornes *vm* || Klemmenanordnung *v*; **-scheen:** terminal bar || barre *v* à borne *v* || Klemmschiene *v*.

klem|moer: tightening nut || écrou *m* de calage *m* || Klemmutter *v*; **-pal:** friction pawl || cliquet *m* à friction *v* (à coin *m*), coin *m* d'encliquetage *m* || Klemmhacke *v*, -klinke *v*, -daumen *m*, Sperrdaumen *m*, Reibungsklinke *v*, Klemmkegel *m*; **-plaatje:** clamping washer || plaque *v* de serrage *m* || Klemmplatte *v*; **-ring:** clamping (locking, packing) ring || bague *v* de calage *m*, bague *v* fixatrice, bague-fixation *v* || Klemm-, Gegenring *m*; **-ringsegment:** clamping segment || segment *m* de frette *v* (de bague *v* de serrage *m*) || Klemmringsegment *o*; **-rol:** grip roller || galet *m* de serrage *m* || Klemmrolle *v*; **-schroef:** clamping (set) screw || vis *v* d'arrêt *m* (de serrage *m*) || Klemm-, Stellschraube *v*; **-schroef** (*elektr.*)**:** terminal screw || vis *v* de borne *v* (de connection *v*) || Klemmschraube *v*; **-schijfje:** terminal clamp || taquet *m* de serrage *m* || Klemmenrolle *v*; **-spanning** (*elektr.*)**:** terminal voltage || tension *v* de potentiel *m* aux bornes *vm* || Klemmenspannung *v*; **-stuk** (*reel*)**:** clip piece || pièce *v* de calage *m* || Klemmstück *o*; **-tang:** swage, forming pliers || pince *v* à emboutir || Drückzange *v*; **-toestel:** gripping device || dispositif *m* de serrage *m* || Klemmvorrichtung *v*; **-vastheid:** binding strength || résistance *v* au serrage *m* || Klemmfestigkeit *v*; **-verbindingsmof:** sleeve for clamping wires together || manchon *m* de raccordements *mm* à serrage *m* || Klemmverbindungsmuffe *v*; **-zuil** (*boren*) (*mijnb.*)**:** stretcher (ratchet) column || affût *m* [à colonne *v*] || Spannsäule *v*.

klens: strainer || filtre *m*, couloir *m*, tamis *m* || Durchschlag *m*, Seiher *m*, Sieb *o*.

klep: 1. (*deksel; opklapbaar orgaan*)**:** flap, clack || clapet *m*, volet *m*, trappe *v* || Klappe *v*; **-bak** (*vaartuig*)**:** *zie* **onderlosser; -je** (*telef.*)**:** drop || clapet *m*, volet *m* || Fallklappe *v*; **-penbord** (*telef.*)**:** indicator switch board || tableau *m* à volets *mm* || Klappenschrank *m*; **-vizier:** folding sight || visière *v* à charnière *v* (à clapet *m*) || Klappvisir *m*;
2.: *zie* **afsluiter; -kraan:** valve cock || robinet-valve *m* || Ventilhahn *m*;
3. (*mach., motor, pomp, enz.*)**:** valve || soupape *v* || Ventil *o*; (*scharnierklep*)**:** valve clack (flap) || clapet *m* || Ventilklappe *v*; **- afschroeven, een:** to unscrew a valve || dévisser une soupape *v* || ein Ventil *o* abschrauben; **- m. doorboorde zitting:** valve with perforated seat || soupape *v* à siège *m* perforé || Ventil *o*

mit Lochsitz *m*; - **m. drukbeugel:** valve with stirrup || soupape *v* à étrier *m* de pression *v* || Ventil *o* mit Druckbügel *m*; - **m. dubbele zitting:** double beat (seat) valve || soupape *v* à double siège *m* || Doppelsitzventil *o*, doppelsitziges Ventil *o*; - **m. gasafsluitschuif:** valve with slide for closing gas ports || soupape *v* avec tiroir *m* à arrêt *m* du gaz *m* || Ventil *o* mit Gasabschlußschieber *o*; - **m. gewichtsbelasting:** weighted (dead weight) valve || soupape *v* à charge *v* directe || Gewichtsventil *o*; - **m. naar beneden** (*boven*) **gerichte pootjes:** valve wings on bottom (*top*), valve guided below (*above*) || soupape *v* avec guide *m* à ailettes *vm* en bas *m* (*en haut m*) || Ventil *o* mit unterer (*oberer*) Rippenführung *v*; - **m. veerbelasting:** spring [loaded] valve || soupape *v* à ressort *m* || Federventil *o*; -, **bekervormige:** cup valve || soupape *v* en forme *v* de gobelet *m* || Becherventil *o*; -, **conische:** *zie* **klep, kegelvormige**; -, **gebalanceerde:** balanced valve || soupape *v* équilibrée || ausbalanziertes Ventil *o*; -, **gecommandeerde:** valve actuated by valve gear, mechanically operated valve || soupape *v* commandée || gesteuertes Ventil *o*; -, **hangende:** drop valve || soupape *v* renversée || hängendes Ventil *o*; -, **kegelvormige:** conical valve || soupape *v* à siège *m* conique (à cône *m*) || Kegelventil *o*; -, **klokvormige:** cup (bell shaped) valve || soupape *v* à cloche *v* (à couronne *v*), clapet *m* à couronne *v* || Glocken-, Kronenventil *o*; -, **lichtende:** lift valve || soupape *v* à course *v* rectiligne || Hubventil *o*; -, **ontlaste:** balanced valve || soupape *v* équilibrée || entlastetes Ventil *o*; **-afkoeling:** valve cooling || refroidissement *m* de la soupape *v* || Ventilkühlung *v*; **-afsluiter:** [globe] valve || soupape *v*, valve *v* || Ventil *o*; **-belasting:** valve load || charge *v* de soupape *v* || Ventilbelastung *v*; **-beugel:** valve bridge (stirrup) || bride *v* (étrier *m*) de soupape *v* || Ventilbügel *m*; **-beweging:** valve shaft guide, valve lift || guide *m* du manche *v* de soupape *v*, course *v* de soupape *v* || Führung *v* für die Ventilschäfte *mm*, Ventilbahn *v*; **-boor:** self emptying borer || sonde *v* à clapet *m* || Ventilbohrer *m*; **-buis:** valve tube || tube *m* à soupape *v* || Ventilrohr *o*; **-deksel:** valve cover || couvercle *m* de soupape *v* || Ventildeckel *m*; **-geleider:** valve guide || guide *m* de soupape *v* || Ventilführung *v*; **-geleiderhouder:** valve guide retainer || retient-guide *m* de soupape *v* || Ventilführungshalter *m*; **-geleiding** (*kogelklep*)**:** guard || chape *v* d'arrêt *m* || Fangbügel *m*; **-geleidingsband:** valve guide strap || lame *v* guide-soupape || Ventilführungsband *o*; **-geleidingsrib:** valve guide vane || nervure *v* guide-soupape || Ventilführungsrippe *v*; **-gewicht:** valve weight || poids *m* de la soupape *v* || Ventilgewicht *o*; **-hefboom:** valve lever || levier *m* de la soupape *v* || Ventilheber *m*; **-kast:** valve box (chamber, casing) || chapelle *v* (corps *m*, boîte *v*, lanterne *v*) de soupape *v*, boîte *v* à tiroir *m* || Ventilgehäuse *o*, -kammer *v*, -kasten *m*; **-kast** (*m. lederen klep*)**:** flap valve faced with leather || soupape *v* à clapet *m* en cuir *m* || Lederklappenventil *o*; **-kast** (*m. losse zitting*)**:** valve with renewable valve seat || soupape *v* à siège *m* remplaçable || Ventil *o* mit auswechselbarem Ventilsitz *m*; **-kast** (*m. rubberklep*)**:** rubber disk valve || soupape *v* à clapet *m* en caoutchouc *m* || Gummiklappenventil *o*; **-kast** (*m. metalen schijfje*)**:** metal disk valve || soupape *v* à plateau *m* métallique || Metallplattenventil *o*; **-kastdeksel:** valve cover; bonnet (*Am.*) || couvercle *m* de soupape *v* || Ventil[gehäuse]deckel *m*; **-kegel:** valve cone || cône *m* de soupape *v* || Ventilkegel *m*; **-kogel:** ball of valve || boulet *m* de la soupape *v* || Ventilkugel *v*; **-kop** (*luchtpomp*)**:** valve head || chapelle *v* || Ventilkopf *m*; **-kraan:** valve tap || robinet *m* de soupape *v* || Ventilhahn *m*; **-lichaam:** valve disk || corps *m* de soupape *v* || Ventilkörper *m*; **-lichter:** valve lift plunger || poussoir *m* de soupape *v* || Stößel *m*; **-lichting:** lifting of the valve || levée *v* de la soupape *v* || Ventilerhebung *v*; **-lichtingsdiagram:** valve lift diagram || diagramme *m* de la levée *v* de la soupape *v* || Ventilhebungsdiagramm *o*, -hubkurve *v*; **-mechanisme** (*v. e. motor*)**:** distributing valve motion, valve gear || mécanisme *m* de distribution *v* par valves *vm*, distribution *v* à soupape *v* || Ventilsteuerung *v*; **-naald:** valve needle || pointeau *m* de soupape *v* || Ventilnadel *v*; **-oliekan:** valve oil can, oil can pump || burette *v* à soupape *v* || Ventilölkanne *v*; **-opening:** opening of the valve || ouverture *v* de la soupape *v* || Ventilöffnung *v*; **-opstelling:** arrangement of valves || disposition *v* des soupapes *vm* || Ventilanordnung *v*; **-pen aan een zijde v. e. motor:** valves located on one side || soupapes *vm* d'un côté *m* || Ventile *om* zu einer Seite *v*; **-pen i. d. kop v. e. motor:** valves in head || soupapes *vm* à culbuteurs *mm* || hängende Ventilanordnung *v*; **-penstoommachine:** steam engine with valve gear || machine *v* à vapeur *v* à distribution *v* par soupapes *vm* || Ventildampfmaschine *v*, Dampf-

maschine *v* mit Ventilsteuerung *v*; **-penstoomregeling:** valve regulation || distribution *v* par soupape *v* || Ventilsteuerung *v*; **-pomp:** flap valve pump || pompe *v* à air *m* à clapets *mm* || Klappenpumpe *v*; **-regeling:** distribution valve motion || distribution *v* à soupape *v* || Ventilsteuerung *v*; **-ring:** valve ring || anneau *m* (bague *v*) de soupape *v* || Ventilring *m*; **-schijf:** valve disk || plateau *m* de soupape *v* || Ventilteller *m*; **-sluitdiagram:** valve closing diagram || diagramme *m* de la fermeture *v* de soupape *v* || Ventilfalldiagram *o*; **-sluiting:** closing of the valve || fermeture *v* de la soupape *v* || Ventilschluß *m*; **-sluitring:** valve packing ring || rondelle *v* de joint *m* de la soupape *v* || Ventildichtungsscheibe *v*; **-speelruimte:** valve play || jeu *m* de la soupape *v* || Ventilspiel *o*; **-speling:** valve clearance || tolérance *v* de soupape *v* || Ventilspiel *o*; **-spelingsmeter:** valve setting gauge || mesureur *m* du jeu *m* des soupapes *vm* || Ventilspielmesser *m*; **-stand:** valve position || position *v* de la soupape *v* || Ventilstellung *v*; **-stang:** valve spindle (shaft, stem) || tige *v* (manche *v*) de soupape *v* || Ventilspindel *v*, -schaft *m*; **-steel:** valve spindle || tige *v* de soupape *v* || Ventilspindel *v*; **-steelgeleiding:** valve spindle guide || guidage *m* de la soupape *v* par sa tige *v* || Ventilstangenführung *v*; **-stoter:** *zie* **kleplichter; -stop:** valve plug || bouchon *m* de soupape *v* || Ventilgehäuseverschluß *m*; **-trekstang:** valve rod || tige *v* de traction *v* de la soupape *v* || Ventilzugstange *v*; **-veer:** valve spring || ressort *m* de soupape *v* || Ventilfeder *v*; **-veerschotel:** spring cap || cuvette *v* de ressort *m* || Federteller *m*; **-versnelling:** valve acceleration || accélération *v* de la soupape *v* || Ventilbeschleunigung *v*; **-weerstand:** valve resistance || résistance *v* de la soupape *v* || Ventilwiderstand *m*; **-zitting:** flap seating; valve seat || siège *m* de clapet *m*; siège *m* de soupape *v* || Klappen-, Ventilsitz *m*; **-zuiger:** bucket || piston *m* à clapets *mm* || Klappenkolben *m*;
4. (*blaasinstrument*): key || clé *v*, clef *v* || Klappe *v*; **-hoorn:** key bugle || clairon *m* à clef *v* || Klappenhorn *o*.

klepel: clapper, tongue || battant *m* (marteau *m*) de cloche *v* || Glockenschwengel *m*, Klöppel *m*; **-bal:** clapper ball || balle *v* du battant *m* || Klöppelball *m*; **-riem:** thong of a bell clapper || brayer *m* d'un battant *m* de cloche *v* || Klöppelriemen *m*; **-ring:** ring of the bell clapper || bélière *v* [d'une cloche *v*] || Glocken-, Klöppelring *m*.

klesoor: one quarter, quarter brick || un quartier *m*, quart *m* de pierre *v* || Einquartier *o*, Viertel-, Quartierstück *o*.

kleur: colour; color (*Am.*) || couleur *v* || Farbe *v*; **-, complementaire:** complementary colour || couleur *v* complémentaire || Komplementärfarbe *v*; **-, echte:** fast (lasting, permanent) colour || couleur *v* solide (stable) || echte (beständige) Farbe *v*; **-, gevoelig voor:** colour sensitive || sensible à radiation *v* colorée || farbenempfindlich; **-, levendige:** brilliant colour || couleur *v* vive || lebhafte Farbe *v*; **-, secundaire:** secondary (compound) colour || couleur *v* secondaire (composée) || zusammengesetzte Farbe *v*; **-aangever** (*jacquardmachine*): colour indicator || pantin *m* || Farbenangeber *m*; **-bad** (*fotogr.*): toning bath || bain *m* de virage *m* || Tonbad *o*; **-echt:** keeping colour, fast || ne déteignant pas || farbecht, waschecht; **-en:** *zie na* **kleurvloeistof; -filter:** *zie* **kleurzeef; -fixeerbad** (*fotogr.*): toning and fixing bath || [bain *m* de] viro-fixage *m* || Tonfixierbad *o*; **-ing:** colouring, coloration || coloration *v* || Färbung *v*; **-krijt:** coloured chalk || pastel *m* || farbige Kreide *v*; **-loos:** colourless || sans couleur *v*, incolore || farblos; **-loosheid:** colourlessness || incoloration *v* || Farblosigkeit *v*; **-middel:** colorant || colorant *m*, matière *v* colorante || Farbmittel *o*; **-potlood:** coloured pencil || crayon *m* de couleur *v* || Farb[en]stift *m*; **-schakering:** [colour] shade || nuance *v*, teinte *v* || Farbenstufe *v*, -ton *m*, -schattierung *v*; **-schifting:** *zie* **dispersie 1; -sel:** colour[ing] || matière *v* colorante, colorant *m* || Färbemittel *o*, Farbe *v*; **-stof:** dye[stuff], colouring matter (substance) || matière *v* colorante || Farbstoff *m*; **-temperatuur:** colour temperature || température *v* de couleur *v* || Farbtemperatur *v*; **-vloeistof:** colouring liquid || liquide *m* colorant || Farbflüssigkeit *v*; **-vorm:** skeleton form || contre-forme *v* || Paßform *v*; **-zeef:** colour[ed] filter, screen || filtre *m* coloré, écran *m* || Farbenfilter *o*, *m*.

kleuren: 1. (*ww.*): to colour; to color (*Am.*) || colorer || färben;
2. (*z. nw.*): colours; colors (*Am.*) || couleurs *vm* || Farben *vm*; **-beeld:** [coloured] spectrum || spectre *m* solaire || Farbenbild *o*; **-blindheid:** colour blindness, daltonism || achromatopsie *v*, daltonisme *m* || Farbenblindheit *v*; **-cliché:** *zie* **cliché voor meer kleuren; -druk:** colour printing || impression *v* en couleurs *vm* || Farbendruck *m*; **-film:** colour film; color film (*Am.*) || film *m* en couleurs *vm* || Farbfilm *m*; **-fotografie:** colour photography, chromophotography

|| photographie *v* en couleurs *vm*, photochromie *v* || Farbenphotographie *v*; **-glans:** brightness of colours || éclat *m* des couleurs *vm* || Farbenglanz *m*; **-leer:** chromatics || chromatique *v* || Farbenlehre *v*; **-meter:** colorimeter || colorimètre *m* || Farbenmesser *m*, Kolorimeter *o*, *m*; **-schakelaar:** colour switch || commutateur *m* à couleurs *vm* (polychrome) || Farbenumschalter *m*; **-schijf:** colour disk || disque *m* en couleur *v* || Farbenscheibe *v*; **-spektrum:** coloured spectrum || spectre *m* coloré || Farbenspektrum *o*; **-steendruk:** chromolithography || chromolithographie *v* || Farbensteindruck *m*.

kle|ven: to adhere, to stick || **adhérer,** [se] coller, être collé || kleben; haften; **-verig:** sticky, adhesive || gluant, poisseux, collant, adhérent, visqueux || klebrig; **-verigheid:** stickiness || nature *v* gluante, viscosité *v* || Klebrigkeit *v*.

klief|beitel: *zie* **kloofbeitel; -hamer:** cleaving hammer || fendoir *m* || Spalthammer *m*.

klieven: to cleave, to split || fendre || spalten.

klim|klamp (*tegen boord*)**:** foot piece (step) || taquet *m* d'échelle *v* || Treppklampe *v*; **-lijn:** centre line of stairs || ligne *v* de marche *v* || Ganglinie *v*; **-men** (*v. e. riem*)**:** to creep, to climb || monter || klettern; **-ijzer:** climbing iron, grappler, climber || grappin *m* || Kletter-, Steigeisen *o*.

kling: 1. (*sabel*)**:** blade || lame *v* || Klinge *v*; **2.** (*weverij*)**:** ledger blade || lame *v* tondeuse || Klinge *v*.

klink: 1. (*pal, enz.*)**:** click, pawl || cliquet *m*, crochet *m* d'arrêt *m*, chien *m*, doigt *m* d'encliquetage *m* || [Sperr]-, Schalt-, Zahnklinke *v*, Knick *m*; **-koppeling:** pawl coupling || accouplement *m* à cliquet *m* || Klinkenkupplung *v*; **-ram:** pile driver with clinches || sonnette *v* artificielle || Klinkenramme *v*; **-ring:** clinch ring || virole *v* || Klinkring *m*; **-sluiting:** latching, fastening || verrouillage *m* || Verblockung *v*, Verriegelung *v*; **-werk:** trigger, trip gear || déclic *m* || Klinkwerk *o*;

2. (*telegr.*)**:** jack || jack *m* || Klinke *v*;

3. (*deur*)**:** latch || loquet[eau] *m*, fermeture *v* || [Fall]klinke *v*, Verschluß *m*; **-slot:** latch lock || serrure *v* à loquet *m* || Klinkenschloß *o*;

4. (*afleidingen v.* [*vast*]*klinken*)**: -bank** (*uurwerkm.*)**:** riveting stock || banc *m* à river || Nietbank *v*, -platte *v*, -stöckchen *o*; **-bout:** riveted bolt || boulon *m* rivé || Nietbolzen *m*; **-boutijzer:** rivet iron || fer *m* à rivets *vm* || Nieteisen *o*; **-en:** *zie na* **klinkijzer; -hamer:** riveting hammer || marteau *m* à river, rivoir *m*, matoir *m* || Niethammer *m*; **-hamermachine:** hammer riveting machine || riveuse *v* à martelage *m* || Hammernietmaschine *v*; **-hei:** pile driver with pincers || sonnette *m* à déclic *m* || Haspelramme *v*; **-ing:** *zie onder* **klinken 2; -kop:** *zie* **klinknagelkop** (*sluitkop*); **-machine:** riveting machine, riveter || riv[et]euse *v*, machine *v* à river || Nietmaschine *v*, Nieter *m*; **-machine, pneumatische:** pneumatic riveting machine || riveuse *v* pneumatique (à air *m* comprimé) || Druckluft-, Preßluftnietmaschine *v*, pneumatische Nietmaschine *v*; **-naad:** riveted joint || rivure *v* || [Ver]nietung *v*, Nietverbindung *v*; **-naad losmaken, een:** to break a rivet joint || défaire une rivure *v* || eine Nietverbindung *v* lösen; **-naad, driedubbele:** triple riveted seam || rivure *v* triple || dreifache Nietnaht *v*; **-naad, dubbele overspringende:** double shear lap riveting || rivure *v* bicisaillée à recouvrement *m* || zweischnittige Überlappungsnietung *v*; **-naad, dubbelrijige:** single shear double rivet joint || rivure *v* monocisaillée à deux rangs *mm* || einschnittige zweireihige Nietung *v*; **-naad, enkele:** single rivet joint || rivure *v* à un rang *m* || einreihige Nietung *v*; **-naad, gapende:** spring seam || rivure *v* béante || klaffende Nietnaht *v*; **-naad, (on)beschermde:** (*un*)protected seam || rivure *v* abritée (*non-protégée*) || (*un*)geschützte Nietnaht *v*; **-naadsterkte:** strength of a rivet seam || résistance *v* de la rivure *v* || Nietnahtfestigkeit *v*; **-nagel:** *zie na* **klinken 2; -plaatje:** riveting disk, rivet plate || rosette *v*, rondelle *v* de rivure *v* || Nietblech *o*; **-schroef:** screw dolly || turc *m* à vis *v* || Nietwinde *v*; **-verband:** *zie* **klinknagelverband; -werk:** riveting || rivetage *m* || Nieten *o*, [Ver]nietung *v*; Nietarbeit *v*; **-werktuig:** riveting tool || outil *m* à riveter || Nietwerkzeug *o*; **-ijzer:** riveting punch || poinçon *m* à river || Nietmeißel *m*.

klin|ken: 1. (*geluid*)**:** to sound || sonner || klingen;

2. (*vastklinken*)**:** to rivet; riveting || rive[te]r; rivure *v* || [ver]nieten; [Ver]nietung *v*; **- uit de hand:** to rivet by hand; handriveting || rive[te]r à la main *v*; rivure *v* à la main *v* || nieten mit der Hand *v*; Handnietung *v*; **-, heet** (*koud*)**:** to rivet hot (*cold*); hot (*cold*) riveting || riveter (rivetage *m*) à chaud (*froid*) || warm (*kalt*) nieten; Warmnietung *v* (*Kaltnietung v*); **-, hydraulisch:** to rivet hydraulically; hydraulic riveting || river hydrauliquement; rivetage *m* hydraulique || hydraulisch nieten; hydraulische Nietung *v*, Druckwassernietung *v*;

-, machinaal: to rivet mechanically; machine-riveting || rive[te]r mécaniquement; rivure *v* mécanique || maschinell nieten; Maschinennietung *v*; **-, pneumatisch:** to rivet pneumatically; pneumatic riveting || riveter à air *m* comprimé; rivetage *m* pneumatique (à air *m* comprimé) || pneumatisch (mit Druckluft *v*, mit Preßluft *v*) nieten; pneumatische Nietung *v*, Druckluft-, Preßluftnietung *v*; **-king:** *zie* **klinkwerk.**

klinknagel: rivet || rivet *m* || Nietnagel *m*, Niet *o*, Niete *v*; **- in lasverbinding:** butt joint rivet || rivet *m* de couvre-joint *m* || Stoßniet *o*; **- inlaten, een:** to [counter]sink a rivet || fraiser un rivet *m* || ein Niet *o* einlassen (versenken); **- m. draad, koperen:** screwed-in copper rivet || rivet *m* de cuivre *m* fileté || Kupferniete *v* mit Gewinde *o*; **- m. gehamerde puntkop:** hand made rivet || rivet *m* à tête *v* martelé || Niet *o* mit gehämmertem Kopfe *m*; **- m. gesnapte kop:** snap head rivet, rivet with cup (snap) head || rivet *m* à bouterolle *v* (à tête *v* bombée, à tête *v* bouterollée) || Niete *v* mit geschelltem Kopfe *m*; **- m. halfverzonken en ronde kop:** cup head rivet || rivet *m* à tête *v* saillante || Niet *o* mit erhabenem Kopfe *m*; **- m. halfverzonken kop:** rivet with half countersunk head, flat head rivet || rivet *m* à tête *v* saillante (à tête *v* mi-fraisée, à goutte *v* de suif *m*) || halbversenktes Niet *o*, Niet *o* mit halbversenktem Kopfe *m* (mit flachem Kopfe *m*); **- m. kop i. d. vorm v. e. afgeknotte kegel:** pan head rivet || rivet *m* à tête *v* tronconique || Niet *o* mit eckigem Kopfe *m*; **- m. puntkop:** pointed (conical) head rivet || rivet *m* à tête *v* conique (à tête *v* en pointe *v* de diamant *m*) || Niet *o* mit spitzem Kopfe *m*; **- m. riffelkop:** *zie* **klinknagel m. gehamerde puntkop; - m. ronde kop:** round head rivet, rivet with ellipsoidal head || rivet *m* à tête *v* ronde (bombée) || Niet *o* mit rundem Kopfe *m*; **- m. verzonken kop:** flush rivet, rivet with countersunk head || rivet *m* à tête *v* fraisée (noyée), rivet *m* noyé || Niet *o* mit versenktem Kopfe *m*, Versenkniet *o*, versenktes Niet *o*; **- tegen afschuiving:** rivet in shear || rivet *m* de (travaillant au) cisaillement *m* || Scherniet *o*; **- tegenhouden, een:** to hold up a rivet || maintenir un rivet *m* || ein Niet *o* gegenhalten; **- tegen trek:** rivet in tension || rivet *m* de traction *v* (travaillant à l'arrachement *m*) || Zugniet *o*; **-, dubbelsnedig belaste** (*twee naden*)**:** rivet in double shear || rivet *m* à deux sections *vm* de cisaillement *m*, rivet *m* travaillant au double cisaillement *m* || zweischnittiges Niet *o*; **-, enkelsnedig belaste:** single shear rivet || rivet *m* à une section *v* de cisaillement *m*, rivet *m* travaillant au simple cisaillement *m* || einschnittiges Niet *o*; **- voor tijdelijke verbinding:** *zie* **hechtnagel** *onder* **hecht 2; -, buisvormige:** tubular rivet || rivet *m* tubulaire || Rohrniet *o*; **-, halfverzonken:** rivet with half countersunk head || rivet *m* à tête *v* saillante || halbversenkte Niete *v*; **-, koperen:** copper rivet || rivet *m* de cuivre *m* || Kupferniete *v*; **-, verzonken:** flush rivet || rivet *m* noyé (à tête *v* noyée) || Versenkniete *v*, versenkte Niete *v*; **-, volle:** plain rivet || rivet *m* plein || Vollniet *o*; **-, voorlopige:** *zie* **hechtnagel** *onder* **hecht 2; -aanhouder** (*stationaire klinkmach.*)**:** head cup, stationary rivet die || tas *m*, contre-bouterolle *v* || Anpreßstempel *m*, Gegenhalter *m* der Nietmaschine *v*; **-aanzetvijzel:** riveting jack, screw dolly || truc *m* à vis *v*, vérin *m* à riveter || Nietwinde *v*; **-belasting:** strain (stress) on rivet || fatigue *v* (travail *m*) du rivet *m*, effort *m* excercé sur le rivet *m* || Nietbeanspruchung *v*, Nietbelastung *v*; **-gat:** rivet hole || trou *m* de rivet *m* || Nietloch *o*; **-gaten boren:** to drill (to ream, to rime) rivet holes || forer (percer) les trous *mm* de rivets *mm* || Nietlöcher *om* bohren; **-gaten opruimen:** to broach (to ream) rivet holes || aléser les trous *mm* de rivets *mm* || Nietlöcher *om* aufreiben; **-gaten ponsen:** to punch rivet holes || poinçonner les trous *mm* de rivets *mm* || Nietlöcher *om* stanzen; **-gatwand:** face of rivet hole || paroi *v* du trou *m* de rivet *m* || Lochleibung *v*, -wandung *v*; **-grijper:** riveting handle || main *v* à [poser les] rivets *mm* || Nietgriff *m*; **-kop afronden:** to form the tail || façonner la seconde tête *v* (la tête *v* fermante) || den Schließkopf *m* bilden; **-kop:** rivet head || tête *v* de rivet *m* || Nietkopf *m*; **-kop** (*sluitkop*)**:** closing head, rivet point || fausse tête *v* || Schließkopf *m*; **-kop** (*zetkop*)**:** die (swage) head || tête *v* de fabrication *v* (de pose *v*), première tête *v* || Setzkopf *m*; **-kop, verheven:** cup head || tête *v* saillante || erhabener Nietkopf *m*; **-kop, verzonken:** countersunk head || tête *v* noyée (fraisée) || versenkter Nietkopf *m*; **-middellijn:** diameter (thickness) of rivet || diamètre *m* (épaisseur *v*) de rivet *m* || Nietdurchmesser *m*, -stärke *v*; **-nummer:** number (size) of rivet || numéro *m* de rivet *m* || Nietnummer *v*; **-pers:** riveting press || presse *v* à rivet *m* || Nietpresse *v*; **-rij:** row of rivets || file *v* (rang *m*, ligne *v*) de rivets *mm* || Nietreihe *v*, -naht *v*; **-rij, dubbele:** double (row of) rivet[s] || rivure *v* double || doppelreihige (zweireihige) Nietung *v*; **-rijen, zigzaglopende:** staggered rows of rivets || rangs *mm* de rivets *mm* en quinconce *m* || versetzte Nietreihen *vm*; **-s stuiken:** to clench rivets || aplatir (écraser) les rivets *mm* || Niete *om* stauchen; **-s uitboren:** to drill out rivets || enlever les rivets *mm* par forage *m* || Nieten *om* ausbohren; **-s uitdrijven:** to punch (to drive) out the rivets || dériveter || entnieten, Nieten *vm* herausschlagen; **-schroef:** screw dolly || turc *m* à vis *v* || Nietwinde *v*; **-smidse:** rivet furnace || four *m* à rivets *mm* || Nietenglühofen *m*; **-staak-:** bordering tool, hatchet stake || bordoir *m* || Bördeleisen *o*; **-staal:** rivet steel || acier *m* à rivets *mm* || Nietstahl *m*; **-steek:** pitch of rivets || écartement *m* (pas *m*) des rivets *mm* || Nietteilung *v*; **-steel:** shaft of rivet, shank [of a rivet] || tige *v* (corps *m*) de rivet *m* || Nietschaft *m*; **-stuikdruk** (*op gatwand*): pressure on face of rivet hole || pression *v* sur la paroi *v* du trou *m* de rivet *m*, travail *m* d'écrasement *m* du corps *m* de rivet *m* || Lochleibungsdruck *m*; **-tang:** riveting clamp (tongs) || pince *v* à rivets *mm* || Nietkluppe *v*, -zange *v*; **-tegenhouder:** holding up tool, riveting knob || contre-bouterolle *v* || Vorhalter *m*; **-verband:** *zie na* **klinknagelvuur**; **-verdeling:** *zie* **klinknagelsteek**; **-verlies:** rivet loss || perte *v* de section *v* par les trous *mm* des rivets *mm* || Nietverlust *m*; **-vuur:** riveting forge (hearth) || feu *m* à chauffer les rivets *mm* || Nietfeuer *o*.

klinknagelverband: riveted joint [assemblage *m* à] rivure *m*, assemblage *m* riveté (à rivets *mm*) || Nietverbindung *v*; **- in dwarsrichting:** transverse riveting || rivure *v* transversale, rivetage *m* transversal (circulaire) || Quernietung *v*; **- in lengterichting:** longitudinal riveting || rivure *v* longitudinale || Längsnietung *v*; **- m. één rij klinknagels:** single row riveting, single rivet[ed] joint || rivure *v* à un rang *m*, rivure *v* simple || einreihige Nietung *v*; **- m. drie rijen klinknagels:** treble (triple) row riveting || rivure *v* à trois rangs *mm*, rivure *v* triple || dreireihige Nietung *v*; **- m. meer dan drie rijen klinknagels:** multiple row riveting, multiple [riveting] joint || rivure *v* à plusiers rangs *mm*, rivure *v* multiple || mehrreihige Nietung *v*; **- m. twee rijen klinknagels:** double row riveting, double rivet[ed] joint || rivure *v* à deux rangs *mm*, rivure *v* double (parallèle) || zweireihige (doppelreihige) Nietung *v*; **- v. drie platen m. twee naden:** double shear rivet joint || rivure *v* à deux coupes *vm*, rivure *v* bicisaillée || zweischnittige Nietung *v*; **- v. meer dan drie platen:** multiple shear riveting || rivure *v* à plusieurs coupes *vm*, rivure *v* polycisaillée || mehrschnittige Nietung *v*; **- v. twee platen m. een naad:** single shear rivet joint || rivure *v* à une coupe *v*, rivure *v* monocisaillée || einschnittige Nietung *v*; **- v. vier platen, dubbel:** triple shear double rivet joint || rivure *v* tricisaillée à deux rangs *mm* || dreischnittige zweireihige Nietung *v*; **- voor dichtheid:** close (tight) riveting, riveting of low efficiency || rivure *v* étanche || dichte Nietung *v*, Dichtungs-, Gefäßnietung *v*; **- voor sterkte:** open (strong) riveting, riveting of efficiency || rivure *v* solide || feste Nietung *v*, Kraft-, Festigkeitsnietung *v*; **-, parallel:** *zie* **parallel-klinkwerk**; **-, veelrijig:** multiple rivet joint || rivure *v* multiple (à plusieurs rangs *mm*) || mehrreihige Nietung *v*; **-, zigzag:** *zie* **zigzag-klinkwerk.**

klinker (*steen*): clinker, dutch (flemish) brick || brique *v* à four *m*, brique *v* hollandaise, chantignolle *v* || Klinker *m*, Klinkziegel *m*; **-bestrating:** brick pavement || pavé *m* en briques *vm* || Klinkerpflaster *o*; **-beton:** clinker concrete || béton *m* de briquaillons *mm* || Klinkerbeton *m*; **-weg:** brick road || route *v* pavée en briques *vm* || Klinkerstraße *v*.

klinket: wicket || guichet *m* || Klinket *o*.

klinometer: *zie* **hellingmeter.**

klip: rock || écueil *m*, roche *v*, roc[her] *m* || Klippe *v*; **-grond:** rocky bottom || fond *m* de roches *vm* || felsiger Grund *m*; **-persteven:** clipper stem || étrave *v* élancée || Klippersteven *m*; **-zout:** *zie* **haliet.**

klisklesoor: two quarters || demi-brique *v*, deux quartiers *mm* || Zweiquartier *o*.

klitwals: burring willow || échardonneuse *v* || Klettenwolf *m*.

klok: **1.** (*uurwerk*): clock || horloge *v*, pendule *v* || Uhr *v*; **-, elektrisch geregelde:** electrically controlled clock || horloge *v* remise à l'heure *v* électriquement || elektrisch geregelte Uhr *v*; **-, elektrische:** electric[ally controlled] clock || horloge *v* électrique || elektrische Uhr *v*; **-, synchrone elektrische:** synchronous electric clock || horloge *v* électrique synchrone || Synchronuhr *v*; **-kast:** clock case || case *v* d'horloge *v* || Uhrkasten *m*, -gehäuse *o*; **-schakelaar:** time switch || interrupteur *m* horaire || Zeitschalter *m*; **-werk:** clockwork || mouvement *m* d'horlogerie *v* || Uhrwerk *o*;
2. (*torenklok*): bell || cloche *v* || Glocke *v*;

-**kebalk:** arbor beam || hune *v* mouton *m* || Glockenbaum *m*, -balken *m*, -holm *m*, -joch *o*; **-kegalg:** belfr[e]y || montant *m* de cloche *v* || Glockengalgen *m*; **-kengieterij:** bell foundry || fonderie *v* de cloches *vm* || Glockengießerei *v*; **-kenhamer:** clock hammer || marteau *m* de cloche *v* || Glockenhammer *m*; **-kenmaat:** bell measure || échelle *v* campanaire || Glockenmaß *o*; **-kenmetaal:** bell metal || bronze *m* (métal *m*) de cloches *vm* || Glockenbronze *v*, -gut *o*, -metall *o*, -speise *v*; **-kenspel:** chimes || carillon *m* || Glockenspiel *o*; **-kenspijs:** *zie* **klokkenmetaal; -kestoel:** belfr[e]y, bell framing || beffroi *m*, clocheton *m* || Glockengestell *o*, -stuhl *m*; **-ketoren:** belfry, bell tower || clocher *m*, campanile *m* || Glockenturm *m*; **-ketorentje:** bell turret || tourelle *v* de cloche *v* || Glockentürmchen *o*; **-ketouw:** bell rope || corde *v* de cloche *v* || Glockenseil *o*, -strang *m*, -tau *o*; **-signaal:** bell signal || signal *m* par cloche *v* || Glockensignal *o*; **-slag:** bell stroke || coup *m* de cloche *v* || Glockenschlag *m*; **-vormig:** bell mouthed (shaped) || en forme *v* de cloche *v*, campanulé || glockenförmig; **-zwengel:** bell swipe (crank) || levier *m* d'une cloche *v* || Glockenschwengel *m*;

3. (*stulp*): bell, globe || cloche *v*, globe *m* || Glocke *v*; **-, glazen:** glass bell || cloche *v* (globe *m*) en verre *m* || Glasglocke *v*; **-anker:** bell armature || induit *m* campanulé (en cloche *v*) || Glockenanker *m*; **-dynamo:** umbrella dynamo || dynamo *v* en cloche *v* || Schirmdynamo *v*; **-elektromagneet:** tubulated electro-magnet || electro-aimant *m* tubulaire || Glockenelektromagnet *m*; **-isolator:** bell [shaped] insulator || isolateur *m* à cloche *v* || Isolierglocke *v*; **-magneet:** bell shaped magnet || aimant *m* campanulé || Glockenmagnet *m*;

4. *zie* **zerk.**

klomp: 1. (*houten schoen*): clog, wooden shoe || sabot *m* || Holzschuh *m*;

2. (*massa*): lump || masse *v*, boule *v*, pelote *v*, motte *v*, [gros] morceau *m* || Klumpen *m*, Klotz *m*; *zie ook* **klont; kluit; -blok** (*scheepst.*): clump block || moque *v* à rouet *m* || Klumpblock *m*.

klont: lump, clod || morceau *m*, grumeau *m*, motte *v* || Klumpen *m*, Klotz *m*; *zie ook* **klomp 2; kluit; -er:** *zie* **klont; -eren:** to clot, to curdle, to become lumpy || se grumeler || [sich] klümpen, Klumpen *mm* bilden; **-erig:** clotted, clotty, lumpy || grumeleux || klumpig, klümperig; **-je** (*suiker*): sugar lump || morceau *m* de sucre *m* || Zuckerwürfel *m*.

kloof: gap, breach || fente *v*, crevasse *v* || Kluft *v*, Spalte *v*; (*terrein*): chasm, crevasse || crevasse *v* || Kluft *v*; **-baar:** cleavable || clivable || spaltbar; **-beitel:** cleaving chisel || rabattoir *m* || Spaltmeißel *m*; **-bijl:** cleaving axe || hache *v* à fendre, merlin *m* || Spaltaxt *v*; **-hout:** split timber || bois *m* de fente *v* || Kluft-, Spaltholz *o*, **-mes** (*kuiperij*): cleaving iron || fendoir *m* || Klöbeisen *o*.

klooster|gewelf: cloister vault || voûte *v* en arc *m* de cloître *m*, voûte *v* cloisonnée || Hauben-, Klostergewölbe *o*; **-hout:** *zie* **grondbalk.**

kloot (*scheepst.*): truck || gougée *v*, pomme *v* || Klote *v*.

klop|hout (*typogr.*): planer || taquoir *m* || Klopfbrett *o*, -holz *o*; **-machine** (*spinnerij*): batting machine, beater, scutcher, opener || machine *v* à battre, batteuse *v*, batteur-étaleur *m* || Klopfmaschine *v*; **-machine, eerste** (*spinnerij*): scutching machine || batteur-éplucheur *m* || erste Schlagmaschine *v*; **-pen:** *zie na* **klopwolf; -per:** *zie na* **kloppen; -room:** whipped cream || crème *v* fouettée || Schlagsahne *v*; **steen-** (*typogr.*): beating stone || pierre *v* à battre || Schlagstein *m*; **-stok** (*weverij*): beater || gaulette *v* || Klopfstock *m*; **-wolf** (*spinnerij*): beating opener, shaker, willey, willow || loupbatteur *m*, batteuse *v*, battoir *m* || Klopfwolf *m*.

kloppen: 1. (*hennep, vlas*): to scutch || battre || klopfen, schlagen;

2. (*motor*): to knock || cogner || klopfen;

3. (*vorm, typogr.*): to plain down || taquer [en forme *v*] || klopfen.

klopper: 1. (*algem.*): beater || batte *v* || Schläger *m*;

2. (*radio, enz.*): tapper || frappeur *m*, tapeur *m* || Klopfer *m*; **-drager:** beater pedestal || support *m* pour frappeur *m* || Schlägerlager *o*; **-kogel:** head of tapper, tapper knob || boule *v* du tapeur *m* || Klopferkugel *v*; **-magneet:** tapper magnet || electro- [aimant] *m* [de] tapeur *m* || Klopfermagnet *m*; **-slag:** tap || coup *m* de tapeur *m* || Klopferschlag *m*; **-spoel:** tapper coil || bobine *v* de tapeur *m* || Klopferspule *v*;

3. (*telegr.*): sounder || parleur *m* || Klopfer *m*; **-relais:** relaying sounder, sounding relay || relais *m* parleur (frappeur) || Klopferrelais *o*; **-systeem:** sounder system || système *m* de parleur *m* || Klopfersystem *o*; **-toets:** sounder key || manipulateur *m* au son *m* || Klopfertaste *v*;

4. (*deur*): door rapper, knocker || heurtoir *m* (marteau *m*) de porte *v* || Türklopfer *m*.

klos: 1. (*garen*): bobbin || bobine *v*, bûche *v* || Spule *v*; **-sen:** to bobbin; bobbining ||

bobiner; bobinage *m* || aufwinden; Aufwindung *v*; aufspulen; Aufspulung *v*;
2. (*spoel; weverij*): pirn || bobine *v* || Spule *v*; **-senstoel:** button draw loom, conical loom || métier *m* à boutons *mm* (à fuseaux *mm*) || Kegelstuhl *m*; **-senvormer:** lifting motion || méchanisme *v* pour la formation *v* des bobines *vm* || Vorrichtung *v* zur Gestaltung *v* der Bobinen *vm*;
3. (*stuk hout*): choak, log; trunk of a tree || billot *m*, bille *v*; souche *v* d'arbre *m* || Klotz *m*; Baumstumpf *m*; **-hout:** wood with crooked fibres || bois *m* tranché || krummfaseriges Holz *o*;
4. (*elektr.*): coil || bobine *v* || Spule *v*; **- van Ruhmkorff:** Ruhmkorff coil || bobine *v* de Ruhmkorff || Ruhmkorffscher Apparat *m*.

kloven: to cleave, to split || [re]fendre, cliver || klieben, kloben, spalten.

kluis: 1. (*scheepst.*): hawse pipe || manchon *m* d'écubier *m* || Klüsenfutter *o*; **-gat:** hawse hole || écubier *m* || Klüs[en]gat *o*; **-kussen:** hawse chocks || coucher *v* d'écubier *m* || Klüsenbacken *v*; **-prop:** hawse plug || tampon *m* d'écubier *m* || Klüsenpfropfen *m*; **-zak:** hawse bag || sac *m* d'écubier *m* || Klüsensack *m*;
2. (*ruimte*): safe[-deposit], strong-room || cave *v* blindée, chambre *v* forte || Stahlkammer *v*.

kluit: clod, lump || motte *v*, morceau *m* || Klumpen *m*, Klotz *m*, Scholle *v*; *zie ook* **klomp; klont; -enbreker:** clod beetle || émottoir *m*, casse-mottes *m* || Schollenschlägel *m*, -brecher *m*.

kluiver (*scheepst.*)**:** jib || trinquette *v* || Klüver *m*; **-boom:** jib boom || bâton *m* de foc *m*, boute-hors *m* du beaupré *m* || Klüverbaum *m*.

kluwen: ball, clew || pelote *v* || Knäuel *m*; *zie ook* **knot; -wikkeling** (*elektr.*)**:** ball shaped winding || enroulement *m* en pelote *v* || Knäuelwicklung *v*; **-winder:** balling machine || machine *v* à peloter, peloteuse *v* || Knäuelmaschine *v*.

klydonograaf: klydonograph || klydonographe *m* || Klydonograph *m*.

klystron: klystron || klystron *m* || Klystron *o*.

knabbelschaar: nibbling machine || grugeoir *m* || Ausklinkmaschine *v*.

knal: report, detonation || éclat *m*, détonation *v* || Knall *m*; **-gas:** fulminating (oxyhydrogen) gas || gaz *m* fulminant (oxhydrique) || Knallgas *o*; **-gasblaaspijp:** oxyhydrogen blowpipe || chalumeau *m* à gaz *m* fulminant || Knallgasgebläse *o*; **-kwik:** fulminating (fulminate of) mercury || mercure *m* fulminant, fulminate *m* de mercure *m* (mercurique) || Knallquecksilber *o*; **-patroon:** detonating cartridge || capsule *v* explosive, pétard *m* || Knallkapsel *v*, -patrone *v*; **-poeder:** fulminating powder || poudre *v* fulminante || Knallpulver *o*; **-pot** (*motor*)**:** silencer, exhaust tank, muffler || silencieux *m*, pot *m* d'échappement *m*, amortisseur *m* de son *m* || Auspuffkessel *m*, -topf *m*, Schalldämpfer *m*; **-sas:** fulminating priming || amorce *v* fulminante || Knallzündmittel *o*; **-signaal:** detonating signal || signal *m* détonant, signal-pétard *m* || Knallsignal *o*; **-zilver:** fulminating (fulminate of) silver || argent *m* fulminant, fulminate *m* d'argent *m* || Knallsilber *o*; **-zuur:** fulminic acid || acide *m* fulminique || Knallsäure *v*.

knarsen (*mach.*)**:** to creak || craquer || knarren.

kne|den: to knead; kneading || pétrir; pétrissage *m*; malaxer; malaxage *m* || kneten; Kneten *o*; **-der:** kneader, kneading machine || pétrisseur *m*; malaxeur *m* || Knetmaschine *v*; **-ding:** kneading || pétrissage *m*; malaxage *m* || Kneten *o*.

kneed|baar: kneadable || pétrissable || knetbar; *zie ook* **plastisch; -baarheid:** plasticity || plasticité *v* || Bildsamkeit *v*, Plastizität *v*; **-machine:** *zie* **kneder; -trog:** mixing trough (tub) || auge *v* de mélange *m*; pétrin *m* || Knet-, Mischtrog *m*.

knetteren (*mikrofoon, enz.*)**:** to crackle; crackling || crépiter; crépitement *m* || knattern; Knattern *o*.

knevel: 1. (*ketting*): chain key || clef *v* de chaîne *v* || Kettenknebel *m*;
2. (*pakknevel*): packing (woodling) stick || cheville *v* à tourniquet *m*, garrot *m* || Knebel *m*, Reitel *m*;
3. (*scheepst.*): toggle || trésillon *m* || Knebel *m*; **-strop:** sling with a toggle || collet *m* à billot *m* || Knebelstropp *m*;
4. (*spanzaag*): tongue, gag || garrot *m*, languette *v* || Knebel *m*; **-schroef:** tommy screw || vis *v* à clef *v* (à garrot *m*) || Knebelschraube *v*.

knie: 1. (*lich.deel*): knee || genou *m* || Knie *o*; **-beschermer, -lap:** knee-cap || genouillère *v* || Kniekappe *v*, Knieschoner *m*;
2. (*gebogen voorw. i. h. algem.*): knee || coude *m*, courbe *v* || Knie *o*; **-afsluiter:** *zie* **afsluiter, haakse; -bocht:** round elbow [pipe] (*ronde*); square elbow [pipe] (*scherpe*); crank (*v. e. as*) || tube *m* coudé (*ronde*); genou *m* vif (*scherpe*); coude *m* (*as*) || Ellbogenrohr *o* (*ronde*); scharfes Knierohr *o* (*scherpe*); Kröpfung *v* (*as*); **-bout:** knee bolt || cheville *v* de courbe *v* || Kniebolzen *m*; **-hefboom:** angle (toggle joint, square) lever || levier *m* coudé (articulé, en équerre *v*) || Knie-, Winkelhebel *m*; **-hefboomklinkmachine:** toggle

joint riveting machine || riveuse *v* à levier *m* || Kniehebelnietmaschine *v*; **-hefboomoverbrenging:** transmission by means of toggle joint lever || transmission *v* par levier *m* coudé || Kniehebelübersetzung *v*; **-hefboompers:** press with cranked levers || presse *v* à leviers *mm* coudés || Kniehebelpresse *v*; **-hefboomrem:** toggle joint brake || frein *m* à leviers *mm* articulés (à genouillère *v*) || Kniehebelbremse *v*; **-hefboomtang:** toggle lever tongs || grappin *m* à leviers *mm* coudés || Kniehebelzange *v*; **-hefboomvangtoestel:** bell crank lever grip gear || parachute *m* à levier *m* coudé || Kniehebelfangvorrichtung *v*; **-koppeling:** knee joint || accouplement *m* à genouillère *v* || Kniekupplung *v*; **-leder:** knee cap (guard) || genouillère *v* || Knieleder *o*; **-plaat:** knee plate || équerre *v* en tôle *v* || Knieplatte *v*; **-reel:** wing rail || rail *m* coudé, contre-rail *m* || Flügel-, Knieschiene *v*; **-riem:** knee strap || tire-pied *m* || Knieriemen *m*; **-rooster:** knee shaped grate || grille *v* coudée || Knierost *m*; **-scharnierpijp:** knee hinged pipe || tuyau *m* à genouillère *v* || Kniegelenkrohr *o*; **-stuk:** elbow, knee [bend] || genou *m* vif, coudé *m* à angle *m* droit, tuyau *m* coudé || Knierohr *o*, -stück *o*, Rohrknie *o*;
3. (*hout*): knee formed wood || bois *m* en forme *v* de genou *m* || Knieholz *o*; **-hout:** knee timber || bois *m* coudé || Knieholz *o*;
4. (*schip*): knee || courbe *v* || Knie *o*.

knik: kink, break[ing], buckling || brisure *v*, faux pli *m*, jarret *m*, flexion *v* de pièces *vm* chargées debout, flexion *v* axiale par compression *v*, flambage *m* || Knick *m*, Knickung *v*; **-belasting:** buckling (collapsing) load || charge *v* de flambage *m* (flambement *m*) || Knicklast *v*, -beanspruchung *v*; **-ken:** to collapse, to buckle || flamber || ausknicken; **-kracht:** collapsing force || force *v* de flambage *m* (flambement *m*) || Knickkraft *v*; **-plooi** (*terrein*): flexure || flexure *v* anticlinale || Kniefalte *v*, Flexur *v*; **-spanning:** buckling stress || tension *v* de flambage *m* || Knickspannung *v*; **-sterkte:** resistance to collapse, buckling resistance || résistance *v* au flambage *m* (flambement *m*) || Knickfestigkeit *v*; **-vastheid:** *zie* **kniksterkte.**

knip: **1.** (*insnijding*): cut, clip || coup *m* [de ciseaux *mm*], coupure *v* || Einschnitt *m*; **-machine:** shearing machine || cisailleuse *v*, machine *v* à cisailler, cisaille *v* || Schermaschine *v*, Schere *v*; **-pen** (*schaar*): to cut || couper || schneiden; (*metaal*): to shear; shearing || cisailler; cisaillement *m* || abscheren; Abscheren *o*; **-proef:** shear[ing] test || essai *m* au (de) cisaillement *m* || Scherversuch *m*; **-tang:** cutting pliers || pince *v* coupante || Beiß-, Kneifzange *v*;
2. (*voorwerp*): [spring] catch, door catch (*deur, enz.*); snap (*tas, enz.*) || targette *v*, verrou *m* (*deur*); ressort *m* (*tas, enz.*) || Schieber *m*, Riegel *m* (*deur*); **-slot:** snap (spring) lock || serrure *v* à ressort *m* (à cliquet *m*) || Schnappschloß *o*.

knipperlamp: *zie* **verklikkerlamp; -licht:** intermittent light || feu *m* clignotant || Blinklicht *o*, -feuer *o*.

knoest (*hout*): knag, knot, knob, snag, gnarl || noeud *m* || Knast *m*, Knorren *m*, Knoten *m*; **-ig:** knaggy, knotty, nodular, gnarly || malandreux, noneux, plein de mauvais noeuds *mm* || knorrig, knotig.

knoop: **1.** (*touw, enz.*): knot || noeud *m* || Knoten *m*; **-, platte:** reef knot || noeud *m* plat || Reffknoten *m*; **-kabel:** knotted rope || câble *m* à noeuds *mm* || Knotenseil *o*; **-plaat:** gusset plate || gousset *m* || Knotenblech *o*; **-punt:** point of junction, system (assemblage) point, centre || point *m* de jonction *v*, noeud *m* d'assemblage *m*, sommet *m* du diagramme *m* (du schéma *m*) || Knoten-, Systempunkt *m*; **-puntplaat:** gusset joint plate || gousset *m* || Knotenblech *o*; **-puntverbinding:** joint connection || attache *v* par noeuds *mm* || Knotenverbindung *v*; **-steek:** knotted stitch || point *m* noué || Knotenstich *m*;
2. (*in glas*): knot || nodule *v*, noeud *m* || Knoten *m*;
3. (*kleding*): button || bouton *m* || Knopf *m*;
4. (*snijpunt sterrebaan en ekliptika*): node || noeud *m* || Knoten *m*;
5. (*trilling*): node || noeud *m* || Knoten *m*;
6. (*scheepst.*): knot || noeud *m* || Knoten *m*;
-, theoretische Engelse (*Franse*): english (*french*) theoretical knot || noeud *m* théorique anglais(*français*) || theoretischer englischer (*französischer*) Knoten *m*.

knoopsgat: buttonhole || boutonnière *v* || Knopfloch *o*; **-enmachine:** buttonhole machine || machine *v* à boutonnière *v* || Knopfloch[näh]maschine *v*; **-enschaartje:** buttonhole scissors || ciseaux *mm* à boutonnières *vm* || Knopflochschere *v*; **-ensteek:** buttonhole stitch || point *m* de boutonnière *v* || Knopflochstich *m*.

knop: **1.** (*algem.*): knob || bouton *m* || Knopf *m*;
2. (*ankerstok*): nut of the anchor stock || tenon *m* de jas *m* d'ancre *v* || Ankerstocknuß *v*;
3. (*elektr. bel, enz.*): button, push || bouton *m* || Knopf *m*;
4. (*deur*): knob, handle || bouton *m* || Knopf *m*, Griff *m*.

knopen|haak: button hook || tire-bouton *m* || Knopfhaken *m*; **-oog:** button shank ||

attache *v* (queue *v*) de bouton *m* || Knopföhr *o*; **-schaar:** button cleaner || patience *v* || Knopfgabel *v*; **-vanger** (*papierfabr.*): pulp strainer || machine *v* à boutons *mm* || Knotenfänger *m*, Zeugsichter *m*; **-vorm:** button mould || moule *v* de bouton *m* || Knopfform *v*.

knoper (*spinnerij*): piecer || noueur *m* || Anzwirner *m*.

knot: knot || poupée *v*, torque *v*, touffe *v*, écheveau *m* || Knoten *m*, Docke *v*, Stück *o*; *zie ook* **kluwen.**

knuppel (*gieteling*): billet || billette *v* || Knüppel *m*; (*rondhout*): cudgel || rondin *m*, wâte *m* || Knüppel *m*; **-hout:** billet wood || rondins *mm* || Knüppelholz *o*.

knuttel (*touw, scheepst.*): knittle || amarre *v*, commande *v* || Knüttel *m*.

knij|pen: *zie* **smoren; -per:** (*scheepst.*): stopper || étrangloir *m*, pied *m* de biche *v* || Kneifer *m*.

kobalt: cobalt || cobalt *m* || Kobalt *m*; **-ammoniumsulfaat:** *zie* **kobalto-ammoniumsulfaat; -blauw:** cobalt blue || bleu *m* de cobalt *m* || Kobaltblau *o*; **-carbonaat:** *zie* **kobaltocarbonaat; -chloride:** *zie* **kobaltichloride; -chloruur:** *zie* **kobaltochloride; -glans:** cobalt glance, cobalite || cobalt *m* gris, cobaltine *v* || Glanzkobalt *m*, Kobaltglanz *m*; **-hydroxyde:** *zie* **kobalto-** *of* **kobaltihydroxyde; -kies:** cobalt pyrites || cobalt *m* sulfuré || Kobaltkies *m*; **-nitraat:** *zie* **kobaltonitraat; -oxyde:** *zie* **kobaltioxyde; -oxydule:** *zie* **kobalto-oxyde; -oxyde-oxydule:** *zie* **kobaltokobaltioxyde; -spijs:** cobalt regulus (speiss) || speiss *m* de cobalt *m* || Kobaltspeise *v*, Speiskobalt *m*; **-sulfaat:** *zie* **kobalto-** *of* **kobaltisulfaat; -sulfide:** *zie* **kobalto-** *of* **kobaltisulfide; -zout:** cobalt salt || sel *m* de cobalt *m* || Kobaltsalz *o*.

kobaltiet: cobaltite, cobalt glance || cobaltine *v* || Kobaltglanz *m*.

kobalti|oxyde: cobaltic oxide || sesquioxyde *m* de cobalt *m* || Kobaltioxyd *o*, Kobaltoxyd *o*; **-chloride:** cobaltic chloride || trichlorure *m* de cobalt *m* || Kobaltichlorid *o*; **-hydroxyde:** cobaltic hydroxide || hydrate *m* de cobalt *m* trivalent, sesquioxyde *m* de cobalt *m* hydraté || Kobaltihydroxyd *o*; **-sulfaat:** cobaltic sulfate || sulfate *m* de cobalt *m* trivalent || Kobaltisulfat *o*; **-sulfide:** cobaltic sulfide || sesquisulfure *m* de cobalt *m* || Kobaltisulfid *o*; **-zout:** cobaltic salt || sel *m* de cobalt *m* trivalent || Kobaltisalz *o*.

kobalto|chloride: cobaltous chloride || protochlorure *m* de cobalt *m* || Kobaltochlorid *o*, Kobaltchlorür *o*; **-ammoniumsulfaat:** cobaltous ammonium sulfate || sulfate *m* double de cobalt *m* et d'ammonium *m* || Kobaltoammoniumsulfat *o*; **-carbonaat:** cobaltous carbonate || carbonate *m* de cobalt *m* || Kobaltocarbonat *o*; **-hydroxyde:** cobaltous hydroxide || hydrate *m* de cobalt *m* || Kobaltohydroxyd *o*; **-kobaltioxyde:** cobaltous cobaltic oxide || tétroxyde *m* de cobalt *m* || Kobaltokobaltioxyd *o*; **-nitraat:** cobaltous nitrate || azotate *m* (nitrate *m*) de cobalt *m* || Kobaltonitrat *o*; **-oxyde:** cobaltous oxide || oxyde *m* de cobalt *m* || Kobaltooxyd *o*, Kobaltoxydul *o*; **-silicaat:** cobaltous silicate || silicate *m* de cobalt *m* || Kobaltosilikat *o*; **-sulfaat:** cobaltous sulfate || sulfate *m* de cobalt *m* || Kobaltosulfat *o*; **-sulfide:** cobaltous sulfide || sulfure *m* de cobalt *m* || Kobaltosulfid *o*; **-zout:** cobaltous salt || sel *m* de cobalt *m* bivalent || Kobaltosalz *o*.

koe|brug (*scheepst.*): orlop barrier || faux-pont *m* || Kuhbrücke *v*; **-haar:** cow hair || bourre *v* (poils *mm*) de vache *v* || Kuhhaar *o*; **-vanger** (*locomotief*): cow catcher || chasse-bestiaux *m* || Kuhfänger *m*; **-voet:** crow (pinch) bar || pied *m* de biche *v* (de chèvre *v*), pince *v*, levier *m* || Brechstange *v*, Geißfuß *m*.

koek: **1.** (*baksel*): cake || gâteau *m* || Kuchen *m*;
2. (*koekvormige massa*): cake, briquette || gâteau *m*, disque *m*, plaquette *v* || Kuchen *m*.

koel: cool; cold || froid; frais || kühl; kalt; **-apparaat:** *zie* **koeltoestel; -bak** (*smid*): cooling trough || auge *v* de rafraîchissement *m* || Kühl-, Löschtrog *m*; **-balie** (*scheepst.*): cooling (match) tub || baille *v* de combat *m* || Kühlbalje *v*; **-bekken:** cooling pond || bassin *m* de réfrigération *v* || Kühlbassin *m*, -teich *m*, -becken *o*; **-buis:** cooling pipe || tube *m* de refroidissement *m* || Kühlrohr *o*; **-cilinder:** cooling cylinder || cylindre *m* refroidisseur || Kühlzylinder *m*; **-effect:** cooling effect, refrigerating effect || effet *m* de refroidissement *m*; effet *m* frigorifique || Kühleffekt *m*, -wirkung *v*.

koelen: to cool [down]; to refrigerate || refroidir; réfrigérer || [herunter]kühlen, gefrieren.

koeler: **1.** (*algem.*): cooler, cooling device (apparatus) || refroidisseur *m*, réfrigérant *m*, dispositif *m* (appareil *m*) de refroidissement *m* (réfrigération *v*) || Kühler *m*, Kühlvorrichtung *v*; *zie ook* **koelinrichting; koelmachine; koeltoestel; -, inwendige** (*uitwendige*) (*elektr. mach.*): internal (*external*) fan || ventilateur *m* intérieur (*extérieur*) || Innenlüfter *m* (*Außenlüfter m*);
2. (*chem.*): cooler, condenser || réfrigé

rant *m* || Kühler *m*; - **volgens Liebig:** Liebig's cooler (condenser) || réfrigérant *m* de Liebig || Liebigscher Kühler *m*; **-, verticale:** reflux cooler (condenser) || réfrigérant *m* à reflux *m* || Rückflußkühler *m*;
3. (*koelmach.*): cooler || réfrigérant *m* || Verdampfer *m*.

koel|goot: cooling channel (conduit) || canal *m* (caniveau *m*) réfrigérant || Kühlgraben *m*; **-industrie:** refrigerating industry, industry of refrigeration || industrie *v* frigorifique (du froid *m*) || Kälteerzeugung *v*, -industrie *v*.

koeling: cooling; refrigeration || refroidissement *m*; réfrigération *v* || Kühlung *v*; Gefrieren *o*; **- door automatische circulatie:** cooling by automatic circulation || refroidissement *m* par thermosiphon *m* || Kühlung *v* durch selbsttätigen Umlauf *m*; **- door circulatie:** circulating cooling || refroidissement *m* par circulation *v* || Umlaufkühlung *v*; **- door geforceerde trek:** forced draught cooling || refroidissement *m* à courant *m* d'air *m* forcé || Druckluftkühlung *v*; **- door verdamping:** cooling by evaporation || refroidissement *m* par évaporation *v* || Verdampfungskühlung *v*; **- door vers water:** cooling with fresh water || refroidissement *m* par eau *v* fraîche || Frischwasserkühlung *v*; **- v. d. afgewerkte gassen door waterinjectie:** cooling the exhaust gases by water spray || refroidissement *m* de l'échappement *m* par injection *v* d'eau *v* || Einspritzkühlung *v* der Abgase *om*; **-, natuurlijke:** self-cooling || refroidissement *m* naturel || natürliche Kühlung *v*.

koel|inrichting: cooling plant (*koelinstallatie*); cooler (*koeler*) || installation *v* de réfrigération *v* (réfrigérante) (*koelinstallatie*); réfrigérant *m* (*koeler*) || Kühlanlage *v*, -werk *o* (*koelinstallatie*); Kühler *m* (*koeler*); *zie ook* **koeler; koelmachine; koeltoestel; -inrichting m. natuurlijke trek:** cooler with natural draught || réfrigérant *m* avec tirage *m* naturel || selbstventilierender Kühler *m*; **-inrichting m. schoorsteen:** chimney cooler || réfrigérant *m* à cheminée *v* || Kaminkühler *m*; **-kamer:** cooling (cold storage; refrigerating) chamber (room) || chambre *v* de refroidissement *m* (de réfrigération *v*, de froid *m*) || Kühlkammer *v*, -raum *m*; **-kast:** water box; refrigerator (*huish., enz.*) || boîte *v* à eau *v*; réfrigérateur *m* (*huish., enz.*) || Kühlkasten *m*; Kühlschrank *m*, Kälteerzeuger *m* (*huish., enz.*); **-kast, elektrische:** electric refrigerator || réfrigérateur *m* électrique || elektrischer Kälteerzeuger *m*; **-koker** (*glasblazerij*): cooling pot || pot *m* à rafraîchir || Kühlhafen *m*; **-leiding** (*koelmach.*): cooling (brine) pipe || conduite *v* de refroidissement *m* || Kühlleitung *v*; **-machine:** refrigerating machine, refrigerator || machine *v* réfrigérante (frigorifique) || Kühlmaschine *v*; **-machine-installatie:** refrigerating plant (installation) || installation *v* de machine *v* frigorifique || Kältemaschinenanlage *v*; **-mantel:** cooling (water) jacket || chemise *v* de refroidissement *m* (d'eau *v*) || Kühl-, Wassermantel *m*; **-middel:** refrigerating (cooling) medium, refrigerant || agent *m* (milieu *m*, moyen *m*) frigorifique, réfrigérant *m* || Kälte-, Kühlmittel *o*, Kältemedium *o*; **-oven:** annealing (cooling) furnace || fourneau *m* à recuire || Kühlofen *m*; **-pan:** cooling pan || poêle *m* à rafraîchir || Kühlpfanne *v*; **-pomp** (*koelmach.*): cooling (brine) pump || pompe *v* de refroidissement *m* || Kühlpumpe *v*; **-pijp:** cooling (refrigerator) pipe || tube *m* réfrigérant, tuyau *m* de refroidissement *m* || Kühlrohr *o*; **-ribbe:** cooling rib || ailette *v* de refroidissement *m* || Kühlrippe *v*; **-ruimte:** cooling space || espace *m* refroidissant || Kühlraum *m*; **-schip** (*vaartuig*): refrigerating (cooling) vessel (ship) || cargo *m* frigorifique || Kühlschiff *o*; (*tenk*): cooling tank || refroidisseur *m* || Kühlschiff *o*; **-slang:** cooling (condensing) coil || serpentin *m* refroidisseur || Kühlschlange *v*; **-systeem:** cooling system || système *m* de refroidissement *m* || Kühlsystem *o*; **-toestel m. circulatie v. eigen water:** recooling plant || réfrigérant *m* de retour *m* || Rückkühlanlage *v*, -werk *o*; **-toestel m. doorsijpeling:** trickling cooling plant || réfrigérant *m* à ruissellement *m* || Rieselkühler *m*; **-toren:** cooling tower || tour *m* de réfrigération *v*, bâtiment *m* de graduation *v*, réfrigérant *m* à tour *m* || Kühlturm *m*, Gradier-, Kühlwerk *o*; **-toren met rijswerk:** brushwood cooling tower, brushwood cooler || réfrigérant *m* à fascines *vm* || Reisigkühler *m*, -gradierwerk *o*; **-toren m. ventilator:** fan cooler || réfrigérant *m* à ventilateur *m* || Ventilatorkühler *m*; **-vlak:** cooling surface || surface *v* refroidissante (de refroidissement *m*) || Kühlfläche *v*; **-vloeistof:** cooling liquid || liquide *m* de refroidissement (refroidissant) || Kühlflüssigkeit *v*; (*koelmach.*): cooling (freezing) liquid (solution) || liquide *m* réfrigérant (froid, de refroidissement *m*) || Kälteflüssigkeit *v*; **-wagen:** refrigerator car (van), freezer || wagon *m* réfrigérant || Kühlwagen *m*; **-wand:** cooling wall || paroi *v* de refroidissement *m* || Kühlwandung *v*; **-water:** cooling water || eau *v* de réfrigération *v* (de refroidissement *m*, réfrigérante) || Kühlwasser *o*; **-waterafvoer:** cooling water outlet || sortie *v* (évacuation *v*) de l'eau *v* de refroidissement *m* || Kühlwasserableitung *v*; **-waterbak:** cooling water tank || réservoir *m* d'eau *v* froide || Kühlwassergefäß *o*; **-watercirculatie:** cooling water circulation || circulation *v* de l'eau *v* de refroidissement *m* || Kühlwasserumlauf *m*; **-watercirculatiepomp:** cooling water circulating pump || pompe *v* de circulation *v* de l'eau *v* refroidissante || Kühlwasserumlaufpumpe *v*, -zirkulationspumpe *v*; **-waterinlaat:** entrance (inlet) of cooling water || entrée *v* de l'eau *v* de refroidissement *m* || Kühlwassereintritt *m*, -zufluß *m*, -einlaß *m*; **-waterkraan:** cooling water cock || robinet *m* d'eau *v* refroidissement || Kühlwasserhahn *m*; **-waterleiding:** cooling water pipes || conduite *v* d'eau *v* de refroidissement *m* || Kühlwasserleitung *v*; **-waterpomp:** cooling water pump || pompe *v* à eau *v* froide (à eau *v* de refroidissement *m*) || Kaltwasser-, Kühlwasserpumpe *v*; **-waterpijpleiding:** circulating water mains || conduite *v* de refroidissement *m* || Kühlrohrleitung *v*; **-watertoevoer:** supply of circulating water || amenée *v* d'eau *v* réfrigérante || Kühlwasserzuleitung *v*; **-watertoevoerpijp:** inlet pipe for circulating water || tuyau *m* d'amenée *v* d'eau *v* de refroidissement *m* || Kühlwasserzufuhrrohr *o*; **-wateruitlaat:** discharge of cooling water || sortie *v* de l'eau *v* de refroidissement *m* || Kühlwasseraustritt *m*; **-waterverbruik:** consumption of cooling water || consommation *v* d'eau *v* de refroidissement *m* || Kühlwasserverbrauch *m*; **-waterverdeling:** breaking up of the cooling water || distribution *v* de l'eau *v* de refroidissement *m* || Kühlwasserverteilung *v*; **-werking:** *zie* **koeleffect**; **-zeil** (*scheepst.*): wind sail || manche *v* à vent *m* || Kühlsegel *o*; **-zout:** freezing salt || sel *m* réfrigérant || Kältesalz *o*, Salz *o* für Kältezwecke *mm*.

koepe|lier: koepe-hoist (-winder) || treuil *m* Koepe, (à poulie *v* d'adhérence *v*) || Haspel *m* mit Koepescheibe *v*; **-schijf:** Koepe-pulley, bandwheel || poulie *v* Koepe (d'adhérence *v*) || Koepescheibe *v*.

koepel: cupola, dome || coupole *v*, dôme *m* || Kuppel *v*; **-dak:** dome (shaped roof] || dôme *m*, toit *m* en coupole *v* || Kuppeldach *o*; **-gewelf:** domical (spherical) vault, cupola dome || voûte *v* en dôme *m* (en coupole *v*, sphérique) || Helm-, Kuppelgewölbe *o*; **-oven:** cupola furnace || cubilot *m* || Kupolofen *m*; **-ribbe:** rib of a dome || côte *v* de dôme *m* || Kuppelrippe *v*.

koers: 1. (*schip, enz.*): course, direction || route *v*, direction *v* || Kurs *m*;
2. (*geld, enz.*): rate of exchange; price || cours *m* || Kurs *m*.

koets: carriage, coach || carrosse *v*, voiture *v* || Kutsche *v*; **-bord** (*papierfabr.*): couching (pressing) board || drapant *m*, pressette *v* || Gautsch-, Kautschbrett *o*; **-en** (*papier*): to couch the sheets, to lay the sheets on the pressing board || coucher les feuilles *vm* de papier *m* || gautschen, kautschen; **-poort:** gateway, carriage entrance || porte-cochère *v* || Torfahrt *v*, -weg *m*; **-werk:** *zie* **carrosserie.**

koevoet: crow (pinch) bar || pied *m* de chèvre *v*, toup *m* || Brechstange *v*, Kuhfuß *m*.

koffer: box, trunk; [hand]bag, case (*handkoffer*) || coffre *m*, malle *v* || Koffer *m*; (*gereedschappen*): tool box || caisse *v* à outils *mm* || Werkzeugkoffer *m*; **-dam:** cofferdam || bâtardeau *m*, caisson *m* hydraulique || [Kasten]fangdamm *m*; (*scheepst.*): cofferdam || cofferdam *m* || Kofferdamm *m*; **-fundatie:** coffer foundation || fondation *v* par coffres *m* || Hohlkörpergründung *v*.

koffie: coffee || café *m* || Kaffee *m*; -, **coffeïnevrije:** caffeine free coffee || café *m* sans caféïne *v* || kaffeinfreier Kaffee *m*; -, **gebrande:** roasted coffee || café *m* torréfié || gerösteter (gebrannter) Kaffee *m*; -, **gemalen:** ground coffee || café *m* en poudre *v* || gemahlener Kaffee *m*; **-boon:** coffee bean || grain *m* (fève *v*) de café *m* || Kaffeebohne *v*; **-extract:** coffee extract || essence *v* de café *m* || Kaffeeextrakt *o*; **-surrogaat:** coffee substitute || succédané *m* du café *m* || Kaffeersatz *m*.

kogel: 1. (*bol, bal*): sphere, ball || sphère *v* boule *v* || Kugel *v*; **-afsluiting:** ball lock || fermeture *v* à boule *v* || Kugelverschluß *m*. **-arm** (*regelaar*): fly ball arm || bras *m* de la boule *v* || Kugelarm *m*; **-bazalt** spherical basalt || basalte *m* sphérique || Kugelbasalt *m*; **-bliksem:** ball (globular lightning || foudre *v* globulaire (en boule *v*) || Kugelblitz *m*; **-condensator** spherical condenser || condensateur *m* sphérique || Kugelkondensator *m*; **-conductor:** sphere conductor || conducteur *m* sphérique || Kugelkonduktor *m*; **-fles** ball bottle || bouteille *v* à balle *v* (à fermeture *v* automatique) || Kugelflasche *v* **-frees:** spherical mill || fraise *v* sphérique || Kugelfräser *m*, -senker *m*; **-gewricht** ball and socket joint || joint *m* à ballet *m* joint *m* sphérique || Kugelgelenk *o* **-isolator:** globe insulator || isolateur *m* à boule *v*, boule *v* isolante || Kugelisolator *m*; **-knop** (*v. e. paal*): ball head || chapiteau *m* à boule *v* || Kugelknopf *m*; **-ko**

(*tolbreker*): spider || chapeau *m* || [Kugel]-pfanne *v*; **-lak:** round lac || laque *v* de boule *v* || Kugellack *m*; **-magneet:** globular magnet || aimant *m* globulaire (sphérique) || Kugelmagnet *m*; **-mikrofoon:** ring microphone || microphone *m* à billes *vm* (à sphères *vm*) || Kugelmikrophon *o*; **-molen:** ball mill || broyeur *m* (moulin *m*) à boulets *mm* || Kugelmühle *v*; **-molen, cilindervormige:** tube mill || tube *m* broyeur, broyeur *m* cylindrique [à boulets *mm*] || Rohrmühle *v*; **-molen, kegelvormige:** conical ball mill || broyeur *m* à boulets *mm* conique || konische Kugelmühle *v*; **-nootbout:** ball pin || boulon *m* à rotule *v* || Kugelbolzen *m*; **-nijptang:** bur cutter (nipper) || ébardoir *m* à balles *vm* || Kugelkneipzange *v*; **-pantsergalvanometer:** galvanometer with ball shaped shield || galvanomètre *m* à cuirasse *v* sphérique || Kugelpanzergalvanometer *o*, *m*; **-passer:** globe calipers || compas *m* d'épaisseur *v* pour billes *vm* || Kugeltaster *m*; **-rolvat:** polishing barrel || baril *m* à ébarber || Kugelglättefaß *o*; **-rond:** spherical || sphérique || kugelrund; **-scharnier:** ball and socket joint || joint *m* à boulet *m* || Kugelgelenk *o*; **-segment:** segment of a sphere || segment *m* d'une sphère *v* || Kugelabschnitt *m*, segment *o*; **-support** (*gereedsch.mach.*): revolving slide rest || chariot *m* circulaire (pivotant, tournant) || Kugelsupport *m*; **-tangetje:** bullet pincers || pince-balle *m* || Kugelzange *v*; **-tap:** ball journal (pivot), spherical journal || tourillon *m* sphérique || Kugelzapfen *m*; **-tapblok:** ball and socket bearing || palier *m* à tourillon *m* sphérique || Kugelzapfenlager *o*; **-terugslagklep:** ball retaining valve || soupape *v* de retenue *v* à boulet *m* || Kugelrückschlagventil *o*; **-vormig:** *zie* **kogelrond;**

2. (*projectiel*): musket ball (*geweer*); bullet, ball (*kanon*) || balle *v* (*geweer*); boulet *m* (*kanon*) || Kugel *v*; **-baan:** projectile curve, trajectory || trajectoire *v* [de boulet *m*] || Flug-, Kugelbahn *v*; **-kaliber:** diameter of the shot || diamètre *m* du boulet *m* || Kugeldurchmesser *m*, -kaliber *o*; **-maat:** ball gauge || passe-balle *m* || Kugellehre *v*;

3. (*kogelklep*): valve ball || boulet *m* de soupape *v* || Ventilkugel *v*; **-klep:** ball (spherical) valve || soupape *v* à boulet *v*, soupape *v* sphérique || Kugelventil *o*;

4. (*kogelleger*): ball || bille *v* || [Lauf]-kugel *v*; **-beproever** (*op hardheid*): indentation machine || presse *v* à bille *v* pour l'essai *m* de dureté *v* || Kugelhärteprüfer *m*; **-blok:** *zie* **kogelleger; -draaischijf** (*spw.*): ball bearing turntable || plaque *v* tournante à billes *vm* || Kugeldrehscheibe *v*; **-lager*:** *zie* **kogelleger; -leger:** ball bearing || palier *m* à billes *vm* || Kugellager *o*; **-legermetaal:** ball bearing boss || coussinet *m* sphérique || Kugellagerschale *v*; **-ring:** ball race || anneau *m* (bague *v*) de roulement *m* || Kugel-, Laufbahn *v*, Kugelspur *v*, Laufring *m*; **-ringblok:** ball collar thrust bearing || crapaudine *v* à billes *vm* || Kugelspurlager *o*.

ko|ken: 1. (*kokende zijn*): to boil; boiling, ebullition || bouillir, être en ébullition *v*; ébullition *v* || sieden; Sieden *o*; **-, verhitten tot:** to heat to boiling || chauffer jusqu'à ébullition *v* || bis zum Sieden *o* erhitzen; **-king:** boiling, ebullition || ébullition *v* || Sieden *o*;

2. (*doen koken*): to boil; boiling || faire bouillir, mettre en ébullition *v* || kochen; Kochen *o*;

3. (*spijzen*): to boil (cook); boiling, cooking || cuire; cuisson *v* || kochen; Kochen *o*; **-king:** boiling || cuisson *v* || Kochen *o*;

4. (*goud*, *zilver*, *enz.*): to blanch || blanchir || sieden, heißen;

5. (*vernis*): to boil || cuire || sieden;

6. (*zijde*): to boil, to scour || cuire, décreuser || kochen, entschälen;

7. (*dichten van naden*, *enz.*): to caulk || mater || [ver]stemmen.

koker: 1. (*bus*, *enz.*): case; sheath; tube || étui *m*; gaine *v*; boîte *v*; tuyau *m* || Köcher *m*; Behälter *m*; Futteral *o*; *zie ook* **bus; huls; mantel;** *enz.*; **-balk:** box girder || poutre *v* en caisson *m* || Kastenträger *m*; **-paal:** tubular pole || poteau *m* tubulaire || Rohrmast *m*;

2. (*kookvat*): boiler || bouilleur *m* || Kocher *m*, Kochgefäß *o*.

kokos|mat: coco mat || natte *v* en coco *m* || Kokosmatte *v*; **-noot:** coconut || [noix *m* de] coco *m* || Kokosnuß *v*; **-olie:** coconut oil || huile *v* de coco *m* || Kokos[nuß]öl *o*; **-palm:** coc[nut] tree (palm) || cocotier *m* || Kokos[baum] *m*, Kokospalme *v*; **-vezel:** coco[nut] fibre || fibre *v* de coco *m* || Kokosfaser *v*; **-zeep:** coco soap || savon *m* de coco *m* || Kokos[nußöl]-seife *v*.

koldermolen: *zie* **kollergang.**

kolen: coal || charbon *m*, houille *v* || Kohle *v*, Kohlen *vm*; *zie ook* **kool 3; -, gloeiende:** live coal || braise *v*, charbon *m* ardent || glühende Kohle *v*; **-aanvoerzijlijn** (*spw.*): coaling siding || voie *v* de ravitaillement *m* (d'arrivée *v*) du charbon *m* || Bekohlungsgleis *o*; **-afval:** refuse (waste) coal || déchet *m* (rebut *m*) de charbon *m* || Abfallkohle *v*, Kohleabfall *m*; **-analyse:** coal analysis || analyse *v* de charbon *m*

|| Kohlenanalyse *v*; **-bergplaats:** coal yard || place *v* à charbon *m* || Kohlenhof *m*, -raum *m*; **-besparing:** saving of coal || économie *v* de charbon *m* || Kohlenersparnis *v*; **-boor:** *zie* **koolboor** *onder* **kool 3; -boot:** coaling boat, collier || [bateau *m*] charbonnier *m* || Kohlendampfschiff *o*; **-bunker:** coal bunker || soute *v* à charbon *m* || Kohlenbunker *m*, -behälter *m*; **-damp:** *zie* **kool[mon]-oxyde; -depôt:** coal depot, coal store[s] || dépôt *m* de (parc *m* à) charbon *m* || Kohlenlager *o*, -lagerplatz *m*, -hof *m*, **-droger:** *zie* **kooldroger** *onder* **kool 3; -elevator:** coal elevator (hoist, lift) || élévateur *m* (monte-charge *m*) de charbon *m* || Kohlenaufzug *m*, -elevator *m*; **-formatie:** carboniferous system || carbonifère *m* || Kohlenformation *v*; **-gas:** coal gas || gaz *m* de houille *v* || Kohlengas *o*; **-gruis:** slack [coal], small coal || charbon *m* fin (pulvérisé) || Kohlengrus *m*, -klein *o*; **-grijper** (*bak*)**:** coal grab || benne *v* à charbon *m* en deux compartiments *mm*, benne *v* à griffe *v* (de chargement *m*) automatique || Greiferkübel *m*, Kohlengreifer *m*; **-handel:** coal trade || commerce *m* de charbon *m* || Kohlenhandlung *v*; **-handelaar:** coal merchant || marchand *m* de charbon *m* || Kohlenhändler *m*; **-hoop:** coal dump (stack) || monceau *m* (tas *m*) de charbon *m* || Kohlenhaufen *m*; (*mijnb.*)**:** *zie* **koolopslag** *onder* **kool 3; -kade:** coaling jetty (wharf) || quai *m* au charbon *m* || Kohlenkai *m*; **-kipwagen:** coal tip wagon || wagonnet *m* basculeur à charbon *m* || Kohlenkippwagen *m*; **-laadkraan:** coaling crane || grue *v* à [charger le] charbon *m* || Kohlen[ver]lade-, Bekohlungskran *m*; **-laadplaats:** coal ascent (hoist, tip) || estacade *v* (quai *m*) à houille *v* || Kohlen[ab]ladeplatz *m*, -stürze *v*; **-laadtoestel:** coal loading plant, coaling plant || appareil *m* de chargement *m* pour charbons *mm* || Kohlenladevorrichtung *v*; **-laadtrechter** (*hooggeplaatst*)**:** high level coal bunker (hopper) || trémie *v* à charbon *m* surélevée || Kohlenhochbehälter *m*; **-laag:** coal seam (vein, measure) || veine *v* (couche *v*) de charbon *m* || Kohlenschicht *v*, Flöz *o*; **-lichter:** coal lighter || allège *v* (chaland *m*) à charbon *m* || Kohlenleichter *m*, -leichterschiff *o*; **-maat:** coal measure || mesure *v* à charbon *m* || Kohlenmaß *o*; **-magazijn:** coal stores || dépôt *m* de charbon *m* || Kohlenlager *o*; **-mijn:** coal mine, colliery || mine *v* de houille *v* (charbon *m*), charbonnage *m*, charbonnière *v*, houillère *v* || Kohlengrube *v*, -zeche *v*, Steinkohlenbergwerk *o*; **-pakhuis:** coal depot (store) || entrepôt *m* (magasin *m*) de charbons *mm* || Kohlenspeicher *m*, -lager *o*; **-poort** (*aan boord*)**:** coaling port || sabord *m* aux charbons *mm* || Kohlenpforte *v*; **-post** (*België*)**:** *zie* **kooldienst** *onder* **kool 3; -proef:** coal sample || échantillon *m* de charbon *m* || Kohlenprobe *v*, -probestück *o*; **-ruim:** *zie* **kolenbunker; -riffel:** *zie* **koolriffel** *onder* **kool 3; -schip:** coaling ship, collier || collier *m*, [navire *m*] charbonnier *m* || Kohlenschiff *o*; **-schop:** coal shovel (scoop) || pelle *v* à charbon *m* || Kohlenschaufel *v*; **-schot:** coal bunker bulkhead || cloison *v* de soute *v* à charbon *m* || Kohlenbunkerwand *v*; **-schuur:** coal shed || hangar *m* à charbon *m* || Kohlenschuppen *m*, -speicher *m*; **-silo:** coal bunkers || silo *m* à charbon *m* || Kohlensilo *m*; **-slik:** *zie* **koolslik** *onder* **kool 3; -sorteermachine:** billy fairplay || machine *v* à trier le charbon *m* || Kohlensortiermaschine *v*; **-station** (*spw.*)**:** coal[ing] station || gare *v* aux charbons *mm* || Kohlenbahnhof *m*; **-steiger:** coaling stage || estacade *v* de chargement *m* des charbons *mm* || Kohlenbühne *v*; **-stof:** coal dust (powder) || poussière *v* de charbon *m* || Kohlenstaub *m*; **-stofvuurhaard:** coal dust furnace || foyer *m* à poussier *m* || Kohlenstaubfeuerung *v*; **-stortdeksel:** coal scuttle door || plaque *v* du trou *m* à charbon *m* || Kohlenlochdeckel *m*; **-storter** (*werktuig*)**:** coal tip || basculeur *m* à charbon *m* || Kohlenkippe *v*, -kipper *m*; **-stortgat** (*schip*)**:** coaling scuttle || trou *m* à charbon *m* || Kohlenloch *o*; **-toevoer:** supply of coal || amenée *v* du charbon *m* || Kohlenzufuhr *v*; **-toevoer m. e. schroef zonder eind:** supply of coal by means of a screw conveyor || amenée *v* de charbon *m* par vis *v* sans fin *m* || Kohlenzufuhr *v* durch Schnecke *v*; **-transport:** *zie* **kolenvervoer; -transportinstallatie:** coal conveyor (conveying plant) || transporteur *m* à charbon *m*, installation *v* pour le transport *m* du charbon *m* || Kohlenbeförderungsanlage *v*, -beförderer *m*, -transportvorrichtung *v*; **-trechter** (*stookinr.*)**:** coal hopper || trémie *v* à charbon *m* (de chargement *m*) || Füll-, Kohlen-, Schüttrichter *m*, Schüttkasten *m*; **-trein:** coal train || train *m* pour le transport *m* des charbons *mm* || Kohlenzug *m*; **-tremmer:** [coal] trimmer || soutier *m* || Kohlenzieher *m*, -trimmer *m*; **-verbruik:** coal consumption || consommation *v* de charbon *m* || Kohlenverbrauch *m*; **-vervoer:** coal conveying || transport *m* de charbon *m* || Kohlenbeförderung *v*, -transport *m*; **-voorraad:** stock of coal, coal supply || réserve *v* de charbon *m*

|| Kohlenvorrat *m*; **-vuurhaard:** furnace for coal || foyer *m* à charbon *m* || Kohlenfeuerung *v*; **-wagen:** coal truck (wagon) || wagon *m* à charbon *m*, wagon *m* charbonnier (houillier) || Kohlenwagen *m*; **-wagentje:** coal barrow || charrette *v* à charbon *m* || Kohlenkarre *v*, -karren *m*; **-zaag:** *zie* **koolzaag** *onder* **kool 3**; **-zak:** coal bag || sac *m* à charbon *m* || Kohlensack *m*; **-zeef:** coal screen || crible *m* (tamis *m*) à charbon *m* || Kohlensieb *o*.

kolf: 1. (*vat*): flask, cucurbit || ballon *m*, vase *v*, cucurbite *v* || Kolben *m*;
2. (*geweer*): butt [end] || crosse *v* || Kolben *m*; **-greep:** butt handle, small of the butt || poignée *v* de crosse *v* || Kolbengriff *m*, -hals *m*; **-plaat:** heelplate || plaque *v* de couche *v* || Kolbenkappe *v*, -blech *o*, -schuh *m*; **-punt:** knob of the butt || bec *m* de crosse *v* || Kolbennase *v*, -schnabel *m*; **-wang:** cheek layer (piece) of the butt || joue *v* de crosse *v* || Kolbenbacken *m*.

kolk (*sluis*): lock (sluice) chamber || chambre *v* d'écluse *v* || Schleusenkammer *v*, -kessel *m*; **-sluis:** lock || écluse *v* à sas *m* || Kammerschleuse *v*.

kollergang: edge runner mill || broyeur *m* à meules *vm* verticales, concasseur *m*, pétrisseuse *v* || Kollergang *m*; Koller-, Quetsch-, Schrotmühle *v*.

kol|lodium: collodion || collodion *m* || Kollodium *o*; **-loïdaal:** colloidal || colloïdal || kolloidal; **-loïdchemie:** colloid chemistry || chimie *v* des colloïdes *mm* || Kolloidchemie *v*; **-loïde:** colloid || colloïde *m* || Kolloid *o*, Kolloide *v*; **-lyriet:** colyrite || collyrite *v* || Kollyrit *m*.

kolo|fon (*typogr.*): colophon || inscription *v* finale || Kolophon *m*; **-fonium:** colophony || colophane *v* || Kolophonium *o*.

kolom: 1. (*zuil*): column, pillar, post, support || colonne *v*, pilier *m* || Säule *v*, Stütze *v*; **-boormachine:** drill press || perceuse *v* à colonne *v* || Säulenbohrmaschine *v*; **-consoleblok:** post [hanger] bearing || palier *m* console à colonne *v* || Säulen-, Konsollager *o*; **-fundering:** pillar foundation || fondation *v* d'une colonne *v* || Säulenfundierung *v*; **-staal:** quadrant (column) steel || acier *m* en quart *m* de rond *m* (en forme *v* de quadrant *m*) || Quadrant-, Säulenstahl *m*; **-voet:** column socle (base) || pied *m* (base *v*) de colonne *v* || Säulenfuß *m*;
2. (*toestel*): column || colonne *v* || Säule *v*;
3. (*typogr.*): column || colonne *v* || Kolumne *v*, Spalte *v*; **-breedte:** width of column, column measure || largeur *v* d'une colonne *v*, justification *v* || Kolumnen-, Spaltenbreite *v*; **-hoofd:** heading running title || titre *m* courant || Kolumnentitel *m*; **-schroef:** machine screw || vis *v* à métaux *mm* || Maschinenschraube *v*; *zie ook* **metaalschroef; tapbout; -sgewijs:** in columns || par colonnes *vm* || kolumnen-, spaltenweise;
4. (*boren*) (*mijnb.*): string, column || colonne *v* || Strang *m*, Kolonne *v*.

kolsem (*scheepst.*): *zie* **zaathout; -hoekstaal:** keelson angle bar || cornière *v* de carlingue *v* || Kielschweinwinkel *m*.

kom: 1. (*bak, schaal*): basin, bowl, cup, dish || bassin *m*, cuvette *v*, écuelle *v* || Napf *m*, Schale *v*; Becken *o*;
2. (*gemeente*): centre, central part || centre *m* || Zentrum *o*.

kombuis: 1. *zie* **fornuis;**
2. (*scheepst.*): caboose, [cook's] galley || cuisine *v* || Kombüse *v*, Schiffsküche *v*.

komeet: comet || comète *v* || Komet *m*.

komma (*typogr.*): comma || virgule *v* || Beistrich *m*, Komma *o*; **-punt:** semicolon || point *m* et virgule *v*, point-virgule *m* || Strichpunkt *m*, Semikolon *o*.

kompas: compass || boussole *v*, compas *m* || Kompaß *m*; **-, gyroskopisch:** induction (gyro) compass || compas *m* (boussole *v*) gyroskopique || Kreiselkompaß *m*; **-, gyrostatisch:** gyrostatic compass || compas *m* (boussole *v*) gyrostatique || Kreisel-, Mutterkompaß *m*; **-afwijking:** deviation || déviation *v* || Deviation *v*; **-beugel:** gimbals || balanciers *mm* || Kompaßring *m*; **-doos:** compass bowl (box) || boîte *v* (cuvette *v*) de compas *m* || Kompaßbüchse *v*, -dose *v*; **-huis:** binnacle || habitacle *m* || Kompaßhäuschen *o*; **-lantaarn:** binnacle light || fanal *m* d'habitacle *m* || Kompaßlaterne *v*; **-naald:** compass needle || aiguille *v* de boussole *v* || Kompaßnadel *v*; **-naaldhoedje:** compass needle dab (socket) || chape *v* de la rose *v* des vents *mm* || Kompaßhütchen *o*; **-peiling:** compass bearing || relèvement *m* au compas *m* || Kompaßpeilung *v*; **-pen:** compass pin || pivot *m* du compas *m* || Kompaßspitze *v*; **-roos:** compass (rhumb) card || rose *v* des vents *mm* (du compas *m*) || Kompaß-, Windrose *v*; **-standaard:** binnacle stand || colonne *v* (piédestal *m*) d'habitacle *m* || Kompaßsäule *v*; **-streek:** point (rhumb) of the compass || aire *m* (quart *m*) de vent *m*; r[h]umb *m* || Kompaßstrich *m*.

konglomeraat: conglomerate || conglomérat *m* || Konglomerat *o*.

koning: 1. (*metaal*): button, metal grain, regulus || bouton *m*, grain *m* d'essai *m*, régule *m* || Korn *o*, [Metall]könig *m*, Regulus *m*;
2. (*roer*): main piece of rudder || mèche *v*

du gouvernail *m* || Ruderherz *o*, -pfosten *m*, -stamm *m*.

konings|blauw: azure (royal, smalt) blue || bleu *m* d'émail *m* (de roi *m*) || Königs-, Schmelzblau *o*; **-geel:** massicot || massicot *m* || Blei-, Königs-, Neugelb *o*, Massikot *o*; **-stijl** (*v. e. dak*): king post || poinçon *m* || Hängesäule *v*; **-stijl** (*draaischijf*): centre (king) pillar || colonne *v* de support *m* de la crapaudine *v* || Königsäule *v*; **-water:** aqua regia, aqua regalis || eau *v* régal || Königswasser *o*.

kooi: 1. (*algem.*): cage || cage *v* || Käfig *m*; **- v. Faraday:** Faraday screen (cage) || écran *m* (cage *v*) de Faraday || Faradayscher Käfig *m*; **-anker:** short circuit (squirrel cage) rotor || induit *m* à cage *v* d'écureuil *m* || Käfiganker *m*; **-ankermotor:** squirrel cage motor || moteur *m* à cage *v* (d'écureuil *m*) || Käfig[anker]-motor *m*; **-bliksemafleider:** cage lightning protector || parafoudre *v* à cage *v* || Käfigblitzableiter *m*; **-relais** (*spw.*): *zie* **schijfrelais; -rotor:** *zie* **kooianker; -wikkeling:** squirrel cage winding || enroulement *m* à cage *v* d'écureuil *m* || Käfigwicklung *v*;
2. (*schip*): berth, bunk || couchette *v* || Koje *v*;
3. (*typogr.*): **-en:** locking-up apparatus || serrage *m* mécanique à coins *mm* || Keilschließzeug *o*; **-enraam:** quoin chase || châssis *m* à coins *mm* || Keilrahmen *m*;
4. (*mijnb.*): *zie* **schachtkooi.**

kook|brengen, aan de: to bring to the boil || faire bouillir || zum Sieden *o* erhitzen; **-beitel:** caulking iron (tool, chisel) || burin *m* à mater, matoir *m* || Stemmmeißel *m*, Stemmsetze *v*; **-gas:** heating gas || gaz *m* de chauffage *m* || Heizgas *o*; **-hamer:** ca[u]lking hammer || marteau *m* à mater || Stemmhammer *m*; **-hitte:** boiling heat (temperature) || température *v* d'ébullition *v* || Siedehitze *v*, -temperatur *v*; **-ketel:** boiler, boiling pan || chaudière *v*, chaudron *m* || Kochkessel *m*; **-kolf:** boiling-flask || ballon *m*, matras *m* || Kochkolben *m*; **-naad:** caulked seam || matage *m*, joint *m* maté, couture *v* matée || Stemmnaht *v*; **-pan:** evaporating boiler (pan) || chaudière *v* évaporatoire || Abdampf-, Siedepfanne *v*; **-pot:** digester, cooking-pot || pot *m*, marmite *v* || Kochtopf *m*; **-proef:** boiling test || essai *m* de cuisson *v* || Kochprobe *v*; **-punt:** boiling point || point *m* d'ébullition *v* || Siede-, Kochpunkt *m*; **-puntsverhoging:** elevation of boiling point || élévation *v* du point *m* d'ébullition *v* || Siedepunktserhöhung *v*; **-temperatuur:** boiling temperature || température *v* d'ébullition *v* || Siedetemperatur *v*; **-toestel:** boiling apparatus, cooker || appareil *m* à bouillir || Kochapparat *m*, Kocher *m*; **-vat:** boiler, boiling vessel, digester || chaudière *v*, chaudron *m* || Kochgefäß *o*, Kocher *m*.

kooks: coke || coke *m* || Koks *m*; **-, gebroken:** *zie* **parelkooks; -breker:** coke crusher (breaker) || concasseur *m* de coke *m* || Koksbrecher *m*; **-bries:** coke waste, small coke || déchets *mm* de coke *m* || Koksgrus *m*, -abfall *m*; **-filter:** coke filter || filtre *m* à coke *m* || Koksfilter *o*, *m*; **-gruis:** *zie* **kooksbries; -oven:** coke (coking) furnace || four *m* à coke *m* || Koksofen *m*; **-ovengas:** coke furnace gas || gaz *m* de four *m* à coke *m* || Koksofengas *o*.

kool: 1. (*algem.*): carbon, coal || charbon *m*, carbone *m* || Kohle *v*, Kohlenstoff *m*; **-, actieve:** active carbon || carbone *m* (charbon *m*) actif || aktive Kohle *v*, Aktivkohle *v*; **-afzetting:** carbon deposit || dépôt *m* de charbon *m* || Kohlenabsetzung *v*;
2. (*element*): *zie* **koolstof; -, amorfe:** amorphous carbon || carbone *m* amorphe || amorpher Kohlenstoff *m*; **-dioxyde** [1]**:** carbon dioxide || bioxyde *m* de carbone *m* || Kohlendioxyd *o*; **-dioxyde, vast** (*vloeibaar*): solid (*liquid*, *liquified*) carbon dioxide || bioxyde *m* de carbone *m* solide (*liquide*, *liquéfié*) || festes (*flüssiges*, *verflüssigtes*) Kohlendioxyd *o*; **-dioxydesneeuw:** carbon dioxyde snow, dry ice || neige *v* carbonique || Kohlensäureschnee *m*; **-hydraat:** carbohydrate || carbohydrate *m* || Kohlenhydrat *o*; **-[mon]-oxyde:** carbon monoxide || [prot]oxyde *m* de carbone *m* || Kohlen[mon]oxyd *o*; **-oxychloride:** carbon oxychloride || oxychlorure *m* de carbone *m* || Kohlenoxychlorid *o*; **-smeltkroes:** coal crucible || creuset *m* en charbon *m* || Kohlentiegel *m*; **-stof** (*element*): carbon || carbone *m* || Kohlenstoff *m*; **-stofhoudend:** carbonaceous, carboniferous, carbon containing || carbonifère || kohlenstoffhaltig; **-stofstaal:** *zie* **kroezenstaal; -stofverbinding:** carbon compound (derivative) || composé *m* (dérivé *m*) du carbon *m* || Kohlenstoffverbindung *v*; **-suboxyde:** carbon suboxide || sousoxyde *m* de carbone *m* || Kohlensuboxyd *o*; **-waterstof:** *zie na* **kool 4; -zuur:** *zie na* **koolwaterstof;**
3. (*brandstof*): coal || charbon *m* || Kohle *v*; *zie ook* **kolen; steenkool; steenkolen; - delven:** to get the coal || déhouiller ||

---

[1]) Gewoonlijk, hoewel onjuist, wordt „kooldioxyde" ook „koolzuur" genoemd; ook in andere talen.

ab-, auskohlen; **-, aardachtige:** crow (humphed, dander) coal, smuth || houille *v* terreuse || erdige Kohle *v*; **-, bakkende:** baking (caking) coal || charbon *m* collant || Backkohle *v*, backende Kohle *v*; **-, bitumineuze:** bituminous coal || charbon *m* bitumineux || bituminöse Kohle *v*; **-, bladderige:** foliated (slaty, slate, lamellar, splint, paper) coal || houille *v* schisteuse (feuilletée) || Blätter-, Schieferkohle *v*; **-, doffe:** *zie* **duriet; -, doorgroeide:** bone (mixed, middle) coal || charbon *m* barré, mixte *m* || durch-, verwachsene Kohle *v*; **-, halfbakkende:** baking cherry coal || houille *v* maigre collante || backende Sinterkohle *v*; **-, halfvette:** semi-bituminous coal || houille *v* demigrasse || halbfette Kohle *v*, Eßkohle *v*; **-, gasarme** (*gasrijke*)**:** non-gassy (*gas*) coal || charbon *m* pauvre en gaz *m* (*à gaz m*) || gasarme (*gasreiche*) Kohle *v*; **-, gereinigde (gewassen, gezuiverde):** washed (dressed) coal || charbon *m* lavé (préparé) || gewaschene (aufbereitete) Kohle *v*; **-, glanzende:** bright coal, vitrain || houille *v* [semi-] brillante, vitrain *m* || Glanz-, Humuskohle, Vitrit *m*; **-, maagdelijke:** green coal || charbon *m* vierge || frische Kohle *v*; **-, magere:** dry-burning (navigation) coal || charbon *m* maigre, houille *v* anthraciteuse || Magerkohle *v*; **-, minderwaardige:** poor coal || charbon *m* pauvre (inférieur) || minderwertige Kohle *v*; **-, ongerepte:** *zie* **kool, maagdelijke; -, pas gedolven:** green coal || charbon *m* récemment abattu || frische Kohle *v*; **-, roetende:** soot coal || houille *v* fuligineuse || Rußkohle *v*; **-, rookloze:** smokeless coal || charbon *m* sans fumée *v* || rauchlose Kohle *v*; **-, ruwe:** rough coal || charbon *m* brut || Rohkohle *v*; **-, schilferige, schisteuze:** *zie* **kool, bladderige; -, slakvormende:** clinkering coal || charbon *m* vif || schlackende Kohle *v*; **-, vergroeide:** *zie* **kool, doorgroeide; -, vette:** fat coal || charbon *m* gras à courte flamme *v* || Fettkohle *v*; **-bekken:** coal basin (mine district) || bassin *m* houiller || [Stein]-kohlenbecken *o*; **-boor:** coal drill || fleuret *m* au charbon *m* (à la veine *v*) || Kohlenbohrer *m*; **-boormachine:** coal drilling machine || perforatrice *v* à charbon *m* || Kohlenbohrmaschine *v*; **-dienst:** coaling (coal-working, -getting, -winning) shift || coupe *v* (poste *m*) à charbon *m* || Kohlen[gewinnungs]schicht *v*; **-droger:** coal dryer || sécheur *m* de charbon *m* || Kohlentrockner *m*; **-goot:** coal chute, face conveyor || couloir *m* (plan *m* incliné) pour charbon *m* || Kohlenrutsche *v*; **-gruis:** slack (small) coal || charbon *m* fin (pulvérisé), fines *vm* || Kohlengruß *m*, -klein *o*; **-hak:** coal pick (hack) || pic *m* à charbon *m* || Kohlenhacke *v*; **-houwer:** hewer, cutter || coupeur *m*, abatteur *m*, piqueur *m* || Hauer *m*; **-long:** anthracosis || anthracose *v* || Anthrakose *v*; **-mengerij:** coal mixing plant || installation *v* de mélangeurs *mm* à houille *v* || Kohlenmischanlage *v*; **-opslag:** coal pile || pile *v* à charbon *m* || Kohlenhalde *v*; **-pijler:** coal pillar; pannel; coal rib; stook, stump || panneau *m*; pilier *m* long; jambe *v*, pilier *m*; lopin *m* || Kohlensicherheitspfeiler *m*; Strebe *v*; Schwebe *v*; Bein *o*; **-riffel:** brat || veine *v* passée, veinette *v* || Kohlenriffel *m*, -schmitz *m*, Flözchen *o*; **-slik:** coal slime (slurry), slush, smudge || charbon *m* limoneux || Kohlenschlamm *m*, Schlammkohle *v*; **-snijder:** coal cutter || haveuse *v* (*horiz. sleuven*); rouilleuse *v* (*vertic. sleuven*) || Kerb-, Schlitz-, Schrämmaschine *v*; **-wasserij:** coal washery (dressing plant) || lavoir *m* à charbon *m*, laverie *v* de houille *v* || Kohlenwäsche *v*, -aufbereitungsanlage *v*; **-winning:** getting (raising) coal || abattage *m* du charbon *m*, || Kohlengewinnung *v*; **-zaag:** hand coal cutter || haveuse *v* à main *v* || Kohlensäge *v*;

4. (*elektr.*)**:** carbon || charbon *m*; crayon *m* || Kohle *v*; **-aanloop:** carbon starter || démarreur *m* à (plots *mm* de) charbon *m* || Kohlenanlasser *m*; **-batterij:** carbon battery || batterie *v* d'éléments *mm* à charbon *m* || Kohlenbatterie *v*; **-bliksemafleider:** carbon lightning protector || parafoudre *m* à charbon *m* || Kohlenblitzableiter *m*; **-blok:** carbon block || bloc *m* de charbon *m* || Kohlenklotz *m*; **-borstel:** block brush || balai *m* à bloc *m* (de charbon *m*) || Kohlen-, Klotzbürste *v*; **-borstelhouder:** carbon brush holder || porte-balai *m* pour balai *m* en charbon *m* || Kohlenbürstenhalter *m*; **-buidelelektrode:** carbon bag electrode || électrode *v* à sachet *m* de charbon *m* || Kohlenbeutelelektrode *v*; **-buidelmikrofoon:** carbon bag microphone || microphone *m* à sachet *m* de charbon *m* || Kohlenbeutelmikrophon *o*; **-cilinder:** carbon cylinder || cylindre *m* de charbon *m* || Kohlenzylinder *m*; **-contact:** carbon contact || contact *m* en charbon *m* || Kohlenkontakt *m*; **-draad:** carbon filament || filament *m* de charbon *m* || Kohlenfaden *m*; **-elektrode:** carbon electrode || électrode *v* de charbon *m* || Kohlenelektrode *v*; **-element:** carbon cell || élément *m* au charbon *m* || Kohlenelement *o*; **-klem:** carbon terminal || presse *v* à charbon *m* || Kohlenklemme *v*;

-korrelmikrofoon: carbon grain (granulated carbon) microphone || microphone *m* à charbon *m* granulé (à grenaille *m* de charbon *m*) || Kohlenkörnermikrophon *o*; **-membraan:** carbon diaphragm || diaphragme *m* (membrane *v*) en charbon *m* || Kohlenmembran *v*, -platte *v*; **-onderbreker:** carbon break || interrupteur *m* à charbons *mm* || Kohlenunterbrecher *m*; **-plaatje:** *zie* **koolmembraan; -poedermikrofoon:** *zie* **koolkorrelmikrofoon; -prisma:** carbon prism || prisme *m* de charbon *m* || Kohlenprisma *o*; **-schakelaar:** carbon break switch || interrupteur *m* à contacts *mm* en charbon *m* (à charbons *mm*) || Kohlenschalter *m*; **-schijfmikrofoon:** carbon disc (plate) microphone || microphone *m* à disque *m* de charbon *m* || Kohlenscheibenmikrophon *o*; **-staaf, massieve:** solid carbon || charbon *m* homogène || Homogenkohle *v*; **-stiftmikrofoon:** carbon rod microphone || microphone *m* à crayons *mm* de charbon *m* || Kohlenwalzenmikrophon *o*; **-stiftpers:** press for moulding carbons || filière *v* à charbons *mm* || Kohlenstiftpresse *v*; **-uitschakelaar:** carbon break || interrupteur *m* à charbons *mm* || Kohlenunterbrecher *m*; **-weerstand:** carbon rheostat || résistance *v* [en] charbon *m* || Kohlenwiderstand *m*; **-zinkelement:** carbon zinc cell || élément *m* charbon-zinc || Kohlenzinkelement *o*.

koolwaterstof: hydrocarbon || hydrocarbure *m* || Kohlenwasserstoff *m*; **-, gasvormige** (*vaste; vloeibare; vluchtige*)**:** gaseous (*solid*; *liquid*; *volatile*) hydrocarbon || hydrocarbure *m* gazeux (*solide*; *liquide*; *volatil*) || gasförmiger (*fester*; *flüssiger*; *flüchtiger*) Kohlenwasserstoff *m*; **-, hoog** (*laag*) **kokende:** high (*low*) boiling hydrocarbon, hydrocarbon having a high (*low*) boiling point || hydrocarbure *m* à point *m* d'ébullition *v* élevée (*basse*) || hochsiedender (*niedrigsiedender*) Kohlenwasserstoff *m*, Kohlenwasserstoff *m* mit hohem (*niedrigem*) Siedepunkt *m*; **- m. hoog** (*laag*) **kookpunt:** *zie* **koolwaterstof, hoog** (*laag*) **kokende; - m. open keten:** open-chain hydrocarbon || hydrocarbure *m* à chaîne *v* ouverte || Kohlenwasserstoff *m* mit offener Kette *v*; **- m. rechte keten:** straight-chain hydrocarbon || hydrocarbure *m* normal (à chaîne *v* normale) || Kohlenwasserstoff *m* mit rechter (normaler) Kette *v*; **- m. vertakte keten:** branched-chain hydrocarbon || hydrocarbure *m* à chaîne *v* arborescente || Kohlenwasserstoff *m* mit verzweigter Kette *v* (mit Seitenkette(*n*)); **-, alicyclische:** alicyclic hydrocarbon || hydrocarbure *m* alicyclique || alicyclischer Kohlenwasserstoff *m*; **-, alifatische:** aliphatic hydrocarbon || hydrocarbure *m* aliphatique || aliphatischer Kohlenwasserstoff *m*; **-, aromatische:** aromatic hydrocarbon || hydrocarbure *m* aromatique || aromatischer Kohlenwasserstoff *m*; **-, cyclische:** cyclic hydrocarbon || hydrocarbure *m* cyclique || cyclischer Kohlenwasserstoff *m*; **-, gesubstitueerde:** substituted hydrocarbon || hydrocarbure *m* substitué || substituierter Kohlenwasserstoff *m*; **-, lichte** (*zware*)**:** light (*heavy*) hydrocarbon || hydrocarbure *m* léger (*lourd*) || leichter (*schwerer*) Kohlenwasserstoff *m*; **-, normale:** normal hydrocarbon || hydrocarbure *m* normal || normaler Kohlenwasserstoff *m*; **-, onverzadigde:** unsaturated hydrocarbon || hydrocarbure *m* nonsaturé || ungesättigter Kohlenwasserstoff *m*; **-, verzadigde** [1]**:** saturated hydrocarbon || hydrocarbure *m* saturé || gesättigter Kohlenwasserstoff *m*; **-derivaat:** hydrocarbon derivate || dérivé || *m* d'un hydrocarbure *m* || Kohlenwasserstoffderivat *o*; **-mengsel:** hydrocarbon mixture || mélange *m* de hydrocarbures *mm* || Kohlenwasserstoffgemisch *o*; **-olie:** hydrocarbon oil; mineral oil || hydrocarbures *mm* liquides; huile *v* minérale || Kohlenwasserstofföl *o*; Mineralöl *o*.

koolzuur: 1. (*z. nw.* ([2])**:** carbonic acid || acide *m* carbonique || Kohlensäure *v*; **-, vast** (*vloeibaar*)**:** *zie* **kooldioxyde, vast** (*vloeibaar*)**; -cilinder:** carbonic acid cylinder || récipient *m* d'acide *m* carbonique || Kohlensäureflasche *v*; **-houdend:** containing carbonic acid || contenant de l'acide *m* carbonique || kohlensäurehaltig; **-sneeuw:** *zie* **kooldioxydesneeuw;**

2. (*bijv. nw.*) [3]) carbonic [4]) || carbonique [5]) || kohlensauer.

koop: purchase || achat *m*, acquisition *v* || Kauf *m*; **-, te:** for sale || à vendre || zu verkaufen; **-contract:** contract of sale (of purchase) || contract *m* de vente *v* || Kaufvertrag *m*, -kontrakt *m*; **-man:** dealer, merchant || marchand *m*, com-

---

[1]) Zie ook *grenskoolwaterstof*.

[2]) Gewoonlijk, hoewel onjuist, wordt „koolzuur" ook gebruikt als *kooldioxyde* is bedoeld; ook in de andere talen.

[3]) Voor stofnamen als *koolzure kali*, *- kalk*, *- natron*, enz., zie *kaliumcarbonaat*, *calciumcarbonaat*, *natriumcarbonaat*, enz.

[4]) Alleen in enkele uitdrukkingen, zoals „*carbonic acid*".

[5]) Alleen in enkele uitdrukkingen, zoals „*acide carbonique*", „*gaz carbonique*", „*anhydride carbonique*".

merçant *m* || Kaufmann *m*; **-order:** order, command || ordre *m* || [Kauf]auftrag *m*; **-prijs:** cost price || prix *m* d'achat *m* (de revient *m*) || Kaufpreis *m*; **-vaardij:** mercantile marine, commercial navigation, merchant navy || marine *v* marchande, commerce *v* maritime || Kauffahrtei *v*; Handelsmarine *v*; **-vaardijofficier:** merchant navy officer || officier *m* de la marine *v* marchande || Kauffahrteioffizier *m*, Offizier *m* bei der Handelsmarine *v*; **-vaardijschip:** merchantman, trade (trading, merchant) vessel || navire *m* de commerce *m* (marchand) || Kauffahrer *m*, Kauffahrtei-, Handelsschiff *o*.

koord: cord; flexible cord (*elektr.*) || corde *v*; cordon *m* (*elektr.*) || Korde *v*; Schnur *v* (*elektr.*); **-enwikkeling:** cord winding || enroulement *m* à cordes *vm* || Schnurwick[e]lung *v*; **-pakking:** cord (rope) packing || garniture *v* en cordon *m* || Kabel-, Schnurpackung *v*.

koorde (*meetk.*)**:** chord, subtense || corde *v*, sous-tendante *v* || Sehne *v*.

kop: 1. (*top, uiteinde, voorstuk, enz.*)**:** top; head; extremity || tête *v*; sommet *m*; bout *m*; extrémité *v* || Kopf *m*; Ende *o*; *zie ook* **hoofd 1;** (*balk*)**:** beam head, end of a joist || bout *m* (tête *v*) d'une poutre *v* (solive *v*) || Balkenkopf *m*; (*bout*)**:** bolt head || tête *v* d'un boulon *m* || Schraubenkopf *m*; (*dam*)**:** head of a dam || tête *v* d'une jetée *v* || Kopf *m* eines Dammes *m*; (*lier*)**:** drumhead || poupée *v* || Gangspillkopf *m*; (*hamer*)**:** hammer head || tête *v* d'un marteau *m* || Hammerkopf *m*; (*klinknagel*)**:** rivet head || tête *v* de rivet *m* || Nietkopf *m*; (*nok*)**:** rest (top) of a cam || repos *m*, palier *m* de came *v* || Nockenrast *v*; (*paal*)**:** head (top) of a pole || cime *m* (tête *v*) d'un poteau *m* || Mast-, Pfahlkopf *m*; (*passer*)**:** handle of compass || tête *v* du compas *m* || Zirkelkopf *m*; (*reel*)**:** rail head || champignon *m* (tête *v*) d'un rail *m* || Schienenkopf *m*; (*roer*)**:** rudderhead || tête *v* du gouvernail *m* || Ruderkopf *m*; (*schip*)**:** head of a ship || avant *m* (nez *m*) d'un navire *m* || Kopf *m* eines Schiffes *o*; (*schoorsteen*)**:** chimney cap (capping) || chapiteau *m* (sommet *m*) d'une cheminée *v* || Schornsteinkopf *m*; (*spie*)**:** head || talon *m* || Nase *v*; (*steen*)**:** face, head || parement *m* || Haupt *o*; (*trein*)**:** head || avant *m* || Kopf *m*; (*tand*)**:** top (face); addendum (*Am.*) || saillie *v*, tête *v* || Kopf *m*; **-, gesnapte** (*v. e. klinknagel*)**:** snap head || tête *v* bouterollée || geschnellter [Niet]kopf *m*; **-, halfverzonken** (*v. e. klinknagel*)**:** half countersunk head || tête *v* demi-noyée (saillante) || halbversenkter [Niet]kopf *m*; **-, verloren:** *zie* **krimpkop; -, zeskante** (*ronde; verzonken*)**:** hexagon (*cheese-; countersunk*) head || tête *v* à six pans *mm* (*ronde; noyée*) || Sechskantkopf *m* (*runder versenkter Kopf m*); **-band** (*paal*)**:** ferrule, hoop || frette *v*, virole *v* || Hirnring *m*; **-bout:** head bolt || boulon *m* (cheville *v*) à tête *v* || Kopfbolzen *m*; **-cirkel** (*tandwiel*)**:** addendum (point) circle (line) || cercle *m* de couronne *v* (de tête *v*), cercle *m* extérieur || Kronen-, Kopfkreis *m*; **-draaibank:** face (chuck) lathe || tour *m* en l'air *m* (à plateau *m*) || Kopfdrehbank *v*, [Plan]scheibendrehbank *v*; **-dwarsbalk:** breast piece, end girder || traverse *v* de tête *v* || Endquerträger *m*, Kopfstück *o*; **-groef** (*isolator*)**:** top groove || encoche *v* de tête *v* d'isolateur *m* || Kopfrinne *v*; **-hamer:** header, heading (needler's, front, slogging) hammer || pannoir *m*, marteau *m* à chasse *v*, chasse *v* carrée || Anköpf-, Stirnhammer *m*; **-kipper** (*mijnb.*)**:** overhead (end) tippler || culbuteur *m* frontal || Stirnkipper *m*, Kopfwipper *m*; **-klep** (*motor*)**:** overhead valve || soupape *v* en tête *v* || Kopfventil *o*; **-laag** (*metselw.*)**:** course of headers || assise *v* de boutisses *vm* || Binderschicht *v*; **-lading** (*spw.*)**:** loading at end of the wagon || chargement *m* par bout *m* || Kopf-, Stirnverladung *v*; **-lamp:** headlight || phare *m* || Scheinwerfer *m*, Kopflampe *v*; **-las:** end lap weld || soudure *v* en tête *v* (en haut *m*) || Kopfschweiße *v*; **-lastig:** *zie* **schip, koplastig; -licht** (*auto*)**:** cruising light || feu *m* de route *v* || Bahnlicht *o*; **-, getemperd** („*dimlicht*")**:** dimlight, low beam light || feu *m* code (de croisement *m*) || Abblendlicht *o*; *zie* **koplamp; -plaat:** end plate, [whole] front plate, flush front || plaque *v* de tête *v*, parement *m* (façade *v*) d'une seule pièce *v* || Stirnplatte *v*, [ganze] Kopfplatte *v*; **-ring** (*paal*)**:** *zie* **kopband; -schild:** head (top) shield || bouclier *m* frontal || Kopfschild *m*; **-spie:** gib headed key || clavette *v* à talon *m* || Nasenkeil *m*; **-station:** reversing (terminal) station, terminus || gare *v* à rebroussement *m* (de tête *v*) || Kopfstation *v*; **-steen:** header || boutisse *v* || Binder *m*; **-steenlaag:** course of headers || assise *v* de boutisses *vm* || Binderschicht *v*; **-stempel:** head stamp || estampe *v* à former les têtes *vm* || Kopfstempel *m*; **-telefoon*:** *zie* **hoofdtelefoon; -verbinding** (*elektr.*)**:** end connection || tête *v* de bobinage *m* frontal, chipon *m* || Stirnverbindung *v*; **-vlak:** cross cut end, end grain of timber || surface *v* de bout *m* || Stirnfläche *v*;

2. (*spinnerij*)**:** cop || canette *v* || Kötzer *m*.

kopal: copal || copal *m* || Kopal *m*;

-hars: copal resin || résine *v* de copal *m* || Kopalharz *o*.
ko|pen: to buy, to purchase || acheter || kaufen; **-per** (*persoon*)**:** buyer, purchaser || acheteur *m* || Käufer *m*.
koper [1]) (*metaal*)**:** copper || cuivre *m* || Kupfer *o*; **- affineren:** to refine copper || affiner le cuivre *m* || Kupfer *o* affinieren (hammergarmachen); **- frissen:** to revive copper || rafraîchir le cuivre *m* || Kupfer *o* frischen; **- in rollen:** sheet copper in rolls || cuivre *m* en rouleaux *mm* || Rollkupfer *o*; **- in staven:** bar copper || cuivre *m* en barres *vm* || Stangenkupfer *o*; **-, elektrolytisch:** electrolytic copper || cuivre *m* électrolytique || Elektrolytkupfer *o*; **-, geel** (*rood*)**:** brass (*red copper*) || laiton *m*, cuivre *m* jaune (*rouge*) || Messing *o*, Gelbkupfer *o* (*Rotkupfer o*); **-, hard** (*zacht*)**:** hard (*soft*) copper || cuivre *m* dur (doux) || Hartkupfer (*Weichkupfer*) *o*; **-, vertind:** tinned copper || cuivre *m* étamé || verzinntes Kupfer *m*; **-accumulator:** copper accumulator || accumulateur *m* au cuivre *m* || Kupferakkumulator *m*; **-ader:** copper vein (lode) || veine *v* de cuivre *m* || Kupferader *v*; **-amalgama:** amalgam of copper || amalgame *m* de cuivre *m* || Kupferamalgam *o*; **-bad:** copper bath || bain *m* de cuivrage *m* (à cuivre *m*) || Kupferbad *o*; **-handspoel:** edge trip coil || bobine *v* en bande *v* de cuivre *m* || Kupferbandspule *v*; **-bandveldspoel:** strip (edgewise) wound field coil || bobine *v* inductrice à bande *v* de cuivre *m* enroulée de champ *m* || Kupferbandfeldspule *v*, Hochkantmagnetwicklung *v*; **-bandwikkeling:** copper strip winding || enroulement *m* en bande *v* de cuivre *m* || Kupferbandwick[e]lung *v*; **-binddraad:** copper binding wire || fil *m* de ligature *m* en cuivre *m* || Kupferbindedraht *m*; **-blad:** copper plate || cuivre *m* battu || Kupferblech *o*; **-blok:** copper cake || pain *m* de cuivre *m* || Kupferkuchen *m*; **-borstel:** copper brush || balai *m* de cuivre *m* || Kupferbürste *v*; **-borstel, verende:** flexible copper brush || balai *m* de cuivre *m* faisant ressort *m* (élastique) || federnde Kupferbürste *v*; **-bromide:** *zie* **cupribromide; -bromuur:** *zie* **cuprobromide; -chloride:** *zie* **cuprichloride; -chloruur:** *zie* **cuprochloride; -constantaanelement:** copper constantan couple || couple *m* (élément *m*) cuivre-constantane || Kupferkonstantanelement *o*; **-cyanide:** *zie* **cupricyanide; -cyanuur:** *zie* **cuprocyanide; -doorn:** copper thorn || épine *v* de ressuage *m* || Kupferdorn *m*; **-draad:** copper wire; brass wire || fil *m* de cuivre *m* (de laiton *m*) || Kupferdraht *m*; **-draad, hard:** hard drawn copper wire || fil *m* de cuivre *m* écroui (étiré à froid *m*) || hartgezogener Kupferdraht *m*, Hartkupferdraht *m*; **-draad, zacht:** soft copper wire || fil *m* de cuivre *m* doux || Weichkupferdraht *m*; **-druk:** copper plate printing || [impression *v* en] taille *v* douce || Kupferdruck *m*; **-drukinkt:** Frankfort black || noir *m* d'Allemagne || Kupferdruckerfarbe *v*, Frankfurterschwarz *o*; **-drukker:** copper plate printer || imprimeur *v* en taille *v* douce || Kupferdrucker *m*; **-drukkerij:** office of a copper plate printer || imprimeur *v* de taille *v* douce || Kupferdruckerei *v*; **-drukpers:** copper plate press || presse *v* d'imprimerie *v* en taille *v* douce || Kupferdruckpresse *v*; **-en** (*bijv. nw.*)**:** copper; brass || en (de) cuivre *m*; en (de) laiton *m* || kupfern, Kupfer-; Messing-; **-erts:** copper ore || minerai *m* de cuivre *m* || Kupfererz *o*: **-fluoride:** *zie* **cuprifluoride; -fluoruur:** *zie* **cuprofluoride; -foelie:** copper (German) foil || feuille *v* de cuivre *m*, cuivre *m* en feuilles *vm* || Kupferolie *v*; **-frisoven:** copper refining hearth || foyer *m* à affiner le cuivre *m* || Kupferfrischofen *m*, -garherd *m*; **-frisslak:** copper refining slag || scorie *v* de cuivre *m* affiné || Kupfergarschlacke *v*; **-gaas:** copper gauze || gaze *v* (tissu *m*, toile *v*) de cuivre *m* || Kupfergewebe *o*; **-gaasborstel:** copper gauze brush || balai *m* en gaze *v* (en toile *v*) de cuivre *m* || Kupfergewebebürste *v*; **-garnituur:** brass fitting || garniture *v* de cuivre *m* || Messinggarnitur *o*; **-gieterij:** brass foundry; copper foundry || fonderie *v* de bronze *m* (de cuivre *m*) || Gelb-, Messinggießerei *v*; Kupfergießerei *v*; **-glans:** *zie* **chalcosiet; -glimmer:** micaceous copper || cuivre *m* micacé || Kupferglimmer *m*; **-graveerkunst:** art of engraving on copper, chalcography || chalcographie *v*, taille *v*

---

[1]) Voor hierachter niet opgenomen koperverbindingen, zoals bv. kopercarbonaat, kopersulfide, koperhydroxyde, enz., zie men voor van *éénwaardig* koper afgeleide verbindingen onder **cupro-** en voor van *tweewaardig* koper afgeleide verbindingen onder **cupri-**; weet men niet welke dezer beide mogelijkheden is bedoeld, dan zie men onder **cupro-** en **cupri-** en vervange in het Engels „cuprous" of „cupric" door „copper", in het Frans „cuivreux" of „cuivrique" door „de cuivre" en in het Duits „Cupro-" of „Cupri-" door „Kupfer-" bv. voor „kopersulfaat" zie men „cuprisulfaat" of „cuprosulfaat" of wel men vertale: copper sulfate || sulfate *m* de cuivre *m* || Kupfersulfat *o*.

douce || Chalkographie *v*, Kupferstechkunst *v*; **-graveur:** chalcographer, engraver on copper, copper engraver || graveur *m* en taille *v* douce, chalcographe *m* || Chalkograph *m*, Kupferstecher *m*; **-gravure:** copper engraving || gravure *m* en cuivre *m* (en taille *v* douce) || Kupferstich *m*; **-groen:** verdigris || vert-de-gris *m*, verdet *m* || Kupfergrün *o*, Grünspan *m*; *zie* **malachiet; -hamerslag:** copper scales || battiture *v* (paille *v*) de cuivre *v* || Kupferhammerschlag *m*; **-houdend:** copper containing (bearing), cupriferous || cuprique, cuprifère || Kupferhaltig; **-joduur:** *zie* **cuprojodide; -kabel:** copper cable || câble *m* en cuivre *m* || Kupferkabel *o*; **-kies:** *zie* **chalcopyriet: -kleurig:** copper colour[ed] || cuivré || kupferfarbig; **-kool** (*elektr.*): copper plated carbon || charbon *m* cuivré || Kupferkohle *v*; **-koolborstel:** copper carbon brush || balai *m* charbon-cuivre || Kupferkohlenbürste *v*; **-lazuur:** *zie* **azuriet; -legering:** copper alloy || alliage *m* de cuivre *m* || Kupferlegierung *v*; **-lei:** copper schist || schiste *m* cuivreux || Kupferschiefer *m*; **-mangaanerts:** cupreous manganese, lampadite || manganate *m* de cuivre *m*, manganèse *m* cuprifère, lampadite *v* || Kupfermanganerz *o*; **-mica:** copper mica || cuivre *m* micacé || Kupferglimmer *m*; **-mijn:** copper mine || mine *v* de cuivre *m* || Kupferbergwerk *o*, -grube *v*; **-nikkel:** arsenical (copper) nickel, niccolite || arséniure *m* de nickel *m* || Kupfernickel *m*; **-normaliën** (*elektr.*): copper standards || normes *vm* (règles *vm*, prescriptions *vm* normales) pour le cuivre *m* || Kupfernormalien *v*; **-overtrek:** copper coating (deposit) || pellicule *v* de cuivre *m* || Kupferüberzug *m*; **-oxyde:** *zie* **cuprioxyde; -oxydegelijkrichter:** copper oxide rectifier || redresseur *m* à oxyde *m* de cuivre *m* || Kupferoxydulgleichrichter *m*; **-oxydule:** *zie* **cupro-oxyde; -plaat:** copper plate || plaque *v* de cuivre *m* || Kupferplatte *v*; **-regen:** copper rain || pluie *v* de cuivre *m* || Kupferregen *m*; **-roet:** copper soot || suie *v* de cuivre *m* || Kupferruß *m*; **-schiefer:** *zie* **koperlei; -slager:** coppersmith, kettle maker || chaudronnier *m* || Kupfer-, Kesselschmied *m*; **-slagerij:** copper smithy || chaudronnerie *v*, forge *v* de cuivre *m* || Kupferschmiede *v*; **-slagerswerk:** coppersmith's work || chaudronnerie *v* || Kupferschmiedearbeit *o*; **-slak:** slag of copper, copper slag || crasse *v* (scorie *v*) de cuivre *m* || Kupferschlacke *v*; **-smelting:** copper melting || fonte *v* du cuivre *m* || Kupferschmelzung *v*; **-snoer:** copper strand || toron *m* de cuivre *m* || Kupferlitze *v*; **-soldeer:** copper solder || soudure *v* de cuivre *m* || Kupferlot *o*; **-spons:** copper sponge || éponge *v* de cuivre *m* || Kupferschwamm *m*; **-staaf:** copper bar || barre *v* de cuivre *m* || Kupferbarre *v*; **-staaldraad:** copper plated steel wire || fil *m* compound (d'acier *m* chemisé, d'acier *m* doublé) de cuivre *m* || Kupferstahldraht *m*; **-steen:** copper matt[e], copper metal (matrix), regulus of copper || matte *v* de cuivre *m* || Kupferstein *m*; **-sulfide:** *zie* **cuprisulfide; -sulfuur:** *zie* **cuprosulfide; -verliezen:** copper losses || pertes *vm* dans le cuivre *m* || Kupferverluste *mm*; **-vitriool:** *zie* **cuprisulfaat; -vulfactor:** copper space factor || facteur *m* de remplissage-cuivre *m* || Kupferfüllfaktor *m*; **-vijlsel:** copper (brass) filings || limaille *m* de cuivre *m* || Kupferspäne *mm*, -feilicht *o*; **-zinkelement:** copper zinc cell || élément *m* cuivre-zinc || Kupferzinkelement *o*; **-zout:** copper salt || sel *m* de cuivre *m* || Kupfersalz *o*.

kopie: 1. (*algem.*): copy, replica (*kunstwerk*) || copie *v* || Kopie *v*; Abschrift *v*; Abklatsch *m*; Ablichtung *v*;
2. (*kopij*): copy [to be printed] || copie *v*, manuscrit *m* || Manuskript *o*.

kopieer|inkt: copying ink || encre *m* à copier || Kopiertinte *v*; **-lamp:** copying lamp (printing) lamp || lampe *v* à photocalquer || Kopierlampe *v*; **-linnen:** tracing cloth || papiertoile *v*; toile *v* à calquer || Kopierleinwand *v*; **-papier:** copy[ing] paper || papier *m* à copier, papier-glace *m* || Kopierpapier *o*; **-pers:** copying press || presse *v* à copier || Kopierpresse *v*; **-potlood:** copying pencil || crayon *m* à copier || Kopierbleistift *m*.

kopiëren: to copy || copier || kopieren.

koppel: 1. (*krachtenpaar*): couple || couple *m* || Kräftepaar *o*; **-, dempend:** damping couple || couple *m* d'amortissement *m* || Dämpfungsmoment *o*; **-, remmend:** braking couple || couple *m* freinant || Bremsmoment *o*;
2. (*gordel*): belt || ceinturon *m* || Koppel *o*, Leibriemen *m*, -gurt *m*.

koppel|as (*spw.*): coupled axle || essieu *m* [ac]couplé || Kuppelachse *v*; **-balk:** bridging (straining) beam || (poutre *v*) traversière *v* || Binde-, Koppelbalken *m*; **-beugel** (*spw.*): bent coupling link || manille *v* du tendeur *m* d'attelage *m* || Kupplungsbügel *m*; **-bout:** coupling bolt; coupling pin (*spw.*) || boulon *m* d'assemblage *m*; cheville *v* d'accouplement *m* (d'attelage *m*) (*spw.*) || Kupplungsbolzen *m*; **-bus:** bush || coquille *v* d'accouplement *m* || Kupplungsschale *v*; **-contactstop** (*concentrische*; *gepantserde*): (*concentric*; *metal-clad*) coupler plug ||

[élément *m* femelle] prolongateur *m* (*à contacts mm concentriques*; *blindé*) || (*konzentrische*; *metallgekapselte*) Kupplungssteckdose *v*; **- en ontkoppelinrichting:** engaging and disengaging gear || mécanisme *m* d'embrayage *m* et de débrayage *m* || Ein- und Ausrückvorrichtung *v*.

koppelen: 1. (*algem.*): to couple || accoupler || kuppeln;
2. (*spw.*): to couple the carriages (cars) || accoupler (accrocher, atteler) les wagons *mm* || die Wagen *mm* kuppeln;
3. (*auto*): to clutch in, to throw in the clutch || embrayer || kuppeln;
4. (*elektr.*): to couple || coupler || kuppeln; koppeln (*radio*).

koppel|flens: flange of coupling || plateau *m* d'accouplement *m* || Kupplungsflansch *m*; **-flens** (*v. e. as*): shaft flange (disc) || bride *v* d'arbre *m* || Wellenflansch *m*; **-haak** (*spw.*): drawhook || crochet *m* d'attelage *m* (de traction *v*) || Kuppel-, Zughaken *m*; **-haakbout** (*spw.*): coupling link pin || cheville *v* de crochet *m* de traction *v* || Zughakenbolzen *m*; **-hefboom:** clutch lever || levier *m* d'embrayage *m* (de débrayage *m*) || Kupplungshebel *m*; **-hoogte:** length outside pitch line; addendum (*Am.*) || hauteur *v* (longueur *v*) de la tête *v* || Kopfhöhe *v*.

koppeling: 1. (*het koppelen i. h. algem.*): coupling || accouplement *m*, couplage *m* || Kupplung *v*, Kuppeln *o*; Kopplung *v*, Koppeln *o* (*radio*);
2. (*machine*): coupling, clutch || accouplement *m* || Kupplung *v*; **-, directe:** direct coupling || accouplement *m* direct || direkte Kupplung *v*; **-, elastische:** elastic (flexible, expansion) coupling || accouplement *m* élastique (extensible) || elastische Kupplung *v*, Ausdehnungskupplung *v*; **-, hydraulische:** hydraulic coupling || accouplement *m* hydraulique || hydraulische Kupplung *v*; **-, losse:** loose (weak) coupling || accouplement *m* faible, couplage *m* lâche || lose Kupplung *v* **-, vaste:** fixed (tight) coupling || accouplement *m* inamovible (fixe), couplage *m* serré || feste Kupplung *v*;
3. (*spw.*): coupling || accouplement *m*, accrochage *m*, attelage *m* || Kupplung *v*; **-** (*elektr. spw.*)**:** interlocking gear || enclenchement *m* || Verschlußeinrichtung *v*; **- aanhalen, de:** to tighten the coupling || serrer l'attelage *m* || die Kupplung *v* spannen; **- inhaken, de:** to lock (to set) the coupling || faire l'attelage *m* || die Kupplung *v* einhängen (schließen); **- inzetten** (*uitzetten*), **de:** to connect (*to disconnect*), to put in (*to throw out of*) gear, to throw in (*out*) the clutch || embrayer (*débrayer*) || die Kupplung *v* einrücken (*ausrücken*) (schließen) (*lösen*); **- losgooien, de:** to disengage (to release) the coupling || défaire l'attelage *m* || die Kupplung *v* lösen; **- m. beweegbaar voorstuk:** flexible head coupler || accouplement *m* à tête *v* articulée || Kupplung *v* mit beweglichem Kupplungskopfe *m*; **- v. d. wissels:** coupling of points || accouplement *m* des aiguilles *vm* || Kupplung *v* der Weichen *vm*; **- v. wagongroepen:** coupling for groups of wagons || attelage *m* pour groupes *mm* de wagons *mm* || Gruppenwagenkupplung *v*;
4. (*auto*): clutch || embrayage *m* || Kupplung *v*; **- in oliebad:** clutch in oil bath || embrayage *m* à bain *m* d'huile *v* || Kupplung *v* im Ölbad *o*; **- inschakelen** (*uitschakelen*), **de:** to throw in (*out*) the clutch || embrayer (*débrayer*) || die Kupplung *v* einrücken (*ausrücken*); **- m. conus:** clutch with cone || embrayage *m* à cône *m* || Kupplung *v* mit Konus *m*; **- m. enige platen:** clutch with several plates, multi-plate clutch || embrayage *m* à disques *mm* multiples || Mehrscheibenkupplung *v*; **- m. enkele plaat:** clutch with single plate || embrayage *m* à monodisque || Einscheibenkupplung *v*; **-, droge:** dry clutch || embrayage *m* à sec || Trockenkupplung *v*; **-sbekleding:** clutch facing || garniture d'embrayage *m* || Kupplungsbelag *m*; **-sdekplaat:** clutch cover || couvercle *m* d'embrayage *m* || Kupplungsdeckel *m*; **-sdrukblok:** release bearing || butée *v* de débrayage *m* || Kupplungsdrucklager *m*; **-sdrukplaat:** pressure plate || plateau *m* d'embrayage *m* || Treibscheibe *v*, Druckplatte *v*; **-sgaffel:** clutch fork || fourchette *v* d'embrayage *m* || Kupplungsgelenkgabel *m*; **-spedaal:** clutch pedal || pédale *v* de débrayage *m* || Kupplungspedal *o*; **-splaat:** clutch disc || disque *m* d'embrayage *m* || Kupplungsscheibe *v*; **-sstang:** clutch rod || tringle *m* d'embrayage *m* || Kupplungsstange *v*;
5. (*elektr.*): coupling || couplage *m* || Kupplung *v*; **-, capacitieve:** capacitive coupling || couplage *m* par capacité *v* || kapazitive Kopplung *v*; **-, elektromagnetische:** electromagnetic coupling || accouplement *m* électromagnétique || elektromagnetische Kupplung *v*; **-, vaste** (*radio*)**:** tight coupling || couplage *m* serré || feste Kupplung *v*; **-sgraad:** coefficient of coupling of two circuits || coefficient *m* d'accouplement *m* de deux circuits *mm* || Kupplungsfaktor *m*.

koppel|inrichting: coupling device, engaging gear || mécanisme *m* d'accouplement *m* (d'accrochement *m*; d'embrayage *m*) ||

Einrück-, Kupplungsvorrichtung *v*; **-kabel** (*elektr.*)**:** electric coupler || coupleur *m* électrique || elektrische Kupplung *v*; **-kegel:** coupling cone || cône *m* d'accouplement *m* (d'embrayage *m*) || Kupplungskegel *m*; **-klauw** (*spw.*)**:** coupler (coupling) jaw, knuckle || griffe *v* (mâchoire *v*) d'attelage *m* || Kuppelklaue *v*; **-kruk** (*spw.*)**:** coupling crank || manivelle *v* d'accouplement *m* || Kuppelkurbel *v*; **-leiding** (*elektr.*)**:** inter-connecting feeder, interconnector || artère *v* (feeder *m*) d'interconnexion *v* || Kuppelleitung *v*; **-letters:** double letter || lettre *v* binaire || Ligature *v*, Doppelbuchstabe *v*; **-moer** (*spw.*)**:** coupling nut || écrou *m* de tendeur *m* || Kupplungsmutter *v*; **-mof:** coupling box || manchon *m* d'accouplement *m* || Kupplungsmuffe *v*; **-mof, halve:** half coupling box || coquille *v* (demi-manchon *m*) d'accouplement *m* || Kupplungsschale *v*; **-punt** (*kabelsp.*)**:** coupling point || point *m* d'accouplement *m* (d'accrochage *m*) || Anschlagpunkt *m*, Kuppelstelle *v*; **-reel** (*kabelsp.*)**:** guide rail || rail *m* d'accouplement *m* (de guidage *m*, d'accrochage *m*) || Kuppel-, Leitschiene *v*; **-ring:** coupling ring || anneau *m* d'assemblage *m* || Kupplungsring *m*; **-schijf** (*kabelsp.*)**:** coupling sheave || poulie *v* d'accouplement *m* (d'accrochage *m*) || Kuppelrolle *v*; **-schijf** (*flenskoppeling*)**:** flange of coupling || plateau *m* d'accouplement *m* || Kupplungscheibe *v*, -flansch *m*; **-schroef** (*spw.*)**:** coupling screw || tendeur *m* d'attelage *m* || Kupplungsschraube *v*; **-slang** (*spw.*)**:** brake (coupling) hose || boyau *m* (tuyau *m*) d'accouplement *m* flexible || Kuppelschlauch *m*; **-stang:** coupling rod || bielle *v* d'accouplement *m* || Kuppelstange *v*; **-stang** (*spw.*)**:** drag-, drawbar || barre *v* d'attelage *m* || Kupplungsstange *v*, Zugeisen *o*; **-stangen** (*spw.*)**:** couplings rods || barres *vm* d'accouplement *m* || Kupplungsgestänge *o*; **-stangveer:** drag spring || ressort *m* de la barre *v* d'attelage *m* || Kupplungsstangenfeder *v*; **-stuk** (*spw.*)**:** coupling member || pièce *v* d'attelage *m* || Kuppelglied *o*; **-wiel** (*spw.*)**:** coupled wheel || roue *v* accouplée || Kuppelrad *o*; **-zwengel** (*spw.*)**:** turning lever of the coupling || levier *m* à contrepoids *m* du tendeur *m* d'attelage *m* || Kuppelschwengel *m*, Kupplungshebel *m*.

kopshout: cross cut cross section, end grained wood || bois *m* de bout *m* || Stirn-, Quer-, Hirnholz *o*.

kopij: 1. (*algem.*)**:** copy || texte *m*, copie *v* || Text *m*;
2. : *zie* **kopie 2.**

koraal: coral || corail *m* || Koralle *v*; **-hout:** andaman red wood || bois *m* de corail *m* || Korallenholz *o*; **-kalk:** coral limestone || calcaire *m* corallien || Korallenkalk *m*; **-net:** coral net || farais *m* || Korallennetz *o*; **-rif:** coral reef || récif *m* de corail *m* || Korallenriff *o*; **-steen:** coral stone, corallite || pierre *v* coralienne || Korallenstein *m*; **-vormig:** coralline || corallin || korallenförmig.

korbeel: upper strut, shoulder tree || aisselier *m* || Achselband *o*.

koren: corn, grain || blé *m*, grain *m* || Korn *o*, Getreide *o*; **-maat:** corn measure || mesure *v* à grains *mm* || Korn-, Getreidemaß *o*; **-molen:** grain [grinding] (flour) mill || moulin *m* à blé *m* || Kornmühle *v*.

korf (*mand*)**:** basket || manne *v*, panier *m* || Korb *m*; **-boog:** basket handle arch, compound curve || arc *m* en anse *v* de panier *m* || Korb[henkel]bogen *m*, zusammengesetzter Bogen *m*; **-fles:** *zie* **mandefles.**

kor|nagel: *zie* **centerpons; -nis:** cornice, cyma || cymaise *v*, gueule *v* || Karnies *m*; **-nisboog:** reserved ogee arch || arc *m* en doucine *v* || Karniesbogen *m*; **-nisschaaf:** ogee (cornice) plane || grain *m* d'orge *v*, rabot *m* à doucine *v* || Karnieshobel *m*; **-nisschaafbeitel:** ogee iron || fer *m* doucine || Karnies[hebel]eisen *o*; **-noeljehout:** cornel wood || [bois *m* de] cornouiller *m* || Kornelkirschholz *o*; **-noeljehout, rood:** dog wood || [bois *m* de] cornouiller *m* sanguin || Hartriegelholz *o*.

korpus (*typogr.*)**:** size (body) of type || force *v* de corps *m* || Schriftgrad *m*, Kegelstärke *v*.

korrel: 1. (*algem.*)**:** grain || grain *m* || Korn *o*; **-, fijne** (*grove*)**:** fine (*coarse*) grain || grain *m* fin (*gros*) || feines (*grobes*) Korn *o*; **-, gladde:** smooth grain || grain *m* lisse || glattes Korn *o*; **-beton:** coarse concrete || béton *m* granulé || Kornbeton *m*; **-en:** to grain, to granulate, to corn || granuler, grener || körnen, granulieren; **-grootte:** size of grain || grosseur *v* du grain *m* || Korngröße *v*; **-grootteverdeling:** granulometry || granulométrie *v* || Korngrößeverteilung *v*, Granulometrie *v*; **-ig:** granular, granulated, grained || granuleux, grenu, granulé || körnig, gekörnt; **-ing:** graining, granulation || grainage *m*, granulation *v* || Körnung *v*, Granulierung *v*; **-kreps:** sand crêpe || sablé *m* || Sandkrepp *m*; **-lak:** seed lac || laque *m* en grains *mm* || Körnerlack *m*; **-mikrofoon:** granular microphone || microphone *m* à grenaille *v* || Körnermikrophon *o*; **-tin:** grain tin || étain *m* en grains *mm* (en larmes *vm*) || Körner-, Kornzinn *o*;

-vorm: shape of grain || forme *v* du grain *m* || Kornform *v*;
2.: *zie* **vizierkorrel.**
korsaai: kersey || créseau *m* || Kirsey *m*.
korst: crust, rind || croûte *v* || Kruste *v*, Rinde *v*.
kort: short || court || kurz.
korteling: putlog, scaffolding pole || boulin *m*, perche || Gerüststange *v*, Netzriegel *o*.
kor|ten: 1. (*korter maken i. h. algem.*): to shorten || raccourcir || [ver]kürzen;
2. (*riem*): to take up || raccourcir || kürzen;
3. (*korting geven*): to deduct (*from*) || déduire (*de*), diminuer || abziehen, kürzen; **-ting:** discount [1]); allowance [2]); trade discount [3]); deduction [4]) || escompte [1]) *m*; réduction [2]) *v*; rabais [3]) *m*; déduction [4]) *v* || Abzug [1]) [2]) *m*; Nachlaß [1]) [2]) [4]) *m*; Rabatt [1]) [2]) [3]) *m*.
kortgesloten: short circuited || court-circuité || kurzgeschlossen.
kortsluit|anker: short-circuit armature || induit *m* à court-circuit *m* || Kurzschlußanker *m*; **-borstel:** short-circuiting brush || balai *m* de court-circuit *m* || Kurzschlußbürste *v*; **-contact:** short-circuit contact || contact *m* de court-circuit *m* || Kurzschlußkontakt *m*; **-en:** to short-circuit || court-circuiter, mettre en court-circuit *m* || kurzschließen; **-er:** short-circuiting device || court-circuiteur *m*, commutateur *m* de mise *v* en court-circuit *m* || Kurzschließer *m*; **-impedantie:** short-circuit impedance || impédance *v* de court-circuit *m* || Kurzschlußimpedanz *v*; **-ing:** short-circuit; short-circuiting || court-circuit *m*; mise *v* en court-circuit *m* || Kurzschluß *m*; Kurzschließen *o*; **-ing maken** (*opheffen*): to cause (*to remove*) a short-circuit || occasionner (*interrompre*) un court-circuit *m* || Kurzschluß *m* verursachen (*aufheben*); **-ingsaantekentoestel:** short circuit recorder || indicateur-enregistreur *m* de court-circuit *m* || registrierender Kurzschlußanzeiger *m*; **-ingsaanwijzer:** short-circuit indicator || indicateur *m* de court-circuit *m* || Kurzschlußanzeiger *m*; **-ingskarakteristiek:** short-circuit diagram || caractéristique *v* de court-circuit *m* || Kurzschlußcharakteristik *v*; **-ingslamp:** short-circuit lamp || lampe *v* à court-circuit *m* || Kurzschlußlampe *v*; **-ingsmotor:** motor with short-circuited rotor || moteur *m* d'induction *v* avec induit *m* en court-circuit *m* || Kurzschlußmotor *m*; **-ingsopwekking:** short-circuit excitation || excitation *v* de court-circuit *m* || Kurzschlußerregung *v*; **-ingsoven:** short circuit furnace || four *m* à court-circuit *m* || Kurzschlußofen *m*; **-ingsrem:** short circuit brake || frein *m* à court-circuit *m* || Kurzschlußbremse *v*; **-ingsrotor:** short circuited rotor || induit *m* en court-circuit *m* || Kurzschlußrotor *m*; **-ingsverliezen:** short circuit losses || pertes *vm* par court-circuit *m* || Kurzschlußverluste *m*; **-proef:** short circuit test || essai *m* en court-circuit *m* || Kurzschlußversuch *m*; **-remming:** short circuit braking || freinage *m* par court-circuit *m* || Kurzschlußbremsung *v*; **-schakeling:** short circuit connection || connexion *v* en court-circuit *m* || Kurzschlußschaltung *v*; **-schijf:** short circuiting disc || disque *m* de court-circuit *m*, disque *m* court-circuiteur || Kurzschlußscheibe *v*; **-stand:** short circuit position || position *v* de court-circuit *m* || Kurzschlußstellung *v*; **-stop:** short circuit plug || cheville *v* (fiche *v*) de mise *v* en court-circuit *m* || Kurzschlußstöpsel *m*; **-stroom:** short circuit current || courant *m* de court-circuit *m* || Kurzschlußstrom *m*; **-toestel:** short circuiting device || court-circuiteur *m*, appareil *m* de mise *v* en court-circuit *m* || Kurzschlußapparat *m*; **-vonk:** short circuit spark || étincelle *v* de court-circuit *m* || Kurzschlußfunke[n] *m*; **-weerstand:** short circuit resistance || résistance *v* de court-circuit *m* || Kurzschlußwiderstand *m*; **-wikkeling:** short circuit winding || bobinage *m* (enroulement *m*) à court-circuit *m* || Kurzschlußwick[e]lung *v*.
korund: corundum || corindon *m* || Korund *m*; **-, blauw** (*edel*): *zie* **safier; -, geel:** *zie* **topaas, Oosterse; -, gewoon:** common corundum || corindon *m* harmophane, spathe *m* adamantin || Diamantspat *m*, gemeiner Korund *m*; **-, groen:** *zie* **smaragd, Oosterse; -, kunstmatig:** artificial corundum || corindon *m* artificiel || künstlicher Korund *m*; **-, rood** (*edel*): *zie* **robijn; -, violetblauw:** oriental amethyst || améthyste *v* orientale || orientalischer Amethyst *m*.
kortvezelig: with short fibre || à fibre *v* courte || kurzfaserig.
korvijnnagel: *zie* **karveelnagel.**
kost|en: 1. (*z. nw.*): cost[s], expenses || frais *mm* || Kosten *mrv*; **- per strekkende meter:** cost per meter run || frais *mm* par mètre *m* courant || Kosten *mrv* je laufendes(*n*) Meter *o*, *m*; **- v. aanleg:** first (initial, prime) cost || frais *mm* d'établissement *m* || Anlagekosten *mrv*; **- v. beproeving:** cost of testing || frais *mm* d'épreuve *v* || Prüf[ungs]kosten *mrv*;

---

1) Vooraf bedongen. 2) Later toegestaan. 3) Rabat. 4) Aftrek.

- v. exploitatie dekken: to cover its costs || couvrir les frais *mm* d'exploitation *v* || freibauen; **- v. herstel:** cost of repairs, repair expenses || frais *mm* de réparation *v* || Reparaturkosten *mrv*; **- v. h. leggen v. geleidingen:** cost of laying || frais *mm* de pose *v* || Verlegungskosten *mrv*; **- v. onderhoud:** cost of maintenance (of upkeep) || frais *mm* d'entretien *m* || Instandhaltungs-, Unterhaltungskosten *mrv*; **- v. vernieuwing:** renewal cost, cost of renewals || frais *mm* de renouvellement *m* || Erneuerungskosten *mrv*; **- v. vervaardiging:** cost of manufacture, manufacturing cost || frais *mm* de construction *v* (de fabricage *m*) || Herstellungskosten *mrv*; **- v. verzending:** expenses of freight, transport expenses || frais *mm* d'expédition *v* (de transport *m*) || Versandkosten *mrv*; **-, bijkomende:** incidental expenses || faux frais *mm* || Nebenkosten *mm*; **-begroting:** estimate [of the cost] || devis *m* || Kostenanschlag *m*;
2. (*ww.*): to cost || coûter || kosten; **-prijs*:** *zie* **prijs, kostende.**

kotter: 1. (*schip*): cutter || cotre *m*, cutter *m* || Kutter *m*;
2. (*gereedsch.mach.*): **-baar:** cutter bar, tool holder || tige *v* porte-foret || Bohrstange *v*, -spindel *v*; **-boor:** cutter drill || lame *v* || Bohrmesser *o*; **-machine:** groove cutting (roll fluting, die slatting) machine || canneleuse *v*, machine *v* à canneler [les cylindres *mm*] (à dégorger, à aléser) || Riffel-, Walzenfurch-, Raum[nadel]maschine *v*.

koud: cold || froid || kalt; **- gegoten:** cast cold || coulé froid (par intervalles *vm*) || kaltgüßig; **- getrokken:** cold drawn || étiré à froid *m*, écroui || kaltgezogen; **- liggen** (*oven*)**:** to be stopped || être hors feu *m* || kalt liegen; **- stoken** (*oven*)**:** to cool down || faire la braise *v* || kalt schüren; **-beitel** (*metaalbew.*)**:** cold chisel || burin *m* à métaux *mm* || Kalt-, Bankmeißel *m*; **-breukig:** cold short || cassant à froid *m*, tendre || kaltbrüchig; **-breukigheid:** cold brittleness || fragilité *v* à froid *m* || Kaltbrüchigkeit *v*; **-buigproef:** cold bending test || essai *m* de pliage *m* à froid *m* || Kaltbiegeprobe *v*; **-buigtoestel:** appliance for bending iron *m* when cold || appareil *m* à courber à froid *m* || Kaltbiegevorrichtung *v*; **-:** *zie na* **koudzaag; -waterleiding:** cold water mains || conduite *v* d'eau *v* froide || Kaltwasserleitung *v*; **-waterpomp:** cold (cooling) water pump || pompe *v* à eau *v* froide (à eau *v* de refroidissement *m*) || Kalt-, Kühlwasserpumpe *v*; **-waterreservoir:** cold water tank || bâche *v* à eau *v* froide || Kaltwasserbehälter *m*; **-waterspinmachine:** wet spinning frame || métier *m* à eau *v* froide || Kaltwasserspinnmaschine *v*; **-zaag:** cold saw || scie *v* à froid *m* || Kaltsäge *v*.

koude: cold || froid *m* || Kälte *v*; **-, in de:** cold || à froid *m* || in der Kälte *v*, kalt, Kalt-; **-, nodige:** [amount of] cold required, demand (requirement) of cold || [quantité *v* de] froid *m* nécessaire || Kältebedarf *m*; **-dampmachine:** cold vapour machine || machine *v* à vapeur *v* froide || Kaltdampfmaschine *v*; **-luchtmachine:** cold air machine || machine *v* frigorifique à air *m* || Kaltluftmaschine *v*; **-opwekking:** production of cold || production *v* de froid *m* || Kälteerzeugung *v*; **-verbruik:** cold consumption || consommation *v* de froid *m* || Kälteverbrauch *m*.

kous: 1. (*beenbekleding*)**:** stocking || bas *m* || Strumpf *m*;
2. (*touw, staaldraad*)**:** thimble, dead eye || cosse *v* || Kausch *v*;
3.: *zie* **pit 5;**
4.: *zie* **gloeikous;**
5. (*kabel*)**:** cable shoe, gummet-thimble || cosse *v* (cosette *v*, boucle *v*) de câble *m*, estrope *v* || Kabelschuh *m*, Seilkausche *v*.

kouter: coulter || coutre *m* || Kolter *o*.

kozijn: 1. (*deur*)**:** doorcase, -casing || cadre *m* de porte *v* || Türeinfassung *v*, -gerüst *o*; **-dorpel** (*beneden*)**:** sill || seuil *m* || Schwelle *v*; **-dorpel** (*boven*)**:** header, lintel || linteau *m* || Kappe *v*, Querhaupt *o*; **-stijl:** door post (jamb) || montant *m* [de porte *v*] || [Tür]pfosten *m*;
2. (*venster*)**:** sash, window frame || châssis *m* de fenêtre *v* || [Fenster]-rahmen *m*; **-dorpel** (*beneden*)**:** sill || appui *m* || Brüstung *v*; **-dorpel** (*boven*)**:** header, lintel || linteau *m* || Kappe *v*, Querhaupt *o*.

kraag: 1. (*algem.*)**:** collar || col *m*; collet *m* || Kragen *m*; **-blok:** collar thrust bearing || palier *m* à cannelures *vm* (à gorges *vm*, de butée *v*) || Kammlager *o*; **-schroef** (*reel*)**:** sleeper (coach) screw, screw spike || tire-fond *m* || Schienen-, Schwellenschraube *v*; **-steen:** corbel, truss, ancone, console || ancone *v*, corbeau *m*, console *v* || Balken-, Kragstein *m*; **-tap:** thrust (collar) journal || tourillon *m* à cannelures *vm* || Kammzapfen *m*;
2. (*a. h. eind v. e. buis*)**:** flange, flanging || bride *v*, collet *m*, bord *m* tombé (rabattu), emboutissage *m* || Bördel *m*, Krempe *v*, Umbördelung *v*;
3. (*i. h. midden v. e. buis*)**:** collar || bourrelet *m*, collet *m* || Wulst *v*;
4. (*v. zeildoek, scheepst.*)**:** coat, collar || braie *v*, embrelure *v* || Kragen *m*.

kraaiennest (*scheepst.*)**:** crow's nest || nid *m* de corbeau *m* || Krähennest *o*.

kraak: 1.: *zie* **barst** *en* **scheur; 2.** (*chem.*): **-destillatie:** cracking [distillation] || cracking *m* || Krackdestillation *v*; **-inrichting:** cracking apparatus (plant) || appareil *m* (installation *v*) de cracking *m* || Krackvorrichtung *v*; **-proces:** cracking process || [procédé *m* de] cracking *m* || Krackprozeß *m*, -verfahren *o*, -vorgang *m*; **-temperatuur:** cracking temperature || température *v* de cracking *m* || Kracktemperatur *v*.

kraal: 1. (*rijgkraal*): bead || perle *v* || Perle *v*; **2.** (*timmerw., enz.*): bead || baguette *v* || Rund-, Dreiviertelstab *m*; **-hoekstaal:** bulb angle steel || cornière *v* à boudin *m* || Wulstwinkelstahl *m*; **-schaaf:** cornice (moulding, ogee) plane || grain *m* d'orge *m*, rabot *m* à moulure *v* || Karnies-, Kehl-, Simshobel *m*; **-schijfbeitel:** moulding plane iron || fer *m* à moulure *v* (de grain *m* d'orge *v*) || Kehl[hobel]eisen *o*; **-schijfbeitel m. aanslag:** moulding plane with ledge || grain *m* d'orge *v* à joue *v* || Kehlhobel *m* mit Anschlag *m*; **-staal:** bulb steel || acier *m* à boudin *m* [Flach]wulststahl *m*.

kraan: 1. (*hefwerktuig*): crane || grue *v* || Kran *m*; **- bedienen, een:** to attend a crane || conduire une grue *v* || einen Kran *m* bedienen; **- bestrijkt een oppervlak van, de:** the crane serves a working area of || la grue *v* possède un rayon *m* d'action *v* de || der Kran *m* bestreicht ein Arbeitsfeld *o* von; **- draaien, een:** to slew (to swing) a crane || tourner (faire pivoter) une grue *v* || einen Kran *m* drehen (schwenken); **- in gebruik b. h. bouwen v. schepen:** building crane || grue *v* de bâtiment *m* (de chantier *m* de construction *v*) || Baukran *m*; **- m. arm:** jib crane || grue *v* à flèche *v* || Auslegerkran *m*; **- m. drie schoren:** *zie* **dirkkraan; - m. grijpklauwen:** claw crane || grue *v* à griffes *vm* || Pratzenkran *m*; **- m. horizontale uitleggers:** cantilever crane || grue *v* à flèches *vm* horizontales, grue-cantilever *v* || Ausleger[bock]-, Kantileverkran *m*; **- m. spil:** pillar crane || grue *v* à colonne *v* (à fût *m*) || Säulenkran *m*; **- opstellen, een:** to erect a crane || installer (monter) une grue *v* || einen Kran *m* aufstellen (montieren); **- stellen, een:** to put up a crane || dresser (lever) une grue *v* || einen Kran *m* hochziehen; **- v. handkracht:** hand crane || grue *v* à main *v* || Handkran *m*; **- v. h. brengen v. gietstukken i. e. oven:** block (ingot) charging crane || grue *v* d'enfournement *m* des lingots *mm*, enfourneuse *v* de lingots *mm* || Blockeinsetzkran *m*; **- v. h. laden v. erts:** ore loading crane || grue *v* de chargement *m* de minérais *mm* || Erzverladekran *m*; **- v. h. lichten v. locomotieven:** locomotive crane || grue *v* à soulever les locomotives *vm* || Lokomotivhebekran *m*; **- v. zeer zware lasten:** giant (Goliath) crane || grue *v* géante, grue *v* Titan || Riesen-, Schwerlastkran *m*; **-, drijvende:** floating crane || grue *v* flottante || schwimmender Kran *m*, Pontonkran *m*; **-, verrijdbare:** travelling crane || grue *v* mobile || fahrbarer Kran *m*; **-, vrijstaande:** independant (isolated) crane || grue *v* isolé || freistehender Kran *m*; **-aanleg:** crane installation || installation *v* de grue *v* || Krananlage *v*; **-arm:** crane jib || bras *m* (flèche *v*, volée *v*) de grue *v* || Kranausleger *m*, -auslader *m*; **-arm inhalen** (*omzetten*), **de:** to pull (*to reverse*) in the jib || raccourcir le tirant *m*, relever la flèche *v* (*rabattre la flèche v*) || den Ausleger *m* einziehen (*umlegen*); **-armkop:** jib head || bec *m* de la grue *v* || Auslegerkopf *m*, Kranschnabel *m*; **-armschoor:** jib stay || poussard *m* || Auslegerbaum *m*, -träger *m*; **-balk** (*v. e. loopkraan*): crane girder || longeron *m* (poutre *v*) de pont-roulant *m* || Kranbalken *m*, -brücke *v*, -träger *m*; **-balk** (*scheepst.*): cathead || bossoir *m* || Kranbalken *m*; **-bediening:** attendance of crane || conduite *v* (service *m*) de la grue *v* || Kranbedienung *v*, -wartung *v*; **-bedrijf:** crane working || service *m* au moyen *m* d'une grue *v* || Kranbetrieb *m*; **-belasting:** crane loading || charge *v* supportée par la grue *v* || Kranbelastung *v*; **-beproevingswagen:** crane loading truck || chariot *m* pour l'épreuve *v* des grues *vm* || Kranbelastungswagen *m*; **-berekening:** crane calculation || calcul *m* de grue *v* || Kranberechnung *v*; **-bestuurder:** crane attendant || conducteur *m* (mécanicien *m*) de grue *v*, grutier *m* || Kranführer *m*, -maschinist *m*; **-borst:** main girder of crane, crane strut || poitrail *m* de la charpente *v* de grue *v* || Kranbrust *v*; **-bouw:** crane building (construction) || construction *v* de grues *vm* || Kranbau *m*; **-brug:** crane bridge || pont *m* de grue *v* || Kranbrücke *v*; **-draad:** crane cable (rope) || câble *m* de grue *v* || Kranseil *o*; **-draaischijf:** curb ring || plaque *v* tournante de grue *v* || Krandrehscheibe *v*; **-drijfwerk:** crane working gear || mécanisme *m* de grue *v* || Krantriebwerk *o*; **-drijver:** *zie* **kraanbestuurder; -fabriek:** crane manufacturing works || atelier *m* de construction *v* (fabrique *v*) de grues *vm* || Kranfabrik *v*; **-freem:** framework of crane || bâti *m* de grue *v* || Krangerüst *o*; **-fundatieblok:** crane foundation block || massif *m* de fondation *v* d'une grue *v* || Kranfundamentblock *m*, -klotz *m*; **-huis:**

crane hut || cabine *v* (guérite *v*) de grue *v* || Kranhaus *o*; **-inrichting:** arrangement of crane || dispositif *m* (système *m*) de grue *v* || Krananordnung *v*; **-katrol:** crane pulley block || moufle *v* d'une grue *v* || Kranrollenzug *m*; **-kipinrichting:** crane tipping device || basculeur *m* de grue *v* || Krankipper *m*; **-last:** crane load || charge *v* (poids *m*) utile, fardeau *m* (charge *v*) [de travail *m*] de la grue *v* || Kranlast *v*; **-lier:** crane winch || treuil *m* de grue *v* || Kranwinde *v*; **-locomotief:** crane locomotive || grue-locomotive *v* || Kranlokomotiv[e] *v*; **-loopwagen:** crane crab (trolley), bogie wagon || chariot *m* de grue *v* (de pont-roulant *m*) || Krank-, Laufkatze *v*, Fahrgestell *o*, Laufwagen *m*; **-machinist:** *zie* **kraanbestuurder; -monteur:** crane fitter || monteur *m* de grues *vm* || Kranmonteur *m*; **-motor:** crane motor || moteur *m* de grue *v* || Kranmotor *m*; **-opstelling:** crane erection || montage *m* d'une grue *v* || Kranaufstellung *v*; **-ponton:** crane pontoon || ponton *m* de grue *v* || Kranponton *m*; **-reel:** crane rail || rail *m* pour grue *v* || Kranschiene *v*; **-rem:** crane brake || frein *m* de grue *v* || Kranbremse *v*; **-rijmechanisme:** crane travelling gear || mécanisme *m* de déplacement *m* (de roulement *m*) de la grue || Kranfahrwerk *o*; **-rijmotor:** traversing crane motor || moteur *m* commandant la translation *v* d'une grue *v* || Kranfahrmotor *m*; **-schoor:** crane strut || tirant *m* de grue *v* || Kranstrebe *v*; **-spil:** crane column (pillar) || colonne *v* (fût *m*) de grue *v* || Kransäule *v*; **-spoor:** crane track || voie *v* de roulement *m* de grue *v* || Kranbahn *v*; **-spoorbalk:** crane track girder || longeron *m* de support *m* de la voie *v* de roulement *m* || Kranbahnträger *m*; **-spoorstijl:** crane track column || colonne *v* (pilier *m*) du chemin *m* de roulement *m* de la grue *v* || Kranbahnsäule *v*, -stütze *v*; **-stijl** (*loopkraan*)**:** crane leg (support) || montant *m* (pied *m*) de grue-portique *v* || Kranbein *o*, -fuß *m*, Bockständer *m*; **-verplaatsing:** crane travelling || mouvement *m* de déplacement *m* (de translation *v*) de la grue *v* || Kran[fahr]bewegung *v*, -fahren *o*; **-verplaatsingsregelaar:** crane motion controller || contrôleur *m* de translation *v* de la grue *v* || Kranfahrsteuerwalze *v*; **-vlucht:** crane working area || champ *m* de travail *m* (rayon *m* d'action *v*) d'une grue *v* || Arbeitsbereich *m* (Arbeitsfeld *o*) eines Krans *m*; **-wagen** (*spw.*)**:** crane truck, derrick car || wagon-grue *m* || Kranwagen *m*;

2. (*afsluitkraan*)**:** [stop]cock, tap || robinet *m* [d'arrêt *m*] || [Absperr]hahn *m*; *zie ook* **afsluiter; - inslijpen, een:** to grind in a cock || roder un robinet *m* || einen Hahn *m* einschleifen; **- m. dubbele dwarsdoorboring:** cock with double bore || robinet *m* à double canal *m* transversal || Hahn *m* mit doppelter Querbohrung *v*; **-openen** (*sluiten*)**, een:** to open (*to shut*) a cock || ouvrir (*fermer*) un robinet *m* || einen Hahn *m* öffnen (offendrehen) (*schließen, zudrehen*); **-, rechte:** straight way cock, globe cock || robinet *m* droit (ordinaire) || Durchgangshahn *m*; **-handgreep:** cock handle || poignée *v* de robinet *m* || Hahngriff *m*; **-huis:** body of cock || boisseau *m* de robinet *m* || Hahngehäuse *o*; **-kegel:** plug of cock || noix *v* (tournant *m*) de robinet *m* || Hahnkegel *m*, -küken *o*, -reiber *m*, -wirbel *m*; **-kop:** crane head || tête *v* de robinet *m* || Hahnkopf *m*; **-ruimer:** cock picker || sonde *v* de robinet *m* || Hahnkrätzer *m*; **-sleutel:** key of cock, cock spanner (wrench) || clé *v* (clef *v*) de robinet *m* || Hahnschlüssel *m*; **-stuk v. e. peilglastoestel:** water gauge casing || boîte *v* du niveau *m* d'eau *v* || Wasserstandsgehäuse *m*.

krabbelschijf: scraper disc (plate) || racloir *m* || Kratzenscheibe *v*.

krab|ben (*anker*) (*scheepst.*)**:** *zie* **slippen 4; -ber:** scraper, scraping iron, scratcher || grattoir *m*, racloir *m* || Kratze *v*, Kratz-, Schabeisen *o*, Schaber *m*, Kratzer *m*.

kracht: force, power || force *v*; effort *m* || Kraft *v*; **- achteruit** (*vooruit*)**, volle:** full speed astern (*ahead*) || grande (pleine, toute) vitesse *v* en arrière *m* (*en avant m*) || Volldampf *m* rückwärts (*vorwärts*); **- doen aangrijpen, een:** to apply a force || appliquer une force *v* || eine Kraft *v* anbringen; **- en last:** power and weight || force *v* mouvante et force *v* résistante || Kraft *v* und Last *v*; **- ontbinden, een:** to resolve a force || décomposer une force *v* || eine Kraft *v* zerlegen; **- v. inductie, elektromotorische:** induced electromotive force || force *v* électromotrice d'induction *v* (induite) || induktionselektromotorische Kraft *v*, E.M.K. *v* der Induktion *v*; **- v. d. regulateur:** regulating power of the governor || énergie *v* du régulateur *m* || Verstellkraft *v* des Reglers *m*; **- v. d. uitstroming:** energy of [out]flow || énergie *v* d'écoulement *m* || [Aus]strömungsenergie *v*; **- v. e. vuurwapen:** projecting power of a firearm || rendement *m* d'une arme *v* à feu *m* || Kraft *v* einer Feuerwaffe *v*; **-, aangelegde:** impressed force || force *v* imprimée || eingeprägte Kraft *v*; **-, aangelegde elektromotorische:** impressed

E.M.F. || f.e.m. *v* appliquée || aufgedrückte E.M.K. *v*; **-, afschuivende:** shearing force || force *v* de cisaillement *m* || Scher-, Schubkraft *v*; **-, effectieve:** effective power || force *v* effective || Nutzkraft *v*; **-, effectieve elektromotorische:** effective electromotive force || force *v* électromotive utile || wirksame elektromotorische Kraft *v*; **-, elektrische:** electric force || force *v* électrique || elektrische Kraft *v*; **-, elektrodynamische:** electrodynamic force || force *v* électrodynamique || elektrodynamische Kraft *v*; **-, elektromagnetische:** electromagnetic force || force *v* électromagnétique || elektromagnetische Kraft *v*; **-, elektromotorische:** electromotive force, E.M.F. || force *v* électromotrice, f.e.m. || elektromotorische Kraft *v*, E.M.K.; **-, elektrostatische:** electrostatic force || force *v* électrostatique || elektrostatische Kraft *v*; **-, halve:** half speed || demi-vitesse *v* || halbe Kraft *v*; Halbdampf *m*; **-, hydraulische:** hydraulic power, waterpower || force *v* hydraulique || Wasserkraft *v*; **-, levende:** *zie* **energie, kinetische; -, magnetische:** magnetic force || force *v* magnétique || magnetische Kraft *v*; **-, magnetiserende:** magnetising force || force *v* magnétisante || magnetisierende Kraft *v*; **-, magnetomotorische:** magneto-motive force, M.M.F. || force *v* magnéto-motrice, f.m.m. || magnetomotorische Kraft *v*, M.M.K.; **-, mechanische:** mechanical force || force *v* méchanique || mechanische Kraft *v*; **-, m. volle:** at full force (power, steam) || à toute puissance *v* (vapeur *v*, vitesse *v*, volée *v*) || mit voller Kraft *v*; **-, middelpuntvliedende** (*-zoekende*)**:** centrifugal (radial) (*centripetal*) force || force *v* centrifuge (radial) (*centripète, normale*) || Flieh-, Zentrifugal-, Radialkraft *v* (*Zentripetal-, Zustrebe-, Normalkraft v*); **-, normale:** normal power || force *v* normale || Normalkraft *v*; **-, normale** (*loodrechte*)**:** force at right angles || effort *m* normale || Kraft *v* unter 90°; **-, nuttige:** *zie* **kracht, effectieve; -, ogenblikkelijke:** instantaneous force || force *v* instantanée || Momentenkraft *v*; **-, opstuwende:** lift || force *v* ascensionnelle || Auftrieb *m*; **-, ponderomotorische:** ponderomotive force || force *v* pondéromotrice || ponderomotorische Kraft *v*; **-, tangentiële:** tangential (turning) force || effort *m* tangentiel || Tangential-, Drehkraft *v*; **-, thermo-elektrische:** thermoelectric power || force *v* thermo-électrique || thermoelektrische Kraft *v*; **-, versnellende** (*vertragende*)**:** accelerating (*retarding*) force || force *v* accélératrice (*retardatrice*) || beschleunigende (*verzogernde*) Kraft *v*; **-, wisselende:** alternating force || force *v* alternative (alternante) || alternierende (wechselnde) Kraft *v*; **-aanleg, hydraulische:** waterpower plant || installation *v* hydraulique || Wasserkraftanlage *v*; **-aanwinst:** gain of power || gain *m* de puissance *v* || Kraftgewinn *m*; **-afgifte:** supply of power || cession *v* d'énergie *v* (*à*) || Kraftabgabe *v*; **-arm** (*hefboom*)**:** arm (lever) of the force || bras *m* de levier *m* de la force *v* || Hebelarm *m* (Dreharm *m*) der Kraft *v*; **-bron:** source of energy || source *v* d'énergie *v* (de force *v* motrice) || Kraftquelle *v*; **-buis:** tube of force || tube *v* de force *v* || Kraftrohr *o*; **-centrale:** central power plant || centrale *v* de force *v* motrice || Krafthaus *o*, -werk *o*, -zentrale *v*; **-centrale** (*spw.*)**:** railway power house (station) || centrale *v* de chemin *m* de fer *m* || Bahnkraftwerk *o*, -zentrale *v*; **-centrale, hydraulische:** central hydraulic station || centrale *v* hydraulique || hydraulische Kraftzentrale *v*, Wasserkraftzentrale *v*; **-eenheid:** unit of power (force) || unité *v* de force *v* || Krafteinheit *v*; **-en doen samenwerken:** to combine forces || composer des forces *vm* || Kräfte *vm* zusammensetzen; **-en heffen elkander op, de:** the forces are in equilibrium (balance each other) || les forces *vm* s'annulent (s'équilibrent) || die Kräfte *vm* stehen im Gleichgewicht *o* (heben sich auf); **-en werken in dezelfde** (*tegengestelde*) **richting, de:** the forces are in the same direction (*in opposite directions*) || les forces *vm* agissent dans le même sens *m* (*en sens m contraire*) || die Kräfte *vm* sind gleichgerichtet (*entgegengesetzt*); **-en, gelijkgerichte** (*tegengesteld gerichte*)**:** forces working in the same direction (*in opposite directions*) || forces *vm* de même sens *m* (*de sens m contraire*) || gleichgerichtete (*entgegengesetzte*) Kräfte *vm*; **-endiagram:** diagram (polygon) of forces, stress diagram || diagramme *m* (polygone *m*) des forces *vm* || Kräfteplan *m*, -zug *m*, -diagramm *o*; **-endriehoek:** triangle of forces || triangle *m* de forces *vm* || Kräftedreieck *o*; **-enevenwicht:** balancing (equilibrium) of forces || équilibre *m* des forces *vm* || Gleichgewicht *o* der Kräfte *vm*; **-enfiguur v. Cremona:** Cremona's polygon of forces || diagramme *m* de Crémona || Cremonascher Kräfteplan *m*; **-enkoppel:** *zie* **koppel 1; -enmaatstaf:** scale of forces || échelle *v* des forces *vm* || Kräftemaßstab *m*; **-enparallelogram:** parallelogram of forces || parallélogramme *m* des forces *vm* || Kräfteparallelogramm *o*; **-enpolygoon:** *zie* **krachtendiagram; -ensamenstelling:**

combination of forces || composition *v* des forces *vm* || Zusammensetzung *v* von Kräften *vm*; **-enveelhoek:** *zie* **krachtendiagram; -enveelhoek, gesloten:** closed polygon of forces || polygone *m* des forces *vm* fermé || geschlossener Kräftezug *m*; **-enveld:** field of force || champ *m* de force *v* || Kraftfeld *o*; **-gas:** *zie* **dowsongas; -gasmotor:** producer gas engine || moteur *m* à gaz *m* pauvre || Kraftgasmotor *m*; **-ig:** powerfull || puissant || kraftvoll, mächtig; **-inschakelaar:** relay || relais *m* || Krafteinschalter *m*; **-installatie:** power plant || installation *v* reforce *v* motrice || Kraftanlage *v*; **-leiding:** power mains || canalisation *v* (transmission *v*) de force *v* (d'énergie *v* motrice) || Kraftleitung *v*; **-lijn:** line of force || ligne *v* de force *v* || Kraftlinie *v*; **-lijnen, gesloten:** closed path of the lines of force || flux *m* fermé des lignes *vm* de force *v*, flux *m* magnétique fermé || geschlossener Kraftlinienlauf *m*, Kraftlinienschluß *m*; **-lijnenafwijking:** deflection of the lines of force || déviation *v* des lignes *vm* de force *v* || Kraftlinienablenkung *v*; **-lijnenbaan:** course (path) of the lines of force || parcours *m* (trajet *m*) des lignes *vm* de force *v* || Kraftlinienweg *m*; **-lijnenbeeld:** magnetic figure || représentation *v* des lignes *vm* de force *v*, fantôme *m* (spectre *m*) magnétique || Kraftlinienbild *o*; **-lijnenbundel:** bundle of lines of force || faisceau *m* de lignes *vm* de force *v* || Kraftlinienbündel *o*; **-lijnendichtheid:** density of lines of force, flux density || densité *v* de champ *m* (flux *m*) magnétique, densité *v* des lignes *vm* de force *v* || Kraftfluß-, Kraftliniendichte *v*; **-lijnenovergang:** passage of the lines of force || passage *m* des lignes *vm* de force *v* || Kraftlinienübergang *m*; **-lijnenrichting:** direction of lines of force || direction *v* (sens *m*) des lignes *vm* de force *v* || Kraftlinienrichtung *v*; **-lijnenrichtingaanwijzer:** field direction indicator || indicateur *m* de sens *m* des lignes *vm* de force *v* || Kraftlinienrichtungszeiger *m*; **-lijnenspreiding:** *zie* **krachtlijnenstrooiing; -lijnenstrooiïng:** magnetic dispersion (leakage) || dispersion *v* des lignes *vm* de force *v* || Kraftlinienstreuung *v*; **-lijnenstroom:** flux of lines of force, magnetic flux || flux *m* magnétique (de lignes *vm* de force *v*) || Kraftlinienfluß *m*, -strom *m*, magnetischer Kraftfluß *m*; **-lijnenveld:** magnetic field || champ *m* de lignes *vm* de force *v* || Kraftlinienfeld *o*; **-lijnenverandering:** variation of flux || variation *v* du flux *m* magnétique || Kraftflußvariation *v*; **-lijnenverdeling:** distribution of magnetic flux || distribution *v* du flux *m* magnétique || Kraftflußverteilung *v*; **-lijnenverloop:** path of lines of force || trajet *m* des lignes *vm* de force *v* || Kraftlinienverlauf *m*; **-lijnenverschuiving:** displacement of the lines of force || déplacement *m* des lignes *vm* de force *v* || Kraftlinienverschiebung *v*; **-lijnenverspreiding:** fringing (spreading out) of the lines of force || diffusion *v* des lignes *vm* de force *v* || Kraftlinienausbreitung *v*; **-machine:** motor engine || moteur *m*, machine *v* motrice || Kraftmaschine *v*; **-meter:** dynamometer || dynamomètre *m* || Dynamometer *o*, *m*, Kraftmesser *m*; **-moment:** moment of force || moment *m* de la force *v* || Moment *o* der Kraft *v*, Kraftmoment *o*; **-ontbinding:** resolution of a force || décomposition *v* d'une force *v* || Kraftzerlegung *v*; **-ontneming:** absorption of power || absorption *v* d'énergie *v* || Kraftenabnahme *v*; **-ontwikkeling:** deployment of force || déploiement *m* des forces *vm* || Kraftenentwick[e]lung *v*; **-overbrenging:** transmission of power (of energy) || transmission *v* (transport *m*) d'energie *v* (de force *v*) || Kraftübertragung *v*; **-overbrenging d. e. ketting** (*riem*; *snaar*)**:** chain (*belt*; *rope*) drive (transmission) || transmission *v* par chaîne *v* (*courroie v*; *câble m*) || Kraftübertragung *v* durch Kette *v* (*Riemen m*; *Seil o*); **-overbrenging, haakse:** bell crank drive || commande *v* à équerre *v* || Winkelantrieb *m*; **-overbrengingsinstallatie:** power transmission device || installation *v* de transmission *v* de force *v* motrice || Kraftübertragungsanlage *v*; **-overbrengleiding:** power transmission line || ligne *v* de transport *m* de la force *v* motrice || Kraftübertragungsleitung *v*; **-proef:** output test || essai *m* de puissance *v* || Leistungsversuch *m*; **-reel:** power bus bar || barre *v* de force *v* (d'énergie *v*) motrice || Kraftschiene *v*; **-regelaar:** load governor || régulateur *m* de débit *m* (de puissance *v*) || Leistungsregler *m*, -regulator *m*; **-richting:** direction (sense) of force, direction in which force acts || direction *v* (sens *m*) de la force *v* || Kraftrichtung *v*, -sinn *m*; **-schakelbord:** power switch board || tableau *m* de distribution *v* de force *v* motrice || Kraftschalttafel *v*; **-sproeftocht, volle-:** *zie* **proefvaart bij volle kracht; -sproeier:** power jet || gicleur *m* de puissance *v* || Vollastdüse *v*; **-station:** power station || centrale *v* de force *v* motrice, station *v* géneratrice (centrale), usine *v* d'électricité *v* || Kraftstation *v*, -werk *o*, -zentrale *v*; **-stroom:** flux of force || flux *m* de force *v* || Kraftfluß *m*; **-stroom, elektrische:** *zie* **flux, elektrische; -trans-**

formator: power transformer || transformateur *m* pour force *v* motrice || Krafttransformator *m*; **-uitwisseling:** interchange of power || échange *v* de forces *vm* || Kräfteaustausch *m*; **-verbruik:** power consumption || consommation *v* d'énergie *v*, dépense *v* de force *v* || Kraftverbrauch *m*; **-verbruiker:** power consumer || consommateur *m* de force *v* motrice || Kraftkonsument *m*; **-verdeling:** distribution of power (energy) || distribution *v* de force *v* [motrice] || Kraftverteilung *v*; **-verlies:** energy loss, loss of power || perte *v* d'énergie *v* (de force *v*) || Kraftverlust *m*; **-werktuig:** *zie* **krachtmachine.**

kra|ken: 1. (*algem.*): to crack (*overg.*); to crack, to creak (*onoverg.*) || casser (*overg.*); craquer, craqueter, crier (*onoverg.*) || knacken (*overg.*); krachen, knarren (*onoverg.*);
2. (*chem.*): to crack || transformer par cracking *m* || kracken, [auf]spalten; **-king:** cracking || cracking *m*, crackage *m* || Krackung *v*, [Auf]spaltung *v*.

kram: 1. (*algem.*): clamp, cramp[ing], clasp, staple || crampon *m* || Klammer *m*, Krampe *v*; **-draad:** binding wire || fil *m* de ligature *v* || Bindedraht *m*; **-men:** to cramp, to clamp || cramponner || klammern;
2. *zie* **haakspijker.**

krans: 1. (*wiel*): *zie* **velg;**
2. (*touwwerk*): *zie* **grommer; -lijst** (*bouwk.*): weather moulding, cornice || larmier *m* || Kranz-, Rinnleiste *v*.

krant: *zie* **courant 1.**

kras: scratch || raie *v*, rayure *v* || Kratz *m*, Ritz *m*; **-bank:** scratching brush bench || four *m* de gratte-bossage *m* || Kratzbank *v*; **-borstel:** scratch[ing] brush || gratte-bosse *m* || Kratzbürste *v*; **-[borstel]machine:** scratching brush machine || gratte-bosseuse *v* || Kratzmaschine *v*; **-machine:** carding engine || machine *v* à carder || Kratzmaschine *v*; **-pen:** drawing point, marking awl || pointe *v* à tracer, traceret *m* || Kratzfeder *v*; **-proef:** scratch test || essai *m* scléro-métrique || Ritzversuch *v*; **-sen:** to scratch || rayer || kratzen; **-ijzer:** tracing point || traçoir *m* || Fahrstift *m*.

krat: 1. (*glas*): glass cage, skep || harasse *v* || Glaskiste *v*;
2. (*goederen*): luggage box (frame) || châssis *m* à bagages *mm* || Gepäckgestell *o*, -kasten *m*.

krater: crater || cratère *v* || Krater *m*; positiver Krater *m* (*booglamp*); **- v. e. ontploffing:** crater of explosion || cratère *v* d'explosion *v* || Explosionskrater *m*; **-vorming** (*bij elektroden*)**:** crater formation || cratérisation *v* || Aufrankung *v* des Brennfleckes *m*.

krats: dross || crasse *v* || Krätze *v*; **-wol:** carding wool || laine *v* de carde *v* (cardée) || Kratz-, Streichwolle *v*.

kremserwit: krems white || blanc *m* de Krems *m* || Kremserweiß *o*.

krengen (*scheepst.*)**:** to heave a ship down, to lay a vessel on a careen || abattre en carène *v*, mettre un navire *m* à la bande *v* || kielen, kielholen.

krep: *zie* **krip.**

krib (*rivier*)**:** groin, jetty || épi *m* || Buhne *v*, Krippe *v*; **-, verzonken:** immerged groin || épi *m* plongeant || Tauchbuhne *v*.

krimp (*inkrimping*)**:** shrinkage, shrinking, contraction || rétrécissement *m*, contraction *v*, retrait *m* || Schrumpf *m*, Schrumpfung *v*, Schwund *m*, Kontraktion *v*.

krimp|en: 1. (*inkrimpen i. h. algem.*): to shrink, to contract || se rétrécir, se contracter || schrumpfen, schwinden; **-barst:** crack due to contraction || fendille *v* due au retrait *m* || Schwindriß *m*; **-holte:** shrinkage hole || retassure *v* || Lunker *m*; **-kop** (*gieterij*)**:** dead (shrinkage) head || masselotte *v* || verlorener Kopf *m*; **-kram:** shrunk dowel || agrafe *v* posée à chaud *m* || Schrumpfklammer *v*; **-maat** (*bij gieten*)**:** measure of shrinkage, shrinkage rule || mesure *m* de retrait *m* (de contraction *v*) || Schwindmaß *o*; **-maatstaf:** contraction rule || échelle *v* de retrait *m* || Schwindmaßstab *m*; **-passing:** tight fit for shrinking on || alésage *m* de calage *m* à dilation *v* || Schrumpfsitz *m*; **-ring:** shrunk ring || frette *v* posée à chaud *m* || Schrumpfring *m*; **-scheur:** *zie* **krimpbarst; -scheuren door vorst:** frost shakes || gélivures *vm* || Wasserstich *m*, -schläge *mm*, Frostrisse *mm*; **-spanning:** pressure due to shrinking || pression *v* de frettage *m* à chaud *m* || Schrumpfspannung *v*; **-stuk:** shrinking plate (strap) || pièce *v* à calage *m* || Schrumpfplatte *v*, -lasche *v*;
2. (*beton*; *cement*; *enz.*): to contract; contraction || se contracter, se retraire; contraction *v*, retrait *m* || schwinden, sich zusammenziehen; Schwinden *o*, Zusammenziehen *o*; **-wapening:** contraction netting || treillis *m* contre le retrait *m* || Schwindnetz *o*; **-water:** shrink water || eau *v* de retrait *m* || Schwindwasser *o*;
3. (*stof*): to shrink || rentrer || eingehen, einlaufen, schwinden; **-ing:** shrinkage || rentrée *v* || Eingehen *o*, Einlaufen *o*; **-vrij:** unshrinkable, non-shrinkable || irrétrécissable, décati || nicht einlaufend, krimpfrei;
4. (*doen krimpen v. e. stof*): to shrink || décatir || krimpen.

kring: circle; cycle || cercle *m*; cycle *m* || Kreis *m*; Zyklus *m*; **-beweging:** circular movement || mouvement *m* circulaire || Kreisbewegung *v*; **-integraal:** *zie* **lijnintegraal, gesloten; -loop** (*gesloten*; *open*): (*closed*; *open*) cycle (circuit) || cycle *m* (circuit *m*) (*fermé*; *ouvert*) || (*geschlossener*; *offener*) Kreislauf *m*, -prozeß *m*, -vorgang *m*; **-proces:** *zie* **kringloop; -proces doorlopen, een:** to pass through a cycle || parcourir un cycle *m* || einen Kreisprozeß *m* durchlaufen; **-proces m. gelijkmatige druk:** constant pressure cycle || cycle *m* à pression *v* constante || Gleichdruckkreisprozeß *m*; **-proces sluiten, een:** to close a cycle || compléter (fermer) un cycle *m* || einen Kreisprozeß *m* schließen; **-proces v. Carnot:** Carnot's cycle || cycle *m* de Carnot || Carnotscher Kreisvorgang *m* (Kreisprozeß *m*); **-proces, gesloten:** closed (complete) cycle || cycle *m* complet (fermé) || geschlossener (vollständiger) Kreisprozeß *m* (Kreislauf *m*); **-proces, (on)omkeerbaar:** (*ir*)-reversible cycle || cycle *m* (*ir*)réversible || (*un*)umkehrbarer Kreisprozeß *m* (Kreisvorgang *m*, Kreislauf *m*); **-slinger:** circular pendulum || pendule *m* circulaire || Kreispendel *o*; **-stroom:** circular current || courant *m* circulaire || Kreisstrom *m*.

krip (*stof*): crêpe, [thick] crape || crêpe *m*, crépon *m* || Flor *m*, Krepp *m*, Krepon *o*, Crepon *o*; **-, geribd:** rib crape || crêpe *m* cannelé || Ripskrepp *o*; **-machine:** craping machine || machine *v* à crêper || Kreppmaschine *v*; **-pen** (*leder*): to crape || crêper || krausen, kreppen.

krispel|en (*leder*): to cripple, to grain || crépir, rebrousser || krispeln; **-hout:** crippling (graining) board || marguerite *v* à la main *v*, paumelle *v* || Krispelholz *o*; **-machine:** crippling (graining) machine || marguerite *v* mécanique, machine *v* à rebrousser || Krispelmaschine *v*.

kristal: 1. (*gekrist. stof*): crystal || cristal *m* || Kristall *m*; **-, draaibaar:** *zie* **kristal, oscillerend; -, dubbelbrekend:** birefringent (double refracting) crystal || cristal *m* biréfringent || doppelbrechender Kristall *m*; **-, oscillerend:** rotating (oscillating) crystal || cristal *m* tournant (oscillant) || Dreh-, Schwenkkristall *o*; **-, vloeibaar:** liquid crystal || cristal *m* liquide || flüssiger Kristall *m*; **-analyse:** crystal analysis || analyse *v* cristalline || Kristallstrukturuntersuchung *v*; **-as:** crystal axis, axis of a crystal || axe *m* de cristal *m* || Kristallachse *v*; **-detector:** crystal detector || détecteur *m* à cristal *m* || Kristalldetektor *m*; **-hars:** crystal resin || résinule *v* || Kristallharz *o*; **-helder:** crystalline || cristallin || kristallhell; **-houdend:** containing crystal || cristallifère || kristallhaltig; **-lens:** crystalline lens || cristallin *m*, lentille *v* cristalline || Kristallinse *v*; **-lisatie:** crystallization || cristallisation *v* || Kristallisation *v*; **-liseerbaar:** crystallizable || cristallisable || kristallisierbar; **-liseerbaarheid:** crystallizing property || cristallisabilité *v* || Kristallisierbarkeit *v*; **-liseren:** to crystallize || cristalliser (*overg.*); se cristalliser (*onoverg.*) || kristallisieren; **-lisering:** *zie* **kristallisatie; -liseervat:** crystallizing vessel, crystallizer || cristallisoir *m* || Kristallisationsgefäß *o*; **-lografie:** crystallography || cristallographie *v* || Kristallographie *v*; **-loïde:** crystalloid || cristalloïde *m* || Krystalloid *o*; **-lijn:** crystalline || cristallin || kristallin[isch]; **-naald:** crystal needle || aiguille *v* cristalline || Kristallnadel *v*; **-rooster:** crystal lattice || réseau *m* cristallin || Kristall-, Raumgitter *o*; **-spektrograaf:** crystal spectrograph || spectrographe *m* à cristal *m* || Kristall-[gitter]spektrograph *o*; **-stelsel:** crystal system || système *m* cristallin || Kristallsystem *o*; **-stelsel, hexagonaal** (*monoklien*; *regulair*; *rhombisch*; *tetragonaal*; *triklien*): hexagonal (*monoclinic*; *cubic* (*isometric*); *rhombic*; *tetragonal*; *triclinic*) crystal system || système *m* cristallin hexagonal (*clinorhombique*; *cubique* (*régulier*); *orthorhombique*; *quadratique* (*tétragonal*); *clinoédrique*) || hexagonales (*monoklines*; *reguläres*; *rhombisches*; *tetragonales*; *triklines*) Kristallsystem *o*; **-vlak:** crystal face || face *v* de cristal *m* || Kristallfläche *v*; **-vorm:** form of crystal, cristalline form || forme *v* cristalline || Kristallform *v*; **-vorming:** formation of crystals, crystallization || formation *v* de cristaux *mm*, cristallisation *v* || Kristallbildung *v*, Kristallisation *v*; **-water:** water of crystallization, crystallization water || eau *v* de cristallisation *v* || Kristall-[isations]wasser *o*;

2. (*voorw. v. kristalglas*): crystal || cristal *m* || Kristall *o*; **-fabriek:** crystal works || cristallerie *v* || Kristallfabrik *v*; **-glas:** crystal glass || cristal *m* || Kristallglas *o*; **-len** (*bijv. nw.*): [of] crystal || de cristal *m* || Kristall-, kristallen;

3.: *zie* **kristalglas.**

kritisch: critical || critique || kritisch.

kroes: crucible || creuset *m* || Tiegel *m*; **-, grafieten:** graphite crucible || creuset *m* en graphite *m* || Graphittiegel *m*; **-, porseleinen:** porcelain crucible || creuset *m* en porcellaine *v* || Porzellantiegel *m*; **-oven:** crucible kiln || four *m* à creuset *m* || Tiegelofen *m*; **-tang:** crucible shank || porte-creuset *m* || Tiegelhalter *m*.

kroe|zen: (*krullen*): to curl, to friz[z], to

tease || crêper, friser || kräuseln; **-zenstaal:** crucible steel || acier *m* au creuset *m* || Guß-, Kohlenstoff-, Tiegel-, Werkzeugstahl *m*; **-zetang:** crucible tongs || pince *v* (tenailles *vm*) à creuset *m* || Tiegelzange *v*.

krokoïet: crocoite, red lead ore || crocoise *v*, plomb *m* chromaté || Krokoit *m*, Rotbleierz *o*.

krom: bent, curved || courbé || krumm; **-dradig:** wavy fibred || à fibre *v* contourée || krummfaserig; **-lijnig:** curvilinear || curviligne || krummlinig.

kromme: curve || courbe *v* || Kurve *v*; **- der spektrale energieverdeling:** relative spectral curve || courbe *v* spectrale relative || Kurve *v* der spektralen Energieverteilung *v*; **-, algebraïsche:** algebraic[al] curve || courbe *v* algébrique || algebraische Kurve *v*; **-, ballistische:** ballistical curve || courbe *v* balistique || ballistische Kurve *v*; **-, hartvormige:** heartshaped curve || courbe *v* en coeur *m* || Herzkurve *v*; **-, logarithmische:** logarithmic curve || courbe *v* logarithmique || logaritmische Kurve *v*; **-, metacentrische:** metacentric curve || courbe *v* métacentrique || metazentrische Kurve *v*; **-, normale:** normal curve || courbe *v* normale || Normalkurve *v*; **-, onsymmetrische:** asymmetrical curve || courbe *v* asymétrique || unsymmetrische Kurve *v*; **-, samengestelde:** compound curve || courbe *v* composée || zusammengesetzte Kurve *v*.

krom|mer: crooked timber, saddle formed wood || bois *m* courbé || Krumm-, Sattelholz *o*; **-mes:** hollowing knife || plane *v* à lame *v* courbe, plane *v* creuse || Krummeisen *o*, Krummesser *o*.

kromming: curvature, bend, turn, curving || courb[ur]e *v* || Krümmung *v*; **-, lichte:** slight curving || courbure *v* légère || schlanke (leichte) Krümmung *v*; **-scirkel:** circle of curvature || cercle *m* de courbure *v* || Krümmungskreis *m*; **-mingsstraal:** radius of curvature (of curve) || rayon *m* de courbure *v* (de courbe *v*) || Krümmungshalbmesser *m*, -radius *m*.

krompasser: *zie* **buitenpasser.**

kromtrek|ken: **1.** (*gestel, enz.*): to twist; twisting || fausser; faussage *m*, torsion *v* || verwinden; Verwindung *v*; **-king v. d. buizen:** crooking of the tubes || gauchissement *m* des tubes *mm* || Krummziehen *o* der Rohre *om*; **-king v. d. rooster:** distorting (warping) of the grate || gauchissement *m* de la grille *v* || Werfen *o* des Rostes *m*; **-king v. d. zuigerstang:** bending of the piston rod || faussage *m* de la tige *v* de piston *m* || Krummziehen *o* der Kolbenstange *v*;
2. (*hout, enz.*): to distort, to warp, to buckle || se déjeter, se gauchir, se voiler, se déformer, se fausser || sich werfen, sich [ver]ziehen;
3. (*schoorsteen*): to bend, to become crooked || s'incurver, se courber || sich verkrümmen;
4. (*reels in horizontale* (*verticale*) *richting*): to warp (*to buckle*) || se déjeter dans le sens *m* horizontal (*vertical*), (*se bosseler*) || sich werfen (*sich in vertikale Richtung v verbiegen*).

kroon: **1.** (*algem.*): head, crown || sommet *m*, couronne *v* || Krone *v*; *zie ook* **krans; kruin; -, getande** (*boren*) (*mijnb.*): sawtoothed crown || couronne *v* à dents *vm* de scie *v* || Zahn-, Zackenkrone *v*; **-blok** (*boortoren*): crown block || moufle *v* fixe; couronne *v* || Turmrollenblock *o*, -rollenverlagerung *v*; **-bordes** (*boortoren*)**:** crown platform || plateforme *v* supérieure || Turmkronenbühne *v*; **-boor:** crown (splayed) drill, splayed jumper (boring tool) || perçoir *m* (trépan *m*) à couronne *v* || Kronenbohrer *m*; (*boren*) (*mijnb.*): annular auger || tarière *v* à couronne *v* || Kronenbohrer *m*; **-cirkel** (*tandwiel*): *zie* **kopcirkel** *onder* **kop 1; -front** (*mijnb.*): flat-back (stepped) face || maintenage *m*, gradin *m* couché (renversé) || Firstenstoß *m*; **-gewelf:** crown vault || voûte *v* huppée || Krongewölbe *o*; **-glas:** crown glass || verre *m* de couronne *v* || Kronglas *o*; **-lijn:** formation level || niveau *m* des remblais *mm* || Kronlinie *v*; **-lijst:** cornice || corniche *v* || Kranz-, Obergesims *o*; **-lijst, bovendeel v. e.:** crowning moulding of a cornice || surmoulure *v* d'une corniche. *v* || Oberglied *o* eines Gesimses *o*; **-moer:** castellated nut || écrou *m* crénelé (à entailles *vm*) || Kronenmutter *v*; **-schakelaar:** cluster switch || interrupteur *m* à couronne *v* || Kronenschalter *m*; **-staal:** crown steel || acier *m* à la couronne *v* || Kronstahl *m*; **-tin:** standard tin || étain *m* au titre *m* || Kronzinn *o*; **-werk** (*mijnb.*): overhead (overhand) stoping || travail *m* en couronne *v* || Abbau *m*; **-wiel:** *zie* **tandwiel, kegelvormig; -winning** (*mijnb.*): flat-back and stepped-face overhead stoping || méthode *v* des maintenages *mm* en gradins *mm* chassants renversés || Firstenbau *m*; **-zaag:** crown saw || scie *v* cylindrique || Kronsäge *v*;
2. (*lichtkroon*): chandelier, lustre || lustre *m* || Kronleuchter *m*.

kroos (*v. e. duig*)**:** chimb, croze || jable *m* || Gergel, Gargel *m*, Kröse *v*; **-ijzer:** croze iron || peigne *m* à jable *m* || Kröseisen *o*.

kropper: *zie* **doorzetter.**

krozen: to notch || jabler || gargeln, gergeln.

kruidnagel: clove || clou *m* de girofle *m* ||

[Gewürz]nelke *v*; **-boom:** clove tree || giroflier *m* || Gewürznelkenbaum *m*; **-olie:** clove oil || huile *v* de girofle *m* || [Gewürz]nelkenöl *o*.

krui|en: 1. *zie onder* **grond 1; -wagen:** wheelbarrow || brouette *v* || Schubkarren *m*;
2. (*ijs*): to drift; ice-shove || charrier [des glaçons *mm*]; débâcle *v* || mit [Treib]eis *o* gehen; Eistreiben *o*.

kruik: stone bottle, jar, pitcher || cruche *v* || Krug *m*.

krui|mel: crumb || miette *v* || Krume *v*, Krümel *m*; **-melig:** crummy, crumbly || s'émiettant aisément || krümelig.

kruin: 1. (*dam, dijk*): crown, head, summit, top || crête *v*, couronne *v*, sommet *m* || Krone *v*, Kappe *v*; **-breedte:** breadth at the top (summit) || largeur *v* en couronne *v* || Kronenbreite *v*; **-put** (*petr.*): crest[al] well || puits *m* de sommet *m* || Scheitelsonde *v*;
2. (*muur*): cap || chape *v* || Kappe *v*, Krone *v*.

kruip|afstand (*elektr.*): surface creeping distance || voie *v* de grimpement *m* || Kriechstrecke *v*; **-en** (*v. reels*): to creep || marcher || wandern.

kruis: 1. (*algem.*): cross || croix *v* || Kreuz *o*; **-, Bourgondisch** (*Andreaskruis*): St. Andrew's cross, cross (diagonal) stay, saltier cross || croix *v* de St. André (de Bourgogne), sautoir *m* || Andreas-, Schrägkreuz *o*, Burgundisches Kreuz *o*; **-, gevorkt:** pall || croix *v* fourchée (pairlée) || Gabelkreuz *o*, gegabeltes Kreuz *o*; **-, Grieks:** greek cross || croix *m* grecque || griechisches (gleicharmiges) Kreuz *o*; **-, Latijns:** latin cross || croix *v* latine (haussée) || lateinisches (hohes) Kreuz *o*; **-, Maltezer:** Maltese cross || croix *v* de Malte || Malteserkreuz *o*; **-, schuins:** *zie* **kruis, Bourgondisch;**
2. (*papierfabr.*): pile || étendoir *m* || Kreuz *o*;
3. (*draden*): lease || envergeure *v*, enverjure *v*, encroix *m* || [Faden]kreuz *o*, Gelese *o*;
4. (*anker*): cross, crown || croisée *v*, diamant *m* || Kreuze *o*;
5. (*munt*): obverse, face, head || avers *m*, croix *v*, effigie *v*, face *v*, tête *v* || Avers *m*, Bild-, Kopfseite *v*;
6. (*touwwerk*): cross || croix *v* || halber Schlag *m*, Kreuz *o*.

kruis|anker: diagonal stay || entretoise *v* oblique || Kreuzanker *m*; **-arcering:** counter-hatching || hachures *vm* croisées || Kreuzschraffierung *v*; **-arceringen maken:** to counterhatch, to crosshatch || contrehacher || gegenschraffieren, im Kreuz *o* schraffieren; **-baan:** crossing loop || voie *v* de croisement *m* || Kreuzungsgleis *o*; **-balk:** crossbeam || poutre *v* transversale, traverse *v*, traversin *m* || Querbalken *m*; **-beitel:** *zie* **ritsbeitel;** (*boren*) (*mijnb.*): star bit || trépan *m* en croix *v* || Kreuzmeissel *m*; **-reik** (*scheepst.*)**:** *zie* **vaarbereik; -beslag:** cross garnet || penture *v* en T *m* || Kreuzbandwerk *o*; **-beting:** gallows bitts || bitton *m* || Kreuzbeting *v*; **-beweging:** traverse (cross) motion || mouvement *m* croisé || Traversierbewegung *v*; **-bindsel:** round (cross) seizing || amarrage *m* bridé || Kreuzbändsel *o*; **-blok** (*v. draden*): crossing block || block *m* de croisement *m* || Kreuzungsblock *m*; **-boog:** diagonal (groined) arch || arc *m* arêtier, croisée *v* d'ogive *v* || Grat-, Kreuzbogen *m*; **-boor:** cross mouthed chisel (drill) || fleuret *m* à double tranchant *m* en croix *v* (en bonnet *m* de prêtre *v*) || Kreuzbohrer *m*; (*boren*) (*mijnb.*): cross-bit [borer] || fleuret *m* en croix *v* (à tête *v* carrée, à pointe *v* carrée || Kreuzbohrer *m*; (*diepboren*) (*mijnb.*): cross auger || tarière *v* en croix *v* || Kreuzmeißel *m*; **-dak:** cross roof || toit *m* en travers *m*, toiture *v* en croix *v* || Querdach *o*; **-draaischijf:** two way turntable || plaque *v* tournante par croisement *m* || Kreuzdrehscheibe *v*; **-elings:** crosswise, crossways, intersected || en croix *v*, en sautoir *m*, entrecroisé || kreuzweise, überschnitten; **-en** (*draden, enz.*): to cross || croiser || kreuzen; **-er:** cruiser || croiseur *m* || Kreuzer *m*; **-fineerwerk:** cross veneering || placage *m* à joints *mm* croisés || Kreuzfournier *o*; **-gang** (*weverij*): crossing of the portee || croix *m* de portée *v* || Gangkreuz *o*; **-gewelf:** cross vault[ing], groined roof || voûte *v* croisée (d'arête *v*) || Kreuzgewölbe *o*; **-haak:** T-square || équerre *v* à T *m* (double, té *m*) || Kreuzwinkel *m*; **-halster:** cross halter || licou *m* à la française *v* || Kreuzhalfter *v*; **-haspel:** turnstile || moulinet *m*, tourniquet *m* || Drehkreuz *o*; **-hoek** (*spw.*): angle of crossing || angle *m* de croisement *m* || Kreuzungswinkel *m*; **-hout:** cross rod (beam); marking gauge (*timmerm.*); cleat (*scheepst.*) || semelle *v* en bois *m*; trace-quin *m*, trusquin *m* (*timmerm.*); taquet *m* (*scheepst.*) || Kreuzholz *o*; Parallelmaß *o* (*timmerm.*); Kreuzholz (*scheepst.*); **-houw** (*vijl*): second (cross) cut || taille *v* croisée || Kreuzhieb *m*.

kruising: 1. (*weverij*): crossing || croisure *v* || Kreuzung *v*;
2. (*lijnen, leidingen, wegen, enz.*): crossing || croisement *m* || Kreuzung *v*; **-, rechthoekige:** right angle crossing || croisement *m* rectangulaire || rechtwinklige

Kreuzung *v*; **-smof** (*elektr.*): crossing box || manchon *m* de croisement *m* || Kreuzungsmuffe *v*;
3. (*spoorlijnen*): crossing of lines || croisement *m* de voies *vm* || Gleiskreuzung *v*; **- boven en onder de lijn:** overbridges and underbridges || passage *m* par dessus *m* et par dessous *m* || Über- und Unterführungen *vm*; **- m. doorlopende hoofdbaan:** crossing with uninterrupted main track || croisement *m* à voie *v* principale ininterrompue || Kreuzung *v* mit durchgehendem Hauptbahngleis *o*; **- m. omlegbare rails:** contractor's crossing || croisement *m* à rails *mm* pivotants || Schleppkreuzung *v*; **- v. kabelspoorwegen:** suspension railway crossing || croisement *m* de voie *v* suspendue || Hängebahnkreuzung *v*;
4. (*luchtleidingen*): overhead crossing || croisement *m* aérien || Luftkreuzung *v*;
5. (*treinen*): train crossing || croisement *m* de trains *mm* || Zugkreuzung *v*.

kruis|kapping: *zie* **kruishouw; -klamp** (*scheepst.*): belaying cleat || taquet *m* à cornes *vm* (de tournage *m*) || Beleg-, Kreuzklampe *v*; **-klem** (*kabelspoor*): crossing clamp || pince *v* de croisement *m* || Kreuzungsklemme *v*.

kruiskop: crosshead || crosse *v* (tête *v*) de piston *m* || Kreuskopf *m*; **- m. een glijslof:** single bar crosshead || crosse *v* à un patin *m* (à guidage *m* unilatéral) || einseitiger (eingleisiger) Kreuzkopf *m*; **- m. twee glijsloffen:** double bar crosshead || crosse *v* à deux patins *mm* (à guidage *m* bilatéral) || doppelseitiger (zweigleisiger) Kreuzkopf *m*; **- m. vier glijsloffen:** four bar type of crosshead || crosse *v* à quatre patins *mm* || viergleisiger Kreuzkopf *m*; **-, gesloten:** closed crosshead || crosse *v* fermée || geschlossener Kreuzkopf *m*; **-, gevorkte:** forked crosshead || crosse *v* fourchue || gabelförmiger (gegabelter) Kreuzkopf *m*; **-dwarsstang:** crosshead beam || traverse *v* || Querhaupt *o*, Traverse *v*; **-glijvlak:** sliding surface of the crosshead || surface *v* de glissement *m* de la crosse *v* || Gleitfläche *v* des Kreuzkopfes *m*; **-kap:** crosshead cap (cover) || chapeau *m* de crosse *v* || Kreuzkopf[lager]deckel *m*; **-[kussen]blok:** crosshead bearing || palier *m* de crosse *v* || Kreuzkopf[zapfen]-lager *o*; **-leibaan:** crosshead guide || glissière *v* de crosse *v* || Kreuzkopfführung *v*; **-lichaam:** body of the crosshead || corps *m* de la crosse *v* || Kreuzkopfkörper *m*; **-motor:** crosshead engine || moteur *m* à crosse *v* || Kreuzkopfmotor *m*; **-naaf:** boss for the piston rod || moyeu *m* de crosse *v* || Kreuzkopfnabe *v*; **-slede:** guide (slide) block || coulisseau *m* de crosse *v* || Gleitklotz *m*, Kreuzkopfschleifer *m*, -schlitten *m*; **-slof:** crosshead slipper (shoe) || patin *m* (semelle *v*) de crosse *v* || Kreuzkopf-[gleit]schuh *m*; **-spie:** crosshead cotter (key) || clavette *v* de la crosse *v* || Kreuzkopfkeil *m*; **-tap:** cross head pin || tourillon *m* de crosse *v* || Kreuzkopfzapfen *m*.

kruis|laag (*metselw.*): broken course || assise *v* à joints *mm* croisés || Kreuzschicht *v*; **-las** (*hout*): cross notching (jagging) || entaillage *m* cruciforme (en croix *v*) || kreuzförmige Überschneidung *v*; **-legger** (*spw.*): ribbed sleeper with rib on underside || longrine *v* à nervure *v* inférieure || Kreuzschwelle *v*; **-leider:** cross shaped link || guide *m* en croix *v* || Kreuzlenker *m*; **-lijn** (*terrein*): trace, line of intersection (contact) || trace *v* || Kreuz-, Schnitt-, Scharungslinie *v*; **-maat** (*letterg.*): prototype || prototype *m* || Kreuzmaß *o*; **-maat** (*weverij*): gauge || justifieur *m* || Kreuzmaß *m*; **-moerschijf:** squaring band pulley || poulie *v* du chariot *m* || Kreuzschnurscheibe *v*; **-pan:** lease tile || tuile *v* d'encroix *m* || Kreuzziegel *m*; **-pan, dubbele:** double gutter tile || tuile *v* à onglet *m* double || doppelter Falzziegel *m*; **-paneeldeur:** four pannelled door || porte *v* à quatre panneaux *mm* || Kreuztür *v*; **-pen** (*weverij*): lease pin || fiche *v* d'encroix *m* || Kreuz-, Schranknagel *m*; **-punt:** crossing [point] || point *m* de croisement *m* || Kreuzpunkt *m*, Kreuzungsstelle *v*; *zie ook* **kruising; -pijp:** *zie* **driewegpijp; -raam:** crossbar window; cross frame (*weverij*) || croisée *v*; encroix *m* (*weverij*) || Kreuzfenster *o*; Kreuzrahmen *o* (*weverij*); **-rad:** *zie* **draaiboom; -riem** (*zadel*): cross girth || sangle *v* croisée || Kreuzgurt *m*; **-roede** (*weverij*): lease bar || baguette *v* d'envergeure *v* || Kreuzrute *v*; **-[rol]isolator:** double transposition insulator || isolateur *m* de transposition *v* double || Isolator *m* für Linienkreuzung *v*; **-schakelaar:** intermediate switch || inverseur *m* || Kreuzschalter *m*; **-scharnierkoppeling:** universal (Hooke's) joint || accouplement *m* articulé, joint *m* universal (à Cardan, à rotule *v*) || Kreuzgelenkkupplung *v*, Kardangelenk *o*; **-schoor:** cross (diagonal) stay || entretoise *v*, croisée (en sautoir *m*) || Diagonal-, Kreuz-, Schrägestrebe *v*; **-schroef** (*v. e. geweer*): breech screw || vis *v* de culasse *v* || Kreuzschraube *v*; **-slag** (*touwwerk*): cross lay, twist in opposite direction || tors *m* (commettage *m*) croisé || Kreuzschlag *m*; (*walken*): cross fulling || foulure *v* en croix *v* ||

Kreuzschlag *m*; **-slaghamer:** about (straight pane) sledge || marteau *m* à devant *m* avec panne *v* en travers *m* || Kreuzschlaghammer *m*; **-snede** (*boor*): rose (cross) bit || taillant *m* en croix *v*; bonnet *m* d'évêque *m* || Kreuzschneide *v*; **-spilvijltje** (*horl.*): crossbar file || lime *v* de croisée *v* || Kreuzschenkelfeile *v*; **-station:** crossing (junction) station || gare *v* de croisement *m* || Kreuzungsstation *v*; **-steek:** cross stitch || point *m* croisé || Kreuzstich *m*; **-steen:** cross stone, harmotome || pierre *v* de croix *v*, harmotome *m* || Kreuzstein *m*, Harmotom *m*; **-steun:** crosspiece || croisillon *m* || Kreuzstutzen *m*; **-stok:** crossbar || croisée *v* || Kreuzstock *m*; **-stroom:** cross current || courant *m* croisé || Kreuzstrom *m*.

kruisstuk: 1. (*spw.*): crossing piece, frog || croisement *m* double, pièce *v* de croisement *m*, coeur *m* || Kreuzungs-, Herzstück *o*; **- m. beweegbare tongen:** crossing with movable points || croisement *m* à pointes *vm* mobiles || bewegliches Kreuzungsstück *o*; Kreuzungsstück *o* mit beweglichem Spitzen *vm*;
2. (*pijp*): four way pipe piece, crosspiece, cross union, joint member || pièce *v* (tuyau *m*) en croix *v*, croisillon *m* à deux branches *vm* || Kreuz-, Gelenkstück *o*;
3. (*elektr.*): *zie* **sterstuk.**

kruis|support (*gereedsch.mach.*): compound rest, table with cross feeds || support *m* à chariot *m* pivotant (à chariots *mm* croisés, chariot *m* (table *v*) à mouvement *m* transversal et vertical || Kreuzsupport *m*, -schlitten *m*; **-teugel:** coupling reins || rênes *vm* croisées || Kreuzzügel *m*; **-touw** (*brug*): spring line || croisière *v* || Kreuztau *o*; **-verband** (*metselwerk*): english cross bond || appareil *m* croisé (en carreaux *mm* et boutisses *vm*) || Kreuzverband *m*; **-verband** (*staalwerk*): cross (transverse) bracing || entretoisement *m* à treillis *m* croisé, appareil *m* croisé || Kreuzverband *m*; **-vormig:** cross-shaped, cruciform || en croix *v*, cruciforme || kreuzförmig; **-vuurbestraling:** cross fire || feux *mm* croisés || Kreuzfeuer *o*, Kreuzfeuerbestrahlung *v*; **-weg:** cross road, crossing || carrefour *m* || Kreuzweg *m*; **-wissel** (*spw.*): slip points, cross switch || traversée-jonction *v*, aiguille *v* de croisement *m* || Kreuz[ungs]-weiche *v*; **-wulf:** *zie* **kruisgewelf**; **-ijzer** (*gieterij*): chapelet, crown iron || chapelet *m* || Grenz-, Kranz-, Kreuzeisen *o*; **-zadel** (*spw.*): crossing saddle || selle *v* de croisement *m* || Kreuzungssattel *m*.

kruit: *zie* **buskruit.**

kruiwagen: wheel-barrow || brouette *v* || Schieb-, Schubkarren *m*, Schieb-, Schubkarre *v*.

kruk: 1. (*machine*): crank || manivelle *v*, coude *m* || Kurbel *v*, Kröpfung *v*; **- achteruit draaien, de:** to turn the crank backwards || tourner la manivelle *v* en arrière || die Kurbel *v* rückwärts drehen, rückwärts kurbeln, zurückkurbeln; **- draaien, de:** to turn the crank || tourner la manivelle *v* || die Kurbel *v* drehen, kurbeln; **- in de aanzetstand brengen, de:** to turn the crank to the starting position || placer la manivelle *v* dans la position *v* de mise *v* en marche *v* || die Kurbel *v* in die Anlaßstellung *v* einstellen; **- omkrimpen, de:** to shrink on the crank || emmancher la manivelle *v* à chaud sur l'arbre *m* || die Kurbel *v* warm aufziehen; **-oppersen, de:** to force the crank by hydraulic pressure || presser la manivelle *v* sur l'arbre *m* || die Kurbel *v* aufpressen; **- opspieën, de:** to key on the crank || claveter la manivelle *v* sur l'arbre *m* || die Kurbel *v* aufkeilen; **- v. handbeweging:** hand crank lever || manivelle *v* à bras *m* (à main *v*) || Handkurbel *v*; **- v. h. aanzetten:** starting handle || manivelle *v* de démarrage *m* (de lancement *m* de mise *v* en marche *v*) || Anlaßkurbel *v*; **- v. h. regelen v. d. beweging:** control crank lever || manivelle *v* de manoeuvre *v* || Steuerkurbel *v*; **- vooruit draaien:** to turn the crank forward || tourner la manivelle *v* en avant || die Kurbel *v* vorwärts drehen, vorwärtskurbeln; **-, enkele:** crank || manivelle *v* en bout || Stirnkurbel *v*; **-, samengestelde:** built up crank || manivelle *v* composée, arbre *m* à manivelle *v* en plusieurs pièces *vm* || zusammengesetzte (zusammengebaute) Kurbelwelle *v*; **-, verstelbare:** adjustable crank || manivelle *v* à rayon *m* variable || verstellbare Kurbel *v*; **-arm:** body of the crank, crank arm (web) || bras *m* (corps *m*, flasque *m*) de manivelle *v* || Kurbelarm *m*, -körper *m*; **-arm, rechte:** straight crank web || flasque *m* d'arbre-manivelle *m* droit || gerader Kurbelarm *m*; **-as** (*voorwerp*): crank shaft || arbre *m* de (à) manivelle *v*, arbre *m* coudé; vilebrequin *m* (*auto*; *vliegtg.*) || Kurbelwelle *v*; **-as m. één kruk** (*twee krukken*; *drie krukken*): one (*two*; *three*) throw crank shaft || arbre *m* coudé simple (*bicoudé*, *double coudé*; *triple coudé*) || einfach (*doppelt*; *dreifach*) gekröpfte Kurbelwelle *v*; **-as m. drie kussenblokken:** three bearing crank shaft || arbre *m* à manivelle *v* à trois paliers *mm* || dreimal gelagerte Kurbelwelle *v*; **-as, dubbele** (*enkele*): *zie* **krukas m. twee krukken**

(*een kruk*); **-as[kussen]blok:** crank [shaft] bearing, main bearing, pillow block || palier *m* de l'arbre *m* à manivelle *v* (de l'arbre *m* de couche *v*, de manivelle *v*) || Kurbel[wellen]lager *o*; **-asblok** (*auto*): crank shaft bearing || palier *m* de vilebrequin *m* || Kurbelwellenlager *o*; **-asblokbout:** main (crank shaft) bearing bolt || boulon *m* de palier *m* de l'arbre *m* à manivelle *v* || Kurbelwellenlagerbolzen *m*; **-asblokkap:** main bearing cap || chapeau *m* de palier *m* à manivelle *v* || Kurbellagerdeckel *m*; **-asblokmetaal:** main bearing brasses || coussinet *m* d'arbre *m* à manivelle *v* || Kurbellagerschale *v*; **-asbloksmering:** lubrication of crank shaft bearing || graissage *m* du palier *m* de manivelle *v* || Kurbellagerschmierung *v*; **-asbloktap:** crank shaft journal || tourillon *m* d'arbre *m* à manivelle *v* || Kurbelwellenlagerzapfen *m*; **-asblokvoet:** foot of crank shaft bearing || pied *m* de palier *m* d'arbre *m* coudé || Kurbellagerfuß *m*; **-asdichting:** (*auto*): crank shaft oil seal || bague *v* d'étanchéité *m* || Kurbelwelleöldichtung *v*; **-askap** (*auto*, *enz.*): crank shaft bearing cap || chapeau *m* de palier *m* vilebrequin *m* || Kurbelwellelagerkappe *v*; **-askoppelflens:** flange of shaft coupling || plateau *m* d'accouplement *m* d'arbre *m* à manivelle *v* || Kurbelwellenkupplungsflansch *m* **-askoppeling:** crank shaft coupling || accouplement *m* d'arbre *m* à manivelle *v* || Kurbelwellenkupplung *v*; **-askraag:** shoulder on crank shaft || collet *m* d'arbre *m* à manivelle *v* || Kurbelwellenbund *m*; **-askruk** (*auto*, *enz.*): crank shaft crank || bras *m* de manivelle *v* de vilebrequin *m* || Kurbelwellenzapfen *m*; **-aslager*:** *zie* **krukas[kussen]blok; -aslichaam;** body of crank shaft || corps *m* de l'arbre *m* à manivelle *v* || Kurbelwellenschaft *m*; **-asriemschijf** (*auto*): crank shaft pulley || poulie *v* de vilebrequin *m* || Kurbelwellescheibe *v*; **-asschaal** (*auto*): crank shaft liner || coquille *v* de vilebrequin *m* || Kurbelwellelagerschale *v*; **-asstang:** *zie* **krukarm; -asstoel:** crank bearing pedestal || chevalet *m* de palier *m* d'arbre *m* à manivelle *v* || Kurbellagerbock *m*; **-astandwiel** (*auto*): crank shaft gear || pignon *m* de vilebrequin *m* || Kurbelwellezahnrad *o*; **-baan:** crank circle, crank [pin] path || cercle *m* de (chemin *m* de la, trajet *m* de la) manivelle *v* || Kurbelkreis *m*, -weg *m*, Kurbelzapfenbahn *v*; **-bed** (*uitholling v. d. kruk*): crank pit (race) || cuvette *v* (excavation *v*) pour la manivelle *v* || Kurbelbilge *v*, -trog *m*; **-beschermkast:** crank guard || capot *m* de la manivelle *v*, couvre-manivelle *m* || Kurbelschutzhaube *v*; **-draaihoek:** angle of rotation of the crank || angle *m* de rotation *v* de la manivelle *v* || Kurbeldrehwinkel *m*; **-draaimoment:** crank turning moment || moment *m* de rotation *v* de la manivelle *v* || Kurbeldrehmoment *o*; **-drijfwerk:** crank gear (mechanism) || transmission *v* par (mécanisme *m* à) manivelle *v* || Kurbelgetriebe *o*, -trieb *m*; **-drijfwerk m. evenwijdig werkende krukken:** parallel crank mechanism || mécanisme *m* à manivelles *vm* parallèles || Parallelkurbelgetriebe *o*; **-drijfwerk, excentrisch:** eccentric crank mechanism || mécanisme *m* à manivelle *v* excentrique || exzentrisches Schubkurbelgetriebe *o*; **-drijfwerk, gekruist:** crossed crank mechanism || quadrilatère *m* articulé à croisement *m* || durchschlagendes Kurbelgetriebe *o*, gekreuztes Gelenkviereck *o*; **-drijfwerk, gelijkbenig:** isoceles crank mechanism || quadrilatère *m* à branches *vm* égales || gleichschenkliges Kurbelgetriebe *o*; **-elboog:** cranked portion of shaft || coude *m* d'arbre *m* || Kurbelkröpfung *v*; **-greep:** crank (lever) handle || manche *v* (poignée *v*) de manivelle *v* || Kurbelgriff *m*; **-hamer:** hammer operated by a crank || marteau *m* (martinet *m*) à manivelle *v* || Kurbelhammer *m*; **-handgreep:** crank handle, lever || poignée *v* de manivelle *v* || Kurbelgriff *m*; **-inductor:** crank magneto-generator || magnéto *m* à manivelle *v* || Kurbelinduktor *m*; **-kast** (*v. e. mach.*): crank case (chamber) || boîte *v* (carter *m*) de manivelle *v* || Kurbelkammer *v*, -kasten *m*; **-koppeling:** crank coupling || accouplement *m* de manivelles *vm* || Kurbelkupplung *v*; **leider:** crank guide || coulisse-manivelle *v* || Kurbelschleife *v*; **-lier:** winch with hand crank || treuil *m* à manivelle *v* || Kurbelwinde *v*; **-mechanisme:** crank gear || transmission *v* par manivelle *v* || Kurbeltrieb *m*; **-mechanisme m. draadregeling** (*spw.*): crank mechanism with control || mécanisme *m* à manivelle *v* avec contrôle *v* de la transmission *v* par fil *m* || Kurbelwerk *o* mit Drahtzugüberwachung *v*; **-mechanisme v. opeenvolgende lijnen** (*spw.*): crank locking frame with track succession || mécanisme *m* à manivelle *v* pour parcours *mm* successifs || Kurbelwerk *o* mit Fahrstraßenreihenfolge *v*; **-naaf:** crank boss || moyeu *m* de manivelle *v* || Kurbelnabe *v*; **-omwenteling:** rotation of crank || rotation *v* de la manivelle *v* || Kurbeldrehung *v*; **-overbrenging:** crank gear || transmission *v* par manivelle *v* || Kurbeltrieb *m*, -getriebe *o*; **-pen:**

crank **pin** || bouton *m* de manivelle *v*, maneton *m* || Kurbelzapfen *m*; **-pen-[kussen]blok:** crank pin bearing (brasses) || palier *m* de bouton *m* de manivelle *v* (de maneton *m*) || Kurbelzapfenlager *o*; **-regelaar v. d. beweging:** crank control || manoeuvre *v* par manivelle *v* || Kurbelsteuerung *v*; **-schijf:** crank disc || plateau-manivelle *m* || Kurbelscheibe *v*; **-stand:** position of crank || position *v* de manivelle *v* || Kurbelstellung *v*; **-standen, onderlinge:** angle between cranks || calage *m* des manivelles *vm* || Kurbelversetzung *v*; **-stang:** *zie* **drijfstang; -steller v. wissels** (*spw.*)**:** crank lock || commande *v* à manivelle *v* || Kurbelsteller *m*; **-straal:** crank radius || rayon *m* de la manivelle *v* || Kurbelhalbmesser *m*, -radius *m*; **-synchronisme:** synchronism of cranks || synchronisme *m* de manivelles *vm* || Kurbelsynchronismus *m*; **-tap:** *zie* **krukpen; -vierhoek, cilindrische** (*conische*)**:** linked quadrilateral (*crank quadrilateral with converging links*) || quadrilatère *m* articulé à axes *mm* d'articulation *v* paralèlles (*convergents*) || zylindrisches (*konisches*) Kurbelviereck *o*; **-wang:** crank cheek (web) || flasque *m* de coude *m* || Kurbelkröpfungswange *v*, -schenkel *m*;
2. (*boortoestel*): brace || fût *m* || [Bohr]-kurbel *v*; **-boor:** *zie* **fretboor;**
3. (*handgreep, enz.*): handle, lever || poignée *v*; manette *v* || Griff *m*; Kurbel *v*; **- v. d. richtingswals:** reversing handle || manette *v* de changement *m* de marche *v* || Richtungshebel *m*; **-meetbrug:** measuring bridge with switch contacts || pont *m* de mesure *v* à manettes *vm* || Kurbelmeßbrücke *v*; **-overschakelaar:** lever switch || commutateur *m* à manette *v* || Kurbelumschalter *m*; **-rheostaat:** switch rheostat || rhéostat *m* à manettes *vm* || Kurbelrheostat *m*; **-weerstand:** lever resistance box || rhéostat *m* à manivelle *v* || Kurbelwiderstand *m*;
4. (*deur*): doorhandle || poignée *v* de porte *v* || Türdrücker *m*, -griff *m*.

krul: 1. (*haar, vezels*): curl || boucle *v* || Locke *v*; Kräuselung *v*; **-len:** to curl || (*se*) boucler, friser || (*sich*) kräuseln;
2. (*hout*): shaving || copeau *m*, planure *v* || Hobelspan *m*.

Krijt: Cretaceous || Cretacé *m* || Kreide *v*.

krijt: chalk || craie *v* || Kreide *v*; *zie ook* **calciumcarbonaat; -, rood:** red chalk || craie *v* rouge || Rötel *m*; **-grond:** chalk[y] soil || terrain *m* crayeux || Kreideboden *m*; **-grond** (*vergulden*)**:** white ground || blanc *m* || Kreidegrund *m*; **-houdend:** chalky || crétacé || kreidehaltig; **-lei:** chalk slate || argile *v* schisteuse graphique || Kreideschiefer *m*; **-mergel:** lime (chalk) marl || argile *v* calcarifère || Kreidemergel *m*; **-steen:** chalkstone || pierre *v* de chaux *v* (de craie *v*) || Kreidestein *m*; **-stift, rood-:** red pencil || crayon *m* rouge || Rotstift *m*; **-terrein:** cretaceous system || crétacé *m* || Kreide *v*, Quaderformation *v*; **-vorming** (*geologie*)**:** cretaceous system || système *m* crétacé || Kreidesystem *o*; **-wit:** whiting, spanish white || blanc *m* d'Espagne (de craie *v*) || Kreideweiß *o*.

kryo|liet: cryolite || cryolithe *v* || Kryolith *m*; **-meter:** aethrioscope, cryometer, frigorimeter || éthrioscope *m*, cryomètre *m* || Kältemesser *m*, Kryometer *o*, *m*.

krypton: krypton || krypton *m* || Krypton *o*.

ku|beren: to [raise to the] cube || cuber, élever au cube *m* || kubieren, auf die dritte Potenz *v* erheben; **-biek:** cubic[al] || cube, cubique || kubik, kubisch, würfelförmig; **-biekgetal:** cube number || nombre *m* cube || Kubikzahl *v*; **-biekwortel:** cube root || racine *v* cubique || Kubikwurzel *v*; **-bus:** cube || cube *m* || Kubus *m*, Würfel *m*; **-busvorm:** cube shape || moule *m* cubique || Kubus-, Würfelform *v*.

kuil: 1. (*algem.*): pit, hole || fosse *v*, trou *m* || Loch *o*, Grube *v*; **-schaafbank:** pit planer || raboteuse *v* à fosse *v* || Grubenhobelmaschine *v*;
2. (*scheepst.*): waist || couloir *m*, coursive *v* || Kuhl *v*; **-dek:** waist deck || pont *m* de coursive *v* || Kuhldeck *o*.

kuip: tub, vat || cuve *v* || Bottich *m*, Kufe *v*, Büte *v*, Küpe *v*, Wanne *v*; **-en:** to coop || faire des tonneaux *mm* || Fässer *om* binden, die Böttcherei *v* betreiben; **-ersdissel:** cooper's axe (adze) || hache *v* de tonnelier *m* || Böttcheraxt *v*, -deichsel *m*; **-ershaalmes:** cooper's drawing scraper || racloir *m* à deux manches *vm* || Küferzugschaber *m*; **-ersholmes:** cooper's hollowing knife || plane *v* creuse || Küferkrummesser *o*; **-ersmes:** cooper's drawing knife || plane *v* pour tonneliers *mm* || Küfermesser *o*; **-erspek:** cooper's pitch || poix *m* à tonneaux *mm* || Faßpech *o*; **-ersschrapmes:** cooper's cleaning knife || plane-curette *v* || Küferputzmesser *o*; **-erij:** cooper's shed || atelier *m* de tonnelier *m*, tonnellerie *v* || Böttcherei *v*, Faßbinderei *v*; **-kleurstof:** vat dyestuff || matière *v* colorante pour teinture *v* à la cuve *v* || Küpenfarbstoff *m*.

kui|ser (*Z.N.*)**:** cleaner || nettoyeur *m*, frotteur *m* || Putzer *m*; **-plaat:** clearer plate || platine-nettoyeur *m* || Putzplatte *v*; **-rol:** clearer || débourreur *m* de la drousse *v* || Wendewalze *v*.

kunst: 1. (*artist. kunnen*): art || art *m* || Kunst *v*; **-, beeldende** (*grafische*)**:** plastic (*graphic*) art || art *m* plastique (*graphique*) || bildende Kunst *v* (Graphik *v*); **-en en wetenschappen:** arts and sciences || les sciences *vm* et les arts *mm* || Künste *vm* und Wissenschaften *vm*; **-drukpapier:** art (coated) paper || papier *m* couché || Kunstdruckpapier *o*; **-drukpapier, afdruk op:** art pull proof; glossy print proof (*Am.*) || épreuve *v* sur papier *m* couché || Abzug *m* auf Kunstdruckpapier *o*; **-drukpapier, mat:** matt art paper; art matt paper (*Am.*) || papier *m* couché mat || mattes Kunstdruckpapier *o*; **-gieterij:** casting of works of art || fonderie *v* des objects *mm* d'art || Kunstgießerei *v*; **-nijverheid:** art applied to industry, industrial arts, arts and crafts || industrie *v* d'art *m* (artistique), art *m* industriel || Kunstgewerbe *o*; **-nijverheidschool:** applied art school || école *v* des arts *mm* industriels || Kunstgewerbeschule *v*; **-werk:** work of art || travail *m* d'art *m* || Kunstarbeit *v*;

2. (*bekwaamheid*): skill || adresse *v*, habileté *v* || Kunst *v*;

3. (*kunstgreep*): trick || artifice *m* || Kunstgriff *m*;

4. (*kunstmatig*): **-antenne:** artificial aerial || antenne *v* artificielle || künstliche Antenne *v*; **-[bouw]werken** (*spw.*): constructive works || travaux *mm* d'art *m* || Kunstbauten *vm*; **-cement:** artificial cement || ciment *m* artificiel || Kunstzement *m*, künstlicher Zement *m*; **-graniet:** artificial granite, mosaic cement, terrazo || granit *m* artificiel (factice), mosaïque *v* de ciment *m*, terrazzo *m* || Kunstgranit *m*, Zementmozaik *m*, Terrazzo *m*; **-hars:** artificial (synthetic) resin; plastic || résine *v* artificielle (synthétique) || Kunstharz *o*, künstliches (synthetisches) Harz *o*; **-hars, thermohardende** (*thermoplastische*)**:** thermosetting (*thermoplastic*) artificial resin || résine *v* artificielle durcissable [par la chaleur *v*] (*thermoplastique*) || [durch Wärme *v*] härtbares (*thermoplastisches*) Kunstharz *o*; **-kalksteen:** artificial limestone || chaux *v* artificielle || Kunstkalkstein *m*; **-licht:** artificial light || lumière *v* artificielle || künstliches Licht *o*; **-lijn:** artificial line || ligne *v* artificielle (factice) || künstliche Leitung *v*; **-magneet:** artificial magnet || aimant *m* artificiel || künstlicher Magnet *m*; **-matig:** artificial || artificiel || künstlich, Kunst-; **-mest:** [artificial] fertilizer || engrais *m* chimique || Kunstdünger *m*, künstlicher Dünger *m*; **-steen:** artificial stone || pierre *v* artificielle (factice) || Kunststein *m*, künstlicher Stein *m*; **-steenplaveisel:** artificial stone pavement || pavé *m* en pierres *vm* artificielles || Kunststeinpflaster *o*; **-stof:** plastic || matière *v* plastique, plastic *m* || Kunststoff *m*; **-stof, thermohardende** (*thermoplastische*)**:** thermosetting (*thermoplastic*) plastic || matière *v* plastique durcissable [par la chaleur *v*] (*matière v plastique*) || [durch Wärme *v*] härtbarer (*thermoplastischer*) Kunststoff *m*; **-vet:** artificial grease || graisse *v* préparée || Kunstfett *o*; **-weg:** artificial road || voie *v* d'art *m* || Kunstweg *m*; **-wol:** remanufactured wool, shoddy (mungo) [wool] || || laine *v* renaissance || Kunst-, Lumpen-, Mungowolle *v*, Shoddy *v*; **-wol** (*kunstm. wol*)**:** artificial wool || laine *v* artificielle || Kunstwolle *v*; **-zijde:** rayon; artificial silk || rayonne *v*; soie *v* artificielle || Reyon *o*; künstliche Seide *v*, Kunstseide *v*.

kurk: cork || liège *m* || Kork *m*; **-afval:** cork chips (waste) || déchets *mm* de liège *m* || Korkabfälle *m*; **-bal:** cork ball || balle *v* de liège *m* || Korkkugel *v*; **-eik:** cork tree (oak) || chêne-liège *m* || Korkeiche *v*; **-eikenhout:** cork tree wood || bois *m* de chêne-liège *m* || Korkbaumholz *o*; **-en:** of cork, corky (*bijv. nw.*); to cork (*ww.*) || de (en) liège *m* (*bijv. nw.*); boucher (*ww.*) || von (aus) Kork *m* (*bijv. nw.*); [ver]korken (*ww.*); **-enzak:** *zie* **stootzak;** **-etrekker:** corkscrew || tire-bouchon *m* || Korkzieher *m*; **-trekkerregel:** corkscrew rule || règle *v* du tire-bouchon *m* || Korkzieherregel *v*; **-hout:** cork wood || bois *m* de liège *m* || Korkholz *o*; **-isolatie:** cork insulation || isolement *m* de liège *m* || Korkisolation *v*, -isolierung *v*; **-linnen:** cork linen || toile *v* de liège *m* || Korkleinwand *v*; **-machine:** battling (corking) machine || machine *v* à boucher les bouteilles *vm* || Stöpselmaschine *v*; **-mat:** cork mat || tapis *m* de liège *m* || Korkteppich *m*; **-meel:** cork powder || farine *v* (poudre *v*) de liège *m* || Korkmehl *o*; **-slijperschijf:** cork polishing wheel || roue *v* à décaper en (meule *v* en) liège *m* || Korkschleifscheibe *v*; **-steen:** rock cork (brick) || liège *m* durci, brique *v* en liège *m* || Korkstein *m*; **-zuur:** suberic acid || acide *m* subérique || Korksäure *v*; **-zwart:** spanish black || noir *m* d'Espagne || spanisches Schwarz *o*.

kussen: 1. (*zitkussen*): cushion || coussin *m* || Kissen *o*, Polster *m*; **- m. veren:** spring seat || siège *m* à ressorts *mm* || Federsitz *m*; **-, lederen:** leather cushion || coussin *m* de cuir *m* || Lederkissen *o*; **-overtrek:** cushion covering || garniture *v* (revêtement *m*) de coussin *m* || Polsterüberzug *m*, -bezug *m*; **-zitting:** upholstered seat || siège *m* rembourré || Polstersitz *m*;

2. (*scheepst.*): bolster, cushion, pillow || couche *v*, coussin *m* || Kissen *o*; **- v. d. beting:** doubling of the bitts || coussin *m* des bittes *vm* || Kissen *o* der Beting *v*; 3. (*Ionisch kapiteel*): lateral scroll, scarf || écharpe *v*, oreiller || Polstergurt *m*, Seitenpolster *o*;
4. (*inkeping in de dwarslegger v. e. reel*): rail seat on the sleeper || entaille *v* de la traverse *v* || Schienenlager *o* der Schwelle *v*
5. (*snij-ijzer*): *zie* **schroefdraadsnijkussen.**

kussenblok: bearing || palier *m* || Lager *o*; **- aanhalen, het:** to tighten the bearing || serrer le palier *m* || das Lager *o* anziehen; **- i. h. freem gegoten:** bearing cast in one piece with the frame || palier *m* venu de fonte *v* avec le (coulé au) bâti *m* || angegossenes (mit dem Rahmen *m* vereinigtes) Lager *o*; **- i. h. omhulsel gebouwd:** bearing built into the casing || palier *m* monté dans l'enveloppe *v* || in das Gehäuse *o* eingebautes Lager *o*; **- m. glijdende wrijving:** bearing with sliding friction || palier *m* à frottement *m* de glissement *m* || Gleitlager *o*, Lager *o* mit gleitender Reibung *v*; **- m. ringsmering:** oil ring (self lubricating, ring lubricating) bearing || palier *m* à graissage *m* par bagues *vm* (avec graissage *m* à bague *v*), palier *m* graisseur à bague *v* || Ringschmierlager *o*; **- m. rollen:** roller bearing || palier *m* à rouleaux *mm* || Rollenlager *o*; **- m. rollende wrijving:** bearing with rolling friction || palier *m* à [frottement *m* de] roulement *m* || Lager *o* mit rollender Reibung *v*; **- m. rolschijfbeweging:** roller thrust ring bearing || palier *m* à couronne *v* de galets *mm* (de rouleaux *mm*) || Druckrollen-, Rollenkranzlager *o*; **- m. watercirculatie:** cooled bearing || palier *m* refroidi (à circulation *v* d'eau *v*) || gekühltes Lager *o*; **- o. e. hangstoel:** drop hanger frame || palier *m* de chaise *v* suspendue || Hängelager *o*; **- stellen, het:** to readjust the bearing || rattraper (régler) le palier *m* || das Lager *o* nachstellen; **- voeren m. antifrictiemetaal, een:** to line a bearing with white metal, to babbit a bearing || garnir un coussinet *m* de métal *m* blanc || ein Lager *o* mit Weißmetall *o* ausfüttern; **-, dragend:** supporting bearing || palier *m* d'appui *m* || Traglager *o*; **-, gedeeld:** split bearing || palier *m* divisé || geteiltes Lager *o*; **-, hangend:** drop hanger bearing || chaise *v* || Hängelager *o*; **-, horizontaal verschuifbaar:** horizontally movable bearing || palier *m* à déplacement *m* horizontal || waagerecht (horizontal) verschiebbares Lager *o*; **-, schuin:** angle pedestal (oblique pillow block, oblique plummer block) bearing || palier *m* oblique || Schräglager *o*; **-, staand:** plummer block || palier *m* ordinaire || Stehlager *o*; **-, tweedelig:** two part bearing || palier *m* en deux pièces *vm* || zweiteiliges Lager *o*; **-afkoeling:** cooling of the bearing || refroidissement *m* du palier *m* || Lagerkühlung *v*; **-bekleding:** *zie* **kussenblokvoering; -boring:** bore (inner diameter) of the bearing || alésage *m* (diamètre *m*) du palier *m* || Lagerbohrung *v*, -durchmesser *m*; **-bout:** bearing bolt || boulon *m* [de chapeau *m*] de palier *m* || Lagerbolzen *m*, -deckelschraube *v*; **-constructie:** design of bearing || construction *v* de palier *m* || Lagerkonstruktion *v*; **-druk:** pressure on bearing || pression *v* sur le palier *m* || Lagerdruck *m*; **-freem:** bearing block (frame) || bâti *m* avec palier *m* || Lagerbock *m*; **-kap:** bearing cap (cover) || chapeau *m* (couvercle *m*) de palier *m* || Lagerdeckel *m*; **-kenafstand:** distance between bearings || distance *v* (écartement *m*) entre paliers *mm* || Lagerentfernung *v*; **-kraag:** bearing collar || collier *m* de palier *m* || Lagerbund *m*; **-metaal:** brass, bush[ing], journal box || coussinet *m* || Lagerschale *v*, -büchse *v*; **-metaal, bovenste** (*onderste*)**:** upper (*lower*) brass || coussinet *m* supérieur (*inférieur*) || Oberschale *v* (*Unterschale v*); **-metaal m. oliegroeven:** brass with lubricating grooves || coussinet *m* à patte *v* d'araignée *v* || Lagerschale *v* mit Schmiernuten *vm*; **-metalen, axiaal verstelbare:** axially adjustable brasses || coussinets *mm* réglables dans la direction *v* axiale || in die Richtung *v* der Achse *v* einstellbare Lagerschalen *vm*; **-metalen stellen, de:** to readjust the brasses, to tighten the bearing || rattrapper l'usure *v* des coussinets *mm* || die Lagerschalen *vm* nachstellen; **-schild:** bearing bracket (shield) || flasque *m* [porte-palier], plateau-palier *m* || Lager-, Seitenschild *o*; **-stoel:** bearing pedestal, pedestal body || corps *m* (chevalet *m*) de palier *m* || Lagerkörper *m*, -bock *m*, -rumpf *m*; **-stoelvoet:** pedestal base (sole) || patin *m* (pied *m*, semelle *v*) de palier *m* || Lagerfuß *m*, -sohle *v*; **-type:** type of bearing || genre *m* (type *m*) de palier *m* || Lagertyp *m*; **-voering:** lining || fourrure *v* (garniture *v*) || Lagerfutter *o*.

kust: coast, shore || côte *v* || Küste *v*; **-, steile:** bold coast || côte *v* à pic *m* || steile Küste *v*; **-kaart:** coast chart || carte *v* des côtes *vm* || Küstenkarte *v*; **-kabel:** shallow water (shore end of the) cable || câble *m* côtier (d'atterissement *m*) || Küstenkabel *o*; **-licht:** coast light || phare *m*, fanal *m* || Küstenlicht *o*, -feuer *o*;

-rif: fringing reef || récif *m* côtier (en bordure *v*) || Küstenriff *o*; **-sein:** coast signal || signal *m* de coast railway || ligne *v* côtière || Küstenbahn *v*; **-station** (*radio*): coast[al] (shore, maritime) station || poste *m* côtier (maritime), station *v* côtière (maritime) || Küstenstation *v*; **-telegraaf:** coast telegraph || sémaphore *m* || Küstentelegraph *m*; **-verlichting:** coast lighting || éclairage *m* des côtes *vm* || Küstenbeleuchtung *v*; **-visserij:** coast fishery || petite pêche *v*, pêche *v* côtière || Küstenfischerei *v*; **-wachter** (*schip*): coast guard vessel || [navire] garde-côte *m* || Küstenwachtschiff *o*; **-werken:** coasting works || ouvrages *mm* côtiers || Küstenbauten *vm*, -anlagen *vm*.

K-verband: triangular (arrow point) bracing || entretoisement *m* à triangle *m* || Pfeilverband *m*.

kwadraat: 1. (*vierkant*): square || carré *m* || Quadrat *o*; **-ploeging** (*planken*): square grooving and tonguing || bouvetage *m* rectangulaire || Quadratspundung *v*; **-spie:** square key || clavette *v* carrée || Quadratkeil *m*; **-staal:** square bar steel || acier *m* carré || Quadrat-, Vierkantstahl *m*; **-ijzer:** *zie* **kwadraatstaal;**
2. (*tweede macht*): square || carré *m* || Quadrat *o*, zweite Potenz *v*; **-, in het:** in the square || en carré *m* || ins (im) Quadrat *o* (Gevierte *o*); **-getal:** square number || nombre *m* carré || Quadratzahl *v*; **-meter:** square meter || mètre *m* carré || Quadratmeter *o*; **-mijl:** square mile || lieue *v* carrée, mille *m* carré || Quadratmeile *v*; **-wortel:** square root || racine *v* carrée || Quadratwurzel *v*;
3. (*typogr.*): quadrat, stick space || cadrat *m* || Quadrat *o*.

kwadrant: 1. (*cirkel*): quadrant || quart *m* de cercle *m*, quadrant *m* || Quadrant *m*; (*elektrometer*): quadrant || quadrant *m* || Quadrant *m*; **-elektrometer:** quadrant electrometer || électromètre *m* à quadrants *mm* || Quadrantelektrometer *o*, *m*; **-staal:** [Phoenix] column (quadrant) steel || acier *m* en forme *v* de quadrants *mm* || Quadrantstahl *m*;
2. (*m. paltanden*): quadrant with ratchet teeth || secteur *m* à dents *vm* d'arrêt *m* || Sperrzahnbogen *m*;
3. (*sterrek.*): quadrant || octant *m* || Quadrant *m*;

kwadratrix (*meetk.*): quadratrix || quadratrice *v* || Quadratrix *v*.

kwadratuur: quadrature || quadrature *v* || Quadratur *v*; **-, in:** in quadrature || en quadrature *v* || um $\pi/2$ phasenverschoben.

kwadreerzaag: veneer saw for cutting squares || scie *v* à placage *m* pour carrés *mm* || Quadriersäge *v*.

kwadreren: to square a number || élever au carré *m* || quadrieren, auf's Quadrat *o* erheben.

kwali|tatief: qualitative || qualitatif || qualitativ; **-teit:** quality || qualité *v* || Qualität *v*; **-teitscijfer:** quality coefficient, quality factor || coefficient *m* de qualité *v* || Gütezahl *v*, Qualitätsziffer *v*; **-teitsmeter:** *zie* **hardheidsmeter; -teitsregeling:** quality governing || réglage *m* qualitatif du mélange *m* || Reglung *v* der Mischung *v*.

kwalsterhout: quick wood || cormier *m* (sorbier *m*) sauvage || Ebereschen-, Vogelbeerholz *o*.

kwanti|tatief: quantitative || quantitatif || quantitativ; **-teit:** quantity || quantité *v* || Quantität *v*; **-teitsregeling:** quantity governing || réglage *m* quantitatif || Quantitätsreglung *v*.

kwart: quarter || quart *m* || Viertel *o*.

Kwartair: Quaternary, post-Tertiary || Quaternaire *m* || Quartär *o*.

kwartier: 1. (*tijd*): quarter [of an hour] || quart *m* d'heure *v* || Viertelstunde *v*;
2. (*trap*): quarter || quartier *m* || Quartier *o*; **-boom:** stringer, string piece || limon *m* || Quartier-, Treppenbaum *m*;
3. (*stad*): quarter, district || quartier *m* || [Stadt]viertel *o*.

kwarto: quarto || in-quarto || Quart *o*; **-, breed:** oblong folio || in-folio *m* oblong || Querfolio *o*; **-vel:** sheet of paper in quarto || feuille *v* in-quarto || Quartblatt *o*.

kwarts: quartz || quartz *m* || Quarz *m*; **-ader:** quartz vein || veine *v* de quartz *m* || Quarzader *v*; **-dioriet:** quartz diorite || diorite *v* quartzeuse || Quarzgestein *o*; **-draad:** quartz thread || filament *m* de quartz *m* || Quarzfaden *m*; **-gesteente:** quartz stone || pierre *v* quartzeuse || Quarzgestein *o*; **-iet:** quartzite || quartzite *v* || Quarzit *m*; **-kristal:** quartz crystal || cristal *m* de quartz *m* || Quarzkristall *m*; **-lamp:** quartzlamp || lampe *v* de quartz *m* || Quarzlampe *v*; **-lei:** quartz slate (schist) || schiste *m* quartzeux || Quarzschiefer *m*; **-long:** silicosis || silicose *v* || Silikose *v*; **-plaat:** quartz plate || lame *v* de quartz *m* || Quarzplatte *v*; **-porfier:** quartz porphyry || porphyre *m* quartzifère (quartzeux) || Quarzporphyr *m*; **-sinter:** siliceous sinter || quartz *m* agate thermogène || Quarzsinter *m*; **-trachiet:** quarz trachyte || trachyte *m* quartzeux || Quarztrachyt *m*; **-zand:** quartz sand || sable *m* quartzeux || Quarzsand *m*; **-zandsteen:** quartzy sandstone || grès *m* quartzeux || Quarzsandstein *m*.

kwast: 1. (*verfkwast, enz.*): brush || brosse *v* || Pinsel *m*, Bürste *v*;
2. (*gordijn, enz.*): tassel || houppe *v*,

bouffette *v*, campane *v* || Quaste *v*, Troddel *v*;
3. (*in hout*): knag, knob, knot, knarl || [mauvais] noeud *m* || Knast *m*, Knorren *m*, Knoten *m*; **-ig:** knotty, knaggy, knarly || noueux, plein de mauvais noeuds *mm* || knorrig, knotig.

kwik [1]): mercury, quicksilver || mercure *m* || Quecksilber *o*; **-agometer:** mercury agometer || agomètre *m* à mercure *m* || Quecksilberagometer *o*, *m*; **-bak:** mercury cup (trough) || godet *m* (cuvette *v*) à mercure *m* || Quecksilbergefäß *o*; **-barometer:** mercury barometer || baromètre *m* à mercure *m* || Quecksilberbarometer *o*, *m*; **-[boog]gelijkrichter:** mercury arc rectifier || redresseur *m* à vapeur *v* de mercure || Quecksilber[dampf]gleichrichter *m*; *zie ook* **kwikdampgelijkrichter; -bromide:** *zie* **mercuribromide; -bromuur:** *zie* **mercurobromide; -chloride:** *zie* **mercurochloride; -contact:** mercury contact || contact *m* de mercure *m* || Quecksilberkontakt *m*; **-damp:** mercury vapour || vapeur *v* de mercure *m* || Quecksilberdampf *m*; **-dampgelijkrichter:** mercury vapour arc rectifier || redresseur *m* [à vapeur *v*] de (clapet *m* électrique à [vapeur *v* de]) mercure *m* || Quecksilbergleichrichter *m*; **-damplamp:** mercury vapour lamp || lampe *v* à vapeur *v* de mercure *m* || Quecksilberdampflampe *v*; **-dampontladingsbuis:** mercury vapour tube, thyratron || tube *m* thermionique à vapeur *v* de mercure *m* || Quecksilberdampfröhre *v*; **-draad:** *zie* **kwikkolom; -erts:** mercury ore || minerai *m* de mercure *m* || Quecksilbererz *o*; **-jodide:** *zie* **mercurijodide; -joduur:** *zie* **mercurojodide; -kolom** (*thermometer*): mercury column || colonne *v* de mercure *m* || Quecksilberfaden *m*; **-luchtpomp:** mercury vacuum pump || pompe *v* [aspirante] à mercure *m* || Quecksilberluftpumpe *v*; **-manometer:** mercury pressure gauge || manomètre *m* à mercure *m* || Quecksilbermanometer *o*, *m*; **-meter:** mercury meter || compteur *m* à mercure *m* || Quecksilberzähler *m*; **-mijn:** mercury mine || mine *v* de mercure *m* || Quecksilberbergwerk *o*; **-overschakelaar:** mercury commutator || commutateur *m* (permutateur *m*) à mercure *m* || Quecksilberumschalter *m*; **-oxyde:** *zie* **mercurioxyde; -oxydule:** *zie* **mercuro-oxyde; -slinger:** mercurial pendulum || pendule *m* de mercure *m* || Quecksilberpendel *m*; **-straalonderbreker:** mercury jet interrupter || interrupteur *m* à jet *m* de mercure *m* || Quecksilberstrahlunterbrecher *m*; **-stroomverbreker:** mercury interrupter (switch) || interrupteur *m* à mercure *m* || Quecksilberstromunterbrecher *m*; **-sulfide:** *zie* **mercurisulfide; -sulfuur:** *zie* **mercurosulfide; -thermometer:** mercury (mercurial) thermometer || thermomètre *m* à mercure *m* || Quecksilberthermometer *o*, *m*; **-uitschakelaar:** *zie* **kwikstroomverbreker; -vacuümmeter:** mercury vacuum gauge || indicateur *m* de vide *m* (vacuomètre *m* à mercure *m* || Quecksilbervakuummeter *o*, *m*; **-verbinding** (*chem.*): mercury compound || composé *m* de mercure *m* || Quecksilberverbindung *v*; (*elektr.*): mercurial connection || connexion *v* par mercure *m* || Quecksilberverbindung *v*; **-waterpas:** mercurial level || niveau *m* de mercure *m* || Quecksilberwaage *v*; **-zilver:** *zie* **kwik; -zout:** mercury salt || sel *m* de mercure *m* || Quecksilbersalz *o*.

[1]) Voor hierachter niet opgenomen kwikverbindingen, zoals kwiksulfaat, kwiknitraat, enz., zie men voor van eenwaardig kwik afgeleide verbindingen onder **mercuro-** en voor van tweewaardig kwik afgeleide verbindingen onder **mercuri-**; weet men niet, welke dezer beide mogelijkheden is bedoeld, dan zie men onder „mercuro-" en „mercuri"- en vervange in het Engels „mercurous" of „mercuric" door „mercury", in het Frans „mercureux" of „mercurique" door „de mercure" en in het Duits „Mercuro-" of „Mercuri-" door „Quecksilber-", bv. voor „kwiknitraat" zie men „mercuronitraat" of „mercurinitraat", of wel men vertale: „mercury nitrate || azotate (nitrate) *m* de mercure *m* || Quecksilbernitrat *o*".

kwin|taal: hundredweight || quintal *m* || Zentner *m*; **-terne** (*typogr.*): five sheets as one || cahier *m* de cinq feuilles *vm* || || Quinterne *v*.

kijk|bord: sighting board || mire *v*, voyant *m* || Visiertafel *v*; **-buis:** inspection tube || tube *m* d'observation *v*, tube-regard *m* || Schaurohr *o*; **-gat:** peephole, sight (inspection) hole || regard *m* || Schauloch *o*, -öffnung *v*.

kyaniseren: to kyanise, to impregnate with [corrosive] sublimate (mercuric chloride) || kyaniser, imprégner avec du sublimé *m* corrosif (du chlorure *m* mercurique) || kyanisieren, tränken mit Sublimatlösung *v* (Mercurichloridlösung *v*).

L

la: *zie* **lade.**

laad|bak: charging trough || bac *m* de chargement *m* || Lademulde *v*; (*toevoertrechter*): charging cone || trémie *v* de chargement *v* || Aufgabetrichter *m*; **-band:** elevating conveyor, loader || sauterelle *v* || Verladeband *o*; **-boom:** derrick || mât *m* (corne *v*) de charge *v* || Ladebaum *m*; **-boomband:** derrick hoop || cercle *m* de mât *m* de charge *v* || Ladebaumband *m*; **-boord:** skid || défense *v* || Ladebord *o*; **-brug:** loading bridge (gangway, wharf) || pont *m* (appontement *m*) de chargement *m* || [Ver]ladebrücke *v*; **-dagen:** loading (running) days || jours *mm* de chargement *m* (de planche *v*) || Ladetage *mm*, -zeit *v*; **-deur:** (*spw.*) loading door || porte *v* de chargement *m* || Ladetür *v*; **-dichtheid** (*elektr.*): charging density || densité *v* de charge *v* || Ladedichte *v*; **-duur** (*elektr.*): duration of charging, time of charge || durée *v* (temps *m*) de charge *v* || Ladedauer *v*, -zeit *v*; **-dynamo:** charging dynamo || dynamo *v* de charge *v* || Ladedynamo *v*; **-gat:** charging opening || ouverture *v* (porte *v*) de chargement *m* || Ladeöffnung *v*; **-gewicht** (*spw.*): tonnage || poids *m* du chargement *m* || Ladegewicht *o*; **-goederen:** loading goods || marchandises *vm* à charger || [Ver]ladegut *o*; **-goot:** delivery chute || glissoir *m* de déchargement *m* (déversement *m*), couloir *m* de chargement *m* || Laderutsche *v*, Aufgabe-, Ausschüttrinne *v*; **-hoofd:** landing place || embarcadère *m* || Ladedamm *m*; **-inrichting** (*elektr.*): charging device || dispositif *m* de charge *v* || Ladevorrichtung; **-kabelbaan:** wire cableway for loading || cable *m* aérien pour le chargement *m* de navires *mm* || Verladeseilbahn *v*; **-kade:** loading wharf (quay) || quai *m* de chargement *m* || Verladekai *m*; **-ketting:** cargo (derrick) chain || chaîne *v* de mât *m* de charge *v* || Ladekette *v*; **-kist** (*spw.*): [railway] container || wagonnet *m* servant au transport *m* de petits colis *mm*, „tricycle" *m* || Versandbehälter *m*; **-klep** (*spw.*): loading flap || trappe *v* de chargement *m* || Ladekleppe *v*; **-kosten:** loading expenses || frais *mm* de chargement *m* || Ladekosten *mrv*; **-kraan:** loading crane || grue *v* de chargement *m* (d'embarquement *m*) || [Ver]ladekran *m*; **-kromme** (*elektr.*): charging curve || courbe *v* de charge *v* || Ladekurve *v*; **-luik:** loading hatch || écoutille *v* de charge *v* || Ladeluke *v*; **-lijn:** free board mark, load line || ligne *v* de charge *v* || Ladelinie *v*; **-machine** (*mijnb.*): [mechanical, shovel] loader || chargeuse *v* mécanique || Lademaschine *v*; **-mal** (*spw.*): clearance limit, loading gauge, gauge of good wagons || gabarit *m* de chargement *m* || Ladelehre *v*, -maß *o*, -profil *o*, -schablone *v*; **-perron:** loading platform || plate-forme *v* (quai *m*) de chargement *m* || Ladebühne *v*, -stein *m*; **-plaats:** loading place (berth) || endroit *m* de chargement *m*, embarcadère *m* || Ladestelle *v*; **-ploeg** (*manschappen*): loading hands || équipage *v* de chargement *m* || Lademannschaft *v*; **-pomp:** charging pump || pompe *v* de remplissage *m* || Ladepumpe *v*; **-poort:** raft port || sabord *m* de charge *v* || Ladepforte *v*; **-proces** (*elektr.*): process of charging || marche *v* de la charge *v* || Ladevorgang *m*; **-reep:** *zie* **jollentouw; -ruim** (*schip*): hold || cale *v*; citerne (*vloeistof*) || Laderaum *m*; (*baggervaartg.*): well || puits *m* || Schacht *m*; **-spanning** (*elektr.*): charging voltage || tension *v* (voltage *m*) de charge *v* || Ladespannung *v*; **-spoor:** loading siding || voie *v* de chargement *m* || Ladegleis *o*; **-station** (*elektr.*): charging station || poste *m* de charge *v* || Ladestation *v*; **-steiger:** loading stage (wharf) || embarcadère *m* en estacade *m*, appontement *m* de chargement *m* || Ladebrücke v; **-stelling** (*elektr.*): charging position || position *v* de charge *v* || Ladestellung *v*; **-sterkte:** strength of charging current || intensité *v* du courant *m* de charge *v* || Lade[strom]stärke *v*; **-stop** (*elektr.*): charging plug || bouchon *m* de chargement *m* || Ladestöpsel *m*; **-stroom** (*elektr.*): charging current || courant *m* de charge *v* || Ladestrom *m*; **-stroombaan:** charging circuit || circuit *m* de charge *v* || Ladestromkreis *m*; **-verkeer:** charging traffic || service *m* de chargement *m* || Ladeverkehr *m*; **-verlies** (*elektr.*): loss of charge || perte *v* de charge *v* || Ladeverlust *m*; **-vermogen** (*elektr.*): charge capacity || capacité *v* de charge *v* || Ladefähigkeit *v*; **-vermogen** (*schip*): carrying (stowage) capacity || porteé *v* utile || Ladefähigkeit *v*; **-weerstand:** resistance curing charge || résistance *v* de charge *v* || Ladewiderstand *m*; **-zeef:** loading sieve || crible *m* de chargement *m* || Verladesieb *o*.

laag: 1. (*algem.*): layer, course, coat[ing] || couche *v* || Schicht *v*, Lage *v*; **-, bovenste:** *zie* **bovenlaag; -, buitenste:** *zie* **buitenlaag;**

-, gemetselde: course || assise *v* || Mauerschicht *v*; **-, kleihoudende:** clayey stratum [1]) || couche *v* argileuse || tonhaltige Schicht *v*; **-, neutrale:** neutral layer || couche *v* neutre || neutrale Schicht *v*; **-, onderste:** bottom (lower) layer (course) || couche *v* inférieure || untere Schicht *v*; **-, patijtse:** *zie* **koplaag; -, strekse:** course of stretchers || assise *v* de panneresses *vm* || Läuferschicht *v*; **-, waterhoudende:** water bearing stratum [1]) || couche *v* aquifère || wasserführende (wasserhaltige) Schicht *v*; **-dikte:** height of layer || hauteur *v* de couche *v* || Schichthöhe *v*, -dicke *v*; **-sgewijs:** in layers || par couches *vm* || schicht[en]weise; **-vorming:** layer formation, stratification || formation *v*, stratification *v* || Schichtung *v*, Lagerung *v*;
2. (*dunne laag*): film || couche *v* mince, pellicule *v* || Schicht *v*, Haut *v*, Film *m*; *zie ook* **huidje; film; foelie; vlies; -, monomoleculaire:** monomolecular layer (film) || couche *v* monomoleculaire || monomolekulare Schicht *v*;
3. (*gesteente*; *erts*; *enz*): bed, layer; seam, measure (*kool*) || assise *v*, couche *v*, lit *m* || Schicht *v*, Flöz *o*, Lager *o*; **-, oliehoudende:** oil layer (horizon) || nappe *v* petrolifère || Ölschicht *v*, -horizont *m*; **-, steile:** steep (pitching, edge) seam || droit *m*, dressant *m* || steil gelagerte Schicht *v*, Rechtes *o*; **-, vlakliggende:** flat seam || plateur *m*, plateure *v* || flach gelagerte Schicht *v*, Flaches *o*; **-, waterhoudende:** water [bearing] layer (horizon) || couche *v* aquifère || Wasserschicht *v*; **-plan:** *zie* **lagenkaart;**
4. (*bijv. nw.*): low || bas; faible || niedrig; *zie ook onder* **lage-; -veen[moeras]:** low level (black) bog, lowland moor || tourbière *v* basse || Flach-, Tief-, Nieder-, Niederungsmoor *o*; **-water:** low tide (water) || basse eau *v* (mer *v*) || Niedrigwasser *o*; **-waterlijn:** low watermark || ligne *v* de bassemer *v* || Niedrigwassermarke *v*.

laatijzer: tapping bar || perce-fournaise *m*, perçoir *m* || Stech-, Sticheisen *o*.

label: label || étiquette *v* || Anhängemarke *v*.

labiel: unstable || instable || labil, unsicher, unstet.

laboratorium: laboratory || laboratoire *m* || Laboratorium *o*; **- v. grondmechanica:** laboratory of soil mechanics || laboratoire *m* géotechnique || Laboratorium *o* für Bodenmechanik *v*; **- v. h. onderzoek v. bouwmaterialen:** *zie onder* **laboratorium v. materiaalonderzoek; - v. materiaalonderzoek:** [building] [construction] material testing laboratory || laboratoire *m* d'essai *m* des matériaux *mm* [de construction *v*] || Laboratorium *o* für Materialprüfung *v* (Werkstoffprüfung *v*, Baustoffprüfung *v*), Material-, Baustoffprüf[ungs]anstalt *v*; **- v. monsteronderzoek (erts, enz.)** assay (essay) office || laboratoire *m* d'essayeur *m* || Probierlaboratorium *o*, -anstalt *v*; **- v. proefnemingen:** testing laboratory || laboratoire *m* d'expérimentation *v* || Experimentierraum *m*; **-, chemisch:** *zie* **laboratorium, scheikundig; -, elektrotechnisch:** electrotechnical laboratory || laboratoire *m* électrotechnique || elektrotechnisches Laboratorium *o*; **-, natuurkundig:** physical laboratory || laboratoire *m* physique || physisches Laboratorium *o*; **- scheikundig:** chemical laboratory || laboratoire *m* chimique || chemisches Laboratorium *o*; **-, waterbouwkundig:** hydraulic laboratory || laboratoire *m* hydraulique || Wasserbaulaboratorium *o*; **-instrument:** laboratory instrument || instrument *m* de laboratoire *m* || Laboratoriuminstrument *o*; **-proef:** laboratory experiment (test) || expérience *v* de laboratoire *m* || Laboratoriumversuch *m*.

labradoriet: labradorite, Labrador feldspar || labradorite *v* || Labradorit *m*, Labradorfeldspat *m*.

labyrint|pakking: labyrinth packing || garniture *v* à labyrinthe *m*, labyrinthe *m* du joint *m* || Labyrinthdichtung *v*, Dichtungslabyrinth *o*; **-pakkingbus:** labyrinth box (ring) || boîte *v* à labyrinthe *m* || Labyrinthbüchse *v*; **-zuiger:** labyrinth piston || piston *m* à labyrinthe *m* || Labyrinthkolben *m*.

lachgas: laughing gas || gaz *m* hilarant || Lachgas *o*; *zie ook* **stikstofoxydule.**

lac|taat: lactate || lactate *m* || Laktat *o*, milchsaures Salz *o*; **-tometer:** [ga]lactometer, milk poise || [ga]lactomètre *m*, pèse-lait *m* || Galaktometer *o*, *m*, Milchmesser *m*; **-tose:** lactose, milk sugar || lactose *m*, sucre *m* de lait *m* || Milchzucker *m*, Laktose *v*.

ladder: 1. (*algem.*): ladder || échelle *v* || Leiter *v*; **- m. één boom:** peg ladder || échelier *m* || einbäumige Leiter *v*, Leiterbalken *m*; **-, dubbele:** double ladder || échelle *v* double || Bockleiter *v*; **-, opvouwbare:** folding ladder || échelle *v* brisée || Klappleiter *v*; **-automobiel** (*elektr. leidingen*): automobile tower wagon || wagon *m* à échafaudage *m* automoteur || selbstfahrender Turmwagen *m*; (*brandweer*): motor turn-table fire escape || échelle *v* automobile || Kraftwagen-Drehleiter *v*; **-boom:** ladder

---
[1]) Mrv.: *strata*.

beam (cheek) || montant *m* échelle *v* || Leiterbaum *m*; **-sport:** ladderstep || échelon *m* || Leitersprosse *v*; **-wagen** (*elektr. leidingen*): tower wagon || wagon *m* à échafaudage *m* || Gerüst-, Turmwagen *m*; (*met zijstukken*): open sided wagon || chariot *m* à ridelles *vm* || Leiterwagen *m*; **-wagentje:** ladder on wheels || échelle *v* sur roues *vm* || fahrbare Leiter *v*;
2. (*baggermolen*): bucket ladder || échelle *v*, élinde *v* || Eimerleiter *v*; **-bok:** fore framing || beffroi *m* pour le levage *m* (de l'échelle *v*, de l'élinde *v*), bigue *v* d'élinde *v* || Vorderbock *m*.

lade: 1. (*slag, weven*): batten, lathe, lay || battant *m*, chasse *v* || Lade *v*, Schlag *m*; **- m. springbakken:** drop box fly || battant *m* à boîtes *vm* montantes || Wechsellade *v*; **- v. e. revolvergetouw:** revolver box || battant *m* revolver *m* || Revolverlade *v*; **-arm:** lathe (upright) arm || épée *v* || Ladearm *m*; **-boom:** lay beam || masse *v*, sommier *m* || Ladeklotz *m*; **-deksel:** lay cap, pull to || cape *v* (chapeau *m*, poignée *v*) du battant *m* || Ladedeckel *m*; **-nbaan:** race board || planchette *v* du battant *m* || Ladenbahn *v*; **-plaat:** lathe plate || platine *v* du battant *m* || Eisenplatte *v*; **-stok:** rocking tree || porte-battant m || Ladenprügel *m*, -stock *m*;
2. (*geweer*): stock || fût *m* || Schaft *m*;
3. (*kast, tafel, enz.*): drawer || tiroir *m* || Schieb-, Schublade *v*.

laden (*vuurwapen, schip, wagen, elektr. batterij, enz.*)**:** to charge, to load || charger || laden.

lading: 1. (*last, vulling*): charge, load; charging, loading (*het laden*) || charge *v*, chargement *m*; chargement *m* (*het laden*) || Ladung *v*; Laden *o* (*het laden*); **- v. boven** (*v. vuren*)**:** top feeding || chargement *m* par la faîte *v* || Firstbeschickung *v*; **-smal:** *zie* **laadmal;**
2. (*vuurw.*; *project.*): charge, loading || charge *v* || Ladung *v*;
3. (*schip*): cargo, freight, load || chargement *m*, cargaison *v* || Ladung *v*;
4. (*elektr.*): charge || charge *v* || Ladung *v*; **- bij constante spanning:** charging at constant voltage || charge *v* sous voltage *m* constant || Ladung *v* mit konstanter Spannung *v*; **- door middel v. e. hulpmachine:** charging with a booster || charge *v* au moyen *m* d'un survolteur *m* || Ladung *v* mittels Zusatzmaschine *v*; **-, negatieve** (*positieve*)**:** negative (*positive*) charge || charge *v* négative (*positive*) || negative (*positive*) Ladung *v*; **-, tegengestelde:** opposite charge || charge *v* opposée || entgegengesetzte Ladung *v*; **-aanwijzer:** charge indicator || indicateur *m* de charge *v* || Ladeanzeiger *m*; **-spotentiaal:** charging potential || potentiel *m* de charge *v* || Ladepotential *o*; **-sschakeling:** charging connections ||couplage *m* de charge *v* || Ladeschaltung *v*.

lage-druk|cilinder: low pressure cylinder || cylindre *m* à basse pression *v* || Niederdruckzylinder *m*; **-diagram:** low pressure diagram || diagramme *m* de basse pression *v* || Niederdruckdiagramm *o*; **-gedeelte:** low pressure chambre || chambre *v* à basse pression *v* || Niederdruckkammer *v*; **-ketel:** low pressure boiler || chaudière *v* [à vapeur *v*] à basse pression *v* || Niederdruck[dampf]kessel *m*; **-machine:** low pressure engine || machine *v* à basse pression *v* || Niederdruckmaschine *v*; **-schuif:** low pression slide valve || tiroir *m* à basse pression *v* || Niederdruckschieber *m*; **-stoom:** low pressure steam || vapeur *v* à basse pression *v* || Niederdruckdampf *m*; **-trap:** low pressure stage || étage *m* à basse pression *v* || Niederdruckstufe *v*; **-wiel:** low pressure disc || roue *v* à basse pression *v* || Niederdruckrad *o*; **-zijde:** low pressure side || côte *m* à basse pression *v* || Niederdruckseite *v*.

lage-frequentie|versterker: low frequency amplifier || amplificateur *m* de basse fréquence *v* || Niederfrequenzverstärker *m*; **-transformator:** low-frequency transformer || transformateur *m* à basse fréquence *v* || Niederfrequenztransformator *m*.

lage-spannings|dynamo: low tension dynamo || dynamo *v* à basse tension *v* || Niederspannungserzeuger *m*; **-installatie:** low tension plant || installation *v* à basse tension *v* || Niederspannungsanlage *v*; **-motor:** low voltage (tension) motor || moteur *m* à faible voltage *m* (à basse tension *v*) || Niederspannungsmotor *m*; **-nulpunt, uitgeleid:** neutraal (point) of the low voltage winding brought out || point *m* neutre sorti de la basse tension *v* || herausgeführter Unterspannungsnullpunkt *m*; **-wikkeling:** low-voltage winding || bobine *v* basse tension *v* || Unterspannungswicklung *v*.

lagenkaart: plan of (map of) seams || carte *v* stratigraphique || Flößkarte *v*, - riß *m*.

***lager:** *zie* **asblok; leger; kussenblok; ondersteuning.**

lak: 1. (*zegellak*): sealing wax || cire *v* [à cacheter] || [Siegel]lack *m*;
2. (*verf*): lacquer, lake || laque *v* || Lack *m*; **-ken:** to lacquer || laquer, vernir || lackieren; **-laag:** coat of lacquer (varnish) || couche *v* de laque *v* || Lackanstrich *m*, -überzug *m*, -schicht *v*; **-lak:** lac lac,

lac lake || lac-lac *m*, lac-laque *m* || Lack-lack *m*; **-moes:** litmus || tournesol *m* || Lackmus *o*; **-moespapier:** litmus paper || || papier *m* au tournesol *m* || Lackmus-papier *o*; **-verf:** [drop]lake || laque *v* [aux peintres *mm*] || Lackfarbe *v*; **-vernis:** lac varnish, lacquer || vernis *m* de laque *v* || Lackfirnis *m*.

laken: 1. (*stof*): [woollen] cloth || drap *m* || Tuch *o*; **- noppen:** to burl || noper || noppen; **- rouwen:** to dress, to raise, to tease || garnir, lainer || rauhen; **- scheren:** to shear || tondre || scheren; **-, dubbelgevold:** double milled cloth || drap *m* refoulé (à double broche *v*) || doppelgewalktes Tuch *o*; **-, gemengd:** mixed cloth || drap *m* mélangé || meliertes Tuch *o*; **-, (on)gevold:** (*un*)fulled cloth || drap *m* foulé (*brut, en toile v, en haire v*) || (*un*)gewalktes Tuch *o*; **-fabriek:** cloth manufactory, drapery || draperie *v*, fabrique *v* de draps *mm* || Tuchfabrik *v*; **-fluweel:** woollen velvet || drap-velours *m* || Tuchsammet *m*; **-ras:** cloth rash || serge *v* drapée || Tuchrasch *m*; **-schaar:** cloth shears || forces *v* || Tuchschere *v*; **-scheermachine:** shearing machine || tondeuse *v* || Tuchschermaschine *v*; **-vervaardiging:** cloth manufacture || draperie *v*, manufacture *v* des draps *mm* || Tuchfabrikation *v*; **-wasmachine:** cloth washing machine || machine *v* à laver le drap *m* || Tuchwaschmaschine *v*; **-weverij** (*het weven*): cloth weaving || tissage *m* des draps *mm* || Tuchweberei *v*; **-wevers-weefstoel:** clothier's loom || métier *m* du drapier *m* || Tuchmacherstuhl *m*; **-wol:** carding (clothing, short) wool || laine *v* courte (de carde *v*, cardée) || Kratz-, Streich-, Tuchwolle *v*;
2. (*stuk doek*): sheet ||drap *m* || Bettuch *o*, Laken *o*.

lam|bert: lambert || lambert *m* || Lambert *o*; **-brisering:** wainscot || lambris *m* || Getäfel *o*.

lamel|le: 1. (*algem.*): lamella || lamelle *v*, petite lame *v* || Lamelle *v*; **-lair:** lamellar, foliated || lamellaire || blättrig; **-lenband** (*transporteur*): steel apron conveyor || bande *v* en lamelles *vm* d'acier *m* || Stahlgliederband *o*; **-lenkoppeling:** lamination coupling || accouplement *m* à lames *vm* || Lamellenkupplung *v*; **-lenplaat:** laminated plate || plaque *v* à lamelles *vm* || Lamellarplatte *v*; **-lenrem:** multiple disc brake || frein *m* à lamelles *vm* (à disques *mm* juxtaposés) || Lamellenbremse *v*;
2. (*elektr.*): commutator, bar, segment || lame[-touche] *v* du collecteur *m* || Lamelle *v*, Segment *o*; **-lenbevestiging:** attachment of the bars || fixation *v* des lames *vm* || Lamellenbefestigung *v*; **-lenmagneet:** laminated magnet || aimant *m* à lames *vm* (feuilleté, lamellaire) || Blätter-, Lamellenmagnet *m*; **-lensoldeerstrook:** commutator lug || talon *m* du collecteur *m* || Kommutatorfahne *v*; **-lenspanning:** voltage between commutator segments || tension *v* entre les lames *vm* || Lamellenspannung *v*; **-lensteek:** segment pitch || pas *m* des lames *vm* du collecteur *m* || Lamellenteilung *v*; **-lenveiligheid:** laminated fuse || fusible *m* à lames *vm* multiples || Lamellensicherung *v*; **-lering v. h. ijzer:** lamination *o* the iron || subdivision *v* de la partie *v* magnétique || Unterteilung *v* (Lamellierung *v*) des Eisens *o*.

lamoen: shafts, thill || limonière *v*, limons *m* || Gabel[deichsel] *v*; **-boom:** shaft || bras *m* de limonière *v*, limon *m* || Gabelbaum *m*, -schaft *m*; **-bout:** shaft bolt || atteloire *v* || Gabelbolzen *m*.

lamp: 1. (*algem.*): lamp || lampe *v* || Lampe *v*; *zie ook* **lantaarn; - v. Davy:** safety (Davy-) lamp || lampe *v* de sûreté *v* (de Davy) || Sicherheits-, Wetterlampe *v*, Davysche Lampe *v*; **-, elektrische:** electric lamp || lampe *v* électrique || elektrische Lampe *v*; **-arm:** lamp bracket || applique *v* pour lampe *v* || Lampenarm *m*; **-eglas:** glass (lamp) chimney, lamp glas || cheminée *v* (verre *m*) de lampe *v* || Lampenzylinder *m*, Zugglas *o*; **-ekap:** lamp shade || abat-jour *m* [de lampe *v*] || Lampenschirm *m*; **-enist:** lamp trimmer || lampiste *m* || Lampenputzer *m*, -wärter *m*; **-enkamer:** lamp room, lampstores || lampisterie *v* || Lampen[putz]raum *m*, -stube *v*; **-enkatoen:** lamp cotton (wick) || méche *v* de lampe *v* || Lampendocht *m*; **-enschaar:** wire shears || pince *v* à fil *m* de fer *m* || Drahtschere *v*; **-haak:** lamp hook (bracket) || crochet *m* de lampe *v*, porte-lanterne *m* || Lampenhaken *m*, Halter *m* für Laterne *v*; **-olie** („*petroleum*"): lamp oil, paraffin; kerosene, petrol (*Am.*) || kérosène *m*, kérosine *v*, huile *v* lampante || Leuchtöl *o*; **-ophang-inrichting:** lamp suspension pear || dispositif *m* de suspension *v* de lampe *v* || Lampenaufhängevorrichtung *v*; **-paal:** lamp post (pole) || mât *m* (poteau *m*) de lampe *v* || Lampen-, Lichtmast *m*; **-signaal:** *zie* **lichtsignaal** *onder* **licht 1; -zwart:** lamp black || noir *m* de lampe *v* || Lampenschwarz *o*;
2.: *zie* **gloeilamp; - m. gering** (*groot*) **wattverbruik:** low (*high*) efficiency (watt) lamp || lampe *v* à faible (*forte*) consommation *v* (à faible (*grand*) wattage *m*) || Lampe *v* mit geringem (*hohem*) Wattverbrauch *m*; **-, gekleurde:** coloured lamp

|| lampe *v* colorée || farbige Lampe *v*; **-, matte:** frosted lamp || lampe *v* dépolie || mattierte Lampe *v*; **-beproever:** lamp tester || essayeur *m* de lampe *v* || Lampenprüfer *m*; **-beproevingsstation:** lamp testing device || dispositif *m* de contrôle *m* des lampes *vm* || Lampenprüfvorrichtung *v*; **-enbatterij:** bank (battery) of lamps || batterie *v* de lampes *vm* || Lampenbatterie *v*; **-houder:** lamp holder || douille *v* || [Lampen]fassung *v*; **-houder m. kapdrager:** lamp holder with shade ring || douille *v* de lampe *v* à bague *v* porte-abat-jour || Lampenfassung *v* mit Schirmhalterdeckel *m*; **-houder m. schakelaar:** lamp holder || douille *v* à clé *v* || Fassung *v* mit Schalter *m*; **-houder m. schutkorf:** lamp holder with wire guard || douille *v* à corbeille *v* protectrice (à panier *m* protecteur) || Fassung *v* mit Schutzkorb *m*; **-houder v. illuminatielamp:** lamp holder for illuminated signs || douille *v* d'illumination *v* || Illuminationsfassung *v*; **-houdercontactdoos:** lamp holder plug || bouchon *m* de transformation *v* || Fassungssteckdose *v*; **-stroombaan:** lamp circuit || circuit *m* de lampe *v* || Lampenstromkreis *m*; **-voet:** [lamp] cap || culot *m* || Lampenfuß *m*, -sockel *m*;

3.: *zie* **booglamp;**

4. (*radio, enz.*): *zie* **buis 2.**

lampas: half damask || lampas *m* || Halbdamast *o*, Lampas *o*.

lamswol: lamb's wool || laine *v* d'agneau *m* || Lammwolle *v*.

Lan|cashireketel: *zie* **ketel m. twee vuurgangen** (*landketel*) *onder* **ketel 5; -ceerbuis** (*torpedo*)**:** launching tube || tube *m* de lanchement *m* || Lanzierrohr *o*; **-céstof:** broché goods || étoffe *v* lancée (brochée) || lanzierte (überschossene) Stoffe *v*.

land: 1. (*tegenstelling v. water*): land || terre *v*; terre *v*, sol *m* (*grond, bodem*) || Land *o*; **-en** (*vliegtg.*)**:** to land, to descend || atterrir (*landvliegt.*); amerrir (*watervliegt.*) || landen; **-hoofd** (*brug*)**:** abutment || culée *v* || Endwiderlager *o*; **-ing** (*vliegt.*)**:** landing || atterissage *m*, amerissage *m* || Landung *v*; **-ingsbrug:** jetty, pier || appontement *m*, estacade *v* || Landungssteg *m*; **-ingsgestel:** undercarriage, landing gear || atterrisseur *m*, train *m* d'atterrissage *m* || Fahrgestell *o*; **-ingsterrein:** landing place || terrain *m* d'aviation *v* || Landungsplatz *m*; **-kabel:** underground cable || câble *m* souterrain || Landkabel *o*; **-kabelbaan:** land cableway || transport *m* aérien terrestre || Landseilbahn *v*; **-ketel:** stationary boiler || chaudière *v* terrestre (industrielle) || Landkessel *m*; **-machine:** *zie* **machine** (**stoom-**), **stationaire; -meetkunde:** surveying || arpentage *m* || Feldmeßkunst *v*; **-meter:** surveyor || arpenteur *m*, géomètre *m* || Feldmesser *m*, Geometer *m*; **-meterskettiing:** land (surveyor's, measuring) chain || chaîne *v* d'arpentage *m* (d'arpenteur *m*) || Lachter-, Meßkette *v*; **-metersmaatstok:** surveyor's rod || mesure *v* d'arpenteur *m*, mire *v* parlante || Lachterstab *m*, Meßlatte *v*; **-pijler:** land pier || pile *v* de rive *v* || Landpfeiler *m*; **-vast:** *zie* **meertouw** *onder* **meer 2; -vliegtuig:** land plane || aéroplan *m*, avion *m* terrestre || Landflugzeug *o*;

2. (*aardrijksk.*)**:** country || pays *m* || Land *o*; **-kaart:** geographical map, landmap || carte *v* géographique (terrestre) || Landkarte *v*;

3. (*tegenstelling v. stad*)**:** country || campagne *v* || Land *o*; **-weg:** field path || chemin *m* rural || Feldweg *m*;

4. (*akker, enz.*)**:** field, ground || champ *m*, terrain *m* || Land *o*;

5. *zie* **langsnaad.**

landbouw: agriculture || agriculture *v* || Ackerbau *m*, Landwirtschaft *v*; **-gereedschap:** farming implements || outils *mm* de labourage *m* || Ackergerät *o*; **-hogeschool:** agricultural college || collège *m* agricole || Landwirtschaftshochschule *v*; **-machine:** agricultural machine || machine *v* d'agriculture *v* || landwirtschaftliche Maschine *v*; **-proefstation:** agricultural research station || station *v* agronomique || landwirtschaftliche Versuchsstation *v*; **-scheikunde:** agricultural chemistry || chimie *v* agricole || Agrikulturchemie *v*; **-school:** agricultural school || école *v* d'agriculture *v* || Ackerbauschule *v*.

lang: 1. (*grote lengte*)**:** long || long || lang; **-gatboor:** long auger (borer), slot borer (driller) || esseret *m* || Langlochbohrer *m*; **-gatboormachine:** slot drilling machine || mortaiseuse *v* || Langlochbohrmaschine *v*; **-gatbrander:** long slot burner || brûleur *m* à embouchure *v* oblongue (à fente *v*) || Langloch-, Schlitzbrenner *m*; **-gatkruiskop:** long slotted crosshead || crossette *v* à coulisse *v* || Langlochkreuzkopf *m*; **-schaafbank:** long planning machine with open side || raboteuse *v* (machine *v* à raboter) ouverte sur un côté *m* || Langhobelmaschine *v* mit freier Arbeitseite *v*; **-schalmketting:** *zie* **ketting 1 m. lange schalmen; -slag:** *zie* **lengteslag** *onder* **lengte 1; -vezelig:** with long fibre || à fibre longue || langfaserig; **-werpig:** oblong || oblong || länglich;

2. (*langdurig*)**:** long || longtemps || lang.

langs-: longitudinal || longitudinal, en

long *m* || Längs-; *zie ook* **lengte 1; overlangs; -anker:** longitudinal stay || tirant *m* longitudinal || Längs-, Zuganker *m*; **-balk:** longitudinal beam || poutre *v* longitudinale || Längsträger *m*; **-doorsnede:** longitudinal section || profil *m* en long *m* (longitudinal) || Längen-, Längsschnitt *m*; **-helling:** longitudinal slips || cale *v* en long *m* || Längshelling *m*; **-hout:** grain (long cut) wood || bois *m* de fil *m* (de long *m*) || Ader-, Lang-, Längenholz *o*; **-ligger:** longitudinal runner (*autochassis*); longitudinal sleeper (*spw.*); spar (*v. vleugel*) || longeron *m* de châssis *m* (*autochassis*); longrine *v* (*spw.*); longeron *m* (*vleugel*) || Längsträger *m* (*autochassis*); Längsschwelle *v* (*spw.*); Holm *m*; **-ligging** (*schip*): trim || assiette *v* || Trimm *m*; **-naad:** longitudinal seam || couture *v* en long *m*, rivure *v* (couture *v*) longitudinale || Längs[niet]naht *v*; **-profiel:** longitudinal profile; longitudinal section || profil *m* longitudinal; coupe *v* longitudinale || Längsprofil *o*; Längsschnitt *m*; **-pijler** (*mijnb.*): cross-heading to the full rise || taille *v* en inclinaison *v* || schwebender Streb *m*; **-scheeps:** fore and aft || de l'avant *m* à l'arrière *m* || längsschiffs; **-scheepsschot:** longitudinal bulkhead || cloison *v* longitudinale || Längsschott *o*; **-scheidingsmuur** (*ketel*): mid feather wall || cloison *v* des (mur *m* de séparation *v* des) carneaux *mm* longitudinaux || Trennungsmauer *v* der Längszüge *mm*; **-scheur:** longitudinal crack || fissure *v* longitudinale || Längsriß *m*; **-slag** (*touwwerk, enz.*): long lay, twist in same direction || [direction *v*] tors *m* allongé, câblage *m* direct || Längsschlag *m*; **-slede:** bed (longitudinal cross) slide || chariot *m* porte-outil transversal, coulisseau *m* porte-outil || Bett-, Lang-, Längsschlitten *m*; **-spant:** longitudinal frame || membrure *v* longitudinale || Längsspant *o*; **-spie:** key || cale *v* || Längs-, Nasenkeil *m*; **-steek** (*klinknagels*): longitudinal pitch || écartement *m* longitudinal || Längsteilung *v*; **-steun:** longitudinal stay || entretoise *v* longitudinale, tirant *m* || Längsanker *m*; **-wapening:** longitudinal reinforcement || armature *v* longitudinale (dans le sens *m* longitudinal) || Längsarmierung *v*, bewehrung *v*; **-zaag:** saw for longitudinal cutting || scie *v* en long || Längssäge *v*; **-zaling:** trestle tree || barre *v* maîtresse || Längssaling *v*.

langzaam: slow(*ly*) || lent(*ement*) || langsam; **-bindend** (*cement, enz.*): slow setting || à prise *v* lente || langsam abbindend; **-lopend** (*mach.*): at slow speed, running slowly || à faible (petite) vitesse *v*, à marche *v* lente || langsamlaufend, -gehend; **-werkend** (*mach., enz.*): slowly acting || à action *v* (marche *v*) lente || langsamwirkend.

lans: lance || lance *v* || Lanze *v*.

lantaarn: 1. (*verlichting*): lantern || lanterne *v* || Laterne *v*; *zie ook* **lamp 1; - m. ventilatie:** ventilated lamp || lanterne *v* à ventilation *v* || Laterne *v* mit Lüftung *v*; **-brander:** lamp burner || bec *m* de lanterne *v* || Laternenbrenner *m*; **-drager:** lamp bracket || porte-lanterne *m* || Laternenstütze *v*; **-huis:** lamp cage (casing) || armature *v* de lanterne *v* || Laternengehäuse *o*; **-kap:** lamp hood (top) || chapeau *m* de lanterne *v* || Laternenkappe *v*; **-paal:** lamp post || poteau *m* de lanterne *v* || Laternenpfahl *m*; **-signaal:** lamp signal || signal *m* à lanterne *v* || Laternensignal *o*; **-spiegel:** lamp reflector || reflecteur *m* de lanterne *v* || Laternenspiegel *m*;
2. (*schijfloop*): lantern [pinion], pin wheel || pignon (roue *v*) à lanterne *v* || Hohltrieb *m*, Triebstockrad *o*; **-drijfwerk:** pin wheel gear || transmission *v* à roues *vm* dentées à fuseaux *mm* || Triebstockvorgelege *o*; **-wielvertanding:** pin wheel, mangle gear || denture *v* à fuseaux *mm* || Triebstockverzahnung *v*;
3. (*bouwk.*): clearstory, clerestory, skylight turret || lanterneau *m*, lanterne *v* || Laterne *v*, Oberlichtaufbau *m*; **- m. ventilatie:** ventilator story || lanterneau *m* de ventilation *v* || Lüftungsbau *m*, -laterne *v*;
4. (*katoenfabr.*): can || lanterne *v* || Flasche *v*, Kanne *v*, Laterne *v*; **-machine:** can frame || banc *m* (métier *m*) à lanternes *vm*, boudinoir *m* || Flaschenmaschine *v*, Laternenstuhl *m*.

lan|thaan: lanthanum || lanthane *m* || Lanthan *o*; **-thanium:** *zie* **lanthaan.**

lap: 1. (*doek*): cloth || chiffon *m* || Lappen *m*; **-leider:** lap side (guide) || guide-nappe *v* || Wickelluter *m*, -gerüst *o*; **-machine:** lapping machine || réunisseuse *v* || Lappingmaschine *v*; **-rol:** lap roller || enrouleur *m*, cylindre *m* pour nappe *v* || Wickelwalze *v*;
2. (*stoomschuif*): lap || [patin *m* de] recouvrement *m* du tiroir *m* || Schieberlappen *m*, Überdeckung *v*; **-, binnenste** (*buitenste*): inside (*outside*) lap || recouvrement *m* intérieur (*extérieur*) || innere (*äußere*) Überdeckung *v*; **-kant:** lap edge || arête *v* de recouvrement *m* || Lappenkante *v*;
3.: -naad: lap riveting || rivure *v* à simple recouvrement *m* || Überlappungsnietung *v*.

lariks: larch || larix *m*, mélèze *m* || Lerchenbaum *m*; **-hout:** larch [wood] || bois *m* de larix *m* (de mélèze *m*) || Lerchenholz *o*.

larve: larva || larve *v* || Larve *v*.

las: 1. (*algem.*): joint || joint *m* || Lasche *v*, Stoß *m*; **- v. e. kabel:** *zie* **kabellas; -, geïsoleerde:** insulating joint || joint *m* isolant || Isolierstoß *m*; **-, halve** (*reel*): scarf joint || joint *m* à recouvrement *m*, demi-joint *m* || Halbstoß *m*; **-, schuine:** bevel (skew) joint || joint *m* oblique (biais) || schräge Fuge *v*, Schrägstoß *m*; **-, stompe:** butt joint || joint *m* d'about *m* || Stumpfstoß *m*, stumpfer Stoß *m*; **-, versterkte:** reinforced joint || joint *m* renforcé || Naht *v* mit Sicherheitslaschen *vm*; **-bout:** fish bolt || boulon *m* d'éclisse *v* || Laschenbolzen *m*; **-breedte:** width of butt strap || largeur *v* de couvre-joint *m* || Laschenbreite *v*; **-doos** (*elektr.*): branch (distribution junction) box || boîte *v* de branchement *m* (de dérivation *v*) || Abzweigkasten *m*; **-dop** (*elektr.*): wire connector || connecteur *m*, borne *v* de couplage *m* || Drahtverbinder *m*; **-klinknaad, dubbele:** *zie* **striplas, dubbele** *onder* **strip 2; -klinkverband:** *zie* **striplas** *onder* **strip 2; -naad, enkelvoudige:** *zie* **striplas** *onder* **strip 2; -oog** (*schalm*): enlarged eye of link || tête *v* (oeillet *m*) de maille *v* || Laschenauge *o*, -kopf *m*; **-plaat** (*v. klinkwerk*): butt strap, fish plate || couvre-joint *m* || [Stoß]lasche *v*; **-reel:** fish plate rail || rail-éclise *m* || Laschenschiene *v*; **-riem:** belt lace, thong || lanière *v* pour attache *v* || Näh-, Binderriemen *m*; **-sen:** *zie na* **laszand; -sing:** *zie onder* **lassen; -verbinding** (*reels*): fishing of rails || réunion *v* des rails *mm* par éclisses *mm* || Laschenverbindung *v*;

2. (*hout*): joint, scarf || joint *m*, assemblage *m* || Lasche *v*, Stoß *m*; **-, dubbele:** dice scarf || écart *m* double || versetzte Blattung *v*; **-, halve schuine:** half mitre joint *m* || assemblage *m* à mi-bois *m* || Aufblattung *v*; **-, platte:** flat scarf || écart *m* plat (à mi-bois *m*) || Plattscherbe *v*;

3. (*lastechn. v. metaal*): weld, welding || soudure *v* || Schweiße *v*, Schweißung *v*, Schweißstelle *v*; **-, elektrische:** electric welding || soudure *v* électrique || Elektroschweißung *v*; **-baar:** weldable || soudable || schweißbar; **-brander:** welding burner || chalumeau *m* soudeur || Schweißbrenner *m*; **-bril:** *zie* **beschermbril; -draad:** welding wire || fil *m* à souder || Schweißdraht *m*; **elektrode:** welding electrode || électrode *v* de soudure *v* || Schweißelektrode *v*; **- en stuikmachine:** welding and upsetting mtchine || machine *v* à souder et à refouler || Schweiß- und Stauchmaschine *v*; **-fout:** defect in welding || défaut *m* de soudure *v* || Schweißfehler *m*; **-hitte:** welding heat || blanc *m* soudant, température *v* soudante || Schweißhitze *v*; **-naad:** welded joint, welding seam || joint *m* soudé, soudure *v* || Schweißnaht *v*; **-naad, open:** open welded seam || soudure *v* ouverte || offene Schweißnaht *v*; **-oven:** welding furnace || four *m* à souder || Schweißofen *m*; **-plaats:** weld || soudure *v* || Schweißstelle *v*; **-poeder:** welding powder || poudre *v* à souder || Schweißpulver *o*; **-proef:** welding test || essai *m* à la température *v* soudante, essai *m* de soudage *m* || Schweißprobe *v*; **-punt:** bevelling ends to be welded || amincissement *m* des faces *vm* de recouvrement *m* || Zuscharfung *v* der Stoßflächen *vm*; **-rups:** bead || cordon *m* || Schweißraupe *v*; **-sen:** *zie na* **laszand; -sing:** *zie onder* **lassen; -staaf:** welding electrode || électrode *v* de soudure *v* || Schweißelektrode *v*; **-tang:** crucible tongs || pince *v* à souder || Schweißzange *v*; **-toestel, elektrisch:** electric welding machine || machine *v* électrique à souder || elektrische Schweißmaschine (Lötmaschine) *v*; **-werkwijze:** welding process || procédé *m* de soudage *m* || Schweißverfahren *o*; **-zand:** welding sand || sable *m* à souder || Schweißsand *m*.

las|sen: 1. (*algem.*): to joint || joindre, assembler || laschen; **-sing:** jointing || jointure *v*, jonction *v*, assemblage *m* || Laschung *v*;

2. (*hout*): to rabbet, to scarf || emboîter || einfalzen;

3. (*metaal*): to weld || souder || schweißen; *zie ook* **wellen** *onder* **wel- 2; - d. middel v. e. elektr. vlamboog:** arc welding || soudage *m* à l'arc *m* électrique || Lichtbogenschweißung *v*; **- m. overlap:** weld to lap || souder par recouvrement *m* || überlappt schweißen; **-, aluminothermisch:** alumino-thermic welding process || procédé *m* alumino-thermique || aluminothermisches Verfahren *o*; **-, autogeen:** autogeneous (gas) welding || soudure *v* autogène (au chalumeau *m* oxyacétylénique) || Autogenschweißung *v*, autogene Schweißung *v*, autogenes Schweißen *o*; **-, elektrisch:** electric welding || soudage *m* (soudure *v*) électrique || elektrisches Schweißen *o*, elektrische Schweißung *v* (Lötung *v*); **-, stomp:** to butt weld || souder par aboutement *m* (bord à bord *m*) || stumpschweißen; **-sing:** welding ||soudage *m*, soudure *v* || Schweißen *o*, Schweißung *v*.

last: 1. (*gewicht, enz.*): load || charge *v* || Last *v*; **-, geconcentreerde:** concentrated (single) load || charge *v* concentrée

(isolée) || Einzellast *v*; **-arm:** leverage of load || bras *m* [de levier *m*] de la charge *v* || Lastarm *m*, Hebelarm *m* der Last *v*; **-arm** (*v. e. kraan*)**:** load jib || tirant *m* supportant l'effort *m* de la charge *v* || Lastausleger *m*; **-bak** (*kabelsp.*)**:** load carrier (holder) || benne *v* (caisse *v*) de chargement *m* || Lastbehälter *m*; **-drager** (*toestel*)**:** load carrier || dispositif *m* de suspension *v* de la charge *v* || Lastgehänge *o*; **-drukrem:** load pressure brake || frein *m* automatique (actionné par le poids *m* de la charge *v*) || Lastdruckbremse *v*; **-haak:** load hook || crochet *m* porte-charge || Lasthaken *m*; **-ketting:** load chain || chaîne *v* porteuse (de charge *v*) || Lastkette *v*; **-lijn:** load line || ligne *v* de flottaison *v* en charge *v* || Tiefladelinie *v*; **-magneet:** lifting magnet || électro-aimant *m* de soulèvement *m* (de suspension *v* de la charge *v*) || Last-, Hebe-, Hub-, Kranmagnet *m*; **-moment:** moment of load || moment *m* de la charge *v*, moment *m* résistant || Lastmoment *o*; **-ophanging:** suspension of load || suspension *v* de la charge *v* || Lastaufhängung *v*; **-plaatsing:** position of load, load position || position *v* de la charge *v* (du fardeau *m*) || Laststellung *v*; **-rem:** load brake || frein *m* de monte-charge *m* || Lastbremse *v*; **-schijf:** load pulley || poulie *v* de suspension *v* de la charge *v* || Lastrolle *v*; **-stelsel:** group of loads || groupe *m* de charges *vm* || Lastengruppe *v*; **-takel:** load pully block || moufle *v* porteuse, palan *m* porteur || Lastrollenzug *m*; **-zuiger:** load piston || piston *m* de levage *m* || Lastkolben *m*;
2.: *zie* **belasting; -, volle:** normal (full) load || charge *v* normale, pleine charge *v* || Vollast *v*, Nennlast *v*; **-begrenzer:** force limiting device || limiteur *m* d'effort *m* || Lastbegrenzer *m*.

lat: lath, latten || latte *v* || Latte *v*; **-, dubbele:** double lath || latte *v* double || Doppellatte *v*; **-, houten:** wooden lath || latte *v* de bois *m* || Holzlatte *v*; **-nagel:** latl nail || clou *m* à latte *v* || Lattennagel *m*; **-ten-:** *zie na* **latoen 2**; **-werk:** lathwork || lattis *m* || Lattengestell *o*, -werk *o*; **-werk v. bepleistering:** lathwork for facing (for rendering) || lattis *m* pour accrocher l'enduit *m* || Holzlatten *vm* zur Putzbefestigung *v*; **-werk v. plafonds:** lathwork for stucos || lattis *m* de plafonnage *m* (de revêtement *m* en stuc *m*) || Stukkaturverschalung *v*; **-zitting:** lath (slat) seat || siège *m* à claire-voie *v* || Lattensitz *m*.

laten: 1. (*nalaten*): to omit, to neglect || ne pas faire, négliger || unterlassen, nachlassen;
2. (*gelegenheid geven tot, enz.*)**:** to allow to, to permit, to let || laisser || lassen; **- afkoelen:** to allow to cool [down] || laisser se refroidir || abkühlen lassen; **- coaguleren:** to allow to coagulate || laisser se coaguler || koagulieren lassen; **- kristalliseren:** to allow to crystallize || laisser se cristalliser || kristallisieren lassen; **- liggen:** to allow to lie || laisser [en place *v*] || liegenlassen; **- smelten:** to allow to melt || laisser se fondre || schmelzen lassen; **- staan:** to allow to stand || laisser || stehenlassen; **- uitzetten** (*gas*)**:** to allow to expand || laisser se détendre || sich entspannen lassen; **- vast worden:** to allow to solidify || laisser se solidifier || festwerden lassen;
3.: *zie* **doen 2**; **- zien:** to show || montrer || zeigen.

la|tent: latent, bound || latent || latent, gebunden; **-teriet:** laterite || latérite *v* || Laterit *m*.

latier|boom: stable bar || barre *v* d'écurie *v* || Latierbaum *m*; **-paal:** stable post || poteau *m* d'écurie *v* || Latierpfahl *m*.

latoen: 1. (*plaatje*): shim || épaisseur *m* || Zwischenlager *o*;
2.: *zie* **messing 1.**

latten|brug: lattice (trestle) bridge || pont *m* à treillis *m* || Fachwerkbrücke *v*; **-doek** (*weverij*)**:** lattice || tablier *m* || Lattentuch *o*; **-heining:** lattice fence || clôture *v* en lattes *vm* || Lattenzaun *m*; **-plankier** (*vloer*): grating of laths || clairevoie *v* en lattes *vm*, grille *v* de lattes *vm* || Lattenrost *m*; **-profiel:** lath profile || profil *m* de lattes *vm* || Lattenprofil *o*; **-profielmal:** battering rule, batter gauge || gabarit *m* (profil *m*) de terrassement *m* en lattes *vm* || Lattenprofillehre *v*; **-schot:** lattice partition || cloison *v* lattée || Lattenverschlag *m*, -wand *v*; **-verpakking** (*goederen*)**:** lath crate || emballage *m* en lattes *vm* || Lattenverkleidung *v*; **-wegering:** trellis ceiling || vaigrage *m* à claire-voie *v* (à jour *m*) || Lattenwegerung *v*.

lauw: tepid || tiède || lau[warm].

lava: lava || lave *v* || Lava *v*; **-kei:** lava paving stone || pavé *m* de lave *v* || Lavapflasterstein *m*; **-stroom:** current (stream) of lava || coulée *v* de lave *v* || Lavastrom *m*.

layout: lay-out || maquette *v* [de composition *v*] || Aufbau *m*, -skizze *v*; **-maken, een:** to make a lay-out || maquetter || aufbauen; **-man:** lay-out man || maquetteur *m* || Aufbaukünstler *m*.

lazuur: azure || azur *m* || Azurfarbe *v*; **-blauw:** ultram :ine || bleu *m* d'outremer *v* || Lasurfarbe : ; **-steen:** lapis lazuli ||

lapis-lazuli *m*, pierre *v* d'azur *m* || Lasurstein *m*.

leb: rennet, runnet || présure *v* || Lab *m*.

leblanc-schakeling: Leblanc system || système *m* Leblanc || Leblancsche Schaltung *v*.

leclanché-element: Leclanché cell || élément *m* Leclanché || Leclanchéelement *o*.

leder: leather || cuir *m* || Leder *o*; *zie ook* **leer 1**; **- bereiden:** to curry leather || corroyer le cuir *m* || das Leder *o* zurichten; **- looien:** to tan || tanner, passer en tan *m* || Leder *o* gerben; **-, gegreineerd:** corned leather || cuir *m* grainé (grené) || gekrispeltes Leder *o*; **-, gelooid:** tanned leather || cuir *m* tanné || gegerbtes Leder *o*; **-, geölied:** oiled leather || cuir *m* gras || geschmiertes (geöltes) Leder *o*, Schmierleder *o*; **-, geperst:** hammered leather || cuir *m* plaqué || gepreßtes Leder *o*; **-, Spaans:** *zie* **marokijnleder**; **-, verlakt:** varnished leather || cuir *m* vernis || Lackleder *o*; **-bereiding:** currying of the leather || corroirie *v* || Zurichtung *v* des Leders *o*; **-buffer:** leather buffer || tampon *m* à rondelles *vm* en cuir *m* || Lederbuffer *m*; **-en:** leathern || de cuir *m* || ledern; **-hars:** elastic resin || résine *v* élastique || Lederharz *o*; **-karton:** leather board || carton-cuir *m* || Lederpappe *v*; **-kit:** leather glue || colle *v* de cuir *m* || Lederleim *m*; **-kleur:** color of leather || couleur *v* de cuir *m* || Lederfarbe *v*; **-koppeling:** leather coupling || accouplement *m* à cuir *m* || Lederkupplung *v*; **-lak:** leatherlake || laque *v* au cuir *m* || Lederlack *m*; **-linnen:** dowlas || créas *m* || Lederleinwand *v*; **-lijm:** *zie* **lederkit**; **-membraan:** leather diaphragm || diaphragme *m* en cuir *m* || Ledermembrane *v*; **-pakking:** leather packing || garniture *v* en cuir *m* || Lederdichtung *v*, -liderung *v*; **-papier:** leather paper || papier cuir *m* || Lederpapier *o*; **-werk:** leather work || ouvrage *m* de cuir *m* || Lederwerk *o*.

ledig: empty || vide || leer; *zie ook onder* **leeg**.

ledigen: to empty [out] || vider || [aus-, ent-] leeren; **-ging:** emptying, voidance || vidage *m* || [Aus-, Ent-] leerung *v*.

leeg: *zie* **ledig**; **- aanlopen** (*mach.*): *zie* **aanlopen, onbelast**; **- lopen** (*mach.*): *zie* **lopen, onbelast**; **-loop** (*mach.*): *zie* **loop, onbelaste**; **-pompen:** to pump empty (dry) || vider (épuiser) à la pompe *v* || leer-, auspumpen.

leem: loam || limon *m* || Lehm *m*; **-, zandig:** sandy marl || marne *v* sableuse || Sandmergel *m*; **-gietsel:** loam casting || fonte *v* coulée en argile *v* || Lehmguß *m*; **-groeve:** loam pit || glaisière *v* || Lehmgrube *v*; **-grond:** loamy (clayey) ground || terre *v* limoneuse || Lehmboden *m*, -grund *m*; **-kern:** loam core || noyau *m* en terre *v* || Lehmkern *m*; **-laag:** coat (layer) of loam, loam coat || couche *v* d'argile *v* (de terre *v*) || Lehmauftrag *m*; **-leit:** clay (argillaceous) slate || ardoise *v* argileuse || Tonschiefer *m*; **-mergel:** loamy marl || marne *v* glaiseuse || Lehmmergel *m*; **-mortel:** clay (cob loam) mortar, stuff || mortier *m* de terre *v* (de limon *m*, d'argile *v*) || Lehmmörtel *m*; **-muurwerk:** mud walling || maçonnerie *v* en torchis *m* (en bousillage *m*) || Lehmgemäuer *o*; **-steen:** clay brick || brique *v* de glaise *v* (de limon *m*) || Lehmziegel *m*, -stein *m*, Luftziegel *m*; **-vorm:** loam mould || moule *m* en argile *v* || Lehmform *v*; **-vormerij:** loam moulding || moulage *m* en argile *v* || Lehmformerei *v*; **-water:** loam water || eau *v* d'arbue *v* || Lehmwasser *o*; **-zand:** loamy sand || sable *m* glaiseux || Lehmsand *m*; **-zandsteen:** loamy sandstone || grès *m* glaiseux || Lehmsandstein *m*.

leer: 1. *zie* **leder**; **-looier:** tanner || tanneur *m* || Lohgerber *m*; **-looierij:** tannery || tannerie *v* || Lohgerberei *v*;
2. (*afleidingen van leren*): **-film:** educational film || film *m* éducatif || Lehrfilm *m*; **-jongen:** apprentice || apprenti *m* || Lehrjunge *m*, -bursche *m*, Lehrling *m*.

lees|band (*mijnb.*): sorting band, picking belt || bande *v* (transporteur *m*) de triage *m* || Leseband *o*; **-bord:** *zie* **effenaar**; **-erts:** firstclass (smelting) ore || mines *vm* grosses || Stufferz *o*; **-raam:** reading machine || machine *v* à lire || Ausschlagemaschine *v*; **-tafel** (*mijnb.*): hand-sorting table || table *v* de triage *m* (à trier) || Klaubtisch *m*.

leest: last || embauchoir *m* || Leisten *m*; **- zetten, op de:** to put on the last || mettre sur la forme *v* || auf den Leisten *m* schlagen.

leger (*ondersteuning*): bearing, support || palier *m*, support *m* || Lager *o*; *zie ook* **asblok; kussenblok; ondersteuning.**

lege|ren: to alloy || allier || legieren; **-ring:** alloy || alliage *m* || Legierung *v*.

legerlaken: army cloth || drap *m* militaire || Militärtuch *o*.

leggen: to lay, to put || mettre, placer, poser || legen; **-, aan de aarde:** to earth || mettre à la terre *v* || erden, an Erde *v* legen; **-, een schip op zijde:** to careen a vessel || mettre un vaisseau *m* à la bande *v* || ein Schiff *o* auf die Seite *v* legen; **- v. boeien:** to put up buoys || baliser || Tonnen *vm* legen; **- v. buizen:** to erect (to install) pipes || monter (placer, poser) des tuyaux *mm* || Röhre *om* verlegen; **- v. d. kiel:** to lay the keel || mettre la quille *v* || den Kiel *m* legen; **- v. d. reels:** to lay the line || poser la voie *v* || das Gleis *o* verlegen; **- v. e. band o. e. wiel:** to shoe a wheel || embattre une roue *v* || ein Rad *o* beschienen; **- v. e. elektr. leiding:** to lay a line || établir une ligne *v*, poser une canalisation *v* || eine Leitung *v* legen *v*; **- v. e. fundament:** to lay the foundation || jeter (poser) les fondements *mm* || den Grund *m* legen, gründen; **- v. e. kabel in:** to embed a cable in || noyer (poser) un câble *m* dans || ein Kabel *o* einbetten in; **- v. e. ondergrondse kabel:** to lay an underground cable || poser un câble *m* terrestre || ein Landkabel *o* leggen; **- v. e. spoorbaan:** to lay the permanent way || poser la superstructure *v* || den Oberbau *m* verlegen; **- v. e. vloer:** to [lay down a] floor || poser un plancher *m* || einen Fußboden *m* legen; **-, hellend:** to install with a fall || poser en plan *m* incliné (en pente *v*) || mit Gefälle *o* verlegen.

legger: 1. (*watervat*): breaker, watercask || baril *m* de galère *v* || Leger *m*, Wasserlieger *m*;
2. (*typogr.*): packing || étoffage *m* || Aufzug *m*.

legging der staven v. e. ankerwikkeling: arrangement of bars of an armature winding || disposition *v* des barres *vm* d'un enroulement *m* d'induit *m* || Lagerung *v* der Stäbe *mm* einer Ankerwicklung *v*; **- v. buizen:** pipe installation || pose *v* des tuyaux *mm* || Rohrverlegung *v*; **- v. elektrische leidingen:** laying of lines || pose *v* des conducteurs *mm* (de la canalisation *v*) || Leitungsverlegung *v*; **- v. kabels:** cable laying || pose *v* des câbles *mm* || Kabelverlegung *v*.

leguaan (*scheepst.*): pudd[en]ing || bour[re]let *m* || Leguan *o*.

lei: 1. (*leisteen*): slate || ardoise *v*. schiste *m* || Schiefer *m*; **-, bitumineuze:** bituminous slate || schiste *m* bitumineux || bituminöser Schiefer *m*; **-, oliehoudende:** oil shale || schiste *m* huileux (pétrolifère) || Ölschiefer *m*; **-aarde:** shale, slate clay || argile *v* schisteuse || Schieferton *m*; **-achtig:** slaty || schisteux || schiefrig; **-bedekking:** slate covering, slating || couverture *v* en ardoise *v* || Schiefereindeckung *v*; **-dak:** slated roof || toit *m* d'ardoise *v* || Schieferdach *o*; **-dekker:** slater || couvreur *m* en ardoise *v* || Schieferdecker *m*; **-dekkersaambeeld:** slater's anvil || enclume *v* de couvreur *m* || Dach-, Schieferdeckeramboß *m*; **-dekkersbijl:** lath cutter || hachotte *v* || Schieferdeckerbeil *o*; **-dekkershamer:** slater's hammer || martelet *m* || Schieferdeckerhammer *m*; **-dekkerslat:** broad (slate) lath || latte *v* volice (volige) || Schieferlatte *v*; **-dekkerssteen:** *zie* **lei 1**; **-groeve:** slate pit (quarry) || ardoisière *v*, carrière *v* ardoise || Schieferbruch *m*, -grube *v*; **-mergel:** slaty marl || marne *v* schisteuse || Schiefermergel *m*; **-nagel:** slater's nail, slate peg, nail for roofing slate || clou *m* à ardoise *v* || Schiefernagel **m**; **-olie:** shale oil || huile *v* de schiste *m* || Schieferöl *o*; **-pan:** slate tile || tuile *v* schiste || Schieferziegel *m*; **-plaat:** slate slab || plaque *v* d'ardoise *v* || Schieferplatte *v*; **-steen:** *zie* **lei 1**; **-teer:** shale tar || goudron *m* de schiste *m* || Schieferteer *m*;
2. (*lei[d]-*: *afleidingen van* [*ge*]*leiden*): *zie ook onder* **gelei-**; **geleide-**; **-baan:** guide [sur]face || voie *v* (surface *v*) de glissement *m*, glissière [guide] *v* || Führungs-, Gleitbahn *v*; **-balk:** guide beam || arbre *m* de guidage *m* || Spurlatte *v*, Schachtrute *v*, Leitbaum *m*; **-band:** *zie* **geleiband**; **-bok:** guide bracket || chevalet-guide *m* || Führungsbock *m*; **-boog:** guide quadrant || secteur *m* de guidage *m* || Führungsbogen *m*; **-bout:** guide bolt || boulon *m* de guidage *m* || Führungsbolzen *m*; **-buis:** guide tube || tube-guide *m* || Führungsrohr *o*; **-bus:** guide bush || boîte *v* (manchon *m*) de guidage *m*, manchon-guide *m* || Führungsbüchse *v*; **-den:** *zie na* **leiwielwerkbus: -der;** *zie onder* **leiden; -ding:** *zie na* **leiden; -freem:** *zie* **leistelling; -hefboom:** guide lever || levier-guide *m* || Führungshebel *m*; **-kant:** guiding edge || rebord-guide *m* || Führungs-, Leitkante *v*; **-koord:** guide cord || cordon *m* de guidage *m*, cordon-guide *m* || Führungslitze *v*; **-kop** (*reel*): check, guard lip || contre-champignon *m* || Leitkopf *m*; **-krans:** rim of guide blade disc || couronne *v* directrice || Leitkranz *m*; **-lijst:** guide-facing (fillet) || réglet *m* de guidage *m*, réglet-guide *m* || Führungsleiste *v*; **-nok:** guide cam || came *v* de guidage *m*, came-guide *v* || Führungsdaumen *m*; **-plaat:** conveyor plate || plaque *v* de guidage *v* || Führungsplatte *v*; **-rib** (*klep*): guide vane || nervure-guide *v* de soupape *v* || Ventilführungsrippe *v*; **-ring:** guide ring || bague *v* de guidage *m*, bague-guide *v* || Führungsring *m*; **-rol:** guide roll, jockey (guide) pulley || cylindre *m* (poulie *v*) de guidage *m*, cylindre-guide *m*, galet *m* de guidage *m* (de roulement *m*) || Führungswalze *v*, Leit-, Laufrolle *v*; **-scheen:** guide rail || rail *m* de guidage *m* || Führungsschiene *v*; **-schoen:** *zie* **geleischoen; -schoep:** guide blade, bucket || directrice *v* || Leitschaufel *v*; **-schoep** (*turbine*): reversing bucket || aube *v* d'in-

version *v* || Umkehrschaufel *v*; **-schoep-segment:** guide blade || segment *m* secteur porte-directrice || Leitschaufelsegment *m*; **-schroef** (*draaib.*): *zie* **transportschroef** (*draaib.*); **-schijf:** guide [pulley, sheave]; idler (*Am.*) || galet-guide *m*, galet *m* [de guide *m*], poulie *v* de direction *v* (de guidage *m*) || Führungs-, Leitrolle *v*; **-schijf** (*snaar*): guide pulley of rope; idler (*Am.*) || galet *m* guide-câble || Seilführungs-, Leitrolle *v*; **-slof:** shoe || patin *m* || Gleitschuh *m*; **-spil** (*draaib.*): **-schroef** (*draaib.*): *zie* **transportschroef** (*draaib.*); **-stang:** *zie* **geleistang**; **-stelling:** guide frame || châssis *m* de guidage *m* || Führungsgerüst *o*; **-wals:** *zie* **leirol**; **-wiel:** guide wheel || roue *v* de guidage *m* (directrice), roue-guide *v* || Führungs-, Lenkrad *o*; **-wielnaaf:** boss of guide wheel || moyeu *m* de roue *v* directrice || Leitradnabe *v*; **-wielwerkbus:** bush of diaphragm; liner of guide wheel || boîte *v* de roue *v* directrice || Leitrad-, Dichtungsbüchse *v*.

leid|en: 1. (*geleiding geven*): to guide || guider || führen, leiten; **-en, recht:** to guide in a straight line || guider en ligne *v* droite || gerade führen; **-er:** runner || glissière *v* || Läuferrute *v*;
2. (*voeren*): to lead, to conduct || conduire || leiten, führen;
3.: *zie* **geleiden 3**; **-er, neutrale:** neutral (third) wire, the neutral || conducteur *m* (fil *m*) neutre || Nul-, Mittelleiter *m*;
4. (*leiding geven, besturen*): to lead, to conduct || diriger || leiten, führen; **-end:** leading || dirigeant || leitend, führend; **-er:** leader, head, manager, director, conductor || conducteur *m*, directeur *m* || Leiter *m*, Führer *m*; **-sel:** rein || rêne *v* || Zügel *m*.

leiding: 1. (*buizen, pijpen*): [pipe] line, piping || conduite *v*, tuyauterie *v* || [Rohr]-leitung *v*; **- leggen, een:** to lay a line || poser une conduite *v* || eine Leitung *v* verlegen; **-buis:** conduit pipe || tuyau *m* de conduite *v* || Leitungsrohr *o*; **-water:** main water || eau *v* de conduite *v* || Leitungswasser *o*;
2. (*elektr.*): line, lead || conducteur *m*, ligne *v*, canalisation *v* || Leitung *v*; **- aarden, een:** to earth a line || mettre un conducteur *m* à terre *v* || eine Leitung *v* erden (an Erde *v* legen); **- bovengronds leggen, een:** to carry a line overhead || exécuter une canalisation *v* aérienne || eine Leitung *v* überirdisch führen; **- v. lage** (*hoge*) **spanning:** low (*high*) tension line || ligne *v* à courant *m* de basse (*haute*) tension *v* || Nieder (*Hoch-*) spannungsleitung *v*; **-, afgetakte:** branch line || ligne *v* de branchement *m* (de dérivation *v*, dérivée) || Zweigleitung *v*, abgezweigte Leitung *v*; **-, bewapende geïsoleerde:** armoured cable || câble *m* armé || bewehrtes [Blei]kabel *o*; **-, bovengrondse:** aerial (overhead) line || ligne *v* aérienne || Frei-, Luftleitung *v*, oberirdische Leitung *v*; **-, drievoudige:** triple line || ligne *v* triple || Dreifachleitung *v*; **-, geïsoleerde:** insulated cable || câble *m* isolé || Kabel *o*; **-, gepantserde:** armoured wire || fil *m* armé || Panzerader *v*; **-, inductievrije:** noninductive line (main) || canalisation *v* (ligne *v*) non-inductive (sans induction *v*) || induktionsfreie Leitung *v*; **-, ondergrondse:** underground main (cable) || canalisation *v* (ligne *v*) souterraine *v* || unterirdische Leitung *v*; **-, onderzeese:** submarine line || ligne *v* sousmarine || Unterseeleitung *v*; **-, stroomloze:** dead line || ligne *v* inactive (morte) || stromlose (tote) Leitung *v*; **-bevestigingsmateriaal:** material for fastening conductors || matériel *m* de fixation *v* des conducteurs *mm* || Leitungsbefestigungsmaterial *o*; **-en monteren:** to erect lines || monter des lignes *vm* || Leitungen *vm* montieren; **-net:** main system || canalisation *v* || Leitungsanlage *v*, -netz *o*; **-sbalk:** line bar || barre *v* conductrice || Leitungsschiene *v*; **-sbreuk:** break in the line || rupture *v* de transmission *v* || Leitungsbruch *m*; **-sdraad:** conducting (line) wire || fil *m* conducteur || Leitungsdraht *m*; **-skabel:** conducting cable || câble *m* conducteur || Leitungskabel *o*; **-skoker:** cable way || caniveau *m* || Leitungskanal *m*; **-smateriaal:** line material || matériel *m* de canalisation *v* (de ligne *v* électrique), conducteurs *mm* et accessoires *vm* || Leitungsmaterial *o*; **-snet:** network of mains || réseau *m* de conducteurs *mm* || Leitungsnetz *o*; **-sonderzoeker:** line tester || essayeur *m* de canalisation *v* || Leitungsprüfer *m*; **-spaal:** line pole, pole for aerial lines || poteau *m* de conducteur *m* || Leitungsmast *m*, -pfahl *m*; **-sschema:** wiring diagram, plan (scheme) of wiring, diagram of connections || schéma *m* de la canalisation *v* (des conducteurs *mm*, des connexions *vm*) || Leitungsplan *m*, -schema *o*; **-ssnoer:** flexible cord || cordon *m* conducteur, conducteur *m* souple || Leitungsschnur *v*; **-sspanning:** voltage of the line || tension *v* de la ligne *v* || Leitungsspannung *v*; **-sstelsel:** conductor system || système *m* de canalisation *v* électrique || Leitungssystem *o*; **-sverlies:** line loss || pertes *vm* dans la ligne *v* || Leitungsverlust *m*; **-sweerstand:** conductor resistance ||

résistance *v* du conducteur *m* || Leiterwiderstand *m*;
3.: *zie* **geleiding 2;**
4. (*bedrijf*): management || conduite *v* (direction *v*) de l'exploitation *v* || Betriebsführung *v*.
lek: 1. (*algem.*): leak || fuite *v*, voie *v* d'eau *v* || Leck *o*, Undichtigkeit *v*; **-bak:** save all, drip pan || bassin *m* à huile *v* || Ölfänger *m*; **-kage:** leakage || coulage *m* || Leckage *v*; **-ken:** to leak, to drip: to leak, te make water (*schip*) || couler, fuir, faire eau *v* (*schip*) || lecken, rinnen; lecken (*schip*);
2. (*elektr.*): leakage, stray || dispersion *v*, fuite *v* || Streuung *v*; **-factor:** leakage coefficient || coefficient *m* de dispersion *v* || Streu[ungs]faktor *m*, -koeffizient *m*; **-flux:** leakage flux || flux *m* de dispersion *v* || Streufluß *m*; **-krachtstroom:** leakage flux || flux *m* de dispersion *v* || Streufluß *m*; **-veld:** stray (leakage) field || champ *m* de dispersion *v* || Streufeld *o*; **-verlies:** leakage loss || perte *v* par coulage *m* (par fuite *v*) || Leckverlust *m*; **-weerstand:** grid leak || grande résistance *v* || Ableitungswiderstand *m*; **-zoeker:** leakage detector || cherche-pertes *v* de courant *m* || Stromentweichungssucher *m*;
3. (*bijv. nw.*): leaky, untight || inétanche, non-étanche || undicht.
lem|met: blade || lame *v* || Klinge *v*; **-niscaat:** lemniscate || lemniscate *v* || Lemmiskate *v*.
lemoen: *zie* **lamoen.**
lenard-buis: Lenard tube || tube *m* Lénard || Lenardröhre *v*.
leng (*scheepst.*): *zie* **hijsstrop.**
lengte: 1. (*algem.*): length || longueur *v* || Länge *v*; *zie ook onder* **langs-; -lopen, in de:** to be arranged longitudinally || être disposé en long *m* || in der Längsrichtung *v* laufen; **- in bedrijf** (*spw.*): length of line || longueur *v* exploitée || Betriebslänge *v*; **- o. d. waterlijn:** length at waterline || longueur *v* à la flottaison *v* || Länge *v* in der Wasserlinie *v*; **- o. d. buffers gemeten:** total length over the buffers || longueur *v* mesurée entre les extrémités *vm* des butoirs *mm* || über die Puffer *mm* gemessene Länge *v*; **- over alles:** length over all, total length || longueur *v* hors tout (extrême, totale) || Baulänge *v*; **-, gemeten:** gauged (measured) length || longueur *v* de mesure *v* || Meßlänge *v*; **-, in de:** lengthway, lengthwise, longitudinal(*ly*) || dans le sens *m* de la longueur *v*, en long *m* [-ueur *v*,] longitudinal || der Länge *v* nach, längs, longitudinal; **-, ontwikkelde:** developed length || longueur *v* développée || entwickelte Länge *v*; **-, volle:** overall length || longueur *v* hors tout || größte Länge *v*; **-as:** longitudinal shaft || arbre *m* longitudinal || Längswelle *v*; **-balk:** longitudinal girder || longeron *m*, poutre *v* longitudinale || Längsträger *m*; **-dal:** longitudinal valley || vallée *v* longitudinale || Längstal *o*; **-doorsnede:** longitudinal section || coupe *v* (section *v*) longitudinale, coupe *v* (profil *m*) en long *m* || Längendurchschnitt *m*, -profil *o*; **-eenheid:** unit of length || unité *v* de longueur *v* || Längeneinheit *v*; **-helling:** longitudinal slope || pente *v* longitudinale || Längsgefälle *o*; **-kanaal:** longitudinal passage || canal *m* longitudinal || Längskanal *m*; **-maat:** lineair (long) measure || mesure *v* de longueur *v* || Längenmaß *o*; **-meting:** measurement of length || mesure *v* des longueurs *vm* || Längenmessung *v*; **-perron:** longitudinal platform || quai *m* longitudinal || Längsbahnsteig *m*; **-profiel:** elevation || profil *m* en long *m* || Höhenplan *m*; **-ribbe:** longitudinal rib || nervure *v* longitudinale || Längsrippe *v*; **-schaal:** scale of length || échelle *v* des longueurs *vm* || Längenmaßstab *m*; **-scheur:** *zie* **langsscheur; -schoor;** longitudinal stay || tirant *m* longitudinal || Längsanker *m*; **-slag** (*touwwerk, enz.*): *zie* **langsslag; -spie:** longitudinal key || clavette *v* longitudinale || Längskeil *m*; **-trilling:** longitudinal vibration || vibration *v* longitudinale || Längsschwingung *v*; **-uitzetting:** lineair expansion || dilatation *v* linéaire || Längeausdehnung *v*; **-veer:** axial spring || ressort *m* longitudinal || Längsfeder *v*; **-veld** (*elektr.*): longitudinal field || champ *m* longitudinal || Längsfeld *o*; **-verandering:** change of length || changement *m* de longueur *v* || Längenveränderung *v*; **-vermeerdering:** elongation || allongement *m* || Verlängerung *v*; **-vezel:** longitudinal fibre || fibre *v* longitudinale || Längsfaser *v*;
2. (*aardrijksk.*): longitude || longitude *v* || Länge *v*; **-, geografische:** geographical longitude || longitude *v* géographique || geografische Länge *v*; **-graad:** degree of longitude || degré *m* de longitude *v* || Längengrad *m*; **-meting:** longimetry || longimétrie *v* || Längenmessung *v*; **-verschil:** difference of longitude || difference *v* en longitude *v* || Längenunterschied *m*.
lens: 1. (*optica*): lens || lentille *v* || Linse *v*; **-, bolle:** *zie* **lens, convexe; -, concave:** concave lens || lentille *v* concave || konkave Linse *v*: **-, convergerende:** converging lens || lentille *v* convergente || Sammellinse *v*, konvergierende Linse *v*; **-, convexe:** convex lens || lentille *v* convexe || Konvex-, Sammellinse *v*, konvexe Linse *v*; **-, divergerende:** diverging lens || lentille *v*

divergente || Zerstreuungslinse *v*, divergierende Linse *v*; **-, holle:** *zie* **lens, concave; -glas:** lenticular glass || verre *m* lenticulaire || Linsenglas *o*; **-vormig:** lenticular || lenticulaire, lens-shaped || linsenförmig;

2. (*slinger v. e. uurwerk*): pendulum disc (ball) || lentille *v* || Linse *v*;

3. (*bijv. nw.*): empty || vide || leer, ausgepumpt, lenz; **- pompen:** to free || affranchir || lenz pumpen; **- slaan** (*pomp*): to fail || rater || verslagen; **- zijn** (*pomp*): to be dry, to suck || être franche || schlagen; **-dekdop:** *zie* **dekdop** *onder* **dek 4; -fles:** suction basket (rose) || crépine *v* d'aspiration *v* || Saugkorb *m*; **-pomp:** bilge pump || pompe *v* de cale *v* || Lenzpumpe *v*; **-poort:** scupper, washport || dalot *m*, sabord *m* de dégagement *m* || Speigatt *o*, Wasserpforte *v*; **-ruim:** bilge || fond *m* de cale *v* || Lenzraum *m*; **-water:** bilge water || eau *v* de fond *m* de cale *v* || Schlagwasser *o*.

lepel: 1. (*algem.*): spoon || cuiller *v*, cuillère *v* || Löffel *m*; **-baggerwerktuig:** *zie* **schop, mechanische;** (*drijvend*): dipperdredge[r] || drague *v* flottante à pelle *v* || schwimmender Löffelbagger *m*; **-boor:** auger, gouge, half round drill || [sonde à, tarière *v* à] cuiller *v* || Löffelbohrer *m*; (*diep boren*) (*mijnb.*): shell anger || tarière *v* à glaise *v*, cuiller *v* || Löffelbohrer *m*; **-boor, spitse:** taper auger || tarière *v* à vis *v* conique || Spitzwinder *m*, **-roede:** spoon rod || barre porte-cuillère *v* || Löffelstange *v*; **-schop:** *zie* **schop, mechanische;**

2. (*zadel*): hind fork top || palette *v* || Hinterlöffel *m*.

lepidoliet: lepidolite || lépidolite *v* || Lepidolith *m*.

lessenaar: desk || pupitre *m* || Pult *o*; **-dak:** lean-to, shed roof || comble *m* en appentis *m* (en potence *v*) || einhängiges Dach *o*, Halb-, Pultdach *o*.

letter: 1. (*letterteken i.h. algem.*): character, letter || caractère *m*, lettre *v* || Buchstabe *m*; **-slot:** letter lock || serrure *v* à combinaison *v* || Buchstabenschloß *o*;

2. (*typogr.*): character, letter, [printing] type || caractère *m* [d'imprimerie *v*], lettre *v*, type *m* || Buchstabe *m*, Letter *v*, Type *v*; **-, afgesleten:** worn-out, flattened out[letter] || usagé *m* || abgenutzte Schrift *v*; **-, cursieve:** italic || [caractère *m*] italique *m* || kursiver Buchstabe *m*; **-, geblokkeerde:** turned letter, blacks || blocage *m*, lettre *v* bloquée || Blockade *v*; **-, gewone:** *zie* **onderkast 1; -, kleine:** *zie* **onderkast 1; -, omgekeerde:** upside down, turn || renversé *n* || kopfstehender Buchstabe *m*; **-, vette:** bold face, fat letter, heavy type || lettre *v* grasse, caractère *m* plein || fetter Buchstabe *m*; **-bord:** composition (letter) board || ais *m* || Satzbrett *o*; **-borstel:** letter brush || brosse *v* d'imprimerie *v* || Abziehbürste *v*; **-corps:** *zie* **lettercorpus; -corpus:** body of the letter || corps *m* de la lettre *v* || Schriftkegel *m*; **-correctie:** wrong fount || coquille *v* || Buchstabenfehler *m*; **-fout:** printer's error, misprint || faute *v* d'impression *v* || Druckfehler *m*; **-gieterij:** type foundry || fonderie *v* de caractères *mm* || Schriftgießerei *v*; **-haak:** composing stick || composteur *m* || Winkelhaken *m*; **-kast:** letter (type) case, letter stand || casse *v* || Schrift-, Setzkasten *m*; **-matrijs:** matrice, matrix || matrice *v* de lettre *c* || Matrize *v*, Schriftmutter *v*; **-metaal:** type-metal || matière *v* métal || [Schrift]-metall *o*; **-patrijs:** letter punch || poinçon *m* || Patrize *v*, Schriftstempel *m*; **-polis:** bill of fount || police *v* pour la fonte *v* de caractères *mm* || Schriftzettel *m*; **-proef:** specimen of printing types || échantillon *m* de caractères *mm* d'imprimerie *v*, spécimen *m* de fondeur *m* || Schriftprobe *v*; **-snijden:** form cutting || gravure *v* de caractères *mm* || Schriftschneidekunst *v*; **-snijder:** letter engraver || graveur *m* de lettres *vm* || Schriftschneider *m*, -stecher *m*; **-specie:** type metal || métal *m* à caractères *mm* || Schriftmetall *o*, -zeug *o*, **-spijs:** *zie* **letterspecie; -type:** *zie* **letter 2; -verdeling** (*in de letterkast*): lay of the case || distribution *v* de la casse *v* || Schriftverteilung *v*; **-vorm:** type || caractère *m* || Schriftform *v*; **-zetten:** to compose || composer || setzen; **-zetterij:** composing room || salle *v* de composition *v* || Setzersaal *m*, -zimmer *o*.

leuciet: leucyte || leucite *v* || Leuzyt *m*; **-basalt:** leucytic basalt || basalte *m* leucitique || Leuzytbasalt *m*; **-tuf:** leucyte tuff || tuf *m* leucytique || Leuzyttuff *m*.

leuning: 1. (*v. e. stoel, enz.*): back || dos *m*, dossier *m* || [Rücken]lehne *v*;

2. (*trap, balkon, enz.*): railing, parapet (*borstwering*); banisters (*trap*); handrail || garde-fou *m*; main *v* courante, rampe *v* (*trap*) || Geländer *o*; Handleiste *v*; **-, houten** (*trap*): wooden banisters || balustrade *v* en bois *m* || Holzgeländer *o*;

3. (*brug*): railing || garde-corps *m*, parapet *m* || Geländer *o*.

leuning|stijl: rail post (bar), baluster || balustre *m*, montant *m*, barreau *m* vertical de rampe *v* || Geländersäule *v*, -pfosten *m*, -stab *m*, -docke *v*; **-ijzer:** rail (banister, handrail) iron || ferrure *v*

de garde-fou *m*, fermain-courante *m* || Geländereisen *o*, Handleisteneisen *o*.
leunspaan (*vaste*)**:** slide (sliding) rest || support *m* fixe || Support *m*.
le|veerraam: lashing frame || appareil *m* de levage *m* || Levierrahmen *m*; **-veren** (*weverij*)**:** to lash || lever || einlesen, einziehen, levieren.
levens|duur (*bv. v. e. ketel*)**:** life || durée *v* || Lebensdauer *v*; **-groot:** at full length || de grandeur *v* naturelle || lebensgroß; **-grootte:** full lenght (size) || grandeur *v* naturelle || Lebensgröße *v*; **-middelen:** food; provisions, victuals || provisions *vm*, vivres *mm* || Lebensmittel *om*; Proviant *m*; **-middelen in blik:** canned food || vivres *mm* en boîtes *vm* || Lebensmittel *om* in Büchsen *vm* (Dosen *vm*).
leve|rancier: contractor, purveyor, furnisher || fournisseur *m* || Lieferant *m*, Lieferer *m*; **-ren:** to deliver, to supply || fournir, livrer || liefern; **-ring:** delivery, [Ab]lieferung *v*; **-ringscontract:** supply agreement || contrat *m* de fourniture *v* || Lieferungskontrakt *m*, -vertrag *m*; **-ringscontract afsluiten, een:** to contract for a delivery || entreprendre une fourniture *v* || einen Lieferungskontrakt *m* abschließen; **-ringsdatum:** date for delivery || date *v* de la livraison *v* || Tag *m* der Lieferung *v*; **-ringstermijn:** term of delivery || délai *m* de livraison *v* (de fourniture *v*) || Liefer[ungs]frist *v*, Lieferzeit *v*; **-veringsvoorwaarden:** conditions of (specifications for, terms of) delivery, conditions for supply || conditions *vm* de fourniture *v* (de livraison *m*), cahier *m* des charges *vm* [pour fournitures *vm*] || Lieferungsbedingungen *vm*.
levertraan: cod oil || huile *v* de [foie *v* de] morue *v* || Lebertran *m*.
leviathan (*wolwasmach.*)**:** leviathan || dégraisseuse *v* automatique || Leviathan *m*.
levulose: levulose || lévulose *v* || Lävulose *v*; *zie ook* **fructose.**
lezer (*weverij*)**:** reader || liseur *m* du dessin *m* || Angeber *m*, Leser *m*.
lias: lias [formation] || lias *m*, système *m* liassien || Lias *m*, Liasformation *v*, -system *o*; **-kalk:** lias lime || calcaire *m* liassien || Liaskalk *m*.
libel. spirit level || niveau *m* à bulle *v* d'air *m* || Libelle[nwaage] *v*.
lichaam: body || corps *m* || Körper *m*; **-, belastend:** weight giving body || [corps *m*] alourdissant *m* || Belastungskörper *m*; **-, vast:** solid [body] || [corps *m*] solide *m* || fester Körper *m*; **-, warmte afgevend** (*opnemend*)**:** heat supplying (*absorbing*) body, heat radiator || corps *m* cédant (abandonnant) (*absorbant*) de la chaleur *b* || wärmeabgebender (*wärmeaufnehmender*) Körper *m*; **-, zwart:** black body || corps *m* noir || schwarzer Körper *m*; **-shoek:** poly[h]edric (polyhedral, solid) angle || angle *m* solide || körperlicher (polyedrischer) Winkel *m*.
licht: 1. (*optica*)**:** light || lumière *v* || Licht *o*; **- uitstralen:** to emit light || émettre de la lumière *v* || Licht *o* aussenden (emittieren); **-, blauw** (*geel*; *groen*; *rood*; *wit*)**:** blue (*yellow*; *green*; *red*; *white*) light || lumière *v* bleue (*jaune*; *verte*; *rouge*; *blanche*) || blaues (*gelbes*; *grünes*; *rotes*; *weißes*) Licht *o*; **-, diffuus:** *zie* **licht, verstrooid: -, elektrisch:** electric light || lumière *v* électrique || elektrisches Licht *o*; **-enkelvoudig:** *zie* **licht, monochromatisch; -, geabsorbeerd:** absorbed light || lumière *v* absorbée || absorbiertes Light *o*; colorée || farbiges Licht *o*; **-, gepolariseerd:** polarized light || lumière *v* polarisée || polarisiertes Licht *o*; **-, gevoelig voor:** sensitive [to light] || sensible [à la lumière *v*] || lichtempfindlich; **-, heterochromatisch** (*homochromatisch*)**:** heterochromatic (*homochromatic*) lights || lumières *vm* hétérochromes (*homochromes*) || gleichfarbige (*verschiedenfarbige*) Lichter *om*; **-, monochromatisch:** monochromatic light || lumière *v* monochrome || monochromatisches (einwelliges) Licht *o*; **-, opvallend:** incident light || lumière *v* incidente || auffallendes Licht *o*; **-, teruggekaatst:** reflected light || lumière *v* réfléchie || reflektiertes (zurückgeworfenes) Licht *o*; **-, uitgezonden:** emitted light || lumière *v* émise || ausgesandtes (emittiertes) Licht *o*; **-, verblindend:** dazzling light || lumière *v* éblouissante || blendendes Licht *o*; **-, verstrooid:** diffused light || lumière *v* diffuse (diffusée) || zerstreutes (diffuses) Licht *o*; **-aanleg:** lighting installation (plant) || installation *v* d'éclairage *m* || Beleuchtungsanlage *v*; **- en krachtaanleg:** lighting and power plant || installation *v* d'éclairage *m* et de force *v* motrice || Beleuchtungs- und Kraftübertragungsanlage *v*; **-aansluitdoos:** lighting junction box || boîte *v* de jonction *v* pour éclairage *m* (pour lumière *v*) || Lichtanschlußdose *v*; **-bad:** light bath || bain *m* de lumière *v* || Lichtbad *o*; **-bak** (*scheepst.*)**:** side lantern (light) screen || écran *m* de la lanterne *v* de côté *m* (du feu *m* de côté *m*) || Seitenlaternenschirm *m*; **-baken:** light beacon || balise *v* éclairée (lumineuse) || Leuchtbake *v*; **-bakstandaard:** side light screen stanchion || chandelier *m* de l'écran *m* du feu *m* de côté *m* || Seitenlaternenschirmträger *m*; **-batterij:** lighting battery || batterie *v*; **-beeld:** photograph || photo-

graphie *v* || Lichtbild *o*, Photographie *v*; **-boei:** light buoy || bouée *v* éclairée (lumineuse) || Lichtboje *v*; **-boog:** [electric] arc || arc *m* électrique [lumineux] || Lichtbogen *m*; *zie ook* **vlamboog; -boog tussen** (*meer dan*) **twee elektroden:** simple (*compound*) arc || arc *m* simple (*composé, multiple, ramifié*) || Lichtbogen *m* zwischen (*mehr als*) zwei Elektroden *vm*; **-boogbreking:** breaking (rupture) of the arc || désamorçage *m* (rupture *v*) de l'arc *m* || Abreißen *o* des Lichtbogens *m*, Lichtbogenunterbrechung *v*; **-booggeruis:** arc noise || bruit *m* (bruissement *m*) de l'arc *m* || Geräusch *o* des Lichtbogens *m*; **-boogsmoring:** dying out of the arc || étouffement *m* de l'arc *m* || Ersticken *o* des Lichtbogens *m*; **-boogspanning:** arc voltage || tension *v* de l'arc *m* || Lichtbogenspannung *v*; **-boogspits:** arc tip || pointe *v* de l'arc *m* || Lichtbogenspitze *v*; **-boogsterkte:** intensity of the arc || intensité *v* de l'arc *m* électrique || Lichtbogenintensität *v*; **-booguitdoving:** arc extinguishing || extinction *v* de l'arc *m* électrique || Lichtbogenlöschung *v*; **-boogvormer:** arc striking mechanism || amorceur *m* d'arc *m* || Lichtbogenbildner *m*; **-boogvorming:** forming (striking) of an arc || formation *v* (production *v*) d'un arc *m* || Lichtbogenbildung *v*; **-boogweerstand:** arc resistance || résistance *v* de l'arc *m* || Lichtbogenwiderstand *m*; **-breker:** *zie* **refractor; -breking:** refraction of light || réfraction *v* de la lumière *v* || Lichtbrechung *v*; **-bron:** luminous source, source of light || source *v* lumineuse (de lumière *v*) || Lichtquelle *v*; **-bron, (*on*)gelijkmatige:** (*non*)uniform source of light || source *v* de lumière *v* (*non-*) uniforme || (*un*)gleichförmige Lichtquelle *v*; **-bundel:** beam of light || faisceau *m* [de rayons *mm*] lumineux || Lichtbündel *o*; **-centrale:** lighting station || centrale *v* d'éclairage *m* || Beleuchtungszentrale *v*; **-donker:** clear-obscure || clair-obscur *m* || Helldunkel *o*; **-druk** (*afdruk*)**:** heliographic print || héliographie *v*, photocalque *m* || Lichtpause *v*, Ablichtung *v*; **-druk** (*werkwijze*)**:** heliographic printing || impression *v* héliographique || Lichtdruck *m*; **-drukken:** to calk || calquer || pausen; **-drukpapier:** heliographic printing paper || papier *m* héliographique (photocalque) || Lichtpauspapier *o*; **-dynamo:** lighting dynamo (engine) || dynamo *v* (génératrice *v*) pour éclairage *m* || Lichtdynamo *v*; **-dynamo m. constante spanning:** lighting dynamo for constant voltage || dynamo *v* d'éclairage *m* à tension *v* constante || Lichtmaschine *v* für unveränderte Spannung *v*; **-echtheid:** fastness to light || résistance *v* à la lumière *v* || Lichtbeständigkeit *v*; Lichtechtheit *v*; **-eenheid:** unit of light, photometric unit || unité *v* de lumière *v* || Lichteinheit *v*; **-effect:** luminous effect || effect *m* lumineux || Lichtwirkung *v*; **-ether:** light ether || éther *m* lumineux || Lichtäther *m*; **- en krachtoverbrenging:** transmission of energy for light and power || transport *m* de lumière *v* et de force *v* motrice || Licht- und Kraftübertragung *v*; **-en:** *zie na* **licht 5; -gas:** coal (illuminating, lighting) gas || gaz *m* d'éclairage *m* (de ville *v*, de houille *v*) || Leuchtgas *o*; *zie ook onder* **gas; -gasfabriek:** [illuminating] gas works || usine *v* à gaz *m* [d'éclairage *m*] || Leuchtgasanstalt *v*; **-gasmachine:** coal gas (light gas, town gas) engine || moteur *m* à gaz *m* d'éclairage *m* || Leuchtgasmaschine *v*; **-gevend:** luminous, light emitting || lumineux || leuchtend, lichtaussendend, Leucht-; **-glans:** brilliancy of light || éclat *m* de la lumière *v* || Lichthelligkeit *v*; **-golf:** light wave || onde *v* lumineuse || Lichtwelle *v*; **-hoeveelheid:** quantity of light || luminosité *v*, quantité *v* de lumière *v* || Lichtmenge *v*; **-installatie:** light installation || installation *v* d'éclairage *m* || Beleuchtungsanlage *v*; **-kabel:** light[ing] cable || câble *m* d'éclairage *m* (de lumière *v*) || Lichtkabel *o*; **-kap:** lantern light || lanterneau *m*, lucarne *v* faîtière ||Dachkappe *v*, -haube *v*; **-kast** (*röntgentherapie*)**:** negatoscope || négatoscope *m* || Negativschaukasten *m*; **-kegel:** cone of light, luminous cone || cône *m* de lumière *v* (lumineux) || Licht-, Leuchtkegel *m*; **-kogel:** light ball || balle *v* à éclairer (luisante) || Leuchtkugel *v*; **-kracht:** luminous power || pouvoir *m* éclairant || Leuchtkraft *v*; **-kring:** circle of illumination || cercle *m* d'illumination *v* || Erleuchtungskreis *m*; **-kroon:** chandelier, lustre || lustre *m* || Kronleuchter *m*; **-leiding:** lighting mains (circuit, leads) || canalisation *v* (conduite *v*, conducteur *m*) d'éclairage *m* || Lichtleitung *v*; **-machine:** *zie* **lichtdynamo; -net:** lighting network || réseau *m* d'éclairage *m* || Lichtnetz *o*; **-opslorping:** absorption of light || absorption *v* de lumière *v* || Lichtabsorption *v*; **-overschakelaar:** lighting throw over switch || commutateur *m* pour l'éclairage *m* || Lichtumschalter *m*; **-paal:** lamp post || mât *m* (poteau *m*) d'éclairage *m* || Lichtmast *m*; **-paal uit buizen** (*traliewerk*)**:** tubular (*lattice*) lamp post || mât *m* tubulaire (*pylone m*) d'éclairage *m* || Rohrlichtmast *m* (*Gitterlichtmast m*);

-pluim: pencil of light || aigrette *v* lumineuse || Lichtbüschel *m*; **-poort**(*schip*): light port, dead light || faux sabord *m* || Lichtpforte *v*; **-punt:** luminous point || point *m* lumineux || Lichtpunkt *m*; **-reclame:** sign lighting, advertisement illumination || éclairage *m* de réclame *v* || Reklamebeleuchtung *v*; **reel:** lighting bus bar || barre *v* omnibus d'éclairage *m* || Lichtschiene *v*; **-rendement:** efficiency of a luminous source || coefficient *m* d'efficacité *v* lumineuse [d'une source *v*] || Lichtausbeute *v*; **-rendement, reciproke waarde v. h.:** specific consumption of a luminous source || coefficient *m* de consommation *v* [d'une source *v*] || spezifischer Verbrauch *m*; **-schacht:** lighting well || lanterneau *m* d'éclairage *m* || Lichtschacht *m*; **-schakelaar:** light switch || interrupteur *m* de lumière *v* || Lichtschalter *m*; **-schakelbord:** lighting switchboard || tableau *m* de distribution *v* pour l'éclairage *m* || Lichtschalttafel *v*; **-schakeling:** lighting connection || connexion *v* de la conduite *v* d'éclairage *m* || Lichtkupplung *v*; **-schip:** light ship || bateau-feu *m*, bateau-phare *m* || Feuer-, Lichtschiff *o*; **-sein (-signaal):** light (optical, flash) signal || signal *m* lumineux [optique] || Licht-, optisches Signal *o*; **-staaf:** lighting bus bar || barre *v* collectrice d'éclairage *m* || Lichtschiene *v*; **-staaffotometer:** light ray photometer || photomètre *m* à tige *v* || Lichtstabphotometer *o*, *m*; **-sterkte:** light (luminous) intensity, luminous power || intensité *v* lumineuse, pouvoir *m* éclairant || Leucht-, Lichtstärke *v*, Leuchtkraft *v*; **-sterkte v. e. lichtend punt:** luminous intensity (candle power) of a point source || intensité *v* lumineuse d'une source *v* ponctuelle || Lichtstärke *v*; **-sterkte, gemiddelde boven(*onder*)hemisferische:** mean upper (*lower*) hemispherical candlepower || intensité *v* hémisphérique moyenne supérieure (*inférieure*) || obere (*untere*) halbräumliche Lichtstärke *v*; **-sterkte, gemiddelde horizontale** (*sferische*) mean horizontal (*spherical*) candle-power || intensité *v* horizontale (*sphérique*) moyenne || mittlere horizontale (*räumliche*) Lichtstärke *v*; **-sterktekromme:** curve of light intensity || courbe *v* d'intensité *v* lumineuse || Lichtstärkekurve *v*; **-sterktemeter** (*-meting*): *zie* **fotometer** (*fotometrie*); **-sterkte-oppervlak:** polar surface of light distribution || surface *v* photométrique || Lichtverteilungskörper *m*; **-straal:** ray of light || rayon *m* lumineux || Lichtstrahl *m*; **-streep:** band of light || raie *v* lumineuse || Lichtstreifen *m*; **-stroom:** flux of light || flux *m* lumineux || Lichtstrom *m*; **-stroomdichtheid:** radiance of a surface at a given point || radiance *v* d'une surface *v* en un point *m* donné || spezifische Lichtausstrahlung *v*; **-telefonie:** phototelephony || phototéléphonie *v* || Lichttelephonie *v*; **-therapie:** phototherapeutics || photothérapie *v* || Lichttherapie *v*; **-toren:** *zie* **vuurtoren**; **-transformator:** lighting transformer || transformateur *m* pour l'éclairage *m* || Lichttransformator *m*; **-uitstraling:** radiation of light || rayonnement *m* lumineux || Lichtausstrahlung *v*; **-veiligheid:** lighting fuse || coupe-circuit *m* d'éclairage *m*, fusible *v* d'éclairage *m* || Lichtsicherung *v*; **-verbruiker:** light consumer || consommateur *m* de lumière *v* || Lichtkonsument *m*; **-verdeling:** distribution of light || répartition *v* lumineuse, distribution *v* de lumière *v* || Lichtverteilung *v*; **-verdelingskromme:** polar curve of light distribution || courbe *v* photométrique (de répartition *v* de la lumière *v*) || Lichtverteilungskurve *v*; **-verlies:** loss of light || perte *v* d'intensité *v* lumineuse || Licht[stärke]verlust *m*; **-verstrooier:** *zie* **diffusor**; **-vlek:** spot || spot *v* || Lichtmarke *v*;

2. (*niet zwaar*): light || léger || leicht; **-metaal:** light metal || métal *m* léger || Leichtmetall *o*;

3. (*niet donker*): clear, light || clair || hell; **-blauw** (*-bruin*; *geel-*; *-groen*): light blue (*brown*; *yellow*; *green*) || bleu (*brun*; *jaune*; *vert*) clair || hellblau (*-braun*; *-gelb*; *-grün*); **-rood:** bright red || rouge vif || hellrot;

4. (*gering, onbetekenend*): slight, gentle || petit, insignifiant, léger || leicht;

5. (*gemakkelijk*): eas(*il*)y, light(*ly*) || facile(*ment*) || leicht;

6. (*afleidingen van lichten*): *zie onder* **lichten.**

licht|en: 1. (*opheffen*): to lift, to raise, to heave || lever, élever || [auf]heben; **-** (*v. e. klep*): lifting || levée *v* || Ventilerhebung *v*; **-hoogte:** lift || levée *v*, course *v* || Aufgang *m*, Hebung *v*; Ventilhub *m*; **-hoogtebegrenzing** (*v. e. klep*): shoulder on valve stem to limit lift || butée *v*, butoir *m* || Hubbegrenzung *v*; **-nok:** lifting cam || came *v* de soulèvement *m* || Hebedaumen *m*, -kopf *m*, Däumling *m*;

2. (*anker*): to weigh || lever || lichten;

3. (*schip*): to lighten || alléger || lichten; **-er:** lighter || allège *v*, chaland *m* || Leichter *m*, -schiff *o*;

4. (*gezonken schip*): to raise || remettre à flot, relever || lichten, heben;

5. (*licht geven*)**:** to give light, to shine || luire || leuchten.

lichter (*vaartg.*)**:** lighter || chaland *m*, péniche *v* || Lichter *m*.

lid: limb, member || membre *m* || Glied *o*; **-, eerste** (*vergelijking*)**:** antecedent || antécédent *m* || Vorderglied *o*.

lier (*hefwerkt.*)**:** winch, windlass || treuil *m* || Winde *v*; **met dubbele overbrenging:** winch with double gearing || treuil *m* à double transmission *v* || Winde *v* mit doppeltem Zahnradgetriebe *o*; **- met riemdrijfwerk:** belt driven winch || treuil *m* à commande *m* par courroie *v* || Riemenwinde *v*; **- met wormwielbeweging:** winch with worm gear || treuil *m* à vis *v* sans fin *m* || Schneckenradwinde *v*; **-, dubbele:** double purchase winch || treuil *m* à double puissance *v* || doppelte Winde *v*; **-, enkele:** crab (single purchase) winch || petit treuil *m* || Krüppelwinde *v*; **-, hydraulische:** hydraulic winch || treuil *m* hydraulique || hydraulische Winde *v*; **-drijfwerk:** winch driving gear || mécanisme *m* de treuil *m* || Windentriebwerk *o*; **-gestel:** winch frame || bâti *m* de treuil *m* || Windengerüst *o*, -gestell *o*; **-kast:** *zie* **liergestel; -palwerk:** winch ratchet gear || encliquetage *m* de treuil *m* || Windensperrung *v*; **-trommel:** winch barrel (drum) || tambour *m* de treuil *m* || Windentrommel *v*.

lift: hoist, elevator; lift || élévateur *m*, monte-charge *m*; ascenseur *m* || Aufzug *m*; Fahrstuhl *m*; *zie ook* **kracht, opstuwende; - m. riemdrijfwerk:** lift with belt drive || ascenseur *m* à commande *v* par courroie *v* || Aufzug *m* mit Riemenbetrieb *m*; **-, elektrische:** electric elevator || ascenseur *m* électrique || elektrischer Aufzug *m*; **-, hydraulische:** hydraulic lift || ascenseur *m* hydraulique || hydraulischer Aufzug *m*, Wasseraufzug *m*; **-bestuurder:** lift attendant || conducteur *m* d'ascenseur *m* || Aufzugführer *m*, -wärter *m*; **-kabel:** hoisting rope || câble *m* d'ascenseur *m* || Aufzugseil *o*; **-koker:** *zie* **liftschacht; -kooi:** lift cage || cabine *v* (cage *v*) d'ascenseur *m* || Fahrstuhl *m*; (*mijnb.*)**:** *zie* **schachtkooi;** || **-lier:** hoisting winch || treuil *m* d'ascenseur *m* || Aufzugwinde *v*; **-motor:** hoisting motor || moteur *m* d'ascenseur *m* || Aufzugmotor *m*.

liftschacht: lift shaft || cage *v* (puits *m*) d'ascenseur *m* || Aufzug-, Fahrschacht *m*; **-bekleding:** shaft lining || revêtement *m* de la cage *v* || Schachtumkleidung *v*; **-deur:** shaft door || porte *v* de la cage *v* || Schachttür *v*; **-diepte:** height of shaft || hauteur *v* de la cage *v* || Schachthöhe *b*; **-geraamte:** shaft framework || charpente *v* de la cage *v* || Schachtgerippe *o*, -gerüst *o*; **-kap:** shaft covering || comble *m* de la cage *v*, faîte *v* du puits *m* || Schachtabdeckung *v*; **-opening:** shaft opening || ouverture *v* de la cage *v* || Schachtöffnung *v*; **-sluiting:** closing of shaft || fermeture *v* de la cage *v* || Schachtverschluß *m*; **-toegang:** access to shaft || entrée *v* de la cage *v* || Schachtzugang *m*.

lig|gen: 1. (*neerliggen*)**:** to lie || être couché || liegen; **-gend** (*mach., enz.*)**:** horizontal(*ly*) || horizontal(*ement*) || liegend;
2. (*gelegen zijn*)**:** to be situated || être situé || liegen.

ligger: 1. (*bouwk.*)**:** girder || poutre *v*, longeron *m* || Träger *m*; **- ter verstijving:** stiffened (plated) girder || poutre *v* de renfort *m* (raidisseuse) || Versteifungsträger *m*; **-, geconstrueerde:** built up (compound, plate) girder || poutre *v* en tôle *v* et cornières *vm* (rivée, composée) || zusammengesetzter Träger *m*; **-formelen:** beam (girder) mould || coffrage *m* de poutre *v* || Trägerschalung *v*;
2. (*spw.*)**:** sleeper, tie || bille *v*, traverse *v* || Schwelle *v*;
3. (*onderste molensteen*)**:** bedstone, lower millstone || gîte *v*, meule *v* dormante || Bodenstein *m*.

ligniet: *zie* **bruinkool.**

ligplaats (*scheepst.*)**:** berth || poste *m* d'amarrage *m* || Anlegeplatz *m*.

ligroïne: ligroin || ligroine *v* || Ligroin *o*.

lik|been: burnisher || brunissoir *m*, lissoir *m* || Glättbein *o*; **-hout:** polishing (sleeking) stick || buis *m* || Glättholz *o*; **-rol:** vibrating roller || preneur-rouleau *m* || Leckwalze *v*; **-steen** (*gradenboog*)**:** limb, graduated arc || arc *m* gradué, limbe *m* || Gradbogen *m*, Limbus *m*.

li|moniet: limonite || limonite *v*, hématite *v* brune || Limonit *m*, Brauneisenstein *m*; **-mousine:** limousine || limousine *v* || Limousine *v*.

linde: linden, lime [tree] || tilleul *m* || Lindenbaum *m*, Linde *v*; **-, grootbladerige:** broad leaved lime tree || tilleul *m* d'été *m* (hollandais) || großblättrige Linde *v*; **-, kleinbladerige:** small leaved lime tree || tilleul *m* à petites feuilles *vm* || kleinblättrige Linde *v*; **-basttouw:** linden cordage || corde *v* d'écorce *v* de tilleul *m* || Lindenbastseil *o*.

li|neair: linear || linéaire || linear; **-niaal:** ruler || règle *v* || Lineal *o*; **-nie:** line || ligne *v* || Linie *v*.

linkerhandregel: left hand rule || règle *v* de la main *v* gauche || Linkerhandregel *v*.

links|draaien: 1. (*opt. act. stof*)**:** to turn the polarisation plane to the left || dévier à gauche le plan *m* de polarisation *v* ||

linksdrehen; **-draaiend:** laevo-rotatory, l- || lévogyre, l- || linksdrehend, l-;
2. (*mech.*): to rotate (to turn) to the left || tourner à gauche || linksdrehen; **-draaiend:** left handed || tournant à gauche || linksdrehend.

links|gewikkeld: counter clockwise (left handedly) wound || enroulé à gauche || linksgewickelt; **-lopend** (*v. draad*): left hand[ed] || [avec pas *m*] à gauche || linksgängig.

linnen: linen || linge *m*, toile *v* || Leinen *o*, Leinwand *v*; **-, geölied:** oiled linen || toile *v* huilée || Ölleinen *o*; **-damast:** linen damask || [linge *m*] damassé *m*, damas *m* de lin *m* || Leinendamast *m*; **-garen:** linen yarn || fil *m* de lin *m* || Leinengarn *o*; **-kruising:** plain cloth || drap *m* || Tuchbindung *v*; **-spinnerij:** linen spinning || filature *v* du lin *m* || Leinenspinnerei *v*; **-weverij:** linen weaving || tissage *m* du lin *m* || Leinenweberei *v*.

li|noleum: linoleum || linoléum *m* || Linoleum *o*; **-non:** lawn || linon *m* || Linon *m*; **-notype:** linotype || linotype *v* || Linotype *o*.

lint: ribbon || ruban *m* || Band *o*; **-getouw:** bar (ribbon) loom || métier *m* à rubans *mm* (à la barre *v*) || Band[webe]stuhl *m*; **-gewicht** (*lintwev.*): weight of the bar loom || poids *m* du métier *m* à la barre *v* || Bandgewicht *o*; **-goot:** conductor || conduit *m* pour ruban *m* || Leiter *m*, Bandführer *m*; **-meter:** measuring tape, tape measure || mètre *m* à ruban *m*, mesure *v* en ruban *m* à rouleau *m* || Band-, Rollmaß *o*; **-plaat:** sliver plate || plaque *v* divisée en canaux *mm* || Kanalplatte *v*; **-trechter:** trumpet plate for calender || entonnoir *m* || Kalanderleitertrichter *m*; **-weverij:** ribbon weaving || rubanerie *v* || Bandweberei *v*; **-zaag:** endless (ribbon, belt, band) saw || scie *v* sans fin *m* (à lame *v* sans fin *m*, à ruban *m*) || Bandsäge *v*; **-zaagmachine:** band saw engine || scie *v* à ruban *m* d'établi *m* || Bandsägemaschine *v*.

lip: **1.** (*algem.*): lip || lèvre *v* || Lippe *v*; **-klamp:** [dumb] snatch || taquet *m* à manche *v* || Lippklampe *v*;
2. (*orgelpijp*): lip || lèvre *v*, biseau *m* || Lippe *v*; **-pijp:** whistle (labial) pipe || sifflet *m* à embouchure *v* de flûte *v* || Lippenpfeife *v*;
3. (*spanjolet*): bit || panneton *m* || Haken *m*.

lithium[1]**:** lithium || lithium *m* || Lithium *o*.

litho|chromie: lithochromics || lithochromie *v* || Farbensteindruck *m*, Lithochromie *v*; **-graferen:** to lithograph || lithographier || lithographieren; **-grafie** (*afdruk*): lithographic print || lithographie *v* || Lithographie *v*; **-grafie** (*bewerking*): drawing upon stone, lithography || dessin *m* lithographique, lithographie *v* || Lithographie *v*; **-grafisch:** lithographic[al](*ly*) || lithographique(*ment*) || lithographisch.

litzenwikkeling: *zie* **kabelwikkeling.**

locaal; loca-: *zie* **lokaal; loka-.**

locomobiel: locomobile || locomobile *v* || Lokomobile *v*.

locomotief: locomotive || locomotive *v* || Lokomotiv[e] *v*; **- m. accumulatoren:** accumulator (storage) locomotive || locomotive *v* à accumulateurs *mm* || Akkumulatorenlokomotive *v*; **- m. benzinemotor:** gasoline locomotive || locomotive *v* à essence *v* || Benzinlokomotive *v*; **- v. bergspoor:** climbing locomotive || locomotive *v* grimpante || Kletterlokomotive *v*; **- v. goederentrein:** freight (goods) locomotive || locomotive *v* à marchandises *vm* || Güterzuglokomotive *v*; **- v. reizigerstrein:** passenger locomotive || locomotive *v* à voyageurs *mm* || Personenzuglokomotive *v*; **- v. samengeperste lucht:** compressed air locomotive || locomotive *v* à air *m* comprimé || Preßluftlokomotive *v*; **- v. smal spoor:** narrow gauge locomotive || locomotive *v* à voie *v* étroite || Kleinbahnlokomotive *v*; **-, dubbele:** double locomotive || locomotive *v* jumelle || Doppellokomotive *v*; **-, elektrische:** electric locomotive || locomotive *v* électrique || elektrische Lokomotive *v*; **-hefkraan:** locomotive lifting crane || grue *v* pour soulever les locomotives *vm* || Lokomotivhebekran *m*; **-ketel:** locomotive boiler || chaudière *v* de locomotive *v*, chaudière *v* (générateur *m*) horizontale ignitubulaire avec boîte *v* à feu *m* prismatique et tubes *mm* de fumée *v* directs || Lokomotivkessel *m*; **-kraan:** locomotive crane || grue *v* automotrice || Lokomotivkran *m*; **-lantaarn:** engine headlamp (headlight) || lanterne *v* de locomotive *v* || Lokomotivlaterne *v*; **-loods:** locomotive shed || remise *v* à locomotives *vm* || Lokomotivschuppen *m*; **-personeel:** engine crew || personnel *m* de la locomotive *v* || Lokomotivmannschaft *v*; **-werkplaats:** locomotive works || atelier *m*

[1]) Voor de hierachter niet opgenomen lithiumverbindingen, zoals bv. lithiumchloride, lithiumhydroxyde, lithiumsulfaat, enz., zie men onder **natrium** en vervange daar in het Engels „sodium" door „lithium", in het Frans „de sodium" door „de lithium" en in het Duits „Natrium-" door „Lithium-", dus bv. „*lithiumchloride: lithium chloride* || *chlorure m de lithium m* || *Lithiumchlorid o*".

des locomotives *vm* || Lokomotivwerkstatt *v*.

loden: 1. (*bijv. nw.*): leaden || de plomb *m* || bleiern, Blei-;
2. (*ww.*): to plumb, to try with the plummet || plomber, prendre l'aplomb *m* || bleien, loten;
3. (*scheepst.*): to heave the lead, to sound || jeter la sonde *v*, sonder || das Lot *o* werfen, loten;
4.: **-stof:** unmilled (unfulled, rough) cloth || drap *m* brut (en haire *v*, non-foulé), loden *m* || ungewalkter Wollstoff *m*, Loden *m*.

loef|gierig: weather-helm || ardent || luvgierig; **-zijde:** weatherside, weatherbeam, côté *m* du vent *m* || Luvseite *v*.

loep: magnifying- glass, lens || loupe *v* || Vergrößerungsglas *o*, Lupe *v*.

oess[oïde]: loess || loess *m* || Löß *m*.

og (*z. nw.*): log || loch *m* || Log *o*; **-tafel:** log board || table *v* du loch *m* || Logbrett *o*, -tafel *v*.

logarith|me: logarithm || logarithme *m* || Logarithmus *m*; **-me, natuurlijke:** natural (Nap[i]eran) logarithm || logarithme *m* naturel (népérien) || natürlicher Logarithmus *m*; **-mentafel:** table of logarithms || table *v* de logarithmes *mm* || Logarithmentafel *v*; **-misch:** logarithmic || logarithmique || logarithmisch.

loge: box || loge *v* || Loge *v*; **-mentschip:** receiving ship || caserne *v* flottante, cayenne *v* || Kasernenschiff *o*.

logen: to lixiviate, to steep in lye || lessiver || laugen.

logger (*schip*): lugger || lougre *m* || Logger *m*, Lugger *m*.

logotype: logotype || logotype *v* || Logotype *o*.

lokaal: 1. (*z. nw.*): locality, room || local *m*, salle *v* || Raum *m*;
2. (*bijv. nw.*): local || local || lokal, Orts-, örtlich; **-spoorweg:** local (suburban) railway || chemin *m* de fer *m* vicinal || Lokal-, Kleinbahn *v*.

lokalisatie: *zie* **plaatsbepaling.**

loket: 1. (*vakje*): pigeon-hole, partition || case *v* || Fach *o*; **-kast:** partition box || boîte *v* à compartiments *mm* || Fächerkasten *m*;
2. (*voor verkoop, enz.*): ticket (booking) office [window] || guichet *m* || Schalter *m*; **-kast** (*spw.*): ticket case || casier *m* à billets *mm* || Fahrkartenschrank *m*;
3. (*weverij*): shuttle box || boîte *v* à navette *v* || Schützenkasten *m*.

lokken|machine (*spinnerij*): carding engine || finisseuse *v* || Lockenmaschine *v*; **-tafel:** carding table || table *v* à ploques *vm* || Lockentisch *m*; **-trommel:** roller bowl || rouleau *m* à ploques *vm* || Lockentrommel *v*.

lomp (*z. nw*): rag || chiffon *m* || Lumpen *m*; **-enbak:** raf chest || cassot *m* || Lumpenbehälter *m*; **-enpapier:** rag paper || papier *m* de chiffons *mm* || Lumpenpapier *o*; **-ensnijder:** rag cutting machine || coupe-chiffons *m*, machine *v* à effilocher || Lumpenschneider *m*, -wolf *m*; **-enwolf:** rag devil || effileuse *v* || Lumpenwolf *m*.

longitudinaal: longitudinal || longitudinal || longitudinal, Längs-.

lont: fuse, slow match, || mèche *v* d'allumage *m* || Lunte *v*; *zie ook* **vuurkoord; -wikkelvormmachine:** sliver lap machine || machine *v* à réunir, réunisseuse *v* || Bandvereinigungs-, Kanalmaschine *v*.

lood: 1. (*metaal*)[1]): lead || plomb *m* || Blei *o*; **-, gedegen:** native lead || plomb *m* vierge || Jungfernblei *o*, gediegenes Blei *o*; **-, gewalst:** rolled (sheet) lead || plomb *m* laminé || Walzblei *o*; **-, gezond:** firm lead || plomb *m* sain || gesundes Blei *o*; **-, hard:** hard lead || plomb *m* durci || Hartblei *o*; **-, van:** *zie* **loden 1; -, zacht:** soft lead || plomb *m* doux (mou) || Weichblei *o*; **-aarde:** earthy cerussite || plomb *m* carbonaté || Bleierde *v*; **-accumulator:** lead accumulator || accumulateur *m* au plomb *m* || Bleiakkumulator *m*; **-afval:** lead waste || déchet *m* de plomb *m*, plombaille *v* || Bleiabfall *m*; **-as:** lead ashes; dross (*typogr.*) || cendre *v* de plomb *m*; crasse *v*, scorie *v* (*typogr.*) || Bleiasche *v*; Aschblei *m*, Krätze *v* (*typogr.*); **-azijn:** lead vinegar || vinaigre *m* de plomb *m* (de saturne *m*) || Bleiessig *m*; **-bad:** lead bath || bain *m* de plombage *m* || Bleibad *o*; **-bedekking** (*v. e. dak*): lead covering (roofing) || couverture *v* (toiture *v*) en plomb *m* || Bleibedachung *v*; **-bloem:** arseniate of lead || arséniate *m* de plomb *m* || Bleiblüte *v*; **-blok:** lead pig || navette *v* (saumon *m*) de plomb *m* || Bleiblock *m*, -klumpen *m*, -mulde *v*; **-borstel:** lead brush || brosse *v* à plomb *m* || Bleibürste *v*; **-damp:** lead fume (smoke) || fumée *v* (vapeur *v*) de plomb *m* || Bleidampf *m*; **-dioxyde:** lead dioxide || bioxyde *m* de plomb *m* || Bleidioxyd *o*, Bleisuperoxyd *o*; **-draad:** lead wire || fil *m* de plomb *m* || Bleidraht *m*; **-erts:** lead ore || minerai *m* de plomb *m* ||

---

[1]) Voor hierachter niet opgenomen loodverbindingen, zoals bv. loodchloride, loodhydroxyde, loodsulfaat, enz., zie men onder **natrium** en vervange daar in het Engels „sodium" door „lead", in het Frans „de sodium" door „de plomb" en in het Duits „Natrium-" door „Blei-", dus bv.: „*loodchloride*: *lead chloride* || *chlorure m de plomb m* || *Bleichlorid o*".

Bleierz *o*; **-fabriek:** lead works || plomberie *v*, usine *v* à plomb *m* || Bleihütte *v*; **-foelie:** lead foil || mince feuille *v* de plomb *m* || Bleifolie *v*; **-geel:** massicot, yellow lead || massicot *m* || Bleigelb *o*; **-gieter:** plumber, fitter || plombier *m*, installateur *m* || Klempner *m*, Installateur *m*; **-gieterswerk:** plumber's work || plomberie *v* || Klempner-, Bleigießarbeit *v*; **-glans:** *zie* **galeniet**; **-glansdetector:** galena detector || détecteur *m* à galène *v* || Bleiglanzdetektor *m*; **-glas:** lead glass || verre *m* plombifère || Bleiglas *o*; **-glazuur:** lead glazing || vernis *m* plombifère || Bleiglasur *v*; **-glit:** lead oxide, litharge || litharge *v* || Bleiglätte *v*, -oxyd *o*; **-houdend:** plumbiferous || plombifère || bleihaltig; **-kabel:** lead [covered] cable || câble *m* armé de plomb *m*, câble *m* sous (en) plomb *m* || Bleikabel *o*; **-kabel m. rubber geïsoleerd:** lead covered rubber cable || câble *m* sous caoutchouc *m* avec gaine *v* de plomb *m* || Gummibleikabel *o*; **-kamer:** lead chamber || chambre *v* de plomb *m* || Bleikammer *v*; **-kern:** lead core || âme *v* de plomb *m* || Bleikern *m*; **-koliek:** lead colic || colique *v* de plomb *m* (saturnine) || Bleikolik *v*; **-koning:** lead regulus || matte *v* de plomb *m* || Bleikönig *m*; **-mantel:** lead covering || gaine *v* de plomb *m* || Bleimantel *m*, -hülle *v*; **-menie:** red lead || minium *m* de plomb *m* || Bleimennige *v*; **-[mon]oxyde:** lead monoxide || protoxyde *m* de plomb *m* || Blei[mon]oxyd *o*; **-mijn:** lead mine || mine *v* de plomb *m* || Bleigrube *v*; **-oxychloride:** lead oxychloride || oxychlorure *m* de plomb *m* || Bleioxychlorid *o*; **-oxyde** (*menie*): minium, red lead oxide || minium *m*, plombate *m* de plomb *m* || Mennige *v*, Bleiplumbat *o*; **-plaat:** plate (sheet) of lead || plaque *v* (feuille *v*) de plomb *m* || Bleiplatte *v*, -blech *o*; **-poeder:** lead powder (dust) || plomb *m* en poudre *v* || Bleipulver *o*; **-pot** (*typogr.*): metal pot || creuset *m* || Gießtopf *m*; **-rubber:** opaque rubber || caoutchouc *m* opaque || Bleigummi *o*; **-schuim:** lead dross (scum) || écume *v* de plomb *m* || Bleiabstrich *m*; **-sesquioxyde:** lead sesquioxide || sesquioxyde *m* de plomb *m* || Bleisesquioxyd *o*; **-slak:** lead slag || scorie *v* de plomb *m* || Bleischlacke *v*; **-snijder:** lead cutter || couteau *m* à plomb *m* || Bleischneider *m*; **-soldeer:** lead solder || plomb *m* à souder || Bleilot *o*; **-spijs:** lead speiss || speiss *m* de plomb *m* || Bleispeise *v*; **-stof:** lead dust || plomb *m* pulvérulent || Bleistaub *m*; **-stofaccumulator:** lead dust accumulator || accumulateur *m* à plomb *m* pulvérulent || Bleistaubakkumulator *m*; **-strook:** strip of lead || bande *v* de plomb *m* || Bleistreifen *m*; **-suboxyde:** lead suboxide || suboxyde *m* de plomb *m* || Bleisuboxyd *o*; **-suiker:** *zie* **loodacetaat**; **-[su]peroxyde:** *zie* **looddioxyde**; **-tetrachloride:** lead tetrachloride || tétrachlorure *m* de plomb *m* || Bleitetrachlorid *o*, Bleisuperchlorid *o*; **-tinlegering:** lead tin alloy || alliage *m* plomb-étain *m* || Bleizinnlegierung *v*; **-veiligheid:** fusible (lead) plug || plomb *m* fusible || Bleipfropfen *m*; **-vergiftiging:** lead poisoning || empoisonnement *m* par le plomb *m*, intoxication *v* saturnine, saturnisme *m* || Bleivergiftung *v*; **-voering:** lead lining || garniture *v* de plomb *m* || Bleieinlage *v*; **-vijl:** lead file || lime *v* à plomb *m* || Bleifeile *v*; **-wit:** white lead, ceruse || blanc *m* de plomb *m*, céruse *v*, plomb *m* blanc || Bleiweiß *o*; **-witverf:** white lead paint || couleur *v* à la céruse *v* || Bleiweißfarbe *v*; **-zegel:** lead seal || cachet *m* en plomb *m* || Bleisiegel *o*, -verschluß *m*; **-zinkaccumulator:** lead zinc accumulator || accumulateur *m* plomb-zinc || Bleizinkakkumulator *m*; **-zout:** lead salt || sel *m* de plomb *m* || Bleisalz *o*;

2.: *zie* **schietlood**; **-lijn:** vertical [line], perpendicular [line] (*meetk.*); plumb[ing] line (*bouwk.*) || [ligne *v*] perpendiculaire *v*, verticale *v* (*meetk.*); fil *m* à plomb *m* (*bouwk.*) || Senkrechte *v*, senkrechte Linie *v*, Normal *o*, Vertikale *v* (*meetk.*); Blei-, Lotschnur *v*, Bleisenkel *m*, Senkelfaden *m* (*bouwk.*); **-lijn neerlaten, een:** to drop a perpendicular line || abaisser une perpendiculaire *v* || eine Senkrechte *v* fällen; **-recht:** perpendicular, vertical || perpendiculaire, vertical || lot-, senkrecht; **-recht stellen:** to place upright || placer verticalement || senkrecht stellen;

3.: *zie* **dieplood**; **-lijn:** lead (sounding) line || ligne *v* de sonde *v* || Lotleine *v*; **-lijnbalie:** lead line bucket (tub) || baille *v* [de ligne *v*] de sonde *v* || Lot[lein]balje *v*.

loods: 1. (*schuur*): shed || hangar *m* || Schuppen *m*;

2. (*persoon*): pilot || pilote *m* || Lotse *m*, Pilot *m*; **-boot:** pilot boat || bateau-pilote *m* || Lotsenboot *o*; **-schoener:** pilot schooner || goélette *v* des pilotes *mm* || Lotsenschooner *m*; **-stomer:** pilot steamer || bateau-pilote *m* à vapeur *v* || Lotsendampfer *m*; **-wezen:** pilotage || pilotage *m* || Lotswesen *o*.

loof|hout: leaf wood || bois *m* feuillu || Laubholz *o*; **-werk** (*bouwk.*): foliage, leaf work || rinceau *m* || Laubwerk *o*.

loog: lye, lie || lessive *v* || Lauge *v*; **-, bijtende:**

caustic lye || lessive *v* caustique || Ätzlauge *v*; **-bak:** lye tank || réservoir *m* à lessive *v* || Laugenbehälter *m*; **-doek:** bucking cloth || charrier *m* || Laugentuch *o*; **-ketel:** lye vessel || chaudière *v* à lessive *v* || Laugekessel *m*; **-vat:** lye vat || gerle *m* || Laugenfaß *o*.

looi: tan || tan *m* || Lohe *v*; **-afval:** tan waste || tannée *v* || extrahierte Lohe *v*; **-en:** to tan || tanner || gerben; **-ersboom:** sumach || sumac *m* || Schmack *m*, Sumach *m*; **-erskalk:** chalk (slack) lime || plamée *v* || Gerberkalk *m*; **-erswol:** glover's (skinner) wool || écouailles *vm* || Gerberwolle *v*; **-erij:** tanning (*bedrijf*); tannery (*werkplaats*) || tannage *m* (*bedrijf*); tannerie *v* (*werkplaats*) || Lohgerberei *v*; **-kuil:** tan pit || fosse *v* à tan *m* || Lohgrube *v*; **-kuip:** tan vat || cuve *v* des tanneurs *mm* || Lohkufe *v*; **-zuur:** tannic acid, tannin || acide *m* tannique, tan[n]in *m* || Gerbsäure *v*, Tannin *o*.

loon: wages || salaire *m* || Lohn *m*; **-arbeid:** wage work || travail *m* salarié || Lohnarbeit *v*; **-arbeider:** labourer || [ouvrier *m*] salarié *m* || Lohnarbeiter *m*; **-eenheid:** unit of wages || unité *v* de salaire *m* || Lohneinheit *v*; **-lijst:** register of wages || feuille *v* de paye *v* || Lohnliste *v*; **-staat:** pay (wages) list || liste *v* des salaires *mm* || Lohnliste *v*.

loop: 1. (*geweer*): barrel || canon *m* || Lauf *m*; **2.** (*mach.*): *zie* **gang 7; -, onbelaste:** running without load, idle || marche *v* (allure *v*) à vide *m*, ralenti *m* || Leerlauf *m*; **3.** (*rivier*): course || cours *m* || Lauf *m*.

loop|baan: runway, track || chemin *m* [de roulement *m*] || Lauf-, Fahrbahn *v*; *zie ook* **baan 1; -brug:** [foot] bridge, platform || passerelle *v* || Laufbrücke *v*, -bühne *v*; **-gewicht:** sliding weight || poids *m* curseur (mobile) || Laufgewicht *o*; **-gewicht m. verstelbare schuif:** sliding weight with a vernier || poids *m* mobile à vernier *m* || Laufgewicht *o* mit verstellbarem Schieber *m*; **-jongen:** errand boy || ambulant *m* || Laufbursche *m*, -junge *m*; **-graaf:** trench || tranchée *v* || Laufgraben *m*; **-kat:** travelling crab || treuil *m* (chariot *m*) roulant || Laufkatze *v*; **-kat m.** (*vaste*) **aangehangen takel:** crab with suspended (*built in*) pulley || chariot *m* à palan *m* suspendu (*fixe*) || Laufkatze *v* mit angehängtem (*eingebautem*) Flaschenzug *m*; **-kat m. draaiende arm:** crab with slewing jib || chariot *m* à pivot *m* (à flèche *v* horizontale pivotante) || Drehlaufkatze *v*; **-kat m. geleide laadstang:** crab with guided post (head) || chariot *m* portant une tige *v* guidée de charge *v* [de levage *m*] || Laufkatze *v* mit geführtem Laststempel *m* (Hubstempel *m*); **-kat m. hangende takel:** *zie* **loopkat m. aangehangen takel; -kat m. kabel:** rope crab || chariot *m* à câble *m* || Seilkatze *v*; **-kat m. kast v. d. bestuurder:** crab with driver's stand combined || chariot *m* portant la cabine *v* de manoeuvre *v* || Laufkatze *v* mit angebautem Führerstand *m*; **-kat m. ketting:** chain crab || chariot *m* à chaîne *v* || Kettenkatze *v*; **-kat m. trollie-ophanging:** crab with trolley suspension || chariot *m* à suspension *v* pendulaire de la poulie *v* || Katze *v* mit Pendelaufhängung *v*; **-kat m. uithouder:** traversing jib crab || chariot *m* portant un bras *m* (une poutrelle-rail *v*) || Auslegerlaufkatze *v*; **-kat v. e. kraan:** travelling crab (trolley) || chariot *m*, treuil *m* roulant, chariot *m* de pont *m* roulant || [Lauf]katze *v*, Krankatze *v*; **-kat v. zolderbint:** ceiling crab || chariot *m* pour poutre *v* de plafond *m* || Deckenlaufkatze *v*; **-katbaan:** crab track || voie *v* de roulement *m* du chariot *m* || Laufkatzenbahn *v*; **-katfreem:** crab frame || bâti *m* (châssis *m*) de chariot *m* || Laufkatzengestell *o*; **-kraan:** overhead traveller, travelling crane || pont *m* roulant || Laufkran *m*; **-kraan m. asoverbrenging:** shaft driven travelling crane || pont *m* roulant à commande *v* par arbre *m* de transmission *v* || Wellenlaufkran *m*; **-kraan m. besturing v. onder:** travelling crane with control from below || pont *m* roulant à commande *v* d'en bas *m* || Laufkran *m* mit Steuerung *v* von unten; **-kraan m. kabelmechanisme:** rope driven travelling crane || pont *m* roulant à commande *v* par câble *m* || Seillaufkran *m*; **-kraan m. kast v. d. bestuurder:** travelling crane with driver's stand built on || pont *m* roulant à cabine *v* de service *m* montée sur le pont *m* || Laufkran *m* mit angebautem Führerstand *m*; **-kraan m. overbrengwerk:** gearing system travelling crane || pont *m* roulant commandé par transmission *v* || Transmissionslaufkran *m*; **-kraan, draaiende:** travelling crane with slewing jib || pont *m* roulant à bec *m* tournant || Drehlaufkran *m*; **-kraan, uit de hand bestuurde:** hand travelling crane || pont *m* roulant à commande *v* à main *v* || Handlaufkran *m*; **-lamp:** portable (trouble) lamp || baladeuse *v*, lampe *v* portative || Hand-, tragbare Lampe *v*; **-lijst:** mackling rail || bande *v* du cylindre *m* || Laufsteg *m*, Schmitzleisten *m*; **-plank:** gangway (*schip*); continuous footboard (*wagon*) || passerelle *v* (*schip*); marchepied *m* continu (*wagon*) || Laufsteg *m* (*schip*); Laufbrett *o* (*v. e. wagon*); **-reel:** (*draai-

schijf): roller race || couronne *v* de roulement *m*, rail *m* des galets *mm* || Laufkranz *m*, Laufschiene *v*; **-ring:** ball race || anneau *m* de fond *m* || Laufring *m*, Kugelspur *v*; **-rol:** travelling roller || galet *m* de roulement *m* || Laufrolle *v*; **-scheen** (*schuifdeur*): slide of a sliding door || glissière *v* de porte *v* roulante || Türlaufschiene *v*; **-schoep:** moving blade || aube *v* mobile (motrice) || Laufschaufel *v*; **-schoepsegment:** bucket segment || segment *m* à aubes *vm* mobiles || Laufschaufelsegment *o*; **-spoel:** revolving spool (bobbin), rolling bobbin || bobine *v* à dérouler || Abroll-, Laufspule *v*; **- stag** (*scheepst.*): life line, man rope || gardecorps *m*, garde-fou *m* || Laufstag *o*, Manntau *o*; **-vlak** (*wiel*): running surface || surface *v* de roulement *m* || Lauffläche *v*; **-werk:** traversing gear || mécanisme *m* d'avancement *m*, commande *v* de la translation *v* || Lauf-, Fahrwerk *o*, Fahrvorrichtung *v*; **-wiel:** traversing (rotor) wheel, runner || roue *v* porteuse (motrice, mobile), rotor *m* || Laufrad *o*; **-wiel m. konisch draagvlak:** conical travelling wheel || roue *v* porteuse à surface *v* de roulement *m* conique || Laufrad *m* mit konischer Lauffläche *v*; **-wielas m. draagveer:** axle of traversing wheel mounted on springs || essieu *m* de roue *v* porteuse avec ressort *m* de suspension *v* || gefederte Laufradachse *v*; **-wielnaaf:** boss of traversing wheel|| moyeu *m* de roue *v* porteuse || Laufradnabe *v*; **-zand:** quicksand, float sand || sable *m* mouvant (boulant, fluant) || Schwimm-, Trieb-, Treib-, Fließsand *m*.

loos (*touw*): slack || mou *m*, lâche || lose; **- geven** (*touw*): to ease off, to give more slack || donner du mou *m*, filer || los geben; **-pijp:** eduction (outlet, waste) pipe || tuyau *m* de décharge *m* (de dégorgement *m*, d'émission *v*) || Abfluß-, Abführungs-, Auslaß-, Entweichungsrohr *o*.

lopen: 1. (*mach.*): to run || marcher || laufen; **-, onbelast:** to run light (on no load, without load) || marcher à vide || leer gehen, leerlaufen; **-pend:** running || marchant; courant (*v. want*, *v. takel*, *enz.*) || laufend;

2. (*schip*): to run, to sail || courir || laufen.

loper: 1. *zie* **haaksleutel;**

2. (*bovenste molensteen*): runner [stone] || surmeule *v* || Läufer[stein] *m*;

3. (*lakenschaar*): slider || feuille *v* mâle || Läufer *m*;

4. (*scheepst.*): fall || garant *m* || Läufer *m*;

5. (*sleutel*): picklock, master (skeleton) key || fausse clef *v*, crochet *m*, passepartout *m*, rossignol *m* || Dietrich *m*, Dieb-, Hakenschlüssel *m*, Sperrhaken *m*.

lor|ding: spun yarn || bitord *m* || Lording *v*, Lorring *v*; **-kenhout:** larch wood || bois *m* de mélèze *m* (de larix *m*) || Lärchenholz *o*; **-rie** (*spw.*): trolley, handcart || draisienne *v*, wagonnet *m* d'inspection *v*, lorry *m* || Bahnwagen *m*, Draisine *v*.

los: 1. (*niet vast*): loose(*ly*); [re]movable; separate; free amovible || mobile; isolé; libre || los, locker, Los-; frei; **-draaien** (*schroef*): to loosen || desserrer || lösen, lockern; **-gaan:** to loose || se détacher || sich lösen; **-gaan** (*schroef*, *bout*): to get loose || se desserrer || locker werden; **-hakken** (*v. e. klinkverband*): to break || défaire, dériveter || lösen; **-hartigheid:** annual heart shake || roulure *v*, bois *m* roulé || Kernschäle *v*; **-maken:** to disengage || défaire || lösen; **-maken v. e. koppeling:** to declutch, to disconnect (to uncouple) a clutch || débrayer, désaccoupler || eine Kupplung *v* lösen; **-maken v. e. rem:** to release a brake || desserrer (dégager) un frein *m* || eine Bremse *v* lösen; **-maken v. e. schroef:** to unscrew || desserrer une vis *v*, dévisser || eine Schraube *v* lösen, losschrauben; **-maken v. soldeersel:** to unsolder || dessouder || loslöten; **-rafelen:** to become fagged || s'étriper || ausfransen; **-raken:** to become loose || prendre du jeu *m* || sich lockern; **-rietgetouw:** loom with loose reed || métier *m* à rot *m* mobile || Webestuhl *m* mit beweglichem Ried *o*; **-schroeven:** to screw off, to unscrew || dévisser || ab-, losschrauben, lösen; **-slaan v. e. spie:** to knock the key out || déclaveter || loskeilen; **-stoten** (*slakken*): to break away || briser, dégager || aufbrechen, losstoßen; **-trillen:** to loosen by vibration || desserrer par vibration *v* || losrütteln; **-werken:** to work loose || se relâcher || sich lockern;

2. (*niet samenhangend*): loose || meuble, mouvant || locker;

3. (*niet verpakt*): in bulk || en vrac || lose;

4. (*afleidingen van lossen*): **-plaats:** discharging wharf (birth) || débarcadère *v* || Lösch *m*, Lösch-, Ausladeplatz *m*; **-sen:** to unload || décharger || ausladen; löschen (*schip*); **-steiger:** unloading stage || appontement *m* de déchargement *m*, débarcadère *v* en estacade *v* || Löschbrücke *v*.

loupe: *zie* **loep.**

louter|en (*metalen*): to refine || [r]affiner || abtreiben, affinieren, feinen, läutern; **-ing:** refining || affinage *m* || Affinieren *o*, Feinen *o*.

lucht: 1. (*gas*): air || air *m* || Luft *v*; **- boven de rooster:** air entering above the grate, overgrate blast || air *m* supérieur, air *m* entrant au-dessus *m* de la grille *v* || Oberluft *v*; **- inblazen:** to blow in air || injecter (insuffler) de l'air *m* || Luft *v* einblasen; **- inlaten:** to admit air || introduire de l'air *m* || Luft *v* einlassen; **- laten ontsnappen, de:** to let out the air || laisser échapper l'air *m* || die Luft *v* herauslassen; **- uitpompen, de:** to exhaust the air || extraire l'air *m*, faire le vide *m* || die Luft *v* auspumpen; **- wegzuigen:** to draw off air || extraire de l'air *m* [par aspiration *v*] || Luft *v* absaugen; **-, droge:** dry air || air *m* sec || trockne Luft *v*; **-, gecomprimeerde:** *zie* **lucht, samengeperste; -, hete:** *zie* **lucht, warme; -, koude:** cold air || air *m* froid || kalte Luft *v*; **-, omgevende:** surrounding air || air *m* ambiant || umgebende Luft *v*; **-, open:** open air || air *m* libre || freie Luft *v*; **-, samengeperste:** compressed air || air *m* comprimé || Druck-, Preßluft *v*, komprimierte Luft *v*; **-, verhitte:** heated air || air *m* chauffé || erhitzte Luft *v*; **-, vloeibare:** liquid air || air *m* liquide || flüssige Luft *v*; **-, vochtige:** moist air || air *m* humide || feuchte Luft *v*; **-, warme:** warm (hot) air || air *m* chaud || warme (heiße) Luft *v*; **-afdeling** (*schacht*) (*mijnb.*)**:** air compartment || goyau *m* (goyot *m*, quartier *m*) d'aérage *m* || Wettertrumm *o*, *m*; **-afvoerkraan:** air escape (relief) cock, air vent || robinet *m* d'échappement *m* d'air *m* (de desaération *v*, d'évacuation *v* d'air *m*) || Entlüftungshahn *m*; **-ballon:** balloon || aérostat *m*, ballon *m* || Luftballon *m*; **-band:** *zie* **band 4; -bel:** air bubble || bulle *v* d'air *m*, soufflure *v* || Luftblase *v*; **-belwaterpas:** *zie* **libel; -bevochtiger:** air humidifier || humidificateur *m* d'air *m* || Luftanfeuchter *m*, -befeuchter *m*; **-blaasje:** *zie* **luchtbel; -buis:** air pipe (tube) || évent *m*, tuyau *m* d'air *m* || Luftrohr *o*; **-cilinder:** air cylinder || cylindre *m* à air *m* || Luftzylinder *m*; **-circulatie:** air circulation || circulation *v* d'air *m* || Umlauflüftung *v*; **-compressor:** air (hydraulic) compressor || compresseur *m* d'air *m* (hydraulique) || Luftkompressor *m*; **-condensator:** air condenser || condensateur *m* à air *m* || Luftkondensator *m*; **-dam** (*mijnb.*)**:** air (ventilation) dam || barrage *m* d'aérage *m* || Wetterdamm *m*; **-demping:** air damping || amortissement *m* pneumatique (par l'air *m*) || Luftdämpfung *v*; **-deur** (*mijnb.*)**:** air door (gate) || porte *v* d'aérage *m* || Wettertür *v*; **-dicht:** airproof, -tight, hermetical || hermétique, imperméable à l'air *m* || hermetisch, luftdicht; **-dicht afgesloten:** hermetically sealed || hermétiquement clos || luftdicht verschlossen; **-dichtheid:** air tightness, impermeability to air || impermeabilité *v* à l'air *m* || Luftdichtigkeit *v*; **-draad:** *zie* **antenne; -droog:** air dry || sec à l'air *m* || lufttrocken; **-druk:** air (atmospheric) pressure, pressure of the air || pression *v* atmosphérique (barométrique, de l'atmosphère *v*, de l'air *m*) || atmosphärischer Druck *m*, Luftdruck *m*, -spannung *v*; **-drukaccumulator:** compressed air receiver, pneumatic accumulator || Luftdruckakkumulator *m*, -kraftspeicher *m*; **-drukelevator:** compressed air elevator || élévateur *m* à air *m* comprimé || Druckluftförderer *m*; **-drukhamer:** pneumatic hammer || marteau *m* pneumatique (à air *m* comprimé) || Druckluft-, Preßlufthammer *m*; **-drukklinkmachine:** pneumatic riveting machine || riveuse *v* pneumatique (à air *m* comprimé) || Druckluft-, Preßluftnietmaschine *v*; **-drukleiding:** airpipes || conduite *v* d'air *m* [comprimé] || [Druck]-luftleitung *v*; **-drukmeter:** air gauge || manomètre *m* || Luftdruckmesser *m*, -zeiger *m*, Manometer *o*, *m*; **-drukrem:** airbrake, pneumatic brake || frein *m* à air *m* comprimé (pneumatique) || Luftdruckbremse *v*; **-drukrem m. veer:** compressed air spring brake || frein *m* à air *m* comprimé || Federluftdruckbremse *v*; **-drukschakelaar:** pneumatic switch || interrupteur *m* à air *m* comprimé || Luftdruckschalter *m*; **-drukzandstrooier** (*spw.*)**:** air sand blower || sablier *m* pneumatique (à air *m* comprimé) || Luftsandstreuer *m*; **-ejector:** air ejector || éjecteur *m* d'air *m* || Luftejektor *m*; **-elektriciteit:** atmospherical electricity || électricité *v* atmosphérique || Luftelektrizität *v*; **-en** (*v. e. vertrek*)**:** to air, to ventilate || aérer, ventiler || lüften; **-en:** to [expose to the] air || aérer, éventer || an die Luft *v* hängen, lüften; **-filter:** air filter || filtre *m* à air *m* || Luftfilter *o*, *m*; **-fluit:** air whistle || sifflet *m* à air *m* || Luftpfeife *v*; **-galerij** (*mijnb.*)**:** air way || galérie *v* d'aérage *m*, voie *v* d'air *m* || Wetterstrecke *v*; **-gas:** airgas || gaz *m* à air *m* (d'air *m*) || Luftgas *o*; **-gat:** airhole || ventouse *v* || Luftloch *o*; **-gebrek** (*tekort*)**:** deficiency of air || défaut *m* (manque *m*) d'air *m* || Luftmangel *m*; **-hamer:** *zie* **luchtdrukhamer; -happer:** *zie* **ventilator 2; -harding:** hardening in the air || trempe *v* à l'air *m* || Lufthärtung *v*; **-haven:** airport || aéroport *m*, port *m* aérien || Lufthafen *m*; **-inductie:** induction in air || induction *v* dans l'air *m* || Luftinduktion *v*; **-inlaat:** air inlet || entrée *v* d'air *m* || Lufteintritt *m*; **-inlaatklep:** air inlet valve || soupape *v* d'admission *v* d'air *m* || Lufteinlaß ventil *o*; **-inlaatopening:** air inlet || orifice *m* [d'appel *m*] d'air *m* || Lufteinlaßöffnung *v*; **-inlaatpijp:** air inlet pipe || tuyau *m* d'arrivée *v* (d'introduction *v*) d'air *m* || Lufteinführungsrohr *o*; **-inlaatschuif:** air inlet disc valve || papillon *m* d'entrée *v* d'air *m* || Lufteinlaßschieber *m*; **-inlaatspleet:** air admission port || lumière *v* d'admission *v* d'air *m* || Lufteintrittschlitz *m*; **-isolatie:** air insulation || isolement *m* d'air *m* || Luftisolation *v*; **-kabel:** aerial cable, overhead rope || câble *m* aérien (flottant) || Luftkabel *o*, Oberseil *o*; **-kabelbaan:** aerial cableway || transport *m* aérien par câble *m* || Luftseilbahn *v*; **-kabelbaan** (*v. h. laden v. schepen*): wire cableway for loading || câble *m* aérien pour le chargement *m* des navires *mm* || Verladeseilbahn *v*; **-kabelbaan** (*hoogoven*): blast furnace cableway || transport *m* aérien pour hauts fourneaux *mm* || Gichtseilbahn *v*; **-kabelbaan** (*overladen v. kolen op zee*): coaling (maritime) cableway || transport *m* aérien pour le service *m* des bateaux *mm* de mer *v* || Meerseilbahn *v*; **-kabelbaan** (*zwaartekr. als drijfkracht*): gravity cable || câble *m* aérien incliné, glissoir *m* à câble *m* || Riese *v*; **-kabelbaanaanleg:** cableway plant || installation *v* de transport *m* aérien par câble *m* || Seilbahnanlage *v*; **-kabelbaanbedrijf:** working of cableway || service *m* par transport *m* aérien || Seilbahnbetrieb *m*; **-kabelbaanstation:** cableway station || station *v* de transporteur *m* aérien || Seilbahnstation *v*; **-kalk:** air hardening lime || chaux *m* durcissant à l'air *m* || Luftkalk *m*; **-kamer:** air chamber (collector) || chambre *v* (réservoir *m*) à air *m*, collecteur *m* d'air *m* || Luftkammer *v*, -behälter *m*, -sammler *m*; **-kanaal:** air channel (passage, duct) || canal *m* (conduit *m*) d'air *m* || Luft-, Windkanal *m*; **-kast** (*schip*): air case (chamber) || caisse *v* à air *m* || Luftkasten *m*; **-klep:** air flap (valve), atmospheric valve || clapet *m* (papillon *m*, soupape *v*) à air *m*, soupape *v* atmosphérique (de rentrée *v* d'air *m*) || atmosphärisches Ventil *o*, Klappen-, Luftventil *o*, -klappe *v*; **-klep** (*auto*): throttle plate || prise *v* d'air *m* || Luftklappe *v*; **-klok:** air chamber || cloche *v* d'air *m* || Luftglocke *v*; **-koeling:** air cooling || refroidissement *m* par l'air *m* || Luftkühlung *v*; **-koker** (*carburateur*): choke tube || buse *v* d'air *m* || Luftdüse *v*; **-kolom:** air column, column of air || colonne *v* d'air *m* || Luftsäule *v*; **-kraan:** air regulating cock || robinet *m* à air *m* || Lufthahn *m*; **-kruising:** *zie* **draadkruising**; **-kussen:** air cushion || coussin *m* à air *m* || Luftkissen *o*; **-laag:** layer (stratum) of air, air space || couche *v* d'air *m* || Luftschicht *v*; **-ledig** (*bijv. nw.*): exhausted, evacuated || vide d'air *m*, évacué || luftleer; **-ledig maken:** to evacuate, to exhaust, to rarefy || faire le vide *m*, raréfier, vider || luftleer machen, evakuieren; **-ledig** (*z. nw.*): vacuum || vide *m* || Luftleere *v*, Vakuum *o*, luftleerer Raum *m*; **-ledig, sterk** (*zwak*): high (*low*) vacuum || vide *m* élevé (*bas*) || hohes (*niedriges*) Vakuum *o*, Hochvakuum *o*; **-ledig, in het:** in vacuo || dans le vide *m* || im Vakuum *o*, in der Luftleere *v*; **-ledigmeter:** vacuum gauge || indicateur *m* de vide *m*, vacuomètre *m* || Vakuummeter *o*, *m*; **-leiding** (*elektr.*): aerial (overhead) line || canalisation *v* (ligne *v*) aérienne || Frei-, Luftleitung *v*, oberirdische Leitung *v*; **-lift:** air lift || air-lift *m* || Luftheber *m*; *zie ook* **gaslift**; **-lijn** (*leiding*): air line || conduite *v* d'air *m* || Luftleitung *v*; **-mortel:** air mortar || mortier *m* aérien || Luftmörtel *m*; **-overschot:** excess of air || excès *m* d'air *m* || Luftüberschuß *m*; **-overschotmeter:** excess air meter || appareil *m* pour mesurer l'excès *m* d'air *m* || Luftüberschußmesser *m*; **-perspomp:** [air] compressor || compresseur *m* (d'air *m*] || [Luft]kompressor *m*, Luftdruckpumpe *v*; **-pomp:** air pump || pompe *v* à air *m* || Luftpumpe *v*; **- - en gaspomp:** combined air and gas pump, mixture pump || pompe *v* à mélange *v* (combinée à gaz *m* et à air *m*) || Gemengepumpe *v*, vereinigte Luft- und Gaspumpe *v*; **-pomp m. kleppen:** flap valve airpump || pompe *v* à air *m* à clapets *mm* || Klappenluftpumpe *v*; **-pomp m. schuiven:** slide valve airpump || pompe *v* à air *m* à tiroirs *mm* || Schieberluftpumpe *v*; **-pomp, droge** (*natte*): dry (*wet*) airpump || pompe *v* à air *m* par voie *v* sèche (*humide*) || trockene (*nasse*) Luftpumpe *v*; **-pomp, roterende:** rotary airpump || pompe *v* à air *m* rotative || Kreisel-, Schleuderluftpumpe *v*; **-pompbuis:** airpump barrel || corps *m* de pompe *v* à air *m* || Luftpumpenkörper *m*; **-pompcilinder:** airpump cylinder || cylindre *m* de pompe *v* à air *m* || Luftpumpenzylinder *m*; **-pompdrijving:** driving of the airpump || commande *v* de la pompe *v* à air *m* || Luftpumpenantrieb *m*; **-pompklep:** airpump valve || soupape *v* de pompe *v* à air *m* || Luftpumpenventil *o*; **-pompregulateur:** airpump governor || régulateur *m* de pompe *v* à air *m* || Luftpumpenregler *m*; **-pompvermogen:** output of airpump || débit *m* d'une pompe *v* à air *m* || Luftpumpenleistung *v*; **-pompvolume:**

volume of airpump cylinder || volume *m* d'un cylindre *m* de la pompe *v* à air *m* || Luftpumpenvolumen *o*; **-pompzuigbuis:** airpump suction pipe || tuyau *m* d'aspiration *v* de pompe *v* à air *m* || Luftpumpensaugerohr *o*; **-pompzuiger:** airpump piston || piston *m* de pompe *v* à air *m* || Luftpumpenkolben *m*; **-pompzuigerstang:** airpump piston rod || tige *v* de pompe *v* à air *m* || Luftpumpenkolbenstange *v*; **-regulateur:** air regulator, airvessel || régulateur *m* à air *m* || Luftregulator *m*; **-reiniger:** air cleaner || épurateur *m* d'air *m* || Luftfilter *m*, *o*; **-reiniger, metalen:** metallic air cleaner || épurateur *m* d'air *m* à tamis *m* métallique || Metalluftfilter *m en o*; **-rem:** airbrake || frein *m* pneumatique || Luftbremse *v*; **-rem m. tegendruk:** air counterpressure brake || frein *m* à contre-pression *v* d'air *m* || Luftgegendruckbremse *v*; **-reservoir v. d. remklep** (*spw.*)**:** brake valve air reservoir || petit réservoir *m* du robinet *m* de mécanicien *m* || Bremsventilluftbehälter *m*; **-schacht** (*mijnb.*)**:** air shaft || puits *m* d'aérage *m* (d'air *m*) || Wetter-, Luftschacht *m*; **-schakelaar:** air break switch || interrupteur *m* à air *m* || Schalter *m* mit Luftunterbrechung *v*; **-scheepvaart:** airship navigation || navigation *v* aérienne || Luftschiffahrt *v*; **-scheepvaartkunde:** *zie* **aëronautica; -schip:** airship || aéronat *m*, aérostat *m*, navire *m* aérien || Luftfahrzeug *o*, -schiff *o*; **-schiploods:** airship shed || hangar *m* pour ballon *m* || Ballon-, Luftschiffhalle *v*; **-schoorsteen:** air chimney || cheminée *v* d'aspiration *v* || Ansaugschlot *m*; **-schroef:** air propeller (screw) || hélice *v* aérienne, propulseur *m* aérien || Luftschraube *v*; **-schuif:** air slide valve || tiroir *m* à air *m* || Luftschieber *m*; **-slang:** airhose || boyau *m* (tube *m*) flexible à air *m* comprimé || Luftschlauch *m*; **-sluis** (*mijnb.*)**:** ventilation lock || sas *m* d'aérage *m* (à air *m*) || Luft-, Wetterschleuse *v*; **-spleet** (*v. e. magn. veld*)**:** air gap || entrefer *m* || Luftschlitz *m*, -spalt *m*, -zwischenraum *m*; **-spoorweg:** suspended (elevated) railway || chemin *m* de fer *m* suspendu (surélevé, sur viaduct *m*, aérien) || Schwebe-, Hochbahn *m*; **-steen:** *zie* **aëroliet; -stoot:** shock of the air || coup *m* d'air *m* || Luftstoß *m*; **-storingen:** (*radio*) atmospherics || parasites *mm*, perturbations *vm* atmosphériques || Luftstörungen *vm*; **-stroom:** current of air || courant *m* d'air *m* (atmosphérique) || Luftstrom *m*, -strömung *v*; **-thermometer:** air (gas) thermometer || thermomètre *m* à air *m* (à gaz *m*) || Luft-, Gasthermometer *o*, *m*; **-toelaatkraan:** air inlet cock || robinet *m* d'admission *v* d'air *m* || Lufteinlaßhahn *m*; **-toevoer:** admission (supply) of air || introduction *v* d'air *m* || Luftzuführung *v*; **-transformator:** transformer with air gap || transformateur *m* à circuit *m* magnétique ouvert || Spaltumspanner *m*; **-trek:** current of air, air current || courant *m* d'air *m* || Luftzug *m*; **-uitlaat:** air exhaust || sortie *v* de l'air *m* || Luftaustritt *m*; **-uitlaatklep:** air outlet valve || soupape *v* d'évacuation *v* d'air *m* || Entlüftungs-, Luftauslaßventil *o*; **-uitlaatkraan:** *zie* **luchtafvoerkraan; -vaart** (*i. h. algem.*)**:** aeronautics || aéronautique *v* || Luftfahrt *v*; (*m. vliegtuigen*)**:** aviation || aviation *v* || Luftfahrt *m*; **-vak** (*mijnb.*)**:** bolt-(cross-)hole || carnet *m* d'aérage *m* || Wettertrumm *o*, *m*, -rösche *v*; *zie ook* **luchtafdeling; -veld** (*magn. veld*)**:** air field || champ *m* dans l'entrefer *m* || Luftfeld *o*; **-verbruik:** consumption of air || consommation *v* d'air *m* || Luftverbrauch *m*; **-verdichter:** *zie* **luchtcompressor; -verdichting:** air compression || compression *v* d'air *m* || Luftverdichtung *v*; **-verdichtingsinrichting:** air compressing plant || installation *v* de compression *v* d'air *m* || Luftverdichtungsanlage *v*; **-verdunning:** rarefaction of the air || raréfaction *v* de l'air *m* || Luftverdünnung *v*; **-verversing:** ventilation || aérage *m*, ventilation *v* || Lüftung *v*, Ventilation *v*; **-verwarming:** heating of the air || chauffage *m* de l'air *m* || Lufterwärmung *v*; **-verzadiging:** saturation of air || saturation *v* de l'air *m* || Luftsättigung *v*; **-vochtigheid:** dampness of the atmosphere, humidity of the air, hygrometric condition || humidité *v* de l'air *m*, état *m* hygrométrique || Luftfeuchtigkeit *v*; **-vochtigheidsmeter:** hygrometer || hygromètre *m* || Luftfeuchtigkeitsmesser *m*, Hygrometer *o*; **-weerstand:** air resistance || résistance *v* de l'air *m* || Luftwiderstand *m*; **-weerstandwet:** law of resistance of the air || loi *v* de la résistance *v* de l'air *m* || Luftwiderstandgesetz *o*; **-weg:** air passage || chemin *m* (trajet *m*) de l'air *m* || Luftweg *m*; (*mijnb.*)**:** *zie* **luchtvak; -wissel** (*elektr. tractie*)**:** trolley-frog || aiguille *v* aérienne || Fahrdrahtweiche *v*; **-zak:** air pocket (trap) || poche *v* d'air *m* || Luftsack *m*; **-zeef:** air strainer || filtre *m* d'air *m* || Luftreinigungssieb *o*; **-zuiger:** air piston || piston *m* du cylindre *m* à air *m* || Luftkolben *m*; **-zuivering:** purifying of the air || purification *v* de l'air *m* || Luftreinigung *v*;

2. *zie* **hemel;**

3. *zie* **geur.**

lucifer: match || **allumette** *v* || Zündholz *o*, Zündhölzchen *o*.
luiden: to ring || sonner || läuten.
luidspreker: loud-speaker || haut-parleur *m* || Lautsprecher *m*.
luifel (*huis*)**:** penthouse, pentice || appentis *m*, auvent *m* || Wetterdach *o*.
luik: 1. (*raam*)**:** shutter || contrevent *m*, volet *m* || Fensterladen *m*;
2. (*i. d. vloer*)**:** trap-door || trappe *v* || Luke *v*;
3. (*scheepst.*)**:** hatchway cover (lid) || panneau *m* d'écoutille *v* || Lukendeckel *m*; **-balk:** hatch beam || bau *m* d'écoutille *v* || Lukenbalken *m*; **-beugel:** hatchway bar || barre *v* d'écoutille *v* || Lukenbügel *m*, -riegel *m*; **-gat:** hatch[way] || écoutille *v* || Luke *v*; **-hoofd:** *zie* **luikmerkel; -kap:** companion || capot *m* d'écoutille *v* || Lukenkappe *v*; **-merkel:** coaming || hiloire *v* d'écoutille *v* || Lukensüll *m*; **-presenning:** hatchway tarpaulin || prélart *m* d'écoutille *v* || Lukenpresenning *v*.
luister|aar (*radio*)**:** listener || auditeur *m* || Zuhörer *m*; **-vink:** *zie* **luisteraar.**
luiwagen: 1. (*scheepst.*)**:** carriage (sweep) of the tiller || tamise *v*, tamissaille *v* || Leit-, Leuwagen *m*;
2. (*schrobber*)**:** hog, scrubber || faubert *m*, goret *m* || Farken *o*, Leuwagen *m*, Schrubber *m*.
lumen: lumen || lumen *m* || internationales Lumen *o*; **-uur:** lumen-hour || lumenheure *v* || internationale Lumenstunde *v*.
lumines|ceren: to luminesce || luminescer || lumineszieren; **-cent:** luminescent || luminescent || lumineszent; **-centie:** luminescence || luminescence *v* || Lumineszenz[strahlung] *v*.
luns: forelock, linchpin || escarondelle *v*, esse *v* d'essieu *m* || Lünse *v*; **-schijf:** linch washer || rondelle *v* de bout *m* d'essieu *m* || Lünsscheibe *v*.
lus: loop, noose || boucle *v*, lacet *m* || Schleife *v*, Schlinge *v*; **-oscillograaf:** bifilar oscillograph || oscillographe *m* bifilaire || Schleifenoszillograph *m*; **-wikkeling:** lap winding || enroulement *m* à boucles *vm* || Schleifenwicklung *v*.
lustreren: calendering, lustring, glazing || lustrage *v* || Lustrieren *o*.
lutetium: lutecium || lutecium *m* || Lutetium *o*.
lux: lux || lux *m* || internationales Lux *o*; **-meter:** luxmeter || luxmètre *m* || Beleuchtungsmesser *m*.
luxewagen (*spw.*)**:** drawing room carriage || voiture *v* de luxe *m* || Luxuswagen *m*.
luxfer-glasprisma: reflecting glass prism, polyprism Luxfer || multiprisme Luxfer *m*, prisme *m* en verre *m* à réflexion *v* || Luxfermultiprisma *o*.
lij|gierig (*scheepst.*)**:** lee-helm || mou || leegierig; **-zijde:** leeside || bord *m* (côté *m*) sous le vent *m*, côté *m* à l'abri *m* du vent *m* || Leeseite *v*.
lijf (*balk*)**:** web || âme *v* || Steg *m*.
lijk (*scheepst.*)**:** leech || ralingue *v* || Liek *o*, Leik *o*; **-naald:** roping needle || aiguille *v* à ralinguer || Lieknadel *m*.
lijm: glue || colle *v* || Leim *m*; **-en:** to glue || coller || leimen; **-grond:** glue priming || encollage *m* || Leimgrund *m*; **-ing:** glueing; size, sizing (*papier*) || collage *m* || Leimung *v*; **-ketel** (*papierfabr.*)**:** size copper || chaudière *v* à colle *v* || Leimkessel *m*; **-kit:** glue putty || mastic *m* de colle *v* || Leimkitt *m*; **-knecht:** holdfast, [screw] clamp, glue press || sergent *m*, serre-joints *m* || Leim-, Schrankknecht *m*, Schraubzwinge *m*; **-koker:** glue boiler || faiseur *m* de colle *v* || Leimsieder *m*; **-kwast:** glue brush || pinceau *m* (brosse *v*) à coller || Leimpinsel *m*; **-plank:** glue board || ais *m* à coller || Leimbrett *m*; **-pot:** gluepot || pot *m* à colle *v* || Leimtopf *m*; **-tang:** *zie* **lijmknecht; -verf:** size colour, glue [water] colour || détrempe *v*, couleur *v* à la colle *v* || Leimfarbe *v*; **-vergulding:** gilding on water size (in distemper), burnished gilding || dorure *v* en détrempe *v* || Leimvergoldung *v*; **-water:** glue water; size || eau *v* de colle *v* || Leimwasser *o*.
lijn: 1. (*meetk.*, *streep*, *enz.*)**:** line || ligne *v* || Linie *v*; **- liggen, in de:** to be in alignment || être aligné (dans l'alignement *m*) || in einer Flucht *v* liegen; **- o. d. onderzijde v. d. tanden** (*zaag*)**:** bottom line of teeth || ligne *v* supérieure des dents *mm* || Sägerandlinie *v*; **- v. e. vonkspektrum:** spark radiation || raie *v* d'étincelle *v* || Funken[spektral]linie *v*; **- v. ingrijping:** line of contact || ligne *v* d'engrènement *m* || Eingriffslinie *v*; **-, beschrijvende:** generating line || génératrice *v* || Erzeugende *v*; **-, evenwijdige:** parallel line || [ligne *v*] parallèle *v* || parallele Linie *v*, Parallele *v*; **-, geodetische:** geodetic line, geodesic || [ligne *v*] géodésique *v* || geodätische Linie *v*; **-, horizontale:** horizontal line || ligne *v* horizontale || waagerechte *v*, Horizontale *v*; **-, isentropische:** *zie* **adiabaat: -, isochrone:** isochronal line || ligne *v* isochrone || isochrone Linie *v*; **-, isoclinische:** *zie* **isocline; -, isodynamische:** isodynamic line || ligne *v* isodynamique || Isodyname *v*; **-, isogonische:** *zie* **isogone; -, isothermische:** *zie* **isotherme; -, kromme:** curved line || ligne *v* courbée || krumme Linie *v*, Kurve *v*; *zie ook* **kromme; -, lange**

(*scheepsb.*)**:** buttock [line] || vertical *m*, section *v* longitudinale || Laterallinie *v*, Vertikalschnitt *m*; **-, neutrale:** neutral line || ligne *v* neutre || neutrale Linie *v*; **-, polytropische:** *zie* **polytroop; -, rechte:** straight line || ligne *v* droite || gerade Linie *v*, Gerade *v*; **-, verticale:** *zie* **loodlijn; -cliché:** line block (cut); engraving (*Am.*) || cliché *m* [au] trait *m* || Strichdruckstock *m*; **-element:** element of a line || élément *m* linéaire || Linienelement *o*; **-en v. gelijke verlichtingssterkte:** isophotic (isolux) lines || lignes *v* isophotes (isolux) || Linien *vm* gleicher Beleuchtungsstärke *v*; **-en, koperen** (*typogr.*)**:** brass rules || filets *mm* en cuivre *m* || Messinglinien *vm*; **-enspektrum:** line spectrum || spectre *m* linéaire || Linienspektrum *o*; **-entekening** (*schip*)**:** lines drawing, drawing of the lines || dessin *m* des lignes *vm* || Linienriß *m*; **-integraal:** line integral || intégrale *v* de [suivant une] ligne *v* || Linienintegral *o*; **-integraal: gesloten:** circulation [of a vector] || circulation *v* (circuitation *v*) [d'un vecteur *m*] || Landintegral *o*; **-perspektief:** linear perspective || perspective *v* linéaire || Linieperspektive *v*; **-tekenen:** lineair (line) drawing || dessin *m* linéaire || Linearzeichnen *o*;
2. (*koord, enz.*): cord, line || corde *v*, ligne *v* || Leine *v*; **-baan:** rope yard || corderie *v* || Seilerbahn *v*;
3. (*elektr.*): line || ligne *v* || Linie *v*; **- v. commutatie:** diameter of commutation || ligne *v* de commutation *v* || Kommutationsdurchmesser *m*; **- v. inductieve werking:** line of inductive action || ligne *v* d'action *v* inductive || induktive Aktionslinie *v*; **- v. weerstand:** line of resistance || ligne *v* de résistance *v* || Widerstandslinie *v*; **- zonder stroom:** dead line || ligne *v* morte || stromlose Linie *v*; **-, bezette:** occupied line || ligne *v* occupée || besetzte Leitung *v*; **-balans:** balance || équilibreur *m* || Leitungsnachbildung *v*; **-kiezer:** intercommunication switch || sélecteur *m* de lignes *vm* || Linienwähler *m*; **-kruising:** crossing || croisement *m* || Leitungskreuzung *v*; **-onderbreker:** section insulator; line breaker || isolateur *m* de section *v*; rupteur *m* de ligne *v* || Streckentrenner *m*; Hauptschalter *m*; **-overschakelaar:** line switch board (commutator) || tableau-commutateur *m* de ligne *v* || Linienumschalter *m*; **-relais:** line relay || relais *m* de ligne *v* || Linienrelais *o*; **-relais** (*spw.*)**:** block system relay || relais *m* de cantonnement *m* || selbsttätiges Blockrelais *o*; **-schakelaar** (*spw.*)**:** section circuit breaker || interrupteur *m* de section *v* || Streckenschalter *m*; **-spanning:** voltage of the line || tension *v* de la canalisation *v* || Linienspannung *v*; **-stroom:** line current || courant *m* de ligne *v* || verketteter Strom *m*, Linienstrom *m*; **-telefonie:** line telephony || téléphonie *v* par fil *m* || Drahttelephonie *v*;
4. (*spw.*): line || ligne *v* || Bahn *v*, Linie *v*; **-, onbezette:** empty (unoccupied) track || voie *v* libre || unbesetztes Gleis *o*;
5. (*scheepvaart*): line || ligne *v* || Linie *v*; **- v. goederenboten:** line of cargo steamers || ligne *v* de vapeurs-marchands *mm* || Frachtdampferlinie *v*;
6.: **-koek:** linseed cake || tourteau *m* de lin *m* || Leinkuchen *m*; **-koekenbreker:** oil cake breaker || concasseur *m* de tourteaux *mm* || Ölkuchenbrecher *m*; **-olie:** linseed oil || huile *v* de lin *m* || Leinöl *o*; **-olie, gekookte:** boiled linseed oil || huile *v* de lin *m* bouillée || gekochtes Leinöl *o*; **-olievernis:** linseed oil varnish || vernis *m* à huile *v* de lin *m* || Leinölfirnis *m*; **-waad:** *zie* **linnen; -zaad:** flax seed, linseed || graine *v* de lin *m* || Leinsamen *m*; **-zaadolie:** *zie* **lijnolie.**

lijst: 1. (*bouwk.*): fillet, listel || filet *m*, réglet *m*; listel *m*, rebord *m*, moulure *v*, bande *v* || Leiste *v*; **-, gladde** (*v. e. deur*)**:** plain moulding, string [course] || bandeau *m* || Bandgesims *o*;
2. (*inlijsting*): frame || cadre *m* || Rahmen *m*; **-hout:** framing timber || bois *m* pour châssis *m* || Rahmenholz *m*.

lijvig: consistent, thick, viscous || consistant, épais, visqueux || konsistent, viskos; **-heid:** *zie* **consistentie.**

M

maagden|goud: *zie* **goud, gedegen; -lood:** native lead || plomb *m* vierge || Jungfernblei *o*; **-perkament:** vellum || parchemin *m* vièrge, vélin *m* || Jungfernpergament *o*; **-was:** virgin wax || cire *v* vierge || Jungfernwachs *o*.

maai|en: to mow || faucher, couper || mähen; **-machine:** mower, mowing machine || faucheuse *v*, machine *v* à faucher moissonneuse *v* || Mähmaschine *v*; **-veld:** land level || terrain *m* || Bodenoberfläche *v*.

maaksel: build, make, making || confection *v*, façon *v* || Werk *o*, Arbeit *v*; *zie ook* **fabrikaat; produkt.**

maal: 1.: *zie* **brievenzak;**
2. (*keer*): time, turn || fois *v* || Mal *o*; **-teken:** multiplication mark || marque *v* de multiplication *v* || Mal-, Multiplikationszeichen *o*;
3. (*afleidingen v. malen*): **-bak:** grinding (chopping) chamber || moulin *m* à cylindre *m* || Mahl-, Schneideholländer *m*; **-fijnheid:** fineness of grinding || finesse *v* de mouture *v* || Mahlfeinheit *v*; **-gang:** couple of millstones, stone mill || paire *v* de (moulin *m* à) meules *vm* || Mahlgang *m*; **-steen:** millstone || meule *v* de moulin *m* || Mahl-, Mühlstein *m*; **-wals** (*rol*): grinding (crushing) roller || cylindre *m* (rouleau *m*) broyeur || Mahlwalze *v*; (*molen*): roll crusher (mill) || broyeur *m* à cylindres *mm* (rouleaux *mm*) || Walzenmühle *v*, -brecher *m*.

maan: 1. (*algem.*): satellite || planète *v* secondaire, satellite *m* || Mond *m*;
2. (*v. e. aarde*): moon || lune *v* || Mond *m*; **-, halve:** half-moon || croissant *m*, demi-lune *v* || Halbmond *m*; **-, halve** (*beitel*): *zie* **guts; -, nieuwe:** new moon || nouvelle lune *v* || Neumond *m*; **-, volle:** full moon || pleine lune *v* || Vollmond *m*; **-cirkel:** lunar (metonic) circle || cycle *m* lunaire || Mondzirkel *m*; **-delijks:** monthly, every month || mensuel, tous les mois *mm* || monatlich, Monats-; **-gestalten:** moon phases || phases *vm* de la lune *v* || Mondphasen *vm*; **-glas:** bull's eye (crown) glass || verre *m* à boudines *vm* || Mondglas *o*; **-jaar:** lunar year || année *v* lunaire || Mondjahr *o*; **-kaart:** moon chart, selenographic map || carte *v* de la lune *v* (sélénographique) || Mondkarte *v*; **-licht:** moonlight || lumière *v* lunaire || Mondlicht *o*; **-schijf:** lunar disk || disque *m* de la lune *v* || Mondscheibe *v*; **-steen:** moonstone || feldspath *m* nacré, pierre *v* de lune *v* || Adular *m*, Mondstein *m*; **-sverduistering:** eclipse of the moon || éclipse *v* de la lune *v* || Mondfinsternis *v*; **-vormig:** moon shaped || en forme *v* de lune *v* (de croissant *m*) || mondförmig; **-zaad:** poppy (maw) seed || graine *v* de pavot *m* || Mohnsamen *m*.

maas: mesh || maille *v* || Masche *v*; **-naald:** mesh pin, netting needle || aiguille *v* à filet *m* || Filetnadel *v*; **-wijdte:** size (width) of mesh || largeur *v* (dimension *v*) de maille *v* || Maschenweite *v*.

maat: 1. (*meten*): measure || mesure *v* || Maß *o*; **- v. h. bepalen v. binnenwijdte:** hole gauge || calibre *m* pour diamètre *m* || Lochlehre *v*; **-, absolute:** absolute measure || mesure *v* absolue || absolutes Maß *o*; **-, droge:** dry measure || mesure *v* pour matières *vm* sèches || Trockenmaß *o*; **-, metrieke:** metrical measure || mesure *v* métrique || metrisches Maß *o*; **-analyse:** *zie* **analyse, volumetrische; -buis:** graduated measuring tube || éprouvette *v* graduée || graduiertes Meßrohr *o*; **-eenheid:** unit of measure || unité *v* de mesure *v* || Maßeinheit *v*; **-glas:** graduated cylinder, measuring (measure) glass || éprouvette *v* graduée || Meßzylinder *m*, -glas *o*; **-staf:** scale || échelle *v*, mesure *v*, base *v*, étalon *m*, norme *v* || Maßstab *m*; **-stelsel:** system of measures || système *m* de mesures *vm* || Maßsystem *o*; **-stelsel, absoluut:** absolute system of units || système *m* de mesures *vm* absolues || absolutes Maßsystem *o*; **-stelsel, elektromagnetisch** (*elektrostatisch*): electro-magnetic (*electrostatic*) measure system || système *m* de mesures *vm* électromagnétiques (*électrostatiques*) || elektromagnetisches (*elektrostatisches*) Maßsystem *o*; **-stok:** rule || règle *v* || Maßstab *m*, -stock *m*;
2. (*afmeting*): measure, dimension || mesure *v*, dimension *v* || Maß *o*; **-, binnenwerkse** (*v. e. buis*): bore, inside diameter || diamètre *m* intérieur || lichte Weite *v*; **-, verzwaarde** (*banden*): oversize || mesure *v* renforcée || Übergröße *v*; **-cijfer** (*tekening*): dimension figure || cote *v* || Maßzahl *v*; **-inschrijving:** figuring || inscription *v* des cotes *vm* || Maßeintragung *v*; **-lijn** (*tekening*): dimension line || ligne *v* de cote *v* || Maßlinie *v*; **-plaatje:** template || feuillet *m* gabarit (de dimension *v*) || Maßplatte *v*; **-pijl** (*tekening*): arrow head || flèche *v* de la cote *v* || Maßpfeil *m*; **-regel:** measure || mesure *v* || Maßnahme *v*, -regel *v*; **-regelen ter voorkoming v. ongevallen:** accident preventives || mesures *vm* préventives des accidents *mm* || Unfallverhütungsmaßregeln *vm*; **-schets** (*tekening*): dimensioned sketch || croquis *m* coté || Maßskizze *v*.

macadamweg: road with ordinary water-bound surfacing, macadam(ized) road || chaussée *v* (route *v*) avec empierrement *m* ordinaire, chaussée *v* (route *v*) macadamisée || Schotter-, Makadamstraße *v*, Straße *v* mit gewöhnlicher Steinschlagdecke *v* (Schotterdecke *v*).

Makassarolie: Macassar oil || huile *v* de Macassar || Makassaröl *o*.

macereren: to macerate || macérer || mazerieren.

machinaal: mechanical(*ly*) || mécanique(*ment*) || maschinell, mechanisch, maschinenmäßig.

machine: engine, machine || machine *v* ||

Maschine *v*; **- aanzetten, een:** to start an engine || mettre une machine *v* en marche *v* || eine Maschine *v* in Betrieb *m* setzen; **- achteruit laten lopen, een:** to reverse an engine || renverser la marche *v* d'une machine *v* || eine Maschine *v* umsteuern; **- bedienen, een:** to attend an engine || conduire une machine *v* || eine Maschine *v* bedienen; **- belasten, een:** to load an engine || charger une machine *v* || eine Maschine *v* belasten; **- bouwen, een:** to build (to construct, to make) a machine || construire une machine *v* || eine Maschine *v* bauen; **- herstellen, een:** to repair an engine || réparer une machine *v* || eine Maschine *v* ausbessern (reparieren); **- in elkander zetten, een:** to erect (to instal) an engine || monter une machine *v* || eine Maschine *v* montieren; **- m. condensatie:** condensing engine || machine *v* à condensation *v* || Kondensationsmaschine *v*; **- m. een cilinder:** single cylinder engine || machine *v* à un seul cylindre *m* (monocylindrique) || Einzylindermaschine *v*; **- m. geforceerde luchtkoeling:** machine with forced ventilation || machine *v* à ventilation *v* forcée || Durchzugmaschine *v*; **- m. gesloten koelsysteem:** totally enclosed ventilated machine || machine *v* étanche et ventilée || gelüftete geschlossene Maschine *v*; **- m. omzetbeweging:** *zie* **machine, omkeerbare; - m. oververhitte stoom:** superheated steam engine || machine *v* à vapeur *v* surchauffée || Heißdampfmaschine *v*; **- m. riemaandrijving:** belt driven machine || machine *v* à [commande *v* par] courroie *v* || Maschine *v* für Riemenantrieb *m*; **- m. variabele snelheid:** variable speed machine || machine *v* à vitesse *v* variable || Maschine *v* mit veränderlicher Geschwindigkeit *v*; **- nazien, een:** to inspect an engine || inspecter (visiter) une machine *v* || eine Maschine *v* nachsehen; **- om tandwielen te vormen:** wheel moulding machine || machine *v* à mouler les engrenages *mm* || Räderformmaschine *v*; **- ontlasten, een:** to unload an engine || décharger une machine *v* || eine Maschine *v* entlasten; **- overbelasten, een:** to overload an engine || surcharger une machine *v* || eine Maschine *v* überlasten; **- schoonmaken, een:** to clean an engine || nettoyer une machine *v* || eine Maschine *v* putzen (reinigen); **- stoppen, een:** to stop an engine || arrêter une machine *v* || eine Maschine *v* abstellen (stillsetzen); **- uit elkander nemen, een:** to dismantle (to dismount) an engine || démonter une machine *v* || eine Maschine *v* abbauen (auseinandernehmen, demontieren); **- v. *x* pk:** *x* horse power engine || machine *v* de *x* chevaux *mm* || Maschine *v* von *x* Pferdestärken *vm*; **- verankeren, een:** to secure an engine to the foundation || ancrer une machine *v* || eine Maschine *v* verankern; **- verbouwen, een:** to rebuild (to reconstruct) an engine || transformer une machine *v* || eine Maschine *v* umbauen; **- verplaatsen, een:** to remove an engine || déplacer une machine *v* || eine Maschine *v* versetzen; **- vol belasten, een:** to load an engine full || faire travailler une machine *v* à pleine charge *v* || eine Maschine *v* voll belasten; **- v. h. boren v. rotsen:** rock boring machine, rock drill || haveuse *v*, perforatrice *v* de roche *v* || Gesteinbohrmaschine *v*; **- v. h. indrukken v. d. naafbus:** wheel boxing press || presse *v* à introduire les garnitures *vm* de moyeux *mm* || Presse *v* zum Eindrücken *o* der Radbüchsen *vm*; **- v. h. ineendraaien v. kabels** (*touw*)**:** rope spinning machine || machine *v* à tordre les cordes *vm* || Seilschlagmaschine *v*; **- v. h. leggen v. kabels:** paying out machine || machine *v* à filer le câble *m* || Kabelauslegemaschine *v*; **- v. h. leveren v. drijfkracht:** driving engine || machine *v* motrice || Antriebsmaschine *v*; **- v. h. lichten v. kabels:** picking up machine || machine *v* à relever le câble *m*, machine *v* de relèvement *m*, releveuse *v* de câble *m* || Kabelaufnahmemaschine *v*; **- v. h. snijden v. e. schroefdraad:** screw cutting machine || machine *v* à fileter, taraudeuse *v* || Gewindeschneidmaschine *v*; **- v. h. steken v. spiesleuven:** slotter, slotting machine || mortaiseuse-raineuse *v*, mortaiseuse *v* à faire les rainures *vm* || Nutstoßmaschine *v*; **- zonder condensatie:** atmospheric (non-condensing) engine || machine *v* à échappement *m* libre (sans condensation *v*) || Auspuffmaschine *v*; **-, acyclische:** *zie* **dynamo, homopolaire; -, asynchrone:** asynchronous machine || machine *v* asynchrone || Asynchronmaschine *v*; **-, calorische:** heat engine || machine *v* thermique || kalorische Maschine *v*, Wärmemaschine *v*; **-, door mantel gekoelde** (*elektr.*)**:** fancooled machine || machine *v* à enveloppe *v* réfrigérante || Kühlmantelmaschine *v*; **-, gesloten m. water gekoelde** (*elektr.*)**:** water-cooled enclosed machine || machine *v* étanche à refroidissement *m* par eau *v* || geschlossene Maschine *v* mit Wasserkühlung *v*; **-, geventileerde gesloten:** totally enclosed ventilated machine || machine *v* étanche et ventilée || gelüftete (ventilierte) geschlossene Maschine *v*; **-, (*in*)direct werkende:** (*in*)direct acting engine ||

machine *v* **à action** *v* (*in*)directe || (*in*)direkt wirkende Maschine *v*; **-, langzaam** (*snel*) **lopende:** low (*high*) speed engine || machine *v* à faible (*grande*) vitesse *v* (*à rotation v rapide*) || langsamlaufende (langsamgehende) (*schnellaufende*) Maschine *v*, (*Schnelläufer m*); **-, liggende:** horizontal engine || machine *v* horizontale || liegende Maschine *v*, Horizontalmaschine *v*; **-, omkeerbare:** reversible engine || machine *v* réversible (à changement *m* de marche *v*) || Umsteuer-, Umkehrmaschine *v*; **-, omlopende elektrische:** rotating electric machine || machine *v* électrique rotative || umlaufende elektrische Maschine *v*; **-, omzetbare:** *zie* **machine, omkeerbare; -, ontploffingsvaste** (*elektr.*)**:** gas-tight machine || machine *v* anti-déflagrante || schlagwettersichere Maschine *v*; **-, regendichte:** rain-proof (shower-proof, *Am.*) machine || machine *v* étanche à la pluie *v* || regendichte Maschine *v*; **-, roterende:** rotary engine || machine *v* rotative || rotierende Maschine *v*; **-, staande:** vertical engine || machine *v* verticale || stehende Maschine *v*, Vertikalmaschine *v*; **-, stationaire:** stationnary (fixed) engine || machine *v* fixe || feststehende (ortsfeste) Maschine *v*; **-, synchrone:** synchronous machine || machine *v* synchrone || Synchronmaschine *v*; **-, vaststaande:** *zie* **machine, stationaire; -, verplaatsbare:** [trans]portable engine || machine *v* transportable || bewegliche (transportabele) Maschine *v*; **-, voor- en achteruitlopende:** *zie* **machine, omkeerbare; -aandrijving, indirecte:** indirect drive || commande *v* indirecte de la machine *v* || mittelbarer (indirekter) Maschinenantrieb *m*; **-bankwerker:** fitter, machinist, || [constructeur-] mécanicien *m* || Maschinenbauer *m*, -schlosser *m*; **-beproeving:** machine testing || épreuve *v* (essai *m*) de machine *v* || Maschinenprüfung *v*; **-bouw:** mechanical engineering, construction of machines, engine building || construction *v* de machines *vm* || Maschinenbau *m*; **-brons:** machine bronze || bronze *m* pour machines *vm* || Maschinenbronze *v*; **-centrale:** central power plant || station *v* de machines *vm* || Krafthaus *o*, Maschinenzentrale *v*; **-constructeur:** engine builder; constructional (mechanical) engineer || constructeur-mécanicien *m* || Maschinenbauer *m*; **-delen:** engine parts || éléments *mm* (organes *mm*) de machine *v* || Maschinenelemente *om*, -teile *mm*; **-druk** (*typogr.*)**:** machine impression || impression *v* à la machine *v* || Maschinendruck *m*; **-fabriek:** engine (engineering) works || atelier *m* de construction *v* de machines *vm*, usine *v* de constructions *vm* mécaniques || Maschinenfabrik *v*, -bauanstalt *v*; **-fabrikant:** engine maker (manufacturer) || constructeur *m* de machines *vm* || Maschinenfabrikant *m*, -bauer *m*; **-freem:** *zie* **machinegestel; -fundament:** engine bed (foundation, seat) || assise *v* (fondation *v*, fondement *m*) de machine *v* || Maschinenfundament *o*; **-gestel:** engine frame || bâti *m* de machine *v* || Maschinengestell *o*; **-geweer:** *zie* **mitrailleur, lichte: -glad** (*papier*)**:** rolled (machine finished) paper || papier *m* apprêté sur la machine *v* || maschinenglatt; **-groep:** group (set) of engines || groupe *v* de machines *vm* || Maschinenaggregat *o*, -satz *m*; **-inspecteur:** machine inspector || inspecteur *m* des machines *vm* || Maschinenaufseher *m*; **-kamer:** engine room || salle *v* des machines *vm* || Maschinenraum *m*; **-laboratorium:** engine testing room || laboratoire *m* d'essai *m* de machines *vm* || Maschinenlaboratorium *o*; **-loods:** engine house (shed) || bâtiment *m* des (halle *v* aux) machines *vm* || Maschinenhalle *v*, -haus *o*, -schuppen *m*; **-olie:** *zie* **smeerolie; -omzetterstation:** *zie* **omzetterstation; -opzichter:** *zie* **machine-inspecteur; -regulateur:** machine regulator || regulateur *m* de machine *v* || Maschinenregler *m*; **-ruimer:** machine reamer || alésoir *m* de machines *vm* || Maschinenreibahle *v*; **-schaar:** *zie* **knipmachine; -schaar v. h. knippen v. hoekstaal:** angle steel shearing machine || cisaille *v* à cornières *vm* || Winkelstahlschere *v*; **-schaar v. h. knippen v. plaatstaal:** plate shearing machine || cisaille *v* à tôle *v* || Blechschere *v*; **-schaar v. h. knippen v. profielstaal:** joist shearing machine || cisaille *v* à poutrelles *vm* (à profils *mm*) || Trägerschere *v*; **-tekenaar:** mechanical (engineering) draughtsman || dessinateur *m* de machines *vm* || Maschinenzeichner *m*; **-tekenen:** machine (mechanical, engineering) drawing || dessinage *m* de machines *vm* || Maschinenzeichnen *o*; **-tekening:** drawing (plan) of a machine || dessin *m* de machines *vm* || Maschinenzeichnung *v*; **-type:** type of engine || genre *m* (type *m*) de machine *v* || Maschinenart *v*, -gattung *v*; **-vet:** *zie* **smeervet; -voetstuk:** engine base (pedestal) || socle *m* de machine *v* || Maschinensockel *m*, -untersatz *m*; **-voorschriften:** machine standards || prescriptions *vm* normales pour machines *vm* || Maschinennormalien *v*; **-werk:** machine work || travail *m* à la machine *v* || Maschinenarbeit *v*; **-zetsel:** machine composition || composition *v* mécanique || Maschinensatz *m*; **-zetter:** operator || machine-

compositeur *m* || Maschinensetzer *m*.
machineren (*wolind.*)**:** to devil || louveter || maschinieren, wolfen.
machinist: 1. (*algem.*): engine driver, engineer || machiniste *m*, mécanicien *m* || Maschinenführer *m*, -wärter *m*, Maschinist *m*;
2. (*trein*): engineer, engine driver || machiniste *m*, mécanicien *m* || Lokomotivführer *m*.
macht (*wisk.*)**:** power || puissance *v* || Potenz *v*; **-, tweede:** *zie* **kwadraat 1; -, derde** (*vierde*)**:** third (*fourth*) power || troisième (*quatrième*) puissance *v* || dritte (*vierte*) Potenz *v*; **-sverheffing:** involution || élévation *v* à une puissance *v* || Potenzierung *v*.
machti|gen: to authorize, to empower || autoriser (*à*) || ermächtigen, bevollmächtigen; **-gen, schriftelijk:** to authorise in writing || autoriser par écrit *m* || schriftlich ermächtigen (bevollmächtigen); **-ging:** authorisation || autorisation *v*, mandat *m* || Ermächtigung *v*, Vollmacht *v*.
ma|dagorahout: madagore wood || bois *m* de Madagore || Madagoraholz *o*; **-dapolam** (*geweven goed*)**:** madapolam || madapolam *m* || Madapolam *m*; **-dras:** madras || madras *m* || Madras *o*.
magazijn: stores, store-, warehouse || dépôt *m*, magasin *m* || Lager[haus] *o*, Magazin *o*; **- v. halffabrikaten:** intermediate stores || magasin *m* des pièces *vm* demi-finies || Zwischenlager *o*; **- v. onbewerkte goederen:** raw material stores || magasin *m* de matières *vm* brutes || Rohstofflager *o*; **-controle:** stock control || contrôle *m* des stocks *mm* || Lagerkontrolle *v*; **-kelder:** store cellar || cave *v* de dépôt *m* || Lagerkeller *m*; **-kosten:** storage (warehousing) cost || frais *mm* de stockage *m* || Lagerkosten *mrv*; **-meester:** storekeeper || magasinier *m* || Lager-, Materialienverwalter *m*; **-winning**(*mijnb.*)**:** magazine-mining, shrinkage stoping || exploitation *v* par chambres-magasins *vm* || Magazin-, Speicher-, Schrumpfbau *m*; **-zolder:** store loft || grenier *m* du magasin *m* || Lagerboden *m*.
mager: meagre, poor || maigre || mager.
magneet: magnet || aimant *m* || Magnet *m*; **- m. volgpunten:** abnormal (anomalous) magnet || aimant *m* anormal (à points *mm* conséquents) || abnormaler Magnet *m*, Magnet *m* mit Folgepolen *mm*; **- ompolen, een:** to change the polarity of a magnet || renverser la polarité *v* d'un aimant *m* || einen Magneten *m* umpolen (umpolarisieren); **-, gelamelleerde:** laminated (compound) magnet || aimant *m* feuilleté (lamellaire, à lames *vm*) || Blätter-, Lamellenmagnet *m*; **-, kortpolige** (*langpolige*)**:** brachypolar (*megapolar*) magnet || aimant *m* brachypolaire (*mégapolaire*) (à pôles *mm* courts (*longs*) || kurzpoliger (*langpoliger*) Magnet *m*; **-, natuurlijke:** natural magnet, magnetic iron ore || aimant *m* naturel || natürlicher Magnet *m*; **-, permanente:** permanent magnet || aimant *m* permanent || Dauermagnet *m*; **-anker:** magnet armature (keeper) || armature *v* d'aimant *m* || Magnetanker *m*, -armatur *v*; **-as:** magnetic axis || axe *m* magnétique || Magnetachse *v*, magnetische Achse *v*; **-freem:** *zie* **magneetgestel; -gestel:** field frame (carcass) || carcasse *v* (bâti *m*) magnétique || Feldgestell *o*; **-gestel, eendelig:** solid pole frame || carcasse *v* d'une [seule] pièce *v* || einteiliges Feldgestell *o*; **-huis:** *zie* **magneetgestel; -inductor:** magneto-inductor || magnéto *m* à aimants *mm* permanents || Magnetinduktor *m*, magnetoelektrischer Stromerzeuger *m*; **-juk:** magnet yoke || culasse *v* magnétique || Magnetjoch *o*; **-kast:** magnet casing || enveloppe *v* (cuirasse *v*) d'électro-aimant *m*, anneau *m* inducteur || Magnetgehäuse *o*; **-kern:** magnet core || noyau *m* magnétique || Magnetkern *m*; **-kraan:** magnet crane || grue *v* à aimant *m* porteur (à crochet *m* magnétique) || Magnetkran *m*; **-naald:** magnetic needle || aiguille *v* aimantée || Magnetnadel *v*; **-ontsteking:** magneto[-electric] ignition || allumage *m* magnéto-électrique (par magnéto *m*) || magnetoelektrische Zündung *v*, Magnetzündung *v*; **-optisch:** magneto-optical || magnéto-optique || magnetoptisch; **-pool:** magnet pole || pôle *m* d'un aimant *m* || Magnetpol *m*; **-rad:** magnet wheel || roue *v* magnétique || Magnetrad *o*; **-scheider** (*wasserij*) (*mijnb.*)**:** magnetic separator || séparateur *m* magnétique || Magnetscheider *m*; **-spiegel:** magnet mirror || miroir *m* de l'aimant *m* || Magnetspiegel *m*; **-spoel:** magnet coil (bobbin) || bobine *v* d'électro-aimant *m* || Magnetspule *v*; **-spoeldraad:** wire of field coil || fil *m* de bobine *v* d'inducteur *m* || Magnetspulendraht *m*; **-spoelklos:** bobbin of field coil || corps *m* de bobine *v* d'inducteur *m* || Magnetenspulkasten *m*; **-staaf:** bar (straight) magnet || aimant *m* droit, barreau *m* aimanté || Magnetstab *m*, Stabmagnet *m*; **-staal:** magnet steel || acier *m* pour aimants *mm* || Magnetstahl *m*; **-steen:** *zie* **magneetijzersteen; -systeem:** field system || système *m* de champ *m* (d'inducteurs *mm*) || Feldsystem *o*; **-uitschakelaar:** field break switch || interrupteur *m* de champ *m* magnétique

(d'excitation *v*) || Magnetausschalter *m*; **-veld:** magnetic field || champ *m* magnétique || Magnetfeld *o*; **-wikkelbank:** field coil winding lathe || banc *m* d'enroulement *m* des électro-aimants *mm* || Magnetwickelbank *v*; **-wikkeling:** magnet winding || bobinage *m* (enroulement *m*) d'électro-aimant *m* || Magnetwicklung *v*; **-ijzersteen:** loadstone, natural magnet, magnetic iron, magnetite || aimant *m* naturel, magnétite *v*, pierre *v* d'aimant *m* || Magneteisenstein *m*, natürlicher Magnet *m*.

magnesia: magnesia || magnésie *v* || Magnesia *v*; **-aluin:** magnesia alum || alun *m* de magnésie *v* || Magnesiaalaun *m*; **-glimmer:** biotite || biotite *v* || Magnesiaglimmer *m*.

magnesiet: 1. (*delfst.*): magnesite || magnésite *v* || Magnesit *m*;
2. (*cementsoort*): magnesia cement, magnesite || magnésite *m* || Magnesit *m*; **-plaat:** magnesite slab || plaque *v* de magnésite *v* || Magnesitplatte *v*; **-vloer:** magnesite floor || plancher *m* de magnésite *v* || Magnesit[fuß]boden *m*.

magnesium [1]**:** magnesium || magnésium *m* || Magnesium *o*; **-legering:** magnesium alloy || alliage *m* de magnésium *m* || Magnesiumlegierung *v*; **-licht:** magnesium light || lumière *v* au magnésium *m* || Magnesiumlicht *o*; **-poeder:** magnesium powder || poudre *v* de magnésium *m* || Magnesiumpulver *o*; **-zout:** magnesium salt || sel *m* de magnésium *m* || Magnesiumsalz *o*.

magnetiet: magnetite || magnétite *v* || Magneteisenstein *m*, Magnetit *m*.

magnetisatie: *zie* **magnetisering; -, remanente:** residual magnetisation, remanence || aimantation *v* résiduelle (rémanente) || zurückbleibende Magnetisierung *v*.

magnetisch: magnetic[al](*ly*) || magnétique(*ment*) || magnetisch; **- worden:** to become magnetic || s'aimanter, devenir magnétique || magnetisch werden.

magneti|seerbaar: magnetisable || aimantable || magnetisierbar; **-seerbaarheid:** magnetisability || aimantabilité *v*, aptitude *v* à être aimanté, susceptibilité *v* magnétique || Magnetisierungsfähigkeit *v*; **-seren:** to magnetize || aimanter || magnetisieren; **-sering:** magnetisation || aimantation *v* || Magnetisierung *v*; **-sering door dubbele** (*enkele*; *gedeelde*) **streek:** magnetisation by double (*single*; *divided*) touch || aimantation *v* par touche *v* double (*simple*; *divisée*) || Magnetisierung *v* durch (*einfachen Strich m*; *geteilten Strich m*) Doppelstrich *m*; **-sering door inductie** (*stroom*)**:** magnetisation by induction (*current*) || aimantation *v* par induction *v* (*courant m*) || Magnetisierung *v* durch Induktion *v* (*Strom m*); **-sering in dwarsrichting** (*in de lengte*)**:** cross (*longitudinal*) magnetisation || aimantation *v* transversale (*longitudinale*) || Quermagnetisierung *v* (*Längsmagnetisierung v*).

magnetiserings|arbeid: waste of energy by magnetisation || travail *m* d'aimantation *v* || Magnetisierungsarbeit *v*; **-kring:** magnetic cycle || cycle *m* de l'aimantation *v* || Magnetisierungszyklus *m*; **-kromme:** magnetisation curve || courbe *v* d'aimantation *v* || Magnetisierungskurve *v*; **-kromme, statische:** curve of normal magnetisation || courbe *v* d'aimantation *v* normale || Kommutierungskurve *v*; **-lijn:** magnetisation line || ligne *v* d'aimantation *v* || Magnetisierungslinie *v*; **-richting:** direction of magnetisation || direction *v* d'aimantation *v* || Magnetisierungsrichtung *v*; **-spoel:** magnetizing coil || bobine *v* d'aimantation *v* || Magnetisierungsspule *v*; **-stroom:** magnetizing current || courant *m* magnétisant || Magnetisierungsstrom *m*; **-vermogen:** *zie* **magnetiseerbaarheid.**

magnetisme: magnetism || magnétisme *m* || Magnetismus *m*; **-opheffen, het:** to destroy the magnetism || détruire l'aimantation *v* || Magnetismus *m* aufheben; **-, natuurlijk:** natural magnetism || magnétisme *m* naturel || natürlicher Magnetismus *m*; **-, remanent:** remanent (residual) magnetism || magnétisme *m* remanent (résiduel) || remanenter Magnetismus *m*; **-, tijdelijk:** temporary magnetism || magnétisme *m* passager || vorübergehender Magnetismus *m*.

magneto: magneto || magnéto *v* || magnetelektrische Maschine *v*; **-elektriciteit:** magneto-electricity || magnéto-électricité *v* || Magnetoelektrizität *v*; **-elektrisch:** magneto-electric || magnéto-électrique || magnetelektrisch; **-foon:** magnetophone || magnétophone *m* || Magnetophon *o*; **-graaf:** magnetograph || magnetomètre *m* enregistreur || registrierendes Magnetometer *o*, *m*, Magnetograph *m*; **-meter:** magnetometer || magnétomètre *m* ||

---

[1]) Voor de hierachter niet opgenomen **magnesiumverbindingen**, zoals bv. magnesiumchloride, magnesiumhydroxyde, magnesiumsulfaat, enz., zie men onder **natrium** en vervange daar in het Engels „sodium" door „magnesium", in het Frans „de sodium" door „de magnésium", en in het Duits „Natrium-" door „Magnesium-", dus bv. „magnesiumchloride: magnesium chloride || chlorure *m* de magnésium *m* || Magnesiumchlorid *o*".

Magnetometer *o*, *m*; **-motorisch:** magnetomotive || magnétomoteur || magnetomotorisch; **-motormeter** (*m. commutator*): direct-current commutatormeter || compteur *m* électromagnétique à collecteur *m* || Magnetmotorzähler *m*; **-skoop:** magnetoscope || magnétoscope *m* || Magnetoskop *o*; **-strictie:** magnetostriction || magnétostriction *v* || Magnetostriktion *v*.

magnetron: magnetron || magnétron *m* || Magnetron *o*.

mahoniehout: mahogany [wood] || [bois *m* d']acajou *m* || Mahagoni[holz] *o*.

mail|boot: mail steamer || paquebot-poste *m*, bateau *m* des messageries *vm* || Post-, Maildampfer *m*; **-stomer:** *zie* **mailboot; -trein:** mail train || train *m* avec wagon-poste *m*, train-poste *m* || Postzug *m*, Zug *m* mit Postbeförderung *v*; **-zak:** letter (mail) bag, mail pouch || sac *m* à dépêches *vm* || Brief-, Postbeutel *m*.

mais: maize; [Indian] corn (*Am.*) || maïs *m*, blé *m* de Turquie *v* || Mais *m*, türkisches Korn *o*, Welschkorn *o*; **-kolf:** corn cob || épi *m* de maïs *m* || Maiskolben *m*; **-korrel:** maize (corn) grain || grain *m* de maïs *m* || Maiskorn *o*; **-meel:** corn (maize) flour || farine *v* de maïs *m* || Maismehl *o*; **-olie:** maize (corn) oil || huile *v* de maïs *m* || Maisöl *o*.

majolica: majolica ware || majolique *v* || Majolika *v*.

makelaar (*dak*): hanging post, joggle piece || clef *v* pendante, poinçon *m* || Hangsäule *v*.

makro|skopisch: macroscopical(*ly*) || macroscopique(*ment*) || makroskopisch; **-molecule:** macro-molecule || macro-molécule *v* || Makromolekül *o*; **-moleculair:** macromolecular || macro-moléculaire || makromolekular.

maken: to make || faire || machen; *zie ook* **fabriceren; vervaardigen; voortbrengen.**

mal: 1. (*model*): gauge, gage, form, jig || calibre *m*, gabari[t] *m*, jauge *v* || Schablone *v*, Lehre *v*; **- der vrije ruimte:** gauge for goods sheds and isolated obstruction || gabarit *m* des dépôts *mm* sur la voie *v* et des obstacles *mm* isolés || Umgrenzung *v* des lichten Rahmens *m* an örtlichen Hindernissen *vm*; **-, houten:** wooden former (mould) || gabari[t] *m* de (en) bois *m* || Holzlehre *v*, -schablone *v*; **-lenzolder:** moulding loft, mould loft floor || salle *v* des gabarits *mm* || Mallboden *m*; **-wikkeling:** former winding || enroulement *m* sur gabarit *m* || Schablonenwicklung *v*;
2. (*v. e. hoofdspant*): mould of the midship frame || maître gabari *m* || Mall *o* des Hauptspants *o*.

ma|lachiet: malachite || malachite *v* || Malachit *m*, Kupferspat *m*; **-lakkatin:** Malacca tin || étain *m* de Malacca || Malakkazinn *o*; **-leïnezuur (cis-buteendizuur, cis-etheendicarbonzuur-1,2):** maleic acid || acide *m* maléique || Maleinsäure *v*.

ma|len: 1. (*ww.*): to grind || moudre, broyer || mahlen; **-, fijn** (*grof*): to grind finely (*coarsely*) || moudre finement (*broyer*) || fein (*grob*) mahlen; **-, grof** (*koren*): to bruise, to rough grind || égruger || schroten; **-ling:** *zie* **malen 2; 2.** (*z. nw.*): grinding || mouture *v*, broyage *m* || Mahlen *o*, Mahlung *v*; **-, fijn** (*grof*): fine (*coarse*) grinding || mouture *v* fine (*broyage m*) || Feinmahlen *o* (*Grobmahlen o*).

mallejan: truck, timber, waggon || éfourceău *m* || Blockkarren *m*, Baumwagen *m*.

mammoetpomp: mammoth pump; gas bailer (*petr.*) || pompe *v* mammouth (pneumatique) || Mammut-, Gasverdrängerpumpe *v*.

manchet: bush || douille *v*, manchon *m* || Hülse *v*; **-, leren:** leather packing (collar) || garniture *v* en cuir *m* || Lederstulp *m*; **-pomp:** cup pump || pompe *v* à manchette *v* || Manschettenpumpe *v*.

mand: basket || panier *m*, manne *v* || Korb *m*; **-efles:** carboy, demi-john || dame-jeanne *v*, tourie *v* || Korbflasche *v*; **-enmaker:** basket maker || vannier *m* || Korbflechter *m*, -macher *m*; **-enwerk:** basket work || vannerie *v* || Flecht-, Korbwerk *o*.

mandrijn: *zie* **doorn 2.**

mangaan [1]**):** manganese || manganèse *m* || Mangan *o*; **-blende:** alabandine || alabandine *v*, manganèse *m* sulfuré || Manganblende *v*, -glanz *m*; **-bromide:** *zie* **manganobromide; -bromuur:** *zie* **manganobromide; -brons:** manganese bronze || bronze *m* manganésé (au

---

[1]) Voor hierachter niet opgenomen mangaanverbindingen, zoals bv. mangaanhydroxyde, mangaansulfaat, enz., zie men voor van *tweewaardig* mangaan afgeleide verbindingen onder **mangano-** en voor van *driewaardig* mangaan afgeleide verbindingen onder **mangani-;** weet men niet welker dezer beide mogelijkheden is bedoeld, dan zie men onder **mangani-** en **mangano-** en vervange in het Engels „manganic" of „manganous" door „manganese", in het Frans „manganique" of „manganeux" door „de manganèse", en in het Duits „Mangani-" of „Mangano-" door „Mangan-", dus bv. voor „mangaanhydroxyde" zie men „manganihydroxyde" of „manganohydroxyde", of wel men vertale „manganese hydroxide || hydrate *m* de manganèse *m* || Manganhydroxyd *o*".

manganèse *m*) || Manganbronze *v*; **-carbide:** manganese carbide || carbure *m* de manganèse *m* || Mangancarbid *o*; **-chloride:** *zie* **manganochloride; -chloruur:** *zie* **manganochloride; -dioxyde:** manganese dioxide || bioxyde *m* de manganèse *m* || Mangandioxyd *o*; **-erts:** manganese ore || minerai *m* de manganèse *m* || Manganerz *o*; **-gietijzer:** manganese cast iron || fonte *v* manganésée || Weißstrahleisen *o*; **-heptoxyde:** manganese heptoxide || heptoxyde *m* de manganèse *m* || Manganheptoxyd *o*; **-houdend:** mangan[esi]ous || manganésifère || manganhaltig; **-jodide:** *zie* **manganojodide; -joduur:** *zie* **manganojodide; -koper:** manganese copper || cuivre *m* manganésé (au manganèse *m*) || Mangankupfer *o*; **-oxyde:** *zie* **manganioxyde; -oxydeoxydule:** *zie* **manganomanganioxyde; -oxydule:** *zie* **mangano-oxyde; -spaat:** carbonate of manganese || carbonate *m* de manganèse *m*, manganèse *m* carbonaté || Manganspat *m*; **-staal:** manganese steel || acier *m* au manganèse *m* || Manganstahl *m*; **-sulfuur:** *zie* **manganosulfide; -trioxyde:** manganese trioxide || trioxyde *m* de manganèse *m* || Mangantrioxyd *o*; **-zout:** manganese salt || sel *m* de manganèse *m* || Mangansalz *o*; **-zuur:** manganic acid || acide *m* manganique || Mangansäure *v*.

manganiet: manganite || manganite *v* || Manganit *m*.

mangani|fosfaat: manganic phosphate || phosphate *m* manganique || Manganiphosphat *o*; **-hydroxyde:** manganic hydroxide || hydrate *m* manganique || Mangani-, Manganhydroxyd *o*; **-ne:** manganine || manganine *v* || Manganin *o*; **-nedraad:** manganine wire || fil *m* de manganine *v* || Manganindraht *m*; **-oxyde:** manganic oxide || oxyde *m* manganique || Mangani-, Manganoxyd *o*; **-sulfaat:** manganic sulfate || sulfate *m* manganique || Manganisulfat *o*; **-zout:** manganic salt || sel *m* manganique || Manganisalz *o*.

mangano|acetaat: manganous acetate || acétate *m* manganeux || Manganoacetat *o*; **-bromide:** manganous bromide || bromure *m* manganeux || Manganobromid *o*, Manganbromür *o*; **-carbonaat:** manganous carbonate || carbonate *m* manganeux || Manganocarbonat *o*; **-chloride:** manganous chloride || chlorure *m* manganeux || Manganochlorid *o*, Manganchlorür *o*; **-fosfaat:** manganous phosphate || phosphate *m* manganeux || Manganophosphat *o*; **-hydroxyde:** manganous hydroxide || hydrate *m* manganeux || Manganohydroxyd *o*; **-jodide:** manganous iodide || iodure *m* manganeux || Manganojodid *o*, Manganjodür *o*; **-manganioxyde:** manganous manganic oxide || oxyde *m* mangano-manganique || Manganomanganioxyd *o*, Manganoxydul-oxyd *o*; **-nitraat:** manganous nitrate || azotate *m* (nitrate *m*) manganeux || Manganonitrat *o*; **-oxyde:** manganous oxide || oxyde *m* manganeux || Manganooxyd *o*, Manganoxydul *o*; **-sulfaat:** manganous sulfate || sulfate *m* manganeux || Manganosulfat *o*; **-sulfide:** manganous sulfide || sulfure *m* manganeux || Manganosulfid *o*, Mangansulfür *o*; **-zout:** manganous salt || sel *m* manganeux || Manganosalz *o*.

mangat (*v. e. ketel*)**:** manhole || trou *m* d'homme *m* || Mannloch *o*, Einsteigöffnung *v*; **-deksel:** manhole cover || autoclave *m* (couvercle *m*) de trou *m* d'homme *m*, porte *v* autoclave || Mannlochdeckel *m*; **-knevel:** manhole crossbar (dog, yoke) || cavalier *m* (étrier *m*) de trou *m* d'homme *m* || Mannlochbügel *m*; **-oogbout:** manhole eyebolt (handle) || poignée *v* d'autoclave *v* (de couvercle *m* de trou *m* d'homme *m*) || Mannlochgriff *m*.

mangel: calender || calendre *m* || Mange[l] *v*; **-en:** to calender || calendrer, cylindrer || mange[l]n; **-wiel:** mangle wheel || roue *v* de laterne *v* || Mangelrad *o*.

Manilla|hennep: *zie* **abacahennep; -papier:** Manilla paper || papier *m* manille || Manillapapier *o*; **-touw:** Manilla rope || corde *v* en manille *v* || Manilatau *o*.

mannesmannbuis: Mannesmann tube || tube *m* Mannesmann || Mannesmannrohr *o*.

mannetjes-| en vrouwtjesflens: *zie* **flensverpakking m. veer en groef; -ketting:** *zie* **damketting** *onder* **dam 3.**

manniet: mannite, manna sugar || mannite *v* || Mannazucker *m*, Mannit *m*.

manoeu|vreerrem: regularing (controlling) brake || frein *m* régulateur (de manoeuvre *v*) || Regulier-, Manövrier-, Handhabungsbremse *v*; **-vreren:** to manoeuvre || manoeuvrer || manövrieren.

manometer: manometer, pressure gauge || manomètre *m* || Manometer *o*, *m*; **- m. dubbele schaal:** double control (test) gauge || manomètre *m* de contrôle *v* double || Doppelkontrollmanometer *o*, *m*; **- m. elektrische alarminrichting:** electric alarm pressure gauge || manomètre *m* avertisseur || Signalmanometer *o*, *m*; **- m. veer:** spring pressure gauge || manomètre *m* à ressort *m* || Federmanometer *o*, *m*; **- m. verkorte schaal:** pressure gauge with reduced scale || manomètre *m* à échelle *v* réduite ||

Manometer *o*, *m* mit verkürzter Skala *v*; **-, gesloten:** gauge (manometer) with compressed air || manomètre *m* à air *m* comprimé || geschlossenes Luftmanometer *o*, *m*; **-, open:** open air manometer (gauge) || manomètre *m* à air *m* libre || Luftmanometer *o*, *m*; **-, registrerende:** recording pressure gauge (manometer) || manomètrographe *m*, manomètre *m* enregistrateur || registrierendes Manometer *o*, *m*; **-aflezing:** pressure gauge reading || lecture *v* des indications *vm* du manomètre *m* || Manometerablesung *v*; **-controletoestel:** pressure gauge test pump || pompe *v* d'essai *m* pour manomètres *mm* || Manometerprobierpumpe *v*.

mansardedak: curb (kerb, mansard) roof || comble *m* brisé (en mansarde *v*, à la Mansard) || Mansardendach *o*.

mantel: 1. (*cilinder*, *enz.*): casing, jacket, shell || chemise *v*, enveloppe *v*, manteau *m* || Mantel *m*; **- v. gegolfd plaatstaal:** corrugated steel lining || revêtement *m* en tôle *v* ondulée || Wellblechmantel *m*; **-aftapkraan:** jacket cock || robinet *m* purgeur d'enveloppe *v* || Mantelablaßhahn *m*; **-condensatiewater:** jacket water || eau *v* condensée de la chemise *v* de vapeur *v* || Mantelkondensat *o*; **-elektrode:** shell electrode || électrode *v* à manteau *m* || Mantelelektrode *v*; **-frees:** cylindrical cutter || fraise *v* cylindrique || Walzenfräser *m*; **-galvanometer:** shielded (ironclad) galvanometer || galvanomètre *m* cuirassé || Panzergalvanometer *o*, *m*; **-koeling** (*cilinder*): jacket cooling || refroidissement *m* par chemise *v* d'eau *v* || Mantelkühlung *v*; **-kopfrees:** face and side cutters || fraise *v* à deux faces *vm*, fraise *v* cylindrique et en bout *m* combinée || Kopf-, Stirnfräser *m*; **-magneet:** ironclad magnet || électro-aimant *m* cuirassé || Mantelmagnet *m*; **-ringgeschut:** built up ordnance || bouches *vm* à feu *m* tubées et frettées || Mantelringgeschütz *o*; **-transformator:** shell [type] transformer || transformateur *m* cuirassé || Manteltransformator *m*; **-wikkeling:** barrel winding || enroulement *m* en manteau *m* || Mantelwicklung *v*;
2. (*takel*): runner || itague *v* || Mantel *m*;
3. (*omwentelingslich.*): curved surface || surface *v* latérale || Mantel *m*; **-vlak:** surface, superficies || nappe *v* || Mantelfläche *v*.

manuscript: manuscript || manuscrit *m* || Manuskript *o*.

maquette: model || maquette *v* || Modell *o*, Makette *v*.

margarine: margarin || margarine *v* || Margarine *v*, Margarin *o*; **-zuur (heptadecaanzuur; hexadecaancarbonzuur-1):** margaric acid || acide *m* margarique || Margarinsäure *v*.

mariaglas: gypseous spar, sparry gypsum, selenite || gypse *m* spathique, sélénite || Marien-, Frauenglas *o*, Gipsspat *m*, Selenit *m*.

marine: navy || marine *v* || Marine *v*; **-blauw:** navy blue || bleu *m* marine || marineblau; **-kop** (*v. e. drijfstang*): marine end || tête *v* de bielle *v* type *m* marin || Marinekopf *m*; **-werf:** naval yard || chantier *m* de l'état *m* || Marinewerft *v*.

maritiem: maritime || maritime || maritim.

markassiet: marcassite || marcassite *v* || Marka[s]sit *m*.

markies: sunshade, sun blind, awning, marquise || store *m*, marquise *v* || Markise *v*, Sonnenschirm *m*.

markt: 1. (*verkoopgebied*): market || marché *m* || Markt *m*; **-analyse:** market analysis || analyse *v* du marché *m* || Marktanalyse *v*, -forschung *v*; **-expert:** marketing expert || spécialiste *m* des questions *vm* de distribution *v* || Vertriebs-, Marktsachverständiger *m*; **-onderzoek:** market study (inquiry, analysis, investigation, research, survey) || enquête *v* sur le marché *m*, étude *v* (analyse *v*) du marché *m* || Marktstudium *o*, -analyse *v*, -beobachtung *v*, -forschung *v*, -untersuchung *v*;
2. (*marktplaats*): market [place] || marché *m* || Markt[platz] *m*; **-hal:** market hall, covered market || halle *v* aux marchandises *vm* || Markthalle *v*.

marl|en (*scheepst.*): to marl || merliner || marlen; **-lijn:** marline || lusin *m* || Reihleine *v*; **-priem:** marline spike, marling pin || épissoir *m*, marprime *v*, poinçon *m* à épisser || Marleisen *o*, -pfriem *m*, -spieker *m*; **-slag:** marling knop (turn) || demi-clé *v* (-clef *v*), noeud *m* à marliner || Marlschlag *m*; **-spijker:** *zie* **marlpriem**; **-steek:** marling hitch || transfilage *m* || Marlstich *m*; **-touw:** slab line || cargue *v* à vue *v* || Marlreep *o*, -tau *o*.

marmelade: marmelade || marmelade *v* || Marmelade *v*.

marmer: marble || marbre *m* || Marmor *m*; **-, Carrarisch:** Carraric marble || [marbre *m* de] Carrare *m* || Karrara[marmor] *m*; **-, Florentijns:** Florence (ruin) marble || marbre *m* de Florence (ruiniforme) || Florentiner Marmor *m*, Ruinenmarmor *m*; **-, geaderd:** veined marble || marbre *m* veiné || geaderter Marmor *m*; **-ader:** marble cloud (vein) || fil *m* dans le marbre *m* || Marmorader *v*; **-boormachine:** marble drilling machine || foreuse *v* à marbre *m* || Marmorbohrmaschine *v*; **-cement:** marble cement || ciment *m* anglais || Marmorzement *m*; **-en** (*ww.*): to marble, to vein || marbrer, veiner ||

marmorieren; - (*bijv. nw.*)**:** marble || de (en) marbre *m* || marmorn, Marmor-; **-glas:** marble glass || verre *m* marbre || Marmorglas *o*; **-groef:** marble quarry (pit) || marbrière *v* || Marmorbruch *m*, -grube *v*; **-gruis:** marble gravel || gravier *m* de marbre *m* || Marmorschutt *m*; **-ing:** marbling || marbrure *v* || Marmorierung *v*; **-papier:** marbled paper || papier *m* marbré || Marmorpapier *o*; **-slijp:** marble dust || poudre *v* de marbre *m* || Marmormehl *o*, -schliff *m*; **-zaag:** marble saw || scie *v* à marbre *m* || Marmorsäge *v*.

marokijn|leer: Morocco leather || maroquin *m* || Marokkoleder *o*, Maroquin *m*, Saffian *m*; **-papier:** Morocco paper || papier *m* maroquiné || Maroquin-, Saffianpapier *o*.

marquise: *zie* **markies.**

mars (*scheepst.*)**:** top || hune *v* || Mars *m*; **-turbine:** cruising turbine || turbine *v* de croisière *v* || Marschturbine *v*.

martin|iet: martinite || martinite *v* || Martinit *m*; **-staal:** open hearth steel || acier *m* Martin || Martinstahl *m*.

massa (*alle betekenissen*)**:** mass || masse *v* || Masse *v*; **-, actieve:** *zie* **massa, werkzame; -, bewegende:** moving mass || masse *v* mouvant (en mouvement *m*) || bewegende Masse *v*; **-, brijachtige:** pasty mass || masse *v* pâteuse || breiartige Masse *v*; **-, deegachtige:** pasty mass || masse *v* pâteuse || teigartige (teigige) Masse *v*; **-, dikvloeibare** (*dunvloeibare*)**:** viscous (thick) (*thin, fluid*) mass || masse *v* visqueuse (*fluide*) || dickflüssige (*dünnflüssige*) Masse *v*; **-, elastische:** elastic mass || masse *v* élastique || elastische Masse *v*; **-, elektrische:** electrical mass || masse *v* électrique (d'électricité *v*) || elektrische Masse *v*; **-, gesmolten:** molten mass; melt || masse *v* fondue || geschmolzene Masse *v*; Schmelze *v*; **-, gestolde:** solidified mass || masse *v* solidifiée || erstarrte Masse *v*; **-, half vaste:** semi-solid mass || masse *v* semi-solide || halbfeste Masse *v*; **-, halfvloeibare:** semi-liquid mass || masse *v* semi-liquide || halbflüssige Masse *v*; **-, harde:** hard mass || masse *v* dure || harte Masse *v*; **-, homogene:** homogenous (uniform) mass || masse *v* homogène (uniform) || homogene (gleichmäßige) Masse *v*; **-, in:** in bulk, in mass, by the lump || en bloc *m*, en masse *v*, de grandes masses *vm* || in Ganzen *o*, als Masse *v*; **-, isolerende:** insulating mass || masse *v* isolante (calorifuge) || isolierende Masse *v*; **-, kleverige:** tacky (sticky) mass || masse *v* gluante (poisseuse, collante) || klebrige Masse *v*; **-, kristallijne:** cristalline mass || masse *v* cristalline || kristallinische Masse *v*; **-, kruimelige:** crumbly mass || masse *v* s'émiettant aisément || krümelige Masse *v*; **-, papachtige:** pasty mass || masse *v* pâteuse || teigartige (teigige) Masse *v*; **-, plastische:** plastic mass [1]); plastic [2]) || masse *v* plastique [1]); matière *v* plastique [2]) || plastische Masse *v* [1]) [2]); **-, roterende:** rotating mass || masse *v* en rotation *v* || rotierende Masse *v*; **-, rustende:** mass at rest || masse *v* au repos *m* || ruhende Masse *v*; **-, stroopachtige:** *zie* **massa, stroperige; -, stroperige:** syrupy mass || masse *v* sirupeuse || sirupartige (sirupähnliche, zähflüssige) Masse *v*; **-, trage:** inert mass || masse *v* matérielle || träge Masse *v*; **-, vaste:** solid mass || masse *v* solide || feste Masse *v*; **-, viskeuze:** viscous mass || masse *v* visqueuse || viskose (zähflüssige) Masse *v*; **-, vloeibare:** liquid (fluid) mass || masse *v* liquide || flüssige Masse *v*; **-, vloeiende:** fluid mass || masse *v* fluide || fließende Masse *v*; **-, weke:** *zie* **massa, zachte; -, werkzame:** active mass (material, paste) || masse *v* (matière *v*) active || wirksame (aktive) Masse *v*; **-, zachte:** weak mass || masse *v* molle || weiche Masse *v*; **-absorptiecoëfficiënt:** mass coefficient of absorption || coefficient *m* d'absorption *v* massique || [totaler] Massenabsorptionskoeffizient *m*; **-fabricage:** wholesale manufacture || fabrication *v* en masse *v* || Massenfabrikation *v*, -herstellung *v*; **-flotatie:** bulk flotation || flotation *v* en masse *v* || kollektive Schwimmaufbereitung *v*; **-goed:** bulk goods || matières *vm* en masse *v* || Massengüter *om*, -waren *vm*; **-produktie:** mass (bulk) production || production *v* en masse *v* (en série *v*) || Massenproduktion *v*, -erzeugung *v*; **-traagheidsmoment:** mass-moment of inertia || moment *m* d'inertie *v* d'un corps *m* || Massenträgheitsmoment *o*; **-transport:** transport in bulk (in mass) || transport *m* de grandes masses *vm* || Massenbeförderung *v*, -transport *m*; **-weerstand:** inertia || résistance *v* massique || Massenwiderstand *m*; **-werking, wet der:** law of mass action || loi *v* de Guldberg et Waage || Massenwirkungsgesetz *o*.

massief: massive, solid || massif, plein || massiv, Voll-.

mast: 1. (*scheepst.*; *paal*)**:** mast, pole || mât *m*, poteau *m*, support *m* || Mast *m*; **- inzetten** (*uitlichten*; *vastzetten*)**:** to put (to step) in (*to unship*; *to secure*) a mast || arborer (dresser) (*abattre*; *assujettir*) un mât *m* || einen Mast *m* einsetzen (*aus-*

---

[1]) In het algemeen.
[2]) Soortnaam.

nehmen; sichern); **-, strijkbare:** lowering mast || mât *m* rabattable (à bascule *v*) || Klapp-, umklappbarer Mast *m*; **-band:** mast collar ring (hoop) || cercle *m* de mât *m* || Mastband *o*, -ring *m*; **-docht:** main (middle) thwart || banc *m* de millieu *m*, traversin *m* de mât *m* || Mast-, Segelducht *v*; **-gat:** mast hole || étambrai *m* [de mât *m*] || Mastloch *o*; **-hieling:** mast heel || pied *m* de mât *m* || Mastfuß *m*; **-klamp:** mast cleat || taquet *m* de mât *m* || Mastklampe *v*; **-koker:** mast step || carlingue *v* du mât *m*, emplanture *v* || Mastspur *v*; **-kraag:** mast coat || braie *v* de mât *m* || Mastkragen *m*; **-kram:** cramp, iron, dog || clameau *m*, crampon *m* || Krampe *v*, [Zimmermanns]klampe *v*; **-spoor:** *zie* **mastkoker; -takelage:** mast gear || garniture *v* de mât *m* || Mastgeschirr *o*; **-wig:** mast wedge || coin *m* de mât *m* || Mastkeil *m*; **-werp, -worp:** clove (double half) hitch || noeud *m* de batelier *m* || Weblein-, Webeleinenstich *m*;
2. (*elektr.*): pylon, tower || pylône *m* || [Abspann]mast *m*; **-transformator:** pole type transformer || transformateur *m* de poteau *m* || Masttransformator *m*.

mastiek: 1. (*bitumineus produkt*): mastic || mastic *m* || Mastix *m*; *zie ook* **asfaltmastiek; teermastiek;**
2. (*kit*): cement || lut *m*, mastic *m* || Kitt *m*.

mastik: 1. (*hars*): mastic || mastic *m* || Mastix *m*;
2.: *zie* **mastiek.**

masurium: masurium || masurium *m* || Masurium *o*.

mat: 1. (*z. nw.*): mat || natte *v* || Matte *v*; **-, isolerende:** insulating mat || tapis *m* isolant || isolierender Bodenbelag *m*;
2. (*bijv. nw.*): opaque, dead, dull || dépoli, mat || matt; **- slijpen:** to make opaque by grinding || dépolir || matt schleifen; **-beitel:** matting tool || matoir *m* || Mattpunze *v*; **-branden:** to dull || décaper (dérocher) mat || mattbrennen; **-bijtbad:** dull pickling || bain *m* de décapage *m* (dérochage *m* mat) || Mattbrenne *v*; **-glas:** milk (opal, frosted, ground) glass || verre *m* opale (dépoli) || Milch-, Mattglas *o*, mattiertes Glas *o*; **-kolen:** dull coal || charbon *m* mat || Mattkohle *v*; **-slijping:** frosting || dépolissage *m* || Mattschleifen *o*; **-teren:** to dull || mater, rendre mat || mattieren; **-teervat:** deadening vat || tonneau *m* au mat || Mattiertonne *v*; **-zwart gelakt:** lacquered dull black || laqué noir mat || mattschwarz lackiert.

matalasse (*tafweefsel*): matelassé cloth || matelassé *m* || Matelasségewebe *o*.

materiaal: material[s] || matériaux *mm* || Material *o*, Materialien *om*, Werk-, Baustoff *m*; **-, besparing v.:** saving in material || économie *v* de matériaux *mm* || Materialersparnis *v*; **-, nuttig gebruik v.:** utilisation of material || utilisation *v* des matériaux *mm* || Materialausnützung *v*; **-, rollend** (*spw.*): rolling stock || matériel *m* roulant || rollendes Material *o*, Betriebsmaterial *o*; **-, ruw:** *zie* **uitgangsmateriaal; -belasting:** stress on material || effort *m* subi par les matériaux *mm* || Materialbeanspruchung *v*; **-beproeving:** testing of materials || épreuve *v* (essai *m*) des matériaux *mm* || Materialprüfung *v*, Baustoffprüfwesen *o*; **-besparing:** saving in material || économie *v* de matériaux *mm* || Materialersparnis *v*; **-gebrek:** fault in material || vice *m* de matière *v* || Materialfehler *m*; **-loods:** shed for stores, store shed || hangar *m* (remise *v*) à matériel *m* (à matériaux *mm*) || Materialschuppen *m*; **-prijs:** price of materials || prix *m* de matériaux *mm* || Baustoffpreis *m*; **-staat:** list of materials || liste *v* des matériaux *mm* || Materialienliste *v*; **-verbruik:** consumption of materials || consommation *v* de matériaux *mm* || Materialbedarf *m*; **-verlies:** loss of material || perte *v* de matière *v* || Stoff-, Materialverlust *m*.

materialendepot: materials store || dépôt *m* de matériaux *mm* || Materialienlagerplatz *m*.

matig: moderate || modéré || mäßig.

matras: mattress || matelas *m* || Matratze *v*.

ma|troos: sailor || matelot *m* || Matrose *m*; **-trozenlaken:** sailer's cloth || drap *m* de matelot *m* || Knapps *m*; **-trozenverblijf:** *zie* **volkslogies.**

ma|trijs: 1. (*vorm*): die, matrice, matrix || matrice *v* || Matrize *v*, Gesenk *o*, Lochring *m*, -scheibe *v*, Mater *v*, Unterscheibe *v*, Unterstange *v*; **-houder:** matrix holder || porte-matrice *m*, portemoule *m* || Matrizenhalter *m*; **-model:** die pattern || modèle *m* de matrice *v* || Gesenkmodell *o*; **-pers:** forging (stamping) press || presse *v* à matrice *v* (à étamper, à estamper) || Gesenkpresse *v*;
2. (*typogr.*): matrix || matrice *v* || Matrize *v*, Schriftmutter *v*, Mater *v*; **-trijzenpapier:** flong, stereoflong || || papier *m* à flan *m* || Matrizenpapier *o*; **-trijzenstel:** set of matrices || serie *v* de matrices *vm* || ein Satz *m* Matrizen *vm*.

maxi|graaf: maximum demand recorder || compteur *m* à enregistreur *m* de maximum *m* || Höchstverbrauchsanzeiger *m*; **-maal:** maximal || maximum || maximal, Maximal-, Höchst-.

maximum: maximum || maximum *m* ||

Maximum *o*, Höchstwert *m*; **-belasting:** maximum load || charge *v* maximum (maxima, limite), pleine charge *v* || Höchstlast *v*, -belastung *v*, Maximalbelastung *v*, Voll-, Maximal-, Grenzlast *v*; **-gewicht:** maximum weight || poids *m* maximum || Höchst-, Maximalgewicht *o*; **-stroommeter:** maximum current indicator || indicateur *m* de courant *m* maximum || Maximalstromanzeiger *m*; **- - en minimumthermometer:** maximum and minimum thermometer || thermomètre *m* à maxima *mm* et à minima *mm* || Maximum- und Minimumthermometer *o*, *m*; **-uitslag:** elongation || élongation *v* || Höchstausschlag *m*; **-verbruikmeter:** maximum demand indicator || compteur *m* de consommation *v* à maxima *mm* || Höchstverbrauchmesser *m*; **-vermogen:** maximum output (power) || débit *m* maximum, maximum *m* de débit *m* || Höchst-, Maximalleistung *v*.

mazenweefsel: mesh web || tissu *m* à mailles *vm* || Wirkwaren *mm*, gewirkter Stof *m*.

mazoet: masut || mazout *m* || Masut *o*.

mechanica: mechanics || mécanique *v* || Mechanik *v*; **- der gassen:** mechanics of elastic fluids || mécanique *v* des fluides *vm* aériformes || Mechanik *v* gasförmiger Körper *mm*; **- der vaste lichamen:** mechanics of rigid bodies || mécanique *v* des corps *mm* solides || Mechanik *v* fester Körper *mm*; **- der vloeistoffen:** mechanics of fluids || mécanique *v* des fluides *vm* || Mechanik *v* flüssiger Körper *mm*; **- der warmte:** *zie* **thermodynamica; -, theoretische:** [theoretical] mechanics || mécanique *v* théorique || [theoretische] Mechanik *v*; **-, toegepaste:** applied mechanics || mécanique *v* appliqueé || Festigkeitslehre *v*.

mecha|nicus: mechanician || mécanicien *m* || Mechaniker *m*; **-niek:** *zie* **mechanisme; -nisch:** mechanical(*ly*) || mécanique(*ment*) || mechanisch; **-nisme:** mechanism || mécanisme *m* || Mechanismus *m*; **-nisme v. e. ovaaldraaibank:** oval mechanism || poupée *v* || Ovalwerk *o*; **-nisme, samengesteld:** compound mechanism || mécanisme *m* composé || zusammengesetzter Mechanismus *m*.

medaillon (*bouwk.*)**:** medaillon || médaille *v*, medaillon *m* || Medaillon *o*.

medegebruik: running power || co-jouissance *v*, jouissance *v* en commun *m* || Mitbetriebs-, Mitbenutzungsrecht *o*.

mediaan: 1. (*meetk.*)**:** median [line] || médiane *v* || Mittellinie *v*;
2. (*typogr.*)**:** pica || cicéro *m* || Median *o*;
3. (*papierformaat*)**:** median, medium paper || médian *m*, grand papier *m*, papier *m* grand raisin *m* || Median *o*, -papier *o*.

medium: medium || milieu *m* || Medium *o*; **-, alkalisch** (*gasvormig*; *neutraal*; *vloeibaar*; *zuur*)**:** alkaline (*gaseous*; *neutral*; *liquid*; *acid*) medium || milieu *m* alcalin (*gazeux*; *neutre*; *liquide*; *acide*) || alkalisches (*gasförmiges*; *neutrales*; *flüssiges*; *saures*) Medium *o*; **-, diëlektrisch:** dielectric medium || milieu *m* diélectrique || dielektrisches Medium *o*.

meel: flour; meal || farine *v* || Mehl *o*; **-bak:** flour box (chest) || huche *v* à mouture *v* || Mehlkasten *m*; **-borstelmachine:** brush bolter || bluterie *v* à brosses *vm* || Mehlbürstenmaschine *v*; **-buil:** flour sive, sifter, bolter || blutoir *m*, bluteau *m* || Mehlbeutel *m*; **-elevator:** flour elevator || élévateur *m* à farine *v* || Mehlelevator *m*; **-fijnheid:** pulverisation || pulvérisation *v*, mouture *v* || Mehlfeinheit *v*; **-koeler:** hopper boy || rateau *m* refroidisseur || Mehlkühler *m*; **-machine:** bolting mill || bluterie *v* || Beutel-, Mehlmaschine *v*; **-pap:** paste || colle *v* de farine *v* || Mehlkleister *m*; **-zolder:** meal loft || grenier *m* à farine *v* || Mehlboden *m*.

meeneem|bout (*gereedsch.mach.*)**:** driving bolt, lathe dog || boulon *m* à toc *m* || Mitnehmerbolzen *m*; **-schijf:** carriers (catch) plate || plateau *m* à [pousse-]toc *m* || Mitnehmerscheibe *v*; **-stang** (*boren*) (*mijnb.*)**:** kelly, drill stem || tige *v* carrée (d'entraînement *m*) || Mitnehmer-, Spülstange *v*.

meenemer: 1. (*gereedsch.mach.*)**:** carrier, catch, driver || toc *m* || Mitnehmer *m*; Drehherz *o*, Führer *m*;
2. (*luchtkabelbaan*)**:** rope gripper || fourche *v* (griffe *v*) d'attache *v* || Mitnehmer *m*, Seilgreifer *m*; **- m. kniehefboomwerking:** catch with toggle lever action || attache *v* à levier *m* articulé || Mitnehmer *m* mit Kniehebelwirkung *v*; **- m. veer:** spring rope clip || fourche *v* à ressort *m* || elastischer Seilgreifer *m*; **- v. e. mof:** socket clip || fourche *v* à douille *v* || Büchsenmitnehmer *m*; **-sluiting:** catch lock || attache *v* à fermeture *v* || Mitnehmerschloß *o*; **-vork:** catch (gripper) fork || fourche *v* de guidage *m* || Mitnehmer-, Seilgabel *v*; **-wagen:** rope gripping car || wagon *m* tracteur || Mitnehmer-, Seilgreiferwagen *m*;
3. (*mach.*)**:** carrier, fixed arm || entraîneur *m*, toc *m* || Mitnehmer *m*.

meer: 1. (*water*)**:** lake || lac *m* || See *m*;
2. (*afleidingen van meren*)**: -boei:** mooring buoy || bouée *v* d'amarrage *m*, corps *m* mort || Moorings-, Vertäuboje *v*; **-ketting:** mooring chain || chaîne *v* d'amarrage *m* || Festlege-, Anlegekette *v*; **-paal:**

mooring bollard (post) || pieu *m* (poteau *m*) d'amarrage *m* || Täu-, Anbindepfahl *m*; **-ring:** mooring ring || anneau *m* d'amarrage *m* || [Ver]täu-, Kairing *m*; **-touw:** mooring rope || câble *m* d'affourche *v* || Täu-, Festmachetau *o*;
3. (*meer dan*) [1]): more || plus, davantage || mehr, Mehr-; **-armig:** with more arms, multiarmed || avec plus de bras *mm*, à plusieurs bras *mm* || mehrarmig; **-basisch:** polybasic || polybasique || mehrbasisch; **-delig:** with more parts, multipart || avec plus de parts *mm*, à plusieurs parts *mm* || mehrteilig; **-kernig:** with more nuclei, polynuclear || avec plus de noyaux *mm*, à plusieurs noyaux *mm*; **-kleurig:** with more colours, multicoloured || avec plus de couleurs *vm*, à plusieurs couleurs *vm* || mehrfarbig; **-polig:** with more poles, multipolar || avec plus de pôles *mm*, à plusieurs pôles *mm* || mehrpolig; **-spillig:** with more spindles || avec plus de tiges *vm*, à plusieurs tiges *vm* || mehrspindlich; **-trappig:** with more stages, multistage || avec plus d'étages *mm*, à plusieurs étages *mm* || mehrstufig; **-waardig** (*chem.*): polyvalent || polyvalent || mehrwertig.

meer- [1]): *zie* **veel-**.

meerschuim: sea foam, sepiolite, meerschaum || écume *v* de mer *m* || Meerschaum *m*.

mees (*mijnb.*): throat, groove || entaille *v* courbe, gorge *v* de loup *m* || Kehle *v*, Auskehlung *v*.

meeslepingscoëfficiënt: convection coefficient || coefficient *m* d'entraînement *m* || Mitführungskoeffizient *m*.

meester|houwer (*mijnb.*): foreman-hewer || chef-mineur *m*, chef *m* de taille *v* || Fahrhauer *m*; **-knecht:** foreman || contremaître *m* || Vorarbeiter *m*, Werkmeister *m*; **-opzichter** (*mijnb.*): overman || conducteur *m* || Fahrsteiger *m*.

meet|baar: measurable || mesurable || meßbar; **-bak:** measuring box || caisse *v* de mesure *v* || Meßkasten *m*; **-band:** measuring tape || mesure *v* en ruban *m*, ruban-mesure *m* || Meßband *o*, Bandmaß *o*; **-band, stalen:** steel tape measure || mesure *v* à ruban *m* d'acier *m* || Stahlbandmaß *o*; **-batterij:** testing battery || batterie *v* de mesure *v* || Meßbatterie *v*; **-borstel:** exploring brush || balai *m* d'essai *m* || Prüfbürste *v*; **-brief** (*schip*): bill (certificate) of tonnage || certificat *m* de tonnage *m* || Meßbrief *m*; **-brug** (*elektr.*): measuring bridge || pont *m* de mesure *v* || Meßbrücke *v*; **-buis:** graduated tube || tube *m* gradué || Meßröhre *v*; **-cilinder:** graduated (measuring) cylinder || cylindre *m* gradué || Meßzylinder *m*; **-constante** (*galvanometershunt*): multiplying power || pouvoir *m* multiplicateur || Erweiterungsfaktor *m*; **-draad** (*elektr.*): measuring wire || fil *m* de mesure *v* || Meßdraht *m*; **-draadweerstand:** resistance of the bridge wire || résistance *v* du fil *m* de mesure *v* || Meßdrahtwiderstand *m*; **-fout:** measuring error || erreur *v* de mesure *v* || Meßfehler *m*; **-gebied:** measuring range || portée *v* de mesure *v* || Meßbereich *m*; **-grens:** limit of measurement || limite *v* de mesure *v* || Meßgrenze *v*; **-grens, hoogste** (*laagste*): upper (*lower*) limit of measurement || limite *v* supérieure (*inférieure*) de mesure *v* || obere (*untere*) Meßgrenze *v*; **-inrichting:** measuring equipment || dispositif *m* de mesure *v* || Meßanordnung *v*; **-inrichting, elektrische:** electric measuring device || disposition *v* || elektrische Meßvorrichtung *v*; **-instrument:** measuring instrument || appareil *m* (instrument *m*) de mesure *v* || Meßapparat *m*, -instrument *o*, -vorrichtung *v*; **-ketting:** measuring (surveying, land) chain || chaîne *v* d'arpenteur *m* || Meßkette *v*; **-koord:** measuring cord || cordeau-mesure *m* || Meßschnur *v*; **-kunde:** geometry || géométrie *v* || Geometrie *v*; **-kunde in de ruimte:** stereometry, solid geometry || géométrie *v* dans l'espace *m*, stéréométrie *v* || Stereometrie *v*, räumliche Geometrie *v*; **-kunde, analytische:** analytic geometry || géométrie *v* analytique || analytische Geometrie *v*; **-kunde, beschrijvende:** descriptive geometry || géométrie *v* descriptive || darstellende Geometrie *v*; **-kunde, vlakke:** plane geometry || géométrie *v* plane || Planimetrie *v*, ebene Geometrie *v*; **-kundig:** geometric-[al](*ly*) || géométrique(*ment*) || geometrisch; **-lat:** measuring staff, surveyor's rod || règle *v* divisée, mire *v* parlante || Meßlatte *v*; **-lint:** *zie* **meetband**; **-machine** (*weven*): measuring machine || machine *v* à auner || Meßmaschine *v*; **-multiplicator:** measuring multiplicator rod || multiplicateur *m* de mesure *v* || Meßmultiplikator *m*; **-rad** (*watermeter*): measuring wheel || roue *v* à palettes *vm* || Meßrad *o*; **-roede:** *zie* **meetlat**; **-rol:** hank roller || rouleau *m* compteur || Meßwalze *v*; **-schaal:** measuring scale || échelle *v* de lecture *v* || Ablesemaßstab *m*; **-schakeling:** test connections || couplage *m*

---

[1]) Samenstellingen als *meerarmig*, *meerbasisch*, *meerwaardig*, enz., behoren in het Nederlands slechts te worden gebruikt als tegenstelling na een voorafgaande getalaanduiding, bv. *twee- of meerarmig*, doch *veelarmig*.

(connexions *vm*) de mesure *v* || Meßschaltung *v*; **-spanning:** measuring voltage || tension *v* (voltage *m*) de mesure *v* || Meßspannung *v*; **-spoel:** exploring (measuring) coil || bobine *v* exploratrice (de mesure *v*) || Meßspule *v*; **-stand** (*elektr.*)**:** measuring arrangement || disposition *v* de mesure *v* || Meßanordnung *v*; **-tafel:** plane table || planchette *v* || Meßtisch *m*; **-techniek:** technics of measurement || technique *v* de mesure *v* || Meßtechnik *v*; **-tenk:** gauging tank || réservoir *m* jaugeur || Meßtank *m*, -behälter *m*; **-toestel:** measuring apparatus || appareil *m* de mesure *v* || Meßapparat *m*; **-transformator:** instrument transformer || transformateur *m* de mesure *v* || Meßwandler *m*; **-transformator: gecompenseerde:** phase compensating transformer || transformateur *m* de mesure *v* compensé || Meßwandler *m* mit Kunstschaltung *v*; **-trek** (*mijnb.*)**:** draft, line || levé *m*, cheminement *m* || Markscheiderzug *m*; **-vlak:** working plane || plan *m* utile || Meßebene *v*, Arbeitsfläche *v*; **-waarde:** measured value || valeur *v* de la grandeur *v* de mesure *v* || Wert *m* der Meßgröße *v*; **-wals** (*weverij*)**:** measuring roller || rouleau *m* mesureur || Meßtrommel *v*, -walze *v*; **-weerstand:** measuring resistance || résistance *v* (rhéostat *m*) de mesure *v* || Meßwiderstand *m*; **-werktuig:** measuring instrument || instrument *m* de mesure *v* || Meßinstrument *o*, -werkzeug *o*.

meevoeren v. water door de stoom: priming (entrainment) of the water || primage *m* || Mitreißen *o* des Wassers *o*.

mega|dyne: megadyne || mégadyne *v* || Megadyne *v*; **-farad:** megafarad || mégafarad *m* || Megafarad *o*; **-foon:** megaphone || mégaphone *m*, porte-voix *m* || Megaphon *o*, Sprachrohr *o*, Schallverstärker *m*; **-loskoop:** megaloscope || mégaloscope *m* || Megaloskop *o*; **-volt:** megavolt || mégavolt *m* || Megavolt *o*.

meg|ampère: megampere || megampère *m* || Megampere *o*; **-erg:** megerg || mégerg *m* || Megerg *o*; **-ohm:** megohm || mégohm *m* || Megohm *o*.

me|lafier: melaphyre || mélaphyre *m* || Melaphyr *m*; **-lasse:** molasses || mélasse *v* || Melasse *v*; **-lissuiker:** loafsugar || sucre *m* mélis || Melis[zucker] *m*.

melk: milk || lait *m* || Milch *v*; **-, afgeroomde:** skimmed milk || lait *m* écrémé || abgerahmte Milch *v*; **-, gecondenseerde:** condensed milk || lait *m* condensé || kondensierte Milch *v*, Kondensmilch *v*; **-, gepasteuriseerde:** pasteurized milk || lait *m* pasteurisé || pasteurisierte Milch *v*; **-, gesteriliseerde:** sterilized milk || lait *m* sterilisé || sterilisierte Milch *v*; **-, volle:** whole milk || lait *m* non-écrémé || Vollmilch *v*; **-, zoete:** fresh milk || lait *m* frais || süße Milch *v*; **-achtig:** milky || lactescent, laiteux || milchartig, milchig; **-chocolade:** milk chocolate || chocolat *m* au lait *m* || Milchschokolade *v*; **-erij:** dairy || laiterie *v* || Molkerei *v*, Milchwirtschaft *v*; **-glas:** bone (milk) glass || verre *m* opale || Bein-, Milchglas *o*; **-glasfotometer:** opal glass photometer || photomètre *m* à verre *m* opale || Milchglasphotometer *o*; **-glaslamp:** opal lamp || lampe *v* opaline || Opallampe *v*; **-kwarts:** milky quartz || quartz *m* blanc de lait *m* || Milchquarz *m*; **-machine:** milking machine || machine *v* à traire || Melkmaschine *v*; **-meter:** *zie* **melkweger;** **-opaal:** white opal || opale *v* blanc de lait *m* || Milchopal *m*; **-poeder:** milk powder || lait *m* en poudre *v* || Milchpulver *o*, Trockenmilch *v* [-pulver *o*); **-produkten:** dairy (milk) products || produits *mm* de la laiterie *v*, produits *mm* lacté || Molkerei-, Milchprodukte *om*; **-suiker:** *zie* **lactose;** **-vet:** milk fat || graisse *v* de lait *m* || Milchfett *o*; **-weg** (*sterrenk.*)**:** galaxy, milky way || galaxie *v*, voie *v* lactée || Milchstraße *v*; **-weger:** lactometer || pèse-lait *m*, [gal]lactomètre *m* || Milchwaage *v*, Laktometer *o*; **-wol:** milk wool || laine *v* lactique || Milchwolle *v*; **-zuur (hydroxy-2 propaanzuur; hydroxy-1 ethaancarbonzuur-1):** lactid acid || acide *m* lactique || Milchsäure *v*.

membraan: membrane || membrane *v* || Membran *v*.

meng|arm: stirring arm || bras *m* d'agitateur *m* || Rührarm *m*; **-baar:** miscible, mixable || miscible || mischbar, mengbar; **-baarheid:** miscibility || miscibilité *v* || Mischbarkeit *v*; **-bak:** mixing trough || auge *v* de mélange *m*, cuve *v* à mélanger || Mischbottich *m*, -trog *m*; **-buis:** mixing tube || tube *m* mélangeur || Mischrohr *o*; **-condensor:** mixing condenser || condenseur *m* à mélange *m* || Mischkondensor *m*; **-condensor m. gelijkstroom:** parallel current mixing condenser || condenseur *m* à mélange *m* à courants *mm* de même sens *m* || Mischkondensor *m* mit Parallelstrom *m*; **-condensor m. tegenstroom:** counter current mixing condenser || condenseur *m* à mélange *m* à courants *mm* de sens *m* contraire || Mischkondensor *m* mit Gegenstrom *m*; **-emmer:** mixing pail || seau *m* à mélanger || Mischkübel *m*; **-en:** to mix, to blend (*v. soorten*) || mélanger; mêler (*v. soorten*) || [ver]mischen; **-en, innig:** to mix intimately || mélanger intimément || innig mischen; **-er** (*werktuig*): mixer || mélangeur *m*, malaxeur *m* || Mischer *m*; **-gas:** *zie* **dowsongas; -ing:** mixing; blending (*v. soorten*) || mélange *m* || Mischung *v*; **-ing m. d. hand:** hand mixing || mélange *m* à la main *v* || Handmischung *v*; **-ing m. d. machine:** machine (mechanical) mixing || mélange *m* à la machine *v* (mécanique) || Maschinenmischung *v*; **-ingrekening:** rule of alligation || règle *v* de mélange *m* || Mischungsrechnung *v*; **-ingscondensatie:** condensation by mixing || condensation *v* à mélange *m* || Mischkondensation *v*; **-ingsregeling:** quantity governing || réglage *m* de la quantité *v* || Mengen-, Quantitätsreglung *v*; **-ingsturbine:** mixture turbine || turbine *v* à mélange *v* || Mischungsturbine *v*; **-kamer:** mixing chamber || chambre *v* de mélange *m* || Mischgehäuse *o*, -raum *m*, -[ungs]-kammer *v*; **-kristallen:** mixed crystals || cristaux *mm* mêlés || Mischkristalle *mm*; **-kuip:** mixing tub (tank); mix pail || cuve *v* à mélanger; seau *m* pour le mélange *m* || Mischbottich *m*; Mischkübel *m*; **-machine:** mixer || malaxeur *m*, mélangeur *m* || Mischmaschine *v*; **-machine** (*verfstoffen*): colour mixer || mélangeur *m* à couleurs *vm* || Farbmischmaschine *v*; **-molen:** mixer, mixing mill || mélangeur *m*, mélangeuse *v* || Mischmühle *v*; **-polymeer:** *zie* **copolymeer; -schoep:** mixing scoop (blade) || palette *v* d'agitateur *m* (pour le malaxage *m*) || Misch[er]schaufel *v*; **-schuif:** mixing (mixture) slide valve || registre *m* (tiroir *m*) à mélange *m* || Mischschieber *m*; **-sel:** mixture; blend (*v. soorten*) || mélange *m* || Mischung *v*; Gemisch *o*; **-sel, innig:** intimate mixture || mélange *m* intime || inniges Gemisch *o*, innige Mischung *v*; **-sel, koudmakend:** freezing (frigorific) mixture || mélange *m* réfrigérant (frigorifique) || Kältemischung *v*; **-tafel:** mixing table || table *v* à égruger || Reibetafel *v*; **-trog:** *zie* **mengbak; -trommel:** mixing drum || tambour *m* mélangeur || Mischtrommel *v*, -behälter *m*; **-vat:** mixing vessel || vase *m* mélangeur || Mischgefäß *o*; (*wasserij*) (*mijnb.*): conditioner, conditioning tank || agitateur *m*, mélangeur *m* || Rührmaschine *v*, -trommel *v*; **-verhouding:** ratio (proportion) of ingredients (of mixture) || dosage *m*, proportion *v* de mélange *m* || Mischungsverhältnis *o*; **-voorverwarmer:** feed heater with exhaust in contact || réchauffeur *m* à mélange *m* || Misch[ungs]vorwärmer *m*.

menie: minium, red lead, lead paint || minium *m* || Mennig *m*, Mennige *v*; **-kit:** red lead cement || mastic *m* au minium *m* || Mennigekitt *m*; **-laag:** coat of red lead || couche *v* de peinture *v* au minium *m* || Menniganstrich *m*.

meniën: to red lead, to miniate, to paint with minium || enduire de minium *m* || mennigen.

meniskus: meniscus || ménisque *m* || Meniskus *m*.

mensenkracht: man power || force *v* de l'homme *m* (humaine) || Menschenkraft *v*.

mercap|taan: *zie* **thiol; -togroep:** mercapto group || groupe *m* (groupement *m*) mercapto || Mercaptogruppe *v*.

merceriseren: to mercerize || merceriser || merzerisieren.

mercuri|bromide: mercuric bromide || bromure *m* mercurique, bibromure *m* de mercure *m* || Mercuribromid *o*, Quecksilberbromid *o*; **-chloride:** mercuric chloride || chlorure *m* mercurique, bichlorure *m* de mercure *m* || Mercurichlorid *o*, Quecksilberchlorid *o*; **-cyanide:** mercuric cyanide || cyanure *m* mercurique || Mercuricyanid *o*, Quecksilbercyanid *o*; **-hydroxyde:** mercuric hydroxide || hydrate *m* mercurique || Mercurihydroxyd *o*; **-jodide:** mercuric iodide || iodure *m* mercurique, biiodure *m* de mercure *m* || Mercurijodide *o*, Quecksilberjodid *o*; **-nitraat:** mercuric nitrate || azotate *m* (nitrate *m*) mercurique || Mercurinitrat *o*; **-oxyde:** mercuric oxide || oxyde *m* mercurique, oxyde *m* de mercure *m* || Mercurioxyd *o*, Quecksilberoxyd *o*; **-sulfaat:** mercuric sulfate || sulfate *m* mercurique || Mercurisulfat *o*; **-sulfide:** mercuric sulfide || sulfure *m* mercurique, bisulfure *m* de mercure *m* || Mercurisulfid *o*, Quecksilbersulfid *o*; **-thiocyanaat:** mercuric thiocyanate || thiocyanure *m* mercurique || Mercurithiocyanat *o*; **-zout:** mercuric salt || sel *m* mercurique || Mercurisalz *o*.

mercuro|bromide: mercurous bromide || bromure *m* mercureux, protobromure *m* de mercure *m* || Mercurobromid *o*, Quecksilberbromür *o*; **-chloride:** mercurous chloride || chlorure *m* mercureux, protochlorure *m* de mercure *m* || Mercurochlorid *o*, Quecksilberchlorür *o*; **-hydroxyde:** mercurous hydroxide || hydrate *m* mercureux || Mercurohydroxyd *o*; **-jodide:** mercurous iodide || iodure *m* mercureux, protoiodure *m* de mercure *m* || Mercurojodid *o*, Quecksilberjodür *o*; **-nitraat:** mercurous nitrate || azotate *m* (nitrate *m*) mercureux || Mercuronitrat *o*; **-oxyde:** mercurous oxide || oxyde *m* mercureux, protoxyde *m* de mercure *m* || Mercurooxyd *o*, Quecksilberoxydul *o*; **-sulfaat:** mercurous sulfate || sulfate *m* mercureux || Mercurosulfat *o*; **-sulfide:** mercurous sulfide || sulfure *m* mercureux, protosulfure *m* de mercure *m* || Mercurosulfid *o*, Quecksilbersulfür *o*; **-thiocyanaat:** mercurous thiocyanate || thiocyanure *m* mercureux || Mercurothiocyanat *o*; **-zout:** mercurous salt || sel *m* mercureux || Mercurisalz *o*.

merg: pith (*plantaardig*); marrow (*dierlijk*) || moelle *v* || Mark *o*; **-straal:** medullary ray || rayon *m* médullaire || Markstrahl *m*.

mergel: marl || marne *v* || Mergel *m*; **-aarde:** earthy marl || marne *v* cendrée || Mergelerde *v*; **-bodem:** marl ground || terrain *m* marneux || Mergelboden *m*; **-groeve:** marl pit || marnière *v* || Mergelgrube *v*; **-ig:** marly || marneux (*-neuse*) || mergelig; **-klei:** argilaceous marl || marne *v* argileuse || Mergelton *m*, Tonmergel *m*; **-lei:** marl slate || schiste *m* marneux || Mergelschiefer *m*; **-steen:** marlstone, compact marl || marne *v* compacte, pierre *v* marneuse || Mergelstein *m*; **-zandsteen:** marly sandstone || grès *m* marneux || Mergelsandstein *m*.

meridiaan: meridian || méridien *m* || Meridian *m*; **-, astronomische:** astronomical meridian || méridien *m* astronomique || astronomischer Meridian *m*; **-, magnetische:** magnetic meridian || méridien *m* magnétique || magnetischer Meridian *m*; **-lijn:** meridian line || méridienne *v* || Meridian *m*, Mittaglinie *v*; **-sdoorgang:** meridian passage || passage *m* au méridien *m* || Meridiandurchgang *m*; **-shoogte:** meridian altitude || hauteur *v* méridienne || Mittagshöhe *v*.

merinos: merino || mérinos *m* || Merino *m*; **-wol:** merino wool || laine *v* mérinos || Merinowolle *v*.

merk: 1. (*merkteken i. h. algem.*): mark, sign || marque *v*, repère *m* || Marke *v*, Merkzeichen *o*; **-draad:** tracer || toron *m* || Merkdraht *m*; **-en:** to mark [out] || marquer || anreißen, anzeichnen; **-en m. d. centerpons:** to mark with the centerpunch || marquer au pointeau *m* || ankörnen; **-en m. krijt:** to chalk || blanchir à la craie *v*, crayer || [an]kreiden; **-inkt:** marking ink || encre *v* à marquer || Merktinte *v*; **-paaltje:** peg stake || piquet *m* [de marquage *m*] || Markierpflöckchen *o*; **-teken:** *zie* **merk 1**; **-toestel:** marker || marqueur *m* || Merker *m*, Anweisungsbewegung *v*; **-ijzer:** marking iron || fer *m* à marquer || Merkeisen *o*; **2.:** *zie* **fabrieksmerk** *en* **handelsmerk**; **-artikel:** branded goods || produit *m* de (vendu sous) marque *v* || Markenartikel *m*; **-enwet:** Trade Marks Act (Law) || loi *v* sur les marques *vm* || Warenzeichengesetz *o*.

mes: 1. (*algem.*): knife || couteau *m* || Messer *o*; **-lemmet:** knife blade || lame *v* de couteau *m* || Messerklinge *v*; **-schakelaar:** chopper (knife) switch || interrupteur *m* à couteau *m* || Messerschalter *m*; **-senas:** cutter barrel (cylinder) || arbre *m* à couteaux *mm* || Messerwelle *v*; **-senhouder** (*kottermessen*): cutter head (block) || porte-lame *m* || Messerkopf *m*; **-senkas:** lifting bar || griffe *v* || Hebezeug *o*, Messerkasten *m*; **-senpoetsmachine:** knife polishing machine || machine *v* à nettoyer les couteaux *mm* || Messerputzmaschine *v*; **-vijl:** knife file || lime-couteau *m* || Messer-, Schneidefeile *v*;
2. (*balans, enz.*): knife edge || couteau *m* [d'appui *m*] || Schneide *v*; **-, prismatisch:** prismatic edge || couteau *m* prismatique || prismatischer Schneidekörper *m*; **-ophanging:** knife edge suspension || suspension *v* à couteau *m* || Schneidenaufhängung *v*; **-wijzer:** edgewise pointer (needle) || aiguille *v* en couteau *m* || Schneide-, Messerzeiger *m*.

meson: meson || méson *m* || Meson *o*.

mesothorium: mesothorium || mésothorium *m* || Mesothorium *o*.

Mesozoicum: Mesozoic || Sécondaire *m*, Mésozoïque *m* || Mesozoikum *o*.

messing: 1. (*legering*): brass || laiton *m* || Messing *o*, **-blad:** brass foil || feuille *v* de laiton *m* || Messingblatt *o*; **-buis:** brass tube (pipe) || tube *m* en laiton *m* || Messingrohr *o*; **-draad:** brass wire || fil *m* de laiton *m* || Messingdraht *m*; **-gaasborstel:** bross gauze brush || balai *m* en tissus *mm* de laiton *m* || Messinggazebürste *v*; **-kast:** brass case || boîte *v* (enveloppe *v*) en laiton *m* || Messinggehäuse *o*; **-plaat:** sheet brass, brass plate || tôle *v* de laiton *m*, laiton *m* en tôles *vm* || Messingblech *o*; **-soldeer:** brass solder || soudure *v* de laiton *m* || Messingschlaglot *o*;
2. (*plank*): feather, tongue || languette *v* || Feder *v*; **- en groef:** groove and tongue || rainure *v* et languette *v* || Nut *v* (Spund *m*) und Feder *v*.

messroom: messroom || carré *m* || Messe *v*.

meta- (*chem.*): meta, m- || méta, m- || Meta-, m-.

meta|center: metacentre || metacentre *m* || Metazentrum *o*; **-centrisch:** metacentric || métacentrique || metazentrisch; **-morfisme:** metamorphism || métamorphisme *m* || Metamorphismus *m*; **-plaats:** meta (m-) position || position *v* méta || Metastelle *v*, m-Stelle *v*; **-standig:** in [the] meta position || en position *v* méta || metaständig, in Metastellung *v*, an der Metastelle *v*; **-these:** metathesis || métathèse *v* || Metathese *v*; **-thetisch:** metathetic || métathétique || metathetisch; **-tinzuur:** *zie onder* **tinzuur.**

metaal: metal || métal *m* || Metall *o*; **-, gezuiverd:** fine metal || métal *m* fin || Feinmetall *o*; **-, licht** (*zwaar*)**:** licht (*heavy*) metal || métal *m* léger (*lourd*) || Leichtmetall *o* (*Schwermetall o*); **-,** (*on*)**edel:** precious (*base, ignoble*) metal || métal *m* (*ig*)noble (précieux) || (*un*)edles Metall *o*, Edelmetall *o*; **-, ruw:** crude (raw) metal || métal *m* cru (brut) || Rohmetall *o*; **-, ruw blok:** raw ingot || lingot *m* brut || Rohblock *m*; **-achtig:** metallic || métallique || metallartig, metallisch; **-aanzetweerstand:** metallic starting resistance (rhéostat) || rhéostat-démarreur *m* métallique || Metallanlaßwiderstand *m*; **-afval:** metal waste || déchet *m* de métaux *mm* || Metallabfall *m*; **-as:** metal ashes || cendre *v* métallique || Metallasche *v*; **-bad:** metal bath || bain *m* de métal *m* || Metallbad *o*; **-barometer:** *zie* **aneroïdebarometer; -bedekking:** metal sheating || doublage *m* en métal *m* || Metallbeschlag *m*; **-bedekking** (*dak*)**:** metal covering || couverture *v* en métal *m* || Metallbedachung *v*; **-bewerker:** metal worker || ouvrier *m* en métaux *mm* || Metallarbeiter *m*; **-bewerkingsmachine:** metal working machine || machine *v* à travailler des métaux *mm* || Metallbearbeitungsmaschine *v*; **-blad** (*weverij*)**:** metallic reed || peigne *v* métallique || Metallblatt *o*; **-bladborstel:** sheet metal brush || balai *m* feuilleté || Metallblattbürste *v*; **-borstel:** metal brush || balai *m* métallique || Metallbürste *v*; **-carbide:** metal carbide || carbure *m* de métal *m* || Metallkarbid *o*; **-cement:** metallic cement || ciment *m* à base *v* métallique || Metallzement *m*; **-chemie:** chemistry of metals || chimie *v* des métaux *mm* || Metallochemie *v*; **-chloride:** metal chloride || chlorure *m* de métal *m* || Metallchlorid *o*; **-contact:** metallic contact || contact *m* métallique || metallische Berührung *v*; **-damp:** metal vapour || vapeur *v* métallique (de métal *m*) || Metalldampf *m*; **-draad:** metal wire, wire rope, cable || fil *m* (câble *m*) métallique || Metalldraht *m*, Drahtseil *o*; **-draad** (*v. e. lamp*)**:** [metallic] filament || filament *m* [métallique] || [Metall]faden *m*; **-draadlamp:** metallic filament lamp || lampe *v* à filament *m* métallique || Metallfadenlampe *v*; **-draaibank:** metal turning lathe || tour *m* à métaux *mm* || Metalldrehbank *v*; **-gaas:** metal gauze; expanded metal || toile *v* métallique, grillage *m*; métal *m* déployé || Metallgaze *v*; Streckmetall *o*; (*zeef*)**:** wire netting (gauze) || toile *v* (tissu *m*) métallique || Draht-, Siebgewebe *o*; **-gaasbescherming:** metallic gauze safety screen || protecteur *m* en toile *v* métallique || Metallgazeschutz *m*; **-gaasborstel:** wire gauze brush || balai *m* en toile *v* métallique || Drahtgewebebürste *v*; **-gaaswand:** partition of expanded metal || cloison *v* en métal *m* déployé || Streckmetallwand *v*; **-garnituur:** metallic packing || garniture *v* métallique || Metalliderung *v*; **-glans:** metallic lustre || éclat *m* métallique || Metallglanz *m*; **-houdend:** metal containing, metalliferous || métallifère || metallhaltig; **-ion:** metal ion || ion *m* métallique || Metallion *o*; **-kaarde:** metallic teasel || chardon *m* métallique || Metallkarde *v*; **-kleuring:** metal colouring || coloration *v* galvanique des métaux *mm*, métallochromie *v* || Metallfärbung *v*; **-koning:** metal grain, regulus || grain *m* d'essai *m*, régule *m* || Metallkönig *m*; **-koolborstel:** metal carbon brush || balai *m* en charbon *m* métallisé || Metallkohlenbürste *v*; **-legering:** alloy || alliage *m* || [Metal]legierung *v*; **-manometer:** metallic pressure gauge || manomètre *m* métallique || Metallmanometer *o*, *m*; **-neerslag:** metal deposit || dépôt *m* (précipité *m*) de métal *m* || Metallniederschlag *m*; **-organisch:** organometallic, metallo-organic || organométallique || organometallisch; **-oxyde:** metallic oxide || oxyde *m* de métal *m* || Metalloxyd *o*; **-pakking:** metallic packing || garniture *v* métallique || Metalldichtung *v*, -liderung *v*, -packung *v*; **-plaat:** metal sheet || plaque *v* de métal *m* || Metallplatte *v*; **-poetsmiddel:** metal polishing paste || crème *v* pour nettoyer les métaux *mm* || Metallputzpaste *v*; **-pyrometer:** metal pyrometer || pyromètre *m* métallique || Metallpyrometer *o*, *m*; **-schroef:** metal screw || vis *v* à métal *m* (métaux *mm*) || Metallschraube *v*; *zie ook* **kolomschroef, tapbout; -slak:** metal slag || scorie *v* || Metallschlacke *v*; **-stof:** metal dust || poussière *v* métallique || Metallstaub *m*; **-verbinding:** metal compound || combinaison *v* (composé *m*) de métal *m* || Metallverbindung *v*; **-verf:** metallic paint || couleur *v* pour métaux *mm* || Metallfarbe *v*; **-voltmeter:** metal voltameter || voltamètre *m* à sel *m* métallique || Metallvoltameter *o*, *m*; **-waren:** metal[lic] ware || ouvrages *mm* métalliques || Metallwaren *v*; **-zaag:** metal (hack) saw || scie *v* à métaux *mm* || Metallsäge *v*; **-zout:** metal salt || sel *m* métallique || Metallsalz *o*.

metal|en (*bijv. nw.*)**:** metal, metallic || en (de) métal *m*, métallique || metallen, Metall-, metallisch; **-liek:** metallic ||

métallique || metallisch; **-lisatie:** metallisation || métallisation *v* || Metallisierung *v*; **-liseren:** to metallize || métalliser || metallisieren; **-liseren v. hout:** to preserve wood by Payne's process || préparer le bois *m* suivant la méthode *v* de Payne || metallisieren, paynisieren; **-lochromie:** metallochromy || métallochromie *v* || Metallochromie *v*; **-lografie:** metallography || métallographie *v* || Metallographie *v*; **-loïde:** metalloid, non-metal || métalloïde *m*, non-métal *m* || Metalloid *o*, Nichtmetall *o*; **-lurgie:** metallurgy || métallurgie *v* || Metallurgie *v*, Hüttenkunde *v*; **-lurgisch:** metallurgic[al](*ly*) || métallurgique(*ment*) || metallurgisch.

metallogra|fie: metallography || métallographie *v* || Metallographie *v*; **-fisch:** metallographic[ally] || métallographique[*ment*] || metallographisch.

meten: to measure || mesurer, métrer || [aus]messen; **- m. d. lijn:** to lay out || mesurer au cordeau *m* || nach der Schnur *v* abmessen; **- m. e. planimeter:** to measure with a planimeter || planimétrer || den Flächeninhalt *m* ausmessen, planimetrieren; **- v. e. hoek:** to measure (to observe, to take) an angle || mesurer (observer) un angle *m* || einen Winkel *m* aufnehmen (messen); **- v. e. schip:** to measure the tonnage of a ship || jauger un navire *m* || ein Schiff *o* [ver]messen; **-, nauwkeurig:** to measure accurately (exactly) || mesurer avec précision *v* || genau messen, feinmessen; **-, overkruis:** to measure diagonally || mesurer les diagonales *vm* || überkreuz messen; **-, zuiver:** *zie* **meten, nauwkeurig.**

mete|oorregen: meteor shower || pluie *v* météorique || Meteorregen *m*; **-steen:** *zie* **aëroliet; -oorijzer:** meteoric iron || fer *m* météorique || Meteoreisen *o*; **-oroliet:** *zie* **aëroliet; -orologie:** meteorology || météorologie *v* || Meteorologie *v*, Wetterkunde *v*; **-orologisch:** meteorologic || météorologique || meteorologisch.

meter: 1. (*maat*): metre || mètre *m* || Meter *o*; **-, kubieke** (*vierkante*)**:** cubic (*square*) meter || mètre *m* cube (*carré*) || Kubikmeter *o* (*Quadratmeter o*); **-, strekkende:** meter run || mètre *m* courant || laufendes Meter *o*; **-kaars:** meter candle || bougie-mètre *v* || Meterkerze *v*; **-spoor:** meter gauge || voie *v* à écartement *m* d'un mètre *m* || Meterspur *v*;
2. (*meettoestel*)**:** meter || compteur *m* || Messer *m*, Zähler *m*; **- m. balansarm:** balance beam meter || compteur *m* à fléau *m* de balance *v* || Waagebalkenzähler *m*; **- m. maximumaanwijzing:** maximum demand indicator || compteur *m* à indicateur *m* de maximum || Zähler *m* mit Höchstverbrauchsangabe *v*; **- v. Thomson** (*elektrodynamische motormeter*)**:** Thomsonmeter || compteur *m* électrodynamique à collecteur *m* (Thomson) || dynamometrischer Motorzähler *m*; **-, elektrolytische:** electrolytic meter || compteur *m* électrolytique || Elektrolytzähler *m*; **-, integrerende:** integrating meter || compteur *m* totalisateur || integrierender Zähler *m*; **-anker:** meter armature || induit *m* de compteur *m* || Zähleranker *m*; **-bord:** meter panel || tableau *m* de compteurs *mm* || Zählertafel *v*; **-constante** (*verbruiksmeter*)**:** constant of a meter || constante *v* d'un compteur *m* || Zählerkonstante *v*; **-huisje:** meter house (station) || kiosque *m* du compteur *m* || Zählerhäuschen *o*; **-schakelbord:** meter switch board || tableau *m* de distribution *v* pour les compteurs *mm* || Zählerschalttafel *v*; **-tarief:** meter tariff || tarif *m* au compteur *m* || Zählertarif *m*; **-verbruik** (*stroomverbruik v. d. meter*)**:** energy loss of the meter || energie *v* absorbée par le compteur *m* || Energieverbrauch *m* des Zählers *m*; **-verhuring:** meter hiring || location *v* de compteurs *mm* || Zählervermietung *v*; **-ijktoestel:** apparatus for calibrating meters || appareil *m* pour l'étalonnage *m* des compteurs *mm* || Zählereichapparat *m*, -prüfapparat *m*.

methaan: methane || méthane *m* || Methan *o*; **-carbochloride (ethaanzuurchloride;** acetylchloride)**:** methanecarbonyl chloride || chlorure *m* de méthanecarbonyle *m* || (Methancarbonylchlorid *o*); **-carbonamide (ethaanamide;** aceetamide)**:** methanecarbonamide || méthanecarbonamide *v* || (Methancarbonamid *o*); **-carbonzuur (ethaanzuur;** azijnzuur)**:** methanecarboxylic acid || acide *m* méthanecarboxylique || (Methancarbonsäure *v*); **-zuur** (mierenzuur)**:** methanoic acid || acide *m* methanoïque || (Methansäure *v*).

metha|nal (formaldehyde)**:** methanal || methanal *m* || (Methanal *o*); **-nol** (methylalkohol)**:** methanol || méthanol *m* || Methanol *o*.

methode: method || méthode *v* || Methode *v*; *zie ook* **werkwijze; - der statische momenten:** dissecting (static moment) method || méthode *v* des coupes *vm* (des moments *mm* statiques) || Schnittverfahren *o*, Verfahren *o* der statischen Momente *om*; **- v. benadering:** method of approximation || méthode *v* d'approximation *v* || Annäherungsmethode *v*; **- v. Cremona:** Cremona's force plan (polygon) || diagramme *m* de Crémona (des efforts *mm*), polygone *m* funiculaire des efforts *mm* dans les divers élements *mm* d'une poutre *v* à treillis *m* || Cremonascher Kräfteplan *m*; **- v. d. herleiding tot nul:** null (zero) method || méthode *v* de [réduction *v* à] zéro *m* || Nullmethode *v*; **- v. tegenschakeling:** balancing (opposition) method || méthode *v* d'opposition *v* (de contre-couplage *m*) || Methode *v* der Gegenschaltung *v*; **- v. werken:** *zie* **werkwijze; - v. werken** (*werking*)**:** method of operation || mode *m* de fonctionnement *m* (de travail *m*) || Arbeitsweise *v*; **-, symbolische:** symbolic method || méthode *v* symbolique || sinnbildliches Verfahren *o*, symbolische Methode *v*.

methoxymethaan (methylether)**:** methoxymethane || méthoxyméthane *m* || (Methoxymethan *o*).

methyl: methyl || méthyl[e] *m* || Methyl *o*; **-ether (methoxymethaan):** methyl ether || éther *m* méthylique || Methyläther *m*; **-alkohol (methanol):** methyl alcohol || alcool *m* méthylique || Methylalkohol *m*; **-amine:** methyl amine || méthylamine *v* || Methylamin *o*; **-benzeen** (tolueen)**:** methyl benzene || méthylbenzène *m* || (Methylbenzen *o*), Methylbenzol *o*; **-bromide** (*-chloride*; *-jodide*) **(monobroom-** (*chloor-*; *jood-*)**methaan):** methyl bromide (*chloride*; *iodide*) || bromure (*chlorure*; *iodure*) *m* de méthyle *m* || Methylbromid (*-chlorid*; *-jodid*) *o*; **-cellulose:** methylcellulose || méthylcellulose *v*, cellulose *v* méthylée || Methylcellulose *v*; **-eren:** to methylate || méthyler || methylieren; **-(fenyl)amine (tolyamine; toluïdine):** (methylphenyl)amine || (méthylphényl)-amine *m* || (Methylphenylamin *o*); **-groep:** methyl group || groupe[ment] *m* méthyle *m* || Methylgruppe *v*; **-1 isopropyl-4 fenol-3** (thymol)**:** methyl-1 isopropyl-4 phenol-3 || méthyl-1 isopropyl-4 phénol-3 *m* || (Methyl-1 isopropyl-4 phenol-3 *o*); **-naftaleen:** methylnaphthalene || methylnaphtalène *m* || Methylnaphthalin *o*; **-oranje:** methyl orange, helianthin || helianthine *m* || Methylorange *o*, Helianthin *o* **-sulfaat:** [di]methyl sulfate || [di]méthylsulfate *m* || [Di]methylsulfat *o*.

meting: measurement, measuring || mesurage *m* || [Ver]messung *v*; **- der windsterkte:** anemometry || anémométrie *v* || Windmessung *v*; **- m. e. calorimeter:** calorimetric measurement || mesure *v* au calorimètre *m* || kalorimetrische Messung *v*; **- m. e. thermometer:** measurement by thermometer || mesure *v* thermométrique || Thermometermessung *v*; **- v. d. hardheid:** measurement (determination) of hardness || mesurage *m* de la dureté *v* || Härtemessung *v*; **- v. d. snelheid langs optische weg:** optical method of speed measurement || mesure *v* optique de la vitesse *v* || optische Geschwindigkeitsmessung *v*; **- v. d. trek:** measurement of draught || mesure *v* de tirage *m* || Messung *v* des Zuges *m*; **- v. elektriciteit:** electricity measurement || électrométrie *v* || Elektrizitätsmessung *v*; **- v. h. aantal toeren:** speed measurement || mesure *v* du nombre *m* de tours *mm* || Messung *v* der Tourenzahl *v*.

me|triek: metric[al](*ly*) || métrique(*ment*) || metrisch; **-tronoom:** metronome, timekeeper || batteur *m* de mesure *v*, métronome *m* || Metronom *o*, Taktmesser *m*.

metselaar: mason, bricklayer || maçon *m* || Maurer *m*; **- v. grof werk:** rough mason || maçon *m* en moellons *mm* || Bruchsteinmaurer *m*; **- die hardsteen verwerkt:** free mason || maçon *m* en pierres *vm* de taille *v* || Quadermaurer *m*; **-sbaas:** master mason || maître-maçon *m* || Maurermeister *m*; **-sgereedschap:** mason tools || outils *mm* de maçon *m* || Maurergerätschaft *v*, -werkzeuge *om*; **-shamer:** mason hammer || hachette *v* pour maçons *mm* || Maurerhammer *m*; **-skwast:** mason's brush || goupille *v* de maçon *m* || Annetz-, Maurerpinsel *m*; **-sschietlood:** plummet level || niveau *m* de maçon *m* || Bleiwaage *v*.

metselen: to build, to wall || maçonner || mauern; **- in verband:** to engage the bricks together || enlier les briques *vm* || in Verband *m* mauern; **- m. gewone baksteen:** brick laying || maçonnage *m* en briques *vm* || Ziegelmauerei *v*; **- v. h. fundament:** to build up the foundation || maçonner la fondation *v* || das Fundament *o* aufmauern.

metsel|specie: [building] mortar || mortier *m* [à maçonner] || Mauermörtel *m*; **-steen:** brick, building stone || brique *v* [de mur *m*], pierre *v* à bâtir || Mauerstein *m*, -ziegel *m*; **-verband:** brickwork bond || appareil *m* de maçonnerie *v* || Mauerverband *m*; **-voeg:** brickwork joint || joint *m* de maçonnerie *v* || Mauerfuge *v*; **-werk:** masonry, brick work [construction] || maçonnerie *v* || Mauerung *v*, Mauerwerk *o*; **-werk in gehouwen steen:** freestone masonry || maçonnerie *v* en pierres *vm* de taille *v* || Hausteinmauerwerk *o*; **-werk m. luchtkanalen:** *zie* **metselwerk, hol; -werk tussen ijzeren raamwerk:** masonry between iron framework || maçonnerie *v* entre cloisonnage *m*, colombage *m* de fer *m* || Mauerwerk *o* zwischen Eisenfachwerk *o*; **-werk, hol:** bricking with air passages || maçonnerie *v* creuse (à espaces *mm* d'air *m*) || Mauerung *v* mit Luftkanälen *mm*; **-werk, massief:** solid brickwork, masonry ||

maçonnerie *v* massive (pleine), massif *m* de maçonnerie *v* (de briques *vm*) || massives Mauerwerk *o*, Steinmasse *v*; **-werk, opgaand:** above ground masonry || maçonnerie *v* d'élévation *v* || Mauerwerk *o* über der Erde *v*; **-werk, ruw:** rough walling || maçonnerie *v* brute || Rohgemäuer *o*.

meubel: piece (article) of furniture || meuble *m* || Möbel *o*; **-auto:** moving car || voiture *v* de déménagement *m* || Möbelwagen *m*; **-damast:** furniture (upholstery) damask || damassé *m* d'ameublement *m* || Damastmöbelstoff *m*, Möbeldamast *m*; **-katoen:** furniture twill || coutil *m* pour ameublement *m* || Möbelbarchent *m*; **-maker:** cabinet maker || menuisier *m* || Tischler *m*; **-vernis:** cabinet varnish || vernis *m* pour meubles *mm* || Möbellack *m*.

mica (*in platen*)**:** (*sheet*) mica || mica *m* (*en feuilles vm*) || (*Platten-*)glimmer *m*, -mika *v*; **-bril:** mica goggles || lunettes *vm* en mica *m* || Brille *v* mit Glimmerscheiben *vm*; **-condensator:** mica condenser || condensateur *m* à mica *m* || Glimmerkondensator *m*; **-lei:** mica slate || schiste *m* micacé || Glimmerschiefer *m*; **-plaatje:** mica sheet || feuille *v* (plaque *v*) de mica *m* || Glimmerplatte *v*; **-schijfje:** mica washer || disque *m* en mica *m* || Glimmerscheibe *v*.

mi|cel: micelle || micelle *v*, granule *v* || Micelle *v*; **-cro-:** *zie* **mikro-**; **-cron:** *zie* **mikron.**

middel: **1.** (*algem.*)**:** means || moyen *m* || Mittel *o*;
2. (*hulpmiddel; reagens*)**:** means; agent || moyen *m*; agent *m* || [Hilfs]mittel *o*; Mittel *o*; **-, bevochtigend:** wetting agent || agent *m* mouillant || Netzmittel *o*; **-, roestwerend:** rust preventer (preventing agent) || [moyen *m*] antirouille *v*, préservatif *m* contre la rouille *v* || Rostschutzmittel *o*; **-, weekmakend:** *zie* **weekmaker;** **-, wateronttrekkend:** dehydrating agent || [agent *m*] déshydratant *m* || wasserentziehendes Mittel *o*;
3. (*afleidingen van midden en gemiddeld*)**:** *zie onder* **middel-** *en* **midden 1.**

middel-: middle || de (du) milieu *m*; central; de centre *m*; moyen || Mittel-; *zie ook onder* **midden-**; **tussen-**; **-as:** middle axle || essieu *m* du milieu *m* || Mittelachse *v*; **-baar** (*spanning, E.M.K., enz.*)**:** effective, virtual || efficace || effektiv; **-baar:** *zie* **gemiddeld; -bufferkoppeling:** neutral buffer coupling || attelage *m* à tampon *m* central || Mittelpufferkupplung *v*; **-deur:** intermediate (partition) door || porte *v* de communication *v* || Mittelwandtür *v*, Zwischentür *v*; **-drukcilinder:** medium pressure cylinder || cylindre *m* à moyenne pression *v* || Mitteldruckzylinder *m*; **-drukdiagram:** medium pressure diagram || diagramme *m* de moyenne pression *v* || Mitteldruckdiagramm *o*; **-drukturbine:** medium pressure turbine || turbine *v* à moyenne pression *v* || Mitteldruckturbine *v*; **-frequentie:** medium frequency || fréquence *v* moyenne || Mittelfrequenz *v*; **-hekel:** intermediate hackle, medium coarse comb || peigne *m* moyen || Mittel-, Verfeinerungshechel *v*; **-koppeling:** central coupling || attelage *m* central || Mittelkupplung *v*; **-leider:** third wire || conducteur *m* médian || Mittelleiter *m*; **-lijn:** axis, axial (center) line (*as*); diameter (*maat*) || ligne *v* de centre *m* (*as*); diamètre *m* (*maat*) || Mittellinie *v* (*as*); Durchmesser *m*, Diameter *o*, *m*; **-lijn, binnenwerkse:** bore of pipe || diamètre *m* intérieur || lichte Weite *v*; **-lijn, inwendige** (*uitwendige*)**:** inner (*outer*) diameter || diamètre *m* intérieur (*extérieur*) || innerer (*äußerer*) Durchmesser *m*; **-muur:** partition wall || mur *m* de refend *m* || Mittelwand *v*, -mauer *v*; **-naad:** monk seam || couture *v* piquée au milieu *m* || Mittel-, Papennaht *v*; **-paneel:** middle panel || panneau *m* du milieu *m*, panneau *m* médian || Mittelfeld *o*; **-perron:** island platform || quai *m* d'entrevoie *v* (du milieu *m*) || Insel-, Mittelbahnsteig *m*; **-post** (*v. e. venster*)**:** mullion, munnion || meneau *m* || Mönch *m*; **-punt:** centre || centre *m* || Mittelpunkt *m*; **-punt v. aantrekking:** centre of attraction || centre *m* d'attraction *v* || Anziehungspunkt *m*; **-punt v. beweging:** centre of movement || centre *m* du mouvement *m* || Schubmittelpunkt *m*; **-punt v. e. kromming:** centre of curvature || centre *m* de courbure *v* || Krümmungsmittelpunkt *m*; **-puntshoek:** angle at the centre || angle *m* au centre *m* || Mittelpunktswinkel *m*; **-puntvliedend:** centrifugal || centrifuge || zentrifugal; **-puntzoekend:** centripetal || centripète || zentripetal; **-raam:** middle frame || châssis *m* intermédiaire || Mittelrahmen *m*; **-reel:** centre rail (*spw.*)**:** centre bar (*telegr.*) || rail *m* central (*spw.*); plaque *v* médiane (*telegr.*) || Mittelschiene *v*; **-ribbe:** intermediate rib || nervure *v* intermédiaire || Strebrippe *v*; **-ring** (*v. e. ketel*)**:** middle [shell] ring || virole *v* médiane (du milieu *m*) || Mittelschluß *m*; **-spant:** midship frame || maître-couple *m* || Hauptspant *o*, Nullspant *o*; **-stuk:** centre part || pièce *v* du milieu *m*, partie *v* médiane || Mittelstück *o*, -teil *m*.

midden: **1.** (*z. nw.*)**:** middle; centre || milieu *m*; centre *m* || Mitte *v*; Mittelpunkt *m*, Zentrum *o*; *zie ook onder* **middel-; tussen-; - v. d. slag** (*zuiger*): middle of stroke || milieu *m* de la course *v* || Hubmitte *v*; **-gang:** central corridor || couloir *m* central (médian) || Mittelgang *m*; **-ligger:** junction girder || travée *v* indépendante || Koppelträger *m*; **-punt:** centre || centre *m* || Mittelpunkt *m*, Zentrum *o*; **-ribbe** (*ligger*): *zie* **lijf; -rooster:** middle section of grate || partie *v* médiane (du milieu *m*) de la grille *v* || Mittelrostfeld *o*; **-schip** (*v. e. kerk*): middle aisle || grande nef *v*, nef *v* centrale (principale) || Haupt-, Mittelschiff *o*; **-schot:** [central] partition || cloison *v* [du milieu *m*] || Mittelwand *v*, Schneidewand *v*; **-stand:** centre position || position *v* médiane || Mittellage *v*; **-stof:** *zie* **medium; -stuk:** middle (centre) piece || pièce *m* de (du) milieu *m* || Mittelstück *o*; **-wit:** cross-bar || barre *v* de châssis *m* || Mittelsteg *m*; **-zwaard:** centreboard || dérive *v* centrale || Mittelschwert *o*;

2. (*bijv. nw.*): in the middle; in the centre || au milieu *m*; au centre *m* || mitten.

midscheeps: amidships || au milieu *m* du navire *m* || mittschiffs; **-doorsnede:** midship section || coupe *v* au maîtrecouple *m* || Hauptspantquerschnitt *m*.

mierenzuur (methaanzuur): formic acid || acide *m* formique || Ameisensäure *v*.

mikriniet: micrinite || micrinite *v* || Mikrinit *m*.

mikro|ampère: microampere || microampère *m* || Mikroampere *o*; **-analyse:** microanalysis || microanalyse *v* || Mikroanalyse *v*; **-chemie:** microchemistry || microchimie *v* || Mikrochemie *v*; **-chemisch:** microchemical(*ly*) || microchimique(*ment*) || mikrochemisch; **-farad:** microfarad || microfarad *m* || Mikrofarad *o*; **-fonisch:** microphonic || microphonique || mikrophonisch.

mikrofoon: microphone || microphone *m* || Mikrophon *o*; **- m. een contact:** single contact microphone || microphone *m* à seul contact *m* || Mikrophon *o* mit einem Kontakt *m*; **- m. geluiddemping:** damped microphone || microphone *m* à amortissement *m* || gedämpftes Mikrophon *o*; **- m. koolschijfjes** (*koolstaafjes*): carbon plate (*rod*) microphone || microphone *m* à disques *mm* (*baguettes vm*, *crayons mm*) de charbon *m* || Kohlenscheibenmikrophon *o* (*Kohlenstab-*, *Kohlenwalzenmikrophon o*); **-batterij:** microphone battery || batterie *v* de microphone *m* || Mikrophonbatterie *v*; **-drager:** microphone arm (holder) || support *m* de microphone *m* || Mikrophonträger *m*; **-element:** microphone cell || élément *m* de microphone *m* || Mikrophonelement *o*; **-geknetter:** crackling of the microphone || crépitement *m* dans le microphone *m* || Knattern *o* im Mikrophon *o*; **-omhulsel:** microphone case || enveloppe *v* de microphone *m* || Mikrophongehäuse *o*; **-schakeling:** microphone connections || couplage *m* de microphone *m* || Mikrophonschaltung *v*; **-transformator:** microphone transformer || transformateur *m* microphonique || Mikrophontransformator *m*; **-versterker:** microphone transmitter || émetteur *m* microphonique || Mikrophonsender *m*; **-voeding:** microphone current supply || alimentation *v* du microphone *m* || Mikrophonspeisung *v*.

mikro|fotografie: microphotography || microphotographie *v* || Mikrophotographie *v*; **-galvanometer:** microgalvanometer || microgalvanomètre *m* || Mikrogalvanometer *o*, *m*.

mikrohm: microhm || microhm *m* || Mikrohm *o*; **-meter:** microhmmeter || microhmmètre *m* || Mikrohmmeter *o*, *m*.

mikro|manometer: micro-pressure gauge || micromanomètre *m* || Mikromanometer *o*, *m*, Feindruckmesser *m*; **-meter:** micrometer || micromètre *m*; palmer *m* (*metaalbew.*) || Mikrometer *o*, *m*; **-schroef:** micrometer (vernier wire) gauge, milled edge thumb screw || gauge *v* à vernier *m*, jauge *v* micrométrique || Mikrometerlehre *v*, -schraube *v*.

mikron: micron || micron *m* || Mikron *o*.

mikro-organisme: micro-organism || microorganisme *m*, microrganisme *m* || Mikroorganismus *m*, Kleinlebewesen *o*.

mikro|skoop: **1.** (*instrument*): microscope || microscope *m* || Mikroskop *o*; **-, metallografisch:** metallographic miscroscope || microscope *m* à lumière *v* réfléchie || metallografisches Mikroskop *o*; **-, mikrochemisch:** microchemical microscope || microscope *m* microchimique || mikrochemisches Mikroskop *o*; **-, mineragrafisch:** mineragraphic microscope || microscope à lumière *v* réfléchie || mineragraphisches (chalkographisches) Mikroskop *o*; **-, petrografisch:** petrological microscope || microscope *m* minéralogique || mineralogisches Mikroskop *o*; **-skoopspiegel:** condenser mirror || miroir *m* condensateur || Kondensorspiegel *m*; **-skopeerlamp:** microscope lamp || lampe *v* à microscopie *v* || Mikroskopierlampe *v*; **-skoperen:** to study by microscope || examiner avec le microscope *m* || mikroskopisch prüfen (untersuchen); **-skopisch:** microscopic[al](*ly*) || microscopique(*ment*) || mikroskopisch;

2. (*typogr.*): brilliant || corps *m* 3 || Brilliant *m*.

mikro|stasimeter: microstasimeter || microstasimètre *m* || Mikrostasimeter *o en m*; **-structuur:** microstructure || microstructure *v*, structure *v* ténue || Mikrostruktur *v*, Kleingefüge *o*; **-telefoon:** microtelephon || microtéléphone *m* || Mikrotelephon *o*; **-volt:** microvolt || microvolt *m* || Mikrovolt *o*.

mille|fioreglas: millefiore (mosaic) glass, glass mosaics || verre *m* mosaïque || Millefiori *o*; **-riet:** nickelpyrites || millerite *v* || Nickel-, Haarkies *m*.

milli|ampère: milliampere || milliampère *m* || Milliampere *o*; **-ampèremeter:** milliammeter || milliam[père]mètre *m* || Milliamperemeter *o, m*; **-gram:** milligram[me] || milligramme *m* || Milligramm *o*; **-liter:** millilitre || millilitre *m* || Milliliter *o*; **-meter:** millimetre || millimètre *m* || Millimeter *o, m*; **-meterdraad:** millimetric thread || filet *m* millimétrique || Millimetergewinde *o*; **-meterpapier:** squarred paper || papier *m* en millimètres *mm* carrés, papier *m* quadrillé || Millimeterpapier *o*; **-meterschaalverdeling:** division in millimetres || graduation *v* millimétrique || Millimeterteilung *v*; **-volt:** millivolt || millivolt *m* || Millivolt *o*; **-voltmeter:** millivoltmeter || millivoltmètre *m* || Millivoltmesser *m*.

min|-elektrode: *zie* **minus-elektrode; kathode; -teken:** minus || moins *m* || Minuszeichen *o*.

minette: minette, oölithic iron ore || minette *v*, minerai *m* de fer *m* oölithique || Minette-Eisenstein *m*, oölithisches Eisenerz *o*.

mine|raal: 1. (*z. nw.*): mineral || minéral *m* || Mineral *o*; **-raalafzetting:** mineral deposit || gisement *m* (gîte *m*) minéral || Mineralablagerung *v*, -lagerstätte *v*; **-raalassociatie, (-gezelschap):** mineral association || association *v* de minéraux *mm* || Mineralvergesellschaftung *v*, -kombination *v*; **-ralogie:** mineralogy || minéralogie *v* || Mineralogie *v*;
2. (*bijv. nw.*): mineral || minéral || mineralisch, Mineral-; **-raalgeel:** mineral yellow || jaune *m* minéral || Mineral-, Kaisergelb *o*.

minerali|sator: mineraliser, mineralising agent || agent *m* minéralisateur || Mineralisator *m*, Mineralbildner *m*; **-seren:** to mineralize || minéraliser || mineralisieren.

minimaal: minimal, minimum, || minimum || minimal, Minimal-.

minimum: minimum || minimum *m* || Minimum *o*, Kleinst-, Mindestwert *m*; **-belasting:** minimum load || charge *v* minimum || Minimalbelastung *v*; **- -druk:** minimum pressure || pression *v* minimum || Minimaldruck *m*; **-relais:** minimum relay || relais *m* à minimum *m* || Minimalrelais *o*; **-schakelaar:** minimum cut out, minimum (minimal) switch || disjoncteur *m* à minima *mm*, interrupteur *m* à minimum *m* || Minimalausschalter *m*; **-snelheid:** minimum speed || vitesse *v* minima *mm* || Mindestgeschwindigkeit *v*; **-thermometer:** minimum thermometer || thermomètre *m* à minima *mm* || Minimumthermometer *o, m*; **-uitschakeling:** minimum circuit breaking || disjonction *v* à minima *mm* || Minimalausschaltung *v*; **-verlies:** minimum [of] losses || minimum *m* de perte *v* || Mindestverlust *m*; **-vermogen:** minimum output (power) || débit *m* minimum || Mindest-, Minimalleistung *v*.

miniwattlamp: miniwatt tube, dull emitter || tube *m* miniwatt || Miniwatt-, Sparröhre *v*.

minus-elektrode: negative plate (electrode) || électrode *v* négative || Minuselektrode *v*, negative Elektrode *v*; *zie ook* **kathode.**

minuut: minute || minute *v* || Minute *v*; **-cirkel:** minute circle || cercle *m* des minutes *vm* || Minutenkreis *m*; **-rad:** minute wheel || roue *v* des minutes *vm* || Minutenrad *o*; **-werk** (*uurwerk*): minute wheelwork || minuterie *v* || Minutenwerk *o*; **-wijzer:** minute hand || aiguille *v* à minutes *vm*, grande aiguille *v* || Minutenzeiger *m*.

Mioceen: Miocene || Miocène *m*, Néogène *m* inférieur || Miozän *o*.

mis|druk: mackled (waste) paper || maculature *v* || Makelblatt *o*, Makulatur *v*, Schmutzbogen *m*; **-drukblad:** foul sheet || feuille *v* mal venue || Fehlbogen *m*; **-drukken:** to misprint || imprimer à contresens *m* || fehldrucken; **-grijpen** (*typogr.*): to mistake || faire une bévue *v* || fehlgreifen; **-snede:** wrong cut || échappade *m* || Fehlschnitt *m*; **-wijzing** (*kompas*): compass error || déviation *v* du compas *m* || Kompaßfehler *m*.

mist: fog; mist || brouillard *m*; brume *v* || Mist *m*; Nebel *m*; **-fluit:** fog whistle || sifflet *m* de brume *v* || Nebelpfeife *v*; **-hoorn:** fog horn (trumpet), siren || trompe *v* de brouillard *m*, sirène *v* || Nebelhorn *o*, Sirene *v*; **-ig:** foggy; misty || brumeux || mistig, neb[e]lig; **-lamp:** fog light || phare *m* anti-brouillard || Nebellampe *v*; **-signaal:** fog signal || signal *m* de brouillard *m* || Mist-, Nebelsignal *o*.

mitrailleur, lichte: light machine-gun || fusil-mitrailleur *m* || leichtes Maschinengewehr *o*; **-, zware:** heavy machine-gun || mitrailleuse *v* || schweres Maschinengewehr *o*.

mobiel: movable || mobile || beweglich, mobil.

modder: mud, mire || boue *v*, bourbe *v*, vase *v* || Modder *m*, Schlamm *m*; **-bak** (*vaartuig*): *zie* **bak 6**; **-ig:** muddy || vaseaux, boueux, bourbeux || schlammig.

model: 1. (*algem.*): model, pattern || modèle *m*, gabarit *m* || Modell *o*; **- maken:** to model, to mould || modeler || modellieren; **-gips:** sculptor's plaster || plâtre *m* de moulage *m* || Modellgips *m*, Bildhauergips *m*; **-maker:** modeller, pattern maker || modeleur *m* || Modellschreiner *m*, -tischler *m*; **-makerij:** pattern shop || atelier *m* de modelage *m* (des modèles *mm*) || Modellschreinerei *v*, -tischlerei *v*, -werkstatt *v*; **-zolder:** pattern loft (store) || salle *v* des modèles *mm* || Modellboden *m*;
2. (*onderwerp v. modelbescherming*): [industrial] design || modèle *m*; dessin *m* || Geschmacksmuster *o*; **-bescherming:** protection of [industrial] designs || protection *v* de modèles *mm* et dessins *mm* || Geschmacksmusterschutz *m*;
3.: *zie* **gebruiksmodel.**

modera|teur, -tor: moderator || modérateur *m* || Moderator *m*.

modillon (*bouwk.*): cantalever, cantilever, modillion || modillon *m* || Modillon *o*, Sparrenkopf *m*.

modu|latie: modulation || modulation *v* || Modulation *v*, Modulierung *v*; **-latiebuis:** modulating (modulator) tube, modulating valve || tube *m* à vide *m* modulateur || Modulations-, Steuer-, Modulatorröhre *v*; **-latiediepte:** amount of modulation || taux *m* de modulation *v* || Modelungsgrad *m*; **-lator:** modulator || modulateur *m* || Modulator *m*; **-leren:** to modulate || moduler || modulieren, modeln; **-lus:** module, modulus || module *m* || Modul *m*.

moeder|klok: master (regulating) clock || horloge *v* électrique à pendule *v* || Haupt-, Normaluhr *v*; **-loog:** mother lye (lie, liquor, liquid) || eau-mère *v*, mère-lessive *v* || Mutterlauge *v*.

moeilijk: difficult(*ly*) || difficile(*ment*) || schwer, schwierig.

moer: 1. (*bout, enz.*): [screw] nut || écrou *m* || [Schrauben]mutter *v*; **- m. contramoer:** screw nut with check nut || écrou *m* avec contre-écrou *m* || Mutter *v* mit Gegenmutter *v*; **-, geborgde:** locked nut || écrou *m* goupillé (immobilisé, verrouillé) || gesicherte Mutter *v*; **-, gekartelde:** *zie* **moer, geribde; -, gekroonde:** castellated nut || écrou *m* crénelé (à entailles *vm*) || Kronenmutter *v*; **-, gerande:** *zie* **moer, geribde; -, geribde:** milled (knurled) nut || écrou *m* moleté || gerändelte (gerippte) Mutter *v*; **-, gespleten:** split nut || écrou *m* fendu || aufgeschnittene Mutter *v*; **-, vierkante:** square nut || écrou *m* carré || Vierkantmutter *v*; **-, zeskante:** hexagonal nut || écrou *m* à six pans *mm* || Sechskantmutter *v*; **-bout:** nut bolt || boulon *m* à écrou *m* || Mutterbolzen *m*; **-cirkel** (*verdeeltoestel*): prime sector || secteur *m* original || Mutterkreis *m*; **-draad:** female (internal) thread || filet *m* femelle (intérieur) || Hohl-, Innen-, Muttergewinde *o*; **-plaatje:** *zie* **sluitring** (*moer*); **-sleutel:** *zie* **sleutel 2; -slot:** clasp nut || écrou *m* embrayable sur la vis *v* mère || Mutterschloß *m*;
2. (*bezinksel*): returns || drague *v* || Träber *v*;
3. (*versch. betekenissen*): **-balk:** bearer, main girder || maîtresse-poutre *v*, poutre *v* maîtresse, soupoutre *v*, poitrail *m* || Unterzugsbalken *m*; **-groef** (*v. e. wals*): female groove || cannelure *v* femelle || Mutterfurche *v*; **-ploeg** (*schaaf*): *zie* **ploegschaaf** *onder* **ploeg 2.**

moeras: marsh, morass, swamp || marais *m*, marécage *m* || Sumpf *m*, Morast *m*, Moor *o*; **-erts:** [bog] iron (marsh, swamp) ore || mine *v* des marais *mm*, minerai *m* de fer *m* des marais *mm* || Sumpferz *o*; **-gas:** marsh gas || gaz *m* des marais *mm* || Sumpfgas *o*; *zie ook* **methaan; -grond:** marshy ground, silty soil || terrain *m* marécageux || Sumpfboden *m*, mooriger (sumpfiger) Boden *m*, mooriges (sumpfiges) Gelände *o*; **-kool:** bog coal || houille *v* des marais *mm*, lignite *m* || Moorbraun-, Moorkohle *v*; **-turf:** bog peat || tourbe *v* fangeuse || Moortorf *m*.

mof: sleeve, socket [coupling] box || manchon *m* [d'accouplement *m*] || Muffe *v*, Mutterhülse *v*; **- m. schroefdraad:** screw coupling box, screwed socket || manchon *m* à vis *v* || Schraubenkupplungsmuffe *v*; **-, dubbele:** double socket || manchon *m* double || Überschiebmuffe *v*; **-, gecombineerde:** combination sleeve || manchon *m* combiné || Kombinationsmuffe *v*; **-, loden:** lead sleeve || manchon *m* de plomb *m* || Bleimuffe *v*; **-, ontkoppelbare:** disengaging clutch, throw out sleeve || manchon *m* mobile (de débrayage *m*) || Ausrückmuffe *v*, lösbare Kupplungsmuffe *v*; **-beweging** (*regelaar*): lift of sleeve || course *v* du manchon *m* || Muffenhub *m*; **-drukkromme** (*v. e. regulateur*): sleeve pressure curve || courbe *v*, E courbe *v* de pression *v* du manchon *m* de régulateur *m* || Muffendruckkurve *v*, E-Kurve *v*; **-regulateur:** governor with sleeve || régulateur *m* à manchon *m* || Muffenregler *m*;

-verbinding: sleeve (spigot and socket) joint || accouplement *m* (joint *m*, assemblage *m*) à manchon *m* || Muffenverbindung *v*.

moffel: muffle || moufle *v* || Muffel *v*; **-en:** to enamel || moufler || muffeln; **-oven:** muffle furnace || fourneau *m* à coupelle *v* (à moufle *m*) || Muffelofen *m*; **-verfstof:** muffle colour || couleur *v* de moufle *v* || Muffelfarbe *v*.

mohair: mohair || mohair *m*, poil *m* de chèvre *m* || Mohär *m*, Angorahaar *o*; **-garen:** mohair yarn || fil *m* d'angora *m* (mohair *m*) || Mohärgarn *o*.

moi|ré: moire, moreen || moiré *m*, étoffe *v* moirée || Moiré *o*, moiriertes Zeug *o*; **-régaren:** watered yarn || fil *m* moiré || Moirégarn *o*; **-reren:** *zie* **wateren 1.**

moker: sledge [hammer], mall || masse[tte] *v*, large marteau *m* || Schlägel *m*, Breithammer *m*.

mol: *zie* **grammolecuul.**

molasse: *zie* **zandsteen, zachte.**

molecu|lair: molecular || moléculaire || molekular, Molekular-; **-le:** molecule || molécule *v* || Molekül *o*; **-lenlaag:** layer of molecules || couche *v* moléculaire || Molekülschicht *v*.

molecuul|gewicht: molecular weight || poids *m* moléculaire || Molekulargewicht *o*; **-volume:** moleculair volume || volume *m* moléculaire || Molekularvolumen *o*.

molen: mill || moulin *m* || Mühle *v*; **-steen:** millstone || meule *v* [de moulin *m*] || Mühlstein *m*; **-steen, bovenste:** *zie* **loper; -steen, onderste:** *zie* **ligger 4; -wiek:** sweep, vane, [wind]sail || aile *v*, volant *m* || Wind-, Mühlenflügel *m*.

mo|leskin: moleskin || molesquine *v*, peau *v* de taupe *v*, cuir *m* anglais || Englischleder *o*; **-lette:** brayer, ink block || broyon *m*, molette *v* || Farbläufer *m*, Reibstein *m*.

molploeg: subsoil plough || charrue *v* à sous-sol *m* (fouilleuse) || Untergrundpflug *m*.

molton: swanskin, molton, beaverteen || molleton *m* || Mol[le]ton *m*, Multon *m*; **-, wollen:** treble milled flanel || molleton *m* de laine *v* || wollener Molton *m*.

molybdeen: molybdenum || molybdène *m* || Molybdän *o*; **-dichloride** (*-tri*; *-tetra-*; *-penta-*): molybdenum di(*tri-*; *tetra-*; *penta-*)chloride || bi(*tri-*; *tétra-*; *penta-*)-chlorure *m* de molybdène *m* || Molybdändichlorid (*-tri-*; *-tetra-*; *-penta-*) *o*; **-dioxyde** (*-sesqui-*; *-tri-*): molybdenum di(*sesqui-*; *tri*)chloride || bi(*sesqui-*; *tri*)-oxyde *m* de molybdène *m* || Molybdändi(*sesqui-*; *tri*)oxyd *o*; **-disulfide** (*-tri-*): molybdenum di(*tri*)sulfide || bi(*tri*)sulfure *m* de molybdène *m* || Molybdändi(*tri*)-sulfid *o*; **-glans:** *zie* **molybdeniet; -zout:** molybdenum salt || sel *m* de molybdène *m* || Molybdänsalz *o*; **-zuur:** molybdic acid || acide *m* molybdique || Molybdänsäure *v*.

molybde|niet: molybdenite || molybdénite *v* || Molybdänit *m*, Molybdänglanz *m*; **-nium:** *zie* **molybdeen.**

moment: 1. (*ogenblik*): moment || moment *m* || Augenblick *m*, Moment *m*; **-aflezing:** instantaneous reading || lecture *v* instantanée || Momentablesung *v*; **-aneel:** *zie* **ogenblikkelijk; -draaischakelaar:** quick break turning switch || interrupteur *m* tournant rapide || Momentdrehschalter *m*; **-opname:** instantaneous view || vue *v* instantanée || Momentaufnahme *v*; **-schakelaar:** quick break switch || interrupteur *m* rapide (instantané, à rupture *v* brusque) || Momentschalter *m*; **-sluiter** (*fotogr.*): instantaneous shutter || obturateur *m* instantané || Momentverschluß *m*; **-stroom:** instantaneous current || courant *m* instantané || Momentstrom *m*; **-uitschakeling:** sudden interruption || interruption *v* instantanée || Momentunterbrechung *v*;

2. (*kracht, enz.*): moment || moment *m* || Moment *o*; **-, buigend:** bending moment || moment *m* de flexion *v* (fléchissant) || Biege-, Biegungsmoment *o*, biegendes Moment *o*; **-, linksdraaiend** (*rechtsdraaiend*): left (*right*) handed moment, moment to the left (*right*) || moment *m* négatif (*positif*), moment *m* tournant à gauche (*droite*) || linksdrehendes (*rechtsdrehendes*) Moment *o*; **-, statisch:** momentum of the powers, statical moment || moment *m* statique (des forces *vm*) || statisches Moment *o*, Kraftprodukt *o*; **-enkromme:** moment curve || courbe *v* (ligne *v*) du diagramme *m* des moments *mm* || Momentenkurve *v*, -linie *v*; **-enstelling:** moment equation || équation *v* des moments *mm* || Momentengleichung *v*; **-envlak:** area of moment diagram || surface *v* (superficie *v*, aire *v*) des moments *mm* || Momentenfläche *v*.

mo|nair: monary || monaire || monär, Einstoff-; **-naziet:** monazite || monazite *v* || Monazit *m*.

mond[ing]: 1. (*vuurwapen*): muzzle || bouche *v* || Mündung *v*;

2. (*rivier*): mouth; estuary (*breed*) || embouchure *v* || Mündung *v*;

3. (*rookkanaal*): mouth || débouché *m*, orifice *m* || Mündung *v*;

4. (*schoorsteen*): mouth || débouché *m* || Mündung *v*;

5. (*stoompoort*): opening || orifice *m* de lumière *v* (du conduit *m* de vapeur *v*) || Dampfkanalmündung *v*;

6. (*tunnel*): opening || débouché *m* || Tunnelmundloch *o*.

mondstuk: mouth[piece], nozzle || embouchure *v*, bec *m* || Mundstück *o*, Düse *v*; *zie ook* **does; sproeier.**

mono|basisch: monobasic || monobasique || monobasisch; **-broom** (*chloor-*; *jood*) **ethaan** (*-methaan*)**:** monobrome (*chloro-*; *iodo*) ethane (*-methane*) || monobrome (*chloro-*; *iodo*) éthane (*-méthane*) *m* || Monobrom (*chlor-*; *jod*) äthan (*-methan*) *o*; **-chlooretheen** (vinylchloride)**:** monochloroethene || monochloroéthène *m* || (Monochloräthen *o*); **-cyclisch:** monocyclic || monocyclique || monozyklisch; **-liet:** monolith || monolithe *m* || Monolith *m*; **-meer** (*dimeer*; *trimeer*)**:** monomer (*dimer*; *trimer*) (*z. nw.*); monomeric (*dimeric*; *trimeric* (*bijv. nw.*) || monomère (*dimère*; *trimère*) *m* (*z. nw.*); monomère (*dimère*; *trimère*) (*bijv. nw.*) || Monomer (*Dimer*; *Trimer*) *o* (*z. nw.*); monomer (*dimer*; *trimer*) (*bijv. nw.*); **-type:** monotype || monotype *v* || Monotype *o*; **-variant:** mono-variable || mono-variable, univariable || monovariant, univariant.

monster: sample, pattern || échantillon *m* || Muster *o*, Probe *v*; **- z. waarde:** sample of no value || échantillon *m* sans valeur *v* || Muster *m* ohne Wert *m*; **-, gemiddeld:** average sample || échantillon *m* moyen || Durchschnittsprobe *v*; **-kamer:** showroom || salle *v* d'échantillons *mm* || Muster-, Ausstellungsraum *m*; **-machine:** sampler || machine *v* à échantillonner || Sortiermaschine *v*; **-nemen:** to sample; sampling || prélever un échantillon *m*; prélèvement *m* d'un échantillon *m* || Probe *v* nehmen; Probenahme *v*; **-trekker:** sampler || échantillonneur *m* || Probenehmer *m*.

montage: 1. (*algem.*): assembling, erection, installing, fitting, mounting || érection *v*, montage *m* || Aufstellung *v*, Montage *v*, Zusammenbau *m*; **-plaats:** place of erection || lieu *m* de montage *m* || Aufstellungsort *m*; **-werktuigen:** fitter's tools || outils *mm* de montage *m* || Montagewerkzeuge *om*;

2. (*i. d. werkplaats*): workshop erection || montage *m* à l'atelier *m* || Werkstattmontage *v*; **-werkplaats:** erecting shop, assembling room || atelier *m* de montage *m* (d'ajustage *m*) || Montier-, Montierungswerkstätte *v*;

3. (*elektr.*): installation || montage *m* || Montage *v*; **-ampèremeter:** portable ammeter || ampèremètre *m* de montage *m* || Montageamperemeter *o*, *m*.

montejus: intermittent gas lift || gaz-lift *m* intermittent || intermittierende Gaslift *v*.

monte|ren: 1. (*algem.*): to mount, to erect, to set [up], to put together, to fit up, to install, to assemble || monter, ajuster, établir, installer || aufstellen, montieren, zusammenbauen, -stellen, -setzen, einrichten; **-, draaibaar:** to mount in a rotary manner || monter pour un mouvement *m* de rotation *v* || drehbar montieren (lagern); **-, verend:** to mount elastically || monter sur ressort *m* || federnd lagern; **-, vrijdragend:** to overhang || monter en porte *v* à faux || fliegend [auf der Achse *v*] anordnen; **-ring:** *zie* **montage;**

2. (*cliché*): to mount, to block || clouer || aufklotzen.

mon|teur: [machine, engine] fitter, erector, erecting machinist || monteur *m*, ajusteur *m* || Monteur *m*, Richtmeister *m*, Aufsteller *m*, Maschinenschlosser *m*; **-tuur:** frame, setting || monture *v* || Montur *v*, Fassung *v*, Montierung *v*.

moors: moorish || moresque || maurisch.

moquette: moquette, Wilton carpet || moquette *v* bouclée (épinglée) || Sammetteppich *m*, Mokette *v*.

morisonvuurgang: Morison's furnace || tube-foyer *m* ondulé [de] Morison || Flammröhre *v* von Morison.

morse|alfabet: Morse alphabet || alphabet *m* Morse || Morsealphabet *o*; **-relais:** Morse relay || relais *m* Morse || Morserelais *o*; **-schrift:** Morse code (signals) || caractères *mm* (signaux *mm*) Morse || Morseschrift *v*; **-sleutel:** Morse sender (key) || manipulateur *m* (clé *v*) Morse || Morsetaste *v*.

mortel: mortar || mortier *m* || Mörtel *m*; **-, hydraulische:** hydraulic mortar || mortier *m* hydraulique (durcissant dans l'eau *v*) || hydraulischer (unter Wasser *o* erhärtender) Mörtel *m*; **-, vuurvaste:** refractory (fireproof) mortar || mortier *m* réfractaire || feuerfester Mörtel *m*; **-, waterdichte:** watertight mortar || mortier *m* hydrofuge || wasserdichter Mörtel *m*; **-bed:** mortar bed || lit *m* (couche *v*) de mortier *m* || Mörtelbett *o*; **-molen:** mortar mixer (mixing machine) || malaxeur *m* à mortier *m* || Mörtelmischmaschine *v*.

mortier: 1. (*geschut*): mortar || mortier *m* || Mörser *m*;

2. (*vijzel*): mortar || mortier *m* || Mörser *m*; **-, agaten:** agate mortar || mortier *m* d'agate *v* || Achatmörser *m*.

mos: moss || mousse *v* || Moos *o*; **-, Iers:** Irish (carragheen) moss || mousse *v* perlée (d'Irlande) || irländisches Moos *o*, Kar[r]aghenmoos *o*, Carrageen *o*; **-bus** (*mijnb.*)**:** moss box || boîte *v* à mousse *v* || Moosbüchse *v*; **-kuil:** commander, maul || mailloche *v*, masse *v* || Muskeule *v*.

most: must || moût *m* || Most *m*.
mosterd: mustard || moutarde *v* || Mostrich *m*, Senf *m*; **-molen:** mustard mill || moulin *m* à moutarde *v* || Senfmühle *v*; **-olie:** mustard oil || huile *v* de moutarde *v* || Senföl *o*; **-zaad,** (*bruin*; *geel*): (*black*; *white*) mustard seed || graine *v* de moutarde *v* (*de sénevé v*; *blanche*) || *schwarzer*; *weißer*) Senfsamen *m*.
motor: motor; engine (*verbr.motor*) || **moteur** *m* || Motor *m*; *zie ook* **benzinemotor; elektromotor; gasmotor; motorrijwiel; oliemotor; verbrandingsmotor; - aanzetten, een:** to start a motor || démarrer (lancer, mettre en marche *v*) un moteur *m* || einen Motor *m* anlassen (ankurbeln, andrehen); **- en versnellingsbak aaneen** (*verbr.motor*): unit construction || construction *v* en une pièce *v* || Blockkonstruktion *v*; **- in een blok** (*verbr.-motor*): block engine || moteur monobloc *m* || Blockmotor *m*; **- laten inlopen, een:** to let a motor run itself in || laisser tourner un moteur *m* pour qu'il se fasse || einen Motor *m* einlaufen lassen; **- m. dalende toerenkromme:** inverse speed motor, motor with drooping speed || moteur *m* à caractéristique *v* de vitesse *v* tombante || Motor *m* mit Drehzahlabfall *m*; **- m. drie cilinders** (*verbr.motor*): three cylinder engine || moteur *m* triple || Drillingmotor *m*; **- m. dubbele collector** (*elektr.*): double commutator motor || moteur *m* à double collecteur *m* || Doppelkollektormotor *m*; **- m. één cilinder** (*verbr.motor*): single cylinder engine || moteur *m* monocylindrique || Einzylindermotor *m*; **- m. enige cilinders** (*verbr.motor*): multicylinder engine || moteur *m* polycilindrique || Mehrzylindermotor *m*; **- m. enige snelheden** (*trapsgewijze regeling*) (*verbr.motor*): multispeed engine || moteur *m* à plusieurs gammes *vm* de vitesse *v* || Motor *m* mit mehreren Drehzahlstufen *vm*; **- m. gangwissel** (*verbr.motor*): engine with gear || groupe moteur *m* || Motor *m* mit Getriebe *o*; **- m. gedrongen bouw** (*verbr.-motor*): engine of compact design || moteur *m* compact (de construction *v* compacte) || Motor *m* gedrängter Bauart *v*; **- m. gescheiden cilinders** (*verbr.-motor*): engine with separate cylinders || moteur *m* à cylindres *mm* séparés || Motor *m* mit einzeln stehenden Zylindern *mm*; **- m. heen- en weergaand anker** (*elektr.*): reciprocating motor || moteur *m* à armature *v* oscillante (à mouvement *m* alternatif) || Motor *m* mit hin- und hergehendem Anker *m*, Schwingmotor *m*; **- m. holle as:** quill drive motor || moteur *m* à arbre *m* creux || Motor *m* mit Hohlwelle *v*; **- m. keerpolen** (*elektr.*): motor with commutating poles || moteur *m* avec pôles *mm* de commutation *v* || Motor *m* mit Wendepolen *mm*; **- m. kortsluitanker** (*elektr.*): motor with short circuit rotor || moteur *m* avec induit *m* en court-circuit *m* || Motor *m* mit Kurzschlußanker *m*; **- m. krukoverbrenging** (*verbr.motor*): crank drive engine || moteur *m* à entraînement *v* par bielle *v* || Motor *m* für Stangenantrieb *m*; **- m. meer dan een snelheid** (*verbr.motor*): multi-speed engine || moteur *m* à vitesses *vm* multiples || Motor *m* mit [mehreren] Drehzahlstufen *vm*; **- m. omkeerinrichting** (*verbr.motor*): *zie* **motor, omkeerbare; - m. regelbare snelheid:** variable-speed motor || moteur *m* à vitesse *v* réglable || Motor *m* mit Drehzahlreglung *v*; **- m. sleepringanker** (*elektr.*): slip ring motor || moteur *m* à bagues *vm* collectrices || Motor *m* mit Schleifringanker *m*, Schleifringmotor *m*; **- m. twee cilinders** (*verbr.motor*): twin cylinder engine || moteur *m* jumelé || Zwillingmotor *m*; **- m. vensterophanging:** nose suspension (axle and bar suspended) motor || moteur *m* à suspension *v* par le nez *m* (par essieu *m* et bar *m*) || Tatzenmotor *m*; **- m. V-vormig geplaatste cilinders** (*verbr.motor*): engine with cylinders in V-fashion, V-motor || moteur *m* dont les axes *mm* des cylindres *mm* forment un V *m* || Motor *m* mit V-förmig angeordneten Zylindern *mm*, V-Motor *m*; **- m. waaiervormig geplaatste cilinders** (*verbr.-motor*): engine with cylinders arranged in a semicircle || moteur *m* à cylindres *mm* disposés en évèntail *m* || Motor *m* mit fächerförmig angeordneten Zylindern *mm* **- v. *x* pk:** *x*-H.P. motor (engine) || moteur *m* de *x* chevaux *mm* || *x*-pferdiger Motor *m*; **- vol belasten, een:** to load a motor fully || faire travailler un moteur *m* à pleine charge *v* || einen Motor *m* voll belasten; **- v. h. omkeren v. d. beweging:** reversing motor || moteur *m* à renversement *m* de marche *v* || Umsteuermotor *m*; **- v. h. regelen v. d. beweging:** control motor || moteur *m* de commande *v* du réglage *m* || Steuermotor *m*; **- v. hoogovengas:** blast furnace gas engine || moteur *m* à gaz *m* de haut-fourneau *m* || Gichtgasmotor *m*; **- v. intermitterend bedrijf** (*elektr.*): motor for intermittent running (operation, *Am.*) || moteur *m* pour régime *m* intermittent || Motor *m* für aussetzenden (intermittierenden) Betrieb *m*; **- zonder compensatie** (*elektr.*): non compensated motor || moteur *m* incompensé (non compensé) || unkompensierter Motor *m*; **-, (*a*)synchrone** (*elektr.*): (*a*)synchron[ous] motor || moteur *m* (*a*)synchrone || (*a*)synchroner

Motor *m*, (*A*)synchronmotor *m*; **-, driefasige** (*elektr.*)**:** *zie* **draaistroommotor; -, drijving door een:** motor driving || commande *v* par moteur *m* || Motorantrieb *m*; **-, gecompenseerde** (*elektr.*)**:** compensated motor || moteur *m* compensé || Motor *m* mit Kompensationswicklung *v*; **-, gesloten** (*open*) (*elektr.*)**:** enclosed (*open type*) motor || moteur *m* fermé (cuirassé) (*ouvert*) || geschlossener (gekapselter) (*offener*) Motor *m*; **-, gesynchroniseerde asynchrone** (*elektr.*)**:** synchronous induction motor || moteur *m* asynchrone synchronisé || synchronidierter Asynchronmotor *m*; **-, ingebouwde:** *zie* **binnenboordsmotor; -, geventileerde** (*elektr.*)**:** ventilated motor || moteur *m* ventilé || ventilierter Motor *m*; **-, kleploze:** *zie* **schuivenmotor; -, langzaam** (*snel*) **lopende:** low (*high*) speed engine || moteur *m* à faible (*grande*) vitesse *v* || langsamlaufender (-gehender) (*schnelllaufender*) Motor *m*; **-, liggende** (*staande*)**:** horizontal (*vertical*) motor || moteur *m* horizontal (*vertical*) || liegender (*stehender*) Motor *m*; **-, m. lucht** (*water*) **gekoelde:** air (*water*) cooled engine || moteur *m* à refroidissement *m* d'air *m* (*d'eau v*) || luftgekühlter (*wassergekühlter*) Motor *m*; **-, omkeerbare:** reversible engine || moteur *m* réversible || Umsteuermotor *m*; **-, stationaire:** industrial engine || moteur *m* fixe (industriel) || ortsfester Motor *m*; **-, tweefasige** (*elektr.*)**:** two phase motor || moteur *m* biphasé (diphasé) || Zweiphasenmotor *m*; **-, universele** (*elektr.*)**:** universal motor || moteur *m* universal || Universalmotor *m*; **-, vierpolige** (*zespolige*) (*elektr.*)**:** four (*six*) pole motor || moteur *m* tétrapolaire (*hexapolaire*) || vierpoliger (*sechspoliger*) Motor *m*; **-aansluiting:** motor connection || jonction *v* (raccordement *m*) du moteur *m* || Motoranschluß *m*; **-aanzethandgreep:** motor handle || manivelle *v* de démarrage *m* du moteur *m* || Motoranlaßkurbel *v*; **-aanzetting:** motor starting || démarrage *m* du moteur *m* || Andrehen *o* des Motors *o*; **-aanzetting door middel v. e. vliegwiel:** starting the motor by turning the flywheel || démarrage *m* du moteur *m* en tournant au volant *m* || Andrehen *o* des Motors *m* vom Schwungrad *o* aus; **-anker:** motor armature *v* || induit *m* [de moteur *m*] || Motoranker *m*; **-barkas:** motor launch (tender) || canot *m* (chaloupe *v*) automobile || Motorbarkasse *v*; **-blok:** cylinder block || bloc-moteur *m* || Zylinderblock *m*; **-bok:** engine bed || bâti-moteur *m* || Motorbock *m*; **-boot:** motor boat (launch) || barque *v* (canot *m*) automobile || Motorboot *o*; **-deksel:** engine top panel || couvercle *m* de moteur *m* || Motordeckel *m*; **-diagram:** motor characteristic (diagram) || caractéristique *v* (diagramme *m*) d'un moteur *m* || Motorcharakteristik *v*, -diagramm *o*; **-draagconsole:** engine bracket || console *v* de support *m* du moteur *m* || Motorkonsol *o*, -bock *m*; **-drager:** motor bearer || support *m* du moteur *m* || Motorträger *m*; **-driewieler:** motor tricycle || tricycle *m* automobile || Motordreirad *o*; **-driewieler** (*bestelwagen*)**:** motor tricycle with luggage carrier || tricycle *m* pour colis *mm*, tricar *m* || Gepäckmotordreirad *o*; **-dynamo:** *zie* **motorgenerator; -en in serie** (*parallel*) **schakelen:** to connect motors in series (parallel) || grouper les moteurs *mm* en série *v* (en parallèle *v*) || Motoren *mm* in Reihe *v* (parallel) schalten; **-enfabriek:** motor works || atelier *m* de construction *v* de moteurs *mm* || Motorenfabrik *v*; **-fiets:** *zie* **motorrijwiel; -freem:** motor frame || bâti *m* (châssis *m*) du moteur *m* || Motorgestell *o*; **-fundatie:** motor foundation || assise *v* de moteur *m* || Motorfundament *o*; **-generator:** motor generator || groupe *m* convertisseur, moteur *m* générateur || Motorgenerator *m*, Umformersatz *m*; **-goot** (*mijnb.*)**:** driving trough (chute, shoot, slide) || élément *m* de réglage *m* (de tête *v*), tronçon *m* d'attaque *v* || Antriebrutsche *v*, Angriffsrinne *v*; **-groep:** motor group (set) || groupe *m* de moteurs *mm* || Motorgruppe *v*, -satz *m*; **-haak:** engine catch || loquet *m* de moteur *m* || Motorschnäpper *m*; **-jacht:** motor yacht || yacht *m* automobile || Motorjacht *v*; **-kamer:** motor compartment || chambre *v* du (espace *m* réservé au) moteur *m* || Motorraum *m*; **-kap:** bonnet, hood || capot *m* || Motorhaube *v*; **-kaphaak:** bonnet catch || attache-capot *m* || Haube-erhalter *m*; **-kapzijscherm:** engine side panel || aile *v* de moteur *m* || Motorseitenwand *v*; **-kast:** motor casing || cage *v* protectrice du moteur *m* || Motor[schutz]kasten *m*; **-kastklep:** motor case cover || porte *v* de visite *v* du (couvercle *v* de carcasse *v* de) moteur *m* || Motorgehäuseklappe *v*; **-logger:** motor fishing smack || bateau *m* de pêche *v* automobile || Motorfischerboot *o*, -fahrzeug *o*; **-looplier:** travelling motor hoist || treuil *m* roulant à moteur *m* || Motorlaufwinde *v*; **-meter:** motor supply meter || compteur moteur *m* || Motorzähler *m*; **-olie:** motor oil || huile *v* pour moteur *m* || Motor[en]öl *o*; **-omzetting:** motor reversing || inversion *v* (renversement *m*) de la marche *v* du moteur *m* || Motorumsteuerung *v*; **-onderhoud:** treatment of the motor || entretien *m* d'un (soins *mm* à donner au) moteur *m* || Wartung *v* des Motors *m*; **-ontlasting:** discharging (relieving) the motor || décharge *v* du moteur *m* || Entlastung *v* des Motors *m*; **-ploeg:** motor plough || charrue *v* automobile || Motorpflug *m*; **-pomp:** motor driven pump || pompe *v* à moteur *m* || Motorpumpe *v*; **-reddingsboot:** motorlifeboat || canot *m* de sauvetage *m* automobile || Motorrettungsboot *o*; **-relais:** motor relay || relais *m* à moteur *m* || Motorrelais *o*; **-rem:** motor [power] brake || frein *m* pour moteurs *mm* || Kraft-, Motorbremse *v*; **-remming:** motor braking || freinage *m* par le moteur *m* || Motorbremsung *v*; **-remproef nemen, de:** to braketest the motor || freiner la puissance *v* du moteur *m* || den Motor *m* abbremsen; **-ruimte:** *zie* **motorkamer; -rijwiel:** motor [bi]cycle || motocyclette *v* || Motor[fahr]rad *o*, Kraftrad *o*; **-rijwielfreem:** motor cycle frame || cadre *m* de motocyclette *v* || Motorradrahmen *m*; **-schakelaar:** motor switch || interrupteur *m* du moteur *m* || Motorschalter *m*; **-schakelbord:** motor switch board || tableau *m* de distribution *v* des moteurs *mm* || Motorschalttafel *v*; **-slede:** motor sleigh || traîneau *m* automobile || Automobilschlitten *m*; **-sleepboot:** motor tug || remorqueur *m* à moteur *m* || Motorschlepper *m*; **-spiritus:** motor spirit || alcool *m* pour moteurs *mm* || Kraftspiritus *m*; **-trein:** motor driven unit || unité *v* motrice || Triebwageneinheit *v*; **-trolley** (*spw.*)**:** motor line inspection trolley || draisienne *v* à moteur *m* || Motordraisine *v*; **-vermogen:** motor output || débit *m* d'un moteur *m* || Motorleistung *v*; **-wagen:** [railroad, tramway] motor car || voiture *v* motrice, automotrice *v* || Motor-, Zug-, Triebwagen *m*; **-wagen, benzine-elektrische:** petrol electric car || voiture *v* pétroléo-électrique || benzinelektrischer Motorwagen *m*; **-zuiger:** motor piston || piston *m* de moteur *m* || Motorkolben *m*.

mousselien: muslin || mousseline *v* || Musselin *m*; **-, wollen:** muslin-de-laine || mousseline *v* de laine *v* || Wollmusselin *m*; **-glas:** muslin glass || verre *m* mousseline || Musselinglas *o*.

mout: malt || malt *m* || Malz *o*; **-eest:** malt kiln, oast || touraille *v* || Malzdarre *v*; **-en:** to malt || malter || malzen, mälzen; **-erij:** malthouse || malterie *v* || Mälzerei *v*; **-ing:** malting || maltage *m* || Malzen *o*; **-molen:** malt mill || moulin *m* à malt *m* || Malzmühle *v*; **-vloer:** malt floor || germoir *m* || Malzboden *m*, -tenne *v*.

mozaïek: mosaic [work] || [ouvrage *m* à la] mosaïque *v* || Mosaik[arbeit] *v*; **-tegel:** mosaic slab (flag) || carreau *m* [en] mosaïque *v* || Mosaikfliese *v*, -ziegel *m*; **-vloer:** mosaic floor (pavement), tesselated pavement || parquet *m* mosaïque, pavé *m* en mosaïque *v* || Mosaikfußboden *m*, -pflaster *o*; **-werk maken:** to tesselate || faire de la mosaïque *v* || tesselieren.

M-tand: M tooth || dent *v* en M *m* renversé || M-zahn *m*, Stockzahn *m*.

mulayzaag: Mulay saw || scie *v* de Mulay (à lame *v* lâche) || Mulaysäge *v*.

muldenpan: trough cutter tile || tuile *v* à onglet *m* en auge *v* || Muldenfalzziegel *m*.

mule-jenny: mule jenny || mule-jenny *v*, mull-jenny *v* || Mule-Jenny *v*.

multi|pelklink: *zie* **multiplexklink; -plexklink:** multiple jack || conjoncteur *m* multiple, jack *m* général || Vielfachklinke *v*.

multiplexoverschakeltoestel: multiple switch board || tableau *m* commutateur multiple || Vielfachumschalter *m*; **- m. automatisch sluitende kleppen:** multiple switch board with automatic self restoring drops || commutateur *m* multiple avec volets *mm* à relèvement *m* automatique || Vielfachumschalter *m* mit selbsttätig sich hebenden Klappen *vm*; **- m. dubbel automatisch fluitsignaal:** multiple switch board with double automatic clearing signal || commutateur *m* multiple avec deux signaux *mm* automatiques de clôture *v* || Vielfachumschalter *m* mit selbsttätigen doppelten Schlußzeichen *o*, *m*; **- m. gloeilampsignalen:** multiple switch board with lamp signalling || commutateur *m* multiple avec lampes *vm* à incandescence *v* annonciatrices || Vielfachumschalter *m* mit Glühlampensignalisierung *v*; **- m. valkleppen:** multiple switch board with drop indicators || commutateur *m* multiple à volets *mm* d'appel *m* || Vielfachumschalter *m* mit Klappenanruf *m*; **- m. zichtbare signalen:** multiple switch board with visible signals || commutateur *m* multiple à signaux *mm* optiques || Vielfachumschalter *m* mit Schauzeichen *o*; **- v. telefoonsysteem m. centrale batterij:** multiple switch board for common battery system || commutateur *m* multiple pour systèmes *mm* à batterie *v* centrale || Vielfachumschalter *m* für Zentralbatteriebetrieb *m*.

multiplex|schakelaar: multiple switch || commutateur *m* multiple || Vielfachumschalter *m*; **-telegraaf:** multiplex apparatus, multiple telegraph || [télégraphe *m*] multiplex *m* || Mehrfach-, Multiplextelegraph *m*; **-telegrafie:** multiplex telegraphy || télégrafie *v* multiple (multiplex) || Mehrfach-, Multiplex-, Vielfachtelegraphie *v*.

multiplicator: multiplicator || multiplicateur *m* || Elektrizitätsvermehrer *m*, Multiplikator *m*; **-spoel:** multiplying coil || bobine *v* de multiplicateur *m* || Multiplikatorrolle *v*.

munitie: ammunition || munition *v* || Munition *v*.

munt: **1.** (*muntstuk*): coin, money || monnaie *v* || Münze *v*; **-brons:** mint bronze || bronze *m* de monnaie *v* || Münzbronze *v*; **-en:** to coin money, to mint || battre des monnaies *vm*, monnayer || münzen; **-goud:** mint gold || or *m* de monnaie *v* || Münzgold *o*; **-hamer:** flattening (coining, plank) hammer || flatoir *m*, bouard *m* || Plätt-, Schrötlings-, Münzhammer *m*; **-ing:** coining, minting || monnayage *m* || Münzen *o*, Münzprägung *v*; **-kamer:** minting room || atelier *m* de monnayage *m* || Prägeraum *m*; **-machine:** coining press || machine *v* pour battre la monnaie *v* || Münz-, Prägmaschine *v*; **-meter** (*elektr.*)**:** prepayment meter || compteur *m* à prépayement *m* || Münzzähler *m*; **-pers:** fly (stamping, coining) press || balancier *m* (presse *v*) monétaire || Präg-, Stoßwerk *o*; **-plaatje:** blank, coin plate, plank || flan *m* || Münzplatte *v*, Schrötling *m*; **-ring:** coining ferrule || virole *v* || Prägring *m*; **-stempel:** [coin] die (stamp) || coin *m*, matrice *v* || Prägstempel *m*; **-teken:** mint mark || déférent *m* || Münzzeichen *o*; **-voet:** monetary standard || titre *m* [des monnaies *vm*] || Münzfuß *m*; **2.** (*gebouw*)**:** mint || [hôtel *m* de la] monnaie *v* || Münze *v*, Münzgebäude *o*.

musco|vado: muscovado [sugar] || moscovade *v*, moscouade *v* || Moskovade *v*, Rohzucker *m* aus Zuckerrohr *o*; **-viet:** muscovite || muscovite *v* || Muskovit *m*.

musiefzilver: mosaic silver || argent *m* musif || Musivsilber *o*.

muskaat|boom: nutmeg tree || muscadier *m* || Muskatennußbaum *m*; **-noot:** nutmeg || [noix *v* de] muscade *v* || Muskatnuß *m*.

muskus: musk || musc *m* || Moschus *m*.

muur: wall || mur *m* || Mauer *v*; **- bestand tegen winddruk:** wall to resist wind pressure || mur *m* de contreventement *m* || Mauer *v* gegen Winddruck *m*; **- m. muurpijlers:** wall with buttresses (counterforts) || mur *m* à arcs-boutants *mm* (à contreforts *mm*) || Mauer *v* mit Strebepfeilern *mm*; **- ter bescherming tegen de sneeuw:** snow [protection] wall || mur *m* de défense *v* contre la neige *v* (paraneige) || Schneeschutzmauer *v*; **- v. gewapend beton:** reinforced concrete wall || mur *m* en béton *m* armé || armierte (bewehrte) Betonwand *v*; **- v. gewapende steen:** reinforced brick wall || mur *m* armé || armierte Steinwand *v*; **- verankeren, een:** to tie back a wall || ancrer un mur *m* || eine Mauer *v* verankern; **- v. grondkering:** retaining wall || mur *m* de soutènement *m* || Mauer *v* gegen Erddruck *m*; **- v. h. afleiden v. lawines:** wall for deflecting avalanches || mur *m* guide-avalanches || Lawinenleitmauer *v*; **- v. waterkering:** dam || mur *m* de retenue *v* d'eau *v* || Mauer *v* gegen Wasserdruck *m*; **- witten, een:** to whitewash a wall || blanchir un mur *m* || eine Mauer *v* betünchen; **-, balkdragende:** wall carrying girders || mur *m* portant le solivage *m* || balkentragende Wand *v*; **-, blinde:** blind wall || mur *m* orbe || blinde Mauer *v*; **-, gemetselde:** mortar wall || mur *m* en maçonnerie *v* [au mortier *m*], mur *m* maçonné au mortier *m* || Mörtelmauer *v*; **-, schuine:** sloping wall || mur *m* en talus *m* (taluté) || Talutmauer *m*; **-, vrijdragende:** cantilevered wall || mur *m* portant un plancher *m* librement posé || freitragende Wand *v*; **-, vrijstaande:** self supporting wall, wall standing by itself || mur *m* indépendant || freistehende Mauer *v*; **-afdekking:** coping of a wall, coping stone || chaperon *m*, couronnement *m* d'un mur *m* || Mauerbekrönung *v*, Abdeckplatte *v*; **-afdekplaat:** coping stone (slab) || chaperon *m* || Mauerabdeckplatte *v*; **-anker:** wall tie (clamp), cramp iron || tirant *m* d'un (ancre *v* de) mur *m* || Maueranker *m*; **-bekleding:** wall covering || parement *m* (revêtement *m*) de mur *m* || Mauerverkleidung *v*; **-bepleistering:** wall plaster || enduit *m* de mur *m* || Wandputz *m*; **-beugel:** wall clip || étrier *m* mural || Mauerbügel *m*; **-boor:** stone drill || tamponnoir *m* || Mauerbohrer *m*; **-breedte:** thickness of wall || épaisseur *v* de paroi *v* || Wandstärke *v*; **-console:** wall bracket || console *v* [murale] || Mauerkonsole *v*, Wandkonsole *v*, -bock *m*, -lagerstuhl *m*; **-dook:** wall dowel || goujon *m* mural || Mauerdübel *m*; **-doorvoering:** wall duct traversée *v* de mur *m* (murale) || Mauerdurchführung *v*; **-doorvoeringsbuisisolator:** wall tube insulator || isolateur tube *m* mural || Mauerröhrenisolator *m*; **-front:** face of a wall || parement *m* d'un mur *m* || Mauerfront *v*; **-geel:** badigeon || badigeon *m* || Mauergelb *o*; **-haak:** wall hook || clou *m* à crochet *m* || Mauerhaken *m*; **-isolator:** wall insulator || isolateur *m* mural || Mauerisolator *m*; **-kap:** capping of a wall || chape *v* d'un mur *m* || Mauerkappe *v*, -krone *v*; **-kast:**

wall cupboard || placard *m* || Wandschrank *m*; **-kraan:** wall crane || grue *v* murale || Mauer-, Wandkran *m*; **-pen:** *zie* **muurdook; -plaat:** wall plate || filet *m* (plate-forme *v*) de mur *m* || Mauerplatte *v*; **-plug:** plug || cheville *v* || [Mauer]dübel *m*; **-reclame:** *zie* **wandreclame; -schakelbord:** wall switch board || tableau *m* de distribution *v* mural || || Wandschalttafel *v*; **-stoel:** wall bracket || support *m* mural || Mauerträger *m*; **-tegel:** wall flag (tile) || carreau *m* pour murs *mm* || Mauer-, Wand[schmuck]-fliese *v*; **-uitslag:** efflorescence of wall (of salpetre flowers on walls) || carie *v* de la muraille *v*, efflorescence *v* du sel *m* de nitre *m* sur les murailles *vm* || Mauerausschlag *m*; **-vak:** panel of a wall || pan *m* de muraille *v* || Mauerfeld *o*, -strecke *v*, Wandfach *o*; **-voeg:** brickwork joint || joint *m* de maçonnerie *v* || Mauerfuge *v*; **-voet:** wall base || pied *m* de mur *m* || Mauerfuß *m*; **-werk:** *zie* **metselwerk; -werk in zicht:** facework || maçonnerie *v* de parement *m* || Verblendmauerwerk *o*; **-werk, verbonden:** bound masonry || maçonnerie *v* en liaison *v* || verbundenes Mauerwerk *o*.

muziekpapier: music paper || papier *m* de (à) musique *v* || Notenpapier *o*.

mijl: mile || mille *m*, lieue *v* || Meile *v*; **-, gemeten:** measured mile || mille *m* mesuré || gemessene Meile *v*; **-, vierkante:** square mile || lieue *v* carrée, mille *m* carré || Quadrat-, Flächenmeile *v*; **-paal:** mile post, miliary || borne *v* kilométrique (milliaire), colonne *v* milliaire || Meilenpfahl *v*; **-steen:** mile stone || borne *v* milliaire || Meilenstein *m*.

mijn: 1. (*kolen, erts, enz.*): mine, pit || mine *v* || Bergwerk *o*, Grube *v*, Zeche *v*; **- beginnen, een:** to begin (lay out) a mine || établir une mine *v* || eine Grube *v* anlegen; **-, gasrijke** (*gasvrije*)**:** fiery (*firedampfree*) mine, mine with fire damp || mine *v* riche en (*sans*) grisou *m* || Schlagwettergrube *v* ([*schlag*]*wetterfreie*) Grube *v*; **-arrondissement** (*België*)**:** *zie* **mijndistrict; -beambte:** mine officer || employé *m* aux mines *vm* || Gruben-, Zechenbeamter *m*; **-bedrijf:** mine-plant || établissement *m* de mines *vm* || Grubenbetrieb *m*, -anlage *v*; **-bouw:** mining || exploitation *v* des mines *vm* (minière) || Bergbau *m*, Bergwerks-, Grubenbetrieb *m*; **-bouwhogeschool:** mining university || école *v* supérieure des mines *vm* || Bergakademie *v*; **-bouwkunde:** mining science || science *v* minière || Bergbaukunde *v*; **-bouw[kundig] ingenieur:** mining engineer || ingénieur *m* des mines *vm* || Diplom-Berg[bau]ingenieur *m*; **-brand:** mine (underground) fire || incendie *m* souterrain || Grubenbrand *m*; **-directeur:** mine manager || directeur *m* de mine *v* || Grubendirektor *m*; **-district:** mining (mine) district (area) || district *m* (arrondissement *m*) minier || Grubenbezirk *m*; **-exploitatie:** *zie* **mijnbouw; -gang:** gallery, way || galerie *v* || Strecke *v*; **-gas:** mine (fulminating) gas, fire-damp || grisou *m*, brisou *m* || Grubengas *o*, Schlag-, schlagende Wetter *om*; **-gasaanwijzer:** fire-damp detector (indicator) || indicateur *m* de grisou *m*, grisouscope *m* || Schlagwetteranzeiger *m*; **-gasmeter:** fire-damp tester || grisoumètre *m* || Grubengasmesser *m*; **-gasontploffing:** fire-damp explosion || explosion *v* de grisou *m* || Schlagwetterexplosion *v*; **-gebied:** *zie* **mijndistrict; -grens:** boundary of a mine || borne *v* d'une mine *v* || Markscheide *v*; **-hout:** mine timber || bois *m* de mine *v* || Grubenholz *o*; **-industrie:** mining industry || industrie *v* minière || Bergwesen *o*, Bergwerksindustrie *v*; **-kabel** (*elektr.*)**:** mining cable || câble *m* de mine *v* (minier) || Grubenkabel *o*; (*hijskabel*)**:** hoisting rope || câble *m* d'extraction *v* (de levage *m*) || Förderseil *o*; **-kompas:** miner's compass || poche *v* de mineur *m* || Berg-, Grubenkompaß *m*; **-lamp:** miner's (mine, pit) lamp || lampe *v* de mine *v* || Grubenlampe *v*; **-locomotief:** mining locomotive || locomotive *v* de mine *v* || Grubenlokomotive *v*; **-meetkunde:** mine surveying || topographie *v* minière || Markscheidekunde *v*; **-meten:** to survey underground || lever (tenir) les plans *mm* de mines *vm* || markscheiden; **-meter:** mine surveyor || géomètre *m* des mines *vm* || Markscheider *m*; **-meterskompas:** hanging compass || boussole *v* suspendue || Gruben-, Hängekompaß *m*; **-meting:** mine survey || levé *m* minier (de plan *m* de mine *v*) || Grubenmessung *v*; **-ontginning:** underground winning (work); working of an oil-deposit || exploitation *v* minière || Grubenbau *m*; **-pak:** mining clothes || vêtement *m* de mineur *m* || Grubenanzug *m*; **-pet:** *zie* **schachthoed; -pomp:** mine pump || pompe *v* de mine *v* || Grubenpumpe *v*; **-ramp:** mine-disaster || catastrophe *v* minière || Bergwerkskatastrophe *v*; **-schacht:** *zie* **schacht 2; -schade:** mine (subsidence, surface) damage || dégâts *mm* miniers || Bergschaden *m*; **-school:** school for mine instruction || école *v* des mines *vm* (porions *mm*) || Bergschule *v*; **-spoor:** mine railway || chemin *m* de fer *m* de mine *v* (minier) || Grubenbahn *v*; **-station:** mine station || gare *v* de mine *v* || Gruben-, Zechenbahnhof *m*; **-ventilatie:** mine

ventilation || aérage *m* de mine *v* || Grubenlüftung *v*; **-ventilator:** mine ventilator || ventilateur *m* de mine *v* || Grubenventilator *m*, -lüfter *m*; **-wagen:** mine car, miner's truck, hutch || wagonnet *m*, chariot *m*, benne *v* || Förderwagen *m*; **-water:** pit (mine) water || eau *v* de puits *m*, eaux *vm* de mines *vm* || Grubenwässer *om*; **-werker:** miner, mine worker, collier || mineur *m* || Bergmann *m*, Gruben-, Bergarbeiter *m*; **-wezen** (*België*): Mines Department; Bureau of Mines (*Am.*) || Administration *v* (Département *m*) des Mines || Bergabteilung *v*; **-wezen, Dienst van het** (*Ned.*): *zie* **mijnwezen; -worm:** mine worm || ver *m* du mineur *m* || Hakenwurm *m*; **-wormziekte:** miner's worm disease || ankylostomasie *v* || [Haken]wurmkrankheit *v*; **-zand:** pit sand || sable *m* de sablonnière *v* || Grubensand *m*;
2. (*militair*): mine || mine *v* || [Spreng]-mine *v*; **-enlegger:** mine layer || mouille-mines *m* || Minenleger *m*, -boot *o*, -schiff *o*; **-enveger:** mine sweeper || drague-mines *m*, dragueur *m* || Minenräumer *m*, -suchboot *o*, -suchschiff *o*; **-lading:** charge of a mine || charge *v* de mine *v* || Minenladung *v*; **-ontsteker:** mine igniter || déflagrateur *m* (exploseur *m*) de mine *v* || Minenzünder *m*.

myrtenwas: myrtle wax || cire *v* de myrica *m* || Myrtenwachs *o*.

N

na: after (*voorz.*); near, close to (*bijw.*) || après (*voorz.*); près, de près (*bijw.*) || nach (*voorz.*); Nach-; nahe (*bijw.*); **- elkander:** one after the other, in succession || l'un(*e*) après l'autre || einer (*-ne*; *-ns*) nach dem andern; **-bij:** near, close to || proche, tout près || in der Nähe *v*, nahe bei; **-bijgelegen:** neighbouring, adjacent || situé tout près, proche, voisin || naheliegend, benachbart, angrenzend.

naad: seam || couture *v* || Naht *v*; *zie ook* **klinknaad; lasnaad; - dichtmaken, een:** to tighten a seam || rendre une couture *v* étanche, boucher (calfater) une couture *v* || eine Naht *v* dichten (dicht machen); **- in de lengte:** longitudinal seam || couture *v* longitudinale || Längsnaht *v*; **- onderzoeken, een:** to examine a seam || parcourir une couture *v* || eine Naht *v* untersuchen; **-, enkelgeklonken:** *zie* **klinknagelverband m. een rij klinknagels; -, gedunde:** riveting in groops || rivure *v* convergente || verjüngte Nietung *v*; **-, geklonken:** *zie* **klinknaad; -, gelaste:** *zie* **lasnaad; -, gesoldeerde:** soldered seam || joint *m* soudé, soudure *v* || Lötnaht *v*; **-, gestikte:** quilting seam || couture *v* piquée || Steppnaht *v*; **-, open:** open seam || couture *v* ouverte || offene Naht *v*; **-, platte:** flat seam || couture *v* cousue et rabbattue || platte Naht *v*; **-, ronde:** round seam || couture *v* ronde || runde Naht *v*; **-, rondgaande:** circumferential (girth) seam || couture *v* (rivure *v*) circulaire || Rundnaht *v*; **-dichting:** making tight of a seam || imperméabilisation *v* d'une couture *v* || Nahtdichtung *v*; **-galon:** galloon, round lace || galon *m* à coudre || Naht-, Rundschnur *v*; **-haak** (*scheepst.*): rave hook, ripping iron || bec *m* de corbeau *m* (corbin *m*) || Nahthaken *m*; **-inroesting:** corrosion at a seam || corrosion *v* d'une rivure *v* || Nahtanfressung *v*, -korrosion *v*; **-loos** (*geperst*): seamless (*pressed*) || (*embouti*) sans soudure *v* (couture *v*) || nahtlos (*gepreßt*); **-presenning:** seam parceling || parseinte *v* || Nahtpresenning *v*; **-spant:** seem batten || lisse *v* || Nahtspant *o*; **-spantenconstructie** (*v. e. schip*): ribband carvel system || construction *v* avec couples *mm* à coutures *vm* || Nahtspantenbau *m*.

naaf: boss, hub, nave || moyeu *m* || Nabe *v*; **- m. ingeperste bus:** boss with bush pressed in || moyeu *m* à fourrure *v* emboîtée à la presse *v* || Nabe *v* mit eingepreßter Büchse *v*; **- uit plaatstaal geperst:** pressed out boss || moyeu *m* en tôle *v* emboutie || aus Blech *o* gedrückte Nabe *v*; **- v. e. scheprad:** centre boss of a paddle wheel || tourteau *m* d'une roue *v* à aubes *vm* || Nabe *v* eines Schaufelrades *o*; **- vastklemmen, de:** to clamp the boss together || caler (immobiliser) le moyeu *m* || die Nabe *v* festklemmen; **-, doorlopende:** continuous (solid) boss || moyeu *m* traversant || durchgehende Nabe *v*; **-, holle:** hollow boss || moyeu *m* ajouré (évidé) || ausgesparte Nabe *v*; **-, gespleten:** burst (split) boss || moyeu *m* fendu || gesprengte (geschlitzte) Nabe *v*; **-band:** nave hoop (band) || frette *v* de moyeu *m* || Nabenreif *m*, -ring *m*, -band *o*; **-boor:** nave borer || foreuse *v* à moyeux *mm* || Nabenbohrer *m*; **-boormachine:** nave boring machine || machine *v* à percer les moyeux *mm* || Nabenbohrmaschine *v*; **-boring:** bore of the boss || alésage *m* (forage *m*) du moyeu *m* || Nabenbohrung *v*; **-bout:** boss [joint] bolt || boulon *m* de moyeu *m* || Nabenschraube *v*; **-bus:** bush of the boss || fourrure *v* de moyeu *m* || Nabenbüchse *v*; **-dop:** axle (hub) cap || chapeau *m* de moyeu *m* || Naben-, Radkapsel *v*; **-flens:** flange of the boss || contredisque *m* (joue *v* rapportée) de moyeu *m* || Nabenflansch *m*; **-gat:** nave hole || trou *m* du moyeu *m* || Nabenloch *o*; **-hout:** nave wood || bois *m* de moyeu *m* || Nabenholz *o*; **-kap:** hub cover || couvre *m* moyeu || Nabenkappe *v*; **-kern:** body of the boss || noyau *m* de moyeu *m* || Nabenkörper *m*; **-kilometerteller:** hub cap mileage recorder || compteur *m* de moyeu *m* || Achskappenzähler *m*; **-kraag:** bead of the boss || bourrelet *m* de moyeu *m* || Nabenwulst *m*; **-krans:** flange ring of the boss || disque *m* (flasque *m*) de moyeu *m* || Nabenkranz *m*; **-motor:** hub motor || moteur *m* placé dans le moyeu *m* || Innenpol-, Radnabenmotor *m*; **-rem:** hub brake || frein *m* du moyeu *m* || Nabenbremse *v*; **-ribbe:** nave collar, rib of the hub || collet *m* du moyeu *m* || Nabenwulst *v*; **-splijting:** splitting of the boss || fendage *m* du moyeu *m* || Sprengen *o* der Nabe *v*; **-verbinding:** boss joint || assemblage *m* de moyeu *m* || Nabenverbindung *v*; **-voering:** hub liner || garniture *v* intérieure du moyeu *m* || Nabenfutter *o*; **-vormig:** nave shaped || en forme *v* de moyeu *m* || nabenförmig.

naai|en: 1. (*algem.*): to sew || coudre || nähen; **-garen:** sewing thread || fil *m* à coudre || Nähgarn *o*; **-katoen:** sewing cotton || coton *m* à coudre || Nähgarn *o*; **-machine:** sewing machine || machine *v* à coudre || Nähmaschine *v*; **-naald:** sewing needle || aiguille *v* à coudre || Nähnadel *v*; **-ring** (*zeilmaker*): sewing ring || poucier *m* || Nähring *m*; **-zijde:** sewing silk || soie *v* à coudre || Nähseide *v*;
2. (*riem*): to lace || coudre || nähen; **-riem:** *zie* **lasriem;**
3.: **-ing** (*scheepst.*): lashing || aiguillette *v* || Nähtau *o*.

naald: 1. (*naaldvormig voorwerp i. h. algem.*): needle || aiguille *v* || Nadel *v*; **-beiteltje** (*beeldh.*): needle chisel || néron *m* || Nadelbetelchen *o*; **-boom:** conifer, needle-leaved tree || conifère *m* || Nadelbaum *m*; **-geleider** (*klep*): needle guide || douille *v* de pointeau *m* || Nadelhülse *v*; **-hout:** pine (coniferous) wood || bois *m* de conifère *m* (d'arbres *mm* à feuilles *vm* aciculaires, conifère) || Nadelholz *o*; **-klep:** stop valve spindle || pointeau *m* de fermeture *v* (d'interception *v*) || Abschluß-, Absperrspindel *v*; **-koppeling:** needle coupling || accouplement *m* à broches *vm* || Nadelkupplung *v*; **-kussenblok:** needle bearing || palier *m* à aiguillettes *vm* || Nadellager *o*; **-ontvangtoestel:** needle receiver || récepteur *m* à cadran *m* || Nadelempfangapparat *m*; **-toestel v. Vicat:** standard needle || aiguille *v* d'essai *m*, aiguille *v* Vicat || Normalnadel *v*, Vicatapparat *m*; **-vormig:** acicular, needle shaped || aciculaire, aiguillé || nadelförmig, nadlig;
2. (*om te naaien*): *zie* **naainaald; -enteller** (*mach.*): needle counter || compteur *m* d'aiguilles *vm* || Nadelzählmaschine *v*; **-groef:** needle channel (groove) || cannelure *v* d'aiguille *v* || Nadelfurche *v*, -kerbe *v*; **-houder:** needle holder || porte-aiguille *m* || Nadelhalter *m*; **-kantwerk:** point lace || dentelle *v* à l'aiguille *v* || genähte Spitze *v*, Nadelspitzen *vm*; **-oog:** needle eye || oeil *m* d'aiguille *v* || Nadelöhr *o*; **-papier** (*verpakking*): needle paper || papier *m* antirouille || Nadelpapier *o*; **-vijl:** needle file || lime *v* forme *v* aiguille *v* || Nadelfeile *v*; **-werk:** needlework || travail *m* à l'aiguille *v* || Nadelarbeit *v*;
3. (*instrument*): needle || aiguille *v* || Nadel *v*; **-afwijking:** deflection (deviation) of the needle || déviation *v* de l'aiguille *v* || Nadelablenkung *v*; **-elektroskoop:** needle electroscope || électroscope *m* à aiguille *v* || Nadelelektroskop *o*; **-enpaar, astatisch:** astatic couple (pair of needles) || couple *v* d'aiguilles *vm* astatiques || astatisches Nadelpaar *o*; **-galvanometer:** galvanometer with moving magnet || galvanomètre *m* à aimant *m* mobile || Nadelgalvanometer *o*, *m*; **-houder** (*kompas*): needle point || pointe *v* sèche du compas *m* || Nadeleinsatz *m*; **-instrument** (*elektr.*): moving-needle galvanometer || appareil *m* à aimant *m* mobile || Drehmagnetinstrument *o*;
4. (*weverij*): needle || aiguille *v* || Nadel *v*; **-enbord:** *zie* **naaldplank; -enplank:** *zie* **naaldplank; -geleider:** stick guide || guide-brodeur *m* || Nadelführer *m*; **-plank:** needle board || planchette *v* des aiguilles *vm* || Nadelbrett *o*; **-smeerpot:** needle lubricator || graisseur *m* à aiguille *v* || Nadelschmiergefäß *o*; **-staaf:** needle stick (bar, stock) || brodeur *m*, bâton *m* à épingles *vm* || Nadelstab *m* [am Samtbaum *m*]; **-vak:** fourth shed || quatrième pas *m* || Nadelfach *o*;
5. *zie* **obelisk.**

naam|bord: name plate (board); scutcheon (*schip*) || plaque *v*, écriteau *m*; écusson *m* (*schip*) || Namenschild *o*; Namenbrett *o* (*schip*); **-bordje:** name (door) plate || plaque *v* || Namenschild *o*; **-plaat:** *zie* **naambord; -plaatje** (*fabrikant*)**:** maker's name-plate || plaque *v* d'atelier *m* de construction *v* (du constructeur *m*) || Fabrik-, Firmenschild *o*; **-stempel:** name (signature) stamp || estampille *v* || Namenstempel *m*.

naar (*voorz.*)**:** to || vers, à || nach, zu.

naast: next [to] (*voorz.*); nearest, next (*bijw.*) || tout près de, à côté *m* de, auprès de (*voorz.*); le plus proche (*bijw.*) || neben (*plaats*); nächst (*volgorde*); **-bijzijnd:** nearest || prochain, le plus proche || nächst; **-gelegen:** adjacent, adjoining, neighbouring || le plus proche, voisin || nebenliegend, nächst.

naboren: to drill to exact size, to rebore || parfaire le forage *m*, réaléser || fertigbohren, nachbohren.

nacht: night || nuit *v* || Nacht *v*; **-arbeid:** night work || travail *m* de nuit *v* || Nachtarbeit *v*; **-dienst:** night duty || service *m* de nuit *v* || Nachtdienst *m*; (*mijnb.*)**:** night shift || poste *m* (équipe *v*) de nuit *v* || Nachtschicht *v*; **-huis** (*kompas*)**:** binnacle || habitacle *m* || Nachthaus *o*; **-kijker:** night glass || binocle *m* (lunette *v*) de nuit *v* || Nachtglas *o*; **-licht:** nightlamp || lampe *v* de nuit *v*, veilleuse *v* || Nachtlampe *v*, -licht *o*; **-ploeg:** night shift || équipe *v* de nuit *v* || Nachtschicht *v*; (*mijnb.*)**:** *zie* **nachtdienst** (*mijnb.*); **-post** (*België*)**:** *zie* **nachtdienst** (*mijnb.*); **-schel:** night signal (bell) || sonnette *v* de nuit *v* || Nachtklingel *v*; **-schuif** (*deur*)**:** night bolt || verrou *m* de nuit *v* || Nachtriegel *m*; **-slot:** double lock || serrure *v* de sûreté *v* || Nachtschloß *o*; **-stoker:** night fireman || chauffeur *m* de nuit *v* || Nachtheizer *m*; **-trein:** night train || train *m* de nuit *v* || Nachtzug *m*; **-waker:** night watchman || veilleur *m* [de nuit *v*] || Nachtwächter *m*; **-werk:** night work || travail *m* de nuit *v* || Nachtarbeit *v*.

na|draaien (*metaalbew.*)**:** to take a finishing cut, to return || rafraîchir, repasser || nachdrehen; **-draaien** (*cilinder m. grotere middellijn*) to rebore || réaléser || ausdrehen; **-draaiing** (*metaalbew.*)**:** returning || rafraîchissage *m* || Nachdrehen *o*; **-draaiing** (*spinnerij*)**:** head twist || surfilage *m* || Nachdrehung *v*, -zwirnung *v*; **-drukken** (*opnieuw drukken*)**:** to reprint || réimprimer || nachdrucken.

naf|ta: naphtha || naphte *m* || Naphtha *o*, *v*; **-taleen:** naphthalene || naphtalène *v* || (Naphthalen *o*), Naphthalin *o*; **-taline*:** *zie* **naftaleen; -tylamine:** naphthylamine || naphtylamine *v* || Naphthylamin *o*.

nagel 1. (*dier*)**:** nail || ongle *m* || Nagel *m*; **-proef:** finger nail test || essai *m* à l'ongle *m* || Fingernagelprobe *v*;

2. (*spijker, enz.*)**:** nail; tack || clou *m* || Nagel *m*; *zie ook* **draadnagel; spijker; - m. datum** (*dwarsliggers*)**:** date nail || clou *m* portant la date *v* de pose *v* || Datumnagel *m*; **- m. platte kop:** flat headed nail || clou *v* à tête *v* plate || flachköpfiger Nagel *m*; **-, houten:** wooden dowel (peg, plug) || cheville *v* (tampon *m*) en bois *m* || Holzpropfen *m*, -dübel *m*; **-, koperen:** copper nail || clou *m* de cuivre *m* || Kupfernagel *m*; **-, loden:** lead nail || clou *m* en plomb *m* || Bleinagel *m*; **-baar:** nailable || pénétrable aux clous *mm* || nagelbar; **-bak:** nail box (case) || cloutier *m* || Nagelbüchse *v*; **-bank** (*scheepst.*)**:** pin rack || râtelier *m* de manoeuvre *v* || Nagelbank *v*; **-en:** to nail (tack) || clouer || an-, festnageln; **-fabriek:** nail work || clouterie *v* || Nagelfabrik *v*; **-gat** (*hoefijzer*)**:** nailhole || étampure *v* || Nagelloch *o*; (*houten nagel*)**:** pin hole || trou *m* de cheville *v* || Nagelloch *o*; **-kop:** head of a nail || tête *v* d'un clou *m* || Nagelkopf *m*; **-machine:** box nailing machine || machine *v* à clouer les caisses *vm* || Kistennagelmaschine *v*; **-tang:** nail nippers || loup *m* || Nagelzange *v*; **-trekker:** nail extractor || arrache-clous *m* || Nagelzieher *m*; **-trekker** (*met hefb.*)**:** lever nail puller || arrache-clous *m* à levier *m* || Hasenmaul *o*; **-vormig:** nail shaped || cludiforme || nagelförmig; **-ijzer:** heading toll, nail mandrel || cloutière *v* || Nagel[kopf]eisen *o*;

3.: *zie* **klinknagel.**

na|gemaakt: artificial, factitious, imitated || artificiel, factice || nachgeahmt, -gemacht, künstlich; **-gisting:** afterfermentation || fermentation *v* insensible || Nachgärung *v*.

nagloei|en: 1. (*doorgloeien*)**:** to continue to glow, to glow after (*cutting off the current; extinction of the fire*) || rester incandescent après (*interruption v du courant m; extinction v du feu m*) || nachglühen; **-ing:** afterglow || incandescence *v* résiduelle || Nachglühen *o*;

2. (*opnieuw gloeien*)**:** to anneal || recuire || nachglühen; **-ing:** annealing || recuit *m* || Nachglühen *o*.

na|jaarshout: autumn timber || bois *m* d'automne *m* || Herbstholz *o*; **-laden:** to give an additional charge || recharger || nachladen; **-lading:** additional charge || recharge *v*, rechargement *m* || Nachladung *v*; **-loop** (*destillatie*)**:** last running || repasse *v* || Nachlauf *m*; (*elektr.*)**:** lag [ging] || retard *m* || Nacheilung *v*; **-loophoek** (*elektr.*)**:** angle of lag || angle *m* de retard *m* || Nacheilungswinkel *m*;

-lopen (*v. e. uurwerk*): to go slow, to lose || retarder || nachgehen; (*elektr.*): to lag || retarder || nacheilen; **-lopend** (*elektr*): lagging || en retard *m* || nacheilend; **-maak**: counterfeit, imitation || contrefaçon *v*, contrefaction *v*, imitation *v* || Nachahmung *v*; **-meten**: to measure again, to check || vérifier [l'exactitude *v* du mesurage *m*]; remétrer (*m. maatstok*) || nachmessen; **-meting**: checking over the dimensions (*of the measurement*) || vérification *v* des dimensions *vm*; remesurage *m* || Nachmessung *v*.

nanking (*stof*): nankeen || nankin *m*, nanquin *m* || Nanking *m*; **-katoen**: nankeen cotton || coton *m* nankin || Nankingbaumwolle *v*.

na|ontploffing: afterexplosion, secondary explosion || explosion *v* secondaire || sekundäre Explosion *v*; **-ontsteking**: retarded ignition || retard *m* à l'allumage *m* || Nach-, Spätzündung *v*.

nap: bowl, cup || écuelle *v*, jatte *v* || Napf *m*.

na|regelen: to readjust || réajuster, régler subséquemment || nachregeln; **-regeling**: readjustment || réglage *m* subséquent || Nachregulierung *v*; **-reiniger** (*flotatie*): recleaner || finisseuse *v* || Nachreiniger *m*; **-reiniging**: final cleaning || épuration *v*, finale || Nachreinigung *v*; **-roting** (*v. vlas*): afterretting || curage *m* || Nachrotte *v*; **-scheider**: *zie* **nareiniger**; **-scherpen** (*zaag*): to recut the saw teeth || redenter la lame *v* de scie *v* || das Sägeblatt *o* nachzahnen; **-schrapen**: to rescrape || creuser en grattant || nachschraben; **-slepen v. d. stroomafnemer**: to drag (to trail) the collector || remorquer (traîner) le dispositif *m* de prise *v* de courant *m* || den Stromabnehmer *m* nachschleppen; **-spannen** (*v. e. schroef*): to retighten a screw || resserrer une vis *v* || eine Schraube *v* nachspannen (nachziehen); **-spannen** (*v. e. veer*): to reset (to restretch) a spring || retendre un ressort *m* || eine Feder *v* nachspannen; **-stampen**: to ram additionally || damer ultérieurement || nachträglich ausstampfen; **-stellen**: *zie* **naregelen**; **-stelling**: *zie* **naregeling**.

nat: wet; humid, moist (*vochtig*) || mouillé; humide (*vochtig*) || naß; feucht (*vochtig*).

na|tappen (*schroefdraad*): to chase a screw thread || aviver (repasser) le filet *m* || Gewinde *o* nachschneiden; **-tekenen**: to copy; to draw [from a model] || copier; dessiner d'après || nachzeichnen, kopieren; nachreißen.

natmaken: to wet, to moisten || humecter, mouiller || [an]feuchten, nässen, [be]netzen.

na|trek: second draw, second (finishing) stretch || étirage *m* supplémentaire || Nachzug *m*; **-trekken**: *zie* **calqueren.**

natrium: sodium || sodium [1]) *m* || Natrium *m*; **-acetaat**: sodium acetate || acétate *m* de sodium *m* || Natriumacetat *o*; **-aluminaat**: sodium aluminate || aluminate *m* de sodium *m* || Natriumaluminat *o*; **-ammoniumfosfaat**: sodium ammonium phosphate || phosphate *m* ammoniacal de sodium *m* || Natriumammon[ium]-phosphat *o*; **-arsenaat**: sodium arsenate || arséniate *m* de sodium *m* || Natriumarsenat *o*; **-arseniet**: sodium arsenite || arsénite *m* de sodium *m* || Natriumarsenit *o*; **-bicarbonaat**: sodium bicarbonate || bicarbonate *m* de sodium *m* || Natriumbicarbonat *o*; **-bichromaat**: sodium dichromate || bichromate *m* de sodium *m* || Natriumbichromat *o*; **-bisulfaat**: sodium bisulfate || bisulfate *m* de sodium *m* || Natriumbisulfat *o*; **-bisulfiet**: sodium bisulfite || bisulfite *m* de sodium *m* || Natriumbisulfit *o*; **-bromaat**: sodium bromate || bromate *m* de sodium *m* || Natriumbromat *o*; **-bromide**: sodium bromide || bromure *m* de sodium *m* || Natriumbromid *o*; **-carbonaat**: sodium carbonate || carbonate *m* de sodium *m* || Natriumcarbonat *o*; **-chloraat**: sodium chlorate || chlorate *m* de sodium *m* || Natriumchlorat *o*; **-chloride**: sodium chloride || chlorure *m* de sodium *m* || Natriumchlorid *o*; **-chromaat**: sodium chromate || chromate *m* de sodium *m* || Natriumchromat *o*; **-citraat**: sodium citrate || citrate *m* de sodium *m* || Natriumcitrat *o*; **-cyanide**: sodium cyanide || cyanure *m* de sodium *m* || Natriumcyanid *o*; **-ferricyanide**: sodium ferricyanide || ferricyanure *m* de sodium *m* || Natriumferricyanid *o*; **-ferrocyanide**: sodium ferrocyanide || ferrocyanure *m* de sodium *m* || Natriumferrocyanid *o*; **-fluoride**: sodium fluoride || fluorure *m* de sodium *m* || Natriumfluorid *o*; **-formiaat**: sodium formate || formiate *m* de sodium *m* || Natriumformiat *o*; **-fosfaat** (*-hypo-*; *-ortho-*; *-meta-*; *-pyro-*): sodium (*hypo-*; *ortho-*; *meta-*; *pyro-*)phosphate || (*hypo-*; *ortho-*; *méta-*; *pyro-*)phosphate *m* de sodium *m* || Natrium (*-hypo-*; *-ortho-*; *-meta-*; *-pyro-*)phosphat *o*; **-fosfiet** (*-hypo-*; *-ortho-*; *-meta-*; *-pyro-*): sodium

[1]) I.p.v. „sodium" wordt dikwijls „soude *v*" gebruikt, vooral in namen van zouten, bv. „carbonate de soude". „Soude" betekent eigenlijk „soda" („sel de soude") of „natriumhydroxyde" („soude caustique"). Voor zoutnamen worden de vormen „chlorure sodique, sulfate sodique", enz. gebruikt.

(*hypo-*; *ortho-*; *meta-*; *pyro-*)phosphite || (*hypo-*; *ortho-*; *méta-*; *pyro-*)phosphite *m* de sodium *m* || Natrium (-*hypo-*; -*ortho-*; -*meta-*; -*pyro-*)phosphit *o*; **-hydroxyde:** sodium hydroxide || hydrate *m* de sodium *m* || Natriumhydroxyd *o*; **-hypochloriet:** sodium hypochlorite || hypochlorite *m* de sodium *m* || Natriumhypochlorit *o*; **-jodaat:** sodium iodate || iodate *m* de sodium *m* || Natriumjodat *o*; **-jodide:** sodium iodide || iodure *m* de sodium *m* || Natriumjodid *o*; **-lamp:** sodium lamp || lampe *v* au sodium *m* || Natriumdampflampe *v*; **-licht:** sodium light || lumière *v* au sodium *m* || Natriumlicht *o*; **-meta(*tetra*)boraat:** sodium meta (*tetra*)borate || méta(*tétra*)borate *m* de sodium *m* || Natriummeta(*tetra*)borat *o*; **-molybdaat:** sodium molybdate || molybdate *m* de sodium *m* || Natriummolybdat *o*; **-nitraat:** sodium nitrate || azotate *m* (nitrate *m*) de sodium *m* || Natriumnitrat *o*; **-nitriet:** sodium nitrite || azotite *m* (nitrite *m*) de sodium *m* || Natriumnitrit *o*; **-oxalaat:** sodium oxalate || oxalate *m* de sodium *m* || Natriumoxalat *o*; **-oxyde:** sodium oxide || oxyde *m* de sodium *m* || Natriumoxyd *o*; **-perchloraat:** sodium perchlorate || perchlorate *m* de sodium *m* || Natriumperchlorat *o*; **-[su]peroxyde:** sodium peroxide || bioxyde *m* de sodium *m* || Natrium[su]peroxyd *o*; **-rhodanide:** *zie* **natriumthiocyanaat; -silicaat:** sodium silicate || silicate *m* de sodium *m* || Natriumsilikat *o*; **-silicofluoride:** sodium fluosilicate || fluosilicate *m* de sodium *m* || Natriumsilicofluorid *o*; **-stannaat:** sodium stannate || stannate *m* de sodium *m* || Natriumstannat *o*; **-sulfaat:** sodium sulfate || sulfate *m* de sodium *m* || Natriumsulfat *o*; **-sulfide:** sodium sulfide || sulfure *m* de sodium *m* || Natriumsulfid *o*; **-sulfiet:** sodium sulfite || sulfite *m* de sodium *m* || Natriumsulfit *o*; **-tartraat:** sodium tartrate || tartrate *m* de sodium *m* || Natriumtartrat *o*; **-thiocyanaat:** sodium thiocyanate || thiocyanate *m* de sodium *m* || Natriumthiocyanat *o*; **-thiosulfaat:** sodium thiosulfate || hyposulfite *m* de sodium *m* || Natriumthiosulfat *o*; **-vlam:** sodium flame || flamme *v* colorée jaune par sodium *m* || Natriumflamme *v*; **-wolframaat:** sodium tungstate || tungstate *m* de sodium *m* || Natriumwolframat *o*; **-zout:** sodium salt || sel *m* de sodium [1]) *m* || Natriumsalz *o*.

natron|aluin: soda alum || alun *m* sodifère || Natronalaun *m*; **-cellulose:** soda cellulose || cellulose *v* à la soude *v* caustique || Natronzellstoff *m*, Natroncellulose *v*; **-glas:** soda glass || verre *m* à base *v* de soude *v* || Natronglas *o*; **-kalk:** soda lime || chaux *v* sodée || Natronkalk *m*; **-loog** [1]): solution of caustic soda || lessive *v* de soude *v* caustique || Natronlauge *v*; **-salpeter:** *zie* **natriumnitraat.**

nat|spinnen: wet spinning || filage *m* au mouillé *m* || Naßspinnen *o*; **-spinning, warme:** hot wet spinning, water spinning || filage *m* à décomposition *v* || Warmnaßspinnerei *v*; **-ten:** *zie* **natmaken.**

natuur: **1.** (*heelal*): nature || nature *v* || Natur *v*; **-kracht:** natural force (power) || force *v* naturelle || Naturkraft *v*; **-kunde:** physics || physique *v* || Physik *v*; **-kunde, proefondervindelijke:** experimental physics || physique *v* expérimentelle || Experimentalphysik *v*; **-kunde, technische:** industrial physics || physique *v* technique || technische Physik *v*; **-kunde, toegepaste:** applied physics || physique *v* appliquée || angewandte Physik *v*; **-kundig:** physical(*ly*) || physique(*ment*) || physikalisch, physisch; **-lijk:** natural || naturel || natürlich, Natur-; **-verschijnsel:** natural phenomenon || phénomène *m* || Naturerscheinung *v*, -ereignis *o*; **-wet:** law of nature || loi *v* de la nature *v* || Naturgesetz *o*; **-wetenschappen:** natural sciences, the sciences of nature || sciences *vm* naturelles || Naturwissenschaften *vm*;

2. (*aard*, *gesteldheid*): nature || naturel *m*, nature *v* || Natur *v*, Art *v*, Beschaffenheit *v*;

3. (*landschap*, *enz.*): nature || nature *v*, campagne *v* || Natur *v*; **-bescherming:** protection of scenery || protection *v* du paysage *m* || Naturschutz *m*; **-karton:** Fourdrinier bristol || carton *m* bristol à la machine *v* Fourdrinier || Naturkarton *m*; **-cement:** natural cement || ciment *m* naturel || Naturzement *m*, natürlicher Zement *m*; **-gas:** natural gas || gaz *m* naturel || Natur-, Erdgas *o*; **-monument:** nature reserve || monument *m* natural || Naturdenkmal *o*; **-steen:** natural stone || pierre *v* naturelle || Naturstein *m*.

naval (*boorgat*) (*mijnb.*): *zie* **inkalving.**

nauw: narrow || étroit || eng, schmal; **-e-pijpenketel:** *zie* **ketel 5 m. nauwe waterpijpen; -keurig:** precise, accurate || exact, précis || genau; **-keurigheid:** precision, accuracy, exactness || exactitude *v*, précision *v* || Genauigkeit *v*; **-keurigheidsgraad:** degree of accuracy ||

[1]) „Sel de soude" = natriumcarbonaat (soda).

[1]) = oplossing van *natriumhydroxyde*, zie aldaar.

degré *m* d'exactitude *v* (de précision *v*) || Genauigkeitsgrad *m*; **-mazig:** narrow meshed || à mailles *vm* étroites| à petites mailles *vm* || engmaschig.

naver|branding: afterburning || combustion *v* prolongée (retardée) || Nachbrennen *o*; **-damping:** revaporation || vaporisation *v* subséquente || Nachverdampfung *v*; **-damping door smoring:** revaporation by throttling || vaporisation *v* subséquente par étranglement *m* || Nachverdampfung *v* durch Drosselung *v*.

navigatie: navigation || navigation *v* || Navigation *v*; **-licht:** navigation light || feu *m* (fanal *m*) de navigation *v* || Positionslicht *o*.

na|vulling (*cilinder*)**:** afteradmission || admission *v* subséquente || Nachfüllung *v*; **-vijlen:** to file over (again) || repasser (retoucher) à la lime *v* || nachfeilen; **-wasmachine** (*mijnb.*)**:** rewashing machine || machine *v* pour le relavage *m* || Nachwaschmaschine *v*; **-wassen** (*mijnb.*)**:** to reclean, to rewash || relaver || nachwaschen; **-wegen:** to reweigh, to weigh again, to check the weight of || vérifier le poids *m* || nachwiegen; **-werking:** aftereffect[s] || effet *m* secondaire || Nachwirkung *v*; **-werking, magnetische:** magnetic aftereffect (fatigue) || effet *m* magnétique secondaire || magnetische Nachwirkung *v*; **-ijken:** to check, to recalibrate || vérifier la graduation *v*, étalonner à nouveau *m* || nacheichen; **-ijking:** checking, recalibration || étalonnage *m* (graduation) *v* à nouveau *m* || Neueichung *v*; **-ijlen, enz.:** *zie onder* **naloop; -zenden** (*verzenden*)**:** to send [on] after || faire suivre || nachsenden, -schikken; **-zenden** (*uitzenden*)**:** to retransmit || faire suivre || nachsenden; **-zetten** (*schroef*)**:** *zie* **naspannen; -zien** (*inspecteren*)**:** to inspect || inspecter, visiter || nachsehen; **-zien** (*reviseren*)**:** to revise, to overhaul || reviser, réviser || nachsehen.

neder: *zie* **neer 2.**

neer: 1. (*rivier*)**:** eddy || remous *m*, retour *m* du courant *m* || Gegenströmung *v*, Neer *v*; **2.** (*bijw.*)**:** down || à (en) bas *m* || nieder, her-, hinunter; her-, hinab.

neer|braak (*mijnb.*)**:** sump || bure *v* || Gesenk *o*; **-drukarm:** depression lever || levier *m* de dépointage *m* || Abdrückhebel *m*; **-halen:** to haul down || haler bas || herunterholen; *zie ook* **afbreken; -haler** (*scheepst.*)**:** downhaul || hale-bas *m* || Niederholer *m*; **-hangen** (*leiding*)**:** to sag || faire flèche *v*, pendre || niederhängen; **-houw** (*mijnb.*)**:** down-brow || descenderie *v*, vallée *v* fendue || Ab-, Niederhauen *o*, Gesenk *o*; **-komen** (*vliegtg.*)**:** *zie* **landen** *onder* **land 1.**

neer|slaan: 1.: *zie* **bezinken; -slag:** *zie* **bezinksel;**
2.: *zie* **condenseren; -slaan v. rook:** condensation of smoke || condensation *v* de fumée *v* || Verdichtung *v* von Rauch *m*; **-slaan v. stoom:** condensation of steam || condensation *v* de vapeur *v* || Kondensieren *o* (Niederschlagen *o*) von Dampf *m*; **-slag:** *zie* **condensaat; -slagvat:** condensing vessel || vaisseau *m* de condensation *v* || Niederschlaggefäß *o*; **-slagwater:** *zie* **condensatiewater;**
3. (*chem.*)**:** to precipitate; precipitation || se précipiter; précipitation *v* || [aus]-fällen; [Aus]fällung *v*; **-slaan, doen:** to precipitate || précipiter || [aus]fällen; **-slag:** precipitate || précipité *m* || Niederschlag *m*, Fällung *v*; **-slag, amorf:** amorphous precipitate || précipité *m* amorphe || amorpher Niederschlag *m*; **-slag, dik:** thick precipitate || précipité *m* épais || dicker (dichter) Niederschlag *m*; **-slag, fijn** (*grof*)**:** fine (*coarse*) precipitate || précipité *m* fin (*gros*) || feiner (*grober*) Niederschlag *m*; **-slag, kolloïdaal:** colloidal precipitate || précipité *m* colloïdal || kolloider Niederschlag *m*; **-slag, kristallijn:** crystalline precipitate || précipité *m* cristallin || kristallinischer Niederschlag *m*; **-slag, licht** (*zwaar*)**:** light (*heavy*) precipitate || précipité *m* léger (*lourd*) || leichter (*schwerer*) Niederschlag *m*; **-slag, vlokkig:** flocculent precipitate || précipité *m* floconneux || flockiger Niederschlag *m*; **-slag, volumineus:** voluminous precipitate || précipité *m* volumineux || voluminöser Niederschlag *m*; **-slagelektrode:** precipitation electrode || électrode *v* de précipitation *v* || Niederschlagelektrode *v*; **-slagmiddel:** precipitant, precipitating agent || précipitant *m*, agent *m* de précipitation *v* || Fäll-, Niederschlagmittel *o*;
4. (*weerkunde*)**: -slag:** down-fall || précipitation[s] *v*[*m*], quantité *v* d'eau *v* tombée, régime *m* pluvial || Niederschlag *m*; **-slaggebied** (*regen*)**:** irrigation area || zone *v* des pluies *vm* || Niederschlaggebiet *o*;
5. (*neerklappen, enz.*)**:** to let (put) down, to lower || abattre, rabattre, baisser || niederklappen, umlegen.

neertransformeren: to step down || dévolter || herabtransformieren.

nefelien: nepheline || néphéline *v* || Nephelin *m*.

nefriet: nephrite || néphrite *v* || Nephrit *m*.

nega|tief: 1. (*fotogr.*)**:** negative || négatif *m* || Negativ *o*; **-tiefpapier:** negative paper || papier *m* sensible négatif || Negativpapier *o*;
2. (*bijv. nw.*)**:** negative(*ly*) || négatif

(*-vement*) || negativ; **-elektrisch:** electronegative, negatively electric || électronégatif || elektronegativ, negativ elektrisch; **-tiviteit:** negativity || négativité *v* || Negativität *v.*
nega|ton: negaton || négaton *m* || Negaton *o*; **-tron:** *zie* **negaton.**
negenhoek: enneagon, nonagon || ennéagone *m* || Neuneck *o*, Nonagon *o.*
nemen: **1.** (*algem.*): to take || prendre || nehmen;
2. (*bocht*): to manage (to take) a curve || prendre une courbe *v* (un virage *m*) || eine Kurve *v* nehmen;
3. (*monsters*): sampling || échantillonnage *m* || Probenehmen *o*, -nahme *v.*
neodymium: neodymium || néodyme *m* || Neodym *o.*
Neogeen: Neogene || Néogène *m* || Neogen *o.*
neografiedruk: neographic print || image *v* néographique || Neographiedruck *m.*
neon: neon || néon *m* || Neon *o*; **-buis:** neon tube (valve) || tube *v* au néon *m* || Neonröhre *v*; **-licht:** neon light || lumière *v* au néon *m* || Neonlicht *o*; **-reclamebord:** neon sign || enseigne *v* au néon *m* || Neonschild *o.*
Neozoïcum: Cenozoic || Néozoïque *m* || Neozoikum *o.*
neptunium: neptunium || neptunium *m* || Neptunium *o.*
nerf (*v. leder*): grain || grain *m* || Narbe *v*; **-zijde** (*v. leder*): grain (hair) side || fleur *v* de cuir *m*, grain *m* || Haar-, Narbenseite *v.*
nernstlamp: Nernst lamp || lampe *v* Nernst || Nernstlampe *v.*
nerven (*leder*): to grain || grene[le]r || narben.
nestenschijf: chain wheel || pignon *m* à chaîne *v* à empreinte *v*, barbotin *m* || Kettennuß *v.*
net: **1.** (*visnet*; *netwerk*, *enz.*): net, netting || filet *m* || Netz *o*; **- m. nauwe mazen:** narrow meshed net || filet *m* à mailles *vm* étroites (à petites mailles *vm*) || engmaschiges Netz *o*; **- m. wijde mazen:** wide meshed net || filet *m* à larges mailles *vm* || weitmaschiges Netz *o*; **- v. metaaldraad:** wire netting || réseau *m* en fil *m* métallique || Drahtnetz *o*; **- ter bescherming v. e. ventilator:** fan guard || filet *m* protecteur de ventilateur *m* || Ventilatorschutznetz *o*; **-knoop:** netting knot || noeud *m* de filet *m* || Netzknoten *m*; **-ten breien:** to knit nets || tricoter des filets *mm* || Netze *om* stricken; **-tenbreiershaak:** netting needle || aiguille *v* à filet *m*, navette *v* à fileter || Filet-, Netznadel *v*; **-tenbreimachine:** netting machine || tricoteuse *v* à filets *mm* || Netzstrickmaschine *v*; **-tenfabriek:** netting manufactory || fabrique *v* de filets *mm* || Netzfabrik *v*; **-verband** (*metselw.*): diamond work, reticulated bond || maçonnerie *v* réticulée || Netzverband *m*; **-vormig:** net shaped, reticulate[d], reticular || réticulaire || netzförmig; **-werk:** [wire] netting || treillis *m*, filet *m* || Netz *o*, [Metall]gewebe *o*;
2. (*spoorwegen*; *wegen*; *elektr.*, *enz.*): network || réseau *m* || Netz *o*; *zie ook* **leidingnet; - voor grote afstanden** (*elektr.*): long distance network || réseau *m* à longue distance *v* || Fernleitungsnetz *o*; **-, bovengronds** (*elektr.*): overhead network || réseau *m* de conducteurs *mm* aérien || oberirdisches [Leitungs]netz *o*; **-, monocyclisch** (*elektr.*): monocyclic direct current network || réseau *m* monocyclique || monozyklisches Netz *o*; **-kaart** (*elektr.*): map of network || plan *m* du réseau *m* || Leitungsplan *m*; **-spanning** (*elektr.*): voltage of the network (of mains) || tension *v* du réseau *m* || Netzspannung *v*; **-stroom** (*elektr.*): line (network) current || courant *m* de ligne *v* (du réseau *m*) || Linien-, Netzstrom *m*; **-werk v. lijnen** (*spw.*): network of lines || réseau *m* de voies *vm* || Gleisnetz *o.*
netel|doek: mull, muslin, nettle cloth || mousseline *v* (fine] || Mull *m*, Musselin *m*, Nesseltuch *o*; **-plant:** chinagrass, cloth grass || China-grass *m*, Chouma *v*, écorce *v* de Boehméria || Chinagras *o*, Faser *v* der chinesischen Nessel *v*, Tschuma *v.*
netto: net || net || netto, Netto-; **-tonnenmaat:** *zie* **registertonnage** *onder* **register 4.**
neus: **1.** (*algem.*): nose || nez *m* || Nase *v*; **-rail:** grooveless girder rail, step rail || rail *m* à nez *m* || Nasen-, Stufenschiene *v*;
2. (*dakpan*): knob, nose, nib, hook || crochet *m*, nez *m* || Nase *v*;
3. (*geweerkolf*): heel || talon *m* || Ferse *v*, Nase *v*;
4. (*schaaf*): handle, horn || manche *v*, poignée *v* || Nase *v*; **-schaaf:** handle plane || rabot *m* à poignée *v* || Nasenhobel *m*;
5. (*schip*): nose || proue *v*, avant *m* || Nase *v*;
6. (*schoen*): toecap || bout *m* || Spitze *v.*
neu|traal: neutral || neutre || neutral; **-tralisatie :** *zie* **neutralisering; -traliseerborstel:** neutralising brush || balai *m* de neutralisation *v* || Übertragungsbürste *v*; **-traliseren:** to neutralize; to render neutral || neutraliser || neutralisieren, neutral machen; **-tralisering:** neutralization || neutralisation *v* || Neutralisierung *v.*
neutrino: neutrino || neutrino *m* || Neutrino *o.*
neutron: neutron || neutron *m* || Neutron *o*; **-, thermisch:** thermic neutron || neutron *m* thermique || thermisches Neutron *o.*
neutronen|bombardement: neutron bom-

bardement || bombardement *m* de neutrons *mm* || Neutronenbombardement *o*; **-bron:** source of neutrons || source *v* émettrice de neutrons *mm* || Neutronenquelle *v*.

nevel: haze, mist; fog (*mist*) || brouillard *m*, brume *v* || Nebel *m*; **-ig:** hazy, misty; foggy || nébuleux || nebelig; **-kamer** (*v. Wilson*)**:** expansion chamber (*of Wilson*) || chambre *v* de détente *v* (*de Wilson*) || Nebelkammer *v* (*nach Wilson*); **-vlek:** nebula [1]) || nébuleuse *v* || Nebelfleck *m*.

neven: *zie* **naast; -as** (*auto*)**:** lay shaft || arbre *m* secondaire || Sekundärwelle *v*; **-produkt*:** *zie* **bijprodukt; -sluiting** (*elektr.*)**:** *zie* **shunt; -spreken:** cross-talk || diaphonie *v* || Nebensprechen *o*; **-stroomdynamo:** *zie* **shuntdynamo.**

niclausseketel: Niclausse boiler, water tube boiler with divided header at one end of the tubes || chaudière *v* aquatubulaire à collecteurs *mm* subdivisés à une extrémité *v* des tubes *mm*, générateur *m* [de] Niclausse || [Niclausse]-wasserröhrenkessel *m* mit geteilten Wasserkammern *vm* an einem Ende *o* der Röhren *vm*.

nicol: nicol [prism] || prisme *m* de Nicol || Nikolsches Prisma *o*.

nicotine: nicotine || nicotine *v* || Nikotin *o*.

niël|leren: to inlay with black enamel, to niello || nieller || niellieren; **-lowerk:** niello [engraving] || niellure *v* || Niello *o*.

nier (*v. erts*)**:** nodule || nodule *m* || Niere *v*.

niet [2])**:** not; non- || ne . . . pas, ne . . . . point; non [pas], non- || nicht; Nicht-; **-geleider:** nonconductor || corps *m* nonconducteur || Nichtleiter *m*; **-metaal:** *zie* **metalloïde.**

nietje: binders wire staple || crochet *m* || Drahtheftklammer *w*.

nieuw: new (*niet oud, niet gebruikt*); novel (*denkbeeld, uitvinding, enz.*); recent(*ly*) (*pas geschied*) || nouveau (*nouvel*) (*niet oud*); neuf (*niet gebruikt*); récent (*recemment*) (*pas geschied*) || neu; **-heid** (*uitvinding, enz.*)**:** novelty || nouveauté *v* || Neuheit *v*; **-zilver:** *zie* **argentaan.**

nikkel: nickel || nickel *m* || Nickel *o*; **-aluminium:** nickel aluminium || aluminium *m* au nickel *m* || Nickelaluminium *o*; **-ammoniumsulfaat:** nickel ammonium sulfate || sulfate *m* double de nickel *m* et d'ammonium *m* || Nickelammon[ium]sulfat *o*; **-antimoniumkies:** nickel grey antimony || nickel *m* antimonié sulfuré || Nickelantimonglanz *m*; **-arsenikkies:** nickel glance, arsenical nickel ore || nickel *m* arséniosulfuré || Nickelarsenikglanz *m*; **-bad:** nickel bath || bain *m* de nickelage *m* [à nickel *m*] || Nickelbad *o*; **-bloem:** nickel green, arseniate of nickel || nickel *m* arséniaté || Nickelblüte *v*, -ocker *m*; **-bromide:** *zie* **nikkelbromuur; -bromuur:** nickel bromide || bromure *m* de nickel *m* || Nickelbromür *o*, Nickelobromid *o*; **-brons:** nickel bronze || bronze *m* au nickel *m* || Nickelbronze *v*; **-carbonaat:** nickel carbonate || carbonate *m* de nickel *m* || Nickelcarbonat *o*; **-carbonyl:** nickel carbonyl || carbonyle *m* de nickel *m* || Nickelcarbonyl *o*; **-chloride:** *zie* **nikkelchloruur; -chloruur:** nickel chloride || chlorure *m* de nickel *m* || Nickelchlorür *o*, Nickelochlorid *o*; **-cyanide:** *zie* **nikkelcyanuur; -cyanuur:** nickel cyanide || cyanure *m* de nickel *m* || Nickelcyanür *o*, Nickelocyanid *o*; **-elektrode:** nickel electrode || électrode *m* de nickel *m* || Nickelelektrode *v*; **-en:** nickel (*bijv. nw.*); to nickel (*ww.*) || en nickel *m* (*bijv. nw.*); nickel[is]er (*ww.*); nickelage *m* (*z. nw.*) || aus (von) Nickel *o*, Nickel- (*bijv.*); vernicklen (*ww.*); Vernickelung *v* (*z. nw.*); **-erts:** nickel ore || minerai *m* de nickel *m* || Nickelerz *o*; **-groen:** nickel green || vert *m* de nickel *m* || Nickelgrün *o*; **-kies:** nickel pyrites || nickel *m* sulfuré || Nickelkies *m*; **-koper:** nickel copper || alliage *m* de nickel *m* et de cuivre *m*, cuivre *m* au nickel *m* || Nickelkupfer *o*; **-legering:** nickel alloy || alliage *m* de nickel *m* || Nickellegierung *v*; **-oker:** *zie* **nikkelbloem; -oxyde:** nickel sesquioxide || sesquioxyde *m* de nickel *m* || Nickel[i]-oxyd *o*; **-oxyduul:** nickel monoxide || oxyde *m* de nickel *m* || Nickelooxyd *o*, Nickeloxydul *o*; **-papier:** nickel foil || papier *m* de nickel *m* || Nickelpapier *o*; **-spons:** spongy nickel || nickel *m* en éponge *v* || Nickelschwamm *m*; **-spijs:** nickel speiss || speiss *m* de nickel *m* || Nickelspeise *v*; **-staal:** nickel steel || acier *m* au nickel *m* || Nickelstahl *m*; **-staalklep:** nickel steel cap (cover), retaining ring [cap] || capot *m* en acier *m* au nickel *m* || Nickelstahlkappe *v*; **-steen:** nickel stone || matte *v* de nickel *m* || Nickelstein *m*; **-sulfaat:** nickel sulfate || sulfate *m* de nickel *m* || Nickelsulfat *o*; **-sulfide:** nickel monosulfide || sulfure *m* de nickel *m* || Nickelsulfid *o*; **-vitriool:** *zie* **nikkelsulfaat; -ijzer:** nickel iron || ferronickel *m* || Nickeleisen *o*.

nio|biet: niobite || niobite *v* || Niobit *m*;

---

1) Mrv.: *nebulae.*

2) Zie ook onder *in-*, *non-* en *on-*; voor uitdrukkingen als *niet eenparig*, *- geleidend*, *- rekbaar*, *- vluchtig*, enz., zie onder *eenparig*, *geleidend*, *rekbaar*, *vluchtig*, enz.

-bium: columbium || columbium *m*, niobium *m* || Niob *o*.

nippel: nipple || douille *v*, mamelon *m*, raccord *m* à vis *v* || Nippel *m*; **-, dubbele:** double nipple || double raccord *m* à vis *v*; manchon *m* droit || Doppelnippel *m*; **-draad:** thread of nipple || filetage *m* de raccord *m* || Nippelgewinde *o*; **-sleutel** (*rijwiel*)**:** spoke key || clef *v* serre-écrous de rayons *mm* || Nippelschlüssel *m*, -spanner *m*.

nis: niche || niche *v* || Nische *v*; **-, half cirkelvormige:** absis, apsis || apse *v*, abside *v*, apside *v*, chevet *m*, rond-point *m* || Apside *m*, halbkreisförmige Nische *v*; **-bus:** niche pipe || tuyau *m* de niche *v* || Nischenrohr *o*; **-gewelf:** niche vaulting || voûte *v* en niche *v* || Nischengewölbe *o*.

ni|ton: niton || niton *m* || Niton *o*; *zie ook* **radiumemanatie; radon; -traat:** nitrate || nitrate *m*, azotate *m* || Nitrat *o*; **-treren:** to nitrate || nitrer || nitrieren; **-trering:** nitration || nitration *v* || Nitrierung *v*; **-treus:** nitrous || nitreux || nitros; **-triet:** nitrite || nitrite *m*, azotite *m* || Nitrit *o*.

nitro|benzeen: nitrobenzene || nitrobenzène *m* || (Nitrobenzen *o*), Nitrobenzol *o*; **-benzol*:** *zie* **nitrobenzeen; -cellulose:** *zie* **cellulosenitraat** (nitrocellulose || nitro-cellulose *v* || Nitrozellulose *v*); **-gelatine:** nitrogelatine || dynamite-gomme *v* || Nitro-, Sprenggelatine *v*; **-glycerine*:** *zie* **glyceroltrinitraat** (nitroglycerol || nitroglycérol *m* || (Nitroglyzerol *m*), Nitroglyzerin *o*); **-meter:** nitrometer || nitromètre *m* || Salpetermesser *m*; **-soverbinding:** nitroso compound (derivative) || dérivé *m* (composé *m*) nitrosé || Nitrosoverbindung *v*; **-verbinding:** nitro compound (derivative) || dérivé *m* (composé *m*) nitré || Nitroverbindung *v*, -körper *m*.

niveau: 1. (*algem.*)**:** level || niveau *m* || Niveau *o*; **-fles:** levelling bottle || flacon *m* de niveau *m* || Niveauflasche *v*; **-kromme:** hypsogram || hypsogramme *m* || Pegellinie *v*; **-meter:** hypsometer || hypsomètre *m* || Pegelmesser *m*; **-verhoging** (*-verlaging*)**:** raising (*lowering*) of the level || relèvement *m* (*abaissement m*) du niveau *m* || Hebung *v* (*Senkung v*) des Niveaus *o*; **-verschil:** difference in levels || différence de niveaux *mm* || Höhenunterschied *m*; **-vlak:** *zie* **equipotentiaalvlak;**

2. (*vloeistof*)**:** level || niveau *m* || Spiegel *m*, Niveau *o*; **-, hoogste** (*laagste*) (*boven stuw of waterrad*)**:** flume, head (*tail*) race || bief *m* (canal *m*) d'amont *m* (d'amenée *v*) (*canal m d'aval m* (*de chasse v*, *de fuite v*)) || Obergraben *m* (*Untergraben m*);

3. (*spoorweg*)**:** [formation] level, level subgrade || plate-forme *v*, palier *m* || Planum *o*, Bahnplanie *v*; **-baan:** level railway || chemin *m* de fer *m* au niveau *m* du sol *m* || Niveaubahn *v*; **-kruising:** level crossing || passage *m* à niveau *m* || Niveaukreuzung *v*, -übergang *m*, Plankreuzung *v*.

nivel|leerband: levelling tape || bande *v* divisée pour mire *v* || Nivellierband *o*; **-leerinstrument:** level[ling instrument] || niveau *m* || Nivellierinstrument *o*; **-leerinstrument m. kijker:** telescope level || niveau *m* à lunette *v* || Nivellierrohr *o*; **-leerlat:** levelling rod || latte *v* [règle *m*] de niveau *m*, mire *v* de nivellement *m* || Nivellier-, Richtlatte *v*; **-leerlat, sprekende:** levelling staff with large ciphers || mire *v* parlante || Nivellierlatte *v* zum Selbstablesen *o*; **-leerschroef:** levelling screw || vis *v* calante || Nivellierschraube *v*; **-leren:** to [take the] level || niveler || nivellieren; **-leren v. een punt:** levelling without changing places || nivellement *m* par rayonnement *m* || Nivellieren *o* vom festen Standpunkte *m* aus; **-lering:** levelling, grading || nivellement *m*, aplanissement *m*, réglage *m* || Nivellement *o*, Nivellierung *v*, Planierung *v*; **-lering in de lengte:** levelling along the line || nivellement *m* en longueur *v* || Längennivellement *o*.

noemer (*v. breuk*)**:** denominator || dénominateur *m* || Nenner *m*.

noest: *zie* **knoest.**

nok: 1. (*werktuigk.*)**:** cam || came *v* || Daumen *m*, Nocken *m*; **- m. veranderlijke hefhoogte:** cam with variable lift || came *v* à levée *v* variable || Nocken *m* mit veränderlicher Hubhöhe *v*, schräger Nocken *m*; **- uit één stuk m. d. as gefreesd:** cam milled out of the solid || came *v* et arbre *m* fraisés d'une seule pièce *v* || aus einem Stück *o* mit der Welle *v* gefräster Nocken *m*; **-, aflopende kant v. e.:** trailing edge of a cam || côté *m* de descente *v* d'une came *v* || Ablaufseite *v* eines Nockens *m*; **-, dubbele:** double lift cam || came *v* à deux rampes *vm* || zweihaftiger Nocken *m*; **-, gedreven d. e.:** driven by [means of] a cam || commandé par une came *v* || angetrieben durch einen Nocken *m*; **-, oplopende kant v. e.:** leading edge of a cam || côté *m* de levée *v* d'une came *v* || Anlaufseite (Hubseite *v*) eines Nockens *m*; **-, verschuifbare:** sliding cam || came *v* de déplacement *m* || verschiebbarer Nocken *m*; **-, verstelbare:** adjustable cam || came *v* réglable || verstellbarer Daumen *m* (Nocken *m*); **-cirkel:** cam [base] circle || cercle *m* primitif de la came *v* || Nockengewindkreis *m*; **-hefhoogte:** lift of cam || levée *v* de la came *v* || Nockenhub *m*; **-kenas:** cam shaft || arbre *m* à cames *vm* (de distribution *v*) || Nockenwelle *v*, Steuer[ungs]welle *v*; **-kenas haaks op krukas:** cam shaft at right angles to the crank shaft || arbres *mm* de distribution *v* et de couche *v* perpendiculaires l'une à l'autre || Steuerwelle *v* quer zur Kurbelwelle *v*; **-kenas parallel m. krukas:** parallel cam and crank shaft || arbres *mm* de distribution *v* et de couche *v* parallèles || Steuerwelle *v* gleichlaufend mit Kurbelwelle *v*; **-kenas tot regeling v. d. inlaat** (*uitlaat*)**:** admission (*exhaust*) cam shaft || arbre *m* à cames *vm* d'admission *v* (*d'echappement m*) || Einlaßnockenwelle (*Auslaß-*) *v*; **-kenas, verschuifbare:** shifting cam shaft || arbre *m* à cames *vm* baladeur || verschiebbare Nockenwelle *v*; **-kenasdrijfwerk:** mechanism for driving the cam shaft || mécanisme *m* de distribution *v* || Steuerungsgetriebe *o*; **-kenasindeling:** arrangement of cam shaft || disposition *v* de l'arbre *m* de distribution *v* || Steuerwellenanordnung *v*; **-kenschijf:** cam disc || disque *m* à cames *vm* || Nockenscheibe *v*; **-kenschijf gedreven door de regulateur:** cam disc adjusted by the governor || came *v* commandée par le régulateur *m* || vom Regler *m* verdrehte Nockenscheibe *v*; **-kenschijfhamer:** cam hammer || marteau-came *m* || Daumenhammer *m*; **-rad** (*nokkenschijfhamer*)**:** crown || roue *v* à cames *vm* || Wellkranz *m*; **-ronding:** rounding of the cam || arrondi *m* de la came *v* || Nockenabrundung *v*; **-overbrenging:** cam gear || distribution *v* à cames *vm* || Nockensteuerung *v*; **-vorm:** shape of cam || forme *v* de came *v* || Nockenform *v*.

2. (*dak*): ridge || [ligne *v* de] faîte *v* || First *m*; **-balk:** ridge beam (purlin) || poutre *v* de faîte *v*, panne *v* faîtière || Firstbalken *m*, -pfette *v*; **-bekleding:** ridging || faîtage *m* || Firsteindeckung *v*; **-breedte:** ridge way || voie *v* de faîte *v* || Firstweg *m*; **-gevel, driehoekige:** gable || pignon *m* || Giebel *m*; **-lood:** ridge lead || plomb *m* de faîtage *m* || Firstblech *o*, -blei *o*; **-pan:** ridge tile || tuile *v* faîtière || Firstziegel *m*; **-plaat:** ridge plate || tôle *v* de faîtage *m* || Firstblech *o*; **-vorst:** ridge || faîte *m* || First *v*;

3. (*dakpan*): *zie* **neus:**

nomenclatuur: nomenclature, naming || nomenclature *v* || Nomenklatur *v*.

nominaal: nominal(*ly*) || nominal(*ement*) || nominell, Nominal-, Nenn-.

nonaancarbonzuur-1 (decaanzuur, caprinezuur)**:** nonanecarboxylic acid || acide *m* nonanecarboxylique-1 || (Nonancarbonsäure-1 *v*).

non|ferrometaal: nonferrous metal || métal *m* non-ferrique || Nichteisenmetall *o*; **-pareille:** nonpareil || nonpareille *v* || Nonpareille *v*; **-returnklep:** nonreturn (back pressure) valve || soupape *v* de retenue *v* || Rückschlagventil *o*; **-variant:** nonvariable || non-variable || nonvariant.

nonius: vernier, nonius || vernier *m*, nonius *m* || Nonius *m*.

nood|anker: spare anchor || ancre *v* de cale *v* || Notanker *m*; **-brug:** emergency bridge || pont *m* provisoire || Notbrücke *v*; **-centrale** (*-station*)**:** auxiliary power station (*sub-station*) || usine *v* (*sous-station v*) de secours *m* || Hilfswerk *o* (*Hilfsunterwerk o*); **-deur** (*sluis*)**:** safety gate || écluse *v* de garde *v* || Nottor *o*; **-deur** (*theater, enz.*)**:** emergency door, fire-exit || porte *v* de secours *m* (de dégagement *m*) || Nottür *v*; **-dienst:** emergency service || service *m* de détresse *v* (de secours *m*) || Notbetrieb *m*; **-haven:** harbour of refuge || port *m* de refuge *m* || Nothafen *m*; **-hulplamp:** emergency lamp || lampe *v* de secours *m* || Notlampe *v*; **-ketting:** safety chain || chaîne *v* de sûreté *v* || Notkette *v*; **-koppeling:** emergency [safety] coupling || attelage *m* de sûreté *v* || Notkupplung *v*; **-landing:** forced (emergency) landing (descent) || atterrissage *m* forcé || Notlandung *v*; **-las:** jury scarf || écharpe *v* de fortune *v* || Notlaschung *v*; **-mast:** jury mast || mât *m* de fortune *v* || Notmast *m*; **-paal** (*telegr.*)**:** temporary pole || poteau *m* provisoire || Notstange *v*; **-rem:** emergency (safety) brake || frein *m* de détresse *v* (de secours *m*, de sécurité *v*, de sûreté *v*, de protection *v*) || Not-, Schutzbremse *v*; **-remkast:** emergency brake pull box || boîte *v* du frein *m* de secours *m* || Notbremszugkasten *m*; **-remklep:** emergency brake valve || robinet *m* du frein *m* de secours *m* || Notbremshahn *m*; **-remtrekinrichting:** emergency brake pull gear || dispositif *m* de frein *m* de secours *m* || Notbremszugvorrichtung *v*; **-remtrekker:** emergency brake handle || poignée *v* du frein *m* de secours *m* || Notbremshandgriff *m*; **-roer:** jury rudder || gouvernail *m* de fortune *v* || Notruder *o*; **-schakelaar:** emergency switch || interrupteur *m* de secours *m* || Notschalter *m*; **-sein:** danger [emergency] signal || signal *m* de détresse *v* || Notsignal *o*; **-signaal:** *zie* **noodsein; -stopklep:** automatic steam pipe isolating valve || soupape *v* de rupture *v*, soupape *v* fonctionnant en cas *m* de rupture *v* d'un tuyau *m* || Rohrbruchventil *o*;

-takel: preventer tackle || palan *m* de retenue *v* || Nottakel *o*, -talje *v*; **-trekstang** (*spw.*)**:** emergency (safety) drawbar || barre *v* d'attelage *m* de sûreté *v* || Notkupplungs-, Notzugstange *v*; **-verband** (*v. reels*)**:** emergency joint || assemblage *m* de fortune *v* (d'urgence *v*, provisoire) || Notverband *m*; **-verlichting:** emergency lighting || éclairage *m* de secours *m* || Notbeleuchtung *v*; **-vlot:** temporary raft || radeau *m* de fortune *v* || Notfloß *o*; **-zender:** emergency transmitter || transmetteur *m* de détresse *v* || Notsender *m*.

noord: north || nord || nord; **-elijk:** northern || septentrional || nördlich; **-en:** north || nord *m* || Nord[en] *m*; **-enwind:** northerly (north) wind || [vent *m* du] nord *m* || Nordwind *m*; **-erbreedte:** north latitude || latitude *v* nord || Nordbreite *v*; **-erlicht:** aurora borealis, northern lights || aurore *v* boréale || Nordlicht *o*; **-erzon:** north [midnight] sun || soleil *m* du nord *m* || Nordersonne *v*; **-magnetisch:** north magnetic || magnétique nord || nordmagnetisch; **-magnetisme:** north magnetism || magnétisme *m* nord || Nordmagnetismus *m*; **-noordoost** (*-west*)**:** north-northeast (*-west*) || nord-nord-est (*-ouest*) *m* || nordnordost (*-west*); **-oost:** northeast || nord-est *m* || nordost; **-oost ten noorden** (*oosten*)**:** northeast by north (*east*) || nord-est-quart-nord (*-est*) || nordost zu Nord (*Ost*) *m*; **-pool:** north pole || pôle *m* nord || Nordpol *m*; **-west:** north-west || nord-ouest || Nordwest *m*.

noot: 1. (*vrucht*): nut || noix *v* || Nuß *v*; **-isolator:** nut insulator || isolateur *m* à noix *v* || Nußisolator *m*; **-jeskool:** (0): cobbles || gailletins *mm* || Würfel *mm*; (I): single nuts, nuts-coal I || gailletins *mm*, grélassons *mm* bruts || Nußkohle *v* I; (II): nuts-coal II || têtes *vm* de moineaux *mm*, noix *vm* || Nußkohle *v* II; (III): nuts-coal III || braisettes *vm* || Nußkohle *v* III; (IV): nuts-coal IV || braisettes *vm* IV || Nußkohle *v* IV; (V): nuts-coal V || braisettes V || Nußkohle *v* V;
2. (*voetnoot*): note || note *v* || [Fuß]note *v*, Anmerkung *v*.

nop: nap, burl || boucle *m* || Samtmasche *v*, Noppe *v*; **-jeslei, -jesschist:** nodular schist || schiste *m* noduleux || Knoten-, Fruchtschiefer *m*; **-machine:** burling machine || épinceteuse *v* mécanique, époutisseuse *v* || Noppmaschine *v*; **-pen:** to burl, to freeze, to tease || épinc[et]er, époutir, noper, ratiner, friser || belesen, noppen, ratinieren, kräuseln; **-penrij:** row of naps || bouclé *m* || Samtmaschenreihe *v*; **-ping:** burling || épinçage *m*, épincetage *m*, époutissage *m*, nopage *m* || Belesen *o*, Noppen *o*; **-raam:** burling frame || pupitre *m* à épinceter || Belese-, Nopprahmen *m*; **-tang:** burling iron, weaver's nippers || épincette *v* de tisserand *m* || Noppeisen *o*, -zange *v*.

norm: standard [specification], norm, rule || norme *v*, prescription *v* normale, standard *m* || Normalie *v*, Norm *v*.

normaal: 1. (*meetk., z. nw.*)**:** normal || normale *v* || Normale *v*, Winkelrechte *v*; **2.** (*meetk., bijv. nw.*)**:** normal || normal || normal; Normal-, winkelrecht; **-kracht:** force at right angles || effort *m* normal || Kraft *v* unter 90°;
3. (*gewoon*): normal(*ly*) || normal(*ement*) || normal;
4.: *zie* **norm; -bocht** (*elektr.*)**:** conduit elbow, normal bend || tube *m* coudé en matière *v* isolante || Ellbogenrohr *o* aus Isoliermaterial *o*; **-draad** (*metaal*)**:** standard wire || fil *m* normal || Normaldraht *m*; **-draad** (*schroefdraad*)**:** standard thread || filet *m* normal || Normalgewinde *o*; **-draadtabel:** standard wire gauge (S.W.G.) || table *v* des calibres *mm* normaux des fils *mm* métalliques || Normaldrahttabelle *v*; **-formaat:** standard size (dimension) || dimensions *vm* normales || Normalformat *o*, Einheitsform *v*; **-kaars:** standard candle || bougie *v* normale || Normalkerze *v*; **-oplossing:** normal solution || solution *v* normale || Normallösung *v*; **-papier:** standard paper || papier *m* normal || Normalpapier *o*; **-lijn:** standard-line || chanfrein *m* unique || Normallinie, systematische Schriftlinie *v*; **-profiel:** standard section || profil *m* normal || Normalprofil *o*; **-profielmal:** standard clearance gauge || gabarit *m* de profil *m* normal || Normalprofilschablone *v*; **-reel:** standard rail || rail *m* normal (de longueur *v* normale) || Regel-, Vollschiene *v*; **-spoor:** standard gauge || écartement *m* normal, voie *v* normale || Normal-, Vollspur *v*; **-vat:** standard gauge barrel || baril *m* normal || Normalfaß *o*; **-vermogen:** normal output (power) || débit *m* de régime *m* (normal) || Normalleistung *v*; **-voorschriften:** standard specifications || conditions *vm* normales || Normalbedingungen *vm*; **-zak:** standard gauge sack || sac *m* normal || Normalsack *m*.

normali|satie: 1. (*standaardisering*)**:** standardization || standardisation *v*, normalisation *v*, unification *v* || Norm[ier]ung *v*, Normalisation *v*; **-seren:** to standardize, to normalize || standardiser, normaliser, unifier || norm[alisier]en; normieren;
2. (*rivier*)**:** correction, regulation ||

correction *v*, régularisation *v* || Regulierung *v*; **-seren:** to regulate || régulariser || regulieren.

normandketel: Normand boiler || chaudière *v* Normand, générateur *m* aquatubulaire à tubes *mm* d'eau *v* [étroits et] courbés avec un corps *m* supérieur et deux corps *mm* inférieurs || Normandkessel *m* [engröhriger] Wasserröhrenkessel *m* mit einem Oberkessel und zwei Unterkesseln *mm* und gebogenen Röhren *vm*.

norton|pomp: Norton pump || pompe *v* Norton || Nortonpumpe *v*; **-put:** Norton tube well || puits *m* Norton || Norton-, Bohrbrunnen *m*.

no|teboom: walnut tree || noyer *m* || Nußbaum *m*; **-ten 00:** large [coal] || gros *m* [criblé], criblés *mm* || Stückkohle *v* I; **-tenhout:** nut wood, walnut || [bois *m* de] noyer *m* || Nußbaumholz *o*; **tenolie:** nut oil || huile *v* de noix *v* || Nußöl *o*.

noumeaïet: *zie* **garnieriet.**

nucleon: nucleon || nucléon *m* || Nukleon *o*.

nul: zero || zéro *m* || null; Null *v*; **-stellen, op:** to adjust to zero || amener (mettre) sur zéro *m* || auf Null *v* [ein]stellen; **-terugstellen, op:** to bring back to zero || ramener (remetre) sur zéro *m* || auf Null *v* zurückstellen (zurückführen); **-aflezing:** zero reading || lecture *v* par la méthode *v* de réduction *v* à zéro *m* || Nullablesung *v*; **-kromme:** zero curve || courbe *v* zéro || Nullkurve *v*, Nullinie *v*; **-last:** no load || marche *v* à vide *m* || Leerlauf *m*; **-lastbekrachtiging:** no load excitation || excitation *v* à vide || Leerlauferregung *v*; **-lastkarakteristiek:** no load characteristic || caractéristique *v* à circuit *m* ouvert || Leerlaufcharakteristik *v*; **-lastproef:** no load test || essai *m* à vide *m* || Leerlaufversuch *m*; **-leider:** *zie* **leider, neutrale;** **-leiderschakelbord:** neutral wire switch board || tableau *m* de distribution *v* pour fil *m* neutre || Nulleiterschalttafel *v*; **-lenpasser:** [spring] bow compasses || compas *m* à pompe *v* || Nullenzirkel *m*; **-lijn:** zeroline || ligne *v* de zéro *m* || Nullinie *v*; **-methode:** null (zero) method || méthode *v* de réduction *v* à zéro *m* || Nullmethode *v*, -verfahren *o*; **-potentiaal:** zero potential || potentiel *m* zéro || Nullpotential *o*; **-punt:** zero [point], neutral point || zéro *m*, point *m* neutre || Nullpunkt *m*; **-punt, absoluut:** absolute zero || zéro *m* absolu || absoluter (wirklicher) Nullpunkt *m*; **-puntafstelling:** adjustment setting of the zero || mise *v* à zéro *m* || Einstellung *v* des Nullpunktes *m*; **-puntafwijking:** zero error || déviation *v* du zéro *m* || Nullpunktabweichung *v*; **-puntsfout:** residual deflection || déviation *v* résiduelle || Nullpunktsfehler *m*; **-spanning:** zero voltage || tension *v* zéro (nulle) || Nullspannung *v*; **-stand:** zero position || position *v* de zéro *m* || Nullstellung *v*; **-streep:** zero mark || marque *v* de zéro *m* || Nullstrich *m*; **-uitkoppeling:** no load release || déclenchement *m* à vide *m* || Nullauslösung *v*; **-uitschakelaar:** zero cut out || interrupteur *m* à zéro *m* || Nullausschalter *m*; **-waarde:** zero value || valeur *v* nulle || Nullwert *m*.

numeriek: numeric[al](*ly*) || numérique(*ment*) || numerisch, zählenmäßig.

nummer: number || numéro *m* || Nummer *v*; **-bord** (*auto*): number (license) plate || plaque *v* arrière (numérotée, de roulage *m*) || Nummernschild *o*; **-bordhouder:** license plate holder || support *m* de la plaque *v* de roulage *m* || Nummernschildhalter *m*; **-en** (*algem.*): to number || numéroter || numerieren; **-en** (*bladz.*): to paginate, to mark the pages || marquer les pages *vm* || paginieren; **-ing:** numbering || numérotage *m* || Numerierung *v*; **-nagel:** numbering nail || clou *m* à numéro *m* || Nummernagel *m*; **-paal:** number peg || pieu *m* numéroté || Nummerpfahl *m*; **-plaat:** *zie* **nummerbord;** **-schakelaar:** number switch, dial, finger disc, intercommutation switch || commutateur *m* des numéros *mm*; disque *m* d'appel *m*, envoyeur *m* || Nummerwähler *m*, -schalter *m*; **-schijf** (*telef.*): number disc, [number] dial || disque *m* sélecteur (numéroté) || Nummern-, Wählscheibe *v*; **-zender:** *zie* **nummerschakelaar.**

nuttig: useful; efficient; effective || utile; effectif || nützlich; nutzbar; Nutz-.

nijpertempel: nipper temple || temple *m* à pinces *vm* || Klemmspannstock *m*.

nijptang: nippers, pincers || pince *v*, tenaille *v* à couper || Kneifzange *v*.

nijverheid: industry || industrie *v* || Gewerbe *o*, Industrie *v*; **-stentoonstelling:** industrial exhibition || exposition *v* industrielle || Gewerbeausstellung *v*.

nylon: nylon || nylon *m* || Nylon *o*.

O

obelisk: obelisk || obélisque *m* || Obelisk *m*.
object (*alg.*; *mikrosk.*)**:** object || objet *m* || Objekt *o*; **-glaasje** (*mikrosk.*)**:** slide, object holder || [lame *v*] porte-objets *m* || Objektglas *o*, -gläschen *o*; -träger *m*; **-tafel** (*mikrosk.*)**:** object table || table *v* [du microscope *m*] || Objekttisch *m*.
objectief (*mikrosk.*, *camera*, *enz*)**:** objective || objectif *m* || Objektiv *o*; **-lens:** objective lens || lentille *v* d'objectif *m* || Objektivlinse *v*; **-illuminator:** vertical illuminator || illuminateur *m* vertical (métallographique) || Opak-, Vertikalilluminator *m*.
observatorium: observatory || observatoire *m* || Observatorium *o*, Sternwarte *v*.
obsidiaan: obsidian || obsidienne *v* || Obsidian *m*.
oceaan: ocean || océan *m* || Ozean *m*; **-stomer:** ocean-going steamer || bateau *m* à vapeur *v* océanique || Ozeandampfer *m*.
octaaf (*groot*) (*typogr.*)**:** (*large*) octavo || (*grand*) octavo *m* || (*Groß-*) Oktav *o*.
octaan: octane || octane *m* || Oktan *o*; **-getal:** octane (antiknock) number || indice *v* d'octane *m* || Oktanzahl *v*, Antiklopfwert *m*; **-dicarbonzuur-1,8 (decaandizuur; sebacinezuur):** octane dicarboxylic-1,8 acid || acide *m* octanedicarboxylique-1,8 || (Oktandicarbonsäure-1,8 *v*); **-zuur (heptaancarbonzuur; caprylzuur):** octanoic acid || acide *m* octanoique || (Octansäure *v*).
octadecaanzuur (heptadecaancarbonzuur; stearinezuur): octadecanic acid || acide *m* octadecanoïque || (Octadecansäure *v*).
octant: Hadley's quadrant, octant || octant *m*, quartier *m* anglais (de réflexion *v*) || Oktant *m*, Spiegelquadrant *m*.
octavo: octavo || in-octavo (*m*) || Oktav *v*; **-, breed:** oblong octavo || in-octavo oblong *m* || Queroktav *o*; **-blad:** sheet in octavo || feuillet *m* in-octavo *m* || Oktavblatt *o*; **-formaat:** octave || in-octavo *m* || Oktavformat *o*.
octodecimoformaat: decimooctavo, in eighteens, octodecimo || format *m* charpentier, in-dix-huit *m* || Achtzehntel-, Oktodezformat *o*.
octrooi: [letters] patent || brevet *m* [d'invention *v*] || [Erfindungs]patent *o*; **- aanvragen, een:** to apply for a patent || demander un brevet *m* || ein Patent *o* anmelden (nachsuchen); **-eren:** to patent || breveter || patentieren, gesetzlich (patentrechtlich) schützen; **- verlenen, een:** to grant a patent || accorder un brevet *m* || ein Patent *o* erteilen; **-aanvrage:** patent application || demande *v* de brevet *m* || Patentanmeldung *v* (Patentgesuch *o*); **-aanvrage indienen, een:** to file (to lodge) a patent application || déposer une demande *v* de brevet *m* || eine Patentanmeldung *v* einreichen; **-aanvrage intrekken, een:** to withdraw a [patent] application || retirer une demande *v* [de brevet *m*] || eine [Patent]anmeldung *v* zurückziehen; **-aanvrage, afgesplitste:** divisional application || demande *v* [de brevet *m*] divisionnaire || ausgeschiedene (abgespaltete) [Patent]anmeldung *v*; **-aanvrage, openbaar gemaakte:** published [patent] application || demande *v* [de brevet *m*] publiée || ausgelegte (bekanntgemachte, veröffentlichte) [Patent]anmeldung *v*; **-aanvrage, opponeren tegen een:** to oppose against an application || s'opposer à une demande *v* [de brevet *m*] || Einspruch *m* gegen eine [Patent]-anmeldung *v* erheben; **-aanvrager** (*-aanvraagster*)**:** applicant || demandeur *m* (*demanderesse v*) || [Patent]anmelder(*in*) *m* (*v*); **-bescherming:** patent protection || protection *v* par le brevet *m* || Patentschutz *m*; **-beschrijving:** [patent] specification (description) || description *v* [du brevet *m*] || [Patent]beschreibung *v*; **-beschrijving opstellen, een:** to draft a specification || rédiger (composer) une description *v* || eine [Patent]beschreibung *v* abfassen; **-bezorger:** *zie* **octrooigemachtigde; -bureau:** „patent agents", patent agent's office[1]) || bureau *m* de brevets *mm* || Patent[anwalts]büro *o*; **-conclusie:** claim || revendication *v* || [Patent]anspruch *m*; **-conclusie opstellen, een:** to draft a claim || rédiger (libeller) une revendication *v* || einen [Patent]-anspruch *m* abfassen; **-conclusie schrappen, een:** to cancel a claim || rayer (biffer) une revendication *v* || einen [Patent]anspruch *m* streichen; **-eerbaar:** patentable || brevetable || patentfähig, patentierbar; **-eis** (*België*)**:** *zie* **octrooiconclusie; -eren:** to grant a patent (for) || breveter || patentieren; **-gemachtigde:** patent agent; patent attorney (*Am.*) || ingénieur-conseil *m* [en matière *v* de propriété *v* industrielle], agent *m* de brevet *m* || Patentanwalt *m*; **-houder** (*-houdster*)**:** patentee || titulaire *m* (*v*) du brevet *m* || Patentinhaber(*in*) *m* (*v*); **-inbreuk:**

---

[1]) De „Patents and Design Acts" verbieden het voeren van de naam „patent office".

[patent] infringement || violation *v* d'un brevet *m* || Patentverletzung *v*; **-raad** (*lichaam dat octr. verleent*)**:** Patent Office || Office *m* de Brevets *mm* || Patentamt *o*; **-rechten:** patent rights || droit *m* résultant d'un brevet *m* || Patent-, Schutzrechte *om*; **-schrift:** [patent] specification, printed copy || fascicule *m* du brevet *m* || Patentschrift *v*; **-wet:** Patent Act (Law) || loi *v* sur les brevets *mm* d'invention *v* || Patentgesetz *o*.

oculair (*optiek*)**:** ocular, eyepiece || oculaire *m* || Okular *o*; **-mikrometer:** ocular micrometer || micromètre *m* d'oculaire *m* || Okularmikrometer *o*, *m*; **-lens:** ocular lens || lentille *v* d'oculaire *m* || Okularlinse *v*.

odometer: odometer || odomètre *m* || Strecken-, Wegmesser *m*.

oefenschip: training (drill) ship || navire *m* d'instruction *v* || Übungsschiff *o*.

oenometer: oenometer || oenomètre *m* || Gärungs-, Weinmesser *o*, Önometer *o*, *m*.

oever: bank || bord *m*, rive *v* || Ufer *o*; **-afspoeling:** break of banks || corrosion *v* des rives *vm* || Uferabbruch *m*; **-bescherming:** bank protection || protection *v* des rives *vm* || Uferschutz *m*; **-versterking:** strenghtening of banks || consolidation *v* des rives *vm* || Uferbefestigung *v*.

offerte: *zie* **aanbieding.**

officiershut (*a. boord*)**:** officers cabin (stateroom) || cabine *v* d'officier *m* || Offiziers-kammer *v*.

offset[druk]: offset [printing] || tirage *m* off-set (en décharge *v*) || Offset[druck] *m*; **-papier:** offset printing paper || papier *m* pour off-set *m* || Offsetdruckpapier *o*.

ogenblikkelijk: instantaneous || instantané, momentané || momentan, Moment[an]-, Augenblick-.

ogief: ogee (pointed) arch || [arc *m* à l']ogive *v* || Spitzbogen *m*; **-, verkeerd:** reserved ogee || cymaise *v* renversée || verkehrt steigender Karnies *m*; **-boog:** *zie* **ogief**; **-lijst:** cornice, cyma, ogee || cymaise *v*, gueule *v* || Karnies *m*, Kehlleiste *v*; **-schaaf:** ogee plane || grain *m* d'orge *v*, [rabot *m* à] doucine *v* || Karnieshobel *m*; **-spitsboog:** lancet arch || arc *m* en lancette *v*, ogive *v* surhaussée || Lanzetbogen *m*.

ohm: ohm || ohm *m* || Ohm *o*; **-, werkelijke:** true ohm || ohm *m* vrai || wirkliches Ohm *o*; **-meter:** ohmmeter || ohmmètre *m* || Ohmmeter *o*, *m*; **-meter m. directe aflezing:** direct reading ohmmeter || ohmmètre *m* à lecture *v* directe || direkt zeigendes Ohmmeter *o*,*m*; **-schaal:** ohm scale || échelle *v* des ohms *mm* (ohmique) || Ohmskala *v*.

oker: ochre || oc[h]re *v* || Ocher *m*, Ocker *m*; **-, gele:** yellow ochre || jaune *m* d'ocre *v* || Ockergelb *o*; **-ader:** ochre vein || veine *v* d'ocre *v* || Ockerader *v*; **-geel:** ochre yellow || jaune *m* d'ocre *v* || Ockergelb *o*.

okshoofd: hogshead || demi-pièce *v* || Oxhoft *o*.

olefine: *zie* **alkeen.**

olie: oil || huile *v*, essence *v* || Öl *o*; *zie ook* **aardolie; lampolie; petroleum; smeerolie; - afscheiden:** to separate oil || déshuiler, séparer de l'huile *v* || Öl *o* abscheiden; **- aftappen:** to let off (to drain) the oil || vider (évacuer, purger) l'huile *v* || Öl *o* ablassen; **-afvegen:** to wipe off oil || enlever de l'huile *v* || Öl *o* abstreichen; **-in-water-emulsie:** oil-in-water emulsion || émulsion *v* type *m* huile *v* dans l'eau *v* || Öl-in-Wasser-Emulsion *v* ; **- inspuiten:** to inject oil || injecter de l'huile *v* || Öl *o* einspritzen; **- m. hoog** (*laag*) **kookpunt:** oil of high (*low*) boiling point || huile *v* à point *m* d'ébullition *v* élevé (*bas*) || hochsiedendes (schwersiedendes) (*leichtsiedendes*) Öl, Öl *o* mit hohem (*niedrigem*) Siedepunkt *m*; **- voor oververhitte stoom:** oil suitable for working at high temperature || huile *v* pour vapeur *v* surchauffée || Heißdampföl *o*; **-verstuiven:** to atomise (to spray) oil || pulvériser de l'huile *v* || Öl *o* zerstäuben; **-, etherische:** essential oil || huile *v* essentielle, essence *v* || ätherisches Öl *o*; **-, dierlijke:** animal oil || huile *v* animale || tierisches Öl *o*; **-, dikvloeibare:** thick (viscous, heavy) oil || huile *v* visqueuse (lourde) || schwerflüssiges (dickflüssiges, zähflüssiges) Öl *o*; **-, dode** (*petr.*)**:** dead (inert) oil || huile *v* sans gaz *m* || totes (gasleeres) Öl *o*; **-, dunvloeibare:** thin (light) oil, oil of low viscosity || huile *v* [très] fluide, huile *v* légère (peu visqueuse) || leichtflüssiges (dünnflüssiges) Öl *o*; **-, eetbare:** edible oil || huile *v* comestible (mangeable) || Speiseöl *o*; **-, gefiltreerde:** filtered oil || huile *v* filtrée || filtriertes Öl *o*; **-, geemulgeerde:** emulsified oil || huile *v* émulsifiée (émulsionnée) || emulgiertes Öl *o*; (*petr.*)**:** *zie* **olie, waterhoudende; -, gereinigde:** *zie* **olie, gezuiverde; -, gezuiverde:** purified oil || huile *v* purifiée (épurée) || gereinigtes Öl *o*; **-, harsvrije:** oil free from (containing no) resin || huile *v* non résinifère || harzfreies Öl *o*; **-, hoog** (*laag*) **kokende:** high (*low*) boiling oil, oil of high (*low*) boiling point || huile *v* à point *m* d'ébullition *v* élévé (*bas*) || hochsiedendes (*leichtsiedendes*) Öl *o*, Öl mit hohem (*niedrigem*) Siedepunkt *m*; **-, lichte:** light oil || huile *v* légère || Leichtöl *o*; **-, middelsoort:** middle oil || huile *v* moyenne || Mittelö *o*; **-, minerale:** mineral oil || huile *v* minérale || Mineralöl *o*; *zie ook* **aardolie; petroleum; -, natte:** *zie* **olie, waterhoudende; -, naftenieke;** *zie* **asfaltolie; -, onzuivere:** impure oil || huile *v* impure || unreines Öl *o*; **-, ontgaste** (*petr.*)**:** depleted (degassed) oil || pétrole *m* dégazéfié || entgastes Öl *o*; **-, paraffinehoudende:** paraffinic oil || pétrole *m* paraffinique || paraffinöses Öl *o*; **-, plantaardige:** vegetable oil || huile *v* végétable || pfanzliches Öl *o*; **-, ruwe:** crude (raw) oil || huile *v* brute (crue) || rohes Öl, Rohöl *o*; **-, schone:** *zie* **olie, watervrije; -, stollende** (*petr.*)**:** congealing oil || pétrole *m* congélable || verdickendes (stockendes) Öl *o*; **-, verontreinigde:** dirty oil || huile *v* souillée || verunreinigtes (schmutziges) Öl *o*; **-, vette:** fatty oil || huile *v* graisse || fettes Öl *o*; **-, vuile:** *zie* **olie, onzuivere; olie, verontreinigde; -, zuivere:** pure oil || huile *v* pure || reines Öl *o*; **-, waterhoudende** (*petr.*)**:** emulsified (cut, wet) oil || huile *v* contenant de l'eau *v* || emulgiertes Öl *o*, Naßöl *o*; **-, watervrije** (*petr.*)**:** dry (clean) oil || huile *v* sèche || trockenes (reines) Öl *o*; **-, zware:** heavy oil || huile *v* lourde || Schweröl *o*;

olie|aanwijzing: *zie* **olieteken; -aanzetweerstand:** oil cooled starter || rhéostat *m* à refroidissement *m* par l'huile *v* || Ölanlasser *m*; **-achtig:** oily, oleaginous || huileux, oléagineux || ölartig, ölig; **-accumulatie** (*petr.*)**:** oil accumulation (pool) || accumulation *v* de pétrole *m* || Ölanreicherung *v*, Ölansammlung *v*; **-afscheider** (*voor stoom*)**:** oil separator (*for steam*) || déshuilleur *m* (*de vapeur v*), séparateur *m* d'huile *v* || Entöler *m*, Ölabscheider *m*, (*Damfentöler m*); (*petr.*)**:** oil trap || siphon *m* (séparateur *m*) de pétrole *m* || Öl[ab]scheider *m*; **-afscheiding:** oil separation *v* || deshuilage *m*, séparation *v* d'huile *v* || Ölabscheidung *v*; **-afsluiting:** oil joint || joint *m* à huile *v* || Ölabdichtung *v*; **-aftap:** oil drainer || vidange *v* d'huile *v* || Ölablaß *m*; **-aftapreiniger:** oil filter || filtre *m* à huile *v* || Ölreiniger *m*, Ölreinigungsvorrichtung *v*; **-afveger:** oil wiper || racloir *m* d'huile *v* || Ölabstreicher *m*, Ölabstreifer *m*; **-afvoergat:** *zie* **olieloosgat; -afzetting** (*petr.*)**:** oil deposit, gisement *m* de pétrole *m* || Öllagerstätte *v*, Ölvorkommen *o*; **-bad:** oil bath || bain *m* d'huile *v* || Ölbad *o*; **-badluchtreiniger:** oil bath air cleaner || épurateur *m* d'air *m* à bain *m* d'huile *v* || Ölbadluftfilter *m*, *o*; **-bak:** oil reservoir (tank, collector) || cuve *v* (réservoir *m*, sas *v*) à huile *v* || Ölbehälter *m*, -gefäß *o*, -schleuse *v*; **-bak m. katoentjes:** oil syphon, wick lubricator || graisseur *m* à mèche *v* || Dochtschmierer *m*, -schmierbüchse *v*; **-beproevingsmachine:** oil tester || machine *v* à essayer l'huile *v* || Ölprüfer *m*, Ölprobiermaschine *v*; **-borstel:** oil brush || balai *m* graisseur, brosse *v* de graissage *m* || Öl-, Schmierbürste *v*; **-bron** (*petr.*)**:** oil well || puits *m* à (source *v* de) pétrole *m* || Ölquelle *v*, Ölbrunnen *m*, Ölsonde *v*; **-carter:** oil sump || cuvette *v* (carter *m*) à l'huile *v* || Ölbehälter *m*, Ölwanne *v*; **-carterplaat:** tray || plateau *v* à augets *mm* || Trögleinplatte *v*; **-cilinder:** oil cylinder (drum) || cylindre *m* à huile *v* || Öltrommel *v*, Ölzylinder *m*; **-circulatie:** circulation of oil || circulation *v* d'huile *v* || Ölumlauf *m*, -zirkulation *v*, -kreislauf *m*; **-conservator** (*transformator*)**:** expansion chamber; oil conservator (*Am.*) || réservoir *m* de détente *v* || Ausdehnungsgefäß *o*; **-demping:** oil damping || amortissement *m* à l'huile *v* || Öldämpfung *v*; **-dicht:** oil tight || étanche *v* à l'huile *v* || öldicht; **-dichting:** oil seal || obturateur *m* d'huile *v* || Öldichtung *v*; **-dopje m. naald:** oil cap with pin || capuchon *m* avec aiguille *v* de nettoyage *m* || Ölkappe *v* mit Reinigungsnadel *v*; **-druk:** oil pression || pression *v* d'huile *v* || Öldruck *m*; **-drukaanwijzer:** oil pressure indicator || manomètre *m* de pression *v* d'huile *v* || Öldruckmanometer *m*, *o*; **-drukkussen:** oil pressure seal || butée *v* d'huile *v* || Öldruckdichtung *v*; **-druk-kussenblok:** bearing for forced lubrication || butée *v* à huile *v* || Öldrucklager *o*; **-drukmanometer:** oil pressure manometer || manomètre *m* de pression *v* d'huile *v* || Öldruckmanometer *o*, *m*; **-filter:** oil filter || épurateur *m* (filtre *m*) à huile *v* || Ölfilter *o*, *m*, Ölreiniger *m*; **-gaatje:** oil hole || orifice *m* (trou *m*) de graissage *m*, trou *m* graisseur (d'huile *v*) || Öl-, Schmierloch *o*; **-gas:** oil gas || gaz *m* d'huile *v* || Öl-, Fettgas *o*; **-gasbrander:** oil gas burner || brûleur *m* à gaz *m* d'huile *v* || Ölgasbrenner *m*; **-gasfabriek:** oil gas plant || usine *v* à gaz *m* d'huile *v* || Ölgasanstalt *v*; **-gaskachel:** oil gas stove || poêle *m* au gaz *m* d'huile *v* || Ölgasofen *m*; **-gasretort:** oil gas retort || cornue *v* à gaz *m* d'huile *v* || Ölgasretorte *v*; **-gasbereiding:** generation (manufacture) of oil gas || production *v* de gaz *m* d'huile *v* || Ölgaserzeugung *v*; **-glas:** glass oil cup || godet *m* graisseur en verre *m* || Ölerglas *o*; **-goed:** oilskin || tissu *m* huilé || Ölzeug *o*; **-groef** (*kussenblok*)**:** lubrication (oil) groove || patte *v* d'araignée *v*, rainure *v* de graissage *m* || Öl-,

Schmiernut *v*; **-grond** (*bij verven*): oil priming || impression *v* à l'huile *v* || Ölgrund *m*; **-houdend:** oil containing || contenant de l'huile *v* || ölhaltig; (*petr.*): oil bearing || pétrolifère || ölführend; **-indicatie:** *zie* **olieteken; -isolatie:** oil insulation || isolement *m* d'huile *v* || Ölisolation *v*; **-isolator:** oil insulator || isolateur *m* à huile *v* || Ölisolator *m*; **-jas:** oilskin coat || manteau *m* en toile *v* vernie || Öltuchmantel *m*; **-kachel:** oil stove || poêle *m* à huile *v*, poêle *m* mazoute || Ölofen *m*; **-kamer:** oil chambre || boîte *v* (chambre *v*) à huile *v*, chambre *v* de graissage *m* || Ölkammer *v*; **-kan:** oil can (feeder) || burette *v* à huile *v* || Öl-, Schmierkanne *v*; **-kan m. afschroefbare tuit:** oil can with removable nozzle || burette *v* à bec *m* démontable || Ölkanne *v* mit abnehmbarem Schnabel *m*; **-kanaal:** oil channel || canal *m* (conduit *m*) à huile *v* || Ölkanal *m*; **-kapje:** oil cap || graisseur *m* à casque *m* || Helmöler *m*; **-kapseling:** oil seal || blindage *m* à l'huile *v* || Ölkapselung *v*; **-knalpot:** oil dashpot || dashpot *m* à huile *v* || Ölpuffer *m*; **-koeling:** oil cooling || refroidissement *m* par l'huile *v* || Ölkühlung *v*; **-kop:** *zie* **olieglas; -korst:** oil crust || croûte *v* d'huile *v* || Ölkruste *v*; **-laagje:** film of oil || couche *v* d'huile *v* || Öl-, Schmierschicht *v*; **-lamp:** oil lamp || lampe *v* à huile *v* || Öllampe *v*; **-lantaarn:** oil lantern || lanterne *v* à huile *v* || Öllaterne *v*; **-leiding:** oil piping || conduite *v* d'huile *v* || Ölleitung *v*; **-lek:** leakage of oil || perte *v* d'huile *v* ||Ölleck *o*; **-loop:** *zie* **oliegroef; -loosgat:** oil scoop || écope *v* à huile *v* || Ölabflußloch *o*; **-meetstaaf** (*auto*): oil dip stick || contrôle *m* de niveau *m* d'huile *v* || Ölmeßstab *m*; **-monstertrekker:** oil sampler || jauge *v* d'échantillonnage *v* || Ölprobenehmer *m*; **-motor:** oil engine || moteur *m* à huile *v* || Ölmotor *m*; **-nevel:** oil spray || embrume *m* d'huile *v* || Ölnebel *m*; **-nok:** oil drip || mentonnet *m* lubricateur || Ölnase *v*; **-mijnbouw:** oil mining || exploitation *v* minière de pétrole *m* || Erdölbergbau *m*, Erdölgrubenbau *m*; **-omloop:** *zie* **oliecirculatie; -papier:** oiled paper || papier *m* verni || Firnis-, Ölpapier *o*; **-peil:** oil gauge (level) || niveau *m* d'huile *v* || Ölspiegel *m*; **-peilbuis:** oil gauge pipe || tube *m* de niveau *m* d'huile *v* || Ölstandrohr *o*; **-peilglas:** oil gauge glass || indicateur *m* de niveau *m* d'huile *v* || Ölstandglas *o*; **-penseel:** oil brush || pinceau *m* à huile *v* || Ölpinsel *m*; **-pers:** oil press || presse *v* à huile *v* || Ölpresse *v*; **-perser:** lubricating press, mechanical plunger lubricator || graisseur *m* à refoulement *m*, graisseur-presse *m* || Öldruckapparat *m*, Schmierpresse *v*; **-pomp:** oil pump || pompe *v* à huile *v* (de graissage *m*) || Öl-, Schmierpumpe *v*: **-pomplichaam:** oil pump body || corps *m* de la pompe *v* à huile *v* || Ölpumpgehäuse *o*; **-pot:** lubricator, oil box (cup); grease cup (box) || [godet *m*] graisseur, boîte *v* à graisse *v* (à huile *v*) || Ölbüchse *v*, Öler *m*, Schmiergefäß *o*; Öl-, Schmiervase *v*, -topf *m*; **-pot m. deksel:** flap covered oil cup || graisseur *m* à clapet *m* || Klappenöler *m*; **-pot m. druppelaar:** sight feed oiler || graisseur *m* comptegouttes || Tropfschmiergefäß *o*; **-pot m. kous:** syphon lubricator || graisseur *m* à mèche *v* || Dochtöler *o*; **-pot m. naald:** needle lubricator || graisseur *m* à aiguille *v* || Nadelschmierer *m*, -schmiergefäß *o*; **-pot m. teleskoopsluiting:** lubricator with sliding telescopic cover || graisseur *m* à fermeture *v* télescopique || Schnappöler *m*; **-pot m. veer:** spring grease cup || graisseur *m* à ressort *m* || Federschmierbüchse *v*; **-put:** *zie* **oliebron; -pijp:** oil pipe, oiling tube || tube *m* de graissage *m* || Öl-, Schmierrohr *o*; **-pijpmondstuk:** oil nozzle || tuyère *v* à huile *v* || Öldüse *v*; **-rand:** retaining rim || gouttière *v* pour l'huile *v* || Ölrand *m*; **-reiniger:** *zie* **oliefilter; -rem:** oil brake || frein *m* à huile *v* || Ölbremse *v*; **-reservoir:** oil reservoir (tank) || réservoir *m* à (récipient *m* pour) huile *v* || Ölbehälter *m*; **-residu:** residuum of oil || résidu *m* d'huile *v* || Ölrückstand *m*; **-ring:** oil (lubricating, oiling, revolving, revolving oil dip) ring || bague *v* (anneau *m*) de graissage *m* || Öl-, Schmier-, Spritzring *m*; (*petr.*): oil belt || anneau *m* de pétrole *m* || Ölstreifen *m*; **-ruimte:** *zie* **oliekamer; -schaaltje:** drip pan, dripping cup, oil dish || cuvette *v* à huile *v* || Ölfänger *m*, Tropfbehälter *m*, -schale *v*; **-schakelaar:** oil switch || démarreur *m* à bain *m* d'huile *v* || Ölschalter *m*; **-schraapveer:** oil control ring || racleur *m* de piston *m* || Ölabstreichring *m*; **-smering:** oil lubrication || graissage *m* à (par) huile *v* || Ölschmierung *v*; **-spatbord:** oil splash guard || écran *m* d'éclaboussage *m* d'huile *v* || Ölfang *m*, Ölschirm *m*; **-spoor** (*petr.*): oil trace || trace *v* de pétrole *m* || Ölspur *v*; **-spuit:** oil syringe || seringue *v* à huile *v* || Ölspritze *v*; **-spuitkan:** thumb pressure oil can, oiler || burette *v* à huile *v* || Ölspritzkanne *v*; **-steen:** oilstone || pierre *v* à huile *v* || Ölstein *m*; **-stoking:** oil burning || foyer *m* à combustible *m* liquide || Ölfeuerung *v*; **-strook:** *zie* **oliering** (*petr.*);

-surrogaat: oil substitute || substitut *m* (succédané *m*) d'huile *v* || Ölersatz *m*; **-teken** (*petr.*)**:** oil show[ing] (indication) || indication *v* (indice *m*) de pétrole *m* || Ölanzeichen *o*, -indikation *v*; **-tenk:** *zie* **oliereservoir; -tenkwagen** (*spw.*)**:** oil tank truck (wagon) || wagon *m* à pétrole *m* || Ölwagen *m*; **-toevoer:** oil feeding (supply) || amenée *v* de l'huile *v* || Ölzufuhr *v*; **-terrein:** *zie* **olieveld; -toevoerinrichting:** oil feeding device || dispositif *m* d'amenée *v* d'huile *v* || Ölzuführungsvorrichtung *v*; **-toevoerkraan:** oil supply cock || robinet *m* d'introduction *v* de l'huile *v* || Ölzuflußhahn *m*; **-transformator:** oil (cooled) transformer || transformateur *m* refroidi par (à) l'huile *v* || Öltransformator, ölgekühlter Transformator *m*; **-transformator m. waterkoeling:** oil transformer with water cooling || transformateur *m* à huile *v* à refroidissement *m* par l'eau *v* || Öltransformator *m* mit Wasserkühlung *v*; **-transport:** oil transport || transport *m* d'huile *v* || Öltransport *m*, Ölversand *m*; **-trog:** *zie* **oliecarter; -uitlaat:** oil drainer || trou *m* d'évacuation (de vidange *v*) d'huile *v* || Ölablaß *m*; **-uitlaatkraan:** oil drain cock || robinet *m* de vidange *v* d'huile *v* || Ölablaß-, Ölablaufhahn *m*; **-uitschakelaar:** oil break switch || interrupteur *m* à huile *v* || Ölausschalter *m*; **-vangring:** oil catch ring || bague *v* collectrice d'huile *v* || Ölfangring *m*; **-vat:** oil barrel (cask) || tonneau *m* à huile *v* || Ölfaß *o*; **-veer:** lubricator spring || ressort *m* de graissage *m* || Öl, Schmierfeder *v*; **-vel** (*drukkerij*)**:** sheet of oiled paper || feuille *v* huilée || Ölbogen *m*; **-veld** (*petr.*)**:** oil field || champ *m* de pétrole *m*, chantier *m* pétrolifère || Ölfeld *o*; **-verbruik:** oil consumption || consommation *v* d'huile *v* || Ölverbrauch *m*; **-verdeeltoestel:** oil distributor || rampe *v* à huile *v* || Ölrampe *v*; **-verf:** oil colour (paint) || couleur *v* (peinture *v*) à l'huile *v* || Ölfarbe *v*; **-verflaag:** coat of oil paint || couche *v* de peinture *v* à l'huile *v* || Ölfarbenanstrich *m*; **-verfschilder:** oil painter || peintre *m* à l'huile *v* || Ölmaler *m*; **-verfschilderij:** oil painting || tableau *m* à l'huile *v* || Ölbild *o*; **-vergassing:** vaporisation of oil || gazéification *v* de l'huile *v* || Ölvergasung *v*; **-vergulding:** gilding in oil, oil guilding || dorure *v* à l'huile *v* || Ölvergoldung *v*; **-verlichting:** oil lighting || éclairage *m* à l'huile *v* || Ölbeleuchtung *v*; **-vernis:** oil varnish || vernis *m* à l'huile *v* (gras) || Ölfirnis *m*; **-verstuiver:** oil atomiser (sprayer) || pulvérisateur *m* d'huile *v* || Ölbläser *m*, Ölzerstäuber *m*; **-verstuiving:** atomising (spraying) of the oil || pulvérisation *v* de l'huile *v* || Ölzerstäubung *v*; **-vulling:** oil filling || remplissage *m* d'huile *v* || Ölfüllung *v*; **-vulpijp:** oil filter tube || tuyau *m* de remplissage *m* d'huile *v* || Öleinfüllstutzen *m*; **-walm:** oil smoke (vapour) || vapeur *v* d'huile *v* || Öldampf *m*, -qualm *m*, -rauch *m*; **-weerstand:** oil resistance || résistance *v* à huile *v* || Ölwiderstand *m*; **-zeef:** oil screen || tamis *m* d'huile *v* || Ölsieb *m*; **-zand** (*petr.*)**:** oil sand || sable *m* à huile *v* || Ölsand *m*, ölhaltiger Sand *m*; **-zeep:** oil soap || savon *m* d'huile *v* || Ölseife *v*; **-zuur:** oleic acid || acide oléique *m* || Ölsäure *v*.

oliën: to grease, to lubricate, to oil || graisser, huiler, lubrifier || ölen, schmieren; **- v. hout:** oily impregnation of wood || imprégnation *v* huileuse du bois *m* || ölige Tränkung *v* des Holzes *o*.

olifants|papier: elephant paper || papier *m* éléphant *m* || Elephantpapier *o*; **-tand:** elephant tusk || défense *v* d'éléphant *m* || Elephantenzahn *m*.

oligoceen: Oligocene || Oligocène *m* || Oligozän *o*.

oligoklaas: oligoclase || oligoclase *m* || Oligoklas *m*.

oli|veniet: olivenite || olivenite *m* || Olivenit *m*, Olivenerz *o*; **-vien:** olivine || olivine *m* || Olivin *m*.

olm: elm || orme[au] *m* || Ulme *v*; **-enhout:** elm [wood] || bois *m* d'orme *m* || Ulmen-, Rüsterholz *o*.

olijf|boom: olive || olivier *m* || Ölbaum *m*; **-olie:** olive oil || huile *v* d'olive *v* || Oliven-, Baumöl *o*.

olijvenhout: olive [wood] || bois *m* d'olivier *m* || Ölbaumholz *o*.

omber: umber || terre *v* d'ombre *m* || Umbra *v*.

omboorden: to border || border || umbördeln.

ombouw: *zie* **verbouwing:-en:** *zie* **verbouwen.**

om|braak: *zie* **schachtombraak; -brometer:** *zie* **regenmeter.**

ombui|gen: to bend || courber, plier || umbiegen; **-gen** (*i. e. elleboog*)**:** to [make a] crank || couder || kröpfen; **-gen, haaks:** to bend at right angles (through 90°) || couder (plier à 90°) || kröpfen (um 90° biegen); **-ging:** bend[ing], curvature || courbure *v*, coude *m*, courbe *v* || Umbiegung *v*, Krümmung *v*.

omdraai|en: 1.: *zie* **omkeren 1;**
2. (*ronddraaien*)**:** to turn round, to revolve || pivoter, tourner || umdrehen; **-end:** revolving || tournant || umdrehend.

omflen|zen: to flange || brider, rabattre (tomber) le bord *m* || [um]bördeln, umkrempen, kümpeln; **-zen naar binnen** (*buiten*): to flange inwards (*outwards*) || tomber (*brider*) vers l'intérieur *m* (*l'extérieur m*) || nach innen (*außen*) umbördeln; **-zingshoek:** angle of flange || carre *v*, angle *m* de bride *v* || Bördelwinkel *m*.

omgaan met: to handle || manier || handhaben.

omgang: 1. (*wikkeling*): convolution || circonvolution *v* || Umgang *m*;
2. (*ketelromp*): cloak strap || courroie *v* de manteau *m* || Mantelriemen *m*.

omgeflensd: flanged || embouti, à bord *m* rabattu || umgeflanscht, umgebördelt, Flansch-, Bördel-.

omgekeerd: inverted, reversed; in inverse, inversely || renversé, en sens *m* inverse, inversé, inversement, contre- || umgekehrt; verkehrt; indirekt, Gegen-.

omgekraagd: *zie* **omgeflensd.**

omgeschreven: circumscribed || circonscrit || umschrieben.

omge|ven (*door*; *met*)**:** to encircle, to surround (*by*; *with*) || entourer (*de*) || umgeben (*von*; *mit*); **-ven** (*door*; *met*) (*verl. deelw.*)**:** surrounded (encircled) (*by*), covered (*with*) || entouré (*de*) || umgeben (*mit*); **-ven** (*m. beton, enz.*) (*ww.*)**:** to encase (*in concrete, enz.*) || encastrer (*dans béton m, enz.*) || einbetten (*in Beton m, enz.*); **-vend:** surrounding, encircling || ambiant, entourant || umgebend.

omgeving: 1. (*v. e. stad, enz.*)**:** surroundings, environment, environs || environs *mm* || Umgebung *v*; **- van, in de:** in the surroundings (environment) of || aux abords *mm* de || in der Umgebung *v* von;
2. (*v. e. voorwerp, enz.*)**:** surroundings || entourage *m* || Umgebung *v*; **-stemperatuur:** ambient temperature || température *v* de l'air *m* ambiant || Raum-, Umgebungstemperatur *v*.

omgezet: 1. (*omgebogen*)**:** flanged || rabattu, tombé || umgeflanscht, umgebördelt, umgekrempelt;
2. (*chem.*)**:** converted (*into*) || converti (*en*) || umgesetzt (*in*).

***omgieten:** *zie* **overgieten.**

omgren|zen: to bound, to limit, to confine, to circumscribe || borner, limiter || umgrenzen; **-zing v. d. contactreel:** third rail-gauge || gabarit *m* de troisième rail *m* || Umgrenzung *v* der Stromschiene *v*; **-zing v. h. rollend materieel:** material gauge || gabarit *m* de matériel *m* || Umgrenzung *v* der Fahrzeuge *om*; **-zingsprofiel der lading:** loading gauge || gabarit *m* de chargement *m* || Umgrenzung *v* der Ladung *v*, Lademaß *o*.

omhei|nen: to fence || enclore || einfriedigen, -zaunen; **-ning:** enclosure, fence, fencing || clôture *v*, enceinte *v* || Einfriedigung *v*, Einzäunung *v*.

omhoog: on high, aloft || en haut *m*, en l'air *m*, levé || empor, aufwärts, in die Höhe *v*, hoch; **-, naar:** upward(*s*) || vers le haut *m*, en haut *m* || aufwärts, empor; **-bewegen:** to move up[ward[s] || (*se*) mouvoir en haut *m* || (*sich*) aufwärtsbewegen, (*sich*) emporbewegen; **-brengen:** *zie* **omhoogbewegen; omhoogheffen; ophalen; ophijsen; optrekken; -buigen** (*zich*)**:** to bend up (*to curl up*) || courber en haut *m* (*se courber*) || (*sich*) aufbiegen; **-drukken:** to push up || presser en haut *m*, élever par pression *v* || aufwärts-, emopordrücken; **-gaan:** to go up, to mount || monter, s'élever || aufgehen, emporgehen; **-heffen:** to lift [up] || [sou]lever || aufheben, emporheben; **-houden:** to hold up || lever, tenir levé || emporhalten; **-schuiven:** to shove up; to throw up (*raam*) || pousser en haut *m* || auf-, hoch-, emporschieben; **-stijgen:** to go up, to mount || monter, s'élever || auf-, emporsteigen; **-trekken:** to pull up || tirer en haut *m*, soulever || aufziehen, emporziehen; **-voeren:** *zie* **omhoogbrengen** (*vloeist.*)**:** to lift || refouler || aufwärts-, heraufördern;

omhul|len (*met*; *in*)**:** to incase, to envelop (*with*; *in*) || enrober (*de*; *dans*) || umhüllen (*mit*; *in*); **-ling:** incasement, enclosure || inclusion *v* || Einschluß *m*, Umhüllung *v*; **-sel:** envelopment, hosing, cover || gaine *v* || Hülle *v*; **-sel** (*v. e. ballon*)**:** envelop[e] || enveloppe *v* || Hülle *v*, Umhüllung *v*; **-sel, lichtgevend:** luminous sheath || gaine *v* lumineuse || Lichthülle *v*.

omkantelen: to cant (to tilt) over || déverser, se renverser || umkanten.

omkeer|aanzetschakelaar: starting and reversing switch || démarreur-inverseur *m* || Umkehranlasser *m*; **-aanzetweerstand:** reversing starting resistance, starting and reversing rheostat || rhéostat *m* démarreur-inverseur || Umkehranlaßwiderstand *m*; **-as:** control spindle || arbre *m* (axe *m*) de l'appareil *m* de manoeuvre *v* || Steuerwelle *v*.

omkeerbaar: 1. (*algem.*)**:** reversible, turn over || à renversement *m*, renversable, réversible || umkehrbar, drehbar, Wende-, Kipp-, Umsteuer-;
2. (*reactie, enz.*)**:** reversible || réversible || umkehrbar, reversibel; **-, niet:** irreversible, non-reversible || irréversible, non-réversible || nicht umkehrbar, unumkehrbar, irreversibel.

omkeer|baarheid: reversibility || réversibilité *v* || Umkehrbarkeit *v*; **-bocht, brede**

(*smalle*): easy (open) (*close, sharp*) return bend || coude *m* de retour *m* à grand (*petit*) rayon *m* || offenes (*geschlossenes*) Umkehrstück *o*; **-inrichting:** reverser || inverseur *m* de sens *m* de marche *v* || Richtungswender *m*; **-kamer** (*v. gassen*): changing (reversing) chamber || boîte *v* de retour *m* || Umkehr-, Wendekammer *v*; **-klep:** reversing (two way) trap || clapet *m* à double position *v* || Umschaltklappe *v*; **-schakelaar:** reversing switch || inverseur *m* || Stromwender *m*, Wendeschalter *m*; **-schoep:** *zie* **lei[d]schoep; -turbine:** reversing turbine || turbine *v* réversible || Umkehr-, Umsteuerungsturbine *v*; **-veld:** reversing field || champ *m* d'inversion *v* || Umkehrfeld *o*.

omke|ren: 1. (*omdraaien*): to turn upside down || renverser sens *m* dessus dessous || umkehren;
2. (*beweging*): to invert || inverser, renverser || umkehren; **-ring:** inversion, reversing, reversal || renversement *m*, inversion *v* || Umkehrung *v*, Umsteuerung *v*; **-ring v. d. draairichting:** reversal of the direction of rotation (revolving) || inversion *v* du sens *m* de rotation *v* || Umkehrung *v* der Drehrichtung *v* (Umlaufrichtung *v*);
3. (*stroom*): to reverse || changer le sens *m*, inverser || umkehren, wenden; **-ring:** reversal || inversion *v* || Stromumkehrung *v*, -wendung *v*.

om|kippen: to tip [up], to upset (dump) || culbuter, basculer, [se] renverser || [um]kippen, umstürzen; **-kragen:** *zie* **omflenzen.**

omkralen: to bead || border || sieken.

***omkristalli|satie (-seren):** *zie* **herkristalli|satie (-seren).**

omlaag: below, down, downward[s] || en bas *m* || niederwärts, nach unten, hinunter; **-, naar:** down || en bas *m* || hinunter, nach unten; **-bewegen:** to move down[wards] || (*se*) mouvoir en bas *m* || (*sich*) hinunterbewegen; **-drukken:** to press down || presser en bas *m* || hinunterdrücken, nach unten drücken; **-gaan:** to go down || descendre, aller en bas *m* || hinuntergehen, nach unten gehen; **-houden:** to keep down (under) || tenir en bas *m* || hinunterhalten; **-schuiven:** to shove down; to close (*raam*) || pousser en bas *m* || hinunterschieben, nach unten schieben; **-trekken:** to pull down || tirer en bas *m* || hinunterziehen, nach unten ziehen; **-vallen:** to fall down || tomber [en bas *m*] || hinunterfallen, nach unten fallen; **-transformeren:** *zie* **neertransformeren.**

***omladen:** *zie* **overladen.**

omleggen: 1. (*bestrating*): *zie* **overleggen 1;**
2. (*trembeugel*): to reverse, to turn || faire pivoter || drehen;
3. (*om iets leggen*): to lay (to put) round || mettre autour de, entourer de || umlegen; **-, heet** (*ring*): to shrink on || emmancher (poser) à chaud *m* || warm aufziehen, aufschrumpfen;
4. (*roer*): to shift (*the helm*) || changer (*la barre v*) || (*das Ruder o*) umlegen;
5. (*omkeren*): to turn over || [re]tourner, renverser || umlegen, umschlagen.

omleg|snelheid (*bv. v. e. drukpers*): rate (speed) of turnover || vitesse *v* de rotation *v* || Umschlags-, Umsatzgeschwindigheit *v*; **-toestel:** reversing device || dispositif *m* de renversement *m* || Umlegvorrichtung *v*.

omlei|den: to lead round, to bypass || mener (conduire) autour de || umleiten; **-ding:** diversion || détournement *m* || Umleitung *v*.

omloop: 1. (*algem.*): going round; rotation; circulation (*vloeistof*) || mouvement *m* circulaire, tour *m*; circulation *v* (*vloeistof*) || Umlauf *m*, Zirkulation *v*; **-kanaal:** by-pass channel || canal *m* de dérivation *v* || Umlauf-, Umführungskanal *m*; **-leiding:** by-pass || conduit *m* de dérivation *v* || Umlaufleitung *v*, Umführung *v*; **-klep:** by-pass valve || soupape *v* de soulagement *m* en dérivation *v* (de passage *m* auxiliaire) || Umführungs-, Umgangventil *o*; **-snelheid:** speed of circulation || vitesse *v* de circulation *v* || Umlaufgeschwindigkeit *v*; **-tijd:** time of revolution || durée *v* (période *v*) de révolution *v* (de rotation *v*) || Umlaufzeit *v*; **-ventiel*:** *zie* **omloopklep;**
2. (*hemellichaam, enz*): revolution || révolution *v* || Umlauf *m*, kreisende Bewegung *v*; **-snelheid:** speed of revolution (of moving round) || vitesse *v* de révolution *v* || Umlaufgeschwindigkeit *v*; **-tijd:** time of revolution || période *v* de révolution *v* || Umlaufszeit *v*;
3. (*gaanderij*): gallery || galérie *v*, pourtour *m* || Umgang *m*.

omlopen: 1. (*algem.*) to rotate, to revolve; to circulate, to go round || tourner || umlaufen;
2. (*hemellichaam, enz.*): to revolve, to move round || tourner || umlaufen, kreisen, drehen;

omlijning (*typogr.*): border || cadre *m* || Umrahmung *v*.

omlijsten: to frame || encadrer || einrahmen.

omlijsting: 1. (*gestel*): frame || cadre *m* || Gestell *o*, Rahmen *m*;
2. (*lijst*): framing || encadrement *m* || Umrahmung *v*.

ommagnetise|ren: to reverse the magnetism || inverser l'aimantation *v* || ummagnetisieren; **-ring:** reversal of magnetism

magnetic reversal || inversion *v* d'aimantation *v* || Ummagnetisierung *v*.
ommanteling: casing || revêtement *m*, enrobage *m* || Ummantelung *v*; **- (*v. beton*):** concrete casing || enrobage *m* (enveloppe *v*) en béton *m* || Betonummantelung *v*.
ommuren: to immure, to wall (to brick) in || [em]murer, briqueter, maçonner || einmauern.
omnibus: [omni]bus || omnibus *m* || Omnibus *m*.
ompo|len: to change (to reverse) the polarity || renverser la polarité *v* || umpol[arisier]en, die Polarität *v* umkehren; **-ling:** reversal of polarisation || inversion *v* de la polarisation *v* || Umpolarisation *v*.
***omrekenen:** *zie* **herleiden.**
omringen: to encircle, to surround || entourer || umgeben.
omroep: broadcasting || broadcasting *m*, diffusion *m* radiophonique, radiodiffusion *v* || Rundspruch *m*, -funk *m*; **-ontvanger:** broadcasting receiver || récepteur *m* de diffusion *v*, récepteur *m* broadcasting || Rundfunkempfänger *m*; **-station:** broadcasting station || station *v* radio-électrique de diffusion *v* (de broadcasting *m*) || Rundfunk-, Rundspruchstation *v*; **-toestel:** broadcasting apparatus || appareil *m* de diffusion *v* || Rundfunk-, Rundspruchapparat *m*; **-zender:** broadcasting transmitter || émetteur *m* de diffusion *v*, émetteur *m* broadcasting || Rundfunksender *m*.
omroeren: to agitate, to stir || agiter, brasser || [durch]rühren, umrühren.
omschakel-: *zie* **overschakel-.**
omslaan: 1. (*algem.*): to overturn, to upset || verser || umwerfen;
2. (*schip*): to capsize || chavirer || kentern; **-baar** (*niet*): (*non-*)capsizable || (*in*)chavirable || (*un*)kenterbar;
3. (*indicator*): to change colour || virer (*à rouge, enz.*) || umschlagen.
omslag: 1. (*boek*): cover || couverture *v* || Umschlag *m*; **-papier:** cover paper || papier *m* pour couvertures *vm* || Umschlagpapier *o*;
2. (*boor*): *zie* **booromslag** *onder* **boor 1;**
3. (*indicator*): change of colour, colour changing || virage *m* || Umschlag *m*; **-gebied:** range of colour changing || intervalle *m* de virage *m* || Umschlaggebiet *o*; **-kleur:** neutral colour || couleur *v* neutre || Umschlagfarbe *v*.
***omsmel|ten (-ting):** *zie* **oversmel|ten (-ting).**
omsnoeren: to encircle, to hoop || entourer, fretter || umschnüren.
omspan|nen: to span round || embrasser || umspannen, umschlingen; **-ningsboog:** angle (arc) of contact || arc *m* embrassé || Umschlingungswinkel *m*.
omspin|nen: to cover || guiper || umspinnen; **-ning:** covering || guipage *m* || Umspinnung *v*; **-ning m. garen:** yarn covering || guipage *m* en fil *m* retors || Zwirnumspinnung *v*; **-ning m. hennep:** hemp covering || guipage *m* de chanvre *m* || Hanfumspinnung *v*; **-ning volgens Krarup:** continuous loading || krarupisation *v*, charge *v* continue || Krarupumspinnung *v*.
omsponnen: covered || guipé || umsponnen.
omstuwen: *zie* **overstuwen.**
omtrek: 1. (*figuur*): circumference, periphery || circonférence *v*, périphérie *v* || Umfang *m*; **-kanaal:** peripheral passage || canal *m* périphérique || Umfang-, Umführungskanal *m*; **-ssnelheid:** circumferential velocity, peripherical speed || vitesse *v* circonférentielle (périphérique) || Umfangsgeschwindigkeit *v*;
2. (*tekening*): contour, outline || contour *m* || Umriß *m*.
omvattingsboog: *zie* **omspanningsboog.**
omvlecht|en: to braid || tresser || umflechten, umklöppeln; **-en m. stro:** to cover with straw || empailler || mit Stroh *o* umflechten; **-ing:** braiding || tressage *m* || Umflechtung *v*, Umklöpplung *v*; **-machine:** braiding machine || machine *v* à tresser, tresseuse *v* || Umflecht-, Umklöppelmaschine *v*.
omvor|mer: converter || transformateur *m* || Umformer *m*; **-mer, roterende:** converter || convertisseur *m* [rotatif] || umlaufender Umformer *m*; **-ming:** reforming || réformation *v* || Umformierung *v*.
omwente|len (*roteren*): to revolve, to rotate || tourner || [sich] [um]drehen, rotieren; **-ling:** revolution, turn || révolution *v*, tour *m*, rotation *v* || [Um]drehung *v*, Umlauf *m*, Tour *v*; **-lingen, aantal:** *zie* **toerental; -lingssnelheid:** speed of rotation (revolution) || vitesse *v* de rotation *v* (rotatoire) || Umdrehungsgeschwindigkeit *v*.
omwerpen: to overturn, to upset || verser || umwerfen.
omwikkel|en (*met*): to tape (*with*), to wrap round || enrouler, entourer, envelopper, rubaner (*de*) || umwickeln (*mit*); **-en m. staaldraad:** to bind with steel wire || entourer de (ligaturer avec du) fil *m* d'acier *m* || mit Stahldraht *m* umwickeln; **-ing:** wrapping || enroulement *m*, enveloppement *m* || Umwicklung *v*; **-machine:** taping machine || machine *v* à rubaner, rubaneuse *v* || Umwickelmaschine *v*.
omwoe|len: 1. (*algem.*): to woold || ro[u]ster || bewühlen;
2. (*touw*): to serve || fourrer || [be]-

kleiden; **-ling** (*v. e. kabel*): rounding of a rope || garniture *v* d'une manoeuvre *v* || Kleidung *v* eines Taues *v*.

omzet: turnover || chiffre *m* d'affaires *vm* || Umsatz *m*.

omzet|ten: **1.** (*m. e. schop*): to turn with a shovel || pelleter || umschaufeln;
2. (*veranderen*): to transform || transformer || transformieren, umwandeln; **-ting**: transformation || transformation *v* || Transformation *v*, Umsetzung *v*, Umwandlung *v*; **-inrichting** (*boren*) (*mijnb.*): rotation device || dispositif *m* de rotation *v* || Umsetzvorrichtung *v*; **-ting v. e. locomotief**: reversing the position of the locomotive || passage *m* de la locomotive *v* de tête *v* en queue *v* (de queue *v* en tête *v*) || Umsetzung *v* der Lokomotiv[e] *v*; **-ting door middel v. d. schaarbeweging**: reversal by means of link motion || renversement *m* de marche *v* par coulisse *v* || Umsteuerung *v* durch Kulissen *vm*; **-methode**: method of transformation || méthode *v* de transformation *v* || Transformationsmethode *v*; **-rendement**: efficiency of conversion || rendement *m* de transformation *v* || Umwandlungsnutzeffekt *m*; **-verhouding**: ratio of transformation || rapport *m* de transformation *v* || Umwandlungsverhältnis *o*;
3. (*chem.*): to convert, to transform (*into*) || convertir, transformer (*en*) || umsetzen, umwandlen (*in*); **-ting**: conversion, transformation || transformation *v* || Umsetzung *v*, Umwandlung *v*;
4. (*mach.*): to reverse || renverser la marche *v* || umsteuern; **-as**: reversing shaft || arbre *m* de changement *m* de marche *v* || Umsteuerwelle *v*; **-baar**: reversible || renversable || umsteuerbar; **-hefboom**: reversing lever || levier *m* de renversement *m* de marche *v* || Umsteuerhebel *m*; **-ing**: reversal || changement *m* d'une machine *v*, renversement *m* de la marche *v* || Umsteuerung *v*; **-machine** (*scheepsb.*): twining engine || vireur *m* || Umsteuermaschine *v*; **-mechanisme**: reversing gear || mécanisme *m* de renversement *m* (de changement *m* de marche *v*) || Umkehr-, Wendegetriebe *o*; **-schuif**: controlling valve || tiroir *m* de changement *m* de marche *v* || Wechselschieber *m*;
5. (*wissel*): to throw over || changer || umstellen; **-ting**: throwing over || changement *m* de position *v* || Umstellung *v*;
6.: *zie* **omflenzen**;
7. (*verschikken*; *algebra*): to transpose || transposer || umstellen; **-ting**: transposition || transposition *v* || Umstellung *v*;
8. (*elektr.*): **-ter**: converter || convertisseur *m* || Umformer *m*; **-terstation**: rotary sub-station || sous-station *v* à groupes *mm* rotatifs || Umformerwerk *o*; **-ting** (*autom. telef.*): translation || traduction *v* || Umrechnung *v*.

onafgebroken: *zie* **doorlopend.**

onafhankelijk (*van*): independent(*ly*) (*of*) || indépendant (*indépendamment*) (*de*) || unäbhängig (*von*); **-heid** (*van*): independence (*of*, *on*) || indépendance (*de*) || Unabhängigkeit (*von*).

onbe|kleed: bare, uncoated, naked || nu || nackt, unbekleidet; **-last**: empty, on no (without) load || à vide *m* || leer, unbelastet; **-licht**: unexposed || vierge, non-exposé || unbelichtet; **-paalbaar**: undeterminable || indéterminable || unbestimmbar; **-paald**: indefinite || indéfini || unbestimmt; **-schermd**: unprotected || non-abrité, non-protégé || ungeschützt; **-schut**: *zie* **onbeschermd**; **-sneden** (*boek*): not cut || non rogné || unbeschnitten; **-vaarbaar**: innavigable || innavigable || unbefahrbar; **-vriesbaar**: non-freezable, antifreezing || incongelable, résistant à la gelée *v* || ungefrierbar, kälte-, frostbeständig.

onbeweeg|baar: immovable || inébranlable || unbeweglich; **-baarheid**: immovableness || inébranlabilité *v* || Unbeweglichkeit *v*; **-lijk**: immovable || immobile(*ment*), dormant || unbeweglich; **-lijkheid**: immobility || immobilité *v* || Unbeweglichkeit *v*.

on|bewerkt: unmachined, not treated || non-façonné, non-travaillé, non-usiné || unbearbeitet; **-blusbaar**: unquenchable || inextinguible || unlöschbar, unauslöschlich; **-brandbaar**: incombustible, fireproof || incombustible, ignifuge, imbrûlable || un[ver]brennbar, unverbrennlich, feuersicher; **-brandbaarheid**: incombustibility || incombustibilité *v* || Unbrennbarkeit *v*.

onbuig|baar: unpliable, inflexible || inflexible || unbiegbaar; **-baarheid**: unpliability || inflexibilité *v*, raideur *v*, manque *v* de souplesse *v* || Unbiegbarkeit *v*; **-zaam**: unbending, rigid || inflexible, rigide || unbiegsam; **-zaamheid**: rigidity || inflexibilité *v*, rigidité *v* || Unbiegsamkeit *v*.

onder: **1.** (*voorz.*; *beneden*, *lager dan*): under || sous, au-dessous *m* de || unter; *zie ook* **beneden**; **-druk**: under pressure || sous pression *v* || unter Druck *m*; **- druk brengen**: to bring under pressure, to compress || mettre sous pression *v*, comprimer || unter Druck *m* bringen, zusammenpressen, komprimieren; **- stoom** under steam || sous vapeur *v* || unter Dampf *m*; **- stoom manoeuvreren**: to perform evolutions under steam || évoluer à la vapeur *v* || unter Dampf *m* manövrieren; **- volle druk**: under full

pression || à pleine pression *v* || unter vollem Druck *m*; **- water zetten:** to inundate || inonder || unterwassersetzen, inundieren, überschwemmen lassen; **-aan:** at the bottom (foot) || au bas *m* || unten;
2. (*bijw.*): below || en bas *m* || unter; **-aan:** below, at the bottom (foot) || au bas *m* (pied *m*) de, dans le bas *m* de || unten; **-af, van:** from the bottom (foot) || de bas *m* en haut *m*, à partir d'en bas *m* || von unten herauf; **-en, naar:** below, down || vers le bas *m* || hin-, herunter; **-en, van:** at the bottom (foot) || au bas *m* (pied *m*), en bas *m* || von unten; **-in:** at the bottom || au fond *m* de || unten (*rust*); unten hinein (*beweging*); **-, van:** from under; from the bottom (foot) || d'en bas *m*; de dessous *m* || von unten;
3. (onder-, *als voorvoegsel in chem. stofnamen*): hypo- || hypo- || Hypo-, Unter-.

onder|aanbesteden: to sublet || sous-traiter || untersubmissionieren; **-aannemer:** subcontractor || sous-entrepreneur *m*, sous-traitant *m*, tâcheron *m* || Teilunternehmer *m*; **-aanzicht:** bottom view || vue *v* de bas *m* en haut *m*, vue *v* par-dessous || Untenansicht *v*, Froschperspektive *v*; **-aards:** subterraneous || souterrain || unterirdisch; **-balk:** architrave || architrave *v* || Architrav *m*, Unterbalken *m*; **-band** (*transportband*): bottom-belt || brin *m* inférieur (de retour *m*) || Unterband *o*, -gurt *m*; **-bek** (*werktuig*): lower jaw || mâchoire *v* inférieure || Unterbacken *m*; **-belasting:** partial load || charge *v* partielle || Unterbelastung *v*; **-belichten:** to underexpose || sous-exposer || unterbelichten; **-belicht:** underexposed || sousexposé || unterbelichtet; **-blad:** lower blade || branche *v* femelle || Unterlieger *m*; **-blok** (*v. e. takel*): bottom block || moufle *v* inférieure || Unterflasche *v*; **-bouw:** sub-, infrastructure || infrastructure *v*, substruction *v* || Unterbau *m*.

onderbre|ken: to interrupt || interrompre || unter-, verbrechen; **-ken** (*contact*): to break (to interrupt, to open) the contact || interrompre (couper, rompre, ouvrir) le contact *m* || den Kontakt *m* unterbrechen (öffnen); **-ker:** interrupter, intermitter || interrupteur *m* || Unterbrecher *m*; (*elektr.*): circuit breaker, interrupter || interrupteur *m* || Unterbrecher *m*; **-ker m. droog contact:** interrupter with dry contact || interrupteur *m* à contact *m* sec || Unterbrecher *m* mit trocknem Kontakt *m*; **-ker v. ontstekingsspoelen:** trembler for ignition coils || interrupteur *m* pour bobines *vm* d'allumage *m* || Unterbrecher *m* für Zündspulen *vm*; **-kerscontactschroef:** breaker contact screw || vis *v* platinée de rupteur *m* || Unterbrecherkontaktschraube *v*; **-kershamer** (*elektr.*): breaker arm || linguet *m* du rupteur *m* || Unterbrecherhebel *m*; **-kerschijf:** make and break device || disque *m* d'interruption *v* || Unterbrecherscheibe *v*; **-kerspits:** interrupter point || pointe *v* de l'interrupteur *m* || Unterbrecherspitze *v*; **-kersplaat:** breaker plate || plateau *m* de rupteurs *mm* || Unterbrecherplatte *v*; **-kersveer:** breaker spring || ressort *m* de rupteur *m* || Unterbrecherfeder *v*; **-king:** breaking, interruption || interruption *v*, rupture *v* || Unterbrechung *v*; **-king, plotselinge:** sudden interruption || rupture *v* brusque || Momentunterbrechung *v*; **-king v. d. arbeid** (*v. h. bedrijf*): interruption of work (- - *working*, - - *service*) || interruption *v* de travail *m* (- *dans le service m*, - *de marche v*, - *de service m*) || Arbeitsunterbrechung *v* (*Betriebs-*); **-kingsafstand:** length of break || longueur *v* de coupure *v* || Ausschaltstrecke *v*; **-kingscontact:** contact breaking piece, make and break key || plot *m* d'interruption *v*, clef *v* de coupe-circuit *m* || Unterbrechungskontakt *m*; **-kingsisolator:** break (section) isolator || isolateur-interrupteur *m*, isolateur *m* de rupture *v* || Unterbrechungsisolator *m*; **-kingslichtboog:** break (interruption) arc || arc *m* de rupture *v* || Unterbrechungslichtbogen *m*; **-kingspunt:** point of break || point *m* d'interruption *v* || Unterbrechungsstelle *v*; **-kingsschok:** break shock || choc *m* de rupture *v* || Unterbrechungsschlag *m*; **-kingsvonk:** break spark || étincelle *v* de rupture *v* || Unterbrechungsfunke[n] *m*.

onder|broken: interrupted, discontinuous, intermittent, subdivided || interrompu, discontinu, intermittent, subdivisé || unterbrochen, diskontinu, intermittierend; **-chlorig zuur:** hypochlorous acid || acide *m* hypochlorique || unterchlorige Säure *v*.

onder|deel: **1.** (*v. e. geheel*): part || partie *v* || [Unter]teil *m*; **-delen v. e. haak:** hook utensils || accessoires *vm* de crochet *m* || Hakengeschirr *o*; **-delen v. e. machine:** machine parts || organes *mm* de machine *v* || Maschinenteile *mm*;
2. (*onderste deel*): bottom part, lower half (portion) || dessous *m*, fond *m*, partie *v* inférieure || Unterteil *m*, unterster Teil *m*.

onderdeksel (*motorcarter*): handhole cover || couvercle *m* de fond *m* du bâti *m* || Gehäusedeckel *m*.

onderdompe|len: to immerse || immerger ||

eintauchen; **-ling:** immersion, dip || immersion *v* || Eintauchung *v*.
onder|drempel (*sluis*)**:** tail mitre sill || busc *m* d'aval *m* || Unterdrempel *o* einer Schleuse *v*; **-druk:** depression, subatmospheric pressure || dépression *v* || Unterdruck *m*; **-flens:** bottom flange || aile *v* inférieure || Unterflansch *m*; **-gist:** ground yeast || levure *v* par dépôt *m* || Unterhefe *v*; **-gisting:** sedimentary fermentation || fermentation *v* avec dépôt *m* || Untergärung *v*; **-graven:** to sap || saper || untergraben.
ondergrond: 1. (*wegentechn.*, *enz.*)**:** subsoil || sous-sol *m*; Untergrund *m*; **-, harde** (*zachte*)**:** hard (*soft*) subsoil || sous-sol *m* compact (dur) (*peu résistant*) || harter (*weicher*) Untergrund *m*;
2. (*tekening*, *enz.*)**:** grounds || fond *m* || Untergrund *m*.
ondergronds: subterraneous || souterrain || unterirdisch; (*mijnb.*)**:** underground || au fond *m*, sous terre *v* || unter Tage *m*; **- leggen** (*kabel*)**:** underground laying || pose *v* souterraine || unterirdische [Kabel]führung *v*.
onder|hands: by private contract (arrangement), by agreement (*verkoop*); limited (*aanbesteding*) || en sous-main *v*, de gré *m* à gré *m*; limité à la concurrence *v* (*aanbesteding*) || unter der (aus freier) Hand *v* (*verkoop*); beschränkt (*aanbesteding*); **-hefboom:** cloth beam lever || levier *m* du rouleau *m* à toile *v* || Zeugbaumhebel *m*; **-houd:** maintenance, upkeep || entretien *m* || Unterhaltung *v*, Instandhaltung *v*; **-houden:** to maintain, to keep in repair || entretenir || unterhalten; **-houdscontract:** maintenance agreement || contract *m* d'entretien *m* || Instandhaltungsvertrag *m*; **-houdskosten:** cost of maintenance (of upkeep) || frais *mm* d'entretien *m* || Unterhaltungs-, Instandhaltungskosten *mrv*; **-houdspremie:** maintenance premium || prime *v* d'entretien *m* || Instandhaltungsprämie *v*; **-hout:** underwood || bois *m* de taille *v* || Unterholz *o*; **-kabel** (*bij kabeltractie*)**:** ground rope || câble *m* tracteur en dessous *m* || Unterseil *o*; **-kant:** lower edge || bord *m* inférieur || Unterkante *v*; *zie ook* **onderzijde.**
onderkast: 1. (*typogr.*)**:** lower-case, small letter || bas *m* de casse *v* || Unterkasten *m*, kleiner Buchstabe *m*;
2. (*vormkast*)**:** bottom box || châssis *m* (forme *v*) inférieur(e) || Unterkasten *m*.
onder|ketel: lower boiler (cylinder, drum) || chaudière *v* inférieure, générateur *m* (corps *m*) inférieur || Unterkessel *m*; **-koeld:** supercooled, superfused || surfondu || unterkühlt, überschmolzen; **-koelen:** to supercool, to superfuse || refroidir au dessous *m* de la température *v* du point *m* de congélation *v* (de condensation *v*), surfondre || unterkühlen, überschmelzen; **-koeling:** supercooling, superfusion || surfusion *v* || Unterkühlung *v*, Überschmelzung *v*; **-kuiser** (*Z. N.*)**:** flat clearer || nettoyeur *m* de dessous *m* || Putzdeckel *m*; **-kussen** (*v. e. kussenblok*)**:** lower bearing (box) || dessous *m* de boîte *v* || Unterlager *o*; **-laag:** base, underlayer, bottom course || couche *v* inférieure || Unterlage *v*, -schicht *v*; **-legplaatje:** *zie* **sluitring; -legring, getande:** castle washer || rondelle *v* dentée || gezahnte Unterlegscheibe *v*; **-legringveer:** *zie* **veerring** *onder* **veer 1; -legwit:** iron stereo blocks || supports *mm* || Unterlagstege *v*; **-ling:** mutual(*ly*) || mutuel(*lement*), réciproque(*ment*) || gegenseitig; **-loper:** cloth beam, front roller || ensouple *v* de l'étoffe *v* (enrouleuse, de travail *m*) || Unter-, Tuch-, Zeugbaum *m*; **-losser** (*baggertechn.*)**:** hopperbarge || chaland *m* à clapets *mm*, porteur *m* à (de) déblais *mm* || Klap[pen]prahm *m*; **-lus** (*weverij*)**:** lower loop of the heald || maille *v* d'en bas *m* (inférieure) || Unterlitze *v*, -stelze *v*; **-maat:** undersize || mesure *v* en moins *m* || Untermaß *o*; **-mast:** lower mast || bas-mât *m* || Untermast *m*; **-matrijs:** bottom swage || étampe *v* de dessous *m*, matrice *v* inférieure || Untergesenk *o*; **-melk*:** *zie* **taptemelk; -plaatmes:** lower (ledger, immovable) blade || feuille *v* femelle || Lieger *m*, Countermesser *o*; **-raam:** bottom (floor) frame || cadre *m* inférieur || Boden-, Unterrahmen *m*; **-rand:** bottom (lower) flange, lower boom (chord) || membrure *v* inférieure || Untergurt *m*; **-ruimen** (*boren*) (*mijnb.*)**:** to under-ream || élargir || nachbohren, -räumen; **-ruimer:** underreamer || trépan *m* [élargisseur] || Nach[nahme]bohrer *m*; **-scheut:** back pick, backing weft || duite *v* (trame *v*) d'envers *m* || Unterschuß *m*; **-slagsbalk:** bearer, girder || soupoutre *v* || Unterzugsbalken *m*; **-slagwaterwiel:** undershot waterwheel || roue *v* en dessous *m* || unterschlächtiges Wasserrad *o*; **-snijden:** *zie* **onderzagen; -snijmachine:** *zie* **onderzaagmachine; -spoel:** *zie* **aftakspoel; -spoelen:** to scour, to undermine, to wash away || affouiller, déchausser, raviner, creuser || unterwaschen, ausspülen; **-station** (*elektr.*)**:** substation || sous-station *v* || Unterstation *v*, -werk *o*; **-station m. afstandsbediening** (*elektr.*)**:** tele-controlled substation || sous-station *v* commandée à distance *v* || ferngesteuertes Unter-

werk *o*; **-station, automatisch** (*elektr.*)**:** automatic substation || sous-station *v* automatique || selbsttätiges Unterwerk *o*.
onderstel: 1. (*algem.*)**:** underframe || châssis *m* || Chassis *o*, Untergestell *o*; **-, draaibaar:** bogie, truck || bogie *m*, train *m* articulé, truck *m* || Drehgestell *o*, -schemel *m*; **-, houten** (*stalen*)**:** timber (wooden) (*steel*) underframe || châssis *m* en bois *m* (*en acier m*) || hölzernes (Holz-) (*stählernes*, *Stahl-*) Untergestell *o*;
2. (*auto*)**:** *zie* **chassis.**
onder|steund: supported || supporté, à supports *mm* || unterstützt.
ondersteunen: to support || soutenir, supporter || unterstützen; (*mijnb.*)**:** to support || soutenir || ausbauen; **-, draaibaar:** to mount (to support) in a rotary manner || monter (supporter) pour un mouvement *m* de rotation *v* (rotativement) || drehbar lagern.
ondersteuning: support || support *m*, appui *m* || Unterstützung *v*, Stütze *v*; (*mijnb.*)**:** support || soutènement *m* || Ausbau *m*.
ondersteunings|isolator: supporting insulator || isolateur-support *m* || Unterstützungsisolator *m*; **-vork:** fork stay || fourche *v* de soutien *m* || Unterstützungsgabel *v*.
onder|stoppen: to pack up, to tamp || [rem]bourrer || unterstopfen; **-stopping:** packing, tamping || bourrage *m* || Unterstopfung *v*; **-strepen:** to underline || souligner || unterstreichen; **-stuk:** base || base *v* || Unterteil *m*; **-stutten:** to prop || étayer || unterstützen; **-stutting:** supporting, scaffolding || étayement *m* [en dessous *m*] || Unterstützung *v*, -sprießung *v*; **-synchroon:** hyposynchronous || hyposynchrone, sous-synchrone || untersynchron; **-tuimelaar** (*baggermolen*)**:** bottom tumbler || tourteau *m* inférieur || Unterturas *m*; **-typedynamo:** undertype dynamo || dynamo *v* du type *m* inférieur || Dynamo *v* mit unterständigem Anker *m*; **-vak** (*weefgetouw*)**:** lower shed || pas *m* d'en bas *m* || Unterfach *o*; **-vanging** (*gewelf*, *muur*)**:** upholding || soutènement *m* || Unterfangen *o*; **-verdeeld:** subdivided || subdivisé || unterteilt; **-verdelen:** to graduate, to subdivide || graduer, subdiviser || unterteilen; **-verdeling:** subdivision || subdivision *v* || Unterteilung *v*; **-vlak** (*v. e. werksteen*)**:** lower bed of ashlar || lit *m* inférieur de la pierre *v* de taille *v* || unteres Lager *o* des Quaders *m*; **-vleugel:** main bottom plane || aile *v* inférieure || Unterflügel *m*, untere Tragfläche *v*; **-want:** lower rigging || bas haubans *mm* || Unterwant *v*; **-watergedeelte** (*v. e. schip*)**:** submerged part, under water body || oeuvres *vm* vives || Unterwasserteil *m*; **-watertunnel:** subaqueous tunnel || tunnel *m* sous-fluvial || Unterwassertunnel *m*; **-werk** (*mijnb.*)**:** dip (dook) working || exploitation *v* en vallée *v* (défoncement *m*) || Unterwerks-, Gesenkbau *m*; **-werp:** subject, object || sujet *m* || Subjekt *o*, Gegenstand *m*; **-werpen aan:** to subject to || soumettre (assujetir) à || unterziehen, unterwerfen, aussetzen (*3e nv.*); **-wijsfilm:** *zie* **leerfilm.**
onder|zaagmachine (*mijnb.*)**:** coalcutter || haveuse *v* || Schräm-, Unterschneidemaschine *v*; **-zadel** (*smeden*)**:** bottom swage (die) || étampe *v* inférieure || Untergesenk *o*; **-zagen** (*mijnb.*)**:** to undercut || haver, souscaver, souchever || [unter]schrämen, unterschneiden; **-zeeboot*:** *zie* **duikboot; -zees:** submarine || sous-marin || unterseeisch.
onderzoek: 1. (*algem.*)**:** examination; investigation || examen *m* || Prüfung *v*; Untersuchung *v*; **-, chemisch** (*mechanisch*; *mikrochemisch*; *mikroskopisch*)**:** chemical (*mechanical*; *microchemical*; *microscopic[al]*) examination (test) || examen *m* chimique (*mécanique*; *microchimique*; *au microscope m*) || chemische (*mechanische*; *mikrochemische*; *mikroskopische*) Prüfung *v*; **-, psychotechnisch:** intelligence (mental) tests (testing) || examen *m* psychotechnique || psychotechnische Prüfung *v*; **-en:** to examine, to investigate || examiner || prüfen, untersuchen; **-ing:** *zie* **onderzoek 1;**
2. (*uitvorsing*)**:** investigation, research || recherche *v* || [Nach]forschung *v*, Untersuchung *v*; **-en:** to investigate; to carry out research || rechercher, faire des recherches *vm* || [nach]forschen, untersuchen; **-ing:** *zie* **onderzoek 2;**
3. (*beproeving*)**:** test[ing] || examen *m*, épreuve *v*, essai *m* || [Nach]prüfung *v*, Untersuchung *v*; **- n. d. stabiliteit** (*schip*)**:** inclining experiment || expérience *v* de stabilité *v* || Krengungsversuch *m*; **- v. bouwmaterialen:** testing of [building, construction] materials || essai *m* des matériaux *mm* [de construction *v*] || Baumaterialenprüfung *v*; **-en:** to test || examiner, éprouver, essayer || [nach]prüfen, untersuchen; **-ing:** *zie* **onderzoek 3; -ingsisolator:** testing insulator || isolateur *m* de vérification *v* || Untersuchungsisolator *m*; **-ingsstation** (*telef.*)**:** testing station || poste *m* d'essai *m* || Untersuchungsstation *v*;
4. (*ertsen*; *metalen*)**:** analysis, essay || analyse *v*, essai *m* || Prüfung *v*, Untersuchung *v*, Analyse *v*; **- m. d. blaaspijp:** blow pipe proof (test) || essai *m* au

chalumeau *m* || Lötrohrprobe *v*; **-en:** to analyse; to essay (assay) (*essaiëren*) || analyser; essayer (*essaiëren*) || prüfen, analysieren; wardieren (*essaiëren*); **-ing:** *zie* **onderzoek 4;**
5.: *zie* **analyse; -en:** *zie* **analyseren.**
onderzijde: lower (bottom)) side || côté *m* inférieur || Unterseite *v*, untere Seite *v*.
on|deugdelijk: unserviceable || impropre au service *m* || untauglich; **-deugdzaam:** *zie* **ondeugdelijk; -dicht:** untight || inétanche || undicht; **-dichtheid:** leakiness, untightness || inétanchéité *v* || Undichtigkeit *v*; **-diep:** shallow || peu profond || flach, untief; **-dieper worden** (*water*): to shoal || diminuer [de fond *m*] || an Tiefe *v* abnehmen, flacher werden; **-diepte:** shallow, shoal || basse *v*, haut-fond *m* || flache Stelle *v*, Untiefe *v*: **-dograaf:** ondograph || ondographe *m* || Ondograph *m*.
ondoordringbaar (*voor*): impenetrable, impermeable (*to*) || impénétrable, imperméable (*à*) || undurchdringlich, undurchlässig (*für*); **- v. licht:** impenetrable to light || impénétrable à la lumière *v* || undurchdringlich für Licht *o*; **- v. warmte:** impermeable to heat, heatproof || imperméable à la chaleur *v* || wärmedicht, wärmeundurchlässig; **- v. water:** waterproof, -tight || imperméable à l'eau *v* || wasserundurchlässig, -dicht; **-heid:** impermeability, impenetrability || impénétrabilité *v*, imperméabilité *v* || Undurchdringlichkeit *v*.
ondoorzichtig: non-transparant, opaque || opaque || undurchsichtig; **-heid:** opacity || opacité *v* || Undurchsichtigkeit *v*.
onecht: 1. (*algem.*): false; artificial, factitious || faux; artificiel, factice || falsch; nachgeahmt, -gemacht, künstlich;
2. (*kleuren*): fugitive || fugitif || unecht.
onedel (*metalen*): base, ignoble || ignoble || unedel.
oneffen (*weg, enz.*): uneven, lumpy, rough || inégal, accidenté || uneben, holperig; **-heid:** unevenness, roughness || inégalité *v* || Unebenheit *v*.
oneindig: infinite || infini || unendlich; **- klein:** infinitesimal || infinitésimal || unendlich klein.
oneven: odd || impair || ungerade.
ongebakken: 1. (*keram.*): unburnt || incuit, pas encore cuit, cru || ungebrannt;
2. (*brood, enz.*): unbaked, not baked || incuit, pas encore cuit, cru || ungebacken;
3. (*vis, enz.*): not fried || pas frit (frituré) || ungebacken.
on|gebalanceerd: *zie* **gebalanceerd, niet; -gebleekt:** unbleached || [é]cru, nonblanchi || ungebleicht.
ongeblust: 1. (*kalk*): unslaked || non-éteint || ungelöscht;
2. (*brand*): not extinguished, unquenched || non-éteint || ungelöscht.
on|gebrand (*keram.*): *zie* **ongebakken 1; -gebuild:** unbolted || imbluté || ungebeutelt; **-gedekt:** uncovered || à découvert || unbedeckt; **-gedempt:** undamped || non-amorti || ungedämpft; **-gedrenkt:** unimpregnated || non-imprégné || ungetränkt, nicht imprägniert; **-gegalvaniseerd:** ungalvanised || nongalvanisé, non-zingué || ungalvanisiert unverzinkt; **-gegist** (*dranken*): unfermented || muet || ungegoren.
ongehard: 1. (*algem.*): unhardened || pas durci || ungehärtet;
2. (*metalen*): unhardened, untempered || non-trempé || ungehärtet.
on|geïsoleerd: not insulated || non-isolé || unisoliert; **-gekleurd:** colourless || incoloré || ungefärbt; **-gekookt:** unboiled || cru, non bouilli, non cuit || ungekocht; **-gekoppeld:** uncoupled; free || libre || ungekuppelt; **-gekruist:** uncrossed || non-croisé || ungekreuzt; *zie ook onder* **riemen; spoelen; stangen.**
ongelijk: 1. *zie* **oneffen;**
2. (*verschillend*): different, dissimilar, unequal || différent, dissemblable || ungleich, verschieden; **-benig:** unequal sided || à côtés *mm* inégaux, à jambes *vm* inégales || ungleichschenklich; **-heid:** inequality, difference || inégalité *v*, différence *v* || Ungleichheit *v*, Verschiedenheit *v*; **-matig:** unequal, irregular || inégal, irrégulier || ungleichmäßig; **-namig** (*elektr.*): of opposite sign (polarity), opposite, unlike || de nom *m* (polarité *v*) contraire || ungleichnamig; **-soortig:** dissimilar, heterogeneous || dissemblable, dissimilaire, hétérogène || ungleichartig, heterogen; **-soortigheid:** dissimilarity, heterogeneousness || dissemblance *v*, hétérogénéité *v* || Ungleichartigkeit *v*; **-vormig:** dissimilar || non-conforme, dissemblable || ungleichförmig; **-vormigheid:** dissimilitude || dissemblance *v* || Ungleichförmigkeit *v*; **-vormigheidsgraad:** degree of irregularity || degré *m* d'irrégularité *v* || Ungleichförmigkeitsgrad *m*; **-zijdig:** scalene, scalenous || scalène || ungleichseitig;
3.: *zie* **onregelmatig.**
on|gelijmd (*papier*): unsized || sans colle *v* || ungeleimt; **-geluk:** *zie* **ongeval; -gemangeld:** uncalendered || non-calandré || ungeglättet; **-gepolariseerd:** non-polarized || impolarisé || unpolarisiert; **-gesoldeerd:** unsoldered || non-soudé || unverlötet.
ongespannen: 1. (*algem.*): untended, un-

stressed, unstrained, without tension (stress, strain) || non-tendu, sans tension *v* || ungespannt, spannungsfrei;
2. (*zaag*): unset || ralenti || ungespannt.
ongeteerd: untarred || non-goudronné || ungeteert.
ongeval: accident, casualty || accident *m* || Unfall *m*; **-, dodelijk:** fatality || accident *m* mortel || tödlicher Unfall *m*; **-len, eerste hulp bij:** first aid [at accidents] || premier secours *m* [en cas *m* d'accidents *mm*] || erste Hilfe *v* (Hilfsleistung *v*) bei Un[glücks]fällen *mm*; **-len, voorkoming v.:** prevention of accidents || prévention *v* des accidents *mm* || Unfallverhütung *v*; **-len, voorschriften ter voorkoming v.:** rules for prevention of accidents || instructions *vm* pour prévenir les accidents *mm* || Unfallverhütungsvorschriften *vm*; **-lenstatistiek:** accident statistics || statistique *v* des accidents *mm* || Unfallstatistik *v*; **-lenverzekering:** accident insurance || assurance *v* contre les accidents *mm* || Unfallversicherung *v*.
ongevoelig: insensitive || insensible || unempfindlich; **-heid:** insensitiveness || insensibilité *v* || Unempfindlichkeit *v*; **-heidsgraad:** degree of insensitiveness || degré *m* d'insensibilité *v* || Unempfindlichkeitsgrad *m*.
on|gevold: unmilled, unfulled, rough || en haire *v*, brut, en toile *v* || ungewalkt; **-gevouwen** (*papier*): full size || in-plano *m* || plano; **-gezuiverd:** non-purified, impure || non-épuré, impur || ungereinigt, unrein; **-gunstig(*ste*):** (*the most*) unfavorable || (*le* (*la*) *plus*) défavorable, désavantageux (*-geuse*) || ungünstig(*ste*); **-handzaam:** unwieldy || difficile à manier, incommode, peu maniable || unhandlich.
onkenterbaar (*scheepst.*): *zie* **omslaanbaar,** **niet** *onder* **omslaan 2;**
onklaar: **1.** (*i. h. ongerede*): out of order, put out of business; foul (*anker*; *touwwerk*) || engagé (*ook touwwerk*), dérangé, détraqué; surjalé (*anker*) || in Unordnung *v*; unklar (*anker*; *touwwerk*); **- raken:** to get out of order; to [get] foul (*anker*; *touwwerk*) || s'engager (*ook touwwerk*), se détraquer || in Unordnung *v* geraten; unklar werden (kommen) (*anker*; *touwwerk*);
2.: *zie* **troebel.**
on|kosten: expenses || frais *mm* || Unkosten *mrv*; **-kristalliseerbaar:** uncrystallisable || incristallisable || unkristallisierbar; **-middellijk:** direct || direct || direkt, unmittelbar; **-onderbroken:** continuous(*ly*) || continu(*ellement*) || ununterbrochen; **-ontplofbaar:** inexplosive || inexplosible || unexplodierbar; **-oplosbaar:** insoluble || insoluble || unlösbar; **-polariseerbaar:** impolarisable || inpolarisable || unpolarisierbar.
onregelmatig: irregular(*ly*) || irrégulier(*-lièrement*) || unregelmäßig, ungleichförmig; **-heid:** irregularity || irrégularité *v* || Unregelmäßigkeit *v*, Ungleichförmigkeit *v*; **-heidsgraad:** degree (coefficient) of variation in speed || coefficient *m* d'irrégularité *v* || Ungleichförmigkeitsgrad *m*.
onrotbaar: imputrescible || imputrescible || unverweslich.
onrust (*uurwerk*): balance || balancier *m* || Unruhe *v*; **-plaat:** balance plate || coq *m* || Unruhedeckplatte *v*.
onsamen|drukbaar: incompressible || incompressible || unzusammendrückbar; **-hangend:** incoherent || incohérent || unzusammenhangend.
on|schadelijk: harmless, innoxious, inoffensive || pas nuisible, inoffensif, innocent || unschädlich; **-scherp** (*fotogr.*): out of focus, blurred || flou || unscharf, verschwommen; **-smeltbaar:** infusible, nonfusible || infusible || unschmelzbar; **-symmetrisch:** unsymmetrical || **asymétrique** || unsymmetrisch.
ontballas|ten: to unballast || délester || Ballast *m* auswerfen (löschen); **-ting:** unballasting || délestage *m* || Löschen *o* des Ballast[e]s *m*.
ontbin|den: **1.** (*kracht*, *enz.*): to decompose || décomposer || zerlegen; **-ding:** decomposition || décomposition *v* || Zerlegung *v*; **-dingspunt:** point of decomposition || point *m* de décomposition *m* || Zerlegungspunkt *m*;
2.: *zie* **ontleden.**
ontblok|ken: to free the line || débloquer || entblocken; **-king:** freeing [of] the line || déblocage *m* || Entblockung *v*; **-kingsstroomloop:** line free circuit || circuit *m* de déblocage *m* || Rückblockungsstromkreis *m*.
ontbrandbaar: inflammable || inflammable || entflammbar, entzündlich; **-heid:** inflammability || inflammabilité *v* || Entflammbarkeit *v*, Entzündlichkeit *v*.
ontbran|den: to take fire || s'enflammer, prendre feu *mm* || entbrennen; **-dingsgevaar:** danger of ignition || danger *m* d'inflammation *v* || Entzündungsgefahr *v*; **-dingspunt** (*olie*): flash point, ignition temperature || point *m* [température *v*] d'inflammation *v* || Entzündungstemperatur *v*; **-dingstemperatuur:** *zie* **ontbrandingspunt; ontstekingstemperatuur.**
ont|breken: to fail, to lack || manquer || fehlen, mangeln; **-cijfering** (*telegr.*): translation || traduction *v* || Übersetzung *v*.
ontdek|ken: to discover || découvrir ||

entdecken; **-king:** discovery || découverte *v* || Entdeckung *v*.

ontdoen van: to remove, to free from || débarrasser de || befreien von; **- de bast:** to strip the wood of its bark, to disbark || écorcer || borken; **- takken:** to free from branches || émonder || entasten, von Ästen *mm* befreien.

ontdooien: to thaw || (*se*) dégeler || auftauen.

onteige|nen: to expropriate || exproprier || enteignen; **-ning:** expropriation || expropriation *v* || Enteignung *v*.

ont|gassen: to degas, to free from gas, to remove (to expel) the gas (*from*) || éliminer les gaz *mm* (*de*) || entgasen; **-gassing:** degassing, removal of (expelling of) [the] gas (*from*) || élimination *v* des gaz *mm* || Entgasung *v*; **-gast:** freed (deprived) of gas[es] || débarrassé de[s] gaz *m*[*m*] || entgast.

ontgin|nen: **1.** (*land*): to fallow, to break into (*terrein*), to reclaim (*moeras*), to clear (*bos*) || défricher || urbar machen, anbauen; **-ning:** clearing, reclaiming || défrichement *m* || Urbarmachung *v*, Anbau *m*;
2. (*steengroeve*): to quarry, to win stone || extraire, exploiter || gewinnen; **-ning:** quarrying || extraction *v*, exploitation *v* || Gewinnung *v*;
3. (*mijnb.*): to work (operate) || exploiter || abbauen; **-ning:** *zie* **mijnontginning; - door tunnels:** drift-, tunnel-mining || exploitation *v* à flanc *m* de coteau *m* || Stollen[berg]bau *m*; **-ning in dagbouw (in open groeve):** surface winning (working), open working || exploitation *v* (ouvrage *m*) à ciel *v* ouvert || Tagebaubetrieb *m*; **-ning in diepbouw:** deep mining (mine working) || exploitation *v* souterraine || Tiefbaubetrieb *m*.

ont|glanzen: to sponge, to shrink || décatir || dekatieren, krimpen, krumpen; **-gommen** (*zijde*): to boil off the gum || dégommer || degummieren, entschälen; **-graven:** to dig || fouiller || ausheben.

ontha|ren: to depilate, to unhair || débourrer, dépiler || enthaaren; **-ring:** depilation, unhairing || débourrage *m*, dépilation *v* || Depilation *v*, Enthaaren *o*, Enthaarung *v*.

ontkisten: to dismantle, to remove moulds || décoffrer || ausschalen, ausrüsten.

ontkleu|ren: **1.** (*kleurloos maken*): to decolourise || décolorer || entfärben; **-ring:** decoloration, decolourising || décoloration *v* || Entfärbung *v*; **-ringskool:** decolourising carbon || charbon *m* décolorisant || Entfärbungskohle *v*; **-ringsmiddel:** decolorising agent, decolorant || agent *m* décolorisant (de décolorisation *v*) || Entfärbungsmittel *o*;
2. (*kleurloos worden*): to decolourise, to lose [its] colour || se décolorer || sich entfärben;
3. (*verkleuren; verschieten*): to discolour; to fade, to lose colour || changer de couleur *v*; pâlir, se fader, se décolorer || sich verfärben; verschießen; **-ring:** discoloration; fading || changement *m* de couleur *v*; décoloration *v* || Verfärbung *v*; Verschießen *o*.

ontklitten (*wol*): to burr || échardonner || entkletten.

ontkolen: **1.** (metaal): to decarburize || décarburer || entkohlen; **-ling:** decarburation || décarburation *v* || Entkohlung *v*;
2. (*cilinder*): to decarbonize || décarboniser, décalaminer || entkohlen; **-ling:** decarbonization || décarbonisation *v*, décalaminage *m*, décrassage *m* || Entkohlung *v*;
3. *zie* **kool delven.**

ontkoppel|baar: disconnectable || débrayable || lösbar; **-en:** to declutch, to disconnect, to throw out of gear, to uncouple || débrayer, désaccoupler || auskuppeln, -rücken, ent-, loskuppeln, außer Eingriff *m* bringen; **-ing:** disengaging, throwing out of gear || débrayage *m* || Ausrückung *v*, Entkupplung *v*; **-ingshefboom:** disengaging lever || levier *m* de débrayage *m* || Ausrück-, Kupplungshebel *m*, Ausrücker *m*; **-ingsinrichting:** releasing device || appareil *m* de décrochage *m* || Auslösevorrichtung *v*; **-ingsmechanisme:** disengaging gear || mécanisme *m* de débrayage *m* || Ausrückvorrichtung *v*; **-ingsmof:** disengaging clutch, throw out sleeve || manchon *m* mobile (de débrayage *m*) || Ausrückmuffe *v*, lösbare Kupplungsmuffe *v*; **-ingspedaal:** clutch pedal || pédale *v* de débrayage *m* || Kupplungspedal *o*; **-ingsschakeling:** reaction suppressor || suppresseur *m* de réaction *v* || Rückkopplungssperre *v*; **-ingstoestel:** *zie* **ontkoppelingsmechanisme; -schijf:** catch box disc || disque *m* à débrayer || Scheibe *v* für Sperrkupplung *v*.

ontkorre|len (*katoen*): to gin, to clean || égrener || entkörnen, egrenieren, auskörnen; **-lingsmachine:** gin || égreneuse *v* || Egreniermaschine *v*; **-lingsmes:** gin saw || scie *v* à égrener le coton *m* || Egreniersäge *v*.

ontkurken: to uncork || ôter le bouchon *m* || entpropfen.

ontla|den: **1.** (*algem.*): to unload, to discharge || décharger || entladen; **-ding:** unloading, discharge || déchargement *m* || Entladung *v*;
2. (*elektr.*): to discharge || décharger || entladen; **-der:** discharger || excitateur *m* || Entlader *m*; **-ding:** discharge ||

décharge *v* || Entladung *v*; **-ding a. d. oppervlakte:** surface discharge || décharge *v* superficielle (de surface *v*) || Oberflächenentladung *v*; **-ding, donkere:** dark discharge || décharge *v* obscure || dunkle Entladung *v*; **-ding, elektrische:** discharge of electricity, electric discharge || décharge *v* électrique (d'électricité *v*) || elektrische Entladung *v*; **-ding, geleidelijke:** gradual discharge || décharge *v* successive || allmählige Entladung *v*; **-ding, langzame:** slow discharge || décharge *v* lente || langsame Entladung *v*; **-ding, pluimvormige:** *zie* **pluimontlading; -ding, stille:** convective discharge || décharge *v* convective || konvektive Entladung *v*; **-dingsbatterij:** discharging battery || batterie *v* de décharge *v* || Entladebatterie *v*; **-dingsbelasting:** discharge load, load during discharge || travail *m* de la batterie *v* à la décharge *v*, charge *v* dynamique || Entladebelastung *v*; **-dingsduur:** duration (time) of discharge || durée *v* de décharge *v* || Entladedauer *v*; **-dingskrachtverbruik:** strain of discharge || régime *m* de décharge *v* || Entladebeanspruchung *v*; **-dingskromme:** discharge curve || courbe *v* de décharge *v* || Entladekurve *v*; **-dingsproces:** discharging process || opérations *m* de décharge *v* || Entladevorgang *m*; **-dingsproef:** discharge test || essai *m* de décharge *v* || Entladeprobe *v*; **-dingsslede:** sliding contact of the discharging lever || chariot *m* de décharge *v* || Entladeschlitten *m*; **-dingsspanning:** discharge voltage || tension *v* de décharge *v* || Entladespannung *v*; **-dingsspanning a. d. rand:** marginal discharge voltage || tension *v* par le bord *m* || Randentladespannung *v*; **-dingsstand:** discharging position || position *v* de décharge *v* || Entladestellung *v*; **-dingsstroomstoot:** rush of discharge current || à-coup *m* de courant *m* de décharge *v*, coup *m* de fouet *m* || Entladestromstoß *m*; **-dingstoestel:** discharging apparatus (device) || appareil *m* (dispositif *m*) de décharge *v* || Entladevorrichtung *v*, Entladungsapparat *o*; **-dingstijd:** time of discharge || période *v* (temps *m*) de décharge *v* || Entladezeit *v*; **-dingsvermogen:** discharge capacity || capacité *v* de décharge *v* || Entladefähigkeit *v*, -kapazität *v*; **-dingsvonk:** disruptive spark, spark discharge || étincelle *v* de décharge *v* || Entladefunke[n] *m*;

3. (*schip*): to discharge, to unload || décharger || entladen, löschen; **-ding:** discharging, unloading || déchargement *m* || Entladung *v*, Löschen *o*.

ontlast: relieved, balanced, discharged || déchargé, équilibré || entlastet.

ontlas|ten: 1. (*algem.*): to discharge, to relieve || décharger, entlasten; **-ting:** discharging [of load], balancing || allègement *m* de chargement *m*, équilibrage *m* || Entlastung *v*; **-tingsklep:** relief valve || valve *v* de trop plein *m* || Überlaufventil *o*; **-tingslijn:** relieving main || conducteur *m* de soulagement *m* || Entlastungsleitung *v*; **-tingsplaat:** balance (relieving) plate || plaque *v* d'équilibrage *m* || Entlastungsplatte *v*; **-tingsruimte:** balancing (relieving) space || chambre *v* d'équilibrage *m* || Entlastungsraum *m*; **-tingstoestel:** balancing (relieving) device || dispositif *m* d'équilibrage *m* || Entlastungsvorrichtung *v*; **-tingsveer:** relieving spring || ressort *m* d'équilibre *v* || Entlastungsfeder *v*; **-tingsvlak:** relieving surface || surface *v* d'équilibrage *m* || Entlastungsfläche *v*; **-tingszuiger:** balancing (relieving) piston || piston *m* d'équilibrage *m* || Entlastungs-, Hilfskolben *m*; **-tklep:** auxiliary (by pass) valve || soupape *v* de soulagement *m* (auxiliaire) || Entlastungs-, Hilfsventil *o*;

2. (*klep*): to balance || équilibrer, décharger, soulager || ausbalancieren, entlasten; **-ting:** balancing || équilibrage *m* || Ventilentlastung *v*;

3. (*motor*): to discharge, to relieve || décharger || entlasten;

4. (*stoomschuif*): to balance, to relieve || décharger, équilibrer, soulager || entlasten;

5. (*bouwk.*): to discharge, to relieve || décharger || entlasten; **-tingsboog:** discharging (relieving) arch || arc *m* de (en) décharge *v* || Entlastungsbogen *m*; **-tingsgewelf:** discharging (relieving) vault || voûte *v* de décharge *v* || Entlastungsgewölbe *o*; **-tingsmuur:** discharging wall || mur *m* de décharge *v* || Entlastungsmauer *v*.

ontle|den, (*zich*): 1. (*chem.*): to decompose || (*se*) décomposer || (*sich*) zersetzen; zerfallen (*uiteenvallen*); **-den aan de lucht:** to decompose by contact with (under influence of) the air || se décomposer par contact *m* avec (sous l'influence *v* de) l'air *m* || sich an der Luft *v* zersetzen; **-den door elektrolyse:** to decompose by electrolysis (electrolytically), to electrolyse || décomposer par voie *v* électrolytique, électrolyser || elektrolytisch zersetzen, elektrolysieren; **-ding:** decomposition || décomposition *v* || Zersetzung *v*; Zerfall *m*; **-ding, langzame** (*snelle*)**:** slow (*fast*, *rapid*) decomposition || décomposition *v* lente (*rapide*) || langsame (*schnelle*) Zersetzung *v*; **-ding,**

onder: under decomposition || avec décomposition *v*, en se décomposant || unter Zersetzung *v*; **-dingscel:** decomposition cell || auget *m* de décomposition *v*, électrolyseur *m* || Zersetzungszelle *v*; **-dingskromme:** curve of decomposition || courbe *v* de décomposition *v* || Zersetzungskurve *v*; **-dingsprodukt:** product of [the] decomposition [of] || produit *m* de [la] décomposition *v* [de] || Zersetzungsprodukt *o*; **-dingsreactie:** decomposition reaction || réaction *v* de décomposition *v* || Zersetzungsreaktion *v*; **-dingssnelheid:** velocity (speed) of decomposition || vitesse *v* de décomposition *v* || Zersetzungsgeschwindigkeit *v*; **-dingsspanning:** decomposition voltage || tension *v* de décomposition *v* || Zersetzungsspannung *v*; **-dingstemperatuur:** temperature of decomposition || température *v* de décomposition *v* || Zersetzungstemperatur *v*, **-dingswaarde:** decomposition value || valeur *v* de décomposition *v* || Zersetzungswert *m*;
2. (*weverij*): to dismember || décomposer || dekomponieren.

ontluch|ten: to desaerate, to remove (to expel) the air, to free from air || désaérer, débarrasser de l'air *m*, laisser échapper l'air *m* || entlüften, von Luft *v* befreien, die Luft *v* entfernen; **-ting:** desaeration || désaération *v* || Entlüftung *v*; **-tingsbuis:** air breather || renifleur *m* d'air *m* || Entlüftungsrohr *o*, -röhre *v*; **-tingsklep:** air release valve || soupape *v* d'échappement *m* d'air *m* || Entlüftungsventil *o*; **-tingsopening:** compression relief tube || cheminée *v* de décompression *v* || Druckaufhebungsschlot *m*.

ontmagneti|satie: *zie* **ontmagnetisering; -seren:** to demagnetise || désaimanter || entmagnetisieren; **-serend:** demagnetizing || désaimantant || entmagnetisierend; **-sering:** demagnetisation || désaimantation || Entmagnetisierung *v*.

ontmeng|en: 1. (*algem.*): so separate [out], to settle [out] || se séparer || [sich] entmischen; **-ing:** separation, settling || séparation *v* || Entmischung *v*;
2. (*emulsie*): to break, to separate || rompre, se séparer || brechen, entmischen; **-ing:** breakage, separation || rupture *v*, séparation *v* || Brechung *v*, Brechen *o*, Entmischung *v*.

ontmoetingspunt: place of connection, meeting point || point *m* d'assemblage *m* || Anschlußstelle *v*, Begegnungspunkt *m*.

ontoe|gankelijk: unapproachable || inabordable || unzugänglich; **-reikend:** insufficient || insuffisant || unzureichend.

ontpakken: to unpack || déballer || auspacken.

ontplof|baar: explosive || explosible || explosiv, explodierbar; **-baarheid:** explosiveness || explosibilité *v* || Explosivität *v*; **-fen:** to explode || éclater, exploser, faire explosion *v* || explodieren; *zie ook* **detoneren.**

ontploffing: explosion; detonation || explosion *v*; détonation *v*; déflagration *v* || Explosion *v*; Detonation *v*; **-scentrum:** seat of the explosion || centre *m* d'explosion *v* || Explosionsherd *m*; **-sdrukgolf:** pression wave of explosion || onde *v* de pression *v* de l'explosion *v* || Explosionsdruckwelle *v*; **-sgevaar:** danger of explosion || danger *m* d'explosion *v* || Explosionsgefahr *v*, Gefahr *v* des Zerplatzens *o* (Zerspringens *o*); **-sgolf:** explosion wave || onde *v* explosive || Explosionswelle *v*; **-skracht:** explosive force, force of explosion || force *v* explosive || Explosionskraft *v*, explodierende Kraft *v*; **-smiddel:** explosive || explosif *m* || Explosiv-, Sprengstoff *m*, Sprengmittel *o*; **-soorzaak:** cause of explosion || cause *v* d'explosion *v* || Explosionsursache *v*; **-ssfeer:** area (sphere of influence) of the explosion || portée *v* (sphère *v* d'action *v*) de l'explosion *v* || Explosionsbereich *m*; **-svrij:** explosion-proof || à l'épreuve *v* d'explosion *v* || explosionssicher; (*t.o.v. mijngas*): firedamp-proof || à l'épreuve *v* de grisou *m*, antigrisouteux(*-teuse*) || schlagwettersicher.

ontrolmachine: unrolling machine || machine *v* à dérouler || Aufrollermaschine *v*.

ontscha|len (*zijde*): to degum, to scour || décr[e]user, dégommer || entbasten, entschälen; **-ling:** scouring || décr[e]usage *m* || Entschälung *v*.

ont|slakken: to free from slags || décrasser || entschlacken; **-slikken** (*mijnb.*): to elutriate (de-slime) || déslimer, déschlammer || [ab-, ent-]schlämmen.

ontslui|ten: 1. (*openen i. h. algem.*): to open, to unlock || (*s'*)ouvrir || (*sich*) aufschließen, erschließen, (*sich*) öffnen, aufgehen; **-termechanisme** (*auto*): unlocking device || mécanisme *m* de déverrouillage *m* || Entschließungmechanismus *m*; **-ting:** opening, unlocking || ouverture *v* || Auf-, Erschließung *v*, Öffnung *v*;
2. (*chem.*): to decompose || décomposer, désagréger || aufschließen; **-ting:** decomposition || décomposition *v*, désagrégation *v* || Aufschließung *v*;
3. (*erts*): to disintegrate (break up) || désagréger || aufschließen;
4. (*mijn*): to develop || ouvrir || auf-, erschließen, ausrichten; **-ing:** develop-

ment, opening-up || aménagement *m* général || Auf-, Erschließung *v*, Ausrichtung *v*;
5. -ting (*toegang*) (*exploratie*)**:** opening, open cut, section, exposure || section *v* || Aufschluß *m*.

ontsmet|ten: to disinfect || désinfecter || desinfizieren, entseuchen, keimfrei machen; **-ting:** disinfection || désinfection *v* || Desinfektion *v*, Entseuchung *v*; **-tingsinrichting:** disinfection plant || installation *v* de désinfection *v* || Desinfektionsanlage *v*, Entseuchungsanstalt *v*; **-tingsmiddel:** desinfectant || désinfectant *m* || Desinfektionsmittel *o*.

ontsnap|pen (*gassen*)**:** to escape || s'échapper, sortir, se dégager || entweichen; **-ping:** escape || échappement *m* || Entweichung *v*; **-pingsknal** (*motor*)**:** explosion in the exhaust || détonation *v* d'échappement *m* || Auspuffknaller *m*.

ontspan|nen: 1. (*stoom, gassen, enz.*)**:** to expand || (*se*) détendre || (*sich*) entspannen, ausdehnen, expandieren; **-ning:** expansion || détente *v*, expansion *v* || Entspannung *v*, Ausdehnung *v*, Expansion *v*; **-ning, gedeeltelijke:** partial expansion || détente *v* (expansion *v*) partielle || teilweise (partielle) Entspannung *v* (Ausdehnung *v*, Expansion *v*); **-ning met arbeidslevering:** expansion with (under) production of work || détente *v* (expansion *v*) avec production *v* de travail *m* || Entspannung *v* (Ausdehnung *v*, Expansion *v*) unter Arbeitslieferung *v*; **-ningsgraad:** degree of expansion || degré *m* de détente *v* (d'expansion *v*) || Entspannungs-, Expansionsgrad *m*; **-ningskromme:** expansion curve || courbe *v* de détente *v* || Expansions-, Ausdehnungskurve *v*; **-ningsperiode:** expansion period || période *v* de détente *v* || Expansionsperiode *v*; **-ningsverhouding:** expansion ratio || rapport *m* de détente *v* || Expansionsverhältnis *o*;
2. (*veer*)**:** to release, to relieve || (*se*) détendre, relâcher || (*sich*) entspannen; **-ner** (*fotogr.*)**:** release || déclencheur *m* || Auslöser *m*.

ontspo|ren: to get (to run) off the rails || dérailler || entgleisen; **-ring:** derailment || déraillement *m* || Entgleisung *v*; **-ringsblok:** derailing block || sabot *m* de déraillement *m* || Entgleisungsschuh *m*; **-ringstoestel:** derailing device || apparail *m* de déraillement *m* (dérailleur) || Entgleisungsvorrichtung *v*; **-ringswissel:** derailing switch || aiguille *v* de déraillement *m* || Entgleisungsweiche *v*.

ontstaan: 1. (*zelfst. nw.*)**:** originating, formation, coming into existence (being) || naissance *v*, origine *v*, formation *v* || Entstehung *v*;
2. - (*door; uit*)**:** to originate, to form, to come into existence (being) (*by; from*) || naître, se former, se produire (*par; de*) || entstehen (*durch; aus*).

ontste|ken: to fire, to ignite, to light, to inflame || allumer, enflammer || anzünden, [ent]zünden; **-kend:** incendiary || incendiaire || zündend; **-ker:** lighter || allumoir *m* || Anzünder *m*; **-ker:** detonator, blasting (detonating) cap; fuse || détonateur *m* || Zünder *m*; **-ker, elektrische:** electric lighter || allumoir *m* électrique || elektrischer Anzünder *m*.

ontsteking: firing, ignition, lighting, inflammation || allumage *m*, inflammation *v* || [Ent]zündung *v*; **- door middel v. e. batterij:** *zie* **batterijontsteking; - inschakelen, de:** to switch in the ignition || mettre l'allumage *m* en circuit *m* || die Zündung *v* einschalten; **-regelen, de:** to adjust the ignition || régler l'allumage *m* || die Zündung *v* einstellen; **- uitschakelen, de:** to disconnect (to switch off) the ignition || interrompre l'allumage *m* || die Zündung *v* abstellen, (ausschalten); **- door middel v. e. vlamboog:** arc ignition || allumage *m* par arc *m* voltaïque || Lichtbogenentzündung *v*.

ontstekings|accumulator: ignition accumulator || accumulateur *m* d'allumage *m* || Zündakkumulator *m*; **-batterij:** ignition battery (cell) || batterie *v* d'allumage *m* || Zündungsbatterie *v*; **-bougie:** *zie* **bougie; -brug:** spark gap || pont *m* d'allumage *m* || Zünderbrücke *v*; **-buis:** ignition tube || tube *m* d'allumage *m* || Zündröhrchen *o*; **-flens:** sparking piece || tampon *m* d'allumage *m* || Zündflansch *m*; **-handgreep:** ignition control lever || manette *v* d'allumage *m* || Zündungshebel *m*; **-kabel:** ignition cable || câble *m* d'allumage *m* || Zündkabel *o*; **-kamer:** ignition chamber || chambre *v* d'allumage *m* || Zündkammer *v*; **-leiding:** ignition circuit || circuit *m* d'allumage *m* || Zündungsstromkreis *m*; **- magneet:** ignition magneto || magnéto *m* d'allumage *m* || Zündmagnet *m*; **-mengsel:** ignition mixture || mélange *m* d'inflammation *v* || Entzündungsgemisch *o*; **-middel:** fuse (firing) material || dispositif *m* d'amorçage *m* || Zündmittel *o*, Knallsatz *m*; **-moment:** moment of sparking || moment *m* de l'allumage *m* || Zündmoment *m*; **-nok:** ignition cam || came *v* [de la commande *v*] d'allumage *m* || Zündnocken *m*; **-patroon:** primer, priming cartridge || cartouche-amorce *v*, cartouche *v* d'allumage *m* || Zünd-| Schlagpatrone *v*; **-punt:** ignition point || point *m* d'allumage *m* || Zündpunkt *m*; **-regeling:** adjustment (governing by means) of the ignition || réglage *m* de l'allumage *m* || Zündungsregulierung *v*; **-spoel:** ignition coil || bobine *v* d'allumage *m* || Zündspule *v*; **-stift:** ignition pin || cheville *v* d'allumage *m* || Zündstift *m*; **-stroom:** ignition current || courant *m* d'allumage *m* || Zündstrom *m*; **stroomsterkte:** strength of firing current || intensité *v* du courant *m* d'allumage *m* || Zündungsstromstärke *v*; **temperatuur:** ignition temperature || température *v* d'inflammation *v* || Entzündungstemperatur *v*; **-toestel:** ignition device || allumeur *m*, dispositif *m* d'allumage *m* || Zündapparat *m*, -vorrichtung *v*; (*mijnb.*): blaster, shot-firing (ignition) apparatus || exploseur *m*, amorceur *m* || Zündapparat *m*; **-tijd:** firing time || temps *m* d'allumage *m* || Zündzeit *v*; **-vlam:** ignition flame || flamme *v* d'allumage *m* || Zündflamme *v*; **-vlambuis:** ignition flame passage || conduite *v* de la flamme *v* d'allumage *m* || Zündflammenleitung *v*; **-volgorde:** firing order || ordre *m* d'allumage *m* || Zündreihenfolge *v*; **-vonk:** ignition spark || étincelle *v* d'allumage *m* || Entzündungsfunke[n] *m*, Zündfunke *m*; **-weerstand:** ignition resistance unit || résistance *v* de l'allumage *m* || Zündungswiderstand *m*; **-wijze:** type of ignition || genre *m* (procédé *m*) d'allumage *m* || Zündmethode *v*, Zündungsart *v*.

ontstoffen: to remove (free from) dust, to dedust || dépoussiérer || entstauben.

onttake|len: to unrig || dégréer || abtakeln; **-ling:** unrigging || dégréement *m* || Abtakelung *v*.

onttrek|ken: **1.** (*wegtrekken*): to withdraw || retirer, soustraire || entziehen; entreißen; **-king:** withdrawal || soustraction *v* || Entziehung *v*;
2. (*ontnemen*): to withdraw, to absorb (*from*) || soutirer (*à*), enlever (*de*) || entziehen (*met 3e nv.*); **-king:** withdrawal, absorption || soutirage *v*, absorption *v* || Entziehung *v*.

ontvang|antenne: receiving aerial || antenne *v* réceptrice (de réception *v*) || Empfangsantenne *v*; **-buis** (*radio*): receiving valve (tube) || tube *m* récepteur (détecteur), lampe *v* détectrice || Empfangsröhre *v*; **-draad:** receiving wire || fil *m* récepteur, antenne *v* réceptrice || Empfangdraht *m*; **-er:** *zie na* **ontvangtransformator; -inrichting:** receiver arrangement || système *m* de réception *v* || Empfangvorrichtung *v*; **-keten:** receiving circuit || circuit *m* de réception *v* (récepteur) || Empfangskreis *m*; **-kring:** *zie* **ontvangketen; -lamp:** *zie* **ontvangbuis; -raam:** *zie* **draadraam; -station:** receiving station || station *v* réceptrice || Empfangstation *v*; **-systeem:** receiving system || système *m* de réception *v* || Empfangsystem *o*; **-toestel:** receiver, receiving set || [appareil *m*] récepteur, appareil *m* de réception *v*, poste *m* récepteur || Empfangsapparat *m*, Empfänger *m*; **-transformator:** receiving transformer || transformateur *m* de réception *v* || Empfangstransformator *m*.

ontvanger: **1.** (*telef.*): telephonic receiver || récepteur *m* téléphonique || Hörempfänger *m*, Hörer *m*;
2. (*destillaat*): recipient [vessel], adapter, receiver || condenseur *m*, récipient *m* || Vorlage *v*;
3. (*radio*): receiver || récepteur *m* || Empfänger *m*; **-, selectieve:** selective receiver || récepteur *m* sélectif || selektiver Empfänger *m*; **-, storingvrije:** *zie* **ontvanger, selectieve.**

ontvangst (*telef.*, *enz.*): reception || réception *v* || Empfang *m*; **- op gehoor:** *zie* **gehoorontvangst; -, gerichte:** directional reception || réception *v* dirigée || gerichteter Empfang *m*, Richtempfang *m*.

ontvankelijk: susceptible || susceptible || empfänglich; **-heid:** susceptibility || susceptibilité *v* || Empfänglichkeit *v*, Suszeptibilität *v*.

ontvet|ten: **1.** (*chem.*): to remove grease, to ungrease || dégraisser || entfetten; **-ting:** removal of grease (fat) || dégraissage *m* || Entfettung *v*;
2. (*text.*): to scour || dégraisser || entfetten; **-ting:** scouring || dégraissage *m* || Entfettung *v*; **-machine:** scouring machine || machine *v* à dégraisser || Entfettungsmaschine *v*; **-tingstafel:** table for removing grease || table *v* de dégraissage *m* || Entfettungstisch *m*.

ontvezelaar: stuff grinder || défibreur *m* || Zerfaserungsmaschine *v*.

ontvilter: drawing head || défeutreur *m* simple || Entfilzer *m*.

ontvlambaar: inflammable || inflammable || entzündbar; **-heid:** inflammability || inflammabilité *v* || Entzündbarkeit *v*.

ontwate|ren: **1.** (*algem.*): to free from (to remove the) water || éloigner (éliminer) l'eau *v* || entwässern; **-ring:** removal (removing) of [the] water || éloignement *m* (élimination *v*) de l'eau *v* || Entwässerung *v*; **-ringszeef:** draining screen (sieve) || tamis *m* d'égouttage *m*, crible *m* d'assèchement *m* || Entwässerungssieb *o*;
2. (*chem.*): to dehydrate || déshydrater || entwässern, dehydratieren; **-ing:** de-

hydration || déshydration *v* || Entwässerung *v*, Dehydratierung *v*;
3. *zie* **draineren; -ing:** *zie* **drainering;**
4. (*aardolie*): to dehydrate (de-water) || déshydrater || entwässern;
5. (*mijnb.*): to drain (de-water) || drainer || entwässern.

ontwerp: project, plan; design || projet *m*; plan *m* (*uitgewerkt*); ébauche *v*, esquis *m*, crayon *m* (*ruw*); maquette *v* (*model*) || Entwurf *m*, Projekt *o* (*techn.*), Plan *m*; *zie ook* **schets; -, definitief:** final project || projet *m* définitif || endgültiger Entwurf *m*; **-, gedetailleerd:** detailed project || projet *m* détaillé || genauer Entwurf *m*; **-, voorlopig:** preliminary project || avant-projet *m* || Vorentwurf *m*; **-en:** to project (*weg, campagne*); to plan (*stad, gebouw*); to design (*mach., tek.*); to devise (*costuum*) || projeter, ébaucher, tracer le plan *m* de, dresser || entwerfen; planen, projektieren; **-er:** designer; projector; planner || auteur *m* || Entwerfer *m*; Planer *m*; **-tekening:** preliminary drawing || dessin *m* de projet *m* || Entwurfszeichnung *v*.

ontwikke|len: 1. (*gas, enz.*): to develop, to form, to generate || (*se*) dégager, se former || (*sich*) entwickeln, (*sich*) bilden; **-ling:** development, formation, generation || dégagement *m*, formation *v* || Entwicklung *v*;
2. (*fotogr.*): to develop || développer, révéler || entwickeln; **-laar:** developer || révélateur *m* || Entwickler *m*; **-ling:** development || développement *m* || Entwicklung *v*; **-ling a. d. oppervlakte:** surface development || développement *m* de surface *v* || Oberflächenentwicklung *v*; **-lingsbad:** developing bath || bain m de développement *m* || Entwicklungsbad *o*; **-toestel:** developing device || appareil *m* de développement *m* || Entwicklungsapparat *m*;
3. (*v. e. grote snelheid, enz.*): to attain || développer || entwickeln.

ontwondene: evolute || développée *v* || Evolute *v*.

ontwijken: *zie* **ontsnappen.**

ontijze|ren: to eliminate (to extract) the iron || éliminer (séparer) le fer *m*, déferrer || enteisen; **-ring:** iron elimination (extraction) || élimination *v* (séparation *v*) du fer *m*, déferrage *m* || Enteisung *v*.

ont|zilveren: to unsilver || désargenter || entsilbern; **-zuren:** to desacidulate, to remove the acid || désacider, éloigner l'acide *m* || entsäuern, die Säure *v* entfernen.

ontzwave|len: to desulfurate, to desulfurize || dessoufrer, désulfurer || entschwefeln; **-ling:** desulfuration, desulfurization || désulfuration *v*, dessoufrage *m* || Entschwefelung *v*.

onuit|wisbaar: inextinguishable || inextinguible || unauslöschbar; **-zetbaar:** inextensible || inextensible || unausdehnbar.

onverander|lijk: unchangeable, unalterable, invariant, unvariable || inaltérable, constant, invariant || unveränderlich, stetig, unwandelbar, konstant, invariant; **-lijke:** invariant || invariant *m* || Invariante *v*; **-lijkheid:** constancy, unchangeableness, unvariableness || constance *v*, invariabilité *v*, inaltérabilité *v* || Konstanz *v*, Unveränderlichkeit *v*, Unwandelbarkeit *v*.

onverbrandbaar: incombustible || incombustible || unverbrennbar; **-heid:** incombustibility || incombustibilité *v* || Unverbrennbarkeit *v*.

onverglaasd: unvitrified || invitrifié || unverglast.

onvernielbaar: *zie* **onverwoestbaar.**

onverpakt: unpacked, in bulk || en vrac *m*, non-emballé || unverpackt.

onverwisselbaar: noninterchangeable || ininterchangeable || unverwechselbar; **-heid:** noninterchangeability || non-interchangeabilité *v*, ininterchangeabilité *v* || Unauswechselbarkeit *v*.

onverwoestbaar: indestructible || indestructible || unzerstörbar.

onverza|digbaar: unsaturable || insaturable || unsättigbar; **-digd:** unsaturated || non-saturé || ungesättigt.

onverzekerd: uninsured || non-assuré || unversichert.

onvoldoend: insufficient(*ly*), deficient(*ly*) || insuffisant (*-samment*); mauvais (*mal*) (*slecht*) || ungenügend; mangelhaft (*slecht, gebrekkig*).

onvolkomen: imperfect || imparfait || unvollkommen.

onvolledig: incomplete || incomplet || unvollständig.

onvoorzien: unforeseen || imprévu || unvorhergesehen.

onwederverklikker: thunderstorm indicator || indicateur *m* d'orage *m* || Gewitteranzeiger *m*.

onweegbaar: imponderable || impondérable || unwägbar.

onwerkzaam: inactive, without action (activity) || inactif, sans activité *v* || unwirksam, inaktiv; **- maken:** to render inactive || rendre inactif, supprimer l'activité *v* || unwirksam (inaktiv) machen; **- worden:** to lose activity, to become inactive || perdre l'activité *v*, devenir inactif || unwirksam (inaktiv) werden.

onyx: onyx || onyx *m* || Onyx *m*.

onzeewaardig: unseaworthy || incapable de tenir la mer *v* || unseetüchtig;

-heid: unseaworthiness || incapabilité *v* de tenir la mer *v* || Unseetüchtigkeit *v*.
onzichtbaar: invisible || invisible || unsichtbar.
onzinkbaar: insubmersible, unsinkable || insubmersible || unsinkbar; **-heid:** insubmersibility, unsinkability || insubmersibilité *v* || Unsinkbarkeit *v*.
onzuiver: impure || impure || unrein; **- lopen** (*vliegwiel*): to run untrue, to wobble || faire la demoiselle *v*, tourner à faux || schlagen, taumeln; **-heid:** impurity || impureté *v* || Verunreinigung *v*, Unreinlichkeit *v*.
oog: 1. (*zintuig*): eye || oeil *m* || Auge *o*; **-beschermer:** protective (coloured) spectacles || lunettes *vm* à verres *mm* fumés || Schutzbrille *v*, Brille *v* mit dunklen Gläsern *om*; **-gevoeligheidscoëfficiënt:** relative luminosity factor || coefficient *m* de visibilité *v* relative || spektrale Hellempfindlichkeit *v*; **-glas:** eyeglass || verre *m* oculaire || Okularglas *o*; **-punt** (*perspectief*): point of sight, principal point || point *m* de vue *v* (principal) || Augen-, Gesichtspunkt *m*;
2. (*anker*): eye || oeillet *m* || Ankerauge *o*;
3. (*bijl*): eye || oeil *m* || Haube *v*;
4. (*bout*): eye || oeil *m* || Auge *o*, Öse *v*; **-bout:** eyebolt, eyescrew || boulon *m* (vis *v*) à oeil *m*, piton *m* à tique *v* taraudée || Augen-, Ösenbolzen *m*, Ösenschraube *v*; **-schroef:** eyescrew || vis *v* à oeil *m* || Ösenschraube *v*;
5. (*haak*): eye || oeillet *m* || Hakenöse *v*; **-jeslamphouder:** suspension lamp holder || douille *v* à oeillets *mm* (swan) || Ösenfassung *v*;
6. (*koppelstang*): eye || oeil *m* || Auge *o*;
7. (*naald*): eye || oeil *m*, chas *m* || Nadelöhr *o*; **-groef:** channel for the eye || enrue *v* || Ohrfurche *v*;
8. (*schalm*): eye || oeillet *m* || Öse *v*;
9. (*sleutel*): bow || anneau *m* || Schlüsselring *m*;
10. (*touw*): ear || oreille *v* || Tauöse *v*; **-seizing** (*scheepst.*): eye gasket || garcette *v* à oeillet *m* || Augseising *v*; **-splits** (*scheepst.*) eye splice || épissure *v* à oeil *m* || Augspleiß *m*;
11. (*veer*): eye || oeil *m* || Federauge *o*;
12. (*vork v. e. rijwiel*): eye || oeil *m* || Gabelauge *o*;
13.: **-blok:** solid journal bearing || palier *m* fermé || Augenlager *o*.
oogstmachine: reaping machine || machine *v* à moisonner || Erntemaschine *v*.
oor: 1. (*lich.deel*): ear || oreille *v* || Ohr *o*; **-beitel** (*mijnb.*): ear bit || trépan *m* à oreilles *vm* || Stufenmeißel *m*;
2. (*kozijn*): heel, ear || allonge *v*, talon *m*, oreille *v* || Hacke *v*, Nase *v*, Ohr *o*;
3. (*mand*; *kruik*): ear, handle || anse *v* || Griff *m*.
oorlogs|haven: military port, naval station || port *m* de guerre *v* || Kriegshafen *m*; **-schip:** man of war || bâtiment *m* (vaisseau *m*) de guerre *v* || Kriegsschiff *o*.
oorsprong: origin || origine *v* || Ursprung *m*; (*coördinatenstelsel*): origin || origine *v* || Null-, Anfangspunkt *m* Ursprung *m*.
oost| ten noorden (*zuiden*): east by north (*south*) || est-quart-nord-est (*-sud-est*) || Ost zu Nord (*Süd*); **-elijk:** eastward, oriental || oriental || östlich; **-en:** east || est *m* || Osten *o*; **-erlengte:** east longitude || longitude *v* est (orientale) || Ostlänge *v*; **-noord-oost:** eastnortheast || est-nord-est || Ostnordost; **-zuid-oost:** eastsoutheast || est-sud-est || Ostsüdost.
op: on (*the roof*, *table*, *field*, *land*), in (the *list*, *market*, *street*) || sur (*le toit*), à (*terre*, *la campagne*), par (*terre*) || auf [1]); **- en neer:** up and down || en montant et en descendant || auf und ab.
opaal: opal || opale *v* || Opal *m*; **-glas:** opal glass || verre *m* opalin || Opalglas *o*.
opaliseren: to opalise || opaliser || opalisieren.
opbanken (*vuur*): to bank || entasser || aufbänken, aufdämmen.
opbellen (*telef.*): to call up, to ring up || appeler || anrufen.
opbinden (*bladzijden*): to tie up || lier (les pages *vm*) || ausbinden.
opbinding: 1. (*weverij*): tying up, cording || armure *v*, billure *v*, encordage *m*, empoutage *m* || [An]schnürung *v*;
2. (*houtverbinding*): draught and tie up || embrèvement *m*, embreuvement *m* || Beschmitzung *v*.
opblazen: 1. (*gas blazen in*): to blow up, to inflate || enfler, gonfler || aufbläsen;
2. (*doen springen*): to blast, to spring, to blow up || faire sauter || sprengen.
opboeisel (*scheepst.*): wash-, weatherbord, waterbord || fargue *v* || Setz-, Wasserbord *m*.
opbomen: beaming || montage *m* || Aufbäumen *o*.
opboren: *zie* **naboren.**
opborrelen: to bubble up || barboter || aufbrausen, aufwallen.
opbouw: 1. (*bouw*): building up || construction *v* || Aufbau *m*; **-en:** to build up || construire; assembler les pièces *vm* constitutives; maçonner (*fundering*) || aufbauen; zusammenbauen; aufmauern (*fundering*);
2*.: *zie* **herbouw;**

1) Beweging met richting: 4e nv.; rust: 3e nv.

3*. (*scheik.*): *zie* **bouw, constitutie, structuur;**
4. (*scheik.*): synthesis || synthèse *v* || Aufbau *m*, Synthese *v*; **-en:** to build up, to synthetize, to prepare by synthesis || synthétiser, préparer par synthèse *v* || aufbauen, synthetisch herstellen.
opbraak (*mijnb.*)**:** raise || burquin *m* || Aufbruch *m*.
opbreken: 1. (*bestrating*): to break up || dépaver || aufbrechen, aufreißen;
2. (*ijs*): to break up || briser || aufbrechen.
opbrengen: 1. (*aanbrengen*): to apply (*to, on, upon*); to spread (*on, upon*); to coat (*with*) || appliquer (*sur*); revêtir (*de*); enduire (*de*) || aufbringen, anbringen (*auf*), auftragen (*auf*); aufstreichen;
2. (*leveren*): to yield, to produce || produire, rendre || aufbringen, aufliefern;
3. (*hoger brengen*): to raise || monter, porter en haut *m* || hinaufbringen.
opbrengst: yield, produce || rendement *m*, produit *m* || Ausbeute *v*, Ertrag *m*; *zie ook* **rendement; -, zuivere:** net produce || produit *m* net || Reinertrag *m*.
opdoeken (*zeil*)**:** to fold up, to furl || plier || auftuchen.
opdracht: charge, order || charge *v*, commande *v*, commission *v*, ordre *m* || Auftrag *m*; **-sbevestiging:** confirmation [of order] || confirmation *v* [de l'ordre *m*] || Auftragsbestätigung *v*.
op|dragen: to charge (*with*) || charger (*de*) || auftragen; beauftragen (*mit*); **-drogen:** to dry [up] || sécher || auftrocknen, eintrocknen; **-droging:** drying [up] || séchage *m* || Auftrocknung *v*, Eintrocknung *v*; **-drukbaan:** *zie* **kettingbaan** *onder* **ketting 1; -drijven** (*gat*)**:** to enlarge, to expand || élargir, épanouir, évaser || aufdornen, auftreiben.
opeen: one upon another, together, in a heap || l'un sur l'autre, ensemble || aufeinander; **-hopen:** to heap up, to accumulate || accumuler, amasser, tasser || an-, aufhäufen, aufspeichern, ansammeln; **-hoping:** accumulation || accumulation *v*, entassement *m*, amas *m* || Anhäufung *v*, Aufspeicherung *v*, Ansammlung *v*; **-volgen:** to succeed || se succéder, se suivre || aufeinanderfolgen; **-volgend:** successive(*ly*), consecutive(*ly*) || successif(*-vement*) || aufeinanderfolgend; **-volging:** succession, sequence || succession *v*, série *v* || Aufeinanderfolge *v*, Reihenfolge *v*.
open: 1. (*niet dicht*): open || ouvert || offen;
2. (*niet bedekt*): open, uncovered || ouvert, découvert || offen, frei;
3. (*niet bezet*): vacant, free || inoccupé, libre, vacant || offen, frei.
openbaar: 1. (*publiek*): public; official (*aanbesteding*) || publique || öffentlich;
2. (*octrooiaanvrage*): published || publié || ausgelegt, veröffentlicht, bekanntgemacht; **-gemaakt:** *zie* **openbaar 2; -maken:** to publish || publier || auslegen, veröffentlichen, bekanntmachen; **-making:** publication || publication *v* || Auslegung *v*, Veröffentlichung *v*, Bekanntmachung *v*; **-makingsaccijns:** publication fee || taxe *v* de publication *v* || Auslegungs-, Veröffentlichungs-, Bekanntmachungsgebühr *v*.
open|draaien (*kraan, enz.*)**:** to open || ouvrir || aufdrehen, öffnen; **-en:** to open || ouvrir || öffnen; **-gewerkt:** open worked || à jour || durchbrochen; **-luchtstation** (*elektr.*)**:** out-door substation || sous-station *v* (poste *m*) extérieur || Freiluftanlage *v*.
opening: 1. (*gat, enz.*): opening, orifice, aperture || ouverture *v*, orifice *m*, trou *m* || Öffnung *v*; **- v. d. rookschuif:** slide damper opening || ouverture *v* du registre *m* de tirage *m* || Rauchschieberöffnung *v*; **- v. d. vork:** fork [eye] (jaws) || gueule *v* de fourche *v* || Gabelmaul *o*, Seilschlitz *m*; **- v. e. brug:** bridge opening || ouverture *v* de pont *m* || Brückenöffnung *v*; **- tussen de roosterstaven:** grate opening, opening between the fire bars, airspace between the grate (the fire bars) || lumière *v* (vide *m*) de grille *v*, intervalle *m* entre les barreaux *mm* de grille *v* || Rostfuge *v*, -spalt *m*;
2. (*het openen*): opening || ouverture *v* || Öffnung *v*, Öffnen *o*; **-inductiestroom:** induction current at breaking || courant *m* induit de rupture *v* || Öffnungsinduktionsstrom *m*; **-slichtboog:** arc at break || arc *m* de rupture *v* || Öffnungsbogen *m*; **-machine:** opener || débroutisseuse *v* || Öffnungsmaschine *v*; **-svonk:** spark at break || étincelle *v* de rupture *v* || Öffnungsfunke[n] *m*;
3. (*optica*): aperture || aperture *v* Öffnung *v*, Apertur *v*.
open|slaan: to open, to flap open || (*s'*)ouvrir || (*sich*) öffnen, aufklappen; **-slaand:** folding (*deur*); French (*raam*) || s'ouvrant au dehors *m* (en dedans *m*, à deux battants *mm*) || aufklappbar; Flügel- (*deur*); **-steken** (*slot*)**:** to pick || crocheter || mit dem Dietrich *m* öffnen; **-zijschaafbank:** open side planer, single column planing machine || raboteuse *v* ouverte (à montant *m* unique) || einseitig offene Hobelmaschine *v*, Einständer-, Säulenhobelmaschine *v*.
operateur: *zie* **cameraman.**
op|frissen (*verversen*)**:** to revive; to renew; to regenerate || régénérer; revivifier || auffrischen; regenerieren; *zie ook* **her-**

activeren; regenereren; verversen; -geklonken: riveted on || riveté (*sur*) || aufgenietet; **-gelegd** (*balk*): freely supported || reposant librement || frei aufliegend; **-gelost:** dissolved, in solution || dissolu, en solution *v* || [auf]gelöst, in Lösung *v*; **-genomen** (*geabsorbeerd*): absorbed || absorbé || absorbiert, aufgenommen; **-geschroefd:** screwed on || vissé (*sur*) || aufgeschraubt; **-gesoldeerd:** brazed on || soudé (*sur*, *à*) || aufgelötet; **-gespied:** keyed on || claveté (*sur*) || aufgekeilt; **-gewekt** (-, *niet*): (*un*)excited || (*non-*)excité || (*un*)erregt.

ophaal|bak: hoist, lift || monte-charge *m*, élévateur *m* || Auf-, Rufzug *m*; **-brug:** drawbridge || pont-levis *m* || Aufzieh-, Zugbrücke *v*; **-inrichting:** hoisting gear || appareil *m* à hisser || Aufziehvorrichtung *v*; **-inrichting, elektrische:** electric hoisting gear || treuil *m* électrique || Elektrohubwerk *o*; **-kabel:** *zie* **mijnkabel** (*hijskabel*); **-ketting:** hauling chain || chaîne *v* de levage *m* || Förderkette *v*; **-motor:** hoisting motor || moteur *m* d'ascenseur *m* (de levage *m*) || Aufzugmotor *m*; **-schacht** (*mijnb.*): main hoisting shaft || puits *m* principal || Hauptschacht *m*.

ophalen: 1. (*ophijsen*): to hoist || hisser || aufziehen; (*mijnb.*): to raise (hoist) || [é]lever || aufziehen, heben; *zie ook* **hijsen;**
2.: *zie* **optrekken 1** *en* **3.**

ophang|as: axle of suspension || axe *m* de suspension *v* || Aufhängeachse *v*; **-beugel:** suspension bow || étrier *m* de suspension *v* || Aufhängebügel *m*; **-draad** (*kabel*): suspension wire || fil *m* porte-câble *m* || Kabeltragdraht *m*; **-en:** to suspend || suspendre || aufhängen; **-haak:** suspension hook || crochet *m* de suspension *v* || Aufhängehaken *m*; **-ing:** suspension || suspension *v* || Aufhängung *v*; **-ing a. één draad:** *zie* **ophanging, unifilaire; -ing a. twee draden:** *zie* **ophanging; bifilaire; -ing, bifilaire:** bifilair suspension || suspension *v* bifilaire || bifilare Aufhängung *v*, Doppelfadenaufhängung *v*; **-ing, dwarse:** cross suspension || suspension *v* transversale || Queraufhängung *v*; **-ing, elastische:** elastic suspension || suspension *v* élastique || elastische Aufhängung *v*; **-ing, onafhankelijke:** free suspension || suspension *v* indépendante || freie Aufhängung *v*; **-ing, onsymmetrische:** unsymmetrical suspension || suspension *v* dissymmétrique || unsymmetrische Aufhängung *v*; **-ing, unifilaire:** unifilar suspension || suspension *v* unifilaire || Einfadenaufhängung *v*, unifilare Aufhängung *v*; **-isolator:** suspension insulator || isolateur *m* à suspension *v* || Aufhängeisolator *m*; **-kompas:** *zie* **mijnmeterskompas; -machine** (*katoenspinn.*): hanging machine || machine *v* à étendre || Aufhängemaschine *v*; **-punt:** point of suspension || point *m* de suspension *v* || Aufhängepunkt *m*; **-schoen:** suspension shoe || support *m* de rail *m* suspendu, suspension *v* de rail *m* || Hängeschuh *m*; **-steun:** suspension support || support *m* de suspension *v* || Aufhängestütze *v*; **-theodoliet:** *zie* **hangtheodoliet; -toestel:** suspension device || dispositif *m* de suspension *v* || Aufhängevorrichtung *v*; **-ijzer:** suspension rod || tirant *m* de suspension *v* || Zugstange *v*.

ophef|fen: 1. (*optillen*): to lift [up] || [sou]lever; relever (*v. d. grond*) || [auf]heben; **-fing:** elevation, raising, lift || élévation *v*, soulèvement *m* || Aufhebung *v*; **-fingsduim:** lifting finger for picking motion || doigt *m* de lève *v* || Hebefinger *m* zu Schußbewegung *v*;
2. (*tenietdoen*): to compensate (*E.M.K.*); to destroy (*magnetisme*); to remove (*kortsluiting*) || compenser (*E.M.K.*); détruire (*magnetisme*); interrompre (*kortsluiting*) || aufheben; **-fing:** compensation; destroying; removal || compensation *v*; suppression *v* || Aufhebung *v*.

opho|gen: to fill up || remblayer || anschütten, auffüllen; **-ging:** embankment, heaping || remblai *m*, amas *m*, amoncellement *m* || Anschüttung *v*, Häufung *v*.

ophopen: *zie* **opeenhopen.**

ophouw (*mijnb.*): rise [drift] || montage *m*, remonte *m*, remontée *v* || Auf-, Überhauen *o*, Überbrechen *o*.

ophijsen: to hoist || hisser || aufhissen, aufheißen; *zie ook* **hijsen; ophalen; optrekken 3.**

opium: opium || opium *m* || Opium *o*.

opjaag|batterij: boosting battery || batterie *v* de renfort *m* || Verstärkungsbatterie *v*; **-dynamo:** booster || dynamo *v* survélévatrice, survolteur *m* || Zusatzdynamo *v*; **-spanning:** boosting voltage || tension *v* additionnelle || Zusatzspannung *v*; **-transformator:** booster transformer || transformateur survolteur *m* || Zusatztransformator *m*.

opja|gen (*batterij*, *enz.*): to boost || renforcer || verstärken; **-ger:** *zie* **opjaagdynamo.**

opkaarden: to recard, to card again || recarder || aufkratzen, aufkrempeln.

opkappen (*vijl*): to recut || retailler || aufhauen.

opklinken: to rivet upon || river sur || aufnieten.

opklossen: to reel, to spool, to wind || bobiner, dévider || [auf]spulen.

opkooien: to drive || chasser || antreiben.
opkrimpen: to shrink onto || emmancher à chaud *m*, caler par dilatation *v* || warm aufziehen.
opkruipen (*kristallen*)**:** creeping || grimpement *m* || Kriechen *o*.
oplaag: circulation, sale (*getal*); edition, impression || tirage *m* (*getal*); édition *v* || Auflage *v*.
opla|den: 1. (*last*)**:** to load, to lade || charger || aufladen; **-ding:** loading, lading || chargement *m* || Aufladung *v*;
2. (*batterij*)**:** to charge || charger || aufladen; **-ding:** charging || chargement *m* || Aufladung *v*;
3. (*verbr.motor*)**:** to supercharge || suralimenter || aufladen; **-ding:** supercharging || suralimentation *v* || Aufladung *v*.
oplage: *zie* **oplaag.**
opleggen: 1. (*band*)**:** to mount || monter || auflegen;
2. (*deksel*)**:** to put on || poser || auflegen;
3. (*draad*)**:** to place || monter, poser || aufbringen, auflegen;
4. (*riem*)**:** to put on || mettre sur la poulie *v* || auflegen;
5. (*schip*)**:** to lay up || désarmer || auflegen.
oplegging: support, bearing || appui *m*, naissance *v*, culée *v*, sommier *m* || Auf-, Widerlager *o*; **-, beweeglijke:** free end (morring, shifting) bearing || appui *m* mobile [pour dilatation *v*] || bewegliches Auflager *o*; **-, vaste:** fixed (rigid) bearing || appui *m* fixe || festes Auflager *o*, feste Auflagerung *v*.
opleg|kleuren: chemical (topical) colours || couleurs *vm* d'application *v* || Applikationsfarben *vm*; **-machine** (*vlasspinn.*)**:** *zie* **aanlegmachine; -plaat:** slab for bearing, bearing plate || plaque *v* d'appui *m* || Unterlage-, Lagerplatte *v*; **-punt:** point of support || point *m* d'appui *m* || Stutzpunkt *m*; **-steen:** bed (foundation) stone || dé *m* en pierre *v* || Auflagerstein *m*; **-wissel:** inclined plane switch || changement *m* grimpeur (grimpant) || Kletter-, Schleppweiche *v*.
oplever|en: 1. (*leveren*)**:** to yield, to produce || fournir, produire || liefern;
2. (*werk*)**:** to deliver || livrer || [ab]liefern; **-ing:** delivery, acceptance || livraison *v*, réception *v* || Lieferung *v*, Abnahme *v*; **-termijn:** time of delivery || délai *m* de livraison *v* || Lieferzeit *v*.
oplichten: 1. (*opheffen*)**:** to lift [up] || [sou]lever || aufheben;
2. (*lamp*)**:** to light up || s'allumer, s'enflammer || aufleuchten;
3. *zie* **flikkeren.**
oplopend: 1. (*terrein, enz.*)**:** rising || montant, rampant, en pente *v* || [an]steigend;
2. (*prijzen*)**:** advancing || montant || anziehend;
3.: *zie* **riemeinde, oplopend.**
oploopstuk (*elektr. tractie*)**:** conductor rail ramp || plan *m* incliné || Auflaufstück *o*.
oplos|baar: 1. (*i. e. vloeist.*)**:** soluble || soluble || löslich; **-baar in water** (*olie*)**:** water (*oil*) soluble || soluble dans l'eau *v* (*l'huile v*) || wasserlöslich (*öllöslich*); **-baar, gemakkelijk:** easily (readily) soluble || facilement soluble || leichtlöslich; **-baar, moeilijk:** difficultly soluble || difficilement soluble || schwerlöslich; **-baarheid:** solubility || solubilité *v* || Löslichkeit *v*; **-baarheidsprodukt:** solubility product || produit *m* de solubilité *v* || Löslichkeitsprodukt *o*; **-middel:** solvent || solvant *m*, dissolvant *m* || Lösungsmittel *o*; **-, alkalisch:** alcaline solvent || [dis]solvant *m* alcalin || alkalisches Lösungsmittel *o*; **-middel, (*an*)-organisch:** (*in*)organic solvent || [dis]solvant *m* (*in*)organique || (*an*)organisches Lösungsmittel *o*; **-middel, hoog** (*laag*) **kokend:** high (*low*) boiling solvent || [dis]solvant *m* à température *v* d'ébullition *v* élevée (*basse*) || hochsiedendes (*niedrigsiedendes*) Lösungsmittel *o*; **-, indifferent:** indifferent (inert) solvent || [dis]solvant *m* indifférent (inerte) || indifferentes (inertes) Lösungsmittel *o*; **-, neutraal:** neutral solvent || [dis]solvant *m* neutral || neutrales Lösungsmittel *o*; **-, polair:** polar solvent || [dis]solvant *m* polaire || polares Lösungsmittel *o*; **-middel, (*niet*) vluchtig:** (*non*-) volatile solvent || [dis]solvant *m* (*non*-) volatil || (*nicht*)flüchtiges Lösungsmittel *o*; **-middel, selectief:** selective solvent || [dis] solvant *m* sélectif || selektives Lösungsmittel *o*; **-middel, zuur:** acid solvent || [dis]solvant *m* acide || saures Lösungsmittel *o*; **-middel, terugwinnen van:** to recover [the] solvent || récupérer le [dis]solvant *m* || Lösungsmittel *o* [zu]rückgewinnen; **-sen:** to dissolve || dissoudre (*overg.*); se - (*onoverg.*) || [auf]lösen (*overg.*); sich - (*onoverg.*); **-sing:** solution || solution *v* || Lösung *v*; **-sing in water:** aqueous solution || solution *v* aqueuse || wäss[e]rige Lösung *v*; **-sing, normale:** *zie* **normaaloplossing; -sing, waterige** (*verdunde opl. i. water*)**:** weak (diluted) aqueous solution || solution *v* aqueuse diluée || schwache (verdünnte) wässrige Lösung *v*; **-sing, waterige*:** *zie* **oplossing in water; -sing, zware** (*wasserij*) (*mijnb.*)**:** dense solution || solution *v* dense || Schwerelösung *v*;
2. (*vraagstuk, enz.*)**:** solvable || résoluble || auflösbar; **-sen:** to solve || résoudre ||

[auf]lösen; **-sing:** solution || solution *v* || Lösung *v*;
3. (*vergelijking*): resolvable || résoluble || auflösbar; **-sen:** to resolve || résoudre || [auf]lösen; **-sing:** resolution || résolution *v* || Lösung *v*; **-sing, grafische:** graphic solution || solution *v* graphique || graphische Lösung *v*;
4. (*ontleedbaar*): dissoluble || dissoluble || auflösbar; **-sen:** to decompose, to split up || (*se*) résoudre, (*se*) décomposer || (*sich*) auflösen;
5. (*optica*): **-singsvermogen:** resolving power || pouvoir *m* résolvant || Auflösungsvermögen *o*.

opmaak (*typogr.*): page make-up; lay-out (*Am.*) || mise *v* en page *v* || Aufmachung *v*, Zusammenstellung *v* euner Seite *v*, Komposition *v*; **-steen:** stone || table *v* de remaniement *m* || Umbrechtafel *v*.

opma|ken (*typogr.*): to make up || mettre en page *v* || umbrechen; **-ker:** maker-up || metteur-en-pages *m* || Metteur *m*.

op|name (*film*, *foto*): shot, exposure || [prise *v* de] vue *v* || Aufnahme *v*; **-neematelier:** studio || atelier *m* de pose *v* || Aufnahmewerkstatt *v*, -atelier *o*.

opne|men: **1.** (*absorberen*): to absorb || absorber || aufnehmen, absorbieren; **-ming:** absorption || absorption *v* || Aufnahme *v*, Absorption *v*;
2. (*i. e. mengsel*): to incorporate (*in*) || incorporer (*dans*) || einverleiben (*in*, *of met 3e nv.*), aufnehmen (*in*); **-ming:** incorporation || incorporation *v* || Einverleibung *v*, Aufnahme *v*;
3. (*last*): to pick (to take) up || recevoir, saisir || aufnehmen;
4. - op gehoor (*telef.*): to take a message by sound || lire au son *m* || nach dem Gehör *o* aufnehmen;
5. (*meten en in kaart brengen*): to survey || lever le plan *m* de, prendre la mesure *v* de; faire le levé *m* topographique; relever (*kust, enz.*) || vermessen; **-ming:** survey || levé *m*, lever *m* || Vermessung *v*; **-mingsvaartuig:** survey[ing] ship || navire *m* hydrographique, bâtiment *m* du service *m* hydrographique || Aufnahme-, Vermessungsschiff *o*.

opnieuw: again, anew, a second time, re- || de (à) nouveau *m*, encore une fois *v*, re-, ré- || aufs neue, von neuem, nochmals, Wieder-.

oponthoud (*trein*): stoppage || temps *m* d'arrêt *m* || Anhaltezeit *v*.

oppassen: to fit on || ajuster sur || aufpassen.

opper|dek: upper deck || pont *m* supérieur || Oberdeck *o*; **-huid:** epidermis, scarfskin || épiderme *m* || Oberhaut *v*; **-man:** helper, mason's man || manoeuvre *m* || Handlanger *m*.

oppersen: to drive (to force, to press) on || emmancher à la presse *v* sur || aufpressen.

oppervlak: surface || surface *v* || Oberfläche *v*; *zie ook* **oppervlakte**; **-, gebogen:** curved surface || surface *v* courbé || gekrümmte Fläche *v*; **-, glad:** smooth surface || surface *v* lisse || glatte Oberfläche *v*; **-, nauwkeurig afgedraaid:** truly turned surface || surface *v* exactement tournée || genau gedrehte Fläche *v*; **-, verwarmd:** heated surface || surface *v* chauffée || erhitzte (erwärmte) Fläche *v*, Heizfläche *v*; **-, verwarmend:** *zie* **verwarmingsvlak**; **-afkoeling:** surface cooling || refroidissement *m* superficiel || Oberflächenkühlung *v*; **-condensatie:** surface condensation || condensation *v* à surface *v* || Oberflächenkondensation *v*; **-condensor:** surface condenser || condenseur *m* à surface *v* || Oberflächenkondensator *m*, -verflüssiger *m*; **-isolatie:** surface insulation || isolement *m* de surface *v* (superficiel) || Oberflächenisolation *v*; **-kig:** superficial || superficiel || oberflächlich; **-koeler:** surface cooler || refroidisseur *m* à surface *v* || Oberflächenkühler *m*; **-ontlading:** surface discharge || décharge *v* de surface *v* (superficielle) || Oberflächenentladung *v*; **-te:** superficies, surface area || aire *v*, surface *v* || Oberfläche *v*; *zie ook* **oppervlak**; **-tedichtheid:** surface density || densité *v* superficielle || Oberflächendichte *v*; **-te-eenheid:** unit surface || unité *v* de surface *v* || Oberflächeneinheit *v*; **-te-element:** surface element || élément *m* de surface *v* || Flächenelement *o*; **-te-integraal:** surface integral || intégrale *v* de surface *v* || Flächenintegral *o*; **-tespanning:** surface tension || tension *v* de surface *v* (superficielle) || Oberflächenspannung *v*; **-tewater:** open water course || eau *v* à ciel *m* ouvert (à la surface *v*) || Tagewasser *o*; **-tewikkeling:** surface winding || enroulement *m* superficiel || Oberflächenwick[e]lung *v*; **-verdeling:** surface distribution || distribution *v* superficielle || Oberflächenverteilung *v*; **-voorwarmer:** surface feed heater || réchauffeur *m* à surface *v* || Oberflächenvorwärmer *m*.

opplak|karton: mount || support *m* || Aufziehkarton *m*; **-ken:** to paste on; to mount (*foto's*) || coller || aufkleben.

oppoetsen: to brush up; to clean, to polish || astiquer, fourbir || aufputzen.

oppompen (*band*): to inflate, to pump up || gonfler || aufpumpen.

oppo|neren (*octrooiwezen*): to oppose || opposer, s'opposer à || Einspruch *m* erheben; **-sant[e]:** opponent || opposant *m* (*opposante v*) || Einsprecher *m* (*Einsprechende v*); **-sitie:** opposition || opposition *v* || Einspruch *m*.

oprich|ten: 1. (*bouwen, plaatsen*): to erect || ériger (*loodlijn*); élever (*gebouwen, enz.*); dresser, ériger (*standbeeld*) || errichten; **-ting:** erecting || élévation *v* || Errichtung *v*;
2. (*stichten*): to raise, to establish, to form || fonder || gründen; **-ting:** establishment, foundation || établissement *m*, fondation *v*, constitution *v* || Gründung *v*;
3. (*zich*): to rise, to stand up || se [re]lever, se dresser || sich aufrichten, sich emporrichten, sich erheben.

oprit: ascent, ramp, slope || cale *v*, rampe *v* || Anfahrt *v*.

oproep (*telef.*)**:** call || appel *m* || Ruf *m*; **-batterij** (*centrale*)**:** (*common*) battery for call signal || batterie *v* (*centrale*) d'appel *m* || (*Zentral*)rufbatterie *v*; **-golf:** calling wave || onde *v* d'appel *m* || Rufwelle *v*; **-ing, fonische:** phonic call || appel *m* phonique || phonischer Anruf *m*; **-relais:** call relay || relais *m* d'appel *m* || Anrufrelais *o*; **-zoeker:** call (line) finder || chercheur *m* d'appel *m* || Anrufsucher *m*.

oprol|len: 1. (*algem.*)**:** to wind up || enrouler aufrollen; **-machine:** winding machine || appareil *m* enrouleur || Aufrollapparat *m*;
2. (*typogr.*)**:** to ink up || encrer || aufwalzen.

oprondingsvijl: cabines (round off) file || lime *v* à arrondir || Walzfeile *v*.

oprui|men: 1. (*pijp*)**:** to open out, to widen || élargir, épanouir, évaser || aufweiten;
2. (*gat*)**:** to broach, to ream, to scrape out || aléser, dégorger, défoncer, découper, élargir || aufreiben, ausräumen, aufräumen; **-mer:** broach, reamer, rymer, rimer || alésoir *m*, équarrissoir *m* || Reibahle *v*; **-mer m. rechte groeven:** traight fluted reamer || alésoir *m* cannelé || geriefelte (gerade genutete) Reibahle *v*; **-mer, conische:** taper reamer || alésoir *m* conique || konische Reibahle *v*; **-mer, geslepen:** ground reamer || alésoir *m* aiguisé || geschliffene Reibahle *v*; **-mer, tapse:** *zie* **opruimer, conische**; **-mer, tweebenige:** angle drift, angular reamer || alésoir *m* rectangulaire || Winkelreibahle *v*;
3. (*m. drevel*)**:** to enlarge with a drift || élargir au mandrin *m*, mandriner || aufdornen;
4. (*zetmateriaal*)**:** to clear away || distribuer || aufräumen; **-mer:** clearer || distributeur *m* || Aufräumer *m*.

opschel|batterij: calling battery || batterie *v* d'appel *m* || Anrufbatterie *v*; **-lamp:** call lamp || lampe *v* d'appel *m* || Anruflampe *v*; **-len:** to call (to ring) up || appeler, sonner || [an]rufen; **-ling:** call || appel *m* || Anruf *m*; **-ling door middel v. gloeilampen:** lamp call || appel *m* par lampe *v* à incandescence *v* || Glühlampenanruf *m*; **-signaal:** call signal || signal *m* d'appel *m* || Anrufzeichen *o*; **-toestel:** call signal apparatus, calling device || appareil *m* (dispositif *m*) d'appel *m* || Anrufapparat *m*, -vorrichtung *v*; **-toets:** call key || touche *v* d'appel *m* || Anruftaste *v*.

opschieten (*tros*)**:** to coil up || cueillir, lover || aufklaren, aufschießen.

opschrift: inscription || inscription *v* || Überschrift *v*; Aufschrift *v*.

opschuiving (*terrein*)**:** reverse fault || faille *v* inverse (par en dessus) || Aufschiebung *v*; Deckenschub *m*; Überschiebung *v*; Wechsel *m*.

opschuren (*klep o. d. zitting*)**:** to grind in the (to emery the valve into its) seat || roder la soupape *v* sur son siège *m* || das Ventil *o* auf den Ventilsitz *m* aufschleifen.

op|slaan: 1. (*opbergen*)**:** to store || entreposer, emmagasiner, stocker || [auf]lagern; **-slag:** storage || emmagasinage *m*, emmagasinement *m* || Lagerung *v*; **-slagkosten:** cost (expenses) for storage || frais *mm* d'emmagasinage *m* || Lagerungskosten *mrv.*; **-slagplaats:** storage building, store, depot || dépôt *m*, entrepôt *m* || Lagerstelle *v*, -platz *m*, -raum *m*; **-tenk** (*petr.*)**:** storage tank || réservoir *m* de dépôt *m* (de stockage *m*) || Lager-, Vorratstank *m*;
2. (*omhoog doen*)**:** to put up, to raise || [re]lever || aufschlagen, -heben; **-slagarm:** faller lever || levier *m* de baguette *v* || Winderhebel *m*;
3. (*opzetten*)**:** to pitch || monter || aufschlagen.

opslor|pen: to absorb || absorber || aufnehmen, absorbieren, aufsaugen; **-ping:** absorption || absorption *v* || Aufnahme *v*, Absorption *v*, Aufsaugung *v*; **-pingscoëfficiënt:** absorption coefficient || coefficient *m* d'absorption *v* || Absorptionskoeffizient *m*; **-pingsvermogen:** absorption capacity (power) || force *v* (puissance *v*) d'absorption *v*, pouvoir *m* absorbant || Aufnahmevermögen *o*, -fähigkeit *v*, Absorptionsvermögen *o*.

opsluit|ing m. pen en gat: joining by means of a mortise (of scarf and tongue) || emboîtement *m* || Einfügung *v*; **-ring:** adjusting ring, set (loose) collar || bague *v* d'arrêt *m* || Stellring *m*; **-spie:** cotter, locking key || clavette *v*, coin *m* de calage *m* || Vorsteck-, Schlußkeil *m*, Schließe *v*; **-wig:** *zie* **opsluitspie.**

opspan|doorn: arbor || mandrin *m* || Aufspanndorn *m*; **-kam** (*weverij*): warp comb || peigne *m* d'ensouple *v* || Aufzugkamm *m*.
opspan|nen: 1. (*algem.*): to strain, to stretch || étendre; tendre sur || aufspannen, -ziehen;
2. (*text.*): to dry the strained hanks || cheviller || recken, spannen; **-ners** (*text.*): tenters || rames *vm* || Rahmen *mm*; **-tafel:** drilling table || table *v* || Aufspanntisch *m*; **-tafel, draaibare:** revolving table || plateau *m* tournant || drehbarer Aufspanntisch *m*.
opspieën: to key on || claveter sur || auf-, festkeilen.
op|spoelen: to reel || bobiner, dévider || aufspulen, aufwickeln; **-spuiten** (*baggertechn.*): to reclaim || refouler || spülen.
opsporen (*delfstoffen*): to prospect (scout, search) || prospecter, rechercher, fouiller || aufsuchen, schürfen.
opsporing (*delfstoffen*): prospecting, searching || prospection *v*, recherche *v* || Schürfung *v*, Lagerstättenforschung *v*; **-, elektromagnetische:** electromagnetic prospecting || prospection *v* électromagnétique || elektrische Lagerstättenforschung *v*; **-, geofysische:** [geo]physical prospecting || prospection *v* géophysique || geophysikalische Lagerstättenforschung *v*; **-, gravimetrische:** gravitational prospecting || prospection *v* gravimétrique || Schwerkraft-Lagerstättenforschung *v*; **-, magnetische:** magnetic prospecting || prospection *v* magnétique || magnetische Lagerstättenforschung *v*; **-, seismische:** seismic prospecting || prospection *v* sismologique || seismische Lagerstättenforschung *v*.
opstap: footboard, [mounting] step || marchepied *m* || Aufstieg *m*, Auftritt *m*; **-plank:** long side (running platform) step || planchette *v* du marchepied *m* || Trittbrett *o*; **-stang:** step bracket (support) || ferrure *v* (support *m*) de marchepied *m* || Auftrittstütze *v*.
opstape|len: to pile up || empiler, entasser || aufstapeln, -schichten, -türmen, an-, aufhäufen; **-ling:** piling [up] || empilage *m* || Aufschichtung *v*.
opstel|len: 1. (*mach.*): to erect, to instal || monter || aufstellen, montieren; **-ling:** erection || montage *m* || Aufstellung *v*, Montierung *v*, Zusammenbau *m*; **-ling, algemene:** general plan || disposition *v* générale, plan *m* d'ensemble *m* || Gesamtanordnung *v*;
2. (*palen*): to set || planter || aufstellen.
opstoken (*vuur*): to revive || aviver le feu *m* || anfachen.
opstuik|en: 1. (*algem.*): to jump up, to upset || écraser, refouler || [auf]stauchen; **-machine:** upsetting (jolting) machine || machine *v* à refouler || Stauchmaschine *v*;
2. (*klinknagel*): to clench || aplatir, écraser || stauchen.
opstuwing v. h. water: raising of the water level || relèvement *m* de plan *m* d'eau *v* || Hebung *v* des Wasserspiegels *m*.
opstij|gen: 1. (*algem.*): to ascend, to mount, to go up, to rise || monter; s'élever (*i. d. lucht*) || [hin]aufsteigen, sich erheben; **-gend:** ascending, mounting, rising || ascendant, montant || [auf]steigend, Steig-; **-ging:** mounting, ascent || ascension *v*; élévation *v* || [Hin]aufsteigung *v*, Aufstieg *m*;
2. (*vliegtuig*): to start, to take off || décoller, prendre l'air *m* (son vol *m*) || aufsteigen, abfliegen, starten; **-ging:** start, take off || décollage *m*, prise *v* de vol *m* || Abflug *m*, Aufstieg *m*, Start *m*; **-gingsvermogen** (*ballon*): ascensional force, lifting power || force *v* ascensionelle || Auftrieb *m*.
optekenen (*instrument*): to record, to register || enregistrer || aufzeichnen, registrieren.
op|tiek: optics || optique *v* || Optik *v*, Lichtlehre *v*; **-tisch:** optic[al](*ly*) || optique || optisch.
optransfor|mator: step up transformer || survolteur *m* || Aufwärtstransformator *m*; **-meren:** to steep up || survolter || hinauftransformieren.
optrede: 1. (*stoep*): flight of steps || perron *m* || Steige *v*, [Auf]tritt *m*;
2. (*v. e. trap*): curtail step || départ *m* || Antrittstufe *v*;
3. (*hoogste traptrede*): rise || montée *v* (hauteur *v*) de la marche *v* || Steigung *v*.
optreden (*verschijnen*): to appear, to be produced, to form; appearance, production, formation || se présenter, se produire, se former; présence *v*, formation *v* || auftreten, eintreten; Auftreten *o*, Eintreten *o*.
optrek|ken: 1. (*bouwen*): to raise; to run up (*ophogen v. e. muur*) || élever, construire; rehausser (*ophogen, bv. e. muur*); surélever (*hoger bouwen, bv. e. gebouw*) || aufführen;
2. (*mist, enz.*): to lift || se dissiper || aufsteigen;
3. (*omhoog trekken*): to draw up (*luik, enz.*); to pull up (*last, enz.*); to raise (*gordijn, enz.*) || monter (*last, enz.*); lever (*gordijn, enz.*) || [hin]aufziehen, herauf-, emporziehen; *zie ook* **hijsen; ophalen; ophijsen;**
4. (*weverij*): **-haak:** lifting wire || crochet *m* de lève *v* || Hebehaken *m*, Platine *v*; **-koord:** neck band (cord, twine) || corde *v*, cordon *m*, collet *m* || Korde *v*, Platinenschnur *v*; **-lat:** spring shaft ||

marchette *v*, tire-lame *m*, **tire-lisses** *m* || Waage *v*.

optuigen: to rig || gréer, garnir || auftakeln.

opvang|bak (*draaib.*): cutting tray || bac *m* collecteur || Auffangpfanne *v*; **-draad:** *zie* **antenne; -en** (*v. vloeistof, enz.*): to collect, to catch || recueillir || auffangen, -sammeln; **-stang** (*v. e. bliksemafleider*): lightning rod || tige *v* de paratonnerre *v* || Auffangstange *v* [des Blitzableiters *m*].

opveegsel: sweepings || balayures *vm* || Fegsel *o*.

opvissen (*onderzeese kabel*): to pick up || relever || aufnehmen, heben.

opvoer: *zie* **produktie** (*mijnb.*); **-en:** *zie* **omhoogbewegen; omhoogheffen; omhoogvoeren; optrekken; produceren**(*petr.*); **vergroten; verhogen; versterken; -hoogte** (*pomp*): *zie* **pershoogte.**

opvouwbaar: folding, collapsible || pliable, pliant; brisé, collapsible || zusammenklappbar, -legbar, Klapp-, Falt-.

opvriezen (*weg*): formation of frost boils (heavings), rising (swelling) due to frost || formation *v* de boursouflures *vm* dues à la gelée *v* (de dégats *mm* dus au dégel *m*) || Bildung *v* von Frostbeulen *vm* (Frosthügeln *mm*, Frostballen *mm*).

opvul|len: **1.** (*algem.*): to fill up || remplir || auf-, anfüllen; **-ling:** filling || remplissage *m* || [Aus]füllung, Anfüllung *v*; **-sel:** filling || remplissage *m* || Füllung *v*;
2. (*kussens, stoelen, enz.*): to stuff || [rem]bourrer || polstern, auffüllen; **-ling:** stuffing || rembourrement *m*, rembourrage *m* || Polsterung *v*, Füllung *v*; **-sel:** stuffing || bourre *v*, rembourrure *v*, rembourrage *m* || Polsterung *v*, Füllung *v*;
3. (*mijnb.*): to fill (pack, stow, bash) || remblayer || versetzen; **-ling:** filling, stowing, packing || remblayage *m* || Bergeversatz *m*; **-machine:** [gob] stowing machine, stower || remblayeur *m*, remblayeuse *v* mécanique || Versatzmaschine *v*.

opvijlen: *zie* **bijvijlen.**

opwaarts: **1.** (*bijw.*): upward[s], in upward (vertical) direction || vers le haut *m*, en haut *m* || aufwärts, hinauf, nach oben, empor;
2. (*bijv. nw.*): upward || ascendant, vers le haut *m* || steigend, Aufwärts-.

opwek|arbeid: work of excitation || travail *m* d'excitation *v* || Erregerarbeit *v*; **-batterij:** exciting battery || batterie *v* d'excitation *v* || Erregungsbatterie *v*; **-dynamo:** exciter, exciting dynamo || [dynamo *v*] excitatrice *v* || Erregerdynamo *v*; **-gelijkrichter:** exciting rectifier || redresseur *m* d'excitation *v* || Erregergleichrichter *m*.

opwek|ken: **1.** (*magnetisme; veld*): to excite || exciter || erregen; **-ker** (*elektr.*): exciter || excitatrice *v* || Erreger *m*; **-king:** excitation || excitation *v* || Erregung *v*;
2. (*elektriciteit; stroom, enz.*): to generate || engendrer, produire || erzeugen; **-king:** generation || production *v* || Erzeugung *v*; **-regelaar:** exciting regulator || régulateur *m* d'excitation *v* || Erregerregler *m*; **-schakeling:** connections of the exciting circuit || couplage *m* d'excitation *v* || Erregungsschaltung *v*; **-transformator:** exciting converter || transformateur *m* d'excitation *v* || Erregertransformator *m*, -umformer *m*; **-turbine:** exciter turbine || turbine *v* excitatrice || Erregerturbine *v*; **-veld:** exciting field || champ *m* d'excitation *v* || Erregerfeld *o*; **-vermogen:** exciter capacity || capacité *v* d'excitateur *m* || Erregerkapazität *v*.

opwerpen: **1.** (*dam*): to raise, to make, to tip || élever || aufschütten;
2. (*kolen o. e. vuur*): to feed the fire || charger le feu *m* || das Feuer *o* beschicken, Kohle *v* aufschütteln (aufwerfen);
3. (*stof*): to raise dust || soulever la poussière *v* || Staub *m* aufwirbeln.

opwikkel|en: to wind up || enrouler || aufwickeln; **-hamer:** flexible belt drop hammer || mouton *m* à courroie *v* || Wickelhammer *m*; **-klos:** coiling (winding, wire) drum || bobine *v* d'enroulement *m* || Drahtleier *v*; **-machine** (*kabel*): cable winding machine || machine *v* à enrouler le câble *m* || Kabelaufwickelmaschine *v*.

opwinden: **1.** (*omhoog brengen*): to wind up, to hoist, to raise || lever, haler || aufwinden, aufhissen;
2. (*opwikkelen*): to wind up, to cop || renvider, enrouler || auswinden, aufwickeln;
3. (*tot kluwens*): to wind in balls || empeloter || in Knäuel *mm* wickeln;
4. (*uurwerk; veer*): to wind up || remonter || aufziehen.

opzamel|aar: *zie* **accumulator; -en:** to accumulate, to store up || accumuler, emmagasiner || aufspeichern; **-ing:** accumulation, storage || accumulation *v*, emmagasinement *m* || Aufspeicherung *v*; **-ing v. warmte:** accumulation of heat; storage of heat || accumulation *v* de chaleur *v*; retenue *v* de chaleur *v* || Wärme[auf]speicherung *v*; Wärmestauung *v*.

opzeggen (*ontslaan*): to dismiss (discharge, fire, sack) || donner congé *m* à, congédier, donner sa démission *v* || kündigen; (*bedanken*): to give notice (warning) || demander son congé *m* (préavis *m*) || kündigen.

opzet: **1.** (*plan*): design, plan, project || plan *m*, dessin *m*, projet *m* || Anlage *v*, Plan *m*, Entwurf *m*;
2.: *zie* **opzetstuk 1; -sel:** *zie* **opzetstuk 1.**

opzetstuk: **1.** (*algem.*): elongation (piece, part) || allonge *v* || Aufsatz *m*; **2.** (*schoorsteen*): chimney capping || sommet *m* de cheminée *v* || Schornsteinkopf *m*.

opzet|ten: **1.** (*zetten op*): to put on || mettre (placer) sur || aufsetzen; **2.** (*overeind zetten*): to place upright, to put (set) up || mettre debout, dresser, relever || aufrichten; **3.** (*typogr.*): to pick up types || ranger des lettres *vm* || aufsetzen; **4.** (*opzwellen*): to swell || se gonfler, s'enfler || schwellen; **-ting:** swelling || gonflement *m* || Schwellung *v*.

opzicht (*toezicht*)**:** supervision, control || supervision *v*, contrôle *m* || Überwachung *v*, Kontrolle *v*, Aufsicht *v*; **-er:** inspector || inspecteur *m*, surveillant *m* de travaux *mm* || [Bau]aufseher *m*; **-zoeker:** reflex vision finder || viseur *m* brillant || Aufsichtssucher *m*.

opzui|gen: to suck (to soak) in (up), to absorb || absorber || auf-, einsaugen; **-ging:** sucking up, absorption || absorption *v* || Auf-, Einsaugung *v*.

opzwel|len: to swell || se gonfler || [an]-schwellen, quellen [1]); **-ling:** swelling || gonflement *m* || [An]schwellung *v*, Quellung *v*.

oranje: orange || [couleur *v* d']orange *m*, orangé; orange *m* || orange[farben]; Orangefarbe *v*; **-menie:** orange minium || minium *m* orange (anglais) || Orangemennige *v*.

orde| v. grootte: order of magnitude || ordre *m* de grandeur *v* || Größenordnung *v*; **-, Ionische:** ionian (ionic) order || ordre *m* ionique || ionische Ordnung *v*; **-, Korintische:** corinthian order || ordre *m* corinthien || korintische Säulenordnung *v*; **-nen:** to arrange || ranger || ordnen.

order: order || commande *v* (*verkoop*); ordre *m* (*reclame*) || Auftrag *m*; **-bevestiging:** confirmation [of an order] || confirmation *v* [d'une commande *v*, d'un ordre *m*] || Auftragsbestätigung *v*.

ordinaat: ordinate || ordonnée *v* || Ordinate *v*; **-as:** *zie ook* y **-as**; axis of ordination || axe *m* des ordonnées *vm* || Ordinatenachse *v*.

organdi: bound muslin, organdie || organdi *m* || Organdy *m*, Organdin *m*.

orga|nisatie: organisation || organisation *v* || Organisation *v*; **-nisch:** organic || organique || organisch.

orgasienzijde: *zie* **kettingzijde.**

orgel: organ || orgue *v* || Orgel *v*; **-blaasbalg:** organ bellow || soufflet *m* d'orgue *v* || Orgelbalg *m*; **-bouw:** organ building || construction *v* d'une orgue *v* || Orgelbau *m*; **-kast:** organ case || buffet *m* d'orgue *v* || Orgelgehäuse *o*; **-maker:** organ builder || facteur *m* d'orgues *vm* || Orgelbauer *m*; **-pijp:** organ pipe || tuyau *m* d'orgue *v* || Orgelpfeife *v*; **-register:** organ register || jeu *m* d'orgue *v* || Orgelzug *m*.

orillon[s]passer: *zie* **nullenpasser.**

orleaankleurstof: annotto, orlean || an[n]-otto *m*, ro[u]cou *m* || Orlean *m*.

ornament: ornament || ornement *m* || Ornament *o*, Verzierung *v*, Zierwerk *o*; **-ering:** dressing, ornamentation || ornementation *v* || Ornamentierung *v*; **-iek:** decorating art, ornamentics || art *m* ornementaire || Ornamentik *v*, Verzierungskunst *v*.

orseille: archil, orchil || orseille *v* || Orseille *v*.

ortho- (*chem.*)**:** ortho-, o- || ortho-, o- || Ortho-, o-.

orthodiagraaf: orthodiagraphe || orthodiagraphe *m* || Orthodiagraph *m*; **-diagrafie:** orthodiagraphy || orthodiagraphie *v* || Orthodiagraphie *v*; **-klaas:** orthoclase || orthose *m* || Orthoklas *m*; **-plaats:** ortho position, o-position || position *v* ortho || Orthostelle *v*, o-Stelle *v*; **-radiografie:** orthoradiography || orthoradiographie *v* || Orthoröntgengraphie *v*; **-radioscopie:** ortho-radioscopy || ortho-radioscopie *v* || Orthodiagraphie *v*; **-standig:** in [the] ortho position || en position *v* ortho || orthoständig, an der Orthostelle *v*, in Orthostellung *v*.

oscil|lator: oscillator || oscillateur *m* || Oscillator *m*; **-leren:** to oscillate || osciller || oszillieren; **-lerend:** oscillating, oscillatory || oscillant, oscillatoire || oszillierend, schwingend, Schwing-; **-lograaf:** oscillograph || oscillographe *m* || Oszillograph *m*.

osmium: osmium || osmium *m* || Osmium *o*; **-chloride** (*-di-*; *-tri-*; *-tetra-*)**:** osmium (*di-*; *tri-*; *tetra-*)chloride || (*bi-*; *tri-*; *tétra-*)chlorure *m* d'osmium *m* || Osmium-(*di-*; *tri-*; *tetra*)chlorid *o*; **-lamp:** osmium lamp || lampe *v* à osmium *m* || Osmiumlampe *v*; **-oxyde** (*-mon-*; *-di-*; *-sesqui-*; *-tetra-*)**:** osmium (*mon-*; *di-*; *sesqui-*; *tetra-*)oxide || (*prot-*; *bi-*; *sesqui-*; *per-*)-oxyde *m* d'osmium *m* || Osmiumoxyd (*-oxydul*; *-dioxyd*; *-sesquioxyd*; *-tetroxyd*) *o*.

osmo|se: osmose || osmose *v* || Osmose *v*; **-tisch:** osmotic || osmotique || osmotisch.

ovaal: **1.** (*z. nw.*)**:** oval || ovale *m* || Oval *o*; **-passer:** elliptical compasses || compas *m* à ovale *m* || Ellipsen-, Ovalzirkel *m*; **2.** (*bijv. nw.*)**:** oval || ovale || oval; **-draaibank:** oval lathe, lathe with oval chuck || tour *m* ovale (avec dispositif *m* à tourner ovale, avec chuck *m* ovale) || Oval-

---

[1]) quoll, gequollen.

drehbank *v*, Drehbank *v* mit Ovalwerk *o*; **-ijzer:** oval bar || fer *m* ovale || Ovaleisen *o*.

oven: furnace; kiln (*droogoven*; *eest*) || four[neau] *m* || Ofen *m*; **- m. ononderbroken bedrijf:** continuous working kiln || four *m* continu || Ofen *m* mit ständigem Betriebe *m*, Kontinu-Ofen *m*; **-, elektrische:** electric furnace || four *m* électrique || elektrischer Ofen *m*; **-anker:** furnace anchor || ancre *v* de four[neau] *m* || Ofenanker *m*; **-dweil:** malkin, scovel || écouvillon *m* || Lochkehrer *m*, Ofenwisch *m*; **-gang:** working of the furnace || marche *v* du four[neau] *m* || Ofengang *m*; **-gat:** furnace hole || embrasure *v* de four[neau] *m* || Ofenloch *o*; **-gewelf:** furnace arch || arche *v* de four[neau] *m* || Ofengewölbe *o*; **-haard:** oven hearth || foyer *m* du four[neau] *m* || Ofenherd *m*; **-kooks:** oven coke || coke *m* de fourneau *m* Ofenkoks *m*; **-mond:** furnace mouth || bouche *v* de four[neau] *m* || Ofenmund *m*; **-plaat:** oven plate || plaque *v* à fourneau *m* || Ofenplatte *v*; **-pook:** furnace fork || fourchette *v* de fourneau *m* || Ofengabel *v*; **-rooster:** furnace grate || grille *v* de fourneau *m* || Ofenrost *m*; **-schacht:** furnace shaft || cuve *v* de fourneau *m* || Ofenschacht *m*.

overbelast: overloaded || surchargé || über[be]lastet; **-baarheid:** overload capacity || capacité *v* de surcharge *v* || Überbelastungsfähigkeit *v*; **-en:** to overload || surcharger || überbelasten; **-en v. d. veiligheid:** to overload the valve || surcharger la soupape *v* || das Sicherheitsventil *o* überbelasten; **-ing:** overloading || surcharge *v* || Überbelastung *v*; **-ing v. d. batterij:** overloading of the battery || effort *m* exagéré de la batterie *v* || Überanstrengung *v* der Batterie *v*; **-ingsklep:** by pass valve || soupape *v* de surcharge *v* (de vapeur *v* additionelle) || Überbelastungs-, Umführungs-, Zusatz-, Hilfsventil *o*; **-ingsvermogen:** overload capacity || pouvoir *m* de fonctionner avec surcharge *v*, résistance *v* aux surcharges *vm* || Überbelastungsfähigkeit *v*.

overbelich|ten: to overexpose || surexposer || überbelichten; **-ting:** overexposure || surexposition *v* || Überbelichtung *v*.

overblijfsel: residue || résidu *m* || Rückstand *m*, Rest *m*; *zie ook* **residu; rest; - v. d. verbranding:** *zie* **verbrandingsrest.**

overbreng|afstand: range of transmission || portée *v* de transmission *v* || Übertragungsweite *v*; **-effect** (*bij mikrof.*)**:** efficiency of transmission in microphones || efficacité *v* de transmission *v* par microphone *m* || Übertragungseffekt *m* bei Mikrophonen *om*; **-en:** to transfer, to transmit || transmettre || übertragen; **-er:** transmitting apparatus || transmetteur *m* || Geber *m*; **-er** (*bij telef.*)**:** telephone translator || translateur *m* téléphonique || Fernsprechübertrager *m*; **-er, fotofonische:** photophone transmitter || transmetteur *m* de photophone *m* || Photophongeber *m*; **-golf:** transmission (transmitting) wave || onde *v* d'émission *v* (de transmission *v*) || Geberwelle *v*; **-ing:** transmission || transmission *v* || Übertragung *v*; **-ing** (*v. warmte door contact*)**:** conduction by contact || transmission *v* par contact *v* || Leitung *v* durch Berührung *v*; **-ing door kegelschijven:** cone pulley drive || transmission *v* par poulies *vm* cônes || Kegelscheibentrieb *m*; **-ing door middel v. rechte tandwielen:** spur gear system || engrenage *m* cylindrique || Stirnradgetriebe *o*; **-ing door wrijvingswielen:** friction gearing (drive) || transmission *v* à friction *v* || Reibungsgetriebe *o*; **-ing op grotere spoed:** transmission from a lower to a higher speed || transmission *v* avec multiplication *v* || Übersetzung *v* ins Schnellere *o*; **-ing op verre afstanden:** far leading transmission || transport *m* à grande distance *v* || Fernleitung *v*; **-ing v. licht en kracht:** transmission of energy for light and power || transport *m* de lumière *v* et de force *v* || Licht- und Kraftübertragung *v*; **-ing, haakse:** right angle transmission || transmission *v* à l'équerre *v* (à angle *m* droit) || Winkelübertragung *v*; **-ingsafstand:** transmission distance || distance *v* de transmission *v* || Übertragungsentfernung *v*; **-ingsas:** *zie* **as** (*voor overbrenging*); **-ingsbatterij:** translating battery || batterie *v* de transmission *v* || Übertragungsbatterie *v*; **-ingsniveau:** transmission level || niveau *m* de transmission *v* || Übertragungsspiegel *m*; **-relais:** repeating relay || relais *m* translateur || Übertragungsrelais *o*; **-schakeling:** translation connection || couplage *m* de translation *v* || Übertragungsschaltung *v*; **-stangwerk:** transmission gear || tiges *vm* (tringles *vm*) de commande *v*, timonerie *v* || Übertragungsgestänge *o*, Steuerzug *m*; **-verhouding:** gear ratio, ratio of gearing || rapport *m* de transmission *v* || Übersetzungsverhältnis *o*; **-werk:** transmitting gearing || engrenage *m* de transmission *v* || Transmissionsgetriebe *o*.

overbrugging: bridging over || traversé *v* par pont *m* || Überbrückung *v*.

overcommutatie: overcommutation, excessive commutation || commutation *v* exagérée || Überkommutierung *v*.

overcompound|dynamo: overcompound dynamo || dynamo *v* surcompoundée || Übercompounddynamo *v*; **-eren:** to overcompound || hypercompounder || übercompoundieren; **-ering:** overcompounding || hypercompoundage *m*, surcompoundage *m* || Übercompoundierung *v*.

overdekt: covered || couvert || überdacht, überdeckt.

overdraagtoestel: telegraph repeater || appareil *m* de translation *v* || Übertragungsapparat *m*.

over|dracht: 1. (*algem.*): transfer || transmission *v*, transfert *m* || Übertragung *v*; **-dragen:** to transfer (*to*) || transmettre, transférer (*a*) || übertragen (*an, of met* 3*e nv.*);
2. (*elektr.*): transmission || transmission *v* || Übertragung *v*; **-dracht, corrigerende:** regenerative repeating || retransmission *v* || entzerrende Übertragung *v*; **-dragen:** to transmit (*to*) || transmettre (*à*) || übertragen (*an, of met* 3*e nv.*); **-drager:** transductor; transducer (*Am.*) || transducteur *m* || Übertragungssystem *o*; **-drager** (*telegr.*): telegraphic repeater || translateur *m* télégraphique || Relaisübertrager *m*; **-dragingscontact:** repeating point || contact *m* de répétition *v* || Übertragungskontakt *m*;
3. (*octrooi*): assignment || cession *v* || Übertragung *v*; **-dragen:** to assign (*to*) || transférer (*à*) || übertragen (*an, of met* 3*e nv.*).

overdruk: 1. (*spanning*): overpressure, pressure above atmospheric, excess pressure || surpression *v* || Überdruck *m*; **- in tussenruimte** (*turbine*): absolute clearance pressure || pression *v* intersticible effective (manométrique) || Spaltüberdruck *m*; **-turbine:** reaction turbine || turbine *v* à réaction *v* || Reaktionsturbine *v*;
2. (*afdruk*): [over-]print || reproduction *v* || Über-, Abdruck *m*; **-papier:** transfer paper || papier *m* autographique || Überdruckpapier *o*;
3. (*typogr.*): transfer; off-print, reprint (*overdrukje*) || report *m*; tirage *m* à part (*overdrukje*) || Umdruck *m*; Separat-, Sonderabdruck *m* (*overdrukje*).

overeen|komen: 1. (*overeenstemmen*): to correspond (*to*), to agree (*with*) || correspondre (*à*), être conforme (*à*), concorder || entsprechen (3*e nv.*), übereinstimmen (*mit*); **-komend:** corresponding (*to*), similar, analogous || correspondant, conforme à || entsprechend (3*e nv.*), übereinstimmend (*mit*); **-komst:** resemblance, similarity, conformity, congruity || rapport *m*, rapprochement *m*, correspondance *v*, conformité *v*, analogie *v* || Übereinstimmung *v*, Gleichheit *v*, Ähnlichkeit *v*; **-komstig:** corresponding (*to*), analogous || correspondant (*à*), conforme (*à*), analogue (*à*) || entsprechend (3*e nv.*), analog;
2. (*eens worden*): to agree upon; to bring about (to conclude) an agreement || s'accorder, tomber d'accord *m*; convenir de || übereinkommen, vereinbaren; **-komst:** agreement, compact || accord *m*, arrangement *m*, contrat *m* || Vereinbarung *v*, Übereinkunft *v*, Abkommen *o*; *zie ook* **contract.**

overgang: 1. (*over iets*): crossing, passage || traversée *v*, passage *m* || Übergang *m*; **-sbocht** (*pijp*): bridge piece, cross over head || pont *m*, coude *m* de croisement *m* || Übergangsbogen *m*;
2. (*in iets anders*): transition, change, conversion || transition *v*, changement *m*, conversion *v* || Übergang *m*, Umwandlung *v*; **-spunt:** transition point || point *m* de transition *v* || Übergangspunkt *m*;
3. (*op iets anders, bv. warmte, enz.*): transmission, transfer, passage || passage *m* || Übergang *m*;
4. (*versch. betek.*): **-smoment:** bending moment at support || moment *m* par rapport *m* aux appuis *mm* || Stützenmoment *o*; **-spijp:** reducing pipe, taper || raccord *m* avec réduction *v* de diamètre *m* (conique) || Übergangsrohr *o*; **-sverschijnselen:** transient phenomenal || phénomènes *mm* transitoires || Ausgleichsvorgänge *mm*; **-sweerstand:** contact resistance || résistance *v* au passage *m* || Übergangswiderstand *m*.

overgieten: 1. (*i. e. ander vat*): to transfuse (suffuse) || transvaser, transfuser || übergießen, überschütten;
2. (*overgieten met*): to drench with || arroser de || übergießen mit;
3. (*opnieuw gieten*): to recast || refondre || umgießen.

overhalen: 1. (*omtrekken*): to pull, to shift, to transpose; to cock (*vuurw.*); to pull (*bel*) || tirer; armer (*voorw.*) || umlegen, umstellen, umziehen; spannen (*haan v. e. geweer*); ziehen (*bel*);
2.: *zie* **destilleren.**

overhang (*steven*): overhang || saillie *v*, surplomb *m* || Überhang *m*; **-end:** overhanging || surplombant || überhangend.

overhel|len: 1. (*algem.*): to hang over (*to*), to incline (*to*) || pencher, s'incliner || überhangen; **-lend:** hanging over, to be inclined, inclining || penchant, incliné || überhangend; **-ling:** inclination || inclinaison *v* || Abhang *m*, Senkung *v*;
2. (*schip*): to heel over || donner de la bande *v*, s'incliner || sich neigen.

overkap|pen: to roof in || couvrir d'un toit *m* || überdachen; **-ping:** roof || toiture *v* || Dach *o*.
overkeping, halve (*houtbew.*)**:** half lap joint || entaillage *m* || Überschneidung *v*.
overkristalli|satie (-seren): *zie* **herkristalli|satie (-seren).**
overkruis: across || en travers *m* || überzwerch; **- vijlen:** to file across || limer en travers *m* || überzwerch feilen.
overlaat: overflow, overfall dike, waste weir || déversoir *m* || Überlaßdeich *m*, -fallwehr *o*, -fall *m*; **-, onvolkomen:** flush weir || déversoir *m* partiel || Grundwehr *o*.
overladen: 1. (*v. h. een naar h. ander*)**:** to shift || transborder || umladen;
2. (*te veel*)**:** overchatged || surchargé || überladen.
overlangs: longitudinal(*ly*) || longitudinal(*ement*) || Längs-, in Längsrichtung *v*, longitudinal.
overlap (*stoomschuif*)**:** *zie* **lap; -naad:** *zie* **lapnaad** *onder* **lap 3; -pen:** to overlap || chevaucher, recouvrir partiellement || überlappen; **-ping:** overlap[ping] || chevauchement *m*, recouvrement *m* partiel || Überlappung *v*; (*terrein*)**:** heave || recouvrement *m* horizontal || Deckung *v*, Schubweite *v*.
overleggen: 1. (*bestrating*)**:** to relay || remanier || umlegen;
2. (*typogr.*)**:** to dress || garnir une forme *v* || umlegen.
overloop: 1. (*doorgang*)**:** corridor, landing, passage || galerie *v*, passage *m* (*gang*); palier *m* (*portaal*) || Vorplatz *m* (*portaal*); Pedest *m*, *o*, Podest *m*, *o* (*op trap*); Korridor *m* (*gang*);
2. (*vloeistof*)**:** overflow, weir || déversoir *m* || Überlaufvorrichtung *v*; **-klep:** overflow valve || soupape *v* de trop plein *m* || Überlaufventil *o*; **-opening** (*gieten*)**:** overflow lip || bec *m* de trop plein *m* || Überlaufschnauze *v*; **-pijp:** overflow pipe || tuyau *m* de trop *m* plein || Überlaufrohr *o*, röhre *v*; **-rand:** overflow brim || bord *m* de trop-plein *m* || Überlaufrand *m*; **-water:** overflow water || eau *v* sortant du trop plein *m* || Überlauf-, Schlabberwasser *o*;
3. (*zeven*)**:** coarse, screening refuse, oversize || grains *mm* trop grands, refus *m* du crible *m* (de tamisage *m*) || Siebrückstand.
overlopen (*vloeistof*)**:** to overflow || (*se*) déborder, (*se*) déverser || überrinnen, überfließen.
overmaat: excess || excès *m* || Überschuß *m*, -maß *o*.
overnaads: clinker built || construit à clin *m* || klinkerartig gebaut.
overne|men (*aanvaarden*)**:** to accept || accepter || abnehmen; **-ming:** acceptance || acception *v* || Abnahme *v*.
overontla|den: to overdischarge || décharger à outrance *v* || überentladen; **-ding:** overdischarge || décharge *v* à outrance *v* || Überentladung *v*.
overroting: overretting || excès *m* du rouissage *m* || Überrotte *v*, Überroste *v*.
overschakel|aar: change (throw) over switch || commutateur *m*, permutateur *m* || Umschalter *m*; **-aar met** (*zonder*) **onderbreking:** throw over switch with (*without*) break || commutateur *m* avec (*sans*) interruption *v* || Umschalter *m* mit (*ohne*) Unterbrechung *v*; **-aar, veelpolige:** multipolar throw over switch || commutateur *m* multipolaire || mehrpoliger Umschalter *m*; **-baar:** capable of being changed over || commutable, permutable || umschaltbar; **-en:** to change over || commuter, permuter || umschalten; (*auto*)**:** to change gears, to shift || changer de vitesse *v* || schalten; **-ing:** changing over || commutation *v*, permutation *v* || Umschaltung *v*; **-ing v. d. polen:** changing of pole connections || commutation *v* des connexions *vm* polaires || Polumschaltung *v*; **-ingsvonklengte:** alternative spark gap || distance *v* explosive de commutation *v* || Umschaltfunkenstrecke *v*; **-mechanisme:** reversing gear || mécanisme *m* de changement *m* || Umschaltgetriebe *o*; **-rol:** reversing switch drum || cylindre *m* d'inversion *v* || Umschaltwalze *v*; **-stop:** change over plug || fiche *v* de commutation *v* || Umschaltstöpsel *m*; **-systeem:** charging (reversing) system || système *m* de commutation *v* || Umschaltsystem *o*; **-toestel:** reversing device || appareil *m* de permutation *v* || Umschaltvorrichtung *v*; **-zaal v. telefoon:** telephone switch room || salle *v* des appareils *mm* || Umschaltsaal *m*.
overschot: remainder, rest, residue, surplus, excess || reste *m*, restant *m*, résidu *m*, excédent *m*, surplus *m* || Überschuß *m*.
overschrij|den: to exceed || dépasser, excéder || überschreiten; **-ding:** exceeding, transgression || transgression *v* || Überschreitung *v*; **-dingsmeter:** excess-power meter || compteur *m* à depassement *m* || Überverbrauchszähler *m*; **-dingstarief:** overload tariff || tarif *m* à dépassement *m* || Überverbrauchstarif *m*.
overschuiving (*terrein*)**:** overthrust || taille *v* de chevauchement *m*, charriage *m* || [Schollen]überschiebung *v*, Fernwechsel *m*, -überschiebung *v*.
overslaan (*typogr.*)**:** *zie* **overleggen.**
oversmel|ten: to remelt || refondre || um-

schmelzen; **-ting:** refounding || refonte *v* || Umschmelzung *v*.

oversolderen: to resolder || résoudre || nachlöten.

overspanning: 1. (*elektr.*): overvoltage, excess voltage || surtension *v* || Überspannung *v*; **-safleider:** lightning-arrester || parafoudre *m* [Überspannungs]-ableiter *m*; **-slamp:** over-run lamp || lampe *v* à surtension *v* || Überspannungslampe *v*; **-ssmoorspoel:** choke-coil || bobine *v* de choc *m* || Überspannungsschutzdrossel *v*;
2. (*bouwk.*): span length of support || portée *v* || Stützweite *v*.

overspring|en (*v. e. vonk*): to strike (to flash) across || jaillir || überspringen; **-ing** (*lichtboog*): jumping over || passage *m* (de . . . à) || Überspringen *o*; **-ing** (*vonken*): sparking over || jaillissement *m* || Überspringen *o*.

overstapstation: station for changing carriage || gare *v* de transbordement *m* des voyageurs *mm* || Umsteigestation *v*.

overstek: overhanging (unsupported) length || [longueur *v* de] porte-à-faux *v* || Freilänge *v*.

overstroom: excess-current || surintensité *v* de courant *m* || Überstrom *m*.

overstro|men: 1. (*inunderen*): to inundate (flood, overflow) || déborder, passer, s'écouler || überschwemmen, -strömen; **-ming;** inundation || débordement *m*, inondation *v* || Überschwemmung *v*;
2. *zie* **overlopen.**

overstuwen (*lading*): to alter the stowage, to shift the cargo || changer l'arrimage *m* || umstauen.

oversynchroon: hypersynchronous || sursynchrone || übersynchron.

overtappen: to chase a screw thread || repasser le filet *m* || Gewinde *o* nachschneiden.

overtollig: superfluous(*ly*); odd || superflu; de trop; surabondant (*-damment*) || überflüssig; überzählig.

overtrek: coat[ing] || revêtement *m*, enduit *m* || Überzug *m*, Bekleidung *v*.

overtrek|ken: 1. (*bekleden*): to coat, to cover (*with*) || revêtir, recouvrir, enduire (*avec, de*) || überziehen, bekleiden (*mit*); **-sel:** coat[ing], cover || revêtement *m*, enduit *m* || Überzug *m*, Bekleidung *v*;
2. (*natrekken*): *zie* **calqueren; -papier:** *zie* **calqueerpapier.**

overtrokken: coated, covered (*with*) || revêtu, enduit (*avec, de*) || bekleidet, überzogen (*mit*).

over|uur: overtime || heure *v* supplémentaire (extraordinaire de travail *m*) || Überstunde *v*; **-uren maken:** to work overtime || faire des heures *vm* supplémentaires (extraordinaires) || Überstunden *vm* machen.

oververhit: superheated || surchauffé || überhitzt; **-ten:** to super-, to overheat || surchauffer || überhitzen; **-ter:** super-, overheater || surchauffeur *m* || Überhitzer *m*; **-ter m. luchtkoeling:** air cooled superheater || surchauffeur *m* refroidi par l'air *m* || Überhitzer *m* mit Luftkühlung *v*; **-ter m. stoomverdeler:** superheater with division of the steam current || surchauffeur *m* à bifurcation *v* de courant *m* de vapeur *v* || Überhitzer *m* mit Teilung *v* des Dampfstrom[e]s *mm*; **-terpijp:** superheater tube || tube *m* de surchauffe *v* || Überhitzerrohr *o*; **-ting:** superheating || surchauff[é]e *v*, surchauffage *m* || Überhitzung *v*; **-ting door smoring:** superheating by throttling || surchauffe *v* par étranglement *m* || Überhitzung *v* durch Drosselung *v*; **-tingstemperatuur:** temperature of superheating (superheat) || température *v* de surchauffe *v* || Überhitzungstemperatur *v*; **-tingsvlak:** superheating surface || surface *v* de surchauffe *v* || Überhitzerheizfläche *v*.

oververza|digd: supersaturated || sursaturé || übersättigt; **-digen:** to supersaturate || sursaturer || übersättigen; **-diging:** sursaturation || supersaturation *v* || Übersättigung *v*; **-digingsgraad:** degree of supersaturation || degré *m* de sursaturation *v* || Übersättigungsgrad *m*.

overweg (*spw.*): (level, grade) crossing || passage *m* [à niveau *m*] || Überweg *m*, [Plan]-, [Niveau]übergang *m*, Bahnübersetzung *v*, Wegkreuzung *v*, Schienenhöhe *v*; **-sein:** level crossing signal || signal *m* de passage *m* à niveau *m* || Warnsignal *o* an Wegübergängen *mm*.

overwelven: to vault || voûter || überwölben.

overwerk: excess of (extra) work, work beyond one's due || travail *m* en excès *m* (supplémentaire) || Mehrarbeit *v*, Arbeitsüberschuß *m*, Überschußarbeit *v*, Überarbeit *v*; **-en:** to overwork || fournir un travail *m* supplémentaire, travailler au delà *m* du temps *m* prescrit || überarbeiten.

overwicht: overweight || surpoids *m* || Übergewicht *o*.

overzetten (*typogr.*): to sett off || maculer || abschmutzen.

oxaalzuur (ethaandizuur): oxalic acid || acide *m* oxalique || Oxalsäure *v*.

oxa|laat: oxalate || oxalate *m* || Oxalat *o*; **-mine (ethaanzuurdiamide):** oxamide || oxamide *m* || Oxamid *o*.

oxo-verbinding: oxo-compound || combinaison *v* oxo || Oxoverbindung *v*.
oxydatie: oxidation || oxydation *v* || Oxydation *v*; **-, anodische:** anodic oxidation || oxydation *v* anodique || anodische Oxydation *v*; **-graad:** degree of oxidation || degré *m* d'oxydation *v* || Oxydationsgrad *m*; **-middel:** oxidising agent || agent *m* oxydant || Oxydationsmittel *o*; **-potentiaal:** oxidation potential || potentiel *m* d'oxydation *v* || Oxydationspotential *o*; *zie ook* **redox-potentiaal; -trap:** degree of oxidation || degré *m* d'oxydation *v* || Oxydationsstufe *v* **-vlam:** oxidation (oxidising) flame || flamme *v* (feu *m*) d'oxydation *v* || Oxydationsflamme *v*.
oxyde: oxide || oxyde *m* || Oxyd *o*; **-laag:** oxide layer; oxide film (*zeer dun*) || couche *v* d'oxyde *m*; pellicule *v* d'oxyde *m* (*zeer dun*) || Oxydschicht *v*; Oxydhaut *v* (*zeer dun*).
oxydeerbaar: oxidable || oxydable || oxydierbar; **-heid:** oxidability || oxydabilité *v* || Oxydierbarkeit *v*.
oxyde|ren: to oxidise || oxyder; s'oxyder || oxydieren; **-rend:** oxidising || oxydant || oxydierend.
ozokeriet: *zie* **aardwas.**
ozon: ozone || ozone *m* || Ozon *o*; **-buis:** ozonising tube || tube *m* ozoniseur || Ozonröhre *v*; **-houdend:** ozonic, ozone containing || ozonifère || ozonhältig; **-isatie:** ozonising || ozonisation *v* || Ozonisation *v*, Ozonisierung *v*; **-isator:** ozoniser, ozoning device (apparatus) || ozon[is]eur *m* || Ozonisator *m*; **-iseren:** to ozonise || ozon[is]er || ozonisieren.

P

paal: 1. (*algem.*): pile (*i. d. grond gedreven*); pole (*uit de grond stekend*); stake || poteau *m*, pieu *m* || Pfahl *m*, Mast *m*; **- m. arm:** bracket pole || poteau *m* à console *v* (à flèche *v*) || Auslegermast *m*; **- m. één arm:** single bracket pole || poteau *m* à un bras *m* || einarmiger Auslegermast *m*; **- m. sponning:** grooved pile || palplanche *v* (pilotis *m*) à rainure *v* || Nutpfahl *m*; **- v. gewapend beton:** reinforced concrete pile || pilot *m* en béton *m* armé || Betoneisenpfahl *m*; **- v. mannesmannbuis:** Mannesmann pole || poteau *m* [en tube *m*] Mannesmann || Mannesmannrohrmast *m*; **- voor elektrische geleidingen:** pole for aerial lines || poteau *m* de ligne *v* électrique || Leitungspfahl *m*; **- voorzien v. e. schoen:** to shoe || saboter || anschuhen; **-, gegroefde:** grooved pile || palplanche *v* (pilotis *m*) à rainure *v* || genuteter Pfahl *m*; **-, genummerde:** number peg || pieu *m* numéroté || Nummerpfahl *m*; **-, houten** (*bovengronds*)**:** wooden pole || poteau *m* en bois *m* || Holzmast *m*; **-, houten** (*ondergronds*)**:** wooden pile || pilot *m* en bois *m* || Holzpfahl *m*, -pfosten *m*; **-, verankerde:** stayed (tied) pole || poteau *m* à hauban *m* || verankerte Stange *v*; **-afstand:** distance (span) between poles || distance *v* entre les (espacement *m* des) poteaux *mm* || Mastentfernung *v*; **-band:** hoop of a pile || frette *v* de pilotis *m* || Pfahlring *m*; **-brug:** pile bridge || pont *m* de pilotis *m* || Pfahlbrücke *v*; **-fittings** (*elektr.*)**:** pole fittings || garnitures *vm* de poteau *m* || Mastarmatur *v*; **-fundering:** foundation on piles || radier *m* (parc *m* de, fondation *v* sur) pilotis *mm* || Pfahlgründung *v*; **-heining:** fence of pales || clôture *m* de palis *m*, palissade *v* || Pfahlhecke *v*, -zaun *m*; **-hout:** pale wood || bois *m* de pilotage *m* || Pfahlholz *o*; **-kap:** pole cap (cover, roof) || chapeau *m* (parapluie *v*) de poteau *m* || Mast-, Pfahlkappe *v*; **-mast:** pole mast, single-tree mast || mât *m* à pible || Pfahlmast *m*; **-ring:** *zie* **paalband; -rooster:** pile framing (grating) || grillage *m* (radier *m*) de pilotis *mm*, pilotis *m* || Pfahlrost *m*; **-roosterwerk:** *zie* **paalrooster; -schoen:** pile (pole) shoe, pile ferrule (sheath) || sabot *m* de poteau *m* (de pieu *m*), chaussure *v* de pieu *m* || Pfahlschuh *m*; **-spits:** top of pole || pointe *v* de poteau *m* || Mastspitze *v*; **-steek:** bowline knot || noeud *m* d'agui || Pfahlstich *m*; **-tje:** *zie* **paal 6; -trekker:** pile withdrawing lever || levier *m* arrache-pieux || Ausziehhebel *m*; **-voet:** pole footing || pied *m* de poteau *m* || Mastfuß *m*; **-wand:** piling || palée *v* || Pfahlwand *v*; **-wapening:** pile reinforcement || armature *v* de pieu *m* || Pfahlbewehrung *v*; **-werk:** stab || palplanche *v* || Getriebepfahl *m*; **-worm:** sea worm || ver *m* de mer *v* || Pfahlwurm *m*;
2. (*heipaal*): [ramming-] pile || pilotis *m* pieu *m* || Rammpfahl *m*;
3. (*pilaar*): pillar, post || pilier *m* || Pfeilerpfahl *m*;
4. (*grenspaal*): boundary-post || borne || Grenzpfahl *m*, -stein *m*;
5.: *zie* **piketpaal;**

6. (*paaltje*): peg picket || piquet *m* || Pfälchen *o*, Pflock *m*;
7. (*elektr.*): pole || poteau *m* || Tragmast *m*.

paap (*weverij*): stripe || écriteau *m* || Schmitze *v*.

paar|dekracht: horse power (H.P.) || cheval (chev.) *m*, cheval-vapeur *m* || Pferdekraft *v*, -leistung *v*, -stärke (P.S.) *v*; **-dekracht, effectieve:** actual horse power (A.H.P.) || cheval *m* effectif (chev. e.) || effektive Pferdestärke *v* (E.P.S.); **-dekracht, geïndiceerde:** indicated horse power (I.H.P.) || cheval *m* indiqué (chev. i.) || indizierte Pferdestärke *v* (I.P.S.); **-dekracht, nuttige:** *zie* **paardekracht, effectieve; -dekrachtuur:** horse power hour || cheval-heure *v* || Pferdekraftstunde *v*; **-denhaar:** horsehair || crin *m* || Pferde-, Roßhaar *o*, **-denhaarspinnerij:** horsehair spinning mill || filature *v* de crin *m* || Roßhaarspinnerei *v*; **-denleder:** horseleather || cuir *m* de cheval *m* || Roßleder *o*; **-denvet:** horse fat || graisse *v* de cheval *m* || Pferdefett *o*; **-denwagen** (*spw.*): horse box || wagon *m* à chevaux *mm*, wagon-écurie *m* || Pferdewagen *m*; **-depoot:** knot hole || trou *m* de noeud *m* || Astloch *o*.

paarl: *zie* **parel.**

paarlemoer: mother of pearl || mère-perle *v*, nacre *v* [de perles *vm*] || Perlmutter *v*; **-glans:** pearly lustre || éclat *m* nacré (perlé) || Perlmutterglanz *m*; **-papier:** nacreous paper || papier *m* nacré || Perlmutterpapier *o*.

pacht: 1. (*overeenkomst*): lease || ferme *v*, bail *m*, affermage *m* || Pacht *m* en *v*; **-en:** to lease; to rent || affermer; prendre à ferme *v* || pachten;
2. (*geld*): rent || fermage *m* || Pachtzins *m*.

padden|poot: scob || pas *m* de chat *m* || Fehler *m*; **-stoel:** fungus, mushroom || champignon *m* || Pilz *m*; **-stoelstelsel:** mushroom system || système *m* à champignons *mm* || Pilzdecke *v*.

pagi|na: page || page *v* || Seite *v*, Pagina *v*; **-na, blanco:** blank (white) page || feuillet *m* blanc, page *v* blanche || Vakat *o*; **-neren:** to page || numméroter les feuilles *vm* || paginieren; **-nering:** paging, pagination || pagination *v* || Paginierung *v*.

pak: pack, parcel, bundle || paquet *m* || Pack *o*, Paket *o*, Bündel *o*; **-doek:** packing cloth (duck) || toile *v* d'emballage *m* || Pachtuch *o*, -leinen *o*; **-garen:** packing thread || ficelle *v* d'emballage *m* || Packgarn *o*; **-huis:** storehouse, stores, warehouse, magazine || entrepôt *m*, magasin *m* || Speicher *m*, Lagerhaus *o*, Magazin *o*; **-karton:** packing cardboard || carton *m* d'emballage *m* || Packpappe *v*; **-ken:** to pack || empaqueter, emballer, encaisser || packen; **-ker:** packer || emballeur *m* || Einpacker *m*; **-kerij:** packing yard (room) || atelier *m* d'emballage *m* || Päckerei *v*, Packhof *m*; **-ket:** pack[et], parcel, package || paquet *m*; colis *m* postal || Paket *o*; **-ketboot:** packet boat || paquebot *m* || Paketboot *o*; **-king:** *zie na* **pakzolder; -kist:** packing case || caisse *v* à emballer || Packkiste *v*; **-linnen:** packing cloth, canvas || toile *v* d'emballage *m*, serpillière *v* || Packleinen *o*, -leinwand *v*; **-loon:** package [money] || emballage *m* || Packerlohn *m*; **-naald:** packing needle || aiguille *v* d'emballage *m* (d'emballeur *m*) || Packnadel *v*; **-papier:** packing (cap) paper || papier *m* d'emballage *m* || Packpapier *o*; **-pers:** packing (bundling, bundle) press || presse *v* à emballer (à empaqueter) || Pack-, Bündelpresse *v*; **-stok:** packing stick || cheville *v* à tourniquet *m* || Packstock *m*; **-touw:** packing twine || ficelle *v* d'emballage *m* || Packseil *o*, Reitel *m*; **-vijl:** *zie* **armvijl** *onder* **arm 1; -zadel:** pack saddle || bât *m* || Packsattel *m*; **-zolder:** warehouse (store) loft || grenier *m* à emballer || Lager-, Warenspeicher *m*.

pakking: packing, jointing, gasket || bourrage *m*, garniture *v* || Packung *v*, Dichtung *v*, Liderung *v*; **- vernieuwen de,** to renew the packing || refaire le bourrage *m*, renouveler la garniture *v* || die Packung *v* auswechseln (erneuern, ersetzen); **-, lederen:** *zie* **lederpakking; -, metalen:** *zie* **metaalpakking; -bout:** packing bolt || boulon *m* de serrage *m* de garniture *v* || Packungsbolzen *m*; **-bus:** packing gland, stuffing box || boîte *v* à bourrage *m* (à garniture *v*), presse-étoupe *m* || Packungsstofpbüchse *v*; **-drijver:** packing stick || chasse-bourrage *m* || Packungstreiber *m*; **-groef:** packing groove || rainure *v* pour la garniture *v* || Dichtungsrille *v*; **-kamer:** packing space, stuffing box || chambre *v*, logement *m* du bourrage *m* (de garniture *v*) || Packungsraum *m*; **-kamer v. e. pijpmof:** pipe packing, packing space || garniture *v* de tuyau *m* || Rohrdichtung *v*, -packung *v*; **-kegel:** packing cone || cône *m* de garniture *v* || Dichtungskegel *m*; **-koord:** packing cord || cordon *m* (garniture *v*) de joint *m*, tresse *v* [de garniture *v*] de joint *m* || Dichtungsschnur *v*, -zopf *m*; **-kraan:** stuffing box cock, plug cock with packed gland || robinet *m* avec presse-étoupe *m* || Pack-, Stopfbüchsenhahn *m*; **-manchet:** U-leather ring || bague *v* de garniture *v*, manchette *v* || Manchettenring *m*, Manchette *v*; **-materiaal:** packing material || matières *vm* de bourrage *m* (de garniture *v*) || Dichtungs-, Packungsmaterial *o*; **-rand:** (*v. d. pakking*): jointing rim || bord *m* de la garniture *v* || Dichtungsrand *m*; (*flens, enz.*): joint face || porteé *v* de la bride *v* || Dichtungsleiste *v*; **-ring:** packing (gasket) ring || bague *v* de garniture *v*, anneau *m* de joint *m* (de garniture *v*, d'obturation *v*) || Packungs-, Dichtungsring *m*, Dichtungsschnur *v*; **-ring plaatsen, de:** to insert the packing ring || insérer la bague *v* de garniture *v* || den Packungsring *m* einlegen; **-ruimte:** *zie* **pakkingkamer; -schijfje:** packing washer || rondelle *v* de garniture *v* || Packungsscheibe *v*; **-trekker:** packing worm || tire-bourrage *m* || Packungszieher *m*.

pal: pawl, catch || chien *m*, cliquet *m* d'arrêt *m* (de retenue *v*) || Sperrklinke *v*; **- inleggen, de:** to throw in the pawl || encliqueter, baisser le chien *m* || einklinken, die Klinke *v* einlegen; **- m. veer:** spring pawl || cliquet *m* à ressort *m* || Federklinke *v*; **- uitzetten de:** to throw out the pawl || déclencher, lever le chien *m* || ausklinken, die Klinke *v* aurücken; **-hefboom:** ratchet lever || levier *m* d'arrêt *m* || Sperrhebel *m*; **-houder:** pawl holder || porte-cliquet *m* || Sperrklinkenhalter *m*, Klinkenträger *m*; **-inrichting:** ratchet (stop) gear, arresting device, locking mechanism || encliquetage *m* || Sperrvorrichtung *v*, -werk *o*, Gesperre *o*; **-kast:** pawl box || boîte *v* à cliquet *m* || Sperrhakenkasten *m*; **-klamp** (*scheepst.*): pawl cleat || taquet *m* d'élinguet *m* || Pallklampe *v*; **-koppeling:** *zie* **klinkkoppeling; -len:** to ratchet, to drop the pawl || bloquer, arrêter, serrer, encliqueter || sperren; **-rad:** ratchet wheel || roue *v* à rochet *m* (à cliquet *m*), rochet *m* || Sperrad *o*, Sperrscheibe *v*, Schaltrad *o*; **-radrem:** automatic load sustained brake || frein *m* à encliquetage *m* || Sperr[ad]bremse *v*, Klinkenbremse *v*; **-tand:** ratchet tooth || dent *v* d'arrêt *m* || Sperrzahn *m*; **-tandkwadrant:** quadrant with ratchet teeth || secteur *m* à dents *vm* d'arrêt *m* || Sperrzahnbogen *m*; **-tandstang:** toothed rack (rail) || crémaillère *v* d'arrêt *m* || Sperrzahnschiene *v*; **-veer:** stop spring || ressort *m* d'arrêt *m* || Sperrfeder *v*; **-veer v. d. balans:** detent of the figure changing lever || ressort *m* du levier *m* inverseur || Sperrklinke *v* des Wechselhebels *m*; **-werk:** *zie* **palinrichting.**

palenrij: row of piles || file *v* (rangée *v*) de pieux *mm* || Pfahlreihe *v*.

paleozoïcum: palaeozoic || paléozoique *m* || palaeozoikum *m*.

palet (*schilder*): pallet || palette *v* || Farbenbrett *o*, Palette *v*.

palis|sade: palisade || palissade *v* || Palisade *v*; **-sadering:** palisading || palissadement *m* || Palisadierung *v*.

palissanderhout: jacaranda (palisander, purpled, violet) wood || bois violet *m*, [bois *m* de] palissandre *m* || Jakaranda-, Palisanderholz *o*.

palladi|chloride: palladic chloride || tétrachlorure *m* de palladium *m* || Palladichlorid *o*, Palladiumchlorid *o*; **-hydroxyde:** palladic hydroxide || hydrate *m* de palladium *m* tétravalent || Palladihydroxyd *o*; **-oxyde:** palladic oxide, palladium dioxide || bioxyde *m* de palladium *m* || Palladioxyd *o*, Palladiumoxyd *o*; **-sulfide:** palladic sulfide, palladium disulfide || bisulfure *m* de palladium *m* || Palladisulfid *o*, Palladiumsulfid *o*; **-zout:** palladic salt || sel *m* de palladium *m* tétravalent || Palladisalz *o*.

palladium: palladium || palladium *m* || Palladium *o*; **-chloride:** *zie* **palladichloride; -chloruur:** *zie* **palladochloride; -dioxyde:** *zie* **palladioxyde; -hydroxyde:** *zie* **pallado-** *of* **palladihydroxyde; -legering:** palladium alloy || alliage *m* de palladium *m* || Palladiumlegierung *v*; **-monoxyde:** *zie* **pallado-oxyde; -oxyde:** *zie* **palladioxyde; -oxydule:** *zie* **pallado-oxyde; -sulfide:** *zie* **palladisulfide; -sulfuur-** *zie* **palladosulfide; -zout:** palladium salt || sel *m* de palladium *m* || Palladiumsalz *o*.

pallado|chloride: palladous chloride || [bi]chlorure *m* de palladium *m* || Palladochlorid *o*, Palladiumchlorür *o*; **-hydroxyde:** palladous hydroxide || hydrate *m* de palladium *m* [bivalent] || Palladohydroxyd *o*; **-oxyde:** palladous oxide, palladium monoxide || protoxyde *m* de palladium *m* || Palladooxyd *o*, Palladiumoxydul *o*; **-sulfide:** palladous sulfide, palladium monosulfide || protosulfure *m* de palladium *m* || Palladosulfid *o*, Palladiumsulfür *o*; **-zout:** palladous salt || sel *m* de palladium *m* bivalent || Palladosalz *o*.

palm|blad (*bouwk.*): palm leaf || palmette *v* || Palmblatt *o*; **-boom:** palm [tree] || palmier *m* || Palme *v*, Palmbaum *m*; **-hout:** vox (common box, common holly) wood || [bois *m* de] buis *m* || Buchs[baum]holz *o*; **-olie:** palm oil || huile *v* de palme *v* || Palmöl *o*; **-oliezeep:** palm soap || savon *m* de palme *v* || Palmölseife *v*.

palmi|tine: palmitin || palmitine *v* || Palmitin *o*; **-tinezuur (hexadecaanzuur; pentadecaancarbonzuur-1):** palmitic acid || acide *m* palmitique || Palmitinsäure *v*; **mityl-:** palmityl- || palmityle-, palmitylique || Palmityl-.

pan: 1. (*kookpan, enz.*): pan || bassin *m* || Pfanne *v*;
2. (*keukengerei*): [frying] pan, pot || casserole *v*, poêle *v* || Kochtopf *m*, Bratpfanne *v*;
3.: *zie* **dakpan; -klei:** tile clay || argile *v* à tuiles *vm* || Dachziegelton *m*; **-lat:** fir lath || latte *v* || Dach-, Ziegellatte *v*; **-nenbakkerij:** tile kiln, tilery || tuilerie *v* || Dachziegelei *v*; **-nendak:** tile roof || toit *m* couvert de tuiles *vm* || Ziegeldach *o*; **-nenmeel:** brick dust || brique *v* pilée, farine *v* de briques *vm* || Ziegelmehl *o*; **-nenpers:** roofing tile press || presse *v* à tuiles *vm* || Dachziegelpresse *v*;
4. (*voor kogelbout*): socket || grain *m* de buttée *v* || Pfanne *v*.

pand: 1. (*gebouw*): premises || immeuble *m*, maison *v* || Haus *o*;
2. (*kanaal*): reach, level || bief *m* || Haltung *v*;
3. (*mijnb.*): stall, benk || havée *v*, hève *v* || Feld *o*; Strebstreifen *o*; **-breedte:** cut || largeur *m* de l'havée *v* || Feldbreite *v*.

paneel: panel || panneau *m* || Paneel *o*, Platten *m*, Füllung *v*, Füllstück *o*; **-, houten:** wood panel || planchette *v* en bois *m* || Holztafel *v*; **-deur:** panel door || porte *v* à panneau *m* || Füllungtür *v*; **-gewelf:** panel vault ||voûte *v* en panneaux *mm* || Fachwerkgewölbe *o*; **-hout:** panel wood || bois *m* à panneaux *mm* (de panneautage *m*) || Füllungholz *o*; **-werk:** panelling, wainscoting || panneautage *m*, revêtement *m* || Wandbekleidung *v*, Verschalung *v*.

panoramakop (*fotogr.*): pan head || plateforme *v* panoramique || Panoramakopf *m*.

pantograaf: 1. (*tekenaap*): pantograph || pantographe *m*, singe *m* || Pantograph *m*, Storchschnabel *m*;
2. (*elektr. tractie*): pantograph || pantographe *m* || Scherenstromabnehmer *m*, Pantograph *m*

pantometer: pantometer || pantomètre *m* || Pantometer *o*, *m*.

pantser: 1. (*algem.*): armour || cuirasse *v* || Panzer *m*; **-bout:** armour bolt || boulon *m* de cuirassement *m* || Panzerbolzen *m*; **-dek:** armour deck || pont *m* blindé (cuirassé) || Panzerdeck *o*; **-en:** to armour || blinder, cuirasser || panzern; **-galvanometer:** shielded galvanometer || galvanomètre *m* cuirassé || Panzergalvanometer *o*, *m*; **-granaat:** armour piercing shell || obus *m* de rupture *v* || Panzergranate *v*; **-ing:** armour plating || cuirassement *m* || Panzerung *v*; **-plaat:** armour plate || tôle *v* de blindage *m* (de cuirasse *v*) || Panzerplatte *v*, -blech *o*; **-projectiel:** armour piercing projectile || projectile *m* perce-cuirasse || Panzergeschoß *o*; **-wagen:** armoured motor car || automobile *m* cuirassé || Panzerwagen *m*;
2. (*elektr.*): *zie* **wapening;**
3. (*automotor*): undershield || gardecrotte *v* || Verschalung *v*.

pap: 1. (*papachtige massa*): pappy mass, pap || masse *v* pâteuse || Brei *m*, breiartige Massa *v*; **-achtig:** pappy, pap-like || pâteux || breiartig; **-pig:** pappy || pâteux || breiig;
2. (*voedsel*): pap, porridge || bouillie *v* || Brei *m*;
3. (*geneesk.*): poultice, cataplasm || cataplasme *m* || Brei *m*;
4. (*text.*): dressing, size, pap, paste || apprêt *m*, encollage *m*, parement *m* || Schlichte *v*, Kleister *m*; **-borstel:** dressing (paste) brush || brosse *v* à parer (encolleuse) || Schlicht-, Kleisterbürste *v*; **-pen:** to dress, to size || encoller, parer || schlichten, leimen.

papaverolie: poppy oil || huile *v* d'oeillet[te] *v* (de pavot *m*) || Mohnöl *o*.

papier: paper || papier *m* || Papier *o*; **- zonder einde:** endless paper || papier *m* sans fin *m* || Papier *o* ohne Ende *o*; **-, bruin:** brown paper || papier *m* brun || braunes Papier *o*; **-, dik** (**dun**): thick (*thin*) paper || papier *m* épais (*mince*) || dickes (*dünnes*) Papier *o*; **-, een baal** (*boek*; *riem*; *vel*): ten reams (*a quire*; *a ream*; *a sheet*) of paper || une balle *v* (*main v*; *rame v*; *feuille v*) de papier *m* || ein Ballen *m* (*Buch o*; *Ries o*; *Bogen m*) Papier *o*; **-, fotografisch:** photographic[al] paper || papier *m* photographique || fotographisches Papier *o*; **-, gedrenkt:** impregnated paper || papier *m* imprégné || getränktes (imprägniertes) Papier *o*; **-, geglaceerd:** *zie* **papier, gesatineerd; -, geglansd:** enamel paper || papier *m* couché une face *v* || Glanzpapier *o*; **-, gegomd:** gummed paper || papier *m* gommé || gummiertes Papier *o*; **-, geïmpregneerd:** *zie* **papier, gedrenkt; -, gekleurd:** coloured paper || papier *m* coloré (de couleur *v*, teinté) || farbiges (gefärbtes, getöntes) Papier *o*; **-, gelinieerd:** lined paper || papier *m* réglé || lini[i]ertes Papier *o*; **-, gelinieerd** (*m. waterlijnen*): laid paper || papier *m* vergé || gestreiftes Papier *o*, Papier *o* mit Wasserlinien *vm*; **-, gemarmerd:** marbled paper || papier *m* marbré || marmoriertes Papier *o*; **-, geolied:** oiled paper || papier *m* huilé || geöltes Papier *o*; **-, geparaffineerd:** paraffined paper || papier *m* paraffiné || paraffiniertes Papier *o*; **-, geperforeerd:** perforated paper || papier *m* perforé || perforiertes (durchlochtes) Papier *o*; **-, geperst:** ornamental paper || papier *m* gaufré || gepreßtes Papier *o*; **-, gesatineerd:** glazed paper || papier *m* glacé (satiné) || Glanzpapier *o*, satiniertes Papier *o*; **-, geschept:** hand made paper || papier *m* à la cuve *v* (à la main *v*), papier *m* puisé || Handpapier *o*; **-, gestreken:** glazed (coated) paper || papier *m* glacé (couché) || Streichpapier *o*, gestrichenes Papier *o*; **-, gevernist:** varnished paper || papier *m* verni || firnistes Papier *o*; **-, grauw:** kraft paper || papier *m* bulle || Einwickelpapier *o*; **-, houtvrij:** woodfree paper || papier *m* sans fibre *v* de bois *m* || holzfreies Papier *o*; **-, [voor licht] gevoelig:** sensitive paper || papier *m* sensible || lichtempfindliches Papier *o*; **-, machinaal:** machine made paper || papier *m* de machine *v* || Maschinenpapier *o*; **-, m. d. hand geschept:** hand-made paper || papier *m* à la main *v* || handgeschöpftes Papier *o*; **-, (*on*)doorschijnend:** translucent (*opaque*) paper || papier *m* transparent (*non-transparent, opaque*) || (*un*)durchscheinendes Papier *o*; **-, (*on*)gelijmd:** (*un*)sized paper || papier *n* collé (*papier m sans colle v*) || (*un*)geleimtes Papier *o*; **-, (*on*)doorzichtig:** (*un*)transparent paper || papier *m* (*non-*)transparent || (*un*)durchsichtiges Papier *o*; **-, opdikkend:** thick printing paper || papier *m* fort pour impression *v* || Dickdruckpapier *o*; **-, overgecalanderd:** supercalendered paper || papier *m* surglacé || kalandriertes Papier *o*; **-, rollen:** rolls of paper || rouleaux *mm* de papier *m* || Papierrollen *vm*; **-, vetvrij:** butter paper || papier *m* anti-graisse || Butterbrot-, Frühstückpapier *o*; **-aanvoerrol:** paper feed roller || cylindre *m* d'entraînement *m* du papier *m* || Papierführungsrolle *v*; **-afsnijder:** cutting press, guillotine || fût *m* à rogner || Beschneidepresse *v*; **-bevochtiger:** paper wetter || trempeur *m* de papier *m* || Papierfeuchter *m*; **-beweging** (*telegr.*)**:** paper motion (guide) || entraînement *m* du papier *m* || Fortbewegung *v* des Papiers *o*, Papierführung *v*; **-[blad]bliksemafleider:** paper sheet lightning arrester || parafoudre *m* à feuille *v* de papier *m* || Papierblitzschutzvorrichtung *v*; **-bundel:** paper tuft || aigrette *v* de papier *m* || Papierbüschel *o*; **-condensator:** paper condensator || condensateur *m* à papier *m* || Papierkondensator *m*; **-drager:** paper feeder || dévidoir *m* || Papierträger *m*; **-en:** paper || de papier *m* || papieren, Papier-, aus Papier *o*; **-fabriek:** paper manufactory (mill) || papeterie *v*, usine *v* à papier *m* || Papierfabrik *v*; **-houder:** paper holder || portepapier *m* || Papierhalter *m*; **-hulsmachine:** machine for making paper boxshell || machine *v* pour la confection *v* de cartouches *vm* en papier *m* || Papierkapselmaschine *v*; **-isolatie:** paper insulation || isolement *v* de papier *n* || Papierisolation *v*, -isolierung *v*; **-kabel:** paper cable || câble *m* sous papier *m* || Papierkabel *o*; **-maché:** papier mâché || papier *m* mâché || Papiermaché *o*; **-machine:** paper machine || machine *v* à papier *m* || Papiermaschine *v*; **-mand:** [waste] paper basket || panier *m* à papier *m* || Papierkorb *m*; **-rol:** paper roller || rouleau *m* de (à) papier *m* || Papierwalze *v*, -führungsrolle *v*; **-snijmachine:** paper cutting machine || machine *v* à couper le papier *m*, coupeuse *v* || Papierschneidmaschine *v*; **-strook** (*algem.*) paper fillet (strip) || bande *v* de papier *m* || Papierband *o*, -streifen *m*; **-strook** (*v. registr.instrum.*)**:** record strip (chart) || bande *v* d'enregistrement *m* || Papierstreifen *m*; **-trekrol** (*telegr.*)**:** paper feed roller || cilindre *m* d'entraînement *m* du papier *m* || Papierführungsrolle *v*; **-trommel:** paper drum || tambour *m* à papier *m* || Papiertrommel *v*; **-vezel:** paper fibre (filament) || fibre *v* (filament *m*) de papier *m* || Papierfaser *v*; **-vorm:** paper mould || moule *v* de papier *m* || Papierform *v*; **-wals:** paper roller || Papierform *v*; **-wals:** paper roller || rouleau *m* à papier *m* || Papierwalze *v*.

para- (*chem.*)**:** para-, p- || para-, p- || Para-, p-.

para|bolisch: parabolic || parabolique || parabolisch; **-boloïde:** paraboloid || paraboloïde *m* || Paraboloid *o*; **-bool:** parabola || parabole *v* || Parabel *v*; **-boolligger:** parabolic girder || poutre *v* parabolique || Parabelträger *m*; **-centrisch:** paracentric || paracentrique || parazentrisch; **-ethanal:** para-ethanal || para-éthanal *m* || Paraldehyd *o* (Paraethanal *o*); **-klase** (*terrein*)**:** fault || faille *v*, paraclase *v* || Verwerfung *v*, Verwurf *m*, Paraklase *v*; **-plaats:** para position, p-position || position *v* para || Parastelle *v*, p-Stelle *v*; **-standig:** in [the] para position || en position *v* para || in Parastellung *v*, paraständig, an der Parastelle *v*.

parachute: *zie* **valscherm.**

paradijshout: *zie* **adelaarshout.**

paraffine: 1. *zie* **alkaan;**

2. (*vast mengsel v. koolw.stoffen*)**:** paraffin wax || paraffine *v* || Paraffin *o*; **-, geoxydeerde:** oxidized paraffin wax || paraffine *v* oxydée || oxydiertes Paraffin *o*; **-, synthetische:** synthetic paraffin [wax] || paraffine *v* synthétique || synthetisches

Paraffin *o*; **-afzetting** (*petr.*)**:** paraffin deposit || dépôt *m* de paraffine *v* || Paraffinansatz *m*; **-bad:** paraffin bath || bain *m* de paraffine *v* || Paraffinbad *o*; **-drenking:** paraffin impregnation || imprégnation *v* à la paraffine *v*, paraffinage *m* || Paraffintränkung *v*; **-houdend:** paraffinic, containing paraffin || contenant de la paraffine *v* || paraffinhaltig; **-isolatie:** insulation by means of paraffin || isolement *m* à la paraffine *v* || Isolierung *v* durch Paraffin *v*; **-kaars:** paraffin candle || bougie *v* de paraffine *v* || Paraffinkerze *v*; **-lak:** paraffin varnish (lacquer) || vernis *m* (laque *v*) à paraffine *v* || Paraffinlack *m*; **-mes** (*petr.*)**:** paraffin knife || couteau *m* à paraffine *v* || Paraffinstoßmesser *o*; **-olie:** paraffin oil || huile *v* de paraffine *v* || Paraffinöl *o*; **-papier:** waxed paper || papier *m* paraffiné || Paraffinpapier *o*; **-plunjer** (*petr.*)**:** paraffin go-devil || passe-diable *m* à paraffine *v* || Paraffinschabekolben *m*; **-schraper** (*petr.*)**:** paraffin scraper || racleur *m* à paraffine *v* || Paraffinkratzer *m*; **-stop:** plug of paraffin wax || bouchon *m* de paraffine *v* || Paraffinpfropfen *m*; **-was:** paraffin wax || [cire *v* de] paraffine *v* || Paraffin[wachs] *o*.

paraffineer|haard: paraffining stove || fourneau *m* à paraffiner || Paraffinierherd *m*; **-toestel:** paraffining apparatus || appareil *m* pour paraffiner || Paraffiniervorrichtung *v*.

paraffineren: to paraffin || paraffiner || paraffinieren.

paragon: paragon || paragon *m* || Paragon *v*.

paraldehyde: *zie* **paraethanal.**

parallax: parallax || parallaxe *v* || Parallaxe *v*.

parallel: parallel || parallèle || parallel; **- lopen** (*mach.*)**:** to run in parallel || fonctionner en parallèle *v* || parallel laufen; **- schakelen:** to connect in parallel (multiple), to couple in parallel || coupler en parallèle *v* (en surface *v*), monter en parallèle *v* (en quantité *v*) || nebeneinander (parallel, auf Quantität *v*) schalten; **- werken:** to run (to work) in parallel || fonctionner (marcher) en parallèle *v* || parallel arbeiten (laufen); **-beweging:** parallel movement || mouvement *m* parallèle || Parallelbewegung *v*; **-cirkel:** parallel [circle] || parallèle *m* || Parallelkreis *m*; **-draaibank:** slide lathe || tour *m* parallèle || Paralleldrehbank *v*; **-epipedum:** parallelepiped[on] || parallélépipède, *m* parallélipipède *m* || Parallelepipedon *o*; **-galerij** (*mijnb.*)**:** counter head || galérie *v* conjugée || Begleitstrecke *v*, -ort *o*; **-geleiding:** parallel guide || guidage *m* parallèle *m* || Parallelführung *v*; **-handschroef:** pin vice || étau *m* à goupilles *vm* || Stiftkloben *m*; **-klinkwerk:** chain riveting || rivure *v* parallèle || Parallelnietung *v*; **-krasser:** surface gauge || trusquin *m* || Parallelreißer *m*; **-ligger:** parallel trussed girder || poutre *v* parallèle || Parallelträger *m*; **-lineaal:** parallel rule || règle *v* à parallèles *vm* || Parallellineal *o*; **-meenemer:** parallel carrier || toc *m* à étrier *m* || Parallelmitnehmer *m*; **-ogram:** parallelogram || parallélogramme *v* || Parallelogramm *o*; **-ogram v. krachten:** parallelogram of forces || parallélogramme *m* des forces *vm* || Kräfteparallelogramm *o*; **-ogram v. Watt:** parallelogram of Watt || parallélogramme *m* de Watt || Parallelogramm *o* von Watt; **-passer:** scribing compasses || compas *m* à pointe *m* réglable || Parallelzirkel *m*; **-projectie:** parallel projection || projection *v* parallèle || Parallelprojektion *v*; **-regulateur:** parallel regulator || régulateur *m* en parallèle *v* || Parallelregler *m*; **-schaafmachine:** parallel planing machine || machine *v* à raboter parallèlement || Parallelhobelmaschine *v*; **-schaar:** cutter, parallel shears || cisaille *v* parallèle || Parallelschere *v*; **-schakeling:** parallel connection || couplage *m* en parallèle *v* || Parallelschaltung *v*; **-schroef:** parallel vice || étau *m* parallèle || Parallelschraubstock *m*; **-straalvoering:** parallel jet guiding || guidage *m* parallèle du jet *m* || parallele Srahlführung *v*; **-trommelwikkeling:** parallel drum winding || enroulement *m* parallèle en tambour *m* || Trommelparallelwick[e]lung *v*; **-weg:** parallel road || voie *v* parallèle || Parallelweg *m*; **-werking** (*mach.*)**:** parallel running, working in parallel || marche *v* en parallèle *v* || Paralleltrieb *m*, -lauf *m*.

para|magnetisch: paramagnetic || paramagnétique || paramagnetisch; **-magnetisme:** paramagnetism || paramagnétisme *m* || Paramagnetisme *m*; **-meter:** parameter || paramètre *m* || Parameter *o*, *m*; **-plu-antenne:** umbrella aerial || antenne *v* en parapluie *v* || Schirmantenne *v*; **-pludynamo:** *zie* **klokdynamo; -pluklep:** step valve || soupape *v* à gradins *mm* (à échelons *mm*) || Stufenventil *o*; **-rubber:** para rubber || caoutchouc *m* para || Paragummi *m*; **-rubberband:** para tape || ruban *m* de caoutchouc *m* para || Paraband *o*.

parel: 1. (*paarl*)**:** pearl || perle *v* || Perle *v*; **-essence** (*visschubben*)**:** essence of pearls || essence *v* d'orient *m* (des écailles *vm* de l'ablette *v*) || Perlenessenz *v*; **-gruis:** pearl grains || semence *v* de perles *vm* ||

Lotperlen *v*; **-moer:** *zie* **paarlmoer; -zaad:** *zie* **parelgruis;**
2. (*parelachtig voorwerp*): pearl || perle *v* || Perle *v*; (*chem.*): bead || perle *v* || Perle *v*; **-gort:** pearl-barley || gruau *m* perlé || Perlgraupen *vm*; Perlengerste *v*; **-kooks:** crushed (broken) coke || coke *m* concassé || Brech-, Bruchkoks *m*; **-mica:** perl mica || mica *m* nacré || Perlglimmer *m*; **-spaat:** pearl spar || spath *m* perlé || Perlspat *m*; **-steen:** pearlstone || perlite *v* || Perlit *m*, Perlstein *m*;
3. (*typogr.*): pearl || perle *v* || Perlschrift *v*.

parfum: perfume || parfum *m* || Parfüm *v*; **-erie:** perfumery || parfumerie *v* || Parfümerie *v*.

parisienne (*typogr.*)**:** ruby || parisienne *v*, sedanoise *v* || Parisienneschrift *v*.

park: park || parc *m* || Park *m*.

parkeer|licht: parking light || feu *m* de stationnement *m* || Standlicht *o*; **-plaats:** parking place || [lieu *m* de] stationnement *m* || Parkplatz *m*, -stelle *v*.

parkeren: to park || stationner || parken.

parket|ring: inlaying of floors || parquetage *m* || Parkettierung *v*; **-vloer:** inlaid (parquet) floor[ing] || parquet *m* || Parkett *o* [-fußboden *m*], Stabfußboden *m*.

part: 1. (*takel*): part || passe *v* || Part *m*; **-, halende:** hauling part || courant *m* || holende Part *v*; **-, lopende:** running part || courant *m*, garant *m* || laufender Part *m*; **-, luie:** standing part || dormant *m* || fester (stehender) Part *m*; **-, vaste:** *zie* **part, luie;**
2. (*drijfriem, enz.*): side || brin *m* || Trumm *o*; **-, drijvende:** driving (tight) side || brin *m* conducteur ziehendes Trumm *o*, Zugtrumm *o*; **-, gedreven:** driven (slack) side || brin *m* conduit || unbelasteter Trumm *o*, Leertrumm *o*; **-, vast** (*dood*) (*boorkabel*) (*mijnb.*)**:** dead end || brin *m* mort || totes [Seil]ende *o*.

parterre: 1. (*gebouw*)**:** ground floor || rez-de-chaussée *m* || Erdgeschoß *o*, Parterre *o*; **2.** (*schouwburg*): pit || parterre *m* || Parterre *o*.

Parijs' rood: polishing red || rouge *m* à polir || Polierrot *o*.

pas| maken: to adjust, to fit || ajuster || einpassen; **-slijpen:** to finish by grinding || finir à la meule *v* || fertigschleifen; **- slijpen, op elkander:** to fit together by grinding one on the other || roder l'un sur l'autre || aufeinanderschleifen; **-goot:** *zie* **versteekgoot; -je:** (*typogr.*)**:** enquadrat || demi-cadratin *m* || Halbgeviert *o*; **-pen:** dowel || goujon *m* de centrage *m* || Paßstift *m*; **-slijpen** (*zuiger*)**:** to grind in || roder || einschleifen.

passa|ge: passage || passage *m* || Durchgang *m*; **-giersboot:** passenger boat || bateau *m* à voyageurs *mm* || Personen-, Verkehrsboot *o*; **-giershut:** stateroom || cabine *v* des passagers *mm* || Passagierkammer *v*; **-giersschip:** passenger ship || navire *v* à passagers *mm* || Passagierschiff *o*; **-giersstation:** passenger station || gare *v* à voyageurs *mm* || Personenbahnhof *m*; **-gierstrein:** passenger train || train *m* de voyageurs *mm* || Personenzug *m*; **-giersverkeer:** passenger traffic || trafic *m* des voyageurs *mm* || Personenverkehr *m*.

pas|sant (*riem*)**:** slide || passant *m* || Schieber *m*; **-schoep:** stop blade || aube *v* d'ajustage *m* (de fermeture *v*) || Paßschaufel *v*.

passement: lace || passement *m* || Posament *o*, Borte *v*; **-werk:** lace work[ing], braid || passementerie *v* || Bortenwirkerei *v*, Posamentierarbeit *v*, Posamentierware *v*; **-werker:** lace maker || passementier *m* || Bortenwirker *m*, Posamentier *m*.

pas|sen: to fit || s'adapter à, aller bien || passen; **-sen, in elkander:** to fit together || (s')ajuster ensemble || zusammenpassen; **-sen, op elkander** (*gaten*)**:** to fit (to match) together || (*faire*) coincider || aufeinanderpassen; **-send:** fit[ting] [1]); adapted to [2]); suitable [3]); appropriated [3]) || juste [1]), ajusté [1]); adapté à [2]); approprié à [3]) || passend [1]); geeignet [2]) [3]); **-senteller:** pedometer || compte-pas *m*, pédomètre *m* || Pedometer *o*, *m*, Schrittzähler *m*.

passer: [pair of] [drawing] compass[es] || compas *m* || Zirkel *o*; **-, rechtbenige:** beam compasses || compas *m* à verges *vm* || Stangenzirkel *m*; **-, ronde:** globe callipers || compas *m* d'épaisseur *v* pour billes *vm* || Kugeltaster *m*; **-been:** leg of compasses || jambe *v* de compas *m* || Zirkelbein *o*, -schenkel *m*; **-doos:** set of drawing (case of mathematical) instruments, drawing (mathematical) set || boîte *v* à (pochette *v* de) compas *m* || Reißzeug *o*; **-kop:** handle of compasses || tête *v* du compas *m* || Zirkelkopf *m*; **-punt:** point of compasses || pointe *v* du compas *m* || Zirkelspitze *v*; **-punt, losse:** needle point || pointe *v* sèche du compas *m* || Nadeleinsatz *m*; **-sleutel:** compass key (wrench) || clef *v* de compas *m* || Zirkelschlüssel *m*; **-verlengstuk:** lengthening bar of compasses || rallonge *v* de compas *m* || Zirkelverlängerung [sstange] *v*; **-voet:** foot of compasses || pied *m* de compas *m* || Zirkelfuß *m*.

---

[1]) Passend op, in, enz.
[2]) Ingericht tot, geschikt voor.
[3]) Geschikt.

pas|sief: passive || passif || passiv, untätig; **-siviteit:** passivity || passivité *v* || Passivität *v*.

pas|ta: paste || pâte *v* || Paste *v*, Pasta *v*; **-ta-achtig:** pasty || pâteux || pastenartig; **-teermachine:** pasting machine || machine *v* à tartiner (à empâter) || Pastiermaschine *v*; **-teerplaat:** pasted plate || plaque *v* empâtée || pastierte Platte *v*; **-tei** (*typogr.*): pie || pâte *v* || Zwiebelfische *mm*; **-tei maken:** to squabble || mettre en pâte *v* || quirlen; **-tel:** pastel, pastil || pastel *m* || Pastell *o*; **-telpapier:** pastel paper || papier *m* pumicif || Pastellpapier *o*; **-telstift:** pastel pencil || crayon *m* à pastel *m* || Pastellstift *m*; **-teren:** to paste || tartiner || pastieren; **-tille:** pastil[le] || pastille *v* || Pastille *v*, Plättchen *o*.

patent: *zie* **octrooi; -eren:** *zie* **octrooiëren.**

paternoster|lift: bucket elevator || chargeur *m* à chapelets *mm* (à godets *mm*) || Paternosteraufzug *m*; **-werk:** chain pump (paternoster) work || patenôtre *v*, pompe *v* à chapelet *m* || Paternosterwerk *o*.

patina: patina || patine *v* || Patina *v*.

patroon: 1. (*werkgever*): employer, patron, master || patron *m*, employeur *m* || Meister *m*, Arbeitgeber *m*;
2. (*chef*): principal || principal *m*, chef *m* || Chef *m*, Prinzipal *m*;
3. (*vuurwapen*): cartridge || cartouche *v* || Patrone *v*; **- m. centrale ontsteking** (*randontsteking*): central (*rim*) fire cartridge || cartouche *v* à percussion *v* centrale (*périphérique*) || Patrone *v* mit Zentralzündung *v* (*Randzündung v*); **-, losse:** blank cartridge || cartouche *v* à blanc *m* || Platzpatrone *v*; **-, scherpe:** ball cartridge || cartouche *v* à balle *v* || scharfe Patrone *v*; **-fabriek:** cartridge works || cartoucherie *v* || Patronenfabrik *v*, **-houder** (*geweer, enz.*): charger, strip, clip || chargeur *m*, lame-chargeur *v* || Ladestreifen *m*, Patronenrahmen *m*; **-huls:** cartridge case || étui *m* de cartouche *v* || Patronenhülse *v*; **-kamer:** [cartridge] chamber || chambre *v* || Patronenlager *o*; **-papier:** cartridge paper || papier *m* à cartouches *vm* || Patronenpapier *o*; **-tas:** cartridge pouch (carrier) || cartouchière *v*, giberne *v* || Patronentasche *v*;
4. (*cilindervormige houder, enz.*): cartridge || cartouche *v* || Patrone *v*;
5. *zie* **schietpatroon;**
6. (*model*): model || modèle *m* || Schnittmuster *o*, Modell *o*, Form *v*; **-draaibank:** gauge lath || tour *m* à gabarit *m* || Patronendrehbank *v*; **-papier:** design paper || papier *m* à patron *m* || Patronenpapier *o*; **-tekenaar:** pattern-maker || dessinateur *m* de modèles *mm* (de maquette *v*) || Musterzeichner *m*;
7. (*tekening*): pattern, design || patron *m*, dessin *m* || Muster *o*, Musterung *v*, Patrone *v*; **-, doorlopend:** continuous design || dessin *m* courant || fortlaufendes Muster *o*.

patrijs (*typogr.*): punch || poinçon *m* || Patrize *v*; **-poort** (*scheepst.*): port light || hublot *m* || Seitenfenster *o*.

pattinson|batterij: Pattinson battery || batterie *v* pour le pattinsonage *m* || Pattinson batterie *v*; **-'s proces:** Pattinson's process || pattinsonage *m* || Pattinsonscher Prozeß *m* (Verfahren *o*).

pauze (*i. h. bedrijf*): interval of service || repos *m* de service *m* || Betrieb[s]pause *v*.

paviljoen: 1. (*tent*): marque || pavillon *m* || Pavillon *m*;
2. (*gebouw*): pavilion || Pavillon *m* || Gartenhaus *o*;
3. (*edelsteen*): upperpart of a precious stone || dessus *m* d'une pierre *v* précieuse || Pavillon *m*.

pectine: pectin || pectine *v* || Pektin *o*; **-zuur:** pectic acid || acide *m* pectique || Pektinsäure *v*.

pedaal: pedal, treadle || pédale *v* || Fußtritt *m*; **-kop:** pedal plate || patin *m* de pédale *v* || Pedalplatte *v*; **-kruk:** pedal crank || manivelle *v* de pédale *v* || Tretkurbel *v*; **-plaatje:** pedal ped || plaquette *v* de pédale *v* || Pedalplatte *v*; **-plank:** lever wood || planchette *v* de pédale *v* || Trittholz *o*; **-rubbers:** pedal rubbers || caoutchoucs *mm* pour pédales *vm* || Pedalgummis *om*; **-stang:** pedal rod || tringle *v* de pédale *v* || Pedalstange *v*.

pedometer: *zie* **passenteller.**

peer: *zie* **ballon; -, glazen** (*gloeilamp*): glass bulb || ampoule *v* en verre *m* || Glasbirne *v*; **-glas:** glass globe || verre *v* forme coupole *v* || Kugelglasglocke *v*, Linsenglas *o*; **-schakelaar:** pendant switch || interrupteur *m* forme poire *v* (forme gland *m*) || Birnenschalter *m*; **-vorm:** pear shape || forme *v* de poire *v* || Birnenform *v*.

pegel: *zie* **peil 1.**

peil: 1. (*hoogte-, watermerk*): gauge, [water]-mark || marque *v*, échelle *v* hydrométrique || Pegel *m*, Peil *o*; **- houden, op:** to keep to the mark, to maintain at the same level || maintenir au même niveau *m* || auf dem Niveau *o* (das Niveau *o*) [aufrecht] erhalten; **-, beneden** (*boven*): below (*above*) the mark (level) || au-dessous (*au-dessus*) de la marque *v* (du niveau *m*) || unter (*über*) Pegel *m*;
2. (*vloeistofstand*): level || niveau *m* || Stand *m*, Niveau *o*; **- verhogen** (*verlagen*), **het:** to level up (*to lower the level*) ||

hausser (*abaisser*) le niveau *m* || den Stand *m* (das Niveau *o*) erhöhen (*erniedrigen*); **-glas:** [water]gauge glass || tube *m* (verre *m*) d'indicateur *m* de niveau *m* || Wasserstandglasrohr *o*; **-glasaftapkraan:** try (drain) cock || robinet *m* purgeur (de purge *v*) || Entwässerungshahn *m*; **-glasbeschermer:** water gauge protector || enveloppe *v* protectrice de l'indicateur *m* de niveau *m* || Wasserstandhülse *v*, -schutz *m*; **-glasbeschermer** (*v. glas*)**:** glass tube protector || verre *m* protecteur || Schutzglas *o*; **-glasbeschermer:** (*gewapend glas*)**:** water gauge protector of armoured glass || manchon *m* protecteur (douille *v* protectrice) en verre *m* armé || Drahtglasschutzhülse *v*, -mantel *m*; (*metaal*)**:** metal protector || manchon *m* protecteur (douille *v* protectrice) métallique || Metallschutzhülse *v*; (*gevlochten draad*)**:** wire gauge guard || treillis *m* protecteur || Schutzgewebe *o*; **-glasmontuur:** body of the water gauge || monture *v* d'indicateur *m* de niveau *m* || Wasserstandkörper *m*; **-glaspakking:** packing of the gauge glass || garniture *v* (bourrage *m*) du tube *m* d'indicateur *m* de niveau *m* (du tube *m* de verre *m*) || Glasrohrabdichtung *v*; **-glasproefkraan:** test ([water] gauge) cock || robinet *m* d'indicateur *m* de niveau *m* (de jauge *m*) || Probier-, Wasserstandhahn *m*, Hahn *m* am Wasserstandanzeiger *m*; **-glastoestel:** water gauge, gauge glass || indicateur *m* de niveau *m* (niveau *m* d'eau *v*) à tube *m* de verre *m* || Wasserstandglas *o*, -[glas]-apparat *m*; **-schaal:** watermark post || échelle *v* d'eau *v* || Pegel *m*, Peil *o*; **-stok:** sounding rod || sonde *v*, jauge *v* || Peilstock *m*;
3. (*schip*)**:** *zie* **diepgang; -en:** to sound || sonder || loten, peilen; **-gereedschap:** sounding apparatus || appareil *m* de sondage *m* || Lotungsgeräte *o*; **-ing:** sounding || sondage *m* || Lotung *v*; **-koker** (*scheepst.*)**:** sounding pipe || tuyau *m* de sonde *v* || Peilrohr *o*; **-lood:** plummet, sounding lead || plomb *v* de sonde *m* || Lotblei *o*; *zie ook* **handpeillood;**
4.: **-en** (*o. e. kompas*; *m. radio*; *enz.*)**:** to take bearings || faire des relèvements *mm*, relever || peilen, visieren; **-ing:** bearing || relèvement *m* || Peilung *v*; **-kompas:** variation compass || compas *m* de variation *v* || Peilkompaß *m*; **-machine:** sounding machine || machine *v* à sonder, sondeuse *v* || Lotmaschine *v*; **-ontvanger:** direction-finder, radiogoniometer || radiogoniomètre *m* || Peilempfänger *m*, Funkpeiler *m*; **-toestel:** *zie* **peilontvanger.**

pek: pitch || poix *v* || Pech *o*; **-, hard** (*zacht*)**:** hard (*soft*) pitch || brai *m* sec (dur) (*gras, mou*) || hartes (*weiches*) Pech *o*, Hartpech *o* (*Weichpech o*); **-blende:** pitchblende || pechblende *v*, pechurane *v* || Pechblende *v*, Uranpecherz *o*; **-fakkel:** pitch torch || torche *v* de poix *v* || Pechfackel *v*; **-fascine:** pitched fascine || fascine *v* goudronnée || Pechfaschine *v*; **-ken:** to pitch || poisser || pechen; **-kool:** pitch-(parrot-)coal || houille *v* poisseuse, charbon *m* poisseux || Pechkohle *v*; **-kwast:** pitch mop || guipon *m* à brai *m* || Pechquast *m*; **-lepel:** pitch ladle || cuiller *v* à brai *m* (à poix *v*) || Pechlöffel *m*; **-pan:** pitch pan || chaudière *v* à poix *v* || Pechpfanne *v*; **-pot:** pitch pot || pot *m* à brai *m* || Pechgrapen *m*; **-steen:** retinite, pitch-stone || rétinite *m* || Pechstein *m*, Retinit *m*; **-turf:** bituminous (pitch) peat || tourbe *v* poisseuse || Pechtorf *m*.

pekel: brine, pickle || saumure *v*; || [Salz]sole *v*, Salzbrühe *v*, Pökel *m*; **-en:** to brine, to pickle || saler, mettre dans la saumure *v* || [ein]pökeln; **-vlees:** salted meat || viande *v* salée || Pökelfleisch *o*.

peking (*stof*)**:** pequin || péquin *m* || Pequin *m*.

pel|hennep: dressed hemp || chanvre *m* teillé || Pell-, Schleißhanf *m*; **-len:** to peel, to skin, to husk || peler, décortiquer || schälen, enthülsen; **-molen:** peeling mill || moulin *m* à monder || Graupenmühle *v*.

pels: fur || fourrure *v* || Pelz *m*; **-scheerderij:** hair cutting || coupe *v* de poils *mm* || Pelzscheren *o*; **-werk:** furriery, peltry || pelleterie *v* || Pelzwerk *o*.

peltiereffect: Peltier effect || effet *m* Peltier || Peltiereffekt *m*.

pen: **1.** (*algem.*)**:** peg, pin, plug || cheville *v*, goujon *m*, goupille *v* || Holznagel *m*, Pflock *m*, Stift *m*; **- en gat:** tenon and mortise || tenon *m* et mortaise *v* || Zapfen *m* und Zapfenloch *o*; **- en gatverbinding:** tenon and mortise joint || assemblage *m* à tenon *m* et mortaise *v* || Verzapfung *v*, Zapfenverbindung *v*; **-, tapse:** taper pin || cheville *v* || Anzugstift *m*; **-klinkwerk:** pin riveting || rivetage *m* à l'aide *v* de rivets *mm* sans tête *v* || Stiftnietung *v*;
2. (*schrijfpen*)**:** pen || plume *v* || Feder *v*; **-houder:** penholder || porte-plume *m* || Federhalter *m*; **-nemes:** penknife || canif *m* || Federmesser *o*; **-tekening:** pen drawing || dessin *m* à la plume *v* || Federzeichung *v*.

penant (*bouwk.*)**:** window pier || trumeau *m* || Fensterpfeiler *m*; **-spiegel:** pier glass || trumeau *m* || Pfeilerspiegel *m*.

pendule: pendulum clock || pendule *v* || Pendeluhr *v*.

penning (*controlepenning*)**:** check number ||

jeton *m* (médaille *v*) de contrôle *v* || [Kontroll]marke *v*; **-bord:** mark (checking) table || tableau *m* des jetons *mm* (médailles *vm*) || Markentafel *v*.

penicilline: penicillin || pénicilline *v*; Penizillin *o*.

penseel: pencil || pinceau *m*; brosse *v* || Pinsel *m*; **- v. bunzinghaar:** fitch[et] pencil || pinceau *m* en poils *mm* de putois *m* || Iltispinsel *m*; **-, hard** (*zacht*): stiff (*soft*) brush || pinceau *m* dur (*mou*) || harter (*weicher*) Pinsel *m*.

pensioen: [retiring, retirement] pension; superannuation [allowance] (*ouderdomsp.*) || [pension *v* de] retraite *v* || Pension *v*, Ruhegehalt *o*; **-fonds:** superannuation fund || caisse *v* des retraites *vm* || Pensionskasse *v*.

pentaan: pentane || pentane *m* || Pentan *o*; **-carbonzuur-1 (hexaanzuur;** capronzuur): 1-pentanecarboxylic acid || acide *m* pentanecarboxylique-1 || Pentancarbonsäure-1 *v*; **-lamp:** pentane standard (Vernon Harcourt) lamp || lampe *v* à pentane *m* (de Vernon Harcourt) || Pentanlampe *v*; **-thermometer:** pentane thermometer || thermomètre *m* à pentane *m* || Pentanthermometer *o*, *m*.

penta|decaancarbonzuur-1 (hexadecaanzuur; palmitinezuur): 1-pentadecanecarboxylic acid || acide *m* pentadécanecarboxylique-1 || Pentadecancarbonsäure-1 *v*; **-nol** (n-amylalkohol): pentanol || pentanol *m* || Pentanol *o*.

penter|balk: fish davit || bossoir *m* de traversière *v* || Penterbalken *m*; **-haak:** fishhook || croc *m* de traversière *v* || Penterhaken *m*; **-talie:** fish tackel || traversière *v* || Pentertalje *v*, -takel *o*;

pentode: pentode || pentode *v* || Dreigitterröhre *v*.

pentyl (n-amyl): pentyl || pentyl[e] *m* || Pentyl *o*.

peppelenhout: poplar wood || bois *m* de peuplier *m* || Pappelnholz *o*.

percaal: percale, Indian calico || percale *v* || Perkal *m*.

perceel: 1. (*grond*): plot, part, allotment; lot (*bij aanbest.*) || percelle *v*, lot *m* de terrain *m* || Parzelle *v*; Los *o* (*bij aanbest.*);
2. (*gebouw*): premises || immeuble *m* || Haus *o*;
3. (*lijn in aanleg*): section of the line under construction, allotment || lot *m* d'entreprise *v* || Baulos *o*.

percent: percent || pour-cent *m* || Prozent *o*, vom Hundert *o*; **-age:** percentage || teneur *v* pour-cent *m*, pourcentage *m* || Prozentgehalt *m*, -satz *m*; **-ageproef:** percentage test || épreuve *v* sur tant pour-cent *m* || Prozentualprobe *v*.

percussie: percussion || percussion *v* || Perkussion *v*; **-buis:** percussion tube || tube *m* à percussion *v* || Perkussionsrfhr *o*; **-geweer:** percussion musket || uosil *m* à percussion *v* || Perkussionsgewehr *o*; **-slot:** percussion lock || platine *v* à percussion *v* || Hammer-, Perkussionschloß *o*.

perenhout: pear tree wood || [bois *m* de] poirier *m* || Birnbaumholz *o*.

perfo|rator: perforator, punch || perforateur *m* || Locher *m*, Perforator *m*; **-reerlijn:** perforating rule || filet *m* à perforer || Perforierlinie *v*; **-reermachine:** perforating machine || machine *v* à perforer || Perforiermaschine *v*; **-reren:** to perforate, to punch || perforer || [aus]löchern.

peri|cycloïde: pericycloid || péricycloïde *v* || Perizykloide *v*; **-ferie:** *zie* **omtrek; -geum:** perigee, perigeum || périgée *v* || Erdnähe *v*, Perigäum *o*; **-helium:** perihelium || périhélie *v* || Perihelium *o*.

perio|de: period, cycle || période *v* || Periode *v*; **-de, halve:** half period, alternation || demi-période, alternance *v* || halbe Periode *v*, Wechsel *m*; **-de, kwart:** quarter period || quart *m* de période *v* || Viertelperiode *v*; **-diciteit:** frequency periodicity || périodicité *v*, fréquence *v* || Periodizität *v*; **-diek:** periodic[al](*ly*) || périodique(*ment*) || periodisch.

peri|skoop: periscope || périscope *m* || Periskop *o*; **-style:** peristyle || péristyle *m* || Peristyl *m*.

perkament: parchment || parchemin *m* || Pergament *o*; **-achtig:** parchmentlike || parcheminé || pergamentartig; **-isolatiedraad:** parchment insulated wire || fil *m* isolé au parchemin *m* || Pergamentdraht *m*; **-lijm:** parchment glue || colle *v* au baquet *m* (au parchemin *m*) || Pergamentleim *m*; **-papier:** parchment paper || papier *m* parchemin || Pergamentpapier *m*.

Perm: Permian || Anthracolithique *m* supérieur et moyen || Perm *o*, Dyas *v*.

permanent: permanent(*ly*) || permanent || permanent; **-wit:** permanent white || blanc *m* fixe || Permanentweiß *o*; *zie ook* **bariumsulfaat.**

permea|biliteit: permeability || perméabilité *v* || Permeabilität *v*; **-biliteitskromme:** permeability curve || courbe *v* de perméabilité *v* || Permeabilitätskurve *v*; **-meter:** permeameter || perméamètre *m* || Permeameter *o*, *m*.

permeantie: permeance || perméance *v* || Permeanz *v*.

permisch: permian || permien || permisch.

permittantie: permittance || permittance *v* || Permittanz *v*.

permu|tatie: permutation || permutation *v* || Permutation *v*; **-tator:** *zie* **collectorgelijkrichter; -teren** (*wisk.*): to permute

|| permuter || permutieren; (*elektr.*): to change over [by switching] || permuter || umschalten.

peroxyde: peroxide || [su]peroxyde *m* || [Su]peroxyd *o*.

perron: platform || quai *m* || Bahnsteig *m*, Perron *m*; **- a. d. buitenzijde:** side platform || quai *m* extérieur || Außenbahnsteig *m*; **- in de breedte:** end (transverse) platform || quai *m* de tête *v* (transversal) || Kopf-, Querbahnsteig *m*; **- in de lengte:** longitudinal platform || quai *m* longitudinal || Längsbahnsteig *m*; **- v. aankomst:** arrival platform || quai *m* d'arrivée *v* || Ankunftsbahnsteig *m*; **- v. vertrek:** departure platform || quai *m* de départ *m* || Abfahrtsbahnsteig *m*; **- voor bagage:** luggage platform || quai *m* des bagages *mm* || Gepäckbahnsteig *m*; **- voor passagiers:** passenger platform || quai *m* des voyageurs *mm* || Personenbahnsteig *m*; **-, hoog** (*laag*): high (*low*) platform || quai *m* surélevé (*au niveau m des rails mm*) || hochliegender (*tiefliegender*) Bahnsteig *m*; **-, overdekt:** covered platform || quai *m* couvert || überdachter Bahnsteig *m*; **-afsluiting:** platform barrier || barrière *v* du quai *m* || Bahnsteigsperre *v*; **-dak:** platform roof || toiture *v* du quai *m* || Bahnsteigbedachung *v*; **-kant:** edge of platform || bordure *v* du quai *m* || Bahnsteigkante *v*; **-kap:** railway platform roof || marquise *v* de station *v* || Bahnsteigdach *o*; **-plaveisel:** platform floor covering || pavage *m* (revêtement *m*) du quai *m* || Bahnsteigbelag *m*; **-tunnel:** subway to platform || tunnel *m* d'accès *m* aux quais *mm* || Bahnsteigtunnel *m*.

pers: 1. (*algem.*): press || presse *v* || Presse *v*; **- m. kniehefboom:** press with cranked levers || presse *v* à leviers *mm* coudés || Kniehebelpresse *v*; **-, hydraulische:** hydraulic press || presse *v* hydraulique || hydraulische Presse *v*; **-, koude** (*warme*): cold (*warm, hot*) press || presse *v* froide (*chaude*) || kalte (*warme*) Presse *v*, Kaltpresse *v* (*Warm-*); **-, mechanische:** mechanical press || presse *v* mécanique || mechanische Presse *v*; **-balk:** hydraulic platen || sommier *m* de presse *v* hydraulique || Preßbalken *m* der hydraulischen Presse *v*; **-buis** (*pomp*): *zie* **perspijp**; **-cilinder:** press cylinder, top rollers, pressing roller || cylindre *m* presseur (de pression *v*), pot *m* de presse *v* || Preßzylinder *m*, Druckwalze *v*; **-druk:** pressure || pression *v* || Preßdruck *m*; **-en:** *zie na* **persrevisie**; **-filter:** press[ure] filter || filtre *m* à pression *v* || Preß-, Druckfilter *o, m*; **-ing:** *zie na* **persrevisie**; **-haak:** cramp iron || crampon *m* || Zugeisen *o*; **-hoogte** (*pomp*): pressure head, lift || hauteur *v* d'élévation *v* || Förder-, Druckhöhe *v*; **-klep:** delivery valve (flap), pressure (delivery) clack || soupape *v* (clapet *m*) de refoulement *m* || Druckventil *o*, -klappe *v*; **-leiding:** delivery pipe (piping line) || conduite *v* de refoulement *m* || Druckleitung *v*; **-lucht*:** *zie* **lucht, samengeperste**; **-passing:** tight fit for forcing on || alésage *m* de calage *m* par pression *v* || Preßsitz *m*; **-pomp:** pressure pump || pompe *v* foulante || Druck-, Preßpumpe *v*; **-pijp:** delivery pipe || tuyau *m* de refoulement *m* || Druck-, Preßpumpe *v*; **-pijp:** delivery pipe || tuyau *m* de refoulement *m* || Druckrohr *o*; **-staaf:** press[ing] bar || écrive *v* || Preßstange *v*; **-vleugel** (*spinnerij*): presser flyer || aile *v* comprimeuse d'un banc *m* à broches *vm* || Preßflügel *m*; **-vlieger** (*spinnerij*): presser frame || banc *m* à broches *vm* à bobines *vm* comprimées || Preßflyer *m*; **-vorm voor spoelen:** press block for coils || gabari[t]-presse *v* pour bobines *vm* || Schablonenpresse *v*;

2. *zie* **drukpers**; **-revisie:** press proof || dernière épreuve *v* || Superrevision *v*.

per|sen: 1. (*algem.*): to press || presser || pressen; **- door** (*in; op; tegen; uit*): to press through (*into; on, upon; against; out of*) || presser par (*dans; sur; contre;* [*hors*] *de*) || pressen durch (*in; auf; gegen; aus*); *zie ook* **persen 3, 4; uitpersen; - in vormen:** to press in (*into*) moulds; to mould under pressure || presser dans les moules *vm*; moulage *m* sous pression *v* || in Formen *vm* pressen; Formen *o* unter Druck *m*; **-, koud** (*warm*): to press cold (*warm, hot*) || presser à froid *m* (*chaud m*) || kalt (*warm, heiß*) pressen; **-sing:** pressing; pressure (*druk*) || pression *v* || Pressung *v*; Druck *m* (*druk*);

2. (*samenpersen*): to compress || comprimer || [zusammen]pressen, komprimieren; **-sing:** compression || compression *v* || [Zusammen]pressung *v*, Komprimierung *v*;

3. (*uitpersen, bv. v. vruchten*): to squize, to press || pressurer, exprimer || [aus]-pressen; **-sing:** squeezing, pressing || pressurage *m*, expression *v* || [Aus]-pressung *v*;

4. (*uitpersen door bv. een opening*): to extrude, to force through || exprimer, forcer par, expulser de; refouler (*metaal*) || auspressen; **-sing:** extrusion, extruding || expression *v* || Auspressung *v*, Auspressen *o*;

5. (*stampen*): to stamp || emboutir [à la presse *v*] || pressen; **-sing:** stamping || emboutissage *m* || Pressung *v*, Pressen *o*.

persienne: fan light shutter, venetian blind || persienne *v* || Persienne *v*, Schalterladen *m.*
perso|neel: staff, personnel || personnel *m* || Personal *o*, Angestellten *mm*; **-nenvervoer*:** *zie* **reizigersvervoer.**
perspec|tief: perspective || perspective *v* || Perspektiv[e] *v*; **-, scheve:** oblique perspective || vue *v* accidentelle || Accidentalperspectiv[e] *v*; **-tekening:** perspective drawing || dessin *m* perspectif || perspektivische Zeichnung *v*; **-tivisch:** perspective(*ly*) || perspectif (*en perspective m*) || perspektivisch.
persulfaat: persulfate || persulfate *m* || Persulfat *o.*
Perubalsem: balsam of Peru || baume *m* du Pérou || Perubalsam *m.*
petlamp (*mijnb.*)**:** cap lamp || lampe *v* au chapeau *m* || Kopf-, Mützenlampe *v.*
petrefact: *zie* **verstening.**
petroleum: 1. (*ruwe aardolie*)**:** mineral oil, petroleum, crude [oil], rock oil || huile *v* minérale, pétrole *m* [brut] || Erdöl *o*, Petroleum *o*, Roh[erd]öl *o*, Rohpetroleum *o*; *zie ook onder* **olie;**
2. *zie* **lampolie;**
3. (*verbr.motor, lamp en ander spraakgebruik*): oil, paraffin, kerosene || pétrole *m* || [Erd]öl *o*, Petroleum *o*; *zie ook onder* **olie.**
petroleum|ether: petroleum ether || éther *m* de pétrole *m* || Petroleumäther *m*; **-brander:** kerosene (paraffin) burner || bec *m* (brûleur *m*) à pétrole *m* || Petroleumbrenner *m*; **-bron:** *zie* **oliebron; -carburateur:** kerosene (paraffin) carburettor || carburateur *m* à pétrole *m* || Petroleumvergaser *m*; **-damp:** kerosene (paraffin) vapour || vapeur *m* de pétrole *m* || Petroleumdampf *m*; **-derivaat:** oil derivative || dérivé *m* de pétrole *m* || Petroleumabkömmling *m*, -derivat *o*; **-destillatie:** oil distillation || distillation *v* du pétrole *m* || Petroleumdestillation *v*; **-gloeilicht:** kerosene (paraffin) incandescent light || lumière *v* de pétrole *m* par incandescence *v* || Petroleumglühlicht *o*; **-houdend:** oil bearing, petroliferous || pétrolifère || petroleumhaltig, -führend; **-industrie:** oil industry || industrie *v* du pétrole *m* || Petroleumindustrie *v*; **-injecteur:** kerosene (paraffin) feeder || injecteur *m* à pétrole *m* || Petroleuminjektor *m*; **-inspuiting:** kerosene (paraffin) injecting || injection *v* de pétrole *m* || Petroleumeinspritzung *v*; **-kachel:** kerosene (paraffin, oil) stove || poêle *m* à pétrole *m* || Petroleumofen *m*; **-motor:** kerosene (paraffin) engine || moteur *m* à pétrole *m* || Petroleummotor *m*; **-raffinaderij:** petroleum (oil) refinery || raffinerie *v* de pétrole *m* || Petroleumraffinerie *v*; **-tank:** kerosene (paraffin, oil) tank || réservoir *m* (tank *m*) à pétrole *m* || Petroleumbehälter *m*, -tank *m*; **-verlichting:** kerosene (paraffin, oil) lighting || éclairage *m* au pétrole *m* || Petroleumbeleuchtung *v*; **-verstuiver:** kerosene (paraffin) atomiser (spray) || pulvérisateur *m* de pétrole *m* || Petroleumzerstäuber *m.*
phenol, phenyl, phosphor, photo-, phthaal-, *enz.***:** *zie* **fenol, fenyl, fosfor, foto-, ftaal-,** *enz.*
pianodraad: bracing (piano) wire || corde *v* à piano *m* || Spanndraht *m.*
pick-up: pick-up || pick-up *m* || Tonabnehmer *m.*
picker: *zie* **drijver; -stang:** spindle of the picker || broche *v* du taquet *m* || Treiberspindel *v.*
picoteren: *zie* **vastwiggen.**
piedestal: pedestal || piédestal *m* || Fußgestell *o*, Piedestal *o.*
piekijzer: *zie* **pikijzer.**
pier: jetty, pier || appontement *m*, estacade *v* || Landungssteg *m.*
piëzochemie: piezochemistry || piézochimie *v* || Piezochemie *v*; **-elektriciteit:** piezo-electricity || piézo-électricité *v* || Druck-, Piezoelektrizität *v.*
pigment: colouring matter, pigment || matière *v*, colorante pigment *m* || Pigment *o*, Farbkörper *m.*
pignon: *zie* **rondsel.**
pik: *zie* **pek.**
pikeersel: overlay || découpage *m* || Ausschnitt *m.*
piketpaal: peg || pignet *m*, fiche *v* [pour chaîne *v*] d'arpenteur *m* || Absteckungspfahl *m*, Pflock *m*, Meßkettenstab *m.*
pik|haak (*scheepst.*)**:** *zie* **haak 2; -houweel:** pick [axe] || pic *m*, pioche *v* || Spitzhacke *v*; **-houweel: dubbel:** double pick || pic *m* à deux pointes *vm* || Doppelspitzhacke *v*; **-ijzer:** pig iron || foute *v* crue (brute) || Roheisen *o.*
pikrinezuur (trinitro-2, 4, 6 fenol-1): picric acid, trinitro-2, 4, 6, phenol-1 || acide *m* picrique, trinitro-2, 4, 6 phénol-1 *m* || Pikrinsäure *v*, Trinitro-2, 4, 6 phenol-1 *o.*
pil: pill || pilule *v* || Pille *v.*
pilaar: column, pillar || colonne *v* || Säule *v*; **-consoleblok:** post bearing || palierconsole *m* à colonne *v* || Säulenkonsollager *o.*
pilaster: pilaster || pilastre *m* || Pilaster *m*, Wandpfeiler *m.*
piloot: pilot || pilote *m* || Pilot *m*; **-, automatische:** automatic (robot) pilot || pilote *m* automatique || automatischer Pilot *m.*

pin: *zie* **pen; -duivel** (*spinnerij*): devil, opening machine, willow || diable *m*, loup *m*, machine *v* à ouvrir || Öffner *m*, Teufel *m*, Wolf *m*.

pincet: pincers, tweezers || pincette *v*, brucelles *vm* || Feder-, Kornzange *v*, Pinzette *v*.

pinkzout: pink salt, ammonium stannic chloride || chloride *v* d'étain *m* ammoniacal || Ammoniumzinnchlorid *o*, Pinksalz *o*.

piqué (*stof*): piqué, quilted goods || piqué *m* || Pikee *m*, Piqué *m*.

piqueermachine: punching machine || machine *v* à percer les cartons *mm* || Kartenlochmaschine *v*.

pira|mide: pyramid || pyramide *v* || Pyramide *v*; **-, afgeknotte:** frustrum of a pyramid || pyramide *v* tronquée || abgestumpfte Pyramide *v*, Pyramidenstumpf *m*; **-, driezijdige:** triangular pyramid || pyramide *v* triangulaire || dreiseitige Pyramide *v*; **-antenne:** *zie* **prisma-antenne; -lamp:** conical lamp || lampe *v* forme *v* pyramide || Pyramidenlampe *v*; **-midaal:** pyramidal || pyramidal || pyramidal.

pisébouw: beaten cobwork || construction *v* en pisé *m* (en terre *v* battue) || Lehmstampf-, Pisébau *m*.

pisoliet: pisolithic iron ore || fer *m* pisolithique || Bohnerz *o*, pisolithisches Eisenerz *o*.

pistool: pistol || pistolet *m* || Pistole *v*; **-greep:** pistol handle || manche *v* de pistolet *m* || Pistolenheft *o*; **-holster:** pistol holster || fourreau *m* de pistolet *m* || Pistolenhalfter *v*.

pit: 1. (*appel, peer, druif*): pip || pépin *m*; graine *v* (*meloen*) || Kern *m*, Samen *m*;
2. (*steenvrucht*): kernel, stone || noyau *m* || Kern *m*;
3. (*kern v. pit v. steenvrucht*): seed, kernel || amande *v*, semence *v* || Samen *m*;
4. (*merg*): pith || moelle *v* || Mark *o*; **-riet:** rattan reeds || moelle *v* de rotin *m* || Peddigrohr *o*;
5. (*lamp; kaars*): wick || mèche *v* || Docht *m*;
6. (*gaspit*): gas bracket (burner) || bec *m* [à gaz *m*] || Gasflamme *v*.

pitchpine[hout]: pitch pine || [bois *m* de] pitch-pin *m* || Pitchpineholz *o*.

pittehennep: pita || pitte *v*, aloés-pitte *v* || Pitehanf *m*.

plaat: 1. (*hout, metaal, enz.*) [1]): plate, sheet[ing], slab || plaque *v*, tôle *v*, semelle *v*, plate-bande *v*, table *v*; lame *v* (*dun*) || Platte *v*, Tafel *v*, Blech *o*; **- uitsmeden, een:** to draw out a plate || étirer une tôle *v* à chaud *m* || ein Blech *v* ausschmieden; **-, aan vier zijden opgelegde:** slab resting on four sides || dalle *v* portant par les quatre côtés *mm* || vierseitig aufgelagerte Platte *v*; **-, geëmailleerde:** enamelled plate || plaque *v* émaillée || emaillierte Platte *v*, Emailschild *o*; **-, gegoten:** cast plate (slab) || plaque *v* coulée || gegossene Platte *v*; **-, geleidende:** conductive plate || plaque *v* conductrice || leitende Platte *v*; **-, geperforeerde:** perforated sheet || tôle *v* perforée || perforiertes (gelochtes) Blech *o*; **-, geperste:** pressed plate (slab) || plaque *v* pressée || gepreßte Platte *v*; **-, geribde:** ribbed plate || plaque *v* à nervures *vm* || Rippenplatte *v*; **-, geruite stalen:** *zie* **plaatstaal, geribd; -, gewalste:** rolled plate || tôle *v* laminée || Walzblech *o*; **-, gewelfde:** buckled (embossed) plate || tôle *v* emboutie || Buckelplatte *v*, gewölbte Platte *v*; **-, glazen:** glass plate || plaque *v* de verre *m* || Glasplatte *v*; **-, isolerende:** insulating plate || plaque *v* isolante || isolierende Platte *v*; **-, koperen:** copper sheet (plate) || feuille *v* (tôle *v*) de cuivre *m* || Kupferblech *o*; **-, kurken:** cork sheet || plaque *v* de liège *m* || Korkplatte *v*; **-, magnetische:** magnetic shell || feuillet *m* magnétique || magnetisches Blatt *o*; **-, marmeren:** marble slab || dalle *v* (plaque *v*) de marbre *m* || Marmorplatte *v*, -tafel *v*; **-, metalen:** metal sheet || plaque *v* de métal *v* || Metallplatte *v*; **-, omgeflensde:** flanged plate || tôle *v* à bord *m* rabattu || Bördelblech *o*, umgebördeltes Blech *o*; **-, stalen:** steel sheet || tôle *v* d'acier *m* || Stahlplatte *v*, stählerne Platte *v*; **-, ijzeren:** iron sheet (plate) || tôle *v* de fer *m* || Eisenblech *o*; **-anker:** gusset stay || gousset *m* || Blech-, Plattenanker *m*; **-asfalt:** plate (sheet) asphalt || asphalte *m* en dalles *vm* || Plattenasphalt *m*; **-bedekking:** covering with plates || couverture *v* par plaques *vm* || Plattenabdeckung *v*; **-bekleding:** iron sheathing, plate covering (flooring) || couverture *v* (tablier *m*, tables *vm*) en tôle *v* || Blechbelag *m*; **-blik:** thin plate || feuille *v* de tôle *v* || Feinblech *o*; **-borstel:** plate brush || balai *m* feuilleté || Blätterbürste *v*; **-brug:** plate bridge || pontdalle *m* || Plattenbrücke *v*; **-buffer:** plate buffer || tampon *m* à plaques *vm* || Plattenbuffer *m*; **-buigmachine:** plate bending machine (rolls), machine for bending plates || machine *v* à (pour) cintrer les tôles *vm* || Blechbiege-, Plattenbiegemaschine *v*; **-condensator:** plate condenser || condensateur *m* à plaques *vm* (lames *vm*) || Blätter-, Plattenkondensator *m*; **-deksel:** sheet cover ||

[1]) Zie ook *platen-*.

couvercle *m* en tôle *v* || Blechdeckel *m*; **-elektrode:** plate electrode || électrode *v* à plaque *v* || Plattenelektrode *v*; **-fundament:** sheet iron foundation || fondation *v* en tôle *v* || Blechfundament *o*; **-houder** (*klinkmach.*)**:** plate closer (holder) || serre-tôle *m* || Plattendrücker *m*, -presser *m*; **-kalk:** laminated lime || chaux *v* feuilletée (en plaques *vm*) || Plattenkalk *m*; **-kantenschaafbank:** plate edge planing machine || chaufreineuse *v*, machine *v* à chaufreiner les tôles *vm* || Blechbesaum-, Blechkantenhobelmaschine *v*; **-kapseling:** protective plate lagging || blindage *m* par plaques *vm* || Plattenschutzkapselung *v*; **-klep:** disc valve || soupape *v* à plateau *m* || Tellerventil *o*; **-knipmachine:** plate shearing machine || machine *v* à cisailler la tôle *v* || Blechschermaschine *v*; **-koper:** sheet copper || cuivre *m* en tôles *vm* || Blechkupfer *o*, Kupferblech *o*; **-maat:** sheet gauge || jauge *v* pour les tôles *vm* || Blechlehre *v*; **-mantel:** sheet cover || enveloppe *v* en tôle *v* || Blechmantel *m*; **-messing:** brass plate, sheet brass || laiton *m* en lames *vm* (planches *vm*, tôles *vm*) || Messingblech *o*, Blechmessing *o*; **-mica:** sheet mica || mica *m* en feuilles *vm* || Plattenglimmer *m*; **-nok** (*v. e. accu*)**:** lug of the plate || patte *v* d'attache *v* de plaque *v*, queue *v* de plaque *v* || Plattenfahne *v*; **-ophanging:** suspension of the plate || suspension *v* de la plaque *v* || Plattenaufhängung *v*; **-oppervlak:** plate surface || surface *v* de plaque *v* || Plattenoberfläche *v*; **-oven:** plate heating furnace || four *m* à recuire les tôles *vm* || Blechglühofen *m*; **-ponsmachine:** plate punching machine || poinçonneuse *v*, découpeuse *v* à tôle *v* || Blechstanze *v*; **-raam:** plate frame || châssis *m* en tôle *v* || Blech-, Plattenrahmen *m*; **-reflector:** sheet metal reflector || réflecteur *m* en tôle *v* || Blechreflektor *m*; **-schaar:** plate (hand cutting) shears || cisaille *v* pour ferblantiers *mm* (à main *v* pour tôle *v*) || Metall-, [Hand]blechschere *v*; **-schikking** (*accu*)**:** arrangement of plates || ensemble *m* des plaques *vm* || Plattensystem *o*; **-schuif:** sheet iron slide || registre *m* en tôle *v* || Blechschieber *m*; **-snijmachine:** *zie* **plaatknipmachine; -spant** (*scheepsb.*)**:** web frame || porque *v* || Rahmenspant *o*; **-staal:** sheet steel || tôle de (en) acier *m* || Stahlblech *o*; **-staal, gegolfd:** corrugated sheet steel || tôle *v* ondulée || Wellblech *o*; **-staal, geribd:** chequered (channeled) plate || tôle *v* striée (gaufrée) || Riffelblech *o*; **-steun:** gusset stay || gousset *m* || Blech-, Plattenanker *m*; **-tang:** sheet steel tongs || tenaille *v* pour tôle *v* || Blechzange *v*; **-vlakmachine:** plate straightening machine || machine *v* à dresser les tôles *vm* || Blechrichtmaschine *v*; **-vormig:** laminated, in the shape of a plate, plate-shaped || en forme *v* de plaque *v* || plattenförmig; **-wiel** (*auto*)**:** plate disc wheel || roue *v* en disque *m* en tôle *v* || Blechscheibenrad *o*; **-ijzer, zwart:** *zie* **smidsplaatstaal; -zeef:** punched-plate screen || tamis *m* à tôle *v* perforée || Blechsieb *o*;

2. (*buitenhuid v. e. schip*)**:** shell plate || plaque *v* de bordé *m* || Außenhautplatte *v*;

3. (*radiobuis*)**:** plate, anode || plaque *v* || Anode *v*; **-keten:** *zie* **anodeketen; -kring:** *zie* **anodeketen; -spanning:** anode (plate, *Am.*) voltage || tension *v* de plaque *v* || Anodenspannung *v*; **-spanningplaatstroom-karakteristiek:** plate characteristic || caractéristique *v* de plaque *v* || Anodenstrom-, Anodenspannungs-, Kennlinie *v*; **-stroom:** anode (plate, *Am.*) current || courant *m* de plaque *v* || Anodenstrom *m*;

4. (*typogr.*, *enz.*)**:** plate || planche *v* || Platte *v*; *zie ook* **plaat 5, 6; -drukkerij:** copperplate printing office || imprimerie *v* en taille *v* douce || Kupferdruckerei *v*; **-drukmachine** (*katoenind.*)**:** copperplate printing machine || machine *v* à planche *v* plate || Plattendruckmaschine *v*; **-drukpapier:** plate paper || papier *m* à estampes *vm* || Kupferdruckpapier *o*; **-je:** lamination || lamelle *v* || Platte *v*;

5. *zie* **gravure; -snijden:** *zie* **graveren; -snijder:** *zie* **graveur;**

6. (*afbeelding*)**:** picture; engraving, print || image *v*, planche *v*; estampe *v*, gravure *v* || Bild *o*, Abbildung *v*; Stich *m*; **-je:** *zie* **plaat 6;**

7. (*fotogr.*)**:** plate || plaque *v* || Platte *v*; **-, fotografische:** photographical plate || plaque *v* photographique || photographische Platte *v*; **-, gesluierde:** fogged plate || plaque *v* voilée || geschleierte Platte *v*; **-, gewone** (*langzame*, *luie*; *moment-*; *snelle*; *zeer snelle*)**:** ordinary (*slow*; *medium rapid*; *extra rapid*; *ultra rapid*) plate || plaque *v* ordinaire (*lente*; *rapide*; *extra-rapide*; *ultra-rapide*) || gewöhnliche (*langsame*; *Moment-*; *hochempfindliche*; *höchstempfindliche*) Platte *v*; **-, isochromatische** (*ortho-*; *pan-*)**:** isochromatic (*ortho-*; *pan-*) plate || plaque *v* isochromatique (*ortho-*; *pan-*) || isochromatische (*ortho-*; *pan-*) Platte *v*; **-, (*on*)belichte:** (*un*)exposed plate || plaque *v* (*non-*)exposé || (*un*)belichtete Platte *v*; **-, voor kleur gevoelige:** colour sensitive plate || plaque *v* sensible pour couleur *v* || farbenempfindliche Platte *v*; **-, [voor**

licht] gevoelige: [light] sensitive plate || plaque *v* sensible [à la lumière *v*) || [licht]empfindliche Platte *v*; **-houder:** plate holder || cadre *m* porte-cliché || Plattenhalter *m*.

plaats: 1. (*algem.*): place (*algem.*); spot (*plek*) || lieu *m* (*algem.*); endroit *m* (*plek*) || Ort *m*, Stelle *v* (*plek*); Platz *m*; **- v. d. las:** joint || joint *m*, assemblage *m*, noeud *m* || Stoßstelle *v*; **-, afgesloten:** enclosure || enclos *m* || eingefriedigter Platz *m*; **-bepaling** (*röntgentherapie*): localisation || localisation *v* || Lagebestimmung *v*, Lokalisation *v*; **-bepaling v. e. storing:** localisation of fault || localisation *v* de défaut *m* (dérangement *m*) || Fehlerortbestimmung *v*; **-elijk:** local || local; localisé || örtlich, lokal; stellenweise; **-en:** *zie na* **plaats 2; -gebrek:** want of space || manque *m* (défaut *m*) de place *v* || Platz-, Raummangel *m*, Mangel *m* an Raum *m*; **-ing:** *zie onder* **plaatsen; -ruimte:** space, room || espace *m*, place *v* || Raum *m*;
2. (*org. chem.*): position || position *v* || Stelle *v*, Stellung *v*.

plaatsen: 1. (*algem.*): to place, to put, to dispose, to arrange || placer, mettre, poser || stellen, setzen, anordnen, anbringen; **-ing:** placing, disposal, location, arrangement || placement *m*, pose *v* || Aufstellung *v*, Anordnung *v*;
2. (*mach.*, *enz.*): to erect, to set, to put || monter || aufstellen, montieren; **-ing:** erection; setting (*stoomketel*), arrangement (*klemmen*) || montage *m*; disposition *v* (*stoomketel*; *klemmen*) || Aufstellung *v*, Montierung *v*; Lagerung *v* (*stoomketel*); Anordnung *v* (*klemmen*).

plafond: 1. (*bouwk.*): ceiling || plafond *m* || Decke *v*; **-bepleistering:** ceiling plastering || enduit *m* de plafond *m* || Deckenputz *m*; **-betimmering:** lining of ceiling || garniture *v* (revêtement *m*) de plafond *m* || Deckenbekleidung *v*; **-doorboring:** ceiling duct || traversée *v* de plafond *m* || Deckendurchführung *v*; **-fitting:** ceiling lamp holder || douille *v* de plafond *m* || Deckenfassung *v*; **-lamp:** ceiling lamp || lampe *v* de plafond *m* || Deckenlampe *v*; **-latwerk vóor bepleistering:** lathwork for stucco || plafonnage *m* en stuc *m* || Stukkaturverschalung *v*; **-licht** (*auto*): top light || plafonnier *m* || Deckenlampe *v*; **-nagel:** nail for reed || clou *m* à roseau *m* || Rohrnagel *m*; **-reflector:** ceiling reflector || réflecteur *m* de plafond *m* || Deckenreflektor *m*; **-rozet:** ceiling rose || rosace *v* de plafond *m* || Deckenrosette *v*; **-schildering:** ceiling picture || tableau *m* de plafond *m* || Deckengemälde *o*; **-snoer:** ceiling cord || pendatif *m* en cordon *m* || Deckenschnurpendel *o*; **-spiraal** (*v. e. gloeilamp*): ceiling spiral || spirale *v* de plafond *m* || Deckenspirale *v*; **-ventilator:** ceiling fan || ventilateur *m* au plafond *m* || Deckenventilator *m*; **-verlichting:** ceiling illumination || éclairage *m* de plafond *m* || Deckenbeleuchtung *v*;
2. (*luchtv.*): ceiling || plafond *m* || Gipfelhöhe *v*.

plafonnier: ceiling-light (fitting); roof-light (lamp) (*auto*) || plafonnier *m* || Deckenbeleuchtungskörper *m*; Deckenlampe *v*.

plag[ge]: sod [of turf] || motte *v* (plaque *v*) de gazon *m* (*gras*); motte *v* de bruyère *v* (*heide*) || Plagge *v*, Rasen *m*, Scholle *v*, Sode *v*; **-gen steken:** to dig turf || lever des mottes *vm* || Schollen *vm* stechen; **-gensteker:** turf cutter || coupe-gazon *m* [1]) || Schollen-, Rasenstecher *m*.

plagioniet: plagionite || plagionite *v* || Plagionit *m*.

plak|bord (*metselaar, enz.*): float || aplanissoire *v* || Reibebrett *o*; **-bout** (*fotogr.*): iron || fer *m* || Klebeisen *o*; **-kaat:** placard, poster || affiche *v*, placard *m* || Anschlagzettel *m*, Plakat *o*; **-kaatformaat** (*boekdr.*): long placard form || format *m* de placard *m* || Langpatent *o*, Plakatformat *o*.

plak|ken: 1. (*doen kleven*): to paste, to stick on, to glue || coller, adhérer || [an-, auf-]kleben;
2. (*kleven*): to stick, to be sticky || coller || kleben; **-middel:** adhesive, glue || matière *v* collante, agglutinant *m* || Klebe-, Bindemittel *o*; **-strook:** sticking strip || ruban *m* à coller || Klebestreifen *m*; **-werk** (*v. dijken*): rammed earthwork || placage *m* || Plackarbeit *v*; **-zode:** facing sod || gazon *m* plaqué || Deckrasen *m*.

pla|muur: 1. (*plamuursel*): filling up, putty || mastic *m* à spatule *v*, filling up *m* || Spachtelkitt *m*, -masse *v*; **-muren:** to coat (to prime) with (to apply) filling up (putty) || appliquer du (enduire de) mastic *m* à spatule *v* (filling up *m*) || spachteln;
2. (*verf*): filling up || couleur *v* à spatule *v*, filling up *m* || Spachtelfarbe *v*, -grund *m*; Schleiflack *m*; -grundfarbe *v*; Einschleifpaste *v*; Waschkitt *m*; **-muren:** to coat (to prime) with (to apply) filling up || appliquer de la couleur *v* à spatule *v* (du filling up *m*) || grundieren;
3. (*schilderij*): priming, ground[-colour], undercoating, first coat of paint || apprêt *m* || Grundfarbe *v*; **-muren:** to ground, to prime || apprêter || grundieren.

plan: plan, sketch || plan *m*, tracé *m* || Plan *m*, Riß *m*.

---

[1]) *Mrv.*: coupe-gazons *mm*.

plan|concaaf: plano-concave || plan-concave || plankonkav; **-convex:** plano-convex || plan-convexe || plankonvex.

planeer|hamer: *zie* **vlakhamer** *onder* **vlak 6; -ijzer:** turning chisel || plane *v* || Drehmeißel *m*.

planeren: 1. (*metaalbew.*): to flatten, to planish || aplanir, planer || ausbeulen, planieren, schlichten;
2. (*papier*): to size || encoller || leimen, planieren.

planeet: planet || planète *v* || Planet *m*; **-as** (*slijpmach.*): spindle with eccentric (with plane) motion || broche *v* à mouvement *m* planétaire (excentrique) || Planetenspindel *v*; **-wiel:** planet pinion || roue *v* satellite || Umlauf-, Planetenrad *o*; **-wielendrijving:** planet gear || harnais *m* d'engrenages *mm* planétaires || Planeten[rad]getriebe *o*, Umlaufräder *om*.

planetenstelsel: planetary system || système *m* planétaire || Planetensystem *o*.

plani|globe: planisphere || planisphère *m* || Planiglob *o*; **-meter:** planimeter || planimètre *m* || Planimeter *o*, *m*; **-metrie:** planimetry || planimétrie *v* || Planimetrie *v*.

plank: 1. (*algem.*): board, deal || planche *v* || Brett *o*, Diele *v*; **-, geschaafde:** planed board || planche *v* rabotée || gehobeltes Brett *o*; **-, halve:** half chess || demi-madrier *m* || Halbbrett *o*, -diele *v*; **-kram:** board clamp || agrafe *v* pour plancher *m* || Dielhalter *m*;
2. (*iets dikker*): plank || planche *v* épaisse || Planke *v*;
3. (*zwaar*): thick plank, timber || madrier *m* || Bohle *v*;
4. (*m. groef en messing*): grooved plank || madrier *m* bouveté || Spundbohle *v*;
5. (*cement*): cement slab || planche *v* en ciment *m* || Zementdiele *v*;
6. (*schot- of schoeiwerk*): match boarding || planche *v* pour assemblage *m* (pour cloison *v*, pour coffrage *m*) || Verschalungsbrett *o*.

planken|bedekking: plank covering || revêtement *m* en madriers *mm* || Bohlenbelag *m*; **-goot:** wooden culvert || caniveau *m* en planches *vm* || Holzrinne *v*; **-laag:** layer of boards, boarding || garniture *v* de planches *vm*, voligeage *m* || Bretterlage *v*; **-magazijn:** timber store || dépôt *m* (magasin *m*) de planches *vm* || Bretterlager *o*; **-schutting:** boarded fence || clôture *v* en planches *vm* || Bretterzaun *m*; **-stapel:** stack of boards || tas *m* de planches *vm* || Bretterstoß *m*; **-vloer:** boarded floor || plancher *m* || Bretterfußboden *m*; **-zager:** pit sawyer || scieur *m* de long *m* || Brettschneider *m*.

plankier: platform, staging || plancher *m* || Plattform *v*, Bühne *v*.

plant: plant, herb || plante *v* || Pflanze *v*; **-aardig:** vegetable || végétal || pflanzlich, Pflanzen-; **-en:** to plant || planter || pflanzen.

planten|gift: vegetable poison || poison *m* végétal || Pflanzengift *o*; **-groei:** vegetation || végétation *v* || Vegetation *v*, Pflanzenwuchs *m*; **-kool:** vegetable coal || charbon *m* végétal || Pflanzenkohle *v*; **-lijm:** vegetable glue || colle *v* végétale || Pflanzenleim *m*; **-olie:** vegetable oil || huile *v* végétale || Pflanzenöl *o*; **-vet:** vegetable fat || graisse *v* végétale || Pflanzenfett *o*; **-was:** vegetable wax || cire *v* végétale || Pflanzentalg *m*, -wachs *o*; **-zuur:** vegetable acid || acide *m* végétal || Pflanzensäure *v*; **-zijde:** vegetable silk || soie *v* végétale || Pflanzenseide *v*.

plastic: *zie* **kunsthars; kunststof.**

plasticiteit: plasticity || plasticité *v* || Plastizität *v*, Bildsamkeit *v*.

plastiek: 1. (*kunst*): plastics, plastic art || plastique *v* || Plastik *v*;
2. *zie* **kunsthars; kunststof.**

plas|ti[fi]ceermiddel: *zie* **weekmaker; -ti[fi]ceren:** to plastify || plastifier || plastifizieren; **-tisch:** plastic || plastique || plastisch; **-tisch worden:** to become (to grow) plastic, to plastify || se plastifier, devenir plastique || plastisch werden; **-tisol:** plastisol || plastisol *m* || Plastisol *o*; **-tomeer:** plastomer || plastomère *m* || Plastomer *o*.

plat: 1. (*aambeeld*): anvil plate, face of the anvil || face *v* de l'enclume *v* || Amboßbahn *v*;
2. (*sabel*): flat of the sword blade || plat *m* de la lame *v* de sabre *m* || Fläche *v* der Säbelklinge *v*;
3. (*bijv. nw.*): flat, level, plain || plat, plan, aplati || flach, platt, Flach-; **- gewikkeld:** flat wound || bobiné (enroulé) à plat *m* || flachgewickelt; **-bol:** *zie* **planconvex; -boomd:** flat bottomed || à fond *m* plat || flachbodig; **-hol:** *zie* **planconcaaf; -kopnagel:** scupper nail || clou *m* à maugère *v* || Plattkopf *m*; **-kopreel:** flat headed rail || rail *m* à champignon *m* plat || Flachkopfschiene *v*; **-kopspijker:** scupper (flat headed) nail || clou *m* à maugère *v* (à tête *v* plate) || Plattkopfnagel *m*.

plataan: plane tree, platan || platane *m* || Platane *v*.

plateel: stoneware || faïence *v* || Steingut *o*; **-fabriek:** stoneware manufactory || fabrique *v* de faience *v* || Steingutfabrik *v*.

platen|koppeling: *zie* **lamellenkoppeling;** *zie ook* **plaat-; -mal:** plate (flat) former ||

gabari[t] *m* à plaques *vm* || Plattenschablone *v*.

platform: platform, stage || plate-forme *v* || Plattform *v*, Podium *o*, Endbühne *v*; **- voor de bediening:** service gallery (platform) || plate-forme *v* (passerelle *v*) de service *m* || Bedienungsbühne *v*; **-, verschuifbaar:** movable platform || plate-forme *v* mobile || verschiebbarer Bahnsteig *m*.

platienroede: plate guard, sinker bar || barre *v* à platines *vm* || Platinenbarre *v*.

platina: platinum || platine *m* || Platin *o*; **-bad:** platinum bath || bain *m* de platinage *m* || Platinbad *o*; **-blik:** platinum sheet || platine *m* laminé || Platinblech *o*; **-chloorwaterstofzuur:** chloroplatinic acid || acide *m* chloroplatinique || Platinchlorwasserstoffsäure *v*; **-chloride:** *zie* **platinichloride; -chloruur:** *zie* **platinochloride; -cyanuur:** *zie* **platinocyanide; -dichloride:** *zie* **platinochloride; -dioxyde:** *zie* **platinioxyde; -disulfide:** *zie* **platinisulfide; -draad:** platinum wire || fil *m* de platine *m* || Platindraht *m*; **-draadweefsel:** platina wire tissue || gaze *v* en platine *m* || Platindrahtgewebe *o*; **-elektrode:** platinum electrode || électrode *v* en platine *m* || Platinelektrode *v*; **-erts:** platinum ore || minérai *m* platinifère || Platinerz *o*; **-gaas:** platinum gauze || gaze *v* en platine *m* || Platindrahtgewebe *o*, -netz *o*; **-hydroxyde:** *zie* **platini-** *of* **platinohydroxyde; -kroes:** platinum crucible || creuset *m* de platine *m* || Platintiegel *m*; **-legering:** platinum alloy || alliage *m* de platine *m* || Platinlegierung *v*; **-monoxyde:** *zie* **platinooxyde; -platina-rhodium-thermoëlement:** platinum platinum-rhodium thermoelectric couple || élément *m* thermoélectrique de platine-platine rhodié || Platin-Platinrhodiumthermoelement *o*; **-schaal:** platinum basin (dish) || capsule *v* en platine *m* || Platinschale *v*; **-spiraal:** platinum coil || spirale *v* en platine *m* || Platinspirale *v*; **-spons:** spongy platinum || éponge *v* (mousse *v*) de platine *m* || Platinschwamm *m*; **-sulfide:** *zie* **platinisulfide; -sulfuur:** *zie* **platinosulfide; -tetrachloride:** *zie* **platinichloride; -zout:** platinum salt || sel *m* de platine *m* || Platinsalz *o*; **-zwart:** platinum black || noir *m* en platine *m* || Platinschwarz *o*, -mohr *m*.

plati|ne (*weverij*): lifting (upright) wire || crochet *m* de lève *m*, platine *v* [Hebel]-haken *m*, Platine *v*, Schwinge *v*; **-nenbodem:** bottom board || planche *v* à crochets *mm* (de support *m* des platines *vm*) || Bodenbrett *o*, Platinenboden *m*; **-neren:** to platinise || platiner || platinieren; **-nering:** platining || platinage *m* || Platinierung *v*.

platini|chloride: platinic chloride, platinum tetrachloride || chlorure *m* platinique, tétrachlorure *m* de platine *m* || Platinichlorid *o*, Platinchlorid *o*; **-hydroxyde:** platinic hydroxide || hydrate *m* platinique || Platinihydroxyd *o*; **-oxyde:** platinic oxide, platinum dioxide || oxyde *m* platinique, bioxyde *m* de platine *m* || Platindioxyd *o*, Platinioxyd *o*; **-sulfide:** platinic sulfide, platinum disulfide || sulfure *m* platinique, bisulfure *m* de platine *m* || Platinisulfid *o*, Platinsulfid *o*; **-zout:** platinic salt || sel *m* platinique || Platinisalz *o*.

platino|chloride: platinous chloride, platinum dichloride || chlorure *m* platineux, dichlorure *m* de platine *m* || Platinochlorid *o*, Platinchlorür *o*; **-cyanide:** platinous cyanide || cyanure *m* platineux || Platinocyanid *o*, Platincyanür *o*; **-hydroxyde:** platinous hydroxide || hydrate *m* platineux || Platinohydroxyd *o*; **-oxyde:** platinous oxide, platinum monoxide || oxyde *m* platineux, monoxyde *m* de platine *m* || Platinmonoxyd *o*, Platinooxyd *o*; **-sulfuur:** platinous sulfide, platinum monosulfide || sulfure *m* platineux, protosulfure *m* de platine *m* || Platinosulfid *o*, Platinsulfür *o*; **-zout:** platinous salt || sel *m* platineux || Platinosalz *o*.

platteerwerk: plated goods || plaqués *mm* || plattierte Waren *vm*.

plattegrond: ground plane || plan *m* || Grundriß *m*.

platteren: to plate || plaquer || plattieren.

platting: sennit || tresse *v* || Platting *m*.

plavei|blok: paving beetle || dame *v*, demoiselle *v* || Pflasterramme *v*; **-en:** to pave || paver || pflastern; **-er:** paver || paveur *m* || Pflasterer *m*.

plaveisel: **1.** (*algem.*): pavement, paving || pavé *m* || Pflaster *o*; **- wegnemen:** to unpave, to take up the pavement || dépaver || entpflastern;
2. (*hout*): wood pavement || pavage *m* (pavé *m*) en bois *m* || Holzpflaster *o*; **3.** (*houten blokken*): block pavement || pavement *m* en bois *m* || Klotzpflaster *o*.

plavei|steen: paving stone || pavé *m*, pierre *v* à paver (de pavage *m*) || Pflasterstein *m*; **-werk:** pavement work || travail *m* de pavage *m* || Pflasterarbeit *v*.

plavuis: earthenware slab || carreau *m* d'argile *m* || Fliese *v*, Tonplatte *v*.

plecht: cuddy || tille *v* || Pflicht *v*; **-anker:** sheet anchor || grande (maîtresse-) ancre *v* || Pflichtanker *m*; **-ankerkabel:** sheet anchor cable || grand (maître-) câble *m* || Pflichtankertau *o.*

pleister: plaster || plâtre *m* || gebrannter Gips *m*; **-bedekking:** plaster finish || revêtement *m* en plâtre *m* || Gipsestrich *m*; **-en:** to plaster || enduire || [ab]putzen; **-kalk:** plaster, lime, stucco || chaux *v* d'enduit *m* || Putzkalk *m*; **-laag:** coat (skin) of plastering || couche *v* d'enduit *m* || Lage *v* des Bewurfs *m*; **-mortel:** stuff || mortier *m* d'enduit *m* || Putzmörtel *m*; **-werk:** plasterwork || ouvrage *m* de plâtre *m* || Gipswaren *v*; **-werk** (*stucadoor*): plastering || enduit *m* || Putz *m.*

Pleistoceen: Pleistocene, Glacial || Pleistocène *m* || Diluvium *o.*

pleizier|boot: excursion (pleasure) boat || bateau *m* (canot *m*) de plaisance *v* || Vergnügungsboot *o*; **-jacht:** pleasure yacht (craft) || yacht *m* de plaisance *v* || Vergnügungsjacht *v*; **-trein:** excursion train || train *m* de plaisir *m* || Vergnügungszug *m.*

plekspaan: rubbing board, mason's float || planchette *v* à régaler, aplanissoire *v* || Reibbrett *o*, -schiebe *v.*

plet|baar: capable of being rolled || laminable || wälzbar; **-bord:** pressing (board paper) card || carton *m* pour apprêt *m* des draps *mm* || Glanzpappe *v*, [Tuch]preßspan *m*; **-hamer:** planishing (smoothing, breaking, flat) hammer || marteau *m* à planer (à broyer, à dégrossir, plat) || Schlicht-, Boß-, Streckhammer *m*; **-machine:** flattening mill || laminoir *m* || Plättmaschine *v*, -werk *o*; **-rol:** laminating roller, crushing cylinder || cylindre *m* de laminoir *m* (broyeur) || Wälzzylinder *m*, Quetschwalze *v*; **-ten:** to laminate, to roll || laminer || plätten, wälzen; **-werk** (*m. voor- en achterwaartse beweging*): reversing rolling mill || laminoir *m* reversible || Reversierwalzwerk *o*; **-werk, dubbel:** duo mill (rollers) || laminoir *m* (train *m*) duc || Duowalzwerk *o*, Zwillingwalzwerk *o.*

plint: plinth || plinthe *v* || Plinthe *v.*

Plioceen: Pliocene || Pliocène *m* || Pliozän *o.*

plio|dynatron: pliodynatron || pliodynatron *m* || Pliodynatron *o*; **-tron:** pliotron || pliotron *m* || Pliotron *m.*

Plistoceen: *zie* **Pleistoceen.**

ploeg: **1.** (*werktg.*): plough || charrue *v* || Pflug *m*; **-, dubbele:** double furrow plough || charrue *v* à bissac *m* || Doppelfurchenpflug *m*; **-en:** to plough || labourer || pflügen; **-mes:** colter, coulter || coutre *m* || Pflugmesser *o*; **-neus:** beak of a ploughshare || nez *m* de charrue *v* || Pflugnase *v*; **-schaar:** ploughshare || soc *m* de charrue *v* || Pflugschar *v*; **-staart:** ploughhandle || manche *v* de charrue *v* || Pfluggriff *m*;

2. (*plankverbinding*): groove and tongue || bouvette *v*, rainure *v* et languette *v* || Spund *m*; **-en:** to groove and tongue || bouveter, rainurer et languetter || mit Nut *v* und Feder *v* versehen, spunden; **-schaaf:** tonguing and grooving plane || bouvet *m* à rainures *vm*, rabot *m* à rainures *vm* || Nuthobel *m*; **-schaafbeitel:** tonguing iron || fer *m* à bouveter || Spundeisen *o*, -messer *o*; **-verbinding:** grooving and tonguing || assemblage *m* de rainure *v* et languette *v*, bouvetage *m* || Spundung *v.*

plom|beerloodje: seal of lead || [cachet *m* de] plomb *m* || Plombe *v*; **-beertang:** sealing pliers || pince *v* à plomber || Plombierzange *v*; **-beren:** to seal with lead || plomber || plombieren.

plooi: **1.** (*algem.*): fold, plait, pleat, crease, wrinkle || pli *m* || Falte *v*; **-baar:** flexible, pliable, pliant || pliable, pliant, souple || biegsam, geschmeidig; **-baarheid:** flexibility, pliability, pliancy || pliabilité *v*, souplesse *v* || Biegsamkeit *v*, Geschmeidigkeit *v*;

2. (*terrein*): fold, slip || pli[ssement] *m* || Falte *v*, Biegung *v*; **-dal:** trough, downfold, syncline || auge *v*, pli *m* synclinal, synclinale *v* || Mulde *v*, Synklin[al]e *v*, Synklinalfalte *v*; **-ing:** *zie* **plooi 2**; **-rug:** saddle, upfold, anticline || selle *v*, pli *m* anticlinal || Sattel *m*, Antiklin[al]e *v*, Antiklinalfalte *v.*

plooi|en: to fold, to crease, to plait, to pleat || plier, plisser || falten, fälteln; **-er:** folder || plieur *m* || Falter *m*; **-machine:** lapping (folding) machine || machine *v* à plier || Breitenfaltmaschine *v*; **-ijzer:** bending iron || godron *m* || Falteisen *o*; **2.** (*typogr.*): to wrinkle || plisser || Falten *vm* schlagen.

pluche: plush || peluche *v* || Plüsch *m*; **-, wollen:** worsted shag || peluche *v* de laine *v* || Wollplüsch *m*, wollener Plüsch *m.*

plug: **1.** (*prop*): plug || tampon *m* || Pfropfen *m*;

2. (*kraan*): plug of a cock || noix *v* de robinet *m* || Hahnkegel *m*, -küchen *o*; **-huis:** *zie* **kraanhuis** *onder* **kraan 2;**

3. *zie* **muurplug.**

pluimontlading: brush discharge || décharge *v* en aigrette *v* || Büschelentladung *v.*

pluis: plush || panne *v*, peluche *v* || Plüsch *m*, Pelzsammet *m.*

pluizen (*wol*): to pick || [é]pluser, trier || plüsen, verlesen, zupfen.

plukken (*typogr.*): to pick up || arracher || rupfen.

plukwol: out shot wool || abat-chauvée *v*,

pelades *vm*, laine *v* de peaux *vm* || Ausschußwolle *v*.

plunger: *zie* **plunjer.**

plunjer: plunger [piston] || [piston] plongeur *m* || Mönchskolben *m*, Plungerkolben *m*, Tauchkolben *m*; *zie ook* **zuiger; -pomp:** plunger pump || pompe *v* à piston *m* plongeur || Plungerpumpe *v*.

plus-elektrode: positive electrode (plate) || électrode *v* positive || Plus-elektrode *v*, positive Elektrode *v*; *zie ook* **anode.**

plutonium: plutonium || plutonium *m* || Plutonium *o*.

pneumatisch: pneumatic || pneumatique, à air *m* comprimé || pneumatisch, Druckluft-, Preßluft-; **-moconiose:** *zie* **stoflong.**

podometer: measuring wheel || podomètre *m* || Meßrad *o*.

poeder: powder || poudre *v* || Pulver *o*; **-en:** to powder || saupoudrer || bepudern.

poederkool: pulverized (dust) coal || charbon *m* pulvérisé || Staubkohle *v*; **-stoken:** pulverized coal firing || chauffage *m* à charbon *m* pulvérisé || Kohlenstaubfeuerung *v*; **-stookinrichting:** pulverized coal furnace || [installation *v* de] foyer *m* à charbon *m* pulvérisé || Kohlenstaubfeuerung[sanlage] *v*; **-vuurhaard:** pulverized coal furnace || foyer *m* à charbon *m* pulvérisé || Kohlenstaubfeuerung *v*.

poeder|suiker: powdered (castor) sugar || sucre *m* en poudre *v* || Puder-, Farinzucker *m*; **-vorm, in:** in powder || en poudre *v*, sous forme *v* de poudre *v* || in Pulverform *v*; **-vormig:** powdery, powdered, pulverized || en poudre *v*, pulvérulent || pulverförmig.

poelie*: *zie* **riemschijf.**

poets|crème: polishing paste || crème *v* pour nettoyer || Putzcreme *v*, -krem *m*, -pasta *v*; **-doek:** oil pad (waste) || mouton *m* (tampon *m*) de graissage *m* || Schmierkissen *o*, -polster *m*, -wolle *v*; **-en** (*metaal*): to clean || nettoyer || putzen, reinigen; **-en** (*v. schoenen*): to black || cirer || wichsen; **-katoen:** cotton (cleaning) waste || laine *v* de nettoyage *m*, coton *m* (chiffon *m*) à nettoyer, bourre *v* de coton *m* || Putzwolle *v*; **-lap:** cleaning cloth, sweat rag || chiffon *m* de nettoyage *m* || Putzlappen *m*; **-lokaal:** cleaning shop || local *m* pour le nettoyage *m* || Putzhaus *o*; **-machine** (*spinnerij*): blowing (scutching) machine, blower || batteur *m*, éplucheur *m* || Putzmaschine *v*; **-machine voor gietwerk:** casting cleaning machine || machine *v* pour le nettoyage *m* des fontes *vm* || Gußputzmaschine *v*; **-machine m. zandstraal:** sand blast machine || machine *v* à jet *m* de sable *m* || Sandstrahlputzmaschine *v*; **-middel:** cleaning material || agent *m* (matière *v*) de nettoyage *m* || Putzmaterial *o*; **-stok:** buff (emery) stick || buffle *m*, polissoir *m* || Putzholz *o*; **-trommel:** cleaning drum (cage), tumbling barrel, rumbler || tambour *m* (tonneau *m*, cage *v*) à nettoyer les fontes *vm* || Putztrommel *v*, Scheuerfaß *o*.

pohlmannstaal: *zie* **kraalijzer.**

pointeer-: *zie* **punteer-.**

pokhout: *zie* **Guakhout; -, Braziliaans:** jacaranda (Brazilian rose) wood || jacaranda *m*, palissandre *m* || Palisander-, Jakarandaholz *o*, brasilianisches Pockholz *o*.

polafilter (*fotogr.*): *zie* **polazeef; -zeef:** polascreen || polariseur *m* || Polafilter *o, m*.

polair: polar || polaire || polar.

polari|meter: polarimeter || polarimètre *m* || Polarimeter *o, m*; **-metrie:** polarimetry || polarimétrie *v* || Polarimetrie *v*.

polarisatie (*licht*; *elektr.*): polarisation || polarisation *v* || Polarisierung *v*, Polarisation *v*; **-, diëlektrische:** dielectric polarisation || polarisation *v* diélectrique || dielektrische Polarisation *v*; **-, volledige:** perfect polarisation || polarisation *v* parfaite || vollkommene Polarisation *v*.

polarisatie|batterij: polarisation battery || batterie *v* de polarisation *v* || Polarisationsbatterie *v*; **-element:** polarisation cell || élément *m* polarisable || Polarisationselement *o*; **-hoek:** angle of polarisation || angle *m* de polarisation *v* || Polarisierungswinkel *m*; **-mikroskoop:** polarization (polarizing) microscope || microscope *m* polarisant || Polarisationsmikroskop *o*; **-spanning:** electromotive force of polarisation || force *v* électromotrice de polarisation *v* || Polarisationsspannung *v*; **-toestel:** instrument of polarisation || instrument *m* de polarisation *m* || Polarisationsinstrument *o*; **-vermogen:** polarisation capacity || capacité *v* de polarisation *v* || Polarisationskapazität *v*; **-verschijnsel:** phenomenon of polarisation || phénomène *m* de polarisation *v* || Polarisationserscheinung *v*; **-vlak:** plane of polarisation || plan *m* de polarisation *v* || Polarisationsebene *v*.

polari|sator: polarizer || polariseur *m* || Polarisator *m*; **-seerbaar:** polarisable || polarisable || polarisierbar; **-seren:** to polarise || polariser || polarisieren; **-serend:** polarising || polaris[at]eur *m*, polarisant || polarisierend; **-teit:** polarity || polarité *v* || Polarität *v*; **-teit omkeren:** *zie* **ompolen.**

polaro|gram: polarogram || polarogramme *m* || Polarogramm *o*; **-graaf:** polarograph || polarographe *m* || Polarograph *m*.

polder: diked country, polder || polder *m* || Polder *m*; **-gemaal:** draining machine ||

machine *v* à dessécher || Poldermühle *v*, Trockenlegungsmaschine *v*.

poleer-: *zie* **polijst-.**

polen | der aarde, magnetische: terrestial magnetic poles || pôles *mm* magnétiques terrestres || magnetische Pole *mm* der Erde *v*; **- opwekken:** to excite (to produce) poles || créer des pôles *mm* || Pole *mm* erzeugen; **-, m. gescheiden:** with seperate poles || à pôles *mm* séparés || mit getrennten Polen *mm*; **-, ongelijknamige:** opposite (unlike) poles || pôles *mm* de nom *m* contraire || ungleichnamige Pole *mm*; **-paar:** pair of poles || paire *v* de pôles *mm* || Polpaar *o*; **-tal:** number of poles || nombre *m* de[s] pôles *mm* || Polzahl *v*.

polis: policy || police *v* || Police *v*, Versicherungsschein *m*.

poli|toer: [liquid] polish || liquide *m* à polir, poli *m* [au brunissoir *m*], bruni *m*, brunissure *v* || Politur[flüssigkeit] *v*; **-toeren:** to polish; polishing || polir; polissage *m* || polieren; Polieren *o*.

polonium: polonium, radium F || polonium *m*, radium F *m* || Polonium *o*, Radium F *o*.

polshorloge: wrist watch || montre-bracelet *v* || Armbanduhr *v*.

polijst|baar: polishable || polissable || polierfähig; **-boor:** finishing bit || alésoir *m* || Schlichtbohrer *m*; **-borstel:** burnishing (polishing) brush || brosse *v* à polir || Glätt-, Nachbürste *v*; **-en:** to polish, to burnish, to buff || polir, brunir || polieren, glanzschleifen; **-en m. amaril:** to polish with emery || polir avec de l'émeri *m* || schmirgeln; **-grond:** gilding size || assiette *v* || Poliment *o*; **-hamer:** polishing hammer || marteau *m* à polir || Glanz-, Polierhammer *m*; **-hout:** felted polisher, polishing stick || lustroir *m* || Polierholz *o*; **-ing:** burnishing, polishing || brunissage *m*, polissage *m*, polissure *v* || Glanzschleifen *o*, Polieren *o*; **-kolf, glazen:** sleeking glass || lissoir *m* de verre *v* || Glättglas *o*; **-kussen:** polishing cup || polissoir *m* en forme *v* de coupe *v* || Polierballen *m*; **-leder:** buff leather || cuir *m* à polir || Polierleder *o*; **-machine:** polishing (smoothing, finishing, planing) machine || machine *v* à polir (à planer), polisseuse *v*, planeuse *v* || Polier-, Schlichtmaschine *v*; **-plaat:** polishing plate || polissoire *v* || Polierplatte *v*; **-poeder:** polishing powder || poudre *v* à polir || Polierpulver *o*; **-priem:** round broach || alésoir *m* rond || Polierahle *v*; **-rood:** *zie* **dodekop; -schijf:** polishing (glazing) wheel, wheel mill, polishing disc || disque *m* à polir, roue *v* de polissage *m* (à décaper), meule *v*, polissoir *m* || Polier-, Schleifscheibe *v*; **-schijf m. laken:** cloth polishing wheel || roue *v* de polissage *m* en drap *m* || Tuchpolierscheibe *v*; **-staal:** burnisher, polishing iron || brunissoir *m* || Polierstahl *m*; **-steen:** polishing stone, glazer || pierre *v* à brunir (à polir) || Polierstein *m*; **-stok:** flattening anvil, planishing stake || tas *m* à planer || Polierstock *m*; **-slib:** polishing dirt || boue *v* de polissage *m* || Polierschmutz *m*; **-stof:** polishing dust || poussière *v* de polissage *m* || Polierstaub *m*; **-tand:** polishing tooth || dent *v* de loup *m* || Glättzahn *m*; **-trommel:** polishing drum || tambour *m* polisseur || Poliertrommel *v*; **-vlakje** (*mikrosk.*)**:** polished section || section *v* polie || Anschliff *m*; **-vijl:** polishing file || brunissoir *m* || Polierfeile *v*; **-walsen:** polishing rolls || cylindres *mm* à polir || Polierwalzen *vm*; **-was:** rubbing wax || cirage *m* || Polierwachse *o*.

poly-: poly- || poly- || poly-, mehr-, viel-, Mehr-, Viel-; **-alkeen:** polyalkene || polyalcène *m* || Polyalken *o*; **-alkohol:** polyalcohol || polyalcool *m* || Polyalkohol *m*; **-amide:** polyamide || polyamide *m* || Polyamid *o*; **-amide, lineair:** linear polyamide || polyamide *m* linéaire || lineares Polyamid *o*; **-basiet:** polybasite || polybasite *v* || Polybasit *m*; **-basisch:** *zie* **veelbasisch; -chromie:** polychromy || polychromie *v* || Vielfarbigkeit *v*, Polychromie *v*; **-chroom:** polychromous || polychromique || polychrom, vielfärbig; **-cyclisch:** polycyclic || polycyclique *m* || polycyklisch; **-eder:** polyhedron || polyèdre *m* || Polyeder *o*, Vielflach *o*; **-ester:** polyester || polyester *m* || Polyester *m*; **-etheen:** polyethene || polyethène *m* || Polyäthylen *o* (Polyäthen *o*); **-ethyleenglycol:** polyethanediol-1,2, polyethyleneglycol || polyéthanediol-1,2 *m*, polyéthylèneglycol *m* || Polyäthylenglykol *o* (Polyäthandiol-1,2 *o*); **-goon:** polygon || polygone *m* || Polygon *o*, Vieleck *o*; **-goonhoek:** angle of polygon || angle *m* de polygone *m* || Polygonwinkel *m*; **-haliet:** polyhalite || polyhalite *v* || Polyhalit *m*; **-isobuteen:** polyisobutene || polyisobutène *m* || Polyisobuten *o*; **-isocyanide:** polyisocyanid || polyisocyanide *m* || Polyisocyanid *o*; **-meer:** (*z. nw.*)**:** polymer || polymère *m* || Polymer *o*; (*bijv. nw.*)**:** polymeric || polymère || polymer; **-merie:** polymerism || polymérie *v* || Polymerie *v*; **-merisatie:** polymerisation || polymérisation *v* || Polymerisation *v*; **-merisatiegraad:** degree of polymerisation || degré *m* de polymérisation *v* || Polymerisationsgrad *m*; **-merisatiesnelheid:** velocity of polymerisation || vitesse *v* de polymérisation *v* || Polymerisationsgeschwindigkeit *v*; **-merisatietemperatuur:** polymerisation temperature || température *v* de polymérisation || Polymerisationstemperatur *v*; **-merisatietrap:** stage of polymerisation || stade *m* de polymérisation *v* || Polymerisationsstufe *v*; **-meriseren:** to polymerise || (*se*) polymériser || (*sich*) polymerisieren; **-morf:** polymorphous || polymorphe || polymorph; **-morfie:** polymorphism || polymorphisme *m* || Polymorphismus *m*; **-saccharide:** polysaccharide || polysaccharide *m* || Polysaccharid *o*; **-styreen:** polystyrene || polystyrène *m* || (Polystyren *o*), Polystyrol *o*; **-styrol*:** *zie* **polystyreen; -sulfide:** polysulfide || polysulfure *m* || Polysulfid *o*; **-troop:** polytropic line || courbe *v* polytropique, polytrope *v* || polytropische Linie *v*, Polytrope *v*; **-tropisch:** polytropic || polytropique || polytropisch; **-urethan:** polyurethan || polyuréthan *m* || Polyurethan *o*; **-valent:** *zie* **veelwaardig; -vinylacetaat:** polyvinyl acetate || acétate *m* polyvinylique || Polyvinylacetat *o*; **-vinylchloride:** polyvinylchloride || chlorure *m* de polyvinyle *m*, chlorure *m* polyvinylique || Polyvinylchlorid *o*; **-vinylester:** polyvinyl ester || ester *m* (éther-sel *m*) polyvinylique || Polyvinylester *m*; **-vinylhars:** polyvinyl resin || résine *v* polyvinylique || Polyvinylharz *o*.

pomp: pump || pompe *v* || Pumpe *v*; **- m. riemdrijfwerk:** belt driven pump || pompe *v* à courroie *v* || Riemenpumpe *v*; **- m. tandwielendrijfwerk:** geared pump || pompe *v* à engrenage *m* || Pumpe *v* mit Räderantrieb *m*; **-, direct werkende:** direct acting (driven) pump || pompe *v* à action *v* (commande *v*) directe || direktwirkende (unmittelbar angetriebene) Pumpe *v*; **-, elektromagnetische:** electromagnetic pump || pompe *v* électromagnétique || elektromagnetische Pumpe *v*; **-, enkelwerkende:** single acting pump || pompe *v* à simple effet *m* || einfachwirkende Pumpe *v*; **-, hangende** (*mijnb.*)**:** suspended pump || pompe *v* suspendue || Hängepumpe *v*; **-, hydraulische:** hydraulic pump || pompe *v* hydraulique || hydraulische Pumpe *v*; **-, pneumatische:** *zie* **mammoetpomp; -, roterende:** rotary pump || pompe *v* rotative || Rotationspumpe *v*; **-afdeling** (*mijnb.*)**:** engine (pump) compartment || compartiment *m* d'épuisement *m* || Pumpentrumm *o*; **-balans:** *zie* **balans 2; -boor:** pump borer || cuiller *v* de pompe *v* || Pumpenbohrer *m*; **-buis:** pump tube || tuyau *m* de pompe *v* || Pumpenrohr *o*; **-cilinder:** pump cylinder (barrel) || cylindre *m* (corps *m*) de pompe *v* || Pumpenkammer *v*, -körper *m*, -zylinder *m*; **-drijfwerk:** pump driving || commande *v* de pompe *v* || Pumpenantrieb *m*; **-emmer:** lower pump box || chopine *v* de pompe *v* || Pumpeneimer *m*, -herz *o*; **-en:** to pump || pomper || pumpen; **-enput:** *zie* **schachtput; -haak:** pump hook || croc *m* de pompe *v* || Pumpenhaken *m*; **-hart:** *zie* **pompemmer; -huis:** pump housing || carter *m* de pompe *v* || Pumpengehäuse *o*; **-kamer:** pump chamber || chambre *v* des pompes *vm* || Pumpenkammer *v*; **-kap:** pump bonnet (cover) || chapeau *m* de pompe *v* || Pumpenhaube *v*; **-klep:** pump valve || clapet *m* de pompe *v* || Pumpenklappe *v*; **-koker** (*i. e. schip*)**:** pump well || puisard *m* de pompe *v* || Pumpenkoker *m*, -sood *m*; **-krabber:** pump scraper || curette *v* de pompe *v* || Pumpenräumer *m*; **-leder:** pump leather || maugère *v* de pompe *v* || Pumpenleder *o*; **-lichaam:** *zie* **pomphuis; -machine:** pumping engine || machine *v* à pomper || Pumpmaschine *v*; **-put** (*petr.*)**:** pumping well, pumper || puits *m* pompé (en pompage *m*) || Pumpensonde *v*; **-regulateur:** pump governor || régulateur *m* de pompe *v* || Pumpmaschine *v*; **-puls:** sandpump || pompe *v* à sable *m* || Sandpumpe *v*; **-schacht** (*mijnb.*)**:** engine (sump) shaft || puits *m* d'épuisement *m* || Pumpenschacht *m*; **-schoep:** *zie* **schoep 2; -slang:** pump hose || tube *m* flexible de pompe *v* || Pumpenschlauch *m*; **-stang:** pump rod (spear) || tige *v* de pompe *v* || Pumpenstange *v*, -stock *m*; **-stangenwerk:** spears scaffold || tiges *vm* de pompe *v* || Pumpengestänge *o*; **-station:** pumping station || station *v* de distribution *v* d'eau *v* || Pumpstation *v*, -werk *o*, Wasserwerk *o*; **-stok:** *zie* **pompstang; -toren:** *zie* **produktietoren; -vak:** *zie* **pompafdeling; -vermogen:** pump capacity (out-put) || débit *m* d'une pompe *v* || Pumpenleistung *v*; **-vleugel:** *zie* **schoep 2; -zuiger:** pump piston || piston *m* de pompe *v* || Pumpenkolben *m*.

poncelet: poncelet || poncelet *m* || Poncelet *o*.

pond (*gew.*)**:** pound || livre *v* || Pfund *o*; **-leder:** crop hide || cuir *m* fort || Pfundleder *o*; **-nagel:** pound nail || taranche *v* || Pfundnagel *m*; **-tin:** common tin || étain *m* commun || Pfundzinn *o*.

pons: punch || poinçoin *m* || [Loch-, Schneid]-stempel *m*, Oberstanze *v*; **-bevestiging:** holding of the punch || fixation *v* du poinçon *m* || Lochstempelbefestigung *v*; **-doos:** perforator || perforateur *m* || Locher *m*; **-dop:** punching || débouchure *v*, découpure *v* || Putzen *m*; **-en:** to punch; to perforate || poinçonner, percer au poinçon *m* || stanzen, Löcher *om* schneiden (stanzen, ausschlagen), [durch]-lochen; **-gat:** cut out hole || trou *m* poinçonné (découpé) || gestanztes Loch *o*; **-en-knipmachine:** punching and shearing machine || machine *v* à poinçonner et à cisailler, cisaille *v* poinçonneuse || Stanz- (Loch-) und Schermaschine *v*; **-machine:** punching machine, punch press || machine *v* emporte-pièces (à poinçonner), poinçonneuse *v*, presse *v* à découper, découpeuse *v* || Loch-, Stanzmaschine *v*, [Loch]stanze *v*; **-proef:** punching test || essai *m* de poinçonnage *m* || Stanzprobe *v*.

pont: ferry[boat] || bac *m* || Fähre *v*, Fährboot *o*, Ponte *v*.

ponton: pontoon || ponton *m*, bateau *m* pour pont *m* || Brückenkahn *m*, -schiff *o*, Ponton *m*; **-brug:** pontoon bridge || pont *m* de pontons *mm* || Pontonbrücke *v*; **-kraan:** *zie* **kraan, drijvende** *onder* **kraan 1.**

pook: fire hook (iron), [hook] poker || attisoir *m*, pique-feu *m*, ringard *m*, ratisette *v*, fourgon *m*, tisonnier *m* || Feuer-, Herd-, Schürhaken *m*, Poker *m*, Schüreisen *o*.

pool: 1. (*wisk.*; *elektr.*; *cosmogr.*): pole || pôle *m* || Pol *m*; *zie ook* **polen; -, (*on*)gelijknamige:** pole of the same sign (*opposite* (*unlike*) *pole*) || pôle *m* de même nom *m* (*de nom m contraire*) || (*un*)gleichnamiger Pol *m*; **-, magnetische** (*v. d. aarde*)**:** magnetic earth pole || pôle *m* magnétique terrestre || magnetischer Erdpol *m*; **-, resulterende:** consequent pole || pôle *m* conséquent || Folgepol *m*; **-, uitspringende:** salient pole || pôle *m* saillant || ausgeprägter Pol *m*; **-aanwijzer:** pole indicator || indicateur *m* de pôle *m* || Polindikator *m*; **-afstand:** polar distance || distance *v* au pôle *m* || Pol[ar]distanz *v*; **-ampèrewindingen:** ampere turns per pole || ampères-tours *mm* polaires (de pôle *m*) || Polamperewindungen *vm*; **-anker:** pole armature || induit *m* à pôles *mm* || Polanker *m*; **-as:** polar axis || axe *m* polaire || Polachse *v*; **-bepaling:** determination of polarity || détermination *v* des pôles *mm* || Polbestimmung *v*; **-boog:** polar arc || arc *m* polaire || Polbogen *m*; **-brug, dempende** (*magn. shunt*)**:** pole damper || amortisseur *m* || dämpfende Polbrücke *v*; **-centrum:** pole centre || milieu *m* du pôle *m* || Polmitte *v*; **-cirkel:** polar circle || cercle *m* polaire || Polarkreis *m*; **-diagram:** polar diagram || diagramme *m* polaire || Polardiagramm *o*; **-einde:** end of pole piece || extrémité *v* de pôle *m* || Polende *o*; **-freem:** pole frame || carcasse *v* polaire, enveloppe *v* des pôles *mm* || Polgehäuse *o*; **-kant:** pole edge || arête *v* de pôle *m* || Polkante *v*; **-kern:** pole core || noyau *m* de pôle *m* || Polkern *m*; **-kern, massieve:** solid pole piece || noyau *m* polaire massif || massiver Polkern *m*; **-klem:** pole terminal || borne *v* polaire || Polklemme *v*; **-licht:** polar light || aurore *v* boréale, lumière *v* polaire || Polarlicht *o*; **-loos:** without poles || non-polaire, sans pôles *mm* || pollos; **-neus:** pole piece || pièce *v* polaire || Polschuh *m*; **-omschakelaar:** pole-reverser || inverseur *m* de pôle *m* || Polumschalter *m*; **-omschakeling:** changing of pole connections || changement *m* de couplage *m* de pôles *mm* || Polumschaltung *v*; **-opwekking:** pole excitation, production of poles || création de pôles *mm* || Polerzeugung *v*; **-plaat:** pole plate || plaque *v* polaire (de pôle *m*) || Polplatte *v*; **-planimeter:** polar planimeter || planimètre *m* polaire || Polarplanimeter *o*, *m*; **-reactie:** polar reaction || réaction *v* polaire (de pôle *m*) || Polreaktion *v*; **-reageerpapier:** pole finding paper || papier *m* cherche-pôle, papier-pôle *m* || Polsuch-, Polreagenspapier *o*; **-ring:** pole ring || anneau *m* de pôles *mm*, bague *v* polaire || Polring *m*; **-schoen:** pole piece (shoe) || épanouissement *m* (pièce *v*) polaire || Polschuh *m*; **-schoenboring:** diameter of field pole circle || diamètre *m* intérieur de l'épanouissement *m* polaire || Polschuhbohrung *v*; **-schoendikte:** depth (thickness) of pole shoe || épaisseur *v* d'épanouissement *m* polaire || Polschuhstärke *v*; **-schoenen in stervorm geplaatst:** radial poles || étoile *v* de pôles *mm* || Polstern *m*; **-schoenhoek:** pole shoe angle || angle *m* d'épanouissement *m* polaire || Polschuhwinkel *m*; **-schoenoppervlak:** pole shoe area || surface *v* d'épanouissement *m* polaire || Polschuhoberfläche *v*; **-schoenpunt:** pole horn (tip) || corne *v* polaire || Polschuhspitze *v*; **-schoenverlies:** pole shoe loss, loss in the pole shoe || perte *v* dans les épanouissements *mm* polaires || Polschuhverlust *m*; **-schoenvorm:** shape of pole shoe || forme *v* d'épanouissement *m* polaire || Polschuhform *v*; **-schoenzijde:** pole face end || côté *m* de pièce *v* polaire || Polschuhseite *v*; **-schrede:** pole pitch || pas *m* polaire || Polschritt *m*; **-shoogte:** altitude (elevation) of the pole || élévation *v* (hauteur *v*) du pôle *m* || Polhöhe *v*; **-smoring:** pole damping || amortissement *m* polaire || Poldämpfung *v*; **-steek:** pole pitch || pas *m* polaire (des pôles *mm*) || Polteilung *v*; **-ster:** pole star || étoile *v* polaire || Polarstern *m*; **-sterkte:** strength of a magnetic pole || intensité *v* polaire || Polstärke *v*; **-straal:** polar line || rayon *m* polaire || Polstrahl *m*; **-strooiing:** pole leakage || dispersion *v* polaire || Polstreuung *v*; **-tussenruimte** (*a. d. kanten*)**:** poleclearance || espace *m* interpolaire || Pollücke *v*; **-verdeling:** *zie* **poolsteek; -verklikker:** polarity indicator || indicateur *m* de polarité *v* || Polsucher *m*, Polungsweiser *m*; **-vorm:** pole shape || forme *v* de pôle *m* || Polform *v*; **-wisselaar:** pole changer || inverseur *m* de pôle *m* || Polwechsler *m*; **-wisseling:** alternation || alternance *v* || Polwechsel *m*; **-zoeker:** pole finder || chercheur *m* de pôle *m* || Polsucher *m*;

2. (*weverij*): pile || poil *m* || Pol *m*.

poort: 1. (*gebouw, enz.*): gate || porte *v* || Tor *o*; **-deurtje:** gate wicket || guichet *m* de porte *v* || Einlaß-, Schlüpfpforte *v*, Torpförtchen *o*;

2. (*scheepst.*): port || sabord *m* || Pforte *v*; **-beugel:** port bar || barre *v* de sabord *m* || Pfortenknüppel *m*; **-drempel:** port sill || seuillet *m* de sabord *m* || Pfortendrempel *m*, -süll *m*; **-hengsel:** port hinge || penture *v* de sabord *m* || Pfortenhänge *v*; **-klep:** port lid || mantelet *m* de sabord *m* || Pfortendeckel *m*, -luke *v*; **-laken:** baize, kersey || frise *v* pour les sabords *mm* || Pfortenlaken *o*; **-luik:** *zie* **poortklep; -sluiting:** port closing || fermeture *v* des mantelets *mm* de sabord *m* || Pfortenverschluß *m*; **-talie:** port tackle || palan *m* de sabord *m* || Pfortenaufholer *m*, -talje *v*; **-touw:** port rope || itague *v* de sabord *m* || Pfortentau *o*;

3. (*stoomschuif*): slide valve opening (port), valve port || conduit *m* (lumière *v*) de tiroir *m* || Schieberkanal *m*, -öffnung *v*.

poot: 1. (*stoel, tafel, enz.*)**:** leg || pied *m*; || Bein *o*;

2. (*klep*): guide || ailette *v* || Führungsrippe *v*;

3. (*passer*): *zie* **passerbeen;**

4. (*m. ijzeren punt v. e. bok*): spike || pied *m* avec pointe *v* de fer *m* || spitzer eiserner Fuß *m*.

popeline: poplin || popeline *v* || Poplin *m*.

populier: poplar || peuplier *m* || Pappel *v*; **-, Canadese:** Canadian poplar || peuplier *m* de Canada *m* || kanadische Waldpappel *v*; **-, witte:** white poplar || peuplier *m* blanc || Silber-, Weißpappel *v*; **-, zwarte:** black poplar || peuplier *m* noir || Schwarzpappel *v*; **-hout:** poplar [wood] || [bois *m* de] peuplier *m* || Pappelholz *o*.

porcelein: *zie* **porselein.**

porcupinecilinder: porcupine cylinder || batteur *m* (tambour *m*) porcépic || Igel-, Zahntrommel *v*.

poreus: porous || poreux || porös, porig; **-heid:** porosity || porosité *v* || Porosität *v*.

porfier: porphyry || porphyre *m* || Porphyr *m*; **-achtig:** porphyritic || porphyrique || porphyrisch; **-tuf:** porphyritic tuf || tuf *m* porphyreux || Porphyrtuff *m*.

porfiriet: porphyrite || porphyrite *v* || Porphyrit *m*.

porie: pore || pore *m* || Pore *v*.

porring (*metselw.*)**:** direction of joints || direction *v* des joints *mm* || Fugenrichtung *v*; **-punt:** point of direction of the joints || point *m* de direction *v* des joints *mm* || Fugenrichtungspunkt *m*.

porselein: porcelain, china || porcelaine *v* || Porzellan *o*; **-, hard:** hard porcelain || porcelaine *v* dure || Hartporzellan *o*; **-, Meissner-:** Dresden china [ware] || porcelaine *v* de Saxe || Meißner Porzellan *o*; **-, Saksisch:** *zie* **porselein, Meissner-; -aarde:** china clay, kaolin, porcelain earth || kaolin *m*, terre *v* à porcelaine *v* || Kaolin *o*, Porzellanerde *v*; **-blauw:** China (english) blue || bleu *m* de Chine *m* (de faïence *v*) || Porzellanblau *o*; **-en:** porcelain || en porcelaine *v* || Porzellan-; **-jaspis:** porcelain jasper || jaspe *m* porcelaine *m* || Porzellanjaspis *m*.

portaal: 1. (*vestibule*): entrance hall || vestibule *m* || Eintrittshalle *v*;

2. (*trap*): resting place, landing || palier *m*, repos *m* d'escalier *m* || Pedest *m*, Podest *m*, Treppenabsatz *m*;

3. (*elektr. tractie*): cross-bar || portique *v* || Joch *o*, Querträger *m*.

portefeuillerek: portfolio rack || casier *m* || Mappenständer *m*.

por|tiek: portico || portique *m* || Portikus *m*, Säulenlaube *v*; **-tiersloge:** porter's box || loge *v* de portier *m* || Pförtnergemach *o*; **-tiersluiting:** door lock || loqueteau *m* de portière *v* || Türklinke *v*, Türgriff *m*; **-tierswoning:** porter's lodge || maison *v* du portier *m* || Pförtnerhaus *o*.

Portland|cement: Portland cement || ciment *m* de Portland || Portlandzement *o*; **-steen:** Portland stone || calcaire *m* portlandien || Portlandstein *m*.

portuurlijn: cat head stopper || bosse *v* debout || Porteurleine *v*.

posi|tief: 1. (*fotogr.*): positive || positif *m* || Positiv *o*; **-tiefpapier:** positive paper || papier *m* sensible positif || Positivpapier *o*;

2. (*bijv. nw.*): positive || positif || positiv; **-tief geladen:** positivily charged || chargé positivement || positiv geladen; **-tiviteit:** positivity || positivité *v* || Positivität *v*.

posi|ton: positon || positon *m* || Positon *o*; **-tron:** *zie* **positon.**

post: 1. (*standplaats*): post, station || poste *m* || Posten *m*; **- m. elektr. wissel- en seinbediening:** electrical interlocking post ||

poste *m* d'enclenchements *mm* électriques || elektrische Stellwerksanlage *v*;
2. (*deur*): doorpost || montant *m* de porte *v* || Türpfosten *m*, -säule *v*;
3. (*brievenpost*): post, mail || poste *v* || Post *v*; **-, m. de:** by (through) the post || par la poste *v* || mit der Post *v*; **-, m. kerende:** by return of post (mail) || par retour *m* du courrier *m*, par courrier *m* tournant || postwendend, mit umgehender Post *v*; **-, over de:** through the post || par la poste *v*, postalement || mit der Post *v*; **-, per:** *zie* **post, m. de**; **-boot:** mail steamer || bateau *m* postal || Postdampfer *m*; **-bus:** post-[office-]box, P.O.B. || boîte *v* postale || Post[schließ]-fach *o*; **-kantoor:** post office || bureau *m* de poste *v* || Postamt *o*; **-kwitantie:** postal collection order || mandat *m* de recouvrement *m*, quittance *v* postale || Postauftrag *m*; **-papier:** post paper || papier *m* à lettres *vm* || Briefpapier *o*; **-stempel:** postmark || cachet *m* postal, cachet *m* (timbre *m*) de la poste *v* || Poststempel *m*; **-trein:** mail train || train-poste *m* || Postzug *m*; **-tunnel:** postal tunnel || tunnel *m* pour le service *m* de la poste *v* || Posttunnel *m*; **-verbinding:** postal communication, mail connection || communication *v* postale || Postverbindung *v*; **-verkeer:** postal traffic || trafic *m* postal || Postverkehr *m*; **-vliegtuig:** mailplane || avion *m* postal || Postflugzeug *o*; **-wagen** (*spw.*)**:** mail car (coach, van) || voiture *v* postale || Postwagen *m*; **-wezen:** the Post, postal service || les postes *vm* || Postwesen *o*; **-wissel:** [post office] money-order, post office order, P.O.O. || mandat-poste *m*, mandat *m* de poste *v* || Postanweisung *v*; **-zak:** mail bag || sac *m* à dépêches *vm* (aux lettres *vm*) || Brief-, Postbeutel *m*; **-zegel:** [postage] stamp || timbre-poste *m* || Brief-, Frei-, Postmarke *v*;
4. (*mijnb.*): (*België*): *zie* **dienst** (*mijnb.*).

postament: footstall, pedestall, trunk || scabellon *m*, piédestal *m* || Fußgestell *o*, Postament *o*.

posteertoestel (*lakenind.*)**:** apparatus for napping broadwise || laineuse *v* transversale || Postierapparat *m*.

pot: pot || pot *m* || Topf *m*, Hafen *m*; **-aarde:** *zie* **pottenbakkersklei**; **-as** [1]**:** *zie* **kaliumcarbonaat**; **-as, bijtende** [2]**:** *zie* **kaliumhydroxyde**; **-buis:** earthenware pipe || tuyau *m* en poterie *v* || Tonrohr *o*; **-magneet:** pot (bell) shape magnet || électro-aimant *m* en forme *v* de pot *m* || Topfmagnet *m*; **-schijf:** can disc || disque *m* [du pot *m* tournant] || Kannscheibe *v*; **-tenbakkersklei:** potter's clay (earth) || argile *v*, terre *v* glaise, terre *v* à poterie *v* || Töpferton *m*; **-tenbakkersschijf:** potter's lathe, throwing wheel || roue *v* (tour *m*) à potier *m* || Töpferscheibe *v*; **-tenbakkerij:** pottery || poterie *v* || Töpferei *v*; **-tengoed:** potter's ware || poterie *v* || Töpferware *v*.

potentiaal: potential || potentiel *m* || Potential *o*; **-, scalaire:** scalar potential || potentiel *m* scalaire || skalares Potential *o*; **-coëfficiënt:** potential coefficient || coefficient *m* de potentiel *m* || Potentialkoeffizient *m*; **-daling:** fall of potential || chute *v* de potentiel *m* || Potentialabfall *m*; **-eenheid:** unit of potential || unité *v* de potentiel *m* || Einheit *v* des Potentials *o*; **-functie:** potential function || fonction *v* potentielle || Potentialfunktion *v*; **-gradiënt:** potential gradient || gradient *m* de potentiel *m* || Potentialgradient *m*; **-schrede:** equipotential pitch || pas *m* de potentiel *m* || Potentialschritt *m*; **-spoed:** *zie* **potentiaalschrede**; **-theorie:** potential theory || théorie *v* du potentiel *m* || Potentialtheorie *v*; **-val:** fall of potential, potential drop || chute *v* de potentiel *m* || Potentialgefälle *o*, -abfall *m*; **-verschil:** difference of potential, potential difference || différence *v* de potentiel *m* || Potentialdifferenz *v*.

potentieel: potential || potentiel || potentiell.

potentiome|ter: potentiometer || potentiomètre *m* || Potentiometer *o*, *m*; *zie ook* **spanningsdeler**; **-trisch:** potentiometric || potentiométrique || potentiometrisch.

potlood: 1. *zie* **grafiet**;
2. (*schrijfgerei*): [lead] pencil || crayon *m* [noir] || Bleistift *m*; **-, gekleurd:** coloured pencil || crayon *m* de couleur *v* || Farbstift *m*; **-gummi:** lead eraser || gomme *v* à crayon *m* || Bleigummi *o*; **-houder** (*v. e. passer*)**:** pencil point || crayon *m* du compas *m* || Bleieinsatz *m*; **-kokertje:** lead (pencil) box || porte-mine *m* || Bleibüchse *v*; **-passer:** lead compass || compas *m* à crayon *m* || Bleistiftzirkel *m*; **-slijper:** pencil sharpener || taille-crayons *m*, planchette *v* à aiguiser les crayons *mm* || Bleistiftspitzer *m*, -schärfer *m*; **-stift:** [refill, spare] lead || mine *v* || Mine *v*; **-tekening:** pencil drawing, drawing in lead || dessin *m* à (au) crayon *m* || Bleizeichnung *v*, Zeichnung *v* in Blei *o*; **-vijltje:** file for sharpening pencils || lime *v* à crayons *mm* || Bleistiftfeile *v*.

potloden: to rub with graphite || frotter avec du graphite *m* || graphitieren.

pozzolaanaarde: pozzolana || pozzolana *v*, pouzzolane *v* || Pozz[u]olanerde *v*.

---

[1]) potash || potasse *v* || Pottasche *v*.
[2]) caustic potash || potasse *v* caustique || Ätzkali *o*.

prak|tisch: practical || pratique || praktisch; **-tijk:** practice || pratique *v* || Praxis *v*.
prang|en (*ruw ijzer*)**:** to shingle || cingler || zängen; **-hamer:** shingling hammer, squeezer || [marteau-]cingleur *m* || Zängelhammer *m*; **-machine:** squeezer || cingleur *m*, machine à cingler || Quetschwerk *o*; **-veer:** swell || arlequin *m* || Zunge *v*; **-wals:** shingling roll (squeezer) || cylindre *m* à cingler, laminoir *m* de cinglage *m* || Zängewalze *v*.
praseodymium: praseodymium || praséodyme *m* || Praseodym *o*.
prauw: praw || pirogue *v* || Prau *v*.
Precambrium: Pre-Cambrian; Proterozoic (*Am.*) || Anté-Cambrien *m* || Eozoikum *o*.
precipi|taat: *zie* **neerslag; -teren:** *zie* **neerslaan.**
precisie-ampèremeter: precision ammeter || ampèremètre *m* de précision *v* || Präzisionsamperemeter *o*, *m*; **-instrument:** instrument of precision || instrument *m* de précision *v* || Präzisionsinstrument *o*; **-meter:** precision meter || compteur *m* de précision *v* || Präzisionszähler *m*.
premie: premium || prime *v* || Prämie *v*.
prepa|raat: preparation || préparation *v* || Präparat *o*; **-reren:** to prepare || préparer || präparieren.
presenning: tarpaulin || prélart *m* || Persenning *v*, Presenning *v*; **-lat:** tarpaulin batten || latte *v* de prélart *m* || Presenninglatte *v*.
***presspaan:** *zie* **pletbord.**
priem: bodkin || poinçon *m* || Pfriem *m*; *zie ook* **els 2; -getal:** prime number || nombre *m* premier || Primzahl *v*; **-gras:** esparto || sparte *m* || Pfriemengras *o*.
prik|kabel: illumination cable || câble *m* d'illumination *v* || Prickkabel *o*; **-keldraad:** barb wire || ronce *v*, fil *m* de fer *m* barbillé, fil *m* à épines *m* || Stacheldraht *m*.
primair: primary || primaire || primär.
prioriteit (*octr.*)**:** *zie* **voorrang.**
prisma: prism || prisme *m* || Prisma *o*; **-, vierzijdig:** square prism || prisme *m* quadrangulaire || vierkantiges Prisma *o*; **-antenne:** prism (pyramid) aerial || antenne *v* en prisme *m* (à pyramide *m*) || Reusenantenne *v*; **-draaibank:** bar (gauntry, gauntree, gantry) lathe || tour *m* à banc *m* prismatique || Prismadrehbank *v*; **-geleiding:** prismatic guide || guidage *m* à glissières *vm* prismatiques || Prismenführung *v*; **-kijker:** prismbinoculars || jumelles *vm* prismatiques (à prismes *mm*) || Prismenfernrohr *o*; **-stereoskoop:** prism stereoscope || stéréoscope *m* à prisme *m* || Prismenstereoskop *o*; **-tisch:** prismatic || prismatique || prismatisch; **-vizier:** prismatic sight || viseur *m* à prisme *m* || Prismavisier *o*.
privaat: water closet, W.C. || cabinet *m* d'aisance *v* (de toilette *v*), W.C. *m* || Abort *m*; **-aansluiting** (*telef.*)**:** private connection || raccordement *m* privé || Privatanschluß *m*; **-trechter:** closet hopper || cuvette *v* du W.C. *m* || Aborttrichter *m*; **-zitting:** pedestal closet, closet stool || siège *m* de cabinet *m* d'aisance *v* || Abortstuhl *m*.
procédé: process || procédé *m* || Verfahren *o*.
procent: *zie* **percent.**
proces: 1. (*werkwijze, reactie, enz.*)**:** process || procédé *m*, processus *m* || Prozeß *m*, Verfahren *o*, Verfahrens-, Herstellungsweise *v*;
2. (*recht*)**:** law-suit, action || procès *m* || Prozeß *m*; **-kosten:** costs, legal expenses || frais *mm* de procès *m* || Prozeß-, Gerichtskosten *mrv.*; **-verbaal** (*verslag*)**:** process verbal, written record || procès-verbal *m* || Protokoll *o*.
pro|ducent: producer || producteur *m* || Hersteller *m*, Erzeuger *m*, Produzent *m*; **-duceren:** *zie* **voortbrengen;** (*petr.*)**:** to produce (extract, rise, lift) || produire, extraire, puiser, remonter || produzieren, fördern, heben.
produkt: 1. *zie* **voortbrengsel; -en, chemische:** chemical products, chemicals || produits *mm* chimiques || chemische Produkte *om*, Chemikalien *vm*;
2. (*wisk.*)**:** product || produit *m* || Produkt *o*; **-, scalair:** scalar product || produit *m* scalaire || skalares (inneres) Produkt *o*; **-, vectorisch:** vector product || produit *m* vectoriel || Vektorprodukt *o*, äußeres Produkt *o*.
produktie: production; output, produce (*opbrengst*); yield (*oogst*) || production, output (*mijn*) || production *v*; produit *m*; récolte *v* (*oogst*); production *v*, extraction *v* (*mijn*) || Erzeugung *v*, Produktion *v*, Ausbeute *v*; Ertrag *m* (*oogst*); Produktion *v*, [Be]Förderung *v* (*mijn*); *zie ook* **voortbrenging; -, fabriekmatige:** industrial production, production at large (technical) scale || production *v* en grand *m* (en fabrique *v*, industrielle) || fabrikmäßige Herstellung *v*; **-kosten:** *zie* **voortbrengingskosten; -middelen:** capital goods || moyens *mm* de production *v* || Produktionsmittel *om*; **-toren** (*petr.*)**:** production (pumping) derrick || chevalement *m* (derrick *m*) de production *v* || Pump-, Förderturm *m*.
proef: 1. (*proefneming*)**:** experiment[ation] || expérience *v*, expérimentation *v* || Versuch *m*, Experiment *o*; **-neming:** *zie* **proef 1; -nemingen doen:** to make experiments, to experimentalize || expérimenter, faire des expérimentations *vm* || Versuche *mm* durchführen (aus-

führen); *zie ook* **proeven nemen; -ondervindelijk:** experimental(*ly*), by experiment, empirical(*ly*) || expérimental(*ement*), empirique(*ment*) || experimental, erfahrungsmäßig, empirisch;
2. (*beproeving*): test, trial || épreuve *v*, essai *m* || Prüfung *v*, Probe *v*; **- bij onbelast lopen:** no load test || essai *m* à vide *m* || Leerlaufversuch *m*; **- bij overneming:** acceptance test || essai *m* de réception *v* || Abnahmeversuch *m*; **- op kleine schaal:** trial (test) upon a small scale || essai *m* en petit *m* || Probe *v* im Kleinen *o*; **- v. lange duur:** endurance (long run) test || épreuve *v* de longue durée *v* (prolongée) || Dauerprobe *v*, -versuch *m*; **-, hydraulische:** hydraulic test || épreuve *v* hydraulique || Wasserdruckprobe *v*; **-, koude:** cold test (essay) || essai *m* à froid *m* || kalte Probe *v*, Kaltprobe *v*; **-, langdurige:** *zie* **proef van lange duur; -, warme:** heat (hot) test (essay) || essai *m* à chaud *m* || Warmprobe *v*, warme Probe *v*; **-baan:** test line || ligne *v* d'essai *m* || Versuchsstrecke *v*; **-balans** (*muntw.*): assay balance || balance *v* d'essai *m* || Probierwaage *v*; **-bank:** testing stand || banc *m* d'épreuve *v* || Versuchsstand *m*; **-belasting:** test load || charge *v* d'essai *m* (d'épreuve *v*) || Probebelastung *v*, -last *v*; **-borstel** (*elektr.*): exploring (pilot) brush || balai *m* d'essai *m* (d'épreuve *v*) || Prüf-, Meßbürste *v*; **-buisje** (*chem.*): test-tube || éprouvette *v* || Probierröhrchen *o*; **-campagne:** try-out (test) campaign || campagne *v* d'essai *m* || Versuchsfeldzug *m*; **-certificaat:** test certificate || certificat *m* d'épreuve *v* || Prüfungszeugnis *o*; **-draad:** pilot (test) wire || fil *m* pilote || Prüfdraht *m*; **-druk:** test pressure || pression *v* d'épreuve *v* || Probedruck *m*; **-duur:** duration of test || durée *v* d'essai *m* || Versuchsdauer *v*; **-fout:** error of test || erreur *v* d'essai *m* || Versuchsfehler *m*; **-galerij** (*mijnb.*): exploring drift || galerie *v* de recherche *v* (reconnaissance *v*) || Schürfstrecke *v*, -stollen *m*; **-gewicht:** assay weight || poids *m* pour l'essai *m* || Probiergewicht *o*; **-goud:** standard gold || or *m* au titre *m* || Probegold *o*; **-haspel:** standard (testing) reel || dévidoir *m*, éprouvette *v* || Probehaspel *m*; **-inrichting:** testing installation || installation *v* d'essai *m* || Versuchseinrichtung *v*; **-klep:** gauge (test[ing]) valve || soupape *v* de robinet *m* de jauge *v* (à épreuve *v*) || Probierventil *o*; **-kuil:** *zie* **proefput; -kraan:** gauge (test) cock || robinet *m* de jauge *v* || Probier-, Wasserstandhahn *m*; **-kubus:** test cube || cube *m* d'essai *m* || Probewürfel *m*; **-lamp** (*elektr.*): test lamp || lampe *v* d'épreuve *v* (de vérification *v*, témoin *m*) || Prüflampe *v*; **-lepel:** assay spoon || cuiller *v* d'essai *m* || Probierlöffel *m*; **-lokaal:** test room, testing shop || salle *v* d'épreuve *v* (d'expérimentation *v*) || Experimentier-, Versuchsraum *m*; **-lood:** assay (proof) lead || plomb *m* d'essai *m* || Probierblei *o*; **-methode:** method of testing || mode *m* d'essai *m* || Prüfungsmethode *v*, -verfahren *o*; **-mortier:** proof (trial) mortar || mortier *m* d'épreuve *v* || Probemörser *m*; **-motor:** standard motor || moteur *m* d'épreuve *v* || Versuchsmotor *m*; **-naald:** touch needle || aiguille *v* d'essai *m* || Probiernadel *v*; **-nummer:** test number || numéro d'essai *m* || Versuchsnummer *v*; **-oven:** assay furnace || fourneau *m* d'essai *m* (d'essayeur *m*) || Probierofen *m*; **-paal:** test pile || pilot *m* d'essai *m* || Probepilote *v*, -pfahl *m*; **-plaat** (*elektr.*): test plate || plaque *v* d'épreuve *v* || Prüfplatte *v*; **-put** (*mijnb.*): prospect hole (shaft), trial pit || fosse *v* (fouille *v*) de recherche *v* || Schurf *m*, Schürfloch *o*, -schacht *m*; **-resultaat:** test result || résultat *m* d'essai *m* (d'épreuve *v*) || Versuchs-, Prüfungsergebnis *o*; **-rit:** trial ride (run) || parcours *m* de garantie *v* || Probefahrt *v*; **-rijden:** to run a trial || faire un parcours *m* de garantie *v* || probefahren; **-schacht** (*mijnb.*): test pit || puits *m* de recherche *v* (reconnaissance *v*) || Schürf-, Versuchsschacht *m*; **-schakeling:** testing connections || couplage *m* d'épreuve *v* || Prüfschaltung *v*; **-spanning:** testing (experimental) voltage || tension *v* d'essai *m* || Versuchsspannung *v*; **-staaf:** test bar (rod, piece) || barreau *m* d'épreuve *v*, éprouvette *v* || Probe-, Versuchsstab *m*, **-stang:** trial rod || verge *v* d'essai *m* || Probierstange *v*; **-station:** testing station (laboratory) || poste *m* (laboratoire *m*) d'essai *m* || Prüfungsstation *v*, -amt *o*, -anstalt *v*; **-station voor bouwmaterialen:** [building] material testing laboratory || laboratoire *m* d'essai *m* des matériaux *mm* [de construction *v*] || [Bau]materialprüfungsanstalt *v*; **-steen:** touchstone || pierre *v* de touche *v* || Probierstein *m*; **-tin:** standard tin || étain *m* au titre *m* || Probezinn *o*; **-transformator:** test[ing] transformer || transformateur *m* d'essai *m* || Prüftransformator *m*; **-vaart:** trial run (cruise, trip) || course *v* (voyage *m*) d'essai *m* || Probefahrt *v*; **-vaart bij volle kracht:** full speed trial || essai *m* de force *v* (de toute vitesse *v*) || Volldampfprobefahrt *v*; **-vaart o. d. gemeten mijl:** trial at the measured mile || essai *m* sur la base *v* || Probefahrt *v* auf der gemessenen Meile *v*; **-vaartsnelheid:** trial speed

|| vitesse *v* réalisée aux essais *mm* || Probefahrtgeschwindigkeit *v*; **-varen:** to run a trial || faire un voyage *m* d'essai *m* || probefahren; **-vlam:** test flame || flamme *v* témoin || Probeflamme *v*; **-vlucht:** trial (test) flight || vol *m* d'essai *m* || Prüfungsflug, -fahrt *v*, Probeflug *m*; **-voorwerp:** test sample || éprouvette *v* || Probekörper *m*; **-zilver:** standard silver || argent *m* au titre *m* || Probesilber *o*;
3. (*typogr.*): proof || épreuve *v* || Probe *v*; **-, losse:** slip-proof || épreuve *v* en placard *m* || Fahnenabzug *m*; **-blad:** proof sheet || [feuille *v* d'] épreuve *v* || Abzugs-, Probebogen *m*; **-druk** (*drukken*): proof impression || impression *v* d'essai *m* || Probedruck *m*; **-druk** (*bedrukt vel*): proof [sheet] || épreuve *v* d'imprimerie *v* || Druckprobe *v*, Probedruck *m*; **-** (*v. e. cliché*): block pull; engraver's proof (*Am.*) || épreuve *v* de cliché *m* || Druckstock-, Klischeeabzug *m*; **-lezer:** *zie* **corrector;** **-nummer:** specimen copy (number) || [numéro *m*] specimen *m* || Probenummer *v*, -heft *o*; **-pagina:** specimen-page || pagetype *v* || Probeseite *v*; **-pers:** proof-press || presse *v* à tirer des épreuves *vm* || Abziehpresse *v*; **-trekken** (*bladzijde*): to pull || tirer || abziehen; **-trekker:** proofpuller || tireur *m* des épreuves *vm* || Abzieher *m*;
4. (*rekenk.*): proof || preuve *v* || Probe *v*.

proeven| nemen: to experiment, to make (to carry out, to conduct) experiments || expérimenter, faire des expériences *vm* || experimentieren, Versuche *mm* durchführen (ausführen); *zie ook* **proefnemingen doen; -reeks:** series of tests || série *v* d'essais *mm* || Versuchsreihe *v*; **-verslag:** [test] report || rapport *m*, compte *m* rendu || Versuchsbericht *m*.

profiel: profile, section || profil *m* || Profil *o*; **- v. vrije ruimte:** clearance gauge || gabarit *m* de libre passage *m* || Umgrenzung *v* des lichten Raumes *m*; **-as:** profile shaft || arbre *m* profilé || Profilwelle *v*; **-beitel** (*draaibank*): forming tool || outil *m* à façonner (à profiler) || Fasson-, Formstahl *m*; **-beitel** (*schaaf*): moulding iron || fer *m* profilé, lame *v* profilée || Form-, Profilhobelmesser *o*; **-draad:** profile (section, shaped) wire || fil *m* profilé || Form-, Profildraht *m*; **-draaibank:** profiling (forming) lathe || tour *m* à façonner (à profiler) || Form-, Fassondrehbank *v*; **-frees:** profile cutter || fraise *v* à façonner (à profiler, profilée) || Form-, Profilfräser *m*; **-kaart:** contour map || carte *v* des profils *mm* || Profilkarte *v*; **-koper:** profile (shaped) copper || cuivre *m* profilé || Profilkupfer *o*; **-mal:** profile form || gabarit *m* || Profillehre *v*; **-meetinstrument** (*elektr.*): edgewire measuring instrument || instrument *m* de mesure *v* de profil *m* || Profilinstrument *o*; **-plaat:** shaped plate || tôle *v* profilée || Formblech *o*; **-schaaf:** moulding plane || rabot *m* à moulures *vm* (pour profils *mm*) || Fasson-, Profilhobel *m*; **-staal:** profile (shaped) steel (iron) || acier *m* (fer *m*) profilé || Form-, Profilstahl *m*; **-steen:** shape (profilated, cast, mould) brick, shaped stone || brique *v* (pierre *v*) profilée, brique *v* façonnée || Form-, Profil-, Fassonstein *m*, Formziegel *m*; **-ijzer:** *zie* **profielstaal; -zuiger:** *zie* **zuiger 2.**

profileren: to set up profiles || profiler || profilieren.

progressief: progressive || progressif || progressiv, vorwärtsschreitend.

project: *zie* **ontwerp.**

projecteren: 1. *zie* **ontwerpen;**
2. (*optica*): to project || projeter || bildwerfen, projizieren;
3. (*meetk.*): to project || projeter || projizieren.

projectie: 1. (*opt.*): projection || projection *v* || Bildwurf *m*, Projektion *v*; **-apparaat:** *zie* **projectietoestel; -lamp:** projector lamp || lampe *v* de projection *v* || Projektionslampe *v*; **-lantaarn:** projector lantern || lampe *v* de projection *v* || Projektionslampe *v*, -laterne *v*; **-scherm:** projection screen || écran *m* de projection *v* || Projektionsschirm *o*, -wand *v*; **-toestel:** projector, projection apparatus || appareil *m* de projection *v*, projecteur *m* || Bildwerfer *m*, Projektionsgerät *o*;
2. (*meetk.*): projection || projection *v* || Riß *m*, Projektion *v*; **-, horizontale:** horizontal projection, plan || projection *v* horizontale || Grundriß *m*, Horizontalprojektion *v*; **-, verticale:** elevation, vertical projection || élévation *v*, projection *v* verticale || Aufriß *m*, Standriß *m*, Vertikalprojektion *v*; **-vlak:** plane of projection || plan *m* de projection *v* || Projektionsebene *v*.

projectiel: projectile; missile || projectile *m*; missile *m* || Geschoß *o*; **-, geleid:** guided missile (projectile) || projectile *m* (missile *m*) guidé || ferngelenktes Geschoß *o*, ferngelenkter Körper *m*; **-baan:** projectile flight || trajectoire *v* d'un projectile *m* || Geschoßbahn *v*; **-mantel:** coating of a projectile || chemise *v* du projectile *m* || Geschoßmantel *m*.

promenadedek: passenger deck || pont *m* des passagers *mm* || Passagier-, Promenadendeck *o*.

promethium: promethium || promethium *m* || Promethium *o*.

promotor (*katalysator*): promotor, activator || promoteur *m*, activant *m* || Aktivator *m*; *zie ook* **collector.**
prop: plug || tampon *m* || Propfen *m*; **-, houten:** wooden plug || tampon *m* en bois *m* || Holzpfropfen *m*, -stöpsel *m*, dübel *m*.
propaan: propane || propane *m* || Propan *o*; **-carbonzuur-1 (butaanzuur;** boterzuur): 1-propanecarboxylic acid || acide *m* propanecarboxylique-1 || (Propancarbonsäure-1 *v*).
propanon (aceton): propanone || propanone *m* || Propanon *o*.
propeen: propene || propène *m* || (Propen *o*), Propylen *o*; **-zuur (etheencarbonzuur; acrylzuur):** propenoic acid || acide *m* propènoïque || (Propensäure *v*).
propor|tie: proportion || proportion *v* || Proportion *v*; **-tionaalpasser:** *zie* **reductiepasser; -ionaliteitsgrens:** *zie* **evenredigheidsgrens.**
*propyleen (*koolw.stof*): *zie* **propeen.**
prospec|teren: *zie* **opsporen; -tie:** *zie* **opsporing; -tus:** prospectus, leaflet || prospectus *m*, feuille *v* volante || Werbeblatt *o*, Prospekt *m*.
protactinium: protactinium || protactinium *m* || Protaktinium *o*.
proteïne: protein || protéine *v* || Protein *o*.
proton: proton || proton *m* || Proton *o*.
proustiet: proustite || proustite *v* || Proustit *m*.
proviand: provisions, victuals || provisions *vm*, vivres *mm* || Proviant *m*; **-kamer:** provision store || magasin *m* de vivres *mm* || Proviantraum *m*; **-schip:** store ship, victualler, victualling ship || vaisseau *m* ravitailleur, bâtiment *m* d'approvisionnement *m* || Magazin-, Proviantschiff *o*.
pruimebomenhout: plum tree wood || bois *m* de prunier *m* || Pflaumenbaumholz *o*.
prunel (*stof*): lasting, prunella, prunello || prunelle *v* || Prunell *m*, Lasting *m*.
prijs: price || prix *m* || Preis *m*; **-, kostende:** cost price || prix *m* de revient *m* || [Selbst-]kostenpreis *m*; **-berekening:** calculation of prices || calcul *m* des prix *mm* || Preisberechnung *v*; **-courant:** price list || prix-courant *m*, catalogue *m* || Preisliste *v*; **-lijst:** price-list, rate-card || tarif *m*, prix-courant *m* || Preisliste *v*; **-opgave:** indication of price || indication *v* de prix *v* || Preisangabe *v*.
pseudo|astatisch: pseudoastatic || pseudoastatique || pseudoastatisch; **-morfose:** pseudomorphism || pseudo-morphose *v* || Pseudomorphose *v*.
psilomelaan: psilomelane || psilomélane *m* || schwarzer Glaskopf *m* Schwarzbraunstein *m*.
psychotech|niek: industrial psychology || psychotechnique *v* || Psychotechnik *v*; **-nisch** (*in*: *-nisch onderzoek*): *zie onder* **onderzoek 1.**
psychrometer: psychrometer || psychromètre *m* || Psychrometer *o, m*.
publiek: 1. (*z. nw.*): public || public *m* || Publikum *o*;
2. (*bijv. nw., bijw.*): public(*ly*) || public (*publiquement*) || öffentlich, publik.
publi|katie: publication || publication *v* || Veröffentlichung *v*, Publikation *v*, Bekanntmachung *v*; **-ceren:** to publish || publier || veröffentlichen, publizieren.
pui: 1. (*huis*): underfront, lower front || façade *v*, devanture *v* || Fassade *v*, Giebel *m*, Vorderseite *v*;
2. (*stadhuis, enz.*): [outside double] flight of steps || perron *m* || Freitreppe *v*.
puim: pumice grit, crushed pumice stone || ponce *v* broyée || Bimssteinpulver *o*; **-beton:** pumice concrete || béton *m* de ponce *v* || Bimsbeton *m*; **-en:** to pumice; pumicing || poncer; ponçage *m* || bimsen; Bimsen *o*; **-steen:** pumice stone || [pierre *v*] ponce *v*, pumicite *v* || Bimsstein *m*; **-steengruis:** *zie* **puim; -steenpapier:** pumice stone paper || papier *m* ponce || Bimssteinpapier *o*; **-steenzeep:** pumice soap || savon *m* ponce || Bimssteinseife *v*; **-zand:** pumice sand || sable *m* de pierre *v* ponce || Bimssand *m*.
puin: broken bricks (stone) || briquaille *v* pierraille *v* || Steinschlag *m*; *zie ook* **verweringspuin; -weg:** broken stone road || route *v* empierrée || Steinschlagstraße *v*.
pulp: 1. (*suikerfabr.*): exhausted chips (noodles) || cossettes *vm* épuisées || ausgelangte Schnitzel *om*;
2. (*ertsverwerking*): pulp || pulpe *v* || Trübe *v*.
puls: self emptying borer || sonde *v* à clapet *m* || Ventilbohrer *m*; (*boren*) (*mijnb.*): bailer || cuiller *v*, cloche *v* à soupape *v* || Schlammlöffel *m*, -büchse *v*, Schöpfbüchse *v*; **-put** (*petr.*): **bailing well** || **puits** *m* **en puisage** *m* || **Schöpfsonde** *v*.
pul|serend: pulsating || pulsatoire || pulsierend; **-someter:** pulsometer || pulsomètre *m* || Pulsometer *o, m*.
punaise: drawing pin, thumb pin (tack) || punaise *v* || Reißnagel *m*, -zwecke *v*.
punctuur (*typogr.*): point || pointure *v* || Punktur *v*; **-schroef:** point screw || vis *v* des pointures *vm* || Punkturschraube *v*; **-stift:** point [spur] || point *m* du tympan *m*, pointure *v* || Punktur[spitze] *v*.
punt: 1. (*algem.*): point || point *m* || Punkt *m*; **-eer-:** *zie na* **punt 5; -lassen:** spot welding

|| soudure *v* par point *m* || Punktschweißung *v*;
2. (*morse-alfabet*): dot || point *m* || Punkt *m*;
3. (*meetk.*, *enz.*): point || point *m* || Punkt *m*; **-, dood:** dead centre || point *m* mort || Tot-, Umkehrpunkt *m*; **-, kritisch:** critical point || point *m* critique || kritischer Punkt *m*; **-, neutraal:** neutral point || point *m* neutre || Indifferenzpunkt *m*, neutraler Punkt *m*; **-, vast:** fixed point, base || point *m* fixe, repère *m* || Fest-, Fixpunkt *m*;
4. (*uiteinde*): point || pointe *v*, bout *m* || Spitze *v*; **-beitel:** pointed chisel || ciseau *m* pointu || Spitzstahl *m*; (*mijnb.*): gad || coin *m* || Fimmel *m*; *zie ook* **beitel 4, spitse; -bliksemafleider:** point lightning arrester || parafoudre *m* à pointes *vm* || Spitzenblitzschutzvorrichtung *v*; **-boor:** pointed drill || foret *m* à langue *v* d'aspic *m* || Spitzbohrer *m*; **-bout:** pointed bolt || boulon *m* à pointe *v* || Spitzbolzen *m*; **-cirkel** (*tandwiel*): *zie* **kopcirkel; -deur:** check gate || porte *v* busquée || Schlag-, Stemmtor *o*; **-elektrode:** point electrode || électrode *v* à pointe *v* || Spitzenelektrode *v*; **-en, vaste** (*draaibank*): dead centres || pointes *vm* fixes (mortes) || feste (tote) Spitzen *vm*; **-granaat:** elongated shell || obus *m* oblong || Spitzgranate *v*; **-haakbeitel** (*draaibank*): pointe hook tool || plane *v* à crochet *m* || Spitzhaken *m*; **-hamer:** pointed hammer || marteau *m* à pointe *v* || Spitzhammer *m*; **-houweel:** pick || pic *m* || Spitzhacke *v*, -haue *v*; **-ig:** pointed, sharp || pointu, en pointe *v* || spitz[ig]; **-kogel:** pointed ball || balle *v* conique || Spitzkugel *m*; **-mikrofoon:** point microphone || microphone *m* à pointes *vm* || Spitzenmikrophon *o*; **-ontlading:** point discharge - décharge *v* par les pointes *vm* || Spitzenentladung *v*; **-plaatgelijkrichter:** spark rectifier || redresseur pointe-plaque *m* || Stiftplattegleichrichter *m*; **-reel:** point rail || rail *m* en pointe *v* || Spitzenschiene *v*; **-schaaf:** side rebate (rabbet) plane || guillaume *m* || [Ge]simshobel *m*; **-schroef:** pointed screw || vis *v* à pointe *v* || Spitzschraube *v*; (*wissel*): crossing frog [point] || [pointe *v* de] coeur *m* || Herzstück *o*; **-tang:** pointed pliers || pince *v* pointue || Spitzzange *v*; **-vertanding, dubbele:** double pin gearing || denture *v* à double point *m* || Doppelpunktverzahnung *v*; **-vijl:** taper file || lime *v* pointue || Spitzfeile *v*; **-wissel** (*spw.*): facing points (point switch) || aiguille *v* prise en pointe *v* || Spitzweiche *v*; **-wisselmechanisme:** facing point lock || verrouillage *m* d'aiguille *v* à la pointe *v* || Spitzweichenverriegelung *v*;
5. (*typogr.*): point || corps *m*, point *m* typographique || [typographischer] Punkt *m*; **-lijn:** dotted rule || filet *m* pointé || Punktlinie *v*.
6. (*leesteken*): period, full stop || point *m* || Punkt *m*; **-, dubbele:** colon || deux-points *mm* || Doppelpunkt *m*, Kolon *o*; **-komma:** *zie* **komma-punt.**

punteer|gravure: dotted engraving || gravure *v* pointillée || Punktierstich *m*; **-naald:** dotting needle || aiguille *v* à pointiller || Punktiernadel *v*; **-pen:** dotting pen || tireligne *m* à pointille *v* || Punktierfeder *v*; **-stang** (*glasbl.*): punt[ry] || pontil *m* || Hafteisen *o*; **-wieltje:** dotting wheel || roue *v* à pointiller || Punktierrädchen *o*.

punte|ren: to dot || pointiller || punktieren; **-ring:** dotting || pointillage *m* || Punktierung *v*.

pupinisering: coil loading || pupinisation *v*, charge *v* par bobines *vm* || Bespülung *v*.

purper: purple || pourpre *m* || Purpur *m*; **-hout:** *zie* **amaranthout.**

put: 1. (*kuil, groeve*): pit || fosse *v* || Grube *v*;
2. (*waterput*): well || puits *m* || Brunnen *m*; **-deksel:** well cover || couvercle *m* de puits *m* || Brunnendeckel *m*; **-huisje:** well house (roof) || toit *m* de puits *m* || Brunnendach *o*; **-krans:** shaft of well || couronne *v* || Brunnenkranz *m*; **-steen:** radial stone || pierre *v* radiale || Brunnen-, Schachtstein *m*; **-wiel:** well wheel || roue *v* de puits *m* || Brunnenrad *o*;
3. (*mijnb.*): well || puits *m* || Sonde *v*; **- slaan, een:** to drill (bore), to put down a well || forer, faire un sondage *m*, sonder || eine Bohrung *v* ausführen, bohren;
4. (*petr.*): well || puits *m* || Sonde *v*; **-, gesloten:** shut-in (closed-in) well || puits *m* fermé || [ab]geschlossene Sonde *v*; **-, spuitende:** [natural] flowing well || puits *m* jaillisant (en éruption *v*) || fließende (selbstlaufende) Sonde *v*; **-, verwaterde:** well gone to water, drowned well || puits *m* inondé || verwässerte Sonde *v*; **-, wilde:** wild (blowing) well || puits *m* en éruption libre || wild eruptierende Sonde *v*; **-gas:** casinghead gas || gaz *m* de sonde *v* || Sondengas *o*; **-gasbenzine:** natural (casinghead) gasoline || gazoline *v* naturelle, essence *v* de gaz *m* naturel || Naturbenzin *m*, gasolin *m*; **-pomp:** oilwell (subsurface) pump || pompe *v* de fond *m* || Tiefpumpe *v*.

puts: bucket || seau *m* || Schöpfe *v*.

puzzolaanaarde: *zie* **pozzolaanaarde.**

pijl: arrow, rise || flèche *v* || Pfeil *m*, Stich *m*; **-boog** (*gewelf*): [height of, pitch of] camber, rise || [hauteur *v* de] flèche *v* || Pfeilerhöhe *v*, Stich *m*; **-hoogte** (*boog*;

gewelf; *enz.*): height || flèche *v* || Pfeilhöhe *v*; **-tand:** *zie* **hoektand.**

pijler: 1. (*algem.*): pier, pillar || pilier *m*, pile *v* || Pfeiler *m*; **-boog:** pier arch || arc-doubleau *m* || Pfeilerbogen *m*; **-kop:** cut water, starling, pier head || bec *m* de pilier *m*, avant-bec *m* de la pile *v* || Pfeiler[vor]kopf *m*; **-voet:** pier foot || base *v* de la pile *v* || Pfeilerfuß *m*;
2. (*brug*): bridge pier || pile *v* de pont *m* || Brückenpfeiler *m*; **-kop a. d. stroomzijde:** fore (stream) starling || avant bec *m*, bec *m* d'amont *m* || Pfeilervorhaupt *o*; **-kop stroomafwaarts:** back (tail) starling || arrière-bec *m*, bec *m* d'aval *m* || Pfeilerhinterhaupt *o*, Talpfeilerkopf *m*;
3. (*mijnb.*): bord, board, cross-heading || voie *v* de taille *v* (d'abattage *m*), taille *v* || Streb *m*; **-band:** face belt conveyor || convoyeur *m* pour le chantier *m* || Strebförderer *m*, -band *o*; **-front:** [working-] face, wall || front *m* de taille *v* (d'attaque *v*) || [Streb]stoß *m*; **-lengte:** length of face || longueur *v* de l'havée *v* || Streb-, Stoßlänge *v*.

pijnboom: 1. (*Schotse den*): red fir, Scotch pine || pin *m* sylvestre, sapin *m* rouge || Föhre *v*, Kiefer *v*; **-hout:** fir [wood], Scotch fir || [bois *m* de] pin *m* || Föhren-, Kieferholz *o*;
2. (*bergpijn*): mountain pine || pin *m* de montagne *v* || Berg-, Krummholzkiefer *m*;
3. (*fijne pijn, spar*): pine || sapin *m* du nord *m* || Fichte *v*, Pech-, Rottanne *v*;
4. (*Weymouthpijn*): white (Weymouth, American yellow) pine || pin *m* blanc canadien (Weymouth *m*) || Weymouthkiefer *v*;
5. (*zeepijn*): cluster pine, pinaster || pin *m* maritime || Seeföhre *v*, See-, Strandkiefer *v*;
6. (*zwarte*): Austrian (black) pine || sapin *m* noir || Schwarzföhre *v*, -kiefer *v*.

pijp: pipe, tube || tube *m*, tuyau *m* || Rohr *o*, Röhre *v*; *zie ook* **buis; -flenzen, een:** to hed (to flange) a tube || faire un collet *m* à un tube *m* || ein Rohr *o* [um]bördeln; **- m. drie uitlaten:** three way pipe || tuyau *m* à trois voies *vm* || Dreiwegestück *o*; **- m. flenzen:** flanged pipe || tuyau *m* à brides *vm* (bridé) || Flanschenrohr *o*; **- m. losse** (*vaste*) **flens:** pipe with loose (*fixed*) flange || tuyau *m* à bride *v* folle (*fixe*) || Rohr mit losem (*festem*) Flansch *m*; **- m. stuiknaad, gelaste:** butt welded pipe || tuyau *m* soudé à rapprochement *m* || stumpfgeschweißtes Rohr *o*; **een - snijden:** to cut off a tube || couper un tube *m* || ein Rohr *o* abschneiden; **een - stuiken:** to expand a tube || mater un tube *m* || ein Rohr *o* stauchen; **-, aarden:** clay pipe || pipe *v* de terre *v* || Tonpfeife *v*; **-, aftakkende:** branch pipe || tuyau *m* de branchement *m* || Abzweig-, Zweigrohr *o*, Abzweig *m*; **-, gegolfde:** corrugated pipe (tube) || tuyau *m* ondulé || Wellrohr *o*; (*m. overlap*) **-, gelaste:** (*lap*) welded pipe (tube) || tuyau *m* soudé (*à recouvrement m*) || (*überlappt*) geschweißtes Rohr *o*; **-, gelede:** articulated pipe || tuyau *m* articulé || Gliederrohr *o*; **-, geribde:** ribbed pipe || tuyau *m* à ailettes *vm* || Rippenrohr *o*; **-, getrokken:** [solid] drawn tube || tube *m* (tuyau *m*) étiré || gezogenes Rohr *o*; **-, koperen:** copper tube || tuyau *m* (tube *m*) en cuivre *m* || Kupferrohr *o*; **-, loden:** lead pipe || tuyau *m* en plomb *m* || Bleirohr *o*; **-, inwendige** (*uitwendige*) **middellijn v. e.:** bore, inside (*outside, external*) diameter (width) || diamètre *m* intérieur (*extérieur*) || lichte (innere) (*äußere*) [Rohr]weite *v*; **-, naadloos getrokken [stalen]:** seamless drawn pipe || tube *m* étiré sans soudure *v* || nahtloses gezogenes Rohr *o*; **-, verende:** *zie* **expansiepijp; -aandrijver:** tube caulking tool || matoir *m* à tubes *mm* || Rohrstemmer *m*; **-aanleg:** piping system, range of pipes || tuyauterie *v* || Rohranlage *v*, Röhrenwerk *o*; **-aansluiting:** pipe connection || raccord *m* d'un tuyau *m* || Rohranschluß *m*; **-aarde:** pipe clay, argillaceous sandstone || terre *v* à pipes *vm*, grès *m* argileux || Pfeifenton *m*, Tonsandstein *m*; **-afkoeling:** cooling of the tubes || refroidissement *m* des tubes *mm* || Rohrkühlung *v*; **-afsluiter:** pipe closer (stopper) || obturateur *m* de tuyau *m* || Rohrverschluß *m*; **-afsluiting:** tube closing || fermeture *v* de tuyau *m* || Rohrverschluß *m*; **-aftakking:** branching of the pipe, pipe branch || branchement *m* || Rohrverzweigung *v*; **-bekleding:** *zie* **buisbekleding; -beproevingstoestel:** appliance for testing tubes || banc *m* à essayer les tubes *m* || Rohrprüfungsvorrichtung *v*; **-beugel:** clip; pipe hanger (*Am.*) || étrier *m* || Rohrschelle *v*; **-bevestiging:** *zie* **buisbevestiging; -bezem:** tube brush || hérisson *m* || Rohrwischer *m*; **-bocht:** pipe bend || tuyau *m* coudé || Rohrkrümmer *m*; **-borstel:** tube brush || brosse *v* à tubes *mm* || Rohrbürste *v*; *zie* **buisbreuk; -buigmachine:** *zie* **buisbuigmachine; -condensor:** tubular condenser || condenseur *m* tubulaire || Röhrenkondensator *m*; **-en vernauwen** (*verwijden*)**:** *zie* **buizen vernauwen** (*verwijden*)**; -ennet:** *zie* **buizennet; -enplan:** *zie* **buizenplan; -enrij:** row of tubes || rangée *v* de tubes *mm* || Rohrreihe *v*; **-ensleutel:** *zie* **pijptang; -enwalswerk:**

zie **pijpwalswerk; -fittings:** *zie* **buisfittings; -flens:** pipe flange || bride *v* de tuyau *m* || Rohrflansch *m*; **-frees:** *zie* **buisfrees;** reamer || fraise *v* à tuyaux *mm* || Rohrfräser *m*: **-haak:** *zie* **buishaak; -indrijver:** *zie* **buisindrijver; -kanaal:** *zie* **buiskanaal; -ketel:** tubular boiler || chaudière *v* tubulaire || Röhrenkessel *m*; **-klem:** pipe clamp, tube (pipe) vice || collier *m* pour tuyau *m*, étau *m* pour tubes *mm* || Rohrklammer *v*, Gasrohrschraubstock *m*; **-krabber:** *zie* **buiskrabber; -lasmachine:** tube welding machine || appareil *m* à souder des tubes *mm* || Rohrschweißmaschine *v*; **-legging:** bedding of pipes || logement *m* (montage *m*) des tuyaux *mm* || Rohrlagerung *v*; **-leiding:** *zie* **buisleiding; -leiding, hangende:** suspended pipe line || conduite *v* suspendue || aufgehängte Rohrleitung *v*; **-leiding, ondergrondse:** piping under the floor, underground pipe installation || conduite *v* souterraine || unterirdische Rohrleitung *v*; **-lek:** pipe dripping || coulage *m* de tube *m* || Rohrrinnen *o*; **-middellijn:** diameter of tube || diamètre *m* de tube *m* || Rohrdurchmesser *m*, -weite *v*; *zie ook* **pijp, inwendige** (*uitwendige*) **middellijn v. e.; -mof:** pipe socket || raccord *m* de tube *m* || Rohrmuffe *v*; **-naad:** *zie* **buisnaad; -ophanging:** *zie* **buisophanging; -pakking:** *zie* **buispakking; -pers:** press for pipes || presse *v* à tuyaux *mm* || Rohrpresse *v*; **-radiator:** tubular radiator (heating body) radiator || radiateur *m* tubulaire || Röhrenheizkörper *m*; **-scharnier:** *zie* **buisscharnier; -schraper:** tube scraper || grattoir *m* à tubes *mm* || Rohrauskratzer *m*; **-schroefsleutel:** pipe wrench || clé *v* pour tuyaux *mm* || Rohr[schrauben]-schlüssel *m*; **-slang:** tube coil || serpentin *m* || Rohrschlauch *m*; **-sleutel:** *zie* **soksleutel; -sleutel** (*slot*)**:** hollow-piped key || clé (clef) *v* creuse || Hohlschlüssel *m*; **-snijder:** *zie* **buissnijder; -spaak:** tubular spoke || rais *m* tubulaire || Rohrspeiche *v*; **-spaakrad:** wheel with tubular spokes || roue *v* à rais *mm* tubulaires || Rohrspeichenrad *o*; **-steun:** pipe support || console *v* de tuyau *m* || Rohrstütze *m*; **-stop:** tube plug || bouchon *m* (tampon *m*) de tube *m* || Rohrpfropfen *m*; **-stopper:** tube plug key (rod) || outil *m* à tamponner les tubes *mm* || Rohrpfropfensetzer *m*; **-stuikmachine:** tube expanding machine || machine *v* à mater les tubes *mm* || Rohreinstauchmaschine *v*; **-stuk, aansluitend:** junction tube || tube *m* de jonction *v* || Anschlußrohr *o*; **tang:** gripping pliers, pipe wrench || clé (clef) *v* à tubes *mm*, serre-tubes *m* || Rohrschlüssel *m*, -zange *v*; **-uitdrijver:** *zie* **buisuitdrijver; -tunnel:** tube tunnel || tunnel *m* tubulaire || Röhrentunnel *m*; **-uitzetter:** tube expander, mandrel (drift) for inserting tubes || appareil *m* à mandriner (mandrin *m* à sertir) les tubes *mm*, mandrin *m* monte-tubes || Rohraufweiterer *m*, Rohreintreibedorn *m*; **-verbinding:** pipe joint || jonction *v* (joint *m*, assemblage *m*) de tuyaux *mm* || Rohrverbindung *v*; **-verbindingsklem:** pipe connection clip || collier *m* à tubulure *v* || Rohranschlußschelle *v*; **-wals:** tube rolling mill || train *m* de laminoirs *mm* à tuyaux *mm* || Rohrwalzapparat *m*; **-walswerk:** tube rolling works, rolling mill for pipes || laminoir *m* à tuyaux *mm* || Röhrenwalzwerk *o*; **-wand:** pipe (tube) wall || paroi *v* de tube *m* || Rohrwand *v*; **-wanddikte:** thickness of pipe (tube) wall || épaisseur *v* de paroi *v* du tuyau *m* || Rohrwandstärke *v*; **-wijdte:** bore (inside diameter) of pipe || calibre *m* (diamètre *m* intérieur) du tuyau *m* || Rohrweite *v*.

pyknometer: pycnometer || pycnomètre *m* || Pyknometer *o*, *m*.

pyramide: *zie* **piramide.**

pyrargyrit: pyrargyrite || pyrargyrite *v* || Pyrargyrit *m*.

pyra|zine: pyrazine || pyrazine *v* || Pyrazin *o*; **-zool:** pyrazole || pyrazole *m* || Pyrazol *o*.

pyridine: pyridine || pyridine *v* || Pyridin *o*.

pyriet: pyrites || pyrite *v* || Pyrit *m*.

pyrimidine: pyrimidine || pyrimidine *v* || Pyrimidin *o*.

pyro|catechine: *zie* **pyrocatechol; -catechol (benzeendiol-1,2):** pyrocatechol || pyrocatéchol *m* || Pyrocatechin *o*; **-elektriciteit:** pyroelectricity || pyroélectricité *v* || Pyroelektrizität *v*; **-elektrisch:** pyroelectric || pyroélectrique || pyroelektrisch; **-fosforzuur:** pyrophosphoric acid || acide *m* pyrophosphorique || Pyrophosphorsäure *v*; **-gallol (benzeentriol-1,2,3):** pyrogallol || pyrogallol *m* || Pyrogallol *o*; **-geen:** pyrogenous || pyrogène || pyrogen; **-lusiet;** pyrolusite || pyrolusite *v* || Pyrolusit *m*, Braunstein *m*; **-magnetisch:** pyromagnetic || pyromagnétique || pyromagnetisch; **-meter:** pyrometer || pyromètre *m* || Hitzegradmesser *m*, Pyrometer *o*, *m*; **-meter, optische:** optical pyrometer || pyromètre *m* optique || optisches Pyrometer *o*, *m*; **-metrie:** pyrometry || pyrométrie *v* || Hitzegradmessung *v*, Pyrometrie *v*; **-metrograaf:** recording pyrometer || pyrométrographe *m*, pyromètre *m* enregistreur || Registrierpyrometer *o*, *m*; **-morfiet:** pyromorphite, green lead ore || pyromorphite *v*, plomb *m* vert (brun) || Pyromorphit *m*, Braun-, Grünbleierz *o*; **-pissiet:** pyro-

pissite || pyropissite || Pyropissit *m*; **-skoop:** *zie* **pyrometer; -staat:** pyrostat || pyrostat *m* || Pyrostat *m*; **-techniek:** pyrotechny || pyrotechnie *v* || Feuerwerkerei *v*, Pyrotechnik *v*; **-technisch:** pyrotechnical || pyrotechnique || pyrotechnisch; **-zwavelzuur:** pyrosulfuric acid || acide *m* pyrosulfurique || Pyroschwefelsäure *v*.
pyroop: pyrope || pyrope *m* || Pyrop *m*.

Q

Zie ook K.

quaderzandsteen: upper cretaceous sandstone || grès *m* crétacé supérieur, pierre *v* crétacée supérieure || Quadersandstein *m*.
quadrillepapier: design (point, rule) paper || papier *m* quadrillé || Patronen-, Musterpapier *o*.
quadripool: *zie* **vierpool.**
quadruple-expansiemachine: quadruple expansion engine || machine *v* à quadruple détente *v* (expansion *v*) || Vierfachexpansionsmaschine *v*.
quadruplex-telegraaf: quadruplex telegraph || télégraphe *m* quadruplex (à transmission *v* quadruple) || Quadrupel-, Vierfachtelegraph *m*.
quant: *zie* **energiequantum.**
quantum: 1. (*algem.*): quantum,[1]) amount || quantum[1]) *m* || Quantum[2]) *o*, Menge *v*; **2.** *zie* **energiequantum; -getal:** quantum number || nombre *m* quantique || Quantenzahl *v*; **-mechanica:** quantum mechanics || mécanique *v* quantique || Quantenmechanik *v*; **-theorie:** quantum theory || théorie *v* des quanta *mm* || Quantentheorie *v*.

[1]) Mrv.: *quanta.*
[2]) Mrv.: *Quanten.*

quarantaine|boot: quarantine boat || bateau *m* de santé *v* || Quarantäneboot *o*; **-haven:** port of quarantine || port *m* de quarantaine *v* || Quarantänehafen *m*; **-vlag:** quarantine flag || signal *m* de quarantaine *v* || Quarantäneflagge *v*.
quar|tair: quaternary || quartaire || quartär; **-tering** ($^3/_4$ *zilver*, $^1/_4$ *goud*)**:** [in]quartation || [in]quartation *v* || Quartation *v*, Quartierung *v*; **-to** (*boekform.*)**:** quarto || in-quarto *m* || Quartformat *o*, Quarto *o*; *zie ook* **kwarto.**
quasi-stationair: quasi-stationary || quasi-stationnaire || quasistationnär.
quater|nair: quaternary || quaternaire || quaternär, Vierstoff-; **-ne** (*boekdr.*)**:** four sheets as one || cahier *m* de quatre feuilles *vm* || Quaterne *v*.
quercitron (*bast*)**:** quercitron || quercitron *m* || Querzitronrinde *v*.
quotiënt: quotient || quotient *m* || Quotient *m*.

R

ra (*scheepst.*)**:** yard || vergue *v* || Rah[e] *v*.
raak|lijn: tangent, touching line || tangente *v* || Berührungslinie *v*, Berührende *v*, Tangente *v*; **-punt:** tangent (touching) point || point *m* de tangence *m* || Berührungs-, Tangentialpunkt *m*; **-vlak:** tangent plane || plan *m* tangent || Berührungs-, Tangentialebene *v*.
raam: 1. (*freem, gestel, onderstel, omlijsting, enz.*)**:** frame, framing || châssis *m*, carcasse *v*, cadre *m* || Rahmen *m*, Gestell *o*; *zie ook* **freem; gestel; -** (*typogr.*)**:** chase || châssis *m* || Rahmen *m*; **-** (*droograam*) (*weverij*)**:** tenter || rame *v* || Trocken-, Tuchrahmen *m*; **-** (*onderstel v. e. auto, enz.*)**:** [under]frame || bâti *m*, châssis *m* || Rahmen *m*, Untergestell *o*; **-** (*spanraam*)**:** clamping frame || cadre *m* de serrage *m* || Einspannrahmen *m*; **-** (*klopper*) (*telegr.*)**:** tapper casing || enveloppe *v* de tapeur *m* || Klopfergehäuse *o*; (*vuurdeur*)**:** fire door frame || cadre *m* de la porte *v* du foyer *m* || Heiztürrahmen *m*; **-** (*v. d. vuurkist*)**:** fire box frame || carcasse *v* de boîte *v* à feu *m* || Feuerbüchsrahmen *m*; (*deur*)**:** door frame || cadre *m* de porte *v* || Türrahmen *m*; (*fundament*)**:** foundation (sole plate) frame || cadre *m* (châssis

m) de fondation *v* || Fundament-, Grundplattenrahmen *m*; (*kussen*): cushion frame || parclose *v* || Kissenrahmen *m*; (*rooster*): grate bar frame || cadre *m* (châssis *m*) de grille *v* || Rostgestell *o*, -rahmen *m*, -träger *m*; (*tunnel*): tunnel ring || virole *v* de tunnel *m* || Tunnelrahmen *m*, -ring *m*; (*venster*): window frame, sash || [cadre *m* de] croisée *v* || Fensterrahmen *m*; (*zaag*): saw frame || cadre *m* de scie *v* || Gatter *o*, Gatter-, Sägerahmen *m*; (*mangat*): manhole frame || cadre *m* du trou *m* d'homme *m* || Mannlochrahmen *m*; (*schakelbord*): switch board frame || cadre *m* de tableau *m* de distribution *v* || Schalttafelrahmen *m*; (*ondersteuning*) (*mijnb.*): four-piece set || cadre *m* complet || Viergespann *o*; **- m. ronde glijbaan:** frame with circular guide || bâti *m* à glissière *v* cylindrique || Rundführungsrahmen *m*; **- uit stalen plaat geperst:** pressed steel frame || châssis *m* en tôle *v* d'acier *m* emboutie || gepreßter Stahlrahmen *m*; **- v. buizen:** tubular frame || châssis *m* tubulaire || Rohr-, Röhrenrahmen *m*; **- v. hoekstaal:** angle steel frame || cadre *m* en acier *m* cornier || Winkelstahlrahmen *m*; **- v. profielstaal:** section (profiled) steel frame || châssis *m* en acier *m* profilé || Formstahl-, Profilstahlrahmen *m*; **- v. stalen plaat:** plate frame || châssis *m* en tôle *v* || Blech-, Plattenrahmen *m*; **- v. staven:** bar frame || châssis *m* en barres *vm* || Barrenrahmen *m*; **-, binnenste** (*buitenste*): inner (*outer, outside*) frame || châssis *m* intérieur (*extérieur*) || Innenrahmen *m* (*Außen-*); **-, dubbel:** double frame || châssis *m* double || Doppelrahmen *m*; **-, gevorkt:** forked frame || bâti *m* à fourche *v* (four chu) || Gabelrahmen *m*; **-, houten:** wooden frame || châssis *m* (cadre *m*) en bois *m* || Holzrahmen *o*; **-, ondersteund:** supported frame || bâti *m* à supports *mm* || unterstützter (aufliegender) Rahmen *m*; **-, rechthoekig:** rectangular frame || cadre *m* rectangulaire || rechteckiger Rahmen *m*; **-, vrijdragend:** unsupported frame || bâti *m* en porte *v* à faux || freitragender Rahmen *m*; **-antenne:** frame (loop) antenna || cadre *m* [récepteur] || Empfangsrahmen *m*, Rahmenantenne *v*; **-balk:** *zie* **freembalk; -buis:** frame tube || tube *m* de cadre *m* || Rahmenrohr *o*; **-dwarsbuis:** cross tube of frame || tube *m* transversal de cadre *m* || Rahmenquerrohr *o*; **-fittings:** frame fittings || garnitures *vm* du châssis *m* || Rahmenarmatur *v*, -bewehrung *v* ; **-flens:** *zie* **freemflens; -hamer:** drop hammer || marteau *m* à chute *v* libre || Rahmen-, Gleishammer *m*; **-hoek:** corner of framing || angle *m* de châssis *m* || Rahmenecke *v*; **-hout:** framing timber || bois *m* pour châssis *m* || Rahmenholz *o*; **-lijst:** frame [bead], framing || cadre *m*, châssis *m*, baguette *v* de cadre *m* || Rahmen *m*, -leiste *v*; **-model:** frame pattern || modèle *m* de bâti *m* || Rahmenmodell *o*; **-opening:** *zie* **freemopening; -papier:** *zie* **papier, geschept; -plaat:** *zie* **freemplaat; -schuif:** covered valve || tiroir *m* à cadre *m* || Rahmenschieber *m*; **-spant** (*scheepsb.*): *zie* **plaatspant; -stang:** creel rod || tige *v* de râtelier *m* || Rahmenstange *v*; **-stijfheid:** rigidity of the frame || rigidité *v* du châssis *m* || Rahmensteifigkeit *v*; **-uitsparing:** frame hole || découpure *v* de châssis *m* || Rahmenausschnitt *m*; **-verbindingen:** frame connections || joints *mm* du châssis *m* || Rahmenverbindungen *vm*; **-vering:** elasticity of frame || élasticité *v* du châssis *m* || Rahmendurchfederung *v*; **-versterking:** stiffening of the frame || renforcement *m* du châssis *m* || Rahmenversteifung *v*; **-voet:** *zie* **freemvoet; -vorm:** shape of frame || type *m* de cadre *m* || Rahmenform *v*; **-wand:** *zie* **freemwand; -weerstand:** *zie* **freemweerstand; -werk:** frame work, skeleton || carcasse *v*, charpente *v*, ossature *v* || Rahmenwerk *o*, Gerippe *o*; **-zaagmachine:** frame sawing machine || scie *v* alternative à cadre *m* || Rahmensägemaschine *v*;

2.: *zie* **venster; -gewicht:** sash balancing weight || contrepoids *m* de fenêtre *v* || Fenstergewicht *o*; **-koord:** sash cord (line) || corde *v* à bascule *v* [pour fenêtre *v* à coulisse *v*] || Gewichtsschnur *v*; **-pje** (*i. e. groot raam*): wicket || guichet *m* || kleiner Flügel *m*.

raap|olie: colza (rape seed) oil || huile *v* de colza || Kolzaöl *o*, Rapsöl *o*; **-werk** (*metselw.*): rendering, roughing || gobetage *m* || Berappung *v*.

rabat|staal: making steel || patarasse *v* cannelée || Rabattstahl *o*; **-tarief:** *zie* **tarief, afdalend.**

rabitz|constructie: Rabitz construction, construction with wire netting || construction Rabitz || Rabitzkonstruktion *v*; **-dak:** Rabitz roof || couverture *v* Rabitz || Rabitzdecke *v*; **-metaal:** Rabitz metal (wire netting) || teillis *m* métallique Rabitz || Rabitzgeflecht *o*; **-ommanteling:** casing with wire netting || revêtement *m* Rabitz || Rabitzummantelung *v*.

rad 1. (*wiel*): wheel || roue *v* || Rad o; *zie ook* **wiel; -, fonisch:** phonic wheel || roue *v* phonique || phonisches Rad *o*; **-kerfmachine** (*mijnb.*): disc coal-cutter ||

haveuse *v* à disque *m* (roue *v*) || Radschrämmaschine *v*;
2. (*eenheid*) rad || rad *m* || Rad *o*.

radar: radio detecting and ranging, radar || radio-répérage *m* et télémétrage *m*, radar *m* || Entdeckungs- und Entfernungsmessung *v*, Funkmeß[verfahren] *o*, Funkortung *v*, Radar *o*; **-antenne:** radar aerial || antenne *v* de radar *m* || Radarantenne *v*; **-baken:** radar beacon, ray mark || phare *m* (balise *v*) de radar *m* || Radarbake *v*, -funkfeuer *o*; **-dom:** radome || radome *m* || Radarkuppel *v*, -nase *v*; **-echo:** radar echo || écho *m* de radar *m* || Radarecho *o*; **-inrichting:** radar unit, radiolocator || appareil *m* radar || Radaranlage *v*; **-prisma:** radar prism || prisme *m* de radar *m* || Radarprisma *o*; **-station:** radar-station || station *v* de radar *m* || Radarstation *v*; **-techniek:** radar engineering (technics) || technique *v* du radar *m* || Radartechnik *v*.

radeer|gom: eraser, rubber || gomme *v* à gratter || Radiergummi *o*, *m*; **-gom** *v*. **inkt** (*potlood*)**:** ink (lead) eraser || gomme *v* à encre *v* (*à crayon m*) || Tintengummi (*Bleigummi*) *o en m*; **-grond:** *zie* **etsgrond; -mes:** erasing knife || grattoir *m* || Radiermesser *o*; **-naald:** *zie* **etsnaald; -water:** *zie* **etswater.**

rader|as (*raderboot*)**:** paddle shaft || arbre *m* des roues *vm* || Radwelle *v*; **-boot:** *zie* **raderstoomboot; -dek:** flying deck || passerelle *v* entre les tambours *mm* || Raddeck *o*.

raderen: 1. (*uitwissen*)**:** to erase, to rub out || gommer, gratter, effacer || radieren;
2. *zie* **etsen.**

rader|kast (*schip*)**:** paddle box || tambour *m* des roues *vm* || Radkasten *m*; **-kastbalk:** paddle bearer || élongis *m* de tambour *m* || Radkastenbalken *m*; **-machine:** paddle wheel engine || machine *v* d'un vapeur *m* à roues *vm* || Raddampfmaschine *v*; **-sleepboot:** paddle tug || remorqueur *m* à aubes *vm* || Radschleppdampfer *m*, Radschlepper *m*; **-stoomboot:** paddle steamer (boat) || navire *m* (bateau *m*) à roues *vm* || Räderboot *o*, Rad-, Schaufeldampfer *m*; **-werk:** clockwork, train of wheels || rouage *m* || Räderwerk *o*.

radiaal: 1. (*z. nw.*)**:** radian || radian[t] *m* || Bogenlänge *v* bei Halbmesser *m* 1;
2. (*bijv. nw.*)**:** radial || radial || radial;

radiaal|anker: (*elektr.*)**:** radial armature || induit *m* radial || Radialanker *m*; **-boormachine:** radial drilling machine || machine *v* à percer radiale || Ausleger-, Flügel-, Kran-, Radialbohrmaschine *v*; **-boormachine m. draaibare arm:** radial drilling machine with pivoted arm || machine *v* à percer radiale à bras *m* articulé || Radialbohrmaschine *v* mit gelenkigem Ausleger *m*; **-borstel:** radial brush || balai *m* radial || Radialbürste *v*; **-collector:** radial commutator || collecteur *m* radial || Stirnkollektor *m*; **-diagram:** radial diagram || schéma *m* radial || Radialschema *o*; **-frees:** radial (side)milling cutter || fraise *v* à denture *v* radiale || Radialfräser *m*; **-spaak:** radial spoke || rais *m* dirigé suivant le rayon *m* || Radialspeiche *v*; **-spanner:** radial stretching device || dispositif *m* de serrage *m* (tendeur *m*) radial || Radialspannvorrichtung *v*; **-steen:** curved (radial shaped) brick || brique *v* cintrée || Radialstein *m*; **-turbine:** radial flow turbine || turbine *v* radiale || Radialturbine *v*.

radia|teur: *zie* **radiator; -tie:** radiation || rayonnement *m*, radiation *v* || Strahlung *v*.

radiator: radiator || radiateur *m* || Ausstrahler *m*; **-aflaatdop:** radiator drain cock (plug) || bouchon *m* de drainage *m* (robinet *m* de vidange *v*) de radiateur *m* || Kühlerablaßhahn *m*; **-buis:** *zie* **radiatorslang; -dop:** radiator cap || bouchon *m* de radiateur *m* || Kühlerkappe *v*; **-grendel:** radiator lock || serrure *v* de radiateur *m* || Kühlerverschluß *m*; **-hoes:** radiator cover || housse *v* de radiateur *m* || Kühlerverkleidung *v*; **-ingietgat:** radiator filing neck || gorge *v* de remplissage *m* || Kühlereinfüllrohr *o*; **-kop:** radiator cap || chapeau *m* de radiateur *m* || Kühlerkopf *m*; **-lek:** leakage of radiator || fuite *v* de radiateur *m* || Kühlerleck *m*; **-mantel:** radiator shell || calandre *v* de radiateur *m* || Kühlermantel *m*; **-overloop:** radiator overflow || trop plein *m* de radiateur *m* || Kühlerüberlauf *m*; **-rooster:** radiator grill || grille *v* de radiateur *m* || Kühlergitter *o*; **-slang:** radiator hose || raccord *m* de radiateur *m* || Kühlerschlauch *m*; **-vuldop:** radiator filing cap || bouchon *m* de remplissage *m* de radiateur *m* || Kühlereinfüllkappe *v*.

radicaal (*chem.*)**:** radical || radical *m* || Radikal *o*.

radio|actief: radio-active || radioactif || radioaktiv; **-activiteit:** radio-activity || radioactivité *v* || Radioaktivität *v*; **-activiteit, geïnduceerde:** induced radioacitivity || radioactivité *v* induite || induzierte Radioaktivität *v*; **-activium:** radio-activium || radioacitivium *m* || Radioaktivium *o*; **-baken:** radio[marker] beacon, marker beacon || radiophare *m* || Funkfeuer *o*; **-beeldoverbrenging:** radio transmission of pictures || radiotransmission *v* des images *vm* || Bildfunk *m*;

-chemie: radiochemistry || radiochimie *v* || Radiochemie *v*; **-chromometer:** *zie* **hardheidsmeter van Benoist; -conductor:** *zie* **coherer; -diagrafie:** radiodiagraphy || radiodiagraphie *v* || Radiodiagraphie *v*; **-diaskopie:** radiodiascopy || radiodiascopie *v* || Radiodiaskopie *v*; **-distributie:** radiodiffusion, wire broadcasting || télédiffusion *v*, radiodistribution *v* || Drahtfunk *m*; **-fonie:** radiophony || radiophonie *v* || Radiophonie *v*; **-foon:** radiophone || radiophone *m* || Radiophon *o*, Strahlensprecher *m*; **-fotografie:** radiophotography || radiophotographie *v*, photographie *v* par les rayons *mm* X || Radiophotographie *v*; **-fotometer:** actinoradiophotometer || actino-, radiophotomètre *m* || Aktinometer *o*, *m*, Röntgenlicht-Strahlenmesser *m*; **-fotometrie:** radiophotometry || radiophotométrie *v*, photométrie *v* des rayons *mm* X || Röntgenlichtmessung *v*; **-frequentie:** radio frequency || radiofréquence *v* || Funkfrequenz *v*; **-grafie:** radiography || radiographie *v* || Radiographie *v*; **-grafisch:** radiographical(*ly*) || radiographique(*ment*) || radiographisch; **-gram:** radiotelegram, wireless [message] || radio[télé]gramme *m*, dépèche *v* radiotélégraphique || Radiogramm *o*; **-isotoop:** radio-isotope || radioisotope *m* || Radio-isotop *o*; **-kanaal:** radio channel || radiocanal *m* || Funkfrequenzkanal *m*; **-logie:** radiology || radiologie *v*, science *v* des rayons *mm* X || Radiologie *v*, Röntgen-, Strahlenlehre *v*; **-meter:** radiometer || radiomètre *m* || Radiometer *o*, *m*; **-meter v. X-stralen:** Röntgen ray radiometer || radiomètre *m* pour rayons *mm* X || Röntgenstrahlenmesser *m*; **-navigatie:** radio-navigation || radionavigation *v* || Funk-, Radionavigation *v*; **-omroep:** *zie* **omroep; -peiling:** wireless bearing || relèvement *m* radiogoniométrique || Funkpeilung *v*; **-plaatsbepaling:** radiolocation || radiolocalisation *v* || Funkortung *v*; **-plaats- en afstandsbepaling:** *zie* **radar; -skoop:** radioscope || radioscope *m* || Radioskop *o*; **-skopie:** radioscopy || radioscopie *v* || Radioskopie *v*, Röntgendurchleuchtung *v*; **-station:** wireless station || poste *m* radiotélégraphique || Funkstelle *v*; **-telefonie:** radiotelephony, wireless telephony || radiotéléphonie *v* || Radio-, Wellentelephonie *v*; **-telegraferen:** to radiotelegraph || radiotélégraphier || funken; **-telegrafie:** wireless telegraphy; radiotelegraphy (*Am.*) || radiotélégraphie *v*, télégraphie *v* sans fil *m*, T.S.F. *v* || drahtlose Telegraphie *v*, Radiotelegraphie *v*; **-telegrafisch:** radiotelegraphic || radiotélégraphique || funkentelegraphisch; **-telegrafisch station v. verre afstanden:** radiotelegraph long distance station || grand poste *m* radiotélégraphique || funkentelegraphische Großstation *v*; **-telegrafist:** wireless telegraphist || radiotélégraphiste *m* || Funker *m*; **-telegram:** radio-telegram || radiotélégramme *m* || Funktelegramm *o*; **-therapie:** radiotherapeutics || radiothérapie *v* || Radiotherapie *v*, Röntgentherapie *v*; **-thorium:** radiothorium || radiothorium *m* || Radiothorium *o*; **-verkeer:** radio-communication || radiocommunication *v* || Funkverkehr *m*, -verbindung *v*.

radium: radium || radium *m* || Radium *o*; **-bromide:** radium bromide || bromure *m* de radium *m* || Radiumbromid *o*; **-carbonaat:** radium carbonate || carbonate *m* de radium *m* || Radiumcarbonat *o*; **-chloride:** radium chloride || chlorure *m* de radium *m* || Radiumchlorid *o*; **-emanatie:** radium emanation || émanation *v* de radium *m* || Radiumemanation *v*; *zie ook* **radon; -sulfaat:** radium sulfate || sulfate *m* de radium *m* || Radiumsulfat *o*; **-zout:** radium salt || sel *m* de radium *m* || Radiumsalz *o*.

radius: *zie* **straal 1.**

radon: radon || radon *m* || Radon *o*.

rafel|en: to ravel [out] || effil[och]er || ausfasern, -fädeln, -zupfen, zerkratzen, -reißen; **-zijde:** floss (unthrown) silk || effiloques *vm* || Flockseide *v*.

raffi|nade: refined sugar || raffiné *m* || Raffinade *v*; **-naderij:** refinery || raffinerie *v* || Raffinerie *v*; **-neerketel:** refining pan || chaudière *v* à raffinage *m* || Raffinierpfanne *v*; **-neren:** to refine || raffiner || raffinieren.

rail: *zie* **reel.**

rak (*scheepst.*)**:** parrel, truss || racage *m* || Rack *o*; **-beugel:** parrel clasp (lid) || cercle *m* de racage *m* || Rackbügel *m*.

raket: rocket || fusée *v* || Rakete *v*; **-, geleide:** guided rocket || fusée *v* guidée || gesteuerte Rakete *v*; **-aandrijving:** rocket propulsion || propulsion *v* par fusées *vm* || Raketenantrieb *m*; **-bom:** rocket bomb || bombe-fusée *v* || Raketenbombe *v*; **-motor:** rocket engine, chemical-fuel motor || moteur-fusée *m* || Raketenmotor *m*; **-vliegtuig:** rocket [-driven air] plane || avion-fusée *m* || Raketenflugzeug *o*; **-voortstuwing:** *zie* **raketaandrijving.**

rakel[ijzer]: rake || râble *m* || Krammeisen *o*, Schürkelle *v*.

raken: 1. (*aanraken i. h. algem.*)**:** to touch, to contact || toucher || berühren;
2. (*meetk.*)**:** to touch || être tangent à || berühren;

3. (*treffen*): to hit || frapper, atteindre, toucher || treffen, auftreffen;
4. (*geraken*): to get, to arrive, to come to, to attain || arriver (parvenir) à || geraten.

rak|ketouw: parrel rope || bâtard *m* de racage *m* || Racktau *o*; **-keslee:** parrel rib || bigot *m* d'un racage *m* || Rackschlitten *m*; **-ketalie:** truss tackle || palan *m* de racage *m* || Racktalje *o*; **-ketting:** truss pendant || pendeur *m* de drosse *v* || Rackkette *v*; **-klamp:** parrel cleat, rolling chock || jumelle *v* de brasseyage *m* || Rackklampe *v*.

ram: monkey, ram[mer] [block] || bélier *m*, mouton *m* || Widder *m*, Rammbär *m*, -block *m*, -klotz *m*; **-, hydraulische:** hydraulic ram || bélier *m* hydraulique || hydraulischer Widder *m*; **-leider:** ram guide || guide *m* de la masse *v* tombante || Bärführung *v*; **-pijp** (*mijnb.*): drive pipe || tube *m* de fonçage *m* || Rammrohr *o*.

ramee, ramie: *zie* **rameh.**

rameh: China grass || ramie *v* || Ramie *v*, chinesischer Hanf *m*.

rammelen (*wielen, enz.*): to squeak || cogner || tönen.

rand: 1. (*algem.*): border, edge, rim || [re]bord *m* || Rand *m*; **- v. d. geleiding:** guide bar || guide-tiroir *m*, liteau *m* de guidage *m*, barre *v* || Führungsleiste *v*; **- v. h. drukstuk:** flange of gland, flange follower || bride *v* de chapeau *m* || Brillenflansch *m*; **-, gekartelde:** milled rim || bord *m* moleté || gerändelter Rand *m*; **-, omgezette:** flanged rim || bord *m* rabattu (tombé) || umgebördelter (umgekrempelter) Rand *m*; **-, wigvormig opstaande** (*draaibankslede*): inverted Vee slide (slip) || guidage *m* à glissières *vm* en V-renversée *v* || Schweinsrückenführung *v*; **-afstand:** distance from edge || distance *v* au bord *m* || Randabstand *m*; **-breuk** (*wiel*): breakage (fracture) of the rim || rupture *v* de la jante *v* || Kranzbruch *m*; **-druk:** edge pressure || pression *v* sur les arêtes *vm* || Kantenpressung *v*; **-en** (*ww.*): to border || border, faire un bord *m* à; cordonner, créneler (*munt*) || rändern, rändeln; **-moer:** flange (collar) nut || écrou *m* à collet *m* || Bundmutter *v*; **-ontlading:** marginal discharge || décharge *v* marginale (par le bord *m*) || Randentladung *v*; **-ontsteking:** peripheral igniting || percussion *v* périphérique || Randzündung *v*; **-ophanging:** suspension on the edges || suspension *v* au bord *m* || Randaufhängung *v*; **-pan:** margin tile || tuile *v* de bordure *v* || Bordziegel *m*; **-plaat:** flange (boom) sheet, flange (head) plate || semelle *v*, plate-bande *v*, table *v* [de la membrure *v*, des membrures *vm*] || Gurtungslamelle *v*, Gurt-, Kopfplatte *v*; **-put** (*petr.*): edge well || puits *m* marginal (de bordure *v*) || Randsonde *v*; **-reel:** lining rail || rail *m* de bordure *v* || Randschiene *v*; **-schrift** (*munt*): legend, marginal inscription || légende *v* || Randschrift *v*, Umschrift *v*; **-spanning:** rim strain, tension on edge, edge stress || tension *v* au bord *m* || Randspannung *v*; **-staaf:** bar (rod) of flange || membrure *v*, bride *v*, nervure *v* || Gurt[ungs]stab *m*; **-staafkracht:** flange tension || tension *v* dans une membrure *v* || Gurtspannung *v*, -spannkraft *v*; **-steen** (*plaveisel*): curb[stone], kerb[stone] || pierre *v* de bordure *v* || Bord[schwellen]stein *m*; **-tekening:** border drawing || dessin *m* du bord *m* || Randzeichnung *v*; **-versiering** (*typogr.*): border, flourish || bordure *v* || Randverzierung *v*; **-versiering** (*munt*): edge impression || cordon *m* || Kräuselung *v*, Randverzierung *v*; **-verstijving:** flange bracing (strengthening, stiffening) || renforcement *m* (entretoisement *m*) horizontal des membrures *vm* || Gurtversteifung *v*, -aussteifung *v*; **-voeg** (*tussen de helften v. e. wiel*): rim joint || joint *m* de la jante *v* || Kranzstoß *m*; **-vorst:** border ridge || faîte *m* de rive *v* || Randfirst *v*; **-water** (*terrein*): edge water || eau *v* marginale (de bordure *v*) || Randwasser *o*;
2. (*omlijsting*): framing, frame || bordure *v* || Rand *m*, Rahmen *m*;
3. (*scherpe rand*): edge, rim || arête *v* || Rand *m*, Kante;
4. (*richel*): raised rim, border, edge || [re]bord *m* || Randleiste *v*, Gesims *o*; *zie ook* **reel 3.**

rangeer|baan: shunting track || voie *v* de manoeuvre *v* || Verschiebungsweg *m*; **-der:** shunter || ouvrier *m* du service *m* de triage *m* || Rangierarbeiter *m*, Schirrmann *m*, Verschieber *m*; **-dienst:** shunting service || service *m* de manoeuvre *v* (de triage *m*) || Rangierdienst *m*, Verschiebedienst *m*; **-kabelbaan:** traversing rope railway || voie *v* de manoeuvre *v* funiculaire (à câble *m* tracteur) || Verschiebeseilbahn *v*; **-kruk:** shunting crank || manivelle *v* du cadran *m* de manoeuvre *v* || Rangier-, Verschiebekurbel *v*; **-locomotief:** shunting engine || locomotive *v* de manoeuvre *v* || Rangier-, Verschiebelokomotive *v*; **-lijn:** shunting siding || voie *v* de triage *m* || Verschiebegleis *o*; **-personeel:** shunters || personnel *m* du triage *m* || Rangierpersonal *o*, Verschiebemannschaft *v*; **-post:** shunting tower || poste *m* de manoeuvre *v* || Rangier-, Verschiebeturm *m*; **-rem:** shunting hand brake || frein *m* pour le service *m* des manoeuvres *vm* || Rangier-, Verschiebebremse *v*;

-sein: shunting signal || signal *m* de manoeuvre *v* (de triage *m*) || Rangier-, Verschiebesignal *o*; **-spoor:** *zie* **rangeerlijn; -station:** shunting station || gare *v* de manoeuvre *v* (de triage *m*) || Rangier-, Verschiebebahnhof *m*; **-trommel:** shunting drum || tambour *m* du transmetteur *m* [de signaux *mm* de manoeuvre *v*] || Verschiebetrommel *v*; **-wissel:** shunting switch || aiguille *v* de manoeuvre *v* || Verschiebeweiche *v*.

rangeren (*spw.*)**:** to shunt; shunting || opérer des manoeuvres *vm*, trier; [manoeuvres *vm* de] triage *m* || rangieren, verschieben; Rangieren *o*, Verschieben *o*.

rank: (*scheepst.*)**:** crank || jaloux || rank; **-heid** (*schip*)**:** crankness || jalousie *v*, faible de côté *m* || Rankheit *v*.

rans[ig]: rancid || rance || ranzig.

rapport: 1. (*weverij*)**:** repeat, round of pattern || rapport *m*, répétition *v* || Rapport *m*, Wiederholung *v*;
2. (*verslag*)**:** report || rapport *m* || Bericht *m*, Gutachten *o*; **- v. e. beproeving:** test report || procès-verbal *m* d'épreuve *v* || Prüfungsprotokoll *o*; **- v. opgenomen terreinen:** report to tender || notice *v* explicative, rapport *m* concernant l'établissement *m* (la construction *v*) || Erläuterungsbericht *m*.

ras (*stof*)**:** rash || ras *m* || [Zeug]rasch *m*.

rasp: grater, rasp[ing file] || râpe *v*, lime *v* mordante || Raspel *v*; **-, vierkante:** square rasp || râpe *v* rectangulaire || viereckige Raspel *v*; **-en:** to rasp || râper || raspeln; **-machine:** rasping machine (mill) || machine *v* à râper || Raspelmaschine *v*; **-vijl:** rasp[ing file], grater || râpe *v*, lime *v* mordante || Raspel[feile] *v*.

raster: 1. (*rasterwerk*)**:** lattice || treillis *m* || Gitter *o*; *zie ook* **rooster; -werk** (*afrastering*)**:** trellis (lattice) work grillage; railing || grillage *m*, treillis, [clôture *v* en] treillage *m* || Gitterwerk *o*, -zaun *m*; **-werk** (*fundering*)**:** grillage || gril *m* || Rost *m*; **-werk, houten:** wooden grid (lattice) || treillis *m* de bois *m* || Holzrahmen *m*;
2. (*typogr.*)**:** screen || trame *v* || Raster *m*;
3. (*optica; fotogr.; enz.*)**:** screen || réseau *m* || Raster *m*.

ratel|arm: ratchet lever || levier *m* à rochet *m* || Ratschhebel *m*; **-boor:** ratchet brace (drill) || cliquet *m*, racagnac *m*, rochet *m* || Bohrknarre *v*; Ratschenbohrer *m*; **-en** (*gat*)**:** to drill with a ratchet brace || percer un trou *m* au cliquet *m* || ein Loch *o* knarren; **-populier:** aspen || peuplier *m* tremble || Aspe *v*, Espe *v*, Zitterpappel *v*; **-schel:** trembling bell || [sonnerie *v*] trembleuse *v* || Rassellautwerk *o*, Schnarrwecker *m*; **-scheur** (*v. hout*)**:** external crack, cup shake || fente *v* extérieure, gerce *v*, crevasse *v* annulaire || Außenriß *m*, Ringkluft *v*; **-schijf:** *zie* **palrad.**

rati|neermachine: freezing engine, rateening machine || ratineuse *v* || Ratiniermaschine *v*; **-neren:** to freeze, to rateen || friser, ratiner || ratinieren.

rationeel: rational || rationnel || rationell.

rat|tenkruit: *zie* **arseentrioxyde; -testaart-[vijl]:** *zie* **vijl, ronde.**

ravebek (*werktuig*)**:** bent gouge || bec *m* de corbin *m* || Rabenschnabel *m*.

raveling: trimming joist || solive *v* d'enchevêtrure *v* || Schlüssel-, Wechselbalken *m*.

rayon: 1. (*kunstzijde*)**:** rayon || rayonne *v* || Rayon *m*, Reyon *m*;
2. (*gebied*)**:** area; territory, district || district *m*; rayon *m* || Rayon *m*, Bezirk *m*; Abteilung *v*.

reactantie: reactance || réactance *v* || Reaktanz *v*; **-, capacitieve:** capacity reactance || réactance *v* de capacité *v* || Kapazitätsreaktanz *v*; **-, effectieve:** effective reactance || réactance *v* effective || Blindwiderstand *m*, Reaktanz *v*; **-factor:** reactance coefficient || coefficient *m* de réactance *v* || Reaktanzfaktor *m*.

reactie: 1. (*algem.*)**:** reaction || réaction *v* || Gegen-, Rückwirkung *v*, Gegendruck *m*, Reaktion *v*, Rückstoß *m*; **-beginsel:** reaction principle || principe *m* de réaction *v* || Reaktionsprinzip *o*; **-borstelhouder:** reaction brush holder || porte-balai *m* à réaction *v* || Reaktionsbürstenhalter *m*; **-druk:** reaction pressure || pression *v* de réaction *v* || Rückdruck *m*; **-generator:** reaction alternator || alternateur *m* à réaction *v* || Reaktionsmaschine *v*; **-machine:** reaction engine || machine *v* à réaction *v* || Gegendampfmaschine *v*; **-principe:** *zie* **overdrukprincipe; -turbine:** *zie* **overdrukturbine; -voortstuwing:** reaction drive, reaction-jet propulsion || propulsion *v* à réaction *v* || Rückstoßantrieb *m*; **-wiel:** reaction wheel || roue *v* à réaction *v* || Gegenwirkungs-, Reaktionsrad *o*;
2. (*chem.*)**:** reaction || réaction *v* || Reaktion *v*; **-, alkalische:** alcaline reaction || réaction *v* alcaline || alkalische Reaktion *v*; **-, basische:** basic reaction || réaction *v* basique || basische Reaktion *v*; **-, endothermische:** endothermic reaction || réaction *v* endothermique || endothermische Reaktion *v*; **-, exothermische:** exothermic reaction || réaction *v* exothermique || exothermische Reaktion *v*; **-, neutrale:** neutral reaction || réaction *v* neutre || neutrale Reaktion *v*; **-, omkeerbare:** reversible reaction

|| réaction *v* réversible || umkehrbare (reversibele) Reaktion *v*; **-, onomkeerbare:** irreversible reaction || réaction *v* irréversible || unumkehrbare (irreversible) Reaktion *v*; **-, zure:** acid reaction || réaction *v* acide || saure Reaktion *v*; **-bestanddeel:** reaction component || constituant *m* de [la] réaction *v* || Reaktionsbestandteil *m*; **-component:** reaction component || constituant *m* de [la] réaction *v* || Reaktionskomponente *v*; **-constante:** reaction constant || constante *v* de [la] réaction *v* || Reaktionskonstante *v*; **-duur:** reaction time || durée *v* de [la] réaction *v* || Reaktionsdauer *v*; **-graad:** degree of reaction || degré *m* de réaction *v* || Reaktionsgrad *m*; **-mengsel:** reaction mixture || mélange *m* de réaction *v* || Reaktionsgemisch *o*; **-snelheid:** reaction velocity || vitesse *v* de réaction *v* || Reaktionsgeschwindigkeit *v*; **-temperatuur:** reaction temperature || température *v* de [la] réaction *v* || Reaktionstemperatur *v*; **-tijd:** reaction time || temps *m* de [la] réaction *v* || Reaktionszeit *v*; **-vat:** reaction vessel || vase *v* (récipient *m*) de réaction *v* || Reaktionsgefäß *o*; *zie ook* **reactor; -vergelijking:** reaction equation || équation *v* de [la] réaction *v* || Reaktionsgleichung *v*; **-verhouding:** ratio of reaction || rapport *m* de réaction *v* || Reaktionsverhältnis *o*; **-warmte:** heat of reaction || chaleur *v* de (développée par la) réaction *v* || Reaktionswärme *v*, Wärmetönung *v*;

3. (*kernfys.*): reaction || réaction *v* || Reaktion *v*; *zie ook* **kettingreactie; -, thermonucleaire:** thermonuclear reaction || réaction *v* thermonucléaire || thermonukleare Reaktion *v*.

reactor: 1. (*chem.techn.*): reactor || réacteur *m* || Reaktor *m*; *zie ook* **reactievat;**

2. (*kernenergie*): reactor || reacteur *m*, [nucléaire], pile *v* [atomique] || [Kern-, Atom-]reaktor *m*.

rea|geerbuis: test tube (glass) || éprouvette *v* || Probier-, Reagenzglas *o*; **-geerpapier:** test paper || papier *m* réactif || Reagens-, Reaktions-, Probierpapier *o*; **-gens:** reagent || réactif *m* || Reagens[mittel] *o*; **-geren:** to react || réagir || reagieren.

realgar: realgar || réalgar *m* || Realgar *m*.

recht: 1. (*z. nw.*): right || droit *m* || Recht *o*; **- v. medegebruik** (*spoorweg*): running power || cojouissance *v* (jouissance *v* en commun *m*) d'une ligne *v* || Mitbetriebs-, Mitbenutzungsrecht *o*; **-en** (*belasting, enz.*): dues || droits *mm* || Gebühren *vm*; **-en, uitsluitende** (*octrooi*): exclusive rights || droits *mm* exclusifs || ausschließliche Rechte *om*, Schutzrechte *om*;

2. (*bijv.nw.*): straight || droit || gerade; **-buigen:** to straighten, to dress || [re]dresser || [gerade] richten, ausrichten; **-hoek:** rectangle || rectangle *m* || Rechteck *o*; **-hoekig:** rectangular, right angled || orthogonal, rectangulaire, rectangle || rechtwinklig; **-hoekszijde** (*rechth. driehoek*): base and perpendicular of a triangle || côtés *mm* de l'angle *m* droit d'un triangle *m* rectangle || Katheten *vm*; **-houder** (*isolator*): straight line hanger || isolateur *m* pour ligne *v* droite, support *m* isolé || Geradehalter *m*; **-lijnig:** rectilinear || rectiligne || geradlinig; **-slijpen** (*zaagtanden*): to sharpen the teeth square across || affûter droit les dents *vm* || die Sägezähne *mm* gerade schleifen.

rechterhandregel: right hand rule || règle *v* de la main *v* droite || Rechtehandregel *v*.

rechts (*schroefdraad*): right handed || [avec pas *m*] à droite *v* || rechtsgängig.

rechts|draaien: 1. (*mechanisch*): to rotate (to turn) to the right || tourner à droite *v* || rechtsdrehen;

2. (*optisch*): to turn (to rotate) the polarisation plane to the right [hand] || dévier à droite *v* le plan *m* de polarisation *v* || rechtsdrehen; **-draaiend:** dextrorotatory, d- || dextrogyre, d- || rechtsdrehend, d-.

rechts|gewikkeld: clockwise (right handedly) wound || enroulé à droite *v*, à enroulement *m* dextrorsum || rechtsgewickelt; **-rijden** (*spw.*): to run on the right track || circuler sur la voie *v* droite || rechts fahren.

recht|standig: upright, perpendicular || perpendiculaire, vertical (*verticalement*) || geradständig; **-streeks:** direct(*ly*) || direct(*ement*), immédiat || direkt, unmittelbar (*geradeswegs, direkt*); **-tijdig:** in due time (*timely*) || opportun (*opportunément*) || rechtzeitig.

recipiënt: receiver || récipient *m* || Rezipient *m*, Sammelgefäß *o*.

reciprook: reciprocal(*ly*) || réciproque(*ment*) || reziprok, wechselseitig, gegenseitig.

reclame: 1. (*klacht*): complaint || réclamation *v* || Reklamation *v*;

2. (*propaganda*): advertising; publicity || publicité *v*, réclame *v* || Werbung *v*, Reklame *v*, Werbekunst *v*; **- maken:** to advertise; to puff, to boost, to boom || annoncer || werben, Reklame *v* machen (schlagen); **-, coöperatieve:** association (collective, cooperative) advertising || publicité *v* collective || Gemeinschaftswerbung *v*; **-adviseur:** *zie* **reclameconsulent; -afdeling:** advertisement department (*v. bladen*); advertising department (*onderneming, pers*) (*Am.*) || service *m* de publicité *v* (*blad, onder-*

neming) || Werbeabteilung *v* (*onderneming*); Anzeigenabteilung *v* (*bladen*); **-bord:** advertisement board, billboard || tableau *m* de publicité *v* || Reklametafel *v*; *zie ook* **reclameschild; -bord o. h. dak:** *zie* **dakreclame; -bord, verlicht:** electric sign || enseigne *v* lumineuse || elektrisches Werbeschild *o*; **-brief:** sales letter || lettre *v* de prospection *v* || Werbeschreiben *o*; **-campagne:** advertising program[me], publicity campaign || plan *m* de campagne *v* || Werbeplan *m*; **-chef:** advertising manager (*onderneming*), advertisement manager (*courant*); advertising manager (*voor beide*) (*Am.*) || chef *m* de publicité *v* (*voor beide*) || Werbeleiter *m* (*onderneming*); Leiter *m* der Anzeigenabteilung *v* (*courant*); **-consulent:** advertising consultant (expert); advertising counsel (engineer) (*Am.*) || [organisateur-]conseil *m* (ingénieur-conseil *m*) en publicité *v* || Werbeberater *m*, Gutachter *m*; **-drukwerken:** promotion matter || matériel *m* de vente *v* || Verkaufswerbungssachen *vm*; **-idee:** advertising idea || idée *v* publicitaire || Werbe-Idee *v*; **-kosten:** advertising cost[s] || frais *mm* de publicité *v* [de] réclame *v*) || Reklame-, Werbekosten *mrv*; **-materiaal:** *zie* **reclamedrukwerken; -ontwerper:** commercial artist (designer) || artiste *m* dessinateur || Zeichner *m*, Künstler *m*; **-plaat:** showcard, picture poster || tableau *m* de réclame *v*, affiche *v* (coloriée, illustrée) || Reklame-, Werbebild *o*; **-resultaat:** result || rendement *m* || Werbeerfolg *m*, Ergebnis *o*; **-schild:** sign || enseigne *v* || Schild *o*, Schildanschlag *m*; *zie ook* **reclamebord; -schild, geëmailleerd:** enamel sign || plaque *v* émaillée || Emailschild *o*; **-schild, metalen:** metal sign || affiche *v* métal (métallisée) || Metall-, Blechschild *o*; **-tekenaar:** advertising artist || artiste *m* en publicité *v*, affichiste *m*, dessinateur *m* || Werbekünstler *m*, -zeichner *m*; **-tekening:** advertising drawing (design) || dessin *m* publicitaire || Werbezeichnung *v*; **-tekst:** *zie* **advertentietekst** *en* **copij; -vakman:** advertising man || publicitaire *m* || Werbefachmann *m* (*-leute mm*): **-verlichting:** advertisement illumination || éclairage *m* de publicité *v* (de réclame *v*) || Reklamebeleuchtung *v*; **-verzorger:** advertising man || publicitaire *m* || Werbefachmann *m* (*-leute mm*); **-vlakte:** poster hoarding; billboard (*Am.*) || panneau *m* d'affichage *m*, palissade *m* || Anschlag-, Anzeigetafel *v*; **-waarde:** advertising value || valeur *v* publicitaire || Werbewert *m*; **-wagen:** advertising vehicle || camion-réclame *m* || Reklamewagen *m*; **-werving:** publicity || publicité *v* || Reklamewerbung *v*; **-zuil:** poster (advertising) pillar || colonne *v* d'affichage *m* || Plakat-, Werbe-, Reklame-, Bogenanschlagsäule *v*.

recombinatie: recombination || récombination *v* || Wiedervereinigung *v*.

rectifi|catie: rectification || rectification *v* || Rektifikation *v*; **-cator:** rectifier || rectificateur *m* || Rektifikator *m*, Dehydrator *m*, Gasabscheider *m*; **-ceren:** to rectify || rectifier || rektifizieren.

recupe|ratie: 1. (*terugwinning*): recuperation || récupération *v* || Rekuperation *v*, Wiedergewinnung *v*; **-rator:** recuperator || récupérateur *m* || Rekuperator *m*; **-reren:** to recuperate || récupérer || rekuperieren, wieder-, zurückgewinnen; **2.** (*elektr.*): regenerative braking || freinage *m* électrique par récupération *v* || Nutzbremsung *v*.

reddings|boei: life (safety) buoy || bouée *v* de sauvetage *m* || Rettungsboje *v*; **-boot:** lifeboat || canot *m* de sauvetage *m* || Rettungsboot *o*; **-brigade:** *zie* **reddingsploeg; -gordel:** life belt || ceinture *v* de sauvetage *m* || Rettungsgürtel *m*; *zie ook* **veiligheidsgordel; -ploeg:** rescue-brigade (crew) || brigade *v* de sauvetage *m*, équipe *v* de sauveteurs *mm* || Rettungsbrigade *v*, -mannschaft *v*, -wehr *v*; **-toestel:** [life] saving apparatus, salvage apparatus, life preserver || appareil *m* de sauvetage *m* || Rettungsgerät *o*, -apparat *m*; (*brand*): fire escape engine || appareil *m* de sauvetage *m* || Feuerrettungsapparat *m*; **-toestel m. vuurpijl:** life saving rocket || fusée *v* porte-amarre || Raketenrettungsapparat *m*; **-vlieger:** life kite || cerf-volant *m* porte-amarre || Rettungsdrachen *m*; **-vlot:** life raft || radeau *m* de sauvetage *m* || Rettungsfloß *o*.

re|de (*scheepv.*)**:** roadsted || rade *v* || Reede *v*; **-der:** ship-owner || propriétaire *m* de navire *m*, armateur *m* || [Schiffs]reeder *m*; **-derij:** shipping (ship-owning) company (firm), ship-owners || société *v* d'armateurs *mm* || Reederei *v*.

redox-potentiaal: redox potential || potentiel *m* rédox || Redoxpotential *o*; *zie ook* **oxydatiepotentiaal; reductiepotentiaal;**

reduceer|afsluiter: [pressure-] reducing valve || soupape *v* réductrice (de réduction *v*), détendeur *m* || Reduzier-, Reduktions-, Drosselventil *o*; **-baar:** reducible || réductible || reduzierbar; **-baarheid:** reducibility || réductibilité *v* || Reduzierbarkeit *v*; **-klep, -ventiel *:** *zie* **reduceerafsluiter.**

reduce|ren: 1. (*verminderen, verkleinen, herleiden, enz.*): to reduce || réduire || reduzieren; **-, de druk:** to reduce (to decrease, to lower) the pressure, to expand ||

réduire (diminuer) la pression *v* || den Druck *m* reduzieren (vermindern, herabsetzen, erniedrigen); entspannen, expandieren;
2. (*chem.*): to reduce || réduire || reduzieren; **-rend:** reducing || réduisant || reduzierend.
reductie: 1. (*vermindering, verkleining, herleiding, enz.*): reduction || réduction *v* || Reduktion *v*; **-cel:** regulating cell || élément *m* de réduction *v* || Schaltzelle *v*; **-factor:** reduction factor || facteur *m* de réduction *v* || Reduktionsfaktor *m*; **-maatlat:** *zie* **herleidingsliniaal; -mof:** reducing (diminishing) socket || manchon *m* de réduction *v* || Absatz-, Reduktionsmuffe *v*, verjüngte Muffe *v*; **-passer:** proportional compasses (dividers), reducing compasses || compas *m* de proportion *v* (de réduction *v*) || Reduktionszirkel *m*; **-rol:** reducing pulley || rouleau *m* réducteur || Reduktionsrolle *v*, Hubverminderungsrolle *v*; **-schaal:** reduction (reduced) scale || échelle *v* de réduction *v* || Reduktionsmaßstab *m*, Verjüngungsmaßstab *m*, verjüngter Maßstab *m*; **-tabel:** table of reduction || table *v* de réduction *v* || Reduktionstabelle *v*, Umrechnungstabelle *v*; **-transformator:** reducing (step down) transformer || dévolteur *m*, transformateur *m* réducteur || Abwärtstransformator *m*, Reduziertransformator *m*;
2. (*chem.*): reduction || réduction *v* || Reduktion *v*; **-graad:** degree of reduction || degré *m* de réduction *v* || Reduktionsgrad *m*; **-middel:** reducing agent || agent *m* réducteur || Reduktionsmittel *o*; **-potentiaal:** reduction potential || potentiel *m* de réduction *v* || Reduktionspotential *o*; *zie ook* **redox-potentiaal; -trap:** degree of reduction || degré *m* de réduction *v* || Reduktionsstufe *v*; **-vlam:** reduction (reducing) flame || flamme *v* (feu *m*) de réduction *v* || Reduktionsflamme *v*; **-zone** (*bv. v. e. hoogoven*)**:** region (zone) of reduction || région *v* (zone *v*) de réduction *v* || Reduktionszone *v*.
rede: road || rade *v* || Reede *v*.
reëel: real || réel || reell.
reeks: 1. (*algem.*): series || serie *v* || Reihe *v*; **- v. diagrammen:** series of diagrams || jeu *m* (série *v*) de diagrammes *mm* || Diagrammsatz *m*; **- v. geleidingen:** series of conductors || file *v* de conducteurs *mm* || Leiterzug *m*; **- v. proeven:** series of tests || série *v* d'essais *mm* || Versuchsreihe *v*; **- v. vertrekken en suite:** row of rooms, suit of apartments || enfilade *m* de chambres *vm* || Zimmerflucht *v*, Zimmerreihe *v*;
2. (*wisk.*): series, progression || série *v*, progression *v* || Reihe *v*, Progression *v*; **- v. Fourier:** Fourier's series || série *v* de Fourier || Fouriersche Reihe *v*; **- v. Maclaurin:** Maclaurin's series || série *v* de Maclaurin || Maclaurinsche Reihe *v*; **- v. Taylor:** Taylor's series || série *v* de Taylor || Taylorsche Reihe *v*; **-, binomische:** binomial series || série *v* binominale || Binominalreihe *v*; **-, convergerende:** converging series || série *v* convergente || konvergierende Reihe *v*; **-, divergerende:** diverging series || série *v* divergente || divergierende Reihe *v*; **-, eindige:** finite series || série *v* finie || endliche Reihe *v*; **-, exponentiële:** exponential series || **série *v*** exponentielle || Exponentialreihe *v*; **-, harmonische:** harmonical series || série *v* harmonique || harmonische Reihe *v*; **-, karakteristieke:** characteristic series || série *v* caractéristique || charakteristische [Röntgen-] serie *v*; **-, logarithmische:** logarithmic series || série *v* logarithmique || logarithmische Reihe *v*; **-, meetkundige:** geometrical progression (series) || progression *v* géométrique (par quotient *m*) || geometrische Reihe *v* (Progression *v*); **-, oneindige:** infinite series || série *v* infinie || unendliche Reihe *v*; **-, rekenkundige:** arithmetrical progression (series) || progression *v* arithmétique (par différence *v*) || arithmetrische Reihe *v* (Progression *v*); **-, trigonometrische:** trigonometric series || série *v* trigonométrique || trigonometrische Reihe *v*;
3. (*chem.*): series || série *v* || Reihe *v*;
4. (*stel; serie*): series; set || tour *m*; ligne *v*; jeu *m* || Tour *v*, Reihe *v*, Strang *m*; Satz *m*.
reel: 1. (*spoorstaaf*): rail || rail *m* || Schiene *v*; **- m. twee koppen:** double head rail || rail *m* à double champignons *mm* || Doppelkopfschiene *v*; **- v. stroomtoevoer:** *zie* **reel, derde; -, belast** (*ontlast*) **gedeelte v. d.:** facing (*trailing*) end of rail || extrémité *v* de fatigue *v* (*soulagée*) du rail *m* || Anlaufende (*Ablaufende*) *o* der Schiene *v*; **-, derde:** third (contact) rail || rail *m* conducteur || dritte Schiene *v*, Stromzuleitungsschiene *v*; **-, hoge:** deep webbed rail || rail *m* avec âme *v* de grande hauteur *v* || Hochstegschiene *v*; **-bevestiging:** fixing (securing) of rails || attache *v* (fixation *v*) des rails *mm* || Schienenbefestigung *v*; **-bok:** *zie* **bok 6; -boormachine:** rail drilling machine || machine *v* à percer les rails *mm* || Schienenbohrmaschine *v*; **-borstel:** rail brush || balai *m* frotte-rail || Schienenschleifbürste *v*; **-contact:** rail contact || contact *m* de rail *m* || Schienenkontakt *m*; **-buiger:** rail bender (bending device) || cintreuse *v* à rails *mm* || Schienenbeuger *m*, -zwicker *m*; **-kop:** rail head || tête *v* du rail *m* || Schienenkopf *m*;

-lorrie: troll[e]y || draisine *v* || Draisine *v*; **-onderzoeker** (*toestel*): rail tester || appareil *m* vérificateur de la résistance *v* des rails *mm* || Schienenprüfer *m*; **-profiel:** rail section || profil *m* du rail *m* || Schienenprofil *o*, -querschnitt *m*; **-profieltekeninstrument:** rail section drawing instrument || appareil *m* de vérification *v* du profil *m* des rails *mm* || Schienenumrißzeichner *m*; **-rem:** rail brake || sabot-frein *m* glissant sur le rail *m* || Gleisbremse *v*; **-rem, elektromagnetische:** electromagnetic slipper brake || frein *m* électromagnétique à patins *mm* || elektromagnetische Schienenbremse *v*; **-rib:** web of the rail || âme *v* (corps *m*) du rail *m* || Schienensteg *m*; **-richter:** gauge setting device || appareil *m* à redresser les alignements *mm* des rails *mm* || Schienen-, Spurrichter *m*; **-schaafvijl:** rail plane || rabot-lime *m* pour rails *mm* || Schienenhobelblatt *o*; **-schoen:** rail shoe || sabot *m* de rail *m* || Schienenschuh *m*; **-sleepstuk:** collector shoe gear || frotteur *m* || Schienenschleifstück *o*; **-spanner:** rail tiebar || entretoise *v* de rail *m* || Schienenzwinge *v*; **-staal:** rail steel || acier *m* à rails *mm* || Schienenstahl *m*; **-stoel:** rail chair || coussinet *m* de rail *m* || Schienenstuhl *m*; **-stoel m. ingekeepte voet:** rail chair with serrated base || coussinet *m* de rail *m* à base *v* dentée || Schienenstuhl *m* mit sägeförmiger Grundfläche *v*; **-stoel m. wigopsluiting:** rail chair with keys || coussinet *m* de rail *m* à coins *mm* || Schienenstuhl *m* mit Keilsicherung *v*; **-stoel, halve:** half rail chair, chair with one jaw || coussinet *m* de rail *m* à une joue *v* || einseitiger Schienenstuhl *m*; **-stoelnagel:** rail chair tre[e]nail || cheville *v* de coussinet *m* de rail *m* || Schienenstuhlnagel *m*; **-stoelwang:** rail chair jaw || joue *v* de coussinet *m* de rail *m* || Schienenstuhlbacke *v*; **-stoelwig:** rail chair wedge || coin *m* pour coussinet *m* de rail *m* || Schienenstuhlkeil *m*; **-stroombatterij:** rail current battery || batterie *v* pour le courant *m* des rails *mm* || Schienenstrombatterie *v*; **-stroomschakelaar:** rail current switch || conjoncteur *m* de courant *m* de rails *mm* || Schienenstromschließer *m*; **-stijl:** *zie* **reelrib**; **-stijldikte:** thickness of the rail web || épaisseur *v* de l'âme *v* de rail *m* || Schienenstegdicke *v*, -stärke *v*; **-stijlverbuiging:** crippling of the web of the rail || déformation *v* de l'âme *v* du rail *m* || Verbiegung *v* des Schienensteges *m*; **-tang:** rail tongs || tenaille *v* à rails *mm* || Schienenzange *v*; **-terugleiding:** rail return || retour *m* par les rails *mm* || Schienenrückleitung *v*; **-trollie:** trolley for rails || wagonnet *m* à rails *mm* || Schienen[beförderungs]karren *m*; **-tussenruimte:** gap between rails || jeu *m* entre les rails *mm* || Schienenlücke *v*; **-uitzetting:** expansion of the rails || dilatation *v* des rails *mm* || Schienenausdehnung *v*; **-verbinding:** rail joint || éclissage *m*, joint *m* de rail *m* || Schienenverbindung *v*, -stoß *m*; **-verbinding** (*d. e. kabel*): wire rail bond || joint *m* en câble *m* pour rails *mm* || Schienenverbinder *m* aus Draht *m*; **-verbinding, elektrische:** rail bond || connexion *v* électrique de rails *mm* || Schienenverbinder *m*; **-verbindingsband:** rail bond strip || ruban *m* de joint *m* des rails *mm* || Schienenverbindungsband *o*; **-verbindingsbeugel:** rail bond hoop || étrier *m* de joint *m* des rails *mm* || Schienenverbindungsbügel *m*; **-verschuiver:** rail slewer || appareil *m* à déplacer les rails *mm* longitudinalement || Schienenrücker *m*; **-verzakking:** depression of rails || affaissement *m* des rails *mm* || Senkung *v* der Schienen *vm*; **-vlakmachine:** rail straightening machine || machine *v* à dresser les rails *mm* || Schienenrichtmaschine *v*; **-voedingskabel:** rail (return) feeder cable || feeder *m* de retour *m* || Rück-, Schienenspeisekabel *o*; **-voertuig:** rail vehicle || véhicule *m* ferroviaire || Schienenfahrzeug *o*; **-voet:** rail foot || patin *m* du rail *m* || Schienenfuß *m*; **-vork:** rail fork || fourche *v* à porter les rails *mm* || Schienen[trag]gabel *v*; **-vijl:** rail file || lime *v* à rail *m* || Schienenfeile *v*; **-vijzel:** rail jack || vérin à soulever les rails *mm* || Schienen-, Gleishebebock *m*;

2. (*elektr.*): bus bar || barre *v* omnibus || Schiene *v*; **-verbinding:** bus bar connection || assemblage *m* (raccordement *m*) des barres *mm* omnibus || Schienenverbindung *v*;

3. (*bevestigingslijst*; *loopbaan*; *enz.*): rail || rail *m*, tringle *v* || Schiene *v*.

reep: band, fillet, strap || bande *v* || Band *o*, Streif[en] *m*.

reeschaaf: *zie* **rijschaaf.**

referentiekaliber: reference gauge || calibre *v* de référence *v* || Meßkaliber *m*.

reflecteren: *zie* **terugkaatsen.**

reflectie: *zie* **terugkaatsing**; **-glas:** reflecting glass || verre *m* à réflection *v* || Reflektionsglas *o*; **-methode:** (*delfstofopsporing*): seismic reflection method || méthode *v* sismique (séismique) par réflexion *v* || seismisches Echolotverfahren *o*, Reflektionsverfahren *o*; **-peilglas:** gauge glass protector and reflector || verre *m* de niveau *m* d'eau *v* à réflexion *v* (cannelé) || Reflektionswasserstandglas *o*;

-vermogen: *zie* **terugkaatsingsvermogen; -vlak:** *zie* **terugkaatsingsvlak.**
reflector: reflector || réflecteur *m* || Reflektor *m*; **-, parabolische:** parabolic reflector || réflecteur *m* parabolique || Parabolreflektor *m*; **-lamp:** reflector lamp || lampe *v* à réflecteur *m* || Reflektorlampe *v*.
reflex|camera: [mirror] reflex camera || appareil *m* (caméra *m*) reflex (à miroir *m*) || [Spiegel]reflexkamera *v*; **-verlichting:** indirect lighting || éclairage *m* indirect (par réflexion *v*) || indirekte Beleuchtung *v*.
reflux: *zie* **destillaat, teruggevloeid.**
refrac|tie: refraction || réfraction *v* || Refraktion *v*, Strahlenbrechung *v*; **-tiemethode** (*delfstofopsporing*)**:** seismic refraction (mirage) method || méthode *v* sismique (séismique) par réfraction *v* || seismisches Refraktionsverfahren *o*, Laufzeitkurvenverfahren *o*; **-tor:** refractor || réfracteur *m* || Lichtbrechungskörper *m*.
regel: 1. (*typogr.*)**:** line || ligne *v* || Zeile *v*; **-, nieuwe:** break, paragraph || alinéa *m* || neue Zeile *v*; **-, witte:** blank line || ligne *v* de blanc *m* || weiße Zeile *v*; **-maat** (*typogr.*)**:** line measure; agate line (*Am.*) || linomètre *m* || Zeilenmaß *o*, -messer *m*; **-maat** (*boekdr.*)**:** setting rule || réglette *v* || Formspan *m*; **-meter** (*typogr.*)**:** *zie* **regelmaat; -zetmachine:** linecasting machine || machine *v* à fondre en ligne *v* || Zeilengießmaschine *v*;
2. (*wisk., enz.*)**:** rule || règle *v* || Regel *v*; **-s van Fleming:** *zie* **rechterhandregel** *en* **linkerhandregel;**
3. (*voorschrift*)**:** rule, prescription || règle *v* || Regel *v*, Vorschrift *v*.
regel|aanloopweerstand: combined starter and regulator, regulating starting rheostat || rhéostat *m* de démarrage *m* et de régulation *v* || Regulieranlasser *m*; **-aar:** governor || régulateur *m* || Regler *m*, Regulator *m*; **-aar** (*v. e. regulateur*)**:** governor bell crank || levier *m* coudé du régulateur *m* || Winkelhebel *m* des Regulators *m*; **-baar:** adjustable, regulable || réglable || regulierbar, regelbar; **-baar uit de hand:** capable of being regulated by hand || réglable à la main *v* || von Hand *v* regulierbar (regelbar); **-contact:** regulating contact || contact *m* de réglage *m* || Regulierkontakt *m*; **-en, -ing:** *zie na* **regelweerstand; -klep:** regulating (expansion) valve || soupape *v* de réglage *m* (détente *v*), robinet *m* détendeur || Regelventil *o*; **-kraan:** regulating cock || robinet *m* régulateur || Regulierhahn *m*; **-magneet:** regulating magnet || aimant *m* de régulation *v* || Reglungsmagnet *m*; **-matig:** regular || régulier || regelmäßig; **-matigheid:** regularity || régularité *v* || Regelmäßigkeit *v*; **-moer:** adjusting nut || écrou *m* de réglage *m* || Stellmutter *v*; **-motor:** regulating motor || moteur *m* de réglage *m* || Reguliermotor *m*; **-naald:** regulating needle || cône *m* de réglage *m* || Regelkegel *m*; **-rooster:** *zie* **stuurrooster; -schakelaar:** series parallel switch || commutateur *m* pour deux circuits *mm* en série *v*, commutateur *m* en parallèle (en seul circuit *m*) || einpoliger Regelschalter *m*; **-schakelbord:** regulating switch board || tableau *m* de réglage *m* || Reguliertisch *m*; **-schroef:** adjusting (regulating) screw || vis *v* de mise *v* au point *m* (de rappel *m*, de réglage *m*) || Regulier-, Stellschraube *v*; **-schuif:** feed regulator, governor piston valve || registre *m* de réglage *m*, vanne *v* régulatrice || Verstell-, Regelschieber *m*; **-schuif, draaibare:** regulating flap valve || registre *m* régulateur rotatif || Regulierdrehklappe *v*; **-schijf:** regulating disc || disque *m* de réglage *m* || Stellscheibe *v*; **-spanning:** regulating voltage || tension *v* de régulation *v* || Regulierspannung *v*; **-spie:** *zie* **stelspie; -toestel:** adjusting device || appareil *m* de réglage *m*, dispositif *m* d'ajustage *m* || Einstellvorrichtung *v*, Regulierapparat *m*; **-toestel** (*v. d. regulateur*)**:** adjusting gear of the governor || [appareil *m* de] réglage *m* du régulateur *m* || Stellzeug *o* des Reglers *m* (Regulators *m*); **-transformator:** boosting transformer || transformateur *m* survolteur (dévolteur) || Zusatztransformator *m* für Zu- und Gegenschaltung *v*; **-veer:** adjusting spring || ressort *m* de réglage *m* || Einstellfeder *v*; **-vermogen** (*v. e. regulateur*)**:** regulating power of the governor || énergie *v* du régulateur *m* || Stellkraft *v* des Reglers *m*; **-weerstand:** regulating resistance, regulator, rheostat || résistance *v* réglable, rhéostat *m* || Regulierwiderstand *m*; **-weerstand** (*voor spanningen over verre afstanden*)**:** remote control pressure regulator || rhéostat *m* régulateur de tension *v* à distance *v*, rhéostat-télérégulateur *m* de tension *v* || Fernspannungsregler *m*.
rege|len: 1. (*schikken*)**:** to arrange, to order, to settle || arranger || regeln; **-ling:** arrangement, settlement || arrangement *m* || Reg[e]lung *v*;
2. (*regelmatig maken*)**:** to regularise || régulariser || regulieren, regeln; **-ling:** regularisation || régularisation *v* || Regulierung *v*, Reg[e]lung *v*;
3. (*afstellen*)**:** to adjust, to regulate || régler || regeln, regulieren, einstellen; **- naar beneden** (*boven*)**:** to regulate

downwards (*upwards*) || régler par diminution *v* (*augmentation v*) || abwärts (*aufwärts*) regulieren; **- v. d. belasting:** to regulate the load || régler la charge *v* || die Belastung *v* regeln; **- v. d. ontsteking:** to time the ignition || régler l'allumage *m* || die Zündung *v* einstellen; **-, opnieuw:** to readjust || régler de nouveau || nachregeln; **-laar:** adjusting (regulating) device, regulator || dispositif *m* de réglage *m*, régulateur *m* || Regelvorrichtung *v*, Regler *m*, Regulator *m*; *zie ook* **regulateur; -ling:** adjustment, regulation || réglage *m*, ajustement *m* || Reg[e]lung *v*, Regulierung *v*, Einstellung *v*; **-ling naar beneden** (*boven*)**:** downward (*upward*) regulation || régulation *v* par diminution *v* (*augmentation v*) || Abwärtsregulierung *v* (*Aufwärtsregulierung v*); **-ling uit de hand:** hand regulation, regulation by hand || réglage *m* (distribution *v*) à la main *v* (manuelle) || Handregulierung *v*, -steuerung *v*; **-ling v. d. capaciteit** (*pomp*)**:** regulation of the delivery, power regulation || réglage *m* du débit *m* || Reglung *v* der Fördermenge *v*, Leistungsreglung *v*; **-ling v. d. inlaatklepbeweging:** timing the inlet valve || régulation *v* de la soupape *v* d'admission *v* || Einlaßventilregulierung *v*; **-ling v. d. oververhitting:** superheater regulation || réglage *m* de la surchauffe *v* || Ueberhitzerreglung *v*; **-ling v. d. slag** (*zuiger*)**:** regulation of the stroke || réglage *m* de la course *v* || Hubverstellung *v*; **-ling v. d. spoorwijdte:** adjustment of the gauge || réglage *m* de l'écartement *m* des rails *mm* || Spurreglung *v*; **-ling v. d. toelaat:** regulation of degree of admission || réglage *m* du degré *m* d'admission *v* || Füllungsreglung *v*; **-ling v. d. vergassing:** regulation of the gas production || réglage *m* de la production *v* de gaz *m* || Reglung *v* der Vergasung *v*; **-ling v. d. weerstand:** adjustment of the resistance || réglage *m* de la résistance *v* || Einstellung *v* des Widerstands *m*; **-ling, automatische:** automatic regulation || réglage *m* automatique || Selbstreglung *v*, -regulierung *v*; **-lingsklink:** adjustable catch || cliquet *m* ajustable || Radklinke *v*; **-lingsrol:** tightening pulley || poulie *v* de réglage *m* || Regulierungsrolle *v*; **-lingsverlies:** loss due to regulation || perte *v* due à la régulation *v* || Regulierverlust *m*; **-linrichting:** *zie* **regelaar;**

4. (*besturen, bedienen*): to control, to govern || régler, commander || regeln, steuern; **-laar:** control (governing) device || dispositif *m* de commande *v* (réglage *m*) || Steuer-, Regelvorrichtung *v*, Regler *m*, Regulator *m*; *zie ook* **regulateur; -ling:** control, governing || réglage *m*, commande *v* || Reg[e]lung *v*, Steuerung *v*; **-ling door vertraging v. d. ontsteking:** governing by retarding the ignition || réglage *m* par retard *m* à l'allumage *m* || Reglung *v* durch Verspätung *v* der Zündung *v*; **-ling door een vlotter:** regulation by means of a float || réglage *m* par flotteur *m* || Schwimmerreglung *v*; **-ling door smoring:** governing by throttling || réglage *m* par étranglement *m* || Drosselreglung *v*; **-ling door tijdelijke onderbreking v. d. toelaat:** governing by varying the time of admission || réglage *m* par admission *v* intermittente || Reglung *v* durch zeitweise unterbrochene Füllung *v*; **-ling, (*in*)directe:** (*in*)direct (positive) governing || réglage *m* (*in*)direct (immédiat) || (*un*)mittelbare Reglung *v*; **-inrichting:** *zie* **regelaar;**

5. (*vaststellen, voorschrijven*): to arrange, to order, to settle; to specify || fixer, réglementer || anordnen, verordnen; **-ling:** arrangement, settlement; specification || règlement *m* || Anordnung *v*, Verordnung *v*.

regen: rain || pluie *v* || Regen *m*; **-boog:** rainbow || arc-en-ciel *m* || Regenbogen *m*; **-kamer** (*metallurgie*)**:** rain chamber || chambre *v* à pluie *v* || Regenkammer *v*; **-kap** (*lamp*)**:** rain cover || parapluie *m* pour lampe *v* || Regendach *o*; **-kap** (*paal*)**:** rain cover (roof) || parapluie *m* de poteau *m* || Regenkappe *v*; **-kap** (*schoorsteen*)**:** rain cap (shield) || parapluie *m* de cheminée *v* || Regenkrone *v*, -kappe *v*; **-mantel** (*kleding*)**:** waterproof || imperméable *m* || Regenmantel *m*; **-meter:** ombrometer, pluviometer, rain gauge || ombro-, pluviomètre *m* || Regenmesser *m*, Ombrometer *m*, *o*; **-pijp:** *zie* **gootpijp; -val:** rainfall || chute *v* d'eau *v* || Regenfall *m*; **-water:** rain water || eau *v* de pluie *v* (pluviale) || Regenwasser *o*; **-zeil:** rain awning || taud *m* || Regensegel *o*.

regene|ratie: regeneration || régénération *v*, revivification *v* || Regenerierung *v*, Auffrischung *v*, Wiederbelebung *v*; **-ratievermogen:** regenerative capacity || régénérabilité *v* || Erholungsfähigkeit *v*; **-rator:** regenerator || régénérateur *m* || Regenerator *m*; **-ratorkamer:** regenerative chamber || chambre *v* de régénération *v* || Regenerativkammer *v*; **-ratoroven:** regenerative furnace || four *m* régénérateur || Regeneratorofen *m*; **-reerproces:** regenerative method || procédé *m* par régénération *v* || Regenerativverfahren *o*; **-reren:** to regenerate, to revive || régénérer || regenerieren, auffrischen; *zie ook* **heractiveren; opfrissen; verversen.**

regisseur (*film*): director || metteur *m* en scène *v* || Aufnahme-, Spielleiter *m*.

register: 1. (*typogr.*): register || registre *m* || Register *o*; *zie ook* **index**; **- maken**: to make register || faire le registre *m* || Register *o* machen; **-blad**: register sheet || feuille *v* de registre *m* || Registerbogen *m*; **-papier**: ledger paper || papier *m* pour registres *mm* || Registerpapier *o*; **-vel**: correct pull (proof) || feuille *v* des blancs *mm* || Standbogen *m*;
2. (*orgel*): register, stop || jeu *m*, registre *m* || Orgelzug *m*, Register *m*;
3. (*autom. telef.*): director || enregistreur *m* || Speicher *m*;
4.: **-ton**: register ton || tonne *v* (tonneau *m*) de jauge *v* || Registertonne *v*; **-tonnage, bruto**: gross tonnage || jauge *v* (tonnage *m*) brut || Großregistertonnage *v*, Bruttoraumgehalt *m*; **-tonnage, netto**: net tonnage || jauge *v* (tonnage *m*) net || Nettoregistertonnage *v*, Nettoraumgehalt *m*.

registreer|apparaat: *zie* **registreertoestel**; **-mechanisme**: recording clockwork || mécanisme *m* enregistreur || Registrierwerk *o*; **-periode**: recording period || période *v* d'enregistrement *m* || Registrierperiode *v*; **-schijf**: recording disc || disque *m* d'enregistrement *m* || Registrierscheibe *v*; **-strook**: recording strip (paper) || bande *v* d'enregistrement *m* || Registrierstreifen *m*; **-toestel**: recorder, recording apparatus || [appareil *m*] enregistreur *m* || Registrierapparat *m*; **-trommel**: recording drum || tambour *m* enregistreur || Registriertrommel *v*.

registre|ren: to record, to register || enregistrer || registrieren; **-rend**: recording || enregistreur || registrierend.

regulateur: 1. (*algem.*): regulator || régulateur *m* || Regler *m*, Regulator *m*; *zie ook* **regelaar** *onder* **regelen 3** *en* **4**;
2. (*stoommach.*): governor || régulateur *m*, modérateur *m* || Regler *m*, Regulator *m*; **- m. gekruiste stangen**: governor with crossed arms || régulateur *m* à bras *mm* croisés || Regler *m* mit gekreuzten Stangen *vm*; **- m. haakse zijstangen**: bell crank governor || régulateur *m* à leviers *mm* d'équerre *v* || Winkelhebelregler *m*; **- m. samengeperste lucht**: pneumatic governor || régulateur *m* à air *m* comprimé || Druckluftregler *m*; **-, stabiele**: stable governor || régulateur *m* stable || stabiler Regler *m*; **-, statische**: static governor || régulateur *m* statique || statischer Regler *m*; **-, vlakke**: drum governor || régulateur *m* plan || Flachregler *m*; **-arm**: regulating lever || levier *m* de régulateur *m* || Reglerarm *m*, -hebel *m*; **-as**: governor spindle, spindle of the governor || arbre *m* du régulateur *m* || Reglerspindel *v*, -welle *v*, Regulatorspindel *v*; **-bak**: regulator box || boîte *v* de régulateur *m* || Regulatorkasten *m*; **-bal**: governor ball, governor [fly] ball || boule *v* de régulateur *m* || Reglerkugel *v*, Schwingkörper *m*, Schwungkugel *v*, -masse *v*; **-belasting**: load on governor || charge *v* du régulateur *m* || Reglerbelastung *v*; **-boutje**: governor bracket pin || pivot *m* du régulateur *m* || Regulatorzapfen *m*; **-bus**: governor bush || boîte *v* de régulateur *m* || Reglerbüchse *v*; **-dans**: governor dancing (hunting) || danse *v* du régulateur *m* || Reglertanz *m*; **-drijfwerk**: governor drive || commande *v* du régulateur *m* || Reglerantrieb *m*; **-gewicht**: weight of governor ball, governor weight || contrepoids *m* de régulateur *m* || Regler-, Regulatorgewicht *o*; **-hefboom**: standard (regulating) lever || levier *m* du régulateur *m* || Regulator-, Reglerhebel *m*; **-huis**: governor box || boîte *v* du régulateur *m* || Regulatorgehäuse *o*; **-invloed**: governor influence || influence *v* du régulateur *m* || Reglereinwirkung *v*; **-kap**: governor hood || chapiteau *m* de régulateur *m* || Regleraufsatz *m*; **-kast**: governor casing || enveloppe *v* du régulateur *m* || Reglergehäuse *o*; **-klep**: governor valve || soupape *v* de réglage *m* || Reglerventil *o*; **-mof**: governor sleeve (socket) || manchon *m* de régulateur *m* || Reglerhülse *v*, -muffe *v*; **-naaf**: governor hub || moyeu *m* de régulateur *m* || Reglernabe *v*; **-schuif**: regulator slide || tiroir *m* de régulateur *m* || Reglerschieber *m*; **-sklink**: taking up catch || cliquet *m* de régulateur *m* || Stoßklinke *v*; **-spanplaat**: governor bracket || plateau *m* du régulateur *m* || Regulatorspannplatte *v*; **-spanschroef**: governor spring screw || tige *v* filetée du régulateur *m* || Regulatorspannschraube *v*; **-stand**: governor position || position *v* du régulateur *m* || Reglerstellung *v*; **-stangen**: governor rods || tiges *vm* du régulateur *m* || Reglergestänge *o*; **-steun**: governor support || support *m* du régulateur *m* || Reglerstütze *v*; **-veer**: governor spring || ressort *m* de régulateur *m* || Regler-, Regulatorfeder *v*;
3. (*elektr.*): regulator || régulateur *m* || Regler *m*.

reguleren: *zie* **regelen**.

rei: rule || règle *v* || Lineal *o*.

rein: 1. (*schoon*): clean || propre || rein, sauber; **-heid**: cleanness || propreté *v* || Reinheit *v*, Sauberkeit *v*;
2.: *zie* **zuiver**.

reini|gen: 1. (*schoonmaken*): to clean[se] || nettoyer || reinigen, putzen, säubern;

-ging: cleaning || nettoyage *m* || Reinigung *v*; **-gingsborstel:** cleaning brush || brosse *v* de nettoyage *m* || Reinigungsbürste *v*; **-gingsketting** (*v. buizen*): chain tube cleaner || nettoie-tubes *m* à chaîne *v* || Röhrenreinigungskette *v*; **-gingskraan:** purging tap || robinet *m* de purge *v* || Reinigungshahn *m*; **-gingsopening:** cleaning hole || orifice *m* de nettoyage *m* || Reinigungsöffnung *v*; **-gingszeef:** cleaning strainer || tamis *m* de nettoyage *m* || Reinigungssieb *o*;
2.: *zie* **zuiveren; -ger** (*flotatie*): cleaner || finisseuse *v* || Reiniger *m*; **-ing:** *zie* **zuivering; -gingsinstallatie:** purification plant || installation *v* d'épuration *v* || Reinigungsanlage *v*; **-gingstoestel:** purifier || épurateur *m* || Reinigungsvorrichtung *v*.

reisgids: time table || indicateur *m* des chemins *mm* de fer *m* || Kursbuch *o*.

reizigersvervoer: passenger service || transport *m* de voyageurs *mm* || Personenbeförderung *v*.

rek: 1. (*standaard*): rack, stand || étagère *v* || Gestell *o*;
2. (*uitrekking*): elongation || allongement *m* || Dehnung *v*; **-baar:** ductile; elastic || ductile; élastique || dehnbar; streckbar; elastisch, nachgiebig; **-baar, niet:** inductile, non-stretchable || inductile, inextensible || undehnbar; **-baarheid:** ductility, extensibility; elasticity || ductilité *v*, extensibilité *v*; élasticité *v* || Streckbarkeit *v*, Dehnbarkeit *v*; Elastizität *v*; **-grens:** yield point || limite *v* d'étirage *m* || Streckgrenze *v*; **-ken** (*langer maken*): to draw out, to stretch || étirer, allonger || strecken; **-ken** (*langer worden*): to stretch, to expand || s'allonger || sich längen (verlängern); **-ken v. draad:** slacking (stretching) of wire || relâchement *m* du fil *m* || Strecken *o* des Drahtes *m*; **-pletwerk:** stretching rolls || cylindres *mm* étireurs || Reckwalz-, Streckwerk *o*; **-proef:** tensile test || essai *m* à la traction *v* || Zug-, Zerreißversuch *m*; **-staak:** two beaked anvil rising *v*, anvil, bickern || bigorne *v* d'établi *m* || Bankhorn *o*; **-zone** (*terrein*): zone of stretching || zône *v* d'étendage *m* || Zerrungsgebiet *o*.

reken|en: to calculate || calculer || rechnen; **-ing:** calculation; bill, account (*nota*) || compte *m*, calcul *m*; mémoire *m*, note *v*, compte *m*, facture *v* (*nota*) || Rechnung *v*; **-ing houden met:** to take into account (consideration), to allow for, to pay regard to || compter avec, tenir compte *m* de || berücksichtigen, Rücksicht *v* nehmen auf, rechnen mit, Rechnung *v* tragen (*3e nv.*); **-kunde:** arithmetic || arithmétique *v* || Arithmetik *v*; **-kundig:** arithmetical(*ly*) || arithmétique(*ment*) || arithmetisch; **-liniaal:** slide rule || règle *v* à calcul *m* || Rechenschieber *m*, -stab *m*; **-machine:** calculating machine || machine *v* à calculer || Rechenmaschine *v*.

relais: relay || relais *m* || Relais *o*; **- zonder anker:** relay without armature || relais *m* sans armature *v* || ankerloses Relais *o*; **- m. sterkstroomcontacten:** signal relay || relais *m* de signal *m* || Signalrelais *o*; **- in werking zetten:** to put the relay in working position || mettre le relais *m* dans la position *v* de travail *m* || das Relais *o* in Arbeitslage *v* überführen; **-, elektrodynamisch:** moving-coil relay || relais *m* à cadre *m* mobile || Drehspulrelais *o*; **-, langzaamwerkend:** slowly acting relay || relais *m* retardateur (à action *v* différée) || Zeitrelais *o*; **-, polair:** polarised relay || relais *m* polarisé || polarisiertes Relais *o*; **-, thermionisch:** thermionic relay || relais *m* thermionique || Verstärkerröhre *v*; **-anker:** relay armature || armature *v* de relais *m* || Relaisanker *m*; **-kast:** relay frame || armoire *v* du relais *m* || Relaisschrank *m*; **-rek:** relay rack || bâti *m* pour les relais *mm* || Relaisgestell *o*; **-schakeling:** relay connection || couplage *m* de relais *m* || Relaisschaltung *v*.

relatie: relation || rapport *m*, relation *v* || Beziehung *v*, Relation *v*.

rela|tief: relative(*ly*) || relatif(*-vement*) || relativ; **-tiviteit:** relativity || relativité *v* || Relativität *v*; **-tiviteitstheorie** (*algemene; bijzondere*): theory of (*general; restricted*) relativity || théorie *v* de la relativité *v* (*générale; restreinte*) || (*allgemeine; spezielle*) Relativitätstheorie *v*.

relaxatie-trillingen: relaxation oscillations || oscillations *vm* de relaxation *v* || Kippschwingungen *vm*.

reliëf: relief || relief *m* || Relief *o*, erhabene Arbeit *v*; **-, hoog:** high relief || hautrelief *m* || Hochrelief *o*; **-, laag:** bas[s]-relief, low relief, basso relievo || basrelief *m* || Basrelief *o*, halberhabene Arbeit *v*; **-, in:** in relief, embossed || en relief *m*, en bosse *v* || in Relief *o*; **-druk:** relief print || empreinte *v* en relief *m* || Prägedruck *m*; **-machine** (*weverij*): surface printing machine || métier *m* à surface *v* || Reliefdruckmaschine *v*.

reling: railing, guard rail || garde-corps *m* || Reling *v*; **-stut:** rail stanchion || chandelier *m* (montant *m*) de garde-corps *m* || Relingsstütze *v*.

reluctantie: reluctance || réluctance *v* || Reluktanz *v*; **-, soortelijke:** reluctivity || réluctivité *v* || spezifischer magnetischer Widerstand *m*.

reluctiviteit: *zie* **reluctantie, soortelijke.**
rem: 1. (*inrichting*): brake [device] || frein *m* || Bremse *v*, Bremsvorrichtung *v*; **- aanzetten, de:** to pull (to tighten) the brake || appliquer (serrer) le frein *m* || die Bremse *v* anziehen (schließen); **- besturen, de:** to control the brake || commander (manoeuvrer) le frein *m* || die Bremse *v* steuern; **- m. een schoen:** single block brake || frein *m* à un seul sabot *m* || einklotzige Bremse *v*; **- m. schoen:** shoe brake || frein *m* à sabot *m* || Backen-, Klotzbremse *v*; **- m. tegengewicht:** counterweight brake || frein *m* à contrepoids *m* || Wurfbremse *v*; **- o. h. achterwiel** (*voorwiel*)**:** back (*front*) wheel brake || frein *m* de la roue *v* d'arrière *m* (*d'avant m*) || Hinterradbremse *v* (*Vorderradbremse v*); **- o. d. binnenzijde** (*buitenzijde*)**:** brake acting on the inside (*outside*), internally (*externally*) acting brake || frein *m* intérieur (*extérieur*) || Innenbremse *v* (*Außenbremse v*); **- op overbrengas:** brake on the transmission shaft || frein *m* sur le mécanisme *m* de transmission *v* || Vorgelegebremse *v*; **- uitzetten:** to release the brake || dégager (deserrer) le frein *m* || die Bremse *v* lösen (lüften, öffnen); **- v. d. bogie** (*spw.*)**:** bogie (truck) brake || frein *m* de bogie *v* || Drehgestellbremse *v*; **- v. Prony:** Prony brake || frein *m* de Prony *m* || Bremszaum *m*, Pronyscher Zaum *m*; **-, elektrische:** electric[al] brake || frein *m* électrique || elektrische Bremse *v*; **-, hydraulische:** hydraulic brake || frein *m* hydraulique (à liquide *m*) || hydraulische Bremse *v*, Flüssigkeitsbremse *v*; **-, magnetische:** magnetic brake || frein *m* magnétique || magnetische Bremse *v*; **-, mechanische:** mechanical brake || frein *m* mécanique || mechanische Bremse *v*; **-, pneumatische:** *zie* **luchtdrukrem; -aanzetting:** pulling (tightening) of the brake || application *v* (serrage *m*) du frein *m* || Anziehen *o* (Schließen *o*) der Bremse *v*; **-arbeid:** brake work, work done by the brakes || travail *m* de freinage *m* || Bremsarbeit *v*; **-as:** brake shaft || arbre *m* de frein *m* || Bremswelle *v*; **-assteun:** brake shaft bracket || support *m* d'arbre *m* de frein *m* || Bremswellenbock *m*; **-attest:** brake test certificate || certificat *m* d'essai *m* au frein *m* || Bremsattest *o*, -zeugnis *o*; **-baar:** capable of being braked || freinable || bremsbar; **-band:** brake band (strap) || bande *v* (collier *m*, ruban *m*, bague *v*) de frein *m*, bague *v* de friction *v* || Bremsband *o*, Brems-, Spreißring *m*; **-band m. houten** (*lederen*) **voering:** brake strap with wood (*leather*) lining || bande *v* de frein *m* avec blochets *mm* en bois *m* (*à fourrure v de cuir m*) || Bremsband *o* mit Holzfutter *o* (*Lederfutter o*); **-bandhouder:** brake strap holder || appui *m* du ruban *m* || Bremsbandhalter *m*; **-bandkoppeling:** brake band coupling || accouplement *m* à friction *v* par bande *v* || Bremsbandkupplung *v*; **-bandvoering:** lining of the brake band || garniture *v* du ruban *m* de frein *m* || Bremsbandbelag *m*, -futter *o*; **-besturing:** brake control || commande *v* (manoeuvre *v*) du frein *m* || Bremssteuerung *v*; **-blok:** brake block (shoe, check) || patin *m* (sabot *m*, mâchoire *v*) de frein *m*, sabot *m* d'enrayage *m*, cale *v* de roue *v* || Bremsschuh *m*, -klotz *m*; **-bout:** brake bolt (clip), fulcrum pin || âxe *m* de frein *m*, pivot *m* de frein *m* à croissant *m* || Bremsbolzen *m*, -backenzapfen *m*; **-cilinder:** brake cylinder; recoil cylinder (*kanon*) || cylindre *m* de frein *m* || Bremszylinder *m*; **-contact:** braking contact || contact *m* de freinage *m* || Bremskontakt *m*; **-controleur:** brake controller || controleur *m* de frein *m* || Bremskontroller *m*; **-dwarsas:** brake cross shaft || palonnier *m* de frein *m* || Bremsquerwelle *v*; **-dynamo:** dynamo for brake test || dynamo-frein *v* || Bremsdynamo *v*; **-dynamometer:** brake dynamometer || dynamomètre *m* à frein *m*, frein *m* dynamométrique || Bremsdynamometer *o*, *m*; **-gelijkspanner:** compensating lever for brake || levier *m* compensateur de frein *m* || Bremswaage *v*, -ausgleich *m*; **-gewicht:** brake weight || contrepoids *m* de frein *m* || Bremsgewicht *o*; **-goot:** retarding conveyor, catch (fishing) chute || couloir *m* de retenue *v* (d'attache *v*) || Brems-, Kettenrutsche *v*, Hemmförderer *m*; **-handgreep:** brake lever || levier *m* de frein[age] *m* || Bremshebel *m*; **-handvat:** locking handle || manette *v* de frein *m* || Bremsgriff *m*; **-handwiel:** brake handwheel || volant *m* de frein *m* || Bremshandrad *o*; **-hefboom:** *zie* **remhandgreep; -hefboomkoppelstang:** brake lever coupling rod || bielle *v* de connexion *v* des leviers *mm* de frein *m* || Bremshebelverbindung *v*; **-helling:** braking incline || plan *m* incliné à freinage *m* || Bremsweg *m*; **-inrichting:** braking arrangement || dispositif *m* (agencement *m*) de frein *m* || Bremsanordnung *v*; **-kabel:** brake cable || câble *m* de frein *m* || Bremskabel *o*; **-kabelbaan:** cableway with brake rope || transport *m* aérien à frein *m* || Bremsdrahtseilbahn *v*, **-kast:** brake casing (housing) || boîte *v* (enveloppe *v* protectrice) du frein *m* || Bremsgehäuse *o*; **-kegel:** brake cone || cône *m* du frein *m* || Bremskegel *m*;

-klep: brake valve || robinet *m* de frein *m* (du mécanicien *m*) || Bremsventil *o*; **-koppeling:** brake coupling || accouplement *m* à frein *m* || Bremskupplung *v*; **-kraan** (*spw.*)**:** conductor's (guard's) valve || robinet *m* de frein *m* du conducteur *m* de train *m* || Schaffnerbremshahn *m*; **-kracht:** brake force (power, pressure) || force *v* (effort *m*) du frein *m*, force *v* (puissance *v*) de freinage *m* || Bremskraft *v*, -stärke *v*; **-kruis:** brake cross lever || levier *m* de frein *m* à double action *v* || Bremskreuz *o*; **-kruk:** brake crank || manivelle *v* de frein *m* || Bremskurbel *v*; **-luchtkamer:** brake air chamber || récipient *m* à air *m* de frein *m* || Bremslufttopf *m*; **-men:** to brake || freiner; bremsen; **-men m. tegenstoom:** to brake with counterpressure steam || freiner à contre-vapeur *v* || bremsen mit Gegendampf *m*; **-men, elektrische** (*elektromagnetische*)**:** electric (*electromagnetic*) braking || freinage *m* électrique (*electromagnétique*) || elektrische (*elektromagnetische*) Bremsung *v*; **-mend werken:** to work as a brake || agir comme frein *m* || bremsend wirken; **-mer** (*spw.*)**:** brake[s]man, braker || garde-frein *m*, serre-frein *m*, freineur *m* || Bremser *m*; **-merkastje:** brakeman's cabin || cabine *v* de garde-frein *m*, guérite *v* de serre-frein *m*, vigie *v* || Bremserhütte *v*, Bremshaus *o*; **-merzitplaats:** brakeman's seat || siège *m* du serre-frein *m* || Bremsersitz *m*; **-methode:** braking method || méthode *v* de freinage *m* || Bremsmethode *v*; **-ming:** braking || freinage *m* || Bremsung *v*; **-ming d. luchtdruk** (*stoomdruk*)**:** pneumatic (*steam*) braking || freinage *m* par l'air *m* comprimé (*à vapeur v*) || Druckluftbremsung *v* (*Dampfbremsung v*); **-moment:** braking moment || moment *m* de freinage *m* || Bremsmoment *o*; **-motor:** brake motor || moteur-frein *m* || Bremsmotor *m*; **-nastelwig:** brake adjusting wedge || cône *m* de réglage *m* de frein *m* || Bremseinstellkeil *m*; **-paardekracht:** brake horse power || cheval *m* [mesuré] au frein *m* || Bremspferdestärke *v*; **-pedaal:** brake pedal || pédale *v* de frein *m* || Bremspedal *o*, -tritt *m*; **-periode:** braking period || durée *v* (periode *v*) de freinage *m* || Bremsperiode *v*, -zeit *v*; **-plaat:** brake plate || plateau *m* de frein *m* || Bremsplatte *v*; **-plat:** brake platform || plate-forme *v* du frein *m* || Bremsplattform *v*; **-proef:** brake test || essai *m* au frein *m* || Bremsprobe *v*, -versuch *m*; **-pijpleiding:** brake (train) pipe || conduite *v* de frein *m* || Bremsleitung *v*; **-regulateur:** brake regulator || régulateur *m* à frein *m* || Bremsregler *m*; **-reservoir:** brake water tank || réservoir *m* d'eau *v* du frein *m* || Bremswasserbehälter *m*; **-richting:** brake direction || direction *v* (sens *m*) de freinage *m* || Bremsrichtung *v*; **-ring:** brake ring || bague *v* de freinage *m* || Bremsring *m*; **-schakeling:** braking connection || connexion *v* du frein *m* || Bremsschaltung *v*; **-schoen:** *zie* **remblok; -schoenhangwerk:** brake block suspension || suspension *v* du sabot *m* du frein *m* || Bremsklotzgehänge *o*; **-schoenhouder:** brake block holder || porte-sabot *m* de frein *m* || Bremsbackenhalter *m*; **-schoenverkoling:** charring of the brake shoe || carbonisation *v* du sabot *m* de frein *m* || Verkohlen *o* des Bremsklotzes *m*; **-schoenversteller:** brake block adjusting gear || dispositif *m* de réglage *m* du sabot *m* de frein *m* || Bremsklotzstellvorrichtung *v*; **-schroefspil:** brake spindle || vis *v* de frein *m* || Bremsspindel *v*; **-schijf:** brake pulley (disc, drum) || poulie *v* (tambour *m*) de frein[age] *m* || Bremstrommel *v*; **-signaal:** brake signal || signal *m* de freinage *m* || Bremssignal *o*; **-slang** (*spw.*)**:** brake hose || boyau *m* (tuyau *m* flexible) de frein *m* || Bremsschlauch *m*; **-sleutel:** expanding key || clef *v* de frein *m* || Bremsdaumen *m*; **-sleutelas:** brake cam shaft || arbre *m* à came *v* de frein *m* || Schlüsselwelle *v*; **-slof:** *zie* **remblok; -stand:** braking position || position *v* de freinage *m* || Bremsstellung *v*; **-stang:** brake rod (screw) || barre *v* (tige *v*, vis *v*) de frein *m* || Bremsstange *v*, -spindel *v*; **-stangen:** brake rods || timonerie *v* (tringle *v*) du frein *m* || Bremsgestänge *o*; **-stof:** *zie* **vertrager; -stoot:** brake pull || choc *m* de frein *m* || Bremsstoß *m*; **-stroom** (*elektr.*)**:** braking current || courant *m* de freinage *m* || Bremsstrom *m*; **-systeem:** braking system || système *m* de frein *m* || Bremssystem *o*; **-terugtrekveer:** brake retracting spring || ressort *m* de rappel *m* de frein *m* || Bremszurückzugfeder *v*; **-toestel:** braking device (gear), governor and brake || appareil *m* de freinage *m*, frein *m*, régulateur dispositif *m* de freinage *m* et de régularisation *v*, mécanisme *m* de frein *m* || Bremsvorrichtung *v*, -werk *o*, Brems- und Reguliervorrichtung *v*, Bremsmittel *o*; **-trekstang:** brake pull rod || barre *v* (tige *v*) de manoeuvre *v* du frein *m* || Bremszugstange *v*; **-trommel:** brake drum (disc) || tambour *m* (poulie *v*) de frein *m* || Bremstrommel *v*, -scheibe *v*; **-uitzetting:** releasing of the brake || défreinage *m*, dégagement *m* du frein *m* || Lüftung *v* (Lösung *v*, Öffnung *v*) der Bremse *v*; **-uitzetveer:** brake release spring || res-

sort *m* antagoniste du frein *m* || Bremsrückzugfeder *v*; **-veer:** brake spring || ressort *m* de frein *m* || Bremsfeder *v*; **-veiligheidsweerstand:** brake safety resistance || résistance *v* de protection *v* du frein *m* || Bremsschutzwiderstand *m*; **-vermogen:** brake power || puissance *v* au frein *m* || Bremskraft *v*; **-verstelling:** brake adjustment (regulation) || réglage *m* du (par le) frein *m*, resserrage *m* du frein *m* || Bremsnachstellung *v*, -reglung *v*; **-verstelschroef:** brake adjusting screw || vis *v* de réglage *m* de frein *m* || Bremsnachstellschraube *v*; **-vlak:** braking surface || surface *v* de freinage *m* || Bremsfläche *v*; **-vloeistof:** braking fluid (liquid) || liquide *m* pour frein *m* || Bremsflüssigkeit *v*; **-voering:** brake lining || garniture *v* de frein *m* || Bremsbelag *m*; **-wagen** (*spw.*)**:** brake van || wagon-frein *m* || Bremswagen *m*; **-wals:** brake drum || cylindre *m* de freinage *m* || Bremswalze *v*; **-weerstand:** brake resistance, retarding torque || couple *m* (résistance *v*) de freinage *m* || Bremswiderstand *m*; **-weg:** distance travelled after application of the brake || chemin *m* parcouru pendant le freinage *m* || Bremsweg *m*; **-werking:** brake action || action *v* du frein *m*, freinage *m* || Bremswirkung *v*; **-wiel:** brake wheel || roue *v* de frein *m* || Bremsrad *o*; **-wig:** brake wedge || came *v* de frein *m* || Bremskeil *m*;
2. (*eenheid*)**:** rem || rem *m* || Rem *o*.

remanent: remanent || remanent || remanent.

rembours: cash on delivery || remboursement *m* || Nachnahme *v*.

remise: **1.** (*locomotieven*)**:** engine (locomotive) shed || remise *v* à locomotives *vm* || Lokomotivremise *v*, Lokomotivschuppen *m*;
2. (*spoor-, tremwagen*)**:** carriage (car) shed || hangar *m* à wagons *mm*, remise *v* à (dépôt *m* des) voitures *vm* || Wagenschuppen *m*; **-isolator:** car shed insulator || isolateur *m* pour dépôt *m* || Wagenschuppenisolator *m*.

remontoirhorloge: step winding watch || montre *v* à remontoir *m* || Remontoiruhr *v*.

renaissancestijl: renaissance (revival) style || style *m* de renaissance *v* || Renaissancestil *m*.

ren|baan: race course || piste *v* || Rennbahn *v*; **-boot:** speedboat, racer, racing yacht || bateau *m* de course *v* || Rennboot *o*; **-kap** (*automobilist*)**:** racing cap || bonnet *m* de course *v* || Rennkappe *v*; **-wagen** (*auto*)**:** racer, racing car || voiture *v* de course *v* || Rennwagen *m*.

rendement: efficiency || effet *m* utile, [coefficient *m* de] rendement *m* || Güteverhältnis *o*, Nutzeffekt *m*, Wirkungsgrad *m*; *zie ook* **effect, nuttig; opbrengst; - in watt-uren:** watt hour efficiency || rendement *m* en watts-heure *m* || Wirkungsgrad *m* in Wattstunden *vm*; **- per dag** (*per jaar*)**:** all day (*yearly mean*) efficiency || rendement *m* quotidien (*annuel*) || Tageswirkungsgrad *m* (*Jahres-*); **- v. e. ketel:** efficiency of a boiler || rendement *m* d'une chaudière *v* || Wirkungsgrad *m* eines Kessels *m*; **- v. h. verwarmingsoppervlak:** efficiency of the heating surface || rendement *m* de la surface *v* de chauffe *v* || Wirkungsgrad *m* der Heizfläche *v*; **-, economisch:** commercial (economical) efficiency || rendement *m* économique || wirtschaftlicher Wirkungsgrad *m*; **-, elektrisch:** electrical efficiency || rendement *m* électrique || elektrischer Wirkungsgrad *m*; **-, geïndiceerd:** indicated efficiency || rendement *m* indiqué || indizierter Wirkungsgrad *m*; **-, gemiddeld:** mean (average) efficiency || rendement *m* moyen || mittlerer Wirkungsgrad *m*; **-, mechanisch:** mechanical efficiency || rendement *m* mécanique || mechanischer Wirkungsgrad *m*; **-, schijnbaar:** apparent efficiency || rendement *m* apparent || scheinbarer Wirkungsgrad *m*; **-, thermisch:** *zie* **effect, thermisch; -sbepaling:** efficiency test || détermination *v* de rendement *m* || Wirkungsgradprüfung *v*, -bestimmung *v*; **-skromme:** efficiency curve || courbe *v* de rendement *m* || Wirkungsgradkurve *v*; **-sproef:** efficiency test || essai *m* de rendement *m* || Wirkungsgradprüfung *v*.

rendierleder: raindeer leather || cuir *m* de renne *m* || Renntierleder *o*.

rensdak: circular slate roof || toit *m* à pureaux *mm* ronds || Dach *o* mit halbrunden Schiefern *mm*.

rentabili|teit: earning power, productiveness, yield || rentabilité *v*, rendement *m* financier, produit *m* || Rentabilität *v*, Ertragsfähigkeit *v*; **-teitsberekening:** calculation of earning power || calcul *m* de la rentabilité *v* || Rentabilitätsberechnung *v*.

reparatie: *zie* **herstelling; -doosje** (*rijwiel*)**:** repair outfit || boîte *v* (nécessaire *m*) pour réparations *vm* || Flick-, Reparaturkasten *m*; **-kosten:** cost of repair || frais *mm* de réparation *v* || Reparaturkosten *mrv.*; **-kuil:** *zie* **inspectiekuil; -werk:** repair work || travail *m* de réparation *v* || Ausbesserungs-, Reparaturarbeit *v*; **-werkplaats:** repairing shop || atelier *m* de réparation *v* || Reparaturwerkstatt *v*.

repareren: *zie* **herstellen.**

repel: ripple, rippling (flax, pill) comb ||

drège *v*, grège *v* || Riffel *v*, Riffelkamm *m*, Hechel *m*; **-boom:** rippling bench || banc *m* à dréger || Reffbaum *m*; **-en:** to ripple || dréger, gréger || riffeln.

repeteergeweer: magazine (repeating) rifle || fusil *m* à magasin *m* || Repetiergewehr *o*.

repetitie|cirkel: repeating circle || cercle *m* répétiteur || Repetitionskreis *m*; **-theodoliet:** repeating theodolite || théodolite *m* répétiteur || Repetitionstheodolit *m*; **-uurwerk:** repeating watch, repeater || montre *v* à répétition *v* || Repetieruhr *v*.

replenisher (*elektr.*): *zie* **aanvuller** (*elektr.*).

reproduceerbaar: reproducible || reproductible || reproduzierbar; **-heid:** reproducibility || reproducibilité *v* || Reproduzierbarkeit *v*.

repro|duceren: to reproduce; to copy; to imitate || reproduire; copier; imiter || reproduzieren; kopieren; nachbilden; **-ductie:** reproduction; copy; imitation || reproduction *v*; copie *v*; imitation *v* || Reproduktion *v*; Kopie *v*, Nachbildung *v*, Wiedergabe *v*; **-ductiecamera:** reproduction camera || caméra *v* de reproduction *v* || Reproduktionskamera *v*.

repul|sie: repulsion || répulsion *v* || Repulsion *v*, Abstoßung *v*; **-sief:** repulsive(*ly*) || répulsif (*-vement*) || repulsiv; **-siemotor:** repulsion motor || moteur *m* à répulsion *v* || Repulsionsmotor *m*; **-siemotor, gecompenseerde:** compensated repulsion motor || moteur *m* à répulsion *v* compensé || kompensierter Repulsionsmotor *m*.

research: *zie* **onderzoek 2.**

reserve|as: spare shaft || arbre *m* de réserve *v* || Reservewelle *v*; **-band** (*auto*): spare tyre (tire, *Am.*) || pneu *m* de réserve *v* || Reserve-, Ersatzreifen *m*; **-deel:** spare part || pièce *v* de rechange *v* (de réserve *v*) || Ersatzteil *m*, Reservestück *o*; **-dynamo:** spare dynamo || dynamo *v* de réserve *v* || Ersatz-, Reservedynamo *v*; **-eenheid:** spare unit || unité *v* de réserve *v* || Reserveeinheit *v*; **-energie:** reserve energy || énergie *v* en réserve *v* || Energiereserve *v*; **-fonds:** reserve capital || fonds *m* de réserve *v* || Reservefonds *m*; **-kolenbooglamp:** compound arc lamp || lampe *v* à arc *m* à charbon *m* de rechange *v* || Ersatzkohlenbogenlampe *v*; **-locomotief:** stand by locomotive, emergency engine || locomotive *v* de réserve *v* || Bereitschafts-, Reservelokomotiv[e] *v*; **-machine:** reserve (spare) engine || machine *v* de réserve *v* (de secours *m*) || Reserve-, Aushilfsmaschine *v*; **-stoommachine:** stand by steam engine || machine *v* à vapeur *v* de réserve *v* || Reservedampfmaschine *v*; **-turbine:** spare turbine || turbine *v* de réserve *v* || Reserveturbine *v*; **-voorraad:** spare stores || recharges *vm* || Reservegut *o*; **-wagen** (*spw.*): stand by (spare) wagon || voiture *v* de réserve *v* || Bereitschafts-, Reservewagen *m*; **-waterverplaatsing:** reserve buoyancy || flottabilité *v* de réserve *v* || Reserveauftrieb *m*, -deplacement *o*; **-wiel:** spare wheel || roue *v* de secours *m* || Reserverad *o*.

reservoir: *zie* **vergaarbak; -, ondergronds:** underground reservoir || réservoir *m* souterrain || versenkter (unterirdischer) Behälter *m*; **-gesteente:** reservoir rock, carrier bed || roche-reservoir (-magasin) *v*, couche-porteuse *v* || Träger-, Speichergestein *o*; **-laag:** *zie* **reservoirgesteente; -plaat:** tank sheet iron || tôle *v* à réservoir *m* || Behälterblech *o*.

residu: residue, residuum || résidu *m* || Rückstand *m*, Residuum *o*; *zie ook* **overblijfsel; overloop** (*zeef*); **rest.**

resinit: resinite || résinite *v* || Resinit *m*.

resonantie: resonance || résonance *v* || Resonanz *v*; **-bodem:** resonance (sounding) board || table *v* d'harmonie *v* (de résonance *v*) || Resonanzboden *m*; **-circuit:** resonance circuit || circuit *m* de résonance *v* || Resonanzstromkreis *m*; **-frequentiemeter:** resonance frequency meter || fréquencemètre *m* à résonance *v* || Resonanzfrequenzmesser *m*; **-golfcirkel:** resonance oscillatory circuit || circuit *m* vibratoire de résonance *v* || Resonanzschwingungskreis *m*; **-kromme:** resonance curve || courbe *v* de résonance *v* || Resonanzkurve *v*; **-spanning:** resonance potential || potentiel *m* de résonance *v* || Resonanzspannung *v*; **-stroomsterkte:** resonance current || intensité *v* du courant *m* de résonance *v* || Resonanzstromstärke *v*; **-toestel:** resonance instrument || appareil *m* à résonance *v* || Resonanzapparat *m*; **-versterker:** resonance amplifier || amplificateur *m* à résonance *v* || Resonanzverstärker *m*; **-voorwaarde:** condition for resonance || condition *v* de résonance *v* || Resonanzbedingung *v*; **-werking:** resonance effect || effet *m* de résonance *v* || Resonanzwirkung *v*.

resonator: resonator || résonateur *m* || Resonator *m*.

resorci|ne*: *zie* **resorcinol; -nol (benzeendiol-1,3):** resorcinol || résorcinol *m* || (Resorcinol *o*), Resorcin *o*.

respirator: respirator || masque *m* respiratoire, respirateur *m* || Respirator *m*.

rest: residue; rest || reste *m*, restant *m* || Rückstand *m*, Rest *m*; *zie ook* **overblijfsel; residu.**

restau|ratie (*herstelling*): restoration || restauration *v* || Restauration *v*, Restaurierung *v*; **-ratiewagen** (*spw.*): restaurant carriage || voiture-restaurant *v*, wagon-restaurant *m* || Speisewagen *m*; **-ratiezaal** (*spw.*): dining compartment (room) || salle *v* à manger (du restaurant *m*) || Speiseraum *m*; **-reren:** to restore || restaurer || restaurieren.

resul|taat: *zie* **uitkomst; -tante:** resultant, resulting force || [force *v*] résultante *v* || Resultante *v*, Resultierende *v*; **-terend:** resultant || résultant || resultierend.

retort: retort || cornue *v*, retorte *v* || Retorte *v*; **- v. vuurvaste klei:** fire clay retort || cornue *v* d'argile *v* réfractaire || || Schamotteretorte *v*; **-, horizontale:** horizontal retort || cornue *v* horizontale || Horizontalretorte *v*, horizontale (liegende, waagerechte) Retorte *v*; **-, liggende:** *zie* **retort, horizontale; -, schuine:** inclined retort || cornue *v* inclinée || Schrägretorte *v*, geneigte Retorte *v*; **-grafiet:** retort graphite || graphite *m*. de cornue *v* || Retortengraphit *m*; **-hals:** retort neck || cou *m* de cornue *v* || Retortenhals *m*; **-kool:** retort carbon || charbon *m* de cornue *v* || Retortenkohle *v*; **-oven:** retort furnace || four *m* à cornues *vm* || Retortenofen *m*; **-vergassing:** distillation in retorts || distillation *v* dans des cornues *vm* || Retortenvergasung *v*.

retou|che: retouch || retouche *v* || Retusche *v*; **-cheren:** to retouch || retoucher || retouchieren.

retour|kabel: return feeder || artère *v* de retour *m* || Rückleitung *v* mit besonderem Leiter *m*; **-leiding:** return line || ligne *v* de retour *m* || Rückleitung *v*; **-periode** (*relais*): period of the return movement of the relay || période *v* de retour *m* du relais *m* || Rückgangperiode *v* des Relais *o*.

reuk: smell || odeur *v* || Geruch *m*; **-loos:** inodorous, odorless || inodore || geruchlos; **-zout:** smell salt || sel *m* volatil || Riechsalz *o*.

reverbeeroven: flame (reverberatory) furnace || fourneau *m* à réverbère *m* || Flamm-, Reverbierofen *m*.

revi|deren: 1. (*algem.*): to revise || revoir, réviser, faire la révision *v* || revidieren, prüfen, überholen;
2. (*typogr.*): to revise || réviser || verbessern, revidieren; **-seren*** (*typogr.*): *zie* **revideren.**

revisie: 1. (*algem.*): revision || révision *v* || Revision *v*;
2. (*typogr.*): revise, revised proof (text) || seconde [épreuve] *v*, texte *m* revu, révision *v*; tierce *v* (*laatste proef*) || Revision *v*.

revolver: revolver || revolver *m* || Revolver *m*; **-bakken:** circular (revolving, oscillating) boxes || boîtes *vm* oscillantes, boîtes-revolver *vm* || Revolverkasten *mm*; **-boorkop:** revolving cutter head || porte-foret *m* revolver || Revolverbohrkopf *m*; **-boormachine:** turret, head boring machine || machine *v* à percer revolver || mehrspindlige Bohrmaschine *v* mit Stahlwechsel *m*; **-draaibank:** turret (capstan) lathe || tour-revolver *m*, tour *m* à décolleter automatique || Revolverdrehbank *v*, selbsttätige Formdrehbank *v*, Stahlwechseldrehbank *v*; **-kop** (*draaib.*): revolving tool box || tourelle-revolver *v* || Revolverkopf *m*; **-lade** (*weefstoel*): revolving box || battant-revolver *m* || Revolverlade *v*; **-schaar:** revolving shearing machine || cisaille *v* pivotante || drehbare Schere *v*; **-slede** (*draaib.*): turret slide rest || chariot *m* à revolver *m* || Stichelhausschlitten *m*; **-support** (*draaib.*): revolving tool box saddle || revolver *m* || Revolversupport *m*; **-tas:** revolver holster (pouch) || fonte *v* de revolver *m* || Revolvertasche *v*; **-weefstoel:** revolver loom || métier-revolver *m* || Revolverstuhl *m*.

rhenium: rhenium || rhénium *m* || Rhenium *o*.

rheo|chord: rheochord || rhéochorde *v* || Rheochord *o*; **-foor:** rheophore || rhéophore *m* || Rheophor *m*; **-graaf v. Abraham:** rheograph of Abraham || rhéographe *m* d'Abraham || Abrahamscher Rheograph *m*; **-laveur:** rheolaveur || rhéolaveur *m* || Rinnen-, Rheowäsche *v*, Rheo[wasch]rinne *v*; **-skoop:** rheoscope || rhéoscope *m* || Rheoskop *o*; **-staat:** regulating resistance, rheostat || résistance *v* réglable, rhéostat *m* || Regulierwiderstand *m*, Rheostat *m*; **-taan:** rheotan || rhéotane *m* || Rheotan *o*; **-taandraad:** rheotan wire || fil *m* de rhéotane *m* || Rheotandraht *m*; **-toom:** rheotome || interrupteur *m* périodique, rhéotome *m* || periodischer Unterbrecher *m*, Rheotom *o*; **-troop:** rheotrope || interrupteur *m* de Masson, rhéotrope *m* || Rheotrop *m*, Unterbrecher *m* von Masson.

rhodaanwaterstofzuur: sulfocyanic acid || acide *m* sulfocyanhydrique || Rhodanwasserstoff-, Thiocyansäure *v*.

rhodium: rhodium || rhodium *m* || Rhodium *o*; **-chloride:** rhodium chloride || chlorure *m* de rhodium *m* || Rhodiumchlorid *o*; **-hydroxyde:** rhodium hydroxide || hydrate *m* de rhodium *m* || Rhodiumhydroxyd *o*; **-nitraat:** rhodium nitrate || azotate *m* (nitrate *m*) de rhodium *m* || Rhodiumnitrat *o*; **-zout:** rhodium salt || sel *m* de rhodium *m* || Rhodiumsalz *o*.

rhodoniet: rhodonite || rhodonite *v* || Rhodonit *m*, Kieselmanganerz *o*.
rhom|boëder: rhombohedron || rhomboèdre *m* || Rhomboeder *o*; **-boïde:** rhomboid || rhomboïde *m* || Rhomboid *o*; **-bus:** rhom[bus] || rhombe *m* || Rhombus *m*.
rib[be]: **1.** (*algem.*): rib || nervure *v* || Rippe *v*; **-ben** (*boek*): to cord || nerver || rippen; **-ben** (*vlas*): to dress || rader || ribben; **-benhuis:** ribbed tube || tube *m* à ailettes *vm* || Rippenrohr *o*; **-benbuisketel:** boiler with ribbed flue || chaudière *v* avec tube *m* foyer à ailettes *vm* || Rippenrohrkessel *m*; **-benbuisoververhitter:** ribbed (rilled) tube superheater || surchauffeur *m* à tubes *mm* à ailettes *vm* || Rippenrohrüberhitzer *m*; **-benbuisvormmachine:** moulding machine for ribbed pipes || machine *v* à mouler les tuyaux *mm* à ailettes *vm* || Rippenrohrformmaschine *v*; **-benfluweel:** cord fustian thickset || velours *m* à côtes *vm*, cordelet *m* || gestreifter Manchester *m*; **-bengewelf:** ribbed vaulting || voûte *v* à nervures *vm* || Rippengewölbe *o*; **-benkachel:** ribbed stove || poêle *m* à ailettes *vm* || Rippenofen *m*; **-benmes:** flax dresser's knife || radoir *m* || Ribbemesser *o*;
2. (*meetk.*): edge || arête *v* || Kante *v*;
3. (*krans*): collar, rib || nervure *v* || Wulst *v*;
4. (*naaf*): collar, rib || collet *m* || Wulst *v*;
5. (*vleugel*): rib || nervure *v* || Spant *m*;
6. *zie* **ribbel.**
rib|bel: fluting || cannelure *v* || Auskehlung *v*, Rille *v*, Riefe *v*; **-belen:** to flute || canneler || riffeln, kannelieren; **-[bel]machine:** fluting machine || machine *v* à canneler || Riffel-, Kanneliermaschine *v*.
richel: ledge || [re]bord *m*, saillie *v*; latte *v*, tringle *v* (*lat*); corniche *v*, épaulement *m*, projecture *v* (*gebouw*) || Leiste *v*; Randleiste *v*, Gesims *o* (*gebouw*).
richt|en: **1.** (*recht maken*): to right, to straighten || dresser, rendre droit || richten; **-lat:** levelling board || règle *v* à niveler || Richtlatte *v*, -scheit *o*; **-machine:** straightening machine || machine *v* à dresser (à dressage *m*) || Richt-, Spannmaschine *v*; **-scheen:** levelling rule || règle *v* à dresser [en métal *m*] || Richtschiene *v*;
2. (*richting geven*): to direct || diriger, tourner (*algem.*); braquer (*kijker*; *kanon*) || richten; **-ing:** *zie na* **richten 4**; **-keg:** *zie* **richtwig**; **-koppel:** controlling couple || couple *m* directeur (antagoniste) || Richtmoment *o*; **-kracht:** directing force || force *v* directrice || Richtkraft *v*; **-lood:** plumb line || fil *m* à plomb *m* || Bleilot *o*; **-lijn** (*meetk.*): directrix || directrice *v* || Richtlinie *v*; **-lijnen:** *zie* **instructies**; **-magneet:** controlling magnet || aimant *m* directeur || Richtmagnet *m*; **-paal:** tracing picket || piquet *m* à tracer || Trassierpfahl *m*; **-wig** (*boren*) (*mijnb.*): whip stock || biseau *m* de déviation *v*, sifflet *m* || Richtkeil *m*;
3. (*geschut*): to lay, to point; laying || pointer; pointage *m* || richten; Richten *o*; **-hoek:** angle of sight || angle *m* de mire *v* || Richtungswinkel *m*; **-lijn:** line of sight || ligne *v* de mire *v* || Richtlinie *v*; **-punt:** direction point || point *m* de direction *v* || Zielpunkt *m*; **-schaal:** laying scale || échelle *v* de pointage *m* || Richtskala *v*; **-toestel:** elevating (laying) gear || appareil *m* de pointage *m* || Richtvorrichtung *v*; **-vlak:** plane of direction || plan *m* de direction *v* || Richtebene *v*;
4. (*in juiste stand brengen*): to align || aligner || richten.
richting: direction || direction *v* || Richtung *v*; **- v. d. kracht:** direction of force || direction *v* (sens *m*) de la force *v* || Kraftrichtung *v*; **- v. d. snelheidscomponente:** direction of the velocity component || sens *m* de la composante *v* de vitesse *v* || Richtungssinn *m* (Richtung *v*) der Geschwindigkeitskomponente *v*; **-, tegengestelde:** opposite direction || direction *v* opposée; sens *m* inverse || entgegengesetzte Richtung *v*; entgegengesetzter Sinn *m*; **-aanwijzer** (*auto*): trafficator, direction indicator || indicateur *m* de direction *v*; clignoteur *m* || Winker[arm] *m*; **-wals:** reverser || inverseur *m* de sens *m* de marche *v* || Richtungswender *m*; **-zoeker** (*radio*): direction finder || radiogoniomètre *m* || Funkpeiler *m*, Richtungssucher *m*, Richt[ungs]finder *m*.
richtings|besturing: directional control || commande *v* de direction *v* || Seitensteuerung *v*; **-bord** (*spw.*): destination signboard || écriteau *m* de direction *v* || Richtungstafel *v*; **-lijn:** line of direction || ligne *v* de direction *v* || Richtungslinie *v*; **-pijl:** winker || flèche *v* de direction *v* || Richtungspfeil *m*; **-roer:** rudder || gouvernail *m* de direction *v* || Seitensteuer *o*; **-verandering:** alteration of the direction || déviation *v* de direction *v* || Richtungsänderung *v*; **-wijzer:** direction indicator || indicateur *m* de direction *v* || Richtungszeiger *m*.
ricinusolie: castor oil || huile *v* de ricin *m* || Rizinusöl *o*.
riekend| maken: to render odorous || rendre odorant || riechend machen; **- n. h. vat:** smelting the cask || qui sent le fût *m* || faßfaul.
riem: **1.** (*algem.*): belt; strap, thong; belt (*gordel*); sling (*draagriem*); lead, leash

(*hond*) || courroie *v*, lanière *v*; ceinture *v* (*gordel*) || Riemen *m*; Gurt *m* (*gordel*); 2. (*drijfriem*): belt || courroie *v* || Riemen *m*; **- aanhalen, een:** to tighten a belt || retendre une courroie *v* || einen Riemen *m* nachspannen; **- gedreven, door een:** belt driven || commandé (à commande *v*) par courroie *v* || durch Riemen *m* angetrieben, mit Riemenantrieb *m*; **- inkorten, een:** to shorten a belt || raccourcir une courroie *m* || einen Riemen *m* kürzen; **- inzetten, een:** to shift a belt to the fast pulley || embrayer (enclencher) une courroie *v* || einen Riemen *m* einrücken; **- ligt o. d. as, de:** the belt is lying on the shaft || la courroie *v* pose sur l'arbre *m* || der Riemen *m* ruht auf der Welle *v*; **- lijmen, een:** to cement (to glue) a belt || coller une courroie *v* || einen Riemen *m* leimen; **- m. halve slag:** *zie* **riem 1, half gekruiste; - slipt, de:** the belt slips || la courroie *v* glisse || der Riemen *m* gleitet; **- uit enige lagen:** belt composed of several layers of material, multiple belt || courroie *v* multiple || mehrfacher Riemen *m*; **- v. beneden links (*rechts*) n. boven rechts (*links*), schuine:** oblique belt driver below (*right*), driven pulley above (*left*) || courroie *v* montante de gauche (*droite*) à droite (*gauche*) || schiefer Riemen *m* von links (*rechts*) unten nach rechts (*links*) oben; **- v. d. schijf gooien, een:** to throw off a belt || enlever une courroie *v* de la poulie *v* || einen Riemen *m* von der Scheibe *v* abwerfen; **- v. d. vaste o. d. losse schijf overbrengen, de:** to shift the belt from the fast to the loose pulley || faire passer la courroie *v* de la poulie *v* fixe sur la poulie *v* folle || den Riemen *m* von der festen Scheibe *v* auf die lose Scheibe *v* überführen; **- zonder einde:** endless belt || courroie *v* sans fin *m* || Riemen *m* ohne Ende *o*; **-, drijvende deel v. e.:** *zie* **part 2, drijvende; -, dubbele:** double belt || courroie *v* double || Doppelriemen *m*; **-, getrokken deel v. e.:** *zie* **part 2, gedreven; -, gekruiste:** crossed belt || courroie *v* croisée || gekreuzter (geschränkter) Riemen *m*; **-, half gekruiste:** half cross (quarter turn) belt || courroie *v* demi-croisée || halbgeschränkter Riemen *m*, Halbkreuzriemen *m*; **-, gelijmde:** cemented (glued) belt || courroie *v* collée || geleimter Riemen *m*; **-, genaaide:** laced belt || courroie *v* cousue || genähter Riemen *m*; **-, rechte:** open belt || courroie *v* droite (ouverte) || offener Riemen *m*; **-, slepende deel v. e.:** *zie* **part 2, gedreven; -, slippen v. e.:** slipping of a belt || glissement *m* (patinage *m*) d'une courroie *v* || Gleiten *o* (Rutschen *o*) eines Riemens *m*, Riemenschlüpfung *v*; **-, trekkende:** *zie* **part 2, drijvende; -aandrijving:** belt drive || commande *v* par courroie *v* || Riemenantrieb *m*; **-aflichter:** belt lifting arrangement || dispositif *m* d'enlèvement *m* de courroie *v* || Riemenabhebevorrichtung *v*; **-drijfwerk:** belt drive (driving), intermediate belt (flexible) gearing || commande *v* (transmission *v*) par courroie *v*, renvoi *m* à courroie *v* || Riemen[an]trieb *m*, Riemenvorgelege *o*; **-dynamometer:** belt (transmission) dynamometer || dynamomètre *m* de transmission *v* || Transmissiondynamometer *o*, *m*; **-einde, aflopend (*oplopend*):** side of delivery (*engaging with pulley*) || brin *m* descendant (*montant*) || ablaufendes (*auflaufendes*) Trumm *o*; **-elevator:** *zie* **bandelevator** *onder* **band 1; -engeleiderstang:** strap relieving rod || tige *v* pour guide-courroie *m* || Riemenstange *v*; **-enomzetwerk:** belt reversing gear || mécanisme *m* de renversement *m* de marche *v* par courroie *v* || Riemenwendegetriebe *o*; **-geleider:** belt guide || guide *m* de courroie *v*, guide-courroie *m* || Riemenführer *m*, -leiter *m*; **-haak:** hook belt fastener || crochet *m* de courroie *v* || Riemenhaken *m*; **-hechter:** claw, belt fastener || agrafe-griffe *v* pour courroie *v* || Riemenkralle *v*; **-hefboom:** belt shifter || appareil *m* de débrayage *m* || Riemenausrücker *m*; **-koppeling:** belt (band) coupling || accouplement *m* à courroie *v* (à ruban *m*, à lanières *vm*) || Riemen-, Bandkupplung *v*; **-leider:** strap (belt) guide || guide-fourche *v*, guide-courroie *m* || Riemenführer *m*, -leiter *m*; **-omzetting:** change over of the belt, shifting of belt || changement *m* (passe *v*) de courroie *v* || Riemenwechsel *m*; **-omzetting (*v. d. beweging*):** belt reverse || renversement *m* de marche *v* par courroie *v* || Riemenumsteuerung *v*; **-oplegger:** belt slipper (shifter) || monte-courroie *m* || Riemenaufleger *m*; **-overbrenging:** belt driving || transmission *v* par courroie *v* || Riemen[an]trieb *m*; **-rem:** belt brake || frein *m* à courroie *v* || Riemenbremse *m*; **-schroef:** screw belt fastener || agrafe *v* de courroie *v* à vis *v*, vis-agrafe *v* de courroie *v* || Riemenschraube *v*; **-schijf:** *zie na* **riem 3; -spanner:** belt stretcher (tightener) || tendeur *m* de courroie *v* || Riemenspanner *m*; **-spanning:** belt tension || tension *v* de courroie *v* || Riemenspannung *v*; **-spanschroef:** screw belt fastener || vis-agrafe *v* de courroie *v* || Riemenschraube *v*; **-transmissie:** *zie* **riemoverbrenging; -uitzetter:** belt shifter || débrayeur *m* de courroie *v*, passe-courroie *m* || Riemenausrücker *m*; **-val-**

hamer: friction roll drop hammer || marteau *m* à courroie *v* de friction *v* || Riemenreibhammer *m*; **-verbinder:** belt fastening || agrafe *v* de courroie *v* || Riemenschloß *o*; **-verbinding:** belt joint (fastening) || attache *v* de courroie *v* || Riemenverbindung *v*; **-vliegwiel:** *zie* **vliegwiel tevens riemschijf; -vork:** belt (strap) fork, belt guider || fourche *v* à courroie *v*, fourchette *v* de débrayage *m* || Riemengabel *v*;
3. (*papier*): ream || rame *v* || Ries *o*;
4. (*roeispaan*): oar || aviron *m*, rame *v* || Riemen *m*; **-blad:** oar blade (wash) || pelle *v* d'aviron *m* || Riemenblatt *o*; **-greep:** oar handle || main *v* d'aviron *m* || Riemengriff *m*; **-steel:** oar loom || manche *v* d'aviron *m* || Riemenschaft *m*.

riemschijf: [belt] pulley || poulie *v* || Riem-[en]scheibe *v*; **- m. gebogen** (*rechte*) **spaken:** curved (*straight*) armed pulley || poulie *v* à rayons *mm* courbés (*droits, rectilignes*) || Riemscheibe *v* mit geschweiften (*geraden*) Armen *mm*; **- m. veranderlijke middellijn:** expanding pulley || poulie *v* à diamètre *m* variable, poulie *v* extensible || Expansionsriemenscheibe *v*; **- uit een stuk:** solid pulley || poulie *v* d'une seule (en une) pièce *v* || ganze (ungeteilte, einteilige) Riemenscheibe *v*; **- uit twee delen:** *zie* **riemschijf, gedeelde; -, bolle:** crowned pulley || poulie *v* bombée || ballig gedrehte Riemenscheibe *v*; **-, drijvende:** *zie* **schijf 3, drijvende; -, gedeelde:** split pulley || poulie *v* divisée || geteilte Riemenscheibe *v*; **-, gedreven:** *zie* **schijf 3, gedreven; -, gegoten ijzeren:** cast iron [belt] pulley || poulie *v* en fonte *v* || gußeiserne Riemenscheibe *v*; **-, getrapte:** *zie* **trappenschijf** *onder* **trap 3; -, gewelfde:** *zie* **riemschijf, bolle; -, houten:** wood[en] [belt] pulley || poulie *v* (tambour *m*) en bois *m* || hölzerne Riemenscheibe *v*; **-, losse:** loose (movable) pulley || poulie *v* folle (mobile) || lose Riemen-, Leer-, Losscheibe *v*; **-, vaste:** fast (fixed, tight) pulley || poulie *v* fixe || feste Riemenscheibe *v* (Rolle *v*), Festscheibe *v*; **-, vaste en losse:** fast and loose (movable) pulley || poulie *v* fixe et poulie *v* folle (mobile) || Fest- und Losscheibe *v*, feste und lose [Riemen]scheibe *v*; **-, vlakke:** flat face pulley || poulie *v* cylindrique || gerade gedrehte Riemenscheibe *v*; **-, vrijdragende:** overhung pulley || poulie *v* en porte *v* à faux || fliegende (freitragende) Riemenscheibe *v*; **-vormmachine:** pulley moulding machine || machine *v* à mouler les poulies *vm* || Riemenscheibenformmaschine *v*.

riet: 1. (*plant*): reed, cane || roseau *m* || Riet *o*, Rohr *o*; **-, Spaans:** *zie* **rotan; -mat:** reed mat || natte *v* de roseau *m* || Rohrmatte *v*; **-mess** heddle (reed) hook || passette *v* || Einziehhaken *m*, Blattmesser *o*; **-nagel:** nail for reed || clou *m* à roseau *m* || Rohrnagel *m*; **-plank:** reed board (plank) || planche *v* en roseau *m* || Rohrbrett *o*; **-suiker:** cane sugar || sucre *m* de canne *v* || Rohrzucker *m*; *zie ook* **saccharose; suiker; -suikerfabriek:** cane sugar factory (mill) || usine *v* (fabrique *v*) à sucre *m* de canne *v* || Rohrzuckerfabrik *v*;
2. (*weefstoel*): reed || rot *m* || Ried *o*, Riedblatt *o*; **-, uitzetbaar:** expanding reed || rot *m* mobile || ausdehnbares Ried *o*; **-, vast:** fast (fixed) reed || peigne *m* fixe || feststehendes Blatt *o*; **-klauw:** reed cluth || griffe *v* du rot *m* || Spannhebel *m*.

rif: reef || récif *m* || Riff *o*.

riffelkop (*klinknagel*): hand-made head || tête *v* mastellée || gehämmerter Kopf *m*.

rimpelen: to wrinkle; to rumple, to ruffle (*water*); to pucker (*materiaal*) || [se] rider; se ratatiner (*verschrompelen*) || runzeln, falten, [ein]schrumpfen; sich kräuseln (*water*).

ring: 1. (*algem.*): ring; cylinder || anneau *m*; bague *v*; collier *m*, collet *m* || Ring *m*; Halslager *o*; *zie ook* **torus; -, cilindrische:** annulus, cylindrical ring || anneau *m* de cercle *m* || Kreisring *m*; **- heet omleggen, een:** to shrink a ring on || emmancher (poser) une bague *v* à chaud *m* || einen Ring *m* aufschrumpfen (warm aufziehen); **-anker** (*elektr.*)**:** ring armature || induit *m* en anneau *m* || Ringanker *m*; **-ankertouw:** ring armature core || noyau *m* annulaire d'induit *m* || Ringankerkern *m*; **-baan:** circular (girdle) railway || chemin *m* de fer *m* de ceinture *v* || Ringbahn *v*; **-band, stalen:** band clip, ring clamp || cercle *m* en acier *m* plat || Flachstahlreifen *m*; **-boor:** ring auger bit || foret *m* annulaire || Ringbohrer *m*; **-bout:** ring bolt || cheville *v* à boucle *v* || Ringbolzen *m*; **-buigmachine:** ring bending machine || machine *v* à cintrer les bagues *vm* || Ringbiegemaschine *v*; **-dijk:** encircling dike || digue *v* de ceinture *v* || Ringdeich *m*; **-fitting:** annular lamp holder || douille *v* annulaire || Ringfassung *v*; **-groef:** ring groove || rainure *v* annulaire || Ringnut *v*; **-hoef:** bar shoe || fer *m* à éponges *vm* réunies || Ringschuh *m*; **-kanaal:** annular channel || conduit *m* annulaire || Ringkanal *m*; **-kern** (*transformator*)**:** ring core || noyau *m* annulaire || ringförmiger Kern *m*; **-klep:** annular (mushroom, ring) valve || soupape *v* annulaire (circulaire, à siège *m* annulaire) || Ringventil *o*; **-lamp:** annular lamp || lampe *v* en forme *v* d'anneau *m* || Ringlampe *v*; **-las:** ring joint || joint *m* de bague *v* || Ringstoß *m*; **-lat:** ring rail || plate-bande *v* avec anneaux *mm* || Ringschiene *v*; **-leiding:** ring main || ligne *v* circulaire || Ringleitung *v*; **-lijst:** circular band || liteau *m* annulaire || Ringleiste *v*; **-magneet:** ring magnet || aimant *m* annulaire || Ringmagnet *m*; **-merk:** circumferential mark || cran *m* (marque *v*) circulaire || Ringmarke *v*; **-moer:** ring nut || écrou *m* à bague *v* || Ringmutter *v*; **-muur-** enclosure wall || mur *m* de clôture *v* (d'enceinte *v*) || Einfriedigungs-, Ringmauer *v*; **-nippel:** ring nipple || raccord *m* à anneau *m* || Ringnippel *m*; **-ondersteuning** (*mijnb.*)**:** rotunda || soutènement *m* en cercle *m* (en plein cintre *m*) || Rundbau *m*; **-oven:** annular (rotary) kiln || four *m* annulaire (circulaire) || Ringofen *m*; **-ruimte** (*petr.*)**:** annular space || espace *m* annulaire || Ringraum *m*; **-scheur:** cup shake || crevasse *v* annulaire || Ringkluft *v*; **-schuif:** annular slide valve || tiroir *m* (vanne *v*) annulaire || Ringschieber *m*; **-segment:** ring segment || segment *m* annulaire || Ringsegment *o*; **-segmenttegenwicht:** ring shaped balance weight || contrepoids *m* en secteur *m* annulaire || Gegengewicht *o* in Form *v* eines Ringausschnittes *m*; **-sleutel:** box wrench || clé (clef) *v* à douille *v* (polygonale) || Ringschlüssel *m*; **-slot:** ring lock || cadenas *m* à rouleaux *mm* || Ringschloß *o*; **-smeer[kussen]blok:** *zie* **kussenblok m. ringsmering; -smeertoestel:** ring lubricator || graisseur *m* à bagues *vm* || Ringschmiervorrichtung *v*; **-smering:** ring lubrication || graissage *m* à bagues *vm* || Ringschmierung *v*; **-snijijzer:** stocks and dies || tourne-à-gauche *m* || Wend-, Windeisen *o*; **-spie:** taper washer || douille *v* conique || Ringkeil *m*; **-spiekoppeling:** annular wedge coupling || accouplement *m* à bague *v* et à clavette *v* || Ringkeilkupplung *v*; **-spil:** ring spindle || broche *v* à anneau *m* || Ringspindel *o*; **-spinbank:** ring [spinning] frame || métier *m* continu à anneaux *mm* || Ringspinnmaschine *v*; **-spoel:** ring coil || bobine *v* annulaire || Ringspule *v*; **-spoor:** railway circle || voie *v* (réseau *m*) circulaire || Ringgleis *o*; **-tap:** hollow pivot; ring pivot (*Am.*) || pivot *m* annulaire || Ringzapfen *m*; **-transformateur:** ring type transformer || transformateur *m* annulaire || Ringtransformator *m*; **-veer:** ring shaped spring || bague-ressort *v* || Ringfeder *v*, ringförmige Feder *v*; **-vormig:** annular, cyclic, circular || annulaire, cyclique, circulaire || ringförmig; **-wapening:** reinforcing by rings || armature *v* par anneaux *mm* || Ringbewehrung *v*; **-wikkeling:** ring (Gramme) winding || enroulement *m* en anneau *m* || Ringwicklung *v*;

2. (*in hout*)**:** annular shake || roulure *v* || Kern-, Ringschäle *v*; **-vuur:** false sap, blown || lunure *v*, faux aubier *m* || Ringfäule *v*, Mondring *m*;

3. (*o. e. hemellichaam*)**:** halo || halo *m* || Halo *m*, Lichthof *m*;

4. (*chem.*)**:** ring || anneau *m* || Ring *m*; *zie ook* **kern; -stelsel:** cyclic system || système *m* cyclique || Ringsystem *o*; **-systeem:** *zie* **ringstelsel;**

5. *zie* **schachtring.**

rinkelscheur: *zie* **ringscheur.**

rins: *zie onder* **zuur 2.**

riool: sewer || égout *m*, rigole *v* || Abzugskanal *m*, -rohr *o*; **-put:** catch pit gully || fosse *v* d'écoulement *m*, regard *m* d'égout *m* || Abzugsgraben *m*, Schlammfang *m*; **-rooster:** gully grate || grille *v* d'un regard *m* d'égout *m* || Schlammfangrost *m*; **-stelsel:** sewage system || système *m* d'égouts *mm* || Abfuhrsystem *o*; **-water:** sewage water || eaux *vm* vannes || Abwasser *o*.

ripidoliet: ripidolite || ripidolite *v* || Ripidolith *m*.

rips: rep[s] || reps *m*, cannelé *m* || Rips *m*, Reps *m*; **- in ketting:** rib figured with warp || cannelés *mm* figurés en chaîne *v* || Querrips *m* figuriert durch Kette *v*; **-, gebloemde:** ribbon cord figures || cannelé *m* (reps *m*) figuré || figurierter Rips *m*; **-, samengestelde:** composed rib || reps *m* (cannelé *m*) composé || kombinierter Rips *m*; **-, schuinlopend:** corkscrew cloth || cannelé *m* oblique, corkscrew *m* || Corkscrew *m*, Korkziehergewebe *o*, schräger Rips *m*; **-, tegenovergesteld:** broken (transposed) rep[s] || cannelé *m* (reps *m*) brisé (cannelé) || gebrochener (versetzter) Rips *m*.

rits|beitel: cross cutting (bolt, cape) chisel || bec *m* d'âne *m* (bédane *m*) à metaux *mm* || Kreuzmeißel *m*; **-en:** to mark out, to trace, to chisel out, to chase || marquer, tracer, buriner avec le bédane *m* || anreißen, auskreuzen; **-hout:** marking (shifting) gauge || tracequin *m*, trusquin *m* || Streichmaß *o*, Parallelreißer *m*; **-naald:** marking tool, mark scraper || pointe *v* à tracer || Anreißnadel *v*, Vorreißer *m*; **-sluiting:** *zie* **treksluiting.**

rivier: river || rivière *v* || Fluß *m*; **-arm:** river arm (branch) || bras *m* (branche *v*) de rivière *v* || Flußarm *m*; **-bed:** river bed (channel) || lit *m* de rivière *v* || Flußbett *o*; **-bocht:** river bend || coude *m* de rivière *v* || Flußkrümmung *v*; **-bodem:** river bottom || fond *m* de rivière *v* || Flußsohle *v*; **-boot:** river steamer || vapeur *m* fluvial || Flußdampfer *m*; **-dijk:** river dike || digue *v* de rivière *v* || Flußdeich *m*; **-grind:** river gravel || ballast *m* (gravier *m*) de rivière *v* || Flußkies *m*; **-haven:** river harbour || gare *v* || Flußhafen *m*; **-kabel:** river (water, subfluvial) cable || câble *m* sous-fluvial || Flußkabel *o*; **-klei:** river clay (loam) || argile *v* fluviale || Flußlehm *m*, -ton *m*, -klei *m*; **-kruising** (*elektr.*): traverse || traversée *v* || Flußkreuzung *v*; **-loods:** river pilot || pilote *m* de rivière *v* || Flußlotse *m*; **-mond:** river mouth || embouchure *v* de rivière *v* || Flußmündung *v*; **-normalisering:** correction (regulation) of a river || régularisation *v* d'une rivière *v* || Flußkorrektion *v*, -regulierung *v*; **-oever:** river bank (shore) || rive *v* de rivière *v* || Flußufer *o*; **-oeverwerken:** works on river shore || cuvelage *m* (revêtement *m*) des rives *vm* d'une rivière *v* || Flußeinbau *m*; **-scheepvaart:** river navigation || navigation *v* fluviale, batellerie *v* || Flußschiffahrt *v*; **-tunnel:** subaqueous tunnel || tunnel *m* sous-fluvial || Unterwassertunnel *m*; **-vaartuig:** river ship || bateau *m* (bâtiment *m*) de rivière *v* || Flußfahrzeug *o*, -schiff *o*; **-verlegging:** diversion of the river course || diversion *v* de cours *m* d'une rivière *v* || Flußverlegung *v*; **-visserij:** river fishery || pêche *v* fluviale || Flußfischerei *v*; **-water:** river water || eau *v* de rivière *v* || Flußwasser *o*; **-zand:** river sand || sable *m* de rivière *v* || Flußsand *m*.

rob|benvangst: sealing || pêche *v* aux phoques *mm* || Robbenfang *m*; **-bevel:** seal skin || peau *v* de phoque *m* || Robbenfell *o*.

robijn: ruby || rubis *m* || Rubin *m*; **-glimmer:** goethite || fer *m* pourpré *m*, goethite *m* || Goethite *m*, Rubinglimmer *m*.

rococo: rococo || rococo *m* || Rokoko *o*, Rokokostil *m*, Zopfstil *m*.

rodeerstok: emery stick || rodoir *m* || Schmirgelfeile *v*.

roede: rod || tringle *v*, tige *v*, barre *v* || Rute *v*; (*gordijn*): rod || tringle *v* || Stange *v*; *zie ook* **staaf; stang; stok.**

roef: deck house || rouf *m* || Deckhaus *o*, Roof *m*.

roei|bank: *zie* **doft; -dol:** thole pin || tolet *m* || [Ruder]dollen *m*; **-dolbeugel:** row lock || chandelier *m* d'aviron *m*, porte-rame *m*, tolet *m* à fourche *v* || Rudergabel *v*; **-klamp:** rowing cleat || taquet *m* de nage *v* || Ruderklampe *v*; **-pen:** *zie* **roeidol; -riem:** *zie* **riem 3; -spaan:** *zie* **riem 3.**

roep|er (*scheepst.*): speaking trumpet || porte-voix *m* || Rufer *m*; *zie ook* **megafoon; -letters:** call sign || indicatif *m* d'appel *m* || Rufzeichen *o*; **-teken:** call signal || indicatif *m* d'appel *m* || Rufzeichen *o*.

roer: 1. (*schip*): rudder || gouvernail *m* || Ruder *o*; **- luisteren, naar het** (*schip*): to answer to (to feel) the helm || obéir au (sentir le) gouvernail *m* || auf das Ruder *o* gehorchen (lüsten); **-, horizontaal:** diving (horizontal) rudder || gouvernail *m* horizontal || Horizontalsteuer *o*; **-beslag:** *zie* **vingerlingstrop; -blad:** afterpiece of the rudder || safran *m* de gouvernail *m* || Ruderblatt *o*; **-borg:** rudder lock || clef *v* de gouvernail *m* || Ruderschloß *o*; **-ganger:** helmsman || timonier *m* || Rudergänger *m*; **-haak:** *zie* **vingerling; -hak:** rudder heel || talon *m* de gouvernail *m* || Ruderhacke *v*; **-koker:** rudder case (trunk) || tube *m* de chaumière *v*, manchon *m* de gouvernail *m* || Ruderkoker *m*; **-koning:** main piece of rudder || mèche *v* du gouvernail *m* || Ruderherz *o*, -pfosten *m*, -spindel *v*, -schaft *m*, -stamm *m*; **-kop:** rudder head || tête *v* de gouvernail *m* || Ruderkopf *m*; **-motor:** rudder motor || moteur *m* de gouvernail *m* || Rudermotor *m*; **-oppervlak:** rudder area || surface *v* de gouvernail *m* || Steuerfläche *v*; **-pen:** *zie* **helmstok; -raam:** rudder frame || cadre *m* de gouvernail *m* || Ruderrahmen *m*; **-standaanwijzer [-standverklikker]:** *zie* **axiometer; -steven:** rudder post || étambot *m* arrière || Rudersteven *m*; **-takel:** steering tackle || palan *m* de gouvernail *m* || Rudertalje *v*; **-veer:** rudder stay || entretoise *v* (traverse *v*) de gouvernail *m* || Rudersteg *m*; **2.** (*afleidingen van* **roeren**): **-arm:** stirring (stirrer) arm; rake arm, raker (*indikker*) || bras *m* agitateur; palette *v* (*indikker*) || Rührarm *m*; **-bak:** mixer box (chamber), stirring (beating) box || cuve *v* à brasser || Rührbütte *v*; **-der:** stirrer; impeller, beater (*flotatiecel, enz.*) || agitateur *m*; agitateur *m*, hélice *v* (*flotatiecel*) || Rührer *m*; Rührwerk *o* (*flotatiecel*); **-en:** to agitate, to stir || agiter, malaxer, brasser || rühren; **-ing:** stirring, agitation || agitation *v*, brassage *m* || Rührung *v*; **-ing** (*v. e. anker*): puddening || emboudinure *v* d'organeau *m* || Ankerrührung *v*; **-inrichting:** stirring device (apparatus) || dispositif *m* agitateur (d'agitation *v*) || Rührvorrichtung *v*, -werk *o*; **-kuip:** stirring vat (tub, vessel) || cuve *v* à brasser || Rührbottich *m*; **-schoep:** stirring (stirrer) blade || aube *v* (palette *v*, ailette *v*) d'agitateur *m* || Rührschaufel *v*, -flügel *m*; **-snelheid:** stirring speed || vitesse *v* d'agitation *v* || Rührgeschwindigkeit *v*; **-spaan:** stirrer || spatule *v*, brassoir *m* || Rührspatel *m*; **-staaf:** stirring rod, stirrer || agitateur *m* || Rührstab *m*; **-stok:** stirring pole, stirrer || perche *v* à brasser || Rührstange *v*; **-werk:** stirrer, stirring (agitating) device || [dispositif *m*] agitateur *m* || Rührwerk *o*.

roest: rust || rouille *v* || Rost *m*; **-, losse** (*vaste*)**:** loose (*fixed*) rust || rouille *v* détachée (*fixe*) || loser (*festanhaftender*) Rost *m*; **-aderen:** rust veins || veines *vm* de rouille *v* || Rostadern *vm*; **-bescherming:** protection against rust || protection *v* contre la rouille *v* || Rostschutz *m*; **-en:** to rust || rouiller || rosten; **-ig:** rusty || [en]rouillé || rostig; **-kit:** rust cement || mastic *m* antirouille || Rostkitt *m*; **-kleur:** rust colour || couleur *v* de rouille *v* || Rostfarbe *v*; **-laag:** film of rust, rust layer (film) || couche *v* (pellicule *v*) de rouille *v* || Rosthaut *v*; -schicht *v*; **-vlek:** rust spot || tache *v* de rouille *v* || Rostflecken *m*; **-vorming:** formation of rust || formation *v* de rouille *v* || Rostbildung *v*; **-vrij maken:** to clean from rust || dérouiller || entrosten, rostfrei machen; **-weermiddel:** *zie* **middel, roestwerend; -werend:** rust preventing || protectant contre la rouille *v*, antirouille || rostschützend.

roet: soot, tallow || suie *v*, suif *v* || Ruß *m*; **-afscheiding:** deposit of soot || précipitation *v* (séparation *v*) de la suie *v* || Rußabscheidung *v*; **-kleurig:** fuliginous || fuligineux || rußfarbig; **-kolen:** soot coal || houille *v* fuligineuse || Rußkohle *v*; **-neerslag:** deposit of soot || dépôt *m* de suie *v* || Rußansatz *m*; **-vanger:** soot collector (receiver) || collecteur *m* de suie *v* || Rußfänger *m*; **-vlek:** soot spot || tache *v* de suie *v* || Rußflecken *m*; **-vlok:** soot smut || flocon *m* de suie *v* || Rußflocken *m*; **-vorming:** formation of soot || formation *v* de suie *v* || Rußbildung *v*; **-zwart** (*schilder*)**:** soot black || noir *m* de fumée *v* || Kienruß *m*.

roffelschaaf: trying plane || varlope *v* || Rauhbank *v*.

rogge: rye || seigle *m* || Roggen *m*; **-bloem:** rye-flour || fleur *v* de farine *v* de seigle *m* || Roggenkernmehl *o*; **-brood:** rye-bread, brown bread || pain *m* noir || Roggen-, Schwarzbrot *o*; **-korrel:** rye-corn || grain *m* de seigle *m* || Roggenkorn *o*; **-meel:** rye-meal || farine *v* de seigle *m* || Roggenmehl *o*; **-stro:** rye straw || paille *v* de seigle *m* || Roggenstroh *o*.

ro|ken: 1. (*rook afgeven*)**:** to smoke || fumer || rauchen;
2. (*uitroken*)**:** to fumigate || fumiger || räuchern;
3. (*vlam*)**:** to smoke || être fuligineux || rußen;
4. (*vis, enz.*)**:** to smoke; smoking || fumer; fumage *m* || räuchern; Räuchern; **-kerij:** smoke (smoking) house || fumoir *m* || Räucherei *v*.

rol: cylinder, roll[er] || cylindre *m*, rouleau *m* || Rolle *v*, Walze *v*, Zylinder *m*; *zie ook* **wals; - v. d. klepstoter:** valve tapped (lifter) roller || galet *m* de marteau *m* pour poussoir *m* de soupape *v* || Stößel-, Gleitrolle *v*; **-baan:** metal track || voie *v* de roulement *m* || Rollbahn *v*; **-bandmaat:** *zie* **meetband; -beitel** (*boren*) (*mijnb.*)**:** roller bit || trépan *m* à molettes *vm* || Rollenmeißel *m*; **-beweging:** rolling movement || mouvement *m* de roulement *m* (roulant) || Wälz-, Walzungsbewegung *v*; **-blik:** roll sheet iron || tôle *v* en rouleaux *mm* || Rollenblech *o*; **-bliksemafleider:** cylinder (roller) lightning arrester || parafoudre *m* à cylindres *mm* (à galets *mm*), limiteur *m* de tension *v* à rouleaux *mm* || Walzen-, Rollenblitzschutzvorrichtung *v*; **-blind:** roller (wood) blind || jalousie *v* || Rolladen *m*; **-blok:** roller bearing || appui *m* (palier *m*) à galets *mm* (à rouleaux *mm*) || Rollen-, Walzenlager *o*; **-bok:** roller stand || support *m* à rouleau *m* || Rollenbock *m*; **-boom** (*weverij*)**:** lace beam || ensouple *v* du brodoir *m* || Wellbaum *m*; **-brug:** roll bridge, traverser, travelling platform || pont *m* roulant, transbordeur *m*, chariot *m*, transporteur *m* || Roll-, Schiebebühne *v*; **-cirkel** (*v. e. tandwiel*)**:** rolling (generating) circle || cercle *m* de roulement *m* (roulant) || Rollkreis *m*; **-contact:** roller contact || contact *m* à roulette *v*, prise *v* du courant *m* à galet *m* || Rollenkontakt *m*; **-egge:** revolving harrow || herse *v* roulante || Rollegge *v*; **-gesp:** roller buckle || boucle *v* roulante || Walzenschnalle *v*; **-glas:** cylindrical (broad window, sheet) glass || verre *m* en canons *mm* (cylindres *mm*, manchons *mm*) || gestrecktes Tafelglas *o*, Walzenglas *o*; **-gordijn:** roller curtain || rideau *m* à enroulement *m* || Rollvorhang *m*; **-hefboom:** roller lever || levier *m* de roulement *m* (roulant) || Walzhebel *m*; **-heffer** (*weverij*)**:** neck twine || arcade *v* || Arkade *v*, Aufheber *m*, Aufholer *m*; **-hout:** rolling stick, roller || rouleau *m* || Rollholz *o*; **-kaarde:** roller card || carde *v* à cylindres *mm* || Walzenkrempel *m*; **-kegel:** generating cone || cône *m* complémentaire || Ergänzungskegel *m*; **-krans** (*kraan*)**:** rotation roller path || couronne *v* de roulement *m* des galets *mm*, chemin *m* de roulement *m* || Rollkranz *m*, Rollenbahn *v*; **-laag:** brick course laid on edge, upright course || assise *v* [de briques *vm* posées] de champ *m* || Rollschicht *v*; **-lager*:** *zie* **rolblok; -len:** to roll || rouler || rollen; **-len, de vlampijp:** to bead the tube ends || sertir le tube *m* au dudgeon *m*, dudgeonner le tube *m* dans || das Rohr *o* einwalzen; **-lenblok:** *zie* **rolblok; -lenketting:** roller chain || chaîne *v* à rouleaux *mm* || Rollenkette *v*; **-lenkoker** (*typogr.*): roller mould || moule *m* à fondre des rouleaux *mm* || Walzengießhülse *v*; **-lenspecie** (*typogr.*): roller-composition || pâte *v* à rouleaux *mm* || Walzenmasse *v*; **-lenstang** (*typogr.*): roller-spindle || mandrin *m* || Walzenspindel *m*; **-lentafel:** feed rollers, roller path || train *m* à rouleaux *mm* || Rollenfeld *o*, -gestell *o*; **-lood:** rolled lead || plomb *m* en rouleaux *mm* || Rollblei *o*; **-lijst:** roll moulding || moulure *v* à rouleau *m* || Rollglied *o*; **-maat:** *zie* **meetband; -machine:** rolling machine || machine *v* à enrouler || Wickelmaschine *v*; **-naadlassen:** continuous welding || soudure *v* continue || [Rollen]-nahtschweißung *v*; **-naaimachine:** roll stitch machine || machine *v* à coudre en surjet *m* || Rollnahtmaschine *v*; **-schakelaar:** roller switch || interrupteur *m* à galets *mm* || Rollenschalter *m*; **-scharnier:** roller bearing || appui *m* à rouleaux *mm* || Walzen-, Rollenlager *o*; **-schuiver:** sluice (gate) on rollers || vanne *v* roulante || Rollschütze *v*; **-schijf:** travelling roller || galet *m* de roulement *m* || Laufrolle *v*; **-steek:** rolling hitch || noeud *m* roulant || Rollstich *m*; **-steen:** boulder, rubble [stone], pebble || caillou *m* roulé, galet *m* sphérique || Rollstein *m*; **-stenen:** boulders, rubble [stones], pebbles || cailloux *mm* roulés || Geröll[e] *o*, Geschiebe *v*; **-stoel:** rolling chair || chaise *v* roulante || Fahrsessel *m*; **-tafel:** roller table || table *v* montée sur roues *vm* || Rollbahntisch *m*; **-tempel** (*weverij*): roller temple || temple *m* à rouleaux *mm* (à molettes *vm*) || Walzentempel *m*; **-wagen:** truck, traverser || camion *m*, transbordeur *m*, transporteur *m* || Rollwagen *m*, Schiebebühne *v*.

romaancement: roman cement || ciment *m* romain (de grappiers *mm*) || Romanzement *m*.

Romein: Roman type || Romain *m* || Antiqua *v*; **-letter:** two lines English || petit canon *m* || Romanschrift *v*.

romp: 1. (*stoomketel*): *zie* **ketelromp** *onder* **ketel 5; -plaat:** shell plate || tôle *v* pour corps *m* de chaudière *v* || Mantelblech *o*; **2.** (*molentremel*): mill hopper || trémie *v* || Rumpf *m*; **3.** (*schip*): hull || coque *v* || Rumpf *m*; **4.** (*vliegtuig*): fuselage; hull, body (*vliegboot*) || fuselage *m* || Rumpf *m*.

rond: round || rond || rund; **-bektang:** round (nosed) pliers || pince *v* à becs *mm* ronds, pince *v* (tenaille *v*) ronde || Rundzange *v*; **-boog:** perfect (roman, semicircular) arch || arc *m* en plein cintre *v* (en demi-cercle *m*) || Rundbogen *m*; (*mijnb.*): steel arch || soutènement *m* en portiques *vm* || Rundbogen *m*; **-boogvenster:** round headed window || fenêtre *v* cintrée en demi-cercle *m* (voûtrée en plein cintre *v*) || Halbkreisbogen-, Rundbogenfenster *o*; **-breker:** *zie* **tolbreker; -buigen** (*platen*): to bend, to roll || cintrer || rundbiegen; **-draaien:** to gyrate || tournoyer || kreiseln; **-freestoestel:** circular milling device || dispositif *m* à fraiser circulairement || Rundfräsvorrichtung *v*; **-frezen:** to mill circularly || fraiser circulairement || rundfräsen; **-gatbrander:** straight slot burner || brûleur *m* à embouchure *v* ronde || Rundlochbrenner *m*; **-hout:** round timber || bois *m* rond || Rundholz *o*; (*schip*): yards and booms || espars *mm*, mâts *vm* et vergues *vm* || Rundholz *o*; **-knipmachine:** shearing machine for round plates || cisaille *v* pour couper rond || Rundschere *v*, -schneidmaschine *v*; **-schaaf:** moulding plane || mouchette *v* || Kehlhobel *m*; **-schaven:** to plane round (circularly) || raboter circulairement || rundhobeln; **-schrift:** roundhand writing || écriture *v* ronde || Rundschrift *v*; **-schrijfpen:** roundhand pen || plume *v* de ronde *v* || Rundschriftfeder *v*; **-sel:** pinion, driver || pignon *m*, roue *v* de commande *v* (d'engrenage *m*) || Ritzel *o*, Trieb *m*, Treib-, Antriebsrad *o*, Getriebe *o*, treibendes Rad *o*; **-slag** (*scheepst.*): round turn || tour *m* mort || Rundschlag *m*; **-slijpen:** to grind circularly || tourner à la meule *v* || rundschleifen; **-slijpmachine:** circular grinding machine || machine *v* à ébarber les pièces *vm* rondes (à meuler les arbres *mm*) || Rundschleifmaschine *v*; **-snijschaar:** *zie* **rondknipmachine; -steunsel:** circular bracket || support *m* circulaire || rundes Lager *o*; **-straalbrander:** fantailed burger || brûleur *m* circulaire en éventail *m* || Rundstrahlbrenner *m*; **-voeren:** to guide in a circle || guider en cercle *m* || Im Kreise *m* führen; **-zendbrief:** circular letter || lettre-circulaire *v* || Rund-, Zirkularbrief *m*.

rondeel: *zie* **sluitring.**

ronding (*gewelf*): curb || cintre *m* || Bogen *m*.

rong (*wagen*)**:** stake, stanchion, stud stabe || rancher *m* || Runge *v*; **-beugel:** stake pocket (strap) || étrier *m* de rancher *m* || Rungenbügel *m*, Rungenhalter *m*.

röntgen (*eenh.*)**:** röntgen || röntgen || Röntgen *o*; **-buis:** Röntgen (X ray) tube || tube *m* de Röntgen *m* || Röntgenröhre *v*; **-diagnostiek:** radio-diagnosis || radiodiagnostic *m* || Röntgendiagnostik *v*, -untersuchung *v*; **-fotografie:** radiophotography || radiophotographie *v* || Röntgenphotographie *v*; **-licht:** Röntgen ray light || lumière *v* de Röntgen *m* || Röntgenlicht *o*; **-metallografie:** radiometallography || radiométallographie *v* || Röntgenmetallographie *v*; **-negatief:** Röntgen ray negative || négatif *m* radiographique || Röntgennegativ *o*; **-positief:** Röntgen ray positive || positif *m* radiographique || Röntgennegativ *o*; **-stereoskopie:** stereoradioscopy || stéréoradioscopie *v* || Stereodurchleuchtung *v*; **-straal:** Röntgen ray, X ray || rayon *m* de Röntgen *m*, rayon *m* X || Röntgenstrahl *m*; **-therapie:** *zie* **radiotherapie; -toestel:** Röntgen ray set || appareil *m* radioscopique || Röntgenapparat *m*.

rood: 1. (*z. nw.*)**:** red || rouge *m* || Rot *o*; **-, Engels:** colcothar, buffing (polishing) ochre, English red || colcothar *m*, rouge *m* d'Angleterre, ocre *m* à polir || Kolkothar *o*, englisches Rot *o*, Polierrot *m*; *zie ook* **dodekop; -, Parijs':** Paris red || rouge *m* à polir (d'Angleterre) || Pariser-, Polierrot *o*; *zie ook* **polijstrood;**
2. (*bijv. nw.*)**:** red || rouge || rot; **-breukig:** red short || cassant au rouge *m* || rotbrüchig; **-breukproef:** red heat test || essai *m* de rupture *v* au rouge *m* || Rotbruchprobe *v*; **-gloeiend:** red glowing (heat) || [porté au] rouge *m* || rotglühend; **-heet:** red hot || chauffé (porté) au rouge *m* || rotglühend, rotwarm; **-hitte:** red heat || [chaleur *v* du] rouge *m* || Rotglühhitze *v*, Rotglut *v*; **-koper:** red copper || cuivre *m* rouge || Rotkupfer *o*; **-koperen:** [of] red copper || en (de) cuivre *m* rouge || rotkupfern, Rotkupfer-; **-ijzersteen:** [red] hematite, bloodstone, red iron ore || hématite *v* rouge, fer *m* oligiste, pierre *v* sanguine || Eisenglanz *m*, Hämatit *m*, Blutstein *m*, Roteisenerz *o*.

roof|bouw (*mijnb.*)**:** robbing || grap[p]illage *m* || Raubbau *m*; **-dienst:** wood-removing (-robbing) shift, prop-drawing shift || poste *m* de déboisage *m* (foudroyage *m*, déferrage *m*) || Raubschicht *v*; **-lier:** winch (windlass) for robbing of timber || treuil *m* d'arrache *v* (de déboisage *m*) || Raubwinde *v*, -haspel *m*; **-wig:** chock release || effondreur *m* de pilier *m* || Gleit-, Halte-, Bedienungskeil *m*.

rooi|en (*bomen*)**:** to cut down, to fell || abattre || fällen; **-lijn:** line of direction || ligne *v* de direction *v* || Richtungslinie *v*; **-vlak:** plane of direction || plan *m* de direction *v* || Richtungsebene *v*.

rook: smoke || fumée *v* || Rauch *m*; **-, hinder v.:** smoke nuisance || nuisance *v* par la fumée *v* || Rauchbelästigung *v*; **-afdeling** (*niet-*) (*spw.*)**:** (*non*) smoking compartment || compartiment *m* pour (*non-*)fumeurs *mm* || (*Nicht*)raucherabteil *m*; **-afvoer:** smoke uptake || évacuation *v* de la fumée *v* || Rauchabführung *v*; **-afvoerbuis:** chimney flue || tuyau *m* d'évacuation *v* de fumée *v* || Rauchabzugsrohr *o*; **-afvoerkanaal:** flue || conduit *m* d'évacuation *v* de fumée *v* || Rauch[abführungs]kanal *m*; **-coupee:** smoking compartment || compartiment *m* pour fumeurs *mm* || Raucherabteil *m*; **-dichtheid:** smoke density, thickness of smoke || densité *v* de la fumée *v* || Rauchstärke *v*, -dichte *v*, -dichtigkeit *v*; **-gang:** flue || conduit *m* de fumée *v* || Heizkanal *m*, Zug *m*; **-gas:** flue gas || gaz *m* de fumée *v* || Rauchgas *o*; **-gasanalysator:** apparatus for analysing flue gases || analyseur *m* de fumée *v* || Rauchgasanalysator *m*; **-gasanalyse:** analysis of flue gases || analyse *v* des gaz *mm* de fumée *v* || Rauchgasanalyse *v*; **-gasontploffing:** flue gas explosion || explosion *v* des gaz *mm* de fumée *v* || Rauchgasexplosion *v*; **-gassen aanzuigen:** to suck up combustion (flue) gases || aspirer les gaz *mm* de fumée *v* || Rauchgase *om* ansaugen; **-gastoestel:** *zie* **rookgasanalysator; -gasvoedingswatervoorverwarmer:** economiser, waste gas feed heater || économiseur *m*, récupérateur *m* de chaleur *v* || Ekonomiser *m*, Abgasvorwärmer *m*; **-hut:** smoking room || fumoir *m* || Rauchzimmer *o*; **-kanaal:** main flue, up take, breeching flue connection to stack chimney || carneau *m*, conduit *m* de raccordement *m* des carneaux *mm* avec la cheminée *v*, renard *m* || Fuchs[kanal] *m*; **-kanaalmonding:** mouth of [main] flue || débouché *m* (orifice *m*) du carneau *m* || Fuchsmündung *v*; **-kap:** chimney top, smoke jack || chapeau *m* de cheminée *v* || Rauchhut *m*, -kappe *v*; **-kap** (*tegen de wind verstelbaar*)**:** smoke deflector || visière *v* de cheminée *v* || Rauchabweiser *m*, Windschneider *m*; **-kast:** smoke box || boîte *v* à fumée *v* || Rauchkammer *v*; **-kastdeur:** smoke box [front] door || porte *v* de boîte *v* à fumée *v* || Rauchkammertür *v*, -verschluß *m*;

-kastdeursluiting: smoke box door dog || griffe *v* de fermeture *v* de la boîte *v* à fumée *v* || Rauchkammertürklammer *v*; **-kastfrontplaat:** smoke box front || face *c* de la boîte *v* à fumée *v* || Rauchkammerstirnplatte *v*; **-kastoververhitter:** smoke box superheater || surchauffeur *m* placé dans la boîte *v* à fumée *v* || Rauchkammerüberhitzer *m*; **-kaststeun:** smoke box brace || support *m* de la boîte *v* à fumée *v* || Rauchkammerstütze *v*; **-kleur:** coloration of smoke || coloration *v* de la fumée *v* || Rauchfärbung *v*; **-loos:** smokeless || sans fumée *v* || rauchlos; **-loosheid:** absence of smoke || absence *v* de fumée *v* || Rauchlosigkeit *v*; **-masker:** smoke mask || masque *m* contre la fumée *v* || Rauchmaske *v*; **-onderzoek:** examination of smoke || observation *v* de la fumée *v* || Rauchbeobachtung *v*; **-onderzoekapparaat:** smoke gauge, capnoscope, apparatus for the examination of smoke || capnoscope *m*, appareil *m* pour l'observation *v* de la fumée *v* || Kapnoskop *o*; **-overlast:** *zie* **rookbezwaren; -schuif:** smoke damper, smoker slide, [slide] damper || registre *m* [de tirage *m*] || Rauchschieber *m*; **-schuif, draaibare:** revolving (swivel) damper || papillon *m* de tirage *m*, registre *m* de tirage *m* tournant || Rauchklappe *v*, Drehrauchschieber *m*; **-topaas:** smoke topaz || topaze *v* enfumée || Rauchtopas *m*; **-vanger** (*locomotiefloods*)**:** flue smoke stack || cheminée *v* [d'évacuation *v*] || Rauchfang *m*, -schlot *m*; **-vanger m. uitschuifbare pijp** (*locomotiefloods*)**:** telescope flue || cheminée *v* télescopique || Rauchfang *m* mit Röhrauszug *m*; **-vangermantel** (*locomotiefloods*)**:** cowl || hotte *v* de cheminée *v* || Rauchfanghaube *v*, -mantel *v*; **-verbrandend:** smoke consuming || fumivore || rauchverzehrend; **-verbranding:** smoke combustion, consumption of smoke || combustion *v* de fumée *v* || Rauchverbrennung *v*, -verzehrung *v*; **-verbrandingstoestel:** smoke consumer || appareil *m* fumivore || Rauchverbrennungsapparat *m*; **-verdunning:** smoke dilution || dilution *v* de la fumée *v* || Rauchverdünnung *v*; **-voorkoming:** smoke prevention || prévention *v* de la fumée *v* || Rauchverhütung *v*; **-voorkomingsmiddelen:** means for the prevention of smoke || moyens *mm* préventifs contre la fumée *v* || Rauchverhütungsmittel *o*; **-vorming:** formation of smoke || formation *v* (production *v*) de fumée *v* || Rauchbildung *v*; **-wagen:** smoking car[riage] || voiture *v* pour fumeurs *mm* || Rauchwagen *m*; **-zeil:** smoke sail || masque *m* contre la fumée *v* || Rauchsegel *o*.

room: cream || crème *v* || Rahm *m*; Sahne *v*; **-, geklopte:** whipped cream || crème *v* fouettée || Schlagsahne *v*, -rahm *m*; **-, zoete:** fresh cream || crème *v* douce || süße Sahne *v*; **-, zure:** sour cream || crème *v* sure || saure Sahne *v*; **-boter:** full cream butter || beurre *m* [de] crème *v* || Rahm-, Sahnenbutter *v*; **-kaas:** creamcheese || fromage *m* à la crème *v* || Rahm-, Sahnenkäse *m*; **-ijs:** ice-cream || glace *v* à la crème *v* || Sahne-, Rahmeis *o*.

roos: 1. (*diamant*)**:** rose diamond, roset || [diamant *m* en] rose *v* || Rosendiamant *m*, Rosette *v*; **-drijver** (*graveren*)**:** rose punch || rosetier *m* || Rosenpunze *v*; **-kleur:** rose colour || [couleur *v* de] rose *v* || Rosafarbe *v*;
2. (*schijf*)**:** bull's eye || noir *m* de la cible *v* || Schwarze *o*.

roost|en: 1. (*ertsen, enz.*)**:** to roast || griller, calciner || rösten; **-bed:** roasting bed || lit *m* de grillage *m* || Röstbett *o*; **-ing:** roasting, calcination || grillage *m*, calcination *v*, rouissage *m* || Rösten *o*, Röstung *v*; **-ing, chlorerende:** chlorination roasting || grillage *m* chlorurant || chlorierendes Rösten *o*, chlorierende Röstung *v*; **-muur:** roasting wall || mur *m* de grillage *m* || Röstmauer *v*; **-oven:** roasting (calcining) furnace || fourneau *m* de grillage *m* (calcinage *m*) || Röstofen *m*; **-plaats:** roasting place || place *v* de grillage *m* || Röststätte *v*; **-proef:** roasting test || essai *m* de grillage *m* || Röstprobe *v*;
2. (*koffie, cacao, enz.*)**:** to torrefy || torréfier || rösten: **-ing:** torrefaction, torrefying || torréfaction *v* || Röstung *v*.

rooster: 1. (*algem.*)**:** grate; grid || grille *v*; grillage *m* || Rost *m*; Gitter *o*; *zie ook* **raster; - m. inwendige luchtkoeling:** hollow air cooled grate || grille *v* creuse à circulation *v* d'air *m* || Hohlstabrost *m* mit Luftkühlung *v*; **- m. inwendige watercirculatie:** grate with internal water cooling, hollow water cooled grate || grille *v* creuse à circulation *v* d'eau *v* || Hohlstabrost *m* mit Wasserkühlung *v*; **- m. waterbesproeiing:** grate with sprinkling of the fire bars || grille *v* à ruissellement *m* || Rieselrost *m*; **- schoonmaken, het:** to clean the grate, to remove the clinker from the firebars || décrasser la grille *v* || den Rost *m* abschlacken (abkratzen, abschaben); **- uit een stuk:** grate in one section || grille *v* à un seul panneau *m* || Ganzrost *m*; **- uit enige vakken bestaande:** sectional grate || grille *v* à plusieurs panneaux *mm*, grille *v* subdivisée || geteilter Rost *m*; **- v. slakken ontdoen:** to clean the grate, to [remove the] clinker || déscorier la grille *v* || den Rost *m* abschlacken (abkratzen, abschaben); **-, beweegbare:** shaking grate || grille *v* déplaçable || beweglicher Rost *m*; **-, conische:** conical grate || grille *v* conique || Kegelrost *m*; **-, draaibare:** revolving grate || grille *v* rotative (tournante) || drehbarer Rost *m*, Drehrost *m*; **-, gedeelde:** sectional grate || grille *v* subdivisée || geteilter Rost *m*; **-, gladde:** smooth grate || grille *v* unie || glatter Rost *m*; **-, horizontale:** *zie* **rooster, vlakke; -, mechanisch bewogen:** mechanically moved grate || grille *v* actionnée mécaniquement || mechanisch bewegter Rost *m*; **-, nauwe:** grate with narrow openings || grille *v* à barreaux *mm* serrés (à vides *mm* étroits) || engspaltiger Rost *m*; **-, rollende:** roller (cylindrical) grate || grille *v* à cylindre *m* || Walzenrost *m*; **-, ronde:** circular (round) grate || grille *v* circulaire (ronde) || Kreisrost *m*, Rundrost *m*; **-, schuine:** inclined grate || grille *v* inclinée || Schrägrost *m*, schräger Rost *m*; **-, vaste:** fixed (stationary) grate || grille *v* fixe || fest[stehend]er Rost *m*; **-, veelhoekige:** polygonal grate || grille *v* polygonale || Polygonrost *m*; **-, vlakke:** flat (horizontal) grate || grille *v* horizontale || Planrost *m*; **-, wijde:** grate with wide openings || grille *v* à barreaux *mm* espacés (à larges vides *mm*) || weitspaltiger Rost *m*; **-afkoeling:** grate cooling || refroidissement *m* de la grille *v* || Rostkühlung *v*; **-bed:** section of grate, grate section || panneau *m* de grille *v* || Rostfeld *o*; **-beer:** fire bar bearer, bearing bar, bearer for the grate bars || sommier *m* de (assise *v* de la, assiette *v* de la) grille *v* || Rostbalken *m*, -träger *m*, Auflagerung *v* des Rostes *m*; **-constructie:** grate construction || construction *v* de grille *v* || Rostbauart *v*, Rostkonstruktion *v*; **-einde:** head of the fire bar || tête *v* de barreau *m* de grille *v* || Roststabkopf *m*; **-helling:** inclination of grate || inclination *v* de grille *v* || Rostneigung *v*; **-ketting:** grate chain || chaîne *v* de grille *v* || Rostkette *v*; **-oppervlak:** grate area (surface) || aire *v* (surface *v*) de grille *v* || Rostfläche *v*; **-oppervlak, werkloos:** covered (dead) grate area || surface *v* inactive (des barreaux *mm*) de la grille *v* || tote Rostfläche *v*; **-raam:** grate bar frame, grate (bars) || cadre *m* (châssis *m*) de grille *v* || Rostrahmen *m*; **-reiniging:** cleaning of the grate bars || décrassage *m* (nettoyage *m*) de la grille *v* || Rostreinigung *v*, Reinigung *v* des Rostes *m*; **-schuif:** grid [iron slide] valve || tiroir *m* à grille *v* || Gitter-, Rostschieber *m*; **-spleet:** air space between fire bars, grate opening || jour *m* (lumière *v*, vide *v*) de grille *v* || Rostfuge *v*, -spalt *m*; **-staaf:** fire (grate) bar || barreau *m* (barre *v*) de grille *v* || Roststab *m*; **-staaf, dubbele:** double grate bar || barreau *m* de grille *v* double || Doppel-, Zwillingroststab *m*; **-staaf, gegolfde:** transversely corrugated (serpentine) grate bar || barreau *m* de grille *v* serpentin || Schlangenroststab *m*; **-staaf, geribde:** ribbed grate bar || barreau *m* de grille *v* à ailettes *vm* || Rippenroststab *m*; **-staaf** (*met waterkoeling*; *met luchtkoeling*), **holle:** hollow (*watercooled*, *air cooled*) grate bar || barreau *m* de grille *v* creuse (*à circulation v d'eau v*; *à circulation v d'air m*) || Hohlroststab *m* (*mit Wasserkühlung v*; *mit Luftkühlung v*); **-staafkop:** *zie* **roostereinde; -trap:** grate step || gradin *m* de grille *v* || Rosttreppe *v*; **-type:** type of grate || type *m* de grille *v* || Rostart *v*, Rosttyp *m*; **-vak:** section of grate, grate section || panneau *m* de grille *v* || Rostfeld *o*; **-verstopping:** choking up of the fire bars || engorgement *m* de la grille *v* || Rostverstopfung *v*; **-wijdte:** width between fire bars || largeur *v* des vides *vm* de la grille *v* || Schlitzweite *v* (Spaltenweite *v*) des Rostes *m*; **-ijzer:** *zie* **roosterstaaf;**

2. (*radiobuis, enz.*): grid || grille *v* || Gitter *o*, Gitter-, Steuerelektrode *v*, -gitter *o*, Zwischenelektrode *v*; **-batterij:** grid battery || batterie *v* de grille *v* || Gitterbatterie *v*; **-condensator:** grid condenser || condensateur *m* de grille *v* || Gitterkondensator *m*; **-condensator m. lekweerstand:** leaky grid condenser || condensateur *m* de grille *v* à résistance-shunt *v* (à self *m*) || Gitterkondensator *m* mit Nebenschlußwiderstand *m*; **-keten:** grid circuit || circuit *m* de grille *v* || Gitterkreis *m*; **-kring:** *zie* **roosterketen; -lekweerstand:** grid leak || résistance-shunt *v* du condensateur *m* (self *m*) de grille *v* || Gitterwiderstand *m*; **-maas:** grid mesh || maille *v* de grille *v* || Gittermasche *v*; **-modulatie:** grid circuit modulation || modulation *v* par la grille *v* || Gittermodulation *v*; **-spanning:** grid potential || potentiel *m* (tension *v*) de grille *v* || Gitterspannung *v*, -potential *o*; **-spannings-plaatstroom-karakteristiek:** grid-plate characteristic || caractéristique *v* grille-plaque *v* || Anodenstrom-Gitterspannungs-Kennlinie *v*; **-spannings-roosterstroom-karakteristiek:** grid characteristic || caractéristique *v* de grille *v* || Gitterstrom-Gitterspannungs-Kennlinie *v*; **-spektograaf:** lattice spectrograph || spectrographe *m* à réseau *m* || [Strich]-gitterspektrograph *o*; **-stroom:** grid current || courant *m* de grille *v* || Gitter-

strom *m*; **-voorspanning:** grid polarisation voltage || tension *v* de polarisation *v* de grille *v* || Gittervorspannung *v*; **-weerstand:** grid-resistance || résistance *v* de grille *v* || Gitterableitwiderstand *m*;
3. (*accumulator*): grid || grillage *m* || Gitter *o*; **-, loden:** lead grid || grillage *m* en plomb *m* || Bleigitter *o*; **-plaat:** grid plate || plaque *v* à grillage *m* (à grilles *vm*) || Gitterplatte *v*;
4. (*kristal*): lattice || reseau *m* || Gitter *o*.
root|put: retting pit || routoir *m* || Röstgrube *v*; **-vlas:** steeped flax || lin *m* de rouissage *m* || Rösteflachs *m*; **-water:** retting water || eau *v* de rouissage *m* || Röstwasser *o*.
ros|kam: curry (horse) comb || étrille *v* || Striegel *m*.
rot: 1. (*in hout*): rot || pourriture *v* || Fäulnis *v*;
2. (*bijv. nw.*): rotten, putrid, putrefied || pourri, putréfié || faul; **-kuip** (*papierfabr.*): fermenting (rotting) trough || pourissoir *m* || Faulbütte *v*.
rota|kuismachine (*Z. N.*): Rota cleaning apparatus (rubber condenser) || Rota frotteur *m* || Würgelmaschine *v*; **-rol:** condensing roll || rouleau *m* frotteur || Würgelwalze *v*.
rotan: rattan || rotang *m*, rotin *m* || indisches Rohr *o*.
rotary|kraan (*boren*) (*mijnb.*): drawworks || treuil *m* de manoeuvre *v* || Rotary-, Hebewerk *o*; **-kraan, mobiele:** unitised (unitary) drawworks || treuil *m* unitaire || ortsbewegliches Hebewerk *o*; **-schoen:** rotary shoe || sabot *m* denté || gezahnter Rohrschuh *m*; **-schokker:** rotary fishing-jar || coulisse *v* rotary || Rotary-Schlagschere *v*; **-tafel:** rotary [table, machine] || table *v* de rotary *m* || Drehtisch *m*; **-pomp:** *zie* **rotatiepomp.**
rotatie: rotating motion, rotation; rotation, curl (*vectoranal.*) || rotation *v*; curl *m*; rotationnel *m* (*vectoranal.*) || Dreh[beweg]ung *v*, Rotation *v*; Rotation *v*, Wirbel *m*, Curl *m* (*vectoranal.*); **-as:** axis of rotation || axe *m* de rotation *v* || Drehachse *v*; **-boog:** arc of rotation || arc *m* de rotation *v* || Umdrehungsbogen *m*; **-druk:** reel printing || impression *v* rotative || Rotationsdruck *m*; **-mechanisme:** rotation (slewing) gear || mécanisme *m* de rotation *v* || Drehvorrichtung *v*, Schwenkwerk *o*; **-moment:** *zie* **draaimoment; -motor:** rotation motor || moteur *m* pour le mouvement *m* de rotation *v* || Dreh-, Schwenkmotor *m*; **-pers:** rotary press || presse *v* (machine *v*) rotative || Rotationspresse *v*; **-pomp:** rotary pump || pompe *v* rotative || Rotationspumpe *v*, rotierende Pumpe *v*; **-richting:** direction of rotation || sens *m* de rotation *v* || Drehsinn *m*, Drehungsrichtung *v*; **-vlak:** surface of rotation || surface *v* de rotation *v* || Rotationsfläche *v*.
ro|ten: to ret, to steep || rouir || rösten, rotten, rötten; **-ting:** retting || rouissage *m* || Rösten *o*, Rotten *o*, Rötten *o*; **-ting in stilstaand** (*stromend*) **water:** pond (*river*) retting || rouissage *m* à l'eau *v* stagnante (*courante*) || rösten in stehendem (*fließendem*) Wasser *o*.
rote|ren: to rotate, to revolve || tourner || rotieren, [sich] drehen, umlaufen; **-rend:** rotating, rotative, revolving || rotatif, tournant, en rotation *v* || rotierend, [sich] drehend, Rotations-.
rotogravure: *zie* **diepdruk.**
rotonde: rotunda || rotonde *v* || Rotunde *v*, Rundbau *m*.
rotor (*elektr.*): rotor || rotor *m*, induit *m* || Rotor *m*, Läufer *m*, Sekundäranker *m*; **- m. fasenbewikkeling:** polar wound rotor || rotor *m* à enroulement *m* phasé || phasig gewickelter Rotor *m*; **-aanzetweerstand:** rotor starter || démarreur *m* de rotor *m* || Rotor-, Läuferanlasser *m*; **-bus:** rotor sleeve || manchon *m* du rotor *m* || Rotorbüchse *v*, -stern *m*; **-fase:** rotor phase || phase *v* de rotor *m* || Rotorphase *v*; **-groef:** rotor slot || rainure *v* de rotor *m* || Rotornute *v*; **-kern:** rotor core || noyeau *m* de rotor *m* || Rotorkern *m*; **-reactie:** rotor reaction || réaction *v* de rotor *m* || Rotorreaktion *v*; **-slip:** rotor slip || glissement *m* du rotor *m* || Rotorschlüpfung *v*; **-spanning:** rotor voltage || tension *v* de rotor *m* || Rotorspannung *v*; **-ster:** spider || croisillon *m*, lanterne *v* || Läuferkörper *m*; **-strooistroom:** rotor leakage || flux *m* de dispersion *v* dans le rotor *m* || Rotorstreufluß *m*; **-stroom:** rotor current || courant *m* de rotor *m* || Rotorstrom *m*; **-tand:** rotor tooth || dent *v* du roteur *m* || Rotorzahn *m*; **-wikkeling:** rotor winding || enroulement *m* du rotor *m* || Rotorwick[e]lung *v*.
rots: rock || rocher *m*, roche *v*, roc *m* || Fels[en] *m*; **-achtig:** rocky || rocheux || felsig; **-boor:** rock drill || perforatrice *v* de roche *v* || Gesteinbohrer *m*; **-beitel:** rock (cone) bit || trépan *m* à cônes *mm* || Gesteinsmeißel *m*; **-boormachine:** rock boring machine, rock drill || haveuse *v* perforatrice de roche *v* || Gesteinbohrmaschine *v*; **-doorgraving:** rock cutting || tranchée *v* en rocher *m* || Felseinschnitt *m*; **-ig:** *zie* **rotsachtig; -kristal:** rock crystal || cristal *m* de roche *v* || Bergkristall *m*; **-zout:** rock salt || sel *m* de roche *v* || Steinsalz *o*.
rottan: *zie* **rotan.**

rotting: **1.**: *zie* **rotan;**
2. (*verrotting*): putrefaction || putréfaction *v*, pourriture *v* || Verfaulung *v*, Fäulnis *v*, Verwesung *v*;
3. (*hout*): rot || pourriture *v* || Fäulnis *v*.

rottingsslik: sapropel [clay] || sapropèle *v*, boue *v* de putréfaction *v* || Sapropel *o*, Faulschlamm *m*.

rouw|boom (*lakenind.*)**:** raising beam || perche *v* || Rauhbaum *m*; **-en:** to dress, to raise, to tease || garnir, lainer || rauhen; **-er:** teaseler || laineur *m* || Rauher *m*; **-kaarde:** teasel || chardon *m* || Rauhkarde *v*; **-machine:** raising gig || laineuse *v*, machine *v* à lainer || Rauhmaschine *v*.

roven (*mijnb.*)**:** to rob (remove) || déboiser, enlever || rauben.

rozen|honing: rose honey || miel *m* rosat || Rosenhonig *m*; **-hout:** rosewood || bois *m* de rose *v* || Rosenholz *o*; **-kwarts:** rose quartz || quartz *m* rose || Rosenquarz *m*; **-olie:** oil of roses || huile *v* de roses *vm* || Rosenöl *o*; **-water:** rose water || eau *v* rose || Rosenwasser *o*.

rozet: rosace, rosette || rosace *v*, roson *m* || Rose *v*; **-** (*elektr. tractie*)**:** rosette || rosace *v* || Rosette *v*; **-koper:** ros[ette] copper || cuivre *m* rosette || Rosettenkupfer *o*; **-staal:** rosette steel || acier *m* à la rosace *v* || Rosettenstahl *m*; **-stempel:** rose stamp || rosetier *m* || Rosettenstempel *m*; **-venster:** rose window || fenêtre *v* en ros[ac]e *v* || Rose[tte]nfenster *o*.

rubber: [india] rubber || caoutchouc *m* || Kautschuk *m* (*ongevulc.*); Gummi *o* (*gevulc.*); **-, gecycliseerde:** cyclized rubber || caoutchouc *m* cyclisé || zyklisierter Kautschuk *m*; **-, gechloreerde:** chlorinated rubber || caoutchouc *m* chloruré || chlorierter Kautschuk *m*; **-, gevulcaniseerde:** vulcanized [india]rubber || caoutchouc *m* vulcanisé || Gummi *o*, vulkanisierter Kautschuk *m*; **-, ongevulcaniseerde:** crude (raw, non-vulcanized) rubber || caoutchouc *m* non-vulcanisé (brut) || Rohkautschuk *m*, nicht vulkanisierter Kautschuk *m*; **-, ruwe:** raw (crude) rubber || caoutchouc *m* brut || Rohkautschuk *m*; **-, synthetische:** synthetic rubber || caoutchouc *m* synthétique || synthetischer Kautschuk *m*; **-, zachte:** soft rubber || caoutchouc *m* souple || Weichgummi *o*; **-achtig:** rubberlike || ressemblant le caoutchouc *m* || gummiartig; **-aderdraad:** rubber insulated wire || fil *m* (conducteur *m*) caoutchouté || Gummiaderdraht *m*; **-band:** *zie* **band 4; -band, massieve:** *zie* **band 3; -bekleding:** rubber covering (coating) || gaine *v* (revêtement *m*) en caoutchouc *m* || Gummihülle *v*, -bekleidung *v*; **-boom:** rubbertree || arbre *m* à caoutchouc *m* || Kautschukbaum *m*; **-buffer:** rubber buffer || tampon *m* en caoutchouc *m* || Gummipuffer *m*; **-handschoen:** rubber glove || gant *m* en caoutchouc *m* || Gummihandschuh *m*; **-kabel:** rubber (insulated] cable || câble *m* sous (en) caoutchouc *m* (caoutchouté) || Gummikabel *o*; **-kit:** rubber cement || ciment *m* de caoutchouc *m* || Kautschukkitt *m*; **-kussen:** rubber cushion || coussin *m* de caoutchouc *m* || Gummikissen *o*; **-lak:** rubber varnish || laque *v* au caoutchouc *m* || Kautschuklack *m*; **-latex:** rubber latex || latex *m* de caoutchouc *m* || Kautschuklatex *m*; **-loodkabel:** lead covered rubber cable || câble *m* caoutchouté avec revêtement *m* de plomb *m* || Gummibleikabel *o*; **-mat:** rubber mat || tapis *m* de caoutchouc *m* || Gummiteppich *m*; **-pakking:** rubber packing || garniture *v* de joint *m* en caoutchouc *m* || Gummidichtung *v*; **-plantage:** rubber estate (plantation) || plantation *v* de caoutchouc *m* || Kautschukplantage *v*, -pflanzung *v*; **-slang:** rubber tube (hose, tubing) || tuyau *m* de caoutchouc *m* || Gummischlauch *m*; **-spons:** rubber sponge || éponge *v* en caoutchouc *m* || Gummischwamm *m*; **-stop:** rubber stopper || bouchon *m* de caoutchouc *m* || Gummistopfen *m*.

rubidium [1])**:** rubidium || rubidium *m* || Rubidium *o*.

rubriek: rubric || rubrique *v* || Abteilung *v*, Rubrik *v*.

rug: back || dos *m* || Rücken *m*; **-gebord** (*scheepst.*)**:** backboard of a boat || bossier *m* d'embarcation *v* || Lehnbrett *o* eines Bootes *o*; **-gen** (*v. e. boek*)**:** to back || endosser || rücken; **-kussen:** back cushion || coussin *m* de dossier *m* || Rückenkissen *m*; **-leuning** (*stoel*)**:** back of a seat, seat back || dossier *m* || Rückenlehne *v*; **-veld** (*boek*)**:** space between the back bands of a book || entre-nerf *m* || Rückenfeld *o*; **-wol:** back (mother, spine) wool || mère laine *v*, laine *v* prime || Rückenwolle *v*; **-zaag:** back (tenon) saw || scie *v* à dos *m* || Rückensäge *v*.

---

[1]) Voor de hierachter niet opgenomen rubidiumverbindingen, zoals bv. rubidiumchloride, rubidiumhydroxyde, rubidiumsulfaat, enz., zie men onder **natrium** en vervange daar in het Engels „sodium" door „rubidium", in het Frans „de sodium" door „de rubidium" en in het Duits „Natrium-" door „Rubidium-", dus bv. „rubidiumchloride: rubidium chloride || chlorure *m* de rubidium *m* || Rubidiumchlorid *o*".

ruif: rack || râtelier *m* || Raufe *v*.
ruig: shagged, shaggy || à poil *m* long et rude, vélu || rauhhaarig.
ruim: 1. (*schip*): hold || cale *v* || Raum *m*; **-balk:** hold beam || bau *m* de la cale *v* || Raumbalken *m*; **-holte:** depth of hold || creux *m* de cale *v* || Raumtiefe *v*; **-luik:** hatch of the hold || écoutille *v* de la cale *v* || Raumluk *o*; **-stut:** hold pillar || épontille *v* de cale *v* || Raumstütze *v*; **-trap:** hold ladder || échelle *v* de vale *v* || Raumtreppe *v*;
2. (*kerk*): nave, interior || nef *v*, intérieur *m* || Schiff *o*, Kirchraum *m*;
3. (*bijv. nw.*): large, wide, spacious, roomy || large, spacieux, étendu, vaste || geräumig.
ruim|en (*gat*): *zie* **opruimen**; (*boren*) (*mijnb.*): to ream || aléser || erweitern; **-er:** *zie* **opruimer**; (*boren*) (*mijnb.*): reamer, enlarging bit || alésoir *m*, [trépan *m*] élargisseur *m* || Bohrlochräumer *m*, Erweiterungsbohrer *m*; **-erpen** (*v. gecomb. ruimer*): scraping out cutter || dégorgeoir *m*, épinglette *v*, porte-outil *m* à défoncer || Räumnadel *v*; **-machine:** *zie* **kottermachine.**
ruimte: 1. (*algem.*): room, space; capacity (*inhoud*) || espace *m*, enceinte *v*; capacité *v* (*inhoud*) || Raum *m*; **- innemen** (*veel*; *weinig*): to take up (*much*; *little*) space (room) || occuper (*beaucoup*; *peu*) de place *v* || (*viel*; *wenig*) Raum *m* beanspruchen; **-, gesloten** (*open*): closed (*open*) space (room) || espace *m* fermé (*ouvert*), enceinte *v* fermée (*ouverte*) || geschlossener (*offener*) Raum *m*; **-, holle** (*algem.*): hollow space || excavation *v* || hohle Stelle *v*, Hohlstelle *v*; **-, luchtledige:** vacuum space || espace *m* de vide *m* || luftleerer Raum *m*; **-, nodige:** required space || espace *m* nécessaire, encombrement *m* || Raumbedarf *m*; **-, nuttige:** useful space || espace *m* utile || Nutzraum *m*; **-, ringvormige** (*nauwe*): radial clearance || interstice *m* annulaire || Ringspalt *m*; **-, schadelijke:** clearance || espace *m* nuisible (mort) || schädlicher Raum *m*; **-, vrije:** free space || espace *m* libre || freier Raum *m*; **-maat:** measure of capacity || mesure *v* de capacité *v* || Kubik-, Hohl-, Körpermaß *o*; **-vakwerk:** open frameworks, bayworks, panelworks || système *m* de barres *vm* non situées dans un même plan *m* || räumliches Fachwerk *o*;
2. (*wisk.*, *natuurk.*): space || espace *m* || Raum *m*; **-, donkere** (*v. Hittorf*; *v. Crookes*): dark space (*of Hittorf*; *of Crookes*) || espace *m* sombre (*de Hittorf*; *de Crookes*) || Dunkelraum *m* (*von Hittorf*; *von Crookes*); **-, holle** (*i. e. stof*): voids || vides *mm* || Hohlraum *m*; **-, in de:** in space || dans l'espace *m* || im (*in den*) Raum *m*; **-, oneindige:** infinite space || espace *m* infini || unendlicher Raum *m*; **-lading:** space charge || charge *v* électronique dans l'espace *m* || Raumladung *v*; **-vector:** space vector || vecteur *m* spatial || Raumvektor *m*;
3. (*kosmische*): space || espace *m* || [Welt]-raum *m*; **-kromming:** curvature of space || courbure *v* de l'espace *m* || [Welt]raumkrümmung *v*; **-raket**; space rocket || fusée *v* d'espace *m* || [Welt]raumrakete *v*; **-schip:** space ship || navire *m* d'espace *m* || Raumschiff *o*; **-vaart:** space travel (aviation) || navigation *v* d'espace *m* || [Welt]raumschiffahrt *v*, Kosmonautik *v*; **-vlucht:** space flight || vol *m* dans l'espace *m* || [Welt]raumflug *m*.
ruit: 1. (*figuur*): lozenge, rhomb || losange *m*, rhombe *m* || Raute *v*, Rhombus *m*; **-antenne:** frame aerial || antenne *v* en losange *m* || Rhombusantenne *v*; **-enfries:** diamond fret || frette *v* losangée || Rautenfries *m*; **-engewelf:** panel vault || voûte *v* en panneaux *mm* || Fachwerkgewölbe *o*; **-klinkwerk:** lozenge riveting, riveting in groups || rivure *v* convergente || verjüngte Nietung *v*; **-ophanging:** rhombic suspension || suspension *v* en losange *m* || rhombische Aufhängung *v*; **-vormig:** rhombic || rhomboïdal || rhombisch;
2. (*edelgesteente*): facet || facette *v* || Facette *v*, Rautenfläche *v*;
3. (*vensterruit*): [window] pane (glass) || vitre *v* || [Fenster]scheibe *v*; **-en inzetten:** to glaze || vitrer || verglasen; **-enwisser** (*auto*): wind screen wiper || essuie-parebrise *m*, essuie-glace *m* || [Schutz]-scheibenwischer *m*; **-ontdooier** (*auto*): defroster || dégivreur *m* || Entfroster *m*; **-opdraaier** (*auto*): glass lifter || lève *v* de glace *v* || Scheibenheber *m*.
ruiterstandbeeld: equestrian statue || statue équestre *v* || Reiterstandbild *o*.
ruk: pull, tug, jerk, snatch || mouvement *m* brusque, saccade *v*, à-coup *m* || Ruck *m*; **-ken** (*ww.*): to pull, to tug, to jerk || tirer [avec force *v*], arracher || ziehen, zerren, reißen; **-ken, met:** by jerks || saccadé, par saccades *vm*, par à-coups *mm* || ruckweise.
rum: rum || rhum *m* || Rum *m*; **-stokerij:** rum distillery || rumerie *v* || Rumbrennerei *v*.
run: oak bark, [spent] tan || tan *m* || [Gerber]lohe *v*; **-gaar:** tanned || passé en tan *m* || lohgar; **-kleur:** tan color || couleur *v* de tan *m* || Lohfarbe *v*; **-koek:** tan cake || briquette *v* de tan *m* || Lohkuchen *m*; **-kuil:** tan pit || fosse *v* [pour

le tannage *m*] || Loh-, Versetzgrube *v*; **-looier:** tanner || tanneur *m* || Lohgerber *m*; **-looierij** (*bewerking*)**:** tanning || tannage *m* || Lohgerberei *v*; **-looierij** (*plaats*)**:** tannery || tannerie *v* || Lohgerberei *v*; **-vocht:** ooze || jus *m* de tannée *v* || Lohbrühe *v*.

rundertalk: beef tallow || suif *m* de boeuf *m* || Rindstalg *m*.

rupsband: endless tread, caterpillar || chenille *v* [à rouleaux *mm*] || Raupe[nkette] *v*; **-en, op:** driven by (provided with) endless track, caterpillar driven || à [commande *v* par] chenilles *vm* || mit Raupe[nkette] *v*, mit Raupenantrieb *m*; **-ketting:** *zie* **rupsband.**

rust: 1. (*algem.*): rest || repos *m* || Ruhe *v*; **-aanslag** (*telegr.*)**:** back stop || enclume *v* de repos *m* || Ruheanschlag *m*; **-bed:** couch || lit *m* de repos *m* || Ruhebett *o*; **-bok:** scaffolding trestle || chevalet *m* d'échafaud *m* || Rüstbock *m*; **-contact:** back contact || contact *m* de repos *m* || Ruhekontakt *m*; **-contactrail:** bar of rest, stop bar || plaque *v* [de contact *m*] (plot *m* de contact *m*) de repos *m* || Ruhekontaktschiene *v*; **-contactveer:** back contact spring || ressort *m* du plot *m* de repos *m* || Ruhekontaktfeder *v*; **-en:** *zie na* **rust 3; -golf:** spacing wave || onde *v* de repos *m* || Ruhewelle *v*; **-kuip:** settling vat || cuve *v* de clarification *v* || Klär-, Absetzbottich *m*; **-massa:** mass in rest || masse *v* en repos *m* || Ruhmasse *v*; **-poos:** rest, pause || repos *m*, pause *v* || Rast *m*, Ruhepause *v*; **-spanning:** voltage on open circuit || tension *v* au repos *m* || Ruhespannung *v*; **-stelling:** off position, position of rest || position *v* de repos *m* (d'arrêt *m*) || Ruhestellung *v*; **-stroom:** closed circuit current, current on closed circuit || courant *m* permanent (de repos *m*) || Ruhestrom *m*; **-stroombaan:** closed circuit || circuit *m* à courant *m* permanent || Ruhestromkreis *m*; **-stroombatterij:** battery for closed circuit || batterie *v* à courant *m* permanent || Ruhestrombatterie *m*; **-stroombedrijf:** closed circuit working || fonctionnement *m* à courant *m* permanent || Ruhestrombetrieb *m*; **-stroomelement:** closed circuit cell || élément *m* à circuit *m* fermé || Ruhestromelement *o*; **-stroomketen:** closed circuit || circuit *m* à courant *m* permanent || Ruhestromkreis *m*; **-stroomrelais:** closed circuit relay || relais *m* à circuit *m* permanent || Ruhestromrelais *o*; **-stroomschakeling:** closed circuit connections || couplage *m* à courant *m* permanent || Ruhestromschaltung *v*; **-stroomtoestand:** state of rest || état *m* de repos *m* || Ruhezustand *m*;
2. (*vuurwapen, enz.*): safety-notch || cran *m* de sûreté *v* || Rast *m*;
3. (*stilte*): quiet, tranquillity || silence *m*, tranquillité *v* || Ruhe *v*; **-ig:** quiet (*quietly, in quiet*) || tranquille(*ment*), quiet || ruhig.

rusten: 1. (*niet bewegen, werken*): to [be at] rest, to be inactive || être en repos *m*, être inactif || ruhen, in Ruhe *v* sein;
2. (*steunen op; tegen*): to rest [up]on (*against*), to be supported by || reposer sur (*contre*), être monté sur, être supporté par || ruhen (sich stützen) auf (*gegen*).

ruthenium: ruthenium || ruthénium *m* || Ruthen[ium] *o*; **-tetroxyde:** ruthenium tetroxide || tétroxyde *m* de ruthénium *m* || Ruthen[ium]tetroxyd *o*; **-trichloride:** ruthenium trichloride || trichlorure *m* de ruthénium *m* || Ruthen[ium]trichlorid *o*.

rutiel: rutile || rutile *m* || Rutil *o*.

ruw: 1. (*niet glad*): rough || rugueux || rauh; **- afschaven:** to rough plane || dégrossir || aus dem Groben *m* hobeln; **- afwerken m. d. hamer:** to hammer roughly || dégrossir au marteau *m* || grob abhämmern; **- behakken:** to hew roughly || ébaucher || aus dem Groben *m* behauen; **- berapen:** to plaster roughly, to roughcast || crépir, hourder || berappen, roh putzen; **- hakken:** to roughen || racler, gratter || aufrauhen; **-heid:** roughness || rugosité *v* || Rauhigkeit *v*;
2. (*onbewerkt, ongezuiverd*): crude, raw; rough, coarse || brut, cru, vert || roh, Roh-;
3. (*grof*): coarse, rough || gros || grob, Grob-, roh, Roh-;
4. (*globaal*): rough || grossier || roh, Roh-.

rij: 1. (*reeks*): row || rangée *v*, rang *m* || Reihe *v*; **- klinknagels:** *zie* **klinknagelrij; - palen:** *zie* **palenrij;**
2. *zie* **reeks;**
3. (*richtlat*): rule[r], straight edge, batten || règle *v* [à araser], limande *v* || Richtscheit *m*.

rij|den: to ride (*o. e. paard, fiets*); to drive (*i. e. voertuig*) || rouler (*i. e. auto*) || fahren; **-baan** (*weg*)**:** traffic lane || voie *v* || Fahrbahn *v*; **-dbaar:** transportable, movable || transportable || fahrbar; **-draad:** contact wire, trolley wire || fil *m* de contact *m*, fil *m* de trôlet *m* (trolley *m*) || Fahrdraht *m*; **-plaat:** *zie* **nummerbord; -schakelaar** (*elektr. tractie*)**:** controller || contrôleur *m*, controller *m* || Fahrschalter *m*; **-snelheid** (*volle*)**:** (*full*) speed || vitesse *v* de (*pleine*) marche *v* || (*volle*) Fahrgeschwindigkeit *v*; **-stok:** *zie* **draaibankkop, losse; -tuig:** car, carriage, coach || carrosse *v*, voiture *v* || Kutsche *v*, Wagen *m*; **-tuig, doorgaand** (*spw.*)**:** through carriage || wagon *m* direct || durchgehender Wagen *m*; **-tuigveer:** car spring || ressort *m* de voiture *v* || Wagenfeder *v*; **-tuigverlichting:** carriage lighting || éclairage *m* de voiture *v* || Wagenbeleuchtung *v*; **-tijd:** riding time || durée *v* du trajet *m* || Fahrzeit *v*; **-vlak:** roadway || chaussée *v*, voie *v* || Fahrbahn *v*, Fahrweg *m*; **-vloer** (*brug*): bridge road, flooring (platform) of a bridge || plancher *m* (tablier *m*, voie *v*) de pont *m* || Brückenbahn *v*, Fahrbahn *v* einer Brücke *v*; **-weg:** carriage road (way), traffic road || chemin *m* (route *v*, voie *v*) carrossable, voie *v* charretière || Fahrstraße *v*; **-wiel:** bicycle, bike || bicyclette *v*, bicycle *m*, vélo *m* || [Fahr]rad *o*; **-wiel m. hulpmotor:** motorized bicycle || vélomoteur *m*, cyclomoteur *m* || Motorfahrrad *o*; **-, gemotoriseerd:** *zie* **rijwiel m. hulpmotor**; **-wiel, kettingloos:** chainless bicycle || bicyclette *v* sans chaîne *v*, [bicyclette *v*] acatène *v* || kettenloses Fahrrad *o*; **-wiel, opvouwbaar:** folding bicycle || bicyclette *v* pliante || zusammenlegbares Fahrrad *o*; **-wielmotor:** bicycle motor || moteur *m* de bicyclette *v* || Fahrradmotor *m*; **-wielpad:** cycle track (path) || piste *v* cyclable || Rad[fahr]weg *m*.

rijenzaaimachine: ridge drill || semoir *m* en lignes *vm* || Reihensä[e]maschine *v*.

rijgsteek: long stitch || long *m* point, faufilure *v* || langer Stich *m*.

rijk (*aan*): rich (*in*); high-grade || riche (*en*); de haute teneur *v* (qualité *v*) || reich (*an*), -reich; hochhaltig.

rijksmijningenieur (*België*): *zie* **inspecteur der mijnen.**

rijnagel (*draaib.*): back centre || contre-pointe *v* || Reitnagel *m*.

rij|pen (*chem.*): to ripe, to age || mûrir || reifen; **-ping:** ripening, ageing || mûrissage *m* || Reifung *v*.

rijs|bed: wharf of fascinage || barrage *m* en épi *m* || Buschbett *o*; **-berm:** brush wood revetment || fagotaille *v* || Buschbett *o*, Reisigbett *o*; **-bos:** brush bundle fascine || fascine *v* || Reis[ig]bund *o*; **-dam:** fascine dike || digue *v* de fascines *vm* || Faschinendamm *m*; **-hout:** brush (fascine) wood, copse || brins *m*, branchage *m*, bois *m* de fascinage *m* || Busch-, Reit-, Reis-, Faschinenholz *o*, Reisig *o*; **-werk:** fascine work || fascinage *m* || Faschinenwerk *o*.

rijschaaf: smoothing plane || varlope *v* Schlichthobel *m*.

rijst: rice || riz *m* || Reis *m*; **-, gebroken:** broken rice || brisures *vm* de riz *m* || Bruchreis *m*; **-, geglansde:** polished rice || riz *m* glacé || polierter Reis *m*; **-, gepelde:** milled rice || riz *m* décortiqué || geschälter Reis *m*; **-, ongepelde:** unmilled rice || riz *m* non décortiqué || ungeschälter Reis *m*; **-emeel:** rice-flour || farine *v* de riz *m* || Reismehl *o*; **-korrel:** rice-grain || grain *m* de riz *m* || Reiskorn *o*; **-papier:** rice (pith) paper || papier *m* de riz *m* || Reispapier *o*; **-pellerij:** rice mill || usine *v* à décortiquer le riz *m*, décortiquerie *v*, rizerie *v* || Reis[schäl]mühle *v*; **-stijfsel:** rice starch || amidon *m* de riz *m* || Reisstärke *v*.

rij|zen: 1. (*stijgen i. h. algem.*): to rise || monter, se lever, s'élever || steigen, hochgehen, aufgehen; **-zing:** rising || montée *v* || Steigung *v*; (*helling*): rise, up grade || montée *v*, rampe *v* || Steigung *v*; **-zing en daling, afwisselende:** fluctuation || fluctuation *v* || Schwankung *v*, Fluktuation *v*;
2. (*deeg*): to rise || monter || aufgehen; **-zing:** rising || levage *m* || Aufgehen *o*;
3. (*water*): to rise || croître, s'élever || steigen, wachsen; **-zing:** rising || crue *v*, montée *v* || Steigung *v*, Wachsen *o*;
4. (*prijzen*): to rise, to go up || hausser, monter || steigen, höher werden, in die Höhe *m* gehen; **-zing:** advance || hausse *v* [des prix *mm*) || Preiserhöhung *v*, -steigerung *v*;
5. (*moeilijkheden*): to arise || naître || entstehen;
6. (*typogr.*): to spring || lever || steigen.

S

saai: serge || serge *v* || Sarsche *v*, Serge *v*.

sabel: sabre, sword || épée *v*, sabre *m* || Sabel *m*; **-bont:** sable || fourrure *v* de zibeline *v* || Zobelpelz *m*;

saccha|raat: saccharate || saccharate *m* || Sacharat *o*; **-ride:** saccharide || saccharide *m* || Sacharid *o*; **-rine:** saccharine || saccharine *v* || Sacharin *o*; **-rose:** saccharose, sucrose || saccharose *v* || Sacharose *v*; **-rimeter:** saccharimeter || saccharimètre *m* || Sacharimeter *o*, *m*, Zuckermesser *m*; **-rimetrie:** saccharimetry || saccharimétrie *v* || Sacharimetrie *v*, Zuckermessung *v*.

saf|fier: sapphire || saphir *m* || Saphir *m*; **-fier, witte:** leucosaphire || leucosaphir *m* saphir *m* blanc || Leukosaphir *m*, weißer Saphir *m*; **-floers:** *zie* **bastaarandsaffraan; -floersrood:** carthamine || carthamine *v* || Safflorrot *o*; **-fraan:** crocus, saffron || safran *m* || Safran *m*; **-fraangeel:** saffron yellow || jaune *m* de safran *m* || Safrangelb *o*; **-fraankleur:** saffron colour || couleur *v* de safran *m* || Safranfarbe *v*.

sago: sago || sagou *m* || Sago *m*; **-boom:** sago tree || sagoutier *m* || Sagobaum *m*, -palme *v*.

sagrijnleder: shagreen || chagrin *m* || Chagrin *m*, -leder *o*.

sajet: knitting (stocking, worsted) yarn || sajette *v* || Sayettegarn *o*, Stick-, Strickgarn *o*.

salaris: wages || salaire *m* || [Arbeits]lohn *m*.

salicylzuur (hydroxy-2 benzeencarbonzuur-1): salicylic acid || acide *m* salicylique || Salizylsäure *v*.

salmiak: *zie* **ammoniumchloride** (sal-ammoniac; sel *m* ammoniac; Salmiak *o*).

salon: saloon || salon *m* || Salon *m*; **-boot:** saloon steamer || vapeur *m* de luxe *v* || Salondampfer *m*; **-wagen:** saloon carriage || voiture-salon *v* || Salon-, Saalwagen *m*.

salpeter: saltpetre || salpêtre *m* || [Kali]-salpeter *m*; *zie ook* **kaliumnitraat.**

salpeterigzuur: 1. (*z. nw.*): nitrous acid || acide *m* azoteux (nitreux) || salpeterige Säure *v*;
2. (*bijv. nw.*) [1]): nitrous || azoteux, nitreux || salpeterigsauer.

salpeterzuur: 1. (*z. nw.*): nitric acid || acide *m* azotique (nitrique) || Salpetersäure *v*; **-zuuranhydride:** nitric acid anhydride || anhydride *m* azotique || Salpetersäureanhydrid *o*;
2. (*bijv. nw.*) [2]): nitric || azotique, nitrique || salpetersauer.

samarium: samarium || samarium *m* || Samarium *o*.

samen|bakken: to cake together || s'agglutiner || zusammenbacken; **-bakking:** caking, agglomeration || agglutination *v* || Zusammenbacken *o*; **-binden:** to tie together || lier ensemble || zusammenbinden; **-buigen:** to bend together || rapprocher en courbant || zusammenbiegen; **-draaien:** to twist together || tordre ensemble || zusammendrehen.

samendruk|baar: compressible || compressible || komprimierbar, zusammendrückbar; **-baarheid:** compressibility || compressibilité *v* || Zusammendrückbarkeit *v*, Kompressibilität *v*; **-ken:** to compress || comprimer || zusammendrücken, -pressen, komprimieren, verdichten; **-king:** compression || compression *v* || Zusammendrückung *v*, -pressung *v*, Kompression *v*, Verdichtung *v*; **-kingsgrens:** limit of compression || limite *v* de compression *v* || Kompressionsgrenze *v*.

samen|geperst: compressed || comprimé || komprimiert, zusammengepreßt; **-gesteld:** compound, composed || composé || zusammengesetzt; **-hangend:** coherent, cohesive || cohérent || kohäsiv, zusammenhängend; **-hechten:** to fasten (to join) together || assembler, joindre || zusammenheften; **-houden:** to keep together || tenir ensemble || zusammenhalten; **-klank:** unison || unison *m* || Einklang *m*; **-kleven:** to stick together || agglutiner, coller ensemble || zusammenkleben; **-knopen:** to tie together || nouer ensemble || zusammenknüpfen; **-komen i. e. punt** (*lijnen*): to converge || converger || konvergieren; **-komst** (*spoorwegen*): junction || embranchement *m* || Anschluß *m*; **-lassen:** to weld together || souder, unir à chaud *m* || zusammenschweißen; **-lopen:** to flow together || affluer || zusammenfließen; **-lijmen:** to glue together || coller ensemble || zusammenleimen; **-mengen:** to mix together || [entre]mêler, mélanger || [ver]mischen, zusammenmischen; **-naaien:** to sew together || coudre ensemble || zusammennähen; **-passen:** to fit together || ajuster ensemble, adapter l'un à l'autre || zusammenpassen; **-pennen:** to dowel (to peg) together || cheviller ensemble || zusammendübeln; **-persen:** *zie* **comprimeren** *en* **samendrukken; -rollen:** to roll up || rouler ensemble || zusammenrollen; **-schroeven:** to bolt (to screw) together, to fasten with screws || assembler par [des] boulons *mm* (par des vis *vm*), visser || zusammenschrauben; **-smelten:** to melt together || [se] fondre ensemble || zusammenschmelzen; **-solderen:** to solder together || souder ensemble || zusammenlöten; **-stel** (*v. mach., enz.*)**:** combination, set, unit, battery, complex, compound || combination *v*, groupe *m*, unité *v*, batterie *v*, composé *m*, composition *v* || Kombination *v*, Satz *m*, Einheit *v*, Batterie *v*, Komplex *m*.

samenstel|len: 1. (*algem.*; *chem.*; *krachten*): to compose; to combine || composer || zusammensetzen; **-ling:** composition; combination || composition *v* || Zusammensetzung *v*;
2. (*mach., enz.*): to construct, to build up, to erect, to instal, to put up || construire, monter, établir, installer ||

---

[1]) Voor stofnamen als *salpeterigzure kalk* (- *potas*; - *soda*; *enz.*) zie *calciumnitriet* (*kalium-*; *natrium-*, *enz.*).

[2]) Voor stofnamen als *salpeterzure kalk* (- *potas*; - *soda*; *enz.*) zie *calciumnitraat* (*kalium-*; *natrium-*; *enz.*).

aufstellen, montieren, zusammensetzen, -bauen, -stellen; **-ling:** construction, building up, erection, putting up || construction *v*, montage *m*, érection *v* || Zusammenstellung *v*, -bau *m*, Aufstellung *v*, Montage *v*;
3. (*treinen*): to make up || composer, former || bilden; **-ling:** making up || composition *v*, formation *v* || Zugbildung *v*.

samen|trekken: to contract || se contracter || zusammenziehen, kontrahieren; **-trekking:** contraction || contraction *v* || Zusammenziehung *v*, Kontraktion *v*; **-trektoestel** (*voor vaten*): trussing apparatus || appareil *m* à trousser || Zusammenziehvorrichtung *v*; **-vlechten:** to braid together, to intertwine || entrelacer || zusammenflechten; **-vloeien:** *zie* **samenlopen; -voegen:** to join together || joindre || zusammenfügen; **-vouwen:** to fold together || plier ensemble || zusammenfalten; **-wellen:** to weld together || souder ensemble || zusammenschweißen; **-werken:** to co-operate || coopérer, concourir || zusammenarbeiten; **-werking:** co-operation, concurrence || coopération *v*, concours *m* || Zusammenwirkung *v*.

san|daal: sandal || sandale *v* || Sandale *v*; **-darakhars:** sandarac[h] || sandaraque *v* || Sandarak *m*; **-delhout:** sandalwood || santal *m* || Sandelholz *o*; **-delhout, rood:** red sandalwood, Sanders || santal *m* rouge || Kaliatur-, rotes Sandelholz *o*.

sap: juice, sap || jus *m*, sève *m*, suc *m* || Saft *m*; **-pomp** (*suikerfabr.*): sap pump || monte-jus *m* || Saftaufzug *m*; **-winning** (*suikerfabr.*): extraction || extraction *v* || Saftgewinnung *v*; **-zuivering** (*suikerfabr.*): clarification, purification || épuration *v* || Saftreinigung *v*.

saponien: saponine || saponine *v* || Saponin *o*.

sapropeel: *zie* **rottingsslik.**

sar|cenet (*Florentijnse taf*): sarcenet, sarsenet || sarcenet *m* || Sarsonet *m*; **-donyx:** sardonyx || sardoine *v* || Sardonyx *m*.

sas: **1.** (*brandb. mengsel*): composition || composition *v* || Satz *m*; **-ring:** priming circle || cercle *m* fusant || Satzring *m*;
2.: *zie* **schutsluis;**
3.: *zie* **kolk.**

satelliet: **1.** (*hemellich.*): satellite || satellite *m* || Satellit *m*, Folgestern *m*;
2. (*auto*): differential [jackey] pinion || pignon *m* satellite || Differentialrad *o*.

sati|neerkalander: friction [glazing] calender || calandre *m* à catir (à friction *v*) || Friktions-, Glättkalander *m*, Glanzpresse *v*, -kalander *m*; **-neerpers:** glazing machine [rollers] || satineuse *v* || Satiniermaschine *v*, -werk *o*; **-neren:** to glaze, to satine || glacer, satiner || satinieren; **-nering:** glazing || satinage *m* || Satinieren *o*; **-net:** satinet || satinade *v* || Halbatlas *m*, Satinett *o*.

satijn: satin || satin *m* || Satin *m*; **-, vijfdradig:** five leaved satin tweel || satin *m* de cinq *m* || fünfbindiger (-fadiger, -teiliger) Atlas *m*; **-hout:** satin wood || bois *m* satiné || Satin-, Atlasholz *o*; **-keper:** broken, [satin] tweel || satin *m* || Atlasköper *o*; **-papier:** glazed paper || papier *m* satiné || Satinépapier *o*.

sausen (*tabak*): to sauce || saucer || beizen.

sca|lair: scalar || scalair || skalar, Skalar-; **-lair produkt:** *zie* **produkt, scalair; -lar:** *zie* **grootheid, scalaire.**

scalpel, elektrisch: electric bistouri, diathermy knife || bistouri *m* électrique || Hochfrequenzkauter *m*.

scandium: scandium || scandium *m* || Scandium *o*.

scenario: *zie* **draaiboek.**

scepter (*scheepsb.*): *zie* **relingstut.**

schaaf: plane || rabot *m* || Hobel *m*; **-bank:** *zie na* **schaafzool; -beitel:** plane iron, planning cutter (tool) || fer *m* à raboter (de rabot *m*), lame *v* de rabot *m* || Hobeleisen *o*, -meißel *m*, -messer *o*, -stahl *m*, -stichel *m*; **-beitel, dubbele:** double [plane]iron, back iron || double fer *m* (fer *m* double) de rabot *m*, fer *m* avec contrefer *m* || Doppeleisen *o*; **-blok:** [plane] stock, plane wood || fût *m* de rabot *m* || Hobelkasten *m*; **-boom** (*leerlooierij*): tanner's horse || chevalet *m* des tanneurs *mm* || Gerbe-, Streichbaum *m*; **-huis:** *zie* **schaafblok; -krul:** chip, shaving || copeau *m* || Hobelspan *m*; **-machine:** *zie* **schaafbank 1; -mes** (*leerlooierij*): fleshing knife || couteau *m* à écharner || Schab-, Streicheisen *o*; **-neus:** handle of the plane || poignée *v* de rabot *m* || Hobelnase *v*; **-ploeg** (mijnb.): coal plough || abatteuse *v* chargeuse || Kohlenhobel *m*; **-snede:** opening in the plane face || ouverture *v* de la mortaise *v* || Hobelmaul *o*; **-spaan:** *zie* **schaafkrul; -vlak:** face of the plane || face *v* du rabot *m* || Hobelsohle *v*; **-werk:** planing work || travail *m* de rabotage *m* || Hobelarbeit *v*; **-ijzer:** plane iron || fer *m* de rabot *m* || Hobeleisen *o*; **-zool:** *zie* **schaafvlak.**

schaafbank: **1.** (*mach.*): planer, planing machine || machine *v* à raboter, raboteuse *v* || Hobelmaschine *v*; (*houtbew.*): surface planer || dégauchisseuse *v* d'établi *m* || Abrichthobelmaschine *v*; **-, zijdelingse:** side planing machine || raboteuse *v* latérale || Seitenhobelmaschine *v*; **-bed:** bed of the planing machine || banc *m* de raboteuse *v* || Hobelmaschinenbett *o*; **-dwarsslede:** cross slide of planer || chariot *m* transversal de raboteuse *v* ||

Hobelmaschinenquerschlitten *m*; **-freem:** frame of the planing machine || bâti *m* (banc *m*) de raboteuse *v* || Hobelmaschinenbett *o*, -gestell *o*; **-kolom:** [main] standard (housing, upright) of planing machine || colonne *v* (montant *m*, pilier *m*) de raboteuse *v* || Hobelmaschinenständer *m*, -säule *v*, -pfeiler *m*; **-slede:** planing machine table || table *v* de raboteuse *v* || Aufspanntisch *m*, Hobel[maschinen]-tisch *m*, Hobelschlitten *m*; **-tafel:** *zie* **schaafbankslede;**

2. (*timmerm.*): planing (joiner's, carpenter's) bench || établi *m* de menuisier *m* || Hobelbank *v*; **-tang:** press of a joiner's bench || presse *v* d'établi *m* de menuisier *m* || Hobelbankzange *v*;

schaal: 1. (*schotel*): basin, dish, cup || bassin *m*, cuvette *v* || Schale *v*; **-elektrode:** dished electrode || électrode *v* capsulée || Schalenelektrode *v*; **-koppeling:** split coupling || accouplement *m* à coquilles *vm* || Schalenkupplung *v*;

2. (*weegschaal*): scale || bassin *m* || Schale *v*;

3. (*metaalgieterij*): case || coquille *v* || Schale *v*; **-gieting:** casehardened casting || coulage *m* en coquille *v* || Schalenguß *m*;

4. (*instrument*): scale || échelle *v* || Skala *v*; **-, honderddelige:** centesimal (centigrade) scale || division *v* centigrade, échelle *v* centésimale || hundertteilige Skala *v*, Zentesimaleinteilung *v*; **-, kwadratische:** square law scale || échelle *v* quadratique (carrée) || quadratische Skala *v*; **-, verlichte:** illuminated scale || échelle *v* éclairée || beleuchtete Skala *v*; **-deel** (*deel v. d. schaalverdeling*); division; degree || division *v*; degré *m* || Skalenteil *m*; **-deel** (*gedeelte v. e. schaal*)**:** part of [the] scale || partie *v* de graduation *v* || Skalenteil *m*; **-lengte:** length of scale || longueur *v* de l'échelle *v* || Skalenlänge *v*; **-spiegel:** scale mirror || miroir *m* de parallaxe *v* || Skalenspiegel *m*; **-verdeling:** scale division, graduation || division *v*, graduation *v* || Skalenteilung *v*; **-waarde:** value of a scale division || sensibilité *v* de l'échelle *v* || Skalenwert *m*;

5. (*maatstaf*): scale || échelle *v* || Maßstab *m*; **- tekenen, op:** to draw to scale || dessiner à l'échelle *v* || maßstäblich zeichnen: **-, metrieke:** metric scale || échelle *v* métrique || Metermaßstab *m*; **-,** (*op*) **vergrote:** (*on an*) enlarged scale || (*à*) plus grande échelle *v* || (*in*) vergrößerter (*m*) Maßstab *m*; **-,** (*op*) **verkleinde:** (*on a*) reduced scale || (*à une*) échelle *v* réduite || (*in*) verjüngter (*m*) Maßstab *m*; **-stok:** *zie* **herleidingsliniaal;**

6. (*mast*): fish || jumelle *v* || [Mast]-schale *v*;

7. (*hout*): sheeting board (slab), slab [of timber] || dosse *v*, flache *v*, madrier *m* de coffrage *m* || Schalbrett *o*, **-diele** *v*, Schwarte *v*;

8. (*schaaldier*): shell, scale, crust || coquille *v* || Schale *v*.

schaar: 1. (*knipgereedschap*): [pair of] scissors; shears (*snoeien*; *metaal*; *enz.*) || ciseaux *mm*; cisaille[s] *v*[*m*] (*snoeien*; *metaal*, *enz.*) || Schere *v*;

2. (*knipmach.*): shearing machine || cisaille[use] *v*, machine *v* à cisailler || Schermaschine *v*, Schere *v*; (*werkbank*): bench shears || cisaille *v* d'établi *m* || Bock-, Stockschere *v*; **- m. hefboom voor handkracht:** hand lever shearing machine || cisaille *v* à levier *m* || Hebelschere *v*; **m. vliegwiel:** fly wheel shearing machine || cisaille *v* à volant *m* || Schwungradschere *v*; **-, gebogen:** arc shears || cisaille *v* à arc *m* || Bogenschere *v*; **-bek:** mouth of shears || mâchoire *v* de cisaille *v* || Scherenmaul *o*; **-blad:** shear blade || lame *v* de cisaille *v* (de ciseaux *mm*), tranchant *m* || Scherbacke *v*, -blatt *o*; **-blad, bovenste** (*onderste*)**:** top (*bottom*) shear blade || lame *v* supérieure (*inférieure*) de la cisaille *v* || Obermesser *o* (*Untermesser o*) der Schere *v*; **-blad, vast:** fixed shear blade || lame *v* fixe de la cisaille *v* || festes (stützendes) Scherblatt *o*; **-bladkant:** edge of the shear blade || arête *v* de lame *v* de cisaille *v* || Scherblattkante *v*; **-bladloop:** stroke of shear blade || course *v* de la lame *v* de cisaille *v* || Scherblatthub *m*; **-bladslede:** shear blade slide || chariot *m* porte-lame de cisaille *v* || Scherblattschlitten *m*; **-gestel:** shear frame || bâti *m* de cisaille *v* || Scherengestell *o*; **-- en ponsmachine:** punching and shearing machine || cisaille *v* poinçonneuse *v* || Scher- und Lochmaschine *v*;

3. (*coulisse*): [expansion] link || coulisse *v* || Kulisse *v*, Schwinge *v*; **- m. schaarblok:** link with block || coulisse *v* à coulisseau *m* || Klotzkulisse *v*; **-, gesloten** (*open*)**:** closed (*slotted*) link || coulisse *v* fermée (*ouverte*) || geschlossene Schwinge *v* (*offene*) Kulisse *v*, Schlitzkulisse *v*; **-, vorkvormige:** forked link || coulisse *v* à fourche *v* || gabelförmige Schwinge *v*; **-beweging:** link motion || distribution *v* à coulisse *v* || Kulissen-, Schwingensteuerung *v*; **-beweging m. gekruiste stangen:** link motion with crossed rods || distribution *v* à barres *vm* croisées || gekreuzte Kulissensteuerung *v*; **-beweging v. Stephenson:** Stephenson link motion || distribution *v* à coulisse *v* de Stephenson || Stephensonsteuerung *v*; **-blokje:** die (sliding, slide) block || coulisseau *m* ||

Gleitklotz *m*, -stein *m*, -stück *o*, Kulissen-, Schwingenstein *m*; **-hefboom:** link lever || levier *m* de relevage *m* de la coulisse *v* || Kulissenhebel *m*; **-omzetting:** reversal by means of link motion || renversement *m* de marche *v* par coulisse *v* || Umsteuerung *v* durch Kulissen *vm*; **-ophanging:** suspension of the connecting link || suspension *v* de la coulisse *v* || Aufhängung *v* der Kulisse *v*; **-ophangpunt:** point of suspension of the connecting link || point *m* de suspension *v* de la coulisse || Kulissenaufhängepunkt *m*; **-slijpmachine:** motion link grinder || machine *v* à planer les coulisses *vm* || Kulissenschleifmaschine *v*; **-tap** (*draaib.*): crank pin || maneton *m* (tourillon *m*) de coulisseau *m* || Kulissengleitsteinzapfen *m*; **4.** (*ploegschaar*): share || soc *m* || Schar *v*; **5.** (*stelijzer*, *draaib.*): adjustement plate, quadrant || tête *v* de cheval *m*, tire *v* || Schere *v*, Pferdekopf *m*, Stelleisen *o*; **6.** (*versch. betekenissen*): **-kraan:** *zie* **mastkraan; -mal:** scissor shaped former || gabarit *m* en forme *v* de ciseaux *mm* || Scherenschablone *v*; **-stok** (*luik*): gutter ledge of a hatchway || traversier *m* d'écoutille *v* || Scherstock *m*; **-stok** (*scheepst.*): carling || entremise *v* || Schlinge *v*, Scherstock *m*.

schaats: skate || patin *m* || Schlittschuh *m*; **-hout:** skate stock || bois *m* (fût *m*) de patin *m* || Schlittschuhholz *o*; **-riem:** skate strap || lamière *v* de patin *m* || Schlittschuhriemen *m*; **-schroef:** skate screw || vis *v* de patin *m* || Schlittschuhschraube *v*; **-ijzer:** skate iron || fer *m* de patin *m* || Schlittschuheisen *o*.

schablo|ne: templet || calibre *m*, gabarit *m* || Schablone *v*; *zie ook* **mal 1; -nendraaibank:** copying (repetition) lathe, lathe for repetition work (for reproducing) || tour *m* à copier (à reproduire, à gabarit *m*) || Schablonen-, Kopierdrehbank *v*; **-nenfreesmachine:** copy milling machine || machine *v* à fraiser suivant gabarit *m*, fraiseuse *v* à copier (à reproduire) || Kopierfräsmaschine *v*.

schacht: 1. (*algem.*): shank; shaft; stem || tige *v* || Schacht *m*;

2. (*mijnb.*): shaft, pit || puits *m* [de mine *v*], fosse *v* || Schacht *m*; **-, blinde:** underground shaft, blind pit || puits *m* intérieur (souterrain) || blinder Schacht *m*, Blindschacht *m*; **-, dubbele:** double shaft || puits *m* à deux compartiments *mm* || Doppelschacht *m*; **-, enkelvoudige:** single shaft || puits *m* simple || eintrümmiger Schacht *m*; **-, hellende:** inclined shaft || puits *m* incliné || donlägiger (tonnlägiger) Schacht *m*; **-, loodrechte:** vertical shaft puits *m* vertical (droit) || Seigerschacht *m*; **-, open:** open shaft || puits *m* ouvert || Tageschacht *m*; **-, vierdelige:** quadrant-pit || puits *m* à quatre compartiments *mm* || viertrümmiger Schacht *m*; **-afdeling:** shaft compartment || compartiment *m* [de puits *m*] || Schachttrumm *o*, Abteilung *v*; **-afsluiting:** shaft barrier || barrière *v* du puits *m* || Schachtverschluß *m*; **-bekleding:** shaft lining || revêtement *m* du puits *m* || Schachtausbau *m*; **-betimmering:** shaft timbering || boisage *m* du puits *m* || Schachtzimmerung *v*; **-bodem:** shaft bottom || fond *m* du puits *m* || Schachtsohle *v*; **-bok:** *zie* **schachttoren; -boor:** trepan || trépan *m* || Schachtbohrer *m*; **-delven:** to sink a shaft; shaft-sinking || foncer (creuser) un puits *m*; [dé]fonçage *m* (creusement *m*) d'un puits *m* || [schacht]abteufen (niederbringen); [Schacht]abteufen *o*; **-gebouw:** shaft house, pit head building || abri *m* (hangar *m*) du puits *m* || Schachtgebäude *o*; **-goot:** waterring || gargouille *v* || Wasserrinne *v*; **-hoed:** miner's cap (hat) || casque *m* (chapeau *m*) de mineur *m* || Grubenmütze *v*, Schachthut *m*; **-kooi:** [drawing] cage || cage *v* [d'extraction *v*] || Fördergestell *o*, -korb *m*; **-mond:** pit mouth (top), shaft collar || orifice *m* (tête *v*) du puits *m* || Schachtöffnung *v*; **-kool:** run-of-mine coal || tout-venant *m* || Förderkohle *v*; **-lier:** sinking (deepening) winch || treuil *m* de fonçage *m* (défoncement *m*) || Abteufhaspel *m*, -fördermaschine *v*; **-mijn:** deep mine || exploitation *v* en profondeur *v* || Tiefbauzeche *v*; **-ombraak:** by-pass || bowette *v* coudée || Umbruch *m*, Umbruchstrecke *v*; **-pomp:** sinking pump pompe *v* d'exhaure *v* (d'avaleresse *v*) || Abteuf-, Senk-, Sumpfpumpe *v*; **-put:** cess pool, [pump] sump || puisard *m*, fosse *v* à pompe *v* || [Schacht-, Pumpen-]sumpf *m*; **-raam:** [pit] frame || cadre *m* || Rahmen *m*, Geviert *o*; **-ring:** tubbing, ring || anneau *m* || Schachtring *m*; **-toren:** shaft-derrick, pit head gear || chevalement *m* [d'extraction *v*], beffroi *m* || Schachtturm *m*, -gerüst *o*, Förderturm *m*, -gerüst *o*; **-vak:** *zie* **schachtafdeling; -wand:** shaft face (wall, side) || face *v* (paroi *v*) du puits *m* || Schachtstoß *m*; **-vlamkool:** flaming coal || tout-venant *m* flambant || Flammförderkohle *v*;

3. (*lift*): shaft || cage *v*, puits *m* || Schacht *m*; **-bekleding:** shaft lining || revêtement *m* de la cage *v* || Schachtumkleidung *v*; **-diepte:** height of shaft || hauteur *v* de la cage *v* (du puits *m*) || Schachthöhe *v*; **-geraamte:** shaft framework || charpente *v* de la cage *v* || Schachtgerippe *o*, -gerüst *o*; **-kap:** shaft covering || comble *m*, faîte *v* || Schachtabdeckung *v*;

-muur: shaft wall || mur *m* de la cage *v* || Schachtmauer *v*; **-sluiting:** closing || fermeture *v* || Schachtverschluß *m*; **-toegang:** access || entrée *v* || Schachtzugang *m*; **-toegangsbeveiliging:** precautions against entering the shaft || précautions *vm* contre l'entrée *v* dans le puits *m* || Schachtsicherung *v*;
4. (*schoorsteen*): shaft || fût *m* || Kaminsäule *v*; **-voet:** base || semelle *v* || Schachtsohle *v*;
5. (*drijfstang*): body || corps *m* || Schaft *m*;
6. (*bout*; *klinknagel*): body, shank || corps *m* || Schaft *m*;
7. (*geweer*): gunstock || bois *m* (fût *m*) de fusil *m* || Gewehr-, Flintenschaft *m*; **-hout:** stock wood || bois *m* de monture *v* || Schaftholz *o*;
8. (*roeiriem*): loom || manche *v* || Schaft *m*;
9. (*slotschieter*): bar || queue *v* || Schaft *m*;
10. (*weefstoel*): leaf, shaft of healds (of heddles), stay || lame *v* || Flügel *m*, Kamm *m*, -blatt *o*, [Kamm]schaft *m*, Webschaft *m*;
11. (*zuil*): body, shaft, trunk || fût *m*, tronc *m* || Säulenschaft *m*.

schade: damage || détérioration *v* || Schaden *m*; **-lijk:** harmful, injurious, noxious || nuisible, nocif || schädlich; **-vergoeding:** compensation, indemnification || indemnité *v* || Entschädigung *v*.

schaduw: shade || ombre *v* || Schatten *m*; **-beeld:** silhouette || silhouette *v* || Schattenbild *o*; **-en:** to shade || ombrer || schattieren; **-fotometer:** shadow photometer || photomètre *m* à ombre *v* || Schattenphotometer *o*, *m*; **-kegel:** shade cone || cône *m* d'ombre *v* || Schattenkegel *m*; **-vorming:** formation of shadow || formation *v* d'ombre *v* || Schattenbildung *v*.

schaft|en: to go for the off-time meal || manger || Schicht *v* machen; **-lokaal:** mess room || restaurant *m* ouvrier || Erholungsraum *m*; **-tijd:** [knocking-] off (half-)time || temps *m* (heure *v*) du repas *m* || Mittagspause *v*, Essenszeit *v*.

schakel: 1. (*schalm*): chain iron (link) || anneau *m* de chaîne *v*, chaînon *m*, maillon *m* || Kettenglied *o*, Schake *v*; **- m. dam:** studded link || maillon *m* à étançon *m* || Kettenglied *o* mit Steg *m*; **-, halve:** cranked joint || demi-maillon *m* || halbes Kettenglied *o*; **-ketting:** *zie* **scharnierketting; -riem:** link belt || courroie *v* à chaînons *mm* || Gliederriemen *m*;
2. (*afleidingen van schakelen*): **-aanleg:** switch plant || installation *v* de distribution *v* || Schaltanlage *v*; **-aar:** *zie na* **schakelzuil; -beweging:** switching motion || mouvement *m* de commutation *v* (d'interruption *v*) Schaltbewegung *v*; **-bord:** *zie na* **schakelaar; -cel:** regulating cell || élément *m* de réduction *v* || Schaltzelle *v*; **-cilinder:** switch drum || cylindre *m* de mise *v* en circuit *m* || Schaltwalze *v*; **-controller:** controller handle || manette *v* de combinateur *m* || Schalthebel *m*; **-doos:** switch box || boîte *v* d'interrupteur *m* || Schaltdose *v*; **-en:** *zie na* **schakelbord; -en verdeeltoestellen:** switchgear || appareillage *m* || Schaltanlagengeräte *o*; **-hefboom:** switch lever || levier *m* d'interrupteur *m* || Schalthebel *m*; **-huisje:** switch hut || kiosque *m* de distribution *v* || Schalthäuschen *o*; **-ing** *zie onder* **schakelen; -inrichting m. afzonderlijke schakelaars:** contactor equipment || équipement *m* à contacteurs *mm* || Schützensteuerung *v*; **-inrichting m. controllers:** control gear || équipement *m* à combinateur *m* || Kontrollersteuerung *v*; **-inrichting m. nokkenas en servomotor:** cam shaft gear and servo-motor || équipement *m* à arbre *m* à cames *vm* et servo-moteur *m* || Nockenschaltwerk *o* mit Servomotor *m*; **-inrichting m. servomotor en controllers:** servo-motor operated controller || équipement *m* à servo-moteur *m* et combinateurs *mm* || Steuerschaltung *v* mit Servomotor *m*; **-kamer:** switch room || salle *v* du tableau *m* de distribution *v* (des connexions *vm*) || Schaltraum *m*; **-kast:** switch cupboard || cabine *v* (armoire *v*) de distribution *v* || Schaltschrank *m*; **-kast voor dubbele leiding:** indicator switch board for double line || tableau *m* à volets *mm* pour lignes *vm* doubles || Klappenschrank *m* für Doppelleitungen *vm*; **-kastje:** switch box || boîte *v* de distribution *v* || Schaltkasten *m*; **-kolom:** pillar || colonne *v* || Schaltsäule *v*; **-kruk** (*trem*): controller (switching) handle || manivelle *v* de manoeuvre *v* || Schaltkurbel *v*; **-lessenaar:** switch desk || pupitre *m* de distribution *v* || Schaltpult *o*; **-motor:** switch motor || moteur *m* de commande *v* de l'interrupteur *m* || Schaltmotor *m*; **-paneel:** panel || panneau *m* || [Schalttafel]feld *o*; **-rad** (*slingeruurw.*): escapement (balance, swing) wheel || roue *v* de rencontre *v* || Hemmungs-, Steigrad *o*; **-radsnijmachine** (*horlogem.*): balance wheel engine || machine *v* à fendre les roues *vm* de rencontre *v* || Steigradschneidzeug *o*; **-radtang** (*horlogem.*): protractor, balance wheel pliers || pince *v* à roues *vm* de rencontre *v* || Steigradzange *v*; **-rem:** jointed (link) brake || frein *m* à bandes *vm* avec blochets *mm* || Gliederbremse *v*; **-rol** (*trem*): *zie* **schakelcilinder;**

-schema: diagram of connections, scheme of wiring, wiring diagram || schéma *m* des connexions *vm* (de couplage *m*) || Schaltungs-, Stromlaufschema *o*, Schaltbild *o*; **-schets:** sketch diagram of connections || esquisse *v* des connexions *vm* || Schaltungsskizze *v*; **-schrede:** switch step || degré *m* d'interruption *v* || Schaltstufe *v*; **-schijf:** *zie* **rijschakelaar; -stand:** switch position; working point || position *v* de connexion *v* (de couplage *m*); cran *m* de marche *v* || Schaltstellung *v*; Schaltstufe *v*; **-stang:** switch rod || tige *v* d'attaque *m* de l'interrupteur *m* || Schaltstange *v*; **-station** (*verdeelstation*)**:** switching station, distributing substation || poste *m* de couplage *m*, sous-station *v* de distribution *v* || Verteil[er]werk *o*; **-ster:** star switch || étoile *v* d'interruption *v* || Schaltstern *m*; **-stok:** insulating rod || perche *v* isolante || Schaltstange *v*; **-systeem:** system of connections || système *m* de connexions *vm* || Schaltsystem *o*; **-tang:** fuse-tongs || pince *v* à fusible *v* || Sicherungszange *v*; **-toestel:** switch device || appareil *m* (dispositif *m*) de couplage *m* || Schaltapparat *m*, -vorrichtung *v*; **-toestelwand:** switch wall || paroi *v* de distribution *v* || Schaltwand *v*; **-veiligheid:** switch fuse || coupe-circuit *m* à tabatière *v* || Schaltsicherung *v*; **-vork:** selector fork || fourchette *v* de sélecteur *m* || Schaltgabel *m*; **-wals:** *zie* **rijschakelaar; -werk:** switch gear || mécanique *m* de commutation *v* || Schaltwerk *o*; **-wiel:** switch hand wheel || volant *m* de manoeuvre *v* d'interrupteur *m* || Schaltrad *o*; **-wiel** (*bij remmen*)**:** ratched wheel || roue *v* à disque *m* (à rochet *m*) || Schalt-, Sperrad *o*; **-wijze:** method of connection || méthode *v* de couplage *m*, mode *m* de connexion *v* || Schaltweise *v*, -art *v*; **-zaal** (*telef.*)**:** telephone switch room || salle *v* des appareils *mm* || Umschaltsaal *m*; **-zuil:** switch column || colonne *v* de distribution *v* || Schaltsäule *v*.

schakelaar: cut out, switch || interrupteur *m* || Schalter *m*; **- in waterdichte kast:** switch in watertight case || interrupteur *m* à enveloppe *v* étanche || Schalter *m* in wasserdichtem Gehäuse *o*; **- m. enkele onderbreking:** single break switch || interrupteur *m* à rupture *v* simple || Schalter *m* mit einer Unterbrechungsstelle *v*; **- m. luchtonderbreking:** air break switch || interrupteur *m* à air *m* || Schalter *m* mit Luftunterbrechung *v*; **- m. luchtvonkuitblazer:** switch with air blow out || interrupteur *m* à soufflage *m* pneumatique des étincelles *vm* || Schalter *m* mit pneumatischer Funkenlöschung *v*; **- m. pijpstuk:** conduit wall switch || interrupteur *m* à ajustage *m* || Schalter *m* mit Rohransatz *m*; **- m. regelbare weerstand:** dimming switch || interrupteur *m* à gradation *v* de lumière *v* (à résistance *v* réglable) || Dunkelschalter *m*; **- m. vertraagde werking:** switch with time element || interrupteur *m* à action *v* differée || Schalter *m* mit Zeitelement *o*; **- voor verre afstanden:** remote control switch || interrupteur *m* à distance *v*, téléinterrupteur *m* || Fernschalter *m*; **- voor verzonken montage:** flush switch || interrupteur *m* à encastrer || Unterputzschalter *m*; **-, eenpolige** (*twee-*; *drie-*; *vierpolige*)**:** single (*double*; *triple*; *four*) pole switch || interrupteur *m* unipolaire (*bipolaire*; *tripolaire*; *tétrapolaire*) || einpoliger (*zwei-*; *drei-*; *vierpoliger*) Schalter *m*; **-, elektropneumatische** (*tractie*)**:** electropneumatic regulator || régulateur *m* électropneumatique || Pumpenselbstschalter *m*; **-, gepantserde:** metalclad switch || interrupteur *m* blindé || metallgekapselter Schalter *m*; **-, mechanisch werkende:** mechanically controlled switch || interrupteur *m* à actionnement *m* mécanique || mechanisch betätigter Schalter *m*; **-, ontploffingsveilige:** flame-proof switch || interrupteur *m* antidéflagrant || explosionsgeschützter Schalter *m*; **-, stofdichte:** dust-proof switch || interrupteur *m* étanche aux poussières *vm* || staubdichter Schalter *m*; **-, veelpolige:** multipolar switch || interrupteur *m* multipolaire || mehrpoliger Schalter; **-, verzonken:** flush switch || commutateur *m* enfoncé || eingelassener Schalter *m*, Einbauschalter *m*; **-bak:** switch tank || bac *m* d'interrupteur *m* || Schalterkessel *m*; **-deksel:** switch cover || couvercle *m* d'interrupteur *m* || Schalterdeckel *m*; **-handvatsel:** switch handle || poignée *v* d'interrupteur *m* || Schaltergriff *m*; **-kap:** switch cover || enveloppe *v* d'interrupteur *m* || Schaltergehäuse *o*; **-kast** (*tram*)**:** controller case || boîte *v* du controleur *m* || Schaltergehäuse *o*; **-klem:** switch terminal || borne *v* d'interrupteur *m* || Schalterklemme *v*; **-mes:** switch blade (knife) || couteau *m* d'interrupteur *m* || Schaltmesser *o*; **-voet:** switch base || socle *m* d'interrupteur *m* || Schaltersockel *m*; **-wandcontactdoos:** noninterlocked switch socket || socle *m* de prise *v* de courant *m* et interrupteur *m* combinés || Wandsteckdose *v* mit Schalter *m*.

schakelbord: switch board || tableau *m* de distribution *v* || Schaltbrett *o*, -tafel *v*; **- m. valkleppen:** annunciator (indicator) board || tableau *m* indicateur || Fallscheibenanzeigetafel *v*; **- v. d. meters:** meter switch board || tableau *m* de distribution *v* pour les compteurs *mm* || Zählerschalttafel *v*; **- voor hoge** (*lage*) **spanning:** high (*low*) tension switch board || tableau *m* de distribution *v* à haute (*basse*) tension *v* || Hochspannungsschalttafel *v* (*Niederspannungsschalttafel v*); **- voor krachtstroom:** power switch board || tableau *m* de distribution *v* pour force *v* motrice || Kraftschalttafel *v*; **- voor lading:** charging switch board || tableau *m* de distribution *v* de charge *v* || Ladeschalttafel *v*; **- voor lichtnet:** lighting switch board || tableau *m* de distribution *v* pour l'éclairage *m* || Lichtschalttafel *v*; **- voor ijking:** calibration switch board || tableau *m* de distribution *v* d'étalonnage *m* || Eichschalttafel *v*; **-freem:** switch board frame || cadre *m* de tableau *m* de distribution *v* || Schalttafelrahmen *m*; **-inrichting:** arrangement of switch board || disposition *v* de tableau *m* de distribution *v* || Schalttafelanordnung *v*; **-instrument:** switch board instrument || instrument *m* de tableau *m* de distribution *v* || Schaltbrettinstrument *o*; **-paneel:** switch board panel || panneau *m* de tableau *m* de distribution *v* || Schalttafelfeld *o*; **-platform:** switch board platform || plate-forme *v* de tableau *m* de distribution *v* || Schalttafelbühne *v*; **-schema:** switch board diagram || schéma *m* du tableau *m* de distribution *v* || Schalttafelschema *o*; **-uitrusting:** equipment of switch board || équipement *m* du tableau *m* de distribution *v* || Schalttafelausrüstung *v*; **-wachter:** switch board attendant || électricien *m* du tableau *m* de distribution *v* || Schaltbrettwärter *m*.

schake|len: 1. (*algem.*): to link || enchaîner, lier || schalten; **-ling:** linking || enchaînement *m*, liaison *v* || Schaltung *v*;
2. (*elektr.*): to switch, to connect || coupler, connecter, monter || schalten; **-len, achter elkander:** to connect in series || coupler (monter) en série *v* (en tension *v*) || hintereinander schalten, in Reihe *v* (Serie *v*) schalten, auf Spannung *v* schalten; **-len, in serie:** *zie* **schakelen, achter elkander; -len, naast elkander:** to connect in parellel (multiple) || coupler en parellèle *v* (en quantité *v*, en surface *v*) || nebeneinander (parellel, auf Qualität *v*) schalten; **-len, parallel:** *zie* **schakelen, naast elkander; -ling:** connection || couplage *m*, montage *m* || Schaltung *v*; **-ling m. terugkoppeling:** reaction coupling; regenerative circuit || montage *m* à réaction *v* || Rückkopplungsschaltung *v*; **-ling, gesloten;** closed circuit || montage *m* fermé || geschlossene Schaltung *v*; **-ling, storingsvrije:** anti-inductive arrangement || disposition *v* anti-inductive || Induktionsschutz *m*.

scha|ken (*scheepst.*)**:** to fleet || reprendre || verfahren; **-kering** (*v. kleuren*)**:** variegation || nuance *v* || Schattierung *v*.

scha|len (*mast*)**:** to fish || jumeler || [ver]-schalen; **-lie:** *zie* **lei.**

schalklat (*scheepst.*)**:** *zie* **presenninglat.**

schalm: *zie* **schakel; -ketting:** link chain || chaîne *v* à maillons *mm* || Rundeisenkette *v*.

schalmen (*scheepst.*)**:** to batten the hatches || fixer les lattes *vm* des prélarts *mm* d'écoutille *v* || die Luken *vm* schalken.

schampdek: gunnel, plank sheer || platbord *m* || Schandeckel *m*.

schanskleed (*scheepst*)**:** bulwark, quarter cloth, waist cloth || pavois *m* || Schanzkleid *o*.

schapen|leder: sheep skin || basane *v* || Schafleder *o*; **-schaar:** sheep shears || forces *vm* || Schafschere *v*; **-wol:** sheep's wool || laine *v* de brebis *v* (de mouton *m*) || Schafwolle *v*.

scharlaken: scarlet || écarlate *v* || Scharlach *m*; **-kleur:** scarlet colour || couleur *v* d'écarlate *v* || Scharlachfarbe *v*; **-rood:** scarlet red || rouge *m* d'écarlate *v* || Scharlachrot *o*.

scharnier: eye joint, hinge, joint link || articulation *v*, charnière *v*, rotule *v* || Gelenk *o*, Scharnier *o*; **-as:** shaft with joint || arbre *m* articulé || Gelenkwelle *v*, gelenkige Welle *v*; **-beugel:** hinged clip || collier *m* à charnière *v* || Scharnierbügel *m*; **-bout:** joint (link) pin, swing bolt || tourillon *m* (boulon *m*) d'articulation *v*, boulon *m* articulé || Gelenkbolzen *m*, -zapfen *m*, -schraube *v*, Klappschraube *v*; **-buis:** hinged (articulated) pipe || tuyau *m* articulé || Gelenkrohr *o*; **-deksel:** hinged cover || couvercle *m* à charnière *v* || Scharnierdeckel *m*; **-ketting:** sprocket (flat link) chain || chaîne *v* articulée (à articulation *v*) || Gelenk-, Laschenkette *v*; **-klep:** clack (flap) valve; hinged closing trap || [soupape *v* à] clapet *m*; trappe *v* (fermeture *v*) à charnière *v* || Klapp[en]ventil *o*; Verschlußklappe *v*; **-klep m. leder:** flap valve faced with leather || soupape *v* à clapet *m* en cuir *m* || Lederklappenventil *o*; **-koppeling:** *zie* **cardankoppeling; -ligger:** socle girder (post), overhung beam (girder) || poutre *v* en encorbeillement *m*, volée *v* || Kragträger *m*; **-mof:** link box || boîte *v* à charnière *v* || Gelenkmuffe *v*; **-passer** (*metaalbew.*)**:** joint (hinge) compasses || compas *m* à charnière *v* || Scharnierzirkel *m*; **-schroefbout:** swing bolt || boulon *m* articulé || Gelenk-, Klappschraube *v*; **-slang:** flexible joint hose || boyau *m* articulé || Gelenkschlauch *m*; **-snijijzer:** hinge stock || filière *v* à charnière *v* || Scharnierkluppe *v*; **-tang:** joint pliers || tenaille *v* à charnières *vm* || Scharnierzange *v*; **-vijl:** joint file, round edge || lime *v* à charnière *v*, lime *v* coulisses || Scharnierfeile *v*.

schatten: to estimate || apprécier, évaluer || schätzen.

schavieling|lat: chafing batten, scotchman || défense *v*, pare-manoeuvre *m* || Schamfielungslatte *v*; **-mat:** chafing mat || paillet *m* lardé || Schamfielungsmatte *v*.

scha|ven: to plane || aplanir, raboter || hoblen; **-verij** (*fabriek*)**:** planing shop || atelier *m* de rabotage *m* || Hobelwerk *o*.

schede: sheath, scabbard || fourreau *m*, gaine *v* || Scheide *v*.

scheef: **1.** (*vlas*)**:** awn, bullen, chaff || chénevotte *v* || Achel *v*, Schabe *v*;
2. (*bijv. nw.*)**:** inclined, oblique || incliné oblique || schief; **-heid:** obliquity || obliquité *v* || Schiefe *v*; **-hoekig:** oblique angled || à angles *mm* obliques || schiefwinklig; **-stelling:** inclination || inclinaison *v* || Schrägstellung *v*.

scheeliet: scheelite || scheelite *v* || Scheelit *m*.

scheen: **1.** (*ijzeren band*)**:** iron hoop || bande *v* de fer *m* || Schiene *v*;
2. (*wiel*)**:** strake of a wheel || bande *v* de roue *v* || Radschiene *v*;
3. (*typogr.*)**:** sliding quoin || coin *m* || Keilstege *v*.

scheeps|balk: beam of a ship || poutre *v* de navire *m* || Schiffsbalken *m*; **-behoeften:** sea stores || provisions *vm* d'un navire *m* || Schiffsproviant *m*; **-beloop:** curve of a vessel || coulée *v* d'un navire *m* || Schiffsschweifung *v*; **-beschuit:** sea bread, ship's biscuit (bread) || biscuit *m*, galette *v* || Hartbrot *o*, Schiffszwieback *m*; **-bezem:** *zie* **stokdweil; -bodem:** bottom of the ship || fond *m* du navire *m* || Schiffsboden *m*; **-boord:** shipboard || bord *m* du navire *m* || Schiffsbord *m*; **-bouw:** naval construction, shipbuilding || construction *v* navale || Schiffbau *m*; **-bouwer:** shipbuilder || constructeur *m* de navires *mm* || Schiffbau[meist]er *m*; **-bouwkunde:** naval architecture || architecture *v* navale || Schiffbaukunst *v*; **-bouwwerf:** shipbuilder's (shipbuilding) yard || atelier *m* de constructions *v* navales, chantier *m* || Schiff[bau]werfte *v*; **-brief:** certificate of registre || certificat *m* de navire *m* || Schiffszertifikat *o*; **-davit:** boat's crane, ship's davit || grue *v* d'embarcation *v* (de navire *m*) || Bootskran *m*, Schiffskran *m*; **-dynamo:** marine type dynamo || dynamo *v* marine || Schiffsdynamo *v*; **-elevator:** ship's elevator || élévateur *m* de bateau *m* || Schiffselevator *m*; **-geschut:** marine artillery || artillerie *v* de marine *v* (navale) || Schiffsartillerie *v*; **-gyroskoop:** gyrostatic stabiliser || stabilisateur *m* gyrostatique || Schiffskreisel *m*; **-helling:** slips, slipway || cale *v* de halage *m* (lancement *m*) || Schiffsaufzug *m*, -helling *m*; **-inspecteur:** ship's husband || inspecteur *m* des navires *mm* || Schiffsinspektor *m*; **-installatie:** installation on board ship || installation *v* à bord *m* d'un navire *m* || Schiffsinstallation *v*; **-ketel:** *zie* **ketel, Schotse** *onder* **ketel 5; -kompas:** mariner's compass || compas *m* de mer *v* || Schiffskompaß *m*; **-kraan:** ship's crane || grue *v* || Schiffskran *m*; **-lading** (*het laden*)**:** loading of a ship || chargement *m* de navire *m* || Schiffsverladung *v*; **-lading** (*massa*)**:** ship's cargo || cargaison *v* || Schiffsladung *v*; **-lantaarn:** ship's lantern || fanal *m* || Schiffslaterne *v*; **-lengte:** ship's length || longueur *v* d'un navire *m* || Schiffslänge *v*; **-lichter:** *zie* **kanaallift** *onder* **kanaal 2; -lier:** ship's winch || treuil *m* de bateau *m* || Schiffswinde *v*; **-luik:** *zie* **luik 3; -machine:** ship's (marine) engine || machine *v* de navire *m*, machine *v* marine || Schiffs[dampf]maschine *v*; **-machinist:** ship's engineer || mécanicien *m* de bord *m* || Schiffsmaschinist *m*; **-meting:** measurement of a ship, ship measurement || jaugeage *m* d'un navire *m* || schiffsmessung *v*; **-model:** ship's model || modèle *m* d'un navire *m* || Schiffsmodell *o*; **-motor:** marine [oil] engine || moteur *m* type *m* marin || Schiffsmotor *m*; **-naam:** ship's name || nom *m* du bâtiment *m* || Schiffsname *m*; **-pek:** common black pitch || brai *m* gras, poix *v* noire || Schiffspech *o*; **-pomp:** ship's pump || pompe *v* de bord *m* || Schiffspumpe *v*; **-roeper:** *zie* **roeper; -romp:** *zie* **romp 3; -ruim:** *zie* **ruim 1; -schoorsteen:** ship's funnel || cheminée *v* de bateau *m* || Schiffsschornstein *m*; **-schroef:** *zie* **schroef 2; -spil:** ship's capstan || cabestan *m* de bateau *m* || Schiffsspil *o*; **-station** (*draadl. telef.*)**:** ship station || poste *m* de navire *m* || Schiffsstation *v*; **-telegraaf:** ship's (bridge) telegraph || transmetteur *m* d'ordres *vm* || Maschinentelegraph *m*, Signalgeber *m*; **-timmerhout:** timber for shipbuilding || bois *m* de construction *v* navale (de marine *v*) || Schiffbauholz *o*; **-trap:** ship's ladder || échelle *v* d'un navire *m* || Schiffstreppe *v*; **-tros:** ship's rope || câble *m* de navire *m* || Schiffsseil *o*, -trosse *v*; **-turbine:** marine turbine ||

|| turbine *v* marine || Schiffsturbine *v*; **-verlichting:** ship lighting || éclairage *m* de navire *m* || Schiffsbeleuchtung *v*; **-weerstand tegen voortbeweging:** resistance of a ship to propulsion || résistance *v* du bateau *m* à la propulsion *v* || Schiffswiderstand *m*.

scheepvaart: navigation || navigation *v* || Schiffahrt *v*; **-kanaal:** ship canal || canal *m* de navigation *v* || Schiffskanal *m*; **-maatschappij:** navigation company || compagnie *v* de navigation *v* || Schiffahrtgesellschaft *v*; **-sluis:** lock for navigation || écluse *v* de navigation *v* || Schiffahrtschleuse *v*.

scheer|bout: key bolt || boulon *m* à clavette *v* (de calage *m*) || Keilbolzen *m*; **-brief** (*weverij*)**:** card of warping particulars || bulletin *m* (carte *v*, feuille *v*) d'ourdissage *m* || Scherbrief *m*, -zettel *o*, Schweifzettel *o*; **-draad** (*kettingdraad*)**:** warp || chaîne *v* || Kettengarn *o*; **-klos** (*weverij*)**:** disc spool, flanged bobbin || bobine *v* à disques *mm* (plateaux *mm*, rebords *mm*, rondelles *vm*) || Pfeife *v*, Scheibenspule *v*; **-lat** (*scheerrek*)**:** bank || cannelier *m* || Kanter *m*, Scherbank *v*, -latte *v*; **-machine** (*weverij*)**:** warping frame (mill) || machine *v* à ourdir, ourdissoir *m* || Scher-, Ketten-, Zettelmaschine *v*; **-machine** (*weverij*)**:** sheaving machine || machine *v* à tondre, tondeuse *v* || [Tuch]-schermaschine *v*; **-mes:** razor || rasoir *m* || Rasiermesser *o*; **-raam** (*weverij*)**:** warping mill || asple *m*, ourdissoir *m* rond (tournant, cylindrique) || Schermühle *v*, Scher-, Zettelrahmen *m*; **-rek** (*weverij*)**:** bobbin frame, spool carrier || porte-bobine *m*, support *m* de bobine *v* || Rahmenwerk *o*, Spindelhalter *m*, [Spulen]gabel *v*; **-tafel** (*weverij*)**:** shearer's table || table *v* de tondage *m* || Schertisch *m*; **-toestel, elektrisch:** electric shaver (razor) || rasoir *m* électrique || Elektrorasierer *m*, -rasierapparat *m*; **-trommel** (*weverij*)**:** drum warping machine || ourdissoir *m* à tambour *m* || Schertrommel *v*; **-wol:** shearings || tontisse *v*, tonture *v* || Scherwolle *v*.

scheg: 1. *zie* **roerblad;**
2. (*schip*)**:** cutwater || taille-mer *m* || Schegg *o*.

schei|den: 1. (*algem.*)**:** to separate, to disconnect, to sever, to disjoin, to disunite || séparer || trennen, scheiden; **-ding:** separation, disjunction || séparation *v* || Scheidung *v*, Trennung *v*; **-dingslaag:** separating layer || couche *v* de séparation *v* || Trennschicht *v*; **-dingslijn:** line of demarcation || ligne *v* de démarcation *v*, limite *v* || Scheide-, Grenzlinie *v*; **-dingsmethode m. zware vloeistof of suspensie** (*mijnb.*)**:** sink-and-float method (process) || méthode *v* du flottant *m* et dépôt *m* (à liquide *m* dense) || Schwimm- und Sinkverfahren *o*, Schwerflüssigkeitsverfahren *o*; **-dingsmuur:** partition wall || mur *m* mitoyen || Zwischen-, Scheidemauer *v*; **-dingsschakelaar:** isolating [separating] switch, disconnector || sectionneur *m*, interrupteur-séparateur *m* || Trennschalter *m*; **-dingsvlak** || separating surface || surface *v* de séparation *v* || Trennungsfläche *v*; **-dingswand:** *zie* **scheidingsmuur;**
2. (*chem.*)**:** to separate || séparer || trennen; scheiden (*metalen*); **-ding:** separation || séparation *v* || Trennung *v*; Scheidung *v* (*metalen*); **-dingsmethode:** method of separation || méthode *v* de séparation *v* || Trennungsverfahren *o*; Scheidungsverfahren *o* (*metalen*); **-goud:** parting gold || or *m* de départ *m* || Scheidegold *o*; **-kunde:** *zie na* **scheidsrechter; -kundig** *en* **-kundige:** *zie onder* **scheikunde; -trechter:** separatory funnel || entonnoir *m* de séparation *v* || Scheidetrichter *m*.

scheids|muur: *zie* **scheidingsmuur; -rechter:** arbiter, arbitrator || arbitre *m* (*algem.*); prud'homme *m* (*vakgeschillen*) || Schiedsrichter *m*.

scheikun|de: chemistry || chimie *v* || Chemie *v*; **-, algemene:** general chemistry || chimie *v* générale || allgemeine Chemie *v*; **-, analytische:** analytical chemistry || chimie *v* analytique || analytische Chemie *v*; **-, anorganische:** inorganic chemistry || chimie *v* inorganique (minérale) || anorganische Chemie *v*; **-, biologische:** *zie* **biochemie; -, experimentele:** experimental (practical) chemistry || chimie *v* pratique || Experimentalchemie *v*; **-, farmaceutische:** pharmaceutical chemistry || chimie *v* pharmaceutique || pharmazeutische Chemie *v*; **-, fysiologische:** physiological chemistry || chimie *v* physiologique || physiologische Chemie *v*; **-, fysische:** physical chemistry || chimie *v* physique, physico-chimie *v* || physikalische Chemie *v*; **-, geologische:** geochemistry || géochimie *v* || Geochemie *v*; **-, mathematische:** mathematical chemistry || chimie *v* mathématique || mathematische Chemie *v*; **-, mineralogische:** mineralogical chemistry, chemical mineralogy || chimie *v* minéralogique, minéralogie *v* chimique || Mineralchemie *v*; **-, organische:** organic chemistry || chimie *v* organique || organische Chemie *v*; **-, technische:** technical (industrial) chemistry || chimie *v* industrielle || technische Chemie *v*; **-, technologische:** technological chemistry || chimie *v* technologique || technologische Chemie *v*; **-, theoretische:** theoretical chemistry || chimie *v* théorétique || theoretische Chemie *v*; **-, toegepaste:** applied chemistry || chimie *v* appliquée || angewandte Chemie *v*; **-dig:** chemical(*ly*) || chimique(*ment*) || chemisch; **-dige:** chemist || chimiste *m* || Chemiker *m*.

schel: 1. (*z. nw.*): bell || sonnerie *v*, sonnette *v* || Klingel *v*, Läutwerk *o*; **- m. doorgaande stroom:** constant active (continuously ringing) bell || sonnerie *v* à carillon *m* (d'appel *m* continu) || Fortscheller *m*, -schellklingel *v*; **- m. doorschelinrichting:** *zie* **schel m. doorgaande stroom: -, elektrische:** electric bell || sonnerie *v* électrique || elektrische Klingel *v*; **-controlesignaal:** signal controlling the call || signal *m* de contrôle *m* d'appel *m* || Rufkontrollzeichen *o*; **-draad:** bell rope (wire) || fil *m* (cordon *m*) de sonnette *v* || Klingelschnur *v*; **-drukknop:** ringing pushbutton (key) || bouton *m* (touche *v*) de sonnerie *v* || Läutetaste *v*; **-elektrometer:** bell electrometer || électromètre *m* à cloche *v* || Glockenelektrometer *o*, *m*; **-inductor:** ringing inductor || inducteur *m* de sonnerie *v* || Weckerinduktor *m*; **-leiding:** bell line || ligne *v* de sonnerie *v* || Klingelleitung *v*; **-len:** *zie* **bellen; -overschakelaar:** call switch || commutateur *m* d'appel *m* || Rufumschalter *m*; **-transformator:** bell ringing transformer || transformateur *m* de sonnerie *v* || Klingeltransformator *m*;
2. (*bijv. nw.*): shrill, strident (*geluid*); glaring, glary (*licht*); loud, shouting (*kleur*) || perçant, strident, aigu (*geluid*); intense, cru (*licht*); voyant, criard (*kleur*) || schrill, gellend (*geluid*); grell (*licht, kleur*).

schellak: shellac || gomme-laque *v* || Schelllack *m*; **-papier:** shellaced paper || papier *m* à la gomme-laque *v*, papier *m* gomme-laque || schellackiertes Papier *o*.

schelp: shell || coquille *v* || Muschel *v*; **-achtig:** conchoidal, flinty || conchoidal || muschelig; **-goud:** shell gold || or *m* en coquille *v* (moulu) || Muschelgold *o*; **-kalk:** shell lime || chaux *v* d'écailles *vm* (de coquilles *vm*) || Muschelkalk *m*; **-lijn:** *zie* **conchoïde; -zand:** shell sand || sable *v* coquilleux || Muschelsand *m*.

scheluw worden: to warp || se cintrer, se courber, se déjeter || sich werfen, sich ziehen.

schema: scheme || schéma *m* || Schema *o*; **-tisch:** in diagram, in outline, diagrammatical(*ly*) || schématique(*ment*), diagrammatique(*ment*) || schematisch.

schemel (*weverij*): treading lever (rod) || marche *v* || Schemel *m*.

schenkel (*v. klinkmach.*): main jaw || branche *v* de l'étrier *m* || Maulschenkel *m*.

schep|bord: float, paddle board || aube *v*, palette *v* || Radschaufel *v*; **-bordrad:** *zie* **scheprad; -machine:** mechanical loader (shovel) || pelle-grue *v* || Schaufellader *m*; **-lepel:** ladle || puisoir *m* || Schöpflöffel *m*; **-pen:** to shovel || pelleter || schaufeln; **-rad:** paddle wheel || roue *v* à palettes *vm* || Schaufelrad *o*; **-rad m. emmers:** bucket wheel || roue *v* à augets *mm* || Zellenrad *o*; **-rad m. beweegbare schoepen:** feathering paddle wheel || roue *v* à aubes *vm* articulées || Schaufelrad *o* mit beweglichen Schaufeln *vm*; **-radwatermeter:** rotary (vane) water meter || compteur *m* d'eau *v* à ailettes *vm* (à palettes *vm*) || Flügelradwassermesser *m*; **-voeder:** scoop feeder || distributeur *m* à cuiller *v* || Schöpfschaufel *m*.

sche|pel: bushel || boisseau *m* || Scheffel *m*; **-penlift:** *zie* **kanaallift** *onder* **kanaal 2.**

scheren: 1. (*weverij*): to shear || tondre || scheren;
2. (*draden*): to warp || ourdir || scheren, schweifen.

scherf: 1. (*algem.*): splinter, fragment || éclat *m* || Scherbe *v*; Splitter *m*; **-vrij:** splinter-proof || à l'épreuve *v* des éclats *mm* || splitterfest;
2. (*smeltschaaltje*): scorifier || têt *m* pour grillage *m* (à rôtir) || Ansiedescherben *m*.

schering (*weverij*): warp || chaine *v* || Kette *v*, Kettengarn *o*.

scherm: screen, shade || écran *m* || Schirm *m*; **-, absorberend:** protective screen; absorbing filter || écran *m* protecteur; écran *m* absorbant || Schutzschirm *m*, Strahlenschutz *m*; Absorptionsfilter *o*, *m*; **-, fluorescerend:** fluorescent screen || écran *m* fluorescent || Fluoreszenzschirm *m*; **-antenne:** umbrella shaped antenna || antenne *v* en parapluie *m* || Schirmantenne *v*; **-rooster:** screen grid || grille *v* écran || Schirmgitter *o*; **-werking:** screening effect || effet *m* d'écran *m* || Schirmwirkung *v*.

scherp: 1. (*bijtend*): caustic, corrosive || caustique, corrosif || ätzend, beizend;
2. (*puntig*): sharp || aigu, pointu || scharf; **-hoekig:** acute angled || acutangle, à angles *mm* aigus || spitzwinklig; **-kantig:** acute angled (angular), sharp edged || acutangle, à vive arête *v* || scharfkantig;
3. (*snijdend*): sharp || tranchant || scharf.

scherpen: to sharpen; sharpening || affiler, affûter, aiguiser; affûtage *m* || schärfen, schleifen; Schärfen *o*.

schets: sketch, draught, drawing, scheme of composition || croquis *m*; ébauche *v*, esquisse *v*, maquette *v*, modèle *m*; carton *m* (*schilderij*) || Skizze *v*, Rohentwurf *m*,

Satzvorlage *v*; [Grund]riß *m* (*bouwk.*); *zie ook* **ontwerp; -, ruwe:** rough sketch || croquis *m* || flüchtige Skizze *v*, Grobskizze *v*; **-blok:** sketching pad || carnet *m* à croquis *mm* || Skizzier-block *m*; **-boek:** drawing book || livre *m* à dessiner || Zeichenbuch *o*; **-en:** to sketch || esquisser, ébaucher, croquer, crayonner || skizzieren, zeichnen, entwerfen; **-ontwerp:** rough plan || croquis *m* de projet *m*, esquisse *v*, étude *v* || Entwurfskizze *v*; **-papier:** sketching paper || papier *m* à croquis *m* || Krokier-, Skizzierpapier *o*.

scheur: 1. (*algem.*): cleft, crack || crevasse *v*, fendillement *m*, fissure *v*, gerçure *v*, lézarde *v* || Riß *m*, Spalte *v*, Sprung *m*; **2.** (*terrein*): rupture, crevice || rupture *v* || Riß *m*.

scheur|en: to crack (*muur*; *steen*; *glas*; *enz.*); to crack (split) (*hout*); to tear (rend) (*stof*) || (*se*) **fendre, lézarder, crevasser** (*algem.*: *barsten*) || [zer]reißen; *zie ook* **verscheuren; -en v. d. ommetseling** (*ketel*): cracking of the brickwork || déchirement *m* du massif *m* || Reißen *o* der Einmauerung *v*; **-en v. hout:** cracking of the wood || déchirure *v* (gercement *m*) du bois *m* || Reißen *o* des Holzes *o*; **-vorming:** formation of cracks || formation *v* de fissures *vm* || Rißbildung *v*.

scheu|ten (*typogr.*): to compose swiftly || mettre du zèle *m* || draufstechen; **-ter:** whip hand || piocheur *m* || Schnellhase *v*.

schiemans|garen: spunyarn || bitord *m* || Schiemannsgarn *o*.

schiet|beitel: mortise chisel || bec *m* d'âne *m*, bédane *m* || Stemmeisen *o*; **-draad:** *zie* **inslagdraad;** (*mijnb.*): cap wire || fil *m* d'amorce *v* || Schieß-, Zünderdraht *m*.

schieten: 1. (*projectiel*): to shoot || tirer || schießen;
2. (*mijnb.*): to blast (shoot); blasting, shooting || tirer; tirage *m*, minage *m* || sprengen, schießen; Schieß-, Sprengarbeit *v*; (*ontsteken*): firing || tir[age] *m* || Zündung *v*, **Abtun** *o*; (*put*) **to shoot (torpedo)** || torpiller || sprengen, torpedieren; **- m. luchtkussens, h.:** cushioned blasting || tir *m* avec chambres *vm* d'expansion *v* || Hohlraumschießen *o*; **- m. tijdontsteking:** to fire with delay ignition || tirer à retard *m* || schießen mit Zeitzündung *v*; **- m. vloeibare lucht, h.,:** blasting with liquid air explosives || tir *m* à l'air *m* liquide || Sprengluftverfahren *o*.

schiet|er (*slot*): lock bolt || pêne *m* || Schloßriegel *m*; **-kast** (*weverij*): shuttle box || boîte *v* pour la navette *v* || Schützenkasten *m*; **-gat** (*mijnb.*): shot-hole || trou *m* (fourneau *m*) de mine *v* || Bohrloch *o*; **-katoen:** explosive (gun) cotton, pyroxiline || fulmi-coton *m*, coton-poudre *m*, poudre-coton *m*, pyroxyle *m* || Schieß-[baum]wolle *v*; **-kerner** (*mijnb.*)**:** side-wall sample taker, sample-taking bullet device || canon *m* carottier || Geschoßkerner *m*; **-leiding** (*mijnb.*): firing circuit (line) || ligne *v* de tir *m* || Zünd-, Schießleitung *v*; **-lood:** plumb line, plummet || fil *m* à plomb *m* || Blei-, Senklot *o*, Senkblei *o*; **-patroon** (*mijnb.*): cartridge || cartouche *v* || Patrone *v*; **-perforator** (*mijnb.*)**:** gun (bullet) perforator || canon *m* perforateur || Geschoßlocher *m*.

schietspoel (*weverij*)**:** shuttle || navette *v* || Webschützen *m*, Weberschiffchen *o*; **-baan:** race [board] || fond *m* de chasse *v* || [Schützen]bahn *v*; **-beschermer:** shuttle guard || protège-navette *m* || Schützen-wächter *m*; **-kast:** shuttle box || boîte *v* à navette *v* || Schützenkasten *m*; **-klem:** swell || serre-navette *m* || Schützenhalter *m*; **-machine:** weft winding machine || machine *v* à cannettes *vm* || Schießspulmaschine *v*.

schiettoestel (*mijnb.*)**:** *zie* **ontstekingstoestel.**

schil: peel, skin || pelure *v*, peau *v*, robe *v*, écorce *v* || Schale *v*; **-hout:** barked wood || bois *m* écorcé (pelé) || Schälholz *o*; **-len:** to disbark, to peel || écorcer, peler || abrinden, [ab]schälen, entrinden; **-len v. hennep:** to peel hennep || teiller le chanvre *m* || Hanf *m* schälen; **-machine:** peeling machine || machine *v* à peler || Schälmaschine *v*; **-machine** (*bomen*)**:** veneer peeling machine [with spiral cut] || machine *v* à dérouler les bois *mm* ronds || Furnierschäl-, Furnierschneidmaschine *v* mit Spiralschnitt *m*, Rundschälmaschine *v*.

schild: 1. (*bord*, *plaat*, *enz.*): shield || bouclier *m* || Schild *o*; (*draaib.*)**:** apron || tablier *m* || Bettplatte *v*; **-anker:** mushroom anchor || crapaud *m* d'amarrage *m* || Pilz-, Schildanker *m*; **-knoop:** crown knot || cul *m* de porc *m* || Schildknopf *m*; **-pad** (*scheepst.*)**:** snatch block || galoche *v* || Backenblock *m*, Schildpatt *o*; **-pad** (*stof*)**:** tortoise shell || écaille *v* [de tortue *v*] || Schildpatt *o*; **-padden** (*bijv. nw.*)**:** tortoise shell || en écaille *v* [de tortue *v*] || aus Schildpatt *o*, Schildpatt-; **-padpapier:** tortoise shell paper || papier *m* écaille || Schildpattpapier *o*;
2.: *zie* **naamplaat;**
3.: (*wapenschild*): [e]scutcheon || écu-[sson] *m* || [Wappen]schild *o*;
4. (*dak*): hip of a roof || croupe *v* || Walm *m*; **-dak:** hip[ped] roof || toit *m* en croupe *v* || Walmdach *o*.

schilder: painter || peintre *m* || Maler *m*; **-academie:** academy of painting || académie *v* de peinture *v* || Malerakademie *v*; **-en:** to paint; painting || peindre; peinture *v* || malen; Malerei *v*; **-en in olieverf:** painting in oil, oil painting || peinture *v* à l'huile *v* || Ölmalerei *v*; **-en m. lijmverf:** painting in size colours || peinture *v* à la colle *v* || Leimfarbenmalerei *v*; **-en m. waterverf:** painting in water colours || peinture *v* en détrempe *v* (à l'aquarelle *v*) || Wasserfarbenmalerei *v*; **-kunst:** art of painting || art *m* de peindre || Malerkunst *v*; **-werk:** painting || peinture *v* || Malerarbeit *v*, Malerei *v*.

schilders|doek: painter's canvass || toile *v* pour peintre *m* || Malerleinwand *v*; **-emailverf:** painter's enamel || émail *m* de peinture *v* || Maleremail *o*; **-ezel:** easel || chevalet *m* de peintre *m* || Staffelei *v*; **-goud:** painter's (shell) gold || or *m* d'applique *v* || Maler-, Muschelgold *o*; **-loog:** painter's lye || lessive *v* des peintres *mm* || Malerlauge *v*; **-paneel:** painter's pannel || panneau *m* de peintre *m* || Malerpanel *o*; **-palet:** painter's pallet || palette *v* de peintre *m* || Farbenteller *m*, Malerscheibe *v*, Palette *v*; **-penseel:** painter's brush || pinceau *m* de peintre *m* || Malerpinsel *v*; **-stok:** maul stick || appuiemain *m* || Malerstock *m*; **-vernis:** painter's varnish || vernis *m* de peintre *m* || Malerfirnis *m*; **-werkplaats:** painter's workshop, studio || atelier *m* de peintre *m* || Malerwerkstätte *v*, -atelier *o*; **-winkel:** painter's shop || boutique *v* de peinturier *m* || Hausmalerladen *m*; **-zilver:** shell silver || argent *m* en coquille *v* || Muschelsilber *o*.

schilderij: painting, picture || peinture *v*, tableau *m* || Gemälde *o*; **-lijst:** picture frame || cadre *m* de tableau *m* || Gemälderahmen *m*; **-zaal:** picture cabinet (gallery) || cabinet *m* (galerie *v*) de tableaux *mm* || Bildergalerie *v*, Gemäldegalerie *v*, Gemäldesaal *m*.

schilfer: scale || écaille *v* || Schiefer *m*, Schuppe *v*; **-en:** to scale off || s'écailler || || schuppen; **-ig:** schistous, slaty || schisteux || schiefrig; **-steen:** schist || schiste *m* || Schieferstein *m*.

schimmel: mould || moisissure *v* || Schimmel *m*, [Schimmel]pilz *m*; **-bestrijdingsmiddel:** fungicidal agent, fungicide || [agent *m*] fungicide *m* || Fungizid *o*, fungizides Mittel *o*, Pilzbekämpfungsmittel *o*; **-ig:** mouldy || moisi || schimmelig; **-vorming:** fungoid growth || formation *v* de champignons *mm* || Pilzbildung *v*.

schinkel: pendant || pantoire *v* || Schenkel *m*, Schinkel *m*.

schip: 1. (*vaartuig*): ship, vessel || bâtiment *m*, navire *m*, vaisseau *m* || Schiff *o*; **- in de spanten:** ship in frames || navire *m* avec membruces *vm* montées || in Spanten *om* stehendes Schiff *o*; **- in uitrusting:** ship fitting out || navire *m* en achèvement *m* à flot *m* || Schiff *o* in Ausrüstung *v*; **- m. aangegroeide bodem:** foul vessel, vessel with a foul bottom || navire *m* [de fond *m*] sale || bewachsenes Schiff *o*; **- m. gelijkmatige diepgang:** *zie* **schip, gelijklastig;** **- m. geringe** (*grote*) **diepgang:** ship of shallow (*great*) draught || navire *m* à faible (*grand*) tirant *m* d'eau *v* || flachgehendes (*tiefgehendes*) Schiff *o*; **- m. hoog boord:** high built ship || hautbord *m*, navire *m* de hautbord *m* || Hochbordschiff *o*; **- m. laag boord:** low sided vessel || navire *m* de bas bord *m*, navire *m* bas de bord *m* || Niederbordschiff *o*; **- m. overhangende achtersteven:** ship with raking sternpost || navire *m* à beaucoup de quête *v* d'étambot *m* || Schiff *o* mit hangendem Hintersteven *m*; **- m. overhangende boeg:** ship with flaring bow || navire *m* à beaucoup de dévoiement *m* de proue *v* || Schiff *o* mit überhangendem Bug *m*; **-m. platte spiegel:** ship with transom stern || navire *m* à poupe *v* carrée || Schiff *o* mit Plattgatt *o*; **- m. rechte** (*ronde*; *scherpe*) **kim:** vessel with a straight (*round*; *fine*) bilge || navire *m* à fleurs *vm* droites (*rondes*; *de belles fleurs vm*) || Schiff *o* mit geradem (*rundem*; *scharfen*) Kimm *m*; **- m. ronde achtersteven:** vessel with round stern || navire *m* à poupe *v* ronde || Schiff *o* mit Rundgatt *o*; **- m. scherp** (*vol*) **achtereinde:** ship with a clean (*full*) run aft || navire *m* bien évidé (*plein*) à l'arrière *m* || Schiff *o* mit scharfem (*vollem*) Hinterende *o*; **- m. scherpe** (*volle*) **boeg:** ship with a sharp (*full*) bow || navire *m* bien taillé à l'avant *m* (*a l'avant m rentré*) || Schiff *o* mit scharfem (*vollem*) Bug *m*; **- m. slagzijde:** lopsided vessel, ship with list || navire *m*, ayant de la bande *v* || Schiff *o* mit Schlagseite *v*; **- m. sterk invallende zijden:** vessel with upperworks drawn in || navire *m* qui à beaucoup de rentrée *v* || Schiff *o* mit oben stark eingeholten Seiten *vm*; **- m. sterk overhangende voorsteven:** vessel with a raking stem || navire *m* à beaucoup d'élancement *m* || Schiff *o* mit stark überhangendem Vordersteven *m*; **- m. veel zeeg:** full sheered ship || navire *m* fort tonturé (gondolé) || Schiff *o* mit viel Sprung *m*; **- m. verhoogd halfdek:** ship with raised quarter deck || navire *m* à demi-lunette *v* || Schiff *o* mit erhöhtem Quarterdeck *o*; **- m. vlakke bodem:** flat bottomed ship || navire *m* à fond *m* plat || flachbodiges Schiff *o*; **- m. vlakke zijden:** wall sided vessel || navire *m* à côtés *mm* droits (sans rentrée *v*) || Schiff *o* mit geraden Seiten *vm*; **- m. zeeg:**

vessel with a sheer || navire *m* tonturé || Schiff *o* mit Sprung *m*; **- m. zeer veel zeeg:** moon sheered vessel || navire *m* enhuché || Schiff *o* mit sehr viel Sprung *m*; **- v. d. grote** (*kleine*) **vaart:** foreign (*home*) trade ship || navire *m* de long cours *m* (*de cabotage m*) || Schiff *o* für lange (*inländische*) Fahrt *v*; **- v. h. vervoer v. landverhuizers:** emigrant ship || navire *m* d'émigrants *mm* || Auswandererschiff *o*; **- v. h. vervoer v. paarden:** horse ship || transport-écurie *v* || Pferdetransportschiff *o*; **- v. h. vervoer v. troepen:** troopship || bâtiment *m* de transport *m* des troupes *vm* || Truppentransportschiff *o*; **- v. stapel laten lopen, een:** to launch a ship || lancer un navire *m* || ein Schiff *o* ablaufen (vom Stapel *m* laufen) lassen; **- verlengen, een:** to lengthen a vessel || rallonger un bâtiment *m* || ein Schiff *o* verlängern; **- zonder zeeg:** straight sheered vessel || navire *m* ras sur l'eau *v* (sans tonture *v*) || gerades Schiff *o*, Schiff *o* ohne Sprung *m*; **-, achterlastig:** vessel down (ship too much) by the stern || bâtiment *m* sur cul *m*, navire *m* (vaisseau *m* trop) sur l'arrière *m* || hinterlastiges (steuerlastiges) Schiff *o*; **-, breed gebouwd:** *zie* **schip, volgebouwd; -, gelijklastig:** ship on even keel || navire *m* à tirant *m* d'eau *v* égal || gleichlastiges Schiff *o*; **-, hoog gebouwd:** deep (high built) ship (vessel) || navire *m* profond || tiefes Schiff *o*; **-, kopervast:** copper fastened ship || navire *m* chevillé en cuivre *m* || kupferfestes Schiff *o*; **-, koplastig:** ship to much by the head || navire *m* trop sur l'avant *m* || kopflastiges Schiff *o*; **-, laag gebouwd:** low built ship (vessel) || navire *m* (vaisseau *m*) de bas bord *m* || niedriges Schiff *o*; **-, log:** laboursome ship || navire *m* à mouvements *mm* durs || Schiff *o* mit schweren Bewegungen *vm*; **-, rank:** crank ship || bâtiment *m* jaloux, navire *m* faible de côté *v* || rankes Schiff *o*; **-, scherp gebouwd:** sharp built vessel || navire *m* fin || scharfgebautes Schiff *o*; **-, stuurlastig:** *zie* **schip, achterlastig; -, stijf:** stiff ship || navire *m* fort de côté *m* || steifes Schiff *o*; **-, volgebouwd:** broad bottomed (built) ship (vessel) || navire *m* à formes *vm* pleines, vaisseau *m* de fonds *mm* larges || vollgebautes Schiff *o*; **-breuk:** shipwreck || naufrage *m* || Schiffbruch *m*; **-brug:** pontoon (boat) bridge || pont *m* de bateaux *mm* (de pontons *mm*) || Kahn-, Pontonbrücke *v*;

2. (*kerk*): nave || nef *v* || Schiff *o*.

schist: schist || schiste *m* || Schiefer *m*; **-eus:** slaty, slate-like || schisteux, ardoiseux || schieferig.

schitte|ren: to dazzle, to glitter, to sparkle || briller, étinceler || glänzen; **-rend:** brillant, glistening, lustrous, shining || brilliant, lustré || glänzend.

schoei|en (*waterbouwk.*)**:** to line with planks || revêtir (cuveler) de planches *vm* || mit Brettern *om* besetzen; **-ing:** sheet piling || file *v* de palplanches *vm* || Spundwand *v*; **-plank:** sheet pile, sheeting board || palplanche *v* || Spundbohle *v*, Schaldiele *v*

schoen: 1. (*schoeisel*): shoe || soulier *m*, botte *v* || Schuh *m*; **-borstel:** shoe brush || brosse *v* à souliers *mm* || Schuhbürste *v*; **-gesp:** shoe buckle || boucle *v* de soulier *m* || Schuhschnalle *v*; **-leest:** [shoe]last || forme *v* de soulier *m* || [Schuh]leisten *m*; **-makersgaren:** shoemaker's yarn || fil *m* de cordonnier *m* || Schuhmachergarn *o*; **-makersmes:** shoe[maker's] knife || tranchet *m* || Schustermesser *o*; **-makersnaald:** shoemaker's needle || carrelet *m* || Schuhnadel *v*; **-makerspek:** common blackpitch || brai *m* gras, poix *v* noire || Schusterpech *o*; **-nagel:** shoe nail (pin, tack) || caboche *v*, clou *m* de cordonnier *m* || Schuhnagel *m*, -zwecke *v*; **-smeer:** shoe blacking || cirage *m* || Schuhwichse *v*;

2. (*blok*; *slof*; *enz.*): shoe || sabot *m*, patin *m* || Schuh *m*, Klotz *m*;

3. (*kabelkous*): *zie* **kous 5;**

4. (*elektr.*): *zie* **kabelschoen;**

5. (*buisschoen*) (*mijnb.*): casing shoe || sabot *m* de tubage *m* || Rohrschuh *m*.

schoener: schooner || goélette *v* || Schoner *m*; **-brik:** brigantine || brigantin *m* || Schonerbrigg *v*; **-takelage:** schooner rigging || gréement *m* en goélette || Schonertakelung *v*.

schoep: 1. (*smal bord*): blade, scoop || lame *v* de bois *m* || Brett *o*;

2. (*wiel*; *waaier*; *roerwerk*; *enz.*); blade, vane || aube *v*, aile *v*, ailette *v*, palette *v* || Schaufel *v*, Flügel *m*; **-, dubbele:** double bucket || aube *v* bilatérale (double) || Doppelschaufel *v*, zweiseitige Schaufel *v*; **-bevestiging:** fastening of the blades || fixation *v* des aubes *vm* || Schaufelbefestigung *v*; **-breedte:** length (width) of blade || longueur *v* de l'aube *v* || Schaufelbreite *v*, -länge *v*; **-drager** (*v. e. turbine*)**:** blade carrier || porte-aubes *m* || Schaufelträger *m*; **-druk** (*v. e. turbine*)**:** blade pressure || pression *v* sur l'aube *v* || Schaufeldruck *m*; **-en, stel:** set of blades || jeu *m* d'aubes *vm* || Schaufelsatz *m*; **-enrad:** *zie* **schoepenwiel; -enverwoesting:** blades broken off the wheel || salade *v* (enchevêtrement *m*) d'aubes *vm* brisées || Schaufelsalat *m*; **-enwiel:** blade (centrifugal) wheel || roue *v* à aubes *vm* (à palettes *vm*) || Flügel-, Schaufel-, Schleuderrad *o*;

-enwiel, verstelbaar: feathering paddle wheel || roue *v* à aubes *vm* articulées || Schaufelrad *o* mit verstellbaren Schaufeln *vm*; **-groef:** blade groove || encoche *v* d'aube *v* || Schaufelkerbe *v*; **-hoek:** blade angle || angle *m* d'aube *v* || Schaufelwinkel *m*; **-hoogte:** height of blade || hauteur *v* d'aube *v* || Schaufelhöhe *v*; **-indeling:** blade pitch (spacing) || pas *m* des aubes *vm* || Schaufelteilung *v*; **-kop:** blade head (tip) || tête *v* d'aube *v* || Schaufelkopf *m*, -spitze *v*; **-krans:** blade rim || couronne *v* d'aubes *vm* || Schaufelkranz *m*; **-kromming:** blade curvature || courbure *v* d'aube *v* || Schaufelkrümmung *v*; **-stand:** blade position || position *v* de l'aube *v* || Schaufelstellung *v*; **-uitholling:** blade hollow || creux *m* d'aube *v* || Schaufelhöhlung *v*; **-verlies** (*v. e. turbine*)**:** blade losses || perte *v* dans les aubes *vm* || Schaufelverlust *m*; **-versterking:** reinforcement of the blade || renforcement *m* de l'aube *v* || Schaufelversteifung *v*; **-vlak:** blade face || surface *v* d'aube *v* || Schaufelfläche *v*; **-voet:** foot of blade || pied *m* (racine *v*) d'aube *v* || Schaufelfuß *m*, -wurzel *v*; **-vorm:** shape of blade || forme *v* d'aube *v* || Schaufelform *v*.

schoffel: hoe, weeding hook || sarcloir *m* || Jäthacke *v*, -haue *v*; **-ploeg:** weeding plough || machine *v* à sarcler || Jätpflug *m*.

schok: 1. (*stoot*)**:** shock || choc *m*, secousse *v* || Stoß *m*; **- b. h. aanzetten:** starting jerk || choc *m* de démarrage *m* || Anlaufstoß *m*; **- bij ontlading:** discharge shock || choc *m* de décharge *v* || Entladungsschlag *m*; **- bij stroomverbreking:** break shock || commotion *v* de rupture *v* || Unterbrechungsschlag *m*; **-, elektrische:** electric shock || choc *m* électrique || elektrischer Schlag *m*; **-breker:** shock absorber, bumper || amortisseur *m* || Stoßdämpfer *m*, -fänger *m*; **-brekerkoord:** shock absorber, sandow || sandow *m* || Abfenderungsgummi *m*; **-buis:** percussion fuse || fusée *v* à percussion *v* || Aufschlag-, Perkussionszünder *m*; **-buis m. vertraagde werking:** delay action fuse || fusée *v* à effet *m* retardé || Aufschlagzünder *m* mit Verzögerung *v*; **-demper:** *zie* **schokbreker; -ken** (*mach.*)**:** jerking || tressaillement *m* || Zucken *o*; **-ken** (*loopkat*)**:** jamming || coincement *m* || Ecken *o*; **-ontsteking:** firing by means of percussion || inflammation *v* par percussion *v* || Perkussionszündung *v*; **-sterkte:** impact strength || résilience *v* || Schlagfestigkeit *v*; **-vastheid:** *zie* **schoksterkte; -veer:** *zie* **bufferveer;**
2. (*maat*)**:** three score || soixantaine *v* || Schock *m*.

schol (*terrein*)**:** faultblock || massif *m* || Scholle *v*.

schommel|en: to swing, to oscillate, to rock, to balance; to fluctuate (*druk*; *temp.*; *enz.*) || osciller || (*sich*) schwingen, oszillieren; schwanken (*v. druk*, *temp.*, *enz.*); *zie ook* **slingeren; trillen; -goot:** rocking (oscillating) trough || conduit *m* oscillant, gouttière *v* oscillante || Schwingrinne *v*; **-ing:** swinging, oscillation; fluctuation (*druk*, *temp.*, *enz.*) || oscillation *v*; fluctuation *v* (*druk*, *temp.*, *enz.*) || Schwingung *v*; Schwankung *v* (*druk*, *temp. enz.*); **-toestel:** rocking device || basculeur *m* || Schaukelapparat *m*.

school: school || école *v* || Schule *v*; **-, bouwkundige:** architectural school || école *v* d'architecture *v* || Baugewerbeschule *v*; **-, hogere technische:** technical institute || école *v* d'enseignement *m* technique, école *v* polytechnique || Technikum *o*, höhere Maschinenbauschule *v*; **-schip:** *zie* **oefenschip.**

schoon|bijten (*metalen*)**:** to dip, to pickle || décaper || abbeizen, abbrennen; **-druk:** printing the white || impression *v* en blanc *m* || Schöndruck *m*; **-maakopening:** *zie* **reinigingsopening; -maken:** to clean || nettoyer || reinigen, putzen; *zie ook* **reinigen; zuiveren; -maken v. d. rooster:** to clean the grate, to clinker, to remove the clinker from the fire bars || décrasser (déscorier) la grille *v* || den Rost *m* abschlacken (abkratzen, abschaben), Schlacken *vm* ziehen; **-maken v. h. vuur:** to clean the fire || ringarder le feu *m* || das Feuer *o* schüren; **-making:** cleaning || nettoyage *m* || Reinigung *v*.

schoor[balk]: prop, stay, strut || accore *m*, contrefiche *v*, jambe *v* de force *v* || Strebe *v*, Stütze *v*; **-draad:** *zie* **tui; -muur:** retaining (sustaining) wall || mur *m* de soutènement *m* (de terrasse *v*) || Strebe-, Stützmauer *v*; **-pilaar:** buttress, counterfort || contrefort *m* || Strebepfeiler *m*; **-steen:** *zie na* **schoorwerk; -werk:** inverted triangular truss, simple truss, strut frame || armature *v* (assemblage *m*) à contrefiches *vm*, poutre *v* américaine || Spreng[e]werk *o*.

schoorsteen: chimney, funnel, stack || cheminée *v* || Esse *v*, Kamin *m*, Schlot *m*, Schornstein *m*; **- beklimmen, een:** to climb up a chimney || monter dans (visiter) une cheminée *v* || einen Schornstein *m* befahren; **- m. dubbele wand:** double walled chimney || cheminée *v* à double paroi *v* || doppelwandiger Schornstein *m*; **- m. vuurvaste bekleding:** chimney with fire clay lining || cheminée *v* à fourrure *v* réfractaire || Schornstein *m* mit Schamottefutter *o*; **- strijken, de:**

to lower (to let down) the funnel || rabattre la cheminée *v* || den Schornstein *m* umlegen; **-, gemetselde:** brick chimney || cheminée *v* en maçonnerie *v* || gemauerter Schornstein *m*; **-, nauw gedeelte v. e.:** narrow part of (waist of) chimney || étranglement *m* d'une cheminée *v* || Einschnürung *v* eines Schornsteins *m*; **-, neerlaatbare:** hinged funnel || cheminée *v* rabattable || Klappschornstein *m*, umlegbarer Schornstein *m*; **-, vrijstaande:** independant (free standing) chimney || cheminée *v* indépendante || freistehender Schornstein *m*; **-aanzuiger:** chimney aspirator || aspirateur *m* de cheminée *v* || Schornsteinaspirator *m*; **-anker:** chimney tie || fenton *m* || Essenanker *m*; **-bekleding:** chimney lining || fourrure *v* (revêtement *m* intérieur) de cheminée *v* || Schornsteinfutter *o*; **-boezem:** chimmey hood || hotte *v* de cheminée *v* || Rauchfang *m*; **-brand:** chimney fire || feu *m* de cheminée *v* || Schornsteinbrand *m*; **-buis:** chimney tube || tuyau *m* de cheminée *v* || Kamin-, Schornsteinrohr *o*; **-demper:** chimney damper || registre *m* de cheminée *v* || Essen-, Rauchschieber *m*; **-fries:** chimney frieze || gorge *v* de cheminée *v* || Kaminfries *m*; **-fundament:** chimney foundation || fondation *v* de cheminée *v* || Schornsteinuntersatz *m*, -unterbau *m*; **-kap:** chemney cap (pot, top), cowl || capote *v* (mitre *v*) de cheminée *v* || Schornsteinaufsatz *m*, -haube *v*, -kappe *b*, -krone *v*; **-kapiteel:** chimney capital || chapiteau *m* de cheminée *v* || Schornsteinkapitell *o*; **-klep:** chimney trap || bascule *v* de cheminée *v* || Kaminklappe *v*; **-kop:** chimney capping || sommet *m* de cheminée *v* || Schornsteinkopf *m*; **-luik:** funnel opening || écoutille *v* de cheminée *v* || Schornsteinluke *v*; **-mantel** (*bouwk.*)**:** chimney mantle || manteau *m* de cheminée *v* || Kaminmantel *m*; **-mantel** (*omhulsel*)**:** chimney casing || enveloppe *v* de cheminée *v* || Schornsteinmantel *m*; **-mond:** chimney mouth || débouché *m* de la (embouchure *v* de) cheminée *v* || Schornsteinmündung *v*; **-oververhitter:** chimney superheater || suchauffeur *m* de cheminée *v* || Schornsteinüberhitzer *m*; **-pijp:** chimney shaft, (tube) flue opening || conduit *m* (creux *m*, fût *m*) de cheminée *v* || Kaminsäule *v*, Schornsteinhöhlung *v*, -rohr *o*, -säule *v*, -schaft *v*; **-ring:** chimney belt (ring) || tronçon *m* (virole *v*) de cheminée *v* || Schornsteinschluß *m*; **-schacht:** chimney shaft || corps *m* (fût *m*) de la cheminée *v* || Schornsteinschaft *m*; **-schuif:** *zie* **schoorsteendemper; -sokkel:** chimney base, socle || piédestal *m* (socle *m*) de cheminée *v* || Schornsteinsockel *m*; **-trek:** chimney draught || tirage *m* de cheminée *v* || Schornsteinzug *m*; **-ventilator:** chimney ventilator || ventilateur *m* de cheminée *v* || Schornsteinventilator *m*; **-verlies:** chimney loss || pertes *vm* dans la cheminée *v* || Schornsteinverlust *m*; **-vermogen:** chimney duty || puissance *v* de la cheminée *v* || Schornsteinleistung *v*; **-versnijding:** chimney step || recoupement *m* (redan *m*) de la cheminée *v* || Schornsteinabsatz *m*; **-voering:** *zie* **schoorsteenbekleding; -voet:** chimney foot || embase *v* (embasement *m*) de cheminée *v* || Schornsteinfuß *m*; **-voetstuk:** *zie* **schoorsteensokkel.**

schoot: 1. (*slot*)**:** *zie* **schieter;**
2. (*scheepst.*)**:** sheet || écoute *v* || Schote *v*; **-steek:** sheet bend || noeud *m* d'écoute *v* || Trossen-, Schotstich *m*.

schootsvel: apron || tablier *m* || Schurze *v*.

schop: scoop, shovel || pelle *v* || Schaufel *v*; **-, mechanische:** steamshovel, motorshovel || pelle *v* mécanique || Löffelbagger *m*.

schoren: to prop, to stay || étayer, accorer, étançonner || stützen.

schorl: s[c]horl, shirl || schorl *m* || Schörl *m*; **-achtig:** schorlaceous || schorliforme || schörlartig.

schors: bark || écorce *v* || Borke *v*, Rinde *v*; **-en:** to disbark, to peel || écorcer || entrinden, schälen.

schot: 1. (*schut i. h. algem.*)**:** partition, baffle, division plate, diaphragm || cloison *v*, paroi *v*, chicane *v* || Scheide-, Trennungswand *v*, Schikane *v*; **- in de vormkast:** bar for retaining the sand, grid || cloison *v* de retenue *v* du sable *m* || Sandträger *m*, Schore *v*; **-, half:** semi partition || demi-cloison *v* || Halbscheidewand *v*; **-, houten:** plank partition || cloison *m* en planches *vm* || Bretterwand *v*;
2. (*schip*)**:** bulkhead || cloison *v* || Schott *o*; **-, waterdicht:** watertight bulkhead || cloison *v* étanche || wasserdichtes Schott *o*; **-bout:** wrain (wring) bolt || antoit *m*, serre-joint *m* || Setz-, Zwingbolzen *m*; **-stijl** (*scheepsb.*)**:** bulkhead stiffener || montant *m* || Schottenversteifung *v*;
3. (*waterbouwk.*)**: -balk:** sheet pile for dam, sliding timber, weir beam || palplanche *v*, montant *m* de bâterdeau *m*, poutre *v* de barrage *m* || Dammbalken *m*; **-deur:** sliding gate || porte *v* éclusière à coulisse *v* || Stau-, Ziehschütze *v*, Schleusenfalle *v*;
4. (*vuurwapen*)**:** shot || coup *m* || Schuß *m*;
5. (*mijnb.*)**:** shot, blast || coup *m* de mine *v*, pétard *m* || Schuß *m*; **-kerner:** *zie*

schietkerner; -perforator: *zie* **schietperforator.**

schotel: cup, dish || cuvette *v* || Schüssel *v*; *zie ook* **bord 1; schaal 1.**

schotsman: scotchman || pare-manoeuvre *m* || Schamfielleiste *v*.

schouder: **1.** (*lich. deel*): shoulder || épaule *v* || Schulter *v*;
2. (*rand*; *vlak*; *enz.*): shoulder || épaulement *m* || Schulter *v*; *zie ook* **borst; kraag.**

schouw: **1.** (*vaartg.*): scow, prame || prame *v*, bac *m* || Prahm *m*;
2. (*inspectie*): survey || inspection *v* || Schau *v*;
3. (*schoorsteen*): chimney, fireplace || cheminée *v* || Herd *m*, Kamin *m*, Schornstein *m*.

schraag: trestle || chevalet *m*, tréteau *m* || Schragen *m*; **-balk:** supporting beam || poutre *v* de soutien *m* || Stützbalken *m*; **-beeld:** caryatide, supporting figure || caryatide *v* || Karyatide *v*, Tragbild *o*; **-brug:** trestle bridge || pont *m* de chevalets *mm* || Bockbrücke *v*.

schraap|goot: scraper (scraping) conveyor, drag-belt || transporteur *m* à raclettes *vm* || Kratzband *o*, -förderer *m*, Schubförderrinne *v*; **-ketting:** scraper chain || chaîne *v* à raclettes *vm* || Kratz-, Förderkette *v*; **-staal:** scraper || grattoir *m*, racloir *m* || Schrabeisen *o*, -stahl *m*, Schaber *m*; **-staal, driekant:** triangular (three square) scraper || racloir *m* (grattoir *m*) triangulaire || Dreikantschaber *m*; **-staal, hol:** fluted scraper || grattoir *m* (racloir *m*) cannelé || Hohlschaber *m*; **-staal, vlak:** flat scraper || grattoir *m*, racloir *m* || Flachschaber *m*; **-ijzer:** *zie* **schraapstaal.**

schrab|ber: *zie* **schraapstaal; -ijzer:** *zie* **schraapstaal.**

schragen (*uitgraving*)**:** to shore || étaver, étrésillonner || absteifen.

schrank: *zie* **schraag; -breedte** (*zaag*)**:** width of (over) set || largeur *v* du trait *m* de (voie *v* d'une) scie *v* || Schrank *m*, Schränkungsbreite *v*; **-en** (*zaagtanden*)**:** to set the saw teeth || contourner les (donner [de] la voie *v* aux) dents *vm* d'une scie *v* || die Sägezähne *mm* aussetzen (schränken); **-koord** (*weverij*)**:** cross string || croisée *v* de ficelle *v* || Kreuzschnur *v*; **-machine** (*zaag*)**:** saw setting machine || machine *v* à donner de la voie *v* || Schränkmaschine *v*; **-pen** (*weverij*)**:** lease pin || cheville *v* d'encroix *m*, clou *m* d'envergeure *v* || Kreuz-, Schranknagel *m*; **-riet:** lease reed || peigne *m* d'encroix *m* (d'envergeure *v*) || Lesekamm *m*, Rispelblatt *o*, -kamm *m*; **-tang** (*zaag*)**:** saw setting pliers || pince *v* à donner de la voie *v* || Schränkzange *v*; **-ijzer** (*zaag*)**:** saw set || fer *m* à contourner, tourne-à-gauche *m* || Schränkeisen *o*.

schrap|blok: surface gauge, tracer || trusquin *m* || Anreißer *m*.

schrapper: **1.** *zie* **kraspen;**
2. (*transportinr.*): scraper loader || installation *v* de ratissage *m*, ratisseuse *v* || Schrapplader *m*;
3. (*bak*): scraper || râcleur *m*, ratisseuse *v* || Schrapper *m*;
4. (*v. schraapketting*): scraper || râclette *v* || Kratzer *m*.

schrede (*wikkeling*)**:** winding pitch || pas *m* d'enroulement *m* || Wickel-, Wicklungsschritt *m*.

schreien (*tin*)**:** to creak || crier || knirschen, schreien.

schrobbraak (*vlasbew.*)**:** flax brake || broie *v* seconde || Schleppracke *v*, Schrubbreche *v*.

schrobbel|en (*wolind.*)**:** to scribble || dro[u]sser, scribler || schrobbeln, schrubbeln; **-machine:** scribbler, scribbling machine || briseuse *v*, drousse[tte] *v* || Reißkrämpel *v*, Schrubbelmaschine *v*; **-wolf:** drousset willow || loup-drousette *m* || Droussetwolf *m*.

schrob|ben: to scrub || laver, nettoyer || reinigen, schrubben.

schrob|net: dragnet || drège *v* || Schleppnetz *o*; **-schaaf:** *zie* **voorloper; -zaag:** compass (lock, key hole, piercing) saw || scie *v* à couteau *m* (à guichet *m* d'entrée *v*) || Loch-, Spitz-, Stichsäge *v*.

schroef: **1.** (*schroeflijnvormig of van schroefdraad voorzien lichaam*): screw || vis *v* || Schraube *v*; Schnecke *v*; **- m. driekante** (*vierkante*) **draad:** screw with triangular thread (*square threaded screw*) || vis *v* à filet *m* triangulaire (*rectangulaire*) || schärfgängige (*flachgängige*) Schraube *v*; **- m. dubbele** (*enkele*) **draad:** double (*single*) thread[ed] screw || vis *v* à double pas *m* (*à pas m simple*) || zweigängige (*eingängige*) Schraube *v*; **- m. enige gangen:** multiplex thread || pas *m* multiple || mehrgängiges Gewinde *o*; **- m. linkse** (*rechtse*) **draad:** left (*right*) handed screw || vis *v* à gauche *v* (*droite v*) (avec pas *m* à gauche *v* (*droite v*)) || linksgängige (*rechtsgängige*) Schraube *v*; **- m. taatssteen:** jewel support || vis *v* à pierre *v* || Lager-, Steinschraube *v*; **- m. verzonken kop:** countersunk screw || vis *v* à tête v noyée || Schraube *v* mit versenktem Kopf *m*; **- m. *x* gangen per Eng. duim:** screw with *x* threads per inch || vis *v* à *x* pas *m* au pouce *m* || Schraube *v* mit *x* Gängen *mm* auf einen Zoll *m*; **- v. Archimedes:** archimedian (water) screw || vis *v* d'Archimède (hydraulique) || archimedische Schraube *v*, Wasserschraube *v*, -schnecke *v*; **- zonder einde:** endless screw worm || vis *v* sans fin *v* ||

Schnecke *v*, Schraube *v* ohne Ende *o*, Wurm *m*; *zie ook* **worm; -, houten:** wooden screw || vis *v* de bois *m* || Holzschraube *v*; **-, verzonken:** countersunk screw || vis *v* noyée || eingelassene (versenkte) Schraube *v*; **-as:** *zie* **draadstang** *onder* **draad 5; -avegaar:** long eye auger || tarière *v* torse || Stangenbohrer *m*; **-beugel:** screw clip || étrier *m* à vis *v* || Schraubenbügel *m*; **-boor:** half twist bit, twisted auger || tarière *v* helicoïdale || Schneckenbohrer *m*; (*mijnb.*)**:** spiral drill || fleuret *m* hélicoïdal (torsadé) || Spiral-, Schneckenbohrer *m*; **-borging:** screw locking device || arrêt *m* de sûreté *v* de vis *v*, frein *m* de boulon *m* [de vis *v*] || Schraubensicherung *v*; **-bout:** screw [bolt], through bolt || boulon *m* à vis *v*, boulon *m* fileté (taraudé), vis *v* || Schraubenbolzen *m*; **-bout m. kop en moer:** bolt [with head] and nut || boulon *m* à tête *v* et à écrou *m* || Bolzen *m* mit Kopf *m* und Mutter *v*; **-boutkop:** bolt (screw) head || tête *v* de vis *v* || Schraubenkopf *m*; **-boutspanplaat:** screw tie plate || plaque *v* de serrage *m* des boulons *mm* || Schraubenspannplatte *v*; **-boutverbinding:** bolted joint || assemblage *m* par vis *v*, boulonnage *m* || Schraubenverbindung *v*, Verbolzung *v*, Verschraubung *v*; **-dop:** screw cap || chape *v* filetée, couvercle *m* (bouchon *m*) fileté || Schraubdeckel *m*, -kappe *v*; **-draad:** *zie na* **schroef 3; -drijfwerk:** screw drive || commande *v* crémaillère à denture *v* hélicoïdale || Schraubenantrieb *m*, -zahnstangenantrieb *m*; **-fitting:** *zie* **schroeflamphouder; -freesboor:** *zie* **schroefdraadfrees; -gang:** thread of screw || spire *v* de vis *v* || Schraubenwindung *v*, -gang *m*; **-gang, blinde:** back lash || jeu *m* inutile || leerer Gang *m*; **-goot** (*open transportgoot*)**:** [open] spiral chute || descenseur *m* hélicoïdal [ouvert] || [offene] Wende[l]rutsche *v*; **-kern:** *zie* **hart 8; -klauwplaat** (*v. e. draaib.*)**:** bell chuck || chuck *m* (mandrin *m*) à vis *v* || Schraubenfutter *o*; **-klem:** *zie* **klemhaak; -klinkmachine:** screw riveting machine || machine *v* à river (riveuse *v*) à vis *v* || Schraubennietmaschine *v*; **-koker** (*gesloten transportgoot*)**:** [closed] spiral chute || descenseur *m* hélicoïdal [fermé] || [geschlossene] Wende[l]rutsche *v*; **-kop:** screw head || tête *v* de vis *v* || Schraubenkopf *m*; **-koppeling:** bolted joint, screw coupling (joint) || acouplement *m* (attache *v*) à vis *v*, boulonnage *m*, vissage *m* || Gewindekupplung *v*, Schraubenklemme *v*, -kupplung *v*, Verschraubung *v*, Verbolzung *v*; **-koppeling** (*trein*)**:** screw coupling || attelage *m* à vis *v* || Schraubenkupplung *v*; **-koppeling m. flenzen:** bolted flanges, screw flange coupling || joint *m* à brides *vm* et à boulons *mm* || Flanschenverbindung *v*; **-kopvijl:** feather edged (slitting) file || lime *v* à fendre || Einstreich-, Schraubenkopffeile *v*; **-kraan:** bib[b]cock, globe valve with bib[b] || robinet *m* à vis *v* || Niederschraubhahn *m*; **-lamphouder:** screw socket (holder) || douille *v* filetée || Gewinde[lampen]fassung *v*; **-lijn:** helical line || hélice *v* || Schnecken-, Schraubenlinie *v*; **-moer:** *zie* **moer; -mof:** *zie* **mof m. schroefdraad; -paal:** screw pile || pieu *m* à vis *v* || Schraubenpfahl *m*; **-oog** (*hout*)**:** eye screw || piton *m* à oeil *m* || Ringschraube *v*; **-pers:** fly (screw) press || balancier *m* (presse *v*) à vis *v* || Schrauben-, Spindelpresse *v*; **-pons:** screw punching machine (press) || poinçonneuse *v* à balancier *m* (à vis *v*) || Schraubenstanze *v*, Handspindelpresse *v*; **-rad:** *zie* **schroefwiel; -rem:** brake with spindle, screw brake || frein *m* à vis *v* || Schrauben-, Spindelbremse *v*; **-ring:** eye screw || anneau *m* à vis *v* || Schraubenring *m*; **-sleutel:** *zie* **sleutel 2; -sluis:** sluice with screws || écluse *v* à vis *v* || Schraubenschleuse *v*; **-sluiting:** screw lock || fermeture *v* à vis *v* || Schraubenverschluß *m*; **-snijijzer:** *zie* **schroefdraadsnijijzer; -snijijzerkussen:** *zie* **schroefdraadsnijkussen; -spanner** (*spw.*)**:** stretching screw, turnbuckle || tendeur *m* à vis *v* || Schrauben-, Spannschloß *m*; **-spanplaat** (*draaib.*)**:** bell (screw) chuck || mandrin *m* à vis *v* || Schraubenfutter *o*; **-spil:** *zie* **schroefas; -spil** (*draaib.*)**:** leading screw || vis-mère *v* || Leitspindel *v*; **-staal:** *zie* **schroefdraadbeitel; -steunbout:** screwed stay || tirant *m* taraudé, entretoise *v* taraudée || geschraubter Stehbolzen *m*; **-stop** (*elektr.*)**:** fuse screw plug || bouchon *m* fusible à vis *v* || Schraubsicherungsstöpsel *m*; **-strekbank** (*spinnerij*)**:** spiral drawing, screw gill drawing frame || étirage *m* à barettes *vm* commandées par vis *vm* || Schraubenstrecke *v*; **-takel:** worm and worm wheel pulley block || palan *m* à vis *v* sans fin *v* || Schraubenflaschenzug *m*; **-tand** (*tandvorm*)**:** helical tooth || dent *v* inclinée || Schrägzahn *m*; **-tandstang:** screw rack || crémaillère-écrou *v* || Schraubenzahnstange *v*; **-tandwiel:** screw wheel || roue *v* à denture *v* hélicoïdale, vis *v* sans fin *v* || Schrauben[zahn]rad *o*; **-veer:** coilspring || ressort *m* en hélice *v* || Schraubenfeder *v*; **-veer, cilindrische:** cylindrical spiral spring || ressort *m* à boudin *m* (à hélice *v*) || zylindrische Schraubenfeder *v*; **-veer, conische:**

conical spiral (volute) spring || ressort *m* conique || Kegelfeder *v*; **-veiligheid:** screw plug fuse || coupe-circuit *m* [à bouchon *m* fusible] (fusible *m*) à vis *v* || Schraubenstöpselsicherung *v*; **-verbinding v. pijpen:** screwed pipe coupling || joint *m* (assemblage *m*) à vis *v* de tuyaux *mm* || Rohrverschraubung *v*; **-vlak:** helicoidal surface || surface *v* hélicoïdale || Schraubenfläche *v*; **-voeder:** screw feeder || tourillon *m* d'alimentation *v* || Schneckenförderer *m*, Schnecke *v*; **-voet:** screw cap || culot *m* fileté || Gewinde[lampen]fuß *m*; **-vormig:** helicoidal || hélicoïdal || schraubenförmig; **-vormig gewonden:** helically wound || hélicoïdal || schraubenförmig gewunden; **-vijzel:** screw jack || cric *m* (vérin *m*) à vis *v* || Schraubenwinde *v*; **-wiel:** helical gear wheel, screw (worm) wheel, spiral gear || roue *v* hélicoïdale || Schraubenrad *o*; **-wielen:** screw gear || engrenage *m* hélicoïdal (à arbres *mm* croisés) || Schraubenräder *om*; **-wielwrijvingsrem:** worm wheel friction brake || frein *m* à friction *v* à roue helicoïdale || Schraubenradreibungsbremse *v*;

2. (*schip*): screw, propeller || hélice *v* || Schraube *v*; **- aanhangen, de:** to ship the screw || descendre l'hélice *v* || die Schraube *v* herunterlassen; **- m. vaste bladen:** screw with fixed blades || hélice *v* à ailes *vm* fixes || Schraube *v* mit festen Flügeln *mm*; **-, driebladige** (*vierbladige*): three (*four*) bladed screw || hélice *v* à trois (*quatre*) ailes *vm* || dreiflügelige (*vierflügelige*) Schraube *v*; **-as:** propeller (screw tail) shaft || arbre *m*, porte-hélice *m* || Propeller-, Schraubenwelle *v*; **-askoker:** screw shaft pipe, stern tube || tube *m* d'étambot *m* (d'arbre *m* d'hélice *v*) || Stern-, Stevenrohr *o*; **-askussenblok:** [propeller] shaft bearing || palier *m* d'arbre *m* d'hélice *v* || [Schrauben-] wellenlager *o*; **-asstoel:** propeller shaft stay, stern bracket || support *m* d'arbre *m* d'hélice *v* || Schrauben-, Wellenbock *m*; **-blad:** screw (propeller) blade || aile *v* (pale *v*) d'hélice *v* || Schraubenflügel *m*; **-boot:** screw steamer || bateau *m* à hélice *v* || Schraubendampfer *m*; **-cirkel:** propeller circle || cercle *m* d'hélice *v* || Schraubenkreis *m*; **-druk:** propeller thrust || poussée *v* de l'hélice *v* || Schraubenschub *m*; **-freem:** screw frame || châssis *m* (cadre *m*) d'hélice *v* || Schraubengestell *o*; **-holte:** screw aperture (race) || cage *v* d'hélice *v* || Schraubenbrunnen *m*; **-machine:** screw engine || machine *v* à hélice *v* || Schraubenschiffsmaschine *v*; **-naaf:** propeller boss || moyeu *m* d'hélice *v* || Schraubennabe *v*; **-oppervlak:** helicoidal surface || surface *v* hélicoïdale || Schraubenfläche *v*; **-plaatsing:** arrangement of screws || disposition *v* des hélices *vm* || Schraubenanordnung *v*; **-schip:** screw ship || navire *m* à hélice *v* || Schraubenschiff *o*; **-steven:** screw post || étambot *m* d'hélice *m* || Schraubensteven *m*;

3. (*vliegtuig*): [air] screw, propeller || hélice *v* || Luftschraube *v*, Propeller *m*; **- m. verstelbare bladen:** feathering (reversible) propeller || hélice *v* réversible || Drehflügel-, Umsteuerschraube *v*, Meißnerpropeller *m*; **-, linkse** (*rechtse*): left (*right*) handed propeller || hélice *v* à pas *m* gauche (*droite*) || linksdrehende (*rechtsdrehende*) Schraube *v*; **-blad:** air screw blade || pale *v* d'hélice *v* || Schraubenblatt *o*; **-hoes:** propeller cover || housse *v* d'hélice *v* || Schraubenhülle *v*.

schroefdraad: screw thread || filet *m* de vis *v* || Schraubengewinde *o*; **- nasnijden:** to retap screw thread || repasser un filetage *m* || Gewinde *o* nachschneiden; **- snijden:** to cut screws, to thread a screw || fileter, tarauder || Gewinde *o* (Schrauben *vm*) schneiden; **- snijden m. e. draaibeitel:** to cut screws with a chaser (on the lathe) || fileter au tour *m* || Schrauben *vm* mit den Drehstahl *m* schneiden, Gewinde *o* eindrehen; **- snijden m. e. snijijzer:** to cut screws with a die || fileter à la filière *v* || Gewinde *o* mit Gewindeeisen *o* schneiden; **- snijden u. d. hand:** to cut screws by hand || tarauder à la volée *v* || Gewinde *o* aus freier Hand *v* schneiden; **- tappen:** to tap || tarauder || Gewinde *o* schneiden (bohren); **-, driehoekige** (*ronde*; *vierkante*): triangular (*round*; *square*) thread || filet *m* triangulaire (pointu) (*rond* ; *carré*) scharfes (*rundes*; *flachgängiges*) Gewinde *o*; **-, drievoudige:** triple thread || [vis *v* à] triple pas *m* || dreigängiges Gewinde *o*; **-, dubbele** (*enkele*): double (*single*) thread || double pas *m* (*pas m simple*) || zweigängiges (*eingängiges, einfaches*) Gewinde *o*; **-, fijne:** fine thread || filet *m* fin || Feingewinde *o*; **-, middellijn i. d. grond v. e.:** root diameter || diamètre *m* du noyau *m* (intérieur du filet *m*) || innerer Gewinde-, Kerndurchmesser *m*; **-, linkse:** left hand[ed] thread || filet *m* à gauche *v* (renversé) || Linksgewinde *o*; **-, (*met*) meervoudige:** (*with*) multiple thread || (*à*) pas *m* multiple (*à plusieurs filets mm*) || (*mit*) mehrgängiges(*m*) Gewinde *o*; **-, metrische:** metric (international) thread || filet *m* S.I. || metrisches Gewinde *o*; **-, rechtse:** right hand[ed] thread || filet *m* à droite *v* || Rechtsgewinde *o*; **-, ronde:** round (knuckle) thread || filet *m* rond || Rundgewinde *o*, rundes Gewinde *o*; **-, scherpe:** *zie* **schroefdraad,**

driehoekige; -, trapeziumvormige: buttress dread || filet *m* trapézoïdal || Trapezgewinde *o*; -, uitwendige middellijn v.e.: diameter of screw || diamètre *m* extérieur du filet *m* || äußerer Gewindedurchmesser; *m*; -, veelgangige: multiplex thread || pas *m* multiple || mehrgängiges Gewinde *o*; -, vlakke: *zie* schroefdraad, vierkante; -, V-vormige: *zie* schroefdraad, driehoekige; -bank: screw cutting lathe || machine *v* (tour *m*) à fileter (à tarauder) || Gewindedrehbank *v*, -schneidmaschine *v*; -beitel: chaser, chasing tool || peigne *m* à fileter || Gewindestahl *m*, -strehler *m*, Schraubenstahl *m*; -beitel v. inwendige schroefdraad: inside chaser || peigne *m* femelle || inwendiger Schraubstahl *m*, Innenstrehler *m*; -beitel v. uitwendige schroefdraad: outside chaser || peigne *m* mâle || Außenstrehler *m*, auswendiger Schraubstahl *m*; -breedte: width of thread || largeur *v* du filet *m* (de la spire *v*) || Gangbreite *v* der Schraube *v*; -diepte: depth of thread || profondeur *v* (creux *m*) du filet *m* || Gangtiefe *v* der Schraube *v*; -frees: thread milling cutter || fraise *v* à fileter || Gewindefräser *m*; -freesmachine: screw thread milling machine || machine *v* à fraiser les vis *vm* || Gewindefräsmaschine *v*; -hoogte: *zie* spoed; -kaliber: thread gauge || calibre *m* pour pas *m* de vis *v* || Gewindelehre *v*; -maat: screw gauge (caliper) || calibre *m* (jauge *v*) à vis *v* || Schraubenlehre *v*; -mal: screw pitch gauge || calibre *m* de taraudage *m* || Gewindeschablone *v*; -passer: thread calipers || compas *m* d'épaisseur *v* à vis *v* || Gewindetaster *m*; -pletmachine: *zie* schroefdraadwalsmachine; -pijpverbinding: screwed pipe joint || joint *m* de tuyaux *mm* à filetage *m* || Rohrverschraubung *v*; -snijbank: *zie* schroefdraadbank; -snijkussen: screw die || filière *v* || Schneidbacke *v*; -snijmachine: *zie* schroefdraadbank; -snijmachine v. moeren: nut tapping machine, nut lathe || machine *v* à tarauder [les écrous *mm*], tour *m* à écrous *mm* || Mutterschneidmaschine *v*, Mutterndrehbank *v*; -snijmachine v. schroefbouten: bolt screwing machine || machine *v* à fileter les vis *vm* (les boulons *mm*) || Bolzengewinde-, Spindelschneidemaschine *v*; -snijijzer: die (screw) stock || filière *v* || [Schneid-]kluppe *v*; -tap: *zie* tap 3.

schroei|en: to singe || flamber, griller || sengen; -ijzer: cauterising iron || fer *m* à cautériser *m* || Brenneisen *o*.

schroe|vedraaier: screw driver, turn screw || tournevis *m* || Schraubenzieher *m*; -ven: to screw || visser || schrauben.

schroodbeitel: anvil (bottom) chisel, cutter, hardy || tranche *v*, tranchet *m* || Abschrot *m*, Schrotmeißel *m*; -, platte: flat pointed roughing tool || ciseau *m* plat à dégrossir || Plattstahl *m*.

schrooi|beitel: *zie* schroodbeitel; -en: to parbuckle || trévirer || schroten; -touw: parbuckle || trévire *m* || Schrottau *o*.

schroot: 1. (*ijzer*): chippings, clippings, scrap iron || enlevures *vm*, déchets *mm*, débris *m* de fer *m* || Abfalleisen *o*, Schrot *o*; 2. (*smalle strook hout*): slab || dosse *v*, flache *v* || Schwarte *v*;
3. (*versch. betek.*): -geruis: shot effect || effet *m* de grenaille *v* || Schrotrauschen *o*; -vijl: planchet file || lime *v* à érbarber || Schrotfeile *v*; -ijzer: great chisel || ébarboir *m* || Schroteisen *o*; -zaag: ripping saw blade || scie *v* à refendre (de long *m*) || Brett-, Schrot-, Spaltsäge *v*; -zeef: parchment sieve || guillaume *m* || Schrotsieb *o*.

schropijzer (*spinnerij*): flax dresser's knife || racloir *m* || Ribbemesser *o*.

schrotbasalt: basalt rubble || moellon *m* de basalte *m* || Schrotbasalt *m*.

schrijf|arm (*morsetoest.*): writing lever || levier *m* imprimeur || Schreibhebel *m*; -inkt: writing ink || encre *v* || Schreibtinte *v*; -lessenaar: writing desk || pupitre *m*, secrétaire *m* || Schreibpult *o*, -tisch *m*; -machine: typewriter || machine *v* à écrire || Schreibmaschine *v*; -ontvanger (*morsetoest.*): Morse ink writer || récepteur *m* imprimant || Schreibempfänger *m*; -papier: writing paper || papier *m* à écrire || Schreibpapier *o*; -perkament: writing parchment || parchemin *m* à écrire || Schreibpergament *o*; -raadje: inking wheel || molette *v* || Schreibrädchen *o*; -stift: recording pen (pencil) || crayon *m*, plume *v*, style *m* || Schreibstift *m*; -stift (*indicateur*): indicator pencil || plume *v* d'indicateur *m* || Indikator[schreib]stift *m*; -telegraaf: recording (writing) telegraph || télégraphe *m* écrivant || Schreibtelegraph *m*; -telegraaftoestel: telewriter apparatus || appareils *m* télautographiques (téléautographes) || Telautograph *o*; -trommel: recording drum || tambour *m* d'enregistrement *m* || Schreibtrommel *v*.

schrijn|werk: cabinet (joiner's) work || ébénisterie *v*, menuiserie *v* || Schreiner-, Tischlerarbeit *v*; -werkerslijm: joiner's glue || colle *v* forte || Tischlerleim *m*; -werkerszaag: joiner's saw || scie *v* à tenons *mm* || Schreinersäge *v*.

schub: scale; flake || écaille *v* || Schuppe *v*; -big: flaky, scaly |||| écailleux || schuppig; -drijver (*metaalbew.*): puncheon with scaly surface, scallop puncheon || outil *m* à écailles *vm* || Schuppenpunze *v*.

schud|den: to shake, to stir || agiter, remuer, secouer || schütteln, [auf]rütteln; **-gewicht:** *zie* **stortgewicht; -goot:** shaking conveyor (shoot) || couloir *m* secoussant (à secousses *vm*) || Schüttelrutsche *v*; **-rooster:** shaking grate || grille *v* à secousses *vm*, grille *v* mobile || Schüttelrost *m*, beweglicher Rost *m*; **-tafel** (*wasserij*) (*mijnb.*): shaking table || table *v* à secousses *vm* || Schüttelherd *m*; **-zeef:** swing screen, shaking (rocking) sieve || crible *m* oscillant, tamis *m* oscillant (à secousses *vm*) || Schwing-, Schüttel-, Rüttelsieb *o*.

schuierwagen: *zie* **kruiwagen.**

schuif: 1. (*beweging*): push || coup *m* || Schub *m*; **-beweging:** sliding movement || mouvement *m* de glissement *m* || Schubbewegung *v*; **-blad** (*tafel*): slipboard || allonge *v* de table *v* || Schiebebrett *o*; **-brug** (*spw.*): transfer table, traverser, travelling platform || chariot *m* roulant, transbordeur *m* || Schiebebühne *v*; **-dak:** sliding roof || toit *m* à coulisse *v* || Schiebdach *o*; **-deur:** sliding door || porte *v* à coulisse *v* (glissante) || Schiebetür *v*; **-diafragma:** sliding diaphragm || diaphragme *m* à coulisse *v* || Schieberblende *v*; **-gewicht:** sliding weight || poids *m* mobile || Laufgewicht *o*; **-goot:** pushing trough || gouttière *v* (conduit *m*) mobile de transporteur *m* à racloir *m* || Schub[förder]rinne *v*; **-gordijn:** draw (sliding) curtain || rideau *m* à coulisse *v* (glissant) || Schiebervorhang *m*; **-grendel:** sliding (sash) bolt || targette *v* || Schubriegel *m*; **-hek:** sliding lattice door, sliding barrier || barrière *v* (porte *v* en treillis *m*) à glissière *v* || Schiebegitter *o*; **-hout** (*fundering*): sliding post || traversine *v* || Schiebholz *o*; **-klamp:** sliding cleat || taquet *m* à coulisse *v* || Schiebklampe *v*; **-knoop:** running (sliding) knot || noeud *m* coulant || Laufknoten *m*, blinde Schleife *v*; **-kracht:** shear[ing] force || force *v* de cisaillement *m* || Scher-, Schubkraft *v*; **-ladder:** extensible ladder || échelle *v* extensible || ausziehbare Leiter *v*, Schubleiter *v*; **-lade:** drawer || tiroir *m* || Schublade *v*; **-lamp:** lamp with counterweight, slide lamp || lampe *v* à contrepoids *m* (à tringle *v*) || Aufzug-, Schiebelampe *v*; **-liniaal:** sliding ruler || règle *v* à curseur *m* || Schiebelineal *o*; **-luik:** draw shutter || volet *m* à coulisse *v* || Schubfensterladen *m*; **-maat:** sliding gauge (calipers), vernier calipers || jauge *v* (pied *m*) à coulisse *v* || Schieb-, Schublehre *v*; **-passant** (*riem*): sliding (running) loop || passant *m* coulant (mobile) || Schieber *m*, Schiebschleife *v*; **-passer:** *zie* **schuifmaat** *onder* **schuif 1; -plaatje:** moving plate || platine *v* coulissante || Schiebeblech *o*; **-plank:** sliding board || planche *v* à coulisse *v* || Schiebeplanke *v*; **-raam:** slide (sash) window || fenêtre *v* à coulisse *v* (à guillotine *v*) || Schiebe-, Schubfenster *o*; **-ring:** sliding ring || anneau *m* coulant || Schiebring *m*; **-rooster:** sliding grate || grille *v* coulissante (glissante) || Schieberost *m*; **-spanning:** *zie* **afschuifspanning; -spoel:** slide coil || bobine *v* à curseur *m* || Schiebespule *v*; **-stijl** (*mijnb.*): sliding (compressible) prop || étançon *m* coulissant (télescopique) || einschiebbarer Stempel *m*; **-tafel** (*schuivend*): traveling (sliding) table || table *v* mobile || Schiebetisch *m*; **-tafel** (*uitschuifbaar*): sliding table || table *v* à coulisses *vm* (à rallonges *vm*) || Ausziehtisch *m*; **-tang:** pin (sliding) tongs || tenailles *vm* à boucle *v* || Schiebzange *v*; **-sterkte:** shearing strength || résistance *v* au cisaillement *m* || Scher-, Schubfestigkeit *v*; **-vastheid:** *zie* **schuifsterkte; -vizier:** sliding sight || hausse *v* à curseur *m* || Schiebervisier *o*; **-zitting:** sliding seat || siège *m* à coulisse *v* || Schiebesitz *m*;

2. (*deksel, enz.*): sliding lid, slide || [planche *v* à] coulisse *v* || Schiebedeckel *m*;

3. (*deur*): sliding bolt || targette *v*, verrou *m* à coulisse *v* || Schubriegel *m*; **-grendel:** sliding bolt || targette *v*, verrou *m* à coulisse *v* || Schubriegel *m*;

4. (*schoorsteen*): *zie* **schoorsteendemper; -ketting:** damper chain || chaîne *v* de registre *m* || Schieberkette *v*; **-leider:** damper guide || guide *m* du registre *m* || Schieberführung *v*; **-put:** damper pit || logement *m* de registre *m* || Schiebergrube *v*;

5. (*sluisdeur*): lock hatch, sluice (sliding) valve || vanne *v* || [Zieh]schützen *m*;

6. (*regelorgaan*): sliding valve || tiroir *m* || Schieber *m*; **-luchtpomp:** slide valve pump || pompe *v* à air *m* à tiroir *m* || Schieberluftpumpe *v*; **-verdeling:** valve gear || distribution *v* par tiroir *m* || Schiebersteuerung *v*;

7. (*afsluiter*): body of the sluice valve, gate (*Am.*) || corps *m* de la vanne *v* || Schieberkörper *m*; **-afsluiter:** double faced sluice gate valve, gate valve (*Am.*), slide (sliding sluice) valve || vanne *v* || Schieber *m*; **-kast** (*afsluiter*): slide valve case (chamber) || cage *v* (chambre *v*) de la vanne *v* || Schiebergehäuse *o*; **-kastdeksel** (*afsluiter*): valve bonnet (cap, cover) || couvercle *m* de la vanne *v* || Schieberdeckel *m*; **-lichaam:** *zie* **schuif 7; -spiegel:** valve face || faces *vm* (siège *m*) de la vanne *v* || Schieberspiegel *m*.

schuilplaats, bomvrije: bombproof shelter || abri *m* à l'épreuve *v* des bombes *vm* || bombensicherer Unterstand *m.*

schuim: foam (*op vloeistof*); froth (*op vloeistof*; *bier*; *enz.*); lather (*zeep*); scum (*kokende vloeistof*); dross, sweepings (*metalen*) || écume *v* (*op water*); mousse *v* (*bier*, *enz.*); crasse *v*, laitier *m*, scorie *v* (*metalen*) || Schaum *m*; Krätze *v*, Schlacke (*metalen*); **-[brand]blusser:** foam extinguisher || extincteur à mousse *v* || Schaumfeuerlöscher *m.*

schuim|en: 1. (*algem.*): to foam (*water*); to froth (*bier*); to lather (*zeep*); to scum (*kokende vloeistof*) || écumer (*zeep*, *enz.*); mousser (*dranken*) || schäumen; **-end:** foaming, foamy, frothy || écumant, écumeux (*zeep*, *enz.*); mousseux (*dranken*) || schäumend; **-kraan:** blow off (scum) cock || robinet *m* purgeur (de purge *v*) || Abblase-, Schaum-, Schlammhahn *m*; **-kunststof:** expanded (foam) plastic || matière *v* plastique spongieuse || Schaumkunststoff *m*; **-lepel:** skimmer, skimming ladle || écumoire *v* || Schaumkelle *v*, -löffel *m*; **-plastic:** *zie* **schuimkunststof**; **-rubber:** expanded (sponge; foam) rubber || caoutchouc *m* spongieux || Schaumgummi *o*; **-spaan:** *zie* **schuimlepel**; **-vorming:** formation of foam (froth, lather, scum) || formation *v* d'écume *v* (de mousse *v*) || Schaumbildung *v*; **-zout:** foam salt || sel *m* d'écume *v* || Schaumsalz *o*;
2. (*floteren*): to flotate || flot[t]er || flotieren; **-flotatie:** froth flotation || flotation *v* par (à l') écume *v* || Schaumschwimmaufbereitung *v*; **-machine:** *zie* **flotatiemachine**; **-middel:** frother, frothing agent || moussant *m* || Schäumer *m*; **-scheiding:** *zie* **schuimflotatie.**

schuin: bevel, oblique || biais, oblique || schief, schräg; **- afwerken:** *zie* **afschuinen**; **-stellen:** to set (to place) at an angle || incliner || schrägstellen.

schuinte: 1. (*algem.*): declivity, descent, fall, slope || inclinaison *v*, penchant *m*, pente *v* || Abhang *m*, Böschung *v*, Hang *m*;
2. (*tand*): angle of advance || fente *v*, saut *m* || Sprung *m.*

schuit: barge, skute || allège *v*, chaland *m*, gabare *v* || Schute *v*; **-enhuis:** boat shed || hangar *m* de bateau *m* (de canot *m*) || Bootsschuppen *m.*

schuitje: 1. (*ballon*): car || nacelle *v* || Gondel *v*; **- ballasten:** to ballast the car || lester la nacelle *v* || die Gondel *v* beschweren;
2. (*spoel*): shuttle || navette *v* || Schiffchen *o*;
3. **- tin:** tin block || bloc *m* (saumon *m*) d'étain *m* || Zinnblock *m*; **-stin:** block tin || étain *m* en blocs *mm* (en saumons *mm*) || Blockzinn *o.*

schuiven: 1. (*ww.*): to push || pousser || schieben;
2. (*mrv. v. schuif*): **-motor:** sleeve valve motor || moteur *m* sans soupape *v* || Schiebermotor *m*; **-schakeling:** gear shift with expansion link || changement *m* de vitesse *v* à coulisse *v* || Kulissenschaltung *v*; **-weer:** sluice weir || barrage *m* à vannage *m* || Schützenwehr *o.*

schulp: *zie* **schelp**; **-boor:** *zie* **pompboor**; **-hamer:** *zie* **drijfhamer**; **-zaag:** *zie* **boomzaag.**

schu|ren: 1. (*algem.*): to scour || écurer, frotter, récurer || glätten, reiben, scheuern; **-ring:** scouring || écurage *m* || Scheuern *o*;
2. (*spinnerij*): to rub || frotter || frottieren, nitscheln, reiben, würgeln;
3. (*kleppen*): to grind || rectifier || schleifen.

schut: 1. (*beschot*): partition || cloison *v*, paroi *v* || Scheidewand *v*, Bretterverschlag *m*;
2. (*scherm*): screen, shade || écran *m* || Schirm *m*; **-sel:** [chimney] fender, screen || écran *m*, garde-feu *m*, paravent *m*, pare-feu *m* || Schirm *m*;
3. (*schutting*): fence || clôture *v* || Zaun *m*;
4. (*afleidingen v. schutten*): **-deur** (*sluis*): lock gate || porte *v* d'écluse *v* || Schleusentor *o*; **-kamer:** *zie* **schutkolk**; **-kolk** (*sluis*): lock (sluice) chamber || chambre *v* d'écluse *v* || Schleusenkammer *v*; **-sluis:** lock || écluse *v* à sas *m* || Kammerschleuse *v*; **-sluis, hoger liggend gedeelte v. e.:** higher (upper) level (pond) || arrière-bief *m*, bief *m* supérieur || obere Haltung *v*; **-sluizen, opeenvolgende:** flight of locks || écluses *vm* échelonnées || Kammerschleusentreppe *v*; **-ten** (*schip*): to pass a ship through a lock || écluser un navire *m* || ein Schiff *o* durchschleusen;
5. (*afleidingen v. beschutten*): **-blad** (*boek*): front leaf || feuille *v* de front *m* || Vorderblatt *o*; **-bord:** dashboard || garde-crotte *m* || Spritzbrett *o*; **-bordklok:** carriage clock || horloge *v* de voiture *v* || Wagenuhr *v*; **-bril:** protective spectacles || lunettes *vm* protectives || Schutzbrille *v*; **-dak:** protecting roof || toit *m* protecteur || Schutzdach *o*; **-glas:** glass guard, protective globe || globe *m* protecteur (de protection *v*) || Schutzglas *o*, -glocke *v*; **-hoorn:** protective horn || corne *v* de protection *v* || Schutzhorn *o*; **-huls:** guard sleeve || tube *m* de garde *v* || Schutzhülse *v*; **-kap:** protective cap (cover) || coiffe *v* protectrice *v*, couvercle *m* protecteur || Schutzdeckel *m*, -mütze *v*; **-kap** (*booglamp*): protecting hood || chapeau *m* protecteur || Schutzkappe *v*; **-kegel:** area of protection || zone *v* de paratonnerre *v* || Schutzkegel *m*; **-klok**

(*lamp*): *zie* **schutglas**; **-kolloïde** [1]): protective colloid || colloïde *m* protecteur || Schutzkolloid *o*; **-korf**: wire guard || corbeille *v* protectrice, panier *m* protecteur || Schutzkorb *m*; **-lat**: guard strip || latte *v* de garde *v* || Schutzleiste *v*; **-mantel tegen straling** (*röntgentoestel*): cover || cupule *v* || Röhrenschutzmantel *m*, -schutzhaube *v*; **-paal** (*hout*): fender || pieu *m* bouteroue || Prellpfahl *m*; (*steen*): curbstone, kerbstone || pierre *v* bouteroue || Prellstein *m*; **-ring**: guard ring || anneau *m* de garde *v* || Schutzring *m*; **-seldrager**: fender pedestal || support *m* du garde-bâti *m* || Schutzstücklager *o*; **-ting**: *zie* **schut 3.**

schuur: **1.** (*loods, enz.*): barn || grange *v* || Scheuer *v*, Scheune *v*;
2. (*afleidingen v. schuren*): **-borstel**: scouring brush || brosse *v* à écurer || Scheuerbürste *v*; **-linnen**: emery cloth || toile *v* [à] émeri *m* (à l'émeri *m*, émerisée) || Schmirgelleinen *o*, -leinwand *v*; **-linnen, fijn** (*grof*): fine (*coarse*) emery cloth || toile *v* [à l']émeri *m* fine (*grossière, à gros grains mm*) || feines (*grobes*) Schmirgelleinen *o*; **-linnen, middelfijn**: medium emery cloth || toile-émeri *v* moyennement fine (de finesse *v* moyenne) || mittelfeines Sdhmirgelleinen *o*; **-lijst** (*schip*): rubbing strake, chafing beam || bourrelet *m* de défense *v*, ceinture *v* en bois *m* || Scheuerleiste *v*, Reibholz *o*; **-paal**: chafe rod || chevalet *m* de défense *v* || Scheuerbock *m*; **-papier**: emery (sand) paper || papier *m* à [l']émeri *m* (émerisé, verré) || Schmirgelpapier *o*; **-plank**: scouring board || planche *v* à écurer || Scheuerbrett *o*; **-ton**: scouring barrel || tonneau *m* de décapage *m* || Scheuerfaß *o*, -trommel *v*; **-trommel** (*v. vlampijpen*): fire tube scouring drum || tambour *m* à décaper les tubes *mm* de fumée *v* || Heizrohrscheuertrommel *v*; **-zand**: scouring sand || sablon *m* || Scheuer-, Tünchsand *m*.

schijf: **1.** (*algem.*): disc, disk || disque *m*, réa *m* (*katrol*) || Scheibe *v*; **-, komvormige** (*slijpsteen*): cup wheel || meule *v* assiette (en cuvette *v*) || Tassenscheibe *v*; **-, massieve**: solid disc || disque *m* plein || volle Scheibe *v*; **-anker**: disc armature || induit *m* en disque *m* || Scheibenanker *m*; **-bliksemafleider**: disc lighting arrester || parafoudre *m* à disques *mm* || Scheibenblitzschutzvorrichtung *v*; **-buffer**: disc (plate) buffer || tampon *m* à rondelles *vm* || Scheiben-, Tellerpuffer *m*; **-draaibank**: face lathe || tour *m* à plateau *m* || Scheibendrehbank *v*; **-dynamo**: disc dynamo || dynamo *v* à induit *m* en disque *m* || Scheibendynamo *v*; **-filter**: disc (leaf) filter || filtre *m* à disque *m* || Scheibenfilter *o, m*; **-frees**: side milling cutter || fraise *v* à disque *m* (latérale) || Scheibenfräser *m*; **-glas**: table (window) glass || verre *m* à vitres *vm* || Fenster-, Scheiben-, Tafelglas *o*; **-je** (*o. d. passerpunt*): [horn] center || centre *m* à compas *m* || Zentrumscheibe *v*, -stift *m*; **-klep**: disc valve || soupape *v* à plateau *m* (à siège *m* plan) || Tellerventil *o*; **-koper**: rose[tte] copper || cuivre *m* en rosette *v* || Scheibenkupfer *o*; **-koppeling**: flange (plate) coupling || accouplement *m* à plateaux *mm* || Flanschen-, Scheibenkupplung *v*; **-molen**: disc crusher || moulin *m* à disque *m* || Scheibenmühle *v*; **-overschakelaar**: reversing switch with plate contacts || commutateur *m* à plaques *vm* || Scheibenumschalter *m*; **-profiel**: disc profile || profil *m* du disque *m* || Scheibenprofil *o*; **-rad**: *zie* **schijfwiel**; **-relais** (*spw.*): movable disc relay, cage relay || relais *m* à disque *m* (à cage *v*) || Scheiben-, Käfigrelais *o*; **-rem**: disc brake || frein *m* à disque *m* || Scheibenbremse *v*; **-schaafmachine**: revolving disc planing machine || machine *v* à dégauchir à disque *m* || Scheibenhobelmaschine *v*; **-signaal**: disc signal || signal *m* à disque *m* || Scheibensignal *o*; **-spoel**: flat coil || bobine *v* plate || scheibenförmige Spule *v*, Flachspule *v*; **-tempel** (*weverij*): pinny (rotary) temple || temple *m* à disque *m* || Rädertempel *m*; **-turbine**: disc turbine || turbine *v* à disque *m* (à plateau *m*) || Scheibenturbine *v*; **-vormig**: disc shaped || en forme *v* de disque *m* || scheibenförmig; **-wiel**: disc [wheel] || roue *v* à disque *m* (pleine) || Scheibenrad *o*; **-wikkeling**: disc winding || enroulement *m* en disque *m* || Scheibenwicklung *v*; **-zuiger**: *zie* **zuiger, vlakke** *onder* **zuiger 1**;
2. (*schietschijf*): target || cible *v* || Scheibe *v*; **-raam**: frame of a target || cadre *m* d'une cible *v* || Scheibenrahmen *m*;
3. (*drijfwerk*): pulley || poulie *v* || Scheibe *v*, Rolle *v*; *zie ook* **riemschijf; snaarschijf**; **- m. dubbele groef**: double groove pulley || poulie *v* à double gorge *v* || doppelrillige Rolle *v*; **- m. klauwen**: grip disc || poulie *v* à griffes *vm* || Greiferscheibe *v*; **- m. twee rijen spaken**: pulley with two sets of arms || poulie *v* à double bras *mm* || Scheibe *v* mit Doppelarmkreuz *o*; **-, drijvende**: driving pulley || poulie *v* de commande *v* (motrice, menante) || treibende Scheibe *v*, Antriebsscheibe *v*; **-, gedreven**: driven pulley, follower || poulie *v* commandée

---

[1]) Beter Nederlands: *beschuttend* (*beschermend*) *kolloïde*.

(menée) || [an]getriebene Scheibe *v*; **-overbrenging:** pulley transmission || transmission *v* par poulies *vm* || Rollenübersetzung *v*;
4. (*blok*): pulley, sheave || galet *m*, poulie *v* || Rolle *v*; **-as:** pulley fork (yoke) || chape *v* de la poulie *v* || Rollenbügel *m*; **-bok:** pulley bracket (support) || chevalet *m* porte-poulie || Rollenbock *m*; **-groef:** groove of pulley || gorge *v* du galet *m* || Rollennute *v*, -rille *v*; **-huis:** pulley block (casing) || chape *v* (enveloppe *v*, flasque *v*) de poulie *v* || Rollengehäuse *o*; **-krans:** pulley rim, rim of pulley (sheave) || couronne *v* (jante *v*) du galet *m*, jante *v* de poulie *v* || Rollen-, Scheibenkranz *m*; **-naaf:** pulley boss || moyeu *m* de la poulie *v* || Rollennabe *v*; **-rand:** *zie* **schijfkrans.**

schijn|baar: apparent(*ly*) || apparent (*apparemment*) || scheinbar; **-en** (*lichtgeven*); to shine; to glimmer || luire, briller || scheinen, leuchten; **-sel:** glimmer || lueur *v*, ombre *v*, clarté *v* || Schein *m*, Glanz *m*, Schimmer *m*; **-werper*:** *zie* **koplamp** *en* **zoeklicht.**

scintillatiegeruis: flicker effect || effet *m* de scintillation *v* || Funkelrausche *o*.

sclerometer (*v. Klingelfuß*): (*Klingelfuss*) sclerometer || scléromètre *m* (*de Klingelfuss*) || Sklerometer *o*, *m*, Härtemesser *m* (*nach Klingelfuß*).

scooter: *zie* **skoeter.**

scoria-brick: scoria brick || brique *v* de scorie *v* || Schlackenstein *m*.

scott-schakeling: Scott system || système *m* Scott || Scottsche Schaltung *v*.

sebacinezuur (decaandizuur, octaandicarbonzuur-1,8): sebacic acid || acide *m* sébacique || Sebacinsäure *v*.

secans: secant (sec) || sécante *v* (sec) || Sekante *v* (sec).

secon|dair: secondary || secondaire || sekondär; **-de:** second || seconde *v* || Sekunde *v*; **-de-erg:** second erg || ergseconde *m* || Sekundenerg *o*; **-de-joule:** joule second || joule-seconde *m* || Sekundenjoule *o*; **-denteller:** seconds counter || compte-secondes *m* || Sekundenzähler *m*; **-derad:** fourth wheel || roue *v* de secondes *vm* (de trotteuse *v*) || Sekundenrad *o*; **-deslinger:** seconds pendulum || pendule *m* à secondes *vm* || Sekundenpendel *o*; **-dewijzer:** second hand; sweep second hand (*grote*) || aiguille *v* des secondes *vm* || Sekundenzeiger *m*.

sectie (*spw.*)**:** section || section *v* || Strecke *v*; **-blok:** section blocking || blocage *m* de section *v* || Streckenblock *m*; **-indeling:** section || sectionnement *m* || Streckenteilung *v*; **-ingenieur:** superintending engineer || ingénieur *m* ordinaire || Streckeningenieur *m*; **-isolator:** section insulator || isolateur *m* de section *v* || Streckenisolator *m*; **-ketel:** sectional boiler || chaudière *v* sectionnée || Glieder-, Sektionalkessel *m*; **-schakelkast:** section switch box || boîte *v* d'interrupteur *m* de section *v* || Streckenschaltkasten *m*.

sector (*cirkel*)**:** sector || secteur *m* || Sektor *m*, [Kreis]ausschnitt *m*; **-, getande:** cogged quadrant || secteur *m* denté || Zahnsegment *o*; **-arm:** quadrant arm (slide) || bras *m* de secteur *m* || Quadrantarm *m*; **-beweging:** nosing motion || mouvement *m* du secteur *m* || Vorrichtung *v* zur Regulierung *v* der Garnaufwindung *v*; **-neustoestel:** nosing motion || nez *m* du secteur *m* pour renvidage *m* || Regulierung *v* der Garnaufwindung *v*.

secun|dair: *zie* **secondair; -de:** *zie* **seconde.**

sedan: sedan || sedan *m* || Sedan *m*.

segerkegel: *zie* **smeltkegel.**

segment: **1.** (*algem.*)**:** segment || segment *m* || Abschnitt *m*, Segment *o*; **-arm:** segment arm || bras *m* de segment *m* || Segmentarm *m*; **-boog** (*bouwk.*)**:** segmental arch || arc *m* en segment *m* || Flach-, Segmentbogen *m*, hoher Stichbogen *m*; **-staal:** segment [steel] bar || acier *m* à segment *m* || Segmentstahl *m*; **-venster:** segment window || fenêtre *v* bombée || Stichbogenfenster *o*;
2.: *zie onder* **bol 1.**

segrijnleder: shagreen || chagrin *m* || Chagrin *m*, Chagrinleder *o*.

sein (*ook: spw.*)**:** signal || signal *m* || Signal *o*; *zie ook* **signaal; - geven, een:** to [give a] signal || donner un signal *m* || ein Signal *o* geben; **- ontvangen, een:** to receive a signal || recevoir un signal *m* || ein Signal *o* empfangen; **- v. aankomst:** home signal || signal *m* d'entrée *v* || Einfahrsignal *o*; **- v. vertrek:** starting signal || signal *m* de sortie *v* || Ausfahrsignal *o*; **-, onvoorwaardelijk:** absolute stop signal || signal *m* d'arrêt *m* absolu || unbedingtes Haltsignal *o*; **-, optisch:** optical (flash) signal || signal *m* optique || optisches Signal *o*; **-, voorwaardelijk:** permissive signal || signal *m* permissif || bedingtes Haltsignal *o*; **-antenne:** sending (transmitting) aerial || antenne *v* d'émission *v* (émettrice, de transmission *v*) || Senderantenne *v*; **-arm:** semaphore arm || bras *m* de sémaphore *m* || Signalarm *m*, -flügel *m*; **-armkoppeling:** coupling of signal arms || enclenchement *m* des bras *mm* de sémaphores *mm* || Signalarmkupplung *v*; **-bel:** signal bell || sonnerie *v* || Signalglocke *v*; **-beweging:** signal operation (working) || mouvement *m* donné au signal *m* || Signalbewegung *v*; **-blokking:** interlocking of signal || blocage *m* du signal *m* || Signalsperre *v*; **-brug** (*spw.*)**:** signal bridge || passerelle *v* à signaux *mm* || Signalbrücke *v*; **-code:** signal code || code *m* des signaux *mm* || Signalbuch *o*; **-en:** *zie* **sein geven, een** *en* **telegraferen; -fluit:** signal whistle || sifflet *m* de signal *m* || Signalpfeife *v*; **-gever** (*toestel*)**:** sender, transmitter || transmetteur *m* || Sender *m*, Sendervorrichtung *v*; **-hefboom:** signal lever || levier *m* de signal *m* || Signalhebel *m*; **-hoorn:** hooter, signal horn || trompe *v* à signaux *mm* || Signalhorn *o*, -huppe *v*; **-huis** (*spw.*)**:** signal cabin || cabine *v* de poste *m* de manoeuvre *v* || Signalbude *v*; **-inrichting, automatische** (*spw.*)**:** automatic stop device || dispositif *m* d'arrêt *m* automatique || Fahrsperre *v*; **-kleur:** signal colour || couleur *m* de signal *m* || Signalfarbe *v*; **-klok:** signal bell || cloche *v* de signal *m* || Signalglocke *v*; **-lantaarn:** signal lamp || lanterne *v* de signal *m* || Signallaterne *v*; **-letter:** signal letter || lettre *v* de signal *m* || Signalbuchstabe *m*; **-licht:** signal light || feu *m* de signal *m* || Signallicht *o*; **-methode:** signalling method || méthode *v* de signalisation *v* || Signalverständigung *v*; **-ontvanger** (*toestel*)**:** receiver || récepteur *m* || Empfangapparat *m*, Empfänger *m*; **-paal:** signal post || mât *m* (poteau *m*) de sémaphore *m* || Signalmast *m*; **-relais:** signalling switch || relais *m* manipulateur || Tastrelais *o*; **-schijf:** signal disc || disque *m* de signal *m* || Signalscheibe *v*; **-sleutel:** key || manipulateur *m* || Taste *v*; **-stand:** signal position || position *v* d'un signal *m* || Signalstellung *v*; **-toestel** (*spw.*)**:** signalling apparatus || appareil *m* à signaux *mm* || Signalvorrichtung *v*; **-verklikker** (*spw.*)**:** signal indicator || contrôle *m* de signal *m* || Signalrückmelder *m*; **-vlag** (*spw.*)**:** signal flag || drapeau *m* signal, guidon *m* || Signalfahne *v*; **-voorschrift:** signal regulation (instruction) || instruction *v* relative aux signaux *mm* || Signalvorschrift *v*; **-vorm:** signal indication || figure *v* du signal *m* || Signalbild *o*; **-vuur:** signal fire || feu *m* signal || Signalfeuer *o*; **-vuurpijl:** signal rocket || fusée *v* de signal *m* || Signalrakete *v*; **-wachter:** signal man || signaleur *m*, signaliste *m* || Signalwärter *m*; **-wezen:** signalling || signalisation *v* || Signalwesen *o*.

seismisch: seismic || s[é]ismique || seismisch.

seismo|graaf: seismograph || s[é]ismographe *m* || Seismograph *m*; **-gram:** seismogram || s[é]ismogramme *m* || Seismogramm *o*; **-logie:** seismology || s[é]ismologie *v* || Seismologie *v*; **-meter:** seismometer, geophone || s[é]ismomètre *m* || Seismometer *o*, *m*.

seizing: gasket, nipper || garcette *v* || Seising *v*.

seizoentarief: seasonal tariff || tarif *m* saisonnier || Saisontarif *m*.

selec|tief: selective || selectif || selektiv; **-tiviteit:** selectivity || sélectivité *v* || Trennschärfe *v*; **-torvork:** *zie* **schakelvork.**

seleen: selenium || sélénium *m* || Selen *o*; **-cel:** selenium cell || résistance *v* en sélénium *m* || Selenzelle *v*; **-dioxyde:** selenium dioxide || bioxyde *m* de sélénium *m* || Selendioxyd *o*; **-laagje:** selenium film || couche *v* de sélénium *m* || Selenschicht *v*; **-verbinding:** selenium compound (derivative) || composé *m* (derivé *m*) de sélénium *m* || Selenverbindung *v*; **-waterstof:** hydrogen selenide || hydrogène *m* sélénié || Selenwasserstoff *m*; **-zuur:** selenic acid || acide *m* sélénique || Selensäure *v*.

sele|niet: selenite || sélénite *v*, gypse *m* spathique || Selenit *m*, Marienglas *o*, Gipsspat *m*; **-nigzuur:** selenious acid || acide *m* séléneux || selenige Säure *v*; **-nium:** *zie* **seleen.**

selfactor: *zie* **wagenspinbank.**

sellers|blok: Sellers (swivel) bearing || palier *m* Sellers (rotulé, articulé) || Sellerslager *o*, Stehlager *o* mit Kugelbewegung *v*; **-koppeling:** Sellers coupling || accouplement *m* Sellers (à double cône *m*, à pince *v*) || Doppelkegel-, Sellerskupplung *v*; **-schroefdraad:** Sellers thread || filet *m* Sellers || Sellers-Gewinde *o*.

semafoor: semaphore || sémaphore *m* || Semaphor *o*; **-bericht:** semaphore message || message *m* sémaphorique || Semaphortelegramm *o*; **-station:** semaphore station || poste *m* sémaphorique || Semaphorstation *v*.

semifusiniet: semi-fusinite || semi-fusinite *v* || Semi-Fusinit *m*.

sempel (*weefgetouw*)**:** simple || semple *m* || Sempel *m*, Zampel *m*, Zempel *m*; **-haak:** simple hook || crochet *m* de semple *m* || Zampelhaken *m*; **-koorden:** simple cords || cordes *vm* de semple *m* || Zampelkorden *vm*, -schnüre *vm*; **-stoel:** simple loom || métier *m* à semple *m* || Zampelstuhl *m*; **-stok:** simple stick (rod, stock) || bâton *m* de semple *m* || Zampelstock *m*.

senarmontiet: senarmontite || sénarmontite *v* || Senarmontit *m*.

sentlijn (*scheepsb.*)**:** diagonal || lisse *v* plane || Sente *v*.

se|pia: sepia || sépia *v* || Sepia *v*; **-pioliet:** *zie* **meerschuim.**

septer: *zie* **relingstut.**

ser|geant (*werktuig*)**:** *zie* **lijmknecht; -gestof:** *zie* **saai.**

serie: series || série *v* || Serie *v*, Reihe *v*; *zie ook* **reeks 4; -booglamp:** series arc lamp || lampe *v* à arc *m* [avec régulateur *m*] en série *v* (à arc *m* en tension *v*), régulateur *m* à courant *m* constant || Hauptschluß-bogenlampe *v*; **-brief:** *zie* **follow-up; -dynamo:** series dynamo || dynamo *v* en série *v* || Hauptschluß-, Seriendynamo *v*; **-klink:** break jack || jack *m* à rupture *v* || Trennklinke *v*; **-motor:** series [wound) motor || moteur *m* en série *v* || Serien-, Reihenschluß-, Hauptschlußmotor *m*; **-parallelschakeling:** series parallel connection || couplage *m* mixte || gemischte Schaltung *v*; **-parallelschakeling m. brugverbinding:** bridge-transition || transition *v* série-parallèle par la méthode *v* du pont *m* || Reihen-Parallelschaltung *v* mit Brückenschaltung *v*: **-parallelschakeling m. onderbreking:** series-parallel change by opening the circuits in the network || transition *v* série-parallèle par coupure *v* des dérivations *vm* sur le réseau *m* || Parallelschaltung *v* mit Leistungsunterbrechung *v*; **-parallelschakeling m. shunt:** series-parallel shunt transition || transition *v* série-parallèle par shunt *m* || Reihen-Parallelschaltung *v* mit Widerstandschaltung *v*; **-paralleltransformator:** multiple transformer || transformateur *m* série-parallèle || Serienparalleltransformator *m*; **-parallelwikkeling:** serie parallel winding || enroulement *m* mixte (série-parallèle) || Serienparallelwicklung *v*; **-reclame:** follow-up (reminder) advertising || publicité *v* de rappel *m* || Nachlaßwerbung *v*; **-schakelaar:** either both and off switch || commutateur *m* à deux directions *vm* séparées et marche *v* en parallèle || Serienschalter *m*; **-schakeling:** series connection || couplage *m* en série *v* || Hintereinander-, Reihenschaltung *v*; **-transformator:** series transformer || transformateur *m* en série *v* || Reihen-, Serientransformator *m*; **-wikkeling:** series winding || bobinage *m* (enroulement *m*) en série *v* || Hauptschluß-, Reihenwicklung *v*.

serpentijn: 1. (*delfstof*)**:** serpentine || serpentine *v* || Serpentin *m*;
2. (*buis*): coil [pipe], serpentine, worm pipe || serpentin *m* || Schlangenrohr *o*, Rohrschlange *v*.

ser|re-joint: *zie* **lijmknecht; -vepijp:** *zie* **buis, inwendig geribde; -vetgoed:** diaper || linge *m* ouvré || gemusterte Leinwand *v*; **-vicereclame:** reason-why advertising || publicité *v* argumentée || Aufklärungswerbung *v*; **-vomechanisme:** servo-mechanism || servo-mécanisme *m* || Servomechanismus *m*; **-vomotor:** servo-motor || servo-moteur *m* || Servomotor *m*.

sesamolie: sesame oil || huile *v* de sésame *m* || Sesamöl *o*.

sesqui|carbonaat: sesquicarbonate || sesquicarbonate *v* || Sesquicarbonat *o*; **-oxyde:** sesquioxide || sesquioxyde *m* || Sesquioxyd *o*.

Sèvresporselein: Sèvres porcelain || porcelaine *v* de Sèvres || Sèvresporzellan *o*.

sextant: sextant || sextant *m* || Sextant *m*.

sfaleriet: sphalerite, blende || sphalérite *v*, blende *v* || [Zink]blende *v*.

sfer|isch: spherical(*ly*) || sphérique(*ment*) || kugelförmig, sphärisch; **-oïde:** spheroid || spheroïde *m* || Sphäroid *o*; **-oïdisch:** spheroidal || sphéroïdal || sphäroidal; **-ometer:** spherometer || sphéreomètre *m* || Kugelmesser *m*.

S-haak: S-hook || croc *m* en S *m*, esse *v* || S-haken *m*, Eshaken *m*.

sheddak: lean-to (saw tooth) roof || toit *m* shed || Sheddach *o*.

shirting: shirting || shirting *m* || Hemdenkatun *m*, Schirting *m*.

showcard: [show]card || [pan]carte *v* || Aufstellplakat *o*.

shunt: shunt || dérivation *v*, shunt *m* || Nebenschluß *m*, -schließung *v*, Shunt *m*; **-, magnetische:** magnetic shunt || shunt *m* magnétique || magnetischer Nebenschluß *m*; **-bekrachtiging:** *zie* **shuntopwekking; -booglamp:** shunt arc lamp || lampe *v* à arc *m* en dérivation *v* (à régulateur *m* en dérivation *v*) || Nebenschlußbogenlampe *v*; **-dynamo:** shunt dynamo || dynamo *v* shunt || Nebenschlußdynamo *v*; **-en:** to shunt || mettre en dérivation *v*, shunter || in den Nebenschluß *m* legen, shunten; **-galvanometer:** shunted galvanometer || galvanomètre *m* à résistance *v* shunt (en dérivation *v*) || Galvanometer *o*, *m* mit Zweigwiderstand *m*; **-klem:** shunt terminal || borne *v* shunt (de dérivation *v*) || Nebenschlußklemme *v*; **-meter:** shunt meter || shuntmètre *m* || Nebenschlußmesser *m*; **-methode:** shunt method || méthode *v* de dérivation *v* || Abzweigmethode *v*; **-motor:** shunt motor || moteur *m* en dérivation *v* (shunt) || Nebenschlußmotor *m*; **-opwekdynamo:** shunt exciter || excitatrice *v* en dérivation *v* (shunt) || Nebenschlußerregerdynamo *v*; **-opwekking:** shunt excitation || excitation *v* en dérivation *v* (shunt) || Nebenschlußerregung *v*; **-regelaar:** shunt regulator || régulateur *m* en dérivation *v* (shunt) || Nebenschlußregler *m*; **-regeling:** shunt regulation || régulation *v* de dérivation *v*, régulation *v* shunt || Nebenschlußregulierung *v*; **-schakeling:** shunt connection || connexion *v* de dérivation *v* || Nebenschlußschaltung *v*; **-stand:** shunt position || position *v* avec shunt *m* || Nebenschlußstellung *v*; **-stroom:** shunt current || courant *m* dérivé (shunt) || Nebenschlußstrom *m*; **-stroombaan:** shunt circuit || circuit *m* dérivé (shunt) || Nebenschlußstromkreis *m*; **-verhouding:** shunt ratio || rapport *m* de dérivation *v* || Nebenschlußverhältnis *o*; **-weerstand:** shunt resistance || résistance *v* en dérivation *v* (shunt) || Nebenschlußwiderstand *m*; **-wikkeling:** shunt winding || enroulement *m* shunt, bobinage *m* en dérivation *v* || Nebenschlußwicklung *v*.

siccatief: drying oil, siccative || siccatif *m* || Sikkativ *o*.

side|raal: sidereal || sidéral || sideral, siderisch; **-riet:** siderite || sidérose *v* || Siderit *m*, Spateisenstein *m*; **-risch:** *zie* **sideraal; -rografie:** siderography, steel engraving || sidérographie *v* || Stahlstecherkunst *v*.

siemens|-anker: H-(Siemens', shuttle) armature || induit *m* de Siemens (en double T) || Doppel T-Anker *m*, I-Anker *m*, Siemensanker *m*; **-martinstaal:** open hearth (Siemens-Martin) steel || acier *m* [Siemens-]Martin || [Siemens-]Martinstahl *m*.

sier|deksel: ornamental hood || capot *m* ornemental || Zierhaube *v*; **-lijst:** ornamental band [border] || liteau *m* ornemental || Zierleiste *v*; **-marmer:** facing marble || marbre *v* de parement *m* || Verblendmarmor *m*; **-ribbe:** surface rib || nervure *v* décorative || Zierrippe *v*; **-ring:** ornamental ring || anneau *m* (bague *v*) décorative || Zierring *m*; **-steen:** facing (facework) stone || moellon *m* parementé, pierrre *v* d'ornementation *v* (de parement *m*) || Verblendstein *m*.

sifon: 1. (*fles*, *vat*): siphon, syphon || siphon *m* || Siphon *m*, Selbstschenker *m*;
2.: *zie* **hevel; - voor zuren:** acid siphon || siphon *m* à acide *m* || Säureheber *m*;
3. (*grondduiker*): siphon || siphon *m* || Dükerleitung *v*;
4.: *zie* **straatkolk;**
5. (*stankafsluiter*): siphon, seal pipe, [gas] trap || siphon *m* || Geruchsverschluß *m*, Sackrohr *o*.

si|gaar: cigar || cigare *m* || Zigarre *v*; **-garenaansteker:** [cigar-]lighter || briquet *m*, allume-cigares *m* || Zigarrenanzünder *m*, Feuerzeug *o*; **-garenkist:** cigar box || caisse *v* à cigares *mm* || Zigarrenkiste *v*; **-garenkistenhout:** cigar box wood || bois *m* de caisse *v* à cigares *mm* || Zigarrenkistenholz *o*; **-garet:** cigarette || cigarette *v* || Zigarette *v*; **-garettenpapier:** cigarette paper || papier *m* à cigarettes *vm* || Zigarettenpapier *o*.

signaal: signal || signal *m* || Signal *o*; *zie ook* **sein; -boek:** signal code || code *m* des signaux *mm* || Signalbuch *o*; **-fluit:** *zie* **seinfluit; -hoorn** (*automobiel, enz.*): hooter || trompe *v* à signaux *mm* || [Signal]huppe *v*; **-lantaarn;** *zie* **seinlantaarn; -manometer:** electric alarm pressure gauge || manomètre *m* avertisseur || Signalmanometer *o*, *m*; **-schel:** *zie* **seinbel; -schijf:** disk signal || disque *m* signal || Signalscheibe *v*; **-thermometer:** alarm thermometer || thermomètre *m* avertisseur || Signalthermometer *o*, *m*.

signatuur: (*letter*) kern, signature || cran *m* || Unterschnitt *m*, Signatur *m*.

sikkel: sickle || faucille *v* || Sichel *v*; **-ligger:** sickle [crescent] shaped girder || poutre *v* parabolique en forme *v* de croissant *m* || Sichelträger *m*.

silhouet: silhouette || silhouette *v* || Schattenbild *o*, -riß *m*.

silicaat: silicate || silicate *m* || Silikat *o*; **-slak:** silicate clinker || scorie *v* silicatée || Silikatschlacke *v*.

silicium: silicon || silicium *m* || Silicium (Silizium) *o*; **-blik** (*elektr.*): silicon sheet || tôle *v* au silicium *m* || Siliciumblech *o*; **-brons:** silicon bronze || bronze *m* au silicium *m* (siliceux) || Siliciumbronze *v*; **-carbide:** silicon carbide || siliciure *m* de carbone *m* || Siliciumcarbid *o*; *zie ook* **carborundum; -dioxyde:** silicon dioxide || bioxyde *m* de silicium *m*, anhydride *m* silicique || Siliciumdioxyd *o*; **-fluoride:** silicon fluoride || fluorure *m* de silicium *m* || Siliciumfluorid *o*; **-staal:** silicon steel || acier *m* silicé || Siliciumstahl *m*; **-verbinding:** silicon compound (derivative) || composé *m* (derivé *m*) de silicium *m* (silicié) || Siliciumverbindung *v*; **-waterstof:** silicon hydride || hydrogène *m* silicié || Siliciumwasserstoff *m*.

sili|con: silicone || silicone *m* || Silikon *o*; **-cose:** *zie* **kwartslong.**

silo: grain warehouse without floors, silo || grenier *m* à silos *mm*, silo *m* || Getreide-, Silo-, Zellenspeicher *m*, Silo *m*.

Siluur: Silurian || Silurien *m* || Silur *o*.

sim|pel: *zie* **sempel; -plexpomp:** simplex pump || pompe *v* simplex || Simplexpumpe *v*; **-plex-telegrafie:** simplex telegraphy || télégraphie *v* simple || Einfachtelegraphie *v*.

singel: 1. (*gracht*): moat || canal *m* de ceinture *v* || Stadtgraben *m*;
2. (*weg*): boulevard, promenade || avenue *v*, boulevard *m* || Ring[wall] *m*;
3. (*stoel*): web || sangle *v* || Gurt *m*;
4. (*paardetuig*): girth || sangle *v* || Bauchgurt *m*;
5. (*plaats m. strandkeien*): shingle, gravel || galet *m*, gravier *m* || Singel *m*;
6. *zie* **zeel.**

sintel: cinder, slag || escarbille *v* (*kolen*); scorie *v*, crasse *v* (*metaal*) || Sinter *m*, Metallschlacke *v*; **-steen:** ashes brick, cinder stone || pierre *v* de cendre *v* || Aschestein *m*.

sinter: sinter, clinker || concrétion *v* || Sinter *m*; **-grens:** sintering limit || limite *v* de concrétion *v* || Sintergrenze *v*; **-ing:** sintering || concrétion *v* || Sinterung *v*; **-kool:** cherry coal || charbon *m* scorifère || Sinterkohle *v*.

sinus: sine (sin) || sinus *m* (sin) || Sinus *m* (sin); **-boussole:** sine galvanometer || boussole *v* des sinus *mm* || Sinusbussole *v*; **-elektrometer:** sine electrometer || électromètre *m* à sinus *m* || Sinuselektrometer *o*, *m*; **-functie:** sine function || fonction *v* sinusoïdale || Sinusfunktion *v*; **-kompas:** sine galvanometer || boussole *v* des sinus *mm* || Sinusbussole *v*; **-kromme:** sine curve || courbe *v* de sinus *m*, sinusoïde *v* || Sinuskurve *v*; **-methode:** sine method || méthode *v* des sinus *mm* || Sinusmethode *v*; **-oïdaal:** sinusoidal || sinusoïdal || sinusoidal, Sinusoiden-; **-oïde:** *zie* **sinuskromme;** **-slingering:** sinusoidal vibration || vibration *v* sinusoïdale || Sinusschwingung *v*; **-spanning:** sine voltage || tension *v* sinusoïdale || Sinusspannung *v*; **-stroom:** sine [sinusoidal] current || courant *m* sinusoïdal || Sinusstrom *m*, sinusoidaler Strom *m*; **-tafel:** table of sines || table *v* de sinus *m* || Sinustafel *v*; **-veld:** sinusoidal field || champ *m* sinusoïdal || Sinusfeld *o*; **-vorm:** sine shape || forme *v* de sinus *m* || Sinusform *v*; **-vormig:** sine shaped, sinusoidal || sinusoïdal || sinusförmig.

sirene: siren || sirène *v* || Sirene *v*, Nebelhorn *o*; **-, elektrische:** electric siren || sirène *v* électrique || elektrische Hupe *v* (Sirene *v*).

sisal: sisal [hemp] || sisal *m* || Sisalhauf *m*.

sissen: to hiss || siffler || zischen.

sits: chintz || calencar *m*, calencas *m* || Zits *m*; **-papier:** chintz paper || papier *m* de toile *v* de coton *m*, papier *m* peint || Kattunpapier *o*.

situatieplan: plan of site, general plan || plan *m* de situation *v* (d'ensemble *m*) || Lage-, Situationsplan *m*.

sjor|ketting: securing chain || chaîne *v* d'amarrage *m* || Zurrkette *v*; **-ren:** to lash, to seize || amarrer, lier || zurren; **-ring:** lashing, seizing || amarrage *m* || Zurrung *v*.

skiff: skiff || esquif *m*, skiff *m* || Skiff *m*.

skin-effect: skin effect || effet *m* pelliculaire *m* || Hautwirkung *v*, Skineffekt *m*.

skoeter: scooter || trottinette *v*, patinette *v*, scooter *m* || Motorroller *m*.

slaan: **1.** (*algem.*): to beat, to strike || frapper || schlagen;
2. (*klep*): to knock || osciller || flattern;
3. (*drijfriem*): to flap || flotter || schlagen;
4. (*uurwerk*): to strike || sonner || schlagen;
5. (*brug*): to lay, to throw || jeter || bauen, schlagen;
6. (*touw*): to lay, to spin || battre, commettre || [zusammen]schlagen; (*kabel*): to strand (twist), stranding, twisting || échouer, câbler, commettre; commettage *m*, échouage *m*, câblage *m* || verseilen, stranden; Verseilung *v*, Strandung *v*;
7. (*wel*): to sink || foncer || senken;
8. (*geld*): to stamp || frapper || prägen;
9. (*olie*): to press || presser || auspressen, schlagen;
10. (*palen*): to drive || enfoncer || schlagen;
11. (*pomp*): hydraulic recoil || coup *m* de bélier *m* || hydraulischer Rückstoß *m*.

slaap|coupee: sleeping compartment || coupé lit *m* || Schlafabteil *m*; **-wagen:** sleeping car || wagon-lits *m* || Schlafwagen *m*; **-zaal:** dormitory || dortoir *m* || Schlafsaal *m*.

slacht|en: to kill, to slaughter || tuer, abattre || schlachten; **-erij:** butchery || boucherie *v* || Schlächterei *v*; **-huis:** *zie* **abattoir.**

slag: **1.** (*algem.*): blow, stroke, hit || coup *m* || Schlag *m*; **-buigproef:** shock (blow) bending test || essai *m* de flexion *v* au choc *m* || Schlagbiegeprobe *v*; **-kalander:** beetler, beating (beetling) mill || calandre *m* (moulin *m*) à pilons *mm* || Schlagemühle *v*, Stampf-, Stockkalander *m*; **-letter:** hand stamp || marque *v* à frapper || Schlagbuchstabe *v*; **-machine m. naaldentrommel:** spreader with needle cylinder || batteur-cardeur *m* || Wattenmaschine *v* mit Nadeltrommel *v*; **-muts:** cap, head, pile cover || capuchon *m* du pieu *m*, casque *m* (chape *v*) de percussion *v* || Schlaghaube *v*; **-plank:** muller and plate || batte *v* (same *v*) plate à manche *v* courbée || Praker *m*, Schlagbrett *o*, Tatsche *v*; **-proef:** impact (shock) test || essai *m* au choc *m* || Fall-, Schlagversuch *m*, Schlagprobe *v*; **-room:** *zie* **kloproom;** **-sterkte**(*hamer*)**:** strength of blow || force *v* de frappe *v* || Schlagstärke *v*; **-veer** (*geweerslot*)**:** main spring || grand ressort *m* || Schlagfeder *v*; **-weerstand:** resistance to shock || résistance *v* au choc *m* || Schlagfestigkeit *v*;
2. (*mach.*): *zie* **omwenteling;** **-enteller:** *zie* **toerenteller;**
3. (*zuiger*): stroke || course *v*, coup *m* || Hub *m*, Schlag *m*; **-, heengaande:** forward stroke || avance *v*, marche *v* en avant *m* || Hingang *m*; **-, neergaande:** down stroke, descent || descente *v* ||

Niedergang *m*; **-, opgaande:** upstroke, ascent || montée *v* || Aufgang *m*; **-, teruggaande:** return (backward) stroke || retour *m*, recul *m*, marche *v* en arrière *m* || Rückgang *m*, -lauf *m*; **-, volle:** full stroke (lift) || course *v* complète || Vollhub *m*; **-, [voor]uitgaande:** *zie* **slag 3, heengaande; -, vrije:** free travel || course *v* libre || Freilauf *m*; **-enteller:** [stroke] counter || comptecoups *m*, compteur *m* de courses *vm* || Hubzähler *m*; **-hoogte:** lift || levée *v* || Hubhöhe *v*; **-nok** (*klepstang*)**:** shoulder on valve stem to limit lift || taquet *m* limitant la course *v* || Hubbegrenzungskegel *m*; **-volume:** *zie* **cilinderinhoud** *onder* **cilinder 2;**

4. (*in de kruk*)**:** knocking || cogne *m* || Kwibelschlag *m*;

5. (*uurwerk*)**:** stroke || coup *m* || Schlag *m*; **-werk:** striking train (work) || sonnerie *v* || Schlagwerk *o*; **-werkhorloge:** striking watch || montre *v* à sonnerie *v* || Schlaguhr *v*; **-werkklok:** striking clock || horloge *v* à sonnerie *v* || Schlaguhr *v*;

6. (*knal, enz.*; *pyrotechn.*)**:** report || coup *m* || Schlag *m*; **-buisje:** percussion tube || tube *m* à percussion *v* || Perkussionsschlagröhre *v*; **-hoedje:** detonator, percussion cap || amorce *v*, capsule *v* fulminante (d'amorce *v*), détonateur *m* || Sprengkapsel *v*, Zündhütchen *o*, -kapsel *v*; **-koord:** instantaneous fuse || cordeau *m* détonant || Knallzündschnur *v*; **-kwik:** fulminate of mercury || fulminate *v* de mercure *m* || Knallquecksilber *o*; **-patroon:** priming cartridge, primer || cartouche *v* fulminante, cartouche-amorce *v* || Zünd-, Schlagpatrone *v*; **-pen:** striking pin || percuteur *m*, broche *v* de percussion *v* || Schlagbolzen *m*, -stift *m*; **-pijpje:** primer tube || étoupille *v* || Schlagröhre *v*; **-sas:** priming composition || composition *v* d'amorce *v* (fulminante) || Perkussions-, Zündsatz *m*; **-snoer:** quick-match, firecord || cordeau *m* détonant || Zündschnur *v*;

7. (*weverij*)**:** *zie* **lade; - tegen de picker:** pick, shot || chasse *v* || Schlag *m*; **-arm:** picking shaft || chasseur *m* || Schlagarm *m*; **-excentriek:** picking eccentric (tappet) || came *v* (excentrique *v*) de chasse *v* || Schlagexzenter *m*, -scheibe *v*; **-mechanisme:** picking motion || mécanisme *m* de chasse *v* || Schlageinrichtung *v*; **-riem:** picking band (strap), lug strap || courroie *v* (lanière *v*) de chasse *v* || Schlag-, Webschnellriemen *m*; **-stoel:** beater || batteur *m* || Klopf-, Schlagmaschine *v*; **-stok:** picking stick || battant *m* (bras *m*) de chasse *v*, fouet *m* || Peitschen-, Schlagarm *m*, Schlagstock *m*;

8. *zie* **winding; wikkeling;** (*touw*)**:** lay || commettage *m* || Schlag *m*; **-, linkse** (*rechtse*)**:** left (*right*) hand twist || tors *m* (torsion *v*) à gauche *v* (*à droite v*) || Linksdrall *m* (*Rechtsdrall m*); (*touwwerk*)**:** turn || tour *m* || Schlag *m*; **-, halve** (*hele*)**:** half (*round*) turn || demi-tour *m* (*tour m entier*) || halber (*ganzer*) Schlag *m*;

9. (*schip*)**:** board || bord *m*, bordée *v* || Bord *m*, Gang *m*, Schlag *m*; **-beddingen:** bilge (launching) ways || couettes *vm* mortes || Schlagbetten *om*; **-boeg:** good board || bon bord *m* || Schlag-, Streckbug *m*; **-zij:** lop side, list || bande *v*, faux bord *m*, faux côté *m* || Schlagseite *v*;

10. (*versch. betekenissen*)**: -balk** (*sluis*)**:** chief beam of the threshold || racinal *m* du busc *m* || Schlagbalken *m*; **-boom:** barrier || barrière *v* || Schlagbaum *m*, Schranke *v*; **-drempel** (*sluis*)**:** threshold || seuil *m* du busc *m* || Schlagschwelle *v*, -siel *o*; **-lijn:** chalk[ed] line, lining out || cordeau *m* à marquer, coup *m* de cordeau *m* || Schlagleine *v*, Schnurslag *m*; **-ruimte** (*vonk*)**:** sparking distance || distance *v* explosive des étincelles *vm* || Funkenschlagweite *v*; **-schaduw:** cast shadow || ombre *v* portèe (projetée) || Schlagschatten *m*; **-schijf:** cone (step) pulley || poulie *v* à étages *mm* || Treppenscheibe *v*; **-stijl** (*sluis*)**:** mitre (meeting) post || poteau *m* battant (montant) || Schlag-, Stemmsäule *v*; **-wijdte** (*vonk*)**:** *zie* **slagruimte; -zin:** slogan || slogan *m*, devise *v* commerciale || Schlagsatz *m*.

slak (*metallurgie, enz.*)**:** slag, scoria, cinder, dross || crasse *v*, laitier *m*, mâchefer *m*, scorie *v* || Schlacke *v*, Sinter *m*.

slakken|bed (*weg*)**:** slag ballasting || ballastage *m* en scorie *v* (en laitier *m*) || Schlackenbettung *v*; **-beton:** slag concrete || béton *m* de laitier *m* || Schlackenbeton *m*; **-cement:** slag cement || ciment *m* de scories *vm* || Schlackenzement *m*; **-gat:** slag hole || trou *m* de coulée *v* des scories *vm* || Schlackenstich *m*; **-gehalte:** percentage of clinker || teneur *v* en scorie[s] *v*[*m*] || Schlackengehalt *m*; **-haak:** clinkering iron || ringard *m* à décrasser || Rostspieß *m*; **-hoop:** slagheap || crassier *m* || Schlackenhalde *v*; **-houdend:** containing slag, slaggy || scorifère || schlackenhaltig, schlackig; **-huis** (*centrif. pomp*)**:** pump shell || corps *m* de pompe *v* || [Leitrad]gehäuse *o*; **-koek:** cake of clinker, clinker lump || gâteau *v* (masse *v*, tourteau *m*) de scories *vm* || Schlackenkuchen *m*; **-kuil:** clinker pit || dépôt *m* des scories *vm* de foyer *m* || Schlackenfall *m*; **-oven:** slag hearth || fourneau *m* à scories *vm* || Schlackenherd *m*; **-rooster:** dumping (clinker) grate || grille *v* à scories *vm* ||

Schlackenrost *m*; **-schop:** clinker shovel || pelle *v* à décrasser || Schlackenschaufel *v*; **-steen:** scoria brick, slag (cinder) stone || brique *v* de scorie *v*, pierre *v* de laitier *m* || Schlackenstein *m*; **-steker:** *zie* **slakkenhaak; -vorming:** formation of clinker || formation *v* de scories *vm*, scorification *v* || Schlackenbildung *v*; **-wol:** mineral wool, slagwool || laine *v* de laitier *m* (minérale, de scorie *v*) || Schlackenwolle *v*, mineralische Wolle *v*; **-zand:** slag sand || sable *m* de laitier *m* || Schlackensand *m*.

slang: hose pipe, flexible tube || boyau *m*, tuyeau *m* flexible || Schlauch *m*; **-beugel:** hose clamp || collier *m* de boyau *m* || Schlauchklammer *v*, -schelle *v*; **-e-lijn:** serpentine line || ligne *v* sinueuse (serpentine) || Schlangenlinie *v*; **-emondstuk:** hose mouthpiece || embouchure *v* du boyau *m* || Schlauchmundstück *o*; **-enhoorn** (*auto*)**:** horn wit flexible tube || cornet *m* à tube *m* flexible || Schlauchhuppe *v*; **-enhout:** leopard-, letter-, snakewood, speckled wood || bois *m* amourette moucheté, bois *m* de lettres *vm* de Chine (de lettres *vm* moucheté) || Buchstaben-, Muskat-, Schlangen-, Lettern-, Tigerholz *o*; **-enkast** (*v. d. brandweer*)**:** hose box || caisse *v* pour les boyaux *mm* || Schlauchkasten *m*; **-enkoppeling:** hose coupling || accouplement *m* de tuyaux *mm* flexibles || Schlauchkupplung *v*; **-ensteen:** serpentine || serpentine *v* || Serpentin *m*; **-entrommel:** hose drum || tambour *m* d'enroulement *m* du boyau *m* || Schlauchtrommel *m*; **-klem:** hose clip || collier *m* de serrage *m* || Schlauchschloß *o*; **-pijp:** *zie* **serpentijn; -pijpafkoeler:** *zie* **serpentijnafkoeler; -schroefstuk:** hose nipple || raccord *m* de boyau *m* || Schlauchgewindestück *o*, -tülle *v*.

slankheid (*vormen*)**:** fineness, leanness || finesse *v* || Schlankheit *v*.

slap: 1. (*touw*): loose, slack || lâche, mou || lose, schlaff; **-hangend:** slack || lâche || schlaffhängend; **- worden:** to become slack || se détendre, devenir lâche || schlaff (schlapp) werden;

2. (*luchtband*): slack, soft || détendu, flasque, relâché || schlaff, weich;

3. (*zaag*): unset || ralentie || ungespannt.

slaperdijk: spare dike || digue *v* de réserve *v* || Schlafdeiche *v*.

slecht: bad, ill || mauvais || schlecht; **-bijl:** chip axe || épaule *v* de mouton *m* || Breit-, Schlichtbeil *o*; **-en:** to demolish, to pull down || démolir, raser || abtragen, abreißen, niederreißen; **- geleidend:** bad conducting, of low conductivity || mauvais conducteur || schlechtleitend; **- klinkend:** dissonant || dissonant || mißklingend; **-hamer:** planishing (smoothing) hammer || marteau *m* à planer || Schlichthammer *m*.

sle[d]e: 1. (*algem.*): sledge || traîneau *m* || Schlitten *m*; **-balk** (*scheepst.*)**:** bilge way, sliding baulk || anguille *v*, coit[t]e *v*, couette *v* || Schlittenbalken *m*; **-beweging** (*werktuig*)**:** motion of slide || mouvement *m* du chariot *m* || Schlittenbewegung *v*; **-draaibank:** slide lathe || tour *m* à chariot *m* || Supportdrehbank *v*; **-vijzel:** sliding jack || vérin *m* à chariot *m* || Schlittenwinde *v*;

2. (*gereedsch. mach.*): carriage || chariot *m* || Schlitten *m*, Support *m*.

sleedoorn: blackthorn || prunellier *m*, prunier *m* épineux || Schleh-, Schwarzdorn *m*.

sleep (*schepen*)**:** train || train *m* || Schleppzug *m*; **-bolder** (*schip*)**:** towing bollard || bitte *v* de remorque *v* || Schleppbeting *v*; **-boog** (*scheepst.*)**:** towrail || arceau *m* de remorque *v* || Schleppbogen *m*; **-boot:** towboat, tug[boat], || remorqueur *m* || Schlepper *m*, Schleppboot *o*; **-borstel:** sliding brush || balai *m* frottant || Schleifbürste *v*; **-contact:** sliding contact || contact *m* à chariot *m* (à curseur *m*, par frottement *m*) || Schleif-, Schlittenkontakt *m*; **-helling:** hauling up ship, slipway || cale *v* de halage *m* || Aufschlepphelling *m en v*; **-kluis:** towing hole || écubier *m* de remorque *v* || Schleppklüse *v*; **-loon:** towage [money] || prix *m* de remorquage *m* || Schlepplohn *m*; **-net:** dragnet || chalut *m* || Schleppnetz *o*; **-rem** (*spw.*)**:** slipper brake || frein *m* à patins *vm* || Schlittenbremse *v*; **-ring:** collector (drag, slip, treil) ring || bague *v* collectrice (de frottement *m*), bande *v* d'entraînement *m* des cliquets *mm* || Schleif-, Schleppring *m*; **-ringanker:** slip ring armature (rotor) || induit *m* à bagues *vm* collectrices (à bagues *vm* de prise *v* de courant *m*) || Schleifring-, Spulenanker *m*; **-ringborstel:** slip ring brush || balai *m* de la bague *v* collectrice || Schleifringbürste *v*; **-ringisolatie:** slip ring insulation || isolement *m* entre bagues *vm* collectrices || Schleifringisolation *v*; **-ringkapsel m. platenbescherming:** gas-tight slip ring case with plate protection || capot *m* des bagues *vm* collectrices à protection *v* par plaques *vm* || Schleifringkapsel *o* mit Plattenschutz *m*; **-ringmotor:** slip ring motor || moteur *m* à bagues *vm* || Schleifring[anker]motor *m*; **-ringverlies:** slip ring loss || perte *v* à la bague *v* collectrice || Schleifringverlust *m*; **-rotor:** slip ring rotor || rotor *m* à bagues *vm* collectrices || Schleifringrotor *m*; **-schip:**

tow, towed vessel || chaland *m* de charge *v* remorqué || [Schlepp]kahn *m*, Prahm *m*, Leichter *m*; **-schoen:** skid || semelle *v* || Gleit-, Schleifschuh *m*; **-spoel:** fixed pirn || cannette *v* à défiler || Schleifspule *v*; **-tenk** (*scheepsb.*)**:** shipmodel basin, experiment tank || bassin *m* d'essais *mm* || Schlepprinne *v*; **-touw:** tow rope || câble *m* (aussière *v*) de remorque *v* || Schleppleine *v*, -strang *m*, -tau *o*; **-tros:** *zie* **sleeptouw; -vaart:** towage || remorquage *m* || Schleppschiffahrt *v*.

sleet: *zie* **slijting.**

sleg: sledge [hammer] || maillot *m* || Schlegel *m*.

slei-: *zie* **sleg.**

slenk (*terrein*)**:** trough-fault, downthrown block || massif *m* affaisé (effondré) || Graben *m*, Senke *v*.

sle|pen: 1. (*voorttrekken*)**:** to drag, to haul; to tug, to tow (*schip*) || traîner, emporter en traînant; remorquer (*v. e. schip*) || schleppen;

2. (*over iets slepen*)**:** to drag, to trail || (*se*) traîner, frotter || schleppen, schleifen; **-pend:** trailing || traînant || schleppend, Schlepp-, Schleif-.

sleuf: 1. (*algem.*)**:** slot, groove || fente *v*, rainure *v*, encoche *v*, cannelure *v* || Nute *v*, Rille *v*, Schlitz *m*; **-, gebogen:** curved slot || fente *v* (coulisse *v*) arquée || Bogenschlitz *m*; **-anker** (*elektr.*)**:** slotted armature || induit *m* à encoches *vm* (à rainures *vm*) || Nutenanker *m*; **-borstel** (*elektr.*)**:** slotted brush || balai *m* fendu || geschlitzte Bürste *v*; **-brander:** slot burner || bec *m* à fente *v* || Schnitt-, Schlitzbrenner *m*; **-frees:** slot cutter || fraise *v* à rainer || Nuten-, Schlitzfräser *m*; **-isolator:** hood isolator || isolateur *m* à fente *v* (à tête *v* fendue) || Schlitzisolator *m*; **-ring:** split ring || bague *v* fendue || Schlitzring *m*; **-schaar:** slotted link || coulisse *v* découpée || Schlitzschwinge *v*; **-schroef:** screw with notched head || vis *v* à tête *v* fendue || Schlitzschraube *v*; **-spie:** sunk key || clavette *v* à rainure *v* || Nutenkeil *m*;

2. (*mijnb.*)**:** trench, cutting, slot || havage *m* (*horizont.*), rouillure *v* (*vertik.*), recoupe *v*, rainure *v* || Schlitz *m*, Kerb *m*, Schram *m*; **-machine:** *zie* **koolsnijder;**

3. (*mijnb.*)**:** *zie* **kerf 3; -monster:** trench sample || échantillon *m* pris dans une trancheé *v* (entaille *v*) || Schlitzprobe *v*.

sleutel: 1. (*slot*)**:** key || clef *v*, clé *v* || Schlüssel *m*; **-, valse:** false key || fausse clef *v* || Dietrich *m*, Nachschlüssel *m*; **-baard:** key bit || panneton *m* de clef *v* || Schlüsselbart *m*; **-bos:** key bunch || trousseau *m* de clefs *vm* || Schlüsselbund *o*; **-gat:** keyhole || trou *m* de [la] clef *v* (à serrure *v*) || Schlüsselloch *o*; **-gatklep:** keyhole plate || cache-entrée *m* || Schlüssellochdeckel *m*; **-pijp:** key pipe (shank) || canon *m* de clef *v* || Schlüsselrohr *o*; **-ring:** key ring || clavier *m*, porte-clefs *m* || Schlüsselring *m*; **-schacht:** key shank || tige *v* de clef *v* || Schlüsselschaft *m*; **-stuk** (*scheepst.*)**:** chock || clef *v* || Füllklotz *m*; **-vijl:** blade (key) file || lime *v* à clef *v* (fendante) || Spaltfeile *v*;

2. (*moersleutel*)**:** screw-wrench, spanner || clef *v* [à (pour) écrou *m*] || Schrauben-, Mutterschlüssel *m*; **- m. rechte** (*scheve*) **bek:** straight (*skew*) spanner || clef *v* droite (*coudée*) || Schraubenschlüssel *m* mit geradem (*schrägen*) Maul *o*; **-, dichte:** cap key, box wrench || clef *v* fermée || Hülsenschlüssel *m*; **-, dubbele** (*enkele*)**:** double (*single*) ended spanner || clef *v* double (*simple*) || Doppelschlüssel *m*, doppelmäuliger (*einfacher*) Schraubenschlüssel *m*; **-, Engelse:** *zie* **sleutel 2, verstelbare; -, platte open:** open-ended spanner || clef *v* à fourche *v* || Gabelschlüssel *m*; **-, verstelbare:** adjustable spanner (wrench), monkey wrench, shifting spanner || clef *v* à molette *v* || verstellbarer Schraubenschlüssel *m*; **-bek:** jaw of spanner, opening of wrench || mâchoires *vm* de la clef *v* || Maul *o* des Schraubenschlüssels *m*; **-wijdte:** size (span) of jaw || ouverture *v* de la clef *v* || Maul-, Schlüsselweite *v*;

3. (*telegr.*)**:** key, sender || clé *v*, manipulateur *m* || Taste *v*, Kippschalter *m*;

4. -put (*petr.*)**:** imput (intake, injection) well || puits *m* d'introduction *v* || Einlaß-, Schüssel-, Einpreßsonde *v*.

slib: mud, ooze, sludge, slime, silt || limon *m*, bourbe *v*, vase *v* || Schlamm *m*, Schlick *m*; *zie ook* **slik; slijk; -roting:** mud retting || rouissage *m* à bourbe *v* || Schlammröstung *v*, -rotte *v*.

slicht|borstel: dressing brush || brosse *v* à parer || Schlichtbürste *v*; **-en** (*weverij*)**:** *zie* **pappen; -kam:** ravel, separator || peigne *v* de pliage *m*, rateau *m* || Scheide-, Schlichtkamm *m*; **-maan** (*leerlooierij*)**:** moon knife || lunette *v*, écharnoir *m* || Schlichtmesser *o*, -mond *m*; **-machine** (*weverij*)**:** dressing machine || machine *v* à encoller (à parer), encolleuse *v*, pareuse *v* || Schlichtmaschine *v*; **-mes:** *zie* **slichtmaan.**

slik: 1. (*algem.*)**:** sludge; mud, mire, dirt (*straat*); silt, mud, ooze (*rivier*) || boue *v* || Schlamm *m*; *zie ook* **modder; slib; slijk;**

2. (*nat gesteentepoeder*)**:** slime, mire, mud, sludge || limon *m*, vase *v*, bourbe *v* || Schlamm *m*;

3. (*wasserij*) (*mijnb.*)**:** slime, slurry, pulp

|| slimes *vm*, schlamms *mm* || Schlamm *m*, Schlick *m*.

slik|pomp (*mijnb.*): mud pump || pompe *v* à boue *v* || Schlammpumpe *v*; **-tafel** (*wasserij*) (*mijnb.*): slimer, slime table || table *v* à laver les schlamms *mm* || Schlämmherd *m*.

sling (*scheepst.*): *zie* **hijsstrop.**

slinger: pendulum || pendule *m* || Pendel *m*; *zie ook* **kruk; zwengel; -, ballistische:** ballistic pendulum || pendule *m* balistique || ballistisches Pendel *o*; **-, conische:** conical pendulum || pendule *m* conique || Kugel-, Zentrifugalpendel *o*; **-arm:** swing lever || levier *m* oscillant || Schwingarm *m*; **-arm** (*v. e. regulateur*): pendulum arm || bras *m* de pendule *m* || Pendelarm *m*; **-bliksemafleider:** pendulum lightning arrester || parafoudre *m* à pendule *m* || Pendelblitzschutzvorrichtung *v*; **-en:** *zie na* **slingerwijdte; -gewicht:** pendulum weight || contrepoids *m* du pendule *m* || Pendelgewicht *o*; **-hoek:** angle of displacement (of oscillation) || angle *m* d'amplitude *v* || Ausschlagwinkel *m*; **-ing:** *zie onder* **slingeren; -keten;** *zie* **slingerkring; -kring:** oscillatory circuit || circuit *m* oscillant || Schwingungskreis *m*; **-lamp:** double swing lamp, lamp with universal suspension || lampe *v* à suspension *v* à la Cardan || Schlingerlampe *v*; **-lijn:** lemniscate || lemniscate *v* || Schleifenlinie *v*; **-magneet:** pendulum magnet || aimant *m* pendulaire || Pendelmagnet *m*; **-meter:** clock (pendulum) meter || compteur *m* pendulaire (à balancier *m*) || Pendelzähler *m*; **-methode:** oscillation method || méthode *v* des oscillations *vm* || Schwingungsmethode *v*; **-molen:** pendulum mill || moulin *m* à pendule *m*, broyeur *m* à pendules *mm* centrifuges || Pendelmühle *v*; **-punt:** centre of oscillation || centre *m* d'oscillation *v* || Schwingungs-, Drehpunkt *m*; **-regulator:** pendulum governor || régulateur *m* à pendule *m* || Pendelregulator *m*, -regler *m*; **-schijf:** pendulum bob || lentille *v* du pendule *m* || Pendellinse *v*; **-stag:** preventer stay || faux-étai *m* || Schlingerstag *o*; **-tafel:** swinging table || table *v* à roulis *m* || Hängetisch *m*; **-trap:** *zie* **wenteltrap; -tijd:** duration (period time) of oscillation || durée *v* d'[une] oscillation *v* || Schwingungsdauer *v*, -zeit *v*; **-uurwerk:** pendulum clock || horloge *v* à pendule *m* (à balancier *m*) || Pendeluhr *v*; **-vlak:** plane of oscillation || plan *m* d'oscillation *v* || Schwingungsebene *v*; **-waterpas:** pendulum level || niveau *m* à pendule *m* || Pendelwaage *v*; **-wijdte:** *zie* **amplitude.**

slinge|ren: 1. (*algem.*): to oscillate, to swing || osciller || schwingen, pendeln; **-rend:** oscillating, swinging || oscillant || schwingend; pendelnd; **-ring:** oscillation || oscillation *v* || Schwingung *v*;
2. (*schip*): to roll || rouler || schlingern;
3. (*wiel*): to run untrue, to wobble, to be out of truth || tourner à faux, flotter || schlagen, taumeln;
4. (*mach.*): to oscillate || osciller || schwingen; (*synchr. machine*): cyclic variation || pompage *m* || Pendeln *o*; **-ringen** (*synchr. mach.*): hunting || oscillations *vm* pendulaires || Pendelschwingungen *vm*;
5. (*rivier; weg; enz.*): to wind, to meander || (*se*) serpenter || sich schlängeln.

slin|ken: to shrink || se rétrécir || einlaufen, schwinden; *zie ook* **afnemen; krimpen; verminderen; -king:** shrinkage || retraite *v*, rétrécissement *m* || Schwinden *o*.

slip: 1. (*uiteinde, enz.*): flap || bout *m* || Zipfel *m*;
2. (*werktuigb., enz.*): slip || glissement *m* || Schlüpfung *v*; (*scheepsschroef*): slip || recul *m* || Slip *m*; **-haak:** slip hook || croc *m* à échappement *m* || Schlipphaken *m*; **-karakteristiek:** *zie* **slipkromme; -koppeling:** slip coupling || accouplement *m* à glisser || Schlüpfkupplung *v*; **-kromme** (*elektr.*): slip curve || courbe *v* de glissement *m* || Schlüpfungskurve *v*; **-schakel:** slip shackle || manille *v* à échappement *m* || Schlippschäkel *m*; **-stopper:** slip stopper || bosse *v* à échappement *m* || Schlippstopfer *m*; **-touw:** slip rope || double *m* d'un cordage *m* || Schlipptau *o*; **-wagen** (*spw.*): slip carriage || voiture *v* à décrocher en marche *v* || während der Fahrt *v* abzukupplender Wagen *m*.

slippen: 1. (*algem. werktuigb.*): to slip || glisser || schlüpfen, gleiten; **-, het:** slip || glissement *m* || Schlüpfung *v*, Schlüpfen *o*, Gleiten *o*;
2. (*riem*): to slip || glisser || schlüpfen, rutschen, gleiten; **-, het:** slip[ping] || glissement *m*, patinage *m* || Schlüpfung *v*, Schlüpfen *o*, Gleiten *o*, Rutschen *o*;
3. (*anker, elektr.*): to slip || glisser || schlüpfen; **-, het:** armature slip || glissement *m* d'induit *m* || Ankerschlüpfung *v*;
4. (*anker, scheepst.*): to come home, to drag || draguer le fond *m*, déraper || durchgehen, triftig sein;
5. (*voertuig*): to skid || déraper || gleiten, rutschen; **-, het:** skidding || dérapage *m* || Rutschen *o*.

sloep: launch, dinghy, boat || chaloupe *v*, canot *m*, embarcation *v* || Boot *o*, Barkasse *v*; **-davit:** boat's davit || bossoir *m* d'embarcation *v* || Bootsdavit *m*; **-klamp:** boat chock || chantier *m* de chaloupe *v* || Bootsklampe *v*; **-takel:**

boat tackle || palan *m* d'embarcation *v* || Bootstakel *m*. -talje *v*.
loof (*dekbalk*): capping (head) beam, cap, corbel course, wall piece || chapeau *m* || Holm *m*.
sloopnagel: mortise bolt || ételon *m* || Zapfennagel *m*.
sloot: ditch || fossé *m* || Graben *m*.
slo|pen: **1.** (*algem.*): to pull (to break) down || démolir || niederreißen, abbrechen; schleifen; **-ping**: pulling (breaking) down || démolition *v* || Schleifen *o*, Schleifung *v*, Niederreißung *v*, Abbruch *m*;
2. (*schip*): to break up || déchirer || abwracken, abbrechen; **-perij**: shipbreaking yard || chantier *m* de démolition *v* || Abbruchwerft *v*, *o*.
slot: **1.** (*deur*, *enz.*): lock || serrure *v* || Schloß *o*; **-, dubbel** (*enkel*): lock with double turn, twice (*once*) turning lock || serrure *v* à deux tours *mm* (à double tour *m*) (*à un tour m*) || zweitouriges (*eintouriges*) Schloß *o*;
2. (*geweer*): lock || platine *v* || Schloß *o*.
slot|haak: *zie* **haaksleutel**; **-hout v. e. mast**: fid || clef *v* de mât *m* || Schloßholz *o*; **-klamp**: holding clamp || griffe *v* d'arrêt *m* || Halteklamme *m*; **-kram**: bolt staple || auberon *m* || Riegelkrampe *v*; **-kramplaat**: staple plate || auberonnière *v* || Riegelblech *o*; **-nagel**: dog nail || clou *m* de serrure *v* || Schloßnagel *m*; **-plaat**: lock plate || corps *m* de platine *v* || Schloßblech *o*; **-schroef**: carriage bolt || boulon *m* ordinaire (à bois *m*) || Schloßschraube *v*;
sluier: **1.** (*fotogr.*): fog[ging] || voile *m* || Schleier *m*; **-en**: to fog || voiler || [ver]schleiern; **-ing**: fog[ging] || voile *m* || [Ver]schleierung *v*;
2. (*radio*): **-ing**: fading || évanouissement *m* || Abklingen *o*, Fading *o*.
sluis: lock, sluice, flood gate || écluse *v* || Schleuse *v*; **- m. draaiende deuren**: sluice with turning doors || écluse *v* à portes *vm* tournantes || Kasten-, Drehtorschleuse *v*; **-, dubbele**: double lock || écluses *vm* accolées || Doppelschleuse *v*; **-, ronde**: circular lock (sluice) || écluse *v* ronde (à tambour *m*) || Kessel-, Trommelschleuse *v*; **-bedding**: lock bottom || radier *m* [d'écluse *v*] || Schleusenboden *m*; **-dam**: weir with a lock || barrage *m* à écluse *v* || Schleusenwehr *o*; **-deur**: lock gate || porte *v* d'écluse *v* || Schleusentor *o*; **-deur** (*ebzijde*): aft (tail) gate || porte *v* d'aval *m* || Untertor *o*; **-deur** (*vloedzijde*): flood (head) gate || porte *v* d'amont *m* (de tête *v*) || Flut-, Obertor *o*; **-hoofd**: lock bay (crown), sluice head || tête *v* d'écluse *v* || Schleusenhaupt *o*; **-kolk**: *zie* **kolk**; **-put**: lock pit || fouille *v* d'une écluse *v* || Schleusengrube *v*; **-wachterswoning**: lock keeper's house || maison *v* éclusière || Schleusenwärterhaus *o*; **-wand**: side wall of lock || bajoyer *m* d'écluse *v* || Schleusenwand *v*; **-werk**: sluice work || vannage *m* || Schleusenwerk *o*.
sluit|beugel: locking clamp (hoop) || étrier *m* de fermeture *v* || Verschlußbügel *m*; **-boom** (*v. e. deur*): crossbar || barrière *v* || Türvorleger *m*; Vorlegebaum *m*; **-boom** (*spw.*): barrier || [lisse *v* de] barrière *v* || Schlagbaum *m*; Schranke *v*; **-doos** (*wijde-pijpketels*): header (joint) cap || boîte *v* de fermeture *v* || Verschlußkappe *v*; **-dop**: [closing] plug || bouchon *m* [de fermeture *v*] || Verschlußpfropfen *m*; -schraube *v*; Stopfen *m*; **-en**: *zie na* **sluitwig**; **-er** (*fotogr.*): shutter || obturateur *m* || Verschluß *m*; **-gewicht**: cup weight || poids *m* à godelet *m* || Einsatzgewicht *o*; **-haak**: end hook || crochet *m* de queue *v* || Schließ-, Schlußhaken *m*; **-ing**: *zie onder* **sluiten**; **-inrichting**: locking gear (device) || mécanisme *m* (dispositif *m*) de fermeture *v* || Verschlußvorrichtung *v*; **-kap**: screwed cap || chapeau *m* de fermeture *v* || Verschlußkappe *v*; **-kop**; *zie* **klinknagelkop** (*sluitkop*); **-kromme**: end curve || courbe *v* finale || End-, Schließkurve *v*; **-lamp** (*elektr.*): *zie* **afschellamp**; **-lantaarn** (*spw.*): tail lamp || lanterne *v* de queue *v* || Schlußlaterne *v*; **-lijn**: abutment (closing end) line || ligne *v* de fermeture *v* || Schlußlinie *v*; **-materiaal** (*typogr.*): locking-up apparatus || serrage *m* || Schließzeug *o*; **-pan**: end (flap) tile || tuile *v* flamande (recourbée) || Schlußziegel *m*; **-pen**: end (coupling) pin || fuseau *m* de fermeture *v* || Schlußbolzen *m*; **-plaat**: closing disk (plate) || plaque *v* de fermeture *v* || Abschlußplatte *v*, Verschlußplatte *v*, -plättchen *o*; **-prop**: hand hole cover || tampon *m* de fermeture *v* || Verschlußpfropfen *m*; **-relais**: clearing relais || relais *m* de clôture *v* (de fin *m* de conversation *v*) || Schlußrelais *o*; **-ring**: lock ring || bague *v* de fermeture *v* || Schließring *m*; **-ring** (*onder moer*): washer || rondelle *v* || Unterlegscheibe *v*; **-schroef**: locking screw || vis *v* de fermeture *v* || Verschlußschraube *v*; **-schuif**: closing trap || fermeture *v* à glissière *v* || Verschlußschieber *m*; **-schijf** (*spw.*): tail disc || disque *m* de queue *v* || Zugschlußscheibe *v*; **-sein** (*spw.*): tail signal || signal *m* de queue *v* || Schlußsignal *o*; **-spie**: *zie* **opsluitspie**; **-steen** (*gewelf*): key stone || clef *v* de voûte *v* || Schlußstein *m*; **-steen, afhangende**: pendant keystone || cul *m* de lampe *v*, fourche *v* || Abhängling *m*; **-vlak, bol** (*ketel*):

bumped head, dished boiler end || fond *m* bombé || gewölbter Boden *m*; **-vorm** (*typogr.*): skeleton form || contre-forme *v* || Paßform *m*; **-wig:** locking wedge || coin *m* de fermeture *v* || Schließkeil *m*, Verschlußkeil *m*.

slui|ten: 1. (*algem.*): to close, to shut: to lock || fermer || [ver]schließen; *zie ook* **afsluiten** *en onder* **dicht 2, 3; -ting** (*het sluiten*): closing, shutting; locking || fermeture *v* || [Ver]schließen *o*, [Ver]-schließung *v*; **-ting** (*sluitmiddel*): closing, seal || fermeture *v* || Verschluß *m*; **-ting, luchtdichte:** hermetical seal (closing) || fermeture *v* hermétique || luftdichter Verschluß *m*; **-ting, rechte** (*ketting*): D-shackle || manille *v* en D || Kuhmaul *o*; **-tingsbeveiliging:** leakage protection || système *m* contre les défauts *mm* d'isolement *m* || Fehlerschutz *m*;
2. (*elektr.*): to close || fermer || schließen; **-ting:** closing || fermeture *v* || Schließung *v*; *zie ook* **kortsluiting; -tingsboog:** arc on closing (at make) || arc *m* de fermeture *v* || Schließungsbogen *m*; **-tingsdraad:** connecting wire || fil *m* de fermeture *v* || Schließungsdraht *m*; **-tingsvonk:** spark on closing (at make) || étincelle *v* de fermeture *v* || Schließungsfunke[n] *m*.

slijk: mire, mud || boue *v*, bourbe *v*, vase *v* || Schlamm *m*; *zie ook* **modder; slib; slik; - afblazen** (*ketel*): to blow (to draw) off the deposit || décharger la boue *v* || Schlamm *m* ablassen; **-afscheider:** slime separator || trieur *m* (separateur *m*) de boue *v* || Schlammscheider *m*; **-afvoerbuisje:** mud pipe (nozzle) || tubulure *v* à boue *v* || Schlammlochstutzen *m*; **-afzetwand:** mud baffle, wall for the deposit of mud || chicane *v* d'arrêt *m* des boues *vm* || Schlammwand *v*; **-bord:** *zie* **spatbord; -buis:** mud drum (pipe) || tube *m* à boue *v* || Schlammrohr *o*; **-filter:** mud filter || filtre *m* à boue *v* || Schlammfilter *o*, *m*; **-gat:** mud pocket (leg) || trou *m* d'ébouage *m* (de décharge *v* des boues *vm*), porte *v* de visite *v* || Schlammloch *o*; **-gatdeksel:** mud hole door || autoclave *v*, petite porte *v*, plaque *v* de trou *m* de sel *m* || Schlammlochdeckel *m*; **-gatmondstuk:** mud nozzle (pipe) || tubulure *v* à boues *vm* (d'ébouage *m*, de décharge *v* de boues *vm*) || Schmutzrohr *o*; **-houdend:** muddy || boueux || schlammhaltig; **-kamer:** mud chamber (collector) || collecteur *m* de boues *vm*, déjecteur *m*, puisard *m* || Schlammfänger *m*, -fang *m*, -kammer *v*, -sack *m*, -sammler *m*; **-kast:** *zie* **slijkkamer; -kraan:** mud cock || robinet *m* à boue *v* (d'ébouage *m*) || Schlammhahn *m*; **-krabber:** mud scraper || gratte-boue *m* || Schlammkratze *v*; **-neerslag:** muddy deposit || dépot *m* boueux || schlammiger Niederschlag *m*; **-prop:** mud (screw) plug || bouchon *m* de nettoyage *m* || Putz-, Reinigungsklappe *v*.

slijp|bank (*glas*): grinding bench || table *v* pour dresser les glaces *vm* || Schleifbank *v*; **-en:** to grind (*glad, vlak, passend slijpen*); to sharpen, to whet (*scherp maken*); to polish (*diamant*) || polir (*glad maken*); meuler, rectifier **à la** meule *v* (*m. e. slijpsteen*); affûter, émoudre, aiguiser, repasser, affiler (*scherp maken*); affûter (*toespitsen*); tailler (*diamant*) || schleifen (*glad, vlak, scherp, spits slijpen*); schärfen (*scherp maken*); zuspitzen (*toespitsen*); **-en, nat:** to grind wet || affûter (meuler) en arrosant, aiguiser en mouillant || naß schleifen; **-en m. amaril:** to grind with emery || émeriller, meuler à l'émeri *m* || abschmirgeln; **-erij:** grindery || atelier *m* de meulage *m*, meulerie *v* || Schleiferei *v*; **-ing:** grinding || affûtage *m*, meulage *m* || Schleifen *o*; **-kool:** grinding charcoal || charbon *m* à polir || Schleifkohle *v*; **-machine:** grinder, grinding machine || machine *v* à affûter (à aiguiser, à meuler), meuleuse *v* || Schleifmaschine *v*, -vorrichtung *v*; **-machine** (*houtbew.*): disc sand papering machine || machine *v* à poncer le bois *m* || Holzschleifmaschine *v*; **-materiaal:** abrasive (grinding) material || substances *vm* abrasives || Schleifmaterial *o*, -mittel *o*; **-motor:** polishing motor || moteur *m* à décaper || Schleifmotor *m*; **-plaatje:** *zie* **gesteenteplaatje; -poeder:** polishing powder || poudre *v* à décaper (meuler) || Schleifpulver *o*; **-proef:** grinding test || essai *m* au meulage *m* || Schleifversuch *m*; **-riem** (*houtbew.*): sand belt || courroie *v* à poncer || Schleifband *o*, -riemen *m*; **-rol** (*spinnerij*): grinder, grinding roller || cylindre *m* (rouleau *m*) aiguisseur, tambour *m* à aiguiser || Schleiftrommel *v*, -walze *v*; **-schijf:** polishing disc, grinding wheel || roue *v* à décaper || Schleifscheibe *v*; *zie ook* **slijpsteen;** (*houtbew.*): sand disc || plateau *m* à poncer || Schleifscheibe *v*; **-sel:** grindstone swarf, grindings || boue *v* de meulage *m*, cambouis *m* || Schleifsel *o*, Schleifschmant *m*, -schlamm *m*, Schliff *m*, Schlips *m*; **-steen:** grindstone, grinding stone || meule *v* [à affûter] (*draaiend*); pierre *v* à affûter (*platte*) || Schleifstein *m*; *zie ook* **slijpschijf; -steen, fijne** (*grove*): fine grained (*coarse grained; rough*) grinding stone || meule *v* à fin (*gros*) grain *m*, meule *v* douce || feiner (linder; feinkörniger) (*grober; grobkörniger; rauher*) Schleifstein *m*; **-steen, fijnkorrelige** (*grofkorrelige*); *zie* **slijpsteen, fijne** (*grove*); **-steen, halfzachte:** *zie* **slijpsteen, midden-**

soort; -steen, harde (*zachte*): hard (*soft*) grinding stone || meule *v* dure (*tendre*) || harter (*weicher*) Schleifstein *m*; **-steen, middensoort:** medium grained grinding stone || meule *v* demi-douce || halblinder Schleif[stein] *m*; **-steenas:** grinding wheel spindle || arbre *m* porte-meule || Schleifsteinspindel *v*, -spindel *v*; **-steenbak:** chest below the grindstone, grinding stone trough || auget *m* de meule *v* || Schleif[stein]trog *m*, **-steendoorn:** grinding wheel arbre || mandrin *m* de meule *v* || Schleifsteindorn *m*; **-steenkap:** grinding wheel cover || capot *m* (garde *m*) de meule *v* || Schleifsteinkappe *v*; **-stof:** grindstone dust || poussière *v* de meulage *m* || Schleifstaub *m*; **-trommel** (*spinnerij*): emery roller, grinder || tambour *m* à émeri *m* || Schleiftrommel *v*; **-vlak:** grinding surface || surface *v* de meulage *m* || Schleiffläche *v*; **-wals** (*houtbew.*): grinding cylinder || tambour *m* ponceur || Schleiftrommel *v*, -walze *v*.

slijt|age: *zie* **slijting; -en:** to wear out || s'user || sich abnutzen; **-ing:** wear[ing], wear and tear || usure *v* || Abnützung *v*; Verschleiß *m*; **-ingsmeter** (*reels*): wear and tear gauge || appareil *m* de mesure *v* de l'usure *v* des rails *mm* || Abnutzungsmesser *m*; **-vlak:** wearing surface || surface *v* d'usure *v* || Abnutzungsfläche *v*.

smaak: taste, flavour, savour || goût *m*, saveur *v* || Geschmack *m*; **-stof:** flavouring substance || substance *v* (produit *m*) donnant un goût *m* || Geschmackstoff *m*.

smal: narrow, small || étroit, resserré || schmal; **-film:** narrow (substandard) film || film *m* étroit (réduit) || Schmalfilm *m*; **-filmcamera:** narrow film camera; amateur motion picture camera || caméra *v* à film *m* étroit (réduit) || Schmalfilmkamera *v*.

smalt: smalt || bleu *m* d'émail *m*, smalt *m* || S[ch]malte *v*.

smaltiet: smaltite || arséniure *v* (speiss *m*) de cobalt *m* || Kobaltspeise *v*, Speiskobalt *m*.

smaragd: emerald || émeraude *v* || Smaragd *m*; **-, Oosterse:** oriental emerald || corindon *m* vert, éméraude *v* orientale || orientalischer Smaragd *m*.

sme|den: to forge, to hammer || battre le fer *m*, forger, marteler || schmieden; **-den, koud:** to cool (to cold) hammer; cold hammering || battre (forger) à froid *m*, écrouir; écrouissage *m* || kalt schmieden; Kalthämmern *o*, -schmieden *o*; **-den, m. zadels:** to swage || étamper || im Gesenk *o* schmieden; **-den, warm:** to forge; forging || forger à chaud *m* || warm schmieden; Warmschmieden *o*; **-derij:** blacksmith's shop, forge, smithy || forge *v* || Schmiede *v*.

smeed|baar: forgeable, malleable || forgeable, malléable || schmiedbar; **-baarheid:** malleability || malléabilité *v* || Schmiedbarkeit *v*; **-hamer:** forge (forging, trip) || hammer, sledge [hammer] || marteau *m* de forge *v* || Schmiedehammer *m*; **-kolen:** blacksmith's (forge, smithy) coal || charbon *m* de forge *v* || Schmiedekohle *v*; **-kraan:** forge (smithy) crane || grue *v* de forge *v* || Schmiedekran *m*; **-kool:** smithy (forge, flash, caking) coal charbon *m* de forge *v* (de maréchal *m* || Schmiedekohle *v*; **-pers:** forging press || presse *v* à forger || Schmiedepresse *v*; **-proef:** forging test || essai *m* à la forge *v* (de forgeage *m*) || Schmiedeprobe *v*; **-staal:** *zie* **vloeistaal; -stuk:** forged piece || pièce *v* forgée *v* || Schmiedestück *o*; **-tang:** forge (smith's) tongs || tenailles *vm* de forge *v* || Schmiedezange *v*; **-werk:** forging, smith's work || ouvrage *m* de forge *v* || Schmiedearbeit *v*; **-ijzer:** *zie* **vloeiijzer.**

smeer (*smeermiddel*): grease, lubricant, oil || graisse *v*, matière *v* lubrifiante || Schmiere *v*, Schmiermittel *o*; **-borstel:** grease (oil) brush || balai *m* graisseur, brosse *v* de graissage *m* || Schmierbürste *v*; **-bus:** *zie* **oliepot; -gaatje:** *zie* **oliegaatje; -groef:** *zie* **oliegroef; -inrichting:** lubricating gear (apparatus), lubricator apparatus || appareil *m* de graissage *m* || Schmierapparat *o*, -vorrichtung *v*; **-inrichting m. e. aantal kanalen:** multiple lubricator || graisseur *m* à départs *mm* multiples || Öler *m* mit vielen Ausgängen *mm*; **-kan:** *zie* **oliekan; -kanaal:** oil groove || rainure *v* pour l'huile *v* || Schmierkanal *m*; **-kous:** *zie* **katoentje** *onder* **katoen 3; -kraan:** grease (lubrication) cock, tallow cup (cock), steam oiler grease cup, grease cup with cocks || robinet *m* de graissage *m*, robinet *m* graisseur || Schmierhahn *m*; **-kussen:** oil pad || tampon *m* de graissage *m* || Schmierkissen *m*, -polster *m*; **-middel:** lubricant || lubrifiant *m* || Schmiermittel *o*; **-olie:** lubricating oil || huile *v* de graissage *m* (lubrifiante) || Schmieröl *o*; **-olie-onderzoek:** testing of lubricating oil || examen *m* d'huile *v* de graissage *m* || Schmieröluntersuchung *v*; **-patroon:** lubrication cartridge || cartouche *v* de graissage *m* || Schmierpatrone *v*; **-pistool:** greasing gun || pistolet *m* de graissage *m* || Schmierpistole *v*; **-plaats:** point of lubrication || point *m* de lubrification *v* || Schmierstelle *v*; **-pomp:** *zie* **oliepomp; -pot:** lubricator, oil (grease) cup (box) || [godet *m*] graisseur *m*, boîte *v* à graisse *v* (à huile *v*) || Ölbüchse *v*, Öler *m*, Schmiergefäß *o*, -topf *m*; **-pot, glazen:** glass oil cup || godet *m* (graisseur *m*) de verre *m* || gläserne Schmierbüchse *v*; **-pot m. druppelaar:** sight feed oiler || graisseur *m* compte-gouttes || Tropföler *m*, -schmiergefäß *o*; **-pot v. Stauffer:** *zie* **staufferVetpot; -pot m. veer:** *zie* **oliepot m. veer; -potdeksel:** lubricator cap || couvercle *m* de graisseur *m* || Schmierdeckel *m*; **-pijp:** *zie* **oliepijp; -ring:** *zie* **oliering; -toestel:** *zie* **smeerinrichting; -veer:** *zie* **olieveer; -vet:** lubricating grease || graisse *v* lubrifiante || Schmierfett *o*; **-werking:** lubricating effect || action *v* lubrifiante || Schmierwirkung *v*.

smelt|baar: fusible || fusible || schmelzbar; **-baar, gemakkelijk** (*moeilijk*): easily (*difficultly*) melting (fusible) || se fondant facilement (*difficilement*) || leichtschmelzbar (*schwerschmelzbar*); **-baarheid:** fusibility || fusibilité *v* || Schmelzbarkeit *v*; **-cement:** melted cement || ciment *m* fondu || Schmelzzement *m*; **-coëfficiënt:** fusing coefficient, coefficient of fusion || coefficient *m* de fusion *v* || Schmelzkoeffizient *m*; **-draad:** fuse wire || fil *m* fusible || Schmelzdraht *m*; **-draadveiligheid:** wire fuse || coupe-circuit *m* à fil *m* fusible || Schmelzdrahtsicherung *v*; **-ten:** to fuse, to melt || (*se*) fondre || schmelzen; **-glas:** enamel || émail *m* || Schmelz *m*, -glas *o*; **-haard:** melting stove || four *m* de fusion *v* || Schmelzherd *m*; **-ing:** fusion, melting || fonte *v*, fusion *v* || Schmelzung *v*; **-ingswarmte:** heat of fusion || chaleur *v* de fusion *v* || Schmelzwärme *v*; **-kegel:** melting (pyrometric, Seger) cone || cone *m* pyrométrique || Schmelzkegel *m*, Segerkegel *m*; **-ketel:** melting pot (tank) || chaudière *v* de fusion *v* || Schmelzkessel *m*; **-kit:** fusible cement || ciment *m* (lut *m*, mastic *m*) fusible || schmelzbarer Kitt *m*; **-kleurstof** (*porseleinfabr.*): vitrifiable colour (pigment) || couleur *v* vitrifiante || Schmelzfarbe *v*; **-kroes:** crucible; melting pot || creuset *m* || [Schmelz]tiegel *m*; Schmelzhafen *m*; **-kroes v. grafiet:** graphite crucible || creuset *m* en graphite *m* || Graphittiegel *m*; **-kroes v. vuurvaste klei:** fire clay crucible || creuset *m* en terre *v* réfractaire || feuerfester Tontiegel *m*; **-kroes, porseleinen:** porcelain crucible || creuset *m* en porcelaine *v* || Porzellantiegel *m*; **-kroes, rijdbare:** ladle on wheels, travelling crucible wagon || creuset *m* sur roues *vm* || Wagentiegel *m*; **-kroesoven:** crucible furnace || fourneau *m* à creusets *mm* || Tiegelofen *m*; **-lamp:** enameller's (glass blower's) lamp || lampe *v* d'émailleur *m* || Schmelzlampe *v*; **-lassen, autogeen:** autogenous welding by fusion || soudure *v* autogène par fusion *v* || Schmelzschweißung *v*; **-lassing:** fusion welding || soudure *v* autogène || Schmelzschweißung *v*; **-lepel:** melting ladle || cuillère *v* à fondre || Schmelzlöffel *m*; **-middel:** flux, fusing agent || agent *m* de fusion *v*, flux *m*, fondant *m* || Fluß *m*, -mittel *o*, Schmelzmittel *o*; **-oven:** melting furnace || fourneau *m* de fonte *v* (de fusion *v*) || Schmelzofen *m*; **-patroon** (*elektr.*): cartridge fuse || cartouche *v* fusible || Schmelzpatrone *v*; **-punt:** melting (fusing) point || point *m* de fusion *v* || Schmelzpunkt *m*; **-schaaltje:** *zie* **scherf 2; -staal:** *zie* **vloeistaal; -stop:** fuse (melting) plug || bouchon *m* fusible || Schmelzstöpsel *m*, -pfropfen *m*; **-strook** (*elektr.*): fuse strip || lame *v* fusible || Schmelzstreifen *m*; **-stuk:** fusible piece || pièce *v* fusible || Schmelzstück *o*; **-veiligheid** (*elektr.*): [safety] fuse || fusible *m* || Schmelzsicherung *v*; **-warmte:** heat of fusion || chaleur *v* de fusion *v* || Schmelzwärme *v*; **-zekering*:** *zie* **smeltveiligheid.**

sme|ren: to grease, to lubricate, to oil || graisser, huiler, lubrifier || schmieren; **-rend:** lubricating || lubrifiant || schmierend; **-ring:** lubrication, oiling, greasing || lubrification *v*, huilage *m*, graissage *m* || Schmierung *v*, Ölung *v*; **-ring door bespatting:** *zie* **spatsmering; -ring door druppelaar:** *zie* **druppelsmering; -ring door indompeling;** dip lubrication || barbotage *m* || Einschmierung *v*; **-ring m. katoentjes:** wick oiling || graissage *m* à mèche *v* || Dochtschmierung *v*; **-ring, onderbroken:** *zie* **smering, periodieke; -ring onder druk:** pressure lubrication || graissage *m* sous pression *v* || Druckschmierung *v*; **-ring, periodieke:** intermittent oiling || graissage *m* périodique || periodische(unterbrochene) Schmierung *v*.

smergel: *zie* **amaril.**

smet|lijn: *zie* **slaglijn; -ten** (*typogr.*): to blur || friser || schmitzen, dublieren.

smeulen: to smoulder || brûler incomplètement, couver || schwelen.

smid: [black]smith || forgeron *m* || Schmied *m*.

smids|aambeeld: blacksmith's anvil || enclume *v* de forge *v* || Schmiedeamboß *m*; **-e:** forge, smithy, smith's shop || forge *v* || Schmiede *v*; **-gereedschap:** smith's tools || accessoires *mm* de forge *v* || Herdgeräte *o*; **-haard:** fire place, smith's hearth || âtre *m* (feu *m*) de forge *v* || Schmiedeherd *m*, -esse *v*; **-hamer:** *zie* **smeedhamer; -kool, -kolen:** *zie* **smeedkolen; -plaatstaal:** black steel plate, sheet steel || fer *m* noir, tôle *v* noire (russe) || Schwarzblech *o*; **-schoorsteen:** chimney || cheminée *v* de forge *v* || Schmiedeesse *v*.

smithsoniet: smithsonite, zinc spar || zinc *m* carbonaté || Zinkspat *m.*
smoor|calorimeter: choking calorimeter || calorimètre *m* à étranglement *m* || Drosselkalorimeter *o, m*; **-deur** (*mijnb.*): gauge (regulator, sham) door || porte *v* régulatrice (à guichets *mm*) || Drosseltür *v*; **-inrichting:** throttle device || dispositif *m* d'étranglement *m* || Drosselvorrichtung *v*; **-klep:** butterfly (throttle) valve || papillon *m*, soupape *v* à gorge *v* (d'étranglement *m*) || Drosselklappe *v*; **-klep** (*auto*): throttle; choke || clef *v* obturatrice du carburateur *m*; étrangleur *m* || Drosselklappe *v*; Luftklappe *v*; **-kromme:** throttling curve || courbe *v* d'étranglement *m* || Drosselkurve *v*; **-regeling:** throttle governing || réglage *m* par étranglement *m* || Drosselreglung *v*; **-schuif:** sliding throttle valve || tiroir *m* d'étranglement *m* || Drosselschieber *m*; **-spoel** (*elektr.*): choking (choke) coil, inductance (reactance, self induction) coil || bobine *v* de réactance *v* (de choc *m*, de réaction *v*, de self [induction *v*]) || Drossel-, Selbstinduktionsspule *v*; **-spoel, stroombegrenzende:** protective reactance coil || inductance *v* de protection *v* || Strombegrenzungsdrossel *v*; **-veld:** choking field || champ *m* de réactance *v* || Drosselfeld *o*; **-vonk:** quenched spark || étincelle *v* étouffée || Löschfunke[n] *m*; **-vonkexcitatie:** impact excitation || excitation *v* par choc *m* || Stoßerregung *v*; **-weerstand** (*elektr.*): choking resistance || résistance *v* de réactance *v* || Drosselwiderstand *m*; **-weg:** throttling path, wire drawing passage || voie *v* d'étranglement *m* || Drosselweg *m.*
smo|ren (*stoom, enz.*): to throttle (bean, pinch, choke) || étrangler || drosseln; **-ring:** throttling || étranglement *m* || Drosselung *v*;
2. (*stroom*): to choke || introduire une résistance *v* inductive dans le circuit *m* || drosseln.
smout|bok: cabinet || rang *m* || Akzidenzregal *o*; **-drukker:** perquisites printer || imprimeur *m* à bilboquets *mm* || Akzidenzdrucker *m*; **-drukkerij:** perquisites printing office || imprimerie *v* à bilboquets *mm* || Akzidenzdruckerei *v*; **-galei:** galley for standing matter || galée *v* à distribution *v* || Ablegeschiff *o*; **-letters:** jobtype || caractères *mm* de fantaisie *v* || Akzidenzschrift *v*; **-werk:** perquisites || bilboquets *mm* || Akzidenzarbeit *v*; **-zetter:** compositor of perquisites || employé *m* en conscience *v* || Akzidenzsetzer *m.*
snaar: 1. (*muziek, enz.*): string, chord || corde *v* || Saite *v*; **-galvanometer:** string galvanometer || galvanomètre *m* à corde *v* (à vibration *v*) || Saitengalvanometer *o m*;
2. (*drijfwerk*): rope || corde *v*, câble *m* || Seil *o*; **-groef:** groove || gorge *v* || Seilrille *v*; **-overbrenging:** rope drive || commande *v* par câble *m*, transmission *v* par corde *v* (par câble *m*) || Seiltrieb *m*; **-schijf:** rope pulley || poulie *v* à corde *v* (à gorge *v*) || Seilscheibe *v*; **-spanning:** rope tension || tension *v* du câble *m* || Seilspannung *v*; **-wrijving:** rope friction || frottement *m* du câble *m* || Seilreibung *v.*
snap|hamer (*klinken*): snap (cup shaped) dies, set (snap) hammer || bouterolle *v* à oeil *m* || Schellhammer *m*; **-kop** (*klinknagel*): cup (snap) head || tête *v* bombée || geschellter Kopf *m*; **-per:** *zie* **dopper**; **-slot:** *zie* **knipslot.**
snede: 1. (*algem.*): cut || coupe *v* || Schnitt *m*; **-methode:** dissecting (static moment) method || méthode *v* des moments *mm* statiques (des coupes *vm*) || Schnittverfahren *o*, Verfahren *o* der statischen Momente *om*, Rittersche Methode *v*;
2. (*insnijding*): incision || incision *v* || Einschnitt *m*;
3. (*scherp gereedsch.*): bit, edge || taillant *m*, tranchant *m* || Schärfe *v*, Schneide *v*; (*boorbeitel*): **-, dubbele** (*enkelvoudige*): double (*single*) bit || taillant *m* double (*simple*) || Doppel- (*Einzel-*)schneide *v*; **-, kruisvormige:** cross (rose) bit || taillant *m* en croix *v* || Kreuzschneide *v*;
4. (*zaag*): cut || coupe *v* || Schnitt *m*;
5. (*mesondersteuning*): blade, fulcrum; knife edge || couteau *m* || Schneide *v*, **-ondersteuning:** blade (fulcrum, knife edge) bearing || support *m* à couteau *m* || Schneidenlager *m*;
6. (*boek*): edge || tranche *v* || Schnitt *m*;
7. (*terrein*): line of contact (intersection), trace || trace *v* || Schnitt-, Scharungs-, Kreuzlinie *v.*
sneehoogte: height of cut || hauteur *v* du papier *m* || Einsatzhöhe *v.*
sneeuw: snow || neige *v* || Schnee *m*; **-ketting:** non skid chain || chaîne *v* antidérapante || Schneekette *v*; **-muur:** snow (protection) wall || mur *m* paraneige (de défense *v* contre la neige *v*) || Schneeschutzmauer *v*; **-ploeg:** snowplough || [charrue *v*] chasse-neige *m* || Schneepflug *m*; **-ploeg, roterende:** revolving (rotary) snowplough || chasse-neige *m* rotatif || Schneeschleuder *m*, Kreiselschneepflug *m*; **-ruiming:** snow removal || enlèvement *m* de la neige *v* || Schneebeseitigung *v*; **-schuiver:** *zie* **sneeuwploeg.**
snek (*horlogem.*): fusee || fusée *v* || Schnecke *v*; **-draaispil:** fusee (notching) arbor || arbre *m* à fusées *vm* || Schneckendrehstift *m*, -ausläufer *m*, -abläufer *m*;

-rad: fusee wheel || roue *v* de fusée *v* || Schneckenrad *o*; **-snijwerk:** fusee engine || machine *v* à tailler les fusées *vm* || Schneckenschneidzeug *o*.

snel: rapid(*ly*), quick(*ly*); at high speed || rapide(*ment*); à grande vitesse *v* || schnell, Schnell-; **-azijn:** quick vinegar || vinaigre *m* rapide || Schnellessig *m*; **-bindend:** quick setting || à prise *v* rapide || schnell-, raschbindend; **-boormachine:** high speed drilling machine || machine *v* à percer rapide || Schnellbohrmaschine *v*; **-cilinder** (*spinnen*): fancy roller, fly || volant *m* || Fix-, Schnellwalze *v*, Schnelläufer *m*; **-doorslag** (*weverij*): rapid reeding || piquage *m* (lissage *m*) accéléré || Schnellstechen *o*; **-draaibank:** high speed lathe || tour *m* à grande vitesse *v* || Schnelldrehbank *m*; **-draaierij** (*ruw werk*): rapid rough turning || dégrossissage *m* rapide || Schnellgrobdreherei *v*; **-draaistaal:** high speed tool steel || acier *m* à grande vitesse *v* (à coupe *v* rapide), acier *m* rapide || Schnelldrehstahl *m*, Schnellaufstahl *m*; **-drogend:** quick, drying || séchant rapidement, siccatif || schnelltrocknend; **-frees:** high speed cutter || fraise *v* rapide || Schnellfräser *m*; **-freesmachine:** high speed milling machine || fraiseuse *v* rapide || Schnellfräsmaschine *v*; **-hamer** (*metaalbew.*): quickhammer || marteau *m* rapide || Schnellhammer *m*; **-heid:** *zie na* **snelwaag; -heids-:** *zie na* **snelheid; -lade** (*weverij*): fly shuttle lathe || battant *m* à navette *v* volante || Schnellade *v*; **-lopend:** high speed || à grande vitesse *v* || schnellaufend; **-loper** (*weven*): fancy roller, fly || volant *m* || Läufer *m*, Schnelläufer *m*; **-ontlader:** rapid discharger || déchargeur *m* rapide || Schnellentlader *m*; **-pers:** fly press || presse *v* mécanique || Schnellpresse *v*; **-rem** (*spw.*): rapid acting brake || frein *m* rapide || Schnellbremse *v*; **-schudzeef:** rapid (quick) swing screen || crible *m* (tamis *m*) oscillant rapide || Schnellschwingsieb *o*; **-sluitinrichting:** safety governor || régulateur *m* auxiliaire (de sûreté *v*) || Hilfs-, Schnellschluß-, Sicherheitsregler *m*; **-soldeer:** quick solder || soudure *v* vive || Schnellot *o*; **-spoor:** high speed railway || voie *v* à trains *mm* rapides || Schnellbahn *v*; **-telegraaf:** high speed telegraph || télégraphe *m* rapide, tachytélégraphe *m* || Schnelltelegraph *m*; **-trein:** fast train, express || train *m* à grande vitesse *v*, train *m* rapide, express *m* || Eil-, Schnellzug *m*; **-treinrem v. Westinghouse:** Westinghouse high speed brake || frein *m* Westinghouse pour trains *mm* rapides || Westinghouse Schnellbahnbremse *v*; **-uitschakeling:** quick release || déclenchement *m* rapide || Schnellauslösung *v*; **-waag m. loopgewicht** (*vast gewicht*): roman (*Danish, Swedish*) balance || balance *v* romaine (*romaine à contrepoids m fixe*) || römische Waage *v*, Schnellwaage *v* mit Laufgewicht *o* (*festem Gewicht o*); **-walswerk:** high speed rolling mill || train *m* à grande vitesse *v* || Schnellwalzwerk *o*.

snelheid: speed, velocity || vélocité *v*, vitesse *v* || Geschwindigkeit *v*, Schnelligkeit *v*; (*v. e. onbelaste machine*): idling speed || vitesse *v* du ralenti *m* || Leerlaufgeschwindigkeit *v*; **- i. h. uur:** speed per hour || vitesse *v* à l'heure *v* || Geschwindigkeit *v* pro Stunde *v*; **- v. e. periodieke golf:** velocity of a periodic wave || vitesse *v* d'une onde *v* périodique || Phasengeschwindigkeit *v* einer Welle *v*; **- vergroten** (*verkleinen*), **de:** to increase (*to decrease*) the speed || accroître (*diminuer*) la vitesse *v* || die Geschwindigkeit *v* erhöhen (*erniedrigen*); **-, absolute:** absolute velocity || vitesse *v* absolue || absolute Geschwindigkeit *v*; **-, gemiddelde:** mean (average) velocity (speed) || vitesse *v* moyenne || mittlere Geschwindigkeit *v*; **-, kritische:** critical speed || vitesse *v* critique || kritische Geschwindigkeit *v*; **-, maximale:** maximum speed || vitesse *v* maximum || Höchstgeschwindigkeit *v*; **-, maximaal bereikbare:** topspeed || vitesse *v* maximum possible || erreichbare Höchstgeschwindigkeit *v*; **-, maximaal toelaatbare:** speed limit || vitesse *v* maximum admissible || zulässige Höchstgeschwindigkeit *v*; **-, normale:** normal speed || vitesse *v* de régime *m* (normale) || Normalgeschwindigkeit *v*; **-, regelbare:** regulable velocity (speed) || vitesse *v* réglable || regelbare Geschwindigkeit *v*; **-, relatieve:** relative velocity || vitesse *v* relative || relative Geschwindigkeit *v*; **-, toelaatbare:** admissible speed || vitesse *v* admissible || zulässige Geschwindigkeit *v*; **-, veranderlijke:** variable velocity (speed) || vitesse *v* variable || ungleichförmige Geschwindigkeit *v*.

snelheids|aanwijzer m. totaalopteller: speedmeter with totalizer || indicateur *m* de vitesse *v* avec totalisateur *m* || Geschwindigkeitsmesser *o* mit Zähler *m*; **-begrenzer:** speed limiting device || limiteur *m* de vitesse *v* || Geschwindigkeitsbegrenzer *m*; **-component:** component of velocity || composante *v* de la vitesse *v* || Geschwindigkeitskomponente *v*; **-diagram:** velocity diagram || diagramme *m* de vitesse *v* || Geschwindigkeitsdiagramm *o*; **-driehoek:** velocity diagram (triangle) || diagramme *m* (triangle *m*) de vitesse *v* || Geschwindigkeitsdiagramm *o*, -dreieck *o*, -plan *m*; **-kromme:** velocity curve || courbe *v* de vitesse *v* || Geschwindigkeitskurve *v*; **-meter:** tachometer, speedometer, speed indicator || tachymètre *m*, compteur *m* (indicateur *m*) de vitesse *v* || Geschwindigkeitsmesser *m*, Tachometer *m*, *o*; **-ontwikkeling:** production of velocity || production *v* de vitesse *v* || Geschwindigkeitserzeugung *v*; **-parallelogram:** parallelogram of velocities || parallélogramme *m* de vitesse *v* || Geschwindigkeitsparallelogramm *o*; **-regeling:** speed regulation || régulation *v* de la vitesse *v* || Geschwindigkeitsregulierung *v*, -reglung *v*; **-regulateur:** governor of velocity, speed governor || régulateur *m* de vitesse *v* || Geschwindigkeitsregler *m*, -regulator *m*; **-toeneming:** increase of speed || augmentation *v* de vitesse *v* || Geschwindigkeitszunahme *v*; **-trap:** velocity stage || degré *m* (étage *m*) de vitesse *v* || Geschwindigkeitsstufe *v*; **-verandering:** speed variation || changement *m* de vitesse *v* || Geschwindigkeitsänderung *v*; **-verandering, trapsgewijze:** velocity staging || étagement *m* de vitesse *v* || Geschwindigkeitsabstufung *v*; **-verdeling:** division of velocity || distribution *v* de la vitesse *v* || Geschwindigkeitsverteilung *v*; **-verlies:** decrease (loss) of speed (velocity) || chute *v* (diminution *v*, perte *v*) de vitesse *v* || Geschwindigkeitsverlust *m*, -abnahme *v*.

snep: spring carrier arm || main *v* de ressort *m* || Federhand *v*.

snit: cut || coupe *v* || Schnitt *m*.

snoei|en: 1. (*geboomte*): to prune (lop); pruning, lopping || ébrancher, élaguer; élagage *m* || ausästen, abwipfelen; Ausästen *o*, Abwipfelung *v*; **-mes:** pruning (gardening) knife (hook) || croissant *m*, serpe *v* || Gartenmesser *o*, Haumesser *o*, Hippe *v*; **-schaar:** garden (pruning, lopping) shears || sécateur *m*, ciseaux *mm* de jardinier *m* || Gärtner-, Gartenschere *v*; (*bomen*): tree pruner || échenilloir *m* || Baumschere *v*;
2. (*typogr.*): to edge, to clip || rogner || beschneiden;
3. *zie* **roven.**

snoer: cord || corde *v*, ficelle *v* || Schnur *v*; (*elektr.*): [flexible) cord (lead, cable), flex || fil *m* souple || Schnur *v*; **-, drievoudig:** triple cord || cordon *m* triple || Dreifachschnur *v*; **-centrale:** [portable type] multiple-way socket || socle *m* de prise *v* de courant *m* de table *v* || Anschlußwürfel *m*; **-drijving:** cord drive || commande *v* par corde *v* || Schnurantrieb *m*; **-geleiding:** cord guide || guidage *m* de la corde *v* || Schnurführung *v*; **-klem** (*elektr.*)**:** cord grip || taquet *m* pour cordes *vm* || Schnurklemme *v*|| **-leiding** (*elektr.*)**:** cord line || ligne *v* à cordon *m* || Schnurleitung *v*; **-schakelaar:** cord (pendant) switch || interrupteur *m* à cordon *m* || Schnurschalter *m*; **-spanner:** cord stretcher (tightener) || tendeur *m* de corde *v* || Schnurspanner *m*; **-trommel:** cord barrel || tambour *m* d'enroulement *m* de la corde *v* || Schnurtrommel *v*.

snoteinde: butt end || pied *m* du tronc *m* || Wurzelende *o*.

snuifklep: over pressure (snifting) valve || reniflard *m*, soupape *v* reniflante || Schnarch-, Schnüffelventil *o*, Schnüffler *m*.

snij|bank: cooper's bench || chevalet *m* de tonnelier *m* || Schneid-, Schnitzbank *v*; **-boor:** flat jumper || trépan *m* à tranchant *m* || Meißelbohrer *m*; **-brander:** fusing burner || chalumeau *m* coupeur, brûleur *m* à découper || Schneidbrenner *m*; **-den:** to cut (*algem.*); to carve (*houtsnijwerk*); to intersect (*lijnen*) || couper; tailler (*algem.*); sculpter (*houtsnijwerk*); se couper (*lijnen*) || schneiden (*algem.*; *lijnen*); schnitzen (*houtsnijwerk*); **-den v. krachtlijnen:** cutting of lines of force || coupure *v* des lignes *vm* de force *v* || Schneiden *o* von Kraftlinien *vm*; **-diamant:** diamond for glass cutting || diamant *m* à couper le verre *m* || Schneidediamant *m*; **-ding** (*meetk.*)**:** intersection || intersection *v* || Schneiden *o*, Schnitt *m*; **-hoek:** angle at top, cutting angle || angle *m* de coupe *v* (de taille *v*) || Schneide-, Schnittwinkel *m*; **-kop** (*baggertechn.*)**:** cutter || désagrégateur *m* || Schneidekopf *m*; **-kopzuiger** (*baggertechn.*)**:** suction dredge[r]; hydraulic dredge (*Am.*) || drague *v* suceuse refouleuse avec désagrégateur *m* || Pumpenbagger *m* (Saugbagger *m*) mit Schneidekopf *m*; **-kussen:** *zie* **schroefdraadsnijkussen; -lijn:** secant, intersecting line || sécante *v*, ligne *v* d'intersection *v* || Schnittlinie || Sekante *v*; (*vlakken*): [line of] intersection || ligne *v* d'intersection *v* || Schnittlinie *v*; **-machine:** cutting machine || coupeuse *v*, machine *v* à couper || Schneidmaschine *v*; **-machine** (*voor muntplaatjes*)**:** blank cutting machine || découpoir *m* pour tailler les flans *mm* || Ausstückelungsmaschine *v*; **-pers:** cutting press || presse *v* à rogner || Beschneidepresse *v*; **-plaat:** die (screw) plate || filière *v* simple || Gewind-, Schneideisen *o*; **-plank:** chopping board || tranchoir *m* || Schnitzbrett *o*; **-punt:** point of intersection || point *m* d'intersection *v* || Schnittpunkt *m*; **-schijf:** cutting disk || disque *m* coupant || Schneidscheibe *v*, schneidende Scheibe *v*;

-vlak (*meetk.*): intersecting plane || plan *m* d'intersection *v* || Schnittfläche *v*; **-vijl:** feather edged (slitting) file || lime *v* à fendre || Einstreich-, Schraubenkopffeile *v*; **-werk:** carving, carved work || sculpture *v* || Schnitzwerk *o*; **-werktuig:** cutting tool || outil *m* tranchant || Schneidwerkzeug *o*; **-ijzer:** *zie* **schroefdraadsnijijzer.**

soda: soda || sel *m* de soude *v* || Soda *v*; *zie ook* **natriumcarbonaat; -, bijtende:** caustic soda || soude *v* caustique || Ätznatron *o*; *zie ook* **natriumhydroxyde; -, dubbelkoolzure:** *zie* **natriumbicarbonaat; -, gecalcineerde:** *zie* **soda, gegloeide; -, gegloeide:** soda-ash || soude *v* calcinée || kalzinierte Soda *v*; **-, gekristalliseerde:** crystallised soda || soude *v* cristallisée || kristallisierte Soda *v*; **-, watervrije:** anhydrous soda || soude *v* anhydre || wasserfreie Soda *v*.

soja|boon: soja (soy) bean || pois *m* chinois, soja *m* (soya *m*) || Sojabohne *v*; **-bonenolie:** soja (soy) bean oil || huile *v* de soja *m* (soya *m*) || Sojabohnenöl *o*.

sok (*bus, enz.*): socket, sleeve || manchon *m* || Muffe *v*; **-buis:** socket pipe || tuyau *m* à emboîtement *m* (à manchon *m*) || Muffenrohr *o*; **-kel** (*bouwk.*): basement, socle || socle *m* || Sockel *m*; **-sleutel:** socket spanner (wrench) || clef *v* à douille *v* (pipe *v*) || Steckschlüssel *m*; **-verbinding:** muff (box) coupling || accouplement *m* par manchon *m* || Muffenkupplung *v*, -verbindung *v*.

sol (*kolloïdchem.*): sol || sol *m* || Sol *o*.

solari|satie (*fotogr.*): solarization || solarisation *v* || Solarisation *v*; **-seren:** to solarize || solariser || solarisieren.

soldeer: solder || soudure *v*, matière *v* à souder || Lot *o*; **- losmaken:** to unsolder dessouder || loslöten; **-, blaadje:** link of solder || paillette *v* de soudure *v* || Schlaglot *o*; **-, hard** (*zacht*): hard (*soft, tin*) solder || brasure *v*, soudure *v* forte (*vive, tendre, à l'etain m*) || Hart-, Schlag-, Strenglot *o* (*Weich-, Zinn-, Schnellot o*); **-baar:** solderable || soudable || lötbar; **-bout:** copper bit (bolt), soldering bit (copper, iron) || barre *v* (fer *m*) à souder || Löteisen *o*, -kolben *m*; **-bout, hamervormige:** copper bit with an edge || fer *m* à souder en marteau *m* || Hammerkolben *m*; **-brander:** bellows (gas) blowpipe || chalumeau *m* || Lötbrenner *m*; **-draadhouder:** soldering ear || oreille *v* à souder || Lötöse *v*; **-lamp** blowlamp, blowtorch, brazing (soldering) lamp || lampe *v* à souder || Lötlampe *v*; **-lood:** lead solder || plomb *m* à souder || Lötblei *o*; **-materiaal:** soldering material || nécessaire *m* à souder || Lötmaterial *o*; **-naad:** brazing (soldering) seam || brasure *v*, soudure *v*, joint *m* soudé || Lötfuge *v*, -naht *v*, -stelle *v*; **-oven:** soldering furnace || four *m* à souder || Lötofen *m*; **-plaats:** brazing (soldering) seam || brasure *v*, noeud *m*, soudure *v* || Lötfuge *v*, -stelle *v*; **-plaats schoonkrabben, de:** to clean the soldering || décrasser la soudure *v* || die Lötstelle *v* reinigen; **-plaats ontvetten, de:** to remove the grease from the joint to be soldered || dégraisser la soudure *v* || die Lötstelle *v* entfetten; **-pijp:** blow (soldering) pipe || chalumeau *m* || Lötrohr *o*; **-sel:** *zie* **soldeer; -tang:** brazing (soldering) tongs || pince *v* à souder (du chalumeau *m*) || Lötzange *v*; **-tin:** tin solder || soudure *v* à l'étain *m*, étain *m* à souder || Weich-, Zinnlot *o*, Lötzinn *o*; **-toestel:** soldering apparatus || appareil *m* à souder || Lötapparat *m*; **-vet:** soldering paste || pâte *v* à souder || Lötfett *o*; **-vlam:** blowpipe (soldering) flame || flamme *v* de chalumeau *m* || Löt-, Stichflamme *v*; **-vork:** soldering fork || fourche *v* à souder || Lötgabel *v*; **-water:** soldering fluid (water) || eau *v* à soudure *v* || Lötwasser *o*; **-ijzer:** *zie* **soldeerbout; -zink:** soldering zinc || zinc *m* à souder || Lötzink *o*; **-zuur:** soldering acid || acide *m* à souder, eau-forte *v* || Lötsäure *v*.

solde|ren: to solder; to braze || souder; braser || [ver]löten; **-ren, hard:** to braze, to solder hard || braser || hart (mit Hartlot *o*) löten; **-ren, zacht:** to solder || souder || weich (mit Weichlot *o*) löten; **-ring:** brazing, soldering || soudure *v*, soudage *m* || Lötung *v*; **-ring m. hard soldeer:** brazing, hard soldering || soudure *v* forte || Hartlöten *o*; **-ring m. waterstof:** hydrogen soldering || soudure *v* à l'hydrogène *m* || Wasserstofflötung *v*; **-ring m. zacht soldeer:** soft (tin) soldering || soudure *v* tendre || Weichlöten *o*.

solenoïde: solenoid || soléno[ïde] *m* || Solenoid *o*; **- zonder kern:** air core solenoid || solénoïde *m* sans noyau *m* || kernloses Solenoid *o*; **-kern:** solenoid core || noyau *m* du solénoïde *m* || Solenoidkern *m*; **-rem:** solenoid brake || frein *m* à solénoïde *m* || Solenoidbremse *v*.

sollici|tant: candidate, applicant || candidat *m*, postulant *m*, poursuivant *m* || Bewerber *m*; **-tatie:** application, solicitation || postulation *v* || Bewerbung *v*; **-teren** (*naar*): to apply (*for*) || postuler, se présenter pour || sich bewerben (*um*).

som: 1. (*optelling*): sum, total amount || somme *v*, total *m* || Summe *v*; **-meren:** to totalize || sommer, totaliser || summieren; **-meringsmeter:** summation meter || compteur *m* totalisateur || Summenzähler *m*;

2. (*bedrag*): sum, [total] amount || somme *v* || Summe *v*, Betrag *m*.

soort: kind, sort; species || espèce *v*, sorte *v* || Art *v*, Sorte *v*; Gattung *v*; **-elijk:** specific || spécifique || spezifisch.

sorteer|cilinder: sorting cylinder || tambour *m* à assortir || Sortierzylinder *m*; **-machine:** sorting machine || machine *v* à assortir, trieur *m* || Sortiermaschine *v*; **-tafel** (*mijnb.*)**:** hand-sorting table || table *v* de triage *m* (à trier) || Klaubtisch *m*; **-zeef** (*mijnb.*)**:** assorting sieve || crible *m* de triage *m* || Sortiersieb *o*.

sorteren: to [as]sort || assortir, classer, trier || sondern, sortieren.

sounder: sounder || parleur *m* || Klopfer *m*.

souterrain: basement floor || sous-sol *m* || Kellergeschoß *o*, Souterrain *o*.

souvereinboor: *zie* **verzinkboor** *onder* **verzinken 2.**

spa[de]: spade || bêche *v* || Spaten *m*; **-, ronde:** curved spade || escoupe *v* || Rundspaten *m*.

spaak: 1. (*wiel*): spoke, arm || bras *m*, ray[on] *m*, rais *m* || Speiche *v*, Radarm *m*; **-, versterkte:** butt ended spoke || rayon *m* renforcé || verstärkte Speiche *v*: **-anker:** spider armature || induit *m* à bras *m* (à rais *m*) || Speichenanker *m*; **-draad:** thread of a spoke || filetage *m* de rais *m* || Speichengewinde *o*; **-nippel:** spoke nipple || douille *v* de rais *m* || Speichennippel *m*; **-nippelsleutel:** spoke tightener || serre-rayon *m* || Speichenspanner *m*; **-pers:** spoke driving machine || presse *v* pour l'introduction *v* des rais *mm* || Speicheneintreibmaschine *v*; **-schaaf:** *zie* **spookschaaf; -tap:** spoke tenon || tenon *m* de rais *m* || Speichenzapfen *m*; **-tapsnijmachine:** spoke tenoning machine || machine *v* à faire les tenons *mm* pour rais *mm* || Speichenzapfenschneidmaschine *v*; **-vormmachine:** spoke copying machine || machine *v* à reproduire les rais *mm* || Radspeichenkopiermaschine *v*; **-wiel** (*spw.*)**:** spoke wheel || roue *v* à rais *mm* || Speichenrad *o*; **2.** (*windas*)**:** bar, spoke, tommy || barre *v* || Druckspeiche *v*.

spaan (*hout*; *staal*)**:** chip, shaving || copeau *m* || Span *m*; **-der:** *zie* **spaan; -opvangtafel** (*draaib.*)**:** cutting tray || bac *m* collecteur || Auffangpfanne *v*.

spaar|brander: pilat burner; economical burner || économiseur *m*; brûleur *m* économique || Sparbrenner *m*; **-lamp:** economical lamp || lampe *v* économique || Sparlampe *v*; **-smoorspoel:** *zie* **booglampcompensator; -transformator:** autotransformer, one coil transformer || autotransformateur *m* || Autotransformator *m*.

spaat: spar || spath *m* || Spat *m*; **-ijzersteen:** siderite, sparry iron || fer *m* spatique, sidérose *v* || Eisenspat *m*, Spateisenstein *m*.

S-pan: double hollow tile || tuile *v* creuse double || doppelter Hohldachziegel *m*, Fittigziegel *m*.

span|bank: saw sharpener's bench || banc *m* à étau *m* (d'affût *m*) || Spannbank *v*; **-beton:** *zie* **beton m. voorgespannen wapening; -beugel:** clip || étrier *m* de tension *v* (tendeur) || Spannbügel *m*; **-draad:** span wire || fil *m* tendeur || Spanndraht *m*; **-draadhouder:** adjusting ear || oreille *v* avec tendeur *m* || Nachspannöse *v*; **-gewicht:** tension (stretching) weight || contrepoids *m* de tension *v* (tendeur) || Spanngewicht *o*; **-inrichting:** stretching device (gear) || [appareil *m*] tendeur *m* || Spannvorrichtung *v*; **-isolator:** strain insulator || isolateur *m* tendeur || Spannisolator *m*; **-katrol:** tension pulley block || palan *m* tendeur || Spannflaschenzug *m*; **-klauw:** chuck (gripping) jaw || griffe *v* (mâchoire *v*) de serrage *m* || Spannbacke *v*; **-klem:** hand vice, vice clamps || crampon *m*, mordache *v* || Spannkluppe *v*; **-koord:** dragband, -cord || corde *v* de tension *v* || Spannschnur *v*; **-kop:** radius head || tête *v* de serrage *m* || Spannkopf *m*; **-kracht:** strain, stretching force || force *v* de tension *v* || Spann[ungs]-kraft *v*; **-machine** (*weverij*)**:** stretching machine || rame *v* continue || Spannmaschine *v*; **-moer:** tightening nut || écrou *m* tendeur || Spannmutter *v*; **-nen:** *zie na* **spanjolet; -ner:** strainer, stretcher || tendeur *m* || Spanner *m*; **-ning:** *zie na* **spannen; -plaat** (*bankschroef*)**:** false jaw, jaw socket || mordache *v* pour étau *m* || Backeneinsatz *m*; **-raam:** tenter || rame *v* || Spann-, Trockenrahmen *m*; **-raammachine:** tentering machine || machine *v* à ramer || Rahmmaschine *v*; **-ring** (*tang*)**:** sliding ring || coulant *m* || Spannring *m*; **-rol:** *zie* **spanschijf; -schaar:** *zie* **guillotineschaar; -schroef:** stretching (tightening up) screw, turn buckle, swivel || tendeur *m*, vis *v* de serrage *m* || Spannschraube *v*, -schloß *o*; **-schijf:** idler, stretching (tension) pulley || poulie *v* de tension *v*, galet *m* tendeur || Spannscheibe *v*; -rolle *v*; **-slede:** stretching slide rails || glissière *v* de tension *v* || Spannschlitten *m*; **-slot:** coupling nut || manchon *m* de serrage *m* || Spannschloß *o*; **-station:** rope stretching station || station *v* de tension *v* de câble *m* || Spannstation *v*; **-stok:** tension lever || levier *m* de tension *v* || Spannhebel *m*; **-takel:** tension pulley block || palan *m* tendeur || Spannflaschenzug *m*;

-toestel: drag motion, stretching device, tightening apparatus || appareil *m* de tension *v*, appareil *m* tendeur || Spannapparat *m*, -vorrichtung *v*; **-toren:** cabane || cabane *v* || Spannturm *m*; **-veer:** draw (tension) spring || ressort *m* de tension *v* || Spann-, Zugfeder *v*; **-wagen:** tension truck || wagon *m* tendeur || Spannwagen *m*; **-want** (*scheepst.*): pair of shrouds || couple *m* de haubans *mm* || Spannwant *o*; **-wijdte:** *zie* **spanning 4**; **-wijdte binnenwerks:** clear width, span || échappée *v* (largeur *v*) dans oeuvre *v*, ouverture *v* libre || Lichtweite *v*, lichte Weite *v*; **-wijdte** (*elektr.*): span || portée *v* || Spannweite *v*; **-wijdte** (*v. e. vleugel*): span, spread || envergure *v* || Spannweite *v*; **-zaag:** frame (span) saw || scie *v* à châssis *m* (à monture *v*), scie *v* montée (allemande) || Spannsäge *v*, gespannte Säge *v*.

spanengat (*schaaf*): plane hole (mouth) || lumière *v* de rabot *m* || Spanloch *o*.

spanjolet: spagnolet || espagnolette *v* || Drehriegel *m*.

spannen: 1. (*strak trekken*): to strain, to stretch || tendre || spannen;
2. (*drijfriem, enz.*): to tighten || [re]tendre || [nach]spannen;
3. (*veer*): to stretch, to put under tension, to cock || tendre, serrer, bander || spannen.

spanning: 1. (*het spannen*): straining, stretching || tendue *v* || Spannen *o*;
2. (*mech. kracht*): strain, tension || tension *v* || Spannung *v*; **-, afschuivende:** *zie* **afschuifspanning**; **-, toelaatbare:** admissible (safe) stress || tension *v* admissible (de sécurité *v*) || zulässige Spannung *v* (Beanspruchung *v*); **-scoëfficiënt:** ratio of tensions || coefficient *m* de tension *v* || Spannungskoeffizient *m*; **-senergie:** potential energy || énergie *v* potentielle || Spannungsenergie *v*; **-sverdeling:** distribution of strain || distribution *v* des tensions *vm* || Spannungsverteilung *v*;
3. (*gassen; dampen*): pressure || pression *v* || Spannung *v*; *zie ook* **druk 1**; **-, hoge** (*lage*): high (*low*) pressure || haute (*basse*) pression *v* || hohe (*niedrige*) Spannung *v*, Hochspannung *v* (*Niederspannung v*); **-skromme:** pressure curve || courbe *v* des pressions *vm* || Druckkurve *v*, -linie *v*;
4. (*spanwijdte*): span, length of support || distance *v* entre les appuis *mm*, portée *v*, travée *v* || Spannung *v*, Spann-, Stützweite *v*;
5. (*elektr.*): tension, voltage || tension *v*, voltage *m* || Spannung *v*; **- regelen, de:** to regulate the voltage || régler la tension *v* || die Spannung *v* einstellen; **- t.o.v. de aarde:** potential with respect to earth || tension *v* par rapport *m* à la terre *v* || Spannung *v* gegen Erde *v*; **- tussen verbonden fasen:** interlinked voltage || tension *v* entre phases *vm* reliées || verkettete Spannung *v*; **- vergroten** (*verminderen*), **de:** to increase (*to lower, to reduce*) the voltage || augmenter (*diminuer, reduire*) la tension *v* || die Spannung *v* erhöhen (*erniedrigen*); **-, aangelegde:** impressed pressure || tension *v* appliquée || aufgedrückte Spannung *v*; **-, aanvullende:** additional (boosting) voltage || survoltage *m*, tension *v* additionnelle || Zusatzspannung *v*; **-, diëlektrische:** dielectric stress || effort *m* diélectrique || dielektrische Spannung *v* (Beanspruchung *v*); **-, effectieve:** virtual voltage || tension *v* efficace || Effektivspannung *v*; **-, gemiddelde:** mean voltage || tension *v* moyenne || mittlere Spannung *v*; **-, hoge** (*lage*): high (*low*) tension (*voltage*) || haute (*basse*) tension *v* || hohe (*niedrige*) Spannung *v*, Hochspannung (*Niederspannung*) *v*; **-, hoogste:** maximum voltage || tension *v* maximum || Höchstspannung *v*; **-, nalopende:** lagging voltage || force *v* électromotrice en retard *m* sur l'intensité *v* || nacheilende Spannung *v*; **-, nominale:** rated voltage || tension *v* spécifiée (nominale), voltage *m* spécifié (nominal) || vorgeschriebene Spannung *v*; Nennspannung *v*; **-, normale:** normal voltage (tension) || tension *v* de régime *m* || Normalspannung *v*; **-, nuttige:** useful voltage || voltage *m* utile || Nutzspannung *v*; **-, primaire:** primary voltage || tension *v* primaire || Primärspannung *v*; **-, pulserende:** pulsating voltage || tension *v* pulsatoire || pulsierende Spannung *v*; **-scomponent:** voltage component || composante *v* de tension *v* || Spannungskomponente *v*; **-sdaling, percentuele:** relative voltage drop, inherent regulation || chute *v* relative de tension *v* || relativer Spannungs[ab]fall *m*; **-sdeler:** potential divider, voltage reducer (divider) || réducteur *m* (diviseur *m*) de tension *v* || Spannungsteiler *m* -reduktor *m*; *zie ook* **potentiometer**; **-sdriehoek:** triangle of tensions || triangle *m* de tensions *vm* || Spannungsdreieck *o*; **-sfase:** voltage phase || phase *v* de la tension *v* || Spannungsphase *v*; **-sgraad:** degree of voltage || degré *m* de tension *v* || Spannungsgrad *m*; **-sgrens:** limit of voltage || limite *v* de tension *v* || Spannungsgrenze *v*; **-skromme:** voltage curve || courbe *v* de tension *v* (de voltage *m*) || Spannungskurve *v*; -linie *v*; **-smeetgebied:** range of voltage || portée *v* de

mesure *v* du voltage *m* || Spannungsmeßbereich *m*; **-smeetweerstand:** resistance for voltage measurements || résistance *v* pour la mesure *v* de la tension *v* || Spannungsmeßwiderstand *m*; **-sreeks:** electrochemical (electromotive force) series || échelle *v* des forces *vm* électromotrices || Spannungsreihe *v*; **-sregelaar:** voltage regulator || rhéostat *m* régulateur de tension *v* || Spannungsregler *m*; **-sregeling:** voltage regulation || régulation *v* de tension *v* || Spannungsregulierung *v*; **-sregulateur:** *zie* **spanningsregelaar; -srelais:** voltage relay || relais *m* à tension *v* déterminée || Spannungsrelais *o*; **-sresonante:** tension (voltage, *Am.*) resonance || résonance *v* de tension *v* || Spannungsresonanz *v*; **-stransformator:** voltage (potential, *Am.*) transformer || transformateur *m* de tension *v* || Spannungswandler *m*; **-svector:** voltage vector || vecteur *m* de tension *v* || Spannungsvektor *m*; **-sverandering:** variation of voltage || changement *m* (fluctuation *v*) de tension *v* || Spannungsänderung *v*, -schwankung *v*; **-svergroting** (*vermindering*)**:** increase (rise) of (*drop in*) voltage || augmentation *v* (*chute v*) de tension *v* || Spannungserhöhung *v* (*-erniedrigung v*, *-abfall m*); **-sverhoger:** booster || dynamo *v* survélévatrice, survolteur *m* || Spannungserhöher *m*, Zusatzdynamo *v*; **-sverhoging, percentuele:** relative voltage rise || élévation *v* relative de tension *v* || relative Spannungssteigerung *v*; **-sverlies:** drop (loss of) voltage || perte *v* de tension *v* || Spannungsabfall *m*, -verlust *m*; **-sverschil:** potential difference || différence *v* de potentiel *m* || Potentialdifferenz *v*, Spannungsunterschied *m*.

spant: joist (*dak*); frame (*schip*) || chevron *m* (*dak*); membrure *v*, couple *m* (schip) || Sparren *m* (*dak*); Spant *o* (*schip*); **-afstand** (*schip*)**:** frame (timber) spacing || écartement *m* des membrures *vm* (couples *mm*) || Spantenentfernung *v*; **-enraam:** body plan || plan *m* des couples *mm*, tracé *m* des membrures *vm* || Spantenriß *m*; **-entekening:** *zie* **spantenraam; -inhoudskromme:** curve of areas || courbe *v* des aires *vm* des membrures *vm* (couples *mm*) || Spantenskala *v*.

spar: 1. (*boom*)**:** pine || sapin *m* du nord *m* || Fichte *v*;
2. (*dak*)**:** rafter, spar || chevron *m* || Sparren *m*.

spar|dek: spar deck || spardeck *m* || Spardeck *o*; **-dekschip:** spar deck vessel (ship) || navire *m* à spardeck *m* || Spardeckschiff *o*; **-nagel:** rafter nail || dent *v* de loup *m* || Sparren-, Sechsernagel *m*.

spartogras: *zie* **gras, Spaans.**

spat|bord: mud (splash) guard || garde-boue *m*, garde-crotte *m* || Kotflügel *m*, -schützer *m*; **-plaat:** baffle || tôle *v* protectrice || || Schutzblech *o*; **-scherm:** fender, mud guard || aile *v*, garde-boue *v* || Kotflügel *m*, Schmutzfänger *m*; **-scherm, trog v. h.:** fender well || cuvette *v* d'aile *v* || Kotflügelmulde *v*; **-schermlamp:** fender light || feu *m* d'aile *v* || Kotflügellicht *o*; **-schermschild:** apron (lower panel) || bavolet *m* d'aile *v* || Kotflügelstehblech *o*; **-schermsteun:** fender rod || entretoise *v* d'aile *v* || Kotflügelstütze *v*; **-smering:** splash lubrication || graissage *m* par barbotage *m* || Schleuderschmierung *v*; **-ten:** to splash, to spatter || [re]jaillir || spritzen, sprühen; **-waterdicht:** spray- (splash-, flood-) proof, protected || étanche à la lance *v* aux projections *vm* d'eau *v*, protégé || spritzwassersicher.

spatel: spatula; flat trowel || spatule *v*; fer *m* de truelle *v* || Spatel *m*, Spachtel *v*, Spachteleisen *o*.

spatie (*typogr.*)**:** space || espace *m* || Spatium *o*.

spe|ciaal: special(*ly*) || spécial(*ement*) || spezial, Spezial-, Sonder-; **-cie:** *zie* **metselspecie; -cifiek:** *zie* **soortelijk.**

speelruimte: *zie* **speling.**

speer (*aanbeeld*)**:** *zie* **aanbeeldhoorn; -haak** (*klein aanbeeld*)**:** beak iron || bigorne *v* || Speerhorn *m*; **-maat:** gauge; pattern, template || pige *v* || Stichmaß *o*; **-maat** (*cilinder*)**:** caliper gauge, inside micrometer gauge || jauge *v* à coulisses *vm* || Zylinder[stich]maß *o*.

speksteen: *zie* **steatiet.**

spek|traal: spectral || spectral || spektral, Spektral-; **-trochemie:** spectrochemistry || spectrochimie *v* || Spektrochemie *v*; **-trofotometer:** spectrophotometer || spectrophotomètre *m* || Spektralphotometer *o, m*; **-trograaf:** spectrograph || spectrographe *m* || [Röntgen]spektrograph *o*; **-trogram:** spectrogram || spectrogramme *m* || Spektrogramm *o*; **-trometer:** spectrometer || spectromètre *m* || [Röntgen]-spektrometer *o, m*; **-trometrie:** spectrometry || spectrométrie *v* || Spektrometrie *v*; **-troskoop:** spectroscope || spectroscope *m* || Spektroskop *o*; **-troskopisch:** spectroscopic(*ally*) || spectroscopique(*ment*) || spektroskopisch; **-trum:** spectrum [1] || spectre *m* || Spektrum *o*; **-trum, (on)zichtbaar:** (*in*)visible [*part of the*] spectrum || spectre *m* (*in*)visible || (*un*)sichtbares Spektrum *o*; **-trumanalyse:** spectrum (spectral) analysis || analyse *v* spectrale || Spektralanalyse *v*.

speld: pin || épingle *v* || Stecknadel *v*; **-eknop:** pin head || tête v d'épingle *v* || Nadel-

[1]) Mrv.: spectra.

kopf *m*; **-enbrief:** pin sheet || papier *m* à épingles *vm* || Stecknadelbrief *m*; **-enwerk:** lace || point *m* de dentelle *v* || Spitze *v*.

speling: clearance, play; back lash || jeu *m* || Spiel *o*, Spielraum *m*, toter Gang *m*; (*wijzer*): throw || oscillation *v* || Spielen *o*; **- krijgen:** to get (to work) loose || se desserrer || locker werden; **-, toegelaten:** [granted] tolerance || tolérance *v* admise, jeu *m* admis || zugelassene Toleranz *m*, zugelassenes Spiel *o*.

sper|inrichting: *zie* **grendel[inrichting]**; **-ketting:** barring chain || chaîne *v* à barrer || Sperrkette *v*; **-ring** (*elektr.*): *zie* **grendeling**; **-tijd:** off peak time || temps *m* d'économie *v* || Sperrzeit *v*; **-uur:** off peak hour || heure *v* d'économie *v* || Sperrstunde *v*.

spermaceti: spermaceti || blanc *m* de baleine *v*, spermaceti *m* || Walrat *m*, Spermazeti *o*; **-olie:** spermacit oil || huile *v* de blanc *m* de baleine *v* || Walratöl *o*.

speurwerk: research || recherche *v*, [travaux *mm* de] recherches *vm* || Forschung *v*.

spie: *zie* **dwarsspie, langsspie**; (*voor afgeplatte as*): flat key, key on flat || clavette *v* sur méplat *m* || Flachkeil *m*; **- aanzetten, een:** to tighten up a cotter || serrer une clavette *v* || einen Keil *m* antreiben; **- en contraspie:** gib and cotter || clavette *v* et contre-clavette *v* || Keil *m* und Gegenkeil *m*; **- indrijven, een:** to drive in a cotter || chasser une clavette *v* dans son logement *m* || einen Keil *m* eintreiben; **-, dubbele:** fox wedges (keys) || double clavetage *m* || Doppelkeil *m*; **-, holle:** hollow (saddle) key || clavette *v* creuse || Hohlkeil *m*; **-, ronde:** round key || clavette *v* ronde || Rundkeil *m*; **-, vaste:** crank pin || prisonnier *m* || Mocken *m*; **-, verzonken:** sunk key || cale *v* noyée || Nutenkeil *m*; **-, vierkante:** square key || clavette *v* carrée || Quadratkeil *m*; **-, vlakke:** joint tongue, feather || languette *v* || Feder *v*; **-borging:** key securing device || arrêt *m* de sûreté *v* des clavettes *vm* || Keilsicherung *v*; **-bout:** eye bolt and key, cotter (joint) bolt, bolt || boulon *m* à clavette *v* || Schließbolzen *m*, Bolzen mit Splint *m* (mit Vorsteckkeil *m*); **-breedte:** key width (thickness) || largeur *v* de clavette *v* || Keilbreite *v*, -stärke *v*; **-draagvlak:** bearing surface of cotter || surface *v* d'appui *m* de clavette *v* || Keilauflager *o*; **-drijver:** cotter driver || chasse-clavette *v* || Keiltreiber *m*; **-gat:** cotter hole || trou *m* de clavette *v* || Keilloch *o*; **-gleuf:** *zie* **spiesleuf**; **-hamer:** hammer for driving keys || marteau *m* à chasser les clavettes *vm* || Keilhammer *m*; **-hoogte:** key thickness (depth) || hauteur *v* de clavette *v* || Keilhöhe *v*: **-mouw** (*scheepst.*): scupper hose || manche *v* du dalot *m* || Speigattschlauch *m*; **-ringkoppeling:** *zie* **ringspiekoppeling** *onder* **ring 1**; **-sleuf:** key bed (groove, way) || rainure *v* (logement *m*) de clavette *v* || Keilnut[e] *v*; **-sleuf: freesmachine:** key groove milling machine || machine *v* à fraiser les rainures *vm* || Keilnutenfräsmaschine *v*; **-sleufschaafmachine:** key way cutting (planning) machine || machine *v* à raboter les rainures *vm* [de clavettes *vm*] || Keilnutenhobel-, Keilnutenziehmaschine *v*, Nuthobelmaschine *v*; **-sleufsteekmachine:** slotting machine || machine *v* à faire les rainures *vm*, mortaiseuse-raineuse *v* || Nutenstoßmaschine *v*; **-sleuven hakken:** to slot, to cut grooves (slots) || faire (buriner, mortaiser) des rainures *vm* || Nuten *vm* stoßen; **-verbinding:** cottering, keying || clavetage *m*, coinçage *m* || Keilbefestigung *v*, -verbindung *v*, Verkeilung *v*; **-vlak:** key (wedge) surface || face *v* de clavette *v*, face *v* (pente *v*) de coin *m* || Keilfläche *v*.

spiegel: 1. (*algem.*): mirror, looking glass || miroir *m*, glace *v* || Spiegel *m*; **-glas:** mirror (plate) glass || verre *m* à glaces *vm* || Spiegelglas *o*; **-hars:** *zie* **kolofonium**; **-hout:** radially split timber || bois *m* de maille *v* || Spiegelholz *o*; **-kast:** glass chest || armoire *v* à glace *v* || Spiegelschrank *v*; **-klamp** (*timmerw.*): cross clamp || listel *m* de traverse *v* || Hirnleiste *v*; **-kloof** (*hout*): clean split || fissure *v* dans le sens *m* des fibres *vm* || Spiegelkluft *v*; **-lijst:** mirror frame || cadre *m* de miroir *m* || Spiegelrahmen *m*; **-paneel:** mirror panel || parquet *m* de glace *v* || Spiegelfeld *o*; **-scheur:** (*hout*): star shake || fente *v* étoilée || Strahlenriß *m*; **-vezel** (*hout*): medullary ray || rayon *m* médullaire || Spiegelfaser *v*;

2. (*optiek*): mirror || miroir *m* || Spiegel *m*; **-, bolle** (*holle*): convex (*concave*) mirror || miroir *m* convexe (*concave*) || konvexer Spiegel *m*, Zerstreuungsspiegel *m* (*Hohlspiegel m*); **-, vlakke:** plane mirror || mirroir *m* plane || Planspiegel *m*; **-aflezing:** mirror reading || lecture *v* au miroir *m* || Spiegelablesung *v*; **-beeld** (*i. e. spiegel*): reflected image || image *v* reflétée || Spiegelbild *o*; (*meeetk., enz.*): mirror image || image *v* en miroir *m* (renversée) || Spiegelbild *o*; **-galvanometer:** mirror galvanometer || galvanomètre *m* à miroir *m* || Spiegelgalvanometer *o, m*; **-instrument:** mirror instrument || appareil *m* à miroir *m* || Spiegelinstrument *o*, Lichtzeigerinstrument *o*; **-metaal:** specu-

lum (specular) metal || métal *m* à miroir *m* || Spiegelmetall *o*; **-methode:** mirror method || méthode *v* à miroir *m* || Spiegelmethode *v*; **-mikroskoop:** reflecting microscope || microscope *m* à réflecteur *m* || Spiegelmikroskop *o*; **-reflexcamera:** *zie* **reflexcamera; -sextant:** Hadley's sextant || sextant *m* à réflexion *v* || Spiegelsextant *m*; **-teleskoop:** reflecting telescope || télescope *m* de réflexion *v* || Spiegelteleskop *o*; **-waarneming:** mirror observation || observation *v* par le miroir *m* || Spiegelbeobachtung *v*; **-zonnewijzer:** catoptrical dial || cadran *m* catoptrique || Spiegelsonnenuhr *v*;
3. (*schip*): transom || écusson *m* || Spiegel *m*;
4. (*vloeistof*): level || niveau *m* || Spiegel *m*.

spier (*scheepst.*)**:** boom, spar || boutdehors *m*, espar *m* || Spiere *v*.

spiesglans: native antimony || antimoine *m* natif || Spießglanz *m*.

spil: 1. (*algem.*): spindle, pivot || pivot *m*, broche *v*, arbre *m*, axe *m* || Spindel *v*, Achse *v*; **-, balancerende:** self balancing spindle || arbre *v* libre || freischwingende Achse *v*; **-as:** spindle axle || axe *m* des broches *vm* || Spindelwelle *v*; **-bank:** bobbin frame, flyframe, flyer, spindle roving (bobbin and fly) frame || banc *m* à broches *vm*, boudinerie *v* à bobines *vm* commandées, bobinoir *m*, méchoir *m* || Spindelbank *v*; **-bliksemafleider:** spindle lightning arrester || parafoudre *m* à fuseau *m* || Spindelblitzableiter *m*; **-echappement:** crown escapement, fusee-escapement || échappement *m* à verge *v* || Spindelhemmung *v*; **-kraan:** post crane || grue *v* à pivot *m* || Säulenkran *m*; **-pot:** [foot] step bearing || crapaudine *v*, palier *m* de butée *v* || Fuß-, Spurlager *o*; **-werk:** spindle driving gear || commande *v* de la tige *v* filetée || Spindelantrieb *m*; **-wiel:** spindle driving wheel || roue *v* pour broche *v* || Spindelrad *o*;
2. (*gereedsch. mach.*): spindle || arbre *m*, broche *v* || Spindel *v*; **- v. d. losse kop:** tail spindle || broche *v* de contre-poupeé *v* || Pinole *v*; **-kop:** head (mandrel) stock || poupée *v* || Spindelkasten *m*, -stock *m*;
3. (*boormach.*): boring bar, spindle || arbre *m* porte-foret || Bohrspindel *v*;
4. (*trap*): newel, spindle || noyau *m* d'escalier *m* || Spille *v*, Spindel *v*, Treppensäule *v*; **-trap:** spindle (newelled) stairs || escalier *m* à noyau *m* plein || Spindel-, Spillentreppe *v*;
5. (*scheepst.*): capstan || cabestan *m* || Mönch *m*, Spill *o*; **-bed:** step of the capstan || carlingue *v* de cabestan *m* || Spindelbett *o*, -spur *v*; **-kop:** capstan head || chapeau *m* (cloche *v*, tête *v*) de cabestan *m* || Spillkopf *m*, -trommel *v*; **-spoor:** *zie* **spilbed.**

spin (*kernfys.*)**:** spin || spin *m* || Spin *m*.

spin|bad: spinning (coagulating) bath || bain *m* de coagulation *v* (de filage *m*) || Spinnbad *o*; **-badvloeistof:** coagulating liquid (liquor) || liquide *m* coagulant, liqueur *v* coagulante || Spinnbadflüssigkeit *v*; **-bank:** *zie* **spinmachine; -cel:** spinning cell || cellule *v* (enceinte *v*) de filature *v* || Spinnzelle *v*; **-dop:** spinnerette || filière *v* || Spinndüse *v*; **-kaarde:** condenser card || carde *v* fileuse || Vorspinnkrempel *m*; **-kan:** *zie* **draaikan; -koek:** cake || gâteau *m* || Spinnkuchen *m*; **-machine:** spinning frame (machine) || machine *v* (métier *m*) à filer || Spinnmaschine *v*; **-nekop** (*scheepst.*)**:** crow foot || araignée *v* || Spinnkopf *m*; (*petr.*)**:** [central] pumping power || centrale *v* de pompage *m* || Zentralantrieb *m*, -getriebe *o*; **-nekopsblok:** crow foot dead eye || moque *v* d'araignée *v* || Spinnkopfsblock *m*; **-nen:** to spin; spinning || filer; filage *m* || spinnen; Spinnen *o*; **-nen, droog:** dry spinning || filage *m* à sec *m* (par voie *v* sèche, par évaporation *v*) || Trockenspinnen *o*; **-en, nat:** wet spinning || filage *m* par coagulation *v* (par voie *v* humide) || Naßspinnen *o*; **-nerij:** spinning house (mill) || filerie *v*, filature *v* || Spinnerei *v*; **-newiel:** spinning wheel || rouet *m* [à filer] || Spinnrad *o*; **-oplossing:** spinning solution || solution *v* à filer || Spinnlösung *v*, -flüssigkeit *v*; **-pomp:** spinning pump || pompe *v* de filage *m* || Spinnpumpe *v*; **-pot:** spinning centrifuge (pot) || centrifuge *v*, pot *m* tournant || Spinntopf *m*; **-proces:** spinning process || procédé *m* de filature *v* || Spinnprozeß *m*, -vorgang *m*; **-sel:** spun product || produit *m* filé || Gespinst *o*; **-snelheid:** spinning velocity || vitesse *v* de filage *m* || Spinngeschwindigkeit *v*; **-werkwijze:** spinning process (method) || procédé *m* (méthode *v*) de filature *v* || Spinnverfahren *o*.

spinthariscoop: spinthariscope || spinthariscope *m* || Spinthariskop *o*.

spinel: spinel || spinelle *v* || Spinell *m*.

spint|hout: splintwood, alburnum, sapwood || [bois *m* d']aubier *m* || Splintholz *o*; **-rot** (*hout*)**:** sapwood rot || pourriture *v* de l'aubier *m* || Splintfäule *v*.

spiraal: spiral || hélice *v*, spirale *v* || Spirale *v*; **- v. Archimedes:** spiral of Archimedes || spirale *v* d'Archimède (linéaire) || archimedische Spirale *v*, Spirallinie *v*; **-bandrem:** spiral band brake || frein *m* à ruban *m* en spirale *v* || Spiralbandbremse *v*; **-boor:** spiral (twist) drill || foret *m* en spirale *v* (hélicoïdal), mêche *v* hélicoïdale || Spiralbohrer *m*; (*mijnb.*): [screw] auger || tarière *v* à vis *v* (spirale *v*) || Spiralbohrer *m*; **-buis:** spiral tube || serpentin *m* || Spiralrohr *o*; **-buisoververhitter:** spiral superheater || surchauffeur *m* à serpentin *m* spiral || Spiralrohrüberhitzer *m*; **-dook:** spiral dowel || goujon *m* hélicoïdal || Spiraldübel *m*; **-draad:** spiral wire || fil *m* en spirale *v* || Spiraldraht *m*; **-frees:** spiral milling cutter || fraise *v* à denture *v* hélicoïdale || Spiralfräser *m*; **-gloeidraad:** spiralised filament || filament *m* en spirale *v* (spiralisé) || Spiraldraht *m*; **-koeler:** *zie* **serpentijnkoeler; -koppeling:** spiral coupling || embrayage *m* à spirale *v* || Spiralkupplung *v*; **-pomp:** spiral pump || pompe *v* spirale || Spiralpumpe *v*; **-ruimer:** reamer with spiral flutes, spiral fluted reamer || alésoir *m* à cannelures *vm* en spirale *v* || spiral genutete Reibahle *v*; **-veer:** spiral spring || ressort *m* spiral || Spiralfeder *v*; **-vormig:** helical, spiral || spiral, hélicoïdal, en [forme *v* de] spirale *v* || spiralförmig; **-wikkeling:** spiral winding || enroulement *m* en spirale *v* (hélicoïdal) || Spiralwicklung *v*.

spiritus: spirit || esprit *m* [rude], alcool *m* || Spiritus *m*, Weingeist *m*; **-beits:** spirit mordant || mordant *m* à l'alcool *m* || Spiritusbeitze *v*; **-gasbrander:** spirit gas stove || cuisine *v* de gaz *m* d'alcool *m* || Spiritusgasherd *m*; **-gloeilicht:** incandescent spirit light || lumière *v* d'alcool *m* à incandescence *v* || Spiritusglühlicht *o*; **-lak:** spirit varnish || esprit *m* de laque *v* || Spirituslack *m*; **-lamp:** spirit lamp || lampe *v* à alcool *m* || Spirituslampe *v*; **-vernis:** spirit varnish || vernis *m* à l'alcool *m* || Spirituslack *m*.

spits: 1. (*z. nw.*): point || pointe *v* || Spitze *v*; **-bliksemafleider:** point lighting arrester || parafoudre *m* à pointes *vm* || Spitzenblitzableiter *m*; **-bogenstijl** (*bouwk.*): pointed architecture || style *m* ogival (pointu) || Spitzbogenstil *m*; **-boog:** pointed arch || arc *m* aigu (gothique, pointu, à l'ogive *v*) || Spitzbogen *m*; **-boog, gedrukte:** drop arch || ogive *v* surbaissée || niedriger Spitzbogen *m*; **-boogvenster:** gothic (pointed arch) window || fenêtre *v* gothique (ogivale) || Spitzbogenfenster *o*; **-boor:** common bit, flat (pointed) drill || foret *m* en pointe *v* (à langue *v* d'aspic *m*), trépan *m* à pointe *v* || Spitzbohrer *m*; **-bout:** pointed bolt || boulon *m* à pointe *v* || Spitzbolzen *m*; **-endraaibank:** centre lathe, dead centre hand tool lathe || tour *m* d'horloger *m* à pointes *vm* || Spitzendrehstuhl *m*; **-hamer:** *zie* **punthamer** *onder* **punt 4; -ophanging:** pivot suspension || suspension *v* à pivot *m* || Spitzenaufhängung *v*; **-tang:** pointed pliers || pince *v* pointue || Spitzzange *v*; **-uur:** peak hour || heure *v* de pointe *v* || Höchstverbrauchsstunde *v*; **-vijl:** *zie* **puntvijl** *onder* **punt 4;**

2. (*bijv. nw.*): pointed, sharp || aigu, pointu || spitz.

spleet: 1. (*algem.*): cleft, crevice, flaw || fente *v*; crevasse *v* || Spalte *v*; *zie ook* **sleuf; -schuif:** valve with slots || tiroir *m* à fentes *vm* || Schieber *m* mit Spalten *vm*; **-zeef:** slotted screen || tamis *m* à fentes *vm* || Schlitzsieb *o*;

2. (*terrein*): fissure, rent || fissure *v*, fente *v* || Spalte *v*.

splin|ter: splinter || éclat *m* || Splitter *m*; **-terig:** splintery || esquilleux, se fendant aisément || splitterig.

splinthout: *zie* **spinthout.**

split: broken stone || pierraille *v* || Splitt *m*, Schotter *m*; **-pen:** split pin || clavette *v*, goupille *v* d'arrêt *m* (de sûreté *v*, de verrouillage *m*, fendue) || Splint *m*.

splits: splice || épissure *v* || Spleiß *m*, Spliß *m*; **-bok:** jointer's vices || chevalet *m* d'épissage *m* || Spleißbock *m*; **-en:** *zie na* **splitslengte; -hamer:** splicing hammer || marteau *m* à épisser || Splißhammer *m*; **-horen:** splicing fid || épissoir *m* || Splißhorn *m*; **-ing:** *zie onder* **splitsen; -lengte:** length of splice || longueur *v* supplémentaire nécessaire pour faire une épissure *v* || Spleißüberlänge *v*.

split|sen: 1. (*scheiden*): to split [up] || scinder, dédoubler || [auf]spalten, [auf]teilen, zerlegen; *zie ook* **demulgeren; splijten; -sen** (*in*), **zich:** to split up (*into*) || se divider (*en*), se décomposer (*en*) || sich [auf]spalten (*in*), sich teilen (*in*), sich zerlegen (*in*); **-sing:** splitting-up, scission || division *v*, scission *v* || [Auf]spaltung *v*, [Auf]teilung *v*, Zerlegung *v*;

2. (*touw*): to splice || épisser || splissen, spleißen;

3. (*huiden, enz.*): to split || dédoubler || spalten; **-sing:** splitting || dédoublage *m* || Spaltung *v*;

4.: -sen, zich (*weg enz.*): to bifurcate || fourcher, se bifurquer || sich teilen, sich verzweigen, sich gabeln; **-sing:** bifurcation || fourchure *v*, bifurcation *v* || Teilung *v*, Verzweigung *v*, Gabelung *v*;

5.: -sen (*in*) (*chem*): to split [up] (*into*) || dédoubler (*en*) || [auf]spalten (*in*); **-sen** (*in*), **zich:** to split [up] (*into*) || se dédoubler (*en*) || sich [auf]spalten (*in*); **-sing:** splitting-up || dédoublage *m* || [Auf]spaltung *v*.

splijtbaar: 1. (*algem.*): cleavable, fissionable || fendable, fissile || spaltbar; **-heid:**

cleavability || fissilité *v* || Spaltbarkeit *v*; **2.** (*kernfys.*): fissile || fissile || spaltbar; **-heid:** fissionability || fissilité *v* || Spaltbarkeit *v*.

splijt|en: 1. (*algem.*): to cleave (rend, crack, split, fissure) || (*se*) fendre, (*se*) fendiller || [auf]spalten; **-ting:** cleaving, rending, cracking, splitting, fissuring || fissuration *v*, fendage *m*, fendillement *m* || [Auf]spaltung *v*;
2. (*kernfys.*): to fissure || fissurer || spalten; **-ting:** fission || fission *v* || Spaltung *v*; **-ingsprodukt:** fission product || produit *m* de fission *v* || Spaltungsprodukt *o*.

splijt|raam: (*zaagmach.*): deal frame || scie *v* verticale alternative à refendre || Spaltgatter *o*; **-vlak** (*in kool*)**:** cleavage plane, cleat, parting || joint *m* de clivage *m*, crin *m* || Lage *v*, Schlechte *v*, Ablösung *v*; **-wig:** splitting wedge || coin *m* pour fendre || Spaltkeil *m*.

spoed (*schroef, enz.*)**:** pitch || pas *m* || Steigung *v*, Ganghöhe *v*; **-, totale** (*wikkeling elektr. mach.*)**:** resultant (total) pitch || pas *m* résultant de l'enroulement *m* || Gesamtschritt *m*; **-, verkorte:** backward pitch || pas *m* rétrograde [arrière] || Rückwärtsschritt *m*; **-, verlengde:** forward pitch || pas *m* progressif [avant] || Vorwärtsschritt *m*; **-kaliber** *en* **-meter:** *zie* **schroefdraadmal.**

spoel[1])**: 1.** (*elektr.*)**:** coil, spool || bobine *v* || Spule *v*; **- m. schuifcontact:** *zie* **schuifspoel; - wikkelen, een:** to wind a coil || bobiner || eine Spule *v* wickeln; **- zonder ijzer:** air core coil || bobine *v* sans fer *m* || Spule *v* ohne Eisenkern *m*; **-, bifilaire:** bifilar (double wound) coil || bobine *v* bifilaire (à double enroulement *m*) || Bifilarspule *v*; **-, vlakke:** flat coil || galette *v* || Flachspule *v*; **-as:** coil axis || axe *m* de la bobine *v* || Spulenmittellinie *v*; **-bevestiging:** fixing of the coils || fixation *v* des bobines *vm* || Spulenverankerung *v*; **-bliksemafleider:** [wire] coil lightning arrester || parafoudre *m* à bobine *v* || Spulenblitzableiter *m*, Drahtrollenblitzschutzvorrichtung *v*; **-breedte:** breadth of the coil || largeur *v* de bobine *v* || Spulenbreite *v*; **-dikte:** thickness of the coil || épaisseur *v* de bobine *v* || Spulendicke *v*; **-isolatie:** coil insulation || isolement *m* de bobine *v* || Spulenisolation *v*; **-kant:** side of a coil || côté *m* de bobine *v* || Spulenseite *v*; **-koker:** former of coil || carcasse *v* de bobine *v* || Spulenkasten *m*; **-kop:** coil end (head) || tête *v* de bobine *v* || Spulenkopf *m*; **-pakket:** section of coils || paquet *m* de bobines *vm* || Spulenpaket *o*; **-tjesbliksemafleider:** spindle lightning protector || parafoudre *m* à bobine *v* || Spindelblitzableiter *m*; **-veld:** choking field || champ *m* de réactance *v* || Drosselfeld *o*; **-verbinding:** interlinking of coils || raccordement *m* des bobines *vm* || Spulenverkettung *v*; **-wikkeling:** coil winding || enroulement *m* à bobines *vm* || Spulenwicklung *v*; **-wikkelmachine:** coil winding machine || bobineuse *v*, machine *v* à bobiner || Spulenwickelmaschine *v*;
2. (*text.*)**:** bobbin, cop, pirn, spool || bobine *v*, cannette *v*, époule *v* || Spule *v*; **-, vliegende** (*weverij*)**:** fly[ing] || shuttle || navette *v* volante || Schnellschütze *v*; -wagen *m*; **-en:** *zie* **opklossen; -engestel:** bobbin stand, creel || porte-bobines *m* || Spulengestell *o*; **-enwals:** cylinder to turn the bobbins || voudeur *m* || Spulenwalze *v*; **-enrek:** *zie* **spoelengestel; -er:** spooler || espoleur *m* || Spuler *m*; **-kast:** *zie* **loket; -machine:** pirn winder, winding machine || bobineuse *v*, cannetière *v* || Spulmaschine *v*; **-machine, eerste:** sliver box || bobinoir *m* réunisseur || erste Spulmaschine *v*; **-molen:** pirn winding machine || machine *v* à canneler || Schußspulmaschine *v*; **-rad:** spooling wheel || rouet *m* à bobiner || Spulrad *o*; **-wisselaar:** cop changer, weft supply mechanism || mécanisme *m* de changement *m* de cannettes *vm* || Spulenauswechselvorrichtung *v*.

spoe|len: 1.: *zie* **opklossen;**
2. (*uitspoelen*)**:** to rinse, to wash, to flush || laver, rincer || [aus]spülen; **-bak:** scouring (washing) cradle || évier *m* || Spültisch *m*; **-boor:** flushing auger || tarière *v* à rincer || Spülschappe *v*; **-er** (*werktuig*)**:** scourer, washer || appareil *m* de curage *m* || Spüler *m*; **-ing:** *zie na* **spoelwater; -kop** (*boren*) (*mijnb.*)**:** swivel [head] || touret *m* [d'adduction *v*], tête *v* d'injection *v* || Spülkopf *m*; **-machine:** rinsing machine || machine *v* à laver (rincer) || Spülmaschine *v*; **-pomp** (*dieselmotor*)**:** scavenge pump || pompe *v* de balayage *m* || Spülpumpe *v*; **-poort** (*verbr.motor*)**:** air (scavenge) port || lumière *v* de balayage *m* || Spülschlitz *m*; **-water:** rinsing water || eau *v* de rinçage *m* || Spülwasser *o*.

spoeling: 1. (*uitspoelen*)**:** flushing || rinçage *m* || Spülung *v*;
2. (*veevoeder*)**:** swillings || drêche *v* || Schlempe *v*;
3. (*boren*) (*mijnb.*)**:** [drilling] mud (fluid), suspension || boue *v* de forage *m*, liquide *m* de curage *m* (dense), suspension *v* || Dickspülung *v*, Spülschlamm *m*; **-bak:** mud box || puisard *m* || Spülgrube *v*,

---
[1]) Voor afleidingen van *spoelen* (*uitspoelen*) zie na *spoel* 2.

-becken *o*; **-goot:** mud ditch || rigole *v* || Spülrinne *v*; **-pomp:** mud (slush) pump || pompe *v* à boue *v* || Spülpumpe *v*; **-put:** mud (slush) pit || bassin *m* à boue *v* (de décantation *v*) || Schlammgrube *v*; **-sluis:** lubricator || chambre-écluse *v* || Rohrschleuse *v*.

spon: bung || bondon *m* || Spund *m*; **-boor:** bung borer || bondonnière *v* || Spundbohrer *m*; **-gat:** bung hole || bonde *v* || Spundloch *o*.

sponning (*plank*)**:** groove || rainure *v* || Nute *v*; **-frees:** grooving cutter || frais *v* à rainures *vm* || Nutfräser *m*; **-mes:** grooving iron || fer *m* à rainer || Nuteisen *o*, -messer *o*; **-schaaf:** grooving plane || bouvet *m* mâle || Nuthobel *m*; **-schaaf, zijdelings snijdende:** side rebate (side rabbit) plane || guillaume *m* de côté *m* || seitwärtsschneidender Falzhobel *m*.

spons: sponge || éponge *v* || Schwamm *m*; **-achtig:** spongy || spongieux || schwammartig; **-filter:** sponge filter || filtre *m* à éponge *v* || Schwammfilter *o*, *m*; **-rubber:** spongy rubber; rubber sponge || caoutchouc *m* spongieux; éponge *v* de caoutchouc *m* || Schaumgummi *o*; Gummischwamm *m*.

spookschaaf: drawing knife, spoke plane || vastringue *v* || Reif-, Schnitt-, Zugmesser *o*.

spoor: **1.** (*overblijfsel*)**:** trace || trace *v* || Spur *v*;
2. (*mast*)**:** step || carlingue *v* || Spur *v*;
3. (*wagen*)**:** rut, track || ornière *v*, trace *v* || Spur *v*; **-breedte** (*auto*)**:** tread || voie *v* || Spurweite *v*;
4. (*twee spoorstaven*)**:** track, rails, railway || voie *v* || Geleise *o*, Gleis *o*, Strang *m*; **-, breed** (*smal*)**:** broad-gauge (*narrow-gauge*) railway || voie *v* large (*étroite*) || breitspuriges (*schmalspuriges*) Gleis *o* (*Schmalspur v*); **-, dood:** blind track, dead end siding || voie *v* en cul *m* de sac *m* || Sack-, Stick-, Stumpfgleis *o*, totes Gleis *o*, Sackbahn *v*, toter Strang *m*; **-, dubbel** (*enkel*)**:** double (*single*) track || double (*simple*) voie *v* || Doppelgleis *o* (*eingleisige Bahn v*); **-, verkeerd:** wrong track || contre-voie *v* || falsches Gleis *o*; **-baan:** railroad, -way || chemin *m* de fer *m*, voie *v* ferrée || [Eisen]bahn *v*; *zie ook* **spoorweg; -baan, ondergrondse:** underground (low level) railway || chemin *m* de fer *m* souterrain || Untergrund-, Tiefbahn *v*; **-baan, smalle:** narrow railway || voie *v* étroite || Schmalspur, Kleinbahn *v*; **-boekje:** *zie* **reisgids; -brug:** railway bridge || pont *m* de chemin *m* de fer *m* || Eisenbahnbrücke *v*; **-kaartje:** railway ticket || billet *m* de chemin *m* de fer *m* || Fahrkarte *v*; **-lijn:** railway route || ligne *v* de chemin *m* de fer *m* || Bahnlinie *v*; **-pont:** train ferry || bac *m* (transbordeur *m*) de trains *mm* || Eisenbahnfähre *v*; **-relais:** track relay || relais *m* de voie *v* || Gleisrelais *o*; **-spijker:** rail chair nail || cheville *v* de coussinet *m* de rail *m* || Schienenstuhlnagel *m*; **-staaf:** *zie* **reel; -staafcontact:** signal pedal || pédale *v* de signal *m* || Schienenstromschließer *m* für Signalsteuerung *v*; **-staafvoet:** rail foot || patin *m* de rail *m* || Schienenfuß *m*; **-stroomloop:** track circuit || circuit *m* de voie *v* || Gleiskreis *m* mit Ruhestrom *m*; **-stroomloop m. gepolariseerd relais:** track circuit with polarised relays || circuit *m* de voie *v* à relais *mm* polarisés || Gleisstromkreis *m* für Gleichstrom *m*; **-stroomloop m. wisselstroom:** alternating current track circuit || circuit *m* de voie *v* à courant *m* alternatif || Gleisstromkreis *m* für Wechselstrom *m*; **-trein:** train || train *m* || Zug *m*; **-wagen:** railway car (wagon) || voiture *v* de chemin *m* de fer *m*, wagon *m* || Eisenbahnwagen *m*; **-weg:** *zie na* **spoorwijdte; -wijdte:** railway (width of) gauge || écartement *m* des rails *mm*, largeur *v* de voie *v* (de la roue *v*) || Spurweite *v*.

spoorweg: railway line || ligne *v* de traction *v* || Bahnstrecke *v*; *zie ook* **spoorbaan; -, dubbele:** double railway || chemin *m* de fer *m* à deux voies *vm* || Doppelbahn *v*; **-, elektrische:** electric railway || chemin *m* de fer *m* électrique || elektrische Bahn *v*; **-, ondergrondse:** underground (low level) railway || chemin *m* de fer *m* souterrain || Untergrund-, Tiefbahn *v*; **-bouw:** railway construction || construction *v* d'une ligne *v* de chemin *m* de fer *m* || Eisenbahnbau *m*; **-centrale** (*elektr.*)**:** railway power station || centrale *v* de chemin *m* de fer *m* || Bahnkraftwerk *o*, Bahnzentrale *v*; **-dienst:** railway service || service *m* de chemin *m* de fer *m* || Eisenbahndienst *m*; **-exploitatie:** railway working || exploitation *v* des chemins *mm* de fer *m* || Eisenbahnbetrieb *m*; **-kaart:** railway map || carte *v* des chemins *mm* de fer *m* || Eisenbahnkarte *v*; **-kruising:** level crossing || passage *m* à niveau *m* || Bahnkreuzung *v*; **-lijn, elektrische:** electric railway line || ligne *v* de traction *v* électrique || Strecke *v* mit elektrischem Betrieb *m*; **-maatschappij:** railway company || compagnie *v* de chemins *mm* de fer || *m* Eisenbahngesellschaft *v*; **-net:** railway system, network of railways || réseau *m* de chemins *mm* de fer *m* || Bahnnetz *o*; **-onderhoud:** railway maintenance || entretien *m* d'une ligne *v* de chemin *m* de fer *m* || Eisenbahnunterhalt *m*; **-overgang:** railway overbridge || passage *m* supérieur de chemin *m* de fer *m* || Eisenbahnüberführung *v*; **-sein:** railway signal || signal *m* de chemin *m* de fer *m* || Eisenbahnsignal *o*; **-tarief:** railway tariff || tarif *m* des chemins *mm* de fer *m* || Eisenbahntarif *m*; **-techniek:** railway technics || technique *v* des chemins *mm* de fer *m* || Eisenbahntechnik *v*; **-telegraaf:** railway telegraph || télégraphe *m* de chemin *m* de fer *m* || Bahntelegraph *m*; **-verbinding:** communication by railway || communication *v* par chemin *m* de fer *m* || Eisenbahnverbindung *v*; **-verkeer:** railway traffic || trafic *m* des lignes *vm* de chemin *m* de fer *m* || Eisenbahnverkehr *m*; **-werkplaats:** railway works || atelier *m* de chemin *m* de fer *m* || Eisenbahnwerkstatt *v*.

sporentableau: track diagram || tableau *m* de voies *vm* || Gleistafel *v*.

sport (*ladder*): *zie* **laddersport.**

spouw: air space, cavity || couche *v* d'air *m* || Luftschicht *v*; **-muur:** hollow wall || mur *m* creux || Hohlmauer *v*.

spreek|buis: speaking tube || tuyau *m* acoustique || Sprachrohr *o*; **-cel:** telephone call box || cabine *v* téléphonique || Sprechzelle *v*; **-cel, publieke:** public call box || cabine *v* téléphonique publique || öffentliche Sprechzelle *v*; **-kamer:** parlour || parloir *m* || Sprechzimmer *o*; **-relais:** box sounding relay || relais *m* parleur (phonique) || Sprechrelais *o*; **-trompet:** *zie* **megafoon; roeper.**

spreiden (*spinnerij*): *zie* **aanleggen.**

spreiding: 1. (*elektr.*): leakage || dispersion *v* || Streuung *v*;
2. (*stoomstraal*): fanning, spreading || dispersion *v* || Streuung *v*, Zersplitterung *v*.

spreidings|coëfficiënt: leakage coefficient || coefficient *m* de dispersion *v* || Streuungsfaktor *m*; **-kegel** (*geschut*): cone of spreads || cône *m* de dispersion *v* || Streuungskegel *m*; **-verlies:** dispersion loss || perte *v* par dispersion *v* || Streuungsverlust *m*; **-weerstand, magnetische:** magnetic leakage resistance || résistance *v* magnétique de dispersion *v* || magnetischer Streuwiderstand *m*.

sprengkwast (*metsel.*): mason's brush || goupillon *m* || Annetzer *m*.

spring (*scheepst.*): sprong || embossure *v* || Spring *m*.

springen: 1. (*uiteenbarsten i. h. algem.*): to burst || se briser, crever, éclater, se rompre, voler en éclats *mm* || explodieren, platzen, springen, zerplatzen;
2. (*luchtband*): to crack; blow out || crever || aufplatzen;
3. (*wielband*): to fracture || sauter || springen;
4. (*buis*): to burst; bursting || éclater; éclatement *m* || platzen; Platzen *o*;
5. (*een sprong maken*): to spring, to bound, to jump, to leap || sauter || springen.

spring|gelatine: explosive gelatin[e], nitrogelatin || gélatine *v* explosive, dynamitegomme *v* || Sprenggelatine *v*; **-lading:** bursting (blasting) charge || charge *v* || Sprengladung *v*; **-matras:** spring mattress || sommier *m* à ressorts *mm* || Sprungfedermatratze *v*; **-plank:** springboard || tremplin *m* || Springbrett *o*; **-punt** (*projectiel*): bursting point || point *m* d'éclatement *m* || Springpunkt *m*; **-sfeer:** sphere of explosion || sphère *v* d'explosion *v* || Springsphäre *v*; **-stof:** *zie* **ontploffingsmiddel; -tij:** springs, spring tide || haute marée *v* || Springflut *v*, -gezeit *v*; **-veer:** spiral metallic spring || ressort *m* à boudin *m* élastique || Springfeder *v*; **-vloed:** *zie* **springtij; -werk:** falsework, scaffolding || ferme *v* [à contrefiches *vm*] || Sprengwerk *o*; **-werking:** explosive action || force *v* explosive || Sprengwirkung *v*.

sproei|en: to spray || arroser || [ver]sprühen, sprengen, spritzen; **-er** (*gieter, enz.*): rose, sprinkler, sprinkling nozzle || pomme *v* d'arrosoir *m* || Brause *v*; *zie ook* **does;** (*carburator*): jet || gicleur *m* || Düse *v*; (*voor onbelaste loop*): idle jet || gicleur *m* du ralenti *m* || Leerlaufdüse *v*; **-erkamer:** jets chamber || chambre *v* à gicleurs *mm* || Düsengehäuse *o*; **-gaatje:** spray hole || trou *m* d'arrosage *m* || Spritzloch *o*; **-inrichting:** spraying device || déchargeur *m* par dispersion *v* (par ruissellement *m*) || Rieselvorrichtung *v*; **-kegel:** spray cone || pomme[lle] *v* d'arrosoir *m* || Spritzkegel *m*; **-kraan:** spraying cock || robinet *m* d'arrosage *m* || Spritzhahn *m*; **-pijp:** spray pipe || tuyau *m* d'arrosage *m* || Berieselungsrohr *o*, **-wagen:** water[ing] cart || voiture *v* arroseuse (d'arrosage *m*) || Sprengwagen *m*.

sprong: 1. (*in gesteenten*): fault || faile *v* || Rücken *m*, Sprung *m*; **-hoogte:** throw || rejet *m* vertical || Sprung-, Verwerfungshöhe *v*;
2. (*weverij*): shed, lease || foule *v*, pas *m* || Fach *o*, Sprung *m*; **-hoogte:** height of the shed || foule *v* || Sprunghöhe *v*;
3. (*tand*): *zie* **schuinte;**
4. (*temperatuur*): jump, sudden change || changement *m* brusque, soubresaut *m* || Sprung *m*;
5. (*schip*): *zie* **zeeg 1.**

spruit|leiding: branch line || branchement *m*, dérivation *v* || Zweigleitung *v*; **-stuk:** branch pipe || embranchement *m*, tuyau *m* de branchement *m* || Abzweig *m*, Zweigrohr *o*.

spui|en: 1. (*ketel*): *zie* **afspuien; -klep:** mud (blow off) valve || soupape *v* de purge *v* (d'évacuation *v*, de vidange *v*) || Schlamm-, Ablaß-, Schmutzventil *o*; **-kraan:** blow off cock || robinet *m* d'évacuation *v* (de vidange *v*) || Ablaß-, Abflußhahn *m*;
2. (*water*): to sluice || faire écouler, chasser l'eau *v* || Wasser *o* ablassen (auslassen); **-dok:** sluice docks || bassin *m* de retenue *v* || Schleusendock *o*; **-gat:** *zie* **lenspoort** *onder* **lens 3; -gatprop:** scupper plug || tampon *m* de dalot *m* || Speigattpfropfen *m*; **-sluis:** outlet sluice || écluse *v* de fuite *v* || Fluchtschleuse *v*;
3. (*sluis*): to let water through a sluice || faire passer l'eau *v* par une écluse *v* || das Wasser *o* durch eine Schleuse *v* auslassen.

spuit: syringe squirt, spray[er] || seringue *v* || Spritze *v*; *zie ook* **brandspuit; oliespuit;** *enz.*; **-buis:** flush water pipe || tuyau *m* d'injection *v* d'eau *v* || Einspritz-, Spülrohr *o*; **-druk** (*petr.*): flowing (open) pressure || pression *v* d'écoulement *m* || Ausfluß-, Förderdruck *m*.

spuiten: 1. (*algem.*): to spout; to squirt (*from*) || jaillir (*onoverg.*), faire jaillir, lancer || spritzen; **- bij h. heien:** combined flushing and ramming || injection *v* d'eau *v* pendant le battage *m* || Spülung *v* beim Rammen *o*;
2. (*petr.*): to flow (gush) || jaillir, érupter || frei (eruptiv) [aus]fließen, selbsttätig laufen; **-, intermitterend:** to flow by heads, to head (surge, fluctuate) || jaillir par intermittence *v*, fluctuer || stoßweise (pulsierend) fließen;
3. (*bespuiten*): to spray || seringuer; arroser; traiter avec le (passer au) vaporisateur *m* (pulvériseur *m*) || [be]spritzen.

spuit|er: *zie* **put, spuitende** *onder* **put 4; -gieten** (*metaal*): pressure die-casting || moulage *m* en matrice *v* sous pression *v* || Spritzguß *m* (-verfahren *o*); (*kunststof*): injection moulding || moulage *m* par injection *v* || Spritzguß **m** (-verfahren *o*); **-kolom** (*petr.*): [pump] tubing, pumping string || colonne *v* d'extraction *v* (des tubes *mm* de pompage *m*) || Steig-, Pumprohr *o*, Steigleitung *v*; **-kruis** (*petr.*): Christmas tree || tête *v* d'éruption *v* || Eruptionskreuz *o*; **-leiding** (*petr.*): flow (lead) line || conduite *v* d'écoulement *m* || Ablauf-, Abflußleitung *v*; **-water:** aerated water, soda-water || eau *v* gazeuse || Selter[s]wasser *o*.

spijker: nail, spike, tack || clou *m*, pointe *v* || Nagel *m*; *zie ook* **draadnagel** *onder* **draad 2; -baar:** nailable || pénétrable aux clous *mm* || nagelbar; **-bak:** nail box || boîte *v* à clous *mm* || Nagelbüchse *v*; **-boor:** gimlet || vrille *v* || Nagelbohrer *m*; **-bout:** small ragbolt || fiche *v* || Spikerbolzen *m*; **-en:** to nail (tack) || clouer || nageln, spikern; **-hamer:** spike hammer || marteau *m* à panne *v* fendue || Nagelhammer *m*; **-klauw:** spike drawer || pince *v* à pied *m* de biche *v* || Nagelklaue *v*; **-kop:** nail head || tête *v* de clou *m* || Nagelkopf *m*; **-kopijzer** (*v. e. draaib.*): nail head tool || crochet *m* à tête *v* de clou *m* || Nagelkopfstahl *m*; **-tang:** nail nippers || arrache-clou *m* || Nagelzange *v*; **-ijzer:** nail iron || fer *m* de cloutier *m* || Nageleisen **o**.

spijl (*hek*): bar || barre *v* || Stab *m*.

spijs|kobalt: grey (tin white) cobalt || cobalt *m* arsenical || Speiskobalt *m*; **-wagen:** dining car || wagon-restaurant *m* || Speisewagen *m*.

staaf: 1. (*algem.*): bar, rod || barre *v*, barreau *m* || Stab *m*, Stange *v*; *zie ook* **stang; -, glazen:** glass rod (bar) || barre *v* (tige *v*) en verre *m* || Glasstab *m*, -stange *v*; **-, houten:** wooden rod (bar) || barre *v* (baguette *v*) en bois *m* || Holzstab *m*; **-, koperen:** copper bar (rod) || barre *v* de cuivre *m* || Kupferstab *m*; **-, stalen:** steel bar (rod) || barre *v* en acier *m* || Stahlstab *m*; **-anker** (*elektr.*): bar armature || induit *m* à barres *vm* || Stabanker *m*; **-buiger:** bar bending machine, rod bending device || appareil *m* (machine *v*) à cintrer les barres *vm* || Stabbiegevorrichtung *v*, -maschine *v*; **-elektromagneet:** bar electro-magnet || électroaimant *m* rectiligne || Stabelektromagnet *m*; **-frees:** rounding cutter || fraise *v* pour barreaux *mm* || Stabfräser *m*; **-goud:** bar gold || or *m* en barres *vm* (en lingots *mm*) || Barrengold *o*; **-isolator:** bar insulator || isolateur *m* à tige *v* || Stabisolator *m*; **-koper:** bar copper || cuivre *m* en barres *vm* || Barren-, Stangenkupfer *o*; **-koper, rond:** copper rod, round copper || cuivre *m* rond || Rundkupfer *o*; **-koppeling:** bar (rod) coupling || accouplement *m* de tiges *vm*, attelage *m* à barres *vm* || Stangenkupplung *v*; **-lengte, theoretische:** theoretical bar length || longueur *v* théorique de barre *v* || theoretische Stablänge *v*, Netzstrecke *v*; **-magneet:** bar (straight) magnet || aimant *m* droit, barreau *m* aimanté || Magnetstab *m*, Stabmagnet *m*; **-magneet, ronde:** cylindrical (rod) magnet || aimant *m* cylindrique || Zylindermagnet *m*; **-molen:** rod mill || broyeur *m* (moulin *m*) à barres *vm* || Stabmühle *v*; **-rooster:** *zie* **staafzeef; -vorm:** shape of bar || forme *v* de barre *v* || Stabform *v*; **-vormig:** bar shaped || en forme *v* de barre *v* || stabförmig; **-wikkeling:** bar winding ||

bobinage *m* en (enroulement *m* à) barres *vm* || Stabwick[e]lung *v*; **-ijzer:** bar (rod) iron || fer *m* en barres *vm* || Stab-, Stangeneisen *o*; **-zeef:** grate, grizzly || grille *v* à tiges *vm* || Stabsieb *o*, Stangenrost *m*; **-zilver:** bar silver || argent *m* en barres *vm* (en lingots *mm*) || Barrensilber *o*;
2.: *zie* **duig; -hout:** *zie* **duighout;**
3. (*i. h. rek v. e. voorspinwerktuig*): pillar || colonnette *v* || Stange *v*.

staal: 1. (*metaal*): steel || acier *m* || Stahl *m*; **-, a. d. oppervlakte gehard:** case hardened steel || acier *m* cémenté à la surface *v* || Einsatzstahl *m*; **-, blank:** steel with polished surface || acier *m* à surface *v* polie || Stahl *m* mit blanker Oberfläche *v*; **-, fijn:** refined (shear) steel || **acier** *m* raffiné || Edel-, Raffinierstahl *m*; **-, gecarboneerd:** cementated steel || acier *m* cémenté || zementierter Stahl *m*; **-, gegoten:** cast steel || acier *m* fondu (coulé) || Stahlguß *m*; **-, gehard:** hardened steel || acier *m* trempé || gehärteter Stahl *m*; **-, gelegeerd:** alloyed steel || acier *m* allié || legierter Stahl *m*; **-, gepolijst:** polished steel || acier *m* poli || polierter Stahl *m*; **-, gesmeed:** forged (hammered, wrought) steel || acier *m* forgé (battu) || Schmiedestahl *m*, gehämmerter (geschmiedeter) Stahl *m*; **-, gewalst:** laminated steel || acier *m* laminé || gewälzter Stahl *m*; **-, halfrond:** half round steel || acier *m* demi-rond || halbrunder Stahl *m*; **-, hard:** hard steel || acier *m* dur || Hartstahl *m*; **-, lasbaar:** weldable steel || acier *m* soudable || schweißbarer Stahl *m*; **-, roestvrij:** stainless (non-corrosive) steel || acier *m* inoxydable (non-corrosif, antirouille) || rostfreier Stahl *m*; **-, rond:** round steel || acier *m* rond || Rundstahl *m*; **-, ruw:** crude (furnace, German) steel || acier *m* brut (naturel) || Rohstahl *m*; **-, zacht:** mild (soft) steel || acier *m* doux || Weichstahl *m*; **-bad:** steel bath || bain *m* d'acier *m* || Stahlbad *o*; **-beton:** *zie* **beton, gewapend; -blad:** steel spring plate || lame *v* d'acier *m* || Stahlfeder *v*; **-bouw:** steel building (construction), steelwork || construction *v* (charpente *v*) en acier *m* || Stahlbau *m*, -konstruktion *v*, -werk *o*; **-brons:** steel bronze || bronze *m* spécial || Stahlbronze *v*; **-constructie:** *zie* **staalbouw; -constructiewerkplaats:** constructional steel shop || atelier *m* de construction *v* de charpentes *vm* métalliques (d'acier *m*) || Stahlkonstruktionswerkstatt *v*; **-draad** (*massief*): steel wire || fil *m* d'acier *m* || Stahldraht *m*; **-draadborstel:** steel wire brush || brosse *v* en fil *m* d'acier *m* || Stahldrahtbürste *v*; **-draadkabel:** steel wire rope || câble *m* en acier *m* (en fils *mm* d'acier *m*) || Stahldrahtseil *o*; **-draadklem:** wire rope clip || serre-câble *m* || Seilklemme *v*; **-draadpantser:** steel wire armouring || armature *v* en fil *m* d'acier *m* || Stahldrahtarmierung *v*; **-draadschijf:** wire rope pulley || poulie *v* à câble *m* métallique || Drahtseilscheibe *v*; **-draadtros:** steel wire rope || corde *v* en fil *m* d'acier *m* || Stahldrahtseil *o*; **-fabriek:** steel works || aciérie *v* || Stahlwerk *o*; **-gaas:** steel gauze || gaze *v* en acier *m* || Stahlgaze *v*; **-gieterij:** steel foundry || fonderie *v* d'acier *m* || Stahlgießerei *v*; **-graveerkunst:** siderography, steel engraving || sidérographie *v* || Stahlstecherkunst *v*; **-graveur:** engraver in steel || graveur *m* en acier *m* || Stahlstecher *m*; **-gravure:** steel engraving || gravure *v* en acier *m* || Stahlstich *m*; **-houdend:** steely || aciéreux || stahlhaltig; **-kabel:** steel cable || câble *m* d'acier *m* || Stahlkabel *o*; **-krullen:** steel shavings || copeaux *mm* (tournures *vm*) d'acier *m* || Stahl[dreh]späne *mm*; **-legering:** steel alloy || alliage *m* d'acier *m* || Stahllegierung *v*; **-pantser:** steel armour || cuirasse *v* en acier *m* || Stahlpanzer *m*; **-plaat:** sheet steel || tôle *v* d'acier *m* || Stahlblech *o*; **-poeder:** steel powder || poudre *v* d'acier *m* || Stahlpulver *o*; **-profiel:** steel section || profile *v* d'acier *m* || Stahlquerschnitt *m*; **-schrootkroon** (*boren*) (*mijnb.*): [chilled] shot bit || couronne *v* à grenailles *vm* || Schrotkrone *v*; **-snijmachine:** appliance for cutting steel bars, steel cutting machine || cisaille *v*, machine *v* à couper l'acier *m* || Stahlschneidevorrichtung *v*, Stahlschneider *m*; **-soort:** species of steel || sorte *v* d'acier *m* || Stahlart *v*; **-staaf:** steel bar (rod) || barre *v* en acier *m* || Stahlstab *m*; **-touw:** steel wire rope || câble *m* en acier *m* || Stahldrahtseil *o*; **-vijlsel:** steel filings || limaille *v* d'acier *m* || Stahlfeilspäne *mm*; **-wol:** steel wool (shaving) || paille *v* d'acier *m* || Stahlwolle *v*; **-zaag:** *zie* **metaalzaag;**
2.: *zie* **monster;**
3. (*text.*): test cloth || échantillon *m* || Stahl *m*; **-boek:** pattern (sample) book || carte *v* (livre *v*) d'échantillons *mm* || Musterbuch *o*, Musterkarte *v*.

staand: standing, vertical || debout, vertical || stehend, vertikal, Vertikal-.

staan|der: [guide] post, stand, upright, prop, bracket || montant *m*, pilier *m*, support *m* || Pfosten *m*, Ständer *m*, Stiel *m*, Stütze *v*; **-geld:** money for standing room || droit *m* de stationnement *m* || Auflagerungsspesen *v*, Budengeld *o*.

staart: 1. (*algem.*): tail || queue *v* || Schwanz

m; **-blok** (*scheepst.*)**:** tail block || poulie *v* à fouet *m* || Schwanzblock *m*; **-hamer:** tail (tilt, trip) hammer || marteau *m* à levier *m* || Schwanzhammer *m*; **-hamer, kleine:** small tilt hammer || martinet *m* à bascule *v* (à queue *v*) || kleiner Schwanzhammer *m*; **-kussenblok:** tail bearing || palier *m* arrière || Schwanzlager *o*; **-letter:** ancient || caractère *m* à queue *v* || Schwanzschrift *v*; **-pagina:** short page || queue *v* de page *v* || Ausgangskolumne *v*; **-roer:** tail rudder || gouvernail *m* arrière || Schwanzsteuer *o*; **-schroef:** breech pin || culasse *v* || Schwanzschraube *v*; **-schroefboor:** breech taper || quille *v* || Schwanzschraubenbohrer *m*; **-slot** (*v. e. geweer*)**:** tail lock || platine *v* à queue *v* || Schwanzschloß *o*; **-steun:** tail skid || béquille *v* || Schleifkufe *v*, Sporn *m*; **-stopper** (*scheepst.*)**:** stopper with laniards || bosse *v* à fouet *m* || Steertstopper *m*; **-stuk:** tail piece || queue *v* || Schwanzstück *o*; **-talie:** tail jigger || palan *m* à fouet *m* || Steerttalje *v*;

sta|biel: stable || stable || stabil; **-bilisatievlak, horizontaal** (*verticaal*)**:** horizontal stabilizer, tail plane; (*fin*) || plan *m* fixe horizontal (*plan m de dérive v*) || Höhenflosse *v* (*Kielfläche v*, *Rückenflosse v*); **-bilisator:** stabilizer || stabilisateur *m* || Stabilisator *m*; **-biliseringsvlak:** balancing (steadying) surface || surface *v* stabilisatrice || Stabilisierungsfläche *v*; **-biliteit:** stability || stabilité *v* || Stabilität *v*; **-biliteit in de breedte:** lateral stability || stabilité *v* transversale || Querstabilität *v*; **-biliteit in de lengte:** longitudinal stability || stabilité *v* longitudinale || Längsstabilität *v*; **-biliteit, zijdelingse:** lateral stability || stabilité *v* latérale (transversale) || Seitenstabilität *v*; **-biliteitsgrens:** limit of stability || limite *v* de stabilité *v* || Stabilitätsgrenze *v*; **-biliteitsmoment:** moment of stability || moment *m* de stabilité *v* || Stabilitätsmoment *o*; **-biliteitsonderzoek** (*v. e. schip*)**:** inclining experiment || expérience *v* de stabilité *v* || Stabilitäts-, Krengungsversuch *m*; **-bilo:** *zie* **stabilisatievlak, horizontaal.**

stad: town; city (*grote*) || ville *v* || Stadt *v*.

stads|kaart: town map || plan *m* de ville *v* || Stadtplan *m*; **-leiding** (*elektr.*)**:** town line || ligne *v* urbaine || Stadtleitung *v*; **-licht** (*auto*)**:** crossing light || feu *m* de ville *v* || Stadtlicht *o*; **-net** (*spw.*)**:** city railway system || réseau *m* urbain || Stadtnetz *o*; **-spoor:** metropolitan (urban) railway || chemin *m* de fer *m* urbain (métropolitain) || Stadtbahn *v*; **-telefoonbedrijf:** local telephone exchange || exploitation *v* de téléphonie *v* urbaine || Stadtfernsprechbetrieb *m*.

staf: *zie* **staaf.**

stag: stay || étai *m* || Stag *m*; **-blok:** dead block, heart || cap *m* de mouton *m*, moque *v* || Stagblock *m*; **-fok:** jib, foresail || foc *m* || Fock[e] *v*; **-kraag:** stay collar || collier *m* d'étai *m* || Stagtakel *o*.

sta|ken (*werk*)**:** to strike || faire (se mettre en) grève *v* || die Arbeit *v* einstellen, streiken; **-ker:** striker || gréviste *m* || Streiker *m*; **-king:** strike || grève *v* || Arbeitseinstellung *v*, Streik *m*.

staketsel: pale fence, staccado || estacade *v* || Latten-, Pfahlzaun *m*, Staket *o*.

stal: stable || écurie *v*, étable *v* || Stall *m*; **-bezem:** stable broom || balai *m* d'écurie *v* || Stallbesen *m*; **-boom:** stable bar || barre *v* d'écurie *v* || Stallbaum *m*; **-lantaarn:** stable lantern || lanterne *v* d'écurie *v* || Stallaterne *v*.

sta|lactiet: stalactite || stalactite *v* || Stalaktit *m*, Tropfstein *m*; **-lagmiet:** stalagmite || stalagmite *v* || Stalagmit *m*.

stalen: 1. (*bijv. nw.*)**:** steel || en acier *m* || stählern, Stahl-;
2. (*ww.*)**:** to steel || aciérer || [ver]stählen.

stam: 1. (*boom*)**:** stem, trunk || tronc *m* || Stamm *m*; **-hout:** trunk timber (wood), stock wood || bois *m* sur pied *m* (de tige *v*, du tronc *m*) || Stamm-, Stockholz *o*; **-men:** to cut the roots || couper les racines *vm* || die Wurzeln *vm* abhauen;
2. (*telef., enz.*)**:** side circuit || circuit *m* combinant (réel) || Stamm[kreis] *m*;
3. (*spw.*)**:** **-lijn:** long distance railway, trunk line || grande ligne *v* (artère *v*), ligne *v* transcontinentale || Fernbahn *v*.

stamp|asfalt: compressed asphalt || asphalte *m* comprimé || Stampfasphalt *m*; **-batterij** (*erts*)**:** stamp-battery, stamps || bocard *m* || Pochwerk *o*; **-beton:** rammed concrete || béton *m* damé || Stampfbeton *m*; **-en:** *zie na* **stampvorm; -er:** *zie na* **stampen; -kalander:** beating mill, beetling machine || calandre *v* à pilons *mm*, machine *v* à beetler || Stampfkalander *m*, Schlagmühle *v*, Beetlemaschine *v*; **-laag:** rammed layer || couche *v* damée || Stampfschicht *v*; **-vorm:** mould for ramming materials || moule *v* à damer || Stampfform *v*.

stampen: 1. (*algem.*)**:** to [s]tamp || battre, affermer, damer (*vaststampen*); broyer, piler, pilonner (*fijnstampen*) || stampfen;
2. (*grond*)**:** to ram (tamp) || damer || stampfen;
3. (*erts*)**:** to stamp (squeeze) || bocarder || stampfen, pochen;
4. (*schip*)**:** to pitch || tanguer || stampfen.

stamper: 1. (*grond*)**:** beetle, rammer || batteur *m*, dame *v*, demoiselle *v* || Stampfer *m*, Stampfe *v*; **-, pneumatische:** pneumatic rammer || dame *v* pneu-

matique (à air *m* comprimé) || Druckluft-, Preßluftstampfer *m*, pneumatischer Stampfer *m*;
2. (*vijzel*): pestle, pounder, tamp || pilon *m* || Stößel *m*;
3. (*ertsstampinr.*) stamp[er] || pilon *m* || [Poch]stempel *m*.

stand: 1. (*algem.*): position || position *v* || Stellung *v*, Lage *v*, Stand *m*; **- i. h. dode punt:** dead centre position || position *v* au point *m* mort || Totlage *v*, -stellung *v*; **-, hellende:** inclined (sloping) position || position *v* inclinée || schiefe Stellung *v*, Schrägstellung *v*; **-, uitgeschakelde:** off (zero) position || position *v* d'arrêt *m* (de mise *v* hors circuit *m*) || Ausschaltstellung *v*; **-olie:** quick drying oil || huile *v* siccative || Trocken-, Standöl *o*; **-plaats** (*v. d. machinist op de locomotief*)**:** driver's place || poste *m* du mécanicien *m* || Führerstand *m*; **-pijp:** standpipe || tuyau *m* vertical || Standrohr *o*; **-vastig:** constant || constant || konstant, gleichbleibend; **-vastigheid:** constancy || constance *v* || Konstanz *v*;
2. (*barometer*): height || hauteur *v* || Stand *m*;
3.: *zie* **niveau, peil** *en* **waterstand;**
4. (*tentoonstelling*): stand; booth (*Am.*) || stand *m* || Stand *m*; **-houder:** exhibitor || exposant *m* || Aussteller *m*.

standaard: 1. (*schip*): broad pendant || guidon *m* || Stander *m*;
2. (*maten, gewichten, enz.*): prototype, standard || étalon *m*, prototype *m* || Urmaß *o*; *zie ook* **norm; normaal 4; - der lichtsterkte: primaire:** primary luminous standard || étalon *m* primaire d'intensité *v* lumineuse || Lichteinheit *v*; **-ampère:** standard ampere || ampère-étalon *m* || Normalampere *o*; **-buismaten:** pipe standards || dimensions *vm* courantes des tuyaux *mm* || Rohrnormalien *vm*; **-elektrode:** standard electrode || électrode *v* normale || Normalelektrode *v*; **-getal:** standard figure || chiffre *m* mesure || Kennzahl *v*; **-gewicht:** standard weight || poids-matrice *m* || Normalgewicht *o*; **-goud:** standard gold || or *m* au titre *m* || Probegold *o*; **-isering:** *zie* **normalisatie 1; -kaliber:** standard gauge || calibre *m* normal, calibre-étalon *m* || Muster-, Normalkaliber *o*; **-kompas:** standard compass || compas-étalon *m* || Regelkompaß *o*; **-koper:** standard copper || cuivre-étalon *m* || Normalkupfer *o*; **-lamp:** secondary photometric standard || étalon *m* photométrique secondaire || [sekundäre] Normallampe *v*; **-lamp, secondaire:** *zie* **standaardlamp; -maat:** standard measure || étalon *m* de mesure *v* || Normalmaß *o*; **-manometer:** control (standard, test) gauge || manomètre *m* de contrôle *m*, manomètre-étalon *m* || Kontrollmanometer *o*, *m*; **-meetinstrument:** calibrating instrument || instrument *m* d'étalonnage *m* || Eichinstrument *o*; **-model:** standard type || type *m* courant || Normalmodell *o*; **-prijs:** standard price || prix *m* normal || Normalpreis *m*; **-zilver:** standard silver || argent *m* au titre *m* || Probesilber *o*;
3.: *zie* **staander.**

stang: bar, rod || barre *v*, tige *v* || Stange *v*; *zie ook* **staaf; -, getande:** *zie* **heugel; -bliksemafleider:** rod lightning arrester || paratonnerre *m* à tige *v* || Stangenblitzableiter *m*; **-boor:** long eye auger || tarière *v* torse || Stangenbohrer *m*; **-enveelhoek:** funicular polygon, polygon of forces || funiculaire *m*, polygone *m* funiculaire || Seileck *o*, -plan *m*, -polygon *o*, -zug *m*; **-koppeling:** bar (rod) coupling || attelage *m* à barres *vm* || Stangenkupplung *v*; **-ophanging:** suspension by means of rods || suspension *v* par tiges *vm* || Aufhängung *v* durch Hängestangen *vm*.

stank: bad smell, stink, stench || mauvaise odeur *v* || Gestank *m*.

stanni|bromide: stannic bromide || bromure *m* stannique || Stannibromid *o*, Zinnbromid *o*; **-chloride:** stannic chloride || chlorure *m* stannique || Stannichlorid *o*, Zinnchlorid *o*; **-fluoride:** stannic fluoride || fluorure *m* stannique || Stannifluorid *o*, Zinnfluorid *o*; **-jodide:** stannic iodide || iodure *m* stannique || Stannijodid *o*, Zinnjodid *o*; **-ool:** tin foil || étain *m* en feuilles *vm*, feuille *v* d'étain *m* || Stanniol *o*; **-oolhamer:** tin foil hammer || marteau *m* à battre l'étain *m* || Stanniolhammer *m*; **-oxyde:** stannic oxide || oxyde *m* stannique || Stannioxyd *o*, Zinnoxyd *o*; **-sulfide:** stannic sulfide || sulfure *m* stannique, bisulfure *m* d'étain *m* || Stannisulfid *o*, Zinnsulfid *o*.

stanniet: stannite, stannine || stannite *v*, stannine *v* || Stannit *m*, Zinnkies *m*.

stanno|bromide: stannous bromide || bromure *m* stanneux, protobromure *m* d'étain *m* || Stannobromid *o*, Zinnbromür *o*; **-chloride:** stannous chloride || chlorure *m* stanneux, protochlorure *m* d'étain *m* || Stannochlorid *o*, Zinnchlorür *o*; **-fluoride:** stannous fluoride || fluorure *m* stanneux, protofluorure *m* d'étain *m* || Stannofluorid *o*, Zinnfluorür *o*; **-hydroxyde:** stannous hydroxide || hydrate *m* stanneux || Stannohydroxyd *o*; **-jodide:** stannous iodide || iodure *m* stanneux, protoiodure *m* d'étain *m* || Stannojodid *o*, Zinnjodür *o*; **-oxyde:** stannous oxide || oxyde *m* stanneux, protoxyde *m* d'étain *m* ||

Stannooxyd *o*, Zinnoxydul *o*; **-sulfide:** stannous sulfide || sulfure *m* stanneux, protosulfure *m* d'étain *m* || Stannosulfid *o*, Zinnsulfür *o*.

stap: step || pas *m* || Schritt *m*; *zie ook* **spronghoogte; trap 3;**

stapel: 1. (*hoop*): heap, pile, stack || tas *m*, pile *v*, monceau *m* || Haufen *m*; **-en:** to pile (up), to heap (up) || empiler, entasser || [auf]stapeln; **-plaats:** staple, emporium-depot || entrepôt *m* || Niederlage *v*, Stapelplatz *m*; **-produkt:** staple, article, necessity || article *m* clé (de première nécessité *v*, fondamental) || Stapelartikel *m*, -ware *v*;
2. (*scheepst.*): stocks || cale *v* de construction *v* || Stapel *m*; **-blok:** bilge block || savate *v* || Stapelklotz *m*; **-loop:** launching || lancement *m* || Stapellauf *m*; **-lopen, van:** to leave the stocks, to be launched || être lancé || vom Stapel *m* laufen; **- staan** (*zetten*), **op:** to be (*to put*) on the stocks || être (*mettre*) sur le chantier *m* || auf Stapel *m* liegen (*setzen*);
3. (*vezellengte*): staple || longueur *v* des fibres *vm* || Stapel *m*; **-vezels:** staplefibres || fibranne *v* || Stapelfasern *vm*.

start: *zie* **aanvang; aanloop; aanzet; begin; opstijging; vertrek;** *enz.*; **-en:** *zie* **aanvangen; aanlopen; aanzetten; beginnen; opstijgen, vertrekken;** *enz.*

sta|tica: statics || statique *v* || Statik *v*; **-tief:** stand || support *m* || Stativ *o*.

station: 1. (*spw.*): [railway] station || gare *v*, station *v* || Bahnhof *m*, Station *v*; **-, centraal:** central station || gare *v* centrale || Sammel-, Hauptbahnhof *m*; **-sblok:** station block mechanism || bloc *m* de gare *v* || Haupt-, Stationsblock *m*; **-schef:** station master || chef *m* de gare *v* (de station *v*) || Bahnhofs-, Stationsvorsteher *m*; **-sgebouw:** station building (house) || bâtiment *m* de gare *v* || Bahnhofsgebäude *o*; **-shal:** station hall || halle *v* de la gare *v* || Bahnhofshalle *v*; **-srestauratiezaal:** refreshment room, station restaurant || restaurant *m* de la gare *v* || Bahnhofswirtschaft *v*;
2. (*radio*): wireless (radio-telegraph) station || poste *m* radio-télégraphique || Funkstation *v*, -stelle *v*.
3. (*radiotelefonie*): station for radiotelephony || poste *m* radiotéléphonique || Station *v* für Radiotelephonie *v*;
4. (*versch. betekenissen*): **-, maritiem:** coast (maritime) station || poste *m* côtier (maritime) || Küstenstation *v*; **-, primair:** central (generating) station || station *v* primaire || Primärstation *v*.

stationair: stationary, steady || stationnaire || stationär.

statisch: static || statique || statisch; **- (*on*)bepaald:** statically (*un*)determined || statiquement (*in*)déterminé || statisch (*un*)bestimmt.

statis|tiek: statistics || statistique *v* || Statistiek *v*; **-tisch:** statistical(*ly*) || statistique || statistisch.

stator: stator || stator *m* || Stator *m*; **-aanzetweerstand:** stator starter || démarreur *m* de stator *m* || Stator-, Ständeranlasser *m*; **-gleuf:** stator slot || encoche *v* du stateur *m* || Ständernut *v*; **-huis:** stator shell || enveloppe *v* de stator *m* || Statorgehäuse *o*; **-tand:** stator tooth || dent *v* du stateur *m* || Statorzahn *m*; **-wikkeling:** stator winding || enroulement *m* du stator *m* || Gehäuse-, Ständerwicklung *v*.

stauffervetpot: Stauffer lubricator || graisseur *m* Stauffer || Staufferbüchse *v*.

stearine: stearin || stéarine *v* || Stearin *o*; **-kaars:** stearin candle || bougie *v* de stéarine *v* || Stearinkerze *v*; **-zuur (octadecaanzuur; heptadecaancarbonzuur):** stearic acid || acide *m* stéarique || Stearinsäure *v*.

stea|ryl-: stearyl-, stearylic || stéaryle, stéarylique || Stearyl-; **-tiet:** steatite || stéatite *v* || Steatit *m*, Speckstein *m*.

stedelijk: municipal || municipal || städtisch.

steek: 1. (*afstand v. d. nagels*): pitch || écartement *m* des rivets *mm* || Nietteilung *v*;
2. (*naald*): stitch || point *m* [de couture *v*] || Stich *m*;
3. (*touw*): hitch, knot || noeud *m* || Knoten *m*, Stich *m*;
4. (*vertanding*): pitch || pas *m* circulaire (de la denture *v*) || Zahnteilung *v*; **-cirkel** (*tandwiel*): pitch circle || cercle *m* primitif || Teilkreis *m*;
5. (*afleidingen v. steken*): **-balk:** hammer beam || blocket *m* || Stichbalken *m*; **-bank m. verstelbare kop:** slotting machine with swivel plate for inclining the ram || mortaiseuse *v* à tête *v* inclinable || Stoßmaschine *v* mit drehbarer Stößelführung *v*; **-beitel:** ripping chisel || ciseau *m* fort || Stechbeitel *m*; **-boog:** segmental arch || arc *m* en segment *m* (surbaissé) || Stich-, Segmentbogen *m*; **-boor:** *zie* **spitsboor; -bijl:** mortise axe || bisaigue *v* || Stichaxt *v*; **-contact:** two pin wall plug || contact *m* à fiches *vm* || Steckkontakt *m*; **-doos** (*elektr.*): plug box || boîte *v* de contact *m* à fiches *vm* || Steckdose *v*; **-gat** (*smeltoven*): tapping hole || trou *m* de coulée *v* (de percée *v*) || Stichloch *o*; **-gewelf:** segmental vault || voûte *v* en segment *m* (surbaissée) || Stichbogengewölbe *o*; **-hevel:** plunging syphon || tâte-vin *m* || Stechheber *m*; **-kam:** pricking comb || quarteron *m* || Steckkamm *m*; **-kar:** trolley, truck ||

diable *m* || Stechkarre *v*; **-klem** (*elektr.*): plug clamp || borne *v* à cheville *v* (à fiche *v*) || Steckklemme *v*; **-knie:** *zie* **betingknie; -maat:** needle gauge || jauge *v* à piquer || Nadelmaß *o*; **-machine** (*metaalbew.*): slotting machine || machine *v* à mortaiser, mortaiseuse *v* || [Be]stoß-maschine *v*; **-machine** (*weverij*): punching machine || machine *v* à piquer || Steck-maschine *v*; **-passer:** compasses, dividers || compas *m* à pointes *vm* sèches (de mesure *v*) || Hand-, Stechzirkel *m*; **-pomp** (*schip*): hand pump || pompe *v* à bras *m* (à bâton *m*) || Steckpumpe *v*; **-schoor** (*scheepst.*): bottom prop || accore *m* du fond *m* || Steckschore *v*; **-sleutel:** *zie* **sleutel 2, platte open;** (*elektr.*): loose key || fiche *v* || Steckschlüssel *m*; **-trap, rechte:** straight stairs || escalier *m* droit (à rampe *v*, commun) || gerade Treppe *v*; **-turf:** dug peat || tourbe *v* piquée à la bêche *v* || Stichtorf *m*; **-vlam:** thin flame || dard *m* de flamme *v*, flamme *v* du coup *m* de feu *m*, flamme *v* mince || Stichflamme *v*; **-ijzer:** *zie* **graveernaald;** (*smeltoven*): tapping bar || perce-fournaise *m*, perçoir *m* || Steck-, Sticheisen *o*.

steel: 1. (*algem.*): handle, shaft || manche *m* || Stiel *m*; **-eik:** common (forest) oak || chêne *m* à grappes *vm* || Sommer-, Stieleiche *v*; **-gat** (*hamer*): handle hole || oeil *m* de marteau *m* || Hammerloch *o*; **-hamer:** sledge hammer || marteau *m* à manche *m* || Hebel-, Helm-, Stiel-, Winkelhammer *m*;
2. (*bout*): *zie* **schacht 5.**

steen: 1. (*gesteentebrok*): stone || pierre *v* || Stein *m*;
2. (*als stof*): stone || pierre *v* || Stein *m*;
3. (*bouwsteen, enz.*): stone || pierre *v* || Stein *m*; *zie ook* **baksteen; bouwsteen; klinker; straatsteen;** *enz.*;
4. *zie* **wasstenen.**

steen, behakte: hewn (pared) stone || pierre *v* taillée || behauener Stein *m*; **-, doorboorde:** grouter || brique *v* perforée || Lochstein *m*; **-, gehouwen:** ashlar, free (work, cut) stone || pierre *v* de taille *v* (taillée) || Bruch-, Hau-, Werkstein *m*, Quader *m*; **-, halve:** half brick, two quarters || demi-brique *v*, deux quartiers *mm* || halber Stein *m*, Zweiquartier *o*; **-, hele:** whole brick, four quarters || brique *v* complète, quatre quartiers *mm* || ganzer Stein *m*, Vierquartier *o*; **-, helse:** *zie* **zilvernitraat** (infernal stone, lapis infernalis; pierre *v* infernale; Höllenstein *m*); **-, holle:** hollow brick (stone) || brique *v* creuse || Hohlstein *m*, -ziegel *m*; **-, (*on*)-gebakken:** (*un*)burnt brick || brique *v* cuite (*crue*) || (*un*)gebrannter Stein *m*; **-, poreuze:** porous brick || brique *v* poreuse || poriger (poröser) Ziegel *m*; **-, strekse:** stretcher || panneresse *v* || Läufer *m*, Strecker *m*; **-, verglaasde:** glazed (vitrified) brick || brique *v* émaillée (vitrifiée, vernissée) || verglaster Ziegel *m*; **-, volle:** full (solid) brick || brique *v* pleine || Vollstein *m*, Vollziegel *m*; **-, vuurvaste:** refractory brick, fire [clay] brick || brique *v* réfractaire || feuerfester Stein *m*, Schamottestein *m*; **-ahorn:** sycamore maple || érable *m* sycomore || Berg-, Steinahorn *m*; **-bakkerij:** brickkiln || briqueterie *v* || Ziegelbrennerei *v*, -hütte *v*, Ziegelei *v*; **-beitel:** stone chisel || grain *m* || Steinmeißel *m*; *zie ook* **rotsbeitel; -bekleding:** pitching of slope, stone revetment || revêtement *m* en pierres *vm* || Steinbekleidung *v*; **-berg:** waste dump (heap) || terril *m*, halde *v* || [Berge]halde *v*; **-bestorting:** rip rap protection (on slope of bank) || protection *v* (du remblai *m*) au moyen *m* de pierres *vm* déversées || Dammschutz *m* durch lose geschüttete Steine *mm*; **-beuk:** yoke elm || charme *m* || Hagebuche *v*; **-bewerking:** stone working || façonnage *m* de la pierre *v* || Steinbearbeitung *v*; **-boor:** jumber, rock (stone) drill || perçoir *m* pour pierre *v* || Steinbohrer *m*; **-breker** (*werktuig*): stone breaker (crusher) || broyeur *m* de pierres *vm* || Steinbrecher *m*; **-brok:** *zie* **blok; -druk:** lithographic print || lithographie *v* || Lithographie *v*, Steindruck *m*; **-drukken:** to lithograph || lithographier || steindrucken; **-drukkers-inkt:** lithographic ink || encre *v* lithographique || Steindruckfarbe *v*; **-drukkerij:** lithography || lithographie *v* || Steindruck *m*; **-drukpers:** lithographic press || presse *v* lithographique || lithographische Presse *v*, Steindruckerpresse *v*; **-eik:** English white (holm, red) oak || chêne *m* rouvre || Stein-, Wintereiche *v*; **-es:** wild ash || frêne *m* sauvage || Steinesche *v*; **-fascine:** stone fascine || fascine *v* de pierres *vm* || Steinfaschine *v*; **-fundament:** stone foundation || fondation *v* en moellons *mm* || Steinfundament *o*; **-gaas** (*bouwk.*): reinforced brick netting || treillis *m* céramique (à terre *v* cuite) || Drahtziegelgewebe *o*; **-galerij** (*steengang*) (*mijnb.*): cross measure drift || galérie *v* en direction *v* || Richtstrecke *v*; (*mijngang*): [stone] drift || chassage *m* en dur || Gesteinsstrecke *v*; **-gang** (*mijnb.*): cross-cut || travers-banc *m*, galérie *v* de recoupe *v* || Querschlag *m*; **-glooiing:** stone batter || pierrée *v* || Steinböschung *v*; **-groeve:** stone quarry || carrière *v* || Steinbruch *m*, -grube *v*; **-grond:** stone ground || enrochement *m*, fond *m* pierreux || Steingrund *m*; **-gruis:** broken stones || cailloutis *m*, pierraille *v* || Kleinschlag *m*, Schotter *m*; **-hak:** stone (rock) pick || pic *m* au rocher *m* (de roche *v*) || Gesteinshacke *v*, Spitzhammer *m*; **-hamer:** stone hammer || casse-pierres *vm* || Steinhammer *m*; **-houwen:** to cut stones || tailler des pierres *vm* || Steine *mm* behauen; **-houwer:** stonecutter || tailleur *m* de pierres *vm* || Steinhauer *m*, -metz *m*; **-houwerij:** stonecutter's shop || atelier *m* de tailleur *m* de pierres *vm* || Steinhauerwerkstatt *v*; **-kast:** *zie* **stortkoker; -kit:** stone plaster || ciment *m* à pierre *v* (lithogène), lithocolle *v* || Steinkitt *m*; **-klei:** brick clay || argile *v* à brique *v* || Ziegelton *m*; **-kleurendruk:** *zie* **lithochromie; -kolen, -kool:** *zie na* **steenzout; -linde:** stone (winter) lime [tree], phillyrea || tilleul *m* d'hiver *m*, phillyrée *v* || Stein-, Winterlinde *v*; **-meel:** stone powder || pierre *v* pulvérisée || Steinmehl *o*; **-middel** (*mijnb.*)**:** stone band, parting || nerf *m* (intercalation *v*) stérile, havrit *m* || Bergemittel *o*; **-opruimer:** rail guard || chasse-pierre *m* || Bahnräumer *m*; **-oven:** brickkiln || four *m* à briques *vm* || Ziegelofen *m*; **-pers:** brick mill (moulding machine) || machine *v* à briques *vm* || Ziegelpresse *v*; **-schaar:** stone tongs || pince *v* pour blocs *mm* de pierre *v*, louve *v* à tenailles *vm* || Steinzange *v*; **-schroef:** fang (rag, stone) bolt, wall screw || boulon *m* [vis *v*] de scellement *m* || Klauen-, Steinschraube *v*; **-slag:** broken [crushed] stone, road metal || pierraille *v*, cailloutis *m* || Steinschlag *m*; **-slag, fijne:** chippings, small stone || petite pierraille *v* || Fein-, Kleinschlag *m*; **-stof:** rock (stone) dust || poussière *v* de pierre *v* || [Ge]steinstaub *m*; **-tang:** *zie* **steenschaar; -verband:** bond || appareil *m* || Verband *m*; **-vorm:** brick mould || moule *m* à briques *vm* || Steinform *m*; **-vormmachine:** brick moulding machine || machine *v* à [mouler des] briques *vm* || Ziegelformmaschine *v*; **-wol:** rock wool || laine *v* minérale (de pierre *v*) || Steinwolle *v*; **-zaag:** stone saw || scie *v* à pierre *v* || Steinsäge *v*; **-zagerij:** stone sawing || scierie *v* de pierres *vm* || Steinsägerei *v*; **-zout:** *zie* **haliet.**

steenkool, steenkolen: coal || houille *v*, charbon *m* de terre *v* (pierre *v*) || Steinkohle *v*; *zie ook* **kool 3; -, plantaardige:** vegetable coal || charbon *m* végétal || Pflanzenkohle *v*, pflanzliche Kohle *v*; **-bekken:** *zie* **koolbekken** *onder* **kool 3; -briket:** coal briquette || aggloméré *m* de houille *v* || Steinkohlenbrikett *o*; **-formatie:** carbonaceous (carboniferous) rocks || terrain *m* carbonifère || [Stein]-kohlengebirge *o*; **-gas:** *zie* **lichtgas; -handel, -handelaar:** *zie* **kolenhandel, kolenhandelaar; -laag:** *zie* **kolenlaag; -mijn:** *zie* **kolenmijn; -mijnbouw:** coal mining || exploitation *v* du charbon *m* || Steinkohlenbergbau *m*; **-stof:** coal dust || poussière *v* (poussier *m*) de charbon *m*, charbonaille *v* || Kohlenstaub *m*; **-teer:** coal tar || goudron *m* de houille *v* || Steinkohlenteer *m*; **-teerolie:** coal tar oil || huile *v* de goudron *m* de houille *v* || Steinkohlenteeröl *o*; **-veld:** coal field || terrain *m* houiller || Kohlenfeld *o*.

steiger: 1.: *zie* **aanlegsteiger;**
2. (*bouwk.*)**:** scaffold || échafaud *m* || [Bau]gerüst *o*; **- m. palen en kortelingen:** scaffolding of poles and putlogs || échafaud *m* d'échasses *vm* et de boulins *mm* || Stangengerüst *o* mit Netzriegeln *mm*; **-, verplaatsbare:** movable scaffold || échafaud *m* mobile || fahrbare Rüstung *v*; **-en:** to scaffold || échafauder || [be]rüsten; **-gat:** putlog hole || trou *m* de boulin *m* || Gerüstloch *o*; **-paal:** scaffolding pole || perche *v* (échasse) *v* d'échafaud *m* || Gerüststange *v*; **-werk:** scaffolding, trestlework || échafaudage *m* || Rüstung *v*.

steil: steep || à pic, escarpé || steil, abschüssig; **-boorschaaf:** steep rebate plane || guillaume *m* debout || steiler Simshobel *m*; **-heid** (*elektr.*)**:** slope of the emission characteristic || pente *v* [de la caractéristique *v* grille-plaque) || Steilheit *v*.

steinmüllerketel: Steinmüller boiler, water tube boiler with front and back header and plain water tubes || chaudière *v* aquatubulaire à tubes *mm* simples, générateur *m* à tubes *mm* d'eau *v* simples || Steinmüllerkessel *m*, Wasserröhrenkessel *m* mit einfachen Röhren *vm*.

stekelrol (*spinnerij*)**:** *zie* **egel.**

ste|ken: 1. (*algem.*)**:** to sting, to prick, to thrust || enfoncer, piquer || stechen; **-kend** (*geur, enz.*)**:** pungent || piquant || stechend; **-ker*:** *zie* **contactstop;**
2. (*steil dalen i. e. rechte lijn*)**:** *zie* **duiken.**

stekker*: *zie* **contactstop.**

stel: set || jeu *m*, assortiment *m* || Satz *m*.

stel|bout: set bolt || boulon *m* de réglage *m* || Stellbolzen *m*; **-hefboom:** adjustable lever || levier *m* de réglage *m* || Stellhebel *m*; **-hoek** (*beitel*)**:** clearance angle || angle *m* de dépouille *v* || Rücken-, Ansatzwinkel *m*; **-kunde:** *zie* **algebra; -lage:** scaffolding || échafaud *m* || Bühne *v*, Gerüst *o*, Gestell *o*; **-ling:** *zie na* **stelwig; -moer:** adjusting (circular) nut || écrou *m* à trous *mm* (de fixation *v*, de réglage *m*) || Loch-, Stellmutter *v*; **-pen:** taper pin || cheville *v* || Anzug-, Stellstift *m*; **-plaat** (*draaib.*)**:** face plate || plateau *m* d'entraînement *m* || Planscheibe *v*; **-ring:** adjusting ring || bague *v* d'arrêt *m* ||

Stellring *m*; **-schroef:** adjusting (clamping set) screw || vis *v* d'arrêt *m* (de mouvement *m* de serrage *m*) || Stell-, Bewegungs-, Klemmschraube *v*; **-schroefsleutel:** set screw spanner (wrench) || clef *v* à vis *v* d'arrêt *m* || Stellschraubenschlüssel *m*; **-schijf:** regulating disc || disque *m* de réglage *m* || Stellscheibe *v*; **-sel:** *zie na* **stelling; -spie:** tightening key || clavette *v* de réglage *m* (de serrage *m*) || Stellkeil *m*; **-tap:** adjustable pin || tourillon *m* réglable || Stellzapfen *m*;

stelling: 1. (*wisk.*): theorem, thesis || thèse *v*, théorème *m* || [Lehr]satz *m*; **2.:** *zie* **steiger; stellage; -schraag:** scaffolding trestle || tréteau *m* d'échafaud *m* || Rüstbock *m*; **-wagen:** scaffold (tower) wagon || wagon *m* à tréteaux *mm* (à échafaudage *m*) || Gerüst-, Turmwagen *m*.

stelsel: system || système *m* || System *o*; **- m. aarde als teruggeleider:** *zie* **eenleiderstelsel; - m. constante stroomsterkte:** constant current system || système *m* à intensité *v* de courant *m* constante || System *o* mit gleichbleibender Stromstärke *v*; **- m. geaard nulpunt:** earthed neutral system || système *m* avec neutre à la terre *v* || System *o* mit geerdetem Mittel *m* (mit geerdetem Sternpunkt *m*); **- v. Didot:** Didot system || système *m* Didot || Didotsches System *o*; **- v. parallelschakeling:** parallel (multiple) system || système *m* de couplage *m* en parallèle *v* || Parallelschaltungssystem *o*; **-, astatisch beweegbaar:** astatic pair || équipage *m* astatique || astatisches System *o*; **-, beweegbaar:** moving element || équipage *m* || bewegliches Organ *o* (System *o*); **-, elektromagnetisch** (*electrostatisch*)**:** electromagnetic (*electrostatic*) system || système *m* électromagnétique (*électrostatique*) || elektromagnetisches (*elektrostatisches*) System *o*; **-, geïsoleerd:** *zie* **stelsel, niet-geaard; -, heterogeen:** heterogenous system || système *m* heterogène || heterogenes System *o*; **-, homogeen:** homogeneous system || système *m* homogène || homogenes System *o*; **-, kolloïdaal:** colloidal system || système *m* colloidale || kolloidales System *o*; **-, metriek:** metric system || système *m* métrique || metrisches Maßsystem *o*; **-, monair** (*binair*; *ternair*; *quaternair*)**:** monary (*binary*; *ternary*; *quaternary*) system || système *m* monaire (*binaire*; *ternaire*; *quaternaire*) || monäres (*binäres*; *ternäres*, *quaternäres*) System *o*, Einstoffsystem *o* (*Zweistoff-*; *Dreistoff-*; *Vierstoff-*); **-, niet-geaard:** insulated (unearthed) system || système *m* isolé || ungeerdetes System *o*; **- [der elementen], periodiek:** periodic system (arrangement) of the elements || classification *v* périodique des éléments *mm* || periodisches System *o* der Elemente *om*; **-, tiendelig:** decimal system || système *m* décimal || Dezimalsystem *o*; **-matig:** systematical(*ly*) || systématique(*ment*) || systematisch, planmäßig.

stempel: 1. (*werktuig*)**:** stamp, ram, die || piston *m*, estampe *m*, étampe *m* || Stempel *m*; **-beeld:** stamped image || figure *v* de cachet *m* || Stempelbild *o*; **-bout:** starting bolt || repoussoir *m* || Stempelbolzen *m*; **-kop** (*ponsmach.*)**:** punch nose || tête *v* de poinçon *m* || Stempelkopf *m*; **-letter:** stamping letter || lettre *v* d'estampillage *m* || Stempelbuchstabe *m*; **-pers:** stamping press || presse *v* à timbre *m* || Stempelpresse *v*; **-schroef:** stamping screw || vis *v* à estampiller || Stempelschraube *v*;
2. (*afdruk*)**:** imprint, impress || estampille *v*; cachet *m* || Gepräge *o*, Stempelabdruck *m*; **-en:** to stamp; to coin (*munten*) || timbrer; frapper, battre (*munten*) || stempeln; prägen (*munten*);
3. (*bouwk.*)**:** prop, shore || étrésillon *m* || Spreize *v*; **-ing:** propping up || entretoisement *m*, étrésillonnement *m* || Abspreizung *v*, Verspreizung *v*;
4. (*mijnb.*)**:** *zie* **stut; stijl.**

stencil (*mal*)**:** stencil || pochoir *m* || Schablone *v*.

steng (*scheepst.*)**:** topmast || mât *m* de hune *v* (de perroquet *m*) || Stänge *v*, Stenge *v*.

ster: star || étoile *v* || Stern *m*; **-anker:** pole armature || induit *m* étoilé (en étoile *v*) || Sternanker *m*; **-draaischijf** (*spw.*)**:** multiway turntable || plaque *v* tournante en étoile *v* || Sterndrehscheibe *v*; **-driehoekschakelaar:** star delta switch || commutateur *m* étoile-triangle || Sterndreieckschalter *m*; **-driehoekschakeling:** star delta connection || couplage *m* mixte en étoile *v* et en triangle *m*, couplage *m* étoile-triangle || Sterndreieckschaltung *v*; **-gewelf:** groined vault || voûte *v* d'arêtes *vm* || Kreuzgewölbe *o*; **-licht** (*spw.*)**:** star light || feu *m* étoile || Sternlicht *o*; **-punt** (*elektr.*)**:** neutral point (*drief.*); point of junction (*ankerw.*) || point *m* neutre (*drief.*); point *m* de jonction *v* [de raccordement *m*] (*ankerw.*) || Sternpunkt (*drief.*); Knotenpunkt *m* (*ankerw.*); **-punt (nulpunt), kunstmatig:** artificial neutral point || point *m* neutre artificiel || künstlicher Sternpunkt *m* (Nullpunkt *m*); **-redag:** sidereal day || jour *m* sidéral || Sterntag *m*; **-rejaar:** sidereal year || année *v* sidérale || Sternjahr *o*; **-renbeeld:** constellation || constellation *v* ||

Sternbild *o*; **-renkaart:** astronomical chart || carte *v* astronomique || Sternkarte *v*; **-renkunde:** *zie* **astronomie; -renkundig:** astronomical || astronomique || astronomisch; **-renlicht:** star light || lumière *v* des étoiles *vm* || Sternlicht *o*; **-renloop:** motion of the stars || cours *m* des étoiles *vm* || Sternenlauf *m*; **-rentijd:** sidereal time || temps *m* sidéral || Sternenzeit *v*; **-renwacht:** observatory || observatoire *m* || Sternwarte *v*; **-schakeling:** star connection || couplage *m* en étoile *v* || Sternschaltung *v*; **-spanning:** star voltage || tension *v* en étoile *v* || Sternspannung *v*; **-stuk:** spider || croisillon *m* || Kreuzstück *o*; **-wiel:** star wheel || disque *m* denté || Sperrad *o*.

stereo (*typogr.*)**:** *zie* **stereotyp; -chemie:** stereochemistry || stéréochimie *v* || Stereochemie *v*; **-metrie:** stereometry || stéréométrie *v* || Stereometrie *v*; **-skoop:** stereoscope || stéréoscope *m* || Stereoskop *o*; **-skoopbeeld:** stereoscope picture || image *v* stéréoscopique || Stereoskopbild *o*; **-skopisch:** stereoscopic[al] || stéréoscopique || stereoskopisch; **-typ:** stereo[type] [plate] || plomb *m* (cylindre *m*) de rotative *v*, stéréotype *m* || Stereo[typie] *v*, Stereotypplatte *v*; **-typdruk:** stereotype printing, stereotypography || stéréotypie *v* || Stereotypdruck *m*; **-typeren:** to [print in] stereotype || stéréotyper, clicher || stereotypieren; **-typie:** *zie* **stereotypdruk.**

sterili|satie: sterilisation || stérilisation *v* || Sterilisierung *v*, Sterilisation *v*; **-seren:** to sterilize || stériliser || sterilisieren, keimfrei machen.

sterk: 1. (*algem.*); (*mech.*)**:** strong || fort, solide || stark, fest; **-e-armschaafmachine:** shaper, shaping machine || étau-limeur *m* || horizontale Stoßmaschine *v*; **-te:** strength || résistance *v* || Stärke *v*, Festigkeit *v*; *zie ook* **weerstand; -teberekening:** calculation of strength || calcul *m* de résistance *v* || Festigkeitsberechnung *v*; **-teleer:** *zie* **mechanica, toegepaste;**

2. (*hevig, krachtig*)**:** intense || intense || kräftig; **-stroom:** heavy (strong) current || courant *m* fort (intense) || Starkstrom *m*; **-stroomleiding:** power line || ligne *v* à haute intensité *v* || Starkstromleitung *v*; **-stroomkabel:** power current cable || câble *m* à grande intensité *v* (pour courant *m* fort) || Starkstromkabel *o*; **-te:** intensity || intensité *v* || Stärke *v*, Kraft *v*; **-teregelaar** (*radio*)**:** volume control || contrôle *m* de volume *m* || Volumregler *m*; **-teregelaar, automatische** (*radio*)**:** automatic volume-control || correcteur *m* d'évanouissement *m*, régulateur *m* automatique de sensibilité *v* || Schwundausgleich *m*;

3. (*chem.*)**:** concentrated, strong || concentré, fort || konzentriert, stark; **-te:** concentration || concentration *v* || Stärke *v*, Konzentration *v*;

4. (*afleidingen van sterken*)**: -bak:** size (sowe, starch) box, dressing (sizing) trough || bac *m* (bâche *v*) à colle *v*, cuve *v* à la colle *v* || Schlichttrog *m*; **-borstel:** dressing (sizing) brush || brosse *v* à parer || Schlichtbürste *v*; **-en:** to dress, to size || encoller, parer || schlichten; **-ingsrol:** sizing roller || rouleau *m* encolleur || Schlichtwalze *v*.

steun: 1. (*algem.*)**:** support (*algem.*); shore, prop (*stut*) || support *m* (*algem.*); étai *m* (*stut; scheepst.*); accore *m* (*scheepst.*) || Stütze *v* (*algem.*); Strebe *v* (*stut*); *zie ook* **drager 1; ondersteuning; stut; -, vorkvormige:** forked (Y-shaped) stanchion (standard) || support *m* à fourche *v*, montant *m* fourchu || Gabelstütze *v*, gegabelter (Y-förmiger) Ständer *m*; **-balk:** supporting beam || poutre *v* d'appui *m* || Stützbalken *m*; **-beeld:** *zie* **caryatide; -blok:** supporting block || bloc *m* de support *m* || Stützklotz *m*; **-boog:** discharging (relieving) arch || arc *m* de soutènement *m* || Stützbogen *m*; **-bout:** stay bolt || entretoise *v* || Stehbolzen *m*; **-en:** to support (*algem.*); to prop, to shore (*stutten*) || supporter (*algem.*); étayer (*stutten*); soutenir (*ondersteunen*); accorer (*scheepst.*) || stützen; *zie ook* **dragen 2; ondersteunen; stutten; -en tegen** (*op*)**:** to lean against (*on*) || être adossé à, s'appuyer contre (*reposer sur*) || sich stützen (lehnen) gegen (*auf*); **-isolator:** supporting insulator || isolateur-support *m* || Unterstützungsisolator *m*; **-muur:** retaining (supporting) wall || mur *m* de soutènement *m* (de talus *m*) || Stützmauer *v*; **-paal:** supporting post || pieu *m* de support *m* || Stützpfahl *m*; **-pilaar:** supporting column (pillar) || colonne *v* d'appui *m* (de support *m*) || Trag-, Stützsäule *v*; **-plaat:** supporting plate || plaque-support *v* || Stützplatte *v*; **-punt:** point of support || point *m* d'appui *m* || Stützpunkt *m*, Auflager *o*; **-punt, vast:** fixed bearing || appui *m* fixe || festes Auflager *o*; **-puntsmoment:** moment above the point of support || moment *m* à l'appui *m* || Stützenmoment *o*; **-puntsreactie:** counter (support) pressure, support reaction (resistance) || réaction *v* d'appui *m* || [Stützen]gegendruck *m*, Stützendruck *m*, -widerstand *m*, Auflagerreaktion *v*; **-pijlerwinning** (*mijnb.*)**:** pillar working || bord and pillar method || méthode *v* des

piliers *mm* et galéries *vm* || Pfeiler[bruch]-bau *m*; **-pijp** (*stoomketel*): stay tube || tube *m* de consolidation *v* (d'entretoisement *m*, de renforcement *m*), tube-tirant *m* || Anker-, Stütz-, Festigkeitsrohr *o*, Rohranker *m*; **-stelling:** supporting frame-work || charpente *v* de support *m* || Stützgerüst *o*; **-tap:** *zie* **taatstap; -wand:** supporting wall, sheeting || paroi *v* de support *m*, panneau *m* || Stütz-, Schalwand *v*; **-ijzer:** iron stanchion || chandelier *m* || eiserne Stütze *v*; **-ijzer** (*schoorsteen*): funnel shroud || hauban *m* de cheminée *v* || Schornsteinstag *m*;
2. (*elektr.*): frigid support || potelet *m* || Dach-, Mauerständer *m*.

steven: stem, stern post || étrave *v*, étambot *m* || Steven *m*; **-, overhangende:** racking stem || étrave *v* élancée || überhangender Steven *m*; **-klamp:** horseshoe clamp || armature *v* latérale de l'étrave *v* (de l'étambot *v*) || Stevenbeschlag *m*; **-schoor:** stem prop (shore) || accore *m* d'étrave *v* || Stevenschore *v*.

sti|bium: *zie* **antimoon; -biaat:** *zie* **antimonaat; -biet:** *zie* **antimoniet.**

stibniet: *zie* **antimoniet.**

stich|ten: to found || fonder || gründen; **-ter:** founder || fondateur *m* || Gründer *m*.

stift: 1. (*algem.*): pin || goupille *v*, goujon *m* || Stift *m*; **-, gespleten:** bolt (dull edge) pin || goupille *v* || Splint *v*; **-, verende:** spring pin || fiche *v* à ressort *m* || federnder Stift *m*; **-draaibank:** watchmaker's lathe || tour *m* d'horloger *m* || Stift[en]drehstuhl *m*; **-frees:** end mill || fraise *v* à queue *v* || Schaftfräser *m*; **-geleiding:** stem guide (wing) || guide *m* à cheville *v* || Stiftführung *v*; **-schrijver** (*telegr.*): relief writer || récepteur *m* imprimant en relief *m* (à pointe *v* sèche) || Relief-, Stiftschreiber *m*; **-sleutel:** pin wrench || clé *v* à griffes *vm* || Stiftschlüssel *m*; **-tap:** grub (headless) screw || cheville *v* filetée (taraudée) || Gewindestift *m*, Schnittschraube *v*;
2. (*indicateur*): pencil || style *m* || Stift *m*.

stik|draad (*weverij*): stitching thread || fil *m* à piqûre *v* || Steppfaden *m*; **-ken:** to quilt || piquer || steppen; **-lucht** (*mijnb.*): choke (black) damp || mo[u]fette *v*, touffe *v* || Stickluft *v*, -wetter *om*; **-naad:** quilting seam || couture *v* piquée || Steppnaht *v*; **-sel** (*weverij*): stitching || piqûre *v* || Steppung *v*; **-steek** (*weverij*): lock stitch || point *m* de navette *v* || Steppstich *m*.

stikstof: nitrogen || azote *m*, nitrogène *m* || Stickstoff *m*; **- u. de lucht:** aerial nitrogen || azote *m* atmosphérique || Luftstickstoff *m*; **-bepaling:** determination of nitrogen || dosage *m* de l'azote *m* || Stickstoffbestimmung *v*; **-dioxyde:** nitrogen peroxide (dioxide, tetroxide) || peroxyde *m* d'azote *m* || Stickstoffdioxyd *o*; **-gehalte:** nitrogen content || teneur *v* en azote *m* || Stickstoffgehalt *m*; **-houdend:** nitrogen containing, nitrogenous || azoté, azoteux || stickstoffhaltig; **-[mono]-oxyde:** nitric oxide, nitrogen dioxide || oxyde *m* azotique, bioxyde *m* d'azote *m* || Stickstoff[mon]oxyd *o*; **-oxydule:** nitrous oxide, nitrogen monoxide || oxyde *m* azoteux, protoxyde *m* d'azote *m* || Stickstoffoxydul *o*; **-pentoxyde:** nitrogen pentoxide || pentoxyde *m* d'azote *m*, anhydride *m* azotique (nitrique) || Stickstoffpentoxyd *o*, Salpetersäureanhydrid *o*; **-tetroxyde:** nitrogen tetroxide || peroxyde *m* d'azote *m* || Stickstofftetroxyd *o*; **-thermometer:** nitrogen thermometer || thermomètre *m* à azote *m* || Stickstoffthermometer *o*, *m*; **-trichloride:** nitrogen [tri]chloride || [tri]-chlorure *m* d'azote *m* || Stickstofftrichlorid *o*; **-trioxyde:** nitrogen trioxide || trioxyde *m* d'azote *m*, anhydride *m* azoteux (nitreux) || Stickstofftrioxyd *o*, Salpetrigsäureanhydrid *o*; **-verbinding:** nitrogen compound (derivative) || composé *m* (dérivé) azoté || Stickstoffverbindung *v*.

stil| water: calm (slack) water || étale *m* || Stillwasser *o*; **-stand:** stop[page] || arrêt *m* || Hemmung *v*, Stillstand *m*.

stilzetten: 1. (*mach.*): to stop || arrêter || stillsetzen;
2. (*last*): to put down a load || mettre la charge *v* au repos *m* || die Last *v* stillsetzen.

stippel|aar: *zie* **punteerpen; -en:** to stipple || pointiller || abpunktieren; **-lijn:** dotted line || trait *m* pointillé || gestrichelte Linie *v*; **-lijn trekken, een:** to draw a dotted line || pointiller || punktieren; **-raadje:** *zie* **punteerrad; -vorm:** dotting block || planche *v* à pointiller || Stippelform *v*.

stoel: 1. (*ketel*): bearer, cradle, saddle || chaise *v*, chevalet *m* || Stuhl *m*;
2. (*kussenblok*): bearing pedestal || chevalet *m* de palier *m* || Lagerbock *m*, -stuhl *m*; **-, hangende:** drop hanger frame || chaise *v* suspendue || Hängebock *m*;
3. (*radiateur*): radiator bracket || support *m* du radiateur *m* || Radiatorstütze *v*;
4. (*weefstoel*): **-staander:** corner post, upright of the loom || montant *m* du métier *m* || Eckpfosten *m*, Stuhlsäule *v*.

stoep (*huis*): perron || perron *m* || Freitreppe *v*.

stof: 1. (*materie*): matter || matière *v* || Stoff *m*;

2. (*chem.*): substance || substance *v* || Stoff *m*, Substanz *v*; *zie ook* **verbinding** *onder* **verbinden 4**; **-, amorfe:** amorphous substance || substance *v* amorphe || amorpher Stoff *m*; **-, (*an*)organische:** (*in*)organic substance (matter) || substance *v* (matière *v*) (*in*)organique || (*an*)organischer Stoff *m*; **-, droge:** dry substance || substance *v* sèche || Trockensubstanz *v*; **-, explosieve:** *zie* **stof, ontplofbare**; **-, ferromagnetische:** ferromagnetic substance || substance *v* ferromagnétique || ferromagnetischer Stoff *m*; **-, gekristalliseerde:** crystallized substance || substance *v* cristallisée || kristallisierter Stoff *m*; **-, kleurloze:** colourless substance || substance *v* incolorée || farbloser Stoff *m*; **-, kristallijne:** crystalline substance || substance *v* cristalline || kristallinischer Stoff *m*; **-, labiele** (*stabiele*): unstable (*stable*) substance || substance *v* instable (*stable*) || labiler (*stabiler*) Stoff *m*; **-, (*on*)oplosbare:** (*in*)soluble substance || substance *v* (*in*)soluble || (*un*)löslicher Stoff *m*; **-, ontplofbare:** explosive substance || substance *v* explosive || explosiver Stoff *m*; **-, plastische:** plastic substance || substance *v* plastique || plastischer Stoff *m*; *zie ook* **kunststof; massa, plastische**; **-, vaste** (*vloeibare*): solid (*liquid*) substance || substance *v* solide (*liquide*) || fester (*flüssiger*) Stoff *m*; **-, vergiftige:** toxic substance || substance *v* toxique || giftiger (toxischer) Stoff *m*; **-, vluchtige:** volatile substance || substance *v* volatile || flüchtiger Stoff *m*;

3. (*zeer fijn poeder*): dust || poussière *v* || Staub *m*; **- neerslaan:** to precipitate the dust || précipiter la poussière *v* || den Staub *m* ausfällen (niederschlagen); **-afscheider:** dust separator || séparateur *m* de poussière *v*, dépoussiéreur *m* || Staubabscheider *m*; **-explosie:** *zie* **stofontploffing**; **-filter:** dust filter || filtre *m* à poussière *v* || Staubfilter *o*, *m*; **-goud:** gold dust || poudre *v* d'or *m* || Goldstaub *m*; **-kalk:** powdered lime || chaux *v* en poudre *v* || Staubkalk *m*; **-kolen:** *zie* **poederkool**; **-neerslag:** deposit of dust || dépôt *m* de poussière *v* || Staubablagerung *v*; **-ontploffing:** dust explosion || explosion *v* de poussières *vm* || Staubexplosion *v*; **-vanger:** dust catcher || attrape-poussière *m* || Staubfänger *m*; **-verzamelbalk:** dust collector || collecteur *m* de poussière *v* || Staubsammler *m*;

4. (*v. stuiven*): *zie* **stof 3**; **- opwerpen:** to raise dust || soulever de la poussière *v* || Staub *m* aufwirbeln; **-afzuiger:** dust exhauster || aspirateur *m* des poussières *vm* || Staubexhaustor *m*; **-bril:** eye preservers, goggles || lunettes *vm* de courrier *m* || Staubbrille *v*; **-dicht:** dustproof || à l'abri *m* de la poussière *v* || staubdicht; **-dicht afsluiten:** to close dustproof || mettre à l'abri *m* de la poussière *v* || staubdicht abschließen; **-dop:** dust cap || couvercle *m* protecteur contre la poussière *v* || Staubdeckel *m*; **-huls:** boot || capuchon *m* || Staubkappe *v*; **-kap:** dust helmet || casque *m* de protection *v* contre la poussière *v* || Staubhelm *m*; **-long:** pneumoconiosis || pneumoconiose *v* || Staublungenkrankheit *v*; **-mantel:** dust coat || cache-poussière *m* || Staubmantel *m*; **-masker:** respirator || masque *v* à poussière *v* || Staubmaske *v*; **-plaag:** dust nuisance || fléau *m* de la poussière *v* || Staubplage *v*; **-raam:** dust frame || châssis *m* antipoussière || Staubrahmen *m*; **-scherm:** dust screen || pare-poussière *m* || Staubschirm *m*; **-vrij maken:** to free from dust || dépoussiérer || entstauben; **-vrijmaking:** freeing from dust || dépoussiérage *m* || Entstaubung *v*; **-zak:** dust pocket || poche *v* de poussière *v* || Staubsack *m*; **-zeef:** dust sieve || tamis *m* antipoussière || Staubsieb *o*; **-zuiger:** dust aspirator; vacuum cleaner (*huish.*) || aspirateur *m* de poussière *v* || Staubsauger *m*;

5. (*text.*): cloth, stuff || étoffe *v* || Stoff *m*; **-, gechineerde:** clouded (chiné) cloth || étoffe *v* chinée || chiniertes (flammiertes, geflammtes) Zeug *o*; **-, geruite:** checkered (plaid) stuff || étoffe *v* quadrillée (à damier *m*), damier *m* || gewürfeltes (karriertes) Zeug *o*, gewürfelter (karrierter) Stoff *m*; **-, geschoren:** sheared (cropped) cloth || étoffe *v* rasée || geschorner Stoff *m*; **-, gestreepte:** striped stuff || étoffe *v* rayée || gestreiftes Zeug *o*; **-, katoenen:** cotton cloth (stuff) || étoffe *v* de coton *m* || Baumwollzeug *o*; **-, paardenharen:** horsehair cloth, woven hair || drap *m* (étoffe *v*) de crin *m* || Pferdehaarstoff *m*, Haartuch *m*; **-, Venetiaanse:** Venetian cloth (stuff) || damasquette *v* || venetianischer Stoff *m*, venetianisches Zeug *o*; **-, wollen:** woolen stuff || tissu-laine *m*, étoffe *v* de laine *v* || Wollenzeug *o*, wollenes Zeug *o*; **-baan:** run of the cloth || bande *v*, (fuseau *m*) d'étoffe *v* || Stoffbahn *v*; **-breedte:** breadth of cloth || laize *v* || Zeugbreite *v*; **-feerder:** upholsterer || tapissier *m* || Tapezierer *m*; **-overtrek** (*ballon*): envelop[e] of cloth || enveloppe *v* en étoffe *v* || Stoffüberzug *m*.

stok: rod, staff || bâton *m*, verge *v* || Stab *m*, Stock *m*; **-aanbeeld:** stock anvil || boule *v* de chaudronnier *m* || Stockamboß *m*; **-anker:** anchor with stock || ancre *v* à jas *m* || Stockanker *m*; **-dweil:**

swab || faubert *m* || Schwabber *m*, Schiffsbesen *m*; **-hamer:** granulating hammer || boucharde *v* || Kraus-, Stockhammer *m*; **-ken:** to granulate || boucharder || stocken; **-lak:** stick lac || laque *v* en bâtons *mm* || Stocklack *m*; **-lantaarn** (*spw.*): lantern on post || lanterne *v* sur potelet *m* || Stocklaterne *v*; **-passer:** *zie* **passer, rechtbenige; -schaar:** *zie* **schaar 2** (*werkbank*); **-ijzer:** pitching tool, serrated pick || ciseau *m* à boucharde *v* || Stockeisen *v*.

sto|ken: to fire, to heat, to stoke || charger le feu *m*, chauffer || feuern, heizen, das Feuer *o* beschicken; **-ken u. d. hand:** to stoke by hand || charger à la main *v* (manuellement) || mit der Hand *v* beschicken; **-ken, mechanisch:** to stoke mechanically (automatically) || charger mécaniquement (automatiquement) [la grille *v*] || mechanisch heizen (den Rost *m* beschicken); **-ker:** fireman, stoker || chauffeur *m* || Heizer *m*; **-king:** firing, stoking || chauffage *m* || Feuern *o*, Heizen *o*, Feuerung *v*, Heizung *v*; **-king m. tussenpozen:** intermittent firing || chargement *m* intermittent || intermittierende (unterbrochene) Beschickung *v*.

stol|len: to solidify, to congeal || se figer, se solidifier || erstarren; **-ling:** solidification, congelation || solidification *v* || Erstarrung *v*, Erstarren *o*; **-lingsgesteenten:** stratified rocks || pierres *vm* stratifiées || Flöz[gestein] *o*; **-lingswarmte:** heat of solidification || chaleur *v* de solidification *v* || Erstarrungswärme *v*; **-punt:** solidification point || point *m* de solidification *v* || Erstarrungspunkt *m*.

stolp: bell, globe || cloche *v*, globe *m* || Glocke *v*; **-luik:** hatch cover || panneau *m* à boîte *v* || Stülpluke *v*.

stolziet: stolzite, scheelinite || stolzite *v*, scheelinite *v* || Wolframbleierz *o*, Scheelbleispat *m*.

stomen: **1.** (*behandelen m. stoom*): to steam || traiter à la vapeur *v* || dämpfen;
2. (*uitstomen*): to steam away; to expell by steam || s'évaporer; chasser par la vapeur *v* || [aus]dampfen;
3. (*reinigen*): to clean by steaming || nettoyer à la vapeur *v* || dämpfen;
4. (*schip*; *trein*): to steam (sail) || marcher, avancer || fahren.

stomp: **1.:** *zie* **bot;**
2. (*hoek*): obtuse || obtus || stumpf; **-hoekig:** amblygonal, obtuse angled || obtusangle || stumpfwinkelig;
3.: **-lassen:** *zie* **lassen 3, stomp.**

stook|buis (*ketel*): *zie* **vuurgang; -diagram:** stoking diagram || diagramme *m* de chargement *m* du foyer *m* || Beschickungsdiagramm *o*; **-gas:** heating gas || gaz *m* de chauffage *m* || Heizgas *o*; **-gat:** firehole || gueulard *m*, ouverture *v* de foyer *m* || Feuer-, Schürloch *o*; **-gereedschap:** stoking (firing) outfit || ustensiles *mm* de chauffe *v* || Feuerungsgerät *o*; **-inrichting:** furnace installation || installation *v* de foyer *m* || Feuerungsanlage *v*, -einrichtung *v*; **-inrichting, mechanische:** mechanical (automatic) stoker || appareil *m* automatique pour la conduite *v* du feu *m* || mechanische (selbsttätige) Feuerungsvorrichtung *v*; **-olie:** fuel oil || huile *v* à chauffer, fuel oil || Heizöl *o*; **-plaats:** stoke hole, stokehold || chambre *v* de chauffe *v*, place *v* (poste *m*) du chauffeur *m* || Heiz[er]raum *m*, Heizerstand *m*, Stockraum *m*; **-proef:** stoking test || essai *m* de chauffage *m* || Heizversuch *m*; **-uur:** firing hour || heure *v* de chauffe *v* || Heizstunde *v*; **-werktuig:** firing (stoking) tool || outil *m* de chauffage *m* || Feuerungswerkzeug *o*; **-ijzer:** *zie* **pook.**

stoom: steam || vapeur *v* || Dampf *m*; **- drogen, de:** to dry the steam || sécher la vapeur *v* || den Dampf *m* trocknen; **- gedreven, door:** steam driven || commandé à vapeur *v* || mit Dampfantrieb *m*; **- houden:** to keep up steam || tenir la pression *v* || Dampf *m* aufhalten; **- stoken:** to raise steam || mettre la chaudière *v* sous pression *v* || Dampf *m* aufmachen ([an]machen); **- vormen:** to generate (to raise) steam || produire de la vapeur *v* || Dampf *m* erzeugen; **-, afgewerkte:** waste (exhaust) steam || vapeur *v* d'échappement *m* (épuisée) || Abdampf *m*, Austritt-, Auspuffdampf *m*; **-, droge** (*natte*): dry (*wet*) steam || vapeur *v* sèche (*humide*) || trockner (*nasser*, *feuchter*) Dampf *m*; **-, extra:** additional steam || vapeur *v* additionelle || Zusatzdampf *m*; **-, gesmoorde:** throttled steam || vapeur *v* étranglée || gedrosselter Dampf *m*; **-,** (*hoog*) **oververhitte:** (*highly*) superheated steam || vapeur *v* (*fortement*) surchauffée || (*hoch*)überhitzter Dampf *m*; **-,** (*in*)**directe:** (*in*)direct (*live*) steam || vapeur *v* (*in*)directe || (*in*)direkter (*offner*) Dampf *m*; **-, natte:** wet steam || vapeur *v* humide || Naßdampf *m*, nasser Dampf *m*; **-, onder:** under steam || sous vapeur *v* || unter Dampf *m*; **-,** (*on*)**verzadigde:** (*un*)saturated steam || vapeur *v* (*in*)saturée || (*un*)gesättigter Dampf *m*; **-afblaaspijp:** blow off pipe || tuyau *m* d'évacuation *v* de vapeur *v* || Dampfabblaserohr *o*; **-afsluitschuif:** steam parallel slide stop valve || vanne *v* d'arrêt *m* de vapeur *v* || Dampfabsperrschieber *m*; **-afvoer:** steam exhaust pipe || sortie *v* de la vapeur *v* || Dampfabführung *v*; **-afvoerpijp:** steam exhaust connecting branch || tubulure *v* d'échappement *m* de la vapeur *v* || Abdampf-, Dampfaustritt-, Dampfstutzen *m*; **-bad:** steam bath || bain *m* de vapeur *v* || Dampfbad *o*; **-bedrijf:** driving by steam || exploitation *v* à vapeur *v* || Dampfbetrieb *m*; **-bel:** steam bubble || bulle *v* de vapeur *v* || Dampfblase *v*; **-besparing:** saving of steam || économie *v* de vapeur *v* || Dampfersparnis *v*; **-blaas:** *zie* **stoombel; -buis:** *zie* **stoompijp; -cilinder:** steam cylinder || cylindre *m* à vapeur *v* || Dampfzylinder *m*; **-condensor:** steam condensor || condenseur *m* à vapeur *v* || Dampfkondensator *m*; **-diagram:** steam diagram || diagramme *m* de vapeur *v* || Dampfdiagramm *o*; **-dicht:** steam tight || étanche à la vapeur *v* || dampfdicht; **-dichtheid:** density of steam || densité *v* de la vapeur *v* || Dampfdichte *v*, -dichtigkeit *v*; **-dom:** steam dome || dôme *m* de vapeur *v* || [Dampf]-dom *m*; **-dommantel:** steam dome shell || corps *m* de dôme *m* de vapeur *v* || Dampfdommantel *m*; **-droger:** steam dryer || sécheur *m* de vapeur *v* || Dampftrockner *m*; **-druk:** steam pressure || pression *v* de la vapeur *v* || Dampfdruck *m*; **-drukremming:** steam braking || freinage *m* à vapeur *v* || Dampfbremsung *v*; **-dynamo:** steam dynamo || dynamo *v* à vapeur *v* || Dampfdynamo *v*; **-ejector:** steam ejector || éjecteur *m* à vapeur *v* || Dampfejektor *m*, -strahlsauger *m*; **-filter:** steam strainer || filtre *m* à vapeur *v* || Dampfreinigungssieb *o*; **-fluit:** steam whistle || sifflet *m* à vapeur *v* || Dampfpfeife *v*; **-hamer:** steam hammer (striker) || marteau-pilon *m* à vapeur *v*, mouton *m* (marteau *m* à devant *m*) à vapeur *v* || Dampfaufschläger *m*, -hammer *m*; **-hei:** steam pile driver || sonnette *v* à vapeur *v* || Dampframme *v*; **-houder:** steam collector || collecteur *m* de vapeur *v* || Dampfsammler *m*; **-inlaat:** steam admission || admission *v* de la vapeur *v* || Dampfeinlaß *m*; **-inlaatklep:** steam inlet valve || soupape *v* d'entrée *v* de vapeur *v* || Dampfeinlaßventil *o*; **-inlaatzijde:** steam admission side || côté *m* d'admission *v* (d'entrée *v*) de la vapeur *v* || Dampfeinlaßseite *v*; **-kamer:** steam chamber || réservoir *m* (chambre *v*) de vapeur *v* || Dampfbehälter *m*, -reservoir *o*; **-kamer** (*houtbew.*)**:** steaming chamber || chambre *v* d'étuve *v* || Dampfkammer *v*; **-kanaal:** steam passage || conduit *m* de la vapeur *v* || Dampfkanal *m*; **-ketel:** [steam] boiler (generator) || chaudière *v* à vapeur *v* || Dampfkessel *m*; *zie ook* **ketel 5; -ketel, elektrische:** electric steam boiler || chaudière *v* [à vapeur *v*] électrique || elektrischer Dampfkessel *m*, Elektrodampfkessel *m*; **-klep:** steam flap || clapet *m* à vapeur *v* || Dampfklappe *v*; **-knijping:** steam throttling || étranglement *m* de la vapeur *v* || Dampfdrosselung *v*; **-kraan:** steam cock || robinet *m* à vapeur *v* || Dampfhahn *m*; **-kraan** (*hefmach.*)**:** steam crane || grue *v* à vapeur *v* || Dampfkran *m*; **-leiding:** steam piping || conduite *v* de vapeur *v* || Dampfleitung *v*; **-leidingsweerstand:** resistance to flow of steam || résistance *v* dans la conduite *v* à vapeur *v* || Dampfleitungswiderstand *m*; **-lier:** steam winch || treuil *m* à vapeur *v* || Dampfwinde *v*.

stoommachine: steam engine || machine *v* à vapeur *v* || Dampfmaschine *v*; **- m. condensatie:** condensing steam engine || machine *v* à vapeur *v* à condensation *v* || Kondensationsdampfmaschine *v*; **- m. korte** (*lange*) **slag:** short (*long*) stroke steam engine || machine *v* à vapeur *v* à petite (*grande*) course *v* || kurzhubige (*langhubige*) Dampfmaschine *v*; **- m. oververhitte stoom:** *zie* **machine m. oververhitte stoom; - m. twee krukken:** two crank engine || machine *v* à vapeur *v* à deux manivelles *vm* || zweikurblige Dampfmaschine *v*; **- m. vaste** (*veranderlijke*) **expansie:** steam engine with fixed (*variable*) expansion || machine *v* à vapeur *v* à détente fixe *v* (*variable*) || Dampfmaschine *v* mit fester (*veränderlicher*) Expansion *v*; **- zonder condensatie:** zie **machine zonder condensatie; - zonder expansie:** steam engine working without expansion || machine *v* à vapeur *v* à échappement *m* libre (à pleine pression *v*, à vapeur *v* sans détente *v*) || Dampfmaschine *v* ohne Expansion *v*, Volldruckdampfmaschine *v*; **-, dubbelwerkende** (*enkelwerkende*)**:** double (*single*) acting steam engine || machine *v* à vapeur *v* à double (*simple*) effet *m* || doppelwirkende (*einfachwirkende*) Dampfmaschine *v*; **-, liggende:** horizontal steam engine || machine *v* à vapeur *v* horizontale || liegende Dampfmaschine *v*, Horizontaldampfmaschine *v*; **-, stationaire:** stationary (fixed) steam engine || machine *v* à vapeur *v* stationnaire || ortsfeste (stationäre) Dampfmaschine *v*; **-, verticale:** vertical steam engine || machine *v* à vapeur *v* verticale (à vapeur *v* pilon) || Vertikaldampfmaschine *v*.

stoom|mantel: steam jacket || chemise *v* de vapeur *v* || Dampfmantel *m*; **-oververhitter:** steam superheater || surchauffeur *m* de vapeur *v* || Dampfüberhitzer *m*; **-oververhitting:** steam superheating || surchauffe *v* de la vapeur *v* || Dampfüberhitzung *v*; **-pers:** steam press || presse *v* à vapeur *v* || Dampfpresse *v*; **-plunjerpomp:** steam plunger pump || pompe *v* à vapeur *v* à plongeur *m* || Dampfplungerpumpe *v*; **-pomp:** steam pump || pompe *v* à vapeur *v* || Dampfpumpe *v*; **-poortopening:** port opening || orifice *m* de lumière *v* (du conduit *m* de vapeur *v*) || Dampfkanalmündung *v*; **-produktiekosten:** cost of steam production || coût *m* de la vapeur || Dampfherstellungskosten *mrv*; **-proef:** steam test || essai *m* à la vapeur *v* || Dampfprobe *v*; **-pijp:** steam pipe || tube *m* (tuyau *m*) à vapeur *v* || Dampfrohr *o*; **-rem:** steam brake || frein *m* à vapeur *v* || Dampfbremse *v*; **-remming:** steam braking || freinage *m* à vapeur *v* || Dampfbremsung *v*; **-ruimte:** steam chamber (receiver space) || espace *m* (réservoir *m*) de vapeur *v* || Dampfbehälter *m*, -raum *m*, -reservoir *o*; **-schip:** steamer, steamship || [bateau *m* (navire *m*) à] vapeur *v* || Dampfer *m*, Dampfschiff *o*.

stoomschuif: steam slide valve || tiroir *m* à vapeur *v* || Dampfschieber *m*; **-, binnen** (*buiten*) **ladende:** [slide] valve with internal (*external*) admission || tiroir *m* à admission *v* intérieure (*extérieure*) || Schieber *m* mit innerer (*äußerer*) Einströmung *v*; **-, draaiende:** rotary slide valve, Corliss valve || tiroir *m* tournant (circulaire, rotatif) || Drehschieber *m*; **-, driehoekige:** triangular slide valve || tiroir *m* triangulaire || dreieckiger Schieber *m*; **-, ontlaste:** balanced (relieved, equilibrium) slide valve || tiroir *m* équilibré (déchargé) || entlasteter Schieber *m*; **-, ronde:** *zie* **bosschuif; -, vlakke:** common (flat) [slide] valve || tiroir *m* plan (plat) || Flachschieber *m*; **-beweging:** travel of the slide valve, valve movement || mouvement *m* du tiroir *m* || Schieberbewegung *v*; **-cilinder:** slide valve cylinder || cylindre *m* à tiroir *m* || Schieberzylinder *m*; **-cirkel:** slide valve circle || cercle *m* de tiroir *m* || Schieberkreis *m*; **-diagram:** distribution (slide valve) diagram || diagramme *m* de distribution *v* du tiroir *m* || Schieberdiagramm *o*; **-geleiding:** sliding guide || guide *m* à tiroir *m* || Schieberführung *v*; **-holte:** recess in slide valve || creux *m* du tiroir *m* || Muschel-, Schieberhohlraum *m*, Schiebermuschel *v*; **-juk:** valve bridle (buckle, yoke) || cadre *m* de tiroir *m* || Schieberrahmen *m*; **-kast:** slide valve (steam) chest || boîte *v* à tiroir *m* (à vapeur *v*, de distribution *v*) || Schieberkasten *m*; **-slag:** travel of the slide valve, valve stroke || course *v* du tiroir *m* || Schieberbahn *v*; **-spiegel:** slide face || place *v* (table *v*) de tiroir *m* || Schieberlauffläche *v*, -spiegel *m*; **-stand:** position of slide valve || position *v* du tiroir *m* || Schieberstellung *v*; **-stang:** slide valve rod (stem) || tige *v* de tiroir *m* (de vanne *v*) || Schieberstange *v*; **-stangpakking:** valve rod packing || bourrage *m* (garniture *v*) de tige *v* de tiroir *m* || Schieberstangendichtung *v*, -liderung *v*; **-uitwijking:** distance of the valve from the centre position || déviation *v* du tiroir *m* de la position *v* médiane || Schieberauslenkung *v*, -ausschlag *m*.

stoom|sirene: steam sirene || sirène *v* à vapeur *v* || Dampfsirene *v*; **-smeedpers:** steam power forging press || presse *v* à vapeur *v* || Dampfschmiedepresse *v*; **-smoorschuif:** steam cut off (steam gate) valve || vanne *v* de vapeur *v* || Dampfabsperrschieber *m*; **-spanning:** steam pressure || tension *v* de la vapeur *v* || Dampfspannung *v*; **-spil:** steam capstan || cabestan *m* à vapeur *v* || Dampfspill *o*; **-straal:** steam jet || jet *m* de vapeur *v* || Dampfstrahl *m*; **-straalbuis:** steam jet nozzle || tuyère *v* à jet *m* de vapeur *v* || Dampfstrahldüse *v*; **-stuurinrichting:** steam steering gear || installation *v* du gouvernail *m* à vapeur *v* || Dampfsteuervorrichtung *v*; **-toelaat:** admission of steam || admission *v* (entrée *v*) de la vapeur *v* || Dampfeintritt *m*; **-toevoer:** steam supply || amenée *v* de la vapeur *v* || Dampfzuführung *v*, -zuleitung *v*; **-toevoerklep:** steam supply [valve] || [soupape *v* de] prise *v* de vapeur *v* || Dampfentnahmeventil *o*; **-toevoerpijp:** steam supply pipe || tuyau *m* d'arrivée *v* de vapeur *v* || Dampfzuleitungsrohr *o*, -führungsrohr *o*; **-trawler:** steam trawler || chalutier *m* à vapeur *v* || Dampftrawler *m*; **-turbine:** steam turbine || turbine *v* à vapeur *v* || Dampfturbine *v*; **-turbinedynamo:** steam turbogenerator || turbodynamo *v* à vapeur *v* || Dampfturbinedynamo *v*; **-uitlaat:** steam exhaust || échappement *m* de la vapeur *v* || Dampfaustritt *m*; **-uitlaatperiode:** exhaust period || période *v* d'échappement *m* || Dampfausströmungsperiode *v*; **-uitlaatpijp:** exhaust steam pipe || tuyau *m* de vapeur *v* d'échappement *m* (de sortie *v* de vapeur *v*) || Abdampfrohr *o*, Dampfauslaßrohr *o*; **-uitlaatzijde:** steam exhaust side || côté *m* d'échappement *m* (de sortie *v* de la vapeur *v*) || Dampfauslaßseite *v*; **-vaart:** steam navigation || navigation *v* à vapeur *v* || Dampfschiffahrt *v*; **-verbruik:** steam consumption || consommation *v* de vapeur *v* || Dampfverbrauch *m*; **-verbruik, (on)-**

regelmatig: (*ir*)regular steam comsumption (demand for steam) || prise *v* de vapeur *v* (*ir*)régulière || (*un*)regelmäßige (*schwankende*) Dampfentnahme *v*; **-verbruikmeter:** steam consumption meter || compteur *m* de vapeur *v* consommée || Dampfverbrauchmesser *m*; **-verdeling:** steam distribution || distribution *v* de vapeur *v* || Dampfverteilung *v*; **-verdelingsbuis:** steam distribution pipe || tuyau *m* de distribution *v* de vapeur *v* || Dampfverteilungsrohr *o*; **-verdelingskanaal:** steam distribution passage || canal *m* distributeur de vapeur *v* || Dampfverteilungskanal *m*; **-verlies:** escape of steam || perte *v* de vapeur *v* || Dampfverlust *m*; **-verwarming:** steam heating || chauffage *m* à vapeur *v* || Dampfheizung *v*; **-voedingspomp:** steam feed pump || petit cheval *m*, pompe *v* alimentaire à vapeur *v* || Dampfspeisepumpe *v*; **-vorming:** formation (generation, production) of steam || formation *v* (génération *v*, production *v*) de vapeur *v* || Dampfbildung *v*, -erzeugung *v*, -entwicklung *v*; **-wals:** steam roller || rouleau *m* à vapeur *v* || Dampfwalze *v*; **-warmte:** heat of steam || chaleur *v* de la vapeur *v* || Dampfwärme *v*, Wärme *v* des Dampfes *m*; **-zak:** steam pocket || poche *v* de vapeur *v* || Dampfsack *m*; **-zandblazer** (*spw.*)**:** steam sand blower || éjecteur *m* (sablier *m*) à vapeur *v* || Dampfbläser *m*, -sandstreuer *m*; **-zeef:** *zie* **stoomfilter; -zuiger:** steam piston || piston *m* à vapeur *v* || Dampfkolben *m*.

stoornis: *zie* **storing.**

stoot: push (*algem.*); impact (*botsing*); shock (*schok*) || coup *m* (*algem.*); choc *m*, heurt *m* (*botsing*); choc *m* (*schok*) || Stoß *m*; **-balk:** buffer beam || traverse *v* avant (de tête *v*) || Pufferbohle *v*, Stoßbalken *m*; **-blok:** buffer (stop) block || buttoir *m* || Stoßklotz *m*, Prellbock *m*; **-boor** (*mijnb.*)**:** percussion drill (jumper) || fleuret *m* percutant || Stoßbohrer *m*; **-boormachine** (*mijnb.*)**:** reciprocating (piston) drill || perforatrice *v* percutante (à percussion *v*) || Stoßbohrmaschine *v*; **-component:** shock component || composante *v* du choc *m* || Stoßkomponente *v*; **-demper:** shock reducer || amortisseur *m* de choc *m* || Stoßdämpfer *m*; **-hoek:** angle of shock || angle *m* de choc *m* (de rencontre *v*) || Stoßwinkel *m*; **-ionisatie:** ionisation by collision || ionisation *v* par choc *m* || Stoßionisation *v*; **-keg:** launching wedge || coin *m* de chantier *m* || Stoßkeil *m*; **-klamp:** stop cleat || taquet *m* de recul *m* || Stoßklampe *v*; **-lade** (*timmerw.*)**:** shooting board || boîte *v* à recaler || Stoßlade *v*; **-opwekking:** shock (impulse) excitation || excitation *v* par choc *m* (impulsion *v*) || Stoßerregung *v*; **-paal:** fender protecting pile, bumping post || poteau *m* de garde *v* || Prellpfahl *m*; **-rem:** thrust brake || frein *m* à disque *m* (axial) || Drucklagerbremse *v*; **-tafel** (*wasserij*) (*mijnb.*)**:** bumping table, percussion table (frame) || table *v* à percussion *v* || Stoßherd *m*; **-talie:** rolling tackle || palan *m* de roulage *m* || Stoßtalje *v*; **-vlak:** shock surface || surface *v* de rencontre *v* || Stoßfläche *v*; **-vlak** (*elektr.*)**:** surface of joint || surface *v* de joint *m* [d'about *m*] || Stoßfläche *v*; **-voeg** (*metselw.*)**:** vertical (lap) joint || [interstice *v* de] joint *m*, joint *m* montant || Stoßfuge *v*; (*elektr.*)**:** butt joint || joint *m* [d'about *m*] || Stoßfuge *v*; **-voegvlak** (*metselw.*)**:** vertical joint surface || surface *v* de montant *m* || innere Seitenfläche *v*, Stoßfugenfläche *v*; **-werking:** effect of shock || effet *m* du choc *m* || Stoßwirkung *v*; **-zak** (*scheepst.*)**:** cork fender || défense *v* en liège *m*, ballon *m* || Korkfender *m*.

stop: 1. (*algem.*): stopper, plug || bouchon *m*, obturateur *m* || Stopfen *m*, Stöpsel *m*, Pfropf[en] *m*; **-gat** (*boot*)**:** plug hole || nable *m* || Pfropfenloch *o*; **-mes:** putty-knife || couteau *m* à mastiquer, couteau *m* palette, étanchoir *m* || Stopfmesser *o*; **-pen:** to stop || boucher, aveugler || stopfen; **-verf:** [glazier's] putty || mastic *m* à verre *m*, lut *m* de vitrier *m* || Glaser-, Fensterkitt *m*;

2. (*contact*): plug || cheville *v*, fiche *v* || Stöpsel *m*; **-contact:** plug contact || contact *m* à broches *vm* (à cheville *v*, à fiche *v*), fiche *v* de prise *v* de courant *m* || Stöpsel-, Steckkontakt *m*; **-meetbrug:** bridge with plug resistances || pont *m* de mesure *v* à chevilles *vm* || Stöpselmeßbrücke *v*; **-rheostaat:** plug rheostat || rhéostat *m* à fiches *vm* || Stöpselrheostat *m*; **-schakelaar:** plug switch || interrupteur *m* à fiche *v* || Stöpselschalter *m*; **-sleutel:** plug key || fiche *v* à manette *v* || Stöpselschlüssel *m*;

3. (*fles*): stopper || bouchon *m* || Stöpsel *m*; **-fles:** stoppered bottle || flacon *m* à bouchon *m* de verre *m* || Stöpselflasche *v*;

4. (*halt*): stop || stop, halte || halt, stop; **-beweging:** stop motion || mouvement *m* d'arrêt *m* || Abschlagsbewegung *v*; **-handgreep:** stopping lever || levier *m* d'arrêt *m* || Anhaltehebel *m*; **-hefboom:** stop lever || levier *m* d'arrêt *m* || Stellarm *m*; **-hout:** chock || entremise *v*, clé *v*, cale *v* || Kalben *m*; **-klep:** steam stop valve || soupape *v* d'arrêt *m* || Dampfabsperrventil *o*; **-licht** (*auto*)**:** stop-light, stop signal || signal *m* stop, feu *m* de stop || Stoplicht *o*, Haltelicht *o*; **-lichtschakelaar:** stop light switch || interrupteur *m* du stop *m* || Stopschalter *m*; **-pen:** to stop || arrêter || anhalten, arretieren, stopfen; **-plaats:** *zie* **halte**; **-schroef:** stop screw || buttoir *m*, stop-vis *v* || Abstellschraube *v*; **-signaal:** stop signal || signal *m* d'arrêt *m* || Haltsignal *o*; **-signaalschijf:** stopping signal disk || disque *m* d'arrêt *m* || Haltscheibe *v*; **-stang:** stop rod || tige *v* (tringle *v*) d'arrêt *m* || Abstellstange *v*, Ein- und Ausrückstange *v*; **-stangas:** stop rod shaft || arbre *m* du butoir *m* || Stecher-, Stoßwelle *v*; **-stanghouder:** stop rod bracket || support *m* de la tige *v* (tringle *v*) d'arrêt *m* || Abstellstangenhalter *m*; **-stangpen:** stop rod finger || doigt *m* de la tige *v* d'arrêt *m* || Finger *m* zur Abstellstange *v*; **-trein:** stopping-train, slow train, stopper || train-omnibus *m* || Haltezug *m*; **-veiligheid:** plug fuse || fusible *m* à bouchon *m* || Stöpselsicherung *v*; **-zetten:** to stop || arrêter || einstellen.

storax: storax || storax *m* || Storax *m*.

storing: **1.** (*algem.*): disturbance, fault, jamming, trouble || dérangement *m*, perturbation *v*, brouillage *m* || Störung *v*; **-bepalen, een:** to localise a disturbance || déterminer (localiser) un dérangement *m* || eine Störung *v* bestimmen; **- in de ontsteking:** ignition trouble || dérangement *m* de l'allumage *m* || Zündungsstörung *v*; **- opheffen, een:** to remove a derangement || relever un dérangement *m*, dépanner || eine Störung *v* beseitigen; **-, atmosferische:** atmospheric disturbance || perturbation *v* atmosphérique || atmosphärische Störung *v*; **-, magnetische:** magnetic disturbance || perturbation *v* magnétique || magnetische Störung *v*; **-, opheffing v. e.:** removal of fault || suppression *v* d'un dérangement *m*, dépannage *m* || Fehlerbeseitigung *v*; **-en** (*radio*): parasitic disturbance || parasites *mm* || [elektromagnetische] Störungen *vm*;

2. (*terrein*): dislocation || accident *m*, rejet *m*, dislocation *v*, dérangement *m* || Störung *v*;

3. (*radio*, *enz.*): **-en:** atmosferics || perturbations *vm*, atmosphériques *vm*, parasites *mm* || atmosphärische Störungen *vm*.

storings|factor v. d. spanning (*stroom*) (*telef.*): telephone voltage (*telephone current*) form factor || facteur *m* téléphonique de forme *v* de la tension *v* (*du courant m*) || Fernsprechformfaktor *m* (*des Stromes m*); **-spanning:** equivalent disturbing voltage [of an electric line] || tension *v* perturbatrice équivalente [d'une ligne *v* électrique] || [äquivalente] Störspannung *v*; **-stroom:** equivalent disturbing current [of an electric line] || courant *m* perturbateur équivalent [d'une ligne *v* électrique] || [äquivalenter] Störstrom *m*.

storm: storm || tempête *v* || Sturm *m*; **-, magnetische:** magnetic storm || orage *m* magnétique || magnetischer Sturm *m*; **-band:** chin strap || jugulaire *v* || Sturmband *o*, -riemen *m*; **-[stag]fok:** storm jib || foc *m* de tempête *v* || Sturmfock[e] *v*; **-lucifer:** flaming vesta, fusic || tison *m* || Sturmstreichholz *o*; **-vloed:** storm flood || marée *v* de tempête *v* || Sturmflut *v*; **-zeil:** storm-sail || voile *v* de cape *v* || Sturmsegel *o*.

stort: discharging point || lieu *m* de déchargement *m* || Entladestelle *v*; (*mijnb.*): *zie* **steenberg**; **-beton:** cast (heaped) concrete || béton *m* coulé || Schüttbeton *m*; **-buis:** tipping tube || tuyau *m* déchargeur (de déversement *m*) || Schüttrohr *o*; **-ebed:** bed of fall || radier *m* de déversoir *m* || Sturzbett *o*; **-en** (*materiaal*): to discharge, to dump || décharger, déverser || schütten, stürzen; **-gat:** shoot hole || trou *m* de déversement *m* || Schüttloch *o*; **-gewicht:** bulk density || densité *v* de masse *v* en tas *m* || Schüttgewicht *o*; **-goederen:** loose (heapable) goods || marchandises *vm* en tas *m* (en vrac *m*) || Schütt-, Sturzgut *o*; **-goot:** [tip] chute, tip shoot || coulisse *v* (plan *m* incliné) de déchargement *m*, couloir *m* (manche *v*, rigole *v*) de déversement *m* || Gerinne *o*, Rutsche *v*, Schure *v*, Sturz-, Schüttrinne *v*; **-ing v. d. as** (*auto*): axle dip || devers *m* || Achssturz *m*; **-kar:** tip barrow, tipping (dump) cart, tilt[ing] cart || tombereau *m* || Kippkarren *m*; **-klep:** chute trap || trappe *v* de déchargement *m* || Schüttklappe *v*; **-koker** (*mijnb.*): chute, shoot, pass || cheminée *v* de boutage *m* (cliquage *m*) || Rollkasten *m*, Rolloch *o*, Bergetrumm *o*; **-platform:** tipping stage || plate-forme *v* de déversement *m* || Sturzbühne *v*; **-rooster:** chute (self feeding) grate || grille *v* à chargement *m* continu || Schüttrost *m*; **-stelling:** stipping jetty || estacade *v* de déversement *m* || Sturzgerüst *o*; **-toestel:** tipping plant || appareil *m* de déversement *m* || Sturzvorrichtung *v*; **-trechter:** hopper || trémie *v* de déversement *m* || Schütttrichter *m*; **-zee:** breaker || coup *m* de mer *v* || Sturzsee *v*, Brecher *m*.

stoten: **1.** (*algem.*): to push || pousser, heurter || stoßen;

2. (*spw.*): to bump || cahoter || stoßen;

3. (*asblok*): to knock || cogner || schlagen;

4. (*motor*): to knock || cogner || klopfen;

5. (*pomp*): to knock || cogner, taper || schlagen.

straal: 1. (*cirkel*): radius || rayon *m* || Radius *m*, Halbmesser *m*; **-anker:** *zie* **radiaalanker; -boog:** *zie* **radiaal 1; -sgewijs:** radial || radial || radial; **2.** (*straling*): ray || rayon *m* || Strahl *m*; *zie ook onder* **stralen 1; straling; -, (***buiten***)gewone** (*kristalopt.*): (*extra-*)ordinary ray || rayon *m* (*extra-*)ordinaire || (*außer-*)ordentlicher Strahl *m*; **-, centrale** (*röntgentherapie*): *zie* **hoofdstraal; -breking:** *zie* **refractie; -ontlading:** bush and spray discharge || décharge *v* rayonnante || Strahlenentladung *v*; **-zender:** beam station || émetteur *m* dirigé || Richtungssender *m*; **3.** (*vloeistoffen*; *stoom*; *enz.*): jet || jet *m*, veine *v* || Strahl *m*; **-, dunne:** *zie* **straal, fijne; -, fijne:** thin stream || filet *m* mince || feiner (dünner) Strahl *m*; **-aandrijving:** *zie* **straalvoortstuwing; -apparaat:** ejector || aspirateur *m* (exhausteur *m*) à jet *m* || Strahlsaugapparat *m*; **-blazer** (*stoom*): jet blower || souffleur *m* à jet *m* de vapeur *v* || Strahlbläser *m*; **-buis:** nozzle || ajutage *m*, tuyère *v* || Ausflußdüse *v*; **-buisdoorsnede:** nozzle cross section || section *v* de tuyère *v* || Düsenquerschnitt *m*; **-buiskanaal:** nozzle channel (passage) || canal *m* (conduit *m*) de tuyère *v* || Düsenkanal *m*; **-buislichaam:** nozzle body || corps *m* de tuyère *v* || Düsenkörper *m*; **-buisregeling:** governing by cutting out nozzles || réglage *m* des tuyères *vm* || Düsenreglung *v*; **-buissegment:** nozzle ring segment, set of nozzles || secteur *m* porte-tuyères || Düseneinsatz *m*; **-buisspanning:** nozzle pressure || pression *v* de la tuyère *v* || Düsenspannung *v*; **-buistong:** nozzle flap || langue[tte] *v* de tuyère *v* || Düsenzunge *v*; **-buiswand:** wall of nozzle || paroi *v* de tuyère *v* || Düsenwand[ung] *v*; **-buizenblok:** nozzle block || bloc *m* de tuyères *vm* || Düsenblock *m*; **-buizengroep:** group of nozzles || groupe *m* de tuyères *vm* || Düsengruppe *v*; **-buizenkrans:** crown of nozzles || couronne *v* de tuyères *vm* || Düsenkranz *m*; **-buizenring:** nozzle ring || bague *v* (anneau *m*) de tuyères *vm* || Düsenring *m*; **-condensatie:** jet condensation || condensation *v* à jet *m* || Strahlkondensation *v*; **-condensor:** jet condenser || condensateur *m* à jet *m* || Strahlkondensator *m*; **-contractie:** contraction of jet || contraction *v* du jet *m* || Strahlkontraktion *v*; **-dikte:** diameter of jet || grosseur *v* du jet *m* || Strahldicke *v*, -stärke *v*; **-geleiding:** jet guiding || guide *m* (guidage *m*) du jet *m* || Strahlführung *v*; **-jager:** jet [-propelled] fighter [aircraft] || avion *m* de chasse *v* (combat *m*) à réaction *v* (propulsé par jet *m*) || Düsenjäger *m*; **-kachel, elektrische:** electric radiator || radiateur *m* électrique || [freistrahlender] Heizkörper *m*; **-pomp:** jet pump, injector || pompe *v* à jet *m*, éjecteur *m*, injecteur *m* || Strahlpumpe *v*, Injektor *m*; **-pijp:** jet pipe || tube *m* de jet *m* || Strahlrohr *o*, Düse *v*; **-verkeersvliegtuig:** jet-liner, turboliner || avion *m* commercial à réaction *v* (propulsé par jet *m*) || Düsenverkehrsflugzeug *o*; **-vliegtuig:** jet-propelled (propulsion) airplane || avion *m* à réaction *v* (propulsé par jet *m*) || Düsenflugzeug *o*; **-voortstuwing:** jet propulsion || propulsion *v* par jet *m* (réaction *v*) || Düsenantrieb *m*; **-werking:** jet action || action *v* (effet *m*) du jet *m* || Strahlwirkung *v*.

straat: 1. (*i. e. stad*): street || rue *v* || Straße *v*; **-, blinde:** blind street || cul *m* de sac *m*, impasse *v* || Sackgasse *v*; **-aanleg:** street making || construction *v* des rues *vm* || Straßenbau *m*; **-deur:** street door || porte *v* de devant *m* || Straßentür *v*; **-deurcontact:** street door contact || contact *m* pour porte *v* d'entrée *v* || Straßentürkontakt *m*; **-goot:** street ditch (gutter) || fossé *m* de rue *v* || Straßengraben *m*, -rinne *v*; **-kei:** paving stone || pavé *m* || Pflasterstein *m*; **-klinker:** paving clinker || brique *v* [dure à paver] || Pflaster]klinker *m*; **-kolk:** gully hole, mud trap, sink || bouche *v* (entrée *v*) d'égout *m*, vasière *v*, regard *m* || Schleusenloch *o*, Schlammfang *m*, Sinkkasten *m*, Senkloch *o*, Schlammtopf *m*; **-kolkrooster:** gully grating || grille *v* d'égout *m* || Schleusenrost *m*; **-lantaarn:** street lamp || lanterne *v* de rue *v* (publique), réverbère *m* || Straßenlaterne *v*; **-maker:** pav[i]er || paveur *m* || Pflasterer *m*; **-makershamer:** pavier's hammer || marteau *m* de paveur *m* || Pflasterhammer *m*; **-overspanning** (*elektr.*): spanning of wires across the street || montage *m* par dessus la rue *v* || Straßenüberspannung *v*; **-reiniging:** street cleansing (scavenging) || nettoyage *m* (nettoiement *m*) des rues *vm* || Straßenreinigung *v*; **-stamper:** paving beetle || demoiselle *v* || Pflasterramme *v*; **-steen:** paving stone || pavé *m*, brique *v* à paver || Pflasterstein *m*; **-veger** (*mach.*): street brush || balayeuse *v* || Straßenkehrmaschine *v*; **-verlichting:** street lighting || éclairage *m* des rues *vm* (public) || Straßenbeleuchtung *v*; **-vuil:** town refuse || ordures *vm*, immondices *vm* || Müll *o*; **-wals:** street roller || rouleau *m* compresseur || Straßenwalze *v*; **-weg:** *zie* **weg 1;**

2. (*zeeëngte*): straits || détroit *m* || Meerenge *v*.

stra|len: 1. (*z. nw.*): rays || rayons *mm* || Strahlen *mm*; *zie ook onder* **straal 2; straling; -, harde:** hard rays || rayons *mm* durs || harte Strahlen *mm*; **-, infrarode:** infrared rays || rayons *mm* infra-rouges || infrarote Strahlen *mm*; **-, kosmische:** cosmic rays || rayons *mm* cosmiques || kosmische Strahlen *mm*; **-, positieve:** *zie* **kanaalstralen; -, secondaire:** secondary radiation || rayons *mm* secondaires || Sekundärstrahlen *mm*; **-, ultraviolette:** ultraviolet rays || rayons *mm* ultraviolets || ultraviolette Strahlen *mm*; **-, verstrooide:** scattered radiation || rayons *mm* diffusés || Streustrahlen *mm*; **-, zachte:** soft rays || rayons *mm* mous || weiche Strahlen *mm*; **-bundel:** bundle (pencil) of rays || faisceau *m* de rayons *mm* || Strahlenbündel *o*, -büschel *o*; **-bundelregelaar:** headlight beam control || régleur *m* du faisceau *m* lumineux || Scheinwerferstrahlenregler *m*; **-kegel:** cone of rays || cône *m* de rayons *mm* || Strahl[en]kegel *m*;
2. (*ww.*): to radiate || rayonner || strahlen; **-lend:** radiant, radiating || rayonnant || strahlend; **-ler:** radiator || radiateur *m* || Strahler *m*; **-ler, zwarte:** complete radiator || corps *m* noir, radiateur *m* intégral || schwarzer Strahler *m*; **-ling:** radiation || rayonnement *m*, radiation *v* || Strahlung *v*; *zie ook onder* **straal 2; stralen 1; -ling, corpusculaire:** corpuscular radiation || rayonnement *m* corpusculaire || Korpuskularstrahlung *v*; **-ling, cosmische:** cosmic radiation (rays) || radiation *v* cosmique, rayons *mm* cosmiques || kosmische Strahlung *v* (Strahlen *mm*); **-ling, heterogene:** heterogenous radiation || radiation *v* hétérogène || heterogene (inhomogene) Strahlung *v*; **-ling, gepolariseerde:** polarisated radiation || radiation *v* polarisée || polarisierte Strahlung *v*; **-ling, karakteristieke:** fluorescent (characteristic) radiation || rayons *mm* caractéristiques (de fluorescence *v*) || Eigenstrahlung *v*; **-ling, ongewenste:** abnormal radiation || radiation *v* anormale || ungewollte Strahlung *v* (Funkstreuung *v*); **-ling, zwarte:** black body radiation || radiation *v* du corps *m* noir, radiation *v* intégrale || schwarze Strahlung *v*; **-lingsenergie:** radiating energy || énergie *v* rayonnante || Strahlungsenergie *v*; **-lingshardheid:** hardness of radiation || dureté *v* d'un rayonnement *m* || Strahlenhärte *v*, -qualität *v*; **-lingshoogte:** effective height || hauteur *v* de rayonnement *m* || Strahlungshöhe *v*; **-lingssterkte:** intensity of radiation || intensité *v* de radiation *v* || Strahlungsintensität *v*; **-lingswarmte:** radiant (radiating) heat || chaleur *v* rayonnante || strahlende Wärme *v*, Strahlungswärme *v*; **-lingsweerstand:** radiation resistance || résistance *v* de rayonnement *m* || Strahlungswiderstand *m*.

stramien: net[ting], canvas || stramine *v* || Stramin *m*.

strand: beach, shore, strand || plage *v*, rivage *m* || Strand *m*.

stranden: 1. (*schip*): to run aground (ashore, on the coast) || échouer, être jeté sur la plage *v* || stranden;
2. *zie* **slaan 6.**

stra|tenwals: *zie* **straatwals; -tificatie:** stratification || stratification *v* || Schichtung *v*.

stratosfeer: stratosphere || stratosphère *m* || Stratosphäre *v*; **-vliegtuig:** stratosphere aircraft || avion *m* stratosphérique || Stratosphärenflugzeug *o*.

streek: 1. (*kompas*): point, rhumb || Strich *m*;
2. (*magnetiseren*): touch || touche *v* || Strich *m*.

streep: 1. (*algem.*): stripe, streak, dash, stroke, line || raie *v*, trait *m*, ligne *v* || Strich *m*; **-lijn:** dash line || ligne *v* de traits *mm* || Strichlinie *v*; **-lijn trekken, een:** to draw a dash line || faire un pointillé *m* droit || stricheln; **-puntlijn:** dot and dash line || ligne *v* de traits *mm* mixtes || Strichpunktlinie *v*; **-puntlijn trekken, een:** to draw a dot and dash line || faire un trait *m* mixte || strichpunktieren;
2. (*morseteken*): dash || trait *m* || Strich *m*;
3. (*mineraalonderz.*): streak || trace *v*, tachure *v* || Strich *m*.

strek|gewicht: stretching weight || contrepoids *m* tendeur || Spanngewicht *o*; **-grens:** [upper] yield point || limite *v* d'étirage *m* (de ductibilité *v*) || Fließ-, Streckgrenze *v*; **-ken:** to draw out, to straighten || étirer || strecken; **-king** (*richting v. e. laag, enz.*): strike, trend || direction *v* || Streichen *o*; **-machine:** drawing frame || banc *m* d'étirage *m*, étireuse *v*, laminoir *m* || Strecke *v*, Streckmaschine *v*, -werk *o*, Zugmaschine *v*; **-rol** (*spinnerij*): drawing roller || cylindre *m* étireur || Streckwalze *v*.

strem|men, -ming, -sel: *zie* **coaguleren,** *enz.*

streng: 1. *zie* **kardeel;**
2. (*garen*): skein, strand, hank || écheveau *m* || Strähn *m*, Strang *m*;
3.: -pers: stuffing press || étireuse *v* à boudin *m* || Strangpresse *v*.

striae: striae, striations || strates *mm*, bandes *vm* lumineuses || Lichtstreifen *mm*, Schichten *vm*.

strik: *zie* **lus.**

stringer (*scheepst.*): stringer || gouttière *v* || Stringer *m*; **-plaat:** stringer plate || tôle-gouttière *v* || Stringerplatte *v*.

strip: 1. (*strook i. h. algem.*): strip || bande *v* || Streifen *m*;
2. (*las*): butt strap || couvre-joint *m* || Lasche *v*; **-las:** butt joint with single butt strap, single cover plate riveting || rivure *v* à couvre-joint *m* || Laschennietung *v*; **-las, dubbele:** butt joint with double butt strap, double cover plate riveting || rivure *v* à couvre-joint *m* double || Doppellaschennietung *v*; **-monster:** *zie* **sleufmonster; -naad:** *zie* **striplas.**

strippen (*tabak*): to strip || écoter || entrippen.

stro: straw, thatch || paille *v* || Stroh *o*; **-bekramming:** straw band revetment || revêtement *m* en nattes *vm* (en paillasse *v*) || Strohbekrampung *v*; **-dak:** thatched roof || toit *m* en chaume *v* || Strohdach *o*; **-geel:** straw yellow; straw coloured || jaune *m* de paille *v* || Strohgelb *o*; strohgelb; **-karton:** straw board || carton *m* [de] paille *v* || Strohpappe *v*; **-mat:** straw mat || natte *v* de paille *v* || Strohmatte *v*; **-papier:** straw paper || papier *m* de paille *v* || Strohpapier *o*; **-snijder:** straw knife || hache-paille *m* || Strohmesser *o*; **-vijl:** *zie* **armvijl** *onder* **arm 1; -wis:** straw wisp || bouchon *m* de paille *v* || Strohwisch *m*.

stroef: stiff(*ly*), rugged(*ly*) || rude, résistant || rauh; **-heid:** ruggedness || rudesse *v* || Rauheit *v*.

strok (*vlas*): strick, piece || poignée *v*, riste *v* || Bart *m*, Riste *v*, Zopf *m*.

stro|men: 1. (*z. nw.*): (*elektr., enz.*): currents, flows || courants *mm* || Ströme *mm*; *zie ook* **stroom 1; stroming; -men v. Foucault:** Foucault (eddy) currents || courants *mm* de Foucault (parasites) || Foucaultsche Ströme *mm*, Wirbelströme *mm*; **-men, tegengestelde:** opposed (opposite) currents || courants *mm* de sens *mm* contraires || entgegengesetzte Ströme *mm*;
2. (*ww.*): to flow || couler || strömen, fließen; **-ming:** flow || courant *m* || Strömung *v*; *zie ook* **stroom; -ming, centrifugale:** centrifugal flow || courant *m* centrifuge || zentrifugale Strömung *v*; **-ming, centripetale:** centripetal flow || courant *m* centripète || zentripetale Strömung *v*; **-, laminaire:** laminar (steady, streamline, viscous) flow || courant *m* laminaire || Laminarströmung *v*; **-ming, stationaire:** steady flow || flux *m* stationnaire || stationäre Strömung *v*; **-, turbulente:** turbulent (eddy, sinuous) flow || courant *m* turbulent || verwirbelte (turbulente) Strömung *v*;

stron|tiaan: strontia || strontiane *v* || Strontian *m*; **-tianiet:** strontianite || strontianite *v* || Strontianit *m*; **-tium** [1]**:** strontium || strontium *m* || Strontium *o*; **-tiumsaccharaat:** strontium saccharate || saccharate *m* de strontium *m* || Strontiumsacharat *o*.

strooi|en: 1. (*algem.*): to strew, to scatter || répandre; saupoudrer de (*iets bestrooien met*) || streuen; **-er:** strewing device || dispositif *m* à répandre, saupoudreuse *v* || Streuer *m*, Streuvorrichtung *v*;
2. (*elektr.*): to leak, to stray || disperser || streuen; **-ing:** leakage, stray || dispersion *v*, fuite *v* || Streuung *v*; **-ing, zijdelingse:** side leakage || dispersion *v* latérale || Flankenstreuung *v*; **-veld:** leakage (stray) field || champ *m* de dispersion *v* || Streufeld *o*.

strook: strip || bande *v*, ruban *m* || Streifen *m*; **-, koperen:** copper strip || bande *v* (lame *v*) de cuivre *m* || Kupferstreifen *m*; **-, stille** (*korte-golfontv.*): skipped distance || zone *v* de silence *v* || tote Zone *v*; **-, zinken:** strip of zinc || bande *v* en zinc *m* || Zinkstreifen *m*; **-lat** (*scheepsb.*): flexible curve || règle *v* flexible || Kurvenstab *m*, Straklatte *v*.

stroom: 1. (*elektr.*): current || courant *m* || Strom *m*; *zie ook* **stromen 1; -afleiden** (*afvoeren*): to lead the current away || transporter (dériver) le courant *m* || den Strom *m* ableiten (abführen); **- afnemen:** to take off current || emprunter le courant *m* || Strom *m* entnehmen; **- betrekken:** to obtain (to receive) current || recevoir le courant *m* || Strom *m* beziehen; **- geleiden, de:** to conduct the current || conduire le courant *m* || den Strom *m* leiten; **- in één richting:** unidirectional current || courant *m* unidirectionnel || Strom *m* in gleichbleibender Richtung *v*; **- m. hoge** (*lage*) **frequentie:** high (*low*) frequency current || courant *m* à haute (*basse*) fréquence *v* || Hochfrequenzstrom *m* (*Niederfrequenzstrom m*); **- m. hoge** (*lage*) **spanning:** high (*low*) tension (voltage) current || courant *m* à haute (*basse*) tension *v* || Hochspannungsstrom *m* (*Niederspannungsstrom m*); **- opwekken:** to generate (to produce) a current || engendrer

---

[1]) Voor hierachter niet opgenomen strontiumverbindingen, zoals bv. strontiumchloride, strontiumhydroxyde, strontiumsulfaat, enz., zie men onder **natrium** en vervange daar in het Engels „sodium" door „strontium", in het Frans „de sodium" door „de strontium" en in het Duits „Natrium-" door „Strontium-", dus bv.: „*strontiumchloride*: *strontium chloride* || *chlorure m de strontium m* || *Strontiumchlorid o*".

(produire) un courant *m* || Strom *m* erzeugen; **- toevoeren:** to lead current || amener du courant *m* || Strom *m* zuführen; **-, aankomende:** incoming current || courant *m* d'arrivée *v* (de réception *v*) || ankommender Strom *m*; **-, afgeleide:** shunt current || courant *m* dérivé (shunt) || Nebenschlußstrom *m*; **-, blinde:** *zie* **stroom, reactieve; -, elektrische:** electric current || courant *m* électrique || elektrischer Strom *m*; **-, geïnduceerde:** induced (secondary) current || courant *m* induit (secondaire) || induzierter Strom *m*, Sekundärstrom *m*; **-, gekoppelde:** interlinked current || courant *m* en chaîne *v* (à phases *vm* reliées) || verketteter Strom *m*; **-, golvende:** undulatory (wave) current || courant *m* ondulatoire || Wellenstrom *m*; **-, inducerende:** inducing (primary) current || courant *m* inducteur (primaire) || induzierender Strom *m*, Primärstrom *m*; **-, inkomende:** *zie* **stroom, toevloeiende; -, intermitterende:** intermittent current || courant *m* intermittent || intermittierender Strom *m*; **-, locale:** local current || courant *m* local || Lokalstrom *m*, Ortstrom *m*; **-, veelfasige:** polyphase current || courant *m* polyphasé || Mehrphasenstrom *m*; **-, nalopende** (*voorlopende*)**:** lagging (*leading*) current || intensité *v* en retard *m* (*en avance v*) sur la force *v* électromotrice || nacheilender (*voreilender*) Strom *m*; **-, nuttige:** useful current || courant *m* utile || Nutzstrom *m*; **-, onafgebroken:** *zie* **stroom, ononderbroken; -, (***on***)onderbroken:** (*un*)interrupted current || courant *m* (*in*)interrompu || (*un*)unterbrochener Strom *m*; **-, parasitische:** parasitical current || courant *m* parasite || parasitischer Strom *m*; **-, polariserende:** polarising current || courant *m* polarisant || polarisierender Strom *m*; **-, primaire:** *zie* **stroom, inducerende; -, pulserende:** pulsatory current || courant *m* pulsatoire || pulsierender Strom *m*; **-, reactieve:** reactive current || courant *m* réactif || Blindstrom *m*; **-, samengestelde:** resultant current || courant *m* composé || zusammengesetzter Strom *m*; **-, secundaire:** *zie* **stroom, geïnduceerde; -, toevloeiende:** incoming current || courant *m* de réception *v* || ankommender Strom *m*; **-, tweefasige:** diphase current || courant *m* biphasé || Zweiphasenstrom *m*; **-, uitgaande:** outgoing current || courant *m* émis || ausgehender Strom *m*; **-, vagebonderende:** *zie* **zwerfstroom; -, wattloze:** wattless [component of the] current || courant *m* déwatté || wattloser Strom *m*, wattlose Komponente *v* des Stromes *m*; **-, werkzame:** effective (active) current || courant *m* efficace (actif) || effektiver Strom *m*, Wirkstrom *m*; **-aanwijzer:** current indicator || indicateur *m* de courant *m* || Stromzeiger *m*; **-afgifte:** current output || émission *v* de courant *m* || Stromabgabe *v*; **-afneembeugel** (*trem*)**:** bow current collector || archet *m* de prise *v* de courant *m* || Bügelstromabnehmer *m*; **-afneempunt:** point of collection of the current || point *m* de prise *v* de courant *m* || Stromabnahmestelle *v*; **-afnemer** (*voorwerp*)**:** current collector || balai *m*, prise *v* de courant *m* || Stromabnehmer *m*; **-afneming:** decrease (fall) of current || diminution *v* de courant *m* || Stromabnahme *v*; **-baan:** path of current || parcours *m* (trajet *m*) du courant *m* || Strombahn *v*, -weg *m*; **-begrenzer:** current-limiting device || limiteur *m* de courant *m* || Strombegrenzer *m*; **-beweging:** flow of current || passage *m* du courant *m* || Stromlauf *m*; **-bron:** source of current || source *v* de courant *m* || Stromquelle *v*; **-capaciteit:** current capacity || capacité *v* de courant *m* || Stromkapazität *v*; **-component:** current component || composante *v* de courant *m* || Stromkomponente *v*; **-deling:** splitting up of the current || division *v* de courant *m* || Stromteilung *v*; **-demper:** current damper || amortisseur *m* de courant *m* || Stromdämpfer *m*; **-dichtheid:** current density || densité *v* de courant *m* || Stromdichte *v*; **-doorgang:** passage of current || passage *m* du courant *m* || Stromdurchgang *m*; **-draad:** *zie* **contactdraad; -driehoek:** current triangle || triangle *m* de courant *m* || Stromdreieck *o*; **-element:** element of current || élément *m* de courant *m* || Stromelement *o*; **-fase:** current phase || phase *v* du courant *m* || Stromphase *v*; **-gebied:** area of current supply || rayon *m* desservi de courant *m* || Stromversorgungsgebiet *o*; **-geving:** closure of the current || émission *v* (lancement *m*) du courant *m* || Stromgebung *v*; **-gevoeligheid:** sensibility to current || sensibilité *v* à l'intensité *v* || Stromempfindlichkeit *v*; **-inductie:** current induction || induction *v* par courants *mm* || Strominduktion *v*; **-keten, elektrische:** electric circuit || circuit *m* électrique || elektrischer Stromkreis *m*; **-knoop:** current node || noeud *m* d'intensité *v* de courant *m* || Stromknoten *m*; **-kring:** circuit || circuit *m* || Stromkreis *m*; **-kring, inducerende:** primary circuit || circuit *m* inducteur (primaire) || primärer (induzierender) Stromkreis *m*; **-kring, gesloten** (*open*)**:** closed (*open*) circuit || circuit *m* fermé (*ouvert*) || geschlossener (*offener*) Stromkreis *m*; **-kromme:** current curve || courbe *v* de courant *m* (d'intensité) *v* || Stromkurve *v*; **-leider:** current conductor || conducteur *m* de courant *m* || Stromleiter *m*; **-lekzoeker:** *zie* **lekzoeker; -levering:** supply of current || fourniture *v* de courant *m* || Stromlieferung *v*; **-leveringsbedrijf:** [electric] current (power) supply work (plant) || usine *v* électrique || Stromlieferungsbetrieb *m*; *zie ook* **centrale 1; elektriciteitsbedrijf; -loop:** circuit, flow of current || circuit *m*, trajet *m* du courant *m* || Stromlauf *m*, -kreis *m*; **-loop v. dubbelblokzijde:** stopped section circuit || circuit *m* de section *v* tampon || Stromkreis *m* der Schutzblockstrecke *v*; **-loop v. spoorstaafcontact:** pedal circuit || circuit *m* de pédale *v* || Stromkreis *m* des Schienenstromschließers *m*; **-loopschema:** diagram of connections || schéma *m* des connexions *vm* || Stromlaufschema *o*; **-loos:** currentless, without current, dead || sans courant *m* || stromlos; **-loosheid:** absence of current || absence *v* de courant *m* || Stromlosigkeit *v*; **-meetgebied:** current range || étendue *v* de mesure *v* de l'intensité *v* (du courant *m*) || Strommeßbereich *m*; **-meter:** *zie* **ampèremeter; -meter, thermische:** *zie* **verhittingsdraadampèremeter; -meting:** measurement of current || mesure *v* du courant *m* || Strommessung *v*; **-net:** current network|| réseau *m* électrique || Stromnetz *o*; **-omkering:** reversal of current || inversion *v* de (changement *m* de sens *m* du) courant *m* || Stromumkehrung *v*, -wendung *v*; **-omvorming:** transformation of current || transformation *v* du courant *m* || Stromumformung *v*; **-onderbreker:** circuit breaker || disjoncteur *m* du circuit *m* de courant *m* || Stromkreisunterbrecher *m*; **-opneming:** charging rate || réception *v* de courant *m* || Stromaufnahme *v*; **-opwekker:** *zie* **generator 1** *en* **dynamo; -opwekking:** generation (production) of current || production *v* de courant *m* || Stromerzeugung *v*; **-overschakeling:** current changing over || commutation *v* du courant *m* || Stromumschaltung *v*; **-prijs:** cost of current || prix *m* du courant *m* || Strompreis *m*; **-regelaar:** current regulator || régulateur *m* de courant *m* || Stromregler *m*; **-regeling:** current regulation || régulation *v* de courant *m* || Stromregulierung *v*; **-resonnantie:** current resonance || résonance *v* du courant *m* || Stromresonanz *v*; **-richting:** direction of current || sens *m* du courant *m* || Stromrichtung *v*; **-richtingaanwijzer:** current direction indicator || indicateur *m* de sens *m* de courant *m* || Stromrichtungsanzeiger *m*; **-schrede:** impulse of current || émission *v* de courant *m* || Stromschritt *m*; **-soort:** type [kind] of current || nature *v* du courant *m* || Stromart *v*; **-splitsing:** splitting up of current || division *v* du courant *m* || Stromteilung *v*; **-spoel:** current coil || bobine *v* d'intensité *v* || Stromspule *v*; **-sterkte:** intensity (strength) of current || intensité *v* de courant *m* || Stromstärke *v*; **-sterkte in ampère:** strength of current in ampere, amperage || intensité *v* en ampère *m*, ampérage *m* || Stromstärke *v* in Ampere *o*, Amperezahl *v*; **-stoot:** rush of current || accroisement *m* brusque (soubresaut *m*) de courant *m* || Stromstoß *m*; **-stootlassen, elektromagnetisch:** electromagnetic percussion welding || soudure *v* électromagnétique par percussion *v* || elektromagnetische Stoßschweißung *v*; **-stootlassen, elektrostatisch:** electrostatic percussion welding || soudure *v* électrostatique par percussion *v* || Entladestoßschweißung *v*; **-tak:** branch current || courant *m* de branchement *m* || Zweigstrom *m*; **-toevoer:** current lead || amenée *v* de courant *m* || Stromzuleitung *v*; **-toevoerveer:** current carrying spring || ressort *m* d'amenée *v* de courant *m* || Stromzuführungsfeder *v*; **-transformator:** current transformer || transformateur *m* d'intensité *v* || Stromtransformator *m*; **-transformator, gecompoundeerde:** compensated current transformer || transformateur *m* de courant *m* compoundé || Stromwandler *m* mit Hilfswicklung *v*; **-uitschakelaar:** current interrupter || interrupteur *m* de courant *m* || Stromunterbrecher *m*; **-vector:** current vector || vecteur *m* de courant *m* || Stromvektor *m*; **-veld:** field of current || champ *m* d'un courant *m* || Stromfeld *o*; **-verbruik:** consumption of current || consommation *v* de courant *m* || Stromentnahme *v*, -verbrauch *m*; **-verdeler:** current distributor || distributeur *m* de courant *m*, répartiteur *m* || Stromverteiler *m*; **-verdeling:** current distribution || distribution *v* du courant *m* || Stromverteilung *v*; **-verdringing:** displacement of current; current distortion (*Am.*) || déplacement *m* des lignes *vm* du courant *m* électrique || Stromverdrängung *v*; **-verklikker:** *zie* **stroomaanwijzer; -verlies:** leakage (loss) of current || fuite *v* (perte *v*) de courant *m* || Stromverlust *m*; **-vermindering:** *zie* **stroomafneming; -verwisselaar:** circuit changer || inverseur *m* || Stromwender *m*, Umschalter *m*; **-voerend:** current carrying, traversed by current || parcouru

(traversé) par le courant *m* || stromdurchflossen, -führend;
2. (*rivier*): stream || fleuve *m* || Strom *m*; **- a. d. oppervlakte:** upper stream || courant *m* superficiel || Oberströmung *v*; **-af[waarts]:** down the river (stream) || en aval *m*, d'aval *m* || stromabwärts; **-afzetting** (*erts, enz.*)**:** placer || placer *m* || Anschwemmung *v*, Seife *v*; **-bed:** tide way || lit *m* || Strombett *o*; **-diepte:** depth [of the river] || profondeur *v* [du fleuve *m*] || Stromtiefe *v*; **-draad:** current, stream[line] || fil *m* de l'eau *v*, filet *m* (veine *v*) de courant *m* || Stromfaden *m*, -strich *m*; **-lier** (*baggertechn.*)**:** sternwinch || treuil *m* de recul *m* || Hinterwinde *v*; **-op[waarts]:** up stream || contre le courant *m*, en amont *m*, à contre-mont *m* || stromaufwärts; **-pijler:** river pier || pile *v* en rivière *v* || Strompfeiler *m*; **-regulièring:** correction, regulation || régularisation *v* || Stromregulierung *v*; **-versnelling:** rapid || rapide *m* || Stromschnelle *v*; **-vertraging:** retardation of current || retard *m* du courant *m* || Stromverzögerung *v*; **-tin:** *zie* **tinsteen, alluviale;**
3. (*zeestroming, enz.*)**:** current || courant *m* || Strömung *v*, Strom *m*; **- langs de kust:** current along the coast || courant *m* côtier || Küstenströmung *v*;
4. (*fluïdum i. h. algem.*)**:** current, flow || courant *m* || Strom *m*, Strömung *v*; **-goot** (*wasserij*) (*mijnb.*)**:** launder, trough, sluice || couloir *m* || Gerinne *o*; **-lijn:** current filament, line of flow, stream line || filament *m* (ligne *v*) de courant *m* || Stromlinie *v*; **-richting:** direction of flow || direction *v* du courant *m* || Strömungsrichtung *v*; **-scheider** (*wasserij*) (*mijnb.*)**:** stream[ing] washer, classifier || crible *m* hydraulique à courant *m*, classificateur *m* || Stromsetzmaschine *v*, Stromapparat *m*; **-snelheid:** rate of flow || vitesse *v* du courant *m* || Strömungsgeschwindigkeit *v*.

strop: strap || estrope *v* || Stropp *m*; *zie ook* **hijsstrop; kettingstrop; -pen:** to strap || estroper || stroppen.

structuur: structure; texture || structure *v* || Struktur *v*.

strijkbaar: 1. (*verf, enz.*)**:** brushable || pouvant être étendu || streichbar;
2. (*mast; schoorsteen; enz.*)**:** lowering || rabattable || umklappbar.

strijk|blok: bench plane, copper jointer || rabot *m* d'établi *m* || Bankhobel *m*; **-boom** (*weverij*)**:** back bearer (rail, rest), yarn rest || barrière *v* d'arrière *m*, porte-fil *m*, traverse *v* arrière (guide-fil) || Streichbaum *m*; **-boord** (*ploeg*)**:** earth (mould) board || oreille *v* || Streichbrett *o*; **-bord:** rubbing board, trowel || planchette *v* à réguler || Reibbrett *o*; **-contact:** rubbing contact || contact *m* à frottement *m* || Streichkontakt *m*; **-en:** *zie na* **strijkijzer; -machine, elektrische:** ironing machine || machine *v* à repasser électrique || elektrische Plätt-, Bügelmaschine *v*; **-richting:** *zie* **strekking; -ijzer:** smoothing (flat) iron || fer *m* à repasser || Bügel-, Plätteisen *o*.

strijken: 1. (*algem.*)**:** to stroke, to rub || passer . . . sur, frotter sur || streichen;
2. (*m. e. strijkijzer*)**:** to iron || repasser || bügeln;
3. (*mast, enz.*)**:** to lower || rabattre || [um]legen.

stuc: stuc[co] || stuc *m* || Stuck *m*.

studio: studio || studio || Aufnahmeraum *m*.

stuifkalk: lime powder, powdered lime || chaux *v* en poudre *v* (en poussière *v*) || Kalkmehl *o*, Staubkalk *m*.

stuik: 1. (*naad*)**:** butt (jump) joint || joint *m* par approche *v* || Stoß *m*;
2. *zie* **dwarsnaad.**

stuik|beitel: *zie* **kookbeitel; -bout:** butt[end] bolt || cheville *v* d'about *m* || Stoßbolzen *m*; **-en:** to upset, to jump up, to clench || aplatir, écraser || stauchen; **-gelast:** butt welded || soudé à (par simple) rapprochement *m* || stoßgeschweißt; **-machine:** *zie* **opstuikmachine; -proef:** upsetting (jumping up) test || essai *m* d'écrasement *m* || Stauch-, Schlagprobe *v*; **-temperatuur:** upsetting temperature, suitable temperature for riveting || température *v* d'aplatissement *m* (d'écrasement *m*) || Stauchtemperatur *v*.

stuit|en (*tegen*)**:** to stop, to check, to arrest, to stay (*to strike against*) || arrêter; (*se heurter à, donner contre*) || hemmen, aufhalten, zum Stehen *o* bringen; (*anschlagen* (*prallen*) *gegen*); **-klamp:** stop cleat || taquet *m* de bout *m* || Stoßklampe *v*; **-schroef:** stop screw || vis *v* d'arrêt *m* || Halteschraube *v*.

stuk: piece || pièce *v* || Stück *o*; **-goed:** parcels || colis *m*, marchandise *v* emballée || Stückgut *o*; **-goederen:** piece goods || matières *mm* en morceau *m*, objects *mm* à charger séparément || stückiger Stoff *m*; (*scheepslading*)**:** general cargo || marchandises *vm* individualisées (en cueillette *v*) || Stückgüter *om*; **-goederenstation:** packet (parcels) station || gare *v* de messagerie *v* (à charges *vm* incomplètes) || Stückgutbahnhof *m*; **-goederentrein:** parcels (piece goods) train || train *m* pour colis *mm* || Stückgüterzug *m*; **-goederenverkeer:** parcels traffic || trafic *m* des colis *mm* || Stückgutverkehr *m*; **-ketting:** warp of the right threads || chaîne *v* de fils *mm* droits ||

Stückkette *v*; **-kool:** large [coal] || gros *m* [criblé], pérat *m* || Stückkohle *v*; **-koorden** (*weverij*): tight cords || cordes *vm* raides || Stückkorden *vm*; **-lijst:** parts list, inventory || liste *v* de pièces *vm*, légende *v* || Stückliste *v*; **-werk:** piecework || travail *m* à la pièce *v* || Arbeit *v* im Gedinge *o*, Stückarbeit *v*; **-werker:** pieceworker || apiéceur *m*, ouvrier *m* à la pièce *v*, tâcheron *m* || Stück-, Akkordarbeiter *m*.

stukadoor: plasterer || stucateur *m*, plafonneur *m* || Stukkateur *m*; **-gips:** sculptor's plaster, stucco || plâtre *m* de moulage *m*, stuc *m* || Stuck[gips] *m* Bildhauergips *m*; **-swerk:** plastering, stuccowork || ouvrage *m* de stuc *m* || Stukkaturarbeit *v*.

sturen: 1. (*voertuig*): to drive || conduire, diriger || lenken;
2. (*schip*): to steer || barrer, gouverner || steuern.

stut: 1. (*algem.*): prop, shore, stay, strut || accore *m*, montant *m*, support *m* || Strebe *v*, Stütze *v*; **-, driebenige:** three legged bridge stay || ferme *v* à trois branches *vm* (à trépied *m*) || dreischenkliger Bügelanker *m*, Spinne *v*; **-ten:** to prop (shore, stay) || soutenir, accorer || [unter]stützen;
2. (*mijnb.*): prop || chandelle *v*, appui *m*, étai *m*, étaie *v* || Stempel *m*; **-ten:** to prop (stay) || étayer || unterstützen; **-ting** (*raam*): set || cadre *m* || Türstock *m*.

stuur: steering means (*algem.*); helm, rudder (*schip*); steering wheel (*auto*); handle-bar (*rijwiel*) || dispositif *m* de commande *v* (*algem.*); volant *m* (*auto*); guidon *m* (*rijwiel*) || Steuerorgan *o* (*algem.*); Steuer[ruder] *o* (*schip*); Lenkrad *o* (*auto*); Lenkstange *v* (*rijwiel*); **-, rechts** (*links*), **met:** with right (*left*) hand drive || à conduite *v* à droite *v* (*gauche v*) || mit rechtem (*linkem*) Lenkrad *o*; **-arm:** steering arm || bras *m* de direction *v* || Lenkarm *m*; **-arm** (*a. hor. sturen*)**:** steering lever on steering shaft || levier *m* de commande *v* de direction *v* || Steuerhebel *m* auf der Steuerwelle *v*; **-as:** steering axle (shaft) || arbre *m* de direction *v*, essieu *m* directeur || Lenkachse *v*, Steuerwelle *v*; **-boord:** starboard || tribord *m* || Steuerbord *o*; **-boordzijde:** starboard side || côté *m* de tribord *m* || Steuerbordseite *v*; **-boordslicht:** starboard light || feu *m* de tribord *m* || Steuerbordslicht *o*; **-carter:** steering gear case || boîte *v* de direction *v* || Gehäuse *o* für Steuerung *v*; **-handgreep:** steering lever || levier *m* de direction *v* || Steuer-, Lenkhebel *m*; **-hefboom:** steering arm || levier *m* de la bielle *v* de connexion *v* || Schwenkhebel *m*; **-huis:** wheel house (*schip*); steering housing (*auto*) || cabine *v* du timonier *m*, timonerie *v* (*schip*); boîtier *m* de direction *v* (*auto*) || Steuerhaus *o* (*schip*); Lenkgehäuse *o*; **-inrichting:** steering (*auto*); control (*elektr.*) || direction *v* (*auto*); commande *v* (*elektr.*) || Lenkung *v* (*auto*); Steuerung *v* (*elektr.*); **-ketting:** steering chain || chaîne *v* du gouvernail *m* || Steuerkette *v*; **-knuppel:** control column (lever), joy stick || levier *m* manche *v* à balai *m* || Steuerhebel *m*; **-kolom:** steering column || colonne *v* de direction *v* || Lenkung-, Steuersäule *v*; **-koppelstang:** drag link || barre *v* de direction *v* || Schubstange *v*; **-kunde:** cybernetics || cybernétique *v* || Zybernetik *v*; **-lamp:** control valve, master oscillator || triode *m* (tube *m*) de commande *v* || Steuer-, Vorröhre *v*; **-lastig:** *zie* **schip, achterlastig; -machine** (*schip*)**:** steering engine || servo-moteur *m* || Rudermaschine *v*; **-man:** mate || second *m* || Steuermann *m*; **-mechanisme:** steering gear || direction *v* || Steuerung *v*; **-mechanisme m. schroef en moer:** worm type steering gear || direction *v* à vis *v* sans fin *m* || Schneckensteuerung *v*; **-overbrenging:** steering reduction ratio || rapport *m* de démultiplication *v* || Untersetzungsverhältnis *o*; **-rad:** *zie* **stuurwiel; -reep:** tiller rope || drosse *v* du gouvernail *m* || Ruderreep *o*; **-rooster:** control grid || grille *v* de commande *v* || Steuergitter *o*; **-slot:** steering lock || serrure *v* de direction *v* || Lenkungschloß *o*; **-stang** (*algem.*)**:** steering rod || tringle *v* de direction *v* || Lenkstange *v*; **-stang** (*rijwiel*)**:** *zie onder* **stuur; -stang** (*horiz.*)**:** steering connecting rod || bielle *v* de direction *v* || Lenkschubstange *v*; **-stangklemring** (*rijwiel*)**:** locking ring of the handle-bar || collier *m* de serrage *m* du guidon *m* || Lenkstangenklemmring *m*; **-stroom:** controlling current || courant *m* de commande *v* || Steuerstrom *m*; **-takel:** steering tackle || palan *m* de la barre *v* || Rudertalje *v*; **-toestel:** steering gear || installation *v* du gouvernail *m* || Steuereinrichtung *v*; **-verbindingsstang:** tie rod || barre *v* d'accouplement *m* de direction *v* || Spurstange *v*; **-vlak:** *zie* **roeroppervlak; -vonk:** auxiliary (timed) spark || étincelle *v* auxiliaire || Steuerfunke[n] *m*; **-wiel** (*schip*)**:** steering wheel || roue *v* de gouvernail *m* || Steuerrad *o*; **-wiel** (*auto*)**:** *zie onder* **stuur; -wielspaak:** steering wheel spoke || rayon *m* de volant *m* de direction *v* || Lenkradspeiche *v*; **-worm:** steering worm || vis *v* de direction *v* (sans fin *m*) || Schnecke *v*; **-zender:** independent drive transmitter || oscillateur *m* à excitation *v* séparée || Steuersender *m*.

stuw: weir || déversoir *m* || Wehr *o*; **-, vaste:** fixed weir || déversoir *m* fixe || festes Wehr *o*; **-blok:** *zie* **drukblok; -dam:** barrage, retaining dam (dike) || barrage *m*, digue *v* de retenue *v* || Staudamm *m*; **-en:** to stow (*schip*); to dam up, to stow (*water*) || arrimer (*schip*); hausser les eaux *vm* (*water*) || stauen (*schip*; *water*); **-goot:** propeller trough || gouttière *v* à propulsion *v* mécanique (à mouvement *m* pulsatoire) || Propellerrinne *v*; **-hoogte:** height of rise || hauteur *v* de retenue *v* || Stauhöhe *v*; **-hout:** stow wood || bois *m* d'arrimage *m* || Stauholz *o*; **-ing** (*schip*): stowage || arrimage *m* || Stauung *v*; **-kracht:** propelling power || force *v* de propulsion *v* || Propulsionskraft *v*; **-meer:** storage-lake, reservoir || bassin *m* (lac *m*) de retenue *v* || Staubecken *o*, -see *m*; **-muur:** retaining wall || mur *m* de retenue *v* || Staumauer *v*; **-plan:** stowage plan || plan *m* d'arrimage *m* || Stauungsplan *m*; **-schijfmeter** (*samengep. gas*): orifice meter || indicateur *m* à orifice *m* || Stauscheiben-, Staurandmesser *m*; **-sluis:** lock weir || portereau *m* || Schutz-, Stauwehr *o*; **-ventilator:** air screw (propeller) fan || ventilateur *m* hélicoïdal || Schraubenlüfter *m*, -ventilator *m*; **-water:** backwater || eau *v* arrêtée (haussée) || Stauwasser *o*.

stijf: 1. (*algem.*): stiff; rigid || raide, rigide, tendu || steif; starr; **- aanhalen:** to haul taut || haler raide || steifholen; **-heid:** rigidity; stiffness || raideur *v*; rigidité *v* || Steifheit *v*; Steifigkeit *v*; **-heid** (*v. kalk*): rigidity || consistance *v*, durcissement *m* || Starrheit *v*; **-linnen:** buckram || bougram *m*, toile *v* bougranée || Starr-, Steif-, Schetterleinen *o*; **-raam:** rigid (stiff) frame || cadre *m* à contre-ventements *mm* (à croisillons *mm*), cadre *m* entretoisé (rigide) || steifer Rahmen *m*, Steifrahmen *m*;
2. (*stabiliteit*) (*schip*): stiff || fort de côté *m* || steif; **-heid:** initial stability || stabilité *v* de plate-forme *v* || Anfangsstabilität *v*.

stijfsel: 1. (*verstijfseld zetmeel*): starch || amidon *m* || Stärke *v*;
2.: *zie* **stijfselpap; -pap:** [starch] paste || colle *v* d'amidon *m* || Stärkekleister *m*;
3. (*linnengoed*): starch || amidon *m* || Stärke *v*; **-en:** to starch || amidonner, empeser || stärken; **-fabriek:** starch manufactory || amidonnerie *v* || Stärkefabrik *v*; **-machine:** stiffening machine || machine *v* à empeser les étoffes *vm* || Stärkemaschine *v*;
4. (*zetmeel, bv. „tarwestijfsel"*): starch || amidon *m* || Stärke *v* [-mehl *o*].

stijg|beugel: stirrup [iron] || étrier *m* || Steigbügel *m*; **-buis:** ascending (rising) tube (pipe), raising main || tube *m* (tuyau *m*) ascendant (montant) || Steig[e]-rohr *o*; *zie ook* **persbuis; spuitkolom; -en:** *zie na* **stijgvermogen; -hoogte, hydrostatische:** hydrostatic (static pressure, water) head || niveau *m* [hydro]statique || Auftreibs-, Wasserdruckhöhe *v*; **-ing:** *zie onder* **stijgen; -leiding:** ascending (rising) piping (tubing), raising main || tuyauterie *v* (colonne *v*) montante || Steig[e]leitung *v*; *zie ook* **persleiding; -snelheid** (*luchtv.*): rate of climb || vitesse *v* ascentionelle || Steiggeschwindigkeit *v*; **-trechter** (*gieterij*): riser, rising head || entonnoir *m* de coulée *v* || Steigtrichter *m*; **-vermogen** (*luchtv.*): climbing power || puissance *v* d'ascension *v* || Steigfähigkeit *v*.

stij|gen: 1. (*in de hoogte lopen*): to rise, to ascend (*pijp*); to mount (*weg*) || s'élever; monter (*weg*; *pijp*) || [an]steigen; **-ging:** rise, rising; up grade rise (*weg*) || montée *v*, ascension *v*; rampe *v*, montée *v* (*weg*); pas *m* (*schroefdraad*) || [An]steigung *v*; Steigung *v* (*weg*; *schroefdraad*);
2. (*hoger worden, bv. v. water, temp., prijs*): to rise (*water*; *temp.*; *prijs*); to increase (*temp.*); to go up, to advance (*prijs*) || monter (*water*; *temp.*); croître (*water*); augmenter, hausser, s'enlever (*prijs*) || steigen, wachsen, zunehmen; **-ging:** rise, rising; advance (*prijs*) || montée *v*; crue *v* (*water*); augmentation *v*, hausse *v* (*prijs*) || Steigung *v*, Steigen *o*;
3. (*luchtv.*): to rise, to ascend, to climb || monter (s'élever) [dans l'air *m*] || steigen.

stijl: 1. *zie* **bouwstijl; -, Byzantijnse:** byzantine style || style *m* byzantin || byzantinischer Stil *m*; **-, Gotische:** gothic style || style *m* gothique || gotischer Stil *m*; **-, Moorse:** moorish style || style *m* moresque || maurischer Stil *m*; **-, Romaanse:** romanesque style || style *m* roman || romanischer Stil *m*; **-, Romeinse:** roman style || style *m* romain || römischer Stil *m*;
2.: *zie* **staander; steun; stut; -vakwerk:** vertical trussing || poutre *v* en N *m* || Ständerfachwerk *o*;
3. (*mijnb.*): (*algem.*): prop, stay, upright, studdle, punch, stull || étai *m*, étançon *m*, chandelle *v*, butte *v* || Stempel *m*, Abgestemme *o*; (*ondersteuningsonderdeel*): leg, post || montant *m* || Stempel *m*, Bein *o*, Türstock *m*; **-, holle:** tubular prop (stay) || étai *m* (étançon *m*) tubulaire || Rohrstempel *m*, -strebe *v*; **-, ge-**

knikte: collapsed prop (stay) || étai *m* (étançon *m*) flambé || geknickter Stempel *m*; **-, meegevende:** yielding prop (stay) || étai *m* (étançon *m*) élastique (coulissant) || nachgiebiger Stempel *m*; **-, stijve:** rigid prop (stay) || étai *m* (étançon *m*) rigide || starrer Stempel *m*; **-entrekker:** prop [with]drawer; sylvester || arrache-étais *m*, sylvèstre *m* || Stempelrauber *m*;
4. (*deur*): jamb, post || jambage *m*, montant *m* || Ständer *m*;
5. (*leuning*): baluster || balustre *m* || Geländerdocke *v*;
6. (*raam*): column, upright, standard || montant *m* de cadre *m* || Pfosten *m*.
stijven (*linnengoed*): to starch, to size || amidonner || schlichten, stärken.
styrax: *zie* **amber 3.**
sty|rol*: *zie* **styreen; -reen (ethenylbenzeen, fenyletheen):** styrene || styrène *m* || (Styren *o*), Styrol *o*; **-reenhars:** **styrene resin** || résine *v* de styrène *m* || Styrolharz *o*.
subli|maat: [corrosive] sublimate || sublimé *m* [corrosif] || Sublimat *o*; *zie ook* **mercurichloride; -meeroven:** sublimation furnace || fourneau *m* de sublimation *v* || Sublimierofen *m*; sublimieren; **-mering:** sublimation || sublimation *v* || Sublimation *v*, Sublimierung *v*; **-meringswarmte:** heat of sublimation || chaleur *v* de sublimation *v* || Sublimationswärme *v*.
sub|oxyde: suboxide || sous-oxyde *m* || Suboxyd *o*; **-stitueren** (*door*; *voor*): to substitute (*by*; *for*) to replace (*by*; -) || **substituer** (*par*; *à*), remplacer (*par*; -) || **substituieren** (*durch*); ersetzen (*von*, *durch*; -); **-stituent:** substituent || substituant *m* || Substituent *m*; **-stitutie:** **substitution** || substitution *v*, remplacement *m* || Substitution *v*, Ersatz *m*; **-stitutiemethode:** substitution method || méthode *v* de substitution *v* || Substitutionsmethode *v*, -verfahren *o*; **-tangens:** subtangent || soustangente *v* || Subtangente *v*.
suiker: 1. (*chem.*): sugar || sucre *m* || Zucker *m*; *zie ook* **koolhydraat; polysaccharide; saccharide;**
2. (*saccharose*): sugar, sucrose || sucre *m* || Zucker *m*; *zie ook* **beetwortelsuiker; rietsuiker; saccharose; -, bruine:** brown moist sugar || cassonade *v* || brauner Baster[n] *m*, Kassonade *v*; **-, gekristalliseerde:** crystallized sugar || sucre *m* cristallisé || kristallisierter Zucker *m*, Kristallzucker *m*; **-, geraffineerde:** refined sugar || sucre *m* raffiné || raffinierter Zucker *m*, Raffinade *v*; **-, ruwe:** raw sugar || sucre *m* brut (de premier jet *m*) || Rohzucker *m*; **-accijns:** sugar-duty || impôt *m* sur le sucre *m* || Zuckersteuer *v*, -zoll *m*; **-achtig:** sugary, sugarlike || saccharin || zuckerartig; **-ahorn:** sugar-maple || érable *m* à sucre *m* || Zuckerahorn *m*; **-bakker:** confectioner || confiseur *m* || Zuckerbäcker *m*; **-bakkerij:** confectionery || confiserie *v* || Zuckerbäckerei *v*; **-biet:** *zie* **beetwortel; -brood:** sugar-loaf || pain *m* de sucre *m* || Zuckerhut *m*, -brot *o*; **-campagne:** working-season [of a sugar-factory] || campagne *v* sucrière || Zucker[fabriks]kampagne *v*; **-cultuur:** sugar cultivation || culture *v* sucrière (de la canne *v* à sucre *m*) || Zuckerkultur *v*, -bau *m*; **-fabriek:** sugar factory, sugar-mill || sucrerie *v*, usine *v* (fabrique *v*) à sucre *m*, usine *v* sucrière || Zuckerfabrik *v*; **-fabrikant:** manufacturer of sugar || fabricant *m* de sucre *m*, sucrier *m* || Zuckerfabrikant *m*; **-gehalte:** sugar content || teneur *v* en sucre *m* || Zuckergehalt *m*; **-goed:** confectionery, sweet-meats || sucreries *vm* || Zucker[back]werk *o*; **-houdend:** sugar containing, sacchariferous || saccharifère || zuckerhaltig; **-industrie:** *zie* **suikernijverheid; -klontjes:** cube sugar || sucre *m* en morceaux *mm* || Würfelzucker *m*, Zucker *m* in Stücken *om*; **-kristal:** sugar crystal || cristal *m* de sucre *m* || Zuckerkristall *m*; **-nijverheid:** sugar industry || industrie *v* sucrière, sucrerie *v* || Zuckerindustrie *v*; **-plantage:** sugar-plantation || plantation *v* de sucre *m* (sucrière), exploitation *v* cannière || Zuckerplantage *v* -pflanzung *v*; **-produktie:** sugar output || production *v* sucrière || Zuckererzeugung *v*, -produktion *v*; **-raffinaderij:** sugar-refinery || raffinerie *v* [de sucre *m*], sucrerie *v* || Zuckerraffinerie *v*; **-riet:** sugar-cane || canne *v* à sucre *m* || Zuckerrohr *o*; **-sap:** sugar juice || jus *m* de sucre *m*, jus *m* sucré || Zuckersaft *m*; **-school:** sugar school || école *v* pour sucriers *mm* || [Ausbildungs]schule *v* für Zuckertechniker *mm*; **-stroop:** sugar syrop; molasses || sirop *m* de sucre *m*; mélasse *v* || Zuckersirup *m*; Melasse *v*; **-surrogaat:** *zie* **suikervervangingsmiddel; -syndicaat:** syndicate (pool, trust) of sugar manufactures || syndicat *m* des sucriers *mm* || Kartell *o* (Ring *m*, Syndikat *o*) der Zuckerfabrikanten *mm*; **-vervangingsmiddel:** sugar substitute || succédané *m* du sucre *m* || Zuckerersatz *m*; **-water:** sugar-and-water || eau *v* sucrée || Zuckerwasser *o*; **-werk:** sweet[meats], confectionery || sucreries *mm*, confiseries *vm* || Zuckerzeug *o*, Konfekt *o*.
sulfaat: sulfate || sulfate *m* || Sulfat *o*; **-afvalloog:** waste sulfate liquor || lessive *v* epuisée du procédé *m* au sulfate *m* ||

Sulfatablauge *v*, Schwarzlauge *v*; **-cellulose:** sulfate cellulose || cellulose *v* au sulfate *m* || Sulfatzellstoff *m*, -cellulose *v*; **-loog:** sulfate liquor || lessive *v* de sulfate *m* || Sulfatlauge *v*; **-proces:** sulfate process || procédé *m* au sulfate *m* || Sulfatverfahren *o*.

sul|fanilzuur(amino-1 benzeensulfonzuur-4): sulfanilic acid || acide *m* sulfanilique || Sulfanilsäure *v*; **-fateren:** to sulfate || sulfater || sulfatieren; **-fide:** sulfide || sulfure *m* || Sulfid *o*.

sulfiet: sulfite || sulfite *m* || Sulfit *o*; **-afvalloog:** waste sulfite liquor || lessive *v* épuisée du procédé *m* au bisulfite *m* || Sulfitablauge *v*; **-cellulose:** sulfite cellulose || cellulose *v* au bisulfite *m* || Sulfitzellstoff *m*, -cellulose *v*; **-loog:** sulfite liquor || lessive *v* de bisulfite *m* || Sulfitlauge *v*; **-proces:** sulfite process || procédé *m* au bisulfite *m* || Sulfitverfahren *o*.

sul|fonaat: sulfonate || sulfonate *m* || Sulfonat *o*; **-fonamide:** sulfonamide || sulfonamide *m* || Sulfonamid *o*; **-foneren:** to sulfonate || sulfoner || sulfonieren; **-fonering:** sulfonation || sulfonation *v* || Sulfonierung *v*; **-fonzuur:** sulfonic acid || acide *m* sulfonique || Sulfosäure *v*; **-fuur:** sulfide [1]) || protosulfure *m*, sulfure [1]) *m* || Sulfür *o*, Sulfid [1]) *o*.

super|fantoom: double (super) phantom circuit || circuit *m* fantôme double (superfantôme) || Achterkreis *m*; **-heterodyne-ontvanger:** superheterodyne receiver || [récepteur *m*] superhétérodyne *m* || Superheterodynempfänger *m*, Empfänger *m* mit Wellentransformation *v*; **-heterodyne-ontvangst:** superheterodyne reception || réception *v* superhétérodyne || Superheterodynempfang *m*, Empfang *m* mit Wellentransformation *v*; **-heterodyne-schakeling:** superheterodyne connection || montage *m* superhétérodyne || Superheterodynschaltung *v*; **-oxyde:** peroxide || [su]peroxyde *m* || [Su]peroxyd *o*; **-positie:** superposition || superposition *v* || Superposition *v*; **-terugkoppeling:** superretroaction || superréaction *v* || Pendelrückkopplung *v*; **-sonisch:** *zie* **suprageluids-**.

supplement (*hoek*): supplement || supplément *m* || Supplement *o*.

support (*gereedsch.mach.*): *zie* **slede 2**; **-draaibank:** slide lathe || tour *m* à chariot *m* sur (à) support *m* || Supportdrehbank *v*.

suprageleid|baarheid: supraconductivity || superconductibilité *v* || Überleitfähigkeit *v*; **-ingsvermogen:** *zie* **suprageleidbaarheid.**

supra|geluid: supersonics, ultrasonics || ultra-son *m* || Überschall *m*; **-geluids-:** supersonic || ultra-sonore || Überschall-; **-paars:** *zie* **supraviolet**; **-violet:** ultraviolet || ultraviolet(*te*) || ultraviolett.

surrogaat: substitute, surrogate || substitut *m*, succédané *m* || Ersatz *m* [-mittel *o*], Surrogat *o*.

suscep|tans: susceptance || susceptance *v* || Suszeptanz *v*; **-tibiliteit:** susceptibility || susceptibilité *v* || Suszeptibilität *v*, magnetische Aufnahmefähigkeit *v*; **-tibiliteit, magnetische:** magnetic susceptibility || susceptibilité *v* magnétique || || magnetische Suszeptibilität *v*.

suspen|deermiddel: dispersing agent || agent *m* dispersif || Aufschwemmungs-, Suspensionsmittel *o*; *zie ook* **dispergeermiddel; emulgator; -deren:** to suspend || mettre en suspension *v* || aufschwemmen, suspendieren; *zie ook* **dispergeren 2; emulgeren; -sie:** suspension || suspension *v* || Aufschwemmung *v*, Suspension *v*; **- in water:** aqueous suspension || suspension *v* dans l'eau *v* || wässrige Aufschwemmung *v*; **-, labiele** (*stabiele*)**:** (*un*)stable suspension || suspension *v* (*in*)stable || (*un*)stabile Aufschwemmung *v*.

swan|fitting: *zie* **bajonetlamphouder** (Swan socket (holder); douille *v* Swan; Swanfassung *v*); **-voet:** *zie* **bajonetvoet** (Swan cap; culot *m* Swan; Swanfuß *m*).

syeniet: syenite || syénite *v* || Syenit *m*; **-graniet:** syenite granite || granite *v* syénitique || Syenitgranit *m*; **-porfier:** syenite porphyry || porphyre *m* syénitique || Syenitphorphyr *m*.

syl|vaniet: sylvanite || sylvane *m* || Schrift-, Weißgolderz *o*; **-vester:** *zie* **stijlentrekker; -vien:** sylvine || sylvine *v* || Sylvin *m*; **-viniet:** sylvinite || sylvinite *v* || Sylvinit *m*.

symme|trie: symmetry || symétrie *v* || Symmetrie *v*; **-trisch:** symmetrical || symétrique || symmetrisch.

synchro|cyclotron: synchrocyclotron || synchrocyclotron *m* || Synchrozyklotron *o*; **-nisatie:** synchronisation || synchronisation *v* || Synchronisierung *v*; **-nisator:** synchroniser, phase indicator || indicateur *m* de phase *v*, synchroniseur *m* || Phaseanzeiger *m*, Synchronisierapparat *m*; **-niseren:** to synchronise || synchroniser || synchronisieren; **-niserend vermogen:** synchronising power || puissance *v* synchronisante || synchronisierende Leistung *v*; **-nisme:** synchronism || synchronisme *m* || Synchronismus *m*; **-noskoop:** synchronoscope || synchronoscope *m* || Synchronoskop *o*.

---

[1]) Voor het gebruik van deze vorm geldt hetzelfde als voor *chloruur*, zie de noot aldaar.

synchroon: synchronous || synchrone || synchron, gleichzeitig; **- beginnen te lopen:** to come into step || s'accrocher, se mettre en phase *v* || in Tritt *m* kommen; **- lopen:** to run synchronous || marcher synchrone || synchron laufen; **- roterende vonkbaan** (*vonkbrug*)**:** synchronous spark gap || éclateur *m* synchrone || synchron rotierende Funkenstrecke *v*.

synchrotron: synchrotron || synchrotron *m* || Synchrotron *o*.

syn|klinale: syncline, downfold, trough || auge *v*, synclinale *v*, pli *m* synclinal || Synklinale *v*, Synklinalfalte *v*, Mulde *v*.

syn|these: synthesis || synthèse *v* || Synthese *v*; **-thetisch:** synthetic || synthétique || synthetisch; **-toniseerlamp:** *zie* **afstemlamp.**

syphon: *zie* **sifon.**

systeem: *zie* **stelsel.**

T

taai: tough, tenacious; viscous (*vloeistof*) || tenace; visqueux (*vloeistof*) || zäh; viskos (*vloeistof*); **-heid:** tenacity, toughness; viscosity (*vloeistof*) || ténacité *v*; viscosité *v* (*vloeistof*) || Zähigkeit *v*; Viskosität *v* (*vloeistof*); **-vloeiend:** *zie* **dikvloeibaar** *en* **viskeus.**

taan: tan || tan *m* || Lohe *v*; **-der:** tanner || tanneur *m* || Lohgerber *m*; **-derij:** tannery, tan yard || tannerie *v* || Lohgerberei *v*; **-ketel:** tan kettle (vat) || chaudière *v* à tan *m* || Lohkessel *m*; **-kleurig:** tawny, tan coloured || couleur *v* de tan *m* || lohbraun.

taats: pivot, footstep || pivot *m* || Spur-, Stutzzapfen *m*; **-plaat:** bearing disc, step, thrust bearing || grain *m* || Spurplatte *v*, -pfanne *v*; **-pot:** [foot]step bearing || palier *m* de butée *v*, crapaudine *v* || Fuß-, Spur-, Stutzlager *o*; **-pot m. kogels:** ball collar thrust bearing || crapaudine *v* à billes *vm* || Kugelspurlager *o*; **-pot m. ring:** collar step bearing || crapaudine *v* annulaire || Ringspurlager *o*; **-ring:** collar step || anneau *m* de fond *m* || Spurring *m*; **-tap, ringvormige:** hollow journal (pivot) || pivot *m* annulaire || Ringzapfen *m*; **-tap, volle:** vertical (pivot) journal || pivot *m* || Spur-, Stützzapfen *m*; **-steen:** *zie* **schroef m. taatssteen.**

tabaks|eest: tobacco kiln (drying shed) || fourneau *m* à sécher le tabac *m* || Tabak[s]darre *v*; **-fabriek:** tobacco manufactory || fabrique *v* de tabac *m* || Tabak[s]fabrik *v*; **-kerver:** tobacco carver (cutter) || coupeur *m* de tabac *m* || Tabak[s]schneider *m*; **-olie:** tobacco oil || huile *v* de tabac *m* || Tabak[s]öl *o*; **-spinner:** tobacco dresser (twister) || fileur *m* de tabac *m* || Tabak[s]spinner *m*; **-spinnerij:** tobacco dressing shop || filerie *v* de tabac *m* || Tabak[s]spinnerei *v*.

tabel: tabulation, table; register, index, list || tabulation *v*, table *v*, tableau *m*; registre *m* || Tabelle *v*; Register *o*; **-larisch:** tabular, tabulated || tabellaire || tabellarisch.

tablet: tablet; tabloid (*geneesmiddel, enz.*) || tablette *v* || Tablette *v*, Tafel *v*.

tabijn: [cotton] tabby || tabis *m*, cotonnade *v* moirée || Tabin *m*, Moiriertes *o*, gewässerter Kattun *m* (-tes Zeug *o*); **-, zijden:** tabbinet, tabby || tabis *m* demi-soie || Tabin *m*.

tacho|graaf: tachograph, recording tachometer || tachygraphe *m*, tachymètre *m* enregistreur || Tachograph *m*, registrierendes Tachometer *o*, *m*; **-meter:** tachometer || tachymètre *m* || Tachometer *o*, *m*.

taf[fetas]: taffeta, taffety || taffetas *m* || Taf[fe]t *m*; **-, Florentijnse:** Florence taffeta || florentine *v* || Florentiner Taft *m*; **-, gewast:** waxed taffeta || taffetas *m* ciré || Wachstaffet *m*; **-, gewaterd:** tabby || tabis *m* || Tabin *m*; **-lint:** taffeta ribbon || ruban *m* [de] taffetas *m* || Taffetband *o*; **-papier:** satin paper || papier *m* lissé || geglättetes Papier *o*, Taftpapier *o*.

tafel: 1. (*algem.*): table || table *v* || Tisch *m*;
2. *zie* **tabel;** *zie ook* **getijtafel; logaritmentafel;**
3. (*wasinr.*) (*mijnb.*): concentrating table, hearth || table *v* || Herd *m*; **-, pneumatische:** pneumatic table || table *v* [d'épuration *v*] pneumatique || Luftherd *m*; **-, ronde:** *zie* **kegeltafel.**

tafel|blad: table top || dessus *m* de table *v* || Tischblatt *o*, -platte *v*; **-breedte** (*wolind.*)**:** table width || tablée *v* || Tischbreite *v*; **-contact:** table push || contact *m* de table *v* || Tischkontakt *m*; **-diamant:** table diamond || diamant *m* en table *v* || Tafelstein *m*; **-inktgeving:** table-distribution || encrage *m* à table *v* plate, coloration *v* en table *v* || Tischfärbung *v*; **-lamp:** table lamp || lampe *v* de table *v* || Tischlampe *v*; **-linnen:** table linen (cloth) || linge *v* de table *v* || Tischleinen *o*, **-zeug** *o*; **-schaafbank:** table planing machine || raboteuse *v* à table *v* mobile, machine *v* à raboter à table *v* mobile || Tischhobelmaschine *v*; **-schaar:** plate shears fixed on the table, bookbinders-shears || cisoir *m*, cisaille *v* à balancier *m* || Tafelschere *v*; **-schel:** table bell || sonnerie *v* de table *v* || Tischklingel *v*; **-toestel** (*telef.*)**:** desk (table) telephone || appareil *m* de table *v* (portatif) || Tischapparat *m*.

tak (*ook*: *vertakking*)**:** branch || branche *v* || Ast *m*, Zweig *m*; **-bout:** *zie* **hakkelbout; -hout:** branch timber || bois *m* des branches *vm* || Astholz *o*.

takel: tackle, pulley block || palan *m*, moufle *v* || Flaschen-, Rollenzug *m*, Takel *o*, Talje *v*; **-, lopend gedeelte v. e.:** running part of a tackle || courant *m* d'un palan *m* || laufender Part *m* eines Takels; **-, onderste blok v. e.:** *zie* **blok; -aar:** rigger || gréeur *m* || Takler *m*; **-age:** rigging, tackle, cordage || gréement *m* || Takelage *v*; **-blok:** [tackle] block || poulie *v* de palan *m* || Takel-, Taljenblock *m*; **-en:** to rig (*e. schip*); to hoist [up] (*goederen*) || gréer || takeln; **-garen:** rope yarn, whipping thread || fil *m* de caret *m* (de surliure *v*) || Takel-, Kabelgarn *o*; **-haak:** tackle hook || croc *m* de palan *m* || Takelhaken *m*.

talie: *zie* **takel; -loper:** tackle (purchase) fall || garant *m* de palan *m* || Taljeläufer *m*.

talk: 1. (*vet*)**:** tallow || suif *m* || Talg *m*; **-kaars:** tallow candle || chandelle *v* de suif *m* || Talgkerze *v*; **-ketel:** tallow kettle || chaudron *m* à suif *m* || Talgkessel *m*; **-pot:** tallow cup || godet *m* à suif *m* || Talgnapf *m*; **-spaan:** tallow spade || bêche *v* à suif *m* || Talgspaten *m*; **-zeep:** tallow soap || savon *m* de suif *m* || Talgseife *v*;
2. (*delfstof*)**:** talc[um] || talc *m* || Talk *m*; **-aarde:** *zie* **magnesia; -gneis:** talcose (talcous) gneiss || gneis *m* talqueux || Talkgneis *m*; **-schist:** talc schist || schiste *m* talqueux || Talkschiefer *m*; **-steen:** talc stone || pierre *v* talqueuse || Talkstein *m*.

talon (*bouwk.*)**:** cyma reversa, ogee || cymaise *v* lesbienne || Kehlleiste *v*.

ta|lud (*ook*: *terrein*)**:** *zie* **glooiing; -lud, natuurlijk:** natural slope || talus *m* naturel || natürliche Böschung *m*; **-lus:** *zie* **talud.**

tamboer (*koepel*)**:** tholobate || tambour *m* de dôme *m*, tholobate *m* || Kupeluntersatz *m*, Tambur *m*.

tamp (*scheepst.*)**:** ratlin[e], ropes end || bout *m* de corde *v* (d'une manoeuvre *v*) || Tamp *m*.

tampon: 1. (*algem.*)**:** tampon, plug || tampon *m* || Tampon *v*;
2. (*typogr.*)**:** dabber || poupée *v* || Filzwalze *v*.

tand: 1. (*wiel*; *werktuig*; *enz.*)**:** tooth [1]); cog || dent *v* || Zahn *m*; **-, geschaafde:** cut (planed) tooth || dent *v* rabotée || gehobelter (geschnittener) Zahn *m*; **-, geschrankte:** double tooth || dent *v* qui a de la voie *v* || geschränkter Zahn *m*; **-, gesneden:** *zie* **tand, geschaafde; -, houten:** cog || dent *v* de bois *m* || Kamm *m*; **-, ruw gegoten:** rough (cast) tooth || dent *v* brute de fonte *v* || roh gegossener Zahn *m*; **-afmetingen:** dimensions of teeth || dimensions *vm* des dents *vm* || Zahnabmessungen *vm*; **-anker:** toothed ring armature || induit *m* à dents *vm* || Zahnanker *m*; **-diepte:** depth of tooth, [total] length of tooth || hauteur *v* (longueur *v*) de la dent *v* || Zahnhöhe *v*, -länge *v*, -tiefe *v*; **-dikte:** thickness at root of tooth || épaisseur *v* de la dent *v* || Zahnstärke *v*; **-druk, specifieke:** specific pressure at pitch line || pression *v* unitaire sur la dent *v* || spezifischer Zahnendruck *m*; **-enstang:** *zie* **tandheugel; -flank:** face (flank) of tooth || face *v* (flanc *m*) de la dent *v* || Zahnflanke *v*; **-heugel:** [gear] rack || crémaillère *v* || Zahnstange, gezahnte Stange *v*; **-holte:** space between teeth, tooth space || vide *m* entre les (creux *m* des) dents *vm* || Zahnlücke *v*; **-hoogte:** *zie* **tanddiepte; -ingrijping:** engagement (mesh) of tooth || engrènement *m* de la dent *v* || Zahneingriff *m*; **-kop:** top (face) of a tooth; addendum of tooth (*Am.*) || saillie *v* (tête *v*) de la dent *v* || Zahnkopf *m*, -krone *v*; **-koppeling:** *zie* **klauwkoppeling; -krans:** rim of gear wheel || couronne *v* dentée || Zahnkranz *m*; **-las:** hook scarf || écart *m* à dent *v* || Hakenlasche *v*; **-mal:** tooth gauge || trusquin *m* à dents *vm* || Zahnlehre *v*; **-profiel:** tooth outline (profile) || profil *m* de la dent *v* || Zahnprofil *o*; **-punt:** tooth point || point *m* de la dent *v* || Zahnspitze *v*; **-rad:** *zie* **tandwiel; -radpomp:** gear pump || pompe *v* à engrenage *m* || Zahnradpumpe *v*; **-radspoorweg:** rack railway || chemin *m* de fer *m* à crémaillère *v* || Zahnradbahn *v*; **-reel:** cogged rail || rail *m* crémaillère || Zahnschiene *v*; **-reep:** *zie* **tandheugel; -schaaf:** toothing plane || rabot *m* à dents *vm* || Zahnhobel *m*; **-stang:** *zie* **tandheugel; -stangaandrijving:** rack and pinion drive

---

1) Mrv.: *teeth.*

|| commande *v* par crémaillère *v* || Zahnstangenantrieb *m*; **-stangdrijfwerk:** toothed rack and pinion || engrenage *m* à crémaillère *v* || Zahnstangengetriebe *o*; **-steek:** circular pitch || pas *m* circulaire || Zahnteilung *v*; **-voet:** root of the tooth || pied *m* (base *v*) de la dent *v* || Zahnwurzel *v*, -fuß *m*; **-vorm:** *zie* **tandprofiel; -vormig:** tooth-shaped || en forme *v* de dent *v*, dentiforme || zahnförmig; **-wiel:** *zie na* **tand 2; -ijzer:** indented chisel, claw tool || ciseau *m* à dents *vm* || Zahneisen *o*;

2. (*vork*): prong, tine || dent *v* || Zinke *v*.

tandwiel: toothed wheel || roue *v* dentée (d'engrenage *m*) || Zahnrad *o*; **-, in- en uitzetbaar:** *zie* **tandwiel, verschuifbaar; - m. hoektanden:** *zie* **tandwiel m. pijltanden; - m. inwendige vertanding:** internal toothed wheel || roue *v* dentée intérieurement (à denture *v* intérieure) || Rad *o* mit Innenverzahnung *v* (innerer Verzahnung *v*); **- m. pijltanden (V-tanden):** herringbone wheel || roue *v* à denture *v* à chevrons *mm* || Winkelzahn-, Pfeilrad *o*; **- v. d. achteruit** (*auto*)**:** reverse pinion || pignon *m* de marche *v* arrière || Rücklaufrad *o*, Zahnrad *o* für Rücklauf *m*; **- v. d. oliepomp** (*auto*)**:** pinion for oilpump || pignon *m* pour pompe *v* à huile *v* || Zahnkolben *m* für Ölpumpe *v*; **- voor achteruit, dubbel** (*auto*)**:** double reverse pinion || groupe *m* de marche *v* arrière || doppeltes Zahnrad *o* für Rückwärtsgang *m*; **-, conisch:** *zie* **tandwiel, kegelvormig; -, in- en uitzetbaar:** *zie* **tandwiel, verschuifbaar; -, kegelvormig:** bevel gear wheel || roue *v* [dentée] conique || Kegel[zahn]rad *o*; **-, klein:** *zie* **rondsel; -, recht:** spur gear [wheel], cylindrical wheel || roue *v* droite (cylindrique) || Stirnrad *o*; **-, steeds ingrijpend:** wheel in constant mesh || roue *v* dentée en prise *v* constante || Zahnrad *o* im konstanten (ständigen) Eingriff *m*; **-, vast:** stationary pinion (tooth wheel) || engrenage *m* en prise *v* || Zahnrad *o* im ständigen Eingriff *m*; **-, verschuifbaar:** sliding spur wheel (gear) || pignon *m* mobile (baladeur), roue *v* dentée baladeuse || ein- und ausrückbares Zahnrad *o*, Schieberad *o*; **-aandrijving:** tooth gear drive || commande *v* par engrenages *mm* (par roues *vm* dentées) || Zahnradantrieb *m*; **-collector:** bar commutator || collecteur-lanterne *m* || Zahnradkollektor *m*; **-drijfwerk:** toothed gearing, tooth gear || transmission *v* par [train *m* d']engrenage *m* || Zahnradgetriebe *o*; **-en, conische:** *zie* **drijfwerk, conisch; -en, stel:** shaft with wheel gearing || renvoi *m* à engrenage *m* || Zahnradvorgelege *o*; **-en, stel vlakke:** spur gear transmission (system) || engrenage *m* cylindrique || Stirnradgetriebe *o*; **-en, verstelbare:** shift gear wheels || train *m* baladeur || verschiebbare Zahnräder *om*; **-frees:** cutter for gear wheels, wheel (gear) cutter || fraise *v* à engrenages *mm* || Zahnprofil-, Zahnrad-, Räderfräser *m*; **-freesmachine:** gear cutting machine || machine *v* à fraiser les engrenages *mm* || Zahnräderfräsmaschine *v*; **-kast:** toothed wheel box, gear case || boîte *v* d'engrenages *mm* || Zahnradkasten *m*; **-olie:** gear oil || huile *v* pour engrenages *mm* || Getriebeöl *o*; **-onderbreker** (*elektr.*)**:** toothed wheel circuit breaker || interrupteur *m* à roue *v* dentée || Zahnradunterbrecher *m*; **-overbrenging:** [toothed] gearing || engrenage *m* || Zahnradgetriebe *o*; **-overbrenging m. inwendige vertanding:** internal gear; annular gear and pinion (*Am.*) || engrenage *m* à denture *v* intérieure || Getriebe *o* mit Innenverzahnung *v*; **-overbrenging, door riemen gedreven:** strapped wheel work || rouage *m* à courroie *v* || Riemenräderwerk *o*; **-overbrenging, haakse:** mitre wheel gearing, right angle bevel gear system, mitre gear || engrenage *m* d'équerre *v* (d'angle *m*) || Winkelgetriebe *o*, -trieb *m*; **-overbrenging, verstelbare:** change spur gearing || engrenages *mm* à changement *m* de vitesse *v* || Zahnräderwechselgetriebe *o*; **-schaafmachine:** gear cutting machine || machine *v* à raboter les engrenages *mm* || Zahnradhobelmaschine *v*; **-vormmachine:** gear wheel moulding machine || machine *v* à mouler les roues *vm* dentées || Zahnräderformmaschine *v*.

tanen (*zeilen*)**:** to tan || tanner || bräunen, gerben.

tang: [pair of] tongs, pliers, clasp || tenaille *v*, pince *v* || Zange *v*; **-, geïsoleerde:** insulated pliers || pince *v* isolante || isolierte Zange *v*.

tangens: tangent || tangente *v* || Tangente *v*; Berührungslinie *v*.

tangenten|boussole: tangent galvanometer || boussole *v* des tangentes *vm* || Tangentenbussole *v*; **-fasemeter:** tangent phasemeter || phasemètre *m* des tangentes *vm* || Tangentenphasometer *o*, *m*.

tangentiaal: tangential(*ly*) || tangentiel(*lement*) || tangential, Tangential-; **-krachtdiagram:** tangentiel pressure diagram || diagramme *m* de force *v* tangentielle || Tangentialdruckdiagramm *o*.

tank: *zie* **tenk.**

tan|nien: tannic acid, tannin || acide *m* tannique, tannin *m* || Gerbsäure *v*, Tannin *o*; **-nine*:** *zie* **tannien.**

T-anker, dubbel (I-anker, siemensanker):

shuttle (H-, Siemens-) armature || induit *m* (armature *v*) de Siemens (en double T *m*) || Doppel-T-Anker *m*, Siemensanker *m*.

tan|taal: tantalum || tantale *m* || Tantal *o*; **-taliet:** tantalite || tantalite *v* || Tantalit *m*; **-talium:** *zie* **tantaal.**

tap: 1. (*algem.*): journal, gudgeon || tourillon *m* || Zapfen *m*; **-, bolle:** ball (spherical) journal || tourillon *m* sphérique || Kugelzapfen *m*; **-, bolvormige:** *zie* **tap, bolle; -, conische:** conical journal || tourillon *m* conique || konischer Zapfen *m*; **-, gaffelvormige:** forked journal || tourillon *m* à fourchette *v* || Gabelzapfen *m*; **-, gevorkte:** forked journal || tourillon *m* à fourchette *v* || Gabelzapfen *m*; **-, ingelopen:** journal which has settled in its place, worn in journal || tourillon *m* rodé || eingelaufener Zapfen *m*;
2. (*elektr. meetinstr.*): pivot || pivot *m* || Spitze *v*, Zapfen *m*;
3. (*v. h. snijden v. draad*): [screw] tap || taraud *m* || Gewinde-, Schraubenbohrer *m*.

tap|boor: pin drill || tarière *v* || Zapfenbohrer *m*; **-bout:** tap bolt, cap screw || vis *v* à tête *v* || Kopfschraube *v*; **-druk:** journal pressure || pression *v* sur le tourillon *m* || Zapfendruck *m*; **-eind:** stud [bolt] || goujon *m*, prisonnier *m* || Stiftschraube *v*, Stehbolzen *m*; **-frees:** fluting cutter for taps || fraise *v* à tailler les rainures *vm* de tarauds *mm* || Gewindebohrernutenfräser *m*; **-gat:** mortise || mortaise *v* || Zapfenloch *o*; **-pan:** *zie* **taatspot; -pen** (*v. draad*)**:** to tap || tarauder || Gewinde *o* schneiden; **-penkruishout** (*timmerger.*)**:** mortise gauge || trusquin *m* d'assemblage *m* || Zapfenstreichmaß *o*.

tapioka: tapioca || tapioca *m* || Tapioka *v*.

taps: tapering, conical(*ly*) || conique || konisch; **-heid v. e. wig:** taper of a wedge || serrage *m* d'un coin *m* || Anzug *m* (Steigung *v*) eines Keils *m*.

taptemelk: skim[med] milk || lait *m* écrémé || Unter-, Magermilch *v*.

tapijt: carpet || tapis *m* || Teppich *m*; **-, Brussels:** Brussels carpet || moquette *v* || Brüsseler Teppich *m*; **-, Schots:** three ply (triple, Scotch) carpet || tapis *m* écossais (façon *m* d'Ecosse, triple) || dreifacher (schottischer) Teppich *m*; **-behang:** wall tapestry || tapisserie *v* || Wandteppich *m*; **-boom** (*weverij*)**:** carpet beam || ensouple *v* à tapis *m* || Teppichbaum *m*; **-stoel** (*weverij*)**:** carpet loom || métier *m* à tapis *m* || Teppichstuhl *m*.

tarief: tariff, price list, list of charges || tarif *m* || Tarif *m*; **-, afdalend:** diminishing tariff || tarif *m* dégressif || Staffeltarif *m*; **-meter, veelvoudige:** multiple tariff meter || compteur *m* à tarifs *mm* multiples || Mehrfachtarifzähler *m*.

tarlatan (*stof*)**:** tarlatan, tarl[e]ton || tarlatane *m* || Tarlatan *m*.

tarragewicht: tare weight || poids *m* tare || Tarragewicht *o*.

tarwe: wheat || froment *m* || Weizen *m*; **-bloem:** wheat flour || fleur *v* de froment *m* || Weizenkornmehl *o*; **-brood:** white bread || pain *m* de froment *m* || Weizenbrot *o*, Weißbrot *o*; **-korrel:** grain of wheat || grain *m* de froment *m* || Weizenkorn *o*; **-meel:** wheaten flour || farine *v* de froment *m* || Weizenmehl *o*; **-stro:** wheat straw || paille *v* de froment *m* (blanche) || Weizenstroh *o*.

tas: 1. (*tegenpons*): counter punch || contrepoinçon *m*, étampe *v*, tas *m* || Gegenstanze *v*; **- m. hefboom:** lever dolly || [support *m* à lever de] contre-bouterolle *v* || Nietwippe *v*;
2. (*aanbeeld*): anvil stake, stock anvil || tas *m* à queue *v*, tasseau *m* || Amboßstöckel *m*, Schlagstöckchen *o*;
3. (*zak*): [hand] bag, pouch, pocket || sac *m*, sacoche *v* || Tasche *v*;
4. (*hoop*): mow, heap, pile || tas *m*, monceau *m* || Haufen *m*; **-sen:** to heap (to pile) [up] || mettre en tas *m*, entasser || [auf]häufen.

ta|xateur: [official] appraiser, taxer, valuator || estimateur *m*, taxateur *m* || Taxator *m*, [Ab]schätzer *m*; **-xameter:** taximeter || **taximètre** *m* || Taxameter *m*, *o*; **-xatie:** appraisement, appraisal, valuation || taxation *v*, évaluation *v* || Taxation *v*, Abschätzung *v*, Einschätzung *v*, Wertanschlag *m*; **-xeren:** to appraise, to tax, to value || taxer, estimer, évaluer, faire une expertise *v* || taxieren, abschätzen, einschätzen.

taxi: taxi[-cab] || taxi *m*, auto-fiacre *m*, taxi-auto *m*, auto-taxi *m*, taxauto *m* || Autodroschke *v*, Kraftdroschke *v*, Taxi *o*; **-meter:** *zie* **taxameter.**

teakhout: teak [wood] || bois *m* de teck *m* || Teak-, Tiekholz *o*.

tech|nicus: technician, technicist; engineer || technicien *m*; ingénieur *m* || Techniker *m*; Ingenieur *m*; **-netium:** technetium || technetium *m* || Technetium *o*; **-nicum:** technical school (college) || école *v* polytechnique || Technikum *o*; **-niek:** technics, technical science || [science *v*] technique *v* || Technik *v*; **-niker*:** *zie* **technicus; -nisch:** technical(*ly*) || technique(*ment*) || technisch; **-nologie:** technology || technologie *v* || Technologie *v*; **-nologie, chemische (scheikundige):** industrial chemistry || chimie *v* industrielle || chemische Technologie *v*; **-nologie,**

fysische: physical technology || physique *v* industrielle || physikalische Technologie *v*; **-nologie, mechanische:** mechanical technology || technologie *v* mécanique || mechanische Technologie *v*; **-logisch:** technological(*ly*) || technologique || technologisch; **-noloog:** technologist || technologue *m* || Technolog *m*; *zie ook* **ingenieur, scheikundig.**

teeltweefsel: cambium layer || couche *v* génératrice, cambium *m* || Kambium *o.*

teems: temse, sieve, strainer || tamis *m* || Seihe *v*, Sieb *o*; **-en:** to temse || tamiser || seihen.

teen (*twijg*)**:** osier (willow) twig, wicker || verge *v* d'osier *m* || Weidenrute *v*, -zweig *m*; **-wilg:** osier, water willow || osier *m* || Band-, Korb-, Flechtweide *v.*

teer: tar || goudron *m* || Teer *m*; **-afscheider:** tar separator || séparateur *m* de goudron *m* || Teerabscheider *m*; **-afscheiding:** tar separation || dégoudronnage *m* || Entteerung *v*; **-brander:** tar burner || brûleur *m* de goudron *m* || Teerbrenner *m*; **-damp:** tar vapour || vapeur *v* de goudron *m* || Teerdampf *m*; **-destillaat:** tar destillate || distillate *m* de goudron *m* || Teerdestillat *o*; **-destillatie:** tar distillation || distillation *v* du goudron *m* || Teerdestillation *v*; **-houdend:** tarry || goudronneux || teerhaltig; **-koker:** tar boiler || faiseur *m* de goudron *m* || Teersieder *m*; **-kwast:** tar brush || guipon *m* || Teerpinsel *m*; **-laag:** coat[ing] of tar || couche *v* de goudron *m* || Teeranstrich *m*; **-mastiek:** tar mastic || mastic *m* de goudron *m* || Teermastix *m*; **-olie:** tar oil || huile *v* de goudron *m* || Teeröl *o*; **-papier:** tarred paper || papier *m* goudronné || Teerpapier *o*; **-put:** tar pit || fosse *v* à goudron *m* || Teergrube *v*; **-reservoir:** tar tank || réservoir *m* à goudron *m* || Teerbehälter *m*; **-touw:** *zie* **touw, geteerd**; **-vrij:** free from tar || exempt de goudron *m* || teerfrei; **-wagen:** tar tank truck || wagon *m* à goudron *m* || Teerwagen *m*; **-water:** tar water || eau *v* de goudron *m* || Teerwasser *o.*

tegel: tile, flag || carreau *m* || Fliese *v*; **-, hard gebakken:** hard burnt flag || carreau *m* recuit || Hartbrandfliese *v*; **-, marmeren:** marble flag || dalle *v* de marbre *m* || Marmorfliese *v*; **-vloer:** tiled [flag] pavement || pavé *v* de carreaux *mm* || Fliesenfußboden *m.*

tegen: against || contre || gegen; **- de draad:** against the grain || à contre-poil *m* || gegen den Draht *m*; **- de vezel:** across the grain || à contre-fil *m* || quer auf die Faser *v*; **- elkander schakelen:** to connect in opposition || coupler en opposition *v* || gegeneinanderschalten; **-afdruk:** counter proof (impression) || contre-épreuve *v* || Gegenabdruck *m*; **-ampèrewindingen:** back ampere turns || contre-ampère tours *mm*, ampère-tours *mm* antagonistes || Gegenamperewindungen *vm*; **-as:** countershaft || contre-arbre *m* || Gegenwelle *v*; **-beweging:** counter motion || contre-mouvement *m* || Gegenbewegung *v*; **-center** (*draaib.*)**:** dead centre || contre-pointe *v* || Gegen-, Körnerspitze *v*, Reitnagel *m*; **-cilinder:** counter (return) cylinder || contre-cylindre *m* || Gegenzylinder *m*; **-diagonaal:** counter (opposed) diagonal || contre-diagonale *v*, diagonale *v* secondaire || Gegendiagonale *v*, -schräge *v*; **-druk:** reaction; back pressure || réaction *v*; contre-pression *v* || Reaktion *v*, Rückdruck *m*; Gegen-, Vorlagedruck *m*; **-druk v. d. afvoerstoom:** back pressure || pression *v* d'échappement *m* || Auspuff-, Austrittspannung *v*; **-elektromotorisch:** counter electromotive || contre-électromotrice || gegenelektromotorisch; **-fase, in:** in opposition || en opposition *v* || in Gegenphase *v*; **-flens:** flanged branch || contre-bride *v* || Gegenflansch *m*; **-gesteld:** opposite, opposed || opposé, de sens *m* contraire || entgegengesetzt; **-gewicht:** counterweight || contre-poids *m* || Gegengewicht *o*; **-gewichthefboom:** balance weight lever || levier *m* à contre-poids *m* || Gegengewichtshebel *m*; **-gewichtkast:** counterweight box || caisse *v* à contre-poids *m* || Gegengewichtskasten *m*; **-helling:** reverse gradient || contre-pente *v* || Gegenneigung *v*; **-houden** (*bij klinken*)**:** to hold up || maintenir le rivet *m* au moyen *m* de la contre-bouterolle *v* || gegenhalten; **-houder** (*klinken*)**:** holder up, dolly, head cup, stationary rivet die || contre-bouterolle *v*, tas *m* || [Anpreß]stempel *m*, Vorhalter *m*; **-houder m. draad:** screw dolly || turc *m* || Nietwinde *v*; **-houderhefboom:** dolly bar || brimbale *v* de contre-bouterolle *v*, lever *m* porte-tas *m* (contre-bouterolle *v*) || Nietwippe *v*; **-kiel:** *zie* **zaathout**; **-klink:** top and bottom holding || cliquet *m* d'arrêt *m* || Sperrklinke *v*; **-kromming:** reverse curve || contre-courbe *v* || Gegenkrümmung *v*; **-kruk:** return crank || contre-manivelle *v* || Gegenkurbel *v*; **-magnetiseren:** to back magnetise || contre-aimanter || gegenmagnetisieren; **-magnetisering:** back magnetisation || contre-aimentation *v* || Gegenmagnetisierung *v*; **-moer:** *zie* **contramoer**; **-over:** opposite [to] || vis-à-vis de, en face *v* de, face à, opposé || gegenüber; **-overgesteld:** opposed || contraire || entgegengesetzt; **-pons:** *zie* **tas 1**; **-profiel:** counter profile || contre-profil *m*

|| Gegenprofil *o*; **-pijler:** starling || avant-bec *m* || Gegenpfeiler *m*; **-reel:** check (guard) rail || contre-rail *m* || Gegen-, Leit-, Schutz-, Streich-, Zwangschiene *v*; **-schakeling:** back connection || contre-couplage *m*, couplage *m* en opposition *v* || Gegenschaltung *v*; **-schakelingsrotor:** differential wound rotor || rotor *m* à circuit *m* en opposition *v* || Rotor *m* mit Gegenschaltung *v*; **-schoep:** scoop working in a contrary direction || contre-palette *v* || Gegenschaufel *v*; **-slagarm:** underfaller lever || levier *m* de contre-baguette *v* || Gegenwinderhebel *m*; **-spanning:** back-electromotive force || force *v* contre-électromotrice || Gegenspannung *v*; **-spie:** cotter || contre-clavette *v* || Nasen-, Gegen-, Hackenkeil *m*; **-stangdrager:** rack box || porte-crémaillère *m* || Zahnstangenführer *m*; **-stoom:** counter steam || contre-vapeur *v* || Gegendampf *m*; **-stroom:** counterflow, -current || contre-courant *m* || Gegenstrom *m*; **-stroom-condensatie:** counter flow condensation || condensation *v* à contre-courant *m* || Gegenstromkondensation *v*; **-stroom-condensor:** countercurrent condensor || condenseur *m* à contre-courant *m* || Gegenstromkondensator *m*; **-stroom-mengcondensor:** countercurrent mixing condenser || condenseur *m* à mélange *m* à courants *mm* de sens *m* contraires || Mischkondensator *m* mit Gegenstrom *m*; **-stroomrem:** back current brake || frein *m* à contre-courant *m* || Gegenstrombremse *v*; **-stroomschakeling:** back current connection || connexion *v* en contre-courant *m* || Gegenstromschaltung *v*; **-stroomturbine:** turbine with nozzles and blades rotating in opposite directions || turbine *v* à mouvements *mm* contraires (opposés) || gegenläufige Turbine, Gegenlaufturbine *v*; **-veer:** *zie* **contraveer; -vergift:** counter-poison, antidote || contre-poison *m* || Gegengift *o*; **-werkend:** antagonistic || antagoniste || gegenwirkend; **-werking:** *zie* **reactie; -wicht:** counterpoise, counterweight || contre-poids *m* || Gegengewicht *o*; **-wind:** head (contrary) wind || vent *m* contraire || Gegenwind *m*; **-winder** (*katoennijverh.*)**:** counter faller || contre-baguette *v* || Gegenwinder *m*; **-winding:** back turn || contre-tour *m* || Gegenwindung *v*; **-zuiger:** counter piston || contre-piston *m* || Gegenkolben *m*.

teken: sign (*algem.*); signal (*sein*); mark (*merk*) || signe *m* (*algem.*); signal *m* (*sein*); marque *v* (*merk*); indice *m*, caractère *m* (*kenteken*) || Zeichen *o* (*algem.*); Signal *o* (*sein*); Merkmal *o* (*merk*, *kenteken*); **-aap:** *zie* **pantograaf; -aar:** draughtsman (*techn.*); designer (*ontwerper*); drawer || dessinateur *m* [industriel]; illustrateur *m* (*illustrator*) || Zeichner *m*; **-blad:** drawing sheet || feuille *v* de papier *m* à dessin *m* || Zeichenbogen *m*; **-bord:** drawing board || planche *v* à dessin *m* || Reiß-, Zeichenbrett *o*; **-bureau:** drawing office || bureau *m* de dessin *m* || Zeichen-, Konstruktionsbüro *o*; **-driehoek:** set square || équerre *v* || Zeichenwinkel *m*, Dreieck *o*; **-en:** to draw; to design (*ontwerpen*) || dessiner || zeichnen; **-en n. h. leven:** to draw from life (nature) || dessiner d'après nature *v* || zeichnen nach dem Leben *o* (der Natur *v*); **-en n. model:** to draw from model (object) || dessiner d'après modèle *m* || zeichnen nach Vorlage *v*; **-en m. Oostindische inkt:** to draw with indian ink || dessiner au lavis *m* || zeichnen mit Tusche *v*; **-en m. potlood:** to draw in lead (with a pencil) || dessiner (tracer) au crayon *m* || mit Bleistift *m* (in Blei *o*) zeichnen; **-en op schaal:** to draw to scale || dessiner à l'échelle *v* || maßstäblich zeichnen; **-en, werktuigbouwkundig:** mechanical (machine) drawing || dessinage *m* de machines *vm* || Maschinenzeichnen *o*; **-gereedschap:** drawing instruments || instruments *mm* à dessin *m* || Zeichengerätschaften *vm*; **-haak:** T-square, Tee square || T *m*, té *m* || Reißschiene *v*; **-ing:** drawing || dessin *m* || Zeichnung *v*; **-ing u. d. vrije hand:** free hand sketch || dessin *m* à main *v* levée || Handzeichnung *v*; **-ing, gereed zijnde:** finished drawing || dessin *m* définitif (fini) || fertige Zeichnung *v*; **-ing, gewassen:** wash drawing || lavis *m*, dessin *m* lavé || Halbton-, Tuschzeichnung *v*; **-kamer:** *zie* **tekenbureau; -machine:** drafting machine || machine *v* à dessiner || Zeichenmaschine *v*; **-mal:** French (irregular) curve || pistolet *m*, règle *v* courbe || Kurvenschiene *v*, -linial *o*; **-map:** portfolio || carton *m* à dessin *m* || Zeichen-, Zeichnungsmappe *v*; **-papier:** drawing paper || papier *m* à dessin *m* || Zeichenpapier *o*; **-pen:** lettering pen || plume *v* à dessin *m* || Zeichenfeder *v*; **-plank:** *zie* **tekenbord; -portefeuille:** *zie* **tekenmap; -potlood:** drawing pencil || crayon *m* de dessin *m* || Zeichenstift *m*; **-prisma:** camera lucida || camera *v* lucida || Zeichenprisma *o*; **-s v. d. dierenriem:** zodiacal signs || signes *mm* du zodiaque *m* || Zeichen *om* des Tierkreises *m*; **-tafel:** drawing table || table *v* à dessin *m* || Zeichentisch *m*.

tekst: 1. (*algem.*)**:** [con]text || [con]texte *m* || Text *m*, Wortlaut *m*;
2. (*typogr.*)**:** plain matter; two-line

Brevier (*corps* 16) || texte *m*; corps *m* seize (*corps* 16) || Text *m*; Tertia *v* (*corps* 16); *zie ook* **kopie 2.**

telapparaat: *zie* **teltoestel.**

telecommunicatie: telecommunication || télécommunication *v* || Fernmeldewesen *o*, -technik *v*, -verkehr *m*.

telefo|neren: to [tele]phone || téléphoner || telephonieren; **-nie:** telephony || téléphonie *v* || Telephonie *v*; **-nie, communale:** local telephony || téléphonie *v* urbaine || Ortstelephonie *v*, -verkehr *m*, städtische Telephonie *v*; **-nie, draadloze:** wireless telephony || téléphonie *v* sans fil *m*, radiotéléphonie *v* || drahtlose Telephonie *v*; **-nie, intercommunale:** long distance (trunk line) telephony || téléphonie *v* à longue distance *v* (interurbaine) || interkommunale Telephonie *v*, Fernverkehr *m*; **-nie, interlocale:** interurban telephony || téléphonie *v* interurbaine || Ferntelephonie *v*; **-nie, locale:** local (urban) telephony || téléphonie *v* locale || lokale Telephonie *v*; **-nisch:** telephonic(*ally*) || téléphonique(*ment*) || telephonisch; **-nist(*e*):** telephone operator, (*female*) telephonist || téléphoniste *m* (*v*) || Telephonist *m* (*Telephonistin v*); **-nograaf:** telephonograph || téléphonographe *m* || Fernsprechschreiber *m*, Telephonograph *m*.

telefoon: telephone; receiver || téléphone *m*; récepteur *m* (écouteur *m*) téléphonique || Fernsprecher *m*, Telephon *o*; [Fern]-hörer *m*; **- v. d. haak nemen, de:** to take the telephone off the hook || décrocher le récepteur *m* || den Fernhörer *m* abhängen; **- v. verre afstanden:** long distance telephone || récepteur *m* pour le trafic *m* à longue distance *v* || Fernverkehrtelephon *o*; **-administratie:** telephone administration || administration *v* de téléphone *m* || Telephonverwaltung *v*; **-bedrijf:** telephone working || exploitation *v* des téléphones *mm* || Fernsprechbetrieb *m*; **-centrale:** telephone exchange [office] || bureau *m* téléphonique || Telephonzentrale *v*; **-district:** telephone district || district *m* téléphonique || Fernsprechbezirk *o*; **-draad:** telephone wire || fil *m* téléphonique || Telephondraht *m*; **-gesprek:** telephonic communication || entretien *m* téléphonique || Telephongespräch *o*; **-gids:** telephone directory || annuaire *v* (liste *v*) d'abonnés *mm* [au téléphone *m* || Fernsprechbuch *o*, Teilnehmerverzeichnis *o*; **-haak:** telephone fork (hook) || fourchette *v* de téléphone *m* || Aufhängebügel *m*, Telephonhaken *m*; **-hoofdkap:** head telephone (receiver) || serre-tête *m* simple || Kopffernhörer *m*; **-hoofdkap m. twee ontvangers:** double head telephone (receiver) || serre-tête *m* double (à deux récepteurs *mm*) || Kopfdoppelfernhörer *m*; **-kabel:** telephone cable || câble *m* téléphonique || Telephonkabel *o*; **-kantoor:** telephone office || bureau *m* téléphonique || Fernsprechamt *o*; **-kantoor m. mechanische bediening:** automatic telephone office || bureau *m* téléphonique électromécanique || elektromechanisches Fernsprechamt *o*; **-kastje:** telephone casing (case, cabinet) || corps *m* du récepteur *m* || Fernsprechgehäuse *o*; **-lijn v. d. geabonneerde:** subscriber's line || ligne *v* d'abonné *m* || Teilnehmerleitung *v*; **-net:** telephone network || réseau *m* téléphonique || Telephonnetz *o*; **-nummer:** telephone [call] number || numéro *m* téléphonique || Telephonrufnummer *v*; **-ontvanger m. zijdelings oorstuk:** receiver with earpiece at the side (with lateral earpiece), spoon shaped receiver || récepteur *m* téléphonique à pavillon *m* latéral || Löffelhörer *m*; **-paal:** telephone pole (post) || poteau *m* téléphonique || Telephonpfahl *m*; **-relais:** telephone relay || relais *m* du téléphone *m* || Telephonrelais *o*; **-storing:** telephone disturbance || dérangement *m* au téléphone *m* || Telephonstörung *v*; **-systeem m. centrale voeding:** central energy telephone system || système *m* téléphonique à source *v* d'énergie *v* centrale || Telephonsystem *o* mit zentraler Energiespeisung *v*; **-systeem, automatisch:** automatic system || système *m* automatique || Wählsystem *o*; **-systeem, halfautomatisch:** semi-automatic system || système *m* semi-automatique || Halbwählsystem *o*; **-techniek:** telephone engineering || technique *v* des téléphones *mm* (téléphonique) || Fernsprechtechnik *v*; **-toestel:** telephone apparatus || appareil *m* téléphonique || Telephonapparat *m*; **-verkeer:** telephone traffic || trafic *m* téléphonique || Telephonverkehr *m*; **-versterker:** telephone repeater || répéteur *m* téléphonique || Fernsprechverstärker *m*; **-wezen:** telephone matters || domaine *m* de la téléphonie *v*, service *m* de téléphones *mm* || Fernsprechwesen *o*.

telefoto|grafie: telephotography || téléphotographie *v*, photographie *v* à distance *v* || Fern-, Telephotographie *v*; **-grafisch:** telephotographic || téléphotographique || telephotographisch.

telegraaf: telegraph || télégraphe *m* || Telegraph *m*; **-aanleg:** telegraph plant, telegraphic installation || installation *v* télégraphique || Telegraphenanlage *v*; **-administratie:** telegraph administration || administration *v* des télégraphes *mm*

|| Telegraphenverwaltung *v*; **-alfabet:** telegraphic alphabet || alphabet *m* télégraphique || Telegraphenalphabet *o*; **-bouw:** telegraph construction || construction *v* des télégraphes *mm* || Telegraphenbau *m*; **-code:** telegraph code || code *m* télégraphique || Code *m*, Telegraphenschlüssel *m*; **-dienst:** telegraph service || service *m* télégraphique (du télégraphe *m*) || Telegraphendienst *m*; **-draad:** telegraph wire || fil *m* télégraphique || Telegraphendraht *m*; **-kabel:** telegraph cable || câble *m* télégraphique || Telegraphenkabel *o*; **-kantoor:** telegraph office || bureau *m* télégraphique || Telegraphenamt *o*; **-lijn:** telegraph line || ligne *v* télégraphique || Telegraphenleitung *v*; **-paal:** telegraph pole (post) || poteau *m* télégraphique || Telegraphenmast *m*, -pfahl *m*, -stange *v*; **-station:** telegraph station || poste *v* télégraphique || Telegraphenstation *v*; **-teken:** telegraphic signal || signal *m* télégraphique || Telegraphierzeichen *o*; **-toestel:** telegraph[ic] apparatus || appareil *m* télégraphique || Telegraphenapparat *m*.

telegra|feersnelheid: transmitting speed of the telegraph || vitesse *v* de transmission *v* télégraphique || Telegraphiergeschwindigkeit *v*; **-feren:** to telegraph, to wire; to cable || télégraphier || telegraphieren, drahten, Drahtnachricht *v* geben; **-fie:** telegraphy || télégraphie *v* || Telegraphie *v*; **-fie, draadloze:** *zie* **radiotelegrafie; -fie, infra-acoustische:** subaudio telegraphy || télégraphie *v* infra-acoustique || Unterlagerungstelegraphie *v*; **-fie, overzeese:** transatlantic telegraphy || télégraphie *v* transocéanique || Überseetelegraphie *v*; **-fisch:** telegraphic(*ally*) || télégraphique(*ment*) || telegraphisch; **-fist**(*e*)**:** telegrapher, (*female*) telegraphist, [telegraph] operator || télégraphiste *m* (*v*) || Telegraphist *m* (*Telegraphistin v*); **-foon:** telegraphone || télégraphone *m* || Telegraphon *o*.

telegram: telegram, telegraphic message, wire, cablegram || dépêche *v* télégraphique télégramme *m* || Telegramm *o*, Drahtbericht *m*; **- n. h. geluid opnemen, een:** to receive a telegram by sound || recevoir un télégramme *m* au son *m* || ein Telegramm *o* abhören; **- overseinen, een:** to give a telegramm || lancer (expédier, transmettre) un télégramme *m* || abtelegraphieren; **-adres:** telegraphic addres || adresse *v* télégraphique || Drahtanschrift *v*.

tele|meter: telemeter || télémètre *m* || Entfernungsmesser *m*, Telemeter *o*, *m*; **-mikrofoon:** microtelephone || microtéléphone *m* combiné || Handapparat *m*; **-objectief:** telephoto objective || téléobjectif *m* || Teleobjektiv *o*; **-pyrometer:** telepyrometer || pyromètre *m* à distance *v*, télépyromètre *m* || Fernpyrometer *o*, *m*.

teleskoop: telescope || télescope *m* || Teleskop *o*; **-buis:** telescopic pipe || tuyau *m* télescopique || Teleskoprohr *o*; **-gashouder:** telescope gas holder || gazomètre *m* à lunette *v* || Teleskopgasometer *o*, *m*; **-geleiding:** telescopic guide || guidage *m* à télescope *m* || Teleskopführung *v*; **-mast:** telescopic mast || mât *m* télescopant || Teleskopmast *m*; **-schaal:** telescope scale || échelle *v* de lunette *v* || Fernrohrskala *v*; **-schoorsteen:** telescope funnel || cheminée *v* à coulisse *v* (à télescope *m*, télescopante) || Fernrohr-, Teleskopschornstein *m*; **-statief:** telescope stand || support *m* de lunette *v* || Fernrohrstativ *o*; **-zuiger:** telescopic piston || piston *m* télescopique || Teleskopkolben *m*.

tele|skopisch: telescopic[al](*ly*) || télescopique || teleskopisch; **-thermometer:** distance thermometer || téléthermomètre *m* || Fernthermometer *o*, *m*.

teletypetoestel: teletype writer || téléimprimeur *m* || Fernschreiber *m*.

televisie: television || télévision *v*, Radiovision *v* || Fernsehen *o*, Bildfunk *m*; **-beeld:** television image || image *v* télévisée || Fernsehbild *o*; **-beeld:** television picture || image *m* de télévision *v* || Fernsehbild *o*; **-buis:** television tube || tube *m* de télévision *v* || Fernsehröhre *v*; **-ontvangtoestel:** television receiver, televisor, television viewer || récepteur *m* de télévision *v*, téléviseur *m* || Fernsehempfänger *m*, Televisor *m*; **-zender:** television transmitter || émetteur *m* de télévision *v* || Fernseh-, Bildfunksender *m*.

telex|systeem: broadcast telegraphy || diffuseur *m* d'informations *vm* télégraphiques || Rundschreibeanlage *v*; **-toestel:** stop-start apparatus || appareil *m* arythmique || Springschreiber *m*, Fernschreibmaschine *v*.

teliniet: telinite || télinite *v* || Teliniet *m*.

tel|len: to count || compter || zählen; **-ler** (*breuk*)**:** numerator || numérateur *m* || Zähler *m*.

tellu|rigzuur: tellurous acid || acide *m* tellureux || tellurige Säure *v*; **-rium:** *zie* **telluur.**

telluur: tellurium || tellure *m* || Tellur *o*; **-dioxyde** (*-tri-*)**:** tellurium dioxyde (*tri-*) || bioxyde *m* de tellure *m*, anhydride *m* tellureux (*anhydride m tellurique*) || Tellurdioxyd *o* (*-tri-*); **-verbinding:** tellurium compound (derivative) || composé *m* (derivé *m*) de tellure *m* || Tellurverbindung *v*; **-waterstof:** hydrogen telluride || acide *m* tellurhydrique || Tellurwasserstoff *m*; **-zuur:** telluric acid || acide *m* tellurique || Tellursäure *v*.

tel|toestel: counter || compteur *m* || Zähler *m*, Zählvorrichtung *v*, -werk *o*; **-werk:** counting mechanism || mécanisme *m* compteur || Zählwerk *o*.

tempel (*weverij*)**:** temple || temple *m* || Tempel *m*.

temperatuur: temperature || température *v* || Temperatur *v*; **-, absolute:** absolute temperature || température *v* absolue || absolute Temperatur *v*; **-, (bij) hoge** (*lage*)**:** (at) high (elevated) (*low*) temperature || (à) température *v* élevée (*baisse*) || (bei) höhe(r) (*niedrige*(*r*) Temperatur *v*; **-, (bij) verhoogde** (*verlaagde*)**:** (at) elevated (increased, raised (*decreased*, *lowered*)) temperature || (à) température *v* élevée (*abaissee*) || (bei) erhöhte(r) (*erniedrigte*(*r*)) Temperatur *v*; **-, dalende** (*stijgende*)**:** decreasing (*increasing*) temperature || température *v* diminuante (*augmentante*) || abnehmende (sinkende) ([*an*]*steigende*) Temperatur *v*; **-, gemiddelde:** average (mean) temperature || température *v* moyenne || mittlere Temperatur *v*; **-, heersende:** prevailing temperature || température *v* regnante || herrschende (obwaltende) Temperatur *v*; **-, kritische:** critical temperature || température *v* critique || kritische Temperatur *v*; **-beweging:** movement of temperature || mouvement *m* de la température *v* || Temperaturbewegung *v*; **-coëfficiënt:** temperature coefficient || coefficient *m* de température *v* || Temperaturkoeffizient *m*, -beiwert *m*; **-daling:** *zie* **temperatuurverlaging; -detector:** internal detector of temperature || détecteur *m* interne de température *v* || eingebautes [elektrisches] Thermometer *o*, *m*; **-evenwicht:** temperature balance || équilibre *m* de température *v* || Temperaturgleichgewicht *o*; **-grens:** limit of temperature || limite *v* de température *v* || Temperaturgrenze *v*; **-invloed:** influence of temperature || influence *v* de la température *v* || Temperatureinfluß *m*; **-meting:** determination (measurement) of temperature || détermination *v* (mesure *v*) de la température *v* || Temperaturbestimmung *v*, -messung *v*; **-niveau:** heat level, level of temperature || degré *m* de température *v* || Wärmestufe *v*, -niveau *o*; **-regelaar:** temperature controlling device || dispositif *m* de réglage de la température *v* || Temperaturregler *m*; *zie ook* **thermoregulateur; -schommeling:** fluctuation of the temperature || fluctuation *v* de température *v* || Temperaturschwankung *v*; **-spanning:** stress due to temperature || tension *v* due à la température *v* || Temperaturspannung *v*; **-sprong:** jump in (sudden change of) temperature || [soubre]saut *m* de la (changement *m* brusque de) température *v* || Temperatursprung *m*; **-stijging:** *zie* **temperatuurverhoging; -val:** drop in (fall in) temperature, temperature drop || abaissement *m* de température *v* || Temperatursturz *m*; **-verandering:** change of temperature || changement *m* de température *v* || Temperaturänderung *v*; **-vereffening:** equalisation of temperature || équilibration *v* de température *v* || Temperaturausgleich *m*; **-verhoging:** rise of (elevation of, increase of, raise in) temperature || augmentation *v* (élévation *v*) de température *v* || Temperaturerhöhung *v*, -steig[er]ung *v*; **-verlaging:** fall (decrease) of temperature || chute *v* (diminution *v*) de température *v* || Temperaturabfall *m*, -erniedrigung *v*; **-verschil:** temperature difference || différence *v* de température *v* || Temperaturunterschied *m*; **-verval:** temperature fall || chute *v* de température *v* || Temperaturgefälle *o*; **-wisseling:** alternation of temperature || alternation *v* de température *v* || Temperaturwechsel *m*; *zie ook* **temperatuurschommeling.**

temper|en (*metaal*)**:** to temper, to soften || adoucir || temper[iere]n, erweichen; **-mes** (*schilder*)**:** pallet knife || spatule *v* || Farbenspatel *m*; **-oven** (*metaal*)**:** tempering furnace || fourneau *m* à adoucir || Temperofen *m*.

tender: 1. (*spw.*)**:** tender || tender *m* || Tender *m*; **-koppeling:** tender coupling || attelage *m* de tender *m* || Tenderkupplung *v*; **-locomotief:** tank engine (locomotive, *Am.*) || locomotive-tender *v* || Tenderlokomotiv[e] *v*;
2. (*schip*)**:** tender || navire *m* auxiliaire, tender *m* || Beiboot *o*, Tender *m*.

tengel (*timmeren*)**:** batten, ribbon, lath || dosse *v*, flache *v*, tringle *v* || Latte *v*, Schale *v*, Schwarte *v*.

tenk: 1. (*vergaarbak*, *enz.*)**:** tank, reservoir || réservoir *m*, citerne *v*, tank *m* || Behälter *m*, Tank *m*; **-automobiel:** tank car (truck), [motor-]tanker || camion-citerne *m* || Kessel-, Tank[kraft]wagen *m*; **-en:** to fuel (tank) || alimenter (approvisionner) en combustible *m* || Treibstoff *m* auffüllen, tanken; **-er:** tanker || navire *m* pétrolier || Tankschiff *o*, Tanker *m*; *zie ook* **tenkschip; -park:** tank farm || parc *m* de tanks *mm* || Tankpark *m*; **-schip:** tank boat (steamer), tanker || bateau-citerne *m*, bateau-résérvoir *m* || Tankschiff *o*, Tanker *m*; *zie ook* **tenker; -station:** fuelling station || station-service *v*, station *v* à essence *v* || Tankstelle *v*; **-wagen** (*spw.*)**:** tank wagon || wagon-citerne *m* || Kessel-, Tankwagen *m*; **2.** (*militair*): tank, armoured car || char *m* de combat *m* (d'assaut *m*), tank *m* || Panzer[kraft]-, Kampfwagen *m*, Tank *m*.

tennantiet: *zie* **arseenvaalerts.**

tensor: tensor || tenseur *m* || Tensor *m*; **-analyse:** tensor analysis || analyse *v* tensorielle || Tensoranalysis *v*.

tent: tent; awning (*o. dek*); marquee (*grote*) || tente *v* || Zelt *o*; **-dak:** pavilion roof || toit *m* en pavillon *m* || Zeltdach *o*; **-dek:** awning deck || pont-abri *m* || Schattendeck *o*; **-doek:** tent cloth, canvas || toile *v* à tente *v* || Zeltstoff *m*; **-paal:** tent pole || mât *m* [de tente *v*] || Zeltmast *m*; **-paaltje:** [tent] peg (pin) || piquet *m* [de tente *v*] || Hering *m*, Zeltpflock *m*.

tentoonstel|len: to exhibit || exposer || ausstellen; **-ling:** exhibition; exposition (*Am.*) || exposition *v* || Ausstellung *v*.

terbium: terbium || terbium *m* || Terbium *o*.

tereftaalzuur (benzeendicarbonzuur-1, 4): terephthalic acid || acide *m* téréphtalique || Terephtalsäure *v*.

teren (*m. teer*)**:** to tar; tarring || goudronner; goudronnage *m* || teeren; Teeren *o*.

ternair: ternary || ternaire || ternär, Dreistoff-.

terpentijn: terebenthene, turpentine || térébenthine *v* || Terpentin *m*; **-beits:** turpentine mordant || mordant *m* à térébenthine *v* || Terpentinbeize *v*; **-hars:** rosin || résine *v* de térébenthine *v* || Terpentinharz *o*; **-lak:** turpentine varnish || laque *v* à la térébenthine *v* || Terpentinlack *m*; **-olie:** oil of turpentine || huile *v* de térébenthine *v* || Terpentinöl *o*; **-vernis:** turpentine varnish || vernis *m* de térébenthine *v* || Terpentinlack *m*.

ter|racotta: terra cotta || terre *v* cuite, terra-cotta *m* || Terrakotta *v*; **-ras:** terrace || terrasse *v* || Terrasse *v*; **-razzo:** *zie* **kunstgraniet.**

terrein: ground; plot; building site || terrain *m* || Gelände *o*; Terrain *o*, Grundstück *o*; **-, gesteldheid v. h.:** nature of the ground (soil) || nature *v* (qualité *v*) du terrain *m* (sol *m*) || Bodenbeschaffenheit *v*; **-opneming:** ground survey || levé *v* de terrain *m* || Gelände-, Terrainaufnahme *v*.

Tertiair: Tertiary, Cainozoic || Tertiaire *m* || Tertiär *o*.

tertiair: tertiary || tertiaire || tertiär.

terts: sixtieth part of a second || tierce *v* || Tertie *v*.

terug: back[ward] || en arrière *m* || zurück; **-draaien** (*kruk*)**:** to turn backwards || tourner en arrière *m* || zurückkurbeln; **-gaand:** retrogressive || rétrograde || rückläufig, -wärts; **-kaatsen:** to reflect || réfléchir, refléter || zurückwerfen, reflektieren; **-kaatsing:** reflection || réflexion *v*, réfléchissement *m* || Zurückwerfung *v*, Reflektion *v*; **-kaatsing, regelmatige:** regular reflection || réflexion *v* régulière || gerichtete Reflexion *v*; **-koppelen** (*radio*)**:** to couple back || réaccoupler || rückkoppeln; **-koppeling** (*radio*)**:** reaction (back) coupling || réaction *v*, couplage *m* réactif (de (à) réaction *v*) || Rückkopplung *v*; **-koppelingsversterker:** réaction amplifier || amplificateur *m* à réaction *v* || Rückkopplungsverstärker *m*; **-leider:** return conductor || conducteur *m* de retour *m* || Rückleiter *m*; **-leiding:** return line || canalisation *v* de retour *m* || Rückleitung *v*; **-loop** (*water*)**:** reflow || retour *m* || Rückfluß *m*; **-loop, versnelde** (*mach.*)**:** accelerated return stroke || retour *m* accéléré || beschleunigter Rückgang *m* (Rücklauf *m*); **-looppijp:** return pipe || tuyau *m* de retour *m* || Rücklaufrohr *o*; **-slag** (*motor*)**:** return shock, back fire (kick) || choc *m* en retour *m* (en arrière *m*) || Rückschlag *m*; (*pomp*)**:** *zie* **slaan; -slag versnellen, de:** to accelerate the return stroke || accélérer le retour *m* || den Rücklauf *m* beschleunigen; **-slagklep:** nonreturn (back pressure) valve || soupape *v* de retour *m* (de retenue *v*) || Rücklauf-, Rückschlagventil *o*; *zie ook* **keerklep; -springen:** to rebound || rejaillir, rebondir || zurückschnellen; **-stelrelais:** step back relay || relais *m* de rappel *m* || Rückstellrelais *o*; **-stoot:** recoil || recul *m* || Rückstoß *m*; **-straling:** reflection || réflexion *v* || Rückstrahlung *v*; **-traprem:** back pedalling brake || frein *m* à contre-pédalage *m* || Fußbremse *v*; **-vloeikoeler:** *zie* **koeler, verticale; -voeding:** *zie* **recuperatie; -voeren:** to return, to bring back || retourner || rückführen; **-werkend** (-, *niet*)**:** (*non-*)reversible || (*ir*)réversible || (*nicht*) rückfällig; **-werking:** *zie* **reactie; -wattbeveiliging:** *zie* **keerbeveiliging; -winnen:** to recover || récupérer, recouvrir || [zu]rückgewinnen, wiedergewinnen; **-winning:** recovery || récupération *v*, recouvrement *m* || [Zu]rückgewinning *v*, Wiedergewinnung *v*.

tetra|chloorkoolstof: *zie* **tetrachloormethaan; -chloormethaan:** tetrachloromethane || tetrachlorométhane *m* || Tetrachlorkohlenstoff *m*, Tetrachlormethan *o*; **-ëder:** tetrahedron || tétraèdre *m* || Tetraeder *o*; **-ëdriet:** tetrahedrite || cuivre *m* gris || [Kupfer]fahlerz *o*; **-ëdrisch:** tetrahedrical || tétraédrique || tetraedrisch; **-ethyllood:** tetraethyl lead || tétraéthyle *m* de plomb *m* || Tetraäthylblei *o*.

tetrode: tetrode || tétrode *v* || Zweigitterröhre *v*.
tetroxyde: tetroxide || tétroxyde *m* || Tetroxyd *o*.
teugel: rein, bridle || bride *v*, rêne *v* || Zaum *m*, Zügel *m*.
textiel|fabriek: textile factory || fabrique *v* textile || Textilfabrik *v*; **-nijverheid:** textile industry || industrie *v* textile || Textilindustrie *v*; **-produkt:** textile || [produit *m*] textile *m* || Textilprodukt *o*.
textuur: texture || texture *v* || Textur *v*.
T|-groef: T slot || rainure *v* en T *m* || T-Schlitz *m*; **-haak:** *zie* **tekenhaak.**
thallium: thallium || thallium *m* || Thallium *o*.
thee: tea || thé *m* || Tee *m*; **-, groene:** green tea || thé *m* vert || grüner Tee *m*; **-, theïnevrije:** theïne free tea || thé *m* sans théine *v* || theinfreier Tee *m*; **-surrogaat:** tea substitute || succédané *m* du thé *m* || Tee-Ersatz *m*.
theïne: theïne || théine *v* || Thein *o*; *zie ook* **caffeïne.**
theo|doliet: theodolite || théodolite *m* || Theodolit *m*; **-rema:** theorem || théorème *m* || Theorem *o*; **-retisch:** theoretic[al](*ly*) || théorique(*ment*) || theoretisch; **-rie:** theory, theoretics || théorie *v* || Lehre *v*, Theorie *v*.
therapie: therapeutics, therapy || thérapeutique *v* || Therapie *v*; **-peutisch:** therapeutic[al](*ly*) || thérapeutique(*ment*) || therapeutisch.
thermiek: thermic || thermique *v* || Thermik *v*.
thermiet: thermit || thermite *v* || Thermit *o*; **-, lassen m.:** thermit (aluminothermic) welding || soudure *v* aluminothermique (avec apport *m* de fer-thermit *m*) || Thermitschweißung *v*, aluminothermische Schweißung *v*; **-las:** thermit band || joint *m* à la thermite *v* || Thermitverbindung *v*; **-ijzer:** thermit iron || fer *m* thermite || Thermiteisen *o*; **-ijzeromhulling:** band (collar) of thermit iron welded on || enveloppe *v* de fer *m* thermite || Thermiteisenumguß *m*.
thermion: thermion || thermo-ion *m* || Thermion *o*; **-enbuis:** thermionic valve || tube *m* (valve *v*) thermo-ionique || Thermionenröhre *v*; **-enemissie:** thermionic emission || émission *v* thermo-ionique || Thermionen-, Elektronenaussendung *v*; **-enrelais:** thermionic relay || relais *m* thermo-ionique || Thermionenrelais *o*; **-enstroom:** thermionic current || courant *m* thermo-ionique || Thermionenstrom *m*.
thermisch: thermal(*ly*) || thermique(*ment*) || thermisch.
thermistor: thermistor || thermistor *m* || Thermistor *m*.
thermo|barometer: thermobarometer || thermo-baromètre *m* || Thermobarometer *o*, *m*; **-barometrisch:** thermobarometrical(*ly*) || thermo-barométrique(*ment*) || thermobarometrisch; **-dynamica:** thermodynamics || thermodynamique || Thermo-, Wärmedynamik *v*, Wärmemechanik *v*; **-dynamisch:** thermodynamical(*ly*) || thermodynamique(*ment*) || thermodynamisch; **-elektriciteit:** thermoelectricity || thermoélectricité *v* || Thermoelektrizität *v*; **-elektrisch:** thermoelectric || thermoélectrique || thermoelektrisch; **-element:** thermoelectric cell (couple), thermocell || élément *m* (couple *m*) thermoélectrique || Thermoelement *o*, thermoelektrisches Element *o*; **-fiel:** thermophile || thermophile || thermophil; **-galvanometer:** thermogalvanometer || thermogalvanomètre *m* || Thermogalvanometer *o*, *m*; **-graaf:** thermograph || thermographe *m* || Thermograph *m*; **-hardend:** thermosetting || durcissable [par la chaleur *v*] || [durch Wärme *v*] härtbar; **-meter:** thermometer || thermomètre *m* || Thermometer *o*, *m*, Wärme[grad]messer *m*; **-meter v. Celsius:** centrigrade (Celsius) thermometer || thermomètre *m* centigrade (de Celsius) || **hundertteiliges** Thermometer *o*, *m* Celsiusthermometer *o*, *m*; **-meter v. Fahrenheit:** Fahrenheit thermometer || thermomètre *m* de Fahrenheit || **Fahrenheitthermometer** *o*, *m*; **-meter v. Réaumur:** Réamurthermometer || thermomètre *m* de Réaumur || **Réaumurthermometer** *o*, *m*; **achzigteiliges** Thermometer *o*, *m*; **-meter, registrerende:** recording thermometer || thermomètre *m* enregistreur, thermographe *m* || registrierendes Thermometer *o*, *m*; **-meterbol:** thermometer bulb || boule *v* de thermomètre *m* || Thermometerkugel *v*; **-meterschaal:** thermometer scale || échelle *v* de thermomètre *m* (thermométrique) || Thermometerskala *v*, -verteilung *v*; **-metrisch:** thermometrical (*ly*) || thermométrique(*ment*) || thermometrisch; **-metrograaf:** *zie* **thermograaf; -negatief:** thermonegative || thermonégatif || thermonegativ; **-plastisch:** thermoplastic || thermoplastique || thermoplastisch; **-positief:** thermopositive || thermopositif || thermopositiv; **-regulateur:** thermoregulator || thermorégulateur *m* || Thermoregulator *m*; *zie ook* **thermostaat; -sifon:** thermosiphon || thermosiphon *m* || Thermosiphon *m*; **-skoop:** thermoscope || thermoscope *m* || Thermoskop *o*; **-spanning:** thermoelectric tension || tension *v*

thermoélectrique || Thermospannung *v*; **-staat:** thermostat || thermostat *m* || Thermostat *m*; *zie ook* **thermoregulateur; -stroom:** thermoelectric current || courant *m* thermo-électrique || Thermostrom *m*.

thermosfles: *zie* **isoleerfles.**

thi|al: thial || thial *m* || (Thial *o*); **-amide:** thiamide || thiamide *v* || Thiamid *o*.

thia|-1 cyclopentadiëen-2,4 (**thiofeen**)**:** thia-1 cyclopentadiene-2,4 || thia-1 cyclopentadiène-2,4 *m* || (Thia-1 cyclopentadien-2,4 *o*); **-zol*:** *zie* **thiazool; -zool:** (**aza-3 thia-1 cyclopentadiëen**)**:** thiazole || thiazole *v* || Thiazol *o*.

thiocarbamide: *zie* **thioureum;** (thiocarbamide || thiocarbamide *v* || Thiocarbamid *o*).

thi|ol: thiol || thiol *m* || (Thiol *o*), Merkaptan *o*; **-on:** thion || thion *m*; thionique || (Thion *o*).

thio|feen (**thia-1 cyclopentadiëen-2,4**)**:** thiophene || thiophène *v* || Thiophen *o*; **-sulfaat:** thiosulfate || thiosulfate *m* || Thiosulfat *o*; **-ureum:** thiourea || thiourée *v* || Thioharnstoff *m*; *zie ook* **thiocarbamide.**

thixotro|pie: thixotropy || thixotropie *v* || Thixotropie *v*; **-pisch:** thixotropic || thixotropique || thixotropisch.

thomas|staal: basic (Thomas mild) steel || acier *m* Thomas || Thomasstahl *m*; **-ijzer:** Thomas iron (pig) || fer *m* Thomas || Thomaseisen *o*.

thomsoneffect: Thomson-effect || effet *m* Thomson || Thomsoneffekt *m*.

tho|rianiet: thorianite || thorianite *v* || Thorianit *m*; **-riet:** thorite || thorite *v* || Thorit *m*.

thorium: thorium || thorium *m* || Thorium *o*; **-chloride:** thorium chloride || chlorure *m* de thorium *m* || Thoriumchlorid *o*; **-nitraat:** thorium nitrate || azotate *m* (nitrate *m*) de thorium *m* || Thoriumnitrat *o*; **-oxyde:** thorium oxide || oxyde *m* de thorium *m* || Thoriumoxyd *o*.

thornycroftketel| m. één waterhouder: daring type Thornycroft boiler || chaudière *v* (générateur *m*) aquatubulaire à tubes *mm* [étroits et] courbés avec guidage *m* de la flamme *v* par chicanes *vm* tubulaires || [engröhriger] Wasserröhrenkessel *m* mit gebogenen Röhren *vm* und Flammenführung *v* durch Rohrwände *vm*; **- m. twee waterhouders:** speedy type Thornycroft boiler || chaudière *v* (générateur *m*) [de] Thornycroft || Thornycroftkessel *m*.

thoron: thoron || thoron *m* || Thoron *o*.

thrachietlava: trachytic lava || lava *v* trachytique || Trachytlava *v*.

thrustblok: *zie* **drukblok** *onder* **druk 1.**

thulium: thulium || thulium *m* || Thulium *o*.

thy|mol (**methyl-1 isopropyl-4 fenol-3**)**:** thymol || thymol *m* || thymol *o*; **-ratron:** thyratron || thyratron *m* || thyratron *o*.

tichel: brick, tile || brique *v* || Ziegel *m*; **-oven:** brick kiln || four *m* à briques *vm* || Ziegelofen *m*.

tien|delig: decimal || décimal || dezimal Dezimal-; **-hoek:** decagon || décagone *m* || Zehneck *o*; **-ponder** (*timmeren*)**:** plank nail || clou *m* à planches *vm* || Brettnagel *m*, Dielen-, Spund-, Verschlagnagel *m*; **-voud:** decuple || décuple *m* || Zehnfache *o*; **-voudig:** tenfold || décuple || zehnfältig, zehnfach; **-zuilig:** decastyle || décastyle || zehnsäulig.

tik: touch, tick || petit coup *m* [sec] || leichter Schlag *m*; **-ken** (*klok, enz.*)**:** to tick || faire tic-tac || ticken; **-ker:** ticker || ticker *m*, contact *m* à trembleur *m* || Ticker *m*, intermittierender Kontakt *m*.

timmer|en: to [work] timber, to carpenter || charpenter || zimmern; **-hout:** [building] timber || bois *m* de charpente *v* (de construction *v*) || Bau-, Zimmerholz *o*; **-man:** carpenter || charpentier || Zimmermann *m*; **-[mans]gereedschap:** carpenter's tools || outils *mm* de charpentier *m* || Zimmermansgerät *o*; **[mans]steek:** timber hitch || noeud *m* de bois *m* || Zimmermannsstich *m*; **-[mans]werk:** carpenter's work, timberwork || charpentage *m*, travaux *mm* de charpentier *m* || Zimmerarbeit *v*, Zimmermannsarbeiten *vm*; **-[mans]werkplaats:** carpenter's workshop || atelier *m* de charpentier *m* || Zimmermannswerkstätte *v*.

timpaan (*typogr.*)**:** tympan || tympan *m* || Preßdeckel *m*.

tin: tin || étain *m* || Zinn *o*; **-, hard:** hard tin, pewter || potin *m*, étain *m* dur || Hartzinn *o*; **-as:** tin putty || cendres *vm* (potée *v*) d'étain *m* || Zinnasche *v*; **-bad:** tin bath || bain *m* d'étamage *m* || Zinnbad *o*; **-bromide:** *zie* **stannibromide; -bromuur:** *zie* **stannobromide; -bijtmiddel:** tin spirit || mordant *m* à base *v* d'étain *m* || Zinnbeize *v*; **-chloride:** *zie* **stannichloride; -chloruur:** *zie* **stannochloride; -draad:** tinwire || fil *m* d'étain *m* || Zinndraht *m*; **-erts:** tin ore || minerai *m* d'étain *m* || Zinnerz *o*; **-fluoride:** *zie* **stannifluoride; -fluoruur:** *zie* **stannofluoride; -foelie:** tin foil || feuille *v* d'étain *m*, étain *m* en feuilles *vm* || Zinnfolie *v*; **-geschrei:** crackling of tin, tin cry || cri *m* de l'étain *m* || Zinnschrei *m*; **-glazuur:** tin glazing || glazure *v* stannifère || Zinnglasur *v*; **-hydroxyde:** *zie* **stannohydroxyde; -jodide:** *zie* **stannijodide; -joduur:** *zie* **stannojodide; -kal:** tinkal || tincal *m**

|| Tinkal *m*; **-kies:** *zie* **stanniet; -mijn:** tin mine || mine *v* d'étain *m* || Zinngrube *v*; **-negieter:** tin founder, pewterer || potier *m* d'étain *m* || Zinngießer *m*; **-nen** (*bijv. nw.*)**:** of tin || d'étain *m* || zinnern; **-oxyde:** *zie* **stannioxyde; -oxydule:** *zie* **stanno-oxyde; -soldeer:** *zie* **soldeertin; -steen:** *zie* **kassiteriet; -steen, alluviale:** stream tin, alluvial tin ore || étain *m* d'alluvion *m* || Stromzinn *o*; **-sulfide:** *zie* **stannisulfide; -sulfuur:** *zie* **stannosulfide; -vijl:** tin file || lime *v* d'étain *m* || Zinnfeile *v*; **-ijzer:** ferrotin || ferro-étain *m* || Ferrozinn *o*; **-zout:** tin salt || sel *m* d'étain *m* || Zinnsalz *o*; **-zuur** (*metatinzuur*)**:** (*meta-*)stannic acid || acide *m* (*méta*)stannique || (*Meta*)zinnsäure *v*.

tingel|en (*zeis*)**:** *zie* **haren.**

tint: tint || teinte *v* || Farbe *v*, Farbenton *m*.

tirefond: *zie* **kraagschroef.**

titaan: titanium || titane *m* || Titan *o*; **-dichloride** (*-tri-*; *-tetra-*)**:** titanium dichloride (*tri-*; *tetra-*) || bichlorure *m* (*tri-*; *tétra-*) de titane *m* || Titandichlorid *o* (*-tri-*; *-tetra-*); **-[di]oxyde:** titanium dioxide || anhydride *m* titanique || Titandioxyd *o*; **-nitraat:** titanium nitrate || azotate *m* (nitrate *m*) de titane *m* || Titannitrat *o*; **-peroxyde:** titanium peroxide || trioxyde *m* de titane *m* || Titanperoxyd *o*; **-sulfaat:** titanium sulfate || sulfate *m* de titane *m* || Titansulfat *o*; **-tetrabromide** (*-jodide*)**:** titanium tetrabromide (*-iodide*) || tétrabromure *m* (*-iodure m*) de titane *m* || Titantetrabromid *o* (*-jodid*); **-thermiet:** titanium thermite || thermite *v* au titane *m* || Titanthermit *o*; **-trifluoride** (*-tetra-*)**:** titanium trifluoride (*tetra-*) || trifluorure *m* (*tétra-*) de titane *m* || Titantrifluorid *o* (*-tetra-*); **-trioxyde:** titanium sesquioxide || sesquioxyde *m* de titane *m* || Titantrioxyd *o*; **-ijzer:** titanic iron || fer *m* titanfère || Titaneisen *o*; **-ijzersteen:** iron titanite, ilmenite || titanite *m* de fer *m*, ilménite *v* || Titaneisenstein *m*; **-zuur** (*meta-*; *ortho-*)**:** (*meta-*; *ortho-*) titanic acid || acide *m* (*méta-*; *ortho-*) titanique || (*Meta-*; *Ortho-*)titansäure *v*.

tita|niet: titanite || titanite *v* || Titanit *m*; **-nium:** *zie* **titaan.**

titel: title || titre *m* || Titel *m*; **-, Franse:** bastard title, half title || faux-titre *m* || Schmutztitel *m*; **-, voordehandse:** bastard title || faux-titre *m* || Schmutztitel *m*; **-blad:** title page, frontispiece || frontispice *m* || Titelbogen *m*; **-vignet:** vignette in the title || vignette *v* du frontispice *m* || Titelvignette *v*.

ti|ter (*chem.*; *text.*)**:** titre || titre *m* || Titer *m*; **-tratie:** *zie* **titrering.**

titreer|analyse: analysis by titration, volumetric analysis || analyse *v* volumétrique || Titrier-, Maßanalyse *v*; **-vloeistof:** standard solution || solution *v* au titre *m*, solution *v* (liqueur *v*) titrée || Titrierflüssigkeit *v*.

titre|ren: to titrate || titrer || titrieren; **-ring** (*chem.*; *text.*)**:** titration || titrage *m* || Titrierung *v*.

tjak|spil: picking shaft || arbre *m* de chasse *v* || Schlagwelle *v*; **-stok:** picking arm (stick), whip || bâton *m* (battant *m*, bras *m*) de chasse *v*, fouet *m* || Peitschen-, Schlagarm *m*, Schlagstock *m*.

T-klem: T clip || agrafe *v* en T || T-Klammer *v*.

tobbe: tub || cuve *v* || Bütte *v*, Kufe *v*.

tocht: 1. (*trek*)**:** draught || courant *m* d'air *m* || Zug[wind] *m*, Zugluft *v*; **-deur:** swing (hall, draught) gate || porte *v* tournante || Drehtür *v*; **-gat:** venthole || ventouse *v* || Zugloch *o*; **-raam:** outside window || contre-fenêtre *v* || Vorfenster *o*; **-scherm:** draught screen || paravent *m* || Windfang *m*, -schirm *m*; **2.** (*bij heien*)**:** series of strokes || série *v* de coups *mm*, volée *v* || Hitze *v*;
3. (*sloot*)**:** draining ditch || fossé *m* d'écoulement *m* || Ablaufgraben *m*.

toebehoren (*ketel, enz.*)**:** accessories || accessoires *m* || Zubehör *o* [-teile *mm*]; **-rend:** accessory || accessoire || zugehörig.

toegang: entrance, access; entry, admission || entrée *v* || Zugang *m*, Zutritt *m*, Einfahrt *v*, Eingang *m*, Eintritt *m*; **-sdeur:** access door || porte *v* d'accès *m* || Eintrittstür *v*; Einsteigtür *v*; **-skanaal:** access duct || canal *m* d'accès *m* || Zugangkanal *m*; **-skast:** access box || boîte *v* d'accès *m* || Zugangskasten *m*; **-sschacht:** access pit || puits *m* d'accès *m* || Einsteigschacht *m*.

toegankelijk: accessible || accessible || zugänglich; **-heid:** accessibility || accessibilité *v* || Zugänglichkeit *v*.

toe|genomen: increased || augmenté, accru || zugenommen, gesteigert, gewachsen; **-gepast:** applied, used, utilized, employed || appliqué, utilisé, employé || angewandt, benutzt, gebraucht; **-gestaan:** permitted, allowed || permis || zugelassen; *zie ook* **toelaatbaar; -gevoegd:** added || additionné, ajouté || zugesetzt, zugefügt, zugegeben; **-gevoerd:** supplied, introduced || amené, introduit || zugeführt.

toelaat: admission || introduction *v*, admission *v*, injection *v* || Einströmung *v*, Eintritt *m*; **-, radiale** (*turbine*)**:** radial admission || admission *v* radiale || radiale Beaufschlagung *v*; **-, volle** (*cilinder*)**:** full admission || pleine admission *v* || Vollfüllung *v*; **-baar:** admissible || admissible || zulässig; **-druk:** admission pressure || pression *v* d'admission *v* || Admissionsdruck *m*; **-gebied** (*turbine*): zone of admission || zone *v* d'introduction *v* (d'admission *v*) || Beaufschlagungsgebiet *o*, -zone *v*; **-kanaal:** inlet port || lumière *v* d'admission *v* || Einlaßkanal *m*; **-lijn** (*turbine*): plane of admission || plan *m* d'introduction *v* || Beaufschlagungsebene *v*; **-schacht:** *zie* **toegangsschacht.**

toene|men: to increase, to augment, to rise || accroître, augmenter || steigen, zunehmen; **-ming:** increase, rise || accroissement *m*, augmentation *v* || Zunahme *v*, Steigerung *v*.

toepas|sen: to apply, to use, to employ || appliquer, utiliser, employer || anwenden, benutzen, benützen, verwenden; **-sing:** application, use || application *v*, emploi *m* || Anwendung *v*, Benutzung *v*, Benützung *v*, Verwendung *v*.

toer (*machine*): *zie* **omwenteling; -auto:** touring car || voiture *v* de tourisme *m* || Tourenwagen *m*; **-ental:** number of revolutions || nombre *m* de tours *mm* (de révolutions *vm*) || Tourenzahl *v*; **-enteller:** revolution counter, engine revolution indicator, tachometer || compte-tours *m*, compteur *m* de tours *mm* || Tourenzähler *m*, Drehzahlmesser *m*.

toermalijn: tourmaline || tourmaline *v* || Turmalin *m*.

toe|slag: *zie* **bijslag; -sporing:** toe-in || pinçage *m* || Radvorspur *v*.

toestand: condition, state || état *m*, condition *v* || Zustand *m*; **-, allotropische:** allotropic state || état *m* allotropique || allotropischer Zustand *m*; **-, gasvormige** (*vaste*; *vloeibare*): gaseous (*solid*; *liquid*) condition || état *m* gazeux (*solide*; *liquide*) || gasförmiger (*fester*; *flüssiger*) Zustand *m*; **-, neutrale** (*magn.*): neutral state || état *m* neutre || jungfräulicher Zustand *m*; **-, onbelaste,** unloaded position || position *v* sans charge *v* || unbelasteter Zustand *m*; **-, passieve:** passive state || état *m* passif || passiver Zustand *m*; **-sverandering:** change of state (condition) || changement *m* d'état *m* || Zustandsänderung *v*; **-sverandering, adiabatische** (*isothermische*; *polytropische*): adiabatic (*isothermic*; *polytropic*) change of state (condition) || changement *m* d'état *m* adiabatique (*isothermique*; *polytropique*) || adiabatische (*isothermische*; *polytropische*) Zustandsänderung *v*; **-sverandering, (on)omkeerbare:** (*ir*)reversible change of state (condition) || changement *m* d'état *m* (*ir*)réversible || (*nicht-*)umkehrbare Zustandsänderung *v*; **-svergelijking:** equation of state of condition) || équation *v* d'état *m* || Zustandsgleichung *v*.

toestel: 1. (*apparaat*): apparatus, device || appareil *m*, dispositif *m* || Vorrichtung *v*, Apparat *m*; **-, thermionisch:** thermionic generator (valve) || dispositif *m* (générateur *m*) thermo-ionique d'oscillations *vm* || thermionischer Generator *m*, Schwingungs-, Röhrengenerator *m*; **-contactdoos:** inlet socket || [élément *m* mâle de] connecteur *m* || Gerätestecker *m*; **-contactdoos, gepantserde:** metal-clad inlet socket || [élément *m* mâle de] connecteur *m* blindé || metallgekapselter Gerätestecker *m*; **-contactstop:** inlet plug || [élément *m* femelle de] connecteur *m* || Gerätesteckdose *v*; **-contactstop m. aardingscontact:** inlet plug with earth contact || élément *m* femelle de connecteur *m* muni d'un dispositif *m* de mise *v* en communication *v* avec le sol *m* || Gerätesteckdose *v* mit Schutzkontakt *m*; **-contactstop, gepantserde:** metal-clad inlet plug || [élément *m* femelle de] connecteur *m* blindé || metallgekapselte Gerätesteckdose *v*; **-len:** apparatus, devices; plant || appareils *mm*, dispositifs *mm*; appareillage *m* || Vorrichtungen *vm*; Apparate *mm*; Anlage *v*; *zie ook* **inrichting;**

2. *zie* **toestellen** *onder* **toestel 1;**

3. (*typogr.*): overlays || épreuve-type *v* || Zurichtung *v*.

toets: 1. (*proef*): test, assay, proof || essai *m*, touche *v* || Probe *v*; **-naald:** touching needle || aiguille *v* d'essai *m* || Probiernadel *v*; **-steen:** touchstone, touching stone || pierre *v* de touche *v* (d'essai *m*) || Probierstein *m*;

2. (*toetsenbord*): key || touche *v* || Taste *v*; **-enbord:** finger board || clavier *m* || Klaviatur *v*; **-enbord** (*typogr.*): key-board || dessus *m* de clavier *m* || Tastenbrett *o*;

3. (*elektr.*): key || manipulateur *m* || Taste *v*; *zie ook* **drukknop; -aanslag** (*telegr.*): depression of the key || abaissement *m* du manipulateur *m* || Tastenanschlag *m*; **-enbord** (*telegr.*): keyboard sender || manipulateur *m* dactylographique || Sender *m* mit [Schreibmaschinen]tastenfeld *o*.

toevoe|gen (*aan*): to add (*to*), to join (*to*) || ajouter (*à*), additionner (*de*), joindre (*à*) || [hin]zufügen [1]) (*an*) [2]), zugeben [1]), zusetzen [1]), versetzen (*mit*) [3]); **-ging:** addi-

---

[1]) Met 3e nv.: *dem* Wasser Säure zufügen (zusetzen, zugeben).

[2]) Met 4e nv.: bv.: Säure an *das* Wasser zufügen.

[3]) Met 4e en 3e nv.: bv.: Man versetzt *das* Wasser mit *der* Säure.

tion, adjunction || addition *v*, adjonction *v* || Zusatz *m*, Zugabe *v*, Zufügung *v*.

toevoer: supply, admission || introduction *v* || Zufuhr *v*, Zuführung *v*; **-band:** apron feeder || courroie *v* d'alimentation *v* || Aufgabeband *o*, Bandaufgeber *m*; **-cilinder:** feeding roller || cylindre *m* fournisseur || Einführungswalze *v*; **-doek:** feed cloth tablier *m* || Einlaß-, Vorlegetuch *o*; **-draad:** lead-in wire || fil *m* de traversée *v* || Zuführungsdraht *m*; **-en:** to supply || amener || zuführen; **-inrichting** (*spinnen*): [hopper] feeder, feeding hopper || chargeuse *v* || Speiser *m*; **-klep:** admission valve, inlet clack (flap) || soupape *v* (clapet *m*) d'admission *v* || Einlaßventil *o*, -klappe *v*; **-leiding:** supply main || canalisation *v* d'arrivée *v* || Zuführungsleitung *v*; **-pijp:** inlet pipe || tuyau *m* d'admission *v* (d'arrivée *v*) || Zufuhr-, Zufluß-, Zuleitungsrohr *o*; **-trechter:** charging funnel (cone), hopper || trémie *v* de chargement *m* || Aufgabetrichter *m*; Gicht *v* (*hoogoven*); *zie ook* **hopper; kaar; tremel, vultrechter.**

toewij|zen: to adjudicate, to let || adjuger || vergeben; **-zing:** *zie* **gunning.**

toezicht: supervision || surveillance *v* || Beaufsichtigung *v*, Überwachung *v*; **-houden:** to control, to oversee || surveiller || beaufsichtigen, überwachen.

toffelzaag: *zie* **kapzaag** *onder* **kap 1.**

tol|breker: gyratory crusher || broyeur *m* (concasseur *m*) giratoire [à noix *v*] || Kreisel-, Rundbrecher *m*; **-deur** (*sluis*): turning door || porte *v* tournante || Drehtor *o*.

tolerantiekaliber: limit gauge || calibre *m* de tolérance *v* (limite) || Grenz-, Toleranzlehre *v*.

to|lueen: toluene || toluène *m* || (Toluen *o*), Toluol *o*; **-luïdine (tolylamine; (methylfenyl)amine):** toluidine || toluidine *v* || Toluidin *o*; **-luol*:** *zie* **tolueen; -lylamine ((methylfenyl)amine; toluidine):** tolylamine || tolylamine *v* || (Tolylamin *o*).

tombak: red bronze, tombac || laiton *m* rouge, tombac *m* || Tombak *m*.

ton: **1.** (*vat*): cask, barrel, tun || tonne *v*, tonneau *m* || Tonne *v*; **-gewelf:** barrel (wagon) vault || berceau *m*, voûte *v* à tonnelle *v* (en berceau *m*, en wagon *m*) || Kufen-, Tonnengewölbe *o*; **-molen:** *zie* **schroef v. Archimedes** *onder* **schroef 1; -nenbrug:** cask bridge || pont *m* de tonneaux *mm* || Faß-, Tonnenbrücke *v*; **-nenstelsel:** tub system || système *m* des fosses *vm* mobiles || Tonnenabfuhrsystem *o*; **-nenvlot:** raft of casks || radeau *m* de tonneaux *mm* || Faß-, Tonnenfloß *o*;

2. (*tonboei*): cask buoy || bouée *v* en baril *m* || Tonnenboje *v*;

3. (*scheepsmaat*): ton || tonneau *m* || Tonne *v*; **-nengeld:** tonnage dues || droit *m* de tonnage *m* || Tonnengeld *o*; **-neninhoud:** *zie* **registertonnage** *onder* **register 4.**

toneel: stage || scène *v* || Bühne *v*; **-verlichting:** stage lighting || éclairage *m* de la scène *v* || Bühnenbeleuchtung *v*.

tong: **1.** (*algem.*): tongue || langue *v*, languette *v* || Zunge *v*; **-arm:** tong arm || bras *m* de la tenaille *v* || Zangenschenkel *m*, -arm *m*; **-contact:** snap (rubbing) contact || contact *m* à languette *v* || Zungenkontakt *m*; **-vormig:** tongue-shaped || en forme *v* de langue[tte] *v* || **zungenförmig;**

2. (*orgelpijp*): tongue, reed, languet || languette *v*, anche *v* || Zunge *v*; **-pijp:** reed pipe || tuyau *m* à anche *v* battante (à languette *v*) || Zungenpfeife *v*;

3. (*slot*): bolt || pêne *m* || Riegel *m*;

4. (*weegschaal*): tongue || langue[tte] *v* || Zunge *v*;

5. (*gesp*): tongue || ardillon *m* || Zunge *v*, Dorn *m*;

6. (*wissel*): switch blade (tongue) || aiguille *v* de changement *m* de voie *v* || [Weichen]zunge *v*; **-, verende:** spring tongue || aiguille *v* flexible || federnde Zunge *v*; **-wissel:** point (split) switch || changement *m* de voie *v* à aiguille *v* || Zungenweiche *v*.

toog (*bouwk.*): arch || arc *m* || Bogen *m*; **-schaaf:** compass plane || rabot *m* cintré (rond) || Schiffshobel *m*.

toon (*geluid*): sound, tone || son *m*, ton *m* || Ton *m*; **-frequentie:** audiofrequence || basse fréquence *v* || Tonfrequenz *v*; **-[frequentie]telegrafie:** voice-frequency telegraphy || télégraphie *v* harmonique || Wechselstromtelegraphie *v*; **-hoogte:** pitch || ton *m*, diapason *m* || Tonhöhe *v*; **-meter:** tonometer || tonomètre *m* || Tonmesser *m*; **-sterkte:** intensity of sound (tone) || intensité *v* du son *m* || Tonstärke *v*; **-vonkenbaan:** musical spark-gap || éclateur *m* musical || tönende Funkenstrecke *v*.

toorts: *zie* **fakkel.**

toosten (*wol*): carbonisation || échardonnage *m* || Karbonisieren *v*.

top: **1.** (*algem.*): top || sommet *m* || Gipfel *m*, Spitze *v*; **-dikte:** size at the top end || dimensions *vm* au sommet *m* || Zopfstärke *v*; **-einde:** top end || sommité *v*, sommet *m* || Wipfelende *o*, Zopf *m*; **-factor:** crest factor || facteur *m* d'amplitude *v* || Scheitelfaktor *m*; **-kast** (*elevator*): bonnet (top) casing || enveloppe *v* [de la partie *v* supérieure] (chapeau *m*) d'un

élévateur *m* || Kopfhaube *v*; **-pen:** to lop off, to top || épointer, écrimer, étêter || zopfen; **-punt** (*boog*): crown || vertex *m* || Scheitel *m*; **-scharnier:** top (crown) joint || articulation *v* à la clef *v* (au sommet *m*) || Scheitelgelenk *o*; **-waarde:** peak (optimal, maximal) value, optimum, maximum || valeur *v* optimale (maximale, maximum), optimum *m*, maximum *m* || Spitzen-, Höchst-, Maximalwert *m*, maximaler (optimaler) Wert *m*, Maximum *o*; **-zwaar:** top-heavy || trop lourd par le haut *m*, pesant au sommet *m* || schwerköpfig, überstürzig;
2. (*berg*): summit || sommet *m* || Gipfel *m*;
3. (*meetk.*): apex || sommet *m* || Scheitel *m*; **-hoek:** vertical angle || angle *m* du sommet *m* || Scheitelwinkel *m*;
4. (*scheepst.*): head || tête *v* || Topp *m*; **-licht:** top (mast head) light || feu *m* de tête *v* de mât *m* || Topplicht *o*; **-sent:** top timber line || lisse *v* de platbord *m* || Toppsente *v*;
5. (*gewelf*): crown, top || sommet *m* || Scheitel *m*.

topaas: topaz || topaze *v* || Topas *m*; **-, gewolkte:** smoky topaz || topaze *v* enfumée || Rauchtopas *m*; **-, Oosterse:** oriental topaz || topaze *v* orientale, corindon *m* hyalin jaune || gelber Korund *m*, orientalischer Topas *m*.

toren: tower, spire; turret (*geschut*) || tour *v*; tourelle *v* || Turm *m*; *zie ook* **boortoren; -bout** (*auto*): central spring bolt || goujon *m* du ressort *m* || Federstift *m*; **-bout** (*veer*): spring king pin || goujon *m* central de ressort *m* || Feder-[haupt]stift *m*; **-pan:** tower tile || tuile *v* pour tours *vm* || Turmziegel *m*.

torkreteren: guniting, cementing by jet || guniter par cement-gun *m* || torkretieren.

torn|en (*mach.*): to turn || tourner || törnen; **-machine:** turning engine || vireur *m* à vapeur *v* || Drehmaschine *v*.

torpedo: torpedo || torpille *v* || Torpedo *m*; **-boot:** torpedo boat || [bateau-]torpilleur *m*, bateau-torpille *m* || Torpedoboot *o*; **-jager:** destroyer, torpedo boat catcher || contre-torpilleur *m* || [Torpedoboots]zerstörer *m*; **-lanceerbuis:** torpedo launching tube || tube *m* de lancement *m* pour torpilles *vm*, tube *m* lance-torpille || Torpedolancierrohr *o*; **-lanceertoestel:** torpedo launching gear || appareil *m* lance-torpille || Torpedolancierapparat *m*.

torsie: torsion || torsion *v* || Torsion *v*, Drall *m*, Drehung *v*; **-balans:** *zie* **wringingsbalans; -dynamometer:** *zie* **wringingsdynamometer; -elektrometer:** torsion electrometer || électromètre *m* de torsion *v* || Torsionelektrometer *o*, *m*; **-hoek:** angle of torsion || angle *m* de torsion *v* || Dreh-, Torsionswinkel *m*; **-koppel:** torsion couple || couple *m* de torsion *v* || Torsionsmoment *o*; **-kracht:** twisting force || force *v* de torsion *v* || Dreh-, Torsionskraft *v*; **-meetinstrument:** torsion instrument || instrument *m* de mesure *v* à torsion *v* || Torsionsmeßinstrument *o*; **-moment:** *zie* **wringmoment; -ophanging:** torsion suspension || suspension *v* à torsion *v* || Torsionaufhängung *v*; **-spanning:** *zie* **wringspanning; -stang:** torsion bar || barre *v* de torsion *v* || Torsionstab *m*; **-veer:** *zie* **wringveer.**

tors|schijf: rim pulley || poulie *v* à gorge *v* pour tension *v* || Zwirnscheibe *v*; **-wiel:** twist wheel || pignon *m* de torsion *v* || Zwirnwechsel *m*.

torus: tore, torus [1]) || tore *m* || Ringkörper *m*, Kreisring *m*, Torus *m*.

tot: to, as far as (*afstand*); till, until, to (*tijd*) || jusque, jusqu'à || zu, bis.

totaal: 1. (*z. nw.*): total [sum, amount] || total *m*, tout *m*, totalité *v* || Ganze *o*, Total *o*; Summe *v*;
2. (*bijv. nw.*, *bijw.*): total(*ly*), entire(*ly*), (*all*, *altogether*) || total(*ement*), entier (*entièrement*) || ganz, total, Total-, Gesamt-.

touw: rope (*dik*); cord (*dun*); string (*zeer dun*) || corde *v* (*algem.*): cordage *m*, câble *m* (*scheepst.*); ficelle *v* (*bindtouw*); cordon *m* (*koord*) || Seil *o* (*dik*); Bindfaden *m*, Schnur *v* (*dun*); Tau *o* (*scheepst.*); **- zonder einde:** closed (endless) rope || câble *m* (corde *v*) sans fin *m* || geschlossenes Seil *o*, Seil *o* ohne Ende *o*; **-, geteerd:** tarred rope || corde *v* goudronnée || geteertes Tau *o*; **-, krapgeslagen:** hard laid (twisted) rope || cordage *m* trop tordu || krappgeschlagenes Tauwerk *o*; **-, links geslagen:** back laid (left handed) rope, rope with lay to the left || cordage *m* à torsion *v* gauche (commis de droite *v* à gauche *v*), câble *m* sinistrorsum || linksgeschlagenes Tau *o*; **-, rechts geslagen:** right handed rope, rope with lay to the right || cordage *m* à torsion *v* droite (commis à droite *v*), câble *m* dextrorsum || rechtsgeschlagenes Tau *o*; **-en** (*leder*): to curry, to dress, to taw || corroyer || bereiten, zurichten, gerben; **-fender:** rope fender || défense *v* en cordage *m* || Taufender *o*; **-garen:** rope yarn || fil *m* de caret *m* || Taugarn *o*; **-kabel:** rope, cable || cordage *m*, câble *m* || Seil *o*, Tau *o*; **-klem:** rope gripper || grippe *v* (fourche *v*) d'attache *v* || Mitnehmer *m*, Seilgreifer *m*; **-ladder:** rope (foot) ladder || échelle *v* de corde *v* || Strickleiter *v*; **-overbrenging:** *zie* **snaaroverbrenging; -schijf:** rope pulley

---

[1]) Mrv.: *tori*.

(sheave) || poulie *v* à corde *v* (à câble *m*) || Seilscheibe *v*, -rolle *v*; **-slaan:** rope making (spinning, twisting) || corderie *v* || Seil-[zusammen]-, Tauschlagen *o*; **-slagerij:** rope yard, ropery || corderie *v* || Tauschlägerei *v*, Seiler-, Reeperbahn *v*; **-slagmachine:** rope spinning machine || machine *v* à battre les cordes *vm* || Seilschlagmaschine *v*; **-smeer:** rope lubricant || graisse *v* de câble *m* || Seilschmiere *v*; **-spanning:** rope tension || tension *v* du câble *m* || Seilspannung *v*; **-stopper:** rope stopper || bosse *v* à bouton *m* || Taustopper *m*; **-strop:** rope strap || estrope *v* en filin *m* || Taustropp *m*; **-transmissie:** *zie* **snaartransmissie; -werk:** cordage, ropes; rigging (*scheepst.*) || cordage *m* || Seilwerk *o*.

traag: slow(*ly*), inert || inerte (*lentement*) || träge; **-heid:** slowness, inertness (*algem.*); [power of] inertia (*mechanica*) || lenteur *v* (*algem.*); force *v* d'inertie *v* (*mechanica*) || Trägheit *v*; **-heidsas:** axis of inertia || axe *m* d'inertie *v* || Trägheitsachse *v*; **-heidskracht:** inertia resistance || force *v* d'inertie *v* || Trägheitswiderstand *m*; **-heidsmoment:** *zie* **inertiemoment; -heidsmoment, equatoriaal:** equatorial moment of inertia || moment *m* d'inertie *v* par rapport *m* à un axe *m* || äquatoriales Trägheitsmoment *o*; **-heidsmoment, polair;** polar moment of inertia || moment *m* d'inertie *v* par rapport *m* à un point *m* || polares Trägheitsmoment *o*; **-heidsregulateur:** *zie* **inertieregulateur; -heidsstraal:** radius of gyration || rayon *m* de giration || Trägheitsradius *m*; **-heidsvermogen:** *zie* **traagheid.**

traan: 1. (*olie*): fish oil || huile *v* de poisson *m* || Tran *m*; Fischöl *o*;
2. (*uit de ogen*): tear || larme *v* || Träne *v*; **-gas:** lachrymatory gas || gaz *m* lacrymogène || Tränengas *o*, Reizgas *o*; **-verwekkend:** lachrymatory || lacrymogène || tränenerregend.

tra|ceerkoord: tracing cord || cordeau *m* à tracer || Trassierschnur *v*; **-ceren:** to trace || tracer || trassieren; **-cering v. e. spoorlijn:** laying out of a line || tracé *m* d'une ligne *v* || Linienführung *v*.

trachiet: trachyte || trachyte *m* || Trachyt *m*; **-tuf:** trachytic tuf || tuf *m* trachytique || Trachyttuff *m*, Duckstein *m*.

tractie (*spw.*): traction || traction *v* || Traktion *v*, Zugförderung *v*; **-, elektrische** (*spw.*): electric traction || traction *v* électrique || elektrischer Fahrbetrieb *m*; **-motor:** traction motor || moteur *m* de traction *v* || Fahrmotor *m*.

tractor: *zie* **trekker.**

tragacantgom: gum tragacanth || gomme *v* adragante || Tragantgummi *o*.

traject: way, distance, stretch || trajet *m*, parcours *m* || [Bahn-, Teil-]strecke *v*.

tralie: lattice, trellis, grating, grate; bar || treillis *m*; barreau *m* || Gitter *o*; **-balk:** *zie* **vakwerkbalk; -brug:** lattice bridge || pont *m* à treillis *m* || Gitterbrücke *v*; **-deur:** lattice (grated) door || porte *v* à treillis *m* || Gittertür *v*; **-hek** (*spw.*): lattice barrier || barrière *v* en grille *v* || Gitterschranke *v*; **-ligger:** trellis girder || poutre *v* à treillis *m* || Gitterträger *m*; **-mast:** *zie* **vakwerkmast; -spektrum:** diffraction spectrum || spectre *m* de diffraction *v* || Biegungsspektrum *o*; **-venster:** lattice window || fenêtre *v* treillisée || Gitterfenster *o*; **-werk:** lattice-work, grating, trellis || clôture *v* en lattis (*m* en treillis *m*) || Gitterwerk *o*; **-werk ter bescherming:** protection grating || treillis *m* protecteur || Schutzgitter *o*.

tram: *zie* **trem; -zijde** (*weverij*): tram, weft silk || soie *v* trame || Einschlag-, Tramseide *v*.

transcendentaal: transcendental || transcendent || transzendent.

transformatie: transformation || transformation *v* || Transformation *v*, Umwandlung *v*; **-constante, radio-actieve:** constant of radio-active transformation || constante *v* de transformation *v* radioactive || Zerfallskonstante *v*; **-verhouding:** ratio of transformation || rapport *m* de transformation *v* || Transformierungsverhältnis *o*.

transformator: transformer || transformateur *m* || Transformator *m*, Umwandler *m*; **- v. gelijk- op draaistroom:** continuous to threephase converter || transformateur *m* continu-triphasé || Gleichstrom-Drehstromumformer *m*; **- v. gelijk- op wisselstroom:** continuous to alternating current converter || transformateur *m* continu-alternatif || Gleichstrom-Wechselstromumformer *m*; **- v. wissel- op gelijkstroom:** alternating to continuous current converter || transformateur *m* de courant *m* alternatif en continu || Wechselstrom-Gleichstromumformer *m*; **- v. lage spanningen:** low tension transformer || transformateur *m* à basse tension *v* || Niederspannungstransformator *m*; **-, automatische:** *zie* **spaartransformator; -, driefasige:** *zie* **draaistroomtransformator; -, driezuilige:** three column (legged) transformator || transformateur *m* à trois colonnes *vm* || dreisäuliger Transformator *m*; **-, homomorfische:** transformator in which the kind of current is not changed || transformateur *m* homomorphique || Transformator *m* welcher die Stromart *v* nicht ändert; **-bak:** transformer tank || bac *m* (cuve *v*) de transformateur *m* || Transformatorgefäß *o*; **-blik:** transformer stamping (sheet, *Am.*) || tôle *v* pour transformateurs *mm* || Transformatorblech *o*; **-bord:** converter board || tableau *m* des transformateurs *mm* || Umformertafel *v*; **-huisje:** transformer kiosk || cabine *v* de transformateurs *mm* || Umspannerzelle *v*; **-juk:** transformer yoke || culasse *v* de transformateur *m* || Transformatorjoch *o*; **-kern:** transformer core || noyau *m* de transformateur *m* || Transformatorkern *m*; **-mantel:** transformer shell || cuirasse *v* de transformateur *m* || Transformatormantel *m*; **-olie:** transformer (transile, *Am.*) oil || huile *v* pour transformateur *m* || Transformatoröl *o*; **-oliekoeler:** transformer oil cooler || réfrigérant *m* d'huile *v* de transformateur *m* || Transformatorölkühler *m*; **-put:** transformer pit || puits *m* de transformateur *m* || Transformatorenschacht *m*; **-ruimte:** *zie* **transformatorhuisje; -schakelaar:** converter switch || interrupteur *m* de transformateur *m* || Umformerschalter *m*; **-schakeling:** transformer connection || couplage *m* de transformateur *m* || Transformatorschaltung *v*; **-spoel:** transformer coil || bobine *v* de transformateur *m* || Transformatorspule *v*; **-station:** transformer station || station *v* de transformation *v* || Transformatorenstation *v*; **-versterker:** transformer amplifier || amplificateur *m* à transformateurs *mm* || Transformatorverstärker *m*; **-wikkeling:** transformer winding || enroulement *m* de transformateur *m* || Transformatorwicklung *v*; **-zuil:** *zie* **transformatorhuisje.**

transformeren: to transform || transformer || transformieren.

transistor: transistor || transistor *m* || Transistor *m*.

transitogoederen: transit goods || marchandises *vm* en transit *m* || Transitgüter *om*.

transla|teur: *zie* **overdrager; -tie:** translation || translation *v* || Translation *v*; (*telef.*): *zie* **omzetting; -tor:** *zie* **duplexspoel.**

transmissie: transmission || transmission *v* || Transmission *v*, Übertragung *v*; **-hamer:** belt driven hammer || marteau *m* à transmission *v* || Transmissionshammer *m*; **-ketting:** *zie* **rollenketting; -kettingwiel:** *zie* **kettingwiel, getand** *onder* **ketting 1; -leiding:** transmission line || ligne *v* de transport *m* (transmission *v*) || Fernleitung *v*; **-rem:** transmission brake || frein *m* de transmission *v* || Vorgelegebremse *v*.

transmutatie: transmutation || transmutation *v* || Transmutation *v*.

transparant: **1.** (*z. nw.*): transparency || transparent *m* || Durchscheinbild *o*, Transparent *o*;
2. (*bijv. nw.*): transparent || transparent || durchsichtig, transparent.

trans|port: conveyance, transport || transport *m* || Transport *m*; *zie ook* **vervoer; -portband** (*toestel*)**:** belt (band) conveyor || transporteur *m* à courroie *v* || Band-, Gurtförderer *m*; (*band*)**:** conveyor belt (band) || bande *v* (toile *v*) de transport *m* (transporteuse) || Förder-, Transportband *o*; **-porteren:** to convey || transporter || transportieren; **-porteur** (*transportinr.*)**:** conveyor || transporteur *m* || Förderer *m*; *zie ook* **transportband;** (*graadboog*): *zie* **graadboog; -portgalerij** (*mijnb.*)**:** *zie* **vervoergalerij; -portgoot:** conveyor chute, conveying trough || gouttière *v* transporteuse *v* || Förderrinne *v*, -rutsche *v*; **-portinrichting:** conveying plant || transporteur *m* || Fördervorrichtung *v*; **-portinrichting, hydraulische:** hydraulic transporter || transporteur *m* à pression *v* hydraulique || Druckwasserförderer *m*; **-portkabel** (*mijnb.*)**:** *zie* **kabel voor tractie; -portmof:** temporary end sleeve || capote *v* d'extrémité *v* pour le transport *m* || Transportverschluß *m*; **-portschacht:** *zie* **hijsschacht** (*mijnb.*); **-portschip:** transport ship || vaisseau *m* de transport *m* || Transportschiff *o*; **-portschroef:** conveyor (transport) screw (worm) || vis *v* de transport *m* (transporteuse) || Förder-, Transportschnecke *v*; (*draaibank*)**:** lead (guide) screw, leader || vis-mère *v* || Leitspindel *v*; **-portspoor:** goods line, railway for goods traffic || chemin *m* de fer *m* d'extraction *v* (de service *m*) || Förderbahn *v*; **-portworm:** *zie* **transportschroef; -vector:** transvector || transvecteur *m* || Transvektor *m*; **-versaal:** transversal || transversal transversal, quer.

trap: **1.** (*trede v. e. trap*): step, stair || marche *v* || Stufe *v*;
2. (*aantal treden*): staircase, [flight of] stairs || escalier *m* || Treppe *v*; **- m. zijbomen:** carriaged stairs || escalier *m* à limons *mm* || Wangentreppe *v*; **-, eenarmige:** single flight stairs || escalier *m* à une volée *v* || einarmige (einläufige) Treppe *v*; **-, veelarmige:** stairs with several flights || escalier *m* à plusieurs volées *vm* || mehrarmige Treppe *v*; **-, vrijdragende:** overhanging stairs || escalier *m* suspendu || freitragende Treppe *v*; **-arm:** flight of stairs || volée *v* (rampe *v*) d'escalier *m* || Treppenarm *m*, -lauf *m*; **-boom:** string piece, stair cheek,

(horse) cheek of staircase || limon *m* || Treppenbaum *m*, -wange *v*; **-dorpel:** sleeper of stairs || patin *m* d'escalier *m* || Treppengrundschwelle *v*, -sohle *v*; **-gevel:** gable with steps || pignon *m* à redents *mm* || abgetreppter Giebel *m*; **-helling:** ratio of rise and tread || pente *v* de l'escalier *m* || Treppenneigung *v*; **-leuning:** hand rail, bannister || garde-fou *m*, rampe *v* [d'escalier *m*] || Treppengeländer *o*; **-penhuis:** staircase well || cage *v* d'escalier *m* || Treppenhaus *o*; **-portaal:** landing [place]; half way landing || palier *m* || Treppenabsatz *m*; **-venster:** staircase window || fenêtre *v* d'escalier *m* || Treppenfenster *o*; **-verlichting:** staircase lighting || éclairage *m* d'escalier *m* || Treppenbeleuchtung *v*; **-vormig:** arranged in steps, stepped || échelonné || treppenförmig;
3. (*graad*; *stadium*; *fase*): step, degree || degré *m*, grade *m*, stade *m* || Stufe *v*; **-penschijf:** step pulley || poulie *v* à gradins *mm* (étagée) || Stufenscheibe *v*; **-riemschijf:** *zie* **trappenschijf** *onder* **trap 3;** **-rol:** treadle bowl || galet *m* pour marche *v* || Trittrolle *v*; **-rooster:** step[ped] grate || grille *v* à gradins *mm* || Stufen-, Treppenrost *m*; **-schakelaar:** step switch || interrupteur *m* à gradins *mm* || Stufenschalter *m*; **-schakeling:** step connection || couplage *m* graduel || Stufenschaltung *v*; **-sgewijze:** gradual(*ly*) || graduel(*lement*), par dégrés *mm* || stufenweise; **-transformator:** step transformer || transformateur *m* subdivisé || Stufentransformator *m*; **-weerstand:** resistance of one step || résistance *v* d'un degré *m* || Stufenwiderstand *m*;
4. (*m. d. voet*): kick || coup *m* de pied *m* || Fußtritt *m*; **-per** (*v. e. rijwiel*): pedal || pédale *v* || Pedal *o*; **-peras** (*v. e. rijwiel*): pedal shaft || arbre *m* de la pédale *v* || Pedalwelle *v*; **-perkruk** (*v. e. rijwiel*): pedal crank || manivelle *v* || Tretkurbel *v*; **-pers:** treadle press || presse *v* à pedale *v* || Tretpresse *v*; **-starter:** kick starter || démarreur *m* à pied *m* || Kickstarter *m*;
5. *zie* **trapladder; -ladder:** step ladder || échelle *v* de meunier *m* || Leitertreppe *v*, Treppenleiter *v*;
6. (*compressor*; *centrif.pomp*): stage || étage *m* || Stufe *v*;

trapezium: trapezium || trapèze *m* || Trapez *o*; **-draad:** *zie* **schroefdraad, trapeziumvormige; -vormig:** trapezoidal || trapézoïdal || trapezförmig.

tras: trass || trass *m* || Traß *m*; **-beton:** trass concrete || béton *m* de trass *m* || Traßbeton *m*; **-molen:** trass mill || moulin *m* à trass *m* || Traßmühle *v*; **-raam:** trass layer || couche *v* de trass *m* || Traßdecke *v*, -schicht *v*.

traver|se: *zie* **dwarsbalk; rolwagen; -tijn:** travertine || travertin *m* || Travertin *m*.

trawler: trawler || chalutier *m* || Schleppnetz-, Fischdampfer *m*, Trawler *m*.

trechter: funnel || entonnoir *m* || Trichter *m*; *zie ook* **hopper; kaar; tremel; vultrechter; -boor:** tapering pod (funnel shaped) auger || tarière *v* en entonnoir *m* || Trichterbohrer *m*; **-gewelf:** upright conical vault || voûte *v* conique verticale || Trichtergewölbe *o*; **-plaat:** trumpet plate || plaque *v* entonnoir || Trichterplatte *v*; **-vorm:** conical shape || forme *v* d'entonnoir *m* (de trémie *v*) || Trichterform *v*; **-vormig:** funnel shaped || en forme *v* d'entonnoir *m* || trichterförmig.

trede: 1. (*voertuig*): footboard [mounting] step || marchepied *m* || Aufstieg *m*, Auftritt *m*; *zie ook onder* **tree-; -drager:** step bracket (support) || support *m* de marchepied *m* || Auftrittstütze *v*;
2. (*trap*): *zie* **trap 1; -, eerste:** curtail step || [marche *v* de] départ *m* || Anfang-, Antrittstufe *v*, Antritt *m*; **-, rechte:** straight step || marche *v* droite || gerade Stufe *v*; **-beschermer:** metal tread || garniture *v* protectrice en métal *m* || Metallaufstoßschiene *v*.

tree: *zie* **trede.**

treeplank: 1. (*voertg.*): running board, foot board, long side step || [planche *v* de] marchepied *m* || Trittbrett *o*, Tritt *m*; **-beslag:** angle plate, step rail || garniture *v* (bande *v*) de marchepied *m* || Trittbrettbeschlag *m*, -schienen *m*;
2. (*trap*): tread board || ais *m* de marche *v* || Trittbrett *o*.

trein: train || train || Zug *m*; **-aanbieden, de:** to offer the train || demander l'entrée *v* du train *m* || den Zug *m* anbieten; **- aannemen, de:** to accept the train || permettre l'entrée *v* du train *m* || den Zug *m* annehmen; **- binnenlaten, de:** to let the train run in || permettre l'entrée *v* du train *m* || den Zug *m* einlassen; **- dekken, de:** to cover (to protect) the train || couvrir le train *m* || den Zug *m* decken; **- doen vertrekken, een:** to despatch a train || expédier (lancer) un train *m* || einen Zug *m* ablassen; **- doorlaten, de:** to let the train run through || permettre le passage *v* du train *m* || den Zug *m* durchlassen; **- inhalen, een:** to overtake a train || dépasser un train *m* || einen Zug *m* überholen; **- m. treinschakeling:** multiple-unit train || train *m* à unités *vm* multiples || Triebwagenzug *m*; **- stoppen, de:** to stop the train || arrêter le train *m* || den Zug *m* anhalten; **-, doorgaande:** non stop train || train *m* direct || durchgehender Zug *m*; **-, gemengde:** mixed train || train *m* mixte || gemischter Zug *m*; **-aankomst:** arrival || arrivée *v* || Einfahrt *v*; **-aankondiging:** warning || annonce *v* || Vormeldung *v*; **-afzending:** train despatch || expédition *v* d'un train *m* || Zugabfertigung *v*; **-botsing:** collision of trains || rencontre *m* (collision *v*) des trains *mm* || Zugzusammenstoß *m*; **-chef:** head guard || chef *m* de train *m*, chef-garde *m* || Zugführer *m*; **-conducteur:** [railway] guard || garde *m* de train *m* || Schaffner *m*; **-deksignaal:** train protecting signal || signal *m* de couverture *v* des trains *mm* || Zugdeckungssignal *o*; **-kilometer:** train kilometer || train-kilomètre *m* || Zugkilometer *o*, *m*; **-kruising:** train crossing || croissement *m* de trains *mm* || Zugkreuzung *v*; **-machinist:** engine driver || machiniste *m* de locomotive *v* || Lokomotivführer *m*; **-melddienst:** train signalling service || service *m* avec annonce *v* des trains *mm* || Zugmeldedienst *m*; **-melder:** train signaller || annonceur *m* de train *m* || Zugankündiger *m*; **-meldplaats:** train signalling point || endroit *m* d'où un train *m* est annoncé || Zugmeldestelle *v*; **-meldsysteem:** method of train signalling || mode *m* d'annonce *v* de l'arrivée *v* d'un train *m* || Zugmeldeverfahren *o*; **-opvolging:** train succession || succession *v* des trains *mm* || Zugfolge *v*; **-personeel:** train staff || personnel *m* du train *m* || Zugbesatzung *v*, -mannschaft *v*; **-samenstelling:** make up of train || composition *v* d'un train *m* || Zugstärke *v*; **-schakeling:** multiple unit control || commande *m* à unités *vm* multiples || Zugsteuerung *v*; **-soort:** type of train || genre *m* de train *m* || Zuggattung *v*; **-verdeling:** breaking (division) of the train || rupture *v* d'un train *m* || Zugtrennung *v*; **-verkeer:** train traffic || trafic *m* des trains *mm* || Zugverkehr *m*; **-verlichting:** train lighting || éclairage *m* des trains *mm* || Zugbeleuchtung *v*; **-vertrek:** departure of train || départ *m* d'un train *m* || Ausfahrt *v* eines Zuges *vm*; **-vorming:** making up (marshalling) of trains || formation *v* des trains *mm* || Zugbildung *v*; **-weerstand:** total resisting effort || effort *m* résistant total || Gesamtfahrwiderstand *m*.

trek: 1. (*trekkracht*): tension || traction *v* || Zug *m*;
2. (*ruk*): pull, tug, haul || coup *m* || Zug *m*, Ruck *m*;
3. (*schoorsteen, enz.*): draught, draft || tirage *m* || Zug *m*; **-, geforceerde** (*natuurlijke*)**:** forced (*natural*) draught || tirage *m* forcé (*naturel*) || Druckzug *m* (*natürlicher Zug m*); **-, kunstmatige:** artificial (forced) draught (draft) || tirage *m* artificiel (forcé) || künstlicher Zug *m*; **-, zwakke:** poor (weak) draught (draft) || tirage *m* léger || leiser (schwacher) Zug *m*;
4. (*tocht*): draught, current of air || courant *m* d'air *m* || Zug *m*;
5. *zie* **meettrek;**
6. (*boorkolom*): stand || train *m* [de tiges *vm*] || Zug *m*;
7. (*vuurwapen*): rifling || rayure *v* || Zug *m*.

trek|anker: tie rod || tirant *m* || Zuganker *m*; **-band:** binding stay || bride *v* de la membrure *v* inférieure || Zugband *o*.

trekbank: 1. (*geweer*): rifling bench || machine *v* à rayer || Ziehbank *v*;
2. (*draad*): draw bench || banc *m* à étirer || Ziehbank *v*;
3. (*materiaalbeproeving*): machine (apparatus) for testing tensile strength || machine *v* d'essai *m* à la traction *v* || Zerreiß-, Zugfestigkeitsprüfmaschine *v*.

trek|belasting: tensile strain || effort *m* de traction *v* || Zugbelastung *v*, -kraft *v*; **-beugel:** lattice pole trap || bride *v* pour pylône *m* en treillis *m* || Gittermastschelle *v*; **-bout:** drawbolt || boulon *m* tendeur || Zugbolzen *m*; **-contact:** pull contact || contact *m* à tirage *m* || Zugkontakt *m*; **-doos:** drawing in box || boîte *v* de tirage *m* || Einziehdose *v*; **-dynamometer:** tension dynamometer || dynamomètre *m* de traction *v* || Zugdynamometer *o*, *m*; **-emmer:** *zie* **kabelgraafmachine; - en stootwerk** (*spw.*)**:** draw and buffer gear || appareils *mm* de traction *v* et de choc *m* || Zug- und Stoßvorrichtung *v*; **-gewicht:** stretching weight || contrepoids *m* tendeur || Spanngewicht *o*; **-haak:** draw hook || crochet *m* d'attelage *m* (de traction *v*) || Zughaken *m*; **-hei:** common ram, pile driver || sonnette *v* à tiraude *v* || Zugramme *v*; **-isolator:** strain insulator || isolateur *m* tendeur || Zugisolator *m*; **-kabel:** traction (drawing, pull, hauling) rope || câble *m* tracteur (de traction *v*) || Zugseil *o*.

trekken: 1. (*algem.*): to pull, to haul || tirer || ziehen;
2. (*schoorsteen, enz.*): to draw; drawing || tirer; tirage *m* || ziehen; Ziehen *o*, Zug *m*;
3. (*voorttrekken*): to pull || trainer || ziehen;
4. (*aftrekken*): to draw; to infuse (*laten trekken*) || s'infuser; faire infuser (*laten trekken*) || ziehen;
5. (*draad; buis*): to draw; drawing || étirer; étirage *m* || ziehen; Ziehen *o*;
6. (*hout*): to warp, to become warped, to shrink || se déjeter || sich werfen, sich ziehen, schwinden;

7. (*lijnen*): to draw || tirer, tracer || ziehen;
8. (*wortel u. e. getal*): to extract || extraire || ziehen.

trekker: 1. (*tractor*): tractor || tracteur *m* || Trecker *m*, Traktor *m*, Kraft-, Motorschlepper *m*;
2. (*geweer*): trigger || détente *v* || Abzug *m*, Drucker *m*; **-plaat:** trigger plate || écusson *m*, pièce *v* de détente *v* || Abzugsblech *o*; **-veer:** trigger spring || ressort *m* de détente *v* || Abzugfeder *v*.

trekketting: pull chain || chaîne *v* tractrice (de traction *v*) || Zugkette *v*.

trekkracht: 1. (*mech.*): tensile force || effort *m* (force *v*) de traction *v* || Zugkraft *v*; **- a. d. koppeling** (*spw.*): drawbar pull || effort *m* de traction *v* au crochet *m* || Zugkraft *v* am Haken *m*; **- a. d. omtrek v. d. drijfwielen:** tractive effort || effort *m* de traction *v* à la jante *v* || Zugkraft *v* am Radumfang *m*; **-last:** traction load || charge *v* de traction *v* (à tirer) || Zug[be]last[ung] *v*;
2. (*schoorsteen*): strength (intensity) of draught || force *v* de tirage *m* || Zugstärke *v*;
3. (*advertentie*): attention value || accrochage *m* (attrait *m*) publicitaire || Aufmerksamkeitswert *m*, Zugkraft *v*.

trek|machine (*weverij*): drawloom || métier *m* à la tire *v* || Zugstuhl *m*; **-mes:** drawing knife || plane *v* à deux biseaux *mm* || Schnitt-, Zieh-, Zugmesser *o*; *zie ook* **haalmes; -meter:** draught gauge (indicator) || indicateur *m* de tirage *m* || Zugmesser *m*; **-meter, registrerende:** recording draught gauge || enregistreur *m* de tirage *m* || registrierender Zugmesser *m*; **-net:** sein, sean || seine *v* || Zugnetz *o*; **-opwekking:** production of draught || production *v* de tirage *m* || Zugerzeugung *v*; **-pen:** drawing pen, marker || tire-ligne *m* || Reiß-, Ziehfeder *v*, Linienzieher *m*; **-pen voor gebogen lijnen:** swivel pen || tire-curviligne *m* || Kurvenziehfeder *v*; **-pendel:** counterweight fitting || suspension *v* à contrepoids *m* || Schnurzugpendel *o*; **-proef:** tensile (tension) test || essai *m* à la (de) traction *v* || Zug-, Zerreißversuch *m*; **-ring:** strain ring || anneau *m* (bague *v*) de traction *v* || Zugring *m*; **-sluiting:** zip fastener || fermeture *v* éclair (à curseur *m*, à glissière *v*) || Reißverschluß *m*.

trekrol: 1. *zie* **aftrekrol;**
2. (*telegr.*): paper feed roller || cylindre *m* d'entraînement *m* du papier *m* || Papierführungsrolle *v*.

trek|schakelaar: pull switch || interrupteur *m* à tirage *m* || Zugschalter *m*; **-schuif** (*v. schoorsteen*): sliding flue damper || registre *m* de tirage *m* || Rauchschieber *m*; **-snoer:** gut cord || gavassinière *v* || Latzenschnur *o*; **-spanning:** [intensity of] tensile stress || tension *v* de traction *v* || Zugspannung *v*; **-staaf:** tie rod, tension member (strap) || tirant *m*, barre *v* (nervure *v*) tendue (travaillant à l'extension *v*) || Zugband *o*, -glied *o*, -stab *m*.

trekstang: 1. (*bouwk.*): tie || tirant *m* || Schließe *v*, Zugstange *v*;
2. (*spw.*): drawbar, pull (tension, connecting) rod || barre *v* (tringle *v*, tige *v*) de traction *v*, bielle *v* || Zugstange *v*.

trek|steen: die, draw plate || filière *v* || Ziehstein *m*, -düse *v*; **-sterkte:** tensile strength, resistance to tensile stress || résistance *v* à la traction *v* || Zug-, Zerreißfestigkeit *v*; *zie ook* **trekkracht 2; -trommel:** drawing drum || bobine *v* à étirer || Ziehtrommel *v*; **-vastheid:** *zie* **treksterkte; -veer:** draw-spring || ressort *m* de traction *v* || Zugfeder *v*; **-veerkracht:** elasticity of elongation, tensile elasticity || élasticité *v* de traction *v* || Zugelastizität *v*; **-vermogen:** *zie* **trekkracht; -zaag:** double handed cross cut saw || scie *v* passe-partout || Zugsäge *v*.

trem: tramway, tram[car] || tram[way] *m* || Straßenbahn *v*; **-, elektrische:** electric tramway || tramway *m* électrique || elektrische Straßenbahn *v*; **-lijn:** tram[way] line || ligne *v* de tramway *m* || Straßenbahnlinie *v*; **-motor:** tramway (tramcar) motor || moteur *m* de tramway *m* || Straßenbahnmotor *m*; **-net:** tramway system || réseau *m* de tramways *mm* || Straßenbahnnetz *o*; **-reel:** tram[way]rail || rail *m* de tramway *m* || Straßenbahnschiene *v*; **-wagen:** tramway car || omnibus *m* (voiture *v*) de tramway *m* || Straßenbahnwagen *m*; **-weg:** tramway || tramway *m* || Tram-, Straßenbahn *v*.

tremel: hopper || trémie *v* || Rumpf *m*, Mühlentrichter *m*.

tren|zen [*scheepst.*]**:** to worm || congréer || trensen; **-zing:** worming || congréage *m* || Trensung *v*.

tres: lace, barder || galon *m* || Tresse *v*, Borte *v*.

tri|amine: triamine || triamine *v* || Triamin *o*; **-angulatie:** triangulation || triangulation *v* || Triangulation *v*, Triangulierung *v*; **-azabenzeen** (triazine)**:** triazabenzene || triazabenzène *m* || (Triazabenzen *o*); **-azacyclopentadieen:** triazacyclopentadiene || triazacyclopentadiène *m* || (Triazacyclopentadien *o*); **-zine (triazabenzeen):** triazine || triazine *v* || Triazin *o*; **-azol*:** *zie* **triazool; -azool (triazacyclopentadieen):** triazole || triazole *v* || Triazol *o*; **-basisch:** tribasic || tribasique

|| tri-, dreibasisch; **-bometer:** tribometer || tribomètre *m* || Tribometer *o, m*; **-bune:** platform || tribune *v* || Rednerbühne *v*, Tribüne *v*; **-chloormethaan** (chloroform): trichloromethane || trichlorométhane *m* || Trichlormethan *o*; **-cot:** tricot || tricot *m*, étoffe *v* tricotée || Trikot *m en o*; **-dymiet:** tridymite || tridymite *v* || Tridymit *m*; **-ethanolamine (tri(hydroxyethyl)amine):** triethanolamine || triéthanolamine *v* || Triäthanolamin *o*; **-forium:** triforium || trifoire *m* || Triforium *o*, Drillingsbogen *m*; **-glyf:** triglyph || triglyphe *m* || Triglyph *m*, Dreischlitz *m*; **-gonometrie:** trigonometry || trigonométrie *v* || Trigonometrie *v*; **-gonometrisch:** trigonometrical || trigonométrique || trigonometrisch; **-(hydroxylethyl)amine:** tri(hydroxyethyl)-amine || tri(hydroxyéthyl)amine *v* || Tri(hydroxyäthyl)amin *o*; **-joodmethaan** (jodoform): triiodomethane || triiodométhane *m* || Trijodmethan *o*; **-meer** (*z. nw.*): trimer || trimère *m* || Trimer *o*; (*bijv. nw.*): trimeric || trimère || trimer; **-ton:** triton || triton *m* || Triton *o*; **-tium:** tritium || tritium *m* || Tritium *o*.

Trias: Triassic || Triasique *v* || Trias *m*; **-zandsteen:** triassic sandstone || grès *m* triassique (bigarré) || Trias-, Buntsandstein *m*.

trilbeton: vibrated concrete || béton *m* vibré || vibrierter Beton *m*.

tril|len: 1. (*algem.*): to vibrate, to swing || vibrer || schwingen, vibrieren; *zie ook* **oscilleren; schommelen; slingeren; vibreren; -lend:** vibrating, vibratory || vibrant, vibratoire || schwingend; **-ling:** vibration, swinging, shaking || vibration *v*, trépidation *v* || Vibration *v*, Schwingung *v*, Erschütterung *v*; **-lingsduur:** cycle, time of vibration, vibration period || durée *v* (période *v*) de vibration *v* || Schwingungsdauer *v*; **-lingsgetal:** number of vibrations || nombre *m* de vibrations *vm* || Schwingungszahl *v*, -frequenz *v*;
2. (*natuurk.*): to vibrate, to oscillate || vibrer, osciller || schwingen; **-ling:** vibration, oscillation || vibration *v*, oscillation *v* || Schwingung *v*; **-ling, eigen:** natural oscillation (vibration) || oscillation *v* (vibration *v*) propre || Eigen-, Grundschwingung *v*; **-ling, harmonische:** harmonic oscillation (vibration) || oscillation *v* (vibration *v*) harmonique (supérieure) || harmonische Schwingung *v*, Oberschwingung *v*; **-ling, longitudinale:** longitudinal oscillation (vibration) || oscillation *v* (vibration *v*) longitudinale || longitudinale Schwingung *v*; **-ling, (on)gedempte:** (*un*)damped oscillation (vibration) || oscillation *v* (vibration *v*) (*non-*)amortie (*entretenue*) || (*un*)gedämpfte Schwingung *v*; **-ling, opgelegde:** forced oscillation || oscillation *v* forcée || erzwungene Schwingung *v*; **-ling, samengestelde:** composed oscillation (vibration) || oscillation *v* (vibration *v*) composée || zusammengesetzte Schwingung *v*; **-ling, staande:** stationary oscillation (vibration) || oscillation *v* (vibration *v*) stationnaire || stehende Schwingung *v*; **-ling, transversale:** transverse oscillation (vibration) || oscillation *v* (vibration *v*) transversale || transversale Schwingung *v*; **-ling, vrije:** free oscillation || oscillation *v* libre || freie Schwingung *v*; **-lingsknoop:** vibration node || noeud *m* de vibration *v* || Schwingungsknoten *m*;
3. (*elektr.*): to oscillate || osciller || schwingen; **-ling:** oscillation || oscillation *v* || Schwingung *v*; **-lingsenergie:** wave energy || énergie *v* des oscillations *vm* (oscillatoire) || Schwingungsenergie *v*; **-lingsfase:** phase of oscillation || phase *v* d'oscillation *v* || Schwingungsphase *v*; **-lingsfrequentie:** frequency of oscillations || fréquence *v* d'oscillations *vm* || Schwingungsfrequenz *v*; **-lingsgenerator:** oscillation generator || générateur *m* d'oscillations *vm* || Schwingungsgenerator *m*; **-lingsketen:** oscillation (oscillatory) circuit || circuit *m* oscillatoire (oscillant, générateur d'oscillations *vm*) || Schwingungskreis *m*; **-lingskring:** *zie* **trillingsketen; -lingstijd:** oscillation period, time of oscillation || durée *v* (periode *v*) d'oscillation *v* || Schwingungsdauer *v*;
4. (*klep*): to chatter || cogner || klappen.

tril|tafel (*mijnb.*): vibrating (oscillating) frame || table *v* oscillante || Schnellstoßherd *m*; **-zeef:** vibrating screen || tamis *m* (crible *m*) vibrant (vibratoire), vibrotamis *m* || Zitter-, Federsieb *o*.

trim: *zie* **langsligging.**

triode: triode || triode *v* || Eingitterröhre *v*, Triode *v*.

triowals: trio mill (rollers) || train *m* (lamineur *m*) trio || Drillingswalzwerk *o*, Walzentrio *o*.

tripelaarde: tripoli || tripoli *m* || Tripel *m*, Tripelerde *v*.

triple-expansiemachine: triple expansion engine || machine *v* à triple expansion *v* || Dreifachexpansionsmaschine *v*.

triplex|glas: triplex glass || verre *m* triplex || Triplexglas *o*; **-hout:** plywood || bois *m* triplex || Sperrholz *o*.

trivariant: trivariable || trivariable || trivariant.

trochilus: rising hollow, trochilus || gorge *v* rampante, nacelle *v*, trochile *m* || ansteigende Einziehung *v*.

troebel: turbid, cloudy; opaque || trouble; opaque || trübe; **- maken:** to make turbid (cloudy); to opacify || troubler, rendre trouble; opacifier || trüben; **- worden:** to become turbid (cloudy); to become opaque || se troubler, devenir trouble || sich trüben, trübe werden; **-heid:** turbidity, cloudiness, turbid (cloudy) condition; opacity || turbidité *v*, état *m* trouble; opacité *v* || Trübung *v*, Trübsein *o*; **-ing:** turbidity, cloudiness || turbidité *v* || Trübung *v*; **-ingsmiddel** (*keram.*, *enz.*)**:** opacifier || opacifiant *m*, agent *m* (matière *v*, substance *v*, *enz.*) opacifiant(*e*) || Trübungsmittel *o*.

troffel: trowel || truelle *v* || [Mauer]kelle *v*.

trog: 1. (*algem.*): trough || auge *v*, cuve *v* || Trog *m*; (*v. stampinr.*)**:** pounding (stamping) trough, mortar || caisse *v* (huche *v*, mortier *m*) de bocard *m* || [Poch]trog *m*; **-accumulator:** trough accumulator || accumulateur *m* à augets *mm* || Muldenakkumulator *m*; **-band** (*toestel*)**:** troughed belt conveyor || convoyeur *m* à courroie *v* incurvée || Muldenband-, Trogbandförderer *m*; (*band*)**:** troughed belt || courroie *v* incurvée || Mulden-, Trogband *o*; **-batterij:** trough battery || batterie *v* à auge *v* || Trogbatterie *v*; **-gewelf:** trough vaulting || voîte *v* en arc *m* de cloître *m* (en plan *m*) long rectangle || Muldengewölbe *o*; **-ijzer:** trough iron || fer *m* en forme *v* d'auge *v* || Trogeisen *o*; **-zeef** (*stampinr.*)**:** mortar screen || tamis *m* de la huche *v* || Pochsieb *o*;
2. *zie* **synklinale.**

trollie: 1. (*stroomafnemer*): trolley || trôlet *m*, trolley *m* || Kontaktrolle *v*, Trolley *m*; **- v. centraal opgehangen contactdraad:** axial trolley || trolley *m* axial || Rollenstromabnehmer *m* für Fahrdraht *m* in Gleismitte *v*; **-bedrijf:** trolley working || fonctionnement *m* avec trolley *m* || Rollenbetrieb *m*; **-bok:** trolley base (support) || support *m* du trôlet *m* || Trolleybock *m*; **-bus:** trolley bus || trolleybus *m* || Oberleitungsomnibus *m*, Obus *m*; **-contact:** trolley contact || contact *m* par trolley *m* || Rollenkontakt *m*; **-draad:** trolley wire (line) || fil *m* de trôlet *m* (trolley *m*), ligne *v* à trôlet *v* || Fahrdraht *m*, Rollenleitung *v*; **-kop:** trolley head || tête *v* de trolley *m* || Rollenkopf *m*; **-leiding:** *zie* **trolliedraad; -schijf:** trolley wheel || galet *m* du (roulette *v* de) trôlet *m* || Kontaktrolle *v*; **-stang:** trolley pole || perche *v* du trôlet *m* || Rollenkontakt-, Trolleystange *v*; **-vork:** trolley fork (head) || fourche[tte] *v* du trôlet *m* || Rollenkorb *m*; **-voet:** trolley base || base *v* de trolley *m* || Federbock *m* für Stromabnehmer *m*; **-wiel:** *zie* **trollieschijf;**
2. *zie* **reellorrie.**

trom: *zie* **trommel.**

trommel: 1. (*muziekinstr.*): drum || tambour *m*, caisse *v* || Trommel *v*;
2. (*doos*): box, case, barrel || boîte *v* [de fer *m* blanc] || Dose *v*, Blechkasten *m*;
3. (*grote holle wals*, *enz.*): drum, cylinder || tambour *m*, cylindre *m* || Trommel *v*; *zie ook* **cilinder; wals; -afval** (*spinnerij*)**:** drum waste || déchet *m* du tambour *m* || Trommelabfall *m*; **-anker:** drum armature || induit *m* en tambour *m* || Trommelanker *m*; **-as:** cylinder (doffer) shaft || axe *v* du tambour *m* || Abnehmerwelle *v*, Trommelachse *v*; **-asdrager:** bobbin shaft bracket || support *m* de l'axe *v* des tambours *mm* || Hublager *o*; **-draaispil** (*horloge*)**:** barrel arbor || arbre *m* à barillets *mm* || Federhausdrehstift *m*; **-filter:** drum filter || filtre *m* à tambour *m* || Trommelfilter *o*, *m*; **-flenzen:** cylinder flanges [ends] || flanges *vm* pour tambour *m* || Trommelplatten *vm*; **-groef:** drum groove spiral || gorge *v* (rainure *v*) du tambour *m* || Trommelgang *m*, -nute *v*, -rille *v*, -windung *v*; **-mantel:** drum barrel (jacket, shell) || corps *m* (enveloppe *v*, fût *m*) du tambour *m* || Trommelmantel *m*; **-mes:** back steel knive for cylinder || couteau *m* de derrière *m* du tambour *m* || Hintermesser *o* für Trommel *v*; **-rad** (*horloge*)**:** barrel wheel || roue *v* de barillet *m* || Federhausrad *o*; **-rem:** drum brake || frein *m* à tambour *m* || Trommelbremse *v*; **-rouwmachine:** barrel gig || laineuse *v* à tambour *m* || Trommelrauhmaschine *v*; **-sluitvak:** face of drum || surface *v* frontale du tambour *m* || Trommelstirnfläche *v*; **-stoel** (*weverij*)**:** barrel (cylinder) loom || métier *m* à tambour *m*, mécanique *m* à cylindres *mm* || Trommelstuhl *m*; **-turbine:** drum turbine || turbine *v* à tambour *m* || Trommelturbine *v*; **-watermeter:** drum water meter || compteur *m* d'eau *v* à tambour *m* || Trommelwassermesser *m*; **-wikkeling:** drum winding || enroulement *m* en tambour *m* || Trommelwicklung *v*; **-zaag:** cylinder saw || scie *v* cylindrique || Kron[en]-, Trommel-, Zylindersäge *v*; **-zeef:** drum sieve, revolving screen, sifting drum || tamis *m* (crible *m*) à tambour *m*, tambour *m* cribleur, crible *m* rotatif || Trommel,-Dreh-, Rundsieb *o*.

trompet: trumpet || trompette *v* || Trompete *v*.

tros: hawser || haussière *v*, amarre *v*, câblot *m*, filin *m* || Trosse *v*.

trottoir: foot path (pavement), footway; side-walk (*Am.*) || trottoir *m*, chemin *m* pour piétons *mm* || Fuß-, Bürgersteig *m*,

Fuß-, Gehweg *m*; **-band:** kerb [stone] || bordure *v* [de trottoir *m*] || Rand-, Bordstein *m*; **-roulant:** moving platforms || plate-forme *v* mobile, chemin *m* roulant || Stufenbahn *v*; **-steen:** footway paving stone || pierre *v* de pavage *m* (carreau *m*) pour trottoirs *mm* || Fußwegfliese *v*, -belagstein *m*.

truckwagen: support wagon || truc *m* de transport *m* des wagonnets *mm* || Untersatzwagen *m*.

trunk|machine: trunk engine || machine *v* à fourreau *m* || Rohr-, Trunkmaschine *v*; **-zuiger:** trunk piston || piston *m* à fourreau *m* || Rohr-, Trunkkolben *m*.

trussietgaas: trussit gauze || gaze *v* trussite || Trussitegaze *v*.

truweel: *zie* **troffel.**

trijp: mock (terry) velvet || tripe *v*, velours *m* épinglé || Halbsamt *m*, Ritzer *m*, Tripp *m*.

T-|staal: T-steel || acier *m* en T *m* || T-Stahl *m*; **-staal, dubbel:** I-steel, double T-steel || acier *m* en double T *m* (en I *m*) || doppel-T-Stahl *m*, I-Stahl *m*; **-stuk:** Tee, T-piece, branch pipe || té *m*, branchement *m* à T || T-Stück *o*, Abzweig *m*; **-stuk m. binnendraad:** T-piece with female (interior) thread || branchement à T à raccords *mm* femelles || T-Stück *o* mit Innengewinde *o*.

tubus: 1. (*mikrosk.*): [body]tube || tube *m* || Tubus *m*; **-lengte:** tube length || longueur *m* du tube *m* || Tubuslänge *v*;
2. (*hals*): tube || tubulure *v*, tube *m* || Tubus *m*;
3. (*radiologie*): localiser || localisateur *m* || Tubus *m*.

tudorboog: four centered arch || arc *m* à quatres centres *mm* || gedrückter Spitzbogen *m*, Tudorbogen *m*.

tuf: tuff[a] || tuf *m* || Tuff *m*; **-steen:** tuff || tuf *m* || Tuff[stein] *m*.

tui: stay, shroud || hauban *m* || Stag *m*, Ankerdraht *m*, -seil *o*; **-anker** (*scheepst.*): stream anchor || ancre *v* de touée *v* || Vertäuungsanker *m*; **-ketting** (*scheepst.*): mooring chain || chaîne *v* d'amarrage *m* || Vertäukette *v*.

tuig: 1. (*paard*): harness || harnais *m* || Geschirr *o*; **-en:** to harness || harnacher || anschirren;
2. (*schip*): rigging || gréement *m* || Takelage *v*; **-en:** to rig || gréer || takeln.

tuighuis: armoury, arsenal || arsenal *m* || Zeughaus *o*, Arsenal *o*.

tuimelaar: 1. (*geweerslot*): tumbler, nut || noix *v* || Nuß *v*;
2. (*motor*): trip rod, digger || culbuteur *m* || Steuerungshebel *m*;
3. (*regelaar*): bell crank || levier *m* coudé || Winkelhebel *m*;
4. (*klep*): rocker || culbuteur *m* || Winkelhebel *m*;
5. (*baggermolen*): *zie* **boven-, onder-tuimelaar.**

tuimel|arm: tumbler || bras *m* culbutant || Fallheber *m*; **-plaat:** spring bracket || plaque *v* oscillante || Umkehrlager *o*; **-raam:** flap window || vasistas *m*, fenêtre *v* à bascule *v* || Klappfenster *o*; **-schakelaar:** tumbler switch || interrupteur *m* à culbuteur *m* (à boule *v*) || Kipp-, Tumblerschalter *m*.

tuinschaar: garden shears || ciseaux *mm* du jardinier *m* || Gärtnerschere *v*; *zie ook* **snoeischaar; heggeschaar.**

tule: bobbin net || tulle *v* || Tüll *m*.

tumblerschakelaar: *zie* **tuimelschakelaar.**

tung|steen: *zie* **wolfraam; -stenium:** *zie* **wolfraam; -stiet:** tungstic ochre (acid), wolframine || acide *m* tungstique (scheelique), ocre *v* de tungstène *m* || Wolframocker *m*.

tunnel: 1. (*algem.*): tunnel || tunnel *m* || Tunnel *m*;
2. (*verkeer*): subway, underbridge, tunnel || passage *m* inférieure, tunnel-route *v* || Unterführung *v*, Tunnel *m*;
3. (*mijnb.*): (*mijngang*): tunnel || tunnel *m* || Tunnel *m*; (*open steengang*): adit || galérie *v* à ciel *m* ouvert (à flanc *m* de coteau *m*) || Stollen *m*;
4. (*scheepst.*): tunnel || tunnel *m* || Tunnel *m*.

tunnel|as: tunnel axis || axe *v* du tunnel *m* || Tunnelachse *v*; **-betimmering:** tunnel timbering || boisage *m* de tunnel *m* || Tunnelzimmerung *v*; **-bodem:** tunnel bottom (floor, sole) || sol *m* de tunnel *m* || Tunnelsohle *v*; **-bouw:** tunnelling || construction *v* (percement *m*) de tunnel *m* || Tunnelbau *m*; **-dak:** tunnel ceiling (roof) || plafond *m* du tunnel *m* || Tunneldecke *v*; **-effect** (*kernfys.*): tunnel effect || effet *m* de tunnel *m* || Tunneleffekt *m*; **-gewelf:** tunnel vault || voûte *v* de tunnel *m* || Tunnelgewölbe *o*; **-ingang:** tunnel entrance (face, front) || tête *v* de tunnel *m* || Tunnelportal *o*, -eingang *m*; **-instorting:** collapse of tunnel || écroulement *m* d'un tunnel *m* || Tunnelbruch *m*; **-metselwerk:** tunnel lining || maçonnerie *v* de tunnel *m* || Tunnelmauerung *v*; **-mond:** tunnel opening || débouché *v* de tunnel *m* || Tunnelmundloch *o*; **-mijn:** drift-mine || exploitation *v* à flanc *m* de coteau *m* || Stollengrube *v*, -zeche *v*; **-nis:** manhole of tunnel, tunnel recess || niche *v* de tunnel *m* || Tunnelnische *v*; **-ring:** tunnel ring || virole *v* de tunnel *m* || Tunnelring *m*; **-schacht:** tunnel shaft || puits *m* [d'accès *m*] de tunnel *m* || Tunnelschacht *m*; **-top:** tunnel crown (soffit) || faîte *v* du tunnel *m* || Tunnelfirst *m*, -scheitel *m*;

-wand: side wall of tunnel || paroi *v* du tunnel *m* || Tunnelwand *v*.

turbine: turbine || turbine *v* || Kreiselrad *o*, Turbine *v*; **- m. gedeeltelijke toelaat:** partial supply turbine || turbine *v* à injection *v* partielle || Partielturbine *v*; **- m. gemengde toelaat:** mixed admission turbine || turbine *v* à introduction *v* mixte || gemischtbeaufschlagte Turbine *v*; **- m. trappen:** stage turbine || turbine *v* à étages *mm* || Stufenturbine *v*; **- m. volle toelaat:** full admission turbine || turbine *v* à pleine injection *v* || Vollturbine *v*; **- m. vrije straal:** free jet turbine || turbine *v* à libre jet *m* || Freistrahlturbine *v*; **- voor afgewerkte stoom:** exhaust steam turbine || turbine *v* à vapeur *v* d'échappement *m* || Abdampfturbine *v*; **-, eentrappige:** single stage impulse turbine || turbine *v* à action *v* simple (à un seul étage *m*) || einstufige Druckturbine *v*; **-, gecombineerde:** combined impulse and reaction turbine || combinaison *v* des turbines *vm* à action *v* et à réaction *v* || vereinigte Aktions- und Reaktionsturbine *v*; **-, gecombineerde axiale en radiale:** combined (mixed flow) turbine || turbine *v* [combinée] axiale et radiale || vereinigte Achsial- und Radialturbine *v*; **-, wrijvingloze:** frictionless turbine || turbine *v* sans frottement *m* || reibungslose Turbine *v*; **-as:** turbine shaft (spindle) || arbre *m* de turbine *v* || Turbinenwelle *v*; **-buisreiniger:** turbine tube cleaner || nettoie-tubes *m* à turbine *v* || Turbinenrohrreiniger *m*; **-groep:** turbine set || batterie *v* (groupe *m*) de turbines *vm* || Turbinensatz *m*; **-huis:** turbine casing (cylinder) || enveloppe *v* de turbine *v* || Turbinengehäuse *o*; **-installatie:** turbine installation (plant) || installation *v* de turbines *vm* || Turbinenanlage *v*; **-kamer:** turbine house || salle *v* des turbines *vm* || Turbinenhaus *o*; **-kast:** turbine casing || enveloppe *v* de turbine *v* || Turbinengehäuse *o*, -mantel *m*, -verschalung *v*; **-lamp** (*mijnb.*)**:** compressed-air (airturbo-) lamp || lampe *v* électropneumatique (électrique à air *m* comprimé, turboélectrique) || Preßluftlampe *v*; **-locomotief:** turbine locomotive || locomotive *v* à turbine[s] *v*[*m*] || Turbinenlokomotive *v*; **-regeling:** turbine regulation || régulation *v* des turbines *vm* || Turbinenreglung *v*; **-regulateur:** turbine governor || régulateur *m* de turbine *v* || Turbinenregler *m*; **-uitschakelaar:** turbine interrupter || interrupteur *m* à turbine *v* || Turbinenunterbrecher *m*; **-verlies:** turbine loss || perte *v* dans la turbine *v* || Turbinenverlust *m*; **-zaal:** *zie* **turbinekamer.**

turbo|aggregaat: tubo (turbine) set || groupe *m* turbogénératrice || Turbosatz *m*, -aggregat *o*; **-compressor:** *zie* **turboventilator; -dynamo:** turbo-dynamo || turbodynamo *v* || Turbinen-, Turbodynamo *v*; **-generator:** turbogenerator || turbo-génératrice *v*, turbo-alternateur *m* || Turbogenerator *m*; **-koudeluchtmachine:** turbo cold air machine || machine *v* frigorifique à air *m* à turbocompresseur *m* || Turbokaltluftmaschine *v*; **-ventilator:** turbo-blower || turbo ventilateur *m*, turbocompresseur *m*, turbo *m* soufflant || Turbogebläse *o*, Turbokompressor *m*.

turf: peat || tourbe *v* || Torf *m*; **-, geperste:** pressed peat || tourbe *v* comprimée || Preßtorf *m*; **-bagger:** peat drag || puchette *v* || Torfbagger *m*; **-briket:** peat briquette || aggloméré *m* (briquette *v*) de tourbe *v* || Torfbrikett *o*; **-bruinkool:** moor coal || lignite *m* fangeux || Moor-[braun]kohle *v*; **-gas:** peat gas || gaz *m* de tourbe *v* || Torfgas *o*; **-gasgenerator:** peat gas producer || gazogène *m* à (générateur *m* à gaz *m* de) tourbe *v* || Torfgasgenerator *m*; **-kooks:** peat charcoal || tourbe *v* carbonisée || Torfkoks *m*; **-kool:** peat coal || charbon *m* de tourbe *v* || Torfkohle *v*; **-molm:** peat dust || poussier *m* de mottes *vm* || Torfmull *o*; **-papier:** turf paper || papier *m* de tourbe *v* || Torfpapier *o*; **-plaat:** peat slab || dalle *v* de tourbe *v* || Torfplatte *v*; **-schop:** peat shovel || palot *m* || Torfstecherschaufel *v*; **-spade:** turf spade || bêche *v* à tourbe *v* || Torfspaten *m*; **-steker:** peat digger || tourbier *m* || Torfgräber *m*, -stecher *m*; **-strooisel:** turf (peat) dust, ground peat || poussier *m* de mottes *vm*, lisière *v* de tourbe *v* || Torfmull *o*, -streu *v*; **-teer:** peat tar || goudron *m* de tourbe *v* || Torfteer *m*; **-veld:** peat moor (*hoog*); peat bog (*laag*) || tourbière *v* || Torfmoor *o*; **-vorm:** turf mould || moule *v* à tourbe *v* || Torfform *v*.

turkoois: turquois[e] || turquoise *v* || Türkis *m*.

tussen: between || entre || zwischen; **-as:** intermediate (counter-, jack) shaft || arbre *m* de renvoi *m* (intermédiaire) || Zwischenwelle *v*; **-bint:** common struss || ferme *v* de remplissage *m* || Leergebinde *o*; **-dek:** lower (middle, tween) deck || entrepont *m*, faux-pont *m* || Zwischendeck *o*; **-deksbalk:** middle deck beam || barrot *m* d'entrepont *m* || Zwischendeckbalken *m*; **-drijfwerk:** transmission gear || transmission *v* intermédiaire || Vorgelege *o*; **-flens:** intermediate flange || bride *v* intermédiaire || Zwischenflansch *m*; **-gang:** intermediate || intermédiaire *v* ||

Zwischengang *m*; **-geschoven:** intercalar[y] || intercalaire || eingeschoben; **-hals:** neck journal || tourillon *m* d'appui *m* || Tragzapfen *m*; **-hals m. kragen:** neck collar journal || tourillon *m* intermédiaire à collets *mm* || Halszapfen *m*; **-kast** (*vormerij*)**:** middle flask || châssis *m* intermédiaire || Mittelkasten *m*; **-kring:** intermediate circuit || circuit *m* intermédiaire || Zwischenkreis *m*; **-kussenblok:** centre (intermediate) bearing || palier *m* intermédiaire || Zwischenlager *o*; **-laag:** intermediate layer || couche *v* intermédiaire || Zwischenschicht *v*; **-landing:** intermediate landing || escale *v* [forcée] || Zwischenlandung *v*; **-ligger:** intermediate sleeper || traverse *v* intermédiaire || Zwischenschwelle *v*; **-muur:** partition wall || mur *m* de séparation *v* || Zwischenmauer *v*; **-raam:** auxiliary frame, subframe || faux châssis *m* || Hilfs-, Zwischenrahmen *m*; **-regel** (*v. e. sluisdeur*)**:** middle crosspiece || entretoise *v* seconde, traverse *v* moyenne || Mittelriegel *m*; **-relais:** intermediate (repeating) relay || relais *m* intermédiaire (translateur) || Übertragungs-, Zwischenrelais *o*, Zwischenträger *m*; **-ruimte:** clearance, gap, space || escape *m* intermédiaire, interstice *m*, jeu *m* || Zwischenraum *m*, Spalt *m*; **-ruit:** backshield || pare-brise *m* pour places *vm* arrières || Windschutzscheibe *v* für Hintersitze *mm*; **-schot:** partition; bulkhead (*scheepst.*) || cloison *v* || Zwischen-, Scheidewand *v*; Querschott *o* (*scheepst.*); **-spar:** empty (intermediate) rafter || chevron *m* intermédiaire || Leersparren *m*; **-stand:** intermediate position || position *v* intermédiaire || Zwischenstellung *v*; **-station** (*telefoon*)**:** intermediate station || bureau *m* intermédiaire || Zwischenanstalt *v*; **-stijl:** middle post || poteau *m* intermédiaire || Zwischeneinständer *m*; **-toestand:** intermediate state || état *m* intermédiaire || Zwischenzustand *m*; **-verdeler** (*telef., enz.*)**:** intermediate distribution frame || répartiteur *m* intermédiaire || Zwischenverteiler *m*; **-wiel:** carrier (intermediate) wheel || roue *v* intermédiaire || Schalt-, Zwischenrad *o*.

twee: two || **deux** || zwei; **twee-:** double, twin, tandem || double, jumeau(*-elle*), jumelé || doppel[t], Doppel[t]-, Zwillings-; **-armig:** two-armed || à deux bras *mm* || zweiarmig; **-armsmast:** double bracket pole || poteau *m* à deux bras *mm* || zweiarmiger Auslegermast *m*; **-assig:** biaxial || biaxial || zweiachsig; **-atomig:** diatomic || biatomique || zweiatomig; **-bladsbeitel** (*boren*) (*mijnb.*)**:** two-way (two-wing) bit || trépan *m* à deux ailettes *vm* || Zweiflügelmeißel *m*; **-benig:** two-legged || à deux montants *mm* || zweibeinig; **-cilinderstoommachine:** two cylinder steam engine || machine *v* à vapeur *v* bicylindrique (à deux cylindres *mm*) || Zweizylinderdampfmaschine *v*, zweizylindrige Dampfmaschine *v*; **-dehands:** second-hand || d'occasion *v*, de seconde main *v* || aus zweiter Hand *v*, gebraucht; **-delig:** in two pieces || en deux pièces *vm* || zweiteilig; **-deksschip:** two deck vessel || navire *m* à deux ponts *mm* || Zweideckschiff *o*; **-draads:** two-ply || à deux fils *mm* || zweidrähtig; **-draadsverbinding:** two-wire circuit || circuit *m* à deux fils *mm* || Zweidrahtleitung *v*; **-dradig:** double thread || à deux fils *mm*, par paire *v* de fils *mm* || zweifädig; **-fasendynamo:** two phase generator, two phaser || dynamo *v* biphasée (diphasée) || Zweiphasendynamo *v*; **-fasig:** diphase, two phase[d] || biphasé || zweiphasig, Zweiphasen-; **-gaatswikkeling:** two slot winding || enroulement *m* à deux rainures *vm* || Zweilochwicklung *v*; **-leiderstelsel:** two wire system || système *m* à deux conducteurs *mm* || Zweileitersystem *o*; **-ling-:** *zie* **twee-**; **-lingmachine:** twin steam engine || machine *v* jumelle || Zwillingmaschine *v*; **-lingroosterijzer:** *zie* **roosterijzer, dubbel**; **-lingschroefschip:** *zie* **dubbelschroefschip**; **-lingschroeven:** twin screws || hélices *vm* jumelles || Doppel-, Zwillingschrauben *v*; **-lingvenster:** gemel window || fenêtre *v* géminée || Zwillingfenster *o*; **-polig:** bipolar, two-polar || bipolaire || bipolar, doppel-, zweipolig; **-schacht** (*mijnb.*)**:** twin shaft || puits *m* jumeau || Zwillingsschacht *m*; **-schijfsblok:** double sheaved block || poulie *v* à deux réas *mm* || zweischeibiger Block *m*; **-slag:** two stroke (cycle) || cycle *m* à deux temps *mm* || Zweitakt *m*; **-slags-:** two stroke || à deux temps *mm* || Zweitakt-; **-slagsmotor:** two cycle (stroke) engine || moteur *m* à deux temps *mm* || Zweitaktmotor *m*; **-takt:** *zie* **tweeslag**; **-toerenpers:** two-revolution machine || machine *v* deux tours *mm* || Zweitourenmaschine *v*; **-trapsluchtpomp:** double stage air pump || pompe *v* à air *m* à deux étages *mm* || zweistufige Luftpumpe *v*; **-vlakkig:** dihedral, having two faces || à deux faces *vm* || zweiflächig; **-voud:** binary number; double || nombre *m* pair; double *m* || Zweifache *o*, Zwiefache *o*; **-voudig:** twofold, double || double || zweifältig; **-waardig:** bivalent || bivalent || zweiwertig; **-wegsafsluiter:** cross over (two way) valve || soupape *v* à deux voies *vm* || Wechselventil *o*;

-wegsklep: *zie* **tweewegsafsluiter; -wegskraan:** two-way cock || robinet *m* à deux voies *vm* || Zweiweghahn *m*; **-wikkelingsrotor:** two winding rotor || rotor *m* à deux enroulements *mm* || Stufenrotor *m*; **-zijdig:** two-sided, double faced, bilateral || à deux faces *vm*, bilatéral || zweiseitig.

twintigvlak: icosahedron || icosaèdre *m* || Ikosaeder *o*, Zwanzigflächer *m*, -flach o.

twijn|draad: doubled (twisted) yarn || fil *m* retors || gezwirntes Garn *o*; **-en:** to double, to twine || retordre || zwirnen; (*kabel*): *zie* **slaan 6; -machine:** doubler, doubling machine || machine *v* à retordre || Zwirnmaschine *v*.

tij: *zie* **getij.**

tijd: time || temps *m* || Zeit *v*; **-buis:** time fuse || fusée *v* à temps *m* || Zeitzünder *m*; **-constante:** time constant || constante *v* de temps *m* || Zeitkonstante *v*; **-elijk:** temporary (*-rily*) || temporaire(*ment*) || zeitlich; zeitweilig, vorläufig; **-ig:** timely (*in good time, betimes*) || opportun(*ément*) || [recht]zeitig; **-integraal:** time integral || intégrale *v* de temps *m* || Zeitintegral *o*; **-lijn:** time line || ligne *v* des temps *mm* || Zeitlinie *v*; **-meter** (*voor telef.gespr.*)**:** time check for telephone conversations || compteur *m* horaire pour conversations *vm* téléphoniques || Zeitmesser *m* für Ferngespräche *om*; **-ontsteker:** time-(delay-action) fuse (detonator) || amorce *v* (fusée *v*) à temps *m* (à retard *m*, à retardement *m*) || Zeitzünder *m*; **-opnemer:** timekeeper || chronométreur *m* || Zeitnehmer *m*; **-relais:** time lag relay, timing relay, (interrupter) || relais *m* (contacteur *m*) à temps *m* (à action *v* retardée) || Zeit-, Verzögerungsrelais *o*; **-ruimte:** space of time, period || espace *m* (laps *m*) de temps *m* || Zeitraum *m*, Periode *v*; **-schakelaar:** time switch || interrupteur *m* horaire || Zeitschalter *m*; **-schokbuis:** double acting fuse || fusée *v* à double effet *m* || Zeitaufschlagzünder *m*, Doppelzünder *m*; **-sein:** time signal || signal *m* horaire || Zeitzeichen *o*, -signal *o*; **-sover-brenging, elektrische:** time electrical distribution system || distribution *v* électrique de l'heure *v* || Zentraluhrenanlage *v*; **-stip:** point of time, moment || moment *m* || Zeitpunkt *m*; **-sverloop:** course of time, interval || laps *m* de temps *m*, délai *m*, intervalle *m* || Zeitlauf *m*, Frist *v*, Intervall *o*; **-vak:** period, term || période *v* || Zeitraum *m*, -abschnitt *m*, Periode *v*; **-vector:** time vector || vecteur *m* temporal (de temps *m*) || Zeitvektor *m*.

tijk: tick; ticking (*stof*) || taie *v*; coutil *m* (*stof*) || Bett-, Kissenzieche *v*; Zwil[li]ch *m* (*stof*); **-, katoenen:** cotton tick || coutil *m* de coton *m* || baumwollener Bettdrell *m*, Barchent *m*; **-linnen:** bed ticking, inlets || coutil *m* pour literie *v*, toile *v* à matelas *m* || Bettdrell *m*, Bettenkattun *m*, -zeug *o*, Inlet[t] *o*.

T-ijzer: *zie* **T-staal.**

tyndallkegel: Tyndall cone || cône *m* de Tyndall || Tyndallkegel *m*.

ty|pe: 1. (*grondvorm*): type || type *m* || Typ[us] *m*;
2. (*typogr.*): type, printing letter || caractère *m*, type *m* || Type *v*, Schrift *v*; **-pendruktelegraaf:** *zie* **beurstelegraaf; typotelegraaf; -pendruktoestel:** printing receiving apparatus || récepteur-imprimeur *m* || Druckempfänger *m*; **-penrad:** type wheel || roue *v* des types *mm* || Typenrad *o*; **-pograaf:** typographer || typographe *m* || Typograph *m*; **-pografie:** typography || typographie *v* || Typographie *v*; **-pografisch:** typographical(*ly*) || typographique(*ment*) || typographisch; **-potelegraaf:** type printing telegraph || télégraphe *m* imprimeur, typotélégraphe *m* || Typendrucktelegraph *m*.

U

U-buis: U-pipe || tube *m* en U *m* || U-Rohr *o*.

udometer: rain gauge, udometer || udomètre *m* || Regenmesser *m*, Udometer *o*, *m*.

uit: out of, from || de, hors de || aus; **- elkander houden:** to keep apart || maintenir écarté || auseinander halten; **- elkander nemen:** to disconnect || démonter || demontieren, auseinandernehmen; **- de pas vallen** (*synchr. mach.*)**:** breaking step || décrochage *v* || außertrittfallen; **- het lood:** overhanging || en surplomb *m*, surplombant || überhangend, aus dem Lot[e] *o*.

uit|baggeren: to dredge || draguer, curer || ausbaggern; **-bakenen** (*spoorlijn*; *weg, enz.*)**:** to peg (to set) out || jalonner, piqueter || abstecken, auspflocken.

uit|balanceren: *zie* **balanceren; compenseren; evenwicht brengen, in; vereffenen; -barsten:** to burst, to break out, to explode || éclater, faire éruption *v* || ausbrechen; **-barsting:** eruption, [out]-

burst, outbreak, explosion || éclat *m*, explosion *v*, éruption *v* || Ausbruch *m*; (*oliebron*)**:** blow-out || éruption *v* || Ausbruch *m*; **-beitelen:** to carve (*in hout*); to chisel [out] (*in steen, enz.*) || ciseler; évider, refouiller || ausmeißeln; **-besteden** (*werk*)**:** to contract out, to let out in contract, to put out to contract || sous-traiter || verdingen; **-besteding:** contracting out, letting out in contract, putting out to contract || sous-traité *m* || Verdingung *v*; **-bikken:** to scale || regratter || aushacken.

uitblazen: 1. (*algem.*)**:** to blow out || souffler || ausblasen;
2. (*hoogoven*)**:** to blow down || mettre hors de feu *m* || ausblasen;
3. (*stoom, enz.*)**:** *zie* **afblazen.**

uit|bloeien: to effloresce, to weather || s'effleurir || ausblühen, -wittern; **-bloeiing:** efflorescence || efflorescence *v* || Auswitterung *v*; **-blussen:** to extinguish || éteindre || [aus]löschen.

uitbo|ren: 1. (*cilinder, enz.*)**:** to bore out || aléser || ausbohren; **-ring:** drilling (boring) out || alésage *m* || Ausbohrung *v*;
2. (*gat*)**:** to rebore, to widen by boring || refaire || aus-, nachbohren;
3. (*klinknagels*)**:** to drill out rivets || enlever des rivets *mm* par forage *m*, forer des rivets *mm* pour les extraire || Nieten *vm* ausbohren.

uit|borstelen: to brush down || brosser || ausbürsten; **-bouw:** extension || annexe *v* (*bijgebouwd*); saillie *v*, avance *v* (*uitstekend*) || Aus-, Anbau *m*; Vorbau *m* (*uitstekend*); **-bouwen:** to build out, to enlarge by building || agrandir; bâtir en saillie *v* || ausbauen; **-bouwsel:** extension || annexe *v*; saillie *v*, avance *v* || Ausbau *m*; Vorbau *m*.

uitbranden: 1. (*geweerloop*)**:** to prove || flamber || ausbrennen;
2. (*vat*)**:** to burn out || chauffer || ausfeuern.

uitbreidings|machine (*katoenind.*)**:** spreading machine || élargisseur *m* || Ausbreitmaschine *v*; **-plan:** plan for the extension || plan *m* d'extension *v* (d'agrandissement *m*) || Erweiterungsplan *m*.

uitbreken: 1. (*brand, enz.*)**:** to break out || éclater; le feu *m* a pris à || aus-, los-, hervorbrechen;
2. (*wegbreken*)**:** to break out (away) || arracher, enlever; démolir (*slopen*) || ausbrechen.

uitbrengen: 1. (*scheepst.*)**:** to run out || élonger || ausbringen;
2. (*kraanarm*)**:** to let out the jib || incliner la flèche *v* || den Ausleger *m* auslegen.

uit|dampen: to evaporate; to exhale || évaporer; exhaler || ausdampfen; ausdünsten; **-damping:** evaporation; exhalation || évaporation *v*; exhalaison *v* || Ausdampfung *v*; Ausdünstung; **-diepen:** to deepen || approfondir || austiefen; **-dieping:** deepening || approfondissement *m* || Austiefung *v*; **-doven:** to extinguish || éteindre || [aus]löschen; **-doving:** extinction, extinguishing || extinction *v* || [Aus]löschung *v*; **-draaibeitel:** *zie* **draaibeitel, rechthoekig omgebogen; -draaihaak** (*houtbew.*)**:** hook tool || crochet *m* || Ausdrehhaken *m*.

uitdraaien (*gat*)**:** to turn out || creuser || ausdrehen.

uit|drogen: to dry [up] || dessécher || [aus]trocknen; **-droging:** desiccation || dessiccation *v* || [Aus]trocknung *v*; **-drijfgleuf** (*spie*)**:** drift slot || rainure *v* pour chasse-clavette *v* || Auswerferschlitz *m*.

uitdrijven: 1. (*gas*)**:** to drive out || chasser, expulser || austreiben;
2. (*pijp*)**:** to knock out || chasser de son logement *m*, dégager, démonter, enlever || herausschlagen, -ziehen;
3. (*spie*)**:** to drive out || chasser || austreiben;
4. (*klinkn.*)**:** to drive (to knock, to punch) out || chasser, dériveter, enlever || entnieten, Nieten *vm* herausschlagen;
5. (*typogr.*)**:** to drive out || tirer à la ligne *v* || aussperren, austreiben;
6. (*petr.*)**:** to propel || véhiculer, refouler || treiben.

uit|dunnen (*hennepind.*)**:** to free from tow || égalier || ausspitzen; **-een:** asunder || séparément || auseinander; **-eendraaien:** to unlay, to untwist || détordre || auf-, auseinanderdrehen; **-eenlopen** (*lijnen*)**:** to diverge || diverger || auseinanderlaufen, divergieren; **-eenlopend:** divergent || divergent || divergent; **-eennemen:** *zie* **demonteren; -eenvallen:** to fall apart, to fall to pieces; to decompose (*into*) (*chem.*) || tomber en morceaux *mm* (en poussière *v*), se désagréger; se décomposer (*en*) (*chem.*) || zerfallen, auseinanderfallen; zerfallen (*in*) (*chem.*).

uiteinde: 1. (*algem.*)**:** end, extremity || extrémité *v*, bout *m* || Ende *o*;
2. (*balk; reel; enz.*)**:** end, butt || about *m* || Ende *o*, Stoß *m*.

uiterlijk: 1. (*z. nw.*)**:** outward appearance (aspect), exterior || extérieur *m*, apparence *v*, aspect *m* || Aussehen *o*, Äußere *o*;
2. (*bijv. nw.*)**:** outward, external || extérieur, externe || äußer[lich], von außen;
3. (*bijw.*)**:** outside, externally; at the utmost (latest) || extérieurement, à l'extérieur *m*; au plus tard, tout au plus || von außen, äußerlich; spätestens; längstens.

uiterst: 1. (*bijv. nw.*): utmost, utter, extreme || extrême || äußerst;
2. (*bijw.*): extremely, in the extreme, highly || extrêmement || äußerst.
uitfrezen: to cut, to mill with a cutter || fraiser || [aus]fräsen.
uitgaaf (*boeken, enz.*): *zie* **uitgave.**
uitgaan van: to start from || partir de || ausgehen von.
uitgang: 1. (*algem.*): outlet, way out, exit || sortie *v* || Ausgang *m*;
2. (*huis, enz.*): egress, exit, issue, way out || sortie *v*, issue *v* || Ausgang *m*;
3. (*typogr.*): break || alinéa *m* || Ausgang *m*.
uitgangs|materiaal: starting (raw, crude) material || matière *v* première, matériaux *mm* bruts, masse *v* première (brute) || Ausgangs-, Rohmaterial *o*, Rohmasse *v*, -stoff *m*; **-produkt:** starting (raw, crude) product || produit *m* brut, matière *v* première || Ausgangsprodukt *o*; **-punt:** point of commencement, starting point || origine *v*, point *m* de départ *m* || Ausgangspunkt *m*; **-stof:** starting (raw, crude) substance || matière *v* première || Ausgangsstoff *m*; **-transformator:** output transformer || transformateur *m* de sortie *v* || Ausgangstransformator *m*; **-vermogen:** output power || puissance *v* de sortie *v* || Ausgangsleistung *v*; **-zijde:** output side || sortie *v* || Ausgangsseite *v*.
uitgave (*boeken, enz.*): edition (*dagblad*); number (*tijdschr.*); issue; publication (*het uitgeven*) || édition *v* (*dagblad*); numéro *m* (*tijdschr.*); publication *v* (*het uitgeven*) || Verlag *m* (*druk*); Auflage *v* (*oplaag*); Herausgabe *v* (*het uitgeven*).
uitge|balanceerd (*niet*): *zie* **gebalanceerd** (*niet*); **-gloeid** (*staal, enz.*): annealed || recuit || ausgeglüht; **-put:** exhausted, worked out || epuisé || erschöpft, ausgenützt (*chem.*); abgebaut (*mijn*); **-rekt:** stretched || étiré || [aus]gedehnt, gestreckt; **-schakeld:** switched off, disconnected, cut out || mis hors circuit *m* || ausgeschaltet; **-sleten:** attrite, worn out || frotté, usé || abgenutzt.
uitge|ven (*boek, enz.*): to edit (*v. d. druk bezorgen*); to publish (*uitgeverij*) || éditer; publier || herausgeben; verlegen; **-ver:** editor; publisher || éditeur *m* || Herausgeber *m*; Verleger *m*.
uitgloei|en: 1. (*metaal*): to anneal, to wast || recuire, griller || ausglühen; **-ing:** annealing || recuite *v* || Ausglühung *v*;
2. (*chem.*): to calcine || calciner || ausglühen; **-ing:** calcination || calcination *v* || Ausglühung *v*, Ausglühen *o*.
uitgra|ven (*v. d. grond*): to excavate, to dig out || excaver || ausgraben; **-ving:** excavation || excavation *v* || Ausgrabung *v*; (*wegentechn., enz.*): cutting || tranchée *v* || Einschnitt *m*; **-ving, trapsgewijze:** benching, cutting the ground in steps or terraces || attaque *v* du terrain *m* en gradins *vm* || stufenförmige(s) Anschneiden *o* (Abstufung *v*) des Geländes *o*.
uithak|ken: 1. (*gleuven, groeven*): to slot, to cut a keyway || faire des rainures *vm* || Nuten *vm* stoßen;
2. (*ruit*): to hack out old lass || couper (enlever) les morceaux *mm* de vitres *vm* || die Glasstücke *om* aushacken.
uithalen (*vuur*): to draw || retirer || herausziehen, -reißen.
uithang|bord: signboard, business- (inn-) sign || enseigne *v*, écriteau *m* || Aushang *m*, [Aushänge]schild *o*; **-en** (*bord*): to hang out || enseigner, écriter || aushängen.
uithol|len: to hollow, to scoop out, to excavate || creuser, évider, caver || aushöhlen, ausgraben; auskehlen (*v. e. groef*); **-ling:** hollowing, excavation || creux *m*, cavité *v*, || Aushöhlung *v*, Ausgrabung *v*; Auskehlung *v*.
uithouder: 1. (*arm*): jib, [jib]arm || bras *m*, bec *m*, flèche *v* || Ausleger *m*, Dreh-, Lastarm *m*; **- m. scharnier:** articulate arm || bras *m* articulé || Gelenkausleger *m*; **-, rechte:** straight jib || flèche *v* droite || gerader Ausleger *m*;
2. (*scheepst.*): outrigger || arc-boutant *m* || Ausleger *m*.
uit|houwen: to carve, to hew (*from*) || creuser, tailler; sculpter, graver || aushacken, -hauen; **-hozen:** to bail || agréner, vider || ausösen, -schaufeln, -schöpfen.
uitkam|borstel: stripping brush || brosse *v* à débourrer || Ausputzbürste *v*; **-men:** to clean, to strip || débourrer || putzen, ausstoßen [der Karden *vm*]; **-rol:** stripper || rouleau *m* débourreur || Ausstoßrolle *v*, Säuberungswalze *v*.
uitklink|en: to snap out, to release || déclencher || ausschnappen; **-hefboom:** disengaging lever || levier *m* de débrayage *m* || Ausrückhebel *m*; **-koppeling:** clutch || accouplement *m* à débrayage *m* || Ausrückkupplung *v*; **-magneet:** releasing magnet, trip coil || aimant *m* déclencheur (de déclenchement *m*) || Auslösemagnet *m*; **-mechanisme:** releasing (tripping) device || dispositif *m* de déclenchement *m*, déclenche *v* || Auslösevorrichtung *v*; **-mechanisme** (*bij drijfwerken*): disengaging gear || appareil *m* à débrayage *m* || Ausrückvorrichtung *v*.
uitkloppen: to beat || battre; [re]dresser au marteau *m* (*metaal*) || ausklopfen; **- v. ketelsteen:** *zie* **ketelsteen afbikken.**
uitknip|machine: *zie* **zaagtandponsmachine;** **-pen:** to cut (clip) out || découper || ausschneiden.

uitkoken: to boil; to scour (*zijde*) || extraire par la cuisson *v*, lessiver à l'eau *v* bouillante, nettoyer en faisant bouillir; décrurer (*zijde*) || auskochen; entschälen (*zijde*).

uitkomst: 1. (*algem.*): result || résultat *m* || Ergebnis *o*, Resultat *o*;
2. (*vraagstuk*): result, issue || solution *v* || Ergebnis *o*.

uitkoppel|en: *zie* **ontkoppelen; -hefboom:** *zie* **ontkoppelhefboom; -ing:** *zie* **ontkoppeling; -mechanisme:** releasing mechanism || mécanisme *m* de déclenchement *m* || Auslösemechanismus *m*; **-toestel:** disenganging gear || appareil *m* à débrayage *m* || Ausrückvorrichtung *v*.

uit|krabben: to scrape out || gratter, racler || auskratzen; *zie ook* **ketelsteen afschrappen; -kristalliseren:** to crystallize out || se séparer à l'état *m* cristallin || auskristallisieren.

uitlaat: 1. (*algem.*): exhaust, outlet || échappement *m* || Auspuff *m*, Auslaß *m*; **-, vrije:** open exhaust || échappement *m* libre || freier Auspuff *m*; **-buis:** exhaust pipe || conduit *m* d'évacuation *v* || Ausströmungsrohr *o*; **-einde:** delivery (outlet) end || extrémité *v* de sortie *v* || Auslaßende *o*; **-gas:** exhaust (burnt) gas || gaz *m* d'échappement *m* (brûlé) || Auspuffgas *o*, Abgas *o*; **-hefboom:** exhaust lever || levier *m* d'émission *v* (de vidange *v*) || Auslaßhebel *m*; **-ketel:** *zie* **knalpot; -klep:** exhaust flap (valve) || clapet *m* (soupape *v*) d'échappement *m* || Auslaßklappe *v*, Auspuffventil *o*; **-klepkast:** exhaust valve box || chapelle *v* de soupape *v* d'échappement *m* || Auslaßventilgehäuse *o*; **-kraan:** outlet (delivery) cock || robinet *m* d'émission *v* (de vidange *v*) || Auslaßhahn *m*; **-nok:** exhaust cam || came *v* [de la commande *v*] d'échappement *m* || Auslaßnocken *m*; **-ontploffing:** explosion in the exhaust || détonation *v* d'échappement *m* || Auspuffknaller *m*; **-opening:** discharge opening || orifice *m* de vidange *v* || Entleerungsöffnung *v*; **-periode:** exhausting period || période *v* d'échappement *m* || Auspuffperiode *v*; **-pijp:** discharge tube (pipe) || tuyau *m* (tube *m*) d'écoulement *m* (de sortie *v*) || Austrag-, Auslaß-, Auslaufrohr *o*; *zie ook* **afvoerbuis; uitlaatbuis;** (*motor*): exhaust pipe || conduit *m* d'échappement *m* || Auspuffrohr *o*; (*knalpot*): outlet || collerette *v* d'échappement *m* || Auspuff *m*; **-regeling:** exhaust gear || commande *v* de l'échappement *m* || Auslaßsteuerung *v*; **-rol:** exhaust roller || galet *m* d'émission *v* || Auslaßsteuerrolle *v*; **-ruimte:** exhaust chamber || chambre *v* d'échappement *m* || Austrittkammer *v*; **-schuif:** exhaust slide valve || tiroir *m* d'échappement *m* || Auslaßschieber *m*; **-slag:** exhaust stroke || course *v* d'échappement *m* || Auspuffhub *m*; **-sleuf:** exhaust port || lumière *v* d'échappement *m* || Auspuffschlitz *m*; **-spanning:** pressure during exhaust stroke || pression *v* d'échappement *m* || Auspuffspannung *v*; **-spruitstuk:** exhaust manifold || collecteur *m* d'échappement *m* || Auspuffsammelrohr *o*; **-temperatuur:** temperature at exhaust || température *v* d'échappement *m* || Auspufftemperatur *v*; **-ventiel*:** *zie* **afvoerklep; -weg:** slowing down path || parcours *m* (trajet *m*) nécessaire à l'arrêt *m* || Auslauf-, Stoppweg *m*;
2. (*handpomp*): spout || dégorgeoir *m* || Ausgußröhre *v*;
3. (*opening*): discharge opening || orifice *m* d'écoulement *m* || Auslauf *m*; **-opening:** outlet opening for outflow || orifice *m* d'écoulement *m* || Ausflußmündung *v*, -öffnung *v*; **-oven** (*glasfabr.*): flashing furnace || four *m* à embrasure *v* || Auslaufofen *m*;
4. (*buisstomp*): discharge [tube (pipe)] || tuyau *m* (tube *m*) d'écoulement *m* (d'évacuation *v*), sortie *v* || Austrag-, Auslaß-, Auslaufstutzen *m*.

uitlating (*typogr.*)**:** omission || bourdon *m* || Leiche *v*, Auslassung *v*.

uitleg (*typogr.*)**:** sheet-deliverer || receveur *m* || Bogenausgang *m*; **-ger:** knocking off lever, starting handle || levier *m* de déclenchement *m*, ressort *m* de détente *v* || Abstellhebel *m*, Ausrückstange *v*; **-roede:** knocking off handle || latte *v* de déclenche *v* || Aussetzer *m*, Ausrückhandhabe *m*.

uitlich|ten: to lift (to take) out || enlever || [her]ausheben; **-ter:** catch || déclic *m* || Sperrklinke *v*.

uitlo|gen: to lixiviate || lessiver || auslaugen; *zie ook* **uittrekken 2; -gen v. e. ketel:** to clean the boiler with soda, to boil soda in the boiler || lessiver la chaudière *v* || einen Kessel *m* auslaugen; **-ging:** lixiviation || lessivage *m* || Auslaugen *o*.

uitloop: 1. (*mach.*)**:** running out || fonctionnement *m* prolongé par l'inertie *v* || Aus-, Nachlauf *m*, Auslaufen *o*; **-arbeid** (*motor*)**:** work done while slowing down || travail *m* du moteur *m* fonctionnant par la force *v* vive || Auslaufarbeit *v*; **-tijd:** slowing down period || temps *m* nécessaire pour l'arrêt *m* || Auslauf-, Stoppzeit *v*;
2. (*opening*): discharge [opening] || orifice *m* d'écoulement *m* || Auslauf *m*, -öffnung *v*; **-opening:** outlet opening,

opening of outflow || orifice *m* d'écoulement *m* || Ausflußmündung *v*, -öffnung *v*; **-oven** (*glasfabr.*): flashing furnace || four *m* à embrasure *v* || Auslaufofen *m*.

uitlopen: 1. (*mach.*): to run out || fonctionner par la force *v* vive || auslaufen;
2. (*kabel*): *zie* **uitvieren;**
3. (*wegvloeien*): to flow out || [s'é]couler || auslaufen, -fließen.

uitloper (*elektr.*): open feeder || artère *v* ouverte || Stielleitung *v*.

uit|lozen: to evacuate || se décharger, écouler || sich ergießen; **-lozing:** evacuation || déchargement *m* || Ausfluß *m*; **-meten:** to measure [out] || mesurer || ausmessen; vermessen (*land*); **-middelpuntig:** *zie* **excentrisch; -middelpuntigheid:** *zie* **excentriciteit.**

uitmon|den (*in*): **1.** (*buis, enz.*): to debouch (*into*) || se décharger, s'emboucher (*dans*) || [aus]münden (*in*); **-ding:** debouchment; mouthpiece, nozzle || embouchure *v*; dégorgement *m* || [Aus]mündung *v*; Mundstück *o*;
2. (*rivier*): to debouch, to disembogue (*into*) || se décharger, se jeter, s'emboucher (*dans*) || [aus]münden (*in*); **-ding:** debouchment, disemboguement, embouchure || embouchure *v*, bouche *v* || [Aus]mündung *v*.

uitoefe|nen: 1. (*algem.*): to exert, to exercise || exercer || ausüben; **-ning:** exercise || exercise *m* || Ausübung *v*;
2. (*beroep; bedrijf*): to exercise (*beroep*); to practice, to carry on, to prosecute (*bedrijf*) || excercer, pratiquer; professer (*vak*) || [be]treiben; **-ning:** practice, prosecution || pratique *v* || Betrieb *m*, Ausübung *v*.

uit|pakken: to unpack || déballer || auspacken; **-persen:** to press out, to squeeze [out]; to extrude (*metaal, kunststof, enz.*) || presser, pressurer; exprimer (*sap*); refouler (*metaal, enz.*) || auspressen; auskeltern (*wijn*); **-persing:** pressing (squeezing) out; extrusion (*metaal, kunststof, enz.*) || pressurage *m*; extrusion *v* (*metaal, kunststof, enz.*) || Auspressung *v*; **-pompen:** to pump out || épuiser (vider) [au moyen *m* d'une pompe *v*], pomper || auspumpen.

uitponsen: 1. (*ww.*): to punch || emporter, enlever || ausstanzen;
2. (*z. nw.*): piercing, pressing, punching, stamping || découpage *m*, estampage *m*, perçage *m* || Ausschlagen *o*, Ausstanzen *o*, Durchschlagen *o*, Lochen *o*, Prägen *o*.

uit|puilen: to bulge || bomber, forjeter || ausbauchen; **-puiling:** outward bulging || bosse *v* extérieure (sortante) || Ausbauchung *v*; **-punten** (*typogr.*): to run out with full points || remplir avec des points *mm* || auspunktieren; **-putten:** to exhaust || épuiser || erschöpfen; **-putting:** exhaustion || épuisement *m* || Erschöpfung *v*; **-rafelen:** to unravel || effiler || ausfasern; **-rekbaar:** extensible, elastic || extensible, élastique || [aus]dehnbar, elastisch; **-rekbank:** drawing frame || [banc *m* d'] étirage *m* || Strecke *v*, Streckmaschine *v*; **-rekenen:** to calculate || calculer || aus-, berechnen; **-rekken:** to draw out, to stretch || étirer || [aus]recken, -dehnen, -ziehen; **-rekking:** drawing out, racking, tension, tentering || étirage *m*, laminage *m*, traction *v* || Ausziehung *v*, Recken *o*, Strecken *o*; **-rekking bij breukbelasting:** breaking dilatation, stress of ultimate tenacity || dilatation *v* (allongement *m*) de rupture *m* || Bruchdehnung *v*; **-rekking, verende:** elastic extension (elongation) || allongement *m* élastique || elastische Dehnung *v*; **-rekkingsdoos:** drawbox || boîte *v* d'étirage *m* || Streckwerk *o*; **-rekrondsel:** change pinion, draft wheel || pignon *m* d'étirage *m* || Verzugswechsel *m*; **-ritsen** (*nagelkop*): to knock off a rivet with a crosscut chisel || enlever la tête *v* du rivet *m* au bédane *m* || den Nietkopf *m* auskreuzen; **-roken** (*d. rook ontsmetten*): to fumigate || fumiger || ausräuchern; **-rukpal** (*draaib.*): disengaging pawl || cliquet *m* débrayable || ausrückbare Sperrklinke *v*; **-rusten** (*voorzien van*): to fit out || armer, équiper || ausrüsten; **-rusting:** equipment, fitting out, material || armement *m*, équipement *m*, matériel *m* || Ausrüstung *v*; **-rusting, elektrische:** electric equipment || équipement *m* électrique || elektrische Ausrüstung *v*; **-rijsein:** starting signal || signal *m* de sortie *v* || Ausfahrsignal *o*.

uitscheppen: to bale (to scoop) out || épuiser, vider || ausschöpfen; *zie ook* **uithozen.**

uitschakelaar: circuit breaker, cut out switch, interruptor || disjoncteur *m*, interrupteur *m* || Ausschalter *m*; Unterbrecher *m*; **- m. kwikstraal:** mercury jet interruptor || interrupteur *m* à jet *m* de mercure *m* || Quecksilberstrahlunterbrecher *m*; **- m. vrijloop:** independent switch || interrupteur *m* à ouverture *v* || Schalter *m* mit unabhängiger Schaltbewegung *v*; **-, elektrische:** electrically worked switch || interrupteur *m* électrique || elektrischer Ausschalter *m*; **-, elektromagnetische** (*v. gr. afst.*): electromagnetic remote control switch || télé-interrupteur *m* électromagnétique || elektromagnetischer Fernschalter *m*.

uitschakel|baar (*elektr.*): which can be cut (switched) out, disconnectable || à mise *v* hors de circuit *m*, pouvant être mise hors

[de] circuit *m* || aus-, abschaltbar; **-beweging** (*elektr.*)**:** switching out motion || mouvement *m* d'ouverture *v* de circuit *m* || Ausschaltbewegung *v*.

uitschake|len: 1. (*mech.*)**:** to disconnect, to put out [of work, of gear] || débrayer; mettre hors de circuit *m*, déclencher || ausschalten; **- v. e. koppeling:** *zie* **koppeling uitzetten; -ling:** disconnecting, putting out (of work, of gear) || débrayage *m*; mise *v* hors de circuit *m* || Ausschaltung *v*; **-ling d. e. klauwkoppeling:** disconnecting with a claw coupling || débrayage *m* à griffes *vm* || Klauenausrückung *v*; **2.** (*elektr.*)**:** to cut out, to disconnect, to switch off, to put out of circuit || mettre hors [de] circuit *m*, couper, débrancher || ausschalten; **-ling:** cutting out, switching off, putting out of circuit || mise *v* hors de circuit *m* || Ausschaltung *v*; **-ling bij overbelasting:** overload release || déclenchement *m* à surcharge *v* || Überlastungsauslösung *v*; **-ling, m.** (*on*)**-afhankelijk vertraagde:** with inverse (*definite*) time limit release || à retard *m* (*in*)dépendant || mit (*un*)abhängig verzögerter Auslösung *v*; **-ling, m. ogenblikkelijke:** with instantaneous release || à action *v* instantanée || mit Schnellauslösung *v*; **-ling, m. vertraagde:** with time limit release || à action *v* différée || mit Zeitauslösung *v*.

uitschakel|kast (*elektr.*)**:** switch box || boîte *v* d'interrupteur *m* || Ausschalterkasten *m*; **-mechanisme:** disconnecting mechanism || mécanisme *m* interrupteur || Ausschaltmechanismus *m*; **-mechanisme** (*elektr.*)**:** release || déclencheur *m* || Auslöser *m*; **-relais:** cut off relay || relais *m* interrupteur || Abschaltrelais *o*; **-stand** (*elektr.*)**:** switching off position || position *v* de disjonction *v* || Ausschaltstellung *v*; **-stok** (*elektr.*)**:** cut out rod || perche *v* (bâton *m*) de manoeuvre *v* d'interrupteur *m* || Ausschaltstange *v*; **-stroomsterkte:** current at break || intensité *v* de courant *m* hors de l'ouverture *v* du circuit *m* || Ausschaltstromstärke *v*; **-toestel** (*elektr.*)**:** circuit breaking device || dispositif *m* de mise *v* hors de circuit *m* || Ausschaltvorrichtung *v*; **-vermogen:** breaking (rupturing) capacity || pouvoir *m* de coupure *v* || zulässige Abschaltleistung *v*; **-vonk:** breaking spark || étincelle *v* de rupture *v* || Ausschaltfunke[n] *m*.

uitscheren (*touw*)**:** to unreeve || dépasser || ausscheren.

uitschieten: 1. (*uitglijden*)**:** to slip || glisser || ausglitschen, -rutschen, -gleiten;
2. (*kabel, enz.*)**:** *zie* **uitvieren;**
3. (*sorteren*)**:** to sort out, to reject || trier, rejeter || ausmustern, aussondern; ausschlagen (*bomen*);
4. (*v. ballast*)**:** to unballast || délester || ausschießen.

uit|schot: refuse || rebut *m* || Ausschuß *m*; **-schrijven** (*aanbesteding*)**:** to announce || annoncer || ausschreiben; **-schuifbaar:** slidable || coulissant || ausziehbar; *zie ook* **uittrekbaar.**

uitslaan: 1. (*verwijderen*)**:** to drive (to knock) out || chasser || [her]ausschlagen;
2. (*vlak*)**:** to flatten, to planish || aplanir, planer || ausbeulen;
3.: *zie* **uitklinken;**
4. (*gebogen oppervl.*)**:** to develop || développer || entwickeln;
5. (*vlam*)**:** issue of flame || crachement *m* (vomissement *m*) de feu *m* || Herausschlagen *o* der Flamme *v*;
6. (*uitzweten*)**:** to sweat || ressuer || schwitzen, ausblühen;
7. (*typogr.*)**:** to strip a form || abattre la garniture *v* || das Format *o* abnehmen;
8. (*wijzer, enz.*)**:** to deviate || dévier || ausschlagen.

uitslag: 1. *zie* **uitkomst;**
2. (*beslag*)**:** efflorescence; mouldiness (*schimmel*) || efflorescence *v*, moisissure *v* || Ausschlag *m*;
3. (*wijzer, enz.*)**:** deflection || déviation *v* || Ausschlag *m*; **-instrument:** deflecting instrument || appareil *m* à déviation *v* || Ausschlaginstrument *o*; **-methode:** deflection method || méthode *v* de déviation *v* || Ausschlags-, Ablenkungsmethode *v*; **-variometer:** inflection variometer || variomètre *m* d'inflection *v* || Ablenkungsvariometer *o, m*;
4.: -machine: *zie* **ponsmachine.**

uit|sluiten: to exclude; to lock out (*arbeiders*) || exclure; lock-outer (*arbeiders*) || ausschließen; aussperren (*arbeiders*); **-sluiting:** exlusion; lock out (*arbeiders*) || exclusion *v*, exception *v*; lock-out *m*, chômage *m* forcé (*arbeiders*) || Ausschließung *v*; Aussperrung *v*, Arbeitersperre *v* (*arbeiders*); **-slijpen:** to grind internally [out] || meuler intérieurement || ausschleifen; **-slijpvijl** (*horlogem.*)**:** equalling file || lime *v* à égalir || Ausstreichfeile *v*; **-slijten:** to wear away (out) || (*s'*)user || (*sich*) abnutzen; **-smeden:** to beat, to hammer, to forge; to draw out (*staal*) || marteler; étirer (*staal*) || ausschmieden; strecken (*staal*); **-smelten:** to melt || fondre || ausschmelzen; auslassen (*vet*); **-snijden:** to cut out || découper || ausschneiden; *zie ook* **uitbeitelen; uitknippen; uitsteken; enz.; -snijding:** cutting out || découpage *m* || Ausschneidung *v*, Ausschnitt *m*.

uitspa|ren: 1. (*uithollen*)**:** to hollow out ||

évider || aussparen; **-ring:** recess || évidement *m* || Aussparung *v*;
2. (*vergulden*): to cover with a composition || épargner || aussparen.

uit|spoelen: to rinse || rincer || ausspülen; **-spreiden:** to spread (out) || étendre (*uitsmeren*); écarter (*benen*) || ausbreiten; **-spreider** (*schrobbelmach.*): fancy roller, fly || volant *m* || Läufer *m*; **-spreiding:** spreading (out) || écartement *m* || Ausbreitung *v*; **-dingsmachine:** *zie* **aanlegmachine; -springen:** to project, to protrude, to jut out || saillir, forjeter, avancer, ressauter || [her]aus-, [her]vorspringen; **-springend:** projecting, protruding || saillant || [her]vorspringend; **-sprong:** projection || saillie *v* || Vorsprung *v*, Ausladung *v*; **-spuiter:** splash || bavure *v* || Spritzer *m*; **-stalkast:** show case || vitrine *v* || Schaukasten *m*; **-stalvenster:** show window || fenêtre *v* d'étalage *m* || Schaufenster *o*; **-stand** (*v. d. pal*): pawl out || position *v* de déclenchement *m* || Ausschaltstellung *v*; **-stek:** jetting out, projection || saillie *v* || Ausladung *v*, Vorkragung *v*; Vorsprung *m*.

uitstap[put] (*petr.*): step out [well] || puits *m* d'extension *v* || Tastsonde *v*.

uitste|ken: 1. (*uitstrekken*): to stretch (to hold, to put) out || étendre, avancer || [her]ausstrecken;
2. (*uitspringen*): to stick out (*in elke richting*); to protrude, to project, to jut out (*horizontaal*) || saillir, faire saillie *v* || herausragen, hervorragen, vorspringen; **-kend:** sticking out; protruding, projecting || saillant || herausragend, hervorragend, vorspringend;
3. (*wegsteken*): to cut (to chisel) out || creuser || ausstechen.

uitstomen: 1. (*m. stoom*): to steam, to clean by steam || traiter par de la vapeur *v*, nettoyer à sec, laver (passer) à la vapeur *v* || dämpfen;
2. (*schip*): to steam out to sea || sortir du (quitter le) port *m* || hinausdampfen.

uit|stoten: to thrust out, to extrude; to clean, to strip (*spinnerij*) || expulser, pousser dehors; débourrer, nettoyer (*spinnerij*) || [hin]ausstoßen; ausstoßen, putzen (*spinnerij*); **-ting:** expulsion, extrusion; delivery, discharge || expulsion *v*; refoulement *m* || Ausstoßung *v*, -stoßen *o*; **-storten:** to pour out, to shed || répandre, décharger, verser || ausschütten, -gießen; **-storting:** effusion, outpoor || effusion *v*, épanchement *m* || Ausschüttung *v*, -schütten *o*, -gießung *v*, Gießen *o*.

uitstra|len: to radiate || rayonner || ausstrahlen; *zie ook* **stralen; -ler:** *zie* **radiator; -ling:** radiation || radiation *v*, rayonnement *m* || Ausstrahlung *v*; *zie ook* **straling; -lingsenergie:** radiated power || énergie *v* (puissance *v*) rayonnée (de radiation *v*) || Strahlungsenergie *v*; **-lingsvermogen:** radiating capacity || pouvoir *m* rayonnant || Strahlungsvermögen *o*; **-lingsvlak:** radiating surface, surface of emission || surface *v* de rayonnement *m* || Emissionsfläche *v*, strahlende Fläche *v*; **-lingswaarde:** radiation value || coefficient *m* de rayonnement *m* || Ausstrahlungswert *m*.

uitstro|men: to flow out, to discharge || s'écouler, s'échapper || ausströmen, -fließen; **-mingshoeveelheid:** quantity discharged || quantité *v* écoulée || Ausflußmenge *v*.

uitstroom|coëfficiënt: coefficient of discharge || coefficient *m* d'écoulement *m* || Ausflußkoeffizient *m*; **-opening:** outlet opening, opening for outflow || embouchure *v* (orifice *m*) d'écoulement *m* || Ausflußmündung *v*, -öffnung *v*; **-richting:** direction of outflow (exhaust) || direction *v* d'écoulement *m* || Ausflußrichtung *v*; **-snelheid:** speed of delivery (of exhaust) || vitesse *v* d'écoulement *m* || Ausflußgeschwindigkeit *v*; **-tijd:** outflow (exhaust) period || période *v* d'écoulement *m* || Ausflußzeit *v*; **-weerstand:** outflow (exhaust) resistance, back pressure || résistance *v* d'écoulement *m* || Ausflußwiderstand *m*.

uitstrijken: 1. (*verf*; *plakmiddel*; *enz.*): to spread || étendre, étaler || ausstreichen;
2. (*gladstrijken*): to smoothe [out] || écrancher, lisser || glätten, die Falten *vm* ausstreichen;
3. (*kleding*, *enz.*): to iron [out] || repasser || ausbügeln, -plätten.

uittre|den: to leave, to run (to flow) out || sortir (*de*) || austreten; **-ding:** leaving, running (flowing) out || sortie *v* || Austritt *m*.

uittree|arbeid: work done during exhaust || travail *m* d'échappement *m* || Austrittarbeit *v*; **-driehoek:** outlet diagram (triangle) || triangle *m* de sortie *v* || Austrittdreieck *o*; **-hoek:** angle of outlet || angle *m* de sortie *v* || Austrittwinkel *m*; **-kant:** trailing pole tip, following horn || côté *m* (corne *v*) de sortie *v* || Austrittkante *v*, -seite *v*; **-[pool]spits:** trailing pole tip || corne *v* de sortie *v* || ablaufende Polkante *v*; **-verliezen:** outlet loss, loss due to terminal (unabsorbed) energy || perte *v* de sortie *v* || Austritt-, Auslaßverlust *m*; **-zijde:** outlet edge || arête *v* de sortie *v* || Austrittkante *v*; **-zijde** (*achterrand v. d. vleugel*): trailing edge || bord *m* de fuite *v* de l'aile *v* || Flügelhinterkante *v*.

uittrek|baar: telescopic, pull-out-, extension-, extending-, telescope- || télescopant, à rallonges *vm* || ausziehbar, teleskopisch, Auszieh-, Teleskop-; *zie ook* **uitschuifbaar; -buis:** *zie* **teleskoopbuis; -cilinders:** drawing rollers || cylindres *mm* étireurs || Streckwalzen *vm*, -zylinder *mm*.

uittrek|ken: 1. (*spijkers, enz.*): to draw out || retirer || ausziehen;
2. (*extraheren*): to extract || extraire || ausziehen, extrahieren; *zie ook* **afkoken; aftrekken; uitlogen; -sel:** extract || extrait *m* || Auszug *m*, Extrakt *o*;
3. (*langer maken*): to draw || étirer || ausziehen, strecken.

uit|vezelen: to undo a stuff, to unweave || détisser || losmachen, -weben, zerkratzen; **-vieren** (*touw*)**:** to pay out, to veer || filer || ausschießen.

uitvin|den: to invent || inventer || erfinden; **-der:** inventor || inventeur *m* || Erfinder *m*; **-ding:** invention || invention *v* || Erfindung *v*; **-ding, nieuwe:** novel invention || nouvelle *v* invention || neue Erfindung *v*; **-dingsgedachte:** inventive idea || idée *v* inventive || Erfindungsgedanke *m*.

uitvloei|en: to flow (to run) out || s'écouler || ausfließen, ausströmen; **-gat:** outlet || orifice *m* d'écoulement *m* || Ausflußloch *o*; **-ing:** flowing out || écoulement *m* || Ausströmung *v*, -fließung *v*; **-opening:** outlet opening, opening for outflow || orifice *m* d'écoulement *m* || Ausflußmündung *v*, -öffnung *v*; **-straal:** outflowing jet || jet *m* d'écoulement *m* || ausfließender Strahl *m*; **-tijd:** outflow (exhaust) period || periode *v* d'écoulement *m* || Ausflußzeit *v*.

uitvlok|ken: to floculate || floculer, [se] précipiter en flocons *mm* || ausflocken; *zie ook* **coaguleren; -king:** floculation || floculation *v* || [Aus]flockung *v*; *zie ook* **coagulatie.**

uitvoer: export[ation] || exportation *v* || Ausfuhr *v*, Export *m*; **-band:** delivery tape || cordon *m* à la sortie *v* || Ausführband *m*; **-der** (*werk*)**:** foreman || conducteur *m* de travaux *mm*, maître-ouvrier *m* || Bauführer *m*, Werkmeister *m*; **-en:** to execute, to carry out, to perform || exécuter || aus-, durchführen; (*exporteren*)**:** to export || exporter || ausführen, exportieren; **-en in eigen beheer:** to execute in economy || exécuter en régie *v* || ausführen in eigener Verwaltung *v*; **-ing:** construction, execution, carrying out || construction *v*, exécution *v* || Aus-, Durchführung *v*; **-ing, open** (*elektr. mach.*)**:** open type || ouvert || offen; **-ingsvorm:** embodiment || mode *m* d'exécution *v* || Ausführungsform *v*; **-recht:** export duty || droit *m* d'exportation *v* (de sortie *v*) || Ausfuhrzoll *m*, -steuer *v*, Ausgangszoll *m*.

uitwas|sen: to wash [out] || laver || [aus-, nach]waschen; **-sing:** washing [out] || lavage *m* || Auswaschung *v*.

uitwate|ren: to disembogue (*into*), to discharge itself (*into*), to flow (*into*) || se décharger, se jeter, se déboucher || münden, sich ergießen; **-ring:** debouchement || décharge *v*, embouchure *v* || Auslauf *m*, Mündung *v*, Ausfluß *m*; (*schip*)**:** free board || franc-bord *m* || Freibord *o*; **-ringssluis:** discharging (drainage) sluice || écluse *v* d'assèchement *m* (de décharge *v*) || Entwässerungsschleuse *v*.

uitwendig: external(*ly*), exterior (*on the outside*) || externe, extérieur(*ement*), (*à l'extérieur*) || äußer, äußerlich, auswendig.

uitwer|ken: 1. (*plan, enz.*): to work out, to elaborate || faire, achever, développer, élaborer || ausarbeiten; **-king:** working-out || développement *m*, élaboration *v* || Ausarbeitung *v*;
2. (*doen; uitwerking hebben*): to effect, to bring about, to produce || effectuer, opérer, produire || auswirken, -richten, verursachen; **-king:** effect, operation || effet *m*, résultat *m*, action *v* || Wirkung *v*, Erfolg *m*, Effekt *m*; **-king hebben,** (*geen*)**:** to be effective to operate (*to be of no effect*) || avoir de l'effet *m* (de l'action *v*), (*n'avoir pas d'effet m, être inefficace, n'opérer pas*) || (*k*)eine Wirkung *v*, (*k*)einen Effekt *m* (Erfolg *m*) aufweisen, (*wirkingslos sein*).

uitwerper (*vuurwapen*)**:** ejector || éjecteur *m* || Auswerfer *m*.

uitwisselbaar: interchangeable || interchangeable || auswechselbar; **-heid:** interchangeability || interchangeabilité *v* || Auswechselbarkeit *v*.

uitwisse|len: 1. (*verwisselen*): to [inter]-change, to exchange || [é]changer, remplacer par || aus-, verwechseln; **-ling:** [inter]changing, exchanging || [é]change *m*, remplacement *m* || Auswechs[e]lung *v*, Austausch *m*;
2. (*warmte; koude; enz.*): to exchange || échanger || austauschen; **-ling:** exchange || échange *m* || Austausch *m*.

uitwissen: to wipe out || essuyer || auswischen.

uitwringen: to wring out, to extort || tordre || [aus][w]ringen.

uitwrijven (*verf*)**:** to rub out || broyer || ausstreichen.

uitwijk|ingskoppel: deflecting couple || couple *m* moteur (actif) || [ablenkendes] Archmoment *o*; **-plaats:** passing place,

turn out || point *m* d'évitement *m* || Ausweich[e]stelle *v*.
uitzagen: to saw out || découper [à la scie *v*], scier || aussägen.
uitzak|ken: 1. (*verzakken*): to bag (to bulge) out || s'affaisser || ausweichen, -bauchen; **-king:** bagging (bulging) out || affaissement *m* || Ausweichung *v*, -buchtung *v*; **2.** *zie* **bezinken; neerslaan.**
uitzen|den: to emit, to send out || émettre || aussenden, emittieren; **-ding:** emission || émission *v* || Emission *v*, Aussendung *v*; **-ding, gerichte:** beam (directed) emission || émission *v* dirigée || Richtsendung *v*, gerichtete Aussendung *v*.
uitzet|ten: 1. (*algem.*; *door warmte*): to expand, to dilate || se dilater || (*sich*) [aus]dehnen; **-ting:** expansion, dila[ta]tion || dilatation *v* || Ausdehnung *v*; **-ting, kubieke:** cubical expansion || dilatation *v* cubique (voluminique) || Raumausdehnung *v*, kubische Ausdehnung *v*; **-ting, lineaire:** linear expansion || dilatation *v* linéaire || lineare Ausdehnung *v*, Längenausdehnung *v*; **-tingscoëfficiënt:** coefficient of expansion || coefficient *m* de dilatation *v* || Ausdehnungskoeffizient *m*;
2. (*gassen*; *dampen*): to expand || (*se*) détendre || (*sich*) ausdehnen, expandieren, (*sich*) entspannen; **-ting:** expansion || détente *v* || Ausdehnung *v*, Expansion *v*, Entspannung *v*; **-tingscoëfficiënt:** coefficient of expansion || coefficient *m* de dilatation *v* || Ausdehnungskoeffizient *m*;
3. (*loskoppelen*; *afzetten*; *enz.*): to disengage, to put out of action || débrayer, déclencher, couper, supprimer || ausrücken; **-as:** disengaging shaft || arbre *m* de débrayage *m* || Ausrückwelle *v*; **-vork:** disengaging fork || fourche *v* de débrayage *m* || Ausrückgabel *v*;
4. (*verlengen*; *verwijden*; *enz.*): to expand, to enlarge || étendre || [aus]dehnen; **-baar:** expansive || expansible || [aus]dehnbar; **-baarheid:** expansibility, dilatability || expansibilité *v*, dilatabilité, *v* extensibilité *v* || [Aus]dehnbarkeit *v*; **-proef:** expanding test || essai *m* d'élargissement *m* || Aufweiteprobe *v*;
5. (*afzetten o. e. assenstelsel*, *enz.*): to plot [out] || porter (*sur*) || eintragen (*auf*); **6.:** *zie* **zwellen.**
uitzoeken: 1. (*kiezen*): to choose, to select || choisir || aussuchen, -wählen;
2. (*sorteren*): to [as]sort || trier, assortir || auslesen, sortieren.
uitzij|gen (*gesm. metaal*): to liquate || ressuer || ausseigern; **-ging:** liquation || ressuage *m* || Ausseigerung *v*.
U-las: single U joint || soudure *v* à chanfrein *m* à V *m* fermé || U-Naht *v*.
ultra|marijn(*blauw*): ultramarine (*blue*) || outremer *m* (*bleu m d'outremer m*) || Ultramarin(*-blau*) *o*; **-mikroskoop:** ultramicroscope || ultramicroscope *m* || Ultramikroskop *o*; **-mikroskopisch:** ultramicroscopic || ultramicroscopique || ultramikroskopisch; **-violet:** *zie* **suprapaars (-violet).**
uni|filair: unifilar || unifilaire || einfaden, unifilar; **-form:** uniform(*ly*) || uniforme (*-mément*) || einheitlich, gleichförmig, uniform; **-polariteit:** unipolarity || unipolarité *v* || Einpoligkeit *v*, Unipolarität *v*; **-versaalkoppeling:** *zie* **kruisscharnierkoppeling.**
universeel|boormachine: universal boring machine || machine *v* à percer universelle || Universalbohrmaschine *v*; **-centerboor:** expanding centerbit || mèche *v* à trois pointes *vm* || Universalzentrumbohrer *m*; **-draaibank:** universal lathe || tour *m* universal || Universaldrehbank *v*; **-freesmachine:** universal milling machine || fraiseuse *v* universelle || Universalfräsmaschine *v*; **-koppeling:** *zie* **kruisscharnierkoppeling; -tang:** american wire cutting pliers || pince *v* universelle || Universalzange *v*.
unster: Roman balance || balance *v* romaine *v*, peson *m* || Schnellwaage *v*, römische Waage *v*; **-, Deense:** Danish balance || balance *v* romaine à contrepoids *m* || dänische Waage *v*.
uraan: uranium || uranium *m*|| Uran *o*; **-atoom:** uranium atom || atome *m* d'uranium *m* || Uranatom *o*; **-atoomsplijting:** fission of uranium atome || fission *v* de l'atome *m* d'uranium *m* || Uranatomspaltung *v*; **-dioxyde:** uranium dioxide || bioxyde *m* d'uranium *m* || Urandioxyd *o*, Uranyl *o*; **-erts:** uranium ore || minerai *m* d'uranium *m* || Uranerz *o*; **-isotoop:** uranium isotope || isotope *v* d'uranium *m* || Uranisotop *m*; **-kern:** uranium nucleus || noyau *m* d'uranium *m* || Urankern *m*; **-oxyde:** uranium trioxide || trioxyde *m* d'uranium *m*; || Uranoxyd *o*, Urantrioxyd *o*; **-oxydule:** *zie* **uraandioxyde: -pekerts:** pitchblende, uranite || pechblende *v* || Uranpecherz *o*, Uranit *m*, Pechblende *v*; **-sulfaat:** uranium sulfate || sulfate *m* d'uranium *m* || Uransulfat *o*; **-tetrafluoride** (*-hexa-*)**:** uranium tetrafluoride (*hexa-*) || tétrafluorure *m* (*hexa-*) d'uranium *m* || Urantetrafluorid *o* (*-hexa-*); **-tetrajodide:** uranium tetraiodide || tétraiodure *m* d'uranium *m* || Urantetrajodid *o*; **-tribromide** (*-tetra-*)**:** uranium tribromide (*tetra-*) || tribromure *m* (*tétra-*) d'uranium *m* || Urantribromide *o* (*-tetra-*); **-trichloride** (*-tetra-*; *penta-*)**:** uranium trichloride (*tetra-*; *-penta-*) || trichlorure *m*

(*tétra-*; *penta-*) d'uranium *m* || Urantrichlorid *o* (*-tetra-*; *-penta-*).
ura|naat: uranate || uranate *m* || Uranat *o*; **-niniet:** uraninite, pitch (black) blende || pechblende *v*, uraninite *v* || Pechblende *v*, Uranpecherz *o*, Uraninit *m*; **-nium:** *zie* **uraan.**
urano-uranyloxyde: uranic uranous oxide || oxyde *m* urano-uranylique || Urano-uranyloxyd *o*, Uranoxydoxydul *o*.
uranyl|acetaat: uranyl acetate || acétate *m* d'uranyle *m* || Uranylacetat *o*; **-nitraat:** uranyl nitrate || azotate *m* (nitrate *m*) d'uranyle *m* || Uranylnitrat *o*; **-sulfaat:** uranyl sulfate || sulfate *m* d'uranyle *m* || Uranylsulfat *o*.
urenteller: hour counter || compteur *m* horaire || Stundenzähler *m*.
urethan (aminomethaanzure ester): urethan || uréthane *m* || Urethan *o*.
ureum: urea || urée *v* || Harnstoff *m*; **-derivaat:** urea derivative || dérivé *m* d'urée *v* || Harnstoffderivat *o*, -abkömmling *m*.
urine: urine || urine *v* || Harn *m*, Urin *m*
urotropine (hexamethyleentetramine): urotropine || urotropine *v* || Urotropin *o*.
U-staal: U-steel || acier *m* en U *m* || U-[förmiger] Stahl *m*.
uur: hour || heure *v* || Stunde *v*; **-, in het** (*per uur*): an (per) hour || à l'heure *v* || je (pro) Stunde *v*; **-bord:** traverse board || renard *m* [de pilote *m*] || Uhrbord *o*; **-loon:** wages per hour || salaire *m* par heure *v* || Stundenlohn *m*; **-werk** (*klok*): clock || horloge *v* || Uhr *v*; **-werk** (*mechanisme*): clockwork || mouvement *m* d'horlogerie *v* || Uhr-, Räder-, Triebwerk *o*; **-wijzer:** hour hand || aiguille *v* des heures *vm* || Stundenzeiger *m*.
U-vormig: U-shaped || en U *m* || U-förmig; **U-ijzer:** *zie* **U-staal.**

V

vaal: fallow || fauve || fahl; **-erts:** *zie* **tetraedriet; -geel:** whitish yellow || jaune pale || fahlgelb; **-grijs:** tanney grey || gris tanné || fahlgrau; **-rood:** fallow red || fauve || fahlrot.
vaam: *zie* **vadem; -hout:** cord wood || bois *m* cordé || Klafterholz *o*.
vaar|bereik: crusing radius || rayon *m* d'action *v*, autonomie *v* || Fahrbereich *o*; **-boom:** gaff, forked pole || gaffe *v* || Staken *m*; **-diepte:** depth of fairway || profondeur *v* du passage *m* || Fahrtiefe *v*, -wasser *o*; **-geul:** fairway || passage *m* || Fahrwasser *o*; **-ploeg** (*schaaf*): tonguing plane || bouvet *m* mâle || Federhobel *m*; **-ploegbeitel:** tonguing iron || fer *m* à bouveter || Spundeisen *o*; **-schroef:** male screw || vis *v* mâle || Schraubenspindel *v*.
vaart: 1. *zie* **snelheid; - vergroten** (*verminderen*): to increase (*to decrease, to slacken*) speed || augmenter (*diminuer*) la vitesse *v* || Fahrt *v* (Geschwindigkeit *v*) erhöhen (*vermindern*);
2.: *zie* **kanaal;**
3.: *zie* **scheepvaart; -, grote:** navigation on the high seas, foreign trade || navigation *v* au long cours *m* (hauturière) || Hochseeschiffahrt *v*, große Fahrt *v*; **-, kleine:** coasting || cabotage *m* || kleine Fahrt.
vaar|tuig: vessel || navire *m* || Fahrzeug *o*; **-tuig, open:** open (undecked) vessel || bâtiment *m* non-ponté || offenes Fahrzeug *o*; **-water:** *zie* **vaargeul; -waterboei:** fairway buoy || bouée *v* de direction *v* || Fahrwasserboje *v*; **-waterdiepte:** *zie* **vaardiepte.**
vaas: vase || vase *m* || Vase *v*; **-vormig:** vase-shaped || en forme *v* de vase *m* || vasenförmig.
vaat|bundel: vasalium || fibre *v* vasculaire || Gefäßbündel *o*; **-hout:** staff wood, staves || merrain *m*, douvain *m* || Dauben-, Faßholz *o*; **-je:** keg || barillet *m* || Fäßchen *o*; **-werk:** [plates and] dishes (*borden, enz.*); barrels, casks [and tubs] (*kuiperij*) || vaisselle *v* (*borden, enz.*); ouvrages *mm* de tonnellerie *v*, futailles *vm* (*kuiperij*) || Geschirr *o*, Gefäße *vm* (*borden, enz.*); Faßwerk *o* (*kuiperij*).
vacht: fleece || peau *v*, toison *v* || Flies *o*, Haut *v*; **-wassing:** fleece washing || lavage *m* à dos *m* || Pelz-, Rückenwäsche *v*.
vacuüm: vacuum || vide *m*, vacuum *m* || Vakuum *o*; **-, hard** (*zacht*): high (*low*) vacuum || vide *m* (vacuum *m*) [très] élevé (*peu élevé*) || hohes (*niedriges*) Vakuum *o* Hochvakuum *o*; **-, hoog** (*laag*): *zie* **vacuüm, hard** (*zacht*); **-, in:** in vacuum || dans le (un) vide *m* || in (im) Vakuum *o*; **-, sterk** (*zwak*): *zie* **vacuüm, hard** (*zacht*); **-behandeling:** vacuum treatment || traitement *m* au vide *m* || Vakuumbehandlung *v*; **-bliksemafleider:** vacuum lightning arrester, vacuum protector || parafoudre *m* à vide *m*, paratonnerre *m* à air *m* raréfié || Vakuumblitzschutzvorrichtung

v; **-brandstoftoevoer:** vacuum feed || élévateur *m*, exhausteur *m* || Brennstoffunterdruckförderapparat *o*; **-buis:** vacuum tube || tube *m* à vide *m* || Vakuumröhre *v*; **-buis m. gloeikathode:** *zie* **coolidgebuis; -destillatie:** vacuum distillation || distillation *v* dans le vide *m* (vacuum *m*) || Vakuumdestillation *v*; **-droogoven:** vacuum drying pan (stove) || séchoir *m* à vide *m* || Vakuumtrockenofen *m*; **-filter:** vacuum filter || filtre *m* à vide *m* || Vakuumfilter *o, m*; **-gloeilamp:** vacuum lamp || lampe *v* à filament *m* dans le vide *m* || Vakuumlampe *v*; **-klok:** vacuum chamber || cloche *v* à vide *m* || Vakuumglocke *v*; **-koelmachine:** vacuum refrigerating machine || machine *v* frigorique à vide *m* || Unterdruckkälte-, Vakuum[kälte]maschine *v*; **-lamp:** *zie* **vacuümgloeilamp; -luchtpomp:** vacuum airpump || pompe *v* à air *m* à vide *m* || Unterdruck-, Vakuumluftpumpe *v*; **-meter:** vacuum gauge || vacuomètre *m*, indicateur *m* de vide *m* || Unterdruckmesser *m*, Vakuummeter *o, m*; **-pan:** vacuum pan || appareil *m* à cuire dans le vide *m*, chaudière *v* à évaporer dans le vide *m* || Vakuumpfanne *v*; **-regelklep:** vacuum breaker || soupape *v* régulatrice de vide *m* || Vakuumreglerventil *o*; **-rem:** vacuum brake || frein *m* à vide *m* || Sauge-, Vakuumbremse *v*; **-spektograaf:** vacuum spectograph || spectrographe *m* à vide *m* || Vakuumspektrograph *o*; **-verhoger:** vacuum augmenter || renforçateur *m* du vide *m* || Vakuumvermehrer *m*; **-vermindering:** decrease of vacuum || diminution *v* du vide *m* || Vakuumverschlechterung *v*.

vadem: fathom || brasse *v*, corde *v*, toise *v* || Faden *m*; **-en** (*naald*)**:** to thread || enfiler || einfädeln; **-en** (*hout*)**:** to cord, to pile up in fathoms || entoiser || aufklaftern; **-hout:** *zie* **vaamhout; -maat:** fathoming || brassiage *m* || Fadenmaß *o*.

vak: 1. *zie* **afdeling; -sgewijs bouwen v. e. brug:** to form by rafts || construire par portières *vm* || gliederweise aufbrücken; **-werk:** *zie na* **vak 9;**

2. (*beroep, enz.*)**:** profession || profession *v*, métier *m* || Fach *o*; *zie ook* **ambacht; -arbeider:** skilled labourer || ouvrier *m* qualifié || Facharbeiter *m*; **-blad:** professional journal, class periodical (paper); trade paper || feuille *v* (revue *v*) spéciale, journal *m* (quotidien *m*) spécial (professionnel) || Fachblatt *o*, -zeitschrift *v*; **-bond:** trade-union federation || fédération *v* professionnelle, syndicat *m* || Fachverband *m*; **-kennis:** professional knowledge || connaissances *vm* spéciales || Fachkenntnisse *vm*; **-kundig:** expert || expert || fachkundig; *zie ook* **deskundig; -litteratuur:** professional (technical) literature || littérature *v* professionnelle || Fachliteratur *v*, -schrifttum *o*; **-man:** professional [man], expert, specialist, one skilled in the art || expert *m*, homme *m* de métier *m* (de l'art *m*), professionnel *m* || Fachmann *m*; **-onderwijs:** professional instruction || enseignement *m* professionnel || Fachunterricht *m*; **-pers:** technical press || presse *v* technique || Fachpresse *v*; **-school:** professional school || école *v* professionnelle || Handwerkschule *v*; **-studie:** professional study || étude *v* professionnelle || Fachstudium *o*; **-taal:** technical language || termes *mm* techniques (professionnels) || Berufssprache *v*; **-term:** technical term || terme *m* technique || Fachausdruck *m*, technischer Ausdruck *m*; **-tijdschrift:** professional journal (periodical) || revue *v* spéciale || Fachzeitschrift *v*; **-vereniging:** trade-union || organisation *v* (association *v*) professionnelle, syndicat *m* [professionnel] || Gewerkschaft *v*, Gewerk-, Fachverein *m*; **-wereld:** technical world || monde *m* technique [professionel] || Fachwelt *v*;

3. (*leervak*)**:** branch, subject || branche *v* || Fach *o*;

4.: *zie* **paneel; -gewelf:** panel vault || voûte *v* en panneaux *mm* || Fachwerksgewölbe *o*; **-werk:** *zie na* **vak 9;**

5. (*veld*)**:** panel || travée *v* || Feld *o*;

6. (*schrijnwerker*)**:** shelf || tablette *v* || Fach *o*;

7. (*weverij*)**:** shed || foule *v*, ouverture *v* des fils *mm*, pas *m* || Fach *o*, Fadenöffnung *v*, Kehle *v*, Sprung *m*, Webfach *o*; (*patroonweverij*)**:** l[e]ash || lac *m* || [Schuß]fach *o*, Latze *v*; **- v. d. ketting:** lease, shed || pas *m* || Fach *o*, Sprung *m*; **-, aangroeiend:** gaining shed || pas *m* progressif || zunehmendes Fach *o*; **-, gesloten** (*open*)**:** closed (*open, plain*) shed || pas *m* fermé (*stationnaire*) || geschlossenes Fach *o* (*Ruhe-, Stehfach*) *o*; **-hoog** (*laag*)**:** upper (*lower*) shed || pas *m* d'en haut *m* (*d'en bas m*), pas *m* de lève *v* (*de rabat m*), pas *m* supérieur (*inférieur*) || Hoch-, Oberfach *o* (*Unterfach o*). Obergelese *o*, -kehle *v* (*Untergelese o, -kehle v*); **-vorming:** shedding || ouverture *v* de la chaîne *v* || Facheformung *v*, Öffnung *v* der Kette *v*;

8. (*vloer*)**:** compartment of a floor || compartiment *m* de parquet *m* || Abteilung *v* eines Fußbodens *v*;

9. (*mijnb.*)**:** *zie* **veld 6.**

vakwerk: bay-, frame-, panelwork || assemblage *m*, charpente *v* métallique, cloisonnage *m*, colombage *m*, treillis *m* ||

Fach-, Gitterwerk *o*; **- zonder vertikalen:** strutt bracing (frame) || poutre *v* en V *m* || Strebenfachwerk *o*; **-balk:** frame (lattice) girder, trussed beam || poutre *v* américaine (à treillis *m*) || Fachwerk-, Gitterträger *m*; **-balkbrug:** bridge with trussed girders || pont *m* à poutres *vm* en treillis *m* || Fachwerkbalkenbrücke *v*; **-bouw:** framed building || construction *v* en cloisonnage *m* (en colombage *m*) || Fachwerkbau *m*; **-brug:** lattice (truss) bridge || pont *m* de grillage *m* (en treillis *m*) || Fachwerkbrücke *v*; **-dak:** trussed roof || toit *m* avec ferme *v* métallique || Fachwerkdach *o*; **-mast:** lattice tower || pylône *m* en treillis *m* || Gittermast *m*; **-paal:** *zie* **vakwerkmast; -spant:** framework truss || ferme *v* métallique || Fachwerkbinder *m*; **-uithouder** (*kraan*)**:** lattice jib || flèche *v* à poutre *v* en treillis *m* || Fachwerkausleger *m*; **-verband:** cross (diagonal) tying || assemblage *m* à croisillons *mm* || Dreieck-, Fachwerkverband *v*; **-wand:** frameworked closing || cloison *v* de colombage *m* || Fach[werk]-wand *v*; **-zoldering:** case ceiling || plafond *m* à compartiments *mm* || Fachdecke *v*.

val: 1. (*algem.*): fall || chute *v* || Fall *m*; **-, vrije:** free descent (fall) || chute *v* (descente *v*) libre || Freifall *m*; **-blok** (*hei*)**:** ram, monkey || mouton *m* || Fallblock *m*; **-brug:** draw bridge || pont-levis *m* || Fall-, Zugbrücke *v*; **-deur:** trap door || porte *v* à guillotine *v*, trappe *v* || Falltür *v*; **-duur:** time of fall || durée (*v* temps *m*) de chute *m* || Falldauer *v*, -zeit *v*; **-gordel** (*loopingbanden*)**:** belt || ceinture *v* || Sturzgurt *m*; **-haak:** catch hook || crochet *m* automatique || Fallhaken *m*; **-haakkoppeling:** catch hook pipe coupling || accouplement *m* à crochet *m* automatique || Fallhakenkupplung *v*; **-hamer:** drop hammer (stamp) || marteau *m* à chute *v* libre *m*, mouton *m* || Fall-, Gleis-, Parallel-, Rahmenhammer *m*; **-helm:** helmet || casque *m* d'avion *m* (protecteur) || Sturzhelm *m*; **-hoed:** *zie* **valhelm; -klep:** drop valve || soupape *v* à manchon *m* || Rohrventil *o*; **-hoogte:** height of fall || hauteur *v* de la chute *v* || Fallhöhe *v*; **-klepje** (*telef.*)**:** annunciator disc, drop || volet *m* || Fallklappe *v*, -scheibe *v*; **-klink:** falling pawl || loquet[eau] *m* || Fallklinke *v*, -riegel *m*; **-len:** to drop, to fall || tomber || fallen; **-licht:** skylight || jour *m* d'en haut *m* || Oberlicht *o*; **-ling** (*auto*)**:** camber || carrossage *m* || Radsturz *m*; **-ling v. d. achtersteven:** rake of the sternpost || quête *v* de l'étambot *m* || Fall *m* des Hinterstevens *m*; **-ling v. d. mast:** rake of the mast || inclinaison *v* du mât *m* || Neigung *v* des Mastes *m*, Überhangen *o* des Mastes *m*; **-luik:** trap board || trappe *v* || Fallklappe *v*; **-poort** (*scheepst.*)**:** dead light || faux mantelet *m* de sabord *m* || Pfortenfenster *o*; **-pijp:** down comer, tipping chute || tube *m* de descente *v* (descendant), tuyau *m* de déversement *m* || Fallrohr *o*; **-reep:** ladder (man) rope || échelle *v* d'artimon *m* || Fallreep *o*; **-reepklamp:** ship's step cleat || taquet *m* d'échelle *v* de tire-veille *v* || Fallreepsklampe *v*; **-reepsknoop:** wall knot || cul *m* de porc *m* || Fallreepsknoten *m*; **-reepspoort:** entering (gangway) port || sabord *m* d'entrée *v* || Fallreepspforte *v*; **-reepstrap:** accommodation ladder || escalier *m* de commandement *m* || Fallreepstreppe *v*; **-rem** (*lift*)**:** lift brake || frein *m* à chute *v* || Fallbremse *v*; **-rem** (*spw.*)**:** drop brake || frein *m* à contrepoids *m* automatique || Fallbremse *v*; **-richting:** direction of fall || sens *m* de la chute *v* || Fallrichtung *v*; **-scherm:** parachute || parachute *m* || Fallschirm *m*; **-schijf** (*schieten*)**:** vanishing target || cible *v* à éclipse *v* || Verschwindscheibe *v*; **-slot:** spring lock || houssette *v* || Fallschloß *o*; **-stroomcarburator:** down draught carburettor || carburateur *m* inversé || Fallstromvergaser *m*; **-trap:** trap stairs || escalier *m* à trappe *v* || Falltreppe *v*; **-tijd:** *zie* **valduur; -wind:** eddy wind, gust || rafale *v* || Fallwind *m*;

2. (*water*): fall || baisse *v* || Fall *m*; **-len:** sinking (falling) of the water level || abaissement *m* du niveau *m* d'eau *v* || Sinken *o* des Wasserstandes *m*.

valen|tie: *zie* **waardigheid; -tiniet:** valentinite || valentinite *v* || Weißspießglanzerz *o*, Antimonblüte *v*.

valies: bag || valise *v* || Felleisen *o*, Reisesack *m*.

van: of (*bezit*); from, of (*oorzakelijk*); from (*scheiding aangevend*); of (*bestaan uit*) || de; à (*bezit*) || von (3*e naamv.*); vor (*oorzakelijk*); **- achteren** (*voren*)**:** behind, at the rear (*in front*) || par derrière *m* (*par devant m, en face v, de front m*) || hinten (*vorn*); **- binnen** (*buiten*)**:** inside (*outside*), in the interior (*at the exterior*); from the inside (*from the outside*) || en dedans *m* (*en dehors m*); de l'intérieur *m* (*de l'extérieur m*) || innen (*außen*); von innen (*von außen*); *zie ook* **inwendig; uitwendig; - boven** (*onder*)**:** at the top (*at the bottom*); from above (top) (*from below*) || en haut *m* (*en bas m*); de haut *m* (*de bas m*), d'en haut *m* || oben (*unten*); von oben (*unten*) her; **- een verdieping:** one story high || à un étage *m* || einstockig; **-zelf:** *zie* **automatisch.**

vana|daat: vanadate || vanadate *m* || Vanadat *o*; **-diniet:** vanadinite || vanadinite *v* || Vanadinit *m*.

vandikte[schaaf]bank: thicknessing machine, thicknesser || raboteuse *v* pour planches *vm*, machine *v* à raboter tirant les bois *mm* d'épaisseur *v* || Dick[t]enhobelmaschine *v*.

vanadium: vanadium || vanadium *m* || Vanadium *o*; **-dichloride** (*-tri-*; *-tetra-*): vanadium dichloride (*tri-*; *tetra-*) || bichlorure *m* (*tri-*; *tétra-*) de vanadium *m* || Vanadiumdichlorid *o* (*-tri-*; *-tetra-*); **-dioxyde** (*-tri-*; *-tetra-*; *-pent-*): vanadium dioxide (*tri-*; *tetra-*; *penta-*) || bioxyde *m* (*tri-*; *tétra-*; *pent-*) de vanadium *m* || Vanadindioxyd *o* (*-tri-*; *-tetra-*; *-pent-*); **-staal:** vanadium steel || acier *m* au vanadium *m* || Vanadiumstahl *m*.

vang: catch, stay (*molen*); vang (*scheepst.*) || frein *m*, arrêt *m* || Mühlsperre *v* (*molen*); **- van Prony:** *zie* **rem van Prony; -beugel** (*elektr. trem*): guard bow || étrier *m* de garde *m* || Schutzbügel *m*; **-beugel** (*klep*): guard || chape *v* d'arrêt *m* || Fangbügel *m*; **-bodem** (*lift*): box of gripping gear || plateau *m* d'arrêt *m* || Fangboden *m*; **-dam:** coffer dam || batardeau *m* || Fangdamm *m*; **-draad** (*trem*): guard wire || fil *m* de garde *m* || Schutzdraht *m*; **-en:** to catch, to seize || saisir, prendre, attraper || fangen; (*boren*) (*mijnb.*): to fish (recover) || repêcher, saisir || fangen; **-excentriek** (*lift*): eccentric grip || excentrique *m* d'arrêt *m* || Fangexzenter *m*; **-gerei** (*boren*) (*mijnb.*): fishing tools || outils *mm* de repêchage *m* || Fanggerät *o*; **-haak:** catch hook || crochet *m* d'arrêt *m* (d'attache *m*) || Fanghaken *m*; (*boren*) (*mijnb.*): fishing (bit, wall) hook || crochet *m* de repêchage *m*, caracole *v* [à trépan *m*] || Fang-, Richt-, Meißelhaken *m*; **-hefboom:** catch lever || levier *m* d'arrêt *m* || Fanghebel *m*; **-klamp** (*lift*): catching dog (stop), grip block || bloc *m* d'arrêt *m* (de remise *v* sur rail *m*), taquet *m* d'arrêt *m* || Fangfrosch *m*, -klotz *m*; **-klok** (*boren*) (*mijnb.*): fishing socket || cloche *v* de repêchage *m* || Fangglocke *v*; **-klauw** (*kooi*) (*mijnb.*): catch pin || parachute *m* || Fangklaue *v*; **-korf** (*spw.*): guard (safety) net || grille *v* de protection *v* || Fang-, Schutzkorb *m*; **-kracht** (*lift*): brake force || force *v* d'arrêt *m* || Fangkraft *v*; **-lijn:** grappling rope || amarre *v* || Fangleine *v*; **-magneet** (*boren*) (*mijnb.*): fishing magnet || aimant *m* de repêchage *m* || Fangmagnet *m*; **-net:** receiving net || filet *m* recepteur || Fangnetz *o*; **-net** (*elektr.*): *zie* **vangdraden; -pal** (*lift*): grip pawl || verrou *o* d'arrêt *m* || Fangklinke *v*; **-raam** (*spw.*): catch frame || cadre *m* de l'appareil *m* de protection *v* || Fangrahmen *m*; **-regulateur** (*lift*): grip regulator || régulateur *m* de parachute *m* || Fangregulator *m*; **-rooster:** suppressor grid || grille *v* d'arrêt *m* || Fanggitter *o*; **-schaar** (*boren*) (*mijnb.*): fishing jar || coulisse *v* de repêchage *m* || Fangschere *v*; **-spits** (*bliksemafleider*): tip of a lightning rod || pointe *v* d'un paratonnerre *m* || Fangspitze *v* eines Blitzableiters *m*; **-stang** (*bliksemafleider*): lightning rod || tige *v* du paratonnerre *m* || Fangstange *v*; **-tang** (*boren*) (*mijnb.*): fishing tongs || accrocheur *m* à pinces *vm* || Fanggreifer *m*; **-tap** (*boren*) (*mijnb.*): fishing (taper) tap || taraud *m* conique || Fangdorn *m*, Spitzfänger *m*; **-toestel** (*spw.*): life guard device || appareil *m* de protection *v* || Schutzvorrichtung *v*; **-toestel** (*lift*): gripping (holding) device || appareil *m* (dispositif *m*) d'arrêt *m*, parachute *m* || Fangapparat *m*, -vorrichtung *v*; **-toestel** (*wagons*): wagon catching device || mécanisme *m* d'arrêt *m* || Wagenfänger *m*; **-werk** (*kooi*) (*mijnb.*): safety catch, catcher || parachute *v* || Fangvorrichtung *v*; **-wig** (*lift*): grip wedge || coin *m* de parachute *m* || Fangkeil *m*; **-ijzer** (*lift*): grip iron || mâchoires *vm* d'arrêt *m* || Fangeisen *o*; (*mijnwagen*): idler, backstay || reculoire *v* || Fang-, Schlepphaken *m*.

vaporimeter: vaporimeter || vaporimètre *m* || Vaporimeter **o, m.**

vari|atie: 1. (*afwisseling*): variation || variation *v* || Variation *v*, Abwechs[e]lung *v*; **-atie, magnetische:** magnetic variation (fluctuation) || fluctuation *v* magnétique || magnetische Fluktuation *v*; **-eren:** to vary || varier || wechseln; schwanken;
2. (*variëteit*): variety || variété *v* || Abart *v*, Spielart *v*, Varietät *v*; **-eren:** *zie* **variëren.**

variometer: variometer || variomètre *m* || Variometer *o, m.*

varkensvet: hog fat || graisse *v* de porc *m*, saindoux *m* || Schweinefett *o*.

var-uurmeter (*blinde energiemeter*): varhour (reactive energy) meter || varheuremètre *m*, compteur *m* d'énergie *v* réactive || Blindverbrauchszähler *m*.

vaseline: vaseline || vaseline *v* || Vaselin *o*, Vaseline *v*; **-olie:** vaseline oil || huile *v* de vaseline *v* || Vaselinöl *o*.

vast: solid, compact || solide, compacte || fest; **-binden:** to bind fast, to fasten || lier || festbinden; **-binden** (*weverij*): to cord, to tie up || encorder || anschnüren; **-bouten:** to fasten with bolts || boulonner || verbolzen; **-branden** (*zuiger*): seizing by combustion || blocage *m* par brûlure *v* || festbrennen; **-gespied:** keyed on || claveté || aufgekeilt; **-heid:** compactness, solidity || solidité *v*, compacité *v* || Festigkeit *v*; *zie ook* **sterkte; -heidsberekening:** *zie* **sterkteberekening; -heidsleer:** *zie* **mechanica, toegepaste; -houdstroomloop:** maintenance circuit || circuit *m* de maintien *m* || Festhaltestromkreis *m*; **-keggen:** *zie* **vastwiggen; -klampen:** to cleat || fixer avec un taquet *m* || festklampen; **-klemmen:** to clamp [together] || caler, fixer par serrage *m*, serrer || festklemmen; **-klemmen** (*lift*): gripping of the cage || serrage *m* de la cage *v* || Festklemmen *o* des Fahrstuhles *m*; **-knevelen** (*touw*): to toggle || cabilloter || einknebeln; **-koppelen:** to couple rigidly || accoupler d'une manière *v* rigide || festkuppeln, starr kuppeln; **-loopbaan** (*spw.*): dead stop track || voie *v* d'arrêt *m* || Festlaufgleis *o*; **-lopen** (*schip*): *zie* **grond lopen, a. d.** (*schip*); **-loopreel:** dead stoprail || rail *m* d'arrêt *m* || Festlaufschiene *v*; **-lijmen:** to agglutinate, to glue || coller ensemble || zusammenleimen; **-maken:** to fasten || amarrer, fixer || befestigen, festmachen; **-nagelen:** to nail || attacher par une cheville *v* || zusammennageln; **-pennen:** to dowel, to peg, to pin || goujonner, goupiller || verdübeln; **-plakken:** to glue on || coller || aufkleben; **-pluggen:** to fasten with pegs, to peg, to pin, to treenail || cheviller || döbeln, [zusammen]dübeln; **-rammen:** to ram || battre || festrammen; **-rechttarief:** two part tariff || tarif *m* binôma || Grundgebührtarif *m*; **-roesten:** to rust into || se fixer par rouillage *m* || festrosten; **-schroeven:** to fasten with (to secure by) screws || fixer par vis *vm*, visser [à demeure *v*] || festschrauben; **-sjorren:** *zie* **sjorren; -sjorring:** *zie* **sjorring; -slaan** (*spie*): to tighten up || resserrer || antreiben, anziehen; **-spieën:** to fasten by keys, to key || claveter || festkeilen; **-spijkeren:** *zie* **spijkeren; -stampen:** to beat down, to ram || damer, fouler, tasser || ein-, feststampfen; **-stellen:** to determine || constater, déterminer || feststellen, bestimmen; **-stelling:** determination || détermination *v* || Feststellung *v*; **-wiggen:** to wedge || coincer || verkeilen; (*cuvelage*) (*mijnb.*): to wedge; wedging || picoter; picotage *m* || verkeilen, pikotieren; Verkeilung *v*; **-zethefboom:** stopping lever || levier *m* d'arrêt *m* || Arretierhebel *m*; **-zetten:** to secure against displacement || immobiliser || gegen Verschieben *o* sichern; **-zetten** (*bout m. e. pen*): to cotter a bolt || goupiller un boulon *m* || einen Bolzen *m* versplinten; **-zetten** (*venster*): to fasten the window || fixer la fenêtre *v* || das Fenster *o* feststellen; **-zettoestel:** locking device || dispositif *m* d'arrêt *m* || Feststellvorrichtung *v*; **-zetveer:** stop spring || ressort *m* d'arrêt *m* || Arretierfeder *v*.

vat: **1.** (*algem.*): vessel || récipient *m*, vase *m* || Gefäß *o*; *zie ook* **bak; ketel; kuip; trog; reservoir; tenk; vergaarbak; - m. deksel:** vessel with a cover || récipient *m* avec couvercle *m* || Gefäß *o* mit Deckel *m*; **- m. dubbele wand:** double-walled (jacketed) vessel || récipient *m* à double paroi *v* || Gefäß *o* mit Doppelwand[ung] *v*; **- m. koeler:** vessel provided with a condenser (cooler) || récipient *m* muni d'un réfrigérant *m* || Gefäß *o* mit Kühler *m*; **- m. roerinrichting:** vessel provided with a stirring (agitating) device (a stirrer) || récipient *m* muni d'un [dispositif *m*] agitateur *m* || Gefäß *o* mit Rührvorrichtung *v* (Rührer *m*); **- m. terugvloeikoeler:** vessel provided with a reflux condenser (cooler) || récipient *m* muni d'un réfrigérant *m* à reflux *m* || Gefäß *o* mit Rückflußkühler *m*; **- m. verhittingsmantel:** vessel with a heating jacket, jacketed vessel || récipient *m* avec chemise *v* de chauffage *m* || Gefäß *o* mit Erhitzungsmantel *m*; **-, gesloten** (*open*): closed (*open*) vessel || récipient *m* (vase *m*) clos (*ouvert*) || geschlossenes (*offenes*) Gefäß *o*; **-, glazen** (*metalen*): glass (*metal*) vessel, vessel of glass (*metal*) || récipient *m* en verre *m* (*en métal m*) || Glasgefäß (*Metallgefäß*) *o*; **-, roterend:** revolving (rotary, rotatory) vessel || récipient *m* tournant (rotatif) || Drehgefäß *o*, drehendes (drehbares) Gefäß *o*; **2.** (*ton, enz.*): barrel, cask || baril *m*, barrique *v*, tonneau *m* || Faß *o*; **-afschaafmachine:** cask planing machine || machine *v* à raboter les tonneaux *mm* || Faßabhobelmaschine *v*; **-band:** cask hoop || cercle *m* de tonneau *m* || Faßband *o*, -reifen *m*; **-bandomlegmachine:** hoop driving machine || machine *v* à chasser les cercles *mm* || Reifenauftreib-, Reifenaufdrückmaschine *v*; **-bindmachine:** cask making machine || machine *v* pour fabriquer les tonneaux *mm* || Faßbindemaschine *v*; **-bodem:** bottom (head) of a cask || fond *m* de tonneau *m* || Faßboden *m*; **-bodemafrondmachine:** head rounding machine || machine *v* à arrondir les fonds *mm* de tonneaux *mm* || Bodenrundschneidmaschine *v*; **-bodemdraaibank:** head rounding and bevelling machine || tour *m* pour fonds *mm* de tonneaux *mm* || Faßbodendrehbank *v*;

-bodemschaafmachine: head planing machine || machine *v* à raboter les fonds *mm* de tonneaux *mm* || Bodenhobelmaschine *v* **-boor:** piercer || coup *m* de poing *m* || Faßbohrer *m*; **-drijfmachine:** cask trussing machine || machine *v* à trousser les cercles *mm* de tonneaux *mm* || Faßzusammentreibmaschine *v*, -setzmaschine *v*; **-duig:** *zie* **duig; -duigbuig- en droogmachine:** stave bending and drying machine || machine *v* à courber et à sécher les douves *vm* || Faßdaubenbiege- und -trockenmaschine *v*; **-gisting:** cask fermentation || fermentation *v* en barriques *vm* || Faßgärung *v*; **-hoepel:** *zie* **vatband; -hout:** *zie* **vaathout; -ketting:** barrel chain || chaîne *v* pour tonneaux *mm* || Faßkette *v*; **-kroosmachine:** barrel crozing machine || machine *v* à jabler les tonneaux *mm* || Faßkrösemaschine *v*; **-lift:** barrel hoist (lift) || élévateur *m* de tonneaux *mm*, montebarils *m* || Faßaufzug *m*, -elevator *m*; **-merkmachine:** branding machine || machine *v* à marquer les tonneaux *mm* au feu *m* || Einbrennmaschine *v*; **-meter:** cask gauge || pithomètre *m* || Faßaiche *v*; **-romp:** cask body || carcasse *v* du tonneau *m* || Faßrumpf *m*; **-smaak:** taste of the cask || goût *m* du fût *m* || Faßgeschmack *m*; **-strop:** cask sling || élingue *v* à barriques *vm* || Faßstropp *m*; **-trechter:** funnel || remplifoudre *m* || Faßtrichter *m*.

vatbaar: susceptible || susceptible || empfänglich; **-heid:** susceptibility || susceptibilité *v* || Empfänglichkeit *v*; **-heid v. magnetisatie:** magnetic susceptibility, magnetisability, susceptibility to magnetisation || aimantabilité *v*, aptitude *v* à être aimanté, susceptibilité *v* magnétique || magnetische Aufnahmefähigkeit *v* (Suszeptibilität *v*), Magnetisierfähigkeit *v*.

vat|ten: 1. (*in beton*): to encase with concrete || enrober dans le béton *m* || in Beton *m* einhüllen;
2. (*edelstenen*): to set, to enchase || sertir, enchâsser || [ein]fassen; **-ting:** setting || monture *v*, sertissure *v* || [Ein]fassung *v*;
3. (*cement*): to set || prendre || binden, fassen;
4. (*anker*): to bite || mordre || fassen;
5. (*bron*): to close up (to curb) a well || capter une source *v* || eine Quelle *v* fassen;
6. (*i. e. lijst*): to frame || encadrer || einrahmen.

vector: vector || vecteur *m* || Vektor *m*; **-, vierdimensionale:** four dimensional vector || vecteur *m* quadridimensionel || vierdimensionaler Vektor *m*; **-, viertallige:** *zie* **viercomponentenvector; -analyse:** vector calculus (analysis) || calcul *m* vectoriel, analyse *v* vectorielle || Vektoranalyse *v*, -rechnung *v*; **-diagram:** vector diagram || diagramme-vecteur *m* || Vektordiagramm *o*; **-functie:** vector function || fonction *v* vectorielle || Vektorfunktion *v*; **-grootheid:** vector quantity || quantité *v* vectorielle || Vektorgröße *v*; **-potentiaal:** vector potential || potentiel *m* vecteur || Vectorpotential *o*; **-produkt:** *zie* **produkt, vectorisch; -veld:** vectorial field || champ *m* vectoriel || Vektorfeld *o*; **-vergelijking:** vector equation || équation *v* vectorielle || Vektorgleichung *v*.

veder|bak: spring box || étui *m* du Jacquard *m* || Federhaus *o*; **-wolk:** cirrus, mare's (cat's) tail || cirrus *m*, nuage *m* en balayures *vm* || Federwolke *v*.

vee|boot: cattle steamer || bateau-écurie *m* || Viehboot *o*; **-brug:** cattle ramp (wharf) || rampe *v* à bestiaux *mm* || Viehladerampe *v*; **-trein:** cattle train || train *m* de bétail *m* || Viehzug *m*; **-vervoer:** cattle traffic || transport *m* de bétail *m* || Viehverkehr *m*; **-wagen:** cattle car (wagon) || wagon *m* à bestiaux *mm* || Viehwagen *m*.

veeg|machine: street cleaning machine || machine *v* à balayer, balayeuse *v* || Kehrmaschine *v*; **-mes** (*v. e. hoefsmid*): paring knife, parer, renette || rognepied *m*, paroir *m* || Huf-, Wirkmesser *o*, Hufmeißel *m*; **-sel:** sweepings || balayures *vm* || Kehricht *o*, *m*.

veel: 1. (*bijv. nw.*): much (*voor enkelv.*); many (*voor meerv.*) || beaucoup, nombre *m* de, bien, plusieurs || viel; **-, te:** too much; too many || trop || zuviel; **-, zeer:** very much; very many || très beaucoup, un très grand nombre *m* de || sehr viel;
2. (*bijw.*): much || beaucoup [plus] || viel.

veel|armig: multiarmed, with several arms || à plusieurs bras *mm* || mehrarmig; **-basisch:** polybasic || polybasique || mehrbasisch; **-delig:** multipart, multiple || à plusieurs parts *mm* || mehrteilig; **-fasensysteem:** multiphase (polyphase) system || système *m* polyphasé || Mehrphasensystem *o*; **-fasig:** multiphase, polyphase || polyphasé || mehrphasig, Mehrphasen-; **-hoek:** polygon || polygone *m* || Polygon *o*, Vieleck *o*; **-hoek, ingeschreven** (*omgeschreven*)**:** inscribed (*circumscribed*) polygon || polygone *m* inscrit (*circonscrit*) || Sehnenvieleck *o*, eingeschriebenes Polygon *o* (*Tangentenvieleck o*); **-hoek, regelmatige:** regular polygon || polygone *m* régulier || Regelvieleck *o*, regelmässiges Vieleck *o*; **-hoekig:** polygonal, polygonous || polygonal, polygone || vieleckig, polygonisch; **-kernig:** polynuclear || polynucléaire || mehrkernig; **-kleurendruk:** colour print || imprimé *m* en couleurs *vm* || Mehrfarbendruck *m*; **-kleurig:** many- (multi-)coloured, polychronous || multicolore, polychrome || vielfarbig, polychrom; **-leiderkabel:** multiple core cable || câble *m* multiple || Mehrleiterkabel *o*; **-leidersysteem:** multiple wire system || système *m* multifilaire (à plusieurs conducteurs *mm*) || Mehrleitungssystem *o*; **-polig:** multipolar || multipolaire || vielpolig; **-soortig:** manifold, multiple || de plusieurs espèces *vm*, multiple || vielartig; **-spillig:** with several spindles || à plusieurs tiges *vm* || mehrspindlig; **-term:** multinominal, polynominal || polynôme *m* || vielgliedrige Größe *v*, Polynom *o*; **-trappig:** multistage || à multiples (plusieurs) étages *mm*, étagé || mehrstufig; **-vlak:** polyhedron || polyèdre *m* || Vielflach *o*, Polyeder *o*; **-vlakkig:** polyhedral, polyhedric || polyèdre || vielflächig, polyedrisch; **-vormig:** multiform; polymorphous || multiforme; polymorphe || vielgestaltig; polymorph; **-voud:** multiple || multiple *m* || Vielfache *o*; **-voud, kleinst gemene:** least common multiple || plus petit commun multiple *m* (p.p.c.m.) || kleinste gemeine Vielfache *o*; **-voudig:** multiple, multiplex; manifold || multiple; nombreux; fréquent || vielfach; mannigfach; mannigfaltig; **-waaierpomp:** high-pressure centrifugal pump || pompe *v* centrifuge à haute pression *v* || Hochdruckzentrifugalpumpe *v*; **-waardig:** polyvalent (*chem.*); multiforme (*functie*) || mehrwertig, polyvalent (*chem.*); vieldeutig, multiform (*functie*); **-zijdig:** multilateral || polygone || vielseitig.

veen: peat moor, bog || marais *m* tourbeux, tourbière *v*, terrain *m* marécageux || [Torf]moor *o*, Bruch *m*, *o*; **-achtig:** boggy, peaty || tourbeux || moorartig; **-brand:** peat-bog fire || brûlis *m* [d'une tourbière *v*] || Torfbrand *m*; **-derij** (*bedrijf*)**:** peat pit (digging) || tourbière *v*, tourbage *m* || Torfstich *m*; **-derij** (*land*)**:** peat pit (*ground*) || tourbière *v* || Torfboden *m*, -stich *m*; **-grond:** peaty (boggy) soil (ground) || terre *v* tourbeuse, sol *m* tourbeux || Torf-, Moorboden *m*; **-kolonie:** fen- (peat-) colony || village *m* dans les tourbières *vm* || Mohr-, Fehnkolonie *v*; **-land:** bog-land || marais *m* tourbeux || Torf-, Moorland *o*; **-vorming:** bog-formation || formation *v* des fagnes *vm* || Moorbildung *v*.

veer: 1. (*spiraalveer, enz.*)**:** spring || ressort *m* || Feder *v*; **- m. oog naar boven** (*beneden*)**:** plate spring with eyes turned upwards (*downwards*) || ressort *m* à rouleaux *mm* au-dessus (*en dessous m*) || nach oben (*unten*) gerollte Feder *v*; **- opwinden, een:** to wind up a spring || remonter un ressort *m* || eine Feder *v* aufziehen; **- v. e. veiligheidsklep:** spring of the safety valve || ressort *m* de charge *v* de la soupape *v* || Belastungsfeder *v* des Ventils *o*, Ventilfeder *v*; **-, conische:** *zie* **veer, kegelvormige; -, dubbelwerkende:** two way spring || ressort *m* à deux directions *vm* || Zweiwegfeder *v*; **-, elliptische:** elliptic[al] spring || ressort *m* à pincettes *vm* (elliptique) || Ellipsenfeder *v*; **-, half elliptische:** semi-elliptic[al] spring || ressort *m* semi-elliptique || halbelliptische Feder *v*; **-, gegolfde:** corrugated spring || ressort *m* ondulé || wellenförmige Feder *v*; **-, kegelvormige:** conical spring || ressort *m* conique || Kegelfeder *v*; **-, platte:** flat (plate) spring || ressort *m* plat (à feuilles *vm*) || flache Feder *v*, Blattfeder *v*; **-, ronde:** round bar [spiral] spring || ressort *m* à fil *m* rond (à section *v* circulaire) || Rundfeder *v*; **-, stalen:** steel spring || ressort *m* d'acier *m* || Stahlfeder *v*; **-as:** barrel arbor || arbre *m* à tambour *m* || Federachse *v*; **-balanceertoestel:** spring balancing device || dispositif *m* d'équilibrage *m* à ressort *m* || Federausgleichvorrichtung *v*; **-balans:** spring balance || balance *v* à ressort *m*, peson *m* || Federwaage *v*; **-balk** (*v. smeden*)**:** spring beam || rabot *m* || Stoßreitel *m*; **-band:** hoop of spring, spring shackle || bride *v* de ressort *m* || Federbund *m*; **-belasting:** load on spring || charge *v* du ressort *m* || Federbelastung *v*; **-beproeving:** spring testing || essai *m* d'un ressort *m* || Federprüfung *v*; **-beproevingsmachine:** spring proving press || machine *v* à essayer les ressorts *mm* || Federprobemaschine *v*; **-beugel:** spring strop || bride *v* de ressort *m* || Federbügel *m*; *zie ook* **veerstrop; -bevestiging:** fastening of the springs || fixation *v* des ressorts *mm* || Federbefestigung *v*; **-blad:** spring plate || feuille *v* (lame *v*) de ressort *m* || Federblatt *o*; **-blok:** spring carrying block || billot *m* à soulever les ressorts *mm* || Federklotz *m*; **-blokking:** breakage lock with spring || blocage *m* à ressort *m* || Federsperre *v*; **-bocht:** camber of the spring || flèche *v* d'un ressort *m* || Fedesprengung *v*; **-bok:** *zie* **veersteun; -breuk:** fracture of spring || bris *m* de ressort *m* || Federbruch *m*; **-buffer:** spring buffer || butoir *m* (tampon *m*) à ressort *m* || Federpuffer *m*; **-buiger:** spring iron || ploie-ressort *m* || Federbieger *m*; **-bundel:** set of springs || faisceau *m* (paquet *m*) de ressort *m* || Federbündel *o*; **-bus:** spring box || douille *v* de ressort *m* || Federhülse *v*; **-contact:** spring contact || contact *m* à ressort *m* || Federkontakt *m*; **-doorbuiging:** bending of the spring || flexion *v* du ressort *m* || Federdurchbiegung *v*; **-doos:** spring box || boîte *v* à ressort *m* || Federdose *v*; **-drager:** spring bracket || patin *m* de ressort *m* || Federplatte *v*; **-druk:** spring pressure || pression *v* (poussée *v*) du ressort *m* || Federdruck *m*; **-duim** (*deur*): spring hinge || gond *m* à ressort *m* || Federangel *v*; **-duim** (*spinnerij*): presser, spring finger || doigt *m* comprimeur || Presser *m*, Preßfinger *m*; **-gloeioven:** spring annealing furnace || four *m* à recuire les ressorts *mm* || Federglühofen *m*; **-grens:** *zie* **elasticiteitsgrens; -haak** (*geweer*): lock (spring) cramp || monte-ressort *m* || Federhaken *m*, -spanner *m*; **-hamer:** nipple (spring) hammer || marteau *m* à ressort *m* || Feder-, Wipphammer *m*; **-hand:** dumb iron, spring carrier arm || main *v* de ressort *m* || Federhand *v*; **-hangbout:** adjusting spring link || colonne *v* de suspension *v* de ressort *m* || Federhängbolzen *m*; **-hangwerk:** spring suspension gear || suspension *v* du ressort *m* || Federgehänge *o*; **-hefboom:** spring lever || levier *m* à ressort *m* || Federhebel *m*; **-hoes:** spring cover (gaiter) || guêtre *v* || Federhülle *v*; **-houder:** spring bracket || porte-ressort *m* || Federhalter *m*; **-huls:** spring bushing || buselure *v* de ressort *m* || Federbüchse *v*; **-kast:** spring box (bush) || boîte *v* de ressort *m* || Federbüchse *v*; **-klem:** spring terminal || borne *v* à ressort *m* || Federklemme *v*; **-klink:** spring catch || cliquet *m* (loquet *m*) à ressort *m* || Federklinke *v*, Klinke *v* mit Feder *v*; **-koker** (*spinnerij*): spring box || étui *m* de la jacquarde *v* || Federhaus *o*; **-kracht:** *zie* **elasticiteit; -krachtig:** *zie* **elastisch; -kromming:** camber of spring || courbure *v* du ressort *m* || Federkrümmung *v*; **-lade** (*weverij*): flyer lathe (slay) || battant *m* à claquette *v* (régulateur) || Federlade *v*; **-las:** spring fish || éclisse *v* à ressort *m* || Federlasche *v*; **-luchtdrukrem:** compressed air spring brake || frein *m* à ressort *m* à air *m* comprimé || Federluftdruckbremse *v*; **-manometer:** spring pressure gauge || manomètre *m* à ressort *m* || Federmanometer *o*; **-nagel:** spring pin || rivet *m* d'assemblage *m* des feuilles *vm* du ressort *m* || Federniet *o*; **-oog:** spring eye || rouleau *m* de ressort *m* || Federauge *o*; **-ophanging:** spring suspension || suspension *v* à ressort *m* || Federaufhängung *v*; **-ophouder:** spring bracket (carrier) || potence *v* de ressort *m* || Federgalgen *m*; **-opsluitpen:** steady pin of spring || estoquiau *m* || Federwarze *v*; **-passer:** spring bow dividers, spring calipers || compas *m* à ressort *m* || Federzirkel *m*, -taster *m*; **-ploeg:** tongue plane || bouvet *m* mâle, rabot *m* à languette *v* || Federhobel *m*; **-regulateur:** spring governor || régulateur *m* à ressort *m* || Federregler *m*, -regulator *m*; **-relais:** spring relay || relais *m* à ressort *m* || Federrelais *o*; **-rem:** spring brake || frein *m* à ressort *m* || Federbremse *v*; **-remming:** spring cushioning || amortissement *m* par ressort *m* || Federprellung *v*; **-ring:** elastic (spring) ring || bague-ressort *v* || Federring *m*, federnder Ring *m*; (*onder moer*): lock (spring) washer || rondelle *v* „Grower" || Federring *m*; **-ruimte:** play of spring || jeu *m* du ressort *m* || Federspiel *o*; **-schaal:** spring scale || échelle *v* d'élasticité *v* des ressorts *mm* || Federmaßstab *m*; **-schaar** (*glasfabr.*): procellos || procello *m* || Auftreib-, Zwickerschere *v*; **-schommel:** spring link (shackle) || jumelle *v* de ressort *m* || Federmanotte *v*, Lasche *v* für Feder *v*; **-schroef:** spring cramp || étau *m* à ressort *m* || Federschraube *v*; **-slot:** spring lock || serrure *v* à ressort *m* || Federschloß *o*; **-sluiting:** spring locking || verrouillage *m* par ressort *m* || Federverschluß *m*; **-smeernippel:** spring grease nipple || graisseur *m* de ressort *m* || Federschmiernippel *m*; **-smering:** lubrication of spring || graissage *m* des ressorts *mm* || Federschmierung *v*; **-spanning:** spring tension || tension *v* de ressort *m* || Federspannung *v*; **-spanwerk:** spring attachment || mécanisme *m* tendeur à ressort *m* || Federspannwerk *o*; **-spie:** coiled key || coin *m* à ressort *m* || Federkeil *m*; **-spiraal:** turn of the spring || spire *v* de ressort *m* || Federwindung *v*; **-spuit:** spring grease gun || pistolet *m* de graissage *v* de ressort *m* || Schmierpistole *v*; **-steun:** spring bracket || support *m* de ressort *m* || Federbock *m*, -stütze *v*; **-stift:** spring pin || ergot *m* de (tige *v* à) ressort *m* || Federstift *m*; **-stoel:** spring bracket || support *m* de ressort *m* || Federbock *m*; **-stok** (*fluweelweverij*): spring box || étui *m* de la jacquarde *v* || Federstock *m*, -kasten *m*, -haus *o*; **-strop:** spring strop (clip) || bride *v* (étirer *m*) de ressort *m* || Federbügel *m*, -bride *v*; **-tang:** pincers, tweezers || pincette *v* || Federzange *v*; **-torenbout:** spring central bolt || boulon *m* de centre *m* de ressort *m* || Hauptfederstift *m*; **-trommel:** spring drum || barillet *m* || Federtrommel *v*; **-uurwerk:** spring moved clock || horloge *v* à ressort *m* || Federuhr *v*; **-veiligheid:** spring loaded safety valve || soupape *v* de sûreté *v* à ressort *m*

|| Federsicherheitsventil *o*, Sicherheitsventil *o* mit Federbelastung *v*; **-werking:** action of spring || action *v* d'un ressort *m* (élastique *v*) || Federwirkung *v*; **-winder** (*horlogem.*): spring tool || estrapade *v* || Federwinder *m*; **-winding:** twin (coil) of the spring || spire *v* du ressort *m* || Federwindung *v*; **-wissel:** spring tongs switch || changement *m* de voile *v* à aiguilles *vm* flexibles || Federweiche *v*;
2. (*overzetplaats*): ferry || passage *m* || Fähre *v*; **-boot:** *zie* **pont; -man:** ferryman || passeur *m* || Fährmann *m*; **-pont:** ferryboat || bac *m* || Fähre *v*;
3. (*timmerwerk*): feather, joint tongue || languette *v* || Feder *v*; **- en groef:** *zie* **messing en groef;**
4. (*vogel*): feather || plume *v* || Feder *v*.
ve|gen: 1. (*aanvegen*): to sweep (*vloer, schoorsteen, enz.*); to dust (*kamer*) || balayer || fegen, auskehren; **-ger** (*voorwerp*): brush || balai *m* || Besen *m*;
2. (*typogr.*): to slur, to cloud || graisser || abschmieren, schmitzen.
veilig: 1. (*algem.*): safe(*ly*), sure(*ly*), secure(*ly* (*with safety*) || sûr(*ement*) || sicher; **-heid:** *zie na* **veilig 4;**
2. (*spw.*): clear || libre || frei;
3. (*spw.sein*): line clear || voie *v* libre || Bahn *v* frei; **-sein:** clear signal || signal *m* de voie *v* libre || Fahrsignal *o*;
4. (*belasting*): permissible, safe || admissible || zulässig.
veiligheid: 1. (*algem.*): safety, security || sûreté *v* || Sicherheit *v*; **-scoëfficiënt:** coefficient of safety, safety factor || coefficient *m* de sûreté *v* || Sicherheitskoeffizient *m*, -zahl *v*; **-scompoundering:** [safety] speed limiting compoundwinding || compoundage *m* de sécureté *v* || Sicherheitskompoundierung *v*; **-sdrukregulateur:** pressure regulating valve || régulateur *m* de pression *v* de sûreté *v* || Sicherheitsdruckregler *m*; **-sfactor:** factor of safety || facteur *m* de sûreté *v* || Sicherheitsfaktor *m*, -zahl *v*; **-sfluit:** low water alarm || avertisseur *m* d'alimentation *v* à sifflet *m* d'alarme *v* || Speiserufer *m*; **-sgordel:** safety belt || ceinture *v* de sûreté *v* || Sicherheitsgurt *m*; *zie ook* **reddingsgordel; -sgraad:** degree of safety || degré *m* de sécurité *v* || Sicherheitsgrad *m*; **-sgrendel:** safety bolt || verrou *m* de sûreté *v* || Sicherheitsriegel *m*; **-shaak:** safety hook || crochet *m* de sûreté *v* || Sicherheitshaken *m*; **-sinjector:** restarting injector || injecteur *m* réamorceur || Sicherheitsinjektor *m*, selbstanziehender (wieder ansaugender) Injektor *m*; **-sinrichting:** safety device (appliance) || dispositif *m* (appareil *m*) de sûreté *v* || Sicherheitsvorrichtung *v*; **-sketting:** safety chain || chaîne *v* de sûreté *v* || Kupplungs-, Not-, Sicherheitskette *v*; **-sklauw:** safety claws (jaws, gripper) || étrier *m* [à griffes *vm*] de sûreté *v*, grappin *m* de sûreté *v* || Sicherheitsbügel *m*, -greifer *m*; **-sklep** (*algem.*): safety flap (valve) || clapet *m* (soupape *v*) de sûreté *v* || Sicherheitsklappe *v*, -ventil *o*; *zie ook* **veiligheid 3; -sklep v. e. luchtpomp:** airpump escape valve || soupape *v* de sûreté *v* de pompe *v* à air *m* || Luftpumpensicherheitsventil *o*; **-skoppeling** (*liftkabel*) (*mijnb.*): rope releasing device || évite-molettes *vm* || Seilauslösevorrichtung *v*; (*boorkolom*) (*mijnb.*): safety (releasing) joint || joint *m* de sûreté *v* || Sicherheitsmuffe *v*, -verbinder *m*; **-slamp:** *zie* **lamp v. Davy; -smaatregelen:** precautions, precautionary measures || mesures *vm* de précaution *v* || Vorsichtsmaßregeln *vm*; **-sontploffingsmiddel** (*mijnb.*): safety (shortflame, permissible) explosive || explosif *m* de sûreté *v* (antigrisouteux et antipoussiéreux) || Sicherheits-, Wettersprengstoff *m*; **-sontsteker** (*mijnb.*): safety fuse || détonateur *m* (mèche *v*) de sûreté *v* || Sicherheitszünder *m*; **-sophanging:** safety suspension || suspension *v* de sûreté *v* || Sicherheitsaufhängung *v*; **-spalwerk:** safety ratchet gear || encliquetage *m* de sûreté *v*, mécanisme *m* de retenue *v* [de sûreté *v*] || Sicherheitsgesperre *o*; **-sreel:** check (counter, guard) rail || contre-rail *m* || Gegen-, Leit-, Schutzschiene *v*; **-sring:** guard ring || bague *v* de sûreté *v* || Sicherheitsring *m*; **-srust:** safety bend || cran *m* (entaille *v*) de sûreté *v* || Sicherungsrast *v*; **-sschakelaar:** safety switch || interrupteur *m* de sûreté *v* || Sicherheitsschalter *m*; **-sslot:** safety lock || serrure *v* de sûreté *v* || Sicherheitsschloß *o*; **-sspoel v. d. achteruit** (*auto*): pawl rod of speed change lever || verrou *m* avec tige *v* pour levier *m* de vitesse *v* || Sicherungsfalle *v* zum Wechselhebel *m*; **-stang:** safety tongs || griffes *vm* de sûreté *v* || Sicherheitszange *v*; **-stoestel:** *zie* **veiligheidsinrichting; -svoorschrift:** safety specification (regulation) || instruction *v* (règlement *m*) de sûreté *v* (sécurité *v*) || Sicherheitsvorschrift *v*; **-swandcontactdoos:** safety wall socket || socle *m* de prise *v* de courant *m* à éclipse *v* || Sicherheitswandsteckdose *v*; **-szeef** (*knalgastoestel*): safety gauze || toile *v* métallique de sûreté *v* || Sicherheitssieb *o*;
2. (*elektr.*): [safety] fuse || coupe-circuit *m* de sûreté *v*, fusible *m* || Sicherung *v*; **- tegen te hoge spanning:** excess voltage cut out || coupe-circuit *m* de surtension *v* || Überspannungssicherung *v*; **- v. hoge**

frequentie: high frequency fuse || coupe-circuit *m* à haute fréquence *v* || Hochfrequenzsicherung *v*; **- v. hoge spanning:** high tension cut out || coupe-circuit *m* pour haute tension *v* || Hochspannungssicherung *v*; **- v. zwakstroom:** fuse for feeble currents || fusible pour courant *m* faible || Feinsicherung *v*; **-scontact:** thief alarm || avertisseur *m* de vol *m* || Sicherheitskontakt *m*; **-sdoos:** fuse box || boîte *v* à fusible *m* || Sicherungsdose *v*; **-sdraad:** fuse wire || fil *m* de sûreté *v* || Abschmelzdraht *m*; **-selement:** fusing element || élément *m* fusible || Sicherungselement *o*; **-s-hoge-spanninguitschakelaar:** high tension safety switch || interrupteur *m* de sûreté *v* à haute tension *v* || Sicherheitshochspannungsausschalter *m*; **-sisolator:** insulator with safety fuse || isolateur *m* coupe-circuit || Sicherungsisolator *m*; **-spatroon:** cartridge for cut outs || cartouche-fusible *m* || Sicherungspatrone *v*; **-splaat:** cut out base || plaque *v* de fusible *m* || Sicherungsplatte *v*; **-sstop:** fuse plug || bouchon *m* fusible || Sicherungsstöpsel *m*; **-sstrook:** fuse strip || lame *v* fusible || Sicherungsstreifen *m*;

3. (*veiligheidsklep, i. h. bijz. v. stoomketel*): safety valve || soupape *v* de sûreté *v* || Sicherheitsventil *o*; **- m. belaste hefboom:** safety valve loaded with lever and weight || soupape *v* de sûreté *v* à charge *v* par levier *m* || Sicherheitsventil *o* mit Hebelgewichtsbelastung *v*; **- m. gewichtsbelasting:** safety valve loaded with weight || soupape *v* de sûreté *v* à contrepoids *m* || Sicherheitsventil *o* mit Gewichtsbelastung *v*; **- m. hefboom:** lever safety valve || soupape *v* de sûreté *v* à levier *m* || Sicherheitsventil *o* mit Hebelbelastung *v*; **- m. veer:** *zie* **veerveiligheid;** **- m. veer en hefboombelasting:** spring loaded lever safety valve || soupape *v* de sûreté *v* à balance *v* (à charge *v* indirecte par ressort *m*) || Sicherheitsventil *o* mit Federwaage *v* (mit mittelbarer Federbelastung *v*, mit Hebelfederbelastung *v*); **-, direct belaste:** dead weight safety valve || soupape *v* de sûreté *v* à charge *v* directe || direkt belastetes Sicherheitsventil *o*, Sicherheitsventil *o* mit unmittelbarer Belastung *v*; **-, gesloten:** enclosed discharge safety valve || soupape *v* de sûreté *v* enfermée || geschlossenes Sicherheitsventil *o*; **-, indirect belaste:** lever safety valve || soupape *v* de sûreté *v* à levier *m* || Sicherheitsventil *o* mit Hebelbelastung *v*.

vektor: *zie* **vector.**

vel: 1. (*algem.*): sheet || feuille *v* || Blatt *o*, dünne Platte *v*;

2. (*dun of zeer dun velvormig materiaal*): *zie* **film; foelie; vlies;**

3. (*papier, enz.*): sheet || feuille *v* || Bogen *m*; **-, half:** half sheet || demi-feuille *v* || halber Bogen *m*; **-lenschuiver** (*typogr.*): sheet pusher || rectificateur *m* de marge *v* || Bogenschieber *m*; **-lensnijder** (*typogr.*): sheet-cutter || coupoir *m* de feuille *v* || Bogenschneider *m*, Schneidwerk *o*; **-lenteller** (*typogr.*): counter || compteur *m* de feuilles *vm* || Bogenzähler *m*; **-lenuitleg, achterwaartse** (*waaieruitleg*): back delivery || sortie *v* à l'arrière *m* || Rückausgang *m*;

4. (*dier*): skin, hide || peau *v*; robe *v* (*paard*) || Fell *o*, Haut *v*, Balg *m*; Fell *o* (*looierij*; *bontwerkerij*); *zie ook* **huid;**

5. (*text.*): fleece || nappe *v* || Fell *o*, Vlies *o* (Vließ *o*); **-machine:** fleece scribber || droussette *v* à nappe *v* || Fell-, Pelzmaschine *v*; **-trommel:** fleece roller || tambour *m* à nappe *v* || Fell-, Pelztrommel *v*;

6. (*worst*): case || robe *v* || Pelle *v*.

veld: 1. (*terrein*): field || champ *m*, plaine *v* || Feld *o*; **-ahorn:** field maple || érable *m* champêtre || Feldahorn *m*; **-arbeid:** fieldwork || labourage *m* || Feldarbeit *v*; **-bed:** field bed || lit *m* de camp *m* || Feldbett *o*; **-bleek:** grass bleaching || blanchement *m* au pré *m* || Grasbleiche *v*; **-fles:** water bottle || bidon *m* || Feldflasche *v*; **-kei:** cobblestone || caillou *m* tout venant || Feldstein *m*; **-koker:** field glasses || jumelles *vm* || Feldstecher *m*; **-oven:** field kiln (oven), Scotch kiln || four *m* de campagne *v* || Feldbackofen *m*, -brand *m*, Meiler *m*; **-smidse:** field (portable, travelling) forge || forge *v* de campagne *v* (portative, volante) || Feldschmiede *v*; **-spaat:** felspar || feldspath *m*, faux spath *m* || Feldspath *m*; **-stoel:** camp chair || pliant *m* || Feldstuhl *m*; **-weg:** field path || chemin *m* rural || Feldweg *m*;

2. (*elektr., enz.*): field || champ *m* || Feld *o*; **-, aardmagnetisch:** *zie* **aardveld;** **-, divergentievrij:** solenoidal field || champ *m* solénoïdal [tubulaire] || quellenfreies Feld *o*; **-, elektrisch:** electric field || champ *m* électrique || elektrisches Feld *o*; **-, elektromagnetisch:** electro-magnetic field || champ *m* électro-magnétique || elektromagnetisches Feld *o*; **-, homogeen:** uniform field || champ *m* uniforme || gleichförmiges Feld *o*; **-, magnetisch:** magnetic field || champ *m* magnétique || magnetisches Feld *o*; **-, (*on*)gelijknamig:** field of the same (*of opposite*) polarity || champ *m* (*de polarité v contraire*) de même polarité *v* || (*un*)gleichnamiges Feld *o*; **-, (*on*)gelijk-**

vormig: (*ir*)regular ((*non*)uniform) field || champ *m* (*ir*)régulier ((*non*-uniforme) || (*un*)gleichförmiges Feld *o*; **-, roterend:** rotating field || champ *m* tournant || rotierendes Feld *o*; **-, ruimtelijk sinusvormig verdeeld:** field strength varying in space according to the sine law || champ *m* réparti dans l'escape *m* suivant une sinusoïde *v*, champ *m* sinusoïdale || räumlich sinusförmig verteiltes Feld *o*; **-, samengesteld:** combined field || champ *m* composé || zusammengesetztes Feld *o*; **-, wisselend:** alternating field || champ *m* alternatif || wechselndes Feld *o*; **-as:** field axis || axe *m* de champ *m* || Feldachse *v*; **-bekrachtiging:** field excitation || excitation *v* de champ *m* || Felderregung *v*; **-boring:** field bore || alésage *m* de champ *m* || Feldbohrung *v*; **-buis:** *zie* **fluxbuis; -dynamo:** *zie* **bekrachtigingsdynamo; -en v. tegengestelde polariteit:** fields of opposite polarity || champs *mm* de nom *m* contraire || ungleichnamige Felder *vm*; **-freem:** field frame || bâti *m* magnétique || Feldgestell *o*; **-isolator:** field insulator || isolateur *m* de campagne *v* || Feldisolator *m*; **-lijn:** line of flux || ligne *v* de flux *m* || Vektor-, Feldlinie *v*; **-magneet:** field magnet || [électro-] aimant *m* de champ *m* || Feldmagnet *m*; **-opwekking:** field excitation || excitation *v* de champ *m* || Felderregung *v*; **-pool:** field pole || pôle *m* de champ *m* (inducteur) || Feldpol *m*; **-regeling:** *zie* **inductieregeling; -regulateur:** field regulator || régulateur *m* de champ *m* (d'excitation *v*) || Feldregler *m*; **-spanning:** exciting (field) tension, field voltage || tension *v* de champ *m* (d'excitation *v*, d'inducteur *m*) || Erreger-, Feldspannung *v*; **-spoel:** exciting (field) coil || bobine *v* de champ *m* (d'inducteur *m*) || Feldspule *v*; **-spoel, onderverdeelde:** subdivided field coil || bobine *v* inductrice subdivisée || unterteilte Feldspule *v*; **-steek:** unit interval [of a winding] || intervalle *m* dans un enroulement *m* || Spulenseitenteilung *v*; **-sterkte:** intensity (strength) of field || intensité *v* de champ *m* || Felddichte *v*, -intensität *v*, -stärke *v*; **-sterkte, magnetische:** strength of magnetic field || intensité *v* de champ *m* magnétique || magnetische Feldstärke *v*; **-sterktekromme:** field flux distribution curve || courbe *v* d'intensité *v* de champ *m* || Feldintensitätskurve *v*; **-stroom:** *zie* **opwekstroom; -systeem, tweepolig:** bipolar field system || système *m* d'inducteurs *mm* multipolaire || zweipoliges Feldsystem *o*; **-verdraaiing:** field deformation (distortion) || torsion *v* de champ *m* || Feldverzerrung *v*; **-vergelijking:** equation of the field || équation *v* du champ *m* || Feldgleichung *v*; **-verschuiving:** field displacement || déplacement *m* dans le champ *m* || Feldverschiebung *v*; **-versterking:** strengthening of the field || renforcement *m* de champ *m* || Feldstärkung *v*; **-vervorming:** field distortion || distorsion *v* du champ *m* || Feldverzerrung *v*; **-verzwakking:** weakening of the field || affaiblissement *m* de champ *m* || Feldschwächung *v*; **-vorm:** field shape || forme *v* de champ *m* || Feldgestalt *v*; **-werking:** *zie* **contactwerking; -wikkeling:** field winding || bobinage *m* inducteur, enroulement *m* de champ *m* (inducteur) || Feldwicklung *v*; **-wisseling:** field fluctuation || fluctuation *v* de champ *m* || Feldschwankung *v*;

3. (*vak, paneel*): bay, panel || panneau *m* || Feld *o*; **-lengte:** bay division (width) || longueur *v* de panneau *m*, subdivision *v* formée par un panneau *m* || Feld[er]teilung *v*, Feldweite *v*;

4. (*vuurwapen*): land || cloison *m*, filet *m* de rayure *v* || Feld *o*;

5. (*schakelbord*): switch board panel || panneau *m* de tableau *m* de distribution *v* || Schalttafelfeld *o*;

6. (*mijnb.*): side of working, section, panel || panneau *m*, quartier *m* || abbaufeld *o*, Bauabteilung *v*; **-breedte:** breast side of work || relevée *v*, tranche *v* || Feldesbreite *v*, Pfeilerhöhe *v*, flache Bauhöhe *v*.

velg: felloe, felly, rim || couronne *v*, jante *v* || Felge *v*, Radkranz *m*; **- voor luchtband:** pneumatic tyre rim || jante *v* pour pneu *m* || Luftreifenfelge *v*; **- voor massieve band:** rim for solid tyre || jante *v* pour plein *m* || Felge *v* für Vollgummi *o*; **- omleggen, de:** to fit the rim on || embattre (monter) la jante *v* || die Felge *v* aufziehen; **- op de spaken drukken, de:** to press the felloe on to the spakes || appliquer la jante *v* sur les rais *mm* || die Felge *v* auf die Speichen *vm* drücken; **- u. enige** (*twee*) **stukken:** felloe made of several (*in two*) parts || jante *v* en plusieurs (*en deux*) pièces *vm* || mehrteilige (*zweiteilige*) Felge *v*; **-, houten:** wooden felloe || jante *v* de bois *m* || Holzfelge *v*; **-, uitzetbare:** expansive rim || jante *v* extensible || ausdehnbare Felge *v*; **-, verdeelde:** divided rim || jante *v* sectionnée || geteilte Felge *v*; **-band:** flap || manchette *v* || Felgenband *o*; **-bank:** felloe bench || jantière *v* || Felgenbank *v*; **-bodem:** base of rim || fond *m* de la jante *v* || Felgenboden *m*; **-boor:** felloe auger (borer) || perceuse *v* de jantes *vm* || Felgenbohrer *m*; **-boorsupport:** felloe boring carriage || support *m* pour perceuse *v* de jantes *vm*

|| Felgenbohrsupport *m*; **-bout:** rim joint bolt || boulon *m* de jante *v* || Kranzbolzen *m*, -schraube *v*; **-buigmachine:** felloe bending machine || machine *v* à courber les jantes *vm* || Felgenbiegmaschine *v*; **-gleuf:** rim gutter || rainure *v* de jante *v* || Felgenrinne *v*; **-lint:** *zie* **velgband; -model:** felloe pattern || modèle *m* de jante *v* || Felgenmodell *o*; **-rand:** edge of rim || bec *m* d'accrochage *m* de la jante *v* || Felgenrand *m*; **-rem:** felloe (rim) brake || frein *m* sur jante *v* || Felgenbremse *v*; **-ribbe:** rim collar, rib of the rim || nervure *v* de la couronne *v* || Kranzwulst *v*; **-sluitring:** retaining ring of rim || frette *v* de jante *v* || Felgenschlußring *m*; **-wig:** rim wedge || coin *m* de jante *v* || Felgenkeil *m*.

velin: wove (vellum) [paper] || [papier *m*] vélin *m* || Velin *o* [-papier *o*]; **-papiervorm:** vellum mould || forme *v* à vélin *m* || Velinform *v*.

vel|len (*bomen*): to cut down, to fell || abattre, couper || fällen; **-ling:** cutting down, felling || abattage *m*, coupe *v* || Fällung *v*.

velocipède: *zie* **rijwiel.**

velvet (*weverij*)**:** velvet || velvet *m* || Velvet *m*.

velijn: *zie* **velin; -papier:** *zie* **velin.**

venkelolie: oil of fennel || huile *v* de fenouil *m* || Fenchelöl *o*.

vennootschap: partnership, company || société *v* || [Handels]gesellschaft *v*; **- onder firma:** company firm || société *v* en nom *m* collectif || offene Handelsgesellschaft *v*; **-, commanditaire:** limited partnership || société *v* en commandite *v* || Kommanditgesellschaft *v*; **-, naamloze:** limited liability company || société *v* anonyme (S.A.) || Aktiengesellschaft *v* (A.G.).

venster: window || fenêtre *v* || Fenster *o*; **-, blind:** blind (dead, mock) window || fenêtre *v* aveugle (feinte, fausse) || blindes Fenster *o*, Blendfenster *o*; **-, dubbel:** double sash (window) || double fenêtre *v* || Doppelfenster *o*; **-, haaks:** square headed window || fenêtre *v* droite || scheitrechtes Fenster *o*; **-, halfcirkelvormig:** round headed window || fenêtre *v* eintrée à demi-circle *m* || Halbkreisbogenfenster *o*, Rundbogenfenster *o*; **-, neerlaatbaar:** drop (let down) window || fenêtre *v* glissante || herablaßbares Fenster *o*; **-, rond:** circular window || fenêtre *v* circulaire || Kreis-, Rundfenster *o*; **-, rustiek:** rusticated window || fenêtre *v* rustique || Rustikfenster *o*; **-, Saksisch:** saxon window || fenêtre *v* en fronton *m* (en mitre *v*, en pignon *m*) || sächsisches Fenster *o*; **-, schuin inspringend:** inward embrasure || fenêtre *v* en embrasure *v* || Fenster *o* mit eingeschrägten Leibungen *vm*; **-, transparent:** transparent window || fenêtre *v* transparente || Strahlenaustritts-, Lindemannfenster *o*; **-, raamloos:** frameless window || fenêtre *v* sans châssis *m* || rahmenloses Fenster *o*; **-, vast:** fixed window || fenêtre *v* à châssis *m* dormant || festes Fenster *o*; **-, Vlaams:** flemish (half) window || fenêtre *v* mezzanine || flämisches Fenster *o*, Halbgeschoßfenster *o*; **-aanslag:** window rabbet || feuillure *v* de fenêtre *v* || Fensteranschlag *m*; **-bank:** window seat (sill) || appui *m* de fenêtre *v* || Fensterbank *v*, -brüstung *v*; **-beslag:** window furniture (mounting) || armâture *v* (ferrure *v*) de croisée *v* || Fensterbeschlag *m*; **-blind:** window blind (shutter) || volet *m*, contre-vent *m* || Fensterladen *m*; **-boog:** window arch || arrière-voûte *v*, remenée *v* || Fensterbogen *m*; **-duim:** window hinge || gond *m* de fenêtre *v* || Fensterangel *v*; **-enveloppe:** window enveloppe || enveloppe *v* à transparent *m* || Fensterumschlag *m*; **-gewicht:** window weight || contrepoids *m* de fenêtre *v* || Fenstergewicht *o*; **-glas:** sheet (window) glass || verre *m* à vitres *vm* || Fenster-, Scheibenglas *o*; **-gordijn:** window curtain || rideau *m* de fenêtre *v* || Fenstervorhang *m*; **-grendel:** window bolt || targette *v* || Fensterriegel *m*; **-haak:** *zie* **windhaak** *onder* **wind 1; -handvat:** window handle (lift) || poignée *v* de châssis *m* || Fenstergriff *m*; **-hengsel:** window cramp iron || penture *v* de fenêtre *v* || Fensterband *o*; **-inspringing:** window recess || évidement *m* de fenêtre *v* || Fensterversenkung *v*; **-kap:** weather moulding || corniche *v* de fenêtre *v* || Fensterverdachung *v*; **-knop:** window button || bouton *m* de fenêtre *v* || Fensterknopf *m*; **-koord:** window rope || corde *v* de fenêtre *v* || Fensterschnur *v*; **-kozijn:** *zie* **vensterraam; -kram:** casement staple || crampon *m* de fenêtre *v* || Fensterkrampe *v*; **-kruis:** cross work of a window || croix *v* de croisée *v* || Fensterkreuz *o*; **-kussen:** window cushion || coussin *m* d'accoudoir *m* || Fensterkissen *o*, -polster *o*; **-lat:** window cross bar || croisillon *m* || Fenstersprosse *v*; **-lood:** glazier's (window) lead || plomb *m* à vitres *vm* || Fensterblei *o*; **-luik:** *zie* **vensterblind; -lijst:** window moulding || baguette *v* (moulure *v*) de châssis *m* de fenêtre *v* || Fensterleiste *v*; **-nis:** window bay || baie *v* (échancrure *v*) de fenêtre *v* || Fensterausschnitt *m*, -nische *v*; **-opening:** window opening || jour *m* d'une fenêtre *v* || Fensteröffnung *v*; **-pen:** window peg || cheville *v* de châssis *m* || Fensterpflock *m*;

-raam: window frame || cadre *m* (châssis *m*) de fenêtre *v* || Fensterrahmen *m*; **-riem** (*spw.*)**:** window strap || courroie *v* de châssis *m* || Fenstergurt *m*, -riemen *m*; **-roede:** *zie* **vensterlat; -roede, dwarse:** cross bar || croisillon *m*, vitrière *v* traverse || Quersprosse *v*; **-rozet:** rose window || fenêtre *v* en ros[ac]e *v* || Fensterrose *v*, Rose[tte]nfenster *o*; **-ruit:** window glass (pane) || glace *v* (vitre *v*) de fenêtre *v* || Fensterscheibe *v*; **-sponning:** window guide || glissière *v* (guide *m*) de fenêtre *v* || Fensterführung *v*, -lauf *m*; **-stijl:** window pillar (post) || montant *m* de fenêtre *v* || Fensterpfosten *m*; **-tralie:** window grate (trellis) || treillis *m* de fenêtre *v* || Fenstergitter *o*.

ventiel: 1. (*luchtband*)**:** [air] valve || soupape *v* || [Schlauch]ventil *o*; **-kapje:** valve cap || chapeau *m* de soupape *v* || Ventilkappe *v*; **-slang:** rubber tube of the air valve || tube *m* en caoutchouc *m* pour soupape *v* || Ventilschlauch *m*;
2.*: *zie* **afsluiter;**
3.: -, elektrisch: thermionic rectifier [valve] || soupape *v* électrique || elektrisches Ventil *o*, Ventilzelle *v*.

ventilatie: 1. (*algem.*)**:** ventilation || aérage *m*, ventilation *v* || Lüftung *v*; **-gat:** ventilation opening (hole) || orifice *m* (ouverture *v*, trou *m*) de ventilation *v* || Lüftungsöffnung *v*, Ventilationsloch *o*; **-inrichting:** ventilation device || installation *v* de ventilation *v* || Ventilationseinrichtung *v*; **-kamer:** air chamber || chambre *v* d'aérage *m* || Lüftungskammer *v*; **-klep:** ventilator flap (valve) || clapet *m* de ventilation *v* || Lüftungs-, Ventilationsklappe *v*; **-lantaarn:** ventilated lamp || lanterne *v* à ventilation *v* || Laterne *v* mit Lüftung *v*; **-lantaarn** (*bouwk.*)**:** ventilator story || lanterneau *m* de ventilation *v* || Lüftungslaterne *v*; **-pijp:** ventilation pipe || tuyau *m* d'aérage *m* || Lüftungsrohr *o*; **-schuif:** ventilator sliding panel || registre *m* de ventilation *v* || Lüftungsschieber; **-spleet:** ventilating duct || canal *m* de ventilation *v* || Kühlschlitze *v*;
2. (*mijnb.*)**:** ventilation || aérage *m*, airage *m* || Wetterführung *v*, -wirtschaft *v*, Bewetterung *v*; **-, blazende** (*zuigende*)**:** blowing (*drawing*) ventilation || aérage *m* soufflant (*aspirant*) || blasende (*saugende*) Bewetterung *v*; **-, kunstmatige** (*natuurlijke*)**:** mechanical (*natural*) ventilation || aérage *m* artificiel (*naturel*) || künstliche (*natürliche*) Bewetterung *v*; **-steengang:** air cross-cut || travers-bancs *m* d'air *m* || Wetterquerschlag *m*; **-verdieping:** air level || niveau *m* de retour *m* d'air *m* || Wetter-, Ausziehsohle *v*.

ventilator: 1. (*algem.*)**:** fan, ventilator, blower || ventilateur *m* || Lüfter *m*, Ventilator *m*, Gebläse *o*; (*voor geforc. trek*)**:** [forced draught] blower || ventilateur *m* soufflant [pour [le] tirage *m* forcé] || Druckzugventilator *m*; **- voor hoge druk:** high pressure blower || ventilateur *m* à haute pression *v* || Hochdruckgebläse *o*; **-aanleg:** blowing plant || installation *v* de ventilateurs *mm* || Ventilatorenanlage *v*; **-beschermkap:** fan guard || filet *m* de protection *v* de ventilateur *m* || Ventilatorschutznetz *o*; **-blad:** fan blade || ailette *v* (palette *v*) de ventilateur *m* || Ventilatorflügel *m*; **-drijfketting:** fan, driving chain || chaîne *v* de commande *v* du ventilateur *m* || Ventilatorentriebkette *v*; **-drijving:** drive of fan || commande *v* du ventilateur *m* || Ventilatorenantrieb *m*; **-gebouw:** blower (fan) house || bâtiment *m* des ventilateurs *mm* || Ventilatorenhaus *o*; **-gradeerwerk:** cooling stack with fan || bâtiment *m* de graduation *v* à ventilation *v* || Ventilatorgradierwerk *o*; **-koeler:** fan cooler || réfrigérant *m* à ventilateur *m* || Ventilatorkühler *m*; **-rad:** *zie* **waaier 5; -riem:** belt || courroie *v* de ventilateur *m* || Ventilatorriemen *m*;
2. (*schip*)**:** airshaft, ventilator || manche *v* à vent *m*, ventilateur *m* || Ventilator *m*, Windmaul *o*; **-kap:** hood of the ventilator || bouche *v* de manche *v* à vent *m* || Ventilatorkopf *m*.

ventileren: 1. (*algem.*)**:** to air, to ventilate || aérer, ventiler || lüften, ventilieren;
2. (*mijnb.*)**:** to ventilate || ventiler || bewettern.

veranda: veranda || veranda *v* || Veranda *v*.

verander|en: to change, to alter, to modify || (*se*) changer, (*se*) modifier, altérer || (*sich*) [ver]ändern; **-ing:** variation, alteration, modification || changement *m*, modification *v* || [Ver]änderung *v*; **-ing, oneindig kleine:** infinitesimal change || variation *v* infinitésimale || unendlich kleine Änderung *v*; **-lijk:** variable || variable || veränderlich; **-lijke:** variable || variable *v* || Variable *v*, Veränderliche *v*; **-lijke,** (*on*)**afhankelijke:** (*in*)dependent variable || variable *v* (*in*)dépendante || (*un*)abhängige Veränderliche *v*; **-lijkheid:** variability, inconstancy || variabilité *v* || Veränderlichkeit *v*.

veran|kerd: anchored || ancré || verankert; **-keren:** to anchor, to stay, to fasten with grappling irons, to grapple || ancrer, haubaner || verankern; **-keren** (*v. e. muur*)**:** to tie back || ancrer || verankern; **-kering:** anchorage, anchoring, staying || ancrage *m*, haubanage *m* || Verankerung *v*; **-kering door staven:** bar staying

|| suspension *v* au moyen *m* de fermes *vm* || Barrenverankerung *v*; **-kering v. d. topplaat** (*vuurkist*): crown (roof) staying || armature *v* du ciel *m* || Deckenverankerung *v*; **-keringsbout:** stay bolt || boulon *m* d'ancrage *m* || Verankerungsbolzen *m*; **-keringsdraad:** anchoring wire || fil *m* d'amarrage *m* (d'ancrage *m*) || Verankerungsdraht *m*; **-keringsisolator:** strain insulator || isolateur *m* d'ancrage *m* || Verankerungsisolator *m*; **-keringsketting:** chain stay || chaîne *v* de haubanage *m* || Verankerungskette *v*; **-keringsoog:** strain ear || oreille *v* d'ancrage *m* || Verankerungsöse *v*.

veras|sen: 1. (*chem.*): to incinerate || incinérer || veraschen; **-sing:** incineration || incinération *v* || Veraschung *v*;
2. (*lijkverbr.*): to cremate || crémer || einäschern, kremieren; **-sing:** cremation || crémation *v* || Einäscherung *v*, Kremation *v*.

verband: 1. (*geneesk.*): bandaging, dressing || bandage *m*, pansement *m* || Verband *m*; **-kist:** ambulance box, dressing (surgical) case || boîte *v* de pansement *m* (de secours *m*) || Verbandkasten *m*; **-schaar:** dressing scissors || ciseaux *mm* à pansements *mm* || Verbandschere *v*; **-watten:** medicated cotton wool || ouate *v* à pansements *mm* (hydrophile) || Verbandwatte *v*;
2. (*houtwerk*): joining || assemblage *m* || Verband *m*;
3. (*metselwerk*): bond || appareil *m*, liaison *v* || Verband *m*; **-, Engels:** english bond || appareil *m* anglais || Blockverband *m*, englischer Verband *m*; **-, Hollands:** flemish bond || appareil *m* hollandais (flamand) || holländischer (flämischer) Verband *m*; **-, scheef:** oblique bond || briques *vm* en épi *m* || Festungsverband *m*; **-, Vlaams:** *zie* **verband, Hollands;**
4. (*schip*): structure || liaisons *vm* || Verband *m*.

verbete|ren: to improve; to correct || améliorer; corriger || verbessern, ausbessern; korrigieren; **-ring:** improvement || amélioration *v* || Verbesserung *v*.

verbin|den: 1. (*algem.*): to join, to connect, to unite || lier, joindre, raccorder, [ré]-unir, assembler || verbinden; **-den door bouten:** to bolt together || assembler par boulons *mm* || durch Bolzen *mm* verbinden; **-den d. e. scharnier:** to connect by means of a pin joint || raccorder par articulation *v* || gelenkig anschließen; **-den door solderen:** to join by soldering || joindre par soudure *v*, souder || anlöten; **-den m. houten pennen:** to fasten with treenails || gournabler || mit Holznägeln *mm* befestigen; **-den m. zwaluwstaart:** to dovetail || assembler à queue *v* d'aronde *v* || auf Schwalbenschwanz *m* verbinden; **-ding:** connection; junction || assemblage *m*; raccord-[ement] *m* || Verbindung *v*; **-ding d. dwarsbouten:** cross bolt fastening || boulonnage *m* latéral || Querbolzenverbindung *v*; **-ding d. messing en groef:** tongued and grooved joining || assemblage *m* à rainure *v* et languette *v* || Verbindung *v* mit Feder *v* und Nut *v*; **-ding m. pen en gat:** tenon and mortise joint || assemblage *m* à tenon *m* et mortaise *v* || Verzapfung *v*, Zapfenverbindung *v*; **-ding, blijvende:** permanent connection || assemblage *m* permanent (inamovible) || permanente (unlösbare, Dauer-) Verbindung *v*; **-ding, elektrische:** electric connection || connexion *v* (communication *v*) électrique || elektrische (leitende) Verbindung *v*; **-ding, vaste:** rigid fastening || assemblage *m* rigide || feste Verbindung *v*; **-dingsbaan:** connecting line || voie *v* de jonction *v* || Verbindungsbahn *v*; **-dingsband:** strip bond || ruban *m* de connexion *v* || Verbindungsband *o*; **-dingsbeugel:** hoop bond || étrier *m* de connexion *v* || Verbindungsbügel *m*; **-dingsbocht:** joining curve || courbe *v* de raccordement *m* || Verbindungskurve *v*; **-dingsboog:** connecting strip, curve of adjustment || arc *m* de connexion *v* (de raccordement *m*), courbe *v* de raccordement *m* || Übergangskurve *v*, Verbindungsbogen *m*; **-dingsbout:** connecting bolt || boulon *m* de raccordement *m* || Anschlußbolzen *m*; **-dingsbrug:** connecting bridge || pont *m* de communication *v* || Verbindungsbrücke *v*; **-dingsbuis:** connecting pipe, pipe fitting || raccord *m*, tubulure *v*, tuyau *m* de raccordement *m* || Formstück *o*, Paß-, Verbindungsrohr *o*; **-dingsdraad:** connecting wire || fil *m* de connexion *v* || Verbindungsdraht *m*; **-dingsdraadhouder:** splicing ear || oreille *v* de jonction *v* || Speise-, Verbindungsöse *v*; **-dingsgalerij:** communication gallery || galerie *v* de communication *v* || Verbindungsgalerie *v*; **-dingskabel:** connecting cable (rope) || câble *m* de connexion *v* (de jonction *v*, de raccordement *m*) || Verbindungskabel *o*; -seil *o*; **-dingskanaal:** junction canal || canal *m* de jonction *v* || Verbindungskanal *m*; **-dingskast:** junction box || boîte *v* de jonction *v* || Verbindungskasten *m*; **-dingskit:** sealing compound, joint[ing] cement || ciment *m* pour joints *mm* || Verbindungskitt *m*; **-dingskraan:** connecting cock || robinet *m* de jonction *v* ||

Verbindungshahn *m*; **-dingsmof:** coupling sleeve || manchon *m* de raccordement *m* || Verbindungsmuffe *v*; **-dingsplaat:** junction plate || plaque *v* de jonction *v* || Verbindungsplatte *v*; **-dingspijp:** *zie* **verbindingsbuis; -dingspijpstuk:** connecting pipe || tubulure *v* de raccordement *m* || Verbindungsstutzen *m*; **-dingsreel:** connecting (junction) rail || raccord *m* de rail *m*, rail-raccord *m*, rail *m* supérieur de raccordement *m* || Anschluß-, Überlaufschiene *v*; **-dingsschakel:** joining shackle || manille *v* d'assemblage *m* || Verbindungsschäkel *m*; **-dingsscheen:** *zie* **verbindingsreel; -dingsslang:** junction tube || boyau *m* de raccordement *m* || Verbindungsschlauch *m*; **-dingsspoor:** joining line || voie *v* de jonction *v* || Verbindungs-, Anschlußgleis *o*; **-dingsstang:** connecting rod || barre *v* (tige *v*) de raccordement *m* || Verbindungsstange *v*; **-dingsstang** (*autostuur*)**:** steering tie rod || bielle *v* de connexion *v* || Steuertraverse *v*; **-dingsstift:** bond pin || goupille *v* de connexion *v* || Verbindungsstift *m*; **-dingsstop:** connecting plug || fiche *v* de connexion *v* (de raccordement *m*) || Verbindungsstöpsel *m*; **-dingsstrook:** connecting strip || bande *v* de connexion *v* || Verbindungsstreifen *m*; **-dingsstuk:** connecting (jointing) piece || pièce *v* d'assemblage *m* (de raccordement *m*) || Verbindungsstück *o*; **-dingsveer:** drag spring || ressort *m* frotteur || Schleppfeder *v*; **-dingswissel** (*spw.*)**:** junction switch || aiguille *v* d'un raccordement *m* || Anschlußweiche *v*;

2. (*elektr.*)**:** to connect, to join up || joindre, raccorder, réunir || verbinden; **-den m. d. aarde:** to earth, to ground || mettre à la terre *v*, relier au sol *m* || an Erde *v* legen; **-ding:** connection || connexion *v*, communication *v*, raccordement *m* || Verbindung *v*; **-ding maken:** to make connection || établir la communication *v* électrique || Verbindung *v* herstellen; **-ding opheffen:** to disconnect || couper (rompre) la communication *v*, déconnecter || Verbindung *v* aufheben (trennen); **-ding, foutieve:** wrong connection || fausse communication *v* || Fehlverbindung *v*; **-dingskanaal:** connecting channel || caniveau *m* de raccordement *m* || Verbindungskanal *m*; **-dingsklem:** connector || serre-fil *m* || [Verbindungs]klemme *v*; *zie ook* **aansluitklem; -dingsklemplaat:** connection terminal board || tablette *v* à bornes *vm* de jonction *v* || Verbindungsklemmbrett *o*; **-dingsleiding:** connecting main || ligne *v* de jonction *v* (de raccordement *m*) || Verbindungsleitung *v*; **-dingsmof:** junction box || boîte *v* de jonction *v* || Kabelkasten *m*, Muffe *v*;

3. (*telefoon*)**:** to connect || connecter, faire communiquer, mettre en communication *v* || verbinden; **-ding:** switching || communication *v* || Vermittlung *v*; **-ding, doorlopende:** through position || position *v* de communication *v* directe || Durchsprechstellung *v*; **-ding over lange afstand:** trunk communication || communication *v* téléphonique à longue distance *v* (interurbaine) || Fernverbindung *v*; **-ding verbreken:** *zie* **verbinding opheffen;**

4. (*chem.*)**:** to combine || (*se*) combiner || (*sich*) verbinden; **-ding:** compound || composé *m*, combinaison *v* || Verbindung *v*; **-ding, alicyclische:** alicyclic compound || composé *m* alicyclique || alizyklische Verbindung *v*; **-ding, alifatische** (*aromatische*)**:** aliphatic (*aromatic*) compound || composé *m* aliphatique (*aromatique*) || aliphatische (*aromatische*) Verbindung *v*; **-ding, amorfe:** amorphous compound || composé *m* amorphe || amorphe Verbindung *v*; **-ding,** (*an*)**-organische:** (*in*)organic compound || composé *m* (*in*)organique || (*an*)organische Verbindung *v*; **-ding, complexe:** complex compound || composé *m* complex || komplexe Verbindung *v*, Komplexverbindung *v*; **-ding, cyclische:** cyclic compound || composé *m* cyclique || zyklische Verbindung *v*; **-ding, explosieve:** *zie* **verbinding, ontplofbare: -ding, gasvormige** (*vaste*; *vloeibare*)**:** gaseous (*solid*; *liquid*) compound || composé *m* gazeux (*solide*; *liquide*) || gasförmige (*feste*; *flüssige*) Verbindung *v*; **-ding, gedefinieerde:** defined compound || composé *m* défini || definierte Verbindung *v*; **-ding, gekleurde:** coloured compound || composé *m* coloré || farbige Verbindung *v*; **-ding, gekristalliseerde:** crystallized compound || composé *m* cristallisé || kristallisierte Verbindung *v*; **-ding, gemakkelijk** (*moeilijk*) **oplosbare:** easily (readily) (*difficultly*) soluble compound || composé *m* se dissolvant facilement (*difficilement*) || leichtlösliche (*schwerlösliche*) Verbindung *v*; **-ding,** (*in*)**stabiele:** (*un*)stable || compound || composé *m* (*in*)stable || (*in*)stabile Verbindung *v*; **-ding, in water** (*on*)**oplosbare:** water (*in*)soluble compound || composé *m* (*in*)soluble dans l'eau *v* || wasserlösliche (*wasserunlösliche*) Verbindung *v*; **-ding, kleurloze:** colourless compound || composé *m* incolore || farblose Verbindung *v*; **-ding, kristallijne:** crystalline compound || composé *m* cristallin || kristallinische Verbindung *v*; **-ding, labiele:** unstable compound ||

composé *m* instable || labile Verbindung *v*; **-ding,** (*niet*) **vluchtige:** (*non-*)volatile compound || composé *m* (*non-*)volatil || (*nicht*)flüchtige Verbindung *v*; **-ding, nieuwe:** new compound || composé *m* nouveau || neue Verbindung *v*; **-ding,** (*on*)**oplosbare:** (*in*)soluble compound || composé *m* (*in*)soluble || (*un*)lösliche Verbindung *v*; **-ding,** (*on*)**schadelijke:** harmful (*harmless*) compound, (*in*)noxious compound || composé *m* nocif (nuisible) (*inoffensif*, *innocent*) || (*un*)schädliche Verbindung *v*; **-ding, ontplofbare:** explosive compound || composé *m* explosif || explosive Verbindung *v*; **-ding,** (*on*)**verzadigde:** (*in*)saturated compound || composé *m* (*in*)saturé || (*un*)gesättigte Verbindung *v*; **-ding,** (*on*)**werkzame:** (*in*)-active compound || composé *m* (*in*)actif || (*in*)aktive ((*un*)wirksame) Verbindung *v*; **-ding,** (*on*)**zuivere:** (*im*)pure compound || composé *m* (*im*)pur || (*un*)reine Verbindung *v*; **-ding, optisch** (*in*)**actieve:** optically (*in*)active compound || composé *m* optiquement (*in*)actif || optisch (*in*)aktive Verbindung *v*; **-ding, polymere:** polymeric compound || composé *m* polymère || polymere Verbindung *v*; **-ding, racemische:** racemic compound || composé *m* racémique || razemische Verbindung *v*; **-ding, vergiftige:** toxic compound || composé *m* toxique || giftige Verbindung *v*; **-dingswarmte:** heat of combination || chaleur *v* de combinaison *v* || [Ver]bindungswärme *v*.

ver|bleken: to fade, to lose colour || se faner || erbleichen; **-blendsteen:** facing brick || brique *v* de parement *m* || Verblendstein *m*.

verblin|den: to dazzle || éblouir || blenden; **-dend:** dazzling || éblouissant || blendend; **-dend, niet:** not dazzling, anti-dazzling || non-éblouissant || nicht blendend; **-ding:** dazzling, dazzle[ment] || éblouissement *m* || Blendung *v*.

verbonden: connected || connecté, en communication *v*, relié || verbunden; **-, elektrisch:** electrically connected || en connexion *v* (communication *v*) électrique || leitend (elektrisch) verbunden; **-, foutief:** wrongly connected || mal connecté, fausse connexion *v* || falsch verbunden.

verbouten: to rebolt || recheviller || aufs neue verbolzen.

verbouw: **1.** *zie* **verbouwing 1;**
2. (*teelt*): growing, cultivation || culture *v* || [An]bau *m*.

verbou|wen: **1.** (*bouwk.*): to newbuild, to rebuild || reconstruire, changer la construction *v* de, transformer || umbauen; **-wing:** rebuilding, structural alterations || reconstruction *v*, réparation *v*, transformation *v* || Umbau *m*; **-wing, gedurende de:** during alterations || pendant la reconstruction *v* (réparation *v*, transformation *v*) || während des Umbaues *m*; **-wing, wegens:** on account of rebuilding || pour cause *v* de transformation *v* || wegen Umbau *m*;
2. (*mach.*, *enz.*): to rebuild, to reconstruct || reconstruire, transformer || umbauen; **-wing:** rebuilding, reconstruction; conversion (*schip*) || reconstruction *v*, transformation *v* || Umbau *m*;
3. (*spoorbaan*): to renew the track || reconstruire la voie *v* || das Gleis *o* umbauen; **-wing:** renewing || réfection *v* || Umbau *m*;
4. (*telen*): to cultivate, to grow || cultiver || [an]bauen.

verbrand: burnt || brûlé || verbrannt; **-baar:** combustible || combustible || verbrennlich; **-baarheid:** combustibility || combustibilité || Verbrennlichkeit *v*; **-en:** to burn || brûler || verbrennen.

verbranding: combustion, burning || combustion *v* || Verbrennung *v*; **- bij constante temperatuur:** combustion at constant temperature || combustion *v* à température *v* constante || Verbrennung *v* bei gleichbleibender (konstanter) Temperatur *v*; **- m. constant volume:** combustion at constant volume || combustion *v* à volume *m* constant || Verbrennung *v* bei gleichbleibendem (konstantem) Volumen *o*; **- onder constante druk:** combustion at constant pressure || combustion *v* sous pression *v* constante || Verbrennung *v* bei gleichbleibendem (konstantem) Druck *m*; **- versnellen** (*vertragen*), **de:** to accelerate (*to slacken*) the combustion || activer (*ralentir*) la combustion *v* || die Verbrennung *v* beschleunigen (*verlangsamen*, *verzögern*); **-, gelijkmatige:** regular (uniform) combustion || combustion *v* régulière (uniforme) || gleichmäßige Verbrennung *v*; **-, langzame** (*snelle*)**:** slow (*rapid*) combustion || combustion *v* lente (*vive*) || träge (langsame) (*lebhafte*) Verbrennung *v*; **-, ongelijkmatige:** irregular (non-uniform) combustion || combustion *v* irrégulière (non-uniforme) || ungleichmäßige Verbrennung *v*; **-,** (*on*)**volkomen:** *zie* **verbranding,** (*on*)**volledige; -,** (*on*)**volledige:** (*in*)complete ((*im*)perfect) combustion || combustion *v* (*in*)complète ((*im*)parfaite) || (*un*)vollständige ((*un*)vollkommene) Verbrennung *v*; **-, roetvrije:** combustion without formation of soot || combustion *v* sans suie *v* || rußfreie Verbrennung *v*; **-, rookloze:** smokeless combustion || combustion *v* sans fumée *v* (fumivore) ||

rauchfreie (rauchlose) Verbrennung *v*; **-, vertraagde:** retarded combustion || combustion *v* retardée || verlangsamte (verzögerte) Verbrennung *v*.

verbrandings|buis: combustion tube || tube *m* à combustion *v* || Verbrennungsröhre *v*; **-effect:** efficiency of the combustion || rendement *m* de la combustion *v* || Verbrennungswirkungsgrad *m*; **-gas:** flue gas || gaz *m* de combustion *v* (de fumée *v*) || Rauch-, Verbrennungsgas *o*; **-kapillair:** capillary combustion tube || capillaire *v* de combustion *v* || Verbrennungskapillare *v*; **-lucht:** combustion air || air *m* comburant || Verbrennungsluft *v*; **-motor:** internal combustion engine || moteur *m* à combustion *v* interne || Verbrennungskraftmaschine *v*, -motor *m*; **-oven:** combustion furnace || four *m* à combustion *v* || Verbrennungsofen *m*; **-periode:** period of combustion || période *v* de combustion *v* || Verbrennungsperiode *v*; **-pipet:** combustion pipette || pipette *v* de combustion *v* || Verbrennungspipette *v*; **-proces:** process of combustion || marche *v* de la combustion *v* || Verbrennungsvorgang *m*, -prozeß *m*; **-produkt:** product of combustion || produit *m* de combustion *v* || Verbrennungsprodukt *o*; **-rendement:** *zie* **verbrandingseffect**; **-rest:** residue of combustion || résidu *m* de la combustion *v* || Verbrennungsrückstand *m*; **-ruimte:** combustion chamber (space) || chambre *v* (enceinte *v*) de combustion *v* || Verbrennungskammer *v*, -raum *m*; **-schaaltje:** combustion boat || coupelle *v* de combustion *v* || Verbrennungsschälchen *o*; **-schacht:** combustion shaft || cheminée *v* (puits *m*) de combustion *v* || Verbrennungsschacht *m*; **-snelheid:** rate of combustion || vitesse *v* de combustion *v* || Verbrennungsgeschwindigkeit *v*; **-storing:** disturbance of combustion || perturbation *v* de la combustion *v* || Verbrennungsstörung *v*; **-toestand:** state of combustion || ignition *v* || Verbrennungszustand *m*; **-vergelijking:** equation of combustion || équation *v* de combustion *v* || Verbrennungsgleichung *v*; **-waarde** (*v. d. verbranding*)**:** efficiency of the combustion || rendement *m* de la combustion *v* || Verbrennungswirkungsgrad *m*; **-waarde** (*v. e. stof*)**:** *zie* **verbrandingswarmte** (*v. e. stof*); **-warmte** (*v. e. stof*)**:** heat of combustion || pouvoir *m* calorifique, chaleur *v* de combustion *v* || Verbrennungswärme *v*, -wert *m*; **-warmte** (*v. d. verbranding*)**:** heat produced (obtained) by combustion || chaleur *v* produite (obtenue) par combustion *v* || durch Verbrennung *v* entwickelte (erhaltene) Wärme *v*.

verbre|den: to enlarge, to widen || élargir || erweitern, verbreitern; **-ding** (*fundament*)**:** widening || empattement *m* || Verbreiterung *v* im Fundament *o*; **-ding** (*spoor*)**:** widening || élargissement *m* || Spurerweiterung *v*; **-dingsmachine** (*spinnerij*)**:** spreading machine || batteur-étaleur *m* || Aufbreitmaschine *v*.

verbre|ken (*elektr.*)**:** to break, to interrupt || [inter]rompre || unterbrechen; **-ker:** circuit breaker, interrupter || interrupteur *m* || Unterbrecher *m*; **-king:** breaking, interruption || interruption *v* || Unterbrechung *v*.

verbrekings|afstand: breaking distance || distance *v* d'interruption *v* || Unterbrechungsstrecke *v*; **-contactstuk:** contact breaking piece || plot *m* d'interruption *v* || Unterbrechungskontakt *m*; **-inductiestroom:** induction current at break || courant *m* induit de rupture *v* || Öffnungsinduktionsstrom *m*; **-isolator:** section insulator || isolateur *m* interrupteur || Unterbrechungsisolator *m*; **-lichtboog:** break (interruption) arc || arc *m* de rupture *v* || Unterbrechungslichtbogen *m*; **-punt:** point of break || point *m* d'interruption *v* || Unterbrechungsstelle *v*; **-schok:** break shock || choc *m* de rupture *v* || Unterbrechungsschlag *m*; **-veer:** interrupting spring || ressort *m* interrupteur || Unterbrechungsfeder *v*; **-vonk:** break [induced] spark || étincelle *v* d'ouverture *v* (de rupture *v*) || Öffnungs-, Unterbrechungsfunke[n] *m*.

verbroken: interrupted || interrompu || unterbrochen.

verbruik: consumption || consommation *v*, dépense *v* || Verbrauch *m*; **- in watturen:** watt hour consumption || consommation *v* de watt-heures *vm* || Wattstundenverbrauch *m*; **- per km:** mileage || consommation *v* par kilomètre *m* || Kilometerbedarf *m*, -verbrauch *m*; **-en:** to consume; to use up || consommer (*gebruiken*); consumer (*opgebruiken*) || verbrauchen; **-er:** consumer || consommateur *m* || Verbraucher *m*, Konsument *m*; **-er in het groot** (*klein*)**:** large (*small*) consumer || gros (*petit*) consommateur *m* || Großverbraucher *m* (*Kleinverbraucher m*).

verbruiks|dichtheid: density of consumption || densité *v* de consommation *v* || Verbrauchsdichte *v*; **-factor:** demand factor || facteur *m* de demande *v* || Verbrauchsfaktor *m*; **-gebied:** area of supply || zone *v* de consommation *v* || Verbrauchsgebiet *o*; **-goederen:** consumer goods || biens *mm* (articles *mm*) de consommation *v* || Verbrauchsgüter *om*; **-leiding:** consumer's (service) main || ligne *v* de consommation *v* || Verbrauchsleitung *v*;

-meter: supply meter || compteur *m* de consommation *v* || Verbrauchsmesser *m*; **-ontwikkeling:** sales promotion || promotion *v* de vente *v* || Maßnahmen *vm* zur Absatzsteigerung *v*; **-plaats:** place of supply || lieu *m* de consommation *v* || Verbrauchsstelle *v*; **-proef:** consumption test || essai *m* de consommation *v* || Verbrauchsprüfung *v*; **-spanning:** supply pressure || tension *v* de consommation *v* || Verbrauchsspannung *v*; **-stroom:** *zie* **bedrijfsstroom.**

ver|bruikt: consumed, absorbed || consommé, absorbé, dépensé || verbraucht, verzehrt, aufgebraucht; **-buigen:** to twist || fausser || verbiegen; **-bussen:** to rebush || regarnir || verbüchsen.

verbui|zen (*boren*) (*mijnb.*)**:** to case (set casing) || [en]tuber, revêtir (garnir) [le trou *m* de sonde *v*] || verrohren, auskleiden; **-zing:** casing || tubage *m* || Verrohrung *v*, Rohrfahrt *v*, -strang *m*; **-zing, verloren:** liner || tubage *m* perdu, colonne *v* perdue || verlorene Verrohrung *v*; **-zingskop:** casing (control) head || tête *v* de tubage *m* (revêtement *m*) || Verrohrungs-, Bohrrohrkopf *m*.

ver|chroomd: chrome-plated || chromé || chromiert; **-chromen:** to chrome-plate || chromer || chromieren.

verdam|pen: to evaporate, to vaporise; to volatilise || [*s'*]évaporer, (*se*) vaporiser || verdampfen, verdunsten; **-per:** evaporator || évaporateur *m* || Verdampfer *m*; **-ping:** evaporation, vaporization || évaporation *v*, vaporisation *v* || Verdampfung *v*, Verdunstung *v*; **-ping bij gewone temperatuur:** evaporation at ordinary (room) temperature || évaporation *v* à température *v* ordinaire || Verdampfung *v* bei gewöhnlicher Temperatur (Zimmertemperatur) *v*; **-ping bij hoge** (*lage*) **temperatuur:** evaporation at high (*low*) temperature || évaporation *v* à température *v* élevée (*à basse température v*) || Verdampfung *v* bei hoher (*niedriger*) Temperatur *v*; **-ping bij kamertemperatuur:** *zie* **verdamping bij gewone temperatuur; -ping door verhitting** (*verwarming*)**:** evaporation by heating || évaporation *v* par chauffage *m* || Verdampfung *v* durch Erhitzung *v* (*Erwärmung v*); **-ping in vacuüm:** evaporation in vacuum || évaporation *v* dans le (sous un) vide *m* || Verdampfung *v* im Vakuum *o*; **-ping onder** (*verminderde*) **druk:** evaporation under (*diminished, reduced*) pressure || évaporation *v* sous pression *v* (*reduite*) || Verdampfung *v* unter (*vermindertem*) Druck *m*; **-ping, gedeeltelijke:** partial evaporation (vaporization) || évaporation *v* (vaporisation *v*) partielle || teilweise (partielle) Verdampfung *v*; **-ping, langzame** (*snelle*)**:** slow (*rapid*) evaporation || évaporation *v* lente (*rapide*) || langsame (*schnelle*) Verdampfung *v*; **-ping,** (*on*)**-volledige:** (*in*)complete evaporation || évaporation *v* (*in*)complète || (*un*)vollständige Verdampfung *v*; **-ping, partiële:** *zie* **verdamping, gedeeltelijke; -ping, plotselinge:** sudden evaporation || évaporation *v* soudaine (brusque) || plötzliche Verdampfung *v*.

verdampings|carburateur: vaporising carburettor || carburateur *m* à évaporation *v* || Verdampfungsvergaser *m*; **-coëfficiënt:** coefficient of evaporation || coëfficiënt *m* de vaporisation *v* || Verdampfungszahl *v*, -ziffer *v*; **-ketel:** evaporating boiler || chaudière *v* évaporatoire || Abdampfkessel *m*; **-koeling:** cooling by evaporation || refroidissement *m* par évaporation *v* || Verdampfungskühlung *v*; **-oppervlak:** surface of evaporation || surface *v* de vaporisation *v* || Verdampfungsoberfläche *v*; **-pan:** evaporating vessel || bassin *m* d'évaporation *v* || Abdampfpfanne *v*; **-proces:** process of evaporation || processus *m* de vaporisation *v* || Verdampfungsvorgang *m*; **-proef:** evaporation (evaporative) test || essai *m* de vaporisation *v* || Verdampfungsversuch *m*; **-punt:** evaporating point || point *m* de vaporisation *v* || Verdampfungspunkt *m*; **-schaal:** vaporiser || cuvette *v* de vaporisation *v* || Verdampferschale *v*; **-snelheid:** rate (velocity) of evaporation || vitesse *v* de vaporisation *v* || Verdampfungsgeschwindigkeit *v*; **-toestel:** *zie* **verdamper; -vat:** evaporating vessel || vaisseau *m* évaporatoire || Abdämpfungsgefäß *o*; **-vermogen:** evaporating capacity || capacité *v* (puissance *v*) de vaporisation *v* || Verdampfungsfähigkeit *v*, -vermögen *o*; **-warmte:** heat of evaporation || chaleur *v* de vaporisation *v* || Verdampfungswärme *v*; **-warmte, uitwendige:** external heat of evaporation || chaleur *v* latente [d'évaporation *v*] externe || äußere Verdampfungswärme *v*.

ver|dampt: evaporated, vaporized || évaporé, vaporisé || verdampft; **-deeld:** (*in delen*)**:** [sub]divided || réparti || verteilt; (*verspreid*)**:** distributed || divisé, distribué || verteilt; (*in graden, enz.*)**:** graduated, calibrated || gradué, calibré || eingeteilt, kalibriert.

verdeel|baarheid: divisibility || divisibilité *v* || [Zer]teilbarkeit *v*; **-bord:** distributing board || tableau *m* de branchement *m* || Verteilungstafel *v*; **-buis:** distributing tube || tube *m* de distribution *v* || Ver teilungsröhre *v*; **-kast:** *zie* **verdelings-**

doos; **-kop:** distribution head || raccord *m* à plusieurs voies *vm* || Teilapparat *m*, Haubitze *v*, Verteilungskopf *m*; **-kop** (*draaibank*): dividing head || poupée *v* à diviser (diviseuse) || Teilkopf *m*; **-kraan:** distribution cock || robinet *m* distributeur || Verteilungshahn *m*; **-kruk** (*freesbank*): dividing arm || alidade *v* de division *v* || Teilkurbel *v*; **-leiding** (*buis*): distributing conduit || canalisation *v* de distribution *v* || Verteilungsleitung *v*; **-leiding** (*elektr.*): distributing line || ligne *v* de distribution *v* || Verteilungsleitung *v*; **-liniaal:** dividing ruler || règle *v* à diviser || Teillineal *o*; **-net:** *zie* **verdelingsnet; -passer:** *zie* **veerpasser; -plaat:** distribution (dividing) plate || disque *m* de distribution *v*, plateau *m* de division *v* || Loch-, Teilscheibe *v*, Verteilerplatte *v*; **-pijp:** distribution pipe || tuyau *m* distributeur || Verteilungsrohr *o*; **-raam:** distributing frame || cadre *m* de répartiteur *m* || Verteilerrahmen *m*; **-rad:** dividing wheel || roue *v* à diviser || Teilrad *o*; **-riet:** dividing rod || envergure *v* || Teilungsstange *v*; **-ring:** distributing ring || bague *v* de dispersion *v* || Verteilungsring *m*; **-rol:** cylinder for distributing type || cylindre *m* distributeur || Ablegewalze *v*; **-schuif:** distributing slide valve || tiroir *m* de distribution *v* || Manövrier-, Steuer-, Verteilungs-, Wechselschieber *m*; **-schijf:** division plate || disque *m* gradué || Teilscheibe *v*; **-station** (*elektr.*): distributing station || station *v* de distribution *v* || Verteilstation *v*; **-stok:** *zie* **verdeelijzer; -stuk** (*carburateur*): nozzle || disperseur *m* || Verteiler *m*; (*petr.*): manifold header || distributeur *m*, claviature *v* || Verteiler *m*, -anlage *v*, Verteilungsklaviatur *v*; **-werk:** *zie* **verdeelstuk; -ijzer:** repartition bar || barre *v* de répartition *v* || Verteilungsstab *m*.

verdek (*scheepst.*): deck || pont *m* || [Ver]deck *o*.

verde|len: 1. (*in delen*): to [sub]divide || diviser, répartir || [ver]teilen, zerteilen; **-ling:** division || division *v*, répartition *v* || Verteilung *v*, Zerteilung *v*; **-ling, waaiervormige:** fan shaped arrangement || arrangement *m* en queue *v* de paon *m*; || Fächereinteilung *v*; **-lingsvlak:** plane of division || plan *m* de division *v* || Teilungs-, Trennungsebene *v*;
2. (*verspreiden*): to distribute || distribuer || verteilen; **-ler** (*algem.*): distributor || distributeur *m* || Verteiler *m*; (*telef.*, *enz.*): distribution frame || répartiteur *m* || Verteiler *m*; *zie* **stroomverdeler** *onder* **stroom 1; -lerkast:** distributor case || enveloppe *v* de distributeur *m* || Verteilergehäuse *o*; **-ling:** distribution || distribution *v* || Verteilung *v*; **-lingscilinder** (*spinnerij*): carrier || briseur *m*, distributeur *m* || Verteilungswalze *v*; **-lingsdoos:** distribution box || boîte *v* de dispersion *v* (de distribution *v*) || Verteilungskasten *m*; **-lingseind:** distributing end || bande *v* distributrice, brin *m* distributeur || Verteilungstrumm *o*; **-lingskromme** (*licht*): curve of distribution of light || courbe *v* de distribution *v* de la lumière *v* || Lichtverteilungskurve *v*; **-lingsnet:** distributing network || réseau *m* de distribution *v* || Verteil[ungs]netz *o*; **-lingspunt:** distributing point || centre *m* de distribution *v* || Verteilungspunkt *m*;
3. (*in graden, enz.*): to graduate, to calibrate || graduer, calibrer || einteilen, kalibrieren; **-ling:** graduation || graduation *v* || [Ein]teilung *v*.

verdicht: 1. (*samengedrukt*): compressed || comprimé || verdichtet; **-en:** *zie* **samendrukken; -er:** *zie* **compressor; -ing:** *zie* **compressie; -ingsgraad:** *zie* **compressieverhouding; -ingsinstallatie:** compressing plant || installation *v* de compression *v* || Verdichtungsanlage *v*; **-ingspunt:** *zie* **compressiepunt; -ingsruimte:** *zie* **compressieruimte; -ingsslag:** *zie* **compressieslag; -ingsstoot:** surging chock || choc *m* de compression *v* || Verdichtungsstoß *m*;
2. (*vloeistof geworden*): condensed || condensé || kondensiert, verdichtet; **-en:** *zie* **condenseren; -ing:** *zie* **condensatie; -ingsbuis:** condensation tube || tube *m* de condensation *v* || Kondensationsröhre *v*; **-ingsruimte:** condensation chamber || chambre *v* de condensation *v* || Kondensationskammer *v*, -raum *m*.

verdiep|en: to deepen, to make deeper || approfondir || aus-, vertiefen; (*boring*) (*mijnb.*): to deepen || approfondir || vertiefen; **-ing** (*gebouw*): floor, stor[e]y || étage *m* || Geschoß *o*, Stockwerk *o*, Stock *m*; (*mijnb.*): level, sole || étage *m*, niveau *m* || Sohle *v*; **-ing gelijkvloers:** ground floor || rez-de-chaussée *m* || Erdgeschoß *o*; **-ing, eerste:** first floor, second stor[e]y || premier *m* [étage *m*] || Hochparterre *o*, erstes Stockwerk *o*; **-ingshoogte:** height between floors, pitch || hauteur *v* d'étage *m* || Geschoßhöhe *v*; **-schaaf** (*houtbew.*): router plane, old woman's tooth || guimbarde *v* || Grundhobel *m*.

verdik|ken: 1. (*vast lich.*): to thicken || épaissir, rendre épais || verdicken; **-, zich:** to thicken, to grow (to become) thick[er] || s'épaissir || sich verdicken; **-king** (*algem.*): thickening, thickened spot || épaississement *m*; enflure *v* (*op-*

zwelling), endroit *m* épaissi || Verdickung *v* verdickte Stelle *v*; **-king** (*in garen*): slub || grosseur *v* || Wulst *m*; **-passer: callipers** || compas *m* d'épaisseur *v* || Greifzirkel *m*;
2. (*vloeistof*): to thicken, to concentrate, to make (to render) [more] viscous || concentrer, rendre [plus] visqueux, épaissir || verdicken, viskoser machen, konzentrieren, eindicken; **-, zich:** to grow (to become) thick[er] (more viscous), to thicken || s'épaissir, devenir [plus] visqueux || sich verdicken, viskoser werden; **-ker** (*toestel*): thickener || épaisseur *m* || Eindicker *m*; *zie* **verdikkingsmiddel; -king:** thickening, concentration, increasing of the viscosity || concentration *v*, augmentation *v* de la viscosité *v*, épaissement *m* || Verdickung *v*, Viskositätserhöhung *v*, Konzentration *v*, Eindickung *v*; **-kingsmiddel:** thickener, thickening agent || [agent *m*] épaississeur *m* || Verdickungsmittel *o*.

ver|donkeren: to darken || obscurcir || verdunkeln; **-doven** (*geluid*): to damp || amortir || dämpfen; **-doving:** damping || amortissement *m* || Dämpfung *v*; **-draaien:** to turn (twist); to distort || tourner; tordre || verdrehen; *zie ook* **draaien; wringen; -draaiing:** turning, twist[ing]; distortion || [con]torsion *v* || Verdrehung *v*; *zie ook* **draaiing; wringing; -draaiingshoek:** *zie* **wringingshoek; -dringen:** to displace || déplacer || verdrängen; **-drogen:** to dry up || dessécher || austrocknen; **-drukking** (*terrein*): nip-out, pinch, thinning || serré *m*, serrement *m*, étreinte *v*, étranglement *m* || Verdrückung *v*, Einschnürung *v*; **-drijven:** to expel || chasser || vertreiben.

verdubbe|len: to double || doubler || verdoppeln; **-ling:** doubling, doublage *m* || Verdopplung *v*;
2. (*terrein*): **-ling:** overlap, heave || recouvrement *m* || Deckung *v*.

verdund (*gas*): rarefied || raréfié || verdünnt; (*vloeistof*): diluted || dilué, étendu || verdünnt; (*vast lich.*): thinned || aminci, dégrossi || verdünnt, verjüngt.

verdun|nen: 1. (*gas*): to rarefy || raréfier || verdünnen; **-ning:** rarefaction || raréfaction *v* || Verdünnung *v*;
2. (*vloeistof*): to dilute || diluer, étendre || verdünnen; **-ning:** dilution || dilution *v* || Verdünnung *v*; **-ningsgraad:** degree of dilution || degré *m* de dilution *v* || Verdünnungsgrad *m*; **-ningsmiddel:** diluting agent, thinner || matière *v* diluante, diluant *m* || Verdünnungsmittel *o*;
3. (*vast lich.*): to thin, to attenuate || amincir, dégrossir || verdünnen, verjüngen; **-, zich:** to grow (to become) thinner || s'amincir || sich verdünnen (verjüngen); **-ning:** thinning, attenuation || amincissement *m* || Verdünnung *v*, Verjüngung *v*.

ver|duurzamen: to preserve, to conserve || conserver || konservieren; **-duurzaamde** (*levensmiddelen*): *zie* **levensmiddelen in blik; -duurzaming:** preservation, conservation || conservation *v* || Konservierung *v*; **-dwijnpunt:** accidental (vanishing) point, point in perspective || point *m* accidental (de concours *m*, fuyant, de fuite *v*, évanouissant) || Akzidental-, Flucht-, Verschwindungs-, Zusammenlaufpunkt *m*.

verede|len: 1. (*algem.*): to improve, to refine || améliorer || veredeln; **-ling:** improvement, refinement || amélioration *v* || Veredelung *v*;
2. (*metalen*): to refine || affiner || veredeln, vergüten; **-ling:** refining || affinage *m* || Veredelung *v*, Vergütung *v*.

vereenvoudigen: to simplify || simplifier || vereinfachen.

vereffe|nen: to balance, to compensate, to equalise || compenser || ausgleichen; *zie ook* **balanceren; compenseren; evenwicht brengen, in; -ning:** compensation || compensation *v*, égalisation *v* || Ausgleichung *v*, Kompensation *v*; **-ningsbatterij** (*elektr.*): *zie* **compensatiebatterij; -ningsdynamo:** balancer, balancing dynamo, equaliser || [dynamo *v*] compensatrice *v* || Ausgleichdynamo *v*; **-ningsgewicht:** balance weight || contrepoids *m* compensateur || Ausgleichgewicht *o*; **-ningshefboom:** compensating lever || levier *m* compensateur || Ausgleichhebel *m*; **-ningsleiding** (*elektr.*): equalising line || ligne *v* de compensation *v* || Ausgleichleitung *v*; **-ningsmachine:** *zie* **gelijkstroomvereffeningsmachine; -ningsmagneet:** compensating magnet || aimant *m* compensateur || Ausgleichmagnet *m*; **-ningsmethode:** *zie* **compensatiemethode; -ningsophanging:** compensating hanging || suspension *v* à compensation *v* || Ausgleich-, Kompensationsaufhängung *v*; **-ningspool:** compensating pole || pôle *m* de compensation *v* (compensateur) || Kompensationspol *m*; **-ningspijp:** compensating pipe || tuyau *m* à compensation *v* || Ausgleichrohr *o*; **-ningsspanning:** compensating voltage || tension *v* de compensation *v* || Ausgleichspannung *v*; **-ningsspoel:** *zie* **compensatiespoel; -ningssteen:** levelling stone || arase *v* || Ausgleichstein *m*; **-ningsstroom:** *zie* **compensatiestroom; -ningstransformator:** balancing transformer || transformateur *m* compensateur || Ausgleichtransformator *m*; (*gel. str. 3-leid.*

mach.): equalising coil || bobine *v* égalisatrice || Drossel *v* für Dreileitermaschinen *vm*; **-ningsveer:** compensating spring || ressort *m* compensateur || Ausgleichfeder *v*; **-ningsveld:** *zie* **compensatieveld; -ningsverbinding:** equalising connection || connexion *v* égalisatrice || Ausgleichverbindung *v*; **-ningsweerstand:** compensating resistance || résistance *v* de compensation *v* || Ausgleichs-, Kompensationswiderstand *m*; **-wikkeling:** compensating winding || enroulement *m* de compensation *v* || Ausgleichs-, Kompensationswicklung *v*.

ve|ren: to be elastic, to spring || faire ressort *m* || federn; (*raam*): to spring || faire ressort *m* || federn; **-rend:** springy, resilient, elastic || élastique, flexible || federnd, elastisch; **-rengoud:** spring gold || or *m* à ressorts *mm* || Federgold *o*; **-renstaal:** spring steel || acier *m* à ressorts *mm* || Federstahl *m*; **-ring:** deflection, spring || flexion *v* élastique || Federung *v*; **-ring, onafhankelijke:** free suspension || suspension *v* libre || freie Federung *v*; **-ringstootkussen:** spring bumper || butée *v* de ressort *m* || Federpuffer *m*.

vereni|gen (*zich*): to add, to combine; to join, to meet || [*se*] combiner, [*se*] joindre, [*s'*]unir, [*s'*]ajouter, [*se*] réunir || [*sich*] vereinigen; **-ging:** combination || combinaison *v* || Vereinigung *v*; **-gingsmachine:** lapping machine || machine *v* à réunir || Bandwickelmaschine *v*; **-gingspunt:** junction point || point *m* de jonction *v* || Knotenpunkt *m*; **-gingswissel:** converging switch || aiguille *v* de raccordement *m* || Vereinigungsweiche *v*.

ver|ertsen: to mineralize || minéraliser || vererzen; **-esteren*:** *zie* **ester[ificer]en; -estering*:** *zie* **ester[ificer]ing; -etheren*:** *zie* **ether[ificer]en; -ethering*:** *zie* **ether[ificer]ing.**

verf: colour, dye, paint || couleur *v*, peinture *v*, teint *m*, teinture *v* || Anstrich *m*, Farbe *v*; **-, aanroeren:** to mix the colour || faire la couleur *v* || Farbe *v* anrühren; **- wrijven:** to grind the colour || broyer la couleur *v* || Farbe *v* anreiben; **-, loodvrije:** paint containing no (free of) [white] lead || peinture *v* sans plomb *m* (céruse *v*) || blei[weiß]freier Anstrich *m*; **-, roestwerende:** rustproof paint || couleur *v* antirouille || rostsichere Farbe *v*; **-, waterdichte:** waterproof paint || peinture *v* hydrofuge || wasserdichter Anstrich *m*; **-, watervaste:** water resisting (waterproof) paint || peinture *v* résistante à l'eau *v* || wasserfester Anstrich *m*; **-aarde:** dyer's earth || terre *v* colorée || Farberde *v*; **-bad:** dyer's bath || bain *m* de teinture *v* || Farbenbrühe *v*; **-doos:** colour box || boîte *v* à couleurs *vm* || Farbenkasten *m*; **-fabriek:** colour manufactory || fabrique *v* de couleurs *vm* || Farbenfabrik *v*; **-hout:** dye wood || bois *m* colorant (de teinture *v*) || Farbholz *o*; **-hout, rood:** *zie* **Brazielhout; -ketel:** dyer's copper || chaudière *v* de teinture *v* || Farbkessel *m*; **-kuip:** dyeing vat || cuve *v* à teinture *v* || Farbenkufe *v*; **-kwast:** painting brush || brosse *v* de peinture *v* || Pinsel *m*, Quast *m*; **-laag:** coat of paint || couche *v* de peinture *v*, peinturage *m* || [Farben]anstrich *m*; **-laag, roestwerende:** rustproof (antirust) coating || couche *v* de peinture *v* antirouille || rostsicherer Anstrich *m*; **-machine:** dyeing machine || machine *v* à teindre || Druckmaschine *v*; **-mes:** painter's knife || couteau *m* de palette *v* || Farbenmesser *o*; **-molen:** paint grinder || broyeur *m* à couleurs *vm* || Farbmühle *v*; **-napje:** colour saucer || godet *m* à couleur *v* || Tuschschälchen *o*; **-olie:** paint oil || huile *v* de peinture *v* || Farbenöl *o*; **-plant:** tinctorial plant || plante *v* tinctoriale || Farbenpflanze *v*; **-poeder:** colour powder || couleur *v* en poudre *v* || Farbepulver *o*; **-pot:** paint pot || pot *m* à peinture *v* || Farbentopf *m*; **-spuit:** spray-gun, spraying gun (pistol); airbrush || pistolet-pulvérisateur *m*, pistolet *m* de vernissage *m* || Spritzpistole *v*, -apparat *m*; **-steen:** colour stone || pierre *v* à poncer || Farbstein *m*; **-stof:** colouring matter || matière *v* colorante || Farbstoff *m*; **-tablet:** tablet of colours || morceau *m* de couleur *v* || Stückfarbe *v*; **-tube:** colour tube || tube *m* de couleur *v* || Farbentube *v*; **-waren:** dyes, colours || couleurs *vm* || Farbwaren *v*; **-werk:** painting || peinture *v* || Anstrich *m*; **-wrijver:** colour grinder || broyeur *m* || Farbenreiber *m*.

ver|foeliën: to foil, to silver || étamer || belegen; **-foeliesel:** silvering || tain *m* || Belegung *v*; **-fraaien:** to embellish || embellir || verschönern.

vergaar|bak: [collecting] tank, reservoir, cistern || réservoir *m* || Reservoir *o*, [Sammel]behälter *m*; **-bak, hoogliggende:** elevated (overhead) tank (cistern) || réservoir *m* surélévé || Hochbehälter *m*; **-bak, ondergrondse:** underground tank || réservoir *m* souterrain || versenkter (unterirdischer) Behälter *m*; **-bak, verzonken:** *zie* **vergaarbak, ondergrondse: -buis** (*boren*) (*mijnb.*): basket || tube *m* à sable || *m* Brockenfänger *m*, Schmandrohr *o*; **-pijp:** collecting pipe || tuyau *m* collecteur || Sammelrohr *o*; **-riem:** collecting end || bande *v* collectrice, brin *m* collecteur || Sammeltrumm *o*;

-rookkanaal: *zie* **verzamelrookkanaal; -ruimte:** collecting space || espace *m* collecteur || Sammelraum *m*; **-trechter:** loading (storage) hopper || trémie *v* de chargement *m* || Sammeltrichter *m*.

vergaren: 1. (*algem.*): to gather together, to collect || amasser, accumuler || [an]-sammeln;
2. (*typogr.*): to collect || assembler || zusammentragen.

vergassen: 1. (*algem.*): to gasify || gazéifier || vergasen;
2. (*olie*): to vaporise || gazéifier, vaporiser || vergasen.

vergasser: 1. (*carburateur*): carburettor || carburateur *m* || Karburator *m*, Vergaser *m*; **- m. kous:** wick carburettor || carburateur *m* à mèche *v* || Dochtvergaser *m*; **- m. verstuiving:** spray carburettor || carburateur *m* à pulvérisation *v* || Einspritz-, Zerstäubungsvergaser *m*; **- m. voeding onder druk:** pressure feed carburettor || carburateur *m* alimenté sous pression *v* || Vergaser *m* mit Druckförderung *v*; **-vervuiling:** choking of the carburettor || encrassement *m* du carburateur *m* || Verschmutzung *v* des Vergasers *m*;
2. (*koelmach.*): evaporator, refrigerator || évaporateur *m*, réfrigérant *m* || Refrigerator *m*, Verdampfer *m*.

vergas|sing: gasification; vaporisation || gazéification *v*; vaporisation *v* || Vergasung *v*; **-singsruimte:** vaporising chamber || chambre *v* de carburation *v* || Vergasungsraum *m*.

verge: laid || vergé || gerippt.

vergeleider: long distance line || ligne *v* à longue distance *v* || Fernleitung *v*; **-dynamo:** far leading dynamo || dynamo *v* à longue portée *v* || Fernleitungsdynamo *v*; **-net:** long distance network || réseau *m* à grande distance *v* || Fernleitungsnetz *o*; **-stelsel:** far leading system || système *m* à grande distance *v* || Fernleitungssystem *o*.

vergelijken: to compare || comparer || vergleichen.

vergelijking: 1. (*met iets anders*): comparison || comparaison *v* || Vergleichung *v*; **-slamp:** comparison lamp || lampe *v* de comparaison *v* || Vergleichlampe *v*; **-smethode:** method of comparison || méthode *v* de comparaison *v* || Vergleichungsmethode *v*; **-sschaal:** scale of comparison || échelle *v* de comparaison *v* || Vergleichungsskala *v*; **-sweerstand:** comparison (standard) resistance || résistance *v* étalon || Vergleichwiderstand *m*;
2. (*algebra*; *scheik.*): equation || équation *v* || Gleichung *v*; **- v. d. eerste graad:** equation of the first degree, linear (simple) equation || équation *v* du premier degré *m*, équation *v* linéaire || Gleichung *v* vom ersten Grade *m*, lineare Gleichung *v*; **- v. d. tweede graad:** quadratic equation, equation of the second degree || équation *v* du second degré *m*, équation *v* carrée || Gleichung *v* vom zweiten Grade *m*, quadratische Gleichung *v*; **- v. d. derde graad:** equation of the third degree, cubic equation || équation *v* du troisième degré *m*, équation *v* cubique || Gleichung *v* vom dritten Grade *m*, kubische Gleichung *v*; **- v. d. vierde graad:** biquadratic equation, equation of the fourth degree || équation *v* biquadratique, équation *v* du quatrième degré *m* || Gleichung *v* vierten Grades *m*, biquadratische Gleichung *v*; **-, algebraïsche:** algebraic[al] equation || équation *v* algébrique || algebraische Gleichung *v*; **-, exponentiële:** exponential equation || équation *v* exponentielle || Exponentialgleichung *v*; **-, lineaire:** *zie* **vergelijking v. d. eerste graad; -, (on)bepaalde:** (*in*)determinate equation || équation *v* (*in*)déterminée || (*un*)bestimmte Gleichung *v*; **-, voorwaardelijke:** equation of condition || équation *v* de condition *v* || Bedingungsgleichung *v*.

vergif[t]: poison; venom (*dierlijk*) || poison *m*; venin *m* (*dierlijk*) || Gift *o*; **-ig:** poisonous, toxic; venomous (*dierlijk*) || toxique; vénéneux (*plantaardig*); venimeux (*dierlijk*) || giftig, toxisch; **-iging:** poisoning || empoisonnement *m* || Vergiftung *v*; **-igingsgevaar:** danger of poisoning || danger *m* d'empoisonnement *m* || Vergiftungsgefahr *v*.

ver|glaasd: glazed; vitrified || vitrifié; émaillé, vernissé || verglast; **-glaasoven:** glaze (glazing) kiln || four *m* à couverte *v* (à glaçure *v*) || Glasurofen *m*.

vergla|zen: 1. (*in glas veranderen*): to vitrify || vitrifier || verglasen; **-zing:** vitrification || vitrification *v* || Verglasung *v*;
2. (*met glazuur overtrekken*): to glaze || verni[sse]r || glasieren; **-zing door bestuiving:** glazing by powdering || glaçure *v* par aspersion *v* || Glasur *v* durch Bestäuben *o*; **-zing door onderdompeling:** glazing by dipping || glaçure *v* par immersion *v* || Glasur *v* durch Eintauchen *o*; **-zing door overgieten:** glazing by pouring || glaçure *v* par arrosement *m* || Glasur *v* durch Begießen *o*; **-zing door vervluchtiging:** glazing by volatilisation || glaçure *v* par volatilisation *v* || Glasur *v* durch Verflüchtigung *v*.

vergoe|den: 1. (*kosten*; *schade*): to defray, to indemnify, to reimburse || dédommager, indemniser, restituer || ent-

schädigen, erstatten, ersetzen, vergüten, schadlos halten; **-ding:** compensation, indemnification || dédommagement *m*, restitution *v*, indemnité *v* || Vergütung *v*, Entschädigung *v*, Ersatz *m*, Schadloshaltung *v*;
2. (*honorarium geven*): to pay, to remunerate || payer, rémunérer || [be]zahlen, honorieren; **-ding:** [service] fee, remuneration || honoraires *mm*, rémunération *v*, rétribution *v* || [Be]zahlung *v*, Honorar *o*.

vergrendel|ing: *zie* **grendeling; -inrichting:** *zie* **grendelinrichting.**

ver|groeid (*hout*): grown together; [grown] crooked || déformé, dévié; déjeté || verwachsen; krummgewachsen; **-groot:** (*algem.*; *stad*; *gebouw*; *enz.*): enlarged, extended || agrandi, augmenté || vergrößert, erweitert, erhöht; (*grootheid*): increased || agrandi || erhöht; (*optica*): magnified || grossi || vergrößert; (*fotogr.*): enlarged || agrandi || vergrößert; **-grootglas:** *zie* **loep.**

vergro|ten: 1. (*stad*; *gebouw*; *enz.*): to enlarge, to extend || agrandir || vergrößern, erweitern; **-ting:** enlargement, expension || agrandissement *m* || Vergrößerung *v*, Erweiterung *v*;
2. (*grootheid*): to increase || augmenter, agrandir || vergrößern, erhöhen; **-ting:** increase || augmentation *v* || Vergrößerung *v*, Erhöhung *v*;
3. (*optica*): to magnify || grossir || vergrößern; **-ting:** magnification || grossissement *m* || Vergrößerung *v*; **-tingsvermogen:** magnifying power || pouvoir *m* agrandissant || Vergrößerungskraft *v*;
4. (*fotogr.*): to enlarge || agrandir, amplifier || vergrößern; **-ting:** enlargement || agrandissement *m* || Vergrößerung *v*; **-tingstoestel:** enlarger, enlarging apparatus || [appareil *m*] agrandisseur *m*, amplificateur *m* || Vergrößerungsapparat *m*;
5.: *zie* **verhogen; vermeerderen.**

verguld: gilt || dore || vergoldet; **- op snee:** gilt edges || tranche *v* dorée || Goldschnitt *m*; **-bad:** gilding (gold) bath || bain *m* de dorage *m* || Goldbad *o*, -sud *m*; **-en:** to gild || dorer || vergolden; **-erstang:** gilder's tongs || moustache *v* || Vergolderzange *v*; **-erswas:** gilder's wax || cire *v* à dorer || Vergolder-, Glühwachs *o*; **-grond:** gold (gilding) size || assiette *v* || Vergoldgrund *m*; **-ing:** gilding || dorage *m* || Vergoldung *v*; **-ing door contact:** gilding by contact || dorage *m* par contact *m* || Kontaktvergoldung *v*; **-ing door onderdompeling:** gilding by dipping || dorage *m* par immersion *v* || Eintauchvergoldung *v*; **-ing i. h. vuur:** fire (hot) gilding || dorage *m* au feu *m* || Feuervergoldung *v*; **-ing m. goudblad:** burnished gilding || dorage *m* avec de l'or *m* en feuilles *vm* || Vergoldung *v* mit Blattgold *o*; **-ing, matte:** dead gilding || dorage *m* mat || Mattvergoldung *v*; **-[ers]mes:** gilder's knife || avivoir *m*, couchoir *m* || Vergoldermesser *o*; **-penseel:** gilder's tip || pinceau *m* de doreur *m* || Vergolderpinsel *m*; **-pers:** golding press || presse *v* à tranchefiler || Vergoldpresse *v*; **-sel:** gilding || dorure *v* || Vergoldung *v*.

vergunning (*algem.*): permission, permit, allowance || permission *v*, autorisation *v*, concession *v*, octroi *m* || Erlaubnis *v*, Gewährung *v*, Konzession *v*.

verhaal|boei: hauling buoy || bouée *v* de halage *m* || Verholboje *v*; **-klamp:** warping chock || taquet *m* à gueule *v* || Verholklampe *v*; **-kluis:** warping pipe || écubier *m* de halage *m* || Verholklüse *v*; **-kop:** warping barrel || tambour *m* de halage *m* || Spillkopf *m*; **-spil:** warping engine || machine *v* de halage *m* || Verholmaschine *v*.

verhalen: to warp || haler || verholen.

verhar|den: 1. (*hard worden i. h. algem.*): to harden || durcir || erhärten; **-ding:** hardening || durcissement *m* || [Er]härtung *v*, [Er]härten *o*;
2. (*kunsthars*, *enz.*): to harden (set) || durcir || [er]härten; **-ding:** hardening, setting || durcissement *m* || [Er]härtung *v*;
3. (*cement*; *beton*; *enz.*): to set || durcir, prendre || abbinden, erhärten; **-ding:** setting || prise *v*, durcissement *m* || Abbindung *v*, Abbinden *o*, Erhärtung *v*;
4. (*weg*): to apply a surfacing || appliquer un revêtement *m* [de chaussée *v*], revêtir || [Straßen]belag *m* anbringen; **-ding:** [road] surfacing (coating) || revêtement *m* [de chaussée *v*] || [Straßen]-belag *m*, [Straßen]decke *v*; **-ding m. steenslag:** [road] ballasting || empierrement *m* || Steinschlag-, Schotterdecke *v*.

verhar|sen: to resinify, to form resinous product || [se] résinifier || verharzen; **-sing:** resinification || résinification *v* || Verharzung *v*; **-singsprodukt:** product of resinification || produit *m* de résinification *v* || Verharzungsprodukt *o*.

verhef|fen i. d. derde macht: to cube, to raise to the cube || cuber, élever au cube *m* || kubieren, auf die dritte Potenz *v* erheben; **-fen i. d. tweede macht:** to raise to the second power, to square || élever au carré *m* || quadrieren, aufs Quadrat *o* erheben.

verhelderen (*bij vergulden*): to apply the vermeil || vermeillonner || hellen.

verhit|ten: to heat || chauffer || erhitzen;

zie ook **verwarmen; -ter:** heater || appareil *m* (dispositif *m*) à chauffer || Erhitzer *m*; **-ting:** heating || chauffage *m*, échauffement *m* || Erhitzung *v*; **-ting door inductie:** induction heating || chauffage *m* par induction *v* || Erhitzung *v* durch Induktion *v*; **-ting door vlamboog:** arc heating || chauffage *m* par arc *m* électrique || Lichtbogenerhitzung *v*; **-ting door weerstand:** resistance heating || chauffage *m* par résistance *v* || Widerstandserhitzung *v*; **-ting in een** (*olie-*; *water-*) **bad:** heating in a (*an oil*; *a water*) bath || chauffage *m* dans un bain *m* (*dans un bain m d'huile v*; *au bain-marie m*) || Erhitzung *v* in einem (*Öl-*; *Wasser-*) Bad *o*; **-ting in vacuüm:** heating in vacuum || chauffage *m* dans le vide *m* || Erhitzung *v* im Vakuum *o*; **-ting met gas** (*stoom*)**:** heating with gas (*vapour*) || chauffage *m* par le gaz *m* (*par vapeur v*) || Erhitzung *v* mit (durch) Gas *o* (*Dampf m*); **-ting onder druk:** heating under pressure || chauffage *m* sous pression *v* || Erhitzung *v* unter Druck *m*; **-ting op** (*tot*) **x ° C:** heating at (*to*) x ° C || chauffage *m* à (*jusqu'à*) x ° C || Erhitzung *v* auf (*bis zu*) x ° C; **-ting, elektrische:** electric[al] heating || chauffage *m* électrique || elektrische Heizung *v*; **-ting, langzame** (*snelle*)**:** slow (*rapid*) heating || chauffage *m* lent (*rapide*) || langsame (*schnelle*) Erhitzung *v*; **-ting,** (*on*)**gelijkmatige:** (*non-*)uniform ((*ir*)regular) heating || chauffage *m* (échauffement *m*) (*non-*)uniforme ((*ir*)régulier) || (*un*)gleichmäßige Erhitzung *v*; **-ting, plaatselijke:** local heating || échauffement *m* local || örtliche Erhitzung *v*; **-tingsbuis:** heating tube || tube *m* de chauffage *m* || Erhitzungsrohr *o*, -röhre *v*; **-tingsdraad** (*elektr.*)**:** heating wire (filament), hot wire || fil *m* chaud (de chauffage *m*) || Hitz-, Erhitzungsdraht *m*; **-tingsdraadampèremeter:** hot wire ammeter || ampèremètre *m* à fil *m* chaud || Hitzdrahtamperemeter *o*, *m*; **-tingsdraadinstrument:** expansion (hot) wire instrument || appareil *m* à fil *m* chaud (à dilatation *v*) || Hitzdrahtinstrument *o*; **-tingsdraadwattmeter:** hot wire wattmeter || wattmètre *m* thermique || Hitzdrahtwattmeter *o*, *m*; **-tingsmantel:** heating jacket || enveloppe *v* de chauffage *m* || Erhitzungsmantel *m*; **-tingstemperatuur:** heating temperature || température *v* de chauffage *m* || Erhitzungstemperatur *v*; **-tingsvermogen:** heating power || puissance *v* calorique || Heizkraft *v*.

verho|gen: (*temp.*; *druk*; *enz.*)**:** to raise (elevate, increase) || élever, augmenter || erhöhen, steigern; (*prijs*)**:** to raise (increase) || [re]hausser || erhöhen, steigern; (*muur, enz.*)**:** to heighten || [re]hausser || erhöhen; *zie ook* **vergroten; vermeerderen; -ging:** (*temp.*; *druk*; *enz.*)**:** raising, raise, increase || élévation *v*, augmentation *v* || Erhöhung *v*, Steigerung *v*; (*prijs*)**:** raising, raise, increase, enhancement || [re]haussement *m*, élévation *v*, hausse *v*, majoration *v* || Erhöhung *v*, Steigerung *v*; (*muur, enz.*)**:** heightening || [re]haussement *m* || Erhöhung *v*; **-gingsdynamo:** *zie* **spanningsverhoger; -gings- en verlagingsgenerator:** positive and negative booster || survolteur-dévolteur *m* || Zusatzmaschine *v* für Zu- und Gegenschaltung *v*; **-gings- en verlagingsgenerator, differentiale:** differential booster || survolteur *m* (dévolteur *m*) differentiel || Zusatzmaschine *v* mit Differentialerregung *v*; **-gingstransformator:** step up transformer || survolteur *m*, transformateur élévateur *m* || Aufwärtstransformator *m*.

verhoogd (*temp.*; *druk*; *enz.*)**:** elevated, increased, raised || élevé, augmenté || erhöht, gesteigert; (*prijs*)**:** raised || [re]haussé, augmenté || erhöht, gesteigert (*muur, enz.*)**:** heightened || [re]haussé || erhöht.

verhouden, zich (*bv. in*: *a verhoudt zich tot b als 2 tot 1*)**:** to be in proportion, to stand in the relation of (*a is to b as 2 is to 1*) || être à, se rapporter à (*a est à b comme 2 à 1*) || sich verhalten (*a verhält sich zu b wie 2 zu 1*).

verhouding: 1. (*tussen grootheden*)**:** proportion, ratio || rapport *m*, proportion *v* || Verhältnis *o*, Proportion *v*; **-smeter:** quotient meter || logomètre *m*, quotientmètre *m* || Quotientenmesser *m*;
2. (*onderling verband*)**:** relation || relation || Verhältnis *o*;
3. (*afmeting*)**:** proportion || proportion *v* || Verhältnis *o*, Proportion *v*;
4. (*evenredigheid*)**:** proportion, relation || proportion *v* || Verhältnis *o*, Proportion *v*; **-spasser:** *zie* **proportionaalpasser.**

verhuis|auto: motor furniture-van (pantechnicon) || camion *m* de déménagement *m* || Möbel[kraft]wagen *m*; **-wagen:** furniture- (moving-) van, pantechnicon (-van) || voiture *v* de déménagement *m* || Möbelwagen *m*.

verhui|zen: to [re]move || déménager || Umziehen; **-zing:** removal, move || déménagement *m* || Umzug *m*.

ver|huren: to let [for hire] || louer, donner à louage *m*; fréter (*schip*) || vermieten; **-huring:** letting, lease || louage *m*, location *v*; frètement (*schip*) || Vermietung *v*; **-huur:** letting || louage *m*, location *v* || Vermietung *v*, Vermieten *o*;

-huurder: letter, hirer out; lessor || loueur *m*; fréteur *m* (*schip*) || Vermieter *m*.

verifi|ëren: to check || controler, vérifier || kontrollieren, prüfen; **-eertoestel:** pressure gauge test pump || pompe *v* d'épreuve *v* (d'essai *m*) pour manomètres *mm* || Manometerprobierpumpe *v*.

verkeer: traffic; transport (*vervoer*) || circulation *v*; trafic *m* (*handelsverkeer*); transport *m* (*vervoer*) || Verkehr *m*, Transport *m*; Beförderung *v* (*vervoer*); **- over korte** (*lange*) **afstand:** short (*long*) distance traffic || trafic *m* à petite (*grande*) distance *v* || Nahverkehr *m* (*Fernverkehr m*); **- in één richting:** one-way traffic || circulation *v* en sens *m* unique || Einbahnverkehr *m*; **-, doorgaand:** through traffic || circulation *v* de transit *m* || durchgehender Verkehr, Durchgangsverkehr *m*; **-, interlocaal:** trunk (interurban) traffic || trafic *m* interurbain || Fernverkehr *m*; **-, locaal:** local (urban) traffic || trafic *m* local (urbain) || Ortsverkehr *m*; **-, meervoudig** (*telegr.*)**:** multiplex working || trafic *m* (communication *v*) multiple || Mehrfachverkehr *m*; **-, op -en neergaand:** traffic from opposite directions || circulation *v* dans des sens *mm* opposés (dans les deux sens *mm*) || Verkehr *m* aus entgegengesetzten Richtungen *vm*; **-, plaatselijk:** local traffic || circulation *v* locale || Ortsverkehr *m*.

verkeerd: 1. (*omgekeerd*)**:** turned [up, upside down, over], reverse[d], inverted || renversé, à l'envers *m* || umgekehrt, verkehrt;
2. (*niet goed*)**:** wrong(*ly*), incorrect, bad(*ly*) || mauvais, faux (*faussement*), incorrect(*ement*) || verkehrt, falsch, unrichtig; **- aangesloten:** wrongly connected || il y a fausse communication *v* || falsch verbunden.

verkeers|agent: traffic (point) policeman || agent *m* (gardien *m*) de la (réglant la) circulation *v* || Verkehrsschutzmann *m*, -polizist *m*; **-behoefte:** traffic requirement || besoin *m* de trafic *m* || Verkehrsbedürfnis *o*; **-belasting** (*brug*)**:** live (moving, traffic) load || charge *v* au passage *m* d'un système *m* roulant (de la circulation *v*, en service *m*, due à la circulation *v* roulante) || Verkehrslast *m*, -belastung *v*; **-bord:** traffic (road) sign || plaque *v* (panneau *m*) de signalisation *v* || Verkehrsschild *o*, -zeichen *o*; **-dichtheid:** density of traffic || intensité *v* de la circulation *v* || Verkehrsdichtigkeit *v*; **-leider** (*middenvluchtheuvel*)**:** central [refuge] island || refuge *m* à signaux *mm* (central) || Verkehrsleiter *m*; **-licht:** traffic light || feu *m* de signalisation *v* || Verkehrslicht *o*, -ampel *v*; **-middel:** means of communication || moyen *m* de locomotion *v* (de communication *v*) || Verkehrsmittel *o*; **-ongeval:** traffic accident || accident *m* de la route *v* || Verkehrsunfall *m*; **-opstopping:** traffic congestion || encombrement *m* de circulation *v* || Verkehrsstauung *v*; **-paal:** traffic bollard || colonne *v* (poteau *m*) de circulation *v* || Verkehrssäule *v*; **-plein:** traffic circus || carrefour *m* || Verkehrsplatz *m*; **-politie:** road police || police *v* routière || Verkehrspolizei *v*; **-regeling:** traffic regulation || règlement *m* de la circulation *v* || Verkehrsreg[e]lung *v*; **-regels:** traffic rules, rule of the road || règles *vm* de (prescriptions *vm* pour] la circulation *v* || Verkehrsregeln *vm*, -vorschriften *vm*; **-richting:** direction of traffic || direction *v* (sens *m*) de la circulation *v* || Verkehrsrichtung *v*; **-sein:** *zie* **verkeersbord, -signaal** *en* **-teken;** **-soort:** kind of traffic || mode *m* de circulation *v* || Verkehrsart *v*; **-storing:** traffic disturbance || perturbation *v* de la circulation *v* || Verkehrsstörung *v*; **-stremming:** traffic obstruction (stagnation) || obstruction *v* (stagnation *v*) de la circulation *v* || Verkehrssperre *v*; **-teken:** traffic signal || signal *m* de circulation *v* || Verkehrszeichen *o*; **-telling:** traffic census || cens *m* de trafic *m* || Verkehrszählung *v*; **-vliegtuig:** commercial (passenger) plane, airliner; main-liner (*grote lijn*); feeder-line (-service) aircraft (*zijlijn*) || avion *m* commercial || Verkehrsflugzeug *o*; **-voorschriften:** *zie* **verkeersregels; -weg:** communication road || voie *v* de communication *v* || Verkehrsweg *m*; *zie ook* **weg; -zuil:** *zie* **verkeerspaal.**

verken|nen (*exploreren*)**:** to explore || explorer || explorieren, erforschen; **-ningsgalerij:** *zie* **proefgalerij** *onder* **proef 2; -ningsschacht:** *zie* **proefschacht** *onder* **proef 2.**

ver|kitten: to cement, to lute, to putty || cimenter, luter, mastiquer || verkitten; **-kleind:** reduced; at a reduced scale || réduit; à une échelle *v* réduite || verkleinert; verjüngt; reduziert; in verjüngtem Maßstab *m*.

verklei|nen: to reduce || réduire || verkleinern, reduzieren; *zie ook* **verlagen; verminderen; -ning:** reduction || réduction *v* || Reduktion *v*, Verkleinerung *v*; **-ningsschaal:** scale of reduction || échelle *v* de réduction *v* || Verkleinerungsmaßstab *m*.

verkleu|ren: 1. (*v. kleur veranderen*)**:** to change colour || changer de couleur *v* || verfärben, die Farbe *v* ändern; **-ring:**

changing of colour || changement *m* de couleur *v* || Verfärbung *v*;
2. (*zijn kleur verliezen*): to lose [its] colour, to discolour, to fade || (*se*) décolorer (*se*) déteindre, pâlir || entfärben, die Farbe *v* verlieren, verschießen; **-ring:** discoloration, fading || décoloration *v* || Entfärbung *v*, Verschießen *o*.

verklik|ker: indicating apparatus || appareil *m* indicateur || Nachweisgerät *o*, Indikator *m*, Weiser *m*; **-ker** (*v. golven*): wave detector || détecteur *m* d'ondes *vm* || Wellenanzeiger *m*, -detektor *m*; **-kerlamp:** pinker || clignoteur *m* || Anzeigelampe *v*; **-lamp:** tell tale lamp || lampe *v* témoin || Warnungslampe *v*.

verko|len: to carbonize || carboniser, charbonner || verkohlen; **-ling:** carbonisation || carbonisation *v* || Verkohlung *v*.

ver|kooksen: to coke || cokéfier || verkoken; **-kooksing:** coking || cokéfication *v* || Verkokung *v*; **-koolbaar:** carbonisable || carbonisable || verkohlbar; **-koold:** carbonised || carbonisé || verkohlt.

verkoop: sale || vente *v* || Verkauf *m*; **- aanbieden, ten:** to offer for sale || offrir en vente *v* || zum Verkauf *m* anbieten, feilbieten, feilhalten; **- bij afslag** (*opbod*): Dutch auction (*auction sale*) || vente *v* au rabais *m* (à la criée *v*) (*aux enchères vm*) || Auktion *v*, Unterbietungsverfahren *o* (*Versteigerung v*, *Auktion v*); **-, onderhandse:** sale by private contract, private sale || vente *v* à l'amiable *v* || Verkauf *m* unter der (aus freier) Hand *v*; **-, openbare:** sale by (public) auction || vente *v* publique || öffentlicher Verkauf *m*; **-, publieke:** *zie* **verkoop, openbare;** **-baar:** sal[e]able, marketable || vendable, de bon débit *m* || verkäuflich; **-kromme:** sales curve || courbe *v* (graphique *m*) de vente *v*, mouvement *m* des ventes *vm* || Umsatzkurve *v*; **-leider:** sales manager || chef *m* de vente *v* || Verkaufsleiter *m*; **-motief:** buying motive || raison *v* (motif *m*) d'achat *m* || Kaufanlaß *m*, -motiv *o*; **-plan:** selling plan || plan *m* de vente *v* || Verkaufsplan *m*; **-prijs:** selling price || prix *m* de vente *v* || Verkaufspreis *m*; **-sargument:** sales argument || argument *m* de vente *v* || Verkaufsargument *o*; **-scontrôle:** sales control || contrôle *m* des ventes *vm* || Verkaufskontrolle *v*; **-sgebied:** trading area || territoire *m* de vente *v* || Absatzbereich *m*; **-skosten:** selling cost[s] || prix *m* de revient *m* des opérations *vm* de vente *v* || Selbstkosten *mrv* des Verkaufs *m*; **-srendement:** pull || efficacité *v*, puissance *v*, rendement *m* || Verkaufswirkung *v*; **-waarde:** selling (market) value || valeur *v* vénale (marchande) || Verkaufswert *m*.

verko|pen: to sell || vendre || verkaufen; **-pen i. h. groot** (*klein*): to sell wholesale (*by retail*) || vendre en gros (*en détail*) || im großen (en gros) verkaufen (*im kleinen (en detail) verkaufen, detaillieren, verschleißen*); **-pen, voor afbraak:** to sell for demolition (for old materials) || vendre pour démolir || auf Abbruch *m* verkaufen; **-per** (*algem. en handelaar*): seller, dealer || vendeur *m* || Verkäufer *m*, Abgeber *m*; (*betrekking*): salesman || vendeur *m*, représentant *m* || Verkäufer *m*; **-ping:** [public] sale, auction || vente *v* [publique] || Verkauf *m*, Versteigerung *v*, Auktion *v*.

verkope|ren: to copper; to copper-plate (-bottom) (*schip*) || cuivrer || verkupfern; **-ring:** coppering; copper-plating (*schip*) || cuivrage *m* || Verkupferung *v*.

verkort: shortened; abbreviated (*typogr.*) || raccourci; abrégé (*typogr.*) || verkürzt; abgekürzt (*typogr.*); **-en:** to shorten; to abbreviate || raccourcir; abréger || verkürzen; abkürzen; **-ing:** shortening; abbreviation || raccourcissement *m*, rapetissement *m*; abréviation *v* || Ab-, Verkürzung *v*; Abkürzung *v*; **-ing v. d. wikkelschrede:** shortening of the pitch || raccourcissement *m* du pas *m* d'enroulement *m* || Verkürzung *v* des Wicklungschrittes *m*; **-ingscondensator:** shortening condenser || condensateur *m* de raccourcissement *m* || Verkürzungskondensator *m*.

ver|laadinrichting: loading device || installation *v* (dispositif *m*) de chargement *m* || Verladevorrichtung *v*; **-laden:** to ship; to load into (on) wagons (*spoor*) || transborder; charger (*schip*) || ver-, umladen; **-lading:** shipment; loading into wagons (*spoor*) || transbordement *m*; chargement *m* (*schip*) || Ver-, Umladung *v*.

verlaat (*sluis*): lock || vanne *v*, écluse *v* de fuite *v* || Siel *o*, *m*; (*overlaat*): overflow || déversoir *m* || Überfall *m*.

verla|gen: **1.** (*lager maken*): to lower || abaisser || niedriger machen; **-ging:** lowering || abaissement *m* || Erniedrigung *v*; **-ging v. d. grondwaterspiegel:** sinking of the underground water level || abaissement *m* de la nappe *v* souterraine || Senkung *v* des Grundwasserspiegels *m*;
2. (*verminderen*): to lower, to reduce, to decrease, to diminish || diminuer, réduire || erniedrigen, herabsetzen; **-ging:** lowering, reduction, decrease, diminishing || diminution *v*, réduction *v* || Erniedrigung *v*, Herabsetzung *v*; **-ging v. spanning:** decrease of voltage || diminution *v* de la tension *v* || Spannungs-

erniedrigung *v*; **-ging v. temperatuur:** lowering (reduction) of temperature || abaissement *m* (diminution *v*) de température *v* || Temperaturerniedrigung *v*; **-gingsgenerator:** negative booster || dévolteur *m* || Zusatzmaschine *v* in Gegenschaltung *v*; **-gingstransformator:** reducing (step down) transformer || dévolteur *m*, transformateur *m* réducteur || Abwärts-, Reduziertransformator *m*; **3.**: *zie* **verkleinen** *en* **verminderen.**

verlak|ken: to lacquer, to varnish || laquer, vernir || lackieren; **-king:** lacquering, varnishing || laquage *m*, vernissage *m* || Lackierung *v*.

ver|lengd: elongated, extended, lengthened || [r]allongé, élongé, prolongé || verlängert; **-lengen:** to extend, to lengthen || [r]allonger, prolonger || verlängern; **-lenging:** extension, lengthening || allongement *m*, élongation *v* || Verlängerung *v*; (*antenne*): lengthening || prolongement *m* || Verlängerung *v*; **-lengingsspoel:** lengthening (loading) coil || bobine *v* de prolongement *m*, self *m* d'antenne *v* || Verlängerungsspule *v*.

verlengstuk: 1. (*algem.*): lengthening (extension) piece || rallonge *v*, prolongement *m*, aboutissement *m* || Verlängerung *v*, Ansatz *m*, Ansatz-, Verlängerungsstück *o*; **2.** (*passer*): lengthening bar || rallonge *v* du compas *m* || Zirkelverlängerung *v*, Verlängerungsstange *v*.

verlicht: 1. (*minder zwaar*): lightened || allégé || erleichtert; **-ten:** to lighten || alléger || erleichtern, leichter machen; **-ing:** lightening || allègement *m* || Erleichterung *v*;
2. (*minder donker*): lighted [up], illuminated || éclairé, illuminé || beleuchtet, illuminiert; **-, (on)voldoende:** (*in*)sufficiently lighted || éclairé (*in*)suffisamment, bien (*mal*) éclairé || (*un*)genügend (*mangelhaft*) beleuchtet; **-en:** to light [up], to illuminate || éclairer, illuminer || beleuchten, illuminieren; **-ting:** lighting, illumination || éclairage *m*, éclairement *m*, illumination *v* || Beleuchtung *v*, Illumination *v*; **-ing binnenshuis** (*buitenshuis*): indoor (*outdoor*) illumination || éclairage *m* intérieur (*extérieur*) || Innenbeleuchtung *v* (*Außen-*); **-ing, elektrische:** electric lighting || éclairage *m* électrique || elektrische Beleuchtung *v*; **-ing, gemengde:** semi-indirect lighting || éclairage *m* mixte (semi-indirect) || halbindirekte Beleuchtung *v*; **-ing, (in)directe:** (*in*)direct illumination (lighting) || éclairage *m* (*in*)direct || (*in*)direkte (unmittelbare) Beleuchtung *v*; **-ing, kunstmatige:** artificial illumination (lighting) || éclairage *m* artificiel || künstliche Beleuchtung *v*; **-ingsaanleg:** lighting plant || installation *v* d'éclairage *m* || Beleuchtungsanlage *v*; **-ingsafdeling:** lighting department || département *m* (section *v*) d'éclairage *m* || Beleuchtungsabteilung *v*; **-ingscirkel:** circle of illumination || cercle *m* d'illumination *v* || Leuchtkreis *m*; **-ingsdynamo:** lighting dynamo || dynamo *v* pour éclairage *m* || Beleuchtungs-, Lichtdynamo *v*; **-ingseffect:** lighting effect || effet *m* d'éclairage *m* || Beleuchtungseffekt *m*; **-ingsrendement** (*voor een gegeven vlak*): coefficient of utilisation (*for a given surface*) || facteur *m* d'utilisation *v* (*pour un plan m donné*) || Wirkungsgrad *m* (*für eine gegebene Ebene v*); **-ingssterkte:** illumination [at a point on a surface] || éclairement *m* [en un point *m* d'une surface *v*) || Beleuchtungsstärke *v*; **-ingssysteem:** lighting system || système *m* d'éclairage *m* || Beleuchtungssystem *o*; **-ingstechniek:** lighting engineering, technics of illumination || technique *v* de l'éclairage *m* || Beleuchtungstechnik *v*; **-ingstoestel:** lighting apparatus || appareil *m* d'éclairage *m* || Beleuchtungsapparat *m*;
3. (*gemakkelijker*): lightened, relieved, facilitated || facilité || erleichtert; **-en:** to lighten, to relieve, to facilitate || faciliter || erleichtern.

verlies: loss || perte *v* || Verlust *m*; **- aan elektriciteit:** electric loss || perte *v* électrique || elektrischer Verlust *m*; **- aan snelheid:** loss of speed || perte *v* de vitesse *v* || Geschwindigkeitsverlust *m*; **- b. h. laden:** loss of charge || perte *v* de charge *v* || Ladeverlust *m*; **- b. h. onbelast lopen:** no load losses || pertes *vm* à vide *m* || Leerlaufverlust *m*; **- b. h. werken:** running loss || perte *v* en charge *v* || Arbeitsverlust *m*; **- bij volle belasting:** full load loss || perte *v* en pleine charge *v* || Vollastverlust *m*; **- door bewerking:** loss due to machining || perte *v* due à l'usinage *m* || Bearbeitungsverlust *m*; **- door condensatie:** loss due to condensation || perte *v* par condensation *v* || Kondensations-, Niederschlagverlust *m*; **- door lekkage:** leakage loss || perte *v* par inétanchéité *v* (par fuites *vm*) || Undichtigkeits-, Durchlässigkeitsverlust *m*; **- door straling:** loss by radiation || perte *v* par rayonnement *m* || Strahlungsverlust *m*; **- door vonken:** loss due to sparking || perte *v* par crachement *m* || Verlust *m* durch Funken *mm*; **- door wrijving i. h. kussenblok:** loss due to bearing friction || perte *v* par frottement *m* des coussinets *mm* || Lagerreibungsverlust *m*; **- v. capaciteit:** loss of capacity || perte *v* de capacité *v* ||

Kapazitätseinbuße *v*; **-, magnetisch:** magnetic loss || fuite *v* (perte *v*) magnétique || magnetischer Verlust *m*; **-, mechanisch:** mechanical loss || perte *v* mécanique || mechanischer Verlust *m*; **-coëfficiënt:** coefficient of losses || coefficient *m* des pertes *vm* || Verlustkoeffizient *m*, -zahl *v*; **-cijfer:** amount of loss || valeur *v* de la perte *v* || Verlustziffer *v*.

verliezen: to lose || perdre || verlieren; **-, extra** (*elektr.*): stray losses || pertes *vm* supplémentaires || Zusatzverluste *mm*.

verloden: to [cover with] lead || plomber || verbleien.

verloop: 1. (*tijd*): course, process || cours *m* || Verlauf *m*; **- van, na:** after a lapse of || au bout *m* de || nach Verlauf *m* [1]); **- van tijd, na:** in process (course) of time || après (au bout *m* de) quelque temps *m* || nach einiger Zeit *v*;
2. (*loop*): course, progress, proceeding || cours *m*, marche *v* || Lauf *m*, Verlauf *m*;
3. (*reactie*): proceeding, course || marche *v*, progrès *m* || [Reaktions]verlauf *m*;
4. (*baan*): path || trajet *m* || Verlauf *m*;
5. (*kust*): bearing || gisement *m* || Verlauf *m*;
6. (*getij*): running out || refoulement *m* [de la marée *v*] || Gehen *o* der Flut *v*;
7. (*smaller worden*): diminishing (reduction, decrease) of diameter || diminution *v* (réduction *v*) du diamètre *m* || Verjüngung *v*; **-mof:** reducer, reducing sleeve || manchon *m* de réduction *v* || Reduktionsmuffe *v*; **-nippel:** diminishing (reducing) nipple || mamelon *m* de réduction *v* || Reduktionsnippel *m*; **-pijp:** reducing pipe || raccord *m* avec réduction *v* de diamètre *m* || Übergangsrohr *o*; **-sok:** diminishing (reducing) socket, reduceer || manchon *m* de réduction *v* || Absatz-, Reduktionsmuffe *v*, verjüngte Muffe *v*; **-stuk:** reducer, tape || pièce *v* de réduction *v*, raccord *m* conique || Erweiterungsstück *o*, Übergangsrohr *o*.

verlopen: 1. (*tijd*): to pass [away], to go by || passer, s'écouler || verlaufen, verfließen;
2. (*lopen*): to proceed || suivre son cours *m*, marcher || verlaufen;
3. (*reactie*): to proceed || se poursuivre, progresser || verlaufen;
4. (*getij*): to run out || refouler || gehen der Flut *v*;
5. (*smaller worden*): to diminish (to decrease) in diameter || le diamètre *m* se diminue (se réduit) || sich verjüngen;
6. (*boor*): to run out; running out || dévier; déviation *v* || verlaufen; Verlaufen *o*;
7. (*typogr.*): **-, laten:** to let run over || laisser renverser || umlaufen lassen;
8. (*termijn*): to expire; expiration || expirer; expiration *v* || ablaufen; Ablauf *m*.

vermeerde|ren: 1. (*algem.*): to augment, to increase, to elevate || augmenter, élever || vermehren, erhöhen, zunehmen; **-ring:** increase, augmentation, elevation || augmentation *v*, élévation *v* || Vermehrung *v*, Erhöhung *v*, Zunahme *v*;
2. (*gewicht*; *druk*; *spanning*; *weerstand*; *enz.*): to increase || augmenter || erhöhen, zunehmen; **-ring:** increase || augmentation *v* || Erhöhung *v*, Zunahme *v*;
3.: *zie* **vergroten; verhogen.**

vermen|gen: *zie* **mengen; -ger:** *zie* **menger; -ging:** *zie* **menging.**

vermenigvuldig|en: 1. (*wisk.*): to multiply (*by*) || multiplier (*par*) || multiplizieren (*mit*); **-er:** multiplicator, multiplier || multiplicateur *m* || Multiplikator *m*; **-ing:** multiplication || multiplication *v* || Multiplikation *v*; **-tal:** multiplicand || multiplicande *m* || Multiplikant *m*;
2. (*van bescheiden*, *enz.*): to manifold, to copy || reproduire, multiplier || vervielfältigen, kopieren; **-ging:** manifolding, copying, reproduction || reproduction *v*, multiplication *v* || Vervielfältigung *v*, Kopieren *o*.

vermessin|gen: to plate with brass || laitonner || vermessingen; **-ging:** brass plating || laitonnage *m* || Vermessingung *v*.

vermiljoen: cinnabar; vermilion (*ook*: *de kleur*) || cinabre *m*, vermillon *m* (*ook*: *de kleur*) || Zinnober *o*; zinnober (*de kleur*).

verminde|ren: 1. (*algem.*): to diminish, to reduce, to decrease || diminuer, réduire || verminderen, verringern, erniedrigen, abnehmen; **-ring:** diminution, reduction, decrease || diminution *v*, réduction *v* || Verminderung *v*, Verringerung *v*, Erniedrigung *v*, Abnahme *v*;
2. (*verbranding*): to slacken || modérer || verlangsamen;
3. (*snelheid*): to reduce, to slacken || diminuer, ralentir, réduire || vermindern; **-ring:** reduction, slackening || diminution *v*, réduction *v* || Verminderung *v*;
4. (*gewicht*; *druk*; *spanning*; *weerstand*; *enz.*): *zie* **verminderen 1;**
5.: *zie* **verkleinen; verlagen.**

vermogen: 1. (*algem.*): capacity, power || capacité *v*, pouvoir *m* || Vermögen *o*, Fähigkeit *v*, Kraft *v*; **-, bakkend** (*kool*): coking capacity, baking power || pouvoir *m* collant || Backfähigkeit *v*; **-, bevochtigend:** wetting capacity (power) || capacité *v* mouillante, pouvoir *m* mouillant || Netzfähigkeit *v*, Benetzungsvermögen *o*; **-, blussend:** extinguishing power (capability) || pouvoir *m* extincteur (d'extinc-

[1]) Met 2e naamval.

tion *v*) || Löschfähigkeit *v*; -, **bijtend:** causticity || causticité *v* || Ätzkraft *v*; -, **dispergerend:** dispersing capacity (power) || capacité *v* dispersive, pouvoir *m* dispersif || Dispergierungsfähigkeit *v*, -vermögen *o*; -, **emulgerend:** emulsifying capacity (power) || capacité *v* émulsionnante, pouvoir *m* émulsionnant || Emulgierungsfähigkeit *v*, -vermögen *o*; -, **geleidend:** conductivity, conductibility || conductivité *v*, conductibilité *v*, conductance *v* || Leitfähigkeit *v*, Leitungsvermögen *o*; -, **isolerend:** insulating power || pouvoir *m* isolant || Isolationsvermögen *o*, Isolationswert *m*; -, **opdikkend:** bulk || bouffant *m* || Dickgriffigkeit *v*; -, **smerend:** lubricating power || pouvoir *m* lubrifiant || Schmierfähigkeit *v*;

2. (*mach.*, *enz.*): capacity, output, power || capacité *v*, débit *m*, effet *m*, puissance *v* || Effekt *m*, Kapazität *v*, Leistung *v*; -, **aangesloten:** connected load || puissance *v* connectée || Anschlußwert *m*; **- dat overgebracht kan worden:** power which can be transmitted || puissance *c* transmissible || übertragbare Leistung *v*; **- v. e. machine meten door middel v. d. indicateur:** to indicate an engine || relever la puissance *v* d'un machine *v* à l'aide *v* de l'indicateur *m* || indizieren mittels Indikators *m*, die Leistung *v* der Maschine *v* messen; **- v. d. motor m. d. rem meten:** to brake-test the motor || freiner (mesurer) la puissance *v* du moteur *m* || den Motor *m* abbremsen; **- vergroten** (*verkleinen*)**:** to increase (*to decrease*) the output || augmenter (*diminuer*) la production *v* || die Leistung *v* steigern (*erniedrigen*); -, **blind:** *zie* **vermogen, reactief;** -, **calorisch:** caloric power || puissance *v* calorique (thermique) || kalorischer Effekt *m*; -, **effectief:** *zie* **vermogen, werkelijk;** -, **gegarandeerd:** guaranted output || puissance *v* garantie || garantierte (verbürgte) Leistung *v*; -, **geïndiceerd:** indicated power || puissance *v* indiquée || indizierte Leistung *v*; -, **gemiddeld:** mean (average) output (power) || puissance *v* moyenne, débit *m* moyen || mittlere Leistung *v*; -, **gewoon:** *zie* **vermogen, normaal;** -, **hydraulisch:** hydraulic power || puissance *v* hydraulique || Wasserkraft *v*; -, **maximaal:** maximum output (power) || puissance *v* (débit *m*) maximum || Höchst-, Maximalleistung *v*; -, **mechanisch:** mechanical output (power) || effet *m* mécanique || mechanische Leistung *v*; -, **momentaneel:** momentary (instantaneous) power (output) || débit *m* momentané (instantané) || Momentanleistung *v*; -, **nominaal:** nominal output (power) || puissance *v* nominale || Nenn-, Nominalleistung *v*; -, **normaal:** normal output (power) || débit *m* normal (de régime *m*) || Normalleistung *v*; -, **nuttig:** useful capacity (output, power), efficiency || capacité *v* (effet *m*) utile, rendement *m* || Nutzeffekt *m*, -leistung *v*, Wirkungsgrad *m*; -, **reactief:** reactive power || puissance *v* réactive || Blindleistung *v*; -, **schijnbaar:** apparent output (power) || puissance *v* apparente || scheinbare Leistung *v*; -, **thermisch:** thermal power || puissance *v* thermique || Wärmekraft *v*; -, **verminderd:** reduced output (power) || débit *m* réduit || Minderleistung *v*; -, **werkelijk:** real (effective) power (output) || débit *m* effectif, puissance *v* effective || wirkliche Leistung *v*; -, **werkzaam:** active power || puissance *v* active || [Wirk]leistung *v*;

3. (*accumulator*): capacity || capacité *v* || Kapazität *v*;

4. (*ketel*): output || débit *m* de vapeur *v*, puissance *v* de vaporisation *v* || Kesselleistung *v*;

5. (*pomp*): capacity, output || débit *m* || Pumpenleistung *v*;

6. (*schoorsteen*): duty || puissance *v* [de tirage *m*] || Schornsteinleistung *v*.

vermol|men: to moulder || vermouler || verfaulen, vergehen; **-ming:** dry rot, worm eateness || moulinure *v*, piqûre *v* des vers *mm*, putréfaction *v* sèche, vermination *v*, vermoulure *v* || Trockenfäule *v*.

ver|moorbeitel: *zie* **hakbeitel** *onder* **hak 3;** **-nagelen:** *zie* **vastspijkeren;** **-nauwd:** narrowed || resserré || verengt.

vernau|wen: **1.** (*algem.*): to narrow || (*se*) rétrécir || (*sich*) verengen; **-wing:** contraction, narrowing || rétrécissement *m* || Einschnürung *v*, Einziehung *v*, Verengung *v*; **-wing v. h. spoor:** narrowing (tightening) of the gauge || resserrement *m* (rétrécissement *m*) de la voie *v* || Spurverengung *v*;

2. (*pijpen*): to reduce the diameter || rétrécir, rétreindre || einziehen, verengen.

vernie|len: to destruct, to demolish || détruire, démolir || zerstören; **-ling:** **destruction** || **destruction** *v* || Zerstörung *v*.

vernieu|wen: to renew || renouveler || erneuern; *zie ook* **vervangen;** **-wing:** renewal || renouvellement *m* || Erneuerung *v*; **-wingskosten:** renewal costs, cost of renewals || frais *mm* de renouvellement *m* || Erneuerungskosten *mrv*.

vernik|keld: nickelplated || nickelé || vernickelt; **-kelen:** to nickel[plate] || nickeler || vernickeln; **-keling:** nickeling, nickelplating || nickelage *m* || Vernickelung *v*.

vernis: varnish || vernis *m* || Lack[1]) *m*; **-sens** to varnish || vernir || lacken; **-sing:** varnishing || vernissage *m* || Lacken *o*.

Veronagroen: Verona green || vert *m* de Vérone || Veronesergrün *o*.

verontreini|gen: to contaminate, to defile, to pollute, to sulley || souiller, salir || beschmutzen, verunreinigen; **-ging** (*bestanddeel*): impurity || impureté *v* || Verunreinigung *v*.

veroorloofd: permissible, admissible, permitted || admissible, permis || zulässig, zugelassen.

verpach|ten: to farm out || affermer || verpachten; **-ting:** farming out || [af]fermage *m* || Verpachtung *v*.

verpak|ken: **1.** (*inpakken*): to pack, to embale || emballer, empaqueter || ver-, einpacken; **-king:** packing, wrapping || conditionnement *m*, emballage *m* || Verpackung *v*; **-kingsmateriaal:** packing material || matières *vm* d'emballage *m* || Packmaterial *o*;
2. (*mach.*): to pack || garnir || lidern, [ver]packen; **-king:** *zie* **pakking; -king inbrengen:** to insert the jointing material || insérer la garniture *v* || die Dichtung *v* einlegen; **-kingsmateriaal:** *zie* **pakkingsmateriaal.**

verpennen: to dowel, to peg, to pin || cheviller, goujonner || verdübeln.

verplaats|baar: [re]movable, transportable || pouvant être déplacé, mobile, portatif || verstellbar, transportabel, fahrbar; **-en:** to displace, to remove || déplacer, changer de place *v* || verstellen, verlegen; **-ing:** displacement, removal || déplacement *m*, transposition *v* || Verstellung *v*, Verlegung *v*; **-ingsstroom:** displacement current || courant *m* de déplacement *m* || Verschiebungsstrom *m*.

verpoede|ren: to reduce to powder, to pulverize || pulvériser, réduire en poudre *v* || verpulvern; **-ring:** pulverisation || pulvérisation *v* || Verpulverung *v*.

verre|kijker: telescope || lunette *v* d'approche *v*, télescope *m* || Fernrohr *o*, Teleskop *o*; **-schakelaar:** remote control switch || interrupteur *m* à distance *v* || Fernschalter *m*; **-schrijver:** printing apparatus for long distances || imprimeur *m* à distance *v*, téléimprimeur *m* || Ferndrucker *m*.

verroes|ten: to rust || rouiller || [ver]rosten; **-ting:** rusting || rouillage *m* || [Ver]rostung *v*.

---

[1]) **„Firnis *m*"** is een sneldrogende *lijnolie*. Olievernis = [Lein]öllack *m*; terpentijnolievernis = Terpentinöllack *m*; spiritusvernis = Spirituslack *m*.

verrot: rotten, putrid, putrefied || pourri || verfault, faul, verwest; **-ten:** to rot, to putrefy || (*se*) pourrir, se putrifier || verfaulen, vermodern, verrotten, verwesen; **-ting:** rot[ting], putrescence, putrefaction || pourriture *v*, putréfaction *v* || Fäule *v*, Fäulnis *v*, Verfaulung *v*, Verwesung *v*, Vermoderung *v*; **-ting i. h. hart:** heartwood rot || pourriture *v* du coeur *m* || Kernfäule *v*; **-ting i. h. spint:** sapwood rot || pourriture *v* de l'aubier *m* || Splintfäule *v*.

ver|rijdbaar: movable || roulant, mobile sur roues *vm* || fahrbar; **-rijken:** to enrich (concentrate) || enricher, concentrer || anreichern.

vers: fresh; new, green || frais; nouveau || frisch; **- blijven:** to remain fresh || rester frais, se conserver, se garder [bien] || frischbleiben; **-houden:** to keep fresh || tenir frais || frischhalten.

ver|schalen (*mast*): to fish || jumeler || verschalen; **-schansing:** railing || gardecorps *m*, parvois *m* || Reling *v*; **-schansingssteunijzer:** *zie* **relingstut; -scheidenheidsfactor:** diversity factor || facteur *m* de diversité *v* || Verschiedenheitsfaktor *m*; **-scheping:** shipment || embarquement *m* || Verschiffung *v*; **-scherven** (*houtbew.*): to scarf || faire des écarts *mm* || verscherben; **-scherving:** scarf || écart *m* || Verscherbung *v*; **-scheuren:** to tear || déchirer || zerreißen; **-schieten** (*v. kleur*): to change colour, to fade || [se] déteindre, se faner, se décolorer, passer || verschießen.

verschil: difference || différence *v* || Unterschied *m*; **- tussen eb en vloed:** range of tide || amplitude *v* de marée *v* || Flutintervall *o*; **-len:** to differ || différer || sich unterscheiden; **-lend:** different || différent || verschieden; **-zicht** (*sterrenk.*): parallax || parallaxe *v* || Parallaxe *v*.

verschuifbaar: slidable, sliding || mobile, coulissable || verschiebbar.

verschui|ven: to shift || (*se*) déplacer || (*sich*) verschieben.

verschuiving: **1.** (*algem.*): displacement, translation || déplacement *m*, translation *v* || Verschiebung *v*; **-ving in de breedte** (*lengte*): transversal (*longitudinal*) displacement || déplacement *m* transversal (*longitudinal*) || Querverschiebung *v* (*Längs-*);
2. *zie* **aardstorting;**
3. (*fasen*): displacement || décalage *m* || déphasage *m* || Verschiebung *v*;
4. (*terrein*): fault || faille *v*, paraclase *v* || Verwerfung *v*, Verwurf *m*, Verschiebung *v*, Sprung *m*, Paraklase *v*; **-sklei:** gouge, pug || argile *v* de frottement *m*, lisière *v* || Verwerfungston *m*, -letten *m*;

-**svlak:** fault plane || plan *m* de la faille *v* || Verwerfungsebene *v*, -fläche *v*.

verschijnsel: phenomenon [1]) || phénomène *m* || Erscheinung *v*, Vorgang *m*; **-, aperiodiek:** aperiodic phenomenon || phénomène *m* apériodique || schwingungsfreier (aperiodischer) Vorgang *m*; **-, foto-elektrisch:** photo-electric phenomenon || phénomène *m* photo-électrique || photoelektrischer Vorgang *m*; **-, periodiek:** periodic process, cyclic repetition || phénomène *m* périodique || periodischer Vorgang *m*.

versie|ren: to adorn, to embellish || embellir, orner, parer || verzieren; **-ring:** ornament || ornement *m* || Verzierung *v*; **-ring, kabelvormige** (*bouwk.*)**:** cable moulding || torsade *v* || Taustab *m*; **-ringskunst:** decorating art, ornamentics || art *m* ornementaire || Ornamentik *v*, Verzierungskunst *v*.

ver|slag: report || rapport *m* || Bericht *m*; **-slakken:** to slag (scorify) || scorifier || verschlacken; **-sleten:** worn [out] || usé || abgenutzt; **-smelten:** *zie* **smelten.**

versneden: 1. (*in stukken gesneden*)**:** cut up, cut to pieces || coupé [en pièces *vm*, en morceaux *mm*] || zerschnitten, geschnitten;
2. (*anders gesneden*)**:** recut || recoupé, retaillé || aufs neue zerschnitten (geschnitten);
3. (*bedorven door snijden*)**:** spoiled in cutting, cut to waste || gâté en coupant, mal taillé || verschnitten;
4. (*verdund, vermengd*)**:** blended; diluted (*wijn*) || [re]coupé || verschnitten.

ver|sneld: accelerated || accéléré || beschleunigt; **-snellen:** to accelerate || accélérer || beschleunigen.

versnelling: 1. (*mech.*)**:** acceleration || accélération *v* || Beschleunigung *v*; **-, eenparige:** uniform acceleration || accélération *v* uniforme || gleichförmige Beschleunigung *v*; **-, normale:** normal acceleration || accélération *v* normale || Normalbeschleunigung *v*; **-, tangentiale:** tangential acceleration || accélération *v* tangentielle || Tangentialbeschleunigung *v*; **-scomponent:** component of acceleration || composante *v* de l'accélération *v* || Komponente *v* der Beschleunigung *v*;
2. (*auto*)**:** gear || vitesse *v* || Gang *m*, Geschwindigkeit *v*; **-, achterwaartse:** reverse || arrière *m* || Rückwärtsgang *m*; **-, eerste** (*tweede*; *derde*; *vierde*)**:** first (low) (*second*; *third*; *fourth*, *top*) gear || première (*deuxième*; *seconde*; *troisième*; *quatrième*) vitesse *v* || erster (*zweiter*; *dritter*; *vierter*) Gang *m*, erste (*zweite*; *dritte*; *vierte*) Geschwindigkeit *v*; **-, kleine:** low gear || petite vitesse *v* || kleine Geschwindigkeit *v*; **-sbak:** gear box, change speed gear || boîte *v* de vitesses *vm*, changement *m* de vitesse *v* || Wechsel-, Schaltungsgetriebe *o*, Wechselrädergehäuse *o*; **-shandgreep:** change speed lever, gear [shift] lever || levier *m* de changement *m* de vitesse *v*, bras *m* valseur || Umsteuerungs-, Schalthebel *m*; **-spomp** (*carburateur*)**:** accelerating pump || pompe *v* de reprise *v* || Beschleunigungspumpe *v*; **-ssproeier:** acceleration jet || gicleur *m* d'accélération *v* || Beschleunigungsdüse *v*;
3. (*andere beteken.*)**: -sinrichting, automatische:** automatic speed control || dispositif *m* d'accélération *v* automatique || Einrichtung *v* für selbsttätige Beschleunigung *v*; **-srelais:** accelerating relay || relais *m* d'accélération *v* || Fortschaltrelais *o*.

versnij|den: 1. (*in stukken snijden*)**:** to cut up, to cut to pieces || couper [en pièces *vm*, en morceaux *mm*] || [zer]schneiden; **-ding:** cutting up, cutting to pieces || coupement *m* [en pièces *vm*, en morceaux *mm*] || Zerschneidung *v*;
2. (*anders snijden*)**:** to recut || recouper, retailler || aufs neue [zer]schneiden; **-ding:** recutting || recoupage *m* || aufs neue [Zer]schneiden *o*;
3. (*bederven door snijden*)**:** to spoil in cutting, to cut to waste || gâter en coupant, mal tailler || verschneiden; **-ding:** spoiling in cutting, cutting to waste || fausse coupe *v* || Verschnitt *m*;
4. (*bouwk.*)**: -ding:** offset, step, widened footing in steps || fondation *v* sur gradins *mm*, gradin *m*, recoupement *m* || Absatz *m*, stufenförmige Verbreiterung *v*;
5. (*verdunnen, mengen*)**:** to blend; to dilute (*wijn*) || [re]couper || verschneiden; **-ding:** blending, diluting || coupage *m* || Verschneiden *o*.

verspannen (*in de bankschroef*)**:** to shift || remanier || umspannen.

verspanning: 1. (*verspanningsdraad, -kabel*)**:** bracing || hauban *m* || Verspannung *v*;
2. (*het samenstel v. spandraden, -kabels*)**:** bracing || haubannage *m* || Verspannung *v*.

versper|inrichting (*elektr.*)**:** *zie* **grendelinrichting; -ren:** to bar || barrer || versperren; **-ring:** barricade || barricade *v* || Versperrung *v*; **-ring** (*elektr.*)**:** *zie* **grendeling.**

versplinte|ren: to splinter, to shiver, to shatter (*overg.*); to splinter, to break up into splinters (*onoverg.*) || fracturer (*overg.*); voler en éclats *mm* (*onoverg.*) || [ver-, zer]splittern; **-ring:** splintering; breaking up into splinters || fractionnement *m* || Zersplitterung *v*.

[1]) Mrv.: *phenomena.*

versprei|den: 1. (*algem.*): to spread, to scatter, to distribute || distribuer, (*se*) répandre || (*sich*) verbreiten; **-ding:** spreading, scattering, distribution || diffusion *v*, distribution *v* || Verbreitung *v*;
2. (*lichtstralen*): to diffuse, to disperse || diffuser, disperser || [zer]streuen; **-ding:** diffusion, dispersion || diffusion *v*, dispersion *v* || [Zer]streuung *v*;
3. (*geschriften*; *advertenties*, *enz.*): to distribute || distribuer, répandre || verbreiten; **-ding:** distribution || distribution *v* || Verbreitung *v*.

versprin|gen: 1. (*algem.*): to skip (leap, jump, change) || se déplacer en sautant, sauter || rücken, springen;
2. (*plaatsing*): to be staggered || être décalé (en chicane *v*, en quinconce *v*), échelonné || versetzt angebracht (angeordnet) sein; **-gend:** [to be placed] staggered || [mis, posé] en quinconce *v* (en chicane *v*), décalé || [gegeneinander] versetzt [angebracht, angeordnet];
3. (*buiszender*): drawing || traînage *m* || Ziehen *o*.

ver|stalen: to steel || aciérer || verstählen; **-staling:** steelplating || aciérage *m* || Verstählung *v*; **-steekgoot** (*schudgoot*): adjustable chute || couloir *m* réglable (ajustable) || Versteck-, Paßrutsche *v*; **-stenen:** to petrify || pétrifier || versteinern; **-stening** (*petrefact*): petrification, petrescence || pétrification *v* || Versteinerung *v*; (*h. verstenen*): petrifying, petrification || pétrification *v* || Versteinern *o*, Versteinerung *v*.

verstek (*timmerw.*): mitre || onglet *m* || Gehrung *v*; **- m. scheitjes** (*houtverb.*): mitre and key || joint *m* à onglet *m* et à insertion *v* de feuilles *vm* || Zusammenfügung *v* auf stumpfe Gehrung *v* mit eingeleimten Furnieren *vm*; **-bak:** mitre box || boîte *v* à onglets *mm* || Gehrlade *v*; **-haak:** mitre square || équerre *v* à onglet *m* || Gehrmaß *o*; **-las:** mitre joint || assemblage *m* à onglet *m* || Gehrfuge *v*, -stoß *m*; **-lijn:** mitre line || ligne *v* d'onglet *m* || Gehrungslinie *v*; **-schaaf:** mitre plane || rabot *m* à onglet *m* || Gehrungshobel *m*; **-snede:** mitre cut || coupe *v* à onglet *m* || Gehrschnitt *m*; **-steekmachine:** mitre cutting machine || machine *v* à couper les onglets *mm* || Gehrungsschneid-, Gehrungsstoßmachine *v*; **-zaag:** saw for mitre cutting || scie *v* à onglet *m* || Gehrungssäge *v*.

verstel|baar: adjustable, regulable || ajustable, réglable || nach-, ein-, verstellbar; **-len:** to adjust, to transpose || déplacer, régler || nach-, ein-, verstellen; **-len** (*riem*, *enz.*): adjustment || réglage *m* || Einstellung *v*; **-ling:** adjustment || déplacement *m*, réglage *m* || Ver-, Ein-, Nachstellung *v*.

verster|ken: 1. (*steviger maken*): to reinforce, to stiffen, to strengthen || renforcer || consolider || verstärken, versteifen; **-king:** reinforcement, stiffening, strengthening || renforcement *m* || Verstärkung *v*, Versteifung *v*; **-king d. dwarsbuizen:** stiffening by cross tubes || renforcement *m* par tubes *mm* transversaux || Versteifung *v* durch Querrohre *om*; **-king d. e. platte stalen ring:** stiffening by flat steel ring || renforcement *m* par anneau *m* en acier *m* plat || Flachstahlring-versteifung *v*; **-king d. verwijding:** stiffening by compensating ring (by corrugation) || renforcement *m* par élargissement *m* (par épanouissement *m*, évasement *m*) || Versteifung *v* durch Ausweiten *o*; **-king v. d. schoep:** lashing (reinforcement) of the blade || renforcement *m* de l'aube *m* || Versteifung *v* der Schaufel *v*; **-king v. h. gestel:** stiffening of the frame || consolidation *v* (renforcement *m*) du châssis *m* || Rahmenversteifung *v*; **-kingsbalk:** stiffening girder || poutre *v* de renfort *m* || Versteifungsträger *m*; **-kingsbos:** boss || mamelon *m* || Verstärkungsbutzen *m*; **-kingsbuis:** stay tube || tube *m* de renforcement *m* || Anker-, Festigkeitsrohr *o*, Rohranker *m*; **-kingsdiafragma:** strengthening screen || diafragma *m* de renforcement *m* || Verstärkungsschirm *m*; **-kingsdraad:** lashing wire || fil *m* de renforcement *m* || Versteifungsdraht *m*; **-kingsgeraamte** (*v. e. luchtschip*): stiffening frame || carcasse *v* rigide || Versteifungsgerüst *o*; **-kingshoekstaal:** stiffening angle steel || cornière *v* de renfort *m* || Versteifungswinkelstahl *m*; **-kingsmethode:** cumulative method || méthode *v* cumulative || Verstärkungsmethode *v*; **-kingsplaat:** stiffening plate || plaque *v* de renforcement *m*, tôle *v* de renfort *m* || Verstärkungsplatte *v*, Versteifungsblech *o*; **-kingsrib:** stiffening rib || nervure *v* de renforcement *m* (de consolidation *v*) || Versteifungsrippe *v*; **-kingsring:** stiffening ring || bague *v* de renforcement *m* || Versteifungsring *m*; **-kingsring van Adamson:** stiffening by flanged seam and caulking ring || renforcement *m* par bague *v* interposée, consolidation *v* par bague *v* intermédiaire || Versteifung *v* durch [einen] Zwischenring *m*; **-kingsring, hoekstalen:** angle ring stiffening || renforcement *m* par cornière *v* annulaire (par bague *v* cornière) || Winkelringversteifung *v*; **-kingsstangen:** stay rods || tirants *mm* de renforcement *m*, contrefiches *vm* || Verstrebungen *vm*; **-kt:**

reinforced, stiffened, strengthened || renforcé, consolidé || verstärkt, versteift; **2.** (*radio*, *enz.*): to amplify || amplifier || verstärken; **-ker, twee** (*drie*; *veel*)**voudige:** two (*three*; *multi-*)stage amplifier || amplificateur *m* à deux (*trois*; *plusieurs*) étages *mm* || Zweifach-, Zweiröhrenverstärker *m*, (*Dreifach-*, *Dreiröhren-*; *Mehrfach-*, *Mehrröhrenverstärker* *m*); **-kerbuis:** *zie* **versterker 2**; **-king:** amplification || amplification *v* || Verstärkung *v*; **-kingsfactor:** amplification factor || facteur *m* d'amplification *v* || Verstärkungsgrad *m*; **-kingsscherm:** intensifying screen || écran *m* renforcateur || Verstärkerschirm *m*, -folie *v*; **-kt:** amplified || amplifié || verstärkt;
3. (*batterij*, *elektr.*): to boost || renforcer || verstärken; **-king:** boosting || renfort *m* || Verstärkung *v*; **-kingsbatterij:** auxiliary (boosting) battery || batterie *v* auxiliaire (de renfort *m*) || Verstärkungsbatterie *v*; **-kingsleiding:** boosting line || ligne *v* de secours *m* || Verstärkungsleitung *v*; **-kt:** boosted || renforcé || verstärkt;
4. (*zuur*, *enz.*): to strengthen, to increase the strength; to concentrate || renforcer; concentrer || verstärken; konzentrieren; **-kt:** strengthened; concentrated || renforcé; concentré || verstärkt; konzentriert;
5. (*fotogr.*): to intensify || intensifier || verstärken; **-ker:** intensifying agent (bath, solution) || [agent *m*] intensificateur *m*, bain *m* d'intensification *v* || Verstärker *m*, Verstärkungsbad *o*; **-king:** intensification || intensification *v* || Verstärkung *v*; **-kingsbad:** *zie* **versterker 5**; **-kt:** intensified || intensifié || verstärkt.

verstikken (*v. hout*)**:** to decay || se moisir || ersticken.

verstop|pen (*dichtstoppen*)**:** to choke [up], to stop [up], to clog, to obstruct || boucher, obstruer, bourrer || verstopfen; **-ping:** choking (stopping) up || engorgement *m*, obstruction *v*, blocage *m*, bourrage *m* || Verstopfung *v*.

verstopt: choked [up], stopped [up], clogged || engorgé, obstrué || verstopft; **-raken:** to become choked [up] (clogged, stopped up) || s'engorger, s'obstruer || sich verstopfen.

ver|strooid (*licht*)**:** diffused || diffuse, diffusé || zerstreut; **-strooide-stralendiafragma:** anti-diffusing (Bucky) screen || écran *m* antidiffuseur (de Bucky) || Streustrahlenblende *v*.

verstrooi|en: 1. (*stralen*): to diffuse || diffuser || zerstreuen; **-ing:** diffusion || diffusion *v* || Zerstreuung *v*; *zie ook* **diffusie; -ing door doorlating:** diffusion by transmission || diffusion *v* par transmission *v* || gestreute Durchlassung *v*; **-ing door terugkaatsing:** diffusion by reflection || diffusion *v* par réflexion *v* || gestreute Reflexion *v*;
2. (*v. krachtlijnen*): to disperse || disperser || streuen; **-ing:** dispersion || dispersion *v* || Streuung *v*.

verstui|ven: to atomise, to spray || pulvériser || zerstäuben; **-ver:** atomiser, sprayer || pulvérisateur *m* || Zerstäuber *m*; **-ver m. concentrische pijpen** (*injectortype*)**:** tubular atomiser (sprayer) || pulvérisateur *m* à tubes *mm* concentriques (du type *m* injecteur) || Rohrzerstäuber *m*; **-ver m. spleet:** slot atomiser (sprayer) || pulvérisateur *m* à fente *v* || Schlitzzerstäuber *m*; **-ver m. sproeiplaat:** nozzle atomiser (sprayer) || pulvérisateur *m* à tuyère *v* || [Streu]düsenzerstäuber *m*; **-ver m. stoomstraal:** steam jet atomiser (sprayer) || pulvérisateur *m* à jet *m* de vapeur *v* || Dampfstrahlzerstäuber *m*; **-verkegel:** atomiser cone || champignon *m* de pulvérisateur *m* || Zerstäuberkegel *m*; **-veropening:** atomiser aperture (orifice) || orifice *m* de pulvérisateur *m* || Zerstäubungsöffnung *v*; **-ving:** atomising, spraying || pulvérisation *v* || Zerstäubung *v*.

verstij|ven: 1. (*stijf maken*): to stiffen || raidir || steifen, steif machen; **-ving:** stiffening || raidissement *m* || Versteifung *v*;
2. (*stollen*, *enz.*): to stiffen, to solidify || solidifier, se congeler, se prendre || erstarren.

vertakken, zich: to branch out, to ramify || s'embrancher, se ramifier || sich verzweigen, sich gabeln, sich verästeln.

vertak|king: *zie* **aftakking; -, haakse:** *zie* **aftakking, rechthoekige; -spunt:** branching point || point *m* de branchement *m* || Verzweigungspunkt *m*; **-srheostaat:** branch box || rhéostat *m* de branchement *m* || Verzweigungsrheostat *m*; **-sstation:** junction station || station *v* de bifurcation *v* || Trennungsbahnhof *m*; **-sstuk:** branch pipe || embranchement *m* || Abzweig *m*, Abzweigung *v*.

vertakt: branched || embranché, ramifié || verzweigt.

vertan|den: to tooth || denter || verzahnen; *zie ook* **tand 1; tandwiel; -ding:** toothing || denture *v*, engrenage *m* || Verzahnung *v*; **-ding o. d. as:** teeth cut on the shaft || engrènement *m* avec l'arbre *m* || Verzahnung *v* auf der Welle *v*; **-ding v. hout op staal:** wood on steel gearing || engrenage *m* en bois *m* sur acier *m* || Holzstahlverzahnung *v*; **-ding v. staal** (*ijzer*) **op staal** (*ijzer*)**:** steel (*iron*) gearing || engrenage *m* en acier *m* (*fer m*) sur acier *m* (*fer m*) || Stahlstahlverzahnung *v* (*Eiseneisen-*); **-ding, evolvente:** involute teeth, single curve gear || engrenage *m* (denture *v*) à développante *v* [de cercle *m*] || Evolventenverzahnung *v*; **-ding, haakse:** mitre gear || engrenage *m* d'angle *m* || Winkelgetriebe *o*; **-, helicoïdale:** helicoidal toothing || denture *v* helicoïdale || Schrägverzahnung *v*; **-ding, inwendige** (*uitwendige*)**:** internal (*external*) teeth (gear) || denture *v* intérieure (*extérieure*) || Innenverzahnung *v* (*Außen-*); **-ding, ononderbroken:** continuous toothing || denture *v* régulière || ununterbrochene Verzahnung *v*; **-ding, rechtzijdige:** rectilineal face toothing || denture *v* à flancs *mm* droits || Geradflankenverzahnung *v*.

vertegenwoordigen: to represent; to be representative of || représenter || vertreten; **-gend:** representing, representative || représentant, représentatif || vertretend, in Vertretung *v*; **-ger:** representative, agent || représentant *m*, agent *m* || Vertreter *m*; **-ging:** representation || représentation *v* || Vertretung *v*.

verte|ren: 1. (*kolen, enz.*)**:** to consume || consommer || verzehren; **-ring:** consuming, consumption || consommation *v* || Verzehrung *v*;

2. (*vergaan*)**:** to corrode || corroder, ronger || korrodieren; **-ring:** corrosion || corrosion *v* || Korrosion *v*;

3. (*voedsel*)**:** to digest || digérer || verdauen; **-ring:** digestion || digestion *v* || Verdauung *v*.

vertikaal: 1. (*z. nw.*)**:** *zie* **loodlijn; lijn, lange; 2.** (*bijv. nw.*)**:** perpendicular, vertical || perpendiculaire, vertical, à plomb || senk-, blei-, lot-, scheitelrecht; **- stellen:** to place vertically || dresser, placer verticalement || senkrecht stellen; **-cirkel:** azimuth circle || cercle *m* vertical || Vertikalkreis *m*.

vertind: tinned || étamé || verzinnt.

vertin|nen: to tin || étamer || verzinnen; **-ning:** tinning || étamage *m* || Verzinnung *v*.

ver|traagd: retarded, slackened || retardé || verzögert; **-tragen:** to slacken, to slow down, to retard || ralentir, retarder || verlangsamen, verzögern.

vertrager (*chem., algem.*)**:** inhibitor, inactivator, negative catalyst || inhibiteur *m*, catalyseur *m* négatif || Inhibitor *m*, negativer Katalysator; (*zuurbeh. v. d. laag*) (*petr.*)**:** inhibitor, || inhibiteur *m* || Inhibitor *m*, Korrosionsschutzmittel *o*; *zie ook* **depressor.**

vertraging: retardation, slackening || retardation *v*, ralentissement *m* || Verzögerung *v*; **-, eenparige:** uniform retardation || retardation *v* uniforme || gleichförmige Verzögerung *v*; **-smoment:** retarding moment || moment *m* de ralentissement *m* || Verzögerungsmoment *m*; **-srem:** slowing down brake || frein *m* de ralentissement *m* (modérateur *m* de vitesse *v*) || Nachlauf-, Verzögerungsbremse *v*.

vertrek: 1. (*kamer*)**:** room, apartment || chambre *v*, pièce *v* || Zimmer *o*, Raum *m*, Gemach *o*;

2. (*trein; boot; enz.*)**:** departure || départ *m* || Abfahrt *v*; **-ken:** to depart, to start || partir || abfahren; **-sein:** starting signal || signal *m* de départ *m* || Abfahrtzeichen *o*.

ver|tuiing: *zie* **verspanning 2; -tuiwartel:** mooring swivel || émerillon *m* d'affourche *v* || Vertäuwirbel *m*.

vervaardigd: made, manufactured, produced || fait, fabriqué, produit || hergestellt, angefertigt, fabriziert; **-, machinaal:** machine-made, mechanically made || fait à la machine *v*, fabriqué mécaniquement || Maschinenarbeit *v*, fabrikmäßig (maschinenmäßig) hergestellt, Maschinen-; **-, m. d. hand:** hand made, made by hand || [fait] à la main *v* || Handarbeit *v*, Hand-.

vervaardi|gen: to make, to construct; to manufacture || faire, produire; fabriquer || herstellen, anfertigen; fabrizieren; **-ging:** manufacture, construction, fabrication || construction *v*, fabrication *v* || Herstellung *v*, Fabrikation *v*; **-gingskosten:** manufacturing cost || frais *mm* de construction *v* (fabrication) || Herstellungskosten *mrv*.

verval: 1. (*verschil*)**:** fall || chute *v* || Gefälle *o*; **2.** (*vergaan*)**:** decay, dilapidation || dégradation *v* || Verfall *m*; **-len:** to fall into decay || se dégrader || verfallen.

verval|sen: to adulterate, to falsify || dénaturer, falsifier || [ver]fälschen, verschneiden; (*monster*)**:** to salt (plant) || truquer, falsifier || [ver]fälschen; **-sing:** adulteration || adultération *v*, falsification *v* || [Ver]fälschung *v*.

vervang|baar: interchangeable || remplaçable || ersetzbar; **-en** (*door*)**:** to replace (*by*), to substitute (*for*) || remplacer (*par*), substituer (*à*) || ersetzen (*durch*), auswechseln; *zie ook* **vernieuwen; verwisselen; -ing:** replacement, substitution || remplacement *m*, substitution *v* || Ersatz *m*; **-ingswaarde:** replacement value || valeur *v* de remplacement *m* || Wiederbeschaffungs-, Ersatzwert *m*; **-stuk:** spare part || pièce *v* de rechange *v* || Ersatzteil *m*.

verven: 1. (*m. verf*)**:** to paint || peindre || anstreichen;

2. (*stoffen*)**:** to dye || teindre || färben; **-verij:** dye works || teinturerie *v* || Fär-

berei *v*; **-ving:** dyeing || teinture *v* || Färberei *v*, Färbung *v*.
verver|sen: to renew (change) || renouveler, rafraîcher || auffrischen; *zie ook* **heractiveren; opfrissen; regenereren; -sing:** renewal, change || renouvellement *m*, rafraîchissement *m* || Auffrischung *v*.
vervilten: to felt || feutrer || verfilzen.
vervluchtigen: to volatilize || volatiliser || verflüchtigen; **-ging:** volatilization || volatilisation *v* || Verflüchtigung *v*.
vervoer: conveyance, conveying || transport *m* || Transport *m*, Beförderung *v*; *zie ook* **transport; -, pneumatisch:** pneumatic conveyance || transport *m* pneumatique || pneumatische Förderung *v*, Druckluft-, Preßluftförderung *v*; **-afdeling** (*mijnb.*)**:** hoisting compartment || compartiment *m* d'extraction *v* || Fördertrumm *o*; **-baar:** transportable, conveyable || transportable || transportierbar, transportabel, transportfähig; **-en:** to convey, to transport || transporter || transportieren, befördern; **-galerij** (*mijnb.*)**:** haulage road, gangway, gate way || galerie *v* (voie *v*) de roulage *m* (transport *m*) || Förderstrecke *v*; **-kosten:** transport charges; running expenses || frais *mm* de transport *m*; dépense *v* de conduite *v* des trains *mm*, frais *mm* de traction *v* || Transportkosten *mrv*; Zugförderungskosten *mrv*; **-middel:** means of conveyance || moyen *m* de transport *m* || Transportmittel *o*; **-schacht:** *zie* **hijsschacht** (*mijnb.*); **-steengang** (*mijnb.*)**:** haulage cross-cut, transport cross-heading || bouveau *m* de roulage *m*, galerie *v* à travers-bancs *m* de transport *m* || Förderquerschlag *m*; **-wezen:** transport [matters] || technique *v* des transports *mm* || Beförderungs-, Transportwesen *o*.
vervor|men: **1.** (*vorm verliezen*): to deform || déformer || verformen, verzerren, deformieren; **-ming:** deformation, distortion || déformation *v*, distorsion *v* || Formänderung *v*, Deformation *v*, Verzerrung *v*; **-ming, elastische:** elastic deformation || déformation *v* élastique || elastische Verformung *v*;
2. (*tot andere vorm*): to transform, to refashion || transformer || verformen, transformieren; **-ming:** transformation || transformation *v* || Verformung *v*, Transformation *v*.
ver|vuilen: to foul || s'encrasser, pourrir || verschmutzen, verunreinigen; **-vuiling:** dirtying, fouling || encrassement *m* || Verschmutzung *v*; **-vuring** (*hout*)**:** decay, rot || croupissement *m*, pourriture *v* || Fäule *v*, Fäulnis *v*, Vermoderung *v*; **-vuurd** (*hout*)**:** rotted || pourri || faul.
verwaar|loosbaar: neglectable || négligeable || vernachlässigbar; **-lozen:** to neglect || négliger || vernachlässigen.
verwantschap (*chem.*)**:** *zie* **affiniteit.**
verwar|men: to warm, to heat || [ré]-chauffer || erwärmen; *zie ook* **verhitten; -mend:** heating || chauffant, de chauffe *v* || erwärmend, Erwärmungs-; **-mer:** heater || appareil *m* (dispositif *m*) de chauffage *m* || Erwärmungs-, Heizvorrichtung *v*, Erhitzer *m*; **-ming:** heating || chauffage *m*, [r]échauffement *m* || Erhitzung *v*, Erwärmung *v*, Heizung *v*; **-ming, centrale:** central heating || chauffage *m* central || Zentralheizung *v*; **-ming, elektrische:** electric heating, heating by electricity || chauffage *m* électrique || elektrische Heizung *v*; **-ming, (*on*)gelijkmatige:** (*non*-) uniform heating || chauffage *m* (échauffement *m*) (*non*-)uniforme || (*un*)gleichmäßige Erwärmung *v*.
verwarmings|buis: heating tube || tube *m* de chauffe *v* (de réchauffage *m*), tuyau *m* de chauffage *m* || Heiz-, Wärmerohr *o*; **-constante:** heating constant || constante *v* d'échauffement *m* || Erwärmungskonstante *v*; **-draad:** heating wire || fil *m* de chauffage *m* (de chauffe *v*) || Heizdraht *m*; **-element:** heating element || élément *m* de chauffage *m* || Heizelement *o*; **-fout:** fault due to heating || défaut *m* d'échauffement *m* || Erwärmungsfehler *m*; **-kanaal:** heating channel || canal *m* de chauffage *m* (de chauffe *v*) || Heizkanal *m*; **-kussen, elektrisch:** electric cushion || coussin *m* électrique || elektrisches Heizkissen *o*; **-lichaam:** heating body || corps *m* de chauffe *v* || Heizkörper *m*; **-plaat:** heating plate; hot plate (*elektr.*) || plaque *v* de chauffage *m*; réchaud *m* électrique || Heizplatte *v*; **-rib:** heating rib || nervure *v* de chauffage *m* || Heizrippe *v*; **-rooster:** heating grill || grille *v* de chauffage *m* || Heizgitter *o*; **-slang:** heating coil (hose) || boyau *m* (serpentin *m*) de chauffage *m*. serpentin *m* réchauffeur || Heizschlauch *m*; **-spiraal:** heating spiral || spirale *v* de chauffage *m* || Heizschlange *v*, -spirale *v*; **-stoom:** steam for heating purposes || vapeur *v* de chauffage *m* || Heizdampf *m*; **-toestel:** heating apparatus || appareil *m* de chauffage *m*, calorifère *m* || Heizapparat *m*; **-vermogen:** heating capacity (effect, power, value) || capacité *v* de chauffe *v*, pouvoir *m*; calorifique || Heizeffekt *m*, -fähigkeit *v*, -wert *m*; **-vlak:** heating surface || surface *v* de chauffe *v* || Heizfläche *v*; **-vlak verhit d. aanraking:** contact heating surface || surface *v* de chauffe *v* par contact *m* || Berührungsheiz-, Kontaktheizfläche *v*; **-vlak verhit d. geleiding:** conduction heating surface

|| surface *v* de chauffe *v* par conduction *v* || Leitungsheizfläche *v*; **-vlak verhit d. straling:** radiation heating surface || surface *v* de chauffe *v* par rayonnement *m* || Strahlungsheizfläche *v*; **-vlak, direct verhit:** direct heating surface exposed to the fire || surface *v* de chauffe *v* directe (de chauffe *v* en contact *m* avec le feu *m*) || direkte (feuerberührte, unmittelbare) Heizfläche *v*; **-vlak, indirect verhit:** indirect heating surface, surface exposed to the hot gases || surface *v* de chauffe *v* indirecte (de chauffe *v* en contact *m* avec les gaz *mm* chauds) || indirekte (mittelbare, rauchberührte, gasberührte) Heizfläche *v*; **-vlam:** heating flame || flamme *v* de réchauffage *m* || Heizflamme *v*; **-vloeistof:** heating liquid || liquide *m* chauffant || Heizflüssigkeit *v*; **-weefsel:** heating fabric || tissu *m* chauffant || Heizgewebe *o*.

verwate|ren (*terrein*): to flood (drown), to go to water || inonder, noyer || verwässern, überschwemmen; **-ring:** water intrusion (incursion, invasion), ingress of water || envahissement *m* d'eau *v* || Verwässerung *v*.

verwe|ren: to effloresce || s'effleurer, se décomposer à l'air *m*, tomber en efflorescence *v* || auswittern, verwittern, ausblühen; **-rend:** efflorescent || efflorescent || auswitternd; **-ring:** efflorescence || efflorescence *v* || Auswitterung *v*, Verwitterung *v*, Ausblühung *v*; **-ringspuin:** detritus || roche *v* détritique, éboulis *mm* || Geröllmasse *v*, Trümmergestein *o*, Verwitterungstrümmer *mrv*.

verwer|ken: 1. (*grond*): to wheel || déplacer || verfahren; **-king:** wheeling || déplacement *m* || Verfahren *o*;
2. (*materiaal*): to work up, to put into work || travailler, traiter || verarbeiten; **-ken tot:** to make (to work up) into || convertir en || verarbeiten auf; **-king** (*tot*): working up (*into*) || conversion *v* (*en*) || Verarbeitung *v* (*auf*).

verwissel|aar: switch || commutateur *m* || Umschalter *m*; **-baar:** interchangeable, renewable || interchangeable, remplaçable || auswechselbar; **-en:** to replace || remplacer || auswechseln; **-ing** (*elektr.*): *zie* **dradenkruising**; **-ing** (*machinedelen*): replacing || remplacement *m* || Auswechslung *v*; **-stuk:** spare piece || pièce *v* de rechange *v* || Ersatzstück *o*.

verwrin|gen: to distort, to wrench || tordre || verdrehen, verzerren; **-ging:** distortion || torsion *v* || Verdrehung *v*, Verzerrung *v*.

ver|wrijfrol: distributing roller, waver || petit cylindre *m* broyeur || Verreibewalze *v*; **-wulf:** vault || voûte *v* || Gewölbe *o*; **-wijd:** enlarged, widened, dilated || élargi || erweitert, weiter gemacht.

verwij|den: 1. (*algem.*): to enlarge, to widen, to dilate || élargir || erweitern, weiter machen; **-ding:** enlargement, widening || élargissement *m*, évasement *m* || Erweiterung *v*; **-ding voor wenden en passeren** (*schepen*): *zie* **zwaaiplaats**;
2. (*buis*): to enlarge, to expand || élargir, épanouir, évaser || auftreiben, aufweiten, ausweiten; **-ing, conische:** *zie* **verwijding, kegelvormige**; **-ing, kegelvormige:** conical widening (expansion) || évasement *m* (évasure *v*) conique || kegel[förm]ige (konische) Erweiterung *v*, (Aufweitung *v*).

verwijde|ren: to remove, to take away || enlever || entfernen; **-ring:** removal || enlèvement *m* || Entfernung *v*.

verzachten: to soften || adoucir || erweichen.

verzadi|gen: to saturate || saturer || sättigen; **-ging:** saturation || saturation *v* || Sättigung *v*; **-gingscapaciteit:** saturation capacity || capacité *v* de saturation *v*, saturabilité *v* || Sättigungskapazität *v*, Sättigungsvermögen *o*; **-gingsdruk** (*petr.*): saturation pressure || pression *v* de saturation *v* || Sättigungsdruck *m*; **-gingsgebied:** zone of saturation || région *v* de saturation *v* || Sättigungsgebiet *o*; **-gingsgrens:** limit of saturation || limite *v* de saturation *v* || Sättigungsgrenze *v*; **-gingsstroom:** saturation current || courant *m* de saturation *v* || Sättigungsstrom *m*; **-gingstemperatuur:** saturation temperature || température *v* de saturation *v* || Sättigungstemperatur *v*.

verzak|ken: to sink, to subside, to sag || s'affaiser, se tasser || einsinken, sich senken; **-king:** subsidence, subsiding, sagging, sinking || tassement *m*, affaisement *m*, éboulement *m* || Senkung *v*; (*terrein*): subsidence [of roof], depression || subsidence *v*, affaisement *m* du toit *m*, tassement *m* || Senkung *v*, [Ab]setzen *o*; (*zijdelings*): side slip || affaisement *m* latéral [du remblai *m*], extension *v* latérale avec aplatissement *m* || seitliches Ausweichen *o*.

verzamel|aar (*elektr.*): *zie* **accumulator**; **-bak:** collecting tank || bassin *m* collecteur || Sammelbehälter *m*; **-eind** (*riem*): collecting end || bande *v* collectrice, brin *m* collecteur || Sammeltrumm *o*; **-elevator:** assembler || collecteur *m* || Sammler *m*; **-en:** to accumulate, to collect, to store up || accumuler, recueillir || aufspeichern, sammeln; **-gesprek** (*telef.*): conference talk || communication *v* collective, conférence *v* téléphonique || Sammel-, Konferenzgespräch *o*; **-ing:** accumulation, storage || accumulation *v* || Ansammlung *v*, Aufspeicherung *v*;

-leiding: collecting main || conduite *v* (ligne *v*) collectrice || Sammelleitung *v*; **-lens:** collecting lens || lentille *v* biconvexe || Sammellinse *v*; **-oven:** receiver || avant-creuset *m* || Sammelherd *m*; **-pijp:** collecting pipe || tuyau *m* collecteur || Sammelrohr *o*; **-reel:** *zie* **reel 2**; **-rook-kanaal:** collecting flue || carneau *m* collecteur || Sammelfuchs *m*; **-schacht:** collecting shaft || puits *m* collecteur || Sammelschacht *m*; **-spoor:** collecting line || voie *v* de formation *v* || Sammelgleis *o*; **-tenk** (*petr.*)**:** gathering tank || réservoir *m* collecteur || Sammeltank *m*.

verzan|den: to shallow, to silt (sand) up || s'ensabler || versanden; **-ding:** shallowing, silting up || ensablement *m* || Versandung *v*.

verzeep|baar: saponifiable || saponifiable || verseifbar.

verzege|len: to seal; to put under seal (seals upon) (*jur.*) || cacheter; sceller, poser des scellés *mm* (*jur.*) || [ver]siegeln; **-ling:** sealing; putting under seal (*jur.*) || cachetage *m*, apposition *v* d'un cachet *m* (sceau *m*); mise *v* sous scellés *mm* || [Ver]siegeln *o*.

verzeke|ren (*verzekering sluiten*)**:** to insure || assurer || versichern; *zie ook* **beveiligen; -ring:** insurance || assurance *v* || Versicherung *v*; **-ring tegen brand:** fire insurance || assurance *v* contre l'incendie *v* || Feuerversicherung *v*; **-ring tegen ongevallen:** accident insurance || assurance *v* contre les accidents *mm* || Unfallversicherung *v*; **-ringsmaatschappij:** insurance company || compagnie *v* (société *v*) d'assurances *vm* || Versicherungs-, Assekuranzgesellschaft *v*; **-ringspolis:** policy [of insurance] || police *v* d'assurance *v* || Versicherungsschein *m*, -police *v*, -polizze *v*; **-ringspremie:** insurance premium || prime *v* d'assurance *v* || Versicherungsprämie *v*.

verzen|den: to send off, to ship off, to despatch, to forward || envoyer, expédier || versenden, absenden, befördern, verschiffen, spedieren; **-der:** sender, despatcher, forwarder, shipper, consignor || envoyeur *m*, expéditeur *m* || Versender *m*, Absender *m*, Spediteur *m*; **-ding:** sending, forwarding, despatch, shipment; transmission (*telegr.*) || expédition *v*, envoi *m* || Versand *m*, Versendung *v*, Absendung *v*, Beförderung *v*; **-ding als vrachtgoed** (*ijlgoed*)**:** despatch by goods train (*by fast goods train*); by freight (*Am.*) || envoi *m* (expédition *v*) par petite vitesse *v* (*par grande vitesse v*) || Versendung *v* in gewöhnlicher Fracht *v* (als Frachtgut *o*) (*in Eilfracht v*); **-ding p. schip** (*spoor*)**:** shipment (*despatch by rail*) || expédition *v* (envoi *m*) par bateau (vapeur *m*, navire *m*) (*par chemin m de fer m*) || Versand *m* (Verladung *v*) per Schiff *o* (*per Bahn v*); **-dingskosten:** transport expenses, cost of conveyance || frais *mrv* d'expédition *v* (de transport *m*) || Transport-, Versandkosten *mrv*, Versandspesen *vm*.

verze|pen: to saponify || saponifier || verseifen; **-ping:** saponification || saponification *v* || Verseifung *v*; **-pingsgetal:** saponification value || indice *m* de saponification *v* || Verseifungszahl *v*.

verzil|verd: silverplated || plaqué d'argent || versilbert; **-veren:** to silver || argenter || versilbern; **-vering:** silvering || argentage *m* || Silberung *v*.

verzin|ken: 1. *zie* **galvaniseren;**
2. (*gat*)**:** to countersink || fraiser, noyer || versenken; **-boor:** countersink, rose bit || fraise *v* angulaire (champignon, conique) || Krauskopf *m*, Versenker *m*, Versenkbohrer *m*; **-ing:** counter-sinking || fraisage *m* || Versenkung *v*.

verzonken: countersunk, flush || noyé, fraisé, enfoncé, enchâssé || versenkt, eingelassen.

verzu|ren: to acidify || acidifier || säuren; **-ring:** acidification || acidification *v* || Säuerung *v*.

verzwak|ken: 1. (*algem.*)**:** to weaken || affaiblir || schwächen; **-king:** weakening || affaiblissement *m* || Schwächung *v*; **-kingscoëfficiënt:** attenuation constant || coefficent *m* d'atténuation *v* || spezifische Dämpfung *v*; **-kingsverhouding:** ratio of attenuation || rapport *m* d'atténuation *v* || Dämpfungsverhältnis *o*; **-kingsweerstand:** reducing resistance || résistance *v* modératrice || Abschwächungswiderstand *m*;
2. (*fotogr.*)**:** to reduce || affaiblir || abschwächen; **-ker:** reducing agent (bath, solution) || [agent *m*] affaiblisseur *m*, bain *m* d'affaiblissement *m* || Abschwächer *m*, Abschwächungsbad *o*; **-king:** reduction || affaiblissement *m* || Abschwächung *v*; **-kingsbad:** *zie* **verzwakker 2.**

verzwa|ren: 1.**:** *zie* **versterken 1; -ren bij de steunpunten:** to reinforce at the bearings || renforcer aux appuis *mm* || verstärken an den Auflagern *om*;
2. (*zwaarder maken*)**:** to make heavier || appesantir || erschweren; **-ring:** making heavier || alourdissement *m* || Erschwerung *v*; **-ringsmiddel** (*boorsuspensie*)**:** weighting material || matières *vm* lourdes || Beschwerungsmittel *o*.

vest: waistcoat || gilet *m* || Weste *v*; **-, kurken:** cork jacket || veste *v* de liège *m* || Korkwams *o*.

vestibule: entrance hall, lobby || vestibule *m*

|| Eingangshalle *v*, Vorhalle *v*, Vestibül *o*; **-lamp:** corridor lamp || lampe *v* de corridor *m* (de vestibule *m*) || Flurlampe *v*.

vesti|gen (*zaak*): to establish || fonder || gründen; **-ging:** establishment || fondation *v* || Gründung *v*.

vet: 1. (*z. nw.*): fat, grease || [matière *v*] graisse *v* || Fett *o*; **-, dierlijk:** animal fat || graisse *v* animale || Tierfett *o*, tierisches Fett *o*; **-, eetbaar:** edible fat || graisse *v* comestible (mangeable) || Speisefett *o*, eßbares Fett *o*; **-, gehard:** hardened (hydrogenated) fat || [matière *v*] graisse *v* durcie (hydrogénée) || gehärtetes (hydriertes) Fett *o*; **-, gehydrogeniseerd:** *zie* **vet, gehard; -, geraffineerd:** refined fat || [matière *v*] graisse *v* raffinée || raffiniertes Fett *o*; **-, gesmolten:** molten fat || [matière *v*] graisse *v* fondue || geschmolzenes Fett *o*; **-, gestold:** solidified fat || [matière *v*] graisse *v* solidifiée || erhärtetes (festgewordenes) Fett *o*; **-, hard** (*zacht*): hard (*weak*) fat || [matière *v*) graisse *v* dure (*molle*) || hartes (*weiches*) Fett *o*; **-, (*on*)verzadigd:** (*un*)saturated fat || [matière *v*] graisse *v* (*in*)saturée || (*un*)gesättigtes Fett *o*; **-, plantaardig:** vegetable fat || graisse *v* végétale || Pflanzenfett *o*, pflanzliches Fett *o*; **-, ruw:** crude fat || [matière *v*] graisse *v* brute || rohes Fett *o*, Rohfett *o*; **-, vast** (*vloeibaar*): solid (*liquid*) fat || [matière *v*] graisse *v* solide (*liquide*) || festes (*flüssiges*) Fett *o*; **-, verzeept:** saponified fat || [matière *v*] graisse *v* saponifiée || verseiftes Fett *o*; **-achtig:** greasy, fatty || graisseux || fettartig; **-dicht:** greaseproof || ingraissable, imperméable à la graisse *v* || fettdicht; **-gas:** *zie* **oliegas; -gehalte:** fat content || teneur *v* en graisse *v* || Fettgehalt *m*; **-glans:** unctuous lustre || éclat *m* onctueux || Fettglanz *m*, fettiger Glanz *m*; **-grond** (*verlakken*): oil size || colle *v* à huile *v* || Fettgrund *m*; **-ketel:** tallow pot || chaudière *v* à graisse *v* || Fettkessel *m*; **-laag:** layer of grease || couche *v* de graisse *v* || Fettschicht *v*; **-lap:** grease rag || chiffon *m* à graisser || Fettlappen *m*; **-leder:** leather dressed with oil || peau *v* passée en huile *v* || fettgares Leder *o*; **-noppen** (*wolind.*): burling before the scouring || nopage *m* en écru *m* (en gras *m*) || Fettnoppen *o*; **-pot** (*smering*): grease cup || graisseur *m* || Fettbüchse *v*; **-prop** (*patroon*): lubricating pad || valet *m* lubrifiant || Fettpfropf *m*; **-smeertoestel:** grease lubricator || appareil *m* de lubrification *v* à graisse *v* || Fettschmiervorrichtung *v*; **-smering:** grease lubrication || graissage *m*, lubrification *v* à graisse *v* || Fettschmierung *v*; **-spuit:** grease-gun || seringue *v* à graisse *v* (graissage *m*) || Fettspritze *v*; **-ten** (*leder*): to grease, to tallow || donner le suif *m* || abflammen; **-ten** (*wol*): to grease, to oil || graisser, huiler || [ein]fetten; **-tig:** greasy || onctueux || fettig; **-vlek:** grease spot || tache *v* de graisse *v* || Fettfleck *m*; **-vlekfotometer:** grease spot (Bunsen's) photometer || photomètre *m* à tache *v* d'huile *v* (de Bunsen) || Bunsen-, Fettfleckphotometer *o*, *m*; **-zuur:** fatty acid || acide *m* gras || Fettsäure *v*; **-zuur, (*on*)verzadigd:** (*un*)saturated fatty acid || acide *m* gras (*in*)saturé || (*un*)gesättigte Fettsäure *v*; **-zuur, vast** (*vloeibaar*): solid (*liquid*) fatty acid || acide *m* gras solide (*liquide*) || feste (*flüssige*) Fettsäure *v*;

2. (*bijv. nw.*): fat, greasy || gras || fett, Fett-.

veter: lace || aiguillette *v*, lacet *m* || Nestel *v*; **-beslag:** bodkin, tag || passe-lacet *m* || Schnurnadel *v*; **-koordmachine:** braiding (plaiting) machine || machine *v* à lacets *mm* || Rundschnurmaschine *v*.

vezel: fibre, filament, staple || fibre *v* || Faser *v*; Gespinnstfaser *v*; **- in de breedte:** cross fibre || fibre *v* transversale || Querfaser *v*; **- in de lengte:** longitudinal fibre || fibre *v* longitudinale || Längsfaser *v*; **-, elementaire:** filament || fibrille *v* || Elementarfaser *m*; **-achtig:** fibrous; fibroid || fibreux, filamenteuse || faserig; **-band:** card silver, strand || ruban *m* de carde *v* || Faserband *o*; Krempelband *o*; **-bundel:** bundle (mass) of fibres || faisceau *m* de fibres *vm* || Faserbündel *o*; **-ig:** fibrous || fibreux || faserig; **-laag:** layer of fibers || couche *v* de fibres *vm* || Faserschicht *v*; **-laag, neutrale:** neutral fibre [layer] || [couche *v* de] fibre[s] *v* [*m*] neutre[s] || neutrale Faser[schicht] *v*; **-lengte:** fibre length || longueur *v* de la fibre *v* || Faserlänge *v*; **-massa:** fibre (fibrous) mass || masse *v* fibreuse (des fibres *vm* || Fasermasse *v*; **-materiaal:** fibrous material || matière *v* fibreuse || Fasermaterial *o*; **-stof:** fibrous matter (product) || matière *v* fibreuse || Faserstoff *m*; **-stofisolatie:** fibrous insulation || isolement *m* fibreux || Faserstoffisolation *v*; **-stof[lood]kabel:** fibre covered cable || câble *m* sous fibre *v* || Faserstoffkabel *o*; **-structuur:** fibrous structure (texture) || structure *v* (texture *v*) fibreuse || Faserstruktur *v*; **-vlies** (*spinnerij*): card (fibrous) web || voile *m* de carde *v* || [Faser]flor *m*, Krempelflor *m*, Vlies *o*.

viaduct: overbridge, viaduct || passage *m* supérieur de route *v*, viaduc *m* || Talbrücke *v*, Überführung *v*, Viadukt *m*; **- onder** (*over*) **de spoorlijn:** under (*upper*) viaduct || viaduc *m* en dessous (*dessus*) des rails *mm* || Wegunterführung *v* (*-überführung v*).

vibratie: vibration; vibrating || vibration *v* || Vibration *v*; *zie ook* **trilling; -galvanometer:** vibration galvanometer || galvanomètre *m* de résonnance *v* || Vibrationsgalvanometer *o*, *m*; **-relais:** vibrating relay || relais *m* vibrateur || Vibrationsrelais *o*.

vibrator: 1. (*algem.*): vibrator || vibrateur *m* || Vibrator *m*;
2. (*weverij*): vibrator || porte-fil *m* vibrant || vibrierender Streichbaum *m*.

vibre|ren: to vibrate || vibrer || vibrieren; *zie ook* **trillen; -rend:** vibrating || vibrant, vibratoire, vibrateur || vibrierend.

vier|armig: four arm[ed] || à quatre bras *mm* || vierarmig; **-assig:** with four axles || à quatre essieux *mm* || vierachsig; **-blad** (*bouwk.*): quatre foils || quatre feuilles *vm* || Vierblatt *o*; **-bladsbeitel** (*boren*) (*mijnb.*): four-way (-wing) bit || trépan *m* à quatre ailettes *vm* || Vierflügelmeißel *m*; **-cilindermachine:** four cylinder engine || machine *v* à quatre cylindres *mm* || vierzylindrige Maschine *v*; **-cilinderwals:** calender with four rollers || calandre *v* à quatre cylindres *mm* || Vierwalzenkalander *m*; **-componentenvector:** four vector || quadrivecteur *m*, vecteur *m* quadridimensionel || Vierervektor *m*; **-delig:** in four pieces || en quatre pièces *vm* || vierteilig; **-dimensionaal:** four dimensional || quadridimensionel || vierdimensional; **-draadsgroep:** quad || quarte *v* || Vierer[seil] *o*; **-draadsverbinding:** four-wire circuit || circuit *m* à quatre fils *mm* || Vierdrahtleitung *v*; **-en:** *zie* **uitvieren; -fasig:** four phase || tétraphasé || vierphasig; **-hoek:** quadrangle, tetragon || quadrangle *m*, tétragone *m* || Viereck *o*; **-hoekig:** quadrangular || quadrangulaire || viereckig; **-hoeksschakeling:** four phase mesh connection || couplage *m* en carré *m* || Viereckschaltung *v*; **-hoeksysteem:** quadrangle system || système *m* quadrilatère || Vierecksystem *o*.

vierkant: 1. (*z. nw.*, *algem.*): square, quadrangle || carré *m* || Quadrat *o*; **- maken:** to [make] square || équarrir || vierkant machen; **-ig:** square, quadrangular || carré || viereckig, quadratisch;
2 .(*typogr.*): quadrat || cadrat *m*, quadrat *m* || Geviert[e] *o*; **-, klein:** N-quadrat, semi-quadrat || cadration *m*, quadratin *m* || Halbgeviert[e] *o*;
3. (*getal*): square || carré *m* || Quadrat *o*; **-svergelijking:** *zie* **vergelijking v. d. tweede graad; -swortel:** square root || racine *v* carrée || Quadratwurzel *v*;
4. (*bijv. nw.*, *bijw.*): square(*ly*), quadrangular || carré(*ment*) || quadratisch, viereckig, Quadrat-.

vier|kleurendruk: printing in four colours || impression *v* en quatre couleurs *vm* || Vierfarbendruck *m*; **-kolommig** (*typogr.*): in four columns || à quatre colonnes *vm* || vierspaltig; **-kwartiersteen:** four quarters || quatre quartiers *mm* || Vierquartier *o*; **-leiderssysteem:** four wire system || système *m* à quatre conducteurs *mm* || Vierleitersystem *o*; **-ling** (*boren*) (*mijnb.*): fourble || jeu *m* de quatre || Viererzug *m*; **-loper:** truss tackle || palan *m* à deux poulies *vm* doubles || Vierläufer *m*; **-polig:** four pole, four polar || tétrapolaire, à quatre pôles *mm* || vierpolig; **-pool:** quadripole || quadripôle *m* || Vierpol *m*; **-potig:** four legged || à quatre montants *mm* || vierbeinig; **-rollenwals:** *zie* **viercilinderwals; -schroef** (*boren*) (*mijnb.*): temper (feed) screw || vis *v* de rallonge *v* (d'allongement *m*) || Stell-, Nachlaßschraube *v*; **-slag:** four stroke cycle || cycle *m* à quatre temps *mm* || Viertakt *m*; **-slags-:** four stroke || à quatre temps *mm* || Viertakt-; **-slagsmotor:** four stroke [cycle] engine || moteur *m* à quatre temps *mm* || Viertaktmotor *m*; **-snitsschraper** (*metaalbew.*): four square scraper || ébardoir *m* || vierschneidiger Schaber *m*; **-takt:** *zie* **vierslag; -vlak:** tetrahedron || tétraèdre *m* || Vierflach *o*, Vierflächner *m*, Tetraeder *o*; **-vlakkig:** tetrahedral || tétraèdre, à quatre faces *vm* || vierflächig, tetraedrisch; **-voud:** quadruple || quadruple *m* || Vierfache *o*; **-voudig:** quadruplex || quadruple || vierfach, Vierfach-; **-waardig:** tetravalent || tétravalent || vierwertig, tetravalent; **-wegdoos** (*elektr.*): four way box || boîte *v* de jonction *v* à quatre voies *vm* || Vierwegemuffe *v*; **-wegkraan:** four way cock || robinet *m* à quatre voies *vm* || Vierweghahn *m*; **-wegpijp:** four way pipe || tuyau *m* à quatre voies *vm* || Vierwegestück *o*; **-werk** (*boren*) (*mijnb.*): feeding device, slipper-out || dispositif *m* de descente *v* (jeu *m*), treuil *m* de relâche *v* || Nachlaßvorrichtung *v*, -welle *v*; **-zijdig:** four-sided, quadrilateral || quadrilatère, quadrilatéral || Vierseitig.

vignet: mask; vignette || cache *m*; vignette *v* || Vignette *v*.

vignolereel: Vignole rail || rail *m* à patin *m*, rail *m* Vignole || Breitfuß-, Vignoleschiene *v*.

vigonjewol: vigogne wool || laine *v* de vigogne *v* || Vigognewolle *v*.

vilmachine (*bomen*): veneer peeling machine [with spiral cut] || machine *v* à dérouler les bois *mm* ronds || Furnierschäl-,

Rundschälmaschine *v*, Furnierschneidmaschine *v* mit Spiralschnitt *m*.

vilt: felt || feutre *m* || Filz *m*; **-, grof:** coarse felt || chenavard *m* || grober Filz *m*; **-bekleding:** felt cover (coating) || couverture *v* en (revêtement *m* de) feutre *m* || Filzüberzug *m*, -umkleidung *v*; **-doek:** felted cloth || drap *m* feutré || Filztuch *o*; **-en:** to felt || feutrer || filzen; **-garen:** felted yarn || fil *m* feutré || Filzgarn *o*; **-ing:** felting || feutrage *m* || Filzen *o*; **-laag:** felt [under]layer || assise *v* en (couche *v* en, semelle *v* de) feutre *m* || Filzschicht *v*, -unterlage *v*; **-laken:** felt[ed] cloth || drap *m* feutre (feutré) || Filztuch *o*; **-pakking:** felt packing || garniture *v* (joint *m*) de feutre *m* || Filz[ab]dichtung *v*; **-plaat:** felt disc (pad) || plaque *v* de feutre *m* || Filzplatte *v*, -scheibe *v*; **-plaatfilter:** filter of felt discs || filtre *m* à plaques *vm* de feutre *m* || Filzplattenfilter *m*, *o*; **-polijstschijf:** felt polishing wheel || roue *v* de polissage *m* en feutre *m* || Filzpolierscheibe *v*; **-schijfje:** felt washer || rondelle *v* en feutre *m* || Filzscheibe *v*; **-strook:** felt strip || bande *v* de feutre *m* || Filzstreifen *m*.

vinger: finger || doigt *m* || Finger *m*; **-frees:** end mill || fraise *v* à queue *v* || Fingerfräser *m*; **-beveiliger:** finger guard || étrier *m* de protège-main *m* || Handschutzbügel *m*; **-hoed** (*blikslagerij*)**:** thimble stamp || dé *m* à emboutir || Anke *v*; **-ling** (*roer*)**:** pintle || aiguillot *m* || Fingerling *m*; **-lingstrop:** pintle strap || branche *v* d'aiguillot *m* || Fingerlingfeder *v*; **-schijf:** *zie* **nummerschakelaar.**

vinyl- (ethenyl-): vinyl || vinyle-, vinylique || Vinyl-; **-acetaat (ethenylacetaat):** vinylacetate || acétate *m* vinylique || Vinylacetat *o*; **-alkohol (ethenol):** vinylalcohol || alcool *m* vinylique || Vinylalkohol *m*; **-chloride (monochlooretheen):** vinylchloride || chlorure *m* de vinyle *m* (vinylique) || Vinylchlorid *o*; **-hars:** vinylresin || résine *v* vinylique || Vinylharz *o*.

violet: violet || violet || violett.

viool|blok (*scheepst.*)**:** fiddle block || poulie *v* à violin *m* || Violinblock *m*; **-hars:** colophony, fiddler's resin || colophane *v* || Geigenharz *o*, Kolophonium *o*.

virginium: virginium || virginium *m* || Virginium *o*.

virtueel: virtual || virtuel || virtuell.

vis: **1.** (*dier*)**:** fish || poisson *m* || Fisch *m*; **2.** (*boren*) (*mijnb.*)**:** fish || poisson *m* || Fisch *m*.

vis|beklas (*hout*)**:** triangular notch || assemblage *m* par about *m* en gueule *v* || Einklauung *v*; **-bout:** *zie* **lasbout; -gerei:** fishing tackle || appareil *m* de pêche *v* || Fischgerät *o*; **-graat** (*metselw.*)**:** fishbone, herringbone || arête *v* de poisson *m* || Fisch-, Heringsgräte *v*; **-graatverband:** herringbone work || appareil *m* en arête *v* de hareng *m* (de poisson *m*) || Fisch-, Heringsgrätenverband *m*; **-graatwinning** (*mijnb.*)**:** herring-bone working (system) || dépilage *m* en arêtes *vm* de poisson *m* || Tannenbaumbau *m*; **-grond:** fishing ground || lieu *m* de pêche *v* || Fischereigrund *m*; **-haak:** fishhook || hameçon *m* || Fischangel *v*; **-lijm:** fish glue, ichtyocolla, isinglass || colle *v* de poisson *m*, ichtyocolle *v* || Fischleim *m*, Hausenblase *v*, Ichtyokolla *v*; **-lijn:** fishing line || ligne *v* de pêche *v* || Fischerleine *v*; **-net:** fishing net || filet *m* de pêche *v* || Fisch[er]netz *o*; **-rooster:** fish grate (grid) || écrille *v*, grille *v* à poisson *m* || Fischwehr *o*, -rechen *m*; **-staartbeitel** (*boren*) (*mijnb.*)**:** fishtail bit || trépan *m* en queue *v* de poisson *m* || Fischschwanzmeißel *m*; **-teelt:** fish hatching, pisciculture || pisciculture *v* || Fischzucht *v*; **-traan:** fish oil || huile *v* de poisson *m* || Fischtran *m*; **-vormig:** fish shaped || en forme *v* de poisson *m*, pisciforme || fischförmig; **-wagon:** fish van || wagon *m* pour transporter le poisson *m* || Fischwagen *m*.

viskeus: viscous || visqueux || viskos; **- worden:** to become (to grow) viscous || devenir visqueux || viskos werden.

viskose: viscose || viscose *v* || Viskose *v*; **-zijde:** viscose silk || soie *v* [à la] viscose *v* || Viskoseseide *v*; *zie ook* **rayon.**

viskosi|meter: viscosimeter || viscosimètre *m* || Viskosimeter *o*, *m*; Zähigkeitsmesser *m*; **-teit:** viscosity || viscosité *v* || Viskosität *v*, Zähigkeit *v*.

visorium: catch, leaf holder, visorium || visorium *m* || Tenakel *o*.

visqueus: *zie* **viskeus.**

vis|sen: to fish || pêcher || fischen; **-ser:** fisherman || pêcheur *m* || Fischer *m*; **-sersdavit:** fish davit || bossoir *m* de traversière *v* || Fischdavit *m*; **-sershaven:** fishery (fishing) harbour || port *m* de pêche *v* || Fischerhafen *m*; **-sersknoop:** fisherman's knot || noeud *m* de filet *m* (de pêcheur *m*) || Fischerknoten *m*; **-sersvaartuig:** fishing smack (vessel) || bateau *m* de pêche *v*, bateau-pêcheur *m* || Fischerfahrzeug *o*; **-sersval:** fish fall || garant *m* de traversière *v* || Fischfall *m*; **-serij:** fishery, fishing || pêche *v* || Fischerei *v*; **-sing:** mast hole, partner || étambrai *m* || Fisch *m*, Fischung *v*.

vitamine: vitamin || vitamine *v* || Vitamin *o*.

vitriet: *zie* **kool, glanzende.**

vitri|ne: show (display) box || vitrine *v* ||

Schaukasten *m*; **-niet:** vitrinite || vitrinite *v* || Vitrinit *m*.
vivianiet: vivianite, moroxite || vivianite *v* || Vivianit *m*.
vizier: sight || lumière *v* (*theodoliet*); hausse *v*, visière *v* (*wapen*) || Absehen *o*, Sehloch *o* (*theodoliet*); Absehen *o*, Visier *o* (*wapen*); **-bord:** sighting board || voyant *m* || Visiertafel *v*; **-hoek:** angle of sight || angle *m* de mire *v* || Visierwinkel *m*; **-hoogte:** elevation || degré *m* de hausse *v* || Erhöhung *v*; **-keep:** notch of the sight || cran *m* de mire *v* || Visiereinschnitt *m*, -kimme *v*; **klep:** sight flap || planche *v* de mire *v* || Visierklappe *v*; **-korrel:** foresight, muzzle sight || guidon *m* || Visierkorn *o*; **-kijker:** telescopic sight || hausse *v* à lunette *v* || Diopterfernrohr *o*; **-lijn:** line of aim (of sight) || ligne *v* de mire *v* || Visierlinie *v*; **-liniaal:** *zie* **alhidade**; **-stang:** tanging pole (rod) || bâton *m* de jauge *v*, jalon *m* de mire *v* || Visierstab *m*.
vlaak: hurdle for beating wool || claie *v* d'osier *m* à battre la laine *v* || Hürde *v* zum Wollklopfen *o*.
vlag: flag || pavillon *m* || Flagge *v*; **-gelijn:** ensign halliard || drisse *v* de pavillon *m* || Flaggenleine *v*; **-gestok:** flagstaff || bâton *m* de pavillon *m* || Flaggenstock *m*; **-gestokkoker:** flag pole socket || porte-hampe *m* de pavillon *m* || Flaggenstockhalter *m*; **-gendoek:** bunting || étamine *v* à pavillon *m* || Flaggentuch *o*; **-genkast:** flag chest || caisse *v* aux pavillons *mm* || Flaggenkasten *m*; **-genknop:** truck || pomme *v* || Flaggenknopf *m*.
vlak: **1.** (*z. nw. i. h. algem.*): plane, level || plat *m* || Fläche *v*, Ebene *v*;
2. (*wisk.*): plane || plan *m*, surface *v* plane || Fläche *v* (*alg.*; *gebogen*); Ebene *v* (*plat*); **-, hellend:** inclined plane || plan *m* incliné || schiefe (geneigte) Ebene *v*; **-, horizontaal:** horizontal plane || plan *m* horizontal || Horizontalebene *v*, -fläche *v*; **-, verticaal:** vertical plane || plan *m* vertical || Vertikalebene *v*, -fläche *v*; **-kenhoek:** plane angle || angle *m* dièdre || Flächenwinkel *m*; **-te-inhoud:** area, superficial content || aire *v*, superficie *v* || Flächeninhalt *m*, -raum *m*; **-temaat:** superficial (square) measure, measure of superficies || mesure *v* de superficie *v* (carrée) || Flächenmaß *o*; **-temeting:** planimetry || planimétrie *v* || Flächenmessung *v*;
3. (*lichaam*): face, surface || surface *v*, face *v* || Fläche *v*; **-, achterste:** back surface || surface *v* de derrière *m*, face *v* postérieure || Hinterfläche *v*; **-, bovenste:** top surface || surface *v* supérieure || obere Fläche *v*; **-, gebogen:** curved surface || surface *v* courbée || gekrümmte Fläche *v*; **-, geslepen:** ground surface || surface *v* rodée || geschliffene Fläche *v*; **-, onderste:** bottom surface || surface *v* inférieure || untere Fläche *v*; **-, onderste** (*gewelf*): bottom face, intrados || douelle *v* (intrados *m*) [d'une voûte *v*] || untere Leibungsfläche *v*; **-, schuin:** sloping (inclined) surface || surface *v* inclinée (oblique) || schräge Fläche *v*; **-, voorste:** front surface || surface *v* de devant *m*, face *v* antérieure || Vorderfläche *v*; **-tedruk, soortelijke:** specific pressure || pression *v* par unité *v* de surface *v* || spezifische Flächenpressung *v*;
4. *zie* **hamerbaan**;
5. (*schip*): flat of the bottom || plate *v* de la carène *v* || Flach *o*; **-gang:** bottom plank (plate) || bordage *m* de fond *m* || Bodenplanke *v*, Flachgang *m*; **-sent:** bottom ribbon || lisse *v* de fond *m* || Flachsente *v*; **-weger:** floor ceiling || vaigres *vm* de fond *m* || Flachwegerung *v*, -weger *m*;
6. (*bijv. nw. i. h. algem.*): flat, level, plain || plat (*plat*); uni, égal, lisse (*effen*) || flach, eben; **-beitel:** flat chisel || burin *m* plat || Flachmeißel *m*; **-brander:** flat burner || bec *m* plat || Flachbrenner *m*; **-druk** (*typogr.*): plain printing || impression *v* sur une surface *v* plate || Flachdruck *m*; **-drukpers** (*typogr.*): flatbed press || machine *v* à plat || Flachdruckpresse *v*; **-freesmachine:** surface milling machine || fraiseuse-raboteuse *v* || Planfräsmaschine *v*; **-fundering:** flat foundation || fondation *v* sur semelle *v* || Flachgründung *v*; **-hamer:** smoothing (planishing) hammer || chasse *v* à parer || Schlichthammer *m*; **-heid:** flatness || planéité *v* || Flach-, Ebenheit *v*; **-ken:** to even, to flatten, to level, to plain || affleurir, aplanir, planer, égaler, niveler || abgleichen, ausbeulen, einebnen; **-ken** (*plaat*): to straighten || dresser || richten; **-machine:** planing machine || machine *v* à dresser || Abziehmaschine *v*; **-machine** (*plaat*): plate dressing (straightening) machine || machine *v* à dresser (à planer) les tôles *vm*, planeuse *v* à tôle *v* || Blechspannmaschine *v*; **-maken:** *zie* **vlakken**; **-maken** (*hout*): to planish || lisser || glätten; **-plaat:** glazer, polisher, polishing plate; surface plate || polissoire *v*; marbre *m* à planer || Polierplatte *v*; Richtplatte *v*; **-plaatvloer:** flat plate (slab) floor || plancher *m* à dalles *vm* plates (sans nervures *vm*) || Flachplattendecke *v*; **-profielinstrument:** flat edgewise instrument || instrument *m* de profil *m* plat || Flachprofilinstrument *o*; **-ringanker:** flat ring (disc, discoidal) armature || induit *m* en anneau *m* en plat || Flach-

ringanker *m*; **-ringdynamo:** flat ring dynamo || dynamo *v* à anneau *m* plat || Flachringdynamo *v*; **-ringwikkeling:** flat ring winding || enroulement *m* à anneau *m* aplati || Flachringwick[e]lung *v*; **-schaaf:** smoothing plane || rabot *m* plat || Glätthobel *m*; **-schaafmachine:** planing machine for surfacing || machine *v* à dégaucher || Flächenhobelmaschine *v*; **-slijpmachine:** surface grinding machine || machine *v* à dresser à la meule *v* || Flächenschleifmaschine *v*; **-te:** plain, level || plaine *v* || Ebene *v*;
7. (*bijv. nw.*; *wisk.*): plane || plan || flach, eben.

vlaken: to beat wool on a hurdle || battre la laine *v* sur une claie *v* || Wolle *v* auf einer Hürde *v* klopfen.

vlam: flame || flamme *v* || Flamme *v*; **-, open:** open flame || flamme *v* non-abutée || offene Flamme *v*; **-boog:** flame arc || arc *m* à flamme *v* || Flammenbogen *m*; **-boog trekken, een:** to form (to strike) an arc || amorcer (exciter, produire) un arc *m* || einen Lichtbogen *m* ziehen (entstehen lassen); **-boog tussen twee** (*meer dan twee*) **elektroden:** simple (*compound*) arc || arc *m* simple (*composé, multiple, ramifié*) || Lichtbogen *m* zwischen (*mehr als*) zwei Elektroden *vm*; **-booggloeioven:** electric arc resistance furnace || four *m* électrique à arc *m* et à résistance *v* || Lichtbogenwiderstandofen *m*; **-boogkoolstaaf:** flame carbon || charbon *m* minéralisé || Effektkohle *v*; **-booglamp:** flame lamp || lampe *v* à flamme *v* || Effektbogenlampe *v*; **-booglassen:** arc (spark) welding || soudure *v* [électrique] à l'arc *m* || Lichtbogenschweißung *v*; **-boogoven:** electric arc furnace || four *m* à arc *m* électrique, four *m* électrique à arc *m* || Lichtbogenofen *m*; **-boogsnijtoestel:** arc cutting machine || machine *v* de découpage *m* à arc *m* || Lichtbogenschneidemaschine *v*; **-boogverwarming:** arc heating || chauffage *m* à arc *m* || Lichtbogenheizung *v*; **-doortocht** (*boven vuurbrug*)**:** space for passage of flames over bridge wall, throat of furnace || débouché *m* (passage *m*) des flammes *vm* [entre l'autel *m* et le ciel *m* du foyer *m*] || Feuerluke *v*; **-element:** flame cell || pile *v* à flammes *vm* || Flammenelement *o*; **-gat:** flame hole || passage *m* de la flamme *v* || Flammenloch *o*; **-geleiding:** flame baffling || conduite *v* des flammes *vm* || Flammenführung *v*; **-kast:** combustion chamber || chambre *v* de combustion *v* || Umkehr-, Wendekammer *v*; **-kasttopsteun:** crownbar || ferme *v* de ciel *m* de foyer *m* || Bügelanker *m*, Brücken-, Deckenträger *m*; **-kool:** flaming (burning) coal || houille *v* flambante, charbon *m* flambant, flambart *m* || Flammkohle *v*; (*gasvlamkool*)**:** open-burning coal || charbon *m* flambant, houille *v* sèche à longue flamme *v*, flénu *m* sec || Gasflammkohle *v*.

vlammen: 1. (*branden*)**:** to blaze, to flame || flamber, jeter des flammes *vm* || flammen; **-menbundel:** cluster of flames || gerbe *v* (panache *m*) de flammes *vm* || Flammenbüschel *o*;
2. (*stof*)**:** to cloud, to water || chiner || flammen; **-ming:** clouding, watering || chinure *v* || Flammierung *v*.

vlam|meting: flame measurement || mesure *v* des flammes *vm* || Flammenmessung *v*; **-ontsteking:** flame ignition || allumage *m* par brûlement *m* || Flammenzündung *v*; **-oven:** domed kiln, reverberatory furnace (kiln) || four *m* à réverbère *m* || Flammofen *m*; **-ovenstaal:** steel of a reverberatory furnace || acier *m* au four *m* à réverbère *m* || Flammofenstahl *m*; **-punt:** flash point || point *m* d'enflammation *v* || Flammpunkt *m*; **-puntbepalingstoestel:** flash point tester || appareil *m* pour la détermination *v* du point *m* d'enflammation *v* || Flammpunktsprüfer *m*; **-pijp:** smoke[flue] tube || tube *m* de fumée *v* || Heizrohr *o*; **-pijpafstand:** distance between flue tubes || écartement *m* des tubes *mm* de fumée *v* || Heizrohrabstand *m*; **-pijpketel:** *zie* **ketel 5 m. vlampijpen; -pijpketel, dubbele:** *zie* **ketel 5, m. afzonderlijke vlamkasten, dubbele; -vormig:** flame-shaped, flame-like || en forme *v* de flamme *v* || flammenförmig; **-vorming:** flame formation || formation *v* des flammes *vm* || Flammbildung *v*.

vlas: flax || lin *m* || Flachs *m*; **-, gebraakt:** broken flax || lin *m* broyé || gebrochener Flachs *m*; **-, gehekeld:** hackled flax || lin *m* peigné (sérancé) || gehechelter Flachs *m*; **-, geroot:** retted (steeped) flax || lin *m* roui (de rouissage *m*, en poulle *v*) || gerösteter Flachs *m*, Rotteflachs *m*; **-, gezwingeld:** scutched flax || lin *m* en filasse *v* || Schwingflachs *m*; **-, zuiver:** scutched flax || lin *m* en filasse *v* || Reinflachs *m*; **-bereiding:** flax dressing || apprêt *m* du lin *m* || Flachsbereitung *v*, -herstellung *v*; **-braak:** flax brake || broie *v*, brisoir *m*, macque *v* || Flachsbreche *v*; **-braakmachine:** breaking (flax) machine || machine *v* à broyer || Flachsbrechmaschine *v*; **-draad:** flax thread || fil *m* de lin *m* || Flachsfaden *m*; **-droogkamer:** flax drying room || haloir *m* || Darrhütte *v* für Flachs *m*; **-eestoven:** flax retting kiln || rouissoir *m* || Flachsdarrofen *m*; **-fabriek:** flax mill || manufacture *v* de lin *m* || Flachsfabrik *v*;

-hekel: flax comb, hatchel || séran *m* || Flachshechel *m*; **-kern:** middle part of the fibres of flax || coeur *m* de lin *m* || Herzflachsfasern *v*, Flachskern *m*; **-kleur:** flaxen colour || gris *m* de lin *m* || Flachsfarbe *v*; **-linnen:** flaxen linen || toile *v* de lin *m* || Flachsleinwand *v*; **-lint:** flax lint, harl || filasse *v* || Leinenbast *m*; **-nijverheid:** linen manufacture || industrie *v* linière || Leinenindustrie *v*; **-roting:** retting of flax || rouissage *m* du lin *m* || Flachsröste *v*; **-spinmachine:** flax spinning machine || machine *v* à filer le lin *m* || Flachsspinnmaschine *v*; **-spinnerij:** flax spinning || filature *v* de lin *m* || Flachsspinnerei *v*; **-vezel:** fibre of flax || brin *m* de lin *m* || Flachsfaser *v*; **-werk:** flax tow || étoupe *v* de lin *m* || Flachshede *v*.

V-las: single Vee joint || soudure *v* à un seul chanfrein *m* || V-Naht *v*.

vlecht|bies: plaiting rush || paille *v* de jonc *m* || Flechtbinse *v*; **-en:** to braid, to lattice, to twist || matter, treillisser, tresser || flechten; **-klos** (*weverij*): lacer || fuseau *m* || Klöppel *m*; **-machine:** braiding machine || machine *v* à tresser || Flechtmaschine *v*; **-werk:** wickerwork || clayonnage *m*, réseau *m*, treillis *m* || Flechtwerk *o*.

vleesmolen: [meat] minching machine, meat-chopper || hache-viande *m*, hachoir *m* || Fleischwolf *m*.

vleet: herringnet || filet *m* de hareng *m* || Heringsnetz *o*.

vlek: spot, stain || tache *v* || Fleck *m*, Flecken *m*; **-ken:** to spot, to stain || tacher || flecken; **-kensteen:** scouring stone || pierre *v* à dégraisser || Fleckstein *m*; **-kenwater:** scouring water || **eau *v* à dégraisser** || Fleckwasser *o*.

vlet: **1.** („*flat*"): flat || appartement *m*; rangée *v* de maisons *vm* à plusieurs étages *mm* et se joingnant || Etage[nwohnung] *v*; Reihenhäuser *om* im Hochbau *m*;
2. (*vaartuig*): flat[boat], flat-bottomed boat || bateau *m* plat, plate *v* || Prahm *m*, Prahme *v*, Stechkahn *m*.

vleugel: 1. (*algem.*): wing || aile *v* || Flügel *m*; **-anker:** vane armature || armature *v* à ailettes *vm* || Flügelanker *m*; **-boor** (*boren*) (*mijnb.*)**:** wing auger || alésoir *m* || Flügelbohrer *m*; **-boormachine:** *zie* **radiaalboormachine; -klem:** clamp with winged nut || serre-fil *m* à oreilles *vm* || Flügelklemme *v*; **-moer:** [butter]fly (thumb, winged) nut || écrou *m* à ailettes *vm* (ailé, à oreilles *vm*) || Flügelmutter *v*, Schraubenmutter *v* mit Handgriff *m*; **-moerhaak:** weigh hook and wing nut || crochet *m* d'écrou *m* à ailettes *vm* || Flügelmutter *v*; **-pomp:** wing (semirotary) pump || pompe *v* demi-rotative (à palettes *vm*) || Flügelpumpe *v*; **-rem:** wing brake || frein *m* à ailes *vm* || Flügelbremse *v*; **-schakelbord:** hinged switch board || tableau *m* de distribution *v* à battants *mm* || Flügelschalttafel *v*; **-schroef:** thumb (wing) screw || vis *v* à ailettes *vm* (à oreilles *vm*) || Daumen-, Flügel-, Lappenschraube *v*; **-ventilator:** wing ventilator || ventilateur *m* à ailettes *vm* || Flügelventilator *m*; **-water:** *zie* **randwater** *onder* **rand 1; -watermeter:** vane water meter || compteur *m* d'eau *v* à palettes *vm* || Flügelradwassermeter *m*; **-wiel:** *zie* **waaier 5;**
2. (*deur*): leaf || battant *m*, vantail *m* || Flügel *m*; **-deur:** swing door || porte *v* à battants *mm* || Flügel-, Klapptür *v*;
3. (*gebouw*): wing || aile *v* || Flügel *m*; **-muur:** flare (wing) wall || mur *m* de tête *v*, (en aile *v*, en retour *m*) || Flügelmauer *v*, Parallel-, Stirnflügel *m*;
4. *zie* **wiek;**
5. (*scheepst.*): *zie* **waker;**
6. *zie* **schroef 2, 3;**
7. (*spinmach.*): fly, flyer || ailette *v* || Flügel *m*; **-spil:** flyer spindle || broche *v* à ailette *v* || Flügel-, Waterspindel *v*; **-spilmachine:** flyer spinning machine, flyer throstle || banc *m* (métier *m* continu) à ailettes *vm* || Flügelfeinspinnmaschine *v*, -spinner *m*;
8. (*vlokmach.*): scutcher || frappeur *m*, volant *m* || Flügel *m*;
9. (*vliegtuig*): wing || aile *v* || Flügel *m*.

vlieg|baan: course (route) of flight || parcours *m*, trajet *m* du vol *m* || Flugbahn *v*; **-boot:** flying boat || hydravion *m* à coque *v* || Flugboot *o*; **-dekschip:** [aircraft] carrier || [navire *m*] porte-avions *mm* || Flugzeugträger *m*; **-en:** to fly || voler || fliegen; **-enklap:** flyflap || chassemouche *m* || Fliegenklatsche *v*; **-er** (*persoon*)**:** pilot || pilote *m* || Flugzeugführer *m*, Pilot *m*; (*voorwerp*)**:** kite || cerf-volant *m* || Flieger *m*; **-hoogte:** flight altitude, operational height || altitude *v* de vol *m* || Flughöhe *v*; **-machine:** *zie* **vliegtuig; -richting:** direction of flight || direction *v* du vol *m* || Flugrichtung *v*; **-ongeval:** aircraft (flying) accident || accident *m* de vol *m* || Flugunfall *m*; **-snelheid:** speed of flight || vitesse *v* de vol *m* || Fluggeschwindigkeit *v*; **-techniek:** aeronautics || aviation *v* || Flugtechnik *v*; **-terrein:** aviation course || champ *m* d'aviation *v* || Flugfeld *o*; **-tuig:** *zie na* **vliegweerstand; -veld:** aerodrome || aérodrome *m* || Flugplatz *m*; **-weerstand:** resistance to flight || résistance *v* au vol *m* || Flugwiderstand *m*.

vliegtuig: [air]plane, aircraft, aeroplane || avion *m*, aéroplane *m* || Flugzeug *o*; **-, draadloos bestuurd:** radio-guided airplane || avion *m* radiocommandé || drahtlos (funk-)gesteuertes Flugzeug *o*; **-, experimenteel:** trial airplane || avion *m* d'études *vm* || Versuchsflugzeug *o*; **-, licht:** light airplane || avion *m* léger || Leichtflugzeug *o*; **-, militair:** fighting (war) airplane || avion *m* militaire || Kampfflugzeug *o*; **-, motorloos:** airplane without engine || avion *m* sans moteur *m* || motorloses Flugzeug *o*; **-, onbemand:** unmanned airplane || avion *m* sans pilote *m* || unbemanntes Flugzeug *o*; **-, particulier:** private airplane || avion *m* privé || Privatflugzeug *o*; **-, staartloos:** tailless airplane || avion *m* sans queue *v*, avion-aile *m* || schwanzloses Flugzeug *o*; **-, transatlantisch:** transatlantic airplane (airliner) || avion *m* transatlantique || transatlantisches Fluzeug *o*; **-, universeel:** universal airplane || avion *m* multiple || Universalflugzeug *o*; **-antenne:** airplane antenna (aerial) || antenne *v* d'avion *m* || Flugzeugantenne *v*; **-bestuurder:** *zie* **vlieger; -hangaar:** hangar || hangar *m* [d'avions *mm*] || Flugzeughalle *v*, -schuppen *m*; **-motor:** aircraft (aero-) engine || moteur *m* d'avion *m* || Flugzeugmotor *m*.

vliegwiel: fly wheel || volant *m* || Schwungrad *o*; **- aan beide zijden dragend:** fly wheel between two bearings || volant *m* entre deux paliers *mm* || beiderseitig gestütztes Schwungrad *o*; **- aan een zijde dragend:** overhung fly wheel || volant *m* monté en porte *v* à faux *m* || fliegendes Schwungrad *o*; **- tevens riemschijf:** belt pully fly wheel || volant-poulie *m* || Riemenscheibenschwungrad *o*; **- tevens snaarschijf:** rope pully fly wheel || volant *m* à gorges *vm* || Seilscheibenschwungrad *o*; **-, getand:** cogged flywheel || volant *m* denté || gezahntes Schwungrad *o*; **-dynamo:** fly wheel dynamo || dynamo-volant *v* || Schwungraddynamo *v*; fly wheel pit || fosse *v* de volant *m* || Schwungradgrube *v*; **-paspen:** fly wheel dowel || goujon *m* de centrage *m* || Schwungradpaßstift *m*; **-pomp:** fly wheel pump || pompe *v* à volant *m* || Schwungradpumpe *v*; **-regulateur:** fly wheel governor || régulateur *m* volant || Schwungradregler *m*; **-rem:** fly wheel brake || frein *m* sur le volant *m* || Schwungradbremse *v*; **-schild:** fly wheel shield || tôle *v* protectrice du volant *m* || Schwungraddichtungsblech *o*; **-spaak:** fly wheel arm || bras *m* de volant *m* || Schwungradarm *m*; **-stoel:** fly wheel seat || siège *v* du volant *m* || Schwungradachsenlager *o*; **-tandkrans:** fly wheel ring gear || couronne *v* dentée du volant *m* || Schwungradzahnkranz *m*; **-ventilator:** fly wheel fan || ventilateur *m* volant || Schwungradventilator *m*.

vlier|boom: elder [tree] || sureau *m* || Flieder *m*, Holunder *m*; **-hout:** elder [wood] || [bois *m* de] sureau *m* || Flieder-, Holunderholz *o*; **-pit:** elder pith || moelle *v* de sureau *m* || Holundermark *o*; **-pitballetje:** elder pith ball || balle *v* de moelle *v* de sureau *m* || Holundermarkkügelchen *o*.

vliering: garret [story] || galetas *m* || Dachgeschoß *o*, -boden *m*.

vlies: **1.** (*dun of zeer dun vel i. h. algem.*): [thin] film || pellicule *v* || Haut *v*, Häutchen *o*, Pelle *v*; *zie ook* **huidje; film; foelie; laag;**
2. (*plantk.*): membrane; tunic, tunicle; cuticle; pellicle || membrane *v*, tunique *v* || Haut *v*, Häutchen *o*;
3. (*text.*): fleece || nappe *v* || Vlies (Vließ) *o*; **-plaat:** lap plate || plaque *v* pour nappe *v* || Wickeltisch *m*; **-trommel:** fleece roller || cylindre *m* à nappe *v* || Aufrollerwalze *v*, Vliestrommel *v*; **-wikkelvormmachine:** ribbon lap machine, ribbon lapper || étirage *m* nappeur || Vlies-, Watten-, Wickelstrecke *v*.

vliesje (*typogr.*)**:** hairspace || espace *v* fine || Haarspatium *o*.

vlint: [flint]stone, silex || silex *m*, pierre *v* à feu *m* || Flint-, Feuerstein *m*; **-glas:** flint glass || flint [glass] *m* || Flintglas *o*.

vloed: **1.** (*getij*): flood, high tide || marée *v* || Flut *v*; **-anker:** flood anchor || ancre *v* de flot *m* || Flutanker *m*; **-deur:** flood gate || porte *v* d'amont *m* || Fluttor *o*; **-golf:** bore || barre *v*, ma[s]caret *m*, raz *m* de marée *v* || Sturzwelle *v*; **-hars:** anime || animé *m* || Anime-, Flußharz *o*; **-haven:** tidal harbour || port *m* de marée *v* || Fluthaven *m*; **-meter:** tide gauge || maréographe *m* || Flutmesser *m*; **-ruimte** (*vlakke doorsnede v. e. brug*)**:** water way || débouché *m* || Durchflußprofil *o*, -querschnitt *m*; **-water:** flood water || eau *v* de marée *v* || Flutwasser *o*;
2. *zie* **overstroming.**

vloei: *zie* **ankerblad** *onder* **anker 5.**

vloei|baar: fluid, liquid || fluide, liquide || flüssig; **-baar maken:** to liquefy || liquéfier || flüssig machen, verflüssigen; **-baarheid:** fluidity || fluidité *v* || Flüssigkeit *v*; **-baarmaking:** liquefaction || liquéfaction *v* || Verflüssigung *v*; **-en:** to flow || couler || fließen; *zie ook* **stromen; -grens:** limit of stretching strain || limite *v* d'écoulement *m* (d'étirage *m*) || Fließ-, Streckgrenze *v*; **-middel:** flux ||

flux *m*, fondant *m* || Flußmittel *o*; **-papier:** blotting paper || papier *m* buvard || Lösch-, Fließpapier *o*; **-papier, zijden:** tissue paper || papier *m* serpente (joseph) || Seidenpapier *o*; **-punt:** *zie* **rekgrens** *onder* **rek 2**; **-spaat:** *zie* **fluoriet**; **-staal:** ingot steel || acier *m* fondu (homogène) || Flußstahl *m*; **-staal, hardbaar:** ingot steel capable of being hardened || acier *m* homogène prenant la trempe *v* (pouvant être trempé) || härtbarer Flußstahl *m*; **-stof:** *zie na* **vloeizuur**; **-ijzer:** ingot iron, mild steel || acier *m* doux, fer *m* homogène || Flußeisen *o*; **-zuur:** *zie* **fluorwaterstof.**

vloeistof: liquid, liquor, fluid || liquide *m*, liqueur *v*, fluide *m* || Flüssigkeit *v*; **- m. hoog** (*laag*) **kookpunt:** *zie* **vloeistof, hoog** (*laag*) **kokende**; **- onder druk:** liquid under pressure || liquide *m* sous pression *v* || Flüssigkeit *v* unter Druck *m*; **-, taaie:** *zie* **vloeistof, stroperige** *en* **vloeistof, viskeuze**; **-, [af]gekoelde:** cooled [down] liquid || liquide *m* refroidi || [ab]gekühlte Flüssigkeit *v*; **-, alkalische:** alkaline liquid || liquide *m* alcalin || alkalische Flüssigkeit *v*; **-, brandende:** burning liquid || liquide *m* brûlant || brennende Flüssigkeit *v*; **-, dikke:** thick liquid || liquide *m* épais || dicke (dickflüssige) Flüssigkeit *v*; *zie ook* **vloeistof, stroperige; vloeistof, viskeuze**; **-, dunne:** thin liquid || liquide *m* fluide || dünne (dünnflüssige) Flüssigkeit *v*; **-, geconcentreerde:** concentrated liquid || liquide *m* concentré || konzentrierte Flüssigkeit *v*; **-, gedestilleerde:** distillated liquid || liquide *m* distillé || destillierte Flüssigkeit *v*; **-, gefiltreerde:** filtered liquid || liquide *m* filtré || filtrierte Flüssigkeit *v*; **-, geklaarde:** clarified liquid || liquide *m* clarifié || geklärte Flüssigkeit *v*; **-, gekleurde:** coloured liquid || liquide *m* coloré || gefärbte Flüssigkeit *v*; **-, gekookte:** boiled liquid || liquide *m* bouilli || gekochte Flüssigkeit *v*; **-, gestolde:** solidified liquid || liquide *m* solidifié || erstarrte (festgewordene) Flüssigkeit *v*; **-, gezuiverde:** purified liquid || liquide *m* purifié || gereinigte Flüssigkeit *v*; **-, heldere:** clear liquid || liquide *m* clair (limpide) || klare Flüssigkeit *v*; **-, hete:** hot liquid || liquide *m* chaud || heiße Flüssigkeit *v*; *zie ook* **vloeistof, warme**; **-, hoog** (*laag*) **kokende:** high (*low*) boiling liquid, liquid having a high (*low*) boiling point || liquide *m* à point *m* d'ébullition *v* élevé (*bas*), liquide *m* bouillant à une température *v* élevée (*basse*) || hochsiedende (*leichtsiedende*) Flüssigkeit *v*, Flüssigkeit *v* mit hohem (*niedrigem*) Siedepunkt *m*; **-, kleurloze:** colourless liquid || liquide *m* incolore || farblose Flüssigkeit *v*; **-, kokende:** boiling liquid || liquide *m* bouillant || siedende Flüssigkeit *v*; **-, koude:** cold liquid || liquide *m* froid || kalte Flüssigkeit *v*; **-, lichte:** light liquid || liquide *m* léger || leichte Flüssigkeit *v*; **-, neutrale:** neutral liquid || liquide *m* neutre || neutrale Flüssigkeit *v*; **-,** (*niet-*)**vluchtige:** (*non-*)volatile liquid || liquide *m* (*non-*)volatil || (*nicht-*) flüchtige Flüssigkeit *v*; **-, olieachtige:** oily liquid || liquide *m* huileux (oléagineux) || ölige (ölartige) Flüssigkeit *v*; **-,** (*on*)**-verzadigde:** (*un*)saturated liquid || liquide *m* (*in*)saturé || (*un*)gesättigte Flüssigkeit *v*; **-, stromende:** flowing liquid || liquide *m* coulant || strömende (fließende) Flüssigkeit *v*; **-, stroperige:** sirupy (viscous) liquid || liquide *m* sirupeux (visqueux) || sirupähnliche (sirupartige, viskose, zähflüssige) Flüssigkeit *v*; **-, teruggewonnen:** recovered liquid || liquide *m* récupéré || zurückgewonnene Flüssigkeit *v*; **-, troebele:** turbid liquid || liquide *m* turbide || trübe Flüssigkeit *v*; **-, uitgeperste** (*verkregen door persen*)**:** pressed (squeezed) out liquid || liquide *m* exprimé || ausgepreßte Flüssigkeit *v*; **-, uitgeperste** (*bv. door een opening*)**:** extruded liquid || liquide *m* expulsé || ausgepreßte Flüssigkeit *v*; **-, uitgestroomde:** liquid flown out || liquide *m* écoulé || ausgeströmte Flüssigkeit *v*; **-, verdampte:** evaporated (vaporized) liquid || liquide *m* évaporé (vaporisé) || verdampfte Flüssigkeit *v*; **-, verhitte** (*verwarmde*)**:** heated liquid || liquide *m* chauffé || erhitzte (*erwärmte*) Flüssigkeit *v*; **-, viskeuze:** viscous liquid || liquide *m* visqueux || viskose (zähflüssige) Flüssigkeit *v*; **-, warme:** warm liquid || liquide *m* chaud || warme Flüssigkeit *v*; *zie ook* **vloeistof, hete**; **-, zure:** acid liquid || liquide *m* acide || saure Flüssigkeit *v*; **-, zware** (*drijfscheiding*)**:** heavy liquid (fluid) || liquide *m* dense (lourd) || Schwereflüssigkeit *v*, schwere Flüssigkeit *v*; **-aanloopweerstand:** liquid starter || démarreur *m* (rhéostat *m*) à liquide *m* || Flüssigkeitsanlasser *m*; **-afscheiding:** separation of liquid || séparation *v* de liquide *m* || Flüssigkeitsabscheidung *v*; **-afscheider:** liquid separator || séparateur *m* de liquide *m* || Flüssigkeitsabscheider *m*; **-afsluiting:** liquid packing || fermeture *v* hydraulique *m* || Flüssigkeitsabschluß *m*; **-buis:** liquid tube || tuyau *m* à liquide *m* || Flüssigkeitsrohr *o*; **-dampmengsel:** mixture of liquid and vapour || mélange *m* de liquide *m* et de vapeur *v* || Flüssigkeit-Dampfgemisch *o*; **-demper:** liquid damper || amortisseur *m* à liquide *m* || Flüssigkeitsdämpfer *m*; **-druk:** pressure of liquid || pression *v* de liquide *m* || Flüssigkeitsdruck *m*; **-druppel:** drop of liquid || goutte *v* de liquide *m* || Flüssigkeitstropfen *m*; **-gelijkrichter:** *zie* **gelijkrichter, elektrolytische; -hoogte:** height (head) of liquid || hauteur *v* du liquide *m* || Flüssigkeitshöhe *v*; **-kolom:** *zie* **vloeistofzuil; -koppeling:** hydraulic coupling, fluid drive || accouplement *m* hydraulique, embrayage *m* à fluide *m* || Flüssigkeitskupplung *v*; **-laag:** layer of liquid || couche *v* de liquide *m* || Flüssigkeitsschicht *v*; **-leiding:** line of liquid || conduite *v* de liquide *m* || Flüssigkeitsleitung *v*; **-meter:** liquid meter (measure) || mesure *v* pour les liquides *mm* || Flüssigkeitsmesser *m*; **-niveau:** *zie* **vloeistofpeil; -oppervlak:** liquid surface || surface *v* de liquide *m* || Flüssigkeitsoberfläche *v*; **-peil:** liquid level || niveau *m* de liquide *m* || Flüssigkeitshöhe *v*; **-smoring:** liquid damping || amortissement *m* à liquide *m* || Flüssigkeitsdämpfung *v*; **-spiegel:** level of liquid || niveau *m* de liquide *m* || Flüssigkeitsstand *m*, -spiegel *m*; **-straal:** jet of liquid || jet *m* de liquide *m* || Flüssigkeitsstrahl *m*; **-stroom:** current (flow) of liquid || courant *m* de liquide *m* || Flüssigkeitsstrom *m*; **-vat:** liquid vessel (container) || récipient *m* pour liquide *m* || heat of liquid || chaleur *v* du liquide *m* || Flüssigkeitswärme *v*; **-zuil:** column of liquid || colonne *v* de liquide *m* || Flüssigkeitssäule *v*.

vloer: floor || parquet *m*, plancher *m* || [Fuß]boden *m*; (*mijnb.*): floor || sol *m* || Sohle *v*, Strosse *v*; *zie ook* **vloerlaag; - leggen, een:** to [lay a] floor || poser un plancher *m* || einen Fußboden *m* legen; **- op enige steunpunten:** continuous floor || plancher *m* continu || durchgehende Decke *v*; **-, houten:** wood floor || plancher *m* en bois *m* || Holzfußboden *m*; **-, ingelegde:** inlaid floor || parquet *m* de plancher *m* || getäfelter Fußboden *m*; **-aandrijver:** flooring machine || machine *v* à bouveter || Fußbodenmaschine *v*; **-balk:** flooring beam (joist) || solive *v* (traverse *v*) de plancher *m* || Fußbodenbalken *m*, Bodenschwelle *v*; **-bedekking:** floor covering || revêtement *m* du plancher *m* || Fußbodenbelag *m*; **-bepleistering:** plaster floor || couche *v* d'enduit *m*, hourdis *m*, plancher *m* hourdé || Estrich *m*; **-bint:** *zie* **vloerbalk; -contact:** floor contact || contact *m* à pedale *v* (de parquet *m*) || Fußboden-, Tretkontakt *m*; **-doorvoeringsbuis:** floor tube || passe-fil *m* de parquet *m* (de plancher *m*) || Bodenisolator *m*; **-laag** (*terrein*): floor, foot wall || couche *v* inférieure, sol *m* || Liegende *o*, unterer Stoß *m*, liegende Schicht *v*; **-plank:** floor board || planche *v* de parquet *m* || Fußbodenbrett *o*; **-spijker:** floor nail || clou *m* à parquet *m* || Bodennagel *m*; **-steen:** paving stone || pierre *v* de pavage *m* || Pflasterbelagstein *m*; **-tegel:** [paving] flag || carreau *m* [de pavage *m*] || [Pflaster]fliese *v*; **-zeil:** floor- (wax-) cloth, linoleum || toile *v* cirée || Korkteppich *m*, Linoleum *o*.

vlok: flake, flock || flocon *m* || Flocke Flocken *m*; **-kengrafiet:** flaky graphite || graphite *m* en flocons *mm* || Flockengraphit *m*; **-kenvermijder** (*zijdespinn.*): avoid flakes || évite-mariage *m* || Flockenvermeider *m*; **-kig:** cloudy, flaky, flocky || floconneux || flockenartig; **-machine:** breaker, first beater, scutcher || batteur-éplucheur *m*, batteuse *v*, premier batteur *m* || erster Schläger *m*, Grob-, Vorschläger *m*; **-wol:** card noiles, short wool || bourre *v* de laine *v* || Flockwolle *v*; **-zijde:** flock (floss, waste) silk || bourre *v* de soie *v*, capiton *m* || Flockseide *v*, Rohseideabfall *m*.

vloszijde: *zie* **vlokzijde.**

vlot: 1. (*z. nw.*): float, raft || radeau *m*, train *m* de bois *m* || Floß *o*, Flöße *v*; **-balk:** raft beam || poutre *v* de radeau *m* || Floßbalken *m*; **-brug:** raft (floating) bridge || pont *m* de radeaux *mm* (flottant) || Floßbrücke *v*, schwimmende Brücke *v*; **-hout:** floated (raft) wood || bois *m* de flottage *m* (de train *m*, flotté, volant) || Floß-, Flößholz *o*; **-ten:** to float, to raft || flotter || flößen, triften; **-ter:** float || flotteur *m* || Schwimmer *m*; **-ter, kurken:** cork float || macaron *m* || Korkschwimmer *m*; **-terkamer:** float chamber || chambre *v* (cuve *v*) de flotteur *m* || Schwimmergehäuse *o*; **-terkast:** *zie* **vlotterkamer; -terklep:** float valve || soupape *v* de flotteur *m* || Schwimmerventil *o*; **-terknop:** tickler || poussoir *m* || Tupfer *m*; **-ternaald:** float needle || pointeau *m* de flotteur *m* || Schwimmernadel *m*; **-ternaaldzitting:** float needle seat || siège *m* du pointeau *m* du flotteur *m* || Schwimmernadelsitz *m*; **-terpen:** needle valve || pointeau *m* du flotteur *m* || Schwimmerstift *m*; **-terpengewichtjes:** toggles || bascule *v* du flotteur *m* || Schwimmergewichte *om*;

2. (*drijvend*): afloat || à flot *m* || flott; **- houden:** to buoy || soutenir à flot *m* || aufbojen; **- maken:** to get afloat || déchouer, mettre à flot *m* || abarbeiten, flott machen; **-baar:** floatable || flottable || flößbar.

vlucht: 1. (*in de lucht*): flight || vol *m* || Flug *m*; **-tijd:** time of flight || durée *v* de trajet *m* || Flugzeit *v*;

2. (*projectiel*): top of the chase || sommet *m* de la flèche *v* || Flughöhe *v*;
3. (*kraan*): radius || portée *v*, volée *v* || Ausladung *v*;
4. (*radiaalboormach.*): depth of throat || portée *v* || Ausladung *v*.

vluchtig: volatile || volatil || flüchtig; **-, niet:** non-volatile || non-volatil || nichtflüchtig; **-heid:** volatility || volatilité *v* || Flüchtigkeit *v*.

vlug: quick (*ook bijw.*) (*quickly*), rapid(*ly*) || rapide(*ment*), prompt(*ement*) || schnell, rasch, geschwind; **-zout:** smell (hartshorn) salt || sel *m* volatile (de corne *v* de cerf *m*) || Riech-, Hirschhornsalz *o*; *zie ook* **ammoniumcarbonaat.**

vlijer (*papierfabr.*): lifter, layer || leveur *m* || Leger *m*.

vlijm: lancet || lancette *v* || Lanzette *v*.

vocht: moisture; liquid, fluid || humidité *v*; liqueur *v*, liquide *m* || Feuchtigkeit *v*, Feuchte *v*; Flüssigkeit *v*; **-, bijtend:** corrosive (caustic) liquor || liquide *m* caustique (corrosif) || ätzende Flüssigkeit *v*; **-en:** to wet, to damp || humecter, tremper, mouiller; moitir (*papier*); gommer (*tabak*) || [ein]feuchten, anfeuchten.

vochtig: moist, damp, humid || humide, mouillé; moite (*papier*) || feucht; **- maken:** to wet || mouiller, humecter || anfeuchten; **- worden:** to become moist || s'humecter || feuchtwerden; **-heid:** dampness, humidity, moisture, wetness || humidité *v* || Feuchtigkeit *v*; **-heid opzuigen:** to absorb moisture || absorber de l'humidité *v* || Feuchtigkeit *v* aufsaugen; **-heid v. d. lucht:** dampness of the atmosphere, humidity of the air || état *m* hygrométrique, humidité *v* de l'air *m* || Luftfeuchtigkeit *v*; **-heid v. d. stoom:** wetness of steam || humidité *v* de la vapeur *v* || Dampffeuchtigkeit *v*; **-heidsgraad:** degree of wetness, percentage of moisture || degré *m* d' (teneur *v* en) humidité *v* || Feuchtigkeitsgehalt *m*, -grad *m*; **-heidsmeter:** *zie* **hygrometer.**

vocht|gehalte: humidity || humidité *v* || Feuchtigkeitsgehalt *m*; **-ing:** wetting || humectation *v*, trempage *m*, mouillage *m* || Anfeuchten *o*; **-kamer** (*papier*): wetting room || tremperie *v* || Feuchtkammer *v*; **-kuip:** wetting trough || baquet *m* à tremper || Feuchtmulde *v*; **-maat:** liquid measure || mesure *v* à liquides *mm* || Flüssigkeitsmaß *o*; **-meter:** *zie* **areometer; -vlek:** damp-spot || mouillure *v* || Stockfleck *m*, feuchte Stelle *v*; **-vrij:** moisture free; anhydrous || exempt d'humidité *v*; anhydre || feuchtfrei; wasserfrei, anhydrisch; **-werend:** hydrofuge || hydrofuge || feuchtigkeitsicher; *zie ook* **hydrofoob; waterdicht;**

vod (*lomp*): rag || chiffon *m* || Fetzen *m*, Hader *m*, Lumpen *m*.

voe|den: to feed || alimenter || speisen; **-der:** feeder, feeding (charging) device || alimentateur *m*, appareil *m* alimentateur (doseur, de chargement *m*) || Aufgabe-, Speise-, Beschickungsvorrichtung *v*; **-ding:** feeding || alimentation *v* || Speisung *v*.

voedings|band (*spinnerij*): feeding sliver || ruban *m* nourricier || Einlaßband *o*; **-beweging** (*draaib.*): feed motion || mouvement *m* d'avance *v* || Fortrück-, Vorschubbewegung *v*; **-buis:** feed pipe || tuyau *m* d'alimentation *v* || Speiserohr *o*; **-cilinder:** feed roller || cylindre *m* alimentateur (d'alimentation) *v* || Speisewalze *v*; **-draadhouder:** feeder ear || oreille *v* d'alimentation *v* || Speiseöse *v*; **-kabel:** feeder, feeding cable || artère *v*, câble *m* alimentaire (d'alimentation *v*), feeder *m* || Speisekabel *o*; **-klep:** feed valve || soupape *v* alimentaire (d'alimentation *v*) || Speiseventil *o*; **-klepkast:** feed valve box || boîte *v* à soupape *v* alimentaire || Speiseventilkasten *m*; **-kraan:** feed cock || robinet *m* d'alimentation *v* || Speisehahn *m*; **-leiding** (*elektr.*): feeder || conducteur *m* alimentaire, feeder *m*, ligne *v* d'alimentation *v* || Speiseleitung *v*; **-lijn:** feeder line || tronçon *m*, voie *v* d'embranchement *m* || Anschlußstrecke *v*; **-plaat:** feed plate || plaque *v* d'alimentation *v* || Speiseplatte *v*; **-pomp:** feed pump || pompe *v* alimentaire (d'alimentation *v*) || Speisepumpe *v*; **-punt:** feeding point || point *m* d'alimentation *v* || Speisepunkt *m*; **-pijp:** *zie* **voedingsbuis; -regulateur:** feed regulator || régulateur *m* d'alimentation *v* || Speiseregler *m*; **-ruimte:** feed space || espace *m* d'alimentation *v* || Speiseraum *m*; **-spil:** *zie* **transportschroef** (*draaib.*); **-stroom:** supply current || courant *m* d'alimentation *v* || Speisestrom *m*; **-toestel:** creeper, feeder, feeding device (apparatus) || appareil *m* d'alimentation *v* || Auflege-, Speiseapparat *m*, Speisevorrichtung *v*; **-transformator:** feeding transformer || transformateur *m* d'alimentation *v* || Speisetransformator *m*; **-water:** feed water || eau *v* d'alimentation *v* || Speisewasser *o*; **-watermeter:** feed water meter || compteur *m* à l'eau *v* d'alimentation *v* || Speisewassermeter *o, m*; **-water voorverwarmer:** feed heater || réchauffeur *m* d'eau *v* alimentaire || Speisewasservorwärmer *m*; **-wiel** (*gereedsch.mach.*): feed wheel || roue *v* de commande *v* d'avance *v* || Vorschubrad *o*;

voeg: joint || joint *m* || Fuge *v*; **-, glijdende:** sliding joint || joint *m* glissant || Gleitfuge *v*; **-breedte:** width of joint || largeur *v* du joint *m* || Fugenweite *v*; **-en** (*metselw.*): to joint, to point || jointoyer || fugen; **-en aanvullen:** to stop joints || aveugler (boucher) des joints *mm* || Fugen *vm* abdichten; **-klem:** cramps || serre-joint *m* || Schraubknecht *m*; **-rad:** jointing roller || molette *v* à bourrer || Fugenrolle *v*; **-specie:** jointing mortar || mortier *m* à jointoyer || Fugenspeise *v*; **-spijker:** joining nail || crochet *m* à jointoyer || Fugennagel *m*; **-ijzer:** jointing iron || bourroir *m* || Fugeneisen *o*.

voeler: *zie* **diktemeter.**

voer|as: driving shaft || arbre-moteur *m* || Antrieb-, Haupt-, Treibwelle *v*; **-baan:** guide face || surface *v* de glissement *m* || Führungsbahn *v*, Gleit-, Lauffläche *v*.

voe|ren: 1. (*kledingst.*): to line || doubler || füttern; **-ring:** lining || doublure *v* || Futter *o*; **-ringkatoen:** lining cotton || coton *m* à doublure *v* || Futterkattun *o*; **-ringlaken:** lining cloth || drap *m* à doublure *v* || Futtertuch *o*; **-ringlinnen:** lining linen || toile *v* à doublure *v* || Futterleinwand *v*; **-ringstof:** lining || doublure *v* || Ausfütterung *v*, Futter *o*, Futterzeug *o*; **-ringtaf:** lining taffeta || taffetas *m* à doublure *v* || Futtertaft *m*; **2.** (*onderdeel v. e. mach. of toestel*): to line || garnir || ausfüttern, bekleiden, auskleiden; **-ring:** lining, liner || garniture *v*, revêtement *m* [intérieur], fourrure *v* || Futter *o*, Ausfütterung *v*, Einlage *v*, Auskleidung *v*, Garnierung *v*; (*kussenblok*): lining || garniture *v* || Lagerfutter *o*; **-ring v. antifrictiemetaal:** white metal lining || fourrure *v* en métal *m* blanc || Antifriktionseinlage *v*, Weißmetallausfütterung *v*; **-ring, bronzen:** bronze box || fourrure *v* en bronze *m* || Bronzebezug *m*, -büchse *v*.

voer|lijst: guide facing || réglet *m* de guidage *m* || Führungsleiste *v*; **-straal:** radius vector || rayon *m* vecteur || Leitstrahl *m*; **-tuig:** vehicle || véhicule *m* || Fahrzeug *o*, Fuhrwerk *o*; **-wiel:** *zie* **drijfwiel.**

voet: 1. (*lichaamsdeel*): foot || pied *m* || Fuß *m*; **-angel:** crow's foot || chaussetrape *v* || Fußangel *v*; **-bank:** foot stool || escabeau *m* || Fußbank *v*; **-brug:** line bridge [passenger] footbridge || passerelle *v* de **gare** *v*, passage *m* aérien (par dessus), pont *m* || Fußbrücke *v*, Bahnhofsteg *m*, Bahnsteigbrücke *v*, Übergangssteg *m*; **-contact:** *zie* **vloercontact; -hefboom:** foot lever, pedal || [levier *m* à] pédale *v* || Fuß-, Tritthebel *m*; **-jespasser:** *zie* **binnenpasser; -krabber:** door scraper || décrottoir *m* || Fußabtreter *m*, Kotkratze *v*; **-mat:** door mat || paillasson *m* || Fuß[boden]matte *v*; **-omschakelaar:** pedal throw over switch || commutateur *m* à pédale *v* || Fußumschalter *m*; **-pad:** footpath || trottoir *m* || Fußpfad *m*, -steig *m*; **-plaat** (*locomotief*): foot-plate || plate-forme *v* || Fußplatte *v*; **-rem:** footbrake || frein *m* à pédale *v* (à pied *m*), frein-levier *m* au pied *m* || Fuß[hebel] *m*, Fußtrittbremse *v*; **-rust:** footrest || repose-pied *m* || Fußraste *v*; **-steun:** pedal pad || tampon *m* de pied *m* || Fußplatte *v*; *zie ook* **voetrust; -warmer:** footwarmer || chauffe-pieds *m*, chaufferette *v* || Fußwärmer *m*; **-wiel** (*spinnewiel*): treading wheel; rouet *m* à filer au pied *m* || Trittrad *o* || **-zoeker:** petard || pétard *m* || Pêtarde *v*;

2. (*voetstuk, onderdeel, enz.*): foot, base || pied *m*, base *v* || Fuß *m*; **-band:** foot band || bordure *v* de fond *m* || Fußband *o*; **-blok** (*scheepst.*): leading (quarter) block || poulie *v* de retour *m* || Fußblock *m*; **-flens:** flange of foot || bride *v* de pied *m* || Fußflansch *m*; **-kast** (*elevator*): bottom box (case) || caisse *v* de la partie *v* intérieure d'un élévateur *m* || Fußkasten *m* (Schöpftrog *m*) des Elevators *m*; **-klep:** foot flap (valve) || clapet *m* (soupape *v*) de pied *m* || Fußklappe *v*, -ventil *o*; *zie ook* **zuigklep; -licht:** footlights || éclairage *m* de la rampe *v* || Rampenbeleuchtung *v*; **-lijn:** base line || ligne *v* de fuite *v* || Fußlinie *v*; **-lijst:** skirting board || lambris *m* de socle *m* || Fußleiste *v*; **-nagel** (*weverij*): lowest pin || cheville *v* d'en bas *m* || Fußnagel *m*; **-punt** (*sterrenk.*): nadir || nadir *m* || Nadir *m*; **-scharnier** (*eindscharnier*): abutment hinge, link impost || articulation *v* aux naissances *vm*, rotule *v* inférieure || Kämpfergelenk *o*; **-schoeiing** (*steenglooiing*): base of a slope || base *v* d'un talus *m* || Böschungsfuß *m*, -anlage *v*; **-stuk** (*schakelaar*): switch base || socle *m* d'interrupteur *m* || Schaltersockel *m*; **-stuk, doorlopend** (*zuilenrij*): stylobate || soubassement *m* d'une colonnade *v*, stylobate *m* || Säulenstuhl *m*, Stylobat *m*;

3. (*maat*): foot || pied *m* || Fuß *m*; **-pond:** footpound || livre-pied *v* || Fußpfund *o*;

4. (*bladzijde*): foot || bas *m* || Fuß *m*;

5. (*helling*): base || pied *m* || Böschungsfuß *m*;

6. (*lamp*): stand || pied *m* || Lampenständer *m*;

7. (*mast*): heel || pied *m* || Fuß *m*;

8. (*rookgang*): bottom (foundation) of the main flue || fond *m* (sole *v*) du conduit *m* de raccordement *m* || Fuchssohle *v*;

9. (*tand*): bottom || pied *m* || Zahnfuß *m*; **-cirkel** (*tandwiel*): dedendum line, root

circle (line) || cercle *m* de pied *m* (de racine *v*, intérieur) || Fußkreis *m*; **-hoogte** (*tand*): dedendum, length inside pitch-line, root || hauteur *v* (longueur *v*) du pied *m* || Fußhöhe *v*;
10. *zie ook* **passervoet; pijlervoet; reelvoet; schoepvoet;** *enz.*

vogel|kerseboom: wild cherry tree || mérisier *m* || Vogel-, Süßkirschbaum *m*; **-perspectief:** bird's eye view || perspective *v* à vol *m* d'oiseau *m* || Vogelperspektive *v*, -schau *v*; **-vlucht:** *zie* **vogelperspectief.**

vol: full || plein || voll; **-aarde:** fuller's earth || terre *v* à foulon *m* || Walk[er]-erde *v*; **-bank:** fulling table || table *v* à fouler || Walkbank *v*; **-belast** (*mach.*): fully loaded, on full load || à pleine charge *v* || vollbelastet; **-belast aanlopen:** to start on full load || démarrer en pleine charge *v* || vollbelastet angehen; **-belast lopen:** to run on full load || marcher en pleine charge *v* || vollbelastet laufen; **-belasten:** to load fully || faire travailler à pleine charge *v* || vollbelasten; **-le-drukmachine:** *zie* **stoommachine zonder expansie; -le-drukturbine:** full admission turbine || turbine *v* à pleine injection *v* (à injection *v* totale) || Vollturbine *v*; **-garen:** Westphalian yarn || fil *m* de Westphalie *v* || Vollgarn *o*; **-gen,** *afleidingen van:* *zie na* **voltrog; -gieten** (*massief gieten*): to cast solid || couler plein || massiv gießen; **- gieten** (*vullen*): to fill || remplir || vollgießen; **-hamer** (*wolnijverh.*): fulling stock || fouloir *m* || Walkhammer *m*; **-heid** (*diagram*): efficiency of cycle || plénitude *v* du diagramme *m* || Völligkeit *v* des Diagramms *o*; **-heidscoëfficiënt** (*schip*): block coefficient || coefficient *m* block || Völligkeitsgrad *m*; **-komen:** (*volmaakt*): perfect(*ly*) || parfait(*ement*) || vollkommen, völlig; vollständig; (*volledig*): complete(*ly*) || complet (*complètement*), entier (*entièrement*) || vollständig; **-ks-:** *zie na* **volgwagen; -kuip:** fuller's tub || cuve *v* de foulon *m* || Walkfaß *o*; **-last*:** *zie* **last, volle; -last-:** *zie* **volle-last-; -ledig:** complete(*ly*), full(*y*) || complet (*complètement*) || vollständig, völlig; **-le-lastbelasting:** *zie* **belasting, volle; -le-lastbekrachtiging:** full-load excitation || excitation *v* en pleine charge *v* || Vollasterregung *v*; **-le-lastopwekking:** full-load excitation || excitation *v* en pleine charge *v* || Vollasterregung *v*; **-lersaarde:** *zie* **volaarde; -lerszeep:** fulling soap || savon *m* à fouler || Walkseife *v*; **-ling** (*wolind.*): fulling || foulage *m* || Walken *o*; **-lopen:** to fill || se remplir || vollaufen, sich füllen; **-machine:** fulling machine || fouleuse *v*, machine *v* à fouler || Walkmaschine *v*; **-raam** (*houtzagerij*): multiple blade saw frame || scie *v* à cadre *m* à plusieurs lames *vm* || Bund-, Vollgatter *o*; **-strekt:** absolute(*ly*) || absolu(*ment*) || absolut, unbedingt; **-t, -ta** *en afleidingen:* *zie na* **volkstuintje; -tooien:** to accomplish, to finish, to perfect || achever, perfectionner || vollenden; **-tooiing:** accomplishing, finishing || achèvement *m*, perfectionnement *m* || Vollendung *v*; **-trog:** fulling trough || fouloire *v* || Walktrog *m*.

volg|conclusie (*octr.*): subclaim || sous-revendication *v* || Unteranspruch *m*; **-orde:** order of succession, sequence || ordre *m* de succession *v* || Reihenfolge *v*; **-pool:** consequent pole || pôle *m* conséquent || Folgepol *m*; **-wagen:** trailer || voiture *v* de remorque *v* || Anhänge-, Beiwagen *m*.

volks|huisvesting: housing of the people || logement *m* du peuple *m* || öffentliche Wohnungsfürsorge *v*; **-logies** (*schip*): quarters for the crew, forecastle || logement *m* de l' (poste *m* d') équipage *m* || Mannschaftsraum *m*, Volkslogis *o*; **-tuintje:** allotment garden || jardin *m* ouvrier || Schrebergarten *m*.

volt: volt || volt *m* || Volt *o*; **-age:** voltage || voltage *m* || Voltage *v*, Voltzahl *v*; **-ampère:** voltampere || voltampère *m* || Voltampere *o*; **-ampèremeter:** combined volt and ammeter || voltampèremètre *m* || Voltamperemeter *o*, *m*; **-meter:** voltmeter || voltmètre *m* || Voltmeter *o*, *m*; **-meter m. eenzijdige afwijking:** voltmeter deflecting in one direction only || voltmètre *m* à déviation *v* unilatérale || Voltmeter *o*, *m* mit einseitigem Ausschlag *m*; **-meter m. twee schalen:** double scale voltmeter || voltmètre *m* à deux échelles *vm* || Voltmeter *o*, *m* mit zwei Skalen *vm*; **-meter m. tweezijdige afwijking:** voltmeter with central zero || voltmètre *m* à déviation *v* bilatérale || Voltmeter *o*, *m* mit zweiseitigem Ausschlag *m*; **-meter m. verschillende schalen:** voltmeter with several ranges || voltmètre *m* à plusieurs portées *vm* de mesure *v* || Voltmeter *o*, *m* mit mehreren Meßbereichen *mm*; **-meteroverschakelaar:** voltmeter switch || commutateur *m* de voltmètre *m* || Voltmeterumschalter *m*; **-verlies:** voltage drop || chute *v* de voltage *m* || Voltverlust *m*.

volta|boog: electric (voltaic) arc || arc *m* électrique (voltaïque) || voltaischer Lichtbogen *m*; **-effect:** volta effect || effect *m* Volta || Voltaeffekt *m*; **-element:** voltaic cell || élément *m* voltaïque || Voltaelement *o*; **-inductor:** Volta induction coil || inducteur *m* de Volta || Voltainduktor *m*; **-meter:** voltameter || voltamètre *m* || Voltameter *o*, *m*; **-zuil:** *zie* **zuil v. Volta.**

volume: volume || volume *m* || Volumen *o*; **-, kritisch:** critical volume || volume *v* critique || kritisches Volumen *o*; **-, moleculair:** *zie* **molecuulvolume; -, soortelijk:** specific volume || volume *m* spécifique || spezifisches Volumen *o*; **-, specifiek:** *zie* **volume, soortelijk; -diagram:** cylinder (volume) diagram || diagramme *m* des cylindrées *vm* || Kolben-, Raum-, Volumendiagramm *o*; **-integraal:** volume integral || intégrale *v* de volume *m* || Raumintegral *o*; **-regelaar** (*radio*)**:** volume control || contrôle *m* de volume *v* || Lautstärkeregler *m*; **-verandering:** alteration of volume || variation *v* de volume *m* || Volumen[ver]änderung *v*; **-vergroting** (*-vermindering*)**:** increase (*decrease*) of volume; expansion (*contraction*) || augmentation *v* (*diminution*) *v* de volume *m*; dilatation *v* [cubique], détente *v* (*contraction v*) || Volumenvergrößerung *v* (*-verminderung v*); Expansion *v* (*Kontraktion v*); **-voltameter:** volume voltameter || voltamètre *m* à volume *m* || Volumenvoltameter *o*, *m*.

volu|meter: volumeter, volume measuring apparatus || mesure *v* de volume *m*, volumètre *m* || Inhalts-, Raum-, Volumenmesser *m*, Volumeter *o*, *m*; **-metrisch:** volumetric || volumétrique || volumetrisch.

volute|draagveer: spiral bearing spring || ressort *m* de suspension *v* à spirale *v* || Schneckentragfeder *v*; **-veer:** *zie* **kegelveer.**

vonk: spark || étincelle *v* || Funke[n] *m*; **- doven, een:** to extinguish a spark || **éteindre une étincelle** *v* || einen Funke[n] *m* löschen; **- trekken, een:** to draw a spark || arracher une étincelle *v* || einen Funken *m* abreißen; **-, elektrische:** electric spark || étincelle *v* électrique || elektrischer Funke[n] *m*; **-baan:** spark gap || distance *v* explosive, éclateur *m* || Funkenbahn *v*, -strecke *v*; **-blustoestel** (*gieterij*)**:** spark quenching apparatus || appareil *m* pour éteindre les étincelles *vm* || Funkenlöschvorrichtung *v*; **-brug:** *zie* **vonkbaan; -demping:** spark damping || amortissement *m* des étincelles *vm* || Funkendämpfung *v*; **-elektrometer:** spark electrometer || électromètre *m* à étincelles *vm* || Funkenelektrometer *o*, *m*.

vonken: 1. (*ww., algem.*)**:** to spark || cracher (projeter) des étincelles *vm* || funken ||

2. (*elektromotor*)**:** to spark || cracher || feuern, funken;

3. (*het vonken*)**:** sparking || crachement *m* d'étincelles *vm*, projection *v* d'étincelles *vm* || Funken *o*, -sprühen *o*; **- v. d. borstels:** brush sparking || crachement *m* aux balais *mm* || Bürstenfeuer *o*; **- v. d. collector:** sparking at the commutator || crachement *m* du collecteur *m* || Feuern *o* des Kollektors *m*;

4. (*z. nw., mrv.*)**:** sparks || étincelles *vm* || Funken *mm*; **- spatten:** to spark || projeter des étincelles *vm* || Funken *mm* sprühen; **-baan, asynchroon draaiende:** asynchronous spark-gap || éclateur *m* asynchrone || Asynchronfunkenstrecke *v*; **-baan, draaiende:** rotating spark-gap || éclateur *m* tournant || rotierende Funkenstrecke *v*; **-baan, enkelvoudige** (*meervoudige*)**:** simple (*multiple*) spark gap || éclateur *m* simple (*multiple*) || Einzelfunkenstrecke *v* (*Mehrfach-*); **-blazer:** spark extinguisher (blow out) || extincteur *m* (souffleur *m*) d'étincelles *vm* || Funkenlöscher *m*; **-bundel:** ray of sparks || gerbe *v* d'étincelles *vm* || Funkengarbe *v*; **-dichtheid:** frequency of sparks || fréquence *v* des étincelles *vm* || Funkenhäufigkeit *v*; **-dover:** *zie* **vonkenblazer; -dovercontact:** spark blow out contact || contact *m* du souffleur *m* d'étincelles *vm* || Funkenlöscherkontakt *m*; **-doving:** spark blowing out (extinguishing) || extinction *v* d'étincelles *vm* || Funkenlöschung *v*; **-inductor:** induction (spark) coil || bobine *v* d'induction *v* || Funkeninduktor *o*, Induktionsspule *v*, Induktorium *o*; **-mikrometer:** spark micrometer || micromètre *m* à étincelles *vm* || Funkenmikrometer *o*, *m*; **-regen:** ray of sparks || gerbe *v* à étincelles *vm* || Funkengarbe *v*; **-trekker:** spark drawer || pare-étincelles *m* || Funken[ent]zieher *m*; **-vanger:** spark catcher || pare-étincelles *m* || Funkenfänger *m*.

vonk|er: *zie* **bougie; -frequentie:** spark frequency || fréquence *v* d'étincelles *vm* || Funkenfrequenz *v*; **-gever:** spark producer || producteur *m* d'étincelles *vm* || Funkengeber *m*; **-kamer** (*gieterij*)**:** spark chamber || chambre *v* à étincelles *vm* || Funkenkammer *v*; **-keten:** spark circuit || circuit *m* à étincelles *vm* || Funkenkreis *m*; **-kring:** *zie* **vonkketen; -lengte:** length of spark || longueur *v* d'étincelle *v* || Funkenlänge *v*; **-lengte, equivalente:** equivalent spark || étincelle *v* équivalente || Funkenschlagweite *v*; **-licht:** spark light || lumière *v* d'étincelles *vm* || Funkenlicht *o*; **-loos:** sparkless[ly] || sans étincelles *vm* || funkenlos; **-loosheid:** sparklessness || absence *v* d'étincelles *vm* || Funkenlosigkeit *v*; **-loos lopen:** to run sparklessly || fonctionner sans étincelles *vm* || funkenlos laufen; **-mikrometer:** *zie* **vonkenmikrometer; -ontlading:** spark discharge || décharge *v* d'étincelles *vm* || Funkenentladung *v*; **-ontsteker** (*detonator*): spark detonator (fuse) || amorce *v* à étincelle *v* || Funkenzünder *m*; **-ontsteking:** spark ignition || allumage *m* par étincelle *v* || Funkenentzündung *v*; **-potentiaal:** spark potential || potentiel *m* des étincelles *vm* || Funkenpotential *o*; **-overgang:** passage of sparks || passage *m* d'étincelles *vm* || Funkenübergang *m*; **-ruimte:** sparking distance || distance *v* explosive, intervalle *m* explosif || Entladungsweite *v*, Funkenstrecke *v*; **-spanning:** sparking voltage || tension *v* de formation *v* d'étincelles *vm* || Funkenspannung *v*; **-spektrum:** spectrum of spark || spectre *m* des étincelles *vm* || Funkenspektrum *o*; **-uitdoving:** spark extinction || étouffement *m* (extinction *v*) des étincelles *vm* || Funkenlöschung *v*; **-verzwakker:** spark reducer || affaiblisseur *m* d'étincelle *v* || Funkenschwächer *m*; **-vorming:** formation of sparks || formation *v* (production *v*) d'étincelles *vm* || Funkenbildung *v*; **-vrij:** sparkless || sans étincelles *vm* || funkenfrei; **-zender:** spark transmitter || émetteur *m* (transmetteur *m*) à étincelles *vm* || Funkensender *m*; **-zender in open keten:** plain aerial spark transmitter || émetteur *m* à excitation *v* directe || Funkensender *m* mit offenem Schwingungskreise *m*.

voor: 1. (*voorz.*: *niet achter*): before, in front of || devant || vor;
2. (*voorz.*: *niet na*): before, prior to || avant, antérieurement à || vor;
3. (*voorz.*: *eerder dan*): before || avant que [1]) || bevor, ehe;
4. (*z. nw.*): *zie* **vore.**

voor|aan: in front || en tête *v*, devant, en avant *m* || vorn[eweg]; **-aandrijving:** front drive || commande *v* avant || Vornantrieb *m*; **-aanleggen** (*typogr.*): frontmarks || taquets *mm* antérieurs || Vordermarken *vm*; **-aanzicht:** front elevation (view) || vue *v* de face *v* || Stirn-, Vorderansicht *v*; **-af:** beforehand, previously || d'abord *m*, préalablement, au préalable *m*, auparavant || vorher, zuvor; **-arbeid:** preliminary(preparatory) work || travail *m* préliminaire || Vorarbeit *v*; **-arbeider:** *zie* **voorman; -as:** fore (forward, front, leading) axle || essieu *m* avant (d'avant *m*) || Leit-, Vorderachse *v*; **-ashelling:** castier || chasse *v* || Achssturz *m*; **-bad** (*metaal*): pickling bath || bain *m* de mordançage *m* || Vorbrenne *v*; **-band:** front tyre (tire, *Am.*) || pneu *m* avant || Vorderreifen *m*; **-bereiden:** to prepare, to dress || préparer || vorbereiten; **-bereiding:** preparation || préparation *v* || Vorbereitung *v*; **-bereidingszone** (*hoogoven*): preliminary heating zone || zone *v* de chauffage *m* préalable || Vorbereitungs-, Vorwärmezone *v*; **-boom** (*weverij*): breast beam || ensouple *m* de devant *m*, poitrinière *v* || Brust-, Vorderbaum *m*; **-boren:** to drill with the first bit || ébaucher, forer au préalable *m* || vorbohren; **-brug v. h. chassis:** front frame crossbar || plaque *v* d'avant *m* du châssis *m* || vordere Chassistraverse *v*; **-buffer:** front buffer || tampon *m* d'avant *m* || Vorpuffer *m*; **-buigwals:** preliminary bending roll || rouleau *m* d'avant-cintrage *m* || Vorbiegewalze *v*; **-bijtmiddel** (*etsen in staal*): preparatory etching liquor || bain *m* graveur préparatoire || Vorätzwasser *o*; **-condensator:** preliminary condenser || condenseur *m* préalable || Vorkondensator *m*; **-dak:** front roof || toit *m* d'avant *m* || Vordach *o*; **-dek:** foredeck, forward deck || avant-pont *m* || Vor[der]deck *o*; **-dek, verhoogd:** raised foredeck || avant-pont *m* surélevé || erhöhtes Vorderdeck *o*; **-deur:** entry (front, street) door || avant-porte *v* || Vordertür *v*; **-druk** (*formulier*): blank [form], preliminary pressure || formulaire *m*, formule *v*, pression *v* préliminaire || Formular *o*, Vordruck *m*; (*terrein*): vault (abutment, arch) pressure || poussée *v* (pression *v*) de la voûte *v*, avant-poussée *v* || Vor-, Gewölbe-, Kämpferdruck *m*; **-ebbe:** beginning of the ebb, fore ebb || commencement *m* du jusant *m* || Vorebbe *v*; **-flens:** front flange || bride *v* d'avant *m* || Vorderflansch *m*; **-garen:** roving, slubbing || mèche *v* || Lunte *v*, Vorgarn *o*, Vorgespinst *o*; **-gebouw:** front building || avant-corps *m* || Vordergebäude *o*, -haus *o*; **-geschreven:** specified, prescribed || prescrit || vorgeschrieben; **-gestel:** front frame || châssis *m* avant || Vorderrahmen *m*; **-gevel:** fore-front || façade *v* [antérieur] || Vorderfront *v*; **-gevelmuur:** front wall || mur *m* de façade *v* || Frontmauer *v*; **-verwarmd:** preheated || préalablement [ré]chauffé || vorgewärmt; **-haard:** fore hearth || avant-creuset *m* || Vorherd *m*; **-hamer:** uphand sledge, sledge (two handed) hammer || marteau *m* de frappeur *m* (à devant *m*) || Vorschlag-, Zuschlaghammer *m*; **-har** (*sluisdeur*): mitre post || poteau *m* busqué || Anschlagsäule *v*; **-haven:** outer harbour || avant-port *m* || Vorhafen *m*; **-helling:** breast of slipway, lower slipway || avant-cale *v* || Vorhelling *m, v*; **-huis:** *zie* **voorgebouw; -inlaat** (*stoommach.*; *motor*): pre-admission || admission *v* préalable || Voreinströ-

[1]) Met subjonctif.

mung *v*; **-jaarshout:** spring timber || bois *m* de printemps *m* || Frühjahrsholz *o*; **-kaarde** (*spinnerij*): breaker (scribbler) card || carde *v* briseuse (en gros *m*) || Vorkarde *v*; **-kajuit:** fore cabin || cabine *v* à l'avant *m* || Vorderkajüte *v*; **-kaliber** (*wals*): shaping groove || ébaucheur *m* || Vorkaliber *o*; **-kam** (*weverij*): fore mounting, lowering heald || lisse *v* de rabat *m* || Vordergeschirr *o*, Vorkamm *m*; **-kamer** (*gassen*): ante-chamber, inlet chamber || chambre *v* d'entrée *v* || Vorkammer *v*; **-kant:** front [side], face, foreside, fore-part || [côté *m* de] devant *m* || Vorderseite *v*; **-kiezer** (*autom. telef.*): pre-selector || présélecteur *m* || Vorwähler *m*.

voorko|men: **1.** (*aanwezig zijn*): to occur; occurrence || exister, se trouver; occurrence *v*, présence *v* || vorkommen; Vorkommen *o*;
2. (*voorkómen*): to prevent; prevention || prévenir, empêcher; prévention *v* || zuvorkommen, vorbeugen, verhüten; Vorbeugung *v*, Verhütung *v*; **-ming van ongevallen:** prevention of accidents || prévention *v* des accidents *mm* || Unfallverhütung *v*;
3. (*uiterlijk*): appearance, aspect || aspect *m*, extérieur *m*, air *m* || Äußere *o*, Aussehen *o*.

voor|kop (*draaib.*): front puppet || poupée *v* d'avant *m* || Vorderdecke *v*; **-koppeling:** conditional interlock || enclenchement *m* conditionnel || bedingte Verschlußeinrichtung *v*; **-krukpen:** leading crank pin || bouton *m* de manivelle *v* d'avant *m* || vorderer Kurbelzapfen *m*; **-lantaarn:** front lamp || lanterne *v* avant || Vorderlaterne *v*; **-loop:** (*destillatie*): first running || avant-coulant *m* || Vorlauf *m*; (*fasen*): leading || avance *v* || Voreilung *v*; **-loophoek** (*fasen*): angle of lead || angle *m* d'avance *v* || Voreilungswinkel *m*; **-loophoek, relatieve:** angle of relative advance || angle *v* d'avance *v* relative || Relativvoreilungswinkel *m*; **-lopen** (*fasen*) to lead || avancer || voreilen; (*uurwerk*): to gain || avancer || vorlaufen.

voorloper: **1.** (*loglijn*): forerunner of the line, stray line || houache *m* du loch *m* || Vorläufer *m* der Logleine *v*;
2. (*schaaf*): jack plane || riflard *m* || Schropphobel *m*.

voor|lopig: provisional, temporary, preliminary || provisoire || vorläufig, provisorisch; **-luik:** fore hatch || écoutille *v* d'avant *m* || Vorluk *o*; **-man:** foreman, overseer || chef *m* d'équipe *v*, contremaître *m*; prote *m* (*drukkerij*) || Vorarbeiter *m*, Vormann *m*; **-muur:** face wall || mur *m* frontal || Stirnmauer *v*; **-onderzoek** (*octr.*): examination || examen *m* [préalable] || [Vor]prüfung *v*; **-onderzoeker** (*octr.*): examiner || examinateur *m* || [Vor]prüfer *m*; **-ontsteking:** advanced ignition || avance *v* à l'allumage *m* || Vorzündung *v*; **-ontwerp:** preliminary scheme || avant-projet *m* || Vorentwurf *m*, -projekt *o*; **-opening** (*schuif*): advanced (early) opening || avance *v* à la levée *v*, levée *v* anticipée || Voröffnung *v*; **-oververhitter:** presuperheater || surchauffeur *m* préalable || Vorüberhitzer *m*; **-plaat:** front plate || plaque *v* antérieure (de devant *m*) || Vorderplatte *v*; **-plecht:** fore cuddy || tille *v* de l'avant *m* || [Vorder]pflicht *v*; **-proef:** preliminary experiment (test) || essai *m* préliminaire || Vorversuch *m*; **-raad:** supply, stock, store || provision *v* || Vorrat *m*; **-raad, in:** on hand || en magasin *m* || vorrätig; **-raadkamer:** stores || magasin *m* || Vorratraum *m*; **-raadwagen:** store waggon || chariot *m* de botterie *v* || Vorratswagen *m*.

voorrang: **1.** (*octr.*): [Convention] priority || priorité *v* || Priorität *v*; **-sbewijs:** priority documents || document *m* de priorité *v* || Prioritätsbeleg *m*; **-sdatum:** priority (Convention) date || date *v* de priorité *v* || Prioritätsdatum *o*;
2. (*verkeer*): right of way || droit *m* de priorité *v* || Vorfahrtsrecht *o*; **-sweg:** major road || route *v* de priorité *v* || Hauptverkehrsstraße *v*, Straße *v* 1. Ordnung *v*.

voor|reiniger: preliminary purifier || épurateur *m* préalable || Vorreiniger *m*; (*flotatie*): rougher || dégrossisseuse *v* || Vorreiniger *m*, -schäumer *m*; **-reiniging:** preliminary cleaning || épuration *v* préalable || Vorreinigung *v*; **-riet:** front reed || peigne *v* de devant *m* || Vorderried *o*.

voorroer: bow rudder || gouvernail *m* de devant *m* || Bugruder *o*.

voor|rol (*spinnerij*): licker in, taker in || tambour *m* briseur || Einführungswalze *v*, Vorreißer *m*; **-ruit** (*auto*): front (wind) shield || paravent *m* || Windschutz *m*; (*windscherm*): wind-shield glass || parebrise *v* || Windschutzscheibe *v*; **-ruitopener:** handle of wind-[shield]-opener || commande *v* d'ouverture *v* de parebrise *m* || Griff *m* für Entlüftungskappe *v*; **-schacht** (*mijnb.*): fore-shaft || avant-puits *m* || Vorschacht *m*; **-schakelturbine:** auxiliary turbine || turbine *v* auxiliaire || Vorspannturbine *v*; **-schakelweerstand:** series resistance || résistance *v* additionellle en série *v* || Vorschaltwiderstand *m*, vorgeschalteter Widerstand *m*; **-schakelwiel:** additional turbine wheel || roue *v* additionnelle || Vorschaltrad *o*; **-scheider:** *zie* **voorreiniger** (*flotatie*); **-schip:** forecastle || avant *m* || Vorschiff *o*; **-schrift:** instruction, prescription, rule || instruction *v*, prescription *v* || Vorschrift *v*; **-schriften ter voorkoming v. ongevallen:** rules for the prevention of accidents || instructions *vm* préventives contre les accidents *mm* || Unfallverhütungsvorschriften *vm*; **-schriften v. d. bouw:** building regulations || instructions *vm* pour la construction *v* || Bauvorschriften *vm*; **-schriften v. d. bouw v. machines:** machine standards || prescriptions *vm* normales pour machines *vm* || Maschinennormalien *v*; **-schriften v. h. leggen van kabels:** instructions for laying cables || instructions *vm* pour la pose *v* des câbles *mm* || Vorschriften *vm* für Kabelverlegung *v*; **-sein:** advance (distant) signal || signal *m* à distance *v*, signal *m* avancé || Fernsignal *o*, Vorsignal *o*; **-slijpen:** to grind preparatorily || dégrossir à la meule *v* || vorschleifen; **-snijbeitel:** roughing plane iron || lame *v* à dégrossir || Vorschneider *m*, Vorschneidemesser *o*; **-snijtand** (*boorijzer*): nicker || pointe *v* tranchante || Vorschneidezahn *m*; **-spannen** (*beton*): to pre-stress || précontraindre || vorspannen; **-spant:** bow (forward) frame || couple *m* de proue *v* || Vorschiffspant *o*; **-spatscherm:** front fender || aile *v* avant || Vorderkotflügel *m*; **-spinkaarde:** finishing card, slubbing frame || carde *v* à boudin *m*, carde *v* continue (fileuse) || Vorspinnkrämpel *m*; **-spinmachine:** roving (stretching) frame || machine *v* à filer en doux *m*, métier *m* en gros *m* || Vorspinnmaschine *v*; **-spinmolen:** [slubbing] billy, slubbing machine || béli *m*, beyker *m* || Grobestuhl *m*, Vorspinnmaschine *v*; **-spinnen:** to rove, to prepare the roving (the slubbing) || filer en doux *m* (en gros *m*), préparer [la mèche *v*] pour la filature *v* || vorspinnen; **-spinsel:** roving || boudin *m*, mèche *v* || Vorgespinst *o*; **-spinsel, zwaar:** coarse roving || fil *m* en gros *m* || starkes Vorgespinst *o*; **-stad:** suburb || faubourg *m* || Vorort *m*; **-stadbaan:** suburban railway || chemin *m* de fer *m* de banlieue *v*, ligne *v* suburbaine || Vorortbahn *v*; **-ste:** front, forward || de devant *m*, avant, antérieur || vorder, Vorder-.

voorstel: **1.** (*voorslag*): proposal, suggestion || proposition *v* || Vorschlag *m*;
2. (*wagen*): fore body (carriage) || avant-train *m* || Vordergestell *o*.

voorstel|len: **1.** (*e. voorstel doen*): to propose, to suggest || proposer || vorschlagen;
2. (*uitbeelden*): to represent, to show || représenter, montrer || darstellen, zeigen; **-ling:** representation || représentation *v* || Darstellung *v*; **-ling, grafische:** graph, diagram || graphique *m*, graphic *v*, diagramme *m* || grafische Darstellung *v*, Schaubild *o*.

voor|steven: stem || étrave *v* || Vor[der]steven *m*; **-stevenknie:** stemson || marsouin *m* avant || Vorderstevenknie *o*; **-tafel:** front table || table *v* de devant *m* || Vordertisch *m*; **-tang:** side screw || presse *v* de devant *m* || Vorderzange *v*; **-tang** (*schaafb.*)**:** press || presse *v* || Zange *v*; **-tap:** end journal || tourillon *m* frontal || Stirnzapfen *m*.

voort|brengen: to produce || produire, créer || erzeugen, produzieren, herstellen; **-brenging:** production, producing || production *v* || Erzeugung *v*, Produktion *v*, Herstellung *v*; **-brengingskosten:** cost of producing (production) || coût *m*, frais *mm* de production *v* || Erzeugungs-, Herstellungs-, Produktionskosten *mrv.*; **-brengsel** (*algem*); product || produit *m* || Erzeugnis *o*; *zie ook* **produkt; waren; -durend:** continual(*ly*), continuous(*ly*), constant, lasting || continuel(*lement*), sans cesse *v*; constamment || [fort]dauernd, fortwährend, fortgesetzt, beständig; **-planten, zich** (*v. trillingen, enz.*)**:** to propagate, to travel || se propager || sich fortpflanzen; **-planting:** propagation || propagation *v* || Fortpflanzung *v*; **-plantingsconstante:** propagation constant || constante *v* de propagation *v* || spezifisches Übertragungsmaß *o*, Fortpflanzungskonstante *v*; **-plantingssnelheid:** velocity (speed) of propagation || vitesse *v* de propagation *v* || Fortpflanzungsgeschwindigkeit *v*; **-schuifbeweging** (*gereedsch.mach.*)**:** *zie* **aanzetbeweging; -schuifsnelheid** (*gereedsch.mach.*)**:** *zie* **aanzet; -schuifwiel** (*gereedsch.mach.*)**:** *zie* **voedingswiel; -stuwen:** to propel || propulsor || antreiben; **-stuwer:** propeller || propulseur *m* || Propeller *m*, Treibapparat *m*; **-stuwing:** propelling, propulsion || propulsion *v* || [An]trieb *m*, Fortbewegung *v*, Propulsion *v*; **-stuwing door atoomenergie** (*kernenergie*)**:** propulsion by nuclear (atomic) energy || propulsion *v* par énergie *v* nucléaire (atomique) || Antrieb *m* durch Kernenergie *v* (Atomenergie *v*); **-stuwing door water** (*petr.*)**:** water drive || poussée *v* hydraulique || Wassertrieb *m*.

voor|tros (*scheepst.*)**:** bow rope || amarre *v* de bout *m* || Bug-, Vortau *o*; **-uitbetaling:** advance payment || payement *m* d'avance *v* || Vorauszahlung *v*; **-uitexcentriek:** forward eccentric || excentrique *m* de marche *v* avant || Vorwärtsexzenter *o*; **-uitgaan:** to go forward || aller en avant *m* || vorwärtsgehen; **-uitlaat:** exhaust lead || avance *v* à l'échappement *m* || Vorauslaß *m*, -ausströmung *v*; **-uitspringen** (*uitsteken*): to project, to jut out || saillir, se projeter || vorspringen, vorkragen, vorstehen; **-uitspringend:** salient, jetting forth, jutting out, projecting || saillant || vorspringend, vorstehend; **-veer:** front spring || ressort *m* d'avant *m* || Vorderfeder *v*; **-verdamper:** auxiliary vaporiser || bouillotte *v* auxiliaire || Vorverdampfer *m*; **-verdamping:** pre-evaporation || vaporisation *v* préalable || Vorverdampfung *v*; **-vergassing:** pre-distillation || gazéification *v* préalable || Vorvergasung *v*; **-verwarmer:** preheater || réchauffeur *m* || Vorwärmer *m*; (*stoomketel*): feed [water] heater || réchauffeur *m* || Vorwärmer *m*; **-verwarming:** preheating, preliminary heating || chauffage *m* préalable, réchauffage *m* || Vorwärmung *v*; **-verwarming d. afgewerkte stoom** (*d. uitlaatgassen*): preheating by exhaust steam (*by waste gases*) || réchauffage *m* par vapeur *v* d'échappement *m* (*par gaz mm perdus*) || Vorwärmung *v* durch Abdampf *m* (*durch Abgase om*); **-vlak:** forward (frontal) surface || plan *m* (surface *v*) avant || Stirn-, Vorderfläche *v*; **-vlakken:** to tool with the roughing hammer || bretteler || kröneln; **-vloed:** young flood || eau *v* montante || Vorflut *v*; **-vork** (*rijwiel*): front fork || fourche *v* avant || Vordergabel *v*; **-vorm:** first shape || forme *v* primitive || Vorform *v*; **-waarts:** forward || en avant *m* || vorwärts; **-waartsschrede** (*bij bewikkeling*): forward pitch || pas *m* en avant *m* || Vorwärtsschritt *m*; **-waartsturbine:** ahead turbine || turbine *v* de marche *v* avant || Vorwärtsturbine *v*; **-wals:** blooming mill (roll), cogging (roughing) mill || cylindre *m* préparateur, train *m* dégrossisseur (ébaucheur) || Vorstraße *v*, -strecke *v*, -walze *v*, -walzwerk *o*; **-wand:** front wall || mur *m* frontal || Stirnwand *v*; **-warmen, enz.:** *zie* **voorverwarmen, enz.**; **-waterkamer:** front header || collecteur *m* antérieur (avant, de devant *m*) || vordere Wasserkammer *v*; **-werker:** *zie* **voorman**; **-werpglaasje:** *zie* **objectglaasje**; **-wiel:** fore wheel || roue *v* [d']avant *m* || Vorderrad *o*; **-wielmotor:** front wheel motor || moteur *m* attaquant l'essieu *m* d'avant *m* || Vorderradmotor *m*; **-ijlen:** *zie* **voorlopen** (*fasen*); **-ijling:** *zie* **voorloop** (*fasen*); **-ijzer** (*hoefsm.*): fore shoe || fer *m* de devant *m* || Vordereisen *o*; **-zitplaats:** front seat || siège *m* d'avant *m* || Vordersitz *m*; **-zorgsmaatregelen:** precautionary measures || mesures *vm* de précaution *v* || Vorsichtsmaßregeln *vm*.

voorzijde: 1. (*algem.*): front, fore-side || côté *m* avant (antérieur), face *v* antérieure || Vorder-, Stirnseite *v*;
2. (*boek*): front page || première page *v* || Titelseite *v*.

vore: furrow || sillon *m* || Furche *v*.

vork: fork || fourche *v*, fourchette *v* || Gabel *v*; **-, verende:** fork mounted on springs || fourche *v* à ressort *m* || federnde Gabel *v*; **-aanhaking** (*mijnb.*): fork-coupling || attelage *m* (accouplement *m*, embrayage *m*) à fourche[tte] *v*; Gabel-[zahn]kupplung *v*; **-as:** changing fork shaft || axe *m* de fourchette *v* || Gabelachse *v*; **-brug:** fork bridge || tirant *m* de la fourche *v* || Gabelklammer *v*; **-einde v. d. verbindingsstang** (*auto*): jaw end of steering tie rod || chape *v* pour bielle *v* de connexion *v* || Gabel *v* für Steuertraverse *v*; **-kruis:** pall || croix *v* fourchée (pairlée) || Gabelkreuz *o*; **-kruisstuk** (*rijwiel*): shoulder crosspiece of fork || entretoise *v* de fourche *v* || Gabelbrücke *v*; **-sleutel:** fork (pin) spanner (wrench) || clef *v* à fourche *v* (à griffes *vm*) || Gabelschlüssel *m*; **-tand:** prong of a fork || fourchon *m* || Gabelspitze *v*; **-vormig:** forked || fourchu || gabelförmig.

vorm: 1. (*gedaante*): figure, form, shape || forme *v* || Form *v*; **- van, in de:** in the shape (form) of, -shaped || en forme *v* de || in Form *v* von, -förmig; **-baarheid** (*klei*): plasticity, plastic properties || plasticité *v* || Bildsamkeit *v*, Plastizität *v*; **-en** (*vorm geven*): to shape, to form, to fashion || façonner || formen, bilden; **-gips:** sculptor's plaster || plâtre *m* de moulage *m* || Formgips *m*; **-ing:** shaping || façonnage *m* || Fassonierung *v*, Formung *v*; **-kaliber:** shaping pass || cannelures *vm* profilées || Formkaliber *o*; **-loos:** formless, shapeless, unshapen; amorphous || sans forme *v*, informe; amorphe || formlos, unförmlich, amorph; **-steen:** *zie* **profielsteen**; **-steenbekleding:** lining of cast stones || revêtement *m* avec des pierres *vm* profilées || Formsteinverkleidung *v*; **-verandering:** deformation || déformation *v* || Formänderung *v*; **-verandering, blijvende** (*tijdelijke*): permanent (*temporary*) deformation || déformation *v* permanente (*temporaire*) || permanente (*zeitliche*) Formänderung *v*; **-verandering, elastische:** elastic deformation || déformation *v* élastique || elastische Formänderung *v*; **-veranderingsarbeid:** work done in deformation || travail *m* de déformation *v* || Formänderungsarbeit *v*; **-wijze:** moulding process || procédé *m* de moulage *m* || Formverfahren *o*; **-ijzer:** moulded iron || fer *m* profilé || Formeisen *o*;

2. (*gieterij, enz.*): mould, die || moule *m* || Form *v*; **-, verstelbare:** adjustable mould || moule *v* réglable || verstellbare Form *v*; **-aarde:** green sand || sable *m* vert || grüner Sand *m*; **-aflichtmachine:** turn over type moulding machine || machine *v* à démouler avec plaque *v* à modèle *m* renversable || Abhebe[form]maschine *v* mit Wendeplatte *v*, Wendeplattenabhebeformmaschine *v*; **-bank:** moulder's bench || banc *m* de mouleur *m* || Formbank *v*; **-bord:** moulding board || planche *v* de fond *m* || Formplatte *v*; **-deksel:** top part of mould box || couvercle *m* de moule *m* || Formdeckel *m*; **-en:** to mould || mouler || formen; **-en bestrooien:** to underface moulds || saupoudrer des moules *mm* || Formen *vm* stäuben; **-en in zand:** sand moulding || moulage *m* en sable *m* || Sandformerei *v*; **-en naar model:** pattern moulding || moulage *m* au modèle *m* || Modellformerei *v*; **-en op platen:** plate moulding || moulage *m* sur plaque *v* || Plattenformerei *v*; **-en u. d. hand:** hand moulding || moulage *m* à la main *v* || Handformerei *v*; **-en, machinaal:** mechanical moulding || moulage *m* à la machine *v* || Maschinenformerei *v*; **-er:** moulder || mouleur *m* || Former *m*; **-mersgereedschap:** moulder's tools || ustensiles *mm* de mouleur *m* || Formersgerätschaft *o*; **-ersspa:** moulder's spade || bêche *v* de mouleur *m* || Formerspaten *m*; **-erij:** moulding hall (house) || atelier *m* (halle *v*) de moulage *m* || Formerei *v*, Formhalle *v*; **-gieting:** mould casting || moulage *m* en châssis *m* || Formguß *m*; **-helft:** half of mould || demi-moule *m* || Formhälfte *v*; **-ing:** moulding || moulage *m* || Formerei *v*; **-kast:** casting box, flask, moulding box || châssis *m* (forme *v*) de moulage *m* || Formkasten *m*; **-kast, bovenste** (*middelste*; *onderste*): top (upper) (*middle*; *bottom*, *lower*) box || châssis *m* supérieur (*intermédiaire*; *inférieur*), forme *v* supérieure (*intermédiaire*; *inférieure*) || Oberkasten *m* (*Mittelkasten m*; *Unterkasten m*); **-kast, wegneembare:** loose box || châssis *m* démontable || Abschlagformkasten *m*; **-kern:** mould core || noyau *m* de moule *m* || Formkern *m*; **-klei:** moulding clay || argile *v* (terre *v*) à mouler, argile *v* élastique || Formlehm *m*; **-machine:** moulding machine || machine *v* à mouler || Formmaschine *v*; **-machine m. draaischijf:** moulding machine with rotary table || machine *v* à mouler avec plateau *m* tournant || Drehtischformmaschine *v*; **-machine v. tandwielen m. mal:** machine for moulding gear wheels by means of a tooth block || machine *v* à mouler les engrenages *mm* au moyen *m* d'un fouloir *m* porte-segment (d'un segment-fouloir *m*) || Zahnräderschablonier-maschine *v*; **-materialen:** moulding materials || matériaux *mm* de moulage *m* || Formmaterialien *vm*, -stoffe *mm*; **-pers:** moulding press || presse *v* à mouler || Formpresse *v*; **-plaat v. steen:** moulding (pattern) plate || dalle *v* profilée, plaque *v* à modèle *m* || Form-, Modellplatte *v*; **-raam:** mould frame || moule *m* || Formrahmen *m*; **-spil:** mould spindle || trousseau *m* || Formspindel *v*; **-uitlichter:** lifting device for moulds || démouleuse *v* || Formabhebevorrichtung *v*; **-wagen:** mould carriage (trolley) || chariot *m* de machine *v* à mouler || Formwagen *m*; **-zand:** moulding sand || sable *m* de fonderie *v* (de moulage *m*) || Form-, Gießsand *m*; **-zand, mager** (*vet*): green (*loamy*) sand || sable *m* maigre (*gras*) || magerer (*fetter*) Formsand *m*; **-zandmengmachine:** moulding sand mixing machine || machine *v* à mélanger le sable *m* de moulage *m* || Formsandmischmaschine *v*; **-zandmolen:** edge runner || broyeur *m* à meules *vm* || Kollergang *m*, Rollmühle *v*; **-zandzeefmachine:** rotary sieve for moulding sand || machine *v* à tamiser le sable *m* de moulage *m* || Formsandsiebmaschine *v*;

3. (*typogr.*): form || forme *v* || [Satz]form *v*, Druckform *v*; **- opmaken, een:** to arrange a form || composer une forme *v* || eine Form *v* füllen; **- opsluiten, een:** to lock up (to quoin) a form || serrer une forme *v* || eine Form *v* einkeilen; **- uitnemen, een:** to lift out a form || relever une forme *v* || eine Form *v* ausheben;

4. (*chem.*): form; modification || forme *v*; modification *v* || Form *v*; Modifikation *v*; **- van, in de:** in the form of || sous forme *v* de || in Form *v* von, -förmig; **-, allotropische:** allotropic form || forme *v* allotropique || allotrope Form *v*; **-, amorfe:** amorphous form || forme *v* amorphe || amorphe Form *v*; **-, enantiomorfe:** enantiomorphous form || forme *v* énantiomorphe || enantiomorphe Form *v*; **-, gekristalliseerde:** crystallized form || forme *v* cristallisée || kristallisierte Form *v*; **-, gepolymeriseerde:** polymerized form || forme *v* polymérisée || polymerisierte Form *v*; **-, (*in*)actieve:** (*in*)active form || forme *v* (*in*)active || (*in*)aktive ((*un*)-wirksame) Form *v*; **-, isomere:** isomeric form || forme *v* isomérique || isomere Form *v*; **-, kristallijne:** crystalline form || forme *v* cristalline || kristallinische Form *v*; **-, plastische:** plastic form || forme *v* plastique || plastische Form *v*; **-, racemische:** racemic form || forme *v* racémique || racemische Form *v*; **-, vaste** (*vloeibare*)**:** solid (*liquid*) form || forme *v* solide (*liquide*) || feste (*flüssige*) Form *v*; **-en, zich:** to form || se former || sich bilden; **-ing:** formation || formation *v* || Bildung *v*; **-loos:** amorphous || amorphe || amorph.

vorst: 1. (*koude*): frost || gelée *v* || Frost *m*; **-scheur** (*hout*)**:** frost cleft (shake) || gélivure *v* || Eiskluft *v*; **-vrij:** frostproof || résistant à (à l'abri *m* de) la gelée *v* || frostbeständig, frostfrei; **-weermiddel:** anti-freeze [compound] || solution *v* anti-gel || Frost-, Gefrierschutzmittel *o*;
2. (*dak*): ridge || faîte *v* || First *m*, Forst *m*; **-balk:** ridge beam || poutre *v* de faîte *v* || Firstbalken *m*; **-bedekking:** ridging || faîtage *m* || Firsteindeckung *v*; **-lood:** ridge lead || plomb *m* de faîtage *m* || Firstblei *o*; **-pan:** ridge tile || tuile *v* faîtière || Firstziegel *m*; **-plaat:** ridge plate || tôle *v* de faîtage *m* || Firstblech *o*.

vouw: 1. (*algem.*): fold, wrinkle || pli *m*, plissage *m* || Falz *m*, Falte *v*; **-blaadje** (*recl.*)**:** leaflet || feuille *v* volante || Flug-, Werbe-blatt *o*; **-en:** to fold || plier || falten, falzen; **-er** (*typogr.*)**:** folder || plieur *m* || Falzer *m*; **-hek:** folding lattice door || porte *v* à treillis *m* || Gittertür *v*; **-ing:** folding || pliage *m* || Falzung *v*; **-machine:** [cramp] folding machine || machine *v* à plier || Falz-, Umschlagmaschine *v*; **-plank:** folding board || ais *m* à pliage *m* || Falzbrett *o*; **-stoel:** folding chair || siège *m* pliant || Klappstuhl *m*; **-stoeltje:** bracket seat || strapontin *m* || Faltsitz *m*; **-tafel:** folding table || table *v* à feuille *v* brisée || Klapptisch *m*;
2. (*beitel*): *zie* **snede 3.**

vraag (*naar e. art.*)**:** demand || demande *v* || Nachfrage *v*; **- en aanbod:** supply and demand || l'offre *v* et la demande *v* || Angebot *o* und Nachfrage *v*.

vracht: 1. (*algem.*): freight || cargaison *v*, frêt *m*, passage *m* || Fracht *v*, Ladung *v*; **- en assurantie inbegrepen:** cost, insurance and freight, c.i.f. || passage *m* et assurance *v* y compris || einschließlich Fracht *v* und Versicherung *v*, Fracht *v* und Versicherung *v* mit einbegriffen; **-automobiel:** freight motor car, [motor] truck (lorry, van) || camion *m* || Last[kraft]wagen *m*; **-besparing:** saving of freight || économie *v* de transport *m* || Frachtersparnis *v*; **-boot:** *zie* **vrachtschip; -brief:** delivery note, freight bill || lettre *v* de voiture *v*, connaissement *m* || Frachtbrief *m*; **-goed** (*schip*)**:** goods on freight || marchandises *vm* à frêt *m* || Frachtgut *o*; **-goed** (*spw.*)**:** goods sent by slow train || marchandises *vm* en petite vitesse *v* || Frachtgut *o*; **-goederenvervoer:** freight goods traffic || trafic *m* des marchandises *vm* à petite vitesse *v* || Frachtgutverkehr *m*; **-kar:** goeds cart || camion *m*, voiture *v* de roulage *m* || Fracht-, Lastwagen *m*; **-kosten:** cost of freight || frais *mm* d'expédition *v* || Frachtkosten *mrv.*; **-schip:** cargo vessel, merchantman || navire *m* de commerce *m*, navire *m* marchand, cargo *m* || Fracht-, Handelsschiff *o*; **-tarief:** bill of fares, freight tariff || tarif *m* de transport *m* || Frachtsatz *m*, -tarif *m*; **-verzekering:** shipping (transport) insurance || assurance *v* de transport *m* || Frachtversicherung *v*; **-vliegtuig:** freight airplane (carrying aircraft, carrier), freighter || avion *m* commercial || Frachtflugzeug *o*; **-vrij:** carriage free, free of freight, paid || franco, libre de frais *mm* (de frêt *m*) || frachtfrei, franko; **-wagen:** freight car, goods wagon, van || camion *m*, voiture *v* à marchandises *vm* || Lastwagen *m*;
2.: - hout, een: a wagonload of timber || une charretée *v* de bois *m* || eine Fuhre *v* Holz *o*;
3. (*schip*): cargo, load || charge *v* || Fracht *v*.

vragenlijst: questionnaire || questionnaire *m* || Fragebogen *m*.

vrang: *zie* **wrang.**

V-riem: V-belt || courroie *v* à (en) V (trapézoïdale) || Keilriemen *m*.

vries|punt: freezing point || point *m* de congélation *v* || Gefrierpunkt *m*; **-puntsverlaging:** depression of the freezing point || abaissement *m* du point *m* de congélation *v* || Gefrierpunktserniedrigung *v*; **-weermiddel:** *zie* **vorstweermiddel.**

vrouwen|coupee: *zie* **damescoupee; -zadel:** pinion, side saddle || selle *v* de femme *v* || Frauensattel *m*.

vruchten|essence: fruit essence || essence *v* de fruits *mm* || Fruchtessenz *v*, -äther *m*; **-suiker:** fruit sugar || sucre *m* de fruits *mm* || Fruchtzucker *m*; *zie ook* **fructose; levulose; -wijn:** fruit wine || vin *m* de fruits *mm* || Frucht-, Obstwein *m*.

vrij: 1. (*algem.*): free(*ly*) || libre(*ment*) || frei; **- aan boord:** free on board, f.o.b. || franc à bord *m*, f.o.b. || frei an Bord *m*, f.o.b., f.a.b.; **- baan maken:** to clear a passage || dégager le passage *m* || Platz *m* schaffen, den Weg *m* freimachen; **- van:** free from || exempt de || frei von; **- v. invoerrechten:** duty free || exempt de droits *mm* || zollfrei; **- wagon** (*handelst.*)**:** free on trucks || franco wagon *m* || frei Waggon *m*; **- worden** (*warmte, enz.*)**:** to be liberated || être libéré (dégagé) || freiwerden; **-boord:** *zie* **uitwatering; -beweeglijk:** freely movable || à mouvement *m* libre || freibeweglich; **-dragend:**

freely supported (*balk, enz.*); overhung (*wiel*); cantilevered (*muur*); overhanging (*trap*) || reposant librement (*balk, enz.*); en porte *v* à faux *m* (*wiel*); portant .... librement posé (*muur*); suspendu (*trap*) || freitragend (*balk*; *muur*; *wiel*; *trap*); fliegend (*wiel*); **-geven** (*spoor*): to clear, to unblock || débloquer || entblocken, freigeben; **-heid:** freedom || liberté *v* || Freiheit *v*; **-heid v. beweging:** freedom of movement || indépendance *v* de mouvement *m* || Bewegungsfreiheit *v*; **-heidsgraad:** degree of freedom || degré *m* de liberté *v* || Freiheitsgrad *m*; **-komen** (*warmte, enz.*): *zie* **vrijworden**; **-loop:** free travel || course *v* libre || Freilauf *m*; **-maken** (*warmte, enz.*): to liberate || libérer || freimachen; **-slag** (*zuiger*): piston clearance || jeu *m* du piston *m* || Kolbenspielraum *m*; **-staand:** free-standing (*schoorsteen, enz.*); detached (*huis*); self-supporting (*muur*); independent (*kraan, enz.*) || indépendant, isolé || freistehend; **-vallend:** free falling || à libre chute *v* || freifallend; **-wiel:** freewheel || roue *v* libre || Freilaufrad *o*; **-wielnaaf:** freewheel hub (boss) || moyeu *m* de la roue *v* libre || Freilaufnabe *v*; **-wording** (*warmte, enz.*): liberation || libération *v*, dégagement *m* || Freiwerden *o*;
2. (*onbezet*): vacant, free || vacant || frei;
3. (*spoor*): clear || débloqué || entblockt;
4. (*chem.*: *niet gebonden*): free || libre || frei; **-komen:** to be liberated || être libéré || freikommen; **-maken:** to liberate, to set free || libérer || freimachen; **-maken van** (*uit*): to free from (*to liberate from*) || débarrasser de (*dégager de, libérer de*) || befreien von (*freimachen aus*); **-worden:** to be liberated || se dégager, se libérer || freiwerden.

vuil: 1. (*z. nw.*): dirt (*algem.*); town refuse (*stadsvuil*); sweepings, filth (*vuilnis*) || saleté *v*, ordure *v*, crasse *v* (*algem.*); crotte *v* (*straatvuil*); immondices *vm* (*vuilnis*); résidus *mm* urbains, gadoues *vm*, immondices *vm* (*stadsvuil*) || Schmutz *m*, Dreck *m*, Kot *m* (*algem.*); Straßenkehricht *m*, *o* (*straatvuil*); Müll *m*, Kehricht *m*, *o*; Schmutz *m* (*vuilnis*); **-nis:** *zie* **vuil 1**; **-nisbak:** dust (orderly) bin || boîte *v* aux ordures *vm*, ordurier *m*, poubelle *v* || Mülleimer *m*, -kasten *m*, Kehrichtfaß *o*; **-nisbelt:** refuse dump || voirie *v* || Müllabladeplatz *m*; **-nisvat:** dust tub (bin) || ordurier *m*, poubelle *v* || Kehrichtfaß *o*; **-niswagen:** dust (dung) cart || chariot *m* de transport *m* des (tombereau *m* à) ordures *vm* || Müllabfuhrwagen *m*, Müllkarren *m*; **-verbranding:** refuse destruction, burning of town refuse || incinération *v* des immondices *vm* || Müllverbrennung *v*; **-verbrandingsoven:** [refuse] incinerator, refuse destructor || four *m* d'incinération *v*, incinérateur *m* || Müllverbrennungsofen *m*;
2. (*bijv. nw.*): dirty, muddy, foul || boueux, sale || schlammig, schmutzig; **-maken:** to [make] dirty, to soil || salir || schmutzigmachen, beschmutzen.

vul|aarde (*bouwk.*): filling earth || terre *v* à remblai *m* || Füllerde *v*; **-blok:** filling block || bloc *m* de remplissage *m* || Füllblock *m*; **-deur** (*oven*): charging (working) door || porte *v* de charge *v* || Eintrageöffnung *v*; **-dop m. draad:** filling screw plug || bouchon *m* de remplissage *m* à vis *v* || Füllschraube *v*; **-factor** (*elektr.*): space factor || facteur *m* de remplissage *m* || Füllfaktor *m*; **-haar** (*zadelm.*): stuffing || bourre *v* || Füllhaar *o*; **-hoogte:** depth of charge || hauteur *v* de remplissage *m* || Füllungshöhe *v*; **-hout:** stem piece || membre *m* de remplissage *m* || Füllholz *o*; **-inrichting:** charging device || dispositif *m* de chargement *m* || Füllvorrichtung *v*; **-installatie** (*ballon*): inflating plant || installation *v* de gonflement *m* || Füllanlage *v*; **-kaan:** volcano || volcan *m*) || Vulkan *m*; **-kachel:** slow combustion stove || poêle *m* à combustion *v* continue (lente) || Füllofen *m*; **-kanisatie:** vulcanisation, vulcanizing, curing || vulcanisation *v* || Vulkanisierung *v*; **-kanisch:** volcanic || volcanique || vulkanisch; **-kaniseerketel:** vulcanising pan || chaudière *v* de vulcanisation *v*, vulcanisateur *m* || Vulkanisierkessel *m*; **-kaniseermachine:** vulcanizing machine || appareil *m* à vulcaniser || Vulkanisierapparat *m*; **-kaniseren:** to vulcanise || vulcaniser || vulkanisieren; **-kanisering:** *zie* **vulkanisatie**; **-kaniseringsmiddel:** vulcanizing agent || agent *m* vulcanisant || Vulkanisierungs-, Vulkanisationsmittel *o*; **-kraan:** filling cock || robinet *m* de remplissage *m* || Füllhahn *m*.

vullen: 1. (*algem.*): to fill || remplir || füllen;
2. (*mijnb.*): to fill (pack, stow) || remblayer || versetzen.

vullepel: hand ladle, scoop || cuiller *v* de coulée *v* || Füllöffel *m*.

vulling: 1. (*h. vullen*) (*algem.*): filling [up] || remplissage *m* || [Auf]füllung *v*, Anfüllung *v*;
2. (*weverij*): wadding || remplage *m* de la chaîne *v* || Füllung *v*, Watte *v*;
3. (*ballon*): inflation || gonflement *m* || Füllung *v*;
4. (*h. vullen*) (*mijnb.*): filling, stowing, packing || remblayage *m* || Bergeversatz *m*; (*materiaal*) (*mijnb.*): stowage material, stowing, rubbish, waste, filling || rem-

blais *mm* || Versatzmaterial *o*, -berge *mm*; **-, gedeeltelijke** (*volledige*)**:** partial (*complete*) stowing || remblayage *m* partiel (*complet*) || Teilversatz *m* (*Vollversatz m*).

vullings|gat (*scheepst.*)**:** limber hole || anguillère *v* || Nüstergatt *o*; **-graad:** degree of admission || degré *m* d'admission *v* || Füllungsgrad *m*; **-ketting** (*scheepst.*)**:** limber chain (clearer) || chaîne *v* des anguillères *vm* || Reinigungskette *v*; **-plank** (*scheepst.*)**:** limber load || paraclose *v* || Füllung *v*, Kielwasserlaufwegerung *v*; **-regeling:** regulation of degree of admission || réglage *m* du degré *m* d'admission *v* || Füllungsreglung *v*; **-tijd:** duration of filling || durée *v* de remplissage *m* || Füllungsdauer *v*.

vul|machine: filling machine || mécanisme *m* de remplissage *m* || Füller *m*, Füllmaschine *v*; (*mijnb.*)**:** stower, stowing machine || remblayeur *m*, remblayeuse *v* mécanique || Versatzmaschine *v*; **-mand:** filling basket || benne *v* de déversement *m* || Füllkorb *m*; **-massa** (*accu*)**:** filling [paste], insulating compound || matière *v* active (de remplissage *m*, isolante), pâte *v* de remplissage *m* || Füll-, Isoliermasse *v*; **-materiaal:** filling material, filler || matériaux *mm* de remplissage *m*, filler *m* || Füllmaterial *o*, Füllstoff *m*; *zie ook* **vulling 4** (*materiaal*) (*mijnb.*); **-opening:** charging hole, filling opening || orifice *m* (ouverture *v*) de chargement *m* || Füllöffnung *v*; **-penhouder:** fountain pen || plume *v* [à] réservoir *m* || Füllfeder *v*; **-plaat:** liner, lining, piece plate, plating || [plaque-]fourrure *v* || Futter *o*, -platte *v*, -stück *o*; **-plaatje:** *zie* **latoenplaatje; -pomp:** charging pump || pompe *v* de remplissage *m* || Füllpumpe *v*; **-raam** (*vormkast*)**:** filling frame || cadre *m* de remplissage *m* || Aufsetz-, Füllrahmen *m*; **-schacht:** feeding chute, charging duct || puits *m* de remplissage *m* || Füllschacht *m*; **-slang:** filling hose (tube) || boyau *m* de gonflement *m* (de remplissage *m*) || Füllschlauch *m*; **-spant:** filling timber || couple *m* de remplissage *m* || Füllungspant *o*; **-steen:** *zie* **vulling 4** (*materiaal*) (*mijnb.*); **-stof:** filler || matière *v* de remplissage *m*, filler *m* || Füllstoff *m*; **-stuk:** caulking (packing, intermediate) piece; spacing block || cale *v*, pièce *v* intercalaire (intermédiaire, d'épaisseur *m*, d'espacement *m*) || Beilage *v*, Distanzklötzchen *o*, Einsatz-, Füll-, Paß-, Zwischenstück *o*; **-stijl:** filling post || poteau *m* de remplissage *m* || Füllpfosten *m*, Zwischenständer *m*; **-tenk:** filling tank || caisse *v* de remplissage *m* || Füllkasten *m*; **-toestel:** filling apparatus || appareil *m* de remplissage *m* || Füllvorrichtung *v*; **-trechter:** (charging, storage] hopper, funnel || cuve *v* de remplissage *m*, entonnoir *m* (trémie *v*) de chargement *m* || Füllrumpf *m*, -schacht *m*, -trichter *m*, Sammeltrichter *m*, Schüttrumpf *m*; *zie ook* **hopper; kaar; tremel; trechter.**

vuren| schoonmaken, de: to poke (to stir) the fires || nettoyer les feux *mm* || die Feuer *om* schüren; **- uitdoven, de:** to put out the fires || éteindre les feux *mm* || die Feuer *om* auslöschen; **-hout:** white fir wood || bois *m* de sapin *m* rouge || Fichtenholz *o*.

vuur: 1. (*vlammen*)**:** fire || feu *m* || Feuer *o*; **- aanblazen, het:** to blow up the fire || activer le feu *m* par soufflage *m* || das Feuer *o* anfachen; **- bedienen, het:** to stoke the fire || conduire le feu *m* || das Feuer *o* bedienen; **- inmaken, het:** to bank up [the fire] || couvrir le feu *m* || das Feuer *o* zudecken; **- vanzelf laten uitgaan, het:** to let the fire die out || laisser s'éteindre le feu *m* || das Feuer *o* abbrennen lassen; **-, afgedekt:** banked fire || feu *m* couvert || bedecktes Feuer *o*; **-aanmaker:** tinder for making fire || allume-feu *m* || Feueranzünder *m*; **-baan:** area covered by the fire || trajet *m* (parcours *m*) de flammes *vm* || Feuerbahn *v*; **-bankschroef:** smith's vice || étau *m* à chaud *m* || Feuerschraubstock *m*; **-bluskraan:** fire cock || robinet *m* à feu *m* || Feuerhahn *m*; **-brug:** [fire] bridge || autel *m* [du foyer *m*] || Feuerbrücke *v*; **-brug m. luchttoevoer:** split bridge || autel *m* à évents *mm* (à entrée *v* d'air *m*) || Feuerbrücke *v* mit Luftzuführung *v* Windfeuerbrücke *v*; **-bundel:** fire gerb' || gerbe *v* de feu *m* || Feuergarbe *v*; **-deur:** fire door || porte *v* de foyer *m* || Feuer-, Heiztür *v*; **-deuropener:** fire door opener || ouvreporte *m* de foyer *m* || Feuertüroffner *m*; **-deurraam:** fire door frame || cadre *m* (encadrement *m*) de devanture *v* (de la porte *v* du foyer *m*) || Geschränk-, Heiztürrahmen *m*; **-deurraamplaat:** furnace front || devanture *v* de foyer *m* || Feuergeschränk *o*, Garnitur *v*; **-gang:** fire tube, flue || tube-foyer *m* || Flammrohr *o*; **-gang, gegolfde** (*gladde*)**:** corrugated (*smooth*) fire tube (flue, furnace) || tube-foyer *m* ondulé (*lisse*) || Well[flamm]rohr *o* (*glattes Flammrohr o*); **-gangketel:** fire tube (flue) boiler || chaudière *v* à tube-foyer *m* || Flammrohrkessel *m*; **-gangring:** furnace ring || bague *v* (virole *v*) de tube-foyer *m* || Flammrohrring *m*; **-geleidend:** igniferous || ignifère || feuerführend; **-gereedschap:** *zie* **stookgereedschap; -haard:** fire place, furnace, hearth || foyer *m* || Feuerherd *m*,

Feuerung *v*; **-haard m. geforceerde trek:** furnace with forced draught || foyer *m* à air *m* comprimé || Druckluft-, Preßluftfeuerung *v*; **-haard m. hulpvuurbrug:** furnace with auxiliary fire bridge || foyer *m* à chicane *v* || Wehrfeuerung *v*; **-haard m. kettingrooster:** chain grate stoker || foyer *m* avec grille *v* à chaîne *v* || Kettingrostfeuerung *v*; **-haard m. stoking v. gas en kolen:** combined gas and coal furnace || foyer *m* combiné || gemischte (kombinierte) Feuerung *v*; **-haard m. stoking v. onderen:** underfeed furnace || foyer *m* à chargement *m* inférieur || Feuerung *v* mit Beschickung *v* von unten; **-haard m. verschuifbare vuurbrug:** furnace with adjustable bridge || foyer *m* à autel *m* déplaçable || Feuerung *v* mit verschiebbarer Feuerbrücke *v*; **-haard v. gasvormige brandstof:** furnace for gaseous fuel || foyer *m* à combustible *m* gazeux || Feuerung *v* für gasförmigen Brennstoff *m*; **-haard v. houtstoking:** wood fired furnace || foyer *m* à bois *m* || Holzfeuerung *v*; **-haard v. steenkolenstoking:** furnace for coal || foyer *m* à charbon *m* || Kohlenfeuerung *v*; **-haard v. vloeibare brandstof:** furnace for liquid fuel || foyer *m* à combustible *m* liquide || Feuerung *v* für flüssigen Brennstoff *m*; **-haardtop:** crown of furnace, furnace roof || ciel *m* de foyer *m* || Feuerungs-, Feuerraumdecke *v*; **-kist:** fire box (chest) || boîte *v* (caisse *v*) à feu *m*, foyer *m* intérieur à parois *vm* planes || Feuerbüchse *v*, -kiste *v*; **-kistdeksel:** fire box crown || ciel *m* de foyer *m* || Feuerkistendecke *v*; **-kistmantel:** fire box shell || corps *m* de boîte *v* à feu *m* || Feuerbüchsmantel *m*; **-kistmontering:** fire box armature || garniture *v* du foyer *m* || Armatur *v* der Feuerkammer *v*; **-kistraam:** fire box frame || carcasse *v* de boîte *v* à feu *m* || Feuerbüchsrahmen *m*; **-kistromp:** fire box shell || corps *m* (enveloppe *v*) de boîte *v* à feu *m* || Feuerbüchsmantel *m*; **-kisttop:** *zie* **vuurkistdeksel; -kisttopplaat:** fire box crown plate || tôle *v* de ciel *m* de foyer *m* || Feuerbüchsendeckenblech *o*; **-kistwand:** wall of fire box || paroi *v* de foyer *m* || Feuerkistenwand *v*; **-klei:** fire clay || argile *v* réfractaire || feuerfester Ton *m*; **-kleurig:** flame coloured || couleur *v* de feu *m* || feuerfarbig; **-koord:** firing tape || cordeau *m* porte-feu || Zündschnur *v*; *zie ook* **lont; -las:** forge welding || soudure *v* || Feuerschweißung *v*; **-mond:** gun, piece of ordnance || bouche *v* à feu *m* || Geschütz *o*; **-muur:** fire fan wall || para-feu *m* || Feuermauer *v*; **-opaal:** fire opal || opale *v* de feu *m* || Feueropal *m*; **-opening:** fire hole || ouverture *v* de foyer *m* || Feuerloch *o*; **-pan:** fire pan || brasier *m* || Feuerpfanne *v*; **-passer** (*smeden*)**:** smith's compasses || compas *m* de forgeron *m* || Feuerzirkel *m*; **-plaat:** furnace plate || tôle *v* à feu *m* || Feuerblech *o*; **-pot:** fire pot || pot *m* à feu *m* || Feuertopf *m*; **-proef:** fire test, trial by fire || épreuve *v* au feu *m* || Feuerprobe *v*; **-pijl:** rocket || fusée *v* || Rakete *v*; **-pijlbuis:** rocket tube || tube *m* à fusées *vm* || Raketenrohr *o*; **-pijlhuis:** rocket case || cartouche *v* de fusée *v* || Raketenhülse *v*; **-pijlrichtstok:** rocket stick || baguette *v* de direction *v* || Raketenstab *m*; **-pijltoestel:** rocket frame (stand) || chevalet *m* de fusées *vm* || Raketengestell *o*; **-rad:** fire wheel || roue *v* de feu *m* || Feuerrad *o*; **-regen:** fire rain || pluie *v* de feu *m* || Feuerregen *m*; **-rooster:** fire grate || grille *v* à feu *m* || Feuerrost *m*; **-scherm:** fire screen || écran *m*, garde-feu *m* || Feuerschirm *m*; **-schip:** *zie* **lichtschip; -schop:** fire shovel || pelle *v* à feu *m* || Feuerschaufel *v*; **-steen:** *zie* **vlint; -steenpapier:** flint paper || papier *m* de silex *m* || Feuersteinpapier *o*; **-straal:** line (stream) of flame || jet *m* de flamme *v* || Feuerstrahl *m*; **-toren:** light tower (house), pharos || phare *m* || Leuchtturm *m*; **-vast:** fireproof, refractory || à l'épreuve *v* du feu *m*, ignifuge, réfractaire || feuer-, hitzebeständig, -fest, -sicher; **-vastheid:** resistivity against fire || résistance *v* au feu *m* || Feuerbeständigkeit *v*; **-verzilvering:** hot silvering || argenture *m* au feu *m* || Feuerversilberung *v*; **-wapen:** fire weapon, gun || arme *v* à feu *m* || Feuerwaffe *v*; **-werk:** firework || feu *m* d'artifice *v* || Feuerwerk *o*; **-ijzer:** *zie* **pook; 2.** (*i. h. hout*)**:** decomposition, gangrene, rot || décomposition *v*, gangrène *m*, pourriture *v* || Fäule *v*, Fäulnis *v*.

V-vormig: V-shaped || en V *m* || V-förmig.

vijf|blad (*bouwk.*)**:** cinq[ue]foil || cinq feuille *v* || Fünfblatt *o*; **-eenhedenalfabet:** five-unit alphabet || alphabet *m* à cinq éléments *mm* || Fünferalphabet *o*; **-fasensysteem:** five phase system || système *m* pentaphasé || Fünfphasensystem *o*; **-hoek:** pentagon || pentagone *m* || Fünfeck *o*, Pentagon *o*; **-hoekig:** five angled, pentagonal || pentagone || fünfeckig, pentagonal; **-leidernet:** five wire network || réseau *m* à cinq fils *mm* || Fünfleiternetz *o*; **-leiderstelsel:** five wire system || système *m* à cinq fils *mm* || Fünfleitersystem *o*; **-vlak:** pentahedron || pentaèdre *m* || Fünfflach *o*, Pentaeder *o*, Fünfflächner *m*; **-vlakkig:** pentahedral || à cinq faces *vm*, pentaèdre || fünfflächig, pentaedrisch; **-voud:** quintuple ||

quintuple *m* || Fünffache *o*; **-voudig:** fivefold, quintuple || quintuple || fünffach; **-waardig:** pentavalent || pentavalent || fünfwertig, pentavalent; **-zuilig:** pentastyle || pentastyle || fünfsäulig; **-zijdig:** five-sided, quinquelateral, pentahedral || à cinq côtés *mm* || fünfseitig.

vijl: file || lime *v* || Feile *v*; **- harden, een:** to harden a file || tremper une lime *v* || eine Feile *v* härten; **- kappen, een:** to cut a file || tailler une lime *v* || eine Feile *v* hauen; **-, driekante:** three square (regular taper) file || lime *v* à tiers-point || Dreikantfeile *v*; **-, dubbele half-ronde:** cross (oval, double halfround) file || lime *v* ovale || Karpfenfeile *v*; **-, grove:** *zie* **armvijl** *onder* **arm 1; -, half-ronde:** half round file || lime *v* demi-ronde || Halbrundfeile *v*; **-, holle:** hollowing file || lime *v* à forer || Hohlfeile *v*; **-, platte spitse:** taper flat (hand) file || lime *v* plate pointue || flachspitze Feile *v*; **-, platte stompe:** equalling file || lime *v* rectangulaire || flachstumpfe Feile *v*; **-, ronde:** round file, rattail || lime *v* ronde, queue *v* de rat *m* || Rundfeile *v*, Rattenschwanz *m*, Reibahle *v*; **-, ruwe:** course (rough) file, rubber || lime *v* grosse || Grobfeile *v*; **-bank:** filing bench || banc *m* à limer (d'ajusteur *m*) || Feilbank *v*; **-beitel:** file chisel || étoile *v* du tailleur *m* de limes *vm* || Feilenmeißel *m*; **-blok:** filing block || bois *m* à limer || Feilholz *o*; **-borstel:** file brush || brosse *v* à lime *v* || Feilenbürste *v*; **-en:** to file || limer || feilen; **-enkapmachine:** file cutting machine || machine *v* à tailler les limes *vm* || Feilenhaumaschine *v*; **-enkappersaanbeeld:** cutting block, file cutting anvil || enclume *v* à limes *vm* || Feilenamboß *m*; **-enstaal:** file steel || acier *m* à limes *vm* || Feilenstahl *m*; **-hardingsoven:** file hardening furnace || four *m* à tremper les limes *vm* || Feilenhärteofen *m*; **-hecht:** file handle || manche *v* de lime *v* || Feilenheft *o*; **-houder:** file holder || mordache *v* || Feilenhalter *m*; **-kapping:** cut of file || taille *v* de lime *v* || Feilenhieb *m*; **-machine:** filing (shaping) machine, shaper || étau-limeur *m*, limeuse *v*, machine *v* à limer || Feil-, Shapingmaschine *v*; **-schroef:** *zie* **handschroef; -sel:** filings || limaille *v* || Feillicht *o*, Feilspäne *mm*; **-selzeef** (*goudsm.*): file dust sieve || plateau *m* || Feilspänsieb *m*; **-stof:** file dust || limature *v* || Feilstaub *m*; **-streek:** file stroke || coup *m* de lime *v* || Feilenstrich *m*.

vijzel: 1.: *zie* **mortier;**
2. (*hefwerkt.*): [lifting] jack, screw jack || cric *m*, vérin *m* || Hebebock *m*, Schraubenwinde *v*, Winde *v*; **- m. drievoet:** tripod jack || cric *m* à trépied *m* || Dreifußwinde *v*; **- m. waterdruk:** hydraulic draw coupling, hydraulic jack || levier *m* (vérin *m*) hydraulique || hydraulische Zugwinde *v*, Wasserdruckwinde *v*; **- m. wormwiel:** jack with worm drive || cric *m* à vis *v* sans fin *m* || Winde *v* mit Schneckenradantrieb *m*; **- v. h. lichten v. locomotieven:** locomotive jack || cric *m* (vérin *m*) à locomotive *v* || Lokomotivhebebock *m*, -winde *v*; **- v. rijtuigen, auto's, enz.:** car jack || lève-auto *m*, lève-voiture *m* || Wagenwinde *v*, -heber *m*; **-lichaam:** jack body || corps *m* (fût *m*) de cric *m* || Windenkörper *m*, -schaft *v*; **-schroef:** jack screw || vis *v* de cric *m* || Windenschraube *v*;
3.: *zie* **schroef v. Archimedes** *onder* **schroef 1.**

W

waad: *zie* **asbolaan.**

waag: 1.: *zie* **balans; -balk:** balance beam || levier *m* de balance *v* || Waagebalken *m*; **-schaal:** balance scale || plateau *m* de balance *v* || Waagschale *v*;
2. (*gebouw*): weigh[ing] house || poids *m* public || Waage *v*.

waaien: to blow || venter || wehen.

waaier: 1. (*handwaaier*): fan || éventail *m* || Fächer *m*; **-antenne** (*gordijnantenne*): fan (curtain) aerial || antenne *v* en éventail *m* (à rideau *m*) || Fächerantenne *v*; **-deur:** wing gate || porte *v* en éventail *m* || Fächertor *o*; **-sluis:** wing gate sluice (lock) || écluse *v* avec porte *v* en éventail *m* || Fächerschleuse *v*; **-venster:** fan shaped window || fenêtre *v* en éventail *m* || Fächerfenster *o*; **-vormig:** fan shaped || en éventail *m* || fächerförmig;
2. *zie* **ventilator;**
3. (*drukpers*): flyer || raquette *v* || Stabausleger *m*; **-latten:** flyer sticks (laths) || verges *vm* de raquette *v* || Auslegerstäbe *mm*;
4. (*centrif.pomp*; *ventilator*): impeller, runner || roue *v* || Lauf-, Flügelrad *o*, Kreisel *m*; **-blad:** *zie* **schoep 2;**
5. (*roerder*): impeller, beater, stirrer ||

rotor *m*, hélice *v*, agitateur *m* || Rührer *m*, Rührwerk *o*.

waakvlam: pilot flame || veilleuse *v* || Zündflamme *v*.

waarde: 1. (*geldswaarde*): value || valeur *v* || Wert *m*; **-vermindering:** depreciation || dépréciation *v* || Entwertung *v*; **2.** (*grootheid*): value, amount || valeur *v*, grandeur *v* || Wert *m*, Größe *v*; **- v. h. vermogen, ogenblikkelijke:** instantaneous value of the power || puissance *v* momentanée || Augenblicksleistung *v*; **-, calorische:** caloric value || valeur *v* calorifique || kalorischer Wert *m*; **-, effectieve:** virtual value || valeur *v* efficace || Effektivwert *m*, effektiver Wert *m*; **-, effectieve** (*wisselstroom*)**:** *zie* **waarde, middelbare; -, gemiddelde:** mean (average) value || valeur *v* moyenne || Mittelwert *m*, mittlerer Wert *m*; **-, hoogste:** maximum (optimum) value || valeur *v* maximum || Höchst-, Maximalwert *m*; **-, laagste:** minimum (lowest) value || valeur *v* minimale || Mindest-, Minimalwert *m*; **-, middelbare** (*wisselstroom*)**:** root mean square (effective) value || valeur *v* moyenne quadratique (efficace) || quadratischer Mittelwert *m*, effektiver Wert *m*, Effektivwert *m*; **-, nominale:** nominal value || valeur *v* nominale || Nennwert *m*; **-, ogenblikkelijke:** instantaneous value || valeur *v* instantanée || Momentanwert *m*.

waardigheid: valence, valency || valence *v* || Wertigkeit *v*, Valenz *v*.

waarne|men: to observe || observer || beobachten; **-ming:** observation || observation *v* || Beobachtung *v*; **-mingsfout:** error in observation || erreur *v* d'observation *v* || Beobachtungsfehler *m*; **-mingsspiegel:** observation mirror || miroir *m* d'observation *v* || Beobachtungsspiegel *m*.

waarschijnlijk|heid: probability || probabilité *v* || Wahrscheinlichkeit *v*; **-heidsrekening:** probability calculus || calcul *m* de probabilité *v* || Wahrscheinlichkeitsrechnung *v*.

waarschuwings|bel (*spw.*)**:** crossing bell || sonnerie *v* d'approche *v* (d'avertissement *m*) || Warnungsläutwerk *o*; **-bord:** caution (danger) board || plaque *v* (panneau *m*) d'avertissement *m* || Warnungsschild *o*, -tafel *v*; **-signaal:** danger (warning) signal || signal *m* d'avertissement *m* || Warnungszeichen *o*.

wacht|er (*spw.*)**:** flagman || garde-ligne *m*, garde-route *m* || Bahnwärter *m*; **-huisje:** signal box (cabin) || cabine *v* (guérite *v*) de signaleur *m* || Signalbude *v*; **-kamer:** waiting room || salle *v* d'attente *v* || Wartesaal *m*; **-kamer voor dames** (*spw.*)**:** ladies' room || salle *v* d'attente *v* pour les dames *vm* || Damenzimmer *o*; **-teken:** waiting signal || signal *m* d'attente *v* || Wartezeichen *o*; **-toren:** watch tower || beffroi *m*, donjon *m* || Wachtturm *m*.

wafelkruising (*text.*)**:** honeycomb design (weave) || armure *v* nid *m* d'abeille *v* || Waffelbindung *v*.

wagen: 1. (*algem.*)**:** car[t], carriage || chariot *m*, voiture *v* || Wagen *m*; **- m. inwendige besturing:** all weather body || conduite *v* intérieure || Wagen *m* mit Innenlenkung *v*; **-, open:** open car (wagon) || voiture *v* ouverte || offener Wagen *m*; **-, platte:** flat (platform) wagon || wagon-plate-forme *m* || Plattformwagen *m*, Plateauwagen *m*; **-bak:** waggon box || caisse *v* de wagon *m* || Wagenkasten *m*; *zie ook* **carrosserie; -bestuurder:** driver || chauffeur *m*, conducteur *m* de la voiture *v* || Wagenführer *m*; **-bestuurder** (*kabelbaan*)**:** wagon starter || préposé *m* à la manoeuvre *v* des wagonnets *mm* || Wagenschieber *m*; **-bouw:** coach building || carrosserie *v* || Wagenbau *m*; **-bouwer** (*auto*)**:** coach builder || carrossier *m* || Wagenbauer *m*; **-brug:** carriage bridge || pont *m* de voiture *v* || Wagenbrücke *v*; **-drager:** car suspension tackle || [cadre *m* de] suspension *v* du wagonnet *m* || Wagen-, Kastengehänge *o*; **-fabriek:** carriage works || fabrique *v* de voitures *vm* || Wagenfabrik *v*; **-kast:** carriage body || caisse *v* (corps *m*) de voiture *v* || Wagenkasten *m*; **-kleed:** car cover, tilt, top awning || bâche *v* (banne *v*) de voiture *v* || Wagenplane *v*, Schirm-, Wagentuch *o*; **-kleed** (*deken*)**:** carriage rug || couvrepieds *m*, tapis *m* de voiture *v* || Fuß-, Wagendecke *v*; **-ladder:** cart rack || ridelle *v* || Wagenleiter *v*; **-lichter:** jack || cric *m* || Wagenheber *m*; **-loods:** car shed, garage || garage *m*, remise *v* à voitures *vm* || Garage *v*, Wagenhalle *v*, -schuppen *m*; **-loodsisolator:** *zie* **remise-isolator; -maker:** cart-, wheelwright || charron *m* || Stellmacher *m*, Wagner *m*; **-makersgereedschap:** cart-wright's (wheelwright's) tools || outils *mm* de charron *m* || Stellmacherzeug *o*; **-makershout:** cartwright's timber || bois *m* de charronnage *m* || Wagnerholz *o*; **-makerswerk:** cartwright's (wheelwright's, wheeler's) work || ouvrage *m* de charron *m* || Stellmacherarbeit *v*; **-makerij:** cartwright's shop || atelier *m* de charron *m* || Stellmacherei *v*; **-montering:** car (carriage) fittings || ferrures *vm* de la voiture *v* || Wagenbeschlag *m*; **-park:** fleet of cars || parc *m* au voitures *vm* || Wagenpark *m*; **-raam:** car frame || châssis *m* de voiture *v* || Wagengestell *o*;

-rong: stanchion || rancher *m* || Wagenrunge *v*; **-schot:** wainscot[ing] || merrain *m* || Wagenschoß *o*, -schoft *m*, -schuß *m*; **-slede:** lifting slide || glissière *v* pour chariot *m* || Hebekulisse *v* für Träger *m*; **-smeer:** carriage (coach, wheel) grease || graisse *v* pour voitures *vm* || Wagenschmiere *v*; **-smid:** coach founder, tire smith || ferreur *m* || Beschlag-, Wagenschmied *m*; **-spoor:** [wheel] rut || ornière *v* || Rad-, Wagenspur *v*; **-teller** (*kabelbaan*)**:** wagon counter || compteur *m* de wagonnets *mm* || Wagenzählvorrichtung *v*; **-tje** (*voor het afrollen v. kabels*)**:** barrow for uncoiling wires || brouette *v* de déroulement *m* || Abwick[e]lungskarre *v*; **-type:** type of car || type *m* de voiture *v* || Wagentyp *m*; **-vangtoestel** (*kabelbaan*)**:** wagon catching device || mécanisme *m* d'arrêt *m* || Wagenfänger *m*, -fangvorrichtung *v*; **-veer:** carriage spring || ressort *m* de voiture *v* || Wagenfeder *v*; **-vorken:** forks for lifting levers || fourches *vm* pour chariot *m* || Wagenhebelgabeln *vm*; **-vracht:** cartload || charretée *v* || Karrenladung *v*; **-wiel:** carriage (cart) wheel || roue *v* de voiture *v* || Wagenrad *o*; **-zwengel:** swing[le]tree || palonnier *m* || Ortscheit *o*, Wagenschwengel *m*;

2. (*spinnerij*): carriage || chariot *m* || Wagen *m*; **-achteruitgang:** gaining [of the carriage], draw of the mule || traction *v* du chariot *m* || Wagenzug *m*; **-loop:** stretch, draw || avalée *v*, aiguillée *v* || Auszug *m*; **-snoer:** carriage cord || corde *v* du chariot *m* || Wagenschnur *v*; **-spinbank:** selfactor [mule] || renvideur *m* à chariot *m* || Wagenspinner *m*;

3. (*spw.*): [railway] car, wagon || voiture *v* [de chemin *m* de fer *m*], wagon *m* || [Eisenbahn]wagen *m*, Waggon *m*;

4. (*voor luchtspoor*): cableway car || wagonnet *m* de transport *m* aérien || Seilbahnwagen *m*.

wagon: *zie* **wagen 3; - m. bodemkleppen:** wagon with hinged bottom || wagon *m* avec trappe *v* de fond *m* (fond *m* à rabattement *m*) || Wagen *m* mit Bodenklappen *vm*; **-batterij:** car battery || batterie *v* de voiture *v* || Wagenbatterie *v*; **-bovenbouw:** carriage body || caisse *v* de voiture *v* || Wagenkasten *m*; **-dak:** carriage roof || toiture *v* de voiture *v* || Wagendach *o*; **-draaischijf:** wagon turntable || plaque *v* tournante pour wagons *mm* || Wagendrehscheibe *v*; **-fabriek:** wagon works || fabrique *v* de wagons *mm* || Waggonfabrik *v*; **-inhoud:** capacity of wagon || contenance *v* du wagon *m* || Wageninhalt *m*; **-inspectieloods:** carriage inspection shed || halle *v* de visite *v* des voitures *vm* || Wagenuntersuchungshalle *v*; **-installatie:** car installation || installation *v* de wagon *m* || Wageninstallation *v*; **-kabel** (*elektr.*)**:** car cable || câble *m* de voiture *v* || Wagenkabel *o*; **-kilometer:** car kilometer || voiture-kilomètre *m*, wagon-kilomètre *m* || Wagenkilometer *o*; **-kiptoestel:** wagon tipping device || basculeur *m* (culbuteur *m*) à wagons *mm* || Wagenkipper *m*; **-klasse:** class of wagon || classe *v* de voiture *v* || Wagenklasse *v*; **-kraan:** wagon crane || grue *v* montée sur wagon *m* || Waggonkran *m*; **-lading:** wagon load || chargement *m* de wagon *m* || Wagenladung *v*; **-lift:** car elevator, wagon lift || ascenseur *m* de wagons *mm* || Wagenaufzug *m*, -hebewerk *o*; **-loods:** car (carriage) shed || hangar *m* à (dépôt *m* de) wagons *mm*, remise *v* à voitures *vm* || Wagenschuppen *m*; **-onderstel:** carriage frame || châssis *m* de chariot *m* || Wagengestell *o*; **-park** (*spw.*)**:** rolling stock || parc *m* à voitures *vm* || Wagenpark *m*; **-sluiting:** carriage closing mechanism || fermeture *v* de voiture *v* || Wagenverschluß *m*; **-veer:** *zie* **rijtuigveer; -venster:** carriage window || fenêtre *v* de voiture *v* || Wagenfenster *o*; **-ventilatie:** ventilation of carriage || ventilation *v* des voitures *vm* || Wagenlüftung *v*; **-verwarming:** carriage heating || chauffage *m* des voitures *vm* || Wagenheizung *v*; **-verwarmingstoestel:** car radiator || radiateur *m* de voiture *v* || Wagenheizkörper *m*; **-weegtoestel:** wagon balance (weighing machine) || bascule *v* à wagons *mm* || Wagenwaage *v*; **-werkplaats:** carriage shop (works) || atelier *m* des wagons *mm* || Wagenwerkstatt *v*; **-wiel:** carriage (wagon) wheel || roue *v* de wagon *m* || Wagenrad *o*.

wagons| aanhaken: to attach wagons || accrocher (atteler) des wagons *mm* || Wagen *mm* ansetzen; **- afhaken:** to detach wagons || décrocher des wagons *mm* || Wagen *mm* absetzen (aussetzen); **- rangeren:** to shunt wagons || trier des wagons *mm* || Wagen *mm* verschieben.

wa|ken (*boei*)**:** to watch || veiller || wachen; **-ker** (*scheepst.*)**:** dog vane || penon *m* || Verklicker *m*, Windfahne *v*; **-kercontroletoestel, elektrisch:** electric-recorder of a round || contrôleur *m* électrique de ronde *v* || elektrische Wächterkontrollanlage *v*.

wal: coast, shore || bord *m*, côte *v* || Ufer *o*, Wall *m*; **-, aarden:** terrace || terrasse *v* || Erdwall *m*, Terrasse *v*; **-anker:** shore anchor || ancre *m* de terre *v* || Wallanker *m*; **-muur:** rampart wall || chemise *v* de rempart *m* || Wallmauer *v*; **-rushuid:** seal hide || peau *v* de morse *m* || Walroßhaut *v*; **-rustraan:** seal oil || huile *v* de vache *v* marine || Walroßtran *m*; **-schot:** *zie* **spermaceti; -visbaard:** whalebone, -fin || barbe *v* (fanon *m*) de baleine *v* || Walfischbarte *v*; **-visdek:** whaleback deck || pont *m* en dos *m* de baleine *v* || Walrückendeck *o*; **-vistraan:** whale oil || huile *v* de baleine *v* || Walfischtran *m*; **-visvaarder:** whaler || baleinier *m* || Walfischfänger *m*; **-visvangst:** whale fishery, whalery || pêche *v* à la baleine *v* || Walfischfang *m*.

walengang: wing passage || galerie *v* d'entrepont *m* || Wallgang *m*.

walk|aarde: *zie* **volaarde; -en** (*text.*)**:** to full, to mill || fouler || walken; **-hamer:** fulling stock || fouloir *m* || Walkhammer *m*; **-machine:** fulling engine || machine *v* à fouler, fouleuse *v* || Walkmaschine *v*; **-molen:** fulling mill || moulin *m* à foulon *m* || Walkmühle *v*.

wals: 1. (*rol*)**:** roll[er] || cylindre *m*, rouleau *m* || Walze *v*; *zie ook* **cilinder; rol; trommel; -, elastische:** elastic (resilient) roller || rouleau *m* élastique || elastische (federnde) Walze *v*; **-, gegroefde:** fluted (grooved) roller || cylindre *m* cannelé || Riffelwalze *v*; **-, gekoelde:** cooled roller || rouleau *m* refroidi || gekühlte Walze *v*; **-, getande:** toothed roller || rouleau *m* denté || Zahnwalze *v*; **-, gladde:** smooth roller || rouleau *m* lisse || glatte Walze *v*; **-, holle:** hollow roller || rouleau *m* creux || Hohlwalze *v*; **-, verwarmde:** heated roller || rouleau *m* chauffé || erwärmte (erhitzte) Walze *v*;
2. *zie* **walsenstoel; walsmolen; walsrol; walswerk.**

wals|aanzetter (*elektr.*)**:** drum starter|| démarreur *m* à cylindre *m* || Walzenanlasser *m*; **-afstand:** distance between rolls || écartement *m* des cylindres *mm* || Walzenabstand *m*; **-baar:** capable of being rolled || laminable || walzbar; **-beweging:** rotation of rolls || rotation *v* des cylindres *mm* || Walzenbewegung *v*; **-buigmachine:** bending rolls || machine *v* à cintrer à rouleaux *mm* || Walzenbiegemaschine *v*; **-draaibank:** roll lathe || tour *m* à tourner les cylindres *mm*, laminoir *m* || Walzendrehbank *v*; **-druk:** pressure of the rolls || pression *v* de laminage *m* || Walzendruck *m*; **-druk** (*katoen*)**:** cylinder printing || impression *v* au rouleau *m* || Walzendruck *m*; **-drukmachine** (*katoen*)**:** cylinder printing machine || machine *v* à imprimer au rouleau *m* || Walzendruckmaschine *v*; **-en** (*ww.*)**:** to roll, to laminate || laminer, cylindrer || wälzen; (*z. nw.*)**:** *zie* **walsenstoel; walswerk; -enas:** tail of roll, gudgeon || tige *v* (queue *v*) de cylindre *m* || Walzenschwanz *m*; **-enkaardmachine:** roller card || carde *v* à hérissons *mm* || Walzenkarde *v*, -kratze *v*; **-enstoel:** [laminating] rollers || laminoir *m* || Walzenstuhl *m*, Walzen *vm*; *zie ook* **walswerk; -fout:** fault due to rolling || défaut *m* de laminage *m* || Walzfehler *m*; **-frees:** *zie* **mantelfrees; -groefmachine:** roll fluting machine || machine *v* à canneler, canneleuse *v* || Walzenfurchmaschine *v*; **-groefmachine** (*houtbew.*)**:** tonguing and grooving machine with revolving cutter block || machine *v* à cylindres *mm* pour faire des rainures *vm* et languettes *vm* || Walzenspundmaschine *v*; **-huid:** mill scale (cinder) || écailles *vm* de laminage *m* || Walzhaut *v*; **-kaliber:** roll caliber || calibre *m* de cylindre *m* de laminoir *m* || Walzenkaliber *o*; **-korrelmachine:** granulating machine || grenoir *m* à cylindres *mm* cannelés || Walzenkörnmaschine *v*; **-molen:** roller mill, roll crusher (mill), crushing rolls || broyeur *m* (moulin *m*) à cylindres *mm* (rouleaux *mm*) || Walzenbrecher *m*, -mühle *v*; **-raam:** housing || cage *v* de laminoir *m* || Walzgerüst *o*; **-richting:** direction of rolling || sens *m* de laminage *m* || Walzrichtung *v*; **-rol** (*walsmolen*)**:** roll || cylindre *m* || Walze *v*; **-rolmantel:** *zie* **walsrolring; -rolring** (*walsmolen*)**:** shell || bandage *m* || Walzenmantel*m*; **-schaafmachine:** planing machine with cylindrical cutters || raboteuse *v* à cylindres *mm* || Walzenhobelmaschine *v*; **-stuk:** piece to be rolled || pièce *v* à laminer || Walzstück *o*; **-stijl:** housing || montant *m* de cage *v* de laminoir *m* || Walzenständer *m*; **-vorm:** section of pass || profil *m* de laminage *m* || Walzform *v*; **-werk:** rolling mill || laminoir *m* || Walzwerk *o*; **-werk voor platen:** sheet rolling mill || laminoir *m* à tôles *vm* || Blechstraße *v*, -strecke *v*, -walzwerk *o*; **-werk m. twee rollen:** twin rolling (two high) mill || laminoir-duo *m*, train-duo *m* || Duo-, Zweiwalzwerk *o*; **-werk m. drie rollen:** three high mill || [train-]trio *m* || Drei-, Triowalzwerk *o*; **-werkdrijfmachine:** rolling mill engine || machine *v* motrice de laminoir *m* || Walzenzugmaschine *v*; **-ijzer:** rolled (drawn out) iron || fer *m* laminé || Walzeisen *o*; **-zaagraam:** vertical timber frame with roller feed || scie *v* verticale alternative avec avance *v* par cylindres *mm* || Walzengatter *o*.

wan: winnow || van *m* || Wanne *v*; **-machine:** winnowing-machine || vanneuse *v* || Wannmaschine *v*; **-nen:** to winnow || vanner || wannen, worfeln, schwingen.

wankant (*hout*)**:** bad bevel, dull (wan[e]y) edge || flache *v*, dévers *m* || Baum-,

Wahnkante *v*; **-kantig:** dull edged || flacheux || baum-, wahnkantig.

wand: wall, partition || mur *m*, paroi *v* || Wand *v*; (*mijnb.*): wall, side || paroi *v* [latérale], piédroit *m* || Stoß *m*, Ulm *m*; **- v. latwerk:** lattice partition || cloison *v* lattée || Lattenwand *v*; **-, dubbele:** double wall || double paroi *v* || Doppelwand[ung] *v*; **-, geribde:** ribbed wall || paroi *v* à nervures *vm* || gerippte Wand[ung] *v*; **-, vlakke:** smooth wall || paroi *v* lisse || glatte Wand[ung] *v*; **-aansluiting** (*elektr.*)**:** wall junction || prise *v* de courant *m* murale || Wandanschluß *m*; **-aansluitingsdoos:** wall junction box || boîte *v* de jonction *v* murale || Wandanschlußdose *v*; **-afstand:** distance from the wall || distance *v* au mur *m* || Wandabstand *m*; **-arm:** *zie* **muurconsole; -bekleding:** lining of (wain-scoting on) walls || garniture *v* (revêtement *m*) de paroi *v* || Wandbekleidung *v*; **-bepleistering:** *zie* **muurbepleistering; -beschildering:** walls painting || peinture *v* murale || Wandbemalung *v*; **-boormachine:** wall drilling machine || foreuse *v* murale || Wandbohrmaschine *v*; **-contact:** wall plug || contact *m* mural || Wandkontakt *m*; **-contactdoos:** wall-socket || socle *m* de prise *v* de courant *m* || Wandsteckdose *v*; **-contactdoos m. aardingscontact:** wall socket with earthing contact || socle *m* de prise *v* de courant *m* muni d'un dispositif *m* de mise *v* en communication *v* avec le sol *m* || Wandsteckdose *v* mit Schutzkontakt *m*; **-contactdoos, beveiligde:** wall socket with fuses || socle *m* de prise *v* de courant *m* à éclipse *v* || gesicherte Wandsteckdose *v*; **-contactdoos, concentrische:** concentric wall socket || socle *m* de prise *v* de courant *m* à contacts *mm* concentriques || konzentrische Wandsteckdose *v*; **-contactdoos, gepantserde:** metal-clad wall socket || socle *m* de prise *v* de courant *m* blindé || metallgekapselte Wandsteckdose *v*; **-contactdoos, onverwisselbare:** non-reversible wall socket || socle *m* de prise *v* de courant *m* à broches *vm* polarisées || unverwechselbare Wandsteckdose *v*; **-contactdoos, vergrendelbare:** interlocked switch socket || socle *m* de prise *v* de courant *m* verrouillé par interrupteur *m* || verriegelte Wandsteckdose *v*; **-contactdoos, verzonken:** flush socket || socle *m* de prise *v* de courant *m* à encastrer || Unterputzsteckdose *v*; **-dikte** (*stoomketel, enz.*)**:** thickness of plate (shell) || épaisseur *v* de paroi *v* || Wandstärke *v*; (*muur*)**:** thickness of wall || épaisseur *v* de paroi *v* || Wandstärke *v*; **-doorvoering:** *zie* **muurdoorvoering; -draaikraan:** wall slewing crane || grue *v* **murale** pivotante || Wanddrehkran *m*; **-gascomfoor:** gas cooker attached to wall || réchaud *m* à gaz *m* en applique *v* || Wandgaskocher *m*; **-kast:** cupboard || armoire *v* de paroi *v*, placard *m* || Wandschrank *m*; **-kraan:** wall cock || robinet *m* mural || Wandhahn *m*; **-kraan** (*hefwerktg.*)**:** *zie* **muurkraan; -lamp:** wall lamp || lampe *v* murale || Wandlampe *v*; **-lamphouder:** wall lamp holder || douille *v* murale || Wandfassung *v*; **-lier:** bracket (wall) winch || treuil-console *m*, treuil *m* d'applique *v* || Konsol-, Wandwinde *v*; **-plaat:** wall plate || plaque *v* murale || Wandplatte *v*; **-pijler:** half pillar || pilastre *m* engagé || Wandpfeiler *m*; **-reclame:** painted wall sign || peinture *v* de pignons *mm* || Wandbemalung *v*, gemaltes Wandschild *o*; **-rozet:** wall rosette || rosace *v* murale || Mauer-, Wandrosette *v*; **-schakelbord:** *zie* **muurschakelbord; -staaf:** panel rod (member stay), bracing || barre *v* de treille *v* || Füll[ungs]stab *m*, Wandglied *o*; **-stellage:** wall stand || étagère *v* murale, chantier *m* mural à gradins *mm* || Wandstufengestell *o*; **-stoel:** *zie* **muurconsole; -stoel** (*mach.*)**:** wall bracket || console *v* || Wandbock *m*, -konsole *v*, -lagerstuhl *m*; **-tapijt:** wall tapestry || tapisserie *v* || Wandteppich *m*; **-toestel** (*elektr.*)**:** wall instrument || appareil *m* mural || Wandapparat *m*; **-toestelkast:** wall instrument box || boîte *v* d'appareil *m* mural || Wandapparatgehäuse *o*; **-zuil:** imbedded column || colonne *v* engagée || Wandsäule *v*.

wang: 1. (*lich.deel*)**:** check || joue *v* || Backe *v*, Backen *m*;
2. (*mast*)**:** cheek || flasque *v* || Backen *m*;
3. (*trap*)**:** carriage || limon *m* || Wange *v*; **-trap:** carriage stairs || escalier *m* à limons *mm* || Wangentreppe *v*;
4. (*geweerkolf*)**:** cheek piece || joue *v* de crosse *v* || Backenansatz *m*, Kolbenbacken *m*;
5. -beitel (*mijnb.*)**:** regular cable tool bit || trépan *m* à joues *vm* (type *m* normal) || Backenmeißel *m*.

wankel: unstable || labile || wack[e]lig, kipplich; **-baar:** labile, unstable || instable || labil; **-baarheid:** unstability || instabilité *v* || Labilität *v*.

want: rigging, shroud || hauban *m* || Want *o*; **-, lopend:** running rigging || manoeuvres *vm* courantes || laufendes Gut *o* (Tauwerk *o*); **-, staand:** standing rigging || manoeuvres *vm* dormantes || stehendes Gut *o*; **-klamp:** shroud cleat || taquet *m* de hauban *m* || Wantklampe *v*; **-kloot:** shroud truck || pomme *v* de hauban *m* || Wantklote *v*; **-knoop:** shroud knot, messenger || noeud *m* de hauban *m* || Wantknoten *m*; **-ladder:** shroud ladder || échelle *v* de hauban *m* || Wantletter *v*; **-schroef:** rigging screw, turnbuckle || ridoir *m* || Spannschraube *v*, -schloß *o*; **-slag:** plainlaid rope || cordage *m* en trois || Trossenschlag *m*; **-spreiding:** inclination of the shrouds || épatement *m* des haubans *mm* || Wantenneigung *v*, -spreiz *m*; **-stopper:** shroud stopper || bosse *v* de haubans *mm* || Wantstopper *m*; **-strop:** shroud selvedge || estrope *v* à rider les haubans *mm* || Wantstropp *m*; **-talie:** rigging tackle || palan *m* de revers *m* (à rider les haubans *mm*) || Wantentalje *v*.

wapen: arm, weapon || arme *v* || Waffe *v*; **-en** (*versterken*)**:** to arm, to reinforce || armer || bewehren, armieren, bewaffnen; **-fabriek:** arm factory || manufacture *v* d'armes *vm* || Waffenfabrik *v*; **-ing:** *zie* **bewapening; -ing, verticale:** longitudinal reinforcing [iron] || armature *v* verticale, poitrail *m* || Trageisen *o*, vertikale Bewehrung *v* (Armierung *v*); **-ingsijzer:** reinforcing metal || barre *v* d'armature *v* || Armierungseisen *o*; **-rek:** rack for small arms || râtelier *m* d'armes *vm* || Waffengerüst *o*, -gestell *o*.

ward-leonardschakeling: Ward-Leonard system || système *m* Ward-Léonard || Ward-Leonard-Antrieb *m*.

waren: wares, goods, commodities || produits *mm*, marchandises *vm* || Waren *vm*; **-kennis:** knowledge of commodities (of trade products) || connaissance *v* des marchandises *vm*, merciologie *v* || Warenkunde *v*.

warghout: wary fibred wood || bois *m* à fibre *v* sinueuse || wimmeriges Holz *o*.

warm: hot || chaud || heiß, warm; *zie ook* **heet; - worden:** to [get] warm || s'échauffer || sich erwärmen; **-beitel:** blacksmith's (hot, red, top) chisel || tranche *v* [à chaud *m*] || Schrotmeißel *m*; **-breukig:** red short || cassant à chaud *m* || rotbrüchig; **-buigproef:** hot bending test || essai *m* de pliage *m* à chaud *m* || Warmbiegeprobe *v*; **-draad:** *zie* **verhittingsdraad; -draadampèremeter:** *zie* **verhittingsdraadampèremeter; -draadwattmeter:** *zie* **verhittingsdraadwattmeter; -en:** to warm || chauffer || wärmen; **-lopen:** to run hot, to heat up || s'échauffer || heiß-, warmlaufen.

warmte: heat || chaleur *v* || Wärme *v*, Hitze *v*; **- afleiden:** to abstract heat || dériver de la chaleur *v* || Wärme *v* abführen; **- bij constante druk** (*constant volume*)**, soortelijke:** specific heat at constant pressure (*constant volume*) || chaleur *v* spécifique à pression *v* constante (*volume m constant*) || spezifische Wärme *v* bei gleichbleibendem (konstantem) Druck (*gleichbleibendem* (*konstantem*) *Volumen o*); **- doorlaten:** to transmit heat || laisser passer la chaleur *v* || Wärme *v* durchlassen; **- onttrekken:** to absorb **(to** abstract, to eliminate, to withdraw) heat || enlever (soustraire) de la chaleur *v* || Wärme *v* abführen (entziehen); **- uitstralen:** to radiate heat || émettre de la chaleur *v* || Wärme *v* ausstrahlen; **-, gebonden:** *zie* **warmte, latente; -, in de:** warm, hot || à chaud *m* || in der Wärme *v*, warm, Warm-; **-, latente:** latent heat || chaleur *v* latente || latente (gebundene) Wärme *v*; **-, niet gebonden:** *zie* **warmte, vrije; -, nodige:** [amount of] heat required, demand (requirement) of heat || [quantité *v* de] chaleur *v* nécessaire || Wärmebedarf *m*; **-, nuttige:** useful (effective) heat || chaleur *v* utile (effective) || nutzbare Wärme *v*, Nutzwärme *v*; **-, nuttig gebruik van:** heat utilisation || utilisation *v* thermique (de la chaleur *v*) || Wärmeausnützung *v*, thermische Ausnützung *v*; **-, onttrokken:** absorbed heat || chaleur *v* absorbée (cédée) || entzogene Wärme *v*; **-, ontwikkelde:** generated heat || chaleur *v* dégagée || entwickelte Wärme *v*; **-, soortelijke:** specific heat || chaleur *v* spécifique || spezifische Wärme *v*; **-, toegevoerde:** heat supplied (transmitted) || chaleur *v* communiquée (transmise) || zugeführte Wärme *v*; **-, voelbare:** *zie* **warmte, vrije; -, vrije:** free heat || chaleur *v* libre || freie (ungebundene) Wärme *v*; **-accumulator:** heat accumulator, storage heater || accumulateur *m* thermique (de chaleur *v*) || Wärmeakkumulator *m*, -speicher *m*; **-accumulator, elektrische:** electric heat accumulator || accumulateur *m* électrique de chaleur *v* || elektrischer Wärmespeicher *m*; **-afgifte:** delivery (emission) of heat, heat abstraction (elimination) || cession *v* (dégagement *m*, émission *v*) de chaleur *v* || Wärmeabfuhr *v*, -abgabe *v*; **-balans:** heat balance || bilan *m* thermique (calorifique) || Wärmeausweis *m*, -bilanz *v*; **-besparing:** saving of heat || économie *v* de chaleur *v* || Wärmeersparnis *v*; **-beweging:** heat motion (transfer), movement of heat || mouvement *m* de la chaleur *v* || Bewegung *v* der Wärme *v*, Wärmebewegung *v*; **-beweging der moleculen:** molecular heat movement (motion) || mouvement *m* moléculaire de la chaleur *v*, mouvement *m* thermique des molécules *vm* || Wärmebewegung *v* der Molekeln *vm* (Moleküle *om*); **-capaciteit:** heat [absorption] capacity, capacity for (of) heat || capacité *v* calorifique (thermique), chaleur *v* spécifique || Wärmeaufnahmefähigkeit *v*, -kapazität *v*; **-dichtheid:** quantity of heat per unit of volume || densité *v* thermique, quantité *v* de chaleur *v* par unité *v* de volume *m* || Wärmedichte *v*; **-dynamometer:** heat dynamometer || dynamomètre *m* thermique || Wärmedynamometer *o*, *m*; **-eenheid:** caloric (heat, [metric] thermal) unit || unité *v* de chaleur *v* (thermique), [grande] calorie *v*, calorie-kilogramme *v*, kilogramme-degré *m* || [große] Kalorie, Kilogrammkalorie *v*, Wärmeeinheit *v*; **-eenheid, Britse:** British thermal unit (B.T.U.) || unité *v* thermique anglaise || britische Wärmeeinheit *v*; **-equivalent** (*mechanisch*)**:** (*mechanical*) equivalent of heat || équivalent *m* (*mécanique*) de la chaleur *v* || (*mechanisches*) Wärmeäquivalent *o*; **-evenwicht:** heat balance || équilibre *m* thermique || Wärmegleichgewicht *o*; **-geleider:** conductor of heat || conducteur *m* de la chaleur *v* || Wärmeleiter *m*; **-geleiding:** conduction of heat, heat (thermal) conduction || conduction *v* de la chaleur *v* (thermique) || Wärmeleitung *v*; **-geleidingscoëfficiënt:** coefficient of heat conduction || coefficient *m* de conduction *v* de chaleur *v* (de conductibilité *v* thermique) || Wärmeleitungskoeffizient *m*, -leit[ungs]zahl *v*; **-geleidingsvermogen:** heat conductivity, capacity for conduction of heat || conductibilité *v* thermique (de la chaleur *v*) || Wärmeleitvermogen *o*, -leitfähigkeit *v*; **-graad:** degree of heat || degré *m* de chaleur *v* || Wärmegrad *m*; **-inhoud:** heat contents || chaleur *v* || Wärmeinhalt *m*; **-leer:** thermodynamics, theory of heat || thermodynamique *v*, théorie *v* de la chaleur *v* || Thermo-, Wärmedynamik *v*, Wärmemechanik *v*, -lehre *v*; **-meter:** *zie* **calorimeter; -meting:** *zie* **calorimetrie; -omzetting:** transformation of heat || transformation *v* de la chaleur *v* || Wärmeumsetzung *v*; **-onttrekking door verdamping:** absorption of heat by evaporation || absorption *v* de chaleur *v* par vaporisation *v* || Bindung *v* von Wärme *v* durch Verdampfung *v*; **-ophoping:** accumulation of heat, heat storage || accumulation *v* (emmagasinage *m*) de chaleur *v*, cantonnement *m* (retenue *v*) de la chaleur *v* || Wärmeaufspeicherung *v*, -stauung *v*; **-opslorpingsvermogen:** heat absorption capacity, caloric receptivity || capacité *v* d'absorption *v* de la chaleur *v*, pouvoir *m* absorbant (réceptivité *v*) thermique || Wärmeaufnahmefähigkeit *v*; **-opwekking:** heat production, production of heat || production *v* de chaleur *v* || Wärmeerregung *v*; **-overbrenging:** heat transfer, transmission of heat || transmission *v* de chaleur *v* || Wärmeübertragung *v*, -übergang *m*; **-overbrengingscoëfficiënt:** *zie* **warmteovergangscoëfficiënt; -overdracht:** *zie* **warmteoverbrenging; warmteovergang; -overgang:** passage (transfer, transmission) of heat || passage *m* de chaleur *v* || Wärmeübergang *m*, -durchgang *m*, Übergang *m* von Wärme *v*; **-overgang b. e. meetbare temperatuurdaling:** transfer (transmission) of heat at a definite drop in temperature || transmission *v* de la chaleur *v* à une chute *v* de température *v* finie || Übergang *m* von Wärme *v* bei endlichem Temperaturgefälle *o*; **-overgang bij oneindig kleine temperatuurdaling:** transmission of heat at infinitely small drop in temperature || transmission *v* de la chaleur *v* à une chute *v* de température *v* infinitésimale || Übergang *m* von Wärme *v* bei unendlich kleinem Temperaturgefälle *o*; **-overgangscoëfficiënt:** coefficient of heat transmission || coefficient *m* de transmission *v* de la chaleur *v* || Wärmeübergangszahl *v*, -koeffizient *m*; **-overgangsplaats:** place (point) of heat passage || endroit *m* (point *m*) de passage *m* de la chaleur *v* || Wärmedurchgangsstelle *v*; **-spanning:** heat stress || tension *v* due à la chaleur *v* || Wärmespannung *v*; **-straal:** heat ray || rayon *m* calorifique || Wärmestrahl *m*; **-stroom:** flow of heat, heat current (flow) || flux *m* de chaleur *v* || Wärmestrom *m*; **-toeneming:** increase of heat || augmentation *v* de chaleur *v* || Wärmezuwachs *m*; **-toevoer:** supply of heat || fourniture *v* de chaleur *v* || Wärmezuführung *v*; **-uitstraling:** heat radiation, radiation of heat || rayonnement *m* (radiation *v*) de chaleur *v* || Wärme[aus]strahlung *v*; **-uitstralingsvermogen:** radiating capacity || pouvoir *m* rayonnant || Wärmeausstrahlungsfähigkeit *v*; **-uitwisselaar:** heat exchanger || échangeur *m* de chaleur *v* || Wärmeaustauscher *m*; **-uitwisseling:** exchange (interchange) of heat, heat interchange || échange *v* de chaleur *v* (thermique) || Wärmeaustausch *m*, -ausgleichung *v*; **-uitzetting:** heat (thermal) expansion, expansion by heat || dilatation *v* thermique || Ausdehnung *v* durch Wärme *v*, thermische Ausdehnung *v*, Wärmeausdehnung *v*; **-verbruik per pk en per uur:** heat consumption per H.P. per hour || consommation *v* en calories *vm* par chevalheure *v* || stündlicher Wärmeverbrauch *m* per P.S. *v*; **-vergelijking:** heat equation || équation *v* de la chaleur *v* || Wärmegleichung *v*; **-verhoging:** increase of heat || augmentation *v* de chaleur *v* || Wärmeerhöhung *v*; **-verspilling:** heat dissipation || dissipation *v* de chaleur *v* || Wärmevergeudung *v*; **-voortplanting:** propagation of heat || propagation *v* de la chaleur *v* (de l'energie *v* thermique) || Fortleitung *v* (Fortpflanzung *v*) der Wärme *v*.

warm|waterbak: hot water cistern (tank) || réservoir *m* d'eau *v* chaude || Warmwasserbehälter *m*; **-waterinjector:** hot water injector || injecteur *m* à eau *v* chaude || Warmwasserinjektor *m*; **-wateroven:** hot water calorifere (stove, heater) || calorifère *m* à eau *v* chaude || Warmwasserheizofen *m*; **-waterpomp:** pump for water of condensation || pompe *v* à eau *v* chaude (à eau *v* de condensation *v*) || Warmwasserpumpe *v*; **-waterpijp:** hot waterpipe || tuyau *m* d'eau *v* chaude || Warmwasserrohr *o*; **-zaag:** hot (warm) saw || scie *v* à chaud *m* || Warmsäge *v*.

warrig: knotty || noueux, plein de mauvais noeuds *mm* || knorrig, knotig, wimmerig.

wartel: **1.** (*moer*): coupling (union) nut || manchon *m* de serrage *m*, écrou *m* de raccord *m* || Spannschloß *o*, Überwurfmutter *v*; **-moer:** cap nut, screw cap || écrou *m* à chapeau *m* (à raccord *m* creux) || Überwurfmutter *v*;
2. (*scheepst.*): swivel || émerillon *m* || Warrel *m*, Wirbel *m*; **-blok:** swivel block || poulie *v* à émerillon *m* || Warrelblock *m*; **-talie:** swivel tackle || palan *m* à émerillon *m* || Wirbeltalje *v*;
3. (*spinnerij*): whirl || noix *v* || Wirtel *m*, Würtel *m*.

was: **1.** (*stof*): wax || cire *v* || Wachs *o*; **-, Japanse:** Japanese wax || cire *v* du Japon || japanisches Wachs *o*; **-achtig:** wax like, waxy || cireux || wachsartig; **-afdruk:** wax impression || empreinte *v* dans la cire *v* || Wachsabdruck *m*; **-bal:** wax ball || boule *v* de cire *v* || Wachsballen *m*; **-band:** wax ribbon || ruban *m* de cire *v* || Wachsband *o*; **-beits:** wax mordant || mordant *m* à cire *v* || Wachsbeize *v*; **-blekerij:** wax bleaching || herberie *v* || Wachsbleiche *v*; **-boom:** wax tree || cirier *m* || Wachsbaum *m*; **-doek:** oil-cloth, skin, wax cloth || toile *v* cirée || Wachstuch *o*; **-doekpapier:** oil-cloth (pitch cloth) paper || papier-toile *m* ciré || Wachstuchpapier *o*; **-draad** (*v. was*): wax thread || fil *m* en cire *v* || Wachsfaden *m*; **-draad** (*gewast*): waxed wire || fil *m* ciré || Wachsdraht *m*; **-geel:** wax yellow || jaune comme cire *v* || wachsgelb; **-glans:** resinous lustre || éclat *m* cireux || Wachsglanz *m*; **-kaars:** wax candle || bougie *v* de cire *v* || Wachskerze *v*; **-kaarsenfabriek:** wax candle manufactory || fabrique *v* de bougies *vm* de cire *v* || Wachslichterfabrik *v*; **-kit:** wax cement (mortar) || cire *v* à luter || Wachskitt *m*; **-kleur:** wax colour || couleur *v* de cire *v* || Wachsfarbe *v*; **-kleurig:** wax coloured || couleur *v* de cire *v* || wachsfarbig; **-koek:** wax cake || pain *m* de cire *v* || Wachskuchen *m*; **-laag:** layer of wax || couche *v* de cire *v* || Wachsschicht *v*; **-lucifer:** wax match || allumette-bougie *v* || Wachszündkerzchen *o*; **-matrijs:** wax matrix || moule *m* en cire *v* || Wachsmatrize *v*; **-model:** wax model || modèle *m* en cire *v* || Wachsmodell *o*; **-palmboom:** wax palm || céroxyle *m* || Wachspalme *v*; **-papier:** waxed paper || papier *m* ciré *v* || Wachspapier *o*; **-pers:** wax press || presse *v* à cire *v* || Wachspresse *v*; **-politoer:** wax polishing || poli *m* à cire *v* || Wachspolitur *v*; **-sen** (*bijv. nw.*): waxen || de cire *v* || wächsern; **-sen** (*met was*): to wax || encirer || wachsen; **-smeltketel:** wax melting pot || chaudière *v* à fondre la cire *v* || Wachsschmelzkessel *m*; **-smelttafel:** wax melting table || table *v* à couler la cire *v* || Wachsgießtisch *m*; **-steen:** cerolite, wax stone || cérolithe *m* || Wachsstein *m*, Zerolith *m*; **-zeep:** wax soap || savon *v* de cire *v* (encaustique) || Wachsseife *v*;
2. *afleidingen van wassen* (*reinigen*, *enz.*): **-bekken:** wash basin || cuvette *v* de lavabo *m* || Waschbecken *o*; **-borstel:** washing brush || chien *m* || Waschbürste *v*; **-echt:** fast [dyed], washable || supportant la lessive *v* || waschecht; **- en kleedlokaal:** change and wash room || lavoir *m* et vestiaire *m* || Wasch- und Kleidelokal *o*; **- en kneedmachine:** washing masticator || malaxeur-laveur *m* || Waschkneter *m*; **-fles:** wash bottle || ballon *m* de lavage *m*, flacon *m* laveur || Waschflasche *v*; **-goot** (*mijnb.*): sluice [box] || couloir *m* de lavage *m* || Waschrinne *v*; **-goud:** wash gold || or *m* de lavage *m* || Waschgold *o*; **-hamer:** washing beetle || battoir *m* de lessive *v* || Waschbläuel *m*; **-hollander:** washing tub (vat) || cuve *v* à laver || Waschholländer *m*; **-inrichting** (*toestel*): washer, washing apparatus (device) || laveuse *v*, laveur *m*, appareil *m* (dispositif *m*) de lavage *m* (à laver) || Waschvorrichtung *v*, -anlage *v*; (*wasgoed*): *zie* **wasserij** *onder* **wassen 2;** **-knijper:** clothes pin (peg) || pince *v* à linge *m*, fichoir *m* || Wäscheklammer *m*; **-kuip:** washing tub || cuvier *m* || Waschbütte *v*; **-machine** (*algem.*): washing machine || machine *v* à laver (de lavage *m*) || Waschmachine *v*; (*mijnb.*): washer ||

laveur *m*, laveuse *v* || Waschmaschine *v*, Wäscher *m*: (*wasgoed*): washing machine || machine *v* à laver, laveur *m*, laveuse *v*, lessiveuse *v* || Waschmaschine *v*; **-machine, elektrische:** electric washing machine || machine *v* à laver électrique || elektrische Waschmaschine *v*; **-mand:** basket for linen || panier *m* à lessive *v* || Waschkorb *m*; **-methode** (*mijnb.*): washing system || procédé *m* (méthode *v*) de lavage *m* || Waschverfahren *o*; **-middel:** washing agent || produit *m* (agent *m*) pour laver || Waschmittel *o*; **-molen:** washing mill || dégorgeoir *m* || Waschmühle *v*; (*suikerind.*): root washing machine, root washer || laveuse *v* de racines *vm* || Wurzelwaschmaschine *v*; **-penseel:** washing brush || pinceau *m* à lavis *m* || Waschpinsel *m*; **-plank** (*papierfabr.*): wetting board || ais *m* à tremper || Waschbrett *o*; **-plug:** wash out plug || bouchon *m* de lavage *m* || Waschbolzen *m*; **-produkt** (*mijnb.*): washed product || produit *m* lavé || Waschprodukt *o*; **-sen:** *zie na* **waswater; -serij:** *zie onder* **wassen 2, 4; -stenen** (*mijnb.*): refuse, tailings, slates, shales || stériles *vm*, schistes *mm* de lavoir *m* (lavage *m*) || [Wasch]berge *mm*, Abgänge *mm*; **-tafel:** lavatory, washstand || lavabo *m* || Waschtisch *m*; **-toestel:** *zie* **wasinrichting; wasmachine; -trog** (*papierfabr.*): washing trough || reposoir *m* || Waschtrog *m*; **-trommel:** washing drum || tambour *m* laveur || Waschtrommel *v*; (*mijnb.*): washing cylinder || trommel *m* laveur *m* (debourbeur *m*) || Läutertrommel *v*; **-vloeistof** (*algem.*): wash liquid (lye) || liquide *m* de lavage *m*, lessive *v* || Waschflüssigkeit *v*; (*chem.*): washing liquid || liquide *m* de lavage *m* || Waschflüssigkeit *v*; **-water:** wash water || eau *v* à laver || Waschwasser *o*.

was|sen: 1. (*algem.*): to wash || laver || waschen;
2. (*wasgoed*): to wash || laver || waschen; **-serij:** laundry [works] || blanchisserie *v* || Wäscherei *v*;
3. (*tekening*): to wash || laver || tuschen, waschen;
4. (*mijnb.*): to wash (clean) || laver, débourber || waschen; **-serij:** washery || lavoir *m*, laverie *v* || Wäsche *v*;
5. (*m. was*): *zie onder* **was 1;**
6. (*water*): to rise || monter || steigen.

water: water || eau *v* || Wasser *o*; **- door de stoom meegevoerd:** water entrained with the steam, priming water || eau *v* de primage *m* || übergerissenes (mitgerissenes) Wasser *o*; **- laten, te:** *zie* **schip v. stapel laten lopen, een; - onder druk:** water under pressure || eau *v* sous pression *v* || Druckwasser *o*; **- onttrekken:** to dehydrate || déshydrater || Wasser *o* entziehen; **- zetten, onder:** to inundate || inonder || überschwemmen; **-, bestand tegen:** water resisting, waterproof || résistant à l'eau *v* || wasserbeständig; **-, beweegkracht leverend:** moving water || eau *v* motrice || Kraftwasser *o*; **-, brak:** brackish water || eau *v* saumâtre || Brackwasser *o*; **-, [chemisch] gebonden:** [chemically] bound water; constitutional water || eau *v* [chimiquement] combinée; eau *v* de constitution *v* || [chemisch] gebundenes Wasser *o*; Konstitutionswasser *o*; **-, gecondenseerd:** condensed water || eau *v* condensée || kondensiertes (verdichtetes) Wasser *o*, Kondenswasser *o*; **-, gedestilleerd:** distilled water || eau *v* distillée || distilliertes Wasser *o*; **-, gefiltreerd:** filtered water || eau *v* filtrée || filtriertes Wasser *o*; **-, gezuiverd:** purified water || eau *v* purifiée (épurée) || gereinigtes Wasser *o*; **-, hard:** hard water || eau *v* dure (crue, maigre) || hartes Wasser *o*; **-, heet:** hot water || eau *v* chaude || heißes Wasser *o*; **-, kalkhoudend:** water containing lime || eau *v* calcaire || kalkhaltiges Wasser *o*; **-, kokend:** boiling water || eau *v* bouillante || siedendes (kochendes) Wasser *o*; **-, koolzuurhoudend:** water containing carbon dioxyde || eau *v* renfermant de l'acide *m* carbonique || kohlensäurehaltiges Wasser *o*; **-, koud:** cold water || eau *v* froide || kaltes Wasser *o*; **-, lauw:** tepid water || eau *v* tiède || laues Wasser *o*; **-, oliehoudend:** water containing oil || eau *v* chargée d'huile *v* (huileuse) || Ölwasser *o*, ölhaltiges Wasser *o*; **-, (on)-oplosbaar in:** water (*in*)soluble, (*in*)-soluble in water || (*in*)soluble dans l'eau *v* || wasserlöslich (*wasserunlöslich*); **-, oplossing in:** aqueous solution || solution *v* aqueuse || wäss[e]rige Lösung *v*; **-, onthard:** softened water || eau *v* adoucie || enthärtetes Wasser *o*; **- per x° C, verdampte hoeveelheid:** evaporated quantity of water refered to x° C || quantité *v* d'eau *v* vaporisée rapportée à x° C || verdampfte Wassermenge *v* bezogen auf x° C; **-, schoon:** fresh (pure) water || eau *v* pure || reines Wasser *o*; **-, stilstaand:** stagnant water || eau *v* stagnante (dormante) || stillstehendes (stagnierendes) Wasser *o*; **-, stromend:** running water || eau *v* coulante || fließendes Wasser *o*; **-, troebel:** turbid water || eau *v* trouble || trübes Wasser *o*; **-, verdampt:** evaporated water || eau *v* évaporée (vaporisée) || verdampftes Wasser *o*; **-, vuil:** impure (dirty) water || eau *v* sale (impure) ||

schmutziges (unreines) Wasser *o*; **-, warm:** warm water || eau *v* chaude || warmes Wasser *o*; **-, weerstandsvermogen tegen:** water resisting capacity, resistance against water || résistance *v* à l'eau *v* || Wasserbeständigkeit *v*; **-, ijzerhoudend:** water containing iron, ferruginous water || eau *v* ferrugineuse || eisenhaltiges Wasser *o*; **-, zacht:** soft water || eau *v* douce || weiches Wasser *o*; **-, zoet:** fresh water || eau *v* douce || Frisch-, Süßwasser *o*; **-, zout:** salt water || eau *v* salée || Salzwasser *o*; **-, zouthoudend:** water containing salts, saline water || eau *v* chargée (renfermant) de sels *mm* || salzhaltiges Wasser *o*; **-, (*on*)zuiver:** (*im*)pure water || eau *v* (*im*)pure || (*un*)-reines Wasser *o*; **-, zwaar:** heavy water || eau *v* lourde || schweres Wasser *o*; **-aantrekkend:** water attracting || attirant l'eau *v*, avide d'eau *v* || wasseranziehend; *zie ook* **hydrofiel; hygroskopisch; -afblazen:** to blow (to drain) off water || évacuer (vider) l'eau *v* || Wasser *o* ablassen; **-afkoeling:** *zie* **waterkoeling; -afkoeltoestel:** water cooling plant || installation *v* à réfrigérer l'eau *v* || Wasserkühlanlage *v*; **-afscheider:** water-separator || séparateur *m* d'eau *v* || Wasserabscheider *m*, Entwässerer *m*, Entwässerungsvorrichtung *v*; **-afscheiding:** water separation || séparation *v* de l'eau *v* || Wasserabscheidung *v*; **-afsluiting:** water seal || fermeture *v* hydraulique || Wasserabschluß *m*; **-afstotend:** water repellent || répulsant l'eau *v* || wasserabstoßend; *zie ook* **hydrofoob; -afvoer:** discharge of water || sortie *v* (départ *m*) de l'eau *v* || Wasserabfluß *m*; (*dak*)**:** roof drainage || écoulement *m* des eaux *vm* du toit *m* || Dachentwässerung *v*; **-afvoerriool:** catch drain || fossé *m* (rigole *v*) d'écoulement *m* || Wasserabzuggraben *m*; **-arm:** poor in water || pauvre en eau *v* || wasserarm; **-bad:** water bath || bain-marie *m* || Wasserbad *o*; **-badring:** water bath ring || anneau *m* de bain-marie *m* || Wasserbadring *m*; **-bak:** water tank || cuve *v* à (réservoir *m* d')eau *v* || Wasserbehälter *m*, Wassergefäß *o*; **-bak, koud:** cold water cistern (tank) || réservoir *m* d'eau *v* (bâche *v* à eau *v*) froide || Kaltwasserbehälter *m*; **-bak, warm:** hot water cistern (tank) || réservoir *m* d'eau *v* (bâche *v* à eau *v*) chaude || Warmwasserbehälter *m*; **-ballast:** water ballast || lest *m* d'eau *v* || Wasserballast *m*; **-ballastbaan:** water balance incline || voie *v* à balance *v* d'eau *v* || Wasserballastbahn *v*; **-barometer:** hydro-barometer, water barometer || baromètre *m* à eau *v*, hydrobaromètre *m* || Wasserbarometer *o*, *m*; **-batterij** (*elektr.*)**:** water battery || batterie *v* à eau *v* || Wasserbatterie *v*; **-behoefte:** amount of water required || quantité *v* d'eau *v* nécessaire || Wasserbedarf *m*; **-boot:** watering boat || bateau *m* à eau *v* || Wasserboot *o*; **-bord** (*scheepst.*)**:** washboard || fargue *v* || Setz-, Wasserbord *o*; **-bouwkunde:** hydraulic architecture (engineering) || architecture *v* hydraulique || Wasserbaukunst *v*; **-bouwkundige:** hydraulic engineer || ingénieur *m* des travaux *mm* hydrauliques || Wasserbauingenieur *m*; **-buis:** water tube || tube *m* d'eau *v* || Wasserrohr *o*; **-calorimeter:** water calorimeter || calorimètre *m* à eau *v* || Wasserkalorimeter *o*, *m*; **-circulatie:** circulation of water || circulation *v* d'eau *v* || Wasserumlauf *m*, -zirkulation *v*; **-closet:** water closet, W.C. || latrine *v* à l'anglaise, water closet *m* || Spülabtritt *m*, Wasserklosett *o*; **-damp:** water vapour || vapeur *v* d'eau *v* || Wasserdampf *m*; **-dampabsorptiemachine:** water vapour absorption machine || machine *v* à absorption *v* de la vapeur *v* d'eau *v* || Wasserdampfabsorptionsmaschine *v*; **-dampkoelmachine** (*v. Leblanc*)**:** (*Leblanc*) steam refrigerating machine || machine *v* frigorifique à vapeur *v* d'eau *v* (*Leblanc*) || (*Leblancsche*) Wasserdampfkältemaschine *v*; **-dicht:** waterproof, -tight || étanche (imperméable) à l'eau *v* || wasserdicht, -undurchlässig; **-dichtheid:** impermeability to water, water tightness || étanchéité *v* (imperméabilité *v*) à l'eau *v* || Wasserdichtigkeit *v*; **-dichtmaking:** impermeabilisation || imperméabilisation *v* || Wasserdichtmachen *o*; **-druk:** hydraulic (water) pressure || pression *v* hydraulique (d'eau *v*) || Wasserdruck *m*, hydraulischer Druck *m*; **-druklift:** *zie* **lift, hydraulische; -drukpers:** *zie* **pers, hydraulische; -drukpomp:** *zie* **pomp, hydraulische; -drukproef:** *zie* **proef, hydraulische; -drukregeling:** regulation of water pressure || réglage *m* de la pression *v* d'eau *v* || Wasserdruckreglung *v*; **-drukrem:** *zie* **rem, hydraulische; -druppel:** water drop, drop of water || goutte *v* d'eau *v* || Wassertropfen *m*; **-emmer:** water bucket || seau *m* || Wassereimer *m*; **-filter:** water filter || filtre *m* à eau *v* || Wasserfilter *m*, *o*; **-galerij** (*mijnb.*)**:** water gate (level) || galerie *v* de captage *m*, albraque *m*; pahage *m* (*België*) || Sumpfstrecke *v*; **-gang:** *zie* **watergalerij; -gas:** water gas || gaz *m* à (d')eau *v* || Wassergas *o*; **-gasbedrijf:** water gas plant || installation *v* au gaz *m* à l'eau *v* || Wassergasanlage *v*;

-gasgenerator: water gas producer || générateur *m* de gaz *m* à l'eau *v* || Wassergasgenerator *m*; **-gasmotor:** water gas motor || moteur *m* à gaz *m* à l'eau *v* || Wassergasmotor *m*; **-gasverlichting:** water gas lighting || éclairage *m* au gaz *m* à l'eau *v* || Wassergasbeleuchtung *v*; **-gebrek:** dearth of water || manque *v* d'eau *v* || Wassermangel *m*; **-gehalte:** water content || teneur *v* en eau *v* || Wassergehalt *m*; **-glas:** water glass || verre *m* soluble || Wasserglas *o*; *zie ook* **kaliumsilicaat; natriumsilicaat; -goot:** water trough || rigole *v* d'eau *v* || Wasserrinne *v*; (*mijnb.*): ditch, sough, gurt || rigole *v* d'écoulement *m* || Wasserlauf *m*, -rösche *v*, -saige *v*; **-grensvlak** (*terrein*): water table (level) || niveau *m* d'eau *v* || Randwasserspiegel *m*; **-hamer:** hydraulic hammer || marteau *m* hydraulique || Wasserhammer *m*; **-hol:** water drip || dent *v* de loup *m*, mouchette *v* || Wassernase *v*; **-houdend:** water containing; aqueous || contenant de l'eau *v*; aqueux || wasserhaltig; **-hydrant:** hydrant, water post || borne *v* fontaine || Hydrant *m*, Wasserpfosten *m*; **-ig:** aqueous || aqueux || wäss[e]rig; **-inhoud:** water volume || contenance *v* en (volume *m* d') eau *v* || Wasserinhalt *m*; **-inlaat:** water inlet || entrée *v* de l'eau *v* || Wassereintritt *m*; **-inlaatpijpstuk:** water inlet pipe connection || tubulure *v* d'entrée *v* d'eau *v* || Wassereintrittstutzen *m*; **-in-olie-emulsie:** water-in-oil [type] emulsion || émulsion *v* type *m* eau-dans-huile || Wasser-in-Öl-Emulsion *v*; **-inspuiting:** water injection || injection *v* d'eau *v* || Wassereinspritzung *v*; **-kabel:** *zie* **rivierkabel; -kalander:** water (squeezing) calender, hydroextractor || calandre *v* à eau *v* (à essorer, à exprimer) || Naßkalander *m*; **-kalk:** hydraulic lime || chaux *v* hydraulique || hydraulischer Kalk *m*, Wasserkalk *m*; **-kamer** (*wijdepijpketel*): header, water chamber || chambre *v* (réservoir *m*) d'eau *v*, collecteur *m* || Wasser-, Endkammer *v*, Rohr-[sammel]kammer *v*; **-kamer, eendelige:** single header || collecteur *m* d'une seule pièce *v* || einteilige Wasserkammer *v*; **-kamer, gedeelde:** divided header || collecteur *m* sectionné (à compartiments *mm*) || geteilte Wasserkammer *v*; **-kist:** water tank || caisse *v* à eau *v* || Wasserkasten *m*; **-koeling:** water cooling || refroidissement *m* par eau *v* || Wasserkühlung *v*; **-koelmachine:** steam (water vapour) refrigerating machine || machine *v* frigorifique à vapeur *v* d'eau *v* || Wasserdampfkältemaschine *v*; **-kogel:** dolphin || dauphin *m*, plongeon *m* || Wasserkugel *m*, -schwärmer *m*; **-kolom:** water column, head of water || colonne *v* d'eau *v* || Wassersäule *v*; **-kraan:** water tap (cock) || robinet *m* d'eau *v* || Wasserhahn *m*; **-kraan** (*spw.*): water crane || grue *v* d'alimentation *v* (hydraulique) || Wasserkran *m*; **-kracht:** water power || énergie *v* (force *v*) hydraulique || Wasserkraft *v*; **-krachtaanleg:** *zie* **krachtaanleg, hydraulische: -krimp:** wet shrinking || décatissage *m* à l'eau *v* || Wasserkrümpe *v*; **-laag:** water layer || couche *v* d'eau *v* || Wasserschicht *v*; (*terrein*): water [bearing] layer (horizon) || couche *v* aquifère || Wasserschicht *v*; **-laars:** jack boot || botte *v* imperméable || Wasserstiefel *m*.

water|leiding: 1. (*leiding*): water conduit || canalisation *v* (conduite *v*) d'eau *v*; distribution *v* d'eau *v* (*in huis*); || Wasserleitung *v*; *zie ook* **aquaduct;**
2. (*bedrijf*): waterworks || service *m* des eaux *vm* || Wasserwerk *o*; **-, stedelijke:** town water mains || canalisation *v* d'eau *v* de ville *v* || städtische Wasserleitung *v*; **-leidingspijp:** conduit pipe || tuyau *m* de conduite *v* d'eau *v* || Wasserleitungsrohr *o*; **-leidingswater:** town's water || eau *v* de ville *v* || Wasserleitungswasser *o*;
3.: *zie* **pompstation.**

water|loop (*onderaardse*): rubble drain || drain *m* à pierrailles *vm* d'infiltration *v*, pierrée *v* || Sickerschlitz *m*; (*scheepsb.*): water way, limberhole || gouttière *v* || Wassergang *m*, -rinne *v*; **-lijn:** water line, watermark || ligne *v* d'eau *v* (de flottaison *v*), niveau *m* supérieur (maximum) || Wasser[stands]linie *v*, Wasserstandsmarke *v*; **-lijndoorsnede:** plan at water line || tracé *m* de la flottaison *v* || Wasserlinienriß *m*; **-mantel** (*cilinder, enz.*): water jacket || chemise *v* d'eau *v* || Wassermantel *m*, -raum *m*; **-mantel:** water jacket || manchon *m* réfrigérant || Kühlmantel *m*; **-merk** (*papier*): watermark || filagramme *m*, filigrane *m* || Wassermarke *v*, -zeichen *o*; **-meter:** water meter || compteur *m* d'eau *v* || Wassermesser *m*; **-molen:** water mill || moulin *m* à eau *v* || Wassermühle *v*; **-mortel:** hydraulic (water) mortar || mortier *m* hydraulique || hydraulischer Mörtel *m*; **-motor:** *zie* **motor, hydraulische; -mijn:** submarine mine || torpille *v* fixe || Wassermine *v*; **-nopping** (*wolind.*): burling after the washing, second burling || nopage *m* en maigre *m* || Noppen *o* aus der Wäsche *v*; **-omloop:** water circuit || circulation *v* d'eau *v* || Wasserumlauf *m*; **-onderzoek:** testing of water, water analysis || essai *m* de l'eau *v* || Wasserprüfung *v*; **-onttrekkend:** dehydrating || déshydratant || wasserentziehend;

-opneming: absorption of water || absorption *v* d'eau *v* || Wasseraufnahme *v*; **-oppervlak:** water surface || surface *v* d'eau *v* || Wasseroberfläche *v*; **-opslorping:** *zie* **wateropneming; -opvangring:** ring for the sealing liquid (water) || lanterne *v* || Laterne *v*, Wasserfangschale *v*; **-opvoering:** raising of water || élévation *v* de l'eau *v* || Wasserförderung *v*; **-opvoerwerktuig:** water raising engine || machine *v* à élever l'eau *v* || Wasserhebemaschine *v*.

waterpas: 1. (*toestel*): water level || niveau *m* d'eau *v* || Libelle *v*, Wasserwaage *v*; **- m. luchtbel:** air level || niveau *m* à bulle *v* d'air *m* || Libellenwaage *v*, Röhrenlibelle *v*; **- m. schietlood:** plummet (pendulum) level || niveau *m* à plomb *m* || Pendelwaage *v*; **-instrument:** levelling instrument || niveau *m* || Nivellierinstrument *o*; **-instrument m. kijker:** telescope level || niveau *m* à lunette *v* || Nivellierfernrohr *o*; **-sen:** to [take the] level || niveler || abwägen, nivellieren; **-ser:** leveller || niveleur *m* || Flächenwäger *m*; **-sing:** levelling || nivellement *m* || Nivellierung *v*;
2. (*bijv. nw.*): horizontal, level || à niveau *m* d'eau *v*, horizontal || horizontal, waagerecht; **-, niet:** unlevelled || hors d'eau *v* || nicht waagerecht.

water|peil: water line (level, mark) || niveau *m* d'eau *v* || Wasserlinie *v*, -marke *v*, -stand *m*; **-peilglas:** *zie* **peilglas; -peilglas m. proefkranen:** water gauge with test (gauge) cocks || tube *m* indicateur de niveau *m* avec jeu *m* de robinets *mm* de jauge *v* || Wasserstandglas *o* mit Probierhahnreihe *v*; **-peilschaal:** water level scale || échelle *v* de niveau *m* d'eau *v* || Wasserstandskala *v*; **-pomp:** water pump || pompe *v* à eau *v* || Wasserpumpe *v*; **-proef:** water test || essai *m* hydraulique || Wasserprobe *v*; **-pijp** (*stoomketel*): water pipe (tube) || bouilleur *m* (tuyau *m*) d'eau *v* || Siede-, Wasserrohr *o*; **-pijpketel:** water tube boiler, tubulous boiler || chaudière *v* aquatubulaire *v* (à tubes *mm* d'eau *v*, tubuleuse) || Siederohr-, Wasserrohr-, Wasserröhrenkessel *m*; **-pijpketel m. waterkamer:** water tube boiler with header || chaudière *v* aquatubulaire à collecteur *m* || Wasserröhrenkessel *m* mit Wasserkammer *v*; **-rad:** water wheel || roue *v* hydraulique || Wasserrad *o*; **-reiniger:** water purifier || épurateur *m* d'eau *v* || Wasserreiniger *m*; **-reiniging:** water purification || épuration *v* d'eau *v* || Wasserreinigung *v*; **-reinigingstoestel:** water purification plant || installation *v* d'épuration *v* d'eau *v* || Wasserreinigungsanlage *v*; **-rem:** water brake || frein *m* hydraulique || Wasserbremse *v*; **-reservoir:** water reservoir || réservoir *m* à eau *v* || Wasserreservoir *o*; **-roting:** water retting, steeping in water || rouissage *m* à l'eau *v* || Wasserrotten *o*, -röste *v*; **-ruimte:** water space || espace *m* d'eau *v* || Wasserraum *m*; **-rijk:** rich in water, watery, abounding with water || riche en eau *v* || wasserreich; **-schaarsheid:** dearth of water || manque *v* d'eau *v* || Wassermangel *m*; **-scheiding:** water shed || ligne *v* de faîte *v* de séparation *v* des bassins *mm* fluviaux, partage *m* des eaux *vm* || Wasserscheide *v*; **-schroef:** *zie* **schroef v. Archimedes; -schuif:** water sluice gate; water gate valve (*Am.*) || vanne *v* à eau *v* || Wasserschieber *m*; **-slag** (*in leidingen, enz.*): water shock (hammering) || coup *m* d'eau *v* (de bélier *m*) || Wasserschlag *m*, -stoß *m*; **-slang:** water hose || manche *v* à eau *v* || Wasserschlauch *m*; **-slang v. radiateur:** water hose (india rubber tube) for radiator || manche *v* à eau *v* (tubulure *v* en caoutchouc *m*) pour radiateur *m* || Gummistutzen *m* für Kühler *m*; **-slangklem:** *zie* **slangklem; -spiegel:** water level (surface) || surface *v* d'eau *v* || Wasserspiegel *m*; **-spiegel** (*in ketel*): water surface, surface of evaporation || plan *m* de vaporisation *v*, plan *m* d'eau *v*, surface *v* de l'eau *v* (de vaporisation *v*) || Verdampfungsspiegel *m*, -oberfläche *v*, Wasserspiegel *m*; **-spiegel** (*schutsluis*): lower water level, tail water || niveau *m* [de l'eau *v* du bief *m*] aval || Unterwasserspiegel *m*; **-spoeling:** water flushing || rinçage *m* à l'eau *v* || Wasserspülung *v*; **-spuwer** (*bouwk.*): gargoyle || gargouille *v* || Wasserspeier *m*; **-staat:** department of public works || administration *v* des ponts *mm* et chaussées *vm* || Wasserbauverwaltung *v*; **-stand:** water level || niveau *m* d'eau *v* || Wasserstand *m*; **-stand, gewone:** normal water level || niveau *m* d'eau *v* normal || Normalwasserstand *m*; **-stand, hoogste:** high level (water) || niveau *m* le plus haut de l'eau *v* || höchster Wasserstand *m*; **-stand, laagste:** lowest water level || niveau *m* inférieur (le plus bas) de l'eau *v* || niedrigster Wasserstand *m*; **-stand, normale:** *zie* **waterstand, gewone; -standmerk:** water level pointer || marque *v* (repère *m*) de niveau *m* d'eau *v* || Wasserstandmarke *v*; **-station:** water supply station || station *v* de prise *v* d'eau *v* || Wasserstation *v*; **-stof:** hydrogen || hydrogène *m* || Wasserstoff *m*; **-stof, zware:** heavy hydrogen || hydrogène *m* lourd || schwerer Wasserstoff *m*; *zie ook* **deuterium; -stof, lassen m. atomaire:** atomic hydrogen welding || soudure *v* par l'hydrogène *m* atomique || Schweißung *v* mit atomärem Wasserstoff *m*, Arcatomschweißung *v*; **-stofatoom:** hydrogen atom || atome *m* d'hydrogène *m* || Wasserstoffatom *o*; **-stofblaaspijp:** hydrogen gas blowpipe || chalumeau *m* à hydrogène *m* || Wasserstofflötrohr *o*; **-stofgas:** hydrogen gas || gaz *m* hydrogène *m* || Wasserstoffgas *o*; **-stofgehalte:** hydrogen content || teneur *v* en hydrogène *m* || Wasserstoffgehalt *m*; **-stofsuperoxyde:** hydrogen peroxide || eau *v* oxygénée, bioxyde *m* d'hydrogène *m* || Wasserstoffsuperoxyd *o*; **-stofthermometer:** hydrogen thermometer || thermomètre *m* à hydrogène *m* || Wasserstoffthermometer *o, m*; **-stoftoestel:** hydrogen gas producer || générateur *m* à hydrogène *m* || Wasserstofferzeuger *m*; **-stofverbinding:** hydrogen compound (derivative) || composé *m* (dérivé *m*) d'hydrogène *m* || Wasserstoffverbindung *v*; **-stofvlam:** hydrogen flame || flamme *v* d'hydrogène *m* || Wasserstofflamme *v*; **-stofvorming:** formation of hydrogen || dégagement *m* d'hydrogène *m* || Wasserstoffbildung *v*; **-stofzuurstofelement:** oxyhydrogen cell || élément *m* oxhydrique || Wasserstoffsauerstoffelement *o*; **-straal:** water jet || jet *m* d'eau *v* || Wasserstrahl *m*; **-straalbuis:** water jet nozzle || tuyère *v* à jet *m* d'eau *v* || Wasserstrahldüse *v*; **-straaltje:** jet of water || filet *m* liquide || Wasserfaden *m*; **-toevoeging:** addition of water || addition *v* d'eau *v* || Wasserzusatz *m*; **-toevoer:** water supply || arrivée *v* d'eau *v* || Wasserzufluß *m*, -zufuhr *v*; **-toren:** water tower || château *m* d'eau *v* || Wasserturm *m*; **-trens:** watering snaffle || bridon *m* d'abreuvoir *m* || Wassertrense *v*; **-trog:** water trough || auge *v* à eau *v* || Wassertrog *m*; **-turbine:** water turbine || turbine *v* hydraulique || Wasserturbine *v*; **-twist:** water twist || fil *m* de continues *vm* || Wassertwist *m*; **-twijnmachine:** twining throstle || machine *v* continue à retordre || Wasserzwirnmaschine *v*; **-uitlaat:** water outlet || sortie *v* de l'eau *v* || Wasseraustritt *m*; **-uitlaatkraan:** drain cock || robinet *m* purgeur || Wasserablaß-, Entwässerungshahn *m*; **-uitlaatpijp:** water outlet pipe || tuyau *m* d'écoulement *m* d'eau *v* || Wasserabflußrohr *o*; **-val:** cataract, fall of water || cataracte *v*, chute *v* d'eau *v* || Katarakt *m*, Wasserfall *m*; **-vat.** water cask || barrique *v* (pièce *v*) à eau *v* || Wasserfaß *o*; **-verbruik:** consumption of water || consommation *v* d'eau *v* || Wasserverbrauch *m*; **-verf:** water colour || couleur *v* à eau *v* (en détrempe *v*, au lavis *m*) || Aquarell-, Wasserfarbe *v*; **-verf, gele** (*voor muren*)**:** badigeon || badigeon *m* || Mauergelb *o*; **-verfschilderij:** water colour painting || peinture *v* en détrempe *v* || Wassermalerei *v*; **-verplaatsing:** (*scheepsb.*)**:** displacement || déplacement *m* || Verdrängung *v*; **-verstuiver:** water sprayer || pulvérisateur *m* d'eau *v* || Wasserzerstäuber *m*; **-vervanging:** change of water || remplacement *m* de l'eau *v* || Wasserwechsel *m*; **-verwarming:** heating by water || réchauffage *m* à l'eau *v* || Wasserheizung *v*; **-vlak:** sheet of water || nappe *v* d'eau *v* || Wasserfläche *v*; **-vliegtuig** (*zeevliegtuig*)**:** hydroaeroplane, sea[water]plane || hydroplane *m*, hydravion *m* || Hydroplan *m*, Wasserflugzeug *o*; **-voorraad:** water reserve || réserve *v* d'eau *v* || Wasservorrat *m*; **-voorziening:** water supply || distribution *v* d'eau *v* || Wasserversorgung *v*; **-vrij:** anhydrous, free of water || anhydre || wasserfrei; **-waarde:** water equivalent || équivalent *m* en eau *v* || Wasserwert *m*; **-wagen** (*spw.*)**:** water tank truck || wagon *m* à eau *v* || Wasserwagen *m*; **-weerstand** (*elektr.*)**:** water resistance || résistance *v* hydraulique || Wasserwiderstand *m*; **-weerstand** (*v. e. schip*)**:** resistance to propulsion || résistance *v* à la propulsion *v* || Wasserwiderstand *m*; **-weg:** waterway || voie *v* navigable || Wasserstraße *v*; **-werken:** sea and river works, waterworks || travaux *mm* hydrauliques || Wasserbau *m*; **-wilg:** osier, water willow || osier *m* blanc || Flecht-, Korbweide *v*; **-zaagmolen:** saw mill driven by water power || scierie *v* à roue *v* hydraulique || Wassersägemühle *v*; **-zak:** water pocket (trap) || poche *v* à (d') eau *v* || Wassersack *m*, -tasche *v*; **-zeef:** water sieve || crépine *v* || Wassersieb *o*; **-zuil:** *zie* **waterkolom; -zuivering:** *zie* **waterreiniging.**

watt: watt || watt *m* || Watt *o*; **-, werkelijke:** true Watt || Watt *m* efficace || wirkliches Watt *o*; **-componente:** Watt component || composante *v* wattée || Wattkomponente *v*; **-energie:** *zie* **vermogen, werkelijk; -loos:** wattless || déwatté || wattlos; **-meter:** wattmeter || wattmètre *m* || Wattmeter *o, m*; **-meter m. spiegel en schaal:** wattmeter with scale and mirror || wattmètre *m* avec échelle *v* de miroir *m* || Wattmeter *o, m* mit Spiegelskala *v*; **-meter, integrerende:** integrating wattmeter || compteur *m* intégrateur || Integralzähler *m*; **-meterschakeling:** connection of wattmeter || couplage *m* de wattmètre *m* || Wattmeterschaltung *v*; **-meterspanningsspoel:** wattmeter pressure coil || bobine *v* de tension *v* de wattmètre *m* || Wattmeterspannungsspule *v*; **-meterstroomspoel:** wattmeter current coil || bobine *v* d'intensité *v* de wattmètre *v* || Wattmeterstromspule *v*; **-stroom:** watt (component of a) current || courant *m* watté || Wattstrom *m*, Wattkomponente *v* des Stromes *m*; **-stroom-uurmeter:** watt hour meter || watt-heure-mètre *m* || Wattstundenzähler *m*; **-stroomverlies:** watt loss || perte *v* de wattage *m* || Wattverlust *m*; **-vermogen:** *zie* **vermogen, werkelijk.**

watten: wad[ding] || ouate *v* || Watte *v*; **-machine:** fleecing machine || nappeuse *v* || Vliesmaschine *v*.

webspant: *zie* **plaatspant** *onder* **plaat 1.**

weder: 1. *zie* **weer 1;**
2. (*bijw.*): *zie* **weer 2; -kerig:** mutual(*ly*) || mutuel(*lement*) || gegenseitig, wechselseitig; **-omzetting:** change || retransformation *v* || Rückverwandlung *v*; **-opbouw:** *zie* **herbouw; opbouw; -uitdrijven** (*gas*): reexpelling || réexpulsion *v* || Wiederaustreiben *o*.

weef|blad: reed, slay || peigne *m*, ros *m* || Weberblatt *o*, -kamm *m*; **-gestel:** frame || carcasse *v* || Stuhlgestell *o*; **-getouw:** loom || métier *m* [à tisser] || Webstuhl *m*; **-kam:** *zie* **weefblad; -lis:** heald, haddle || lice *v*, lisse *v* || Helfe *v*, Litze *v*; **-lijn:** ratling rope || quarantinier *m*, enfléchure *v* || Webeleine *v*; **-sel:** tissue || tissu *m* || Gewebe *o*; **-sel, gebrocheerd:** broché (figured) fabric || tissu *m* broché || broschiertes Gewebe *o*; **-sel, gecanneleerd:** celtic weave || cannelé *m* || Rippengewebe *o*; **-sel, gelanceerd:** embroidered fabric || tissu *m* broché (lancé) || lanziertes (überschossenes) Gewebe *o*; **-sel, gewafeld:** honeycomb weave || nid *m* d'abeille *v* || Wafelgewebe *o*; **-sel, paardenharen:** horsehair cloth (fabric) || tissu *m* en crin *m* || Pferdehaargewebe *o*; **-spoel:** shuttle || navette *v* || Schütze *v*, Schiffchen *o*; **-stoel voor de breisteek:** knitting loom || métier *m* à tricoter || Trikotwebstuhl *m*; **-stofrol:** taking up beam || enrouleur *m* || Zeugbaum *m*.

weeg|automaat: automatic weighing machine || bascule *v* automatique || selbsttätige Waage *v*; **-baar:** ponderable || pondérable || wägbar; **-baarheid:** ponderability || pondérabilité *v* || Wägbarkeit *v*; **-briefje:** weighing ticket || billet *m* indicateur du poids *m* || Wägekarte *v*; **-brug:** weight bridge, weighing machine || pont *m* à bascule *v* || Brückenwaage *v*; **-brug** (*wagons*): wagon weighing machine || pont *m* (bascule *v*) à wagons *mm* || Waggonwaage *v*; **-buisje:** weighing tube || tube *m* de pesée *v* || Wiegeröhrchen *o*; **-flesje:** weighing bottle || verre *m* de pesée *v* || Wiegegläschen *o*; **-haak:** steelyard || peson *m* à contre-poids *m*, balance *v* romaine || Schnellwaage *v*, Romana *v*; **-huisje** (*spw.*): weight office, weighing cabin || guérite *v* de bascule *v* || Wägehäuschen *o*; **-schaal:** *zie* **balans; -toestel:** weighing device (appliance) || appareil *m* (dispositif *m*) de pesage *m* || Wägevorrichtung *v*.

week: 1. (*z. nw.*): week || semaine *v* || Woche *v*; **-loon:** weekly wages || semaine *v* || Wochenlohn *m*;
2. (*bijv. nw.*): soft || doux, mou || weich, zart; **-dier:** mollux, shellfish, barnacle || mollusque *m* || Weichtier *o*; **-heid:** softness || mollesse *v*, douceur *v* || Weichheit *v*; **-maken** (*plasti[fi]ceren*): to plasticise, to soften || plastifier, amollir || weichmachen, plastifizieren; **-maker** (*plasti[fi]ceermiddel*): plasticizer, softener || plastifiant *m*, plastificateur *m*, amollisant *m* || Weichmacher *m*, Weichmachungs-, Plastifiziermittel *o*; **-ijzer-*:** *zie* **zacht-ijzer-.**

weer: 1. (*luchtgesteldheid*): weather || temps *m* || Wetter *o*; **- en wind blootgesteld, aan:** exposed to wind and weather || exposé aux intempéries *vm* || den Witterungseinflüssen *mm* (dem Wetter *o*) ausgesetzt; **-, goed** (*slecht*): good (*bad*) weather || beau (*mauvais*) temps *m* || gutes (*schlechtes*) Wetter *o*; **-, zwaar:** heavy (strong) weather || gros temps *m* || schweres Wetter *o*; **-bericht:** weather report || bulletin *m* météorologique || Wetterbericht *m*; **-glas:** *zie* **barometer; -haan:** weathercock || coq *m* à vent *m*, girouette *v* || Wetterhahn *m*; **-kunde:** *zie* **meteorologie; -kundig:** *zie* **meteorologisch; -kundige:** meteorologist || météorologue *m* || Meteorolog *m*; **-licht:** sheet (heat, summer) lightning || éclair *m* de chaleur *v* || Wetterleuchten *o*; **-sgesteldheid:** condition of the atmosphere || état *m* de l'atmosphère *v* || Luftbeschaffenheit *v*; **-vast:** weatherproof || à l'épreuve *v* des (résistant aux) intempéries *vm* || wetterbeständig;
2. (*dam*): weir || barrage *m* || Wehr *o*;
3. (*verdediging, weerstand*): resistance, defence || résistance *v*, défense *v* || Widerstand *m*; **-barstig** (*rotslagen*): hard, rebel || difficile à briser || knauerig; **-haak:** barb || barbe *v*, crochet *m* || Widerhaken *m*; **-stand:** *zie na* **weer 4;**
4. (*bijw.*): again || de nouveau *m*, encore [une fois *v*] || wieder[um], abermals, von neuem; **-, heen en:** to and fro, reciprocating || aller et retour || hin und her; **-, over en:** mutually || réciproquement || hin und her, gegenseitig, wechselweise; **-druk** (*typogr.*): second working

|| retiration *v*, réimpression *v* || Widerdruck *m*; **-geven:** to reproduce, to render || reproduire, rendre || wiedergeben; **-geving:** reproduction || reproduction *v* || Wiedergabe *v*; **-glans:** reflect || reflet *m* || Nachglanz *m*; **-kaatsen:** to reflect (*licht, geluid*); to rebound (*botsen*) || réfléchir (*licht*); répercuter (*geluid*) || reflektieren, zurückstrahlen (*licht*); zurückprallen (*botsen*); widerhallen (*geluid*); **-kaatsing:** reflection (*licht, geluid*); rebounding (*botsing*) || réflection *v* (*licht*); répercussion *v* (*geluid*) || Reflektion *v*, Zurückstrahlung *v* (*licht*); Rückprall *m* (*botsing*); Widerhall *m* (*geluid*); **-schijn:** reflect || réflexion *v*, éclat *m* || Wiederschein *m*; **-schijnglans:** changeable lustre || éclat *m* chatoyant || Schillerglanz *m*; **-schijntaf:** shot taffeta || taffetas *m* changeant || Schillertaffet *m*.

weerstand: 1. (*kracht; vermogen; sterkte i. h. algem.*): resistance || résistance *v* || Widerstand *m*; Festigkeit *v*, Beständigkeit *v*; **- bieden** (*aan*): to resist || résister (*à*) || widerstehen [1]), Widerstand *m* leisten [1]); **- i. e. leiding:** resistance to flow || résistance *v* dans une conduite *v* || Leitungswiderstand *m*; **- tegen afschuiving:** *zie* **schuifsterkte; - tegen beweging:** resistance to motion || résistance *v* au mouvement *m* || Bewegungswiderstand *m*; **- tegen bewerking:** working strength || résistance *v* au travail *m* || Arbeitsfestigkeit *v*; **- tegen buiging:** *zie* **buigsterkte; - tegen elektrische ontlading:** electric strength || résistance *v* à la décharge *v* électrique || elektrische Festigkeit *v*; **- tegen geleiding in:** thermal resistance of, resistance to conduction in || résistance *v* de conduction *v* dans || Fortleitungswiderstand *m* in; **- tegen knikken:** *zie* **kniksterkte; - tegen koude:** resistance to cold || résistance *v* au froid *m* || Kaltebeständigkeit *v*; **- tegen samendrukking:** *zie* **druksterkte; - tegen schokken:** *zie* **schoksterkte; - tegen uitrekking:** *zie* **treksterkte; - tegen verschuiving:** sliding (slippage) resistance || résistance *v* au glissement *m* || Gleit-, Verschiebungswiderstand *m*; **- tegen voortbeweging** (*schip*): *zie* **scheepsweerstand; - tegen vorst;** resistance against frost (cold) || résistance *v* à la gelée *v* || Frostbeständigkeit *v*; **- tegen warmtedoorgang:** resistance to passage of heat || résistance *v* au passage *m* de la chaleur *v* || Wärmedurchlaßwiderstand *m*, -durchgangswiderstand *m*; **- tegen warmteoverbrenging:** thermal resistance, resistance to transmission of heat || résistance *v* de transmission *v* thermique || Wärmeübergangswiderstand *m*; **- tegen wringing:** torsional strength || résistance *v* à la torsion *v* || Dreh-, Torsions-, Drallfestigkeit *v*; **-, elektrische:** electric resistance || résistance *v* électrique || elektrischer Widerstand *m*; **-, inwendige:** internal resistance || résistance *v* intérieure || innerer Widerstand *m*; **-, mechanische:** mechanical resistance || résistance *v* mécanique || mechanischer Widerstand *m*; **-, schijnbare:** apparent resistance || résistance *v* apparente || scheinbarer Widerstand *m*; **-biedend** (*aan*): resisting (*to*) || résistant (*à*) || widerstandsfähig (*gegen*);
2. (*tegen chemicaliën*): resistance || résistance *v* || Beständigkeit *v*; **-biedend:** resisting, -proof [1]) || résistant à, anti- [1]) || beständig, -fest [1]);
3. (*elektr.*): resistance (*ook: toestel*); rheostat (*toestel*) || résistance *v* (*ook: toestel*); rhéostat *m* (*toestel*) || Widerstand *m* (*ook: toestel*); **- b. h. laden:** resistance during charge || résistance *v* de charge *v* || Ladewiderstand *m*; **- inschakelen** (*uitschakelen*): to switch in (*to cut out*) resistance || intercaler (mettre en circuit *m*) (*mettre hors circuit m*) la résistance *v* || Widerstand *m* einschalten (*ausschalten*); **- m. glijcontact:** resistance with sliding contact || rhéostat *m* à curseur *m* || Widerstand *m* mit Gleitkontakt *o*; **- per cel** (*batterij*): component resistance || résistance *v* de composante *v* || Komponentenwiderstand *m*; **- regelen, de:** to adjust (to control) the resistance || régler la résistance *v* || den Widerstand *m* einstellen (regeln); **-, effectieve:** effective resistance || résistance *v* effective || Wirkwiderstand *m*; **-, getrapte:** graded (stepped) resistance || résistance *v* à degrés *mm* (à gradations *vm*, progressive) || abgestufter Widerstand *m*; **-, inductieloze:** non-inductive resistance || résistance *v* non-inductive || induktionsfreier Widerstand *m*; **-, inwendige:** internal (Anode, A.C.) resistance || résistance *v* interne || innerer Widerstand *m*; **-, kritieke:** critical resistance || résistance *v* critique || Grenzwiderstand *m*; **-, „ohmse":** ohmic resistance || résistance *v* ohmique || ohmscher Widerstand *m*; **-, progressieve:** *zie* **weerstand, getrapte; -, regelbare:** resistor || résistance *v* || regelbarer Widerstand *m*; **-, schijnbare:** apparent resistance || résistance *v*

---

[1]) Met 3e nv.

[1]) Bv.: „weerstandbiedend tegen zuur: *acid resisting, acid-proof* || *resistant aux acides mm, anti-acide* || *säurebeständig, säurefest*".

apparente || scheinbarer Widerstand *m*; **-, soortelijke:** resistivity *v* || spezifischer Widerstand *m*; **-, verdeelde:** subdivided resistance || résistance *v* divisée || Widerstand *m* mit Abteilungen *vm*.

weerstands|bank: resistance box || boîte *v* de résistance *v* || Widerstandskasten *m*; **-bepaling:** *zie* **weerstandsmeting; -brug:** resistance bridge || pont *m* de résistance *v* || Widerstandsbrücke *v*; **-draad:** resistance wire || fil *m* de résistance *v* || Widerstandsdraht *m*; **-eenheid:** standard (comparison) resistance || résistance-étalon *v* || Vergleichwiderstand *m*; **-getal:** *zie* **weerstandscoëfficiënt; -graad:** resistance step || degré *m* de résistance *v* || Widerstandsstufe *v*; **-instrument:** resistance instrument || appareil *m* thermique à résistance *v* || Widerstandsinstrument *o*; **-klos:** *zie* **weerstandsspoel; -koppeling:** resistance coupling || couplage *m* par résistance *v* || Widerstandskupplung *v*; **-kracht:** resisting power || force *v* de résistance *v* || Widerstandskraft *v*; **-lassing:** resistance welding || soudure *v* [électrique] par la (à) résistance *v* || Widerstandschweißung *v*; **-lassing onder elektrodendruk:** joint welding || soudure *v* par recouvrement *m* || überlappte Schweißung *v*; **-legering:** resistance alloy || alliage *m* pour résistances *vm* || Widerstandslegierung *v*; **-meter:** measuring resistance || résistance *v* de mesure *v* || Meßwiderstand *m*; **-meting:** measurement of resistance || détermination *v* (mesure *v*) de la résistance *v* || Widerstandsmessung *v*; **-moment:** moment of resistance || moment *m* de résistance *v* || Widerstandsmoment *o*; **-oven:** resistance furnace || four *m* à résistance *v* (électrique) || [elektrischer] Widerstandsofen *m*; **-regelaar:** resistance regulator || résistance *v* régulatrice || Widerstandsregler *m*; **-regeling:** resistance regulation || réglage *m* au moyen *m* de la résistance *v* || Widerstandsreglung *v*; **-remmen:** rheostatic braking || freinage *m* électrique rhéostatique || Widerstandsbremsung *v*; **-remmen door accumulatie:** energy storage || freinage *m* par accumulation *v* || Speicherbremsung *v*; **-schakeling:** resistance connection || couplage *m* avec résistance *v* || Widerstandsschaltung *v*; **-stop:** plug || cheville *v* (fiche *v*) de contact *m* || Kontaktstöpsel *m*; **-trap:** resistance step || degré *m* de résistance *v* || Widerstandsstufe *v*; **-verdeling:** resistance graduation || graduation *v* de résistance *v* || Widerstandsabstufung *v*; **-verhitting:** resistance heating || chauffage *m* (échauffement *m*) par résistance *v* || Widerstandserhitzung *v*; **-versterker:** resistance amplifier amplificateur *m* à résistance *v* || Widerstandsverstärker *m*; **-verwarming:** resistance heating || chauffage *m* par résistance *v* || Widerstandserwärmung *v*; **-vermogen:** resistance capacity || capacité *v* de résistance *v* || Widerstandsfähigkeit *v*; **-zuil:** resistance column || colonne *v* de résistance *v* || Widerstandssäule *v*.

weespijp: waste pipe || tuyau *m* d'évacuation *v* || Abflußrohr *o*.

weg: 1. (*straatweg, enz.*): road, highway || route *v*, chaussée *v*, chemin *m* || Straße *v*, Weg *m*; **-, eigen:** private road || route *v* privée || Privatstraße *v*; **-, gemeentelijke:** communal road || route *v* communale || Gemeindestraße *v*, kommunale Straße *v*; **-, grote:** highroad, highway || grande route *v* || Heerstraße *v*; **-, hobbelige:** bumpy road || route *v* cahotante || holperiger Weg *m*; **-, holle:** defile || défilé *m* || Hohlweg *m*, Engpaß *m*; **-, intercommunale:** trunk road || route *v* intercommunale || interkommunale Straße *v*; **-, primaire:** primary (superior) road || route *v* primaire (supérieure) || Straße *v* erster Ordnung *v*; **-, provinciale:** county road || route *v* provinciale || provinziale Straße *v*; **-, secondaire:** secondary (medium) road || route *v* secondaire (moyenne) || Straße *v* zweiter Ordnung *v*; **-, stedelijke:** urban road || route *v* de ville *v* || städtische Straße *v*; **-, tertiaire:** third class road || route *v* tertiaire || Straße *v* dritter Ordnung *v*; **-breedte:** width || largeur *v* || Straßenbreite *v*; **-dek:** [road] coating (surface, pavement) || revêtement *m* || [Straßen]-decke *v*, [Straßen]belag *m*; **-doornhout:** buckthorn wood || bois *m* de nerprun *m* || Wegdornholz *o*; **-en-** *zie na* **wegzinken; -kruising:** [road] crossing, intersection || croisement *m* [de routes *vm*] || [Straßen]-kreuzung *v*; **-kruising** (*elektr.*)**:** traverse || traversée *v* || Straßen-, [Bahn]kreuzung *v*; **-lichaam:** body || corps *m* || Straßen-, Dammkörper *m*; **-materiaal:** road [building] material || matériaux *mm* pour la construction *v* de[s] routes *vm* || Straßenbaustoff *m*, -baumaterial *o*; **-overgang** (*v. draden*)**:** crossing || croisement *m*, passage *m*, traversée *v* || Wegkreuzung *v*, -übergang *m*; **-reclame:** road sign || panneau *m* routier || Hinweis-, Straßen-, Wegschild *o*; **-schaaf:** road drag || aplanisseuse *v* || Straßenhobel *m*; **-splitsing:** *zie* **wegvertakking; -vak:** [road] section || tronçon *m* (section *v*) [de route *v*] || [Straßen]strecke *v*, [Straßen]abschnitt *m*; **-verharding:** *zie* **wegdek; -versperring:** road obstruction || barrage *m*, encombrement *m* || Straßensperre *v*; **-vertakking:**

[road] embranchement || embranchement *m* [de la route *v*] || [Straßen]verzweigung *v*, [Straßen]gabelung *v*; **-wals:** road roller || rouleau *m* (cylindre *m*) [compresseur] || Straßenwalze *v*; **-werker:** road mender || cantonnier *m* || Straßenarbeiter *m*; **-wijzer:** direction post, sign-, guide-post, way-mark || poteau indicateur *m*, poteau-guide *m* || Wegweiser *m*;
2. (*spw.*): way, track || voie *v* || Bahn *v*; **-overgang** (*draden*)**:** crossing || croisement *m*, passage *m*, traversée *v* || Wegkreuzung *v*, -übergang *m*; **-wachter:** flagman, railway guard || garde-ligne *m*, garde-route *m* || [Eisen]bahnwärter *m*; **-werker:** plate layer, trackman || ouvrier *m* de la voie *v* || Streckenarbeiter *m*;
3. (*natuurk.*, *enz.*): way, path, track, trajectory || chemin *m*, parcours *m*, trajectoire *v* || Weg *m*, Bahn *v*; **-, langs hydraulische:** *zie* **hydraulisch; -, verloren:** slip || course *v* perdue || Anfahrmaß *o*, verlorener Weg *m*;
4. (*scheik.*, *enz.*): way || voie *v* || Weg *m*; **-, langs de droge** (*natte*)**:** in the dry (*humid*) way, by the dry (*humid*) method (process) || par [la] voie *v* sèche (*humide*) || auf trocknem (*nassem*) Wege *m*, im Trockenverfahren *o* (*im Naß-*);
5. (*bijw.*): away, off || parti || weg, fort; **-beitelen:** to chisel off || enlever au ciseau *m* || wegmeißeln; **-branden:** to burn off, to remove by burning || brûler, enlever par brûlage *m* || abbrennen; **-breken:** to pull down || démolir, détruire, abattre || weg-, abbrechen; **-bijten:** to remove by pickling, to pickle || décaper || abbeizen, wegätzen; **-graven:** to dig away || enlever en creusant || weggraben; **-hakken:** to chop (to hack, to hew) away || abattre, couper, éloigner à coups *mm* de hache *v* || weghauen; **-lopen** (*wegvloeien*)**:** to run (to flow) out (away) || s'écouler || aus-, weglaufen, aus-, wegfließen; **-maken** (*typogr.*)**:** to put away || distribuer || aufräumen; **-neembaar:** removable || démontable || entfernbar; **-nemen** (*algem.*)**:** to remove, to eliminate, to take off || enlever, ôter, éliminer, éloigner || entfernen, abnehmen; **-nemen** (*bestrating*)**:** to remove the pavement || dépaver || Pflaster *o* aufreißen; **-nemen** (*v. e. braam*)**:** to take off the burr || ébarber || ent-, abgraten; **-roesten:** to be consumed (to be eaten away) by rust || être consumé par la rouille *v* || wegrosten; **-ruimen:** to remove, to clear away || ôter, enlever, débarrasser, déblayer || weg-, forträumen, beiseite schaffen, beseitigen; **-snijden:** to cut away || enlever en coupant, couper || wegschneiden; **-spoelen** (*v. oevers*)**:** to wash away || affouiller, creuser || auswaschen; **-steken:** to cut away, to put out || enlever || wegstecken; **-stoten:** to push away || repousser || weg-, fortstoßen; **-stromen:** *zie* **weglopen; -strijken:** to strike away || éloigner || wegstreichen; **-vloeien:** *zie* **weglopen; -vreten:** to corrode, to eat away || manger, corroder, ronger, éroder || weg-, an-, abfressen, korrodieren; **-waaien:** to (*be*) blow(*n*) away || emporter (*être emporté par le vent m, s'envoler*) || wegwehen; **-zakken:** to sink away, to give way || s'affaiser, céder, s'enfoncer dans || wegsinken; **-zinken:** to sink away || s'enfoncer, couler à fond *m* || wegsinken.

we|gen: 1. (*ww.*): to weigh || peser || wägen, wiegen; **-ger:** *zie na* **wegen 2; -ging:** weighing || pesée *v* || Wägung *v*;
2. (*mrv. v. weg*): roads, highways || routes *vm*, chaussées *vm*, chemins *mm* || Straßen *vm*, Wege *mm*; **-aanleg:** road construction || construction *v* des routes *vm* || Straßenbau *m*; **-kaart:** road map || carte *v* routière || Wegekarte *v*; **-net:** network of roads || réseau *m* des routes *vm* || Straßennetz *o*; **-techniek:** road technics || technique *v* routière || Straßenbautechnik *v*; **-teer:** road tar || goudron *m* pour routes *vm* || Straßenteer *m*.

weg|er: 1. (*spw.*)**:** weighing master || basculeur, peseur *m* || Wägemeister *m*;
2. (*scheepst.*): ceiling || vaigre *v* || Weger *m*; **-en:** to ceil || vaigrer || wegern; **-ing:** ceiling[s] || vaigre *v*; vaigrage *m* || Wegerung *v*; **-ing, diagonale:** diagonal ceilings || vaigrage *m* diagonal || Diagonalwegerung *v*; **-ing, losse:** loose ceiling || vaigre *v* amovible || lose Wegerung *v*; **-ing, vaste:** close ceilings || vaigrage *m* fixe || feste Wegerung *v*.

wei: 1. (*melk*): whey || petit lait *m* || Molke *v*, Molken *vm*;
2. (*bloed*): serum || sérum *m* || Blutwasser *o*, [Blut]serum *o*.

weichselboom: mahaleb cherry || prunier *m* odorant || Felsenkirsche *v*.

weigeren: 1. (*elektr. stroom*): to fail; failure || manquer; manque *m* || versagen; Versagen *o*;
2. (*ontsteking*): to fail, to miss fire || rater, il y a des ratés *mm* || ausbleiben;
3. (*vuurwapen*): to miss fire || rater || versagen.

weinig: little (*enkelv.*); few (*meerv.*); a small amount (quantity) (*of*) || peu, une petite quantité *v* (*de*) || wenig, eine geringe Menge *v*; **-, een:** a little, a small amount (quantity) (*of*) || un peu *m* (*de*), une petite quantité *v* (*de*) || ein wenig, eine geringe Menge *v*; **-, te:** too little; too few;

a too small amount (quantity) (*of*) || trop peu (*de*), une trop petite quantité *v* (*de*) || zu wenig, eine zu geringe Menge *v*; **-, zeer:** very little; very few; a very small amount (quantity) (*of*) || très peu (*de*), une très petite quantité *v* (*de*) || sehr wenig, eine sehr geringe Menge *v*.

we|kelijks: weekly, once a week || par semaine *v*; chaque semaine *v*, toutes les semaines *vm* || wöchentlich, Wochen-; **-ken:** to soak, to steep; to soften || mouiller, tremper; amollir || einquellen, einweichen; weichmachen.

wek|ker (*klok*): alar[u]m[-clock] || réveil-[-matin] *m* || Wecker *m*; **-kerklok:** alarum clock || pendule *v* à réveil *m* || Weckeruhr *v*; **-signaal, fonisch:** phonic call signal || signal *m* d'appel *m* phonique || phonisches Wecksignal *o*; **-sleutel:** ringing key || chef *v* d'appel *m* || Weckschlüssel *m*; **-stroom:** ringing current || courant *m* d'appel *m* || Weckstrom *m*.

wel: *zie* **bron 1;**

wel|len: 1. (*water, enz.*): to well || jaillir || [auf]quellen [1]), sprudeln; **-pomp:** well pump || pompe *v* d'eau *v* de source *v* || Brunnenpumpe *v*; **-put:** well || puits *m* d'eau *v* vive || Brunnen *m*; **-pijp:** well tube || tuyau *m* d'ascension *v* (de source *v*) || Fassungsrohr *o*; **-water:** spring water || eau *v* de source *v* || Quellwasser *o*; **-zand:** quick-sand || sable *m* mouvant || Quellsand *m*;

2. (*ijzer, enz.*): to weld; welding || souder au feu *m*; soudage *m* au feu *m* || schweißen; Schweißung *v*; *zie ook* **lassen; solderen; -baar:** weldable || soudable au feu *m* || schweißbar; **-hitte:** welding heat || chaude *v* suante (soudante) || Schweißhitze *v*; **-machine:** welding machine || machine *v* à souder || Schweißmaschine *v*; **-naad:** welding seam || soudure *v* || Schweißnaht *v*; **-staal:** wrought steel || acier *m* puddlé || Schweißstahl *m*; **-vuur:** welding fire || feu *m* à souder || Schweißfeuer *o*; **-ijzer:** wrought iron || fer *m* puddlé || Schweißeisen *o*.

wend|en: 1. (*algem.*): to turn [over] || tourner || [um]wenden; **-ing:** turn[ing] || tour[nant] *m*, détour *m* (*weg*) || Wendung *v*; Krümmung *v* (*weg*);

2. (*schip*): to tack || virer de bord *m* || wenden; **-baarheid:** manoeuvreability || maniabilité *v* || Wendigkeit *v*.

wentel|en: to welter, to turn over; to revolve (spin) (*ronddraaien*) || (*se*) rouler, tourner || (*sich*) wälzen; umlaufen, umdrehen (*ronddraaien*); **-goot:** *zie* **schroefgoot; -ing:** turning; revolution, rotation || tour *m*, mouvement *m*; rotation *v*, révolution *v* || Wälzen *o*; Umdrehung *v*; **-koker:** *zie* **schroefkoker; -spil** (*trap*): newel [of winding staircase] || noyau *m* d'escalier *m* [en limaçon *m*] || Spindel *v* [einer Wendeltreppe *v*]; **-trap:** circular (spiral, winding) staircase || escalier *m* à vis *m* (en escargot *m*, en limaçon *m*, tournant, de tour *m*) || Wendel-, Turmtreppe *v*.

wereld: world; universe (*heelal*) || monde *m*; univers *m* (*heelal*) || Welt *m*; Universum *o* (*heelal*); **-as:** world axis || axe *m* du monde *m* || Weltachse *v*; **-bol:** globe || globe *m* || Welt-, Erdkugel *v*; **-bouw:** cosmos || système *m* de l'univers *m* || Weltbau *m*; **-deel:** part of the world || partie *v* du monde *m* || Welt-, Erdteil *m*; **-kaart:** map of the globe || mappemonde *v* || Weltkarte *v*; **-lijn:** world line || linge *v* d'univers *m* || Weltlinie *v*; **-markt:** world-market || marché *m* mondial || Weltmarkt *m*; **-ruim:** space of the universe || espace *m* de l'univers *m* || Weltraum *m*; **-tentoonstelling:** international (universal) exhibition, world's fair || exposition *v* universelle (internationale, mondiale) || Weltausstellung *v*; **-verkeer:** world (international) traffic || trafic *m* mondial || Weltverkehr *m*; **-zee:** ocean || océan *m* || Weltmeer *o*, Ozean *m*.

werf: 1. (*scheepsb.*): shipyard || chantier *m* naval || Werft *v*;

2. (*om te krengen*): careening wharf || lieu *m* de carénage *m* || Kielholplatz *m*.

werk: 1. (*arbeid, enz.*): work || oeuvre *v*, ouvrage *m*, travail *m* || Arbeit *v*, Werk *o*; **- boven de grond** (*spw.*): construction above ground || travaux *mm* (construction *v*) à ciel *m* ouvert (à jour *m*) || Tagbau *m*; **-, aangenomen:** work agreed upon (by contract), piecework || travail *m* à forfait *m* (à la tâche *v*) || Akkord-, Gedingarbeit *v*; **-, gebeeldhouwd** (*hout*): carved wood || bois *m* sculpté || Holzschnitzerei *v*, -schnitzwerk *o*; **-, gedreven:** chased work || ouvrage *m* ciselé || getriebene Arbeit *v*; **-bank:** workbench, working table || établi *m* || Arbeitstisch *m*, Werkbank *v*; **-bus a. d. intreezijde** (*uittreezijde*): inlet (*outlet*) stuffing box || boîte *v* à bourrage *m* d'entrée *v* (*de sortie v*) || Einlaßstopfbüchse (*Auslaßstopfbüchse*) *v*; **-cilinder** (*pneum. hamer*): barrel || cylindre *m*, fût *m* || Werkzeugstiefel *m*; **-contact** (*telegr.*): working contact || contact *m* (plot *m*) de transmission *v* (de travail *m*) || Arbeitskontakt *m*; **-dag:** working day || journée *v* de travail *m* || Arbeitstag *m*; **-deur** (*oven*): charging door || porte *v* de travail *m* || Arbeitstür *v*; **-druk:** working

1) quoll, gequollen.

(operating) pressure || pression *v* de travail *m* (marche *v*) || Arbeits-, Betriebsdruck *m*; **-eloos:** *zie na* **werk 2; -elijk:** *zie na* **werkeloos; -en** (*ww.*)**:** *zie na* **werkelijk; -en, publieke:** public works || travaux *mm* publics || Bauwesen *o*; **-front:** *zie* **front 3; -gever:** employer || employeur *m*, patron *m* || Arbeitgeber *m*; **-golf:** signal wave || onde *v* de travail *m* || Betriebswelle *v*; **-hout:** building (construction) timber || bois *m* de construction *v* || Bauholz *o*; **-ing:** *zie onder* **werken** (*na* **werkelijk**)**; -kuil:** inspection (working) pit || fosse *v* de travail *m* (de visite *v*) || Arbeitsgrube *v*; **-liedenploeg:** gang of workmen || équipe *v* d'ouvriers *mm* || Arbeiterrotte *v*; **-liedenverzekering:** workmen's insurance || assurance *v* des ouvriers *mm* || Arbeiterversicherung *v*; **-lood:** work (argentiferous) lead || plomb *m* d'oeuvre *v* || Werkblei *o*; **-loos:** *zie na* **werk 2** *onder* **werkeloos 3; -man:** workman || ouvrier *m* || Arbeiter *m*; **-man** (*v. aangenomen werk*)**:** jobber, pieceworker || marchandeur *m*, ouvrier *m* à la pièce *v* (à la tâche *v*), tâcheron *m* || Akkord-, Gedingarbeiter *m*; **-manswoning:** workman's dwelling || habitation *v* (maison *v*) ouvrière || Arbeiterwohnung *v*; **-meester:** foreman || maître-ouvrier *m* || Werkführer *m*, -meister *m*; **-nemer:** employee, employed man || employé *m* || Arbeitnehmer *m*; **-pak:** work dress, overall || habit *m* d'atelier *m*, vêtement *m* de travail *m* || Arbeitsanzug *m*; **-plaats:** workshop, -yard || atelier *m*, place *v* de travail *m*, ouvroir *m* || Arbeitsplatz *m*, -stube *v*, Atelier *o*, Werkstatt *v*, -stätte *v*, -stube *v*; **-plaats v. h. wikkelen v. draden:** winding shop || salle *v* de bobinage *m* || Wickelraum *m*; **-plaatsinrichting:** workshop equipment || organisation *v* d'atelier *m* || Werkstatteinrichtung *v*; **-plan:** scheme of work || spécification *v* des travaux *mm* || Arbeitsplan *m*; **-proef:** specimen of working || essai *m* de l'oeuvre *v* || Werkprobe *v*; **-scheur:** crack due to expansion || fissure *v* due à la poussée *v* || Treibriß *m*; **-staker:** striker || gréviste *m* || Arbeitseinsteller *m*, Streiker *m*; **-staking:** strike || grève *v* || Arbeitseinstellung *v*, Streik *m*; **-stand:** *zie* **bedrijfsstand; -standaardlamp:** working photometric standard || étalon *m* photométrique de travail *m* || Arbeitsnormallampe *v*; **-steen:** workstone, ashlar || pierre *v* carrée (de taille *v*) || Quader *m*, Schnitt-, Werkstein *m*; **-stuk:** piece of work || pièce *v* à travailler (à usiner) || Werkstück *o*; **-tafel:** worktable || table *v* à ouvrage *m* || Werktisch *m*; **-tekening:** shop (works) drawing || dessin *m* d'atelier *m* (d'exécution *v*) || Werkstattzeichnung *v*; **-tuig:** tool, implement || outil *m* || Gerät *o*, Werkzeug *o*; **-tuigkist:** tool box (chest) || boîte *v* à outils *mm* || Werkzeugkasten *m*; **-tuigkunde:** *zie* **mechanica; -tuigkundige:** mechanical engineer || mécanicien *m* || Maschinentechniker *m*; **-tuigmachine:** *zie* **gereedschapsmachine; -tuigstaal:** *zie* **gereedschapsstaal; -tuigtafel:** tool stand || table *v* à outils *mm* || Werkzeugtisch *m*; **-tuigwagen:** *zie* **gereedschapswagen; -tijd:** working time || temps *m* de travail *m* || Arbeitszeit *v*; **-tijd** (*mach.*)**:** working time || durée de fonctionnement *v* || Betrieb[s]dauer *v*, Betrieb[s]länge *v*, Betrieb[s]zeit *v*; **-uur:** working hour || heure *v* de travail *m* || Arbeitsstunde *v*; **-vloer:** working floor || plancher *m* de travail *m* || Arbeitsboden *m*; **-wijze:** method, process [of working] || mode *m*, procédé *m* [de travail *m*] || Verfahren *o*, Arbeitsvorgang *m*, -weise *v*; **-zaamheid:** activity || activité *v* || Wirksamkeit *v*; **-zink:** raw zinc || zinc *m* d'oeuvre *v* || Tropfzink *o*;
2. (*uitgeplozen touw, vlas*): oakum, tow || étoupe *v* || Werg *o*; **- pluizen:** to pick oakum || détouper || Werg *o* zerreißen; **-draad** (*touw*)**:** thread of oakum || quenouillon *m* d'étoupe *v* || Wergzopf *m*; **-garen:** spun yarn || fil *m* d'étoupe *v* || Hede-, Werggarn *o*; **-linnen:** tow linen || toile *v* d'étoupe *v* || Hedeleinen *o*, Wergleinwand *v*.

werke|loos: 1. (*zonder uitwerking*): inactive || inactif, sans effet *m*, inefficace || wirkungslos, erfolglos, inaktiv; **-loosheid:** inactivity || inactivité *v*, inefficacité *v* || Wirkungslosigkeit *v*, Inaktivität *v*;
2. (*niet in werking*): out of work, not working, idle || inactif, ne travaillant pas || wirkungslos, untätig; **-loosheid:** inaction || inactivité *v*, inaction *v* || Untätigkeit *v*;
3. (*zonder werk*): out of work (employment), unemployed || sans travail *m* || arbeitslos; **-loosheid:** unemployment || chômage *m* || Arbeitslosigkeit *v*; **-loosheidsverzekering:** unemployment insurance || assurance *v* contre le chômage *m* forcé || Arbeitslosigkeitsversicherung *v*; **-loze:** out of work || sans-travail *m*, [ouvrier *m*] chômeur *m* || Arbeits-, Erwerbsloser *m*; **-lozenuitkering:** unemployment dole || prime *v* (allocation *v*, indemmité *v*) de chômage *m* || Arbeitslosen-, Erwerbslosenunterstützung *v*.

werkelijk: actual, real, true, effective || réel, effectif, vrai, actuel || wirklich.

wer|ken: 1. (*arbeiden*): to work || travailler || arbeiten, wirken; **- in dagloon:** journey work || travail *m* payé à la journée *v* || Taglohnarbeit *v*; **- in de open lucht:**

open working || travail *m* à ciel *m* ouvert || offener Tagesbau *m*; **- m. gelijkstroom** (*tegenstroom*)**:** to work with (in) parallel currents (streams, flows) (*countercurrent, -stream, -flow*) || travailler avec des courants *mm* parallèles (*à contre-courant m*) || im (mit) Gleichstrom *m* (*Gegenstrom m*) arbeiten; **-kend:** working || travaillant || arbeitend, wirkend;
2. (*machine, enz.*): to go, to work, to function, to act || fonctionner, marcher, travailler || arbeiten, funktionnieren; **-kend,** (*in*)**direct:** (*in*)direct acting || à commande *v* (à action *v*) (*in*)directe || (*un*)mittelbar wirkend, (*in*)direkt wirkend; **-king:** action, working || action *v*, fonctionnement *m* || Betrieb *m*, Wirkung *v*; **-king bij gesloten stroomloop:** closed circuit working || fonctionnement *m* à courant *m* permanent || Ruhestrombetrieb *m*; **-king, demagnetiserende:** demagnetising effect || action *v* désaimantante || entmagnetisierende Wirkung *v*; **-king, onbelaste:** no load, running light || marche *v* à vide *m* || Leergang *m*, -lauf *m*; **-kingsgraad:** efficiency || rendement *m* || Wirkungsgrad *m*;
3. (*uitwerking hebben, werking doen*): to act, to operate, to take effect, to be effective || agir, opérer, produire de l'effet *m* || wirken; *zie ook* **inwerken; terugwerkend; uitwerken; -kend op:** acting on || agissant sur || arbeitend auf; **-king:** action, effect || action *v*, effet *m* || Wirkung *v*, Effekt *m*; **-king op afstand:** action at distance || action *v* à distance *v* || Fernwirkung *v*; **-king v. d. punten:** needle effect || action *v* des pointes *vm* || Spitzenwirkung *v*; **-king v. d. regulateur:** governor influence || influence *v* du régulateur *m* || Reglereinwirkung *v*; **-king, chemische:** chemical action || action *v* chimique || chemische Wirkung *v*; **-king, elektrische:** electric effect (action) || action *v* électrique || elektrische Wirkung *v*; **-king, kapillaire:** capillary action || action *v* capillaire || Kapillarwirkung *v*; **-king, magnetische:** magnetic effect (action) || action *v* magnétique || magnetische Wirkung *v*; **-king, magnetiserende:** magnetising effect || action *v* aimantante || magnetisierende Wirkung *v*; **-king, plaatselijke:** local action || action *v* locale || Lokalwirkung *v*; **-kingsprincipe:** principle of action || principe *m* d'action *v* || Aktionsprinzip *o*; **-kingssfeer:** sphere of action; range || sphère *v* d'action *v*; portée *v* || Wirkungskreis *m*; Reichweite *v*; **-kingsveld** (*krachtlijnen*)**:** field of action || champ *m* d'action *v* || Wirkungsfeld *o*;
4. (*kromtrekken, enz.*): to work, to warp, to get warped || travailler, se déjeter, gaucher || arbeiten, sich verzerren, sich verbiegen, sich werfen; (*beton*)**:** internal action || travail *m* || Arbeiten *o*; (*cement*)**:** to expand || se gonfler || treiben; (*hout*)**:** to work, to warp || travailler || arbeiten, sich werfen; (*gesteente*)**:** to sag || travailler || arbeiten; **-king** (*gesteente*)**:** movement in the rock || travail *m* (mouvement *m*) du terrain *m* || Unruhe *v* im Gebirge *o*;
5. (*schip*): to work, to labour || se fatiguer, se tourmenter, travailler || arbeiten;
6. (*lading*): to shift || se déplacer, riper || **arbeiten.**

werp|anker: kedge || ancre *v* de jet *m* (de touée *v*) || Warpanker *m*; **-ankersteek:** fisherman's bend || étalingure *v* du câble *m* de touée *v* || Wurfankerstich *m*; **-en:** to throw || jeter || werfen; **-en v. e. anker:** to cast (to drop) anchor || jeter l'ancre *v*, mouiller || den Anker *m* werfen; **-en v. h. peillood:** cast of the lead || coup *m* de sonde *v* || Lotwurf *m*; **-net:** sweep net || épervier *m* || Wurfnetz *o*; **-proef:** fall proof || épreuve *v* à l'escarpolette *v* || Wurfprobe *v*; **-tros:** hauling line || aussière *v* de halage *m* || Warpleine *v*, -troß *v*.

wervel (*sluiting*)**:** button, turnbuckle, swivel || tourniquet *m* || Wirbel *m*.

wervel|beweging: *zie* **werveling; -en:** tourbillonner, tournoyer || to whirl (eddy, swirl) || wirbeln; **-ing:** whirl[ing], turbulence, eddy, vortex motion || mouvement *m* tourbillonnaire, tourbillonnement *m*, turbulence *v* || Wirbelbewegung *v*, Wirbelung *v*, Wirbel *m*; (*turbine*)**:** whirl, vortex || tourbillon *m* || Wirbel *m*; **-ring:** vortex ring || anneau *m* de tourbillon *m* || Wirbelring *m*; **-storm:** cyclone || cyclone *m* || Wirbelsturm *m*, Zyklon *m*; **-stromen** (*elektr.*)**:** eddy (Foucault) currents || courants *mm* parasites (de Foucault) || Wirbelströme *mm*; **-stroomrem:** eddy current brake || frein *m* à courants *mm* parasites (de Foucault) || Wirbelstrombremse *v*; **-stroomverlies** (*turbine*)**:** eddy loss || perte *v* par remous *m* (par tourbillons *mm*) || Wirbelverlust *m*; **-vrij** (*veld*)**:** irrotational || irrotationnel, non-tourbillonnaire || wirbelfrei; **-wind:** whirlwind || tourbillon *m* || Wirbel[wind] *m*.

west|elijk: occidental, western || occidental || westlich; **-en:** occident, west || occident *m*, ouest *m* || West[en] *m*; **-noordwest:** westnorthwest || ouest-nord-ouest || Westnordwest; **- ten noorden** (*zuiden*)**:** west by north (*south*) || ouest-quart-nord-ouest(*-sud-ouest*) || West zu Nord (*Süd*).

westinghouserem: Westinghouse brake ||

frein *m* Westinghouse || Westinghouse-bremse *v*.

weston|rem: Dubois brake || frein *m* Weston (Dubois) || Weston-, Duboisbremse *v*; **-takel:** *zie* **differentiaaltakel.**

wet: 1. (*natuurk. en recht*): law || loi *v* || Gesetz *o*; *zie ook* **beginsel; - v. Avogadro:** Avogadro's law || loi *v* d'Avogadro || Avogadrosches Gesetz *o*; **- v. Boyle:** Boyle's law || loi *v* de Boyle || Boylesches Gesetz *o*; **- v. Coulomb:** Coulomb's law || loi *v* de Coulomb || Coulombsches Gesetz *o*; **- v. Dalton:** Dalton's law || loi *v* de Dalton || Daltonsches Gesetz *o*; **- v. d. massawerking:** law of mass action || loi *v* de Guldberg et Waage || Massenwirkungsgesetz *o*; **- v. Dulong en Petit:** Dulong and Petit's law || loi *v* de Dulong et Petit || Dulong und Petitsches Gesetz *o*; **- v. Faraday:** Faraday's law || loi *v* de Faraday || Faradaysches Gesetz *o*; **- v. Gay-Lussac:** Gay-Lussac's (Charles') law || loi *v* de Gay-Lussac || Gay-Lussacsches Gesetz *o*; **- v. Henry:** Henry's law || loi *v* de Henry || Henrysches Gesetz *o*; **- v. Joule:** Joule's law || loi *v* de Joule || Joulesches Gesetz *o*; **- v. Lambert:** Lambert's law || loi *v* de Lambert || Lambertsches Gesetz *o*; **- v. Ohm:** Ohm's law || loi *v* d'Ohm || Ohmsches Gesetz *o*; **- v. Poiseuille:** Poiseuille's law || loi *v* de Poiseuille || Poiseuillesches Gesetz *o*; **- v. Proust:** law of definite proportions, Proust's law || loi *v* des proportions *vm* définies, loi *v* de Proust || Proustsches Gesetz *o*; **- v. Stefan en Boltzmann:** Stefan-Boltzmann law || loi *v* de Stefan et Boltzmann || Stefan-Boltzmannsches Gesetz *o*; **- v. Stokes:** Stokes' law || loi *v* de Stokes || Stokessches Gesetz *o*; **- v. v. d. Waals:** Van der Waals' law || loi *v* de Van der Waals || Van der Waalssches Gesetz *o*; **-ten v. Kepler:** Kepler's laws || lois *vm* de Kepler || Keplersche Gesetze *om*; **-ten v. Kirchhoff:** Kirchhoff's laws || lois *vm* de Kirchhoff || Kirchhoffsche Regeln *vm*, Kirchhoffsche Gesetze *om*; **-ten v. Newton:** Newton's laws || lois *vm* de Newton || Newtonsche Gesetze *om*;
2. (*afleidingen v. wetten*): **-staal:** butcher's (whet) iron || aiguisoir *m*, affûteur *m* || Wetzstahl *m*; **-steen:** whetstone || affiloir *m* || Wetzstein *m*, -schiefer *m*; **-ten** (*ww.*): to sharpen, to whet || affiler, aiguiser, repasser || schärfen, wetzen.

we|ven: 1. (*text.*): to weave; weaving || tisser; tissage *m* || weben; Weben *o*, Weberei *v*; **-ver:** weaver || tisserand *m* || Weber *m*; **-versboom:** weaver's beam || ensouple *v* || Weberbaum *m*; **-verskaarde** (*lakenind.*): teasel || chardon *m* || Rauhkarde *v*; **-verskam:** reed, slay || peigne *m*, ros *m* || Weberlatt *o*, -kamm *m*; **-versknoop:** sheet bend || noeud *m* de tisserand *m* || Weberknoten *m*; **-versnijper:** weaver's nopper (tweezer) || pincette *v* || Nopp-, Weberzange *v*; **-versspoel:** *zie* **weefspoel; -versstoel:** *zie* **weefstoel; -vervogel:** *zie* **drijver.**

white-pine: white pine || pin *m* blanc || Weißkiefer *m*, Whitepine *v*.

whitworthdraad: Whitworth thread || filet *m* Whitworth || Whitworthgewinde *o*.

wiek (*molen*): vane || aile *v* || Flügel *m*; **-lat** (*text.*): rove (builder) rod || barre *v* pour les mèches *vm* || **Vorgespinststange** *v*; **-leider** (*text.*): lap (sliver) guide || guide-mèche *v* || Bandführlöffel *m*, Wickelführer *m*; **-trechter** (*text.*): trumpet, funnel || entonnoir *m* || Trichter *m*.

wiel: wheel || roue *v* || Rad [1]) *o*; *zie ook* **rad; riemschijf; schijf; tandwiel; - afnemen, een:** to remove (to take off) a wheel || enlever une roue *v* || ein Rad *o* abziehen; **- m. draadspaken:** wheel with wire spokes || roue *v* à rayons *mm* en fil *m* métallique || Drahtspeichenrad *o*; **- m. dubbele schijf:** double disc (plate) wheel || roue *v* à double centre *m* (à double disque *m*, à double paroi *v*) || Doppelscheibenrad *o*; **- m. plaatijzeren schijf:** plate disc wheel || roue *v* à centre *m* en tôle *v* || Blechscheibenrad *o*; **- m. twee flenzen** (*spw.*): double flanged wheel || roue *v* à deux boudins *mm* || doppelflanschiges Rad *o*; **- m. verende spaken:** wheel with spring spokes || roue *v* à rais *mm* élastiques || Rad *o* mit federnden Speichen *vm*; **- m. vlak loopvlak:** cylindrical travelling wheel || roue *v* porteuse à surface *v* de roulement *m* plane, roue *v* porteuse cylindrique || Laufrad *o* mit gerader Lauffläche *v*, zylindrisches Laufrad *o*; **- monteren, een:** to mount a wheel || monter une roue *v* || ein Rad *o* montieren (anbringen); **- op de as persen, een:** to press a wheel on the axle || caler une roue *v* à la presse *v* sur l'essieu *m* || ein Rad *o* auf die Achse *v* aufpressen; **- op de as spieën, een:** to key a wheel on the axle || caler une roue *v* sur l'essieu *m* avec serrage *m* par clavette *v* || ein Rad *o* auf die Achse *v* aufkeilen; **- uit enige delen samengevoegd:** built up wheel || roue *v* partagée || geteiltes Rad *o*; **- v. gegoten staal:** cast steel wheel || roue *v* en acier *m* coulé || Stahlgußrad *o*; **- v. h. echappement:** balance (escapement) wheel || balancier *m*, roue *v* de champ *m* || Hemmungsrad *o*;

[1]) Mrv.: Räder.

-vastzetten, een: to jamb (to skid) a wheel || arrêter (bloquer) une roue *v* || ein Rad *o* blockieren (feststellen); **- voor schel:** bell wheel || roue *v* de la sonnette *v* || Schellenrad *o*; **-, a. een zijde dragend:** overhung wheel || roue *v* (montée) en porte-à-faux || überhängiges Rad *o*; **-, conisch:** *zie* **wiel, kegelvormig; -, dubbel:** double wheel || double roue *v* || Doppelrad *o*; **-, gebukkeld:** buckled wheel || roue *v* voilée || verzogenes Rad *o*; **-, gedreven:** driven wheel || roue *v* commandée || getriebenes Rad *o*; **-, gegroefd:** wedge friction wheel || roue *v* à gorge *v* || Rillenrad *o*; **-, getand:** *zie* **tandwiel; -, kegelvormig:** bevel (conical) wheel || roue *v* conique || Kegelrad *o*; **-, los:** loose wheel || roue *v* folle || loses Rad *o*; **-, massief:** solid wheel || roue *v* pleine d'une seule pièce *v* || Vollrad *o*; **-, niet dragend:** *zie* **wiel, aan een zijde dragend; -, ongekoppeld** (*locomotief*)**:** free (uncoupled) wheel || roue *v* portante (porteuse) || Laufrad *o*; **-, vrijdragend:** *zie* **wiel, aan een zijde dragend; -affuit:** wheel carriage || affût *m* à roues *vm* || Radlafette *v*; **-afstand:** wheel distance || écartement *m* des roues *vm* || Räderabstand *m*; **-afwijking:** obliquity of the wheels || obliquité *v* des roues *vm* || Einschlag *m* der Räder *om*; **-anker:** wheel armature || induit *m* à roue *v* || Radanker *m*; **-as:** [wheel]axle || essieu *m* de (axe *m* de la) roue *v* || Radachse *v* || Radachse *v*; **-as** (*auto*)**:** wheel shaft || arbre *m* de roue *v* || Seitenwelle *v*; **-band:** tyre || bandage *m* de roue *v* || Radreifen *m*; **-band afnemen, een:** to take a tyre off || démonter (enlever) un bandage *m* || einen Radreifen *m* abziehen; **-band omkrimpen, een:** to shrink a tyre on || poser un bandage *m* avec contraction *v* par refroidissement *m* || einen Radreifen *m* aufschrumpfen; **-band omleggen, een:** to put a tyre on || embattre un bandage *m* || einen Radreifen *m* aufziehen; **-band walsen, een:** to roll a tyre || laminer un bandage *m* || einen Radreifen *m* walzen; **-band vernieuwen, een:** to retyre || renouveler un bandage *m* || einen Radreifen *m* erneuern; **-band zonder flens:** blind (flangeless) tyre || bandage *m* sans boudin *m* || Radreifen *m* ohne Spurkranz *m*; **-band zonder naad:** weldless tyre || bandage *m* sans soudure *v* || nahtloser Reifen *m*; **-band, stalen:** steel tyre || bandage *m* en acier *m* || Stahlbereifung *v*, -reif[en] *m*; **-bandbevestiging:** tyre fastening || fixation *v* du bandage *m* || Radreifenbefestigung *v*; **-bandbevestiging door flens en bout:** fixing the tyre by means of a bolted flange || fixation *v* du bandage *m* par bride *v* boulonnée || Radreifenbefestigung *v* durch Flanschenverschraubung *v*; **-bandmal:** tyre flange gauge || calibre *m* pour bandages *mm* || Radreifenlehre *v*; **-bandpletwerk:** tyre rolling mill || laminoir *m* à bandages *mm* || Radreifenwalzwerk *o*; **-basis:** wheelbase || empattement *m*, distance *v* entre essieux *mm*, écartement *m* des roues *vm* || Rad-, Achsstand *m*; **-belasting:** load on the wheel || charge *v* de la roue *v* || Radbelastung *v*; **-beslag:** *zie* **wielband; -bout:** wheel bolt || boulon *m* de roue *v* || Radbolzen *m*; **-breuk:** fracture of the wheel || bris *m* (fracture *v*) de roue *v* || Radbruch *m*; **-dopsleutel:** wrench for axle caps || clef *v* spéciale pour chapeaux *mm* de roue *v* || Spezialschlüssel *m* für Radkapseln *vm*; **-draagvlak** (*op de naaf*)**:** wheel seat || portée *v* de calage *m* du moyeu *m* || Nabensitz *m*, Radsitz *m*; **-draaibank:** wheel [turning] lathe || tour *m* à roues *vm* (à essieux *mm*) || Räderdrehbank *v*; **-druk:** wheel pressure || pression *v* exercée par (charge *v* de) la roue *v* || Radlast *v*, [Lauf]raddruck *m*; **-en:** wheels || roues *vm* || Räder *om*; *zie ook* **raderen; -en, dubbele:** dual wheels || roues *vm* jumelées || Zwillingsräder *om*; **-en, gekoppelde:** coupled wheels || roues *vm* accouplées || gekuppelte Räder *om*, Kuppelräder *om*; **-en, kracht overbrengende:** heavy duty gear || roues *vm* des forces *vm* || Krafträder *om*; **-en, stel:** couple of wheels || paire *v* de roues *vm* || Radsatz *m*; **-enmagazijn** (*spw.*)**:** wheel yard || parc *m* aux roues *vm* || Räderhof *m*; **-enwerkplaats** (*spw.*)**:** wheel shop || atelier *m* des roues *vm* || Räderwerkstatt *v*; **-flens** (*spw.*)**:** wheel flange || boudin *m*, bourrelet *m* (mentonnet *m*) de roue *v* || Spurkranz *m*; **-frees:** wheel cutter || fraise *v* pour engrenages *mm* || Räderfräser *m*; **-freesmachine:** wheel milling (cutting) machine, gear cutting machine || machine *v* à fraiser les roues *vm* (à fraiser, à tailler) les engrenages *mm* || Räderschneid-, [Zahn]räderfräsmaschine *v*; **-helft:** wheel half || demi-roue *v*, moitié *v* de roue *v* || Radhälfte *v*; **-hoepel:** *zie* **wielband; -kap:** wheel cap || chapeau *m* de roue *v* || Radkappe *v*; **-kast:** wheel box (casing) || couvre-roue *m*, enveloppe *v* de roue *v* || Radschutzkasten *m*; **-krans:** wheel rim || couronne *v* de roue *v* || Radkranz *m*; **-moersleutel:** wheel nut (axle) wrench || clef *v* pour écroux *mm* (chapeaux *mm*) de roues *vm* || Radmutterschlüssel *m*; **-naaf:** nave, boss (hub) of the wheel || moyeu *m* de [la] roue *v* || Radnabe *v*; **-naafboormachine:** nave boring machine || machine *v* à percer les moyeux *mm* || Radnabenbohrmaschine *v*; **-naafmotor:** hub motor || moteur *m* placé dans le moyeu *m* || Radnabenmotor *m*; **-omwenteling:** revolution of the wheel || révolution *v* de la (tour *m* de) roue *v* || Radumdrehung *v*; **-pers:** wheel press || presse *v* à caler les roues *vm* || Räderpresse *v*; **-plaat:** wheel flange || disque *m* de roue *v* || Radscheibe *v*; **-ploeg:** wheel plough || charrue *v* à roues *vm* || Räderpflug *m*; **-rem:** wheel brake || frein *m* sur roue *v* || Radbremse *v*; **-ring:** wheel ring || cerceau *m* de roue *v* || Radring *m*; **-rijder:** cyclist || cycliste *m* || Radfahrer *m*; **-schoep:** wheel blade, paddle || aube *v* (palette *v*) de roue *v* || Radschaufel *v*; **-schijf:** disc wheel centre, plate centre || corps *m* de roue *v* à toile *v*, centre *m* (toile *v*) de roue *v* || Radscheibe *v*; **-slijpmachine:** wheel grinder || machine *v* à planer les roues *vm* || Räderschleifmaschine *v*; **-slot** (*geschut*)**:** wheel lock || platine *v* à rouet *m* || Radschloß *o*; **-spaak:** spoke of a wheel, wheel spoke || rais *m*, rayon *m* [de roue *v*] || Radspeiche *v*; **-stand** (*afstand tussen de assen*)**:** wheel base || écartement *m* des essieux *mm* empattement *m*, distance *v* d'axe *m* en axe *m* des roues *vm* || Achs-, Radstand *m*; **-stel:** pair of wheels || paire *v* de roues *vm* || Räderpaar *o*; **-stel m. as:** pair of wheels and axle || train *m* de roues *vm*, essieu *m* monté || Achs-, Radsatz *m*; **-ster:** spider, wheel centre || centre *m* à rais *mm* || Radstern *m*; **-sterdraaibank:** lathe for turning wheel centres || tour *m* pour les centres *mm* de roue *v* || Radsterndrehbank *v*; **-sturing:** wheel control || manoeuvre *v* par volant *m* || Radsteuerung *v*; **-trekker:** wheel removing tool || enleveur *m* de roue *v* || Radabzieher *m*; **-velg:** felly, felloe, rim || jante *v* || [Rad]felge *v*; **-venster:** catherine wheel, rose (wheel) window || fenêtre *v* rayonnante, roue *v* de St. Catherine *v* || Katharinenrad *o*, Radfenster *o*; **-vleugel:** *zie* **wielschoep; -vormmachine:** wheel (gear) moulding machine || machine *v* à mouler les engrenages *mm* || Zahnradformmaschine *v*; **-wig** (*om te remmen*)**:** wheel wedge || sabot *m* d'arrêt *m* || Radkeil *m*.

wiepband: anchoring white || hart *v* de retraite *v* || Ankerweede *v*, -wiede *v*.

wier: seagrass, -weed || algue *v*, varec *m* || Seegras *o*; **-dijk:** dike (dam) of varec || digue *v* d'algue *v* || Wierdeich *m*.

wig (*algem.*)**:** wedge || coin *m* || Keil *m*; (*v. vastzetten hamersteel*)**:** helve wedge || angrois *m* || Helmkeil *m*; *zie ook* **spie; -bout:** *zie* **spiebout; -gen:** to wedge || coincer, claveter || keilen; **-hamer:** wedge hammer || chasse-coin *m* || Keilhammer *m*; **-las:** wedged joint || joint *m* à coin *m* || Keilstoß *m*; **-oplegging:** bearing surface of key || surface *v* d'appui *m* de clavette *v* || Keilauflager *o*; **-plaat:** key plate || plaque *v* de calage *m* || Keilplatte *v*; **-rem:** wedge brake || frein *m* à coin *m* || Keilbremse *v*; **-rug:** back of the wedge || dos *m* de coin *m* || Keilrücken *m*; **-schroef:** conical screw wedge || clavette *v* filetée || Keilschraube *v*; **-sluiting:** wedge closing || fermeture *v* à coin *m* || Keilverschluß *m*; **-trek** (*vuurwapen*)**:** cun[e]iform rifling || rayure *v* de coin *m* || Keilzug *m*; **-vormig:** wedge shaped, cun[e]iform || cunéiforme, en forme *v* de coin *m* || keilförmig.

wikkel: roll || rouleau *m*; intérieur *m* (*v. sigaar*) || Wickel *m*; **-bank:** winding bench || banc *m* à bobiner || Wickelbank *v*; **-draad:** binding (taping) wire || fil *m* de ligature *v* || Wickeldraht *m*; **-element:** winding element (section) || section *v* d'enroulement *m* || Wick[e]lungsglied *o*, -element *o*; **-en:** *zie na* **wikkelverhouding; -gordel:** winding belt || zône *v* de bobinage *m* || Wicklungsband *o*; **-ing:** *zie na* **wikkelen; -machine** (*spinnerij*)**:** winding engine || machine *v* à dévider || Spulmaschine *v*, Wickelmaschine *v*; **-mal:** winding former || gabarit *m* de bobinage *m* (d'enroulement *m*) || Wick[e]lungsschablone *v*; **-schema** (*gereduceerd*)**:** (*reduced*) winding diagram || schéma *m* d'enroulement *m* (*simplifié*) || (*vereinfachter*) Wick[e]lungsplan *m*; **-schema, uitgeslagen:** developed winding diagram || schéma *m* développé d'enroulement *m* || abgerolltes Wick[e]lungsschema *o*; **-schrede** (*verkorte*)**:** pitch (*of a short chord winding*) || pas *m* d'enroulement *m* (*raccourci*) || (*verkürzter*) Wicklungsschritt *m*; **-spoed:** winding pitch || pas *m* d'enroulement *m* || Wick[e]lungsschritt *m*; **-tabel:** winding table || tableau *m* d'enroulement *m* || Wick[e]lungstafel *v*; **-trommel:** winding drum || poulie *v* d'enroulement *m* || Wickeltrommel *v*; **-verhouding:** *zie* **transformatieverhouding.**

wikkelen: 1. (*wikkelen op*)**:** to wind (*on, upon*) || bobiner; enrouler (*sur*) || [auf]-wickeln (*auf*);

2. (*wikkelen in*)**:** to wrap [up], to envelop (*in*) || enrouler, envelopper (*dans*) || [ein]wickeln (*in*).

wikkeling: winding || bobinage *m*, enroulement *m* || Wick[e]lung *v*; **- m. onverkorte spoed:** full pitch winding || enroulement *m* diamétral || Wick[e]lung mit unverkürztem Schritt *m*, Durchmesserwick[e]lung *v*; **- m. verkorte spoed:** chord winding || enroulement *m* par cordes *vm*

|| Sehnenwick[e]lung *v*, Wicklung *v* mit verkürztem Schritt *m*; **- m. vier groeven:** four slot (quadruple coil) winding || enroulement *m* à quatre encoches *vm* || Vierlochwick[e]lung *v*; **- op de mal:** former winding || enroulement *m* (bobinage *m*) sur gabari[t] *m* || Schablonenwick[e]lung *v*; **- uit vele lagen bestaande:** multilayer winding || enroulement *m* à plusieurs couches *vm* || Mehrlagenwick[e]lung *v*; **- v. Brush voor booglichtmachines:** Brush winding for arc lighting machines || enroulement *m* de Brush de machines *vm* pour lampes *vm* à arc *m* || Wick[e]lung *v* von Brush für Bogenlichtmaschinen *vm*; **- v. Thomson-Houston:** Thomson-Houston winding || enroulement *m* de Thomson-Houston || Thomson-Houstonsche Wick[e]lung *v*; **-, aaneengesloten:** *zie* **wikkeling, gesloten; -, bifilaire:** bifilar winding || enroulement *m* bifilaire || bifilare Wick[e]lung *v*, Doppelfadenwick[e]lung *v*; **-, drievoudig gesloten:** triplex winding || enroulement *m* triple || dreifachgeschlossene Wick[e]lung *v*; **-, evolvente:** evolute winding || enroulement *m* en développante[s] || Evolventenwick[e]lung *v*; **-, gesloten:** continuous winding || enroulement *m* (bobinage *m*) continu || zusammenhangende Wick[e]lung *v*; **-, gladde:** surface winding || bobinage *m* lisse || glatte Wick[e]lung *v*; **-, halfsymmetrische:** semisymmetrical winding || enroulement *m* demi-symétrique || halbsymmetrische Wick[e]lung *v*; **-, halve:** winding half || demi-enroulement *m* || Wick[e]lungshälfte *v*; **-, hoogkantige:** strip-on-edge winding || enroulement *m* sur champ *m* || hochkantige Wick[e]lung *v*; **-, laagkantige:** flat winding || bobinage *m* (enroulement *m*) à plat *m* || flachkantige Wick[e]lung *v*; **-, linkse:** left handed winding || enroulement *m* (bobinage *m*) à gauche *v* (senestrorsum) || Linkswick[e]lung *v*, linksgängige Wick[e]lung *v*; **-, meervoudige:** multiplex winding || enroulement *m* multiple (à plusieurs circuits *mm*) || mehrfach geschlossene Wick[e]lung *v*; **-, primaire:** primairy winding || bobinage *m* primaire || primäre Wick[e]lung *v*; **-, rechtse:** right handed winding || enroulement *m* (bobinage *m*) à droite *v* (dextrorsum) || Rechtswick[e]lung *v*, rechtsgängige Wick[e]lung *v*; **-, rondlopende:** distributed winding || enroulement *m* (bobinage *m*) ondulé || umlaufende Wick[e]lung *v*; **-, schuine:** oblique winding || enroulement *m* oblique || Schrägwick[e]lung *v*; **-, secondaire:** secondary winding || bobinage *m* secondaire || sekundäre Wick[e]lung *v*; **-, smalkantige:** edgewise winding || enroulement *m* (bobinage *m*) de champ *m* || hochkantige Wick[e]lung *v*; **-, tertiaire:** tertiary winding || enroulement *m* tertiaire || Tertiärwick[e]lung *v*; **-, tweefasige gesloten:** duplex winding || enroulement *m* double || zweifach geschlossene Wick[e]lung *v*; **-, verdeelde:** distributed (distributive) winding || bobinage *m* (enroulement *m*) distribué || verteilte Wick[e]lung *v*.

wikkelings|breedte: coiling length || longueur *v* d'enroulement *m* || Wickelbreite *v*; **-formule:** winding formula || formule *v* d'enroulement *m* || Wick[e]lungsformel *v*; **-rotor:** *zie* **fasenrotor; -ruimte:** winding space || espace *m* de bobinage *m* (d'enroulement *m*) || Wick[e]lungsraum *m*; **-schema:** winding diagram || schéma *m* de bobinage *m* (d'enroulement *m*) || Wick[e]lungsschema *o*; **-schikking:** arrangement of winding || disposition *v* d'enroulement *m* || Wick[e]lungsanordnung *v*; **-steun:** winding support || support *m* d'enroulement *m* || Wick[e]lungsträger *m*; **-verstijving:** stiffening of the winding || fixation *v* des têtes *vm* de bobinage *m* || Wick[e]lungsversteifung *v*; **-vlak:** plane of a winding || plan *m* de bobinage *m* || Wick[e]lungsebene *v*; **-werkplaats:** winding shop || atelier *m* (salle *v*) d'enroulement *m* || Wickelei *v*, Wickelraum *m*; **-wijze:** type of winding || type *m* d'enroulement *m* || Wick[e]lungsart *v*.

wilg: willow || saule *m* || Weide *v*; **-, witte:** white willow || saule *m* blanc || Silber-, Weißweide *v*; **-enhout:** willow wood || bois *m* de saule *m* || Weidenholz *o*; **-enrups:** caterpillar of the goat moth || charançon *m*, foreur *m* du saule *m* || Weidenbohrer *m*; **-entwijg:** osier (willow) twig, wicker || verge *m* d'osier *m* || Weidenrute *v*.

willekeurig (*onverschillig welk*)**:** any given, at will || quelconque (*bijv. nw.*); arbitrairement (*bijw.*) || beliebig.

willemiet: willemite || willémite *v* || Willemit *m*.

williotfiguur: translation (transposition) plane || diagramme *m* de translation *v* (de cheminement *m*) || Verschiebungsplan *m*.

wimpel: pennant, pennon || flamme *v* || Wimpel *m*; **-hoofdje:** pennant head || pomme *v* de flamme *v* || Wimpelknopf *m*; **-lijn:** pennant halliard (halyard) || drisse *v* de la flamme *v* || Wimpelfall *m*; **-stok:** pennant stick || bâton *m* de flamme *v*, digon *m* || Wimpelstock *m*.

wind: 1. (*natuurlijke*)**:** wind || vent *m* || Wind *m*; **-barst:** *zie* **windscheur; -dicht:**

air-tight || imperméable au vent *m* || winddicht; **-droog:** air dried || séché à l'air *m* || lufttrocken; **-droog maken** (*v. hout*): to season || sécher || lufttrocknen; **-druk:** wind pressure || pression *v* du vent *m* || Winddruck *m*; **-generator:** *zie* **generator 1; -haak:** window stay || crochet *m* de contre-vent || Fensterhaken *m*; **-happer:** *zie* **ventilator 2; -hoos:** whirlwind || tourbillon *m* || Wirbelwind *m*; **-kant:** weather side || exposé *m* au vent *m* || Luv-, Windseite *v*; **-kap:** wind cap || chapeau *m* paravent *m* || Windschutzkappe *v*; **-kruis:** wind cross || croix *v* de contre-ventement *m* || Windkreuz *o*; **-meter:** *zie* **anemometer; -molen:** wind-mill || moulin *m* à vent *m* || Windmühle *v*; **-motor:** wind motor || moteur *m* à vent *m* || Windmotor *m*; **-motorpomp:** wind pump || pompe *v* à moteur *m* à vent *m* (à aéromoteur *m*), roue *v* éolienne || Windmotorpumpe *v*, Windrad *o*; **-rad** (*molen*): windmill (vane) wheel || roue *v* à ailettes *vm* || Windrad *o*; **-roos:** compass card (rose) || rose *v* du vent *m* || Windrose *v*; **-schaal v. Beaufort:** Beaufort's scale || échelle *v* de Beaufort || Beaufortsche Skala *v*; **-scheef:** warped || déjeté || windschief; **-scherm:** wind screen || paravent *m* || Windschirm *m*, -schutz *m*; **-scheur:** crack, flaw || gerçure *v* || Windriß *m*; **-schoor:** wind brace || hauban *m* || Windstrebe *v*; **-sterkte:** force of the wind, wind intensity || force *v* (intensité *v*) du vent *m* || Windstärke *v*; **-stoot:** gust || coup *m* de vent *m* || Windstoß *m*; **-strepen:** wind bands || bandes *vm* venteuses || Windbänder *om*; **-stut:** *zie* **windschoor; -vaan:** fane, vane, weathercock, weather flag || flouette *v*, girouette *v* || Wetter-, Windfahne *v*, Windzeiger *m*; **-vang:** wind catch || manche *v* à vent *m* || Windmaul *o*; **-verband:** wind bracing || contre-ventement *m* || Windverband *m*; **-vering** (*scheepst.*): quarter of a ship || hanche *v* || Windvierung *v*; **-vleugel** (*klok*): air vane (wing) || moulinet *m* régulateur || Windflügel *m*; **-weerstand:** wind resistance || résistance *v* au vent *m* || Windwiderstand *m*; **-wijzer:** *zie* **windvaan; -zak:** wind sail || manche *v* à vent *m* || Windsack *n*;

2. (*blaastoestel*): blast || vent *m* || [Gebläse]-wind *m*; **-boven** (*onder*) **ketelvuur:** overgrate (*undergrate*) blast || soufflage *m* au dessus (*dessous*) de la grille *v* || Oberwind (*Unterwind*) *m*; **-buks:** air (wind) gun || fusil *m* à vent *m* || Windbüchse *v*; **-cilinder:** blast cilinder || cylindre *m* à vent *m* || Gebläse-, Windzylinder *m*; **-droging:** drying the blast || dessiccation *v* (séchage *m*) de l'air *m* || Windtrocknung *v*; **-gat:** blast inlet || orifice *m* d'admission *v* du vent *m* || Windloch *o*; **-inlaat:** air inlet || entrée *v* de l'air *m* || Windeinlaß *m*; **-kast:** blast box || boîte *v* à vent *m* || Windkasten *m*; **-ketel:** air chamber (vessel, box) || caisse *v* à vent *m*, chambre *v* à (cloche *v* d', réservoir *m* d') air *m* || Luft-, Windkammer *v*, -kessel *m*; **-klep:** air inlet valve || clapet *m* d'entrée *v* d'air *m* || Windklappe *v*; **-pijp** (*ventilator*): blast pipe || conduite *v* de vent *m*, porte-vent *m* || Windleitung *v*; **-pijpstuk:** air nozzle || tuyère *v* à vent *m* || Winddüse *v*; **-scheider:** air separator, wind sifter || séparateur *m* à air *m* (vent *m*) || Windsichter *m*; **-toevoer:** blast inlet || admission *v* du vent *m* || Windzuführung *v*; **-verbruik:** consumption of blast || consommation *v* de vent *m* || Windverbrauch *m*; **-verdeling:** blast distribution || répartition *v* du vent *m* || Windverteilung *v*; **-verhitter:** hot air tower, air heater || réchauffeur *m* de vent *m* (d'air *m*) || Winderhitzer *m*; **-verwarmer:** *zie* **windverhitter; -vleugel** (*ventilator*) (*weverij*): fan || ventilateur *m* || Windflügel *m*; **-vorm:** twyer || tuyère *v* || Blas-, Windform *v*; **-zifter:** *zie* **windscheider;**

3. (*afleidingen van ww. winden*): **-as:** capstan, winch, windlass || cabestan *m*, treuil *m* || Gangspill *o*, Haspel *m*, Winde *v*; **-as, zijdelingse:** side windlass (winch) || treuil *m* latéral || Seitenwinde *v*; **-askabel:** winch rope || câble *m* pour cabestan *m* (pour treuils *mm*, remorqueur) || Haspelseil *o*; **-aswagen** (*kabelballons*): wagon with winding down gear || voiture-treuil *v* || Wagen *m* mit einliegender Winde *v*; **-e:** *zie* **dommekracht; -en:** *zie na* **windwerk; -ing:** *zie na* **winden; -reep** (*scheepst.*) mast (top) rope || guinderesse *v* || Windreep *o*; **-werk:** hoisting device || appareil *m* à hisser || Aufziehvorrichtung *v*.

winden: 1. (*algem.*): to wind || [en]rouler || [auf]winden;

2. (*winden om*): to wind round || enrouler sur, envelopper de || [auf]winden um (auf);

3. (*winden op*): to wind on || enrouler sur || [auf]winden auf;

4. (*hijsen*): to hoist, to wind up || hisser, haler || aufwinden.

winding: 1. (*algem.*): turn, winding || spire *v*, tour *m* || Windung *v*; **-, dode:** idle turn || tour *m* mort, spire *v* morte || tote Windung *v*; **-, verzonken:** embedded turn || spire *v* noyée || eingebettete Windung *v*; **-, werkloze:** *zie* **winding, dode; -sverhouding:** ratio of the windings || rapport *m* d'enroulements *mm* || Windungsverhältnis *o*;

2. *zie* **veerwinding.**

winkelhaak: [set] square || équerre *v* || Winkel *m*; **- m. aanslag:** back (try) square || équerre *v* à chapeau *m* (épaulée) || Anschlagwinkel *m*; **- toetsen, aan de:** to examine the squaring || équerrer, examiner par l'équerre *v* || auf den Winkel *m* prüfen, nachwinkeln; **-, dubbele:** T-square || équerre *v* double (en T *m*) || Kreuzwinkel *m*.

win|nen: 1. (*algem.*): to recover || recueillir || gewinnen; **-ning:** recovery || recueillement *m* || Gewinning *v*;
2. (*mijnb.*): to work (win); to get (hew, cut, stope) (*houwer*) || exploiter; extraire (*erts*; *olie*; *zout*); [r]abattre (*erts*); [r]abattre (*houwer*) || abbauen (*erts*); gewinnen (*olie*; *zout*); abbauen (*houwer*); **-ning:** working, winning; getting, stoping (*houwer*) || exploitation *v*; extraction *v* (*erts*; *olie*; *zout*); abat[t]age *m* (*erts*); abat[t]age *m* (*houwer*) || Abbau *m* (*erts*); Gewinnung *v* (*olie*; *zout*); Abbau *m* (*houwer*); **-ning in schijven:** bank-work, working in slices || exploitation *v* par (méthode *v* des) tranches *vm* || Scheibenbau *m*; **-ning, achterwaarse** (*voorwaartse*)**:** retreating (*progressing*) working || méthode *v* rabattante (de rabattage *m*) (*d'avancement m*) || Rückbau (*Vorbau*) *m*; **-ning, eenvleugelige** (*tweevleugelige*)**:** working in a single direction (*two-sided working*) || exploitation *v* avec chantier *m* à une seule aile *v* (*deux ailes vm*) || einflügeliger (*zweiflügeliger*) Abbau *m*; **-ning, gezamenlijke:** working of a plurality of seams together || exploitation *v* en faisceaux *mm* || Gruppen-, Stapelbau *m*; **-ning, primaire** (*secundaire*) (*petr.*)**:** primary (*secondary*) exploitation || exploitation *v* primaire (*secondaire*) || Erstgewinnung (*Zweitgewinnung*) *v*; **-ningsdruk:** subsidence pressure || poussée *v* due à l'exploitation *v* || Abbaudruck *m*; **-ningsscheur:** [collapse] cleft (fissure) || fissure *v* (cassure *v*) d'exploitation *v* || Abbauriß *m*; **-ningsverdieping:** working level || étage *m* (niveau *m*) d'exploitation *v* || Bausohle *v*.

winst: gain, profit, return[s] || gain *m*, bénéfice *m*, profit *m* || Gewinn *m*; **- opleveren:** to yield profit || donner des bénéfices *mm* || Gewinn *m* abwerfen; **-, bruto** (*netto*)**:** gross (*net*) profit || bénéfice *m* brut (*net*) || Rohgewinn *m* (*Rein-*, *Nettogewinn m*); **-gevend:** profitable, lucrative || profitable, lucratif || einträglich, gewinnbringend, rendabel; **-marge:** margin of profit || marge *v* de bénéfices *mm* || Spanne *v*.

winter|eik: mountain (chestnut) oak || chêne *m* rouvre || Winter-, Stein-, Traubeneiche *v*; **-linde:** winter lime tree || tilleul *m* d'hiver *m* || Winter-, Steinlinde *v*; **-olie:** winter oil || huile *v* d'hiver *m* || Winteröl *o*; **-venster:** counter sash (double winter) window || contre-châssis *m*, contre-fenêtre *v* || Winterfenster *o*.

wip (*brug*)**:** draw beam || flèche *v*, fléau *m* || Wippe *v*; **-brug:** balance bridge, drawbridge || pont-levis *m* || Wippbrücke *v*; **-eind:** throw off (tipping) end || extrémité *v* de déchargement *m* || Abwurfende *o*; **-kar:** *zie* **kipkar.**

wisdoek: cloth for wiping || chiffon *m* [de nettoyage *m*] || Wischtuch *o*.

wisse (*houtmaat*)**:** cor of wood || corde *v* || Klafter *v*.

wissel (*spw.*)**:** points, switch || aiguillage *m*, changement *m* [de voie *v*] || Weiche *v*; **-, dubbele** (*enkele*)**:** cross-switch (*point* (*split*) *switch*) || aiguille *v* de croisement *m*, branchement *m* double (*simple*) (*bifurcation v*) || doppelte (*einspurige*) Weiche *v*; **-, linkse** (*rechtse*) (*spw.*)**:** switch leading to the left (*right*), left (*right*) hand points (turn off) || changement *m* [de voie *v*] (branchement *m*) à gauche *v* (*à droite v*) || Linksweiche *v* (*Rechtsweiche v*); **-, vaste** (*spw.*)**:** dumb switch || changement *m* à deux aiguilles *vm* fixées || feste Weiche *v*; **-, zelfstellende** (*spw.*)**:** automatic point || changement *m* de voie *v* automatique || selbststellende Weiche *v*; **-afsluiter:** *zie* **driewegafsluiter: -arm** (*telegr.*)**:** figure changing lever || levier *m* inverseur || Wechselhebel *m*; **-bak:** *zie* **versnellingsbak; -bediening** (*spw.*)**:** switch attendance || service *m* de l'appareil *m* de manoeuvre *v* || Weichenbedienung *v*; **-behandeling** (*spw.*)**:** switch operating, throwing the points || aiguillage *m*, manoeuvre *v* des aiguilles *vm* || Weichenstellung *v*; **-berekening** (*spw.*)**:** switch calculation || calcul *m* des changements *mm* de voie *v* || Weichenberechnung *v*; **-beweging:** intermittent motion || mouvement *m* intermittent || Wechselbewegung *v*; **-bezem** (*spw.*)**:** points brush || brosse *v* pour aiguilles *vm* || Weichenbürste *v*; **-bocht** (*spw.*)**:** curve of the switch || courbe *v* du changement *m* || Weichenbogen *m*; **-boek** (*spw.*)**:** record book of switches || registre *m* des changements *mm* de voie *v* || Weichenbuch *o*; **-controle** (*spw.*)**:** switch position indicator || controleur *m* de position *v* d'aiguille *v* || Zungenüberwachung *v*; **-draad** (*lucht*)**:** frog wire || fil *m* de changement *m* de voie *v* aérien || Weichendraht *m*; **-einde** (*spw.*)**:** switch end || extrémité *v* du changement *m* || Weichenende *o*.

wissel|en: 1. (*algem.*)**:** to alternate; to change; to fluctuate || alterner; changer; fluctuer || alternieren; wechseln; schwan-

ken; **-end:** alternate, alternating, changing || alternatif || wechselnd;
2. (*spw.*): to change || changer || wechseln;
3. (*van gang*): to shift (*speed*) || changer (*de vitesse v*) || umschalten;
4. (*uitwisselen*): to exchange || échanger || auswechseln.

wissel|hefboom (*spw.*): switch lever || levier *m* d'aiguillage *m* (de manoeuvre *v*) || Stell-, Umleg-, Weichenhebel *m*; **-ing:** alternation; change; fluctuation || changement *m*; alternation *v*; fluctuation *v* || Wechsel *m*; Schwankung *v*; **-ing in de helling:** change of inclination || changement *m* (variation *v*) de l'inclinaison *v* || Gefällwechsel *m*; **-ing in het aantal toeren:** speed variation || fluctuation *v* du nombre *m* de tours *mm* || Tourenschwankung *v*; **-inrichting** (*spw.*): arrangement of switch || disposition *v* du changement *m* de voie *v* || Weichenanordnung *v*; **-kast:** *zie* **versnellingsbak; -klep:** *zie* **driewegklep; -koppeling:** connection to points || raccordement *m* d'aiguillage *m* || Weichenanschluß *m*; **-krabber** (*trem*): points scraper || grattoir *m* à nettoyer les aiguilles *vm* || Weichenreinigungskrätze *v*; **-lade** (*weverij*): alternate batten || battant *m* lanceur || Wechsellade *v*; **-lantaarn** (*spw.*): switch lamp || lanterne *v* de changement *m* de voie *v* || Weichenlaterne *v*; **-legger** (*spw.*): switch sleeper || traverse *v* de changement *m* || Weichenschwelle *v*; **-lijn** (*typogr.*): cheques combination rule || filet *m* azuré || Azureelinie *v*; **-middelpunt:** (*spw.*) heel of switch || centre *m* du changement *m* || Weichenmittelpunkt *m*, Knotenpunkt *m* der Weiche *v*; **-omzetting** (*spw.*): throwing over the points || changement *m* de position *v* de l'aiguille *v* || Umstellung *v* der Weiche *v*; **-poolinductie:** heteropolar induction || induction *v* hétéropolaire || Wechselpolinduktion *v*; **-pooldynamo:** heteropolar generator || dynamo *v* hétéropolaire || Wechselpoldynamo *v*; **-punt:** point of alteration || point *m* d'altération *v* || Wechselpunkt *m*; **-reel:** switch rail || rail *m* d'aiguille *v* || Weichenschiene *v*; **-schakelaar:** two-way (landing) switch || commutateur *m* à deux directions *vm* dit va et vient || Wechselschalter *m*; **-sein** (*spw.*): switch signal, point indicator || signal *m* d'aiguille *v* || Weichensignal *v*; **-sgroep** (*spw.*): set of points || groupe *m* de changements *mm* de voie *v* || Weichenstraße *v*; **-signaal:** *zie* **wisselsein; -sleutel:** change over (reversing) key || manipulateur *m* de commutateur *m* || Wechseltaste *v*; **-sluiting:** point locking || verrouillage *m* d'aiguille *v* (de changement *m* de voie *v*) || Weichenverriegelung *v*; **-spanning:** alternating voltage (tension) || tension *v* alternative || Wechselspannung *v*; **-spoor:** switch track || voie *v* du changement *m* (d'aiguille *v*) || Weichengleiß *o*; **-stand** (*spw.*): position of points (switch) || position *v* de l'aiguillage *m* || Weichenstellung *v*; **-station:** exchange station || station *v* de retour *m* || Wechselstation *v*; **-straatseinknop:** itinerar lever || levier *m* d'itinéraire *m* || Fahrstraßensignalschalter *m*; **-stroom:** *zie na* **wisselwielenkast; -stukken:** *zie* **delen, waarloze; -toets** (*telegr.*): change over (reversing) key || manipulateur *m* de commutation *v* || Wechseltaste *v*; **-tong:** switch blade (tongue) || aiguille *v* de changement *m* || Weichenzunge *v*; **-trekstang:** switch rod || tige *v* de manoeuvre *v* || Weichenstange *v*; **-type** (*spw.*): shape of points || type *m* de changement *m* || Weichenform *v*; **-veiligheid:** securing of points || appareil *m* de sécurité *v* pour aiguillages *mm* || Weichensicherung *v*; **-veld:** alternating field || champ *m* alternatif || Wechselfeld *o*; **-veld, magnetisch:** alternating magnetic field || champ *m* magnétique alternatif || magnetisches Wechselfeld *o*; **-verankering** (*lucht*): switch span || amarrage *m* (ancrage *m*) de changement *m* de voie *v* || Weichenabspannung *v*; **-verzetstaaf** (*trem*): switch rod || tringle *v* de manoeuvre *v* pour aiguilles *vm* || Weichenstelleisen *o*; **-verzettoestel** (*spw.*): switch operating mechanism || appareil *m* de manoeuvre *v* d'aiguille *v* || Weichenstellvorrichtung *v*, -werk *o*; **-wachter:** pointman || aiguilleur *m* || Weichenwärter *m*; **-wiel** (*tandwiel*): change (interchangeable) gear [wheel] || roue *v* de rechange *v* || Wechselrad *o*; **-wieldrijving:** change gear || harnais *m* d'engrenages *mm* à changement *m* de vitesse *v* || Wechselrädergetriebe *o*; **-wielen:** change gears || roues *vm* de série *v* || Satzräder *om*; **-wielenkast:** change gear box (case) || boîte *v* à engrenages *mm* de [changement *m* de] vitesse *v* || Wechselräderkasten *m*, -gehäuse *o*, -dose *v*.

wisselstroom: alternating (alternate) current, a.c. || courant *m* alternatif || Wechselstrom *m*; **-, gelijkrichten, een:** to rectify (to redress) an alternating current || redresser un courant *m* alternatif || einen Wechselstrom *m* gleichrichten; **- in gelijkstroom omzetten:** to transform alternating into continuous current || transformer le courant *m* alternatif en courant *m* continu || Wechselstrom *m* in Gleichstrom *m* umwandeln; **-, driefasige:** *zie* **draaistroom; -, sinusvormige:** sinusoidal alternating (sine) current ||

courant *m* sinusoïdal (alternatif de forme *v* sinusoïdale) || sinusförmiger Wechselstrom *m*, Sinusstrom *m*; **-aanleg:** alternating current plant || installation *v* à courant *m* alternatif || Wechselstromanlage *v*; **-aanzetweerstand:** alternating current starter || démarreur *m* à courant *m* alternatif || Wechselstromanlage *v*; **-anker:** alternating current armature || induit *m* à courant *m* alternatif || Wechselstromanker *m*; **-bedrijf:** alternating current operation (working) || exploitation *v* à courant *m* alternatif || Wechselstrombetrieb *m*; **-bekrachtiging:** alternating current excitation || excitation *v* par courant *m* alternatif || Wechselstromerregung *v*; **-bliksemafleider:** alternating current lightning arrester || parafoudre *m* pour courant *m* alternatif || Wechselstromblitzschutzvorrichtung *v*; **-blokking** (*spw.*): blocking by alternating current || blocage *m* à courant *m* alternatif || Wechselstromblockung *v*; **-circuit:** alternating current circuit || circuit *m* à courant *m* alternatif || Wechselstromkreis *m*; **-collectormotor:** alternating-current commutator motor || moteur *m* à courant *m* alternatif à collecteur *m* || Wechselstromkommutatormotor *m*; **-commutatormotor:** *zie* **wisselstroomcollectormotor; -dynamo:** alternator, alternating current dynamo || alternateur *m*, dynamo *v* à courant *m* alternatif || Alternator *m*, Wechselstromdynamo *v*; **-generator:** alternator || alternateur *m* || Wechselstromgenerator *m*; **-grootheid:** alternating [current] function || grandeur *v* alternative || Wechselstromgröße *v*; **-grootheid, fictieve:** fictitious (apparent (*Am.*)) alternating current value (reading) || grandeur *v* alternative fictive || fiktive Wechselstromgröße *v*; **-instrument:** alternating current instrument || instrument *m* pour courant *m* alternatif || Wechselstrominstrument *o*; **-lamp:** alternating current lamp || lampe *v* à courant *m* alternatif || Wechselstromlampe *v*; **-meter:** alternating current supply meter || compteur *m* à courant *m* alternatif || Wechselstromzähler *m*; **-meting:** alternating current measurement || mesure *v* de courant *m* alternatif || Wechselstrommessung *v*; **-motor:** alternating current motor || alternamoteur *m*, moteur *m* à courant *m* alternatif || Wechselstrommotor *m*; **-overbrenger:** alternating current translator || translateur *m* à courants *mm* alternatifs || Wechselstromübertrager *m*; **-schel:** magnet ringer, polarised alarm || sonnerie *v* à courant *m* alternatif, sonnerie *v* d'appel *m* polarisée || Wechselstromläut[e]werk *o*, -wecker *m*; **-sterkte:** alternating current value || intensité *v* (valeur *v*) de courant *m* alternatif || Wechselstromstärke *v*; **-techniek:** alternating current engineering || technique *v* des courants *mm* alternatifs || Wechselstromtechnik *v*; **-transformator:** alternating current transformer || transformateur *m* à courants *mm* alternatifs || Wechselstromtransformator *m*; **-vermogen:** alternating current output || puissance *v* du courant *m* alternatif || Wechselstromleistung *v*; **-waarde:** alternating current value || valeur *v* de courant *m* alternatif || Wechselstromgröße *v*.

wisser: *zie* **ruitenwisser.**

wit: 1. (*kleur, z. nw.*): white || blanc *m* || Weiß *o*; **-, Chinees:** chinese white || blanc *m* de Chine || chinesisches Weiß *o*; **-, permanent:** permanent white || blanc *m* fixe || Permanentweiß *o*; **2.** (*typogr.*): blank material, piece of furniture || blancs *mm*, lingot *m* || Durchschuß *m*, Steg *m*, Blind-, Weißmaterial *o*; **3.** (*bijv. nw.*): white || blanc || weiß; **-bad** (*b. h. verven m. Turks rood*): white bath (steep) || bain *m* blanc || Weißbad *o*; **-druk:** white print || dessin *m* tiré blanc || Weißpause *v*; **-gloeiend:** white glowing || blanc || weißglühend; **-gloeihitte:** white heat || blanc *m*, chaleur *v* blanche (du blanc *m* d'incandescence *v*) || Weißglut *v*, -glühhitze *v*; **-heet:** white hot || chauffé (porté) au blanc *m* || weißwarm; **-kalk:** fat (white) lime || chaux *v* grasse || Fett-, Weißkalk *m*; **-kalken:** lime whiting || couche *v* au lait *m* de chaux *v* || Schlämmen *o*; **-koken** (*v. zilver*): to blanch || blanchir || weißsieden; **-koking:** blanching || blanchiment *m* || Weißsieden *o*; **-kwast:** whitewash brush || brosse *v* à blanchir || Weißpinsel *m*; **-leder:** alum (white) leather || cuir *m* aluné (blanc) || alaungares (weißgares) Leder *o*; **-looien:** to taw || mégisser || weißgerben; **-looierij:** tawing || mégisserie *v* || Weißgerberei *v*; **-metaal:** *zie* **antifrictiemetaal; -pijp:** rot at branches || abreuvoir *m*, pourriture *v* des branches *vm* || Astfäule *v*; **-tebrood:** white bread; wheaten (white) loaf || pain *m* blanc || Weißbrot *o*; **-ten:** to whitewash || blanchir || tünchen, weißen; **-ter:** whitewasher || blanchisseur *m* || Tüncher *m*; **-tersbord:** whitewasher's pallet || palette *v* de barbouilleur *m* || Tünchscheibe *v*; **-werk:** whitewashing || blanchissement *m* || Weißwerk *o*.

witheriet: witherite || withérite *v* || Witherit *m*.

woel|en (*touw*): to woold || ro[u]ster || wuhlen; **-garen:** woolding yarn || bitord *m* || Windegarn *o*; **-ing:** woolding || rousture *v*

|| Wuhling *v*; **-touw:** woolding rope || cordage *m* à fourures *vm* || Wuhltau *o*.

wol: wool || laine *v* || Wolle *v*; **- plukken:** to pick (to pluck) wool || éplucher la laine *v* || Wolle *v* zupfen; **-, dode:** breeching skinwool, dead wool || écouailles *vm* || Haut-, Gerberwolle *v*; **-, glanzende:** brilliant wool || laine *v* dite brillante || Brillantwolle *v*; **-, grove:** jar || jarre *v* || grobe (harte) Wolle *v*; **-, korte:** short wool || laine *v* courte || Streichwolle *v*; **-, langvezelige** (*kortvezelige*)**:** long (*short*) staple wool || laine *v* de longue (*courte*) soie *v* || langstaplige (*kurzstaplige*) Wolle *v*; **-, minerale:** mineral wool || laine *v* minérale || minerale Wolle *v*; *zie ook* **glaswol; slakkenwol; steenwol; -, ontvette:** washed wool || laine *v* lavée || gewaschene (entfettete) Wolle *v*; **-, Perzische:** Persian (carmeline) wool || carmeline *v*, laine *v* de Perse || Persische Wolle *v*, Karmelinwolle *v*; **-, tweescherige:** wool of two crops || laine *v* de deux tontes *vm* || zweischürige Wolle *v*; **-, tweescheutige:** wool of unequal length || laine *v* maladive || zweiwächsige Wolle *v*; **-, vette:** greasy wool || laine *v* en suint *m* || Fett-, Schweißwolle *v*; **-afval:** woollen refuse || déchet *m* de laine *v* || Wollabfall *m*; **-druk:** printing of wool fabrics || impression *v* des tissus *mm* de laine *v* || Wolldruckerei *v*; **-garen:** wool yarn || fil *m* de laine *v* || Wollgarn *o*; **-haar:** wool fibre || fibre *v* de laine *v* || Wollhaar *o*; **-industrie:** *zie* **wolnijverheid; -kam:** wool comb || peigne *v* à laine *v* || Wollkamm *m*; **-kammachine:** combing engine (machine) || peigneuse *v* || Wollkammaschine *v*; **-len** (*bijv. nw.*)**:** woollen || de laine *v* || wollen, aus Wolle *v*, Woll[en]-; **-len** (*ww.*)**:** to row, to tease cloth || lainer || rauhen; **-lig:** woolly || laineux || wollicht, wollig; **-machine:** teaseling machine, gig mill || laineuse *v* || Rauhmaschine *v*; **-meter:** eriometer || ériomètre *m* || Eriometer *o*, *m*, Wollmesser *m*; **-nijverheid:** wool manufacture || industrie *v* lainière || Wollindustrie *v*; **-vet:** wool fat (grease) || suint *m* || Wollfett *o*; **-vilt:** wool felt || feutre *m* de laine *v* || Wollfilz *m*; **-wasmachine:** scouring machine || dégraisseuse *v* || Wollwaschmaschine *v*; **-wasserij:** establishment for washing wool || lavoir *m* à laines *vm* || Wollwäscherei *v*; **-zuivering:** wool burring || échardonnage *m* || Entkletten *o* der Wolle *v*.

wolf (*spinnerij*)**:** devil, devilling (opening) machine, willow || diable *m*, loup *m*, machine *v* à ouvrir || Öffner *m*, Teufel *m*, Wolf *m*.

wol|fraam: 1. (*metaal*)**:** tungsten || tungstène *m* || Wolfram *o*; **-fraamdichloride** (*-tetra-*; *-penta-*; *-hexa-*)**:** tungsten dichloride (*tetra-*; *penta-*; *hexa-*) || bichlorure *m* (*tétra-*; *penta-*; *hexa-*) de tungstène *m* || Wolframdichlorid *o* (*-tetra-*; *-penta-*; *-hexa-*); **-fraamdioxyde** (*-tri-*)**:** tungsten dioxide (*tri-*) || bioxyde *m* (*tri-*) de tungstène *m* || Wolframdioxyd *o* (*-tri-*); **-fraamdisulfide** (*-tri-*)**:** tungsten disulfide (*tri-*) || bisulfure *m* (*tri-*) de tungstène *m* || Wolframdisulfid *o* (*-tri-*); **-fraamoker:** *zie* **tungstiet; -fraamstaal:** tungsten steel || acier *m* au tungstène *m* || Wolframstahl *m*; **-fraamzuur:** tungstic acid || acide *m* tungstique || Wolframsäure *v*; **-framium:** *zie* **wolfraam 1; 2.** (*mineraal*)**:** wolfram, wolframite || wolfram *m*, wolframite *v* || Wolframit *m*; **-framiet:** *zie* **wolfraam 2.**

wolk: cloud || nuage *m*, nuée *v* || Wolke *v*; **-breuk:** rain (cloud) burst, torrential rain || pluie *v* torrentielle || Wolkenbruch *m*; **-elektriciteit:** cloud electricity || électricité *v* des nuages *mm* || Wolkenelektrizität *v*; **-en** (*ww.*)**:** to cloud || rendre nuageux || wolkigmachen; **-enkrabber:** sky scraper || gratte-ciel *m* || Wolkenkratzer *m*; **-ig:** cloudy, clouded || nuageux || wolkig; **-je:** cloud (*i. e. vloeist.*)**:** cloudlet (*i. d. lucht*) || nubécule *v* (*i. e. vloeist.*); petit nuage *m* || Wölkchen *o*.

wollastoniet: wollastonite || wollastonite *v* || Wollastonit *m*.

wolven (*spinnerij*)**:** to devil, to open, to willow; devilling, willowing || louveter, ouvrir; louvetage *m* || öffnen, wolfen; Wolfen *o*.

woning: dwelling || demeure *v* || Wohnung *v*.

woon|ark: *zie* **woonschip; -huis:** dwelling house, habitation premises (building) || bâtiment *m* (maison *v*) d'habitation *v* || Wohnhaus *o*, -gebäude *o*; **-kamer:** sitting room || chambre *v* || Wohnzimmer *o*; **-schip:** houseboat || bateau-maison *m* || Wohnschiff *o*; **-wagen:** travelling (living) van (wagon) || roulotte *v* || Wohnwagen *m*.

wootzstaal: wootz || acier *m* wootz || Wootz[stahl] *m*.

worden (*i. e. toestand komen*)**:** to become, to grow, to turn, to get || devenir || werden; **-, alkalisch:** to become (to grow) alkaline || devenir alcalin || alkalisch werden; **-, dik:** to thicken || s'épaissir || sich verdicken; **-, elastisch:** to become (to grow) elastic || s'élastifier, devenir élastique || elastisch werden; **-, hard:** to harden, to set (*cement, enz.*) || se durcir || erhärten, abbinden (*cement, enz.*); **-, heet:** to get hot || s'échauffer || heißwerden; **-, helder:** to become (to grow) clear (limpid) || devenir clair (limpide) || klar werden, sich klären; **-, kleurloos:** to become (to grow) colourless

|| devenir incolore, se décolorer || farblos werden, sich entfärben; **-, kleverig:** to become (to grow) sticky (tacky) || devenir collant || klebrig werden; **-, koud:** to cool down, to get cold || se refroidir || kaltwerden; **-, ransig:** to become (to grow) rancid || devenir rance, rancir || ransig werden; **-, stijf:** to become (to grow) rigid || devenir raide (rigide), se raidir || steifwerden, sich versteifen; **-, vast:** to solidify || se solidifier || festwerden; **-, vloeibaar:** to liquify || se liquéfier || sich verflüssigen, flüssig werden; **-, vuil:** to grow dirty || devenir sale || schmutzig werden, verschmutzen; **-, warm:** to get warm || s'échauffer || warm werden; **-, week:** to weaken, to soften, to become weak (soft) || se ramollir, devenir mou || weichwerden, erweichen; **-, zacht:** to soften, to become soft || se ramollir, devenir mou || weichwerden, erweichen; **-, zuur:** to become (to grow) acid (sour) || tourner à l'acide *m*, devenir acide || sauer werden; *zie ook onder* **zuur 2.**

worg|machine: rota || rota *m* [-frotteur *m*] || Würgelmaschine *v*; **-rol** (*spinnerij*): condensing roll || rouleau-frotteur *m* || Würgelwalze *v*; **-toestel** (*wolind.*): condenser || buffle *m* frotteur || Würgelzeug *o*.

worm: 1. (*schroef z. einde*): [endless screw] worm || vis *v* sans fin *v* || Schnecke *v*, Wurm *m*, Schraube *v* ohne Ende *o*; **- m. linkse draad:** left hand worm || vis *v* sans fin *v* à gauche *v* (senestrorsum) || linksgängige Schnecke *v*; **- m. rechtse draad:** right hand worm || vis *v* sans fin *v* à droite *v* (dextrorsum) || rechtsgängige Schnecke *v*; **-as:** worm shaft || arbre *m* de vis *v* sans fin *v* || Schneckenwelle *v*; **-drijfwerk:** worm drive || commande *v* par vis *v* sans fin *v* || Schneckenantrieb *m*; **-frees:** worm hob || fraise *v* hélicoïdale || Schnecken-, Wurmfräser *m*; **-freesmachine:** milling machine for worms (for endless screws) || machine *v* à fraiser les vis *vm* sans fin *v* || Schnecken-, Wurmfräsmaschine *v*; **-overbrenging:** worm gear, worm and wheel || engreuage *m* à vis *v* sans fin *v* || Schnecken-, Wurmgetriebe *o*; **-segment:** worm segment || secteur *m* pour vis *v* sans fin *v* || Schneckenradsegment *o*; **-stuur** (*v. e. auto*): worm stearing gear || direction *v* à vis *v* sans fin *v* || Schneckenlenkung *v*; **-werk:** *zie* **wormoverbrenging; -wiel:** worm (screw) wheel; spiral gear (*Am.*) || roue *v* hélicoïdale (à vis *v* sans fin *v*) || Schnecken-, Schrauben-, Wurmrad *o*; **-wielfreesmachine:** worm wheel milling machine || machine *v* à fraiser les roues *vm* hélicoïdales || Schneckenrad-, Wurmradfräsmaschine *v*;

2. (*dier*): worm; grub (*regenworm*); maggot (*made*) || ver *m*; ver *m* de terre *v*, lambrie *m* (*regenworm*); ver *m*, mite *v*, astic *m* (*made*) || Wurm *m*; Regenwurm *m* (*regenworm*); Made *v* (*made*); **-gat** (*in hout*): wormhole || gale *v* || Wurmloch *o*; **-schade:** damage by worms || vermoulure *v* || Wurmfraß *m*; **-steek:** worm eateness || piqûre *v* des vers *mm*, vermination *v*, vermoulure *v* || Wurmfraß *m*; **-stekig:** worm eaten || mouliné, vermoulu || wurmstichig; **-stekigheid:** worm eatenness || piqûre *v* des vers *mm* || Wurmstich *m*.

worp (*scheepst.*): transom || barre *v* d'arcasse *v* || Warp *m*.

wort: wort || moût *m* || Würze *v*.

wortel: 1. (*plant*): root || racine *v* || Wurzel *v*; **-hede** (*vlas*): tow of the root part of flax || étoupe *v* de la racine *v* du lin *m* || Wurzelhede *v*; **-hout:** root timber || bois *m* de racine *v* || Wurzelholz *o*; **-rot:** root decay (rot) || pourriture *v* des racines *vm* || Wurzelfäule *v*; **-snijmachine:** root cutter || coupe-racines *v* || Wurzelschneidmaschine *v*;

2. (*wisk.*): root || racine *v* || Wurzel *v*; **-grootheid:** radical quantity || quantité *v* radicale || Wurzelgröße *v*; **-teken:** radical sign || [signe *m*] radical *m* || Wurzelzeichen *o*; **-trekken:** to extract the root || extraire (tirer) la racine *v* || die Wurzel *v* ziehen; **-trekking:** extracting of the root || extraction *v* de la racine *v* || Wurzelziehung *v*, Radizierung *v*.

woud: wood, forest || forêt *v*, bois *m* || Wald *m*, Forst *m*.

wrak: wreck || épave *v* || Wrack *o*; **-boei:** wreck buoy || bouée *v* d'épave *v* || Wrackboje *v*; **-stukken:** fragments of a wreck || débris *mm* de naufrage *m* || Wracktrümmer *m*.

wrang: 1. (*z. nw.*): floor || varangue *v* || Bodenwrange *v*; **- v. h. grootspant:** midship floor || maîtresse-varangue *v* || Bodenwrange *v* im Hauptspant *o*; **-hoge:** deep floor || haute varangue *v* || hohe Bodenwrange *v*; **-hoekstaal:** floor angle steel || cornière *v* de varangue *v* || Bodenwrangewinkelstahl *m*;

2. (*bijv. nw.*): acid, acerb, harsh; acid (*smaak*) || âpre, âcre, acerbe; revêche (*wijn, vruchten*); rêche, rude (*wijn*) || herb, scharf, säuerlich.

wrikriem: scull[ing oar] || godille *v* || Wrickriemen *m*.

wring|belasting: torsional strain (stress) || effort *m* de torsion *v* || Drehungsbeanspruchung *v*; **-en:** to wring || tordre || wringen; **-ing:** torsion, twist[ing] || torsion *v* || Drehung *v*, Torsion *v*, Verdrehung *v*; **-ingsbalans:** torsion balanc

|| balance *v* de torsion *v* || Torsionswaage *v*; **-ingsdynamometer:** torsion dynamometer || dynamomètre *m* de torsion *v* || Torsionsdynamometer *o, m*; **-ingselasticiteit:** torsional elasticity || élasticité *v* de torsion *v* || Torsionselastizität *v*; **-ingshoek:** angle of torsion || angle *m* de torsion *v*, déformation *v* angulaire || Verdrehungswinkel *m*; **-ingskracht:** *zie* **wringkracht; -ingsophanging:** torsion suspension || suspension *v* à torsion *v* || Torsionsaufhängung *v*; **-ingsspanning:** torsional stress || tension *v* de torsion *v* || Torsionsspannung *v*; **-ingssterkte:** torsional (twisting) strength || résistance *v* à la torsion *v* || Verdrehungsfestigkeit *v*; **-ingsveerkracht:** *zie* **wringselasticiteit; -kracht:** torsional force || force *v* de torsion *v* || Drehkraft *v*; **-las:** *zie* **wurglas; -machine:** wringing machine || tordeuse *v* || Wringmaschine *v*; **-moment:** moment of torsion, turning (twisting) moment || moment *m* de torsion *v* || Dreh-, Torsionsmoment *o*; **-proef:** torsion test || essai *m* à la torsion *v* || Dreh-, Torsionsversuch *m*; **-spanning:** intensity of torsional stress || tension *v* de torsion *v* || Drehspannung *v*; **-veer:** *zie* **torsieveer; -ijzer:** twist iron || pince *v* de torsion *v* || Würgeisen *o*; (*draadsnijden*): tap wrench || tourne-à-gauche *m* || Windeisen *o*.

wrijf|bord: rubbing board || planchette *v* à régaler || Reibbrett *o*; **-borstel:** rubbing brush || décrottoir *m* || Reibebürste *v*; **-hout** (*scheepst.*): fender beam || défense *v* en bois *m* || Reibholz *o*; **-kussen:** friction cushion || coussinet *m* de friction *v* || Reibungskissen *o*; **-lap:** rubbing cloth || frottoir *m* || Reibelappen *m*; **-steen** (*verf*): brayer, ink block || brayon *m*, marbre *m* || Farbläufer *m*, Reibstein *m*; **-vlak:** rubbing surface || surface *v* de frottement *m* || Reibungsfläche *v*.

wrij|ven: to rub || frotter || reiben; **-ving:** friction || frottement *m* || Reibung *v*; **-ving, glijdende:** *zie* **wrijving, slepende: -ving, moleculaire:** molecular friction || frottement *m* moléculaire || Molekularreibung *v*; **-ving, rollende:** rolling friction || friction *v* (frottement *m*) de roulement *m* || rollende (wälzende) Reibung *v*; **-ving, slepende:** sliding friction || frottement *m* de glissement *m* || Gleitreibung *v*, gleitende Reibung *v*.

wrijvings|arbeid: work due to friction || travail *m* de frottement *m* || Reibungsarbeit *v*; **-baan** (*spw.*): adhesion railway || chemin *m* de fer *m* à adhérence *v* || Reibungsbahn *v*; **-coëfficiënt:** coefficient of friction || coefficient *m* de frottement *m* || Reibungskoeffizient *m*, -zahl *v*; **-contact:** rubbing contact || contact *m* de frottement *m* (frottant) || Reibungskontakt *m*; **-druk:** force acting on bearing surface || pression *v* de friction *v* || Anpressungsdruck *m*; **-drijfwerk:** friction (multiple) gear, frictional grooved gearing, wedge friction drive || commande *v* [par roues *vm*] à friction *v*, engrenage *m* à friction *v*, transmission *v* à friction *v* || Keilräder-, Reibungs-, Reibradgetriebe *o*, Reibantrieb *m*; **-drijfwerk m. dubbelconische wielen:** friction drive with double conical wheels || commande *v* à friction *v* par roues *vm* biconiques || Reibantrieb *m* mit Doppelkegelrädern *om*; **-drijfwerk m. kegels:** friction cone drive || commande *v* à friction *v* par cônes *mm* || Reibungskegelantrieb *m*; **-drijfwerk m. twee schijven:** friction drive with two discs || commande *v* à friction *v* par deux plateaux *mm* || Reibantrieb *m* mit zwei Scheiben *vm*; **-drijfwiel m. sponning en groef:** wedge (groove) friction wheel || roue *v* (poulie *v*) à gorge *v* (à coin *m*) || Keil-, Rillenrad *o*; **-elektriciteit:** frictional electricity || électricité *v* de frottement *m* || Reibungselektrizität *v*; **-elektriseermachine:** frictional [electric] machine || machine *v* à frottement *m* || Scheibenelektrisiermaschine *v*; **-hamer:** friction hammer || marteau *m* à friction *v* || Friktions-, Reibungshammer *m*; **-haspel:** friction reel || treuil *m* à friction *v* || Reibungshaspel *m*; **-kegel:** friction cone (disc), conical roll || cône *m* de friction *v*, tambour *m* conique à friction *v* || Reibungskegel *m*; **-kegelschijf:** conical roll || tambour *m* conique à friction *v* || Reibungskegel *m*; **-kegelwiel:** friction bevel gear || roue *v* à friction *v* conique || Reibungskegelrad *o*; **-koppeling:** friction clutch (coupling) || accouplement *m* (embrayage *m*) à friction *v* || Reib[ungs]-kupplung *v*; **-lier:** winch with friction gear || treuil *m* à friction *v* || Reibungswinde *v*; **-loos:** without friction || sans friction *v* || reibungslos; **-moment:** moment of friction || moment *m* de friction *v* || Reibungsmoment *o*; **-ontsteking:** friction priming || amorce *v* à friction *v* || Friktionszündung *v*; **-oppervlak:** friction surface || surface *v* frottante || reibende Oberfläche *v*; **-pal:** friction pawl || cliquet *m* à friction *v* || Reibungsklinke *v*; **-palwerk:** friction ratchet (gear) || encliquetage *m* à coin *m* (à friction *v*) || Klemm-, Reibungsgesperre *o*; **-plaat:** friction plate || plaque *v* de friction *v* || Reibschiene *v*; **-pijpje:** detonating friction tube || étoupille *m* fulminante || Friktionsröhre *v*; **-rem:** friction brake || frein *m* à friction *v* || Friktions-, Reibungsbremse *v*; **-remwiel m. sponning:** V-shaped brake || frein *m* à gorge *v* || Keilradbremse *v*; **-rol:** friction roller || galet *m* de friction *v* || Friktions-, Reibungsrolle *v*; **-sas:** priming composition || composition *v* à friction *v* || Friktionssatz *m*; **-scheen:** *zie* **wrijvingsplaat; -schijf:** friction disc (wheel) || plateau *m* à friction *v* || Friktions-, Reibungsscheibe *v*; **-trommel:** friction drum || tambour *m* à frottement *m* (de cabestan *m*) || Reibungs-, Spillwindentrommel *v*; **-tussenwerk:** friction (transmitting friction) gearing || renvoi *m* à friction *v* || Reibungsvorgelege *o*; **-wals:** friction rol[ler] || cylindre *m* de (rouleau *m* galet à) friction *v* || Reibungswalze *v*; **-weerstand:** frictional resistance || résistance *v* de frottement *m* || Reibungswiderstand *m*; **-wet:** law of friction || loi *v* du frottement *m* || Reibungsgesetz *o*; **-wiel:** friction pulley (wheel) || poulie *v*, roue *v* de frottement *m* (à friction *v*) || Friktions-, Reib[ungs]rad *o*; **-wiel, conisch:** friction bevel gear || roue *v* à friction *v* conique || Reibungskegelrad *o*.

wulf: *zie* **gewelf.**

wulfeniet: wulfenite || wulfenite *v* || Gelbbleierz *o*, Wulfenit *m*.

wurg|bank: choking frame || étrangloir *m* || Würgbank *v*; **-broek** (*spinnerij*)**:** rubber leather || manchon *m* frotteur || Nudelhose *v*. Reibband *o*; **-hout:** choking stick || tortoir *m* || Würgholz *o*; **-las:** American twist joint, twisted joint || [joint *m* par] torsade *v* || Würgverbindung *v*, -bund *m*; **-stok:** packing (woolding) stick || garrot *m*, tortoir *m* || Knebel *m*, Reitel *m*, Rödelholz *o*; **-tang:** jointers (twisting) pliers || pince *v* à torsades *vm* || Würgzange *v*.

wijd: wide || large || weit; **-e-pijpenketel:** *zie* **ketel 5 m. wijde waterpijpen; -mazig:** wide meshed || à larges mailles *vm* || weitmaschig; **-te:** width || largeur *v* || Weite *v*; **-te in de dag:** width in the clear || largeur *v* dans oeuvre *v* || lichte Weite *v*.

wijn: wine || vin *m* || Wein *m*; **-, jonge** (*oude*)**:** new (*old*) wine || vin *m* nouveau (- *reposé*, - *mur*) || junger (*alter*) Wein *m*; **-, rode** (*witte*)**:** red wine, claret (*white wine*) || vin *m* rouge (*blanc*) || Rotwein *m* (*Weißwein m*); **-azijn:** wine vinegar || vinaigre *m* de vin *m* || Weinessig *m*; **-fles:** winebottle || bouteille *v* à vin *m* || Weinflasche *v*; **-geest:** *zie* **[ethyl]alkohol** (spirit of wine || esprit *m* de vin *m* || Weingeist *m*); **-kelder:** wine cellar (vault) || cave *v* à vin *m* || Weinkeller *m*; **-kleurig:** winy colour || couleur *v* de vin *m* || weinfarbig; **-moer:** wine lee[s] || lie *v* de vin *m* || Weinlager *o*; **-most:** must || moût *m* || Weinmost *m*; **-pers:** wine press || pressoir *m* || Kelter *v*, Weinpresse *v*; **-persbodem:** bottom of a wine press, press bottom || maie *v* || Kel|terboden *m*; **-pomp:** wine pump || tâte-vin *m* || Weinpumpe *v*; **-rankzwart:** wine black || noir *m* de vigne *v* || Weinrebenschwarz *o*; **-rood:** winy red, [red as] wine || vineux, couleur *v* de vin *m* || weinrot; **-steen:** argol, tartar, winestone || tartre *m* || Weinstein *m*; **-steenzuur (dihydroxy-2,3 butaandizuur; dihydroxy-1,2 ethaandicarbonzuur-1,2):** tartaric acid || acide *m* tartrique || Weinsäure *v*; **-vat:** wine cask || tonneau *m* à vin *m*, fût *m* || Weinfaß *o*; **-weger:** oeno-, vinometer || oenomètre *m*, pèse-vin *m* || Weinwaage *v*.

wijze: manner, method, way || manière *v*, mode *v*, procédé *m*, méthode *v* || Weise *v*, Verfahren *o*; **- v. werken:** method [of working], manner in which .... works || manière *v* de travailler, méthode *v* (mode *m*) de travail *m*, manière *v* de fonctionnement *m* || Arbeitsweise *v*, [Arbeits]verfahren *o*, Wirkungsweise *v*; *zie ook* **werkwijze;**

wijzer: hand, index, pointer || aiguille *v*, index *m* || Zeiger *m*; **- v. e. uurwerk, draaiing met** (*tegengesteld aan*) **de:** *zie* **draaiing, rechtse** (*linkse*); **-, geschoorde:** truss pointer || aiguille *v* renforcée || verstrebter Zeiger *m*; **-aflezing:** reading of pointer || lecture *v* des déviations *mm* de l'aiguille *v* || Zeigerablesung *v*; **-balans:** dial balance || bascule *v* à aiguille *v* (à index *m*) || Zeigerwaage *v*; **-barometer:** dial barometer || baromètre *m* à cadran *m* || Zeigerbarometer *o*, *m*; **-galvanometer:** needle galvanometer || galvanomètre *m* à aiguille *v* || Zeigergalvanometer *o*, *m*; **-instrument:** pointer (needle) indicating instrument || instrument *m* à aiguille *v* || Zeigerinstrument *o*; **-mechanisme:** indicating mechanism || mécanisme *m* de l'aiguille *v* || Zeigervorrichtung *v*; **-mes:** pointer (needle) knife edge || couteau *m* de l'aiguille *v* || Zeigerschneide *v*; **-plaat:** dial || cadran *m* || Zeigerplatte *v*, Zifferblatt *o*; **-tang:** hand pincer || pince *v* aux aiguilles *vm* || Zeigerzange *v*; **-telegraaf:** dial (indicator, pointer, needle) telegraph || télégraphe *m* à cadran *m* || Zeigertelegraph *m*; **-uitslag:** deflection of pointer || déviation *v* de l'aiguille *v* || Zeigerausschlag *m*; **-wattmeter:** indicating wattmeter || wattmètre *m* à aiguille *v* || Zeigerwattmeter *o*, *m*; **-werk** (*horloge*)**:** dial train || minuterie *v* || Zeigerwerk *o*.

X

X-|as: axis of the abscissae || axe *m* des abscisses *vm* (des X) || Abszissenachse *v*, X-Achse *v*; **-las:** double Vee joint || soudure *v* à double chanfrein *m* || X-Naht *v*; **-straal:** *zie* **röntgenstraal; -stralenfiltratie:** filtration of X-rays || filtration *v* des rayons *mm* X *m* || Filterung *v* der Röntgenstrahlen *mm*.

xanthogenaat: xanthogenate || xanthogénate *v* || Xanthogenat *o*.

xenon: xenon || xénon *m* || Xenon *o*.

xyleen (dimethylbenzeen): xylene || xylène *m* (Xylen *o*), Xylol *o*.

xylenol (dimethylfenol): xylenol, dimethylphenol || xylénol *m*, diméthylphénol *m* || Xylenol *o*, Dimethylphenol *o*.

xylidine (xylylamine; (dimethylfenyl)-amine): xylidine || xylidine *v* || Xylidin *o*.

xylo|grafie: wood engraving, xylography || gravure *v* en bois *m*, xylographie *v* || Holzschneidekunst *v*, Xylographie *v*; **-gram:** xylogram || xylogramme *m* || Holzschnitt *m*; **-meter:** xylometer || xylomètre *m* || Holzmesser *m*, Xylometer *o*, *m*.

***xylol:** *zie* **xyleen.**

xylose: xylose || xylose *v* || Xylose *v*.

xylylamine (xylidine; **(dimethylfenyl)-amine):** xylylamine || xylylamine *v* || Xylylamin *o*.

IJ - Y

ijf: yew || if *m* commun || Eibe *v*, Ibenbaum *m*, Taxus *m*.

ijk|en: to calibrate, to gauge, to standardise || étalonner, graduer, jauger || eichen; **-en door vergelijking:** to calibrate by comparison || étalonner par comparaison *v* || durch Vergleich *m* eichen; **-elektrometer:** calibrating electrometer || électromètre *m* étalon || Eichelektrometer *o*, *m*; **-gewicht:** standardweight || poids *m* matrice || Eichgewicht *o*; **-ing:** calibration, gauging, graduation || étalonnage *m*, graduation *v*, jaugeage *m* || Eichung *v*; **-ing bij afnemende** (*toenemende*) **belasting:** calibrating with decreasing (*increasing*) load || étalonnage *m* sous charge *v* décroissante (*croissante*) || Eichung *v* bei abnehmender (*zunehmender*) Belastung *v*; **-ing m. d. hand:** hand calibration || étalonnage *m* à la main *v* || Handeichung *v*; **-instrument:** calibrating (standard) instrument || étalon *m*, instrument *m* d'étalonnage *m* || Eichinstrument *o*; **-kantoor:** board of weights and measures || bureau *m* des poids *mm* et mesures *vm* || Eichamt *o*; **-maat:** standard [measure] || étalon *m*, mesure *v* étalon || Eichmaß *o*; **-machine:** calibrating machine || machine *v* à étalonner || Eichmaschine *v*; **-meester:** gauger || étalonneur *m* || Eichmeister *m*; **-proef:** calibration test || essai *m* d'étalonnage *m* || Eichversuch *m*; **-spanning:** calibration pressure || tension *v* d'étalonnage *m* || Eichspannung *v*; **-tabel:** calibration table || table *v* d'étalonnage *m* || Eichtabelle *v*; **-toestel:** calibrating device || appareil *m* d'étalonnage *m* || Eichapparat *m*; **-wagon:** wagon for calibrating weighing machines || wagon *m* d'étalonnage *m* || Eichwagen *m*; **-weerstand:** calibration resistance || étalon *m* de résistance *v* || Eichwiderstand *m*.

ijlgoed: express (fast) goods || marchandises *vm* à grande vitesse *v* || Eilgut *o*; **-tarief:** express goods tariff || tarif *m* de grande vitesse *v* || Eilguttarif *m*; **-verkeer:** fast (express) goods traffic || trafic *m* des marchandises *vm* à grande vitesse *v* || Eilgutverkehr *m*.

ijp: *zie* **iep.**

ijs: ice || glace *v* || Eis *o*; **-, droog:** *zie* **kooldioxydesneeuw; -azijn:** glacial acetic acid || acide *m* acétique cristallisable || Eisessig *m*; **-bank:** ice barrier || banc *m* de glace *v*, banquise *v* || Eisbank *v*; **-bereiding:** ice making || glacerie *v* || Eisbereitung *v*, -fabrikation *v*; **-berg:** glacier || glacier *m* || Eisberg *m*; **-berst** (*in hout*)**:** frost shake || gélivure *v* || Frostriß *m*; **-blink:** ice blink || clarté *v* des glaces *vm* || Eisblink *m*; **-bloemenglas:** glass with ice flowers || verre *m* à fleurs *vm* de glace *v* || Eisblumenglas *o*; **-bord** (*schip*)**:** ice fender || pareglace *m* || Eisdoppelung *v*; **-breker:** ice breaker || brise-glace *m* || Eisbrecher *m*; **-dreg:** ice anchor || grappin *m* à glace *v* || Eisdraggen *m*; **-fabriek:** ice works || glacerie *v* || Eisfabrik *v*; **-gang:** breaking up of the (driving of, floating of) ice || débâcle *v*, débâclement *m* || Eisgang *m*; **-glas:** frosted glass || verre *m* craquelé || Eisglas *o*; **-haak:** ice hook || croc *m* à glace *v* || Eishaken *m*; **-kamer:** ice chamber || glacière *v* || Eiskammer *v*, **-kast:** refrigerator, ice-box || glacière *v*; armoire *v* à glace *v* || Eis-, Kühlschrank *m*; **-kegel:** icicle || chandelle *v* de glace *v* || Eiszapfen *m*; **-kelder:** ice cellar || glacière *v* || Eiskeller *m*; **-krabber:** ice scraper || gratte-glace *m* || Eiskratzer *m*; **-laag:** coating of ice || couche *v* de glace *v* || Eisbelag *m*, Eisschicht *v*; **-lichaam** (*grondbevriezing*)**:** frozen cone || masse *v* congelée || Frostkörper *m*; **-machine:** freezing (ice, refrigerating) machine || machine *v* à glace *v* (frigorifique) || Eis-, Kältemaschine *v*; **-muur** (*grondbevriezing*)**:** ice wall (barrier) || mur *m* de glace *v* || Frostwand *v*, -mauer *v*; **-nagel:** ice nail (stud) || clou *m* à glace *v* || Eisnagel *m*; **-papier:** glazed board || carton *m* glacé || Glanzpappe *v*; **-ploeg:** ice plough || éperon *m*, charrue *v* à glace *v* || Eispflug *m*; **-rooster:** ice grating || grille *v* à glace *v* || Eisrost *m*; **-schacht** (*grondbevriezing*)**:** freezing shaft || puits *m* frigorifique || Gefrierschacht *m*; **-spoor:** ice spur || crampon *m* à glace *v* || Eissporn *m*; **-tenk:** ice making (freezing) tank, ice generator || générateur *m* à glace *v*, congélateur *m* || Eiserzeuger *m*, -generator *m*, Gefrierer *m*; **-tijd:** ice age (time) || époque *v* glaciaire || Eiszeit *v*; **-veld:** ice field || champ *m* de glace *v* || Eisfeld *o*; **-wand:** *zie* **ijsmuur.**

ijzer [1] [2]**:** iron || fer *m* || Eisen *o*; **- koud** (*warm*) **buigen:** to bend iron whilst cold (*hot*) || courber le fer *m* à froid *m* (*à chaud m*) || das Eisen *o* kalt (*warm*) biegen; **- gegoten in open vormen:** open sand castings || fonte *v* coulée *v* à découvert *m* || Herdguß *m*; **- gesmolten onder inblazing van koude** (*warme*) **lucht:** cold (*hot*) blast pig iron || fonte *v* à air *m* froid (*chaud*) || kalt (*heiß*)-erblasenes Eisen *o*; **- gieten:** to cast iron || couler le fer *m* || Eisen *o* gießen; **- heet smeden:** to hot hammer iron || battre le fer *m* à chaud *m* || Eisen *o* warm schmieden; **- heten:** to heat iron || chauffer le fer *m* || Eisen *o* wärmen; **- m. hoog fosforgehalte:** high phosphorous iron || fer *m* à haute teneur *v* en (riche en) phosphore *m* || hochphosphorhaltiges (phosphorreiches) Eisen *o*; **- m. hoog siliciumgehalte:** high silicon iron || fer *m* riche en silicium *m* (à haute teneur *v* en silicium *m*, très siliceux) || hochsiliziertes (siliziumreiches) Eisen *o*; **- smelten:** to melt iron || fondre le fer *m* || Eisen *o* schmelzen; **- uitsmeden:** to draw out the iron || étirer le fer *m* || das Eisen *o* strecken; **- zachten:** to soften iron || adoucir le fer *m* || Eisen *o* weichen; **-, blank:** iron with polished surface || fer *m* à surface *v* polie || Eisen *o* mit blanker Oberfläche *v*; **-, breukig:** short iron || fer *m* cassant || brüchiges Eisen *o*; **-, fijn:** refined iron || fer *m* affiné (fin) || Feineisen *o*; **-, fijnkorrelig:** fine grained iron || fer *m* à texture *v* grenue (à grain *m* fin) || Feinkorneisen *o*; **-, gedegen:** native iron || fer *m* natif || gediegenes Eisen *o*; **-, gefrist:** fined iron || fer *m* affiné || Frischeisen *o*, gefrischtes Eisen *o*; **-, gegalvaniseerd:** galvanized (zinked) iron || fer *m* galvanisé (zinqué) || galvanisiertes (verzinktes) Eisen *o*; **-, gegloeid:** annealed iron || fer *m* recuit || ausgeglühtes Eisen *o*; **-, gegoten:** cast iron || fonte *v*, fer *m* fondu || Gußeisen *o*; **-, gesmeed:** forged (wrought) iron || fer *m* forgé (battu) || Schmiedeeisen *o*; **-, grauw ruw:** grey pig iron, foundry pig || fonte *v* grise (tendre, de moulage *m*) || Graueisen *o*, graues Roheisen *o*; **-, half rond:** half round iron || fer *m* demi-rond || halbrundes Eisen *o*; **-, half ruw:** mootled iron || fonte *v* truitée || halbiertes Roheisen *o*; **-, hard:** hard iron || fer *m* durci || hartes Eisen *o*; **-, hard gegoten:** chilled cast iron, case-hardened casting || fonte *v* de coquille *v* || Hartguß *m*; **-, korrelig:** granular iron || fer m grenu (à texture *v* grenue) || körniges Eisen *o*; **-, korrelig ruw:** granular (pig) iron || fonte *v* grenue || körniges Roheisen *o*; **-, koudbreukig** (*warmbreukig*)**:** cold short (*red short*) iron || fer *m* tendre (*cassant à chaud m*) || kaltbrüchiges (*rotbrüchiges*) Eisen *o*; **-, koud geblazen:** cold blast iron || fonte *v* à air *m* froid || kalt erblasenes Eisen *o*; **-, koud gehamerd:** cold hammered iron

---

[1] Voor hierachter niet opgenomen ijzerverbindingen, zoals bv.: ijzersulfaat, ijzerhydroxyde, ijzernitraat, enz., zie men voor van *tweewaardig* ijzer afgeleide verbindingen onder **ferro-** en voor van *driewaardig* ijzer afgeleide verbindingen onder **ferri-**; weet men niet welke dezer beide mogelijkheden is bedoeld, dan zie men onder **ferri-** en **ferro-** en vervange in het Engels „ferric" of „ferrous" door „iron", in het Frans „ferrique" of „ferreux" door „de fer" en in het Duits „Ferri-" of „Ferro-" door „Eisen-"; bv. voor „ijzersulfaat" zie men „ferrisulfaat" of „ferrosulfaat", of wel men vertale: „iron sulfate || sulfate *m* de fer *m* || Eisensulfat *o*".

[2] Zie voor ijzer ook onder *staal*, daar thans technisch alleen nog van „gietijzer" (gegoten ijzer) en „staal" wordt gesproken.

|| fer *m* écroui || kaltgehämmertes Eisen *o*; **-, plat:** flat bar [iron] || fer *m* plat || Flacheisen *o*; **-, ruw:** pig iron || fonte *v* brute (crue) || Roheisen *o*; **-, verbrand:** [over] burnt iron || fer *m* brûlé (surchauffé) || überhitztes (verbranntes) Eisen *o*; **-, week:** *zie* **ijzer, zacht; -, wit ruw:** forge pick, white pig iron || fonte *v* blanche (d'affinage *m*) || weißes Roheisen *o*, Weißeisen *o*; **-, zacht:** soft iron || fer *m* doux (tendre) || Weicheisen *o*; **-, zeer broos:** very short iron || fer *m* cassant à froid *m* et à chaud *m* || faulbrüchiges Eisen *o*; **-, zwartbreukig:** black short iron || fer *m* cassant à chaud *m* noir || schwarzbrüchiges Eisen *o*; **-, zwartgrauw ruw:** kishy pig iron || fonte *v* noire || schwarzes (totgares) Roheisen *o*; **-aarde:** ferruginous earth || terre *v* ferrugineuse || Eisenerde *v*; **-ader:** iron vein || filon *m* de fer *m* || Eisenader *v*; **-afscheider:** magnetic iron separator || séparateur *m* de fer *m* magnétique || Eisenscheider *m*, -separator *m*; **-afscheiding:** iron separation || séparation *v* (triage *m*) de fer *m* || Eisenabscheidung *v*, -ausscheidung *v*; **-afval:** scrap iron || débris *m* de fer *m*, mitraille *v*, riblons *mm* || Abfalleisen *o*, Eisenschrot *m*; **-afvloeigoot:** iron runner || rigole *v* de coulée *v* || Eisenabflußrinne *v*; **-aluin:** iron alun || alun *m* de fer *m* || Eisenalaun *m*; **-arm** (*v. erts*)**:** poor in iron || pauvre en fer *m* || eisenarm; **-bad:** iron bath || bain *m* de fer *m* || Eisenbad *o*; **-bandkern** (*elektr.*)**:** iron ribbon core || noyau *m* de fer *m* feuillard || Eisenbandkern *m*; **-beslag:** iron mounting || garniture *v* de fer *m* || Eisenbeschlag *m*; **-beton:** *zie* **beton, gewapend; -bewapening** (*kabel*)**:** iron armour (protection) || armature *v* de fer *m* || Eisenarmierung *v*; **-blik:** sheet iron || tôle *v* en fer *m* || Eisenblech *o*; **-bloemen:** iron flowers || fleurs *vm* de fer *m* || Eisenblumen *vm*, -blüten *vm*; **-boom:** iron wood tree, siderodendron || sidérodendre *m* || Eisenbaum *m*; **-boor:** drill for boring iron || foret *m* pour fer *m* || Eisenbohrer *m*; **-bouw:** *zie* **staalbouw; -bromide:** *zie* **ferribromide; -bromuur:** *zie* **ferrobromide: -bijtmiddel:** iron liquor (mordant) || mordant *m* de fer *m* || Eisenbeize *v*; **-carbide:** iron carbide || carbure *m* de fer *m* || Eisencarbid *o*; **-carbonyl:** iron carbonyl || carbonyle *m* de fer *m* || Eisencarbonyl *o*; **-cement:** iron (slag) cement || ciment *m* de laitier *m* || Eisenzement *m*; **-chloride:** *zie* **ferrichloride; -chloruur:** *zie* **ferrochloride; -chroom:** ferrochromium || ferrochrome *m* || Eisen-, Ferrochrom *o*; **-chrysoliet:** ironchrysolite, fayalite || fayalite *v*, péridot *m* ferrugineux || Eisenchrysolit *m*, Fayalit *m*; **-constantaanelement:** iron constantan element || élément *m* ferconstantan || Eisenkonstantanelement *o*; **-constructie:** *zie* **staalbouw; -constructiewerkplaats:** *zie* **staalconstructiewerkplaats; -cyanide:** *zie* **ferrocyanide; -deeltje:** iron particle || particule *v* de fer *m* || Eisenteilchen *o*; **-disulfide:** iron disulfide || disulfure *m* de fer *m* || Eisendisulfid *o*; **-doorsnede, actieve:** active cross section of core || section *v* transversale active du noyau *m* || wirksamer Eisenquerschnitt *m*; **-draad:** ironwire || fil *m* de fer *m* || Eisendraht *m*; **-draad, gegloeid:** annealed iron wire || fil *m* de fer *m* recuit || ausgeglühter Eisendraht *m*; **draad, -geplet:** flattened iron wire || fil *m* de fer *m* aplati || Eisenlahn *m*; **-draadafsluiting:** wire net fencing || clôture *v* en fil *m* métallique || Drahteinfriedigung *v*; **-draadbevestiging:** wire binding || ligature *v* en fil *m* de fer *m* || Eisendrahtbindung *v*; **-draadkabel:** iron wire rope || câble *m* en fer *m* (en fils *mm* de fer *m*) || Eisendrahtseil *o*; **-draadversperring:** wire entanglement || barricade *v* en fil *m* de fer *m* || Drahtversperrung *v*; **-elektrode:** iron electrode || électrode *v* en fer *m* || Eisenelektrode *v*; **-element:** iron cell || élément *m* au fer *m* || Eisenelement *o*; **-en:** [of] iron || en fer *m* || eisern; **-erts:** iron ore || minerai *m* de fer *m* || Eisenerz *o*; **-erts, groen:** *zie* **dufréniet; -erts, oölitisch:** minette, oölithic iron ore || minette *v*, minerai *m* de fer *m* oölithique || Minette-Eisenstein *m*, oölithisches Eisenerz *o*; **-ertslaag:** deposit of iron ores || gisement *m* (gîte *v*) de minerai *m* de fer *m* || Eisenerzlagerstätte *v*; **-ertsstructuur:** structure of iron ore || structure *v* des minerais *mm* de fer *m* || Struktur *v* des Eisenerzes *o*; **-fluoride:** *zie* **ferrifluoride; -fluoruur:** *zie* **ferrofluoride; -gaas:** iron gauze || gaze *v* de fer *m*, toile *v* métallique || Eisengaze *v*; **-garen:** two cord yarn || fil *m* double || Eisengarn *o*; **-gehalte:** iron content || teneur *v* en fer *m* || Eisengehalt *m*; **-gelijkrichter:** steel (iron) rectifier || redresseur *m* à enveloppe *v* en fer *m* || Eisengleichrichter *m*; **-gieter:** iron founder || fondeur *m* en fer *m* || Eisengießer *m*; **-gieterij:** iron foundry || fonderie *v* de fer *m* || Eisengießerei *v*; **-gietsel:** iron casting || fonte *v* || Eisenguß *m*; **-glans:** iron glance, specular iron ore || fer *m* oligiste (spéculaire) || Eisenglanz *m*; **-glimmer:** micaceous iron ore || fer *m* micacé || Eisenglimmer *m*; **-grijs:** iron grey || gris *m* de fer *m* || eisengrau; **-handel:** iron mongery (trade) || commerce *m* de fer *m* || Eisenhandel *m*;

-handelaar: ironmonger || ferronnier *m* || Eisenhändler *m*; **-houdend:** containing iron, ferriferous, ferruginous || ferrifère, ferrugineux || eisenhaltig; **-hout:** iron wood || bois *m* de fer *m* || Eisenholz *o*; **-industrie:** iron industry (manufacture) || industrie *v* du fer *m* || Eisenindustrie *v*; **-jodide:** *zie* **ferrijodide; -joduur:** *zie* **ferrojodide; -kern:** iron core || noyau *m* en fer *m* || Eisenkern *m*; **-kies:** iron pyrites || pyrite *v* de fer *m* || Eisenkies *m*, Pyrit *m*; **-kit:** iron rust cement (mastic, stopper) || mastic *m* antirouille (de fer *m*) || Eisen-, Rostkitt *m*; **-kleur:** iron colour || couleur *v* de fer *m* || Eisenfarbe *v*; **-kleurig:** iron coloured || couleur *v* de fer *m* || eisenfarbig; **-klomp:** bear, iron block, sow || bloc *m*, loup *m* || Eisenklumpen *m*, Sau *v*; **-koolstofbepaler:** apparatus for determination of carbon in iron || appareil *m* pour le dosage *m* du carbone *m* dans le fer *m* || Eisenkohlenstoffbestimmer *m*; **-korrel:** iron grain || grain *m* de fer *m* || Eisenkorn *o*; **-krullen:** iron fillings, swarf || copeaux *mm* (tournures *vm*) de fer *m* || Eisendrehspäne *mm*; **-lak:** black enamel for iron || vernis *m* pour fer *m* || Eisenlack *m*; **-legering:** iron alloy || alliage *m* de fer *m* || Eisenlegierung *v*; **-lengte v. h. anker:** length of core iron || longueur *v* du fer *m* de l'induit *m* || Eisenlänge *v* des Ankers *o*; **-magazijn:** iron stores || magasin *m* des fers *mm* || Eisenlager *o*; **-magnetisch:** ferromagnetic || ferromagnétique || eisenmagnetisch; **-mangaan:** ferromanganese || ferromanganèse *m* || Eisen-, Ferromangan *o*; **-mastiek:** iron rust cement, putty || mastic *m* de fer *m* || Eisenkitt *m*; **-menie:** iron (red) ochre (ocher) || minium *m* de fer *m* || Eisenmennige *v*; **-mijn:** iron [ore] mine || mine *v* de fer *m* || Eisen[erz]grube *v*; **-neerslag:** precipitate of iron || précipité *m* de fer *m* || Eisenniederschlag *m*; **-nikkel:** ferronickel || ferronickel *m* || Eisennickel *o*, Nickeleisen *o*; **-oer:** bog [iron] ore || fer *m* [des] marais *mm* (limoneux), mine *v* de marais *m* || Rasen-, Sumpf-, Wiesenerz *o*; **-oker:** iron ochre || ochre *v* rouge || Eisenocker *m*; **-opaal:** ferruginous opal || opale *v* ferrugineuse || Eisenopal *m*; **-oven:** *zie* **hoogoven; -oxyde:** *zie* **ferrioxyde; -oxydeoxydule:** *zie* **ferroferrioxyde; -oxydule:** *zie* **ferro-oxyde; -pantser:** iron armour || cuirasse *v* en fer *m* || Eisenpanzer *m*; **-pers:** *zie* **smeedpers; -portlandcement:** slag cement || ciment *m* de laitier *m* || Eisenportlandzement *m*; **-proef:** iron test || essai *m* de fer *m* || Eisenprobe *v*; **-profiel:** *zie* **staalprofiel; -roest:** rust of iron || rouille *v* de fer *m* || Eisenrost *m*; **-rijk:** rich in iron || riche en fer *m* || eisenreich; **-schoorl:** ferruginous schorl || schorl *m* ferrugineux || Eisenschörl *m*; **-schroot:** *zie* **ijzerafval; -schuim:** iron froth || écume *v* de fer *m* (de fonte *v*) || Eisenschaum *m*; **-slag:** *zie* **hamerslag; -slak:** iron slag || laitier *m* (scorie *v*) de fer *m* || Eisenschlacke *v*; **-smederij:** smithy || forge *v* à fer *m* || Eisenschmiede *v*; **-smelterij:** *zie* **ijzergieterij; -snijmachine:** appliance for cutting iron bars, iron cutting machine || cisaille *v*, machine *v* à couper le fer *m* || Eisenschneidevorrichtung *v*, Eisenschneider *m*; **-soldeersel:** iron solder || soudure *v* de fer *m* || Eisenlot *o*; **-soorten:** species of iron || sortes *vm* de fer *m* || Eisenarten *vm*; **-spaat:** *zie* **sideriet; -spons:** spongy iron || éponge *v* de fer *m* || Eisenschwamm *m*; **staaf:** iron bar || barre *v* de fer *m* || Eisenstab *m*; **-staat:** iron list || liste *v* du fer *m* || Eisenliste *v*; **-steen:** *zie* **ijzererts; -stof:** iron dust || poudre *v* de fer *m* || Eisenstaub *m*; **-stroom:** flow (stream) of iron || jet *m* de fonte *v* || Eisenstrom *m*; **-sulfide:** *zie* **ferrisulfide; -sulfuur:** *zie* **ferrosulfide; -transformator:** iron core transformer || transformateur *m* à noyau *m* de fer *m* || Eisenkerntransformator *m*; **-verlies:** iron loss || perte *v* dans le fer *m* || Eisenverlust *m*; **-verlies door branden:** iron waste || déchet *m* de fer *m* || Eisenabbrand *m*; **-vernis:** iron varnish || vernis *m* pour fer *m* || Eisenfirnis *m*; **-versterking** (*in beton*): *zie* **staalversterking; -vitriool:** *zie* **ferrosulfaat; -vloed:** *zie* **ijzerstroom; -vonk:** iron spark || étincelle *v* de fer *m* || Eisenfunke[n] *m*; **-vulfactor** (*elektr.*): iron space factor || facteur *m* de remplissage *m* du fer *m* || Eisenfüllfaktor *m*; **-vijlsel:** iron filings || limaille *v* de fer *m* || Eisenfeilspäne *mm*; **-waren:** hardware, ironware || produits *mm* de l'industrie *v* du fer *m* || Eisenzeug *o*; **-werk:** ironwork, smith's work || ouvrage *m* de fer *m* || Eisenarbeit *v*; **-zaag:** *zie* **metaalzaag; -zand:** ferruginous sand || mine *v* de fer *m* sablonneux || Eisensand *m*; **-ziek** (*schip*): iron sick || à ferrures *vm* usées || eisenkrank; **-zout:** iron salt || sel *m* de fer *m* || Eisensalz *o*.

Y-as: axis of ordination || axe *m* des ordonnées *vm* (des Y *mm*) || Ordinatenachse *v*, Y-Achse *v*.

yacal (*hout*): yacal || yacal *m* || Yacal *o*.

yard (*lengtemaat*): yard || yard *o* || Yard *m*.

yarrowketel: Yarrow boiler || chaudière *v* de Yarrow, générateur *m* aquatubulaire à tubes *mm* droits [et étroits] avec un corps *m* supérieur et deux corps *mm* inférieurs || Yarrowkessel *m*, [engrohriger] Wasserkessel *m* mit **einem** Ober- und zwei Unterkesseln *mm* und geraden Röhren *vm*.

yellowpine: Yellow pine || pin *m* jaune || Besen-, Gelbkiefer *v*, Yellow-pine *v*.

yoghurt: yogourt || yoghourt[h] *m* || Yoghurt *m*.

ytterbium: ytterbium || ytterbium *m* || Ytterbium *o*.

yttrium: yttrium || yttrium *m* || Yttrium *o*.

Z

zaad (*planten*): seed || semence *v*, graine *v*; semailles *vm* (*zaaisel*) || Samen *m*; Saat *v* (*zaaisel*); **-hout:** *zie* **zaathout; -huid:** seed coat, aril || peau *v* [de la graine *v*] || Samenhaut *v*; **-korrel:** grain of seed || grain *m*; graine *v* (*zaadje*) || Samenkorn *o*; **-lob:** seed lobe, cotyledon || **cotylédon** *m*, lobe *m* séminal || Samenlappen *m*; **-olie:** seed oil || huile *v* de graines *vm* (de semence *v*) || Samenöl *o*; **-vlies:** seed coat, pericarp || épisperme *m*, membrane *v* périspermique || Samenhaut *v*, -häutchen *o*.

zaag: saw || scie *v* || Säge *v*; **- m. ingezette tanden:** saw with inserted teeth || scie *v* à dents *vm* rapportées || Säge *v* mit eingesetzten Zähnen *mm*; **- m. stalen eindlijsten:** saw with steel end strips || lame *v* avec agrafes *vm* rivées en acier *m* || mit Stahlleisten *vm* beschlagene Säge *v*; **- m. twee handvatten:** saw for two men || scie *v* à deux hommes *mm* || zweimännische Säge *v*; **- v. h. vellen v. bomen:** tree felling saw || scie *v* à abattre les arbres *mm* || Baumfällsäge *v*; **- zetten, een:** to set saw, to set the saw teeth || donner de la voie *v* aux dents *vm* de la scie *v* || das Sägeblatt *o* schränken, die Säge *v* aussetzen; **-, gebogen:** felling saw || scie *v* ventrée || Bauch-, Wiegensäge *v*; **-angel:** saw buckle || chape *v* de suspension *v* de la scie *v* || Sägeangel *v*, -gehänge *o*; **-arm:** arm carrying the saw || bras *m* porte-scie || Sägearm *m*; **-bank:** saw bench || établi *m* (banc *m*) de scieur *m* || Sägebank *v*; **-beugel:** saw frame || porte-scies *m* || Sägebügel *m*; **-blad:** saw blade (band, web) || lame *v* de scie *v* || Ságeband *o*; -blatt *o*, -klinge *v*; **-blad te lood stellen, het:** to fix the saw blade vertically || fixer la lame *v* verticalement || das Sägeblatt *o* nach dem Lot *o* einhängen; **-blad schuin stellen, het:** to set the saw blade at an angle || incliner le lame *v* (de scie *v*) || das Sägeblatt *o* schrägstellen; **-blad vastklemmen, het:** to choke up (to jamb) the saw blade || coincer (prendre, serrer) la lame *v* de scie *v* || das Sägeblatt *o* festklemmen; **-bladgeleiding:** saw blade guide || guidage *m* de la lame *v* de scie *v* || Sägeblattführung *v*; **-bladhouder:** saw blade holder || agrafe *v* de scie *v*, portescie *m* || Sägeangel *v*; **-bladmal:** saw blade gauge || calibre *m* pour lames *vm* de scie *v* || Sägeblatteinlage *v*; **-bladspanexcentriek:** eccentric for tension of saw blades || excentrique *v* à tendre les lames *vm* || Sägeblattspannexzenter *o*; **-bladspanning:** fixing of saw blade || serrage *m* de la lame *v* || Einspannung *v* des Sägeblatts *o*; **-bladversterking:** stiffening of the saw blades || raidissement *m* des lames *vm* || Absteifung *v* der Sägeblätter *om*; **-blok:** saw block (log) || billot *m*, grume *v* || Sägeblock *m*; **-bok:** sawyer's jack || chevalet *m* de scieur *m* || Sägebock *m*; **-boog:** body of saw, bow, saw frame || archet *m*, cadres *mm* de la scie *v*, châssis *m* [de scie *v*] || Sägebogen *m*, -gestell *o*; **-boog** (*m. zaag i. h. midden gespannen*): centre blade saw frame || scie *v* verticale à cadre *m* (verticale alternative) avec lame *v* au milieu *m* du châssis *m* || Block-, Mittelgatter *o*; **-dak:** lean-to (shed) roof || toit *m* shed (en dent *v* de scie *v*) || einhängiges Dach *o*, Pult-, Halbdach *o*; **-hecht:** saw handle || manche *m* de scie *v* || Sägegriff *m*; **-[dwars]lader** (*mijnb.*): cutter loader || haveuse *v* chargeuse || Schrämlader *m*; **-houder:** *zie* **zaagangel; -houder m. excentrische bevestiging:** saw buckle with eccentric adjustment || chape *v* excentrique || Exzentersägeangel *v*; **-houder m. hefboomspanning:** buckel with lever tension || chape *v* à tension *v* par levier *m* || Sägeangel *v* mit Hebelspannung *v*; **-houder voor horizontaal zaagraam:** buckle for horizontal saw frame || chape *v* d'une lame *v* de scie *v* horizontale || Horizontalgattersägeangel *v*; **-houder m. spie:** key (wedge) buckle || chape *v* à clavette *v* || Keilangel *v*; **-houdersleutel:** key for tightening buckle excentrics || clef *v* à serrer les excentriques *vm* de la chape *v* || Exzenterangelschlüssel *m*; **-kabel:** saw cable || fil *m* à scie *v* || Sägekabel *o*; **-kap:** saw cap || agrafe *v* || Sägekappe *v*; **-kuil:** saw pit || fosse *v* de sciage *m* (des scieurs *mm* de long *m*) || Sägegrube *v*; **-machine:** sawing machine || machine *v* à scier, scie *v* mécanique || Sägemaschine *v*; **-machine m. raam:** frame sawing machine || scie *v* alternative à cadre *m* || Rahmensägemaschine *v*; **-molen:** *zie* **zagerij**; **-ploeg** (*mijnb.*)**:** iron Henry || haveuse *v* chargeuse || Kohlenpflug *m*; **-raam:** saw bow (frame) || bâti *m* (châssis *m*, monture *v*) de scie *v* || Sägebogen *m*, -gestell *o*, -bügel *m*; **-raam** (*mach.*)**:** saw frame (sash) || châssis *m* de scies *vm* (porte-lames) || [Säge]gatter *o*; **-rug:** saw back || dos *m* de (d'une) scie *v* || Sägerücken *m*; **-scherpmachine:** saw sharpening machine || machine *v* à affûter les lames *vm* de scie *v* || Sägeschärfmaschine *v*; **-sel:** saw dust || sciure *v* [de bois *m*] || Sägemehl *o*, -späne *mm*; **-selbak:** saw dust box || récipient *m* à sciure *v* || Sägespänebehälter *m*; **-selreiniger:** saw dust purifier || épurateur *m* à sciure *v* || Sägemehlreiniger *m*; **-selstookinrichting:** furnace for saw dust || foyer *m* à sciure *v* || Sägespänefeuerung *v*; **-slede:** saw carriage || chariot *m* porte-scie || Sägeschlitten *m*; **-snede:** saw cut (notch) || trait *m* (voie *v*) de scie *v* || Sägeschnitt *m*; **-snelheid:** speed of saw || vitesse *v* de sciage *m* || Sägegeschwindigkeit *v*; **-spanbank:** saw sharpener's bench || banc *m* d'affût *m* || Sägespannbank *v*; **-spanning:** tension of saw blade || tension *v* de la lame *v* de scie *v* || Sägespannung *v*; **-steller:** sawyer || poseur *m* de lames *vm* de scie *v* || Sägensteller *m*; **-tafel** (*v. e. bandzaag*)**:** saw table || table *v* de la scie *v* || Sägetisch *m*; **-tand:** saw tooth || dent *v* de scie *v* || Sägezahn *m*; **-tanden hakken:** to cut teeth || faire (tailler) les dents *vm* || Sägezähne *mm* hauen; **-tandponsmachine:** machine for stamping out saw teeth || machine *v* à estamper les dents *vm* de scie *v* || Sägezahnschermaschine *v*; **-tandprofiel:** corrugated (serrated) profile || profil *m* en dent *v* de scie *v* || Sägezahnprofil *o*; **-tandrichtliniaal:** straight edge for dressing saw teeth || règle *v* à dresser les dents *vm* de scie *v* || Sägerichtlinial *o*, -scheit *o*; **-tandschaar** (*hand*)**:** hand press for stamping out saw || appareil *m* à estamper les dents *vm* || Sägezahnschere *v*; **-tandstuiker:** swaging die [for saw teeth] || outil *m* pour écraser les dents *vm* de scie *v* || Sägezahnstaucher *m*; **-vormig:** serrated || denté, en dents *vm* de scie *v* || säge[zahn]förmig; **-vijl:** *zie* **vijl, driekante**; **-vijlmachine:** saw sharpening machine || machine *v* à affûter les dents *vm* de scie *v* || Sägeschärfmaschine *v*; **-zetmachine:** saw setting machine || machine *v* à donner de la voie *v* || Schränkmaschine *v*; **-zettang:** saw setting pliers || pince *v* à donner de la voie *v* || Schränkzange *v*; **-zetter** (*toestel*)**:** saw set (wrest) || fer *m* à contourner, grasset *m*, rainette *v*, tourne-à-gauche *m* || Sägerichter *m*, -setzer *m*, Schränkeisen *o*; **-zetting:** width of set || largeur *v* du trait *m* de scie *v*, voie *v* || Schrank *m*, Schränkungsbreite *v*.

zaai|en: to sow || semer || säen; **-machine:** sowing machine, seeder || machine *v* à semer, semoir *m* || Säemaschine *v*.

zaak: 1. (*ding*)**:** thing || chose *v* || Sache *v*, Ding *o*;
2. (*aangelegenheid*)**:** business, matter, affair || affaire *v* || Sache *v*; **-kundig:** expert, conversant with, skilled in the art || au courant *m* de, compétent, spécialisé en, qualifié pour || sachkundig, -verständig; **-kundige:** expert, one skilled in the art || expert *m*, spécialiste *m* || Expert[e] *m*, Sachverständige[r] *m*, -kundige[r] *m*;
3. (*bedrijf*)**:** business, concern, trade || affaire *v* || Geschäft *o*, Betrieb *m*;
4. (*rechtszaak, enz.*)**:** case, action || affaire *v*, procès *m* || Sache *v*.

zaal: 1. (*vertrek*)**:** hall, room || salle *v* || Saal *m*;
2. (*smidszadel*)**:** *zie* **zadel 2.**

zaathout: keelson || carlingue *v* || Kielschwein *o*, -schwinne *v*; **-las:** keelson scarf || écart *m* de carlingue *v* || Kielschweinlaschung *v*; **-plaat:** keelson plate || tôle *v* de carlingue *v* || Kielschweinplatte *v*.

zacht: 1. (*niet hard*)**:** soft || doux, mou, tendre || weich, zart; **-en** (*ijzer, staal*)**:** to soften || adoucir || weichen; **-heid** (*metaal*)**:** softness || douceur *v* || Weichheit *v*; **-maken:** to soften, to plasticize || amollir, plastifier || weichmachen, plastifizieren; **-worden:** to soften, to become soft; softening || s'amollir, devenir mou; amollissement *m* || erweichen; Erweichung *v*; **-ijzerinstrument:** moving (iron) instrument || appareil *m* à fer *m* mobile || Weicheiseninstrument *o*;
2. (*niet ruw*)**:** soft, smooth || doux, tendre, égal || sanft, glatt;
3. (*niet luid*)**:** soft, gentle || discret || leise;
4. (*niet hoog of sterk*)**:** mild, gentle || doux, léger || milde, gelinde;
5. (*soepel*)**:** supple, flexible, elastic || souple, flexible, élastique || geschmeidig, weich, elastisch, federnd;
6. (*water*)**:** soft || doux || weich, enthärtet; **-maken:** to soften || adoucir || enthärten; **-making:** softening || adoucissement *m* || Enthärtung *v*;

7. (*niet schel*): soft || tendre || zart.

zadel: 1. (*rijzadel*; *zadelvormig voorwerp*): saddle || selle *v* || Sattel *m*; **-boog:** saddle bow (tree) || arçon *m*, bois *m* de selle *v* || Sattelbaum *m*, -bogen *m*; **-boom:** *zie* **zadelboog; -dak:** penthouse (ridge, saddle) roof || toit *m* en bâtière *v* (à deux égouts *mm*, à deux pentes *vm*, à deux versants *mm*) || Satteldach *o*; **-dek:** saddle cloth || housse *v* || Satteldecke *v*; **-haken:** saddle hooks || crochets *mm* pour selles *vm* || Sattelhaken *m*; **-houten:** saddle beams || empan[n]ons *mm* || Sattelhölzer *om*; **-klem** (*rijwiel*): saddle clamp || attache *v* de selle *v* || Sattelklemme *v*; **-klem** (*isolatiebuis*): saddle || gâche *v* || [Rohr]schelle *v*; **-knop:** pommel || pommeau *m* [de selle *v*] || Sattelknopf *m*; **-kussen:** saddle pitch || coussin *m* de selle *v* || Sattelkissen *o*; **-makersels:** stitching awl || alène *v* à coudre || Sattlerahle *v*; **-makerij:** saddler's shop, saddlery || sellerie *v* || Sattlerei *v*; **-nagel:** saddle nail, saddler's tack || clou *m* de sellier *m* || Sattelzwecke *v*; **-pen** (*rijwiel*): saddle pin (pillar, post) || support *m* (tige) *v* de selle *v* || Sattelstütze *v*; **-plaat** (*vuurkast*): saddle (throat waist) plate || selle *v* d'avant *m* de boîte *v* à feu *m* || Gürtel-, Sattel-, Stiefelknechtplatte *v*; **-riem:** [saddle] girth || sangle *v* || Sattelgurt *v*; **-rooster:** double inclined (roof shaped, saddle) grate || grille *v* en dos *m* d'âne *m* || Dach-, Sattelrost *m*; **-steeg:** saddle tree bar || bande *v* d'arçon *m* || Steg *m*; **-tenk** (*spw.*): saddle tank || caisse *v* à eau *v* en selle *v* || sattelförmiger Wasserbehälter *m*; **-tas:** saddle flap || quartier *m* d'une selle *v* || Satteltasche *v*; **-tas** (*rijwiel*): tool bag, wallet || sacoche *v* de selle *v* || Satteltasche *v*; **-vormig:** saddle-shaped || sellaire, en forme *v* de selle *v* || sattelförmig;

2. (*smederij*): swage || étampe *v*, chasse *v* || Gesenk *o*; **-aambeeld:** swage anvil || enclume *v* à éstamper || Gesenkamboß *m*; **-blok:** swage block || tas-étampe *v* || Gesenkplatte *v*; **-hamer:** top swage || marteau *m* cannelé en sillons *mm* || Gesenkhammer *m*;

3. (*drager*): base (bed, foundation) plate || glissière *v*, plaque *v* d'appui *m* (d'assise *v*) sommier *m*, support *m* || Schelle *v* (*buizen*); Stuhl *m*, Galgen *m*, Stütze *v*;

4. (*kipwagen*): saddle || balanceur *m* supérieur, sabot *m* || Sattel *m*;

5. (*luchtkabelbaan*): saddle || selle *v* || Sattel *m*;

6. (*reel*): saddle || selle *v* || Sattel *m*; **- uit U-staal:** saddle formed of channel bars || selle *v* en acier *m* en U *m* || Sattelstück *o* aus U-Stahl *m*;

7. (*timpaan*): gallows || chevalet *m* du tympan *m* || Deckelstuhl *m*, Galgen *m*, Sattel *m*;

8. (*hollander*) (*papierfabr.*): backfall, breasting || gorge *v* || Kropf *m*, Sattel *m*;

9. (*muur*): wall saddle || selle *v* de mur *m* || Mauersattel *m*;

10. (*terrein*): *zie* **plooirug.**

za|gen: to saw || scier || sägen; **-, warm:** to warm saw || scier à chaud *m* || warmsägen; **-gerij,** saw[ing]mill || scierie *v* || Sägemühle *v*, -werk *o*.

zak: 1. (*algem.*): bag, sack; pocket || sac *m*; poche *v* || Sack *m*; Tasche *v*; **-band:** bag rope, sack tie || cordon *m* de sac *m* || Sackband *o*; **-barometer:** pocket barometer || baromètre *m* de poche *v* || Taschenbarometer *o*, *m*; **-boor** (*mijnb.*): sack borer, bag auger || tarière *v* à sac *m*, drague *v* || Sackbohrer *m*; **-filter:** bag filter || filtre *m* à sacs *mm* || Taschenfilter *o*, *m*; **-formaat:** pocket size || format *m* portatif || Taschenformat *o*; **-instrument:** pocket instrument || instrument *m* de poche *v* || Tascheninstrument *o*; **-kenlift:** sack elevator (hoist) || élévateur *m* à sacs *mm* || Säckelelevator *m*; **-lantaarn:** [electric] torch, flash light || lampe-torche *v* (électrique portative) || Taschenlampe *v*; **-linnen:** bagging, sackcloth, sacking || toile *v* à sacs *mm* || Sackleinwand *v*, -leinen *o*; **-mes:** pocket knife || couteau *m* de poche *v*, canif *m* || Taschenmesser *o*; **-tang:** sack tongs || pince *v* pour sacs *mm* || Sackzange *v*; **-transporteur:** bag (sack) conveyer || transporteur *m* pour sacs *mm* || Sackentransporteur *m*, Sackförderer *m*; **-volt [- en ampère]meter:** pocket volt [and am]meter || volt [et ampère]mètre *m* de poche *v* || Taschenvolt[ampere]meter *o*, *m*;

2. (*draaibankbed*): gap || entaille *v*, rompu *m* || Kröpfung *v*; **-breedte:** width of gap || largeur *v* du rompu *m* || Breite *v* der Kröpfung *v*; **-breedte m. uitgenomen brug:** width of gap with gap piece removed || largeur *v* du rompu *m* sans pont *m* || Breite *v* der Kröpfung *v* mit herausgenommener Einsatzbrücke *v*.

zak|ken: 1. (*dalen i. h. algem.*): to sink, to descend || descendre, baisser || sinken, sich senken; *zie ook* **afnemen; dalen; verminderen; verzakken; -, laten:** to sink, to descend || [faire] descendre, baisser || senken, sinken lassen; **-buis** (*stoomketel*): downcomer [tube] || tube *m* de retour *m* d'eau *v* || Rücklauf-, Zufluß-, Fallrohr *o*; **-king** (*terrein*): subsidence, depression || affaisement *m*, tassement *m*,

subsidence *v* || Senkung *v*, [Ab]setzen *o*; **-kingskegel** (*terrein*)**:** sinking (deflecting) cone, cone of subsidence || cône *m* d'affaisement *m* || Senkungskegel *m*; **-kingslijn** (*terrein*)**:** sinking line, sagline || ligne *v* d'affaisement *m* || Senkungslinie *v*;
2. (*barometer*, *enz.*)**:** to fall, to drop || baisser || fallen;
3. (*water*)**:** to sink || descendre, baisser || sinken, fallen; **-put:** sink hole (trap) || puisard *m* || Abzugsgrube *v*; **-water:** leakage water || eau *v* d'infiltration *v* || Sickerwasser *o*;
4. (*muur*)**:** to sag || s'affaiser || sich senken.

zand: sand || sable *m*; sable *m* fin, sablon *m* (*fijn zand*) || Sand *m*; (*wasserij*) (*mijnb.*)**:** sands, small ore || sables *mm* || [Sand]-schlich *m*; **-, gedroogd:** dried sand || sable *m* d'étuve *v* || Trockensand *m*, getrockneter Sand *m*; **-, kleihoudend:** loam (argillaceous) sand || sable *m* argileux || lehmiger (tonhaltiger) Sand *m*; **-, modderig:** muddy sand || sable *m* vasard || Moddersand *m*; **-, scherp:** sharp sand || sable *m* cru || scharfer Sand *m*; **-, steriel** (*mijnb.*)**:** barren (dry) sand || sable *m* stérile || trockner (unergiebiger, steriler) Sand *m*; **-bad:** sand bath || bain *m* de sable *m* || Sandbad *o*; **-badoven:** furnace with a sand bath || fourneau *m* à bain *m* de sable *m* || Sandbadofen *m*; **-bak:** sandpan || bassin *m* à sable *m* || Sandpfanne *v*; **-ballast:** sand ballast || lest *m* en sable *m* || Sandballast *m*; **-bank:** sand bank, shallow, shoal || banc *m* de sable *m* || Sandbank *v*; **-bed:** sand bed || lit *m* de sable *m* || Sandbett *o*; **-bedding:** sand ballast || ballastage *m* en sable *m* || Sandbettung *v*; **-blaasmachine:** sand blast machine || machine *v* à jet *m* de sable *m* || Sandstrahlputzmaschine *v*; **-blaaspijp:** sand blast (blowing) nozzle || tuyère *v* à dessabler (à jet *m* de sable *m*, à nettoyer les fontes *vm*) || Sandstrahldüse *v*; **-blaastoestel:** sand blast apparatus || appareil *m* [de nettoyage *m*] à jet *m* de sable *m* || Sandstrahlgebläse *o*; **-blustoestel:** sand cartridge || torche *v* à sable *m* || Sandfackel *v*; **-bodem:** sandy ground (soil) || terrain *m* sablonneux || Sandboden *m*; **-boor:** sand auger || tarière *v* à mâchoire *v* || Sandkelle *v*; **-cement:** sand cement || ciment *m* au sable *m* || Sandzement *m*; **-droogoven:** sand drying stove || four *m* à sécher le sable *m*, séchoir *m* à sable *m* || Sandtrockenofen *m*; **-emmer:** sand bucket || seau *m* à sable *m* || Sandeimer *m*; **-en:** to sand || sabler || [be]sanden; **-erig:** sandy || sabl[onn]eux || sandig; **-filter:** sand filter || filtre *m* à sable *m* || Sandfilter *o*, *m*; **-gieting:** sand casting || coulage *m* (coulée) *v* en sable *m* || Sandguß *m*; **-graver:** sand digger || sablier *m* || Sandgräber *m*; **-groeve:** sand pit || sablière *v* || Sandgrube *v*; **-grond:** sandy ground (soil) || terrain *m* sableux, sol *m* sablonneux || Sandboden *m*, -grund *m*; **-grond, kleihoudende:** argillaceous sand ground || terrain *m* de sable *m* argileux || tonhaltiger Sandboden *m*; **-kar:** sand cart || tombereau *m* à sable *m* || Sandkarren *m*; **-kisttrekstang:** sand box rod || tringle *v* de manoeuvre *v* du sablier *m* || Sandkastenzug *m*; **-kool:** uninflammable close (free) burning coal, non-caking coal || houille *v* sèche (maigre, non-collante) || Sandkohle *v*; **-kool, bakkende:** sintering sand coal || houille *v* maigre sableuse || sinternde Sandkohle *v*; **-korrel:** grain of sand, sand grain || grain *m* de sable *m* || Sandkorn *o*; **-korst:** sand skin || croûte *v* de sable *m* || Sandkruste *v*; **-laag** (*op wegen*)**:** sand ballast || ballastage *m* en sable *m* || Sandbettung *v*; **-loper:** hourglass, watch glass || ampoulette *v*, horloge *v* à sable *m* || Läufer *m*, Sandglas *o*, -uhr *v*; **-lijst** (*vorm*)**:** sand edge || languette *v* à sable *m* || Sandleiste *v*; **-meetraam:** sand measure box || caisse *v* pour mesurer le sable *m* || Sandmeßrahmen *m*; **-mengmachine:** sand mixing machine || machine *v* à mélanger (malaxeur *m* de) sable *m* || Sandmischmaschine *v*; **-mergel:** sandy marl || marne *v* sableuse || Sandmergel *m*; **-molen** (*gieterij*)**:** sand mill || moulin *m* à sable *m* || Sandmühle *v*; **-papier:** *zie* **schuurpapier**; **-pomp:** sand pump || pompe *v* à sable *m* || Sandpumpe *v*; **-pijp** (*spw.*)**:** sand pipe || tuyau *m* de descente *v* || Sandrohr *o*; **-put:** *zie* **zandgroeve**; **-schuif:** sand valve || tiroir *m* de distribution *v* du sable *m* || Sandschieber *m*; **-smoorbaan:** sanded siding || voie *v* sablée d'arrêt *m* || Sandgleis *o*; **-steen:** sandstone || grès *m* || Sandstein *m*; **-steen, bonte:** variegated sandstone || grès *m* bigarré || Buntsandstein *m*; **-steen, fijnkorrelige:** upper cretaceous sandstone || grès *m* crétacé supérieur || Quadersandstein *m*; **-steen, kleihoudende:** argillaceous sandstone || grès *m* argileux || Tonsandstein *m*; **-, mergelige:** marly sandstone || grès *m* marneux || mergeliger Sandstein *m*; **-steen, schilferige:** shelly sandstone || grès *m* coquillier || Muschelsandstein *m*; **-steen, zachte:** molasse, soft sandstone || molasse *v* || Molassesandstein *m*, Molasse *v*, weicher Sandstein *m*; **-steenblok:** sandstone block || moellon *m* de grès *m* || Sandsteinquader *m*;

-steengroeve: sandstone quarry || grésière *v* || Sandsteinbruch *m*; **-steenmetselwerk:** sandstone masonry || maçonnerie *v* en grès *m* || Sandsteingemäuer *o*; **-straal:** sandblast || jet *m* de sable *m* || Sandstrahl *m*; **-straalapparaat:** *zie* **zandstraaltoestel; -straalinrichting:** sand blast || machine *v* à jet *m* de sable *m* || Sandstrahlvorrichtung *v*; **-straaltoestel:** sand blast || appareil *m* à jet *m* de sable *m* || Sandstrahlgebläse *o*; **-strooier** (*spw.*): sander, sanding device; [track] sander (*trem*) || éjecteur *m* à sable *m*, sablier *m* || Sandstreuer *m*, -streuvorrichtung *v*; **-strooipijp:** sand spraying nozzle || tuyère *v* de sablage *m* || Sandstreudüse *v*; **-strook** (*scheepst.*): garboard [strake] || virure *v* de gabord *m* || Kielgang *m*; **-tafel** (*wasserij*) (*mijnb.*): sand table || table *v* de lavage *m* des schlamms *mm* || Schlämmherd *m*; **-transporteur:** sand conveyer || transporteur *m* de sable *m* || Sandförderer *m*; **-vang:** sand collector (trap) || collecteur *m* de sable *m* || Sandfang *m*; **-vanger:** sand box || boîte *v* à sable *m* || Sandfänger *m*; **-vorm:** sand mould || moule *m* en (de) sable *m* || Sandform *v*; **-vormer:** sand moulder || sableur *m* || Sandformer *m*; **-vormerij:** sand moulding || moulage *m* en sable *m* || Sandförmerei *v*; **-wagen:** sand wagon || wagon *m* d'ensablement *m* || Sandwagen *m*; **-wasmachine:** washing machine for sand || laveur *m* à sable *m* || Sandwaschmaschine *v*; **-zak:** sand bag || sac *m* à sable *m* || Sandsack *m*; **-zakbekleding:** sand bag revetment || revêtement *m* en sacs *mm* de sable *m* || Sandsackbekleidung *v*; **-zeef:** sand sieve || tamis *m* à sable *m* || Sandsieb *o*; **-zeefmachine:** sand sieve || machine *v* à tamiser le sable *m* || Sandsiebmaschine *v*; **-zeep** (*zeepfabr.*): sand soap || savon *m* sablé || Sandseife *v*; **-zuiger:** sand pump dredge[r] || dragueur *m* (drague *v* suceuse) à sable *m* || Sandpumpenbagger *m*; *zie ook* **zuiger 2.**

zanella: italian (zanella) cloth || drap *m* italien, silésienne *v* || Zanella *m*.

zee: sea || mer *v* || Meer *o*, See *v*; **-anker:** sea anchor || ancre *v* de large *m* || Seeanker *m*; **-arm:** bay, sea arm || bras *m* de mer *v* || See-, Meeresarm *m*; **-atlas:** sea atlas (map) || atlas *m* marin (nautique) || See[karten]atlas *m*; **-beving:** seaquake || tremblement *m* de mer *v* || Seebeben *o*; **-boezem:** gulf, bay || sein *m* de mer *v*, golfe *m* || Meerbusen *m*; **-[stoom]boot:** sea (ocean) going steamer || bâteau *m* de mer *v* à vapeur *v* || Seedampfer *m*; **-brief:** certificate of registry, sea letter || lettre *v* de marque *v* (de mer *v*) || Seebrief *m*; **-den:** cluster pine || pin *m* maritime || Seekiefer *v*, -föhre *v*; **-dijk:** sea dike || digue *v* de mer *v* || Seedeich *m*; **-eigenschappen** (*v. e. schip*): sea qualities || qualités *vm* pour navigueur *m* en haute mer *v* || Seeeigenschaften *vm*; **-engte:** channel, strait[s], narrows || détroit *m*, bras *m* de mer *v* || Meerenge *v*; **-gat:** mouth of the sea || embouchure *v*, chenal *m* || Seemündung *v*; **-gewas:** sea plant || plante *v* marine || Seepflanze *v*, Meer-, Seegewächs *o*; **-gras:** sea grass (weed) || crin *m* végétal || Seegras *o*, Tang *m*; **-groen:** sea green || vert *m* de mer *v* || meergrün; **-haven:** seaport || port *m* de mer *v* || Seehafen *m*; **-hoofd:** sea pier (dam) || môle *m* || Seedamm *m*, Mole *v*; **-kaart:** sea (nautical) chart || carte *v* marine (nautique) || Seekarte *v*; **-kabel:** submarine cable || câble *m* sous-marin || Seekabel *o*, unterseeisches Kabel *o*; **-klei:** sea clay || alluvion *v* marine argileuse || Marschton *m*, Seeklei *m*; **-kompas:** mariner's (sea) compass || compas *m* de route *v* || Seekompaß *m*; **-kust:** sea-coast || bord *m* de la mer *v*, côte *v* (littoral *m*) maritime || Seeküste *v*; **-mijl:** nautical s(ea) mile || mille *m* marin || Seemeile *v*; **-oeverwerken:** strand (protecting) works || défenses *vm* des côtes *vm* || Seeuferbau *m*; **-schade:** sea damage || avarie *v* || Seeschade[n] *m*; **-schip:** sea [going] ship || navire *m* de mer *v* || Seeschiff *o*; **-schuim:** sea foam (froth) || écume *v* de mer *v* || Seeschaum *m*; **-sleepboot:** sea going tug[-boat] || remorqueur *m* de mer *v* || Seeschlepper *m*, -schleppdampfer *m*; **-sluis:** sea lock || écluse *v* de mer *v* || Meer-, Seeschleuse *v*; **-spiegel:** sea level (surface) || niveau *m* de la mer *v* || Meeresspiegel *m*; **-stroming:** oceanic current || courant *m* marin || Meeresströmung *v*; **-stroom:** *zie* **zeestroming; -transport:** see carriage || transport *m* maritime (par mer *v*) || Seetransport *m*; **-vaart:** navigation || navigation *v* [maritime] || See[schiff]-fahrt *v*; **-vaartkunde:** art of navigation, nautic art || art *m* nautique (de la navigation *v*) || Schiffahrtskunde *v*, Nautik *v*; **-vaartkundig:** nautic[al] || nautique || nautisch; **-vaartschool:** nautical school (college) || école *v* navale (de navigation *v*) || Schiffahrts-, Navigationsschule *v*; **-verzekering:** marine insurance || assurance *v* maritime || Seeversicherung *v*, -assekuranz *v*; **-visserij:** sea fishing (fishery) || pêche *v* maritime || Seefischerei *v*; **-waardig** (*schip*): seaworthy || navigable, capable de tenir la mer *v*, en bon état *m* de navigabilité *v* || seefähig, -tüchtig; **-waardigheid** (*v. e. schip*): seaworthiness, sea going capacity ||

navigabilité *v* || Seefähigkeit *v*, -tüchtigkeit *v*; **-water:** sea water || eau *v* de mer *v* || Meer-, Seewasser *o*; **-wezen:** naval (maritime) matters (affairs) || art *m* naval (marine, maritime) || Seewesen *o*; **-wier:** seaweed || varech *m*, goémon *m*, algue *v* marine || [See]-tang *m*, -gras *o*; **-zout:** marine (sea) salt || sel *m* marin (de mer) || Meer-, Seesalz *o*.

zeef: 1. (*algem.*): *inrichting voor scheiding van gelijksoortige, ongelijke dingen*): sieve, screen || tamis *m*, crible *m* || Sieb *o*; **- m.** *x* **mazen/cm²:** sieve with *x* meshes/cm² || tamis *m* à *x* mailles/cm² || Sieb *o* mit *x* Maschen/cm²: **- v. e. radiateur:** radiator inlet strainer || tamis *m* de remplissage *m* du radiateur *m* || Sieb *o* für Kühler *m*; **- v. ijzergaas:** wire gauze sieve || tamis *m* en toile *v* métallique || Drahtsieb *o*; **-, paardenharen:** horsehair sieve || tamis *m* en crin *m* || Pferdehaarsieb *o*; **-, roterende:** *zie* **trommelzeef; -, vibrerende:** *zie* **trilzeef; -borstel:** sieve brush || brosse *v* à tamis *m* || Siebbürste *v*; **-buis:** perforated pipe || tuyau *m* perforé en tamis *m*, tuyau-tamis *m* || Siebrohr *o*; **-deur:** dust panel || porte *v* à poussière *v* || Staubplatten *m*; **-doek:** bolting cloth || étamine *v* || Beutel-, Siebtuch *o*; **-maat:** sieve (screen) size || numéro *m* du tamis *m*, dimension *v* des mailles *vm* || Siebgröße *v*; **-machine:** sieve || machine *v* à tamiser || Siebmaschine *v*, -werk *o*; **-makersraam:** sieve maker's loom || métier *m* de tamisier *m* || Siebmacherrahmen *m*; **-molen:** sweeping mill || cylindre *m* émotteur || Fegemühle *v*; **-pijp:** screen pipe || tube *m* filtre || Filter-, Siebrohr *o*; **-plaat:** screening (sieve) plate || tôle *v* de triage *m* || Siebplatte *v*, -blech *o*; **-randbuigmachine:** sieve rim bending machine || machine *v* à courber les bois *mm* de tamis *mm* || Siebränderbiegemaschine *v*; **-rest:** sieve residue || refus *m* de tamisage *m*, résidu *m* || [Sieb]rückstand *m*; **-rooster:** sieve grate || grille-tamis *v* || Siebrost *m*; **-schaal:** sieve (screen) scale || échelle *v* de tamissage *m* (scriblage *m*) || Siebskala *v*; **-schop:** sieve shovel || pelle *v* à grille *v* || Siebschaufel *v*; **-trommel:** rotary sieve; squirrel cage (*spinnerij*) || tamis *m* cylindrique; roteur *m*, tambour *m* || (*spinnerij*) || Sieb-; Staubtrommel *v* (*spinnerij*); **-wijdte:** size of sieve || numéro *m* du tamis *m* || Siebgröße *v*;
2. (*als grof filter voor vloeistof*): strainer || filtre *m*, tamis *m*, passoire *v* || Sieb *o*; *zie ook* **filter;**
3. (*elektr.*; *licht*; *röntgentechn.*; *enz.*): filter, screen || filtre *m*, écran *m* || Filter *o*, *m*; **-keten:** (*telegr.*; *radio*): filter[ing] circuit || [circuit-]filtre *m* || Filter *o*, *m*, Filterkreis *m*, Sieb *o*; **-kring:** *zie* **zeefketen; -schakeling:** filter, eliminator || filtre *m*, éliminateur *m* || Siebschaltung *v*.

zeeg: 1. (*schip*): sheer || tonture *v* || Sprung *m*; **- geven:** to give sheer || enseller, gondoler || Sprung *m* geben;
2. (*draden*): sag || flèche *v* apparente || Durchhang *m*.

zeel: trace, yoke of cord || sangle *v* || Seil *o*, Tragband *o*.

zeem|leder: chamois (wash) leather, shammy || cuir *m* chamoise, peau *v* de chamois *m* || Sämischleder *o*; **-touwerij** (*behandeling*): shammy dressing || chamoisage *m* || Sämischgerberei *v*.

zeep: 1. (*zout v. e. vetzuur*): fatty acid salt, metal salt of a fatty acid, soap || sel *m* [métallique] d'acide *m* gras, savon *m* || Fettsäuresalz *o*, fettsaures Metallsalz *o*, Seife *v*;
2. (*wasmiddel*): soap || savon *m* || Seife *v*; **-, groene:** brown soap || savon *m* noir (vert) || grüne (schwarze) Seife *v*; **-, harde:** hard soap || savon *m* dur || harte Seife *v*, Kernseife *v*; **-, zachte:** soft soap || savon *m* mou || Schmierseife *v*; **-aarde:** *zie* **volaarde; -bak:** soap box || boîte *v* à savon *m*, porte-savon *m* || Seifennapf *m*, -schale *v*; **-bal:** soap ball || savonnette *v* || Seifenkugel *v*; **-boom:** soap tree || savonnier *m* || Seifenbaum *m*; **-fabriek:** soap works || savonnerie *v* || Seifenfabrik *v*; **-ketel:** soap kettle || chaudière *v* de (à) savonnerie *v* || Seifenkessel *m*; **-oplossing:** soap solution || solution *v* de savon *m* || Seifenlösung *v*; **-poeder:** soap powder || savon *m* en poudre *v*, poudre *v* de savon *m* || Seifenpulver *o*; **-sop: soap-suds** || eau *v* de savon *m* || Seifenlauge *v*, -wasser *o*; **-verdeler:** soap distributor || distributeur *m* de savon *m* || Seifenspender *m*, -verteiler *m*; **-vlokken:** soap flakes || savon *m* en flocons *mm* || Seifenflocken *vm*; **-water:** soap[y] water || eau *v* de savon *m* || Seifenwasser *o*; **-wortel:** root of the saponaria officinalis || racine *v* de la saponnaire *v* || Seifenwurzel *v*; **-zieder:** soap boiler (manufacturer) || savonnier *m* || Seifensieder *m*; **-ziedersketel:** soap maker's boiler || campane *v* || Seifensiederkessel *m*; **-ziedersloog:** caustic lye || lessive *v* caustique || Seifensiederlauge *v*; **-ziederij:** soap house (works) || savonnière *v* || Seifensiederei *v*.

zefirweefsel: zephyr cloth || zéphyr *m* || Zephirtuch *o*.

zegel: seal || cachet *m*; sceau *m*; timbre *m* || Siegel *o*; **-aarde:** lemnian bole (earth), sealed earth || terre *v* bolaire (sigillée) || lemnische Erde *v*, Siegelerde *v*; **-afdruk:** impression of a seal, seal mark || empreinte *v* de sceau *m* || Siegelzeichen *o*, -abdruck *m*; **-doos:** seal box || boîte *v* de sceau *m* || Siegelkapsel *v*; **-en:** to seal || cacheter; sceller; timbrer || siegeln; **-lak:** seal[ing] wax || cire *v* à cacheter (d'Espagne) || Siegellack *m*, -wachs *o*; **-pers:** sealing (stamping) press || presse *v* à timbrer || Siegelpresse *v*.

zeil: 1. (*schip*, *enz.*): sail || voile *v* || Segel *o*; **-baan:** cloth of sail || lé *m* de voile *v* || Segelbahn *v*, -kleid *o*; **-boot:** sailing boat || barque *v* à voiles *vm* || Segelboot *o*; **-doft:** main thwart || banc *m* de milieu *m* || Segelducht *v*, -duft *v*; **-garen:** canvas yarn, sail twine || fil *m* à voile *v* || Segelgarn *o*; **-jacht:** sailing yacht || yacht *m* à voiles *vm* || Segeljacht *v*; **-kleed:** *zie* **zeilbaan; -makersnaald:** sail needle || aiguille *v* à voiles *vm* || Segelnadel *v*; **-oppervlak:** sail area || surface *v* de voilure *v* || Segelfläche *v*; **-plan:** plan of sails || plan *m* de voilure *v* || Segelplan *m*, -riß *m*; **-punt:** center of effort of the sails, velic point || centre *m* de voilure *v*, point *m* vélique || Segelpunkt *m*; **-schip:** sailing ship || navire *m* à voiles *vm* || Segelschiff *o*, Segler *m*; **-schip m. hulpmotor:** sailing ship with auxiliary engine, auxiliary sailing ship || navire *m* à voiles *vm* à moteur *m* auxiliaire || Segelschiff *o* mit Hilfsmotor *m*; **-tuig:** sail outfit || voilure *v* || Besegelung *v*, Segeleinrichtung *v*, -werk *o*; **-vaart:** sailing [ships] || navigation *v* à voiles *vm* || Segelschiffahrt *v*;
2. (*dekzeil*, *enz.*): tarpaulin || toile *v* || Decke *v*, Plane *v* (*wagen*);
3. (*tentzeil*): tent-cloth, tarpaulin || toile *v*; vélum *m* (*groot*) || Zelttuch *o*;
4.: *zie* **vloerzeil;**
5. (*zeildoek*): canvas, sail cloth; oil cloth || toile *v* à voile *v* || Segeltuch *o*, -leinwand *v*; **-doek, zeer dun:** raven's duck || toile *v* de Russie || Rabentuch *o*; **-doekovertrek:** canvas cover || gaine *v* en toile *v* à voile *v* || Segeltuchüberzug *m*; **-doeks:** canvas || en toile *v* [à voile *v*] || Segeltuch-, Leinwand-.

zeis: scythe || faux *v* || Sense *v*.

zeker|en*: *zie* **beveiligen; -ing*:** *zie* **veiligheid; -heids-*:** *zie* **veiligheids-.**

zelf|aanloop: self-starting || auto-démarrage *m* || Selbstangehen *o*; **-aanlopend:** self-starting || à auto-démarrage *m* || selbsttätig anlaufend (angehend); **-aanzuigend:** self-starting (-sucking), restarting automatically || à aspiration *v* (réamorçage *m*) automatique || selbsttätig ansaugend (anziehend); **-afkoeling:** self-cooling || autorefroidissement *m*, refroidissement *m* automatique || Selbstkühlung *v*; **-afspanning** (*weverij*)**:** automatic stop motion || mécanisme *m* cassemèche || Selbstabstellung *v*, -auslösung *v*; **-afstoting:** self-repulsion || autorépulsion *v*, selfrépulsion *v* || Selbstabstoßung *v*; **-bekrachtigend:** self-exciting || auto-excitateur (*-trice*), à auto-excitation *v* || selbsterregend; **-bekrachtiging:** self-excitation || auto-excitation *v* || Selbsterregung *v*; **-blussing** (*v. kalk*)**:** spontaneous slacking || extinction *v* spontanée || Selbstlöschung *v*; **-centrerend:** self-centering || auto-centreur, à centrage *m* automatique || selbstzentrierend; **-exciterend:** *zie* **zelfbekrachtigend: -inducerend:** self-inductive || self-inductif || selbstinduktiv; **-inductantie:** self-inductance || self-inductance *v* || Selbstinduktanz *v*; **-inductie:** self-induction, inductance || self *v* [-induction *v*] || Selbst induktion *v*; **-inductie, weerstandsloze:** self-induction without resistance, imaginary self-induction || auto-induction *v*, (self-) ideale, réactance *v* pure || widerstandfreie Selbstinduktion *v*; **-inductiecoëfficiënt:** coefficient of self-induction (of self-inductance) || coefficient *m* de self-induction *v*, auto-inductance *v* || Selbstinduktionskoeffizient *m*, -induktivität *v*; **-inductiespanning:** voltage of self-induction || tension *v* de l'auto-induction *v* || Selbstinduktionsspannung *v*; **-inductiespoel:** *zie* **smoorspoel; -inductiespoel m. luchtkern:** air core inductance coil, air core inductor || bobine *v* de self *v* sans fer *m* || Selbstinduktionsspule *v* ohne Eisen *o*; **-inductiespoel m. ijzerkern:** choking (iron core inductance) coil, iron core inductor || bobine *v* de self *v* avec noyau *m* de fer *m* || Selbstinduktionsspule *v* mit Eisenkern *m*; **-inductiespoel zonder ijzerkern:** *zie* **zelfinductiespoel m. luchtkern; -kant:** list selvage, selvedge || lisière *v* || Egge *v*, [Sahl]leiste *v*, Sahlband *o*, Saum *m*; **-laadgeweer:** automatic (self-loading) rifle || fusil *m* automatique || Selbstladegewehr *o*; **-laadwapen:** automatic (self acting) arm || arme *v* automatique || Selbstlader *m*; **-ontbranding:** spontaneous (self-) ignition || auto-allumage *m*, inflammation *v* spontanée || Selbstentzündung *v*; **-(*ont*)ladend:** self-(*dis*)charging || à (*dé*)chargement *m* automatique || selbst(*ent*)ladend; **-ontlading** (*elektr.*)**:** self-decharge || décharge *v* spontanée || Selbstentladung *v*; **-ontlading** (*spw.*)**:** automatic discharge || déchargement *m* automatique || Selbstentladung *v*, -entleerung *v*; **-ontspanner** (*fotogr.*)**:** selftimer, autotimer || déclencheur *m* automatique, autodéclencheur *m* || Selbstauslöser *m*; **-ontsteker** (*voor gas*)**:** self-gas lighter || self-allumeur *m* pour becs *mm* de gaz *m* || Gasselbstzünder *m*; **-opwekkend:** *zie* **zelfbekrachtigend; -opwekking:** *zie* **zelfbekrachtiging; -regelend:** self-regulating || auto-régulateur, [à réglage *m*] automatique || selbstregulierend, -reglend, -tätig; **-regeling:** automatic regulation (control) || réglage *m* automatique || Selbstregulierung *v*, -reglung *v*; **-registrerend:** self-recording || auto-enregistreur, à enregistrement *m* automatique || selbstregistrierend; **-sluitend:** self-(automatically) closing || à fermeture *m* automatique || selbstschließend, selbstschluß-; **-smerend:** self-lubricating (oiling) || auto-graisseur || selbstschmierend; **-smering:** automatic lubrication (oiling), self-oiling || autograissage *m*, autolubrication *v*, graissage *m* automatique || selbsttätige Schmierung *v*, Selbstschmierung *v*; **-standigheid** (*stof*)**:** substance || substance *v* || Substanz *v*; **-uitschakelaar:** automatic cut out || interrupteur *m* automatique || Selbstausschalter *m*, -unterbrecher *m*; **-uitschakeling:** automatic release || déclenchement *m* automatique || Selbstauslösung *v*; **-werkend:** automatic(*ally*), self-acting || automatique || automatisch, selbsttätig, -wirkend.

zemel|en: bran || son *m* || Kleie *v*; **-water:** bran water || eau *v* de son *m* || Kleienwasser *o*.

zend|antenne: transmitting aerial || antenne *v* d'émission *v* || Send[e]antenne *v*; **-apparaat:** *zie* **zendtoestel; -buis:** transmitting valve (tube) || tube *m* d'émission *v* (de transmission *v*), tube-émetteur *m* (-transmetteur *m*) || Röhrensender *m*, Senderöhre *v*; **-condensator:** transmitting condenser || condensateur *m* d'émission *v* || Sendekondensator *m*; **-er:** transmitter || émetteur *m* || Sender *m*; **-er, automatische:** automatic sender || émetteur *m* automatique || selbsttätiger Sender *m*; **-er, gerichte:** directional transmitter || émetteur *m* dirigé || gerichteter Sender *m*; **-er, inductieve:** inductive transmitter || émetteur *m* à couplage *m* inductif || induktiv gekoppelter Sender *m*; **-keten:** transmittive circuit || circuit *m* d'émission *v* || Senderkreis *m*; **-kring:** *zie* **zendketen; -lamp*:** *zie* **zendbuis; -sleutel:** sending key, sender || manipulateur *m* || Handsender *m*, Morsetaster *m*; **-station:** transmitting station || poste *m* émetteur || Sendestation *v*; **-toestel:** transmitting apparatus (set) || appareil *m* (poste *m*) d'émission *v*, poste-émetteur *m* || Sendeapparat *m*, Sender *m*.

zen|gen: 1. (*weverij*)**:** to singe || **griller** || sengen; **-erij:** singeing || grillage *m* || Sengerei *v*; **-machine:** singeing machine || machine *v* à griller || Sengmaschine *v*;
2. (*gasvlam*)**:** to gas || **gaser** || **mit Gas** *o* sengen.

zenith: zenith || zénith *m* || Scheitelpunkt *m*, Zenit[h] *m*. **-afstand:** zenith distance || distance *v* au zénith *m* || Zenit[h]-distanz *v*.

zeoliet: zeolite || zéolithe *v* || Zeolith *m*.

zes|bladsbeitel (*mijnb.*)**:** six-way (-wing) bit || trépan *m* à six ailettes *vm* || Sechsflügelmeißel *m*. **-cilindermotor:** six-cylinder engine || moteur *m* à six cylindres *mm* || Sechszylindermotor *m*; **-fasig:** six-phase || hexaphasé, à six phases *vm* || sechsphasig, Sechsphasen-; **-hoek:** hexagon || hexagone *m* || Sechseck *o*, Hexagon *o*; **-hoekig:** hexagonal, six-angled || hexagonal, hexagone || sechseckig, hexagonal; **-kant:** *zie* **zeshoek; -kantig:** six-angled, sexangular, hexagonal || hexagonal || sechseckig, -seitig; **-kantstaal:** hexagonal steel || acier *m* hexagonal || Sechskantstahl *m*; **-polig:** six-polar || hexapolaire, à six pôles *mm* || sechspolig, Sechspol-; **-vlak:** hexahedron || hexaèdre *m* || Sechsflach *o*, -flächner *m*, Hexaeder *o*; **-vlakkig:** hexahedric || hexaédrique, hexaèdre, à six faces *vm* || sechsflächig, hexaedrisch; **-voud:** multiple of six || sectuple *m* || Sechsfache *o*; **-voudig:** sixfold, sextuple sextuple || sechsfach; **-waardig:** hexavalent || hexavalent || sechswertig, hexavalent; **-zijdig:** six-sided || hexaèdre || sechsseitig.

zet-: *zie onder* **zetten.**

zet|ten: 1. (*algem.*)**:** to put, to place, to set || mettre, poser, placer || setzen, stellen;
2. (*typogr.*)**:** to compose, to set up || composer || setzen; **-bok:** frame || rang *m* || Setzpul *o*, Regal *o*; **-bord:** [letter]board || ais *m* || Satzbrett *o*; **-cilinder:** composing cylinder || cylindre *m* compositeur || Setzwalze *v*, -zylinder *m*; **-formaat:** size || format *m* || Satzgröße *v*; **-fout:** mistake, misprint, typographical error || faute *v* de composition *v* (typographique) || Setz-, Satzfehler *m*; **-haak:** composing stick || compos[i]teur *m* || Winkelhaken *m*; **-kast:** letter case || case *v* || Setzkasten *m*; **-lijn:** setting (composing) rule || réglette *v* || Setzlinie *v*; **-machine:** composing (setting) machine || machine *v* à composer || Setzmachine *v*; **-plank:** compositors board || composoir *m*, galée *v* || Setzbrett *o*; **-sel:** composition || composition *v* || Satz *m*; **-spiegel:** type area || partie *v*

(section *v*) réservée au texte *m* || Setzspiegel *m*; **-ter:** compositor, typographer || ouvrier *m* typographe, compositeur *m* || [Schrift]setzer *m*; **-ter-drukker:** compositor and printer || amphibie *m* || Schweizerdegen *m*; **-terij:** composing room || salle *v* (atelier *m*) de composition *v* || Setzsaal *m*, -zimmer *o*, Setzerei *v*;
3. (*edelstenen*): to enchase, to set || enchâsser, sertir || einsetzen, fassen;
4. (*terrein*): to settle (subside, yield, sink) || se tasser, affaiser || sich setzen, absenken; **-ting:** *zie* **zakking; -tingsscheur:** *zie* **winningsscheur; -ting:** settling || tassement *m* || Senkung *v*;
5. (*glas in lood*): to lead glass || sceller les vitres *vm* en plomb *m* || Glas *o* verbleien; **-ting:** lead glazing || mise *v* en plomb *m* || Bleiverglasung *v*;
6. (*zaag*): to set || contourner, donner de la voie *v* || schränken; **-ijzer:** *zie* **zaagzetter;**
7. (*versch. betek.*): **-boord** (*scheepst.*): coaming || hiloire *v* || Dennebaum *m*; **-gang:** *zie* **zetboord; -hamer:** square (plane) set) hammer || chasse *v* carrée || Setzhammer *m*; **-hamer, dubbele:** top swage || marteau *m* cannelé en sillons *mm* || Kornsicken-, Gesenkhammer *m*; **-hamer, ronde:** round set hammer || dégorgeoir *m*, marteau *m* à balle *v* || Ballhammer *m*; **-kop** (*klinknagel*): *zie* **klinknagelkop** (*zetkop*); **-leder:** grinding strap || cuir *m* à aiguiser || Streichriemen *m*; **-meel:** starch || amidon *m* (*granen*); fécule *v* (*knollen*) || Stärke *v*, Stärke-, Satzmehl *o*; **-meel, oplosbaar:** soluble starch || amidon *m* soluble || lösliche Stärke *v*; **-meelgom:** *zie* **dextrine; -meelhoudend:** containing starch, amylaceous || contenant de l'amidon *m* (de la fécule *v*), féculeux || stärkehaltig; **-meelkorrel:** starch grain || grain *m* d'amidon *m* (de fécule *v*) || Stärkekorn *o*; **-steen:** joining stone || pierre *v* d'ajoute *v* || Satzstein *m*; **-weger:** spirketing || virure *v* bretonne || Setzweger *m*.

zetel: *zie* **zitting, klepzitting.**

zeven: 1. (*ww.*) (*algem.: scheiden van gelijksoortige, ongelijke dingen*): to sieve (screen, sift) || tamiser, cribler || sieben;
2. (*grof filtreren van vloeistof*): to strain || filtrer, passer au tamis *m* || sieben; *zie ook* **filtreren;**
3. (*elektr.*; *licht*; *röntgentechn.*; *enz.*): to filter || filtrer || filtrieren, filtern;
4. (*telw.*): seven || sept || sieben; **-hoek:** heptagon || heptagone *m* || Siebeneck *o*; **-hoekig:** heptagonal || heptagonale || siebeneckig, heptagonal.

zicht: visibility || visibilité *v* || Sicht *v*; **-, geen** (*goed*; *slecht*): nil (*good*; *poor*) visibility || visibilité *v* nulle (*bonne*; *médiocre*) || keine (*gute*; *schlechte*) Sicht *v*; **-afstand, grootste:** visibility, range of vision || distance *v* de visibilité *v* || Sichtweite *v*; **-veld:** field (range) of vision || champ *m* de visibilité *v* || Sichtfeld *o*.

zichtbaar: visible || visible || sichtbar; **-heid:** visibility || visibilité *v* || Sichtbarkeit *v*; **-heidscoëfficiënt:** luminosity factor of a monochromatic radiation || coefficient *m* de visibilité *v* d'une radiation *v* || photometrisches Strahlungsäquivalent *o*.

zie|den: *zie* **koken.**

zieken|boeg: sick berth || cabane *v* des malades *mm* || Krankenkoje *v*, -kajüte *v*; **-wagen:** ambulance waggon (carriage, van) || voiture *v* d'ambulance *v* || Krankenwagen *m*.

ziektekiem: *zie* **kiem 3.**

ziel: 1. (*vuurwapen*): bore || âme *v* || Seele *v*;
2. (*weefspoel*): shuttle peg (spindle, tongue), spit of a shuttle || broche[tte] *v* de navette *v*, pointicelle *v* || Schützenseele *v*, -spindel *m*;
3. (*fles*): kick [up], island || cul *m* [de bouteille *v*] || eingestülpter [Flaschen]-boden *m*;
4. (*kabel*): *zie* **hart 10.**

zift|en: *zie* **zeven; -ing:** sifting || tamisage *m* || Siebung *v*; **-machine** (*papierfabr.*): duster || blutoir *m* || Siebmaschine *v*, Stäuber *m*; **-schop:** sieve shovel || pelle *v* à grille *v* || Siebschaufel *v*; **-toestel:** sifting device || dispositif *m* de tamisage *m* || Siebvorrichtung *v*.

zigzag: zigzag || zig-zag *m* || Zickzack *m*; **- lopen:** to run [in a] zigzag [line] || aller en zigzag *m*, faire des zigzags *mm*, zigzaguer || zickzack (im Zickzack *m*) laufen; **-klinkwerk:** staggered (zigzag) riveting || rivure *v* en quinconce *m* (en zigzag *m*) || Versatz-, Zickzacknietung *v*; **-opstelling:** staggered position || disposition *v* en quinconce *m* || Zickzackaufstellung *v*, wechselständige Aufstellung *v*; **-roosterijzer:** interlocking (zigzag) grate bar || barreau *m* de grille *v* intersticiel [c.-à.-d. épousant la forme *v* des parois *vm* ondulées et du foyer *m*] || Schmiegroststab *m*; **-spannen** (*draad*): to span [the wire] in zigzag || monter [le fil *m*] en zigzag *m* || [den Draht *m*] im Zickzack *m* spannen; **-vormig:** [in a] zigzag [line] || en forme *v* en zigzag *m* || zickzackförmig; **-wikkeling:** zigzag winding || bobinage *m* en zigzag *m* || Zickzackwicklung *v*.

ziltig: saline, saltish, briny || salin, salé || salzig, salinisch.

zilver: [1]) silver || argent *m* || Silber *o*; **-, fijn:** fine silver || argent *m* [r]affiné || Feinsilber *o*; **-achtig:** argentine, silvery || argenté, argentin || silberartig, -farbig, -hell; **-ader:** silver lode || veine *v* d'argent *m* || Silberader *v*; **-affineerhaard:** refining hearth for silver || four *m* d'affinerie *v* d'argent *m* || Silberbrennherd *m*; **-ahorn:** silver maple || érable *m* blanc || Silberahorn *m*; **-amalgaam:** silver amalgam || argent *m* amalgamé || Silberamalgam *o*; **-bad:** silver[ing] bath || bain *m* d'argent *m* || Silberbad *o*; **-bad** (*licht*)**:** bath for light silvering || bain *m* de bouillitoire *m* || Silberweißbad *o*; **-blad:** silver foil || feuille *v* d'argent *m* || Silberblatt *o*, -folie *v*; **-blik:** silver sheet || tôle *v* en argent *m* || Silberblech *o*; **-blink:** brightening of silver || éclair *m* d'argent *m* || Silberblick *m*; **-brokaat:** silver brocade || brocart *m* en broché *m* d'argent *m*, drap *m* d'argent *m* || Silberbrokat *m*; **-den:** [white] fir, white pine || sapin *m* argenté (blanc) || Weißtanne *v*; **-doublé:** silverplating || doublé *m* (plaqué *m*) d'argent *m* || Silberplattierung *v*; **-draad** (*zijden draad met zilver overtrokken*)**:** silver spun (thread) || fil *m* (filet *m*) d'argent *m* || Silberfaden *m*, -gespinnst *o*; **-draad** (*zilveren draad*)**:** silver wire || fil *m* d'argent *m* || Silberdraht *m*; **-draadtrekker:** silver wire drawer || fileur *m* d'argent *m* || Silberspinner *m*; **-druk:** silver impression || impression *v* [en lettres *vm*] argentée || Silberdruck *m*; **-en:** silver || d'argent *m* || silbern, Silber-; **-erts:** silver ore || minerai *m* d'argent *m* || Silbererz *o*; **-galon:** silver braid (galloon) || galon *m* d'argent *m* || Silberborte *v*; **-gehalte:** silver alloy, silver content || titre *m* d'argent *m*, teneur *v* en argent *m* || Silbergehalt *m*; **-glans:** *zie* **argentiet**; **-glit:** silver litharge || litharge *v* d'argent *m* || Silberglätte *v*; **-grafiet:** mixture of silver and graphite || graphite-argent *m* || Silbergraphit *m*; **-houdend:** argentiferous || argentifère || silberhaltig; **-kies:** argentopyrite || argentopyrite *v* || Argentopyrit *m*, Silberkies *m*; **-koek:** silver pine || argent *m* en pâte *v* || Silberkuchen *m*; **-laken:** silver brocade || drap *m* d'argent *m* || Silberbrokat *m*, -stoff *m*; **-legering:** silver alloy || alliage *m* d'argent *m* || Silberlegierung *v*; **-mica:** argentine mica || mica *m* argentin || Silberglimmer *m*; **-mijn:** silver mine || mine *v* d'argent *m* || Silbergrube *v*, -bergwerk *o*; **-neerslag:** deposit of silver || dépôt *m* (précipité *m*) d'argent *m* || Silberniederschlag *m*; **-papier:** silver paper || papier *m* d'argent *m* || Silber-, Stanniolpapier *o*; **-pletter:** silver beater || batteur *m* d'argent *m* || Silberschläger *m*; **-poeder:** silver dust; silver powder (*om te poetsen*) || poudre *v* d'argent *m* || Silberpulver *o*; **-populier:** silver (white) poplar || peuplier *m* blanc || Silberpappel *v*; **-proef** (*langs de droge* (*natte*) *weg*)**:** (*dry*; *wel*) silver essay (test) || essai *m* (*par la voie v sèche*; *- humide*) || Silberprobe *v* (*auf trocknem* (*nassem*) *Wege m*); **-scheiding:** separation of silver || séparation *v* de l'argent *m* || Silberscheidung *v*; **-schuim:** silver sweepings || cendres *vm* (lavure *v*) d'argent *m* || Silberkrätze *v*; **-smid:** silver smith || orfèvre *m* || Silberschmied *m*; **-soldeer:** silver solder || paillon *m* (soudure *v*) d'argent *m* || Silber[schlag]lot *o*; **-spar:** [silver] fir || sapin *m* argenté (blanc) || [Edel]tanne *v*, Weiß-, Silbertanne *v*; **-spiegel:** silver mirror || miroir *m* argenté || Silberspiegel *m*; **-staaf:** silver bar (ingot) || barre *v* (lingot *m*) d'argent *m* || Silberbarre *v*, -stange *v*; **-staal:** silver steel || acier *m* argenté || Silberstahl *m*; **-steen:** silver stone || argentite *v* || Silberstein *m*; **-stempelverf:** silver stamping paint || peinture *v* à marquer à l'argent *m* || Silberstempelfarbe *v*; **-stof:** silver dust || poussière *v* d'argent *m* || Silberstaub *m*; **-water:** argentine water || eau *v* argentine || Silberwasser *o*; **-weefsel:** silver tissue || tissu *m* d'argent *m* || Silbergewebe *o*; **-werk:** silverwork, -ware, [silver] plate || argenterie *v* || Silberarbeit *v*; -zeug *o*, -werk *o*; **-wilg:** white willow || saule *m* blanc || Silber-, Weißweide *v*; **-wit** (*fijnste loodwit*)**:** Krems white || blanc *m* d'argent *m* (de Krems) || Kremser-, Silberweiß *o*; **-zand:** silver sand || sable *m* d'argent *m* (argentifère) || Silbersand *m*; **-zeep:** silver soap || mélange *m* de savon *m* et de craie *v* || Silberseife *v*; **-zout:** silver salt || sel *m* d'argent *m* || Silbersalz *o*.

zincografie: zincography, zinc-etching || zincographie *v*, gravure *v* sur zinc *m* || Zinkographie *v*, Zinkätzung *v*.

zink [1])**:** zinc || zinc *m* || Zink *o*; **-aat:** zincate

---

[1]) Voor hierachter niet opgenomen zilververbindingen, zoals bv. zilverchloride, -oxyde, -sulfaat, enz., zie men onder **natrium** en vervange daar in het Engels „sodium" door „silver", in het Frans „de sodium" door „d'argent" en in het Duits „Natrium-" door „Silber-", dus bv.: „zilverchloride: silver chloride || chlorure *m* d'argent *m* || Silberchlorid *o*".

[1]) Voor hierachter niet opgenomen zinkverbindingen, zoals bv. zinkchloride, zink- (*Vervolg noot op blz.* 680.)

|| zincate *m* || Zinkat *o*; **-amalgaam:** zinc amalgam || amalgame *m* de zinc *m* || Zinkamalgam *o*; **-bad:** zinc bath || bain *m* de galvanisation *v* (de zingage *m*) || Zinkbad *o*; **-bedekking:** zinc coat[ing] || couche *v* de zinc *m* || Zinküberzug *m*; **-blende:** zinc blende (sulfide) || zinc *m* sulfuré || Zinkblende *v*; **-blik:** sheet zinc || zinc *m* laminé || Zinkblech *o*; **-boor:** *zie* **spitsboor; -draad:** zinc wire || fil *m* de zinc *m* || Zinkdraht *m*; **-elektrode:** zinc electrode || électrode *v* de zinc *m* || Zinkelektrode *v*.

zinken: 1. (*ww.*): to sink || s'enfoncer; couler bas (à fond *m*) (*schip*) || sinken; **-en, laten:** to sink || couler (*schip*) || versenken;
2. (*bijv. nw.*): [of] zinc || de (en) zinc *m* || zinken, Zink-.

zink|erkabel: *zie* **rivierkabel; -erts:** zinc ore || minerai *m* de zinc *m* || Zinkerz *o*; **-fascine:** water fascine || saucisson *m* garni de pierres *vm* || Senkfaschine *v*; **-gat** (*scheepst.*)**:** pump well || archipompe *v* || Pumpensod *m*; **-geel:** chromate of zinc, zinc yellow || chromate *m* (jaune *m* de zinc *m* || Zinkgelb *o*; **-gieterij:** zinc foundry || fonderie *v* de zinc *m* || Zinkgießerei *v*; **-groen:** zinc green || vert *m* de zinc *m* || Zinkgrün *o*; **-houdend:** zinciferous || zincifère || zinkhaltig; **-hout:** heavy wood || bois *m* fondrier || Sinkholz *o*; **-ing:** depression, settling || dépression *v* || Senkung *v*; **-legering:** zinc alloy || alliage *m* de zinc *m* || Zinklegierung *v*; **-lichaam:** *zie* **zinkschacht; -lood:** *zie* **dieplood; -plaat:** sheet zinc, zinc plate || plaque *v* (tôle *m*) de zinc *m*, zinc *m* laminé || Zinkblech *o*, -platte *v*; **-put:** sink hole (trap; well) || puisard *m*, puits *m* foncé || Senkbrunnen *m*, -grube *v*; **-schacht** (*mijnb.*)**:** drop shaft || cuvelage *m* descendant || Senkschacht *m*, -körper *m*; **-schuim:** zinc scum || écume *v* de zinc *m* || Zinkschaum *m*; **-spaat:** calamine, smithsonite || zinc *m* carbonaté, smithsonite *v* || Zinkspat *m*; **-staaf:** zinc bar (rod) || barre *v* (tige *v*) de zinc *m* || Zinkstab *m*; **-stof:** zinc dust || poussière *v* de zinc *m* || Zinkstaub *m*; **-stuk** (*waterbouwk.*)**:** mattress [to be sunk] || bloc *m* à immerger, matelas *m* de fascinage *m* || Sink-, Senkstück *o*, Senkrahmen *m*;

(*Vervolg noot van blz.* 679.)
hydroxyde, zinksulfaat, enz., zie men onder **natrium** en vervange daar in het Engels „sodium" door „zinc", in het Frans „de sodium" door „de zinc" en in het Duits „Natrium-" door „Zink-", dus bv.: „zinkchloride: zinc chloride || chlorure *m* de zinc *m* || Zinkchlorid *o*".

-tinamalgaam: zinc tin amalgam || amalgame *m* zinc-étain *m* || Zinkzinnamalgam *o*; **-werker:** zinc worker || zingueur *m*, zinqueur *m* || Zinkarbeiter *m*; **-wit:** zinc white || blanc *m* de zinc *m* || Zinkweiß *o*; **-ijzerelement:** zinc iron cell || élément *m* fer-zinc || Zinkeisenelement *o*; **-zuivering:** zinc refining || affinage *m* du zinc *m* || Zinkraffination *v*.

zirkonium: *zie* **zirkoon.**

zirkoon[1]**: 1.** (*zirkonium*)**:** zirconium || zirconium *m* || Zirkon[ium] *o*; **-dioxyde:** zirconium dioxyde || [bi]oxyde *m* de zirconium *m* || Zirkon[di]oxyd *o*; **-oxychloride:** zirconium oxychloride || oxychlorure *m* de zirconium *m* || Zirkonoxychlorid *o*; **-oxyde:** zirconium oxide || oxyde *m* de zirconium *m* || Zirkonoxyd *o*;
2. (*mineraal*)**:** zircon || zircon *m* || Zirkon *o*.

zit|kussen: seat cushion || coussin *m* de siège *m* || Sitzkissen *o*, [-]Polster *o*; **-plaats:** seat || siège *m* || Sitz[platz] *m*; **-plaats v. d. chauffeur:** box seat || siège *m* de conducteur *m* || Bocksitz *m*; **-plaats, verstelbare:** adjustable seat || siège *m* réglable || regelbarer Sitz *m*; **-plaatsglijbaan:** seat runner || glissière *v* de siège *m* || Glittschiene *v*; **-plaatsleuning:** seat side || ressort *m* de siège *m* || Armlehne *v*; **-plaatsrug:** seat back || dos *m* de siège *m*, dossier *m* || Rückenlehne *v*; **-plaatsveer:** seat spring || bras *m* de siège *m* || Sitzfeder *v*; **-ter** (*scheepst.*)**:** first futtock || genou *m* || Sitzer *m*; **-ting** (*stoel*)**:** seat || siège *m* || Sitz *m*; **-ting m. paardehaar:** hair seat || siège *m* en crin *m* || Roßhaarsitz *m*; (*klep*)**:** valve seat[ing] || siège *m* de la soupape *v* || Sitzfläche *v*, Ventilsitz *m*; **-tinghoes:** seat cover || housse *v* de siège *m* || Sitzhülle *v*.

zode: sod || gazon *m* || Rasen *m*, -stück *o*, -scholle *v*.

zoden| afsteken: to cut sods || couper des gazons *mm* || Rasen *mm* stechen; **- vaststeken:** to picket down sods || piqueter les gazons *mm* || Rasen *mm* festpflöcken; **-erts:** limonite, swamp ore || limonite *v* || Raseneisenerz *o*; **-lichter:** sod lifter ||

[1]) Voor hier achter niet opgenomen zirkoonverbindingen, zoals bv. zirkoonchloride, zirkoonhydroxyde, zirkoonsulfaat, enz., zie men onder **natrium** en vervange daar in het Engels „sodium" door „zirconium", in het Frans „de sodium" door „de zirconium" en in het Duits „Natrium-" door „Zirkon-", dus bv.: „zirkoonchloride: zirconium chloride || chlorure *m* de zirconium *m* || Zirkonchlorid *o*".

lève-gazon *m* || Rasenheber *m*; **-ploeg:** sod plough || dégazonnoir *m* || Rasenpflug *m*; **-steker:** sod knife || coupe-gazon *m*, tranche-gazon *m* || Sodenstecher *m*.

zodiakaallicht: zodiacal light || lumière *v* zodiacale || Zodiakallicht *o*.

zoeker: 1. (*telef.*) line finder || chercheur *m* de ligne *v* || Anrufsucher *m*;
2. (*camera*): [view] finder || viseur *m*, chercheur *m* || [Bild]sucher *m*;
3. (*klosapp.*): discharge electrode, searching device || chercheur *m* || Sucher *m*.

zoeker|bout: pointed bolt || cheville *v* à pointe *v* aigue || Scharfbolzen *m*.

zoeklicht (*toestel*): search light, projector; spot light || projecteur *m*; phare *m* || Scheinwerfer *m*; **-lamp:** projector lamp || lampe *v* pour projecteur *m* || Scheinwerferlampe *v*; **-wagen:** searchlight wagon || voiture *v* de projecteur *m* || Scheinwerferwagen *m*.

zoe|men: to buzz, to hum || bourdonner || summen; **-mer** (*elektr.*): buzzer || trompette *v* électrique, vibrateur *m* || Summer *m*; **-ming:** humming || bourdonnement *m* || Summen *o*.

zoet: sweet || doux, sucré || süß; **- maken:** to edulcorate, to sweeten || édulcorer, dulcifier, adoucir || aus-, versüßen; **-houtsuiker:** liquorice sugar || sucre *m* de réglisse *v* || Lakritze *v*, Reglisse *v*, Süßholzzucker *m*; **-kapping:** fine (smooth) cut || taille *v* douce || Schlichthieb *m*; **-making:** edulcoration, sweetening || édulcoration *v* || Aussüßung *v*; **-schaaf:** smoothing plane || varlope *v* || Schlichthobel *m*; **-steen:** oiled whetstone || grès *m* doux, pierre *v* à adoucir || Abzieh-, feinkörniger Sandstein *m*, Wetzstein *m*; **-vijl:** smooth file || lime *v* douce || Schlicht-, Glatt-, Abziehfeile *v*; **-vijl, fijne:** superfine (dead smooth) file || lime *v* superfine || Feinschlichtfeile *v*; **-waterpomp:** fresh water pump || pompe *v* à eau *v* douce || Süßwasser-, Frischwasserpumpe *v*.

zog: *zie* **kielwater.**

zolder: loft || garret *m*, grenier *m* || Dachboden *m*; **-ing:** ceiling || plafond *m* || [Zimmer]decke *v*, Plafond *m*; **-ing, houten:** wooden ceiling || plancher *m* en bois *m* || Holzdecke *v*; **-ing, loze:** inserted (false) ceiling, sound floor || faux plancher *m*, plancher *m* à remplissage *m* || blinde Decke *v*, Einschubdecke *v*; **-kamer:** garret [chamber] || grenier *m*, mansarde *v* || Boden-, Dachstube *v*; **-luik:** garret trap || trappe *v* du grenier *m* || Bodenfalltür *v*; **-paneelwerk:** wainscoting of the ceiling || lambris *m* de plafond *m* || Deckengetäfel *o*; **-raam:** depot hoist opening || lucarne *v* du grenier *m* || Speicherluke *v*; **-ruimte:** attic || grenier *m* || Boden-, Speicher-, Dachraum *m*; **-trap:** garret staircase || escalier *m* du grenier *m* || Bodentreppe *v*; **-venster:** garret window || lucarne *v* || Dachfenster *o*; **-verdieping:** garret floor || grenier *m*, étage *m* des combles *mm* || Dachgeschoß *o*.

zo|men (*kopersl.*): to bead, to crease, to seam || border, ourler, soyer || sieken; **-mer** (*text.*): seaming rule || guide *m* à ourler || Säumer *m*.

zomer|dijk: summer dike || digue *v* submersible || Sommerdeich *m*; **-eik:** common oak (forest) || chêne *m* [à grappes *vm*] || Sommer-, Stieleiche *v*; **-linde:** summer lime tree || tilleul *m* d'été *m* || Sommerlinde *v*; **-olie:** summer oil || huile *v* d'été *m* || Sommeröl *o*; **-wol:** summer wool, wool of the second shearing || laine *v* d'été *m* || Sommerwolle *v*.

zon: sun || soleil *m* || Sonne *v*; **-, draaiing met** (*tegen*): *zie* **draaiing, rechtse** (*linkse*); **-der** *en* **zone:** *zie na* **zonnewijzer; -eclips:** *zie* **zonsverduistering; -licht:** sunlight || lumière *v* solaire || Sonnenlicht *o*; **-lichtlamp:** *zie* **daglichtlamp; -nebaan:** ecliptic || écliptique *v* || Ekliptik *v*, Sonnenbahn *v*; **-neblind:** venetian (window) blind || marquise *v*, persienne *v* || Sonnenladen *m*; **-nebloemenolie:** sunflower oil || huile *v* de tournesol || *m* Sonnenblumenöl *o*; **-necirkel:** solar cycle || cycle *m* solaire || Sonnenkreis *m*; **-nedak:** canopy, sun protection roof || dais *m* de protection *v* (toiture-abri *m*) contre le soleil *m* || Sonnendach *o*; **-neklep:** sun visor || pare-soleil *m* || Sonnenschirm *o*; **-nemeter:** *zie* **heliometer; -neschijf:** disc of the sun || disque *m* du soleil *m* || Sonnenscheibe *v*; **-neschijn:** sunshine || [lumière *v* du] soleil *m* || Sonnenschein *m*; **-nescherm:** sun blind; awning (*winkel*) || marquise *v* || Sonnendach *o*, Markise *v*; **-nespektrum:** solar spectrum || spectre *m* solaire || Sonnenspektrum *o*; **-nespiegel:** *zie* **helioskoop; -nesteen:** sunstone || héliolithe *m*, pierre *v* du soleil *m* || Sonnenstein *m*; **-nestelsel:** solar system || système *m* solaire || Sonnensystem *o*; **-nestilstand:** solstice || solstice *m* || Solstitium *o*, Sonnenwende *v*, -stillstand *m*; **-netent** (*schip*): awning || tente *v* || Sonnendach *o*, -segel *o*, -zelt *o*; **-netentleider:** ridge rope || filière *v* de tente *v* || Sonnensegelreep *o*; **-netentsteun:** awning stanchion || montant *m* (support *m*) de tente *v* || Sonnensegelstütze *v*; **-netijd:** solar time || temps *m* solaire || Sonnenzeit *v*; **-nevlek:** solar spot || tache *v* du soleil *m* || Sonnenfleck[en] *m*; **-newarmte:** solar heat || chaleur *v* du soleil *m* (solaire)

|| Sonnenwärme *v*; **-neweg:** *zie* **zonnebaan; -newijzer:** sun dial || cadran *m* (horloge *v*) solaire || Sonnenuhr *v*, -weiser *m*, -zeiger *m*; **-s-:** *zie na* **zonetarief.**

zonder [1]**):** without, -less || sans || ohne, -los.

zone: zone || zone *v* || Zone *v*; **-, neutrale:** neutral zone || zone *v* neutre (indifférente) || neutrale Zone *v*; **-tarief:** zone tariff || tarif *m* par zones *vm* || Zonentarif *m*.

zons|hoogte: sun's altitude || hauteur *v* du soleil *m* || Sonnenhöhe *v*; **-hoogtemeter:** backstaff || quartier *m* anglais || Sonnenhöhenmesser *m*; **-verduistering:** solar eclipse, eclipse of the sun || éclipse *v* de soleil *m* || Sonnenfinsternis *v*.

zool: 1. (*schoeisel*): sole || semelle *v* || Sohle *v*; **-le[d]er:** sole leather || cuir *m* de (à) semelle *v* (fort *m*) || Pfund-, Sohl[en]-leder *o*;
2. (*roer*): sole || semelle *v* || Rudersohle *v*;
3. (*schaaf*): face, sole || pan *m*, semelle *v* || Hobelbahn *v*, -sohle *v*;
4. (*ploeg*): beak || nez *m* || Nase *v*; **-ploeg:** beak plough || charrue *v* à nez *m* || Nasenpflug *m*.

zoom: 1. (*algem.*): edge, margin, border; skirt || bord *m* || Saum *m*; Rand *m*;
2. (*text.*): hem || ourlet *m* || Saum *m*; **-lint:** stripe, welting || liséré *v* || Leiste *v*, Saumstreife *v*, -band *o*;
3. (*kopersl.*): bead, seam || ourlet *m*, rabord *m* || Sieke *v*; **-hamer:** beading (seam) hammer || marteau *m* à border (à soyer) || Siekenhammer *m*; **-machine:** beading (seaming) machine || machine *v* à border || Siekenmaschine *v*;
4. (*zeil*): doubling, skirt || gaine *v* || Saumstreifen *m*; **-touw:** leech rope || ralingue *v* || Saumtau *o*; **-werk:** clincher work || bordage *m* à clin *m* || Klinkerwerk *o*.

zoresstaal: trough (Zorès) steel, troughing || acier *m* Zorès || Beleg-, Walz-, Zoresstahl *m*.

zorg|ketting (*scheepst.*)**:** rudder chain || [chaîne *v* de] sauvegarde *v* || Sorgkette *v*; **-lijnen** (*roer*)**:** rudder pendants || sauvegardes *vm* de gouvernail *m* || Sorgleinen *vm*.

zout: 1. (*klassenaam*): salt || sel *m* || Salz *o*; **-, basisch:** basic salt || sel *m* basique || basisches Salz *o*; **-, complex:** complex salt || sel *m* complexe || komplexes Salz *o*; **-, dubbel:** double salt || sel *m* double || Doppelsalz *o*; **-, Engels:** *zie* **Epsomzout; -, zuur:** acid salt || sel *m* acide || saures Salz *o*; **-achtig:** saline, salty, saltish || salin, saumâtre || salzartig, salzig; **-ader:** salt vein || veine *v* de sel *m* || Salzader *v*; **-bad:** salt bath || bain *m* de sel *m* || Salzbad *o*; **-gehalte:** salt content; salinity || teneur *v* en sel *m*; salinité *v* || Salzgehalt *m*; **-[gehalte]meter:** salinity meter (indicator), salinometer || salinomètre *m* || Salzgehaltmesser *m*; **-houdend:** saliferous, salt containing || salin(*e*), salifère, contenant un sel *m* || salzhaltig; Salz-; **-korrel:** grain of salt || grain *m* de sel *m* || Salzkorn *o*; **-kristal:** salt crystal || cristal *m* de sel *m* || Salzkristall *m*; **-mijn:** salt mine || mine *m* de sel *m* || Salzgrube *v*, -bergwerk *o*; **-oplossing:** salt solution || solution *v* de sel *m* || Salzlösung *v*; **-vorming:** formation of salt || formation *v* de sel *m* || Salzbildung *v*;
2. (*keukenzout*): [common] salt || sel *m* [commun, de cuisine *v*] || [Koch]salz *o*; *zie ook* **natriumchloride; -en** (*ww.*)**:** to salt || saler || salzen, pökeln; **-en** (*z. nw.*)**:** salting || salage *m* || Salzen *o*, Pökeln *o*; **-gehalte:** *zie onder* **zout 1; -glazuur:** salt glaze || vernis *m* à sel *m* commun || Salzglasur *v*; **-houdend:** saliferous, saline || salifère || salzhaltig; **-kristal:** *zie onder* **zout 1; -oplossing:** *zie onder* **zout 1; -zieder:** salt maker || saunier *m* || Salzsieder *m*; **-ziederij:** salt work || saunerie *v* || Salzwerk *o*, -siederei *v*; **-zuur** (*z. nw.*)**:** hydrochloric acid || acide *m* chlorhydrique || Salzsäure *v*, Chlorwasserstoffsäure *v*; **-zuur** (*bijv. nw.*)**:** muriatic || muriatique || salzsauer;
3. (*bijv. nw.*): salt; salty, saltish || salin; salé || salzig; gesalzen; **-waterpomp:** brine pump || pompe *v* d'extraction *v* || Salzwasserpumpe *v*.

Z-staal: Zed (Z-) steel || acier *m* en (à) Z *m* || Z-Stahl *m*.

zuid|en: south || sud *m* || Süd[en] *m*; **-erbreedte:** south[ern] latitude || latitude *v* méridionale || südliche Breite *v*; **-erlicht:** southern light || aurore *v* australe || Südlicht *o*; **-magnetisme:** south magnetism || magnétisme *m* austral || Südmagnetismus *m*; **-pool:** south pole || pôle *m* sud || Südpol *m*; **-west ten zuiden:** southwest by south || sud-ouest-quart-sud || südwest zu süd; **-wester:** south wester || bousingot *m*, sud-ouestrier *m* || Südwester *m*.

zuig|buis: *zie* **zuigpijp; -cupeleeroven:** fan (suction) cupola || cubilot *m* à aspiration *v* || Saugkuppel-, Saugkupolofen *m*; **-dynamo:** negative booster || dynamo *v* aspiratrice (sous-volteur) || Saugdynamo *v*; **-elevator:** suction elevator || élévateur *m* à aspiration *v* || Saugelevator *m*, -luftförderer *m*; **-en:** to suck || aspirer || [an]saugen; **- en persbuizen:** suction and delivery pipes || tuyaux *mm* d'aspiration *v* et de refoulement *m* || Saug- und Druck-

---

[1]) Voor uitdrukkingen als *zonder naad*, enz., zie *naadloos*, enz.

rohre *om*; **-er:** *zie na* **zuigzijde; -filter:** suction filter || filtre *m* à aspiration *v* || Saugfilter *o, m*; **-fles:** *zie* **zuigkorf; -gas:** suction gas || gaz *m* pauvre || Sauggas *o*; **-gasgenerator:** suction gas producer || gazogène *m* [par aspiration *v*] || Sauggaserzeuger *m*; **-gasinstallatie:** suction gas plant || installation *v* à gazogène *m* aspiré || Sauggasanlage *v*; **-gasmotor:** suction gas engine || moteur *m* à gaz *m* pauvre || Sauggasmotor *m*; **-gat:** suction hole || trou *m* d'aspiration *v* || Saugloch *o*; Zugloch *o* (*trekgat*); **-geruis:** suction noise || bruit *m* de l'aspiration *v* || Sauggeräusch *o*; **-holte** (*i. d. kop v. e. gieteling*): pipe || retassure *v* || Lunker *m*, Schwindungshohlraum *m*; **-hoogte**(*pomp*): lift || hauteur *v* d'aspiration *v* || Saughöhe *v*; **-ing:** suction || aspiration *v* || Saugen *o*; **-kamer:** suction chamber || chambre *v* d'aspiration *v* || Saugkammer *v*, -raum *m*; **-kanaal:** suction passage (port) || canal *m* (lumière *v*) d'aspiration *v* || Saugkanal *m*; **-kap:** suction cap (cowl) || chapeau *m* d'aspiration *v* || Saugerhelm *m*; **-kegel:** suction cone (funnel) || cône *v* (entonnoir *m*) d'aspiration *v* || Saugtrompete *v*; **-klep:** suction (inlet, bottom) clack (valve) || soupape *v* d'aspiration *v*, clapet *m* d'admission *v* (de pied *m*) || Saug-, Einlaß-, Fußventil *o*; **-kop:** suction inlet || tête *v* d'aspiration *v* || Ansaugekopf *m*; **-korf:** suction basket (strainer) || crépine *v* (chopinette *v*) d'aspiration *v* || Saugkorb *m*; **-leiding:** suction piping || conduite *v* (tuyauterie *v*) d'aspiration *v* || Saug[rohr]leitung *v*; **-magneet:** sucking magnet || aimant *m* aspirant (suceur) || Saugmagnet *m*; **-perspomp:** sucking and forcing pump || pompe *v* aspirante et foulante || Saug- und Druckpumpe *v*; **-pomp:** suction pump || pompe *v* aspirante || Saugpumpe *v*; **-pot:** suction box || pot *m* d'aspiration *v* || Saugtopf *m*; **-puls:** suction (piston) bailer || cloche *v* à piston *m* || Kolbenlöffel *m*; **-pijp:** suction pipe || trompe *v* aspirante, tube *m* aspirateur, tuyau *m* d'aspiration *v* || Saugrohr *o*; **-pijpstuk:** suction pipe || tubulure *v* d'aspiration *v* || Saugstutzen *m*; **-ruimte** (*pomp*): suction space || espace *v* d'aspiration *v* || Saugeraum *m*; **-schacht:** suction shaft || puits *m* d'aspiration *v* || Saugschacht *m*; **-slag:** suction stroke || course *v* aspirante || Saughub *m*; **-slang:** suction hose || boyau *m* aspirateur || Saugschlauch *m*; **-spanning:** intake (suction) pressure || pression *v* d'aspiration *v* || Ansaugspannung *v*, Saugdruck *m*, -spannung *v*; **-spits:** suction point || pointe *v* collectrice || Saugspitze *v*; **-transformator:** negative boosting transformer || transformateur *m* suceur || Saugtransformator *m*; **-ventiel*:** *zie* **zuigklep; -ventilator:** suction ventilator || ventilateur *m* aspirant || Saugventilator *m*; **-weerstand:** resistance to suction || résistance *v* à l'aspiration *v* || Saugwiderstand *m*; **-werking:** sucking action (effect) || action *v* aspirante || Saugwirkung *v*; **-zijde:** suction side || côte *m* de l'aspiration *v* || Saugseite *v*.

zuiger: 1. (*algem.*): piston; sucker (*Am.*) || piston *m* || Kolben *m*; **- beproeven op dichtheid, de:** to examine the piston for leakage || éprouver l'étanchéité *v* du piston *m* || den Kolben *m* auf Dichtheit *v* prüfen; **- inbrengen, de:** to insert (to put in) the piston || introduire (mettre) le piston *m* || den Kolben *m* einbringen; **- m. bolle kop:** dome head [piston] || piston *m* à tête *v* bombée || Rundkopfkolben *m*; **- m. glijblok:** piston with slipper || piston *m* à patin *m* || Schlittenkolben *m*; **- m. platte** (*bolle*) **kop:** flat (*dome*) head piston || piston *m* à tête *v* plate (*bombée*) || Flachkopfkolben *m* (*Rund-*); **- m. lederpakking:** piston with leather packing || piston *m* à garniture de cuir *m* || Kolben *m* mit Lederliderung *v*; **- m. metaalpakking:** piston with metallic packing || piston *m* à garniture *v* métallique || Kolben *m* mit Metalliderung *v*; **- v. d. knalpot:** dashpot piston || piston *m* du dashpot *m* || Pufferkolben *m*; **-, dichte:** solid piston || piston *m* plein || Scheibenkolben *m*; **-, gedeelde:** divided piston || piston *m* divisé (sectionné) || geteilter Kolben *m*; **-, geslepen:** ground and polished piston || piston *m* rodé || eingeschliffener Kolben *m*; **-, gesloten:** box piston || piston *m* fermé || geschlossener (doppelwandiger) Kolben *m*; **-, gietijzeren:** cast iron piston || piston *m* en fonte *v* || gußeiserner Kolben *m*; **-, holle:** box (hollow) piston || piston *m* creux (cylindrique, tubulaire, à double paroi *v*) || Rohrkolben *m*, hohler (doppelwandiger) Kolben *m*; **-, ingeslepen:** ground in piston || piston *m* rodé || eingeschliffener Kolben *m*; **-, lekkende:** *zie* **zuiger, ondichte; -, lichtmetalen:** light metal piston || piston *m* en métal *m* léger || Leichtmetallkolben *m*; **-, ondichte:** leaking piston || piston *m* inétanche (avec fuite *v*) || undichter Kolben *m*; **-, vlakke:** disc || piston *m* à disque *m* || Scheibenkolben *m*; **-bodem:** piston head || fond *m* du piston *m* || Kolbenboden *m*; **-breedte:** *zie* **zuigerdikte; -buffer:** piston buffer || amortisseur *m* (dashpot *m*) à piston *m* || Kolbenpuffer *m*; **-deksel:** follower [plate] junk ring || couvercle *m* (plateau *m*) de piston *m* || Kolbendecke *v*, -deckel *m*; **-dekselbout:** piston (follower) bolt || vis *v* de couvercle *m* du piston *m* || Kolbendeckelschraube *v*; **-diagram:** piston diagram || diagramme *m* du piston *m* || Kolbendiagramm *o*; **-dikte:** depth (width) of piston || épaisseur *v* (hauteur *v*) du piston *m* || Kolbenbreite *v*, -höhe *v*; **-draaglengte:** bearing length of the piston || longueur *v* de portage *m* du piston *m* || Traglänge *v* des Kolbens *m*; **-draagvlak:** bearing surface of piston || surface *v* de portage *m* du piston *m* || Kolbentragfläche *v*; **-druk:** load on piston (*Am.*), piston power (pressure), power of piston || force *v* (poussée *v*) du piston *m*, pression *v* sur le piston *m* || Kolbendruck *m*, -kraft *v*; **-drukdiagram:** piston pressure time diagram || diagramme *m* des pressions *vm* sur le piston *m* || Kolbenkraftdiagramm *o*; **-geleiding:** piston guide || guidage *m* du piston *m* || Kolbenführung *v*; **-geleiding door nokken:** supporting the piston by guide cheeks || guidage *m* du piston *m* par flasques-porteurs *mm* || Führung *v* des Kolbens *m* durch Tragbacken *vm*; **-glijvlak:** guide (sliding) surface of piston || surface *v* frottant (de glissement *m*) du piston *m* || Kolbengleitfläche *v*, -lauffläche *v*; **-groef:** piston ring groove || gorge *v* (rainure *v*) de piston *m* || Kolbennute *v*; **-hoogte:** piston depth || épaisseur *v* (hauteur *v*) du piston *m* || Kolbenhöhe *v*; **-indicateur:** piston indicator || indicateur *m* à piston *m* || Kolbenindikator *m*; **-klep:** piston valve (clack) (*in zuiger*) || soupape *v* d'aspiration *v*; clapet *m* de piston *m* (*in zuiger*) || Kolbenventil *o*; -klappe *v* (*in zuiger*); **-koeling:** piston cooling || refroidissement *m* du piston *m* || Kolbenkühlung *v*; **-kop:** piston head || tête *v* de piston *m* || Kolbenkopf *m*; **-lichaam:** piston body || corps *m* de piston *m* || Kolbenkörper *m*, -mantel *m*; **-moer:** piston nut || écrou *m* de piston *m* || Kolbenmutter *v*; **-moersleutel:** piston wrench || clef *v* du piston *m* || Kolbenschlüssel *m*; **-motor:** piston engine || moteur *m* avec piston *m* à fourreau *m* || Kolbenmotor *m*; **-naaf:** piston boss || moyeu *m* de piston *m* || Kolbennabe *v*; **-pakking:** piston packing || bourrage *m* de piston *m* || Kolbenpackung *v*, -liderung *v*, -dichtung *v*; **-pakkingbus:** piston stuffing box || presse-étoupe *m* du piston *m* || Kolbenstopfbüchse *v*; **-pakkingleder:** piston packing leather || cuir *m* embouti du piston *m* || Kolbenmanschette *v*; **-pen:** piston pin || axe *m* (tourillon *m*) de piston *m* || Kolbenbolzen *m*, -zapfen *m*; **-penblok:** little end bearing || palier *m* du tourillon *m* de piston *m* || Kolbenbolzenlager *o*; **-pomp:** piston pump || pompe *v* à piston *m* || Kolbenpumpe *v*; **-ring*:** *zie* **zuigerveer**; **-schuif:** *zie* **bosschuif**; **-schuifkast:** piston valve chest || boîte *v* à tiroir *m* cylindrique || Kolbenschieberkasten *m*; **-schuifmachine:** piston valve engine || machine *v* à tiroir *m* cylindrique || Kolben-, Rundschiebermaschine *v*; **-schijf:** disk (solid) piston || piston *m* plein || Scheibenkolben *m*; **-slag:** piston path (stroke) || coup *m* (course *v*) du piston *m* || Kolbenhub *m*, -weg *m*; **-slag, lengte v. d.:** length of piston stroke || longueur *v* de la course *v* du piston *m* || Kolbenhublänge *v*; **-slag** (*heen en terug*)**:** piston play || jeu *m* du piston *m* || Kolbenspiel *o*; **-sleutel:** *zie* **zuigermoersleutel**; **-smering:** piston lubrication (oiling) || graissage *m* du piston *m* || Kolbenschmierung *v*; **-snelheid:** piston speed || vitesse *v* du piston *m* || Kolbengeschwindigkeit *v*; **-stang:** piston rod || tige *v* de piston *m* || Kolbenstange *v*; **-stang, doorlopende:** piston rod with tail rod || tige *v* de piston *m* bilatérale || durchgehende Kolbenstange *v*; **-stangbreuk:** break down of the piston rod || rupture *v* de tige *v* de piston *m* || Kolbenstangbruch *m*; **-stanggeleider:** piston rod guide || guide *m* de [la] tige *v* de piston *m* || Kolbenstangenführung *v*; **-stangkoppeling:** piston rod coupling || accouplement *m* de tige *v* de piston *m* || Kolbenstangenkupplung *v*; **-stangkraag:** piston rod collar || collet *m* de tige *v* de piston *m* || Kolbenstangenbund *m*; **-stangpakking:** piston rod packing || garniture *v* de tige *v* de piston *m* || Kolbenstangendichtung *v*, -packung *v*, -liderung *v*; **-stangpakkingbus:** piston stuffing box || presse-étoupe *m* du piston *m* || Kolbenstopfbüchse *v*; **-stoommachine:** piston steam engine || machine *v* à vapeur *v* à piston *m* || Kolbendampfmaschine *v*; **-veer:** piston [packing] ring || bague *v* (anneau *m*) de garniture *v*, segment *m* de piston *m* || Kolben-, Liderungsring *m*; **-veerlas:** piston ring joint || joint *m* de segment *m* de piston *m* || Kolbenringfuge *v*; **-veerslot:** *zie* **zuigerveersluiting**; **-veersluiting:** piston ring lock; making up piece || joint *m* de segment *m* de piston *m*, arrêtoir *m* (serrure *v* de segment *m*) de piston *m* || Kolbenringschloß *o*; **-veersluitstuk:** *zie* **zuigerveersluiting**; **-veerslijpmachine:** piston ring grinding machine || machine *v* à rectifier les segments *mm* de piston *m* || Kolbenringschleifmaschine *v*; **-veerstift:** piston packing ring pin ||

goupille *v* de segments *mm* de piston *m* || Kolbenringstift *m*; **-verlengstuk:** extension of piston || rallonge *v* du piston *m* || Kolbenansatz *m*; **-versnelling:** piston acceleration || accélération *v* du piston *m* || Kolbenbeschleunigung *v*; **-verpakking:** *zie* **zuigerpakking; -verplaatsing:** piston displacement || cylindrée *v*, déplacement *m* du piston *m* || Hubvolumen *o*; **-voorkant:** piston front face || avant *m* (paroi *v*) du piston *m* || Kolbenstirnwand *v*; **-vorm:** piston shape || forme *v* de piston *m* || Kolbenform *v*; **-vrijslag:** piston clearance || jeu *m* du piston *m* || Kolbenspielraum *m*;

2. (*baggerwerktg.*): suction dredge[r]; hydraulic dredge (*Am.*) || drague *v* suceuse refouleuse, drague *v* aspiratrice || Pumpen-, Saugbagger *m*; **- m. snijkop:** *zie* **snijkopzuiger;**

3.: *zie* **plunjer;**

4.: *zie* **aspirator.**

zuil: 1. (*pilaar, standaard, enz.*): column, pillar; standard, upright || colonne *v*, pilier *m* || Säule *v*; Stütze *v*; **-, gegroefde:** fluted column || colonne *v* cannelée || kannelierte Säule *v*; **-, gekoppelde:** clustered column, compound pillar || colonne *v* en faisceau *m* (fasciculée) || Bündelsäule *v*, Säulenbündel *o*; *zie ook* **zuilen, gekoppelde: -basalt:** columnar basalt || basalte *m* en faisceau *m* || Säulenbasalt *m*; **-boormachine:** *zie* **kolomboormachine;** (*mijnb.*): mounted drill || perforatrice *v* à colonne *v* (sur affût *m*) || Säulenbohrmaschine *v*; **-en, gekoppelde:** coupled columns || colonnes *vm* accouplées || gekuppelte Säulen *vm*; *zie ook* **zuil, gekoppelde; -enbasalt:** *zie* **zuilbasalt; -enbundel:** clustered column || colonne *v* en faisceau *m* || Säulenbündel *o*; **-engalerij:** colonnade, row of columns || péristyle *m* || Säulenhalle *v*, -laube *v*, Kolonnade *v*; *zie ook* **zuilengang; zuilenrij; -engang:** colonnade, arcade, peristyle, portico || colonnade *v*; portique *m* (*overdekte*) || Säulenhalle *v*, -laube *v*; *zie ook* **zuilengalerij; zuilenrij; -enhals:** neck of a column || col *m* (gorge *v*) de colonne *v* || Säulenhals *m*; **-enorde:** order of column || ordre *m* des colonnes *vm* || Säulenordnung *v*; **-enrij:** colonnade || colonnade *v*; portique *m* (*overdekte*) || Säulenhalle *v*, -laube *v*, Kolonnade *v*; *zie ook* **zuilengalerij; zuilengang; -enstatief:** column gantry (verticale tube) stand || statif *m* (portique *m*, support *m*) à colonnes *vm*, colonne-support *m* || Säulenstatif *o*, -standgerät *o*; **-enstatief, dubbel:** double colomn stand || statif *m* à double colonne *v* || Doppelsäulenstatif *o*; **-enwijdte:** intercolumniation || entre-colonnement *m* || Säulenweite *v*; **-meter:** stylometer *m* || stylomètre *m* || Säulenmesser *m*; **-meting:** stylometry || stylométrie *v* || Stylometrie *v*; **-schacht:** body (shaft, trunk) of a column || fût *m* (tronc *m*) d'une colonne *v* || Säulenschaft *m*; **-staal** (*v. beton*)**:** column reinforcement bar || barre *v* d'armature *v* de pilier *m* || Säulenstahl *m*; **-transformator:** column transformer || transformateur *m* à colonnes *vm* || Säulentransformator *m*; **-voeg:** column joint || joint *m* de colonne *v* || Säulenstoß *m*; **-voet:** column base (socle) || base *v* (pied *m*) de colonne *v* || Säulenfuß *m*; **-vormig:** columnar || colonnaire *m* || säulenförmig;

2. (*elektr.*): pile || pile *v* || Säule *v*; **-, thermo-elektrische:** thermoelectric pile, thermopile || pile *v* thermo-électrique || thermoelektrische Säule *v*.

zuinig (*mach., enz.*)**:** economical(*ly*) || économique(*ment*) || wirtschaftlich, ökonomisch; **-heid:** economy || économie *v* || Wirtschaftlichkeit *v*.

zuivel: dairy products || laitage *m*, produits *mm* de laiterie *v* || Molkereiprodukte *om*, Milcherzeugnisse *om*, -produkte *om*; **-bedrijf:** dairy || laiterie *v* || Molkereibetrieb *m*; **-bereiding:** dairy industry, dairying, butter-and-cheese-making || industrie *v* laitière, fabrication *v* des produits *mm* de laiterie *v* || Milchverarbeitung *v*, Molkereiwesen *o*; **-fabriek:** dairy-factory || fabrique *v* de produits *mm* de laiterie *v*, laiterie *v* mécanique || Molkerei *v*; **-produkt:** dairy product || produit *m* de [la] laiterie *v* || Molkereiprodukt *o*.

zuiver: 1. (*schoon, zindelijk*): clean || propre, net || rein, sauber;

2. (*zonder verontreiniging; gezuiverd*): pure || pur || rein, Rein-;

3. (*helder*): pure || clair || klar, rein, Klar-, Rein-;

4. (*nauwk. afgewerkt*): precise(*ly*), accurate(*ly*), true (*truly*), exact(*ly*) || exact(*ement*), précis(*ément*) || genau, sauber, glatt.

zuiver|en: 1. (*onzuiverh. verwijderen*): to purify || purifier, épurer || reinigen; **-heid:** purity || pureté *v* || Reinheit *v*; **-huis** (*mijnb.*)**:** dressing plant || installation *v* de préparation *v* || Aufbereitungsanlage *v*; (*wasserij*) (*mijnb.*)**:** washery || [installation *v* de] lavoir *m*, laverie *v* || Wäsche *v*; **-ing:** purification, purifying || purification *v*, épuration *v* || Reinigung *v*; **-ingsbed:** clarification (filter) bed || couche *v* de purification *v* || Klärbett *o*, -schicht *v*; **-ingsduivel:** burring machine || échardonneuse *v* || Klettenwolf *m*;

2. (*schoonmaken*): to clean || nettoyer || reinigen, säubern; **-ing:** cleaning || nettoyage *m* || Reinigung *v*, Säuberung *v*; **-ingstoestel:** *zie* **reinigingstoestel;**
3. (*metalen*): *zie* **affineren; -ing:** *zie* **affinage.**

zuringzuur: *zie* **oxaalzuur.**

zusterschip: sister ship || navire *m* jumeau || Schwesterschiff *o*.

zuur: 1. (*z. nw.*): acid || acide *m* || Säure *v*; **- neutraliseren:** to neutralize [the] acid || neutraliser l'acide *m* || [die] Säure *v* neutralisieren; **-, (*an*)organisch:** (*in*)-organic acid || acide *m* (*in*)organique || (*an*)organische Säure *v*; **-, bestand tegen:** acid proof, acid resisting || anti-acide, résistant (inattaquable) aux acides *mm* || säurebeständig, -fest; **-, een(*twee*; *drie*; *veel*)basisch:** mono(*di*; *tri*; *poly*)basic acid || acide *m* mono(*bi*; *tri*; *poly*)basique || ein(*zwei*; *drei*; *mehr*)basische Säure *v*; **-, geconcentreerd:** concentrated (strong) acid || acide *m* concentré (fort) || konzentrierte (starke) Säure *v*; **-, mineraal:** *zie*: **zuur, anorganisch** (mineral acid; acide *m* minéral; Mineralsäure *v*); **-, verdund:** diluted acid || acide *m* dilué || verdünnte Säure *v*; **-, zwak:** weak acid || acide *m* faible || schwache Säure *v*; **-bepaling:** determination of acid || dosage *m* de l'acide *m* || Säurebestimmung *v*; **-bestendig*:** *zie* **zuur, bestand tegen; -deeg:** leaven || levain *m* || Säuerteig *m*; **-dichtheid:** density (specific gravity) of the acid || densité *v* (poids *m* spécifique) de l'acide *m* || Säuredichte *v* (spezifisches Gewicht *o* der Säure *v*); **-gehalte:** acid content || teneur *v* en acide *m* || Säuregehalt *m*; **-graad*:** *zie* **zuurheidsgraad; -heid:** acidity || acidité *v* || Säuregrad *m*, -gehalt *m*; **-heidsgraad:** acidity || acidité *v* || Säuregrad *m*, Azidität *v*; **-hevel:** acid syphon || siphon *m* à acide *m* || Säureheber *m*; **-houdend:** acid containing, acidiferous, acidulous, acid || acidifère, acide || säurehaltig, sauer; **-kast:** chimney, fumes cupboard || hotte *v* || Abzug *m*, -schrank *m*; **-oplossing:** solution of acid || solution *v* d'acide *m* || Säurelösung *v*; **-pomp:** acid pump || pompe *v* à acide *m* || Säurepumpe *v*; **-stempel:** etching acid stamp || marque *v* du verre *m* par attaque *v* par acide *m* || Säure-, Ätzstempel *m*; **-stempelmachine:** acid stamping machine || machine *v* à estampiller avec l'acide *m* || Säurestempelmaschine *v*; **-stof:** *zie na* **zuur 2; -te[graad]:** *zie* **zuurheidsgraad; -vast:** *zie* **zuur, bestand tegen; -vrij:** acid free, free from acid || exempt d'acide *m* || säurefrei; **-wagen:** acid tank truck || wagon *m* à acide *m* || Säurewagen *m*; **-weger:** acidometer || acidimètre *m*, pèse-acide *m* || Säuremesser *m*;
2. (*bijv. nw.*): acid (*chem.*); sour (*vruchten, enz.*); sourish (*rins*) || acide; sûr; tourné [à l'acide *m*] (*melk*); aigre (*rins*) || sauer; säuerlich (*rins*); **- maken** (*ww.*): to acidify, to acidulate || acidifier || ansäuern; **-maken** (*z. nw.*): acidification, acidulation || acidification *v*, acidulation *v* || Ansäuerung *v*, Ansäuern *o*; **- reageren:** to show an acid reaction, to be acid || avoir une réaction *v* acide, être acide || sauer reagieren; **- worden:** to become (to turn) acid (*chem.*); to [turn] sour (*melk*) || devenir acide (*chem.*); tourner à l'acide *m* (*melk*) || sauerwerden.

zuurstof: oxygen || oxygène *m* || Sauerstoff *m*; **- u. d. lucht:** aerial oxygen || oxygène *m* atmosphérique || Luftsauerstoff *m*; **-apparaat:** oxygen apparatus || appareil *m* d'oxygène *m* || Sauerstoffapparat *m*; **-bepaling:** determination of oxygen || dosage *m* de l'oxygène *m* || Sauerstoffbestimmung *v*; **-brander:** oxygen burner || brûleur *m* à oxygène *m* || Sauerstoffbrenner *m*; **-cilinder:** *zie* **zuurstoffles; -fles:** oxygen flask (cylinder) || tube *m* d'oxygène *m* || Sauerstofflasche *v*, -zylinder *m*; **-gehalte:** oxygen content || teneur *v* en oxygène *m* || Sauerstoffgehalt *m*; **-houdend:** oxygen containing, oxygenous || oxygéné || sauerstoffhaltig; **-masker:** oxygen-breathing apparatus || appareil *m* protecteur à oxygène *m* (respirateur d'oxygène *m*), inhalateur *m* d'oxygène *m* || Sauerstoffatmungs-, schutzgerät *o*; **-verbinding:** oxygen compound (derivative) || composé *m* (derivé *m*) oxygéné || Sauerstoffverbindung *v*; **-zuur:** oxygen acid || acide *m* oxygéné || Sauerstoffsäure *v*.

zwaai[haak]: bevel [protractor] || fausse équerre *v*, sauterelle *v* || Schmiege *v*, Schrägmaß *o*, Stellwinkel *m*; **-en:** to swing || agiter; être agité || schwingen; (*schip*): to swing, to tend || éviter || schwaien, schwingen, schwenken; **-kogel:** ball of a fly press || boule *v* du balancier *m* || Schwungkugel *v*; **-kom** (*schepen*): turning basin || bassin *m* de virement *m* (d'évolution *v*) || Wendebecken *o*, -platz *m*; **-plaats:** *zie* **zwaaikom; -pijp** (*olietenk*): swing pipe || tube *m* à genouillère *v* || Schwing-, Schwenkrohr *o*.

zwaar: heavy, strong || lourd, pesant || schwer.

zwaard: 1. (*schip*): board || aile *v* de dérive *v* || Schwert *o*; **-bun:** centreboard trunk (well) || puits *m* de dérive *v* || Schwertbrunnen *m*;
2. (*weverij*): wooden stave || épée *v* || Schwert *o*.

zwaarspaat: *zie* **bariet.**
zwaarte: 1. *zie* **zwaartekracht; -kracht:** [force of] gravity, gravitation || gravitation *v*, gravité *v*, pesanteur *v* || Gravitation *v*, Schwere *v*, Schwerkraft *v*; **-krachtgradiënt:** gravity gradient || gradient *m* de pesanteur *v* || Schweregradient *m*; **-krachtmeter:** gravimeter || gravimètre *m* || Schweremesser *m*, -variometer *o*, *m*, Gravimeter *o*, *m*; **-krachtmeting:** gravity measuring || mesure *v* de la gravité *v* || Schwerkraftmessung *v*; **-krachtsconstante:** gravitation constant || constante *v* de la gravitation *v* || Gravitationskonstante *v*; **-krachtsveld:** gravitational field, field of gravity || champ *m* de gravitation *v* (pesanteur *v*) || Schwere-, Gravitationsfeld *o*; **-lijn:** line of gravity, median || médiane *v* || Schwerlinie *v*; **-punt:** centre of gravity || centre *m* de gravité *v* || Schwerpunkt *m*; **-punt v. waterverplaatsing:** *zie* **drukkingspunt; -puntophanging:** centre of gravity suspension || suspension *v* du centre *m* de gravité *v* || Schwerpunktaufhängung *v*; **-puntsas:** axis of gravity || axe *m* par le centre *m* de gravité *v* || Schwerachse *v*;
2. (*gewicht*): weight, heaviness || poids *m* || Gewicht *o*;
3. (*dikte*): thickness || épaisseur *v* || Stärke *v*; **- v. e. klinknagel:** thickness of rivet || épaisseur *v* de rivet *m* || Nietstärke *v*.
zwabber: 1. (*stokdweil*): swab, mop || faubert *m* || Schiffsbesen *m*, Schwabber *m*; **-en:** to swab || fauberter || schwabbern;
2. (*petr.*): swab || piston *m* || Pistonierkolben *m*; **-en:** to swab || pistonner || kolben, pistonieren; **-kabel:** swabbing line || câble *m* du piston *m* || Pistonierseil *o*; **-put:** swabbing well || puits *m* en pistonnage *m* || gekolbte Sonde *v*.
zwak: 1. (*niet sterk*): weak(*ly*) || faible(*ment*) || schwach, zart;
2. (*breekbaar*): fragile || fragile || schwach, zerbrechlich;
3. (*niet krachtig*): weak(*ly*), mild(*ly*) || faible(*ment*), léger (*légèrement*) || schwach, milde;
4. (*geluid*; *licht*): faint || léger, faible || schwach; leise (*geluid*);
5. (*zuur, enz.*): weak || faible || schwach;
6. (*verdund*): weak, diluted || faible, dilué || schwach, verdünnt.
zwakstroom: weak (low-voltage) current || courant *m* de faible intensité *v* || Schwachstrom *m*; **-kabel:** weak current cable || câble *m* à faible intensité *v* || Schwachstromkabel *o*; **-leiding:** weak current line || ligne *v* à faible intensité *v* || Schwachstromleitung *v*; **-veiligheid:** weak current fuse; heat coil || fusible *m* pour faible intensité *v*; bobine *v* thermique || Schwachstromsicherung *v*, Heißspulensicherung *v*.
zwaluw|nest: sponson || demi-tourelle *v* || Schwalbennest *o*; **-staart:** dovetail || queue *v* d'aronde *v* || Schwalbenschwanz *m*; **-staartbevestiging:** dovetail fastening || raccord *m* en aronde *v* (aile *v* d'oiseau *m*) || schwalbenschwanzförmige Verzapfung *v*; **-staartdraad:** dovetail wire || fil *m* à queue *v* d'aronde *v* || Schwalbenschwanzverbindung *v*; **-staartgat:** dovetail hole || entaille *v* en queue *v* d'aronde *v* || Schwalbenschwanzeinschnitt *m*; **-staartvormig:** dovetailed || en queue *v* d'aronde *v* || schwalbenschwanzförmig; **-staartvijl:** dovetail file || lime *v* à queue *v* d'aronde *v* || Schwalbenschwanzfeile *v*.
zwanehals: goose neck || cou *m* de cygne *m* (de cicogne *v*) || Schwanenhals *m*.
zware-vloeistof-wasmachine (*mijnb.*)**:** heavy fluid washer || laveur *m* à liquide *m* dense || Schwerflüssigkeitaufbereitungsmaschine *v*.
zwart: 1. (*z. nw.*)**:** black || noir *m* || Schwarz *o*; **-, Frankforter:** Frankfort black || noir *m* d'Allemagne || Frankfurter Schwarz *o*;
2. (*bijv. nw.*)**:** black || noir || schwarz; **- maken:** to blacken || noircir || schwärzen; **- worden:** to blacken || noircir || sich schwärzen, schwarz werden; **-breukigheid:** brittleness [when hot] || cassure *v* à chaud *m* || Schwarzbruch *m*; **- gebrand:** black burnt || bruni au feu *m* || schwarzgebrennt; **-sel:** lampblack, [smoke] black; black lead (*voor kachel*) || noir *m* de fumée *v* || Schwärze *v*.
zwavel [1])**:** sulfur, brimstone || soufre *m* || Schwefel *m*; **-ether:** *zie* **ethylether; -bepaling:** determination of sulfur || dosage *m* du soufre *m* || Schwefelbestimmung *v*; **-bloem:** flower of sulfur || fleur *v* de soufre *m* || Schwefelblüte *v*; **-chloruur:** *zie* **zwavelmonochloride; -dichloride:** sulfur dichloride || bichlorure *m* de soufre *m* || Schwefeldichlorid *o*; **-dioxyde:** sulfur dioxide || bioxyde *m* de soufre *m*, anhydride *m* sulfureux || Schwefeldioxyd *o*; **-en:** to sulfurate, to fumigate with brimstone; to match (*vaten*) || [en]soufrer || Schwefeln; **-gehalte:** sulfur content || teneur *v* en soufre *m* || Schwefelgehalt *m*; **-houdend:** sulfur containing, sulphurous || sulfureux || schwefelhaltig.
zwaveligzuur: 1. (*z. nw.*)**:** sulfurous acid || acide *m* sulfureux || schweflige Säure *v*;

[1]) Voor stofnamen als *zwavelammonium, zwavelnatrium, zwavelijzer, enz.*, zie *ammoniumsulfide, natriumsulfide, ferri(ferro)-sulfide*, enz.

2. (*bijv. nw.*): [1]) sulfurous || sulfureux || schwefligsauer.

zwavel|koolstof: carbon disulfide || sulfure *m* de carbone *m* || Schwefelkohlenstoff *m*; **-lood** (*mineraal*): *zie* **galeniet** (*chem.*: = *loodsulfide*); **-monochloride:** sulfur monochloride || protochlorure *m* de soufre *m* || Schwefelmonochlorid *o*, Schwefelchlorür *o*; **-mijn:** sulfur pit || soufrière *v*, mine *v* de soufre *m* || Schwefelgrube *v*; **-oven:** sulfur kiln || four *m* à soufre *m* || Schwefeloven *m*; **-trioxyde:** sulfur trioxide || trioxyde *m* de soufre *m*, anhydride *m* sulfurique || Schwefeltrioxyd *o*; **-verbinding:** sulfur compound (derivative) || composé *m* (dérivé *m*) sulfuré || Schwefelverbindung *v*; **-waterstof:** hydrogen sulfide || acide *m* sulfhydrique || Schwefelwasserstoff *m*.

zwavelzuur (*pyro-*)**: 1.** (*z. nw.*): (*pyro-*) sulfuric acid || acid || acide *m* (*pyro*)sulfurique || (*Pyro*)schwefelsäure *v*; **-, geconcentreerd:** concentrated sulfuric acid || acide *m* sulfurique concentré || konzentrierte Schwefelsäure *v*; *zie ook* **zwavelzuur, sterk; -, rokend:** fuming sulfuric acid || acide *m* sulfurique fumant || rauchende Schwefelsäure *v*; **-, sterk:** strong sulfuric acid || acide *m* sulfurique fort || starke Schwefelsäure *v*; *zie ook* **zwavelzuur, geconcentreerd; -, verdund:** diluted sulfuric acid || acide *m* sulfurique dilué || verdünnte Schwefelsäure *v*; **-anhydride:** sulfuric acid anhydride || anydride *m* sulfurique || Schwefelsäureanhydrid *o*;

2. (*bijv. nw.*) [2]): sulfuric || sulfurique || schwefelsauer.

zweef|baan: suspended railway, wireway || chemin *m* de fer *m* suspendu, funiculaire *m* aérien || Hänge-, Schwebebahn *v*; **-brug:** suspension bridge || pont *m* suspendu (transbordeur) || Hänge-, Schwebebrücke *v*; **-vliegtuig:** glider, sailing-plane, motorless plane || planeur *m* || Segelflugzeug *o*; **-vlucht** (*glijvlucht*): volplane, gliding || vol *m* plané || Gleitflug *m*.

zweep (*weverij*)**:** picking band (strap) || chasseur *m*, fouet *m* || Peitsche *v*.

zweetkuil (*looierij*)**:** drying stove || échauffe *v* || Schwitzbad *o*, -kammer *v*; **-wol:** greasy wool, wool in the yoke || laine *v* en suint *m*, laine *v* surge || Schweiß-, Schmutzwolle *v*.

zwei: *zie* **zwaai.**

[1]) Voor stofnamen als *zwaveligzure kalk* (*- potas*; *- soda*, *enz.*) zie *calciumsulfiet* (*kalium-*; *natrium-*; *enz.*).

[2]) Voor stofnamen als *zwavelzure ammoniak* *-kalk*; *- potas*; *- soda*, *enz.*) zie *ammoniumsulfaat* (*calcium-*; *kalium-*; *natrium-*, *enz.*).

zwelder, witte (*looien*)**:** barley oozing || passement *m* blanc (d'arge *m*) || Gerstenbeize *v*.

zwel|len: 1. (*opzwellen*)**:** to swell up || [s'] enfler, se gonfler || [auf]quellen [1]), schwellen [2]); **-ling:** swelling || gonflement *m* || [Auf]quelling *v*, Schwellung *v*; **-ling door vorst** (*wegen*)**:** *zie* **opvriezen;**

2. (*doen zwellen*): to swell || [r]enfler, gonfler || [auf]quellen [3]), schwellen [4]); **-ling:** swelling || gonflement *m* || [Auf]-quellung *v*, Schwellung *v*;

3. (*galerijvloer*) (*mijnb.*): to heave (swell, creep, thrust); creep || gonfler, foisonner; boursouflement *m* || quellen, sich aufblähen; Sohlenauftrieb *m*.

zwem|bad: swimming bath (pool) || [établissement *m* de] bains *mm*, piscine *v* de natation *v* || Schwimmbad *o*; **-bassin:** swimming bath (pool) || bassin *m* (piscine *v*) de natation *v* || Schwimmbassin *o*, Badebecken *o*; **-gordel:** swimming belt || ceinture *v* de natation *v* || Schwimmgürtel *m*; **-vest:** cork jacket || gilet *m* de sauvetage *m* || Schwimmweste *v*, -jacke *v*.

zwengel: 1. (*bv. v. e. pomp*)**:** handle, lever || bras *m*, levier *m*, balancier *m*, brimbale *v*, bringueballe *v* || Schwengel *m*;

2. (*molen*): wing, pinion || aile *v* || [Mühlen]flügel *m*;

3. (*draaikruk*): crank || manivelle *v* || Kurbel *v*.

zwerf|blok: erratic block || bloc *m* erratique || erratischer Block *m*, Findling *m*, Wander-, Findlingsblock *m*; **-stroom:** stray current || courant *m* vagabond (de fuite *v*) || vagabondierender Strom *m*, Streustrom *m*.

zweten (*ketel*, *enz.*)**:** to leak (sweat, exude) || fuir (exsuder) || schwitzen.

zwe|ven: 1. (*algem.*)**:** to be in suspension (suspended) (*i. e. vloeist.*); to float (*in lucht*); to hover (*boven iets*) || être suspendu [en l'air *m*]; flotter || schweben; **-vend:** in suspension, suspended; floating; hovering || suspendu [en l'air *m*]; flottant || schwebend;

2. (*vliegen*): to glide || planer || gleitfliegen;

3. (*synchr. mach.*): *zie onder* **slingeren 5; -ving** (*elektr.*)**:** beat, interference || battement *m* || Schwebung *v*, Überlagerung *v*; **-vingsfrequentie:** beat frequency || fréquence *v* des battements *mm* || Schwebungsfrequenz *v*; **-vingsgolfmeter:** heterodyne frequency meter || fréquencemètre *m*

[1]) *quoll*, *gequollen*.

[2]) *schwoll*, *geschwollen*.

[3]) *quellte*, *gequellt*.

[4]) *schwellte*, *geschwellt*.

hétérodyne || Überlagerungsfrequenzmesser *m*; **-vingsontvanger:** *zie* **heterodyne-ontvanger; -vingsontvangst:** *zie* **heterodyne-ontvangst; -vingsschakeling:** heterodyne coupling || couplage *m* hétérodyne || Schwebungsschaltung *v*; **-vingstoestel:** heterodyne, local oscillator || hétérodyne *m* || Überlagerer *m*.

zwieping (*scheepst.*): cross pawl (spale) || lisse *v* (planche *v*) d'ouverture *v* || Dwarslatte *v*, Schwiepung *v*.

zwiermachine (*Z.N.*): drying machine, hydro-extractor || machine *v* à essorer, essoreuse *v* || Trockenmaschine *v*.

zwik: faucet; wood fender (*scheepst.*) || fausset *m* || Faßzapfen *m*; **-boor:** piercer || coup *m* de poing *m* || Zwick-, Loch-, Faßbohrer *m*.

zwin|gel (*stok*): swingle staff || écang *m*, écoussoir *m* || Schwing-, Brechstock *m*, Schwinge *v*; **-gelaar:** swingler || espadeur *m*, teilleur *m* || Schwinger *m*, Flachsbrecher *m*; **-gelbord:** scutching stand || planche *v* du métier *m* à teiller || Schwingstand *m*, -brett *o*; **-gelen** (*ww.*): to scutch, to swingle || daguer, teiller || schwingen; **-gelen** (*z. nw.*): swinging || espadage *m* || Schwingen *o*; **-gelmachine:** scutching (swingling) machine || batteur *m*, machine *v* à espader || Schlag-, Schwingmaschine *v*; **-gelmes:** swing knife || écang *m*, espade *v* || Schwingmesser *o*; **-gelplank:** swing stock, swingle bench || chevalet *m* pour l'espadage *m* || Schwingbrett *o*, -stock *m*; **-gelstok:** *zie* **zwingelplank: -gelvlas:** scutched flax || lin *m* en filasse *v* || Schwingflachs *m*; **-gelwerk** (*spinnerij*): codilla, scutching (swing) bow || étoupe *v* d'espadage *m* (de teillage *m*) || Kodille *v*, Schwingwerk *o*.

zij|aanleg (*typogr.*): side-mark || taquet *m* de marge *v* || Seitenmarke *v*, Anstoßmarke *v*; **-aanzicht:** side view (elevation) || vue *v* de côté *m* || Seitenansicht *v*; **-band:** side-band || bande *v* latérale || Seitenband *o*; **-bank:** side seat (bench) || banquette *v* latérale || Seitenbank *v*; **-beugel:** side bow || archet *m* latéral || Seitenbügel *m*; **-contact:** side contact; shell contact (*lamphuls*) || contact *m* latéral || Seitenkontakt *m*; **-davit:** quarter davit || bossoir *m* de côté *m* || Seitendavit *m*; **-deur:** lateral (side) door || porte *v* latérale || Neben-, Seitentür *v*; **-gang** (*wagen*): side corridor || couloir *m* latéral || Seitengang *m*; **-gang** (*mijn*): lateral (side) adit (gallery) || galerie *v* latérale || Seitenstollen *m*; **-gangsgestoelte:** side framing || bâti *m* de côté *m* || Seitenstuhl *m*; **-gevel:** flank front, side face || façade *v* de côté *m* || Seitenfront *v*, -fassade *v*, -giebel *m*; **-hamer:** about-sledge, straight peen sledge || marteau *m* à devant *m* avec panne *v* à travers *m* || Kreuzschlaghammer *m*; **-ingang:** side entrance || entrée *v* latérale || Seiteneingang *m*; **-kant:** side || côté *m* || Seite *v*; **-keten** (*org. chem.*): side chain || chaîne *v* latérale || Seitenkette *v*; **-kipper** (*mijnb.*): side tipper || culbuteur *m* de côté *m* || Seitenkipper *m*; **-kipwagen:** side tipper || wagonnet *m* basculant sur le côté *m* || Seitenkippwagen *m*; **-klep:** side valve || soupape *v* latérale || Seitenventil *o*; **-koord** (*weverij*): branch || branche *v* || Bransche *v*; **-las:** side lap weld || soudure *v* latérale (sur côté *m*) || Seitenschweiße *v*; **-licht:** side light || feu *m* de côté *m* || Seitenlicht *o*; **-lichtlamp:** side light lamp || lampe *v* latérale || Seitenlichtlampe *v*; **-lier** (*baggertechn.*): side winch || treuil *m* de papillonnage *m* || Seitenwinde *v*; **-lijn:** branch [line] || bifurcation *v*, raccordement *m* || Anschluß-, Neben-, Zweigbahn *v*; **-lijst v. d. schuif:** facing side of valve || réglet *m* latéral du tiroir *m* || seitliche Leiste *v* (Seitenleiste *v*) am Schieber *m*; **-mes** (*schaar*): cross cut shear blade || lame *v* latérale || Seitenmesser *o*; **-muur:** side wall || mur *m* de côté *m* || Seitenmauer *v*, -wand *v*; **-ontlader** (*wagon*): side discharging wagon || wagon *m* se déchargeant latéralement || Seitenentlader *m*; **-opening:** side opening || ouverture *v* latérale || Seitenöffnung *v*; **-paneel:** side panel || panneau *m* latéral || Seitenfeld *o*; **-projectie:** side projection || projection *v* latérale || Seitenaufriß *m*; **-pijp:** branch pipe || embranchement *m* || Zweigrohr *o*; **-reel:** *zie* **tegenreel; -register** (*orgel*): additional stop || jeu *m* accessoire || Nebenregister *o*; **-roosters** (*zijroosterveld*): side section of grate || partie *v* latérale de la grille *v* || Seitenrost *m*, seitlicher Rost *m*; **-ruit:** side wing || pare-brise *m* de côté *m* || Seitenwindschutzscheibe *v*; **-ruit** (*windscherm*): side window glass || glace *v* de côté *m* || Seitenfenster *o*; **-schaafbank:** side planing machine || raboteuse *v* latérale || Seiten[flächen]hobelmaschine *v*; **-scherm:** side screen || écran *m* latéral || Seitenschirm *m*; **-smeertoestel** (*lampenfabr.*): side fluxing mechanism || appareil *m* pour mettre le décapant *m* sur le côté *m* du culot *m* || Seitentupfer *m*; **-soldeerplaats:** side soldering || soudure *v* sur le côté *m* || seitliche Lötstelle *v*; **-soldeertoestel** (*lampenfabr.*): side soldering apparatus || appareil *m* à souder sur le côté *m* || Seitenlöter *m*; **-span[wagen]:** side car || side-car *m* || Seitenwagen *m*; **-spoor:** side track, siding, shunt || voie *v* accessoire (latérale) || Nebengleis *o*; **-stang:** side rod || tige *v* latérale || Nebenstange *v*; **-talie:** side tackle || palan *m* de côté *m* || Seitentalie *v*; **-trollie:** side trolley || trolley *v* latéral || Seitenrolle *o*; **-veer:** side spring || ressort *m* de côté *m* || Seitenfeder *v*; **-venster:** side window (light) || fenêtre *v* latérale, hublot *m* || Seitenfenster *o*; **-vleugel:** lateral (side) wing || aile *v* latérale || Neben-, Seitenflügel *m*; **-waarts:** sidewise, sideways || de côté *m* (*bijv. nw., bijw.*); latéral (*bijv. nw.*) || seitlich (*bijv. nw., bijw.*); seitwärts (*bijw.*); **-wand** (*algem.*): side wall || paroi *v* latérale || Seitenwand *v*; **-wand** (*sluis*): side wall || bajoyer *m* || Schleusenwand *v*; (*mijnb.*): side, wall || paroi *v* [latérale], piédroit *m* || Stoß *m*, Ulm *m*; **-zaaghouder:** side blade saw frame || scie *v* verticale alternative, scie *v* verticale à cadre *m* à une lame *v* sur le côté *m* || End-, Saum-, Seitengatter *o*; **-zaathout:** side (sister) keelson || carlingue *v* latérale, contre-carlingue *v* || Seitenkielschwein *o*; **-zwaard** (*scheepst.*): side board || aile *v* de côté *m* || Seitenschwert *o*.

zijde: 1. (*vlak*): side || côté *m* || Seite *v*; **-, brede** (*smalle*): wide (*narrow*) side || côté *m* large (*étroit*) || Breitseite *v* (*Schmalseite v*); **-, rechte** (*stof*): right side || endroit *m* || rechte Seite *v*; **-las:** side lap weld || soudure *v* latérale (sur côté *m*) || Seitenschweiße *v*;
2. (*draad*; *stof*): silk || soie *v* || Seide *v*; **- twijnen:** silk throwing (ginning) || moulinage *v* || Moulinieren *o*; **-, gemoulineerde:** *zie* **zijde, getwijnde**; **-, getwijnde:** twisted (thrown) silk || soie *v* moulinée (ouvrée) || filierte (moulinierte) Seide *v*; **-, ruwe:** raw (coarse) silk || soie *v* brute (grège), bairette *v*, blaise *v*, frison *m* || Rohseide *v*, rohe Seide *v*; **-afval:** silk waste || bourre *v* de soie *v* || Seidenabfälle *mm*; **-bandbliksemafleider:** silk tape lightning arrester || parafoudre *m* à bande *v* de soie *v* || Seidenbandblitzschutzvorrichtung *v*; **-damast:** silk damask || damassé *m* de soie *v* || Damassé *m*, Seidendamast *m*; **-garen:** silk yarn, spun silk || soie *v* filée || Seidengarn *o*; **-glans:** silky lustre || éclat *m* soyeux || Seidenglanz *m*; **-handel:** silk trade || soierie *v* || Seidenhandel *m*; **-klos:** reel of silk, silk bobbin (roller) || bobine *v* de soie *v* || Seidenrolle *v*; **-papier:** silk paper || papier *m* de soie *v* || Seidenpapier *o*; **-pop:** cocoon || cocon *m* || Kokon *m*; **-rups:** silkworm || ver *m* à soie *v* || Seidenraupe *v*; **-rupskwekerij:** silkworm house || coconnière *v* || Seidenrauperei *v*; **-spinnerij:** silk manufactory (mill) || filature *v* de soie *v* || Seidenspinnerei *v*; **-teelt:** silk culture, silk husbandry || culture *v* des vers *mm* à soie *v*, industrie *v* séricole || Seidenzucht *v*; **-weverij:** silk weaver's industry (trade) || fabrication *v* de la soie *v* || Seidenweberei *v*; **-wormkweek:** silkworm growing establishment, silkworm nursey (house) || coconnière *v*, magnanerie *v* || Magnanerie *v*, Seidenpuppenhaus *o*, Seidenrauperei *v*.

Z-ijzer: *zie* **Z-staal.**

AANHANGSEL

OVERZICHT VAN DE VOORNAAMSTE ENGELSE EN AMERIKAANSE MATEN EN GEWICHTEN (in alfabetische volgorde).

Acre: 1. (*Eng.*): 4 roods = 160 square perches = 4840 square yards = 4046,849 m^2;
2. (*Am.*): 10 square Gunter's chains = 160 square rods (perches) = 4840 square yards = 4046,873 m^2.

Barrel: 1. (*Eng.*) (dry): 36 gallons = 0,163 66 m^3;
2. (*Am.*) (dry): 3,281 bushels = 105,0 dry quarts = 0,115 62 m^3;
3. (*Am.*) (liquid): 31,5 gallon = 0,119 24 m^3.

Board Foot (*Am.*): 1 foot × 1 foot × 1 inch = $^1/_{12}$ cubic foot = 2359,8 cm^3.

Bushel: 1. (*Eng.*) (dry): 0,125 quarter = 36,3677 l;
2. (*Am.*) (dry): 4 pecks = 32 dry quarts = 64 dry pints = 35,238 l.

Chain: 1. (*Am.*) (Surveyor's; Gunter's): 4 rods = 100 links = 22 yards = 20,117 m;
2. (*Am.*) (Engineer's; Ramden's): 100 links van 1 foot = 30,4801 m.

Cubic Foot: 1. (*Eng.*): 0,028 316 77 m^3; 1 cu. ft./sec. = 101,940 m^3/h; 1 m^3/h = 0,0098 cu.ft./sec.;
2. (*Am.*): 0,028 317 01 m^3; 1 cu.ft./sec. = 101,941 m^3/h; 1 m^3/h = 0,0098 cu. ft./sec.

Cubic inch: 1. (*Eng.*): 16,387 025 cm^3;
2. (*Am.*): 16,387 162 cm^3.

Drachm (*Eng.*) (fluid): 60 minims = 0,125 fluid ounce = 3,5515 cm^3.

Dram: 1. (*Eng.*) (apothecaries'; troy): 3 scruples = 60 grains = 0,125 ounce (apothecary; troy) = 0,137 142 9 ounce (avoirdupois) = 3,887 935 1 g;
2. (*Eng.*) (avoirdupois): 0,056 991 46 ounce (apothecary; troy) = 0,0625 ounce (avoirdupois) = 1,771 845 g;
3. (*Am.*) (fluid): 60 minims = 0,125 fluid ounce = 3,6967 cm^3.

Fathom: 1. (*Eng.*): 2 yards = 1,828 767 m;
2. (*Am.*): 6 feet = 1,828 804 m.

Firkin: 1. (*Eng.*): 9 gallons = 40,914 l;
2. (*Am.*): 9 gallons = 34,068 l.

Foot: 1. (*Eng.*): 12 inches = 30,479 97 cm;
2. (*Am.*): 12 inches = 30,480 06 cm.

Furlong (*Eng.*; *Am.*): 220 yards = 201,168 m.

Gallon: 1. (*Imperial Gallon*; *Eng.*; *Can.*): 4 liquid quarts = 8 liquid pints = 32 liquid gills = 160 fluid ounces = 4,545 96 l;
2. (*Am.*): 4 liquid quarts = 8 liquid pints = 32 gills = 128 fluid ounces = 3,7853 l.

Gill: 1. (*Eng.*): $^1/_{32}$ gallon = 5 fluid ounces = 142,07 cm^3;
2. (*Am.*): $^1/_{32}$ gallon = 4 fluid ounces = 118,295 cm^3.

Grain: (*Eng.*; *Am.*): $^1/_{7000}$ pound (avoirdupois) = $^1/_{5760}$ pound (apothecary; troy) = 0,064 798 9 g.

Hundredweight (*Eng.*; *Am.*): **1.** (long): 112 pounds = 50,8023 kg;
2. (short): 100 pounds = 45,3592 kg.

Inch: 1. (*Eng.*): $^1/_{36}$ yard = 2,539 998 cm;
2. (*Am.*): $^1/_{36}$ yard = 2,540 005 cm.

Kilderkin (*Eng.*)**:** 18 gallons = 0,081 83 m^3.

Knot: 1. nautical mile/h = 1,853 km/h.

League: 1. (nautical): 3 nautical miles = 5,5597 km;
2. (*Am.*) (statute): 3 statute miles = 4,8280 km.

Link: 1. (*Am.*) (Surveyor's; Gunter's): 3,66 foot = 20,116 84 cm;
2. (*Am.*) (Engineer's; Ramden's): 1 foot = 30,480 cm.

Mil: 0,001 inch = 0,025 400 1 mm.

Mile: 1. (*Eng.*): 1,609 34 km;
2. (*Am.*) (statute): 1,609 35 km;
3. (nautical): 1,853 25 km.

Miner's inch: 1,2 cubic feet/minute.

Minim: 1. (*Eng.*): 0,059 194 cm^3;

Ounce: 1. (avoirdupois): 16 drams (avoirdupois) = 28,349 527 g;
2. (apothecary; troy): 24 scruples = 480 grains = 31,103 481 g;
3. (*Eng.*) (fluid): 8 fluid drachms = 480 minims = 28,4130 cm^3;
4. (*Am.*) (fluid): 8 fluid drams = 480 minims = 29,5737 cm^3.

Peck: 1. (*Eng.*): 2 gallons = 9,0919 l;
2. (*Am.*): 8 quarts = 16 pints = 8,809 58 l.

Perch (*Eng.*; *Am.*)**:** 1 rod = 5,0292 m.

Pint: 1. (*Eng.*) (liquid): 0,125 gallon = 4 gills = 20 fluid ounces = 568,26 cm^3;
2. (*Am.*) (dry): $^1/_{64}$ bushel = 550,61 cm^3;
3. (*Am.*) (liquid): 0,125 gallon = 4 gills = 16 fluid ounces = 473,179 cm^3.

Pound: 1. (*Eng.*, *Am.*) (avoirdupois): 0,453 592 4 kg; 1 pound/sq. inch = 0,07 kg/cm^2;
1 kg/cm^2 = 14,22 pound/sq. inch;
2. (*Eng.*; *Am.*) (apothecary; troy): 0,373 241 8 kg.

Quart: 1. (*Eng.*) (liquid): 0,25 gallon = 2 pints = 1,136 50 l;
2. (*Am.*) (dry): $^1/_{32}$ bushel = 0,125 peck = 2 dry pints = 1,101 20 l;
3. (*Am.*) (liquid): 0,25 gallon = 2 liquid pints = 8 gills = 0,946 333 l.

Quarter: 1. (*Eng.*) (linear): 0,25 yard = 22,860 cm;
2. (*Eng.*) (capacity): 8 bushels = 2,909 hl;
3. (*Am.*) (mass): 500 pounds = 0,25 short ton = 226,795 kg; 560 pounds = 0,25 long ton = 254,01 kg;
4. (*Eng.*) (mass): 25 pounds = 0,25 short hundredweight = 11,340 kg; 28 pounds = 0,25 long hundredweight = 12,70 kg.

Quartern: 1. (*Eng.*) (dry): 0,5 gallon = 2273,1 cm^3;
2. (*Eng.*) (liquid): $^1/_{32}$ gallon = 142,07 cm^3.

Register ton (*Eng.*): 100 cubic feet = 2,8317 m^3.

Rod: 1. (*Eng.*): 1000 cubic feet = 28,317 m^3;
2. (*Am.*): 1 perch = 25 links = 5,0292 m.

Rood (*Eng.*)**:** 0,25 acre = 10,117 dam^2.

Scruple (apothecary)**:** 20 grains = 1,295 978 4 g.

Square foot: 1. (*Eng.*): 0,092 902 89 m^2;
2. (*Am.*): 0,092 903 41 m^2.

Square inch: 1. (*Eng.*): 6,451 589 8 cm^2;
2. (*Am.*): 6,451 625 8 cm^2.

Square yard: 1. (*Eng.*): 0,836 126 m^2;
2. (*Am.*): 0,836 13 m^2.

Stone (*Eng.*)**:** 14 pounds (avoirdupois) = 6,350 kg.

Ton: 1. (*Eng.*; *Am.*) (long): 2240 pounds (avoirdupois) = 1016,0470 kg;
2. (*Am.*) (short): 2000 pounds (avoirdupois) = 907,185 kg.

Yard: 1. (*Eng.*): 3 feet = 36 inches = 91,439 92 cm;
2. (*Am.*): 3 feet = 36 inches = 91,440 183 cm.

2500
#101328
For Lang Dict
Dutch